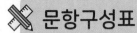

문항구성표

2025 마더텅 수능기출문제집 지구과학 I 은
총 829문항을 단원별로 나누어 수록하였습니다.

- 2025 수능(2024.11.14 시행) 적용 새교육과정 반영!
- 2024~2017학년도(2023~2016년 시행) 최신 8개년
  수능·모의평가·학력평가 기출문제 중 새교육과정에 맞는
  우수 문항 + 새교육과정을 반영한 연도별 모의고사 9회분 수록
- 기출 자료 분석 모음, 기출 OX 377제
- 수능에 꼭 나오는 단원별, 소주제별 필수 개념 및 암기사항 정리
- 대한민국 최초! 전 문항, 모든 선지에 100% 첨삭해설 수록

 2024학년도 수능 분석 동영상 강의 QR
▶

...도 6월/9월 모의평가 및 대학수학능력시험
...탐구영역 지구과학 I 문항 배치표

문항번호	6월 모의평가	9월 모의평가	수능
1	p.7 **005**	p.75 **009**	p.281 **068**
2	p.285 **005**	p.239 **037**	p.60 **033**
3	p.172 **001**	p.156 **031**	p.179 **028**
4	p.55 **015**	p.178 **026**	p.157 **033**
5	p.164 **018**	p.290 **027**	p.50 **031**
6	p.217 **025**	p.49 **029**	p.118 **028**
7	p.42 **002**	p.131 **041**	p.102 **041**
8	p.154 **024**	p.137 **012**	p.291 **029**
9	p.30 **008**	p.117 **026**	p.132 **043**
10	p.113 **008**	p.101 **039**	p.170 **042**
11	p.71 **013**	p.315 **024**	p.81 **035**
12	p.244 **008**	p.33 **019**	p.304 **034**
13	p.125 **019**	p.253 **043**	p.18 **051**
14	p.266 **010**	p.239 **038**	p.316 **026**
15	p.313 **014**	p.195 **051**	p.226 **057**
16	p.236 **027**	p.225 **055**	p.254 **045**
17	p.193 **042**	p.71 **014**	p.196 **053**
18	p.276 **048**	p.280 **065**	p.239 **040**
19	p.80 **032**	p.303 **032**	p.281 **069**
20	p.302 **026**	p.27 **029**	p.27 **030**

단원별 문항 구성표

I 단원	II 단원	III 단원
270	316	243
총 수록 문항 수		829

연도별 문항 구성표

시행년도	3월 학평 서울시	4월 학평 경기도	6월 모평 평가원	7월 학평 인천시	9월 모평 평가원	10월 학평 서울시	11월 수능 평가원	연도별 문항 수
2023	20	20	20	20	20	20	20	140
2022	20	20	20	20	20	20	20	140
2021	20	20	20	20	20	20	20	140
2020	20	20	20	20	20	20	20	140
2019	5	14	12	11	14	11	14	81
2018	7	18	10	11	18	11	16	91
2017	8	17	12	12	12	12	10	83
2016	-	2	-	3	4	2	3	14
합계								829

♀ 기출 자료 분석 모음 1등급 비결전수

**마더텅 <기출 자료 분석 모음>으로 공부하고
수능 1등급으로 도약하기!**

문제를 풀기 전 꼭 정리해야 할 자료 모음
수능, 모의평가, 학력평가 문항 중 자주 나오는 자료를 선별!
기존 마더텅 개념 + <기출 자료 분석>까지 추가 제공!

<문제편>에는 역대 수능, 모의평가, 학력평가에 출제된 문항 중에서 문제풀이의
초석이 된 기출 자료 분석 모음이 중단원마다 수록되어 있습니다.
수능 고득점을 위해 꼭 정리해야 하는 자료를 모아 구성하였습니다.

해당 자료는 <문제편> 개념편에 중단원별로 수록되어 있습니다.

목차

📖 단원별

📑 기출 자료 분석

*수능 고득점을 위해 꼭 정리해야 하는 기출 자료를 모아 개념편에 수록하였습니다.

📖 연도별

🏅 특급 부록

수능 완전 정복을 위한 기출 OX 377제 p.354

4주 28일 완성 학습계획표

- 마더텅 수능기출문제집을 100% 활용할 수 있도록 도와주는 학습계획표입니다. 계획표를 활용하여 학습 일정을 계획하고 자신의 성적을 체크해 보세요. 꼭 4주 완성을 목표로 하지 않더라도, 스스로 학습 현황을 체크하면서 공부하는 습관은 문제집을 끝까지 푸는 데 도움을 줍니다.

- 날짜별로 정해신 분량에 맞춰 공부하고 학습 결과를 기록합니다.

- 계획은 도중에 틀어질 수 있습니다. 하지만 계획을 세우고 지키는 과정은 그 자체로 효율적인 학습에 큰 도움이 됩니다. 학습 중 계획이 변경될 경우에 대비해 계획표를 미리 복사해서 활용하셔도 좋습니다.

자기 성취도 평가 활용법

구분	평가 기준
Excellent	학습 내용을 모두 이해하고, 문제를 모두 맞힘.
Very good	학습 내용은 충분히 이해했으나 실수로 1~5문제 틀림.
Good	학습 내용이 조금 어려워 6~10문제 틀림.
needs Review	학습 내용 이해가 어렵고, 11문제 이상 틀림, 복습 필요.

주차	Day	학습 내용	학습 날짜	소요 시간	복습이 필요한 문제 수	자기 성취도 평가 E V G R
1주차	1일차	p.004~p.012				
	2일차	p.013~p.018				
	3일차	p.019~p.027				
	4일차	p.028~p.033				
	5일차	p.034~p.050				
	6일차	p.051~p.060				
	7일차	p.061~p.071				
2주차	8일차	p.072~p.081				
	9일차	p.082~p.098				
	10일차	p.099~p.108				
	11일차	p.109~p.118				
	12일차	p.119~p.128				
	13일차	p.129~p.138				
	14일차	p.139~p.157				
3주차	15일차	p.158~p.170				
	16일차	p.171~p.179				
	17일차	p.180~p.188				
	18일차	p.189~p.196				
	19일차	p.197~p.218				
	20일차	p.219~p.226				
	21일차	p.227~p.236				
4주차	22일차	p.237~p.246				
	23일차	p.247~p.254				
	24일차	p.255~p.272				
	25일차	p.273~p.281				
	26일차	p.282~p.291				
	27일차	p.292~p.304				
	28일차	p.305~p.316				

학습계획표 작성하고, 선물 받으세요!

참여해 주신 모든 분께 선물을 드립니다.

책을 다 풀고, SNS 또는 수험생 커뮤니티에 작성한 학습계획표 사진을 업로드

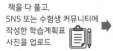

좌측 QR 코드를 스캔하여 작성한 게시물의 URL 인증

참여자 전원 증정!

CU 1천 원권 + B 2천 점

필수 태그 #마더텅 #까만책 #수능 #기출 #학습계획표 #공스타그램
SNS/수험생 커뮤니티 페이스북, 인스타그램, 블로그, 네이버/다음 카페 등

- 상품은 이벤트 참여일로부터 2~3일(영업일 기준) 내에 발송됩니다.
- 동일한 교재의 학습계획표로 중복 참여 시, 이벤트 대상에서 제외됩니다.
- 자세한 사항은 원쪽 QR 코드를 스캔하거나 홈페이지 이벤트 공지 글을 참고해 주세요.
- 이벤트 기간: 2024년 11월 30일까지
- (※ 해당 이벤트는 당사 사정에 따라 조기 종료될 수 있습니다.)

B 북포인트란? 마더텅 인터넷 서점(http://book.toptutor.co.kr)에서 교재 구매 시 현금처럼 사용할 수 있는 포인트입니다.

Ⅰ. 고체 지구의 변화

1. 지권의 변동

01 대륙 이동과 판 구조론

필수개념 1 **판 구조론**

1. 판 구조론의 정립 과정

	정의	증거	한계점
대륙 이동설	고생대 말 판게아라는 초대륙이 존재했으며, 약 2억 년 전부터 분리되기 시작하여 현재와 같은 대륙 분포를 이루었음	1. 대서양 양쪽 대륙의 해안선 유사성 2. 고생대 화석 분포의 연속성 3. 빙하 흔적의 연속성 4. 지질 구조의 연속성	대륙 이동의 원동력을 설명하지 못함
맨틀 대류설	지각 아래 맨틀이 열대류 한다고 가정하고, 맨틀 대류가 대륙 이동의 원동력 이라고 주장. 대륙 이동설의 원동력을 설명하였음	관측 장비가 없어 증거 제시 못함	가설을 뒷받침할 결정적인 증거를 제시하지 못함
해양저 확장설	해령 아래에서 맨틀 물질이 상승해 새로운 지각을 형성하고 맨틀 대류를 따라 해령을 중심으로 양쪽으로 멀어지면서 해양저가 확장됨	1. 고지자기 줄무늬의 대칭적 분포 2. 해양 지각의 나이와 해저 퇴적물의 두께 분포 3. 열곡과 변환 단층 4. 섭입대 주변 지진의 진원 깊이 분포	—
판 구조론	지구 표면은 여러 개의 판으로 구성되어 있으며 서로 다른 방향과 속도로 이동하여 판의 경계에서 지진과 화산 활동 등의 지각 변동이 일어남		열점의 생성 원인은 설명하지 못함

기본자료

▶ 베게너 이전에 대륙 이동에 대한 주장들
  • 17세기 초, 베이컨: 남아메리카와 아프리카의 해안선 모양이 유사한 것은 우연이 아님
  • 19세기, 훔볼트: 대서양에 인접한 육지들은 생물학적, 지질학적, 기후학적 유사성이 있으므로 과거에 붙어 있었을 것임
  • 19세기 말, 쥐스: 현재 남반구 대륙의 일부는 과거에 하나였다가 떨어져 나온 것임

▶ 초대륙
  지구 표면의 대륙들이 합쳐져서 형성된 하나의 대륙을 의미. 판게아는 고생대 말~중생대 초에 있었던 초대륙으로, '모든 땅들'이라는 뜻의 그리스어

필수개념 2 **판의 경계와 대륙 분포의 변화**

1. 판의 경계와 대륙 분포의 변화
 ― 대륙 지각과 해양 지각은 판 상부에 위치하며 맨틀이 대류함에 따라 이동한다. 판의 경계에서는 새로운 판이 생성되기도 하고 소멸되기도 한다.
 1) 판 경계의 유형

판의 경계		경계부의 판	예	지형	지각변동	특징
발산형 경계		해양판−해양판	대서양 중앙 해령	해령, 열곡	지진, 화산 활동	지각 생성, 판의 확장
		대륙판−대륙판	동아프리카 열곡대	열곡	지진, 화산 활동	지각 생성, 판의 확장
수렴형 경계	섭입형	해양판−대륙판	일본 해구	해구, 호상 열도	지진, 화산 활동	판의 섭입, 소멸
		해양판−대륙판	페루−칠레 해구	해구, 습곡 산맥	지진, 화산 활동	판의 섭입, 소멸
		해양판−해양판	마리아나 해구	해구, 호상 열도	지진, 화산 활동	판의 섭입, 소멸
	충돌형	대륙판−대륙판	히말라야 산맥	습곡 산맥	지진	진원 깊이는 300km 이내, 화산 활동이 거의 없음.
보존형 경계		해양판−해양판	케인 변환 단층	변환 단층	지진	주향 이동 단층
		대륙판−대륙판	산안드레아스 단층	변환 단층	지진	주향 이동 단층

기본자료

▶ 변환 단층
 윌슨은 해령과 해령 사이에 수직으로 발달한 단층을 변환 단층이라 불렀고, 해저 확장의 결과라고 생각하였으며, 산안드레아스 단층을 조사하여 이를 확인함.
 산안드레아스 단층은 육지로 드러난 변환 단층임

1

다음은 판 구조론이 정립되는 과정에서 등장한 두 이론에 대하여 학생 A, B, C가 나눈 대화를 나타낸 것이다.

이론	내용
㉠	고생대 말에 판게아가 존재하였고, 약 2억 년 전에 분리되기 시작하여 현재와 같은 대륙 분포가 되었다.
㉡	맨틀이 대류하는 과정에서 대륙이 이동할 수 있다.

대서양 양쪽에 있는 남아메리카 대륙과 아프리카 대륙의 해안선 모양이 비슷한 것은 ㉠의 증거가 될 수 있어.

㉡에 의하면 맨틀 대류가 상승하는 곳에 해구가 형성돼.

베게너는 음향 측심 자료를 이용하여 ㉠을 설명했어.

학생 A   학생 B   학생 C

제시한 내용이 옳은 학생만을 있는 대로 고른 것은?

① A　　② B　　③ A, C　　④ B, C　　⑤ A, B, C

2

그림은 베게너가 제시한 대륙 이동의 증거 중 일부를 나타낸 것이다.

애팔래치아산맥　칼레도니아산맥

적도

■ 고생대 말 습곡 산맥　　■ 고생대 말 빙하 퇴적층

이에 대한 설명으로 옳은 것만을 〈보기〉에서 있는 대로 고른 것은?

보기

ㄱ. ㉠ 지점과 ㉡ 지점 사이의 거리는 현재보다 고생대 말에 가까웠다.

ㄴ. 고생대 말에 애팔래치아산맥과 칼레도니아산맥은 하나로 연결된 산맥이었다.

ㄷ. ㉢ 지점은 고생대 말에 남반구에 위치하였다.

① ㄱ　　② ㄷ　　③ ㄱ, ㄴ　　④ ㄴ, ㄷ　　⑤ ㄱ, ㄴ, ㄷ

3

그림은 대륙 이동설과 해양저 확장설에 대한 학생들의 대화 장면이다.

베게너는 대륙 이동의 원동력을 맨틀의 대류로 설명했어.

해령에서 멀어질수록 해저 퇴적물의 두께는 얇아져.

고지자기 줄무늬가 해령을 축으로 대칭적으로 분포하는 것은 해양저 확장의 증거야.

학생 A　학생 B　학생 C

제시한 내용이 옳은 학생만을 있는 대로 고른 것은?

① A　　② C　　③ A, B　　④ B, C　　⑤ A, B, C

4

표는 판 구조론이 정립되는 과정에서 제시된 이론과 대표적인 증거를 나타낸 것이다.

이론	(가) 해양저 확장설	(나) 대륙 이동설
증거	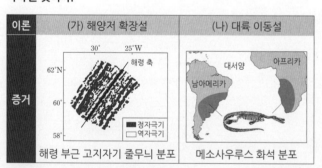해령 부근 고지자기 줄무늬 분포	메소사우루스 화석 분포

이에 대한 설명으로 옳은 것만을 〈보기〉에서 있는 대로 고른 것은?

보기

ㄱ. 고지자기 줄무늬는 해령 축에 대해 대체로 대칭적으로 분포한다.

ㄴ. 메소사우루스는 남아메리카와 아프리카 대륙이 분리된 후 최초로 출현하였다.

ㄷ. (가)는 (나)보다 먼저 제시된 이론이다.

① ㄱ　　② ㄴ　　③ ㄱ, ㄷ　　④ ㄴ, ㄷ　　⑤ ㄱ, ㄴ, ㄷ

5 2024 평가원

다음은 판 구조론이 정립되는 과정에서 등장한 이론에 대하여 학생 A, B, C가 나눈 대화를 나타낸 것이다. ㉠과 ㉡은 각각 대륙 이동설과 해양저 확장설 중 하나이다.

이론	내용
㉠	과거에 하나로 모여 있던 초대륙 판게아가 분리되고 이동하여 현재와 같은 수륙 분포가 되었다.
㉡	해령을 축으로 해양 지각이 생성되고 양쪽으로 멀어짐에 따라 해양저가 확장된다.

제시한 내용이 옳은 학생만을 있는 대로 고른 것은?

① A   ② C   ③ A, B   ④ B, C   ⑤ A, B, C

6

다음은 판 구조론이 정립되는 과정에서 등장한 세 이론 (가), (나), (다)와 학생 A, B, C의 대화를 나타낸 것이다.

이론	내용
(가)	㉠ 해령을 중심으로 해양 지각이 양쪽으로 이동하면서 해양저가 확장된다.
(나)	맨틀 상하부의 온도 차로 맨틀이 대류하고 이로 인해 대륙이 이동할 수 있다.
(다)	과거에 하나로 모여 있던 대륙이 분리되고 이동하여 현재와 같은 수륙 분포를 이루었다.

제시한 내용이 옳은 학생만을 있는 대로 고른 것은?

① A   ② C   ③ A, B   ④ B, C   ⑤ A, B, C

7

다음은 판 구조론이 정립되기까지 제시되었던 이론을 ㉠, ㉡, ㉢으로 순서 없이 나타낸 것이다.

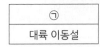

㉠	㉡	㉢
대륙 이동설	해양저 확장설	맨틀 대류설

이에 대한 옳은 설명만을 〈보기〉에서 있는 대로 고른 것은?

> **보기**
> ㄱ. 이론이 제시된 순서는 ㉠ → ㉢ → ㉡이다.
> ㄴ. ㉠에서는 여러 대륙에 남아 있는 과거의 빙하 흔적들이 증거로 제시되었다.
> ㄷ. 해령 양쪽의 고지자기 분포가 대칭을 이루는 것은 ㉡의 증거이다.

① ㄱ   ② ㄴ   ③ ㄱ, ㄷ   ④ ㄴ, ㄷ   ⑤ ㄱ, ㄴ, ㄷ

8

그림은 수업 시간에 학생이 작성한 대륙 이동설에 대한 마인드맵이다.

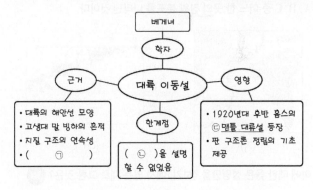

이에 대한 옳은 설명만을 〈보기〉에서 있는 대로 고른 것은?

> **보기**
> ㄱ. '변환 단층의 발견'은 ㉠에 해당한다.
> ㄴ. '대륙 이동의 원동력'은 ㉡에 해당한다.
> ㄷ. ㉢에서는 고지자기 줄무늬가 해령을 축으로 대칭을 이룬다고 설명하였다.

① ㄱ   ② ㄴ   ③ ㄱ, ㄷ   ④ ㄴ, ㄷ   ⑤ ㄱ, ㄴ, ㄷ

9

그림 (가)와 (나)는 각각 태평양과 대서양에서 측정한 해령으로부터의 거리에 따른 해양 지각의 연령과 수심을 나타낸 것이다.

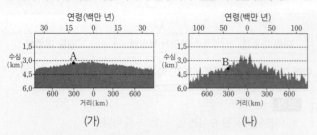

(가)   (나)

이에 대한 설명으로 옳은 것만을 〈보기〉에서 있는 대로 고른 것은? (단, 태평양과 대서양에서 심해 퇴적물이 쌓이는 속도는 같다.) **3점**

보기
ㄱ. 심해 퇴적물의 두께는 A에서가 B에서보다 두껍다.
ㄴ. (해령으로부터 거리가 600km 지점의 수심−해령의 수심)은 (가)에서가 (나)에서보다 작다.
ㄷ. 최근 3천만 년 동안 해양 지각의 평균 확장 속도는 (가)가 (나)보다 빠르다.

① ㄱ   ② ㄴ   ③ ㄱ, ㄷ   ④ ㄴ, ㄷ   ⑤ ㄱ, ㄴ, ㄷ

10

그림 (가)는 남아메리카와 아프리카 대륙 주변의 판 경계를, (나)는 A, B, C 중 어느 한 곳의 진원 분포를 나타낸 것이다.

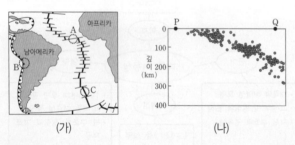

(가)   (나)

이에 대한 옳은 설명만을 〈보기〉에서 있는 대로 고른 것은? **3점**

보기
ㄱ. 화산 활동은 A가 C보다 활발하다.
ㄴ. (나)는 B에서 나타나는 진원 분포이다.
ㄷ. (나)에서 판의 밀도는 P가 속한 판이 Q가 속한 판보다 크다.

① ㄱ   ② ㄴ   ③ ㄱ, ㄷ   ④ ㄴ, ㄷ   ⑤ ㄱ, ㄴ, ㄷ

11

그림은 판의 경계와 이동 방향을 모식적으로 나타낸 것이다.

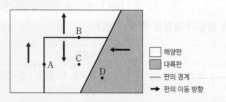

이에 대한 설명으로 옳은 것만을 〈보기〉에서 있는 대로 고른 것은?

보기
ㄱ. A에서는 화산 활동이 활발하다.
ㄴ. 지각의 나이는 B가 C보다 많다.
ㄷ. C와 D사이에 해구가 발달한다.

① ㄱ   ② ㄷ   ③ ㄱ, ㄴ   ④ ㄴ, ㄷ   ⑤ ㄱ, ㄴ, ㄷ

12

그림은 판의 경계 A~C를 구분하는 과정을 나타낸 것이다.

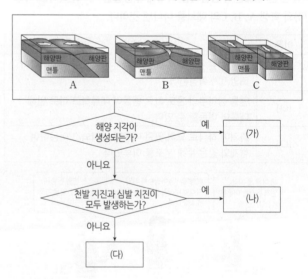

이에 대한 설명으로 옳은 것만을 〈보기〉에서 있는 대로 고른 것은?

보기
ㄱ. (가)는 A이다.
ㄴ. (나)에서는 해구가 발달한다.
ㄷ. (다)에서는 화산 활동이 활발하다.

① ㄱ   ② ㄴ   ③ ㄱ, ㄷ   ④ ㄴ, ㄷ   ⑤ ㄱ, ㄴ, ㄷ

13

다음은 음향 측심 자료를 이용하여 해저 지형을 알아보기 위한 탐구 과정이다.

[탐구 과정]
표는 A와 B 해역에서 직선 구간을 따라 일정한 간격으로 음향 측심을 한 자료이다. A와 B 해역에는 각각 해령과 해구 중 하나가 존재한다.

A 해역	탐사 지점	A_1	A_2	A_3	A_4	A_5	A_6
	음파 왕복 시간(초)	5.5	5.2	4.8	4.2	4.7	5.1
B 해역	탐사 지점	B_1	B_2	B_3	B_4	B_5	B_6
	음파 왕복 시간(초)	5.6	9.4	6.2	5.9	5.7	5.6

(가) A와 B 해역의 음향 측심 자료를 바탕으로 각 지점의 수심을 구한다.
(나) 가로축은 탐사 지점, 세로축은 수심으로 그래프를 작성한다.

이에 대한 옳은 설명만을 <보기>에서 있는 대로 고른 것은? (단, 해양에서 음파의 평균 속력은 1500m/s이다.)

보기
ㄱ. A 해역에는 수렴형 경계가 존재한다.
ㄴ. B 해역에는 수심이 7000m보다 깊은 지점이 존재한다.
ㄷ. 판의 경계에서 해양 지각의 평균 연령은 A 해역이 B 해역보다 많다.

① ㄱ ② ㄴ ③ ㄱ, ㄷ ④ ㄴ, ㄷ ⑤ ㄱ, ㄴ, ㄷ

14 2022 평가원

그림 (가)는 대서양에서 시추한 지점 $P_1 \sim P_7$을 나타낸 것이고, (나)는 각 지점에서 가장 오래된 퇴적물의 연령을 판의 경계로부터 거리에 따라 나타낸 것이다.

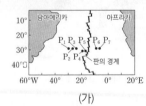 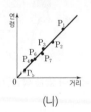

(가)　　　　　(나)

이에 대한 설명으로 옳은 것만을 <보기>에서 있는 대로 고른 것은?

보기
ㄱ. 가장 오래된 퇴적물의 연령은 P_2가 P_7보다 많다.
ㄴ. 해저 퇴적물의 두께는 P_1에서 P_5로 갈수록 두꺼워진다.
ㄷ. P_3과 P_7 사이의 거리는 점점 증가할 것이다.

① ㄱ ② ㄴ ③ ㄱ, ㄷ ④ ㄴ, ㄷ ⑤ ㄱ, ㄴ, ㄷ

15

그림은 어느 판의 해저면에 시추 지점 $P_1 \sim P_5$의 위치를, 표는 각 지점에서의 퇴적물 두께와 가장 오래된 퇴적물의 나이를 나타낸 것이다.

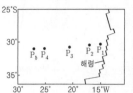

구분	P_1	P_2	P_3	P_4	P_5
두께 (m)	50	94	138	203	510
나이 (백만 년)	6.6	15.2	30.6	49.2	61.2

이에 대한 설명으로 옳은 것만을 <보기>에서 있는 대로 고른 것은?

보기
ㄱ. 퇴적물 두께는 P_2보다 P_4에서 두껍다.
ㄴ. P_5 지점의 가장 오래된 퇴적물은 중생대에 퇴적되었다.
ㄷ. $P_1 \sim P_5$가 속한 판은 해령을 기준으로 동쪽으로 이동한다.

① ㄱ ② ㄴ ③ ㄱ, ㄷ ④ ㄴ, ㄷ ⑤ ㄱ, ㄴ, ㄷ

16

그림 (가)는 해양 지각의 나이 분포와 지점 A, B, C의 위치를, (나)는 태평양과 대서양에서 관측한 해양 지각의 나이에 따른 해령 정상으로부터 해저면까지의 깊이를 나타낸 것이다.

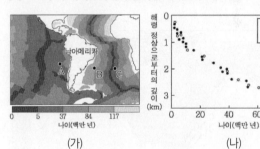

(가)　　　　　(나)

이 자료에 대한 옳은 설명만을 <보기>에서 있는 대로 고른 것은?

3점

보기
ㄱ. 해양 지각의 평균 확장 속도는 A가 속한 판이 B가 속한 판보다 빠르다.
ㄴ. 해양저 퇴적물의 두께는 B에서가 C에서보다 두껍다.
ㄷ. 해령 정상으로부터 해저면까지의 깊이는 A에서가 B에서보다 깊다.

① ㄱ ② ㄷ ③ ㄱ, ㄴ ④ ㄴ, ㄷ ⑤ ㄱ, ㄴ, ㄷ

판의 경계
[2019학년도 9월 모평 6번]

그림 (가)는 일본 주변에 있는 판의 경계를, (나)는 (가)의 두 지역에서 섭입하는 판의 깊이를 나타낸 것이다.

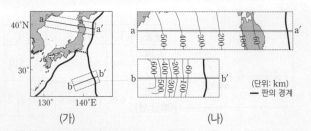

(가)   (나)

이에 대한 설명으로 옳은 것만을 〈보기〉에서 있는 대로 고른 것은?

보기
ㄱ. a−a′에는 해구가 존재하는 지점이 있다.
ㄴ. b−b′에서 지진은 판 경계의 서쪽보다 동쪽에서 자주 발생한다.
ㄷ. 섭입하는 판의 기울기는 a−a′이 b−b′보다 크다.

① ㄱ   ② ㄴ   ③ ㄱ, ㄷ   ④ ㄴ, ㄷ   ⑤ ㄱ, ㄴ, ㄷ

판의 경계
[2018년 4월 학평 8번]

그림은 북아메리카 대륙 주변 판의 경계와 이동 방향을 나타낸 것이다.

A∼C지역에 대한 설명으로 옳은 것만을 〈보기〉에서 있는 대로 고른 것은?

보기
ㄱ. A에는 해구가 발달한다.
ㄴ. B에서는 심발 지진이 활발하게 발생한다.
ㄷ. C는 맨틀 대류의 상승부에 위치한다.

① ㄱ   ② ㄴ   ③ ㄱ, ㄷ   ④ ㄴ, ㄷ   ⑤ ㄱ, ㄴ, ㄷ

판의 경계
[2019학년도 6월 모평 14번]

그림은 어느 지역의 판의 경계와 진앙 분포를 나타낸 것이다.

이에 대한 설명으로 옳은 것만을 〈보기〉에서 있는 대로 고른 것은?

보기
ㄱ. 해양 지각의 나이는 A지역이 B지역보다 많다.
ㄴ. 화산 활동은 C지역이 B지역보다 활발하다.
ㄷ. 판의 경계 ㉠을 따라 수렴형 경계가 발달한다.

① ㄱ   ② ㄴ   ③ ㄱ, ㄷ   ④ ㄴ, ㄷ   ⑤ ㄱ, ㄴ, ㄷ

판의 경계와 대륙 분포의 변화
[2023학년도 6월 모평 1번]

다음은 초대륙의 형성과 분리 과정 중 일부에 대하여 학생 A, B, C가 나눈 대화를 나타낸 것이다.

제시한 내용이 옳은 학생만을 있는 대로 고른 것은?

① A   ② B   ③ A, C   ④ B, C   ⑤ A, B, C

21

그림 (가)와 (나)는 섭입대가 나타나는 서로 다른 두 지역의 지진파 단층 촬영 영상을 진원 분포와 함께 나타낸 것이다.

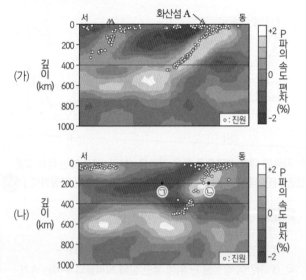

이 자료에 대한 설명으로 옳은 것만을 〈보기〉에서 있는 대로 고른 것은?

보기
ㄱ. (가)에서 화산섬 A의 동쪽에 판의 경계가 위치한다.
ㄴ. 온도는 ⓛ 지점이 ㉠ 지점보다 높다.
ㄷ. 진원의 최대 깊이는 (가)가 (나)보다 깊다.

① ㄱ   ② ㄴ   ③ ㄱ, ㄷ   ④ ㄴ, ㄷ   ⑤ ㄱ, ㄴ, ㄷ

22

그림 (가)는 판의 경계와 서로 이웃한 두 판의 움직임을, (나)는 어떤 지질 구조를 나타낸 것이다.

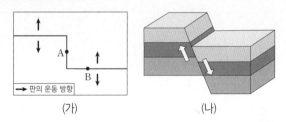

(가)   (나)

이에 대한 옳은 설명만을 〈보기〉에서 있는 대로 고른 것은? 3점

보기
ㄱ. 화산 활동은 A보다 B에서 활발하다.
ㄴ. A와 B에서는 심발 지진이 활발하다.
ㄷ. (나)의 지질 구조는 A보다 B에서 잘 나타난다.

① ㄱ   ② ㄴ   ③ ㄱ, ㄷ   ④ ㄴ, ㄷ   ⑤ ㄱ, ㄴ, ㄷ

23

그림은 판의 경계 부근에서 발생한 지진의 진앙 위치와 진원 깊이를 나타낸 것이다.

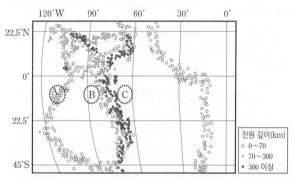

A~C지역에 대한 설명으로 옳은 것만을 〈보기〉에서 있는 대로 고른 것은? 3점

보기
ㄱ. A는 맨틀 대류의 상승부이다.
ㄴ. 해저 퇴적물의 두께는 A가 B보다 얇다.
ㄷ. B보다 C가 속한 판의 밀도가 크다.

① ㄱ   ② ㄷ   ③ ㄱ, ㄴ   ④ ㄴ, ㄷ   ⑤ ㄱ, ㄴ, ㄷ

24

그림은 중앙아메리카 부근의 판 경계와 지진의 진앙 분포를 나타낸 것이다.

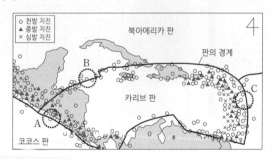

이에 대한 옳은 설명만을 〈보기〉에서 있는 대로 고른 것은? 3점

보기
ㄱ. A에서는 정단층보다 역단층이 발달한다.
ㄴ. B에서는 해구가 발달한다.
ㄷ. A와 C에서 판이 섭입하는 방향은 대체로 같다.

① ㄱ   ② ㄴ   ③ ㄷ   ④ ㄱ, ㄴ   ⑤ ㄴ, ㄷ

판의 경계와 대륙 분포의 변화
[2022년 3월 학평 15번]

그림 (가)는 현재 판의 이동 방향과 이동 속력을, (나)는 시간에 따른 대양의 면적 변화를 나타낸 것이다. A와 B는 각각 태평양과 대서양 중 하나이다.

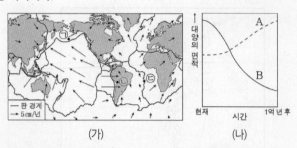

(가)   (나)

이에 대한 옳은 설명만을 〈보기〉에서 있는 대로 고른 것은?

보기

ㄱ. ㉠의 하부에서는 해양판이 섭입하고 있다.
ㄴ. 지진이 발생하는 평균 깊이는 ㉡보다 ㉢에서 얕다.
ㄷ. A는 대서양, B는 태평양이다.

① ㄱ   ② ㄷ   ③ ㄱ, ㄴ   ④ ㄴ, ㄷ   ⑤ ㄱ, ㄴ, ㄷ

판의 경계
[지Ⅱ 2020학년도 수능 10번]

그림 (가)는 판 경계와 해양판 A, B를 나타낸 것이고, (나)는 시간에 따른 A와 B의 확장 속도를 순서 없이 나타낸 것이다.

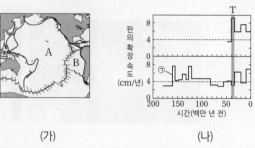

(가)   (나)

이 자료에 대한 설명으로 옳은 것만을 〈보기〉에서 있는 대로 고른 것은? (단, 태평양에서 심해 퇴적물이 쌓이는 속도는 일정하다.) **3점**

보기

ㄱ. ㉠은 A의 확장 속도에 해당한다.
ㄴ. T 기간에 판의 확장 속도는 A가 B보다 빠르다.
ㄷ. T 기간에 생성된 판 위에 쌓인 심해 퇴적물의 두께는 A가 B보다 3배 두껍다.

① ㄱ   ② ㄴ   ③ ㄷ   ④ ㄱ, ㄴ   ⑤ ㄱ, ㄷ

판의 경계와 대륙 분포의 변화
[2022년 7월 학평 1번]

그림은 어느 지역 해양 지각의 나이 분포를 나타낸 것이다.

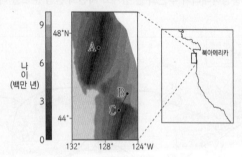

이에 대한 설명으로 옳은 것만을 〈보기〉에서 있는 대로 고른 것은?

보기

ㄱ. 지점 A에서 현무암질 마그마가 분출된다.
ㄴ. 지점 B와 지점 C를 잇는 직선 구간에는 변환 단층이 있다.
ㄷ. 지각의 나이는 지점 B가 지점 C보다 많다.

① ㄱ   ② ㄴ   ③ ㄱ, ㄷ   ④ ㄴ, ㄷ   ⑤ ㄱ, ㄴ, ㄷ

28

그림 (가)는 A판과 B판의 경계를, (나)는 2004년부터 2016년까지 GPS를 이용하여 측정한 두 판의 남북 방향과 동서 방향의 위치를 2016년 말을 기준으로 나타낸 것이다.

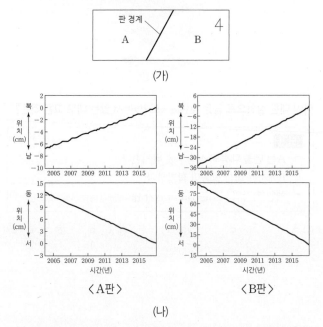

(나)

이에 대한 설명으로 옳은 것만을 〈보기〉에서 있는 대로 고른 것은?

3점

보기
ㄱ. 두 판은 모두 남동 방향으로 이동했다.
ㄴ. 판의 이동 속도는 A보다 B가 빠르다.
ㄷ. (가)의 판 경계는 맨틀 대류의 상승부에 위치한다.

① ㄱ　　② ㄴ　　③ ㄱ, ㄷ　　④ ㄴ, ㄷ　　⑤ ㄱ, ㄴ, ㄷ

29

그림은 어느 판 경계 부근에서 진원의 평균 깊이를 점선으로 나타낸 것이다. A와 B 지점 중 한 곳은 대륙판에, 다른 한 곳은 해양판에 위치한다. 이에 대한 옳은 설명만을 〈보기〉에서 있는 대로 고른 것은? (단, A와 B는 모두 지표면 상의 지점이다.)

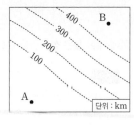

보기
ㄱ. 판의 경계는 A보다 B에 가깝다.
ㄴ. 이 지역에서는 정단층이 역단층보다 우세하게 발달한다.
ㄷ. 이 지역에서 화산 활동은 주로 B가 속한 판에서 일어난다.

① ㄱ　　② ㄴ　　③ ㄷ　　④ ㄱ, ㄴ　　⑤ ㄴ, ㄷ

30

그림은 대서양의 해저면에서 판의 경계를 가로지르는 P_1-P_6 구간을, 표는 각 지점의 연직 방향에 있는 해수면상에서 음파를 발사하여 해저면에 반사되어 되돌아오는 데 길리는 시간을 나타낸 것이다.

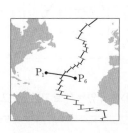

지점	P_1로부터의 거리(km)	시간(초)
P_1	0	7.70
P_2	420	7.36
P_3	840	6.14
P_4	1260	3.95
P_5	1680	6.55
P_6	2100	6.97

이 자료에 대한 설명으로 옳은 것만을 〈보기〉에서 있는 대로 고른 것은? (단, 해수에서 음파의 속도는 일정하다.)

보기
ㄱ. 수심은 P_6이 P_4보다 깊다.
ㄴ. P_3-P_5 구간에는 발산형 경계가 있다.
ㄷ. 해양 지각의 나이는 P_4가 P_2보다 많다.

① ㄱ　　② ㄷ　　③ ㄱ, ㄴ　　④ ㄴ, ㄷ　　⑤ ㄱ, ㄴ, ㄷ

31

그림은 두 해양판 A, B의 경계와 화산 분포를 최근 20년간 발생한 규모 5.0 이상인 지진의 진앙 분포와 함께 나타낸 것이다.

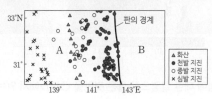

이에 대한 설명으로 옳은 것만을 〈보기〉에서 있는 대로 고른 것은?

3점

보기
ㄱ. 판의 경계는 맨틀 대류의 상승부에 위치한다.
ㄴ. A의 화산 하부에서는 물에 의해 암석의 용융점이 하강하여 마그마가 생성될 수 있다.
ㄷ. 판의 밀도는 B보다 A가 크다.

① ㄱ　　② ㄴ　　③ ㄷ　　④ ㄱ, ㄴ　　⑤ ㄴ, ㄷ

그림 (가), (나), (다)는 판 경계부의 변화 과정을 순서 없이 나타낸 것이다.

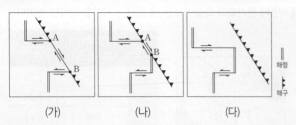

(가) (나) (다)

이에 대한 설명으로 옳은 것만을 〈보기〉에서 있는 대로 고른 것은?

보기

ㄱ. 변화 순서는 (가) → (나) → (다)이다.

ㄴ. (나)에서 해령의 일부가 섭입하여 소멸된다.

ㄷ. 구간 A－B는 발산형 경계이다.

① ㄱ   ② ㄴ   ③ ㄷ   ④ ㄱ, ㄴ   ⑤ ㄴ, ㄷ

그림은 판의 경계와 이동 방향을 나타낸 것이다.

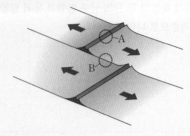

이에 대한 설명으로 옳은 것만을 〈보기〉에서 있는 대로 고른 것은?

보기

ㄱ. A는 맨틀 대류의 상승부에 위치한다.

ㄴ. B에서는 화산 활동이 활발하다.

ㄷ. 해양 지각의 나이는 B보다 A가 많다.

① ㄱ   ② ㄷ   ③ ㄱ, ㄴ   ④ ㄴ, ㄷ   ⑤ ㄱ, ㄴ, ㄷ

그림은 해양 지각의 연령 분포를 나타낸 것이다.

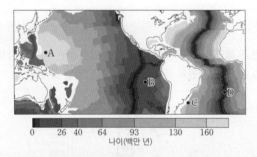

A~D 지점에 대한 설명으로 옳은 것만을 〈보기〉에서 있는 대로 고른 것은?

보기

ㄱ. 해저 퇴적물의 두께는 A가 B보다 두껍다.

ㄴ. 최근 4천만 년 동안 평균 이동 속력은 B가 속한 판이 C가 속한 판보다 크다.

ㄷ. 지진 활동은 C가 D보다 활발하다.

① ㄱ   ② ㄷ   ③ ㄱ, ㄴ   ④ ㄴ, ㄷ   ⑤ ㄱ, ㄴ, ㄷ

그림은 판의 수렴 경계가 발달한 지역에서 베니오프대의 깊이를 나타낸 것이다.

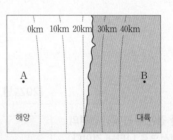

이에 대한 옳은 설명만을 〈보기〉에서 있는 대로 고른 것은? **3점**

보기

ㄱ. A에서 B로 갈수록 진원의 깊이는 대체로 깊어진다.

ㄴ. 판의 밀도는 A가 속한 판이 B가 속한 판보다 크다.

ㄷ. 화산 활동은 A 부근보다 B 부근에서 활발하다.

① ㄱ   ② ㄷ   ③ ㄱ, ㄴ   ④ ㄴ, ㄷ   ⑤ ㄱ, ㄴ, ㄷ

36

그림은 북아메리카 대륙 주변의 판 경계와 섭입하는 판의 깊이를 나타낸 것이다.

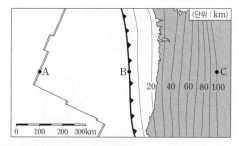

이에 대한 설명으로 옳은 것은? 3점

① 화산 활동은 A보다 B에서 활발하다.
② B는 맨틀 대류의 상승부에 위치한다.
③ 섭입하는 판의 평균 기울기는 45°보다 크다.
④ A에서 B로 갈수록 해양 지각의 연령은 감소한다.
⑤ B에서 C로 갈수록 진원의 깊이는 대체로 깊어진다.

38

그림 (가)는 판 A와 B의 경계를, (나)는 A와 B의 이동 속력과 방향을, (다)는 A와 B에 포함된 지각의 평균 두께와 밀도를 나타낸 것이다. A와 B는 각각 대륙판과 해양판 중 하나이다.

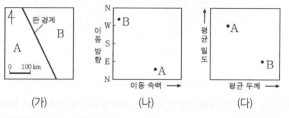

(가)　　　　　(나)　　　　　(다)

이 자료에 대한 옳은 설명만을 〈보기〉에서 있는 대로 고른 것은?

보기
ㄱ. B는 해양판이다.
ㄴ. 판 경계에서 북동쪽으로 갈수록 진원의 깊이는 대체로 깊어진다.
ㄷ. 판 경계의 하부에서는 주로 압력 감소에 의해 마그마가 생성된다.

① ㄱ　　② ㄴ　　③ ㄱ, ㄷ　　④ ㄴ, ㄷ　　⑤ ㄱ, ㄴ, ㄷ

37

그림은 북아메리카 부근의 판 A, B, C와 판 경계를 나타낸 것이다. 이 지역에는 세 종류의 판 경계가 모두 존재한다.
이에 대한 옳은 설명만을 〈보기〉에서 있는 대로 고른 것은?

보기
ㄱ. 판의 밀도는 A가 B보다 크다.
ㄴ. B는 C에 대해 남동쪽으로 이동한다.
ㄷ. ㉠의 발견은 맨틀 대류설이 등장하게 된 계기가 되었다.

① ㄱ　　② ㄴ　　③ ㄱ, ㄷ　　④ ㄴ, ㄷ　　⑤ ㄱ, ㄴ, ㄷ

39

그림은 아라비아 반도 주변 지역 판의 경계와 이동 속도를 화살표로 나타낸 것이다.
이에 대한 설명으로 옳은 것만을 〈보기〉에서 있는 대로 고른 것은? 3점

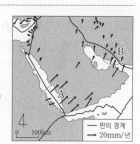

보기
ㄱ. A에는 발산형 경계가 나타난다.
ㄴ. B는 맨틀 대류의 상승부이다.
ㄷ. 화산 활동은 A보다 B에서 활발하다.

① ㄱ　　② ㄴ　　③ ㄱ, ㄴ　　④ ㄴ, ㄷ　　⑤ ㄱ, ㄴ, ㄷ

40

그림은 판의 경계와 대륙의 분포를 나타낸 것이다.

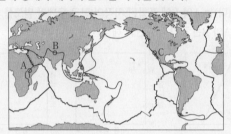

지역 A, B, C에 대한 설명으로 옳은 것만을 〈보기〉에서 있는 대로 고른 것은?

보기
ㄱ. A의 하부에는 마그마가 생성된다.
ㄴ. B의 하부에는 화강암 관입이 있다.
ㄷ. C의 하부에는 베니오프대가 발달한다.

① ㄱ   ② ㄴ   ③ ㄷ   ④ ㄱ, ㄴ   ⑤ ㄴ, ㄷ

41

그림은 같은 속력으로 이동하는 두 판의 경계를 모식적으로 나타낸 것이다.

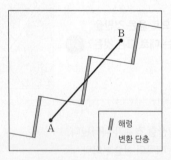

A−B 구간에서 측정한 해양 지각의 나이를 나타낸 것으로 가장 적절한 것은? 3점

①
②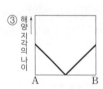
③ 해양 지각의 나이
④
⑤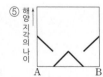

42

그림은 중앙 아메리카 어느 지역의 판 경계와 진앙 분포를 나타낸 것이다.

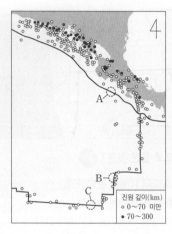

지역 A, B, C에 대한 설명으로 옳은 것만을 〈보기〉에서 있는 대로 고른 것은? 3점

보기
ㄱ. C에서 인접한 두 판의 이동 방향은 대체로 동서 방향이다.
ㄴ. 인접한 두 판의 밀도 차는 A가 C보다 크다.
ㄷ. 인접한 두 판의 나이 차는 B가 C보다 크다.

① ㄱ   ② ㄴ   ③ ㄷ   ④ ㄱ, ㄴ   ⑤ ㄴ, ㄷ

43

그림 (가)는 어느 지역의 판 경계 부근에서 발생한 진앙 분포를, (나)는 (가)의 X − X′에 따른 지형의 단면을 나타낸 것이다.

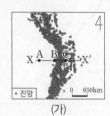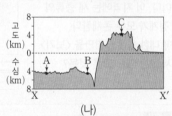

지역 A, B, C에 대한 설명으로 옳은 것만을 〈보기〉에서 있는 대로 고른 것은? 3점

보기
ㄱ. 지각의 나이는 A가 B보다 많다.
ㄴ. B와 C 사이에는 수렴형 경계가 존재한다.
ㄷ. 화산 활동은 C가 A보다 활발하다.

① ㄱ   ② ㄷ   ③ ㄱ, ㄴ   ④ ㄴ, ㄷ   ⑤ ㄱ, ㄴ, ㄷ

44

그림은 태평양 주변에서 최근 1만 년 이내에 분출한 적이 있는 화산의 분포를 나타낸 것이다.

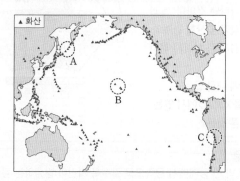

지역 A, B, C에 대한 설명으로 옳은 것만을 〈보기〉에서 있는 대로 고른 것은? 3점

> **보기**
> ㄱ. B의 화산은 판의 발산형 경계에 위치한다.
> ㄴ. 화산에서 분출된 용암의 SiO_2 평균 함량은 B가 C보다 낮다.
> ㄷ. 해구에서 섭입하는 판의 지각 나이는 A가 C보다 적다.

① ㄱ   ② ㄴ   ③ ㄷ   ④ ㄱ, ㄴ   ⑤ ㄴ, ㄷ

45

그림은 동서 방향으로 이동하는 두 해양판의 경계와 이동 속도를 나타낸 것이다.

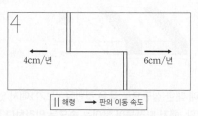

고지자기 줄무늬가 해령을 축으로 대칭일 때, 이에 대한 설명으로 옳은 것만을 〈보기〉에서 있는 대로 고른 것은? 3점

> **보기**
> ㄱ. 두 해양판의 경계에는 변환 단층이 있다.
> ㄴ. 해령에서 두 해양판은 1년에 각각 5cm씩 생성된다.
> ㄷ. 해령은 1년에 2cm씩 동쪽으로 이동한다.

① ㄱ   ② ㄷ   ③ ㄱ, ㄴ   ④ ㄴ, ㄷ   ⑤ ㄱ, ㄴ, ㄷ

46

그림은 남극 대륙 주변에서 발생한 지진의 진앙 분포를 나타낸 것이다.

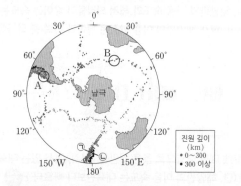

이에 대한 설명으로 옳은 것만을 〈보기〉에서 있는 대로 고른 것은? 3점

> **보기**
> ㄱ. A에는 변환 단층이 분포한다.
> ㄴ. B에는 새로운 해양 지각이 생성된다.
> ㄷ. ㉠－㉡에서 판의 경계는 진원의 깊이가 깊은 쪽에 가깝다.

① ㄱ   ② ㄴ   ③ ㄷ   ④ ㄱ, ㄴ   ⑤ ㄴ, ㄷ

47

그림은 세 대륙판의 판 경계와 이동 속도를 나타낸 모식도이다.

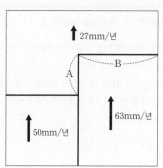

이에 대한 설명으로 옳은 것만을 〈보기〉에서 있는 대로 고른 것은? 3점

> **보기**
> ㄱ. A는 보존형 경계이다.
> ㄴ. B에서는 화산 활동이 활발하다.
> ㄷ. 이 지역의 예로는 안데스 산맥이 있다.

① ㄱ   ② ㄴ   ③ ㄱ, ㄷ   ④ ㄴ, ㄷ   ⑤ ㄱ, ㄴ, ㄷ

48 [2023 수능]

그림은 어느 해양판의 고지자기 분포와 지점 A, B의 연령을 나타낸 것이다. 해양판의 이동 속도와 해저 퇴적물이 쌓이는 속도는 일정하고, 현재 해양판의 이동 방향은 남쪽과 북쪽 중 하나이다.

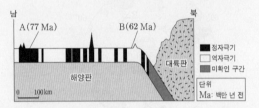

이 자료에 대한 설명으로 옳은 것만을 <보기>에서 있는 대로 고른 것은? (단, 해양판의 이동 속도는 대륙판보다 빠르다.) 3점

> **보기**
> ㄱ. A와 B 사이에 해령이 위치한다.
> ㄴ. 해저 퇴적물의 두께는 A가 B보다 두껍다.
> ㄷ. 현재 A의 이동 방향은 남쪽이다.

① ㄱ   ② ㄴ   ③ ㄱ, ㄷ   ④ ㄴ, ㄷ   ⑤ ㄱ, ㄴ, ㄷ

49

그림은 어느 학생이 생성형 인공 지능 서비스를 이용해 대륙 이동설과 해양저 확장설에 대해 검색한 결과의 일부이다.

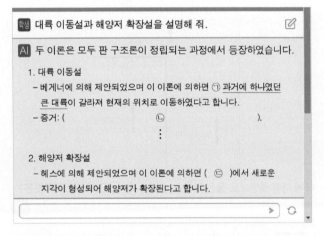

이에 대한 옳은 설명만을 <보기>에서 있는 대로 고른 것은?

> **보기**
> ㄱ. ㉠은 판게아이다.
> ㄴ. '같은 종류의 화석이 멀리 떨어진 여러 대륙에서 발견된다'는 ㉡에 해당한다.
> ㄷ. '해령'은 ㉢에 해당한다.

① ㄱ   ② ㄷ   ③ ㄱ, ㄴ   ④ ㄴ, ㄷ   ⑤ ㄱ, ㄴ, ㄷ

50

그림은 어느 지역의 판 경계 분포와 지진파 단층 촬영 영상을 나타낸 것이다. ㉠과 ㉡에는 각각 발산형 경계와 수렴형 경계 중 하나가 위치한다.

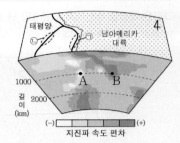

이 자료에 대한 옳은 설명만을 <보기>에서 있는 대로 고른 것은?

> **보기**
> ㄱ. ㉠의 판 경계에서 동쪽으로 갈수록 지진이 발생하는 깊이는 대체로 깊어진다.
> ㄴ. 판 경계 부근의 평균 수심은 ㉠이 ㉡보다 깊다.
> ㄷ. 온도는 A 지점이 B 지점보다 높다.

① ㄴ   ② ㄷ   ③ ㄱ, ㄴ   ④ ㄱ, ㄷ   ⑤ ㄱ, ㄴ, ㄷ

51 [2024 수능]

그림은 남반구 중위도에 위치한 어느 해양 지각의 연령과 고지자기 줄무늬를 나타낸 것이다. ㉠과 ㉡은 각각 정자극기와 역자극기 중 하나이다.

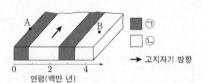

지역 A와 B에 대한 설명으로 옳은 것만을 <보기>에서 있는 대로 고른 것은? (단, 해저 퇴적물이 쌓이는 속도는 일정하다.) 3점

> **보기**
> ㄱ. 해저 퇴적물의 두께는 A가 B보다 두껍다.
> ㄴ. A의 하부에는 맨틀 대류의 상승류가 존재한다.
> ㄷ. B는 A의 동쪽에 위치한다.

① ㄱ   ② ㄴ   ③ ㄷ   ④ ㄱ, ㄷ   ⑤ ㄴ, ㄷ

개념편 동영상 강의

지1-1-1-02(개)

I. 고체 지구의 변화

1. 지권의 변동

문제편 동영상 강의

지1-1-1-02(문)

02 대륙의 분포와 변화

필수개념 1 고지자기

지질 시대에 생성된 암석에 남아있는 잔류 자기. 암석 속의 고지자기를 통해 과거의 지구 자기장의 방향 및 자극의 위치 그리고 암석 생성 당시의 위도를 추정.

1. 지구 자기장: 지구 자기력이 미치는 공간

2. 자기장의 역전 현상

1) 정자극기: 잔류 자기의 생성 당시 자기장 방향이 현재와 같은 시기

2) 역자극기: 잔류 자기의 생성 당시 자기장 방향이 현재와 반대인 시기

3. 편각과 복각

1) 편각: 나침반의 자침(자북)이 진북과 이루는 각. 동(+), 서(−)로 표현

→ 고지자기의 편각을 측정하면 암석 생성 당시의 지리상 북극 방향에서 회전해 있는 각도를 추정할 수 있다.

2) 복각: 나침반의 자침이 수평면과 이루는 각. ±90°로 표시(북반구 (+), 남반구 (−))

→ 고지자기의 복각을 측정하면 암석 생성 당시의 위도를 추정할 수 있다.

4. 대륙 이동의 고지자기 증거

1) 유럽 대륙에서 측정한 자북극의 이동 경로와 북아메리카에서 측정한 자북극의 이동 경로가 차이가 남.

2) 자북극의 이동 경로를 일치시켜 보면 대륙이 모여 있는 모습이 되어 과거 대륙이 붙어 있음을 말해줌.

기본자료

▶ 지리상 북극과 자북극

• 지리상 북극: 지구 자전축과 북반구의 지표면이 만나는 지점
→ 진북

• 자북극: 지구 자기장의 북극으로, 나침반의 N극이 가리키는 지점
→ 자북

▶ 복각과 편각 측정

• 복각: 나침반의 자침은 자기력선의 방향에 나란하게 배열되므로 수평면에 일정한 각도로 기울어짐

• 편각: 진북과 자북 사이의 각도로, 나침반으로 진북을 찾으려면 편각을 알고 있어야 함

애팔래치아 산맥 형성
판게아가 형성되면서 북아메리카 대륙이 아프리카 대륙 및 유럽 대륙과 충돌하여 애팔래치아 산맥을 형성. 이후 대서양이 형성되면서 애팔래치아 산맥과 칼레도니아 산맥으로 분리

동아프리카 열곡대
현재 아프리카 대륙이 동아프리카 열곡대를 중심으로 분리되며, 이곳에 해령이 생성되면서 새로운 바다가 만들어질 것이다.

필수개념 2 지질 시대의 대륙 분포 변화

로디니아	로라시아 판게아 판탈라사 테티스해 곤드와나	로라시아 테티스해 판탈라사 곤드와나	현재
12억 년 전	2억 4천만 년 전	1억 5천만 년 전	현재

1. 초대륙: 지질 시대에는 여러 차례의 초대륙이 존재했었다.

2. 로디니아: 판게아 이전. 약 12억 년 전 존재하던 초대륙. 이후 다시 분리되었다.

3. 판게아: 고생대 말(약 2억 4천만 년 전)에 형성된 초대륙. 그 후 중생대 초(약 2억 년 전)에 다시 분리되기 시작. 판게아 형성에 따라 애팔래치아 산맥이 형성되었다.

4. 판게아 이후: 중생대 말까지 남대서양이 확장되었고, 인도대륙이 북상하였으며, 테티스 해가 닫히면서 지중해가 형성되었다. 신생대에는 인도 대륙이 완전히 북상하여 히말라야 산맥을 형성하였으며 오스트레일리아가 남극에서 분리되었다.

1

고지자기
[지Ⅱ 2017년 4월 학평 7번]

그림은 어느 해령 부근의 고지자기 분포와 세 지점 A~C의 위치를 나타낸 것이다.

이에 대한 설명으로 옳은 것만을 〈보기〉에서 있는 대로 고른 것은?

보기

ㄱ. A 지점의 지각이 생성될 당시 지구 자기장의 방향은 현재와 같았다.

ㄴ. 지각의 나이는 B가 A보다 많다.

ㄷ. B가 위치한 판과 C가 위치한 판의 이동 방향은 서로 같다.

① ㄱ　　② ㄴ　　③ ㄱ, ㄷ　　④ ㄴ, ㄷ　　⑤ ㄱ, ㄴ, ㄷ

2

고지자기
[지Ⅱ 2018년 4월 학평 16번]

다음은 어느 해령 부근 고지자기 분포의 특징이다.

○ 가장 최근에 생성된 해양 지각은 정자극기에 해당한다.

○ 역자극기가 4회 있었다.

○ 해령을 중심으로 고지자기 분포가 대칭적으로 나타난다.

이 해령 부근의 고지자기 분포를 나타낸 모식도로 가장 적절한 것은? (단, ■은 정자극기, □은 역자극기이다.) **3점**

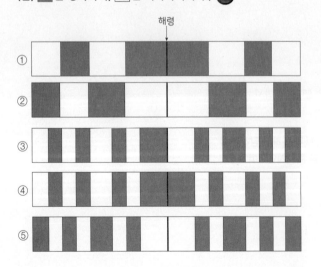

3

고지자기
[2021년 4월 학평 1번]

그림 (가)와 (나)는 각각 서로 다른 해령 부근에서 열곡으로부터의 거리에 따른 해양 지각의 나이와 고지자기 분포를 나타낸 것이다.

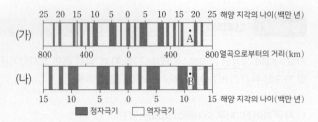

이 자료에 대한 설명으로 옳은 것만을 〈보기〉에서 있는 대로 고른 것은?

보기

ㄱ. 해양 지각의 나이는 A와 B 지점이 같다.

ㄴ. B 지점의 해양 지각이 생성될 당시 지구 자기장의 방향은 현재와 같았다.

ㄷ. 해양 지각의 평균 이동 속력은 (가)보다 (나)에서 빠르게 나타난다.

① ㄱ　　② ㄷ　　③ ㄱ, ㄴ　　④ ㄴ, ㄷ　　⑤ ㄱ, ㄴ, ㄷ

4

고지자기
[2022년 7월 학평 2번]

표는 현재 40°N에 위치한 A와 B 지역의 암석에서 측정한 연령, 고지자기 복각, 생성 당시 지구 자기의 역전 여부를 나타낸 것이다. 고지자기극은 고지자기 방향으로 추정한 지리상의 북극이고, 지리상 북극은 변하지 않았다.

지역	연령 (백만 년)	고지자기 복각	생성 당시 지구 자기의 역전 여부
A	45	+10°	× (정자극기)
B	10	+40°	× (정자극기)

이에 대한 설명으로 옳은 것만을 〈보기〉에서 있는 대로 고른 것은?

보기

ㄱ. 4500만 년 전 지구의 자기장 방향은 현재와 반대였다.

ㄴ. A의 현재 위치는 4500만 년 전보다 고위도이다.

ㄷ. B는 1000만 년 전 북반구에 위치하였다.

① ㄱ　　② ㄴ　　③ ㄱ, ㄷ　　④ ㄴ, ㄷ　　⑤ ㄱ, ㄴ, ㄷ

5
고지자기 [지Ⅱ 2016년 4월 학평 16번]

그림은 해령 A, B, C 부근의 고지자기 분포 자료를 통해 구한 해양 지각의 나이를 해령으로부터의 거리에 따라 나타낸 것이다.

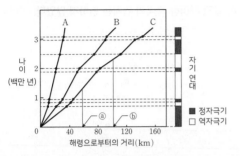

이에 대한 설명으로 옳은 것만을 〈보기〉에서 있는 대로 고른 것은? (3점)

보기
ㄱ. 150만 년 전의 지구 자기장은 정자극기에 해당한다.
ㄴ. 평균 해저 확장 속도가 가장 빠른 곳은 C 부근이다.
ㄷ. 해령 C로부터 거리가 ⓑ인 지점은 ⓐ인 지점보다 해저 퇴적물의 두께가 두꺼울 것이다.

① ㄱ ② ㄴ ③ ㄱ, ㄷ ④ ㄴ, ㄷ ⑤ ㄱ, ㄴ, ㄷ

6
고지자기 [2022년 3월 학평 3번]

그림은 두 해역 A, B의 해저 퇴적물에서 측정한 잔류 자기 분포를 나타낸 것이다. ⊙과 ⓒ은 각각 정자극기와 역자극기 중 하나이다. 이에 대한 옳은 설명만을 〈보기〉에서 있는 대로 고른 것은? (3점)

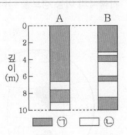

보기
ㄱ. ⊙은 정자극기, ⓒ은 역자극기에 해당한다.
ㄴ. 6m 깊이에서 퇴적물의 나이는 A가 B보다 많다.
ㄷ. 베게너는 해저 퇴적물에서 측정한 잔류 자기 분포를 대륙 이동의 증거로 제시하였다.

① ㄱ ② ㄴ ③ ㄷ ④ ㄱ, ㄷ ⑤ ㄴ, ㄷ

7
고지자기 [2020년 3월 학평 2번]

그림은 7100만 년 전부터 현재까지 인도 대륙의 위치 변화를 나타낸 것이다.

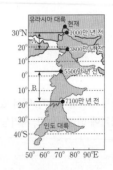

이에 대한 옳은 설명만을 〈보기〉에서 있는 대로 고른 것은?

보기
ㄱ. 1000만 년 전에 인도 대륙과 유라시아 대륙 사이에는 수렴형 경계가 존재하였다.
ㄴ. 인도 대륙의 평균 이동 속도는 A 구간보다 B 구간에서 빨랐다.
ㄷ. 이 기간 동안 인도 대륙에서 생성된 암석들의 복각은 동일하다.

① ㄱ ② ㄷ ③ ㄱ, ㄴ ④ ㄴ, ㄷ ⑤ ㄱ, ㄴ, ㄷ

8
고지자기 [2023년 7월 학평 6번]

그림은 지괴 A와 B의 현재 위치와 시기별 고지자기극 위치를 나타낸 것이다. 고지자기극은 이 지괴의 고지자기 방향으로 추정한 지리상 북극이고, 실제 지리상 북극의 위치는 변하지 않았다.
이에 대한 설명으로 옳은 것만을 〈보기〉에서 있는 대로 고른 것은? (3점)

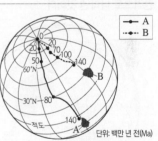

단위: 백만 년 전(Ma)

보기
ㄱ. 140Ma~0Ma 동안 A는 적도에 위치한 시기가 있었다.
ㄴ. 50Ma일 때 복각의 절댓값은 A가 B보다 크다.
ㄷ. 80Ma~20Ma 동안 지괴의 평균 이동 속도는 A가 B보다 빠르다.

① ㄱ ② ㄴ ③ ㄱ, ㄷ ④ ㄴ, ㄷ ⑤ ㄱ, ㄴ, ㄷ

9

그림은 인도 대륙 중앙의 한 지점에서 채취한 암석 A, B, C의 나이와 암석이 생성될 당시 고지자기의 방향과 복각을 나타낸 것이다.

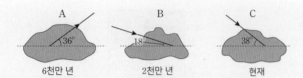

이에 대한 설명으로 옳은 것만을 〈보기〉에서 있는 대로 고른 것은? (단, A, B, C는 정자극기에 생성되었고, 지리상 북극의 위치는 변하지 않았다.) 3점

보기
ㄱ. A는 생성될 당시 남반구에 있었다.
ㄴ. B가 C보다 고위도에서 생성되었다.
ㄷ. A가 만들어진 이후 히말라야 산맥이 형성되었다.

① ㄱ   ② ㄴ   ③ ㄱ, ㄷ   ④ ㄴ, ㄷ   ⑤ ㄱ, ㄴ, ㄷ

10

그림은 인도와 오스트레일리아 대륙에서 측정한 1억 4천만 년 전부터 현재까지 고지자기 남극의 겉보기 이동 경로를 천만 년 간격으로 나타낸 것이다.

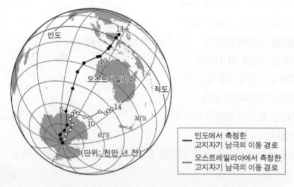

이 자료에 대한 옳은 설명만을 〈보기〉에서 있는 대로 고른 것은? (단, 고지자기 남극은 각 대륙의 고지자기 방향으로 추정한 지리상 남극이며 실제 지리상 남극의 위치는 변하지 않았다.) 3점

보기
ㄱ. 1억 4천만 년 전에 인도와 오스트레일리아 대륙은 모두 남반구에 위치하였다.
ㄴ. 인도 대륙의 평균 이동 속도는 6천만 년 전~7천만 년 전이 5천만 년 전~6천만 년 전보다 빨랐다.
ㄷ. 오스트레일리아 대륙에서 복각의 절댓값은 현재가 1억 년 전보다 크다.

① ㄱ   ② ㄴ   ③ ㄱ, ㄷ   ④ ㄴ, ㄷ   ⑤ ㄱ, ㄴ, ㄷ

11

그림은 어느 지괴의 현재 위치와 시기별 고지자기극 위치를 나타낸 것이다. 고지자기극은 이 지괴의 고지자기 방향으로 추정한 지리상 북극이고, 실제 지리상 북극의 위치는 변하지 않았다.

단위 : 백만 년 전(Ma)

이 지괴에 대한 설명으로 옳은 것만을 〈보기〉에서 있는 대로 고른 것은? 3점

보기
ㄱ. 200Ma에는 남반구에 위치하였다.
ㄴ. 150Ma~100Ma 동안 고지자기 복각은 감소하였다.
ㄷ. 200Ma~0Ma 동안 이동 속도는 점점 빨라졌다.

① ㄱ   ② ㄴ   ③ ㄷ   ④ ㄱ, ㄴ   ⑤ ㄴ, ㄷ

12

그림 (가)는 과거 어느 시점에 대륙 A, B의 위치와 대륙 A의 이동 방향을, (나)는 현재 대륙 A, B의 위치와 대륙 A에서 측정한 겉보기 자북극의 이동 경로를 나타낸 것이다.

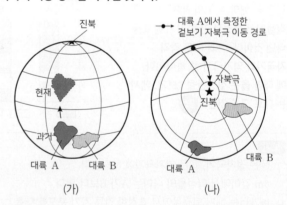

(가)   (나)

이에 대한 설명으로 옳은 것만을 〈보기〉에서 있는 대로 고른 것은? 3점

보기
ㄱ. 대륙을 이동시킨 원동력은 맨틀 대류이다.
ㄴ. (가) → (나) 기간 동안 대륙의 평균 이동 속도는 A가 B보다 빠르다.
ㄷ. (가) → (나) 기간 동안 대륙 A와 B에서 측정한 겉보기 자북극의 이동 경로는 같다.

① ㄱ   ② ㄴ   ③ ㄱ, ㄷ   ④ ㄴ, ㄷ   ⑤ ㄱ, ㄴ, ㄷ

13

그림은 고지자기 복각과 위도의 관계를 나타낸 것이고, 표는 어느 대륙의 한 지역에서 생성된 화성암 A~D의 생성 시기와 고지자기 복각을 측정한 자료이다.

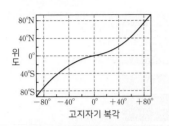

화성암	생성 시기	고지자기 복각
A	현재	$+38°$
B	↑	$+18°$
C	↓	$-37°$
D	과거	$-48°$

이 지역에 대한 설명으로 옳은 것만을 〈보기〉에서 있는 대로 고른 것은? (단, 화성암 A~D는 정자극기일 때 생성되었고, 지리상 북극의 위치는 변하지 않았다.) 3점

> **보기**
> ㄱ. A가 생성될 당시 북반구에 위치하였다.
> ㄴ. B가 생성될 당시 위도와 C가 생성될 당시 위도의 차는 55°이다.
> ㄷ. D가 생성된 이후 현재까지 남쪽으로 이동하였다.

① ㄱ   ② ㄴ   ③ ㄱ, ㄷ   ④ ㄴ, ㄷ   ⑤ ㄱ, ㄴ, ㄷ

14

그림은 어느 해령 부근의 X−X′ 구간을 직선으로 이동하며 측정한 해양 지각의 나이를 나타낸 것이다.

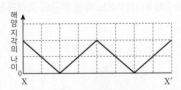

측정한 지역 부근의 고지자기 분포로 가장 적절한 것은? (단, ■은 정자극기, □은 역자극기이다.) 3점

① 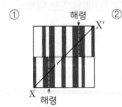   ② 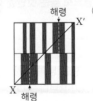   ③

④ 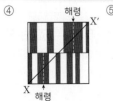   ⑤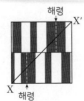

15

그림 (가)는 어느 지괴의 한 지점에서 서로 다른 세 시기에 생성된 화성암 A, B, C의 고지자기 복각을, (나)는 500만 년 동안의 고지자기 연대표를 나타낸 것이다. A, B, C의 절대 연령은 각각 10만 년, 150만 년, 400만 년 중 하나이며, 이 지괴는 계속 북쪽으로 이동하였다.

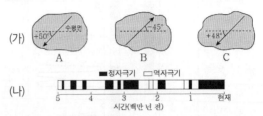

이에 대한 옳은 설명만을 〈보기〉에서 있는 대로 고른 것은? (단, 이 지괴는 최근 400만 년 동안 적도를 통과하지 않았다.) 3점

> **보기**
> ㄱ. 이 지괴는 북반구에 위치한다.
> ㄴ. 정자극기에 생성된 암석은 B이다.
> ㄷ. 화성암의 생성 순서는 A → C → B이다.

① ㄱ   ② ㄴ   ③ ㄱ, ㄷ   ④ ㄴ, ㄷ   ⑤ ㄱ, ㄴ, ㄷ

16

그림은 6000만 년 전부터 현재까지 인도 대륙의 고지자기 방향으로 추정한 지리상 북극의 위치 변화를 현재 인도 대륙의 위치를 기준으로 나타낸 것이다. 이 기간 동안 실제 지리상 북극의 위치는 변하지 않았다.

이에 대한 옳은 설명만을 〈보기〉에서 있는 대로 고른 것은? 3점

> **보기**
> ㄱ. 이 기간 동안 인도 대륙의 이동 속도는 계속 빨라졌다.
> ㄴ. 인도 대륙은 6000만 년 전 ~ 4000만 년 전에 적도 부근에 위치하였다.
> ㄷ. 4000만 년 전부터 현재까지 인도 대륙에서 고지자기 복각의 크기는 계속 작아졌다.

① ㄱ   ② ㄴ   ③ ㄱ, ㄷ   ④ ㄴ, ㄷ   ⑤ ㄱ, ㄴ, ㄷ

그림은 서로 다른 두 해역 (가)와 (나)의 해저 퇴적물 시추 코어에서 측정한 잔류 자기의 복각과 자극기를 깊이에 따라 나타낸 것이다. 점선은 두 해저 퇴적물의 절대 연령이 같은 깊이를 연결한 것이다.

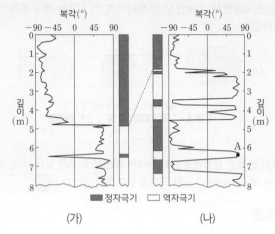

(가)　　　　　(나)

정자극기　　역자극기

이에 대한 설명으로 옳은 것만을 <보기>에서 있는 대로 고른 것은? 3점

보기
ㄱ. (가)와 (나)의 현재 위치는 남반구이다.
ㄴ. 깊이 0~5m의 퇴적 시간은 (가)가 (나)보다 길다.
ㄷ. A가 형성될 당시의 자북극은 현재의 북반구에 위치한다.

① ㄱ　　② ㄴ　　③ ㄱ, ㄷ　　④ ㄴ, ㄷ　　⑤ ㄱ, ㄴ, ㄷ

그림은 어느 지괴의 현재 위치와 시기별 고지자기극 위치를 나타낸 것이다. 고지자기극은 고지자기 방향으로부터 추정한 지리상 북극이고, 실제 진북은 변하지 않았다. 그림의 경도선과 위도선 간격은 각각 30°이다.

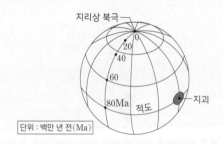

단위 : 백만 년 전(Ma)

이 기간 동안 지괴에 대한 설명으로 옳은 것만을 <보기>에서 있는 대로 고른 것은? 3점

보기
ㄱ. 고지자기 복각이 감소하였다.
ㄴ. 시계 반대 방향으로 회전하였다.
ㄷ. 90° 회전하였다.

① ㄱ　　② ㄷ　　③ ㄱ, ㄴ　　④ ㄴ, ㄷ　　⑤ ㄱ, ㄴ, ㄷ

그림은 북반구에 위치한 어느 해령의 이동을 알아보기 위해 해령 주변 암석에 기록된 고지자기 복각과 고지자기로 추정한 진북 방향을 진앙 분포와 함께 나타낸 모식도이다.

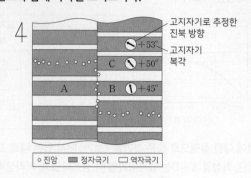

고지자기로 추정한 진북 방향
고지자기 복각

○ 진앙　■ 정자극기　□ 역자극기

이에 대한 설명으로 옳은 것만을 <보기>에서 있는 대로 고른 것은? (단, 진북의 위치는 변하지 않았다.) 3점

보기
ㄱ. A와 B는 같은 시기에 생성되었다.
ㄴ. 해령은 C 시기 이후에 고위도로 이동하였다.
ㄷ. 이 해령은 시계 반대 방향으로 회전해 오면서 현재에 이르렀다.

① ㄱ　　② ㄴ　　③ ㄱ, ㄷ　　④ ㄴ, ㄷ　　⑤ ㄱ, ㄴ, ㄷ

그림은 위도 50°S에 위치한 어느 해령 부근의 고지자기 분포를 나타낸 모식도이다.

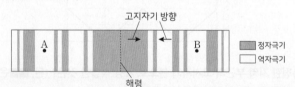

고지자기 방향

해령

■ 정자극기　□ 역자극기

지역 A와 B에 대한 설명으로 옳은 것만을 <보기>에서 있는 대로 고른 것은? 3점

보기
ㄱ. A에서 고지자기 방향은 남쪽을 가리킨다.
ㄴ. 고지자기 복각은 A가 B보다 크다.
ㄷ. A는 B보다 저위도에 위치한다.

① ㄱ　　② ㄴ　　③ ㄱ, ㄷ　　④ ㄴ, ㄷ　　⑤ ㄱ, ㄴ, ㄷ

21 [2023 평가원]

고지자기
[2023학년도 9월 모평 17번]

그림은 어느 지괴의 현재 위치와 시기별 고지자기극의 위치를 나타낸
것이다. 고지자기극은 고지자기 방향으로 추정한 지리상 북극이고,
지리상 북극은 변하지 않았다. 현재 지자기 북극은 지리상 북극과
일치한다.

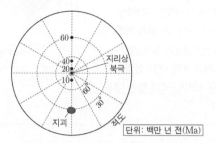

단위: 백만 년 전(Ma)

이 지괴에 대한 설명으로 옳은 것만을 〈보기〉에서 있는 대로 고른
것은?

보기
ㄱ. 지괴는 60Ma~40Ma가 40Ma~20Ma보다 빠르게 이동
하였다.
ㄴ. 60Ma에 생성된 암석에 기록된 고지자기 복각은 (+) 값이다.
ㄷ. 10Ma부터 현재까지 지괴의 이동 방향은 북쪽이다.

① ㄱ ② ㄴ ③ ㄱ, ㄷ ④ ㄴ, ㄷ ⑤ ㄱ, ㄴ, ㄷ

22

고지자기
[지Ⅱ 2017학년도 수능 19번]

표는 대륙의 이동을 알아보기 위해 어느 지괴의 암석에 기록된 지질
시대별 고지자기 복각과 진북 방향을 나타낸 것이다.

지질 시대	쥐라기	전기 백악기	후기 백악기	제3기
고지자기 복각	+25°	+36°	+44°	+50°
진북 방향	지괴 63°	35°	17°	0°

(◀--- 진북 방향 ◀— 고지자기로 추정한 진북 방향)

이 지괴에 대한 설명으로 옳은 것만을 〈보기〉에서 있는 대로 고른
것은? (단, 진북의 위치는 변하지 않았다.)

보기
ㄱ. 제3기에 북반구에 위치하였다.
ㄴ. 백악기 동안 고위도 방향으로 이동하였다.
ㄷ. 쥐라기 이후 시계 방향으로 회전하였다.

① ㄱ ② ㄷ ③ ㄱ, ㄴ ④ ㄴ, ㄷ ⑤ ㄱ, ㄴ, ㄷ

23

고지자기
[2021학년도 9월 모평 20번]

그림은 유럽과 북아메리카 대륙에서 측정한 5억 년 전부터 ⓒ시기까지
고지자기극의 겉보기 이동 경로를 겹쳤을 때의 대륙 모습을 나타낸
것이다. 고지자기극은 고지자기 방향으로부터 추정한 지리상
북극이고, 실제 진북은 변하지 않았다.

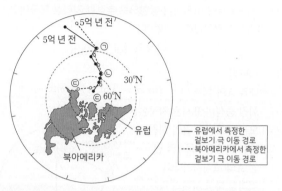

— 유럽에서 측정한
겉보기 극 이동 경로
---- 북아메리카에서 측정한
겉보기 극 이동 경로

이 자료에 대한 설명으로 옳은 것만을 〈보기〉에서 있는 대로 고른
것은? 3점

보기
ㄱ. 5억 년 전에 지자기 북극은 적도 부근에 위치하였다.
ㄴ. 북아메리카에서 측정한 고지자기 복각은 ⓒ시기가 ㉠시기보다
크다.
ㄷ. 유럽은 ⓒ시기부터 ⓒ시기까지 저위도 방향으로 이동하였다.

① ㄱ ② ㄴ ③ ㄱ, ㄷ ④ ㄴ, ㄷ ⑤ ㄱ, ㄴ, ㄷ

다음은 고지자기 자료를 이용하여 대륙의 과거 위치를 알아보기 위한 탐구 활동이다.

[가정]
o 고지자기극은 고지자기 방향으로 추정한 지리상 북극이고, 지리상 북극은 변하지 않았다.
o 현재 지자기 북극은 지리상 북극과 일치한다.

[탐구 과정]
(가) 대륙 A의 현재 위치, 1억 년 전 A의 고지자기극 위치, 회전 중심이 표시된 지구본을 준비한다.
(나) 오른쪽 그림과 같이 회전 중심을 중심으로 1억 년 전 A의 고지자기극과 지리상 북극 사이의 각 (θ)을 측정한다.

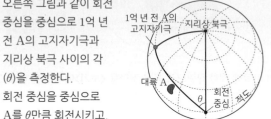

(다) 회전 중심을 중심으로 A를 θ만큼 회전시키고, 1억 년 전 A의 위치를 표시한 후, 현재와 1억 년 전 A의 위치를 비교한다. 회전 방향은 1억 년 전 A의 고지자기극이 (㉠)을/를 향하는 방향이다.

[탐구 결과]
o 각(θ) : (　　　)
o 대륙 A의 위치 비교 : 1억 년 전 A의 위치는 현재보다 (㉡)에 위치한다.

이에 대한 설명으로 옳은 것만을 〈보기〉에서 있는 대로 고른 것은? (3점)

보기
ㄱ. 지리상 북극은 ㉠에 해당한다.
ㄴ. 고위도는 ㉡에 해당한다.
ㄷ. A의 고지자기 복각은 1억 년 전이 현재보다 작다.

① ㄱ　　② ㄷ　　③ ㄱ, ㄴ　　④ ㄴ, ㄷ　　⑤ ㄱ, ㄴ, ㄷ

그림은 남아메리카 대륙의 현재 위치와 시기별 고지자기극의 위치를 나타낸 것이다. 고지자기극은 남아메리카 대륙의 고지자기 방향으로 추정한 지리상 남극이고, 지리상 남극은 변하지 않았다. 현재 지자기 남극은 지리상 남극과 일치한다. 대륙 위의 지점 A에 대한 설명으로 옳은 것만을 〈보기〉에서 있는 대로 고른 것은?

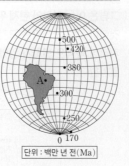

단위 : 백만 년 전(Ma)

보기
ㄱ. 500Ma에는 북반구에 위치하였다.
ㄴ. 복각의 절댓값은 300Ma일 때가 250Ma일 때보다 컸다.
ㄷ. 250Ma일 때는 170Ma일 때보다 북쪽에 위치하였다.

① ㄱ　　② ㄴ　　③ ㄷ　　④ ㄱ, ㄴ　　⑤ ㄱ, ㄷ

그림은 고정된 열점에서 형성된 화산섬 A, B, C를, 표는 A, B, C의 연령, 위도, 고지자기 복각을 나타낸 것이다. A, B, C는 동일 경도에 위치한다.

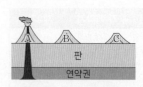

화산섬	A	B	C
연령 (백만 년)	0	15	40
위도	10°N	20°N	40°N
고지자기 복각	(　)	(㉠)	(㉡)

이 자료에 대한 설명으로 옳은 것만을 〈보기〉에서 있는 대로 고른 것은? (단, 고지자기극은 고지자기 방향으로 추정한 지리상 북극이고, 지리상 북극은 변하지 않았다.) (3점)

보기
ㄱ. ㉠은 ㉡보다 작다.
ㄴ. 판의 이동 방향은 북쪽이다.
ㄷ. B에서 구한 고지자기극의 위도는 80°N이다.

① ㄱ　　② ㄴ　　③ ㄱ, ㄷ　　④ ㄴ, ㄷ　　⑤ ㄱ, ㄴ, ㄷ

27
지질 시대의 대륙 분포 변화
[2021년 3월 학평 3번]

그림 (가), (나), (다)는 서로 다른 세 시기의 대륙 분포를 나타낸 것이다.

(가)　　　　　　(나)　　　　　　(다)

이에 대한 옳은 설명만을 〈보기〉에서 있는 대로 고른 것은?

보기
ㄱ. (가)의 초대륙은 고생대 말에 형성되었다.
ㄴ. (나)의 초대륙이 형성되는 과정에서 습곡 산맥이 만들어졌다.
ㄷ. (다)에서 대서양의 면적은 현재보다 좁다.

① ㄱ　② ㄴ　③ ㄱ, ㄷ　④ ㄴ, ㄷ　⑤ ㄱ, ㄴ, ㄷ

28
지질 시대의 대륙 분포 변화
[2021년 7월 학평 1번]

그림 (가)와 (나)는 고생대 이후 서로 다른 두 시기의 대륙 분포를 나타낸 것이다.

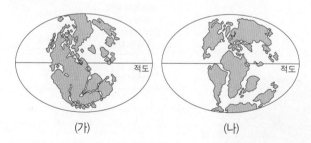

(가)　　　　　　(나)

이에 대한 설명으로 옳은 것만을 〈보기〉에서 있는 대로 고른 것은?

보기
ㄱ. 내륙 분포는 (가)에서 (나)로 변하였다.
ㄴ. (나)에 애팔래치아 산맥이 존재하였다.
ㄷ. (가)와 (나) 모두 인도 대륙은 남반구에 존재하였다.

① ㄱ　② ㄴ　③ ㄱ, ㄷ　④ ㄴ, ㄷ　⑤ ㄱ, ㄴ, ㄷ

29　2024 평가원
고지자기
[2024학년도 9월 모평 20번]

그림은 남반구에 위치한 열점에서 생성된 화산섬의 위치와 연령을 나타낸 것이다. 해양판 A와 B에는 각각 하나의 열점이 존재하고, 열점에서 생성된 화산섬은 동일 경도상을 따라 각각 일정한 속도로 이동한다.

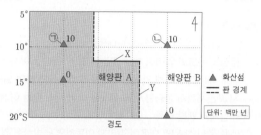

이 자료에 대한 설명으로 옳은 것만을 〈보기〉에서 있는 대로 고른 것은? (단, 고지자기극은 고지자기 방향으로 추정한 지리상 북극이고, 지리상 북극은 변하지 않았다.) 3점

보기
ㄱ. 판의 경계에서 화산 활동은 X가 Y보다 활발하다.
ㄴ. 고지자기 복각의 절댓값은 화산섬 ㉠과 ㉡이 같다.
ㄷ. 화산섬 ㉠에서 구한 고지자기극은 화산섬 ㉡에서 구한 고지자기극보다 저위도에 위치한다.

① ㄱ　② ㄴ　③ ㄷ　④ ㄱ, ㄴ　⑤ ㄱ, ㄷ

30　2024 수능
고지자기
[2024학년도 수능 20번]

그림은 지괴 A와 B의 현재 위치와 ㉠ 시기부터 ㉡ 시기까지 시기별 고지자기극의 위치를 나타낸 것이다. A와 B는 동일 경도를 따라 일정한 방향으로 이동하였으며, ㉠부터 현재까지의 어느 시기에 서로 한 번 분리된 후 현재의 위치에 있다.

이 자료에 대한 설명으로 옳은 것만을 〈보기〉에서 있는 대로 고른 것은? (단, 고지자기극은 고지자기 방향으로 추정한 지리상 북극이고, 지리상 북극은 변하지 않았다.) 3점

보기
ㄱ. A에서 구한 고지자기 복각의 절댓값은 ㉠이 ㉡보다 작다.
ㄴ. A와 B는 북반구에서 분리되었다.
ㄷ. ㉡부터 현재까지의 평균 이동 속도는 A가 B보다 빠르다.

① ㄱ　② ㄷ　③ ㄱ, ㄴ　④ ㄴ, ㄷ　⑤ ㄱ, ㄴ, ㄷ

정답과 해설　27　p.47　28　p.47　29　p.48　30　p.49

개념편 동영상 강의

지1-1-03(개)

Ⅰ. 고체 지구의 변화

1. 지권의 변동

문제편 동영상 강의

지1-1-03(문)

03 맨틀 대류와 플룸 구조론

필수개념 1 **맨틀 대류**

1. 맨틀 대류

1) 맨틀 대류: 고체 상태의 맨틀이 대류를 하는 원인

→ 물질의 온도와 압력이 높은 조건이 되면, 연성(휘어지는 성질)을 갖게 되는데, 그 상태에서 지구 내부 에너지에 의해 가열된 부분은 부피가 팽창하여 밀도가 감소해 부력을 얻어 상승하게 되고, 지표 근처까지 상승한 맨틀 물질은 식어 다시 맨틀 아래쪽으로 하강하게 된다.

2) 판의 경계와 맨틀 대류

① 맨틀 물질 상승부: 대륙이 갈라져 이동하면서 발산형 경계 형성. 해령, 열곡대 등

② 맨틀 물질 하강부: 해양판이나 대륙판이 다른 판 아래로 들어가면서 수렴형 경계 형성. 해구, 습곡 산맥 등

3) 판 이동의 원동력

① 판을 당기는 힘: 차가워진 암석권이 섭입대에서 연약권 아래로 판을 잡아당김

② 판을 밀어 내는 힘: 해령에서 맨틀이 상승함에 따라 마그마가 분출되며 판을 밀어냄

③ 맨틀 대류: 연약권 대류로 판이 이동함

④ 판의 무게: 해령에서 해구로 갈수록 깊이가 깊어짐에 따라 발생하는 중력에 의해 판이 이동함

필수개념 2 **플룸 구조론**

1. 플룸 구조론 등장 배경: 판 구조론으로 설명할 수 없는 판 내부에서의 화산 활동을 설명하기 위한 대안

2. 플룸: 지각과 맨틀 그리고 핵 사이에서 상승과 하강을 하는 거대한 기둥 모양의 물질과 에너지 흐름

1) 차가운 플룸: 하강하는 저온의 맨틀 물질. 섭입된 판이 상부 맨틀과 하부 맨틀 경계부에 쌓여 있다가 밀도가 커지면서 핵의 경계까지 가라앉게 되는 하강류.

2) 뜨거운 플룸: 상승하는 고온의 맨틀 물질. 차가운 플룸이 외핵의 경계에 도달하면 열을 전달 받게 되고 그에 따라 위로 상승하는 작용이 일어나 형성되는 상승류.

3) 열점: 뜨거운 플룸과 지표면이 만나는 지점 아래에 위치한 마그마 생성 지점.

3. 플룸 구조론

1) 플룸 구조론의 모식도

① 아시아 지역에 약 3억 년 전에 형성된 거대한 차가운 플룸이 있다.

② 남태평양과 아프리카에 뜨거운 플룸이 위치. 아프리카 슈퍼 플룸은 아프리카 대륙을 분리시켰고 남태평양 슈퍼 플룸은 곤드와나 대륙을 분리시켰다.

③ 플룸 구조 조사 방법: 지진파 속도 분포 → 맨틀 온도 분포 추정

④ 기존 판 구조론은 지표면에서 발생하는 지각 변동 설명, 플룸 구조론은 지구 내부 운동까지 설명.

2) 주변보다 온도가 높으면 지진파 전달 속도가 느리고, 주변보다 온도가 낮으면 지진파의 전달 속도가 빠르기 때문에 뜨거운 플룸과 차가운 플룸의 위치를 지진파 전달 속도로 유추할 수 있다.

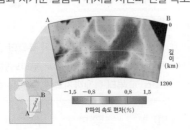

기본자료

▶ 판을 이동시키는 힘
맨틀이 대류하는 과정에서 발생하는 여러 힘이 함께 작용하여 판이 이동하는 것으로 해석

▶ 섭입된 판의 밀도 변화
상부 맨틀의 최하단인 지하 670km 부근까지 섭입된 판은 더 이상 지하 내부로 들어가지 못하고 쌓임. 판이 쌓이면서 냉각과 압축이 진행되어 밀도가 커지면 가라 앉아 차가운 플룸을 형성

▶ 맨틀 대류와 플룸 구조론 비교

맨틀 대류 (상부맨틀의 운동)	플룸 구조론
연약권 내에서 일어남	맨틀 전체에서 일어남
지표에서 판의 수평 운동, 섭입대에서 수직 운동을 설명	지구 내부의 대규모 수직 운동을 주로 설명
예 해령, 해구, 변환 단층	**예** 열점

1 2022 평가원

그림 (가)와 (나)는 남아메리카와 아프리카 주변에서 발생한 지진의 진앙 분포를 나타낸 것이다.

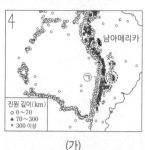 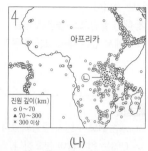

(가)   (나)

지역 ㉠과 ㉡에 대한 설명으로 옳은 것만을 <보기>에서 있는 대로 고른 것은?

보기
ㄱ. ㉠의 하부에는 침강하는 해양판이 잡아당기는 힘이 작용한다.
ㄴ. ㉡의 하부에는 외핵과 맨틀의 경계부에서 상승하는 플룸이 있다.
ㄷ. 진원의 평균 깊이는 ㉠이 ㉡보다 깊다.

① ㄱ　　② ㄷ　　③ ㄱ, ㄴ　　④ ㄴ, ㄷ　　⑤ ㄱ, ㄴ, ㄷ

2 2023 평가원

그림은 상부 맨틀에서만 대류가 일어나는 모형을 나타낸 것이다.

이 모형에 대한 설명으로 옳은 것만을 <보기>에서 있는 대로 고른 것은? 3점

보기
ㄱ. 판을 이동시키는 힘의 원동력을 설명할 수 있다.
ㄴ. 해양 지각의 평균 연령이 대륙 지각의 평균 연령보다 적은 이유를 설명할 수 있다.
ㄷ. 뜨거운 플룸이 핵과 맨틀의 경계 부근에서 생성되어 상승하는 것을 설명할 수 있다.

① ㄱ　　② ㄴ　　③ ㄷ　　④ ㄱ, ㄴ　　⑤ ㄱ, ㄷ

3

그림은 플룸 구조론을 나타낸 모식도이다. A와 B는 각각 뜨거운 플룸과 차가운 플룸 중 하나이며, a, b, c는 동일한 열점에서 생성된 화산섬이다.

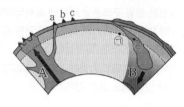

이에 대한 옳은 설명만을 <보기>에서 있는 대로 고른 것은?

보기
ㄱ. A는 뜨거운 플룸이다.
ㄴ. 밀도는 ㉠ 지점이 ㉡ 지점보다 작다.
ㄷ. 화산섬의 나이는 a>b>c이다.

① ㄱ　　② ㄷ　　③ ㄱ, ㄴ　　④ ㄴ, ㄷ　　⑤ ㄱ, ㄴ, ㄷ

4

그림 (가)는 지구의 플룸 구조 모식도이고, (나)는 판의 경계와 열점의 분포를 나타낸 것이다. (가)의 ㉠~㉣은 플룸이 상승하거나 하강하는 곳이고, 이들의 대략적 위치는 각각 (나)의 A~D 중 하나이다.

 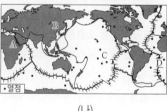

(가)   (나)

이에 대한 설명으로 옳은 것만을 <보기>에서 있는 대로 고른 것은?
3점

보기
ㄱ. A는 ㉠에 해당한다.
ㄴ. 열점은 판과 같은 방향과 속력으로 움직인다.
ㄷ. 대규모의 뜨거운 플룸은 맨틀과 외핵의 경계부에서 생성된다.

① ㄱ　　② ㄷ　　③ ㄱ, ㄴ　　④ ㄴ, ㄷ　　⑤ ㄱ, ㄴ, ㄷ

5 `2023 수능`

그림은 플룸 구조론을 나타낸 모식도이다.
A와 B는 각각 차가운 플룸과 뜨거운 플룸
중 하나이고, ㉠은 화산섬이다.
이에 대한 설명으로 옳은 것만을 <보기>
에서 있는 대로 고른 것은?

보기
ㄱ. A는 섭입한 해양판에 의해 형성된다.
ㄴ. B는 태평양에 여러 화산을 형성한다.
ㄷ. ㉠을 형성한 열점은 판과 같은 방향으로 움직인다.

① ㄱ　　② ㄷ　　③ ㄱ, ㄴ　　④ ㄴ, ㄷ　　⑤ ㄱ, ㄴ, ㄷ

7

그림은 태평양판에 위치한 열점들에
의해 형성된 섬과 해산의 일부를
나타낸 것이다.
이에 대한 설명으로 옳은 것만을
<보기>에서 있는 대로 고른 것은?

보기
ㄱ. A는 B보다 먼저 형성되었다.
ㄴ. C에는 현무암이 분포한다.
ㄷ. 태평양판의 이동 방향은 남동쪽이다.

① ㄱ　　② ㄷ　　③ ㄱ, ㄴ　　④ ㄴ, ㄷ　　⑤ ㄱ, ㄴ, ㄷ

---

6 `2023 평가원`

다음은 어느 플룸의 연직 이동 원리를 알아보기 위한 실험이다.

[실험 목표]
○ (A)의 연직 이동 원리를 설명할 수 있다.

[실험 과정]
(가) 비커에 5℃ 물 800mL를 담는다.
(나) 그림과 같이 비커 바닥에 수성 잉크 소량을
　　스포이트로 주입한다.
(다) 비커 바닥의 물이 고르게 착색된 후, 비커
　　바닥 중앙을 촛불로 30초간 가열하면서
　　착색된 물이 움직이는 모습을 관찰한다.

물
잉크

[실험 결과]
○ 그림과 같이 착색된 물이 밀도 차에
　의해 (B)하는 모습이 관찰되었다.

이에 대한 설명으로 옳은 것만을 <보기>에서 있는 대로 고른 것은?
`3점`

보기
ㄱ. '뜨거운 플룸'은 A에 해당한다.
ㄴ. '상승'은 B에 해당한다.
ㄷ. 플룸은 내핵과 외핵의 경계에서 생성된다.

① ㄱ　　② ㄷ　　③ ㄱ, ㄴ　　④ ㄴ, ㄷ　　⑤ ㄱ, ㄴ, ㄷ

---

8 `2024 평가원`

그림은 플룸 구조론을 나타낸
모식도이다. A와 B는 각각 뜨거운
플룸과 차가운 플룸 중 하나이다.
이에 대한 설명으로 옳은 것만을
<보기>에서 있는 대로 고른 것은?

5100 2900　　0
(단위 : km)

보기
ㄱ. A는 뜨거운 플룸이다.
ㄴ. B에 의해 여러 개의 화산이 형성될 수 있다.
ㄷ. B는 내핵과 외핵의 경계에서 생성된다.

① ㄱ　　② ㄴ　　③ ㄷ　　④ ㄱ, ㄴ　　⑤ ㄴ, ㄷ

정답과 해설 | 5 | p.53 | 6 | p.53 | 7 | p.54 | 8 | p.54

9

그림은 두 지역 (가)와 (나)에서 지하의 온도 분포와 판의 구조를 나타낸 것이다. (가)와 (나)에서는 각각 플룸의 상승류와 하강류 중 하나가 나타난다.

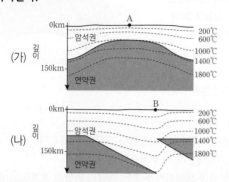

이에 대한 옳은 설명만을 〈보기〉에서 있는 대로 고른 것은? 3점

보기
ㄱ. 0∼150km 사이에서 깊이에 따른 온도 증가율은 A보다 B에서 크다.
ㄴ. (가)의 하부에는 차가운 플룸이 존재한다.
ㄷ. (나)에서는 섭입하는 판을 지구 내부로 잡아당기는 힘이 작용하고 있다.

① ㄱ   ② ㄷ   ③ ㄱ, ㄴ   ④ ㄱ, ㄷ   ⑤ ㄴ, ㄷ

10

그림은 태평양판에 위치한 하와이 열도의 각 섬들을 화산의 연령과 함께 나타낸 것이다.
이에 대한 설명으로 옳은 것만을 〈보기〉에서 있는 대로 고른 것은?

보기
ㄱ. 태평양판은 일정한 속도로 이동하였다.
ㄴ. 하와이섬은 뜨거운 플룸의 상승에 의해 생성된 지역이다.
ㄷ. 새로 생성되는 섬은 하와이섬의 북서쪽에 위치할 것이다.

① ㄱ   ② ㄴ   ③ ㄷ   ④ ㄱ, ㄴ   ⑤ ㄴ, ㄷ

11

그림은 뜨거운 플룸이 상승하는 모습을 나타낸 것이다.

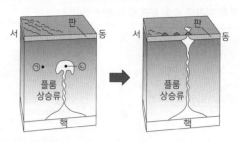

이에 대한 옳은 설명만을 〈보기〉에서 있는 대로 고른 것은?

보기
ㄱ. 판은 서쪽으로 이동하였다.
ㄴ. 밀도는 ㉠ 지점이 ㉡ 지점보다 작다.
ㄷ. 뜨거운 플룸은 내핵과 외핵의 경계에서부터 상승한다.

① ㄱ   ② ㄷ   ③ ㄱ, ㄴ   ④ ㄴ, ㄷ   ⑤ ㄱ, ㄴ, ㄷ

12

다음은 플룸 상승류를 관찰하기 위한 모형 실험이다.

[실험 과정]
(가) 그림 Ⅰ과 같이 찬물을 담은 비커 바닥에 스포이트로 잉크를 조금씩 떨어뜨린다.
(나) 그림 Ⅱ와 같이 잉크가 가라앉은 부분을 촛불로 가열한다.
(다) 비커에서 잉크가 움직이는 모양을 관찰한다.

[실험 결과]
• 그림 Ⅲ과 같이 바닥에 가라앉은 잉크 일부가 버섯 모양으로 상승하는 모습이 나타났다.

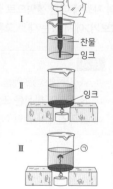

이 실험 결과에 대한 옳은 설명만을 〈보기〉에서 있는 대로 고른 것은?

보기
ㄱ. ㉠은 플룸 상승류에 해당한다.
ㄴ. ㉠은 주변의 찬물보다 밀도가 크다.
ㄷ. 잉크가 상승하기 시작하는 지점은 지구 내부에서 내핵과 외핵의 경계부에 해당한다.

① ㄱ   ② ㄷ   ③ ㄱ, ㄴ   ④ ㄱ, ㄷ   ⑤ ㄴ, ㄷ

13

그림 (가)는 판 경계와 열점의 분포를, (나)는 A 또는 B 구간의 깊이에 따른 지진파 속도 분포를 나타낸 것이다.

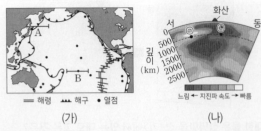

(가) (나)

이에 대한 설명으로 옳은 것만을 〈보기〉에서 있는 대로 고른 것은?

보기

ㄱ. A 구간에는 판의 수렴형 경계가 있다.

ㄴ. 온도는 ㉠보다 ㉡ 지점이 높다.

ㄷ. (나)는 B 구간의 지진파 속도 분포이다.

① ㄱ   ② ㄴ   ③ ㄱ, ㄷ   ④ ㄴ, ㄷ   ⑤ ㄱ, ㄴ, ㄷ

---

14 2022 평가원

그림은 화산 활동으로 형성된 하와이와 그 주변 해산들의 분포를 절대 연령과 함께 나타낸 것이다. B 지점에서 판의 이동 방향은 ㉠과 ㉡ 중 하나이다.
이 자료에 대한 설명으로 옳은 것만을 〈보기〉에서 있는 대로 고른 것은? 3점

보기

ㄱ. A 지점의 하부에는 맨틀 대류의 하강류가 있다.

ㄴ. B 지점의 화산은 뜨거운 플룸에 의해 형성되었다.

ㄷ. B 지점에서 판의 이동 방향은 ㉠이다.

① ㄴ   ② ㄷ   ③ ㄱ, ㄴ   ④ ㄱ, ㄷ   ⑤ ㄱ, ㄴ, ㄷ

15

그림은 X−Y 구간의 지진파 단층 촬영 영상을 나타낸 것이다. 화산섬은 상승하는 플룸에 의해 생성되었다.
이에 대한 설명으로 옳은 것만을 〈보기〉에서 있는 대로 고른 것은?

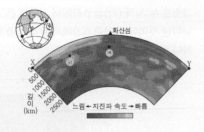

보기

ㄱ. 지진파 속도는 ㉠ 지점보다 ㉡ 지점이 느리다.

ㄴ. ㉡ 지점에는 차가운 플룸이 존재한다.

ㄷ. 화산섬을 생성시킨 플룸은 내핵과 외핵의 경계부에서 생성되었다.

① ㄱ   ② ㄴ   ③ ㄱ, ㄷ   ④ ㄴ, ㄷ   ⑤ ㄱ, ㄴ, ㄷ

16

그림 (가)는 어느 열점으로부터 생성된 해산의 배열을 연령과 함께 선으로 나타낸 것이고, (나)는 X−X′ 구간의 지진파 단층 촬영 영상을 나타낸 것이다.

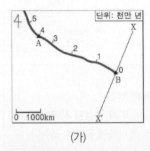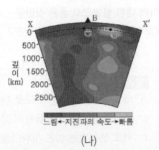

(가) (나)

이 자료에 대한 설명으로 옳은 것만을 〈보기〉에서 있는 대로 고른 것은? 3점

보기

ㄱ. 해산 A가 생성된 이후 A가 속한 판의 이동 속력은 지속적으로 감소하였다.

ㄴ. 온도는 ㉠ 지점보다 ㉡ 지점이 높다.

ㄷ. 해산 B는 뜨거운 플룸에 의해 생성되었다.

① ㄱ   ② ㄷ   ③ ㄱ, ㄴ   ④ ㄴ, ㄷ   ⑤ ㄱ, ㄴ, ㄷ

17
플룸 구조론
[2022년 3월 학평 14번]

그림은 지구에서 X−Y 단면을
따라 관측한 지진파 단층 촬영
영상을 나타낸 것이다. A는
용암이 분출되는 지역이다.
이에 대한 옳은 설명만을 〈보기〉
에서 있는 대로 고른 것은? **3점**

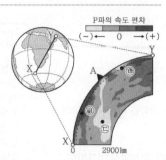

보기
ㄱ. 평균 온도는 ㉠ 지점이 ㉡ 지점보다 낮다.
ㄴ. ㉢ 지점에서는 플룸이 상승하고 있다.
ㄷ. A의 하부에서는 압력 감소로 인해 마그마가 생성된다.

① ㄱ ② ㄷ ③ ㄱ, ㄴ ④ ㄴ, ㄷ ⑤ ㄱ, ㄴ, ㄷ

18
2022 수능
플룸 구조론
[2022학년도 수능 2번]

그림은 플룸 구조론을 나타낸
모식도이다. A와 B는 각각
차가운 플룸과 뜨거운 플룸 중
하나이다.
이에 대한 설명으로 옳은 것만을
〈보기〉에서 있는 대로 고른 것은?

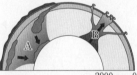

보기
ㄱ. A는 차가운 플룸이다.
ㄴ. B에 의해 호상 열도가 형성된다.
ㄷ. 상부 맨틀과 하부 맨틀 사이의 경계에서 B가 생성된다.

① ㄱ ② ㄴ ③ ㄷ ④ ㄱ, ㄴ ⑤ ㄱ, ㄷ

19
2024 평가원
맨틀 대류
[2024학년도 9월 모평 12번]

그림은 판의 경계와 최근 발생한
화산 분포의 일부를 나타낸
것이다.
이 자료에 대한 설명으로 옳은
것만을 〈보기〉에서 있는 대로
고른 것은?

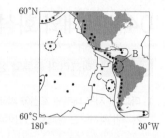

보기
ㄱ. 지역 A의 하부에는 외핵과 맨틀의 경계부에서 상승하는
   플룸이 있다.
ㄴ. 지역 B의 하부에는 맨틀 대류의 하강류가 존재한다.
ㄷ. 암석권의 평균 두께는 지역 B가 지역 C보다 두껍다.

① ㄱ ② ㄷ ③ ㄱ, ㄴ ④ ㄴ, ㄷ ⑤ ㄱ, ㄴ, ㄷ

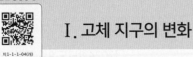

04 변동대와 화성암

필수개념 1 **마그마의 종류와 생성**

1. 마그마: 지구 내부의 조건에 의해 지각이나 맨틀 물질이 부분적으로 용융되어 생성된 물질. 마그마에서 가스가 빠져나간 상태를 용암이라고 함.

2. 마그마의 종류: 구성성분(SiO_2) 함량에 따라 현무암질 마그마, 안산암질 마그마, 유문암질 마그마로 분류

종류	현무암질 마그마	안산암질 마그마	유문암질 마그마
SiO_2 함량	52% 이하	52~63%	63% 이상
온도	높다(1000℃ 이상)	←――――――→	낮다(800℃ 이하)

3. 마그마의 생성 조건: 지구 내부 온도 상승, 깊이에 따른 압력 감소, 물의 첨가 여부에 따라 조건이 달라짐. 지권의 온도 분포는 깊이가 깊어질수록 높아지며, 용융점은 깊이가 깊어질수록 높아짐을 알 수 있고, 물이 포함되어 있는 경우에는 그렇지 않은 경우보다 암석의 용융점이 떨어지는 경향을 보임.

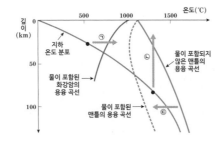

ㅤ ㉠ 조건: 지권에 열이 공급되어 대륙 지각이 녹는 경우(온도 상승 조건)
ㅤ ㉡ 조건: 압력이 감소하여 맨틀의 물질이 녹는 경우(압력 감소 조건)
ㅤ ㉢ 조건: 물이 첨가되어 용융점이 낮아져 맨틀 물질이 녹는 경우(물 첨가 조건)

4. 변동대에서의 마그마 생성 장소
ㅤ 1) 해령: 맨틀 대류에 의한 상승류 → 압력 감소 → 부분 용융 발생 → 현무암질 마그마 생성
ㅤ 2) 열점: 뜨거운 플룸이 상승류를 따라 상승 → 압력 감소 → 부분 용융 발생 → 현무암질 마그마 생성
ㅤ 3) 섭입대: 판이 섭입하면서 암석에서 물이 탈수 → 연약권에 물 첨가 → 부분 용융 발생 → 현무암질 마그마 생성 → 현무암질 마그마 상승 → 대륙 지각 하부 가열 → 대륙 지각 부분 용융 발생 → 유문암질 마그마 생성 및 현무암질 마그마와 유문암질 마그마가 혼합되어 안산암질 마그마 생성

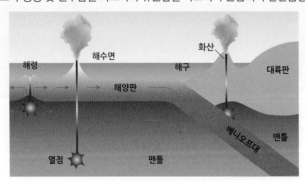

기본자료

▶ 부분 용융
암석이 용융되어 마그마가 생성될 때 구성 광물 중 용융점이 낮은 광물부터 부분적으로 녹아서 마그마가 만들어지는 과정으로, 부분 용융으로 만들어진 마그마는 주위 암석보다 밀도가 작아 위로 상승한다.

▶ 지하 깊은 곳의 대륙 지각 하부
대륙 지각을 구성하는 화강암은 물을 포함하고 있는데, 물을 포함한 화강암은 깊이가 깊어질수록 용융점이 낮아진다. 따라서 지하 깊은 곳의 대륙 지각 하부에서는 지하의 온도가 화강암의 용융점에 도달하여 마그마가 생성될 수 있다. 그러나 이보다 얕은 곳에서는 지구 내부 온도가 높아져야 마그마가 생성된다.

필수개념 2 **화성암**

1. 화성암: 마그마가 지각 내부나 지표에서 냉각되어 만들어진 암석

2. 화성암의 분류(화학 조성, 조직)
   1) 화학 조성(SiO_2 함량)과 조직에 따른 화성암 분류
   2) 화학 조성에 따라: 염기성암(SiO_2 함량 52% 이하), 중성암(SiO_2 함량 52~63%), 산성암(SiO_2 함량 63% 이상)
   3) 조직에 따라: 화산암(세립질 조직 혹은 유리질 조직), 반심성암(반상 조직), 심성암(조립질 조직)

SiO_2 함량		52%	63%	
	분류	염기성암 (고철질암)	중성암	산성암 (규장질암)
조직		어두운 색 ⟸	(색) ⟹	밝은 색
		Ca, Fe, Mg ⟸	(많은 원소) ⟹	Na, K, Si
산출상태		크다 ⟸	(조직 밀도) ⟹	작다
화산암	세립질이나 유리질	현무암	안산암	유문암
심성암	조립질	반려암	섬록암	화강암

3. 우리나라의 화성암 지형: 화산암과 심성암 모두 존재하며, 화성암의 대부분은 중생대에 생성된 화강암

	위치	특징
현무암 지형	제주도	신생대에 형성. 대부분 현무암에 의한 지형이 나타나며, 화산 쇄설물에 의한 퇴적암인 응회암, 마그마 흐름에 의한 용암 동굴, 마그마 냉각에 따른 절리 등이 나타남.
	철원	신생대에 형성. 현무암질 마그마가 철원 일대에 분출하여 용암 대지를 형성함. 현무암질 마그마에 의한 베개 용암, 주상 절리 등이 자주 나타남.
화강암 지형	북한산	중생대에 생성. 화강암질(유문암질) 마그마가 관입하여 형성. 상부 암석이 풍화 및 침식되어 깎여나가고 그에 따라 위에서 누르던 압력이 감소되어 화강암체가 점차 융기하여 지표에 노출됨. 판상 절리 관찰
	설악산	중생대에 생성. 북한산과 마찬가지로 화강암이 관입하였고 상부 지층이 침식 받아 융기하여 지표에 노출.

▶ 암석의 조직
- 조립질 조직: 광물 결정이 크게 자란 경우
- 세립질 조직: 광물 결정이 작게 자란 경우
- 유리질 조직: 결정을 형성하지 못하여 보이지 않는 경우
- 반상 조직: 큰 결정과 작은 결정이 섞여 있는 경우

▶ 절리
암석이 갈라진 틈으로, 주상 절리, 판상 절리 등이 있다.
- 주상 절리: 마그마가 지표로 분출하여 급격히 식으면서 형성된 기둥 모양의 절리
- 판상 절리: 화강암 같은 심성암이 지표로 노출되면서 압력 감소로 형성된 판 모양의 절리

01 대륙 이동과 판 구조론

1) 해저 확장설

★ 1-1) 음향 측심법: 수심(D)=$\frac{1}{2}$×음파 속도(v)×시간(t), 산맥 모양으로
솟아오른 부분은 해령, 움푹 들어간 곳은 해구이다.

지점	P_1로부터의 거리(km)	시간(초)
P_1	0	7.70
P_2	420 깊음	7.36
P_3	840	6.14
P_4	1260 얕음	3.95
P_5	1680	6.55
P_6	2100 깊음	6.97

(2021학년도 6월 모평 7번, 2020년 3월 학평 1번,
2019학년도 9월 모평 4번(지구과학Ⅱ)(유사한 자료))

P_1 P_4 P_6
(해령)

★ 1-2) 해저 지형(해령, 해구): 해령에서 멀어질수록 해양 지각의 나이가
많고, 수심이 깊어지고, 해저 퇴적물의 두께가 두꺼워진다. 판의 확장
속도가 빠르면 해령으로부터 같은 거리에 있어도 젊고, 수심이 얕고, 해저
퇴적물의 두께가 얇다.

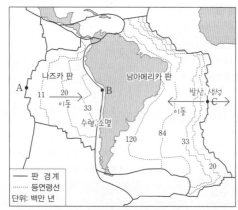

(2016학년도 6월 모평 9번)

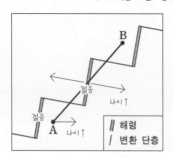

(2017학년도 9월 모평 13번)

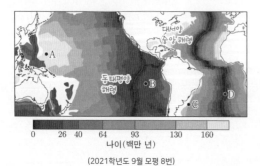

(2021학년도 9월 모평 8번)

(2020학년도 수능 10번(지구과학Ⅱ))

(2022학년도 6월 모평 4번)

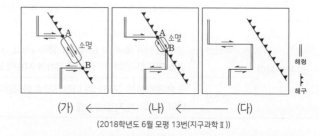

(2021년 7월 학평 4번)

02 대륙의 분포와 변화

1) 판의 경계(모식도): 새로운 해양 지각은 해령에서 생성되어 양옆으로
이동하고, 해구에서 판은 소멸한다.

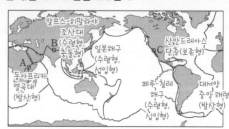

(2018학년도 6월 모평 13번(지구과학Ⅱ))

2) 판의 경계(지도): 대표적인 발산형 경계(대서양 중앙 해령, 동태평양
해령, 동아프리카 열곡대), 보존형 경계(산 안드레아스 단층), 수렴형
경계(섭입형은 일본 해구, 안데스 산맥, 마리아나 해구, 충돌형은
히말라야 산맥)을 지도에 연결해야 한다.

(2019학년도 6월 모평 6번(지구과학Ⅱ), 2021학년도 6월 모평 11번 (나), 2014학년도 9월 모평,
2016학년도 수능 1번(지구과학Ⅱ), 2017학년도 6월 모평 1번(지구과학Ⅱ))

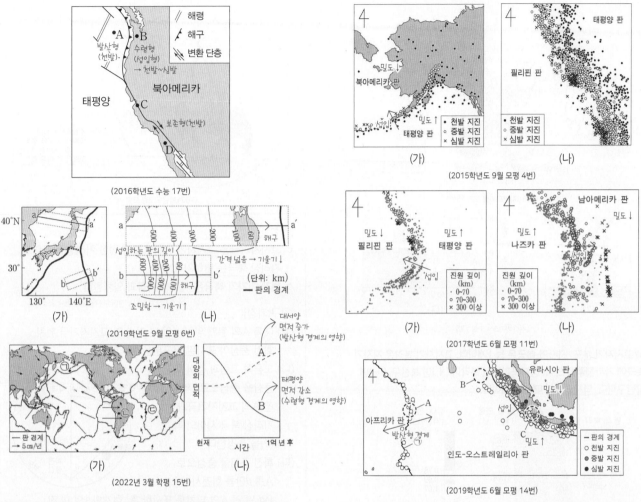

(2016학년도 수능 17번)

(2015학년도 9월 모평 4번)

(2019학년도 9월 모평 6번)

(2017학년도 6월 모평 11번)

(2022년 3월 학평 15번)

(2019학년도 6월 모평 14번)

3) 진원 분포: 천발 지진만 있는 곳은 발산형 경계(해령, 열곡대) 또는 보존형 경계(변환 단층)이고, 수렴형 경계 중 충돌형 경계(습곡 산맥)에서는 천발 지진부터 중발 지진까지, 섭입형 경계(해구)에서는 천발 지진부터 심발 지진까지 나타난다. 섭입형 경계에서 심발 지진이 나타나는 판은 밀도가 낮은 쪽이다.

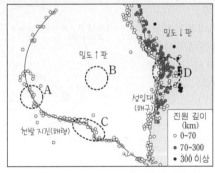

(2016학년도 9월 모평 20번)

★ 단층선 중 굵은 실선은 지진이 활발하게 일어나는 지역, 얇은 실선은 지진이 일어나지 않는 지역

(2015학년도 수능 15번, 2016학년도 6월 모평 6번(지구과학Ⅱ), 2017학년도 수능 16번 유사한 자료, 2020학년도 9월 모평 14번 유사한 자료)

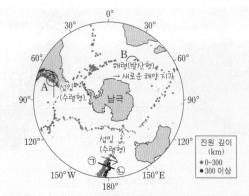

(2018학년도 6월 모평 15번)

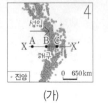

(가)

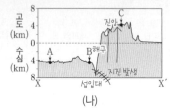

(나)

(2019학년도 수능 7번)

4) 고지자기 분포: 지자기 북극은 늘 1개이다. 고지자기 복각은 지자기 북극에 가까울수록 크다. 정자극기에서 복각이 (+)면 북반구, (−)면 남반구이다. 역자극기일 때는 반대이다.

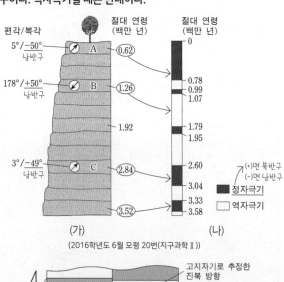

(가)   (나)

(2016학년도 6월 모평 20번(지구과학 II))

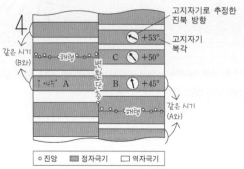

(2018학년도 9월 모평 19번(지구과학 II))

(2021학년도 9월 모평 20번)

[가정]
○ 고지자기극은 고지자기 방향으로 추정한 지리상 북극이고, 지리상 북극은 변하지 않았다.
○ 현재 지자기 북극은 지리상 북극과 일치한다.
　└ 고지자기 변화는 대륙의 이동에 의해 나타남

[탐구 과정]
(가) 대륙 A의 현재 위치, 1억 년 전 A의 고지자기극 위치, 회전 중심이 표시된 지구본을 준비한다.
(나) 오른쪽 그림과 같이 회전 중심을 중심으로 1억 년 전 A의 고지자기극과 지리상 북극 사이의 각 (θ)을 측정한다.
(다) 회전 중심을 중심으로 A를 θ만큼 회전시키고, 1억 년 전 A의 위치를 표시한 후, 현재와 1억 년 전 A의 위치를 비교한다. 회전 방향은 1억 년 전 A의 고지자기극이 (㉠)을/를 향하는 방향이다.
　　　　　└ 지리상 북극

[탐구 결과]
○ 각(θ) : (　　　　)
○ 대륙 A의 위치 비교 : 1억 년 전 A의 위치는 현재보다 (㉡)에 위치한다.

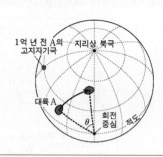

(2021학년도 수능 21번)

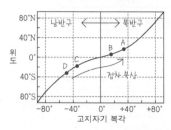

화성암	생성 시기	고지자기 복각
A	현재	+38°
B	↑	+18°
C	↓	−37°
D	과거	−48°

(2021년 4월 학평 2번) 모두 정자극기라고 가정

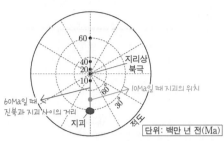

(2023학년도 9월 모평 17번)

5) 해령 주변 고지자기: 고지자기 분포는 해령을 축으로 대칭을 이룬다. 정자극기는 잔류 자기 생성 당시 자기장 방향이 현재와 같은 시기, 역자극기는 잔류 자기 생성 당시 자기장의 방향이 현재와 반대인 시기이다.

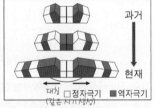

(2016학년도 9월 모평 12번(지구과학Ⅱ))

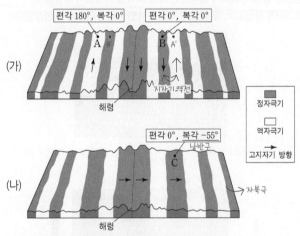

(2016학년도 수능 20번(지구과학Ⅱ), 2017학년도 9월 모평 16번(지구과학Ⅱ) 유사한 자료)

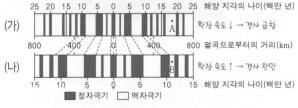

(2021년 4월 학평 1번)

6) 복합 자료

★ 6-1) 판의 경계와 고지자기 분포

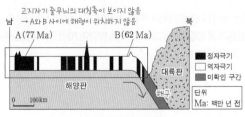

(2023학년도 수능 15번)

★ 섭입대에서는 해양판이 소멸되는데, 해령의 일부가 섭입하여 소멸될 수도 있다.

03 맨틀 대류와 플룸 구조론

1) 맨틀 대류 : 맨틀 대류는 상부 맨틀과 하부 맨틀에서 독립적으로 대류가 일어난다는 층상 대류 모형과 맨틀 전체에서 대류가 일어난다는 전체 맨틀 대류 모형으로 구분할 수 있다.

★ 1-1) 상부 맨틀에서만 대류가 일어나는 모형

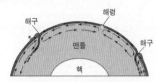

(2023학년도 9월 모평 2번)

2) 플룸: 뜨거운 플룸은 외핵과 맨틀의 경계부에서 형성되어 지표로 상승하고, 차가운 플룸은 섭입되는 해양판에 의해 형성되어 상부 맨틀과 하부 맨틀 경계에서 쌓이다가 하강한다. 온도가 높은 뜨거운 플룸을 지날 때 지진파 속도는 느리고, 온도가 낮은 차가운 플룸을 지날 때 지진파 속도는 빠르다.

(2021학년도 6월 모평 11번 (가))

(2021년 4월 학평 3번 (나))

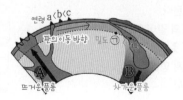

(2023년 3월 학평 3번)

3) 열점: 플룸 상승류가 지표면과 만나는 지점 아래의 마그마가 생성되는 곳으로, 판이 이동해도 위치는 변하지 않는다. 판은 현재 새로운 화산섬이 만들어지는 곳에서 이전에 만들어진 화산섬이 있는 방향으로 이동한다.

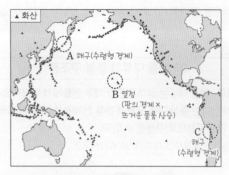

(2018학년도 수능 5번, 2021학년도 6월 모평 11번)

(2022학년도 6월 모평 6번)

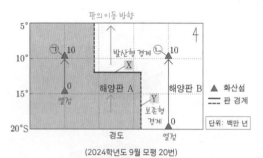

(2024학년도 9월 모평 20번)

4) 관련 실험: 잉크, 촛불, 비커의 바닥 등이 무엇에 비유되었는지를 묻는 보기가 종종 등장한다. 실험 과정이 간단하고, 자료의 변형이 거의 없다.

[실험 과정]
(가) 그림 Ⅰ과 같이 찬물을 담은 비커 바닥에 스포이트로 잉크를 조금씩 떨어뜨린다.
(나) 그림 Ⅱ와 같이 잉크가 가라앉은 부분을 촛불로 가열한다.
(다) 비커에서 잉크가 움직이는 모양을 관찰한다.

[실험 결과]
• 그림 Ⅲ과 같이 바닥에 가라앉은 잉크 일부가 버섯 모양으로 상승하는 모습이 나타났다.

Ⅰ ─ 찬물 / 잉크
Ⅱ ─ 잉크 (플룸에 비유)
Ⅲ ─ 뜨거운 플룸 상승 / 외핵과 맨틀의 경계

(2021년 3월 학평 1번, 2023학년도 6월 모평 4번)

04 변동대와 화성암

1) 마그마 생성 조건: ① 온도 상승(대륙 지각에 마그마 접근), ② 압력 감소(맨틀, 뜨거운 플룸 상승), ③ 물의 공급(해양 지각의 함수 광물에서 물 방출로 인한 맨틀 용융 온도 하강)

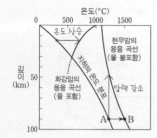

(2016학년도 6월 모평 14번(지구과학Ⅱ), 2020학년도 6월 모평 11번(지구과학Ⅱ), 2021학년도 6월 모평 6번, 2021학년도 수능 4번)

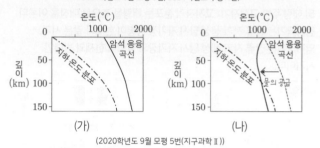

(2020학년도 9월 모평 5번(지구과학Ⅱ))

2) 마그마 생성 장소: 해령에서는 맨틀 상승으로 인해, 열점에서는 뜨거운 플룸 상승으로 인해 현무암질 마그마가 생성된다. 섭입대에서는 함수 광물의 물이 방출되며 맨틀 용융 온도가 하강하여 현무암질 마그마가 생성된다. 이 마그마가 상승하면 대륙 지각을 가열하여 유문암질 마그마가 생성되고, 두 마그마가 섞여서 안산암질 마그마가 생성된다.

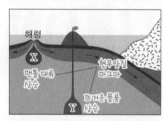

(2016학년도 6월 모평 14번 (나)(지구과학Ⅱ), 2020학년도 6월 모평 11번(지구과학Ⅱ), 2021학년도 수능 4번)

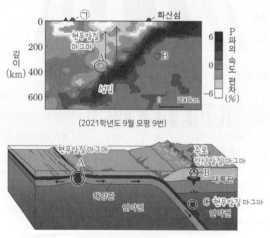

(2021학년도 9월 모평 9번)

(2024학년도 6월 모평 7번)

3) 화성암: 암석의 생성 위치에 따라 화산암과 심성암으로, 조직의 크기에 따라 세립질과 조립질로, 마그마의 SiO_2함량에 따라 염기성암, 중성암, 산성암으로 구분한다.

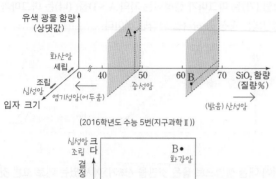

(2016학년도 수능 5번(지구과학 Ⅱ))

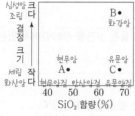

(2022학년도 6월 모평 3번)

4) 복합 자료

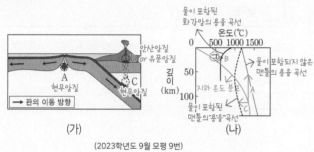

(가)   (나)

(2023학년도 9월 모평 9번)

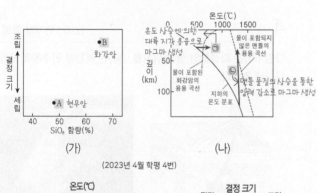

(가)   (나)

(2023년 4월 학평 4번)

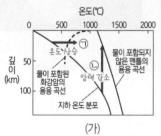 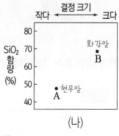

(가)   (나)

(2023년 7월 학평 1번)

DAY 05   Ⅰ   1-04 변동대와 화성암

1

그림 (가)는 어느 지역의 판 경계와 마그마가 분출되는 영역 A와 B의 위치를, (나)는 A와 B 중 한 영역의 하부에서 마그마가 생성되는 과정 ㉠을 나타낸 것이다.

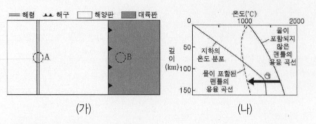

(가)   (나)

이에 대한 설명으로 옳은 것만을 〈보기〉에서 있는 대로 고른 것은?

보기
ㄱ. A에서 분출되는 마그마는 주로 현무암질 마그마이다.
ㄴ. (나)에서 맨틀의 용융점은 물이 포함되지 않은 경우보다 물이 포함된 경우가 높다.
ㄷ. ㉠은 B의 하부에서 마그마가 생성되는 과정이다.

① ㄱ   ② ㄴ   ③ ㄷ   ④ ㄱ, ㄷ   ⑤ ㄴ, ㄷ

2 **2024 평가원**

그림은 마그마가 생성되는 지역 A, B, C를 나타낸 것이다.

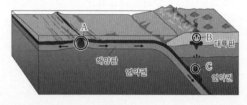

이 자료에 대한 설명으로 옳은 것만을 〈보기〉에서 있는 대로 고른 것은?

보기
ㄱ. 생성되는 마그마의 SiO_2 함량(%)은 A가 B보다 낮다.
ㄴ. A에서 주로 생성되는 암석은 유문암이다.
ㄷ. C에서 물의 공급은 암석의 용융 온도를 감소시키는 요인에 해당한다.

① ㄱ   ② ㄷ   ③ ㄱ, ㄴ   ④ ㄱ, ㄷ   ⑤ ㄴ, ㄷ

3

그림 (가)는 마그마가 생성되는 지역 A~D를, (나)는 마그마가 생성되는 과정 중 하나를 나타낸 것이다.

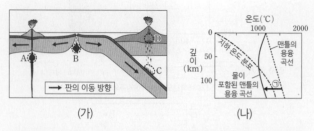

(가)   (나)

이에 대한 설명으로 옳은 것만을 〈보기〉에서 있는 대로 고른 것은?

보기
ㄱ. A의 하부에는 플룸 상승류가 있다.
ㄴ. (나)의 ㉠ 과정에 의해 마그마가 생성되는 지역은 B이다.
ㄷ. 생성되는 마그마의 SiO_2 함량(%)은 C에서가 D에서보다 높다.

① ㄱ   ② ㄴ   ③ ㄱ, ㄷ   ④ ㄴ, ㄷ   ⑤ ㄱ, ㄴ, ㄷ

4

그림 (가)는 화성암의 생성 위치를, (나)는 북한산 인수봉의 모습을 나타낸 것이다.

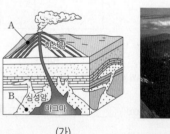 

(가)   (나)

이에 대한 옳은 설명만을 〈보기〉에서 있는 대로 고른 것은?

보기
ㄱ. 주상 절리는 B보다 A에서 잘 형성된다.
ㄴ. (나)의 암석은 A에서 생성되었다.
ㄷ. 마그마의 냉각 속도는 B보다 A에서 빠르다.

① ㄱ   ② ㄴ   ③ ㄱ, ㄷ   ④ ㄴ, ㄷ   ⑤ ㄱ, ㄴ, ㄷ

5

마그마의 종류와 생성
[2022년 7월 학평 5번]

그림 (가)는 마그마가 분출되는 지역 A, B, C를, (나)는 깊이에 따른 지히의 온도 분포와 암석외 용융 곡선을 마그마 생성 과정과 함께 나타낸 것이다.

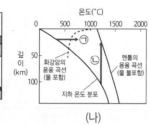

(가)　　　　(나)

이에 대한 설명으로 옳은 것만을 〈보기〉에서 있는 대로 고른 것은?

보기
ㄱ. A에서는 ㉠ 과정으로 형성된 마그마가 분출된다.
ㄴ. B의 하부에서는 플룸이 상승하고 있다.
ㄷ. C에서는 주로 현무암질 마그마가 분출된다.

① ㄱ　　② ㄴ　　③ ㄱ, ㄷ　　④ ㄴ, ㄷ　　⑤ ㄱ, ㄴ, ㄷ

7

마그마의 종류와 생성
[지Ⅱ 2019년 7월 학평 6번]

그림은 아이슬란드가 형성되는 과정을 나타낸 것이다.

이에 대한 설명으로 옳은 것만을 〈보기〉에서 있는 대로 고른 것은?

보기
ㄱ. 아이슬란드에서는 새로운 지각이 형성된다.
ㄴ. 아이슬란드는 주로 현무암으로 이루어졌다.
ㄷ. 대서양 중앙 해령 하부와 열점이 합쳐졌다.

① ㄱ　　② ㄴ　　③ ㄱ, ㄷ　　④ ㄴ, ㄷ　　⑤ ㄱ, ㄴ, ㄷ

6

마그마의 종류와 생성
[지Ⅱ 2016년 10월 학평 7번]

그림 (가)는 화산 활동으로 형성된 하와이 열도의 위치와 절대 연령을, (나)는 판의 운동과 화산 활동이 일어나는 대표적인 지역을 나타낸 것이다.

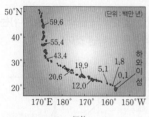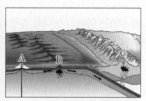

(가)　　　　(나)

이에 대한 옳은 설명만을 〈보기〉에서 있는 대로 고른 것은? **3점**

보기
ㄱ. 하와이 열도가 속한 판의 이동 방향은 대체로 북서 방향이다.
ㄴ. (나)의 A와 C에서는 모두 안산암질 용암이 분출한다.
ㄷ. 하와이 열도는 (나)의 B와 같은 곳에서 만들어졌다.

① ㄱ　　② ㄷ　　③ ㄱ, ㄴ　　④ ㄴ, ㄷ　　⑤ ㄱ, ㄴ, ㄷ

8

마그마의 종류와 생성
[2023년 7월 학평 1번]

그림 (가)는 깊이에 따른 지하의 온도 분포와 암석의 용융 곡선을, (나)는 화성암 A와 B의 성질을 나타낸 것이다. A와 B는 각각 (가)의 ㉠ 과정과 ㉡ 과정으로 생성된 마그마가 굳어진 암석 중 하나이다.

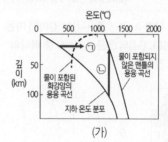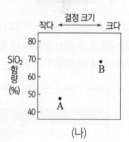

(가)　　　　(나)

이 자료에 대한 설명으로 옳은 것만을 〈보기〉에서 있는 대로 고른 것은?

보기
ㄱ. 입력 감소에 의힌 마그미 생성 과정은 ㉡이다.
ㄴ. A는 B보다 마그마가 천천히 냉각되어 생성된다.
ㄷ. A는 ㉠ 과정으로 생성된 마그마가 굳어진 것이다.

① ㄱ　　② ㄴ　　③ ㄱ, ㄷ　　④ ㄴ, ㄷ　　⑤ ㄱ, ㄴ, ㄷ

9

다음은 영희가 제주도 서귀포시의 어느 지질 명소에 대하여 조사한 탐구 활동의 일부이다.

[탐구 과정]
(가) 암석의 특징을 관찰하여 기록한다.
(나) 암석 기둥의 윗면에서 나타나는 다각형의 모양을 분류하고 모양에 따른 빈도수를 기록한다.
(다) (나)의 결과를 그래프로 나타낸다.

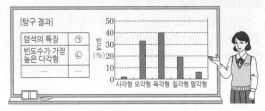

암석의 특징	㉠
빈도수가 가장 높은 다각형	㉡
...	...

이에 대한 설명으로 옳은 것만을 〈보기〉에서 있는 대로 고른 것은? **3점**

보기
ㄱ. '색이 어둡고 입자의 크기가 매우 작다.'는 ㉠에 해당한다.
ㄴ. ㉡은 '육각형'이다.
ㄷ. 기둥 모양을 형성하는 절리는 용암이 급격히 냉각 수축하는 과정에서 만들어진다.

① ㄱ   ② ㄷ   ③ ㄱ, ㄴ   ④ ㄴ, ㄷ   ⑤ ㄱ, ㄴ, ㄷ

11

그림 (가)는 지하의 온도 분포와 암석의 용융 곡선을, (나)와 (다)는 설악산 울산바위와 제주도 용두암의 모습을 나타낸 것이다.

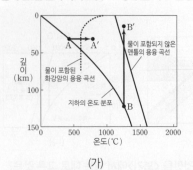

(가)

(나) 설악산 울산바위

(다) 제주도 용두암

이에 대한 옳은 설명만을 〈보기〉에서 있는 대로 고른 것은? **3점**

보기
ㄱ. A → A' 과정을 거쳐 생성된 마그마는 B → B' 과정을 거쳐 생성된 마그마보다 SiO_2 함량이 높다.
ㄴ. (나)를 형성한 마그마는 B → B' 과정을 거쳐 생성되었다.
ㄷ. 암석을 이루는 광물 입자의 크기는 (나)가 (다)보다 크다.

① ㄱ   ② ㄷ   ③ ㄱ, ㄴ   ④ ㄱ, ㄷ   ⑤ ㄴ, ㄷ

---

10 2023 평가원

그림 (가)는 마그마가 생성되는 지역 A, B, C를, (나)는 깊이에 따른 암석의 용융 곡선을 나타낸 것이다. (나)의 ㉠은 A, B, C 중 하나의 지역에서 마그마가 생성되는 조건이다.

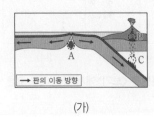
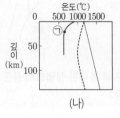

(가)   (나)

A, B, C에 대한 설명으로 옳은 것만을 〈보기〉에서 있는 대로 고른 것은?

보기
ㄱ. A에서는 주로 물이 포함된 맨틀 물질이 용융되어 마그마가 생성된다.
ㄴ. 생성되는 마그마의 SiO_2 함량(%)은 B가 C보다 높다.
ㄷ. ㉠은 C에서 마그마가 생성되는 조건에 해당한다.

① ㄱ   ② ㄴ   ③ ㄷ   ④ ㄱ, ㄴ   ⑤ ㄴ, ㄷ

12

그림 (가)는 아메리카 대륙 주변의 열점 분포와 판의 경계를, (나)는 지하의 온도 분포와 암석의 용융 곡선을 나타낸 것이다.

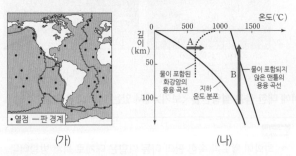

(가)   (나)

이에 대한 설명으로 옳은 것만을 〈보기〉에서 있는 대로 고른 것은?

보기
ㄱ. 열점은 판의 내부에만 존재한다.
ㄴ. 열점에서는 (나)의 B 과정에 의해 마그마가 생성된다.
ㄷ. 열점에서는 안산암질 마그마가 우세하게 나타난다.

① ㄱ   ② ㄴ   ③ ㄱ, ㄷ   ④ ㄴ, ㄷ   ⑤ ㄱ, ㄴ, ㄷ

13
마그마의 종류와 생성
[2020년 4월 학평 3번]

그림 (가)는 섭입대 부근에서 생성된 마그마 A와 B의 위치를, (나)는 마그마 X와 Y의 성질을 나타낸 것이다. A와 B는 각각 X와 Y 중 하나이다.

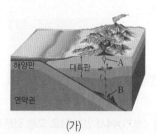

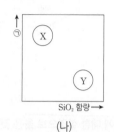

(가)   (나)

이에 대한 설명으로 옳은 것만을 〈보기〉에서 있는 대로 고른 것은?

보기
ㄱ. A는 X이다.
ㄴ. B가 생성될 때, 물은 암석의 용융점을 낮추는 역할을 한다.
ㄷ. 온도는 ㉠에 해당하는 물리량이다.

① ㄱ   ② ㄷ   ③ ㄱ, ㄴ   ④ ㄴ, ㄷ   ⑤ ㄱ, ㄴ, ㄷ

14   2022 수능
마그마의 종류와 생성
[2022학년도 수능 9번]

그림 (가)는 깊이에 따른 지하의 온도 분포와 암석의 용융 곡선을 나타낸 것이고, (나)는 반려암과 화강암을 A와 B로 순서 없이 나타낸 것이다. A와 B는 각각 (가)의 ㉠ 과정과 ㉡ 과정으로 생성된 마그마가 굳어진 암석 중 하나이다.

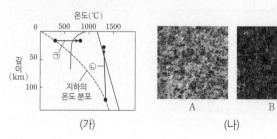

(가)   (나)

이에 대한 설명으로 옳은 것만을 〈보기〉에서 있는 대로 고른 것은?

보기
ㄱ. ㉠ 과정으로 생성된 마그마가 굳으면 B가 된다.
ㄴ. ㉡ 과정에서는 열이 공급되지 않아도 마그마가 생성된다.
ㄷ. SiO_2 함량(%)은 A가 B보다 높다.

① ㄱ   ② ㄷ   ③ ㄱ, ㄴ   ④ ㄴ, ㄷ   ⑤ ㄱ, ㄴ, ㄷ

15
마그마의 종류와 생성
[2021학년도 6월 모평 6번]

그림 (가)는 지하 온도 분포와 암석의 용융 곡선 ㉠, ㉡, ㉢을, (나)는 마그마가 분출되는 지역 A와 B를 나타낸 것이다.

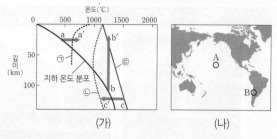

(가)   (나)

이에 대한 설명으로 옳은 것만을 〈보기〉에서 있는 대로 고른 것은?

보기
ㄱ. (가)에서 물이 포함된 암석의 용융 곡선은 ㉠과 ㉡이다.
ㄴ. B에서는 주로 현무암질 마그마가 분출된다.
ㄷ. A에서 분출되는 마그마는 주로 $c → c'$ 과정에 의해 생성된다.

① ㄱ   ② ㄴ   ③ ㄷ   ④ ㄱ, ㄷ   ⑤ ㄴ, ㄷ

16
화성암
[2017년 4월 학평 6번]

그림은 제주도의 지질 명소를 나타낸 것이다.

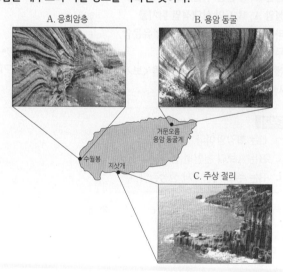

A. 응회암층   B. 용암 동굴

C. 주상 절리

이에 대한 설명으로 옳은 것만을 〈보기〉에서 있는 대로 고른 것은?

보기
ㄱ. A는 화산재가 퇴적되어 형성되었다.
ㄴ. B는 현무암이 지하수의 침식 작용을 받아 형성되었다.
ㄷ. C는 용암이 급격하게 냉각되어 형성되었다.

① ㄱ   ② ㄴ   ③ ㄱ, ㄷ   ④ ㄴ, ㄷ   ⑤ ㄱ, ㄴ, ㄷ

17 [2018년 4월 학평 6번]

다음은 한반도의 지질 명소인 두 폭포의 사진과 주변 화성암의 특징을 나타낸 것이다.

구분	(가) 박연 폭포	(나) 천제연 폭포
사진	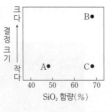	
암석의 특징	○색이 밝다. ○양파 껍질처럼 층상으로 벗겨진 절리가 나타난다.	○색이 어둡다. ○다각형 기둥 모양으로 갈라진 절리가 나타난다.

이에 대한 설명으로 옳은 것만을 〈보기〉에서 있는 대로 고른 것은? 3점

보기
ㄱ. (가)의 암석은 현무암질 용암이 냉각되어 생성되었다.
ㄴ. (나)의 절리는 융기로 인한 압력 감소에 의해 형성되었다.
ㄷ. 광물 입자의 크기는 (나)보다 (가)의 암석이 크다.

① ㄱ ② ㄷ ③ ㄱ, ㄴ ④ ㄴ, ㄷ ⑤ ㄱ, ㄴ, ㄷ

18 [2022 평가원] [2022학년도 6월 모평 3번]

그림은 SiO_2 함량과 결정 크기에 따라 화성암 A, B, C의 상대적인 위치를 나타낸 것이다. A, B, C는 각각 유문암, 현무암, 화강암 중 하나이다.
이에 대한 설명으로 옳은 것만을 〈보기〉에서 있는 대로 고른 것은?

보기
ㄱ. C는 화강암이다.
ㄴ. B는 A보다 천천히 냉각되어 생성된다.
ㄷ. B는 주로 해령에서 생성된다.

① ㄱ ② ㄴ ③ ㄷ ④ ㄱ, ㄴ ⑤ ㄴ, ㄷ

19 [2023 평가원] [2023학년도 6월 모평 13번]

그림 (가)는 깊이에 따른 지하 온도 분포와 암석의 용융 곡선 ㉠, ㉡, ㉢을, (나)는 마그마가 생성되는 지역 A, B를 나타낸 것이다.

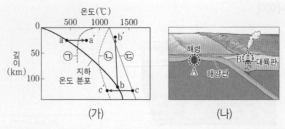

(가) | (나)

이에 대한 설명으로 옳은 것만을 〈보기〉에서 있는 대로 고른 것은? 3점

보기
ㄱ. 물이 포함되지 않은 암석의 용융 곡선은 ㉢이다.
ㄴ. B에서는 섬록암이 생성될 수 있다.
ㄷ. A에서는 주로 b → b′ 과정에 의해 마그마가 생성된다.

① ㄴ ② ㄷ ③ ㄱ, ㄴ ④ ㄱ, ㄷ ⑤ ㄱ, ㄴ, ㄷ

20 [2023년 4월 학평 4번]

그림 (가)는 화성암 A와 B의 SiO_2 함량과 결정 크기를, (나)는 깊이에 따른 지하의 온도 분포와 암석의 용융 곡선을 나타낸 것이다. A와 B는 각각 현무암과 화강암 중 하나이다.

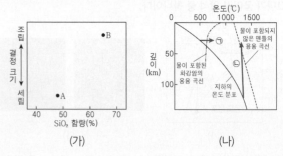

(가) | (나)

이에 대한 설명으로 옳은 것만을 〈보기〉에서 있는 대로 고른 것은? 3점

보기
ㄱ. 생성 깊이는 A보다 B가 깊다.
ㄴ. ㉡ 과정으로 생성되어 상승하는 마그마는 주변보다 밀도가 크다.
ㄷ. A는 ㉠ 과정에 의해 생성된 마그마가 굳어진 암석이다.

① ㄱ ② ㄴ ③ ㄱ, ㄷ ④ ㄴ, ㄷ ⑤ ㄱ, ㄴ, ㄷ

21

마그마의 종류와 생성
[2021년 10월 학평 11번]

그림은 깊이에 따른 지하의 온도 분포와 맨틀의 용융 곡선 X, Y를 나타낸 것이다. X, Y는 각각 물이 포함된 맨틀의 용융 곡선과 물이 포함되지 않은 맨틀의 용융 곡선 중 하나이고, ㉠, ㉡은 마그마의 생성 과정이다.

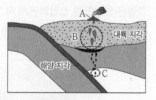

이에 대한 옳은 설명만을 〈보기〉에서 있는 대로 고른 것은? **3점**

> **보기**
> ㄱ. X는 물이 포함된 맨틀의 용융 곡선이다.
> ㄴ. 해령 하부에서는 마그마가 ㉠으로 생성된다.
> ㄷ. ㉡으로 생성된 마그마는 SiO_2 함량이 63% 이상이다.

① ㄱ ② ㄷ ③ ㄱ, ㄴ ④ ㄴ, ㄷ ⑤ ㄱ, ㄴ, ㄷ

22 2023 수능

마그마의 종류와 생성
[2023학년도 수능 6번]

그림은 해양판이 섭입되는 모습을 나타낸 것이다. A, B, C는 각각 마그마가 생성되는 지역과 분출 되는 지역 중 하나이다.

이에 대한 설명으로 옳은 것만을 〈보기〉에서 있는 대로 고른 것은?

> **보기**
> ㄱ. A에서는 주로 조립질 암석이 생성된다.
> ㄴ. B에서는 안산암질 마그마가 생성될 수 있다.
> ㄷ. C에서는 맨틀 물질의 용융으로 마그마가 생성된다.

① ㄱ ② ㄴ ③ ㄱ, ㄷ ④ ㄴ, ㄷ ⑤ ㄱ, ㄴ, ㄷ

23 2022 평가원

마그마의 종류와 생성
[2022학년도 9월 모평 13번]

그림은 대륙과 해양의 지하 온도 분포를 나타낸 것이고, ㉠, ㉡, ㉢은 암석의 용융 곡선이다.

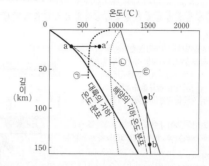

이 자료에 대한 설명으로 옳은 것만을 〈보기〉에서 있는 대로 고른 것은? **3점**

> **보기**
> ㄱ. a → a′ 과정으로 생성되는 마그마는 b → b′ 과정으로 생성되는 마그마보다 SiO_2 함량이 많다.
> ㄴ. b → b′ 과정으로 상승하고 있는 물질은 주위보다 온도가 높다.
> ㄷ. 물의 공급에 의해 맨틀 물질의 용융이 시작되는 깊이는 해양 하부에서가 대륙 하부에서보다 깊다.

① ㄱ ② ㄷ ③ ㄱ, ㄴ ④ ㄴ, ㄷ ⑤ ㄱ, ㄴ, ㄷ

다음은 컴퓨터를 활용하여 태평양에서 마그마가 분출하는 두 지역의 해저 지형과 마그마 특성을 알아보는 탐구 활동이다.

[탐구 과정]
(가) 태평양에서 마그마가 분출하는 두 지역 A와 B를 선정한다.
(나) 그림과 같이 A와 B를 각각 가로지르는 두 구간 a_1-a_2와 b_1-b_2를 그리고, 각 구간의 수심 자료를 수집한다.
(다) 수심 자료를 이용하여 해저 지형 그래프를 그린다.
(라) A와 B 지역에서 분출하는 마그마의 특성에 대해 정리한 후, 해저 지형 그래프와 비교한다.

[탐구 결과]
○ 구간별 수심 자료

구간 a_1-a_2		구간 b_1-b_2	
거리(km)	수심(m)	거리(km)	수심(m)
0	5602	0	4269
200	5420	200	4085
400	4871	400	4008
600	4297	600	3881
800	121	800	3456
1000	5194	1000	3097
1200	5093	1200	3447
1400	5491	1400	3734
1600	5372	1600	4147
1800	5315	1800	4260
2000	5151	2000	4328

○ 구간별 해저 지형 그래프
…(이하 생략)…

탐구 결과에 대한 설명으로 옳은 것만을 <보기>에서 있는 대로 고른 것은? 3점

보기
ㄱ. A와 B에서 현무암질 마그마가 분출한다.
ㄴ. 마그마가 생성될 수 있는 최대 깊이는 B가 A보다 깊다.
ㄷ. B의 마그마는 주로 압력 증가에 의해 생성된다.

① ㄱ   ② ㄷ   ③ ㄱ, ㄴ   ④ ㄴ, ㄷ   ⑤ ㄱ, ㄴ, ㄷ

그림 (가)는 지하의 온도 분포와 암석의 용융 곡선을, (나)는 마그마가 생성되는 장소 A, B, C를 모식적으로 나타낸 것이다. (가)에서 a와 b는 현무암의 용융 곡선과 물을 포함한 화강암의 용융 곡선을 순서 없이 나타낸 것이다.

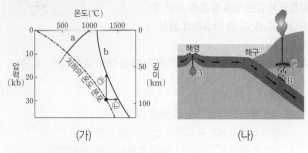

(가)   (나)

이에 대한 설명으로 옳지 않은 것은?

① a는 물을 포함한 화강암의 용융 곡선이다.
② 압력이 증가하면 현무암의 용융 온도는 증가한다.
③ A에서는 (가)의 ㉠ 과정에 의하여 마그마가 생성된다.
④ B에서는 (가)의 ㉡ 과정에 의하여 마그마가 생성된다.
⑤ C에서는 유문암질 마그마가 생성될 수 있다.

그림은 해양판이 섭입하면서 마그마가 생성되는 어느 해구 지역의 지진파 단층 촬영 영상을 나타낸 것이다.

이에 대한 설명으로 옳은 것만을 <보기>에서 있는 대로 고른 것은? 3점

보기
ㄱ. ㉠은 열점이다.
ㄴ. A 지점에서는 주로 SiO_2의 함량이 52%보다 낮은 마그마가 생성된다.
ㄷ. B 지점은 맨틀 대류의 하강부이다.

① ㄱ   ② ㄴ   ③ ㄱ, ㄷ   ④ ㄴ, ㄷ   ⑤ ㄱ, ㄴ, ㄷ

27

마그마의 종류와 생성
[2023년 3월 학평 15번]

그림은 판 경계가 존재하는 어느 지역의 화산섬과 활화산이 분포를 나타낸 것이다. 이 지역에는 하나의 열점이 분포한다.
이에 대한 옳은 설명만을 <보기>에서 있는 대로 고른 것은? **3점**

○ 화산섬
▲ 활화산

ㄱ. 이 지역에는 해구가 존재한다.
ㄴ. 화산섬 A는 주로 안산암으로 이루어져 있다.
ㄷ. 활화산 B에서 분출되는 마그마는 압력 감소에 의해 생성된다.

① ㄱ　　② ㄴ　　③ ㄷ　　④ ㄱ, ㄴ　　⑤ ㄴ, ㄷ

28

마그마의 종류와 생성
[2020년 10월 학평 6번]

그림 (가)는 지하의 온도 분포와 암석의 용융 곡선을, (나)는 어느 판 경계 주변의 단면을 나타낸 것이다.

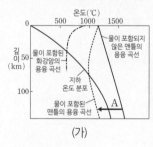
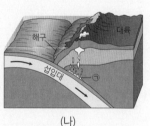

(가)　　(나)

이에 대한 옳은 설명만을 <보기>에서 있는 대로 고른 것은?

보기
ㄱ. 대륙 지각은 맨틀보다 용융 온도가 대체로 낮다.
ㄴ. ㉠의 마그마는 (가)의 A와 같은 과정으로 생성된다.
ㄷ. ㉠의 마그마는 주로 해양 지각이 용융된 것이나.

① ㄱ　　② ㄷ　　③ ㄱ, ㄴ　　④ ㄴ, ㄷ　　⑤ ㄱ, ㄴ, ㄷ

29　2024 평가원

마그마의 종류와 생성
[2024학년도 9월 모평 6번]

그림은 암석의 용융 곡선과 지역 ㉠, ㉡의 지하 온도 분포를 깊이에 따라 나타낸 것이다. ㉠과 ㉡은 각각 해령과 섭입대 중 하나이다.
이 자료에 대한 설명으로 옳은 것만을 <보기>에서 있는 대로 고른 것은?

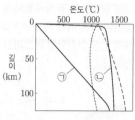

보기
ㄱ. ㉠에서는 물이 포함된 맨틀 물질이 용융되어 마그마가 생성된다.
ㄴ. ㉡에서는 주로 유문암질 마그마가 생성된다.
ㄷ. 맨틀 물질이 용융되기 시작하는 온도는 ㉠이 ㉡보다 낮다.

① ㄱ　　② ㄴ　　③ ㄱ, ㄷ　　④ ㄴ, ㄷ　　⑤ ㄱ, ㄴ, ㄷ

30

마그마의 종류와 생성
[2023년 10월 학평 3번]

그림은 해양판이 섭입되는 어느 지역에서 생성되는 마그마 A와 B를, 표는 A와 B의 SiO_2 함량을 나타낸 것이다.

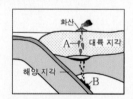

마그마	SiO_2 함량(%)
A	58
B	㉠

이에 대한 옳은 설명만을 <보기>에서 있는 대로 고른 것은?

보기
ㄱ. A가 분출하면 반려암이 생성된다.
ㄴ. ㉠은 58보다 작다.
ㄷ. B는 주로 압력 감소에 의해 생성된다.

① ㄴ　　② ㄷ　　③ ㄱ, ㄴ　　④ ㄱ, ㄷ　　⑤ ㄴ, ㄷ

그림 (가)는 판 경계 주변에서 마그마가 생성되는 모습을, (나)는 깊이에 따른 지하 온도 분포와 암석의 용융 곡선을 나타낸 것이다. ㉠과 ㉡은 안산암질 마그마와 현무암질 마그마를 순서 없이 나타낸 것이다.

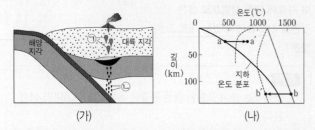

(가)   (나)

이에 대한 설명으로 옳은 것만을 <보기>에서 있는 대로 고른 것은?

3점

보기

ㄱ. ㉠이 분출하여 굳으면 섬록암이 된다.

ㄴ. ㉡은 a → a′ 과정에 의해 생성된다.

ㄷ. SiO_2 함량(%)은 ㉠이 ㉡보다 높다.

① ㄱ   ② ㄴ   ③ ㄷ   ④ ㄱ, ㄴ   ⑤ ㄴ, ㄷ

2. 지구의 역사

01 퇴적 구조와 환경

필수개념 1 | 퇴적암과 퇴적 구조

1. 퇴적암: 퇴적물이 쌓인 후 단단하게 굳어져 만들어진 암석

2. 퇴적암의 형성 과정
: 지표 암석 → 풍화, 침식, 운반 작용 → 퇴적물 → 퇴적 작용 → 속성 작용 → 퇴적암

3. 속성 작용: 퇴적물이 퇴적암이 되는 작용으로 다짐 작용과 교결 작용이 있음

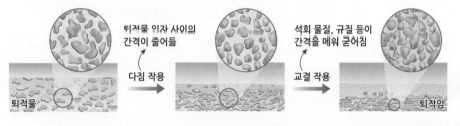

1) 다짐 작용(압축 작용): 두껍게 쌓인 퇴적물의 압력에 의해 입자들의 간격이 치밀하게 다져지는 작용
→ 밀도 증가, 공극률 감소
2) 교결 작용: 퇴적물 내 공극에 교결 물질(탄산칼슘, 규질, 철분 등)이 침전해 입자들을 연결시키는 작용

4. 퇴적암의 종류

	쇄설성 퇴적암	화학적 퇴적암	유기적 퇴적암
생성 원인	풍화 및 침식에 의해 생성된 암석 부스러기들이 쌓여서 생성	물에 용해된 물질들이 화학적으로 침전된 뒤 퇴적되어 생성	생물의 유해 등 유기물이 퇴적되어 생성
해당 암석	입자 작음 ←———————→ 입자 큼 셰일(이암) → 사암 → 역암(각력암), 응회암, 화산 각력암	석회암, 처트, 암염	석탄, 석회암, 처트 (규조토)

5. 퇴적 구조의 종류

	사층리	점이층리	연흔	건열
퇴적 방법	물이나 바람에 의해 퇴적물이 기울어져 쌓임	위로 갈수록 작은 입자의 퇴적물이 쌓임	물결의 작용에 의해 퇴적물 표면에 생긴 모양	점토질의 퇴적층에 포함된 수분이 증발하여 갈라짐
퇴적 원인	바람, 흐르는 물	저탁류, 빠른 흐름	잔물결, 파도	건조한 환경
퇴적 환경	한쪽으로 흐르는 얕은 물 밑이나 사막	대륙대, 깊은 바다 혹은 호수 바닥	얕은 물 밑	건조한 기후 지역

기본자료

	구조
사층리	바람, 물의 방향 →
점이층리	
연흔	
건열	

필수개념 2 | 퇴적 환경

퇴적 환경: 퇴적물 입자가 쌓이는 다양한 환경

환경	특징
육상 환경	육지 내에서 주로 쇄설성 퇴적물이 퇴적되는 환경. 예 하천, 호수, 선상지
연안 환경 (전이 환경)	육상 환경과 해양 환경 사이에 위치한 곳. 담수와 염수, 바람과 파도의 작용 등 육지와 바다의 영향을 모두 받음. 예 삼각주, 해빈, 사주, 석호, 조간대
해양 환경	바다의 영향을 받는 환경. 가장 넓은 면적을 차지. 예 대륙붕, 대륙대, 대륙사면, 심해저

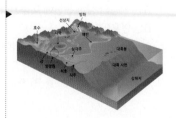

1 [2023 평가원]

다음은 어느 퇴적 구조가 형성되는 원리를 알아보기 위한 실험이다.

[실험 목표]
○ (㉠)의 형성 원리를 설명할 수 있다.

[실험 과정]
(가) 100mL의 물이 담긴 원통형 유리 접시에 입자 크기가 $\frac{1}{16}$mm 이하인 점토 100g을 고르게 붓는다.

(나) 그림과 같이 백열전등 아래에 원통형 유리 접시를 놓고 전등 빛을 비춘다.
(다) ㉡ 전등 빛을 충분히 비추었을 때 변화된 점토 표면의 모습을 관찰하여 그 결과를 스케치한다.

[실험 결과]

〈위에서 본 모습〉   〈옆에서 본 모습〉

이에 대한 설명으로 옳은 것만을 〈보기〉에서 있는 대로 고른 것은?

3점

보기
ㄱ. '건열'은 ㉠에 해당한다.
ㄴ. 건조한 환경에 노출되어 퇴적물의 표면이 갈라진 모습은 ㉡에 해당한다.
ㄷ. 이 퇴적 구조는 주로 역암층에서 관찰된다.

① ㄱ   ② ㄴ   ③ ㄷ   ④ ㄱ, ㄴ   ⑤ ㄱ, ㄷ

2

그림은 퇴적 구조 A, B, C를 나타낸 것이다. 이에 대한 설명으로 옳은 것만을 〈보기〉에서 있는 대로 고른 것은?

보기
ㄱ. A는 지층의 상하 판단에 이용된다.
ㄴ. B는 연흔이다.
ㄷ. C가 생성되는 동안 건조한 대기에 노출된 시기가 있었다.

① ㄱ   ② ㄴ   ③ ㄱ, ㄷ   ④ ㄴ, ㄷ   ⑤ ㄱ, ㄴ, ㄷ

3

그림 (가), (나), (다)는 어느 지역에서 관찰되는 건열, 사층리, 연흔을 순서 없이 나타낸 것이다.

(가)   (나)   (다)

이에 대한 설명으로 옳은 것만을 〈보기〉에서 있는 대로 고른 것은?

보기
ㄱ. (가)는 연흔이다.
ㄴ. (나)는 심해 환경에서 생성된다.
ㄷ. (다)에서는 퇴적물의 공급 방향을 알 수 있다.

① ㄱ   ② ㄴ   ③ ㄱ, ㄷ   ④ ㄴ, ㄷ   ⑤ ㄱ, ㄴ, ㄷ

4

그림은 서로 다른 퇴적 구조를 나타낸 것이다.

(가) 연흔   (나) 점이 층리   (다) 건열

이에 대한 설명으로 옳은 것만을 〈보기〉에서 있는 대로 고른 것은?

보기
ㄱ. (가)는 (나)보다 주로 수심이 깊은 곳에서 형성된다.
ㄴ. (나)는 입자의 크기에 따른 퇴적 속도 차이에 의해 형성된다.
ㄷ. (다)는 형성되는 동안 건조한 환경에 노출된 시기가 있었다.

① ㄱ   ② ㄴ   ③ ㄱ, ㄷ   ④ ㄴ, ㄷ   ⑤ ㄱ, ㄴ, ㄷ

5

그림 (가)와 (나)는 퇴적 구조를 나타낸 것이다.

(가) 사층리 　　　　(나) 건열

이에 대한 설명으로 옳은 것만을 〈보기〉에서 있는 대로 고른 것은?

보기
ㄱ. (가)로부터 퇴적물이 공급된 방향을 알 수 있다.
ㄴ. (나)는 형성 당시에 건조한 시기가 있었다.
ㄷ. (가)와 (나)를 통해 지층의 역전 여부를 판단할 수 있다.

① ㄱ　　② ㄴ　　③ ㄱ, ㄷ　　④ ㄴ, ㄷ　　⑤ ㄱ, ㄴ, ㄷ

7

그림 (가), (나), (다)는 서로 다른 퇴적 구조를 나타낸 것이다.

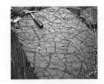  

(가) 건열 　　(나) 사층리 　　(다) 점이 층리

이에 대한 설명으로 옳은 것만을 〈보기〉에서 있는 대로 고른 것은?

보기
ㄱ. (가)는 심해 환경에서 생성된다.
ㄴ. (나)에서는 퇴적물의 공급 방향을 알 수 있다.
ㄷ. (다)는 입자 크기에 따른 퇴적 속도 차이에 의해 생성된다.

① ㄱ　　② ㄴ　　③ ㄱ, ㄷ　　④ ㄴ, ㄷ　　⑤ ㄱ, ㄴ, ㄷ

6

그림은 퇴적암을 쇄설성, 유기적, 화학적 퇴적암으로 분류하고, 그 예를 나타낸 것이다.

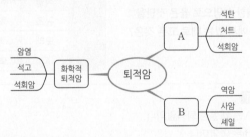

이에 대한 설명으로 옳은 것만을 〈보기〉에서 있는 대로 고른 것은?

보기
ㄱ. A는 유기적 퇴적암이다.
ㄴ. 응회암은 B의 예이나.
ㄷ. 암염은 해수가 증발하여 침전된 물질이 굳어져 만들어질 수 있다.

① ㄱ　　② ㄴ　　③ ㄱ, ㄷ　　④ ㄴ, ㄷ　　⑤ ㄱ, ㄴ, ㄷ

8

그림 (가)와 (나)는 퇴적 구조를 나타낸 것이다.

(가) 건열 　　　　(나) 연흔

이에 대한 설명으로 옳은 것만을 〈보기〉에서 있는 대로 고른 것은?

보기
ㄱ. (가)는 형성되는 동안 건조한 대기에 노출된 적이 있다.
ㄴ. (나)는 횡압력에 의해 형성되었다.
ㄷ. (가)와 (나)는 모두 층리면을 관찰한 것이다.

① ㄱ　　② ㄴ　　③ ㄱ, ㄷ　　④ ㄴ, ㄷ　　⑤ ㄱ, ㄴ, ㄷ

9

그림 (가), (나), (다)는 세 암석에서 각각 관찰한 건열, 연흔, 절리를 순서 없이 나타낸 것이다.

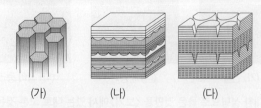

(가)   (나)   (다)

이에 대한 설명으로 옳은 것은?

① (가)는 판상 절리이다.
② (가)는 심성암에서 잘 나타난다.
③ (나)는 횡압력을 받아 형성된다.
④ (다)는 수심이 깊은 곳에서 잘 형성된다.
⑤ (나)와 (다)로부터 지층의 역전 여부를 판단할 수 있다.

11

그림 (가)와 (나)는 서로 다른 퇴적 구조를 나타낸 것이다.

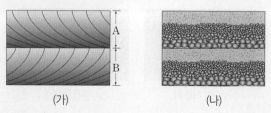

(가)   (나)

이에 대한 설명으로 옳은 것만을 〈보기〉에서 있는 대로 고른 것은?

보기

ㄱ. (가)에서 퇴적물의 공급 방향은 A와 B가 같다.
ㄴ. (나)는 입자 크기에 따른 퇴적 속도 차이에 의해 생성된다.
ㄷ. (가)는 (나)보다 수심이 깊은 곳에서 잘 생성된다.

① ㄱ   ② ㄴ   ③ ㄱ, ㄷ   ④ ㄴ, ㄷ   ⑤ ㄱ, ㄴ, ㄷ

10

그림은 쇄설성 퇴적암과 퇴적 구조에 대해 학생 A, B, C가 대화하는 모습이다.

쇄설성 퇴적암은 구성 입자의 크기로 분류해.

역암이 형성되는 과정에는 압축(다져짐) 작용이 일어나지 않아.

점이 층리는 구성 입자의 크기가 동일한 퇴적 구조야.

A   B   C

제시한 내용이 옳은 학생만을 있는 대로 고른 것은?

① A   ② B   ③ C   ④ A, B   ⑤ A, C

12

표는 퇴적물의 기원에 따른 퇴적암의 종류를 나타낸 것이다.
이에 대한 설명으로 옳은 것만을 〈보기〉에서 있는 대로 고른 것은?

구분	퇴적물	퇴적암
A	식물	석탄
	규조	처트
B	모래	㉠
	㉡	역암

보기

ㄱ. A는 쇄설성 퇴적암이다.
ㄴ. ㉠은 암염이다.
ㄷ. 자갈은 ㉡에 해당한다.

① ㄱ   ② ㄴ   ③ ㄷ   ④ ㄱ, ㄷ   ⑤ ㄴ, ㄷ

13

그림은 모래로 이루어진 퇴적물로부터 퇴적암이 생성되는 과정을 나타낸 것이다.

이에 대한 설명으로 옳은 것만을 〈보기〉에서 있는 대로 고른 것은?

> **보기**
> ㄱ. A에 의해 공극이 감소한다.
> ㄴ. B에서 교결물은 모래 입자들을 결합시켜 주는 역할을 한다.
> ㄷ. 이 과정에서 생성된 퇴적암은 사암이다.

① ㄱ ② ㄷ ③ ㄱ, ㄴ ④ ㄴ, ㄷ ⑤ ㄱ, ㄴ, ㄷ

14

표는 퇴적암 A, B, C를 이루는 자갈의 비율과 모래의 비율을 나타낸 것이다. A, B, C는 각각 역암, 사암, 셰일 중 하나이다.

퇴적암	자갈의 비율(%)	모래의 비율(%)
A	5	90
B	4	5
C	80	10

이에 대한 설명으로 옳은 것만을 〈보기〉에서 있는 대로 고른 것은?

> **보기**
> ㄱ. A는 셰일이다.
> ㄴ. 연흔은 C층에서 주로 나타난다.
> ㄷ. A, B, C는 쇄설성 퇴적암이다.

① ㄱ ② ㄷ ③ ㄱ, ㄴ ④ ㄴ, ㄷ ⑤ ㄱ, ㄴ, ㄷ

---

15 **2024 평가원**

다음은 쇄설성 퇴적암이 형성되는 과정의 일부를 알아보기 위한 실험이다.

> **[실험 목표]**
> ○ 쇄설성 퇴적암이 형성되는 과정 중 (㉠   )을/를 설명할 수 있다.
>
> **[실험 과정]**
> (가) 크기가 다양한 자갈, 모래, 점토를 각각 준비하여 투명한 원통에 넣는다.
> (나) (가)의 원통의 퇴적물에서 입자 사이의 빈 공간(공극)의 모습을 관찰한다.
> (다) 컵에 석회질 물질과 물을 부어 석회질 반죽을 만든다.
> (라) ㉡ 석회질 반죽을 (가)의 원통에 부어 퇴적물이 쌓인 높이 (h)까지 채운 후 건조시켜 굳힌다.
> (마) (라)의 입자 사이의 빈 공간(공극)의 모습을 관찰한다.
>
> **[실험 결과]**
>
> | ㉢ (나)의 결과 | ㉣ (마)의 결과 |
> |---|---|

이 자료에 대한 설명으로 옳은 것만을 〈보기〉에서 있는 대로 고른 것은? **3점**

> **보기**
> ㄱ. '교결 작용'은 ㉠에 해당한다.
> ㄴ. ㉡은 퇴적물 입자들을 단단하게 결합시켜 주는 물질에 해당한다.
> ㄷ. 단위 부피당 공극이 차지하는 부피는 ㉢이 ㉣보다 크다.

① ㄱ ② ㄷ ③ ㄱ, ㄴ ④ ㄴ, ㄷ ⑤ ㄱ, ㄴ, ㄷ

다음은 어느 퇴적 구조가 형성되는 원리를 알아보기 위한 실험이다.

[실험 목표]

○ (㉠)의 형성 원리를 설명할 수 있다.

[실험 과정]

(가) 입자의 크기가 2mm 이하인 모래, 2~4mm인 왕모래, 4~6mm인 잔자갈을 각각 100g씩 준비하여 물이 담긴 원통에 넣는다.

(나) 원통을 흔들어 입자들을 골고루 섞은 후, 원통을 세워 입자들이 가라앉기를 기다린다.

(다) 그림과 같이 원통의 퇴적물을 같은 간격의 세 구간 A, B, C로 나눈다.

(라) 각 구간의 퇴적물을 모래, 왕모래, 잔자갈로 구분하여 각각의 질량을 측정한다.

[실험 결과]

○ A, B, C 구간별 입자 종류에 따른 질량비

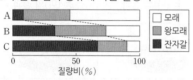

○ 퇴적물 입자의 크기가 클수록 (㉡) 가라앉는다.

이에 대한 설명으로 옳은 것만을 〈보기〉에서 있는 대로 고른 것은? **3점**

보기

ㄱ. '점이 층리'는 ㉠에 해당한다.

ㄴ. '느리게'는 ㉡에 해당한다.

ㄷ. 경사가 급한 해저에서 빠르게 이동하던 퇴적물의 유속이 갑자기 느려지면서 퇴적되는 과정은 (나)에 해당한다.

① ㄱ   ② ㄴ   ③ ㄱ, ㄷ   ④ ㄴ, ㄷ   ⑤ ㄱ, ㄴ, ㄷ

다음은 퇴적암이 형성되는 과정의 일부를 알아보기 위한 실험이다.

[실험 목표]

○ 퇴적암이 형성되는 과정 중 (㉠)을/를 설명할 수 있다.

[실험 과정]

(가) 입자 크기 2mm 정도인 퇴적물 250mL가 담긴 원통에 물 250mL를 넣는다.

(나) 물의 높이가 퇴적물의 높이와 같아질 때까지 물을 추출한 뒤, 추출된 물의 부피를 측정한다.

(다) 그림과 같이 원형 판 1개를 원통에 넣어 퇴적물을 압축시킨다.

(라) 물의 높이가 퇴적물의 높이와 같아질 때까지 물을 추출하고, 그 물의 부피를 측정한다.

(마) 동일한 원형 판의 개수를 1개씩 증가시키면서 (라)의 과정을 반복한다.

(바) 원형 판의 개수와 추출된 물의 부피와의 관계를 정리한다.

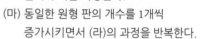

[실험 결과]

○ 과정 (나)에서 추출된 물의 부피 : 100mL

○ 과정 (다)~(마)에서 원형 판의 개수에 따른 추출된 물의 부피

원형 판 개수(개)	1	2	3	4	5
추출된 물의 부피(mL)	27.5	8.0	6.5	5.3	4.5

이 자료에 대한 설명으로 옳은 것만을 〈보기〉에서 있는 대로 고른 것은? **3점**

보기

ㄱ. '다짐 작용'은 ㉠에 해당한다.

ㄴ. 과정 (나)에서 원통 속에 남아 있는 물의 부피는 222.5mL 이다.

ㄷ. 원형 판의 개수가 증가할수록 단위 부피당 퇴적물 입자의 개수는 증가한다.

① ㄱ   ② ㄴ   ③ ㄱ, ㄷ   ④ ㄴ, ㄷ   ⑤ ㄱ, ㄴ, ㄷ

---

18 [2022 평가원]

퇴적암과 퇴적 구조
[2022학년도 6월 모평 16번]

그림 (가)는 어느 쇄설성 퇴적층의 단면을, (나)는 속성 작용이
일어나는 동안 (가)의 모래층에서 모래 입자 사이 공간(㉠)의 부피
변화를 나타낸 것이다.

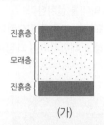

(가) 모래층에서 속성 작용이 일어나는 동안 나타나는 변화에 대한
설명으로 옳은 것만을 <보기>에서 있는 대로 고른 것은?

> 보기
> ㄱ. ㉠에 교결 물질이 침전된다.
> ㄴ. 밀도는 증가한다.
> ㄷ. 단위 부피당 모래 입자의 개수는 A에서 B로 갈수록
>   감소한다.

① ㄱ ② ㄷ ③ ㄱ, ㄴ ④ ㄴ, ㄷ ⑤ ㄱ, ㄴ, ㄷ

19

퇴적암과 퇴적 구조
[지Ⅱ 2017년 4월 학평 14번]

그림은 어느 퇴적 구조를 나타낸
것이다.
이 퇴적 구조에 대한 설명으로 옳은
것만을 <보기>에서 있는 대로
고른 것은?

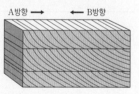

> 보기
> ㄱ. 깊은 바다에서 형성되었다.
> ㄴ. 퇴적 당시 퇴적물의 이동 방향은 B 방향이다.
> ㄷ. 지층의 역전 여부를 판단할 때 이용할 수 있다.

① ㄱ ② ㄷ ③ ㄱ, ㄴ ④ ㄴ, ㄷ ⑤ ㄱ, ㄴ, ㄷ

20

퇴적암과 퇴적 구조
[지Ⅱ 2018년 4월 학평 10번]

그림 (가)와 (나)는 물 밑에서 형성된 서로 다른 퇴적 구조를 나타낸
것이다.

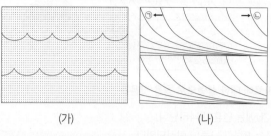

(가)   (나)

이에 대한 설명으로 옳은 것만을 <보기>에서 있는 대로 고른 것은?

> 보기
> ㄱ. (가)는 주로 얕은 물 밑에서 형성된다.
> ㄴ. (나)의 퇴적 당시 퇴적물 이동 방향은 ㉠이다.
> ㄷ. (가)와 (나)는 지층의 상하 판단에 이용된다.

① ㄱ ② ㄴ ③ ㄱ, ㄷ ④ ㄴ, ㄷ ⑤ ㄱ, ㄴ, ㄷ

21

퇴적암과 퇴적 구조
[지Ⅱ 2018학년도 6월 모평 1번]

그림은 퇴적 구조가 관찰되는 지층의
단면을 나타낸 것이다.
이에 대한 설명으로 옳은 것만을
<보기>에서 있는 대로 고른 것은?

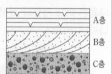

> 보기
> ㄱ. A층은 생성되는 동안 건조한 대기에 노출된 시기가 있었다.
> ㄴ. B층의 퇴적 구조는 지층의 상하 판단에 이용된다.
> ㄷ. C층에서는 점이 층리가 관찰된다.

① ㄱ ② ㄷ ③ ㄱ, ㄴ ④ ㄴ, ㄷ ⑤ ㄱ, ㄴ, ㄷ

22

그림은 어느 지역의 지층과 퇴적 구조를 나타낸 것이다.

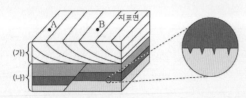

이 자료에 대한 설명으로 옳은 것은?

① (가)에는 연흔이 나타난다.
② A는 B보다 나중에 퇴적되었다.
③ (나)에는 역전된 지층이 나타난다.
④ (나)의 단층은 횡압력에 의해 형성되었다.
⑤ (나)는 형성 과정에서 수면 위로 노출된 적이 있다.

23

다음은 어느 지층의 퇴적 구조에 대한 학생 A, B, C의 대화를 나타낸 것이다.

제시한 내용이 옳은 학생만을 있는 대로 고른 것은?

① A ② C ③ A, B ④ B, C ⑤ A, B, C

24

다음은 어느 퇴적 구조의 형성 과정을 알아보기 위한 실험이다.

[실험 과정]
(가) 수조에 모래와 물을 채우고, 막대를 설치한다.
(나) 막대를 상하로 움직여 물의 표면에 파동을 일으킨다.
(다) 파동에 의해 퇴적 구조가 형성될 때까지 (나) 과정을 반복한다.

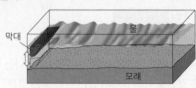

[실험 결과]

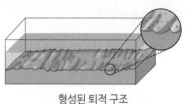

형성된 퇴적 구조

이에 대한 설명으로 옳은 것만을 <보기>에서 있는 대로 고른 것은?

보기
ㄱ. 이 퇴적 구조는 연흔이다.
ㄴ. (나)는 저탁류의 발생 과정에 해당한다.
ㄷ. 이 퇴적 구조는 지층의 역전 여부를 판단하는 데 이용할 수 있다.

① ㄱ ② ㄴ ③ ㄱ, ㄷ ④ ㄴ, ㄷ ⑤ ㄱ, ㄴ, ㄷ

25

그림은 강원도 어느 하천가에 있는 지층에서 발견된 화석의 모습을 나타낸 것이다.
이 지층에 대한 옳은 설명만을 <보기>에서 있는 대로 고른 것은? 3점

보기
ㄱ. 바다에서 퇴적되었다.
ㄴ. 생성 시기는 고생대이다.
ㄷ. 생성된 이후 심한 변성 작용을 받았다.

① ㄱ ② ㄷ ③ ㄱ, ㄴ ④ ㄴ, ㄷ ⑤ ㄱ, ㄴ, ㄷ

26

그림 (가)는 퇴적 환경의 일부를, (나)는 지층의 퇴적 구조를 나타낸 것이다.

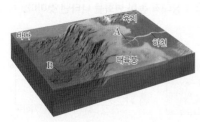

(가)   (나)

이에 대한 설명으로 옳은 것만을 〈보기〉에서 있는 대로 고른 것은?

보기
ㄱ. A는 선상지이다.
ㄴ. (나)로 지층의 역전 여부를 판단할 수 있다.
ㄷ. (나)와 같은 구조는 B보다 A에서 발견된다.

① ㄱ   ② ㄴ   ③ ㄱ, ㄷ   ④ ㄴ, ㄷ   ⑤ ㄱ, ㄴ, ㄷ

28

그림 (가)와 (나)는 퇴적암이 나타나는 우리나라의 두 지역을 나타낸 것이다.

(가) 태백시 구문소   (나) 고성군 덕명리 해안

이에 대한 설명으로 옳은 것만을 〈보기〉에서 있는 대로 고른 것은?

보기
ㄱ. (가)의 암석은 (나)의 암석보다 나중에 생성되었다.
ㄴ. (나)의 암석은 바다에서 퇴적되었다.
ㄷ. (가)와 (나)에는 층리가 나타난다.

① ㄱ   ② ㄷ   ③ ㄱ, ㄴ   ④ ㄴ, ㄷ   ⑤ ㄱ, ㄴ, ㄷ

27

그림 (가), (나), (다)는 우리나라 지질 공원의 지질 명소를 나타낸 것이다.

(가) 무등산 주상 절리대   (나) 제주도 성산일출봉   (다) 진안 마이산

이에 대한 설명으로 옳은 것만을 〈보기〉에서 있는 대로 고른 것은?

 3점

보기
ㄱ. (가)의 암석은 중생대에 생성되었다.
ㄴ. (나)는 수성 화산 분출에 의한 응회구이다.
ㄷ. (다)의 암석은 바다에서 퇴적되어 생성되었다.

① ㄱ   ② ㄷ   ③ ㄱ, ㄴ   ④ ㄴ, ㄷ   ⑤ ㄱ, ㄴ, ㄷ

29

그림은 대륙붕에서 서로 다른 퇴적물 A, B, C가 퇴적된 위치를 나타낸 것이다. A, B, C는 각각 점토, 자갈, 모래 중 하나이다. 이에 대한 설명으로 옳은 것만을 〈보기〉에서 있는 대로 고른 것은?

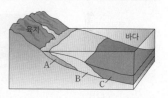

보기
ㄱ. A는 주로 육지에서 공급된다.
ㄴ. 입자의 크기는 B보다 C가 크다.
ㄷ. C가 속성 작용을 받으면 사암이 된다.

① ㄱ   ② ㄴ   ③ ㄱ, ㄷ   ④ ㄴ, ㄷ   ⑤ ㄱ, ㄴ, ㄷ

30

그림 (가)는 퇴적 환경의 일부를, (나)는 서로 다른 퇴적 구조를 나타낸 것이다.

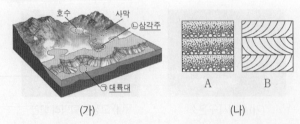

(가)   (나)

이에 대한 설명으로 옳은 것만을 <보기>에서 있는 대로 고른 것은?

> **보기**
> ㄱ. A는 ㉠보다 ㉡에서 잘 생성된다.
> ㄴ. B를 통해 퇴적물이 공급된 방향을 알 수 있다.
> ㄷ. ㉡은 퇴적 환경 중 육상 환경에 해당한다.

① ㄱ   ② ㄴ   ③ ㄱ, ㄷ   ④ ㄴ, ㄷ   ⑤ ㄱ, ㄴ, ㄷ

31

그림 (가)는 해수면이 하강하는 과정에서 형성된 퇴적층의 단면이고, (나)는 (가)의 퇴적층에서 나타나는 퇴적 구조 A와 B이다.

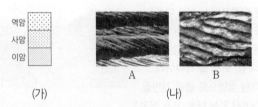

(가)   A   B
             (나)

이 자료에 대한 설명으로 옳은 것만을 <보기>에서 있는 대로 고른 것은?

> **보기**
> ㄱ. (가)의 퇴적층 중 가장 얕은 수심에서 형성된 것은 이암층이다.
> ㄴ. (나)의 A와 B는 주로 역암층에서 관찰된다.
> ㄷ. (나)의 A와 B 중 층리면에서 관찰되는 퇴적 구조는 B이다.

① ㄱ   ② ㄴ   ③ ㄷ   ④ ㄱ, ㄷ   ⑤ ㄴ, ㄷ

32

그림 (가)는 해성층 A, B, C로 이루어진 어느 지역의 지층 단면과 A의 일부에서 발견된 퇴적 구조를, (나)는 A의 퇴적이 완료된 이후 해수면에 대한 ⓐ 지점의 상대적 높이 변화를 나타낸 것이다.

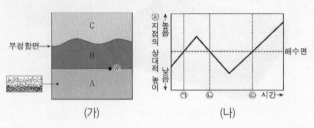

(가)   (나)

이에 대한 설명으로 옳은 것만을 <보기>에서 있는 대로 고른 것은?

3점

> **보기**
> ㄱ. A의 퇴적 구조는 입자 크기에 따른 퇴적 속도 차이에 의해 형성되었다.
> ㄴ. B의 두께는 ㉠ 시기보다 ㉡ 시기에 두꺼웠다.
> ㄷ. C는 ㉢ 시기 이후에 생성되었다.

① ㄱ   ② ㄷ   ③ ㄱ, ㄴ   ④ ㄴ, ㄷ   ⑤ ㄱ, ㄴ, ㄷ

33   2024 수능

그림 (가), (나), (다)는 사층리, 연흔, 점이층리를 순서 없이 나타낸 것이다.

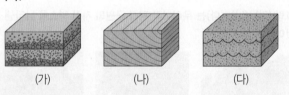

(가)   (나)   (다)

이에 대한 설명으로 옳은 것만을 <보기>에서 있는 대로 고른 것은?

> **보기**
> ㄱ. (가)는 점이층리이다.
> ㄴ. (나)는 지층의 역전 여부를 판단할 수 있는 퇴적 구조이다.
> ㄷ. (다)는 역암층보다 사암층에서 주로 나타난다.

① ㄱ   ② ㄷ   ③ ㄱ, ㄴ   ④ ㄴ, ㄷ   ⑤ ㄱ, ㄴ, ㄷ

02 지질 구조

필수개념 1 **지질 구조**

1. 지질 구조: 지층이나 암석이 지각 변동을 받아 다양한 모양으로 변형된 상태. 과거의 지각 변동을 알 수 있음.

2. 지질 구조의 종류: 습곡, 단층, 절리, 부정합, 관입과 포획

1) 습곡: 횡압력에 의해 휘어진 구조

① 생성 장소: 지하 깊은 곳(온도가 높아야 지층이 끊어지지 않고 휘어지기 때문)

② 구조

배사	지층이 휘어 볼록하게 올라온 부분
향사	지층이 휘어 오목하게 내려간 부분
습곡날개	습곡의 기울어진 경사면
습곡축면	습곡날개 사이 가장 많이 휘어진 부분
습곡축	가장 많이 휘어진 부분을 자른 면

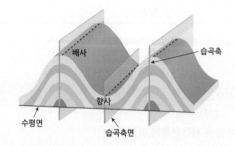

기본자료

▶ 횡와 습곡
지층이 지각 변동을 받지 않았다면
아래에 있는 지층이 먼저 쌓인 것이다.
그러나 횡와 습곡에서는 먼저 쌓인
지층의 일부가 위로 올라오므로 지층이
쌓인 순서를 해석하는데 혼란을 줄
수 있다.

③ 종류

정습곡	경사습곡	횡와습곡
습곡축면이 수평면에 대해 거의 수직인 경우	습곡축면이 수평면에 대해 수직이 아닌 경우	습곡축면이 거의 수평으로 누워버린 경우

2) 단층: 지층이 장력이나 횡압력을 받아 끊어지면서 상대적으로 위와 아래 지층이 이동해 형성된 구조.

① 생성 장소: 지표 근처 (온도가 낮아 지층이 휘지 않고 끊어지기 때문)

② 구조

단층면	지층이 끊어진 면
상반	단층면을 기준으로 위에 있는 지층
하반	단층면을 기준으로 아래에 있는 지층

③ 종류

정단층	역단층	주향 이동 단층
하반 상반	상반 하반	수평 방향의 힘

3) 절리: 암석 내에 형성된 틈이나 균열
   ① 지하 깊은 곳의 암석이 융기하거나 마그마가 빠르게 식으면서 수축할 때 그리고
      지층이 지각 변동에 의한 습곡 작용을 받는 경우에 생성
   ② 종류

종류	주상 절리	판상 절리
형태	단면의 형태가 육각 내지는 사각형을 이루는 긴 기둥 모양의 절리	암석의 표면에서 판 모양으로 또는 동심원 형태로 평행하게 발달한 절리
발생 원인	지표를 따라 대규모로 흐르던 용암이 급격히 식으며 부피가 수축하여 생성	심성암이 지표에 노출될 때 압력의 감소로 인해 부피가 팽창하며 생성
발견	제주도, 한탄강 일대 등 화산암 지형에서 주로 발견	북한산, 설악산 일대 등 심성암 지형에서 주로 발견

4) 부정합: 조륙 운동이나 조산 운동 등의 지각 변동을 받아 인접한 두 지층 간의 퇴적 시기의 시간 차가
  큰 경우 두 지층 간의 관계를 말함
   ① 부정합면 위에 기저역암이 존재
   ② 정합: 지층이 시간 순서대로 연속적으로 쌓인 경우
   ③ 생성 과정: 퇴적 → 융기 → 침식 → 침강 → 퇴적
   ④ 종류: 융기하기 전이나 융기하면서 받은 지각 변동에 따라 구분

	평행 부정합	경사 부정합	난정합
구조	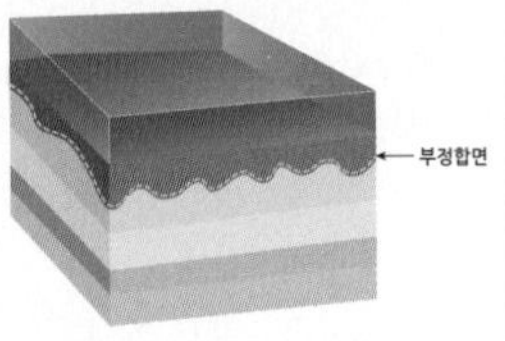	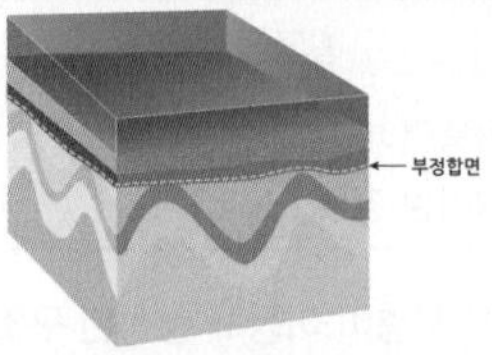	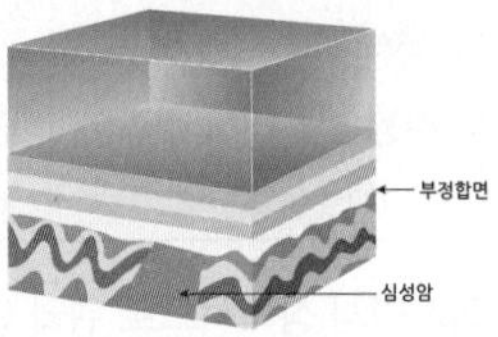
특징	• 부정합면의 상층과 하층이 평행하게 퇴적 • 지층이 상하 운동만 받은 경우에 발견	• 부정합면을 경계로 상층과 하층의 지층 경사가 다른 경우 • 조산 운동을 받아 지층이 습곡 된 경우 발견	• 부정합면 아래에 화성암이 침식된 채로 존재하는 경우
생성 과정	퇴적 → 융기 → 침식 → 침강 → 퇴적	퇴적 → 습곡 작용, 융기 → 침식 → 침강 → 퇴적	퇴적 → 관입 → 융기 → 침식 → 침강 → 퇴적

5) 관입과 포획
   ① 관입: 마그마가 주변 암석을 뚫고 들어가는 것. 암석의 생성 순서를 알 수 있다. 관입한 암석은
      관입 당한 암석보다 나중에 생성됨. 마그마는 온도가 높기 때문에 주변 암석에 마그마가 닿은
      부분은 변성 작용을 받는다.

	관입	분출
구조	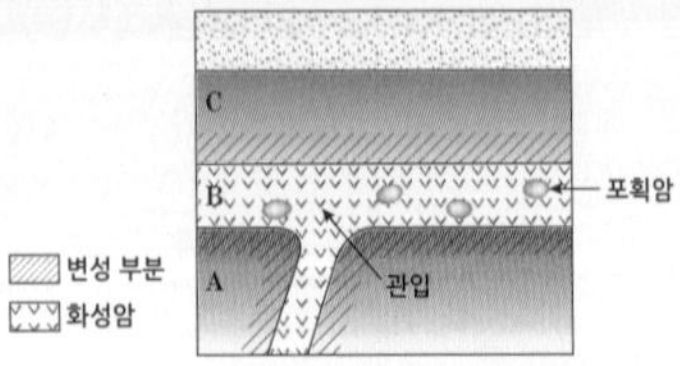	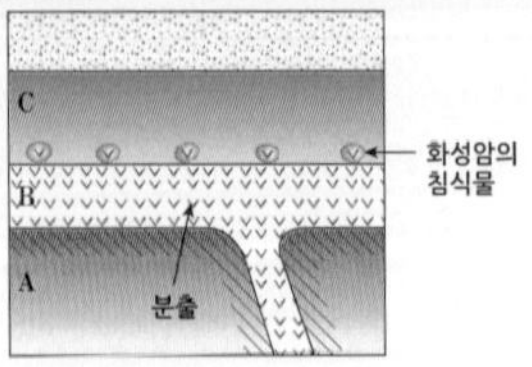
생성 순서	A → C → B	A → B → C

   ② 포획: 마그마가 관입하는 과정에서 주변의 암석이나 지층의 조각이 떨어져 나와 마그마와 함께
      굳은 것. 암석의 생성 순서를 알 수 있다.

기본자료

▶ 박리 현상
판상 절리가 발달한 기반암에서 암괴가 양파 껍질처럼 떨어져 나오는 현상

▶ 조륙 운동과 조산 운동
• 조륙 운동: 넓은 범위에 걸쳐 지각이 서서히 융기하거나 침강하는 운동
• 조산 운동: 거대한 습곡 산맥을 형성하는 지각 변동

1 2022 평가원
지질 구조
[2022학년도 9월 모평 4번]

다음은 어느 지질 구조의 형성 과정을 알아보기 위한 탐구이다.

[탐구 과정]
(가) 지점토 판 세 개를 하나씩 순서대로 쌓은 뒤, Ⅰ과 같이 경사지게 지점토 칼로 자른다.
(나) 잘린 지점토 판 전체를 조심스럽게 들어 올리고, Ⅱ와 같이 ㉠ 양쪽 끝을 서서히 잡아당겨 가운데 조각이 내려가도록 한다.
(다) Ⅲ과 같이 지점토 칼로 지점토 판의 위쪽을 수평으로 자른다.
(라) 잘린 지점토 판 위에 Ⅳ와 같이 새로운 지점토 판을 수평이 되도록 쌓는다.

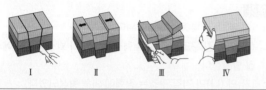

Ⅰ   Ⅱ   Ⅲ   Ⅳ

이에 대한 설명으로 옳은 것만을 <보기>에서 있는 대로 고른 것은?
3점

보기
ㄱ. ㉠에 해당하는 힘은 횡압력이다.
ㄴ. (다)는 지층의 침식 과정에 해당한다.
ㄷ. (라)에서 부정합 형태의 지질 구조가 만들어진다.

① ㄱ   ② ㄴ   ③ ㄷ   ④ ㄱ, ㄴ   ⑤ ㄴ, ㄷ

2
지질 구조
[2022년 10월 학평 6번]

그림은 지질 구조 (가), (나), (다)를 나타낸 것이다.

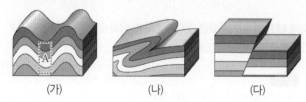

(가)   (나)   (다)

이에 대한 옳은 설명만을 <보기>에서 있는 대로 고른 것은?

보기
ㄱ. A에는 향사 구조가 나타난다.
ㄴ. (나)와 (다)에는 나이가 많은 지층 아래에 나이가 적은 지층이 나타나는 부분이 있다.
ㄷ. (가), (나), (다)는 모두 횡압력에 의해 형성된다.

① ㄱ   ② ㄴ   ③ ㄱ, ㄷ   ④ ㄴ, ㄷ   ⑤ ㄱ, ㄴ, ㄷ

3
지질 구조
[지Ⅱ 2018년 4월 학평 14번]

그림 (가)와 (나)는 서로 다른 지질 구조를 나타낸 것이다.

(가) 습곡   (나) 단층

이에 대한 설명으로 옳은 것만을 <보기>에서 있는 대로 고른 것은? (단, 지층의 역전은 없었다.)

보기
ㄱ. (가)에서는 배사 구조가 나타난다.
ㄴ. (나)에서 상반은 단층면을 따라 위로 이동하였다.
ㄷ. (가)와 (나)는 장력에 의해 형성되었다.

① ㄱ   ② ㄴ   ③ ㄱ, ㄷ   ④ ㄴ, ㄷ   ⑤ ㄱ, ㄴ, ㄷ

4
지질 구조
[2021년 10월 학평 15번]

그림 (가), (나), (다)는 주상 절리, 습곡, 사층리를 순서 없이 나타낸 것이다.

(가)   (나)   (다)

이에 대한 옳은 설명만을 <보기>에서 있는 대로 고른 것은?

보기
ㄱ. (가)는 주로 퇴적암에 나타나는 구조이다.
ㄴ. (나)는 횡압력을 받아 형성된다.
ㄷ. (다)는 지하 깊은 곳에서 생성된 암석이 지표로 융기할 때 형성된다.

① ㄱ   ② ㄷ   ③ ㄱ, ㄴ   ④ ㄴ, ㄷ   ⑤ ㄱ, ㄴ, ㄷ

5

그림 (가)와 (나)는 각각 관입암과 포획암이 존재하는 암석의 모습을 나타낸 것이다. (가)와 (나)에 있는 관입암과 포획암의 나이는 같다.

 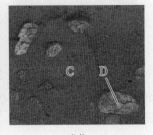

(가)   (나)

암석 A~D에 대한 옳은 설명만을 <보기>에서 있는 대로 고른 것은?

3점

보기

ㄱ. A는 B를 관입하였다.
ㄴ. 포획암은 D이다.
ㄷ. 암석의 나이는 C가 가장 적다.

① ㄱ   ② ㄴ   ③ ㄱ, ㄷ   ④ ㄴ, ㄷ   ⑤ ㄱ, ㄴ, ㄷ

7

그림 (가)와 (나)는 서로 다른 지질 구조가 나타나는 두 지역을 나타낸 것이다.

(가)   (나)

이에 대한 설명으로 옳은 것만을 <보기>에서 있는 대로 고른 것은?

보기

ㄱ. (가)는 경사 부정합이 관찰된다.
ㄴ. (나)의 지질 구조는 판의 수렴형 경계보다 발산형 경계에서 잘 발달한다.
ㄷ. (가)와 (나)의 지질 구조는 장력에 의해 형성되었다.

① ㄱ   ② ㄷ   ③ ㄱ, ㄴ   ④ ㄴ, ㄷ   ⑤ ㄱ, ㄴ, ㄷ

6

그림은 어느 지괴가 서로 다른 종류의 힘 A, B를 받아 형성된 단층의 모습을 나타낸 것이다.

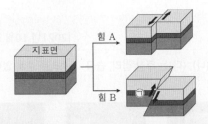

이에 대한 옳은 설명만을 <보기>에서 있는 대로 고른 것은?

보기

ㄱ. 힘 A에 의해 역단층이 형성되었다.
ㄴ. ㉠은 상반이다.
ㄷ. 힘 B는 장력이다.

① ㄱ   ② ㄴ   ③ ㄱ, ㄷ   ④ ㄴ, ㄷ   ⑤ ㄱ, ㄴ, ㄷ

8

그림 (가)와 (나)는 서로 다른 지질 구조를 나타낸 것이다.

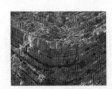 

(가) 습곡   (나) 단층

이에 대한 설명으로 옳은 것만을 <보기>에서 있는 대로 고른 것은? (단, 지층의 역전은 없었다.)

보기

ㄱ. (가)에서는 향사 구조가 나타난다.
ㄴ. (나)에서 상반은 단층면을 따라 위로 이동하였다.
ㄷ. (가)와 (나)는 모두 횡압력을 받아 형성되었다.

① ㄱ   ② ㄷ   ③ ㄱ, ㄴ   ④ ㄴ, ㄷ   ⑤ ㄱ, ㄴ, ㄷ

9

그림 (가)와 (나)는 서로 다른 지질 구조를 나타낸 것이다.

(가) 습곡　　　　　(나) 정단층

이에 대한 설명으로 옳은 것만을 <보기>에서 있는 대로 고른 것은?

보기
ㄱ. (가)는 횡압력을 받아 형성되었다.
ㄴ. (나)에서는 상반이 단층면을 따라 위로 이동했다.
ㄷ. (가)와 (나)는 모두 판의 수렴형 경계에서 발달하는 지질
　　구조이다.

① ㄱ　　② ㄷ　　③ ㄱ, ㄴ　　④ ㄱ, ㄷ　　⑤ ㄴ, ㄷ

10

그림 (가)~(다)는 서로 다른 지역에서 발견되는 지질 구조를 나타낸
것이다.

(가) 습곡　　　(나) 역단층　　　(다) 정단층

이에 대한 설명으로 옳은 것만을 <보기>에서 있는 대로 고른 것은?

보기
ㄱ. (가)에서는 배사 구조가 나타난다.
ㄴ. (다)는 상반이 단층면을 따라 아래로 내려간 단층이다.
ㄷ. (가)와 (나)는 모두 횡압력을 받아 형성되었다.

① ㄱ　　② ㄷ　　③ ㄱ, ㄴ　　④ ㄴ, ㄷ　　⑤ ㄱ, ㄴ, ㄷ

11

그림은 지질 구조에 대해 수업하는 장면을 나타낸 것이다.

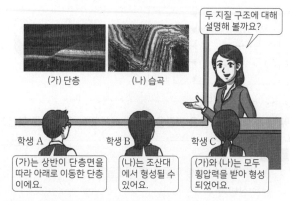

설명한 내용이 옳은 학생만을 있는 대로 고른 것은?

① A　　② B　　③ C　　④ A, B　　⑤ B, C

12

그림 (가), (나), (다)는 습곡, 포획, 절리를 순서 없이 나타낸 것이다.

(가)　　　　　(나)　　　　　(다)

이에 대한 설명으로 옳은 것만을 <보기>에서 있는 대로 고른 것은?

3점

보기
ㄱ. (가)는 (나)보다 깊은 곳에서 형성되었다.
ㄴ. (나)는 수축에 의해 형성되었다.
ㄷ. (다)에서 A는 B부다 먼저 생성되었다

① ㄱ　　② ㄷ　　③ ㄱ, ㄴ　　④ ㄴ, ㄷ　　⑤ ㄱ, ㄴ, ㄷ

13 2023 평가원

그림 (가)는 판의 경계를, (나)는 어느 단층 구조를 나타낸 것이다.

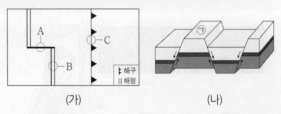

(가)　　　　　　　(나)

이에 대한 설명으로 옳은 것만을 〈보기〉에서 있는 대로 고른 것은?

보기
ㄱ. A 지역에서는 주향 이동 단층이 발달한다.
ㄴ. ㉠은 상반이다.
ㄷ. (나)는 C 지역에서가 B 지역에서보다 잘 나타난다.

① ㄱ　　② ㄴ　　③ ㄱ, ㄷ　　④ ㄴ, ㄷ　　⑤ ㄱ, ㄴ, ㄷ

14

그림은 어느 지역의 단층 구조를 모식적으로 나타낸 것이다.

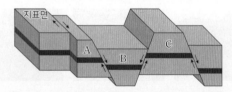

이 지역에 대한 설명으로 옳은 것만을 〈보기〉에서 있는 대로 고른 것은?

보기
ㄱ. A와 B 사이의 단층은 장력에 의해 형성되었다.
ㄴ. C는 상반이다.
ㄷ. 주향 이동 단층, 정단층, 역단층이 모두 나타난다.

① ㄱ　　② ㄴ　　③ ㄱ, ㄷ　　④ ㄴ, ㄷ　　⑤ ㄱ, ㄴ, ㄷ

15

그림 (가)와 (나)는 서로 다른 두 지역의 지질 단면도를 나타낸 것이다.

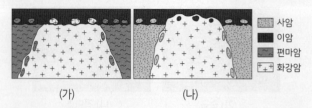

(가)　　　　　　　(나)

이에 대한 설명으로 옳은 것만을 〈보기〉에서 있는 대로 고른 것은?

3점

보기
ㄱ. (가)에서 편마암은 화강암보다 먼저 생성되었다.
ㄴ. (나)의 화강암에서는 사암과 이암이 포획암으로 나타난다.
ㄷ. (가)와 (나)에는 모두 난정합이 나타난다.

① ㄱ　　② ㄷ　　③ ㄱ, ㄴ　　④ ㄴ, ㄷ　　⑤ ㄱ, ㄴ, ㄷ

개념편 동영상 강의

지1-1-2-03(개)

I. 고체 지구의 변화

2. 지구의 역사

문제편 동영상 강의

지1-1-2-03(문)

03 지사 해석 방법

필수개념 1 지사 해석 방법

1. 지사학의 법칙

동일 과정의 원리	현재 일어나고 있는 지질학적 변화는 과거에도 동일한 과정과 속도로 일어났기 때문에 현재의 지구상의 변화를 알면 과거의 변화 과정을 추정하고 해석할 수 있음 → 현재는 과거를 아는 열쇠
수평 퇴적의 법칙	물속에서 퇴적물이 퇴적될 때는 중력의 영향을 받아 반드시 수평면과 나란한 방향으로 쌓여 지층을 형성함
지층 누중의 법칙	지층이 역전되지 않았다면 하부 지층이 상부 지층보다 먼저 생성되었음 → 지층의 역전 여부는 퇴적 구조나 표준 화석을 이용해 판단
동물군 천이의 법칙	진화의 과정에 따라 오래된 지층에서 새로운 지층으로 갈수록 더욱 진화된 생물 화석이 발견됨
부정합의 법칙	부정합면을 경계로 상부 지층과 하부 지층 간 퇴적 시기 사이에 큰 시간 간격이 존재함
관입의 법칙	마그마 관입 시 관입 당한 암석은 관입한 화성암보다 먼저 생성되었음

2. 지층의 대비(암상, 화석 — 표준 화석, 시상 화석)

지층들을 서로 비교하여 생성 시대나 퇴적 시기의 선후 관계를 밝히는 것

암상에 의한 대비	화석에 의한 대비
• 비교적 가까운 지역의 지층을 구성하는 암석의 종류, 조직, 지질 구조 등의 특징을 대비하여 지층의 선후 관계를 판단. 상대 연령과 절대 연령(방사성 동위 원소) • 건층: 지층의 대비에 기준이 되는 지층. 열쇠층이라고도 함. 응회암층, 석탄층이 주로 건층의 역할을 함.	• 같은 종류의 표준 화석이 산출되는 지층을 연결하여 지층의 선후 관계를 판단. • 표준 화석에 의한 대비는 가까운 거리뿐만 아니라 먼 거리에도 적용하여 이용함.

1

그림은 어느 지역의 지질 단면도와 산출되는 화석을 나타낸 것이다.

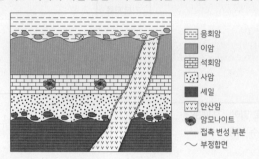

☷	응회암
▨	이암
▦	석회암
⠿	사암
▬	셰일
ⱽⱽ	안산암
◉	암모나이트
∿∿	접촉 변성 부분
～	부정합면

이 자료에 대한 설명으로 옳은 것만을 〈보기〉에서 있는 대로 고른 것은?

보기
ㄱ. 석회암층은 고생대에 퇴적되었다.
ㄴ. 안산암은 응회암층보다 먼저 생성되었다.
ㄷ. 셰일층과 사암층 사이에 퇴적이 중단된 시기가 있었다.

① ㄱ ② ㄴ ③ ㄷ ④ ㄱ, ㄴ ⑤ ㄴ, ㄷ

2

다음은 어느 지역의 지질 단면도와 관찰 내용이다.

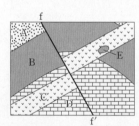

• C는 화성암임
• 습곡이 나타남
• B와 E는 동일 암석임
• f-f′를 경계로 암석이 어긋남

이에 대한 설명으로 옳은 것만을 〈보기〉에서 있는 대로 고른 것은? (단, 지층은 역전되지 않았다.)

보기
ㄱ. 역단층이 관찰된다.
ㄴ. 배사 구조가 관찰된다.
ㄷ. C보다 E가 먼저 형성되었다.

① ㄱ ② ㄷ ③ ㄱ, ㄴ ④ ㄴ, ㄷ ⑤ ㄱ, ㄴ, ㄷ

3

그림은 어느 지층의 A-B구간에 해당하는 각 암석의 연령을 나타낸 것이다. 이에 해당하는 지질 단면도로 가장 적절한 것은? 3점

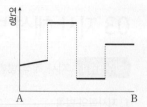

① 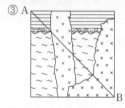 ②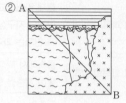

③ 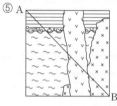 ④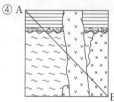

⑤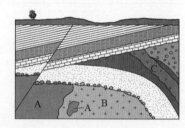

▤	셰일
ⱽⱽ	안산암
×××	섬록암
∿∿	편마암

4

그림은 어느 지역의 지질 단면도를 나타낸 것이다. B와 C는 화성암이고 나머지 층은 퇴적층이다. 이 지역에 대한 설명으로 옳은 것만을 〈보기〉에서 있는 대로 고른 것은? 3점

보기
ㄱ. 습곡은 단층보다 나중에 형성되었다.
ㄴ. 최소 4회의 융기가 있었다.
ㄷ. A, B, C의 생성 순서는 A → B → C이다.

① ㄱ ② ㄷ ③ ㄱ, ㄴ ④ ㄴ, ㄷ ⑤ ㄱ, ㄴ, ㄷ

5

그림은 어느 지역의 지질 단면도를 나타낸 것이다.

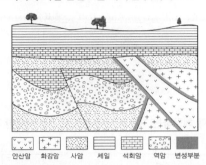

안산암 화강암 사암 셰일 석회암 역암 변성부분

이 지역에 대한 설명으로 옳은 것만을 <보기>에서 있는 대로 고른 것은? (단, 지층의 역전은 없었다.)

보기
ㄱ. 단층은 횡압력에 의해 형성되었다.
ㄴ. 최소 3회의 융기가 있었다.
ㄷ. 역암층은 화강암보다 먼저 생성되었다.

① ㄱ   ② ㄴ   ③ ㄱ, ㄷ   ④ ㄴ, ㄷ   ⑤ ㄱ, ㄴ, ㄷ

6

그림은 어느 지역의 노두를 관찰하고 작성한 지질 답사 보고서의 일부이다.

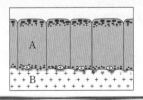

지질 답사 보고서
장소: ○○○   날짜: 2017년 ○월 ○일

[답사 목적]
화성암의 야외 산출 상태와 특징을 조사한다.

[답사 내용]
• 화성암 A는 검은색 또는 회색이고, 상·하부에서 크고 작은 기공이 관찰된다. 암석 표면에서는 세립질의 감람석이 관찰된다. 하부에는 화성암 B의 파편이 포함되어 있다. 주상 절리가 관찰된다.
• 화성암 B는 색이 밝으며 광물 입자가 굵다. 석영, 장석, 유색 광물 등이 관찰된다.

[스케치]

이를 해석한 내용으로 옳은 것만을 <보기>에서 있는 대로 고른 것은?

보기
ㄱ. A는 용암류가 굳어진 것이다.
ㄴ. SiO_2 함량은 A가 B보다 많다.
ㄷ. A와 B 사이에 부정합면이 있다.

① ㄱ   ② ㄴ   ③ ㄱ, ㄷ   ④ ㄴ, ㄷ   ⑤ ㄱ, ㄴ, ㄷ

7

그림 (가)는 어느 지역의 지질 단면도를, (나)는 X에서 Y까지 암석의 연령을 나타낸 것이다.

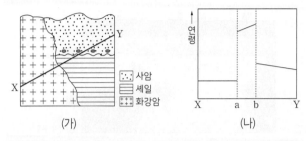

사암
셰일
화강암

(가)   (나)

이에 대한 설명으로 옳은 것만을 <보기>에서 있는 대로 고른 것은?

보기
ㄱ. 암석의 생성 순서는 화강암 → 셰일 → 사암이다.
ㄴ. 역전된 지층은 b-Y 구간이다.
ㄷ. a와 b 사이에는 셰일이 존재한다.

① ㄱ   ② ㄷ   ③ ㄱ, ㄴ   ④ ㄴ, ㄷ   ⑤ ㄱ, ㄴ, ㄷ

8

그림 (가)는 어느 지역의 지질 단면을, (나)는 X-Y 구간에 해당하는 암석의 생성 시기를 나타낸 것이다.

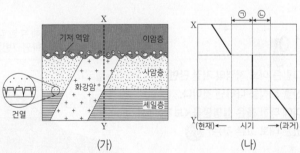

기저 역암   이암층
화강암   사암층
건열   셰일층

(가)   (나)

이에 대한 설명으로 옳은 것만을 <보기>에서 있는 대로 고른 것은?

보기
ㄱ. ㉠ 시기에 융기와 침식 작용이 있었다.
ㄴ. 사암층은 ㉡ 시기 중에 퇴적되었다.
ㄷ. 셰일층은 건조한 환경에 노출된 적이 있었다.

① ㄱ   ② ㄴ   ③ ㄱ, ㄷ   ④ ㄴ, ㄷ   ⑤ ㄱ, ㄴ, ㄷ

9 2023 평가원

그림은 어느 지역의 지질 단면을 나타낸 것이다. 지층 A에서는 삼엽충 화석이, 지층 C와 D에서는 공룡 화석이 발견되었다.

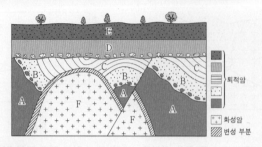

이에 대한 설명으로 옳은 것만을 〈보기〉에서 있는 대로 고른 것은?

보기

ㄱ. F에서는 고생대 암석이 포획암으로 나타날 수 있다.
ㄴ. 단층이 형성된 시기에 암모나이트가 번성하였다.
ㄷ. 습곡은 고생대에 형성되었다.

① ㄱ ② ㄷ ③ ㄱ, ㄴ ④ ㄴ, ㄷ ⑤ ㄱ, ㄴ, ㄷ

10

그림은 어느 지역의 지질 단면과 산출 화석을 나타낸 것이다. 이에 대한 옳은 설명만을 〈보기〉에서 있는 대로 고른 것은? 3점

보기

ㄱ. A층은 D층보다 먼저 생성되었다.
ㄴ. B층과 C층은 부정합 관계이다.
ㄷ. C층은 판게아가 형성되기 전에 퇴적되었다.

① ㄱ ② ㄷ ③ ㄱ, ㄴ ④ ㄴ, ㄷ ⑤ ㄱ, ㄴ, ㄷ

11 2022 수능

그림은 습곡과 단층이 나타나는 어느 지역의 지질 단면도이다.

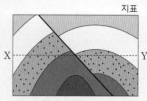

X − Y 구간에 해당하는 지층의 연령 분포로 가장 적절한 것은? 3점

①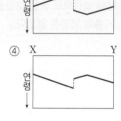

②

③

④

⑤

12

그림은 어느 지역의 지질 구조를 나타낸 것이다. A는 화성암, B~E는 퇴적암이고, 단층은 C와 D층이 기울어지기 전에 형성되었다. 이 지역에 대한 설명으로 옳은 것은?

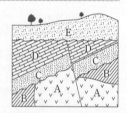

① 수면 위로 2회 융기하였다.
② A와 C는 평행 부정합 관계이다.
③ A에는 C의 암석 조각이 포획되어 나타난다.
④ 암석의 생성 순서는 A → B → C → D → E이다.
⑤ 단층은 횡압력에 의해 형성되었다.

13 [2024 평가원]

그림은 어느 지역의 지질 단면을 나타낸 것이다.

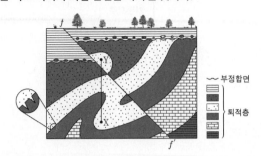

~~ 부정합면

퇴적층

이 자료에 대한 설명으로 옳은 것만을 <보기>에서 있는 대로 고른 것은? 3점

보기
ㄱ. 단층 $f-f'$은 장력에 의해 형성되었다.
ㄴ. 습곡과 단층의 형성 시기 사이에 부정합면이 형성되었다.
ㄷ. X→Y를 따라 각 지층 경계를 통과할 때의 지층 연령의 증감은 '증가 → 감소 → 감소 → 증가'이다.

① ㄱ ② ㄴ ③ ㄷ ④ ㄱ, ㄴ ⑤ ㄴ, ㄷ

14 [2024 평가원]

그림은 어느 지역의 지질 단면을 나타낸 것이다.

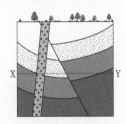

구간 X − Y에 해당하는 지층의 연령 분포로 가장 적절한 것은? 3점

①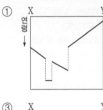
②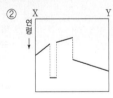
③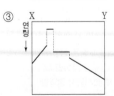
④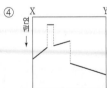
⑤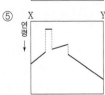
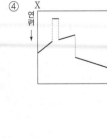

15

그림 (가)는 어느 지역의 지질 단면을, (나)는 X에서 Y까지의 암석의 연령 분포를 나타낸 것이다. P 지점에서는 건열이 ㉠과 ㉡ 중 하나의 모습으로 관찰된다.

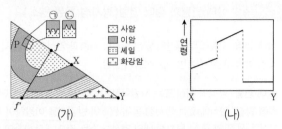

▦ 사암
▨ 이암
▦ 셰일
✚ 화강암

(가)   (나)

이에 대한 옳은 설명만을 <보기>에서 있는 대로 고른 것은?

보기
ㄱ. P 지점의 모습은 ㉠에 해당한다.
ㄴ. 단층 $f-f'$은 횡압력에 의해 형성되었다.
ㄷ. 이 지역에서는 난정합이 나타난다.

① ㄱ ② ㄴ ③ ㄱ, ㄷ ④ ㄴ, ㄷ ⑤ ㄱ, ㄴ, ㄷ

04 지층의 연령

기본자료

필수개념 1 상대 연령과 절대 연령(방사성 동위 원소)

1. 상대 연령: 지질학적 사건의 발생 순서나 지층과 암석의 생성 시기를 상대적으로 나타낸 것.
측정 방법: 지사학의 법칙을 적용해 판단.

2. 절대 연령: 암석의 생성 또는 지질학적 사건의 발생 시기를 연 단위의 절대적인 수치로 나타낸 것.
측정 방법: 암석에 있는 방사성 동위 원소의 반감기를 이용하여 측정.
1) 방사성 동위 원소: 원자핵 내의 양성자 수는 같으나 중성자의 수가 다른 원소. 자연적으로 일정한
속도로 방사선을 방출하면서 붕괴하여 안정 원소로 바뀌는 특성이 있음.
모원소: 붕괴하는 방사성 동위 원소
자원소: 모원소가 붕괴하여 생성된 원소
반감기: 방사성 원소가 붕괴하여 모원소의 양이 처음의 절반이 될 때까지 걸린 시간. 반감기는
원소의 종류에 따라 천차만별이다.
2) 반감기와 절대 연령의 관계: 암석이나 광물에 포함된 방사성 동위 원소의 모원소 및 자원소의 비율을
측정하여 방사성 동위 원소의 반감기를 적용하면 생성 시기를 추정할 수 있다.

$$M = M_0 \left(\frac{1}{2}\right)^{\frac{t}{T}}, \; t = nT$$

(M: t년 후에 남아 있는 모원소의 양, M_0: 처음 모원소의 양, T: 반감기, n: 반감기 횟수)

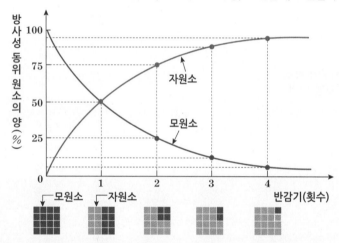

3) 방사성 동위 원소의 이용
① 반감기의 길이에 따른 이용
㉠ 반감기가 긴 원소 이용: 먼 과거의 지질학적 사건의 시기 추정 시 사용.
예 지구의 탄생, 공룡의 멸종 등
㉡ 반감기가 짧은 원소 이용: 가까운 과거의 지질학적 사건의 시기 추정 시 사용.
예 고조선 시대의 환경의 변화 등
② 암석의 절대 연령
㉠ 화성암: 마그마에서 광물이 정출된 시기
㉡ 변성암: 변성암이 변성 작용을 받은 시기
㉢ 퇴적암: 암석을 구성하는 광물의 기원이 모두 다르기 때문에 절대 연령 측정 어려움.

▶ 방사성 탄소(^{14}C)의 이용
• 대기 중의 CO_2를 이루고 있는 탄소는
대부분 탄소 ^{12}C로 존재하지만 극히
일부는 방사성 탄소 ^{14}C로 존재한다.
• 대기 중의 탄소 비율: 대기 중의
^{14}C는 다시 붕괴하여 ^{14}N로 변한다.
→ 대기 중에 존재하는 ^{12}C와 ^{14}C의
비율은 일정하게 유지된다.
• 살아 있는 생물체 내의 탄소 비율은
광합성과 호흡으로 대기에서의
비율과 같지만 죽은 생물체에서는
탄소의 공급이 중단되므로 생물체
속에서 ^{12}C는 붕괴하지 않지만, ^{14}C는
^{14}N로 붕괴하므로 ^{12}C와 ^{14}C의 비율은
변하게 된다. → 따라서 대기 중의
^{12}C와 ^{14}C의 비율과 죽은 생물체 내
^{12}C와 ^{14}C의 비율을 비교하면 그
생물이 죽은 후 현재까지 경과한
시간을 알 수 있다.

1

지층의 연령
[지Ⅱ 2017년 10월 학평 9번]

그림 (가)는 어느 지역의 지질 단면도이고, (나)는 화강암 C와 D에 포함되어 있는 방사성 원소의 붕괴 곡선이다.

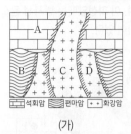
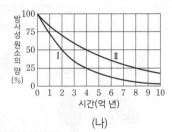

(가)   (나)

이에 대한 옳은 설명만을 〈보기〉에서 있는 대로 고른 것은?
(단, 화강암 C와 D는 방사성 원소 Ⅰ, Ⅱ 중 서로 다른 한 가지씩만을 포함하고 있으며, 포함된 방사성 원소의 모원소와 자원소의 비는 모두 1 : 1이다.) 3점

보기
ㄱ. A층에서는 화폐석이 산출될 수 있다.
ㄴ. C에 포함되어 있는 방사성 원소는 Ⅰ이다.
ㄷ. (가)에서 생성 순서는 B → D → A → C이다.

① ㄱ   ② ㄷ   ③ ㄱ, ㄴ   ④ ㄴ, ㄷ   ⑤ ㄱ, ㄴ, ㄷ

2

지층의 연령
[지Ⅱ 2019학년도 9월 모평 2번]

그림은 서로 다른 방사성 원소 A, B, C의 붕괴 곡선을 나타낸 것이다.
이에 대한 설명으로 옳은 것만을 〈보기〉에서 있는 대로 고른 것은?

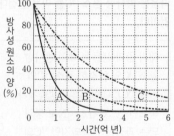

보기
ㄱ. 반감기는 C가 A의 3배이다.
ㄴ. A가 두 번의 반감기를 지나는 데 걸리는 시간은 1억 년이다.
ㄷ. 암석에 포함된 B의 양이 처음의 $\frac{1}{8}$로 감소하는 데 걸리는 시간은 3억 년이다.

① ㄱ   ② ㄴ   ③ ㄱ, ㄷ   ④ ㄴ, ㄷ   ⑤ ㄱ, ㄴ, ㄷ

[3~4] 그림 (가)는 어느 지역의 지질 단면도를, (나)는 방사성 원소 X의 붕괴 곡선을 나타낸 것이다. (가)의 화성암 P에 포함된 방사성 원소 X의 양은 암석이 생성될 당시의 $\frac{1}{4}$이다. 물음에 답하시오.

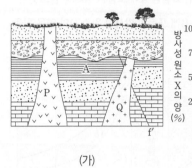
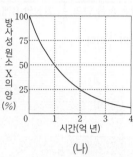

(가)   (나)

3

지층의 연령
[지Ⅱ 2017년 4월 학평 16번]

방사성 원소 X의 반감기와 화성암 P의 절대 연령으로 옳은 것은?

	반감기	절대 연령		반감기	절대 연령
①	1억 년	0.5억 년	②	1억 년	1억 년
③	1억 년	2억 년	④	2억 년	1억 년
⑤	2억 년	2억 년			

4

지사 해석 방법
[지Ⅱ 2017년 4월 학평 17번]

이 지역에 대한 설명으로 옳은 것만을 〈보기〉에서 있는 대로 고른 것은? 3점

보기
ㄱ. P와 Q에서는 A의 암석 조각이 포획암으로 발견될 수 있다.
ㄴ. 단층 f−f′는 Q보다 먼저 형성되었다.
ㄷ. 이 지역은 최소한 2회 이상 융기했다.

① ㄱ   ② ㄴ   ③ ㄱ, ㄷ   ④ ㄴ, ㄷ   ⑤ ㄱ, ㄴ, ㄷ

DAY 08 / Ⅰ / 2 - 04 지층의 연령

그림 (가)는 어느 지역의 지질 단면도를, (나)는 방사성 원소 P, Q의 붕괴 곡선을 나타낸 것이다. 화성암 A에 포함된 방사성 원소 P의 양은 처음 양의 $\frac{1}{8}$, 화성암 B에 포함된 방사성 원소 Q의 양은 처음 양의 $\frac{1}{4}$이다.

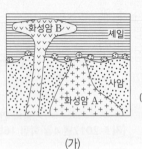
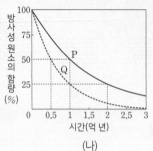

(가)　　　　　　　(나)

이에 대한 설명으로 옳은 것만을 <보기>에서 있는 대로 고른 것은? 3점

보기
ㄱ. 사암 → 화성암 A → 셰일 → 화성암 B 순으로 생성되었다.
ㄴ. 반감기는 P가 Q보다 짧다.
ㄷ. 셰일층은 신생대 지층이다.

① ㄱ　　② ㄷ　　③ ㄱ, ㄴ　　④ ㄴ, ㄷ　　⑤ ㄱ, ㄴ, ㄷ

그림 (가)는 어느 지역의 지질 단면도이고, (나)는 (가)의 화성암 F에 들어있는 방사성 원소 X의 붕괴 곡선이다. F에 들어있는 X의 모원소와 자원소의 함량비는 1 : 3이다.

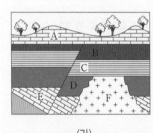
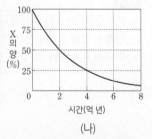

(가)　　　　　　　(나)

이에 대한 옳은 설명만을 <보기>에서 있는 대로 고른 것은? 3점

보기
ㄱ. 지층의 생성 순서는 E → D → F → C → B → A이다.
ㄴ. D에서는 암모나이트 화석이 산출될 수 있다.
ㄷ. 이 지역은 4번 이상 융기하였다.

① ㄱ　　② ㄴ　　③ ㄱ, ㄴ　　④ ㄴ, ㄷ　　⑤ ㄱ, ㄴ, ㄷ

그림 (가)는 마그마가 식으면서 두 종류의 광물이 생성된 때의 모습을, (나)는 (가) 이후 P의 반감기가 n회 지났을 때 화성암에 포함된 두 광물의 모습을 나타낸 것이다. 이 화성암에는 방사성 원소 P, Q와 P, Q의 자원소 P′, Q′가 포함되어 있다.

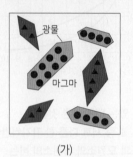
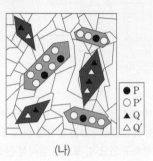

(가)　　　　　　　(나)

이에 대한 옳은 설명만을 <보기>에서 있는 대로 고른 것은? 3점

보기
ㄱ. 반감기는 P가 Q보다 짧다.
ㄴ. (나)의 화성암의 절대 연령은 P의 반감기의 약 2배이다.
ㄷ. (가)에서 광물 속 P의 양이 많을수록 P와 P′의 양이 같아질 때까지 걸리는 시간이 길어진다.

① ㄱ　　② ㄷ　　③ ㄱ, ㄴ　　④ ㄴ, ㄷ　　⑤ ㄱ, ㄴ, ㄷ

다음은 방사성 원소 ^{14}C를 이용한 절대 연령 측정 원리를 설명한 것이다.

대기 중과 생물체 내의 방사성 원소 ^{14}C와 안정한 원소 ^{12}C의 비율($^{14}C/^{12}C$)은 같다. 생물체가 죽으면 ㉠ ^{14}C가 ㉡ ^{14}N로 붕괴 되는 과정은 진행되지만 ^{14}C의 공급은 중단되므로, 죽은 생물체 내의 $^{14}C/^{12}C$가 감소한다. 따라서 대기 중 $^{14}C/^{12}C$에 대한 죽은 생물체 내 $^{14}C/^{12}C$의 비를 이용하여 절대 연령을 측정할 수 있다.

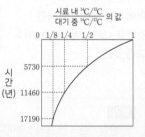

이에 대한 설명으로 옳은 것만을 <보기>에서 있는 대로 고른 것은? (단, 대기 중의 $^{14}C/^{12}C = 1.2 \times 10^{-12}$으로 일정하다.) 3점

보기
ㄱ. ㉠은 ㉡보다 안정하다.
ㄴ. ㉠의 반감기는 5730년이다.
ㄷ. $^{14}C/^{12}C$의 값이 0.3×10^{-12}인 시료의 절대 연령은 17190년이다.

① ㄱ　　② ㄴ　　③ ㄷ　　④ ㄱ, ㄴ　　⑤ ㄴ, ㄷ

다음은 방사성 동위 원소를 이용하여 암석의 절대 연령을 구하는
원리에 대하여 학생 A, B, C가 나눈 대화를 나타낸 것이다.

제시한 내용이 옳은 학생만을 있는 대로 고른 것은?

① A   ② B   ③ C   ④ A, B   ⑤ A, C

그림은 어느 지역의 지질 단면도를, 표는 화성암 D와 F에 포함된
방사성 원소 X와 이 원소가 붕괴되어 생성된 자원소의 함량비를
나타낸 것이다.

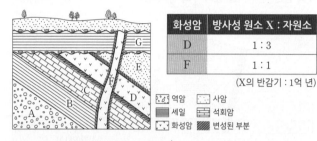

화성암	방사성 원소 X : 자원소
D	1 : 3
F	1 : 1

(X의 반감기 : 1억 년)

[[:] 역암   [:] 사암
[=] 셰일   [田] 석회암
[V] 화성암   [▨] 변성된 부분

이 지역에 대한 설명으로 옳은 것만을 〈보기〉에서 있는 대로 고른
것은?

보기

ㄱ. D는 E보다 먼저 생성되었다.

ㄴ. D의 절대 연령은 2억 년이다.

ㄷ. G는 속씨식물이 번성한 시대에 생성되었다.

① ㄱ   ② ㄴ   ③ ㄷ   ④ ㄱ, ㄴ   ⑤ ㄴ, ㄷ

그림은 어느 지역의 지질
단면도이다. 화성암 A에
포함된 방사성 원소 X의 양은
암석이 생성될 당시의 25%
이다.

이에 대한 설명으로 옳은 것만
을 〈보기〉에서 있는 대로 고른
것은? (단, 방사성 원소 X의 반감기는 2억 년이다.) **3점**

보기

ㄱ. 이 지역에는 경사 부정합이 있다.

ㄴ. A의 절대 연령은 4억 년이다.

ㄷ. C층의 기저 역암에는 A와 B의 암석 조각이 있다.

① ㄱ   ② ㄷ   ③ ㄱ, ㄴ   ④ ㄴ, ㄷ   ⑤ ㄱ, ㄴ, ㄷ

그림 (가)는 어느 지역의 지질 단면도이고, (나)는 방사성 동위 원소
X의 붕괴 곡선이다. 화성암 C와 D에 포함되어 있는 X의 양은 각각
처음 양의 $\frac{1}{4}$과 $\frac{1}{16}$이다.

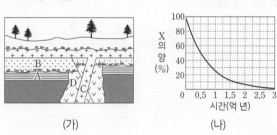

(가)   (나)

이에 대한 옳은 설명만을 〈보기〉에서 있는 대로 고른 것은? **3점**

보기

ㄱ. A는 D보다 먼저 생성되었다.

ㄴ. B가 퇴적된 시기에는 매머드가 번성하였다.

ㄷ. 이 지역은 현재까지 2회 융기하였다.

① ㄱ   ② ㄷ   ③ ㄱ, ㄴ   ④ ㄴ, ㄷ   ⑤ ㄱ, ㄴ, ㄷ

13

그림 (가)는 어느 지역의 지질 단면을, (나)는 방사성 원소 X의 붕괴 곡선을 나타낸 것이다. (가)의 화성암 E와 F에 포함된 방사성 원소 X의 양은 각각 처음 양의 $\frac{1}{4}$과 $\frac{1}{2}$이다.

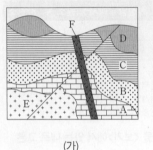
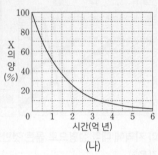

(가)   (나)

이에 대한 설명으로 옳은 것만을 〈보기〉에서 있는 대로 고른 것은?

보기
ㄱ. 단층은 습곡 생성 이후에 만들어졌다.
ㄴ. 암석 A는 신생대에 생성되었다.
ㄷ. 가장 최근에 생성된 암석은 D이다.

① ㄱ   ② ㄴ   ③ ㄷ   ④ ㄱ, ㄴ   ⑤ ㄱ, ㄷ

14

그림은 어느 지역의 지질 단면도이다. 관입암 P와 Q에 포함된 방사성 원소 X의 양은 각각 처음의 $\frac{1}{8}$, $\frac{1}{64}$이고, 방사성 원소 X의 반감기는 1억 년이다.

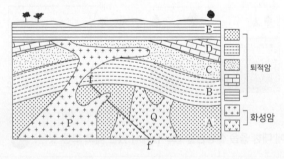

이에 대한 설명으로 옳지 <u>않은</u> 것은? (단, 지층의 역전은 없었다.)

① P는 3억 년 전에 생성되었다.
② 단층 f−f'는 장력에 의해 형성되었다.
③ 이 지역은 최소 3회의 융기가 있었다.
④ 생성 순서는 A → Q → B → C → D → P → E이다.
⑤ A층이 생성된 시기에 최초의 척추동물이 출현하였다.

15

그림 (가)는 퇴적암 A∼D와 화성암 P가 존재하는 어느 지역의 지질 단면을, (나)는 방사성 동위 원소 X의 붕괴 곡선을 나타낸 것이다. P에 포함된 X의 양은 처음 양의 25%이다.

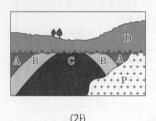
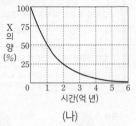

(가)   (나)

이에 대한 옳은 설명만을 〈보기〉에서 있는 대로 고른 것은?

보기
ㄱ. 이 지역에는 배사 구조가 나타난다.
ㄴ. C와 D는 부정합 관계이다.
ㄷ. D가 생성된 시기는 2억 년보다 오래되었다.

① ㄱ   ② ㄷ   ③ ㄱ, ㄴ   ④ ㄴ, ㄷ   ⑤ ㄱ, ㄴ, ㄷ

16

그림은 어느 지역의 지질 단면을, 표는 화성암 A와 B에 포함된 방사성 원소의 현재 함량비를 나타낸 것이다. X와 Y의 반감기는 각각 0.5억 년과 2억 년이다.

화성암	모원소	자원소	모원소 : 자원소
A	X	X′	1 : 1
B	Y	Y′	1 : 3

이에 대한 설명으로 옳은 것만을 〈보기〉에서 있는 대로 고른 것은?

보기
ㄱ. 이 지역에서는 난정합이 나타난다.
ㄴ. 퇴적암의 연령은 0.5억 년보다 많다.
ㄷ. 현재로부터 2억 년 후 화성암 B에 포함된 $\frac{Y' \text{ 함량}}{Y \text{ 함량}}$은 8이다.

① ㄱ   ② ㄷ   ③ ㄱ, ㄴ   ④ ㄴ, ㄷ   ⑤ ㄱ, ㄴ, ㄷ

17

그림은 어느 지역의 지질 단면과 산출되는 화석을 나타낸 것이다. 화성암 A와 D에 각각 포함된 방사성 원소 X와 Y의 양은 처음 양의 $\frac{1}{2}$이다.

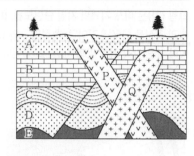

이에 대한 설명으로 옳은 것만을 〈보기〉에서 있는 대로 고른 것은?

보기
ㄱ. 생성 순서는 C → B → A → D이다.
ㄴ. 반감기는 X보다 Y가 길다.
ㄷ. 지층 C에서는 화폐석이 산출될 수 있다.

① ㄱ　　② ㄴ　　③ ㄷ　　④ ㄱ, ㄴ　　⑤ ㄴ, ㄷ

19

그림은 어느 지역의 지질 단면도를 나타낸 것이다. 화성암 Q에 포함된 방사성 원소 X의 양은 처음 양의 25%이고, X의 반감기는 2억 년이다. 이에 대한 설명으로 옳은 것은? 3점

A는 단층 형성 이후에 퇴적되었다.
② B와 C는 평행 부정합 관계이다.
③ P는 Q보다 먼저 생성되었다.
④ Q를 형성한 마그마는 지표로 분출되었다.
⑤ B에서는 암모나이트 화석이 발견될 수 있다.

18

표는 방사성 원소 X와 Y가 포함된 화성암이 생성된 뒤 각각 1억 년과 2억 년이 지난 후 X와 Y의 $\dfrac{\text{자원소의 함량}}{\text{모원소의 함량}}$을, 그림은 어느 지역의 지질 단면과 산출되는 화석을 나타낸 것이다. 화강암은 X와 Y 중 한 종류만 포함하고, 현재 포함된 방사성 원소의 함량은 처음 양의 12.5%이다. 자원소는 모두 각각의 모원소가 붕괴하여 생성된다.

시간	자원소의 함량 / 모원소의 함량	
	X	Y
1억 년 후	1	㉠
2억 년 후	( )	15

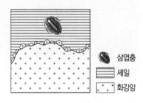

이 자료에 대한 설명으로 옳은 것만을 〈보기〉에서 있는 대로 고른 것은? 3점

보기
ㄱ. 화강암에 포함된 방사성 원소는 X이다.
ㄴ. ㉠은 3이다.
ㄷ. 반감기는 X가 Y의 4배이다.

① ㄱ　　② ㄷ　　③ ㄱ, ㄴ　　④ ㄴ, ㄷ　　⑤ ㄱ, ㄴ, ㄷ

20

그림 (가)는 현재 어느 화성암에 포함된 방사성 원소 X, Y와 각각의 자원소 X′, Y′의 함량을 ○, □, ●, ■의 개수로 나타낸 것이고, (나)는 X′와 Y′의 시간에 따른 함량 변화를 ㉠과 ㉡으로 순서 없이 나타낸 것이다.

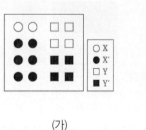　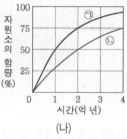

○ X	
● X′	
□ Y	
■ Y′	

(가)　　　　　　(나)

이에 대한 옳은 설명만을 〈보기〉에서 있는 대로 고른 것은? (단, 암석에 포함된 X′, Y′는 모두 X, Y의 붕괴로 생성되었다.) 3점

보기
ㄱ. ㉠은 X′의 함량 변화를 나타낸 것이다.
ㄴ. 암석 생성 후 1억 년이 지났을 때 $\dfrac{\text{Y'의 함량}}{\text{X'의 함량}} = \dfrac{1}{2}$이다.
ㄷ. $\dfrac{\text{현재로부터 1억 년 후 모원소의 함량}}{\text{현재로부터 1억 년 전 모원소의 함량}}$은 X가 Y보다 작다.

① ㄱ　　② ㄴ　　③ ㄱ, ㄷ　　④ ㄴ, ㄷ　　⑤ ㄱ, ㄴ, ㄷ

21

그림 (가)는 어느 지역의 지질 단면도를, (나)는 방사성 원소 X의 붕괴 곡선을 나타낸 것이다. 화성암 A와 B에 포함된 방사성 원소 X의 양은 각각 처음 양의 50%, 25%이다.

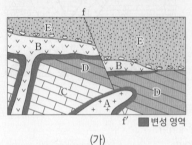 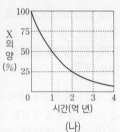

(가)　　　　　(나)

이에 대한 설명으로 옳은 것만을 〈보기〉에서 있는 대로 고른 것은?

3점

> **보기**
>
> ㄱ. 화성암 A는 단층 f−f'보다 나중에 생성되었다.
> ㄴ. 화성암 B에 포함된 방사성 원소 X는 세 번의 반감기를 거쳤다.
> ㄷ. 지층 E에서는 화폐석이 산출될 수 있다.

① ㄱ　　② ㄴ　　③ ㄱ, ㄷ　　④ ㄴ, ㄷ　　⑤ ㄱ, ㄴ, ㄷ

23

그림은 어느 지역의 지질 단면도를, 표는 화성암 P와 Q에 포함된 방사성 원소 X와 이 원소가 붕괴되어 생성된 자원소의 함량을 나타낸 것이다.

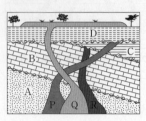

구분	방사성 원소 X(%)	자원소 (%)
P	24	76
Q	52	48

이에 대한 설명으로 옳은 것만을 〈보기〉에서 있는 대로 고른 것은? (단, 화성암 P, Q는 생성될 당시에 방사성 원소 X의 자원소가 포함되지 않았다.) 3점

> **보기**
>
> ㄱ. 이 지역에서는 최소한 4회 이상의 융기가 있었다.
> ㄴ. $\dfrac{\text{P의 절대 연령}}{\text{Q의 절대 연령}}$ 은 2보다 크다.
> ㄷ. 지층과 암석의 생성 순서는 A → B → C → R → P → D → Q이다.

① ㄱ　　② ㄴ　　③ ㄷ　　④ ㄱ, ㄴ　　⑤ ㄴ, ㄷ

22

그림은 서로 다른 두 지역의 지질 단면과 지층에서 관찰된 퇴적구조를 나타낸 것이다. (가)와 (나)의 퇴적층은 각각 해수면이 상승하는 동안과 하강하는 동안에 생성된 것 중 하나이다. 두 지역에서 화강암의 절대 연령은 같다.

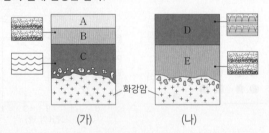

(가)　　　　　(나)

이에 대한 설명으로 옳은 것만을 〈보기〉에서 있는 대로 고른 것은?

> **보기**
>
> ㄱ. (가)는 해수면이 상승하는 경우에 해당한다.
> ㄴ. 지층 D는 생성 과정 중 대기에 노출된 적이 있다.
> ㄷ. 지층 A~E 중 가장 오래된 것은 E이다.

① ㄱ　　② ㄴ　　③ ㄱ, ㄷ　　④ ㄴ, ㄷ　　⑤ ㄱ, ㄴ, ㄷ

24　2023 평가원

그림 (가)는 어느 지역의 지질 단면을, (나)는 시간에 따른 방사성 원소 X와 Y의 $\dfrac{\text{자원소 함량}}{\text{방사성 원소 함량}}$ 을 나타낸 것이다. 화성암 A와 B에는 X와 Y 중 서로 다른 한 종류만 포함하고, 현재 A와 B에 포함된 방사성 원소의 함량은 각각 처음 양의 50%와 25% 중 서로 다른 하나이다.

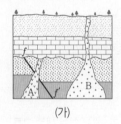 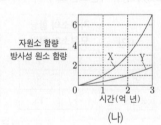

(가)　　　　　(나)

이에 대한 설명으로 옳은 것만을 〈보기〉에서 있는 대로 고른 것은?

3점

> **보기**
>
> ㄱ. 반감기는 X가 Y의 $\dfrac{1}{2}$배이다.
> ㄴ. A에 포함되어 있는 방사성 원소는 Y이다.
> ㄷ. (가)에서 단층 $f-f'$은 중생대에 형성되었다.

① ㄱ　　② ㄴ　　③ ㄱ, ㄴ　　④ ㄴ, ㄷ　　⑤ ㄱ, ㄴ, ㄷ

---

25 [2022 평가원]

그림 (가)는 어느 지역의 깊이에 따른 지층과 화성암의 연령을, (나)는 방사성 원소 X와 Y의 붕괴 곡선을 나타낸 것이다. 화성암 B와 D는 X와 Y 중 서로 다른 한 종류만 포함하고, 현재 B와 D에 포함된 방사성 원소의 함량은 각각 처음 양의 50%와 25%이다.

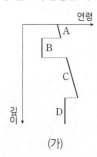
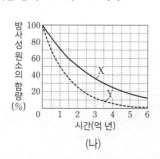

(가)   (나)

이에 대한 설명으로 옳은 것만을 〈보기〉에서 있는 대로 고른 것은? 3점

보기
ㄱ. A층 하부의 기저 역암에는 B의 암석 조각이 있다.
ㄴ. 반감기는 X가 Y의 2배이다.
ㄷ. B와 D의 연령 차는 3억 년이다.

① ㄱ   ② ㄴ   ③ ㄱ, ㄷ   ④ ㄴ, ㄷ   ⑤ ㄱ, ㄴ, ㄷ

27

그림은 방사성 동위 원소 A와 B의 붕괴 곡선을 나타낸 것이다. 이에 대한 설명으로 옳은 것만을 〈보기〉에서 있는 대로 고른 것은?

보기
ㄱ. 반감기는 A가 B의 14배이다.
ㄴ. 7억 년 전 생성된 화성암에 포함된 A는 두 번의 반감기를 거쳤다.
ㄷ. 암석에 포함된 $\dfrac{\text{B의 양}}{\text{B의 자원소 양}}$이 $\dfrac{1}{4}$로 되는 데 걸리는 시간은 1억 년이다.

① ㄱ   ② ㄴ   ③ ㄱ, ㄷ   ④ ㄴ, ㄷ   ⑤ ㄱ, ㄴ, ㄷ

26

그림 (가)는 어느 지역의 지표에 나타난 화강암 A, B와 셰일 C의 분포를, (나)는 화강암 A, B에 포함된 방사성 원소의 붕괴 곡선 X, Y를 순서 없이 나타낸 것이다. A는 B를 관입하고 있고, B와 C는 부정합으로 접하고 있다. A, B에 포함된 방사성 원소의 양은 각각 처음 양의 20%와 50%이다.

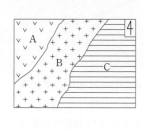
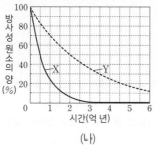

(가)   (나)

A, B, C에 대한 설명으로 옳은 것만을 〈보기〉에서 있는 대로 고른 것은? 3점

보기
ㄱ. A에 포함된 방사성 원소의 붕괴 곡선은 X이다.
ㄴ. 가장 오래된 암석은 B이다.
ㄷ. C는 고생대 암석이다.

① ㄱ   ② ㄷ   ③ ㄱ, ㄴ   ④ ㄴ, ㄷ   ⑤ ㄱ, ㄴ, ㄷ

---

28 [2022 평가원]

그림 (가)는 어느 지역의 지질 단면도로, A~E는 퇴적암, F와 G는 화성암, $f-f'$은 단층이다. 그림 (나)는 F와 G에 포함된 방사성 원소 X의 함량을 붕괴 곡선에 나타낸 것이다. X의 반감기는 1억 년이다.

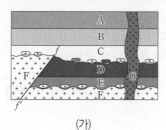
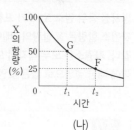

(가)   (나)

이에 대한 설명으로 옳은 것만을 〈보기〉에서 있는 대로 고른 것은? 3점

보기
ㄱ. A는 고생대에 퇴적되었다.
ㄴ. D가 퇴적된 이후 $f-f'$이 형성되었다.
ㄷ. 단층 상반에 위치한 F는 최소 2회 육상에 노출되었다.

① ㄴ   ② ㄷ   ③ ㄱ, ㄴ   ④ ㄴ, ㄷ   ⑤ ㄱ, ㄴ, ㄷ

그림 (가)와 (나)는 어느 두 지역의 지질 단면을, (다)는 시간에 따른 방사성 원소 X와 Y의 붕괴 곡선을 나타낸 것이다. 화강암 A와 B에는 한 종류의 방사성 원소만 존재하고, X와 Y 중 서로 다른 한 종류만 포함한다. 현재 A와 B에 포함된 방사성 원소의 함량은 각각 처음 양의 25%, 12.5% 중 서로 다른 하나이다. 두 지역의 셰일에서는 삼엽충 화석이 산출된다.

  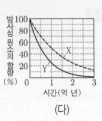

(가)　　　(나)　　　(다)

이 자료에 대한 설명으로 옳은 것만을 <보기>에서 있는 대로 고른 것은? 3점

보기
ㄱ. (가)에서는 관입이 나타난다.
ㄴ. B에 포함되어 있는 방사성 원소는 X이다.
ㄷ. 현재의 함량으로부터 1억 년 후의
$\dfrac{\text{A에 포함된 방사성 원소 함량}}{\text{B에 포함된 방사성 원소 함량}}$ 은 1이다.

① ㄱ　② ㄷ　③ ㄱ, ㄴ　④ ㄴ, ㄷ　⑤ ㄱ, ㄴ, ㄷ

방사성 동위 원소 X, Y가 포함된 어느 화강암에서, 현재 X의 자원소 함량은 X 함량의 3배이고, Y의 자원소 함량은 Y 함량과 같다. 자원소는 모두 각각의 모원소가 붕괴하여 생성된다.
이에 대한 설명으로 옳은 것만을 <보기>에서 있는 대로 고른 것은?

3점

보기
ㄱ. 화강암의 절대 연령은 Y의 반감기와 같다.
ㄴ. 화강암 생성 당시부터 현재까지 $\dfrac{\text{모원소 함량}}{\text{모원소 함량}+\text{자원소 함량}}$ 의 감소량은 X가 Y의 2배이다.
ㄷ. Y의 함량이 현재의 $\dfrac{1}{2}$ 이 될 때, X의 자원소 함량은 X 함량의 7배이다.

① ㄱ　② ㄴ　③ ㄱ, ㄷ　④ ㄴ, ㄷ　⑤ ㄱ, ㄴ, ㄷ

그림 (가)는 어느 지역의 지질 단면을, (나)는 방사성 원소 X와 Y의 붕괴 곡선을 나타낸 것이다. 화성암 P와 Q 중 하나에는 X가, 다른 하나에는 Y가 포함되어 있다. X와 Y의 처음 양은 같았으며, P와 Q에 포함되어 있는 방사성 원소의 양은 각각 처음양의 25%와 50%이다.

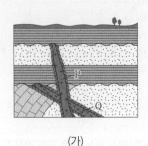 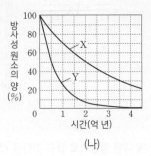

(가)　　　(나)

이에 대한 옳은 설명만을 <보기>에서 있는 대로 고른 것은? 3점

보기
ㄱ. 이 지역은 3번 이상 융기하였다.
ㄴ. P에 포함되어 있는 방사성 원소는 X이다.
ㄷ. 앞으로 2억 년 후의 $\dfrac{\text{Y의 양}}{\text{X의 양}}$ 은 $\dfrac{1}{16}$ 이다.

① ㄱ　② ㄴ　③ ㄷ　④ ㄱ, ㄴ　⑤ ㄱ, ㄷ

그림은 방사성 동위 원소 X의 붕괴 곡선의 일부를 나타낸 것이다. 화성암에 포함된 X의 자원소 Y는 모두 X가 붕괴하여 생성되었다.

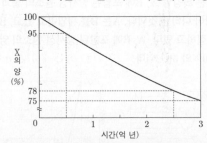

이 자료에 대한 설명으로 옳은 것만을 <보기>에서 있는 대로 고른 것은? (단, 모든 화성암에는 X가 포함되어 있으며, X의 양(%)은 화성암 생성 당시 X의 함량에 대한 남아 있는 X의 함량의 비율이고, Y의 양(%)은 붕괴한 X의 양과 같다.) 3점

보기
ㄱ. 현재의 X의 양이 95%인 화성암은 속씨식물이 존재하던 시기에 생성되었다.
ㄴ. X의 반감기는 6억 년보다 길다.
ㄷ. 중생대에 생성된 모든 화성암에서는 현재의 $\dfrac{\text{X의 양(\%)}}{\text{Y의 양(\%)}}$ 이 4보다 크다.

① ㄱ　② ㄷ　③ ㄱ, ㄴ　④ ㄴ, ㄷ　⑤ ㄱ, ㄴ, ㄷ

33

그림 (가)는 어느 지역의 지질 단면을, (나)는 방사성 원소 X에 의해 생성된 자원소 Y의 함량을 시간에 따라 나타낸 것이다. 화성암 A, B, C에는 X와 Y가 포함되어 있으며, Y는 모두 X의 붕괴 결과 생성되었다. 현재 C에 있는 X와 Y의 함량은 같다.

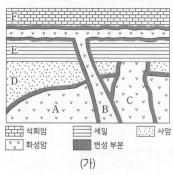
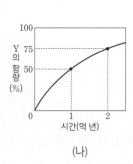

석회암	셰일	사암
화성암	변성 부분	

(가)　　　　(나)

이에 대한 설명으로 옳은 것만을 <보기>에서 있는 대로 고른 것은? **3점**

보기
ㄱ. D는 화폐석이 번성하던 시대에 생성되었다.
ㄴ. $\dfrac{\text{Y의 함량}}{\text{X의 함량}}$ 은 A가 B보다 크다.
ㄷ. 암석의 생성 순서는 D → A → C → E → B → F이다.

① ㄱ　　② ㄴ　　③ ㄷ　　④ ㄱ, ㄴ　　⑤ ㄴ, ㄷ

34

그림은 화성암 A에 포함된 방사성 동위 원소 X의 붕괴 곡선을 나타낸 것이다. Y는 X의 자원소이다.
이 자료에 대한 옳은 설명만을 <보기>에서 있는 대로 고른 것은? (단, X의 양(%)은 화성암 생성 당시 X의 함량에 대한 남아 있는 함량의 비율이고, Y의 양(%)은 붕괴한 X의 양과 같다.) **3점**

보기
ㄱ. A가 생성된 후 $2t_1$이 지났을 때 $\dfrac{\text{X의 양(\%)}}{\text{Y의 양(\%)}}$ 은 $\dfrac{1}{4}$이다.
ㄴ. $(t_2 - t_1)$은 0.5억 년이다.
ㄷ. A가 생성된 후 1억 년이 지났을 때 X의 양은 60%보다 크다.

① ㄱ　　② ㄴ　　③ ㄱ, ㄷ　　④ ㄴ, ㄷ　　⑤ ㄱ, ㄴ, ㄷ

35 2024 수능

그림은 어느 지역의 지질 단면을 나타낸 것이다. 현재 화성암에 포함된 방사성 원소 X의 함량은 처음 양의 $\dfrac{1}{32}$이고, 지층 A에서는 방추충 화석이 산출된다.
이 자료에 대한 설명으로 옳은 것만을 <보기>에서 있는 대로 고른 것은?

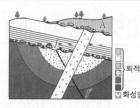

퇴적암
화성암

보기
ㄱ. 경사 부정합이 나타난다.
ㄴ. 단층 $f-f'$은 화성암보다 먼저 형성되었다.
ㄷ. X의 반감기는 0.4억 년보다 짧다.

① ㄱ　　② ㄷ　　③ ㄱ, ㄴ　　④ ㄴ, ㄷ　　⑤ ㄱ, ㄴ, ㄷ

DAY
08
Ⅰ
2
-
04
지층의 연령

05 지질 시대의 환경과 생물

기본자료

필수개념 1 **화석**

1. 화석: 지질 시대에 살았던 생물의 유해나 활동 흔적이 지층 내에 보존되어 있는 것

  1) 화석의 생성 조건

    ① 뼈나 껍데기 등 단단한 부분이 있어야 한다.

    ② 생물이 죽은 후 빠르게 매몰되어야 한다.

    ③ 재결정 작용, 치환 작용, 탄화 작용 등의 화석화 작용을 받아야 한다.

    ④ 생성 후 심한 지각 변동을 받지 않아야 한다.

  2) 화석의 종류

    ① 표준 화석: 특정 시기에만 출현하였다가 멸종한 생물의 화석으로 지층의 생성 시기의 기준

      — 조건: 생존 기간이 짧고, 개체 수가 많고, 분포 범위가 넓어야 한다.

      — **예** 삼엽충, 필석, 방추충(푸줄리나), 암모나이트, 공룡, 화폐석, 매머드 등

    ② 시상 화석: 특정한 환경에서만 서식하는 생물의 화석으로 생물이 살았던 당시의 환경을 알려준다.

      — 조건: 생존 기간이 길고, 분포 면적이 좁으며, 환경 변화에 민감해야 한다.

      — **예** 산호, 고사리 등

2. 지질 시대의 구분

  1) 지질 시대: 지구가 생성된 약 46억 년 전부터 현재까지

    ① 지질 시대의 구분: 생물계의 급변, 지각 변동, 기후 변동 등을 기준으로 구분

    ② 지질 시대 구분 단위: 누대-대-기-세 **예** 현생누대-고생대-캄브리아기

    ③ 지질 시대의 구분

지질 시대		절대 연대 (백만 년 전)
누대	대	
현생 누대	신생대	—66.0—
	중생대	
	고생대	—252.2—
		—541.0—
선캄브리아 시대	원생 누대	신원생대
		중원생대
		고원생대
		2500
	시생 누대	신시생대
		중시생대
		고시생대
		초시생대
		—4000—

지질 시대		절대 연대 (백만 년 전)
대	기	
신생대	제4기	—2.58—
	네오기	—23.03—
	팔레오기	—66.0—
중생대	백악기	—145.0—
	쥐라기	—201.3—
	트라이아스기	—252.2—
고생대	페름기	—298.9—
	석탄기	—358.9—
	데본기	—419.2—
	실루리아기	—443.8—
	오르도비스기	—485.4—
	캄브리아기	—541.0—

    ④ 지질 시대의 상대적 길이: 선캄브리아 시대 > 고생대 > 중생대 > 신생대

    ⑤ 지구의 나이(46억 년)를 24시간으로 표시할 때

선캄브리아 시대(약 88.2%)	0시~21시 11분
고생대(약 6.3%)	21시 11분~22시 41분
중생대(약 4.1%)	22시 41분~23시 39분
신생대(약 1.4%)	23시 39분~자정
인류의 출현(약 300만 년 전)	23시 59분 4초

▶ 화석화 작용
생물을 이루는 원래의 성분이
재결정되거나 광물질로 치환되거나
탄소 성분만 남아 단단해지는 과정이다.

▶ 표준 화석과 시상 화석
• 표준 화석의 조건: 생존 기간이 짧고,
  분포 면적이 넓다.
• 시상 화석의 조건: 생존 기간이 길고,
  환경 변화에 민감하다.

▶ 지질 시대 이름에 '생'이 들어가는 이유
지질 시대 구분은 큰 지각 변동이
일어난 시기를 기준으로 하지만,
실제적으로는 생물의 대량 멸종과 같은
생물계의 급격한 변화가 일어난 시기를
기준으로 구분한다.

필수개념 2 **지질 시대의 기후 변화**

1. 지질 시대의 기후 변화

선캄브리아 시대	변동을 많이 받아 자세히 알기 어려움. 전반적으로 온화하였으며, 후기에 빙하기가 있었을 것으로 추정.
고생대	초기와 중기에는 온난한 기후였으며, 후기에는 빙하 퇴적물이 발견되는 것으로 보아 한랭할 것으로 추정.
중생대	전반적으로 온난한 기후였으며 빙하기가 없다는 특징이 있음.
신생대	초기에는 온난했으나 점차 한랭해져 제4기에는 여러 차례의 빙하기가 있었음.

2. 고기후 연구법

빙하 시추 코어 연구	물 분자의 산소 동위 원소 비	^{18}O는 무거워 증발이 잘 안되며, ^{16}O은 가벼워 증발이 잘 일어난다. 기후가 온난한 경우 ^{18}O의 증발 비율이 증가해 대기 중 산소 동위 원소의 비($^{18}O/^{16}O$)가 증가하게 되며, 이 시기에 생성된 빙하 역시 $^{18}O/^{16}O$의 값이 높다. 반면 기후가 한랭한 경우에는 ^{18}O의 증발 비율이 감소해 대기 중 산소 동위 원소의 비($^{18}O/^{16}O$)가 감소하게 되고, 빙하를 구성하는 물 분자의 산소 동위 원소비 역시 작아진다.
	빙하 속 공기 방울 연구	빙하는 생성되면서 그 당시의 공기를 포획하고 있음. 빙하 속 공기 방울을 분석하면 빙하가 생성될 당시의 대기 조성에 대한 연구를 할 수 있다.
나무 나이테 연구		나무는 기온이 높고 강수량이 많을 때에 성장 속도가 빨라 나이테 사이의 면적이 넓어지고 밀도가 작아져 색이 밝아진다. 반면 기온이 낮고 강수량이 적을 때에는 성장 속도가 느려 나이테 사이의 면적이 좁아지고 밀도가 커져 색이 어두워진다. 나이테 형태를 연구하여 과거의 기온과 강수량 변화를 추정한다.
석순, 종유석 연구		탄소 방사성 원소의 반감기를 통해 생성 시기를 추정하고 산소 동위 원소비를 통해 생성 당시의 기온을 추정한다.
지층의 퇴적물 연구	꽃가루 화석 연구	꽃가루는 종류에 따라 모양과 크기가 다르며, 오랫동안 썩지 않고 보존된다. 따라서 꽃가루의 종류를 보고 기후를 추정한다.
	화석의 산소 동위 원소비 연구	지층에 포함되어 화석의 산소 동위 원소의 비를 측정하여 과거의 기후를 추정한다.

▶ 산소 동위 원소비
대기 중의 산소 동위 원소비($^{18}O/^{16}O$)는 기온이 높을수록 높고, 해양 생물체 화석 속의 산소 동위 원소비($^{18}O/^{16}O$)는 수온이 높을수록 낮다.

필수개념 3 **지질 시대의 환경과 화석**

1. 지질 시대의 환경과 화석

선캄브리아 시대	환경	초기 온난. 후기 빙하기
	생물	시생누대에 남세균(시아노박테리아)가 출현 → 스트로마톨라이트 형성, 원생누대에 에디아카라 동물군 화석 발견
	환경	초기 온난. 후기 빙하기. 말기에 초대륙 판게아 형성. 애팔래치아 산맥, 우랄 산맥 형성

고생대	생물	• 캄브리아기: 삼엽충, 완족류 등장
		• 오르도비스기: 삼엽충, 완족류, 필석, 산호, 두족류 번성. 척추동물인 어류 등장
		• 실루리아기: 필석류, 산호, 완족류, 갑주어, 바다 전갈 번성. 최초의 육상 생물체
		  등장(오존층이 자외선을 차단)
		• 데본기: 갑주어, 폐어 등의 어류가 번성. 최초의 양서류 등장
		• 석탄기: 방추충(푸줄리나), 산호류, 완족류, 유공충, 대형 곤충류, 양서류가 번성.
		  육상에서 양치식물이 거대한 삼림 형성. 최초의 파충류 등장
		• 페름기: 은행나무, 소철 등의 겉씨식물이 출현. 바다 전갈, 삼엽충 등 해양
		  생물종의 90% 이상이 멸종

중생대	환경	전반적으로 온난. 빙하기 없음. 트라이아스기부터 판게아가 분리되기 시작. 대서양 및 인도양 형성 및 확장. 로키 산맥, 안데스 산맥 형성.
	생물	• 트라이아스기: 바다에서는 암모나이트, 육지에서는 파충류 번성. 원시 포유류 등장. 은행, 소철류 등의 겉씨식물 번성. • 쥐라기: 공룡, 암모나이트 번성. 원시 조류인 시조새 등장. 겉씨식물 번성. • 백악기: 말기에 공룡 및 암모나이트 멸종. 속씨식물 출현.
신생대	환경	팔레오기와 네오기는 온난. 제4기는 4번의 빙하기와 3번의 간빙기. 현재와 비슷한 수륙 분포. 알프스 산맥, 히말라야 산맥 형성

	생물	• 팔레오기 및 네오기: 대형 유공충인 화폐석 번성. 포유류 번성, 조류 및 영장류
		  출현. 속씨식물 번성
		• 제4기: 인류의 조상 출현. 매머드 등의 대형 포유류 번성. 단풍나무, 참나무 등의
		  속씨식물 번성

기본자료

▶ 오존층 형성
사이아노박테리아의 광합성으로 산소가
바다에 포화된 다음 대기로 방출되어
쌓이기 시작하였고, 고생대에 오존층이
두껍게 형성되어 실루리아기에 이르러
생물이 육상으로 진출하게 되었다.

2. 수륙 분포의 변화

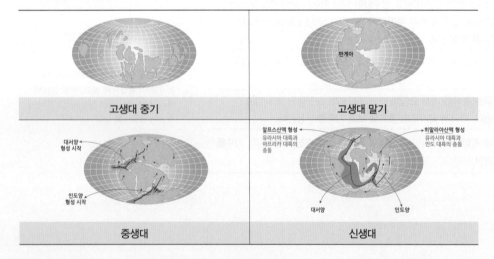

3. 생물의 대멸종

1) 대멸종: 짧은 기간 내에 많은 종의 생물들이 멸종한 사건
2) 5억 년 사이에 5번의 대멸종 발생

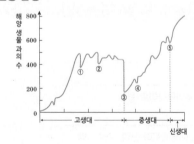

3) 전 지구적인 급격한 환경 변화에 의해 발생

01 퇴적 구조와 환경

1) 퇴적 구조: 모식도와 실제 사진 모두 기억해야 함. 층리면은 위에서 본 모습, 단면은 케이크를 잘랐을 때처럼 옆에서 본 모습이다.

★ 1-1) 사층리: 얕은 물 밑이나 사막에서 물이나 바람에 의해 퇴적물이 일정한 방향에서 공급될 때 만들어진다. 층리가 기울어진 모양, 바람이나 물이 흐른 방향(퇴적물의 공급 방향)을 확인해야 한다. 단면만 출제된다.

(2016학년도 9월 모평 3번 (나)(지구과학Ⅱ), 2017학년도 9월 모평 1번(지구과학Ⅱ))

(2020학년도 6월 모평 1번 (나)(지구과학Ⅱ), 2020학년도 수능 1번(지구과학Ⅱ),
2021학년도 6월 모평 1번, 2021학년도 수능 6번)

★ 1-2) 점이층리: 입자 크기에 따른 퇴적 속도의 차이로 인해 깊은 바다나 호수에서 만들어진다. 단면이나 형성 과정을 설명하는 실험이 출제된다.

(2017학년도 9월 모평 1번 (가)(지구과학Ⅱ))

(2020학년도 6월 모평 1번 (다)(지구과학Ⅱ))

[실험 과정]

(가) 긴 원통에 물을 채우고, 다양한 크기의 입자로 구성된 흙을 원통에 부은 후 모두 가라앉을 때까지 기다린다.

(나) 원통의 입구를 마개로 막고 원통의 상하를 빠르게 뒤집은 후 흙이 쌓인 모습을 관찰한다.

큰 입자 먼저 하강
작은 입자 나중에 하강

(2016년 4월 학평 12번(지구과학Ⅱ))

[실험 목표]

○ (⊙)의 형성 원리를 설명할 수 있다.
   점이층리

[실험 과정]

(가) 입자의 크기가 2mm 이하인 모래, 2~4mm인 왕모래, 4~6mm인 잔자갈을 각각 100g씩 준비하여 물이 담긴 원통에 넣는다.

(나) 원통을 흔들어 입자들을 골고루 섞은 후, 원통을 세워 입자들이 가라앉기를 기다린다.

(다) 그림과 같이 원통의 퇴적물을 같은 간격의 세 구간 A, B, C로 나눈다.

(라) 각 구간의 퇴적물을 모래, 왕모래, 잔자갈로 구분하여 각각의 질량을 측정한다.

[실험 결과]

○ A, B, C 구간별 입자 종류에 따른 질량비

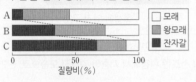

○ 퇴적물 입자의 크기가 클수록 (ⓛ) 가라앉는다.
   빠르게

(2022학년도 수능 4번)

★ 1-3) 연흔: 얕은 물 밑에서 물결의 모양이 퇴적암에 남은 흔적으로, 단면과 층리면 모두 출제된다.

위
아래

(2016학년도 9월 모평 3번(지구과학Ⅱ))

(2020학년도 수능 1번 (가)(지구과학Ⅱ), 2021학년도 6월 모평 1번, 2021학년도 수능 6번)

[실험 과정]

(가) 수조에 모래와 물을 채우고, 막대를 설치한다.

(나) 막대를 상하로 움직여 물의 표면에 파동을 일으킨다.

(다) 파동에 의해 퇴적 구조가 형성될 때까지 (나) 과정을 반복한다.

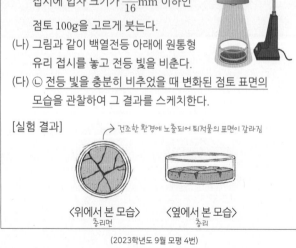

[실험 결과]

형성된 퇴적 구조

(2019년 4월 학평 19번(지구과학Ⅱ))

★ 1-4) 건열: 건조한 환경에서 지층이 갈라진 모습으로, 단면과 층리면 모두 출제된다.

(2016학년도 9월 모평 3번 (다)(지구과학Ⅱ), 2017학년도 9월 모평 1번(지구과학Ⅱ))

(2020학년도 6월 모평 1번 (가)(지구과학Ⅱ), 2020학년도 수능 1번(지구과학Ⅱ))

[실험 목표]

○ (㉠)의 형성 원리를 설명할 수 있다.

[실험 과정]

(가) 100mL의 물이 담긴 원통형 유리 접시에 입자 크기가 $\frac{1}{16}$mm 이하인 점토 100g을 고르게 붓는다.

(나) 그림과 같이 백열전등 아래에 원통형 유리 접시를 놓고 전등 빛을 비춘다.

(다) ㉡ 전등 빛을 충분히 비추었을 때 변화된 점토 표면의 모습을 관찰하여 그 결과를 스케치한다.

[실험 결과]

→ 건조한 환경에 노출되어 퇴적물의 표면이 갈라짐

〈위에서 본 모습〉 〈옆에서 본 모습〉

(2023학년도 9월 모평 4번)

★ 1-5) 복합 자료

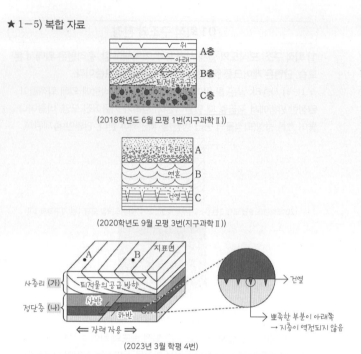

(2018학년도 6월 모평 1번(지구과학Ⅱ))

(2020학년도 9월 모평 3번(지구과학Ⅱ))

(2023년 3월 학평 4번)

2) 퇴적암: 퇴적물이 속성 작용인 다짐 작용과 교결 작용을 거쳐 퇴적암이 된다. 쇄설성 퇴적암(입자 크기에 따라 셰일, 사암, 역암 등으로 구분)에 화산 쇄설물이 퇴적된 응회암이 포함된다. 화학적 퇴적암에는 석회암, 처트, 암염 등이 있고, 유기적 퇴적암에는 석탄, 석회암, 처트 등이 있다.

응회암 → 화산 쇄설물이 쌓인 쇄설성 퇴적암

(2018학년도 6월 모평 9번) 응회암

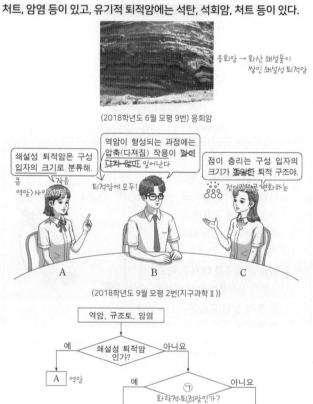

(2018학년도 9월 모평 2번(지구과학Ⅱ))

(2019학년도 6월 모평 3번(지구과학Ⅱ))

구분	퇴적물	퇴적암
A 유기성	식물	석탄
	규조	처트
B 쇄설성	모래	㉠ 사암
	㉡ 자갈	역암

(2021학년도 9월 모평 1번)

[실험 목표]

o 쇄설성 퇴적암이 형성되는 과정 중 (㉠ 교결 작용)을/를 설명할 수 있다.

[실험 과정]

(가) 크기가 다양한 자갈, 모래, 점토를 각각 준비하여 투명한 원통에 넣는다.

(나) (가)의 원통의 퇴적물에서 입자 사이의 빈 공간(공극)의 모습을 관찰한다. → 교결 물질

(다) 컵에 석회질 물질과 물을 부어 석회질 반죽을 만든다.

(라) ㉡ 석회질 반죽을 (가)의 원통에 부어 퇴적물이 쌓인 높이 (h)까지 채운 후 건조시켜 굳힌다.

(마) (라)의 입자 사이의 빈 공간(공극)의 모습을 관찰한다.

[실험 결과]

→ 공극이 메워짐

㉢ (나)의 결과	㉣ (마)의 결과

(2024학년도 6월 모평 4번)

퇴적암	자갈의 비율(%)	모래의 비율(%)
A 사암	5 <	90
B 셰일	4	5
C 역암	80 >	10

(2023년 7월 학평 3번)

3) 퇴적 환경: 암석이 풍화와 침식 작용을 받아 작은 입자가 되면 물이나 바람, 빙하 등에 의해 운반되어 퇴적되는데, 퇴적물 입자가 다시 쌓이는 다양한 환경을 퇴적 환경이라고 한다. 퇴적 환경은 육상 환경(하천, 호수, 선상지, 사막, 빙하), 연안 환경(삼각주, 해빈, 사주, 석호, 조간대), 해양 환경(대륙붕, 대륙사면, 대륙대, 심해저)으로 구분할 수 있다.

(2023년 4월 학평 3번)

DAY 09

Ⅰ

2
ㅣ
05

지질 시대의 환경과 생물

02 지질 구조

1) 습곡: 횡압력을 받아 지하 깊은 곳(온도가 높은 곳)에서 형성된다. 배사는 볼록하게 올라온 부분, 향사는 오목하게 내려간 부분이다. 배사의 중심에는 오래된 암석이, 향사의 중심에는 젊은 암석이 분포한다.

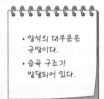

· 암석의 대부분은 규암이다.
· 습곡 구조가 발달되어 있다.

(2015학년도 6월 모평 5번, 2021학년도 6월 모평 2번 (가),
2015학년도 수능 1번 (가)(지구과학Ⅱ))

2) 단층: 지층이 지표 근처(온도가 낮은 곳)에서 외부의 힘을 받아 끊어지며 형성된다. 장력을 받으면 상반이 아래로 내려간 정단층, 횡압력을 받으면 상반이 위로 올라간 역단층, 상하 이동 없이 어긋난 힘을 받으면 주향이동단층이 형성된다.

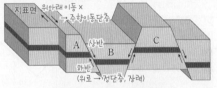

(2019학년도 6월 모평 5번(지구과학Ⅱ))

상반이 위로 → 역단층, 횡압력

(2015학년도 수능 1번 (나)(지구과학Ⅱ))

3) 절리: 암석 내에 형성된 틈이나 균열

★ 3-1) 주상 절리: 길쭉한 기둥 모양으로 용암이 빠르게 식으며 부피가 수축되어 형성된다. 화산암에서 나타난다.

(2014학년도 6월 모평 9번 (가))

★ 3-2) 판상 절리: 심성암이 지표에 노출될 때 압력이 감소하여 부피가 팽창할 때 형성된다. 양파 껍질처럼 벗겨지는 모양이다.

(2014학년도 6월 모평 9번 (나))

4) 부정합: 단독보다 다른 개념과 함께 출제됨. 부정합 개수＋1은 융기 횟수, 부정합 개수＝지표 노출 횟수

[탐구 과정]

(가) 지점토 판 세 개를 하나씩 순서대로 쌓은 뒤, Ⅰ과 같이
경사지게 지점토 칼로 자른다.

(나) 잘린 지점토 판 전체를 조심스럽게 들어 올리고, Ⅱ와 같이
㉠ 양쪽 끝을 서서히 잡아당겨 가운데 조각이 내려가도록
한다. → 장력 = 정단층 → 침식

(다) Ⅲ과 같이 지점토 칼로 지점토 판의 위쪽을 수평으로
자른다.

(라) 잘린 지점토 판 위에 Ⅳ와 같이 새로운 지점토 판을 수평이
되도록 쌓는다. → 재퇴적(부정합)

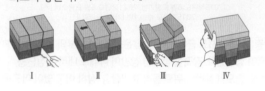

(2022학년도 9월 모평 4번)

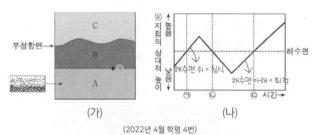

(가)　　　　　　　　(나)

(2022년 4월 학평 4번)

★ 상대적 높이의 변화는 융기, 침강에 의한 것이다. 해수면 위에서는
침식이, 해수면 아래에서는 퇴적이 일어난다. (나)에서 상대적 높이가
낮아질 때부터 침식이 일어난다고 착각하면 안 된다.

5) 관입과 포획: 마그마가 주변 암석을 뚫고 들어가면 관입, 마그마에
주변 암석이나 지층의 조각이 떨어져 나온 것은 포획이다. 관입암은
관입 당한 암석보다 젊고, 포획암은 함께 굳은 화성암보다 나이가 많다.
관입암은 뚫고 들어간 모양이고 포획암은 암석 조각이다.

 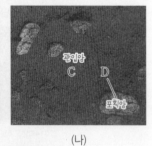

(가)　　　　　　　　(나)

(2021년 3월 학평 6번)

(2021학년도 6월 모평 2번 (다))

6) 복합 자료

[실험 과정]

(가) 동일한 두 개의 지점토 판 A와
B를 각각 비닐 봉지로 밀봉한다. → 지하 깊은 곳

(나) A는 따뜻한 물에 넣어 부드러운
상태가, B는 냉동실에 넣어 딱딱
한 상태가 되게 한다. → 지표 근처

(다) 나무판을 이용하여 A의 모양이
변형될 때까지 양쪽에서 민다. → 횡압력

(라) B도 (다)와 같은 방법으로
실험한다.

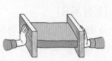

[실험 결과]

A	B
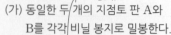 휘어진다.(깊은 곳)	(역단층) →단층 끊어지면서 어긋난다.(얕은 곳)

(2015학년도 6월 모평 5번(지구과학Ⅱ))

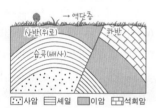

→역단층 상반(위로) 하반 습곡(배사)

[ ] 사암 [ ] 셰일 [ ] 이암 [ ] 석회암

(2016학년도 6월 모평 1번(지구과학Ⅱ))

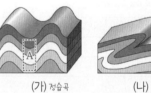

(가) 정습곡　　(나) 횡와 습곡　　(다) 역단층

(2022년 10월 학평 6번)

03 지사 해석 방법

1) 지사학의 법칙: 수평 퇴적의 법칙, 지층 누중의 법칙, 생물군(동물군)
천이의 법칙, 부정합의 법칙, 관입의 법칙

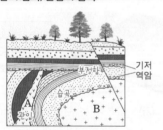

기저 역암 부정합 습곡 관입 A B

(2015학년도 6월 모평 2번(지구과학Ⅱ))

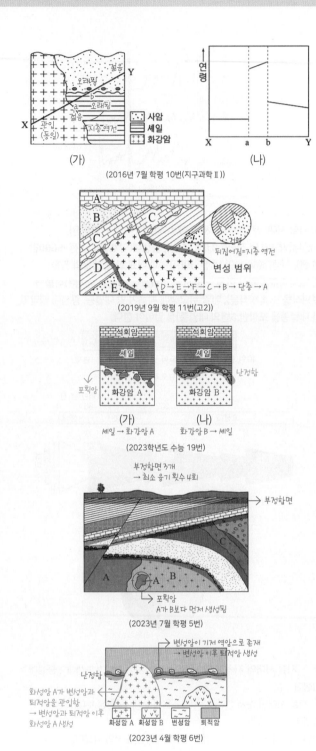

(2016년 7월 학평 10번(지구과학Ⅱ))

(2019년 9월 학평 11번(고2))

(2023학년도 수능 19번)

(2023년 7월 학평 5번)

(2023년 4월 학평 6번)

2) 임상에 의한 대비

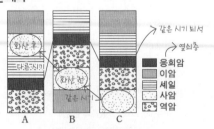

(2013학년도 6월 모평 7번(지구과학Ⅱ))

04 지층의 연령(상대 연령과 절대 연령)

1) 방사성 동위 원소

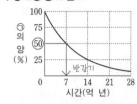

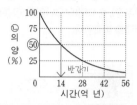

(2016학년도 6월 모평 7번(지구과학Ⅱ), 2019학년도 수능 5번(지구과학Ⅱ) 유사한 자료,
2021학년도 9월 모평 6번 유사한 자료, 2019학년도 9월 모평 2번(지구과학Ⅱ))

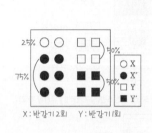

X : 반감기 2회   Y : 반감기 1회

(가)

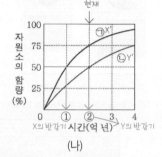

(나)

(2022년 10월 학평 18번)

2) 상대 연령, 절대 연령 복합 자료

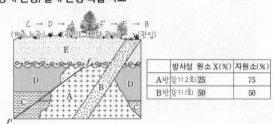

	방사성 원소 X(%)	자원소(%)
A 반감기 2회	25	75
B 반감기 1회	50	50

(2017학년도 6월 모평 9번(지구과학Ⅱ), 2018학년도 수능 4번(지구과학Ⅱ) 유사한 자료)

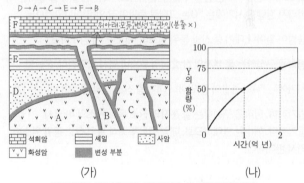

(가)   (나)

(2021학년도 6월 모평 14번, 2021학년도 수능 19번 유사한 자료,
2022학년도 6월 모평 20번 유사한 자료)

DAY
09

I

2
-
05

지질 시대의 환경과 생물

05 지질 시대의 환경과 생물

1) 상대 연령과 연결(화석에 의한 대비 포함): 고생대(삼엽충, 필석, 방추충), 중생대(암모나이트, 공룡), 신생대(화폐석)의 대표 화석으로 시대를 비교한다.

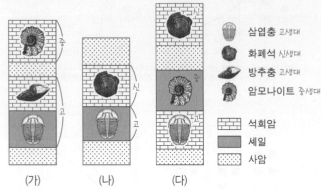

(2016학년도 9월 모평 2번(지구과학Ⅱ), 2017학년도 9월 모평 5번(지구과학Ⅰ) 유사한 자료)

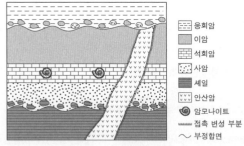

(2019학년도 6월 모평 1번(지구과학Ⅱ))

2) 절대 연령과 연결: 복합 자료를 제시하고, 보기에서 화석을 물어보는 경우가 많다.

3) 고기후 연구: ^{18}O는 증발이 잘 안 일어나고, ^{16}O는 증발이 잘 일어난다. 따라서 한랭한 시기에는 ^{18}O는 그대로 증발이 잘 안 일어나고, ^{16}O는 증발이 일어나 대기 중 산소 동위 원소의 비$\left(\dfrac{^{18}O}{^{16}O}\right)$가 감소하고, 빙하를 구성하는 물 분자의 산소 동위 원소비 역시 작아진다. 온난한 시기에는 ^{18}O의 증발이 잘 일어나 대기 중 산소 동위 원소의 비$\left(\dfrac{^{18}O}{^{16}O}\right)$가 증가하며, 빙하를 구성하는 물 분자의 산소 동위 원소의 비 역시 증가한다. 해수는 반대이므로, 해양 생물체 화석 속의 산소 동위 원소비 역시 반대이다.

○ ㉠빙하 코어에 포함된 공기 방울의 이산화 탄소 농도와 얼음의 ㉡산소 동위 원소비를 측정한다. ㉡해양 생물과 반대

○ ㉠의 농도와 얼음의 ㉡이 높을 때 기온이 높다고 추정한다.

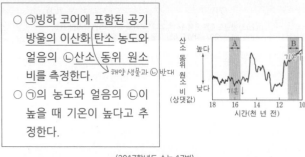

(2017학년도 수능 17번)

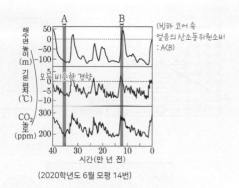

(2020학년도 6월 모평 14번)

4) 지질 시대: 선캄브리아 시대(약 45억 년 전~약 5억 년 전), 고생대(약 5억 년 전~약 2.5억 년 전), 중생대(약 2.5억 년 전~6600만 년 전), 신생대(6600만 년 전~)의 구분과 대표 화석, 생물의 진화 순서(무척추동물 → 어류 → 양서류 → 파충류 → 포유류, 양치식물 → 겉씨식물 → 속씨식물), 대멸종(고생대 페름기 말 대멸종, 중생대 백악기 말 대멸종을 포함한 5번의 대멸종)을 알아야 한다.

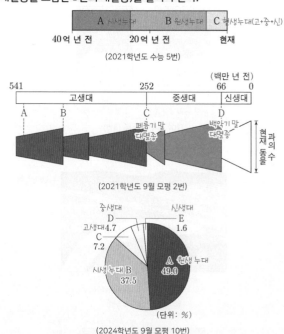

(2021학년도 수능 5번)

(2021학년도 9월 모평 2번)

(2024학년도 9월 모평 10번)

★ - 지질 시대의 지속 기간 : 원생 누대 > 시생 누대 > 고생대 > 중생대 > 신생대

- 지질 시대의 순서 : 시생 누대 → 원생 누대 → 현생 누대(고생대 → 중생대 → 신생대)

지질 시대의 지속 기간은 지질 시대가 나타난 순서와 다르다.

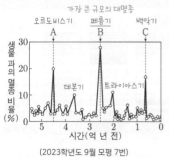

(2023학년도 9월 모평 7번)

5) 시대별 생물

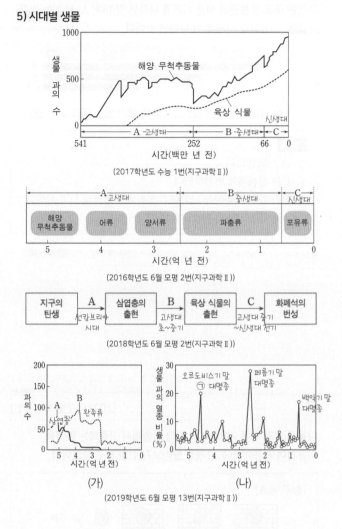

(2017학년도 수능 1번(지구과학Ⅱ))

(2016학년도 6월 모평 2번(지구과학Ⅱ))

(2018학년도 6월 모평 2번(지구과학Ⅱ))

(2019학년도 6월 모평 13번(지구과학Ⅱ))

1

그림은 현생 누대 동안 동물 과의 수를 현재 동물 과의 수에 대한 비로 나타낸 것이다.

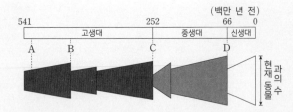

이에 대한 설명으로 옳은 것만을 〈보기〉에서 있는 대로 고른 것은? **3점**

보기
ㄱ. A 시기에 육상 동물이 출현하였다.
ㄴ. 동물 과의 멸종 비율은 B 시기가 C 시기보다 크다.
ㄷ. D 시기에 공룡이 멸종하였다.

① ㄱ   ② ㄴ   ③ ㄷ   ④ ㄱ, ㄴ   ⑤ ㄱ, ㄷ

2

그림은 서로 다른 지역 (가)와 (나)의 지질 주상도와 각 지층에서 산출되는 화석을 나타낸 것이다.

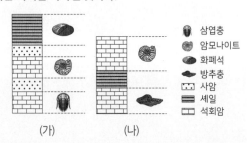

삼엽충
암모나이트
화폐석
방추충
사암
셰일
석회암

(가)   (나)

이 자료에 대한 설명으로 옳은 것만을 〈보기〉에서 있는 대로 고른 것은?

보기
ㄱ. 두 지역의 셰일은 동일한 시대에 퇴적되었다.
ㄴ. 가장 젊은 지층은 (가)에 나타난다.
ㄷ. 화석이 산출되는 지층은 모두 해성층이다.

① ㄱ   ② ㄷ   ③ ㄱ, ㄴ   ④ ㄴ, ㄷ   ⑤ ㄱ, ㄴ, ㄷ

3

2022 평가원

그림은 주요 동물군의 생존 시기를 나타낸 것이다. A, B, C는 어류, 파충류, 포유류를 순서 없이 나타낸 것이다.

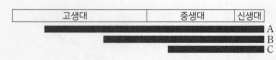

이에 대한 설명으로 옳은 것만을 〈보기〉에서 있는 대로 고른 것은?

보기
ㄱ. A는 어류이다.
ㄴ. C는 신생대에 번성하였다.
ㄷ. B가 최초로 출현한 시기와 C가 최초로 출현한 시기 사이에 히말라야 산맥이 형성되었다.

① ㄱ   ② ㄴ   ③ ㄷ   ④ ㄱ, ㄴ   ⑤ ㄴ, ㄷ

4

다음은 서로 다른 지역 A, B, C의 지층에서 산출되는 화석을 이용하여 지층의 선후 관계를 알아보기 위한 탐구 과정이다.

[탐구 자료]

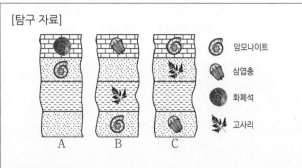

암모나이트
삼엽충
화폐석
고사리

A   B   C

[탐구 과정]
(가) A, B, C의 지층에 포함된 화석의 생존 시기와 서식 환경을 조사한다.
(나) A, B, C의 표준 화석을 보고 지층의 역전 여부를 확인한다.
(다) 같은 종류의 표준 화석이 산출되는 지층을 A, B, C에서 찾아 연결한다.

이에 대한 설명으로 옳은 것만을 〈보기〉에서 있는 대로 고른 것은? **3점**

보기
ㄱ. 가장 최근에 퇴적된 지층은 A에 위치한다.
ㄴ. B에는 역전된 지층이 발견된다.
ㄷ. C에는 해성층만 분포한다.

① ㄱ   ② ㄷ   ③ ㄱ, ㄴ   ④ ㄴ, ㄷ   ⑤ ㄱ, ㄴ, ㄷ

5

다음은 나무의 나이테 지수를 이용한 고기후 연구 방법에 대한 설명이다. 그림 (가)는 북반구 A 지역과 남반구 B 지역의 기온 편차를 각각 나타낸 것이고, (나)는 A 지역의 나이테 지수이다.

○ 나이테의 폭을 측정하여 나이테 지수를 구한다.
○ 나이테 지수가 클수록 기온이 높다고 추정한다.

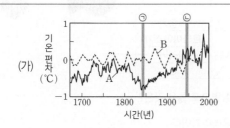

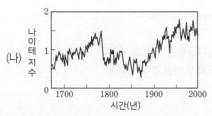

이 자료에 대한 설명으로 옳은 것만을 <보기>에서 있는 대로 고른 것은? **3점**

보기
ㄱ. A의 기온은 ㉠ 시기가 ㉡ 시기보다 낮다.
ㄴ. 기온 편차의 최댓값과 최솟값의 차는 A가 B보다 작다.
ㄷ. ㉠ 시기의 나이테 지수와 ㉡ 시기의 나이테 지수의 차는 B가 A보다 작을 것이다.

① ㄱ   ② ㄴ   ③ ㄷ   ④ ㄱ, ㄴ   ⑤ ㄱ, ㄷ

6

그림은 현생 이언에 생존했던 생물 종류의 수와 육상 식물의 생존 시기를 나타낸 것이다.

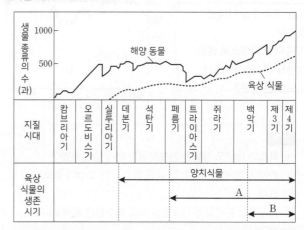

이에 대한 설명으로 옳은 것만을 <보기>에서 있는 대로 고른 것은? **3점**

보기
ㄱ. A는 속씨식물, B는 겉씨식물이다.
ㄴ. 육상 식물 출현의 원인은 오존층의 형성과 관계가 있다.
ㄷ. 백악기 말에 해양 동물 종류의 수가 감소한 이유는 판게아가 형성되었기 때문이다.

① ㄱ   ② ㄴ   ③ ㄱ, ㄷ   ④ ㄴ, ㄷ   ⑤ ㄱ, ㄴ, ㄷ

7

그림 (가)~(다)는 서로 다른 지층에서 발견된 화석을 나타낸 것이다.

(가) 삼엽충   (나) 암모나이트   (다) 화폐석

이에 대한 설명으로 옳은 것만을 <보기>에서 있는 대로 고른 것은?

보기
ㄱ. (가)는 고생대의 표준 화석이다.
ㄴ. 번성했던 기간은 (나)가 (다)보다 짧다.
ㄷ. (가)~(다)는 모두 해성층에서 발견된다.

① ㄱ   ② ㄴ   ③ ㄱ, ㄷ   ④ ㄴ, ㄷ   ⑤ ㄱ, ㄴ, ㄷ

DAY
09

Ⅰ

2
Ⅰ
05

지질 시대의 환경과 생물

8

그림은 현생 이언 동안의 해수면 높이와 해양 생물 과의 수를 나타낸 것이다.

이에 대한 설명으로 옳은 것만을 <보기>에서 있는 대로 고른 것은?

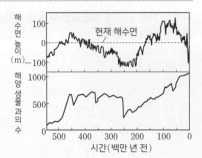

<보기>

ㄱ. 최초의 다세포 생물은 캄브리아기 전에 출현하였다.

ㄴ. 중생대 말에 감소한 해양 생물 과의 수는 고생대 말보다 크다.

ㄷ. 판게아가 분리되기 시작했을 때의 해수면은 현재보다 높았다.

① ㄱ   ② ㄷ   ③ ㄱ, ㄴ   ④ ㄴ, ㄷ   ⑤ ㄱ, ㄴ, ㄷ

9

그림은 현생 누대의 일부를 기 단위로 구분하여 생물의 생존 기간과 번성 정도를 나타낸 것이다. ㉠과 ㉡은 각각 양치식물과 겉씨식물 중 하나이다.

이에 대한 옳은 설명만을 <보기>에서 있는 대로 고른 것은? **3점**

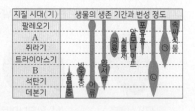

<보기>

ㄱ. A 시기는 중생대에 속한다.

ㄴ. ㉠은 겉씨식물이다.

ㄷ. B 시기 말에는 최대 규모의 대멸종이 있었다.

① ㄱ   ② ㄴ   ③ ㄱ, ㄷ   ④ ㄴ, ㄷ   ⑤ ㄱ, ㄴ, ㄷ

10

표는 지질 시대의 일부를 기 수준으로 구분하여 순서대로 나타낸 것이고, 그림은 서로 다른 표준 화석을 나타낸 것이다.

대	기
고생대	오르도비스기
	A
	데본기
	B
	페름기
중생대	트라이아스기
	쥐라기
	C

        ㉠   ㉡

이에 대한 설명으로 옳은 것은?

① A는 실루리아기이다.

② B에 파충류가 번성하였다.

③ 판게아는 C에 형성되었다.

④ ㉠은 A를 대표하는 표준 화석이다.

⑤ ㉠과 ㉡은 육상 생물의 화석이다.

11

그림 (가), (나), (다)는 고생대, 중생대, 신생대의 모습을 순서 없이 나타낸 것이다.

   (가)   (나)   (다)

이에 대한 설명으로 옳은 것만을 <보기>에서 있는 대로 고른 것은?

<보기>

ㄱ. (가) 시대에 판게아가 분리되기 시작하였다.

ㄴ. (나) 시대에 양치식물이 번성하였다.

ㄷ. (다) 시대에는 여러 번의 빙하기가 있었다.

① ㄱ   ② ㄴ   ③ ㄱ, ㄷ   ④ ㄴ, ㄷ   ⑤ ㄱ, ㄴ, ㄷ

---

12 2023 평가원

그림은 현생 누대 동안 생물 과의 멸종 비율과 대멸종이 일어난 시기 A, B, C를 나타낸 것이다.
이에 대한 설명으로 옳은 것만을 〈보기〉에서 있는 대로 고른 것은?

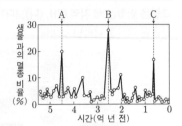

보기
ㄱ. 생물 과의 멸종 비율은 A가 B보다 높다.
ㄴ. A와 B 사이에 최초의 양서류가 출현하였다.
ㄷ. B와 C 사이에 히말라야 산맥이 형성되었다.

① ㄱ　　② ㄴ　　③ ㄷ　　④ ㄱ, ㄷ　　⑤ ㄴ, ㄷ

13

그림은 현생 이언 동안 생물 과의 멸종 비율과 대멸종 시기 A, B, C를 나타낸 것이다.
이에 대한 설명으로 옳은 것만을 〈보기〉에서 있는 대로 고른 것은?

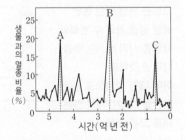

보기
ㄱ. 생물 과의 멸종 비율은 A보다 B 시기에 높다.
ㄴ. B 시기를 경계로 고생대와 중생대가 구분된다.
ㄷ. 방추충은 C 시기에 멸종하였다.

① ㄱ　　② ㄷ　　③ ㄱ, ㄴ　　④ ㄴ, ㄷ　　⑤ ㄱ, ㄴ, ㄷ

14

그림은 고생대, 중생대, 신생대의 상대적 길이를 나타낸 것이다.

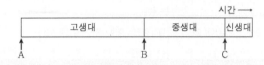

이에 대한 옳은 설명만을 〈보기〉에서 있는 대로 고른 것은?

보기
ㄱ. 최초의 육상 식물은 A 시기 이후에 출현하였다.
ㄴ. B 시기에 삼엽충이 출현하였다.
ㄷ. 암모나이트는 C 시기에 멸종하였다.

① ㄱ　　② ㄴ　　③ ㄱ, ㄷ　　④ ㄴ, ㄷ　　⑤ ㄱ, ㄴ, ㄷ

15

다음은 화석에 대한 수업 장면을 나타낸 것이다.

[탐구 활동] 화석의 특징 알아보기

(가) 화폐석　　(나) 고사리

두 화석의 특징에 대해 발표해 볼까요?

발표한 내용이 옳은 학생만을 〈보기〉에서 있는 대로 고른 것은?

보기
철수: (가)는 신생대에 번성했어요.
영희: (나)는 지질 시대를 구분할 때 수로 이용해요.
민수: (가)와 (나)는 육지 환경에서 서식했던 생물이에요.

① 철수　　② 영희　　③ 철수, 민수
④ 영희, 민수　　⑤ 철수, 영희, 민수

그림은 지질 시대 동안 일어난 주요 사건을 나타낸 것이다.

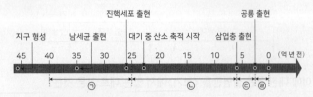

이에 대한 설명으로 옳은 것은? 3점

① 최초의 다세포 생물이 출현한 지질 시대는 ㉠이다.
② 생물의 광합성이 최초로 일어난 지질 시대는 ㉡이다.
③ 최초의 육상 식물이 출현한 지질 시대는 ㉢이다.
④ 빙하기가 없었던 지질 시대는 ㉢이다.
⑤ 방추충이 번성한 지질 시대는 ㉣이다.

그림은 인접한 세 지역 (가), (나), (다)의 지질 주상도와 지층에서 산출된 화석을 나타낸 것이다.

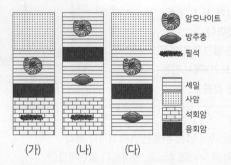

이에 대한 설명으로 옳은 것만을 〈보기〉에서 있는 대로 고른 것은?

3점

보기

ㄱ. 세 지역은 모두 화산 활동의 영향을 받았다.
ㄴ. 최상층과 최하층의 시간 간격은 (가)보다 (나)에서 길다.
ㄷ. (다)에는 고생대 지층이 있다.

① ㄱ   ② ㄴ   ③ ㄱ, ㄷ   ④ ㄴ, ㄷ   ⑤ ㄱ, ㄴ, ㄷ

그림은 현생 누대에 북반구에서 대륙 빙하가 분포한 범위를 나타낸 것이다.
이 자료에 대한 옳은 설명만을 〈보기〉에서 있는 대로 고른 것은?

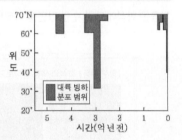

보기

ㄱ. 지구의 평균 기온은 3억 년 전이 2억 년 전보다 높았다.
ㄴ. 공룡이 멸종한 시기에 35°N에는 대륙 빙하가 분포하였다.
ㄷ. 평균 해수면의 높이는 백악기가 제4기보다 높았다.

① ㄱ   ② ㄷ   ③ ㄱ, ㄴ   ④ ㄴ, ㄷ   ⑤ ㄱ, ㄴ, ㄷ

그림은 현생 이언 동안 해양 생물 과의 수 변화와 대멸종 시기 ㉠, ㉡, ㉢을 나타낸 것이다.
이에 대한 설명으로 옳은 것만을 〈보기〉에서 있는 대로 고른 것은?

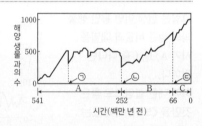

보기

ㄱ. 해양 생물 과의 수는 A 시기 말보다 B 시기 말이 많다.
ㄴ. C 시기 육지에는 최초의 겉씨식물이 출현하였다.
ㄷ. 판게아의 형성으로 인한 대멸종 시기는 ㉠~㉢ 중 ㉡이다.

① ㄱ   ② ㄴ   ③ ㄱ, ㄷ   ④ ㄴ, ㄷ   ⑤ ㄱ, ㄴ, ㄷ

20

지질 시대의 환경과 화석
[2021년 7월 학평 7번]

그림은 세 지역 A, B, C의 지질 단면과 지층에서 산출되는 화석을 나타낸 것이다.

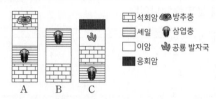

이에 대한 설명으로 옳은 것만을 <보기>에서 있는 대로 고른 것은? (단, 세 지역 모두 지층의 역전은 없었다.)

보기
ㄱ. 가장 최근에 생성된 지층은 응회암층이다.
ㄴ. B 지역의 이암층은 중생대에 생성되었다.
ㄷ. 세 지역의 모든 지층은 바다에서 생성되었다.

① ㄱ　　② ㄷ　　③ ㄱ, ㄴ　　④ ㄴ, ㄷ　　⑤ ㄱ, ㄴ, ㄷ

21

지질 시대의 환경과 생물
[지Ⅱ 2019학년도 6월 모평 13번]

그림 (가)는 현생 이언 동안 완족류와 삼엽충의 과의 수 변화를, (나)는 현생 이언 동안 생물 과의 멸종 비율을 나타낸 것이다. A와 B는 각각 완족류와 삼엽충 중 하나이다.

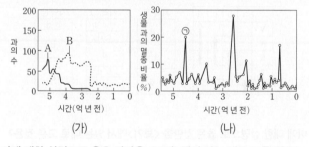

(가)　　　　　　(나)

이에 대한 설명으로 옳은 것만을 <보기>에서 있는 대로 고른 것은?

3점

보기
ㄱ. (가)에서 A는 삼엽충이다.
ㄴ. (나)에서 ㉠ 시기에 갑주어가 멸종하였다.
ㄷ. B의 과의 수는 공룡이 멸종한 시기에 가장 많이 감소하였다.

① ㄱ　　② ㄷ　　③ ㄱ, ㄴ　　④ ㄴ, ㄷ　　⑤ ㄱ, ㄴ, ㄷ

22

지질 시대의 환경과 화석
[2021년 4월 학평 5번]

그림 (가)는 지질 시대의 평균 기온 변화를, (나)는 암모나이트 화석을 나타낸 것이다.

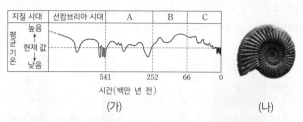

(가)　　　　　　(나)

이에 대한 설명으로 옳은 것만을 <보기>에서 있는 대로 고른 것은?

보기
ㄱ. A 시기 말에는 판게아가 형성되었다.
ㄴ. B 시기는 현재보다 대체로 온난하였다.
ㄷ. (나)는 C 시기의 표준 화석이다.

① ㄱ　　② ㄷ　　③ ㄱ, ㄴ　　④ ㄴ, ㄷ　　⑤ ㄱ, ㄴ, ㄷ

23 **2022 평가원**

지질 시대의 환경과 생물
[2022학년도 6월 모평 1번]

다음은 지질 시대의 특징에 대하여 학생 A, B, C가 나눈 대화를 나타낸 것이다. (가), (나), (다)는 각각 고생대, 중생대, 신생대 중 하나이다.

지질 시대	특징
(가)	• 판게아가 분리되기 시작하였다. • 파충류가 번성하였다.
(나)	• 히말라야 산맥이 형성되었다. • 속씨식물이 번성하였다.
(다)	• 육상에 식물이 출현하였다. • 삼엽충이 번성하였다.

학생 A: (가)의 지층에서는 공룡 화석이 발견될 수 있어.
학생 B: (나)는 고생대야.
학생 C: (다)에는 매머드가 번성하였어.

제시한 내용이 옳은 학생만을 있는 대로 고른 것은?

① A　　② B　　③ C　　④ A, B　　⑤ A, C

24

그림 (가)는 어느 지역의 지질 단면도와 지층군 A와 C에서 산출되는 화석을, (나)는 (가)에서 화석으로 산출되는 생물의 생존 기간을 나타낸 것이다. 이 지역은 지층의 역전이 없었고, 지층군 A와 C는 각각 ㉠과 ㉡ 중 어느 하나의 시기에 형성된 것이다.

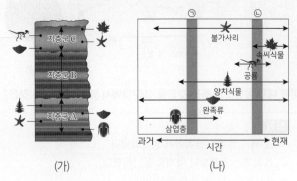

(가)   (나)

지층군 A, B, C에 대한 설명으로 옳은 것만을 〈보기〉에서 있는 대로 고른 것은? 3점

보기

ㄱ. A는 ㉠ 시기에 형성된 것이다.

ㄴ. B에서는 화폐석이 산출될 수 있다.

ㄷ. C는 모두 해성층으로 이루어져 있다.

① ㄱ ② ㄴ ③ ㄱ, ㄷ ④ ㄴ, ㄷ ⑤ ㄱ, ㄴ, ㄷ

25

그림은 어느 지역의 지질 단면도와 지층에서 산출되는 화석의 범위를 나타낸 것이다.

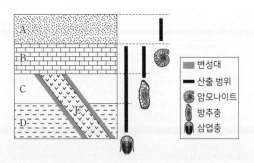

▨	변성대
█	산출 범위
◉	암모나이트
◓	방추충
◆	삼엽충

이에 대한 설명으로 옳은 것만을 〈보기〉에서 있는 대로 고른 것은?

3점

보기

ㄱ. A~D는 해양 환경에서 퇴적된 지층이다.

ㄴ. E가 관입한 시대에 속씨식물이 번성하였다.

ㄷ. A~D를 2개의 지질 시대로 구분할 때 가장 적합한 위치는 B와 C의 경계이다.

① ㄱ ② ㄴ ③ ㄱ, ㄷ ④ ㄴ, ㄷ ⑤ ㄱ, ㄴ, ㄷ

26

그림 (가)는 현생 누대 동안 대륙 수의 변화를, (나)는 서로 다른 시기의 대륙 분포를 나타낸 것이다. A, B, C는 각각 ㉠, ㉡, ㉢ 시기의 대륙 분포 중 하나이다.

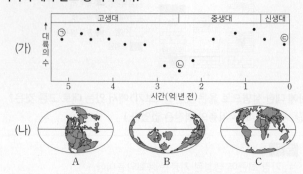

이에 대한 설명으로 옳은 것만을 〈보기〉에서 있는 대로 고른 것은?

3점

보기

ㄱ. ㉠ 시기에 최초의 육상 척추동물이 출현하였다.

ㄴ. ㉡ 시기의 대륙 분포는 A이다.

ㄷ. 해안선의 길이는 ㉡보다 ㉢ 시기에 길었다.

① ㄱ ② ㄷ ③ ㄱ, ㄴ ④ ㄴ, ㄷ ⑤ ㄱ, ㄴ, ㄷ

27

그림 (가)는 지질 시대 Ⅰ~Ⅴ에 생존했던 생물의 화석 a~d를, (나)는 세 지역 ㉠, ㉡, ㉢의 각 지층에서 산출되는 화석을 나타낸 것이다. Ⅰ~Ⅴ는 오래된 지질 시대 순이다.

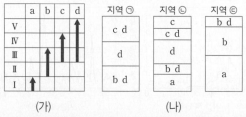

(가)   (나)

이에 대한 설명으로 옳은 것만을 〈보기〉에서 있는 대로 고른 것은? (단, 지층은 역전되지 않았다.)

보기

ㄱ. 가장 오래된 지층은 지역 ㉠에 분포한다.

ㄴ. 세 지역 모두 Ⅲ시대에 생성된 지층이 존재한다.

ㄷ. 지역 ㉡에서는 Ⅴ시대에 살았던 d가 산출된다.

① ㄱ ② ㄴ ③ ㄱ, ㄷ ④ ㄴ, ㄷ ⑤ ㄱ, ㄴ, ㄷ

28

그림은 남극 빙하 연구를 통해 알아낸 과거 40만 년 동안의 해수면 높이, 기온 편차(당시 기온−현재 기온), 대기 중 CO_2 농도 변화를 나타낸 것이다.

A와 B 시기에 대한 설명으로 옳은 것만을 〈보기〉에서 있는 대로 고른 것은?

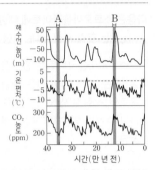

〈보기〉
ㄱ. 빙하 코어 속 얼음의 산소 동위 원소비($^{18}O/^{16}O$)는 A가 B보다 크다.
ㄴ. 대륙 빙하의 면적은 A가 B보다 넓다.
ㄷ. CO_2 농도가 높은 시기에 평균 기온이 낮다.

① ㄱ　　② ㄴ　　③ ㄷ　　④ ㄱ, ㄴ　　⑤ ㄴ, ㄷ

29

다음은 판게아가 존재했던 시기에 대해 학생들이 나눈 대화를 나타낸 것이다.

이에 대해 옳게 설명한 학생만을 있는 대로 고른 것은? **3점**

① A　　② B　　③ A, C　　④ B, C　　⑤ A, B, C

30

다음은 해양 퇴적물 속의 생물 화석을 이용하여 과거의 기후를 조사하는 방법을 나타낸 것이다.

유공충은 석회질($CaCO_3$)의 각질을 가지고 있으며, 성장하면서 새로운 각질을 만든다. 석회질 각질을 구성하는 산소는 ^{16}O 또는 ^{18}O인데, 유공충의 각질이 형성될 당시 해수의 수온이 낮아질수록 각질의 $^{18}O/^{16}O$가 높아진다.

이에 대한 옳은 설명만을 〈보기〉에서 있는 대로 고른 것은?

〈보기〉
ㄱ. ^{16}O로 구성된 물 분자는 ^{18}O로 구성된 물 분자보다 증발이 잘 일어난다.
ㄴ. 해수 속의 $^{18}O/^{16}O$가 높아지면 유공충 각질의 $^{18}O/^{16}O$가 높아진다.
ㄷ. 지구의 빙하 면적이 감소하는 시기에는 유공충 각질의 $^{18}O/^{16}O$가 감소한다.

① ㄱ　　② ㄴ　　③ ㄱ, ㄷ　　④ ㄴ, ㄷ　　⑤ ㄱ, ㄴ, ㄷ

31　2023 수능

그림 (가)는 40억 년 전부터 현재까지의 지질 시대를 구성하는 A, B, C의 지속 기간을 비율로 나타낸 것이고, (나)는 초대륙 로디니아의 모습을 나타낸 것이다. A, B, C는 각각 시생 누대, 원생 누대, 현생 누대 중 하나이다.

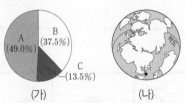

이 자료에 대한 설명으로 옳은 것만을 〈보기〉에서 있는 대로 고른 것은?

〈보기〉
ㄱ. A는 원생 누대이다.
ㄴ. (나)는 A에 나타난 대륙 분포이다.
ㄷ. 다세포 동물은 B에 출현했다.

① ㄱ　　② ㄴ　　③ ㄷ　　④ ㄱ, ㄴ　　⑤ ㄴ, ㄷ

32

표는 지질 시대의 환경과 생물에 대한 특징을 기 수준으로 구분하여 나타낸 것이다.

지질 시대(기)	특징
A	양치식물과 방추충 등이 번성하였고, 말기에 가장 큰 규모의 생물 대멸종이 일어났다.
B	삼엽충과 필석 등이 번성하였고, 최초의 척추동물인 어류가 출현하였다.
C	대형 파충류가 번성하였고, 시조새가 출현하였다.

A, B, C에 해당하는 지질 시대(기)로 가장 적절한 것은?

	A	B	C
①	석탄기	오르도비스기	백악기
②	석탄기	캄브리아기	쥐라기
③	페름기	캄브리아기	백악기
④	페름기	오르도비스기	쥐라기
⑤	페름기	트라이아스기	데본기

33

다음은 지질 시대에 대한 원격 수업 장면이다.

제시한 내용이 옳은 학생만을 있는 대로 고른 것은? ❸점

① A   ② B   ③ A, C   ④ B, C   ⑤ A, B, C

34

다음은 스트로마톨라이트에 대한 설명과 A, B, C 누대의 특징이다. A, B, C는 각각 시생 누대, 원생 누대, 현생 누대 중 하나이다.

스트로마톨라이트는 광합성을 하는 (㉠)이 만든 층상 구조의 석회질 암석으로 따뜻하고 수심이 얕은 바다에서 형성된다.

누대	특징
A	대륙 지각 형성 시작
B	에디아카라 동물군 출현
C	겉씨식물 출현

이에 대한 옳은 설명만을 〈보기〉에서 있는 대로 고른 것은?

보기
ㄱ. ㉠은 A 누대에 출현하였다.
ㄴ. 지질 시대의 길이는 A 누대가 C 누대보다 짧다.
ㄷ. B 누대에는 초대륙이 존재하지 않았다.

① ㄱ   ② ㄷ   ③ ㄱ, ㄴ   ④ ㄴ, ㄷ   ⑤ ㄱ, ㄴ, ㄷ

35

표는 누대 A, B, C의 특징을 나타낸 것이다. A, B, C는 각각 현생 누대, 시생 누대, 원생 누대 중 하나이다.

누대	특징
A	초대륙 로디니아가 형성되었다.
B	( )
C	남세균이 최초로 출현하였다.

이에 대한 설명으로 옳은 것만을 〈보기〉에서 있는 대로 고른 것은?

보기
ㄱ. A는 시생 누대이다.
ㄴ. 가장 큰 규모의 대멸종은 B 시기에 발생했다.
ㄷ. C 시기 지층에서는 에디아카라 동물군 화석이 발견된다.

① ㄱ   ② ㄴ   ③ ㄱ, ㄷ   ④ ㄴ, ㄷ   ⑤ ㄱ, ㄴ, ㄷ

36

지질 시대의 환경과 생물
[2021학년도 수능 5번]

그림은 40억 년 전부터 현재까지의 지질 시대를 3개의 누대로 나타낸 것이다.

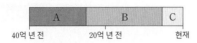

40억 년 전   20억 년 전   현재

이에 대한 설명으로 옳은 것만을 〈보기〉에서 있는 대로 고른 것은? **3점**

> **보기**
> ㄱ. 대기 중 산소의 농도는 A 시기가 B 시기보다 높았다.
> ㄴ. 다세포 동물은 B 시기에 출현했다.
> ㄷ. 가장 큰 규모의 대멸종은 C 시기에 발생했다.

① ㄱ   ② ㄷ   ③ ㄱ, ㄴ   ④ ㄴ, ㄷ   ⑤ ㄱ, ㄴ, ㄷ

37

지질 시대의 환경과 화석
[2022년 7월 학평 3번]

표는 고생대와 중생대를 기 단위로 구분하여 시간 순서대로 나타낸 것이다.

대	고생대						중생대	
기	캄브리아기	오르도비스기	A	데본기	B	페름기	C	쥐라기	백악기

이에 대한 설명으로 옳은 것만을 〈보기〉에서 있는 대로 고른 것은? **3점**

> **보기**
> ㄱ. A 시기에 삼엽충이 생존하였다.
> ㄴ. B 시기에 은행나무와 소철이 번성하였다.
> ㄷ. C 시기에 히말라야산맥이 형성되있다.

① ㄱ   ② ㄷ   ③ ㄱ, ㄴ   ④ ㄴ, ㄷ   ⑤ ㄱ, ㄴ, ㄷ

38 `2022 수능`

지질 시대의 환경과 생물
[2022학년도 수능 6번]

그림은 지질 시대에 일어난 주요 사건을 시간 순서대로 나타낸 것이다.

삼엽충 출현   방추충 멸종   화폐석 멸종   시간

이에 대한 설명으로 옳은 것만을 〈보기〉에서 있는 대로 고른 것은?

> **보기**
> ㄱ. A 기간에 최초의 척추동물이 출현하였다.
> ㄴ. B 기간에 판게아가 분리되기 시작하였다.
> ㄷ. B 기간의 지층에서는 양치식물 화석이 발견된다.

① ㄱ   ② ㄴ   ③ ㄱ, ㄷ   ④ ㄴ, ㄷ   ⑤ ㄱ, ㄴ, ㄷ

39 `2024 평가원`

지질 시대의 환경과 화석
[2024학년도 9월 모평 10번]

그림은 40억 년 전부터 현재까지 지질 시대 A~E의 지속 기간을 비율로 나타낸 것이다.
A~E에 대한 설명으로 옳은 것만을 〈보기〉에서 있는 대로 고른 것은? **3점**

(단위: %)

> **보기**
> ㄱ. 최초의 다세포 동물이 출현한 시기는 B이다.
> ㄴ. 최초의 척추동물이 출현한 시기는 C이다.
> ㄷ. 히말라야 산맥이 형성된 시기는 E이다.

① ㄱ   ② ㄷ   ③ ㄱ, ㄴ   ④ ㄴ, ㄷ   ⑤ ㄱ, ㄴ, ㄷ

40

그림 (가)는 지질 시대 중 어느 시기의 대륙 분포를, (나)와 (다)는 각각 단풍나무와 필석의 화석을 나타낸 것이다.

(가)   (나)   (다)

이에 대한 옳은 설명만을 〈보기〉에서 있는 대로 고른 것은? **3점**

> **보기**
> ㄱ. 히말라야산맥은 (가)의 시기보다 나중에 형성되었다.
> ㄴ. (나)와 (다)의 고생물은 모두 육상에서 서식하였다.
> ㄷ. (가)의 시기에는 (다)의 고생물이 번성하였다.

① ㄱ 　② ㄴ 　③ ㄱ, ㄷ 　④ ㄴ, ㄷ 　⑤ ㄱ, ㄴ, ㄷ

---

41 **2024 수능**

그림은 현생 누대 동안 해양 생물 과의 수와 대멸종 시기 A, B, C를 나타낸 것이다. 이에 대한 설명으로 옳은 것만을 〈보기〉에서 있는 대로 고른 것은?

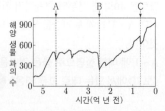

> **보기**
> ㄱ. 해양 생물 과의 수는 A가 B보다 많다.
> ㄴ. B와 C 사이에 생성된 지층에서 양치식물 화석이 발견된다.
> ㄷ. C는 쥐라기와 백악기의 지질 시대 경계이다.

① ㄱ 　② ㄷ 　③ ㄱ, ㄴ 　④ ㄴ, ㄷ 　⑤ ㄱ, ㄴ, ㄷ

Ⅱ. 유체 지구의 변화

1. 대기와 해양의 변화

01 기압과 날씨 변화

필수개념 1 **기단**

1. 기단: 넓은 지역에 걸쳐 있는 성질(기온, 습도 등)이 균일한 큰 공기 덩어리.

  1) 발원지: 수평 범위 1000km 이상의 지역

  2) 기단의 성질: 고위도에서 생성된 기단은 한랭, 저위도에서 생성된 기단은 온난. 대륙에서 생성된 기단은 건조, 해양에서 생성된 기단은 다습.

  3) 우리나라 주변의 기단과 성질

기단	성질	계절	날씨
시베리아 기단	한랭 건조	겨울	북서풍, 한파
북태평양 기단	고온 다습	여름	무더위, 소나기, 장마
오호츠크해 기단	한랭 다습	초여름	장마
양쯔강 기단	온난 건조	봄, 가을	황사
적도 기단	고온 다습	여름, 초가을	태풍, 호우

  4) 기단의 변질: 기단이 발원지로부터 이동하면서 성질이 다른 지면이나 수면을 만나 온도와 습도가 달라지면서 본래 기단의 성질이 변화하는 것

기본자료

찬 기단이 따뜻한 수면을 지날 때

따뜻한 바다에서 열과 수증기가 공급되어 거대한 적란운이 만들어지고 그에 따라 많은 눈과 비가 내림.

따뜻한 기단이 찬 수면을 지날 때

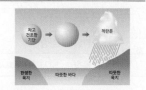

찬 바다에 의해 기단의 하층이 냉각되어 기단이 안정되고 층운형 구름이 형성되며 안개가 발생.

필수개념 2 **고기압과 저기압**

1. 고기압과 저기압

	고기압	저기압
정의	주위보다 기압이 상대적으로 높은 곳	주위보다 기압이 상대적으로 낮은 곳
바람의 방향	시계 방향으로 불어 나가는 방향	시계 반대 방향으로 불어 들어가는 방향
날씨	하강 기류 → 단열 압축 → 기온 상승 → 상대 습도 감소 → 구름 소멸 → 맑은 날씨	상승 기류 → 단열 팽창 → 기온 하강 → 상대 습도 증가 → 구름 생성 → 흐리거나 비

기압 낮음에는 반드시 수저 구비 시 기 계 압 름

2. 고기압과 날씨

  1) 고기압의 분류: 이동성을 갖느냐에 따라 정체성과 이동성으로 분류

   ① 정체성 고기압: 한 자리에 머무르면서 수축과 확장을 하며 주위 지역에 영향을 미치는 규모가 큰 고기압 **예** 북태평양 고기압, 시베리아 고기압

   ② 이동성 고기압: 시베리아 기단에서 떨어져 나오거나 양쯔강 기단에서 발달하는 작은 고기압 **예** 우리나라의 봄과 가을에 발달하는 고기압

필수개념 3　전선

기본자료

1. 한랭 전선과 온난 전선

	한랭 전선	온난 전선
모식도	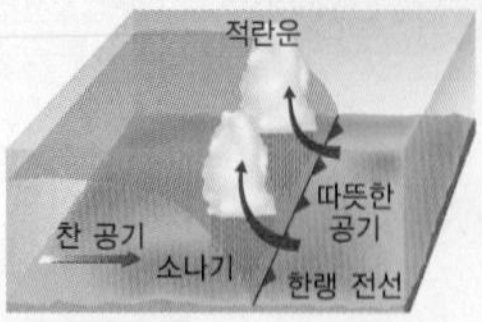	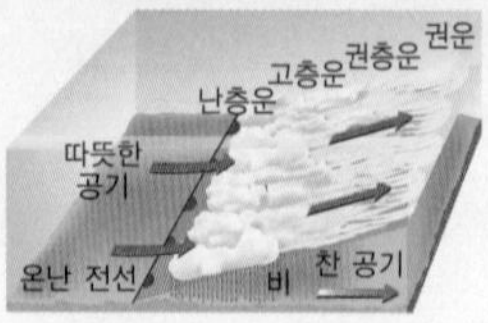
정의	찬 공기가 따뜻한 공기 아래를 파고 들어 형성되는 전선	따뜻한 공기가 찬 공기 위를 타고 올라가면서 형성되는 전선
이동 속도	빠르다	느리다
전선면 기울기	급하다	완만하다
강수 구역	전선 뒤쪽 좁은 범위	전선 앞쪽 넓은 범위
구름 변화	적운형(적란운, 적운)	층운형(권운 → 권층운 → 고층운 → 난층운)
강수 형태	소나기성 비	지속적인 이슬비
전선 통과 후 변화　기온	하강	상승
전선 통과 후 변화　기압	상승	하강
전선 통과 후 변화　풍향	남서풍 → 북서풍	남동풍 → 남서풍

→ 한적한 날 소나기 랭란 전운 선

▶ 한랭 전선과 온난 전선

한랭 전선	온난 전선
기울기 급함	기울기 완만함
속도 빠름	속도 느림
적운형 구름	층운형 구름
소나기성 비	지속적인 비

2. 정체 전선과 폐색 전선

	정체 전선	폐색 전선
정의	전선을 형성하는 찬 기단과 따뜻한 기단의 세력이 비슷하여 전선의 이동이 거의 없고 한 곳에 오래 머무는 전선. 동서방향으로 긴 구름을 형성하는 경향이 있음.	이동 속도가 빠른 한랭 전선이 온난 전선을 따라잡아 겹쳐지면서 형성하는 전선. 폐색 전선면을 기준으로 전면과 후면에 모두 강수가 있고 강수량도 많음.
예	장마 전선	한랭형 폐색 전선, 온난형 폐색 전선

▶ 폐색 전선의 종류
• 한랭형 폐색 전선: 한랭 전선 쪽의 더 찬 공기가 온난 전선 쪽의 찬 공기 아래로 파고들면서 형성된다.
• 온난형 폐색 전선: 한랭 전선 쪽의 찬 공기가 온난 전선 쪽의 더 찬 공기 위쪽으로 타고 상승하면서 형성된다.

1

그림은 우리나라 주변의 일기도이고, 표의 ㉠, ㉡, ㉢은 각각 일기도에 나타난 전선 A, B, C의 특징 중 하나이다.

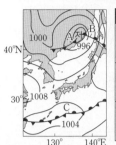

	특징
㉠	찬 공기와 따뜻한 공기의 세력이 비슷하여 거의 이동하지 않고 한 지역에 머무를 때 형성된다. 전선을 따라 상공에서 긴 구름 띠가 장시간 형성된다.
㉡	찬 공기가 따뜻한 공기 밑으로 밀고 들어가 따뜻한 공기를 들어 올리면서 형성된다. 전선은 빠르게 이동하며 전선면을 따라 적운형 구름이 형성된다.
㉢	따뜻한공기가 찬공기를 타고 올라가면서 형성된다. 전선은 천천히 이동하며 전선면을 따라 층운형 구름이 형성된다.

㉠, ㉡, ㉢에 해당하는 전선으로 옳은 것은?

	㉠	㉡	㉢
①	A	B	C
②	B	A	C
③	B	C	A
④	C	A	B
⑤	C	B	A

2

그림 (가)와 (나)는 어느 날 같은 시각 우리나라 부근의 가시영상과 지상 일기도를 각각 나타낸 것이다.

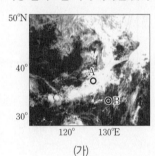 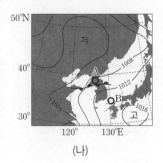

(가)　　　　　　　(나)

이 자료에 대한 설명으로 옳은 것만을 〈보기〉에서 있는 대로 고른 것은?

보기

ㄱ. 구름의 누께는 A 지역이 B 지역보다 두껍다.
ㄴ. A 지역의 구름을 형성하는 수증기는 주로 전선의 남쪽에 위치한 기단에서 공급된다.
ㄷ. B 지역의 지상에서는 남풍 계열의 바람이 분다.

① ㄱ　　② ㄴ　　③ ㄱ, ㄷ　　④ ㄴ, ㄷ　　⑤ ㄱ, ㄴ, ㄷ

3

그림 (가)와 (나)는 8월 어느 날 같은 시각의 지상 일기도와 적외 영상을 나타낸 것이다.

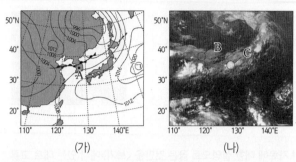

(가)　　　　　　　(나)

이에 대한 설명으로 옳은 것만을 〈보기〉에서 있는 대로 고른 것은?

보기

ㄱ. A 지역의 상공에는 전선면이 나타난다.
ㄴ. 구름의 최상부 높이는 C 지역이 B 지역보다 높다.
ㄷ. ㉠은 북태평양 고기압이다.

① ㄱ　　② ㄴ　　③ ㄷ　　④ ㄱ, ㄴ　　⑤ ㄴ, ㄷ

4

그림 (가)와 (나)는 정체 전선이 발달한 두 시기에 한 시간 동안 측정한 강수량을 나타낸 것이다. A에서는 (가)와 (나) 중 한 시기에 열대야가 발생하였다.

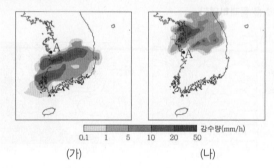

(가)　　　　　　　(나)

이에 대한 옳은 설명만을 〈보기〉에서 있는 대로 고른 것은?

보기

ㄱ. 전선은 (가) 시기보다 (나) 시기에 북쪽에 위치하였다.
ㄴ. (가) 시기에 A에서는 주로 남풍 계열의 바람이 불었다.
ㄷ. A에서 열대야가 발생한 시기는 (나)이다.

① ㄱ　　② ㄴ　　③ ㄱ, ㄴ　　④ ㄱ, ㄷ　　⑤ ㄴ, ㄷ

5 `2022 평기원`

그림 (가)와 (나)는 장마 기간 중 어느 날 같은 시각 우리나라 부근의 지상 일기도와 적외 영상을 각각 나타낸 것이다.

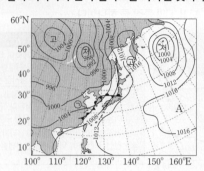

(가)   (나)

이 자료에 대한 설명으로 옳은 것만을 〈보기〉에서 있는 대로 고른 것은? `3점`

보기
ㄱ. 북태평양 고기압은 고온 다습한 공기를 우리나라로 공급한다.
ㄴ. 125°E에서 장마 전선은 지점 a와 지점 b 사이에 위치한다.
ㄷ. 구름 최상부의 온도는 영역 A가 영역 B보다 높다.

① ㄱ   ② ㄴ   ③ ㄱ, ㄷ   ④ ㄴ, ㄷ   ⑤ ㄱ, ㄴ, ㄷ

6

그림 (가)는 어느 날 06시부터 21시간 동안 우리나라 어느 관측소에서 높이에 따른 기온을, (나)는 이날 06시의 우리나라 주변 지상 일기도를 나타낸 것이다. 관측 기간 동안 온난 전선과 한랭 전선 중 하나가 이 관측소를 통과하였다.

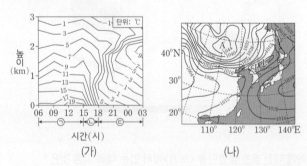

(가)   (나)

이에 대한 설명으로 옳은 것만을 〈보기〉에서 있는 대로 고른 것은? `3점`

보기
ㄱ. 관측소를 통과한 전선은 온난 전선이다.
ㄴ. 관측소의 지상 평균 기압은 ⓒ 시기가 ⑦ 시기보다 높다.
ㄷ. ⓒ 시기에 관측소는 A 지역 기단의 영향을 받는다.

① ㄱ   ② ㄴ   ③ ㄱ, ㄷ   ④ ㄴ, ㄷ   ⑤ ㄱ, ㄴ, ㄷ

7

그림은 어느 날 우리나라 부근의 일기도를 나타낸 것이다.

이 일기도에 대한 옳은 설명만을 〈보기〉에서 있는 대로 고른 것은? `3점`

보기
ㄱ. 겨울철 일기도이다.
ㄴ. ⑦은 정체 전선이다.
ㄷ. A의 세력이 커지면 ⑦은 남하한다.

① ㄴ   ② ㄷ   ③ ㄱ, ㄴ   ④ ㄱ, ㄷ   ⑤ ㄱ, ㄴ, ㄷ

8

그림 (가)는 겨울철 어느 날의 일기도를, (나)는 이날 A와 B 지점에서 측정한 높이에 따른 기온 분포를 나타낸 것이다.

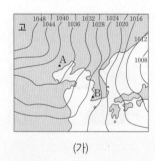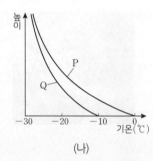

(가)   (나)

이에 대한 옳은 설명만을 〈보기〉에서 있는 대로 고른 것은? `3점`

보기
ㄱ. 기단이 A에서 B로 이동함에 따라 기단의 하층부는 불안정해진다.
ㄴ. A에서 측정한 기온 분포는 Q이다.
ㄷ. 폭설이 내릴 가능성은 A보다 B에서 크다.

① ㄱ   ② ㄴ   ③ ㄱ, ㄷ   ④ ㄴ, ㄷ   ⑤ ㄱ, ㄴ, ㄷ

9

다음은 전선의 형성 원리를 알아보기 위한 실험이다.

[실험 과정]

(가) 수조의 가운데에 칸막이를 설치하고, 양쪽 칸에 온도계를 설치한 후 ㉠ 칸에 드라이아이스를 넣는다.

(나) 5분 후 ㉠ 칸과 ㉡ 칸의 기온을 측정하여 비교한다.

(다) 칸막이를 천천히 들어 올리면서 공기의 움직임을 살펴본다.

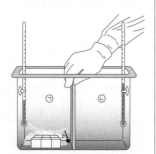

[실험 결과]

○ (나)에서 기온은 ㉠ 칸이 ㉡ 칸보다 낮았다.

○ (다)에서 A 지점의 공기는 수조의 바닥을 따라 ㉡ 칸 쪽으로 이동하였다.

이에 대한 옳은 설명만을 〈보기〉에서 있는 대로 고른 것은?

보기

ㄱ. (나)에서 공기의 밀도는 ㉠ 칸이 ㉡ 칸보다 크다.

ㄴ. (다)에서 A 지점 부근의 공기 움직임으로 한랭 전선의 형성 과정을 설명할 수 있다.

ㄷ. 수조 안 전체 공기의 무게 중심은 (나)보다 (다)에서 높다.

① ㄱ　　② ㄷ　　③ ㄱ, ㄴ　　④ ㄴ, ㄷ　　⑤ ㄱ, ㄴ, ㄷ

10

그림 (가)와 (나)는 2018년 7월에 약 일주일 간격으로 작성한 일기도를 나타낸 것이다.

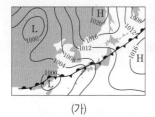　　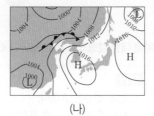

(가)　　　　　　(나)

이에 대한 옳은 설명만을 〈보기〉에서 있는 대로 고른 것은? ③점

보기

ㄱ. (가)일 때 우리나라의 날씨는 오호츠크해 기단의 영향을 받는다.

ㄴ. (나)일 때 우리나라 남부 지방에서는 상승 기류가 발달한다.

ㄷ. 서울의 하루 중 최고 기온은 (가)보다 (나)일 때 높다.

① ㄱ　　② ㄷ　　③ ㄱ, ㄴ　　④ ㄱ, ㄷ　　⑤ ㄴ, ㄷ

11

그림은 정체 전선의 영향으로 호우가 발생했던 어느 날 자정에 관측한 우리나라 부근의 기상 위성 영상이다.
이에 대한 옳은 설명만을 〈보기〉에서 있는 대로 고른 것은?

보기

ㄱ. 가시광선 영역을 촬영한 영상이다.

ㄴ. A 지역에는 남풍 계열의 바람이 우세하다.

ㄷ. 정체 전선은 북동 − 남서 방향으로 발달해 있다.

① ㄱ　　② ㄷ　　③ ㄱ, ㄴ　　④ ㄴ, ㄷ　　⑤ ㄱ, ㄴ, ㄷ

12

표의 (가)는 1일 강수량 분포를, (나)는 지점 A의 1일 풍향 빈도를 나타낸 것이다. $D_1 \to D_2$는 하루 간격이고 이 기간 동안 우리나라는 정체 전선의 영향권에 있었다.

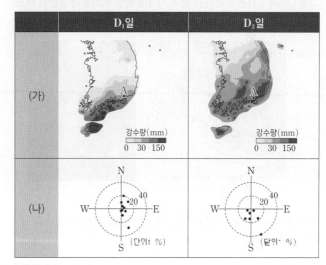

지점 A에 대한 설명으로 옳은 것만을 〈보기〉에서 있는 대로 고른 것은? ③점

보기

ㄱ. D_1일 때 정체 전선의 위치는 D_2일 때보다 북쪽이다.

ㄴ. D_2일 때 남동풍의 빈도는 남서풍의 빈도보다 크다.

ㄷ. D_1일 때가 D_2일 때보다 북태평양 기단의 영향을 더 받는다.

① ㄱ　　② ㄴ　　③ ㄱ, ㄷ　　④ ㄴ, ㄷ　　⑤ ㄱ, ㄴ, ㄷ

13

그림은 우리나라에 영향을 준 어떤 전선의 6월 29일부터 7월 4일까지의 위치 변화를 나타낸 것이다.
이에 대한 옳은 설명만을 〈보기〉에서 있는 대로 고른 것은?

7월 4일
7월 1일
7월 3일
6월 29일
A

보기

ㄱ. 이 전선은 폐색 전선이다.

ㄴ. A 지점에 영향을 주는 기단은 고온 다습하다.

ㄷ. 이 기간 동안 한랭한 기단의 세력은 계속 확장되었다.

① ㄱ   ② ㄴ   ③ ㄱ, ㄷ   ④ ㄴ, ㄷ   ⑤ ㄱ, ㄴ, ㄷ

14

그림 (가)와 (나)는 우리나라 일부 지역에 폭설 주의보가 발령된 어느 날 21시의 지상 일기도와 위성 영상을 나타낸 것이다.

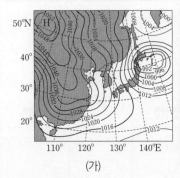

(가)   (나)

이날 우리나라의 날씨에 대한 옳은 설명만을 〈보기〉에서 있는 대로 고른 것은? **3점**

보기

ㄱ. 동풍 계열의 바람이 우세하였다.

ㄴ. ㉠에서 상승 기류가 발달하였다.

ㄷ. 폭설이 내릴 가능성은 서해안보다 동해안이 높다.

① ㄱ   ② ㄴ   ③ ㄱ, ㄴ   ④ ㄱ, ㄷ   ⑤ ㄴ, ㄷ

15

그림 (가)와 (나)는 전선이 발달해 있는 북반구의 두 지역에서 전선의 위치와 일기 기호를 나타낸 것이다. (가)와 (나)의 전선은 각각 온난 전선과 정체 전선 중 하나이고, 영역 A, B, C는 지표상에 위치한다.

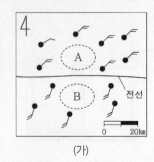
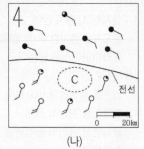

전선   전선

(가)   (나)

이에 대한 옳은 설명만을 〈보기〉에서 있는 대로 고른 것은? **3점**

보기

ㄱ. (가)의 전선은 온난 전선이다.

ㄴ. 평균 기온은 A보다 B에서 높다.

ㄷ. C의 상공에는 전선면이 존재한다.

① ㄱ   ② ㄴ   ③ ㄱ, ㄴ   ④ ㄱ, ㄷ   ⑤ ㄴ, ㄷ

16

그림은 우리나라를 통과하는 어느 온대 저기압에 동반된 한랭 전선과 온난 전선을 물리량에 따라 구분한 것이다.

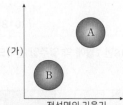

(가)

A

B

전선면의 기울기

이에 대한 설명으로 옳은 것만을 〈보기〉에서 있는 대로 고른 것은?

보기

ㄱ. 온난 전선은 A이다.

ㄴ. B가 통과하는 동안 풍향은 시계 반대 방향으로 변한다.

ㄷ. (가)에 해당하는 물리량으로 전선의 이동 속도가 있다.

① ㄱ   ② ㄷ   ③ ㄱ, ㄴ   ④ ㄴ, ㄷ   ⑤ ㄱ, ㄴ, ㄷ

정답과 해설   13 p.170   14 p.170   15 p.171   16 p.171

02 온대 저기압과 날씨

필수개념 1 온대 저기압 및 일기도 해석

1. 온대 저기압의 형태

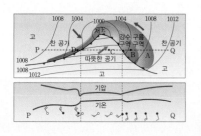

지역	특징
A지역	온난 전선 앞쪽의 구름 지역으로, 남동풍이 불고 넓은 지역의 상층에 층운형 구름이 발달. 햇무리가 나타남.
B지역	온난 전선 앞쪽의 강수 지역으로, 남동풍이 불고 넓은 지역에서 층운형 구름과 지속적인 비가 내림.
C지역	온난역에 해당. 남서풍이 불고 기온이 대체적으로 높고 기압이 낮으며 대체로 날씨가 맑음.
D지역	한랭 전선의 뒤쪽의 강수 지역으로, 북서풍이 주로 불고 좁은 지역에 소나기성 비가 내림.
E지역	저기압의 중심으로 기압이 가장 낮고 날씨가 흐리고 강수가 내리는 경우가 많음.

2. 한 지역에서 온대 저기압이 통과하면서 발생하는 변화

1) 기온: 낮음 → 높음 → 낮음
2) 기압: 높음 → 낮음 → 높음
3) 풍향: ① 관측소 기준 위로 통과시: 시계 방향으로 변화
  ② 아래로 통과시: 반시계 방향으로 변화

	온난 전선 통과 시	온난역	한랭 전선 통과 시
기온	기온 상승	따뜻	기온 하강
기압	기압 하강	낮은 기압	기압 상승
풍향	남동풍 → 남서풍	남서풍	남서풍 → 북서풍

▶ 온대 저기압과 전선
편서풍을 타고 이동하는 온대 저기압의 앞쪽에는 온난 전선이, 뒤쪽에는 한랭 전선이 존재한다.
이동 속도가 빠른 한랭 전선이 이동 속도가 느린 온난 전선을 따라가 겹쳐져 폐색 전선이 형성되면 온대 저기압이 소멸한다.

3. 온대 저기압의 발생과 소멸(주기 약 일주일 정도)

정체 전선 형성	**파동 형성**	**온대 저기압 발달**
찬 공기와 따뜻한 공기가 만나 정체 전선 형성	남북 간의 기온 차이로 불안정해져 파동 형성	한랭 전선과 온난 전선이 형성되면서 발달

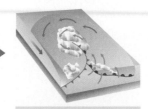

폐색 시작	**폐색 전선 발달**	**온대 저기압 소멸**
이동 속도가 빠른 한랭 전선이 온난 전선과 겹쳐져 폐색 전선 형성	폐색 전선이 뚜렷하게 나타남	따뜻한 공기는 위쪽으로, 찬 공기는 아래쪽으로 분리되어 소멸

필수개념 2 **일기 예보**

기본자료

1. 일기 예보 과정: 기상 관측 자료 입수 → 일기도 작성 및 현재 일기 분석 → 예상 일기도 작성 → 일기 예보 및 통보

2. 일기 요소 관측: 라디오 존데, 기상 레이더, 기상 위성을 통해 관측

3. 일기 기호: 어느 지점의 일기 상태와 변화 경향을 알 수 있도록 나타낸 기호.

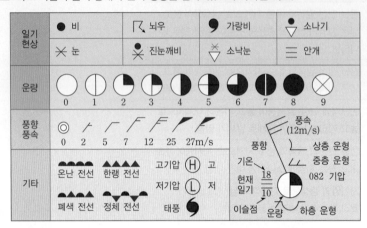

1) 기압은 천의 자리와 백의 자리 생략. **예** 132 → 1013.2hPa, 992 → 999.2hPa
2) 이슬점: 불포화된 공기가 냉각됨에 따라 포화되어 수증기가 응결되기 시작하는 온도
3) 풍향: 바람이 불어오는 방향. 직선으로 표시

4. 일기도 분석

1) 바람은 등압선과 비스듬하게 불며, 기압이 높은 곳에서 낮은 곳을 향해 분다.
2) 풍속은 등압선의 간격과 반비례
3) 전선을 기준으로 풍향, 풍속, 기온, 기압 등이 급변
4) 우리나라 부근은 편서풍대에 속하므로 날씨의 변화가 서쪽에서 동쪽으로 이동

▶ 라디오 존데
고층 기상 관측 기기로 질소를 넣은 풍선에 존데(sonde)를 매달아 띄우면 약 30km 상공까지 올라가면서 기온, 기압, 습도, 풍향, 풍속 등을 측정하여 지상으로 송신한다.

▶ 일기 예보의 종류
일일 예보 외에 1주일 동안의 일기를 예상하는 주간 예보, 한 달 동안의 일기를 예상하는 장기 예보, 태풍, 대설 등의 기상 재해가 예상될 때 발표하는 기상 특보(주의보, 경보) 등이 있다.

1

그림 (가)는 어느 날 21시의 일기도이고, (나)는 같은 시각의 위성 영상이다.

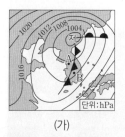 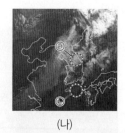

(가)   (나)

이에 대한 옳은 설명만을 <보기>에서 있는 대로 고른 것은? 3점

보기
ㄱ. 온대 저기압이 통과하는 동안 B 지점에서 바람의 방향은 시계 방향으로 변한다.
ㄴ. 지표면 부근의 기온은 A 지점이 B 지점보다 높다.
ㄷ. 구름 최상부의 높이는 ㉠보다 ㉡에서 높다.

① ㄱ   ② ㄷ   ③ ㄱ, ㄴ   ④ ㄴ, ㄷ   ⑤ ㄱ, ㄴ, ㄷ

3

그림 (가)와 (나)는 겨울철 어느 날 6시간 간격으로 작성된 지상 일기도를 순서 없이 나타낸 것이다.

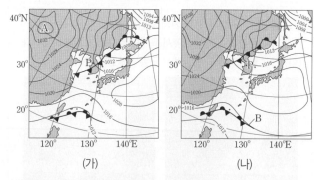

(가)   (나)

이에 대한 설명으로 옳은 것만을 <보기>에서 있는 대로 고른 것은?

보기
ㄱ. A는 한랭 건조한 고기압이다.
ㄴ. B는 정체 전선이다.
ㄷ. 이 기간 동안 P 지역의 풍향은 시계 방향으로 변했다.

① ㄱ   ② ㄷ   ③ ㄱ, ㄴ   ④ ㄴ, ㄷ   ⑤ ㄱ, ㄴ, ㄷ

2

그림 (가)는 어느 날 21시 우리나라 주변의 지상 일기도를, (나)는 (가)의 21시부터 14시간 동안 관측소 A와 B 중 한 곳에서 관측한 기온과 기압을 나타낸 것이다.

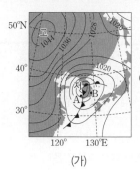 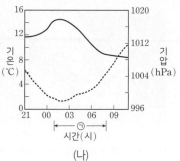

(가)   (나)

이 자료에 대한 설명으로 옳은 것만을 <보기>에서 있는 대로 고른 것은? 3점

보기
ㄱ. (가)에서 A의 상층부에는 주로 층운형 구름이 발달한다.
ㄴ. (나)는 B의 관측 자료이다.
ㄷ. (나)의 관측소에서 ㉠기간 동안 풍향은 시계 반대 방향으로 바뀌었다.

① ㄱ   ② ㄴ   ③ ㄱ, ㄴ   ④ ㄴ, ㄷ   ⑤ ㄱ, ㄴ, ㄷ

4 2023 수능

그림은 어느 온대 저기압이 우리나라를 지나는 3시간($T_1 \rightarrow T_4$) 동안 전선 주변에서 발생한 번개의 분포를 1시간 간격으로 나타낸 것이다. 이 기간 동안 온난 전선과 한랭 전선 중 하나가 A 지역을 통과하였다. 이 자료에 대한 설명으로 옳은 것만을 <보기>에서 있는 대로 고른 것은? 3점

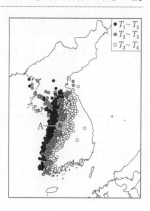

보기
ㄱ. 이 기간 중 A의 상공에는 전선면이 나타났다.
ㄴ. $T_2 \sim T_3$ 동안 A에서는 적운형 구름이 발달하였다.
ㄷ. 전선이 통과하는 동안 A의 풍향은 시계 반대 방향으로 바뀌었다.

① ㄱ   ② ㄷ   ③ ㄱ, ㄴ   ④ ㄴ, ㄷ   ⑤ ㄱ, ㄴ, ㄷ

5

다음은 위성 영상을 해석하는 탐구 활동이다.

[탐구 과정]

(가) 동일한 시각에 촬영한 가시 영상과 적외 영상을 준비한다.

(나) 가시 영상과 적외 영상에서 육지와 바다의 밝기를 비교한다.

(다) 가시 영상과 적외 영상에서 구름 A와 B의 밝기를 비교한다.

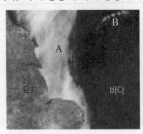 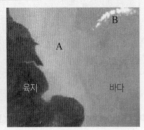

가시 영상　　　　　　　　　적외 영상

[탐구 결과]

구분	가시 영상	적외 영상
(나)	육지가 바다보다 밝다.	바다가 육지보다 밝다.
(다)	A와 B의 밝기가 비슷하다.	B가 A보다 밝다.

이에 대한 설명으로 옳은 것만을 〈보기〉에서 있는 대로 고른 것은?
3점

보기

ㄱ. 육지는 바다보다 온도가 높다.

ㄴ. 위성 영상은 밤에 촬영한 것이다.

ㄷ. 구름 최상부의 높이는 B가 A보다 높다.

① ㄱ　　② ㄴ　　③ ㄷ　　④ ㄱ, ㄷ　　⑤ ㄴ, ㄷ

6

그림은 전선을 동반한 온대 저기압의 모습을 인공위성에서 촬영한 가시광선 영상이다. ㉠과 ㉡은 각각 온난 전선과 한랭 전선 중 하나이다.

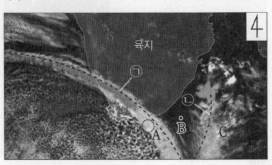

이에 대한 설명으로 옳은 것만을 〈보기〉에서 있는 대로 고른 것은?
3점

보기

ㄱ. 온난 전선은 ㉡이다.

ㄴ. 구름의 두께는 A 지역이 C 지역보다 두껍다.

ㄷ. 지점 B의 상공에는 전선면이 발달한다.

① ㄱ　　② ㄷ　　③ ㄱ, ㄴ　　④ ㄴ, ㄷ　　⑤ ㄱ, ㄴ, ㄷ

7

그림 (가)는 어느 날 우리나라를 통과한 온대 저기압의 이동 경로를, (나)는 이날 관측소 A, B 중 한 곳에서 관측한 풍향의 변화를 나타낸 것이다.

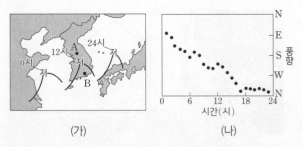

(가)　　　　　　　　　(나)

이에 대한 옳은 설명만을 〈보기〉에서 있는 대로 고른 것은?

보기

ㄱ. (가)에서 온대 저기압의 이동은 편서풍의 영향을 받았다.

ㄴ. (나)는 A에서 관측한 결과이다.

ㄷ. (나)를 관측한 지역에서는 이날 12시 이전에 소나기가 내렸을 것이다.

① ㄱ　　② ㄷ　　③ ㄱ, ㄴ　　④ ㄴ, ㄷ　　⑤ ㄱ, ㄴ, ㄷ

8 2024 평가원

그림은 어느 날 t_1 시각의 지상 일기도에 온대 저기압 중심의 이동 경로를, 표는 이 날 관측소 A에서 t_1, t_2 시각에 관측한 기상 요소를 나타낸 것이다. t_2는 전선 통과 3시간 후이며, $t_1 \rightarrow t_2$ 동안 온난 전선과 한랭 전선 중 하나가 A를 통과하였다.

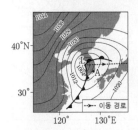

시각	기온 (℃)	바람	강수
t_1	17.1	남서풍	없음
t_2	12.5	북서풍	있음

이 자료에 대한 설명으로 옳은 것만을 〈보기〉에서 있는 대로 고른 것은? 3점

보기
ㄱ. t_1일 때 A 상공에는 전선면이 나타난다.
ㄴ. t_1~t_2 사이에 A에서는 적운형 구름이 관측된다.
ㄷ. $t_1 \rightarrow t_2$ 동안 A에서의 풍향은 시계 방향으로 변한다.

① ㄱ　　② ㄴ　　③ ㄱ, ㄷ　　④ ㄴ, ㄷ　　⑤ ㄱ, ㄴ, ㄷ

9

그림 (가)와 (나)는 북반구 어느 지점에서 온대 저기압이 통과하는 동안 관측한 풍향과 기온을 나타낸 것이다. 이 기간 동안 온난 전선과 한랭 전선이 이 지점을 통과하였다.

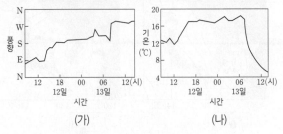

(가)　　　　　　(나)

이 지점에서 나타난 현상에 대한 옳은 설명만을 〈보기〉에서 있는 대로 고른 것은? 3점

보기
ㄱ. 풍향은 대체로 시계 방향으로 변하였다.
ㄴ. 한랭 전선은 13일 06시 이전에 통과하였다.
ㄷ. 저기압 중심은 이 지점의 남쪽으로 통과하였다.

① ㄱ　　② ㄴ　　③ ㄱ, ㄷ　　④ ㄴ, ㄷ　　⑤ ㄱ, ㄴ, ㄷ

---

10 2022 평가원

그림 (가)와 (나)는 어느 날 같은 시각의 지상 일기도와 적외 영상을 나타낸 것이다. 이때 우리나라 주변에는 전선을 동반한 2개의 온대 저기압이 발달하였다.

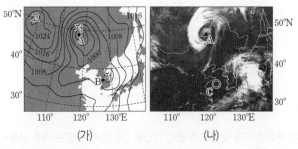

(가)　　　　　　(나)

이 자료에 대한 설명으로 옳은 것만을 〈보기〉에서 있는 대로 고른 것은? 3점

보기
ㄱ. A 지점의 저기압은 폐색 전선을 동반하고 있다.
ㄴ. B 지점은 서풍 계열의 바람이 우세하다.
ㄷ. C 지역에는 적란운이 발달해 있다.

① ㄱ　　② ㄴ　　③ ㄷ　　④ ㄱ, ㄴ　　⑤ ㄴ, ㄷ

11

그림 (가)는 어느 날 우리나라 주변의 지상 일기도를, (나)는 B, C 중 한 곳의 날씨를 일기 기호로 나타낸 것이다.

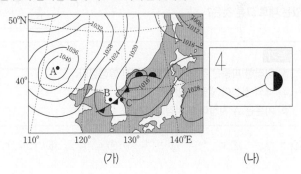

(가)　　　　　　(나)

이에 대한 설명으로 옳은 것만을 〈보기〉에서 있는 대로 고른 것은?

보기
ㄱ. A에는 하강 기류가 나타난다.
ㄴ. 기온은 B가 C보다 높다.
ㄷ. (나)는 B의 일기 기호이다.

① ㄱ　　② ㄴ　　③ ㄱ, ㄷ　　④ ㄴ, ㄷ　　⑤ ㄱ, ㄴ, ㄷ

DAY
11

Ⅱ

1
ㅣ
02
온
대
저
기
압
과
날
씨

12 2023 평가원

그림은 온대 저기압 중심이 북반구 어느 관측소의 북쪽을 통과하는 36시간 동안 관측한 기상 요소를 나타낸 것이다. 이 기간 동안 온난 전선과 한랭 전선이 모두 이 관측소를 통과하였다.

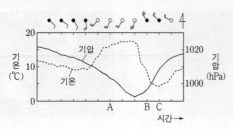

이 자료에 대한 설명으로 옳은 것만을 〈보기〉에서 있는 대로 고른 것은? 3점

보기
ㄱ. 기압이 가장 낮게 관측되었을 때 남풍 계열의 바람이 불었다.
ㄴ. A일 때 관측소의 상공에는 온난 전선면이 나타난다.
ㄷ. 관측소에서 B와 C 사이에는 주로 적운형 구름이 관측된다.

① ㄱ   ② ㄴ   ③ ㄱ, ㄷ   ④ ㄴ, ㄷ   ⑤ ㄱ, ㄴ, ㄷ

13

그림은 온대 저기압의 발생 과정 중 전선에 파동이 형성되는 모습을 나타낸 것이다.
이 자료에 대한 옳은 설명만을 〈보기〉에서 있는 대로 고른 것은?

보기
ㄱ. 이러한 파동은 주로 열대 해상에서 발생한다.
ㄴ. 폐색 전선이 발달해 있다.
ㄷ. 기온은 A 지점이 B 지점보다 낮다.

① ㄱ   ② ㄷ   ③ ㄱ, ㄴ   ④ ㄴ, ㄷ   ⑤ ㄱ, ㄴ, ㄷ

14

그림 (가)와 (나)는 어느 날 12시간 간격의 지상 일기도를 순서 없이 나타낸 것이다.

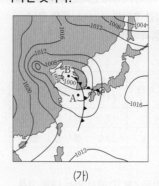   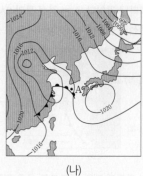

(가)   (나)

이에 대한 설명으로 옳은 것만을 〈보기〉에서 있는 대로 고른 것은?

보기
ㄱ. (가)의 B 지역에는 하강 기류가 발달한다.
ㄴ. (가)는 (나)보다 12시간 후의 일기도이다.
ㄷ. 이 기간 동안 A 지역의 풍향은 시계 방향으로 변하였다.

① ㄱ   ② ㄴ   ③ ㄱ, ㄷ   ④ ㄴ, ㄷ   ⑤ ㄱ, ㄴ, ㄷ

15

그림 (가)와 (나)는 어느 온대 저기압이 우리나라를 지날 때 12시간 간격으로 작성한 지상 일기도를 순서대로 나타낸 것이다. 일기 기호는 A 지점에서 관측한 기상 요소를 표시한 것이다.

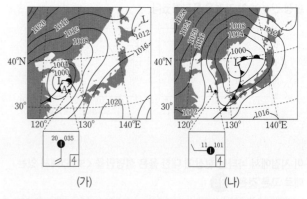

(가)   (나)

이 자료에 대한 설명으로 옳은 것만을 〈보기〉에서 있는 대로 고른 것은?

보기
ㄱ. A 지점의 풍향은 시계 방향으로 바뀌었다.
ㄴ. 한랭 전선이 통과한 후에 A에서의 기온은 9℃ 하강하였다.
ㄷ. 온난 전선면과 한랭 전선면은 각각 전선으로부터 지표상의 공기가 더 차가운 쪽에 위치한다.

① ㄱ   ② ㄷ   ③ ㄱ, ㄴ   ④ ㄴ, ㄷ   ⑤ ㄱ, ㄴ, ㄷ

16

온대 저기압

그림 (가)는 어느 온대 저기압 중심의 이동 경로와 관측 지역을, (나)의 A, B, C는 이 온대 저기압 중심이 우리나라를 통과하는 동안 원주와 거제 중 한 지역에서 관측한 풍향과 풍속을 시간 순서에 관계없이 나타낸 것이다.

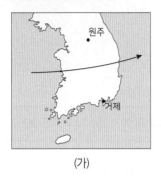
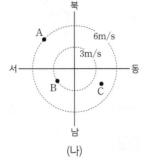

(가)　　　　　　(나)

이에 대한 옳은 설명만을 〈보기〉에서 있는 대로 고를 것은? 3점

보기

ㄱ. (나)는 거제에서 관측한 결과이다.

ㄴ. 관측 순서는 A → B → C이다.

ㄷ. B와 C가 관측된 시각 사이에 관측 지역에는 소나기가 내렸을 것이다.

① ㄱ　　② ㄷ　　③ ㄱ, ㄴ　　④ ㄴ, ㄷ　　⑤ ㄱ, ㄴ, ㄷ

17

온대 저기압 및 일기도 해석

그림 (가)와 (나)는 12시간 간격으로 작성된 우리나라 주변의 일기도를 순서 없이 나타낸 것이다.

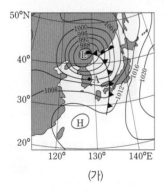
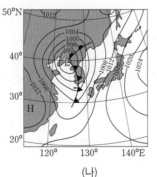

(가)　　　　　　(나)

이에 대한 설명으로 옳은 것만을 〈보기〉에서 있는 대로 고른 것은? 3점

보기

ㄱ. (가)의 A 지역에는 북서풍이 분다.

ㄴ. (나)는 (가)보다 12시간 전의 일기도이다.

ㄷ. 온대 저기압의 세력은 (나)보다 (가)가 크다.

① ㄱ　　② ㄴ　　③ ㄱ, ㄷ　　④ ㄴ, ㄷ　　⑤ ㄱ, ㄴ, ㄷ

18 　2023 평가원

온대 저기압 및 일기도 해석

그림 (가)는 $T_1 \rightarrow T_2$ 동안 온대 저기압의 이동 경로를, (나)는 관측소 P에서 T_1, T_2 시각에 관측한 높이에 따른 기온을 나타낸 것이다. 이 기간 동안 (가)의 온난 전선과 한랭 전선 중 하나가 P를 통과하였다.

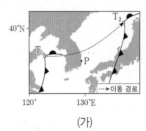
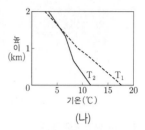

(가)　　　　　　(나)

이 자료에 대한 설명으로 옳은 것만을 〈보기〉에서 있는 대로 고른 것은? 3점

보기

ㄱ. (나)에서 높이에 따른 기온 감소율은 T_1이 T_2보다 작다.

ㄴ. P를 통과한 전선은 한랭 전선이다.

ㄷ. P에서 전선이 통과하는 동안 풍향은 시계 방향으로 바뀌었다.

① ㄱ　　② ㄴ　　③ ㄱ, ㄷ　　④ ㄴ, ㄷ　　⑤ ㄱ, ㄴ, ㄷ

19

온대 저기압 및 일기도 해석

그림 (가)는 온대 저기압에 동반된 전선이 우리나라를 통과하는 동안 관측소 A와 B에서 측정한 기온을, (나)는 T+9시에 관측한 강수 구역을 나타낸 것이다. ㉠과 ㉡은 각각 A와 B 중 하나이다.

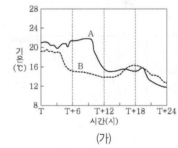

(가)　　　　　　(나)

이에 대한 옳은 설명만을 〈보기〉에서 있는 대로 고른 것은?

보기

ㄱ. A는 ㉠이다.

ㄴ. (나)에서 우리나라에는 한랭 전선이 위치한다.

ㄷ. T+6시에 A에는 남풍 계열의 바람이 분다.

① ㄱ　　② ㄷ　　③ ㄱ, ㄴ　　④ ㄴ, ㄷ　　⑤ ㄱ, ㄴ, ㄷ

20

그림 (가)와 (나)는 5월 중 어느 날 12시간 간격의 지상 일기도를 순서 없이 나타낸 것이고, (다)는 이 기간 중 어느 시점에 P에서 관측된 풍향계의 모습이다.

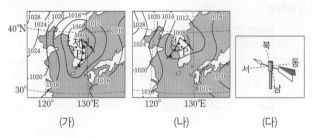

(가)   (나)   (다)

이에 대한 설명으로 옳은 것만을 <보기>에서 있는 대로 고른 것은?

보기
ㄱ. (가)는 (나)보다 12시간 전의 일기도이다.
ㄴ. (다)의 풍향은 (나)일 때이다.
ㄷ. 이 기간 중 P에는 소나기가 내렸다.

① ㄱ   ② ㄷ   ③ ㄱ, ㄴ   ④ ㄴ, ㄷ   ⑤ ㄱ, ㄴ, ㄷ

21

그림 (가)와 (나)는 어느 온대 저기압이 우리나라를 통과하는 동안 A와 B 지역의 기압과 풍향을 관측 시작 시각으로부터의 경과 시간에 따라 각각 나타낸 것이다. A와 B는 동일 경도 상이며, 온대 저기압의 영향권에 있었다.

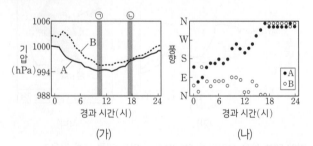

(가)   (나)

이에 대한 설명으로 옳은 것만을 <보기>에서 있는 대로 고른 것은?

3점

보기
ㄱ. A는 ⓛ 시기가 ⓖ 시기보다 찬 공기의 영향을 받았다.
ㄴ. 한랭 전선은 경과 시간 12~18시에 B를 통과하였다.
ㄷ. A는 B보다 저위도에 위치한다.

① ㄱ   ② ㄴ   ③ ㄱ, ㄷ   ④ ㄴ, ㄷ   ⑤ ㄱ, ㄴ, ㄷ

22

그림 (가)와 (나)는 우리나라를 지나는 온대 저기압의 위치를 12시간 간격으로 나타낸 것이다.

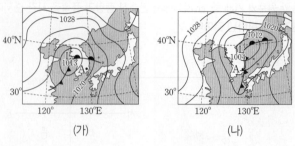

(가)   (나)

이에 대한 설명으로 옳은 것만을 <보기>에서 있는 대로 고른 것은?

보기
ㄱ. 저기압의 세력은 (가)가 (나)보다 약하다.
ㄴ. (가)에서 (나)로 변하는 동안 A에서는 비가 지속적으로 내렸다.
ㄷ. 우리나라를 지나는 온대 저기압은 봄철이 여름철보다 형성되기 쉽다.

① ㄱ   ② ㄴ   ③ ㄷ   ④ ㄱ, ㄴ   ⑤ ㄱ, ㄷ

23

그림 (가)는 우리나라를 지나는 어느 온대 저기압의 등온선 분포를, (나)는 A, B, C 중 한 지역에서 관측된 기상 현상을 나타낸 것이다.

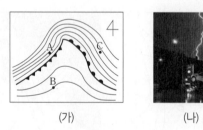

(가)   (나)

이에 대한 설명으로 옳은 것만을 <보기>에서 있는 대로 고른 것은?

3점

보기
ㄱ. 기온은 A가 C보다 낮다.
ㄴ. B에서는 남서풍이 우세하다.
ㄷ. (나)가 관측된 지역은 A이다.

① ㄱ   ② ㄴ   ③ ㄱ, ㄷ   ④ ㄴ, ㄷ   ⑤ ㄱ, ㄴ, ㄷ

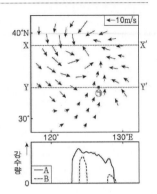 — placed for question 24

24
온대 저기압 및 일기도 해석
[2022년 4월 학평 8번]

그림은 폐색 전선을 동반한 온대 저기압 주변 지표면에서의 풍향과 풍속 분포를 강수량 분포와 함께 나타낸 것이다. 지표면의 구간 X−X′과 Y−Y′에서의 강수량 분포는 각각 A와 B 중 하나이다. 이 자료에 대한 설명으로 옳은 것만을 〈보기〉에서 있는 대로 고른 것은? 3점

보기
ㄱ. A는 X−X′에서의 강수량 분포이다.
ㄴ. Y−Y′에는 폐색 전선이 위치한다.
ㄷ. ㉠ 지점의 상공에는 전선면이 있다.

① ㄱ   ② ㄷ   ③ ㄱ, ㄴ   ④ ㄴ, ㄷ   ⑤ ㄱ, ㄴ, ㄷ

25 2022 수능
온대 저기압
[2022학년도 수능 12번]

그림 (가)와 (나)는 우리나라에 온대 저기압이 위치할 때, 온난 전선과 한랭 전선 주변의 지상 기온 분포를 순서 없이 나타낸 것이다.

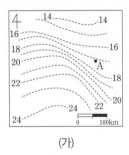 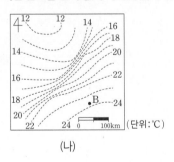

(가)   (나)

이에 대한 설명으로 옳은 것만을 〈보기〉에서 있는 대로 고른 것은? 3점

보기
ㄱ. 온난 전선 주변의 지상 기온 분포는 (가)이다.
ㄴ. A 지역의 상공에는 전선면이 나타난다.
ㄷ. B 지역에서는 북풍 계열의 바람이 분다.

① ㄱ   ② ㄷ   ③ ㄱ, ㄴ   ④ ㄴ, ㄷ   ⑤ ㄱ, ㄴ, ㄷ

26 2024 평가원
온대 저기압 및 일기도 해석
[2024학년도 9월 모평 9번]

그림 (가)와 (나)는 우리나라에 온대 저기압이 위치할 때, 이 온대 저기압에 동반된 온난 전선과 한랭 전선 주변의 지상 기온 분포를 순서 없이 나타낸 것이다. (가)와 (나)는 같은 시각의 지상 기온 분포이고, (나)에서 전선은 구간 ㉠과 ㉡ 중 하나에 나타난다.

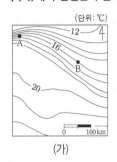 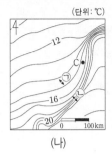

(가)   (나)

이 자료에 대한 설명으로 옳은 것만을 〈보기〉에서 있는 대로 고른 것은? 3점

보기
ㄱ. (나)에서 전선은 ㉠에 나타난다.
ㄴ. 기압은 지점 A가 지점 B보다 낮다.
ㄷ. 지점 B는 지점 C보다 서쪽에 위치한다.

① ㄱ   ② ㄴ   ③ ㄷ   ④ ㄱ, ㄴ   ⑤ ㄴ, ㄷ

27
일기 예보
[2023년 10월 학평 14번]

그림 (가)와 (나)는 같은 시각에 우리나라 주변을 관측한 가시 영상과 적외 영상을 순서 없이 나타낸 것이다.

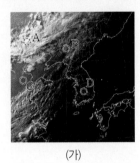 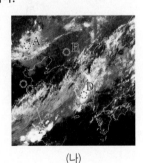

(가)   (나)

이에 대한 옳은 설명만을 〈보기〉에서 있는 대로 고른 것은?

보기
ㄱ. 관측 파장은 (가)가 (나)보다 길다.
ㄴ. 비가 내릴 가능성은 A에서가 C에서보다 높다.
ㄷ. 구름 최상부의 온도는 B에서가 D에서보다 높다.

① ㄴ   ② ㄷ   ③ ㄱ, ㄴ   ④ ㄱ, ㄷ   ⑤ ㄴ, ㄷ

28 2024 수능

그림 (가)는 어느 날 t_1 시각의 지상 일기도에 온대 저기압 중심의 이동 경로를 나타낸 것이고, (나)는 이날 관측소 A와 B에서 t_1부터 15시간 동안 측정한 기압, 기온, 풍향을 순서 없이 나타낸 것이다. A와 B의 위치는 각각 ㉠과 ㉡ 중 하나이다.

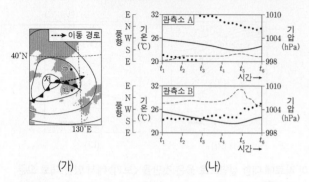

(가)   (나)

이 자료에 대한 설명으로 옳은 것만을 〈보기〉에서 있는 대로 고른 것은? 3점

보기

ㄱ. A의 위치는 ㉠이다.

ㄴ. t_2에 기온은 A가 B보다 낮다.

ㄷ. t_3에 ㉡의 상공에는 전선면이 있다.

① ㄱ   ② ㄴ   ③ ㄷ   ④ ㄱ, ㄴ   ⑤ ㄱ, ㄷ

개념편 동영상 강의
지1-2-1-03(가)

II. 유체 지구의 변화

1. 대기와 해양의 변화

문제편 동영상 강의
지1-2-1-03(문)

03 태풍의 발생과 영향

필수개념 1 태풍

1. 태풍: 중심부 최대 풍속이 17m/s 이상인 열대 저기압

2. 발생과 소멸

1) 발생: 표층 수온 26℃, 위도가 5° 이상인 열대 해상에서 발생

2) 에너지원: 증발한 수증기가 응결하면서 내놓는 숨은열(숨은열, 잠열)

3) 이동: 발생 초기에는 무역풍을 따라 북서쪽으로, 위도 30° 이상에서는 편서풍을 따라 북동쪽으로 이동

4) 소멸: 북쪽으로 이동하거나 육지에 도달하면 수증기 공급이 끊어져 에너지원 차단, 지표면과의 마찰, 냉각에 의해 세력이 약화되어 소멸

5) 남쪽의 남는 에너지를 북쪽으로 이동시켜 주어 지구의 복사 평형에 기여.

3. 태풍의 구조

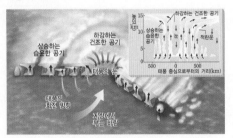

태풍의 구조

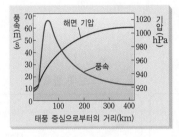

태풍의 기압과 풍속 분포

1) 반지름: 약 500km

2) 저기압이므로 중심으로 갈수록 기압이 감소하고 구름이 두꺼워지며, 풍속이 증가. 전체적으로 상승 기류가 발달.

3) 중심부에서 가장 강한 대류 활동이 있으며 태풍의 눈벽이 존재함.

4) 태풍의 눈: 반경 약 50km 내외의 약한 하강 기류가 발달하는 곳으로 맑은 날씨를 보이며 바람이 약함.

5) 일기도상 등압면이 동심원에 가깝고 등압선 간격이 매우 조밀함.

6) 전선을 동반하지 않음.

4. 태풍의 이동

1) 발생 초기 무역풍의 영향을 받아 북서쪽으로 이동

2) 위도 30° 부근에 도달하면 편서풍의 영향을 받게 되어 북동쪽으로 이동.

3) 고기압의 가장자리를 따라 이동(기압이 가장 낮으므로)

4) 우리나라는 대체적으로 7~9월에 영향.

5. 위험 반원과 안전 반원(가항 반원)

1) 편서풍대와 무역풍대를 막론하고 태풍의 진행 방향에 대해 **오른쪽 지역은 위험 반원**에 **왼쪽 지역은 안전 반원**에 해당.

💡 안전 반원(왼쪽) 자좌 서오 우오른쪽 위험 반원 선점

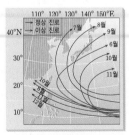

태풍의 진로

위험 반원과 안전 반원

2) 전향점: 풍향이 바뀌는 지점

기본자료

▶ 태풍의 이름
아시아 태풍 위원회에 소속된 14개국에서 10개씩 제출한 이름을 순번을 정하여 순서대로 적용하며, 대형 태풍으로 많은 피해를 준 태풍의 이름은 다른 이름으로 대체된다.

DAY
12

II

1
–
03
태풍의 발생과 영향

6. 태풍이 지나면서 풍향 변화

1) 저기압 진행 방향의 오른쪽인 경우

: 관측자를 기준으로 남서쪽에서 태풍이 북상하므로 처음 풍향은 ①번 방향이며, 북상함에 따라 ②번에서 ③번으로 변화하여 시계 방향으로 변화하는 것을 알 수 있다. (① → ② → ③)

2) 저기압 진행 방향의 왼쪽인 경우

: 관측자를 기준으로 남서쪽에서 태풍이 북상하므로 처음 풍향은 ①′번 방향이며, 북상함에 따라 ②′번에서 ③′번으로 변화하여 시계 반대 방향으로 변화하는 것을 알 수 있다. (①′ → ②′ → ③′)

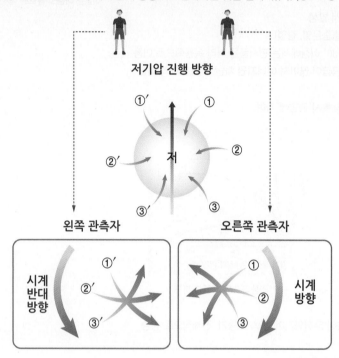

기본자료

▶ 온대 저기압과 태풍 비교.

구분	온대 저기압	태풍
발생 장소	온대 지방	5°~25° 열대 해상
에너지 원	기층의 위치 에너지	수증기의 숨은열
전선 유무	한랭 전선, 온난 전선	없음
이동 경로	서 → 동	남 → 북

1 `2022 수능`

그림 (가)는 어느 태풍이 이동하는 동안 관측소 P에서 관측한 기압과 풍속을 ㉠과 ㉡으로 순서 없이 나타낸 것이고, (나)는 이 기간 중 어느 한 시점에 촬영한 가시 영상에 태풍의 이동 경로, 태풍의 눈의 위치, P의 위치를 나타낸 것이다.

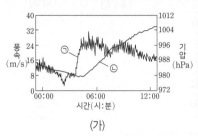 

(가)   (나)

이 자료에 대한 설명으로 옳은 것만을 <보기>에서 있는 대로 고른 것은? 3점

> **보기**
> ㄱ. 기압은 ㉠이다.
> ㄴ. (가)의 기간 동안 P에서 풍향은 시계 반대 방향으로 변했다.
> ㄷ. (나)의 영상은 (가)에서 풍속이 최소일 때 촬영한 것이다.

① ㄱ   ② ㄴ   ③ ㄷ   ④ ㄱ, ㄴ   ⑤ ㄴ, ㄷ

2

그림 (가)와 (나)는 태풍의 영향을 받은 우리나라 관측소 A와 B에서 $T_1 \sim T_5$ 동안 측정한 기온, 기압, 풍향을 순서 없이 나타낸 것이다.

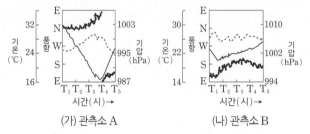

(가) 관측소 A   (나) 관측소 B

이 자료에 대한 설명으로 옳은 것만을 <보기>에서 있는 대로 고른 것은?

> **보기**
> ㄱ. $T_1 \sim T_4$ 동안 A는 위험 반원, B는 안전 반원에 위치한다.
> ㄴ. 태풍의 중심이 가장 가까이 통과한 시각은 A가 B보다 늦다.
> ㄷ. $T_4 \sim T_5$ 동안 A와 B의 기온은 상승한다.

① ㄱ   ② ㄴ   ③ ㄱ, ㄷ   ④ ㄴ, ㄷ   ⑤ ㄱ, ㄴ, ㄷ

3

그림은 어느 해 10월 4일 00시부터 6일 00시까지 태풍이 이동한 경로와 4일의 해수면 온도 분포를, 표는 태풍의 중심 기압과 최대 풍속을 나타낸 것이다.

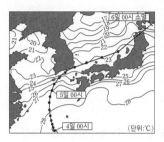

일시	중심 기압 (hPa)	최대 풍속 (m/s)
4일 00시	930	50
4일 12시	940	47
5일 00시	950	43
5일 12시	㉠	32
6일 00시	소멸	

이에 대한 옳은 설명만을 <보기>에서 있는 대로 고른 것은? (단, 태풍의 이동 경로는 3시간 간격으로 나타낸 것이다.) 3점

> **보기**
> ㄱ. 4일 하루 동안 태풍 이동 경로상의 해수면 온도는 고위도로 갈수록 높아진다.
> ㄴ. 태풍의 평균 이동 속도는 4일이 5일보다 빠르다.
> ㄷ. ㉠은 950보다 컸을 것이다.

① ㄱ   ② ㄷ   ③ ㄱ, ㄴ   ④ ㄴ, ㄷ   ⑤ ㄱ, ㄴ, ㄷ

---

4 `2023 수능`

그림 (가)는 어느 날 18시의 지상 일기도에 태풍의 이동 경로를 나타낸 것이고, (나)는 이 시기에 태풍에 의해 발생한 강수량 분포를 나타낸 것이다.

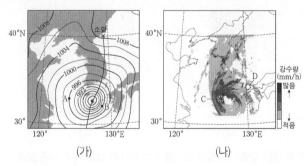

(가)   (나)

이 자료에 대한 설명으로 옳은 것만을 <보기>에서 있는 대로 고른 것은? 3점

> **보기**
> ㄱ. 풍속은 A 지점이 B 지점보다 크다.
> ㄴ. 공기의 연직 운동은 C 지점이 D 지점보다 활발하다.
> ㄷ. C 지점에서는 남풍 계열의 바람이 분다.

① ㄱ   ② ㄴ   ③ ㄷ   ④ ㄱ, ㄴ   ⑤ ㄴ, ㄷ

그림 (가)와 (나)는 어느 날 동일한 태풍의 영향을 받은 우리나라 관측소 A와 B에서 측정한 기압, 풍속, 풍향의 변화를 순서 없이 나타낸 것이다.

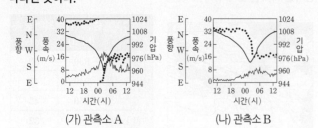

(가) 관측소 A 　　(나) 관측소 B

이 자료에 대한 설명으로 옳은 것만을 〈보기〉에서 있는 대로 고른 것은?

보기

ㄱ. 최대 풍속은 B가 A보다 크다.

ㄴ. 태풍 중심까지의 최단 거리는 A가 B보다 가깝다.

ㄷ. B는 태풍의 안전 반원에 위치한다.

① ㄱ 　② ㄴ 　③ ㄱ, ㄷ 　④ ㄴ, ㄷ 　⑤ ㄱ, ㄴ, ㄷ

그림 (가)는 서로 다른 시기에 우리나라에 영향을 준 태풍 A와 B의 이동 경로를, (나)는 A 또는 B의 영향을 받은 시기에 촬영한 적외선 영상을 나타낸 것이다.

(가) 　　　　　(나)

이에 대한 설명으로 옳은 것만을 〈보기〉에서 있는 대로 고른 것은?

보기

ㄱ. A는 육지를 지나는 동안 중심 기압이 지속적으로 낮아졌다.

ㄴ. 서울은 B의 영향을 받는 동안 위험 반원에 위치하였다.

ㄷ. (나)는 A의 영향을 받은 시기에 촬영한 것이다.

① ㄱ 　② ㄷ 　③ ㄱ, ㄴ 　④ ㄴ, ㄷ 　⑤ ㄱ, ㄴ, ㄷ

표는 어느 태풍의 중심 위치와 중심 기압을, 그림은 관측 지점 A의 위치를 나타낸 것이다.

일시	태풍의 중심 위치		중심 기압 (hPa)
	위도(°N)	경도(°E)	
29일 03시	18	128	985
30일 03시	21	124	975
1일 03시	26	121	965
2일 03시	31	123	980
3일 03시	36	128	992

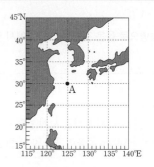

이 자료에 대한 옳은 설명만을 〈보기〉에서 있는 대로 고른 것은?

보기

ㄱ. 태풍은 30일 03시 이전에 전향점을 통과하였다.

ㄴ. 태풍 중심 부근의 최대 풍속은 1일 03시가 3일 03시보다 강했을 것이다.

ㄷ. 1일~3일에 A 지점의 풍향은 시계 방향으로 변했을 것이다.

① ㄱ 　② ㄴ 　③ ㄱ, ㄷ 　④ ㄴ, ㄷ 　⑤ ㄱ, ㄴ, ㄷ

8

그림 (가)는 어느 해 9월 6일 15시부터 8일 09시까지 태풍이 이동한 경로를, (나)는 이 기간 동안 서울에서 관측한 기압과 풍속의 변화를 나타낸 것이다.

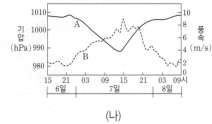

(가)　　　　　　　(나)

이에 대한 옳은 설명만을 <보기>에서 있는 대로 고른 것은?

보기
ㄱ. A는 풍속, B는 기압이다.
ㄴ. 6일 21시부터 7일 09시까지 제주에서의 풍향은 시계 방향으로 변화하였다.
ㄷ. 7일 15시에 서울은 태풍의 눈에 위치하였다.

① ㄱ　　② ㄴ　　③ ㄱ, ㄷ　　④ ㄴ, ㄷ　　⑤ ㄱ, ㄴ, ㄷ

9

그림 (가)와 (나)는 우리나라 부근의 지상 일기도이다.

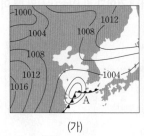
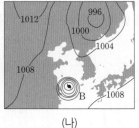

(가)　　　　　　　(나)

저기압 A, B에 대한 옳은 설명만을 <보기>에서 있는 대로 고른 것은? 3점

보기
ㄱ. A의 중심에는 약한 하강 기류가 있다.
ㄴ. B는 서로 다른 기단이 만나서 만들어진다.
ㄷ. 최대 풍속은 B가 A보다 빠르다.

① ㄱ　　② ㄷ　　③ ㄱ, ㄴ　　④ ㄴ, ㄷ　　⑤ ㄱ, ㄴ, ㄷ

10

그림 (가)는 어느 태풍의 이동 경로와 중심 기압을, (나)는 이 태풍의 영향을 받은 날 우리나라의 관측소 A와 B에서 측정한 기압과 풍향을 나타낸 것이다.

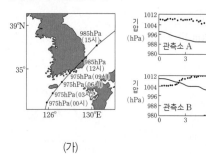

(가)　　　　　　　(나)

이에 대한 설명으로 옳은 것만을 <보기>에서 있는 대로 고른 것은?
3점

보기
ㄱ. (가)에서 태풍의 세력은 06시보다 12시에 강하다.
ㄴ. 태풍의 영향을 받는 동안 B는 위험 반원에 위치한다.
ㄷ. 태풍의 이동 경로와 관측소 사이의 최단 거리는 A보다 B가 짧다.

① ㄱ　　② ㄴ　　③ ㄱ, ㄷ　　④ ㄴ, ㄷ　　⑤ ㄱ, ㄴ, ㄷ

11

그림은 어느 태풍의 이동 경로에 6시간 간격으로 중심 기압과 최대 풍속을 나타낸 것이고, 표는 태풍의 최대 풍속에 따른 태풍 강도를 나타낸 것이다.

최대 풍속(m/s)	태풍 강도
54 이상	초강력
44 이상~54 미만	매우강
33 이상~44 미만	강
25 이상~33 미만	중

이에 대한 설명으로 옳은 것만을 <보기>에서 있는 대로 고른 것은?

보기
ㄱ. 5일 21시에 제주는 태풍의 안전 반원에 위치한다.
ㄴ. 태풍의 세력은 6일 09시보다 6일 03시가 강하다.
ㄷ. 6일 15시의 태풍 강도는 '중'이다.

① ㄱ　　② ㄴ　　③ ㄱ, ㄷ　　④ ㄴ, ㄷ　　⑤ ㄱ, ㄴ, ㄷ

12 [2021년 7월 학평 11번]

표는 어느 태풍의 중심 기압과 이동 속도를, 그림은 이 태풍이 우리나라를 통과할 때 어느 관측소에서 측정한 기온과 풍향 및 풍속을 나타낸 것이다.

일시	중심 기압 (hPa)	이동 속도 (km/h)
2일 00시	935	23
2일 06시	940	22
2일 12시	945	23
2일 18시	945	32
3일 00시	950	36
3일 06시	960	70
3일 12시	970	45

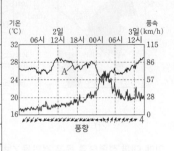

이 자료에 대한 설명으로 옳은 것만을 〈보기〉에서 있는 대로 고른 것은? 3점

보기
ㄱ. A는 기온이다.
ㄴ. 태풍의 세력이 약해질수록 이동 속도는 빠르다.
ㄷ. 관측소는 태풍 진행 경로의 오른쪽에 위치하였다.

① ㄱ ② ㄴ ③ ㄱ, ㄷ ④ ㄴ, ㄷ ⑤ ㄱ, ㄴ, ㄷ

13 [2020년 7월 학평 11번]

그림 (가)와 (나)는 어느 날 태풍이 우리나라를 통과하는 동안 서울과 부산에서 관측한 기압, 풍향, 풍속 자료를 순서 없이 나타낸 것이다.

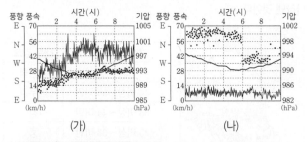

(가) (나)

이 자료에 대한 설명으로 옳은 것만을 〈보기〉에서 있는 대로 고른 것은? 3점

보기
ㄱ. 태풍의 중심은 (가)가 관측된 장소의 서쪽을 통과하였다.
ㄴ. 최저 기압은 (가)가 (나)보다 낮다.
ㄷ. 평균 풍속은 (가)가 (나)보다 크다.

① ㄱ ② ㄴ ③ ㄱ, ㄷ ④ ㄴ, ㄷ ⑤ ㄱ, ㄴ, ㄷ

14 [2017년 7월 학평 12번]

그림은 어느 날 태풍이 우리나라를 지나갈 때 어느 지역에서 관측된 기상 자료를 나타낸 것이다.

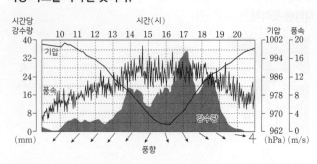

이 자료에 대한 설명으로 옳은 것만을 〈보기〉에서 있는 대로 고른 것은?

보기
ㄱ. 기압이 가장 낮을 때 강수량이 최대였다.
ㄴ. 15시~17시에 하강 기류가 우세하였다.
ㄷ. 이 지역은 안전 반원에 위치하였다.

① ㄱ ② ㄷ ③ ㄱ, ㄴ ④ ㄴ, ㄷ ⑤ ㄱ, ㄴ, ㄷ

15 [2023년 3월 학평 8번]

그림 (가)는 우리나라를 통과한 어느 태풍 중심의 이동 방향과 이동 속력을 순서 없이 ㉠과 ㉡으로 나타낸 것이고, (나)는 18시일 때 이 태풍 중심의 위치를 나타낸 것이다.

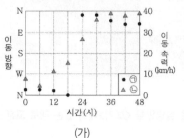 

(가) (나)

이 자료에 대한 옳은 설명만을 〈보기〉에서 있는 대로 고른 것은? 3점

보기
ㄱ. 태풍 중심의 이동 방향은 ㉠이다.
ㄴ. 태풍이 지나가는 동안 제주도에서의 풍향은 시계 방향으로 변한다.
ㄷ. 태풍 중심의 평균 이동 속력은 전향점 통과 전이 통과 후보다 빠르다.

① ㄱ ② ㄷ ③ ㄱ, ㄴ ④ ㄴ, ㄷ ⑤ ㄱ, ㄴ, ㄷ

16

태풍
[2020학년도 9월 모평 12번]

그림은 어느 태풍의 이동 경로를, 표는 이 태풍이 이동하는 동안 관측소 A에서 관측한 풍향과 태풍의 중심 기압을 나타낸 것이다. A의 위치는 ㉠과 ㉡ 중 하나이다.

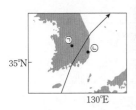

일시	풍향	태풍의 중심 기압 (hPa)
12일 21시	동	955
13일 00시	남동	960
13일 03시	남남서	970
13일 06시	남서	970

이에 대한 설명으로 옳은 것만을 〈보기〉에서 있는 대로 고른 것은? 3점

ㄱ. A의 위치는 ㉡에 해당한다.
ㄴ. 태풍의 세력은 13일 03시가 12일 21시보다 강하다.
ㄷ. 태풍의 중심과 A 사이의 거리는 13일 06시가 13일 03시보다 멀다.

① ㄱ ② ㄴ ③ ㄱ, ㄷ ④ ㄴ, ㄷ ⑤ ㄱ, ㄴ, ㄷ

17

태풍
[2017년 4월 학평 9번]

그림은 어느 해 우리나라에 영향을 준 두 태풍 A와 B의 이동 경로를 나타낸 것이다. 이에 대한 설명으로 옳은 것만을 〈보기〉에서 있는 대로 고른 것은? 3점

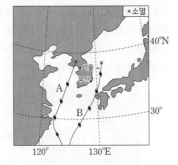

ㄱ. A와 B 모두 30°N 이상에서는 편서풍의 영향을 받았다.
ㄴ. A가 서해상을 통과하는 동안 서울에서의 풍향은 시계 반대 방향으로 변했다.
ㄷ. 부산은 B의 영향을 받는 동안 위험 반원에 속했다.

① ㄱ ② ㄷ ③ ㄱ, ㄴ ④ ㄴ, ㄷ ⑤ ㄱ, ㄴ, ㄷ

18 2023 평가원

태풍
[2023학년도 9월 모평 13번]

그림은 태풍의 영향을 받은 우리나라 어느 관측소에서 24시간 동안 관측한 시간에 따른 기압, 풍향, 풍속, 시간당 강수량을 순서 없이 나타낸 것이다. 이 기간 동안 태풍의 눈이 관측소를 통과하였다.

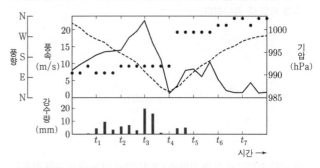

이 자료에 대한 설명으로 옳은 것만을 〈보기〉에서 있는 대로 고른 것은? 3점

ㄱ. 관측소에서 풍속이 가장 강하게 나타난 시각은 t_3이다.
ㄴ. 관측소에서 태풍의 눈이 통과하기 전에는 서풍 계열의 바람이 불었다.
ㄷ. 관측소에서 공기의 연직 운동은 t_3이 t_4보다 활발하다.

① ㄱ ② ㄴ ③ ㄷ ④ ㄱ, ㄷ ⑤ ㄴ, ㄷ

19 2024 평가원

태풍
[2024학년도 6월 모평 13번]

그림은 태풍의 영향을 받은 우리나라 어느 관측소에서 24시간 동안 관측한 표층 수온과 기상 요소를 시간에 따라 나타낸 것이다.

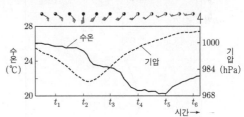

이 자료에 대한 설명으로 옳은 것만을 〈보기〉에서 있는 대로 고른 것은? 3점

ㄱ. 이 기간 동안 관측소는 태풍의 위험 반원에 위치하였다.
ㄴ. 관측소와 태풍 중심 사이의 거리는 t_2가 t_4보다 가깝다.
ㄷ. $t_2 → t_4$ 동안 수온 변화는 태풍에 의한 해수 침강에 의해 발생하였다.

① ㄱ ② ㄷ ③ ㄱ, ㄴ ④ ㄴ, ㄷ ⑤ ㄱ, ㄴ, ㄷ

20

태풍
[2019학년도 6월 모평 11번]

그림 (가)는 어느 태풍의 위치를 6시간 간격으로 나타낸 것이고, (나)는 이 태풍이 이동하는 동안 관측소 a와 b 중 한 곳에서 관측한 풍향, 풍속, 기압 자료의 일부를 나타낸 것이다. ㉠과 ㉡은 각각 풍속과 기압 중 하나이다.

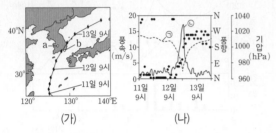

(가) (나)

이에 대한 설명으로 옳은 것만을 <보기>에서 있는 대로 고른 것은?

보기

ㄱ. 9시~21시 동안 태풍의 이동 속도는 12일이 11일보다 빠르다.
ㄴ. (나)는 a의 관측 자료이다.
ㄷ. (나)에서 12일에 측정된 기압은 9시가 21시보다 낮다.

① ㄱ ② ㄷ ③ ㄱ, ㄴ ④ ㄴ, ㄷ ⑤ ㄱ, ㄴ, ㄷ

21

태풍
[2022년 7월 학평 9번]

그림은 어느 태풍의 이동 경로를 나타낸 것이다.

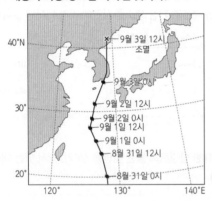

이에 대한 설명으로 옳은 것만을 <보기>에서 있는 대로 고른 것은?

보기

ㄱ. 태풍의 평균 이동 속력은 8월 31일이 9월 1일보다 빠르다.
ㄴ. 9월 3일 0시 이후로 태풍 중심의 기압은 계속 낮아졌다.
ㄷ. 태풍이 우리나라를 통과하는 동안 서울에서의 풍향은 시계 방향으로 바뀌었다.

① ㄱ ② ㄴ ③ ㄱ, ㄷ ④ ㄴ, ㄷ ⑤ ㄱ, ㄴ, ㄷ

22

태풍
[2019년 4월 학평 12번]

그림 (가)는 어느 해 우리나라에 영향을 준 태풍 A와 B의 이동 경로를, (나)는 A와 B 중 어느 하나의 영향을 받을 때 부산에서의 기상 관측 자료를 나타낸 것이다.

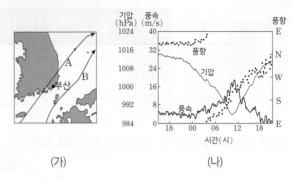

(가) (나)

이에 대한 설명으로 옳은 것만을 <보기>에서 있는 대로 고른 것은?

3점

보기

ㄱ. A의 영향을 받을 때 부산은 위험 반원에 위치한다.
ㄴ. (나)에서 기압이 높을수록 풍속이 크다.
ㄷ. (나)는 B의 영향을 받을 때 관측된 자료이다.

① ㄱ ② ㄴ ③ ㄱ, ㄷ ④ ㄴ, ㄷ ⑤ ㄱ, ㄴ, ㄷ

23 2023 평가원

태풍
[2023학년도 6월 모평 8번]

그림 (가)는 어느 태풍이 우리나라 부근을 지나는 어느 날 21시에 촬영한 적외 영상에 태풍 중심의 이동 경로를 나타낸 것이고, (나)는 다음 날 05시부터 3시간 간격으로 우리나라 어느 관측소에서 관측한 기상 요소를 나타낸 것이다.

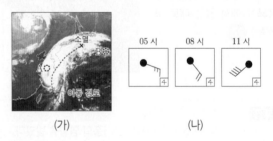

(가) (나)

이 자료에 대한 설명으로 옳은 것만을 <보기>에서 있는 대로 고른 것은? 3점

보기

ㄱ. (가)에서 태풍의 최상층 공기는 주로 바깥쪽으로 불어 나간다.
ㄴ. (가)에서 구름 최상부의 고도는 B 지역이 A 지역보다 높다.
ㄷ. 관측소는 태풍의 안전 반원에 위치하였다.

① ㄱ ② ㄴ ③ ㄱ, ㄷ ④ ㄴ, ㄷ ⑤ ㄱ, ㄴ, ㄷ

24 [2018년 4월 학평 11번] 태풍

그림은 어느 태풍의 이동 경로를, 표는 이 태풍의 영향을 받는 기간 중 어느 날 측정한 두 관측소의 풍향과 기압을 나타낸 것이다. A, B 관측소는 각각 제주와 부산 중 하나에 위치한다.

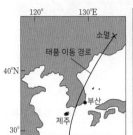

구분 시각	A 관측소 풍향	A 관측소 기압 (hPa)	B 관측소 풍향	B 관측소 기압 (hPa)
06시	북동	993	북북동	986
12시	남남동	988	서북서	995
18시	남서	993	서	1003

이에 대한 설명으로 옳은 것만을 <보기>에서 있는 대로 고른 것은? 3점

보기
ㄱ. A 관측소는 부산에 위치한다.
ㄴ. B 관측소는 태풍의 영향을 받는 동안 위험 반원에 속했다.
ㄷ. 18시에 태풍 중심까지의 거리는 B보다 A 관측소가 가깝다.

① ㄱ   ② ㄴ   ③ ㄷ   ④ ㄱ, ㄷ   ⑤ ㄴ, ㄷ

25 [2021년 10월 학평 14번] 태풍

표는 어느 날 03시, 12시, 21시의 태풍 중심 위치와 중심 기압이고, 그림은 이날 12시의 우리나라 부근의 일기도이다.

시각 (시)	태풍 중심 위치 위도 (°N)	태풍 중심 위치 경도 (°E)	중심 기압 (hPa)
03	35	125	970
12	38	127	990
21	40	131	995

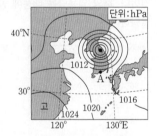

이에 대한 옳은 설명만을 <보기>에서 있는 대로 고른 것은? 3점

보기
ㄱ. 태풍이 지나가는 동안 A 지점의 풍향은 시계 방향으로 변한다.
ㄴ. 12시에 A 지점에서는 북풍 계열의 바람이 우세하다.
ㄷ. 이날 태풍의 최대 풍속은 21시에 가장 크다.

① ㄱ   ② ㄷ   ③ ㄱ, ㄴ   ④ ㄴ, ㄷ   ⑤ ㄱ, ㄴ, ㄷ

26 [2018학년도 9월 모평 7번] 태풍

그림 (가)는 어느 태풍의 이동 경로와 중심 기압을 나타낸 것이고, a와 b 중 하나는 실제 이동 경로이다. (나)는 이 태풍이 우리나라를 통과하는 동안 P에서 관측된 기압과 풍향 변화를 시간에 따라 나타낸 것이다.

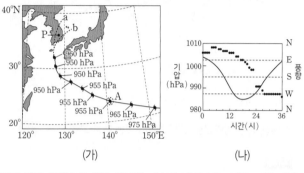

(가)   (나)

이에 대한 설명으로 옳은 것만을 <보기>에서 있는 대로 고른 것은? 3점

보기
ㄱ. 이 태풍은 편서풍대에서 발생하였다.
ㄴ. 태풍은 A해역으로 접근하면서 세력이 강해졌다.
ㄷ. (가)에서 태풍의 실제 이동 경로는 a이다.

① ㄱ   ② ㄴ   ③ ㄷ   ④ ㄱ, ㄴ   ⑤ ㄴ, ㄷ

27 2022 평가원 [2022학년도 9월 모평 7번] 태풍

그림은 잘 발달한 태풍의 물리량을 태풍 중심으로부터의 거리에 따라 개략적으로 나타낸 것이다. A, B, C는 해수면 상의 강수량, 기압, 풍속을 순서 없이 나타낸 것이다.

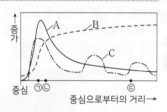

이에 대한 설명으로 옳은 것만을 <보기>에서 있는 대로 고른 것은?

보기
ㄱ. B는 강수량이다.
ㄴ. 지역 ㉠에서는 상승 기류가 나타난다.
ㄷ. 일기도에서 등압선 간격은 지역 ㉢에서가 지역 ㉡에서보다 조밀하다.

① ㄱ   ② ㄴ   ③ ㄷ   ④ ㄱ, ㄴ   ⑤ ㄴ, ㄷ

28

그림은 북반구 어느 지점에서 태풍이 통과하는 동안 관측한 기압, 풍속, 풍향을 나타낸 것이다.

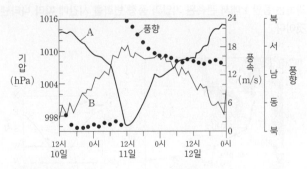

이에 대한 옳은 설명만을 〈보기〉에서 있는 대로 고른 것은? 3점

보기
ㄱ. A는 풍속이다.
ㄴ. 이 지점은 안전 반원에 위치하였다.
ㄷ. 11일 12시에 이 지점에는 하강 기류가 우세하였다.

① ㄱ ② ㄴ ③ ㄱ, ㄷ ④ ㄴ, ㄷ ⑤ ㄱ, ㄴ, ㄷ

30

그림 (가)는 어느 태풍의 중심 기압을 22일부터 24일까지 3시간 간격으로, (나)는 이 태풍의 위치를 6시간 간격으로 나타낸 것이다.

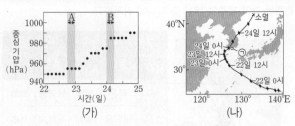

이에 대한 설명으로 옳은 것만을 〈보기〉에서 있는 대로 고른 것은?

보기
ㄱ. 태풍의 세력은 A 시기가 B 시기보다 강하다.
ㄴ. 태풍의 평균 이동 속도는 A 시기가 B 시기보다 빠르다.
ㄷ. 23일 18시부터 24일 06시까지 ㉠ 지점에서 풍향은 시계 반대 방향으로 변한다.

① ㄱ ② ㄷ ③ ㄱ, ㄴ ④ ㄴ, ㄷ ⑤ ㄱ, ㄴ, ㄷ

29

그림은 어느 해 우리나라에 영향을 준 태풍이 이동하는 동안 평상시에 비해 해수면이 최대로 상승한 높이를 나타낸 것이다. 태풍 중심의 이동 경로는 ㉠과 ㉡ 중 하나이다.

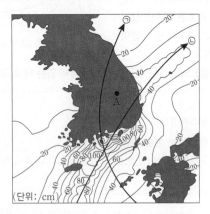

이에 대한 옳은 설명만을 〈보기〉에서 있는 대로 고른 것은? 3점

보기
ㄱ. 태풍 중심의 이동 경로는 ㉡이다.
ㄴ. 폭풍 해일에 의한 피해는 남해안이 동해안보다 컸을 것이다.
ㄷ. 태풍이 지나가는 동안 A 지역의 풍향은 시계 방향으로 바뀌었다.

① ㄱ ② ㄷ ③ ㄱ, ㄴ ④ ㄴ, ㄷ ⑤ ㄱ, ㄴ, ㄷ

31

그림 (가)는 어느 해 7월에 관측된 태풍의 위치를 24시간 간격으로 표시한 이동 경로이고, (나)는 이 시기의 해양 열용량 분포를 나타낸 것이다. 해양 열용량은 태풍에 공급할 수 있는 해양의 단위 면적당 열량이다.

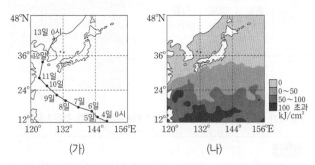

이에 대한 설명으로 옳은 것만을 〈보기〉에서 있는 대로 고른 것은?

보기
ㄱ. 12일 0시에 태풍은 편서풍의 영향을 받는다.
ㄴ. 11일 0시부터 13일 0시까지 제주도에서는 풍향이 시계 반대 방향으로 변한다.
ㄷ. 해양에서 이 태풍으로 공급되는 에너지양은 12일이 10일보다 적다.

① ㄱ ② ㄴ ③ ㄱ, ㄷ ④ ㄴ, ㄷ ⑤ ㄱ, ㄴ, ㄷ

32
태풍
[2022년 3월 학평 10번]

그림 (가)는 우리나라를 통과한 어느 태풍의 이동 경로와 최대 풍속이 20m/s 이상인 지역의 범위를, (나)는 (가)의 기간 중 18일 하루 동안 이어도 해역에서 관측한 수심 10m와 40m의 수온 변화를 나타낸 것이다.

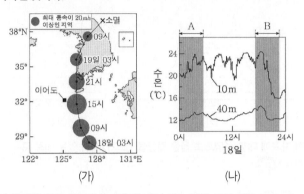

(가)   (나)

이에 대한 옳은 설명만을 〈보기〉에서 있는 대로 고른 것은?

보기
ㄱ. 18일 09시부터 21시까지 이어도에서 풍향은 시계 반대 방향으로 변했다.
ㄴ. 태풍의 중심 기압은 18일 09시가 19일 09시보다 높았다.
ㄷ. 이어도 해역에서 표층 해수의 연직 혼합은 A 시기가 B 시기보다 강했다.

① ㄱ   ② ㄷ   ③ ㄱ, ㄴ   ④ ㄴ, ㄷ   ⑤ ㄱ, ㄴ, ㄷ

33
태풍
[2018학년도 수능 10번]

그림 (가)는 어느 해 9월 9일부터 18일까지 태풍 중심의 위치와 기압을 1일 간격으로 나타낸 것이고, (나)는 12일, 14일, 16일에 관측한 이 태풍 중심의 이동 방향과 이동 속도를 ㉠, ㉡, ㉢으로 순서 없이 나타낸 것이다. 화살표의 방향과 길이는 각각 이동 방향과 속도를 나타낸다.

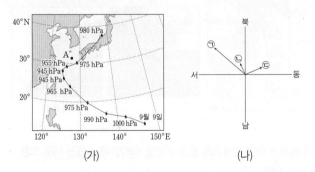

(가)   (나)

이에 대한 설명으로 옳은 것만을 〈보기〉에서 있는 대로 고른 것은?

3점

보기
ㄱ. 태풍의 세력은 10일이 16일보다 약하다.
ㄴ. 14일 태풍 중심의 이동 방향과 이동 속도는 ㉡에 해당한다.
ㄷ. 16일과 17일 사이에는 A지점의 풍향이 반시계 방향으로 변한다.

① ㄱ   ② ㄴ   ③ ㄱ, ㄷ   ④ ㄴ, ㄷ   ⑤ ㄱ, ㄴ, ㄷ

34
태풍
[2020학년도 6월 모평 4번]

다음은 어느 태풍의 이동 경로와 그에 따른 풍향과 기압 변화를 알아 보기 위한 탐구 활동이다.

[탐구 과정]
(가) 표를 이용하여 태풍의 이동 경로를 지도에 표시한다.
(나) 지점 A에서의 풍향 변화를 추정하여 기록한다.
(다) 관측 풍향을 조사하여 추정 풍향과 비교한다.
(라) 태풍 중심의 기압 변화량 (관측 당시 기압－생성 당시 기압)을 기록한다.

일시	태풍 중심		
	위도 (°N)	경도 (°E)	기압 (hPa)
⋮	⋮	⋮	⋮
6일 06시	33.8	127.3	975
6일 09시	34.7	128.1	975
6일 12시	35.8	129.2	985
6일 15시	37.2	130.5	985
⋮	⋮	⋮	⋮
7일 09시 (소멸)	42.0	141.1	990

[탐구 결과]

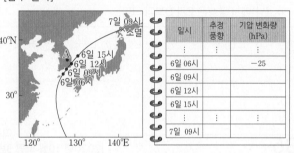

일시	추정 풍향	기압 변화량 (hPa)
⋮	⋮	⋮
6일 06시		−25
6일 09시		
6일 12시		
6일 15시		
⋮	⋮	⋮
7일 09시		

이 자료에 대한 설명으로 옳은 것만을 〈보기〉에서 있는 대로 고른 것은? **3점**

보기
ㄱ. 6일 06시에 태풍은 편서풍의 영향을 받는다.
ㄴ. 6일 06시부터 6일 15시까지 A의 관측 풍향은 시계 반대 방향으로 변한다.
ㄷ. 이 태풍의 $\dfrac{\text{소멸 당시 중심 기압}}{\text{생성 당시 중심 기압}}$ 은 1보다 크다.

① ㄱ   ② ㄷ   ③ ㄱ, ㄴ   ④ ㄴ, ㄷ   ⑤ ㄱ, ㄴ, ㄷ

그림 (가)는 어느 날 05시 우리나라 주변의 적외 영상을, (나)는 다음 날 09시 지상 일기도를 나타낸 것이다.

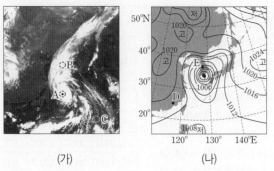

(가)　　　　　(나)

이 자료에 대한 설명으로 옳은 것만을 〈보기〉에서 있는 대로 고른 것은?

보기

ㄱ. (가)의 A 해역에서 표층 해수의 침강이 나타난다.
ㄴ. (가)에서 구름 최상부의 고도는 B가 C보다 높다.
ㄷ. (나)에서 풍속은 E가 D보다 크다.

---

① ㄱ　　② ㄷ　　③ ㄱ, ㄴ　　④ ㄴ, ㄷ　　⑤ ㄱ, ㄴ, ㄷ

그림 (가)는 어느 해 우리나라에 상륙한 태풍의 이동 경로를, (나)는 B 지점에서 태풍이 통과하기 전과 통과한 후에 측정한 깊이에 따른 수온 분포를 각각 ㉠과 ㉡으로 순서 없이 나타낸 것이다.

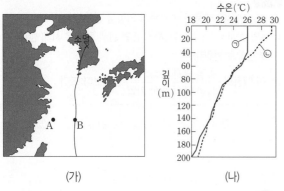

(가)　　　　　(나)

이에 대한 옳은 설명만을 〈보기〉에서 있는 대로 고른 것은? 3점

보기

ㄱ. 태풍이 통과하기 전의 수온 분포는 ㉠이다.
ㄴ. 태풍이 지나가는 동안 A 지점에서는 풍향이 시계 방향으로 변한다.
ㄷ. 태풍이 지나가는 동안 관측된 최대 풍속은 A 지점보다 B 지점에서 크다.

---

① ㄱ　　② ㄷ　　③ ㄱ, ㄴ　　④ ㄴ, ㄷ　　⑤ ㄱ, ㄴ, ㄷ

그림 (가)는 우리나라의 어느 해양 관측소에서 관측된 풍속과 풍향 변화를, (나)는 이 관측소의 표층 수온 변화를 나타낸 것이다. A와 B는 서로 다른 두 태풍의 영향을 받은 기간이다.

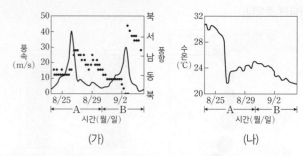

(가)　　　　　(나)

이 자료에 대한 설명으로 옳은 것만을 〈보기〉에서 있는 대로 고른 것은? 3점

보기

ㄱ. A 시기에 태풍의 눈은 관측소를 통과하였다.
ㄴ. B 시기에 관측소는 태풍의 안전 반원에 위치하였다.
ㄷ. A 시기의 급격한 수온 하강은 B 시기에 통과하는 태풍을 강화시켰다.

---

① ㄱ　　② ㄴ　　③ ㄷ　　④ ㄱ, ㄴ　　⑤ ㄴ, ㄷ

그림 (가)는 서로 다른 해에 발생한 태풍 ㉠과 ㉡의 이동 경로에 6시간 간격으로 중심 기압과 강풍 반경을 나타낸 것이고, (나)의 A와 B는 각각 태풍 ㉠과 ㉡의 중심으로부터 제주도까지의 거리가 가장 가까운 시기에 발효된 특보 상황 중 하나이다.

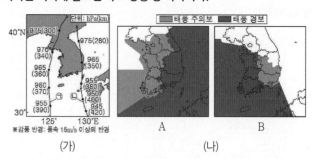

(가)　　　　　(나)

이 자료에 대한 설명으로 옳은 것만을 〈보기〉에서 있는 대로 고른 것은? 3점

보기

ㄱ. A는 태풍 ㉠에 의한 특보 상황이다.
ㄴ. B의 특보 상황이 발효된 시기에 제주도는 태풍의 위험 반원에 위치한다.
ㄷ. A와 B의 특보 상황이 발효된 시기에 태풍의 세력은 ㉠보다 ㉡이 약하다.

---

① ㄱ　　② ㄴ　　③ ㄱ, ㄷ　　④ ㄴ, ㄷ　　⑤ ㄱ, ㄴ, ㄷ

39

그림 (가)는 위도가 동일한 관측소 A, B, C의 위치와 태풍의 이동 경로를, (나)는 태풍이 우리나라를 통과하는 동안 A, B, C에서 같은 시각에 관측한 날씨를 ㉠, ㉡, ㉢으로 순서 없이 나타낸 것이다.

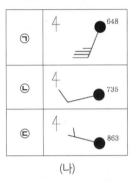

| (가) | (나) |

이에 대한 옳은 설명만을 〈보기〉에서 있는 대로 고른 것은? **3점**

> **보기**
> ㄱ. A는 태풍의 안전 반원에 위치한다.
> ㄴ. ㉠은 C에서 관측한 자료이다.
> ㄷ. (나)는 태풍의 중심이 세 관측소보다 고위도에 위치할 때 관측한 자료이다.

① ㄱ   ② ㄷ   ③ ㄱ, ㄴ   ④ ㄴ, ㄷ   ⑤ ㄱ, ㄴ, ㄷ

40

그림은 북반구 해상에서 관측한 태풍의 하층 (고도 2km 수평면) 풍속 분포를 나타낸 것이다. 이에 대한 설명으로 옳은 것만을 〈보기〉에서 있는 대로 고른 것은? (단, 등압선은 태풍의 이동 방향 축에 대해 대칭이라고 가정한다.) **3점**

> **보기**
> ㄱ. 태풍은 북동 방향으로 이동하고 있다.
> ㄴ. 태풍 중심 부근의 해역에서 수온이 약층의 차가운 물이 용승한다.
> ㄷ. 태풍의 상층 공기는 반시계 방향으로 불어 나간다.

① ㄱ   ② ㄴ   ③ ㄷ   ④ ㄱ, ㄴ   ⑤ ㄴ, ㄷ

41 2024 평가원

그림은 북쪽으로 이동하는 태풍의 풍속을 동서 방향의 연직 단면에 나타낸 것이다. 지점 A~E는 해수면상에 위치한다. 이 자료에 대한 설명으로 옳은 것만을 〈보기〉에서 있는 대로 고른 것은?

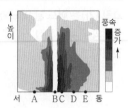

> **보기**
> ㄱ. A는 안전 반원에 위치한다.
> ㄴ. 해수면 부근에서 공기의 연직 운동은 B가 C보다 활발하다.
> ㄷ. 지상 일기도에서 등압선의 평균 간격은 구간 C−D가 구간 D−E보다 좁다.

① ㄱ   ② ㄴ   ③ ㄷ   ④ ㄱ, ㄴ   ⑤ ㄱ, ㄷ

42

그림 (가)는 어느 태풍의 이동 경로와 관측소 A와 B의 위치를, (나)는 이 태풍이 우리나라를 통과하는 동안 A와 B 중 한 곳에서 관측한 풍향, 풍속, 기압 변화를 나타낸 것이다.

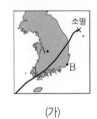
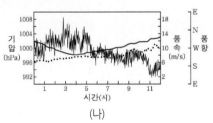

| (가) | (나) |

이에 대한 옳은 설명만을 〈보기〉에서 있는 대로 고른 것은?

> **보기**
> ㄱ. (나)에서 기압은 4시가 11시보다 낮다.
> ㄴ. (나)는 A에서 관측한 것이다.
> ㄷ. 태풍이 통과하는 동안 관측된 평균 풍속은 A가 B보다 크다.

① ㄱ   ② ㄴ   ③ ㄱ, ㄴ   ④ ㄴ, ㄷ   ⑤ ㄱ, ㄴ, ㄷ

그림 (가)는 어느 날 어느 태풍의 이동 경로에 6시간 간격으로 태풍 중심의 위치와 중심 기압을, (나)는 이날 09시의 가시 영상을 나타낸 것이다.

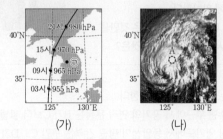

(가)   (나)

이 자료에 대한 설명으로 옳은 것만을 〈보기〉에서 있는 대로 고른 것은?

보기

ㄱ. 태풍의 영향을 받는 동안 지점 ㉠은 위험 반원에 위치한다.
ㄴ. 태풍의 세력은 03시가 21시보다 약하다.
ㄷ. (나)에서 구름이 반사하는 태양 복사 에너지의 세기는 영역 A가 영역 B보다 약하다.

① ㄱ ② ㄴ ③ ㄷ ④ ㄱ, ㄴ ⑤ ㄱ, ㄷ

04 우리나라의 주요 악기상

기본자료

필수개념 1 우리나라의 주요 악기상

1. 뇌우: 강한 상승 기류에 의해 적란운이 발달하면서 천둥과 번개를 동반한 소나기가 내리는 현상.
국지적인 현상이기 때문에 예측하기 어려움.
- 1) 뇌우의 발생 조건: 불안정한 대기
  - ① 국지적 가열을 받아 공기가 빠르게 상승할 때
  - ② 전선면을 따라 따뜻한 공기가 빠르게 상승할 때
  - ③ 저기압에 의해 강한 상승 기류가 발달할 때
- 2) 발달 과정: 적운 단계 → 성숙 단계 → 소멸 단계

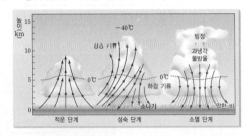

- ① 적운 단계: 구름의 전 영역에서 상승 기류만 발달한 단계. 강한 상승 기류에 의해 구름이 성장하는 단계로, 강수 현상은 거의 없음.
- ② 성숙 단계: 뇌운의 상층과 하층이 분리. 상승 기류와 하강 기류가 모두 존재하며 하강 기류에 의해 지표면에 돌풍 전선이 만들어지고 천둥, 번개, 소나기, 우박 등을 동반.
- ③ 소멸 단계: 상승 기류의 유입이 줄어들어 하강 기류만 남게 된 단계. 약한 비 동반.

2. 집중 호우(국지성 호우): 한 지역에서 짧은 시간에 내리는 많은 양의 강한 비를 의미하며, 1시간에 30mm 이상이나 하루에 80mm 이상 혹은 연 강수량의 10% 이상의 강우가 하루만에 내리는 경우를 말한다.
- 1) 발생 조건: 강한 상승 기류에 의해 적란운이 생성 되었을 때, 장마 전선, 태풍, 저기압의 가장자리에서 대기가 불안정 할 때
- 2) 지속 시간: 수십 분~수 시간
- 3) 규모: 반경 10km~20km

3. 폭설: 한 지역에서 짧은 시간에 내리는 많은 양의 눈을 의미. 하루에 20cm 이상, 1시간에 1~3cm 이상의 눈이 내릴 경우를 말한다.
- 1) 발생 조건: 겨울철에 저기압이 통과할 때, 시베리아 고기압이 우리나라로 남하할 때 기단이 변질되는 경우.
- 2) 피해: 교통마비, 교통사고, 눈사태 등
- 3) 대책: 염화 칼슘, 대중교통 이용

4. 강풍: 10분간 평균 풍속이 14m/s 이상인 바람.
- 1) 발생 조건: 겨울철 시베리아 고기압이 영향을 받을 때, 여름철 태풍이 영향을 받을 때
- 2) 피해: 시설물 파괴, 높은 파도로 인한 선박 및 양식장 피해

5. 황사: 건조한 사막 지대에서 바람에 의해 상승된 미세한 토양 입자가 상층의 편서풍을 타고 이동하다 낙하하는 현상.
- 1) 발원지: 중국과 몽골의 사막 지대 및 황하 중류의 황토 지대
- 2) 발생 조건: 지표면의 구성 입자가 미세하고 건조한 상태에서 바람이 강하게 불어야 하며, 상승 기류가 강하게 발달하여 토양 입자가 높이 상승해야 한다. 따라서 일반적으로 사막에서 주로 발생한다.
- 3) 발생 시기: 봄철

▶ 호우와 집중 호우
- 호우: 시간 및 공간에 관계없이 많은 양의 비가 연속적으로 내리는 현상
- 집중 호우: 짧은 시간 동안 좁은 지역에 걸쳐 많은 양의 비가 내리는 현상

▶ 미세 먼지
지름이 10μm보다 작고 여러가지 성분을 포함하여 대기 중에 떠 있는 물질로 이 중 지름이 2.5μm보다 작은 것을 초미세 먼지라고 한다.

다음은 뇌우, 우박, 황사에 대하여 학생 A, B, C가 나눈 대화를 나타낸 것이다.

제시한 내용이 옳은 학생만을 있는 대로 고른 것은?

① A   ② B   ③ A, C   ④ B, C   ⑤ A, B, C

그림은 우리나라에 영향을 주는 황사의 발원지와 이동 경로를, 표는 우리나라의 관측소 ㉠과 ㉡에서 최근 20년간 관측한 황사 발생 일수를 계절별로 누적하여 나타낸 것이다. A와 B는 각각 ㉠과 ㉡ 중 한 곳이다.

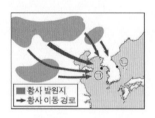

계절 \ 관측소	A	B
봄 (3~5월)	95	170
여름 (6~8월)	0	0
가을 (9~11월)	8	30
겨울 (12~2월)	22	32

이에 대한 옳은 설명만을 <보기>에서 있는 대로 고른 것은?

보기

ㄱ. A는 ㉠이다.

ㄴ. 우리나라에서 황사는 북태평양 기단의 영향이 우세한 계절에 주로 발생한다.

ㄷ. 황사 발원지에서 사막화가 심해지면 우리나라의 연간 황사 발생 일수는 증가할 것이다.

① ㄱ   ② ㄷ   ③ ㄱ, ㄴ   ④ ㄴ, ㄷ   ⑤ ㄱ, ㄴ, ㄷ

다음은 우리나라에 영향을 주는 황사와 관련된 탐구 활동이다.

[탐구 과정]

(가) 공공데이터포털을 이용하여 최근 10년 동안 서울과 부산의 월평균 황사 일수를 조사한다.

(나) 우리나라에 영향을 주는 황사의 발원지와 이동 경로를 조사하여 지도에 나타낸다.

[탐구 결과]

○ (가)의 결과

(단위: 일)

월	1	2	3	4	5	6	7	8	9	10	11	12
서울	0.5	0.6	2.2	1.4	1.7	0.0	0.0	0.0	0.0	0.2	1.0	0.2
부산	0.4	0.3	0.7	1.0	1.4	0.0	0.0	0.0	0.0	0.1	0.3	0.2

○ (나)의 결과

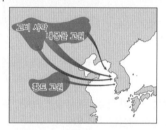

이에 대한 설명으로 옳은 것만을 <보기>에서 있는 대로 고른 것은?

보기

ㄱ. 최근 10년 동안의 연평균 황사 일수는 서울보다 부산이 많다.

ㄴ. 발원지에서 생성된 모래 먼지가 우리나라로 이동할 때 편서풍의 영향을 받는다.

ㄷ. 우리나라에서 황사는 고온 다습한 기단의 영향이 우세한 계절에 주로 발생한다.

① ㄱ   ② ㄴ   ③ ㄱ, ㄷ   ④ ㄴ, ㄷ   ⑤ ㄱ, ㄴ, ㄷ

4 2022 수능

그림 (가)는 우리나라에 영향을 준 어느 황사의 발원지와 관측소 A와 B의 위치를 나타낸 것이고, (나)는 A와 B에서 측정한 이 황사 농도를 ㉠과 ㉡으로 순서 없이 나타낸 것이다.

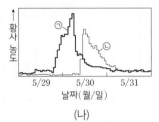

(가)   (나)

이 황사에 대한 설명으로 옳은 것만을 〈보기〉에서 있는 대로 고른 것은?

보기

ㄱ. A에서 측정한 황사 농도는 ㉠이나.

ㄴ. 발원지에서 5월 30일에 발생하였다.

ㄷ. 무역풍을 타고 이동하였다.

① ㄱ   ② ㄴ   ③ ㄱ, ㄷ   ④ ㄴ, ㄷ   ⑤ ㄱ, ㄴ, ㄷ

5

그림은 기상 현상의 특징에 대해 학생들이 대화를 나누는 장면을 나타낸 것이다.

제시한 내용이 옳은 학생만을 있는 대로 고른 것은?

① A   ② B   ③ C   ④ A, B   ⑤ B, C

6

그림은 몽골 지역의 사막화 과정을 나타낸 것이다.

이에 대한 옳은 설명만을 〈보기〉에서 있는 대로 고른 것은?

보기

ㄱ. ㉠으로 인해 지표면의 반사율은 감소한다.

ㄴ. 몽골 지역의 사막화는 인간 활동에 의해 가속화되고 있다.

ㄷ. 몽골 지역의 사막화가 계속되면 우리나라의 황사 발생 가능성은 커진다.

① ㄱ   ② ㄴ   ③ ㄱ, ㄷ   ④ ㄴ, ㄷ   ⑤ ㄱ, ㄴ, ㄷ

7 2022 평가원

그림 (가)는 지난 20년간 우리나라에서 관측한 우박의 월별 누적 발생 일수와 월별 평균 크기를 나타낸 것이고, (나)는 뇌우에서 우박이 성장하는 과정을 나타낸 모식도이다.

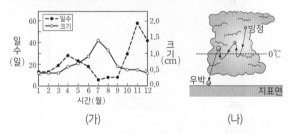

(가)   (나)

이 자료에 대한 설명으로 옳은 것만을 〈보기〉에서 있는 대로 고른 것은?

보기

ㄱ. 우박은 7월에 가장 빈번하게 발생하였다.

ㄴ. (나)에서 빙정이 우박으로 성장하기 위해서는 과냉각 물방울이 필요하다.

ㄷ. 상승 기류는 여름철 우박의 크기가 커지는 주요 원인이다.

① ㄱ   ② ㄴ   ③ ㄷ   ④ ㄱ, ㄴ   ⑤ ㄴ, ㄷ

DAY 13
Ⅱ
1
ㅣ
04
우리나라의 주요 악기상

8

그림 (가)는 우리나라에 집중 호우가 발생했을 때의 기상 레이더 영상을, (나)와 (다)는 (가)와 같은 시각의 위성 영상을 나타낸 것이다.

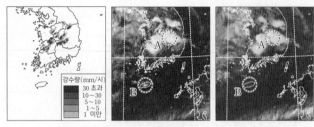

(가) 레이더 영상　　(나) 가시 영상　　(다) 적외 영상

이 자료에 대한 설명으로 옳은 것만을 〈보기〉에서 있는 대로 고른 것은? 3점

보기
ㄱ. A 지역의 대기는 불안정하다.
ㄴ. (나)는 야간에 촬영한 것이다.
ㄷ. 구름 정상부의 고도는 A보다 B 지역이 높다.

① ㄱ　　② ㄴ　　③ ㄱ, ㄷ　　④ ㄴ, ㄷ　　⑤ ㄱ, ㄴ, ㄷ

9

그림은 우리나라에 영향을 주는 황사의 발원지와 이동 경로에 대한 자료를 보고 학생들이 나눈 대화를 나타낸 것이다.

고비 사막
내몽골고원
황토고원

학생 A: 황사는 발원지에서 고기압이 발달할 때 주로 발생해.

학생 B: 발원지에서 생성된 모래 먼지가 우리나라로 이동할 때 편서풍의 영향을 받을거야.

학생 C: 황사는 기권과 지권의 상호 작용으로 발생해.

제시한 내용이 옳은 학생만을 있는 대로 고른 것은?

① A　　② B　　③ A, C　　④ B, C　　⑤ A, B, C

10

다음은 뇌우와 우박에 대하여 학생 A, B, C가 나눈 대화를 나타낸 것이다.

| 뇌우의 발생 조건 | ― 국지적인 가열
― 전선면에서 나타나는 상승 기류
― (㉠) |
| 우리나라 월별 평균 우박 일수 | |

학생 A: 열대 저기압의 강한 상승 기류는 ㉠에 해당해.

학생 B: 뇌우는 우박을 동반할 수 있어.

학생 C: 이 자료를 보면 우리나라 월별 평균 우박 일수는 겨울철이 여름철보다 많아.

제시한 내용이 옳은 학생만을 있는 대로 고른 것은?

① A　　② B　　③ A, C　　④ B, C　　⑤ A, B, C

11

그림은 시간에 따라 뇌우에 공급되는 물의 양과 비가 되어 내린 물의 양을 A와 B로 순서 없이 나타낸 것이다. ㉠, ㉡, ㉢은 뇌우의 발달 단계에서 각각 성숙 단계, 적운 단계, 소멸 단계 중 하나이다.
이에 대한 설명으로 옳은 것만을 〈보기〉에서 있는 대로 고른 것은?

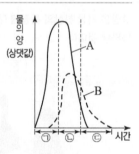

보기
ㄱ. A는 비가 되어 내린 물의 양이다.
ㄴ. 뇌우로 인한 강수량은 ㉠이 ㉡보다 적다.
ㄷ. ㉢은 하강 기류가 상승 기류보다 우세하다.

① ㄱ　　② ㄴ　　③ ㄱ, ㄷ　　④ ㄴ, ㄷ　　⑤ ㄱ, ㄴ, ㄷ

12 2024 평가원

그림 (가)는 어느 날 21시 우리나라 주변의 지상 일기도를, (나)는 같은 시각의 적외 영상을 나타낸 것이다. 이날 서해안 지역에서는 폭설이 내렸다.

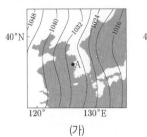
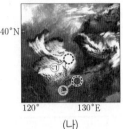

(가)　　　　　(나)

이 자료에 대한 설명으로 옳은 것만을 〈보기〉에서 있는 대로 고른 것은? 3점

보기

ㄱ. 지점 A에서는 남풍 계열의 바람이 분다.
ㄴ. 시베리아 기단이 확장하는 동안 황해상을 지나는 기단의 하층 기온은 높아진다.
ㄷ. 구름 최상부에서 방출하는 적외선 복사 에너지양은 영역 ㉠이 영역 ㉡보다 많다.

① ㄱ　　② ㄴ　　③ ㄷ　　④ ㄱ, ㄴ　　⑤ ㄴ, ㄷ

14

그림 (가)는 어느 해 우리나라에 영향을 미친 황사가 발원한 3월 4일의 일기도를, (나)는 3월 4일부터 8일까지 백령도에서 관측된 황사 농도를 나타낸 것이다.

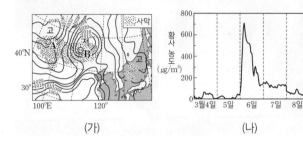

(가)　　　　　(나)

이에 대한 설명으로 옳은 것만을 〈보기〉에서 있는 대로 고른 것은? 3점

보기

ㄱ. (가)에서 황사의 발원지는 B지역보다 A지역일 가능성이 크다.
ㄴ. 3월 6일에 백령도에는 하강 기류가 상승 기류보다 강했을 것이다.
ㄷ. 사막의 면적이 줄어들면 황사의 발생 횟수는 감소할 것이다.

① ㄱ　　② ㄴ　　③ ㄱ, ㄷ　　④ ㄴ, ㄷ　　⑤ ㄱ, ㄴ, ㄷ

13

그림은 어느 해 2월에 발생한 황사 물질의 이동 경로와 이 기간에 제주도에서 측정한 대기질 농도를 나타낸 것이다.

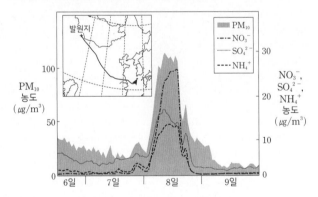

이에 대한 설명으로 옳은 것만을 〈보기〉에서 있는 대로 고른 것은?

보기

ㄱ. 황사의 이동은 서풍 계열 바람의 영향을 받았다.
ㄴ. 2월 8일에 제주도에는 상승 기류가 하강 기류보다 강했을 것이다.
ㄷ. 대기 오염 물질의 농도가 가장 높은 날은 8일이다.

① ㄴ　　② ㄷ　　③ ㄱ, ㄴ　　④ ㄱ, ㄷ　　⑤ ㄱ, ㄴ, ㄷ

15

그림 (가)는 우리나라가 정체 전선의 영향을 받은 어느 날 06시의 지상 일기도를 나타낸 것이고, (나)와 (다)는 각각 이날 06시와 18시의 레이더 영상 중 하나이다.

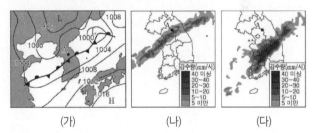

(가)　　　　(나)　　　　(다)

이 자료에 대한 설명으로 옳은 것만을 〈보기〉에서 있는 대로 고른 것은?

보기

ㄱ. (나)는 06시의 레이더 영상이다.
ㄴ. (다)에는 집중 호우가 발생한 지역이 있다.
ㄷ. A 지점에서는 06시와 18시 사이에 전선이 통과하였다.

① ㄱ　　② ㄷ　　③ ㄱ, ㄴ　　④ ㄴ, ㄷ　　⑤ ㄱ, ㄴ, ㄷ

그림 (가)와 (나)는 어느 날 같은 시각에 우리나라 부근을 촬영한
기상 위성 영상을 나타낸 것이다.

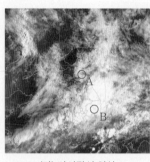 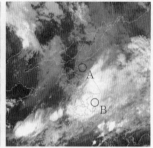

(가) 가시광선 영상   (나) 적외선 영상

이에 대한 옳은 설명만을 〈보기〉에서 있는 대로 고른 것은?

보기

ㄱ. (가)에서는 구름이 두꺼운 곳일수록 밝게 보인다.

ㄴ. 구름 최상부에서 방출되는 적외선은 B가 A보다 강하다.

ㄷ. 집중 호우가 발생할 가능성은 B가 A보다 높다.

① ㄱ   ② ㄴ   ③ ㄱ, ㄷ   ④ ㄴ, ㄷ   ⑤ ㄱ, ㄴ, ㄷ

05 해수의 성질

기본자료

필수개념 1 화학적 성질

1. **염분**: 해수 1kg 속에 녹아 있는 염류의 총량을 g수로 나타낸 것. 단위는 psu. 평균 염분은 35psu.

   1) 염분비 일정 법칙: 염분은 계절이나 장소에 따라 다르지만 염류들 간의 상호 비율은 항상 일정하다는 법칙. 따라서 한가지 성분의 양을 알면 염분을 구하거나 다른 성분의 양을 계산할 수 있다.

   2) 표층 염분 변화 요인 3가지
      ① 증발량과 강수량: (증발량－강수량) 값이 클수록 염분은 높아진다.
      ② 강물의 유입: 강물의 유입이 적을수록 염분은 높아진다.
      ③ 해수의 결빙과 해빙: 해수의 결빙이 많을수록 염분은 높아진다.

   3) 표층 염분의 분포

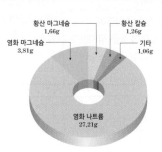

황산 마그네슘 1.66g
황산 칼슘 1.26g
염화 마그네슘 3.81g
기타 1.06g
염화 나트륨 27.21g

▲ 염분이 35psu일 때 염류 구성

적도 지방	중위도 지방	극지방
대기 대순환 중 적도 저압대가 위치하여 강수량이 많아 표층 염분이 중위도보다 낮음	대기 대순환 중 중위도 고압대가 위치하여 증발량이 많아 표층 염분이 높음	기온이 낮아 증발량이 적고 빙하가 융해되어 표층 염분이 낮음

▶ 표층 염분이 높은 곳
증발량이 강수량보다 많은 곳
해수의 결빙이 일어나는 곳

표층 염분이 낮은 곳
강수량이 증발량보다 많은 곳
해빙이 일어나는 곳
강물이 유입되는 연안 지역

2. **해수의 용존 기체의 특징**

   1) 용존 기체: 해수 표면을 통해서 용해되거나 해양 생물의 광합성 및 호흡에 의해 공급된다. CO_2, O_2, N_2 등이 있다.

   2) 기체 용해도: 기체가 물에 용해되는 정도. 물의 온도가 낮을수록, 염분이 낮을수록, 수압이 높을수록 용해도가 커진다.

   3) 용존 산소량: 물속에 녹아 있는 산소의 양.
      ① 저위도 → 고위도 이동하는 물(난류): 용존 산소의 양이 적다.
      ② 고위도 → 저위도 이동하는 물(한류): 용존 산소의 양이 많다.
      ③ 저위도에서 고위도로 갈수록 용존 산소의 양이 증가하는 추세를 보인다.

   4) 산소와 이산화 탄소의 용해도 비교: 이산화 탄소＞산소

   5) 깊이에 따른 용존 산소량과 용존 이산화 탄소량 분포

구분	용존 산소량	용존 이산화 탄소량
깊이에 따른 **농도 변화**	용존 산소 농도(mL/L) 수심(m) 1 2 3 4 5 6 0 1000 2000 3000 4000	용존 이산화 탄소 농도(mL/L) 수심(m) 44 46 48 50 52 0 1000 2000 3000 4000
표층 (수심 100m까지)	산소가 표층에서 직접 녹아 들어감. 식물성 플랑크톤의 광합성 작용에 의해서 공급되기도 함. 용존 산소량이 가장 높은 층	식물성 플랑크톤에 의해 용존 이산화 탄소가 소비되어 표층에는 용존 이산화 탄소량이 적음

DAY 14
II
1
ㅡ
05
해수의 성질

중층 (수심 100m~1000m)	광합성에 의해 공급되는 산소가 없고 동식물들의 호흡 및 유기물 분해 작용에 의한 산소 소비로 현저하게 용존 산소량이 줄어듦	태양 빛은 수심 100m 이상에는 도달하지 못하므로 광합성에 의한 용존 이산화 탄소의 소비가 없는 상태에서 생명체들의 호흡 활동에 의해 이산화 탄소가 지속적으로 공급되므로 깊이에 따라 용존 이산화 탄소의 농도가 증가
심층 (수심 1000m 이상)	생명 활동에 의한 산소 소비량이 줄어들고 용존 산소량이 높은 극지방의 표층 해수가 유입되어 용존 산소량이 증가함	

필수개념 2 물리적 성질

1. 표층 수온

1) 표층 수온 변화 요인

태양 복사 에너지의 양	표층 수온의 주요인. 적도에서 많고 극에서 작은 양을 보임 → 적도에서 표층 수온이 높고, 극에서 표층 수온이 낮음
대륙의 분포	대륙이 해양에 비해서 비열이 작아 쉽게 뜨거워지고 쉽게 식음 → 육지가 많은 북반구가 육지가 적은 남반구보다 표층 수온이 높음
해류의 영향	난류가 흐르면 수온이 높고, 한류가 흐르면 수온이 낮음

2) 표층 수온의 위도별 분포

① 전 세계의 표층 수온의 범위는 $-2℃ \sim 30℃$
② 등수온선은 대체로 위도와 나란한 분포
③ 아열대 해양에서는 해류의 영향으로 동쪽 연안(한류)보다 서쪽 연안(난류)의 수온이 높음.
④ 계절에 따른 수온 변화의 폭은 대륙의 연안보다 대양의 중심부에서 적다.
⑤ 표층 해수의 수온 분포는 주변 지역의 기후에 크게 영향을 미친다.

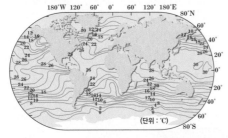

▲ 전 세계 해양의 표층 수온 분포

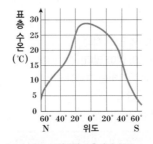

▲ 위도별 표층 수온 분포

2. 연직 수온

1) 수온의 연직 분포: 깊이에 따른 수온 분포에 따라 혼합층, 수온약층, 심해층으로 구분

혼합층	바람에 의한 혼합 작용에 의해 깊이에 따른 수온이 일정한 층 태양 복사 에너지의 도달 양이 많을수록 수온이 높아지며 바람의 세기가 셀수록 혼합되는 깊이가 깊어져 혼합층의 두께가 두꺼워짐
수온 약층	혼합층 아래에 있는 층으로 깊이에 따라 수온이 급격히 낮아지는 층 위쪽의 수온이 아래쪽보다 높아 안정하기 때문에 대류가 발생하지 않아 혼합층과 심해층 사이의 물질 교환 및 에너지 교환을 차단하는 역할을 함
심해층	수온 약층 아래에 있는 층으로 연중 수온 변화가 거의 없고 깊이에 따른 수온 변화 역시 거의 없는 층 태양 복사 에너지의 영향을 받지 않기 때문에 위도나 계절에 관계없이 수온이 일정함

※ 태양 복사 에너지는 수심 10m에서 전체의 90%가 흡수되며, 100m에서 전체의 99%가 흡수된다.

기본자료

▶ 지표면에 도달하는 태양 복사 에너지 태양의 고도가 높은 적도 부근에 가장 많은 에너지가 도달하고 양극 지방으로 가면서 태양의 고도가 낮아져 지표면에 도달하는 태양 복사 에너지의 양도 줄어든다.

▶ 혼합층 두께 바람이 강한 지역일수록 두껍다.

혼합층 수온 위도가 낮은 지역일수록 높다.

2) 위도별 해양의 층상 구조

저위도 (적도 부근)	태양 복사 에너지 도달량이 많아 표층 수온이 높아 심층과의 온도 차이가 커 수온 약층이 잘 발달
중위도 (온대 지방)	바람이 강하게 불어 혼합층이 두껍기 때문에 수온 약층의 깊이가 깊음. 또한 해양 층상 구조가 가장 뚜렷하게 발달
고위도 (60° 이상)	표층과 심층의 수온이 거의 비슷하여 층상 구조가 발달하지 않음.

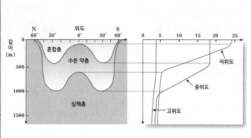

▶ 수온과 염분에 의한 밀도 변화
해양에서 염분은 어느 바다이든 큰 차이가 나지 않고 거의 비슷하지만 수온은 적노와 양극 지방 사이에 큰 차이가 나타난다. 따라서 해수의 밀도는 염분보다는 수온의 차이에 의해 더 큰 영향을 받는다.

3. 해수의 밀도

1) 밀도 결정 요소: 수온이 낮을수록, 염분이 높을수록, 수압이 높을수록 해수의 밀도는 커짐. 해수의 밀도는 심층 순환 등의 연직 순환에 큰 영향을 미친다.

2) 해수의 밀도 분포: 1.025∼1.028g/cm³

3) 해수 밀도 분포의 특징: 전 세계 해수의 분포 중 가장 많은 차이(15℃ 이상, 염분은 5psu 이하)를 보이는 요소가 수온이기 때문에 수온이 밀도를 결정짓는 데 중요한 역할을 함 → 대체적으로 해수의 밀도 분포는 수온 분포에 반비례

4) 해수 밀도의 위도 분포

적도 부근	수온이 높고 저압대라서 염분 낮음 → 밀도 가장 작은 지역
위도 50°∼60°	수온이 낮음 → 밀도 가장 높음
위도 60° 이상	수온은 낮지만 염분도 낮아서 밀도가 그렇게 높지는 않음 북극 부근은 해빙에 의해 남극 부근에 비해 해수의 염분이 낮아 남극 부근의 해수의 밀도가 더 큼

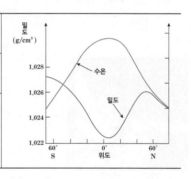

5) 해수 밀도의 연직 분포

① 수심이 깊어질수록 밀도 증가, 수온 감소 → 밀도와 수온 반비례

② 수온 약층: 수온이 급변 → 밀도가 급변

③ 심해층: 수온 변화 거의 없음 → 밀도가 거의 변화 없음

4. 수온 염분도(T−S도)

1) 수온 염분도: 해수의 수온과 염분을 축으로 하여 그래프화 한 것

2) 등밀도선 위에 놓인 두 점은 수온과 염분이 달라도 밀도가 같은 해수라는 의미

3) 수온 염분도에서 밀도를 찾는 방법. 주어진 수온과 염분이 만나는 점을 찾은 후 그 점과 만나는 등밀도선의 값을 읽음

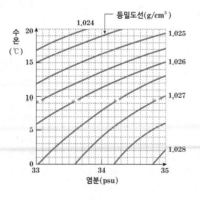

01 기압과 날씨의 변화

1) 전선: 온난 전선을 통과하면 기온은 상승, 기압은 하강하고, 한랭 전선을 통과하면 기온은 하강, 기압은 상승한다. 세력이 비슷한 찬 기단과 따뜻한 기단이 만나서 형성되는 정체 전선과 한랭 전선이 온난 전선을 따라잡아 형성되는 폐색 전선을 구분해야 한다.

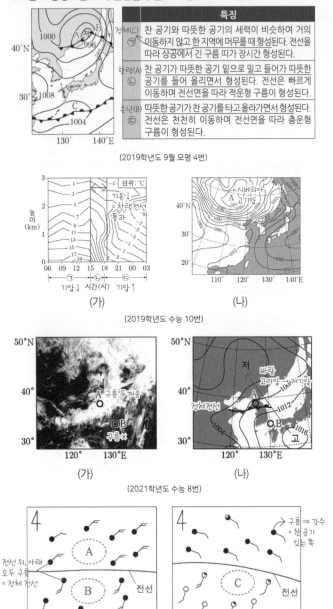

특징	
정체(C) ㉠	찬 공기와 따뜻한 공기의 세력이 비슷하여 거의 이동하지 않고 한 지역에 머무를 때 형성된다. 전선을 따라 상공에서 긴 구름 띠가 장시간 형성된다.
한랭(A) ㉡	찬 공기가 따뜻한 공기 밑으로 밀고 들어가 따뜻한 공기를 들어 올리면서 형성된다. 전선은 빠르게 이동하며 전선면을 따라 적운형 구름이 형성된다.
온난(B) ㉢	따뜻한 공기가 찬공기를 타고 올라가면서 형성된다. 전선은 천천히 이동하며 전선면을 따라 층운형 구름이 형성된다.

(2019학년도 9월 모평 4번)

(가) (2019학년도 수능 10번) (나)

(가) (2021학년도 수능 8번) (나)

(가) (2022년 3월 학평 9번) (나)

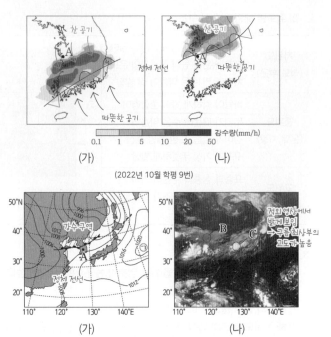

(가) (2022년 10월 학평 9번) (나)

강수량(mm/h)
0.1 1 5 10 20 50

(가) (2023년 7월 학평 7번) (나)

2) 기단의 변질

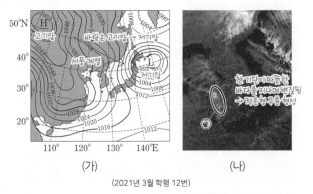

(가) (2021년 3월 학평 12번) (나)

★ 바람은 항상 고기압에서 저기압으로 분다. (가)에서 시베리아 고기압이 발달해 있고, 일본 부근에는 저기압이 발달해 있으므로 서풍 계열의 바람이 불게 된다. 시베리아 기단(찬 기단)이 서풍을 타고 황해(따뜻한 바다)를 지나면 열과 수증기를 공급받아 적운형 구름(㉠)이 형성된다. 적운형 구름은 소나기와 폭설 등을 내리게 하므로, 서해안에 폭설이 내릴 가능성이 높다.

02 온대 저기압과 날씨

1) 일기도 해석: 온대 저기압은 일기도에 한랭 전선이 온난 전선을 따라가는 모양으로 표현된다. 두 전선 사이의 간격이 좁거나 폐색 전선이 많이 발달된 일기도가 더 이후에 관측한 자료이다. 온난 전선 앞에선 남동풍이, 온난역에선 남서풍이, 한랭 전선 뒤에선 북서풍이 분다. 따라서 한 관측소에서 온대 저기압이 지나가는 동안 풍향은 시계 방향으로 변한다.

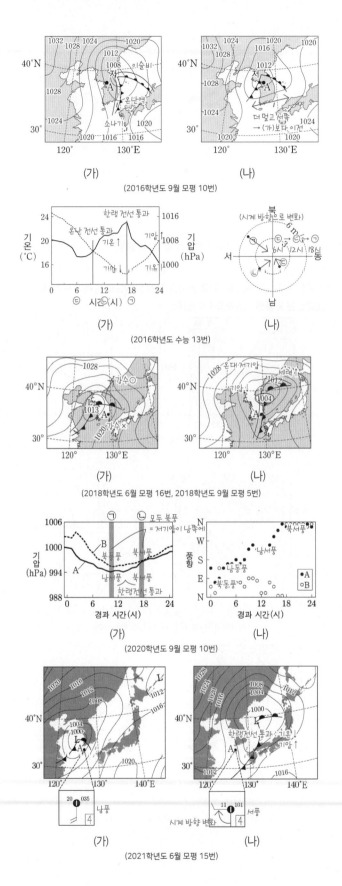

(2016학년도 9월 모평 10번)

(2016학년도 수능 13번)

(2018학년도 6월 모평 16번, 2018학년도 9월 모평 5번)

(2020학년도 9월 모평 10번)

(2021학년도 6월 모평 15번)

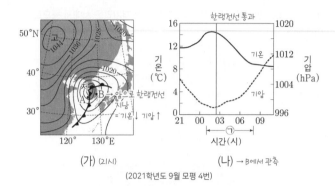

(2021학년도 9월 모평 4번)

2) 위성 영상: 구름의 모양이 쉼표(,) 모양으로 나타나는데, 구름이 없는 곳이 한랭 전선과 온난 전선의 사이인 온난역이다. 온난 전선의 앞에, 한랭 전선의 뒤에 구름이 나타난다.

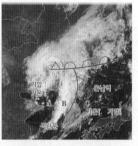

(2014학년도 6월 모평 18번)

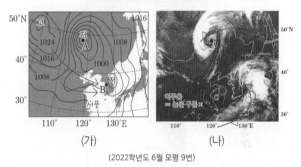

(2022학년도 6월 모평 9번)

3) 온대 저기압의 전선

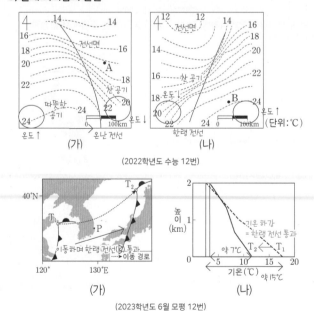

(2022학년도 수능 12번)

(2023학년도 6월 모평 12번)

★ 우리나라는 편서풍의 영향을 받으므로 온대 저기압은 서에서 동으로 이동한다.

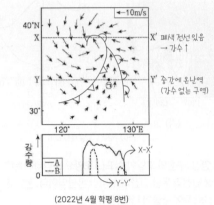

(2022년 4월 학평 8번)

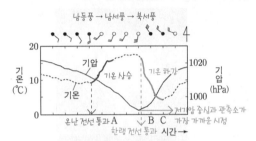

(2023학년도 9월 모평 8번)

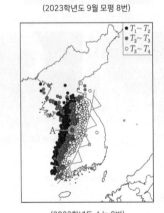

(2023학년도 수능 8번)

: 온대 저기압이 우리나라를 지나는 3시간 동안 전선 주변에서 발생한 번개의 분포

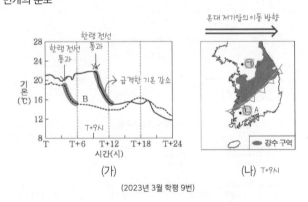

(2023년 3월 학평 9번)

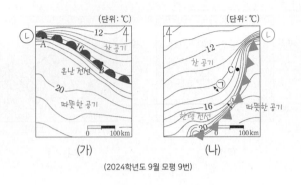

(2024학년도 9월 모평 9번)

03 태풍의 발생과 영향

1) 일기도 해석: 태풍의 진행 방향을 기준으로 오른쪽 반원은 위험 반원으로 풍속이 빠르다. 왼쪽 반원은 안전 반원으로 풍속이 느리다. 등압선은 동심원 모양으로 나타난다.

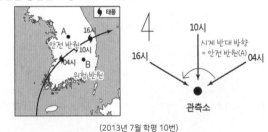

(2013년 7월 학평 10번)

(가)   (나)

(2015학년도 수능 17번, 2018년 3월 학평 14번)

(가)   (나)

(2018학년도 9월 모평 7번, 2019학년도 수능 13번(유사한 자료))

일시	태풍의 중심 위치		중심 기압 (hPa)
	위도(°N)	경도(°E)	
29일 03시	18	128	985
30일 03시	21	124	975
1일 03시	26	121	965 기압↓
2일 03시	31	123	980 = 세력↑ = 풍속↑
3일 03시	36	128	992

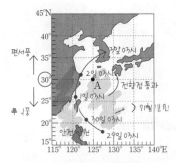

(2021년 3월 학평 11번)

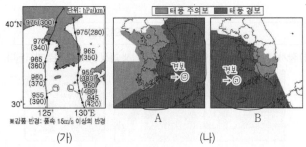

(2022년 4월 학평 9번)

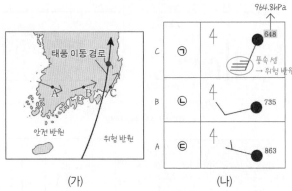

(2022년 10월 학평 17번)

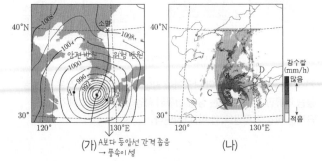

(가) A보다 등압선 간격 좁음 → 풍속이 셈　　(나)

(2023학년도 수능 7번)

최대 풍속(m/s)	태풍 강도
54 이상	초강력
44 이상~54 미만	매우강
33 이상~44 미만	강
25 이상~33 미만	중

(2023년 4월 학평 8번)

2) 물리량 분석

★ 2-1) 풍속, 풍향, 기압, 기온: 태풍 중심으로 갈수록 기압은 감소하고, 풍속은 증가한다. 기압이 낮을수록 태풍의 세력이 강하다. 태풍의 눈에서는 바람이 약하다. 태풍의 위험 반원에서는 풍향이 시계 방향으로 변하고, 안전 반원에서는 풍향이 시계 반대 방향으로 변한다.

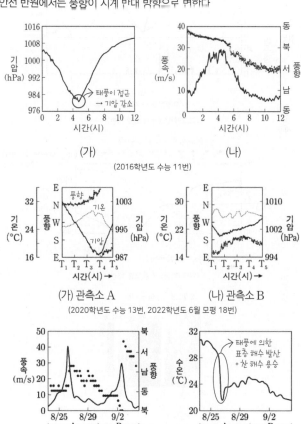

(2016학년도 수능 11번)

(가) 관측소 A　　(나) 관측소 B

(2020학년도 수능 13번, 2022학년도 6월 모평 18번)

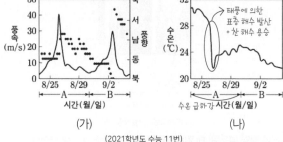

(가)　　(나)

(2021학년도 수능 11번)

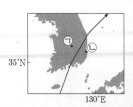

일시	풍향	태풍의 중심 기압 (hPa)
12일 21시	동	955 → 기압이 낮을수록 태풍의 세력↑
13일 00시	남동	960
13일 03시	남남서	970
13일 06시	남서	970

(2020학년도 9월 모평 12번, 2020학년도 6월(유사한 자료))

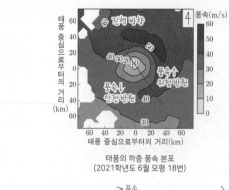

태풍의 하층 풍속 분포
(2021학년도 6월 모평 18번)

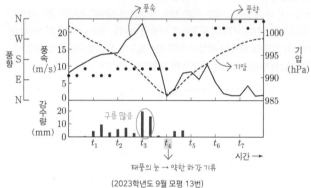

(2023학년도 9월 모평 13번)

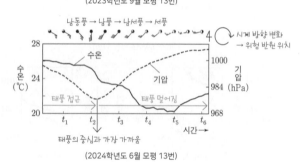

(2024학년도 6월 모평 13번)

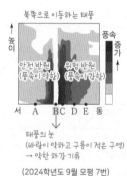

(2024학년도 9월 모평 7번)

★ 2−2) 해양 열용량: 태풍에 공급할 수 있는 해양의 단위 면적당 열량이다. 태풍에 열이 많이 공급될수록 태풍은 강해진다.

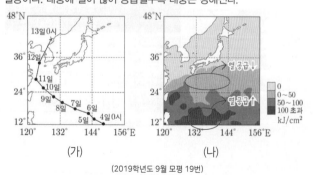

(2019학년도 9월 모평 19번)

3) 위성 영상: 적외선 영상에서 구름은 높이가 높을수록 하얗게 나타난다.

(2014학년도 9월 모평)

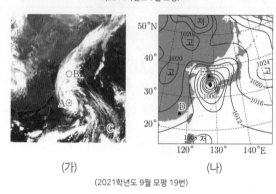

(2021학년도 9월 모평 19번)

04 우리나라의 주요 악기상

1) 황사: 황사의 발생 원인과 발생 빈도, 발생 과정 등이 자료로 제시된다.

(2014학년도 9월 모평 5번)

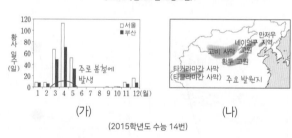

(2015학년도 수능 14번)

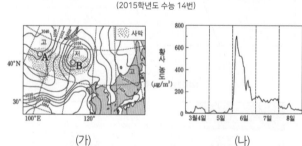

(2017학년도 9월 모평 14번)

2) 뇌우: 번개 치는 사진이 나오거나 발달 과정이 나온다. 적운 단계는 상승 기류만, 성숙 단계는 상승 기류와 하강 기류 모두(소나기), 소멸 단계는 하강 기류만(약한 비) 나타난다.

(2015학년도 6월 모평 10번 (나))

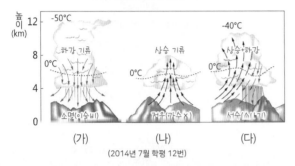

(2014년 7월 학평 12번)

3) 우박: 빙정은 상승 기류와 하강 기류를 반복하며 성장한다. 과냉각
물방울에서 증발한 수증기가 빙정에서 승화하여 빙정이 성장한다.

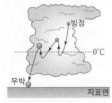

(2022학년도 6월 모평 10번 (나))

4) 폭설: 적외선 영상에서 하얗게 나올수록 구름의 최상부 높이가 높다.

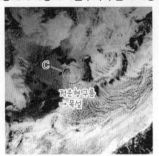

(2016학년도 6월 모평 19번 (나))

05 해수의 성질

1) 화학적 성질

★ 1-1) 염분: 표층 염분은 (증발량−강수량) 값에 영향을 많이 받으며,
적도 저압대(0°) 근처와 한대 전선대(60°) 근처에서 낮고, 아열대
고압대(30°)에서 가장 높다.

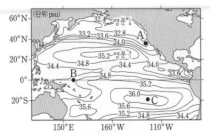

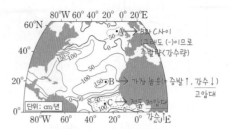

(2018학년도 9월 모평 4번(지구과학Ⅱ))

(2022학년도 6월 모평 2번): 증발량-강수량 자료

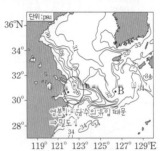

(나) 표층 염분

(2021년 7월 학평 8번)

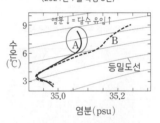

(2022학년도 수능 3번)

★ 1-2) 용존 기체: 이산화 탄소는 기체 용해도가 높아서 항상 산소보다
높은 농도이다. 또한 수심이 깊어질수록 점차 농도가 증가한다. 산소의
농도는 표층에서 가장 높고, 수심이 깊어질수록 감소하다가 서서히
증가한다.

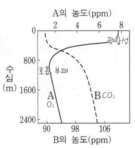

(2016학년도 수능 2번(지구과학Ⅱ))

2) 물리적 성질

★ 2-1) 수온: 혼합층은 수온이 높고 일정하고, 심해층은 계절에 상관 없이
수온이 낮고 일정하다. 혼합층과 심해층의 수온 차이로 인해 수온 변화가
급격하게 나타나는 층이 수온약층이다. 혼합층은 바람이 강하게 불수록
두꺼워지고, 계절에 따라 온도 차이가 크다. 수온약층은 안정하여 대류가
일어나지 않으므로 물질 및 에너지 교환을 차단한다.

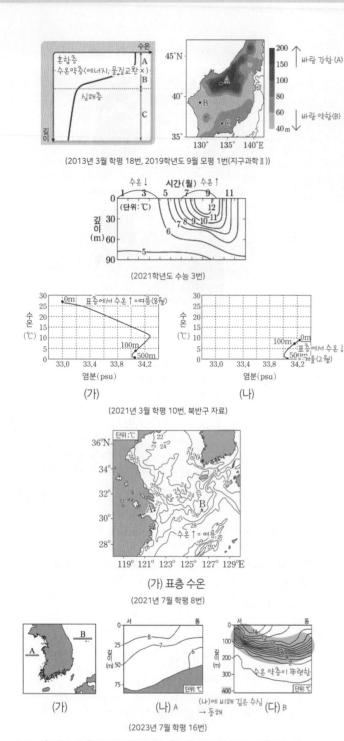

(2013년 3월 학평 18번, 2019학년도 9월 모평 1번(지구과학Ⅱ))

(2021학년도 수능 3번)

(2021년 3월 학평 10번, 북반구 자료)

(가) 표층 수온

(2021년 7월 학평 8번)

(가)　(나) A　(다) B

(2023년 7월 학평 16번)

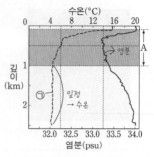

(2017학년도 6월 모평 13번 (가)(지구과학Ⅱ))

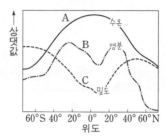

(2016학년도 9월 모평 4번(지구과학Ⅱ))

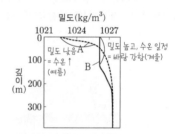

(2020학년도 6월 모평 2번(지구과학Ⅱ))

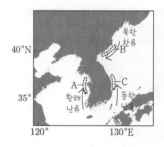　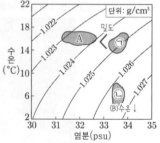

(가)　(나)

(2021학년도 9월 모평 5번)

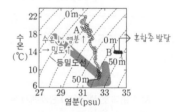

(2023학년도 9월 모평 3번)

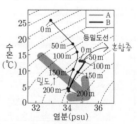

(2024학년도 6월 모평 8번)

★ 2-2) 밀도: 수온이 낮고 염분이 높을수록 밀도가 크다. 수온이 높고 염분이 낮은 적도 부근에서 밀도가 가장 작고, 중위도에서 밀도가 크다 (북반구에서는 중위도 해역의 밀도가 가장 크고, 남반구에서는 남극 해역의 밀도가 가장 크다.). 북극 부근은 해빙에 의해 염분이 낮아져 남극보다 해수의 밀도가 작다.

해역	수온 (℃)	염분 (psu 또는 ‰)	밀도 (g/cm³)
A	㉠ 10℃↑	36.5	1.027
B	10	35.0	1.027
C	10	33.0	㉡ 1.027↓

(2016학년도 6월 모평 13번(지구과학Ⅱ))

1

그림 (가)는 우리나라 주변 해역 A, B, C를, (나)는 세 해역 표층 해수의 수온과 염분을 수온 − 염분도에 나타낸 것이다. B와 C의 수온과 염분 분포는 각각 ㉠과 ㉡ 중 하나이다.

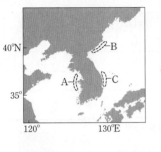 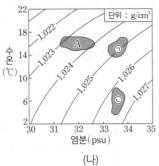

(가)   (나)

이 자료에 대한 설명으로 옳은 것만을 <보기>에서 있는 대로 고른 것은?

보기
ㄱ. ㉡은 B에 해당한다.
ㄴ. 해수의 밀도는 A가 C보다 크다.
ㄷ. B와 C의 해수 밀도 차이는 수온보다 염분의 영향이 더 크다.

① ㄱ   ② ㄴ   ③ ㄱ, ㄷ   ④ ㄴ, ㄷ   ⑤ ㄱ, ㄴ, ㄷ

2

그림은 동해에서 측정한 수괴 A, B, C의 성질을 나타낸 것이다. (가)는 수온과 염분 분포이고, (나)는 수온과 용존 산소량 분포이다.

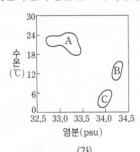 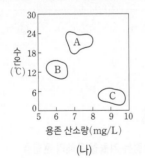

(가)   (나)

A, B, C에 대한 설명으로 옳은 것만을 <보기>에서 있는 대로 고른 것은?

보기
ㄱ. 밀도는 A가 가장 낮다.
ㄴ. 염분이 높은 수괴일수록 용존 산소량이 많다.
ㄷ. B는 A와 C가 혼합되어 형성되었다.

① ㄱ   ② ㄴ   ③ ㄱ, ㄷ   ④ ㄴ, ㄷ   ⑤ ㄱ, ㄴ, ㄷ

3

그림은 태평양 표층 염분의 연평균 분포를 나타낸 것이다.

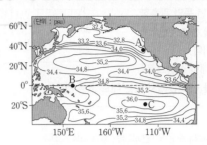

해역 A, B, C에 대한 설명으로 옳은 것만을 <보기>에서 있는 대로 고른 것은?

보기
ㄱ. A는 한류의 영향을 받는다.
ㄴ. (증발량−강수량) 값은 B가 C보다 작다.
ㄷ. A, B, C의 해수에 녹아 있는 주요 염류의 질량비는 일정하다.

① ㄱ   ② ㄴ   ③ ㄱ, ㄷ   ④ ㄴ, ㄷ   ⑤ ㄱ, ㄴ, ㄷ

4

2023 평가원

그림 (가)와 (나)는 어느 해 A, B 시기에 우리나라 두 해역에서 측정한 연직 수온 자료를 각각 나타낸 것이다.

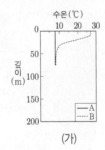 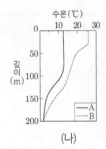

(가)   (나)

이에 대한 설명으로 옳은 것만을 <보기>에서 있는 대로 고른 것은?

3점

보기
ㄱ. (가)에서 50m 깊이의 수온과 표층 수온의 차이는 B가 A보다 크다.
ㄴ. A와 B의 표층 수온 차이는 (가)가 (나)보다 크다.
ㄷ. B의 혼합층 두께는 (나)가 (가)보다 두껍다.

① ㄱ   ② ㄷ   ③ ㄱ, ㄴ   ④ ㄴ, ㄷ   ⑤ ㄱ, ㄴ, ㄷ

5

그림은 북반구 중위도 어느
해역에서 1년 동안 관측한
수온 변화를 등수온선으로
나타낸 것이다.
이 자료에 대한 설명으로
옳은 것만을 <보기>에서 있는 대로 고른 것은?

보기

ㄱ. 표층에서 수온의 연교차는 10℃보다 크다.

ㄴ. 수온 약층은 9월이 5월보다 뚜렷하게 나타난다.

ㄷ. 6℃ 등수온선은 5월이 11월보다 깊은 곳에서 나타난다.

① ㄱ　　② ㄴ　　③ ㄱ, ㄷ　　④ ㄴ, ㄷ　　⑤ ㄱ, ㄴ, ㄷ

6

그림 (가)와 (나)는 어느 시기 우리나라 주변의 표층 수온과 표층
염분을 나타낸 것이다.

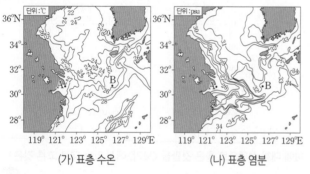

(가) 표층 수온　　　　　(나) 표층 염분

이에 대한 설명으로 옳은 것만을 <보기>에서 있는 대로 고른 것은?

보기

ㄱ. 겨울철에 관측한 것이다.

ㄴ. A 해역에는 담수 유입이 일어나고 있다.

ㄷ. 표층 해수의 밀도는 A 해역이 B 해역보다 크다.

① ㄱ　　② ㄴ　　③ ㄱ, ㄷ　　④ ㄴ, ㄷ　　⑤ ㄱ, ㄴ, ㄷ

7

다음은 수온과 염분이 해수의 밀도에 미치는 영향을 알아보기 위한
실험이다.

[실험 과정]

(가) 수온과 염분이 다른
소금물 A, B, C에 서로
다른 색의 잉크를 한두
방울 떨어뜨려 각각
착색한다.

소금물	수온(℃)	염분(psu)
A	25	38
B	7	38
C	7	27

(나) 그림과 같이 칸막이로 분리된 수조
양쪽에 동일한 양의 A와 B를 각각
넣고, 칸막이를 제거한 후 소금물의
이동을 관찰한다.

소금물 A 소금물 B

(다) 수조에 담긴 소금물을 제거한 후,
소금물을 B와 C로 바꾸어 (나) 과정을
반복한다.

소금물 B 소금물 C

[실험 결과]

과정	결과
(나)	소금물 (㉠)가 소금물 (㉡) 아래로 이동한다.
(다)	㉢ 소금물 B가 소금물 C 아래로 이동한다.

이에 대한 설명으로 옳은 것만을 <보기>에서 있는 대로 고른 것은?

보기

ㄱ. 실험 과정 (나)는 염분이 같을 때 수온이 밀도에 미치는
영향을 알아보기 위한 것이다.

ㄴ. ㉠은 A, ㉡은 B이다.

ㄷ. ㉢은 수온이 같을 때 염분이 높을수록 밀도가 크기 때문이다.

① ㄱ　　② ㄴ　　③ ㄱ, ㄷ　　④ ㄴ, ㄷ　　⑤ ㄱ, ㄴ, ㄷ

8

그림은 겨울철 동해의 혼합층
두께를 나타낸 것이다.
이 자료에서 해역 A, B, C에 대한
설명으로 옳은 것만을 <보기>에서
있는 대로 고른 것은?

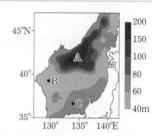

보기

ㄱ. 바람의 세기는 A가 B보다 강하다.

ㄴ. 혼합층 두께는 B가 C보다 두껍다.

ㄷ. A의 혼합층 두께는 겨울이 여름보다 얇다.

① ㄱ　　② ㄴ　　③ ㄱ, ㄷ　　④ ㄴ, ㄷ　　⑤ ㄱ, ㄴ, ㄷ

정답과 해설　5 p.229　6 p.229　7 p.230　8 p.230

9

그림 (가)는 어느 해역의 깊이에 따른 수온과 염분 분포를 ⊙과 ⓒ으로 순서 없이 나타낸 것이고, (나)는 수온－염분도를 나타낸 것이다.

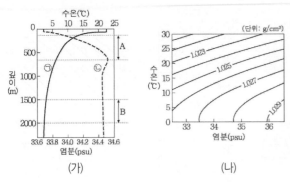

(가)   (나)

이에 대한 옳은 설명만을 〈보기〉에서 있는 대로 고른 것은?

보기

ㄱ. ⊙은 염분 분포이다.
ㄴ. 혼합층의 평균 밀도는 1.025g/cm³보다 크다.
ㄷ. 깊이에 따른 해수의 밀도 변화는 A 구간이 B 구간보다 크다.

① ㄱ   ② ㄷ   ③ ㄱ, ㄴ   ④ ㄴ, ㄷ   ⑤ ㄱ, ㄴ, ㄷ

11 **2022 평가원**

그림은 북대서양의 연평균 (증발량－강수량) 값 분포를 나타낸 것이다.
이 자료에 대한 설명으로 옳은 것만을 〈보기〉에서 있는 대로 고른 것은? **3점**

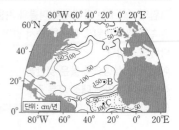

보기

ㄱ. 연평균 (증발량－강수량) 값은 B 지점이 A 지점보다 크다.
ㄴ. B 지점은 대기 대순환에 의해 형성된 저압대에 위치한다.
ㄷ. 표층 염분은 C 지점이 B 지점보다 높다.

① ㄱ   ② ㄴ   ③ ㄱ, ㄷ   ④ ㄴ, ㄷ   ⑤ ㄱ, ㄴ, ㄷ

10 **2023 수능**

그림 (가)와 (나)는 어느 해역의 수온과 염분 분포를 각각 나타낸 것이고, (다)는 수온－염분도이다. A, B, C는 수온과 염분이 서로 다른 해수이고, ⊙과 ⓒ은 이 해역의 서로 다른 수괴이다.

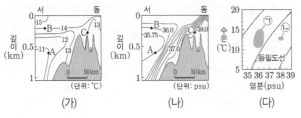

(가)   (나)   (다)

이 자료에 대한 설명으로 옳은 것만을 〈보기〉에서 있는 대로 고른 것은?

보기

ㄱ. B는 ⓒ에 해당한다.
ㄴ. A와 B의 수온에 의한 밀도 차는 A와 B의 염분에 의한 밀도 차보다 크다.
ㄷ. C의 수괴가 서쪽으로 이동하면, C의 수괴는 B의 수괴 아래쪽으로 이동한다.

① ㄱ   ② ㄴ   ③ ㄱ, ㄴ   ④ ㄴ, ㄷ   ⑤ ㄱ, ㄴ, ㄷ

12

그림 (가)는 어느 시기에 우리나라 주변 해역에서 수온과 염분을 측정한 구간을, (나)와 (다)는 이 구간의 깊이에 따른 수온과 염분 분포를 나타낸 것이다. A, B, C는 해수면에 위치한 지점이다.

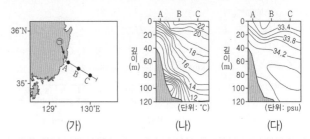

(가)   (나)   (다)

이에 대한 설명으로 옳은 것만을 〈보기〉에서 있는 대로 고른 것은? **3점**

보기

ㄱ. 해수면과 깊이 40m의 수온 차는 B보다 A가 크다.
ㄴ. ⊙ 방향으로 유입되는 담수의 양이 증가하면 A의 표층 염분은 33.4psu보다 커진다.
ㄷ. 표층 해수의 밀도는 C보다 A가 크다.

① ㄱ   ② ㄴ   ③ ㄱ, ㄷ   ④ ㄴ, ㄷ   ⑤ ㄱ, ㄴ, ㄷ

13

그림의 A와 B는 동해에서 여름과 겨울에 관측한 해수의 밀도 분포를 순서 없이 나타낸 것이다.
이에 대한 설명으로 옳은 것만을 〈보기〉에서 있는 대로 고른 것은? (단, 밀도는 수온에 의해서만 결정된다.)

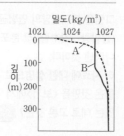

보기
ㄱ. A는 여름에 해당한다.
ㄴ. B에서 혼합층 두께는 300m보다 크다.
ㄷ. 해수면에서 바람의 세기는 A일 때가 B일 때보다 크다.

① ㄱ   ② ㄷ   ③ ㄱ, ㄴ   ④ ㄴ, ㄷ   ⑤ ㄱ, ㄴ, ㄷ

14 2023 수능

그림 (가)는 북대서양의 해역 A와 B의 위치를, (나)와 (다)는 A와 B에서 같은 시기에 측정한 물리량을 순서 없이 나타낸 것이다. ①과 ⓒ은 각각 수온과 용존 산소량 중 하나이다.

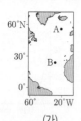 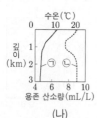 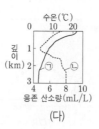

(가)   (나)   (다)

이 자료에 대한 설명으로 옳은 것만을 〈보기〉에서 있는 대로 고른 것은? 3점

보기
ㄱ. (나)는 A에 해당한다.
ㄴ. 표층에서 용존 산소량은 A가 B보다 작다.
ㄷ. 수온 약층은 A가 B보다 뚜렷하게 나타난다.

① ㄱ   ② ㄴ   ③ ㄷ   ④ ㄱ, ㄴ   ⑤ ㄱ, ㄷ

15 2022 평가원

그림 (가)는 어느 날 우리나라 주변 표층 해수의 수온과 염분 분포를, (나)는 수온－염분도를 나타낸 것이다.

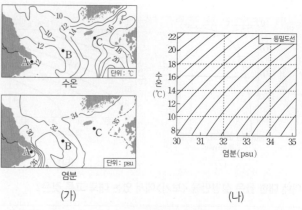

(가)   (나)

이 자료에서 해역 A, B, C의 표층 해수에 대한 설명으로 옳은 것만을 〈보기〉에서 있는 대로 고른 것은? 3점

보기
ㄱ. 강물의 유입으로 A의 염분이 주변보다 낮다.
ㄴ. 밀도는 B가 C보다 작다.
ㄷ. 수온만을 고려할 때, 산소 기체의 용해도는 B가 C보다 작다.

① ㄱ   ② ㄷ   ③ ㄱ, ㄴ   ④ ㄴ, ㄷ   ⑤ ㄱ, ㄴ, ㄷ

16

그림 (가)와 (나)는 동해의 어느 지점에서 두 시기에 측정한 수심 0～500m 구간의 수온과 염분 분포를 나타낸 것이다. (가)와 (나)는 각각 2월 또는 8월에 측정한 자료 중 하나이다.

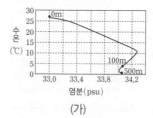 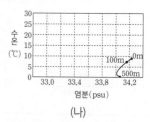

(가)   (나)

이에 대한 옳은 설명만을 〈보기〉에서 있는 대로 고른 것은?

보기
ㄱ. (가)는 8월에 측정한 자료이다.
ㄴ. 수온 약층은 (가)보다 (나)에서 뚜렷하게 나타난다.
ㄷ. 표면 해수의 밀도는 (가)보다 (나)에서 작다.

① ㄱ   ② ㄷ   ③ ㄱ, ㄴ   ④ ㄴ, ㄷ   ⑤ ㄱ, ㄴ, ㄷ

17

다음은 해수의 수온 연직 분포를 알아보기 위한 실험이다.

[실험 과정]

(가) 수조에 소금물을 채우고 온도계의 끝이 각각 수면으로부터 깊이 0cm, 2cm, 4cm, 6cm, 8cm에 놓이도록 설치한 후 온도를 측정한다.

(나) 전등을 켠 후, 더 이상 온도 변화가 없을 때 온도를 측정한다.

(다) 1분 동안 수면 위에서 부채질을 한 후, 온도를 측정한다.

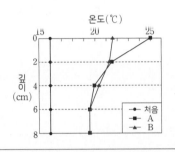

[실험 결과]

이에 대한 설명으로 옳은 것만을 〈보기〉에서 있는 대로 고른 것은? ③점

보기

ㄱ. (나)의 결과는 B이다.

ㄴ. A에서 깊이에 따른 온도 차는 0~4cm 구간이 4~8cm 구간보다 크다.

ㄷ. 표면과 깊이 8cm 소금물의 밀도 차는 B가 A보다 크다.

① ㄱ   ② ㄴ   ③ ㄱ, ㄷ   ④ ㄴ, ㄷ   ⑤ ㄱ, ㄴ, ㄷ

18

그림은 어느 해역에서 깊이에 따른 수온과 염분을 수온 − 염분도에 나타낸 것이다. 이 자료에 대한 설명으로 옳은 것만을 〈보기〉에서 있는 대로 고른 것은?

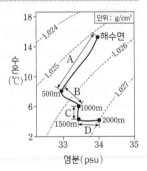

보기

ㄱ. A 구간은 혼합층이다.

ㄴ. 해수의 밀도 변화는 C 구간이 B 구간보다 크다.

ㄷ. D 구간에서 해수의 밀도 변화는 수온보다 염분의 영향이 더 크다.

① ㄱ   ② ㄴ   ③ ㄷ   ④ ㄱ, ㄴ   ⑤ ㄱ, ㄷ

19

그림은 같은 시기에 관측한 두 해역의 표층에서 심층까지의 수온과 염분을 수온 − 염분도에 나타낸 것이다. A와 B는 각각 저위도와 고위도 해역 중 하나이고, ㉠과 ㉡은 밀도가 같은 해수이다.

이 자료에 대한 설명으로 옳은 것만을 〈보기〉에서 있는 대로 고른 것은?

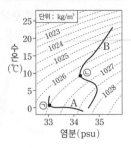

보기

ㄱ. A는 저위도 해역이다.

ㄴ. 같은 부피의 ㉠과 ㉡이 혼합되어 형성된 해수의 밀도는 ㉠보다 크다.

ㄷ. 염분이 일정할 때, 수온 변화에 따른 밀도 변화는 수온이 높을 때가 낮을 때보다 크다.

① ㄱ   ② ㄴ   ③ ㄷ   ④ ㄱ, ㄷ   ⑤ ㄴ, ㄷ

20

그림은 어느 해역에서 서로 다른 시기에 수심에 따라 측정한 수온과 염분을 수온 − 염분도에 나타낸 것이다.

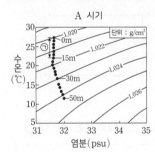
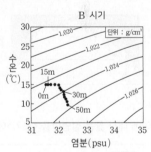

이에 대한 설명으로 옳은 것만을 〈보기〉에서 있는 대로 고른 것은?

보기

ㄱ. 이 해역의 해수면에 입사하는 태양 복사 에너지양은 A보다 B 시기에 많다.

ㄴ. A 시기에 ㉠ 구간에서의 밀도 변화는 수온보다 염분의 영향이 크다.

ㄷ. 혼합층의 두께는 A보다 B 시기에 두껍다.

① ㄱ   ② ㄷ   ③ ㄱ, ㄴ   ④ ㄴ, ㄷ   ⑤ ㄱ, ㄴ, ㄷ

21

그림은 해수의 위도별 층상 구조를 나타낸 것이다. A, B, C는 각각 혼합층, 수온 약층, 심해층 중 하나이다.

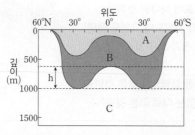

이에 대한 옳은 설명만을 〈보기〉에서 있는 대로 고른 것은?

보기
ㄱ. 적도 지역은 30°N 지역보다 바람이 강하게 분다.
ㄴ. B층은 A층과 C층 사이의 물질 교환을 억제하는 역할을 한다.
ㄷ. 구간 h에서 깊이에 따른 수온 변화율은 30°N 지역이 적도 지역보다 크다.

① ㄱ　　② ㄴ　　③ ㄱ, ㄷ　　④ ㄴ, ㄷ　　⑤ ㄱ, ㄴ, ㄷ

22

그림 (가)는 북태평양의 두 해역 A, B의 위치를, (나)는 A−B 구간에서 측정한 표층 해수의 수온과 염분을 나타낸 것이다.

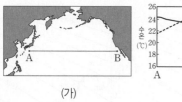

(가)　　　　　　　　　(나)

이에 대한 옳은 설명만을 〈보기〉에서 있는 대로 고른 것은? 3점

보기
ㄱ. ㉠은 염분이다.
ㄴ. A에는 저위도에서 고위도로 해류가 흐른다.
ㄷ. 표층 해수의 용존 산소량은 A보다 B에서 많다.

① ㄱ　　② ㄴ　　③ ㄷ　　④ ㄱ, ㄴ　　⑤ ㄴ, ㄷ

23　2023 평가원

그림은 어느 중위도 해역에서 A 시기와 B 시기에 각각 측정한 깊이 0~50m의 해수 특성을 수온−염분도에 나타낸 것이다.
이 자료에 대한 설명으로 옳은 것만을 〈보기〉에서 있는 대로 고른 것은? 3점

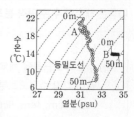

보기
ㄱ. 수온만을 고려할 때, 해수면에서 산소 기체의 용해도는 A가 B보다 크다.
ㄴ. 수온이 14℃인 해수의 밀도는 A가 B보다 작다.
ㄷ. 혼합층의 두께는 A가 B보다 두껍다.

① ㄱ　　② ㄴ　　③ ㄷ　　④ ㄱ, ㄷ　　⑤ ㄴ, ㄷ

24　2024 평가원

그림은 어느 해역에서 A 시기와 B 시기에 각각 측정한 깊이 0~200m의 해수 특성을 수온−염분도에 나타낸 것이다.
이 자료에 대한 설명으로 옳은 것만을 〈보기〉에서 있는 대로 고른 것은? 3점

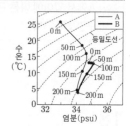

보기
ㄱ. A 시기에 깊이가 증가할수록 해수의 밀도는 증가한다.
ㄴ. 수온만을 고려할 때, 표층에서 산소 기체의 용해도는 A 시기가 B 시기보다 크다.
ㄷ. 혼합층의 두께는 A 시기가 B 시기보다 두껍다.

① ㄱ　　② ㄴ　　③ ㄷ　　④ ㄱ, ㄴ　　⑤ ㄱ, ㄷ

25
해수의 물리적 성질
[2021년 10월 학평 8번]

그림 (가)는 어느 해 겨울에 우리나라 주변 바다에서 표층 해수를 채취한 A와 B 지점의 위치를, (나)는 수온−염분도에 A와 B의 수온과 염분을 순서 없이 ㉠, ㉡으로 나타낸 것이다.

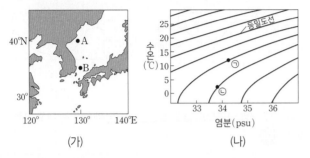

(가)   (나)

이에 대한 옳은 설명만을 〈보기〉에서 있는 대로 고른 것은?

보기
ㄱ. 염분은 A에서가 B에서보다 낮다.
ㄴ. ㉠과 ㉡의 해수가 만난다면 ㉠의 해수는 ㉡의 해수 아래로 이동한다.
ㄷ. 여름에는 B의 해수 밀도가 (나)에서보다 감소할 것이다.

① ㄱ   ② ㄴ   ③ ㄷ   ④ ㄱ, ㄷ   ⑤ ㄴ, ㄷ

26
해수의 화학적 · 물리적 성질
[2021년 4월 학평 11번]

그림 (가)와 (나)는 어느 해역에서 1년 동안 해수면으로부터 깊이에 따라 측정한 염분과 수온 분포를 각각 나타낸 것이다.

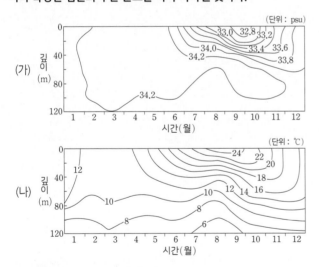

이 사료에 대한 설명으로 옳은 것만을 〈보기〉에서 있는 대로 고른 것은? 3점

보기
ㄱ. 해수면에서의 염분은 2월보다 9월이 작다.
ㄴ. 수온의 연교차는 깊이 0m보다 80m에서 크다.
ㄷ. 깊이 0~20m 구간에서 해수의 평균 밀도는 3월보다 8월이 크다.

① ㄱ   ② ㄴ   ③ ㄱ, ㄷ   ④ ㄴ, ㄷ   ⑤ ㄱ, ㄴ, ㄷ

27
해수의 화학적 · 물리적 성질
[2020년 10월 학평 19번]

그림 (가)와 (나)는 전 세계 해수면의 평균 수온 분포와 평균 표층 염분 분포를 순서 없이 나타낸 것이다. 등치선은 각각 등수온선과 등염분선 중 하나이다.

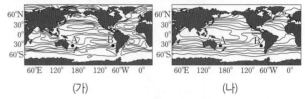

(가)   (나)

이에 대한 옳은 설명만을 〈보기〉에서 있는 대로 고른 것은? 3점

보기
ㄱ. 해수면의 평균 수온 분포를 나타낸 것은 (나)이다.
ㄴ. 수온과 염분은 A 해역이 B 해역보다 높다.
ㄷ. 염류 중 염화 나트륨이 차지하는 비율은 A와 B 해역에서 거의 같다.

① ㄱ   ② ㄷ   ③ ㄱ, ㄴ   ④ ㄴ, ㄷ   ⑤ ㄱ, ㄴ, ㄷ

28   2022 수능
해수의 화학적 · 물리적 성질
[2022학년도 수능 3번]

그림은 어느 고위도 해역에서 A 시기와 B 시기에 각각 측정한 깊이 50~500m의 해수 특성을 수온−염분도에 나타낸 것이다. 이 해역의 수온과 염분은 유입된 담수의 양에 의해서만 변화하였다.
이 자료에 대한 설명으로 옳은 것만을 〈보기〉에서 있는 대로 고른 것은?

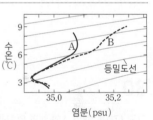

보기
ㄱ. A 시기에 깊이가 증가할수록 밀도는 증가한다.
ㄴ. 50m 깊이에서 산소의 용해도는 A 시기가 B 시기보다 높다.
ㄷ. 유입된 담수의 양은 A 시기가 B 시기보다 적다.

① ㄱ   ② ㄷ   ③ ㄱ, ㄴ   ④ ㄴ, ㄷ   ⑤ ㄱ, ㄴ, ㄷ

그림은 어느 해역에서 측정한 깊이에 따른 수온과 염분을 수온－염분도에 나타낸 것이다.

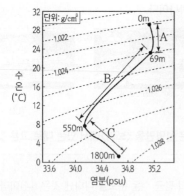

이에 대한 설명으로 옳은 것만을 〈보기〉에서 있는 대로 고른 것은?

3점

보기
ㄱ. A 구간은 혼합층이다.
ㄴ. B 구간에서는 해수의 연직 혼합이 활발하게 일어난다.
ㄷ. 깊이에 따른 수온의 평균 변화량은 B 구간이 C 구간보다 크다.

① ㄱ　　② ㄷ　　③ ㄱ, ㄴ　　④ ㄴ, ㄷ　　⑤ ㄱ, ㄴ, ㄷ

그림 (가)는 해역 A와 B의 위치를, (나)와 (다)는 4월에 측정한 A와 B의 연직 수온 분포를 순서 없이 나타낸 것이다.

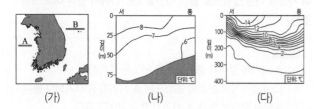

(가)　　　　(나)　　　　(다)

이에 대한 설명으로 옳은 것만을 〈보기〉에서 있는 대로 고른 것은?

보기
ㄱ. (나)는 B의 측정 자료이다.
ㄴ. 수온 약층은 (다)가 (나)보다 뚜렷하다.
ㄷ. (다)가 (나)보다 표층 수온이 높은 이유는 위도의 영향 때문이다.

① ㄱ　　② ㄴ　　③ ㄱ, ㄷ　　④ ㄴ, ㄷ　　⑤ ㄱ, ㄴ, ㄷ

그림 (가)는 우리나라 어느 해역의 표층 수온과 표층 염분을, (나)는 이 해역의 혼합층 두께를 나타낸 것이다. (가)의 A와 B는 각각 표층 수온과 표층 염분 중 하나이다.

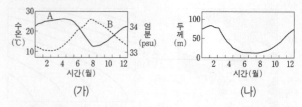

(가)　　　　　　　　(나)

이 자료에 대한 설명으로 옳은 것만을 〈보기〉에서 있는 대로 고른 것은? 3점

보기
ㄱ. 표층 해수의 밀도는 4월이 10월보다 크다.
ㄴ. 수온 약층이 나타나기 시작하는 깊이는 1월이 7월보다 깊다.
ㄷ. 표층과 깊이 50m 해수의 수온 차는 2월이 8월보다 크다.

① ㄱ　　② ㄷ　　③ ㄱ, ㄴ　　④ ㄴ, ㄷ　　⑤ ㄱ, ㄴ, ㄷ

32

다음은 해수의 성질을 알아보기 위한 탐구이다.

[탐구 과정]

(가) 우리나라 어느 해역에서 2월과 8월에 측정한 깊이에 따른 수온과 염분 자료를 준비한다.

< 수온과 염분 자료 >

	깊이(m)	0	10	20	30	50	75	100
2월	수온(℃)	11.6	11.6	11.3	11.0	9.9	5.8	4.5
	염분(psu)	34.3	34.3	34.3	34.3	34.2	34.0	34.0
8월	수온(℃)	25.4	21.9	13.8	12.9	8.9	4.1	2.7
	염분(psu)	32.7	33.3	34.2	34.3	34.2	34.1	34.0

(나) (가)의 자료를 수온－염분도에 나타내고 특징을 분석한다.

[탐구 결과]

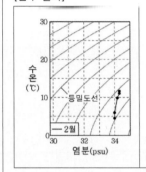

○ 혼합층의 두께는 2월이 8월보다 (㉠).

○ 깊이 0～100m에서의 평균 밀도 변화율은 2월이 8월보다 (㉡).

이 자료에 대한 옳은 설명만을 <보기>에서 있는 대로 고른 것은? ③점

보기

ㄱ. '두껍다'는 ㉠에 해당한다.

ㄴ. 해수의 밀도는 2월의 75m 깊이에서가 8월의 50m 깊이에서보다 크다.

ㄷ. '크다'는 ㉡에 해당한다.

① ㄱ   ② ㄷ   ③ ㄱ, ㄴ   ④ ㄴ, ㄷ   ⑤ ㄱ, ㄴ, ㄷ

---

33 2024 수능

다음은 담수의 유입과 해수의 결빙이 해수의 염분에 미치는 영향을 알아보기 위한 실험이다.

[실험 과정]

(가) 수온이 15℃, 염분이 35psu인 소금물 600g을 만든다.

(나) (가)의 소금물을 비커 A와 B에 각각 300g씩 나눠 담는다.

(다) A의 소금물에 수온이 15℃인 증류수 50g을 섞는다.

(라) B의 소금물을 표층이 얼 때까지 천천히 냉각시킨다.

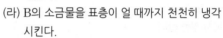

(마) A와 B에 있는 소금물의 염분을 측정하여 기록한다.

[실험 결과]

비커	A	B
염분(psu)	(㉠)	(㉡)

[결과 해석]

○ 담수의 유입이 있는 해역에서는 해수의 염분이 감소한다.

○ 해수의 결빙이 있는 해역에서는 해수의 염분이 (㉢).

이에 대한 설명으로 옳은 것만을 <보기>에서 있는 대로 고른 것은?

보기

ㄱ. (다)는 담수의 유입에 의한 해수의 염분 변화를 알아보기 위한 과정에 해당한다.

ㄴ. ㉠은 ㉡보다 크다.

ㄷ. '감소한다'는 ㉢에 해당한다.

① ㄱ   ② ㄴ   ③ ㄷ   ④ ㄱ, ㄴ   ⑤ ㄱ, ㄷ

DAY 14
Ⅱ
1 - 05
해수의 성질

2. 대기와 해양의 상호 작용
01 대기 대순환과 해양의 표층 순환

필수개념 1 대기 대순환

1. 대기 대순환

　1) 지구의 위도별 열수지

　　① 지구는 복사 평형 상태

　　② 위도에 따른 에너지 불균형

　　　적도 지방: 태양 복사 에너지 > 지구 복사 에너지

　　　위도 38° 부근: 태양 복사 에너지 = 지구 복사 에너지

　　　극지방: 태양 복사 에너지 < 지구 복사 에너지

　　③ 위도에 따른 에너지의 불균형 → 에너지의 흐름(해류, 바람)이 발생 → 복사 평형 상태

▲ 위도에 따른 복사 에너지 분포

　2) 대기 대순환의 특징

　　① 대기 대순환: 지구 전체적인 규모로 발생하는 대기의 순환

　　② 발생 원인: 위도에 따른 에너지 불균형. 지구의 자전(전향력)

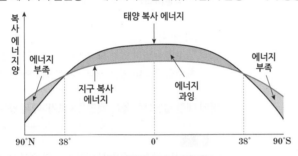

자전하지 않는 지구	자전하는 지구
• 북반구와 남반구에 각 1개의 순환 세포 형성 • 전향력이 작용하지 않음	• 북반구와 남반구에 각 3개의 순환 세포 형성 • 전향력이 작용함

　　③ 대기 대순환의 각 순환 세포

해들리 순환 (위도 0°~30°)	적도에서 가열된 공기가 상승한 후 고위도로 이동하다가 위도 30° 부근에서 하강하여 형성되는 순환 세포 → 직접 순환, 지상에 무역풍 형성
페렐 순환 (위도 30°~60°)	위도 30°에서 하강한 공기의 일부가 고위도로 이동하여 위도 60°에서 상승하면서 형성되는 순환 세포 → 간접 순환, 지상에 편서풍 형성
극 순환 (위도 60°~90°)	극 지역의 상공에서 냉각된 공기가 하강하여 저위도 방향으로 이동하다가 위도 60°에서 상승하여 형성되는 순환 세포 → 직접 순환, 지상에 극동풍 형성

기본자료

▶ 지구가 자전하지 않을 때의 대기 대순환
　• 적도에서 가열된 공기가 상승하여 북극과 남극으로 각각 이동한다.
　• 북극과 남극에서 각각 냉각된 공기가 하강하여 지표를 따라 적도로 이동한다.
　• 북반구 지상에는 북풍이 불고, 남반구 지상에는 남풍이 분다.

▶ 직접 순환과 간접 순환
　• 직접 순환: 고온에서 상승하여 저온에서 하강하는 열대류의 원리로 발생하는 순환
　　→ 해들리 순환, 극순환
　• 간접 순환: 두 직접 순환 사이에서 만들어지는 순환 → 페렐 순환

필수개념 2 해수의 표층 순환　　　　　　　　　　　　　　　　　　　　기본자료

1. 해수의 표층 순환

1) 표층 순환: 해수의 표층에서 일어나는 순환
2) 표층 순환의 발생 원인: 대기 대순환(동서 방향 해류), 대륙의 분포(남북 방향 해류), 지구의 자전
 → 모든 해류가 연결되어 표층 해류는 대양 내에서 원형으로 도는 커다란 표층 순환 형성

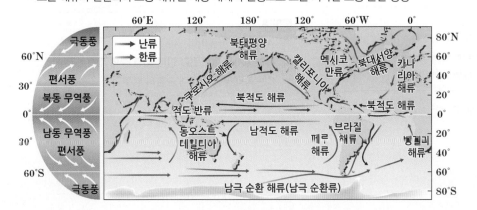

2. 표층 순환

1) 위도별 표층 순환: 열대 순환, 아열대 순환, 아한대 순환
2) 특징: 아열대 순환이 가장 크고 뚜렷. 적도를 경계로 남반구와 북반구의 표층 순환이 대칭적인 모습
3) 역할: 위도별 열수지의 불균형을 해소. 주변 기후에 영향.

3. 난류와 한류

구분	이동 방향	수온	염분	용존 산소량	영양 염류	예
난류	저위도 → 고위도	높음	높음	적음	적음	쿠로시오 해류, 멕시코 만류
한류	고위도 → 저위도	낮음	낮음	많음	많음	캘리포니아 해류, 카나리아 해류

▶ 지구 자전의 영향
지구 자전의 영향으로 북반구에서는 표층 해류가 시계 방향으로, 남반구에서는 반시계 방향으로 흐른다.

▶ 대양의 서안을 흐르는 해류와 동안을 흐르는 해류
 • 대양의 서안을 흐르는 해류는 폭이 좁고 유속이 빠르다.
 • 대양의 동안을 흐르는 해류는 폭이 넓고 유속이 느리다.

▶ 아열대 순환의 방향
 • 북태평양: 북적도 해류 → 쿠로시오 해류 → 북태평양 해류 → 캘리포니아 해류(시계 방향)
 • 북대서양: 북적도 해류 → 멕시코만류 → 북대서양 해류 → 카나리아 해류(시계 방향)
 • 남태평양: 남적도 해류 → 동오스트레일리아 해류 → 남극 순환 해류 → 페루 해류(시계 반대 방향)

DAY
15

Ⅱ

2
-
01

대기 대순환과 해양의 표층 순환

1

그림은 북반구의 대기 대순환과 표층 해류의 순환을 나타낸 것이다.

이에 대한 옳은 설명만을 〈보기〉에서 있는 대로 고른 것은? **3점**

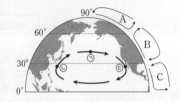

보기

ㄱ. 대기 대순환의 수직 규모는 A가 C보다 크다.

ㄴ. ㉠ 해역의 해류는 B의 지표 부근 바람에 의해 형성된다.

ㄷ. 해수의 용존 산소량은 ㉡ 해역이 ㉢ 해역보다 많다.

① ㄱ　　② ㄴ　　③ ㄱ, ㄷ　　④ ㄴ, ㄷ　　⑤ ㄱ, ㄴ, ㄷ

2

그림은 우리나라 동해와 그 주변의 표층 해류 분포를 나타낸 것이다.

해류 A, B, C에 대한 설명으로 옳은 것만을 〈보기〉에서 있는 대로 고른 것은? **3점**

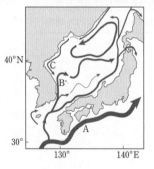

보기

ㄱ. A는 북태평양 아열대 표층 순환의 일부이다.

ㄴ. B는 겨울에 주변 대기로 열을 공급한다.

ㄷ. 용존 산소량은 C가 B보다 적다.

① ㄱ　　② ㄷ　　③ ㄱ, ㄴ　　④ ㄴ, ㄷ　　⑤ ㄱ, ㄴ, ㄷ

3

그림은 우리나라 주변의 해류를 나타낸 것이다. A, B, C는 각각 동한 난류, 북한 한류, 쿠로시오 해류 중 하나이다.

이에 대한 설명으로 옳은 것만을 〈보기〉에서 있는 대로 고른 것은?

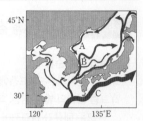

보기

ㄱ. A는 북한 한류이다.

ㄴ. 동해에서는 A와 B가 만나 조경 수역이 형성된다.

ㄷ. C는 북태평양 아열대 순환의 일부이다.

① ㄱ　　② ㄴ　　③ ㄱ, ㄷ　　④ ㄴ, ㄷ　　⑤ ㄱ, ㄴ, ㄷ

4

그림 (가)는 태평양의 해역 A, B, C를, (나)는 이 세 해역에서 관측한 수온과 염분을 수온－염분도에 ㉠, ㉡, ㉢으로 순서 없이 나타낸 것이다.

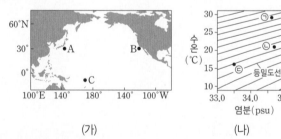

(가)　　　　　　　(나)

이에 대한 설명으로 옳은 것만을 〈보기〉에서 있는 대로 고른 것은?

보기

ㄱ. A의 관측값은 ㉡이다.

ㄴ. A, B, C 중 해수의 밀도가 가장 큰 해역은 B이다.

ㄷ. C에 흐르는 해류는 무역풍에 의해 형성된다.

① ㄱ　　② ㄷ　　③ ㄱ, ㄴ　　④ ㄴ, ㄷ　　⑤ ㄱ, ㄴ, ㄷ

5

다음은 동한 난류, 북한 한류, 대마 난류의 특징을 순서 없이 정리한 것이다.

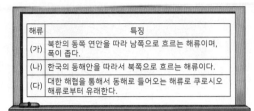

해류	특징
(가)	북한의 동쪽 연안을 따라 남쪽으로 흐르는 해류이며, 폭이 좁다.
(나)	한국의 동해안을 따라서 북쪽으로 흐르는 해류이다.
(다)	대한 해협을 통해서 동해로 들어오는 해류로 쿠로시오 해류로부터 유래한다.

이에 대한 설명으로 옳은 것만을 〈보기〉에서 있는 대로 고른 것은?

보기

ㄱ. (가)와 (나)가 만나는 해역에는 조경 수역이 나타난다.

ㄴ. (나)는 겨울철보다 여름철에 강하게 나타난다.

ㄷ. 동일 위도에서 용존 산소량은 (가)가 (다)보다 적다

① ㄱ　　② ㄷ　　③ ㄱ, ㄴ　　④ ㄴ, ㄷ　　⑤ ㄱ, ㄴ, ㄷ

6

그림은 경도 $150°E$의 해수면 부근에서 측정한 연평균 풍속의 남북 방향 성분 분포와 동서 방향 성분 분포를 위도에 따라 나타낸 것이다.

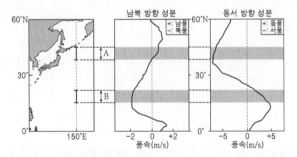

이에 대한 설명으로 옳은 것만을 〈보기〉에서 있는 대로 고른 것은?

보기

ㄱ. A 구간의 해수면 부근에는 북서풍이 우세하다.

ㄴ. B 구간의 해역에 흐르는 해류는 해들리 순환의 영향을 받는다.

ㄷ. 표층 수온은 A 구간의 해역보다 B 구간의 해역에서 높다.

① ㄱ　　② ㄷ　　③ ㄱ, ㄴ　　④ ㄴ, ㄷ　　⑤ ㄱ, ㄴ, ㄷ

7

그림은 북극 상공에서 바라본 주요 표층 해류의 방향을 나타낸 것이다.
해역 A~D에 대한 옳은 설명만을 〈보기〉에서 있는 대로 고른 것은?

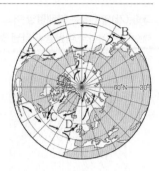

보기

ㄱ. 표층 염분은 A에서가 B에서보다 낮다.

ㄴ. 표층 해수의 용존 산소량은 C에서가 D에서보다 적다.

ㄷ. D에는 주로 극동풍에 의해 형성된 해류가 흐른다.

① ㄱ　　② ㄴ　　③ ㄷ　　④ ㄱ, ㄴ　　⑤ ㄴ, ㄷ

8

그림은 북반구 아열대 순환의 해류가 흐르는 해역 A~D를 나타낸 것이다.

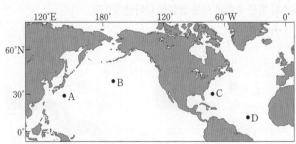

이에 대한 설명으로 옳은 것만을 〈보기〉에서 있는 대로 고른 것은?

보기

ㄱ. A에는 난류, C에는 한류가 흐른다.

ㄴ. B에 흐르는 해류는 북태평양 해류이다.

ㄷ. D에는 무역풍에 의해 형성된 해류가 흐른다.

① ㄱ　　② ㄴ　　③ ㄷ　　④ ㄱ, ㄴ　　⑤ ㄴ, ㄷ

그림 (가)와 (나)는 북태평양 어느 해역에서 서로 다른 두 시기 해수면 위에서의 바람을 나타낸 것이다. 화살표의 방향과 길이는 각각 풍향과 풍속을 나타낸다.

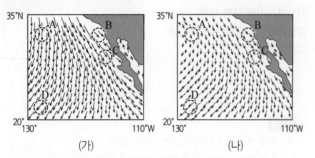

(가)   (나)

이에 대한 설명으로 옳은 것만을 〈보기〉에서 있는 대로 고른 것은?

보기
ㄱ. C 해역에서 표층 해류는 남쪽 방향으로 흐른다.
ㄴ. B 해역에는 쿠로시오 해류가 흐른다.
ㄷ. 수온만을 고려할 때, (나)에서 표층 해수의 용존 산소량은 D 해역에서가 A 해역에서보다 많다.

① ㄱ   ② ㄴ   ③ ㄱ, ㄷ   ④ ㄴ, ㄷ   ⑤ ㄱ, ㄴ, ㄷ

그림 (가)와 (나)는 서로 다른 계절에 관측된 우리나라 주변 표층 해류의 평균 속력과 이동 방향을 나타낸 것이다.

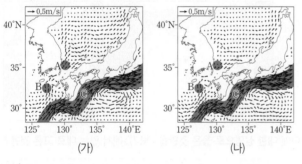

(가)   (나)

이 자료에 대한 설명으로 옳은 것만을 〈보기〉에서 있는 대로 고른 것은?

보기
ㄱ. (가)와 (나)의 평균 속력 차는 해역 A보다 B에서 크다.
ㄴ. 동한 난류의 평균 속력은 (나)보다 (가)가 빠르다.
ㄷ. 해역 C에 흐르는 해류는 북태평양 아열대 순환의 일부이다.

① ㄱ   ② ㄴ   ③ ㄷ   ④ ㄱ, ㄴ   ⑤ ㄴ, ㄷ

그림은 1월과 7월의 지표 부근의 평년 풍향 분포 중 하나를 나타낸 것이다.

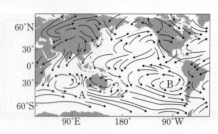

이 자료에 대한 설명으로 옳은 것만을 〈보기〉에서 있는 대로 고른 것은?

보기
ㄱ. 1월의 평년 풍향 분포에 해당한다.
ㄴ. 지역 A의 표층 해류의 방향과 북태평양 해류의 방향은 반대이다.
ㄷ. 지역 B의 고기압은 해들리 순환의 하강으로 생성된다.

① ㄱ   ② ㄴ   ③ ㄷ   ④ ㄱ, ㄴ   ⑤ ㄱ, ㄷ

그림은 대기 대순환에 의해 지표 부근에서 부는 동서 방향 바람의 연평균 풍속을 위도에 따라 나타낸 것이다.

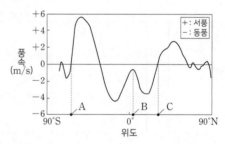

이 자료에 대한 설명으로 옳은 것만을 〈보기〉에서 있는 대로 고른 것은?

보기
ㄱ. 남북 방향의 온도 차는 A가 C보다 작다.
ㄴ. B에서는 해들리 순환의 상승 기류가 나타난다.
ㄷ. C에 생성되는 고기압은 지표면 냉각에 의한 것이다.

① ㄱ   ② ㄴ   ③ ㄷ   ④ ㄱ, ㄴ   ⑤ ㄴ, ㄷ

13

그림은 북대서양 표층 해류와 동일 위도상의 해역 A, B를 나타낸 것이다.

이에 대한 설명으로 옳은 것만을 〈보기〉에서 있는 대로 고른 것은?

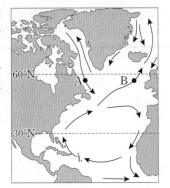

보기

ㄱ. A에는 한류가 흐른다.

ㄴ. B는 무역풍대에 위치한다.

ㄷ. 영양 염류는 A가 B보다 많다.

① ㄱ   ② ㄴ   ③ ㄱ, ㄷ   ④ ㄴ, ㄷ   ⑤ ㄱ, ㄴ, ㄷ

14

그림은 대서양의 표층 순환을 나타낸 것이다. A~D는 해류이다.

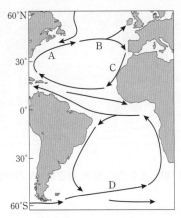

이에 대한 설명으로 옳은 것만을 〈보기〉에서 있는 대로 고른 것은?

보기

ㄱ. A는 한류, C는 난류이다.

ㄴ. B와 D는 편서풍의 영향을 받는다.

ㄷ. 아열대 표층 순환의 분포는 북반구와 남반구가 적도를 경계로 대칭적이다.

① ㄱ   ② ㄴ   ③ ㄱ, ㄷ   ④ ㄴ, ㄷ   ⑤ ㄱ, ㄴ, ㄷ

15

그림은 대기 대순환에 의해 지표 부근에서 부는 바람 A, B, C와 북태평양의 주요 표층 해류 ㉠, ㉡, ㉢을 나타낸 것이다.

이에 대한 옳은 설명만을 〈보기〉에서 있는 대로 고른 것은? **3점**

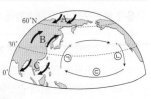

보기

ㄱ. 페렐 순환에 의해 형성된 바람은 B이다.

ㄴ. ㉠은 난류, ㉡은 한류이다.

ㄷ. ㉢은 C에 의해 형성된 해류이다.

① ㄱ   ② ㄷ   ③ ㄱ, ㄴ   ④ ㄴ, ㄷ   ⑤ ㄱ, ㄴ, ㄷ

16

그림은 A와 B 시기에 관측한 북반구의 평균 해면 기압을 위도에 따라 나타낸 것이다.

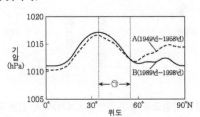

이 자료에 대한 옳은 설명만을 〈보기〉에서 있는 대로 고른 것은?

보기

ㄱ. 무역풍대에서는 위도가 높아질수록 평균 해면 기압이 대체로 높아진다.

ㄴ. ㉠ 구간의 지표 부근에서는 북풍 계열의 바람이 우세하다.

ㄷ. 중위도 고압대의 평균 해면 기압은 A 시기가 B 시기보다 낮다.

① ㄱ   ② ㄴ   ③ ㄷ   ④ ㄱ, ㄴ   ⑤ ㄱ, ㄷ

DAY
15

Ⅱ

2
ㅣ
01
대기 대순환과 해양의 표층 순환

다음은 북반구의 대기 대순환에 의한 기후의 특징이다.

> ○ 적도 지역에는 저압대, 극 지역에는 고압대가 형성된다.
> ○ 30°N 지역은 연평균 증발량이 강수량보다 많다.
> ○ 60°N 지역에는 한대 전선대가 형성된다.

이 특징을 설명할 수 있는 대기 대순환의 모식도로 가장 적절한 것은? **3점**

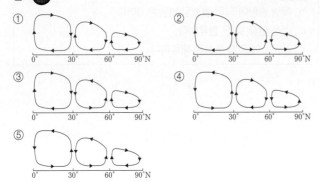

그림은 위도에 따른 연평균 증발량과 강수량을 순서 없이 나타낸 것이다.

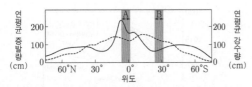

이 자료에 대한 설명으로 옳은 것만을 〈보기〉에서 있는 대로 고른 것은?

> **보기**
> ㄱ. 표층 해수의 평균 염분은 A 해역이 B 해역보다 높다.
> ㄴ. A에서는 해들리 순환의 상승 기류가 나타난다.
> ㄷ. 캘리포니아 해류는 B 해역에서 나타난다.

① ㄱ   ② ㄴ   ③ ㄷ   ④ ㄱ, ㄴ   ⑤ ㄴ, ㄷ

그림 (가)는 북태평양 해역의 일부를, (나)는 (가)의 A−B 구간과 C−D 구간에서의 수심에 따른 해류의 평균 유속과 방향을 나타낸 것이다.

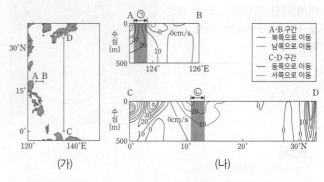

(가)   (나)

이에 대한 설명으로 옳은 것만을 〈보기〉에서 있는 대로 고른 것은? **3점**

> **보기**
> ㄱ. ㉠ 구간에는 난류가 흐른다.
> ㄴ. ㉡ 구간의 표층 해류는 무역풍의 영향을 받아 흐른다.
> ㄷ. 북태평양에서 아열대 표층 순환의 방향은 시계 반대 방향이다.

① ㄱ   ② ㄷ   ③ ㄱ, ㄴ   ④ ㄴ, ㄷ   ⑤ ㄱ, ㄴ, ㄷ

그림은 태평양의 주요 표층 해류를 나타낸 것이다.

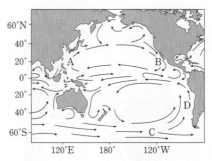

해류 A~D에 대한 설명으로 옳은 것만을 〈보기〉에서 있는 대로 고른 것은?

> **보기**
> ㄱ. A와 D는 난류이다.
> ㄴ. 20°N에서 용존 산소량은 A가 B보다 많다.
> ㄷ. C는 편서풍에 의해 형성된다.

① ㄱ   ② ㄷ   ③ ㄱ, ㄴ   ④ ㄴ, ㄷ   ⑤ ㄱ, ㄴ, ㄷ

21 **2023 평가원**

그림은 대기에 의한 남북 방향으로의 연평균 에너지 수송량을 위도별로 나타낸 것이다.

이에 대한 설명으로 옳은 것만을 〈보기〉에서 있는 대로 고른 것은?

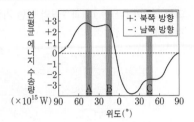

보기

ㄱ. A에서는 대기 대순환의 간접 순환이 위치한다.

ㄴ. B에서는 해들리 순환에 의해 에너지가 북쪽 방향으로 수송된다.

ㄷ. 캘리포니아 해류는 C의 해역에서 나타난다.

① ㄱ   ② ㄷ   ③ ㄱ, ㄴ   ④ ㄴ, ㄷ   ⑤ ㄱ, ㄴ, ㄷ

22

그림은 $60°S \sim 60°N$ 사이에서 나타나는 대기 대순환의 순환 세포 A~D를 모식적으로 나타낸 것이다.

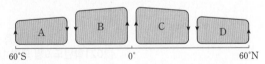

이에 대한 옳은 설명만을 〈보기〉에서 있는 대로 고른 것은?

보기

ㄱ. A는 직접 순환이다.

ㄴ. B와 C의 지상에서는 주로 동풍 계열의 바람이 분다.

ㄷ. 온대 저기압은 주로 C와 D의 경계 부근에서 형성된다.

① ㄱ   ② ㄴ   ③ ㄱ, ㄷ   ④ ㄴ, ㄷ   ⑤ ㄱ, ㄴ, ㄷ

23

그림 (가)는 위도에 따른 태양 복사 에너지 입사량과 지구 복사 에너지 방출량을 모식적으로 나타낸 것이고, (나)는 태풍의 위성 사진을 나타낸 것이다.

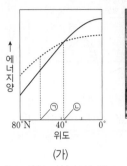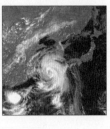

(가)   (나)

이에 대한 설명으로 옳은 것만을 〈보기〉에서 있는 대로 고른 것은?

보기

ㄱ. ㉠에서 지구 복사 에너지 방출량은 태양 복사 에너지 입사량보다 많다.

ㄴ. 남북 방향 에너지 수송량은 ㉡에서 가장 적다.

ㄷ. (나)의 태풍은 저위도의 과잉 에너지를 고위도 방향으로 이동시킨다.

① ㄱ   ② ㄴ   ③ ㄱ, ㄷ   ④ ㄴ, ㄷ   ⑤ ㄱ, ㄴ, ㄷ

24

그림은 북태평양의 연평균 표층 수온(℃) 분포를 나타낸 것이다.

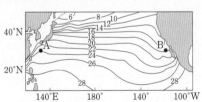

이에 대한 옳은 설명만을 〈보기〉에서 있는 대로 고른 것은?

보기

ㄱ. 염분은 A 해역이 B 해역보다 높다.

ㄴ. 용존 산소량은 A 해역이 B 해역보다 많다.

ㄷ. B 해역에서 표층 해류는 고위도로 흐른다.

① ㄱ   ② ㄴ   ③ ㄱ, ㄷ   ④ ㄴ, ㄷ   ⑤ ㄱ, ㄴ, ㄷ

그림은 대기와 해양에서 남북 방향으로의 연평균 에너지 수송량을 위도별로 나타낸 것이다. A와 B는 각각 대기와 해양 중 하나이다.

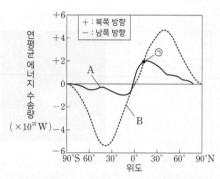

이에 대한 설명으로 옳은 것만을 〈보기〉에서 있는 대로 고른 것은?
3점

보기

ㄱ. A는 대기에 해당한다.
ㄴ. A와 B가 교차하는 ㉠의 위도에서 복사 평형을 이루고 있다.
ㄷ. 적도에서는 에너지 과잉이다.

① ㄴ   ② ㄷ   ③ ㄱ, ㄴ   ④ ㄱ, ㄷ   ⑤ ㄱ, ㄴ, ㄷ

그림 (가)와 (나)는 1월과 7월의 평년 기압 분포를 순서 없이 나타낸 것이다.

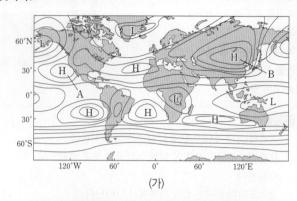

(가)

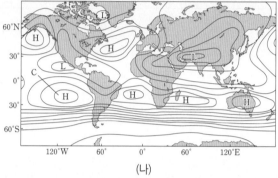

(나)

이에 대한 설명으로 옳은 것만을 〈보기〉에서 있는 대로 고른 것은? **3점**

보기

ㄱ. (가)는 1월의 평년 기압 분포에 해당한다.
ㄴ. 고기압 A와 C는 해들리 순환의 하강으로 생성된다.
ㄷ. 고기압 B는 지표면 냉각으로 생성된다.

① ㄱ   ② ㄷ   ③ ㄱ, ㄴ   ④ ㄴ, ㄷ   ⑤ ㄱ, ㄴ, ㄷ

그림은 어느 해 태평양에서 유실된 컨테이너에 실려 있던 운동화가 발견된 지점과 표층 해류 A와 B의 일부를 나타낸 것이다.
이에 대한 설명으로 옳은 것만을 〈보기〉에서 있는 대로 고른 것은? **3점**

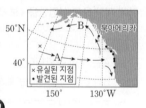

보기

ㄱ. A는 편서풍의 영향을 받는다.
ㄴ. B는 아열대 순환의 일부이다.
ㄷ. 북아메리카 해안에서 발견된 운동화는 북태평양 해류의 영향을 받았다.

① ㄱ   ② ㄴ   ③ ㄱ, ㄷ   ④ ㄴ, ㄷ   ⑤ ㄱ, ㄴ, ㄷ

28

그림은 남반구의 세 해역 A, B, C를 나타낸 것이다.
이에 대한 옳은 설명만을 〈보기〉에서 있는 대로 고른 것은? 3점

보기
ㄱ. A 해역에는 난류가 흐르고 있다.
ㄴ. 표층 염분은 A 해역이 B 해역보다 높다.
ㄷ. C 해역에서 표층 해류는 ㉠방향으로 흐른다.

① ㄱ　② ㄷ　③ ㄱ, ㄴ　④ ㄴ, ㄷ　⑤ ㄱ, ㄴ, ㄷ

29

그림은 남극 대륙과 그 주변의 전형적인 기압 배치를 나타낸 것이다.

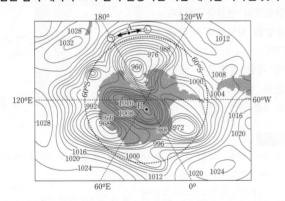

이에 대한 설명으로 옳은 것만을 〈보기〉에서 있는 대로 고른 것은?
3점

보기
ㄱ. A해역에서는 극동풍이 나타난다.
ㄴ. A해역에서 해류는 ㉡ 방향으로 흐른다.
ㄷ. B지역에서는 하강 기류가 발달한다.

① ㄱ　② ㄷ　③ ㄱ, ㄴ　④ ㄴ, ㄷ　⑤ ㄱ, ㄴ, ㄷ

30

그림은 태평양 주변에서의 1월과 7월의 평년 기압 분포 중 하나를 나타낸 것이다.

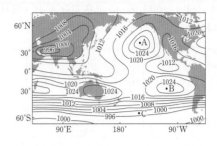

이에 대한 설명으로 옳은 것만을 〈보기〉에서 있는 대로 고른 것은?

보기
ㄱ. 이 평년 기압 분포는 1월에 해당한다.
ㄴ. A와 B 지점의 고기압은 해들리 순환의 하강으로 생성된다.
ㄷ. C 지점의 표층 해류는 동쪽에서 서쪽으로 흐른다.

① ㄱ　② ㄴ　③ ㄱ, ㄷ　④ ㄴ, ㄷ　⑤ ㄱ, ㄴ, ㄷ

31 　2023 수능

그림은 1월과 7월의 지표 부근의 평년 바람 분포 중 하나를 나타낸 것이다. A, B, C는 주요 표층 해류가 흐르는 해역이다.

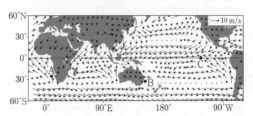

이에 대한 설명으로 옳은 것만을 〈보기〉에서 있는 대로 고른 것은?
3점

보기
ㄱ. 이 평년 바람 분포는 1월에 해당한다.
ㄴ. A와 B의 표층 해류는 모두 고위도 방향으로 흐른다.
ㄷ. C에서는 대기 대순환에 의해 표층 해수가 수렴한다.

① ㄱ　② ㄴ　③ ㄷ　④ ㄱ, ㄴ　⑤ ㄱ, ㄷ

그림 (가)는 북태평양 아열대 순환을 구성하는 표층 해류가 흐르는
해역 A, B, C를, (나)는 A, B, C에서 동일한 시기에 측정한 수온과
염분 자료를 나타낸 것이다. ㉠, ㉡, ㉢은 각각 A, B, C에서 측정한
자료 중 하나이다.

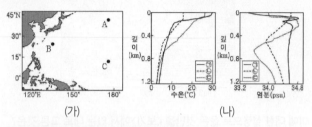
(가)   (나)

이 자료에 대한 설명으로 옳지 않은 것은?

① A에는 북태평양 해류가 흐른다.
② ㉠은 C에서 측정한 자료이다.
③ 표면 해수의 염분은 B에서 가장 높다.
④ C에 흐르는 표층 해류는 무역풍의 영향을 받는다.
⑤ 혼합층의 두께는 C보다 A에서 두껍다.

그림 (가)와 (나)는 각각 대기와 해양에 의한 에너지 수송이 일어나는
경우와 일어나지 않는 경우에 위도에 따른 태양 복사 에너지 흡수량과
지구 복사 에너지 방출량을 나타낸 것이다.

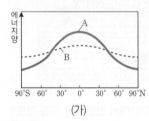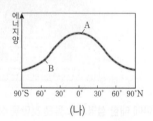
(가)   (나)

이에 대한 옳은 설명만을 <보기>에서 있는 대로 고른 것은? ③점

보기
ㄱ. A는 지구 복사 에너지 방출량이다.
ㄴ. (가)에서 적도 지방은 에너지 과잉 상태이다.
ㄷ. 적도와 극지방에서의 연평균 기온 차는 (가)가 (나)보다 크다.

① ㄱ   ② ㄴ   ③ ㄱ, ㄷ   ④ ㄴ, ㄷ   ⑤ ㄱ, ㄴ, ㄷ

그림은 남태평양에서
표층 해수의 용존
산소량이 같은 지점을
연결한 선을 나타낸
것이다.
이에 대한 옳은
설명만을 <보기>에서
있는 대로 고른 것은?

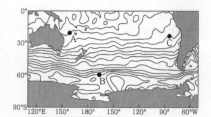

보기
ㄱ. 표층 해수의 용존 산소량은 A 해역이 B 해역보다 많다.
ㄴ. C 해역에는 한류가 흐른다.
ㄷ. 남태평양에서 아열대 순환의 방향은 시계 방향이다.

① ㄱ   ② ㄴ   ③ ㄱ, ㄷ   ④ ㄴ, ㄷ   ⑤ ㄱ, ㄴ, ㄷ

그림은 대기와 해양에서 남북
방향으로의 연평균 에너지
수송량을 위도별로 나타낸
것이다.
이에 대한 설명으로 옳은
것만을 <보기>에서 있는
대로 고른 것은? ③점

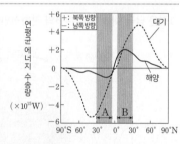

보기
ㄱ. 흡수하는 태양 복사 에너지양과 방출하는 지구 복사
   에너지양의 차는 38°S가 0°보다 크다.
ㄴ. $\dfrac{\text{대기에 의한 에너지 수송량}}{\text{해양에 의한 에너지 수송량}}$ 은 A지역이 B지역보다 크다.
ㄷ. 위도별 에너지 불균형은 대기와 해양의 순환을 일으킨다.

① ㄱ   ② ㄷ   ③ ㄱ, ㄴ   ④ ㄴ, ㄷ   ⑤ ㄱ, ㄴ, ㄷ

36

대기 대순환

그림은 북반구에서 대기 대순환을 이루는 순환 세포 A, B, C를 나타낸 것이다.

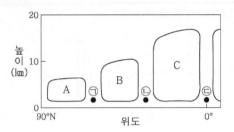

이에 대한 옳은 설명만을 <보기>에서 있는 대로 고른 것은?

보기
ㄱ. 직접 순환에 해당하는 것은 A와 C이다.
ㄴ. 온대 저기압은 ㉠보다 ㉡ 부근에서 주로 발생한다.
ㄷ. ㉢에서는 공기가 발산한다.

① ㄱ   ② ㄷ   ③ ㄱ, ㄴ   ④ ㄴ, ㄷ   ⑤ ㄱ, ㄴ, ㄷ

37 2022 평가원

대기 대순환

그림은 해수면 부근에서 부는 바람의 남북 방향의 연평균 풍속을 나타낸 것이다. ㉠과 ㉡은 각각 60°N과 60°S 중 하나이다.

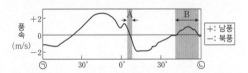

이 자료에 대한 설명으로 옳은 것만을 <보기>에서 있는 대로 고른 것은?

보기
ㄱ. ㉠은 60°S이다.
ㄴ. A에서 해들리 순환의 하강 기류가 나타난다.
ㄷ. 페루 해류는 B에서 나타난다.

① ㄱ   ② ㄴ   ③ ㄷ   ④ ㄱ, ㄴ   ⑤ ㄱ, ㄷ

38

대기 대순환

그림은 북반구의 대기 대순환을 나타낸 것이다. A, B, C는 각각 해들리 순환, 페렐 순환, 극순환 중 하나이다. 이에 대한 설명으로 옳은 것만을 <보기>에서 있는 대로 고른 것은?

보기
ㄱ. A의 지상에는 동풍 계열의 바람이 우세하게 분다.
ㄴ. 직접 순환에 해당하는 것은 B이다.
ㄷ. 남북 방향의 온도 차는 ㉡에서가 ㉠에서보다 크다.

① ㄱ   ② ㄴ   ③ ㄱ, ㄷ   ④ ㄴ, ㄷ   ⑤ ㄱ, ㄴ, ㄷ

39 2022 수능

대기 대순환, 해양의 표층 순환

그림은 평균 해면 기압을 위도에 따라 나타낸 것이다.

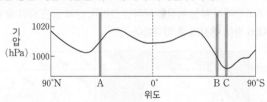

이 자료에 대한 설명으로 옳은 것만을 <보기>에서 있는 대로 고른 것은? 3점

보기
ㄱ. A는 대기 대순환의 간접 순환 영역에 위치한다.
ㄴ. B 해역에서는 남극 순환류가 흐른다.
ㄷ. C 해역에서는 대기 대순환에 의해 표층 해수가 발산한다.

① ㄱ   ② ㄷ   ③ ㄱ, ㄴ   ④ ㄴ, ㄷ   ⑤ ㄱ, ㄴ, ㄷ

40

그림 (가)와 (나)는 어느 해 2월과 8월의 남태평양의 표층 수온을 순서 없이 나타낸 것이다. A와 B는 주요 표층 해류가 흐르는 해역이다.

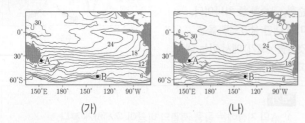

(가)   (나)

이에 대한 설명으로 옳은 것만을 <보기>에서 있는 대로 고른 것은?

보기

ㄱ. 8월에 해당하는 것은 (나)이다.

ㄴ. A에서 흐르는 해류는 고위도 방향으로 에너지를 이동시킨다.

ㄷ. B에서 흐르는 해류와 북태평양 해류의 방향은 반대이다.

① ㄱ   ② ㄴ   ③ ㄷ   ④ ㄱ, ㄴ   ⑤ ㄴ, ㄷ

41

그림은 표층 해류가 흐르는 해역 A, B, C의 위치와 대기 대순환에 의해 지표면에서 부는 바람을 나타낸 것이다. ㉠과 ㉡은 각각 중위도 고압대와 한대 전선대 중 하나이다.

이에 대한 옳은 설명만을 <보기>에서 있는 대로 고른 것은?

보기

ㄱ. 중위도 고압대는 ㉠이다.

ㄴ. 수온만을 고려할 때, 표층에서 산소의 용해도는 A에서보다 C에서 높다.

ㄷ. B에 흐르는 해류는 편서풍의 영향으로 형성된다.

① ㄴ   ② ㄷ   ③ ㄱ, ㄴ   ④ ㄱ, ㄷ   ⑤ ㄴ, ㄷ

42

그림은 태평양 표층 해수의 동서 방향 연평균 유속을 위도에 따라 나타낸 것이다. (+)와 (−)는 각각 동쪽으로 향하는 방향과 서쪽으로 향하는 방향 중 하나이다.

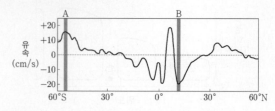

이 자료에 대한 설명으로 옳은 것만을 <보기>에서 있는 대로 고른 것은? **3점**

보기

ㄱ. (+)는 동쪽으로 향하는 방향이다.

ㄴ. A의 해역에서 나타나는 주요 표층 해류는 극동풍에 의해 형성된다.

ㄷ. 북적도 해류는 B의 해역에서 나타난다.

① ㄱ   ② ㄴ   ③ ㄷ   ④ ㄱ, ㄴ   ⑤ ㄱ, ㄷ

개념편 동영상 강의

II. 유체 지구의 변화

문제편 동영상 강의

2. 대기와 해양의 상호 작용

지1-2-2-02(개)

지1-2-2-02(문)

02 해양의 심층 순환

필수개념 1   해수의 심층 순환

1. 해수의 심층 순환

1) 밀도류: 해수의 염분과 수온 변화에 의해 밀도 차이 → 밀도 차에 의해 침강 또는 상승

2) 표층 해수의 침강: 표층 해수의 밀도가 증가하면 아래로 침강하여 심층의 해수가 됨
   → 그린란드 및 남극 주변 해수의 침강

2. 심층 순환

1) 심층 순환: 수온 약층 아래에서 수온과 염분 변화에 의해 발생하는 순환(열염 순환)

2) 특징: 매우 느리게 이동하며, 전체 수심에서 발생

3) 발생 과정

고위도	고위도 좁은 해역에서 표층 해수가 냉각되거나 결빙에 의해 밀도가 증가 → 침강 침강 후 심층 해수가 되어 저위도로 매우 느린 속도로 이동
저위도	저위도로 이동한 심층 해수는 저위도 넓은 해역에서 서서히 용승 용승 후에는 표층을 따라 해수가 흐름

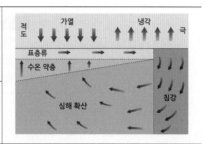

▶ 심층 순환
심층 순환은 해수의 밀도 차이에
의해 발생하고, 밀도는 수온과 염분의
변화로 나타나므로 심층 순환을
열염 순환이라고 하고, 심층 해류를
밀도류라고도 한다.

3. 전 세계 심층 순환

흰색 동그라미 부분: 침강 해역(남극 주변 웨델해, 북대서양 그린란드 해역)

인도양 및 북태평양: 용승 해역(인도양, 태평양 해역)

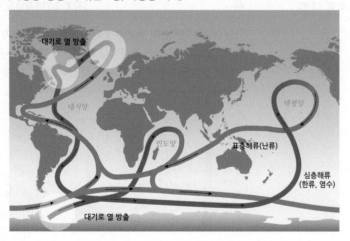

▶ 표층 순환과 심층 순환의 비교
표층 순환은 유속이 빠르지만 심층
순환은 유속이 느리다. 또한, 표층
순환은 북반구와 남반구가 분리되어
나타나지만 심층 순환은 북반구와
남반구의 경계 없이 적도를 넘어
나타난다.

4. 심층 순환의 역할

1) 산소가 풍부한 표층 해수를 심층으로 운반해 산소 공급

2) 모든 수심에 걸쳐 발생하므로 지구 전체의 해수를 순환시키는 역할

3) 지구의 열수지 균형

4) 기후 변화

1 2024 평가원

그림은 해수의 심층 순환을
나타낸 모식도이다. A와 B는
각각 표층 해류와 심층 해류 중
하나이다.

이에 대한 설명으로 옳은
것만을 〈보기〉에서 있는 대로 고른 것은? 3점

보기

ㄱ. A에 의해 에너지가 수송된다.
ㄴ. ⊙ 해역에서 해수가 침강하여 심해층에 산소를 공급한다.
ㄷ. 평균 이동 속력은 A가 B보다 느리다.

① ㄱ　　② ㄴ　　③ ㄷ　　④ ㄱ, ㄴ　　⑤ ㄱ, ㄷ

3

그림 (가)는 대서양의 해수 순환을, (나)는 대서양 해수의 연직
순환을 나타낸 모식도이다. A, B, C는 각각 남극 저층수, 북대서양
심층수, 표층수 중 하나이다.

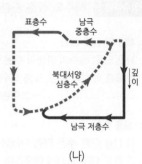

(가)　　　　　　　　(나)

이에 대한 옳은 설명만을 〈보기〉에서 있는 대로 고른 것은?

보기

ㄱ. 해수의 이동 속도는 A가 C보다 느리다.
ㄴ. B는 북대서양 심층수이다.
ㄷ. 해수의 평균 밀도는 B가 C보다 크다.

① ㄱ　　② ㄴ　　③ ㄱ, ㄷ　　④ ㄴ, ㄷ　　⑤ ㄱ, ㄴ, ㄷ

2

그림은 전 지구적인 해수의 순환을 나타낸 것이다.

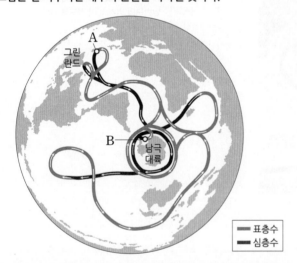

━ 표층수
━ 심층수

이에 대한 설명으로 옳은 것만을 〈보기〉에서 있는 대로 고른 것은?

보기

ㄱ. A해역에서 해수의 침강은 심해층에 산소를 공급한다.
ㄴ. B해역에서 침강한 해수는 남극 저층수를 형성할 것이다.
ㄷ. 지구 온난화가 심해지면 A해역에서 침강이 강해질 것이다.

① ㄱ　　② ㄷ　　③ ㄱ, ㄷ　　④ ㄴ, ㄷ　　⑤ ㄱ, ㄴ, ㄷ

4

그림 (가)는 대서양의 염분 분포와 수괴를 나타낸 것이고, (나)는
(가)의 9°S에서 깊이에 따른 수온과 염분의 분포를 수온−염분도에
나타낸 것이다. (나)의 A와 B는 각각 남극 저층수와 북대서양 심층수
중 하나이다.

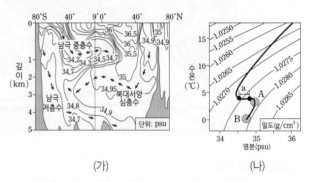

(가)　　　　　　　　(나)

이에 대한 설명으로 옳은 것만을 〈보기〉에서 있는 대로 고른 것은?

보기

ㄱ. A는 북대서양 심층수이다.
ㄴ. 남극 중층수는 A와 B가 혼합하여 형성된다.
ㄷ. (나)의 a 구간에서 밀도 변화는 수온보다 염분에 더 영향을
　　받는다.

① ㄱ　　② ㄴ　　③ ㄱ, ㄷ　　④ ㄴ, ㄷ　　⑤ ㄱ, ㄴ, ㄷ

5

그림 (가)는 북대서양의 표층 순환과 심층 순환의 일부를, (나)는 고위도 해역에서 결빙이 일어날 때 해수의 움직임을 나타낸 것이다.

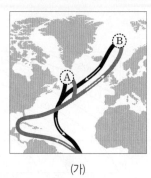 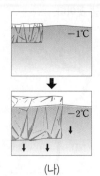

(가)   (나)

이에 대한 옳은 설명만을 <보기>에서 있는 대로 고른 것은?

보기
ㄱ. A와 B에서는 표층 해수의 침강이 일어난다.
ㄴ. (나)의 과정에서 빙하 주변 표층 해수의 밀도는 커진다.
ㄷ. A와 B에 빙하가 녹은 물이 유입되면 북대서양의 심층 순환이 강화될 것이다.

① ㄱ   ② ㄷ   ③ ㄱ, ㄴ   ④ ㄱ, ㄷ   ⑤ ㄴ, ㄷ

6

그림은 전 지구적인 해수의 순환을 나타낸 것이다.

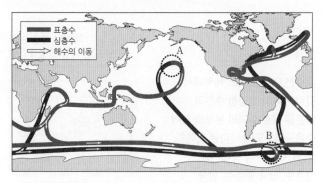

이에 대한 옳은 설명만을 <보기>에서 있는 대로 고른 것은?

보기
ㄱ. A 해역에서는 심층 해수의 용승이 일어난다.
ㄴ. B 해역에서 침강하는 해수는 주변의 해수보다 밀도가 크다.
ㄷ. 해수의 순환은 위도에 따른 에너지 불균형을 줄이는 역할을 한다.

① ㄱ   ② ㄴ   ③ ㄱ, ㄷ   ④ ㄴ, ㄷ   ⑤ ㄱ, ㄴ, ㄷ

7

다음은 해수의 염분에 영향을 미치는 요인을 알아보기 위한 실험이다.

[실험 과정]
(가) 염분이 34.5psu인 소금물 900mL를 만들고, 3개의 비커에 각각 300mL씩 나눠 담는다.
(나) 각 비커의 소금물에 다음과 같이 각각 다른 과정을 수행한다.

과정	실험 방법
A	증류수 100mL를 넣어 섞는다.
B	10분간 가열하여 증발시킨다.
C	표층이 얼음으로 덮일 정도까지 천천히 얼린다.

A   B   C

(다) 각 비커에 있는 소금물의 염분을 측정하여 기록한다.

[실험 결과]

과정	A	B	C
염분(psu)	㉠	㉡	㉢

이에 대한 설명으로 옳은 것만을 <보기>에서 있는 대로 고른 것은?

보기
ㄱ. 담수의 유입에 의한 염분 변화를 알아보기 위한 과정은 A에 해당한다.
ㄴ. 실험 결과에서 34.5보다 큰 값은 ㉡과 ㉢이다.
ㄷ. 남극 저층수가 형성되는 과정은 C에 해당한다.

① ㄱ   ② ㄴ   ③ ㄱ, ㄷ   ④ ㄴ, ㄷ   ⑤ ㄱ, ㄴ, ㄷ

DAY
16

Ⅱ

2
|
02

해양의 심층 순환

8

그림은 대서양에서 관측되는 수괴의 수온과 염분 분포를 나타낸 것이다. A~D는 북대서양 중앙 표층수, 남극 저층수, 북대서양 심층수, 남극 중층수를 순서 없이 나타낸 것이다.

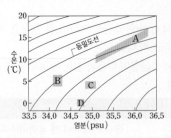

이에 대한 설명으로 옳은 것만을 〈보기〉에서 있는 대로 고른 것은?

보기
ㄱ. 수온 분포의 폭이 가장 큰 것은 A이다.
ㄴ. C는 그린란드 해역 주변에서 침강한다.
ㄷ. 평균 밀도는 D가 가장 크다.

① ㄱ   ② ㄷ   ③ ㄱ, ㄴ   ④ ㄴ, ㄷ   ⑤ ㄱ, ㄴ, ㄷ

9

그림 (가)는 북대서양의 표층수와 심층수의 이동을, (나)는 대서양의 해수 순환을 나타낸 것이다. A, B, C는 각각 표층수, 남극 저층수, 북대서양 심층수 중 하나이다.

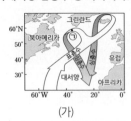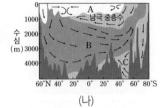

(가)   (나)

이에 대한 옳은 설명만을 〈보기〉에서 있는 대로 고른 것은?

보기
ㄱ. (가)의 심층수는 (나)의 B에 해당한다.
ㄴ. 해수의 평균 이동 속도는 A가 C보다 크다.
ㄷ. ㉠ 해역에서 표층수의 밀도가 현재보다 커지면 침강이 약해진다.

① ㄱ   ② ㄷ   ③ ㄱ, ㄴ   ④ ㄱ, ㄷ   ⑤ ㄴ, ㄷ

10

그림 (가)는 대서양의 해수 순환의 모식도를, (나)는 ㉠과 ㉡에서 형성되는 각각의 수괴를 수온 – 염분도에 A와 B로 순서 없이 나타낸 것이다.

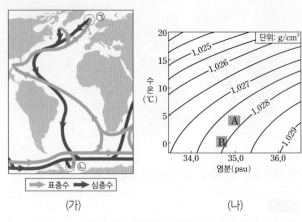

(가)   (나)

이에 대한 설명으로 옳은 것만을 〈보기〉에서 있는 대로 고른 것은?

3점

보기
ㄱ. ㉡에서 형성되는 수괴는 A에 해당한다.
ㄴ. A와 B는 심층 해수에 산소를 공급한다.
ㄷ. 심층 순환은 표층 순환보다 느리다.

① ㄱ   ② ㄴ   ③ ㄱ, ㄷ   ④ ㄴ, ㄷ   ⑤ ㄱ, ㄴ, ㄷ

11

그림은 대서양 어느 해역에서 깊이에 따라 측정한 수온과 염분을 심층 수괴의 분포와 함께 수온–염분도에 나타낸 것이다. A, B, C는 각각 북대서양 심층수, 남극 중층수, 남극 저층수 중 하나이다.

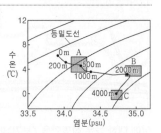

이에 대한 설명으로 옳은 것만을 〈보기〉에서 있는 대로 고른 것은?

보기
ㄱ. 평균 밀도는 A보다 C가 크다.
ㄴ. 이 해역의 깊이 4000m인 지점에는 남극 중층수가 존재한다.
ㄷ. 해수의 평균 이동 속도는 0~200m보다 2000~4000m에서 느리다.

① ㄱ   ② ㄴ   ③ ㄷ   ④ ㄱ, ㄷ   ⑤ ㄴ, ㄷ

12

다음은 심층 순환의 형성 원리를 알아보기 위한 탐구이다.

[탐구 과정]

(가) 수조에 ㉠ 20℃의 증류수를 넣는다.

(나) 비커 A와 B에 각각 10℃의 증류수 500g을 넣는다.

(다) A에는 소금 17g을, B에는 소금 (㉡)g을 녹인다.

(라) A와 B에 각각 서로 다른 색의 잉크를 몇 방울 떨어뜨린다.

(마) 그림과 같이 A와 B의 소금물을 수조의 양 끝에서 동시에 천천히 부으면서 수조 안을 관찰한다.

[탐구 결과]

○ A와 B의 소금물이 수조 바닥으로 가라앉아 이동하다가 만나서 A의 소금물이 B의 소금물 아래로 이동한다.

이에 대한 옳은 설명만을 〈보기〉에서 있는 대로 고른 것은?

보기

ㄱ. (다)에서 A의 소금물은 염분이 34psu보다 작다.

ㄴ. ㉡은 17보다 작다.

ㄷ. ㉠을 10℃의 증류수로 바꾸어 실험하면 A와 B의 소금물이 수조 바닥으로 가라앉는 속도는 더 빠를 것이다.

① ㄱ ② ㄷ ③ ㄱ, ㄴ ④ ㄴ, ㄷ ⑤ ㄱ, ㄴ, ㄷ

13

그림은 대서양 심층 순환의 일부를 나타낸 것이다. A, B, C는 각각 남극 저층수, 남극 중층수, 북대서양 심층수 중 하나이다. 이에 대한 설명으로 옳은 것만을 〈보기〉에서 있는 대로 고른 것은?

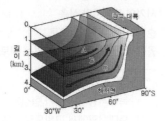

보기

ㄱ. A는 남극 중층수이다.

ㄴ. 해수의 밀도는 B보다 C가 크다.

ㄷ. C는 심해층에 산소를 공급한다.

① ㄱ ② ㄷ ③ ㄱ, ㄴ ④ ㄴ, ㄷ ⑤ ㄱ, ㄴ, ㄷ

14

그림 (가)는 대서양의 심층 순환을, (나)는 수온 − 염분도를 나타낸 것이다. (나)의 A, B, C는 각각 북대서양 심층수, 남극 중층수, 남극 저층수 중 하나이다.

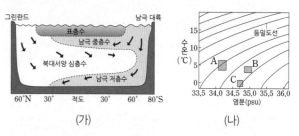

(가)   (나)

이 자료에 대한 옳은 설명만을 〈보기〉에서 있는 대로 고른 것은?

보기

ㄱ. A는 남극 중층수이다.

ㄴ. B는 침강한 후 대체로 북쪽으로 흐른다.

ㄷ. 남극 저층수는 북대서양 심층수보다 수온과 염분이 낮다.

① ㄱ ② ㄴ ③ ㄱ, ㄷ ④ ㄴ, ㄷ ⑤ ㄱ, ㄴ, ㄷ

15

그림은 북대서양의 해수 흐름과 침강 해역을 나타낸 것이다. A와 B는 각각 표층수와 심층수의 흐름 중 하나이다. 이 자료에 대한 설명으로 옳은 것만을 〈보기〉에서 있는 대로 고른 것은?

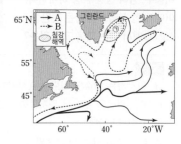

보기

ㄱ. A는 표층수의 흐름이다.

ㄴ. 유속은 A보다 B가 빠르다.

ㄷ. 그린란드에서 ㉠ 해역으로 빙하가 녹은 물이 유입되면 해수의 침강이 강해진다.

① ㄱ ② ㄴ ③ ㄱ, ㄷ ④ ㄴ, ㄷ ⑤ ㄱ, ㄴ, ㄷ

DAY
16

Ⅱ

2
-
02
해양의 심층 순환

16 [2022 평가원]

그림은 심층 해수의 연령 분포를 나타낸 것이다. 심층 해수의 연령은 해수가 표층에서 침강한 이후부터 현재까지 경과한 시간을 의미한다.

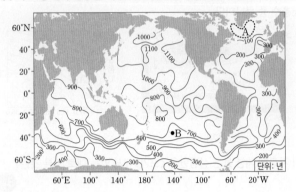

이 자료에 대한 설명으로 옳은 것만을 〈보기〉에서 있는 대로 고른 것은?

보기

ㄱ. 심층 해수의 평균 연령은 북태평양이 북대서양보다 많다.
ㄴ. A 해역에는 표층 해수가 침강하는 곳이 있다.
ㄷ. B에는 저위도로 흐르는 심층 해수가 있다.

① ㄱ   ② ㄷ   ③ ㄱ, ㄴ   ④ ㄴ, ㄷ   ⑤ ㄱ, ㄴ, ㄷ

18

그림은 남극 중층수, 북대서양 심층수, 남극 저층수를 각각 ㉠, ㉡, ㉢으로 순서 없이 수온－염분도에 나타낸 것이고, 표는 남대서양에 위치한 A, B 해역에서의 깊이에 따른 수온과 염분을 나타낸 것이다.

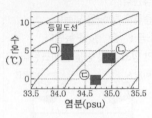

깊이 (m)	A 해역 수온 (℃)	A 해역 염분 (psu)	B 해역 수온 (℃)	B 해역 염분 (psu)
1000	3.8	34.2	0.3	34.6
2000	3.4	34.9	0.0	34.7
3000	3.1	34.9	−0.3	34.7

이에 대한 옳은 설명만을 〈보기〉에서 있는 대로 고른 것은? **3점**

보기

ㄱ. ㉠은 남극 저층수이다.
ㄴ. A의 3000m 깊이에는 북대서양 심층수가 존재한다.
ㄷ. 위도는 A가 B보다 낮다.

① ㄱ   ② ㄴ   ③ ㄱ, ㄷ   ④ ㄴ, ㄷ   ⑤ ㄱ, ㄴ, ㄷ

17

그림은 대서양 심층 순환의 일부를 모식적으로 나타낸 것이다. 수괴 A, B, C는 각각 북대서양 심층수, 남극 저층수, 남극 중층수 중 하나이다. 이에 대한 설명으로 옳은 것만을 〈보기〉에서 있는 대로 고른 것은?

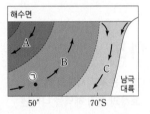

보기

ㄱ. 침강하는 해수의 밀도는 A가 C보다 작다.
ㄴ. B는 형성된 곳에서 ㉠지점까지 도달하는 데 걸리는 시간이 1년보다 짧다.
ㄷ. C는 표층 해수에서 (증발량 − 강수량) 값의 감소에 의한 밀도 변화로 형성된다.

① ㄱ   ② ㄴ   ③ ㄱ, ㄷ   ④ ㄴ, ㄷ   ⑤ ㄱ, ㄴ, ㄷ

19

그림은 북대서양 심층 순환의 세기 변화를 시간에 따라 나타낸 것이다. A 시기와 비교할 때, B 시기의 북대서양 심층 순환과 관련된 설명으로 옳은 것만을 〈보기〉에서 있는 대로 고른 것은? **3점**

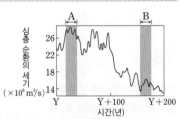

보기

ㄱ. 북대서양 심층수가 형성되는 해역에서 침강이 약하다.
ㄴ. 북대서양에서 고위도로 이동하는 표층 해류의 흐름이 강하다.
ㄷ. 북대서양에서 저위도와 고위도의 표층 수온 차가 크다.

① ㄱ   ② ㄴ   ③ ㄱ, ㄷ   ④ ㄴ, ㄷ   ⑤ ㄱ, ㄴ, ㄷ

---

20 [2022 평가원]

해수의 심층 순환
[2022학년도 9월 모평 3번]

그림은 대서양의 심층 순환을 나타낸 것이다. 수괴 A, B, C는 각각 남극 저층수, 남극 중층수, 북대서양 심층수 중 하나이다.

이에 대한 설명으로 옳은 것만을 <보기>에서 있는 대로 고른 것은? **3점**

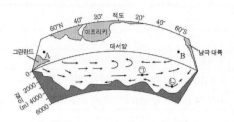

보기

ㄱ. A는 남극 저층수이다.

ㄴ. 밀도는 C가 A보다 크다.

ㄷ. 빙하가 녹은 물이 해역 P에 유입되면 B의 흐름은 강해질 것이다.

① ㄱ ② ㄴ ③ ㄷ ④ ㄱ, ㄷ ⑤ ㄴ, ㄷ

21 [2023 평가원]

해수의 심층 순환
[2023학년도 6월 모평 17번]

그림은 대서양의 수온과 염분 분포를, 표는 수괴 A, B, C의 평균 수온과 염분을 나타낸 것이다. A, B, C는 남극 저층수, 남극 중층수, 북대서양 심층수를 순서 없이 나타낸 것이다.

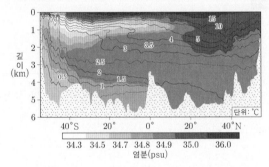

수괴	평균 수온(℃)	평균 염분(psu)
A	2.5	34.9
B	0.4	34.7
C	( )	34.3

이 자료에 대한 설명으로 옳은 것만을 <보기>에서 있는 대로 고른 것은? **3점**

보기

ㄱ. A는 북대서양 심층수이다.

ㄴ. 평균 밀도는 A가 C보다 작다.

ㄷ. B는 주로 남쪽으로 이동한다.

① ㄱ ② ㄴ ③ ㄱ, ㄷ ④ ㄴ, ㄷ ⑤ ㄱ, ㄴ, ㄷ

22

해수의 심층 순환
[2023년 3월 학평 11번]

그림은 대서양의 심층 순환과 두 해역 A와 B의 위치를 나타낸 것이다.

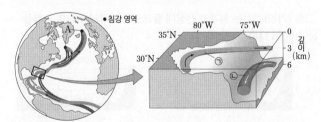

이에 대한 옳은 설명만을 <보기>에서 있는 대로 고른 것은?

보기

ㄱ. A 해역에서는 해수의 용승이 침강보다 우세하다.

ㄴ. B 해역에서 표층 해류는 서쪽으로 흐른다.

ㄷ. 해수의 밀도는 ㉠ 지점이 ㉡ 지점보다 작다.

① ㄱ ② ㄷ ③ ㄱ, ㄴ ④ ㄴ, ㄷ ⑤ ㄱ, ㄴ, ㄷ

23

해수의 심층 순환
[2021년 4월 학평 7번]

그림은 대서양 표층 순환과 심층 순환의 일부를 확대하여 나타낸 것이다. ㉠과 ㉡은 각각 표층수와 심층수 중 하나이다.

이에 대한 설명으로 옳은 것만을 <보기>에서 있는 대로 고른 것은?

보기

ㄱ. 해수의 밀도는 ㉠보다 ㉡이 크다.

ㄴ. 해수가 흐르는 평균 속력은 ㉠보다 ㉡이 빠르다.

ㄷ. A 해역에 빙하가 녹은 물이 유입되면 표층수의 침강은 강해진다.

① ㄱ ② ㄴ ③ ㄱ, ㄷ ④ ㄴ, ㄷ ⑤ ㄱ, ㄴ, ㄷ

표는 심층 순환을 이루는 수괴에 대한 설명을 나타낸 것이다. (가), (나), (다)는 각각 남극 저층수, 북대서양 심층수, 남극 중층수 중 하나이다.

구분	설명
(가)	해저를 따라 북쪽으로 이동하여 30°N에 이른다.
(나)	수심 1000m 부근에서 20°N까지 이동한다.
(다)	수심 약 1500~4000m 사이에서 60°S까지 이동한다.

이에 대한 설명으로 옳은 것만을 〈보기〉에서 있는 대로 고른 것은?

보기
ㄱ. (나)는 남극 대륙 주변의 웨델해에서 생성된다.
ㄴ. 평균 염분은 (가)가 (나)보다 높다.
ㄷ. 평균 밀도는 (가)가 (다)보다 크다.

① ㄱ　　② ㄴ　　③ ㄱ, ㄷ　　④ ㄴ, ㄷ　　⑤ ㄱ, ㄴ, ㄷ

그림 (가)와 (나)는 현재와 신생대 팔레오기의 대서양 심층 순환을 순서 없이 나타낸 것이다.

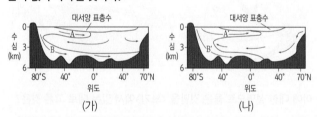
(가)　　　　　　　　　(나)

이에 대한 설명으로 옳은 것만을 〈보기〉에서 있는 대로 고른 것은?

3점

보기
ㄱ. 지구의 평균 기온은 (나)일 때가 (가)일 때보다 높다.
ㄴ. (나)에서 해수의 평균 염분은 B'가 A'보다 높다.
ㄷ. B는 B'보다 북반구의 고위도까지 흐른다.

① ㄱ　　② ㄷ　　③ ㄱ, ㄴ　　④ ㄴ, ㄷ　　⑤ ㄱ, ㄴ, ㄷ

다음은 심층 순환을 일으키는 요인 중 일부를 알아보기 위한 실험이다.

[실험 목표]
○ 해수의 (㉠)에 따른 밀도 차에 의해 심층 순환이 발생할 수 있음을 설명할 수 있다.

[실험 과정]
(가) 위와 아래에 각각 구멍이 뚫린 칸막이를 준비한다.
(나) 칸막이의 구멍을 필름으로 막은 후, 칸막이로 수조를 A 칸과 B 칸으로 분리한다.
(다) 염분이 35psu이고 수온이 20°C인 동일한 양의 소금물을 A와 B에 넣고, 각각 서로 다른 색의 잉크로 착색한다.
(라) 그림과 같이 A와 B에 각각 얼음물과 뜨거운 물이 담긴 비커를 설치한다.
(마) 칸막이의 필름을 제거하고 소금물의 이동을 관찰한다.

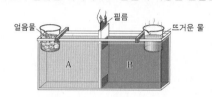

[실험 결과]
○ 아래쪽의 구멍을 통해 (㉡)의 소금물은 (㉢) 쪽으로 이동한다.

이에 대한 설명으로 옳은 것만을 〈보기〉에서 있는 대로 고른 것은?

보기
ㄱ. '수온 변화'는 ㉠에 해당한다.
ㄴ. A는 고위도 해역에 해당한다.
ㄷ. A는 ㉡, B는 ㉢에 해당한다.

① ㄱ　　② ㄷ　　③ ㄱ, ㄴ　　④ ㄴ, ㄷ　　⑤ ㄱ, ㄴ, ㄷ

27

그림 (가)와 (나)는 남대서양의 수온과 염분 분포를 나타낸 것이다.
A, B, C는 각각 남극 저층수, 남극 중층수, 북대서양 심층수 중 하나
이다.

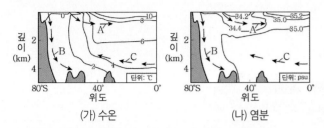

(가) 수온　　　　　　(나) 염분

이에 대한 옳은 설명만을 <보기>에서 있는 대로 고른 것은?

보기
ㄱ. A가 표층에서 침강하는 데 미치는 영향은 염분이 수온보다
　 크다.
ㄴ. B는 북반구 해역의 심층에 도달한다.
ㄷ. A, B, C는 모두 저위도와 고위도의 에너지 불균형을 줄이는
　 역할을 한다.

① ㄱ　　② ㄴ　　③ ㄱ, ㄷ　　④ ㄴ, ㄷ　　⑤ ㄱ, ㄴ, ㄷ

28 　2024 수능

그림 (가)는 대서양 심층 순환의 일부를 나타낸 것이고, (나)는
수온−염분도에 수괴 A, B, C의 물리량을 ㉠, ㉡, ㉢으로 순서 없이
나타낸 것이다. A, B, C는 각각 남극 저층수, 남극 중층수, 북대서양
심층수 중 하나이다.

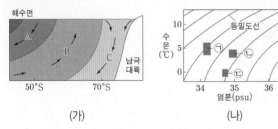

(가)　　　　　　(나)

이에 대한 설명으로 옳은 것만을 <보기>에서 있는 대로 고른 것은?

보기
ㄱ. A의 물리량은 ㉠이다.
ㄴ. B는 A와 C가 혼합하여 형성된다.
ㄷ. C는 심층 해수에 산소를 공급한다.

① ㄱ　　② ㄴ　　③ ㄷ　　④ ㄱ, ㄴ　　⑤ ㄱ, ㄷ

03 대기와 해양의 상호 작용

기본자료

필수개념 1 용승과 침강

1. 용승과 침강

1) 표층 해수의 이동: 해수면 위에 바람이 지속적으로 불면 평균적으로 바람 방향의 90°방향으로 표층 해수가 이동 (에크만 수송)

2) 용승: 어느 해역에서 표층 해수가 빠져나가 이를 보충하기 위해 심층의 해수가 표층으로 상승하는 흐름

3) 침강: 표층 해수가 모이는 해역에서 해수가 표층에서 심층으로 이동하는 흐름

4) 용승과 침강의 예

① 연안 용승과 침강: 대륙의 연안에서 지속적인 바람으로 표층의 해수가 이동하면서 발생

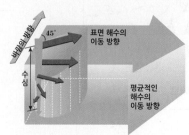

▲ 표층 해수의 이동 방향(북반구)

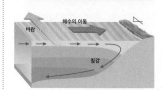

⑤ 대륙의 서쪽 연안인 경우

구분	연안 용승	연안 침강
북반구	북풍	남풍
남반구	남풍	북풍

ⓒ 대륙의 동쪽 연안인 경우

구분	연안 용승	연안 침강
북반구	남풍	북풍
남반구	북풍	남풍

② 적도 용승: 무역풍에 의해 적도 북쪽과 남쪽 해역에서 표층수가 적도에서 멀어지는 방향으로 발산해 심층의 해수가 표층으로 올라오는 용승 발생

③ 기압 변화에 따른 용승과 침강: 고기압과 저기압에서의 지속적인 바람 방향에 따라 용승과 침강이 발생, 북반구에서 고기압은 시계 방향의 풍향으로 침강, 저기압은 시계 반대 방향으로 용승

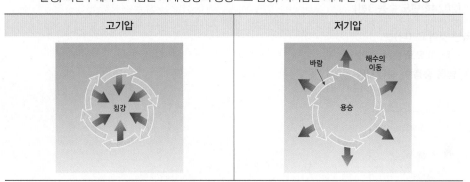

고기압	저기압

5) 용승과 침강의 영향: 용승은 좋은 어장 형성과 서늘한 기후 형성, 침강은 용존 산소 심해 공급 등

6) 전 세계 주요 용승 지역: 대륙의 서안이나 적도에서 주로 발생

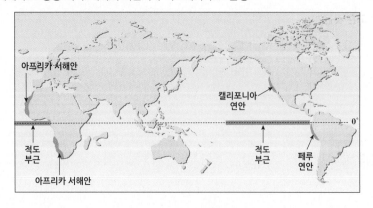

필수개념 2 엘니뇨와 라니냐

1. 엘니뇨와 라니냐

1) 원인: 무역풍의 세기 변화. 약해지면 엘니뇨, 강해지면 라니냐
2) 특징: 평상시에 비해 6개월 이상 수온이 0.5℃ 높거나 낮아진 상황

	평상시	엘니뇨	라니냐
모식도			
대기와 해수의 운동	무역풍에 의해 따뜻한 표층 해수가 동태평양에서 서태평양으로 이동	무역풍이 약해져 서태평양의 따뜻한 표층 해수가 동태평양으로 이동	무역풍이 강해져 동태평양에서 서태평양으로의 해수가 평소보다 더 많이 이동
해양 변화	동태평양: 따뜻한 표층 해수의 이동으로 찬 심층 해수 용승 서태평양: 표층 수온이 높아 증발량이 증가하고 대기가 가열되어 저기압이 형성되므로 강수량 많음	동태평양: 용승이 약화 되어 표층 수온이 상승해 어장이 황폐해지고 증발이 활발해져 강수량이 증가해 홍수 피해가 발생할 수 있음 서태평양: 표층 수온이 낮아져 증발량이 감소하고 대기도 적게 가열되어 고기압이 형성되고 가뭄 피해가 발생	동태평양: 용승이 강화되어 표층 수온이 하강하고 영양 염류가 심층 해수를 따라 올라와 좋은 어장을 형성. 기온 하강으로 고기압에 의한 가뭄 발생 가능 서태평양: 평상시보다 따뜻한 해수가 더 많이 있는 상태로 홍수 발생 가능
용승	–	동태평양 용승 약화	동태평양 용승 강화
온난 수역 두께	–	동태평양: 두꺼워짐 서태평양: 얇아짐	동태평양: 얇아짐 서태평양: 두꺼워짐
수온 약층 깊이	–	동태평양: 깊어짐 서태평양: 얕아짐	동태평양: 얕아짐 서태평양: 깊어짐

2. 남방 진동

1) 남방 진동: 수년에 걸쳐 열대 태평양의 동쪽과 서쪽의 기압 분포가 시소처럼 진동하며 변화하는 현상
2) 남방 진동에 의한 변화: 워커 순환에 따라 서쪽은 저기압, 동쪽은 고기압이 되어야 하지만 실제로는 기압 배치가 진동
3) 남방 진동 지수: 동쪽의 기압 − 서쪽의 기압
   (+)인 경우: 다윈 지역 기압 < 타히티 지역 기압
   (−)인 경우: 다윈 지역 기압 > 타히티 지역 기압

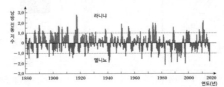

3. 엔소(ENSO)

- 엘니뇨와 라니냐 → 수온 변화
- 남방 진동 → 대기 순환의 변화
  두 가지가 상호 작용하여 서로 영향을 주고 받기 때문에 두 가지를 묶어서 엔소(ENSO)라고 함.

1

그림은 우리나라에서 연안 용승이 발생한 A 해역의 위치와 3일간의 표층 수온 변화를 나타낸 것이다.

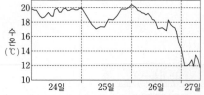

A 해역에 대한 옳은 설명만을 〈보기〉에서 있는 대로 고른 것은? 3점

보기
ㄱ. 연안 용승은 24일보다 26일에 활발하였다.
ㄴ. 연안 용승이 일어나는 기간에는 북풍 계열의 바람이 우세하였다.
ㄷ. 표층 해수의 용존 산소량은 24일보다 26일에 대체로 높았을 것이다.

① ㄱ　　② ㄷ　　③ ㄱ, ㄴ　　④ ㄱ, ㄷ　　⑤ ㄴ, ㄷ

2

그림은 2019년 10월부터 2020년 7월까지 태평양 적도 해역에서 20°C 등수온선의 깊이 편차(관측값－평년값)를 나타낸 것이다. ㉠과 ㉡은 각각 엘니뇨 시기와 라니냐 시기 중 하나이다.

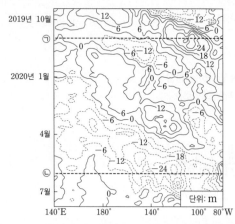

이에 대한 옳은 설명만을 〈보기〉에서 있는 대로 고른 것은? 3점

보기
ㄱ. ㉠은 라니냐 시기이다.
ㄴ. 이 해역의 동서 방향 해수면 경사는 ㉠보다 ㉡일 때 크다.
ㄷ. ㉡일 때 동태평양 적도 해역의 기압 편차(관측값－평년값)는 (＋)값이다.

① ㄱ　　② ㄷ　　③ ㄱ, ㄴ　　④ ㄴ, ㄷ　　⑤ ㄱ, ㄴ, ㄷ

3

표의 (가)와 (나)는 태평양 적도 부근 해역에서 관측된 바람과 구름양의 분포를 엘니뇨 시기와 라니냐 시기로 구분하여 순서 없이 나타낸 것이다.

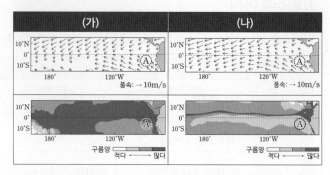

이에 대한 설명으로 옳은 것만을 〈보기〉에서 있는 대로 고른 것은? 3점

보기
ㄱ. 태평양 적도 부근 해역에서 구름양은 라니냐 시기가 엘니뇨 시기보다 많다.
ㄴ. A 해역의 수온은 (가)가 (나)보다 높다.
ㄷ. 남적도 해류는 (가)가 (나)보다 강하다.

① ㄱ　　② ㄴ　　③ ㄷ　　④ ㄱ, ㄴ　　⑤ ㄱ, ㄷ

4

그림 (가)와 (나)는 열대 태평양에서 엘니뇨 시기와 라니냐 시기의 해수면 높이를 순서 없이 나타낸 모식도이다.

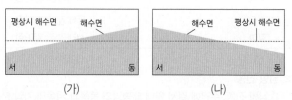

이에 대한 옳은 설명만을 〈보기〉에서 있는 대로 고른 것은? 3점

보기
ㄱ. (가)는 엘니뇨, (나)는 라니냐 시기에 해당한다.
ㄴ. 열대 태평양 동쪽 해역의 표층 수온은 (가)보다 (나)일 때 높다.
ㄷ. 열대 태평양 서쪽 해역에서 상승 기류는 (가)보다 (나)일 때 활발하다.

① ㄱ　　② ㄴ　　③ ㄱ, ㄴ　　④ ㄱ, ㄷ　　⑤ ㄴ, ㄷ

5

그림 (가)와 (나)는 엘니뇨와 라니냐 시기의 태평양 적도 해역의
연직 수온 분포를 순서 없이 나타낸 것이다.

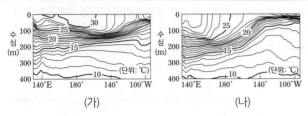

(가)   (나)

이에 대한 옳은 설명만을 <보기>에서 있는 대로 고른 것은?

보기
ㄱ. (가)는 엘니뇨 시기, (나)는 라니냐 시기이다.
ㄴ. 동태평양 적도 해역에서의 용승은 (가) 시기보다 (나) 시기에
    약하다.
ㄷ. 무역풍의 세기는 (가) 시기보다 (나) 시기에 강하다.

① ㄱ   ② ㄴ   ③ ㄱ, ㄷ   ④ ㄴ, ㄷ   ⑤ ㄱ, ㄴ, ㄷ

7

그림 (가)는 다윈과 타히티에서 측정한 해수면 기압 편차(관측 기압
－평년 기압)를, (나)는 A와 B 중 한 시기의 태평양 적도 부근
해역의 대기 순환 모습을 나타낸 것이다. A와 B는 각각 엘니뇨와
라니냐 시기 중 하나이다.

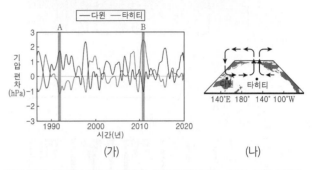

(가)   (나)

이에 대한 설명으로 옳은 것만을 <보기>에서 있는 대로 고른 것은?

보기
ㄱ. (나)는 A 시기의 대기 순환 모습이다.
ㄴ. B 시기에 타히티 부근 해역의 강수량은 평상시보다 적다.
ㄷ. $\dfrac{\text{다윈 부근 해역의 평균 수온}}{\text{타히티 부근 해역의 평균 수온}}$ 은 A 시기보다 B 시기에
    크다.

① ㄱ   ② ㄴ   ③ ㄱ, ㄷ   ④ ㄴ, ㄷ   ⑤ ㄱ, ㄴ, ㄷ

6

그림 (가)와 (나)는 태평양 적도 해역에서 엘니뇨와 라니냐 시기의
수온 연직 분포를 순서 없이 나타낸 것이다.

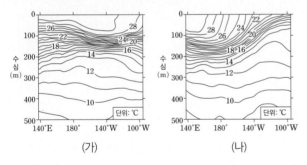

(가)   (나)

이에 대한 설명으로 옳은 것만을 <보기>에서 있는 대로 고른 것은?

보기
ㄱ. 라니냐 시기의 수온 연직 분포는 (가)이다.
ㄴ. 동태평양 적도 해역에서 강수량은 (가) 시기가 (나) 시기보다
    많다.
ㄷ. 동태평양 적도 해역에서 용승은 (나) 시기가 (가) 시기보다
    강하게 일어난다.

① ㄱ   ② ㄴ   ③ ㄷ   ④ ㄱ, ㄷ   ⑤ ㄴ, ㄷ

8

그림 (가)와 (나)는 각각 엘니뇨 시기와 라니냐 시기에 관측한 태평양
적도 부근 해역의 해수면 높이 변화를 순서 없이 나타낸 것이다.
그림에서 (＋)인 곳은 해수면이 평년보다 높아진 해역이고, (－)인
곳은 평년보다 낮아진 해역이다.

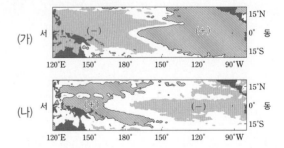

이에 대한 옳은 설명만을 <보기>에서 있는 대로 고른 것은?

보기
ㄱ. (가)는 엘니뇨 시기에 관측한 자료이다.
ㄴ. 태평양 적도 부근 해역에서 동서 방향의 해수면 경사는
    (가)가 (나)보다 완만하다.
ㄷ. 동태평양 적도 부근 해역에서 표층 수온은 (가)가 (나)보다
    낮다.

① ㄱ   ② ㄷ   ③ ㄱ, ㄴ   ④ ㄱ, ㄷ   ⑤ ㄴ, ㄷ

DAY
17

Ⅱ
2
ㅣ
03
대기와 해양의 상호 작용

9

그림 (가)는 엘니뇨가 발생한 시기에 태평양의 대기 순환을, (나)는 남방 진동 지수(타히티의 해면 기압−다윈의 해면 기압)를 나타낸 것이다.

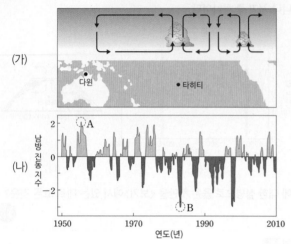

(가)

(나)

이에 대한 옳은 설명만을 〈보기〉에서 있는 대로 고른 것은? ③점

보기

ㄱ. (가)는 A 시기에 해당한다.
ㄴ. 다윈 부근의 강수량은 A 시기가 B 시기보다 많다.
ㄷ. 동태평양 적도 부근 해역의 용승 현상은 A 시기가 B 시기보다 강하다.

① ㄱ　　② ㄷ　　③ ㄱ, ㄴ　　④ ㄴ, ㄷ　　⑤ ㄱ, ㄴ, ㄷ

10

그림 (가)는 적도 부근 해역에서 동태평양과 서태평양의 해수면 기압 차(동태평양 기압 − 서태평양 기압)를, (나)는 태평양 적도 부근 해역에서 ㉠과 ㉡ 중 한 시기에 관측된 따뜻한 해수층의 두께 편차(관측값 − 평년값)를 나타낸 것이다. ㉠과 ㉡은 각각 엘니뇨와 라니냐 시기 중 하나이다.

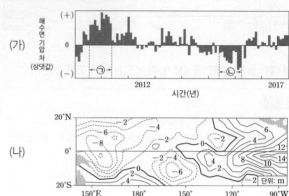

(가)

(나)

이에 대한 설명으로 옳은 것만을 〈보기〉에서 있는 대로 고른 것은? ③점

보기

ㄱ. (나)는 ㉠에 해당한다.
ㄴ. 서태평양 적도 해역과 동태평양 적도 해역 사이의 해수면 높이 차는 ㉠이 ㉡보다 크다.
ㄷ. 동태평양 적도 부근 해역에서 구름양은 ㉠이 ㉡보다 많다.

① ㄱ　　② ㄴ　　③ ㄷ　　④ ㄱ, ㄴ　　⑤ ㄴ, ㄷ

11

그림 (가)와 (나)는 태평양 적도 부근 해역에서 측정한 무역풍의 동서 방향 풍속 편차와 20℃ 등수온선 깊이 편차의 변화를 시간에 따라 나타낸 것이다. 편차는 (관측값-평년값)이고, (가)에서 무역풍이 서쪽으로 향하는 방향을 양(+)으로 한다.

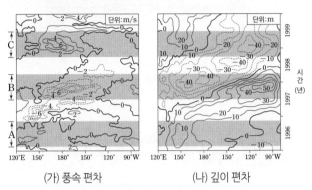

(가) 풍속 편차   (나) 깊이 편차

A, B, C 시기에 대한 설명으로 옳은 것만을 <보기>에서 있는 대로 고른 것은? 3점

보기
ㄱ. 동태평양의 용승은 A보다 B가 강하다.
ㄴ. 동태평양과 서태평양의 수온 약층 깊이 차이는 A보다 C가 크다.
ㄷ. $\dfrac{\text{동태평양의 해수면 평균 기압}}{\text{서태평양의 해수면 평균 기압}}$ 은 B보다 C가 크다.

① ㄱ   ② ㄴ   ③ ㄱ, ㄷ   ④ ㄴ, ㄷ   ⑤ ㄱ, ㄴ, ㄷ

13

그림은 2009년부터 2011년까지 서태평양과 동태평양의 적도 부근 해역에서 관측한 해수면 높이를 나타낸 것이다. A와 B는 각각 엘니뇨와 라니냐 기간 중 하나에 속한다.

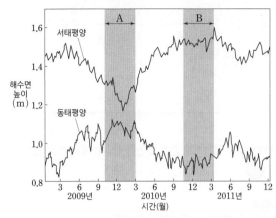

이에 대한 설명으로 옳은 것만을 <보기>에서 있는 대로 고른 것은? 3점

보기
ㄱ. 서태평양과 동태평양의 해수면 높이 차이는 A 시기가 B 시기보다 크다.
ㄴ. A는 엘니뇨, B는 라니냐 기간에 속한다.
ㄷ. 동태평양 적도 부근 해역의 용승은 A 시기가 B 시기보다 강하다.

① ㄱ   ② ㄴ   ③ ㄱ, ㄷ   ④ ㄴ, ㄷ   ⑤ ㄱ, ㄴ, ㄷ

12

그림 (가)와 (나)는 엘니뇨와 라니냐 시기에 태평양 적도 부근 해역에서 관측된 깊이에 따른 수온 편차(관측값-평년값)를 순서 없이 나타낸 것이다.

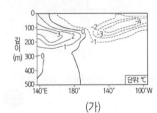 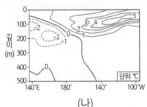

(가)   (나)

이에 대한 설명으로 옳은 것만을 <보기>에서 있는 대로 고른 것은?
3점

보기
ㄱ. 무역풍의 세기는 (가)가 (나)보다 강하다.
ㄴ. 서태평양 적도 부근 해역의 해면 기압은 (나)가 (가)보다 높다.
ㄷ. 동태평양 적도 부근 해역의 용승 현상은 (가)가 (나)보다 강하다.

① ㄱ   ② ㄴ   ③ ㄱ, ㄷ   ④ ㄴ, ㄷ   ⑤ ㄱ, ㄴ, ㄷ

14

그림 (가)와 (나)는 평상시와 엘니뇨 발생 시기의 태평양 적도 해역 대기 순환을 순서 없이 나타낸 것이다.

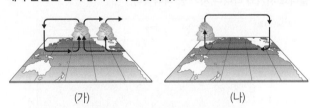

(가)   (나)

(가)보다 (나)일 때 큰 값을 갖는 것만을 <보기>에서 있는 대로 고른 것은? 3점

보기
ㄱ. 무역풍의 세기
ㄴ. 동태평양 적도 해역의 강수량
ㄷ. 서태평양과 동태평양 적도 해역의 해수면 높이 차

① ㄱ   ② ㄴ   ③ ㄱ, ㄷ   ④ ㄴ, ㄷ   ⑤ ㄱ, ㄴ, ㄷ

15

그림은 동태평양과 서태평양 적도 부근 해역에서 관측한 북반구 겨울철 표층의 평균 수온을 ○와 ×로 순서 없이 나타낸 것이다. A와 B는 각각 엘니뇨와 라니냐 시기 중 하나이다.

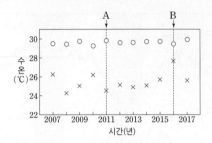

이 자료에 대한 설명으로 옳은 것만을 〈보기〉에서 있는 대로 고른 것은? 3점

보기
ㄱ. 남적도 해류는 A가 B보다 강하다.
ㄴ. 동태평양에서 용승은 B가 A보다 강하다.
ㄷ. 서태평양에서 해면 기압은 B가 평년보다 크다.

① ㄱ   ② ㄴ   ③ ㄱ, ㄷ   ④ ㄴ, ㄷ   ⑤ ㄱ, ㄴ, ㄷ

17

그림 (가)는 태평양의 수온 관측 해역(▨)을, (나)는 (가)의 관측 해역에서 측정한 평년 대비 해수면 수온 편차를 나타낸 것이다.

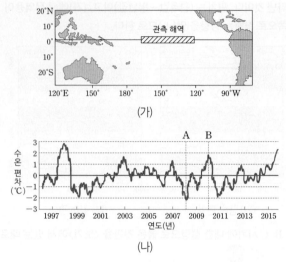

(가)

(나)

이에 대한 설명으로 옳은 것만을 〈보기〉에서 있는 대로 고른 것은?

보기
ㄱ. A시기는 엘니뇨이다.
ㄴ. B시기에 페루 연안은 용승이 활발했을 것이다.
ㄷ. 적도 부근 동태평양과 서태평양의 해수면 높이 차이는 A시기가 B시기보다 더 클 것이다.

① ㄱ   ② ㄷ   ③ ㄱ, ㄴ   ④ ㄴ, ㄷ   ⑤ ㄱ, ㄴ, ㄷ

16

그림은 2014년부터 2016년까지 관측한 태평양 적도 부근 해역의 해수면 기압 편차(관측 기압－평년 기압)를 나타낸 것이다. A는 엘니뇨 시기와 라니냐 시기 중 하나이다.

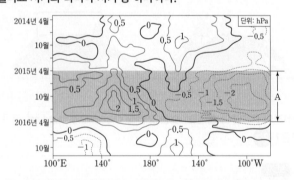

A 시기에 대한 설명으로 옳은 것만을 〈보기〉에서 있는 대로 고른 것은? 3점

보기
ㄱ. 라니냐 시기이다.
ㄴ. 평상시보다 남적도 해류가 약하다.
ㄷ. 평상시보다 동태평양 적도 부근 해역에서의 용승이 강하다.

① ㄱ   ② ㄴ   ③ ㄷ   ④ ㄱ, ㄷ   ⑤ ㄴ, ㄷ

18

그림은 태평양 적도 부근 해역에서의 대기 순환 모습을 나타낸 것이다. (가)와 (나)는 각각 엘니뇨와 라니냐 시기 중 하나이다.

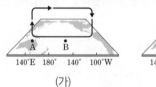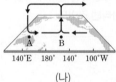

(가)   (나)

이에 대한 설명으로 옳은 것만을 〈보기〉에서 있는 대로 고른 것은?
3점

보기
ㄱ. 서태평양 적도 부근 무역풍의 세기는 (가)가 (나)보다 강하다.
ㄴ. 동태평양 적도 부근 해역의 용승은 (가)가 (나)보다 강하다.
ㄷ. (B 지점 해면 기압 － A 지점 해면 기압)의 값은 (가)가 (나)보다 크다.

① ㄱ   ② ㄷ   ③ ㄱ, ㄴ   ④ ㄴ, ㄷ   ⑤ ㄱ, ㄴ, ㄷ

19

그림은 적도 부근 서태평양과 중앙 태평양 중 어느 한 해역에서 최근 40년 동안 매년 같은 시기에 기상 위성으로 관측한 적외선 방출 복사 에너지 편차와 수온 편차를 나타낸 것이다. 편차는 (관측값－평년값)이며, A는 엘니뇨 시기에 관측한 값이다.

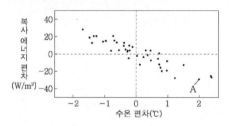

이 해역에 대한 옳은 설명만을 〈보기〉에서 있는 대로 고른 것은? ③점

보기
ㄱ. 서태평양에 위치한다.
ㄴ. 강수량은 적외선 방출 복사 에너지 편차가 (＋)일 때가 (－)일 때보다 대체로 적다.
ㄷ. 평균 해면 기압은 엘니뇨 시기가 평년보다 낮다.

① ㄱ　　② ㄴ　　③ ㄱ, ㄷ　　④ ㄴ, ㄷ　　⑤ ㄱ, ㄴ, ㄷ

21

그림은 서로 다른 시기에 관측된 태평양 적도 부근 해역의 수온 편차 (관측값－평년값)를 나타낸 것이다. (가)와 (나)는 각각 엘니뇨 시기와 라니냐 시기 중 하나이다.

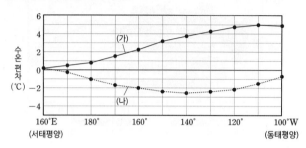

이에 대한 옳은 설명만을 〈보기〉에서 있는 대로 고른 것은? ③점

보기
ㄱ. (가)는 엘니뇨 시기이다.
ㄴ. 무역풍의 풍속은 (가)가 (나)보다 크다.
ㄷ. 동태평양 적도 부근 해역의 용승은 (가)가 (나)보다 활발하다.

① ㄱ　　② ㄴ　　③ ㄱ, ㄷ　　④ ㄴ, ㄷ　　⑤ ㄱ, ㄴ, ㄷ

20 2022 평가원

그림은 동태평양 적도 부근 해역에서 관측된 수온 편차 분포를 깊이에 따라 나타낸 것이다. (가)와 (나)는 각각 엘니뇨와 라니냐 시기 중 하나이다. 편차는 (관측값－평년값)이다.

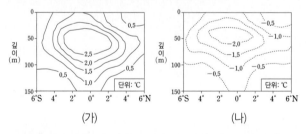

(가)　　　　　(나)

이 해역에 대한 설명으로 옳은 것만을 〈보기〉에서 있는 대로 고른 것은? ③점

보기
ㄱ. (가)는 엘니뇨 시기이다.
ㄴ. 용승은 (나)일 때가 (가)일 때보다 강하다.
ㄷ. (나)일 때 해수면의 높이 편차는 (－) 값이다.

① ㄱ　　② ㄷ　　③ ㄱ, ㄴ　　④ ㄴ, ㄷ　　⑤ ㄱ, ㄴ, ㄷ

22

그림 (가)는 동태평양 적도 해역의 해수면 온도 편차(관측값－평년값)를, (나)는 (가)의 A, B 중 어느 시기에 나타날 수 있는 기후를 나타낸 것이다.

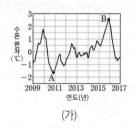

(가)　　　　　(나)

이에 대한 옳은 설명만을 〈보기〉에서 있는 대로 고른 것은?

보기
ㄱ. A 시기에 엘니뇨가 나타났다.
ㄴ. 무역풍의 세기는 B 시기보다 A 시기에 강하다.
ㄷ. (나)는 A 시기에 나타날 수 있다.

① ㄱ　　② ㄷ　　③ ㄱ, ㄴ　　④ ㄴ, ㄷ　　⑤ ㄱ, ㄴ, ㄷ

23

그림은 엘니뇨 또는 라니냐 중 어느 한 시기의 강수량 편차(관측값－평년값)를 나타낸 것이다.

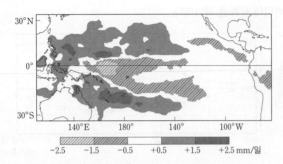

이 자료에 근거해서 평년과 비교할 때, 이 시기에 대한 설명으로 옳은 것만을 〈보기〉에서 있는 대로 고른 것은? 3점

보기
ㄱ. 강수량 편차가 ＋0.5mm/일 이상인 해역은 주로 동태평양 적도 부근에 위치한다.
ㄴ. 서태평양 적도 해역과 동태평양 적도 해역 사이의 해수면 높이 차가 크다.
ㄷ. 남적도 해류가 강하다.

① ㄱ   ② ㄴ   ③ ㄷ   ④ ㄱ, ㄴ   ⑤ ㄴ, ㄷ

24

그림 (가)와 (나)는 평상시와 비교한 엘니뇨와 라니냐 시기의 강수량 변화를 순서 없이 나타낸 것이다.

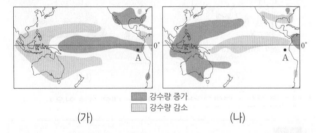

강수량 증가
강수량 감소

(가)   (나)

이에 대한 설명으로 옳은 것만을 〈보기〉에서 있는 대로 고른 것은? 3점

보기
ㄱ. (가)의 시기에 A 해역의 수온은 평상시보다 높다.
ㄴ. (나)의 시기에 무역풍의 세기는 평상시보다 강하다.
ㄷ. A 해역의 용승은 (가)보다 (나)의 시기에 활발하다.

① ㄱ   ② ㄷ   ③ ㄱ, ㄴ   ④ ㄴ, ㄷ   ⑤ ㄱ, ㄴ, ㄷ

25

그림은 태평양 적도 해역의 해수면으로부터 수심 300m까지의 평균 수온 편차(관측값－평년값)를 나타낸 것이다. A와 B는 각각 엘니뇨와 라니냐 시기 중 하나이다.

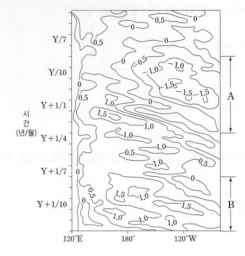

이에 대한 설명으로 옳은 것만을 〈보기〉에서 있는 대로 고른 것은? 3점

보기
ㄱ. 남적도 해류의 세기는 A가 B보다 약하다.
ㄴ. 적도 부근의 (동태평양 해면 기압－서태평양 해면 기압)은 A가 B보다 작다.
ㄷ. 적도 부근 동태평양 해역에서 수온 약층이 나타나기 시작하는 깊이는 B가 A보다 깊다.

① ㄱ   ② ㄷ   ③ ㄱ, ㄴ   ④ ㄴ, ㄷ   ⑤ ㄱ, ㄴ, ㄷ

26 2023 수능
엘니뇨와 라니냐
[2023학년도 수능 17번]

그림 (가)는 태평양 적도 부근 해역에서 관측한 바람의 동서 방향 풍속 편차를, (나)는 이 해역에서 A와 B 중 어느 한 시기에 관측된 20℃ 등수온선의 깊이 편차를 나타낸 것이다. A와 B는 각각 엘니뇨와 라니냐 시기 중 하나이고, (+)는 서풍, (−)는 동풍에 해당한다. 편차는 (관측값−평년값)이다.

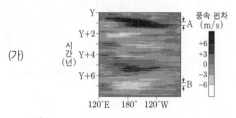

이에 대한 설명으로 옳은 것만을 〈보기〉에서 있는 대로 고른 것은?

> **보기**
> ㄱ. (나)는 B에 해당한다.
> ㄴ. 동태평양 적도 부근 해역에서 해수면 높이는 B가 평년보다 낮다.
> ㄷ. 적도 부근의 (동태평양 해면 기압−서태평양 해면 기압) 값은 A가 B보다 크다.

① ㄱ ② ㄴ ③ ㄷ ④ ㄱ, ㄷ ⑤ ㄴ, ㄷ

27 2022 수능
엘니뇨와 라니냐
[2022학년도 수능 14번]

그림은 동태평양 적도 부근 해역에서 A 시기와 B 시기에 관측한 구름의 양을 높이에 따라 나타낸 것이다. A와 B는 각각 엘니뇨 시기와 평상시 중 하나이다.
이에 대한 설명으로 옳은 것만을 〈보기〉에서 있는 대로 고른 것은?

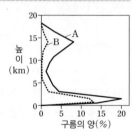

> **보기**
> ㄱ. A는 엘니뇨 시기이다.
> ㄴ. 서태평양 적도 부근 해역에서 상승 기류는 A가 B보다 활발하다.
> ㄷ. 동태평양 적도 부근 해역에서 수온 약층이 나타나기 시작하는 깊이는 A가 B보다 얕다.

① ㄱ ② ㄴ ③ ㄱ, ㄷ ④ ㄴ, ㄷ ⑤ ㄱ, ㄴ, ㄷ

28
엘니뇨와 라니냐
[2019년 4월 학평 15번]

그림은 서로 다른 시기에 관측한 동태평양 적도 부근 해역의 연직 수온 분포를 나타낸 것이다. (가)와 (나)는 각각 엘니뇨와 라니냐 시기 중 하나이다.

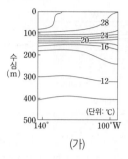 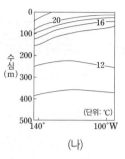

이에 대한 설명으로 옳은 것만을 〈보기〉에서 있는 대로 고른 것은?

> **보기**
> ㄱ. (가)는 엘니뇨 시기이다.
> ㄴ. 이 해역의 평균 해수면은 (가)보다 (나) 시기에 낮다.
> ㄷ. 이 해역에서 수심 100 ~ 200m 구간의 깊이에 따른 수온 감소율은 (가)보다 (나) 시기에 작다.

① ㄱ ② ㄷ ③ ㄱ, ㄴ ④ ㄴ, ㄷ ⑤ ㄱ, ㄴ, ㄷ

29
엘니뇨와 라니냐
[지Ⅱ 2019학년도 수능 12번]

그림 (가)는 태평양 적도 부근 해역에서 무역풍의 동서 성분 풍속 편차를, (나)는 해역 A와 B에서의 기압 편차를 나타낸 것이다. a 시기와 b 시기는 각각 엘니뇨 시기와 라니냐 시기 중 하나이고, A와 B는 각각 동태평양 적도 부근 해역과 서태평양 적도 부근 해역 중 하나이다. 편차는 (관측값−평년값)이다.

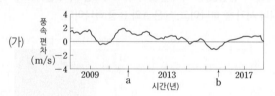

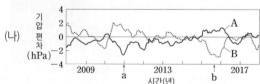

이 자료에 대한 설명으로 옳은 것만을 〈보기〉에서 있는 대로 고른 것은? (단, 무역풍에서 서쪽으로 향하는 방향을 양(+)으로 한다.)

3점

> **보기**
> ㄱ. A는 동태평양 적도 부근 해역이다.
> ㄴ. a 시기에 표층 수온 편차가 음(−)의 값을 갖는 해역은 B이다.
> ㄷ. B에서 수온 약층의 깊이는 b 시기가 a 시기보다 깊다.

① ㄱ ② ㄴ ③ ㄷ ④ ㄱ, ㄴ ⑤ ㄴ, ㄷ

30

그림 (가)는 동태평양 적도 부근 해역 표층 해류의 평년 속도를, (나)는 엘니뇨 또는 라니냐가 일어난 어느 시기 표층 해류의 속도 편차(관측 속도−평년 속도)를 나타낸 것이다.

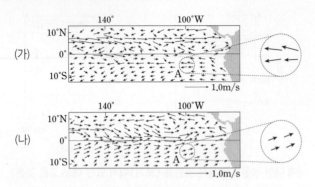

(나)의 **A**해역에 대한 설명으로 옳은 것만을 〈보기〉에서 있는 대로 고른 것은?

보기

ㄱ. 해류는 평년보다 약하다.

ㄴ. 해수면은 평년보다 높다.

ㄷ. 표층 수온은 평년보다 낮다.

① ㄱ   ② ㄴ   ③ ㄷ   ④ ㄱ, ㄴ   ⑤ ㄴ, ㄷ

31

그림 (가)는 동태평양과 서태평양의 적도 부근 해역에서 관측한 표층 수온을 ○와 ×로 순서 없이 나타낸 것이다. 그림 (나)는 태평양 적도 부근 해역에서 2년 동안의 강수량 변화에 따른 표층 염분 편차(관측값 − 평년값)를 나타낸 것이다. **A**와 **B**는 각각 엘니뇨와 라니냐 시기 중 하나이고, ㉠은 **A**와 **B** 중 하나이다.

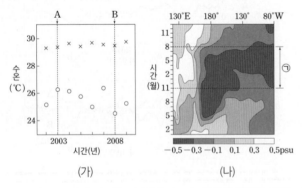

이 자료에 대한 설명으로 옳은 것만을 〈보기〉에서 있는 대로 고른 것은? **3점**

보기

ㄱ. (가)에서 시간에 따른 표층 수온 변화는 동태평양이 서태평양보다 크다.

ㄴ. 남적도 해류는 **A**일 때가 **B**일 때보다 강하다.

ㄷ. ㉠의 표층 염분 편차는 **B**일 때 나타난다.

① ㄱ   ② ㄴ   ③ ㄱ, ㄷ   ④ ㄴ, ㄷ   ⑤ ㄱ, ㄴ, ㄷ

32

그림 (가)는 북반구 여름철에 관측한 태평양 적도 부근 해역의 표층 수온 편차(관측값−평년값)를, (나)는 이 시기에 관측한 북서태평양 중위도 해역의 표층 수온 편차를 나타낸 것이다. 이 시기는 엘니뇨 시기와 라니냐 시기 중 하나이다.

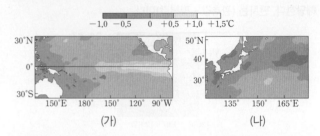

이 자료에 근거해서 평년과 비교할 때, 이 시기에 대한 설명으로 옳은 것만을 〈보기〉에서 있는 대로 고른 것은?

보기

ㄱ. 동태평양 적도 부근 연안에서는 가뭄이 심하다.

ㄴ. 서태평양 적도 해역에서는 상승 기류가 강하다.

ㄷ. 우리나라 주변 해역의 수온이 낮다.

① ㄱ   ② ㄷ   ③ ㄱ, ㄴ   ④ ㄴ, ㄷ   ⑤ ㄱ, ㄴ, ㄷ

33

그림은 태평양 적도 부근 해역의 깊이에 따른 수온 편차(관측값−평년값)를 나타낸 것이다. (가)와 (나)는 각각 엘니뇨 시기와 라니냐 시기 중 하나이다.

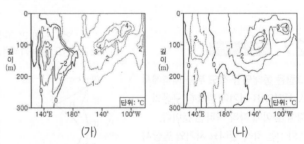

(가) 시기와 비교할 때, (나) 시기에 대한 설명으로 옳은 것만을 〈보기〉에서 있는 대로 고른 것은? **3점**

보기

ㄱ. 무역풍의 세기가 강하다.

ㄴ. 동태평양 적도 부근 해역에서의 용승이 강하다.

ㄷ. 서태평양 적도 부근 해역에서의 해면 기압이 크다.

① ㄱ   ② ㄷ   ③ ㄱ, ㄴ   ④ ㄴ, ㄷ   ⑤ ㄱ, ㄴ, ㄷ

34 2023 평가원

그림 (가)는 동태평양 적도 해역과 서태평양 적도 해역의 시간에 따른 해면 기압 편차를, (나)는 (가)의 A와 B 중 한 시기의 태평양 적도 해역의 깊이에 따른 수온 편차를 나타낸 것이다. A와 B는 각각 엘니뇨 시기와 라니냐 시기 중 하나이고, 편차는 (관측값−평년값) 이다.

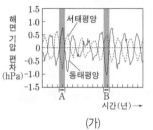 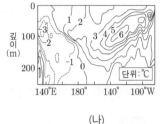

(가)   (나)

이에 대한 설명으로 옳은 것만을 〈보기〉에서 있는 대로 고른 것은?

> **보기**
> ㄱ. (나)는 B에 측정한 것이다.
> ㄴ. 적도 부근에서 (서태평양 평균 표층 수온 편차−동태평양 평균 표층 수온 편차) 값은 A가 B보다 크다.
> ㄷ. 적도 부근에서 $\dfrac{\text{동태평양 평균 해면 기압}}{\text{서태평양 평균 해면 기압}}$ 은 A가 B보다 크다.

① ㄱ   ② ㄷ   ③ ㄱ, ㄴ   ④ ㄴ, ㄷ   ⑤ ㄱ, ㄴ, ㄷ

35

그림은 서로 다른 시기에 중앙 태평양 적도 해역에서 관측한 바람의 풍향 빈도를 나타낸 것이다. (가)와 (나)는 각각 엘니뇨 시기와 라니냐 시기 중 하나이다.

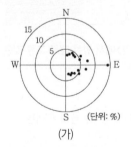 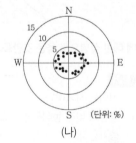

(가)   (나)

이에 대한 옳은 설명만을 〈보기〉에서 있는 대로 고른 것은? 3점

> **보기**
> ㄱ. 무역풍의 세기는 (가)일 때가 (나)일 때보다 약하다.
> ㄴ. (나)일 때 서태평양 적도 해역의 기압 편차(관측값−평년값) 는 양(+)의 값을 갖는다.
> ㄷ. 동태평양 적도 해역에서 따뜻한 해수층의 두께는 (가)일 때가 (나)일 때보다 두껍다.

① ㄱ   ② ㄷ   ③ ㄱ, ㄴ   ④ ㄴ, ㄷ   ⑤ ㄱ, ㄴ, ㄷ

36

그림은 서로 다른 시기에 태평양 적도 부근 해역에서 관측된 바람의 동서 방향 풍속을 나타낸 것이고, (+)는 서풍, (−)는 동풍에 해당한다. (가)와 (나)는 각각 엘니뇨와 라니냐 시기 중 하나이다.

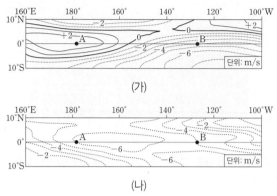

(가)

(나)

이에 대한 설명으로 옳은 것만을 〈보기〉에서 있는 대로 고른 것은? 3점

> **보기**
> ㄱ. (가)의 풍속과 (나)의 풍속의 차는 해역 A가 B보다 크다.
> ㄴ. 해역 A와 B의 표층 수온 차는 (나)보다 (가)일 때 크다.
> ㄷ. 무역풍으로 인해 발생하는 상승 기류는 (나)보다 (가)일 때 더 동쪽에 위치한다.

① ㄱ   ② ㄴ   ③ ㄱ, ㄷ   ④ ㄴ, ㄷ   ⑤ ㄱ, ㄴ, ㄷ

37 2023 평가원

그림은 동태평양 적도 부근 해역의 강수량 편차와 수온 약층 시작 깊이 편차를 나타낸 것이다. A, B, C는 각각 엘니뇨와 라니냐 시기 중 하나이고, 편차는 (관측값 − 평년값)이다.

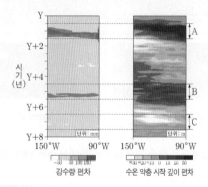

강수량 편차   수온 약층 시작 깊이 편차

이 해역에 대한 설명으로 옳은 것만을 〈보기〉에서 있는 대로 고른 것은?

> **보기**
> ㄱ. 강수량은 A가 B보다 많다.
> ㄴ. 용승은 C가 평년보다 강하다.
> ㄷ. 평균 해수면 높이는 A가 C보다 높다.

① ㄱ   ② ㄷ   ③ ㄱ, ㄴ   ④ ㄴ, ㄷ   ⑤ ㄱ, ㄴ, ㄷ

38

그림은 동태평양 적도 부근 해역에서 2년 동안의 깊이에 따른 온도를 나타낸 것이다. A와 B는 각각 평상시와 엘니뇨 시기 중 하나이다.

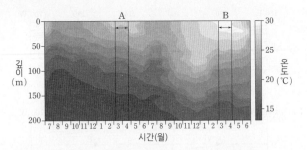

A와 비교한 B에 대한 설명으로 옳은 것만을 <보기>에서 있는 대로 고른 것은?

> **보기**
> ㄱ. 무역풍의 세기가 약하다.
> ㄴ. 동태평양 적도 부근 해역의 해수면의 높이가 낮다.
> ㄷ. 서태평양 적도 부근 해역에서는 상승 기류가 강하다.

① ㄱ   ② ㄴ   ③ ㄱ, ㄷ   ④ ㄴ, ㄷ   ⑤ ㄱ, ㄴ, ㄷ

39

표의 (가)와 (나)는 태평양 적도 부근 해역에서 관측된 해수면 높이 편차(관측값－평년값)와 엽록소 a 농도 분포를 엘니뇨 시기와 라니냐 시기로 구분하여 순서 없이 나타낸 것이다.

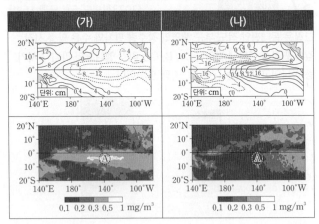

이에 대한 설명으로 옳은 것만을 <보기>에서 있는 대로 고른 것은?

3점

> **보기**
> ㄱ. 무역풍의 세기는 (가)가 (나)보다 강하다.
> ㄴ. 동태평양 적도 부근 해역의 따뜻한 해수층의 두께는 (가)가 (나)보다 두껍다.
> ㄷ. A해역의 엽록소 a 농도는 엘니뇨 시기가 라니냐 시기보다 높다.

① ㄱ   ② ㄷ   ③ ㄱ, ㄴ   ④ ㄴ, ㄷ   ⑤ ㄱ, ㄴ, ㄷ

40

그림 (가)는 동태평양 적도 부근 해역의 수온 편차(관측 수온－평균 수온)를, (나)는 태평양 적도 부근의 두 해역 ㉠, ㉡을 나타낸 것이다.

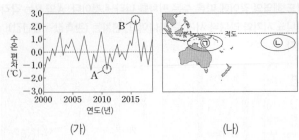

(가)   (나)

이에 대한 옳은 설명만을 <보기>에서 있는 대로 고른 것은? **3점**

> **보기**
> ㄱ. A 시기에 엘니뇨가 나타났다.
> ㄴ. B 시기에는 ㉠ 지역의 기압이 평상시보다 높았다.
> ㄷ. ㉡ 해역의 해류는 A 시기보다 B 시기에 강했을 것이다.

① ㄱ   ② ㄴ   ③ ㄱ, ㄷ   ④ ㄴ, ㄷ   ⑤ ㄱ, ㄴ, ㄷ

41

그림은 엘니뇨 또는 라니냐 시기에 태평양 적도 부근 해역에서 관측된, 수온 약층이 나타나기 시작하는 깊이의 편차(관측 깊이－평년 깊이)를 나타낸 것이다.

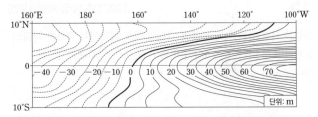

이에 대한 설명으로 옳은 것만을 <보기>에서 있는 대로 고른 것은?

> **보기**
> ㄱ. 엘니뇨 시기이다.
> ㄴ. 평년에 비해 동태평양 적도 해역에서 혼합층의 두께는 증가한다.
> ㄷ. 평년에 비해 동태평양 적도 해역에서 표층 수온은 낮아진다.

① ㄱ   ② ㄴ   ③ ㄷ   ④ ㄱ, ㄴ   ⑤ ㄴ, ㄷ

42 [2024 평가원]

엘니뇨와 라니냐

그림은 엘니뇨 또는 라니냐 중 어느 한 시기에 태평양 적도 부근에서 기상 위성으로 관측한 적외선 방출 복사 에너지의 편차(관측값－평년값)를 나타낸 것이다. 적외선 방출 복사 에너지는 구름, 대기, 지표에서 방출된 에너지이다.

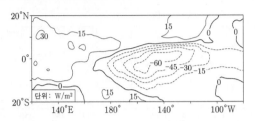

이 시기에 대한 설명으로 옳은 것만을 〈보기〉에서 있는 대로 고른 것은?

보기
ㄱ. 서태평양 적도 부근 해역의 강수량은 평년보다 적다.
ㄴ. 동태평양 적도 부근 해역의 용승은 평년보다 강하다.
ㄷ. 적도 부근의 (동태평양 해면 기압－서태평양 해면 기압) 값은 평년보다 작다.

① ㄱ   ② ㄴ   ③ ㄱ, ㄷ   ④ ㄴ, ㄷ   ⑤ ㄱ, ㄴ, ㄷ

43

엘니뇨와 라니냐

그림 (가)는 적도 부근 해역에서 서태평양과 동태평양의 겨울철 표층의 평균 수온 차(서태평양 수온 － 동태평양 수온)를, (나)는 (가)의 A와 B 중 한 시기에 관측한 적도 부근 태평양 해역의 동서 방향 풍속 편차(관측값 － 평년값)를 나타낸 것이다. A와 B는 각각 엘니뇨 시기와 라니냐 시기 중 하나이다. 동쪽으로 향하는 바람을 양(+)으로 한다.

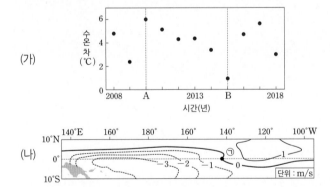

이 자료에 대한 설명으로 옳은 것만을 〈보기〉에서 있는 대로 고른 것은? 3점

보기
ㄱ. (나)는 A에 해당한다.
ㄴ. 상승 기류는 (나)의 ㉠ 해역에서 발생한다.
ㄷ. 서태평양 적도 해역과 동태평양 적도 해역 사이의 해수면 높이 차는 A가 B보다 크다.

① ㄱ   ② ㄴ   ③ ㄱ, ㄷ   ④ ㄴ, ㄷ   ⑤ ㄱ, ㄴ, ㄷ

44

엘니뇨와 라니냐

그림 (가)는 어느 해(Y)에 시작된 엘니뇨 또는 라니냐 시기 동안 태평양 적도 부근에서 기상위성으로 관측한 적외선 방출 복사에너지의 편차(관측값－평년값)를, (나)는 서태평양과 동태평양에 위치한 각 지점의 해면 기압 편차(관측값－평년값)를 나타낸 것이다. (가)의 시기는 (나)의 ㉠에 해당한다.

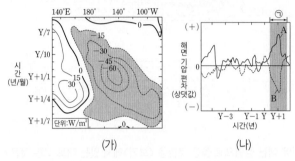

이 자료에 근거해서 평년과 비교할 때, (가) 시기에 대한 설명으로 옳은 것만을 〈보기〉에서 있는 대로 고른 것은? 3점

보기
ㄱ. 동태평양에서 두꺼운 적운형 구름의 발생이 줄어든다.
ㄴ. 워커 순환이 약화된다.
ㄷ. (나)의 A는 서태평양에 해당한다.

① ㄱ   ② ㄴ   ③ ㄱ, ㄷ   ④ ㄴ, ㄷ   ⑤ ㄱ, ㄴ, ㄷ

45

엘니뇨와 라니냐

그림은 태평양 적도 부근 해역에서 깊이에 따른 수온을 측정하여 수온이 20℃인 곳의 깊이를 나타낸 것이다. (가)와 (나)는 각각 엘니뇨 시기와 라니냐 시기 중 하나이다.

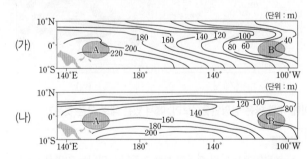

이에 대한 옳은 설명만을 〈보기〉에서 있는 대로 고른 것은? 3점

보기
ㄱ. B 해역에서 수온이 20℃ 이상인 해수층의 평균 두께는 (가)가 (나)보다 두껍다.
ㄴ. A 해역의 강수량은 (가)가 (나)보다 많다.
ㄷ. 남적도 해류는 (가)가 (나)보다 약하다.

① ㄱ   ② ㄴ   ③ ㄱ, ㄷ   ④ ㄴ, ㄷ   ⑤ ㄱ, ㄴ, ㄷ

그림 (가)와 (나)는 태평양 적도 부근 해역에서 엘니뇨와 라니냐 시기의 표층 풍속 편차(관측값−평년값)를 순서 없이 나타낸 것이다.

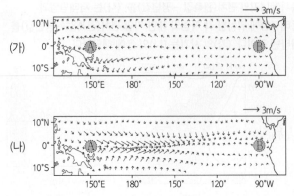

이에 대한 설명으로 옳은 것만을 〈보기〉에서 있는 대로 고른 것은?

보기

ㄱ. A 해역의 강수량은 (가)일 때가 (나)일 때보다 많다.

ㄴ. (나)일 때 B 해역에서 수온 약층이 나타나기 시작하는 깊이 편차(관측값−평년값)는 양(+)의 값을 갖는다.

ㄷ. A 해역과 B 해역의 해수면 높이 차는 (가)일 때가 (나)일 때보다 크다.

① ㄱ   ② ㄴ   ③ ㄱ, ㄷ   ④ ㄴ, ㄷ   ⑤ ㄱ, ㄴ, ㄷ

그림 (가)와 (나)는 각각 엘니뇨 또는 라니냐가 발생한 어느 시기의 겨울철 기후 변화를 순서 없이 나타낸 것이다.

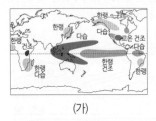 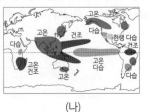

(가)   (나)

이에 대한 옳은 설명만을 〈보기〉에서 있는 대로 고른 것은?

보기

ㄱ. 태평양에서 워커 순환의 상승 기류가 나타나는 지역은 (가)일 때가 (나)일 때보다 동쪽에 위치한다.

ㄴ. 서태평양에서 홍수가 발생할 가능성은 (가)일 때가 (나)일 때보다 높다.

ㄷ. 동태평양에서 수온 약층이 나타나는 깊이는 (가)일 때가 (나)일 때보다 얕다.

① ㄱ   ② ㄴ   ③ ㄱ, ㄷ   ④ ㄴ, ㄷ   ⑤ ㄱ, ㄴ, ㄷ

그림 (가)는 서태평양 적도 부근 해역의 표층에 도달하는 태양 복사 에너지 편차(관측값−평년값)를, (나)는 태평양 적도 부근 해역에서 A와 B 중 한 시기에 1년 동안 관측한 20℃ 등수온선의 깊이 편차를 나타낸 것이다. A와 B는 각각 엘니뇨와 라니냐 시기 중 하나이다.

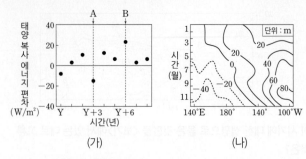

(가)   (나)

이에 대한 설명으로 옳은 것만을 〈보기〉에서 있는 대로 고른 것은?

보기

ㄱ. (나)는 A에 해당한다.

ㄴ. B일 때는 서태평양 적도 부근 해역이 평년보다 건조하다.

ㄷ. 적도 부근에서 $\dfrac{\text{서태평양 해면 기압}}{\text{동태평양 해면 기압}}$ 은 A가 B보다 작다.

① ㄱ   ② ㄴ   ③ ㄱ, ㄷ   ④ ㄴ, ㄷ   ⑤ ㄱ, ㄴ, ㄷ

49

그림의 유형 Ⅰ과 Ⅱ는 두 물리량 x와 y 사이의 대략적인 관계를 나타낸 것이다. 표는 엘니뇨와 라니냐가 일어난 시기에 태평양 적도 부근 해역에서 동시에 관측한 물리량과 이들의 관계 유형을 Ⅰ 또는 Ⅱ로 나타낸 것이다.

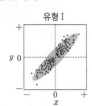
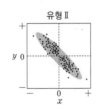

물리량 관계 유형	x	y
ⓐ	동태평양에서 적운형 구름양의 편차	(서태평양 해수면 높이 −동태평양 해수면 높이)의 편차
Ⅰ	서태평양에서의 해면 기압 편차	(㉠)의 편차
ⓑ	(서태평양 해수면 수온 −동태평양 해수면 수온)의 편차	워커 순환 세기의 편차

(편차＝관측값−평년값)

이 자료에 대한 설명으로 옳은 것만을 〈보기〉에서 있는 대로 고른 것은? **3점**

보기

ㄱ. ⓐ는 Ⅱ이다.
ㄴ. '동태평양에서 수온 약층이 나타나기 시작하는 깊이'는 ㉠에 해당한다.
ㄷ. ⓑ는 Ⅰ이다.

---

① ㄱ ② ㄷ ③ ㄱ, ㄴ ④ ㄴ, ㄷ ⑤ ㄱ, ㄴ, ㄷ

50

그림은 2020년 12월부터 2021년 1월까지 태평양 적도 부근 해역의 해수면 기압 편차(관측값 − 평년값)를 나타낸 것이다. 이 기간은 엘니뇨 시기와 라니냐 시기 중 하나이다.

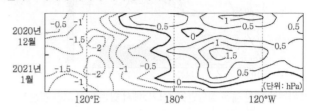

이 시기에 대한 옳은 설명만을 〈보기〉에서 있는 대로 고른 것은?

보기

ㄱ. 서태평양 적도 부근 해역에서 상승 기류는 평상시보다 강하다.
ㄴ. 동태평양 적도 부근 해역에서 따뜻한 해수층의 두께는 평상시보다 두껍다.
ㄷ. 동태평양 적도 부근 해역의 해수면 높이 편차는 (＋)값을 가진다.

---

① ㄱ ② ㄴ ③ ㄱ, ㄷ ④ ㄴ, ㄷ ⑤ ㄱ, ㄴ, ㄷ

51

그림 (가)는 태평양 적도 부근 해역에서 부는 바람의 동서 방향 풍속 편차를, (나)는 A와 B 중 어느 한 시기에 관측한 강수량 편차를 나타낸 것이다. A와 B는 각각 엘니뇨와 라니냐 시기 중 하나이고, 편차는 (관측값−평년값)이다. (가)에서 동쪽으로 향하는 바람을 양(＋)으로 한다.

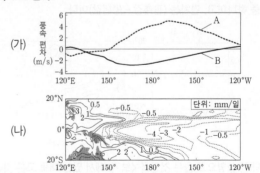

이에 대한 설명으로 옳은 것만을 〈보기〉에서 있는 대로 고른 것은? **3점**

보기

ㄱ. (나)는 B에 관측한 것이다.
ㄴ. 동태평양 적도 부근 해역의 해면 기압은 A가 B보다 높다.
ㄷ. 적도 부근 해역에서 (서태평양 표층 수온 편차−동태평양 표층 수온 편차) 값은 A가 B보다 크다.

---

① ㄱ ② ㄴ ③ ㄱ, ㄷ ④ ㄴ, ㄷ ⑤ ㄱ, ㄴ, ㄷ

52

그림은 엘니뇨 또는 라니냐가 발생한 어느 해 11월~12월의
태평양의 강수량 편차(관측값−평년값)를 나타낸 것이다.

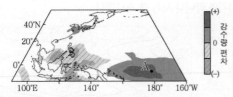

이 자료에 대한 옳은 설명만을 〈보기〉에서 있는 대로 고른 것은?

보기

ㄱ. 우리나라의 강수량은 평년보다 많다.

ㄴ. A 해역의 표층 수온은 평년보다 높다.

ㄷ. 무역풍의 세기는 평년보다 강하다.

① ㄱ   ② ㄴ   ③ ㄷ   ④ ㄱ, ㄴ   ⑤ ㄴ, ㄷ

53 2024 수능

그림 (가)는 기상 위성으로 관측한 서태평양 적도 부근의 수증기량
편차를, (나)는 A와 B 중 한 시기에 관측한 태평양 적도 부근 해역의
해수면 높이 편차를 나타낸 것이다. A와 B는 각각 엘니뇨와 라니냐
시기 중 하나이고, 편차는 (관측값−평년값)이다.

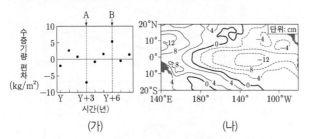

이에 대한 설명으로 옳은 것만을 〈보기〉에서 있는 대로 고른 것은?

보기

ㄱ. (나)는 B에 해당한다.

ㄴ. 동태평양 적도 부근 해역에서 수온 약층이 나타나기 시작
하는 깊이는 A가 B보다 깊다.

ㄷ. 적도 부근 해역에서 (동태평양 해면 기압 편차−서태평양
해면 기압 편차) 값은 A가 B보다 크다.

① ㄱ   ② ㄷ   ③ ㄱ, ㄴ   ④ ㄴ, ㄷ   ⑤ ㄱ, ㄴ, ㄷ

개념편 동영상 강의

지1-2-2-04(개)

II. 유체 지구의 변화

문제편 동영상 강의

지1-2-7-04(문)

2. 대기와 해양의 상호 작용

04 기후 변화

기본자료

필수개념 1 기후 변화의 원인

1. 지구 내적 요인

수륙 분포 변화	육지와 해양의 비열 차이 판 구조 운동에 의한 수륙 분포 변화 → 기후 변화 초래
지표면 반사율 변화	빙하, 사막화, 삼림 파괴 등에 의해 반사율 변화 반사율 증가 → 평균 기온 감소, 반사율 감소 → 평균 기온 증가
대기 에너지 투과율 변화	구름의 양 증가 → 지표면 재복사량 증가, 화산 폭발 → 입사되는 태양 복사 에너지를 차단하여 지구 평균 기온 감소
수권과 기권의 상호 작용	엘니뇨와 라니냐 발생에 의해 수온이 변화하고 전 지구적인 기후 변화 초래

2. 지구 외적 요인(천문학적 요인)

<table>
<tr><td rowspan="5">세차 운동</td><td colspan="5">지구의 자전축이 한 점을 중심으로 회전
주기: 26,000년</td></tr>
<tr><td></td><td></td><td>현재</td><td>13000년
후</td><td>기온의
연교차</td></tr>
<tr><td rowspan="2">북반구</td><td>근일점</td><td>겨울</td><td>여름</td><td rowspan="2">증가</td></tr>
<tr><td>원일점</td><td>여름</td><td>겨울</td></tr>
<tr><td rowspan="2" style="border:0"></td></tr>
</table>

세차 운동		현재	13000년 후	기온의 연교차
북반구	근일점	겨울	여름	증가
북반구	원일점	여름	겨울	증가
남반구	근일점	여름	겨울	감소
남반구	원일점	겨울	여름	감소

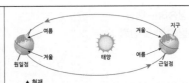

▲ 현재

▲ 13000년 후

지구 공전 궤도 이심률 변화

지구의 공전 궤도의 이심률이 증감하는 현상
주기: 100,000년

		타원 → 원	기온 변화	기온의 연교차
북반구	여름	원일점 거리 감소	상승	증가
북반구	겨울	근일점 거리 증가	하강	증가
남반구	여름	근일점 거리 증가	하강	감소
남반구	겨울	원일점 거리 감소	상승	감소

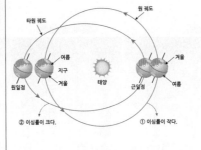

② 이심률이 크다.   ① 이심률이 작다.

지구 자전축 기울기 변화

지구의 자전축 기울기가 21.5°에서 24.5°까지 변하는 현상

주기: 41,000년
• 기울기 커진 경우: 북반구, 남반구 모두 태양의 남중 고도 증가 → 연교차 증가
• 기울기 작아진 경우: 북반구, 남반구 모두 태양의 남중 고도 감소 → 연교차 감소

▲ 자전축의 기울기가 커질 때

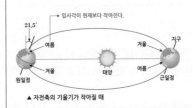

▲ 자전축의 기울기가 작아질 때

필수개념 2 온실 효과와 지구 온난화

1. 온실 효과

1) 온실 효과: 온실 기체가 지표에서 방출된 적외선을 흡수하여 기온을 높이는 현상
2) 온실 기체: 이산화 탄소(CO_2), 메테인(CH_4), 이산화 질소(NO_2), 수증기(H_2O) 등
3) 온실 효과 과정: 온실 기체는 지구가 방출하는 적외선 복사의 일부를 흡수하고 지표로 재복사하여 지표의 온도를 높임

대기가 존재하지 않는 경우		대기가 존재하는 경우	
지표로의 재복사 과정이 없음	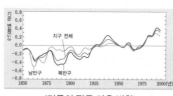	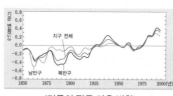	지구 복사 에너지가 대기−지표 간의 재복사 과정을 통해 지구에 더 오래 머무름

2. 지구 온난화

1) 지구 온난화: 지구의 평균 표면 온도가 상승하는 현상
2) 원인: 산업 혁명 이후 화석 연료의 사용량 증가 및 산림 훼손에 의한 온실 기체 배출량 증가
3) 지구 온난화의 영향
   − 육지 빙하의 융해 및 해수의 열팽창에 의한 해수면 상승
   − 기후 변화에 따른 생태계 변화 및 질병 증가
   − 기상 이변 현상의 변동 폭과 강도 증가

〈지구의 평균 기온 변화〉

필수개념 3 지구의 복사 평형과 열수지

1. 지구의 복사 평형

1) 복사 평형: 지구에 입사한 태양 복사 에너지양과 방출된 지구 복사 에너지양이 같아 지구의 온도가 일정하게 유지되는 상태
2) 지구의 복사 평형 과정

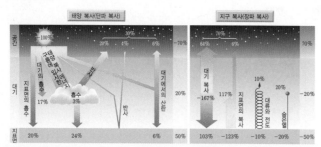

	지표의 복사 평형	대기의 복사 평형	지구의 복사 평형
흡수량	153(태양50, 대기 복사103)	167(태양 복사20, 지표면 복사117, 대류와 전도10, 숨은열20)	70(대기20, 지표면50)
방출량	153(지표면 복사123, 전도와 대류10, 숨은열20)	167(지표면103, 우주 공간64)	70(대기64, 지표면6)

2. 위도별 열수지

1) 위도별 에너지: 지구에 입사하는 태양 복사 에너지양은 위도별로 큰 차이가 나타나나, 방출되는 지구 복사 에너지양은 작은 차이가 나기 때문에 저위도 지역은 에너지 과잉, 고위도 지역은 부족 상태가 나타남
2) 에너지의 이동: 대기와 해수의 순환을 통해 저위도의 과잉된 에너지가 고위도로 수송됨

▶ 태양 복사와 지구 복사
• 태양 복사 : 0.2~7μm의 가시광선 및 근적외선 영역의 복사를 방출하며 대기 중 오존(O_3), 수증기(H_2O), 이산화 탄소(CO_2)에 의해 흡수됨
• 지구 복사 : 4~100μm의 원적외선 영역의 복사를 방출하며 대기 중 이산화 탄소(CO_2), 수증기(H_2O)에 의해 흡수됨

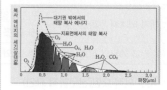

▶ 숨은열(잠열)
물질이 온도 및 압력의 변화가 없는 평형을 유지하며 다른 상태로 전이할 때 흡수 또는 방출하는 열을 의미하며 지구과학에서는 물의 상태 변화에 의해 응결 시 방출되는 열 또는 증발 시 흡수되는 열을 의미한다.

▶ 열수지
어떤 물체나 권역에 열 에너지의 입사량과 방출량 및 저장량 사이의 관계에서 이루어지는 열평형

▶ 위도에 따른 에너지 수지와 열에너지 이동 방향

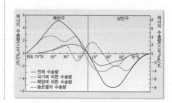

01 대기 대순환과 해양의 표층 순환

1) 대기 대순환: 세 순환의 이름과 고압대, 저압대의 위치를 기본적으로 기억해야 한다. 극순환과 해들리 순환은 직접 순환이고, 페렐 순환은 간접 순환이다. 조금 더 어렵게 나온다면 무역풍, 편서풍, 극동풍과 북풍/남풍 개념을 연결하기도 한다.

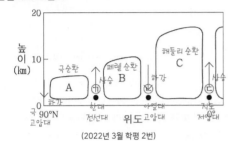

(2022년 3월 학평 2번)

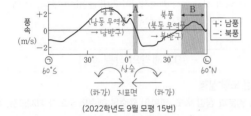

(2022학년도 9월 모평 15번)

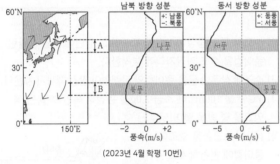

(2023년 4월 학평 10번)

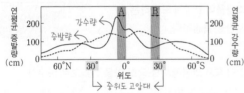

(2024학년도 6월 모평 5번)

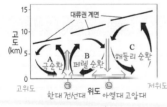

(2023년 7월 학평 13번)

2) 북반구의 표층 해류(특히 북태평양)

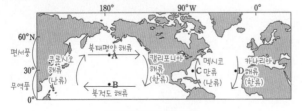

(2014학년도 9월 모평 14번)

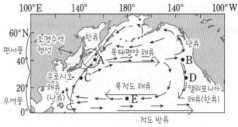

(2017학년도 6월 모평 12번)

★ 북태평양의 아열대 순환(북적도 해류 → 쿠로시오 해류 → 북태평양 해류 → 캘리포니아 해류)가 주로 제시되며, 종종 멕시코 만류, 카나리아 해류까지 다루는 경우가 있다. 북적도 해류는 무역풍에 의해, 북태평양 해류는 편서풍에 의해 발생한다. 저위도에서 고위도로 이동하는 난류(쿠로시오 해류, 멕시코 만류)는 수온과 염분이 높고, 영양 염류와 용존 산소량은 낮다. 고위도에서 저위도로 이동하는 한류(캘리포니아 해류, 카나리아 해류)는 수온과 염분이 낮고, 영양 염류와 용존 산소량이 많다.

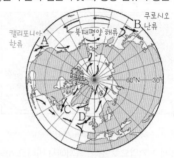

(2022년 10월 학평 11번)

: 북극 상공에서 바라본 표층 해류의 방향

3) 남태평양의 표층 해류

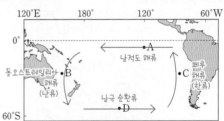

(2016학년도 9월 모평 7번)

★ 2)과 유사하지만 순환의 방향이 반대이다. 따라서 난류가 저위도에서 고위도로 이동하는 것은 동일하지만, 북쪽이 아닌 남쪽으로 이동해서 헷갈릴 수 있다. 한류 역시 마찬가지다. 남적도 해류 → 동오스트레일리아 해류(난류) → 남극 순환류 → 페루 해류(한류)로 흐르는 남반구 아열대 순환이 나타난다.

4) 북대서양 항해 경로

(2017학년도 수능 3번)

★ 위도 0°~30° 사이는 무역풍의 영향으로 해류가 발생하여 동에서 서로 이동하고, 위도 30°~60° 사이는 편서풍의 영향으로 해류가 발생하여

서에서 동으로 이동한다.

5-1) 태평양 주변의 기압 분포

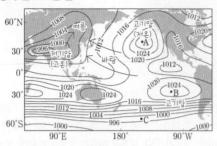

(2019학년도 수능 14번)

★ 저기압은 기온이 높고, 고기압은 기온이 낮다. 바다가 육지보다 비열이 높아서 여름엔 육지가 기온이 높고, 겨울엔 바다가 기온이 높다.

5-2) 태평양 주변의 풍향 분포

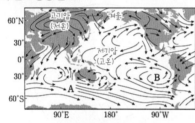

(2020학년도 수능 7번)

★ 바람은 고기압에서 저기압으로 분다. 육지에서 바다로 바람이 불 때는 육지가 고기압, 저온이므로 겨울이다. 바다에서 육지로 바람이 불 때는 바다가 고기압, 저온이므로 여름이다.

6) 우리나라 주변의 해류 분포

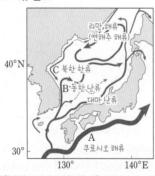

(2015학년도 6월 모평 11번, 2015학년도 9월 모평 5번, 2018학년도 수능 6번)

★ 일본 아래로 지나가는 가장 강한 해류가 쿠로시오 해류(난류)이다. 쿠로시오 해류의 일부가 황해로 북상하면 황해 난류, 동해로 북상하면 쓰시마(대마) 난류이다. 쓰시마(대마) 난류의 일부가 동해안을 따라 북상하면 동한 난류이다. 고위도에서 러시아 연안을 따라 남하하는 해류가 리만 해류이고, 리만 해류의 일부가 동해안을 따라 남하하는 것이 북한 한류이다. 동한 난류와 북한 한류가 만나 조경 수역을 형성하는데, 조경 수역의 위치는 겨울에 남하하고 여름에 북상한다.

7) 위도별 에너지 수송량

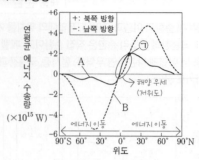

(2020학년도 6월 모평 6번)

★ 저위도는 에너지 과잉, 고위도는 에너지 부족이므로 대기와 해수의 순환에 의해 에너지 불균형을 해소한다. 저위도에서는 해양에 의한 수송이, 고위도에서는 대기에 의한 수송이 더 많다. 위도 38°에서 태양 복사 에너지양과 지구 복사 에너지양이 거의 균형을 이룬다. 열 에너지의 이동량은 위도 38° 부근에서 가장 많다.

02 해양의 심층 순환

1) 소금물 모형 실험

★ 1-1) 염분과 침강 속도: 염분이 클수록 해수의 밀도가 커지므로, 침강을 빨리한다.

[실험 Ⅰ]

(가) 수조 바닥의 중앙에 P점을 표시하고, 밑면에 구멍이 뚫린 종이컵을 수조 가장자리에 부착한다.

(나) 수조에 상온의 물을 종이컵의 아랫면이 잠길 때까지 채운다.

(다) 4℃의 물 100mL에 소금 3.0g을 완전히 녹인 후 붉은 색 잉크를 몇 방울 떨어뜨린다. →수온↓ 염분↑ → 밀도↑ → 침강

(라) (다)의 소금물을 수조의 종이컵에 천천히 부으면서 소금물이 P점에 도달하는 시간을 측정한다.

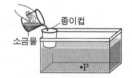

[실험 Ⅱ]

실험 Ⅰ의 (다) 과정에서 소금의 양을 1.0g으로 바꾸어 (가)~(라) 과정을 반복한다. → 염분↓ → 밀도↓ → 천천히 침강

[실험 결과]

실험	P점에 소금물이 도달하는 시간(초)
Ⅰ	8
Ⅱ	(㉠)8초 이상

(2016학년도 수능 4번(지구과학 Ⅱ))

★ 1-2) 해수의 결빙에 따른 염분의 변화: 결빙하면 염분이 증가하고, 해빙하면 염분이 감소한다.

[실험 과성]

(가) 페트병에 물 500g과 소금 20g을 넣어 완전히 녹인 후, 소금물 50g을 비커 A에 담는다. → (물 500g + 소금 2.0g)의 50g

물 500g + 소금 20g
처음의 소금물 50g

(나) (가)의 페트병을 냉동실에 넣고 소금물이 절반 정도 얼었을 때, 페트병을 꺼내어 얼지 않고 남은 소금물 50g을 비커 B에 담는다. → 더 적은 물 + 소금 그대로 = 염분↑

절반 정도 언 소금물
물만 언다고 생각
얼지 않고 남은 소금물 50g

(다) A와 B에 있는 소금물 50g씩을 각각 증발 접시에 담아 물이 완전히 증발할 때까지 가열한 후, 남은 소금의 질량을 측정한다.

[실험 결과]

구분	A의 소금물	B의 소금물
남은 소금의 질량(g) = 염분	㉠ <	㉡

[결론]
결빙이 있는 해역에서는 해수의 염분이 증가한다.

(2017학년도 수능 3번(지구과학Ⅱ))

★ 1-3) 염분에 영향을 미치는 요인: 물의 양이 적을수록, 소금의 양이 많을수록 염분은 증가한다.

[실험 과정]

(가) 염분이 34.5psu인 소금물 900mL를 만들고, 3개의 비커에 각각 300mL씩 나눠 담는다.

(나) 각 비커의 소금물에 다음과 같이 각각 다른 과정을 수행한다.

과정	실험 방법
A	증류수 100mL를 넣어 섞는다. (≒담수 유입 → 염분↓)
B	10분간 가열하여 증발시킨다. (≒증발량↑ → 염분↑)
C	표층이 얼음으로 덮일 정도까지 천천히 얼린다. (≒결빙 → 염분↑)

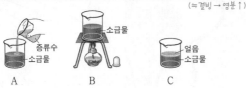
증류수   소금물   얼음
소금물   소금물   소금물
A   B   C

(다) 각 비커에 있는 소금물의 염분을 측정하여 기록한다.

[실험 결과]

과정	A	B	C
염분(psu)	㉠ ↓	㉡ ↑	㉢ ↑

(2021학년도 6월 모평 4번)

★ 1-4) 수온, 염분과 해수의 밀도: 수온이 낮을수록, 염분이 높을수록 해수의 밀도가 높다.

[실험 과정]

(가) 수온과 염분이 다른 소금물 A, B, C에 서로 다른 색의 잉크를 한두 방울 떨어뜨려 각각 착색한다.

소금물	수온(℃)	염분(psu)
A 염분 동일	25	38
B 수온 A<B 수온 동일	7	38
C 염분 B>C → 밀도 B>C	7	27

밀도 A<B
→ 밀도 B>C

(나) 그림과 같이 칸막이로 분리된 수조 양쪽에 동일한 양의 A와 B를 각각 넣고, 칸막이를 제거한 후 소금물의 이동을 관찰한다.

밀도↓ 막힘
소금물 A 소금물 B
아래로 파고든다   위로 이동
소금물 B 소금물 C

(다) 수조에 담긴 소금물을 제거한 후, 소금물을 B와 C로 바꾸어 (나) 과정을 반복한다.

[실험 결과]

과정	결과
(나)	소금물 (㉠ B)가 소금물 (㉡ A) 아래로 이동한다. (수온 때문)
(다)	㉢ 소금물 B가 소금물 C 아래로 이동한다. (염분 때문)

(2018학년도 수능 2번(지구과학Ⅱ))

★ 1-5) 북대서양 심층수, 남극 중층수 발생 원리: 북대서양 심층수가 수온이 더 낮고 밀도가 크다.

[실험 과정]

(가) 수조에 20℃의 수돗물을 넣는다. 수온↓ → 밀도↑ 수온↑ → 밀도↓

(나) 농도가 15%인 4℃와 15℃의 소금물을 만든다. 북대서양 심층수 남극 중층수

(다) 소금물 중 하나는 용기 A에, 나머지 하나는 용기 B에 넣는다.

(라) 서로 다른 색깔의 잉크를 A와 B에 소량으로 각각 넣는다.

(마) 두 개의 콕을 동시에 열고 소금물의 이동을 관찰한다.

[실험 결과]
○ 소금물이 그림과 같이 이동한다.

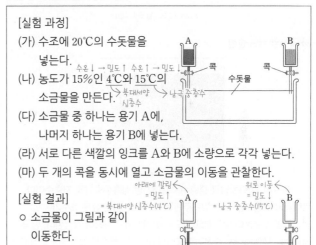
A   B
콕   콕
수돗물
아래에 깔림   위로 이동
= 밀도↑ A   = 밀도↓ B
= 북대서양 심층수(4℃)   = 남극 중층수(15℃)

(2017학년도 9월 모평 4번(지구과학Ⅱ))

★ 1-6) 수온 변화에 따른 밀도의 변화: 수온이 낮을수록 밀도가 커지고, 수온이 높을수록 밀도가 작아진다.

DAY
19
Ⅱ
2
-
04
기
후
변
화

[실험 목표]　수온 변화
○ 해수의 (　㉠　)에 따른 밀도 차에 의해 심층 순환이 발생할
수 있음을 설명할 수 있다.

[실험 과정]
(가) 위와 아래에 각각 구멍이 뚫린 칸막이를 준비한다.
(나) 칸막이의 구멍을 필름으로 막은 후, 칸막이로 수조를 A 칸과
B 칸으로 분리한다.
(다) 염분이 35psu이고 수온이 20℃인 동일한 양의 소금물을
A와 B에 넣고, 각각 서로 다른 색의 잉크로 착색한다.
(라) 그림과 같이 A와 B에 각각 얼음물과 뜨거운 물이 담긴
비커를 설치한다.
(마) 칸막이의 필름을 제거하고 소금물의 이동을 관찰한다.

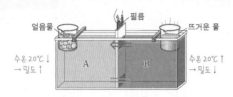

[실험 결과]
○ 아래쪽의 구멍을 통해 (　㉡　)의 소금물은 (　㉢　) 쪽으로
이동한다.

(2024학년도 9월 모평 4번)

2) 대서양 심층 순환

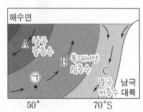

(2021학년도 9월 모평 16번)

★ 심층수의 밀도는 남극 중층수 < 북대서양 심층수 < 남극 저층수이다.
북대서양 심층수는 그린란드 주변의 따뜻하고 염분 높은 해수가
냉각되면서 수온이 낮아지고 밀도가 높아져서 침강하여 형성된다. 남극
저층수는 웨델해에서 수온이 낮고 염분이 높은 해수가 침강하여 형성된다.

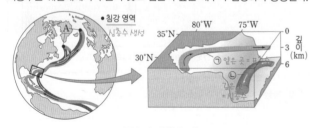

(2021년 4월 학평 7번)

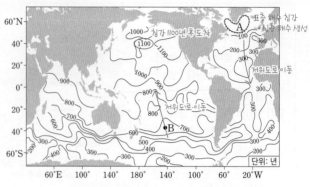

(2022학년도 6월 모평 11번) : 심층 해수의 연령

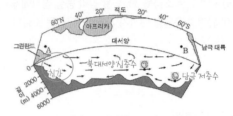

(2023년 3월 학평 11번)

2-1) 대서양 심층 순환과 수온−염분도(T−S도): 심층수의 수온은 남극
중층수 > 북대서양 심층수 > 남극 저층수, 염분은 남극 중층수 < 남극
저층수 < 북대서양 심층수이다.

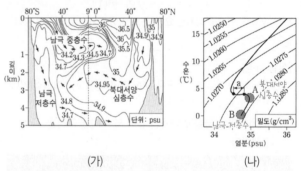

(가)　　　　　　　　　(나)
(2019학년도 9월 모평 9번(지구과학 Ⅱ))

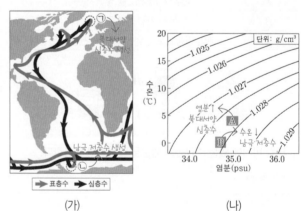

(가)　　　　　　　　　(나)
(2021학년도 6월 모평 10번)

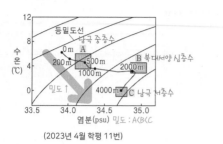

(2023년 4월 학평 11번)

3) 수온-염분도(T-S도)

(가)   (나)

(2021학년도 수능 2번)

★ 수온이 낮을수록, 염분이 높을수록 밀도가 크다. 따라서 T-S도의 오른쪽 아래로 갈수록 밀도가 커진다. 수온은 저위도일수록 높고, 같은 위도일 때는 난류가 흐르는 곳이 한류가 흐르는 곳보다 높다.

4) 심층 순환의 세기

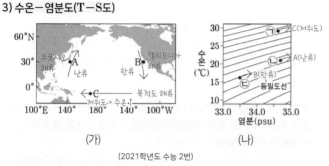

(2021학년도 수능 13번)

★ 심층 순환이 강해지면 북대서양에서 침강이 잘 일어났다는 의미이므로, 침강으로 인한 빈 자리를 채우기 위해 저위도에서 고위도로 이동하는 표층 해류의 흐름이 강하다. 따라서 저위도와 고위도의 표층 수온 차가 작다. 반대로 심층 순환이 약해지면 표층 순환 역시 약해진다. 따뜻한 해수는 저위도에, 차가운 해수는 고위도에 머물기 때문에 저위도와 고위도의 표층 수온 차는 크다.

5) 심층 순환 모식도

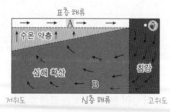

(2024학년도 6월 모평 3번)

: 표층 해류는 저위도의 과잉 에너지를 고위도로 수송하는 역할을 하며, 고위도로 이동한 해수 중 밀도가 커진 부분은 침강하여 심층 해류를 형성한다.

---

03 대기와 해양의 상호 작용(자료의 변형이 많고 심화 문제가 자주 출제됨)

1) 대기와 해수의 연직 단면, 대기 순환

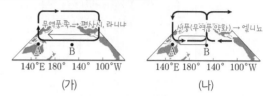

(가)   (나)

(2021학년도 9월 모평 7번)

★ 가장 기본적인 자료이다. 무역풍, 워커 순환이 잘 나타나면 평상시 또는 라니냐 시기, 순환이 중간에 끊기면 엘니뇨 시기이다.

2) 풍속 자료 ((+)는 서풍, (-)는 동풍)

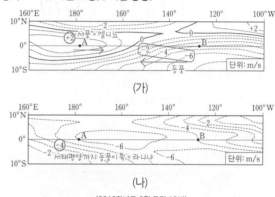

(가)

(나)

(2018학년도 6월 모평 19번)

★ 무역풍(동풍)이 약하면 엘니뇨 시기, 강하면 라니냐 시기이다.

3) 표층 해류의 속도 편차(관측 속도-평년 속도)

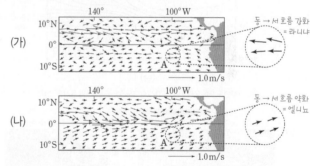

(2018학년도 9월 모평 14번)

★ 2) 자료와 유사하다. 평년보다 동 → 서 흐름(북적도 해류, 남적도 해류)이 잘 나타나면 라니냐 시기이다. 평년보다 동 → 서 흐름이 잘 나타나지 않아서 속도 편차가 서 → 동으로 나타나면 엘니뇨 시기이다.

4) 표층 수온 편차

★ 4-1) 동태평양 적도 부근 해역의 수온 편차: 동태평양 적도 부근 해역의 수온 편차가 높으면 엘니뇨 시기, 낮으면 라니냐 시기이다.

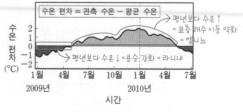

(2014학년도 6월 모평 5번)

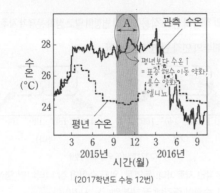

(2017학년도 수능 12번)

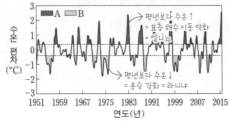

(2017학년도 6월 모평 9번)

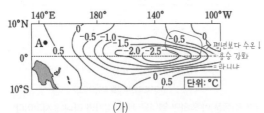

(가)

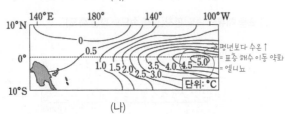

(나)

(2017학년도 9월 모평 18번, 2022학년도 6월 모평 13번 유사한 자료)

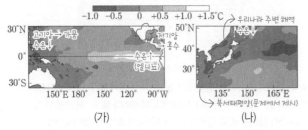

(가)   (나)

(2019학년도 9월 모평 13번)

★ 4−2) 서태평양−동태평양 수온: 서태평양과 동태평양의 수온 차가 큰클수록 서태평양이 따뜻하고, 동태평양이 차가운 것이므로, 무역풍이 강하다는 의미이다.

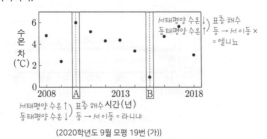

(2020학년도 9월 모평 19번 (가))

---

5) 수온 연직 분포

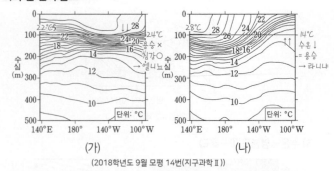

(가)   (나)

(2018학년도 9월 모평 14번(지구과학Ⅱ))

★ 수온 연직 분포 자료에서는 특정 깊이(100m 정도)의 직선을 긋고, 동태평양의 수온을 비교해야 한다. 수온이 낮을 때는 용승이, 높을 때는 침강이 나타난다.

5-1) 연직 수온 편차: 편차가 (+)면 관측 수온이 높다는 것이고, (−)면 관측 수온이 낮다는 것이다. 침강이 나타날 때 수온이 높고, 용승이 나타날 때 수온이 낮다.

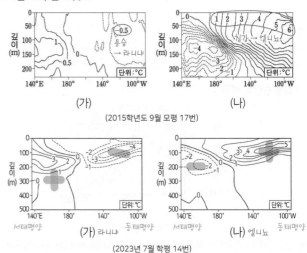

(가)   (나)

(2015학년도 9월 모평 17번)

(가) 라니냐   (나) 엘니뇨

(2023년 7월 학평 14번)

5-2) 따뜻한 해수층(혼합층)의 두께 편차: 혼합층이 서태평양에서 두꺼우면 표층 해수의 동 → 서 이동이 활발한 라니냐 시기이다. 동태평양에서 두꺼우면 표층 해수의 동 → 서 이동이 약화된 엘니뇨 시기이다.

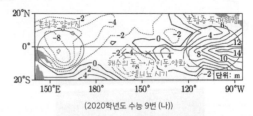

(2020학년도 수능 9번 (나))

5-3) 20℃ 등수온선의 깊이 편차: 20℃는 표층 수온에 가까운 온도인데, 20℃ 등수온선이 깊이 있다는 것은 따뜻한 혼합층이 두껍다는 뜻이므로, 침강이 나타난다는 의미이고, 20℃ 등수온선이 얕게 있다는 것은 혼합층이 얇다는 뜻이므로, 용승이 나타난다는 의미이다.

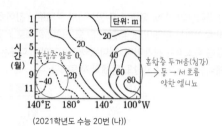

(2021학년도 수능 20번 (나))

5-4) 수온 약층이 나타나기 시작하는 깊이의 편차

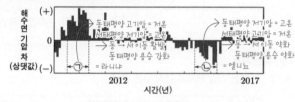

(2018학년도 수능 11번(지구과학Ⅱ))

★ 수온 약층이 나타나기 시작하는 깊이는 용승이 일어날 때 얕아지고 침강이 일어날 때 깊어진다.

6) 동태평양−서태평양 해면 기압 차이

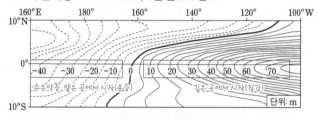

(2020학년도 수능 9번 (가))

★ 동태평양 해면 기압−서태평양 해면 기압이 클수록 동태평양은 고기압, 서태평양은 저기압이다. 표층 해수가 저온일 때 고기압, 고온일 때 저기압이므로, 동태평양이 고기압일 때는 용승이 강하게 나타나는 라니냐 시기이고, 동태평양이 저기압일 때는 용승이 약하고 따뜻한 표층 해수의 이동이 약한 엘니뇨 시기이다.

7) 적외선 방출 복사 에너지의 편차

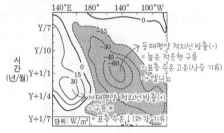

(2021학년도 6월 모평 20번 (가))

★ 적외선 방출 복사 에너지는 구름의 높이에 영향을 받는다. 적운형 구름의 경우 최상부의 온도가 낮아서 에너지 방출이 적고, 구름이 없거나 높이가 낮은 경우는 에너지 방출이 많다.

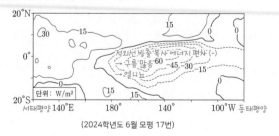

(2024학년도 6월 모평 17번)

8) 서태평양 태양 복사 에너지 편차

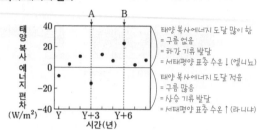

(2021학년도 수능 20번 (가))

★ 구름에 의해 가려질 때 표층에 도달하는 태양 복사 에너지양은 적다. 따라서 서태평양 적도 부근 해역의 표층에 도달하는 태양 복사 에너지의 편차가 (−)로 나오면 구름이 많이 생기는 라니냐 시기, (+)로 나오면 구름이 없는 엘니뇨 시기이다. (동태평양의 경우에는 반대로 생각하면 된다.)

9) 해수면 높이 편차

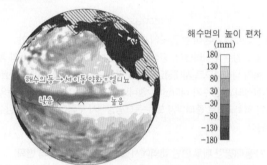

(2015학년도 수능 13번)

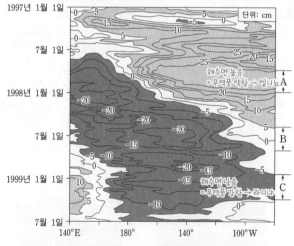

(2016학년도 수능 15번(지구과학Ⅱ))

★ 라니냐 시기에는 해수의 동 → 서 이동이 활발하여 서태평양 해수면 높이가 높아지고, 동태평양 해수면 높이가 낮아진다. 엘니뇨 시기에는 해수의 동 → 서 이동이 약화되어 서태평양 해수면 높이는 평년에 비해 낮아지고, 동태평양 해수면 높이는 평년에 비해 높아진다.

DAY
19

Ⅱ

2
ㅣ
04

기
후
변
화

10) 기후(구름양, 강수량)

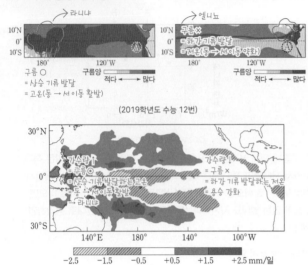

(2019학년도 수능 12번)

(2018학년도 수능 14번)

★ 표층 해수의 수온이 높은 곳에서 상승 기류가 나타나서 구름이 형성되고, 강수가 나타난다. 평상시와 라니냐 시기에는 표층 해수의 동 → 서 이동이 나타나므로 서태평양에 따뜻한 해수가 모인다. 따라서 구름이 많이 형성되고, 강수가 나타난다. 엘니뇨 시기에는 따뜻한 표층 해수의 이동이 약화되므로 중태평양 또는 동태평양에서 구름이 형성되고 강수가 나타난다.

10-2) 동태평양 페루 연안 해역에서 플랑크톤 양과 수온의 변화 (2016학년도 9월 모평), 엽록소 a 농도 분포 (2019학년도 6월 모평):
냉수대에 영양 성분이 많이 녹아 있어 용승이 활발할 때 식물성 플랑크톤(엽록소)의 분포가 증가한다. 어획량도 증가한다.

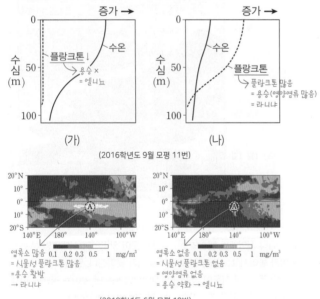

(2016학년도 9월 모평 11번)

(2019학년도 6월 모평 19번)

11) 물리량의 관계: 유형 Ⅰ은 양(＋)의 관계로 x 값이 증가하면 y 값도 증가하는 관계이다. 유형 Ⅱ는 음(−)의 관계로 x 값이 증가하면 y 값은 감소하는 관계이다. 엘니뇨와 라니냐에서 다루는 많은 정보를 총체적으로 물어본 고난도 문제의 자료이다.

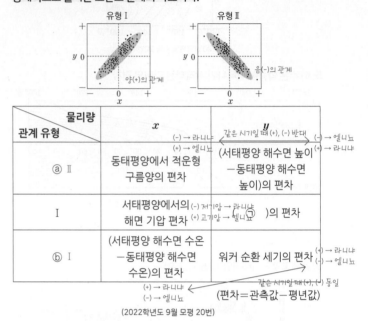

물리량 관계 유형	x	y
ⓐ Ⅱ	동태평양에서 적운형 구름양의 편차	(서태평양 해수면 높이 −동태평양 해수면 높이)의 편차
Ⅰ	서태평양에서의 해면 기압 편차	ⓒ의 편차
ⓑ Ⅰ	(서태평양 해수면 수온 −동태평양 해수면 수온)의 편차	워커 순환 세기의 편차

(편차＝관측값−평년값)

(2022학년도 9월 모평 20번)

12) 복합 자료

★ 12−1) 해면 기압 편차와 연직 수온 편차

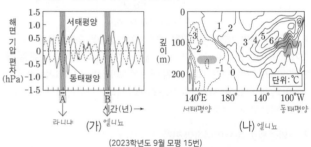

(2023학년도 9월 모평 15번)

★ 12−2) 동서 방향 풍속 편차와 20℃ 등수온선의 깊이 편차

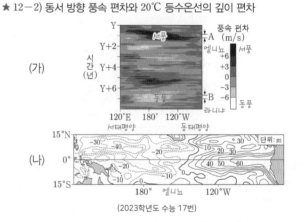

(2023학년도 수능 17번)

04 기후 변화(자료의 변형은 거의 없고 개념이 복합적으로 출제되는 경우가 많음)

1) 지구 자전축의 세차 운동

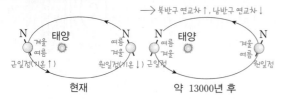

(2016학년도 9월 모평 15번, 2016학년도 수능 16번-현재의 모습만 제시)

★ 현재 지구는 원일점에서 북반구가 여름, 남반구가 겨울이고, 근일점에서 북반구가 겨울, 남반구가 여름이다. 13,000년 후에는 지구의 자전축이 북극성이 아닌 직녀성을 가리키며 계절이 반대가 된다. 원일점에서 북반구가 겨울, 남반구가 여름이 되고, 근일점에서 북반구가 여름, 남반구가 겨울이 된다. 원일점보다 근일점에서 태양 복사 에너지를 많이 받으므로 13,000년 후 북반구는 연교차가 커지고, 남반구는 연교차가 작아진다.

2) 지구 자전축의 기울기(경사각) 변화

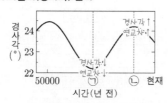

(2021학년도 6월 모평 13번, 2018학년도 9월 모평도 유사하지만 ⓒ 이후
~현재~8000년 후로 시간 범위가 좁음))

[탐구 과정]

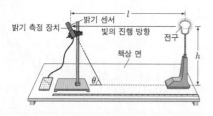

(가) 실험실을 어둡게 한 후 그림과 같이 밝기 측정 장치와
전구를 설치하고 전원을 켠다. ← 태양의 남중고도

(나) 각도기를 사용하여 ㉠ 밝기 측정 장치와 책상 면이 이루는
각(θ)이 70°가 되도록 한다.

(다) 밝기 센서에 측정된 밝기(lux)를 기록한다.

(라) 밝기 센서에서 전구까지의 거리(l)와 밝기 센서의 높이(h)를
일정하게 유지하면서, θ를 10°씩 줄이며 20°가 될 때까지
(다)의 과정을 반복한다.

[탐구 결과]

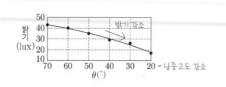

(2022학년도 6월 모평 12번)

★ 지구 자전축 기울기는 약 41,000년을 주기로 21.5°~24.5° 사이에서
변화하며, 기울기가 커지면 여름과 겨울의 태양의 남중 고도 차이가

증가하여, 북반구와 남반구 모두 연교차가 커진다. 지구가 받는 태양 복사 에너지의 양은 일정하므로 연평균 기온은 일정하다.

3) 지구 공전 궤도의 이심률 변화

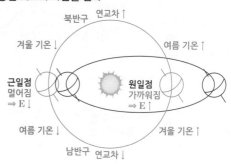

★ 지구의 공전 궤도 이심률은 약 10만 년을 주기로 변화한다. 현재는 타원 궤도에 가깝다. 이심률이 감소하면 원일점은 가까워져서 기온이 높아지고, 근일점은 멀어져서 기온이 낮아진다.

4) 복합 자료

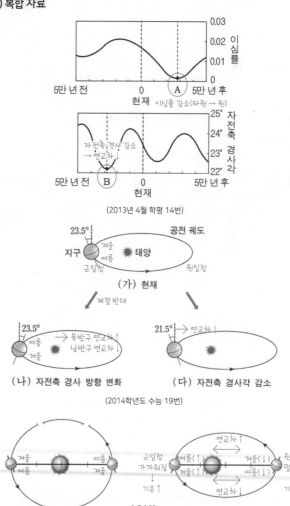

(2013년 4월 학평 14번)

(2014학년도 수능 19번)

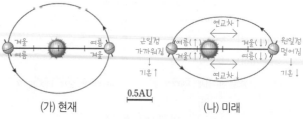

(2015학년도 6월 모평 16번)

DAY
19

Ⅱ

2
ㅣ
04
기
후
변
화

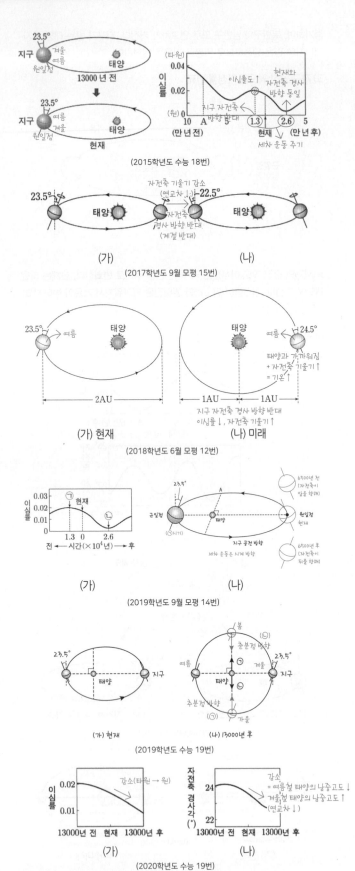

(2015학년도 수능 18번)

(2017학년도 9월 모평 15번)

(2018학년도 6월 모평 12번)

(2019학년도 9월 모평 14번)

(2019학년도 수능 19번)

(2020학년도 수능 19번)

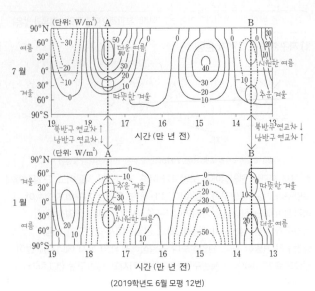

(2019학년도 6월 모평 12번)

5) 지구 온난화

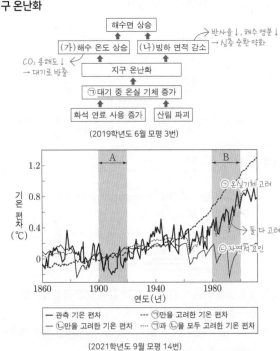

(2019학년도 6월 모평 3번)

(2021학년도 9월 모평 14번)

★ 지구에는 자연적으로 온실 효과가 나타난다. 그러나 산업 혁명 이후로 온실 기체가 증가함에 따라 온실 효과가 증대되어 지구 온난화가 발생한다. 온실 기체는 온실 효과를 일으키는 수증기, 이산화 탄소, 메테인 등이 있다.

5-2) 평균 기온 편차, 이산화 탄소 농도: 이산화 탄소 농도와 평균 기온 편차는 유사하게 나타난다.

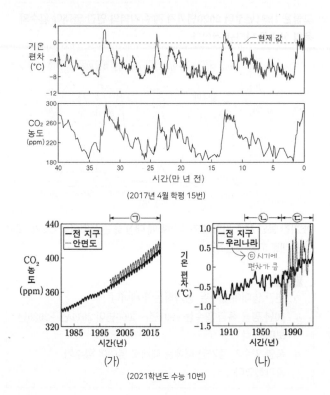

(2017년 4월 학평 15번)

(가)   (나)

(2021학년도 수능 10번)

1 2023 수능

그림 (가)는 1850~2019년 동안 전 지구와 아시아의 기온 편차 (관측값−기준값)를, (나)는 (가)의 A 기간 동안 대기 중 CO_2 농도를 나타낸 것이다. 기준값은 1850~1900년의 평균 기온이다.

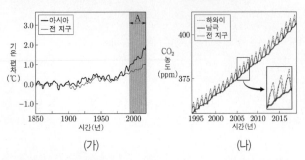

(가)   (나)

이 자료에 대한 설명으로 옳은 것만을 〈보기〉에서 있는 대로 고른 것은?

보기
ㄱ. (가) 기간 동안 기온의 평균 상승률은 아시아가 전 지구보다 크다.
ㄴ. (나)에서 CO_2 농도의 연교차는 하와이가 남극보다 크다.
ㄷ. A 기간 동안 전 지구의 기온과 CO_2 농도는 높아지는 경향이 있다.

① ㄱ   ② ㄷ   ③ ㄱ, ㄴ   ④ ㄴ, ㄷ   ⑤ ㄱ, ㄴ, ㄷ

2

그림은 1900년부터 2010년까지 북극해 얼음 면적과 전 지구 평균 해수면 높이를 A와 B로 순서 없이 나타낸 것이다.

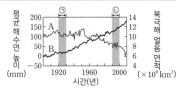

이에 대한 설명으로 옳은 것만을 〈보기〉에서 있는 대로 고른 것은?

보기
ㄱ. A는 북극해 얼음 면적을 나타낸 것이다.
ㄴ. 북극 해역의 평균 기온은 ㉠ 기간이 ㉡ 기간보다 높다.
ㄷ. 북극 해역에서 태양 복사 에너지 반사율은 ㉠ 기간이 ㉡ 기간보다 높다.

① ㄱ   ② ㄴ   ③ ㄱ, ㄷ   ④ ㄴ, ㄷ   ⑤ ㄱ, ㄴ, ㄷ

3

그림은 1991년부터 2020년까지 제주 지역의 연간 열대야 일수와 폭염 일수를 나타낸 것이다.

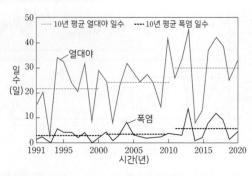

이 기간 동안 제주 지역의 기후 변화에 대한 옳은 설명만을 〈보기〉에서 있는 대로 고른 것은?

보기
ㄱ. 연간 열대야 일수는 증가하는 추세이다.
ㄴ. 10년 평균 폭염 일수는 1991년~2000년이 2011년~2020년 보다 적다.
ㄷ. 폭염 일수가 증가한 해에는 대체로 열대야 일수가 증가하였다.

① ㄱ   ② ㄷ   ③ ㄱ, ㄴ   ④ ㄴ, ㄷ   ⑤ ㄱ, ㄴ, ㄷ

4

그림 (가)는 전 지구와 안면도의 대기 중 CO_2 농도를, (나)는 전 지구와 우리나라의 기온 편차(관측값−평년값)를 나타낸 것이다.

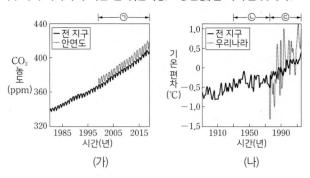

(가)   (나)

이 자료에 대한 설명으로 옳은 것만을 〈보기〉에서 있는 대로 고른 것은?

보기
ㄱ. ㉠ 시기 동안 CO_2 평균 농도는 안면도가 전 지구보다 낮다.
ㄴ. ㉢ 시기 동안 기온 상승률은 전 지구가 우리나라보다 작다.
ㄷ. 전 지구 해수면의 평균 높이는 ㉡ 시기가 ㉢ 시기보다 낮다.

① ㄱ   ② ㄷ   ③ ㄱ, ㄴ   ④ ㄴ, ㄷ   ⑤ ㄱ, ㄴ, ㄷ

5 [2023 평가원]

그림은 1750년 대비 2011년의 지구 기온 변화를 요인별로 나타낸 것이다.

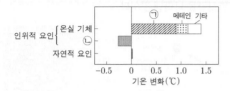

이 자료에 대한 설명으로 옳은 것만을 <보기>에서 있는 대로 고른 것은?

보기

ㄱ. 기온 변화에 대한 영향은 ㉠이 자연적 요인보다 크다.
ㄴ. 인위적 요인 중 ㉡은 기온을 상승시킨다.
ㄷ. 자연적 요인에는 태양 활동이 포함된다.

① ㄱ   ② ㄴ   ③ ㄷ   ④ ㄱ, ㄷ   ⑤ ㄴ, ㄷ

6

그림은 기후 변화 요인 ㉠과 ㉡을 고려하여 추정한 지구 평균 기온 편차(추정값 − 기준값)와 관측 기온 편차(관측값 − 기준값)를 나타낸 것이다. ㉠과 ㉡은 각각 온실 기체와 자연적 요인 중 하나이고, 기준값은 1880년 ~ 1919년의 평균 기온이다.

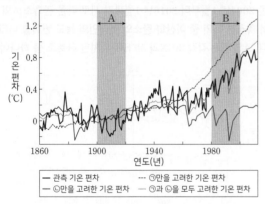

이에 대한 설명으로 옳은 것만을 <보기>에서 있는 대로 고른 것은?

보기

ㄱ. 지구 해수면의 평균 높이는 B 시기가 A 시기보다 높다.
ㄴ. 대기권에 도달하는 태양 복사 에너지양의 변화는 ㉡에 해당한다.
ㄷ. B 시기의 관측 기온 변화 추세는 자연적 요인보다 온실 기체에 의한 영향이 더 크다.

① ㄱ   ② ㄷ   ③ ㄱ, ㄴ   ④ ㄴ, ㄷ   ⑤ ㄱ, ㄴ, ㄷ

7

그림은 1850 ~ 2020년 동안 육지와 해양에서의 온도 편차(관측값 − 기준값)를 각각 나타낸 것이다. 기준값은 1850 ~ 1900년의 평균 온도이다.

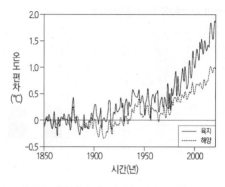

이에 대한 설명으로 옳은 것만을 <보기>에서 있는 대로 고른 것은?

보기

ㄱ. 지구 해수면의 평균 높이는 2000년이 1900년보다 높다.
ㄴ. 이 기간 동안 온도의 평균 상승률은 육지가 해양보다 크다.
ㄷ. 육지 온도의 평균 상승률은 1950 ~ 2020년이 1850 ~ 1950년보다 크다.

① ㄱ   ② ㄴ   ③ ㄱ, ㄷ   ④ ㄴ, ㄷ   ⑤ ㄱ, ㄴ, ㄷ

8 [2022 평가원]

그림 (가)는 2004년부터의 그린란드 빙하의 누적 융해량을, (나)는 전 지구에서 일어난 빙하 융해와 해수 열팽창에 의한 평균 해수면의 높이 편차(관측값 − 2004년 값)를 나타낸 것이다.

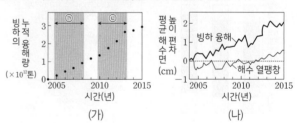

이 자료에 대한 설명으로 옳은 것만을 <보기>에서 있는 대로 고른 것은?

보기

ㄱ. 그린란드 빙하의 융해량은 ㉠ 기간이 ㉡ 기간보다 많다.
ㄴ. (나)에서 해수 열팽창에 의한 평균 해수면 높이 편차는 2015년이 2010년보다 크다.
ㄷ. (나)의 전 기간 동안, 평균 해수면 높이의 평균 상승률은 해수 열팽창에 의한 것이 빙하 융해에 의한 것보다 크다.

① ㄱ   ② ㄴ   ③ ㄱ, ㄷ   ④ ㄴ, ㄷ   ⑤ ㄱ, ㄴ, ㄷ

그림 (가)는 2015년부터 2100년까지 기후 변화 시나리오에 따른 연간 이산화 탄소 배출량의 변화를, (나)는 (가)의 시나리오에 따른 육지와 해양이 흡수한 이산화 탄소의 누적량과 대기 중에 남아 있는 이산화 탄소의 누적량을 나타낸 것이다.

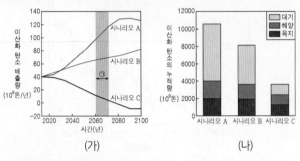

(가)   (나)

시나리오 A, B, C에 대한 설명으로 옳은 것만을 〈보기〉에서 있는 대로 고른 것은? 3점

〈보기〉
ㄱ. ⊙ 기간 동안 이산화 탄소 배출량의 변화율은 A보다 B에서 크다.
ㄴ. 2080년에 지구 표면의 평균 온도는 A보다 C에서 낮다.
ㄷ. $\dfrac{육지와\ 해양이\ 흡수한\ 이산화\ 탄소의\ 누적량}{대기\ 중에\ 남아\ 있는\ 이산화\ 탄소의\ 누적량}$ 은 A<B<C 이다.

① ㄱ   ② ㄴ   ③ ㄱ, ㄷ   ④ ㄴ, ㄷ   ⑤ ㄱ, ㄴ, ㄷ

그림 (가)는 우리나라의 계절별 길이 변화를, (나)는 우리나라에서 아열대 기후 지역의 경계 변화를 예상하여 나타낸 것이다.

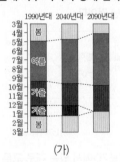 

(가)   (나)

이에 대한 옳은 설명만을 〈보기〉에서 있는 대로 고른 것은?

〈보기〉
ㄱ. (가)에서 여름의 길이 변화는 봄의 길이 변화보다 크다.
ㄴ. (나)에서 아열대 기후 지역의 확장은 대체로 내륙 지역보다 해안 지역에서 뚜렷하다.
ㄷ. 아열대 기후에서 자라는 작물의 재배 가능 지역은 북상할 것이다.

① ㄱ   ② ㄴ   ③ ㄱ, ㄷ   ④ ㄴ, ㄷ   ⑤ ㄱ, ㄴ, ㄷ

그림 (가)는 현재와 비교한 A와 B 시기의 지구 자전축 경사각을, (나)는 A 시기와 비교한 B 시기의 지구에 입사하는 태양 복사 에너지의 변화량을 나타낸 것이다.

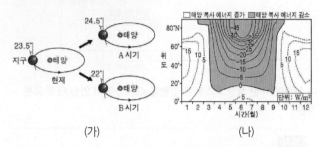

(가)   (나)

이에 대한 설명으로 옳은 것만을 〈보기〉에서 있는 대로 고른 것은? (단, 지구 자전축 경사각 이외의 요인은 고려하지 않는다.) 3점

〈보기〉
ㄱ. 현재 근일점에서 북반구의 계절은 겨울이다.
ㄴ. (나)에서 6월의 태양 복사 에너지의 감소량은 20°N보다 60°N에서 많다.
ㄷ. 40°N에서 연교차는 A 시기보다 B 시기가 크다.

① ㄱ   ② ㄷ   ③ ㄱ, ㄴ   ④ ㄴ, ㄷ   ⑤ ㄱ, ㄴ, ㄷ

그림은 2004년 1월부터 2016년 1월까지 서로 다른 관측소 A와 B에서 측정한 대기 중 이산화 탄소와 메테인의 농도 변화를 나타낸 것이다. A와 B는 각각 30°N과 30°S에 위치한 관측소 중 하나이다.

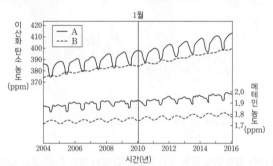

이 자료에 대한 설명으로 옳은 것만을 〈보기〉에서 있는 대로 고른 것은?

〈보기〉
ㄱ. A는 30°N에 위치한 관측소이다.
ㄴ. 2010년 1월에 이산화 탄소의 평균 농도는 A보다 B가 높다.
ㄷ. 이 기간 동안 기체 농도의 평균 증가율은 이산화 탄소보다 메테인이 크다.

① ㄱ   ② ㄴ   ③ ㄱ, ㄷ   ④ ㄴ, ㄷ   ⑤ ㄱ, ㄴ, ㄷ

13
지구의 복사 평형과 열수지
[2020년 7월 학평 14번]

그림은 복사 평형 상태에 있는 지구의 열수지를 나타낸 것이다.

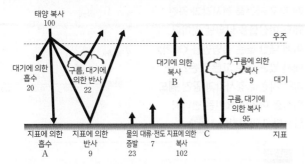

이에 대한 설명으로 옳은 것만을 <보기>에서 있는 대로 고른 것은?
3점

보기
ㄱ. A는 B보다 크다.
ㄴ. C는 지표에서 우주로 직접 방출되는 에너지양이다.
ㄷ. 대기에서는 방출되는 적외선 영역의 에너지양이 흡수되는 가시광선 영역 에너지양보다 크다.

① ㄱ ② ㄴ ③ ㄱ, ㄷ ④ ㄴ, ㄷ ⑤ ㄱ, ㄴ, ㄷ

14
기후 변화의 원인
[2021년 4월 학평 12번]

그림 (가)와 (나)는 지구 공전 궤도면의 수직 방향에서 바라보았을 때, 지구 중심을 지나는 지구 공전 궤도면의 수직축에 대한 북극의 상대적인 위치를 나타낸 것이다.

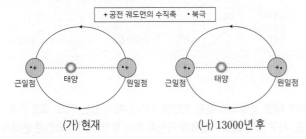

(가) 현재   (나) 13000년 후

이에 대한 설명으로 옳은 것만을 <보기>에서 있는 대로 고른 것은?
(단, 지구 자전축 경사 방향 이외의 요인은 변하지 않는다고 가정한다.) 3점

보기
ㄱ. (가)에서 지구가 근일점에 위치할 때 북반구는 겨울이다.
ㄴ. 우리나라 기온의 연교차는 (가)보다 (나)에서 작다.
ㄷ. 남반구가 여름일 때 지구와 태양 사이의 거리는 (가)보다 (나)에서 길다.

① ㄱ ② ㄴ ③ ㄱ, ㄷ ④ ㄴ, ㄷ ⑤ ㄱ, ㄴ, ㄷ

15
2023 평가원
기후 변화의 원인
[2023학년도 9월 모평 16번]

그림 (가)는 지구의 공전 궤도를, (나)는 지구 자전축 경사각의 변화를 나타낸 것이다. 지구 자전축 세차 운동의 방향은 지구 공전 방향과 반대이고 주기는 약 26000년이다.

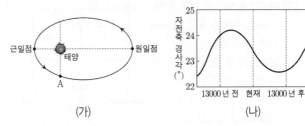

(가)   (나)

이에 대한 설명으로 옳은 것만을 <보기>에서 있는 대로 고른 것은?
(단, 지구 자전축 세차 운동과 지구 자전축 경사각 이외의 요인은 변하지 않는다고 가정한다.) 3점

보기
ㄱ. 약 6500년 전 지구가 A 부근에 있을 때 북반구는 겨울철 이다.
ㄴ. 35°N에서 기온의 연교차는 약 6500년 전이 현재보다 작다.
ㄷ. 35°S에서 여름철 평균 기온은 약 13000년 후가 현재보다 낮다.

① ㄱ ② ㄴ ③ ㄱ, ㄷ ④ ㄴ, ㄷ ⑤ ㄱ, ㄴ, ㄷ

16

다음은 온실 기체의 특성을 알아보기 위한 실험이다.

[실험 과정]

(가) 아랫면을 랩으로 막은 상자, 온도계, 적외선 등을 그림과 같이 설치한다.

(나) 상자 윗면을 랩으로 막고 초기 온도를 측정한 후, 적외선 등을 켜고 상자 안의 온도 변화를 5분간 측정한다.

(다) 상자에 이산화 탄소를 넣은 후 (나) 과정을 수행한다.

(라) 상자에 (다)에서 넣은 이산화 탄소량의 2배를 넣은 후 (나) 과정을 수행한다.

[실험 결과]

실험 과정	(나)	(다)	(라)
초기 온도(°C)	14.0	14.0	14.0
5분 후 온도(°C)	14.7	15.1	(㉠)

이에 대한 설명으로 옳은 것만을 〈보기〉에서 있는 대로 고른 것은? **3점**

보기

ㄱ. 적외선등을 상자 아래에서 켠 것은 지표 복사를 나타낸다.

ㄴ. 상자 안 기체의 적외선 흡수량은 (나)가 (다)보다 많다.

ㄷ. ㉠은 15.1보다 크다.

① ㄱ　　② ㄴ　　③ ㄱ, ㄷ　　④ ㄴ, ㄷ　　⑤ ㄱ, ㄴ, ㄷ

17

그림은 현재와 A, B, C 시기일 때 지구 자전축 경사각과 공전 궤도 이심률을 나타낸 것이다. 이에 대한 옳은 설명만을 〈보기〉에서 있는 대로 고른 것은? (단, 지구 자전축 경사각과 공전 궤도 이심률 이외의 요인은 변하지 않는다고 가정한다.) **3점**

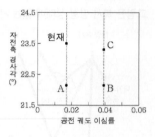

보기

ㄱ. 우리나라에서 여름철 평균 기온은 현재가 A보다 높다.

ㄴ. 지구가 근일점에 위치할 때 하루 동안 받는 태양 복사 에너지양은 현재가 B보다 많다.

ㄷ. 남반구 중위도 지역에서 기온의 연교차는 B가 C보다 크다.

① ㄱ　　② ㄴ　　③ ㄱ, ㄷ　　④ ㄴ, ㄷ　　⑤ ㄱ, ㄴ, ㄷ

18

그림 (가)는 지구 공전 궤도 이심률의 변화를, (나)는 ㉠ 시기의 지구 자전축 방향과 공전 궤도를 나타낸 것이다. 지구 자전축 세차 운동의 주기는 약 26000년이며 방향은 지구의 공전 방향과 반대이다.

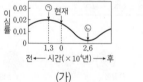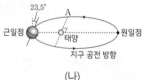

(가)　　　　　　　(나)

이에 대한 설명으로 옳은 것만을 〈보기〉에서 있는 대로 고른 것은? (단, 지구 공전 궤도 이심률과 자전축 경사 방향 이외의 요인은 변하지 않는다고 가정한다.) **3점**

보기

ㄱ. 현재 북반구는 근일점에서 여름철이다.

ㄴ. 현재로부터 약 6500년 전 지구가 A 부근에 있을 때 북반구는 겨울철이 된다.

ㄷ. 북반구 기온의 연교차는 ㉠ 시기가 ㉡ 시기보다 크다.

① ㄱ　　② ㄷ　　③ ㄱ, ㄴ　　④ ㄴ, ㄷ　　⑤ ㄱ, ㄴ, ㄷ

19

그림은 밀란코비치 주기를 이용하여, 위도별로 지구에 도달하는 태양 복사 에너지양의 편차(과거 추정값－현재 평균값)를 나타낸 것이다. 그림에서 북반구는 7월에 여름이고, 1월에 겨울이다.

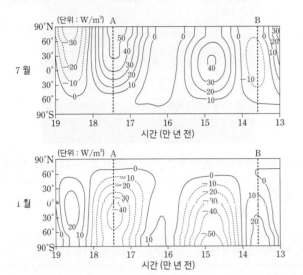

이 자료에 대한 설명으로 옳은 것만을 <보기>에서 있는 대로 고른 것은? (단, 공전 궤도 이심률, 자전축 경사각, 세차 운동 이외의 요인은 고려하지 않는다.) 3점

> **보기**
>
> ㄱ. 7월의 30°S에 도달하는 태양 복사 에너지양은 A시기가 현재보다 많다.
> ㄴ. 1월의 30°N에 도달하는 태양 복사 에너지양은 A시기가 B시기보다 많다.
> ㄷ. 30°S에서 기온의 연교차(1월 평균 기온－7월 평균 기온)는 A시기가 B시기보다 크다.

① ㄱ   ② ㄴ   ③ ㄱ, ㄷ   ④ ㄴ, ㄷ   ⑤ ㄱ, ㄴ, ㄷ

20

그림은 지구 자전축의 경사각이 22.5°에서 θ로 변할 때, 지구에 도달하는 위도별 태양 복사 에너지의 월별 변화량을 나타낸 것이다.

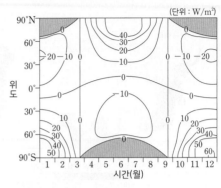

지구 자전축의 경사각이 22.5°에서 θ로 변할 때 증가하는 값만을 <보기>에서 있는 대로 고른 것은? (단, 지구 자전축 경사각 이외의 요인은 변하지 않는다고 가정한다.) 3점

> **보기**
>
> ㄱ. 지구 공전 궤도면과 자전축이 이루는 각
> ㄴ. 위도 40°N에서 여름철에 입사하는 태양 복사 에너지양
> ㄷ. 남반구 중위도에서 기온의 연교차

① ㄱ   ② ㄷ   ③ ㄱ, ㄴ   ④ ㄴ, ㄷ   ⑤ ㄱ, ㄴ, ㄷ

DAY
19
Ⅱ
2
Ⅰ
04
기
후
변
화

그림 (가)는 2003년부터 2012년까지 남극 대륙과 그린란드의 빙하량 변화를, (나)는 같은 기간 동안 빙하의 총누적 변화량을 나타낸 것이다.

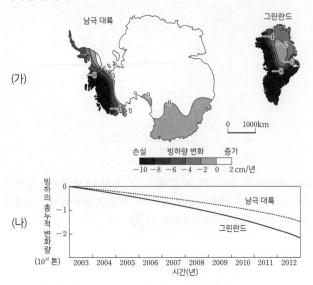

이 기간 동안의 변화에 대한 설명으로 옳은 것만을 〈보기〉에서 있는 대로 고른 것은?

보기

ㄱ. $\dfrac{\text{빙하가 손실된 육지 면적}}{\text{전체 육지 면적}}$ 의 값은 남극 대륙보다 그린란드가 크다.

ㄴ. 남극 대륙에서는 빙하의 증가량보다 손실량이 크다.

ㄷ. 그린란드의 지표면에서 태양 복사 에너지의 반사율은 증가하였다.

① ㄱ ② ㄷ ③ ㄱ, ㄴ ④ ㄴ, ㄷ ⑤ ㄱ, ㄴ, ㄷ

그림은 복사 평형 상태에 있는 지구의 열수지를 나타낸 것이다.

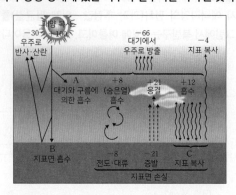

이에 대한 설명으로 옳은 것만을 〈보기〉에서 있는 대로 고른 것은?

보기

ㄱ. A보다 B가 크다.

ㄴ. C는 −12이다.

ㄷ. 적외선 복사 에너지 방출량은 지표면보다 대기가 크다.

① ㄱ ② ㄴ ③ ㄱ, ㄷ ④ ㄴ, ㄷ ⑤ ㄱ, ㄴ, ㄷ

그림은 복사 평형 상태에 있는 지구의 열수지를 나타낸 것이다.

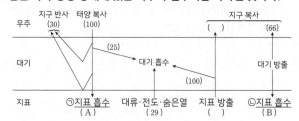

이에 대한 설명으로 옳은 것만을 〈보기〉에서 있는 대로 고른 것은?

보기

ㄱ. A < B이다.

ㄴ. (A + B)는 지표가 방출하는 복사 에너지 양과 같다.

ㄷ. $\dfrac{\text{가시광선 영역 에너지의 양}}{\text{적외선 영역 에너지의 양}}$ 은 ㉠이 ㉡보다 작다.

① ㄱ ② ㄷ ③ ㄱ, ㄴ ④ ㄴ, ㄷ ⑤ ㄱ, ㄴ, ㄷ

24

지구의 복사 평형과 열수지
[2018년 3월 학평 19번]

그림 (가)는 1979년부터 2015년까지 북극 빙하 면적의 변화를, (나)는 지구의 열수지를 나타낸 것이다.

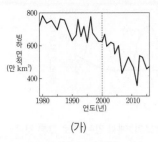

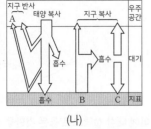

(가) (나)

이 기간에 대한 옳은 설명만을 〈보기〉에서 있는 대로 고른 것은?

 3점

보기

ㄱ. 빙하 면적의 평균 감소율은 2000년 이전보다 이후가 크다.
ㄴ. 북극 지방에서 A에 해당하는 값은 1980년보다 2010년이 작았다.
ㄷ. B와 C에 해당하는 값은 증가하는 추세이다.

① ㄱ   ② ㄷ   ③ ㄱ, ㄴ   ④ ㄴ, ㄷ   ⑤ ㄱ, ㄴ, ㄷ

26

온실 효과와 지구 온난화
[2017년 3월 학평 14번]

그림은 1920년부터 2015년까지 북반구와 남반구에서의 기온 편차(관측값－평균값)를 나타낸 것이다.

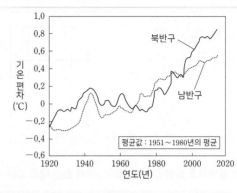

이에 대한 옳은 설명만을 〈보기〉에서 있는 대로 고른 것은?

보기

ㄱ. 이 기간 동안의 지구 평균 기온은 대체로 상승하였다.
ㄴ. 이 기간 동안의 기온 변화는 남반구보다 북반구에서 더 크다.
ㄷ. 1960년 이후 극지방의 반사율은 대체로 감소하였을 것이다.

① ㄱ   ② ㄴ   ③ ㄱ, ㄷ   ④ ㄴ, ㄷ   ⑤ ㄱ, ㄴ, ㄷ

25 2024 평가원

기후 변화의 원인
[2024학년도 6월 모평 6번]

그림은 1940~2003년 동안 지구 평균 기온 편차(관측값－기준값)와 대규모 화산 분출 시기를 나타낸 것이다. 기준값은 1940년의 평균 기온이다.

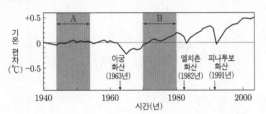

이 자료에 대한 설명으로 옳은 것만을 〈보기〉에서 있는 대로 고른 것은?

보기

ㄱ. 기온의 평균 상승률은 A 시기가 B 시기보다 크다.
ㄴ. 화산 활동은 기후 변화를 일으키는 지구 내적 요인에 해당한다.
ㄷ. 성층권에 도달한 다량의 화산 분출물은 지구 평균 기온을 높이는 역할을 한다.

① ㄱ   ② ㄴ   ③ ㄷ   ④ ㄱ, ㄴ   ⑤ ㄴ, ㄷ

27

지구의 복사 평형과 열수지
[2017년 7월 학평 16번]

그림은 지구에 도달하는 태양 복사 에너지양을 100이라고 할 때 복사 평형을 이루고 있는 지구의 열수지를 나타낸 것이다.

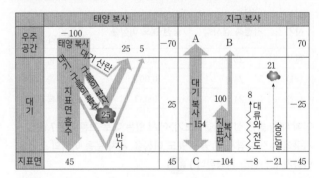

이에 대한 설명으로 옳은 것만을 〈보기〉에서 있는 대로 고른 것은?

3점

보기

ㄱ. A~C 중 C값이 가장 크다.
ㄴ. 온실 기체의 증가는 C를 증가시킨다.
ㄷ. 물의 상태 변화로 이동한 에너지양은 8이다.

① ㄴ   ② ㄷ   ③ ㄱ, ㄴ   ④ ㄱ, ㄷ   ⑤ ㄱ, ㄴ, ㄷ

DAY 19
Ⅱ
2
－
04
기후변화

28

그림은 지구에 도달하는 태양 복사 에너지의 양을 100이라고 할 때, 복사 평형 상태에 있는 지구의 에너지 출입을 나타낸 것이다.

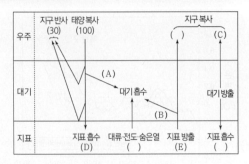

이에 대한 설명으로 옳은 것만을 〈보기〉에서 있는 대로 고른 것은?

보기

ㄱ. A+B−C=E−D이다.

ㄴ. 지구 온난화가 진행되면 B가 증가한다.

ㄷ. C는 주로 적외선 영역으로 방출된다.

① ㄱ　　② ㄴ　　③ ㄱ, ㄷ　　④ ㄴ, ㄷ　　⑤ ㄱ, ㄴ, ㄷ

29

표는 현재와 (가), (나) 시기에 지구의 자전축 경사각, 공전 궤도 이심률, 지구가 근일점에 위치할 때 북반구의 계절을 나타낸 것이다.

시기	자전축 경사각	공전 궤도 이심률	근일점에 위치할 때 북반구의 계절
현재	23.5°	0.017	겨울
(가)	24.0°	0.004	겨울
(나)	24.3°	0.033	여름

이에 대한 옳은 설명만을 〈보기〉에서 있는 대로 고른 것은? (단, 지구의 자전축 경사각, 공전 궤도 이심률, 세차 운동 이외의 조건은 변하지 않는다고 가정한다.) **3점**

보기

ㄱ. 45°N에서 여름철일 때 태양과 지구 사이의 거리는 (가) 시기가 현재보다 멀다.

ㄴ. 45°S에서 겨울철 태양의 남중 고도는 (나) 시기가 현재보다 낮다.

ㄷ. 45°N에서 기온의 연교차는 (가) 시기가 (나) 시기보다 작다.

① ㄱ　　② ㄴ　　③ ㄱ, ㄷ　　④ ㄴ, ㄷ　　⑤ ㄱ, ㄴ, ㄷ

30

그림은 지구 공전 궤도 이심률의 변화와 자전축 기울기의 변화를 나타낸 것이다.

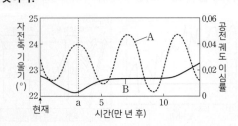

이에 대한 설명으로 옳은 것만을 〈보기〉에서 있는 대로 고른 것은? (단, 지구 공전 궤도 이심률, 자전축 기울기 외의 요인은 고려하지 않는다.) **3점**

보기

ㄱ. 자전축 기울기의 변화는 B이다.

ㄴ. 10만 년 후 근일점에 위치할 때 우리나라는 겨울이다.

ㄷ. 우리나라에서 기온의 연교차는 현재보다 a 시기에 커진다.

① ㄱ　　② ㄷ　　③ ㄱ, ㄴ　　④ ㄴ, ㄷ　　⑤ ㄱ, ㄴ, ㄷ

31

그림은 남극 빙하를 분석하여 알아낸 과거 40만 년 동안의 기온 편차, 이산화 탄소 농도, 먼지 농도 변화를 나타낸 것이다.

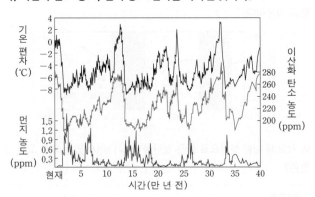

이에 대한 설명으로 옳은 것만을 〈보기〉에서 있는 대로 고른 것은? **3점**

보기

ㄱ. 시간에 따른 기온 편차와 먼지 농도는 대체로 비례한다.

ㄴ. 이 기간 동안에 이산화 탄소 농도의 평균은 현재보다 낮았다.

ㄷ. 전체 수권 중 육수가 차지하는 비율은 35만 년 전이 현재보다 높았을 것이다.

① ㄱ　　② ㄴ　　③ ㄷ　　④ ㄱ, ㄴ　　⑤ ㄴ, ㄷ

32

온실 효과와 지구 온난화
[2017년 4월 학평 15번]

그림은 남극 빙하 연구를 통해 알아낸 과거 40만 년 동안의 기온 편차와 대기 중의 CO_2 농도를 나타낸 것이다.

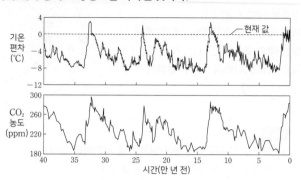

이에 대한 설명으로 옳은 것만을 <보기>에서 있는 대로 고른 것은?

보기

ㄱ. 기온 편차와 CO_2 농도는 대체로 비례한다.

ㄴ. 15만 년 전에 지구 대기의 온실 효과는 현재보다 작았을 것이다.

ㄷ. 35만 년 전의 빙하 면적은 현재보다 넓었을 것이다.

① ㄱ　　② ㄴ　　③ ㄱ, ㄷ　　④ ㄴ, ㄷ　　⑤ ㄱ, ㄴ, ㄷ

33

온실 효과와 지구 온난화
[2019학년도 6월 모평 3번]

그림은 지구 온난화의 원인과 결과의 일부를 나타낸 것이다. 이에 대한 설명으로 옳은 것만을 <보기>에서 있는 대로 고른 것은? **3점**

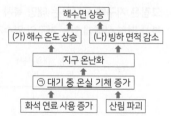

보기

ㄱ. (가)로 인해 해수의 이산화 탄소 용해도는 감소한다.

ㄴ. (나)로 인해 극지방의 지표면 반사율은 감소한다.

ㄷ. ㉠에 의한 복사 에너지의 흡수율은 적외선 영역이 가시광선 영역보다 높다.

① ㄱ　　② ㄴ　　③ ㄱ, ㄴ　　④ ㄴ, ㄷ　　⑤ ㄱ, ㄴ, ㄷ

34

지구의 복사 평형과 열수지
[2018년 7월 학평 8번]

그림은 복사 평형 상태에 있는 지구의 열수지를 나타낸 것이다.

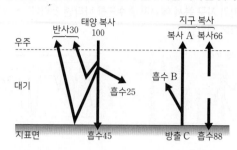

이에 대한 설명으로 옳은 것만을 <보기>에서 있는 대로 고른 것은?

보기

ㄱ. A는 주로 대기의 창 영역을 통해 빠져나간다.

ㄴ. 대기 중의 이산화 탄소 농도가 증가하면 B는 증가한다.

ㄷ. C는 100보다 작다.

① ㄱ　　② ㄷ　　③ ㄱ, ㄴ　　④ ㄴ, ㄷ　　⑤ ㄱ, ㄴ, ㄷ

35

지구의 복사 평형과 열수지
[2020학년도 9월 모평 13번]

그림은 지구에 도달하는 태양 복사 에너지를 100이라고 할 때, 복사 평형 상태에 있는 지구의 열수지를 나타낸 것이다.

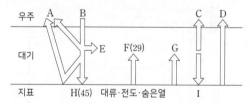

이에 대한 설명으로 옳은 것만을 <보기>에서 있는 대로 고른 것은?

보기

ㄱ. B+I<A+D+E+G

ㄴ. 대기 중 이산화 탄소의 양이 증가하면 I가 증가한다.

ㄷ. 지표에서 적외선 복사 에너지의 방출량은 흡수량보다 많다.

① ㄱ　　② ㄴ　　③ ㄱ, ㄷ　　④ ㄴ, ㄷ　　⑤ ㄱ, ㄴ, ㄷ

36

그림 (가)는 복사 평형 상태에 있는 지구의 열수지를, (나)는 파장에 따른 대기의 지구 복사 에너지 흡수도를 나타낸 것이다. ㉠, ㉡, ㉢은 파장 영역에 해당한다.

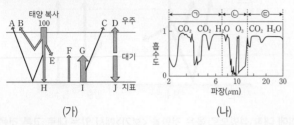

(가)   (나)

이에 대한 설명으로 옳은 것만을 <보기>에서 있는 대로 고른 것은?

보기

ㄱ. $\dfrac{E+H-C}{D}=1$이다.

ㄴ. C는 대부분 ㉠으로 방출되는 에너지양이다.

ㄷ. 대규모 산불이 진행되는 동안 발생하는 다량의 기체는 대기의 지구 복사 에너지 흡수도를 증가시킨다.

① ㄱ ② ㄴ ③ ㄱ, ㄷ ④ ㄴ, ㄷ ⑤ ㄱ, ㄴ, ㄷ

37

그림은 대기 중 이산화 탄소 농도가 현재보다 2배 증가할 경우 위도에 따른 기온 변화량(예측 기온－현재 기온) 예상도이다.

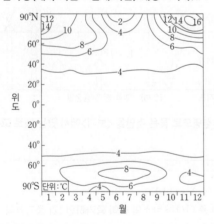

이에 대한 설명으로 옳은 것만을 <보기>에서 있는 대로 고른 것은?
(3점)

보기

ㄱ. 평균 해수면은 상승할 것이다.

ㄴ. 60°N의 기온 연교차는 현재보다 증가할 것이다.

ㄷ. 겨울철 극지방의 기온 변화량은 북반구보다 남반구가 더 크다.

① ㄱ ② ㄷ ③ ㄱ, ㄴ ④ ㄴ, ㄷ ⑤ ㄱ, ㄴ, ㄷ

38

그림은 현재와 A 시기에 근일점에 위치한 지구의 모습과 지구 공전 궤도 일부를 나타낸 것이다.
이에 대한 옳은 설명만을 <보기>에서 있는 대로 고른 것은? (단, 지구 공전 궤도 이심률 이외의 요인은 변하지 않는다.) **(3점)**

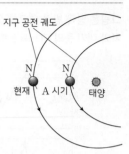

보기

ㄱ. 지구 공전 궤도 이심률은 현재가 A 시기보다 크다.

ㄴ. 현재 북반구는 근일점에서 겨울철이다.

ㄷ. 지구가 원일점에 위치할 때, 지구가 받는 태양 복사 에너지양은 현재가 A 시기보다 많다.

① ㄱ ② ㄷ ③ ㄱ, ㄴ ④ ㄴ, ㄷ ⑤ ㄱ, ㄴ, ㄷ

39

그림은 지구에 도달하는 태양 복사 에너지의 양을 100이라고 할 때 복사 평형 상태에 있는 지구의 열수지를 나타낸 것이다.

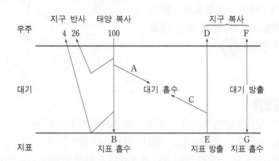

이에 대한 설명으로 옳은 것만을 <보기>에서 있는 대로 고른 것은?
(3점)

보기

ㄱ. A＋E＝D＋F＋G이다.

ㄴ. D는 지표에서 우주로 직접 방출되는 에너지 양이다.

ㄷ. 적외선 영역에서 대기가 흡수하는 에너지 양은 방출하는 에너지 양과 같다.

① ㄱ ② ㄷ ③ ㄱ, ㄴ ④ ㄴ, ㄷ ⑤ ㄱ, ㄴ, ㄷ

40

그림은 복사 평형 상태에 있는 지구의 열수지를 나타낸 것이다.

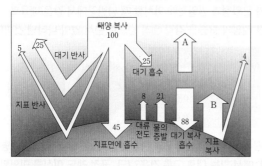

이에 대한 설명으로 옳은 것만을 〈보기〉에서 있는 대로 고른 것은? 3점

보기
ㄱ. A의 값은 66, B의 값은 100이다.
ㄴ. 지구 복사 에너지는 주로 가시광선 형태로 방출된다.
ㄷ. 대기 중 이산화 탄소의 양이 증가하면 지표 복사량이 증가할 것이다.

① ㄱ　　② ㄴ　　③ ㄱ, ㄷ　　④ ㄴ, ㄷ　　⑤ ㄱ, ㄴ, ㄷ

41

그림 (가)는 지구에 입사하는 파장별 태양 복사 에너지의 세기를, (나)는 복사 평형 상태에 있는 지구의 열수지를 나타낸 것이다.

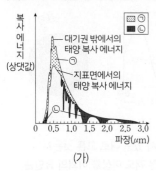
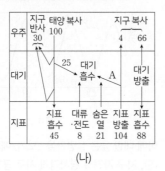

(가)　　　　　　　　(나)

이에 대한 설명으로 옳은 것만을 〈보기〉에서 있는 대로 고른 것은? 3점

보기
ㄱ. (가)에서 지표에 흡수되는 대양 복사 에너지는 자외선 영역이 적외선 영역보다 적다.
ㄴ. 성층권에 도달한 다량의 화산재는 ㉠을 감소시킨다.
ㄷ. ㉡은 A에 해당한다.

① ㄱ　　② ㄷ　　③ ㄱ, ㄴ　　④ ㄴ, ㄷ　　⑤ ㄱ, ㄴ, ㄷ

42

그림 (가)는 10만 년 전부터 현재까지의 지구 공전 궤도 이심률 변화를, (나)는 현재 지구의 북반구 어느 한 지점에서 여름과 겨울에 촬영한 태양 상을 나타낸 것이나.

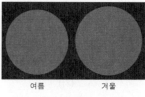

(가)　　　　　　　　(나)

이에 대한 설명으로 옳은 것만을 〈보기〉에서 있는 대로 고른 것은? (단, 지구 공전 궤도 이심률 이외의 요인은 변하지 않는다고 가정한다.) 3점

보기
ㄱ. 지구 공전 궤도의 원일점에서 태양까지의 거리는 현재보다 A 시기가 가깝다.
ㄴ. 현재 지구가 근일점에 위치할 때 북반구는 겨울이다.
ㄷ. 북반구 기온의 연교차는 현재보다 A 시기가 작다.

① ㄱ　　② ㄴ　　③ ㄱ, ㄷ　　④ ㄴ, ㄷ　　⑤ ㄱ, ㄴ, ㄷ

43

그림은 복사 평형 상태에 있는 지구의 열수지를 나타낸 것이다.

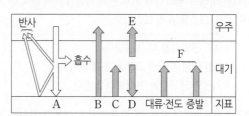

이에 대한 설명으로 옳은 것만을 〈보기〉에서 있는 대로 고른 것은?

보기
ㄱ. (A+D)와 (B+C)의 차는 F와 같다.
ㄴ. 지구 온난화가 진행되면 D는 증가한다.
ㄷ. F가 일정할 때, 사막의 면적이 넓어지면 대류 · 전도에 의한 열전달이 증가한다.

① ㄱ　　② ㄷ　　③ ㄱ, ㄴ　　④ ㄴ, ㄷ　　⑤ ㄱ, ㄴ, ㄷ

44

그림 (가)와 (나)는 지구의 공전 궤도 이심률과 자전축 경사각의 변화를 각각 나타낸 것이다. 지구 자전축 세차 운동의 주기는 약 26000년이고 방향은 지구 공전 방향과 반대이다.

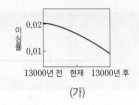
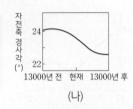

(가)   (나)

이에 대한 설명으로 옳은 것만을 <보기>에서 있는 대로 고른 것은? (단, 지구의 공전 궤도 이심률, 자전축 경사각, 세차 운동 이외의 요인은 변하지 않는다.)

보기
ㄱ. 원일점에서 30°S의 밤의 길이는 현재가 13000년 전보다 짧다.
ㄴ. 30°N에서 기온의 연교차는 현재가 13000년 전보다 작다.
ㄷ. 30°S의 겨울철 태양의 남중 고도는 6500년 후가 현재보다 낮다.

① ㄱ   ② ㄴ   ③ ㄱ, ㄷ   ④ ㄴ, ㄷ   ⑤ ㄱ, ㄴ, ㄷ

45

다음은 천문학적 요인이 기후 변화에 미치는 영향을 알아보기 위해 미래 어느 시기의 지구 자전축 모습을 그려보는 활동이다.

[지구 자전축 모습 그리기]
□ 제시된 미래의 우리나라 기후 변화 특징을 이용하여 이 시기 자전축의 모습을 A에 그리시오.

○ 지구가 근일점일 때 여름철이다.
○ 여름철 태양의 남중 고도는 현재보다 높다.
→ 기온의 연교차는 현재보다 커진다.

※ 조건 : 천문학적인 요인 중 지구의 세차 운동과 자전축 경사각 변화만을 고려한다.

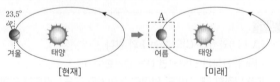

[현재]   →   [미래]

A에 해당하는 지구 자전축의 모습으로 가장 적절한 것은? 3점

46

표는 A, B, C 시기의 지구 공전 궤도 이심률을, 그림은 B 시기에 지구가 근일점과 원일점에 위치할 때 남반구에서 같은 배율로 관측한 태양의 모습을 각각 ㉠과 ㉡으로 순서 없이 나타낸 것이다.

시기	이심률
A	0.011
B	0.017
C	0.023

㉠을 관측한 시기가 남반구의 겨울철일 때, 이에 대한 옳은 설명만을 <보기>에서 있는 대로 고른 것은? (단, 공전 궤도 이심률 이외의 요인은 변하지 않는다.) 3점

보기
ㄱ. B 시기에 지구가 근일점을 지날 때 북반구는 겨울철이다.
ㄴ. 남반구의 겨울철 평균 기온은 A보다 B 시기에 높다.
ㄷ. 북반구에서 기온의 연교차는 A보다 C 시기에 크다.

① ㄱ   ② ㄴ   ③ ㄱ, ㄷ   ④ ㄴ, ㄷ   ⑤ ㄱ, ㄴ, ㄷ

47

그림 (가)는 지구 자전축 경사각과 지구 공전 궤도 이심률의 변화를, (나)는 ㉠ 또는 ㉡ 시기의 지구 자전축 경사각을 나타낸 것이다.

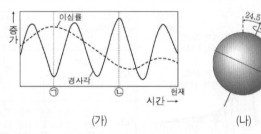

(가)   (나)

이에 대한 옳은 설명만을 <보기>에서 있는 대로 고른 것은? (단, 지구 자전축 경사각과 지구 공전 궤도 이심률 이외의 요인은 고려하지 않는다.) 3점

보기
ㄱ. 근일점 거리는 ㉠ 시기가 ㉡ 시기보다 가깝다.
ㄴ. (나)는 ㉠ 시기에 해당한다.
ㄷ. 우리나라에서 기온의 연교차는 현재가 ㉠ 시기보다 크다.

① ㄱ   ② ㄴ   ③ ㄱ, ㄷ   ④ ㄴ, ㄷ   ⑤ ㄱ, ㄴ, ㄷ

48

그림은 과거 지구 자전축의 경사각과 지구 공전 궤도 이심률 변화를 니디낸 것이다.

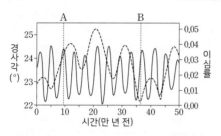

이에 대한 설명으로 옳은 것만을 〈보기〉에서 있는 대로 고른 것은? (단, 지구 자전축 경사각과 지구 공전 궤도 이심률 이외의 조건은 고려하지 않는다.) 3점

보기
ㄱ. 지구 자전축 경사각 변화의 주기는 6만 년보다 짧다.
ㄴ. A 시기의 남반구 기온의 연교차는 현재보다 크다.
ㄷ. 원일점과 근일점에서 태양까지의 거리 차는 A 시기가 B 시기보다 크다.

① ㄱ   ② ㄷ   ③ ㄱ, ㄴ   ④ ㄴ, ㄷ   ⑤ ㄱ, ㄴ, ㄷ

---

49 2022 평가원

다음은 기후 변화 요인 중 지구 자전축 기울기 변화의 영향을 알아보기 위한 탐구이다.

[탐구 과정]

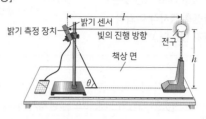

(가) 실험실을 어둡게 한 후 그림과 같이 밝기 측정 장치와 전구를 설치하고 전원을 켠다.
(나) 각도기를 사용하여 ㉠ 밝기 측정 장치와 책상 면이 이루는 각(θ)이 70°가 되도록 한다.
(다) 밝기 센서에 측정된 밝기(lux)를 기록한다.
(라) 밝기 센서에서 전구까지의 거리(l)와 밝기 센서의 높이(h)를 일정하게 유지하면서, θ를 10°씩 줄이며 20°가 될 때까지 (다)의 과정을 반복한다.

[탐구 결과]

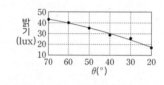

이에 대한 설명으로 옳은 것만을 〈보기〉에서 있는 대로 고른 것은?
3점

보기
ㄱ. ㉠의 크기는 '태양의 남중 고도'에 해당한다.
ㄴ. 측정된 밝기는 θ가 클수록 감소한다.
ㄷ. 다른 요인의 변화가 없다면 지구 자전축의 기울기가 커질수록 우리나라 기온의 연교차는 감소한다.

① ㄱ   ② ㄴ   ③ ㄱ, ㄷ   ④ ㄴ, ㄷ   ⑤ ㄱ, ㄴ, ㄷ

DAY 20
Ⅱ
2
ㅣ
04
기후 변화

50

그림은 지구 자전축 경사각의 변화를 나타낸 것이다. 이에 대한 설명으로 옳은 것만을 〈보기〉에서 있는 대로 고른 것은? (단, 지구 자전축 경사각 이외의 요인은 변하지 않는다.)

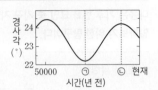

보기
ㄱ. 30°S에서 기온의 연교차는 현재가 ⓒ 시기보다 작다.
ㄴ. 30°N에서 겨울철 태양의 남중 고도는 현재가 ⑦ 시기보다 높다.
ㄷ. 1년 동안 지구에 입사하는 평균 태양 복사 에너지양은 ⑦ 시기가 ⓒ 시기보다 많다.

① ㄱ   ② ㄴ   ③ ㄷ   ④ ㄱ, ㄴ   ⑤ ㄱ, ㄷ

51

그림은 현재 지구의 공전 궤도와 자전축 경사를 나타낸 것이다. a는 원일점 거리, b는 근일점 거리, θ는 지구의 공전 궤도면과 자전축이 이루는 각이다.

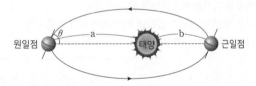

이에 대한 옳은 설명만을 〈보기〉에서 있는 대로 고른 것은? (단, 공전 궤도 이심률과 자전축 경사각 이외의 요인은 고려하지 않는다.) 3점

보기
ㄱ. θ가 일정할 때 (a−b)가 커지면 북반구 중위도에서 기온의 연교차는 작아질 것이다.
ㄴ. a, b가 일정할 때 θ가 커지면 남반구 중위도에서 기온의 연교차는 커질 것이다.
ㄷ. θ가 커지면 우리나라에서 여름철 태양의 남중 고도는 현재보다 높아질 것이다.

① ㄱ   ② ㄴ   ③ ㄷ   ④ ㄱ, ㄴ   ⑤ ㄴ, ㄷ

52

그림은 현재와 미래 어느 시점의 지구 공전 궤도, 자전축의 경사 방향과 경사각을 각각 나타낸 것이다.

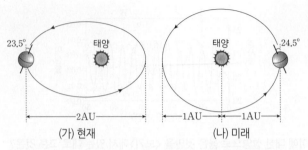

(나) 시기에 나타날 수 있는 현상에 대한 설명으로 옳은 것만을 〈보기〉에서 있는 대로 고른 것은? (단, 공전 궤도 이심률, 자전축의 경사 방향과 경사각의 변화 이외의 요인은 변하지 않는다고 가정한다.)

보기
ㄱ. 우리나라 기온의 연교차는 (가)보다 작아진다.
ㄴ. 북반구 여름 동안 대륙 빙하의 면적은 (가)보다 좁아진다.
ㄷ. 지구에 입사하는 태양 복사 에너지양은 7월이 1월보다 많다.

① ㄱ   ② ㄴ   ③ ㄷ   ④ ㄱ, ㄴ   ⑤ ㄴ, ㄷ

53 2022 수능

그림 (가)는 현재와 A 시기의 지구 공전 궤도를, (나)는 현재와 A 시기의 지구 자전축 방향을 나타낸 것이다. (가)의 ⑦, ⓒ, ⓒ은 공전 궤도상에서 지구의 위치이다.

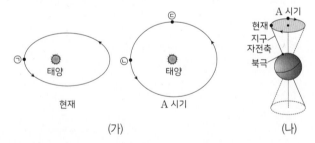

이에 대한 설명으로 옳은 것만을 〈보기〉에서 있는 대로 고른 것은? (단, 지구의 공전 궤도 이심률, 세차 운동 이외의 요인은 변하지 않는다고 가정한다.)

보기
ㄱ. ⑦에서 북반구는 여름이다.
ㄴ. 37°N에서 연교차는 현재가 A 시기보다 작다.
ㄷ. 37°S에서 태양이 남중했을 때, 지표에 도달하는 태양 복사 에너지양은 ⓒ이 ⓒ보다 적다.

① ㄱ   ② ㄴ   ③ ㄷ   ④ ㄱ, ㄴ   ⑤ ㄴ, ㄷ

그림은 지구 공전 궤도 이심률 변화, 지구 자전축의 기울기 변화, 북반구가 여름일 때 지구의 공전 궤도상 위치 변화를 나타낸 것이다.

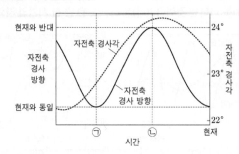

이에 대한 설명으로 옳은 것만을 〈보기〉에서 있는 대로 고른 것은?
(단, 지구 공전 궤도 이심률과 자전축의 기울기, 북반구가 여름일 때 지구의 공전 궤도상 위치 이외의 요인은 변하지 않는다고 가정한다.) 3점

보기
ㄱ. 남반구 기온의 연교차는 현재가 ㉠ 시기보다 크다.
ㄴ. 30°N에서 겨울철 태양의 남중 고도는 ㉡ 시기가 현재보다 높다.
ㄷ. 근일점에서 태양까지의 거리는 ㉡ 시기가 ㉠ 시기보다 멀다.

① ㄱ　　② ㄷ　　③ ㄱ, ㄴ　　④ ㄴ, ㄷ　　⑤ ㄱ, ㄴ, ㄷ

그림은 지구 자전축의 경사각과 세차 운동에 의한 자전축의 경사 방향 변화를 나타낸 것이다.

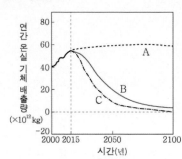

이에 대한 설명으로 옳은 것만을 〈보기〉에서 있는 대로 고른 것은? (단, 지구 자전축 경사각과 세차 운동 이외의 요인은 변하지 않는다고 가정한다.)

보기
ㄱ. 우리나라의 겨울철 평균 기온은 ㉠ 시기가 현재보다 높다.
ㄴ. 우리나라에서 기온의 연교차는 ㉡ 시기가 현재보다 크다.
ㄷ. 지구가 근일점에 위치할 때 우리나라에서 낮의 길이는 ㉠ 시기가 ㉡ 시기보다 길다.

① ㄱ　　② ㄷ　　③ ㄱ, ㄴ　　④ ㄴ, ㄷ　　⑤ ㄱ, ㄴ, ㄷ

56

온실 효과와 지구 온난화
[2023년 10월 학평 2번]

그림은 2000년부터 2015년까지 연간 온실 기체 배출량과 2015년 이후 지구 온난화 대응 시나리오 A, B, C에 따른 연간 온실 기체 예상 배출량을 나타낸 것이다. 기온 변화의 기준값은 1850년~1900년의 평균 기온이다.

A: 현재 시행되고 있는 대응 정책에 따른 시나리오
B: 2100년까지 지구 평균 기온 상승을 기준값 대비 2°C로 억제하기 위한 시나리오
C: 2100년까지 지구 평균 기온 상승을 기준값 대비 1.5°C로 억제하기 위한 시나리오

이 자료에 대한 옳은 설명만을 〈보기〉에서 있는 대로 고른 것은?

보기
ㄱ. 연간 온실 기체 배출량은 2015년이 2000년보다 많다.
ㄴ. C에 따르면 2100년에 지구의 평균 기온은 기준값보다 낮아질 것이다.
ㄷ. A에 따르면 2100년에 지구의 평균 기온은 기준값보다 2°C 이상 높아질 것이다.

① ㄱ　　② ㄴ　　③ ㄱ, ㄷ　　④ ㄴ, ㄷ　　⑤ ㄱ, ㄴ, ㄷ

그림 (가)는 지구 자전축 경사각과 지구 공전 궤도 이심률의 변화를, (나)는 위도별로 지구에 도달하는 태양 복사 에너지양의 편차(추정값 −현잿값)를 나타낸 것이다. (나)는 ㉠, ㉡, ㉢ 중 한 시기의 자료이다.

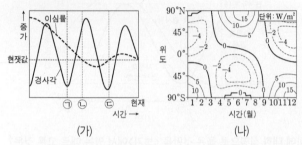

(가)   (나)

이 자료에 대한 설명으로 옳은 것만을 〈보기〉에서 있는 대로 고른 것은? (단, 자전축 경사각과 지구의 공전 궤도 이심률 이외의 요인은 변하지 않는다고 가정한다.) **3점**

보기

ㄱ. 근일점과 원일점에서 지구에 도달하는 태양 복사 에너지양의 차는 ㉠이 ㉡보다 크다.

ㄴ. (나)는 ㉡의 자료에 해당한다.

ㄷ. 35°S에서 여름철 낮의 길이는 ㉢이 현재보다 길다.

① ㄱ   ② ㄴ   ③ ㄷ   ④ ㄱ, ㄴ   ⑤ ㄱ, ㄷ

Ⅲ. 우주의 신비

1. 별과 외계 행성계

01 별의 물리량과 H-R도

필수개념 1 별의 표면 온도와 별의 크기

1. 별의 표면 온도

1) 스펙트럼의 종류
 ① 연속 스펙트럼: 고온, 고밀도 상태에서 가열된 물체가 내는 빛에서 나오는 스펙트럼. 전 파장에 대해 연속적인 모양
 ② 선스펙트럼: 기체에 따라 고유의 파장의 빛을 방출(방출 스펙트럼)하거나 흡수(흡수 스펙트럼)하여 나타나는 스펙트럼. 흡수선은 어두운 선, 방출선은 밝은 선
 ③ 별의 스펙트럼: 흡수 스펙트럼으로 관측. 별 빛이 대기를 통과할 때 대기 성분이 특정한 파장의 에너지를 흡수하기 때문

2) 별의 분광형과 표면 온도
 ① 분광형: 별의 표면 온도에 따라 나타나는 흡수선의 종류와 세기를 기준으로 별을 분류한 것.

분광형	O	B	A	F	G	K	M
색깔	청색	청백색	백색	황백색	황색	주황색	적색
표면 온도	높음	←				→	낮음
색지수	작음(−)	←				→	큼(+)

② 분광형과 흡수선의 특징 : 원소들이 이온화가 되는 온도는 정해져 있음. 별의 표면 온도에 따라 특정 원소가 이온화되고 이 과정에서 흡수 스펙트럼을 형성

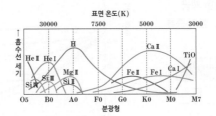

3) 별의 색과 표면 온도
 ① 별의 복사: 흑체 복사의 세기는 온도에 따라 달라짐
 ② 플랑크 곡선: 흑체가 방출하는 복사 에너지의 파장에 따른 분포 곡선
 ③ 빈의 변위 법칙: 흑체의 표면 온도(T)가 높을수록 최대 에너지를 방출하는 파장(λ_{max})이 짧아짐

$$\lambda_{max} = \frac{a}{T} \ (a: 2.898 \times 10^3 \mu m \cdot K)$$

④ 별의 색: 별의 표면 온도에 따라 다른 색이 나타남

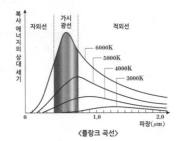
〈플랑크 곡선〉

표면 온도가 높은 별	최대 에너지를 방출하는 파장이 짧아 파란색으로 관측
표면 온도가 낮은 별	최대 에너지를 방출하는 파장이 길어 붉은색으로 관측

4) 별의 색지수와 표면 온도
 ① 색지수: B−V=사진 등급−안시 등급=$m_p - m_v$
 ② 색지수와 표면 온도: 별의 표면 온도가 높을수록 색지수(B−V)가 작다.

표면 온도	10000K 이상	10000K	10000K 이하
m_p와 m_v	$m_p < m_v$	$m_p = m_v$	$m_p > m_v$
색지수	(−) 값	0	(+) 값

기본자료

▶ 흑체
별은 이상적인 흑체는 아니지만 복사 에너지의 파장에 따른 분포를 조사해 보면 거의 흑체에 가깝다. 따라서 별의 온도나 광도는 별이 흑체라고 가정하여 추정한다.

▶ 별의 색지수 기준
표면 온도가 약 10000K인 흰색의 별은 안시 등급과 사진 등급이 같아서 색지수가 0이다. 따라서 표면 온도가 10000K보다 높은 별의 색지수는 (−) 값, 더 낮은 별의 색지수는 (+) 값으로 나타난다.

③ U, B, V등급: U(자외선, 0.36μm) 필터, B(파랑, 0.42μm) 필터, V(노랑, 0.54μm) 필터를 써서 각 파장 영역을 통과한 빛의 밝기로 정한 별의 겉보기 등급

2. 별의 광도와 크기

1) 별의 광도

① 절대 등급과 겉보기 등급

절대 등급(M)	겉보기 등급(m)
• 별을 10pc의 거리에 옮겨놓았다고 가정하였을 때의 별의 밝기 등급 • 별의 광도가 클수록 절대 등급이 작음	• 맨눈으로 보았을 때의 별의 밝기 등급 • 거리가 같은 경우: 별의 광도가 클수록 겉보기 등급이 작음 • 광도가 같은 경우: 별의 거리가 지구에서 멀수록 등급이 큼

② 슈테판─볼츠만 법칙: 흑체가 단위 시간 동안 단위 면적에서 방출하는 복사 에너지는 표면 온도의 네제곱에 비례한다는 법칙

$$E = \sigma T^4$$

③ 별의 광도(L): 별이 단위 시간에 방출하는 총 에너지. 슈테판─볼츠만 법칙의 복사 에너지에 별의 표면적을 곱한 값

$$L = 4\pi R^2 \cdot \sigma T^4$$

2) 별의 크기

: 분광형으로 별의 표면 온도를 알 수 있고, 스펙트럼을 분석하여 광도 계급을 알면 별의 반지름을 구할 수 있음

$$R = \frac{\sqrt{L}}{\sqrt{4\pi\sigma T^4}} \rightarrow R \propto \frac{\sqrt{L}}{T^2}$$

3) 모건─키넌의 광도 계급

① 광도 계급: 별을 광도에 따라 분류한 계급

② 광도 계급의 분류 기준: 별의 광도, 별의 종류

③ 광도 계급 도표

광도 계급	별의 종류	광도	반지름
Ia	밝은 초거성	큼	큼
Ib	덜 밝은 초거성	↑	↑
Ⅱ	밝은 거성		
Ⅲ	거성		
Ⅳ	준거성		
Ⅴ	주계열성(왜성)		
Ⅵ	준왜성	↓	↓
Ⅶ	백색 왜성	작음	작음

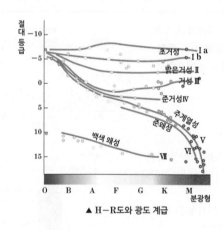

▲ H─R도와 광도 계급

④ 모건─키넌 분류법: 별을 분광형과 광도 계급으로 분류하는 것. 별의 분광형이 같더라도 광도 계급에 따라 광도와 반지름이 다름을 의미
  예 태양(G2V)

기본자료

▶ 별의 등급
기원전 2세기경, 히파르코스는 육안으로 보이는 별들을 밝기에 따라 6개의 등급으로 나누어 가장 밝게 보이는 별을 1등성, 가장 어둡게 보이는 별을 6등성으로 정하였다. 19세기 중엽, 포그슨은 1등성의 밝기가 6등성의 약 100배라는 사실을 밝혀내었다.

필수개념 2 **별의 분류와 H−R도**

1. H−R도

1) H−R도

① 별들의 물리량을 조사하여 그것들을 기준으로 별들의 분포를 나타낸 그래프

구분	물리량	물리량의 변화
가로축	표면 온도	왼쪽으로 갈수록 증가
	분광형	O−B−A−F−G−K−M 순서
	색지수	왼쪽으로 갈수록 감소
세로축	광도	위로 갈수록 증가
	절대 등급	위로 갈수록 감소

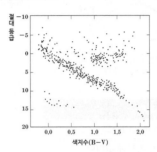

▶ H−R도
1910년대 초반 헤르츠스프룽 (Her tzsprung, E.)과 러셀(Russell, H. N.)은 각각 당시까지 알려진 태양 근처에 있는 별들의 표면 온도와 광도 사이의 관계를 그래프로 그려 분석하였다. 이 그래프를 두 사람 이름의 첫 글자를 따서 H−R도라고 한다.

2) H−R도에서 별의 특징

① 표면 온도: 왼쪽으로 갈수록 높다.

② 광도: 위로 갈수록 크다.

③ 반지름: 오른쪽 위로 갈수록 크다.

④ 밀도: 왼쪽 아래로 갈수록 크다.

⑤ 수명: (주계열성에서) 오른쪽 아래로 갈수록 길다.

2. 별의 분류와 H−R도

별의 분류	H−R 상 위치	특징
주계열성	왼쪽 위~오른쪽 아래	• 전체 별의 90% 정도가 주계열 단계에 해당함 • H−R도 상에서 반지름, 질량, 광도, 표면 온도는 왼쪽 위로 갈수록 커지며, 수명은 오른쪽 아래로 갈수록 길어짐
적색 거성	주계열성의 오른쪽 위	• 표면 온도 낮고(붉은색) 반지름이 커(태양의 10~100배) 광도가 주계열성에 비해 큼 • 중심에서는 헬륨 핵융합 반응(3α반응) 일어나고 있음 • 평균 밀도가 주계열성보다 작음
초거성	적색 거성의 위	• 표면 온도 낮고(붉은색) 반지름이 매우 커(태양의 30~500배) 광도가 주계열성, 적색 거성에 비해 큼 • 평균 밀도가 주계열성, 거성에 비해 작음
백색 왜성	주계열성의 왼쪽 아래	• 표면 온도가 높아 천체의 색이 청백색으로 보이는 경우가 많음 • 반지름이 매우 작아 표면 온도가 높으나 광도는 작음($4\pi R^2 \sigma T^4$) • 평균 밀도가 매우 큼

▶ 거성과 초거성의 광도
거성이나 초거성은 표면 온도가 낮아 단위 면적당 방출하는 복사 에너지양은 적지만, 별의 크기가 매우 크기 때문에 방출하는 총에너지양이 많아 매우 밝게 보인다.

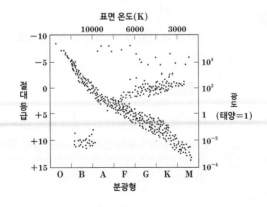

1

그림은 별의 분광형에 따른 흡수선의 종류와 세기를, 표는 A형과 K형인 두 주계열성의 스펙트럼 특징을 순서 없이 (가)와 (나)로 나타낸 것이다.

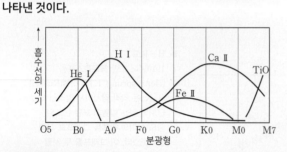

구분	스펙트럼 특징
(가)	수소(H Ⅰ) 흡수선이 가장 강하게 나타난다.
(나)	칼슘 이온(Ca Ⅱ) 흡수선이 가장 강하게 나타난다.

이에 대한 옳은 설명만을 〈보기〉에서 있는 대로 고른 것은? **3점**

보기

ㄱ. 표면 온도는 (가)의 별이 (나)의 별보다 높다.
ㄴ. 크기는 (가)의 별이 (나)의 별보다 작다.
ㄷ. (나)의 별은 중심부에서 CNO 순환 반응이 p−p 연쇄 반응보다 우세하게 일어난다.

① ㄱ   ② ㄷ   ③ ㄱ, ㄴ   ④ ㄴ, ㄷ   ⑤ ㄱ, ㄴ, ㄷ

2

그림은 주계열성 (가)와 (나)가 방출하는 복사 에너지의 상대적인 세기를 파장에 따라 나타낸 것이다. (가)와 (나)의 분광형은 각각 A0형과 G2형 중 하나이다.

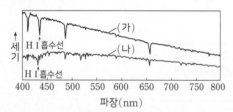

이 자료에 대한 옳은 설명만을 〈보기〉에서 있는 대로 고른 것은? **3점**

보기

ㄱ. H Ⅰ 흡수선의 세기는 (가)가 (나)보다 약하다.
ㄴ. 복사 에너지를 최대로 방출하는 파장은 (가)가 (나)보다 길다.
ㄷ. 별의 반지름은 (가)가 (나)보다 크다.

① ㄱ   ② ㄷ   ③ ㄱ, ㄴ   ④ ㄴ, ㄷ   ⑤ ㄱ, ㄴ, ㄷ

3

그림은 단위 시간 동안 별 ㉠과 ㉡에서 방출된 복사 에너지 세기를 파장에 따라 나타낸 것이다. 그래프와 가로축 사이의 면적은 각각 S, 4S이다.

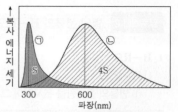

㉠과 ㉡에 대한 옳은 설명만을 〈보기〉에서 있는 대로 고른 것은?

보기

ㄱ. 광도는 ㉡이 ㉠의 4배이다.
ㄴ. 표면 온도는 ㉡이 ㉠의 2배이다.
ㄷ. 반지름은 ㉡이 ㉠의 2배이다.

① ㄱ   ② ㄴ   ③ ㄱ, ㄷ   ④ ㄴ, ㄷ   ⑤ ㄱ, ㄴ, ㄷ

4 2022 평가원

표는 여러 별들의 절대 등급을 분광형과 광도 계급에 따라 구분하여 나타낸 것이다. (가), (나), (다)는 광도 계급 Ib(초거성), Ⅲ(거성), Ⅴ(주계열성)를 순서 없이 나타낸 것이다.

광도 계급 / 분광형	(가)	(나)	(다)
B0	−4.1	−5.0	−6.2
A0	+0.6	−0.6	−4.9
G0	+4.4	+0.6	−4.5
M0	+9.2	−0.4	−4.5

이 자료에 대한 설명으로 옳은 것만을 〈보기〉에서 있는 대로 고른 것은?

보기

ㄱ. (가)는 Ⅴ(주계열성)이다.
ㄴ. (나)에서 광도가 가장 작은 별의 표면 온도가 가장 낮다.
ㄷ. (다)에서 별의 반지름은 G0인 별이 M0인 별보다 작다.

① ㄱ   ② ㄴ   ③ ㄷ   ④ ㄱ, ㄴ   ⑤ ㄱ, ㄷ

표는 별 (가)~(라)의 물리량을 나타낸 것이다.

별	표면 온도(K)	절대 등급	반지름($\times 10^6$km)
(가)	6000	+3.8	1
(나)	12000	-1.2	㉠
(다)	( )	-6.2	100
(라)	3000	( )	4

이에 대한 설명으로 옳은 것은?

① ㉠은 25이다.
② (가)의 분광형은 M형에 해당한다.
③ 복사 에너지를 최대로 방출하는 파장은 (다)가 (가)보다 길다.
④ 단위 시간당 방출하는 복사 에너지양은 (나)가 (라)보다 많다.
⑤ (가)와 같은 별 10000개로 구성된 성단의 절대 등급은 (라)의 절대 등급과 같다.

표는 별 S_1~S_6의 광도 계급, 분광형, 절대 등급을 나타낸 것이다. (가)와 (나)는 각각 광도 계급 Ib(초거성)와 V(주계열성) 중 하나이다.

별	광도 계급	분광형	절대 등급
S_1		A0	(㉠)
S_2	(가)	K2	(㉡)
S_3		M1	-5.2
S_4		A0	(㉢)
S_5	(나)	K2	(㉣)
S_6		M1	9.4

이에 대한 설명으로 옳은 것만을 〈보기〉에서 있는 대로 고른 것은?

보기
ㄱ. (가)는 Ib(초거성)이다.
ㄴ. 광도는 S_4가 S_5보다 작다.
ㄷ. $|㉠-㉢| < |㉡-㉣|$ 이다.

① ㄱ   ② ㄴ   ③ ㄱ, ㄷ   ④ ㄴ, ㄷ   ⑤ ㄱ, ㄴ, ㄷ

표는 주계열성 (가)와 (나)의 분광형과 절대 등급을 나타낸 것이다.
(가)가 (나)보다 큰 값을 가지는 것만을 〈보기〉에서 있는 대로 고른 것은?

별	분광형	절대 등급
(가)	A0V	+0.6
(나)	M4V	+13.2

보기
ㄱ. 표면 온도   ㄴ. 광도   ㄷ. 주계열에 머무는 시간

① ㄱ   ② ㄷ   ③ ㄱ, ㄴ   ④ ㄴ, ㄷ   ⑤ ㄱ, ㄴ, ㄷ

그림은 별의 분광형에 따른 흡수선의 상대적 세기를 나타낸 것이다.
이 자료에 대한 설명으로 옳은 것만을 〈보기〉에서 있는 대로 고른 것은?

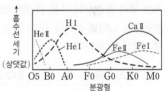

보기
ㄱ. 흰색 별에서 H I 흡수선이 Ca II 흡수선보다 강하게 나타난다.
ㄴ. 주계열에서 B0형보다 표면 온도가 높은 별일수록 H I 흡수선의 세기가 강해진다.
ㄷ. 태양과 광도가 같고 반지름이 작은 별의 Ca II 흡수선은 G2형 별보다 강하게 나타난다.

① ㄱ   ② ㄴ   ③ ㄱ, ㄷ   ④ ㄴ, ㄷ   ⑤ ㄱ, ㄴ, ㄷ

그림은 태양과 별 (가), (나)의 파장에 따른 복사 에너지 분포를, 표는 세 별의 절대 등급을 나타낸 것이다.

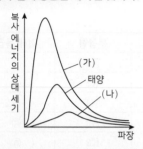

별	절대 등급
태양	+4.8
(가)	+1.0
(나)	−4.0

이에 대한 옳은 설명만을 〈보기〉에서 있는 대로 고른 것은? 3점

보기
ㄱ. 별이 단위 시간 동안 단위 면적에서 방출하는 에너지양은 (가)가 태양보다 많다.
ㄴ. (나)는 파란색 별이다.
ㄷ. 별의 반지름은 (나)가 (가)의 10배이다.

① ㄱ　　　② ㄷ　　　③ ㄱ, ㄴ　　　④ ㄴ, ㄷ　　　⑤ ㄱ, ㄴ, ㄷ

표는 별의 종류 (가), (나), (다)에 해당하는 별들의 절대 등급과 분광형을 나타낸 것이다. (가), (나), (다)는 각각 거성, 백색 왜성, 주계열성 중 하나이다.

별의 종류	별	절대 등급	분광형
(가)	㉠	+0.5	A0
	㉡	−0.6	B7
(나)	㉢	+1.1	K0
	㉣	−0.7	G2
(다)	㉤	+13.3	F5
	㉥	+11.5	B1

이에 대한 옳은 설명만을 〈보기〉에서 있는 대로 고른 것은?

보기
ㄱ. (가)는 주계열성이다.
ㄴ. 평균 밀도는 (나)가 (다)보다 작다.
ㄷ. 단위 시간당 단위 면적에서 방출하는 에너지양은 ㉠~㉥ 중 ㉣이 가장 많다.

① ㄱ　　　② ㄷ　　　③ ㄱ, ㄴ　　　④ ㄴ, ㄷ　　　⑤ ㄱ, ㄴ, ㄷ

그림은 별 A와 B에서 단위 시간당 동일한 양의 복사 에너지를 방출하는 면적을 나타낸 것이다. A의 광도는 B의 40배이다.

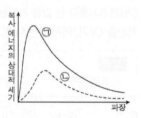

이에 대한 설명으로 옳은 것만을 〈보기〉에서 있는 대로 고른 것은? (단, A, B는 흑체로 가정한다.) 3점

보기
ㄱ. 표면 온도는 B가 A보다 5배 높다.
ㄴ. 반지름은 A가 B보다 150배 이상이다.
ㄷ. 최대 에너지를 방출하는 파장은 B가 A보다 길다.

① ㄱ　　　② ㄷ　　　③ ㄱ, ㄴ　　　④ ㄴ, ㄷ　　　⑤ ㄱ, ㄴ, ㄷ

표는 별 A, B의 표면 온도와 반지름을, 그림은 A, B에서 단위 면적당 단위 시간에 방출되는 복사 에너지의 파장에 따른 세기를 ㉠과 ㉡으로 순서 없이 나타낸 것이다.

별	A	B
표면 온도 (K)	5000	10000
반지름 (상댓값)	2	1

이에 대한 옳은 설명만을 〈보기〉에서 있는 대로 고른 것은?

보기
ㄱ. A는 ㉡에 해당한다.
ㄴ. B는 붉은색 별이다.
ㄷ. 별의 광도는 A가 B의 4배이다.

① ㄱ　　　② ㄷ　　　③ ㄱ, ㄴ　　　④ ㄴ, ㄷ　　　⑤ ㄱ, ㄴ, ㄷ

정답과 해설　9 p.368　10 p.368　11 p.369　12 p.369

13

그림은 서로 다른 별의 스펙트럼, 최대 복사 에너지 방출 파장(λ_{max}), 반지름을 나타낸 것이다. (가), (나), (다)의 분광형은 각각 A0V, G0V, K0V 중 하나이다.

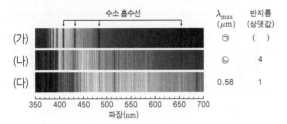

이에 대한 설명으로 옳은 것만을 〈보기〉에서 있는 대로 고른 것은?

 3점

보기

ㄱ. (가)의 분광형은 A0V이다.
ㄴ. ㉠은 ㉡보다 짧다.
ㄷ. 광도는 (나)가 (다)의 16배이다.

① ㄱ ② ㄷ ③ ㄱ, ㄴ ④ ㄴ, ㄷ ⑤ ㄱ, ㄴ, ㄷ

14

그림은 두 주계열성 (가)와 (나)의 파장에 따른 복사 에너지 세기의 분포를 나타낸 것이다. (가)와 (나)의 분광형은 각각 B형과 G형 중 하나이다.

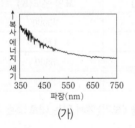 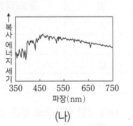

이에 대한 옳은 설명만을 〈보기〉에서 있는 대로 고른 것은?

보기

ㄱ. 표면 온도는 (가)가 (나)보다 낮다.
ㄴ. 질량은 (가)가 (나)보다 작다.
ㄷ. 태양의 파장에 따른 복사 에너지 세기의 분포는 (가)보다 (나)와 비슷하다.

① ㄱ ② ㄷ ③ ㄱ, ㄴ ④ ㄴ, ㄷ ⑤ ㄱ, ㄴ, ㄷ

15

그림은 별의 스펙트럼에 나타난 흡수선의 상대적 세기를 온도에 따라 나타낸 것이고, 표는 별 A, B, C의 물리량과 특징을 나타낸 것이다.

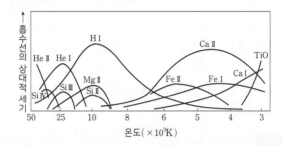

별	표면 온도(K)	절대 등급	특징
A	( )	11.0	별의 색깔은 흰색이다.
B	3500	( )	반지름이 C의 100배이다.
C	6000	6.0	( )

이에 대한 설명으로 옳은 것은?

① 반지름은 A가 C보다 크다.
② B의 절대 등급은 −4.0보다 크다.
③ 세 별 중 Fe I 흡수선은 A에서 가장 강하다.
④ 단위 시간 당 방출하는 복사 에너지양은 C가 B보다 많다.
⑤ C에서는 Fe II 흡수선이 Ca II 흡수선보다 강하게 나타난다.

16

그림은 서로 다른 두 별 A와 B에서 방출되는 복사 에너지의 상대 세기와 수소 흡수선의 파장을 나타낸 것이다.
별 A와 B를 비교한 설명으로 옳지 **3점** 않은 것은?

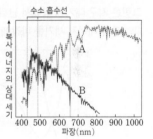

① 광도는 A가 크다.
② 반지름은 A가 크다.
③ 표면 온도는 B가 높다.
④ 수소 흡수선의 세기는 B가 크다.
⑤ 단위 시간당 동일한 면적에서 방출되는 복사 에너지는 A가 크다.

17

표는 별 (가), (나), (다)의 분광형, 반지름, 광도를 나타낸 것이다.

별	분광형	반지름 (태양=1)	광도 (태양=1)
(가)	( )	10	10
(나)	A0	5	( )
(다)	A0	( )	10

(가), (나), (다)에 대한 설명으로 옳은 것만을 〈보기〉에서 있는 대로 고른 것은? 3점

보기

ㄱ. 복사 에너지를 최대로 방출하는 파장은 (가)가 가장 짧다.

ㄴ. 절대 등급은 (나)가 가장 작다.

ㄷ. 반지름은 (다)가 가장 크다.

① ㄱ　　② ㄴ　　③ ㄷ　　④ ㄱ, ㄴ　　⑤ ㄴ, ㄷ

그림은 세 별 (가), (나), (다)의 스펙트럼에서 세기가 강한 흡수선 4개의 상대적 세기를 나타낸 것이다. (가), (나), (다)의 분광형은 각각 A형, O형, G형 중 하나이다.

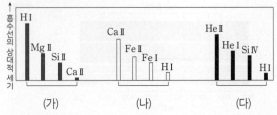

이에 대한 옳은 설명만을 〈보기〉에서 있는 대로 고른 것은? 3점

보기

ㄱ. 표면 온도가 태양과 가장 비슷한 별은 (가)이다.

ㄴ. (나)의 구성 물질 중 가장 많은 원소는 Ca이다.

ㄷ. 단위 시간당 단위 면적에서 방출되는 에너지양은 (나)가 (다)보다 적다.

① ㄱ　　② ㄷ　　③ ㄱ, ㄴ　　④ ㄴ, ㄷ　　⑤ ㄱ, ㄴ, ㄷ

그림은 지구 대기권 밖에서 단위 시간 동안 관측한 주계열성 A, B, C의 복사 에너지 세기를 파장에 따라 나타낸 것이다.

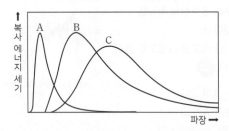

이에 대한 설명으로 옳은 것만을 〈보기〉에서 있는 대로 고른 것은?

3점

보기

ㄱ. 표면 온도는 A가 B보다 높다.

ㄴ. 광도는 B가 C보다 크다.

ㄷ. 반지름은 A가 C보다 작다.

① ㄱ　　② ㄷ　　③ ㄱ, ㄴ　　④ ㄴ, ㄷ　　⑤ ㄱ, ㄴ, ㄷ

표는 별 A~D의 특징을 나타낸 것이다. A~D 중 주계열성은 3개이다.

별	광도(태양=1)	표면 온도(K)
A	20000	25000
B	0.01	11000
C	1	5500
D	0.0017	3000

A~D에 대한 설명으로 옳은 것만을 〈보기〉에서 있는 대로 고른 것은? 3점

보기

ㄱ. 별의 반지름은 A가 C보다 10배 이상 크다.

ㄴ. Ca Ⅱ 흡수선의 상대적 세기는 C가 A보다 강하다.

ㄷ. 별의 평균 밀도가 가장 큰 것은 D이다.

① ㄱ　　② ㄴ　　③ ㄱ, ㄷ　　④ ㄴ, ㄷ　　⑤ ㄱ, ㄴ, ㄷ

21

그림은 별 A, B, C의 반지름과 절대 등급을 나타낸 것이다. A, B, C는 각각 초거성, 거성, 주계열성 중 하나이다. A, B, C에 대한 설명으로 옳은 것만을 〈보기〉에서 있는 대로 고른 것은? 3점

(그래프: 세로축 절대 등급 −5, 0; 가로축 반지름(A=1) 1, 10; A는 −5 반지름 1 부근, B는 −5 반지름 10 부근, C는 0 반지름 10 부근)

보기
ㄱ. 표면 온도는 A가 B의 $\sqrt{10}$배이다.
ㄴ. 복사 에너지를 최대로 방출하는 파장은 B가 C보다 길다.
ㄷ. 광도 계급이 V인 것은 C이다.

① ㄱ   ② ㄴ   ③ ㄷ   ④ ㄱ, ㄷ   ⑤ ㄴ, ㄷ

23

표는 별 A와 B의 물리량을 태양과 비교하여 나타낸 것이다.

별	광도 (상댓값)	반지름 (상댓값)	최대 복사 에너지 방출 파장(nm)
태양	1	1	500
A	170	25	㉠
B	64	㉡	250

이에 대한 설명으로 옳은 것만을 〈보기〉에서 있는 대로 고른 것은? 3점

보기
ㄱ. ㉠은 500보다 크다.
ㄴ. ㉡은 4이다.
ㄷ. 단위 면적당 단위 시간에 방출하는 복사 에너지의 양은 A보다 B가 많다.

① ㄱ   ② ㄴ   ③ ㄷ   ④ ㄱ, ㄴ   ⑤ ㄱ, ㄷ

22 [2023 수능]

표는 태양과 별 (가), (나), (다)의 물리량을 나타낸 것이다. (가), (나), (다) 중 주계열성은 2개이고, (나)와 (다)의 겉보기 밝기는 같다.

별	복사 에너지를 최대로 방출하는 파장(μm)	절대 등급	반지름 (태양=1)
태양	0.50	+4.8	1
(가)	(㉠)	−0.2	2.5
(나)	0.10	( )	4
(다)	0.25	+9.8	( )

이 자료에 대한 설명으로 옳은 것만을 〈보기〉에서 있는 대로 고른 것은?

보기
ㄱ. ㉠은 0.125이다.
ㄴ. 중심핵에서의 $\dfrac{\text{p−p 반응에 의한 에너지 생성량}}{\text{CNO 순환 반응에 의한 에너지 생성량}}$은 (나)가 태양보다 작다.
ㄷ. 지구로부터의 거리는 (나)가 (다)의 1000배이다.

① ㄱ   ② ㄴ   ③ ㄷ   ④ ㄱ, ㄴ   ⑤ ㄴ, ㄷ

24 [2022 평가원]

그림은 분광형이 서로 다른 별 (가), (나), (다)가 방출하는 복사 에너지의 상대적 세기를 파장에 따라 나타낸 것이다. (가)의 분광형은 O형이고, (나)와 (다)는 각각 A형과 G형 중 하나이다.

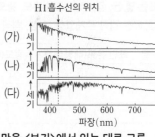

이 자료에 대한 설명으로 옳은 것만을 〈보기〉에서 있는 대로 고른 것은? 3점

보기
ㄱ. H I 흡수선의 세기는 (가)가 (나)보다 강하게 나타난다.
ㄴ. 복사 에너지를 최대로 방출하는 파장은 (나)가 (다)보다 길다.
ㄷ. 표면 온도는 (나)가 태양보다 높다.

① ㄱ   ② ㄴ   ③ ㄷ   ④ ㄱ, ㄴ   ⑤ ㄴ, ㄷ

그림은 별 A~D의 상대적 크기를, 표는 별의 물리량을 나타낸 것이다. 별 A~D는 각각 ㉠~㉣ 중 하나이다.

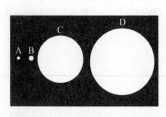

별	광도 (태양=1)	표면 온도 (태양=1)
㉠	0.01	1
㉡	1	1
㉢	1	4
㉣	2	1

이에 대한 설명으로 옳은 것만을 <보기>에서 있는 대로 고른 것은?
3점

보기

ㄱ. 표면 온도는 A가 B보다 높다.
ㄴ. 광도는 B가 D보다 작다.
ㄷ. C는 주계열성이다.

① ㄱ   ② ㄴ   ③ ㄱ, ㄷ   ④ ㄴ, ㄷ   ⑤ ㄱ, ㄴ, ㄷ

표는 별 ㉠, ㉡, ㉢의 표면 온도, 광도, 반지름을 나타낸 것이다. ㉠, ㉡, ㉢은 각각 주계열성, 거성, 백색 왜성 중 하나이다.

별	표면 온도(태양=1)	광도(태양=1)	반지름(태양=1)
㉠	$\sqrt{10}$	( )	0.01
㉡	( )	100	2.5
㉢	0.75	81	( )

이에 대한 설명으로 옳은 것만을 <보기>에서 있는 대로 고른 것은?

보기

ㄱ. 복사 에너지를 최대로 방출하는 파장은 ㉠이 ㉡보다 길다.
ㄴ. (㉠의 절대 등급－㉡의 절대 등급) 값은 10이다.
ㄷ. 별의 질량은 ㉡이 ㉢보다 크다.

① ㄱ   ② ㄴ   ③ ㄷ   ④ ㄱ, ㄷ   ⑤ ㄴ, ㄷ

그림은 별 ㉠과 ㉡의 물리량을 나타낸 것이다.

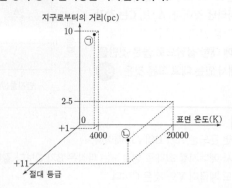

이 자료에 대한 설명으로 옳은 것만을 <보기>에서 있는 대로 고른 것은? **3점**

보기

ㄱ. 복사 에너지를 최대로 방출하는 파장은 ㉠이 ㉡의 $\frac{1}{5}$배이다.
ㄴ. 별의 반지름은 ㉠이 ㉡의 2500배이다.
ㄷ. (㉡의 겉보기 등급－㉠의 겉보기 등급) 값은 6보다 크다.

① ㄱ   ② ㄴ   ③ ㄷ   ④ ㄱ, ㄴ   ⑤ ㄴ, ㄷ

그림은 분광형과 광도를 기준으로 한 H－R도이고, 표의 (가), (나), (다)는 각각 H－R도에 분류된 별의 집단 ㉠, ㉡, ㉢의 특징 중 하나이다.

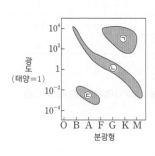

구분	특징
(가)	별이 일생의 대부분을 보내는 단계로, 정역학 평형 상태에 놓여 별의 크기가 거의 일정하게 유지된다.
(나)	주계열을 벗어난 단계로, 핵융합 반응을 통해 무거운 원소들이 만들어진다.
(다)	태양과 질량이 비슷한 별의 최종 진화 단계로, 별의 바깥층 물질이 우주로 방출된 후 중심핵만 남는다.

(가), (나), (다)에 해당하는 별의 집단으로 옳은 것은?

	(가)	(나)	(다)
①	㉠	㉡	㉢
②	㉡	㉠	㉢
③	㉡	㉢	㉠
④	㉢	㉠	㉡
⑤	㉢	㉡	㉠

29
별의 분류와 H−R도
[2020년 3월 학평 12번]

그림은 H−R도에 별 (가)~(라)를
나타낸 것이다.
이에 대한 옳은 설명만을 〈보기〉에서
있는 대로 고른 것은?

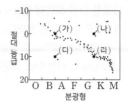

보기

ㄱ. 별의 평균 밀도는 (가)가 (나)보다 크다.
ㄴ. (다)는 초신성 폭발을 거쳐 형성되었다.
ㄷ. 별의 수명은 (가)가 (라)보다 짧다.

① ㄱ   ② ㄷ   ③ ㄱ, ㄴ   ④ ㄱ, ㄷ   ⑤ ㄴ, ㄷ

30
별의 분류와 H−R도
[2022년 3월 학평 5번]

다음은 H−R도를 작성하여 별을 분류하는 탐구이다.

[탐구 과정]
표는 별 a~f의 분광형과 절대 등급이다.

별	a	b	c	d	e	f
분광형	A0	B1	G2	M5	M2	B6
절대 등급	+11.0	−3.6	+4.8	+13.2	−3.1	+10.3

(가) 각 별의 위치를 H−R도에 표시한다.
(나) H−R도에 표시한 위치에 따라 별들을 백색 왜성,
　　주계열성, 거성의 세 집단으로 분류한다.

[탐구 결과]

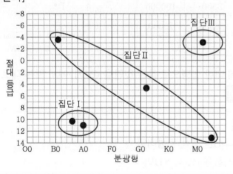

이에 대한 옳은 설명만을 〈보기〉에서 있는 대로 고른 것은?

보기

ㄱ. a와 f는 집단 Ⅰ에 속한다.
ㄴ. 집단 Ⅱ는 주계열성이다.
ㄷ. 별의 평균 밀도는 집단 Ⅰ이 집단 Ⅲ보다 크다.

① ㄱ   ② ㄴ   ③ ㄱ, ㄷ   ④ ㄴ, ㄷ   ⑤ ㄱ, ㄴ, ㄷ

31
별의 분류와 H−R도
[2020년 10월 학평 16번]

표는 별 ㉠~㉣의 절대 등급과
분광형을 나타낸 것이다. ㉠~㉣
중 주계열성은 2개, 백색 왜성과
초거성은 각각 1개이다.
이에 대한 옳은 설명만을 〈보기〉
에서 있는 대로 고른 것은? 3점

별	절대 등급	분광형
㉠	+12.2	B1
㉡	+1.5	A1
㉢	−1.5	B4
㉣	−7.8	B8

보기

ㄱ. ㉠의 중심에서는 수소 핵융합 반응이 일어난다.
ㄴ. 별의 질량은 ㉡이 ㉢보다 작다.
ㄷ. 광도 계급의 숫자는 ㉡이 ㉣보다 크다.

① ㄱ   ② ㄴ   ③ ㄱ, ㄷ   ④ ㄴ, ㄷ   ⑤ ㄱ, ㄴ, ㄷ

32 　2023 평가원
별의 분류와 H−R도
[2023학년도 9월 모평 6번]

그림 (가)는 H−R도에 별 ㉠, ㉡, ㉢을, (나)는 별의 분광형에 따른
흡수선의 상대적 세기를 나타낸 것이다.

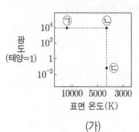 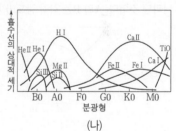

　　　(가)　　　　　　　　　　　(나)

이에 대한 설명으로 옳은 것만을 〈보기〉에서 있는 대로 고른 것은?

보기

ㄱ. 반지름은 ㉠이 ㉡보다 작다.
ㄴ. 광도 계급은 ㉡과 ㉢이 같다.
ㄷ. ㉢에서는 H Ⅰ 흡수선이 Ca Ⅱ 흡수선보다 강하게 나타난다.

① ㄱ   ② ㄴ   ③ ㄱ, ㄷ   ④ ㄴ, ㄷ   ⑤ ㄱ, ㄴ, ㄷ

DAY
22

Ⅲ

1
01
별의 물리량과 H−R도

그림 (가)는 전갈자리에 있는 세 별 ㉠, ㉡, ㉢의 절대 등급과 분광형을, (나)는 H−R도에 별의 집단을 나타낸 것이다.

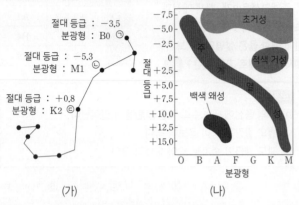

(가)　　　　　　　(나)

별 ㉠, ㉡, ㉢에 대한 옳은 설명만을 〈보기〉에서 있는 대로 고른 것은? 3점

보기

ㄱ. ㉠은 주계열성이다.

ㄴ. ㉡은 파란색으로 관측된다.

ㄷ. 반지름은 ㉢이 가장 크다.

① ㄱ　　② ㄴ　　③ ㄷ　　④ ㄱ, ㄷ　　⑤ ㄴ, ㄷ

그림 (가)는 별의 질량에 따라 주계열 단계에 도달하였을 때의 광도와 이 단계에 머무는 시간을, (나)는 주계열성을 H−R도에 나타낸 것이다. A와 B는 각각 광도와 시간 중 하나이다.

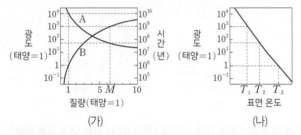

(가)　　　　　　　(나)

이 자료에 대한 설명으로 옳은 것만을 〈보기〉에서 있는 대로 고른 것은? 3점

보기

ㄱ. B는 광도이다.

ㄴ. 질량이 M인 별의 표면 온도는 T_2이다.

ㄷ. 표면 온도가 T_3인 별은 T_1인 별보다 주계열 단계에 머무는 시간이 100배 이상 길다.

① ㄱ　　② ㄴ　　③ ㄱ, ㄷ　　④ ㄴ, ㄷ　　⑤ ㄱ, ㄴ, ㄷ

그림은 같은 성단의 별 a~d를 H−R도에 나타낸 것이다. a~d에 대한 설명으로 옳은 것만을 〈보기〉에서 있는 대로 고른 것은? 3점

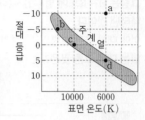

보기

ㄱ. 반지름은 a가 d의 1000배이다.

ㄴ. 중심 온도가 가장 높은 별은 b이다.

ㄷ. 수소 흡수선이 가장 강한 별은 c이다.

① ㄱ　　② ㄴ　　③ ㄱ, ㄷ　　④ ㄴ, ㄷ　　⑤ ㄱ, ㄴ, ㄷ

표는 질량이 서로 다른 별 A~D의 물리적 성질을, 그림은 별 A와 D를 H−R도에 나타낸 것이다. $L_\odot$는 태양 광도이다.

별	표면 온도 (K)	광도 ($L_\odot$)
A	( )	( )
B	3500	100000
C	20000	10000
D	( )	( )

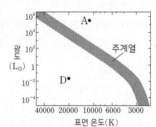

이 자료에 대한 설명으로 옳은 것만을 〈보기〉에서 있는 대로 고른 것은? 3점

보기

ㄱ. A와 B는 적색 거성이다.

ㄴ. 반지름은 B>C>D이다.

ㄷ. C의 나이는 태양보다 적다.

① ㄱ　　② ㄴ　　③ ㄱ, ㄴ　　④ ㄴ, ㄷ　　⑤ ㄱ, ㄴ, ㄷ

37 [2024 평가원]

그림은 서로 다른 별의 집단 (가)~(라)를
H−R도에 나타낸 것이다. (가)~(라)는
각각 거성, 백색 왜성, 주계열성, 초거성
중 하나이다.

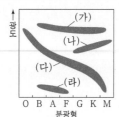

(가)~(라)에 대한 설명으로 옳은 것만을
<보기>에서 있는 대로 고른 것은?

보기
ㄱ. 평균 광도는 (가)가 (라)보다 작다.
ㄴ. 평균 표면 온도는 (나)가 (라)보다 낮다.
ㄷ. 평균 밀도는 (라)가 가장 크다.

① ㄱ   ② ㄴ   ③ ㄷ   ④ ㄱ, ㄴ   ⑤ ㄴ, ㄷ

38 [2024 평가원]

표는 태양과 별 (가), (나), (다)의 물리량을 나타낸 것이다.

별	표면 온도(태양=1)	반지름(태양=1)	절대 등급
태양	1	1	+4.8
(가)	0.5	(㉠)	−5.2
(나)	( )	0.01	+9.8
(다)	$\sqrt{2}$	2	( )

이 자료에 대한 설명으로 옳은 것만을 <보기>에서 있는 대로 고른 것은?

보기
ㄱ. ㉠은 400이다.
ㄴ. 복사 에너지를 최대로 방출하는 파장은 (나)가 (다)의 $\frac{1}{2}$배
   보다 길다.
ㄷ. 절대 등급은 (다)가 태양보다 크다.

① ㄱ   ② ㄴ   ③ ㄷ   ④ ㄱ, ㄴ   ⑤ ㄱ, ㄷ

39

그림은 별 ㉠~㉣의 반지름과
광도를 나타낸 것이다. A는
표면 온도가 T인 별의
반지름과 광도의 관계이다.
이 자료에 대한 옳은
설명만을 <보기>에서 있는
대로 고른 것은? (단, 태양의
절대 등급은 4.8이다.) 3점

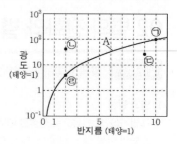

보기
ㄱ. ㉠의 절대 등급은 0보다 작다.
ㄴ. ㉢의 표면 온도는 T보다 높다.
ㄷ. CaⅡ 흡수선의 상대적 세기는 ㉡이 ㉣보다 강하다.

① ㄱ   ② ㄷ   ③ ㄱ, ㄴ   ④ ㄴ, ㄷ   ⑤ ㄱ, ㄴ, ㄷ

40 [2024 수능]

표는 별 (가), (나), (다)의 물리량을 나타낸 것이다. 태양의 절대
등급은 +4.8등급이다.

별	단위 시간당 단위 면적에서 방출하는 복사 에너지 (태양=1)	겉보기 등급	지구로부터의 거리(pc)
(가)	16	( )	( )
(나)	$\frac{1}{16}$	+4.8	1000
(다)	( )	−2.2	5

이에 대한 설명으로 옳은 것만을 <보기>에서 있는 대로 고른 것은?

보기
ㄱ. 복사 에너지를 최대로 방출하는 파장은 (가)가 (나)의 $\frac{1}{2}$배
   이다.
ㄴ. 반지름은 (나)가 태양의 400배이다.
ㄷ. $\dfrac{(다)의\ 광도}{태양의\ 광도}$는 100보다 작다.

① ㄱ   ② ㄴ   ③ ㄷ   ④ ㄱ, ㄴ   ⑤ ㄴ, ㄷ

DAY
22

Ⅲ

1
−
01

별의 물리량과 H−R도

02 별의 진화와 별의 에너지원

기본자료

필수개념 1 | 별의 진화

1. 별의 탄생

1) 별: 핵융합 반응으로 생성한 에너지를 방출하여 스스로 빛을 내는 천체

2) 별의 탄생 장소: 성운 내 저온, 고밀도의 영역

3) 별의 탄생 과정

원시별	전주계열성
성간 물질이 밀집되어 있는 성운 내 저온, 고밀도의 영역에서 물질이 중력에 의해 수축하면서 내부에서는 온도와 압력이 증가, 외부에서는 에너지의 방출이 일어나는 단계	원시별이 중력에 의해 주변 물질을 끌어당기면서 밀도가 증가하고 표면 온도가 서서히 상승해 1000K에 이르러 서서히 가시광선을 방출하기 시작하는 단계

(원시별 → 전주계열성)

2. 주계열성 단계

1) 주계열성: 전주계열성 단계에서 중력 수축이 계속 일어나 중심부의 온도가 1000만 K에 이르러 중심부에서 수소 핵융합 반응이 시작되는 단계

① 에너지원: 수소 핵융합 반응

② 크기: 일정하게 유지(내부 기체 압력과 중력이 정역학 평형 상태)

③ 기간: 별의 수명 중 90%에 해당하는 기간만큼 주계열성 상태로 보냄

④ 수명: 질량이 클수록 단위 질량당 핵융합 반응 속도가 빨라져 수명이 짧아짐

2) 원시별에서 주계열성으로의 진화 과정

① 질량이 큰 원시별: H-R도 상에서 수평 방향으로 진화, 진화 속도가 빠름

② 질량이 태양 정도인 원시별: H-R도 상에서 수직 방향으로 진화, 속도가 상대적으로 느림

③ 질량이 태양의 0.08배 이하인 별: 중심부의 온도가 낮아 핵융합 반응이 일어날 수 없어 주계열성이 되지 못하고 갈색 왜성이 됨

④ 원시별의 질량이 클수록 빠른 속도로 주계열성에 이르며 광도가 크고 표면 온도가 높음(H-R도 상 왼쪽 위에 위치)

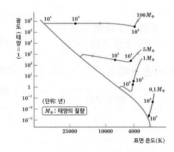

▶ 중력 수축 에너지
성간 물질이 중력의 영향으로 성운이나 별의 중심으로 수축될 때 위치 에너지가 감소하여 에너지가 발생한다.

3. 질량에 따른 주계열 이후의 단계

질량	진화 단계
태양 질량보다 작은 별 $0.08M_{태양} < M_별 < 0.26M_{태양}$	주계열성 → 백색 왜성
태양 질량과 비슷한 별 $M_별 < 8M_{태양}$	주계열성 → 적색 거성 → 행성상 성운 → 백색 왜성
태양 질량보다 큰 별 $8M_{태양} < M_별 < 25M_{태양}$	주계열성 → 초거성 → 초신성 → 중성자별
태양 질량보다 매우 큰 별 $M_별 > 25M_{태양}$	주계열성 → 초거성 → 초신성 → 블랙홀

1) 적색 거성: 중심핵에서 수소 핵융합 반응이 완결된 후 낮아진 온도로 인해 헬륨핵이 수축함 → 헬륨핵이 수축하면서 방출된 에너지가 핵 주변의 수소 껍질을 연소시킴(수소 껍질에서 핵융합 반응이 일어남)
→ 수소 껍질 연소로 인해 별의 외곽층이 급격히 팽창함 → 반지름이 커서 광도는 크지만 표면 온도가 낮아 붉게 보이는 적색 거성이 됨

2) 초거성: 질량이 매우 큰 별이 진화하는 경우에 거치는 진화 단계. 진화 과정은 적색 거성과 유사하나 중심부 온도가 매우 높아 중심핵에서 핵융합 반응으로 헬륨, 탄소, 산소, 네온, 마그네슘, 규소, 철 등의 원소를 생성. 철까지 생성한 후 핵융합 반응을 멈춤.

3) 행성상 성운: 적색 거성 마지막 단계에서 별이 불안정해지면서 별의 내부 압력과 중력이 요동침 → 우주 공간으로 별의 외곽층이 흩어짐 → 중심의 탄소핵이 남아 더욱 수축하면서 백색 왜성이 됨

4) 백색 왜성: 태양과 질량이 비슷한 별의 최종 산물. 탄소와 산소 등으로 구성된 핵을 가지고 있으며 핵융합 반응은 끝났지만 중력 수축에 의해 복사 에너지가 서서히 방출됨. 중력 수축이 끝나면 더 이상의 복사 에너지 방출이 없는 어두운 천체가 됨.

5) 중성자별, 블랙홀: 태양보다 질량이 훨씬 큰 별들의 최종 산물. 초신성 폭발 후 별의 외곽층을 다 날려버리고 중심부가 수축하여 만들어짐. 태양 질량의 1.4~3배인 중심핵은 중성자별이, 3배 이상인 중심핵은 블랙홀이 됨.

4. 별의 순환
성운에서 태어난 별은 진화를 통해 다시 성간에 물질을 방출하고, 그 방출된 물질이 또 다른 성운을 형성하며, 그 성운 안에서 새로운 별을 생성하는 과정을 반복함.

필수개념 2 | **별의 에너지원**

1. 원시별의 에너지원: 중력 수축 에너지
1) 중력 수축 에너지: 중력 수축하면서 위치 에너지가 운동 에너지와 복사 에너지로 전환되어 방출되는 에너지
2) 역할
① 운동 에너지: 별의 내부 온도 상승
② 복사 에너지: 별이 빛나게 함
3) 한계: 별의 중심부에서 핵융합 반응을 일으키기에는 부족

2. 주계열성의 에너지원: 핵융합 에너지
1) 수소 핵융합 반응: 중심핵의 온도가 1,000만 K 이상일 때 발생. 질량−에너지 등가 원리에 따라 4개의 수소 원자핵이 1개의 헬륨 원자핵을 생성하면서 발생하는 질량 손실만큼 에너지가 발생
→ $E = \Delta mc^2$
2) 수소 핵융합 반응의 종류

양성자−양성자 연쇄 반응(p−p 연쇄 반응)	탄소−질소−산소 순환 반응(CNO 순환 반응)
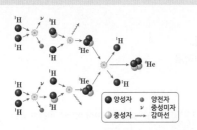	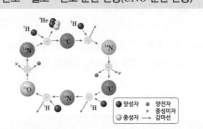
• 별의 질량이 태양과 비슷하거나 태양보다 작은 경우(중심핵 온도 1800만 K 이하)에 우세 • 수소 원자핵 6개가 반응하여 1개의 헬륨을 만들고 수소 2개를 남기면서 에너지 생성	• 별의 질량이 태양의 1.5배 이상 되어 중심핵의 온도가 1800만 K 이상인 경우 우세 • 탄소, 질소, 산소가 촉매 역할을 해 수소 원자핵이 헬륨 원자핵으로 바뀌면서 에너지 생성

3. 주계열 단계 이후의 핵융합
1) 헬륨 핵융합 반응(3α반응): 헬륨 원자핵 3개가 융합하여 탄소 원자핵 1개를 만드는 핵융합 반응. 수소 핵융합 반응 이후 중력 수축으로 별의 중심핵 온도가 1억 K 이상이 될 때 발생. 적색 거성의 에너지원.
2) 더 무거운 원소의 핵융합 반응: 헬륨 핵융합 반응 이후에 발생. 원자핵이 무거울수록 핵융합 반응에 필요한 온도가 증가

기본자료

▶ 별의 질량에 따른 핵융합 반응
태양과 질량이 비슷한 별은 헬륨 핵융합 반응까지만 일어나고, 태양보다 질량이 매우 큰 별은 헬륨보다 무거운 원소들의 핵융합 반응이 일어나 철까지 생성된다.

DAY 22

Ⅲ

1
−
02

별의 진화와 별의 에너지원

3) 별의 핵융합 반응 단계

핵융합 반응물	생성물	반응 온도(K)
수소	헬륨	1000만
헬륨	탄소	1억
탄소	네온, 마그네슘, 나트륨	8억
네온	산소, 마그네슘	15억
산소	규소, 인, 황	20억
마그네슘, 규소, 황	철	30억

기본자료

필수개념 3 별의 내부 구조

1. 별의 내부 구조(양파 껍질 구조)

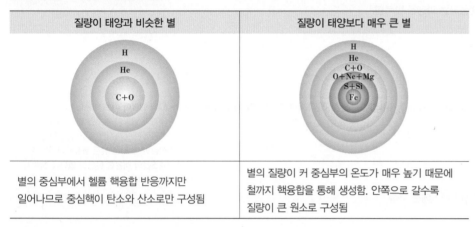

질량이 태양과 비슷한 별	질량이 태양보다 매우 큰 별
별의 중심부에서 헬륨 핵융합 반응까지만 일어나므로 중심핵이 탄소와 산소로만 구성됨	별의 질량이 커 중심부의 온도가 매우 높기 때문에 철까지 핵융합을 통해 생성함. 안쪽으로 갈수록 질량이 큰 원소로 구성됨

2. 에너지 전달 방식

  1) 정역학 평형
      ① 정역학 평형: '별 내부의 기체 압력 차에 의한 내부 압력＝중심으로 수축하려는 중력'인 상태
      ② 정역학 평형 상태인 별의 특성: 구 모양의 일정한 크기와 형태를 유지
  2) 별의 에너지 전달
      ① 구조: 에너지를 생성하는 중심부＋에너지를 전달하는 외곽층
      ② 에너지 전달 방식
          ㉠ 대류: 별의 중심부와 별의 표면의 온도 차가 매우 큰 경우. 물질이 순환해서 에너지를 전달.
          ㉡ 복사: 별의 중심부와 별의 표면의 온도 차가 작은 경우. 에너지가 빛과 같은 형태의 전자기파로 전달.
  3) 질량에 따른 주계열성의 에너지 전달 방식과 내부 구조

질량	에너지 전달 방법	구조
태양과 질량이 비슷한 별	• 중심부: 온도가 높음 → 복사로 에너지 전달 • 외곽층: 온도가 급격히 낮아짐 → 대류로 에너지 전달	(대류층, 복사층, 중심핵 그림)
태양 질량의 2배 이상인 별	• 중심부: 온도가 급격히 변화 → 대류로 에너지 전달 • 외곽층: 비교적 온도가 높음 → 복사로 에너지 전달	(복사층, 대류핵 그림)

▶ 질량이 태양의 약 2배 이상인 별의 내부 구조
별의 중심부에는 핵융합 반응과 대류가 함께 일어나는 대류핵이 있고, 그 주위로 복사층이 존재한다.
(대류핵－복사층)

1

표는 질량이 서로 다른 별 (가)와 (나)의 진화 과정을 나타낸 것이다.

별	진화 과정
(가)	주계열성 → 적색 초거성 → 초신성 폭발 → 중성자별
(나)	주계열성 → 적색 거성 → 행성상 성운 → 백색 왜성

이에 대한 설명으로 옳은 것만을 <보기>에서 있는 대로 고른 것은?

보기

ㄱ. 주계열 단계에 머무르는 기간은 (가)가 (나)보다 길다.
ㄴ. 주계열 단계의 수소 핵융합 반응 중에서 CNO 순환 반응이
   차지하는 비율은 (가)가 (나)보다 크다.
ㄷ. (가)의 진화 과정에서 철보다 무거운 원소가 생성된다.

① ㄱ   ② ㄷ   ③ ㄱ, ㄴ   ④ ㄴ, ㄷ   ⑤ ㄱ, ㄴ, ㄷ

2

그림은 주계열성 A와 B가 각각
거성 C와 D로 진화하는 경로를
H−R도에 나타낸 것이다.
이에 대한 설명으로 옳은 것은?
3점

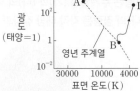

① 색지수는 A가 C보다 크다.
② 질량은 B가 A보다 크다.
③ 절대 등급은 D가 B보다 크다.
④ 주계열에 머무는 기간은 B가 A보다 길다.
⑤ B의 중심핵에서는 헬륨 핵융합 반응이 일어난다.

3

그림은 중심부의 핵융합 반응이 끝난 별 (가)와 (나)의 내부 구조를
나타낸 것이다.

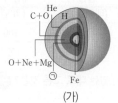

(가)   (나)

이에 대한 옳은 설명만을 <보기>에서 있는 대로 고른 것은? (단, 별의
크기는 고려하지 않는다.)

보기

ㄱ. ⊙은 Fe보다 무거운 원소이다.
ㄴ. 별의 질량은 (가)가 (나)보다 크다.
ㄷ. (가)는 이후의 진화 과정에서 초신성 폭발을 거친다.

① ㄱ   ② ㄷ   ③ ㄱ, ㄴ   ④ ㄴ, ㄷ   ⑤ ㄱ, ㄴ, ㄷ

4

그림은 주계열성 A, B가
적색 거성 A′, B′으로
진화하는 경로를 H−R도에
나타낸 것이다.
이에 대한 옳은 설명만을
<보기>에서 있는 대로 고른
것은? **3점**

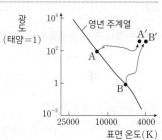

보기

ㄱ. A가 A′으로 진화하는 데 걸리는 시간은 B가 B′으로
   진화하는 데 걸리는 시간보다 길다.
ㄴ. 색지수는 A가 B보다 작다.
ㄷ. 질량은 A가 B보다 작다.

① ㄱ   ② ㄴ   ③ ㄱ, ㄷ   ④ ㄴ, ㄷ   ⑤ ㄱ, ㄴ, ㄷ

표는 주계열성 A, B의 물리량을 나타낸 것이다.

주계열성	광도 (태양=1)	질량 (태양=1)	예상 수명 (억 년)
A	1	1	100
B	80	3	X

이에 대한 옳은 설명만을 〈보기〉에서 있는 대로 고른 것은? 3점

보기
ㄱ. A에서는 p−p 반응이 CNO 순환 반응보다 우세하다.
ㄴ. X는 100보다 작다.
ㄷ. 중심핵의 단위 시간당 질량 감소량은 A가 B보다 많다.

① ㄱ ② ㄷ ③ ㄱ, ㄴ ④ ㄴ, ㄷ ⑤ ㄱ, ㄴ, ㄷ

그림은 원시별 A, B, C를 H−R도에 나타낸 것이다. 점선은 원시별이 탄생한 이후 경과한 시간이 같은 위치를 연결한 것이다. A, B, C에 대한 옳은 설명만을 〈보기〉에서 있는 대로 고른 것은? 3점

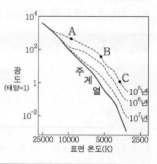

보기
ㄱ. 주계열성이 되기까지 걸리는 시간은 A가 C보다 길다.
ㄴ. B와 C의 질량은 같다.
ㄷ. C는 표면에서 중력이 기체 압력 차에 의한 힘보다 크다.

① ㄱ ② ㄴ ③ ㄷ ④ ㄱ, ㄷ ⑤ ㄴ, ㄷ

그림은 별의 진화 과정을 나타낸 것이다.

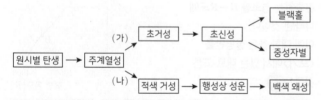

이에 대한 설명으로 옳은 것만을 〈보기〉에서 있는 대로 고른 것은?

보기
ㄱ. 백색 왜성의 중심부에서 철이 생성된다.
ㄴ. 태양 정도의 질량인 별은 (가)과정을 따라 진화한다.
ㄷ. 별의 진화 과정 중 주계열성 단계에서 머무르는 시간은 적색 거성 단계보다 길다.

① ㄱ ② ㄷ ③ ㄱ, ㄴ ④ ㄴ, ㄷ ⑤ ㄱ, ㄴ, ㄷ

그림은 주계열성 (가)와 (나)의 내부 구조를 나타낸 것이다. (가)와 (나)의 질량은 각각 태양 질량의 1배와 5배 중 하나이다.

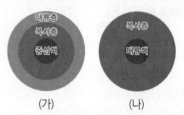

이에 대한 설명으로 옳은 것만을 〈보기〉에서 있는 대로 고른 것은?

보기
ㄱ. 질량은 (가)가 (나)보다 작다.
ㄴ. (나)의 핵에서 $\dfrac{\text{p−p 반응에 의한 에너지 생성량}}{\text{CNO 순환 반응에 의한 에너지 생성량}}$ 은 1보다 작다.
ㄷ. 주계열 단계가 끝난 직후부터 핵에서 헬륨 연소가 일어나기 직전까지의 절대 등급의 변화 폭은 (가)가 (나)보다 작다.

① ㄱ ② ㄷ ③ ㄱ, ㄴ ④ ㄴ, ㄷ ⑤ ㄱ, ㄴ, ㄷ

9

별의 내부 구조
[2020년 4월 학평 16번]

그림은 질량이 서로 다른 주계열성 A와 B의 내부 구조를 나타낸 것이다. 이에 대한 설명으로 옳은 것만을 <보기>에서 있는 대로 고른 것은? (단, 별의 크기는 고려하지 않는다.)

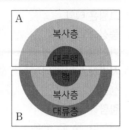

보기
- ㄱ. 별의 질량은 A보다 B가 작다.
- ㄴ. A와 B는 정역학적 평형 상태에 있다.
- ㄷ. 수소 핵융합 반응 중 CNO 순환 반응이 차지하는 비율은 A보다 B가 높다.

① ㄱ　　② ㄷ　　③ ㄱ, ㄴ　　④ ㄴ, ㄷ　　⑤ ㄱ, ㄴ, ㄷ

10

별의 진화
[2020년 7월 학평 15번]

그림은 주계열성 A, B, C가 원시별에서 주계열성이 되기까지의 경로를 H-R도에 나타낸 것이다.

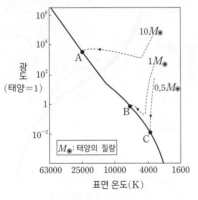

이에 대한 설명으로 옳은 것만을 <보기>에서 있는 대로 고른 것은?

보기
- ㄱ. 주계열성이 되는 데 걸리는 시간은 A가 B보다 길다.
- ㄴ. A의 내부는 복사층이 대류층을 둘러싸고 있는 구조이다.
- ㄷ. 절대 등급은 C가 가장 크다.

① ㄱ　　② ㄷ　　③ ㄱ, ㄴ　　④ ㄴ, ㄷ　　⑤ ㄱ, ㄴ, ㄷ

11

별의 에너지원, 별의 내부 구조
[지Ⅱ 2018년 10월 학평 13번]

그림 (가)는 질량이 다른 주계열성 ㉠, ㉡의 내부 구조를, (나)는 중심핵의 온도에 따른 p-p 연쇄 반응과 CNO 순환 반응에 의한 에너지 생성량을 순서 없이 A, B로 나타낸 것이다.

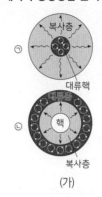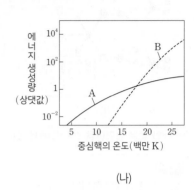

(가)　　　　　　　　　　(나)

이에 대한 옳은 설명만을 <보기>에서 있는 대로 고른 것은? (단, ㉠과 ㉡의 크기는 고려하지 않는다.) **3점**

보기
- ㄱ. 별의 질량은 ㉠이 ㉡보다 작다.
- ㄴ. A는 p-p 연쇄 반응에 의한 에너지 생성량이다.
- ㄷ. CNO 순환 반응에 의한 에너지 생성량은 ㉡이 ㉠보다 많다.

① ㄱ　　② ㄴ　　③ ㄱ, ㄷ　　④ ㄴ, ㄷ　　⑤ ㄱ, ㄴ, ㄷ

12

별의 진화, 별의 내부 구조
[지Ⅱ 2019학년도 9월 모평 12번]

그림 (가)는 원시별 A와 B가 주계열성으로 진화하는 경로를, (나)의 ㉠과 ㉡은 A와 B가 주계열 단계에 있을 때의 내부 구조를 순서 없이 나타낸 것이다.

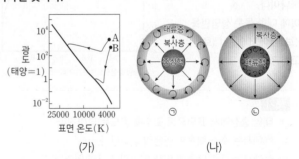

(가)　　　　　　　　　　(나)

이에 대한 설명으로 옳은 것만을 <보기>에서 있는 대로 고른 것은?

보기
- ㄱ. 주계열성이 되는 데 걸리는 시간은 A가 B보다 길다.
- ㄴ. A가 주계열 단계에 있을 때의 내부 구조는 ㉡이다.
- ㄷ. 핵에서의 CNO 순환 반응은 ㉠이 ㉡보다 우세하다.

① ㄱ　　② ㄴ　　③ ㄷ　　④ ㄱ, ㄴ　　⑤ ㄴ, ㄷ

DAY
22

Ⅲ

1
ㅣ
02
별의 진화와 별의 에너지원

13

그림 (가)는 양성자·양성자 반응을, (나)는 어느 주계열성의 내부 구조를 나타낸 것이다.

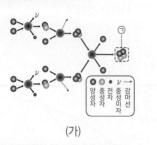
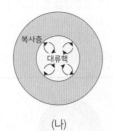

(가)   (나)

이에 대한 옳은 설명만을 〈보기〉에서 있는 대로 고른 것은?

보기
ㄱ. ㉠은 헬륨 원자핵이다.
ㄴ. (나)는 태양보다 질량이 큰 별의 내부 구조이다.
ㄷ. (나)의 대류핵에서는 탄소·질소·산소 순환 반응보다 (가)의 반응이 우세하다.

① ㄱ   ② ㄷ   ③ ㄱ, ㄴ   ④ ㄴ, ㄷ   ⑤ ㄱ, ㄴ, ㄷ

14

그림은 태양 내부의 온도 분포를 나타낸 것이다. ㉠, ㉡, ㉢은 각각 중심핵, 복사층, 대류층 중 하나이다. 이에 대한 옳은 설명만을 〈보기〉에서 있는 대로 고른 것은?

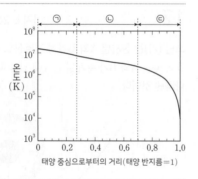

보기
ㄱ. 태양 중심에서 표면으로 갈수록 온도는 낮아진다.
ㄴ. ㉠에서는 수소 핵융합 반응이 일어난다.
ㄷ. ㉢에서는 주로 대류에 의해 에너지 전달이 일어난다.

① ㄱ   ② ㄴ   ③ ㄱ, ㄷ   ④ ㄴ, ㄷ   ⑤ ㄱ, ㄴ, ㄷ

15

그림은 태양 중심으로부터의 거리에 따른 단위 시간당 누적 에너지 생성량과 누적 질량을 나타낸 것이다. ㉠, ㉡, ㉢은

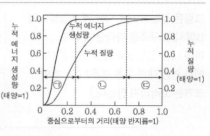

각각 핵, 대류층, 복사층 중 하나이다.
이에 대한 옳은 설명만을 〈보기〉에서 있는 대로 고른 것은?

보기
ㄱ. 단위 시간 동안 생성되는 에너지양은 ㉠이 ㉡보다 많다.
ㄴ. ㉢에서는 주로 대류에 의해 에너지가 전달된다.
ㄷ. 평균 밀도는 ㉡이 ㉢보다 크다.

① ㄱ   ② ㄷ   ③ ㄱ, ㄴ   ④ ㄴ, ㄷ   ⑤ ㄱ, ㄴ, ㄷ

16

그림은 질량이 서로 다른 세 별의 주계열 이전 진화 경로를 나타낸 것이다.

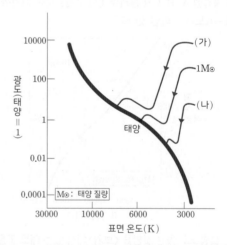

이에 대한 설명으로 옳은 것만을 〈보기〉에서 있는 대로 고른 것은?

보기
ㄱ. 별의 질량은 (가)가 (나)보다 크다.
ㄴ. 전주계열성의 에너지원은 수소 핵융합 반응이다.
ㄷ. (가)와 (나)는 주계열성으로 진화하면서 절대 등급이 계속 감소한다.

① ㄱ   ② ㄴ   ③ ㄱ, ㄷ   ④ ㄴ, ㄷ   ⑤ ㄱ, ㄴ, ㄷ

17

그림은 중심부 온도에 따른 $p-p$ 반응과 CNO 순환 반응에 의한 광도를 A, B로 순서 없이 나타낸 것이다.

이에 대한 설명으로 옳은 것만을 〈보기〉에서 있는 대로 고른 것은?

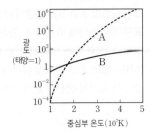

보기

ㄱ. 태양에서는 A 반응이 우세하다.
ㄴ. 태양의 중심부 온도는 2000만 K이다.
ㄷ. 주계열성의 질량이 클수록 전체 광도에서 B에 의한 비율이 감소한다.

① ㄱ   ② ㄷ   ③ ㄱ, ㄴ   ④ ㄴ, ㄷ   ⑤ ㄱ, ㄴ, ㄷ

19

그림은 서로 다른 질량의 주계열성 A_1과 B_1이 진화하는 경로의 일부를 H−R도에 나타낸 것이다. A_2와 A_3, B_2와 B_3은 별 A_1과 B_1이 각각 진화하는 경로상에 위치한 별이고, A_3과 B_3의 중심핵에서는 헬륨 핵융합 반응이 일어난다.

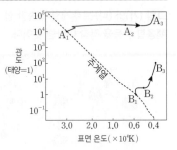

이에 대한 설명으로 옳은 것만을 〈보기〉에서 있는 대로 고른 것은?

보기

ㄱ. 별의 질량은 A_1보다 B_1이 크다.
ㄴ. A_2와 B_2의 내부에서는 수소 핵융합 반응이 일어나지 않는다.
ㄷ. $\dfrac{A_3의\ 반지름}{A_1의\ 반지름} > \dfrac{B_3의\ 반지름}{B_1의\ 반지름}$이다.

① ㄱ   ② ㄷ   ③ ㄱ, ㄴ   ④ ㄴ, ㄷ   ⑤ ㄱ, ㄴ, ㄷ

18

그림은 주계열성의 내부에서 대류가 일어나는 영역의 질량을 별의 질량에 따라 나타낸 것이다. 주계열성 ㉠, ㉡, ㉢에 대한 설명으로 옳은 것만을 〈보기〉에서 있는 대로 고른 것은? 3점

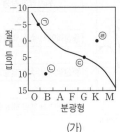

보기

ㄱ. 별 내부의 $\dfrac{주계열\ 단계가\ 끝난\ 직후\ 수소량}{주계열\ 단계에\ 도달한\ 직후\ 수소량}$은 ㉡이 ㉠보다 작다.
ㄴ. ㉢의 중심핵에서는 $p-p$ 반응이 CNO 순환 반응보다 우세하다.
ㄷ. 중심부에서 에너지 생성량은 ㉢이 ㉠보다 크다.

① ㄱ   ② ㄷ   ③ ㄱ, ㄴ   ④ ㄴ, ㄷ   ⑤ ㄱ, ㄴ, ㄷ

20

그림 (가)는 별 ㉠~㉣의 분광형과 절대 등급을 H−R도에 나타낸 것이고, (나)는 중심핵에서 수소 핵융합 반응을 하는 어느 별의 내부 구조를 나타낸 것이다.

(가)   (나)

별 ㉠~㉣에 대한 설명으로 옳은 것만을 〈보기〉에서 있는 대로 고른 것은?

보기

ㄱ. 질량이 가장 큰 별은 ㉠이다.
ㄴ. 표면에서의 중력 가속도는 ㉣이 ㉡보다 크다.
ㄷ. (나)와 같은 내부 구조를 갖는 별은 ㉢이다.

① ㄱ   ② ㄴ   ③ ㄱ, ㄷ   ④ ㄴ, ㄷ   ⑤ ㄱ, ㄴ, ㄷ

21

그림 (가)와 (나)는 주계열에 속한 별 A와 B에서 우세하게 일어나는 핵융합 반응을 각각 나타낸 것이다.

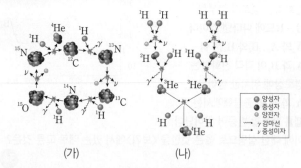

(가)　　　　　(나)

이에 대한 설명으로 옳은 것만을 〈보기〉에서 있는 대로 고른 것은?

보기

ㄱ. 별의 내부 온도는 A가 B보다 높다.

ㄴ. (가)에서 ^{12}C는 촉매이다.

ㄷ. (가)와 (나)에 의해 별의 질량은 감소한다.

① ㄱ　　② ㄷ　　③ ㄱ, ㄴ　　④ ㄴ, ㄷ　　⑤ ㄱ, ㄴ, ㄷ

23

그림 (가)의 A와 B는 분광형이 G2인 주계열성의 중심으로부터 표면까지 거리에 따른 수소 함량 비율과 온도를 순서 없이 나타낸 것이고, ㉠과 ㉡은 에너지 전달 방식이 다른 구간을 표시한 것이다. (나)는 별의 중심 온도에 따른 p−p 반응과 CNO 순환 반응의 상대적 에너지 생산량을 비교한 것이다.

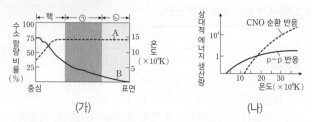

(가)　　　　　(나)

이에 대한 설명으로 옳은 것만을 〈보기〉에서 있는 대로 고른 것은?

보기

ㄱ. A는 온도이다.

ㄴ. (가)의 핵에서는 CNO 순환 반응보다 p−p 반응에 의해 생성되는 에너지의 양이 많다.

ㄷ. 대류층에 해당하는 것은 ㉡이다.

① ㄱ　　② ㄴ　　③ ㄱ, ㄷ　　④ ㄴ, ㄷ　　⑤ ㄱ, ㄴ, ㄷ

22

그림 (가)는 어느 별의 진화 경로를, (나)는 이 별의 진화 과정 일부를 나타낸 것이다.

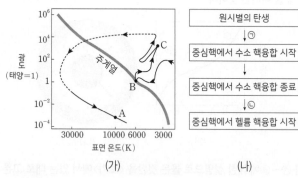

(가)　　　　　(나)

이 별에 대한 설명으로 옳은 것만을 〈보기〉에서 있는 대로 고른 것은? **3점**

보기

ㄱ. 별의 평균 밀도는 A보다 B일 때 작다.

ㄴ. C일 때는 ㉠ 과정에 해당한다.

ㄷ. ㉡ 과정에서 별의 중심핵은 정역학 평형 상태이다.

① ㄱ　　② ㄴ　　③ ㄱ, ㄷ　　④ ㄴ, ㄷ　　⑤ ㄱ, ㄴ, ㄷ

24　**2023 평가원**

그림 (가)는 태양이 $A_0 \rightarrow A_1 \rightarrow A_2$로 진화하는 경로를 H−R도에 나타낸 것이고, (나)는 A_0, A_1, A_2 중 하나의 내부 구조를 나타낸 것이다.

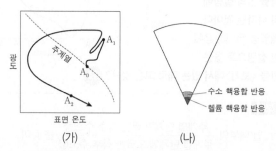

(가)　　　　　(나)

이에 대한 설명으로 옳은 것만을 〈보기〉에서 있는 대로 고른 것은?

보기

ㄱ. (나)는 A_0의 내부 구조이다.

ㄴ. 수소의 총 질량은 A_2가 A_0보다 작다.

ㄷ. A_0에서 A_1로 진화하는 동안 중심핵은 정역학 평형 상태를 유지한다.

① ㄱ　　② ㄴ　　③ ㄷ　　④ ㄱ, ㄴ　　⑤ ㄴ, ㄷ

25

그림은 주계열성 내부의 에너지 전달 영역을 주계열성의 질량과 중심으로부터의 누적 질량비에 따라 나타낸 것이다. A와 B는 각각 복사와 대류에 의해 에너지 전달이 주로 일어나는 영역 중 하나이다.

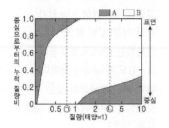

이에 대한 설명으로 옳은 것만을 〈보기〉에서 있는 대로 고른 것은? **3점**

보기
ㄱ. A 영역의 평균 온도는 질량이 ㉠인 별보다 ㉡인 별이 높다.
ㄴ. B는 복사에 의해 에너지 전달이 주로 일어나는 영역이다.
ㄷ. 질량이 ㉠인 별의 중심부에서는 p−p 반응보다 CNO 순환 반응이 우세하게 일어난다.

① ㄱ　　② ㄴ　　③ ㄷ　　④ ㄱ, ㄴ　　⑤ ㄱ, ㄷ

27

그림 (가)는 별의 중심부 온도에 따른 수소 핵융합 반응의 에너지 생산량을, (나)는 주계열성 A와 B의 내부 구조를 나타낸 것이다. A와 B의 중심부 온도는 각각 ㉠과 ㉡ 중 하나이다.

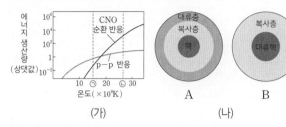

(가)　　　　　(나)

이에 대한 설명으로 옳은 것만을 〈보기〉에서 있는 대로 고른 것은? (단, 별의 크기는 고려하지 않는다.) **3점**

보기
ㄱ. 중심부 온도가 ㉠인 주계열성의 중심부에서는 CNO 순환 반응보다 p−p 반응이 우세하게 일어난다.
ㄴ. 별의 질량은 A보다 B가 크다.
ㄷ. A의 중심부 온도는 ㉡이다.

① ㄱ　　② ㄷ　　③ ㄱ, ㄴ　　④ ㄴ, ㄷ　　⑤ ㄱ, ㄴ, ㄷ

26 2023 평가원

그림은 질량이 태양 정도인 별이 진화하는 과정에서 주계열 단계가 끝난 이후 어느 시기에 나타나는 별의 내부 구조이다.
이 시기의 별에 대한 설명으로 옳은 것만을 〈보기〉에서 있는 대로 고른 것은? **3점**

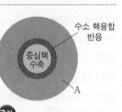

보기
ㄱ. 중심핵의 온도는 주계열 단계일 때보다 높다.
ㄴ. 표면에서 단위 면적당 단위 시간에 방출하는 에너지양은 주계열 단계일 때보다 많다.
ㄷ. 수소 함량 비율(%)은 중심핵이 A 영역보다 높다.

① ㄱ　　② ㄴ　　③ ㄷ　　④ ㄱ, ㄴ　　⑤ ㄱ, ㄷ

28

그림은 어느 별의 진화 경로를 H−R도에 나타낸 것이다.
이 별에 대한 설명으로 옳은 것만을 〈보기〉에서 있는 대로 고른 것은?

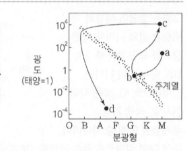

보기
ㄱ. 절대 등급은 a 단계에서 b 단계로 갈수록 작아진다.
ㄴ. $\dfrac{반지름}{표면\ 온도}$ 은 c 단계가 b 단계보다 크다.
ㄷ. 반지름은 c 단계가 d 단계보다 크다.

① ㄱ　　② ㄷ　　③ ㄱ, ㄴ　　④ ㄴ, ㄷ　　⑤ ㄱ, ㄴ, ㄷ

29 [2022 평가원]

별의 진화, 별의 내부 구조
[2022학년도 6월 모평 7번]

그림 (가)는 질량이 태양과 같은 주계열성의 내부 구조를, (나)는 이 별의 진화 과정을 나타낸 것이다. A와 B는 각각 대류층과 복사층 중 하나이다.

(가)   (나)

이에 대한 설명으로 옳은 것만을 〈보기〉에서 있는 대로 고른 것은?

보기
ㄱ. 복사층은 B이다.
ㄴ. 적색 거성의 중심핵에서는 주로 양성자·양성자 반응 (p−p 반응)이 일어난다.
ㄷ. ⊙ 단계의 별 내부에서는 철보다 무거운 원소가 생성된다.

① ㄱ   ② ㄴ   ③ ㄱ, ㄷ   ④ ㄴ, ㄷ   ⑤ ㄱ, ㄴ, ㄷ

31

별의 진화, 별의 에너지원
[2021년 7월 학평 13번]

그림은 주계열성 A와 B가 각각 거성 A′와 B′로 진화하는 경로의 일부를 H−R도에 나타낸 것이다. 이에 대한 설명으로 옳은 것만을 〈보기〉에서 있는 대로 고른 것은?

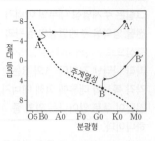

보기
ㄱ. 주계열에 머무는 기간은 A가 B보다 짧다.
ㄴ. 절대 등급의 변화량은 A가 A′로 진화했을 때가 B가 B′로 진화했을 때보다 크다.
ㄷ. $\dfrac{\text{CNO 순환 반응에 의한 에너지 생성량}}{\text{p−p 반응에 의한 에너지 생성량}}$ 은 A가 B보다 작다.

① ㄱ   ② ㄴ   ③ ㄱ, ㄷ   ④ ㄴ, ㄷ   ⑤ ㄱ, ㄴ, ㄷ

30

별의 진화
[2022년 4월 학평 16번]

그림은 질량이 태양과 비슷한 별의 나이에 따른 광도와 표면 온도를 A와 B로 순서 없이 나타낸 것이다. ⊙, ⓛ, ⓒ은 각각 원시별, 적색 거성, 주계열성 단계 중 하나이다. 이에 대한 설명으로 옳은 것만을 〈보기〉에서 있는 대로 고른 것은?

보기
ㄱ. A는 표면 온도이다.
ㄴ. ⊙의 주요 에너지원은 수소 핵융합 반응이다.
ㄷ. 별의 평균 밀도는 ⓛ보다 ⓒ일 때 작다.

① ㄱ   ② ㄴ   ③ ㄷ   ④ ㄱ, ㄷ   ⑤ ㄴ, ㄷ

32 [2022 평가원]

별의 진화, 에너지원, 내부 구조
[2022학년도 9월 모평 11번]

그림은 주계열성 ⊙, ⓛ, ⓒ의 반지름과 표면 온도를 나타낸 것이다. 이에 대한 설명으로 옳은 것만을 〈보기〉에서 있는 대로 고른 것은? **3점**

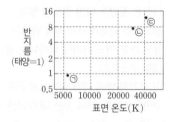

보기
ㄱ. ⊙이 주계열 단계를 벗어나면 중심핵에서 CNO 순환 반응이 일어난다.
ㄴ. ⓛ의 중심핵에서는 주로 대류에 의해 에너지가 전달된다.
ㄷ. ⓒ은 백색 왜성으로 진화한다.

① ㄱ   ② ㄴ   ③ ㄷ   ④ ㄱ, ㄴ   ⑤ ㄴ, ㄷ

33

별의 진화, 별의 내부 구조
[2023년 4월 학평 16번]

그림 (가)는 태양의 나이에 따른 광도 변화를, (나)는 A와 B 중 한 시기의 내부 구조와 수소 핵융합 반응이 일어나는 영역을 나타낸 것이다.

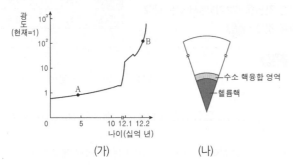

(가)　　　　(나)

이에 대한 설명으로 옳은 것만을 〈보기〉에서 있는 대로 고른 것은? 3점

보기
ㄱ. 태양의 절대 등급은 A 시기보다 B 시기에 크다.
ㄴ. (나)는 B 시기이다.
ㄷ. B 시기 이후 태양의 주요 에너지원은 탄소 핵융합 반응이다.

① ㄱ　　② ㄴ　　③ ㄱ, ㄷ　　④ ㄴ, ㄷ　　⑤ ㄱ, ㄴ, ㄷ

34 2023 수능

별의 진화
[2023학년도 수능 13번]

그림은 질량이 태양 정도인 어느 별이 원시별에서 주계열 단계 전까지 진화하는 동안의 반지름과 광도 변화를 나타낸 것이다. A, B, C는 이 원시별이 진화하는 동안의 서로 다른 시기이다.

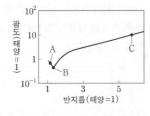

이 원시별에 대한 설명으로 옳은 것만을 〈보기〉에서 있는 대로 고른 것은? 3점

보기
ㄱ. 평균 밀도는 C가 A보다 작다.
ㄴ. 표면 온도는 A가 B보다 낮다.
ㄷ. 중심부의 온도는 B가 C보다 높다.

① ㄱ　　② ㄴ　　③ ㄱ, ㄷ　　④ ㄴ, ㄷ　　⑤ ㄱ, ㄴ, ㄷ

35

별의 에너지원
[2022년 7월 학평 20번]

그림은 별의 중심 온도에 따른 p−p 반응과 CNO 순환 반응, 헬륨 핵융합 반응의 상대적 에너지 생산량을 A, B, C로 순서 없이 나타낸 것이다.

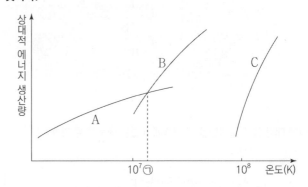

이에 대한 설명으로 옳은 것만을 〈보기〉에서 있는 대로 고른 것은? 3점

보기
ㄱ. A와 B는 수소 핵융합 반응이다.
ㄴ. 현재 태양의 중심 온도는 ㉠보다 낮다.
ㄷ. 주계열 단계에서는 질량이 클수록 전체 에너지 생산량에서 C에 의한 비율이 증가한다.

① ㄱ　　② ㄷ　　③ ㄱ, ㄴ　　④ ㄴ, ㄷ　　⑤ ㄱ, ㄴ, ㄷ

36

별의 진화, 별의 내부 구조
[2022년 3월 학평 20번]

그림 (가)는 질량이 태양과 같은 어느 별의 진화 경로를, (나)의 ㉠과 ㉡은 별의 내부 구조와 핵융합 반응이 일어나는 영역을 나타낸 것이다. ㉠과 ㉡은 각각 A와 B 시기 중 하나에 해당한다.

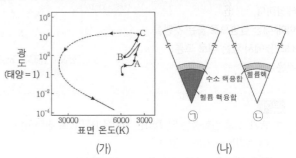

(가)　　　　(나)

이에 대한 옳은 설명만을 〈보기〉에서 있는 대로 고른 것은? 3점

보기
ㄱ. ㉠에 해당하는 시기는 A이다.
ㄴ. ㉡의 헬륨핵은 수축하고 있다.
ㄷ. C 시기 이후 중심부에서 탄소 핵융합 반응이 일어난다.

① ㄱ　　② ㄴ　　③ ㄱ, ㄷ　　④ ㄴ, ㄷ　　⑤ ㄱ, ㄴ, ㄷ

DAY 23

Ⅲ
1
02

별의 진화와 별의 에너지원

그림 (가)는 H−R도를, (나)는 별 A와 B 중 하나의 중심부에서 일어나는 핵융합 반응을 나타낸 것이다.

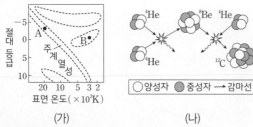

(가)   (나)

이에 대한 옳은 설명만을 〈보기〉에서 있는 대로 고른 것은?

> **보기**
> ㄱ. (나)는 A의 중심부에서 일어난다.
> ㄴ. 별의 평균 밀도는 A가 B보다 크다.
> ㄷ. 광도 계급의 숫자는 A가 B보다 크다.

① ㄱ　　② ㄴ　　③ ㄱ, ㄷ　　④ ㄴ, ㄷ　　⑤ ㄱ, ㄴ, ㄷ

표는 별 (가), (나), (다)의 분광형과 절대 등급을 나타낸 것이다. (가), (나), (다)에 대한 설명으로 옳은 것만을 〈보기〉에서 있는 대로 고른 것은? 3점

별	분광형	절대 등급
(가)	G	0.0
(나)	A	+1.0
(다)	K	+8.0

> **보기**
> ㄱ. (가)의 중심핵에서는 주로 양성자 · 양성자 반응(p−p 반응)이 일어난다.
> ㄴ. 단위 면적당 단위 시간에 방출하는 에너지양은 (나)가 가장 많다.
> ㄷ. (다)의 중심핵 내부에서는 주로 대류에 의해 에너지가 전달된다.

① ㄱ　　② ㄴ　　③ ㄷ　　④ ㄱ, ㄴ　　⑤ ㄴ, ㄷ

그림은 주계열성 A와 B가 각각 A′와 B′로 진화하는 경로를 H−R도에 나타낸 것이다. B는 태양이다.
이에 대한 설명으로 옳은 것만을 〈보기〉에서 있는 대로 고른 것은?

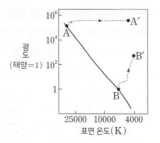

> **보기**
> ㄱ. A가 A′로 진화하는 데 걸리는 시간은 B가 B′로 진화하는 데 걸리는 시간보다 짧다.
> ㄴ. B와 B′의 중심핵은 모두 탄소를 포함한다.
> ㄷ. A는 B보다 최종 진화 단계에서의 밀도가 크다.

① ㄱ　　② ㄷ　　③ ㄱ, ㄴ　　④ ㄴ, ㄷ　　⑤ ㄱ, ㄴ, ㄷ

그림 (가)와 (나)는 서로 다른 두 시기에 태양 중심으로부터의 거리에 따른 수소와 헬륨의 질량비를 나타낸 것이다. A와 B는 각각 수소와 헬륨 중 하나이다.

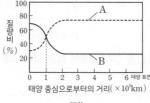　　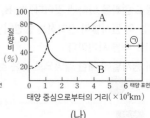

(가)　　　　　　　　　　(나)

이에 대한 옳은 설명만을 〈보기〉에서 있는 대로 고른 것은? 3점

> **보기**
> ㄱ. 태양의 나이는 (가)보다 (나)일 때 많다.
> ㄴ. (가)일 때 핵의 반지름은 1×10^5 km보다 크다.
> ㄷ. ㉠에서는 주로 대류에 의해 에너지가 전달된다.

① ㄱ　　② ㄴ　　③ ㄱ, ㄷ　　④ ㄴ, ㄷ　　⑤ ㄱ, ㄴ, ㄷ

41
별의 에너지원, 별의 내부 구조
[2023년 3월 학평 20번]

그림은 태양 중심으로부터의 거리에 따른 밀도와 온도의 변화를 나타낸 것이다.

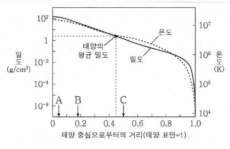

이에 대한 옳은 설명만을 〈보기〉에서 있는 대로 고른 것은? 3점

보기
ㄱ. p−p 반응에 의한 에너지 생성량은 A 지점이 B 지점보다 많다.
ㄴ. C 지점에서는 주로 대류에 의해 에너지가 전달된다.
ㄷ. 태양 내부에서 밀도가 평균 밀도보다 큰 영역의 부피는 태양 전체 부피의 40%보다 크다.

① ㄱ　　② ㄴ　　③ ㄱ, ㄷ　　④ ㄴ, ㄷ　　⑤ ㄱ, ㄴ, ㄷ

42 [2022 수능]
별의 진화
[2022학년도 수능 18번]

그림은 별 A와 B가 주계열 단계가 끝난 직후부터 진화하는 동안의 반지름과 표면 온도 변화를 나타낸 것이다. A와 B의 질량은 각각 태양 질량의 1배와 6배 중 하나이다.

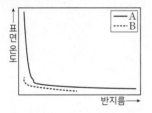

이 자료에 대한 설명으로 옳은 것만을 〈보기〉에서 있는 대로 고른 것은? 3점

보기
ㄱ. 진화 속도는 A가 B부다 빠르다
ㄴ. 절대 등급의 변화 폭은 A가 B보다 크다.
ㄷ. 주계열 단계일 때, 대류가 일어나는 영역의 평균 온도는 A가 B보다 높다.

① ㄱ　　② ㄴ　　③ ㄱ, ㄷ　　④ ㄴ, ㄷ　　⑤ ㄱ, ㄴ, ㄷ

43 [2024 평가원]
별의 진화, 별의 에너지원
[2024학년도 9월 모평 13번]

그림은 주계열 단계가 시작한 직후부터 별 A와 B가 진화하는 동안의 표면 온도를 시간에 따라 나타낸 것이다. A와 B의 질량은 각각 태양 질량의 1배와 4배 중 하나이다.

이 자료에 대한 설명으로 옳은 것만을 〈보기〉에서 있는 대로 고른 것은? 3점

보기
ㄱ. B는 중성자별로 진화한다.
ㄴ. ㉠ 시기일 때, 대류가 일어나는 영역의 평균 깊이는 A가 B보다 깊다.
ㄷ. ㉠ 시기일 때, 핵에서의 $\dfrac{\text{p−p 반응에 의한 에너지 생성량}}{\text{CNO 순환 반응에 의한 에너지 생성량}}$ 은 A가 B보다 크다.

① ㄱ　　② ㄴ　　③ ㄷ　　④ ㄱ, ㄴ　　⑤ ㄴ, ㄷ

44
별의 진화, 별의 에너지원
[2023년 10월 학평 19번]

그림은 질량이 서로 다른 별 A와 B의 진화에 따른 중심부에서의 밀도와 온도 변화를 나타낸 것이다. ㉠, ㉡, ㉢은 각각 별의 중심부에서 수소 핵융합, 탄소 핵융합, 헬륨 핵융합 반응이 시작되는 밀도−온도 조건 중 하나이다.

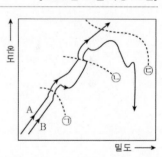

이 자료에 대한 옳은 설명만을 〈보기〉에서 있는 대로 고른 것은? 3점

보기
ㄱ. 별의 중심부에서 헬륨 핵융합 반응이 시작되는 밀도−온도 조건은 ㉠이다.
ㄴ. 별의 중심부에서 수소 핵융합 반응이 시작될 때, 중심부의 밀도는 A가 B보다 작다.
ㄷ. 별의 탄생 이후 별의 중심부에서 밀도와 온도가 ㉡에 도달할 때까지 걸리는 시간은 A가 B보다 길다.

① ㄱ　　② ㄴ　　③ ㄱ, ㄷ　　④ ㄴ, ㄷ　　⑤ ㄱ, ㄴ, ㄷ

표는 중심핵에서 핵융합 반응이 일어나고 있는 별 (가), (나), (다)의 반지름, 질량, 광도 계급을 나타낸 것이다.

별	반지름 (태양=1)	질량 (태양=1)	광도 계급
(가)	50	1	( )
(나)	4	8	V
(다)	0.9	0.8	V

이에 대한 설명으로 옳은 것만을 〈보기〉에서 있는 대로 고른 것은?

보기

ㄱ. 중심핵의 온도는 (가)가 (나)보다 높다.
ㄴ. (다)의 핵융합 반응이 일어나는 영역에서, 별의 중심으로부터 거리에 따른 수소 함량비(%)는 일정하다.
ㄷ. 단위 시간 동안 방출하는 에너지양에 대한 별의 질량은 (나)가 (다)보다 작다.

① ㄱ 　② ㄴ 　③ ㄷ 　④ ㄱ, ㄴ 　⑤ ㄱ, ㄷ

03 외계 행성계와 외계 생명체 탐사

필수개념 1 외계 행성계 탐사 방법

1. 외계 행성계: 태양이 아닌 별을 중심으로 주변에 행성이 공전하고 있는 계

2. 직접 촬영 방법

1) 외계 행성이 반사하는 중심별의 빛을 관측하는 방법과 행성 자체의 복사 에너지를 관측하는 방법

2) 특징: 비교적 가까운 행성을 탐사하는 경우에 사용

3. 중심별의 시선 속도 변화를 이용하는 방법

1) 도플러 효과: 파동을 발생시키는 물체가 관측자로부터 가까워지거나 멀어질 때 파장의 길이에 변화가 생기는 현상 → 별이 관측자와 가까워지면 별빛의 파장이 짧아지고(청색 편이), 멀어지면 별빛의 파장이 길어짐(적색 편이)

2) 행성이 별을 공전할 때, 별과 행성은 공통 질량 중심을 기준으로 공전함
→ 관측자에게서 중심별과 행성이 규칙적으로 멀어지거나 가까워짐

행성의 특징	도플러 이동량	관측의 용이성
행성의 질량 大, 공전 궤도 반지름 小	큼	관측 쉬움
행성의 질량 小, 공전 궤도 반지름 大	작음	관측 어려움

3) 시기별 도플러 이동의 특징

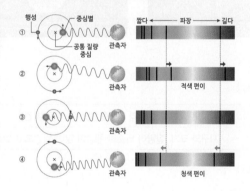

시기	중심별의 이동	도플러 관측	파장 변화
❶	관측자에 대해 수평 운동	안 됨	없음
❷	관측자에게서 멀어짐	적색 편이	길어짐
❸	관측자에 대해 수평 운동	안 됨	없음
❹	관측자에게 다가옴	청색 편이	짧아짐

4) 한계점

① 행성의 공전 궤도면이 시선 방향에 대해 수직인 경우 관측이 불가능

② 행성의 질량이 작은 경우 중심별의 시선 속도 변화가 작아 관측이 어려움

4. 식 현상 이용하는 방법

1) 특징

① 식 현상: 행성이 중심별의 앞을 지나면서 별의 일부를 가리게 되어 중심별의 밝기가 주기적으로 변화하는 현상

② 행성의 공전 궤도면이 관측자 시선 방향과 나란한 경우에 측정 가능

③ 행성의 반지름이 클수록 중심별 밝기 변화가 크게 관측됨

2) 시기별 특징

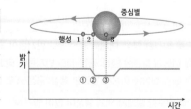

시기	중심별의 식 여부	관측되는 중심별의 밝기
①	식 현상 일어나지 않음	최대 밝기
②	행성의 일부가 중심별의 일부를 가림	중심별의 밝기 감소
③	행성 전체가 중심별을 가림	중심별의 밝기 최소

DAY
24

III

1

03

외계 행성계와 외계 생명체 탐사

3) 관측되는 요소

관측 값	산출되는 요소
중심별 밝기 변화량, 걸린 시간	행성의 반지름
별빛의 스펙트럼 분석	행성의 대기 성분

4) 한계점
  ① 행성의 공전 궤도면이 시선 방향에 대해 수직인 경우 관측이 불가능
  ② 별끼리의 식 현상과 구분이 힘듦

5. 미세 중력 렌즈 현상 이용하는 방법
  1) 중력 렌즈 현상: 별빛이 질량을 가진 천체를 지나면서 경로가 휘어져 보이는 현상
  2) 관측자와 먼 별 A 사이를 행성을 가진 가까운 별 B가 지나가는 경우 별 B에 의한 중력 렌즈 현상과
    행성에 의한 미세 중력 렌즈 현상이 겹쳐져 뒤에 있는 별 A의 밝기 변화가 불규칙해짐
  3) 행성의 질량이 클수록 밝기 변화가 커 관측에 용이
  4) 한계점: 가까운 천체가 먼 천체를 여러 번 지나는 것이 아니므로 주기적인 관측이 불가능

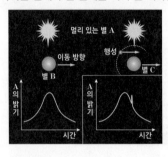 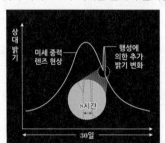

6. 외계 행성계의 탐사 결과
  1) 발견된 외계 행성의 특성

탐사 초기	질량이 크고, 중심별과 가까운 행성이 주로 발견됨
최근(관측 기술 발전)	지구와 크기, 질량이 비슷한 행성이 많이 발견되고 있음

2) 외계 행성계의 탐사 결과

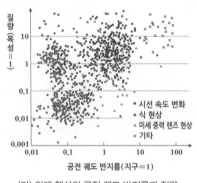 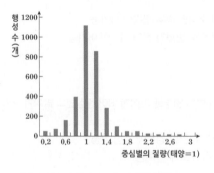

(가) 외계 행성의 공전 궤도 반지름과 질량   (나) 중심별의 질량에 따른 외계 행성의 개수

(가)의 해석	① 시선 속도 변화를 통해 발견된 행성이 가장 많고, 직접 촬영한 행성이 가장 적음
	② 시선 속도로 발견한 행성: 대체로 공전 궤도 반지름이 크고 질량이 큼
	③ 식 현상을 이용해 발견한 행성: 공전 궤도 반지름이 작고 질량은 다양함
	④ 미세 중력 렌즈 현상을 이용해 발견한 행성: 공전 궤도 반지름이 크고 질량이 작음
(나)의 해석	질량이 태양과 비슷한 별에서 외계 행성이 많이 발견됨 → 우리은하에는 태양과 비슷한 질량을 가진 별이 많음

기본자료

▶ 중력 렌즈 현상
관측자(지구)의 시선 방향에 별 또는 은하 등이 나란히 있을 때, 가까운 천체의 중력으로 인해 먼 천체에서 오는 빛이 굴절된 것처럼 휘어져 보이는 현상을 중력 렌즈 현상이라 하고, 특히 별 또는 행성에 의해 휘어지는 것을 미세 중력 렌즈 현상이라고 한다.

▶ 외계 행성계 탐사 범위
외계 행성계 탐사는 우리은하 안에 있는 별들이 대상이 된다. 외부 은하는 너무 멀리 있으므로 별을 하나하나 구분하여 관측하기 어렵기 때문에 외계 행성계 탐사가 거의 불가능하다.

필수개념 2 **외계 생명체 탐사**

1. 외계 생명체 존재의 필수 요소: 액체 상태의 물
1) 물은 비열이 커서 많은 양의 열을 오랜 기간 동안 보존시킴
2) 다양한 물질을 녹일 수 있음

2. 생명 가능 지대
1) 정의: 별의 주변에서 물이 액체 상태로 존재할 수 있는 영역
   → 생명 가능 지대 보다 별에 가까우면 기체 상태, 멀면 고체 상태
2) 생명 가능 지대의 범위를 결정짓는 요소: 별의 질량(광도), 공전 궤도 반지름
3) 별의 광도: 별의 질량이 크고 표면 온도가 높으면 증가.
4) 생명 가능 지대의 범위

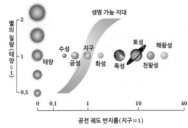

▶ 외계 생명체의 기본 구성 물질 탄소로 추정된다. → 탄소 원자는 다른 원자와 쉽게 결합하여 다양한 화합물을 만들 수 있고, 탄소 화합물의 하나인 아미노산(단백질의 기본 물질)은 운석이나 성간 기체에서도 흔히 발견되기 때문이다.

별의 진화 상태	생명 가능 지대의 범위
주계열성	• 질량이 클수록 별의 광도 증가 • 광도가 크므로 질량이 클수록 생명 가능 지대의 거리는 멀어지고 폭은 넓어짐
주계열성 이후	별의 광도가 커져 생명 가능 지대의 거리가 더 멀어지고 폭도 넓어짐

3. 외계 생명체가 존재하기 위한 행성의 조건

생명 가능 지대에 위치		생명 가능 지대에 위치해 액체 상태의 물이 존재해야 함
중심별의 질량		안정한 환경 조성을 위해 질량이 적당하여 중심별의 수명이 충분히 길어야 함 (생명체 진화 속도가 느리므로)
	중심별 질량이 매우 큰 경우	별이 주계열성으로 지내는 기간이 매우 짧음 → 생명체가 탄생해서 진화하기 전에 별이 소멸
	중심별 질량이 매우 작은 경우	생명 가능 지대의 폭과 범위가 매우 좁음 → 행성이 생명 가능 지대에 위치할 가능성이 매우 낮음 → 생명 가능 지대가 너무 가까워 중심별의 중력에 의해 공전 주기와 자전 주기가 같아지는 동주기 자전을 하게 되어 생명체 살기 힘듦
대기압		• 우주로부터 날아오는 유성체 및 해로운 전자기파(X선, 자외선 등)를 차단 • 온실 기체는 행성에 온실 효과를 일으켜 생명체가 살기 온화한 환경을 만들어 줌
행성 자기장		유해한 태양풍 입자 및 우주선의 고에너지 입자를 차단하여 생명체를 보호함
자전축 경사		자전축 경사가 적당해서 계절 변화가 너무 심하지 않아야 함
위성의 존재		• 행성의 안정적인 자전축 경사를 유지시켜줌 • 조석 현상으로 해안 생태계의 다양성 제공
자전 주기		적당한 자전 주기를 가지면 행성의 표면이 중심별에서 오는 에너지를 균등히 받게 됨
행성의 질량		행성의 질량이 클수록 중력이 강해져 대기 입자들을 안정적으로 표면에 붙잡아 둘 수 있으며, 행성의 내부 에너지를 쉽게 잃지 않아 화산 폭발 및 판의 운동과 같은 지각 변동을 일으켜 생명체의 탄생에 유리한 조건을 만들어 줌

4. 주계열성의 분광형에 따른 생명 가능 지대 추정하기

분광형	생명 가능 지대의 특징
O, B형 **예** 스피카(O형)	• 표면 온도 매우 높음 → 생명 가능 지대까지의 거리가 멀고 폭이 넓음 • 별의 수명이 짧아 생명체 탄생 및 진화할 시간 부족
A, F, G형 **예** 태양(G형)	표면 온도 적당 → 생명체 존재할 가능성 높음
K, M형 **예** 백조자리B (K형)	• 표면 온도 낮음 → 생명 가능 지대까지의 거리 가깝고 폭이 좁음 • 별의 중력에 의해 동주기 자전 환경이 되기 쉬움 → 생명체 살아가기 힘듦 • 별의 수명이 매우 김

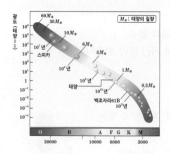

기본자료

▶ 생명체가 존재할 가능성이 있는 행성의 위성
• 타이탄(토성의 위성)은 표면 기압이 지구와 비슷하다. 지구와 마찬가지로 대기 주성분이 질소이고, 메테인으로 이루어진 호수의 존재가 확인되었다.
• 유로파(목성의 위성)의 표면은 얼음으로 뒤덮여 있다. 얼음 표면 아래에는 목성과의 조석력에 의해 열에너지가 발생하기 때문에 물로 이루어진 바다가 있을 것으로 추정하고 있다.

5. 외계 생명체 탐사와 의의

1) 탐사: 탐사선을 이용한 태양계 천체 탐사, 세티(SETI) 등을 통한 외계 생명체 탐사
2) 의의: 생명체가 어떻게 탄생하고 진화하였는지에 대한 연구에 도움을 주고 과학과 기술을 진보시킴

01 별의 물리량과 H-R도
(광도, 반지름, 표면 온도, 수명 등을 계산하는 문제가 많음)

1) 별의 스펙트럼: O형 별은 He II 흡수선이, A형 별은 수소(H I) 흡수선이, G형 별은 Ca II, Fe II 흡수선이 강하게 나타난다. 복사 에너지를 가장 많이 방출하는 파장이 짧을수록 표면 온도가 높다.

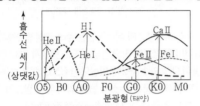

(2021학년도 6월 모평 3번, 2021학년도 9월 모평 15번)

H I 흡수선의 위치

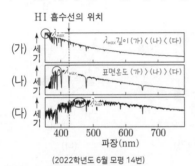

(2022학년도 6월 모평 14번)

2) 별의 물리량: $L = 4\pi R^2 \sigma T^4$

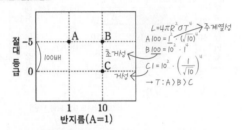

(2021학년도 수능 14번)

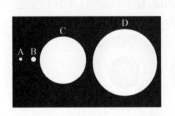

별	광도 (태양=1)	표면 온도 (태양=1)
㉠	0.01	1
㉡	1	1 → 태양과 비슷 (주계열성)
㉢	1	4
㉣	2	1

㉠: 온도는 같은데 광도는 $\frac{1}{100}$ → 반지름은 $\frac{1}{10}$(B)

㉢: 온도는 4배인데 광도는 같음 → 반지름은 $\frac{1}{16}$(A)

㉣: 온도는 같은데 광도는 2배 → 반지름은 $\sqrt{2}$(D)

(2021년 7월 학평 17번)

3) H-R도

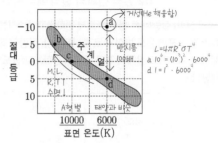

거성(He 핵융합)

$L = 4\pi R^2 \sigma T^4$
$a\ 10^6 = (10^3)^2 \cdot 6000^4$
$d\ l = l^2 \cdot 6000^4$

(2019학년도 수능 13번 지구과학 II)

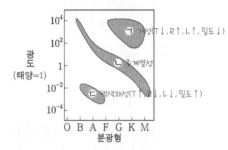

거성(T↓, R↑, L↑, 밀도↓)
주계열성
백색왜성(T↑, R↓, L↓, 밀도↑)

(2021학년도 9월 모평 3번)

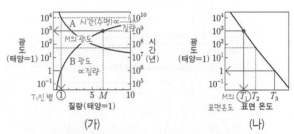

(가)　　　　　(나)

(2022학년도 6월 모평 17번) 주계열에 도달했을 때, H-R도

4) 광도 계급: 분광형이 같을 때, 광도 계급이 I에 가까울수록 밀도가 작고 흡수선의 선폭이 좁다. 광도 계급이 VII에 가까울수록 밀도가 크고 흡수선의 선폭이 두껍다.
　　　　　　　　　　　　　　　　→ (-)일수록 광도↑

광도 계급 분광형	(가) V	(나) III	(다) I b
B0	−4.1	−5.0	−6.2
A0	+0.6	−0.6	−4.9
G0	+4.4	+0.6	−4.5
M0	+9.2	−0.4	−4.5

주계열성중 광도↑
= 표면 온도, 질량↑

동일 광도, 표면 온도 G0>M0
→ 반지름은 G0<M0

($L = 4\pi R^2 \sigma T^4$)

(2022학년도 9월 모평 14번)

5) 복합 자료

★ **5-1) 별의 물리량과 별의 분광형에 따른 흡수선의 종류**

$L \propto R^2 T^4$

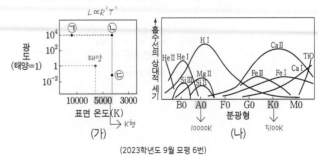

(가)　　　　(나)

(2023학년도 9월 모평 6번)

02 별의 진화와 별의 에너지원

1) **별의 진화**: 질량이 큰 별은 빠르게 진화하고, H−R도 상에서 광도 변화가 적고 표면 온도 변화가 크게 나타난다. 질량이 작은 별은 천천히 진화하고, H−R도 상에서 표면 온도의 변화보다 광도의 변화가 크게 나타난다.

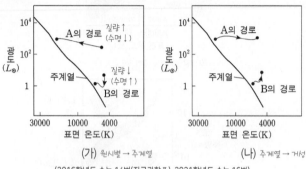

(가) 원시별 → 주계열   (나) 주계열 → 거성

(2016학년도 수능 14번(지구과학Ⅱ), 2021학년도 수능 16번)

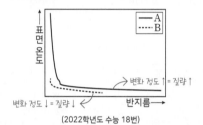

(2022학년도 수능 18번)

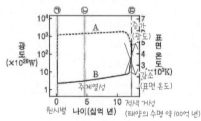

(2022년 7월 학평 16번)

(2022년 4월 학평 16번)

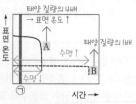

(2024학년도 9월 모평 13번)

2) **별의 에너지원**: 주계열성의 에너지원은 수소 핵융합 반응인데, 질량이 태양과 비슷하거나 태양보다 작으면 양성자−양성자 연쇄 반응이 우세하고, 질량이 태양의 1.5~2배 이상이면 CNO 순환 반응이 우세하다. 양성자−양성자 연쇄 반응은 수소와 헬륨 외의 다른 원소가 관여하지 않고, CNO 순환 반응은 C, N, O가 촉매처럼 작용한다.

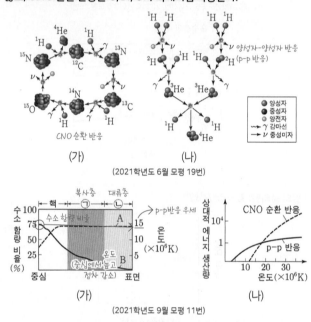

(가)   (나)

(2021학년도 6월 모평 19번)

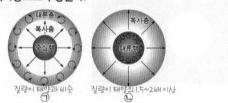

(가)   (나)

(2021학년도 9월 모평 11번)

3) **별의 내부 구조**: 주계열성 중 태양과 질량이 비슷한 별은 중심핵＋복사층＋대류층으로 구성되고, 질량이 태양의 1.5~2배 이상인 별은 대류핵＋복사층으로 구성된다.

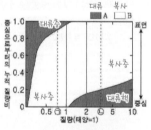

(2019학년도 9월 모평 12번 (나))(지구과학Ⅱ))

(2022학년도 9월 모평 11번)

(2022년 4월 학평 15번)

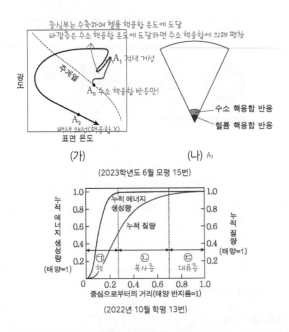

(가)　　　　　　　(나) A₁

(2023학년도 6월 모평 15번)

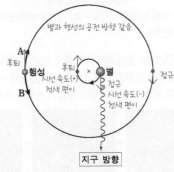

(2022년 10월 학평 13번)

03 외계 행성계와 외계 생명체 탐사

1) 중심별의 시선 속도 변화(도플러 효과): 스펙트럼은 행성이 아닌 중심별에서 얻는다. 시선 속도가 (−)일 때는 중심별이 접근, 행성은 후퇴하고, 청색 편이가 나타난다. (+)일 때는 중심별이 후퇴, 행성은 접근하고, 적색 편이가 나타난다. 행성의 질량이 크고 공전 궤도 반지름이 작을수록 도플러 효과가 잘 나타나서 관측이 쉽다.

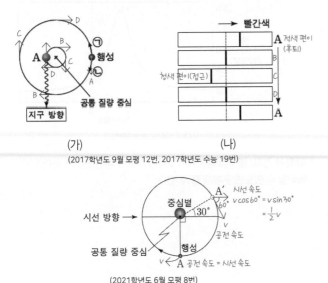

(2015학년도 6월 모평 20번, 2015학년도 9월 모평 18번, 2018학년도 9월 모평 10번)

(가)　　　　　　　(나)

(2017학년도 9월 모평 12번, 2017학년도 수능 19번)

(2021학년도 6월 모평 8번)

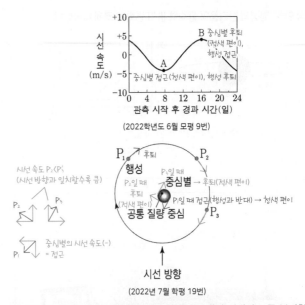

(2022학년도 6월 모평 9번)

(2022년 7월 학평 19번)

★ 각도가 애매한 경우에도 중심별의 공전 속도에서 시선 속도를 분리할 수 있다.

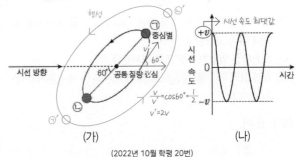

(가)　　　　　　　(나)

(2022년 10월 학평 20번)

★ 중심별이 운동할 때 관측자의 시선 방향과 나란한 방향으로 움직이는 속도는 시선 속도, 관측자의 시선 방향과 수직한 방향으로 움직이는 속도는 접선 속도이다.

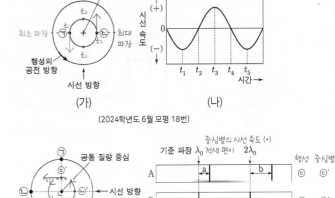

(가)　　　　　　　(나)

(2024학년도 6월 모평 18번)

(가)　　　　　　　(나)

(2024학년도 9월 모평 18번)

2) 식 현상: 행성의 반지름이 클수록 밝기 변화가 크게 나타난다.

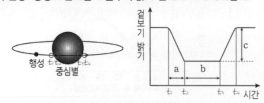

(2017년 3월 학평 18번, 2017학년도 수능, 2019학년도 9월 모평)

[가설]

[실험 과정]

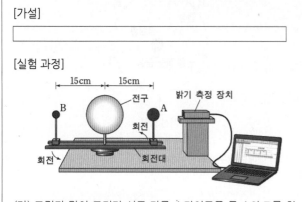

(가) 그림과 같이 크기가 서로 다른 스타이로폼 공 A와 B를 회전대 위에 고정한다.

(나) 회전대를 일정한 속도로 회전시킨다.

(다) A와 B가 전구를 중심으로 회전하는 동안 측정된 밝기를 기록한다.

[실험 결과]

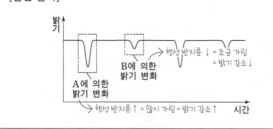

(2017학년도 6월 모평 6번)

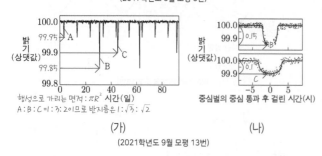

(2021학년도 9월 모평 13번)

[실험 과정]

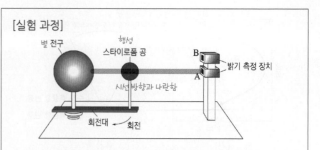

(가) 그림과 같이 전구와 스타이로폼 공을 회전대 위에 고정시키고 회전대를 일정한 속도로 회전시킨다. → 공전 주기 일정함

(나) 회전대가 회전하는 동안 밝기 측정 장치 A와 B로 각각 측정한 밝기를 기록하고 최소 밝기가 나타나는 주기를 표시한다.

(다) 반지름이 $\frac{1}{2}$배인 스타이로폼 공으로 교체한 후 (나)의 과정을 반복한다. → 밝기 감소 최대량 감소

[실험 결과]

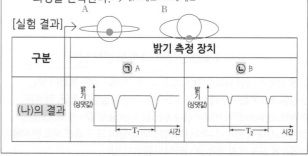

(2023년 7월 학평 17번)

: 공전 궤도면과 시선 방향이 나란할수록, 행성의 반지름이 클수록 밝기 감소 최대량이 커진다.

3) 미세 중력 렌즈 현상: 중심별에 의해 중력 렌즈 현상이 나타나는데, 중심별 주변의 행성도 질량을 가지고 있어 미세한 중력 렌즈 현상(밝기 증폭)이 나타난다. 행성의 질량이 클수록 밝기 변화가 커서 관측이 쉽다.

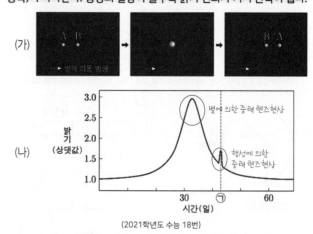

(2021학년도 수능 18번)

4) 탐사 결과: 결과를 암기하기보다는 자료가 주어졌을 때 올바르게 해석할 수 있으면 문제를 풀 수 있다.

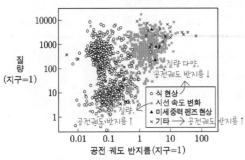

(2020학년도 9월 모평 15번, 2015학년도 수능 8번)

5) 생명 가능 지대: 중심별의 광도, 질량, 표면 온도가 클수록 물이 액체 상태로 존재할 수 있는 생명 가능 지대는 중심별로부터 멀어지고, 폭이 넓어진다.

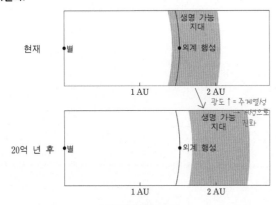

(2015학년도 수능 10번)

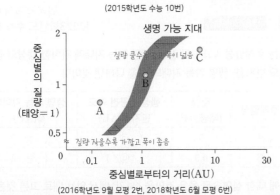

(2016학년도 9월 모평 2번, 2018학년도 6월 모평 6번)

주계열성	질량 (태양 = 1)	생명 가능 지대 (AU)	행성의 공전 궤도 반지름(AU)
A	2.0 질량 큼	폭이 넓음 →)0.8AU ↑	4.0
B	(1.2보다 ↓)	← 0.3~0.5 0.2AU 폭이 좁음	0.4
C	1.2	1.2~2.0 0.8AU	1.6

(2017학년도 수능 13번)

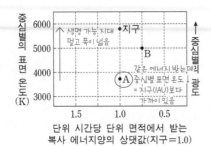

(2018학년도 9월 모평 16번, 2019학년도 9월 모평 10번)

(2020학년도 6월 모평 5번)

6) 복합 자료

★ 6-1) 외계 행성계의 탐사 결과와 미세 중력 렌즈 현상

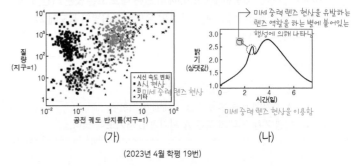

(가)   (나)

(2023년 4월 학평 19번)

DAY
24

Ⅲ

1
ㅣ
03

외계 행성계와 외계 생명체 탐사

1

그림은 공전 궤도 반지름이 0.5AU인 어느 외계 행성 P의 표면 온도 변화를 중심별의 나이에 따라 나타낸 것이다.

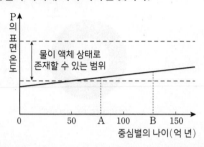

이에 대한 옳은 설명만을 <보기>에서 있는 대로 고른 것은? (단, P의 중심별은 주계열성이고, 행성의 표면 온도는 중심별의 광도에 의한 효과만 고려한다.)

보기
ㄱ. 중심별의 광도는 증가하고 있다.
ㄴ. A 시기에 P는 생명 가능 지대에 위치한다.
ㄷ. 생명 가능 지대의 폭은 A 시기가 B 시기보다 넓다.

① ㄱ   ② ㄴ   ③ ㄷ   ④ ㄱ, ㄴ   ⑤ ㄴ, ㄷ

2

그림은 중심별의 물리량 X에 따른 생명 가능 지대의 범위를 나타낸 것이다.

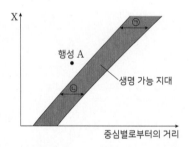

이에 대한 옳은 설명만을 <보기>에서 있는 대로 고른 것은? (단, 중심별은 모두 주계열성이다.)

보기
ㄱ. 중심별의 광도는 물리량 X가 될 수 있다.
ㄴ. 생명 가능 지대의 폭은 ⓐ이 ⓑ보다 넓다.
ㄷ. 행성 A에 온실 효과가 일어나면 액체 상태의 물이 존재할 수 있다.

① ㄱ   ② ㄷ   ③ ㄱ, ㄴ   ④ ㄴ, ㄷ   ⑤ ㄱ, ㄴ, ㄷ

3

그림은 어느 항성 A주위를 공전하는 행성 ㉠~㉢의 궤도와 생명 가능 지대의 범위를 나타낸 것이다.

이에 대한 설명으로 옳은 것만을 <보기>에서 있는 대로 고른 것은? (단, 행성의 반지름은 모두 같다.) **3점**

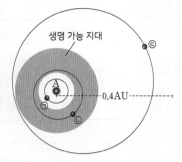

보기
ㄱ. A의 광도는 태양보다 작다.
ㄴ. 행성에 도달하는 A의 복사 에너지양은 ㉠이 ㉢보다 많다.
ㄷ. ㉡에는 물이 액체 상태로 존재할 수 있다.

① ㄱ   ② ㄷ   ③ ㄱ, ㄴ   ④ ㄴ, ㄷ   ⑤ ㄱ, ㄴ, ㄷ

4   2023 수능

표는 주계열성 A와 B의 질량, 생명 가능 지대에 위치한 행성의 공전 궤도 반지름, 생명 가능 지대의 폭을 나타낸 것이다.

주계열성	질량 (태양=1)	행성의 공전 궤도 반지름(AU)	생명 가능 지대의 폭(AU)
A	5	(㉠)	(㉢)
B	0.5	(㉡)	(㉣)

이에 대한 설명으로 옳은 것만을 <보기>에서 있는 대로 고른 것은?

보기
ㄱ. 광도는 A가 B보다 크다.
ㄴ. ㉠은 ㉡보다 크다.
ㄷ. ㉢은 ㉣보다 크다.

① ㄱ   ② ㄷ   ③ ㄱ, ㄴ   ④ ㄴ, ㄷ   ⑤ ㄱ, ㄴ, ㄷ

5

생명 가능 지대
[2017년 3월 학평 5번]

그림은 글리제 581계를 이루는 행성 중 b, g, f의 위치를 나타낸 것이다.

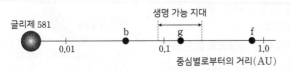

이에 대한 옳은 설명만을 <보기>에서 있는 대로 고른 것은?

보기
ㄱ. 표면 온도는 b가 f보다 높다.
ㄴ. 표면에서 액체 상태의 물이 존재할 수 있는 행성은 g이다.
ㄷ. 글리제 581은 태양보다 질량이 크다.

① ㄱ   ② ㄴ   ③ ㄷ   ④ ㄱ, ㄴ   ⑤ ㄴ, ㄷ

6 2022 평가원

생명 가능 지대
[2022학년도 9월 모평 6번]

표는 서로 다른 외계 행성계에 속한 행성 (가)와 (나)에 대한 물리량을 나타낸 것이다. (가)와 (나)는 생명 가능 지대에 위치하고, 각각의 중심별은 주계열성이다.

외계 행성	중심별의 광도 (태양=1)	중심별로부터의 거리(AU)	단위 시간당 단위 면적이 받는 복사 에너지양(지구=1)
(가)	0.0005	㉠	1
(나)	1.2	1	㉡

이 자료에 대한 설명으로 옳은 것만을 <보기>에서 있는 대로 고른 것은?

보기
ㄱ. ㉠은 1보다 작다.
ㄴ. ㉡은 1보다 작다.
ㄷ. 생명 가능 지대의 폭은 (나)의 중심별이 (가)의 중심별보다 좁다.

① ㄱ   ② ㄷ   ③ ㄱ, ㄴ   ④ ㄴ, ㄷ   ⑤ ㄱ, ㄴ, ㄷ

7

생명 가능 지대
[2019년 4월 학평 1번]

그림은 미래 어느 시기의 태양계 생명 가능 지대를 나타낸 것이다.

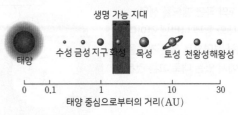

현재의 태양계와 비교할 때, 이 시기에 증가한 값으로 옳은 것만을 <보기>에서 있는 대로 고른 것은?

보기
ㄱ. 태양의 광도
ㄴ. 생명 가능 지대의 폭
ㄷ. 지구에 존재하는 액체 상태 물의 양

① ㄱ   ② ㄷ   ③ ㄱ, ㄴ   ④ ㄴ, ㄷ   ⑤ ㄱ, ㄴ, ㄷ

8

생명 가능 지대
[2019년 3월 학평 1번]

다음은 세 학생 A, B, C가 지구에 생명체가 번성할 수 있는 이유에 대해 나눈 대화이다.

지구는 태양으로부터 적절한 거리에 떨어져 있어 물이 액체 상태로 존재할 수 있어.

지구의 대기는 자외선을 흡수하여 생명체를 보호하는 역할을 해.

태양의 수명은 생명체가 탄생하고 진화하기에 충분히 길어.

제시한 내용이 옳은 학생만을 있는 대로 고른 것은?

① A   ② B   ③ A, C   ④ B, C   ⑤ A, B, C

9

그림은 주계열성 A를 돌고 있는 행성 b, c의 공전 궤도를 생명 가능 지대와 함께 나타낸 것이다. 이에 대한 설명으로 옳은 것만을 〈보기〉에서 있는 대로 고른 것은?

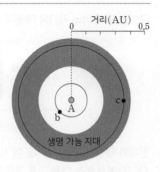

보기
ㄱ. 수명은 태양보다 A가 짧다.
ㄴ. c에서는 물이 액체 상태로 존재할 수 있다.
ㄷ. 단위 시간당 단위 면적에서 받는 A의 복사 에너지양은 c보다 b가 많다.

① ㄱ ② ㄴ ③ ㄱ, ㄷ ④ ㄴ, ㄷ ⑤ ㄱ, ㄴ, ㄷ

---

10 2024 평가원

그림은 어느 별의 시간에 따른 생명 가능 지대의 범위를 나타낸 것이다. 이 별은 현재 주계열성이다. 이 자료에 대한 설명으로 옳은 것만을 〈보기〉에서 있는 대로 고른 것은? 3점

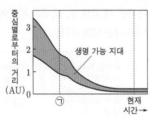

보기
ㄱ. 이 별의 광도는 ㉠ 시기가 현재보다 작다.
ㄴ. 현재 중심별에서 생명 가능 지대까지의 거리는 이 별이 태양보다 가깝다.
ㄷ. 현재 표면에서 단위 면적당 단위 시간에 방출하는 에너지양은 이 별이 태양보다 적다.

① ㄱ ② ㄴ ③ ㄱ, ㄷ ④ ㄴ, ㄷ ⑤ ㄱ, ㄴ, ㄷ

11

그림은 태양계 행성과 어느 주계열성을 공전하는 행성을 생명 가능 지대와 함께 나타낸 것이다. 이에 대한 설명으로 옳은 것만을 〈보기〉에서 있는 대로 고른 것은?

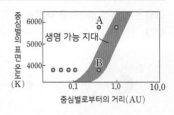

보기
ㄱ. 질량은 태양이 B의 중심별보다 크다.
ㄴ. 생명 가능 지대의 폭은 태양이 B의 중심별보다 넓다.
ㄷ. 물이 액체 상태로 존재할 가능성은 A가 B보다 높다.

① ㄱ ② ㄴ ③ ㄷ ④ ㄱ, ㄴ ⑤ ㄱ, ㄷ

12

그림 (가)와 (나)는 두 외계 행성계의 생명 가능 지대를 나타낸 것이다. 중심별 A와 B는 모두 주계열성이다.

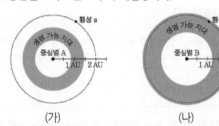

(가)   (나)

이에 대한 옳은 설명만을 〈보기〉에서 있는 대로 고른 것은? (단, 행성의 대기에 의한 효과는 무시한다.)

보기
ㄱ. 광도는 A가 B보다 크다.
ㄴ. 행성의 표면 온도는 a가 b보다 높다.
ㄷ. 주계열 단계에 머무르는 기간은 A가 B보다 길다.

① ㄱ ② ㄷ ③ ㄱ, ㄴ ④ ㄴ, ㄷ ⑤ ㄱ, ㄴ, ㄷ

13

표는 중심별이 주계열성인 서로 다른 외계 행성계에 속한 행성 (가), (나), (다)에 대한 물리량을 나타낸 것이다. (가), (나), (다) 중 생명 가능 지대에 위치한 것은 2개이다.

외계 행성	중심별의 질량 (태양＝1)	행성의 질량 (지구＝1)	중심별로부터 행성까지의 거리(AU)
(가)	1	1	1
(나)	1	2	4
(다)	2	2	4

이에 대한 설명으로 옳은 것만을 〈보기〉에서 있는 대로 고른 것은? (단, 각각의 외계 행성계는 1개의 행성만 가지고 있으며, 행성 (가), (나), (다)는 중심별을 원 궤도로 공전한다.) ③점

보기
ㄱ. 별과 공통 질량 중심 사이의 거리는 (나)의 중심별에서가 (다)의 중심별에서보다 길다.
ㄴ. 중심별로부터 단위 시간당 단위 면적이 받는 복사 에너지양은 (나)가 (가)보다 많다.
ㄷ. (다)에는 물이 액체 상태로 존재할 수 있다.

① ㄱ　　② ㄴ　　③ ㄷ　　④ ㄱ, ㄷ　　⑤ ㄴ, ㄷ

14

표는 외계 행성계 X, Y의 중심별에서 생명 가능 지대의 안쪽 경계까지의 거리를 나타낸 것이다.

행성계	거리(AU)
X	0.4
Y	1.5

X보다 Y가 더 큰 값을 가지는 것만을 〈보기〉에서 있는 대로 고른 것은? (단, 중심별은 모두 주계열성이다.)

보기
ㄱ. 중심별의 수명　　ㄴ. 중심별의 질량
ㄷ. 생명 가능 지대의 폭

① ㄱ　　② ㄷ　　③ ㄱ, ㄴ　　④ ㄴ, ㄷ　　⑤ ㄱ, ㄴ, ㄷ

15

그림은 주계열성 A주위를 공전하는 행성 ㉠, ㉡의 궤도와 생명 가능 지대를 수성의 공전 궤도와 비교하여 나타낸 것이다.
이에 대한 설명으로 옳은 것만을 〈보기〉에서 있는 대로 고른 것은? (단, 행성의 대기 효과는 무시한다.)

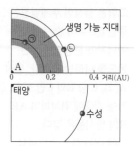

보기
ㄱ. ㉠에서는 물이 액체 상태로 존재할 수 있다.
ㄴ. 행성의 평균 표면 온도는 ㉡보다 수성이 높다.
ㄷ. 별의 수명은 A보다 태양이 길다.

① ㄱ　　② ㄷ　　③ ㄱ, ㄴ　　④ ㄴ, ㄷ　　⑤ ㄱ, ㄴ, ㄷ

16

그림은 서로 다른 주계열성 A, B, C를 각각 원궤도로 공전하는 행성을 나타낸 것이다.

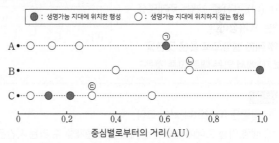

이에 대한 설명으로 옳은 것만을 〈보기〉에서 있는 대로 고른 것은? (단, 행성의 대기 조건은 고려하지 않는다.)

보기
ㄱ. ㉠에서는 물이 액체 상태로 존재할 수 있나.
ㄴ. 행성의 평균 표면 온도는 ㉡보다 ㉢이 높다.
ㄷ. 생명가능 지대의 폭은 A, B, C 중 C가 가장 넓다.

① ㄱ　　② ㄴ　　③ ㄱ, ㄷ　　④ ㄴ, ㄷ　　⑤ ㄱ, ㄴ, ㄷ

17

그림은 행성이 주계열성인 중심별로부터 받는 복사 에너지와 중심별의 표면 온도를 나타낸 것이다. 행성 A, B, C 중 B와 C만 생명 가능 지대에 위치하며 A와 B의 반지름은 같다.

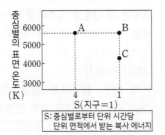

이에 대한 옳은 설명만을 <보기>에서 있는 대로 고른 것은? (단, 행성은 흑체이고, 행성 대기의 효과는 무시한다.) **3점**

보기
ㄱ. 행성이 복사 평형을 이룰 때 표면 온도(K)는 A가 B의 $\sqrt{2}$배 이다.
ㄴ. 공전 궤도 반지름은 B가 C보다 작다.
ㄷ. A의 중심별이 적색 거성으로 진화하면 A는 생명 가능 지대에 속할 수 있다.

① ㄱ　　② ㄴ　　③ ㄷ　　④ ㄱ, ㄴ　　⑤ ㄱ, ㄷ

19

표는 외계 행성계 (가)와 (나)의 특징을 나타낸 것이다. (가)와 (나)는 각각 중심별과 중심별을 원 궤도로 공전하는 하나의 행성으로 구성된다.

구분	(가)	(나)
중심별의 분광형	F6V	M2V
생명 가능 지대(AU)	1.7~3.0	( )
행성의 공전 궤도 반지름(AU)	1.82	3.10
행성의 단위 면적당 단위 시간에 입사하는 중심별의 복사 에너지양(지구=1)	1.03	㉠

이에 대한 설명으로 옳은 것만을 <보기>에서 있는 대로 고른 것은?

보기
ㄱ. (가)의 행성에서는 물이 액체 상태로 존재할 수 있다.
ㄴ. (나)에서 생명 가능 지대의 폭은 1.3AU보다 넓다.
ㄷ. ㉠은 1.03보다 크다.

① ㄱ　　② ㄴ　　③ ㄱ, ㄷ　　④ ㄴ, ㄷ　　⑤ ㄱ, ㄴ, ㄷ

18 **2023 평가원**

표는 별 (가), (나), (다)의 분광형과 절대 등급을 나타낸 것이다. (가), (나), (다) 중 2개는 주계열성, 1개는 초거성이다.

별	분광형	절대 등급
(가)	G	−5
(나)	A	0
(다)	G	+5

이에 대한 설명으로 옳은 것만을 <보기>에서 있는 대로 고른 것은?

보기
ㄱ. 질량은 (다)가 (나)보다 크다.
ㄴ. 생명 가능 지대에서 액체 상태의 물이 존재할 수 있는 시간은 (다)가 (나)보다 길다.
ㄷ. 생명 가능 지대의 폭은 (다)가 (가)보다 넓다.

① ㄱ　　② ㄴ　　③ ㄱ, ㄷ　　④ ㄴ, ㄷ　　⑤ ㄱ, ㄴ, ㄷ

20

그림 (가)는 주계열성 A와 B의 중심으로부터 거리에 따른 생명 가능 지대의 지속 시간을, (나)는 A 또는 B가 주계열 단계에 머무는 동안 생명 가능 지대의 변화를 나타낸 것이다.

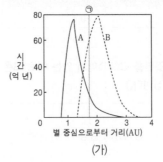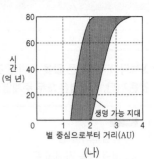

이 자료에 대한 설명으로 옳은 것만을 <보기>에서 있는 대로 고른 것은? **3점**

보기
ㄱ. 별의 질량은 A보다 B가 작다.
ㄴ. ㉠에서 생명 가능 지대의 지속 시간은 A보다 B가 짧다.
ㄷ. (나)는 B의 자료이다.

① ㄱ　　② ㄷ　　③ ㄱ, ㄴ　　④ ㄴ, ㄷ　　⑤ ㄱ, ㄴ, ㄷ

21

생명 가능 지대
[2018년 7월 학평 5번]

표는 세 중심별의 광도와 각 중심별의 생명 가능 지대에 속한 행성과 그 행성의 공전 주기를 나타낸 것이다.

중심별 (주계열성)	중심별 광도 (태양 = 1)	행성	행성 공전 주기 (일)
태양	1	지구	365
프록시마 센터우리	0.0017	프록시마 센터우리 b	11.186
베타 픽토리스	8.7	베타 픽토리스 b	8000

이에 대한 설명으로 옳은 것만을 〈보기〉에서 있는 대로 고른 것은?

보기

ㄱ. 질량은 베타 픽토리스가 태양보다 크다.
ㄴ. 생명 가능 지대의 폭은 프록시마 센터우리가 태양보나 좁나.
ㄷ. 공전 궤도 장반경은 프록시마 센터우리 b가 베타 픽토리스 b보다 작다.

① ㄱ ② ㄷ ③ ㄱ, ㄴ ④ ㄴ, ㄷ ⑤ ㄱ, ㄴ, ㄷ

22

생명 가능 지대
[2019학년도 9월 모평 10번]

그림은 생명 가능 지대에 위치한 외계 행성 A, B, C가 주계열인 중심별로부터 받는 복사 에너지를 중심별의 표면 온도에 따라 나타낸 것이다.
이에 대한 설명으로 옳은 것만을 〈보기〉에서 있는 대로 고른 것은?

3점

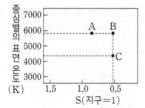

S : 중심별로부터 단위 시간당 단위 면적에서 받는 복사 에너지

보기

ㄱ. S는 A가 B보다 크다.
ㄴ. 중심별이 같을 때 행성이 받는 S가 크면 공전 궤도 반지름은 크다.
ㄷ. 행성의 공전 궤도 반지름은 C가 B보다 크다.

① ㄱ ② ㄴ ③ ㄱ, ㄷ ④ ㄴ, ㄷ ⑤ ㄱ, ㄴ, ㄷ

23

생명 가능 지대
[2021년 4월 학평 19번]

그림은 주계열성 S의 생명가능 지대를, 표는 S를 원궤도로 공전하는 행성 a, b, c의 특징을 나타낸 것이다. ㉠은 생명가능 지대의 가운데에 해당하는 면이다.

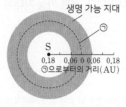

행성	㉠으로부터 행성 공전 궤도까지의 최단 거리(AU)	단위 시간당 단위 면적이 받는 복사 에너지(행성 a=1)
a	0.02	1
b	0.10	0.32
c	0.13	9.68

이에 대한 설명으로 옳은 것만을 〈보기〉에서 있는 대로 고른 것은? (단, 행성의 대기 조건은 고려하지 않는다.) **3점**

보기

ㄱ. 광도는 태양보다 S가 작다.
ㄴ. a에서는 물이 액체 상태로 존재할 수 있다.
ㄷ. 행성의 평균 표면 온도는 b보다 c가 높다.

① ㄱ ② ㄷ ③ ㄱ, ㄴ ④ ㄴ, ㄷ ⑤ ㄱ, ㄴ, ㄷ

24

생명 가능 지대
[2018학년도 9월 모평 16번]

그림은 중심별이 주계열인 별의 생명 가능 지대에 위치한 외계 행성 A와 B를 지구와 함께 나타낸 것이다.

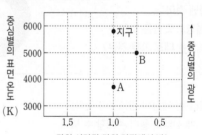

단위 시간당 단위 면적에서 받는
복사 에너지양의 상댓값(지구=1.0)

이에 대한 설명으로 옳은 것만을 〈보기〉에서 있는 대로 고른 것은?

보기

ㄱ. 단위 시간당 단위 면적에서 받는 복사 에너지양은 B가 A보다 많다.
ㄴ. A의 공전 궤도 반지름은 1AU보다 작다.
ㄷ. 생명 가능 지대의 폭은 B 행성계가 태양계보다 좁다.

① ㄱ ② ㄴ ③ ㄷ ④ ㄱ, ㄴ ⑤ ㄴ, ㄷ

25
생명 가능 지대
[2020학년도 수능 15번]

그림은 태양보다 질량이 작은 주계열성이 중심별인 어느 외계 행성계를 나타낸 것이다. 각 행성의 위치는 중심별로부터 행성까지의 거리에 해당하고, S 값은 그 위치에서 단위 시간당 단위 면적이 받는 복사 에너지이다. 생명 가능 지대에 존재하는 행성은 A이다.

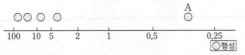

단위 시간당 단위 면적이 받는 복사 에너지 S(지구=1)

이 행성계가 태양계보다 큰 값을 가지는 것만을 <보기>에서 있는 대로 고른 것은? 3점

보기
ㄱ. 중심별로부터 생명 가능 지대 안쪽 경계까지의 행성 수
ㄴ. S=1인 위치에서 중심별까지의 거리
ㄷ. 생명 가능 지대에 존재하는 행성의 S 값

① ㄱ 　② ㄷ 　③ ㄱ, ㄴ 　④ ㄴ, ㄷ 　⑤ ㄱ, ㄴ, ㄷ

27 2022 수능
생명 가능 지대
[2022학년도 수능 11번]

그림은 별 A, B, C를 H−R도에 나타낸 것이다.
이에 대한 설명으로 옳은 것만을 <보기>에서 있는 대로 고른 것은?

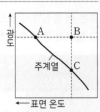

보기
ㄱ. 별의 중심으로부터 생명 가능 지대까지의 거리는 A와 B가 같다.
ㄴ. 생명 가능 지대의 폭은 B가 C보다 넓다.
ㄷ. 생명 가능 지대에 위치하는 행성에서 액체 상태의 물이 존재할 수 있는 시간은 C가 A보다 길다.

① ㄱ 　② ㄴ 　③ ㄱ, ㄷ 　④ ㄴ, ㄷ 　⑤ ㄱ, ㄴ, ㄷ

26
생명 가능 지대
[2020학년도 6월 모평 5번]

그림은 주계열성인 외계 항성 S를 공전하는 5개 행성과 생명 가능 지대를 나타낸 것이다.
이에 대한 설명으로 옳은 것만을 <보기>에서 있는 대로 고른 것은?

보기
ㄱ. S의 광도는 태양의 광도보다 작다.
ㄴ. a는 액체 상태의 물이 존재할 수 있다.
ㄷ. 생명 가능 지대에 머물 수 있는 기간은 지구가 a보다 짧다.

① ㄱ 　② ㄷ 　③ ㄱ, ㄴ 　④ ㄴ, ㄷ 　⑤ ㄱ, ㄴ, ㄷ

28
외계 행성계 탐사 방법
[2018년 3월 학평 1번]

그림 (가)는 최근까지 발견된 외계 행성의 공전 주기에 따른 개수를, (나)는 이 외계 행성들의 공전 주기와 중심별의 질량과의 관계를 나타낸 것이다.

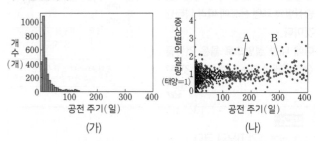

이 자료에 대한 옳은 설명만을 <보기>에서 있는 대로 고른 것은? (단, A와 B의 공전 궤도면은 관측자의 시선 방향에 나란하다.)

보기
ㄱ. 외계 행성은 대부분 지구보다 공전 주기가 길다.
ㄴ. 중심별의 질량은 대부분 태양 질량의 3배를 넘지 않는다.
ㄷ. 행성에 의한 중심별의 밝기 변화가 나타나는 주기는 A가 B보다 짧다.

① ㄱ 　② ㄷ 　③ ㄱ, ㄴ 　④ ㄴ, ㄷ 　⑤ ㄱ, ㄴ, ㄷ

29

다음은 한국 천문 연구원에서 발견한 어느 외계 행성계에 대한 설명이다.

국제 천문 연맹은 보현산 천문대에서 ㉠ 분광 관측 장비로 별의 주기적인 움직임을 관측해 발견한 외계 행성계의 중심별 8 UMi와 외계 행성 8 UMi b의 이름을 각각 백두와 한라로 결정했다. 한라는 목성보다 무거운 가스 행성으로 백두로부터 약 0.49AU 떨어져 있다.

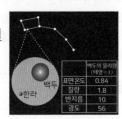

백두의 물리량 (태양=1)	
표면온도	0.84
질량	1.8
반지름	10
광도	56

이에 대한 옳은 설명만을 〈보기〉에서 있는 대로 고른 것은? 3점

보기

ㄱ. 백두는 주계열성이다.
ㄴ. ㉠의 과정에서 백두의 도플러 효과를 관측하였다.
ㄷ. 한라는 백두의 생명 가능 지대에 위치한다.

① ㄱ   ② ㄴ   ③ ㄱ, ㄷ   ④ ㄴ, ㄷ   ⑤ ㄱ, ㄴ, ㄷ

30

그림은 여러 탐사 방법을 이용하여 최근까지 발견한 외계 행성의 특징을 나타낸 것이다.

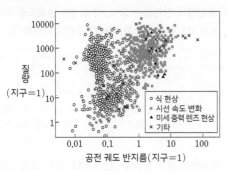

이 자료에 대한 설명으로 옳은 것만을 〈보기〉에서 있는 대로 고른 것은?

보기

ㄱ. 시선 속도 변화 방법은 도플러 효과를 이용한다.
ㄴ. 중력에 의한 빛의 굴절 현상을 이용하여 발견한 행성의 수가 가장 많다.
ㄷ. 행성의 공전 궤도 반지름의 평균값은 식 현상을 이용한 방법이 시선 속도를 이용한 방법보다 크다.

① ㄱ   ② ㄷ   ③ ㄱ, ㄴ   ④ ㄴ, ㄷ   ⑤ ㄱ, ㄴ, ㄷ

31

그림 (가)는 어느 외계 행성계에서 식 현상을 일으키는 행성 A, B, C에 의한 시간에 따른 중심별의 겉보기 밝기 변화를, (나)는 A, B, C 중 두 행성에 의한 중심별의 겉보기 밝기 변화를 나타낸 것이다. 세 행성의 공전 궤도면은 관측자의 시선 방향과 나란하다.

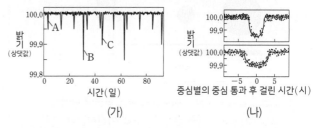

(가)   (나)

이 자료에 대한 설명으로 옳은 것만을 〈보기〉에서 있는 대로 고른 것은? 3점

보기

ㄱ. 행성의 반지름은 B가 A의 3배이다.
ㄴ. 행성의 공전 주기는 C가 가장 길다.
ㄷ. 행성이 중심별을 통과하는 데 걸리는 시간은 C가 B보다 길다.

① ㄱ   ② ㄴ   ③ ㄱ, ㄷ   ④ ㄴ, ㄷ   ⑤ ㄱ, ㄴ, ㄷ

다음은 외계 행성 탐사 방법을 알아보기 위한 실험이다.

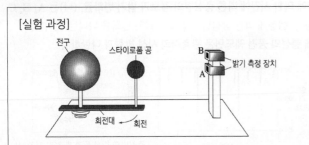

[실험 과정]

전구   스타이로폼 공   B   밝기 측정 장치   A
회전대   회전

(가) 그림과 같이 전구와 스타이로폼 공을 회전대 위에 고정시키고 회전대를 일정한 속도로 회전시킨다.

(나) 회전대가 회전하는 동안 밝기 측정 장치 A와 B로 각각 측정한 밝기를 기록하고 최소 밝기가 나타나는 주기를 표시한다.

(다) 반지름이 $\frac{1}{2}$배인 스타이로폼 공으로 교체한 후 (나)의 과정을 반복한다.

[실험 결과]

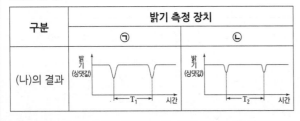

구분	밝기 측정 장치	
	㉠	㉡
(나)의 결과	밝기(상댓값) ←T₁→ 시간	밝기(상댓값) ←T₂→ 시간

이에 대한 설명으로 옳은 것만을 <보기>에서 있는 대로 고른 것은? 3점

보기
ㄱ. 최소 밝기가 나타나는 주기 T_1과 T_2는 같다.
ㄴ. ㉠은 B이다.
ㄷ. A로 측정한 밝기 감소 최대량은 (다) 결과가 (나) 결과의 2배이다.

① ㄱ   ② ㄷ   ③ ㄱ, ㄴ   ④ ㄴ, ㄷ   ⑤ ㄱ, ㄴ, ㄷ

그림은 어느 외계 행성계에서 공통 질량 중심을 중심으로 공전하는 행성 P와 중심별 S의 모습을 나타낸 것이다. P의 공전 궤도면은 관측자의 시선 방향과 나란하다. 이 자료에 대한 옳은 설명만을 <보기>에서 있는 대로 고른 것은? 3점

공통 질량 중심
P   S

보기
ㄱ. P와 S가 공통 질량 중심을 중심으로 공전하는 주기는 같다.
ㄴ. P의 질량이 작을수록 S의 스펙트럼 최대 편이량은 크다.
ㄷ. P의 반지름이 작을수록 식 현상에 의한 S의 밝기 감소율은 작다.

① ㄱ   ② ㄴ   ③ ㄷ   ④ ㄱ, ㄷ   ⑤ ㄴ, ㄷ

그림 (가)와 (나)는 서로 다른 외계 행성계에서 행성이 식 현상을 일으킬 때, 중심별의 상대적 밝기 변화를 시간에 따라 나타낸 것이다. 두 중심별의 반지름은 같고, 각 행성은 원궤도를 따라 공전하며, 공전 궤도면은 관측자의 시선 방향과 나란하다.

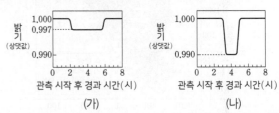

밝기(상댓값)
1.000
0.997
0.990
0 2 4 6 8
관측 시작 후 경과 시간(시)
(가)

밝기(상댓값)
1.000
0.990
0 2 4 6 8
관측 시작 후 경과 시간(시)
(나)

이에 대한 설명으로 옳은 것만을 <보기>에서 있는 대로 고른 것은? 3점

보기
ㄱ. 식 현상이 지속되는 시간은 (가)가 (나)보다 길다.
ㄴ. (가)의 행성 반지름은 (나)의 행성 반지름의 0.3배이다.
ㄷ. 중심별의 흡수선 파장은 식 현상이 시작되기 직전이 식 현상이 끝난 직후보다 길다.

① ㄱ   ② ㄴ   ③ ㄱ, ㄷ   ④ ㄴ, ㄷ   ⑤ ㄱ, ㄴ, ㄷ

35

그림은 외계 행성을 탐사하는 두 가지 방법이다.

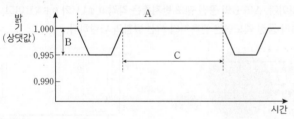

(가) 시선 속도 관측　　　　　(나) 식 현상 관측

이에 대한 설명으로 옳은 것만을 〈보기〉에서 있는 대로 고른 것은?

보기

ㄱ. (가)와 같이 별과 행성이 위치하면 청색 편이가 나타난다.

ㄴ. (가)와 (나) 모두 행성의 공전 주기를 구할 수 있다.

ㄷ. (가)와 (나) 모두 행성의 공전 궤도면이 시선 방향과 수직일 때 이용할 수 있다.

① ㄱ　　② ㄷ　　③ ㄱ, ㄴ　　④ ㄴ, ㄷ　　⑤ ㄱ, ㄴ, ㄷ

37

그림 (가)와 (나)는 어느 외계 행성에 의한 중심별의 시선 속도 변화와 겉보기 밝기 변화를 관측하여 각각 나타낸 것이다.

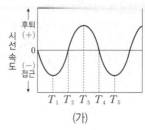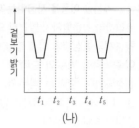

(가)　　　　　　　(나)

이에 대한 설명으로 옳은 것만을 〈보기〉에서 있는 대로 고른 것은?

보기

ㄱ. (가)에서 T_1일 때 (나)에서 겉보기 밝기는 최소이다.

ㄴ. (가)에서 지구로부터 중심별까지의 거리는 T_2일 때가 T_3일 때보다 가깝다.

ㄷ. (나)에서 t_4일 때 외계 행성은 지구로부터 멀어지고 있다.

① ㄱ　　② ㄴ　　③ ㄱ, ㄷ　　④ ㄴ, ㄷ　　⑤ ㄱ, ㄴ, ㄷ

36

그림은 외계 행성의 식 현상에 의해 일어나는 중심별의 밝기 변화를 나타낸 것이다.

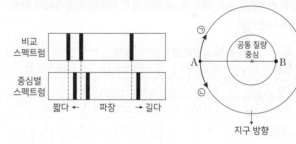

이에 대한 옳은 설명만을 〈보기〉에서 있는 대로 고른 것은? (단, 이 외계 행성계의 행성은 한 개이다.) (3점)

보기

ㄱ. A 기간은 행성의 공전 주기에 해당한다.

ㄴ. 행성의 반지름이 2배가 되면 B는 2배가 된다.

ㄷ. C 기간에 중심별의 스펙트럼을 관측하면 적색 편이가 청색 편이보다 먼저 나타난다.

① ㄱ　　② ㄴ　　③ ㄷ　　④ ㄱ, ㄷ　　⑤ ㄴ, ㄷ

38

그림은 어느 시점에 관측한 중심별의 스펙트럼과 이때 외계 행성계의 모습을 나타낸 것이다.

이에 대한 설명으로 옳은 것만을 〈보기〉에서 있는 대로 고른 것은? (3점)

보기

ㄱ. 중심별은 B이다.

ㄴ. A는 ⓒ 방향으로 공전한다.

ㄷ. 행성의 질량이 작을수록 공통 질량 중심은 별에 가까워진다.

① ㄱ　　② ㄷ　　③ ㄱ, ㄴ　　④ ㄴ, ㄷ　　⑤ ㄱ, ㄴ, ㄷ

DAY 25

Ⅲ

1 - 03 외계 행성계와 외계 생명체 탐사

다음은 어느 외계 행성계에 대한 기사의 일부이다.

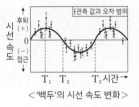

한글 이름을 사용하는 외계 행성계 '백두'와 '한라'

우리나라 천문학자가 발견한 외계 행성계의 중심별과 외계 행성의 이름에 각각 '백두'와 '한라'가 선정되었다. '한라'는 '백두'의 ㉠ 시선 속도 변화를 이용한 탐사 방법으로 발견하였다.

<'백두'의 시선 속도 변화>

이에 대한 설명으로 옳은 것만을 <보기>에서 있는 대로 고른 것은? **3점**

보기
ㄱ. T_1일 때 '백두'는 적색 편이가 나타난다.
ㄴ. 태양으로부터 '한라'까지의 거리는 T_2보다 T_3일 때 멀다.
ㄷ. ㉠에서 행성의 질량이 클수록 중심별의 시선 속도 변화가 커진다.

① ㄱ　　② ㄴ　　③ ㄱ, ㄷ　　④ ㄴ, ㄷ　　⑤ ㄱ, ㄴ, ㄷ

그림은 광도가 동일한 서로 다른 주계열성을 공전하는 행성 A와 B에 의한 중심별의 밝기 변화를 나타낸 것이다.

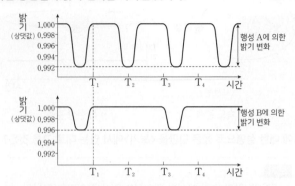

이에 대한 설명으로 옳은 것만을 <보기>에서 있는 대로 고른 것은? (단, 시선 방향과 행성의 공전 궤도면은 일치한다.) **3점**

보기
ㄱ. 공전 주기는 A가 B보다 짧다.
ㄴ. 반지름은 A가 B의 2배이다.
ㄷ. T_1 시기에는 A, B 모두 지구에 가까워지고 있다.

① ㄱ　　② ㄴ　　③ ㄱ, ㄷ　　④ ㄴ, ㄷ　　⑤ ㄱ, ㄴ, ㄷ

표는 주계열성 A, B, C를 각각 원 궤도로 공전하는 외계 행성 a, b, c의 공전 궤도 반지름, 질량, 반지름을 나타낸 것이다. 세 별의 질량과 반지름은 각각 같으며, 행성의 공전 궤도면은 관측자의 시선 방향과 나란하다.

외계 행성	공전 궤도 반지름 (AU)	질량 (목성=1)	반지름 (목성=1)
a	1	1	2
b	1	2	1
c	2	2	1

이에 대한 설명으로 옳은 것만을 <보기>에서 있는 대로 고른 것은? (단, A, B, C의 시선 속도 변화는 각각 a, b, c와의 공통 질량 중심을 공전하는 과정에서만 나타난다.) **3점**

보기
ㄱ. 시선 속도 변화량은 A가 B보다 작다.
ㄴ. 별과 공통 질량 중심 사이의 거리는 B가 C보다 짧다.
ㄷ. 행성의 식 현상에 의한 겉보기 밝기 변화는 A가 C보다 작다.

① ㄱ　　② ㄷ　　③ ㄱ, ㄴ　　④ ㄴ, ㄷ　　⑤ ㄱ, ㄴ, ㄷ

그림 (가)는 중심별을 원 궤도로 공전하는 외계 행성 A와 B의 공전 방향을, (나)는 A와 B에 의한 중심별의 겉보기 밝기 변화를 나타낸 것이다. A와 B의 공전 궤도 반지름은 각각 0.4AU와 0.6AU이고, B의 공전 궤도면은 관측자의 시선 방향과 나란하다.

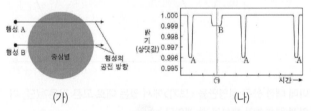

(가)　　　　　　　　(나)

이에 대한 설명으로 옳은 것만을 <보기>에서 있는 대로 고른 것은? **3점**

보기
ㄱ. 공전 주기는 A보다 B가 길다.
ㄴ. 반지름은 A가 B의 4배이다.
ㄷ. ㉠ 시기에 A와 B 사이의 거리는 1AU보다 멀다.

① ㄱ　　② ㄷ　　③ ㄱ, ㄴ　　④ ㄴ, ㄷ　　⑤ ㄱ, ㄴ, ㄷ

43 2023 평가원

그림 (가)는 중심별이 주계열성인 어느 외계 행성계의 생명 가능 지대와 행성의 공전 궤도를, (나)는 (가)의 행성이 식 현상을 일으킬 때 중심별의 상대적 밝기 변화를 시간에 따라 나타낸 것이다.

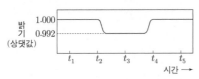

(가) (나)

이 자료에 대한 설명으로 옳은 것만을 <보기>에서 있는 대로 고른 것은? (단, 중심별의 시선 속도 변화는 행성과의 공통 질량 중심에 대한 공전에 의해서만 나타나고, 행성은 원 궤도를 따라 공전하며, 행성의 공전 궤도면은 관측자의 시선 방향과 나란하다.) 3점

<보기>
ㄱ. 생명 가능 지대의 폭은 이 외계 행성계가 태양계보다 좁다.
ㄴ. $\dfrac{\text{행성의 반지름}}{\text{중심별의 반지름}}$ 은 $\dfrac{1}{125}$ 이다.
ㄷ. 중심별의 흡수선 파장은 t_2가 t_1보다 짧다.

① ㄱ ② ㄴ ③ ㄷ ④ ㄱ, ㄴ ⑤ ㄱ, ㄷ

44

그림 (가)와 (나)는 외계 행성을 탐사하는 서로 다른 방법을 나타낸 것이다.

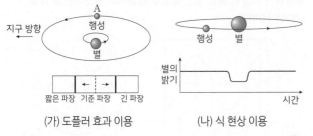

(가) 도플러 효과 이용   (나) 식 현상 이용

이에 대한 설명으로 옳은 것만을 <보기>에서 있는 대로 고른 것은? 3점

<보기>
ㄱ. (가)에서 행성이 A 위치를 지날 때 별빛은 적색 편이한다.
ㄴ. (나)에서 행성의 크기가 클수록 별의 밝기 변화가 크다.
ㄷ. (가)와 (나) 모두 관측자의 시선 방향과 행성의 공전 궤도면이 수직일 때 이용할 수 있다.

① ㄱ ② ㄴ ③ ㄷ ④ ㄱ, ㄴ ⑤ ㄴ, ㄷ

45

그림은 어느 외계 행성과 중심별이 공통 질량 중심을 중심으로 공전하는 모습을 나타낸 것이다. 행성은 원 궤도를 따라 공전하며, 공전 궤도면은 관측자의 시선 방향과 나란하다.

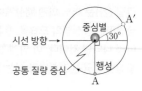

이에 대한 설명으로 옳은 것만을 <보기>에서 있는 대로 고른 것은?

<보기>
ㄱ. 식 현상을 이용하여 행성의 존재를 확인할 수 있다.
ㄴ. 행성이 A를 지날 때 중심별의 청색 편이가 나타난다.
ㄷ. 중심별의 어느 흡수선의 파장 변화 크기는 행성이 A를 지날 때가 A′를 지날 때의 2배이다.

① ㄱ ② ㄴ ③ ㄱ, ㄷ ④ ㄴ, ㄷ ⑤ ㄱ, ㄴ, ㄷ

46

그림 (가)는 식 현상, (나)는 미세 중력 렌즈 현상에 의한 별의 밝기 변화를 이용하여 외계 행성을 탐사하는 방법을 나타낸 것이다.

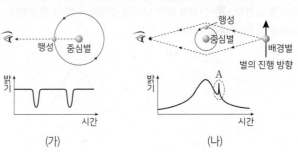

(가) (나)

이에 대한 설명으로 옳은 것만을 <보기>에서 있는 대로 고른 것은? 3점

<보기>
ㄱ. (가)에서 행성의 반지름이 클수록 별의 밝기 변화가 크다.
ㄴ. (나)에서 A는 행성의 중력 때문에 나타난다.
ㄷ. (가)와 (나)는 행성에 의한 중심별의 밝기 변화를 이용한다.

① ㄱ ② ㄷ ③ ㄱ, ㄴ ④ ㄴ, ㄷ ⑤ ㄱ, ㄴ, ㄷ

DAY 25

III

1
03

외계 행성계와 외계 생명체 탐사

그림 (가)는 어느 외계 행성계에서 공통 질량 중심을 원 궤도로 공전하는 중심별의 모습을, (나)는 중심별의 시선 속도를 시간에 따라 나타낸 것이다. 이 외계 행성계에는 행성이 1개만 존재하고, 중심별의 공전 궤도면과 시선 방향이 이루는 각은 60°이다.

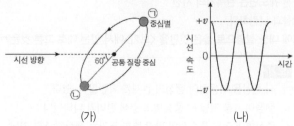

(가)   (나)

이에 대한 옳은 설명만을 〈보기〉에서 있는 대로 고른 것은? **3점**

보기
ㄱ. 지구로부터 행성까지의 거리는 중심별이 ㉠에 있을 때가 ㉡에 있을 때보다 가깝다.
ㄴ. 중심별의 공전 속도는 $2v$이다.
ㄷ. 중심별의 공전 궤도면과 시선 방향이 이루는 각이 현재보다 작아지면 중심별의 시선 속도 변화 주기는 길어진다.

① ㄱ   ② ㄴ   ③ ㄷ   ④ ㄱ, ㄴ   ⑤ ㄴ, ㄷ

그림 (가)는 어느 외계 행성계에서 중심별과 행성이 공통 질량 중심에 대하여 공전하는 원 궤도를 나타낸 것이고, (나)는 이 중심별의 시선 속도를 일정한 시간 간격에 따라 나타낸 것이다. t_1일 때 중심별의 위치는 ㉠과 ㉡ 중 하나이다.

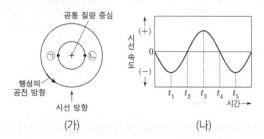

(가)   (나)

이 자료에 대한 설명으로 옳은 것만을 〈보기〉에서 있는 대로 고른 것은? (단, 행성의 공전 궤도면은 관측자의 시선 방향과 나란하고, 중심별의 겉보기 등급 변화는 행성의 식 현상에 의해서만 나타난다.)
3점

보기
ㄱ. t_1일 때 중심별의 위치는 ㉠이다.
ㄴ. 중심별의 겉보기 등급은 t_2가 t_4보다 작다.
ㄷ. $t_1 \rightarrow t_2$ 동안 중심별의 스펙트럼에서 흡수선의 파장은 점차 길어진다.

① ㄱ   ② ㄷ   ③ ㄱ, ㄴ   ④ ㄴ, ㄷ   ⑤ ㄱ, ㄴ, ㄷ

그림 (가)는 중심별과 행성이 공통 질량 중심에 대하여 공전하는 원 궤도를, (나)는 중심별의 시선 속도를 시간에 따라 나타낸 것이다. 행성이 A에 위치할 때 중심별의 시선 속도는 -60 m/s이고, 행성의 공전 궤도면은 관측자의 시선 방향과 나란하다.

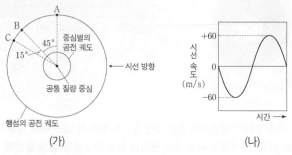

(가)   (나)

이에 대한 설명으로 옳은 것만을 〈보기〉에서 있는 대로 고른 것은? (단, 빛의 속도는 3×10^8 m/s이다.) **3점**

보기
ㄱ. 행성의 공전 방향은 A → B → C이다.
ㄴ. 중심별의 스펙트럼에서 500 nm의 기준 파장을 갖는 흡수선의 최대 파장 변화량은 0.001 nm이다.
ㄷ. 중심별의 시선 속도는 행성이 B를 지날 때가 C를 지날 때의 $\sqrt{2}$배이다.

① ㄱ   ② ㄴ   ③ ㄱ, ㄷ   ④ ㄴ, ㄷ   ⑤ ㄱ, ㄴ, ㄷ

그림 (가)는 공전 궤도면이 시선 방향과 나란한 어느 외계 행성계에서 관측된 중심별의 시선 속도 변화를, (나)는 이 외계 행성계의 중심별과 행성이 공통 질량 중심을 중심으로 공전하는 모습을 나타낸 것이다.

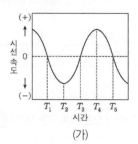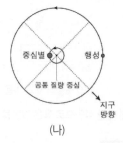

(가)   (나)

이에 대한 옳은 설명만을 〈보기〉에서 있는 대로 고른 것은? **3점**

보기
ㄱ. 지구와 중심별 사이의 거리는 T_1일 때가 T_2일 때보다 크다.
ㄴ. 중심별과 행성이 (나)와 같이 위치한 시기는 $T_2 \sim T_3$에 해당한다.
ㄷ. T_5일 때 행성에 의한 식 현상이 나타난다.

① ㄱ   ② ㄴ   ③ ㄷ   ④ ㄱ, ㄴ   ⑤ ㄱ, ㄷ

51

그림 (가)와 (나)는 어느 외계 행성에 의한 중심별의 시선 속도 변화와 밝기 변화를 나타낸 것이다.

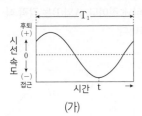
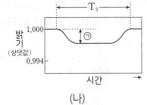

(가)　　　　　(나)

이에 대한 옳은 설명만을 〈보기〉에서 있는 대로 고른 것은? **3점**

보기

ㄱ. 관측 시간은 T_1이 T_2보다 길다.

ㄴ. t일 때 외계 행성은 지구로부터 멀어진다.

ㄷ. $\dfrac{\text{행성의 반지름}}{\text{중심별의 반지름}}$ 값이 클수록 ㉠은 커진다.

① ㄱ　② ㄴ　③ ㄱ, ㄷ　④ ㄴ, ㄷ　⑤ ㄱ, ㄴ, ㄷ

52

그림 (가)와 (나)는 외계 행성을 탐사하는 서로 다른 방법을 나타낸 것이다.

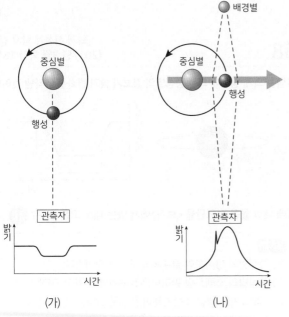

(가)　　　　　(나)

이에 대한 옳은 설명만을 〈보기〉에서 있는 대로 고른 것은?

보기

ㄱ. (가)는 행성의 반지름이 클수록 행성을 발견하기 쉽다.

ㄴ. (나)의 그래프는 행성의 중심별의 밝기 변화를 나타낸 것이다.

ㄷ. (가)와 (나)는 행성의 공전 궤도면이 시선 방향에 나란한 경우에만 이용할 수 있다.

① ㄱ　② ㄴ　③ ㄱ, ㄷ　④ ㄴ, ㄷ　⑤ ㄱ, ㄴ, ㄷ

53

그림 (가)는 어느 외계 행성과 중심별이 공통 질량 중심을 중심으로 공전하는 모습을, (나)는 도플러 효과를 이용하여 측정한 이 중심별의 시선 속도 변화를 나타낸 것이다.

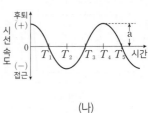

(가)　　　　　(나)

이에 대한 설명으로 옳은 것만을 〈보기〉에서 있는 대로 고른 것은?

보기

ㄱ. 공통 질량 중심에 대한 행성의 공전 방향은 ㉠이다.

ㄴ. 행성의 질량이 클수록 (나)에서 a가 커진다.

ㄷ. 행성이 A에 위치할 때 (나)에서는 $T_3 \sim T_4$에 해당한다.

① ㄱ　② ㄴ　③ ㄱ, ㄷ　④ ㄴ, ㄷ　⑤ ㄱ, ㄴ, ㄷ

54 【2022 평가원】

그림은 어느 외계 행성계의 시선 속도를 관측하여 나타낸 것이다.

이 자료에 대한 설명으로 옳은 것만을 〈보기〉에서 있는 대로 고른 것은? **3점**

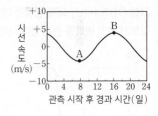

보기

ㄱ. 행성의 스펙트럼을 관측하여 얻은 자료이다.

ㄴ. A 시기에 행성은 지구로부터 멀어지고 있다.

ㄷ. B 시기에 행성으로 인한 식 현상이 관측된다.

① ㄱ　② ㄴ　③ ㄷ　④ ㄱ, ㄴ　⑤ ㄴ, ㄷ

그림 (가)는 어느 외계 행성의 식 현상에 의한 중심별의 밝기 변화를, (나)는 이 외계 행성의 공전 궤도면과 시선 방향이 이루는 각이 달라졌을 때 예상되는 식 현상에 의한 중심별의 밝기 변화를 나타낸 것이다.

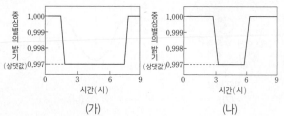

(가)   (나)

이에 대한 옳은 설명만을 〈보기〉에서 있는 대로 고른 것은? 3점

보기

ㄱ. 외계 행성의 공전 궤도면이 시선 방향과 이루는 각은 (가)보다 (나)일 때 크다.

ㄴ. $\dfrac{중심별의 단면적}{행성의 단면적}$ 은 100보다 크다.

ㄷ. 식 현상이 반복되는 주기는 (가)와 (나)에서 같다.

① ㄱ　　② ㄴ　　③ ㄱ, ㄷ　　④ ㄴ, ㄷ　　⑤ ㄱ, ㄴ, ㄷ

그림 (가)와 (나)는 외계 행성에 의한 미세 중력 렌즈 현상과 식 현상의 겉보기 밝기 변화를 순서 없이 나타낸 것이다.

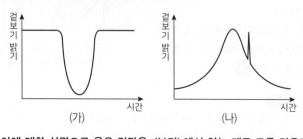

(가)   (나)

이에 대한 설명으로 옳은 것만을 〈보기〉에서 있는 대로 고른 것은?
3점

보기

ㄱ. 미세 중력 렌즈 현상에 의한 겉보기 밝기 변화는 (나)이다.

ㄴ. (가)를 이용한 탐사는 외계 행성의 반지름이 클수록 행성을 발견하는 데 유리하다.

ㄷ. (가)와 (나)는 외계 행성의 공전 궤도면과 관측자의 시선 방향이 나란해야만 외계 행성 탐사에 이용할 수 있다.

① ㄱ　　② ㄷ　　③ ㄱ, ㄴ　　④ ㄴ, ㄷ　　⑤ ㄱ, ㄴ, ㄷ

그림 (가)는 서로 다른 탐사 방법을 이용하여 발견한 외계 행성의 공전 궤도 반지름과 질량을, (나)는 A 또는 B를 이용한 방법으로 알아낸 어느 별 S의 밝기 변화를 나타낸 것이다. A와 B는 각각 식 현상과 미세 중력 렌즈 현상 중 하나이다.

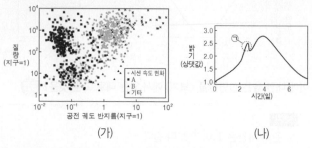

(가)   (나)

이 자료에 대한 설명으로 옳은 것만을 〈보기〉에서 있는 대로 고른 것은? 3점

보기

ㄱ. A를 이용한 방법으로 발견한 외계 행성의 공전 궤도 반지름은 대체로 1AU보다 작다.

ㄴ. (나)는 B를 이용한 방법으로 알아낸 것이다.

ㄷ. ㉠은 별 S를 공전하는 행성에 의해 나타난다.

① ㄱ　　② ㄷ　　③ ㄱ, ㄴ　　④ ㄴ, ㄷ　　⑤ ㄱ, ㄴ, ㄷ

그림은 외계 행성에 의한 중심별의 겉보기 밝기 변화를 나타낸 것이다.

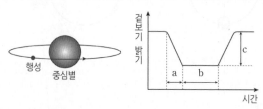

이에 대한 옳은 설명만을 〈보기〉에서 있는 대로 고른 것은? 3점

보기

ㄱ. 중심별의 반지름이 클수록 a 구간이 길어진다.

ㄴ. 중심별의 스펙트럼 편이량은 b 구간에서 가장 크다.

ㄷ. c의 크기는 행성의 반지름이 클수록 크다.

① ㄱ　　② ㄷ　　③ ㄱ, ㄴ　　④ ㄴ, ㄷ　　⑤ ㄱ, ㄴ, ㄷ

59

그림 (가)는 별 A와 B의 상대적 위치 변화를 시간 순서로 배열한 것이고, (나)는 (가)의 관측 기간 동안 이 중 한 별의 밝기 변화를 나타낸 것이다. 이 기간 동안 B는 A보다 지구로부터 멀리 있고, 별과 행성에 의한 미세 중력 렌즈 현상이 관측되었다.

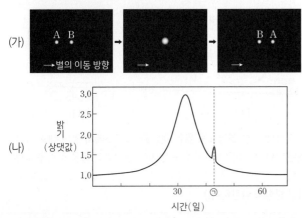

(가)

(나)

이 자료에 대한 설명으로 옳은 것만을 <보기>에서 있는 대로 고른 것은? 3점

보기
ㄱ. (나)의 ㉠ 시기에 관측자와 두 별의 중심은 일직선상에 위치한다.
ㄴ. (나)에서 별의 겉보기 등급 최대 변화량은 1등급보다 작다.
ㄷ. (나)로부터 A가 행성을 가지고 있다는 것을 알 수 있다.

① ㄱ　　② ㄷ　　③ ㄱ, ㄴ　　④ ㄴ, ㄷ　　⑤ ㄱ, ㄴ, ㄷ

60

그림은 외계 행성이 중심별 주위를 공전하며 식현상을 일으키는 모습과 중심별의 밝기 변화를 나타낸 것이다. 이 외계 행성에 의해 중심별의 도플러 효과가 관측된다.

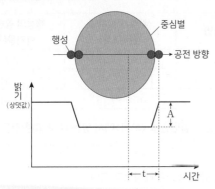

이에 대한 설명으로 옳은 것만을 <보기>에서 있는 대로 고른 것은?

보기
ㄱ. 행성의 반지름이 2배 커지면 A 값은 2배 커진다.
ㄴ. t 동안 중심별의 적색 편이가 관측된다.
ㄷ. 중심별과 행성의 공통 질량 중심을 중심으로 공전하는 속도는 중심별이 행성보다 느리다.

① ㄱ　　② ㄷ　　③ ㄱ, ㄴ　　④ ㄴ, ㄷ　　⑤ ㄱ, ㄴ, ㄷ

61

그림은 어느 외계 행성과 중심별이 공통 질량 중심을 중심으로 공전하는 모습을 나타낸 것이다. 행성은 원 궤도로 공전하며 공전 궤도면은 관측자의 시선 방향과 나란하나.

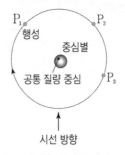

시선 방향

이에 대한 설명으로 옳은 것만을 <보기>에서 있는 대로 고른 것은?

3점

보기
ㄱ. 행성이 P_1에 위치할 때 중심별의 적색 편이가 나타난다.
ㄴ. 중심별의 질량이 클수록 중심별의 시선 속도 최댓값이 커진다.
ㄷ. 중심별의 어느 흡수선의 파장 변화 크기는 행성이 P_3에 위치할 때가 P_2에 위치할 때보다 크다.

① ㄱ　　② ㄷ　　③ ㄱ, ㄴ　　④ ㄴ, ㄷ　　⑤ ㄱ, ㄴ, ㄷ

62

그림 (가)와 (나)는 어느 외계 행성에 의한 중심별의 시선 속도 변화와 겉보기 밝기 변화를 각각 나타낸 것이다. (나)의 t는 (가)의 T_1, T_2, T_3, T_4 중 하나이다.

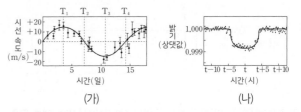

(가)　　　　　(나)

이 자료에 대한 설명으로 옳은 것만을 <보기>에서 있는 대로 고른 것은? 3점

보기
ㄱ. 중심별은 T_1 일 때 적색 편이가 나타난다.
ㄴ. 지구로부터 외계 행성까지의 거리는 T_2보다 T_3일 때 멀다.
ㄷ. (나)의 t는 (가)의 T_4이다.

① ㄱ　　② ㄷ　　③ ㄱ, ㄴ　　④ ㄴ, ㄷ　　⑤ ㄱ, ㄴ, ㄷ

DAY
25

Ⅲ

1
ㅣ
03

외계 행성계와 외계 생명체 탐사

63

그림 (가)는 원궤도로 공전하는 어느 외계 행성에 의한 중심별의 밝기 변화를, (나)는 $t_1 \sim t_6$ 중 어느 한 시점부터 일정한 시간 간격으로 관측한 중심별의 스펙트럼을 순서대로 나타낸 것이다. $\Delta\lambda_{max}$은 스펙트럼의 최대 편이량이다.

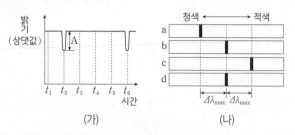

이에 대한 설명으로 옳은 것만을 〈보기〉에서 있는 대로 고른 것은? 3점

보기

ㄱ. (가)의 t_3에 관측한 스펙트럼은 (나)에서 a에 해당한다.

ㄴ. 행성의 반지름이 클수록 (가)에서 A가 커진다.

ㄷ. 행성의 질량이 클수록 (나)에서 $\Delta\lambda_{max}$이 커진다.

① ㄱ   ② ㄴ   ③ ㄱ, ㄷ   ④ ㄴ, ㄷ   ⑤ ㄱ, ㄴ, ㄷ

---

64 2023 수능

그림은 어느 외계 행성계에서 식 현상을 일으키는 행성에 의한 중심별의 상대적 밝기 변화를 일정한 시간 간격에 따라 나타낸 것이다. 중심별의 반지름에 대하여 행성 반지름은 $\frac{1}{20}$배, 행성의 중심과 중심별의 중심 사이의 거리는 4.2배이다. A는 식 현상이 끝난 직후이다.

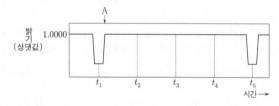

이 자료에 대한 설명으로 옳은 것만을 〈보기〉에서 있는 대로 고른 것은? (단, 행성은 원 궤도를 따라 공전하며, t_1, t_5일 때 행성의 중심과 중심별의 중심은 관측자의 시선과 동일한 방향에 위치하고, 중심별의 시선 속도 변화는 행성과의 공통 질량 중심에 대한 공전에 의해서만 나타난다.) 3점

보기

ㄱ. t_1일 때, 중심별의 상대적 밝기는 원래 광도의 99.75%이다.

ㄴ. $t_2 \rightarrow t_3$ 동안 중심별의 스펙트럼에서 흡수선의 파장은 점차 길어진다.

ㄷ. 중심별의 시선 속도는 A일 때가 t_2일 때의 $\frac{1}{4}$배이다.

① ㄱ   ② ㄷ   ③ ㄱ, ㄴ   ④ ㄴ, ㄷ   ⑤ ㄱ, ㄴ, ㄷ

---

65 2024 평가원

그림 (가)는 어느 외계 행성계에서 중심별과 행성이 공통 질량 중심에 대하여 원 궤도로 공전하는 모습을 나타낸 것이고, (나)는 행성이 ㉠, ㉡, ㉢에 위치할 때 지구에서 관측한 중심별의 스펙트럼을 A, B, C로 순서 없이 나타낸 것이다.

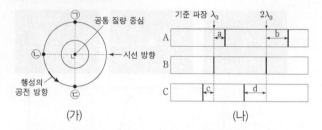

이 자료에 대한 설명으로 옳은 것만을 〈보기〉에서 있는 대로 고른 것은? (단, 중심별의 시선 속도 변화는 행성과의 공통 질량 중심에 대한 공전에 의해서만 나타나고, 행성의 공전 궤도면은 관측자의 시선 방향과 나란하다.)

보기

ㄱ. A는 행성이 ㉠에 위치할 때 관측한 결과이다.

ㄴ. 행성이 ㉡ → ㉢으로 공전하는 동안 중심별의 시선 속도는 커진다.

ㄷ. a×b는 c×d보다 작다.

① ㄱ   ② ㄴ   ③ ㄷ   ④ ㄱ, ㄴ   ⑤ ㄴ, ㄷ

66

표는 주계열성 A, B, C의 생명 가능 지대 범위와 생명 가능 지대에 위치한 행성의 공전 궤도 반지름을 나타낸 것이다. A, B, C에는 각각 행성이 하나만 존재하고, 별의 연령은 모두 같다.

중심별	생명 가능 지대 범위(AU)	행성의 공전 궤도 반지름(AU)
A	0.61~0.83	0.78
B	(㉠)~1.49	1.34
C	1.29~1.75	1.34

이에 대한 옳은 설명만을 〈보기〉에서 있는 대로 고른 것은?

보기

ㄱ. A의 절대 등급은 태양보다 크다.

ㄴ. ㉠은 1.27보다 작다.

ㄷ. 생명 가능 지대에 머무르는 기간은 A의 행성이 C의 행성보다 짧다.

① ㄱ   ② ㄷ   ③ ㄱ, ㄴ   ④ ㄴ, ㄷ   ⑤ ㄱ, ㄴ, ㄷ

그림 (가)는 어느 외계 행성과 중심별이 공통 질량 중심을 중심으로 공선할 때 중심별의 시선 속도 변화를, (나)는 t일 때 이 중심별과 행성의 위치 관계를 나타낸 것이다.

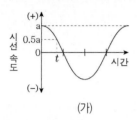 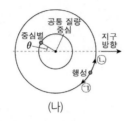

(가)　　　　　(나)

이에 대한 옳은 설명만을 <보기>에서 있는 대로 고른 것은? (단, 외계 행성은 원 궤도로 공전하며, 공전 궤도면은 관측자의 시선 방향과 나란하다.) **3점**

보기
ㄱ. 공통 질량 중심에 대한 행성의 공전 방향은 ㉠이다.
ㄴ. θ의 크기는 30°이다.
ㄷ. 행성의 공전 주기가 현재보다 길어지면 a는 증가한다.

① ㄱ　　② ㄴ　　③ ㄱ, ㄷ　　④ ㄴ, ㄷ　　⑤ ㄱ, ㄴ, ㄷ

다음은 생명 가능 지대에 대하여 학생 A, B, C가 나눈 대화를 나타낸 것이다.

학생 A: 생명 가능 지대에 위치한 행성에는 물이 액체 상태로 존재할 가능성이 있어.
학생 B: 중심별의 광도가 클수록 중심별로부터 생명 가능 지대까지의 거리는 멀어져.
학생 C: 중심별의 광도가 클수록 생명 가능 지대의 폭은 좁아져.

제시한 내용이 옳은 학생만을 있는 대로 고른 것은?

① A　　② B　　③ C　　④ A, B　　⑤ A, C

그림은 어느 외계 행성과 중심별이 공통 질량 중심을 중심으로 공전하는 원 궤도를, 표는 행성이 A, B, C에 위치할 때 중심별의 어느 흡수선 관측 결과를 나타낸 것이다. 행성의 공전 궤도면은 관측자의 시선 방향과 나란하다.

기준 파장	관측 파장(nm)		
(nm)	A	B	C
λ_0	499.990	500.005	(㉠)

이 자료에 대한 설명으로 옳은 것만을 <보기>에서 있는 대로 고른 것은? (단, 빛의 속도는 3×10^5 km/s이고, 중심별의 시선 속도 변화는 행성과의 공통 질량 중심에 대한 공전에 의해서만 나타난다.) **3점**

보기
ㄱ. 행성이 B에 위치할 때, 중심별의 스펙트럼에서 적색 편이가 나타난다.
ㄴ. ㉠은 499.995보다 작다.
ㄷ. 중심별의 공전 속도는 6km/s이다.

① ㄱ　　② ㄷ　　③ ㄱ, ㄴ　　④ ㄴ, ㄷ　　⑤ ㄱ, ㄴ, ㄷ

2. 외부 은하와 우주 팽창

01 은하의 분류

기본자료

필수개념 1 **외부 은하**

1. 외부 은하

1) 외부 은하: 우리은하 밖에 존재하는 은하

2) 허블의 외부 은하 관측: 세페이드 변광성을 이용해 안드로메다 성운의 거리 측정

→ 거리가 너무 멀어 안드로메다 성운은 우리은하 내 성운이 아니라는 것이 밝혀짐

2. 허블의 은하 분류

1) 허블의 은하 분류: 가시광선 영역에서 관측되는 형태에 따라 타원 은하(E), 정상 나선 은하(S), 막대 나선 은하(SB), 불규칙 은하(Irr)로 분류 → 진화적 분류(×), 형태학적 분류(○)

은하의 종류	특징
타원 은하(E)	• 매끄러운 타원 형태, 나선팔이 없음 • 성간 물질이 매우 적어 새로운 별의 탄생이 적고, 기존의 별들도 나이가 매우 많고 질량이 작음 • 편평도$\left(e=\dfrac{(a-b)}{a}, \; a: 타원체의 장반경, \; b: 타원체의 단반경\right)$에 따라 E0에서 E7으로 구분 → E0에서 E7으로 갈수록 편평 예 처녀자리 M87(E1), 안드로메다 M110(E5)

나선 은하
(S), (SB)
	• 납작한 원반 형태, 구 모양의 은하핵과 나선팔 존재
	• 은하의 중심부는 나이가 많은 붉은 별 및 구상성단으로 구성
	• 은하의 나선팔은 성간 물질이 많고 나이가 적은 푸른 별로 구성
	• 중심부의 막대 구조 유무에 따라 정상 나선 은하(S), 막대 나선 은하(SB)로 구분
	  – 정상 나선 은하(S): 은하핵에서 나선팔이 직접 뻗어 나온 형태 예 안드로메다은하
	  – 막대 나선 은하(SB): 중심부 막대 구조에서 나선팔이 뻗어 나온 형태 예 우리은하
	• 막대 구조 형성 원인: 나선 은하가 역학적으로 불안정해지는 경우 막대 구조 형성
	• 나선 은하의 세부 분류: 은하핵의 크기, 나선팔이 감긴 정도에 따라 a, b, c로 세분

불규칙 은하(Irr)	• 형태가 일정하지 않고 규칙적인 구조가 없는 은하(중심핵, 나선팔 구분 힘듦) • 은하를 구성하는 별들의 나이가 적고, 성간 물질이 풍부하며 크기가 작음 • 새로운 별들의 탄생이 활발 예 대마젤란은하, 소마젤란은하

	Sa(SBa)	Sb(SBb)	Sc(SBc)
은하핵 크기	크다	↔	작다
나선팔이 감긴 정도	강하게	↔	느슨하게
암흑 성운의 개수	적다	↔	많다

2) 허블의 착각

: 허블은 은하가 타원 은하에서 나선 은하로 진화한다고 생각했지만 실제로는 아무 관련이 없음

▶ S0 은하
타원 은하와 나선 은하의 중간 형태로 렌즈 모양을 띠므로 렌즈형 은하라고도 한다. 나선팔은 보이지 않지만 나선 은하에서와 같은 원반 형태가 보이며, 타원 은하와 같이 나이가 많은 별들로 이루어져 있으며, 성간 물질의 양도 나선 은하보다는 적고 타원 은하보다는 많다.

필수개념 2 특이 은하

1. 특이 은하: 허블의 분류 체계로 분류하기 어려운 은하. 중심부의 핵이 유난히 밝아 특이 은하 혹은 활동 은하라고 함. 특이 은하의 중심부에는 거대한 블랙홀이 있을 것으로 추정.

2. 특이 은하의 종류

종류	특징
전파 은하	① 보통의 은하보다 수백 배 이상 강한 전파를 방출 ② 가시광선 영역에서 대부분 타원 은하로 관측 ③ 전파 영역으로 관측하면 중심핵 양쪽에 강력한 전파를 방출하는 로브라는 둥근 돌출부가 있고 중심핵에서 로브까지 이어지는 제트가 대칭적으로 분포 → 중심부에 거대한 블랙홀 존재 추정 ④ 로브의 크기가 은하보다 크고 로브 사이 간격은 은하 크기의 수백 배 ⑤ 로브와 제트에서는 강한 자기장에 의한 X선 방출 → 고속의 대전 입자와 자기장의 존재 의미 예 NGC 4486(M87), NGC 5128(센타우르스 A)
세이퍼트 은하	① 중심부 광도가 매우 높고 넓은 방출선 방출 ② 중심부의 스펙트럼 상 폭이 넓은 방출선 → 은하 내 가스 구름이 매우 빠른 속도로 움직임을 의미. 블랙홀 존재 추정 ③ 가시광선 영역에서 대부분 나선 은하로 관측되고 전체 나선 은하의 2%가 세이퍼트 은하로 관측됨 예 NGC 1068(M77), NGC 4151
퀘이사	① 모든 파장에 걸쳐 많은 양의 에너지를 방출하는 은하 ② 적색 편이(후퇴 속도)가 매우 크게 관측됨 → 허블의 법칙에 따라 퀘이사가 매우 먼 거리에 있음을 의미(초기 우주에 형성) ③ 태양계 정도의 크기에 보통 은하의 수백 배의 에너지가 방출 → 중심부에 질량이 매우 큰 블랙홀 존재 추정 ④ 가장 멀리 있는 퀘이사: 우주 나이 10억 년 이전에 생긴 것 예 3C 273

그림 라벨:
- 핵이 뚜렷한 전파 은하로 관측된다.
- 전파 로브
- 에너지 방출원(핵)
- 제트
- 핵의 양쪽에 제트로 연결된 로브가 나타나는 전파 은하로 관측된다.
- 전파 로브

▶ 거대 블랙홀
대부분 특이 은하의 중심부에는 질량이 태양의 수백만~수십억 배인 거대 블랙홀이 존재한다고 추정된다. 거대 블랙홀은 주변 물질을 흡수하면서 막대한 양의 에너지를 방출한다.

▶ 퀘이사(Quasar)
처음 발견 당시 별처럼 관측되었기 때문에 항성과 비슷하다는 의미의 준항성(Quasi−stellar Object) 이라는 이름을 붙였다.

3. 충돌 은하

1) 충돌 은하: 은하가 다른 은하와 상호 작용을 통해 충돌하는 과정에서 형성되는 은하

2) 충돌 은하의 특징

① 충돌을 하더라도 내부의 별들이 서로 충돌하지는 않음

→ 별의 크기보다 별 사이 공간이 더 크기 때문

② 은하 안의 거대한 분자 구름이 충돌하고 압축되면서 많은 새로운 별의 탄생 촉진

1

다음은 세 학생이 다양한 외부 은하를 형태에 따라 분류하는 탐구 활동의 일부를 나타낸 것이다.

[탐구 과정]
(가) 다양한 형태의 은하 사진을 준비한다.
(나) '규칙적인 구조가 있는가?'에 따라 은하를 분류한다.
(다) (나)의 조건을 만족하는 은하를 '(㉠)이/가 있는가?'에 따라 A와 B 그룹으로 분류한다.
(라) A와 B 그룹에 적용할 추가 분류 기준을 만든다.

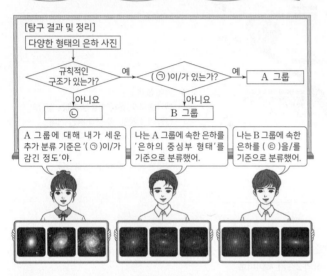

[탐구 결과 및 정리]

A 그룹에 대해 내가 세운 추가 분류 기준은 '(㉠)이/가 감긴 정도'야.

나는 A 그룹에 속한 은하를 '은하의 중심부 형태'를 기준으로 분류했어.

나는 B 그룹에 속한 은하를 (㉢)을/를 기준으로 분류했어.

이에 대한 설명으로 옳은 것만을 〈보기〉에서 있는 대로 고른 것은?

3점

보기
ㄱ. 나선팔은 ㉠에 해당한다.
ㄴ. 허블의 분류 체계에 따르면 ㉡은 불규칙 은하이다.
ㄷ. '구에 가까운 정도'는 ㉢에 해당한다.

① ㄱ   ② ㄴ   ③ ㄱ, ㄷ   ④ ㄴ, ㄷ   ⑤ ㄱ, ㄴ, ㄷ

2

그림 (가), (나), (다)는 타원 은하, 나선 은하, 불규칙 은하를 순서 없이 나타낸 것이다.

(가)   (나)   (다)

이에 대한 옳은 설명만을 〈보기〉에서 있는 대로 고른 것은?

보기
ㄱ. (가)는 (나)로 진화한다.
ㄴ. 은하를 구성하는 별들의 평균 나이는 (나)가 (다)보다 많다.
ㄷ. 은하에서 성간 물질이 차지하는 비율은 (가)가 (다)보다 크다.

① ㄱ   ② ㄷ   ③ ㄱ, ㄴ   ④ ㄴ, ㄷ   ⑤ ㄱ, ㄴ, ㄷ

3

그림은 허블의 은하 분류상 서로 다른 형태의 세 은하 A, B, C를 가시광선으로 관측한 것이다.

A   B   C

이에 대한 설명으로 옳은 것만을 〈보기〉에서 있는 대로 고른 것은?

보기
ㄱ. A는 불규칙 은하이다.
ㄴ. B의 경우 별의 평균 색지수는 은하 중심부보다 나선팔에서 크다.
ㄷ. 보통 물질 중 성간 물질이 차지하는 질량의 비율은 B가 C보다 크다.

① ㄱ   ② ㄴ   ③ ㄱ, ㄷ   ④ ㄴ, ㄷ   ⑤ ㄱ, ㄴ, ㄷ

4 2023 평가원

그림 (가)와 (나)는 가시광선으로 관측한 어느 타원 은하와 불규칙 은하를 순서 없이 나타낸 것이다.

(가)　　　　　　　　　(나)

이에 대한 설명으로 옳은 것만을 〈보기〉에서 있는 대로 고른 것은?

보기
ㄱ. (가)는 불규칙 은하이다.
ㄴ. (나)를 구성하는 별들은 푸른 별이 붉은 별보다 많다.
ㄷ. 은하를 구성하는 별들의 평균 나이는 (가)가 (나)보다 적다.

① ㄱ　　② ㄴ　　③ ㄱ, ㄷ　　④ ㄴ, ㄷ　　⑤ ㄱ, ㄴ, ㄷ

6

그림 (가)와 (나)는 나선 은하와 불규칙 은하를 순서 없이 나타낸 것이다.

(가)　　　　　　　　　(나)

이에 대한 옳은 설명만을 〈보기〉에서 있는 대로 고른 것은?

보기
ㄱ. (가)는 불규칙 은하이다.
ㄴ. (나)에서 별은 주로 은하 중심부에서 생성된다.
ㄷ. 우리은하의 형태는 (나)보다 (가)에 가깝다.

① ㄱ　　② ㄴ　　③ ㄱ, ㄷ　　④ ㄴ, ㄷ　　⑤ ㄱ, ㄴ, ㄷ

5 2024 평가원

그림 (가), (나), (다)는 타원 은하, 나선 은하, 불규칙 은하를 순서 없이 나타낸 것이다.

(가)　　　　(나)　　　　(다)

이에 대한 설명으로 옳은 것만을 〈보기〉에서 있는 대로 고른 것은?

보기
ㄱ. (가)는 타원 은하이다.
ㄴ. 은하를 구성하는 별의 평균 나이는 (가)가 (나)보다 적다.
ㄷ. (가)는 (다)로 진화한다.

① ㄱ　　② ㄷ　　③ ㄱ, ㄴ　　④ ㄱ, ㄷ　　⑤ ㄴ, ㄷ

7

그림 (가)는 은하 A와 B의 가시광선 영상을, (나)는 A와 B의 특성을 나타낸 것이다.

  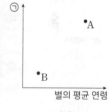

A　　　　　B
(가)　　　　　　　　　(나)

이에 대한 설명으로 옳은 것을 〈보기〉에서 고른 것은? 3점

보기
ㄱ. 허블의 은하 분류에 의하면 A는 E0에 해당한다.
ㄴ. 은하는 B의 형태에서 A의 형태로 진화한다.
ㄷ. 은하의 질량에 대한 성간 물질의 비는 A가 B보다 작다.
ㄹ. 색지수는 (나)의 ㉠에 해당한다.

① ㄱ, ㄴ　　② ㄱ, ㄷ　　③ ㄱ, ㄹ　　④ ㄴ, ㄷ　　⑤ ㄷ, ㄹ

8

표는 허블의 은하 분류 기준과 이에 따라 분류한 은하의 종류를 나타낸 것이고, 그림은 은하 A의 가시광선 영상이다. (가)~(라)는 각각 타원 은하, 정상 나선 은하, 막대 나선 은하, 불규칙 은하 중 하나이고, A는 (가)~(라) 중 하나에 해당한다.

분류 기준	(가)	(나)	(다)	(라)
규칙적인 구조가 있는가?	○	○	×	○
나선팔이 있는가?	○	○	×	×
중심부에 막대 구조가 있는가?	○	×	×	×

A

(○: 있다, ×: 없다)

이 자료에 대한 설명으로 옳은 것만을 〈보기〉에서 있는 대로 고른 것은?

> **보기**
> ㄱ. 은하의 질량에 대한 성간 물질의 질량비는 (가)가 (다)보다 작다.
> ㄴ. 은하를 구성하는 별의 평균 표면 온도는 (나)가 (라)보다 높다.
> ㄷ. A는 (라)에 해당한다.

① ㄱ　　　② ㄷ　　　③ ㄱ, ㄴ　　　④ ㄴ, ㄷ　　　⑤ ㄱ, ㄴ, ㄷ

9

그림은 외부 은하 중 일부를 형태에 따라 (가), (나), (다)로 분류한 것이다.

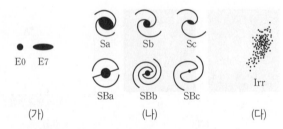

E0　E7　　Sa　Sb　Sc

SBa　SBb　SBc　　Irr

(가)　　　　(나)　　　　(다)

이에 대한 옳은 설명만을 〈보기〉에서 있는 대로 고른 것은?

> **보기**
> ㄱ. (가)는 타원 은하이다.
> ㄴ. (나)의 은하들은 나선팔이 있다.
> ㄷ. 은하를 구성하는 별의 평균 표면 온도는 (가)가 (다)보다 낮다.

① ㄱ　　　② ㄷ　　　③ ㄱ, ㄴ　　　④ ㄴ, ㄷ　　　⑤ ㄱ, ㄴ, ㄷ

10　2023 평가원

그림은 어느 외부 은하를 나타낸 것이다. A와 B는 각각 은하의 중심부와 나선팔이다.

이 은하에 대한 설명으로 옳은 것만을 〈보기〉에서 있는 대로 고른 것은?

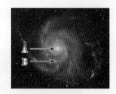

> **보기**
> ㄱ. 막대 나선 은하에 해당한다.
> ㄴ. B에는 성간 물질이 존재하지 않는다.
> ㄷ. 붉은 별의 비율은 A가 B보다 높다.

① ㄱ　　　② ㄴ　　　③ ㄷ　　　④ ㄱ, ㄴ　　　⑤ ㄴ, ㄷ

11

그림 (가)와 (나)는 나선 은하와 타원 은하를 순서 없이 나타낸 것이다.

(가)　　　　　　(나)

이에 대한 설명으로 옳은 것만을 〈보기〉에서 있는 대로 고른 것은?

> **보기**
> ㄱ. (가)는 타원 은하이다.
> ㄴ. (나)에서 성간 물질은 주로 은하 중심부에 분포한다.
> ㄷ. 은하는 (가)의 형태에서 (나)의 형태로 진화한다.

① ㄱ　　　② ㄴ　　　③ ㄱ, ㄷ　　　④ ㄴ, ㄷ　　　⑤ ㄱ, ㄴ, ㄷ

정답과 해설　8 p.460　9 p.460　10 p.461　11 p.461

12 `2022 평가원`

그림은 두 은하 A와 B가 탄생한 후, 연간 생성된 별의 총질량을 시간에 따라 나타낸 것이다. A와 B는 허블 은하 분류 체계에 따른 서로 다른 종류이며, 각각 E0과 Sb 중 하나이다.

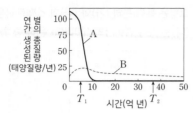

이에 대한 설명으로 옳은 것만을 〈보기〉에서 있는 대로 고른 것은?

> **보기**
> ㄱ. B는 나선팔을 가지고 있다.
> ㄴ. T_1일 때 연간 생성된 별의 총질량은 A가 B보다 크다.
> ㄷ. T_2일 때 별의 평균 표면 온도는 B가 A보다 높다.

① ㄱ ② ㄷ ③ ㄱ, ㄴ ④ ㄴ, ㄷ ⑤ ㄱ, ㄴ, ㄷ

13

그림 (가)와 (나)는 가시광선 영역에서 관측한 퀘이사와 나선 은하를 나타낸 것이다. A는 은하 중심부이고 B는 나선팔이다.

(가) (나)

이에 대한 설명으로 옳은 것만을 〈보기〉에서 있는 대로 고른 것은?

> **보기**
> ㄱ. (가)는 은하이다.
> ㄴ. (나)에서 붉은 별의 비율은 A가 B보다 높다.
> ㄷ. 후퇴 속도는 (가)가 (나)보다 크다.

① ㄱ ② ㄴ ③ ㄱ, ㄷ ④ ㄴ, ㄷ ⑤ ㄱ, ㄴ, ㄷ

---

14 `2022 평가원`

그림 (가)와 (나)는 가시광선으로 관측한 외부 은하와 퀘이사를 나타낸 것이다.

(가) 외부 은하 (나) 퀘이사

이에 대한 설명으로 옳은 것만을 〈보기〉에서 있는 대로 고른 것은?

> **보기**
> ㄱ. (가)는 불규칙 은하이다.
> ㄴ. (나)는 항성이다.
> ㄷ. (나)는 우리은하로부터 멀어지고 있다.

① ㄱ ② ㄷ ③ ㄱ, ㄴ ④ ㄴ, ㄷ ⑤ ㄱ, ㄴ, ㄷ

15

그림 (가)와 (나)는 서로 다른 두 은하의 스펙트럼과 H_α 방출선의 파장 변화(→)를 나타낸 것이다. (가)와 (나)는 각각 퀘이사와 일반 은하 중 하나이다.

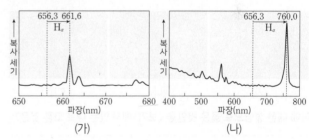

(가) (나)

이에 대한 옳은 설명만을 〈보기〉에서 있는 대로 고른 것은?

> **보기**
> ㄱ. 퀘이사의 스펙트럼은 (나)이다.
> ㄴ. 은하의 후퇴 속도는 (가)가 (나)보다 크다.
> ㄷ. $\dfrac{\text{은하 중심부에서 방출되는 에너지}}{\text{은하 전체에서 방출되는 에너지}}$ 는 (가)가 (나)보다 크다.

① ㄱ ② ㄴ ③ ㄷ ④ ㄱ, ㄷ ⑤ ㄴ, ㄷ

DAY 26

Ⅲ

2 – 01 은하의 분류

16 2023 수능

그림 (가)와 (나)는 어느 은하를 각각 가시광선과 전파로 관측한 영상이며, ㉠은 제트이다.

이 은하에 대한 설명으로 옳은 것만을 〈보기〉에서 있는 대로 고른 것은? 3점

(가) (나)

보기

ㄱ. 나선팔을 가지고 있다.

ㄴ. 대부분의 별은 분광형이 A0인 별보다 표면 온도가 낮다.

ㄷ. ㉠은 암흑 물질이 분출되는 모습이다.

① ㄱ ② ㄴ ③ ㄷ ④ ㄱ, ㄷ ⑤ ㄴ, ㄷ

17

그림은 어느 전파 은하의 영상을 나타낸 것이다. (가)와 (나)는 각각 가시광선 영상과 전파 영상 중 하나이고, (다)는 (가)와 (나)의 합성 영상이다.

(가) (나) (다)

이에 대한 설명으로 옳은 것만을 〈보기〉에서 있는 대로 고른 것은?

보기

ㄱ. (가)는 가시광선 영상이다.

ㄴ. (나)에서는 제트가 관측된다.

ㄷ. 이 은하는 특이 은하에 해당한다.

① ㄱ ② ㄷ ③ ㄱ, ㄴ ④ ㄴ, ㄷ ⑤ ㄱ, ㄴ, ㄷ

18

그림은 특이 은하 (가)와 (나)의 스펙트럼을 나타낸 것이다. (가)와 (나)는 각각 퀘이사와 세이퍼트 은하 중 하나이다.

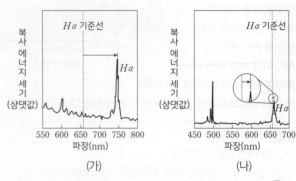
(가) (나)

이에 대한 옳은 설명만을 〈보기〉에서 있는 대로 고른 것은? 3점

보기

ㄱ. 은하의 후퇴 속도는 (가)가 (나)보다 크다.

ㄴ. (가)는 퀘이사이다.

ㄷ. (나)와 같은 종류의 특이 은하는 대부분 나선 은하의 형태로 관측된다.

① ㄱ ② ㄷ ③ ㄱ, ㄴ ④ ㄴ, ㄷ ⑤ ㄱ, ㄴ, ㄷ

19

그림 (가)는 가시광선 영역에서 관측된 어느 퀘이사를, (나)는 퀘이사의 적색 편이에 따른 개수 밀도를 나타낸 것이다.

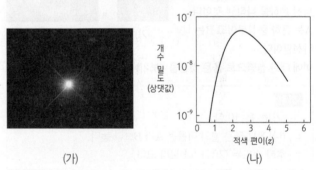
(가) (나)

이에 대한 설명으로 옳은 것만을 〈보기〉에서 있는 대로 고른 것은?

보기

ㄱ. 퀘이사의 광도는 항성의 광도보다 크다.

ㄴ. 퀘이사는 우리은하 내부에 있는 천체이다.

ㄷ. 퀘이사의 개수 밀도는 정상 우주론으로 설명할 수 있다.

① ㄱ ② ㄴ ③ ㄱ, ㄷ ④ ㄴ, ㄷ ⑤ ㄱ, ㄴ, ㄷ

정답과 해설 16 p.464 17 p.464 18 p.465 19 p.465

20

그림 (가)는 세이퍼트은하, (나)는 전파 은하를 관측한 것이다.

(가)   (나)

이에 대한 옳은 설명만을 〈보기〉에서 있는 대로 고른 것은?

보기

ㄱ. (가)에서는 나선팔이 관측된다.

ㄴ. (나)에서는 제트가 관측된다.

ㄷ. (가)와 (나)는 모두 특이 은하에 속한다.

① ㄱ   ② ㄷ   ③ ㄱ, ㄴ   ④ ㄴ, ㄷ   ⑤ ㄱ, ㄴ, ㄷ

22

그림 (가)는 지구에서 관측한 어느 퀘이사 X의 모습을, (나)는 X의 스펙트럼과 Hα 방출선의 파장 변화(→)를 나타낸 것이다. X의 절대 등급은 -26.7이고, 우리은하의 절대 등급은 -20.8이다.

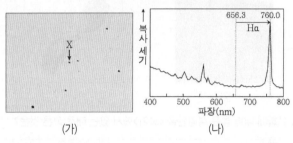

(가)   (나)

이에 대한 옳은 설명만을 〈보기〉에서 있는 대로 고른 것은? **3점**

보기

ㄱ. X는 많은 별들로 이루어진 천체이다.

ㄴ. $\dfrac{\text{X의 광도}}{\text{우리은하의 광도}}$ 는 100보다 작다.

ㄷ. X보다 거리가 먼 퀘이사의 스펙트럼에서는 Hα 방출선의 파장 변화량이 103.7nm보다 크다.

① ㄱ   ② ㄴ   ③ ㄱ, ㄴ   ④ ㄱ, ㄷ   ⑤ ㄴ, ㄷ

21

그림 (가)는 가시광선 영역에서 관측된 어느 세이퍼트 은하를, (나)는 이 은하에서 관측된 스펙트럼을 나타낸 것이다.

 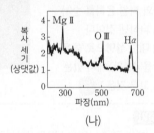

(가)   (나)

이에 대한 설명으로 옳은 것만을 〈보기〉에서 있는 대로 고른 것은?

보기

ㄱ. (가)는 허블의 은하 분류에서 나선 은하에 해당한다.

ㄴ. (나)는 전파 영역에서 관측된 스펙트럼이다.

ㄷ. (나)에는 폭이 넓은 수소 방출선이 나타난다.

① ㄱ   ② ㄷ   ③ ㄱ, ㄷ   ④ ㄴ, ㄷ   ⑤ ㄱ, ㄴ, ㄷ

23   2022 수능

그림은 전파 은하 M87의 가시광선 영상과 전파 영상을 나타낸 것이다.

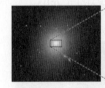 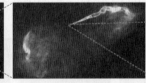

가시광선 영상   전파 영상   전파 영상

이 은하에 대한 설명으로 옳은 것만을 〈보기〉에서 있는 대로 고른 것은?

보기

ㄱ. 은하를 구성하는 별들은 푸른 별이 붉은 별보다 많다.

ㄴ. 제트에서는 별이 활발하게 탄생한다.

ㄷ. 중심에는 질량이 거대한 블랙홀이 있다.

① ㄱ   ② ㄷ   ③ ㄱ, ㄴ   ④ ㄴ, ㄷ   ⑤ ㄱ, ㄴ, ㄷ

그림 (가)와 (나)는 어느 전파 은하의 가시광선 영상과 전파 영상을 순서 없이 나타낸 것이다.

(가)

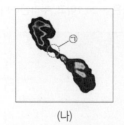
(나)

이 은하에 대한 옳은 설명만을 <보기>에서 있는 대로 고른 것은?

보기
ㄱ. (가)는 전파 영상이다.
ㄴ. 허블의 분류 체계에 따르면 타원 은하에 해당한다.
ㄷ. ㉠은 은하 중심부에서 방출되는 물질의 흐름이다.

① ㄱ　　② ㄴ　　③ ㄱ, ㄷ　　④ ㄴ, ㄷ　　⑤ ㄱ, ㄴ, ㄷ

그림은 어느 퀘이사의 스펙트럼 분석 자료 중 일부를 나타낸 것이다. A와 B는 각각 방출선과 흡수선 중 하나이다.

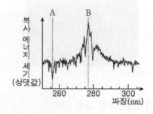

(단위 : nm)

A의 정지 상태 파장	112
A의 관측 파장	256
B의 정지 상태 파장	㉠
B의 관측 파장	277

이에 대한 설명으로 옳은 것만을 <보기>에서 있는 대로 고른 것은?

보기
ㄱ. A는 흡수선이다.
ㄴ. ㉠은 133이다.
ㄷ. 이 퀘이사는 우리은하로부터 멀어지고 있다.

① ㄱ　　② ㄴ　　③ ㄱ, ㄷ　　④ ㄴ, ㄷ　　⑤ ㄱ, ㄴ, ㄷ

그림 (가), (나), (다)는 각각 세이퍼트은하, 퀘이사, 전파 은하의 영상을 나타낸 것이다. (가)와 (나)는 가시광선 영상이고, (다)는 가시광선과 전파로 관측하여 합성한 영상이다.

(가)

(나)

(다)

이 자료에 대한 설명으로 옳은 것만을 <보기>에서 있는 대로 고른 것은? 3점

보기
ㄱ. (가)와 (다)의 은하 중심부 별들의 회전축은 관측자의 시선 방향과 일치한다.
ㄴ. 각 은하의 $\dfrac{중심부의\ 밝기}{전체의\ 밝기}$ 는 (나)의 은하가 가장 크다.
ㄷ. (다)의 제트는 은하의 중심에서 방출되는 별들의 흐름이다.

① ㄱ　　② ㄴ　　③ ㄷ　　④ ㄱ, ㄴ　　⑤ ㄴ, ㄷ

그림 (가)와 (나)는 정상 나선 은하와 타원 은하를 순서 없이 나타낸 것이다.
이에 대한 설명으로 옳은 것만을 <보기>에서 있는 대로 고른 것은? 3점

(가)

(나)

보기
ㄱ. 별의 평균 나이는 (가)가 (나)보다 많다.
ㄴ. 주계열성의 평균 질량은 (가)가 (나)보다 크다.
ㄷ. (나)에서 별의 평균 표면 온도는 분광형이 A0인 별보다 높다.

① ㄱ　　② ㄴ　　③ ㄷ　　④ ㄱ, ㄴ　　⑤ ㄴ, ㄷ

28

그림 (가)는 은하 ㉠과 ㉡의 모습을, (나)는 은하의 종류 A와 B가 탄생한 이후 시간에 따라 연간 생성된 별의 질량을 추정하여 나타낸 것이다. ㉠과 ㉡은 각각 A와 B 중 하나에 속한다.

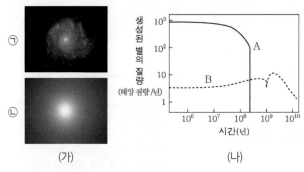

㉠	
㉡	
(가)	(나)

이 자료에 대한 옳은 설명만을 〈보기〉에서 있는 대로 고른 것은?

3점

> **보기**
>
> ㄱ. ㉠은 A에 속한다.
> ㄴ. 은하의 질량 중 성간 물질이 차지하는 질량의 비율은 ㉠이 ㉡보다 크다.
> ㄷ. 은하가 탄생한 이후 10^{10}년이 지났을 때 은하를 구성하는 별의 평균 표면 온도는 A가 B보다 높다.

① ㄱ   ② ㄴ   ③ ㄱ, ㄷ   ④ ㄴ, ㄷ   ⑤ ㄱ, ㄴ, ㄷ

29   2024 수능

표는 허블의 은하 분류 기준과 이에 따라 분류한 은하의 종류를 나타낸 것이다. (가), (나), (다)는 각각 막대 나선 은하, 불규칙 은하, 타원 은하 중 하나이다.

분류 기준	(가)	(나)	(다)
(㉠)	○	○	×
나선팔이 있는가?	○	×	×
편평도에 따라 세분할 수 있는가?	×	○	×

(○: 있다, ×: 없다)

이에 대한 설명으로 옳은 것만을 〈보기〉에서 있는 대로 고른 것은?

> **보기**
>
> ㄱ. '중심부에 막대 구조가 있는가?'는 ㉠에 해당한다.
> ㄴ. 주계열성의 평균 광도는 (가)가 (나)보다 크다.
> ㄷ. 은하의 질량에 대한 성간 물질의 질량비는 (나)가 (다)보다 크다.

① ㄱ   ② ㄴ   ③ ㄷ   ④ ㄱ, ㄴ   ⑤ ㄴ, ㄷ

02 허블 법칙과 우주 팽창

기본자료

필수개념 1 허블 법칙과 우주의 팽창

1. 허블 법칙

1) 외부 은하의 관측

① 대부분의 은하의 스펙트럼에서 적색 편이 관측

② 적색 편이: 흡수선의 위치가 원래 위치보다 파장이 긴 쪽으로 이동하는 현상
　　→ 외부 은하가 우리은하로부터 멀어지고 있기 때문

③ 적색 편이와 후퇴 속도의 관계: 적색 편이$\left(\dfrac{\Delta\lambda}{\lambda_0}\right)$가 클수록 후퇴 속도($v$)가 빠름(도플러 효과)

④ 도플러 이동량: 흡수선의 파장 변화량과 후퇴 속도와의 관계식

$$v=c\times\dfrac{\Delta\lambda}{\lambda_0}$$ (v: 후퇴 속도, c: 빛의 속도, λ_0: 흡수선의 원래 파장, $\Delta\lambda$: 흡수선의 파장 변화량)

2) 허블 법칙

① 허블 법칙: 외부 은하의 후퇴 속도가 외부 은하까지의 거리에 비례한다는 법칙. 그래프에서의 기울기.

$$v=H\cdot r$$

(v: 후퇴 속도, H: 허블 상수, r: 외부 은하까지의 거리)

② 허블 상수: 외부 은하의 후퇴 속도와 거리 사이의 관계를 나타내는 상수. 우주가 팽창하는 정도를 나타내는 값. 약 67.8km/s/Mpc

③ 허블 법칙의 의미: 멀리 있는 은하일수록 더 빠르게 멀어짐
　　→ 우주는 팽창함

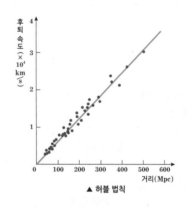

▲ 허블 법칙

2. 우주 팽창

1) 우주 팽창

① 팽창의 중심: 우주 팽창의 중심은 없고 은하는 서로 멀어지고 있음

② 우주 팽창의 의미: 은하가 이동(×), 공간이 팽창(○)

2) 우주 팽창의 특징

① 우주의 나이(t): 허블 상수가 클수록 우주의 나이는 적어지고, 크기는 작아짐

$$t=\dfrac{r}{v}=\dfrac{r}{H\cdot r}=\dfrac{1}{H}$$

② 우주의 크기(r): 우리가 관측할 수 있는 가장 큰 속도인 광속(c)으로 멀어지는 은하까지의 거리

$$c=H\cdot r \rightarrow r=\dfrac{c}{H}$$

▶ 허블 상수의 측정값
1929년 허블이 구한 허블 상수의 값은 약 556km/s/Mpc이었으며, 1970년대 이후 2000년까지 천문학자들이 구한 허블 상수 값은 50km/s/Mpc ~100km/s/Mpc 사이로 편차가 매우 컸다. 허블 우주 망원경을 띄운 대표적인 까닭 중 하나는 허블 상수를 정밀하게 측정하기 위해서였고, 그 결과 62km/s/Mpc~72km/s/Mpc 사이로 좁혀졌다.

▶ 후퇴 속도
원래의 흡수선 파장을 λ_0, 흡수선의 파장 변화량을 $\Delta\lambda$라고 하면 외부 은하의 후퇴 속도(v)는 다음과 같이 구한다.
$$\rightarrow v=c\times\left(\dfrac{\Delta\lambda}{\lambda_0}\right)$$

필수개념 2 우주론

1. 정상 우주론과 빅뱅 우주론

구분	빅뱅 우주론	정상 우주론
은하의 분포 변화		
내용	• 우주의 온도와 밀도는 계속 감소 • 우주가 팽창해도 에너지와 질량은 일정	• 우주의 온도와 밀도는 일정 • 우주가 팽창하면서 만들어진 공간에 새로운 물질이 계속 생겨 전체 질량은 증가
크기	증가	증가
질량	일정	증가
밀도	감소	일정
온도	감소	일정

2. 빅뱅 우주론의 증거

우주 배경 복사	① 우주 배경 복사: 빅뱅 후 38만 년 후에 우주가 투명해지면서 물질 사이에서 빠져 나온 우주 전체에 균일하게 퍼져있는 빛 ② 우주 배경 복사의 분포 　• 관측 정밀도: 코비<더블유맵<플랑크 망원경 　• 전체적으로는 균일하지만 부분적으로 불균일 　　→ 초기 밀도 차이 존재, 고밀도 지역에서 별과 은하 형성 ③ 우주의 온도가 3000K일 때 생성된 복사가 팽창으로 냉각되어 현재는 2.7K 복사로 관측
수소－헬륨의 질량비	① 원자핵 형성 과정 ② 빅뱅 우주론에서 예측한 수소와 헬륨의 질량비는 3 : 1

빅뱅 후 0.1초	양성자, 중성자 형성
빅뱅 후 1초	양성자 : 중성자＝7 : 1
빅뱅 후 3분	수소 원자핵 : 헬륨 원자핵＝3 : 1

→ 실제 값과 예측 값이 거의 일치하므로 빅뱅 우주론의 증거가 됨

▶ 우주 배경 복사
우주가 투명해졌을 때 우주에는 약 3000K의 빛이 가득 차 있었으나 이 빛은 우주 팽창에 의해 파장이 길어져 현재 약 2.7K 우주 배경 복사로 관측된다.

3. 우주의 급팽창

1) 급팽창(인플레이션) 이론: 빅뱅 후 매우 짧은 시간 동안 우주가 급격히 팽창했다는 이론

	급팽창 이전	급팽창 이후
우주의 크기와 우주의 지평선의 관계	우주의 크기<우주의 지평선	우주의 크기>우주의 지평선

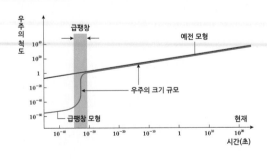

2) 빅뱅 우주론의 문제점 해결

기본자료

	빅뱅 우주론의 문제점	급팽창 우주론의 해결
우주의 지평선 문제	우주의 에너지 밀도가 균일함 → 우주의 팽창 속도는 광속이기 때문에 지평선의 양끝의 두 지점은 정보를 교환할 수 없으므로 균일함을 설명할 수 없음	급팽창 이전에는 우주의 크기가 지평선보다 작았기 때문에 양끝의 두 지점이 정보를 교환할 수 있어서 에너지 밀도가 균일해질 수 있음
우주의 편평도 문제	우주는 거의 완벽하게 평탄함 → 편평한 우주를 설명하기 위해서는 우주의 밀도가 특정 값을 가져야 하는데 그렇지 못함	빅뱅 이후 우주가 편평하지 않더라도 급팽창으로 엄청나게 팽창하여 편평하게 될 수 있음
자기 홀극 문제	초기에 형성된 자기 홀극이 많아야 함 → 지금까지 자기 홀극이 발견되지 않았기 때문에 설명할 수 없음	우주가 급팽창하면서 우주 공간의 자기 홀극의 밀도가 크게 감소했기 때문에 현재는 발견되지 않음

4. 가속 팽창 우주론

1) 우주의 가속 팽창: 우주 물질 간 중력 때문에 우주 팽창 속도는 감속할 것으로 예상
   → 초신성 관측을 통해 우주의 팽창 속도가 점점 빨라지고 있음을 알게 됨

2) Ia형 초신성
   ① Ia형 초신성은 질량이 거의 비슷 → 폭발 시 등급 일정
      → 겉보기 등급 측정으로 거리 계산(포그슨 방정식)
   ② Ia형 초신성의 실제 거리가 이론적 값에 비해 더 크다는 것이 발견됨 → 멀리 있는 초신성이 예상보다 더 어둡다는 것은 팽창 속도가 예상보다 빠르다는 것
   ③ Ia형 초신성의 관측 결과가 가속 팽창 우주론에 잘 부합

Ia형 초신성
동반성의 물질이 백색 왜성 쪽으로 유입이 되는데 백색 왜성은 최대 질량이 태양 질량의 1.4배를 넘을 수 없다. 따라서 그 이상의 물질이 유입이 되면 중력 붕괴가 발생하면서 초신성 폭발을 한다. 이 때의 초신성을 Ia형 초신성이라고 한다. 따라서 Ia형 초신성은 질량이 거의 일정하기 때문에 광도가 거의 일정하다. 따라서 겉보기 등급을 측정하면 포그슨 방정식($m-M=-5+5\log r$)을 통해 거리를 구할 수 있다.

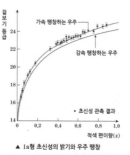

▲ Ia형 초신성의 밝기와 우주 팽창

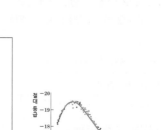

▲ Ia형 초신성의 밝기 변화

▶ 우주의 팽창 속도
우주 공간 내에서 어떤 물체가 광속보다 빠르게 운동하는 것은 불가능하지만, 공간 자체의 팽창 속도는 광속을 넘을 수 있다.

▶ Ia형 초신성
매우 밝으며, 일정한 질량에서 폭발하여 절대 밝기가 일정하기 때문에 멀리 있는 외부 은하의 거리 측정에 쓰인다.
→ 거리에 따른 밝기 변화를 분석하여 과거 우주의 팽창 속도를 알 수 있다.

1

그림은 우주의 물리량을 시간에 따라 나타낸 것이다.

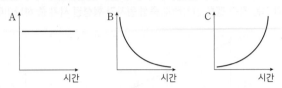

빅뱅 우주론에서 A, B, C에 해당하는 물리량으로 가장 적절한 것은?

	A	B	C
①	부피	밀도	온도
②	부피	온도	질량
③	온도	질량	부피
④	질량	온도	부피
⑤	질량	밀도	온도

3

그림은 대폭발 우주론과 급팽창 이론에 따른 우주의 크기 변화를 A, B로 순서 없이 나타낸 것이다. 이에 대한 옳은 설명만을 〈보기〉에서 있는 대로 고른 것은?

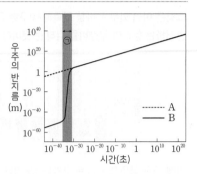

보기

ㄱ. A는 대폭발 우주론에 따른 우주의 크기 변화이다.
ㄴ. A에서 우주 배경 복사는 ㉠ 시기에 방출되었다.
ㄷ. B에서 ㉠ 시기에 우주의 온도가 증가하였다.

① ㄱ　② ㄴ　③ ㄱ, ㄷ　④ ㄴ, ㄷ　⑤ ㄱ, ㄴ, ㄷ

2

그림은 외부 은하에서 발견된 Ia형 초신성의 관측 자료와 우주 팽창을 설명하기 위한 두 모델 A와 B를, 표는 A와 B의 특징을 나타낸 것이다.

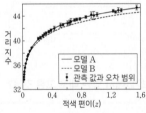

모델	특징
A	보통 물질, 암흑 물질, 암흑 에너지를 고려함
B	보통 물질과 암흑 물질을 고려함

이에 대한 설명으로 옳은 것만을 〈보기〉에서 있는 대로 고른 것은?

3점

보기

ㄱ. Ia형 초신성의 절대 등급은 거리가 멀수록 커진다.
ㄴ. z=1.2인 Ia형 초신성의 거리 예측 값은 A가 B보다 크다.
ㄷ. 관측 자료에 나타난 우주의 팽창을 설명하기 위해서는 암흑 에너지도 고려해야 한다.

① ㄱ　② ㄷ　③ ㄱ, ㄴ　④ ㄴ, ㄷ　⑤ ㄱ, ㄴ, ㄷ

4
2022 수능

그림은 빅뱅 우주론에 따라 팽창하는 우주에서 물질, 암흑 에너지, 우주 배경 복사를 시간에 따라 나타낸 것이다.

● 물질(보통 물질 + 암흑 물질)
▨ 암흑 에너지
∿ 우주 배경 복사

시간(우주의 나이)

시간이 흐름에 따라 나타나는 우주의 변화에 대한 설명으로 옳은 것만을 〈보기〉에서 있는 대로 고른 것은?

보기

ㄱ. 물질 밀도는 일정하다.
ㄴ. 우주 배경 복사의 온도는 감소한다.
ㄷ. 물질 밀도에 대한 암흑 에너지 밀도의 비는 증가한다.

① ㄱ　② ㄴ　③ ㄱ, ㄷ　④ ㄴ, ㄷ　⑤ ㄱ, ㄴ, ㄷ

그림은 여러 외부 은하를 관측해서 구한 은하 A~I의 성간 기체에 존재하는 원소의 질량비를 나타낸 것이다.

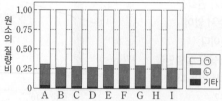

이에 대한 설명으로 옳은 것만을 〈보기〉에서 있는 대로 고른 것은?

3점

보기

ㄱ. ⓛ은 수소 핵융합으로부터 만들어지는 원소이다.

ㄴ. 성간 기체에 포함된 $\dfrac{\text{수소의 총 질량}}{\text{산소의 총 질량}}$ 은 A가 B보다 크다.

ㄷ. 이 관측 결과는 우주의 밀도가 시간과 관계없이 일정하다고 보는 우주론의 증거가 된다.

① ㄱ   ② ㄷ   ③ ㄱ, ㄴ   ④ ㄴ, ㄷ   ⑤ ㄱ, ㄴ, ㄷ

그림은 우주에서 일어난 주요한 사건 (가)~(라)를 시간 순서대로 나타낸 것이다.
이에 대한 설명으로 옳은 것만을 〈보기〉에서 있는 대로 고른 것은? **3점**

(라)최초의 별과 은하 형성
(다)원자의 형성
(나)헬륨 원자핵 형성
(가)급팽창 종료

보기

ㄱ. (가)와 (라) 사이에 우주는 감속 팽창한다.

ㄴ. (나)와 (다) 사이에 퀘이사가 형성된다.

ㄷ. (라) 시기에 우주 배경 복사 온도는 2.7K보다 높다.

① ㄱ   ② ㄴ   ③ ㄱ, ㄷ   ④ ㄴ, ㄷ   ⑤ ㄱ, ㄴ, ㄷ

그림은 빅뱅 이후 시간에 따른 우주의 온도 변화를 나타낸 것이다.
A와 B는 각각 헬륨 원자핵과 중성 원자가 형성된 시기 중 하나이다.

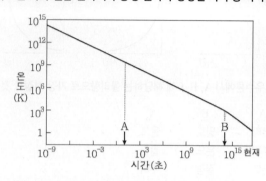

이에 대한 옳은 설명만을 〈보기〉에서 있는 대로 고른 것은?

보기

ㄱ. A는 헬륨 원자핵이 형성된 시기이다.

ㄴ. 우주의 밀도는 A 시기가 B 시기보다 크다.

ㄷ. 최초의 별은 B 시기 이후에 형성되었다.

① ㄱ   ② ㄷ   ③ ㄱ, ㄴ   ④ ㄴ, ㄷ   ⑤ ㄱ, ㄴ, ㄷ

그림 (가)는 우주론 A에 의한 우주의 크기를, (나)는 우주론 B에 의한 우주의 온도를 나타낸 것이다. A와 B는 우주 팽창을 설명한다.

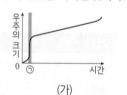

(가)   (나)

이에 대한 설명으로 옳은 것만을 〈보기〉에서 있는 대로 고른 것은?

보기

ㄱ. 우주 배경 복사가 우주의 양쪽 반대편 지평선에서 거의 같게 관측되는 것은 (가)의 ⓖ 시기에 일어난 팽창으로 설명된다.

ㄴ. A는 수소와 헬륨의 질량비가 거의 3 : 1로 관측되는 결과와 부합된다.

ㄷ. 우주의 밀도 변화는 B가 A보다 크다.

① ㄱ   ② ㄷ   ③ ㄱ, ㄴ   ④ ㄴ, ㄷ   ⑤ ㄱ, ㄴ, ㄷ

9

그림은 급팽창 우주론에 따른 우주의 크기 변화를 우주의 지평선과 함께 나타낸 것이다.

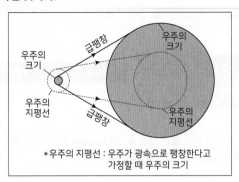

*우주의 지평선 : 우주가 광속으로 팽창한다고 가정할 때 우주의 크기

급팽창 우주론에 대한 옳은 설명만을 〈보기〉에서 있는 대로 고른 것은? **3점**

보기

ㄱ. 급팽창이 일어날 때 우주는 빛보다 빠른 속도로 팽창하였다.
ㄴ. 급팽창 전에는 우주의 크기가 우주의 지평선보다 작았다.
ㄷ. 우주 배경 복사가 우주의 모든 방향에서 거의 균일하게 관측되는 현상을 설명할 수 있다.

① ㄱ   ② ㄴ   ③ ㄱ, ㄷ   ④ ㄴ, ㄷ   ⑤ ㄱ, ㄴ, ㄷ

10

다음은 우주의 팽창에 따른 우주 배경 복사의 파장 변화를 알아보기 위한 탐구이다.

[탐구 과정]
(가) 눈금자를 이용하여 탄성 밴드에 이웃한 점 사이의 간격(L)이 1cm가 되도록 몇 개의 점을 찍는다.
(나) 그림과 같이 각 점이 파의 마루에 위치하도록 물결 모양의 곡선을 그린다. L은 우주 배경 복사 중 최대 복사 에너지 세기를 갖는 파장(λ_{max})이라고 가정한다.

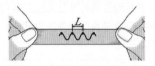

(다) 탄성 밴드를 조금 늘린 상태에서 L을 측정한다.
(라) 탄성 밴드를 (다)보다 늘린 상태에서 L을 측정한다.
(마) 측정값 1cm를 파장 2μm로 가정하고 λ_{max}에 해당하는 파장을 계산한다.

[탐구 결과]

과정	L(cm)	λ_{max}에 해당하는 파장(μm)
(나)	1.0	2
(다)	1.9	( )
(라)	2.8	( )

이에 대한 옳은 설명만을 〈보기〉에서 있는 대로 고른 것은? (단, 현재 우주의 λ_{max}은 약 1000μm이다.) **3점**

보기

ㄱ. 우주의 크기는 (다)일 때가 (라)일 때보다 작다.
ㄴ. 우주가 팽창함에 따라 λ_{max}은 길어진다.
ㄷ. 우주의 온도는 (라)일 때가 현재보다 높다.

① ㄱ   ② ㄷ   ③ ㄱ, ㄴ   ④ ㄴ, ㄷ   ⑤ ㄱ, ㄴ, ㄷ

11 `2023 수능`

그림 (가)와 (나)는 우주의 나이가 각각 10만 년과 100만 년일 때에 빛이 우주 공간을 진행하는 모습을 순서 없이 나타낸 것이다.

 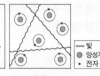

(가)   (나)

~ 빛
● 양성자
• 전자

이에 대한 설명으로 옳은 것만을 <보기>에서 있는 대로 고른 것은?

> **보기**
> ㄱ. (가) 시기 우주의 나이는 10만 년이다.
> ㄴ. (나) 시기에 우주 배경 복사의 온도는 2.7K이다.
> ㄷ. 수소 원자핵에 대한 헬륨 원자핵의 함량비는 (가) 시기가 (나) 시기보다 크다.

① ㄱ   ② ㄴ   ③ ㄷ   ④ ㄱ, ㄴ   ⑤ ㄱ, ㄷ

13

그림은 외부 은하 X의 스펙트럼을 비교 선 스펙트럼과 함께 나타낸 것이고, 표는 파장이 4000Å(λ_0)인 흡수선의 적색 편이가 일어난 양($\Delta\lambda$)과 X까지의 거리를 나타낸 것이다.

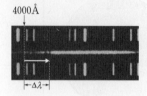

4000Å

$\leftarrow \Delta\lambda \rightarrow$

$\Delta\lambda$(Å)	X까지의 거리(Mpc)
200	300

이에 대한 설명으로 옳은 것만을 <보기>에서 있는 대로 고른 것은? (단, 빛의 속도는 3×10^5km/s이다.)

> **보기**
> ㄱ. 멀리 있는 외부 은하일수록 $\Delta\lambda$는 작아진다.
> ㄴ. X의 후퇴 속도는 15000km/s이다.
> ㄷ. X를 이용하여 구한 허블 상수는 75km/s/Mpc이다.

① ㄱ   ② ㄴ   ③ ㄷ   ④ ㄱ, ㄴ   ⑤ ㄴ, ㄷ

12

그림 (가)와 (나)는 허블의 법칙에 따라 팽창하는 어느 대폭발 우주를 풍선 모형으로 나타낸 것이다. 풍선 표면에 고정시킨 단추 A, B, C는 은하에, 물결 무늬(~)는 우주 배경 복사에 해당한다.

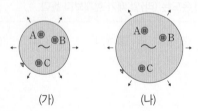

(가)   (나)

이에 대한 설명으로 옳은 것만을 <보기>에서 있는 대로 고른 것은?

`3점`

> **보기**
> ㄱ. A로부터 멀어지는 속도는 B가 C보다 크다.
> ㄴ. 우주 배경 복사의 온도는 (가)에 해당하는 우주가 (나)보다 높다.
> ㄷ. 우주의 밀도는 (가)에 해당하는 우주가 (나)보다 크다.

① ㄱ   ② ㄷ   ③ ㄱ, ㄴ   ④ ㄴ, ㄷ   ⑤ ㄱ, ㄴ, ㄷ

14

표는 세 방출선 (가), (나), (다)의 고유 파장과 퀘이사 A와 B의 스펙트럼 관측 결과를 적색 편이(z)와 함께 나타낸 것이다.

방출선	고유 파장(Å)	관측 파장(Å)	
		퀘이사A($z=0.16$)	퀘이사 B($z=0.32$)
(가)	a	5036	5730
(나)	4861	b	c
(다)	5007	d	e

이에 대한 설명으로 옳은 것은?

① $\dfrac{b}{c}$는 $\dfrac{d}{e}$의 2배이다.

② c는 d보다 크다.

③ A는 B보다 거리가 멀다.

④ a는 (다)의 고유 파장보다 크다.

⑤ 태양은 A보다 광도가 크다.

15

그림은 은하 A와 B의 관측 스펙트럼에서 방출선 (가)와 (나)가 각각 적색 편이된 것을 비교 스펙트럼과 함께 나타낸 것이다. 은하 A와 B는 동일한 시선 방향에 위치하고, 허블 법칙을 만족한다.

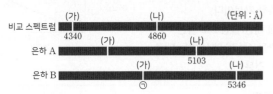

이에 대한 설명으로 옳은 것만을 〈보기〉에서 있는 대로 고른 것은? (단, 빛의 속도는 $3 \times 10^5 \text{km/s}$이다.) 3점

보기

ㄱ. 은하 A의 후퇴 속도는 $1.5 \times 10^4 \text{km/s}$이다.

ㄴ. ㉠은 4826이다.

ㄷ. 은하 B에서 A를 관측한다면, 방출선 (가)의 파장은 4991Å 으로 관측된다.

① ㄱ ② ㄴ ③ ㄱ, ㄷ ④ ㄴ, ㄷ ⑤ ㄱ, ㄴ, ㄷ

17

그림 (가)는 은하 B에서 관측되는 은하 A와 C의 후퇴 방향과 은하 사이의 거리를, (나)는 은하 B에서 관측되는 은하 A와 C의 스펙트럼을 나타낸 것이다. 정지 상태에서 파장이 λ_0인 방출선은 각각 파장이 λ_A와 λ_C로 적색 편이되었다.

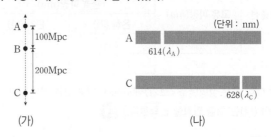

(가)　　　　　　(나)

이에 대한 설명으로 옳은 것만을 〈보기〉에서 있는 대로 고른 것은? (단, 은하 A, B, C는 한 직선상에 위치하고, 허블 법칙을 만족한다.) 3점

보기

ㄱ. B는 우주의 중심에 위치한다.

ㄴ. A에서 관측되는 후퇴 속도는 C가 B의 3배이다.

ㄷ. λ_0은 600nm이다.

① ㄱ ② ㄴ ③ ㄷ ④ ㄱ, ㄴ ⑤ ㄴ, ㄷ

16

그림은 우리은하에서 관측한 외부 은하 A와 B의 거리와 후퇴 속도를 나타낸 것이다. A와 B는 허블 법칙을 만족한다.
이에 대한 옳은 설명만을 〈보기〉에서 있는 대로 고른 것은?
(단, 빛의 속도는 $3 \times 10^5 \text{km/s}$이다.) 3점

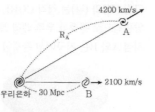

보기

ㄱ. R_A는 60Mpc이다.

ㄴ. 허블 상수는 70km/s/Mpc이다.

ㄷ. 우리은하에서 A를 관측했을 때 관측된 흡수선의 파장이 507nm라면 이 흡수선의 기준 파장은 500nm이다.

① ㄱ ② ㄷ ③ ㄱ, ㄴ ④ ㄴ, ㄷ ⑤ ㄱ, ㄴ, ㄷ

18

그림은 1920년 이후 관측을 통해 구한 허블 상수의 변화를 나타낸 것이다.

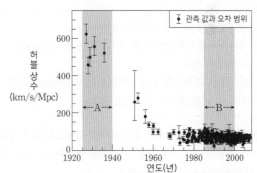

이에 대한 옳은 설명만을 〈보기〉에서 있는 대로 고른 것은?

보기

ㄱ. 허블 상수는 A 시기가 B 시기보다 크게 측정되었다.

ㄴ. 허블 상수를 이용해 구한 우주의 나이는 B 시기가 A 시기보다 크다.

ㄷ. 허블 법칙을 이용해 구한 우주의 크기는 B 시기가 A 시기보다 크다.

① ㄱ ② ㄷ ③ ㄱ, ㄴ ④ ㄴ, ㄷ ⑤ ㄱ, ㄴ, ㄷ

DAY 27
Ⅲ
2 - 02
허블 법칙과 우주 팽창

표는 서로 다른 방향에 위치한 은하 (가)와 (나)의 스펙트럼에서 관측된 방출선 A와 B의 고유 파장과 관측 파장을 나타낸 것이다. 우리은하로부터의 거리는 (가)가 (나)의 두 배이다.

방출선	고유 파장(nm)	관측 파장(nm)	
		은하 (가)	은하 (나)
A	(㉠)	468	459
B	650	(㉡)	(㉢)

이에 대한 옳은 설명만을 〈보기〉에서 있는 대로 고른 것은? (단, (가)와 (나)는 허블 법칙을 만족한다.) **3점**

보기
ㄱ. ㉠은 450이다.
ㄴ. ㉡－468＝㉢－459이다.
ㄷ. (가)에서 (나)를 관측하면 A의 파장은 477nm보다 길다.

① ㄱ   ② ㄴ   ③ ㄱ, ㄷ   ④ ㄴ, ㄷ   ⑤ ㄱ, ㄴ, ㄷ

다음은 우리은하와 외부 은하 A, B에 대한 설명이다. 세 은하는 일직선상에 위치하며, 허블 법칙을 만족한다.

○ 우리은하에서 A까지의 거리는 20Mpc이다.
○ B에서 우리은하를 관측하면, 우리은하는 2800km/s의 속도로 멀어진다.
○ A에서 B를 관측하면, B의 스펙트럼에서 500nm의 기준 파장을 갖는 흡수선이 507nm로 관측된다.

우리은하에서 A와 B를 관측한 결과에 대한 설명으로 옳은 것만을 〈보기〉에서 있는 대로 고른 것은? (단, 허블 상수는 70km/s/Mpc이고, 빛의 속도는 3×10^5km/s이다.)

보기
ㄱ. A의 후퇴 속도는 1400km/s이다.
ㄴ. 스펙트럼에서 기준 파장이 동일한 흡수선의 파장 변화량은 B가 A의 2배이다.
ㄷ. A와 B는 동일한 시선 방향에 위치한다.

① ㄱ   ② ㄷ   ③ ㄱ, ㄴ   ④ ㄴ, ㄷ   ⑤ ㄱ, ㄴ, ㄷ

그림은 외부 은하까지의 거리와 후퇴 속도를 나타낸 것이다. A와 B는 각각 서로 다른 시기에 관측한 자료이다.
이에 대한 설명으로 옳은 것만을 〈보기〉에서 있는 대로 고른 것은?

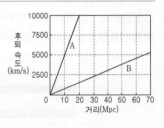

보기
ㄱ. A에서 허블 상수는 500km/s/Mpc이다.
ㄴ. 후퇴 속도가 5000km/s인 은하까지의 거리는 A보다 B에서 멀다.
ㄷ. 허블 법칙으로 계산한 우주의 나이는 A보다 B에서 많다.

① ㄱ   ② ㄷ   ③ ㄱ, ㄴ   ④ ㄴ, ㄷ   ⑤ ㄱ, ㄴ, ㄷ

그림 (가)와 (나)는 각각 COBE 우주 망원경과 WMAP 우주 망원경으로 관측한 우주 배경 복사의 온도 편차를 나타낸 것이다. 지점 A와 B는 지구에서 관측한 시선 방향이 서로 반대이다.

−150 μK   +150 μK   −200 μK   +200 μK
(가)   (나)

이에 대한 설명으로 옳은 것만을 〈보기〉에서 있는 대로 고른 것은?
3점

보기
ㄱ. (나)가 (가)보다 온도 편차의 형태가 더욱 세밀해 보이는 것은 관측 기술의 발달 때문이다.
ㄴ. A와 B는 빛을 통하여 현재 상호 작용할 수 있다.
ㄷ. A와 B의 온도가 거의 같다는 사실은 급팽창 우주론으로 설명할 수 있다.

① ㄱ   ② ㄴ   ③ ㄱ, ㄷ   ④ ㄴ, ㄷ   ⑤ ㄱ, ㄴ, ㄷ

---

23 2022 평가원

그림은 우주의 나이가 38만 년일 때 A와 B의 위치에서 출발한 우주 배경 복사를 우리은하에서 관측하는 상황을 가정하여 나타낸 것이다. (가)와 (나)는 우주의 나이가 각각 138억 년과 60억 년일 때이다.

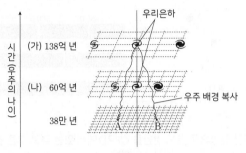

이에 대한 설명으로 옳은 것만을 〈보기〉에서 있는 대로 고른 것은? 3점

보기

ㄱ. A와 B로부터 출발한 우주 배경 복사의 온도가 (가)에서 거의 같게 측정되는 것은 우주의 급팽창으로 설명된다.

ㄴ. (나)에서 측정되는 우주 배경 복사의 온도는 2.7K보다 높다.

ㄷ. A에서 출발한 우주 배경 복사는 (나)의 우리은하에 도달한다.

① ㄱ   ② ㄷ   ③ ㄱ, ㄴ   ④ ㄴ, ㄷ   ⑤ ㄱ, ㄴ, ㄷ

24

표는 우리은하에서 관측한 은하 A, B, C의 스펙트럼 관측 결과를 나타낸 것이다. B에서 관측할 때 A와 C의 시선 방향은 정반대이다. 우리은하와 A, B, C는 허블 법칙을 만족한다.

기준 파장 (nm)	관측 파장(nm)		
	A	B	C
300	307.5	㉠	307.5
600		612	

이에 대한 설명으로 옳은 것만을 〈보기〉에서 있는 대로 고른 것은? (단, 빛의 속도는 3×10^5km/s이다.) 3점

보기

ㄱ. ㉠은 306이다.

ㄴ. B의 후퇴 속도는 6×10^3km/s이다.

ㄷ. 우리은하, B, C 중 A에서 가장 멀리 있는 은하는 우리은하이다.

① ㄱ   ② ㄷ   ③ ㄱ, ㄴ   ④ ㄴ, ㄷ   ⑤ ㄱ, ㄴ, ㄷ

25

다음은 스펙트럼을 이용하여 외부 은하의 후퇴 속도를 구하는 탐구이다.

[탐구 과정]

(가) 겉보기 등급이 같은 두 외부 은하 A와 B의 스펙트럼을 관측한다.

(나) 정지 상태에서 파장이 410.0nm와 656.0nm인 흡수선이 A와 B의 스펙트럼에서 각각 얼마의 파장으로 관측되었는지 분석한다.

(다) A와 B의 후퇴 속도를 계산한다. (단, 빛의 속도는 3×10^5km/s이다.)

[탐구 결과]

정지 상태에서 흡수선의 파장(nm)	관측된 파장(nm)	
	은하 A	은하 B
410.0	451.0	414.1
656.0	(㉠)	( )

• A의 후퇴 속도: (㉡)km/s
• B의 후퇴 속도: ( )km/s

이에 대한 옳은 설명만을 〈보기〉에서 있는 대로 고른 것은? (단, A와 B는 허블 법칙을 만족한다.) 3점

보기

ㄱ. ㉠은 721.6이다.

ㄴ. ㉡은 3×10^4이다.

ㄷ. A와 B의 절대 등급 차는 5이다.

① ㄱ   ② ㄷ   ③ ㄱ, ㄴ   ④ ㄴ, ㄷ   ⑤ ㄱ, ㄴ, ㄷ

DAY 27

Ⅲ

2 - 02 허블 법칙과 우주 팽창

그림은 허블 법칙을 만족하는 외부 은하의 거리와 후퇴 속도의 관계 l과 우리은하에서 은하 A, B, C를 관측한 결과이고, 표는 이 은하들의 흡수선 관측 결과를 나타낸 것이다. B의 흡수선 관측 파장은 허블 법칙으로 예상되는 값보다 8nm 더 길다.

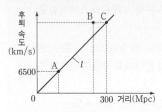

은하	기준 파장	관측 파장
A	400	㉠
B	600	( )
C	600	642

(단위 : nm)

이 자료에 대한 설명으로 옳은 것만을 〈보기〉에서 있는 대로 고른 것은? (단, 우리은하에서 관측했을 때 A, B, C는 동일한 시선 방향에 놓여있고, 빛의 속도는 3×10^5km/s이다.)

보기
ㄱ. 허블 상수는 70km/s/Mpc이다.
ㄴ. ㉠은 410보다 작다.
ㄷ. A에서 B까지의 거리는 140Mpc보다 크다.

① ㄱ   ② ㄷ   ③ ㄱ, ㄴ   ④ ㄴ, ㄷ   ⑤ ㄱ, ㄴ, ㄷ

그림 (가)는 어느 우주 모형에서 시간에 따른 우주의 상대적 크기를 나타낸 것이고, (나)는 120억 년 전 은하 P에서 방출된 파장 λ인 빛이 80억 년 전 은하 Q를 지나 현재의 관측자에게 도달하는 상황을 가정하여 나타낸 것이다. 우주 공간을 진행하는 빛의 파장은 우주의 크기에 비례하여 증가한다.

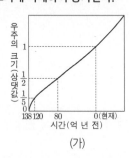
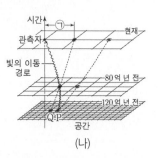

(가)　　　　　(나)

이 자료에 대한 설명으로 옳은 것만을 〈보기〉에서 있는 대로 고른 것은? (단, P와 Q는 관측자의 시선과 동일한 방향에 위치한다.)

보기
ㄱ. 120억 년 전에 우주는 가속 팽창하였다.
ㄴ. P에서 방출된 파장 λ인 빛이 Q에 도달할 때 파장은 2.5λ 이다.
ㄷ. (나)에서 현재 관측자로부터 Q까지의 거리 ㉠은 80억 광년이다.

① ㄱ   ② ㄴ   ③ ㄷ   ④ ㄱ, ㄴ   ⑤ ㄴ, ㄷ

그림 (가)는 은하 A~D의 상대적인 위치를, (나)는 B에서 관측한 C와 D의 스펙트럼에서 방출선이 각각 적색 편이된 것을 비교 스펙트럼과 함께 나타낸 것이다. A~D는 동일 평면상에 위치하고, 허블 법칙을 만족한다.

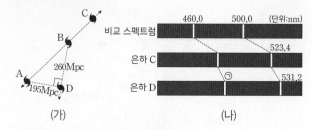

(가)　　　　　(나)

이에 대한 설명으로 옳은 것만을 〈보기〉에서 있는 대로 고른 것은? (단, 광속은 3×10^5km/s이다.) 3점

보기
ㄱ. ㉠은 491.2이다.
ㄴ. 허블 상수는 72km/s/Mpc이다.
ㄷ. A에서 C까지의 거리는 520Mpc이다.

① ㄱ   ② ㄴ   ③ ㄱ, ㄷ   ④ ㄴ, ㄷ   ⑤ ㄱ, ㄴ, ㄷ

표는 은하 A~D에서 서로 관측하였을 때 스펙트럼에서 기준 파장이 600nm인 흡수선의 파장을 나타낸 것이다. 은하 A~D는 같은 평면상에 위치하며 허블 법칙을 만족한다.

(단위: nm)

은하	A	B	C	D
A		606	608	604
B	606		610	610
C	608	610		㉠

이에 대한 설명으로 옳은 것만을 〈보기〉에서 있는 대로 고른 것은? (단, 광속은 3×10^5km/s이고, 허블 상수는 70km/s/Mpc이다.) 3점

보기
ㄱ. A와 B 사이의 거리는 $\frac{200}{7}$Mpc이다.
ㄴ. ㉠은 608보다 작다.
ㄷ. D에서 거리가 가장 먼 은하는 B이다.

① ㄱ   ② ㄴ   ③ ㄷ   ④ ㄱ, ㄴ   ⑤ ㄴ, ㄷ

30 2022 수능

그림은 외부 은하 A와 B에서 각각 발견된 Ia형 초신성의 겉보기 밝기를 시간에 따라 나타낸 것이다. 우리은하에서 관측하였을 때 A와 B의 시선 방향은 60°를 이루고, F_0은 Ia형 초신성이 100Mpc에 있을 때 겉보기 밝기의 최댓값이다.

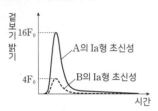

이 자료에 대한 설명으로 옳은 것만을 〈보기〉에서 있는 대로 고른 것은? (단, 빛의 속도는 3×10^5km/s이고, 허블 상수는 70km/s/Mpc이며, 두 은하는 허블 법칙을 만족한다.) 3점

보기
ㄱ. 우리은하에서 관측한 A의 후퇴 속도는 1750km/s이다.
ㄴ. 우리은하에서 B를 관측하면, 기준 파장이 600nm인 흡수선은 603.5nm로 관측된다.
ㄷ. A에서 B의 Ia형 초신성을 관측하면, 겉보기 밝기의 최댓값은 $\frac{4}{\sqrt{3}}F_0$이다.

① ㄱ ② ㄴ ③ ㄱ, ㄷ ④ ㄴ, ㄷ ⑤ ㄱ, ㄴ, ㄷ

31

표는 우리은하에서 관측한 외부 은하 A와 B의 흡수선 파장과 거리를 나타낸 것이다. A에서 관측한 B의 후퇴 속도는 17300km/s이고, 세 은하는 허블 법칙을 만족한다.

은하	흡수선 파장(nm)	거리(Mpc)
A	404.6	50
B	423	(가)

이에 대한 설명으로 옳은 것만을 〈보기〉에서 있는 대로 고른 것은? (단, 빛의 속도는 3×10^5km/s이고, 이 흡수선의 고유 파장은 400nm이다.) 3점

보기
ㄱ. (가)는 250이다.
ㄴ. 허블 상수는 70km/s/Mpc보다 크다.
ㄷ. 우리은하로부터 A까지의 시선 방향과 B까지의 시선 방향이 이루는 각도는 60°보다 작다.

① ㄱ ② ㄴ ③ ㄷ ④ ㄱ, ㄴ ⑤ ㄱ, ㄷ

---

32 2024 평가원

그림은 우리은하에서 외부 은하 A와 B를 관측한 결과를 나타낸 것이다. B에서 A를 관측할 때의 적색 편이량은 우리은하에서 A를 관측한 적색 편이량의 3배이다. 적색 편이량은 $\left(\dfrac{\text{관측 파장} - \text{기준 파장}}{\text{기준 파장}} \right)$ 이고, 세 은하는 허블 법칙을 만족한다.

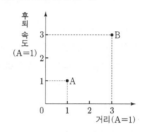

이 자료에 대한 설명으로 옳은 것만을 〈보기〉에서 있는 대로 고른 것은? 3점

보기
ㄱ. 우리은하에서 관측한 적색 편이량은 B가 A의 3배이다.
ㄴ. A에서 관측한 후퇴 속도는 B가 우리은하의 3배이다.
ㄷ. 우리은하에서 관측한 A와 B는 동일한 시선 방향에 위치한다.

① ㄱ ② ㄷ ③ ㄱ, ㄴ ④ ㄴ, ㄷ ⑤ ㄱ, ㄴ, ㄷ

33

표는 우리은하에서 외부 은하 A와 B를 관측한 결과이다. 우리은하에서 관측한 A와 B의 시선 방향은 90°를 이룬다.

은하	흡수선의 파장(nm)		거리(Mpc)
	기준 파장	관측 파장	
A	400	405.6	60
B	600	606.3	( )

이에 대한 옳은 설명만을 〈보기〉에서 있는 대로 고른 것은? (단, A와 B는 허블 법칙을 만족하고, 빛의 속도는 3×10^5km/s이다.) 3점

보기
ㄱ. 허블 상수는 70km/s/Mpc이다.
ㄴ. 우리은하에서 A를 관측하면 기준 파장이 600nm인 흡수선의 관측 파장은 606.3nm보다 길다.
ㄷ. A에서 관측한 B의 후퇴 속도는 5250km/s이다.

① ㄱ ② ㄴ ③ ㄱ, ㄷ ④ ㄴ, ㄷ ⑤ ㄱ, ㄴ, ㄷ

다음은 외부 은하 A, B, C에 대한 설명이다.

- ○ A와 B 사이의 거리는 30Mpc이다.
- ○ A에서 관측할 때 B와 C의 시선 방향은 90°를 이룬다.
- ○ A에서 측정한 B와 C의 후퇴 속도는 각각 2100km/s와 2800km/s이다.

이 자료에 대한 설명으로 옳은 것만을 <보기>에서 있는 대로 고른 것은? (단, 빛의 속도는 3×10^5km/s이고, 세 은하는 허블 법칙을 만족한다.) 3점

보기

ㄱ. 허블 상수는 70km/s/Mpc이다.

ㄴ. B에서 측정한 C의 후퇴 속도는 3500km/s이다.

ㄷ. B에서 측정한 A의 $\left(\dfrac{관측\ 파장 - 기준\ 파장}{기준\ 파장} \right)$은 0.07이다.

① ㄱ ② ㄷ ③ ㄱ, ㄴ ④ ㄴ, ㄷ ⑤ ㄱ, ㄴ, ㄷ

개념편 동영상 강의

지1-3-2-03(개)

Ⅲ. 우주의 신비

2. 외부 은하와 우주 팽창

문제편 동영상 강의

지1-3-2-03(문)

03 암흑 물질과 암흑 에너지

기본자료

필수개념 1 암흑 물질과 암흑 에너지

1. 암흑 물질과 암흑 에너지

1) 보통 물질과 암흑 물질 그리고 암흑 에너지

보통 물질	• 우리 주변에서 쉽게 관찰할 수 있는 대상을 구성하고 있는 물질 • 우주에서는 매우 낮은 밀도로 존재
암흑 물질	• 눈에 보이지 않지만 질량이 있음 → 중력적인 방법으로 존재 추정 • 은하 질량의 대부분을 차지 • 우주 초기, 별과 은하가 형성되는데 중요한 역할
암흑 에너지	• 중력에 반대되는 힘으로 척력에 해당 • 우주 팽창을 가속시키는 우주의 성분 • 빈 공간에서 나오는 에너지이기 때문에 공간이 팽창해 커지면서 암흑 물질을 이기고 우주를 가속 팽창시키는 역할

▶ 표준 모형
우주를 구성하는 입자와 이들 사이의 상호 작용을 밝힌 현대 입자 물리학 이론
• 기본 입자: 보통 물질을 구성하는 가장 작은 단위
• 기본 입자의 예: 쿼크나 전자와 같이 물질을 구성하는 입자(12개), 광자나 글루온과 같이 힘을 전달하는 입자(4개), 다른 기본 입자들이 질량을 갖게 하는 힉스 입자(1개) 등
• 기본 입자들은 우주의 탄생 초기에 다양한 방식으로 상호 작용하여 우주의 기본 물질들을 만들어냈다.

2) 암흑 물질의 존재를 추정할 수 있는 현상들

① 나선 은하의 회전 속도 곡선: 나선 은하는 중심핵 부근에 질량이 밀집되어 있는 것으로 관측
→ 별들의 회전 속도가 중심에서 멀어질수록 작아질 것으로 예상 → 회전 속도 거의 일정 → 은하 외곽부에 암흑 물질 존재 추정

② 중력 렌즈 현상: 암흑 물질이 분포하는 곳에서는 빛의 경로가 휘어짐

③ 은하단에 속한 은하들의 이동 속도: 은하들의 이동 속도는 매우 빨라 은하단에서 탈출할 것으로 보이지만 실제로는 은하단에 묶여서 함께 이동함 → 암흑 물질이 인력으로 작용해 은하단을 묶는 역할을 함

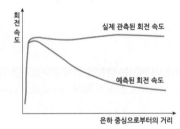

▲ 나선 은하의 회전 속도 곡선

2. 암흑 에너지

1) 중력에 의한 수축: 물질은 중력을 가지고 있기 때문에 서로 잡아당기고 뭉치려고 하는 성질이 있다. 따라서 척력이 존재하지 않는다면 우주는 중력에 의해 수축해야 한다.

2) 가속 팽창 우주론: 실제 우주는 가속 팽창 중 → 중력보다 더 큰 힘의 척력이 있음을 의미

3) 암흑 에너지: 우주를 팽창시키는 힘

3. 암흑 물질과 암흑 에너지의 역할

암흑 물질	• 중력의 작용으로 우주 초기에 별과 은하 형성
암흑 에너지	• 빈 공간에서 나오는 에너지로 우주가 팽창하면서 점점 커짐 • 중력에 대한 척력으로 작용해 우주를 가속 팽창시키고 있음

필수개념 2 **표준 우주 모형**

1. 표준 우주 모형
1) 표준 우주 모형: 빅뱅 우주론＋급팽창 우주론＋암흑 물질＋암흑 에너지의 개념을 통합한 우주 모형
2) 우주의 구성 성분비: 암흑 에너지 68.3%, 암흑 물질 26.8%, 보통 물질 4.9%

2. 우주의 미래
1) 임계 밀도: 우주의 밀도에 의한 중력과 우주가 팽창하는 힘이 평형을 이룰 때의 밀도
2) 우주의 미래: 우주의 밀도에 따라 수축과 팽창 여부가 결정
3) 우주의 미래 모형(암흑 에너지가 없는 것을 가정)

모형	우주의 평균 밀도	우주의 미래
열린 우주	우주 평균 밀도＜임계 밀도	계속 팽창
평탄 우주	우주 평균 밀도＝임계 밀도	팽창 속도가 점차 감속하여 0에 가까워져 일정한 크기를 유지
닫힌 우주	우주 평균 밀도＞임계 밀도	우주의 팽창 속도가 점차 감소하여 나중에는 수축

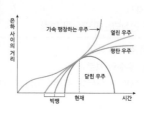

3. 우주 팽창의 실제 모습
1) 우주는 평탄하지만 가속 팽창 중
2) 가속 팽창의 에너지원: 암흑 에너지
3) 우주가 팽창하면 물질 밀도가 낮아져 중력이 미치는 영향은 점차 줄어들지만 암흑 에너지는 물질 밀도와 관련이 없어 우주의 물질 밀도가 낮아져도 변화가 적어 상대적으로 더 커짐

01 은하의 분류

1) 외부 은하(허블의 외부 은하 분류): 가시광선에서 관측한 형태에
따라 타원은하, 정상나선은하, 막대나선은하, 불규칙은하로 분류한다.
타원은하의 별들은 나이가 많고 붉다. 불규칙은하의 별들은 나이가 적고
푸르다.

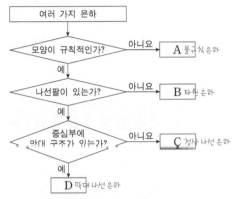

(2014학년도 9월 모평 5번(지구과학Ⅱ))

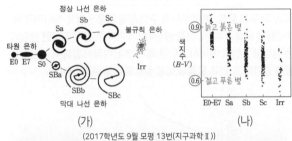

(2017학년도 9월 모평 13번(지구과학Ⅱ))

(2018학년도 수능 8번(지구과학Ⅱ))

분류 기준	(가)	(나)	(다)	(라)
규칙적인 구조가 있는가?	○	○	×	○
나선팔이 있는가?	○	○	×	×
중심부에 막대 구조가 있는가?	○	×	×	×

(○: 있다, ×: 없다)

(2021학년도 수능 7번)

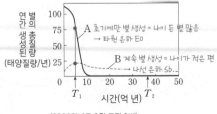

(2022학년도 9월 모평 9번)

2) 특이 은하

★ 2－1) 전파 은하: 중심핵＋제트＋로브로 구성되고, 전파 영역에서 모두
관측된다. 가시광선 영역에서는 타원 은하로 관측된다.

(2021학년도 6월 모평 9번 (다))

★ 2－2) 세이퍼트 은하: 가시광선 영역에서 대부분 나선 은하로
관측되는데, 중심부의 광도가 매우 높고, 폭이 넓은 방출선이 나타난다.

(2021학년도 6월 모평 9번 (가))

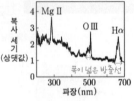

(가)　　　　　　　　　　　(나)

(2020학년도 수능 8번(지구과학Ⅱ))

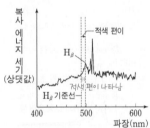

(2016학년도 수능 6번 (나)(지구과학Ⅱ))

★ 2－3) 퀘이사: 매우 멀리 있어서 점처럼, 별처럼 관측되지만 은하이다.
적색 편이가 매우 크게 나타난다.

(2021학년도 6월 모평 9번, 2022학년도 6월 모평 5번 (나))

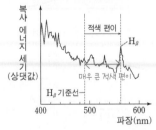

(2016학년도 수능 6번 (가)(지구과학Ⅱ))

Ⅲ. 우주의 신비　307

02 허블 법칙과 우주 팽창

1) 허블 법칙: $v = c \times \dfrac{\Delta\lambda}{\lambda_0} = H \times r$

- 우리은하에서 A까지의 거리는 20Mpc이다. → v=1400km/s
- B에서 우리은하를 관측하면, 우리은하는 2800km/s의 속도로 멀어진다. → B까지의 거리 400Mpc
- A에서 B를 관측하면, B의 스펙트럼에서 500nm의 기준 파장을 갖는 흡수선이 507nm로 관측된다. → 1400+2800=4200이므로 A와 B는 정반대 방향

$\dfrac{7nm}{500nm} \times 3 \times 10^5 km/s = 4200km/s$

(2021학년도 수능 17번, 2016학년도 9월 모평 14번(지구과학 Ⅱ)(그림으로 표현))

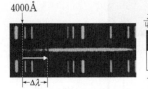

4000Å

$\dfrac{200}{4000} \times 3 \times 10^5 km/s = 1500km/s$

Δλ(Å)	X까지의 거리(Mpc)
200	300

→ 허블상수는 5.0km/s/Mpc

(2018학년도 9월 모평 18번(지구과학 Ⅱ))

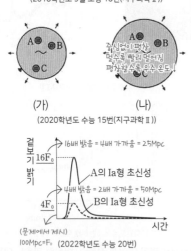

중심없이 팽창 멀수록 빨리 멀어짐 팽창할수록 우주 온도 ↓

(가)　　　(나)

(2020학년도 수능 15번(지구과학 Ⅱ))

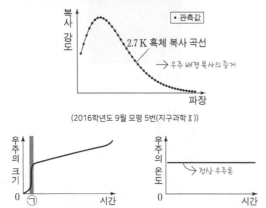

16배 밝음 = 4배 가까움 = 25Mpc
A의 Ia형 초신성
4배 밝음 = 2배 가까움 = 50Mpc
B의 Ia형 초신성
(문제에서 제시)
100Mpc=F₀ (2022학년도 수능 20번)

2) 빅뱅 우주론: 증거는 우주 배경 복사, 수소와 헬륨의 질량비(3 : 1), 대부분의 은하에서 관측되는 적색 편이이다. 우주의 지평선 문제, 편평도 문제, 자기 홀극 문제를 급팽창 우주론으로 해결하였다.

· 관측값
2.7 K 흑체 복사 곡선
→ 우주 배경 복사의 증거

(2016학년도 9월 모평 5번(지구과학 Ⅱ))

급팽창
(가) 급팽창 우주론

정상 우주론
(나)

(2021학년도 6월 모평 17번) 시로 다른 두 우주론

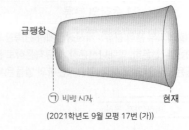

급팽창 ㉠ 빅뱅 시작　　　현재

(2021학년도 9월 모평 17번 (가))

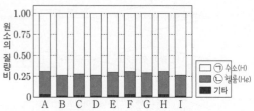

(2021학년도 9월 모평 18번) 은하에서의 원소의 질량비

03 암흑 물질과 암흑 에너지

1) 우주의 구성 물질: 현재 우주의 구성 물질 비율은 암흑 에너지가 약 73%, 암흑 물질이 23%, 보통 물질이 4%이다. 시간이 지나면 물질의 양은 일정하고 암흑 에너지의 양은 증가한다. 따라서 암흑 에너지의 비율은 증가하고, 암흑 물질과 보통 물질의 비율은 감소한다.

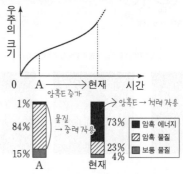

(2016학년도 수능 8번(지구과학 Ⅱ))

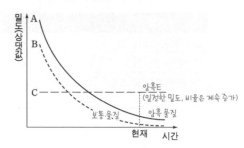

(2017학년도 9월 모평 17번(지구과학 Ⅱ))

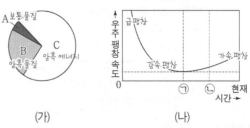

(가)　　　(나)

(2021학년도 6월 모평 16번, (가)는 2021학년도 9월 모평에서도)

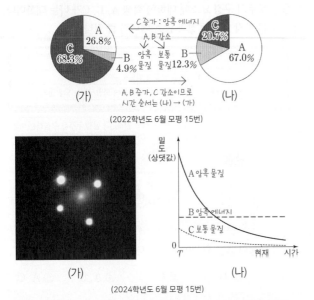

(2022학년도 6월 모평 15번)

(가)   (나)

(2024학년도 6월 모평 15번)

★ (가) 은하에 의한 중력 렌즈 현상을 이용하여 암흑 물질이 존재함을 추정할 수 있다.

2) 가속 팽창 우주: 보통 물질과 암흑 물질은 중력이 작용하여 우주를 수축시킨다. 그러나 척력이 작용하는 암흑 에너지로 인해 가속 팽창 우주가 나타난다. Ⅰa형 초신성의 경우 일정한 질량에서 폭발하므로, 광도가 일정하다. 우주의 팽창을 고려하여 예상한 Ⅰa형 초신성의 밝기보다 어두울 때는 Ⅰa형 초신성이 더 멀리에 있다는 의미이므로, 우주가 더 빠르게 멀어진다는 뜻이 된다. 따라서 Ⅰa형 초신성은 가속 팽창 우주의 증거가 된다.

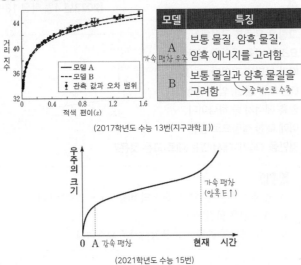

모델	특징
A	보통 물질, 암흑 물질, 암흑 에너지를 고려함
B	보통 물질과 암흑 물질을 고려함

(2017학년도 수능 13번(지구과학Ⅱ))

(2021학년도 수능 15번)

3) 우주 모형: 열린 우주는 우주의 밀도 < 임계 밀도로 우주가 계속 팽창하고, 평탄 우주는 우주의 밀도 = 임계 밀도로 우주의 팽창이 점차 멈춰서 일정한 크기를 유지하며, 닫힌 우주는 우주의 밀도 > 임계 밀도로 우주가 나중에는 수축한다.

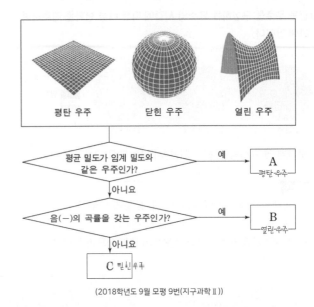

(2018학년도 9월 모평 9번(지구과학Ⅱ))

4) 표준 우주 모형

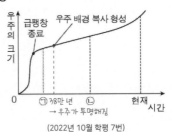

(2022년 10월 학평 7번)

★ 표준 우주 모형에 근거하여 시간에 따른 우주의 크기 변화를 나타낸 자료이다.

1

그림은 우주를 구성하는 요소의 시간에 따른 비율 변화를 예측하여 나타낸 것이다.

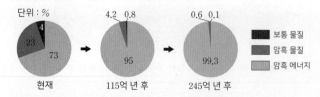

이에 대한 옳은 설명만을 〈보기〉에서 있는 대로 고른 것은?

보기
ㄱ. 현재 우주에는 암흑 물질이 보통 물질보다 많다.
ㄴ. 우주의 물질 밀도는 점점 커질 것이다.
ㄷ. 115억 년 후에는 현재보다 우주의 팽창 속도가 느려질 것이다.

① ㄱ ② ㄷ ③ ㄱ, ㄴ ④ ㄴ, ㄷ ⑤ ㄱ, ㄴ, ㄷ

2

표는 현재 우주 구성 요소 A, B, C의 비율이고, 그림은 시간에 따른 우주의 상대적 크기 변화를 나타낸 것이다. A, B, C는 각각 보통 물질, 암흑 물질, 암흑 에너지 중 하나이다.

우주 구성 요소	비율(%)
A	68.3
B	26.8
C	4.9

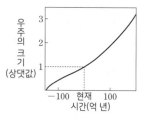

이에 대한 옳은 설명만을 〈보기〉에서 있는 대로 고른 것은?

보기
ㄱ. B는 보통 물질이다.
ㄴ. 빅뱅 이후 현재까지 우주의 팽창 속도는 일정하였다.
ㄷ. $\dfrac{\text{B의 비율}+\text{C의 비율}}{\text{A의 비율}}$ 은 100억 년 후가 현재보다 작을 것이다.

① ㄱ ② ㄷ ③ ㄱ, ㄴ ④ ㄴ, ㄷ ⑤ ㄱ, ㄴ, ㄷ

3

다음은 우주의 구성 요소에 대하여 학생 A, B, C가 나눈 대화이다. ㉠과 ㉡은 각각 암흑 물질과 암흑 에너지 중 하나이다.

구성 요소	특징
㉠	질량을 가지고 있으나 빛으로 관측되지 않음.
㉡	척력으로 작용하여 우주를 가속 팽창시키는 역할을 함.

학생 A: ㉠은 암흑 물질이야.
학생 B: ㉡으로 초신성 Ia형의 관측 결과를 설명할 수 있어.
학생 C: 현재 우주를 구성하는 비율은 ㉠이 ㉡보다 커.

제시한 내용이 옳은 학생만을 있는 대로 고른 것은?

① A ② B ③ C ④ A, B ⑤ A, C

4

그림은 우주를 구성하는 요소의 비율 변화를 시간에 따라 나타낸 것이다. A, B, C는 보통 물질, 암흑 물질, 암흑 에너지 중 하나이다. 이에 대한 설명으로 옳은 것만을 〈보기〉에서 있는 대로 고른 것은?

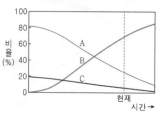

보기
ㄱ. 현재 우주를 구성하는 요소의 비율은 C<A<B이다.
ㄴ. A는 암흑 물질이다.
ㄷ. B는 현재 우주를 가속 팽창시키는 요소이다.

① ㄱ ② ㄷ ③ ㄱ, ㄴ ④ ㄴ, ㄷ ⑤ ㄱ, ㄴ, ㄷ

정답과 해설 1 p.500 2 p.500 3 p.501 4 p.501

5

그림은 대폭발 우주론에서 우주 구성 요소인 복사 에너지, 물질, 암흑 에너지의 시간에 따른 밀도 변화를 나타낸 것이다. 이에 대한 옳은 설명만을 〈보기〉에서 있는 대로 고른 것은?

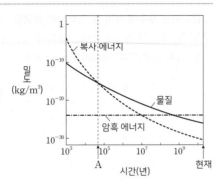

보기

ㄱ. A 시기 이전에는 복사 에너지의 밀도가 물질의 밀도보다 크다.

ㄴ. 우주 구성 요소 중 암흑 에너지가 차지하는 비율은 계속 증가하였다.

ㄷ. 현재 우주는 가속 팽창하고 있다.

① ㄱ ② ㄴ ③ ㄱ, ㄷ ④ ㄴ, ㄷ ⑤ ㄱ, ㄴ, ㄷ

6

그림 (가)는 가속 팽창 우주 모형에 의한 시간에 따른 우주의 크기를, (나)는 T_1 시기와 T_2 시기의 우주 구성 요소의 비율을 ㉠과 ㉡으로 순서 없이 나타낸 것이다. A, B, C는 각각 보통 물질, 암흑 물질, 암흑 에너지 중 하나이다.

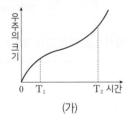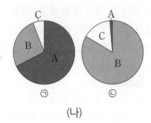

(가) (나)

이에 대한 옳은 설명만을 〈보기〉에서 있는 대로 고른 것은? 3점

보기

ㄱ. T_1 시기에 우주의 팽창 속도는 증가하고 있다.

ㄴ. T_2 시기의 우주 구성 요소의 비율은 ㉠이다.

ㄷ. 전자기파를 이용해 직접 관측할 수 있는 것은 C이다.

① ㄱ ② ㄷ ③ ㄱ, ㄴ ④ ㄴ, ㄷ ⑤ ㄱ, ㄴ, ㄷ

7 2023 평가원

그림 (가)는 현재 우주 구성 요소의 비율을, (나)는 은하에 의한 중력 렌즈 현상을 나타낸 것이다. A, B, C는 각각 암흑 물질, 암흑 에너지, 보통 물질 중 하나이다.

(가) (나)

이에 대한 설명으로 옳은 것만을 〈보기〉에서 있는 대로 고른 것은?

보기

ㄱ. A는 암흑 에너지이다.

ㄴ. 현재 이후 우주가 팽창하는 동안 $\dfrac{\text{B의 비율}}{\text{C의 비율}}$ 은 감소한다.

ㄷ. (나)를 이용하여 B가 존재함을 추정할 수 있다.

① ㄱ ② ㄴ ③ ㄷ ④ ㄱ, ㄴ ⑤ ㄴ, ㄷ

8

그림 (가)는 현재 우주를 구성하는 요소 A, B, C의 상대적 비율을 나타낸 것이고, (나)는 빅뱅 이후 현재까지 우주의 팽창 속도를 추정하여 나타낸 것이다. A, B, C는 각각 보통 물질, 암흑 물질, 암흑 에너지 중 하나이다.

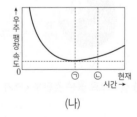

(가) (나)

이에 대한 설명으로 옳은 것만을 〈보기〉에서 있는 대로 고른 것은?

보기

ㄱ. 우주가 팽창하는 동안 C가 차지하는 비율은 증가한다.

ㄴ. ㉠ 시기에 우주는 팽창하지 않았다.

ㄷ. 우주 팽창에 미치는 B의 영향은 ㉡ 시기가 ㉠ 시기보다 크다.

① ㄱ ② ㄴ ③ ㄷ ④ ㄱ, ㄴ ⑤ ㄱ, ㄷ

9

그림은 어느 가속 팽창 우주 모형에서 시간에 따른 우주 구성 요소 A, B, C의 밀도를 나타낸 것이다.

A, B, C는 각각 보통 물질, 암흑 물질, 암흑 에너지 중 하나이다.

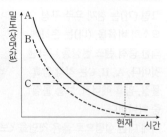

이에 대한 설명으로 옳은 것만을 〈보기〉에서 있는 대로 고른 것은?

보기
ㄱ. A는 암흑 물질이다.
ㄴ. 우주에 존재하는 암흑 에너지의 총량은 시간에 따라 증가한다.
ㄷ. 보통 물질이 차지하는 비율은 시간에 따라 감소한다.

① ㄱ   ② ㄴ   ③ ㄱ, ㄷ   ④ ㄴ, ㄷ   ⑤ ㄱ, ㄴ, ㄷ

---

10 **2022 평가원**

그림 (가)와 (나)는 현재와 과거 어느 시기의 우주 구성 요소 비율을 순서 없이 나타낸 것이다. A, B, C는 각각 보통 물질, 암흑 물질, 암흑 에너지 중 하나이다.

(가)   (나)

이에 대한 설명으로 옳은 것만을 〈보기〉에서 있는 대로 고른 것은?

보기
ㄱ. (가)일 때 우주는 가속 팽창하고 있다.
ㄴ. B는 전자기파로 관측할 수 있다.
ㄷ. $\dfrac{\text{A의 비율}}{\text{C의 비율}}$은 (가)일 때와 (나)일 때 같다.

① ㄱ   ② ㄴ   ③ ㄷ   ④ ㄱ, ㄴ   ⑤ ㄴ, ㄷ

11

그림 (가)는 우주에 대한 두 과학자의 설명을, (나)는 현재 우주를 구성하는 요소의 비율을 나타낸 것이다. ㉠, ㉡, ㉢은 각각 보통 물질, 암흑 물질, 암흑 에너지 중 하나이다.

> 나선 은하의 실제 회전 속도는 광학적으로 관측 가능한 물질을 통해 예상한 회전 속도와는 달랐습니다. 이는 (A)에 의한 중력이 영향을 미치기 때문입니다.

> 먼 거리에 위치한 Ia형 초신성의 겉보기 밝기가 예상보다 어둡게 관측 되었습니다. 이는 (B)에 의해 우주가 가속 팽창하기 때문입니다.

㉠ 68.3%
㉡ 26.8%
㉢ 4.9%

(가)   (나)

A와 B를 (나)에서 찾아 옳게 짝지은 것은?

	A	B		A	B
①	㉠	㉡	②	㉠	㉢
③	㉡	㉠	④	㉡	㉢
⑤	㉢	㉠			

---

12 **2023 평가원**

표는 우주 구성 요소 A, B, C의 상대적 비율을 T_1, T_2 시기에 따라 나타낸 것이다. T_1, T_2는 각각 과거와 미래 중 하나에 해당하고, A, B, C는 각각 보통 물질, 암흑 물질, 암흑 에너지 중 하나이다.

구성 요소	T_1	T_2
A	66	11
B	22	87
C	12	2

(단위 : %)

이에 대한 설명으로 옳은 것만을 〈보기〉에서 있는 대로 고른 것은?

보기
ㄱ. T_2는 미래에 해당한다.
ㄴ. A는 항성 질량의 대부분을 차지한다.
ㄷ. C는 전자기파로 관측할 수 있다.

① ㄱ   ② ㄴ   ③ ㄱ, ㄷ   ④ ㄴ, ㄷ   ⑤ ㄱ, ㄴ, ㄷ

표 (가)는 외부 은하 A와 B의 스펙트럼 관측 결과를, (나)는 우주 구성 요소의 상대적 비율을 T_1, T_2 시기에 따라 나타낸 것이다. T_1, T_2는 관측된 A, B의 빛이 각각 출발한 시기 중 하나이고, a, b, c는 각각 보통 물질, 암흑 물질, 암흑 에너지 중 하나이다.

은하	기준 파장	관측 파장
A	120	132
B	150	600

(단위 : nm)

(가)

우주 구성 요소	T_1	T_2
a	62.7	3.4
b	31.4	81.3
c	5.9	15.3

(단위 : %)

(나)

이 자료에 대한 설명으로 옳은 것만을 〈보기〉에서 있는 대로 고른 것은? (단, 빛의 속도는 3×10^5 km/s이다.)

보기

ㄱ. 우리은하에서 관측한 A의 후퇴 속도는 3000 km/s이다.

ㄴ. B는 T_2 시기의 천체이다.

ㄷ. 우주를 가속 팽창시키는 요소는 b이다.

① ㄱ   ② ㄴ   ③ ㄷ   ④ ㄱ, ㄴ   ⑤ ㄴ, ㄷ

그림 (가)는 은하에 의한 중력 렌즈 현상을, (나)는 T 시기 이후 우주 구성 요소의 밀도 변화를 나타낸 것이다. A, B, C는 각각 보통 물질, 암흑 물질, 암흑 에너지 중 하나이다.

(가)

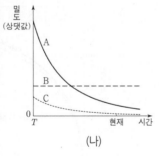

(나)

이에 대한 설명으로 옳은 것만을 〈보기〉에서 있는 대로 고른 것은?

보기

ㄱ. (가)를 이용하여 A가 존재함을 추정할 수 있다.

ㄴ. B에서 가장 많은 양을 차지하는 것은 양성자이다.

ㄷ. T 시기부터 현재까지 우주의 팽창 속도는 계속 증가하였다.

① ㄱ   ② ㄴ   ③ ㄱ, ㄷ   ④ ㄴ, ㄷ   ⑤ ㄱ, ㄴ, ㄷ

그림 (가)는 현재 우주에서 암흑 물질, 보통 물질, 암흑 에너지가 차지하는 비율을 각각 ㉠, ㉡, ㉢으로 순서 없이 나타낸 것이고, (나)는 우리은하의 회전 속도를 은하 중심으로부터의 거리에 따라 나타낸 것이다. A와 B는 각각 관측 가능한 물질만을 고려한 추정값과 실제 관측값 중 하나이다.

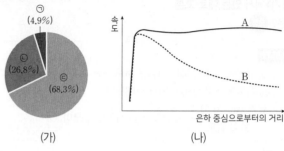

(가)   (나)

이에 대한 옳은 설명만을 〈보기〉에서 있는 대로 고른 것은? 3점

보기

ㄱ. ㉠과 ㉡은 현재 우주를 가속 팽창시키는 역할을 한다.

ㄴ. 관측 가능한 물질만을 고려한 추정값은 B이다.

ㄷ. A와 B의 회전 속도 차이는 ㉢의 영향으로 나타난다.

① ㄱ   ② ㄴ   ③ ㄱ, ㄷ   ④ ㄴ, ㄷ   ⑤ ㄱ, ㄴ, ㄷ

그림은 어느 팽창 우주 모형에서 시간에 따른 우주의 크기 변화를 나타낸 것이다.

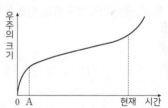

이에 대한 설명으로 옳은 것만을 〈보기〉에서 있는 대로 고른 것은?

보기

ㄱ. A 시기에 우주는 감속 팽창했다.

ㄴ. 현재 우주에서 물질이 차지하는 비율은 암흑 에너지가 차지하는 비율보다 크다.

ㄷ. 우주 배경 복사의 파장은 A 시기가 현재보다 길다.

① ㄱ   ② ㄷ   ③ ㄱ, ㄷ   ④ ㄴ, ㄷ   ⑤ ㄱ, ㄴ, ㄷ

17

그림은 표준 우주 모형에 근거하여 시간에 따른 우주의 크기 변화를 나타낸 것이다.
이에 대한 옳은 설명만을 〈보기〉에서 있는 대로 고른 것은? **3점**

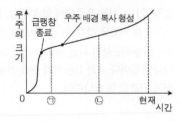

보기

ㄱ. ㉠ 시기에 우주의 모든 지점은 서로 정보 교환이 가능하였다.

ㄴ. ㉡ 시기에 우주는 불투명한 상태였다.

ㄷ. $\dfrac{\text{암흑 에너지 밀도}}{\text{물질 밀도}}$ 는 현재가 ㉡ 시기보다 크다.

① ㄱ ② ㄴ ③ ㄷ ④ ㄱ, ㄴ ⑤ ㄱ, ㄷ

19

그림 (가)는 표준 우주 모형에서 시간에 따른 우주의 크기 변화를, (나)는 플랑크 망원경의 우주 배경 복사 관측 결과로부터 추론한 현재 우주를 구성하는 요소의 비율을 나타낸 것이다.

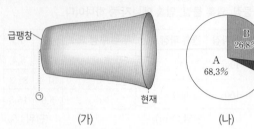

(가)　　　　(나)

이에 대한 설명으로 옳은 것만을 〈보기〉에서 있는 대로 고른 것은?

보기

ㄱ. 우주 배경 복사는 ㉠시기에 방출된 빛이다.

ㄴ. 현재 우주를 가속 팽창시키는 역할을 하는 것은 A이다.

ㄷ. B에서 가장 큰 비율을 차지하는 것은 중성자이다.

① ㄱ ② ㄴ ③ ㄷ ④ ㄱ, ㄴ ⑤ ㄱ, ㄷ

18

그림 (가)는 현재 우주를 구성하는 요소 ㉠, ㉡, ㉢의 상대적 비율을, (나)는 우주 모형 A와 B에서 시간에 따른 우주의 상대적 크기를 나타낸 것이다. ㉠, ㉡, ㉢은 각각 보통 물질, 암흑 물질, 암흑 에너지 중 하나이다.

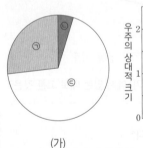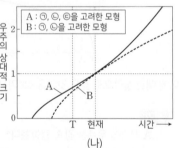

(가)　　　　(나)

이에 대한 설명으로 옳은 것만을 〈보기〉에서 있는 대로 고른 것은?
3점

보기

ㄱ. 별과 행성은 ㉠에 해당한다.

ㄴ. 대폭발 이후 현재까지 걸린 시간은 A보다 B에서 짧다.

ㄷ. A에서 우주를 구성하는 요소 중 ㉢이 차지하는 비율은 T 시기보다 현재가 크다.

① ㄱ ② ㄴ ③ ㄱ, ㄷ ④ ㄴ, ㄷ ⑤ ㄱ, ㄴ, ㄷ

20

그림은 우주 모형 A, B와 외부 은하에서 발견된 Ⅰa형 초신성의 관측 자료를 나타낸 것이다. Ω_m과 Ω_Λ는 각각 현재 우주의 물질 밀도와 암흑 에너지 밀도를 임계 밀도로 나눈 값이다.

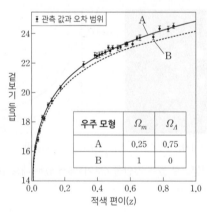

우주 모형	Ω_m	Ω_Λ
A	0.25	0.75
B	1	0

이에 대한 설명으로 옳은 것만을 〈보기〉에서 있는 대로 고른 것은?

보기

ㄱ. Ⅰa형 초신성의 관측 결과를 설명할 수 있는 우주 모형은 B보다 A이다.

ㄴ. $z=0.8$인 Ⅰa형 초신성의 거리 예측 값은 A가 B보다 크다.

ㄷ. 보통 물질, 암흑 물질, 암흑 에너지를 모두 고려한 우주 모형은 B이다.

① ㄱ ② ㄷ ③ ㄱ, ㄴ ④ ㄴ, ㄷ ⑤ ㄱ, ㄴ, ㄷ

정답과 해설 | 17 p.508 | 18 p.509 | 19 p.509 | 20 p.510

21
표준 우주 모형
[2022년 4월 학평 20번]

표는 우주 모형 A, B, C의 Ω_m과 Ω_Λ를 나타낸 것이고, 그림은 A, B, C에서 적색 편이와 겉보기 등급 사이의 관계를 C를 기준으로 하여 Ia형 초신성 관측 자료와 함께 나타낸 것이다. ㉠과 ㉡은 각각 A와 B의 편차 자료 중 하나이고, Ω_m과 Ω_Λ는 각각 현재 우주의 물질 밀도와 암흑 에너지 밀도를 임계 밀도로 나눈 값이다.

우주 모형	Ω_m	Ω_Λ
A	0.27	0.73
B	1.0	0
C	0.27	0

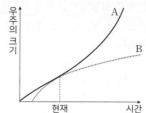

이 자료에 대한 설명으로 옳은 것만을 〈보기〉에서 있는 대로 고른 것은? 3점

보기
ㄱ. ㉠은 B의 편차 자료이다.
ㄴ. $z=1.0$인 천체의 겉보기 등급은 A보다 B에서 크다.
ㄷ. Ia형 초신성 관측 자료와 가장 부합하는 모형은 A이다.

① ㄱ ② ㄷ ③ ㄱ, ㄴ ④ ㄴ, ㄷ ⑤ ㄱ, ㄴ, ㄷ

23
표준 우주 모형
[2020년 7월 학평 18번]

그림은 서로 다른 평탄 우주 A, B의 모형을 나타낸 것이다.

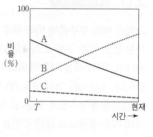

이에 대한 설명으로 옳은 것만을 〈보기〉에서 있는 대로 고른 것은?

보기
ㄱ. 임계 밀도에 대한 우주의 평균 밀도 비는 A와 B가 같다.
ㄴ. 현재 암흑 에너지의 비율은 A가 B보다 크다.
ㄷ. 현재 우주의 나이는 A가 B보다 많다.

① ㄱ ② ㄴ ③ ㄱ, ㄷ ④ ㄴ, ㄷ ⑤ ㄱ, ㄴ, ㄷ

22
표준 우주 모형
[지Ⅱ 2020학년도 9월 모평 12번]

그림 (가)는 물질과 암흑 에너지의 함량이 서로 다른 우주 모형 A, B, C에서 시간에 따른 우주의 상대적 크기를, (나)는 이들 모형에서 적색 편이(z)와 거리 지수 사이의 관계를 나타낸 것이다. Ω_m과 Ω_Λ는 각각 현재 우주의 물질 밀도와 암흑 에너지 밀도를 임계 밀도로 나눈 값이다.

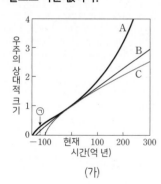 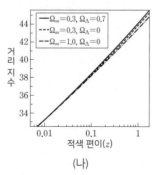

(가)   (나)

이에 대한 설명으로 옳은 것만을 〈보기〉에서 있는 대로 고른 것은?

3점

보기
ㄱ. A는 $\Omega_m=0.3$, $\Omega_\Lambda=0.7$인 우주에 해당한다.
ㄴ. A에서 ㉠ 시기에 우주 공간의 팽창 속도는 감소한다.
ㄷ. $z=1$인 천체에서 방출된 빛이 지구에 도달하는 데 걸리는 시간은 B의 경우가 C의 경우보다 짧다.

① ㄱ ② ㄷ ③ ㄱ, ㄴ ④ ㄴ, ㄷ ⑤ ㄱ, ㄴ, ㄷ

24 2024 평가원
암흑 물질과 암흑 에너지
[2024학년도 9월 모평 11번]

그림은 우주 구성 요소 A, B, C의 상대적 비율을 시간에 따라 나타낸 것이다. A, B, C는 각각 암흑 물질, 보통 물질, 암흑 에너지 중 하나이다.
이에 대한 설명으로 옳은 것만을 〈보기〉에서 있는 대로 고른 것은?

보기
ㄱ. 우주 배경 복사의 파장은 T시기가 현재보다 짧다.
ㄴ. T시기부터 현재까지 $\dfrac{\text{A의 비율}}{\text{B의 비율}}$ 은 감소한다.
ㄷ. A, B, C 중 항성 질량의 대부분을 차지하는 것은 C이다.

① ㄱ ② ㄷ ③ ㄱ, ㄴ ④ ㄴ, ㄷ ⑤ ㄱ, ㄴ, ㄷ

25

표는 우주 구성 요소의 상대적 비율을 T_1, T_2 시기에 따라 나타낸 것이고, 그림은 표준 우주 모형에 따른 빅뱅 이후 현재까지 우주의 팽창 속도를 나타낸 것이다. ⊙, ⓛ, ⓒ은 각각 보통 물질, 암흑 물질, 암흑 에너지 중 하나이다.

구성 요소	T_1	T_2
⊙	59.6	75.5
ⓛ	29.2	10.3
ⓒ	11.2	14.2

(단위: %)

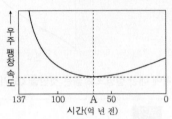

이에 대한 옳은 설명만을 〈보기〉에서 있는 대로 고른 것은? **3점**

보기

ㄱ. ⊙은 질량을 가지고 있다.

ㄴ. T_2 시기는 A 시기보다 나중이다.

ㄷ. 우주 배경 복사는 A 시기 이전에 방출된 빛이다.

① ㄱ   ② ㄴ   ③ ㄱ, ㄷ   ④ ㄴ, ㄷ   ⑤ ㄱ, ㄴ, ㄷ

---

26 **2024 수능**

그림은 빅뱅 우주론에 따라 우주가 팽창하는 동안 우주 구성 요소 A와 B의 상대적 비율(%)을 시간에 따라 나타낸 것이다. A와 B는 각각 암흑 에너지와 물질(보통 물질＋암흑 물질) 중 하나이다. 이에 대한 설명으로 옳은 것만을 〈보기〉에서 있는 대로 고른 것은?

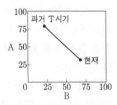

보기

ㄱ. A는 물질에 해당한다.

ㄴ. 우주 배경 복사의 온도는 과거 T 시기가 현재보다 낮다.

ㄷ. 우주가 팽창하는 동안 B의 총량은 일정하다.

① ㄱ   ② ㄴ   ③ ㄷ   ④ ㄱ, ㄴ   ⑤ ㄱ, ㄷ

2025 마더텅 수능기출문제집
지구과학 I 연도별 문제편

등급컷 활용법 등급컷은 자신의 수준을 객관적으로 확인할 수 있는 여러 지표 중 하나입니다. 등급컷을 토대로 본인의 등급을 예측해보고, 앞으로의 공부 전략을 세우는 데에 참고하시기 바랍니다.

표에서 제시한 원점수 등급컷은 평가원의 공식 자료가 아니라 여러 교육 업체에서 제공하는 자료들의 평균 수치이므로 약간의 오차가 있을 수 있습니다.

🔵 물모평/물수능 평소보다 쉬운 난도　🔺 보통/평이 풀만한 난도　🔵 불모평/불수능 어려운 난도

구 분			1등급	2등급	3등급	4등급	5등급	6등급	7등급	8등급
2022학년도	6월 모의평가 🔺	• 수능 출제 비율과 동일하게 고르게 출제되었으음 EBS 연계 문항과 기출 문항이 많이 출제되었음. 전년 6월 평가원과 비슷한 난이도로 출제되었지만, 신유형이 있어 체감 난도는 높았음. • 17번은 주계열성의 질량-광도 관계 그래프를 변형시켜 출제하였음. 온도, 반지름, 질량, 주계열에 머무는 시간 등의 관계를 알아야만 풀 수 있는 문제였다. 여러 개념이 복합적으로 들어가 높은 난도의 문제였음. • 19번은 우주 배경 복사 문제로 문제 유형이 항상 달라지기 때문에 난도가 높았음. 우주 배경 복사의 개념을 잘 알아야 됨. • 20번은 지질 단면도와 지층의 연령에 관한 문제로 지층의 생성 순서를 추론하기가 어려웠음. 기저역암의 위치와 단층면의 대조를 통하여 지층의 생성 과정을 이해해야 함.	47	44	37	30	22	15	11	8
	9월 모의평가 🔵	• 각 단원별로 문제가 고르게 출제되었으며, 기본 개념 위주로 출제되었음. 새로운 유형의 문제가 많았음. 전년 9월 평가원 모의고사보다 신유형 자료가 많아 난도는 높았음. • 18번 문항은 외계 행성계와 생명체 탐사 문제로 행성의 반지름과 밝기 감소량의 관계에 따른 중심별의 밝기 변화를 이해해야 했음. 밝기 변화의 시간과 편이 해석도 해야 하므로 다소 까다로운 문제였음. • 20번 문항은 항상 나오는 엘니뇨와 라니냐 문제였지만 물리량 표만으로 자료를 해석해야 해서 어려운 문제였음.	48	44	38	30	21	15	11	7
	수능 🔵	• 9월 모평보다 어렵게 출제되었다. 주요 개념을 바탕으로 제시된 자료를 분석하거나 결론을 도출하는 문항의 비율이 높았으며, 단순 암기로 해결할 수 있는 문항이 거의 없었고, 과학적 사고력을 요구하는 문항들이 많았다. • 19번(3점) : 화산섬의 연령, 위도, 고지자기 복각 자료 해석을 활용하여 고지자기극의 위도를 찾는 고난도 문항이다. • 20번(3점) : 두 은하가 허블 법칙을 만족하는 문제인데 흡수선 계산 문항이다. 겉보기 밝기의 최댓값 계산 문항이다.	43	38	33	26	18	13	9	6
2023학년도	6월 모의평가 🔺	• 쉬운 문항과 어려운 문항이 고르게 출제되었다. 개념들을 얼마나 이해하고 있는지 기본 개념에서 확장된 지문들이 출제되었고, 자료 분석 능력을 평가하는 문항이 가장 많았으며, 정량적 계산을 요하는 문항도 출제되었다. • 19번(3점) 보기에서 묻고 있는 내용이 기출 문항에서 진술하던 표현 방식과 달라 무엇을 묻는 것인지 정확하게 파악하기 어려웠던 문항이다. • 20번(3점) 행성과 중심별이 공통 질량 중심을 중심으로 공전할 때 공전 주기와 공전 방향이 같으므로 행성과 중심별은 항상 공통 질량 중심을 중심으로 서로 반대 방향에 위치하게 된다는 것과 중심별에서 흡수선의 파장 변화량은 행성의 시선 속도에 비례하는 것을 이해하고 행성에서 나타나는 최대 시선 속도의 절댓값은 행성의 공전 궤도면 상에서 시선 방향에 직각인 두 지점에서 나타난다는 것을 알 수 있어야 한다.	47	43	37	28	20	15	10	7
	9월 모의평가 🔵	• 단원별로 고르게 출제되었고, 중요하게 다루는 핵심 개념을 주로 묻는 문항들이 다수였다. 익숙한 자료들을 제시하고 개념을 얼마나 제대로 이해하고 있는지 기본 개념을 확장시키는 문제가 변별력 있게 출제되었다. • 14번(2점) 별의 물리량을 정량적으로 계산할 수 있어야 하며, 별의 진화를 고려하여 주계열성과 거성의 질량을 비교할 수 있어야 한다. • 18번(3점) 생명 가능 지대는 태양 주변의 생명 가능 지대에 비해 별에서 1AU 이내의 가까운 거리에서 생명 가능 지대 폭이 좁게 형성되는 것을 이해하고, 별과 행성의 접촉 시간을 알면 중심별의 반지름을 구할 수 있다는 것을 이해해야 한다. • 20번(2점) 우주 팽창이 일어날 때, 빛의 이동 거리와 은하의 거리 변화가 서로 다르다는 사실을 이해하고 있어야 한다.	48	45	39	30	20	15	10	8
	수능 🔵	• 전 단원에서 고르게 출제되고 중간 난이도의 문항이 많아 중하위권 학생들의 체감 난이도는 높을 수 있다. 주요 개념을 바탕으로 학문적 이해를 요구하는 문항이 많았다. • 16번(2점) 별의 물리량을 가지고 별을 분류해야 한다. 주계열성에서 질량이 큰 별은 주로 CNO 순환 반응이 우세하고 질량이 작은 별은 주로 p-p 반응이 우세하다. • 20번(3점) 외계 행성계에서 식 현상을 이해하는 문제로, 문제 상황을 정확하게 파악해야 하며, 정량적인 계산 과정을 수행하는데 시간이 비교적 많이 필요한 문항이다.	42	39	34	28	20	15	11	7
2024학년도	6월 모의평가 🔵	• 최고난도 문항이 없었고 단원별로 쉬운 문항과 어려운 문항이 비교적 고르게 출제되었으며, 전체적으로 2023학년도 수능보다 쉽게 출제되었다. 생소한 자료나 함정이 없고 정량적 계산이 필요한 문항이 적어 착실하게 공부를 했다면 문제를 풀 시간이 충분했을 것이다. • 16번(3점) 별의 겉보기 밝기 $\propto \dfrac{광도}{(별까지의\ 거리)^2}$ 를 알아야 한다. 또한 별의 겉보기 밝기가 약 100배 밝으면 겉보기 등급이 5등급 차이난다는 것을 이용해야 비교적 쉽게 문제를 풀 수 있다. • 18번(3점) 외계 행성계 탐사 방법 중 식 현상을 이용한 탐사에 관한 문제이다. 중심별의 시선 속도 그래프를 통해 원 궤도에서 중심별의 위치를 파악할 수 있어야 하며, 중심별의 이동에 따른 흡수선의 파장 변화를 판단할 수 있어야 해결할 수 있는 문항이었다. • 20번(2점) 허블 법칙과 우주 팽창에 관한 문제로, 허블 법칙을 만족하지 않는 은하의 관측 결과를 제시하여 이를 허블 법칙을 만족할 때의 상황까지 고려하여 문제에 적용해야 풀 수 있는 문항이었다.	47	42	36	28	21	15	11	8
	9월 모의평가 🔵	• 2023학년도 수능보다는 쉽게 출제되었고, 2024학년도 6월 모평과는 비슷한 난이도로 출제되었다. 대부분 기본 개념과 지식을 바탕으로 자료를 해석하는 문제가 출제되어 전체적인 난이도는 평이했다. • 19번(3점) 외부 은하의 후퇴 속도와 적색 편이량 사이의 관계를 알아야 하고, 세 은하가 허블 법칙을 만족하므로 이를 통해 각 은하 사이의 거리를 파악해야 하는 문항이었다. 각각의 은하 사이의 거리를 구해 우리은하에서 관측한 A와 B 은하가 동일한 시선 방향에 위치하는지 판단해야 했다. • 20번(3점) 고지자기극과 판의 경계에 대해 복합적으로 묻는 문항으로, 화산섬의 연령과 위치를 통해 판의 이동 방향과 열점의 위치를 파악해야 했다. 남반구의 자료라는 점과 대부분의 문항과 달리 가로 방향의 판의 경계가 발산형 경계라는 점이 다른 문항과 차별화되어 출제된 부분이다.	50	47	41	32	22	14	9	7
	수능 🔺	• 2023학년도 수능보다는 쉽게, 2024학년도 6월 모평과 9월 모평보다는 어렵게 출제되었다. 난이도 '상' 수준의 문항이 다수 출제되었고, 생소하고 낯선 형태의 신유형과 정확한 계산을 요구하는 문항들이 출제되어 자료 분석 및 문제 풀이에 시간이 많이 소요되었을 것으로 예상된다. 다만, 대부분의 문제가 기출 문제의 유형과 비슷하므로 개념 학습과 기출 문제 풀이가 제대로 되었다면 큰 어려움은 없었을 것이다. • 16번(3점) 별의 분류와 H-R도와 별의 에너지원에 관한 전반적인 내용을 다루고 있는 복합 문항이다. 반지름과 질량 값을 비교해서 별 (가)의 종류를 파악해야 하고, 중심핵에서 일어나는 핵융합 반응의 종류를 판단해야 문제를 풀 수 있다. • 19번(3점) 외계 행성계 탐사 방법 중 식 현상을 다루는 문제이다. 기준 파장 값이 제시되지 않아 주어진 관측 파장 값을 통해 기준 파장 값과 중심별의 공전 방향을 파악해야 한다. ㄴ 보기와 ㄷ 보기를 풀 때 계산이 필요했으나 어렵지 않았다. • 20번(3점) 지괴의 이동에 따른 고지자기극의 상대적인 이동 경로를 파악해야 하는 문항이다. 고지자기극의 위치를 통해 과거 시기의 지괴의 위도를 찾아야 하고, 시기별 지괴의 위치 양상을 통해 지괴의 분리 시기와 평균 이동 속도를 판단해야 한다.	47	44	39	32	23	17	12	8

2022학년도 대학수학능력시험 6월 모의평가 문제지

과학탐구 영역 (지구과학 I)

성명 □□□□ 수험번호 □□□□ - □□□□

---

1. 다음은 지질 시대의 특징에 대하여 학생 A, B, C가 나눈 대화를 나타낸 것이다. (가), (나), (다)는 각각 고생대, 중생대, 신생대 중 하나이다.

지질 시대	특징
(가)	• 판게아가 분리되기 시작하였다. • 파충류가 번성하였다.
(나)	• 히말라야 산맥이 형성되었다. • 속씨식물이 번성하였다.
(다)	• 육상에 식물이 출현하였다. • 삼엽충이 번성하였다.

학생 A: (가)의 지층에서는 공통 화석이 발견될 수 있어.
학생 B: (나)는 고생대야.
학생 C: (다)에는 매머드가 번성하였어.

제시한 내용이 옳은 학생만을 있는 대로 고른 것은?

① A   ② B   ③ C   ④ A, B   ⑤ A, C

2. 그림은 북대서양의 연평균 (증발량－강수량) 값 분포를 나타낸 것이다.
이 자료에 대한 설명으로 옳은 것만을 〈보기〉에서 있는 대로 고른 것은? [3점]

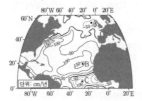

─〈 보 기 〉─
ㄱ. 연평균 (증발량－강수량) 값은 B 지점이 A 지점보다 크다.
ㄴ. B 지점은 대기 대순환에 의해 형성된 저압대에 위치한다.
ㄷ. 표층 염분은 C 지점이 B 지점보다 높다.

① ㄱ   ② ㄴ   ③ ㄱ, ㄷ   ④ ㄴ, ㄷ   ⑤ ㄱ, ㄴ, ㄷ

3. 그림은 SiO₂ 함량과 결정 크기에 따라 화성암 A, B, C의 상대적인 위치를 나타낸 것이다. A, B, C는 각각 유문암, 현무암, 화강암 중 하나이다.
이에 대한 설명으로 옳은 것만을 〈보기〉에서 있는 대로 고른 것은?

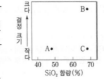

─〈 보 기 〉─
ㄱ. C는 화강암이다.
ㄴ. B는 A보다 천천히 냉각되어 생성된다.
ㄷ. B는 주로 해령에서 생성된다.

① ㄱ   ② ㄴ   ③ ㄷ   ④ ㄱ, ㄴ   ⑤ ㄴ, ㄷ

4. 그림 (가)는 대서양에서 시추한 지점 $P_1 \sim P_7$을 나타낸 것이고, (나)는 각 지점에서 가장 오래된 퇴적물의 연령을 판의 경계로부터 거리에 따라 나타낸 것이다.

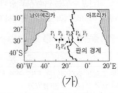

(가)   (나)

이에 대한 설명으로 옳은 것만을 〈보기〉에서 있는 대로 고른 것은?

─〈 보 기 〉─
ㄱ. 가장 오래된 퇴적물의 연령은 P_2가 P_7보다 많다.
ㄴ. 해저 퇴적물의 두께는 P_1에서 P_5로 갈수록 두꺼워진다.
ㄷ. P_3과 P_7 사이의 거리는 점점 증가할 것이다.

① ㄱ   ② ㄴ   ③ ㄱ, ㄷ   ④ ㄴ, ㄷ   ⑤ ㄱ, ㄴ, ㄷ

5. 그림 (가)와 (나)는 가시광선으로 관측한 외부 은하와 퀘이사를 나타낸 것이다.

(가) 외부 은하   (나) 퀘이사

이에 대한 설명으로 옳은 것만을 〈보기〉에서 있는 대로 고른 것은?

─〈 보 기 〉─
ㄱ. (가)는 불규칙 은하이다.
ㄴ. (나)는 항성이다.
ㄷ. (나)는 우리은하로부터 멀어지고 있다.

① ㄱ   ② ㄷ   ③ ㄱ, ㄴ   ④ ㄴ, ㄷ   ⑤ ㄱ, ㄴ, ㄷ

6. 그림은 화산 활동으로 형성된 하와이와 그 주변 해산들의 분포를 절대 연령과 함께 나타낸 것이다. B 지점에서 판의 이동 방향은 ㉠과 ㉡ 중 하나이다.
이 자료에 대한 설명으로 옳은 것만을 〈보기〉에서 있는 대로 고른 것은? [3점]

─〈 보 기 〉─
ㄱ. A 지점의 하부에는 맨틀 대류의 하강류가 있다.
ㄴ. B 지점의 화산은 뜨거운 플룸에 의해 형성되었다.
ㄷ. B 지점에서 판의 이동 방향은 ㉠이다.

① ㄴ   ② ㄷ   ③ ㄱ, ㄴ   ④ ㄱ, ㄷ   ⑤ ㄱ, ㄴ, ㄷ

7. 그림 (가)는 질량이 태양과 같은 주계열성의 내부 구조를, (나)는 이 별의 진화 과정을 나타낸 것이다. A와 B는 각각 대류층과 복사층 중 하나이다.

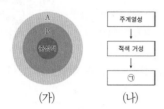

(가)　　　　　　(나)

이에 대한 설명으로 옳은 것만을 〈보기〉에서 있는 대로 고른 것은?

――――――〈보 기〉――――――
ㄱ. 복사층은 B이다.
ㄴ. 적색 거성의 중심핵에서는 주로 양성자 · 양성자 반응 (p−p 반응)이 일어난다.
ㄷ. ㉠ 단계의 별 내부에서는 철보다 무거운 원소가 생성된다.

① ㄱ　　② ㄴ　　③ ㄱ, ㄷ　　④ ㄴ, ㄷ　　⑤ ㄱ, ㄴ, ㄷ

8. 그림 (가)와 (나)는 어느 날 같은 시각의 지상 일기도와 적외 영상을 나타낸 것이다. 이때 우리나라 주변에는 전선을 동반한 2개의 온대 저기압이 발달하였다.

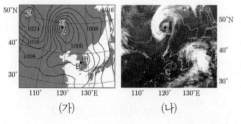

(가)　　　　　　(나)

이 자료에 대한 설명으로 옳은 것만을 〈보기〉에서 있는 대로 고른 것은? [3점]

――――――〈보 기〉――――――
ㄱ. A 지점의 저기압은 폐색 전선을 동반하고 있다.
ㄴ. B 지점은 서풍 계열의 바람이 우세하다.
ㄷ. C 지역에는 적란운이 발달해 있다.

① ㄱ　　② ㄴ　　③ ㄷ　　④ ㄱ, ㄴ　　⑤ ㄴ, ㄷ

9. 그림은 어느 외계 행성계의 시선 속도를 관측하여 나타낸 것이다.
이 자료에 대한 설명으로 옳은 것만을 〈보기〉에서 있는 대로 고른 것은?
[3점]

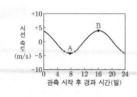

――――――〈보 기〉――――――
ㄱ. 행성의 스펙트럼을 관측하여 얻은 자료이다.
ㄴ. A 시기에 행성은 지구로부터 멀어지고 있다.
ㄷ. B 시기에 행성으로 인한 식 현상이 관측된다.

① ㄱ　　② ㄴ　　③ ㄷ　　④ ㄱ, ㄴ　　⑤ ㄴ, ㄷ

10. 그림 (가)는 지난 20년간 우리나라에서 관측한 우박의 월별 누적 발생 일수와 월별 평균 크기를 나타낸 것이고, (나)는 뇌우에서 우박이 성장하는 과정을 나타낸 모식도이다.

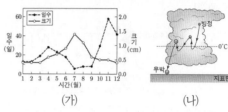

(가)　　　　　　(나)

이 자료에 대한 설명으로 옳은 것만을 〈보기〉에서 있는 대로 고른 것은?

――――――〈보 기〉――――――
ㄱ. 우박은 7월에 가장 빈번하게 발생하였다.
ㄴ. (나)에서 빙정이 우박으로 성장하기 위해서는 과냉각 물방울이 필요하다.
ㄷ. 상승 기류는 여름철 우박의 크기가 커지는 주요 원인이다.

① ㄱ　　② ㄴ　　③ ㄷ　　④ ㄱ, ㄴ　　⑤ ㄴ, ㄷ

11. 그림은 심층 해수의 연령 분포를 나타낸 것이다. 심층 해수의 연령은 해수가 표층에서 침강한 이후부터 현재까지 경과한 시간을 의미한다.

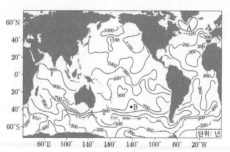

이 자료에 대한 설명으로 옳은 것만을 〈보기〉에서 있는 대로 고른 것은?

――――――〈보 기〉――――――
ㄱ. 심층 해수의 평균 연령은 북태평양이 북대서양보다 많다.
ㄴ. A 해역에는 표층 해수가 침강하는 곳이 있다.
ㄷ. B에는 저위도로 흐르는 심층 해수가 있다.

① ㄱ　　② ㄷ　　③ ㄱ, ㄴ　　④ ㄴ, ㄷ　　⑤ ㄱ, ㄴ, ㄷ

12. 다음은 기후 변화 요인 중 지구 자전축 기울기 변화의 영향을 알아보기 위한 탐구이다.

[탐구 과정]

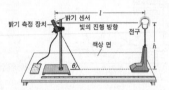

(가) 실험실을 어둡게 한 후 그림과 같이 밝기 측정 장치와 전구를 설치하고 전원을 켠다.

(나) 각도기를 사용하여 ㉠ 밝기 측정 장치와 책상 면이 이루는 각(θ)이 70°가 되도록 한다.

(다) 밝기 센서에 측정된 밝기(lux)를 기록한다.

(라) 밝기 센서에서 전구까지의 거리(l)와 밝기 센서의 높이(h)를 일정하게 유지하면서, θ를 10°씩 줄이며 20°가 될 때까지 (다)의 과정을 반복한다.

[탐구 결과]

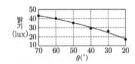

이에 대한 설명으로 옳은 것만을 〈보기〉에서 있는 대로 고른 것은? [3점]

— 〈 보 기 〉 —

ㄱ. ㉠의 크기는 '태양의 남중 고도'에 해당한다.

ㄴ. 측정된 밝기는 θ가 클수록 감소한다.

ㄷ. 다른 요인의 변화가 없다면 지구 자전축의 기울기가 커질수록 우리나라 기온의 연교차는 감소한다.

① ㄱ　　② ㄴ　　③ ㄱ, ㄷ　　④ ㄴ, ㄷ　　⑤ ㄱ, ㄴ, ㄷ

13. 그림은 동태평양 적도 부근 해역에서 관측된 수온 편차 분포를 깊이에 따라 나타낸 것이다. (가)와 (나)는 각각 엘니뇨와 라니냐 시기 중 하나이다. 편차는 (관측값−평년값)이다.

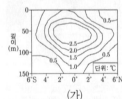 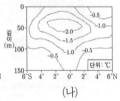

이 해역에 대한 설명으로 옳은 것만을 〈보기〉에서 있는 대로 고른 것은? [3점]

— 〈 보 기 〉 —

ㄱ. (가)는 엘니뇨 시기이다.

ㄴ. 용승은 (나)일 때가 (가)일 때보다 강하다.

ㄷ. (나)일 때 해수면의 높이 편차는 (−) 값이다.

① ㄱ　　② ㄷ　　③ ㄱ, ㄴ　　④ ㄴ, ㄷ　　⑤ ㄱ, ㄴ, ㄷ

14. 그림은 분광형이 서로 다른 별 (가), (나), (다)가 방출하는 복사 에너지의 상대적 세기를 파장에 따라 나타낸 것이다. (가)의 분광형은 O형이고, (나)와 (다)는 각각 A형과 G형 중 하나이다.

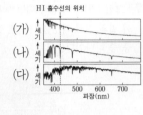

이 자료에 대한 설명으로 옳은 것만을 〈보기〉에서 있는 대로 고른 것은? [3점]

— 〈 보 기 〉 —

ㄱ. H I 흡수선의 세기는 (가)가 (나)보다 강하게 나타난다.

ㄴ. 복사 에너지를 최대로 방출하는 파장은 (나)가 (다)보다 길다.

ㄷ. 표면 온도는 (나)가 태양보다 높다.

① ㄱ　　② ㄴ　　③ ㄷ　　④ ㄱ, ㄴ　　⑤ ㄴ, ㄷ

15. 그림 (가)와 (나)는 현재와 과거 어느 시기의 우주 구성 요소 비율을 순서 없이 나타낸 것이다. A, B, C는 각각 보통 물질, 암흑 물질, 암흑 에너지 중 하나이다.

이에 대한 설명으로 옳은 것만을 〈보기〉에서 있는 대로 고른 것은?

— 〈 보 기 〉 —

ㄱ. (가)일 때 우주는 가속 팽창하고 있다.

ㄴ. B는 전자기파로 관측할 수 있다.

ㄷ. $\dfrac{\text{A의 비율}}{\text{C의 비율}}$은 (가)일 때와 (나)일 때 같다.

① ㄱ　　② ㄴ　　③ ㄷ　　④ ㄱ, ㄴ　　⑤ ㄴ, ㄷ

16. 그림 (가)는 어느 쇄설성 퇴적층의 단면을, (나)는 속성 작용이 일어나는 동안 (가)의 모래층에서 모래 입자 사이 공간(㉠)의 부피 변화를 나타낸 것이다.

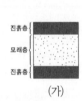

(가)의 모래층에서 속성 작용이 일어나는 동안 나타나는 변화에 대한 설명으로 옳은 것만을 〈보기〉에서 있는 대로 고른 것은?

— 〈 보 기 〉 —

ㄱ. ㉠에 교결 물질이 침전된다.

ㄴ. 밀도는 증가한다.

ㄷ. 단위 부피당 모래 입자의 개수는 A에서 B로 갈수록 감소한다.

① ㄱ　　② ㄴ　　③ ㄱ, ㄴ　　④ ㄴ, ㄷ　　⑤ ㄱ, ㄴ, ㄷ

17. 그림 (가)는 별의 질량에 따라 주계열 단계에 도달하였을 때의 광도와 이 단계에 머무는 시간을, (나)는 주계열성을 H−R도에 나타낸 것이다. A와 B는 각각 광도와 시간 중 하나이다.

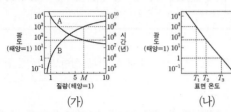

(가) (나)

이 자료에 대한 설명으로 옳은 것만을 〈보기〉에서 있는 대로 고른 것은? [3점]

< 보 기 >

ㄱ. B는 광도이다.

ㄴ. 질량이 M인 별의 표면 온도는 T_2이다.

ㄷ. 표면 온도가 T_3인 별은 T_1인 별보다 주계열 단계에 머무는 시간이 100배 이상 길다.

---

① ㄱ ② ㄴ ③ ㄱ, ㄷ ④ ㄴ, ㄷ ⑤ ㄱ, ㄴ, ㄷ

18. 그림 (가)와 (나)는 어느 날 동일한 태풍의 영향을 받은 우리나라 관측소 A와 B에서 측정한 기압, 풍속, 풍향의 변화를 순서 없이 나타낸 것이다.

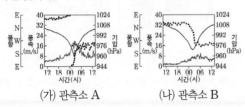

(가) 관측소 A (나) 관측소 B

이 자료에 대한 설명으로 옳은 것만을 〈보기〉에서 있는 대로 고른 것은?

< 보 기 >

ㄱ. 최대 풍속은 B가 A보다 크다.

ㄴ. 태풍 중심까지의 최단 거리는 A가 B보다 가깝다.

ㄷ. B는 태풍의 안전 반원에 위치한다.

---

① ㄱ ② ㄴ ③ ㄱ, ㄷ ④ ㄴ, ㄷ ⑤ ㄱ, ㄴ, ㄷ

19. 그림은 우주의 나이가 38만 년일 때 A와 B의 위치에서 출발한 우주 배경 복사를 우리은하에서 관측하는 상황을 가정하여 나타낸 것이다. (가)와 (나)는 우주의 나이가 각각 138억 년과 60억 년일 때이다.

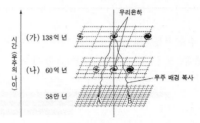

이에 대한 설명으로 옳은 것만을 〈보기〉에서 있는 대로 고른 것은? [3점]

< 보 기 >

ㄱ. A와 B로부터 출발한 우주 배경 복사의 온도가 (가)에서 거의 같게 측정되는 것은 우주의 급팽창으로 설명된다.

ㄴ. (나)에서 측정되는 우주 배경 복사의 온도는 2.7K보다 높다.

ㄷ. A에서 출발한 우주 배경 복사는 (나)의 우리은하에 도달한다.

---

① ㄱ ② ㄷ ③ ㄱ, ㄴ ④ ㄴ, ㄷ ⑤ ㄱ, ㄴ, ㄷ

20. 그림 (가)는 어느 지역의 지질 단면도로, A~E는 퇴적암, F와 G는 화성암, $f-f'$은 단층이다. 그림 (나)는 F와 G에 포함된 방사성 원소 X의 함량을 붕괴 곡선에 나타낸 것이다. X의 반감기는 1억 년이다.

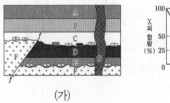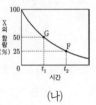

(가) (나)

이에 대한 설명으로 옳은 것만을 〈보기〉에서 있는 대로 고른 것은? [3점]

< 보 기 >

ㄱ. A는 고생대에 퇴적되었다.

ㄴ. D가 퇴적된 이후 $f-f'$이 형성되었다.

ㄷ. 단층 상반에 위치한 F는 최소 2회 육상에 노출되었다.

---

① ㄴ ② ㄷ ③ ㄱ, ㄴ ④ ㄴ, ㄷ ⑤ ㄱ, ㄴ, ㄷ

※ 확인 사항
○ 답안지의 해당란에 필요한 내용을 정확히 기입(표기)했는지 확인하시오.

2022학년도 대학수학능력시험 9월 모의평가 문제지

과학탐구 영역 (지구과학 Ⅰ)

성명 [   ] 수험번호 [   ][   ][   ] - [   ][   ][   ]

---

1. 그림은 주요 동물군의 생존 시기를 나타낸 것이다. A, B, C는 어류, 파충류, 포유류를 순서 없이 나타낸 것이다.

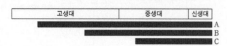

이에 대한 설명으로 옳은 것만을 〈보기〉에서 있는 대로 고른 것은?

< 보 기 >
ㄱ. A는 어류이다.
ㄴ. C는 신생대에 번성하였다.
ㄷ. B가 최초로 출현한 시기와 C가 최초로 출현한 시기 사이에 히말라야 산맥이 형성되었다.

① ㄱ   ② ㄴ   ③ ㄷ   ④ ㄱ, ㄴ   ⑤ ㄴ, ㄷ

---

2. 다음은 우주의 구성 요소에 대하여 학생 A, B, C가 나눈 대화이다. ⊙과 ⓒ은 각각 암흑 물질과 암흑 에너지 중 하나이다.

구성 요소	특징
⊙	질량을 가지고 있으나 빛으로 관측되지 않음.
ⓒ	척력으로 작용하여 우주를 가속 팽창시키는 역할을 함.

제시한 내용이 옳은 학생만을 있는 대로 고른 것은?

① A   ② B   ③ C   ④ A, B   ⑤ A, C

---

3. 그림은 대서양의 심층 순환을 나타낸 것이다. 수괴 A, B, C는 각각 남극 저층수, 남극 중층수, 북대서양 심층수 중 하나이다.
이에 대한 설명으로 옳은 것만을 〈보기〉에서 있는 대로 고른 것은? [3점]

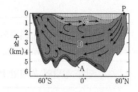

< 보 기 >
ㄱ. A는 남극 저층수이다.
ㄴ. 밀도는 C가 A보다 크다.
ㄷ. 빙하가 녹은 물이 해역 P에 유입되면 B의 흐름은 강해질 것이다.

① ㄱ   ② ㄴ   ③ ㄷ   ④ ㄱ, ㄴ   ⑤ ㄴ, ㄷ

---

4. 다음은 어느 지질 구조의 형성 과정을 알아보기 위한 탐구이다.

[탐구 과정]
(가) 지점토 판 세 개를 하나씩 순서대로 쌓은 뒤, Ⅰ과 같이 경사지게 지점토 칼로 자른다.
(나) 잘린 지점토 판 전체를 조심스럽게 들어 올리고, Ⅱ와 같이 ⊙ 양쪽 끝을 서서히 잡아당겨 가운데 조각이 내려가도록 한다.
(다) Ⅲ과 같이 지점토 칼로 지점토 판의 위쪽을 수평으로 자른다.
(라) 잘린 지점토 판 위에 Ⅳ와 같이 새로운 지점토 판을 수평이 되도록 쌓는다.

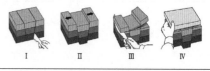

이에 대한 설명으로 옳은 것만을 〈보기〉에서 있는 대로 고른 것은? [3점]

< 보 기 >
ㄱ. ⊙에 해당하는 힘은 횡압력이다.
ㄴ. (다)는 지층의 침식 과정에 해당한다.
ㄷ. (라)에서 부정합 형태의 지질 구조가 만들어진다.

① ㄱ   ② ㄴ   ③ ㄷ   ④ ㄱ, ㄴ   ⑤ ㄴ, ㄷ

---

5. 그림 (가)는 2004년부터의 그린란드 빙하의 누적 융해량을, (나)는 전 지구에서 일어난 빙하 융해와 해수 열팽창에 의한 평균 해수면의 높이 편차(관측값−2004년 값)를 나타낸 것이다.

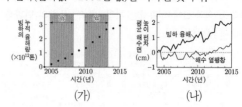

(가)   (나)

이 자료에 대한 설명으로 옳은 것만을 〈보기〉에서 있는 대로 고른 것은?

< 보 기 >
ㄱ. 그린란드 빙하의 융해량은 ⊙ 기간이 ⓒ 기간보다 많다.
ㄴ. (나)에서 해수 열팽창에 의한 평균 해수면 높이 편차는 2015년이 2010년보다 크다.
ㄷ. (나)의 전 기간 동안, 평균 해수면 높이의 평균 상승률은 해수 열팽창에 의한 것이 빙하 융해에 의한 것보다 크다.

① ㄱ   ② ㄴ   ③ ㄱ, ㄷ   ④ ㄴ, ㄷ   ⑤ ㄱ, ㄴ, ㄷ

과학탐구 영역 (지구과학 Ⅰ)

6. 표는 서로 다른 외계 행성계에 속한 행성 (가)와 (나)에 대한 물리량을 나타낸 것이다. (가)와 (나)는 생명 가능 지대에 위치하고, 각각의 중심별은 주계열성이다.

외계 행성	중심별의 광도 (태양=1)	중심별로부터의 거리(AU)	단위 시간당 단위 면적이 받는 복사 에너지양(지구=1)
(가)	0.0005	㉠	1
(나)	1.2	1	㉡

이 자료에 대한 설명으로 옳은 것만을 〈보기〉에서 있는 대로 고른 것은?

<보 기>
ㄱ. ㉠은 1보다 작다.
ㄴ. ㉡은 1보다 작다.
ㄷ. 생명 가능 지대의 폭은 (나)의 중심별이 (가)의 중심별보다 좁다.

① ㄱ ② ㄷ ③ ㄱ, ㄴ ④ ㄴ, ㄷ ⑤ ㄱ, ㄴ, ㄷ

7. 그림은 잘 발달한 태풍의 물리량을 태풍 중심으로부터의 거리에 따라 개략적으로 나타낸 것이다. A, B, C는 해수면 상의 강수량, 기압, 풍속을 순서 없이 나타낸 것이다.

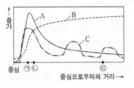

이에 대한 설명으로 옳은 것만을 〈보기〉에서 있는 대로 고른 것은?

<보 기>
ㄱ. B는 강수량이다.
ㄴ. 지역 ㉠에서는 상승 기류가 나타난다.
ㄷ. 일기도에서 등압선 간격은 지역 ㉢에서가 지역 ㉡에서보다 조밀하다.

① ㄱ ② ㄴ ③ ㄷ ④ ㄱ, ㄴ ⑤ ㄴ, ㄷ

8. 그림 (가)와 (나)는 남아메리카와 아프리카 주변에서 발생한 지진의 진앙 분포를 나타낸 것이다.

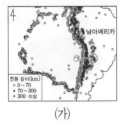
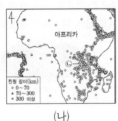

(가)   (나)

지역 ㉠과 ㉡에 대한 설명으로 옳은 것만을 〈보기〉에서 있는 대로 고른 것은?

<보 기>
ㄱ. ㉠의 하부에는 침강하는 해양판이 잡아당기는 힘이 작용한다.
ㄴ. ㉡의 하부에는 외핵과 맨틀의 경계부에서 상승하는 플룸이 있다.
ㄷ. 진원의 평균 깊이는 ㉠이 ㉡보다 깊다.

① ㄱ ② ㄷ ③ ㄱ, ㄴ ④ ㄴ, ㄷ ⑤ ㄱ, ㄴ, ㄷ

9. 그림은 두 은하 A와 B가 탄생한 후, 연간 생성된 별의 총질량을 시간에 따라 나타낸 것이다. A와 B는 허블 은하 분류 체계에 따른 서로 다른 종류이며, 각각 E0과 Sb 중 하나이다.

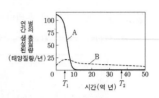

이에 대한 설명으로 옳은 것만을 〈보기〉에서 있는 대로 고른 것은?

<보 기>
ㄱ. B는 나선팔을 가지고 있다.
ㄴ. T_1일 때 연간 생성된 별의 총질량은 A가 B보다 크다.
ㄷ. T_2일 때 별의 평균 표면 온도는 B가 A보다 높다.

① ㄱ ② ㄷ ③ ㄱ, ㄴ ④ ㄴ, ㄷ ⑤ ㄱ, ㄴ, ㄷ

10. 그림 (가)와 (나)는 장마 기간 중 어느 날 같은 시각 우리나라 부근의 지상 일기도와 적외 영상을 각각 나타낸 것이다.

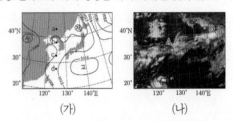

(가)   (나)

이 자료에 대한 설명으로 옳은 것만을 〈보기〉에서 있는 대로 고른 것은? [3점]

<보 기>
ㄱ. 북태평양 고기압은 고온 다습한 공기를 우리나라로 공급한다.
ㄴ. 125°E에서 장마 전선은 지점 a와 지점 b 사이에 위치한다.
ㄷ. 구름 최상부의 온도는 영역 A가 영역 B보다 높다.

① ㄱ ② ㄴ ③ ㄱ, ㄷ ④ ㄴ, ㄷ ⑤ ㄱ, ㄴ, ㄷ

11. 그림은 주계열성 ㉠, ㉡, ㉢의 반지름과 표면 온도를 나타낸 것이다. 이에 대한 설명으로 옳은 것만을 〈보기〉에서 있는 대로 고른 것은?

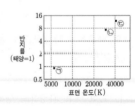

[3점]

<보 기>
ㄱ. ㉠이 주계열 단계를 벗어나면 중심핵에서 CNO 순환 반응이 일어난다.
ㄴ. ㉡의 중심핵에서는 주로 대류에 의해 에너지가 전달된다.
ㄷ. ㉢은 백색 왜성으로 진화한다.

① ㄱ ② ㄴ ③ ㄷ ④ ㄱ, ㄴ ⑤ ㄴ, ㄷ

과학탐구 영역 (지구과학Ⅰ)

12. 그림 (가)는 어느 날 우리나라 주변 표층 해수의 수온과 염분 분포를, (나)는 수온－염분도를 나타낸 것이다.

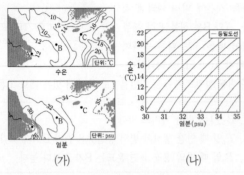

(가)   (나)

이 자료에서 해역 A, B, C의 표층 해수에 대한 설명으로 옳은 것만을 〈보기〉에서 있는 대로 고른 것은? [3점]

―――――〈보 기〉―――――
ㄱ. 강물의 유입으로 A의 염분이 주변보다 낮다.
ㄴ. 밀도는 B가 C보다 작다.
ㄷ. 수온만을 고려할 때, 산소 기체의 용해도는 B가 C보다 작다.

① ㄱ　　② ㄷ　　③ ㄱ, ㄴ　　④ ㄴ, ㄷ　　⑤ ㄱ, ㄴ, ㄷ

13. 그림은 대륙과 해양의 지하 온도 분포를 나타낸 것이고, ㉠, ㉡, ㉢은 암석의 용융 곡선이다.

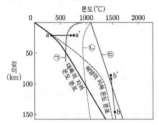

이 자료에 대한 설명으로 옳은 것만을 〈보기〉에서 있는 대로 고른 것은? [3점]

―――――〈보 기〉―――――
ㄱ. a → a′ 과정으로 생성되는 마그마는 b → b′ 과정으로 생성되는 마그마보다 SiO_2 함량이 많다.
ㄴ. b → b′ 과정으로 상승하고 있는 물질은 주위보다 온도가 높다.
ㄷ. 물의 공급에 의해 맨틀 물질의 용융이 시작되는 깊이는 해양 하부에서가 대륙 하부에서보다 깊다.

① ㄱ　　② ㄷ　　③ ㄱ, ㄴ　　④ ㄴ, ㄷ　　⑤ ㄱ, ㄴ, ㄷ

14. 표는 여러 별들의 절대 등급을 분광형과 광도 계급에 따라 구분하여 나타낸 것이다. (가), (나), (다)는 광도 계급 Ib(초거성), Ⅲ(거성), Ⅴ(주계열성)를 순서 없이 나타낸 것이다.

광도 계급 분광형	(가)	(나)	(다)
B0	−4.1	−5.0	−6.2
A0	+0.6	−0.6	−4.9
G0	+4.4	+0.6	−4.5
M0	+9.2	−0.4	−4.5

이 자료에 대한 설명으로 옳은 것만을 〈보기〉에서 있는 대로 고른 것은?

―――――〈보 기〉―――――
ㄱ. (가)는 Ⅴ(주계열성)이다.
ㄴ. (나)에서 광도가 가장 작은 별의 표면 온도가 가장 낮다.
ㄷ. (다)에서 별의 반지름은 G0인 별이 M0인 별보다 작다.

① ㄱ　　② ㄴ　　③ ㄷ　　④ ㄱ, ㄴ　　⑤ ㄱ, ㄷ

15. 그림은 해수면 부근에서 부는 바람의 남북 방향의 연평균 풍속을 나타낸 것이다. ㉠과 ㉡은 각각 60°N과 60°S 중 하나이다.

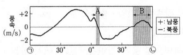

이 자료에 대한 설명으로 옳은 것만을 〈보기〉에서 있는 대로 고른 것은?

―――――〈보 기〉―――――
ㄱ. ㉠은 60°S이다.
ㄴ. A에서 해들리 순환의 하강 기류가 나타난다.
ㄷ. 페루 해류는 B에서 나타난다.

① ㄱ　　② ㄴ　　③ ㄷ　　④ ㄱ, ㄴ　　⑤ ㄱ, ㄷ

16. 그림 (가)와 (나)는 각각 COBE 우주 망원경과 WMAP 우주 망원경으로 관측한 우주 배경 복사의 온도 편차를 나타낸 것이다. 지점 A와 B는 지구에서 관측한 시선 방향이 서로 반대이다.

−150 μK ▇▇▇ +150 μK　　−200 μK ▇▇▇ +200 μK

(가)   (나)

이에 대한 설명으로 옳은 것만을 〈보기〉에서 있는 대로 고른 것은? [3점]

―――――〈보 기〉―――――
ㄱ. (나)가 (가)보다 온도 편차의 형태가 더욱 세밀해 보이는 것은 관측 기술의 발달 때문이다.
ㄴ. A와 B는 빛을 통하여 현재 상호 작용할 수 있다.
ㄷ. A와 B의 온도가 거의 같다는 사실은 급팽창 우주론으로 설명할 수 있다.

① ㄱ　　② ㄴ　　③ ㄱ, ㄷ　　④ ㄴ, ㄷ　　⑤ ㄱ, ㄴ, ㄷ

17. 그림 (가)는 어느 지역의 깊이에 따른 지층과 화성암의 연령을, (나)는 방사성 원소 X와 Y의 붕괴 곡선을 나타낸 것이다. 화성암 B와 D는 X와 Y 중 서로 다른 한 종류만 포함하고, 현재 B와 D에 포함된 방사성 원소의 함량은 각각 처음 양의 50%와 25%이다.

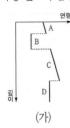 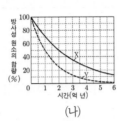

(가) (나)

이에 대한 설명으로 옳은 것만을 〈보기〉에서 있는 대로 고른 것은? [3점]

---〈보 기〉---
ㄱ. A층 하부의 기저 역암에는 B의 암석 조각이 있다.
ㄴ. 반감기는 X가 Y의 2배이다.
ㄷ. B와 D의 연령 차는 3억 년이다.

① ㄱ ② ㄴ ③ ㄱ, ㄷ ④ ㄴ, ㄷ ⑤ ㄱ, ㄴ, ㄷ

18. 그림 (가)와 (나)는 서로 다른 외계 행성계에서 행성이 식 현상을 일으킬 때, 중심별의 상대적 밝기 변화를 시간에 따라 나타낸 것이다. 두 중심별의 반지름은 같고, 각 행성은 원궤도를 따라 공전하며, 공전 궤도면은 관측자의 시선 방향과 나란하다.

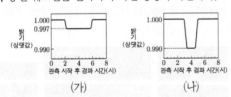

(가) (나)

이에 대한 설명으로 옳은 것만을 〈보기〉에서 있는 대로 고른 것은? [3점]

---〈보 기〉---
ㄱ. 식 현상이 지속되는 시간은 (가)가 (나)보다 길다.
ㄴ. (가)의 행성 반지름은 (나)의 행성 반지름의 0.3배이다.
ㄷ. 중심별의 흡수선 파장은 식 현상이 시작되기 직전이 식 현상이 끝난 직후보다 길다.

① ㄱ ② ㄴ ③ ㄱ, ㄷ ④ ㄴ, ㄷ ⑤ ㄱ, ㄴ, ㄷ

19. 그림은 남아메리카 대륙의 현재 위치와 시기별 고지자기극의 위치를 나타낸 것이다. 고지자기극은 남아메리카 대륙의 고지자기 방향으로 추정한 지리상 남극이고, 지리상 남극은 변하지 않았다. 현재 지자기 남극은 지리상 남극과 일치한다.

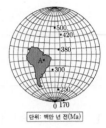

단위: 백만 년 전(Ma)

대륙 위의 지점 A에 대한 설명으로 옳은 것만을 〈보기〉에서 있는 대로 고른 것은?

---〈보 기〉---
ㄱ. 500Ma에는 북반구에 위치하였다.
ㄴ. 복각의 절댓값은 300Ma일 때가 250Ma일 때보다 컸다.
ㄷ. 250Ma일 때는 170Ma일 때보다 북쪽에 위치하였다.

① ㄱ ② ㄴ ③ ㄷ ④ ㄱ, ㄴ ⑤ ㄱ, ㄴ

20. 그림의 유형 Ⅰ과 Ⅱ는 두 물리량 x와 y 사이의 대략적인 관계를 나타낸 것이다. 표는 엘니뇨와 라니냐가 일어난 시기에 태평양 적도 부근 해역에서 동시에 관측한 물리량과 이들의 관계 유형을 Ⅰ 또는 Ⅱ로 나타낸 것이다.

유형 Ⅰ 유형 Ⅱ

물리량 관계 유형	x	y
ⓐ	동태평양에서 적운형 구름양의 편차	(서태평양 해수면 높이 −동태평양 해수면 높이)의 편차
Ⅰ	서태평양에서의 해면 기압 편차	(㉠)의 편차
ⓑ	(서태평양 해수면 수온 −동태평양 해수면 수온)의 편차	워커 순환 세기의 편차

(편차=관측값−평년값)

이 자료에 대한 설명으로 옳은 것만을 〈보기〉에서 있는 대로 고른 것은? [3점]

---〈보 기〉---
ㄱ. ⓐ는 Ⅱ이다.
ㄴ. '동태평양에서 수온 약층이 나타나기 시작하는 깊이'는 ㉠에 해당한다.
ㄷ. ⓑ는 Ⅰ이다.

① ㄱ ② ㄷ ③ ㄱ, ㄴ ④ ㄴ, ㄷ ⑤ ㄱ, ㄴ, ㄷ

※ 확인 사항
○ 답안지의 해당란에 필요한 내용을 정확히 기입(표기)했는지 확인하시오.

2022학년도 대학수학능력시험 문제지

과학탐구 영역 (지구과학 I)

성명 [   ] 수험번호 [   ] [   ] [   ] - [   ] [   ] [   ]

---

1. 그림 (가)는 우리나라에 영향을 준 어느 황사의 발원지와 관측소 A와 B의 위치를 나타낸 것이고, (나)는 A와 B에서 측정한 이 황사 농도를 ㉠과 ㉡으로 순서 없이 나타낸 것이다.

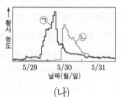

(가)   (나)

이 황사에 대한 설명으로 옳은 것만을 〈보기〉에서 있는 대로 고른 것은?

─── < 보 기 > ───

ㄱ. A에서 측정한 황사 농도는 ㉠이다.
ㄴ. 발원지에서 5월 30일에 발생하였다.
ㄷ. 무역풍을 타고 이동하였다.

① ㄱ   ② ㄴ   ③ ㄱ, ㄷ   ④ ㄴ, ㄷ   ⑤ ㄱ, ㄴ, ㄷ

2. 그림은 플룸 구조론을 나타낸 모식도이다. A와 B는 각각 차가운 플룸과 뜨거운 플룸 중 하나이다.
이에 대한 설명으로 옳은 것만을 〈보기〉에서 있는 대로 고른 것은?

─── < 보 기 > ───

ㄱ. A는 차가운 플룸이다.
ㄴ. B에 의해 호상 열도가 형성된다.
ㄷ. 상부 맨틀과 하부 맨틀 사이의 경계에서 B가 생성된다.

① ㄱ   ② ㄴ   ③ ㄷ   ④ ㄱ, ㄴ   ⑤ ㄱ, ㄷ

3. 그림은 어느 고위도 해역에서 A 시기와 B 시기에 각각 측정한 깊이 50~500m의 해수 특성을 수온-염분도에 나타낸 것이다. 이 해역의 수온과 염분은 유입된 담수의 양에 의해서만 변화하였다.
이 자료에 대한 설명으로 옳은 것만을 〈보기〉에서 있는 대로 고른 것은?

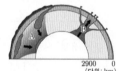

─── < 보 기 > ───

ㄱ. A 시기에 깊이가 증가할수록 밀도는 증가한다.
ㄴ. 50m 깊이에서 산소의 용해도는 A 시기가 B 시기보다 높다.
ㄷ. 유입된 담수의 양은 A 시기가 B 시기보다 적다.

① ㄱ   ② ㄷ   ③ ㄱ, ㄴ   ④ ㄴ, ㄷ   ⑤ ㄱ, ㄴ, ㄷ

---

4. 다음은 어느 퇴적 구조가 형성되는 원리를 알아보기 위한 실험이다.

[실험 목표]
○ (㉠)의 형성 원리를 설명할 수 있다.

[실험 과정]
(가) 입자의 크기가 2mm 이하인 모래, 2~4mm인 왕모래, 4~6mm인 잔자갈을 각각 100g씩 준비하여 물이 담긴 원통에 넣는다.
(나) 원통을 흔들어 입자들을 골고루 섞은 후, 원통을 세워 입자들이 가라앉기를 기다린다.
(다) 그림과 같이 원통의 퇴적물을 같은 간격의 세 구간 A, B, C로 나눈다.
(라) 각 구간의 퇴적물을 모래, 왕모래, 잔자갈로 구분하여 각각의 질량을 측정한다.

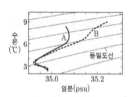

[실험 결과]
○ A, B, C 구간별 입자 종류에 따른 질량비

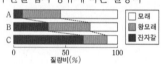

○ 퇴적물 입자의 크기가 클수록 (㉡) 가라앉는다.

이에 대한 설명으로 옳은 것만을 〈보기〉에서 있는 대로 고른 것은? [3점]

─── < 보 기 > ───

ㄱ. '점이 층리'는 ㉠에 해당한다.
ㄴ. '느리게'는 ㉡에 해당한다.
ㄷ. 경사가 급한 해저에서 빠르게 이동하던 퇴적물의 유속이 갑자기 느려지면서 퇴적되는 과정은 (나)에 해당한다.

① ㄱ   ② ㄴ   ③ ㄱ, ㄷ   ④ ㄴ, ㄷ   ⑤ ㄱ, ㄴ, ㄷ

5. 그림은 전파 은하 M87의 가시광선 영상과 전파 영상을 나타낸 것이다.

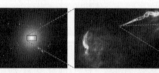

가시광선 영상   전파 영상   전파 영상

이 은하에 대한 설명으로 옳은 것만을 〈보기〉에서 있는 대로 고른 것은?

─── < 보 기 > ───

ㄱ. 은하를 구성하는 별들은 푸른 별이 붉은 별보다 많다.
ㄴ. 제트에서는 별이 활발하게 탄생한다.
ㄷ. 중심에는 질량이 거대한 블랙홀이 있다.

① ㄱ   ② ㄴ   ③ ㄱ, ㄴ   ④ ㄴ, ㄷ   ⑤ ㄱ, ㄴ, ㄷ

6. 그림은 지질 시대에 일어난 주요 사건을 시간 순서대로 나타낸 것이다.

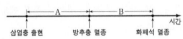

이에 대한 설명으로 옳은 것만을 〈보기〉에서 있는 대로 고른 것은?

───〈보 기〉───
ㄱ. A 기간에 최초의 척추동물이 출현하였다.
ㄴ. B 기간에 판게아가 분리되기 시작하였다.
ㄷ. B 기간의 지층에서는 양치식물 화석이 발견된다.

① ㄱ　② ㄴ　③ ㄱ, ㄷ　④ ㄴ, ㄷ　⑤ ㄱ, ㄴ, ㄷ

7. 그림은 빅뱅 우주론에 따라 팽창하는 우주에서 물질, 암흑 에너지, 우주 배경 복사를 시간에 따라 나타낸 것이다.

● 물질(보통 물질+암흑 물질)
▨ 암흑 에너지
〜 우주 배경 복사

시간(우주의 나이)

시간이 흐름에 따라 나타나는 우주의 변화에 대한 설명으로 옳은 것만을 〈보기〉에서 있는 대로 고른 것은?

───〈보 기〉───
ㄱ. 물질 밀도는 일정하다.
ㄴ. 우주 배경 복사의 온도는 감소한다.
ㄷ. 물질 밀도에 대한 암흑 에너지 밀도의 비는 증가한다.

① ㄱ　② ㄴ　③ ㄱ, ㄷ　④ ㄴ, ㄷ　⑤ ㄱ, ㄴ, ㄷ

8. 그림 (가)는 어느 태풍이 이동하는 동안 관측소 P에서 관측한 기압과 풍속을 ㉠과 ㉡으로 순서 없이 나타낸 것이고, (나)는 이 기간 중 어느 한 시점에 촬영한 가시 영상에 태풍의 이동 경로, 태풍의 눈의 위치, P의 위치를 나타낸 것이다.

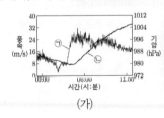 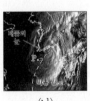

(가)　(나)

이 자료에 대한 설명으로 옳은 것만을 〈보기〉에서 있는 대로 고른 것은? [3점]

───〈보 기〉───
ㄱ. 기압은 ㉠이다.
ㄴ. (가)의 기간 동안 P에서 풍향은 시계 반대 방향으로 변했다.
ㄷ. (나)의 영상은 (가)에서 풍속이 최소일 때 촬영한 것이다.

① ㄱ　② ㄴ　③ ㄷ　④ ㄱ, ㄴ　⑤ ㄴ, ㄷ

9. 그림 (가)는 깊이에 따른 지하의 온도 분포와 암석의 용융 곡선을 나타낸 것이고, (나)는 반려암과 화강암을 A와 B로 순서 없이 나타낸 것이다. A와 B는 각각 (가)의 ㉠ 과정과 ㉡ 과정으로 생성된 마그마가 굳어진 암석 중 하나이다.

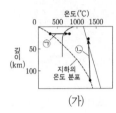 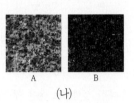

(가)　(나)

이에 대한 설명으로 옳은 것만을 〈보기〉에서 있는 대로 고른 것은?

───〈보 기〉───
ㄱ. ㉠ 과정으로 생성된 마그마가 굳으면 B가 된다.
ㄴ. ㉡ 과정에서는 열이 공급되지 않아도 마그마가 생성된다.
ㄷ. SiO_2 함량(%)은 A가 B보다 높다.

① ㄱ　② ㄷ　③ ㄱ, ㄴ　④ ㄴ, ㄷ　⑤ ㄱ, ㄴ, ㄷ

10. 그림은 평균 해면 기압을 위도에 따라 나타낸 것이다.

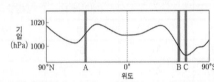

이 자료에 대한 설명으로 옳은 것만을 〈보기〉에서 있는 대로 고른 것은? [3점]

───〈보 기〉───
ㄱ. A는 대기 대순환의 간접 순환 영역에 위치한다.
ㄴ. B 해역에서는 남극 순환류가 흐른다.
ㄷ. C 해역에서는 대기 대순환에 의해 표층 해수가 발산한다.

① ㄱ　② ㄷ　③ ㄱ, ㄴ　④ ㄴ, ㄷ　⑤ ㄱ, ㄴ, ㄷ

11. 그림은 별 A, B, C를 H-R도에 나타낸 것이다.
이에 대한 설명으로 옳은 것만을 〈보기〉에서 있는 대로 고른 것은?

───〈보 기〉───
ㄱ. 별의 중심으로부터 생명 가능 지대까지의 거리는 A와 B가 같다.
ㄴ. 생명 가능 지대의 폭은 B가 C보다 넓다.
ㄷ. 생명 가능 지대에 위치하는 행성에서 액체 상태의 물이 존재할 수 있는 시간은 C가 A보다 길다.

① ㄱ　② ㄴ　③ ㄱ, ㄷ　④ ㄴ, ㄷ　⑤ ㄱ, ㄴ, ㄷ

12. 그림 (가)와 (나)는 우리나라에 온대 저기압이 위치할 때, 온난 전선과 한랭 전선 주변의 지상 기온 분포를 순서 없이 나타낸 것이다.

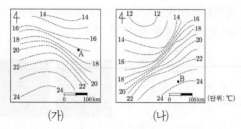

(가)   (나)

이에 대한 설명으로 옳은 것만을 〈보기〉에서 있는 대로 고른 것은? [3점]

─〈보 기〉─
ㄱ. 온난 전선 주변의 지상 기온 분포는 (가)이다.
ㄴ. A 지역의 상공에는 전선면이 나타난다.
ㄷ. B 지역에서는 북풍 계열의 바람이 분다.

① ㄱ   ② ㄷ   ③ ㄱ, ㄴ   ④ ㄴ, ㄷ   ⑤ ㄱ, ㄴ, ㄷ

13. 표는 별 (가), (나), (다)의 분광형, 반지름, 광도를 나타낸 것이다.

별	분광형	반지름 (태양=1)	광도 (태양=1)
(가)	( )	10	10
(나)	A0	5	( )
(다)	A0	( )	10

(가), (나), (다)에 대한 설명으로 옳은 것만을 〈보기〉에서 있는 대로 고른 것은? [3점]

─〈보 기〉─
ㄱ. 복사 에너지를 최대로 방출하는 파장은 (가)가 가장 짧다.
ㄴ. 절대 등급은 (나)가 가장 작다.
ㄷ. 반지름은 (다)가 가장 크다.

① ㄱ   ② ㄴ   ③ ㄷ   ④ ㄱ, ㄴ   ⑤ ㄴ, ㄷ

14. 그림은 동태평양 적도 부근 해역에서 A 시기와 B 시기에 관측한 구름의 양을 높이에 따라 나타낸 것이다. A와 B는 각각 엘니뇨 시기와 평상시 중 하나이다.

이에 대한 설명으로 옳은 것만을 〈보기〉에서 있는 대로 고른 것은?

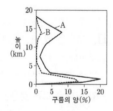

─〈보 기〉─
ㄱ. A는 엘니뇨 시기이다.
ㄴ. 서태평양 적도 부근 해역에서 상승 기류는 A가 B보다 활발하다.
ㄷ. 동태평양 적도 부근 해역에서 수온 약층이 나타나기 시작하는 깊이는 A가 B보다 얕다.

① ㄱ   ② ㄴ   ③ ㄱ, ㄷ   ④ ㄴ, ㄷ   ⑤ ㄱ, ㄴ, ㄷ

15. 표는 주계열성 A, B, C를 각각 원 궤도로 공전하는 외계 행성 a, b, c의 공전 궤도 반지름, 질량, 반지름을 나타낸 것이다. 세 별의 질량과 반지름은 각각 같으며, 행성의 공전 궤도면은 관측자의 시선 방향과 나란하다.

외계 행성	공전 궤도 반지름 (AU)	질량 (목성=1)	반지름 (목성=1)
a	1	1	2
b	1	2	1
c	2	2	1

이에 대한 설명으로 옳은 것만을 〈보기〉에서 있는 대로 고른 것은? (단, A, B, C의 시선 속도 변화는 각각 a, b, c와의 공통 질량 중심을 공전하는 과정에서만 나타난다.) [3점]

─〈보 기〉─
ㄱ. 시선 속도 변화량은 A가 B보다 작다.
ㄴ. 별과 공통 질량 중심 사이의 거리는 B가 C보다 짧다.
ㄷ. 행성의 식 현상에 의한 겉보기 밝기 변화는 A가 C보다 작다.

① ㄱ   ② ㄷ   ③ ㄱ, ㄴ   ④ ㄴ, ㄷ   ⑤ ㄱ, ㄴ, ㄷ

16. 그림은 습곡과 단층이 나타나는 어느 지역의 지질 단면도이다.

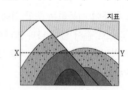

X−Y 구간에 해당하는 지층의 연령 분포로 가장 적절한 것은? [3점]

① 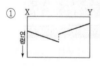   ②

③ 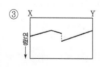   ④

⑤

17. 그림 (가)는 현재와 A 시기의 지구 공전 궤도를, (나)는 현재와 A 시기의 지구 자전축 방향을 나타낸 것이다. (가)의 ㉠, ㉡, ㉢은 공전 궤도상에서 지구의 위치이다.

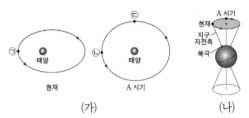

(가)   (나)

이에 대한 설명으로 옳은 것만을 〈보기〉에서 있는 대로 고른 것은? (단, 지구의 공전 궤도 이심률, 세차 운동 이외의 요인은 변하지 않는다고 가정한다.)

──── 〈 보 기 〉────
ㄱ. ㉠에서 북반구는 여름이다.
ㄴ. 37°N에서 연교차는 현재가 A 시기보다 작다.
ㄷ. 37°S에서 태양이 남중했을 때, 지표에 도달하는 태양 복사에너지양은 ㉢이 ㉡보다 적다.

① ㄱ   ② ㄴ   ③ ㄷ   ④ ㄱ, ㄴ   ⑤ ㄴ, ㄷ

18. 그림은 별 A와 B가 주계열 단계가 끝난 직후부터 진화하는 동안의 반지름과 표면 온도 변화를 나타낸 것이다. A와 B의 질량은 각각 태양 질량의 1배와 6배 중 하나이다.

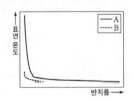

이 자료에 대한 설명으로 옳은 것만을 〈보기〉에서 있는 대로 고른 것은? [3점]

──── 〈 보 기 〉────
ㄱ. 진화 속도는 A가 B보다 빠르다.
ㄴ. 절대 등급의 변화 폭은 A가 B보다 크다.
ㄷ. 주계열 단계일 때, 대류가 일어나는 영역의 평균 온도는 A가 B보다 높다.

① ㄱ   ② ㄴ   ③ ㄷ   ④ ㄴ, ㄷ   ⑤ ㄱ, ㄴ, ㄷ

19. 그림은 고정된 열점에서 형성된 화산섬 A, B, C를, 표는 A, B, C의 연령, 위도, 고지자기 복각을 나타낸 것이다. A, B, C는 동일 경도에 위치한다.

화산섬	A	B	C
연령(백만 년)	0	15	40
위도	10°N	20°N	40°N
고지자기 복각	( )	(㉠)	(㉡)

이 자료에 대한 설명으로 옳은 것만을 〈보기〉에서 있는 대로 고른 것은? (단, 고지자기극은 고지자기 방향으로 추정한 지리상 북극이고, 지리상 북극은 변하지 않았다.) [3점]

──── 〈 보 기 〉────
ㄱ. ㉠은 ㉡보다 작다.
ㄴ. 판의 이동 방향은 북쪽이다.
ㄷ. B에서 구한 고지자기극의 위도는 80°N이다.

① ㄱ   ② ㄴ   ③ ㄱ, ㄷ   ④ ㄴ, ㄷ   ⑤ ㄱ, ㄴ, ㄷ

20. 그림은 외부 은하 A와 B에서 각각 발견된 Ia형 초신성의 겉보기 밝기를 시간에 따라 나타낸 것이다. 우리은하에서 관측하였을 때 A와 B의 시선 방향은 60°를 이루고, F_0은 Ia형 초신성이 100Mpc에 있을 때 겉보기 밝기의 최댓값이다.

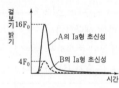

이 자료에 대한 설명으로 옳은 것만을 〈보기〉에서 있는 대로 고른 것은? (단, 빛의 속도는 3×10^5km/s이고, 허블 상수는 70km/s/Mpc이며, 두 은하는 허블 법칙을 만족한다.) [3점]

──── 〈 보 기 〉────
ㄱ. 우리은하에서 관측한 A의 후퇴 속도는 1750km/s이다.
ㄴ. 우리은하에서 B를 관측하면, 기준 파장이 600nm인 흡수선은 603.5nm로 관측된다.
ㄷ. A에서 B의 Ia형 초신성을 관측하면, 겉보기 밝기의 최댓값은 $\frac{4}{\sqrt{3}}F_0$이다.

① ㄱ   ② ㄴ   ③ ㄱ, ㄷ   ④ ㄴ, ㄷ   ⑤ ㄱ, ㄴ, ㄷ

※ 확인 사항
○ 답안지의 해당란에 필요한 내용을 정확히 기입(표기)했는지 확인하시오.

2023학년도 대학수학능력시험 6월 모의평가 문제지

과학탐구 영역 (지구과학 I)

성명 □□□□ 수험번호 □□□□□ − □□□□

---

1. 다음은 초대륙의 형성과 분리 과정 중 일부에 대하여 학생 A, B, C가 나눈 대화를 나타낸 것이다.

제시한 내용이 옳은 학생만을 있는 대로 고른 것은?

① A   ② B   ③ A, C   ④ B, C   ⑤ A, B, C

2. 그림은 어느 외부 은하를 나타낸 것이다. A와 B는 각각 은하의 중심부와 나선팔이다. 이 은하에 대한 설명으로 옳은 것만을 〈보기〉에서 있는 대로 고른 것은?

─────〈보 기〉─────
ㄱ. 막대 나선 은하에 해당한다.
ㄴ. B에는 성간 물질이 존재하지 않는다.
ㄷ. 붉은 별의 비율은 A가 B보다 높다.

① ㄱ   ② ㄴ   ③ ㄷ   ④ ㄱ, ㄴ   ⑤ ㄴ, ㄷ

3. 그림은 1750년 대비 2011년의 지구 기온 변화를 요인별로 나타낸 것이다.

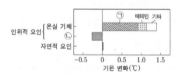

이 자료에 대한 설명으로 옳은 것만을 〈보기〉에서 있는 대로 고른 것은?

─────〈보 기〉─────
ㄱ. 기온 변화에 대한 영향은 ㉠이 자연적 요인보다 크다.
ㄴ. 인위적 요인 중 ㉡은 기온을 상승시킨다.
ㄷ. 자연적 요인에는 태양 활동이 포함된다.

① ㄱ   ② ㄴ   ③ ㄷ   ④ ㄱ, ㄴ   ⑤ ㄴ, ㄷ

4. 다음은 어느 플룸의 연직 이동 원리를 알아보기 위한 실험이다.

[실험 목표]
○ (A)의 연직 이동 원리를 설명할 수 있다.

[실험 과정]
(가) 비커에 5℃ 물 800mL를 담는다.
(나) 그림과 같이 비커 바닥에 수성 잉크 소량을 스포이트로 주입한다.
(다) 비커 바닥의 물이 고르게 착색된 후, 비커 바닥 중앙을 촛불로 30초간 가열하면서 착색된 물이 움직이는 모습을 관찰한다.

[실험 결과]
○ 그림과 같이 착색된 물이 밀도 차에 의해 (B)하는 모습이 관찰되었다.

이에 대한 설명으로 옳은 것만을 〈보기〉에서 있는 대로 고른 것은? [3점]

─────〈보 기〉─────
ㄱ. '뜨거운 플룸'은 A에 해당한다.
ㄴ. '상승'은 B에 해당한다.
ㄷ. 플룸은 내핵과 외핵의 경계에서 생성된다.

① ㄱ   ② ㄷ   ③ ㄱ, ㄴ   ④ ㄴ, ㄷ   ⑤ ㄱ, ㄴ, ㄷ

5. 그림 (가)와 (나)는 어느 해 A, B 시기에 우리나라 두 해역에서 측정한 연직 수온 자료를 각각 나타낸 것이다.

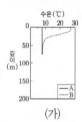 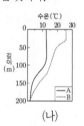
(가)   (나)

이에 대한 설명으로 옳은 것만을 〈보기〉에서 있는 대로 고른 것은? [3점]

─────〈보 기〉─────
ㄱ. (가)에서 50m 깊이의 수온과 표층 수온의 차이는 B가 A보다 크다.
ㄴ. A와 B의 표층 수온 차이는 (가)가 (나)보다 크다.
ㄷ. B의 혼합층 두께는 (나)가 (가)보다 두껍다.

① ㄱ   ② ㄷ   ③ ㄱ, ㄴ   ④ ㄴ, ㄷ   ⑤ ㄱ, ㄴ, ㄷ

과학탐구 영역 (지구과학 I)

6. 그림 (가)는 판의 경계를, (나)는 어느 단층 구조를 나타낸 것이다.

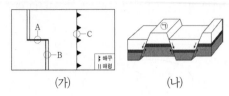

(가)   (나)

이에 대한 설명으로 옳은 것만을 〈보기〉에서 있는 대로 고른 것은?

─── 〈보 기〉───
ㄱ. A 지역에서는 주향 이동 단층이 발달한다.
ㄴ. ㉠은 상반이다.
ㄷ. (나)는 C 지역에서가 B 지역에서보다 잘 나타난다.

① ㄱ   ② ㄴ   ③ ㄱ, ㄷ   ④ ㄴ, ㄷ   ⑤ ㄱ, ㄴ, ㄷ

7. 표는 별 (가), (나), (다)의 분광형과 절대 등급을 나타낸 것이다. (가), (나), (다) 중 2개는 주계열성, 1개는 초거성이다.
이에 대한 설명으로 옳은 것만을 〈보기〉에서 있는 대로 고른 것은?

별	분광형	절대 등급
(가)	G	−5
(나)	A	0
(다)	G	+5

─── 〈보 기〉───
ㄱ. 질량은 (다)가 (나)보다 크다.
ㄴ. 생명 가능 지대에서 액체 상태의 물이 존재할 수 있는 시간은 (다)가 (나)보다 길다.
ㄷ. 생명 가능 지대의 폭은 (다)가 (가)보다 넓다.

① ㄱ   ② ㄴ   ③ ㄱ, ㄷ   ④ ㄴ, ㄷ   ⑤ ㄱ, ㄴ, ㄷ

8. 그림 (가)는 어느 태풍이 우리나라 부근을 지나는 어느 날 21시에 촬영한 적외 영상에 태풍 중심의 이동 경로를 나타낸 것이고, (나)는 다음 날 05시부터 3시간 간격으로 우리나라 어느 관측소에서 관측한 기상 요소를 나타낸 것이다.

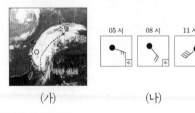

(가)   (나)

이 자료에 대한 설명으로 옳은 것만을 〈보기〉에서 있는 대로 고른 것은? [3점]

─── 〈보 기〉───
ㄱ. (가)에서 태풍의 최상층 공기는 주로 바깥쪽으로 불어 나간다.
ㄴ. (가)에서 구름 최상부의 고도는 B 지역이 A 지역보다 높다.
ㄷ. 관측소는 태풍의 안전 반원에 위치하였다.

① ㄱ   ② ㄴ   ③ ㄱ, ㄷ   ④ ㄴ, ㄷ   ⑤ ㄱ, ㄴ, ㄷ

9. 그림은 어느 지역의 지질 단면을 나타낸 것이다. 지층 A에서는 삼엽충 화석이, 지층 C와 D에서는 공룡 화석이 발견되었다.

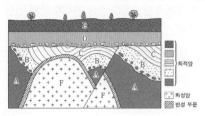

이에 대한 설명으로 옳은 것만을 〈보기〉에서 있는 대로 고른 것은?

─── 〈보 기〉───
ㄱ. F에서는 고생대 암석이 포획암으로 나타날 수 있다.
ㄴ. 단층이 형성된 시기에 암모나이트가 번성하였다.
ㄷ. 습곡은 고생대에 형성되었다.

① ㄱ   ② ㄷ   ③ ㄱ, ㄴ   ④ ㄴ, ㄷ   ⑤ ㄱ, ㄴ, ㄷ

10. 그림은 우주에서 일어난 주요한 사건 (가)~(라)를 시간 순서대로 나타낸 것이다.
이에 대한 설명으로 옳은 것만을 〈보기〉에서 있는 대로 고른 것은? [3점]

(라) 최초의 별과 은하 형성
(다) 원자의 형성
(나) 헬륨 원자핵 형성
(가) 급팽창 종료

─── 〈보 기〉───
ㄱ. (가)와 (라) 사이에 우주는 감속 팽창한다.
ㄴ. (나)와 (다) 사이에 퀘이사가 형성된다.
ㄷ. (라) 시기에 우주 배경 복사 온도는 2.7K보다 높다.

① ㄱ   ② ㄴ   ③ ㄱ, ㄷ   ④ ㄴ, ㄷ   ⑤ ㄱ, ㄴ, ㄷ

11. 그림 (가)와 (나)는 어느 해 2월과 8월의 남태평양의 표층 수온을 순서 없이 나타낸 것이다. A와 B는 주요 표층 해류가 흐르는 해역이다.

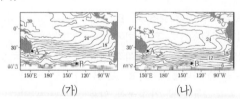

(가)   (나)

이에 대한 설명으로 옳은 것만을 〈보기〉에서 있는 대로 고른 것은?

─── 〈보 기〉───
ㄱ. 8월에 해당하는 것은 (나)이다.
ㄴ. A에서 흐르는 해류는 고위도 방향으로 에너지를 이동시킨다.
ㄷ. B에서 흐르는 해류와 북태평양 해류의 방향은 반대이다.

① ㄱ   ② ㄴ   ③ ㄷ   ④ ㄱ, ㄴ   ⑤ ㄴ, ㄷ

12. 그림 (가)는 $T_1 → T_2$ 동안 온대 저기압의 이동 경로를, (나)는 관측소 P에서 T_1, T_2 시각에 관측한 높이에 따른 기온을 나타낸 것이다. 이 기간 동안 (가)의 온난 전선과 한랭 전선 중 하나가 P를 통과하였다.

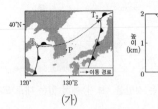

(가)   (나)

이 자료에 대한 설명으로 옳은 것만을 〈보기〉에서 있는 대로 고른 것은? [3점]

〈보 기〉
ㄱ. (나)에서 높이에 따른 기온 감소율은 T_1이 T_2보다 작다.
ㄴ. P를 통과한 전선은 한랭 전선이다.
ㄷ. P에서 전선이 통과하는 동안 풍향은 시계 방향으로 바뀌었다.

① ㄱ   ② ㄴ   ③ ㄱ, ㄷ   ④ ㄴ, ㄷ   ⑤ ㄱ, ㄴ, ㄷ

13. 그림 (가)는 깊이에 따른 지하 온도 분포와 암석의 용융 곡선 ㉠, ㉡, ㉢을, (나)는 마그마가 생성되는 지역 A, B를 나타낸 것이다.

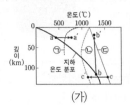 

(가)   (나)

이에 대한 설명으로 옳은 것만을 〈보기〉에서 있는 대로 고른 것은? [3점]

〈보 기〉
ㄱ. 물이 포함되지 않은 암석의 용융 곡선은 ㉢이다.
ㄴ. B에서는 섬록암이 생성될 수 있다.
ㄷ. A에서는 주로 b → b′ 과정에 의해 마그마가 생성된다.

① ㄴ   ② ㄷ   ③ ㄱ, ㄴ   ④ ㄱ, ㄷ   ⑤ ㄱ, ㄴ, ㄷ

14. 표는 우주 구성 요소 A, B, C의 상대적 비율을 T_1, T_2 시기에 따라 나타낸 것이다. T_1, T_2는 각각 과거와 미래 중 하나에 해당하고, A, B, C는 각각 보통 물질, 암흑 물질, 암흑 에너지 중 하나이다.

구성 요소	T_1	T_2
A	66	11
B	22	87
C	12	2

(단위 : %)

이에 대한 설명으로 옳은 것만을 〈보기〉에서 있는 대로 고른 것은?

〈보 기〉
ㄱ. T_2는 미래에 해당한다.
ㄴ. A는 항성 질량의 대부분을 차지한다.
ㄷ. C는 전자기파로 관측할 수 있다.

① ㄱ   ② ㄴ   ③ ㄱ, ㄷ   ④ ㄴ, ㄷ   ⑤ ㄱ, ㄴ, ㄷ

15. 그림 (가)는 태양이 $A_0 → A_1 → A_2$로 진화하는 경로를 H-R 도에 나타낸 것이고, (나)는 A_0, A_1, A_2 중 하나의 내부 구조를 나타낸 것이다.

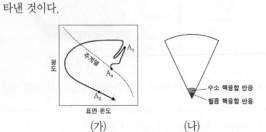

(가)   (나)

이에 대한 설명으로 옳은 것만을 〈보기〉에서 있는 대로 고른 것은? [3점]

〈보 기〉
ㄱ. (나)는 A_0의 내부 구조이다.
ㄴ. 수소의 총 질량은 A_2가 A_0보다 작다.
ㄷ. A_0에서 A_1로 진화하는 동안 중심핵은 정역학 평형 상태를 유지한다.

① ㄱ   ② ㄴ   ③ ㄷ   ④ ㄱ, ㄴ   ⑤ ㄴ, ㄷ

16. 그림은 동태평양 적도 부근 해역의 강수량 편차와 수온 약층 시작 깊이 편차를 나타낸 것이다. A, B, C는 각각 엘니뇨와 라니냐 시기 중 하나이고, 편차는 (관측값 − 평년값)이다.

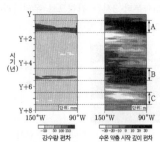

이 해역에 대한 설명으로 옳은 것만을 〈보기〉에서 있는 대로 고른 것은?

〈보 기〉
ㄱ. 강수량은 A가 B보다 많다.
ㄴ. 용승은 C가 평년보다 강하다.
ㄷ. 평균 해수면 높이는 A가 C보다 높다.

① ㄱ   ② ㄷ   ③ ㄱ, ㄴ   ④ ㄴ, ㄷ   ⑤ ㄱ, ㄴ, ㄷ

17. 그림은 대서양의 수온과 염분 분포를, 표는 수괴 A, B, C의 평균 수온과 염분을 나타낸 것이다. A, B, C는 남극 저층수, 남극 중층수, 북대서양 심층수를 순서 없이 나타낸 것이다.

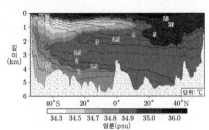

수괴	평균 수온(℃)	평균 염분(psu)
A	2.5	34.9
B	0.4	34.7
C	( )	34.3

이 자료에 대한 설명으로 옳은 것만을 〈보기〉에서 있는 대로 고른 것은? [3점]

─〈보 기〉─
ㄱ. A는 북대서양 심층수이다.
ㄴ. 평균 밀도는 A가 C보다 작다.
ㄷ. B는 주로 남쪽으로 이동한다.

① ㄱ   ② ㄴ   ③ ㄱ, ㄷ   ④ ㄴ, ㄷ   ⑤ ㄱ, ㄴ, ㄷ

18. 표는 별 (가)~(라)의 물리량을 나타낸 것이다.

별	표면 온도(K)	절대 등급	반지름($\times 10^6$km)
(가)	6000	+3.8	1
(나)	12000	-1.2	㉠
(다)	( )	-6.2	100
(라)	3000	( )	4

이에 대한 설명으로 옳은 것은?

① ㉠은 25이다.
② (가)의 분광형은 M형에 해당한다.
③ 복사 에너지를 최대로 방출하는 파장은 (다)가 (가)보다 길다.
④ 단위 시간당 방출하는 복사 에너지양은 (나)가 (라)보다 많다.
⑤ (가)와 같은 별 10000개로 구성된 성단의 절대 등급은 (라)의 절대 등급과 같다.

19. 방사성 동위 원소 X, Y가 포함된 어느 화강암에서, 현재 X의 자원소 함량은 X 함량의 3배이고, Y의 자원소 함량은 Y 함량과 같다. 자원소는 모두 각각의 모원소가 붕괴하여 생성된다.
이에 대한 설명으로 옳은 것만을 〈보기〉에서 있는 대로 고른 것은? [3점]

─〈보 기〉─
ㄱ. 화강암의 절대 연령은 Y의 반감기와 같다.
ㄴ. 화강암 생성 당시부터 현재까지 $\dfrac{모원소\ 함량}{모원소\ 함량 + 자원소\ 함량}$ 의 감소량은 X가 Y의 2배이다.
ㄷ. Y의 함량이 현재의 $\dfrac{1}{2}$이 될 때, X의 자원소 함량은 X 함량의 7배이다.

① ㄱ   ② ㄴ   ③ ㄱ, ㄷ   ④ ㄴ, ㄷ   ⑤ ㄱ, ㄴ, ㄷ

20. 그림 (가)는 중심별과 행성이 공통 질량 중심에 대하여 공전하는 원 궤도를, (나)는 중심별의 시선 속도를 시간에 따라 나타낸 것이다. 행성이 A에 위치할 때 중심별의 시선 속도는 -60m/s이고, 행성의 공전 궤도면은 관측자의 시선 방향과 나란하다.

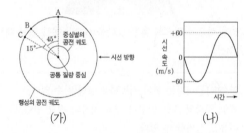

(가)   (나)

이에 대한 설명으로 옳은 것만을 〈보기〉에서 있는 대로 고른 것은? (단, 빛의 속도는 3×10^8m/s이다.) [3점]

─〈보 기〉─
ㄱ. 행성의 공전 방향은 A → B → C이다.
ㄴ. 중심별의 스펙트럼에서 500nm의 기준 파장을 갖는 흡수선의 최대 파장 변화량은 0.001nm이다.
ㄷ. 중심별의 시선 속도는 행성이 B를 지날 때가 C를 지날 때의 $\sqrt{2}$배이다.

① ㄱ   ② ㄴ   ③ ㄱ, ㄷ   ④ ㄴ, ㄷ   ⑤ ㄱ, ㄴ, ㄷ

─────
※ **확인 사항**
○ 답안지의 해당란에 필요한 내용을 정확히 기입(표기)했는지 확인하시오.
─────

2 0 2 3 연도별

2023학년도 대학수학능력시험 9월 모의평가 문제지

과학탐구 영역 (지구과학 I)

성명   수험번호 [ ][ ][ ][ ] - [ ][ ][ ][ ]

1. 다음은 뇌우, 우박, 황사에 대하여 학생 A, B, C가 나눈 대화를 나타낸 것이다.

제시한 내용이 옳은 학생만을 있는 대로 고른 것은?

① A   ② B   ③ A, C   ④ B, C   ⑤ A, B, C

2. 그림은 상부 맨틀에서만 대류가 일어나는 모형을 나타낸 것이다.

이 모형에 대한 설명으로 옳은 것만을 〈보기〉에서 있는 대로 고른 것은? [3점]

─〈보 기〉─
ㄱ. 판을 이동시키는 힘의 원동력을 설명할 수 있다.
ㄴ. 해양 지각의 평균 연령이 대륙 지각의 평균 연령보다 적은 이유를 설명할 수 있다.
ㄷ. 뜨거운 플룸이 핵과 맨틀의 경계 부근에서 생성되어 상승하는 것을 설명할 수 있다.

① ㄱ   ② ㄴ   ③ ㄷ   ④ ㄱ, ㄴ   ⑤ ㄱ, ㄷ

3. 그림은 어느 중위도 해역에서 A 시기와 B 시기에 각각 측정한 깊이 0~50m의 해수 특성을 수온-염분도에 나타낸 것이다. 이 자료에 대한 설명으로 옳은 것만을 〈보기〉에서 있는 대로 고른 것은? [3점]

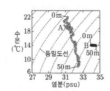

─〈보 기〉─
ㄱ. 수온만을 고려할 때, 해수면에서 산소 기체의 용해도는 A가 B보다 크다.
ㄴ. 수온이 14℃인 해수의 밀도는 A가 B보다 작다.
ㄷ. 혼합층의 두께는 A가 B보다 두껍다.

① ㄱ   ② ㄴ   ③ ㄷ   ④ ㄱ, ㄷ   ⑤ ㄴ, ㄷ

4. 다음은 어느 퇴적 구조가 형성되는 원리를 알아보기 위한 실험이다.

[실험 목표]
○ (㉠)의 형성 원리를 설명할 수 있다.

[실험 과정]
(가) 100mL의 물이 담긴 원통형 유리 접시에 입자 크기가 $\frac{1}{16}$mm 이하인 점토 100g을 고르게 붓는다.
(나) 그림과 같이 백열전등 아래에 원통형 유리 접시를 놓고 전등 빛을 비춘다.
(다) ㉡ 전등 빛을 충분히 비추었을 때 변화된 점토 표면의 모습을 관찰하여 그 결과를 스케치한다.

[실험 결과]

〈위에서 본 모습〉   〈옆에서 본 모습〉

이에 대한 설명으로 옳은 것만을 〈보기〉에서 있는 대로 고른 것은? [3점]

─〈보 기〉─
ㄱ. '건열'은 ㉠에 해당한다.
ㄴ. 건조한 환경에 노출되어 퇴적물의 표면이 갈라진 모습은 ㉡에 해당한다.
ㄷ. 이 퇴적 구조는 주로 역암층에서 관찰된다.

① ㄱ   ② ㄴ   ③ ㄷ   ④ ㄱ, ㄴ   ⑤ ㄱ, ㄷ

5. 그림 (가)와 (나)는 가시광선으로 관측한 어느 타원 은하와 불규칙 은하를 순서 없이 나타낸 것이다.

(가)   (나)

이에 대한 설명으로 옳은 것만을 〈보기〉에서 있는 대로 고른 것은?

─〈보 기〉─
ㄱ. (가)는 불규칙 은하이다.
ㄴ. (나)를 구성하는 별들은 푸른 별이 붉은 별보다 많다.
ㄷ. 은하를 구성하는 별들의 평균 나이는 (가)가 (나)보다 적다.

① ㄱ   ② ㄴ   ③ ㄱ, ㄷ   ④ ㄴ, ㄷ   ⑤ ㄱ, ㄴ, ㄷ

과학탐구 영역 (지구과학 Ⅰ)

6. 그림 (가)는 H−R도에 별 ㉠, ㉡, ㉢을, (나)는 별의 분광형에 따른 흡수선의 상대적 세기를 나타낸 것이다.

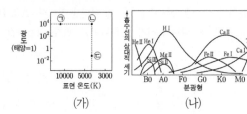

(가)   (나)

이에 대한 설명으로 옳은 것만을 〈보기〉에서 있는 대로 고른 것은?

<보 기>
ㄱ. 반지름은 ㉠이 ㉡보다 작다.
ㄴ. 광도 계급은 ㉡과 ㉢이 같다.
ㄷ. ㉢에서는 H Ⅰ 흡수선이 Ca Ⅱ 흡수선보다 강하게 나타난다.

① ㄱ   ② ㄴ   ③ ㄱ, ㄷ   ④ ㄴ, ㄷ   ⑤ ㄱ, ㄴ, ㄷ

7. 그림은 현생 누대 동안 생물 과의 멸종 비율과 대멸종이 일어난 시기 A, B, C를 나타낸 것이다.
이에 대한 설명으로 옳은 것만을 〈보기〉에서 있는 대로 고른 것은?

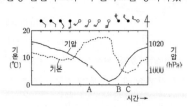

<보 기>
ㄱ. 생물 과의 멸종 비율은 A가 B보다 높다.
ㄴ. A와 B 사이에 최초의 양서류가 출현하였다.
ㄷ. B와 C 사이에 히말라야 산맥이 형성되었다.

① ㄱ   ② ㄴ   ③ ㄷ   ④ ㄱ, ㄷ   ⑤ ㄴ, ㄷ

8. 그림은 온대 저기압 중심이 북반구 어느 관측소의 북쪽을 통과하는 36시간 동안 관측한 기상 요소를 나타낸 것이다. 이 기간 동안 온난 전선과 한랭 전선이 모두 이 관측소를 통과하였다.

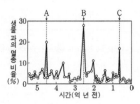

이 자료에 대한 설명으로 옳은 것만을 〈보기〉에서 있는 대로 고른 것은? [3점]

<보 기>
ㄱ. 기압이 가장 낮게 관측되었을 때 남풍 계열의 바람이 불었다.
ㄴ. A일 때 관측소의 상공에는 온난 전선면이 나타난다.
ㄷ. 관측소에서 B와 C 사이에는 주로 적운형 구름이 관측된다.

① ㄱ   ② ㄴ   ③ ㄱ, ㄷ   ④ ㄴ, ㄷ   ⑤ ㄱ, ㄴ, ㄷ

9. 그림 (가)는 마그마가 생성되는 지역 A, B, C를, (나)는 깊이에 따른 암석의 용융 곡선을 나타낸 것이다. (나)의 ㉠은 A, B, C 중 하나의 지역에서 마그마가 생성되는 조건이다.

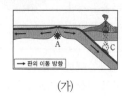 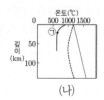

(가)   (나)

A, B, C에 대한 설명으로 옳은 것만을 〈보기〉에서 있는 대로 고른 것은?

<보 기>
ㄱ. A에서는 주로 물이 포함된 맨틀 물질이 용융되어 마그마가 생성된다.
ㄴ. 생성되는 마그마의 SiO_2 함량(%)은 B가 C보다 높다.
ㄷ. ㉠은 C에서 마그마가 생성되는 조건에 해당한다.

① ㄱ   ② ㄴ   ③ ㄷ   ④ ㄱ, ㄴ   ⑤ ㄴ, ㄷ

10. 그림 (가)는 현재 우주 구성 요소의 비율을, (나)는 은하에 의한 중력 렌즈 현상을 나타낸 것이다. A, B, C는 각각 암흑 물질, 암흑 에너지, 보통 물질 중 하나이다.

(가)   (나)

이에 대한 설명으로 옳은 것만을 〈보기〉에서 있는 대로 고른 것은? [3점]

<보 기>
ㄱ. A는 암흑 에너지이다.
ㄴ. 현재 이후 우주가 팽창하는 동안 $\dfrac{B의\ 비율}{C의\ 비율}$ 은 감소한다.
ㄷ. (나)를 이용하여 B가 존재함을 추정할 수 있다.

① ㄱ   ② ㄴ   ③ ㄷ   ④ ㄱ, ㄴ   ⑤ ㄴ, ㄷ

11. 그림은 대기에 의한 남북 방향으로의 연평균 에너지 수송량을 위도별로 나타낸 것이다.
이에 대한 설명으로 옳은 것만을 〈보기〉에서 있는 대로 고른 것은?

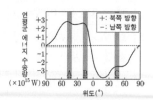

<보 기>
ㄱ. A에서는 대기 대순환의 간접 순환이 위치한다.
ㄴ. B에서는 해들리 순환에 의해 에너지가 북쪽 방향으로 수송된다.
ㄷ. 캘리포니아 해류는 C의 해역에서 나타난다.

① ㄱ   ② ㄴ   ③ ㄱ, ㄴ   ④ ㄴ, ㄷ   ⑤ ㄱ, ㄴ, ㄷ

12. 그림은 질량이 태양 정도인 별이 진화하는 과정에서 주계열 단계가 끝난 이후 어느 시기에 나타나는 별의 내부 구조이다. 이 시기의 별에 대한 설명으로 옳은 것만을 〈보기〉에서 있는 대로 고른 것은? [3점]

수소 핵융합 반응
중심핵 수축
A

─── <보 기> ───
ㄱ. 중심핵의 온도는 주계열 단계일 때보다 높다.
ㄴ. 표면에서 단위 면적당 단위 시간에 방출하는 에너지양은 주계열 단계일 때보다 많다.
ㄷ. 수소 함량 비율(%)은 중심핵이 A 영역보다 높다.

① ㄱ　　② ㄴ　　③ ㄷ　　④ ㄱ, ㄴ　　⑤ ㄱ, ㄷ

13. 그림은 태풍의 영향을 받은 우리나라 어느 관측소에서 24시간 동안 관측한 시간에 따른 기압, 풍향, 풍속, 시간당 강수량을 순서 없이 나타낸 것이다. 이 기간 동안 태풍의 눈이 관측소를 통과하였다.

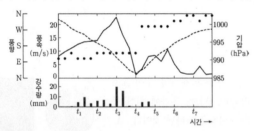

이 자료에 대한 설명으로 옳은 것만을 〈보기〉에서 있는 대로 고른 것은? [3점]

─── <보 기> ───
ㄱ. 관측소에서 풍속이 가장 강하게 나타난 시각은 t_3이다.
ㄴ. 관측소에서 태풍의 눈이 통과하기 전에는 서풍 계열의 바람이 불었다.
ㄷ. 관측소에서 공기의 연직 운동은 t_3이 t_4보다 활발하다.

① ㄱ　　② ㄴ　　③ ㄷ　　④ ㄱ, ㄷ　　⑤ ㄴ, ㄷ

14. 표는 별 ㉠, ㉡, ㉢의 표면 온도, 광도, 반지름을 나타낸 것이다. ㉠, ㉡, ㉢은 각각 주계열성, 거성, 백색 왜성 중 하나이다.

별	표면 온도(태양=1)	광도(태양=1)	반지름(태양=1)
㉠	$\sqrt{10}$	( )	0.01
㉡	( )	100	2.5
㉢	0.75	81	( )

이에 대한 설명으로 옳은 것만을 〈보기〉에서 있는 대로 고른 것은?

─── <보 기> ───
ㄱ. 복사 에너지를 최대로 방출하는 파장은 ㉠이 ㉡보다 길다.
ㄴ. (㉠의 절대 등급−㉡의 절대 등급) 값은 10이다.
ㄷ. 별의 질량은 ㉡이 ㉢보다 크다.

① ㄱ　　② ㄴ　　③ ㄷ　　④ ㄱ, ㄷ　　⑤ ㄴ, ㄷ

15. 그림 (가)는 동태평양 적도 해역과 서태평양 적도 해역의 시간에 따른 해면 기압 편차를, (나)는 (가)의 A와 B 중 한 시기의 태평양 적도 해역의 깊이에 따른 수온 편차를 나타낸 것이다. A와 B는 각각 엘니뇨 시기와 라니냐 시기 중 하나이고, 편차는 (관측값−평년값)이다.

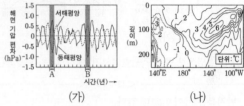

(가)　　　　　(나)

이에 대한 설명으로 옳은 것만을 〈보기〉에서 있는 대로 고른 것은?

─── <보 기> ───
ㄱ. (나)는 B에 측정한 것이다.
ㄴ. 적도 부근에서 (서태평양 평균 표층 수온 편차−동태평양 평균 표층 수온 편차) 값은 A가 B보다 크다.
ㄷ. 적도 부근에서 $\dfrac{\text{동태평양 평균 해면 기압}}{\text{서태평양 평균 해면 기압}}$ 은 A가 B보다 크다.

① ㄱ　　② ㄷ　　③ ㄱ, ㄴ　　④ ㄴ, ㄷ　　⑤ ㄱ, ㄴ, ㄷ

16. 그림 (가)는 지구의 공전 궤도를, (나)는 지구 자전축 경사각의 변화를 나타낸 것이다. 지구 자전축 세차 운동의 방향은 지구 공전 방향과 반대이고 주기는 약 26000년이다.

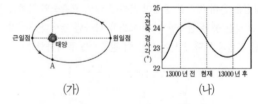

근일점　태양　원일점
A

(가)　　　　　(나)

이에 대한 설명으로 옳은 것만을 〈보기〉에서 있는 대로 고른 것은? (단, 지구 자전축 세차 운동과 지구 자전축 경사각 이외의 요인은 변하지 않는다고 가정한다.) [3점]

─── <보 기> ───
ㄱ. 약 6500년 전 지구가 A 부근에 있을 때 북반구는 겨울철이다.
ㄴ. 35°N에서 기온의 연교차는 약 6500년 전이 현재보다 작다.
ㄷ. 35°S에서 여름철 평균 기온은 약 13000년 후가 현재보다 낮다.

① ㄱ　　② ㄴ　　③ ㄱ, ㄷ　　④ ㄴ, ㄷ　　⑤ ㄱ, ㄴ, ㄷ

과학탐구 영역 (지구과학 Ⅰ)

17. 그림은 어느 지괴의 현재 위치와 시기별 고지자기극의 위치를 나타낸 것이다. 고지자기극은 고지자기 방향으로 추정한 지리상 북극이고, 지리상 북극은 변하지 않았다. 현재 지자기 북극은 지리상 북극과 일치한다.

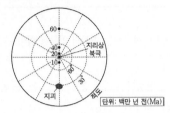

이 지괴에 대한 설명으로 옳은 것만을 〈보기〉에서 있는 대로 고른 것은?

─── 〈보 기〉───

ㄱ. 지괴는 60Ma~40Ma가 40Ma~20Ma보다 빠르게 이동하였다.

ㄴ. 60Ma에 생성된 암석에 기록된 고지자기 복각은 (+) 값이다.

ㄷ. 10Ma부터 현재까지 지괴의 이동 방향은 북쪽이다.

① ㄱ ② ㄴ ③ ㄱ, ㄷ ④ ㄴ, ㄷ ⑤ ㄱ, ㄴ, ㄷ

18. 그림 (가)는 중심별이 주계열성인 어느 외계 행성계의 생명 가능 지대와 행성의 공전 궤도를, (나)는 (가)의 행성이 식 현상을 일으킬 때 중심별의 상대적 밝기 변화를 시간에 따라 나타낸 것이다.

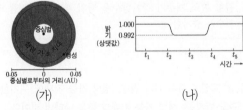

(가) (나)

이 자료에 대한 설명으로 옳은 것만을 〈보기〉에서 있는 대로 고른 것은? (단, 중심별의 시선 속도 변화는 행성과의 공통 질량 중심에 대한 공전에 의해서만 나타나고, 행성은 원 궤도를 따라 공전하며, 행성의 공전 궤도면은 관측자의 시선 방향과 나란하다.) [3점]

─── 〈보 기〉───

ㄱ. 생명 가능 지대의 폭은 이 외계 행성계가 태양계보다 좁다.

ㄴ. $\dfrac{\text{행성의 반지름}}{\text{중심별의 반지름}}$ 은 $\dfrac{1}{125}$ 이다.

ㄷ. 중심별의 흡수선 파장은 t_2가 t_1보다 짧다.

① ㄱ ② ㄴ ③ ㄷ ④ ㄱ, ㄴ ⑤ ㄱ, ㄷ

19. 그림 (가)는 어느 지역의 지질 단면을, (나)는 시간에 따른 방사성 원소 X와 Y의 $\dfrac{\text{자원소 함량}}{\text{방사성 원소 함량}}$ 을 나타낸 것이다. 화성암 A와 B에는 X와 Y 중 서로 다른 한 종류만 포함하고, 현재 A와 B에 포함된 방사성 원소의 함량은 각각 처음 양의 50%와 25% 중 서로 다른 하나이다.

 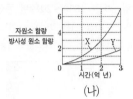

(가) (나)

이에 대한 설명으로 옳은 것만을 〈보기〉에서 있는 대로 고른 것은? [3점]

─── 〈보 기〉───

ㄱ. 반감기는 X가 Y의 $\dfrac{1}{2}$배이다.

ㄴ. A에 포함되어 있는 방사성 원소는 Y이다.

ㄷ. (가)에서 단층 $f-f'$은 중생대에 형성되었다.

① ㄱ ② ㄷ ③ ㄱ, ㄴ ④ ㄴ, ㄷ ⑤ ㄱ, ㄴ, ㄷ

20. 그림 (가)는 어느 우주 모형에서 시간에 따른 우주의 상대적 크기를 나타낸 것이고, (나)는 120억 년 전 은하 P에서 방출된 파장 λ인 빛이 80억 년 전 은하 Q를 지나 현재의 관측자에게 도달하는 상황을 가정하여 나타낸 것이다. 우주 공간을 진행하는 빛의 파장은 우주의 크기에 비례하여 증가한다.

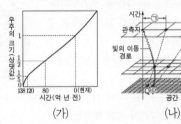

(가) (나)

이 자료에 대한 설명으로 옳은 것만을 〈보기〉에서 있는 대로 고른 것은? (단, P와 Q는 관측자의 시선과 동일한 방향에 위치한다.)

─── 〈보 기〉───

ㄱ. 120억 년 전에 우주는 가속 팽창하였다.

ㄴ. P에서 방출된 파장 λ인 빛이 Q에 도달할 때 파장은 2.5λ이다.

ㄷ. (나)에서 현재 관측자로부터 Q까지의 거리 ㉠은 80억 광년이다.

① ㄱ ② ㄴ ③ ㄷ ④ ㄱ, ㄷ ⑤ ㄴ, ㄷ

─────────────

※ 확인 사항

○ 답안지의 해당란에 필요한 내용을 정확히 기입(표기) 했는지 확인하시오.

2023학년도 대학수학능력시험 문제지
과학탐구 영역 (지구과학 I)

성명 [   ]   수험번호 [| | | | | − | | | |]

---

1. 그림 (가)는 1850~2019년 동안 전 지구와 아시아의 기온 편차 (관측값−기준값)를, (나)는 (가)의 A 기간 동안 대기 중 CO_2 농도를 나타낸 것이다. 기준값은 1850~1900년의 평균 기온이다.

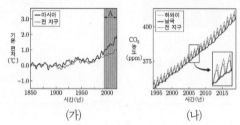

(가)   (나)

이 자료에 대한 설명으로 옳은 것만을 〈보기〉에서 있는 대로 고른 것은?

――――――〈보 기〉――――――
ㄱ. (가) 기간 동안 기온의 평균 상승률은 아시아가 전 지구보다 크다.
ㄴ. (나)에서 CO_2 농도의 연교차는 하와이가 남극보다 크다.
ㄷ. A 기간 동안 전 지구의 기온과 CO_2 농도는 높아지는 경향이 있다.

① ㄱ   ② ㄷ   ③ ㄱ, ㄴ   ④ ㄴ, ㄷ   ⑤ ㄱ, ㄴ, ㄷ

2. 그림은 플룸 구조론을 나타낸 모식도이다. A와 B는 각각 차가운 플룸과 뜨거운 플룸 중 하나이고, ㉠은 화산섬이다.
이에 대한 설명으로 옳은 것만을 〈보기〉에서 있는 대로 고른 것은?

――――――〈보 기〉――――――
ㄱ. A는 섭입한 해양판에 의해 형성된다.
ㄴ. B는 태평양에 여러 화산을 형성한다.
ㄷ. ㉠을 형성한 열점은 판과 같은 방향으로 움직인다.

① ㄱ   ② ㄷ   ③ ㄱ, ㄴ   ④ ㄴ, ㄷ   ⑤ ㄱ, ㄴ, ㄷ

3. 그림 (가)와 (나)는 어느 은하를 각각 가시광선과 전파로 관측한 영상이며, ㉠은 제트이다.
이 은하에 대한 설명으로 옳은 것만을 〈보기〉에서 있는 대로 고른 것은? [3점]

(가)   (나)

――――――〈보 기〉――――――
ㄱ. 나선팔을 가지고 있다.
ㄴ. 대부분의 별은 분광형이 A0인 별보다 표면 온도가 낮다.
ㄷ. ㉠은 암흑 물질이 분출되는 모습이다.

① ㄱ   ② ㄴ   ③ ㄷ   ④ ㄱ, ㄴ   ⑤ ㄴ, ㄷ

4. 다음은 퇴적암이 형성되는 과정의 일부를 알아보기 위한 실험이다.

[실험 목표]
○ 퇴적암이 형성되는 과정 중 (㉠)을/를 설명할 수 있다.

[실험 과정]
(가) 입자 크기 2mm 정도인 퇴적물 250mL가 담긴 원통에 물 250mL를 넣는다.
(나) 물의 높이가 퇴적물의 높이와 같아질 때까지 물을 추출한 뒤, 추출된 물의 부피를 측정한다.
(다) 그림과 같이 원형 판 1개를 원통에 넣어 퇴적물을 압축시킨다.
(라) 물의 높이가 퇴적물의 높이와 같아질 때까지 물을 추출하고, 그 물의 부피를 측정한다.
(마) 동일한 원형 판의 개수를 1개씩 증가시키면서 (라)의 과정을 반복한다.
(바) 원형 판의 개수와 추출된 물의 부피와의 관계를 정리한다.

[실험 결과]
○ 과정 (나)에서 추출된 물의 부피 : 100mL
○ 과정 (다)~(마)에서 원형 판의 개수에 따른 추출된 물의 부피

원형 판 개수(개)	1	2	3	4	5
추출된 물의 부피(mL)	27.5	8.0	6.5	5.3	4.5

이 자료에 대한 설명으로 옳은 것만을 〈보기〉에서 있는 대로 고른 것은? [3점]

――――――〈보 기〉――――――
ㄱ. '다짐 작용'은 ㉠에 해당한다.
ㄴ. 과정 (나)에서 원통 속에 남아 있는 물의 부피는 222.5mL 이다.
ㄷ. 원형 판의 개수가 증가할수록 단위 부피당 퇴적물 입자의 개수는 증가한다.

① ㄱ   ② ㄴ   ③ ㄱ, ㄷ   ④ ㄴ, ㄷ   ⑤ ㄱ, ㄴ, ㄷ

5. 표는 주계열성 A와 B의 질량, 생명 가능 지대에 위치한 행성의 공전 궤도 반지름, 생명 가능 지대의 폭을 나타낸 것이다.

주계열성	질량 (태양=1)	행성의 공전 궤도 반지름(AU)	생명 가능 지대의 폭(AU)
A	5	(㉠)	(㉢)
B	0.5	(㉡)	(㉣)

이에 대한 설명으로 옳은 것만을 〈보기〉에서 있는 대로 고른 것은?

――――――〈보 기〉――――――
ㄱ. 광도는 A가 B보다 크다.
ㄴ. ㉠은 ㉡보다 크다.
ㄷ. ㉢은 ㉣보다 크다.

① ㄱ   ② ㄷ   ③ ㄱ, ㄴ   ④ ㄴ, ㄷ   ⑤ ㄱ, ㄴ, ㄷ

과학탐구 영역 (지구과학 I)

6. 그림은 해양판이 섭입되는 모습을 나타낸 것이다. A, B, C는 각각 마그마가 생성되는 지역과 분출되는 지역 중 하나이다.

이에 대한 설명으로 옳은 것만을 〈보기〉에서 있는 대로 고른 것은?

— <보 기> —
ㄱ. A에서는 주로 조립질 암석이 생성된다.
ㄴ. B에서는 안산암질 마그마가 생성될 수 있다.
ㄷ. C에서는 맨틀 물질의 용융으로 마그마가 생성된다.

① ㄱ　　② ㄴ　　③ ㄱ, ㄷ　　④ ㄴ, ㄷ　　⑤ ㄱ, ㄴ, ㄷ

7. 그림 (가)는 어느 날 18시의 지상 일기도에 태풍의 이동 경로를 나타낸 것이고, (나)는 이 시기에 태풍에 의해 발생한 강수량 분포를 나타낸 것이다.

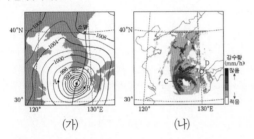

(가)　　　　　　(나)

이 자료에 대한 설명으로 옳은 것만을 〈보기〉에서 있는 대로 고른 것은? [3점]

— <보 기> —
ㄱ. 풍속은 A 지점이 B 지점보다 크다.
ㄴ. 공기의 연직 운동은 C 지점이 D 지점보다 활발하다.
ㄷ. C 지점에서는 남풍 계열의 바람이 분다.

① ㄱ　　② ㄴ　　③ ㄷ　　④ ㄱ, ㄴ　　⑤ ㄴ, ㄷ

8. 그림은 어느 온대 저기압이 우리나라를 지나는 3시간($T_1 \rightarrow T_4$) 동안 전선 주변에서 발생한 번개의 분포를 1시간 간격으로 나타낸 것이다. 이 기간 동안 온난 전선과 한랭 전선 중 하나가 A 지역을 통과하였다.

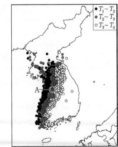

이 자료에 대한 설명으로 옳은 것만을 〈보기〉에서 있는 대로 고른 것은? [3점]

— <보 기> —
ㄱ. 이 기간 중 A의 상공에는 전선면이 나타났다.
ㄴ. $T_2 \sim T_3$ 동안 A에서는 적운형 구름이 발달하였다.
ㄷ. 전선이 통과하는 동안 A의 풍향은 시계 반대 방향으로 바뀌었다.

① ㄱ　　② ㄷ　　③ ㄱ, ㄴ　　④ ㄴ, ㄷ　　⑤ ㄱ, ㄴ, ㄷ

9. 그림 (가)는 북대서양의 해역 A와 B의 위치를, (나)와 (다)는 A와 B에서 같은 시기에 측정한 물리량을 순서 없이 나타낸 것이다. ㉠과 ㉡은 각각 수온과 용존 산소량 중 하나이다.

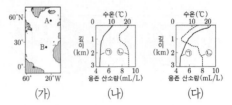

(가)　　　　(나)　　　　(다)

이 자료에 대한 설명으로 옳은 것만을 〈보기〉에서 있는 대로 고른 것은? [3점]

— <보 기> —
ㄱ. (나)는 A에 해당한다.
ㄴ. 표층에서 용존 산소량은 A가 B보다 작다.
ㄷ. 수온 약층은 A가 B보다 뚜렷하게 나타난다.

① ㄱ　　② ㄴ　　③ ㄷ　　④ ㄱ, ㄴ　　⑤ ㄱ, ㄷ

10. 그림 (가)는 40억 년 전부터 현재까지의 지질 시대를 구성하는 A, B, C의 지속 기간을 비율로 나타낸 것이고, (나)는 초대륙 로디니아의 모습을 나타낸 것이다. A, B, C는 각각 시생 누대, 원생 누대, 현생 누대 중 하나이다.

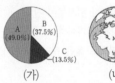

(가)　　　　　(나)

이 자료에 대한 설명으로 옳은 것만을 〈보기〉에서 있는 대로 고른 것은?

— <보 기> —
ㄱ. A는 원생 누대이다.
ㄴ. (나)는 A에 나타난 대륙 분포이다.
ㄷ. 다세포 동물은 B에 출현했다.

① ㄱ　　② ㄴ　　③ ㄷ　　④ ㄱ, ㄴ　　⑤ ㄴ, ㄷ

11. 그림 (가)와 (나)는 우주의 나이가 각각 10만 년과 100만 년일 때에 빛이 우주 공간을 진행하는 모습을 순서 없이 나타낸 것이다.

(가)　　　　(나)

이에 대한 설명으로 옳은 것만을 〈보기〉에서 있는 대로 고른 것은?

— <보 기> —
ㄱ. (가) 시기 우주의 나이는 10만 년이다.
ㄴ. (나) 시기에 우주 배경 복사의 온도는 2.7K이다.
ㄷ. 수소 원자핵에 대한 헬륨 원자핵의 함량비는 (가) 시기가 (나) 시기보다 크다.

① ㄱ　　② ㄷ　　③ ㄱ, ㄴ　　④ ㄴ, ㄷ　　⑤ ㄱ, ㄷ

과학탐구 영역 (지구과학 Ⅰ)

12. 그림 (가)와 (나)는 어느 해역의 수온과 염분 분포를 각각 나타낸 것이고, (다)는 수온-염분도이다. A, B, C는 수온과 염분이 서로 다른 해수이고, ㉠과 ㉡은 이 해역의 서로 다른 수괴이다.

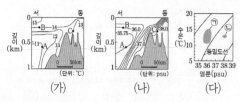

이 자료에 대한 설명으로 옳은 것만을 〈보기〉에서 있는 대로 고른 것은?

─── 〈보 기〉 ───
ㄱ. B는 ㉡에 해당한다.
ㄴ. A와 B의 수온에 의한 밀도 차는 A와 B의 염분에 의한 밀도 차보다 크다.
ㄷ. C의 수괴가 서쪽으로 이동하면, C의 수괴는 B의 수괴 아래쪽으로 이동한다.

① ㄱ ② ㄴ ③ ㄱ, ㄷ ④ ㄴ, ㄷ ⑤ ㄱ, ㄴ, ㄷ

13. 그림은 질량이 태양 정도인 어느 별이 원시별에서 주계열 단계 전까지 진화하는 동안의 반지름과 광도 변화를 나타낸 것이다. A, B, C는 이 원시별이 진화하는 동안의 서로 다른 시기이다.

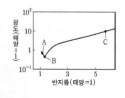

이 원시별에 대한 설명으로 옳은 것만을 〈보기〉에서 있는 대로 고른 것은? [3점]

─── 〈보 기〉 ───
ㄱ. 평균 밀도는 C가 A보다 작다.
ㄴ. 표면 온도는 A가 B보다 낮다.
ㄷ. 중심부의 온도는 B가 C보다 높다.

① ㄱ ② ㄴ ③ ㄱ, ㄷ ④ ㄴ, ㄷ ⑤ ㄱ, ㄴ, ㄷ

14. 그림은 1월과 7월의 지표 부근의 평년 바람 분포 중 하나를 나타낸 것이다. A, B, C는 주요 표층 해류가 흐르는 해역이다.

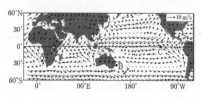

이에 대한 설명으로 옳은 것만을 〈보기〉에서 있는 대로 고른 것은? [3점]

─── 〈보 기〉 ───
ㄱ. 이 평년 바람 분포는 1월에 해당한다.
ㄴ. A와 B의 표층 해류는 모두 고위도 방향으로 흐른다.
ㄷ. C에서는 대기 대순환에 의해 표층 해수가 수렴한다.

① ㄱ ② ㄴ ③ ㄷ ④ ㄱ, ㄴ ⑤ ㄱ, ㄷ

15. 그림은 어느 해양판의 고지자기 분포와 지점 A, B의 연령을 나타낸 것이다. 해양판의 이동 속도와 해저 퇴적물이 쌓이는 속도는 일정하고, 현재 해양판의 이동 방향은 남쪽과 북쪽 중 하나이다.

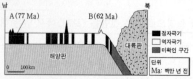

이 자료에 대한 설명으로 옳은 것만을 〈보기〉에서 있는 대로 고른 것은? (단, 해양판의 이동 속도는 대륙판보다 빠르다.) [3점]

─── 〈보 기〉 ───
ㄱ. A와 B 사이에 해령이 위치한다.
ㄴ. 해저 퇴적물의 두께는 A가 B보다 두껍다.
ㄷ. 현재 A의 이동 방향은 남쪽이다.

① ㄱ ② ㄴ ③ ㄱ, ㄷ ④ ㄴ, ㄷ ⑤ ㄱ, ㄴ, ㄷ

16. 표는 태양과 별 (가), (나), (다)의 물리량을 나타낸 것이다. (가), (나), (다) 중 주계열성은 2개이고, (나)와 (다)의 겉보기 밝기는 같다.

별	복사 에너지를 최대로 방출하는 파장(μm)	절대 등급	반지름 (태양=1)
태양	0.50	+4.8	1
(가)	(㉠)	-0.2	2.5
(나)	0.10	( )	4
(다)	0.25	+9.8	( )

이 자료에 대한 설명으로 옳은 것만을 〈보기〉에서 있는 대로 고른 것은?

─── 〈보 기〉 ───
ㄱ. ㉠은 0.125이다.
ㄴ. 중심핵에서의 $\dfrac{\text{p-p 반응에 의한 에너지 생성량}}{\text{CNO 순환 반응에 의한 에너지 생성량}}$ 은 (나)가 태양보다 작다.
ㄷ. 지구로부터의 거리는 (나)가 (다)의 1000배이다.

① ㄱ ② ㄴ ③ ㄷ ④ ㄱ, ㄴ ⑤ ㄴ, ㄷ

과학탐구 영역 (지구과학 I)

17. 그림 (가)는 태평양 적도 부근 해역에서 관측한 바람의 동서 방향 풍속 편차를, (나)는 이 해역에서 A와 B 중 어느 한 시기에 관측된 20℃ 등수온선의 깊이 편차를 나타낸 것이다. A와 B는 각각 엘니뇨와 라니냐 시기 중 하나이고, (+)는 서풍, (−)는 동풍에 해당한다. 편차는 (관측값−평년값)이다.

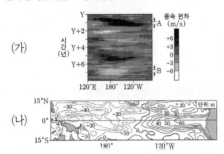
(가)
(나)

이에 대한 설명으로 옳은 것만을 〈보기〉에서 있는 대로 고른 것은?

─── < 보 기 > ───
ㄱ. (나)는 B에 해당한다.
ㄴ. 동태평양 적도 부근 해역에서 해수면 높이는 B가 평년보다 낮다.
ㄷ. 적도 부근의 (동태평양 해면 기압−서태평양 해면 기압) 값은 A가 B보다 크다.

① ㄱ　　② ㄴ　　③ ㄷ　　④ ㄱ, ㄷ　　⑤ ㄴ, ㄷ

18. 표 (가)는 외부 은하 A와 B의 스펙트럼 관측 결과를, (나)는 우주 구성 요소의 상대적 비율을 T_1, T_2 시기에 따라 나타낸 것이다. T_1, T_2는 관측된 A, B의 빛이 각각 출발한 시기 중 하나이고, a, b, c는 각각 보통 물질, 암흑 물질, 암흑 에너지 중 하나이다.

은하	기준 파장	관측 파장
A	120	132
B	150	600

(단위 : nm)
(가)

우주 구성 요소	T_1	T_2
a	62.7	3.4
b	31.4	81.3
c	5.9	15.3

(단위 : %)
(나)

이 자료에 대한 설명으로 옳은 것만을 〈보기〉에서 있는 대로 고른 것은? (단, 빛의 속도는 3×10^5 km/s이다.)

─── < 보 기 > ───
ㄱ. 우리은하에서 관측한 A의 후퇴 속도는 3000km/s이다.
ㄴ. B는 T_2 시기의 천체이다.
ㄷ. 우주를 가속 팽창시키는 요소는 b이다.

① ㄱ　　② ㄴ　　③ ㄷ　　④ ㄱ, ㄴ　　⑤ ㄴ, ㄷ

19. 그림 (가)와 (나)는 어느 두 지역의 지질 단면을, (다)는 시간에 따른 방사성 원소 X와 Y의 붕괴 곡선을 나타낸 것이다. 화강암 A와 B에는 한 종류의 방사성 원소만 존재하고, X와 Y 중 서로 다른 한 종류만 포함한다. 현재 A와 B에 포함된 방사성 원소의 함량은 각각 처음 양의 25%, 12.5% 중 서로 다른 하나이다. 두 지역의 셰일에서는 삼엽충 화석이 산출된다.

(가)

(나)

(다)

이 자료에 대한 설명으로 옳은 것만을 〈보기〉에서 있는 대로 고른 것은? [3점]

─── < 보 기 > ───
ㄱ. (가)에서는 관입이 나타난다.
ㄴ. B에 포함되어 있는 방사성 원소는 X이다.
ㄷ. 현재의 함량으로부터 1억 년 후의
$\dfrac{\text{A에 포함된 방사성 원소 함량}}{\text{B에 포함된 방사성 원소 함량}}$ 은 1이다.

① ㄱ　　② ㄷ　　③ ㄱ, ㄴ　　④ ㄴ, ㄷ　　⑤ ㄱ, ㄴ, ㄷ

20. 그림은 어느 외계 행성계에서 식 현상을 일으키는 행성에 의한 중심별의 상대적 밝기 변화를 일정한 시간 간격에 따라 나타낸 것이다. 중심별의 반지름에 대하여 행성 반지름은 $\dfrac{1}{20}$배, 행성의 중심과 중심별의 중심 사이의 거리는 4.2배이다. A는 식 현상이 끝난 직후이다.

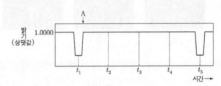

이 자료에 대한 설명으로 옳은 것만을 〈보기〉에서 있는 대로 고른 것은? (단, 행성은 원 궤도를 따라 공전하며, t_1, t_5일 때 행성의 중심과 중심별의 중심은 관측자의 시선과 동일한 방향에 위치하고, 중심별의 시선 속도 변화는 행성과의 공통 질량 중심에 대한 공전에 의해서만 나타난다.) [3점]

─── < 보 기 > ───
ㄱ. t_1일 때, 중심별이 상대적 밝기는 원래 광도의 99.75%이다.
ㄴ. $t_2 \rightarrow t_3$ 동안 중심별의 스펙트럼에서 흡수선의 파장은 점차 길어진다.
ㄷ. 중심별의 시선 속도는 A일 때가 t_2일 때의 $\dfrac{1}{4}$배이다.

① ㄱ　　② ㄷ　　③ ㄱ, ㄴ　　④ ㄴ, ㄷ　　⑤ ㄱ, ㄴ, ㄷ

※ 확인 사항
○ 답안지의 해당란에 필요한 내용을 정확히 기입(표기)했는지 확인하시오.

2024학년도 대학수학능력시험 6월 모의평가 문제지

과학탐구 영역 (지구과학 I)

성명 [　　　　] 수험번호 [　　　　] － [　　　　]

---

1. 다음은 판 구조론이 정립되는 과정에서 등장한 이론에 대하여 학생 A, B, C가 나눈 대화를 나타낸 것이다. ㉠과 ㉡은 각각 대륙 이동설과 해양저 확장설 중 하나이다.

이론	내용
㉠	과거에 하나로 모여 있던 초대륙 판게아가 분리되고 이동하여 현재와 같은 수륙 분포가 되었다.
㉡	해령을 축으로 해양 지각이 생성되고 양쪽으로 멀어짐에 따라 해양저가 확장된다.

학생 A: ㉠은 해양저 확장설에 해당해.
학생 B: ㉠을 제시한 베게너는 대륙을 움직이는 힘을 맨틀 대류로 설명했어.
학생 C: 해령에서 멀어질수록 해양 지각의 연령이 증가하는 것은 ㉡의 증거가 될 수 있어.

제시한 내용이 옳은 학생만을 있는 대로 고른 것은?

① A   ② C   ③ A, B   ④ B, C   ⑤ A, B, C

2. 그림 (가), (나), (다)는 타원 은하, 나선 은하, 불규칙 은하를 순서 없이 나타낸 것이다.

(가)　　　(나)　　　(다)

이에 대한 설명으로 옳은 것만을 〈보기〉에서 있는 대로 고른 것은?

< 보 기 >
ㄱ. (가)는 타원 은하이다.
ㄴ. 은하를 구성하는 별의 평균 나이는 (가)가 (나)보다 적다.
ㄷ. (가)는 (다)로 진화한다.

① ㄱ   ② ㄷ   ③ ㄱ, ㄴ   ④ ㄱ, ㄷ   ⑤ ㄴ, ㄷ

3. 그림은 해수의 심층 순환을 나타낸 모식도이다. A와 B는 각각 표층 해류와 심층 해류 중 하나이다.
이에 대한 설명으로 옳은 것만을 〈보기〉에서 있는 대로 고른 것은? [3점]

< 보 기 >
ㄱ. A에 의해 에너지가 수송된다.
ㄴ. ㉠ 해역에서 해수가 침강하여 심해층에 산소를 공급한다.
ㄷ. 평균 이동 속력은 A가 B보다 느리다.

① ㄱ   ② ㄴ   ③ ㄷ   ④ ㄱ, ㄴ   ⑤ ㄱ, ㄷ

4. 다음은 쇄설성 퇴적암이 형성되는 과정의 일부를 알아보기 위한 실험이다.

[실험 목표]
○ 쇄설성 퇴적암이 형성되는 과정 중 (㉠)을/를 설명할 수 있다.

[실험 과정]
(가) 크기가 다양한 자갈, 모래, 점토를 각각 준비하여 투명한 원통에 넣는다.
(나) (가)의 원통의 퇴적물에서 입자 사이의 빈 공간(공극)의 모습을 관찰한다.
(다) 컵에 석회질 물질과 물을 부어 석회질 반죽을 만든다.
(라) ㉡ 석회질 반죽을 (가)의 원통에 부어 퇴적물이 쌓인 높이(h)까지 채운 후 건조시켜 굳힌다.
(마) (라)의 입자 사이의 빈 공간(공극)의 모습을 관찰한다.

[실험 결과]

㉢ (나)의 결과	㉣ (마)의 결과
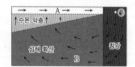	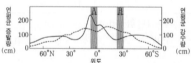

이 자료에 대한 설명으로 옳은 것만을 〈보기〉에서 있는 대로 고른 것은? [3점]

< 보 기 >
ㄱ. '교결 작용'은 ㉠에 해당한다.
ㄴ. ㉡은 퇴적물 입자들을 단단하게 결합시켜 주는 물질에 해당한다.
ㄷ. 단위 부피당 공극이 차지하는 부피는 ㉢이 ㉣보다 크다.

① ㄱ   ② ㄷ   ③ ㄱ, ㄴ   ④ ㄴ, ㄷ   ⑤ ㄱ, ㄴ, ㄷ

5. 그림은 위도에 따른 연평균 증발량과 강수량을 순서 없이 나타낸 것이다.

이 자료에 대한 설명으로 옳은 것만을 〈보기〉에서 있는 대로 고른 것은?

< 보 기 >
ㄱ. 표층 해수의 평균 염분은 A 해역이 B 해역보다 높다.
ㄴ. A에서는 해들리 순환의 상승 기류가 나타난다.
ㄷ. 캘리포니아 해류는 B 해역에서 나타난다.

① ㄱ   ② ㄴ   ③ ㄷ   ④ ㄱ, ㄴ   ⑤ ㄴ, ㄷ

과학탐구 영역 (지구과학 Ⅰ)

6. 그림은 1940~2003년 동안 지구 평균 기온 편차(관측값−기준값)와 대규모 화산 분출 시기를 나타낸 것이다. 기준값은 1940년의 평균 기온이다.

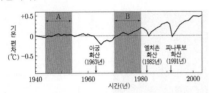

이 자료에 대한 설명으로 옳은 것만을 〈보기〉에서 있는 대로 고른 것은?

─ 〈 보 기 〉 ─
ㄱ. 기온의 평균 상승률은 A 시기가 B 시기보다 크다.
ㄴ. 화산 활동은 기후 변화를 일으키는 지구 내적 요인에 해당한다.
ㄷ. 성층권에 도달한 다량의 화산 분출물은 지구 평균 기온을 높이는 역할을 한다.

① ㄱ ② ㄴ ③ ㄷ ④ ㄱ, ㄴ ⑤ ㄴ, ㄷ

7. 그림은 마그마가 생성되는 지역 A, B, C를 나타낸 것이다.

이 자료에 대한 설명으로 옳은 것만을 〈보기〉에서 있는 대로 고른 것은?

─ 〈 보 기 〉 ─
ㄱ. 생성되는 마그마의 SiO_2 함량(%)은 A가 B보다 낮다.
ㄴ. A에서 주로 생성되는 암석은 유문암이다.
ㄷ. C에서 물의 공급은 암석의 용융 온도를 감소시키는 요인에 해당한다.

① ㄱ ② ㄷ ③ ㄱ, ㄴ ④ ㄱ, ㄷ ⑤ ㄴ, ㄷ

8. 그림은 어느 해역에서 A 시기와 B 시기에 각각 측정한 깊이 0~200m의 해수 특성을 수온−염분도에 나타낸 것이다.
이 자료에 대한 설명으로 옳은 것만을 〈보기〉에서 있는 대로 고른 것은? [3점]

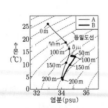

─ 〈 보 기 〉 ─
ㄱ. A 시기에 깊이가 증가할수록 해수의 밀도는 증가한다.
ㄴ. 수온만을 고려할 때, 표층에서 산소 기체의 용해도는 A 시기가 B 시기보다 크다.
ㄷ. 혼합층의 두께는 A 시기가 B 시기보다 두껍다.

① ㄱ ② ㄴ ③ ㄷ ④ ㄱ, ㄴ ⑤ ㄱ, ㄷ

9. 그림은 플룸 구조론을 나타낸 모식도이다. A와 B는 각각 뜨거운 플룸과 차가운 플룸 중 하나이다.
이에 대한 설명으로 옳은 것만을 〈보기〉에서 있는 대로 고른 것은?

5100 2900 0
(단위 : km)

─ 〈 보 기 〉 ─
ㄱ. A는 뜨거운 플룸이다.
ㄴ. B에 의해 여러 개의 화산이 형성될 수 있다.
ㄷ. B는 내핵과 외핵의 경계에서 생성된다.

① ㄱ ② ㄴ ③ ㄷ ④ ㄱ, ㄴ ⑤ ㄴ, ㄷ

10. 그림은 어느 날 t_1 시각의 지상 일기도에 온대 저기압 중심의 이동 경로를, 표는 이 날 관측소 A에서 t_1, t_2 시각에 관측한 기상 요소를 나타낸 것이다. t_2는 전선 통과 3시간 후이며, $t_1 \rightarrow t_2$ 동안 온난 전선과 한랭 전선 중 하나가 A를 통과하였다.

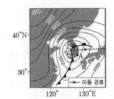

시각	기온 (℃)	바람	강수
t_1	17.1	남서풍	없음
t_2	12.5	북서풍	있음

이 자료에 대한 설명으로 옳은 것만을 〈보기〉에서 있는 대로 고른 것은? [3점]

─ 〈 보 기 〉 ─
ㄱ. t_1일 때 A 상공에는 전선면이 나타난다.
ㄴ. t_1~t_2 사이에 A에서는 적운형 구름이 관측된다.
ㄷ. $t_1 \rightarrow t_2$ 동안 A에서의 풍향은 시계 방향으로 변한다.

① ㄱ ② ㄴ ③ ㄱ, ㄷ ④ ㄴ, ㄷ ⑤ ㄱ, ㄴ, ㄷ

11. 그림은 어느 지역의 지질 단면을 나타낸 것이다.

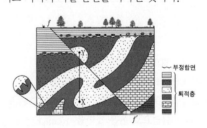

~~ 부정합면
▦ 퇴적층

이 자료에 대한 설명으로 옳은 것만을 〈보기〉에서 있는 대로 고른 것은? [3점]

─ 〈 보 기 〉 ─
ㄱ. 단층 $f-f'$은 장력에 의해 형성되었다.
ㄴ. 습곡과 단층의 형성 시기 사이에 부정합면이 형성되었다.
ㄷ. X → Y를 따라 각 지층 경계를 통과할 때의 지층 연령의 증감은 '증가 → 감소 → 감소 → 증가'이다.

① ㄱ ② ㄴ ③ ㄷ ④ ㄱ, ㄴ ⑤ ㄴ, ㄷ

2024 연도별

과학탐구 영역 (지구과학 I)

12. 그림은 주계열성 (가)와 (나)의 내부 구조를 나타낸 것이다. (가)와 (나)의 질량은 각각 태양 질량의 1배와 5배 중 하나이다.

(가)　　　　(나)

이에 대한 설명으로 옳은 것만을 〈보기〉에서 있는 대로 고른 것은?

───〈보 기〉───

ㄱ. 질량은 (가)가 (나)보다 작다.

ㄴ. (나)의 핵에서 $\dfrac{\text{p-p 반응에 의한 에너지 생성량}}{\text{CNO 순환 반응에 의한 에너지 생성량}}$ 은 1보다 작다.

ㄷ. 주계열 단계가 끝난 직후부터 핵에서 헬륨 연소가 일어나기 직전까지의 절대 등급의 변화 폭은 (가)가 (나)보다 작다.

① ㄱ　② ㄷ　③ ㄱ, ㄴ　④ ㄴ, ㄷ　⑤ ㄱ, ㄴ, ㄷ

13. 그림은 태풍의 영향을 받은 우리나라 어느 관측소에서 24시간 동안 관측한 표층 수온과 기상 요소를 시간에 따라 나타낸 것이다.

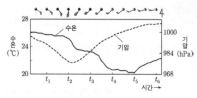

이 자료에 대한 설명으로 옳은 것만을 〈보기〉에서 있는 대로 고른 것은? [3점]

───〈보 기〉───

ㄱ. 이 기간 동안 관측소는 태풍의 위험 반원에 위치하였다.

ㄴ. 관측소와 태풍 중심 사이의 거리는 t_2가 t_4보다 가깝다.

ㄷ. $t_2 \rightarrow t_4$ 동안 수온 변화는 태풍에 의한 해수 침강에 의해 발생하였다.

① ㄱ　② ㄷ　③ ㄱ, ㄴ　④ ㄴ, ㄷ　⑤ ㄱ, ㄴ, ㄷ

14. 그림은 어느 별의 시간에 따른 생명 가능 지대의 범위를 나타낸 것이다. 이 별은 현재 주계열성이다.

이 자료에 대한 설명으로 옳은 것만을 〈보기〉에서 있는 대로 고른 것은? [3점]

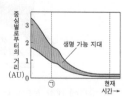

───〈보 기〉───

ㄱ. 이 별의 광도는 ㉠ 시기가 현재보다 작다.

ㄴ. 현재 중심별에서 생명 가능 지대까지의 거리는 이 별이 태양보다 가깝다.

ㄷ. 현재 표면에서 단위 면적당 단위 시간에 방출하는 에너지 양은 이 별이 태양보다 적다.

① ㄱ　② ㄴ　③ ㄱ, ㄷ　④ ㄴ, ㄷ　⑤ ㄱ, ㄴ, ㄷ

15. 그림 (가)는 은하에 의한 중력 렌즈 현상을, (나)는 T 시기 이후 우주 구성 요소의 밀도 변화를 나타낸 것이다. A, B, C는 각각 보통 물질, 암흑 물질, 암흑 에너지 중 하나이다.

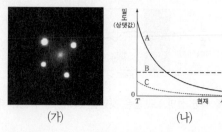

(가)　　　　(나)

이에 대한 설명으로 옳은 것만을 〈보기〉에서 있는 대로 고른 것은?

───〈보 기〉───

ㄱ. (가)를 이용하여 A가 존재함을 추정할 수 있다.

ㄴ. B에서 가장 많은 양을 차지하는 것은 양성자이다.

ㄷ. T 시기부터 현재까지 우주의 팽창 속도는 계속 증가하였다.

① ㄱ　② ㄴ　③ ㄱ, ㄷ　④ ㄴ, ㄷ　⑤ ㄱ, ㄴ, ㄷ

16. 그림은 별 ㉠과 ㉡의 물리량을 나타낸 것이다.

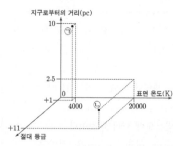

이 자료에 대한 설명으로 옳은 것만을 〈보기〉에서 있는 대로 고른 것은? [3점]

───〈보 기〉───

ㄱ. 복사 에너지를 최대로 방출하는 파장은 ㉠이 ㉡의 $\dfrac{1}{5}$배이다.

ㄴ. 별의 반지름은 ㉠이 ㉡의 2500배이다.

ㄷ. (㉡의 겉보기 등급−㉠의 겉보기 등급) 값은 6보다 크다.

① ㄱ　② ㄴ　③ ㄷ　④ ㄱ, ㄴ　⑤ ㄴ, ㄷ

17. 그림은 엘니뇨 또는 라니냐 중 어느 한 시기에 태평양 적도 부근에서 기상 위성으로 관측한 적외선 방출 복사 에너지의 편차(관측값−평년값)를 나타낸 것이다. 적외선 방출 복사 에너지는 구름, 대기, 지표에서 방출된 에너지이다.

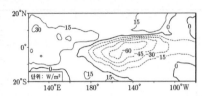

이 시기에 대한 설명으로 옳은 것만을 〈보기〉에서 있는 대로 고른 것은?

─────〈보 기〉─────
ㄱ. 서태평양 적도 부근 해역의 강수량은 평년보다 적다.
ㄴ. 동태평양 적도 부근 해역의 용승은 평년보다 강하다.
ㄷ. 적도 부근의 (동태평양 해면 기압−서태평양 해면 기압) 값은 평년보다 작다.

① ㄱ ② ㄴ ③ ㄱ, ㄷ ④ ㄴ, ㄷ ⑤ ㄱ, ㄴ, ㄷ

18. 그림 (가)는 어느 외계 행성계에서 중심별과 행성이 공통 질량 중심에 대하여 공전하는 원 궤도를 나타낸 것이고, (나)는 이 중심별의 시선 속도를 일정한 시간 간격에 따라 나타낸 것이다. t_1일 때 중심별의 위치는 ㉠과 ㉡ 중 하나이다.

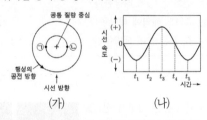

(가)   (나)

이 자료에 대한 설명으로 옳은 것만을 〈보기〉에서 있는 대로 고른 것은? (단, 행성의 공전 궤도면은 관측자의 시선 방향과 나란하고, 중심별의 겉보기 등급 변화는 행성의 식 현상에 의해서만 나타난다.) [3점]

─────〈보 기〉─────
ㄱ. t_1일 때 중심별의 위치는 ㉠이다.
ㄴ. 중심별의 겉보기 등급은 t_2가 t_4보다 작다.
ㄷ. $t_1 \rightarrow t_2$ 동안 중심별의 스펙트럼에서 흡수선의 파장은 점차 길어진다.

① ㄱ ② ㄷ ③ ㄱ, ㄴ ④ ㄴ, ㄷ ⑤ ㄱ, ㄴ, ㄷ

19. 그림은 방사성 동위 원소 X의 붕괴 곡선의 일부를 나타낸 것이다. 화성암에 포함된 X의 자원소 Y는 모두 X가 붕괴하여 생성되었다.

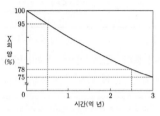

이 자료에 대한 설명으로 옳은 것만을 〈보기〉에서 있는 대로 고른 것은? (단, 모든 화성암에는 X가 포함되어 있으며, X의 양(%)은 화성암 생성 당시 X의 함량에 대한 남아 있는 X의 함량의 비율이고, Y의 양(%)은 붕괴한 X의 양과 같다.) [3점]

─────〈보 기〉─────
ㄱ. 현재의 X의 양이 95%인 화성암은 속씨식물이 존재하던 시기에 생성되었다.
ㄴ. X의 반감기는 6억 년보다 길다.
ㄷ. 중생대에 생성된 모든 화성암에서는 현재의 $\dfrac{\text{X의 양(%)}}{\text{Y의 양(%)}}$이 4보다 크다.

① ㄱ ② ㄷ ③ ㄱ, ㄴ ④ ㄴ, ㄷ ⑤ ㄱ, ㄴ, ㄷ

20. 그림은 허블 법칙을 만족하는 외부 은하의 거리와 후퇴 속도의 관계 l과 우리은하에서 은하 A, B, C를 관측한 결과이고, 표는 이 은하들의 흡수선 관측 결과를 나타낸 것이다. B의 흡수선 관측 파장은 허블 법칙으로 예상되는 값보다 8nm 더 길다.

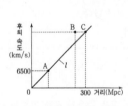

은하	기준 파장	관측 파장
A	400	㉠
B	600	( )
C	600	642

(단위 : nm)

이 자료에 대한 설명으로 옳은 것만을 〈보기〉에서 있는 대로 고른 것은? (단, 우리은하에서 관측했을 때 A, B, C는 동일한 시선 방향에 놓여있고, 빛의 속도는 3×10^5km/s이다.)

─────〈보 기〉─────
ㄱ. 허블 상수는 70km/s/Mpc이다.
ㄴ. ㉠은 410보다 작다.
ㄷ. A에서 B까지의 거리는 140Mpc보다 크다.

① ㄱ ② ㄷ ③ ㄱ, ㄴ ④ ㄴ, ㄷ ⑤ ㄱ, ㄴ, ㄷ

※ 확인 사항
○ 답안지의 해당란에 필요한 내용을 정확히 기입(표기)했는지 확인하시오.

2024학년도 대학수학능력시험 9월 모의평가 문제지
과학탐구 영역 (지구과학 Ⅰ)

성명		수험번호				−				

1. 다음은 방사성 동위 원소를 이용하여 암석의 절대 연령을 구하는 원리에 대하여 학생 A, B, C가 나눈 대화를 나타낸 것이다.

제시한 내용이 옳은 학생만을 있는 대로 고른 것은?

① A ② B ③ C ④ A, B ⑤ A, C

2. 그림은 서로 다른 별의 집단 (가)~(라)를 H−R도에 나타낸 것이다. (가)~(라)는 각각 거성, 백색 왜성, 주계열성, 초거성 중 하나이다.

(가)~(라)에 대한 설명으로 옳은 것만을 〈보기〉에서 있는 대로 고른 것은?

─────〈보 기〉─────
ㄱ. 평균 광도는 (가)가 (라)보다 작다.
ㄴ. 평균 표면 온도는 (나)가 (라)보다 낮다.
ㄷ. 평균 밀도는 (라)가 가장 크다.

① ㄱ ② ㄴ ③ ㄷ ④ ㄱ, ㄴ ⑤ ㄴ, ㄷ

3. 그림 (가)는 우리나라 어느 해역의 표층 수온과 표층 염분을, (나)는 이 해역의 혼합층 두께를 나타낸 것이다. (가)의 A와 B는 각각 표층 수온과 표층 염분 중 하나이다.

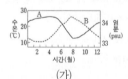 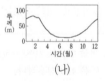

(가)   (나)

이 자료에 대한 설명으로 옳은 것만을 〈보기〉에서 있는 대로 고른 것은? [3점]

─────〈보 기〉─────
ㄱ. 표층 해수의 밀도는 4월이 10월보다 크다.
ㄴ. 수온 약층이 나타나기 시작하는 깊이는 1월이 7월보다 깊다.
ㄷ. 표층과 깊이 50m 해수의 수온 차는 2월이 8월보다 크다.

① ㄱ ② ㄷ ③ ㄱ, ㄴ ④ ㄴ, ㄷ ⑤ ㄱ, ㄴ, ㄷ

4. 다음은 심층 순환을 일으키는 요인 중 일부를 알아보기 위한 실험이다.

[실험 목표]
○ 해수의 (㉠)에 따른 밀도 차에 의해 심층 순환이 발생할 수 있음을 설명할 수 있다.

[실험 과정]
(가) 위와 아래에 각각 구멍이 뚫린 칸막이를 준비한다.
(나) 칸막이의 구멍을 필름으로 막은 후, 칸막이로 수조를 A 칸과 B 칸으로 분리한다.
(다) 염분이 35psu이고 수온이 20℃인 동일한 양의 소금물을 A와 B에 넣고, 각각 서로 다른 색의 잉크로 착색한다.
(라) 그림과 같이 A와 B에 각각 얼음물과 뜨거운 물이 담긴 비커를 설치한다.
(마) 칸막이의 필름을 제거하고 소금물의 이동을 관찰한다.

[실험 결과]
○ 아래쪽의 구멍을 통해 (㉡)의 소금물은 (㉢) 쪽으로 이동한다.

이에 대한 설명으로 옳은 것만을 〈보기〉에서 있는 대로 고른 것은?

─────〈보 기〉─────
ㄱ. '수온 변화'는 ㉠에 해당한다.
ㄴ. A는 고위도 해역에 해당한다.
ㄷ. A는 ㉡, B는 ㉢에 해당한다.

① ㄱ ② ㄷ ③ ㄱ, ㄴ ④ ㄴ, ㄷ ⑤ ㄱ, ㄴ, ㄷ

5. 그림 (가)와 (나)는 정상 나선 은하와 타원 은하를 순서 없이 나타낸 것이다.
이에 대한 설명으로 옳은 것만을 〈보기〉에서 있는 대로 고른 것은? [3점]

(가)   (나)

─────〈보 기〉─────
ㄱ. 별의 평균 나이는 (가)가 (나)보다 많다.
ㄴ. 주계열성의 평균 질량은 (가)가 (나)보다 크다.
ㄷ. (나)에서 별의 평균 표면 온도는 분광형이 A0인 별보다 높다.

① ㄱ ② ㄴ ③ ㄷ ④ ㄱ, ㄴ ⑤ ㄴ, ㄷ

과학탐구 영역 (지구과학 Ⅰ)

6. 그림은 암석의 용융 곡선과 지역 ㉠, ㉡의 지하 온도 분포를 깊이에 따라 나타낸 것이다. ㉠과 ㉡은 각각 해령과 섭입대 중 하나이다.

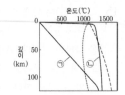

이 자료에 대한 설명으로 옳은 것만을 〈보기〉에서 있는 대로 고른 것은?

――――〈보 기〉――――
ㄱ. ㉠에서는 물이 포함된 맨틀 물질이 용융되어 마그마가 생성된다.
ㄴ. ㉡에서는 주로 유문암질 마그마가 생성된다.
ㄷ. 맨틀 물질이 용융되기 시작하는 온도는 ㉠이 ㉡보다 낮다.

① ㄱ ② ㄴ ③ ㄱ, ㄷ ④ ㄴ, ㄷ ⑤ ㄱ, ㄴ, ㄷ

7. 그림은 북쪽으로 이동하는 태풍의 풍속을 동서 방향의 연직 단면에 나타낸 것이다. 지점 A~E는 해수면상에 위치한다.

이 자료에 대한 설명으로 옳은 것만을 〈보기〉에서 있는 대로 고른 것은?

――――〈보 기〉――――
ㄱ. A는 안전 반원에 위치한다.
ㄴ. 해수면 부근에서 공기의 연직 운동은 B가 C보다 활발하다.
ㄷ. 지상 일기도에서 등압선의 평균 간격은 구간 C−D가 구간 D−E보다 좁다.

① ㄱ ② ㄴ ③ ㄷ ④ ㄱ, ㄴ ⑤ ㄴ, ㄷ

8. 그림 (가)는 어느 날 21시 우리나라 주변의 지상 일기도를, (나)는 같은 시각의 적외 영상을 나타낸 것이다. 이날 서해안 지역에서는 폭설이 내렸다.

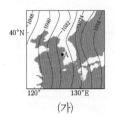 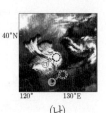

(가)   (나)

이 자료에 대한 설명으로 옳은 것만을 〈보기〉에서 있는 대로 고른 것은? [3점]

――――〈보 기〉――――
ㄱ. 지점 A에서는 남풍 계열의 바람이 분다.
ㄴ. 시베리아 기단이 확장하는 동안 황해상을 지나는 기단의 하층 기온은 높아진다.
ㄷ. 구름 최상부에서 방출하는 적외선 복사 에너지양은 영역 ㉠이 영역 ㉡보다 많다.

① ㄱ ② ㄴ ③ ㄷ ④ ㄱ, ㄴ ⑤ ㄴ, ㄷ

9. 그림 (가)와 (나)는 우리나라에 온대 저기압이 위치할 때, 이 온대 저기압에 동반된 온난 전선과 한랭 전선 주변의 지상 기온 분포를 순서 없이 나타낸 것이다. (가)와 (나)는 같은 시각의 지상 기온 분포이고, (나)에서 전선은 구간 ㉠과 ㉡ 중 하나에 나타난다.

 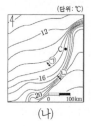

(가)   (나)

이 자료에 대한 설명으로 옳은 것만을 〈보기〉에서 있는 대로 고른 것은? [3점]

――――〈보 기〉――――
ㄱ. (나)에서 전선은 ㉠에 나타난다.
ㄴ. 기압은 지점 A가 지점 B보다 낮다.
ㄷ. 지점 B는 지점 C보다 서쪽에 위치한다.

① ㄱ ② ㄴ ③ ㄷ ④ ㄱ, ㄴ ⑤ ㄴ, ㄷ

10. 그림은 40억 년 전부터 현재까지 지질 시대 A~E의 지속 기간을 비율로 나타낸 것이다. A~E에 대한 설명으로 옳은 것만을 〈보기〉에서 있는 대로 고른 것은? [3점]

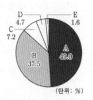

――――〈보 기〉――――
ㄱ. 최초의 다세포 동물이 출현한 시기는 B이다.
ㄴ. 최초의 척추동물이 출현한 시기는 C이다.
ㄷ. 히말라야 산맥이 형성된 시기는 E이다.

① ㄱ ② ㄷ ③ ㄱ, ㄴ ④ ㄴ, ㄷ ⑤ ㄱ, ㄴ, ㄷ

11. 그림은 우주 구성 요소 A, B, C의 상대적 비율을 시간에 따라 나타낸 것이다. A, B, C는 각각 암흑 물질, 보통 물질, 암흑 에너지 중 하나이다. 이에 대한 설명으로 옳은 것만을 〈보기〉에서 있는 대로 고른 것은?

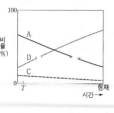

――――〈보 기〉――――
ㄱ. 우주 배경 복사의 파장은 T 시기가 현재보다 짧다.
ㄴ. T 시기부터 현재까지 $\dfrac{\text{A의 비율}}{\text{B의 비율}}$ 은 감소한다.
ㄷ. A, B, C 중 항성 질량의 대부분을 차지하는 것은 C이다.

① ㄱ ② ㄴ ③ ㄱ, ㄴ ④ ㄴ, ㄷ ⑤ ㄱ, ㄴ, ㄷ

2 0 2 4 연도별

12. 그림은 판의 경계와 최근 발생한 화산 분포의 일부를 나타낸 것이다.

이 자료에 대한 설명으로 옳은 것만을 〈보기〉에서 있는 대로 고른 것은?

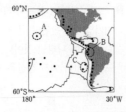

〈보 기〉
ㄱ. 지역 A의 하부에는 외핵과 맨틀의 경계부에서 상승하는 플룸이 있다.
ㄴ. 지역 B의 하부에는 맨틀 대류의 하강류가 존재한다.
ㄷ. 암석권의 평균 두께는 지역 B가 지역 C보다 두껍다.

① ㄱ ② ㄷ ③ ㄱ, ㄴ ④ ㄴ, ㄷ ⑤ ㄱ, ㄴ, ㄷ

13. 그림은 주계열 단계가 시작한 직후부터 별 A와 B가 진화하는 동안의 표면 온도를 시간에 따라 나타낸 것이다. A와 B의 질량은 각각 태양 질량의 1배와 4배 중 하나이다.

이 자료에 대한 설명으로 옳은 것만을 〈보기〉에서 있는 대로 고른 것은? [3점]

〈보 기〉
ㄱ. B는 중성자별로 진화한다.
ㄴ. ㉠ 시기일 때, 대류가 일어나는 영역의 평균 깊이는 A가 B보다 깊다.
ㄷ. ㉠ 시기일 때, 핵에서의 $\dfrac{\text{p-p 반응에 의한 에너지 생성량}}{\text{CNO 순환 반응에 의한 에너지 생성량}}$ 은 A가 B보다 크다.

① ㄱ ② ㄴ ③ ㄷ ④ ㄱ, ㄴ ⑤ ㄴ, ㄷ

14. 표는 태양과 별 (가), (나), (다)의 물리량을 나타낸 것이다.

별	표면 온도(태양=1)	반지름(태양=1)	절대 등급
태양	1	1	+4.8
(가)	0.5	(㉠)	−5.2
(나)	( )	0.01	+9.8
(다)	$\sqrt{2}$	2	( )

이 자료에 대한 설명으로 옳은 것만을 〈보기〉에서 있는 대로 고른 것은?

〈보 기〉
ㄱ. ㉠은 400이다.
ㄴ. 복사 에너지를 최대로 방출하는 파장은 (나)가 (다)의 $\dfrac{1}{2}$배보다 길다.
ㄷ. 절대 등급은 (다)가 태양보다 크다.

① ㄱ ② ㄴ ③ ㄷ ④ ㄱ, ㄴ ⑤ ㄱ, ㄷ

15. 그림 (가)는 태평양 적도 부근 해역에서 부는 바람의 동서 방향 풍속 편차를, (나)는 A와 B 중 어느 한 시기에 관측한 강수량 편차를 나타낸 것이다. A와 B는 각각 엘니뇨와 라니냐 시기 중 하나이고, 편차는 (관측값−평년값)이다. (가)에서 동쪽으로 향하는 바람을 양(+)으로 한다.

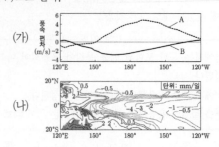

이에 대한 설명으로 옳은 것만을 〈보기〉에서 있는 대로 고른 것은? [3점]

〈보 기〉
ㄱ. (나)는 B에 관측한 것이다.
ㄴ. 동태평양 적도 부근 해역의 해면 기압은 A가 B보다 높다.
ㄷ. 적도 부근 해역에서 (서태평양 표층 수온 편차−동태평양 표층 수온 편차) 값은 A가 B보다 크다.

① ㄱ ② ㄴ ③ ㄱ, ㄷ ④ ㄴ, ㄷ ⑤ ㄱ, ㄴ, ㄷ

16. 그림은 지구 자전축의 경사각과 세차 운동에 의한 자전축의 경사 방향 변화를 나타낸 것이다.

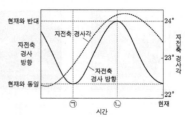

이에 대한 설명으로 옳은 것만을 〈보기〉에서 있는 대로 고른 것은? (단, 지구 자전축 경사각과 세차 운동 이외의 요인은 변하지 않는다고 가정한다.)

〈보 기〉
ㄱ. 우리나라의 겨울철 평균 기온은 ㉠ 시기가 현재보다 높다.
ㄴ. 우리나라에서 기온의 연교차는 ㉡ 시기가 현재보다 크다.
ㄷ. 지구가 근일점에 위치할 때 우리나라에서 낮의 길이는 ㉠ 시기가 ㉡ 시기보다 길다.

① ㄱ ② ㄷ ③ ㄱ, ㄴ ④ ㄴ, ㄷ ⑤ ㄱ, ㄴ, ㄷ

과학탐구 영역 (지구과학 I)

17. 그림은 어느 지역의 지질 단면을 나타낸 것이다.

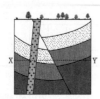

구간 X−Y에 해당하는 지층의 연령 분포로 가장 적절한 것은? [3점]

① ②

③ ④

⑤

18. 그림 (가)는 어느 외계 행성계에서 중심별과 행성이 공통 질량 중심에 대하여 원 궤도로 공전하는 모습을 나타낸 것이고, (나)는 행성이 ㉠, ㉡, ㉢에 위치할 때 지구에서 관측한 중심별의 스펙트럼을 A, B, C로 순서 없이 나타낸 것이다.

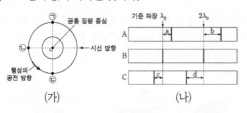

이 자료에 대한 설명으로 옳은 것만을 〈보기〉에서 있는 대로 고른 것은? (단, 중심별의 시선 속도 변화는 행성과의 공통 질량 중심에 대한 공전에 의해서만 나타나고, 행성의 공전 궤도면은 관측자의 시선 방향과 나란하다.)

〈보 기〉
ㄱ. A는 행성이 ㉠에 위치할 때 관측한 결과이다.
ㄴ. 행성이 ㉡ → ㉢으로 공전하는 동안 중심별의 시선 속도는 커진다.
ㄷ. a×b는 c×d보다 작다.

① ㄱ ② ㄴ ③ ㄷ ④ ㄱ, ㄴ ⑤ ㄴ, ㄷ

19. 그림은 우리은하에서 외부 은하 A와 B를 관측한 결과를 나타낸 것이다. B에서 A를 관측할 때의 적색 편이량은 우리은하에서 A를 관측한 적색 편이량의 3배이다. 적색 편이량은 $\left(\dfrac{관측\ 파장-기준\ 파장}{기준\ 파장}\right)$ 이고, 세 은하는 허블 법칙을 만족한다.

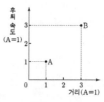

이 자료에 대한 설명으로 옳은 것만을 〈보기〉에서 있는 대로 고른 것은? [3점]

〈보 기〉
ㄱ. 우리은하에서 관측한 적색 편이량은 B가 A의 3배이다.
ㄴ. A에서 관측한 후퇴 속도는 B가 우리은하의 3배이다.
ㄷ. 우리은하에서 관측한 A와 B는 동일한 시선 방향에 위치한다.

① ㄱ ② ㄷ ③ ㄱ, ㄴ ④ ㄴ, ㄷ ⑤ ㄱ, ㄴ, ㄷ

20. 그림은 남반구에 위치한 열점에서 생성된 화산섬의 위치와 연령을 나타낸 것이다. 해양판 A와 B에는 각각 하나의 열점이 존재하고, 열점에서 생성된 화산섬은 동일 경도상을 따라 각각 일정한 속도로 이동한다.

이 자료에 대한 설명으로 옳은 것만을 〈보기〉에서 있는 대로 고른 것은? (단, 고지자기극은 고지자기 방향으로 추정한 지리상 북극이고, 지리상 북극은 변하지 않았다.) [3점]

〈보 기〉
ㄱ. 판의 경계에서 화산 활동은 X가 Y보다 활발하다.
ㄴ. 고지자기 복각의 절댓값은 화산섬 ㉠과 ㉡이 같다.
ㄷ. 화산섬 ㉠에서 구한 고지자기극은 화산섬 ㉡에서 구한 고지자기극보다 저위도에 위치한다.

① ㄱ ② ㄴ ③ ㄷ ④ ㄱ, ㄴ ⑤ ㄱ, ㄷ

※ 확인 사항
○ 답안지의 해당란에 필요한 내용을 정확히 기입(표기)했는지 확인하시오.

2024학년도 대학수학능력시험 문제지

과학탐구 영역 (지구과학 Ⅰ)

성명 [ ] 수험번호 [ ][ ][ ][ ] − [ ][ ][ ][ ]

---

1. 다음은 생명 가능 지대에 대하여 학생 A, B, C가 나눈 대화를 나타낸 것이다.

제시한 내용이 옳은 학생만을 있는 대로 고른 것은?

① A   ② B   ③ C   ④ A, B   ⑤ A, C

2. 그림 (가), (나), (다)는 사층리, 연흔, 점이층리를 순서 없이 나타낸 것이다.

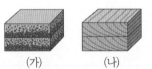

(가)   (나)   (다)

이에 대한 설명으로 옳은 것만을 〈보기〉에서 있는 대로 고른 것은?

─〈보 기〉─
ㄱ. (가)는 점이층리이다.
ㄴ. (나)는 지층의 역전 여부를 판단할 수 있는 퇴적 구조이다.
ㄷ. (다)는 역암층보다 사암층에서 주로 나타난다.

① ㄱ   ② ㄷ   ③ ㄱ, ㄴ   ④ ㄴ, ㄷ   ⑤ ㄱ, ㄴ, ㄷ

3. 그림 (가)는 대서양 심층 순환의 일부를 나타낸 것이고, (나)는 수온−염분도에 수괴 A, B, C의 물리량을 ⊙, ⓒ, ⓒ으로 순서 없이 나타낸 것이다. A, B, C는 각각 남극 저층수, 남극 중층수, 북대서양 심층수 중 하나이다.

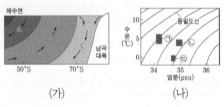

(가)   (나)

이에 대한 설명으로 옳은 것만을 〈보기〉에서 있는 대로 고른 것은? [3점]

─〈보 기〉─
ㄱ. A의 물리량은 ⊙이다.
ㄴ. B는 A와 C가 혼합하여 형성된다.
ㄷ. C는 심층 해수에 산소를 공급한다.

① ㄱ   ② ㄴ   ③ ㄷ   ④ ㄱ, ㄴ   ⑤ ㄱ, ㄷ

---

4. 다음은 담수의 유입과 해수의 결빙이 해수의 염분에 미치는 영향을 알아보기 위한 실험이다.

[실험 과정]
(가) 수온이 15℃, 염분이 35psu인 소금물 600g을 만든다.
(나) (가)의 소금물을 비커 A와 B에 각각 300g씩 나눠 담는다.
(다) A의 소금물에 수온이 15℃인 증류수 50g을 섞는다.
(라) B의 소금물을 표층이 얼 때까지 천천히 냉각시킨다.
(마) A와 B에 있는 소금물의 염분을 측정하여 기록한다.

[실험 결과]

비커	A	B
염분(psu)	(⊙)	(ⓒ)

[결과 해석]
○ 담수의 유입이 있는 해역에서는 해수의 염분이 감소한다.
○ 해수의 결빙이 있는 해역에서는 해수의 염분이 (ⓒ).

이에 대한 설명으로 옳은 것만을 〈보기〉에서 있는 대로 고른 것은?

─〈보 기〉─
ㄱ. (다)는 담수의 유입에 의한 해수의 염분 변화를 알아보기 위한 과정에 해당한다.
ㄴ. ⊙은 ⓒ보다 크다.
ㄷ. '감소한다'는 ⓒ에 해당한다.

① ㄱ   ② ㄴ   ③ ㄷ   ④ ㄱ, ㄴ   ⑤ ㄱ, ㄷ

5. 그림 (가)는 판 경계 주변에서 마그마가 생성되는 모습을, (나)는 깊이에 따른 지하 온도 분포와 암석의 용융 곡선을 나타낸 것이다. ⊙과 ⓒ은 안산암질 마그마와 현무암질 마그마를 순서 없이 나타낸 것이다.

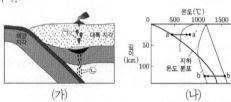

(가)   (나)

이에 대한 설명으로 옳은 것만을 〈보기〉에서 있는 대로 고른 것은? [3점]

─〈보 기〉─
ㄱ. ⊙이 분출하여 굳으면 섬록암이 된다.
ㄴ. ⓒ은 a → a′ 과정에 의해 생성된다.
ㄷ. SiO_2 함량(%)은 ⊙이 ⓒ보다 높다.

① ㄱ   ② ㄴ   ③ ㄷ   ④ ㄱ, ㄴ   ⑤ ㄴ, ㄷ

과학탐구 영역 (지구과학 Ⅰ)

6. 그림 (가)는 어느 날 t_1 시각의 지상 일기도에 온대 저기압 중심의 이동 경로를 나타낸 것이고, (나)는 이날 관측소 A와 B에서 t_1부터 15시간 동안 측정한 기압, 기온, 풍향을 순서 없이 나타낸 것이다. A와 B의 위치는 각각 ㉠과 ㉡ 중 하나이다.

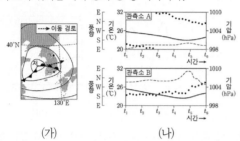

(가)　　　　　　　(나)

이 자료에 대한 설명으로 옳은 것만을 〈보기〉에서 있는 대로 고른 것은? [3점]

――――――〈보 기〉――――――
ㄱ. A의 위치는 ㉠이다.
ㄴ. t_2에 기온은 A가 B보다 낮다.
ㄷ. t_3에 ㉡의 상공에는 전선면이 있다.

① ㄱ　　② ㄴ　　③ ㄷ　　④ ㄱ, ㄴ　　⑤ ㄱ, ㄷ

7. 그림은 현생 누대 동안 해양 생물 과의 수와 대멸종 시기 A, B, C를 나타낸 것이다.

이에 대한 설명으로 옳은 것만을 〈보기〉에서 있는 대로 고른 것은?

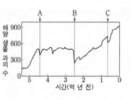

――――――〈보 기〉――――――
ㄱ. 해양 생물 과의 수는 A가 B보다 많다.
ㄴ. B와 C 사이에 생성된 지층에서 양치식물 화석이 발견된다.
ㄷ. C는 쥐라기와 백악기의 지질 시대 경계이다.

① ㄱ　　② ㄷ　　③ ㄱ, ㄴ　　④ ㄴ, ㄷ　　⑤ ㄱ, ㄴ, ㄷ

8. 표는 허블의 은하 분류 기준과 이에 따라 분류한 은하의 종류를 나타낸 것이다. (가), (나), (다)는 각각 막대 나선 은하, 불규칙 은하, 타원 은하 중 하나이다.

분류 기준	(가)	(나)	(다)
(㉠)	○	○	×
나선팔이 있는가?	○	×	×
편평도에 따라 세분할 수 있는가?	×	○	×

(○: 있다, ×: 없다)

이에 대한 설명으로 옳은 것만을 〈보기〉에서 있는 대로 고른 것은?

――――――〈보 기〉――――――
ㄱ. '중심부에 막대 구조가 있는가?'는 ㉠에 해당한다.
ㄴ. 주계열성의 평균 광도는 (가)가 (나)보다 크다.
ㄷ. 은하의 질량에 대한 성간 물질의 질량비는 (나)가 (다)보다 크다.

① ㄱ　　② ㄴ　　③ ㄷ　　④ ㄱ, ㄴ　　⑤ ㄴ, ㄷ

9. 그림 (가)는 어느 날 어느 태풍의 이동 경로에 6시간 간격으로 태풍 중심의 위치와 중심 기압을, (나)는 이날 09시의 가시 영상을 나타낸 것이다.

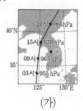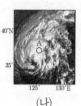

(가)　　　　　　　(나)

이 자료에 대한 설명으로 옳은 것만을 〈보기〉에서 있는 대로 고른 것은?

――――――〈보 기〉――――――
ㄱ. 태풍의 영향을 받는 동안 지점 ㉠은 위험 반원에 위치한다.
ㄴ. 태풍의 세력은 03시가 21시보다 약하다.
ㄷ. (나)에서 구름이 반사하는 태양 복사 에너지의 세기는 영역 A가 영역 B보다 약하다.

① ㄱ　　② ㄴ　　③ ㄷ　　④ ㄱ, ㄴ　　⑤ ㄱ, ㄷ

10. 그림은 태평양 표층 해수의 동서 방향 연평균 유속을 위도에 따라 나타낸 것이다. (+)와 (−)는 각각 동쪽으로 향하는 방향과 서쪽으로 향하는 방향 중 하나이다.

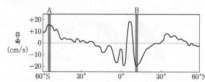

이 자료에 대한 설명으로 옳은 것만을 〈보기〉에서 있는 대로 고른 것은? [3점]

――――――〈보 기〉――――――
ㄱ. (+)는 동쪽으로 향하는 방향이다.
ㄴ. A의 해역에서 나타나는 주요 표층 해류는 극동풍에 의해 형성된다.
ㄷ. 북적도 해류는 B의 해역에서 나타난다.

① ㄱ　　② ㄴ　　③ ㄷ　　④ ㄱ, ㄴ　　⑤ ㄱ, ㄷ

11. 그림은 어느 지역의 지질 단면을 나타낸 것이다. 현재 화성암에 포함된 방사성 원소 X의 함량은 처음 양의 $\frac{1}{32}$이고, 지층 A에서는 방추층 화석이 산출된다.

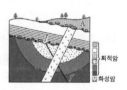

이 자료에 대한 설명으로 옳은 것만을 〈보기〉에서 있는 대로 고른 것은?

――――――〈보 기〉――――――
ㄱ. 경사 부정합이 나타난다.
ㄴ. 단층 $f-f'$은 화성암보다 먼저 형성되었다.
ㄷ. X의 반감기는 0.4억 년보다 짧다.

① ㄱ　　② ㄷ　　③ ㄱ, ㄴ　　④ ㄴ, ㄷ　　⑤ ㄱ, ㄴ, ㄷ

과학탐구 영역 (지구과학 I)

12. 다음은 외부 은하 A, B, C에 대한 설명이다.

○ A와 B 사이의 거리는 30Mpc이다.
○ A에서 관측할 때 B와 C의 시선 방향은 90°를 이룬다.
○ A에서 측정한 B와 C의 후퇴 속도는 각각 2100km/s와 2800km/s이다.

이 자료에 대한 설명으로 옳은 것만을 〈보기〉에서 있는 대로 고른 것은? (단, 빛의 속도는 3×10^5km/s이고, 세 은하는 허블 법칙을 만족한다.) [3점]

―――〈보 기〉―――
ㄱ. 허블 상수는 70km/s/Mpc이다.
ㄴ. B에서 측정한 C의 후퇴 속도는 3500km/s이다.
ㄷ. B에서 측정한 A의 $\left(\dfrac{관측\ 파장 - 기준\ 파장}{기준\ 파장}\right)$은 0.07이다.

① ㄱ　　② ㄷ　　③ ㄱ, ㄴ　　④ ㄴ, ㄷ　　⑤ ㄱ, ㄴ, ㄷ

13. 그림은 남반구 중위도에 위치한 어느 해양 지각의 연령과 고지자기 줄무늬를 나타낸 것이다. ㉠과 ㉡은 각각 정자극기와 역자극기 중 하나이다.

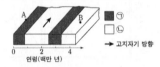

지역 A와 B에 대한 설명으로 옳은 것만을 〈보기〉에서 있는 대로 고른 것은? (단, 해저 퇴적물이 쌓이는 속도는 일정하다.) [3점]

―――〈보 기〉―――
ㄱ. 해저 퇴적물의 두께는 A가 B보다 두껍다.
ㄴ. A의 하부에는 맨틀 대류의 상승류가 존재한다.
ㄷ. B는 A의 동쪽에 위치한다.

① ㄱ　　② ㄴ　　③ ㄷ　　④ ㄱ, ㄷ　　⑤ ㄴ, ㄷ

14. 그림은 빅뱅 우주론에 따라 우주가 팽창하는 동안 우주 구성 요소 A와 B의 상대적 비율(%)을 시간에 따라 나타낸 것이다. A와 B는 각각 암흑 에너지와 물질(보통 물질 +암흑 물질) 중 하나이다.

이에 대한 설명으로 옳은 것만을 〈보기〉에서 있는 대로 고른 것은?

―――〈보 기〉―――
ㄱ. A는 물질에 해당한다.
ㄴ. 우주 배경 복사의 온도는 과거 T 시기가 현재보다 낮다.
ㄷ. 우주가 팽창하는 동안 B의 총량은 일정하다.

① ㄱ　　② ㄴ　　③ ㄷ　　④ ㄱ, ㄴ　　⑤ ㄱ, ㄷ

15. 그림 (가)는 지구 자전축 경사각과 지구 공전 궤도 이심률의 변화를, (나)는 위도별로 지구에 도달하는 태양 복사 에너지양의 편차 (추정값−현잿값)를 나타낸 것이다. (나)는 ㉠, ㉡, ㉢ 중 한 시기의 자료이다.

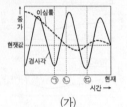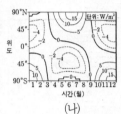

(가)　　　　　(나)

이 자료에 대한 설명으로 옳은 것만을 〈보기〉에서 있는 대로 고른 것은? (단, 자전축 경사각과 지구의 공전 궤도 이심률 이외의 요인은 변하지 않는다고 가정한다.) [3점]

―――〈보 기〉―――
ㄱ. 근일점과 원일점에서 지구에 도달하는 태양 복사 에너지양의 차는 ㉠이 ㉡보다 크다.
ㄴ. (나)는 ㉡의 자료에 해당한다.
ㄷ. 35°S에서 여름철 낮의 길이는 ㉢이 현재보다 길다.

① ㄱ　　② ㄴ　　③ ㄷ　　④ ㄱ, ㄴ　　⑤ ㄱ, ㄷ

16. 표는 중심핵에서 핵융합 반응이 일어나고 있는 별 (가), (나), (다)의 반지름, 질량, 광도 계급을 나타낸 것이다.

별	반지름 (태양=1)	질량 (태양=1)	광도 계급
(가)	50	1	( )
(나)	4	8	V
(다)	0.9	0.8	V

이에 대한 설명으로 옳은 것만을 〈보기〉에서 있는 대로 고른 것은? [3점]

―――〈보 기〉―――
ㄱ. 중심핵의 온도는 (가)가 (나)보다 높다.
ㄴ. (다)의 핵융합 반응이 일어나는 영역에서, 별의 중심으로부터 거리에 따른 수소 함량비(%)는 일정하다.
ㄷ. 단위 시간 동안 방출하는 에너지양에 대한 별의 질량은 (나)가 (다)보다 작다.

① ㄱ　　② ㄴ　　③ ㄷ　　④ ㄱ, ㄴ　　⑤ ㄱ, ㄷ

17. 그림 (가)는 기상 위성으로 관측한 서태평양 적도 부근의 수증기량 편차를, (나)는 A와 B 중 한 시기에 관측한 태평양 적도 부근 해역의 해수면 높이 편차를 나타낸 것이다. A와 B는 각각 엘니뇨와 라니냐 시기 중 하나이고, 편차는 (관측값−평년값)이다.

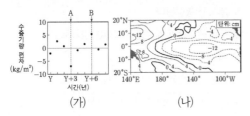

(가)   (나)

이에 대한 설명으로 옳은 것만을 〈보기〉에서 있는 대로 고른 것은?

───〈보 기〉───
ㄱ. (나)는 B에 해당한다.
ㄴ. 동태평양 적도 부근 해역에서 수온 약층이 나타나기 시작하는 깊이는 A가 B보다 깊다.
ㄷ. 적도 부근 해역에서 (동태평양 해면 기압 편차−서태평양 해면 기압 편차) 값이 A가 B보다 크다.

① ㄱ ② ㄷ ③ ㄱ, ㄴ ④ ㄴ, ㄷ ⑤ ㄱ, ㄴ, ㄷ

18. 표는 별 (가), (나), (다)의 물리량을 나타낸 것이다. 태양의 절대 등급은 +4.8등급이다.

별	단위 시간당 단위 면적에서 방출하는 복사 에너지 (태양=1)	겉보기 등급	지구로부터의 거리(pc)
(가)	16	( )	( )
(나)	$\frac{1}{16}$	+4.8	1000
(다)	( )	−2.2	5

이에 대한 설명으로 옳은 것만을 〈보기〉에서 있는 대로 고른 것은?

───〈보 기〉───
ㄱ. 복사 에너지를 최대로 방출하는 파장은 (가)가 (나)의 $\frac{1}{2}$배이다.
ㄴ. 반지름은 (나)가 태양의 400배이다.
ㄷ. $\frac{(다)의\ 광도}{태양의\ 광도}$ 는 100보다 작다.

① ㄱ ② ㄴ ③ ㄷ ④ ㄱ, ㄴ ⑤ ㄴ, ㄷ

19. 그림은 어느 외계 행성과 중심별이 공통 질량 중심을 중심으로 공전하는 원 궤도를, 표는 행성이 A, B, C에 위치할 때 중심별의 어느 흡수선 관측 결과를 나타낸 것이다. 행성의 공전 궤도면은 관측자의 시선 방향과 나란하다.

기준 파장 (nm)	관측 파장(nm)		
λ_0	A	B	C
	499.990	500.005	(㉠)

이 자료에 대한 설명으로 옳은 것만을 〈보기〉에서 있는 대로 고른 것은? (단, 빛의 속도는 3×10^5 km/s이고, 중심별의 시선 속도 변화는 행성과의 공통 질량 중심에 대한 공전에 의해서만 나타난다.) [3점]

───〈보 기〉───
ㄱ. 행성이 B에 위치할 때, 중심별의 스펙트럼에서 적색 편이가 나타난다.
ㄴ. ㉠은 499.995보다 작다.
ㄷ. 중심별의 공전 속도는 6km/s이다.

① ㄱ ② ㄷ ③ ㄱ, ㄴ ④ ㄴ, ㄷ ⑤ ㄱ, ㄴ, ㄷ

20. 그림은 지괴 A와 B의 현재 위치와 ㉠ 시기부터 ㉡ 시기까지 시기별 고지자기극의 위치를 나타낸 것이다. A와 B는 동일 경도를 따라 일정한 방향으로 이동하였으며, ㉠부터 현재까지의 어느 시기에 서로 한 번 분리된 후 현재의 위치에 있다.

이 자료에 대한 설명으로 옳은 것만을 〈보기〉에서 있는 대로 고른 것은? (단, 고지자기극은 고지자기 방향으로 추정한 지리상 북극이고, 지리상 북극은 변하지 않았다.) [3점]

───〈보 기〉───
ㄱ. A에서 구한 고지자기 복각의 절댓값은 ㉠이 ㉡보다 작다.
ㄴ. A와 B는 북반구에서 분리되었다.
ㄷ. ㉡부터 현재까지의 평균 이동 속도는 A가 B보다 빠르다.

① ㄱ ② ㄷ ③ ㄱ, ㄴ ④ ㄴ, ㄷ ⑤ ㄱ, ㄴ, ㄷ

※ 확인 사항
○ 답안지의 해당란에 필요한 내용을 정확히 기입(표기)했는지 확인하시오.

① 고체 지구의 변화

1 대륙 이동과 판 구조론

↻ 다음은 판의 경계와 상대적 이동 방향을 나타낸 것이다.

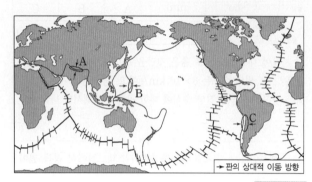

지Ⅱ 2017. 06 #01

[001~009] 다음 문장을 읽고 옳으면 ○, 옳지 않으면 × 하시오.

001 A에서는 해양 생물 화석이 발견된다. ─────( )

002 B는 대륙판과 해양판의 경계이다. ─────( )

003 B 부근에는 역단층이 발달한다. ─────( )

004 B 하부에서 마그마가 생성될 때 물이 중요한 역할을 한다.
─────( )

005 C에서는 주로 현무암질 마그마가 분출한다. ──( )

006 C 하부에는 베니오프대가 발달한다. ─────( )

007 A와 B에서는 습곡 산맥이 발달한다. ─────( )

008 B와 C에서는 새로운 해양 지각이 생성된다. ──( )

009 A, B, C에서는 천발 지진이 발생한다. ─────( )

↻ 그림은 세계 주요 판의 분포를 나타낸 것이다.

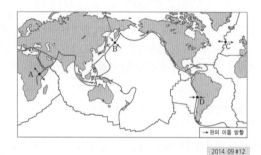

2014. 09 #12

[010~015] 빈칸에 알맞은 말을 써넣으시오.

010 A는 대륙판과 대륙판 사이의 발산형 경계로 (   )

이/가 형성된다.

011 B는 대륙판과 해양판의 (   ) 경계로 해구 및 호상
열도가 형성된다.

012 C는 해양판과 해양판의 발산형 경계로 (   )이/가
형성된다.

013 D는 대륙판과 해양판의 수렴형 경계로 (   ) 또는
(   )와/과 해구가 형성된다.

014 맨틀 대류의 상승부에 있는 지역은 (   )와
(   )이다.

015 맨틀 대류의 하강부에 있는 지역은 (   )와
(   )이다.

[016~023] 다음 문장을 읽고 옳으면 ○, 옳지 않으면 × 하시오.

016 A와 C는 심발 지진이 활발하게 일어난다. ──( )

017 인접한 두 판의 밀도 차는 D에서 가장 작다. ──( )

018 판 경계에서의 해양 지각의 나이는 B보다 C가 적다. ( )

019 A에서는 베니오프대를 발견할 수 있다. ───( )

020 발산형 경계에서는 역단층이나 습곡을 관찰할 수 있다.
─────( )

021 B에서는 장력이 작용하여 정단층이 발달해 있다. ─( )

022 D의 판의 경계에서 대륙 지각 쪽으로 멀어질수록 진원의
깊이가 깊어진다. ─────( )

023 히말라야 산맥은 대륙판과 대륙판의 발산형 경계에 있다.
─────( )

↻ 그림 (가)와 (나)는 서로 다른 두 지역의 진앙 분포를 나타낸
것이다.

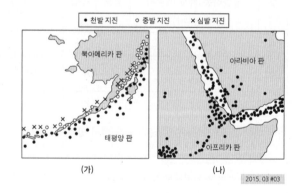

(가)   (나)   2015. 03 #03

✎ 정답 및 풀이
001 ○ 002 ×(대륙판→해양판) 003 ○ 004 ○ 005 ×(현무암질→안산암질) 006 ○ 007 ×(A와 B→A) 008 × 009 ○ 010 열곡대 011 수렴형 012 해령 013 습곡 산맥, 호상 열도
014 A, C 015 B, D 016 ×(심발→천발) 017 ×(D→A, C) 018 ○ 019 ×(A→B, D) 020 ×(발산형→수렴형) 021 ×(B→A, C) 022 ○ 023 ×(발산형→수렴형)

354 마더텅 수능기출문제집 지구과학 Ⅰ

[024~029] 빈칸에 알맞은 말을 써넣으시오.

024 (가)는 (　　　　　)로 수렴형 경계이다.

025 (가)는 밀도가 큰 (　　　　　) 판이 (　　　　　) 판 밑으로 섭입하여 형성되었다.

026 (가)에는 해구와 나란하게 (　　　　　)이/가 만들어진다.

027 (나)는 (　　　　　)(으)로 발산형 경계이다.

028 (나)는 (　　　　　)판과 (　　　　　)판의 발산형 경계이다.

029 (나)는 (　　　　　)의 상승에 따라 마그마가 분출하는 지역이다.

[030~037] 다음 문장을 읽고 옳으면 ○, 옳지 않으면 × 하시오.

030 (가)에는 해구가 발달한다. ──────── (　　)

031 (가)에는 호상 열도가 분포한다. ──────── (　　)

032 (나)에는 역단층이 발달한다. ──────── (　　)

033 (나)에는 맨틀 대류의 하강부가 있다. ──────── (　　)

034 (가)와 (나)에는 모두 수렴형 경계가 있다. ──── (　　)

035 (가)에는 역단층이 발달한다. ──────── (　　)

036 V자형 골짜기를 만드는 지역은 (가)이다. ──── (　　)

037 (나)는 열곡대를 따라 마그마가 분출되며 천발 지진과 화산 활동이 활발하다. ──────── (　　)

2 대륙의 분포와 변화

↻ 다음은 북반구에 위치한 어느 해령의 이동을 알아보기 위해 해령 주변 암석에 기록된 고지자기 복각과 고지자기로 추정한 진북 방향을 진앙 분포와 함께 나타낸 모식도이다. 단, 진북의 위치는 변하지 않았다.

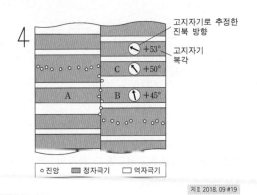

지Ⅱ 2018. 09 #19

[038~045] 다음 문장을 읽고 옳으면 ○, 옳지 않으면 × 하시오.

038 A와 B는 같은 시기에 생성되었다. ──────── (　　)

039 해령은 C 시기 이후에 고위도로 이동하였다. ──── (　　)

040 이 해령은 시계 반대 방향으로 회전해 오면서 현재에 이르렀다. ──────── (　　)

041 A 지점의 지각이 생성될 당시 지구 자기장의 방향은 현재와 같았다. ──────── (　　)

042 A가 위치한 판과 C가 위치한 판의 이동 방향은 서로 같다. ──────── (　　)

043 A와 B 사이 경계는 수렴형 경계이다. ──── (　　)

044 B는 C보다 나중에 형성되었다. ──────── (　　)

045 A와 B 사이에서는 심발 지진이 가장 많이 일어난다. ── (　　)

↻ 다음은 어느 지괴의 현재 위치와 시기별 고지자기극 위치를 나타낸 것이다. 고지자기극은 고지자기 방향으로부터 추정한 지리상 북극이고, 실제 진북은 변하지 않았다. 그림의 경도선과 위도선 간격은 각각 30°이다.

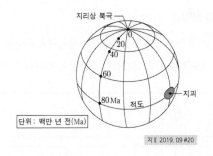

단위: 백만 년 전(Ma)

지Ⅱ 2019. 09 #20

[046~050] 다음 문장을 읽고 이 지괴에 관한 설명으로 옳으면 ○, 옳지 않으면 × 하시오.

046 80Ma에는 남반구에 위치하였다. ──────── (　　)

047 80Ma~0Ma 동안 고지자기 복각이 감소하였다. ──── (　　)

048 80Ma~0Ma 동안 시계 반대 방향으로 회전하였다. ── (　　)

049 80Ma~0Ma 동안 90° 회전하였다. ──────── (　　)

050 80Ma~0Ma 동안 이동 속도는 점점 빨라졌다. ──── (　　)

✎ 정답 및 풀이

024 알류산 해구　025 태평양, 북아메리카　026 호상 열도　027 동아프리카 열곡대　028 대륙, 대륙　029 맨틀 대류　030 ○　031 ○　032 ×(역단층→정단층)　033 ×(하강부→상승부)　034 ×((나)는 발산형 경계)　035 ○　036 ×((가)→(나))　037 ○　038 ○　039 ×(고위도→저위도)　040 ○　041 ×　042 ×(서로 같다→반대이다)　043 ×(수렴형→보존형)　044 ○　045 ×(심발→천발)　046 ×　047 ×(감소→일정)　048 ○　049 ○　050 ×(빨라졌다→느려졌다)

3 맨틀 대류와 플룸 구조론

다음은 태평양 주변에서 현무암이 분포하는 지역과 안산암이 분포하는 지역의 경계선 및 화산의 분포를 나타낸 것이다.

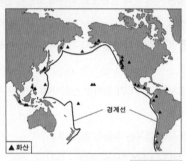

지Ⅱ 2015. 10 #07

[051~053] 다음 문장을 읽고 옳으면 ○, 옳지 않으면 × 하시오.

051 이 경계선은 대체로 해구의 위치와 일치한다. ·········· (　　)

052 이 경계선은 맨틀 대류의 상승부에 위치한다. ········· (　　)

053 태평양 주변의 화산은 주로 현무암과 안산암으로 이루어져 있다. ··· (　　)

4 변동대와 화성암

다음은 화성암 A와 B를 구성하는 광물의 부피비를 나타낸 것이다. A와 B는 각각 화강암과 현무암 중 하나이다.

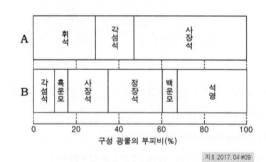

지Ⅱ 2017. 04 #09

[054~062] 다음 문장을 읽고 옳으면 ○, 옳지 않으면 × 하시오.

054 A는 현무암, B는 화강암이다. ·························· (　　)

055 유색 광물의 부피비는 A가 B보다 높다. ·········· (　　)

056 A의 SiO_2 함량은 B보다 많다. ······················· (　　)

057 구성 광물 입자의 크기는 A가 B보다 크다. ······ (　　)

058 암석의 색은 A가 B보다 밝다. ·························· (　　)

059 A는 B보다 깊은 곳에서 생성되었다. ················ (　　)

060 A는 B보다 고온의 마그마에서 생성되었다. ······ (　　)

061 밀도는 A가 B보다 크다. ································· (　　)

062 A는 조립질, B는 세립질 암석이다. ················· (　　)

다음은 지하의 온도 분포와 암석의 용융 곡선을, (나)는 마그마의 생성 장소 A, B, C를 나타낸 것이다. (가)에서 a와 b는 현무암의 용융 곡선과 물을 포함한 화강암의 용융 곡선을 순서 없이 나타낸 것이다.

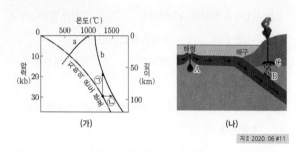

지Ⅱ 2020. 06 #11

[063~069] 다음 문장을 읽고 옳으면 ○, 옳지 않으면 × 하시오.

063 a는 물을 포함한 화강암의 용융 곡선이다. ······· (　　)

064 압력이 증가하면 현무암의 용융 온도는 증가한다. ···· (　　)

065 A에서는 (가)의 ⊙ 과정에 의하여 마그마가 생성된다.
　　 ··· (　　)

066 A에서는 안산암질 마그마가 생성된다. ············· (　　)

067 B에서는 (가)의 ⓒ 과정에 의하여 마그마가 생성된다.
　　 ··· (　　)

068 B는 물에 의해 암석의 용융점이 하강하여 생성된다. (　　)

069 C에서는 유문암질 마그마가 생성될 수 있다. ······ (　　)

5 퇴적 구조와 환경

다음은 퇴적암을 생성 원인에 따라 구분하는 과정을 나타낸 것이다.

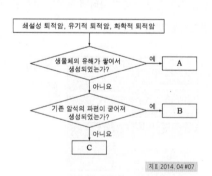

지Ⅱ 2014. 04 #07

[070~077] 다음 문장을 읽고 옳으면 ○, 옳지 않으면 × 하시오.

070 A는 쇄설성 퇴적암이다. ································· (　　)

071 B는 유기적 퇴적암이다. ································· (　　)

072 C는 화학적 퇴적암이다. ································· (　　)

073 A의 종류에는 석탄, 처트, 석회암 등이 있다. ···· (　　)

정답 및 풀이

051 ○ 052 ×(상승부→하강부) 053 ○ 054 ○ 055 ○ 056 ×(많다↔적다) 057 ×(크다→작다) 058 ×(밝다→어둡다) 059 ×(깊은→얕은) 060 ○ 061 ○ 062 ×(A↔B) 063 ○
064 ○ 065 ○ 066 ×(안산암질→현무암질) 067 ×((가)의 ⓒ 과정→물의 공급을 통한 맨틀 물질의 용융점 하강) 068 ○ 069 ○ 070 ×(쇄설성→유기적) 071 ×(유기적→쇄설성) 072 ○
073 ○

074 B의 종류에는 역암, 사암, 석고 등이 있다. ─── ( )

075 암염은 해수가 증발하여 침전된 물질이 굳어져 만들어진
것으로 C에 속한다. ─── ( )

076 응회암, 집괴암은 A에 속한다. ─── ( )

077 A~C가 형성될 때 퇴적물의 공극이 감소하고 밀도가
증가한다. ─── ( )

[078~081] 다음은 퇴적암의 종류에 따른 설명이다. 다음 문장을
읽고 옳으면 ○, 옳지 않으면 × 하시오.

078 쇄설성 퇴적암은 구성 입자의 크기로 분류한다. ─── ( )

079 역암이 형성되는 과정에는 압축(다져짐) 작용이 일어나지
않는다. ─── ( )

080 식물체가 퇴적물이 되어 형성된 퇴적암으로는 석탄이 있다.
─── ( )

081 암염은 쇄설성 퇴적암이다. ─── ( )

⟳ 다음 (가)~(라)는 퇴적 구조를 나타낸 것이다.

| (가) | (나) | (다) | (라) |

지Ⅱ 2016. 09 #03 (가, 나, 다) 지Ⅱ 2019. 07 #09 (라)

[082~092] 다음 문장을 읽고 옳으면 ○, 옳지 않으면 × 하시오.

082 (가)에서 퇴적 당시 퇴적물이 공급된 방향을 알 수 있다.
─── ( )

083 (가)는 지층의 역전 여부를 판단하는 데 이용될 수 있다.
─── ( )

084 (가)는 얕은 물밑이나 바람의 영향을 받는 환경에서
형성되었다. ─── ( )

085 (나)는 깊은 바다에서 형성되었다. ─── ( )

086 (나)의 지층은 역전된 적이 없다. ─── ( )

087 (나)로부터 퇴적물이 공급된 방향을 알 수 있다. ─── ( )

088 (다)는 건조한 환경에서 형성된다. ─── ( )

089 (다)로부터 지층의 상하를 판단할 수 있다. ─── ( )

090 (라)는 얕은 물밑에서 형성된다. ─── ( )

091 (라)는 퇴적물의 입자 크기에 따른 속도 차이에 의해
형성되었다. ─── ( )

092 (라)는 역전된 지층이다. ─── ( )

[093~098] 다음은 다양한 퇴적 구조에 관한 설명이다. 다음 문장을
읽고 옳으면 ○, 옳지 않으면 × 하시오.

093 건열과 연흔이 생성되는 환경은 같다. ─── ( )

094 건열은 지층의 표면에서 관찰된다. ─── ( )

095 점이 층리는 저탁류가 형성되는 대륙대에서 잘 형성된다.
─── ( )

096 점이 층리는 구성 입자의 크기가 동일한 퇴적 구조이다.
─── ( )

097 사층리는 지층의 표면에서 관찰된다. ─── ( )

098 사층리로 지층의 역전 여부를 판단할 수 없다. ─── ( )

6 지질 구조

⟳ 다음은 서로 다른 지질 구조가 나타나는 두 지역을 나타낸
것이다.

| (가) | (나) |

지Ⅱ 2016. 07 #08

[099~107] 다음 문장을 읽고 옳으면 ○, 옳지 않으면 × 하시오.

099 (가)의 지질 구조는 장력에 의해 형성되었다. ─── ( )

100 (가)에서는 배사 구조가 나타난다. ─── ( )

101 (가)는 경사 부정합이 관찰된다. ─── ( )

102 (가)는 판의 수렴형 경계에서 나타날 수 있다. ─── ( )

103 (나)는 단층 구조가 발달되어 있다. ─── ( )

104 (나)는 정단층이다. ─── ( )

105 (나)에서는 상반이 위로 이동하였다. ─── ( )

106 (나)는 조산 운동의 결과로 나타날 수 있다. ─── ( )

107 (나)의 지질 구조는 장력에 의해 형성되었다. ─── ( )

✎ **정답 및 풀이**

074 ×(석고는 제외) 075 ○ 076 ×(A→B) 077 ○ 078 ○ 079 ×(일어나지 않는다→일어난다) 080 ○ 081 ×(쇄설성→화학적) 082 ×((가)→(나)) 083 ○ 084 ○
085 ×(깊은 바다→얕은 물밑이나 사막) 086 ○ 087 ○ 088 ○ 089 ○ 090 ×(얕은 물밑→심해) 091 ○ 092 ×(역전된→역전되지 않은) 093 ×(건열은 건조한 환경에서, 연흔은 얕은
물밑에서 생성됨) 094 ○ 095 ○ 096 ×(동일한→서로 다른) 097 ×(표면→단면) 098 ×(없다→있다) 099 ×(장력→횡압력) 100 ×(배사→향사) 101 ○ 102 ○ 103 ○
104 ×(정단층→역단층) 105 ○ 106 ○ 107 ×(장력→횡압력)

↻ 다음 (가)~(다)는 서로 다른 종류의 지질 구조를 나타낸 것이다.

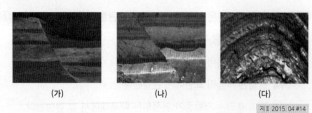

(가)   (나)   (다)

지Ⅱ 2015. 04 #14

[108~113] 다음 문장을 읽고 옳으면 ○, 옳지 않으면 × 하시오.

108 (나)에서 상반은 단층면을 따라 아래로 이동하였다. ( )

109 (다)에서는 배사 구조가 나타난다. ( )

110 판의 수렴형 경계에서는 (나), (다)와 같은 종류의 지질 구조가 나타날 수 있다. ( )

111 (가)~(다)는 장력을 받아 형성되었다. ( )

112 (가)~(다)는 층리가 발달한 암석에서 잘 관찰된다. ( )

113 (가)~(다)는 모두 판의 충돌대에서 발달하는 지질 구조이다. ( )

7 지사 해석 방법

↻ 다음은 어느 지역의 지질 단면도이다.

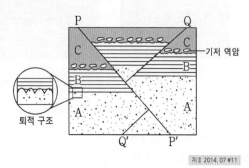

퇴적 구조

기저 역암

지Ⅱ 2014. 07 #11

[114~121] 다음 문장을 읽고 옳으면 ○, 옳지 않으면 × 하시오.

114 기저 역암은 C와 동일한 암석이다. ( )

115 이 지역에서는 평행 부정합이 나타난다. ( )

116 B층과 A층 사이에서 건열 구조가 나타난다. ( )

117 단층 P−P′는 정단층이다. ( )

118 단층 Q−Q′는 역단층이다. ( )

119 단층 P−P′는 단층 Q−Q′보다 먼저 형성되었다. ( )

120 가장 오래된 암석은 B이다. ( )

121 지층의 퇴적 순서는 B → A → C이다. ( )

↻ 다음은 어느 지역의 지질 단면도이다. 화강암 A의 절대 연령은 2억 년이다.

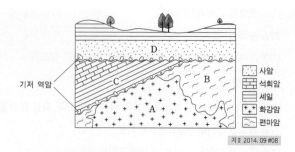

기저 역암

D
C   B
A

사암
석회암
셰일
화강암
편마암

지Ⅱ 2014. 09 #08

[122~133] 다음 문장을 읽고 옳으면 ○, 옳지 않으면 × 하시오.

122 이 지역은 1회 융기하였다. ( )

123 이 지역에는 평행 부정합이 나타난다. ( )

124 이 지역에는 경사 부정합이 나타난다. ( )

125 이 지역에는 난정합이 나타난다. ( )

126 가장 오래된 암석은 B이다. ( )

127 화강암 A는 B가 생성된 이후에 형성되었다. ( )

128 B층에서는 화폐석 화석이 산출될 수 있다. ( )

129 C층에서는 삼엽충 화석이 산출될 수 없다. ( )

130 C층은 A에 의해 접촉 변성 작용을 받았다. ( )

131 C층의 기저 역암에는 D층의 암석 조각이 있다. ( )

132 D층의 기저 역암에는 A, B, C층의 암석 조각이 있다. ( )

133 이 지역의 지층은 역전된 적이 있다. ( )

↻ 다음은 인접한 세 지역 A, B, C의 지질 주상도이다. 이 지역에는 동일한 시기에 분출된 화산재가 쌓여 만들어진 암석이 있다.

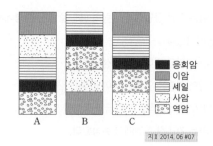

A   B   C

응회암
이암
셰일
사암
역암

지Ⅱ 2014. 06 #07

[134~140] 다음 문장을 읽고 옳으면 ○, 옳지 않으면 × 하시오.

134 화산재가 쌓여 만들어진 암석은 이암이다. ( )

135 A의 역암층에서 삼엽충 화석이 발견된다면 B의 역암층에서도 삼엽충 화석이 발견될 수 있다. ( )

✎ 정답 및 풀이

108 ×(아래로→위로) 109 ○ 110 ○ 111 ×((나)와 (다)는 횡압력) 112 ○ 113 ×((가)는 제외) 114 ×(C→B) 115 ○ 116 ×(건열→연흔) 117 ×(정단층→역단층) 118 ○
119 ×(먼저→나중에) 120 ○ 121 ○ 122 ×(1회→최소 3회) 123 ×(나타난다→나타나지 않는다) 124 ○ 125 ○ 126 ○ 127 ○ 128 ×(있다→없다) 129 ○ 130 ×(받았다→받지
않았다) 131 ×(D→A, B) 132 ×(A층 제외) 133 ×(있다→알 수 없다) 134 ×(이암→응회암) 135 ○

136 A와 C의 사암층은 같은 시기에 퇴적되었다. ────( )

137 A, B, C 지역이 이암층은 모두 같은 시기에 퇴적되었다.
( )

138 가장 오래된 암석층은 B에 있다. ────( )

139 이 지역에는 화학적 퇴적암이 존재한다. ───( )

140 이 지역에는 쇄설성 퇴적암만 관찰된다. ───( )

8 지층의 연령

↻ 다음은 방사성 원소 ㉠과 ㉡의 붕괴 곡선을 각각 나타낸 것이다.

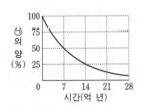 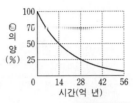

지Ⅱ 2016. 06 #07

[141~144] 다음 문장을 읽고 옳으면 ○, 옳지 않으면 × 하시오.

141 암석이 생성되어 14억 년이 지나면 ㉠의 양은 처음의 $\frac{1}{4}$로 줄어든다. ────( )

142 28억 년 후 ㉠의 양은 원래의 $\frac{1}{8}$이 된다. ───( )

143 ㉠의 양이 25%가 되려면 3번의 반감기를 지나야 한다.
( )

144 ㉠의 반감기는 ㉡의 2배이다. ───( )

↻ 다음은 어느 지역의 지질 단면도와 화성암 A, B에 포함된 방사성 원소 X와 자원소의 함량(%)을 나타낸 것이다. 방사성 원소 X의 반감기는 1억 년이다.

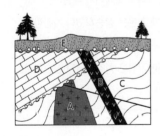

구분	방사성 원소X	자원소
A	12.5	87.5
B	50.0	50.0

지Ⅱ 2013. 07 #08

[145~156] 다음 문장을 읽고 옳으면 ○, 옳지 않으면 × 하시오.

145 A는 8억 년 전에 형성되었다. ───( )

146 B는 8억 년 전에 형성되었다. ────( )

147 단층은 5억 년 전에 형성되었다. ───( )

148 이 지역에서는 역단층이 나타난다. ───( )

149 최소 3회의 융기가 있었다. ────( )

150 이 지역에서는 경사 부정합이 발견된다. ──( )

151 이 지역에서는 난정합이 발견된다. ───( )

152 지층 A는 지층 C보다 먼저 형성되었다. ──( )

153 단층은 화성암 A가 관입한 후에 생성되었다. ─( )

154 E에서는 방추충 화석이 발견될 수 있다. ──( )

155 D층에 존재하는 기저 역암에는 B층의 암석 조각이 있다.
( )

156 F층에 존재하는 기저 역암에는 B층의 암석 조각이 있다.
( )

9 지질 시대의 환경과 생물

↻ 다음은 현생 이언 동안 생물과의 멸종 비율과 대멸종 시기 A, B, C를 나타낸 것이다.

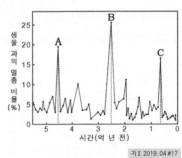

지Ⅱ 2019. 04 #17

[157~162] 다음 문장을 읽고 옳으면 ○, 옳지 않으면 × 하시오.

157 판게아의 형성으로 인한 대멸종 시기는 A 시기이다. ( )

158 B 시기를 경계로 고생대와 중생대가 구분된다. ─( )

159 생물 과의 멸종 비율은 A보다 B 시기에 높다. ──( )

160 방추충은 C 시기에 멸종하였다. ───( )

161 C 시기 이후로 겉씨식물이 번성하였다. ──( )

162 암모나이트는 C 시기에 멸종하였다. ───( )

✎ **정답 및 풀이**
136 ×(같은→다른) 137 ×(B 지역만 다른 시기에 퇴적) 138 ○ 139 ×(존재한다→존재하지 않는다) 140 ○ 141 ○ 142 ×($\frac{1}{8}$→$\frac{1}{16}$) 143 ×(3번→2번) 144 ×($2→\frac{1}{2}$)

145 ×(8억 년→3억 년) 146 ×(8억 년→1억 년) 147 ×(5억 년→1억 년 전과 3억 년 전 사이) 148 ○ 149 ○ 150 ○ 151 ○ 152 ×(먼저→나중에) 153 ○ 154 ×(있다→없다)
155 ×(B층→A, C층) 156 ○ 157 ×(A→B) 158 × 159 ○ 160 ×(C→B) 161 ×(C→B) 162 ○

↻ 다음 (가)는 어느 지역의 지질 단면도와 지층군 A, C에서 산출되는 화석을, (나)는 (가)에서 화석으로 산출되는 생물의 생존 기간을 나타낸 것이다. 이 지역은 지층의 역전이 없었고, 지층군 A와 C는 각각 ㉠과 ㉡ 중 어느 하나의 시기에 형성된 것이다.

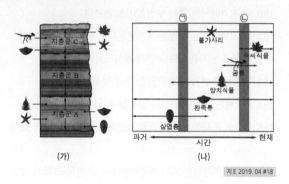

(가)　　　　　(나)

지Ⅱ 2019. 04 #18

[163~168] 다음 문장을 읽고 옳으면 ○, 옳지 않으면 × 하시오.

163 A는 ㉠ 시기에 형성된 것이다. ────── (　　)

164 A에서 화석은 모두 바다에서 형성되었을 것이다. ─ (　　)

165 B에서는 화폐석이 산출될 수 있다. ────── (　　)

166 B는 ㉡ 시기 이후에 형성된 것이다. ────── (　　)

167 C는 모두 해성층으로 이루어져 있다. ────── (　　)

168 C에서 공룡 화석이 산출되지 않는다면 C가 형성된 시기를 알 수 없다. ──────────── (　　)

Ⅱ 유체 지구의 변화

1 기압과 날씨 변화

[169~173] 다음 문장을 읽고 옳으면 ○, 옳지 않으면 × 하시오.

169 시베리아 기단은 한랭 다습한 성질을 가지고 있다. ─ (　　)

170 북태평양 기단은 고온 다습한 성질로 봄, 가을에 영향을 준다. ──────────────── (　　)

171 오호츠크 해 기단은 한랭 건조한 성질로 초여름에 영향을 준다. ──────────────── (　　)

172 양쯔강 기단은 온난 건조한 성질을 가지고 있다. ── (　　)

173 우리나라 초여름에 형성되는 장마 전선은 북태평양 기단과 양쯔강 기단이 만나 형성된다. ────── (　　)

2 온대 저기압과 날씨

[174~187] 표는 한랭 전선과 온난 전선의 특징을 나타낸 것이다. 빈칸에 알맞은 말을 써넣으시오.

구분	174	175
모식도		
정의	176 (　　) 공기가 177 (　　) 공기 밑으로 파고들어 형성되는 전선	178 (　　) 공기가 179 (　　) 공기 위로 타고 올라가면서 형성되는 전선
이동 속도	180	181
구름	182 (적란운, 적운)	183 (권운, 권층운, 고층운, 난층운)
강수 구역	전선 후면의 184 (　　) 구역, 소나기	전선 전면의 185 (　　) 구역, 지속적인 비
전선 통과 후 기온 변화	186	187

[188~196] 다음 문장을 읽고 옳으면 ○, 옳지 않으면 × 하시오.

188 정체 전선은 속도가 빠른 한랭 전선이 온난 전선과 만나 겹쳐져 형성된다. ─────────────── (　　)

189 온난 전선 앞쪽은 남동풍이 불고 층운형 구름이 형성된다. ──────────────────── (　　)

190 온난 전선과 한랭 전선 사이에는 남서풍이 불고 이슬비가 내린다. ──────────────── (　　)

191 한랭 전선 뒤쪽은 북동풍이 불고 적운형 구름이 형성된다. ──────────────────── (　　)

192 온난 전선 앞쪽은 넓은 지역에 소나기가 내린다. ── (　　)

193 한랭 전선 뒤쪽은 좁은 지역에 소나기가 내린다. ── (　　)

194 온대 저기압이 통과할 때 기온은 상승하였다 하강한다. ──────────────────── (　　)

195 온대 저기압이 통과할 때 기압은 하강하였다 상승한다. ──────────────────── (　　)

196 온대 저기압이 통과할 때 풍향은 반시계 방향으로 바뀐다. ──────────────────── (　　)

✎ **정답 및 풀이**

163 ○　164 ×(양치식물은 육지)　165 ×(있다→없다)　166 ×(이후에→이전에)　167 ×(공룡과 속씨식물은 육성층)　168 ×(속씨식물로 알 수 있다)　169 ×(한랭 다습→한랭 건조)　170 ×(봄, 가을→여름)　171 ×(한랭 건조→한랭 다습)　172 ○　173 ×(양쯔강 기단→오호츠크 해 기단)　174 한랭 전선　175 온난 전선　176 찬　177 따뜻한　178 따뜻한　179 찬　180 빠름　181 느림　182 적운형　183 층운형　184 좁은　185 넓은　186 기온 하강　187 기온 상승　188 ×(정체 전선→폐색 전선)　189 ○　190 ×(이슬비가 내린다→날씨는 맑다)　191 ×(북동풍→북서풍)　192 ×(소나기→지속적인 비)　193 ○　194 ○　195 ○　196 ×(반시계→시계)

3 태풍의 발생과 영향

[197~205] 빈칸에 알맞은 말을 써넣으시오.

197 태풍의 에너지원은 수증기가 응결할 때 발생하는 (   )이다.

198 태풍은 전체적으로 (   ) 기류가 발달하여 중심부로 갈수록 두꺼운 적운형 구름이 생성되어 있다.

199 태풍은 중심부로 갈수록 바람이 강해지다 (   ) 부근에서 약해지며 기압은 중심으로 갈수록 계속 (   ).

200 적도 지방에서는 (   )이/가 약해 태풍이 발달하기 어렵다.

201 태풍은 수직 규모에 비해 수평 규모가 (   ).

202 태풍은 (   )에서 발생하여 무역풍의 영향으로 북서쪽으로 향하다 아열대 고압대에서 (   )의 영향으로 북동쪽으로 휘어져 북상한다.

203 바다나 넓은 평지에서 강한 저기압이 형성될 때, 중심 부근의 강력한 상승 기류에 의한 거대한 적란운에서 발생하는 깔때기 모양의 회오리 바람은 (   )이다.

204 태풍이 우리나라에 접근할 때 해안 지역에서 폭풍 해일에 의한 피해는 (   )조일 때 더 크다.

205 우리나라에 태풍이 지나갈 때 태풍 이동 경로의 오른쪽에 위치하는 지역의 풍향은 (   ) 방향으로 변한다.

🔎 그림 (가)는 어느 해 9월 9일부터 18일까지 태풍 중심의 위치와 기압을 1일 간격으로 나타낸 것이고, (나)는 12일, 14일, 16일에 관측한 이 태풍 중심의 이동 방향과 이동 속도를 ㉠, ㉡, ㉢으로 순서 없이 나타낸 것이다. 화살표의 방향과 길이는 각각 이동 방향과 속도를 나타낸다.

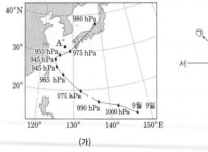
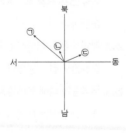

(가) (나)

2018. 수능 #10

[206~214] 다음 문장을 읽고 옳으면 ○, 옳지 않으면 × 하시오.

206 태풍의 세력은 10일이 16일보다 약하다. ─── (   )

207 9월 9일부터 13일까지 태풍의 이동 방향은 편서풍의 영향을 받았을 것이다. ─── (   )

208 14일 태풍 중심의 이동 방향과 이동 속도는 ㉡에 해당한다. ─── (   )

209 이 태풍의 이동 방향과 이동 속도는 ㉠→㉡→㉢순으로 바뀌었다. ─── (   )

210 16일과 17일 사이에는 A 지점의 풍향이 반시계 방향으로 변한다. ─── (   )

211 태풍의 세기는 14일과 15일 사이에 가장 약하다. ─── (   )

212 A 지점은 태풍 진행 방향의 왼쪽에 위치해 위험 반원에 속한다. ─── (   )

213 위험 반원에서는 대기 대순환의 바람과 태풍의 풍향이 일치하여 풍속이 강하다. ─── (   )

214 9월 9일부터 9월 16일까지 태풍의 이동 속도는 A 지점에 가까워질수록 빨라졌다. ─── (   )

4 해수의 성질

🔎 A와 B는 동해에서 여름과 겨울에 관측한 해수의 밀도 분포를 순서 없이 나타낸 것이다. 단, 밀도는 수온에 의해서만 결정된다.

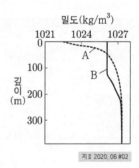

지Ⅱ 2020. 06 #02

[215~220] 다음 문장을 읽고 옳으면 ○, 옳지 않으면 × 하시오.

215 수온이 높을수록 밀도가 높다. ─── (   )

216 A는 여름에 해당한다. ─── (   )

217 A에서 혼합층의 두께는 200m 이상이다. ─── (   )

218 B에서 혼합층 두께는 300m보다 크다. ─── (   )

219 해수면에서 바람의 세기는 A일 때가 B일 때보다 크다. ─── (   )

220 동해의 혼합층 두께는 여름이 겨울보다 얇다. ─── (   )

✏️ **정답 및 풀이**

197 숨은열(잠열) 198 상승 199 태풍의 눈, 낮아진다 200 전향력 201 크다 202 열대 해상, 편서풍 203 토네이도 204 만 205 시계 206 ○ 207 ×(편서풍→무역풍) 208 ○ 209 ○ 210 ○ 211 ×(약하다→강하다) 212 ×(위험→안전) 213 ○ 214 ×(빨라→느려) 215 ×(높다→낮다) 216 ○ 217 ×(혼합층이 거의 관찰되지 않는다.) 218 ×(크다→작다) 219 ×(A↔B) 220 ○

⟳ 다음은 어느 해역에서 깊이에 따른 수온과 염분의 분포를 나타낸 것이다.

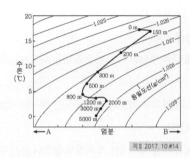

지Ⅱ 2017. 10 #14

[221~226] 다음 문장을 읽고 옳으면 ○, 옳지 않으면 × 하시오.

221 염분은 B 방향으로 갈수록 높아진다. ─────── (　　)

222 수온 약층에서는 수온이 낮을수록 밀도가 낮아진다. (　　)

223 수온 약층은 800m~2000m 구간에서 뚜렷하게 나타난다.
─────────────────────── (　　)

224 밀도 변화는 150m~500m 구간이 2000m~5000m 구간보다
크다. ─────────────────────── (　　)

225 표층에서 800m로 가는 동안 수온은 감소한다. ─── (　　)

226 800m~2000m 구간에서는 해수의 연직 혼합이 활발하게
일어난다. ───────────────────── (　　)

⟳ 다음은 태평양 표층 염분의 연평균 분포를 나타낸 것이다.

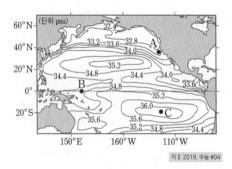

지Ⅱ 2019. 수능 #04

[227~231] 다음 문장을 읽고 옳으면 ○, 옳지 않으면 × 하시오.

227 표층 염분은 위도 20° 부근에서 가장 낮다. ───── (　　)

228 A는 한류의 영향을 받는다. ──────────── (　　)

229 (증발량−강수량) 값은 B가 C보다 작다. ────── (　　)

230 A 해역과 C 해역의 수온이 같다면 밀도는 C에서 더 작다.
─────────────────────── (　　)

231 A, B, C의 해수에 녹아 있는 주요 염류의 질량비는 일정하다.
─────────────────────── (　　)

5 대기 대순환과 해양의 표층 순환

⟳ 그림은 태평양에서 해수의 표층 순환과 대기 대순환에 의한
바람의 방향을 나타낸 것이다.

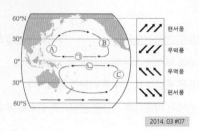

2014. 03 #07

[232~235] 빈칸에 알맞은 말을 써넣으시오.

232 한류는 염분이 (　　　), 밀도가 (　　　), 영양 염류가
(　　　), 용존 산소량이 (　　　).

233 난류는 염분이 (　　　), 밀도가 (　　　), 영양 염류가
(　　　), 용존 산소량이 (　　　).

234 북태평양의 순환은 (　　　) 해류→쿠로시오 해류→북태평양
해류→(　　　) 해류 순이다.

235 남태평양의 순환은 남적도 해류→동오스트레일리아
해류→(　　　)→(　　　) 해류 순이다.

[236~243] 다음 문장을 읽고 옳으면 ○, 옳지 않으면 × 하시오.

236 해류 ㉠, ㉡은 모두 무역풍의 영향으로 형성된다. ─ (　　)

237 A 해역에는 난류가, B 해역에는 한류가 흐른다. ─ (　　)

238 A 해역은 캘리포니아 해류, B 해역은 쿠로시오 해류이다.
─────────────────────── (　　)

239 열대 저기압의 발생 빈도는 A 해역이 C 해역보다 높다.
─────────────────────── (　　)

240 B 해역과 C 해역은 용존 산소량이 많고 영양 염류가 많다.
─────────────────────── (　　)

241 페렐 순환은 적도에서 가열되어 상승한 공기가 고위도로
이동한 후 위도 30° 부근에서 하강하여 적도로 이동하는
순환이다. ───────────────────── (　　)

242 페렐 순환은 해들리 순환과 극 순환 사이에서 역학적으로
형성된 간접 순환이다. ────────────── (　　)

243 무역풍에 의해 북태평양 해류, 북대서양 해류, 남극 순환류가
흐르고 편서풍에 의해 남적도 해류, 북적도 해류가 흐른다.
─────────────────────── (　　)

✎ **정답 및 풀이**

221 ○　222 ×(낮아진다→높아진다)　223 ×(800m~2000m→150m~800m)　224 ○　225 ○　226 ×(활발하게 일어난다→거의 일어나지 않는다)　227 ×(낮다→높다)　228 ○　229 ○
230 ×(작다→크다)　231 ○　232 낮고, 크고, 많고, 많다　233 높고, 작고, 적고, 적다　234 북적도, 캘리포니아　235 남극 순환류, 페루　236 ○　237 ○　238 ×(A↔B)　239 ○　240 ○
241 ×(페렐→해들리)　242 ○　243 ×(무역풍↔편서풍)

6 해양의 심층 순환

◯ 다음은 전 지구적인 해수의 순환을 나타낸 것이다.

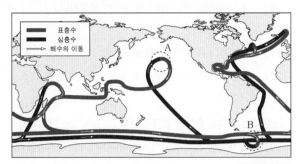

지Ⅱ 2018. 10 #14

[244~250] 다음 문장을 읽고 옳으면 ○, 옳지 않으면 × 하시오.

244 A 해역에서는 심층 해수의 용승이 일어난다. ─────( )

245 B 해역에서 침강이 강해지면 이 순환이 약화된다. ──( )

246 B 해역에서 침강하는 해수는 주변의 해수보다 밀도가 크다.
─────────────────────( )

247 B 해역에서 침강한 해수는 남극 저층수를 형성할 것이다.
─────────────────────( )

248 이 순환은 열에너지를 저위도로 수송한다. ────( )

249 이 순환의 변화는 지구의 기후에 영향을 준다. ───( )

250 해수의 순환은 위도에 따른 에너지 불균형을 줄이는 역할을
한다. ──────────────────────( )

7 기후 변화

[251~260] 다음은 기후 변화의 원인 중 지구 외적 요인을 나타낸
표이다. 빈칸에 알맞은 말을 써넣으시오.

종류	자전축 251 ( ) 변화(세차 운동)	자전축 252 ( ) 변화	공전 궤도 253 ( ) 변화
주기	26000년	41000년	10만년
모식도	약 13000년 전 현재	24.5° 23.5° 21.5°	태양 원 궤도 타원 궤도
북반구 기온	현재는 254 ( ) 일 때 여름, 255 ( )일 때 겨울이나 13000년 후는 반대가 되어 기온의 연교차가 256 ( )	자전축 경사가 커지면 여름과 겨울철 태양의 257 ( ) 차이도 커져 기온의 연교차가 258 ( )	공전 궤도 이심률이 0에 가까워지면 여름에는 태양과 더 259 ( ) 겨울에는 더 멀어져 기온의 연교차가 260 ( )

[261~272] 다음 문장을 읽고 옳으면 ○, 옳지 않으면 × 하시오.

261 지구 자전축 경사 방향만을 고려했을 때, 북반구에서 기온의
연교차는 약 13000년 전보다 현재가 크다. ─────( )

262 약 13000년 후 우리나라의 봄과 가을은 바뀐다. ──( )

263 지구 자전축 경사각이 23.5°에서 21.5°로 감소하면 하짓날
낮의 길이는 길어진다. ───────────( )

264 지구 자전축 경사각이 23.5°에서 22°로 감소하면 여름철
태양의 남중 고도가 높아진다. ─────────( )

265 공전 궤도 이심률이 0에 가까워지면 지구의 공전 주기는
길어진다. ─────────────────( )

266 화산 폭발로 인해 다량의 화산재가 기권으로 유입되면 지구의
반사율이 증가한다. ──────────────( )

267 지구의 반사율이 증가하면 지표면에 흡수되는 태양 복사
에너지양이 감소한다. ─────────────( )

268 판의 운동으로 인한 수륙 분포의 변화는 기후 변화의 지구 외적
요인이다. ─────────────────( )

269 수륙 분포가 변화하면 대기와 해수의 순환에 변화가 생긴다.
─────────────────────( )

270 나무의 나이테가 조밀한 시기는 한랭한 기후이었을 것이다.
─────────────────────( )

271 빙하 코어 속 물 분자의 산소 동위 원소비($^{18}O/^{16}O$)가 큰
시기일수록 기온이 낮다. ───────────( )

272 산호 화석이 산출되는 지역은 과거에 차가운 바다 환경이었을
것이다. ──────────────────( )

◯ 그림은 복사 평형 상태에 있는 지구의 열수지를 나타낸 것이다.

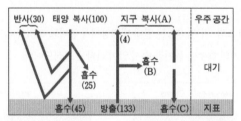

2017. 09 #10

[273~278] 빈칸에 알맞은 말을 써넣으시오.

273 지구에 입사한 ( ) 에너지양과 방출되
( ) 에너지양이 같아 복사 평형을 이룬다.

274 태양 복사 에너지 100 중 ( )은/는 지표면과
대기에서 반사되어 우주로 방출되고 ( )은/는
대기에, ( )은/는 지표에 흡수된다.

정답 및 풀이

244 ○ 245 ×(약화→강화) 246 ○ 247 ○ 248 ×(저위도→고위도) 249 ○ 250 ○ 251 경사 방향 252 기울기 253 이심률 254 원일점 255 근일점 256 커짐 257 남중 고도 258 커짐
259 가까워지고 260 커짐 261 ×(크다→작다) 262 ○ 263 ×(길어진다→짧아진다) 264 ×(높아진다→낮아진다) 265 ×(길어진다→변화가 없다) 266 ○ 267 ○ 268 ×(외적→내적)
269 ○ 270 ○ 271 ×(낮다→높다) 272 ×(차가운→따뜻한) 273 태양 복사, 지구 복사 274 30, 25, 45

275 지표에서 방출되는 에너지 133 중 우주로 빠져나가는 양은 (   )이고 나머지 (   )만큼은 대기에 흡수되므로 B의 값은 (   )이다.

276 A는 지구 복사 에너지의 총량으로 태양 복사 에너지 100 중에서 반사되어 빠져나간 (   )을/를 뺀 (   )이다.

277 지표면이 흡수한 에너지 총량과 방출한 에너지 총량이 같아야 하므로 C의 값은 (   )이다.

278 태양 복사는 (   ) 복사이며, 지구와 대기에서의 복사는 (   ) 복사이다.

[279~288] 다음 문장을 읽고 옳으면 ○, 옳지 않으면 × 하시오.

279 지구에 대기가 없다면 A는 증가한다. ─────( )

280 지구 온난화가 진행되면 B는 증가한다. ───( )

281 화석 연료의 증가는 C를 증가시킨다. ────( )

282 지구의 반사율은 70%이다. ─────────( )

283 A, B, C 중 값이 가장 큰 것은 C이다. ───( )

284 대기가 없을 경우 밤과 낮의 온도 차는 현재보다 클 것이다.
─────────────────────────────( )

285 지표에서 방출되는 에너지 133은 주로 가시광선으로 방출된다.
─────────────────────────────( )

286 지구의 반사율이 증가한다면 지구에서 방출하는 지구 복사는 증가한다.
─────────────────────────────( )

287 지표면은 장파 복사보다 단파 복사를 더 많이 흡수한다.
─────────────────────────────( )

288 대기와 해수의 순환을 통해 저위도의 과잉된 에너지가 고위도로 수송된다. ────────────────( )

그림 (가)와 (나)는 열대 태평양에서 엘니뇨 시기와 라니냐 시기의 해수면 높이를 순서 없이 나타낸 모식도이다.

[289~294] 빈칸에 알맞은 말을 써넣으시오.

289 (가)는 (   ) 시기, (나)는 (   ) 시기이다.

290 (가) 시기에는 (   )의 약화 또는 반전으로 남적도 해류가 약화된다.

291 (가) 시기에는 동태평양 표층 수온이 평년보다 (   )하므로 홍수 피해가 발생할 수 있다.

292 (나) 시기에는 서태평양 표층 수온이 평년보다 (   )하고, 해수면의 높이가 (   ).

293 (나) 시기의 동태평양 기압 분포는 (   )기압이다.

294 서태평양 지역에서 폭우 또는 홍수가 오는 시기는 (   ) 시기이다.

[295~303] 다음 문장을 읽고 옳으면 ○, 옳지 않으면 × 하시오.

295 열대 태평양 동쪽 해역의 표층 수온은 (가)보다 (나)일 때 높다. ─────────────────────( )

296 열대 태평양 서쪽 해역에서 상승 기류는 (가)보다 (나)일 때 활발하다. ────────────────( )

297 동태평양에서 강수량은 (나)보다 (가)일 때 더 많다. ─( )

298 남동 무역풍은 (가)보다 (나)일 때 더 강하다. ───( )

299 동태평양 페루 연안의 용승은 (나)일 때 강하다. ──( )

300 동태평양 적도 부근 해역의 평균 해수면은 (가)가 더 높다.
─────────────────────────────( )

301 평상시에 따뜻한 해수층이 두꺼운 지역은 동태평양 부근이다.
─────────────────────────────( )

302 (나) 시기에는 서쪽과 동쪽의 표층 수온 차이가 평년에 비해 작다. ───────────────────────( )

303 (가) 시기에 서태평양 부근은 가뭄이 나타날 것이다. ( )

Ⅲ 우주의 신비

1 별의 물리량과 H-R도

다음은 어느 성단의 H−R도이다.

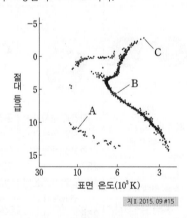

지Ⅱ 2015. 09 #15

정답 및 풀이

275 4, 129, 129 276 30, 70 277 88 278 단파, 장파 279 ○ 280 ○ 281 ○ 282 ×(70→30) 283 ×(C→B) 284 ○ 285 ×(가시광선→적외선) 286 ×(지구 복사는 증가→감소)
287 ×(많이→적게) 288 ○ 289 엘니뇨, 라니냐 290 남동 무역풍 291 상승 292 증가, 높다 293 고 294 (나) 295 ×(높다→낮다) 296 ○ 297 ○ 298 ○ 299 ○ 300 ○ 301 ×(동→서)
302 ×((나)→(가)) 303 ○

[304~305] 빈칸에 알맞은 말을 써넣으시오.

304 A는 별의 진화 단계 중 (   )이다.

305 B는 별의 진화 단계 중 (   )이다.

[306~311] 다음 문장을 읽고 옳으면 ○, 옳지 않으면 × 하시오.

306 A의 중심핵은 철(Fe)로 이루어져 있다. (   )

307 B의 중심핵에서는 p−p 연쇄 반응이 일어나고 있다.

(   )

308 색지수는 C가 가장 크다. (   )

309 밀도는 B보다 A가 작다. (   )

310 B의 평균 밀도는 C보다 크다. (   )

311 겉보기 등급은 C보다 B가 작다. (   )

2 별의 진화와 별의 에너지원

(가)는 원시별 A와 B가 주계열성으로 진화하는 경로를, (나)의 ㉠과 ㉡은 A와 B가 주계열 단계에 있을 때의 내부 구조를 순서 없이 나타낸 것이다.

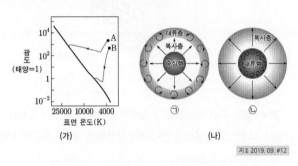

지Ⅱ 2019. 09. #12

[312~313] 빈칸에 알맞은 말을 써넣으시오.

312 A가 주계열 단계에 있을 때의 내부 구조는 (   )이다.

313 B가 주계열 단계에 있을 때의 내부 구조는 (   )이다.

[314~319] 다음 문장을 읽고 옳으면 ○, 옳지 않으면 × 하시오.

314 주계열성이 되는 데 걸리는 시간은 A가 B보다 길다. (   )

315 ㉠에서는 p−p 연쇄 반응이 CNO 순환 반응보다 우세하게 일어난다. (   )

316 핵에서의 CNO 순환 반응은 ㉠이 ㉡보다 우세하다. (   )

317 주계열 단계에 머무르는 기간은 A가 B보다 길다. (   )

318 주계열 단계에서 태양은 ㉡과 같은 핵융합 반응을 한다.

(   )

319 별의 질량은 ㉠이 ㉡보다 작다. (   )

3 외계 행성과 생명체 탐사

그림은 태양계의 생명 가능 지대를 나타낸 것이다.

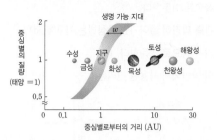

[320~325] 빈칸에 알맞은 말을 써넣으시오.

320 항성의 둘레에서 물이 액체 상태로 존재할 수 있는 거리의 범위를 (   )(이)라 한다.

321 태양계 행성 중 생명 가능 지대에 위치한 행성은 (   ) 뿐이다.

322 중심별의 질량이 클수록 생명 가능 지대는 중심별로부터 거리가 (   ).

323 중심별의 질량이 클수록 생명 가능 지대의 폭은 (   ).

324 중심별의 질량이 태양보다 (   ) 경우 금성은 생명 가능 지대에 속할 수 있다.

325 중심별의 질량이 태양보다 (   ) 경우 화성은 생명 가능 지대에 속할 수 있다.

[326~329] 다음 문장을 읽고 옳으면 ○, 옳지 않으면 × 하시오.

326 중심별의 질량이 작은 별일수록 광도는 낮다. (   )

327 중심별의 광도가 낮을수록 생명 가능 지대는 중심별로부터의 거리가 멀고 폭이 넓다. (   )

328 지구의 달은 생명 가능 지대에 속한다. (   )

329 중심별의 질량이 크면 행성의 한 면만 중심별을 향하게 되어 표면의 온도차가 커진다. (   )

다음은 외계 행성을 탐사하는 세 가지 원리 (가)~(다)를 모식도로 나타낸 것이다.

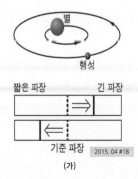

2015. 04 #18

(가)

[330~339] 빈칸에 알맞은 말을 써넣으시오.

330 관측 파장이 길어질 때 행성은 지구에(서) (　　　)지는 쪽으로 이동한다.

331 관측 파장이 짧아지면 중심별은 지구에(서) (　　　) 지는 쪽으로 이동한다.

332 이 방법에서 사용된 원리는 (　　　)(이)다.

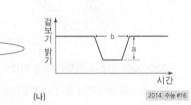

(나)

2014. 수능 #16

333 행성의 반지름이 커지면 밝기 변화는 (　　　)한다.

334 행성의 공전 속도가 빨라지면 b는 (　　　)한다.

335 행성의 공전 주기가 짧아지면 식 현상의 주기는 (　　　) 한다.

336 중심별의 겉보기 등급은 일정하되 반지름이 감소하면 a는 (　　　)한다.

337 행성의 반지름이 2배 커지면 a는 (　　　)배가 된다.

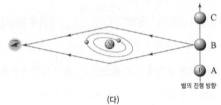

(다)

2015. 07 #20

338 (다)에서 사용하는 원리는 (　　　) 현상이다.

339 별 P의 밝기는 A, B, C 중 (　　　)에서 가장 밝다.

[340~349] (가)~(다)에 관련된 다음 문장을 읽고 옳으면 ○, 옳지 않으면 × 하시오.

340 (가)에서 관찰하는 것은 별의 밝기 변화이다. ────(　)

341 (가)에서 중심별과 행성은 항상 같은 방향으로 공전한다. ────────────────────────(　)

342 (가)에서 관측 파장이 길어지는 것을 청색 편이라 한다. ────────────────────────(　)

343 (가)에서 행성의 질량이 증가하면 중심별과 행성의 공통 질량 중심은 중심별 쪽으로 이동한다. ──────(　)

344 (가)에서 행성의 질량이 감소하면 별빛의 편이량은 더 작아진다. ────────────────────(　)

345 (나)에서 중심별의 겉보기 등급은 일정하되 반지름이 커진다면 a는 증가한다. ────────────────(　)

346 (나)에서 중심별의 밝기가 감소하는 것은 행성에 의한 식 현상 때문이다. ────────────────(　)

347 (다)에서 별 X의 불규칙적인 밝기 변화를 통해 외계 행성을 탐사한다. ────────────────(　)

348 (가)와 (나)의 방법을 이용하여 행성의 공전 주기를 구할 수 있다. ────────────────────(　)

349 (가)와 (나)에서 행성의 공전 궤도면이 관측자의 시선 방향에 수직이다. ────────────────(　)

⟳ 다음은 최근까지 두 가지 방법을 이용하여 발견된 외계 행성의 궤도 긴반지름과 질량을 나타낸 그래프이다.

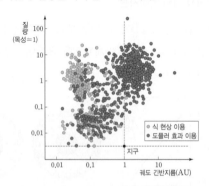

[350~352] 다음 문장을 읽고 옳으면 ○, 옳지 않으면 × 하시오.

350 식 현상을 이용해 발견된 외계 행성들은 대부분 지구보다 궤도 긴반지름이 크다. ────────────(　)

351 지금까지 발견된 외계 행성들은 대부분 지구보다 크다. ────────────────────────(　)

352 궤도 긴반지름이 큰 외계 행성들을 발견하는 데에는 도플러 효과가 식 현상보다 유리하다. ────────(　)

4 은하의 분류

⟳ 다음은 허블의 은하 분류상 서로 다른 형태의 세 은하 A, B, C를 가시광선으로 관측한 것이다.

A　　　　　　　B　　　　　　　C

지II 2018. 수능 #08

✎ 정답 및 풀이

330 가까워　331 가까워　332 도플러 효과　333 증가　334 감소　335 감소　336 증가　337 4　338 미세 중력 렌즈　339 B　340 ×(밝기→파장)　341 ○　342 ×(청색→적색)
343 ×(중심별→행성)　344 ○　345 ×(증가→감소)　346 ○　347 ×(X→P)　348 ○　349 ×(수직이다→나란하다)　350 ×(크다→작다)　351 ○　352 ○

[353~355] 빈칸에 알맞은 말을 써넣으시오.

353 A는 ( ) 은하이다.

354 B는 ( ) 은하이다.

355 C는 ( ) 은하이다.

[356~360] 다음 문장을 읽고 옳으면 ○, 옳지 않으면 × 하시오.

356 B의 경우 별의 평균 색지수는 은하 중심부보다 나선팔에서 크다. ─────────── ( )

357 보통 물질 중 성간 물질이 차지하는 질량의 비율은 B가 C보다 작다. ─────────── ( )

358 푸른 별은 C보다 A에 많다. ─────── ( )

359 C가 진화하면 나선팔이 형성된다. ─── ( )

360 성간 기체는 A보다 C에 많이 분포한다. ─ ( )

🔍 그림은 특이 은하 (가)와 (나)의 스펙트럼을 나타낸 것이다. (가), (나)는 각각 퀘이사와 세이퍼트 은하 중 하나이다.

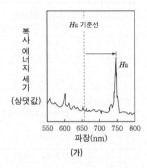
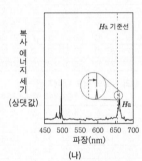

지Ⅱ 2018. 10. #18

[361~362] 빈칸에 알맞은 말을 써넣으시오.

361 (가)는 ( )이다.

362 (나)는 ( )이다.

[363~364] 다음 문장을 읽고 옳으면 ○, 옳지 않으면 × 하시오.

363 은하의 후퇴 속도는 (가)가 (나)보다 크다. ── ( )

364 (나)와 같은 종류의 특이 은하는 대부분 나선 은하의 형태로 관측된다. ─────────── ( )

5 허블 법칙과 우주 팽창

[365~368] 다음 문장을 읽고 빅뱅 우주론에 관한 설명이면 ㉠, 정상 우주론에 관한 설명이면 ㉡으로 표시하시오.

365 우주의 온도는 일정하다. ──────── ( )

366 우주의 질량은 일정하다. ──────── ( )

367 우주의 밀도는 일정하다. ──────── ( )

368 우주의 에너지는 일정하다. ─────── ( )

🔍 다음은 절대 등급이 같은 외부 은하 A, B, C의 거리에 따른 후퇴 속도를 나타낸 것이다.

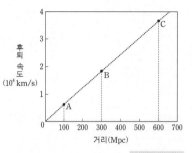

지Ⅱ 2015. 수능 #14

[369~371] 다음 문장을 읽고 옳으면 ○, 옳지 않으면 × 하시오.

369 우리 은하가 우주의 중심이다. ────── ( )

370 B에서 관찰하면 A와 C는 모두 후퇴한다. ─ ( )

371 20억 년 전 우리 은하에서 본 C의 후퇴 속도는 현재와 동일하다. ─────────── ( )

6 암흑 물질과 암흑 에너지

🔍 그림은 대폭발 우주론에서 우주 구성 요소인 복사 에너지, 물질, 암흑 에너지의 시간에 따른 밀도 변화를 나타낸 것이다.

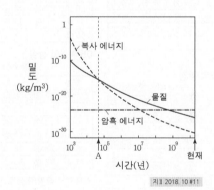

지Ⅱ 2018. 10 #11

[372~377] 다음 문장을 읽고 옳으면 ○, 옳지 않으면 × 하시오.

372 현재 우주는 가속 팽창하고 있다. ──── ( )

373 A 시기 이전에는 복사 에너지의 밀도가 물질의 밀도보다 크다. ─────────── ( )

374 우주 구성 요소 중 암흑 에너지가 차지하는 비율은 계속 증가하였다. ─────────── ( )

375 우주에 존재하는 암흑 에너지의 총량은 시간이 흘러도 일정하다. ─────────── ( )

376 우주의 평균 밀도는 A 시점보다 현재가 크다. ── ( )

377 물질은 우주 팽창을 가속시킨다. ──── ( )

✏️ **정답 및 풀이**

353 불규칙 354 나선 355 타원 356 ×(크다→작다) 357 ×(B↔C) 358 ○ 359 ×(은하의 형태와 진화 과정은 관련이 없다.) 360 ×(많이→적게) 361 퀘이사 362 세이퍼트 은하 363 ○
364 ○ 365 ㉡ 366 ㉠ 367 ㉡ 368 ㉠ 369 ×(팽창하는 우주의 중심을 특정할 수 없다.) 370 ○ 371 ×(현재와 동일하다→현재보다 느렸다) 372 ○ 373 ○ 374 ○
375 ×(일정하다→증가한다) 376 ×(크다→작다) 377 ×(물질→암흑 에너지)

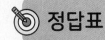

I. 고체 지구의 변화
1. 지권의 변동
01 대륙 이동과 판 구조론
문제편 p.6 해설편 p.4

1 ①	2 ⑤	3 ②	4 ①	5 ①
6 ③	7 ⑤	8 ②	9 ④	10 ④
11 ②	12 ②	13 ②	14 ③	15 ①
16 ③	17 ①	18 ③	19 ②	20 ⑤
21 ②	22 ②	23 ②	24 ①	25 ④
26 ①	27 ①	28 ②	29 ③	30 ③
31 ②	32 ③	33 ③	34 ①	35 ④
36 ⑤	37 ④	38 ④	39 ②	40 ④
41 ④	42 ⑤	43 ④	44 ②	45 ③
46 ②	47 ①	48 ②	49 ⑤	50 ⑤
51 ②				

02 대륙의 분포와 변화
문제편 p.20 해설편 p.33

1 ①	2 ⑤	3 ②	4 ④	5 ④
6 ①	7 ③	8 ③	9 ③	10 ①
11 ②	12 ①	13 ①	14 ①	15 ④
16 ②	17 ①	18 ④	19 ③	20 ①
21 ①	22 ⑤	23 ②	24 ③	25 ②
26 ②	27 ④	28 ⑤	29 ③	30 ⑤

03 맨틀 대류와 플룸 구조론
문제편 p.29 해설편 p.51

1 ⑤	2 ④	3 ③	4 ②	5 ③
6 ③	7 ④	8 ①	9 ⑤	10 ②
11 ②	12 ①	13 ③	14 ⑤	15 ①
16 ②	17 ⑤	18 ①	19 ⑤	

04 변동대와 화성암
문제편 p.42 해설편 p.63

1 ④	2 ④	3 ①	4 ③	5 ②
6 ①	7 ⑤	8 ①	9 ⑤	10 ②
11 ④	12 ④	13 ④	14 ④	15 ①
16 ③	17 ②	18 ②	19 ⑤	20 ④
21 ③	22 ④	23 ③	24 ①	25 ④
26 ④	27 ⑤	28 ②	29 ③	30 ①
31 ③				

2. 지구의 역사
01 퇴적 구조와 환경
문제편 p.52 해설편 p.81

1 ④	2 ⑤	3 ③	4 ④	5 ⑤
6 ⑤	7 ④	8 ③	9 ⑤	10 ①
11 ②	12 ③	13 ⑤	14 ①	15 ⑤
16 ③	17 ③	18 ③	19 ②	20 ⑤
21 ②	22 ⑤	23 ②	24 ③	25 ③
26 ②	27 ③	28 ②	29 ③	30 ②
31 ②	32 ①	33 ⑤		

02 지질 구조
문제편 p.63 해설편 p.101

1 ⑤	2 ⑤	3 ④	4 ③	5 ⑤
6 ③	7 ⑤	8 ⑤	9 ①	10 ⑤
11 ④	12 ⑤	13 ①	14 ①	15 ③

03 지사 해석 방법
문제편 p.68 해설편 p.110

1 ⑤	2 ⑤	3 ④	4 ④	5 ⑤
6 ③	7 ②	8 ⑤	9 ③	10 ③
11 ⑤	12 ⑤	13 ⑤	14 ④	15 ②

04 지층의 연령
문제편 p.73 해설편 p.120

1 ④	2 ④	3 ③	4 ⑤	5 ①
6 ⑤	7 ③	8 ②	9 ④	10 ③
11 ②	12 ①	13 ①	14 ⑤	15 ③
16 ②	17 ⑤	18 ①	19 ③	20 ④
21 ③	22 ①	23 ③	24 ③	25 ④
26 ③	27 ②	28 ④	29 ③	30 ①
31 ⑤	32 ③	33 ②	34 ④	35 ③

05 지질 시대의 환경과 생물
문제편 p.92 해설편 p.141

1 ③	2 ④	3 ②	4 ④	5 ⑤
6 ⑤	7 ③	8 ①	9 ⑤	10 ①
11 ②	12 ②	13 ③	14 ③	15 ①
16 ③	17 ②	18 ③	19 ③	20 ②
21 ③	22 ②	23 ①	24 ①	25 ①
26 ②	27 ④	28 ②	29 ①	30 ⑤
31 ④	32 ④	33 ①	34 ①	35 ②
36 ④	37 ①	38 ⑤	39 ④	40 ④
41 ①				

II. 유체 지구의 변화
1. 대기와 해양의 변화
01 기압과 날씨 변화
문제편 p.105 해설편 p.164

1 ④	2 ⑤	3 ⑤	4 ④	5 ③
6 ④	7 ①	8 ⑤	9 ③	10 ④
11 ②	12 ①	13 ②	14 ②	15 ②
16 ②				

02 온대 저기압과 날씨
문제편 p.111 해설편 p.174

1 ①	2 ②	3 ⑤	4 ③	5 ④
6 ③	7 ①	8 ④	9 ①	10 ④
11 ①	12 ⑤	13 ②	14 ①	15 ⑤
16 ①	17 ④	18 ④	19 ②	20 ②
21 ③	22 ⑤	23 ④	24 ①	25 ③
26 ②	27 ⑤	28 ④		

03 태풍의 발생과 영향
문제편 p.121 해설편 p.191

1 ②	2 ②	3 ②	4 ②	5 ④
6 ②	7 ④	8 ②	9 ②	10 ④
11 ⑤	12 ⑤	13 ②	14 ②	15 ③
16 ③	17 ⑤	18 ④	19 ③	20 ①
21 ②	22 ⑤	23 ③	24 ④	25 ①
26 ⑤	27 ②	28 ②	29 ③	30 ①
31 ③	32 ④	33 ⑤	34 ③	35 ④
36 ②	37 ②	38 ②	39 ⑤	40 ②
41 ⑤	42 ①	43 ①		

04 우리나라의 주요 악기상
문제편 p.134 해설편 p.215

1 ②	2 ②	3 ①	4 ①	5 ②
6 ④	7 ⑤	8 ①	9 ⑤	10 ⑤
11 ④	12 ②	13 ④	14 ④	15 ③
16 ③				

05 해수의 성질
문제편 p.149 해설편 p.227

1 ②	2 ①	3 ⑤	4 ⑤	5 ⑤
6 ②	7 ③	8 ①	9 ②	10 ④
11 ②	12 ③	13 ①	14 ①	15 ⑤
16 ①	17 ④	18 ③	19 ⑤	20 ②
21 ④	22 ⑤	23 ②	24 ①	25 ④
26 ①	27 ③	28 ③	29 ②	30 ②
31 ③	32 ③	33 ①		

2. 대기와 해양의 상호 작용
01 대기 대순환과 해양의 표층 순환
문제편 p.160 해설편 p.247

1 ②	2 ③	3 ②	4 ②	5 ⑤
6 ④	7 ①	8 ②	9 ①	10 ⑤
11 ②	12 ①	13 ④	14 ④	15 ⑤
16 ①	17 ④	18 ②	19 ②	20 ⑤
21 ②	22 ③	23 ②	24 ①	25 ②
26 ②	27 ①	28 ②	29 ④	30 ①
31 ②	32 ④	33 ②	34 ②	35 ④
36 ①	37 ①	38 ②	39 ⑤	40 ②
41 ③	42 ⑤			

02 해양의 심층 순환
문제편 p.172 해설편 p.270

1 ④	2 ②	3 ②	4 ③	5 ①
6 ⑤	7 ⑤	8 ⑤	9 ③	10 ④
11 ③	12 ③	13 ⑤	14 ④	15 ⑤
16 ①	17 ④	18 ①	19 ③	20 ②
21 ②	22 ④	23 ③	24 ①	25 ②
26 ⑤	27 ④	28 ⑤		

03 대기와 해양의 상호 작용
문제편 p.182 해설편 p.287

1 ④	2 ④	3 ②	4 ④	5 ④
6 ③	7 ⑤	8 ⑤	9 ④	10 ②
11 ②	12 ②	13 ③	14 ④	15 ②
16 ④	17 ②	18 ⑤	19 ④	20 ④
21 ④	22 ④	23 ④	24 ①	25 ②
26 ②	27 ⑤	28 ⑤	29 ⑤	30 ④
31 ④	32 ④	33 ①	34 ①	35 ②
36 ④	37 ①	38 ⑤	39 ④	40 ④
41 ④				

04 기후 변화
문제편 p.210 해설편 p.324

1 ⑤	2 ④	3 ⑤	4 ⑤	5 ⑤
6 ⑤	7 ⑤	8 ②	9 ④	10 ⑤
11 ③	12 ①	13 ⑤	14 ③	15 ③
16 ③	17 ①	18 ②	19 ⑤	20 ④
21 ②	22 ⑤	23 ①	24 ⑤	25 ②
26 ⑤	27 ④	28 ⑤	29 ④	30 ④
31 ⑤	32 ④	33 ⑤	34 ④	35 ④
36 ③	37 ⑤	38 ④	39 ③	40 ⑤
41 ②	42 ④	43 ⑤	44 ②	45 ③
46 ①	47 ③	48 ⑤	49 ①	50 ⑤
51 ②	52 ⑤	53 ③	54 ①	55 ③
56 ⑤	57 ①			

III. 우주의 신비
1. 별과 외계 행성계
01 별의 물리량과 H-R도
문제편 p.230 해설편 p.364

1 ①	2 ②	3 ①	4 ⑤	5 ④
6 ③	7 ③	8 ⑤	9 ①	10 ③
11 ②	12 ①	13 ④	14 ④	15 ②
16 ⑤	17 ②	18 ③	19 ②	20 ②
21 ①	22 ③	23 ④	24 ③	25 ⑤
26 ⑤	27 ②	28 ②	29 ④	30 ③
31 ④	32 ①	33 ①	34 ③	35 ③
36 ④	37 ⑤	38 ①	39 ①	40 ②

02 별의 진화와 별의 에너지원
문제편 p.243 해설편 p.388

1 ④	2 ④	3 ④	4 ②	5 ③
6 ②	7 ③	8 ③	9 ③	10 ④
11 ③	12 ①	13 ②	14 ⑤	15 ⑤
16 ①	17 ②	18 ⑤	19 ②	20 ②
21 ③	22 ②	23 ⑤	24 ②	25 ①
26 ①	27 ②	28 ①	29 ①	30 ④
31 ②	32 ③	33 ④	34 ③	35 ③
36 ④	37 ④	38 ⑤	39 ②	40 ⑤
41 ①	42 ④	43 ②	44 ②	45 ⑤

03 외계 행성계와 외계 생명체 탐사
문제편 p.264 해설편 p.415

1 ④	2 ③	3 ⑤	4 ⑤	5 ④
6 ①	7 ⑤	8 ④	9 ④	10 ④
11 ④	12 ①	13 ④	14 ①	15 ③
16 ①	17 ①	18 ②	19 ⑤	20 ②
21 ⑤	22 ②	23 ④	24 ②	25 ③
26 ②	27 ②	28 ④	29 ③	30 ①
31 ④	32 ①	33 ④	34 ③	35 ③
36 ①	37 ②	38 ②	39 ⑤	40 ②
41 ②	42 ⑤	43 ④	44 ④	45 ③
46 ③	47 ④	48 ⑤	49 ③	50 ⑤
51 ①	52 ②	53 ②	54 ②	55 ⑤
56 ⑤	57 ⑤	58 ②	59 ②	60 ②
61 ②	62 ⑤	63 ⑥	64 ⑤	65 ②
66 ⑤	67 ②	68 ④	69 ⑤	

2. 외부 은하와 우주 팽창
01 은하의 분류
문제편 p.284 해설편 p.456

1 ⑤	2 ②	3 ②	4 ③	5 ①
6 ①	7 ⑤	8 ⑤	9 ⑤	10 ③
11 ④	12 ⑤	13 ⑤	14 ②	15 ①
16 ②	17 ⑤	18 ⑤	19 ①	20 ⑤
21 ⑤	22 ④	23 ②	24 ④	25 ②
26 ③	27 ⑤	28 ②	29 ②	

02 허블 법칙과 우주 팽창
문제편 p.295 해설편 p.474

1 ④	2 ⑤	3 ②	4 ⑤	5 ①
6 ⑤	7 ⑤	8 ③	9 ⑤	10 ⑤
11 ④	12 ⑤	13 ②	14 ②	15 ①
16 ⑤	17 ⑤	18 ⑤	19 ①	20 ⑤
21 ⑤	22 ⑤	23 ⑤	24 ⑤	25 ⑤
26 ⑤	27 ②	28 ④	29 ③	30 ①
31 ①	32 ③	33 ⑤	34 ③	

03 암흑 물질과 암흑 에너지
문제편 p.310 해설편 p.500

1 ①	2 ②	3 ④	4 ⑤	5 ⑤
6 ④	7 ⑤	8 ①	9 ⑤	10 ④
11 ③	12 ③	13 ②	14 ①	15 ②
16 ①	17 ③	18 ④	19 ②	20 ⑤
21 ②	22 ③	23 ②	24 ⑤	25 ③
26 ①				

연도별
2022학년도 6월 모의평가
문제편 p.318 해설편 p.514

1 ①	2 ①	3 ②	4 ③	5 ②
6 ⑤	7 ①	8 ④	9 ②	10 ⑤
11 ①	12 ③	13 ⑤	14 ③	15 ④
16 ③	17 ④	18 ④	19 ③	20 ④

2022학년도 9월 모의평가
문제편 p.322 해설편 p.518

1 ④	2 ④	3 ①	4 ⑤	5 ②
6 ①	7 ②	8 ⑤	9 ⑤	10 ③
11 ②	12 ③	13 ③	14 ⑤	15 ①
16 ③	17 ④	18 ②	19 ②	20 ⑤

2022학년도 대학수학능력시험
문제편 p.326 해설편 p.522

1 ①	2 ①	3 ③	4 ②	5 ②
6 ⑤	7 ④	8 ②	9 ④	10 ⑤
11 ⑤	12 ③	13 ②	14 ①	15 ③
16 ⑤	17 ②	18 ②	19 ④	20 ①

2023학년도 6월 모의평가
문제편 p.330 해설편 p.526

1 ⑤	2 ③	3 ⑤	4 ⑤	5 ⑤
6 ①	7 ②	8 ⑤	9 ③	10 ③
11 ②	12 ④	13 ④	14 ③	15 ②
16 ⑤	17 ①	18 ④	19 ③	20 ③

2023학년도 9월 모의평가
문제편 p.334 해설편 p.530

1 ①	2 ④	3 ③	4 ⑤	5 ②
6 ①	7 ②	8 ②	9 ②	10 ⑤
11 ③	12 ③	13 ④	14 ⑤	15 ⑤
16 ③	17 ①	18 ⑤	19 ③	20 ②

2023학년도 대학수학능력시험
문제편 p.338 해설편 p.534

1 ⑤	2 ③	3 ②	4 ⑤	5 ⑤
6 ④	7 ②	8 ⑤	9 ④	10 ⑤
11 ①	12 ④	13 ②	14 ①	15 ③
16 ⑤	17 ②	18 ②	19 ③	20 ⑤

2024학년도 6월 모의평가
문제편 p.342 해설편 p.538

1 ②	2 ①	3 ④	4 ⑤	5 ②
6 ②	7 ④	8 ①	9 ②	10 ④
11 ②	12 ④	13 ④	14 ③	15 ①
16 ⑤	17 ③	18 ⑤	19 ③	20 ⑤

2024학년도 9월 모의평가
문제편 p.346 해설편 p.542

1 ④	2 ⑤	3 ③	4 ⑤	5 ②
6 ③	7 ⑤	8 ②	9 ②	10 ④
11 ⑤	12 ④	13 ③	14 ⑤	15 ①
16 ③	17 ④	18 ②	19 ⑤	20 ①

2024학년도 대학수학능력시험
문제편 p.350 해설편 p.546

1 ④	2 ⑤	3 ③	4 ①	5 ③
6 ④	7 ③	8 ②	9 ②	10 ⑤
11 ③	12 ⑤	13 ①	14 ①	15 ④
16 ⑤	17 ③	18 ②	19 ⑤	20 ⑤

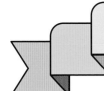

2024 The 8th Mothertongue Scholarship for Brilliant Students

2024 마더텅 8th
성적 우수·성적 향상 장학생 모집

수능 및 전국연합 학력평가 기출문제집 ■까만책, ■빨간책, ▤노란책, ▤파란책 등
2024년에도 마더텅 고등 교재와 함께 우수한 성적을 거두신
수험생님들께 장학금을 드립니다.

대상
500
만 원

은상 **30** 만 원

금상 **100** 만 원

10 만 원 동상

마더텅 고등 교재로 공부한 해당 과목 ※1인 1개 과목 이상 지원 가능하며, 여러 과목 지원 시 가산점이 부여됩니다.
위 조건에 해당한다면 마더텅 고등 교재로 공부하면서 #느낀 점과 #공부 방법, #학업 성취, #성적 변화 등에 관한
자신만의 수기를 작성해서 마더텅으로 보내 주세요. 우수한 글을 보내 준 수험생분을 선발해 수기 공모 장학금을 드립니다!

 성적 우수 분야
고3/N수생 수능 1등급
고1/고2 전국연합 학력평가 1등급 또는 내신 95점 이상

 성적 향상 분야
고3/N수생 수능 1등급 이상 향상
고1/고2 전국연합 학력평가 1등급 이상 향상 또는 내신 성적 10점 이상 향상

＊전체 과목 중 과목별 향상 등급(혹은 점수)의 합계로 응모해 주시면 감사하겠습니다.

 마더텅 역대 장학생님들　제1기 2018년 2월 24일 총 55명　제2기 2019년 1월 18일 총 51명　제3기 2020년 1월 10일 총 150명
제4기 2021년 1월 29일 총 383명　제5기 2022년 1월 25일 총 210명　제6기 2023년 1월 20일 총 168명　제7기 2024년 1월 31일 총 000명

응모 대상　**마더텅 고등 교재로 공부한 고1, 고2, 고3, N수생**
마더텅 수능기출문제집, 마더텅 수능기출 모의고사, 마더텅 전국연합 학력평가 기출문제집, 마더텅 전국연합 학력평가 기출 모의고사 3개년,
마더텅 수능기출 전국연합 학력평가 20분 미니모의고사 24회, 마더텅 수능기출 20분 미니모의고사 24회, 마더텅 수능기출 고난도 미니모의고사,
마더텅 수능기출 유형별 20분 미니모의고사 24회 등 마더텅 고등 교재 최소 1권 이상 신청 가능

선발 일정　접수기한 2024년 12월 30일 월요일　수상자 발표일 2025년 1월 13일 월요일　장학금 수여일 2025년 2월 6일 목요일

응모 방법　① 마더텅 홈페이지 www.toptutor.co.kr　　② [2024 마더텅 장학생 모집] 클릭 후　③ [2024 마더텅 장학생 지원서 양식] 작성 후
　　　　　　[고객센터 - 이벤트] 게시판에 접속 　　[2024 마더텅 장학생 지원서 양식]을 다운로드　mothert.marketing@gmail.com 메일 발송

2025 마더텅 수능기출문제집 시리즈

book.toptutor.co.kr
구하기 어려운 교재는 마더텅
모바일(인터넷)을 이용하세요.
즉시 배송해 드립니다.

국어 영역	국어 문학, 국어 독서, 국어 언어와 매체, 국어 화법과 작문, 국어 어휘
수학 영역	수학Ⅰ, 수학Ⅱ, 확률과 통계, 미적분, 기하
영어 영역	영어 독해, 영어 어법·어휘, 영어 듣기
한국사 영역	한국사
사회 탐구 영역	세계사, 동아시아사, 한국지리, 세계지리, 윤리와 사상, 생활과 윤리, 사회·문화, 정치와 법, 경제
과학 탐구 영역	물리학Ⅰ, 물리학Ⅱ, 화학Ⅰ, 화학Ⅱ, 생명과학Ⅰ, 생명과학Ⅱ, 지구과학Ⅰ, 지구과학Ⅱ

16차 개정판 2쇄 2024년 1월 8일 (**초판 1쇄 발행일** 2008년 1월 7일) **발행처** (주)마더텅 **발행인** 문숙영

책임편집 장혜원

해설집필 김서영, 이선윤, 권지혜(중화고)

부록집필 이선윤, 이현희

교정 이현희, 박호진, 강혜미

해설 감수 오정석(일산 네오젠 과학학원)

컷 박성은 **디자인** 김연실, 양은선 **인디자인 편집** 김양자 **제작** 이주영 **홍보** 정반석

주소 서울시 금천구 가마산로 96, 708호 **등록번호** 제1-2423호(1999년 1월 8일)

* 이 책의 내용은 (주)마더텅의 사전 동의 없이 어떠한 형태나 수단으로도 전재, 복사, 배포되거나 정보검색시스템에 저장될 수 없습니다.
* 잘못 만들어진 책은 구입처에서 바꾸어 드립니다.   * 교재 및 기타 문의 사항은 이메일(mothert1004@toptutor.co.kr)로 보내 주시면 감사하겠습니다.
* 이 책에는 네이버에서 제공한 나눔글꼴이 적용되어 있습니다.   * 교재 구입 시 온/오프라인 서점에 교재가 없는 경우 고객센터 전화 1661-1064(07:00~22:00)로 문의해 주시기 바랍니다.

마더텅 교재를 풀면서 궁금한 점이 생기셨나요?

교재 관련 내용 문의나 오류신고 사항이 있으면 아래 문의처로 보내 주세요! 문의하신 내용에 대해 성심성의껏 답변해 드리겠습니다. 또한 교재의 내용 오류 또는
오·탈자, 그 외 수정이 필요한 사항 에 대해 가장 먼저 신고해 주신 분께는 감사의 마음을 담아 **CU 모바일 편의점 상품권 1천 원권** 을 보내 드립니다!

*기한: 2024년 11월 30일 *오류신고 이벤트는 당사 사정에 따라 조기 종료될 수 있습니다. *홈페이지에 게시된 정오표 기준으로 최초 신고된 오류에 한하여 상품권을 보내 드립니다.

🏠 홈페이지 www.toptutor.co.kr 📋교재Q&A게시판 💬 카카오톡 mothertongue ✉이메일 mothert1004@toptutor.co.kr 🎧 고객센터 전화 1661-1064(07:00~22:00) ✉ 문자 010-6640-1064(문자수신전용)

마더텅은 1999년 창업 이래 2023년까지 3,011만 부의 교재를 판매했습니다. 2023년 판매량은 300만 부로 자사 교재의 품질은 학원 강의와 온/오프라인 서점 판매량으로 검증받았습니다. [마더텅 수능기출문제집 시리즈]
는 친절하고 자세한 해설로 수험생들의 전폭적인 지지를 받으며 누적 판매 770만 부, 2023년 한 해에만 82만 부가 판매된 베스트셀러입니다. 또한 [중학영문법 3800제]는 2007년부터 2023년까지 17년 동안 중학 영문
법 부문 판매 1위를 지키며 명실공히 대한민국 최고의 영문법 교재로 자리매김했습니다. 그리고 2018년 출간된 [뿌리깊은 초등국어 독해력 시리즈]는 2023년까지 232만 부가 판매되면서 초등 국어 부문 판매 1위를 차지하
였습니다.(교보문고/YES24 판매량 기준, EBS 제외) 이처럼 마더텅은 초·중·고 학습 참고서를 대표하는 대한민국 제일의 교육 브랜드로 자리 잡게 되었습니다. 이와 같은 성원에 감사드리며, 앞으로도 효율적인 학습에 보탬이
되는 교재로 보답하겠습니다.

마더텅 학습 교재 이벤트에 참여해 주세요. 참여해 주신 모든 분께 선물을 드립니다.

이벤트 1   1분 간단 교재 사용 후기 이벤트

마더텅은 고객님의 소중한 의견을 반영하여 보다 좋은 책을 만들고자 합니다.
교재 구매 후, <교재 사용 후기 이벤트>에 참여해 주신 모든 분께는 감사의 마음을 담아 모바일 문화상품권 1천 원권 을 보내 드립니다.
지금 바로 QR 코드를 스캔해 소중한 의견을 보내 주세요!

이벤트 2   학습계획표 이벤트

Step 1   책을 다 풀고 SNS 또는 수험생 커뮤니티에 작성한 학습계획표 사진을 업로드

Step 2

필수 태그 #마더텅 #까만책 #수능 #기출 #학습계획표 #공스타그램
SNS/수험생 커뮤니티 페이스북, 인스타그램, 블로그, 네이버/다음 카페 등

▶ 오른쪽 QR 코드를 스캔하여
작성한 게시물의 URL 인증

참여해 주신 모든 분께는 감사의 마음을 담아 **CU 모바일 편의점 상품권 1천 원권** 및 **B 북포인트 2천 점** 을 드립니다.

이벤트 3   블로그/SNS 이벤트

Step 1   자신의 블로그/SNS 중 하나에 마더텅 교재에 대한 사용 후기를 작성

Step 2

필수 태그 #마더텅 #까만책 #수능 #기출 #교재리뷰 #공스타그램
필수 내용 마더텅 교재 장점, 교재 사진

▶ 오른쪽 QR 코드를 스캔하여
작성한 게시물의 URL 인증

참여해 주신 모든 분께는 감사의 마음을 담아 **CU 모바일 편의점 상품권 2천 원권** 및 **B 북포인트 3천 점** 을 드립니다.
매달 우수 후기자를 선정하여 모바일 문화상품권 2만 원권 과 **B 북포인트 1만 점** 을 드립니다.

B 북포인트란? 마더텅 인터넷 서점 http://book.toptutor.co.kr에서 교재 구매 시 현금처럼 사용할 수 있는 포인트입니다.

※ 자세한 사항은 해당 QR 코드를 스캔하거나 홈페이지 이벤트 공지 글을 참고해 주세요. ※ 당사 사정에 따라 이벤트의 내용이나 상품이 변경될 수 있으며 변경 시 홈페이지에 공지합니다.
※ 상품은 이벤트 참여일로부터 2~3일(영업일 기준) 내에 발송됩니다. ※ 동일 교재로 세 가지 이벤트 모두 참여 가능합니다. (단, 같은 이벤트 중복 참여는 불가합니다.)
※ 이벤트 기간: 2024년 11월 30일까지 (*해당 이벤트는 당사 사정에 따라 조기 종료될 수 있습니다.)

2025
마더텅 수능기출문제집
지구과학 I
정답과 해설편

MOTHERTONGUE
마더텅출판사
since 1999. 4. 1.

2023 수능 지구과학Ⅰ 1등급 공부 방법

김예모 님
서울시 잠실여자고등학교
이화여자대학교 약학부 합격
2023학년도 대학수학능력시험 지구과학Ⅰ 1등급(표준 점수 68)
사용 교재 **까만책** 생명과학Ⅰ, 지구과학Ⅰ, 생명과학Ⅱ **빨간책** 수학 영역

마더텅 수능기출문제집을 선택한 이유

매년 점점 어려워지는 추세인 지구과학은 개념 암기가 문제의 정답으로 바로 이어지지는 않는 과목입니다. 그 사이 수반되어야 하는 것이 바로 자료 해석이기 때문에, 개념 암기는 물론이고 자료를 해석하는 방법도 익혀야만 했습니다. 한정된 개념이지만 수많은 자료를 통해 매 시험마다 새로운 문제가 나왔기 때문에 이를 대비해야 했고 특히, 과거에는 설명이 함께 제시되었던 자료가 다음 해에는 설명 없이 그림만 제시되는 경우가 있었기에 기출 문제 복습이 필요했습니다. 이러한 점들을 잘 다룰 수 있는 교재가 바로 **마더텅 수능기출문제집**이었기 때문에 기출 문제 풀이를 위해 마더텅을 선택했습니다.

마더텅 수능기출문제집의 장점

마더텅 수능기출문제집은 개념 설명과 기출 문제가 단원별로 나누어져 있다는 것이 큰 장점입니다. 각 단원 맨 앞에 있는 개념 설명을 통해 본인의 이해도를 점검할 수 있다는 것이 좋았습니다. 또한, 문제의 보기에 대한 풀이가 자세하다는 점은 정답 및 오답의 근거를 파악하는 데 도움을 주었습니다. 특히 지구과학에 있어 자료 해석이 아주 중요하므로, 자료 해석에 실패하면 정답으로 절대 이어질 수 없습니다. **마더텅 수능기출문제집**은 모든 선지에 대한 첨삭 해설을 제공하기 때문에 이것이 왜 정답이고 오답인지를 파악하기 좋았습니다. 오답뿐만 아니라 정답 선지에도 근거를 빠짐 없이 설명해 주었다는 점이 마음에 들었습니다. 개념도 개념이지만, 교재 맨 뒷 부분에는 연도별 모의고사와 수능 문제가 그대로 수록되어 있어 따로 찾아볼 필요 없이 문제를 풀기 좋았습니다.

마더텅 수능기출문제집을 활용한 지구과학Ⅰ 공부 방법

저는 적어도 하루에 하나의 소단원 분량은 풀도록 학습 계획을 짰습니다. 정해진 분량만큼 문제를 푼 뒤에는 오답을 확인했는데, 이때 **마더텅 수능기출문제집**의 정답과 해설편을 활용했습니다. 마더텅의 해설지에는 문제에 분홍색 글씨로 문제의 조건이나 자료를 분석해 놓았기 때문에, 문제의 자료가 무엇을 의미하는지 빠르게 확인할 수 있었습니다. 또한, 문제의 주제와 자료 해설 부분을 통해 해당 자료가 의미하는 바와 요구하는 바가 무엇인지 알 수 있었습니다.

그리고 저는 보기 풀이를 통해 해당 선지가 왜 정답인지 오답인지를 분석하며 공부했습니다. 일부 문제에 함께 수록된 문제 풀이 TIP과 출제 분석을 통해 비슷한 유형의 문제를 다시 접했을 때의 대처 방법에 대해 생각해 보기도 하였습니다. 종종 문제의 정답 여부에 관계없이 모두 풀다 보면 반드시 기억해야 할 개념을 마주하기도 하고, 개념을 잘못 알고 있거나 아예 모르고 있던 내용이 있

을 때가 있었습니다. 저는 이렇게 암기해야 하거나 오답을 확인해야 하는 문제가 있을 땐, 문제에 직접 빨간색 펜으로 표기하였습니다. 오답 여부에 관계없이 필수적으로 외워야 하는 문제의 경우, 해당 소단원 옆에 번호를 표기하는 방식으로 기록하였습니다. 이러한 방법을 통해 나중에는 빠르게 문제 번호를 찾아 복습할 수 있었습니다.

이 뿐만 아니라, 개념 정리 노트와 오답 노트, 이렇게 저만의 2가지 노트를 만들어 공부하곤 했는데, 저는 개념보다는 오답 노트에 더 많은 시간을 쏟았습니다. 지구과학 문제를 풀다 보면 흔히 '지엽적'이라고 일컫는 내용이 나오는 경우가 있는데, 이러한 내용은 암기해두면 문제 풀이 속도를 높일 수 있었기에 오답 노트에 적어두곤 했습니다. 푼 시험별로 제목을 달아 문항 번호에 따라 기록하였고, 외워야 하거나 새로 알게 된 개념 혹은 자료들도 하나하나 모두 기록하였습니다. 틈틈이 이 노트를 읽어보며 틀린 이유와 암기해야 할 것 등에 대해 꾸준히 생각하였고, 수능이나 모의고사 날에도 또 읽어보며 암기 내용을 다시 한번 점검할 수 있었습니다.

2023 수능 지구과학Ⅰ 1등급 공부 방법

김수민 님
순창군 순창고등학교
한양대학교 의예과 합격
2023학년도 대학수학능력시험 지구과학Ⅰ 3등급→2등급
(표준점수 63)
사용 교재 **까만책** 국어 문학, 국어 독서, 언어와 매체, 화학Ⅰ, 지구과학Ⅰ, 생활과 윤리
노란책 고3 영어 영역 **기타** 1등급 어휘력

마더텅 수능기출문제집을 선택한 이유

학교 선배가 수능 공부는 기출 분석이 반드시 필요하다고 했고, **마더텅 수능기출문제집**을 추천해 주었습니다. **마더텅 수능기출문제집**에는 모든 문항에 대해 자세하고 친절한 해설이 첨부되어 있다는 점이 마음에 들어 선택하게 되었습니다.

마더텅 수능기출문제집의 장점

마더텅 수능기출문제집의 가장 큰 장점은 자세한 해설이라고 생각합니다. 또한 교육과정이 바뀌기 이전의 문제까지 함께 실려 있어 풍부한 수능대비를 할 수 있었습니다. 최근의 기조뿐만 아니라 과거 평가원 모의고사 문제의 출제 의도를 분석하기 좋았습니다. 어려운 개념이나 암기해야 할 포인트를 마더텅 해설지와 교재를 참고하여 공부하니 수능에서도 좋은 결과를 얻을 수 있었습니다.

마더텅 수능기출문제집을 활용한 지구과학Ⅰ 공부 방법

지구과학Ⅰ은 암기와 이해가 동시에 요구되는 과목이라 생각했고, 그렇기에 **마더텅 수능기출문제집**을 더욱 보람차게 사용할 수 있었습니다. 저는 먼저 **마더텅 수능기출문제집** 개념 학습을 마친 뒤 문제를 풀었습니다. 채점 후, 마더텅에서 제시하는 방법으로 오답 노트를 만들었고, 특정 개념이 약하면 해당 개념의 단원에 수록된 문항을 한 번 더 풀며 단권화 하는 데 큰 도움이 되었습니다.

2025
마더텅 수능기출문제집
지구과학 I
정답과 해설편

문제풀이 동영상

체계적인 문항배치, 초자세한 해설, 수능 1등급을 위한 기출문제집!
지구과학 I 완전 정복을 위한 마더텅만의 특급 부록 <기출 자료 분석> 수록

풍부하고 다양한 문항구성

2024~2017학년도(2023~2016년 시행) 최신 8개년 수능·모의평가·학력평가 기출문제 중 새교육과정에 맞는 우수 문항	**+**	연도별 모의고사 9회분 수록

＊ 총 829문항을 단원별로 배치하여 수능 준비에 최적화!

친절하고 자세한 해설편

＊ 수능에 꼭 나오는 단원별, 소주제별 필수 개념 및 암기사항 정리
＊ 대한민국 최초! 전 문항, 모든 선지에 100% 첨삭해설 수록
＊ 문제풀이의 방향을 잡아주는 문제풀이 tip, 출제분석 제공!
＊ 학습에 용이하게 해설편에 문제가 한 번 더!

특급부록

기출 자료 분석 모음   자주 출제되는 자료를 소단원별로 분석하여 수록!

기출 OX 377제
기출 복습을 위한
최고의 선택!

＊ 자주 출제되는 선지 ○X, 단답형 퀴즈 377 문항!
＊ 수능에 자주 나오는 보기 철저 분석!
＊ 수능 빈출 자료로 수능 완벽 대비!
＊ 짧은 시간에 수능에 필요한 핵심만 쏙쏙!

I. 고체 지구의 변화

1. 지권의 변동

01 대륙 이동과 판 구조론

필수개념 1 판 구조론

1. 판 구조론의 정립 과정

	정의	증거	한계점
대륙 이동설	고생대 말 판게아라는 초대륙이 존재했으며, 약 2억 년 전부터 분리되기 시작하여 현재와 같은 대륙 분포를 이루었음	1. 대서양 양쪽 대륙의 해안선 유사성 2. 고생대 화석 분포의 연속성 3. 빙하 흔적의 연속성 4. 지질 구조의 연속성	대륙 이동의 원동력을 설명하지 못함
맨틀 대류설	지각 아래 맨틀이 열대류 한다고 가정하고, 맨틀 대류가 대륙 이동의 원동력 이라고 주장. 대륙 이동설의 원동력을 설명하였음	관측 장비가 없어 증거 제시 못함	가설을 뒷받침할 결정적인 증거를 제시하지 못함
해양저 확장설	해령 아래에서 맨틀 물질이 상승해 새로운 지각을 형성하고 맨틀 대류를 따라 해령을 중심으로 양쪽으로 멀어지면서 해양저가 확장됨	1. 고지자기 줄무늬의 대칭적 분포 2. 해양 지각의 나이와 해저 퇴적물의 두께 분포 3. 열곡과 변환 단층 4. 섭입대 주변 지진의 진원 깊이 분포	—
판 구조론	지구 표면은 여러 개의 판으로 구성되어 있으며 서로 다른 방향과 속도로 이동하여 판의 경계에서 지진과 화산 활동 등의 지각 변동이 일어남		열점의 생성 원인은 설명하지 못함

기본자료

▶ 베게너 이전에 대륙 이동에 대한 주장들
• 17세기 초, 베이컨: 남아메리카와 아프리카의 해안선 모양이 유사한 것은 우연이 아님
• 19세기, 훔볼트: 대서양에 인접한 육지들은 생물학적, 지질학적, 기후학적 유사성이 있으므로 과거에 붙어 있었을 것임
• 19세기 말, 쥐스: 현재 남반구 대륙의 일부는 과거에 하나였다가 떨어져 나온 것임

▶ 초대륙
지구 표면의 대륙들이 합쳐져서 형성된 하나의 대륙을 의미. 판게아는 고생대 말~중생대 초에 있었던 초대륙으로, '모든 땅들'이라는 뜻의 그리스어

필수개념 2   **판의 경계와 대륙 분포의 변화**

1. 판의 경계와 대륙 분포의 변화
— 대륙 지각과 해양 지각은 판 상부에 위치하며 맨틀이 대류함에 따라 이동한다. 판의 경계에서는 새로운 판이 생성되기도 하고 소멸되기도 한다.
    1) 판 경계의 유형

판의 경계		경계부의 판	예	지형	지각변동	특징
발산형 경계		해양판—해양판	대서양 중앙 해령	해령, 열곡	지진, 화산 활동	지각 생성, 판의 확장
		대륙판—대륙판	동아프리카 열곡대	열곡	지진, 화산 활동	지각 생성, 판의 확장
수렴형 경계	섭입형	해양판—대륙판	일본 해구	해구, 호상 열도	지진, 화산 활동	판의 섭입, 소멸
			페루—칠레 해구	해구, 습곡 산맥	지진, 화산 활동	판의 섭입, 소멸
		해양판—해양판	마리아나 해구	해구, 호상 열도	지진, 화산 활동	판의 섭입, 소멸
	충돌형	대륙판—대륙판	히말라야 산맥	습곡 산맥	지진	진원 깊이는 300km 이내, 화산 활동이 거의 없음.
보존형 경계		해양판—해양판	케인 변환 단층	변환 단층	지진	주향 이동 단층
		대륙판—대륙판	산안드레아스 단층	변환 단층	지진	주향 이동 단층

기본자료

▶ 변환 단층
윌슨은 해령과 해령 사이에 수직으로 발달한 단층을 변환 단층이라 불렀고, 해저 확장의 결과라고 생각하였으며, 산안드레아스 단층을 조사하여 이를 확인함.
산안드레아스 단층은 육지로 드러난 변환 단층임

다음은 판 구조론이 정립되는 과정에서 등장한 두 이론에 대하여
학생 A, B, C가 나눈 대화를 나타낸 것이다.

이론	내용
㉠ 대륙 이동설	고생대 말에 판게아가 존재하였고, 약 2억 년 전에 분리되기 시작하여 현재와 같은 대륙 분포가 되었다.
㉡ 맨틀 대류설	맨틀이 대류하는 과정에서 대륙이 이동할 수 있다.

제시한 내용이 옳은 학생만을 있는 대로 고른 것은?

✓① A   ② B   ③ A, C   ④ B, C   ⑤ A, B, C

🤖 **문제풀이 T I P** | 대륙 이동설의 증거: 멀리 떨어진 대륙의 해안선 일치, 동일한 화석의 분포, 빙하의 흔적, 연속적인 지질구조
해양저 확장설의 증거: 고지자기의 대칭적 분포, 해양 지각의 나이와 해저 퇴적물의 두께, 해저 지형(해령, 해구, 열곡 등), 섭입대 주변 지진의 진원 깊이 분포

😮 **출제분석** | 판 구조론의 정립 과정보다는 판의 경계별 특징이 더 자주 출제되는 편이다. 판 구조론의 정립 과정을 묻는 문제는 이 문제처럼 베게너의 대륙 이동설이 자주 출제된다. 특히 학생 A의 보기처럼 증거를 묻는 경우가 많다. 이 문제는 1번 문제인 만큼 간단한 개념을 묻는 저난도 문제이다.

|자|료|해|설|

고생대 말에 판게아라는 초대륙이 존재하였고, 그 초대륙이 쪼개지고 이동하여 현재와 같은 대륙 분포가 되었다는 이론 ㉠은 대륙 이동설, 맨틀이 대류하여 대륙이 이동한다는 ㉡은 맨틀 대류설이다.
대륙 이동설은 베게너가 주장한 이론으로, 베게너는 4가지 근거를 제시하였다. 멀리 떨어진 대륙의 해안선 일치, 동일한 화석의 분포, 빙하의 흔적, 연속적인 지질구조이다. 맨틀 대류설에서 맨틀 대류가 상승하는 곳은 해령으로, 해령에서는 새로운 해양 지각이 만들어진다. 반면 맨틀 대류가 하강하는 곳은 해구로, 대륙판 아래로 해양판이 섭입되면서 해양 지각이 소멸되는 곳이다. 그러나 해령이나 해구와 같은 해저 지형이 발견되지 않아서 크게 받아들여지지는 않았다. 이후 음향 측심 자료를 통해 해저 지형이 알려지면서 더욱 보완된 이론인 해양저 확장설이 등장하였다.

|보|기|풀|이|

㉠ 학생 A 정답 : 대서양 양쪽에 있는 대륙의 해안선 모양이 비슷한 것은 대륙 이동설의 증거가 된다.

학생 B. 오답 : 맨틀 대류가 상승하는 곳에 형성되는 것은 해구가 아니라 해령이다.

학생 C. 오답 : 음향 측심 자료는 해양저 확장설의 근거가 된다.

그림은 베게너가 제시한 대륙 이동의 증거 중 일부를 나타낸 것이다.

■ 고생대 말 습곡 산맥   ▨ 고생대 말 빙하 퇴적층

이에 대한 설명으로 옳은 것만을 〈보기〉에서 있는 대로 고른 것은?

보기

㉠. ㉠ 지점과 ㉡ 지점 사이의 거리는 현재보다 고생대 말에 가까웠다. → 판게아 형성

㉡. 고생대 말에 애팔래치아산맥과 칼레도니아산맥은 하나로 연결된 산맥이었다. → 지질 구조의 연속성 발견

㉢. ㉢ 지점은 고생대 말에 남반구에 위치하였다.

고생대 말 남극 대륙의 빙하 퇴적층과 일치 ←

① ㄱ   ② ㄷ   ③ ㄱ, ㄴ   ④ ㄴ, ㄷ   ✓⑤ ㄱ, ㄴ, ㄷ

🤖 **문제풀이 T I P** | [대륙 이동설의 증거]
: 해안선 모양의 유사성, 빙하의 흔적과 이동 방향, 화석 분포의 연속성, 지질 구조의 연속성

[대륙 이동설의 한계]
: 대륙 이동의 원동력을 설명하지 못했다.

😮 **출제분석** | 대륙 이동설의 증거와 지질 시대의 대륙 분포 변화를 연결하여 문제를 푸는 난이도 '하'의 기본적인 문제이다.

|자|료|해|설|

주어진 자료는 베게너가 대륙 이동의 증거로 제시한 지질 구조의 연속성과 빙하의 흔적을 나타낸 그림이다. 베게너는 과거에 판게아라는 초대륙이 형성되었다가 갈라져서 현재와 같은 대륙 분포를 이루게 되었다는 대륙 이동설을 주장하였고, 이러한 주장의 증거로 해안선 모양의 유사성, 빙하의 흔적과 이동 방향, 화석 분포의 연속성, 지질 구조의 연속성을 제시하였다.

|보|기|풀|이|

㉠ 정답 : ㉠과 ㉡에는 고생대 말 빙하 퇴적층이 발견된다. 고생대 말에는 판게아가 존재했기 때문에 두 지점 사이의 거리는 현재보다 고생대 말에 가까웠다.

㉡ 정답 : 애팔래치아산맥과 칼레도니아산맥에서 지질 구조의 연속성이 발견되므로 고생대 말에 두 산맥은 하나로 연결된 산맥이었음을 알 수 있다.

㉢ 정답 : ㉢ 지점에서 발견된 빙하 퇴적층은 고생대 말 남극 대륙 부근에서 형성된 것이므로 ㉢ 지점은 고생대 말에 남반구에 위치하였다.

3 판 구조론

그림은 대륙 이동설과 해양저 확장설에 대한 학생들의 대화 장면이다.

제시한 내용이 옳은 학생만을 있는 대로 고른 것은?

① A　②C　③ A, B　④ B, C　⑤ A, B, C

|자|료|해|설|

대륙 이동설과 해저 확장설에 대한 설명이다. 베게너의 대륙 이동설 이후 홈즈가 대륙 이동의 원동력을 맨틀의 대류로 설명했다. 해령에서 멀어질수록 해저 퇴적물의 두께는 두꺼워진다. 고지자기 줄무늬가 해령을 축으로 대칭적으로 분포하는 것은 해령에서 생성된 해양 지각이 양쪽으로 멀어지기 때문이다.

|보|기|풀|이|

학생 A. 오답 : 대륙 이동의 원동력을 맨틀의 대류로 설명한 사람은 홈즈이다.

학생 B. 오답 : 해령에서 멀어질수록 나이가 증가하며 해저 퇴적물의 두께는 두꺼워진다.

학생 C. 정답 : 고지자기 줄무늬가 해령을 축으로 대칭적으로 분포하는 것은 해양저 확장설의 증거 중 하나이다.

😮 **문제풀이 T I P** | 대륙 이동설(베게너) → 맨틀 대류설(홈즈) → 해양저 확장설(헤스와 디츠) → 판 구조론(윌슨, 모건, 아이작 등) → 플룸 구조론으로 이어지는 과정을 이해하고 그 한계를 반드시 기억해야 한다.
— 대륙 이동설의 한계: 대륙 이동의 원동력을 설명하지 못했다.
— 맨틀 대류설의 한계: 맨틀 대류의 증거를 제시하지 못했다.
— 해양저 확장설의 증거: ① 고지자기 줄무늬의 대칭적 분포
　　　　　　　　　　② 해령에서 멀어질수록 해양 지각의 나이가 증가
　　　　　　　　　　③ 해령에서 멀어질수록 해저 퇴적물의 두께가 증가
　　　　　　　　　　④ 열곡과 변환단층이 발견
　　　　　　　　　　⑤ 섭입대 주변 지진의 진원 깊이는 대륙 쪽으로 갈수록 깊어짐

4 판 구조론

표는 판 구조론이 정립되는 과정에서 제시된 이론과 대표적인 증거를 나타낸 것이다.

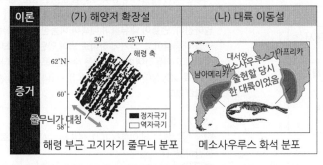

이에 대한 설명으로 옳은 것만을 〈보기〉에서 있는 대로 고른 것은?

보기

ㄱ. 고지자기 줄무늬는 해령 축에 대해 대체로 대칭적으로 분포한다.

ㄴ. 메소사우루스는 남아메리카와 아프리카 대륙이 분리된 후 최초로 출현하였다. (분리되기 전)

ㄷ. (가)는 (나)보다 먼저 제시된 이론이다.
　　(나)　(가)

①ㄱ　②ㄴ　③ㄱ, ㄷ　④ㄴ, ㄷ　⑤ㄱ, ㄴ, ㄷ

|자|료|해|설|

해양저 확장설에 따르면 해령에서 맨틀 물질이 상승하여 새로운 해양 지각이 만들어지며 해저가 확장된다. 해령 부근의 고지자기 줄무늬 분포가 해령을 중심으로 대칭적으로 나타나는 것이 그 증거이다. 대륙 이동설에 따르면 한 덩어리였던 큰 대륙이 여러 대륙으로 분리, 이동하여 현재와 같은 형태로 분포되었다. 생물이 이동하기 어려운 거리만큼 떨어져 있는 두 대륙에 같은 종류의 화석이 발견된 것이 그 증거이다. 대륙 이동설을 주장한 베게너는 대륙이 이동하는 이유를 제시하지 못했고 베게너 이후에 해양저 확장설이 등장했다.

|보|기|풀|이|

ㄱ. 정답 : 고지자기 줄무늬는 해양저 확장설의 증거로, 해령을 중심으로 대칭적으로 나타나기 때문에 해양 지각이 해령을 중심으로 계속해서 생성되며 해양저가 확장되고 있음을 뜻한다.

ㄴ. 오답 : 멀리 떨어진 두 대륙에 동일한 화석이 존재하는 것은 대륙 이동설의 증거이다. 본래 한 대륙에서 번성했던 메소사우루스가 대륙이 갈라져 이동하면서 두 대륙에 나뉘어 존재하게 되었다. 따라서 메소사우루스는 남아메리카와 아프리카 대륙이 분리되기 전에 출현하였다.

ㄷ. 오답 : 대륙 이동설이 해양저 확장설보다 먼저 등장하였다.

다음은 판 구조론이 정립되는 과정에서 등장한 이론에 대하여 학생 A, B, C가 나눈 대화를 나타낸 것이다. ㉠과 ㉡은 각각 대륙 이동설과 해양저 확장설 중 하나이다.

이론	내용
㉠	과거에 하나로 모여 있던 초대륙 판게아가 분리되고 이동하여 현재와 같은 수륙 분포가 되었다. ➡ 대륙 이동설
㉡	해령을 축으로 해양 지각이 생성되고 양쪽으로 멀어짐에 따라 해양저가 확장된다. ➡ 해양저 확장설

제시한 내용이 옳은 학생만을 있는 대로 고른 것은?

① A   ✓ C   ③ A, B   ④ B, C   ⑤ A, B, C

|자|료|해|설|

㉠은 대륙 이동설로, 베게너가 주장했다. 해안선의 모양의 유사성, 지질 구조의 연속성 등 여러 가지 근거를 제시했지만 대륙 이동의 원동력을 설명하지 못해 학계에서 인정받지 못했다.

㉡은 해양저 확장설로, 해양 탐사 기술이 발달하여 해저 지형을 파악할 수 있게 되면서 등장했다. 맨틀 대류의 상승부에 해령이 있어 새로운 해양 지각이 생성되며, 생성된 해양 지각은 해령의 양쪽으로 이동하여 맨틀 대류의 하강부인 해구에 다다르면 맨틀 속으로 하강하여 지구 내부로 다시 들어간다는 내용이다.

|보|기|풀|이|

학생 A. 오답 : ㉠은 대륙 이동설이고, 해양저 확장설은 ㉡이다.

학생 B. 오답 : ㉠을 제시한 베게너는 대륙을 움직이는 힘을 설명하지 못했다.

학생 C. 정답 : ㉡에 따르면 해양 지각은 해령에서 생성되어 해령을 축으로 양쪽으로 이동하다가 해구에서 소멸하므로 해령에서 멀어질수록 해양 지각의 나이는 증가해야 한다. 따라서 해령에서 멀어질수록 해양 지각의 연령이 증가하는 것은 ㉡의 증거가 될 수 있다.

다음은 판 구조론이 정립되는 과정에서 등장한 세 이론 (가), (나), (다)와 학생 A, B, C의 대화를 나타낸 것이다.

이론	내용
(가) 해양저 확장설	㉠ 해령을 중심으로 해양 지각이 양쪽으로 이동하면서 해양저가 확장된다.
(나) 맨틀 대류설	맨틀 상하부의 온도 차로 맨틀이 대류하고 이로 인해 대륙이 이동할 수 있다.
(다) 대륙 이동설	과거에 하나로 모여 있던 대륙이 분리되고 이동하여 현재와 같은 수륙 분포를 이루었다.

제시한 내용이 옳은 학생만을 있는 대로 고른 것은?

① A   ② C   ✓ A, B   ④ B, C   ⑤ A, B, C

|자|료|해|설|

해양저가 확장되는 (가)는 해양저 확장설이다. 해령에서 새로운 해양 지각이 형성되어 해령 근처는 젊은 암석이 분포하고, 해령으로부터 멀어질수록 암석의 나이가 많아진다. 맨틀이 대류하여 대륙이 이동한다는 (나)는 맨틀 대류설이고, 과거에 하나로 모여 있던 대륙(초대륙)이 분리되고 이동하여 현재와 같은 수륙 분포를 이룬다는 (다)는 대륙 이동설이다. 세 이론은 (다) → (나) → (가) 순서로 등장하였다.

|보|기|풀|이|

학생 A. 정답 : 세 이론은 (다) → (나) → (가) 순서로 등장하였다.

학생 B. 정답 : 해령에서 새로운 해양 지각이 형성되므로 해령에서 멀어질수록 지각의 나이가 많아진다.

학생 C. 오답 : 변환 단층은 판 구조론의 증거이다.

😀 **문제풀이 T I P** | 판 구조론의 정립 과정: 대륙 이동설 → 맨틀 대류설 → 해양저 확장설 → 판 구조론
대륙 이동설의 한계: 대륙 이동의 원동력을 설명하지 못함
해양저 확장설의 증거: 음향 측심법으로 알게 된 해저 구조, 고지자기 분포 등

😀 **출제분석** | 판 구조론은 매년 2번 이상 출제되는데, 그중에서도 판 구조론의 정립 과정을 묻는 이 문제는 난이도가 매우 낮은 편이다. 판 구조론이 등장하기까지의 과학사적 흐름을 이해한다면 틀리지 않을 것이고, 난이도가 낮으므로 틀리면 안 되는 문제이다.

다음은 판 구조론이 정립되기까지 제시되었던 이론을 ㉠, ㉡, ㉢으로 순서 없이 나타낸 것이다.

㉠ 1	㉡ 3	㉢ 2
대륙 이동설	해양저 확장설	맨틀 대류설

이에 대한 옳은 설명만을 〈보기〉에서 있는 대로 고른 것은?

보기
㉠. 이론이 제시된 순서는 ㉠ → ㉢ → ㉡이다.
㉡. ㉠에서는 여러 대륙에 남아 있는 과거의 빙하 흔적들이 증거로 제시되었다.
㉢. 해령 양쪽의 고지자기 분포가 대칭을 이루는 것은 ㉡의 증거이다.

① ㄱ　　② ㄴ　　③ ㄱ, ㄷ　　④ ㄴ, ㄷ　　✓⑤ ㄱ, ㄴ, ㄷ

|자|료|해|설|
판 구조론이 정립되기 전 대륙 이동설, 맨틀 대류설, 해양저 확장설 순으로 발전하였다.

|보|기|풀|이|
㉠. 정답 : 이론이 제시된 순서는 ㉠ 대륙 이동설 → ㉢ 맨틀 대류설 → ㉡ 해양저 확장설 순이다.
㉡. 정답 : ㉠ 대륙 이동설에서는 여러 대륙에 남아 있는 과거의 빙하 흔적들이 증거로 제시되어 있다.
㉢. 정답 : 해령 양쪽의 고지자기 분포가 대칭을 이루는 것은 ㉡ 해양저 확장설의 증거이다.

😀 **문제풀이 T I P** | 대륙 이동설의 증거로는 해안선 모양의 유사성, 빙하의 흔적 분포, 화석 분포의 연속성, 지질 구조의 연속성이 있고, 해양저 확장설의 증거로는 고지자기 줄무늬 대칭성, 해령과 해령 사이의 변환 단층 생성, 해양 지각의 나이와 퇴적물 두께 분포, 섭입대 주변 지진의 진원 깊이가 있다.

😲 **출제분석** | 판 구조론 관련 문항 중에서도 난이도가 낮은 편이다. 각 이론에 해당하는 증거를 정확하게 기억해야 한다.

그림은 수업 시간에 학생이 작성한 대륙 이동설에 대한 마인드맵이다.

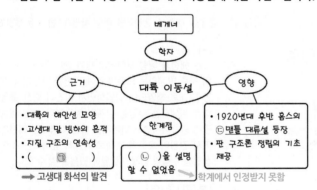

이에 대한 옳은 설명만을 〈보기〉에서 있는 대로 고른 것은?

보기
✗㉠. '변환 단층의 발견'은 ㉠에 해당한다. → ㉠ 이후의 사건
㉡. '대륙 이동의 원동력'은 ㉡에 해당한다.
✗㉢. ㉢에서는 고지자기 줄무늬가 해령을 축으로 대칭을 이룬다고 설명하였다. → ㉢ 이후에 발견

① ㄱ　　✓② ㄴ　　③ ㄱ, ㄷ　　④ ㄴ, ㄷ　　⑤ ㄱ, ㄴ, ㄷ

|자|료|해|설|
베게너는 대륙 이동설을 주장했는데 그 근거는 다음과 같다.
• 대서양을 사이에 두고 있는 남아메리카 동해안과 아프리카 서해안의 해안선 모양이 유사하다.
• 고생대 말에 형성된 빙하의 흔적이 남아메리카 대륙과 아프리카 대륙, 인도, 남극, 오스트레일리아에 남아 있으며 이 흔적에서 고생대 말 대륙들이 한 곳에 모여 있었음을 알 수 있다.
• 대서양을 사이에 두고 있는 양쪽 대륙의 산맥이 이어지고, 같은 암석의 지층이 이어진다.
• 고생대 후기의 생물인 메소사우루스 화석이 남아메리카 대륙의 동쪽과 아프리카 대륙의 남쪽에서만 발견된다.
베게너의 대륙 이동설은 이와 같이 여러 가지 증거를 제시했지만 대륙 이동의 원동력을 설명할 수 없어서 학계에서 인정받지 못했다. 이후 1920년대 후반에 홈스가 지구 중심부에서 맨틀로 공급되는 열에 의해 맨틀 대류가 발생한다는 맨틀 대류설을 주장하였다.

|보|기|풀|이|
ㄱ. 오답 : '변환 단층의 발견'은 1960년대에 이루어져 판 구조론을 정립하는 데 도움이 되었다. 베게너가 대륙 이동설을 주장할 당시(1910년대)에는 해양 탐사 기술이 발달하지 않아 변환 단층의 존재가 발견되지 않았다.
ㄴ. 정답 : 대륙 이동의 원동력을 설명하지 못한 것이 대륙 이동설의 한계점이다.
ㄷ. 오답 : ㉢은 1920년대 후반에 홈스가 주장한 이론이고, 고지자기 줄무늬는 1950년대에 발견되었다. 따라서 ㉢에서는 고지자기 줄무늬에 대해 설명할 수 없다.

그림 (가)와 (나)는 각각 태평양과 대서양에서 측정한 해령으로
부터의 거리에 따른 해양 지각의 연령과 수심을 나타낸 것이다.

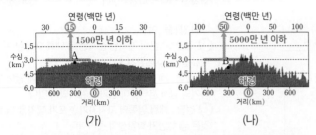

(가)   (나)

이에 대한 설명으로 옳은 것만을 〈보기〉에서 있는 대로 고른 것은?
(단, 태평양과 대서양에서 심해 퇴적물이 쌓이는 속도는 같다.) 3점

→ =오래 퇴적될수록 두껍다
나이 : A＜B → 퇴적물 두께 A＜B

보기

ㄱ. 심해 퇴적물의 두께는 A에서가 B에서보다 ~~두껍다.~~ 얇다

ㄴ. (해령으로부터 거리가 600km 지점의 수심 − 해령의 수심)은
(가)에서가 (나)에서보다 작다.
→ 해령보다 얼마나 깊은지

ㄷ. 최근 3천만 년 동안 해양 지각의 평균 확장 속도는 (가)가
(나)보다 빠르다.
→ = 거리/시간 → 같은 시간(3천만 년)동안 이동한 거리가
(가)＞(나) ⇒ 속도 : (가)＞(나)

① ㄱ   ② ㄴ   ③ ㄱ, ㄷ   ✔④ ㄴ, ㄷ   ⑤ ㄱ, ㄴ, ㄷ

|자|료|해|설|

동일하게 해령으로부터 300km 지점에 있는 (가)의 A는
나이가 약 1500만 년 이하, (나)의 B는 5000만 년
이하이다. 심해 퇴적물이 쌓이는 속도는 같으므로, 나이가
많은 B에서 퇴적물의 두께가 더 두껍다.
또한, 3000만 년이라는 같은 시간 동안 (가)는 약 600km
이상, (나)는 300km 이하를 이동하였으므로, 해양 지각의
평균 확장 속도는 (가)가 (나)보다 더 빠르다.
(특정 위치의 수심 − 해령의 수심)은 결국 해령보다
얼마나 깊은지를 묻는 것인데, (가)의 경우 600km 부근의
값이 1km도 되지 않고, (나)에서는 1.5km에 가까우므로,
(가)가 (나)보다 작은 값이다.

|보|기|풀|이|

ㄱ. 오답 : 심해 퇴적물의 두께는 A보다 B에서 두껍다.

ㄴ. 정답 : (해령으로부터 거리가 600km인 지점의 수심 −
해령의 수심)은 (가)에서가 더 작다.

ㄷ. 정답 : 최근 3천만 년 동안 해양 지각의 평균 확장
속도는 (가)에서 더 빠르다.

😲 **문제풀이 TIP |** 해령으로부터 멀어질수록 퇴적물의 두께가 두껍고, 해양 지각의 나이가 많으며, 수심이 깊어진다. 두 해령 주변을 비교할 때는 퇴적물이 쌓이는 속도, 해양 지각의
확장 속도 등을 고려해야 한다. (확장 속도가 빠르면 같은 거리일 때 수심이 얕고 퇴적물의 두께가 얇고 해양 지각의 나이가 적다.)

😄 **출제분석 |** 판 구조론의 정립 과정 중에서 가장 잘 출제되는 개념이 이 문제에서 나온 해양저 확장설이다. 그중에서도 해령으로부터 멀어질수록 나타나는 두께, 수심 등의 변화를
다루고 있다. 자료를 해석하여 두 해령을 비교해야 하기 때문에 배점이 3점이고, 정답률도 낮았다. 그러나 보기 하나하나가 어렵지는 않으므로 차분하게 하나씩 비교해야 한다.

그림 (가)는 남아메리카와 아프리카 대륙 주변의 판 경계를, (나)는
A, B, C 중 어느 한 곳의 진원 분포를 나타낸 것이다.

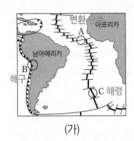

(가)   (나)

이에 대한 옳은 설명만을 〈보기〉에서 있는 대로 고른 것은? 3점

보기

→ 수렴형 경계
     C A
ㄱ. 화산 활동은 ~~A~~가 ~~C~~보다 활발하다.

ㄴ. (나)는 B에서 나타나는 진원 분포이다.

ㄷ. (나)에서 판의 밀도는 P가 속한 판이 Q가 속한 판보다 크다.
→ Q가 속한 판 아래로 섭입

① ㄱ   ② ㄴ   ③ ㄱ, ㄷ   ✔④ ㄴ, ㄷ   ⑤ ㄱ, ㄴ, ㄷ

|자|료|해|설|

A는 해령과 해령 사이에서 판과 판이 어긋나며 천발 지진
이 자주 발생하는 보존형 경계인 변환 단층이다. B는 대륙
판 아래로 해양판이 섭입하면서 지진과 화산 활동이 빈번
하게 발생하는 수렴형 경계인 해구이다. C는 새로운 해양
판이 만들어지면서 멀어지는 발산형 경계인 해령이다. (나)
에서 진원이 오른쪽 아래로 가면서 깊어지는 것으로 보아
섭입형 수렴형 경계가 발달해 있음을 알 수 있다.

|보|기|풀|이|

ㄱ. 오답 : A는 변환 단층으로 화산 활동은 거의 나타나지
않는다. C는 해령으로 새로운 해양판이 만들어지면서 양쪽
으로 멀어지는 발산형 경계이므로 화산 활동이 활발하다.
따라서 화산 활동은 C가 A보다 활발하다.

ㄴ. 정답 : (나)에서는 진원이 오른쪽 아래로 갈수록 깊어
지는 것으로 보아 섭입형 수렴형 경계가 발달한 지역임을
알 수 있다. (가)에서 섭입형 수렴형 경계는 B에 발달한다.

ㄷ. 정답 : (나)에서 진원이 오른쪽 아래로 갈수록 깊어지므
로 P가 속해있는 왼쪽 판이 밀도가 더 커서 Q가 속해있는
오른쪽 판 아래로 섭입하고 있음을 알 수 있다.

😲 **문제풀이 TIP |** 진원이 한쪽 방향으로 비스듬하게 기울어진 형태로 분포하는 지역은 밀도가 큰 판이 밀도가 작은 판 아래로 섭입하고 있는 지역이다. 화산 활동은 발산형 경계와 섭
입형 수렴형 경계에서 주로 나타난다.

😄 **출제분석 |** 판의 경계와 지각 변동에 관련된 문항으로, 난도는 낮은 편이다. 최근에는 판의 이동 속도 차이에 따라 다양한 판의 경계가 어떻게 발달하고 있는지를 묻는 문항이 자주
출제되고 있으므로, 기출 문제들을 통해 개념을 잘 익혀두어야 한다.

그림은 판의 경계와 이동 방향을 모식적으로 나타낸 것이다.

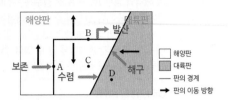

이에 대한 설명으로 옳은 것만을 〈보기〉에서 있는 대로 고른 것은?

보기

ㄱ. A에서는 화산 활동이 ~~활발하다.~~ → 활발하지 않다

ㄴ. 지각의 나이는 ~~B~~가 ~~C~~보다 많다. → C, B

ㄷ. C와 D사이에 해구가 발달한다.

① ㄱ   ✓② ㄷ   ③ ㄱ, ㄴ   ④ ㄴ, ㄷ   ⑤ ㄱ, ㄴ, ㄷ

|자|료|해|설|

그림에는 발산, 수렴, 보존형 경계가 모두 나타나 있다. A는 판이 서로 멀어지거나 충돌하지 않는 보존형 경계이고 B는 판과 판이 서로 멀어지며 새로운 판이 생성되는 발산형 경계(해령)이다. C는 발산형 경계와 해구 사이에 있는 해양판의 어느 한 지점이고 D는 해구에서 대륙판 쪽에 위치하는 어느 한 지점이다. C와 D 사이의 대각선은 해양판과 대륙판이 수렴하는 경계이며 해구가 된다.

|보|기|풀|이|

ㄱ. 오답 : 보존형 경계에서는 화산 활동이 거의 발생하지 않는다.

ㄴ. 오답 : 해양판과 해양판이 발산하는 경계에서는 해령이 생성되고 지각의 나이는 해령에서 멀어질수록 증가하게 된다. 따라서 지각의 나이는 C가 발산형 경계(해령)에 위치한 B보다 많다.

ㄷ. 정답 : 해양판과 대륙판이 수렴하는 지역에서는 해구가 만들어진다. C와 D 사이는 해양판과 대륙판이 수렴하는 지역이므로 해구가 발달하게 된다.

😮 **문제풀이 T I P |** 판의 경계와 지각 변동 관련 문제는 발산, 수렴, 보존형 경계의 특징을 완벽히 알고 있어야 풀어낼 수 있다. 화산이 잘 발생하지 않는 지역과 천발 지진 이외의 지진이 발생하는 지역을 잘 학습해 두도록 하자.

😊 **출제분석 |** 과거에는 하나 또는 두 가지 경계의 특징을 물어보는 문제들이 출제됐었는데 최근에는 발산, 수렴, 보존의 세 가지 경계의 모든 특징을 물어보는 문제들이 출제되고 있다. 세 가지 경계의 특징을 물어보는 문제는 특정 경계에 대해 깊이 있는 내용을 물어보기 힘든 경우가 대부분이므로 문제의 난도는 어렵지 않다.

그림은 판의 경계 A~C를 구분하는 과정을 나타낸 것이다.

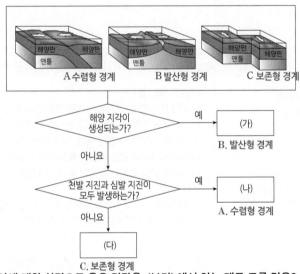

A 수렴형 경계   B 발산형 경계   C 보존형 경계

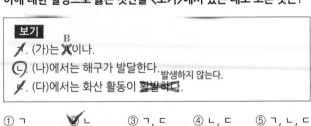

해양 지각이 생성되는가? — 예 → (가)   B. 발산형 경계

아니요

천발 지진과 심발 지진이 모두 발생하는가? — 예 → (나)   A. 수렴형 경계

아니요

(다)   C. 보존형 경계

이에 대한 설명으로 옳은 것만을 〈보기〉에서 있는 대로 고른 것은?

보기

ㄱ. (가)는 ~~A~~이다. → B

ㄴ. (나)에서는 해구가 발달한다.

ㄷ. (다)에서는 화산 활동이 ~~활발하다.~~ → 발생하지 않는다.

① ㄱ   ✓② ㄴ   ③ ㄱ, ㄷ   ④ ㄴ, ㄷ   ⑤ ㄱ, ㄴ, ㄷ

|자|료|해|설|

A는 해양판과 해양판이 충돌하고 있는 수렴형 경계이다. 해양판과 해양판이 수렴하는 경계에서는 해구와 호상 열도가 발달하고, 화산 활동이 활발하며, 천발 지진에서부터 심발 지진까지 모두 발생한다. B는 해양판과 해양판이 양쪽으로 멀어지고 있는 발산형 경계이다. 이곳에서는 새로운 해양판이 생성되며 해령과 열곡이 발달한다. 또한, 화산 활동이 활발하며 천발 지진이 발생한다. C는 해양판과 해양판이 어긋나는 보존형 경계이다. 화산 활동은 거의 없으며 천발 지진이 주로 발생한다.

|보|기|풀|이|

ㄱ. 오답 : (가)는 해양 판이 생성되는 곳이므로, 새로운 해양 판이 생성되면서 기존 판이 양쪽으로 멀어지는 발산형 경계인 B에 해당된다. 대표적인 지형으로는 대서양 중앙 해령, 동태평양 해령 등이 있다.

ㄴ. 정답 : (나)는 천발 지진에서부터 심발 지진까지 모두 발생하는 곳이므로 판이 충돌하여 섭입하고 있는 수렴형 경계인 A에 해당한다. 이 곳에서는 해구 및 화산 활동에 의한 호상 열도가 발달한다.

ㄷ. 오답 : (다)는 보존형 경계이다. 보존형 경계는 판의 생성이나 소멸이 일어나지 않고 판이 서로 어긋나는 경계이므로 화산 활동은 거의 일어나지 않으며 천발 지진이 주로 발생한다.

😮 **문제풀이 T I P |** 판의 경계와 관련된 문항은 가장 먼저 판의 생성이 일어나는 경계인지, 소멸이 일어나는 경계인지, 생성이나 소멸이 일어나지 않는 경계인지를 파악해야 한다. 그 다음 이동하는 판이 대륙판인지 해양판인지를 파악하여 지진이나 화산 활동의 정도를 유추하면 된다. 천발 지진은 모든 판의 경계에서 발생하지만, 심발 지진은 수렴형 경계에서만 발생한다.

😊 **출제분석 |** 난도가 매우 낮은 기본 개념을 묻는 문항이다. 이보다 더 많은 판의 종류와 특징, 지진과 화산의 특징, 대표적인 예에 대해서 더욱 구체적으로 학습하고 이해하고 있어야 한다.

다음은 음향 측심 자료를 이용하여 해저 지형을 알아보기 위한 탐구 과정이다.

[탐구 과정]
표는 A와 B 해역에서 직선 구간을 따라 일정한 간격으로 음향 측심을 한 자료이다. A와 B 해역에는 각각 해령과 해구 중 하나가 존재한다. $d = \dfrac{1500\text{m/s} \times 4.2\text{s}}{2} = 3150\text{m}$

A 해역	탐사 지점	A₁	A₂	A₃	A₄	A₅	A₆
	음파 왕복 시간(초)	5.5	5.2	4.8	(4.2)	4.7	5.1
B 해역	탐사 지점	B₁	(B₂)	B₃	B₄	B₅	B₆
	음파 왕복 시간(초)	5.6	9.4	6.2	5.9	5.7	5.6

(가) A와 B 해역의 음향 측심 자료를 바탕으로 각 지점의 수심을 구한다. $d = \dfrac{1500\text{m/s} \times 9.4\text{s}}{2} = 7050\text{m}$

(나) 가로축은 탐사 지점, 세로축은 수심으로 그래프를 작성한다.

이에 대한 옳은 설명만을 〈보기〉에서 있는 대로 고른 것은? (단, 해양에서 음파의 평균 속력은 1500m/s이다.)

보기
ㄱ. A 해역에는 ~~수렴~~ 발산형 경계가 존재한다.
ㄴ. B 해역에는 수심이 7000m보다 깊은 지점이 존재한다.
ㄷ. 판의 경계에서 해양 지각의 평균 연령은 A 해역이 B 해역보다 ~~많다~~ 적다

① ㄱ   ② ㄴ (✓)   ③ ㄱ, ㄷ   ④ ㄴ, ㄷ   ⑤ ㄱ, ㄴ, ㄷ

|자|료|해|설|
A 해역의 경우 A₁ → A₆로 갈수록 수심이 감소했다가 다시 증가하므로 해령(발산형 경계), B 해역의 경우 B₁ → B₆로 갈수록 수심이 급격히 증가했다 다시 감소하므로 해구(수렴형 경계)가 존재함을 알 수 있다. 해양 지각의 연령은 해령에서 해구로 갈수록 증가한다.

|보|기|풀|이|
ㄱ. 오답 : A 해역 음파 왕복시간이 감소했다 증가하므로 수심 역시 감소했다 증가하는 것을 알 수 있다. 따라서 A 해역에는 해령이 존재하므로 발산형 경계가 존재한다.

ㄴ. 정답 : B₂ 지점의 수심은 $\dfrac{1500(\text{m/s}) \times 9.4(\text{s})}{2}$ $=7050\text{m}$이므로 7000m보다 깊은 지점이 존재한다는 것을 알 수 있다.

ㄷ. 오답 : A 해역은 해령, B 해역은 해구이므로, 평균 연령은 A 해역이 B 해역보다 적다.

🤓 **문제풀이 TIP** | $d(\text{수심}) = \dfrac{v(\text{음파의 속력}) \times t(\text{왕복시간})}{2}$ 이므로 왕복시간이 길수록 수심이 깊어진다는 것을 기억해야 한다. 그래프를 그릴 때 y축을 수심으로 한다면 해수면이 0이고 아래로 갈수록 그 값은 증가한다.

🤓 **출제분석** | 음향 측심법과 관련한 탐구 문제로 자주 출제되는 유형이다. 따라서 수심과 시간의 관계를 이해하고 계산이 필요하다는 점에서 시간이 조금 걸릴 수는 있지만 익숙한 유형으로 어렵지 않게 풀 수 있는 문제이다.

그림 (가)는 대서양에서 시추한 지점 P₁~P₇을 나타낸 것이고, (나)는 각 지점에서 가장 오래된 퇴적물의 연령을 판의 경계로부터 거리에 따라 나타낸 것이다.

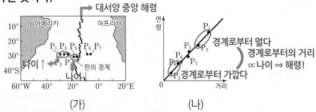

(가)   (나)

이에 대한 설명으로 옳은 것만을 〈보기〉에서 있는 대로 고른 것은?

보기 → 해령으로부터 멀수록(나이가 많을수록) 두껍다
ㄱ. 가장 오래된 퇴적물의 연령은 P₂가 P₇보다 많다.
ㄴ. 해저 퇴적물의 두께는 P₁에서 P₅로 갈수록 ~~두꺼~~ 얇아진다.
ㄷ. P₃과 P₇ 사이의 거리는 점점 증가할 것이다.

발산형 경계이므로 → 계속 발산 → 멀어짐 ① ㄱ   ② ㄴ   ③ ㄱ, ㄷ (✓)   ④ ㄴ, ㄷ   ⑤ ㄱ, ㄴ, ㄷ

|자|료|해|설|
P₁이나 P₂는 판의 경계에서 가장 멀리 떨어져 있는데, (나)를 보면 연령이 가장 많다. 반대로 P₃이나 P₄는 판의 경계에서 가깝고, 연령은 적다. 경계로부터의 거리와 나이가 비례하는 것은 해령의 특징이다. 따라서 (가)에서 나타나는 판의 경계는 대서양 중앙 해령으로 발산형 경계이다.
해령으로부터 멀어질수록 나이는 증가하고, 수심이 깊어지며, 해저 퇴적물의 두께는 두꺼워진다.

|보|기|풀|이|
ㄱ. 정답 : P₂는 P₇보다 판의 경계로부터 멀리 있으므로, 가장 오래된 퇴적물의 연령은 P₂가 P₇보다 많다.

ㄴ. 오답 : 해저 퇴적물의 두께는 판의 경계로부터의 거리에 비례한다. 따라서 P₁에서 P₅로 갈수록 얇아진다.

ㄷ. 정답 : 발산형 경계이므로 왼쪽(P₃)과 오른쪽(P₇)은 점점 멀어질 것이다.

🤓 **문제풀이 TIP** | 해령으로부터 멀어질수록 해양 지각의 연령은 증가하고, 수심이 깊어지고, 해저 퇴적물의 두께는 두꺼워진다. 발산형 경계이므로 판의 경계를 기준으로 양 옆은 점점 멀어진다.

🤓 **출제분석** | 대서양 중앙 해령이라는 것을 모르더라도, 판의 경계에 가까울수록 퇴적물의 연령이 적어진다는 점에서 해령임을 쉽게 유추할 수 있다. 보기가 모두 해령의 특징을 그대로 묻고 있어서 어렵지 않은 문제였다. 해령과 해구는 시험에서 빠지지 않고 출제되는 매우 중요한 개념이다.

그림은 어느 판의 해저면에 시추 지점 $P_1 \sim P_5$의 위치를, 표는 각 지점에서의 퇴적물 두께와 가장 오래된 퇴적물의 나이를 나타낸 것이다.

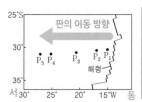

구분	P_1	P_2	P_3	P_4	P_5	
두께 (m)	50	94	138	203	510	증가
나이 (백만 년)	6.6	15.2	30.6	49.2	61.2	증가

이에 대한 설명으로 옳은 것만을 〈보기〉에서 있는 대로 고른 것은?

보기

ㄱ. 퇴적물 두께는 P_2보다 P_4에서 두껍다.

ㄴ. P_5 지점의 가장 오래된 퇴적물은 중생대에 퇴적되었다. → 신생대

ㄷ. $P_1 \sim P_5$가 속한 판은 해령을 기준으로 동쪽으로 이동한다. → 서쪽

① ㄱ   ② ㄴ   ③ ㄱ, ㄷ   ④ ㄴ, ㄷ   ⑤ ㄱ, ㄴ, ㄷ

|자|료|해|설|

각 시추 지점이 해령으로부터 떨어진 거리는 P_1이 가장 작고, P_5로 갈수록 점점 커진다. 표에 따르면 시추 지점이 해령으로부터 멀리 떨어져 있을수록 퇴적물의 두께가 두껍고, 퇴적물의 나이가 많다. 해령에서는 새로운 해양 지각이 계속 생성되고, P_1 지점에서 P_5 지점으로 갈수록 퇴적물의 나이가 많으므로 해령에서 새로 생성된 판은 해령을 기준으로 왼쪽 방향으로 이동하고 있다.

|보|기|풀|이|

ㄱ. 정답 : P_2에서 두께는 94m, P_4에서 두께는 203m 이므로 퇴적물의 두께는 P_2보다 P_4에서 두껍다.

ㄴ. 오답 : P_5 지점의 가장 오래된 퇴적물의 나이는 6120만 년으로 P_5 지점의 가장 오래된 퇴적물은 신생대에 생성된 퇴적물이다.

ㄷ. 오답 : 해령에서 새로운 해양 지각이 계속 생성되고, P_1 지점에서 P_5 지점으로 갈수록 퇴적물의 나이가 많으므로 해령에서 생성된 판은 해령을 기준으로 왼쪽 방향으로 이동하고 있다. 따라서 시추 지점 $P_1 \sim P_5$가 속한 판은 해령을 기준으로 서쪽으로 이동한다.

그림 (가)는 해양 지각의 나이 분포와 지점 A, B, C의 위치를, (나)는 태평양과 대서양에서 관측한 해양 지각의 나이에 따른 해령 정상으로부터 해저면까지의 깊이를 나타낸 것이다.

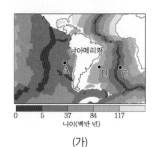

(가)   (나)

이 자료에 대한 옳은 설명만을 〈보기〉에서 있는 대로 고른 것은?

보기

ㄱ. 해양 지각의 평균 확장 속도는 A가 속한 판이 B가 속한 판보다 빠르다.

ㄴ. 해양저 퇴적물의 두께는 B에서가 C에서보다 두껍다. → 해령과 멀수록 두께↑

ㄷ. 해령 정상으로부터 해저면까지의 깊이는 A에서가 B에서보다 같다. → 얕다. → 나이가 많을수록 깊어짐

① ㄱ   ② ㄷ   ③ ㄱ, ㄴ   ④ ㄴ, ㄷ   ⑤ ㄱ, ㄴ, ㄷ

|자|료|해|설|

해령에서는 새로운 해양 지각이 생성되므로 해양 지각의 나이가 가장 어린 곳은 해령이 분포하는 곳이다. 또한 해령을 기준으로 양쪽으로 판이 이동하므로, 해령을 중심으로 해양 지각의 나이가 대칭적으로 분포한다. A가 속한 판은 같은 시간(같은 연령 차) 동안 이동한 거리가 긴 것으로 보아 판의 이동 속도가 빠르고, B와 C가 속한 판은 같은 시간 동안 이동한 거리가 짧은 것으로 보아 판의 이동 속도가 느린 것을 알 수 있다. 또한, 해령 정상으로부터 해저면까지의 깊이는 해양 지각의 연령이 높을수록 깊어진다.

|보|기|풀|이|

ㄱ. 정답 : A가 속한 판이 B가 속한 판보다 같은 시간 동안 이동한 거리가 긴 것으로 보아 평균 확장 속도가 더 빠르다.

ㄴ. 정답 : 해양저 퇴적물의 누께는 해령에서 멀어질수록, 즉 해양 지각의 연령이 높을수록 두껍다. 그러므로 해양저 퇴적물의 두께는 해양 지각의 연령이 더 높은 B에서가 C에서보다 두껍다.

ㄷ. 오답 : A는 B보다 해양 지각의 연령이 적으므로 해령 정상으로부터 해저면까지의 깊이는 A에서가 B에서보다 얕다.

그림 (가)는 일본 주변에 있는 판의 경계를, (나)는 (가)의 두 지역에서 섭입하는 판의 깊이를 나타낸 것이다.

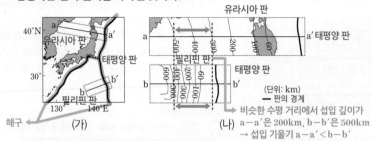

(가)

(나) a−a′은 200km, b−b′은 500km
→ 섭입 기울기 a−a′ < b−b′

이에 대한 설명으로 옳은 것만을 〈보기〉에서 있는 대로 고른 것은?

3점

보기

ㄱ. a−a′에는 해구가 존재하는 지점이 있다.   서쪽이 동쪽보다
ㄴ. b−b′에서 지진은 판 경계의 <del>서쪽보다 동쪽에서</del> 자주 발생한다.
ㄷ. 섭입하는 판의 기울기는 a−a′이 b−b′보다 <del>크다.</del>   작다
    a−a′ < b−b′

① ㄱ   ② ㄴ   ③ ㄱ, ㄷ   ④ ㄴ, ㄷ   ⑤ ㄱ, ㄴ, ㄷ

섭입 당하는 쪽에서
지진 자주 발생

문제풀이 TIP | 우리나라 주변 판들의 밀도나 섭입 방향 등에 대해 미리 알아두면 좋고, 그림 (나)의 경우에는 같은 수평 거리에서 얼마나 깊게 섭입했는지를 그림을 그려서 풀면 좀 더 쉽게 풀이할 수 있다.

출제분석 | 우리나라 주변 판들의 특징에 대해 묻는 문항으로 수렴형 경계에서 지진은 주로 밀도가 작은 판 쪽에서 발생한다. 섭입하는 형태를 생각해보면 이해할 수 있는 내용이다.

|자|료|해|설|

그림 (가)는 유라시아 판과 태평양 판, 필리핀 판 간의 수렴형 경계를 나타낸 것이다. 이 중에서 태평양 판의 밀도가 가장 크며, 다음으로 필리핀 판이 크고 유라시아 판의 밀도가 가장 작다. 판이 수렴할 때, 밀도가 큰 판이 밀도가 작은 판 아래로 섭입되므로, 태평양 판은 유라시아 판과 필리핀 판 아래로 섭입되고, 필리핀 판은 유라시아 판 아래로 섭입된다. 판의 경계를 기준으로 섭입을 당하는 판에서 지진이 발생하는데 그 이유는 밀도가 낮은 판 아래를 밀도가 큰 판이 파고들어 이동하기 때문이다.

그림 (나)에서 a−a′의 단면은 태평양 판이 유라시아 판 아래로 섭입하고 있는 모습이고, b−b′ 단면은 태평양 판이 필리핀 판 아래로 섭입하고 있는 모습인데, a−a′의 수평 거리가 b−b′의 2배 정도 됨을 알 수 있다. 섭입하는 판의 깊이를 보면 a−a′ 단면에 해당하는 부분은 500km 이상 섭입이 되었으며, b−b′ 단면에 해당하는 부분은 600km 이상 섭입이 되었음을 알 수 있다. 섭입하는 두 판의 기울기의 관점에서 보면 같은 거리에서 더 깊게 섭입한 b−b′ 단면의 기울기가 더 크다는 것을 알 수 있다.

|보|기|풀|이|

ㄱ. 정답 : a−a′의 단면을 지나는 굵은 선은 판의 경계를 나타낸 것으로, 이 부분은 태평양 판이 유라시아 판 아래로 섭입하는 부분에 해당하며 해구가 존재하는 곳이다.

ㄴ. 오답 : 지진은 섭입을 당하는 판에서 주로 발생한다. b−b′ 단면에서 서쪽은 필리핀 판, 동쪽은 태평양 판으로 밀도가 상대적으로 큰 태평양 판이 상대적으로 밀도가 작은 필리핀 판 쪽으로 섭입하고 있는 상태이다. 따라서 지진은 필리핀 판에서 자주 발생할 것이며, 그림에서 판의 경계를 기준으로 서쪽에 필리핀 판이 위치하므로 서쪽이 동쪽보다 지진이 자주 발생함을 알 수 있다.

ㄷ. 오답 : b−b′의 해구에서 깊이 500km까지의 수평 거리를 a−a′의 단면과 비교해보면, a−a′은 같은 수평 거리에서 200km 정도밖에 섭입하지 못했다. 따라서 섭입하는 판의 기울기는 같은 수평 거리에서 더욱 깊게 섭입한 b−b′에서 더욱 크다.

그림은 북아메리카 대륙 주변 판의 경계와 이동 방향을 나타낸 것이다.

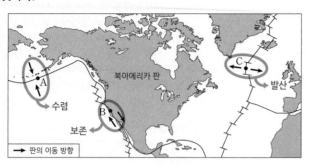

A~C지역에 대한 설명으로 옳은 것만을 〈보기〉에서 있는 대로 고른 것은?

보기
대륙판－해양판 수렴형 경계
ㄱ. A에는 해구가 발달한다.
ㄴ. B에서는 심발 지진이 활발하게 발생한다.
ㄷ. C는 맨틀 대류의 상승부에 위치한다.

① ㄱ   ② ㄴ   ✓③ ㄱ, ㄷ   ④ ㄴ, ㄷ   ⑤ ㄱ, ㄴ, ㄷ

|자|료|해|설|
판의 이동 방향을 참고하여 발산, 수렴, 보존형 경계를 판단하여야 한다. A는 수렴형 경계인 알류산 해구, B는 보존형 경계인 산 안드레아스 단층, C는 발산형 경계인 대서양 중앙 해령이다.

|보|기|풀|이|
ㄱ. 정답 : 해양판을 포함한 수렴형 경계에서는 해구가 발달한다. A는 알류산 해구이다.
ㄴ. 오답 : B는 보존형 경계인 산 안드레아스 단층이고 보존형 경계에서는 주로 천발 지진이 발생한다.
ㄷ. 정답 : 맨틀 대류의 상승부에서 발산형 경계가 생성되고 맨틀 대류의 하강부에서는 수렴형 경계가 생성된다. C는 발산형 경계인 대서양 중앙 해령이므로 맨틀 대류의 상승부에 위치한다.

😮 **문제풀이 T I P |** 판의 경계에 대한 특징을 잘 암기하고 있어야 풀 수 있는 문제이므로 잘 외워 두도록 하자.

😃 **출제분석 |** 판의 경계에 관한 기본 유형의 문제로 난도는 높지 않게 출제되었다. 과거에 위와 같은 유형으로 수능에 출제된 적도 많으니 위의 유형이 익숙해지도록 기출 문제를 통해 반복 학습을 하도록 하자.

그림은 어느 지역의 판의 경계와 진앙 분포를 나타낸 것이다.

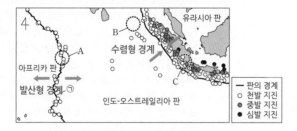

이에 대한 설명으로 옳은 것만을 〈보기〉에서 있는 대로 고른 것은?
(3점)

보기 밀도가 낮은 판 → → 밀도가 높은 판 적다
ㄱ. 해양 지각의 나이는 A지역이 B지역보다 많다.
ㄴ. 화산 활동은 C지역이 B지역보다 활발하다.
ㄷ. 판이 경계 ㉠을 따라 수렴형 경계가 발달한다.
발산형 또는 보존형 경계

① ㄱ   ✓② ㄴ   ③ ㄱ, ㄷ   ④ ㄴ, ㄷ   ⑤ ㄱ, ㄴ, ㄷ

|자|료|해|설|
A지역은 발산형 경계인 해령으로 판이 양쪽으로 멀어지면서 화산 활동과 천발 지진이 발생한다. 이때 해령이 어긋나면서 보존형 경계도 동시에 나타난다. 오른쪽의 인도－오스트레일리아판과 유라시아판이 만나는 지역은 수렴형 경계 지역으로 베니오프대를 따라 천발 지진부터 심발 지진까지 모든 지진이 발생한다. 이때 지진이 발생하는 지역과 화산 활동이 일어나는 지역은 밀도가 낮은 유라시아 판 쪽에 집중된다. B는 밀도가 높은 인도－오스트레일리아 판 위의 지점이고 C는 밀도가 낮은 유라시아 판 위의 지점이므로 화산 활동과 지진은 C지점에서 활발하다.

|보|기|풀|이|
ㄱ. 오답 : A지역은 발산형 경계로 새로운 지각이 형성되고 있다. B지역은 수렴형 경계로 판이 소멸하는 곳이다. 따라서 A지역에서 B지역으로 갈수록 해양 지각의 나이는 많아진다.
ㄴ. 정답 : 수렴형 경계에서는 밀도가 높은 판이 밀도가 낮은 판 밑으로 섭입하면서 베니오프대를 따라 지진이 발생한다. 따라서 진앙기는 주로 밀도가 낮은 판 위에 위치한다. 화산 활동도 밀도가 높은 판이 섭입하면서 지하에서 물질이 용융된 후 상승하며 발생하기 때문에 지진과 마찬가지로 밀도가 낮은 유라시아 판 위에서 활발하다. 따라서 화산 활동은 유라시아 판 위의 한 지점인 C지역이 인도－오스트레일리아판 위의 한 지점인 B지역보다 활발하다.
ㄷ. 오답 : 판의 경계 ㉠은 주로 천발 지진이 발생하는 발산형 경계인 해령 지역이다. 이때 발산하는 경계가 어긋나면 보존형 경계도 동시에 발달할 수 있다. 따라서 판의 경계 ㉠을 따라서는 발산형 또는 보존형 경계가 발달한다.

😮 **문제풀이 T I P |** 지진은 모든 판의 경계에서 발생할 수 있으나 천발~심발 지진까지 모든 지진이 발생할 수 있는 판의 경계는 수렴형 경계이다. 화산 활동은 발산형 경계, 해양판을 포함한 수렴형 경계에서 주로 발생한다.

😃 **출제분석 |** 판의 경계는 출제 빈도가 매우 높기 때문에 그림에서 화산 활동, 지진의 발생 위치, 지진의 종류에 따라 판의 경계 종류와 판의 밀도 비교를 판단할 수 있도록 연습해야 한다.

다음은 초대륙의 형성과 분리 과정 중 일부에 대하여 학생 A, B, C가 나눈 대화를 나타낸 것이다.

제시한 내용이 옳은 학생만을 있는 대로 고른 것은?

① A   ② B   ③ A, C   ④ B, C   ⑤ A, B, C ✓

| 자 | 료 | 해 | 설 |

지질 시대 동안 판의 운동에 의해 여러 차례 초대륙이 형성되고 다시 분리되기를 반복했다. 대륙이 분리되는 과정에서 장력에 의해 서로 멀어지며 발산형 경계를 형성하는데, 대륙판과 대륙판이 멀어지면 열곡대가 형성될 수 있다. 대륙이 다 갈라지고도 계속 장력이 작용하면 해저가 확장되며 새로운 해양 지각이 생성된다. 이때 해령을 경계로 해양 지각의 나이와 고지자기 역전 줄무늬가 대칭적으로 분포한다.

| 보 | 기 | 풀 | 이 |

학생 A 정답 : 판게아, 로디니아, 곤드와나 등은 초대륙이다.

학생 B 정답 : 대륙이 분리되는 과정에서 열곡대가 형성될 수 있다.

학생 C 정답 : 해령을 축으로 해저 지자기 줄무늬가 대칭적으로 분포하는 것은 ⓛ 해저 확장의 증거이다.

😮 **문제풀이 TIP** | 초대륙의 형성과 분리 : 초대륙의 형성 → 대륙 분리 → 해저 확장 → 해구와 섭입대 형성 → 해양 지각 소멸 → 대륙 충돌 → 다시 초대륙 형성
초대륙 : 선캄브리아 시대의 로디니아, 고생대 말에 형성된 판게아 등

😎 **출제분석** | 초대륙의 형성과 분리 과정을 다루고 있는데, 수능에서는 이런 문제가 단독으로 출제될 확률이 매우 낮다. 1번 문제답게 기본적인 내용만을 다루고 있어서 정답률이 매우 높다.

그림 (가)와 (나)는 섭입대가 나타나는 서로 다른 두 지역의 지진파 단층 촬영 영상을 진원 분포와 함께 나타낸 것이다.

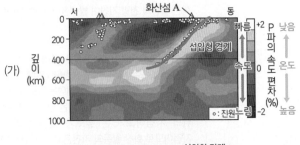

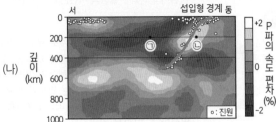

이 자료에 대한 설명으로 옳은 것만을 <보기>에서 있는 대로 고른 것은?

보기

ㄱ. (가)에서 화산섬 A의 동쪽에 판의 경계가 위치한다.

ㄴ. 온도는 ~~ㄱ~~ 지점이 ~~ㄴ~~ 지점보다 높다.

ㄷ. 진원의 최대 깊이는 ~~(가)~~ 가 ~~(나)~~ 보다 깊다.
           (나)   (가)

① ㄱ ✓   ② ㄴ   ③ ㄱ, ㄷ   ④ ㄴ, ㄷ   ⑤ ㄱ, ㄴ, ㄷ

| 자 | 료 | 해 | 설 |

P파의 속도 편차가 (＋)이면 P파의 속도가 빨라지는 것을 의미하고, P파의 속도 편차가 (－)이면 P파의 속도가 느려지는 것을 의미한다. P파는 온도가 낮은 물질을 지날 때 속도가 빨라지고, 온도가 높은 물질을 지날 때 속도가 느려지므로 P파의 속도 편차가 (＋)인 곳은 온도가 낮은 곳, (－)인 곳은 온도가 높은 곳이다.
(가)에서 화산섬 A의 동쪽에 지진 발생이 많은 섭입대가 위치하고, 밝게 보이는 부분은 속도 편차가 (＋)이므로 온도가 낮다. A의 서쪽에 어둡게 보이는 부분은 P파의 속도 편차가 (－)이므로 온도가 높다.
(나)에서 ㄱ 주변은 속도 편차가 (－)이므로 상대적으로 온도가 높고, ㄴ 주변은 속도 편차가 (＋)이므로 상대적으로 온도가 낮다.

| 보 | 기 | 풀 | 이 |

ㄱ. 정답 : (가)에서 진원의 분포로 보아 화산섬 A의 동쪽에 수렴형 경계인 섭입대가 위치한다.

ㄴ. 오답 : 온도는 P파의 속도 편차가 (－)인 지점이 (＋)인 지점보다 높으므로 ㄱ 지점이 ㄴ 지점보다 높다.

ㄷ. 오답 : 진원의 최대 깊이는 (가)에서 약 450km 정도이고, (나)에서 약 500km 정도이므로 (나)가 (가)보다 깊다.

22 판의 경계 　　　　　　　정답 ③ 　정답률 59% 　2017년 3월 학평 10번 　문제편 11p

그림 (가)는 판의 경계와 서로 이웃한 두 판의 움직임을, (나)는 어떤 지질 구조를 나타낸 것이다.

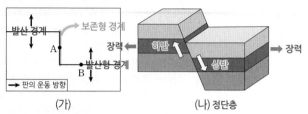

(가) 　　　　　　　(나) 정단층

이에 대한 옳은 설명만을 〈보기〉에서 있는 대로 고른 것은? **3점**

보기
ㄱ. 화산 활동은 A보다 B에서 활발하다. → 천발
ㄴ. A와 B에서는 심발 지진이 활발하다. → 판이 멀어지는 곳 → 장력
ㄷ. (나)의 지질 구조는 A보다 B에서 잘 나타난다.

① ㄱ 　② ㄴ 　✓ ㄱ, ㄷ 　④ ㄴ, ㄷ 　⑤ ㄱ, ㄴ, ㄷ

|자|료|해|설|
판의 운동 방향을 보았을 때, 판이 위와 아래 방향으로 멀어지고 있으므로, 가로 방향의 경계인 B가 발산형 경계에 해당하며, 발산형 경계와 발산형 경계 사이의 끊어진 곳에 위치한 판의 경계인 A는 보존형 경계에 해당한다.

|보|기|풀|이|
ㄱ. 정답 : A는 보존형 경계, B는 발산형 경계이다. 화산 활동은 판이 새로 생성되며 양쪽으로 멀어지는 발산형 경계 부근에서 활발하게 일어나며, 보존형 경계에서는 화산 활동은 거의 일어나지 않는다.
ㄴ. 오답 : 판의 발산형 경계와 보존형 경계 부근에서는 심발 지진은 거의 발생하지 않으며, 대부분 천발 지진만 발생한다.
ㄷ. 정답 : (나)는 단층으로, 단층면의 위쪽에 위치한 오른쪽 지반이 상반에 해당한다. 그림에서 상반이 단층면을 따라 아래로 이동하였으므로, 양쪽에서 잡아당기는 힘인 장력을 받아 만들어진 정단층이다. A에서는 판이 이곳니므로 수평 이동 단층이 잘 형성되고, B에서는 판이 멀어지면서 장력을 받아 (나)와 같은 정단층이 잘 형성된다.

🤓 **문제풀이 TIP** | 판이 생성되면서 양쪽으로 멀어지는 경계는 발산형 경계로, 해령이나 열곡대 등이 해당한다. 발산형 경계와 발산형 경계 사이에는 보존형 경계가 존재한다. 두 경계 모두 천발 지진이 활발하게 일어나며, 특히 발산형 경계에서는 화산 활동이 활발하게 일어난다.

😀 **출제분석** | 판의 경계와 지각 변동을 다루는 문항은 예전부터 출제 빈도가 매우 높았던 부분이기 때문에 점점 난이도가 높아지는 추세이다. 판의 경계에서 거리에 따른 해양 지각 연령 변화를 다룬 기출 문항들을 많이 풀어보면서 고난도 문항에 대비해야 한다.

---

23 판의 경계 　　　　　　　정답 ③ 　정답률 58% 　2017년 7월 학평 10번 　문제편 11p

그림은 판의 경계 부근에서 발생한 지진의 진앙 위치와 진원 깊이를 나타낸 것이다.

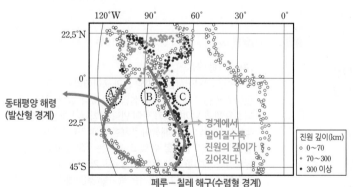

동태평양 해령
(발산형 경계)

경계에서 멀어질수록 진원의 깊이가 깊어진다.

진원 깊이(km)
○ 0~70
· 70~300
· 300 이상

페루-칠레 해구(수렴형 경계)

A~C지역에 대한 설명으로 옳은 것만을 〈보기〉에서 있는 대로 고른 것은? **3점**

보기
ㄱ. A는 맨틀 대류의 상승부이다.
ㄴ. 해저 퇴적물의 두께는 A가 B보다 얇다.
ㄷ. B보다 C가 속한 판의 밀도가 크다. → 작다

① ㄱ 　② ㄷ 　✓ ㄱ, ㄴ 　④ ㄴ, ㄷ 　⑤ ㄱ, ㄴ, ㄷ

|자|료|해|설|
그림에서 A 부근은 천발 지진만 발생하는 것으로 보아 발산형 경계에 해당하며 위치적으로 동태평양 해령에 해당한다. B와 C 사이는 천발 지진부터 심발 지진까지 발생하는 것으로 보아 수렴형 경계에 해당한다. 또한 판의 경계가 표시되지는 않지만 B → C로 갈수록 진원 깊이가 깊어지기 때문에 판의 경계는 B쪽에 위치하며 B판의 밀도가 C판보다 크다.

|보|기|풀|이|
ㄱ. 정답 : A는 동태평양 해령으로 맨틀 대류의 상승부인 발산형 경계이다. 발산형 경계에서는 화산 활동과 천발 지진이 활발하다.
ㄴ. 정답 : A는 발산형 경계로 경계의 양쪽 반대 방향으로 판이 이동한다. 따라서 A→B로 갈수록 해령으로부터 멀어지므로 퇴적물의 두께는 두꺼워지고 지각의 나이는 많아진다.
ㄷ. 오답 : 수렴형 경계에서는 밀도가 높은 판이 밀도가 낮은 판의 아래로 섭입한다. 따라서 진앙은 밀도가 작은 판 위에 집중되며, 판의 경계에서 멀어질수록 진원의 깊이가 깊어진다. 따라서 B가 속한 판보다 C가 속한 판이 밀도가 작다.

🤓 **문제풀이 TIP** | 발산형 경계는 화산 활동과 천발 지진, 수렴형 경계는 화산 활동(대륙판-대륙판 제외)과 천발~심발 지진, 보존형 경계는 천발 지진만 발생한다. 각 판의 특징을 알고 있고 대표적인 지형을 숙지하고 있다면 해결할 수 있는 문제. 판의 경계의 특징 및 차이점을 정리해 두자.

😀 **출제분석** | 판의 경계는 출제 빈도수가 매우 높은 부분이다. 위에 언급된 판의 대표적인 특징 이외에 수렴형 경계 중 대륙판-대륙판, 대륙판-해양판, 해양판-해양판에서의 화산 및 지진 활동의 차이점도 함께 정리해 둘 필요가 있다.

그림은 중앙아메리카 부근의 판 경계와 지진의 진앙 분포를 나타낸 것이다.

이에 대한 옳은 설명만을 〈보기〉에서 있는 대로 고른 것은? 3점

보기

→ 횡압력 존재
ㄱ. A에서는 정단층보다 역단층이 발달한다.

ㄴ. B에서는 해구가 발달한다.
└ 보존형 경계
ㄷ. A와 C에서 판이 섭입하는 방향은 대체로 같다.
└ 서로 다르다

① ㄱ   ② ㄴ   ③ ㄷ   ④ ㄱ, ㄴ   ⑤ ㄴ, ㄷ

😵 **문제풀이 TIP** | 천발 지진은 모든 판의 경계에서 나타날 수 있다. 심발 지진은 섭입형 경계에서 주로 발생한다.

😵 **출제분석** | 발생하는 지진의 종류와 빈도를 보고 판의 경계를 유추하는 문제이다. 주로 발산형 경계와 섭입형 경계에 대한 자료가 자주 출제되기 때문에 보기 ㄴ을 정답으로 선택하는 학생도 있을 것이다. 발산형 경계와 섭입형 경계가 주를 이루는 곳에서도 보존형 경계가 존재할 수 있음을 항상 생각하자.

|자|료|해|설|

A 지역에서는 천발 지진과 중발 지진이 발생하고 카리브 판 쪽으로 더 들어가면 심발 지진까지 발생한다. 코코스 판과 카리브 판의 경계(A)에서 카리브 판 쪽으로 갈수록 지진의 진원이 깊어지므로 코코스 판이 카리브 판 아래로 섭입하는 경계임을 알 수 있다.

B 지역에서는 천발 지진만 발생하는데, 북아메리카 판과 카리브 판 경계의 동쪽을 보면 천발 지진뿐만 아니라 중발 지진 및 심발 지진이 발생한다. 따라서 B에서는 발산형 경계나 섭입형 경계가 발달했다기보다 보존형 경계가 발달했을 것으로 추정할 수 있다.

C 지역에서는 천발 지진이 발생하고 카리브 판 쪽으로 더 들어가면 중발 지진과 심발 지진도 발생한다. 남아메리카 판(C 지역의 오른쪽)과 카리브 판의 경계(C)에서 카리브 판 쪽으로 갈수록 지진의 진원이 깊어지므로 남아메리카 판이 카리브 판 아래로 섭입하는 경계임을 알 수 있다.

|보|기|풀|이|

ㄱ. 정답 : A에서는 섭입형 경계가 발달하므로 횡압력이 작용한다. 횡압력에 의해서 단층이 발생하면 상반이 위로 올라가는 역단층이 발달한다.

ㄴ. 오답 : B에서는 천발 지진만 발생한다. 북아메리카 판과 카리브 판의 경계 전체를 살펴보면 중발 지진과 심발 지진이 발생하는 곳도 있으므로 발산형 경계나 섭입형 경계보다는 보존형 경계가 발달했을 것이다.

ㄷ. 오답 : A에서는 코코스 판에서 카리브 판 쪽(북동쪽)으로, C에서는 남아메리카 판에서 카리브 판 쪽(서쪽)으로 섭입이 발생하므로 두 지역에서 판이 섭입하는 방향은 서로 다르다.

그림 (가)는 현재 판의 이동 방향과 이동 속력을, (나)는 시간에 따른 대양의 면적 변화를 나타낸 것이다. A와 B는 각각 태평양과 대서양 중 하나이다.

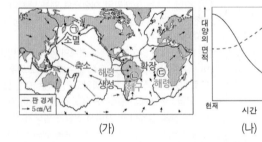

(가)   (나)

이에 대한 옳은 설명만을 〈보기〉에서 있는 대로 고른 것은?

보기

ㄱ. ㉠의 하부에서는 해양판이 섭입하고 있다.
                              → 발산형 경계(주로 천발 지진 발생)
ㄴ. 지진이 발생하는 평균 깊이는 ㉡보다 ㉢에서 얕다.
                           → 섭입형 경계(천발~심발 지진 발생)
ㄷ. A는 대서양, B는 태평양이다.

① ㄱ   ② ㄷ   ③ ㄱ, ㄴ   ④ ㄴ, ㄷ   ⑤ ㄱ, ㄴ, ㄷ

|자|료|해|설|

(가)의 ㉠ 지역에서는 태평양 판과 북아메리카 판이 만나 해양판인 태평양 판이 섭입하고 있다. ㉡ 부근은 나스카 판과 남아메리카 판이 만나 섭입대가 형성되며 ㉢에는 대서양 중앙 해령이 존재한다. 따라서 ㉡에서는 심발 지진까지 발생할 수 있고, ㉢에는 주로 천발 지진만 발생한다. (가)를 통해 판의 이동 속도가 달라 태평양의 면적은 줄고, 대서양의 면적은 증가할 것을 예측할 수 있다.

|보|기|풀|이|

ㄱ. 정답 : ㉠ 지역에서는 태평양 판과 북아메리카 판이 만나 해양판인 태평양 판이 섭입하고 있다.

ㄴ. 정답 : ㉡ 부근에는 해구가 존재하고 ㉢에는 해령이 존재하므로, 지진이 발생하는 평균 깊이는 수렴형 경계보다 발산형 경계에서 얕음을 알 수 있다.

ㄷ. 정답 : 대양의 가장자리에 해구가 발달해 있으며 판의 이동 속도가 빨라 대양의 면적이 줄어드는 B는 태평양이고, 가장자리에 해구가 거의 존재하지 않는 A는 대서양이다.

😵 **문제풀이 TIP** | 태평양의 면적은 줄어들고, 대서양의 면적은 늘어날 것이다.

😵 **출제분석** | 15개정 교육 과정의 필수 탐구 과정 중 하나이므로 반드시 기억하자.

그림은 어느 지역 해양 지각의 나이 분포를 나타낸 것이다.

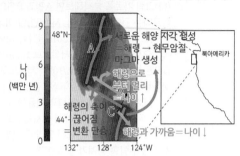

이에 대한 설명으로 옳은 것만을 〈보기〉에서 있는 대로 고른 것은?

보기
→ 해령
ㄱ. 지점 A에서 현무암질 마그마가 분출된다.
                → 해령의 축이 끊어짐
ㄴ. 지점 B와 지점 C를 잇는 직선 구간에는 변환 단층이 있다.
ㄷ. 지각의 나이는 지점 B가 지점 C보다 많다. → 제시된 색으로 비교 또는 해령으로부터의 거리 비교

나이↑(해령으로부터 멀리)   나이↓(해령과 가까움)

① ㄱ   ② ㄴ   ③ ㄱ, ㄷ   ④ ㄴ, ㄷ   ⑤ ㄱ, ㄴ, ㄷ

|자|료|해|설|
A와 C 주변에 진한 색으로 표시되는 직선은 나이가 0살에 가까우므로, 그 중심에서 새로운 해양 지각이 생성되는 것을 알 수 있다. 따라서 이 지점에 해령이 존재한다. 해령에서는 주로 현무암질 마그마가 생성된다. 해령과 해령 사이에 두 판이 서로 반대 방향으로 움직이는 지점에는 보존형 경계가 발달하고, 마그마 활동이 활발하지 않으며 변환 단층이 형성된다. A와 C는 해령과 가까우므로 지각의 나이가 적고, B는 해령으로부터 멀리 떨어져있으므로 지각의 나이가 많다.

|보|기|풀|이|
ㄱ. 정답 : 지점 A에는 해령이 존재하므로 현무암질 마그마가 분출된다.
ㄴ. 정답 : 지점 B와 지점 C를 잇는 직선 구간에는 두 판의 이동 방향이 서로 반대인 변환 단층이 있다.
ㄷ. 정답 : 지각의 나이는 해령으로부터 먼 지점 B가 해령으로부터 가까운 지점 C보다 많다.

😮 **문제풀이 TIP** | 새로운 해양 지각이 만들어지는 곳은 해령으로 발산형 경계이고, 해령과 해령 사이에 두 판이 서로 반대 방향으로 움직이는 지점에는 변환 단층이 발달하고 이는 보존형 경계이다.

😮 **출제분석** | 해양 지각의 나이, 생성되는 마그마, 지형 등 판의 경계에서 다루는 다양한 지식에 대해 묻고 있다. 제시된 자료는 비슷한 유형이 정말 많이 출제되어 기출 문제 학습을 제대로 했다면 자료 해석이 어렵지 않았을 것이다. 보기 역시 판의 경계에서 다루는 보편적인 선지가 출제되었으므로 문제의 난이도는 낮은 편이다.

그림 (가)는 판 경계와 해양판 A, B를 나타낸 것이고, (나)는 시간에 따른 A와 B의 확장 속도를 순서 없이 나타낸 것이다.

 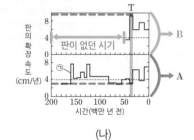

(가)   (나)

이 자료에 대한 설명으로 옳은 것만을 〈보기〉에서 있는 대로 고른 것은? (단, 태평양에서 심해 퇴적물이 쌓이는 속도는 일정하다.) **3점**

보기
           → 4cm/년보다 작다
ㄱ. ㉠은 A의 확장 속도에 해당한다.
           → 8cm/년보다 크다
ㄴ. T 기간에 판의 확장 속도는 A가 B보다 빠르다. 느리다
ㄷ. T 기간에 생성된 판 위에 쌓인 심해 퇴적물의 두께는 A가 B보다 3배 두껍다. 확장 속도로 판단할 수 없다

① ㄱ   ② ㄴ   ③ ㄷ   ④ ㄱ, ㄴ   ⑤ ㄱ, ㄷ

|자|료|해|설|
A와 B는 A와 B 사이의 해령으로부터 해구 방향으로 점점 확장한다. (나)에서 ㉠은 5천만 년 이전에도 확장하고 있었으므로 더 오래된 판이다. A는 B보다 해령까지의 거리가 멀기 때문에 B보다 A가 더 긴 시간 동안 확장하고 있는 판이다. 따라서 ㉠은 A에 해당한다.

|보|기|풀|이|
ㄱ. 정답 : ㉠은 그 위의 그래프가 나타내는 판보다 더 오랜 기간 동안 확장해 왔다. A가 B보다 해령까지의 거리가 더 멀기 때문에 A는 B보다 더 오랜 기간 동안 확장했으므로 ㉠은 A의 확장 속도에 해당한다.
ㄴ. 오답 : T 기간에 판의 확장 속도는 (나)의 위쪽 그래프에서 8cm/년보다 크고, ㉠에서 4cm/년보다 작다. ㉠은 A이므로 T 기간에 판의 확장 속도는 A가 B보다 느리다.
ㄷ. 오답 : 심해 퇴적물이 쌓이는 속도는 일정하므로 오래된 판일수록 심해 퇴적물의 두께는 두꺼워진다. 따라서 심해 퇴적물의 두께는 쌓이는 기간에 따라 달라지므로 확장 속도와는 관련이 없다.

😮 **문제풀이 TIP** | 해령에서 멀어질수록 오래된 판이다.

😊 **출제분석** | 해양판의 확장에 관한 문제는 가끔 출제된다. 주로 판의 구조와 특징에 대한 내용과 연계되어 출제되므로 판의 구조와 특징과 함께 정리해 두자.

그림 (가)는 A판과 B판의 경계를, (나)는 2004년부터 2016년까지 GPS를 이용하여 측정한 두 판의 남북 방향과 동서 방향의 위치를 2016년 말을 기준으로 나타낸 것이다.

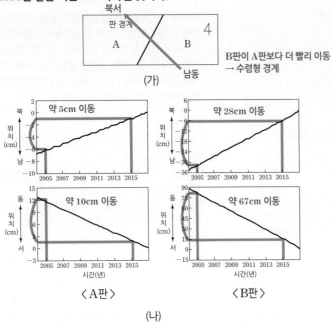

(가)

B판이 A판보다 더 빨리 이동
→ 수렴형 경계

(나)

이에 대한 설명으로 옳은 것만을 〈보기〉에서 있는 대로 고른 것은?

3점

보기

ㄱ. 두 판은 모두 ~~남동~~ 북서 방향으로 이동했다.

ㄴ. 판의 이동 속도는 A보다 B가 빠르다.

ㄷ. (가)의 판 경계는 맨틀 대류의 ~~상승부~~ 에 위치한다.
      수렴형 경계   하강부

① ㄱ   ✓② ㄴ   ③ ㄱ, ㄷ   ④ ㄴ, ㄷ   ⑤ ㄱ, ㄴ, ㄷ

│자│료│해│설│

(나)그림 자료를 분석해보면 A판과 B판의 이동 속도가 다르다는 것을 알 수 있다. 시간(년)당 이동한 거리(cm/년)를 비교하면 2005년부터 2015년까지 10년 동안 A판은 북쪽으로 약 5cm/10년, 서쪽으로 10cm/10년 이동하였고, B판은 북쪽으로 약 28cm/10년 , 서쪽으로 67cm/10년 이동한 것을 알 수 있다. 따라서 같은 시간 동안 이동 거리가 더 긴 B판이 A판보다 더 빨리 이동했다는 것을 알 수 있다. 두 판 모두 남동쪽에서 북서쪽으로 같은 방향으로 이동했으며 B판이 A판보다 빨리 움직였으므로 A판과 B판 사이에 수렴형 경계가 발달한다.
수렴형 경계는 맨틀 대류의 하강부에 속하고, 발산형 경계는 맨틀 대류의 상승부에 속한다.

│보│기│풀│이│

ㄱ. 오답 : A, B 두 판은 2016년 말을 기준으로 과거에 비교적 남동쪽에 위치하였다가 모두 북서 방향으로 이동했다.

ㄴ. 정답 : A판과 B판의 이동 속도를 구하기 위해서는 시간(년)당 이동한 거리(cm/년)를 비교해 주면 된다.
A판은 2005년부터 2015년까지 10년 동안 북쪽으로 약 5cm 이동했고, B판은 북쪽으로 약 28cm 이동했다. 또한 A판은 10년 동안 서쪽으로 약 10cm, B판은 서쪽으로 약 67cm 이동했다. 따라서 판의 이동 속도는 A보다 B가 빠르다.

ㄷ. 오답 : A와 B의 경계는 수렴형 경계이다. 수렴형 경계는 맨틀 대류의 하강부에 위치한다.

😮 **문제풀이 TIP** | 이번 문제처럼 명백하게 두 비교대상의 차이가 큰 경우에는 구체적인 수치를 계산하지 않고도 문제를 빠르게 해결할 수 있다. 그래프에서 2005년부터 2015년까지 두 판이 이동한 거리(위치)를 선으로 이어봤을 때 같은 시간 동안 B판이 더 많이 움직였고 따라서 B판의 이동 속도가 A판보다 빠르다는 것을 알 수 있다. 같은 방향으로 움직이고 있지만 B판이 A판보다 더 빠르게 움직인다는 것은 A판과 B판 사이에 수렴형 경계가 발달했음을 의미한다.

😊 **출제분석** | 이번 문제는 문제 자체만 놓고 보았을 때의 난도는 크게 어렵지 않으나, 신유형으로 출제되었기 때문에 체감 난도 '상'에 해당한다. 이번 문제에 주어진 그래프가 판이 서로 멀어지고 있는 그래프(발산형 경계) 또는 판이 서로 어긋나는 그래프(보존형 경계)로 변형되어서 출제될 수 있다.

그림은 어느 판 경계 부근에서 진원의 평균 깊이를 점선으로 나타낸 것이다. A와 B 지점 중 한 곳은 대륙판에, 다른 한 곳은 해양판에 위치한다. 이에 대한 옳은 설명만을 〈보기〉에서 있는 대로 고른 것은? (단, A와 B는 모두 지표면 상의 지점이다.)

| 자 | 료 | 해 | 설 |

해양판은 밀도가 커서 밀도가 작은 대륙판 밑으로 섭입한다. 섭입대에서 지진이 발생하므로, 섭입대가 깊어질수록, 즉, 대륙판 쪽으로 갈수록 진원의 깊이가 증가한다. 진원의 깊이가 얕은 A는 해양판, 깊은 B는 대륙판이다. 해구는 진원의 깊이가 얕은 곳, 즉, 해양판 주변에 위치한다.

| 보 | 기 | 풀 | 이 |

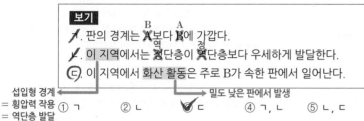

보기

ㄱ. 판의 경계는 ~~A~~보다 ~~B~~에 가깝다.
ㄴ. 이 지역에서는 ~~정~~단층이 ~~역~~단층보다 우세하게 발달한다.
ㄷ. 이 지역에서 화산 활동은 주로 B가 속한 판에서 일어난다.

섭입형 경계 → 횡압력 작용 = 역단층 발달

밀도 낮은 판에서 발생

① ㄱ   ② ㄴ   ③ ㄷ   ④ ㄱ, ㄴ   ⑤ ㄴ, ㄷ

ㄱ. 오답 : 판의 경계인 해구는 B보다 A에 가깝다.
ㄴ. 오답 : 섭입형 경계는 횡압력이 작용하므로, 역단층이 정단층보다 우세하게 발달한다.
ㄷ. 정답 : 화산 활동은 밀도가 낮은 대륙판 쪽에서 주로 발생한다.

😮 **문제풀이 TIP** | 밀도가 큰 판이 밀도가 낮은 판 아래로 섭입한다. 지진, 화산 활동은 주로 밀도가 낮은 판에서 나타난다.

😊 **출제분석** | 판의 경계가 단독으로 출제된 문제이다. 섭입형 경계에서 나타나는 지진, 단층, 화산 활동 등 대표적인 지식을 묻고 있고, 자료의 해석이 어렵지 않아서 문제의 난이도가 높지 않은 편이다.

그림은 대서양의 해저면에서 판의 경계를 가로지르는 $P_1 - P_6$ 구간을, 표는 각 지점의 연직 방향에 있는 해수면상에서 음파를 발사하여 해저면에 반사되어 되돌아오는 데 걸리는 시간을 나타낸 것이다.

지점	P_1로부터의 거리(km)	시간(초)
P_1	0	7.70
P_2	420	7.36
P_3	840	6.14
P_4	1260	3.95
P_5	1680	6.55
P_6	2100	6.97

d 최저 = 해령 부근

이 자료에 대한 설명으로 옳은 것만을 〈보기〉에서 있는 대로 고른 것은? (단, 해수에서 음파의 속도는 일정하다.)

보기 → 수심 $d = \dfrac{v \times t}{2} \propto t$

ㄱ. 수심은 P_6이 P_4보다 깊다.
ㄴ. $P_3 - P_5$ 구간에는 발산형 경계가 있다. → 해령
ㄷ. 해양 지각의 나이는 P_1가 P_2보다 ~~많다~~ 적다

→ $d_{P_1} < d_{P_2}$으로 P_2의 수심이 더 깊으므로 나이가 더 많다.

① ㄱ   ② ㄷ   ③ ㄱ, ㄴ   ④ ㄴ, ㄷ   ⑤ ㄱ, ㄴ, ㄷ

| 자 | 료 | 해 | 설 |

음향 측심 자료로부터 해저 지형을 추정하는 문제이다.

수심$(d) = \dfrac{1}{2} t \times v$($t$: 음파의 왕복 시간, v: 물 속에서 음파의 속도)으로 구할 수 있고 음파의 왕복 시간이 길수록 수심이 깊다.

| 보 | 기 | 풀 | 이 |

ㄱ. 정답 : 수심은 음파가 해저면에 반사되어 되돌아오는 데 걸리는 시간에 비례하므로 시간이 긴 P_6(6.97s)이 P_4(3.95s)보다 깊다.
ㄴ. 정답 : $P_3 - P_5$ 구간에는 수심이 얕은 해령(P_4 부근)이 분포하며, 해령은 판의 발산형 경계에 발달하는 해저 지형이다.
ㄷ. 오답 : 해령에서 멀어질수록 해양 지각의 나이는 증가하므로 수심이 더 깊은 P_2가 더 나이가 많다.

😮 **문제풀이 TIP** | 수심$(d) = \dfrac{1}{2} t \times v$ 식을 굳이 쓰지 않고 $d \propto t$ 관계로도 쉽게 문제를 해결할 수 있다.

😊 **출제분석** | 음향 측심 자료로 해저 지형을 추정하는 탐구활동은 15개정 교육과정의 필수 탐구활동이므로 반드시 기억하도록 한다.

그림은 두 해양판 A, B의 경계와 화산 분포를 최근 20년간 발생한 규모 5.0 이상인 지진의 진앙 분포와 함께 나타낸 것이다.

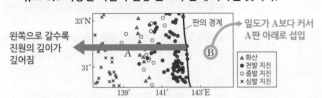

왼쪽으로 갈수록 진원의 깊이가 깊어짐

판의 경계

밀도가 A보다 커서 A판 아래로 섭입

▲ 화산
● 천발 지진
○ 중발 지진
✕ 심발 지진

이에 대한 설명으로 옳은 것만을 〈보기〉에서 있는 대로 고른 것은?

 3점

보기

→ 베니오프대
ㄱ. 판의 경계는 맨틀 대류의 ~~상승부~~ 하강부 에 위치한다.

ⓛ. A의 화산 하부에서는 물에 의해 암석의 용융점이 하강하여 마그마가 생성될 수 있다.
ㄷ. 판의 밀도는 ~~B~~ 보다 ~~A~~ 가 크다.
     A   B

① ㄱ   ✓② ㄴ   ③ ㄷ   ④ ㄱ, ㄴ   ⑤ ㄴ, ㄷ

|자|료|해|설|

A와 B의 경계의 해양판 A 쪽에서 화산 활동과 지진 활동이 활발히 일어났다. 판의 경계 주변에서는 천발 지진이, 판의 경계에서 멀어져 A판의 중심부로 갈수록 심발 지진이 더 활발히 일어난다. 이를 통해 A와 B의 경계는 수렴형 경계이며 해양판 B가 해양판 A 아래로 섭입하고 있음을 알 수 있다. A, B의 경계가 발산형 경계였다면 두 판 모두 판의 경계 주변에서 화산 활동과 천발 지진이 활발하게 일어났을 것이다. 해양판 B가 A의 아래로 섭입하고 있으므로 밀도는 B가 A보다 크다. 수렴형 경계에서는 판이 섭입하면서 물이 유입되어 암석의 용융점을 낮추고 그 결과 마그마가 생성된다.

|보|기|풀|이|

ㄱ. 오답 : 판의 경계는 수렴형 경계로 맨틀 대류의 하강부에 위치한다. 맨틀 대류의 상승부는 발산형 경계에 해당한다.
ⓛ. 정답 : A의 아래로 B가 섭입하는 베니오프대가 형성되어 있다. 베니오프대에서는 판의 섭입으로 물이 유입되면서 암석의 용융점이 하강하기 때문에 마그마가 생성될 수 있다.
ㄷ. 오답 : 판의 수렴형 경계에서 밀도가 큰 판은 밀도가 작은 판 아래로 섭입한다. B가 A 아래로 섭입하고 있으므로 밀도는 B가 A보다 크다.

👀 **문제풀이 TIP |** 수렴형 경계에서는 두 판 중 한쪽 판(밀도가 낮은 판)에서 화산 활동과 지진 활동이 활발히 일어난다.

👀 **출제분석 |** 판의 경계를 구분하고 그 특징을 묻는 문제이다. 자주 출제되는 단골 문항으로 기출 문제에서 많이 접할 수 있는 문제이다. 판의 경계의 특징뿐만 아니라 마그마의 생성 원리도 묻고 있으니 관련 내용을 함께 공부하는 것이 좋다.

그림 (가), (나), (다)는 판 경계부의 변화 과정을 순서 없이 나타낸 것이다.

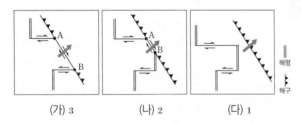

‖ 해령
‖ 해구

(가) 3   (나) 2   (다) 1

이에 대한 설명으로 옳은 것만을 〈보기〉에서 있는 대로 고른 것은?

보기

       (다) → (나) → (가)
ㄱ. 변화 순서는 ~~(가) → (나) → (다)~~ 이다.
ⓛ. (나)에서 해령의 일부가 섭입하여 소멸된다.
ㄷ. 구간 A−B는 ~~발산형~~ 경계이다.
            보존형

① ㄱ   ✓② ㄴ   ③ ㄷ   ④ ㄱ, ㄴ   ⑤ ㄴ, ㄷ

|자|료|해|설|

해령은 새로운 판이 생성되는 발산형 경계, 해구는 판이 섭입하여 소멸하는 수렴형 경계이다.
그림에서 해구가 있으므로 밀도가 큰 판이 밀도가 작은 판 밑으로 섭입하여 서서히 사라지게 된다. 따라서 그림의 순서는 (다)−(나)−(가)이다.
(가)에서 A−B에서 판의 생성과 소멸이 일어나지 않고 반대방향으로 이동만 하는 보존형 경계인 변환 단층도 관찰된다.

|보|기|풀|이|

ㄱ. 오답 : 해구가 있으므로 판이 섭입하여 소멸하게 되는 변화 과정은 (다)−(나)−(가) 순이다.
ⓛ. 정답 : (나)에서 해구를 중심으로 판의 밀도가 상대적으로 큰 왼쪽의 판(해령을 포함하는 판)이 밀도가 상대적으로 작은 오른쪽 판의 밑으로 섭입하게 되면서 해령의 일부가 섭입하여 소멸된다.
ㄷ. 오답 : 구간 A−B에서는 판의 생성과 소멸이 일어나지 않고 반대 방향으로 이동만 하는 변환단층이 존재하므로 보존형 경계이다.

👀 **문제풀이 TIP |** 해령과 해구가 같이 있어 복잡해 보이는 그림이지만, 해구가 존재하면 판이 섭입하게 된다는 것을 알고 있다면 단순하게 생각하여 풀 수 있다.

그림은 해양 지각의 연령 분포를 나타낸 것이다.

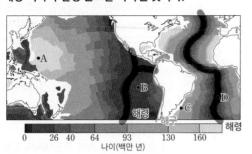

A∼D 지점에 대한 설명으로 옳은 것만을 〈보기〉에서 있는 대로 고른 것은?

보기
→ 해령에서 멀어질수록 퇴적물의 두께가 두꺼워지기 때문이다.
ㄱ. 해저 퇴적물의 두께는 A가 B보다 두껍다.
ㄴ. 최근 4천만 년 동안 평균 이동 속력은 B가 속한 판이 C가 속한 판보다 크다.
ㄷ. 지진 활동은 C가 D보다 활발하다. ← 하지 않다.
    → 해령 주변

① ㄱ   ② ㄷ   ✓③ ㄱ, ㄴ   ④ ㄴ, ㄷ   ⑤ ㄱ, ㄴ, ㄷ

|자|료|해|설|
해령에서 멀어질수록 퇴적물의 두께와 나이가 증가하고 지진 활동은 대체로 감소한다. 판의 이동은 해구의 유무와 판의 두께 등에 영향을 받는다.

|보|기|풀|이|
ㄱ. 정답 : 해령에서 멀어질수록 나이가 증가하며, 퇴적물의 두께는 두꺼워지므로 A가 B보다 두껍다.
ㄴ. 정답 : 최근 4천만 년 전까지 생성된 판의 이동 거리는 B가 속한 판이 C가 속한 판보다 멀게 나타난다. 따라서 최근 4천만 년 동안 평균 이동 속력$\left(=\dfrac{\text{이동 거리}}{\text{시간}}\right)$은 B가 속한 판이 C가 속한 판보다 크다.
ㄷ. 오답 : C는 판의 경계가 아니라 판 내부에 위치하므로 지진 활동은 해령에 위치한 D가 C보다 활발하다.

💡 **문제풀이 T I P** | 해령에서 멀어질수록, 해양 지각의 연령과 심해 퇴적물 두께는 증가하고, 열류량은 감소한다.

💡 **출제분석** | 해구의 위치나 판의 두께를 모르더라도 그림을 해석으로 ㄴ 보기를 해석할 수 있으므로 어렵지 않게 풀 수 있는 문제이다.

그림은 판의 경계와 이동 방향을 나타낸 것이다.

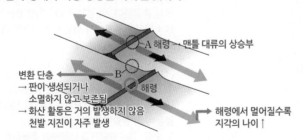

이에 대한 설명으로 옳은 것만을 〈보기〉에서 있는 대로 고른 것은?

보기
ㄱ. A는 맨틀 대류의 상승부에 위치한다.
ㄴ. B에서는 화산 활동이 활발하다. ← 거의 일어나지 않는다
ㄷ. 해양 지각의 나이는 B보다 A가 많다. ← 적다
    → 해령에서 멀어질수록 증가

✓① ㄱ   ② ㄷ   ③ ㄱ, ㄴ   ④ ㄴ, ㄷ   ⑤ ㄱ, ㄴ, ㄷ

|자|료|해|설|
발산형 경계는 맨틀 대류의 상승부에 위치하며, 대륙판이 갈라지는 곳에서는 열곡대가 형성되고 해양판이 갈라지는 곳에서는 해령이 형성된다. 해령의 열곡에서는 맨틀 대류의 상승에 의한 압력 감소로 생성된 마그마가 분출하고, 마그마가 식어 새로운 해양 지각이 생성된다. 따라서 열곡에서 멀어질수록 해양 지각의 나이는 많아진다. 발산형 경계에서는 천발 지진과 화산활동이 활발하게 일어난다. 보존형 경계는 두 판이 접하면서 서로 반대 방향으로 평행하게 어긋나는 경계로 해령 주위의 변환 단층이 여기에 해당한다. 변환 단층은 서로 다른 두 해령이 반대 방향으로 멀어지는 위치에 형성되며 판이 생성되거나 소멸하지 않고 보존된다. 변환 단층에서는 화산활동은 거의 일어나지 않고 천발 지진이 자주 발생한다. 그림에서 A는 해령, B는 변환 단층에 해낭한다.

|보|기|풀|이|
ㄱ. 정답 : A는 맨틀 대류의 상승부에 위치한 해령이다.
ㄴ. 오답 : B는 변환 단층으로 화산활동은 거의 일어나지 않고 천발지진이 자주 발생한다.
ㄷ. 오답 : 해양 지각의 나이는 해령에서 멀어질수록 많아진다. 따라서 해양 지각의 나이는 해령에서 더 먼 B가 A보다 많다.

💡 **문제풀이 T I P** | 해령과 변환 단층은 함께 자주 출제되는 요소이다. 발산형 경계, 수렴형 경계, 보존형 경계의 각 특징과 대표적인 예시 등을 확실하게 암기해두어야 한다.

💡 **출제분석** | 판의 경계와 지각 변동에 관한 문제 중 쉬운 수준이다. 어렵게 출제될 땐 판의 이동 방향이 주어지지 않고, 지도를 보고 암기를 바탕으로 문제를 해결해야 한다. 이 부분은 자주 출제되는 요소이고 개정 교육과정에서 내용이 심화되었기 때문에 더 꼼꼼한 정리와 암기가 필요하다.

그림은 판의 수렴 경계가 발달한 지역에서 베니오프대의 깊이를 나타낸 것이다. 해양판의 수렴(섭입)이 시작된 지점

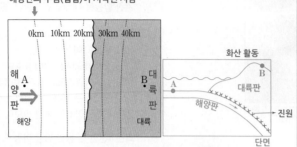

이에 대한 옳은 설명만을 〈보기〉에서 있는 대로 고른 것은? 3점

보기

ㄱ. A에서 B로 갈수록 진원의 깊이는 대체로 깊어진다.
ㄴ. 판의 밀도는 A가 속한 판이 B가 속한 판보다 크다.
ㄷ. 화산 활동은 A 부근보다 B 부근에서 활발하다.

① ㄱ   ② ㄷ   ③ ㄱ, ㄴ   ④ ㄴ, ㄷ   ⑤ ㄱ, ㄴ, ㄷ

|자|료|해|설|
해양판이 대륙판 또는 해양판 아래로 섭입하는 수렴형 경계에는 베니오프대가 위치한다. 판의 섭입이 시작되는 곳은 베니오프대의 깊이가 가장 얕고, 경사면 아래로 갈수록 베니오프대의 깊이가 깊어진다. 그림에서 베니오프대의 깊이가 0km인 지점 부근에서 섭입이 시작되며 왼쪽의 해양판이 오른쪽의 대륙판 아래로 섭입하면서 베니오프대의 깊이가 점차 깊어지고 있다.

|보|기|풀|이|
ㄱ. 정답 : 베니오프대 부근에서의 진원은 베니오프대와 대륙판의 경계를 따라 비스듬히 나타난다. A에서 B로 갈수록 베니오프대의 깊이가 깊어지므로 진원의 깊이도 대체로 깊어진다.

ㄴ. 정답 : 베니오프대의 깊이가 A에서 B로 갈수록 깊어지므로 A가 속한 판이 B가 속한 판 아래로 섭입하고 있음을 알 수 있다. 따라서 판의 밀도는 A가 속한 판이 B가 속한 판보다 크다.

ㄷ. 정답 : 화산 활동은 베니오프대 부근에서 생성된 마그마가 지각을 뚫고 올라와 분출하며 일어나므로 해구를 경계로 밀도가 작은 판 쪽에서 더 활발하게 일어난다. 따라서 화산 활동은 A 부근보다 B 부근에서 활발하게 일어난다.

😀 문제풀이 TIP | 베니오프대의 깊이가 0km인 지점 부근에서부터 판의 섭입이 시작되며, 판의 섭입이 지속되면서 베니오프대의 깊이는 점차 깊어진다. 해양판은 대륙판보다 밀도가 크므로, 해양판이 대륙판의 아래로 섭입하게 된다.

😀 출제분석 | 베니오프대의 깊이 분포를 통해 판의 섭입 방향이나 판의 밀도, 진앙의 분포, 화산의 분포 등을 알아낼 수 있다. 또한 베니오프대의 경사까지도 알 수 있으므로 위의 자료를 다양한 방법으로 활용해보는 연습이 필요하다.

그림은 북아메리카 대륙 주변의 판 경계와 섭입하는 판의 깊이를 나타낸 것이다.

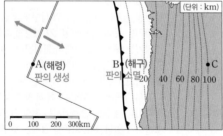

이에 대한 설명으로 옳은 것은? 3점

① 화산 활동은 A보다 B에서 활발하다.
② B는 맨틀 대류의 상승부에 위치한다.
③ 섭입하는 판의 평균 기울기는 45°보다 크다.
④ A에서 B로 갈수록 해양 지각의 연령은 감소한다.
⑤ B에서 C로 갈수록 진원의 깊이는 대체로 깊어진다.

|자|료|해|설|
A는 발산형 경계인 해령에 위치한다. A 부근에는 보존형 경계인 변환 단층이 발달해 있다. A에서 생성된 해양판은 양방향으로 이동하며, B쪽에 위치한 판은 C가 위치한 대륙판과 충돌한다. 이 경계가 해구이며 B는 해구에 위치한다. B가 위치한 해구에서 섭입하기 시작한 해양판은 C의 하부로 비스듬하게 섭입한다.

|선|택|지|풀|이|
① 오답 : 해령인 A에서는 화산 활동이 활발하게 일어난다. B는 해구로, 해구에서보다는 B와 C 사이의 지역에서 화산 활동이 더 활발하게 일어난다.

② 오답 : B는 해양판과 대륙판이 충돌하는 수렴형 경계이다. 수렴형 경계에서 맨틀 대류는 하강하며, 맨틀 대류의 상승부가 위치하는 곳은 해령 부근인 A이다.

③ 오답 : 그림 좌측 하단의 축척을 통해 B와 C 사이의 수평 거리는 약 300km 정도임을 알 수 있다. 수평으로 약 300km를 이동하는 동안 섭입한 깊이는 약 100km 정도이므로 섭입하는 판의 평균 기울기는 $\tan\theta = \frac{1}{3}$에서 약 18°이며, 기울기가 45°보다 작음을 알 수 있다.

④ 오답 : A는 해령에 위치한 지점으로 새로운 해양판이 생성되는 곳이다. 따라서 A에서 B로 갈수록 해양 지각의 연령은 증가한다.

⑤ 정답 : B는 해구에 위치한 지점으로 판이 섭입하기 시작하는 곳이며 C로 갈수록 판이 섭입한 깊이가 깊어지므로 진원의 깊이도 대체로 깊어진다.

😀 문제풀이 TIP | 해령은 맨틀 대류의 상승부로 판이 생성되는 곳이며, 해구는 판이 충돌하며 판이 섭입하는 곳이다. 해령에서 멀어질수록 해양 지각의 나이가 많아지며 해저 퇴적물의 두께도 두꺼워진다.

😀 출제분석 | 판의 경계의 종류와 판의 경계에 따른 지진과 화산 활동을 다루는 문제는 거의 모든 시험에 출제되는 단골 소재이다. 다양한 판의 경계에 해당하는 주요 지역들을 찾아보고, 화산 활동, 지진, 지각 변동 등을 구체적으로 학습해두는 것이 좋다.

그림은 북아메리카 부근의 판 A, B, C와 판 경계를 나타낸 것이다. 이 지역에는 세 종류의 판 경계가 모두 존재한다. 이에 대한 옳은 설명만을 〈보기〉에서 있는 대로 고른 것은?

보기

ㄱ. 판의 밀도는 A가 B보다 크다. → 밀도 큰 판이 아래로 수렴

ㄴ. B는 C에 대해 ~~남동쪽~~으로 이동한다.
북서쪽 / 북저쪽

ㄷ. ㉠의 발견은 맨틀 대류설이 등장하게 된 계기가 되었다.
이후에 발견

① ㄱ   ② ㄴ   ③ ㄱ, ㄷ   ④ ㄴ, ㄷ   ⑤ ㄱ, ㄴ, ㄷ

|자|료|해|설|

A가 B 아래로 수렴하고 있으므로, 밀도는 A>B이다. B와 C 사이에는 발산형 경계(두 줄)가 있고, 발산형 경계를 기준으로 양옆으로 판이 이동한다. 따라서 B는 북서쪽으로, C는 남동쪽으로 이동한다. 발산형 경계가 끊어진 곳인 ㉠은 보존형 경계인 변환 단층이다. 판의 이동 방향이 엇갈리면서 판의 소멸도, 생성도 일어나지 않는 경계이다. 변환 단층은 판 구조론의 정립 계기가 되었다.

|보|기|풀|이|

ㄱ. 정답 : 판의 밀도는 아래로 수렴하는 A가 B보다 크다.

ㄴ. 오답 : B는 C에 대해 북서쪽으로 이동한다.

ㄷ. 오답 : ㉠의 발견은 맨틀 대류설 이후에 나타났다.

😲 **문제풀이 TIP |** 판 구조론의 정립 순서: 대륙 이동설 → 맨틀 대류설 → 해(양)저 확장설 → 판 구조론
대륙 이동설의 증거: 해안선 일치, 동일 화석 분포, 빙하의 흔적, 연속적인 지질 구조
해(양)저 확장설의 증거: 음향 측심법, 해저 지형, 해령 주변의 나이 분포, 고지자기 분포, 섭입대에서의 진원 분포
판 구조론의 증거: 변환 단층

😲 **출제분석 |** 판의 경계 3가지는 시험마다 출제되는 개념이다. 이 문제에서는 판 구조론의 정립 과정(ㄷ 보기)과 함께 출제되었지만, 단독으로도 많이 출제된다. 지진이나 지질 구조, 화산 활동, 대표적인 예시 등 물어볼 내용이 아주 많은 개념이다. 각 경계의 차이를 정확하게 알아두어야 한다.

그림 (가)는 판 A와 B의 경계를, (나)는 A와 B의 이동 속력과 방향을, (다)는 A와 B에 포함된 지각의 평균 두께와 밀도를 나타낸 것이다. A와 B는 각각 대륙판과 해양판 중 하나이다.

 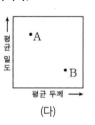

(가) 수렴형 경계   (나)   (다)

이 자료에 대한 옳은 설명만을 〈보기〉에서 있는 대로 고른 것은?

보기

ㄱ. B는 ~~해양판~~이다. → 밀도: A>B
대륙판

ㄴ. 판 경계에서 북동쪽으로 갈수록 진원의 깊이는 대체로 깊어진다. → A가 B 밑으로 섭입하며 진원의 깊이 깊어짐

ㄷ. 판 경계의 하부에서는 주로 ~~압력 감소~~에 의해 마그마가 생성된다.
물의 공급 → 용융점 하강

① ㄱ   ② ㄴ   ③ ㄱ, ㄷ   ④ ㄴ, ㄷ   ⑤ ㄱ, ㄴ, ㄷ

|자|료|해|설|

(나)를 보면 A의 이동 방향은 북동쪽, B의 이동 방향은 북서쪽이므로 (가)는 판과 판이 만나는 수렴형 경계이다. (다)를 보면 판의 평균 밀도는 A가 B보다 크기 때문에, A판이 B판 아래로 섭입한다는 것을 알 수 있다. 이때 해양판이 대륙판보다 밀도가 크기 때문에 A는 해양판, B는 대륙판이다. 해양판이 대륙판 아래로 섭입할 때 해양판에 포함된 함수 광물에서 빠져나온 물이 대륙판 하부의 맨틀에 공급되어 맨틀 물질의 용융점이 낮아져 현무암질 마그마가 생성된다.

|보|기|풀|이|

ㄱ. 오답 : B는 밀도가 작은 대륙판이다.

ㄴ. 정답 : A가 북동쪽으로 섭입하므로 진원의 깊이는 판의 경계에서 북동쪽으로 갈수록 대체로 깊어진다.

ㄷ. 오답 : 해양판이 대륙판 아래로 섭입하면서 해양 지각에 포함된 함수 광물에서 빠져나온 물에 의해 맨틀 물질의 용융점이 낮아져 마그마가 생성된다.

😲 **문제풀이 TIP |** 자료 해석을 통해 판 경계의 종류를 파악해야 할 뿐만 아니라 마그마의 생성 과정에 대한 배경 지식이 있어야 해결할 수 있는 문제이므로 장소에 따른 마그마의 생성 과정을 숙지해두어야 한다.

😲 **출제분석 |** 판의 경계와 판 경계에서 일어나는 지각 변동에 대한 문제는 매년 출제되는 빈출 유형이다. 이 문제는 판의 경계, 진원의 깊이, 마그마의 생성 과정까지 이 단원에서 다루는 내용을 전반적으로 묻고 있지만 난이도는 그리 높지 않은 편이었다.

그림은 아라비아 반도 주변 지역 판의 경계와 이동 속도를 화살표로 나타낸 것이다.

이에 대한 설명으로 옳은 것만을 〈보기〉에서 있는 대로 고른 것은? 3점

앞판이 빨리 가는데 뒤에서 천천히 쫓아옴 ← → 간격 벌어짐=발산형 경계

앞판이 느리게 가는데 뒤에서 빠르게 쫓아옴 → 간격 좁아짐 → 수렴형 경계, 판의 경동 다 대륙
→ 20㎜㎝대륙-대륙 충돌형
0 100㎞

보기

ㄱ. A에는 발산형 경계가 나타난다. → 수렴형은 맨틀 대류의 하강부, 발산형은 맨틀 대류의 상승부

ㄴ. B는 맨틀 대류의 상~~승~~(하강)부이다.

ㄷ. 화산 활동은 ~~A~~B보다 ~~B~~A에서 활발하다. → 대륙-대륙 충돌형에서는 화산 활동 활발×, 발산형에서 활발!

① ㄱ ② ㄴ ③ ㄱ, ㄷ ④ ㄴ, ㄷ ⑤ ㄱ, ㄴ, ㄷ

😮 **문제풀이 TIP** | 두 판이 같은 방향으로 이동하더라도 상대적인 이동 속도에 따라 발산형 경계가 될 수도, 수렴형 경계가 될 수도 있다. 앞판이 뒷판에 비해 더 빠르게 움직이면 간격이 벌어지는 발산형 경계, 앞판이 상대적으로 천천히 움직이면 간격이 좁아지는 수렴형 경계이다. 또한 수렴형 경계의 경우 섭입형과 충돌형으로 나뉘는데, 충돌형에서는 화산 활동이 일어나지 않는 점에 유의해야 한다.

😀 **출제분석** | 판의 경계는 매 시험 빠지지 않고 등장하는 개념이다. 판의 경계에 대한 기본적인 지식을 묻는 문제이지만 보기 ㄷ에서 B가 대륙-대륙 충돌형 경계라는 것까지 파악해야 하기 때문에 난도는 '상'이다. 보기 ㄷ에서 수렴형이므로 화산 활동이 활발할 것이라고 착각하는 오류를 범하면 안 된다. 수능에서는 이처럼 수렴형이더라도 섭입형인지 충돌형인지 세세하게 구분하는 문제가 출제된다.

|자|료|해|설|

A와 B 모두 북동쪽을 향해 이동하고 있다.

A의 경우, 앞판의 이동 속도가 빠른 것에 비해 뒷판의 이동 속도가 느리다. 따라서 두 판 사이의 간격이 벌어지는 발산형 경계가 나타난다. 발산형 경계는 맨틀 대류의 상승부로, 천발 지진과 화산 활동이 활발하게 나타난다. B의 경우 앞판의 이동 속도가 느린 것에 비해 뒷판의 이동 속도가 빠르기 때문에 간격이 좁아지고 수렴형 경계가 나타난다. 수렴형 경계는 맨틀 대류의 하강부이다. 이때, 수렴하는 두 판이 모두 대륙판이기 때문에 섭입형이 아닌 충돌형이 된다. 또다른 수렴형 경계인 섭입형과는 다르게 충돌형에서는 화산 활동이 활발하지 않고, 지진은 천발 지진과 중발 지진이 주로 일어난다.

|보|기|풀|이|

ㄱ. 정답 : A에서 앞판은 빠르게 이동하고 그 뒷판은 천천히 이동하므로 간격이 벌어지는 발산형 경계이다.

ㄴ. 오답 : 수렴형 경계 중 충돌형인 B는 맨틀 대류의 하강부이다.

ㄷ. 오답 : 화산 활동은 발산형 경계와 섭입형 수렴형 경계에서 활발하게 일어난다. A는 발산형으로 화산 활동이 활발하고, B는 충돌형이므로 화산 활동이 활발하게 일어나지 않는다.

그림은 판의 경계와 대륙의 분포를 나타낸 것이다.

히말라야: 수렴형 경계, 화강암질 마그마

산안드레아스 단층, 보존형 경계

동아프리카 열곡대 : 발산형 경계, 현무암질 마그마

지역 A, B, C에 대한 설명으로 옳은 것만을 〈보기〉에서 있는 대로 고른 것은?

보기

ㄱ. A의 하부에는 마그마가 생성된다.

ㄴ. B의 하부에는 화강암 관입이 있다.

ㄷ. C의 하부에는 ~~베니오프대가 발달한다~~ 하지 않는다.

① ㄱ ② ㄴ ③ ㄷ ④ ㄱ, ㄴ ⑤ ㄴ, ㄷ

→ 대륙-해양 (수렴형 경계)

😮 **문제풀이 TIP** | 판의 경계 3가지 형태가 지도에서 어느 위치에 있는지 암기해야 한다. 태평양 주위 불의 고리 주변은 거의 다 해양판이 대륙판 아래로 섭입하는 수렴형 경계이다. 발산형 경계에서는 주로 현무암질 마그마가, 수렴형 경계에서는 화강암질 마그마가 분출된다.

😀 **출제분석** | 판의 경계 문제는 자주 출제되는 보편적인 문제이다. 이번 문제는 판의 경계 기호가 표시되어있지 않고, 지도만 보고 무슨 경계인지 알아야하는 문제로 난도는 '상'에 해당한다. 보기는 평이하게 출제되었다.

|자|료|해|설|

A지역은 동아프리카 열곡대로 대륙판과 대륙판이 발산하는 경계이다. 대륙판이 갈라지는 곳에서는 열곡대가 형성되고, 천발 지진과 화산 활동이 활발하게 일어난다. 열곡대의 갈라진 틈으로 주로 현무암질 마그마가 분출하면서 새로운 지각이 생성되고, 바닷물이 유입되어 새로운 바다가 형성된다.

B지역은 히말라야 산맥이다. 수렴형 경계로 두 대륙판이 충돌하면서 습곡 산맥이 형성된다. 화산 활동은 거의 일어나지 않으며, 진원 깊이 300km 이내인 천발 지진과 중발 지진이 활발하게 발생한다.

C지역은 산안드레아스 단층이다. 보존형 경계로 판이 새롭게 생성되거나 소멸되지 않고, 서로 어긋나는 경계이다. 해령을 가로질러 형성된 변환 단층이 발달한다. 변환 단층에서는 화산 활동은 거의 일어나지 않고 천발 지진이 자주 발생한다.

|보|기|풀|이|

ㄱ. 정답 : A는 동아프리카 열곡대로 발산형 경계에 속하며, 맨틀 물질의 상승에 의한 압력 감소로 현무암질 마그마가 생성된다.

ㄴ. 정답 : B는 유라시아 판과 인도-오스트레일리아 판이 수렴(충돌)하는 경계이다. 대륙판에서 화강암질 마그마가 생성되어 화강암 관입이 있다.

ㄷ. 오답 : C는 산안드레아스 단층으로 보존형 경계에 속한다. 베니오프대는 수렴형 경계에서 발달하고 보존형 경계에서는 발달하지 않는다.

그림은 같은 속력으로 이동하는 두 판의 경계를 모식적으로 나타낸 것이다.

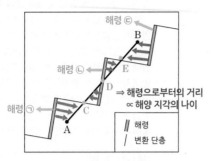

A−B 구간에서 측정한 해양 지각의 나이를 나타낸 것으로 가장 적절한 것은? **3점**

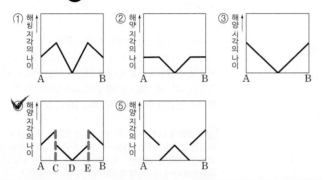

|자|료|해|설|

해령에서는 새로운 판이 생성되어 양쪽으로 멀어진다. 따라서 해령으로부터 멀어질수록 해양 지각의 나이는 거리에 비례하여 많아지고, 판이 같은 속력으로 이동한다고 하였으므로 해령으로부터의 거리가 같다면 해양 지각의 나이도 같다.

|선|택|지|풀|이|

④정답 : A → C 지점으로 갈수록 해령 ㉠으로부터 멀어지므로 해양 지각의 나이는 증가한다. 반대로 C → D 지점으로 갈수록 해령 ㉡에 가까워지므로 해양 지각의 나이는 감소한다. 특히, C 지점을 기준으로 해령 ㉠과 ㉡까지의 거리를 비교하면 해령 ㉡과의 거리가 더 가까우므로 A → C 방향으로 진행하는 동안 해양 지각의 나이가 증가하다가 C 지점을 경계로 해양 지각의 나이는 불연속적으로 급격히 감소한다. D는 새로운 해양 지각이 생성되는 해령이므로 D 지점에서 나이가 가장 적고, 다시 E 방향으로 가면서 나이가 증가한다. E 지점은 해령 ㉡보다 ㉢으로부터의 거리가 더 멀기 때문에 E 지점 이후 해양 지각의 나이는 불연속적으로 급격히 증가하였다가 다시 해령 ㉢에 가까워지면서 나이가 감소한다.

문제풀이 TIP | A−B 구간에서 해양 지각의 나이가 어떻게 변화하는지를 찾아야 하는 문항이므로 해양 지각의 나이가 해령으로부터의 거리에 비례함을 알고 있어야 해결이 가능하다. 특히 변환 단층을 기준으로 나뉘는 두 해양 지각의 나이가 비슷하지 않고, 서로 다른 해령으로부터의 거리에 따라 급격하게 달라질 수 있음을 이해하고 있어야 한다.

출제분석 | 해령으로부터의 거리와 해양 지각의 나이의 관계를 묻는 문항은 빠짐없이 출제되는 부분이지만, 이 문항은 변환 단층을 경계로 해양 지각의 나이가 급격하게 달라질 수 있음을 묻는 매우 신선한 문항이다. 다소 어렵게 느껴질 수 있는 부분이지만, 해령으로부터의 거리와 해양 지각의 나이가 비례한다는 기본 사실만 잘 이해하고 있으면 해결 가능하다.

 " 이 문제에선 이게 가장 중요해! "

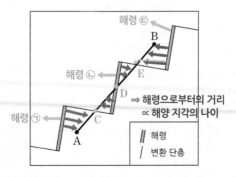

해령에서는 새로운 판이 생성되어 양쪽으로 멀어진다. 따라서 해령으로부터 멀어질수록 해양 지각의 나이는 거리에 비례하여 많아지고, 판이 같은 속력으로 이동한다고 하였으므로 해령으로부터의 거리가 같다면 해양 지각의 나이도 같다.

그림은 중앙 아메리카 어느 지역의 판 경계와 진앙 분포를 나타낸 것이다.

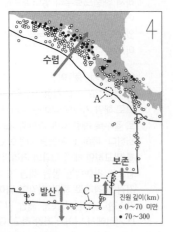

지역 A, B, C에 대한 설명으로 옳은 것만을 〈보기〉에서 있는 대로 고른 것은? **3점**

보기

ㄱ. C에서 인접한 두 판의 이동 방향은 대체로 <s>동서</s> 남북 방향이다.

ㄴ. 인접한 두 판의 밀도 차는 A가 C보다 크다.

ㄷ. 인접한 두 판의 나이 차는 B가 C보다 크다.

① ㄱ   ② ㄴ   ③ ㄷ   ④ ㄱ, ㄴ   ⑤ ㄴ, ㄷ ✓

|자|료|해|설|

A는 대부분의 진원이 위쪽 판에 집중되어있고, 진원의 깊이도 깊은 것을 통해 아래쪽 판이 북동쪽의 위쪽 판으로 수렴하는 수렴형 경계임을 알 수 있다. B는 판과 판이 멀어지는 발산형 경계 사이에 위치한 보존형 경계이다. C는 진원이 판 경계 부근에만 집중되어 있고 진원의 깊이도 상대적으로 얕은 것을 통해 판과 판이 남북 방향으로 서로 멀어지는 발산형 경계임을 알 수 있다. 발산형 경계에서는 판의 경계를 기준으로 멀어질수록 판의 나이가 많아진다. 인접한 두 판의 밀도 차는 수렴형 경계 중에서도 두 판의 종류가 서로 다른 해양판–대륙판의 경계에서 가장 크다.

|보|기|풀|이|

ㄱ. 오답 : C는 판의 경계를 기준으로 판과 판이 멀어지는 발산형 경계로, 인접한 두 판의 이동은 대체로 남북 방향이다.

ㄴ. 정답 : 인접한 두 판의 밀도차는 해양판–대륙판 수렴형 경계인 A가 발산형 경계인 C보다 크다.

ㄷ. 정답 : B에서 인접한 두 판은 각각 다른 발산형 경계에서 생성되었고, C에서 인접한 두 판은 C가 해령이기 때문에 거의 비슷한 시기에 생성되어 멀어지고 있다. 따라서 인접한 두 판의 나이 차는 B가 C보다 크다.

🦉 **문제풀이 TIP** | 수렴형, 발산형, 보존형 세 가지 판의 경계의 특징과 예시는 무조건 암기해야 한다. 뿐만 아니라 수렴형 경계는 대륙판–해양판, 해양판–해양판, 대륙판–대륙판의 세 가지 유형으로 다시 나뉘는데 각각의 특징도 암기해야 한다.

🦉 **출제분석** | 판의 경계에 대해 아주 기본적인 개념을 묻고 있는 문제로 난도 하에 해당한다.

그림 (가)는 어느 지역의 판 경계 부근에서 발생한 진앙 분포를, (나)는 (가)의 X − X′에 따른 지형의 단면을 나타낸 것이다.

  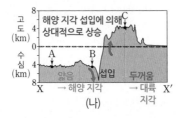

해령이 있을 것으로 예상   (가)   (나)

지역 A, B, C에 대한 설명으로 옳은 것만을 〈보기〉에서 있는 대로 고른 것은? **3점**

해령에서 멀어질수록
→퇴적물량 증가
→지각 연령 증가
→지각 열류량 감소

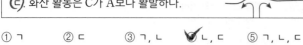

보기

ㄱ. 지각의 나이는 A가 B보다 <s>많다</s> 적다.

ㄴ. B와 C 사이에는 수렴형 경계가 존재한다.

ㄷ. 화산 활동은 C가 A보다 활발하다.

① ㄱ   ② ㄷ   ③ ㄱ, ㄴ   ④ ㄴ, ㄷ ✓   ⑤ ㄱ, ㄴ, ㄷ

|자|료|해|설|

그림 (가)에서 제시된 진앙 분포를 보면 B를 기준으로 A쪽에는 진앙이 없고, C쪽에 진앙이 많이 분포함을 알 수 있다. 따라서 A를 포함하는 해양 지각이 C를 포함하는 대륙 지각 아래로 섭입함을 알 수 있다. 또한, A보다 C에서 화산 활동이나 지진 활동이 활발하다. 그림 (나)에서 A와 B는 수심 4km 정도로 해수면보다 낮은 지역이고, C는 고도가 4km 정도로 그 주변 역시 해수면보다 높은 지역임을 알 수 있다. 따라서 A, B 두 지역은 해양 지각에 해당하며, C는 대륙 지각임을 알 수 있다. 또한 대륙 지각과 해양 지각이 만나는 부근에서 대륙 지각이 솟아오른 것으로 보아 수렴형 경계(섭입형 경계)인 해구에 해당함을 알 수 있다. 해양 지각의 이동 방향은 서쪽에서 동쪽이며 해령은 지도의 서쪽에 위치함을 예상할 수 있다.

|보|기|풀|이|

ㄱ. 오답 : 지각의 나이는 해구에서 멀고 해령에 가까운 A가 B보다 적다.

ㄴ. 정답 : 아래쪽으로 내려가는 B와 위로 솟아오른 C 사이에는 수렴형 경계에서 볼 수 있는 해구가 존재한다.

ㄷ. 정답 : 화산 활동과 지진은 섭입당하는 판에서 활발하므로 대륙 지각에 위치한 C가 A보다 활발하다.

🦉 **문제풀이 TIP** | 그림 (나)에서 B를 포함하는 해양 지각이 C를 포함하고 있는 대륙 지각 아래로 수렴하고 있다는 것만 분석하면 어렵지 않게 풀이할 수 있다.

🦉 **출제분석** | 판 구조론에 의한 지각 변동과 그로 인해 발생하는 화산 활동 및 지진 활동과 관련한 문항은 지구과학에서 반드시 나오는 문항이다. 따라서 판구조론에 대한 이해와 그에 따른 다양한 지질 현상에 대해서는 반드시 알고 있어야 한다.

그림은 태평양 주변에서 최근 1만 년 이내에 분출한 적이 있는 화산의 분포를 나타낸 것이다.

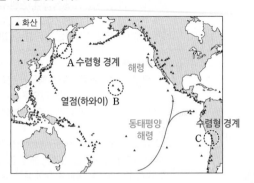

지역 A, B, C에 대한 설명으로 옳은 것만을 〈보기〉에서 있는 대로 고른 것은? **3점**

보기
ㄱ. B의 화산은 ~~판의 발산형 경계~~에 위치한다.   열점
ㄴ. 화산에서 분출된 용암의 SiO_2 평균 함량은 B가 C보다 낮다.   현무암(감람암)질 / 안산암질
ㄷ. 해구에서 섭입하는 판의 지각 나이는 A가 C보다 ~~적다~~.   많다

① ㄱ   ✓② ㄴ   ③ ㄷ   ④ ㄱ, ㄴ   ⑤ ㄴ, ㄷ

|자|료|해|설|
그림은 태평양과 주변의 판의 경계를 나타낸 것이다. A는 태평양 판과 유라시아 판이 만나는 수렴형 경계이며, B는 하와이 섬으로 열점이다. 열점은 맨틀의 하부에서 고온의 마그마가 올라오는 곳으로 판의 경계는 아니다. C는 태평양 판과 남아메리카 판이 만나는 수렴형 경계이다.

|보|기|풀|이|
ㄱ. 오답 : B는 열점이다. 열점은 판의 경계가 아닌 맨틀 하부에서 뜨거운 마그마가 올라오는 고정된 점이다.

ㄴ. 정답 : 고온의 마그마일수록 SiO_2의 함량이 낮다. B는 마그마가 맨틀 하부에서 바로 올라오는 곳으로 SiO_2의 함량이 낮은 현무암질 마그마가 분출된다. 반면 C는 해양판과 대륙판이 만나는 수렴형 경계로 보통 안산암질 마그마가 분출된다.

ㄷ. 오답 : 동태평양 해령은 남반구 쪽에서는 남아메리카 대륙과 오스트레일리아 대륙 사이에 길게 분포하지만, 북반구 쪽에서는 미국 서부 앞바다에 일부만 국소적으로 분포한다. 따라서 해령으로부터 거리는 A가 C보다 멀다. 해령에서부터 거리가 멀수록 해양 지각 나이가 많아지므로 해구에서 섭입하는 판의 지각 나이는 A가 C보다 많다.

😮 **문제풀이 TIP |** A와 C가 수렴형 경계, B가 열점이라는 것을 알아야 문제에 접근할 수 있다. 또한, 열점에서 올라오는 마그마의 온도가 매우 높은 점, 온도에 따라 마그마의 성질에 차이가 난다는 점을 알고 있어야 한다. 지도에 표시되지 않은 해령의 위치도 숙지해야 모든 문항을 해결할 수 있다. 참고로 열점은 하부 맨틀에서 마그마가 생성되어 올라오는 지점으로 SiO_2 함량이 낮은 현무암질 마그마가 분출된다.

😮 **출제분석 |** 지도에 나타나지 않는 발산형 경계의 위치를 알아야 하며, 열점의 특징까지 알아야 문제를 해결할 수 있다. 따라서 해당 문항은 기존 출제 경향 및 기출 문항과 비교할 때 좀 더 복합적이고 많은 지식을 요구하는 어려운 문항이다.

그림은 동서 방향으로 이동하는 두 해양판의 경계와 이동 속도를 나타낸 것이다.

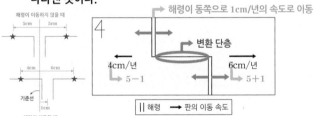

고지자기 줄무늬가 해령을 축으로 대칭일 때, 이에 대한 설명으로 옳은 것만을 〈보기〉에서 있는 대로 고른 것은? **3점**

보기
ㄱ. 두 해양판의 경계에는 변환 단층이 있다.
ㄴ. 해령에서 두 해양판은 1년에 각각 5cm씩 생성된다.
ㄷ. 해령은 1년에 ~~2~~cm씩 동쪽으로 이동한다.   1

① ㄱ   ② ㄷ   ✓③ ㄱ, ㄴ   ④ ㄴ, ㄷ   ⑤ ㄱ, ㄴ, ㄷ

|자|료|해|설|
위 해령에서 동쪽으로 이동하는 해양판과 아래 해령에서 서쪽으로 이동하는 해양판이 서로 어긋나는 경계에서 변환 단층이 발달한다. 두 해양판이 1년 동안 총 움직인 거리는 10cm(=4+6)이고 두 해양판의 고지자기 줄무늬가 해령을 축으로 대칭이므로, 두 해양판은 1년에 각각 5cm씩 생성된다. 해령이 1cm/년의 속도로 동쪽으로 이동하여, 서쪽으로 이동하는 해양판은 4cm(5-1)/년, 동쪽으로 이동하는 해양판은 6cm(5+1)/년의 속도로 이동한다.

|보|기|풀|이|
ㄱ. 정답 : 두 해양판이 어긋나는 경계에서는 변환 단층이 발달한다.

ㄴ. 정답 : 두 해양판에 나타나는 고지자기 줄무늬가 해령을 중심으로 대칭적이므로 나타나므로 두 해양판의 생성 속도는 비슷하다. 동서로 멀어지는 해양판의 총 이동 거리는 1년에 10cm이므로 두 해양판은 1년에 각각 5cm씩 생성된다.

ㄷ. 오답 : 해령은 1년에 1cm씩 동쪽으로 이동한다.

😮 **문제풀이 TIP |** 고지자기 줄무늬가 대칭이라는 뜻은 양쪽으로 멀어지는 두 해양판의 생성 속도가 같음을 의미한다. 해령이 이동하는 방향으로 이동하는 해양판의 이동 속도는 해양판의 생성 속도와 해령의 이동 속도를 더한 값과 같다.

😮 **출제분석 |** 해양판의 이동 속도뿐만 아니라 해령의 이동 속도까지 물어보는 고난도의 문항이다. 해령의 이동 속도를 주어진 자료에서 직접 계산해야 하므로 발산형 경계에서 일어나는 활동들의 원인과 특징 등을 정확하게 알고 있지 않으면 풀기 어렵다.

그림은 남극 대륙 주변에서 발생한 지진의 진앙 분포를 나타낸 것이다.

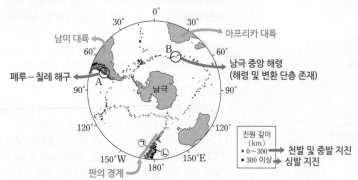

이에 대한 설명으로 옳은 것만을 〈보기〉에서 있는 대로 고른 것은? 3점

보기

ㄱ. A에는 ~~변환 단층이~~ 해구가 분포한다.

ㄴ. B에는 새로운 해양 지각이 생성된다.

ㄷ. ㉠–㉡에서 판의 경계는 진원의 깊이가 ~~깊은~~ 얕은 쪽에 가깝다.

① ㄱ   ② ㄴ   ③ ㄷ   ④ ㄱ, ㄴ   ⑤ ㄴ, ㄷ

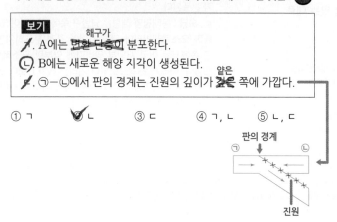

|자|료|해|설|

남극 대륙 주변을 따라 길게 띠 모양으로 진원 깊이가 300km 이하인 지진이 발생하며, 진원 깊이가 300km 이상인 지진은 발생하지 않는 것으로 보아, 발산형 경계와 보존형 경계가 분포하고 있음을 짐작할 수 있다.

|보|기|풀|이|

ㄱ. 오답 : A는 페루―칠레 해구가 분포하는 지역으로 모든 종류의 지진이 발생하는 것으로 보아 수렴형 경계가 존재함을 알 수 있다. 따라서 A에는 변환 단층이 아닌 해구가 분포한다.

ㄴ. 정답 : B에는 천발 지진만 발생하는 것으로 보아 발산형 경계인 해령과, 보존형 경계인 변환 단층이 분포한다. 따라서 B에서는 새로운 해양 지각이 생성된다.

ㄷ. 오답 : ㉠ - ㉡에는 천발 지진과 심발 지진이 모두 발생하므로 수렴형 경계이다. 수렴형 경계에서는 판의 경계에서 섭입이 시작되어 섭입하는 판을 따라서 진원이 점점 깊게 나타나므로, 판의 경계는 심발 지진보다 천발 지진이 발생하는 쪽에 가깝다. ㉠ - ㉡에서 천발 지진은 ㉡보다 ㉠에 가까우므로, 판의 경계는 ㉡보다 ㉠에 더 가깝다.

😎 **문제풀이 T I P** | 천발 지진이 띠 모양으로 길게 발생하는 지역은 주로 발산형 경계가 위치한다. 천발 지진과 심발 지진이 모두 발생하는 지역은 수렴형 경계이며, 수렴형 경계로부터 섭입대를 따라 지진이 발생하며, 진원의 깊이는 내륙 쪽으로 갈수록 점차 깊어진다.

😊 **출제분석** | 남극 대륙 주변의 판의 경계와 그 특징을 묻는 문항은 그동안 거의 출제되지 않았기 때문에 소재는 매우 신선했다. 그러나 보기의 내용은 그동안 출제되어 왔던 대부분의 문항과 다르지 않으므로, 천발 지진과 심발 지진의 발생 여부 및 진앙의 위치를 이용하여 판의 경계를 찾으면 어렵지 않게 해결 가능하다.

👩 **" 이 문제에선 이게 가장 중요해! "**

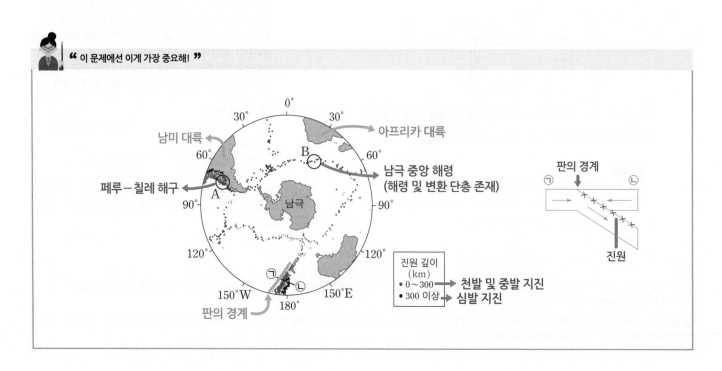

그림은 세 대륙판의 판 경계와 이동 속도를 나타낸 모식도이다.

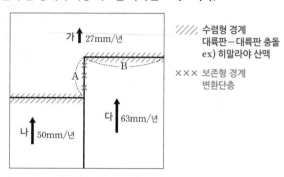

가 27mm/년

A   B

나 50mm/년   다 63mm/년

///// 수렴형 경계
대륙판－대륙판 충돌
ex) 히말라야 산맥

××× 보존형 경계
변환단층

이에 대한 설명으로 옳은 것만을 〈보기〉에서 있는 대로 고른 것은?

(3점)

보기

ㄱ. A는 보존형 경계이다. 거의 없다
ㄴ. B에서는 화산 활동이 활발하다. 대륙판－대륙판 화산활동 ×
ㄷ. 이 지역의 예로는 안데스 산맥이 있다.

① ㄱ ② ㄴ ③ ㄱ, ㄷ ④ ㄴ, ㄷ ⑤ ㄱ, ㄴ, ㄷ

해양판 － 대륙판 수렴
(나즈카판) (남아메리카판)

|자|료|해|설|

가(27mm/년)판, 나(50mm/년)판, 다(63mm/년)판의 이동 방향은 같다.

그러나, 가(27mm/년)판보다 나(50mm/년)판, 다(63mm/년)판의 이동 속도가 더 빠르므로 이 두 판은 가(27mm/년)판 밑으로 수렴했음을 알 수 있다. 따라서 그림은 수렴형 경계 중 대륙판과 대륙판이 충돌하는 경계임을 알 수 있다. 두 대륙판이 충돌하면 습곡 산맥이 형성되기도 하며, 화산 활동은 거의 일어나지 않고, 천발 지진(진원 깊이 70km 이내)이 활발하게 발생한다. 대표적인 예로는 히말라야 산맥이 있다. 나(50mm/년)판과 다(63mm/년)판은 이동 방향이 같지만, 이동 속도가 달라 경계부분 판이 어긋나는 보존형 경계가 나타난다.

|보|기|풀|이|

ㄱ. 정답 : A는 두 판의 이동 속도가 달라 판이 어긋나는 보존형 경계이다.

ㄴ. 오답 : 대륙판과 대륙판이 충돌한 때 화산 활동은 거의 일어나지 않는다.

ㄷ. 오답 : 안데스 산맥은 밀도가 큰 해양판(나즈카판)이 대륙판(남아메리카판) 밑으로 수렴하는 경계이다. 대륙판과 대륙판이 충돌하는 경계의 대표적인 예로는 히말라야 산맥이 있다.

😮 **문제풀이 T I P** | 모식도가 주어지면 판의 이동 방향과 이동 속도를 먼저 파악해야 한다. 판의 이동 방향이 같은 경우, 더 빠르게 움직이는 판이 다른 판 밑으로 섭입하여 수렴형 경계가 생기고, 두 판이 나란하게 움직이는데 이동 속도가 다를 경우는 보존형 경계가 생긴다.

😎 **출제분석** | 과거에는 전 세계 판의 분포 지도가 주어지고, 어느 지역이 어떤 경계에 속하는지를 맞추는 문제가 자주 출제되었다. 최근에는 두(세) 판을 도식적으로 표시하고 이에 따른 속도 차이를 비교하여 무슨 경계인지 맞추는 문제들이 많이 출제되고 있다.

그림은 어느 해양판의 고지자기 분포와 지점 A, B의 연령을 나타낸 것이다. 해양판의 이동 속도와 해저 퇴적물이 쌓이는 속도는 일정하고, 현재 해양판의 이동 방향은 남쪽과 북쪽 중 하나이다.

남   북

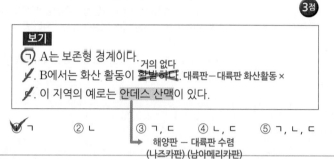

A(77 Ma)   B(62 Ma)

해양판   대륙판

■ 정자극기
□ 역자극기
□ 미확인 구간

단위
Ma: 백만 년 전

0 100km

이 자료에 대한 설명으로 옳은 것만을 〈보기〉에서 있는 대로 고른 것은? (단, 해양판의 이동 속도는 대륙판보다 빠르다.) (3점)

보기

ㄱ. A와 B 사이에 해령이 위치한다. 위치하지 않는다.
ㄴ. 해저 퇴적물의 두께는 A가 B보다 두껍다
ㄷ. 현재 A의 이동 방향은 남쪽이다. 북쪽

① ㄱ ② ㄴ ③ ㄱ, ㄷ ④ ㄴ, ㄷ ⑤ ㄱ, ㄴ, ㄷ

|자|료|해|설|

고지자기 역전 줄무늬는 해령을 중심으로 대칭적으로 나타나는데, A와 B 사이에 고지자기 줄무늬의 대칭축이 보이지 않으므로 A와 B 사이에 해령이 위치하지 않는다. 따라서 A와 B는 같은 해양판에 위치한다. 이때, 해양판과 대륙판 사이에 해구가 존재하고, 해양판의 이동 속도가 대륙판의 이동 속도보다 빠른 것으로 보아 해양판은 북쪽 방향으로 이동함을 알 수 있다. 만약 대륙판이 남쪽 방향으로 이동하는 경우에 해양판이 남쪽 방향으로 이동한다면, 해양판의 이동 속도가 대륙판보다 빠르므로 해양판과 대륙판 사이에는 해구가 발달할 수 없다. 또한 대륙판이 북쪽 방향으로 이동하는 경우에는 이동 속도가 더 빠른 해양판이 북쪽 방향으로 이동해야 해양판과 대륙판 사이에 해구가 발달할 수 있다.

|보|기|풀|이|

ㄱ. 오답 : A와 B 사이에 고지자기 역전 줄무늬의 대칭축이 나타나지 않으므로, 해령은 A와 B 사이에 위치하지 않는다.

ㄴ. 정답 : 해양판의 이동 속도와 해저 퇴적물이 쌓이는 속도는 일정하므로, 해저 퇴적물의 두께는 해양 지각의 연령과 비례한다. 따라서 연령이 더 높은 A가 B보다 해저 퇴적물의 두께가 두껍다.

ㄷ. 오답 : 해양판과 대륙판 사이에 해구가 존재하고, 해양판의 이동 속도가 대륙판의 이동 속도보다 빠른 것으로 보아 현재 A는 북쪽 방향으로 이동함을 알 수 있다.

😮 **문제풀이 T I P** | 언제나 해양판의 정중앙에 해령이 위치하는 것이 아님을 명심하고, 판의 이동 방향과 암석의 연령을 모두 고려하여 해령의 위치를 판단해야 한다. 판의 이동 방향을 제시하지 않았을 때, 판의 경계에서 이동 속도 차이를 이용해 이동 방향을 알아낼 수 있다.

😎 **출제분석** | 판 구조론과 판의 경계에 대한 문제는 빈출 유형이다. 자료 해석이 필수적으로 요구되며, 제시되는 자료에 따라 난이도가 달라진다. 본 문제는 흔히 보던 자료와 완전히 다른 유형의 자료를 제시해 해석이 까다로웠다. 2023학년도 수능에서 오답률이 두 번째로 높았던 문제로, 기존의 자료에서 자주 보던 대로 A와 B 사이에 해령이 위치한다고 가정하여 ⑤번을 답으로 고른 학생들이 많았다.

Ⅰ
1
Ⅰ
01
대륙 이동과 판 구조론

그림은 어느 학생이 생성형 인공 지능 서비스를 이용해 대륙 이동설과 해양저 확장설에 대해 검색한 결과의 일부이다.

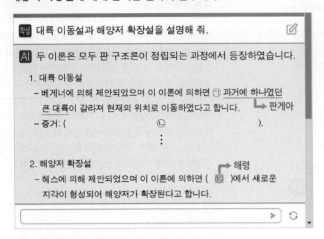

이에 대한 옳은 설명만을 〈보기〉에서 있는 대로 고른 것은?

보기

ㄱ. ㉠은 판게아이다.
ㄴ. '같은 종류의 화석이 멀리 떨어진 여러 대륙에서 발견된다'는 ㉡에 해당한다.
ㄷ. '해령'은 ㉢에 해당한다.

① ㄱ   ② ㄷ   ③ ㄱ, ㄴ   ④ ㄴ, ㄷ   ⑤ ㄱ, ㄴ, ㄷ

|자|료|해|설|

베게너는 여러 증거를 바탕으로 과거에 하나였던 큰 대륙(판게아)이 갈라져 현재의 위치로 이동했다고 주장하였다. 베게너는 '여러 대륙에 걸쳐 같은 종류의 화석이 발견된다', '아프리카와 남아메리카의 해안선 모양이 유사하다' 등을 그 증거로 제시하였다.

해양 탐사 기술의 발달로 해저 지형을 더 자세히 연구할 수 있게 되면서, 헤스는 해령에서 새로운 지각이 생성되어 해양저가 확장되며 해령의 양쪽으로 지각이 이동하여 해구에서 소멸된다고 주장하였다.

|보|기|풀|이|

ㄱ. 정답 : 현재의 대륙 분포로 대륙이 이동하기 전에 하나였던 큰 대륙(㉠)은 판게아이다.

ㄴ. 정답 : 베게너는 대륙 이동설을 주장할 때 '같은 종류의 화석이 멀리 떨어진 여러 대륙에서 발견된다'를 증거로 제시하였다.

ㄷ. 정답 : 헤스가 주장한 해양저 확장설에서 새로운 지각이 형성되는 곳(㉢)은 해령이다.

그림은 어느 지역의 판 경계 분포와 지진파 단층 촬영 영상을 나타낸 것이다. ㉠과 ㉡에는 각각 발산형 경계와 수렴형 경계 중 하나가 위치한다.
이 자료에 대한 옳은 설명만을 〈보기〉에서 있는 대로 고른 것은?

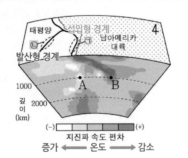

보기

ㄱ. ㉠의 판 경계에서 동쪽으로 갈수록 지진이 발생하는 깊이는 대체로 깊어진다.
ㄴ. 판 경계 부근의 평균 수심은 ㉠이 ㉡보다 깊다.
ㄷ. 온도는 A 지점이 B 지점보다 높다.

① ㄴ   ② ㄷ   ③ ㄱ, ㄴ   ④ ㄱ, ㄷ   ⑤ ㄱ, ㄴ, ㄷ

|자|료|해|설|

지진파는 차가운 곳을 지날 때 속도가 빨라지고, 뜨거운 곳을 지날 때 속도가 느려진다.
㉠에서 동쪽 아래의 어두운 부분은 지진파 속도 편차가 (+)인 것으로 보아 차가운 곳이므로 수렴형 경계임을 알 수 있다. 따라서 ㉡은 발산형 경계이다.

|보|기|풀|이|

ㄱ. 정답 : ㉠은 수렴형 경계로 남아메리카 대륙 아래로 판이 수렴하고 있다. 수렴형 경계에서 지진은 두 판의 경계에서 발생하므로 동쪽으로 갈수록 지진의 발생 깊이는 대체로 깊어진다.

ㄴ. 정답 : 수렴형 경계의 평균 수심은 발산형 경계의 평균 수심보다 깊다. 따라서 판 경계 부근의 평균 수심은 ㉠이 ㉡보다 깊다.

ㄷ. 정답 : 지진파 속도 편차가 (−)일수록 온도는 높으므로 온도는 A 지점이 B 지점보다 높다.

그림은 남반구 중위도에 위치한 어느 해양 지각의 연령과 고지자기 줄무늬를 나타낸 것이다. ⊙과 ⓒ은 각각 정자극기와 역자극기 중 하나이다.

- ⊙ 정자극기
- □ ⓒ 역자극기
- → 고지자기 방향

방위
남쪽
해령 A
북쪽
연령(백만 년)
0 2 4

지역 A와 B에 대한 설명으로 옳은 것만을 〈보기〉에서 있는 대로 고른 것은? (단, 해저 퇴적물이 쌓이는 속도는 일정하다.) **3점**

보기

ㄱ. 해저 퇴적물의 두께는 B가 A보다 두껍다.

ㄴ. A의 하부에는 맨틀 대류의 상승류가 존재한다.

ㄷ. B는 A의 동쪽(서쪽)에 위치한다.

① ㄱ   ✔② ㄴ   ③ ㄷ   ④ ㄱ, ㄷ   ⑤ ㄴ, ㄷ

|자|료|해|설|

고지자기 줄무늬에서 정자극기는 현재와 자기장의 방향이 같은 시기이고, 역자극기는 현재와 자기장의 방향이 다른 시기이다. 해양 지각의 연령이 0인 곳은 새로운 해양 지각이 만들어지는 곳이므로 지역 A는 현재 새로운 해양 지각이 생성되는 해령 부근에 위치한다. 해령에서 현재 생성되는 해양 지각은 현재와 자기장의 방향이 같은 정자극기에 생성된 것이므로 지역 A는 정자극기(⊙), 지역 B는 역자극기(ⓒ)에 생성되었다. 역자극기(ⓒ)의 고지자기 방향은 현재와 반대이므로 남쪽을 향해 있다. 따라서 화살표가 가리키는 방향은 남쪽이다. 즉, A는 B의 동쪽에, B는 A의 서쪽에 있다.

|보|기|풀|이|

ㄱ. 오답 : 해저 퇴적물이 쌓이는 속도는 일정하므로 해저 퇴적물의 두께는 해양 지각의 나이에 비례한다. 해양 지각의 나이는 A보다 B가 많으므로 해저 퇴적물의 두께는 B가 A보다 두껍다.

ㄴ. 정답 : A는 해령 부근 지역이므로 A의 하부에는 맨틀 대류의 상승류가 존재한다.

ㄷ. 오답 : 역자극기의 고지자기 방향을 나타내는 화살표가 가리키는 방향이 남쪽이므로 B는 A의 서쪽에 위치한다.

😮 **문제풀이TIP** | 고지자기 방향은 생성 당시 북극을 향한다. 따라서 정자극기의 고지자기 방향은 현재 북쪽이며, 역자극기의 고지자기 방향은 현재 남쪽이다.

😎 **출제분석** | 정자극기와 역자극기의 의미를 이해하고 있는지 시험할 수 있는 문항으로 고지자기가 어딜 향하는지 알지 못한다면 ⑤번을 선택하기 쉽다.

02 대륙의 분포와 변화

기본자료

필수개념 1 고지자기

지질 시대에 생성된 암석에 남아있는 잔류 자기. 암석 속의 고지자기를 통해 과거의 지구 자기장의 방향 및 자극의 위치 그리고 암석 생성 당시의 위도를 추정.

1. 지구 자기장: 지구 자기력이 미치는 공간

2. 자기장의 역전 현상

   1) 정자극기: 잔류 자기의 생성 당시 자기장 방향이 현재와 같은 시기

   2) 역자극기: 잔류 자기의 생성 당시 자기장 방향이 현재와 반대인 시기

3. 편각과 복각

   1) 편각: 나침반의 자침(자북)이 진북과 이루는 각. 동(+), 서(−)로 표현

      → 고지자기의 편각을 측정하면 암석 생성 당시의 지리상 북극 방향에서 회전해 있는 각도를 추정할 수 있다.

   2) 복각: 나침반의 자침이 수평면과 이루는 각. ±90°로 표시(북반구 (+), 남반구 (−))

      → 고지자기의 복각을 측정하면 암석 생성 당시의 위도를 추정할 수 있다.

4. 대륙 이동의 고지자기 증거

   1) 유럽 대륙에서 측정한 자북극의 이동 경로와 북아메리카에서 측정한 자북극의 이동 경로가 차이가 남.

   2) 자북극의 이동 경로를 일치시켜 보면 대륙이 모여 있는 모습이 되어 과거 대륙이 붙어 있음을 말해줌.

▶ 지리상 북극과 자북극
• 지리상 북극: 지구 자전축과 북반구의 지표면이 만나는 지점 → 진북
• 자북극: 지구 자기장의 북극으로, 나침반의 N극이 가리키는 지점 → 자북

▶ 복각과 편각 측정
• 복각: 나침반의 자침은 자기력선의 방향에 나란하게 배열되므로 수평면에 일정한 각도로 기울어짐
• 편각: 진북과 자북 사이의 각도로, 나침반으로 진북을 찾으려면 편각을 알고 있어야 함

애팔래치아 산맥 형성
판게아가 형성되면서 북아메리카 대륙이 아프리카 대륙 및 유럽 대륙과 충돌하여 애팔래치아 산맥을 형성. 이후 대서양이 형성되면서 애팔래치아 산맥과 칼레도니아 산맥으로 분리

동아프리카 열곡대
현재 아프리카 대륙이 동아프리카 열곡대를 중심으로 분리되며, 이곳에 해령이 생성되면서 새로운 바다가 만들어질 것이다.

필수개념 2 지질 시대의 대륙 분포 변화

로디니아		로라시아 판게아 판탈라사 테티스해 곤드와나		로라시아 테티스해 판탈라사 곤드와나		
12억 년 전		2억 4천만 년 전		1억 5천만 년 전		현재

1. 초대륙: 지질 시대에는 여러 차례의 초대륙이 존재했었다.

2. 로디니아: 판게아 이전. 약 12억 년 전 존재하던 초대륙. 이후 다시 분리되었다.

3. 판게아: 고생대 말(약 2억 4천만 년 전)에 형성된 초대륙. 그 후 중생대 초(약 2억 년 전)에 다시 분리되기 시작. 판게아 형성에 따라 애팔래치아 산맥이 형성되었다.

4. 판게아 이후: 중생대 말까지 남대서양이 확장되었고, 인도대륙이 북상하였으며, 테티스 해가 닫히면서 지중해가 형성되었다. 신생대에는 인도 대륙이 완전히 북상하여 히말라야 산맥을 형성하였으며 오스트레일리아가 남극에서 분리되었다.

그림은 어느 해령 부근의 고지자기 분포와 세 지점 A~C의 위치를 나타낸 것이다.

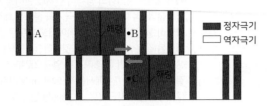

이에 대한 설명으로 옳은 것만을 〈보기〉에서 있는 대로 고른 것은?

보기

   ↳ 정자극기

ㄱ. A 지점의 지각이 생성될 당시 지구 자기장의 방향은 현재와 같았다.

        적다

ㄴ. 지각의 나이는 B가 A보다 ~~많다~~.

                   반대이다

ㄷ. B가 위치한 판과 C가 위치한 판이 이동 방향은 서로 ~~같다~~.

① ㄱ   ② ㄴ   ③ ㄱ, ㄷ   ④ ㄴ, ㄷ   ⑤ ㄱ, ㄴ, ㄷ

|자|료|해|설|

마그마가 식어 굳을 때, 자성 광물이 당시 지구 자기장의 방향으로 자화되어서 보존된다. 따라서 자성광물이 포함된 암석의 잔류 자기 방향을 측정하면, 암석이 생성된 시기의 자기장의 방향을 알아낼 수 있다. 지구 자기의 역전 현상은 반복되는데, 지구 자기장의 방향이 현재와 같은 시기를 정자극기(정상기)라고 하고, 현재와 반대인 시기를 역자극기(역전기)라고 한다. 해령은 새로운 해양지각이 만들어지면서 양쪽으로 확장되는 발산형 경계로, 해저 고지자기 줄무늬가 해령을 축으로 대칭적인 분포를 이루게 된다.

|보|기|풀|이|

ㄱ. 정답 : A지점의 지각은 정자극기에 해당한다. 따라서 당시의 지구 자기장의 방향은 현재와 같다.

ㄴ. 오답 : 지각의 나이는 해령의 중앙에서 멀어질수록 증가한다. 따라서 지각의 나이는 A가 B보다 많다.

ㄷ. 오답 : 해령은 발산형 경계에 해당하며, 해령을 기준으로 양 옆으로 멀어지는 방향으로 이동한다. 따라서, B는 오른쪽 방향으로, C는 왼쪽 방향으로 이동하게 되므로 판의 이동 방향은 서로 반대 방향이다.

😲 **문제풀이 TIP** | 정자극기와 역자극기의 개념과 발산형 경계에서 해령을 중심으로 판이 양 옆으로 이동함을 알고 있다면 쉽게 풀 수 있는 문제이다.

       ↳ 과거의 지구 자기장이 암석 속에 들어있는 것

다음은 어느 해령 부근 고지자기 분포의 특징이다.

○ 가장 최근에 생성된 해양 지각은 정자극기에 해당한다.

○ 역자극기가 4회 있었다.

○ 해령을 중심으로 고지자기 분포가 대칭적으로 나타난다.

     ↳ 발산형 경계 → 해령을 기준으로 지각이 멀어짐

이 해령 부근의 고지자기 분포를 나타낸 모식도로 가장 적절한 것은? (단, ■은 정자극기, □은 역자극기이다.) **3점**

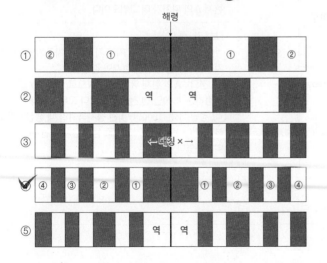

|자|료|해|설|

해령 부근의 고지자기 분포는 해저 확장설의 대표적인 근거이다. 지구 자기는 역전 현상이 반복되는데, 지구 자기장의 방향이 현재와 같은 시기를 정자극기(정상기)라 하고, 현재와 반대 방향을 향하는 시기를 역자극기(역전기)라 한다. 해령에서 생성된 새로운 해양 지각은 양쪽으로 확장되고, 지구 자기의 역전 현상이 반복되기 때문에 해저 고지자기의 줄무늬는 해령과 거의 나란하며 해령의 축을 기준으로 대칭을 이룬다.

가장 최근에 생성된 해양 지각은 해령에서 가장 가까운 위치에 있는 지각이다.

|선|택|지|풀|이|

① 오답 : 역자극기가 2회밖에 없었기 때문에 답이 될 수 없다.

② 오답 : 가장 최근에 역자극기가 나타나고 있기 때문에 답이 될 수 없다.

③ 오답 : 고지자기 분포는 해령을 중심으로 대칭적으로 나타나야 하는데 대칭이 아니기 때문에 답이 될 수 없다.

④ 정답 : 가장 최근에 정자극기가 나타났으며, 역자극기가 4회 있었다. 또한, 해령을 중심으로 고지자기 분포가 대칭적이므로 정답이다.

⑤ 오답 : 가장 최근에 역자극기가 나타나고 있기 때문에 답이 될 수 없다.

😲 **문제풀이 TIP** | 고지자기는 역전현상이 있으며, 해령 부근의 고지자기 분포는 대칭적이다. 그림이 나오는 경우, 해당이 되지 않는 그림을 지워가면서 답을 찾아가자.

😲 **출제분석** | 이번 문제는 고지자기와 관련된 문제 중 쉬운 수준에 속한다. 고지자기는 고난도의 문제로 종종 출제되는 요소이기 때문에 다양한 유형의 문제들을 풀어보아야 한다.

그림 (가)와 (나)는 각각 서로 다른 해령 부근에서 열곡으로부터의
거리에 따른 해양 지각의 나이와 고지자기 분포를 나타낸 것이다.

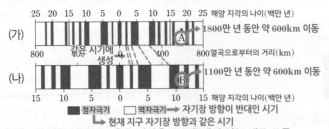

이 자료에 대한 설명으로 옳은 것만을 〈보기〉에서 있는 대로 고른
것은?

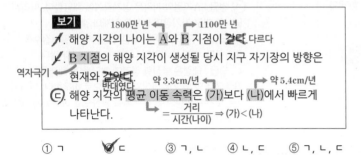

보기

　ㄱ. 해양 지각의 나이는 A와 B 지점이 <u>같다</u>. (1800만 년 → A / 1100만 년 → B) 다르다

　ㄴ. B 지점의 해양 지각이 생성될 당시 지구 자기장의 방향은
　　현재와 <u>같았다</u>. (역자극기 / 반대였다)

　ㄷ. 해양 지각의 평균 이동 속력은 (가)보다 (나)에서 빠르게 (약 3.3cm/년 / 약 5.4cm/년)
　　나타난다. $= \dfrac{거리}{시간(나이)} \Rightarrow$ (가) < (나)

① ㄱ 　✓② ㄷ 　③ ㄱ, ㄴ 　④ ㄴ, ㄷ 　⑤ ㄱ, ㄴ, ㄷ

| 자 | 료 | 해 | 설 |

정자극기는 현재 지구 자기장의 방향과 같은 시기를,
역자극기는 자기장의 방향이 현재와 반대인 시기를
의미한다. 정자극기와 역자극기의 분포는 해령을 기준으로
양옆이 동일하고, (가)와 (나)에서도 패턴은 같다. 같은
패턴은 같은 시기에 생성된 것이다. (가)에서 5백만 년 전에
생성된 정자극기 해양 지각은 열곡으로부터 약 100km
떨어져 있지만, (나)에서는 약 200km 떨어져 있다.
(가)의 A는 역자극기로, 약 1800만 년 전에 생성되었다.
(나)의 B도 역자극기이고, 약 1100만 년 전에 만들어졌다.
둘 다 해령으로부터의 거리는 약 600km로 동일하다. 해양
지각의 평균 이동 속력은 거리를 시간으로 나눈 값으로,
(가)는 약 3.3cm/년이고, (나)는 약 5.4cm/년이다. 즉, (가)
보다 (나)가 빠르다.

| 보 | 기 | 풀 | 이 |

ㄱ. 오답 : 해양 지각의 나이는 A가 1800만
년으로, B가 1100만 년으로 다르다.

ㄴ. 오답 : B는 역자극기로, B 지점의 해양 지각이 생성될
당시 지구 자기장의 방향은 현재와 반대였다.

ㄷ. 정답 : 해양 지각의 평균 이동 속력은 (가)보다 (나)에서
빠르게 나타난다.

😮 **문제풀이 T I P** | 해령을 중심으로 고지자기가 대칭이다.
해양 지각의 평균 이동 속력은 열곡으로부터의 거리를 해양 지각의 나이로 나눈 값이다.

😮 **출제분석** | 고지자기 분포는 매년 2번 이상 출제되는데, 이 문제처럼 고지자기 분포를 통해 복각이나 위도, 해양 지각의 이동 속도 등을 묻는 문제는 매년 1번 정도 출제된다. 이
문제는 1번 문제 답게 어렵지 않은 편이다. 고지자기 개념이 어렵게 나올 때는 복각이나 역전 주기 등을 묻거나 해양 지각의 나이를 보고 고지자기 분포를 추론하는 문제가 출제된다.

표는 현재 40°N에 위치한 A와 B 지역의 암석에서 측정한 연령,
고지자기 복각, 생성 당시 지구 자기의 역전 여부를 나타낸 것이다.
고지자기극은 고지자기 방향으로 추정한 지리상의 북극이고, 지리상
북극은 변하지 않았다.

정자극기에 (+)=북반구
역자극기에 (+)=남반구

지역	연령 (백만 년)	고지자기 복각	생성 당시 지구 자기의 역전 여부
A	45	+10°	× (정자극기)
B	10	+40°	× (정자극기)

이에 대한 설명으로 옳은 것만을 〈보기〉에서 있는 대로 고른 것은?

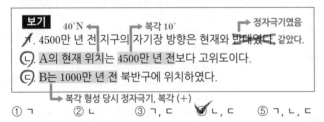

보기

　ㄱ. 4500만 년 전 지구의 자기장 방향은 현재와 <u>반대였다</u>. (40°N / 복각 10° / 정자극기였음) 같았다.

　ㄴ. A의 현재 위치는 4500만 년 전보다 고위도이다.

　ㄷ. B는 1000만 년 전 북반구에 위치하였다. (복각 형성 당시 정자극기, 복각 (+))

① ㄱ 　② ㄴ 　③ ㄱ, ㄷ 　✓④ ㄴ, ㄷ 　⑤ ㄱ, ㄴ, ㄷ

| 자 | 료 | 해 | 설 |

A와 B 지역의 암석은 모두 생성 당시 지구 자기가 정자극기
였으며, 복각이 (+)이므로 북반구에서 형성되었다. 정자극기
일 때 복각이 (+)이면 북반구, (−)이면 남반구이다. A와
B 지역의 암석은 현재 40°N에 위치하는데, A의 고지자기
복각이 +10°이므로 암석 생성 당시인 4500만 년 전보다
현재 A의 위치가 더 고위도이다.

| 보 | 기 | 풀 | 이 |

ㄱ. 오답 : 4500만 년 전 지구 자기는 정자극기였으므로,
지구의 자기장 방향은 현재와 같았다.

ㄴ. 정답 : A의 현재 위치는 40°N으로, 복각 10°로
추정하는 4500만 년 전의 위도보다 고위도이다.

ㄷ. 정답 : B는 1000만 년 전 정자극기일 때 생성되었고,
복각이 (+)의 값을 가지므로 생성 당시 북반구에
위치하였다.

😮 **문제풀이 T I P** | 정자극기일 때 복각이 (+)이면 북반구, (−)이면 남반구
역자극기일 때 복각이 (+)이면 남반구, (−)이면 북반구

😮 **출제분석** | 고지자기 개념 중에서 복각을 중요하게 다루는 문제이다. 고지자기 관련해서는 주로 고지자기 분포, 편각, 복각 등이 출제되는데 이 문제처럼 복각만을 다루는 경우는
학평을 포함하여 1년에 1번 정도로 출제 빈도가 낮다. 학생들이 복각을 어려워하는 경우가 많아서 이와 관련된 문제는 체감 난이도가 높은 편이다. 그러나 이 문제는 복각에 관한 매우
간단한 개념만을 다루고 있어서 난이도가 낮았다.

그림은 해령 A, B, C 부근의 고지자기 분포 자료를 통해 구한 해양 지각의 나이를 해령으로부터의 거리에 따라 나타낸 것이다.

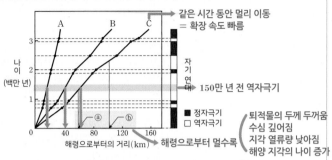

퇴적물의 두께 두꺼움
수심 깊어짐
지각 열류량 낮아짐
해양 지각의 나이 증가

해령으로부터 멀수록

이에 대한 설명으로 옳은 것만을 〈보기〉에서 있는 대로 고른 것은?

3점

보기

ㄱ. 150만 년 전의 지구 자기장은 정자극기에 해당한다. 역자극기

ㄴ. 평균 해저 확장 속도가 가장 빠른 곳은 C 부근이다.

ㄷ. 해령 C로부터 거리가 ⓑ인 지점은 ⓐ인 지점보다 해저 퇴적물의 두께가 두꺼울 것이다.

① ㄱ   ② ㄴ   ③ ㄱ, ㄷ   ✔④ ㄴ, ㄷ   ⑤ ㄱ, ㄴ, ㄷ

|자|료|해|설|

그래프의 자기 연대를 보면 150만 년 전의 지구 자기장은 역자극기에 해당한다.

해령 주변의 150만 년 된 지각을 기준으로 하였을 때, 해령 A 부근의 경우 해령으로부터의 거리가 약 20km이고, 해령 B 부근의 경우 해령으로부터의 거리가 약 40km이고, 해령 C 부근의 경우 해령으로부터의 거리가 약 60km이다. 따라서 150만 년이라는 같은 시간 동안 가장 멀리 이동한 것은 해령 C 부근이며, 해령 C의 확장 속도가 가장 빠르다는 결론을 내릴 수 있다.

해령으로부터 멀수록 해저 퇴적물의 두께는 두꺼워지고, 수심은 깊어지며, 지각 열류량은 낮아지고, 해양 지각의 나이는 증가한다.

|보|기|풀|이|

ㄱ. 오답 : 150만 년 전의 지구 자기장은 역자극기에 해당한다.

ㄴ. 정답 : 평균 해저 확장 속도가 가장 빠른 곳은 C 부근이다.

ㄷ. 정답 : 해령으로부터 멀수록 해저 퇴적물의 두께는 두껍다.

😮 **문제풀이 TIP** | 기준이 되는 나이를 정하고 그래프 위에 선을 그어두면 문제를 쉽게 풀 수 있다. 자기 연대까지 선을 이으면 정자극기인지 역자극기인지 구분할 수 있다. 또한, 기준이 되는 나이의 해양 지각이 해령으로부터 얼마나 멀리 떨어져 있는지를 확인하면 해령의 확장 속도를 쉽게 판단할 수 있다. 같은 시간 동안 이동한 거리가 멀수록 확장 속도가 빠르다는 의미이다.

😊 **출제분석** | 문제에서 다루는 해령에 대한 지식은 기본적인 수준이지만 그래프를 바탕으로 자료 해석 능력까지 요구하기 때문에 이 문제의 난도는 '중상'이다. 해령은 해저 확장설의 중요한 증거이기 때문에 수능에서는 해저 확장설, 고지자기 분포와 결합한 문제가 출제될 확률이 높다. 또한, 해령은 발산형 경계에서 나타나는 지형이기 때문에 판의 경계와 결합한 문제 역시 출제될 확률이 높다.

그림은 두 해역 A, B의 해저 퇴적물에서 측정한 잔류 자기 분포를 나타낸 것이다. ㉠과 ㉡은 각각 정자극기와 역자극기 중 하나이다. 이에 대한 옳은 설명만을 〈보기〉에서 있는 대로 고른 것은? **3점**

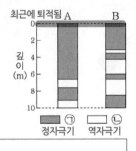

보기

ㄱ. ㉠은 정자극기, ㉡은 역자극기에 해당한다. 적다.

ㄴ. 6m 깊이에서 퇴적물의 나이는 A가 B보다 많다.

ㄷ. 베게너는 해저 퇴적물에서 측정한 잔류 자기 분포를 대륙 이동의 증거로 제시하였다.

✔① ㄱ   ② ㄴ   ③ ㄷ   ④ ㄱ, ㄷ   ⑤ ㄴ, ㄷ

베게너가 제시한 증거 4가지
① 해안선 일치
② 화석 분포의 연속성
③ 지질 구조의 연속성
④ 빙하의 흔적과 이동 방향

|자|료|해|설|

현재가 정자극기이므로 지표 근처에 있는 0m 깊이는 정자극기이다. 따라서 ㉠은 정자극기, ㉡은 역자극기에 해당한다. 0~6m 깊이 구간에서 A는 자극기가 바뀌지 않았지만, B는 정—역—정—역으로 여러 번 바뀌었다. 베게너는 해안선 일치, 화석 분포의 연속성, 지질 구조의 연속성, 빙하의 흔적을 근거로 대륙이동설을 제시하였다.

|보|기|풀|이|

ㄱ. 정답 : ㉠은 정자극기, ㉡은 역자극기에 해당한다.

ㄴ. 오답 : 6m 깊이에서 퇴적물의 나이는 A가 B보다 적다.

ㄷ. 오답 : 해양저 확장설에서 잔류 자기 분포를 근거로 대륙 이동을 설명했다.

😮 **문제풀이 TIP** | 수평 퇴적의 법칙을 적용하여 0m일 경우 현재의 자극기와 일치한다고 판단하는 것이 핵심이다.

😊 **출제분석** | 해저 퇴적물의 고지자기를 비교하는 문제로 기본 개념을 바탕으로 풀 수 있는 난이도이다.

그림은 7100만 년 전부터 현재까지 인도 대륙의 위치 변화를 나타낸 것이다.

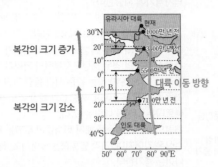

이에 대한 옳은 설명만을 〈보기〉에서 있는 대로 고른 것은?

보기

ㄱ. 1000만 년 전에 인도 대륙과 유라시아 대륙 사이에는 수렴형 경계가 존재하였다.

ㄴ. 인도 대륙의 평균 이동 속도는 A 구간보다 B 구간에서 빨랐다.

ㄷ. 이 기간 동안 인도 대륙에서 생성된 암석들의 복각은 ~~동일하다~~ 변화하였다

① ㄱ   ② ㄷ   ✔③ ㄱ, ㄴ   ④ ㄴ, ㄷ   ⑤ ㄱ, ㄴ, ㄷ

|자|료|해|설|

대륙의 이동을 이해하는 문제로 인도 대륙이 남반구에서 적도를 지나 북반구 유라시아 대륙까지 위치가 변화하는 모습을 나타낸 그림이다.

|보|기|풀|이|

ㄱ. 정답 : 인도 대륙과 유라시아 대륙이 점점 가까워졌으므로 수렴형 경계가 존재한다.

ㄴ. 정답 : 대륙의 이동 속도는 $\dfrac{이동 거리}{시간}$ 로 구할 수 있는데,

A 구간에서는 2800만 년 동안 약 12°, B 구간에서는 1600만 년 동안 약 20° 이동했으므로 B 구간에서 평균 이동 속도가 더 빨랐다.

ㄷ. 오답 : 자기 적도에서 자극으로 갈수록 복각의 크기는 증가하므로 위치가 변하고 있는 인도 대륙에서 생성된 암석들의 복각 역시 변화하였다. 대략 5500만 년 전까지는 복각의 크기가 감소하다가 현재에 이르기까지 다시 증가하였다.

🤓 **문제풀이 T I P** | 일정한 시간 간격 동안의 이동거리를 계산하면 대륙의 평균 이동속도를 계산할 수 있다. 이로부터 대륙 이동의 속도가 항상 일정함을 이해해야 한다. 암석의 복각은 나침반의 자침이 수평면과 이루는 각으로 지구 자기장의 영향으로 복각은 위도에 따라 다르다.

😀 **출제분석** | 위 문제는 그래프 해석만 잘하면 쉽게 풀 수 있는 문제이다. 비슷한 유형으로 변별을 위해 그래프를 활용하여 대륙의 이동거리와 이동속도를 구하는 문제가 출제될 수 있다.

그림은 지괴 A와 B의 현재 위치와 시기별 고지자기극 위치를 나타낸 것이다. 고지자기극은 이 지괴의 고지자기 방향으로 추정한 지리상 북극이고, 실제 지리상 북극의 위치는 변하지 않았다.

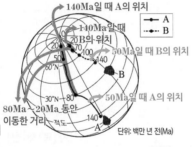

이에 대한 설명으로 옳은 것만을 〈보기〉에서 있는 대로 고른 것은?

3점

보기

ㄱ. 140Ma∼0Ma 동안 A는 적도에 위치한 시기가 있었다.

ㄴ. 50Ma일 때 복각의 절댓값은 ~~A가 B~~보다 크다.

ㄷ. 80Ma∼20Ma 동안 지괴의 평균 이동 속도는 A가 B보다 빠르다.

① ㄱ   ② ㄴ   ✔③ ㄱ, ㄷ   ④ ㄴ, ㄷ   ⑤ ㄱ, ㄴ, ㄷ

|자|료|해|설|

각 시기에 추정한 지리상 북극의 위치와 지괴 사이의 거리는 과거 해당 시기에 실제 지리상 북극과 지괴 사이의 거리와 같다. 따라서 각 지점과 현재 지괴 사이의 거리는 과거 두 지괴가 북극에서 위도 방향으로 어느 정도 떨어져 있었는지를 알려준다.

지괴 A는 140Ma일 때 지리상 북극에 아주 가까웠다. 시간이 흐르면서 지괴 A는 점점 남반구 방향으로 이동하였고, 현재는 남반구에 있다.

지괴 B는 140Ma일 때 지리상 북극에서 위도 약 15° 정도 떨어진 지역에 있었다. 시간이 흐르면서 지괴 B는 점점 저위도 방향으로 이동하였고, 현재는 북반구 위도 30°에 있다.

|보|기|풀|이|

ㄱ. 정답 : 140Ma일 때, A는 북극에 가까운 위치에 있었고, 현재는 남반구에 있으므로 이동하는 동안 적도를 지나쳤다. 따라서 140Ma∼0Ma 동안 A는 적도에 위치한 시기가 있었다.

ㄴ. 오답 : 50Ma일 때 지괴의 위치는 모두 북반구이고, B가 A보다 북극에 가깝다. 복각은 북극에서 +90°로, 북반구에서는 북극에 가까워질수록 큰 값을 가지므로 복각의 절댓값은 B가 A보다 크다.

ㄷ. 정답 : 80Ma∼20Ma 동안 두 지괴의 이동 거리는 80Ma∼20Ma 동안 지괴의 고지자기 방향으로 추정한 지리상 북극이 이동한 거리와 같다. 지괴 A의 이동 거리는 지괴 B보다 훨씬 길기 때문에 평균 이동 속도는 A가 B보다 빠르다.

그림은 인도 대륙 중앙의 한 지점에서 채취한 암석 A, B, C의 나이와 암석이 생성될 당시 고지자기의 방향과 복각을 나타낸 것이다.

이에 대한 설명으로 옳은 것만을 〈보기〉에서 있는 대로 고른 것은?
(단, A, B, C는 정자극기에 생성되었고, 지리상 북극의 위치는 변하지 않았다.) **3점**

보기
ㄱ. A는 생성될 당시 남반구에 있었다.
ㄴ. B가 C보다 고위도에서 생성되었다.
ㄷ. A가 만들어진 이후 히말라야 산맥이 형성되었다.
      → 신생대 이후 생성

① ㄱ   ② ㄴ   ③ ㄱ, ㄷ   ④ ㄴ, ㄷ   ⑤ ㄱ, ㄴ, ㄷ

|자|료|해|설|
나침반의 자침은 자기력선의 방향에 나란하게 배열되므로 수평면에 일정한 각도로 기울어지는데, 복각은 나침반의 자침이 수평면과 이루는 각으로 정의된다. 복각은 위도에 따라 달라지는데, 자기 적도에서 0°, 자북극에서 +90°, 자남극에서 −90°로 자기적도에서 자극으로 갈수록 복각의 크기는 커진다. 히말라야 산맥은 신생대 초~중기에 인도 대륙이 유라시아 대륙과 충돌하여 생성되었다.

|보|기|풀|이|
ㄱ. 정답 : A는 고지자기 방향이 수평선에서 위쪽으로 향하므로 생성될 당시 남반구에 있었다.
ㄴ. 오답 : 복각은 저위도에서 고위도로 갈수록 커지므로 C가 B보다 고위도에서 생성되었다.
ㄷ. 정답 : 히말라야 산맥은 신생대 이후에 형성되었다.

😮 **문제풀이 TIP |** − 북반구: 지표면으로 들어가는 화살표, (+)값을 나타낸다.
− 남반구: 지표면에서 나오는 화살표, (−)값을 나타낸다.

😮 **출제분석 |** 복각의 정의를 안다면 어렵지 않게 풀 수 있는 문제이다. 언제든 출제될 수 있는 문제이기 때문에 체크할 것!

그림은 인도와 오스트레일리아 대륙에서 측정한 1억 4천만 년 전부터 현재까지 고지자기 남극의 겉보기 이동 경로를 천만 년 간격으로 나타낸 것이다.

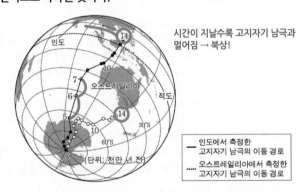

시간이 지날수록 고지자기 남극과 멀어짐 → 북상!

(단위: 천만 년 전)
— 인도에서 측정한 고지자기 남극의 이동 경로
···· 오스트레일리아에서 측정한 고지자기 남극의 이동 경로

이 자료에 대한 옳은 설명만을 〈보기〉에서 있는 대로 고른 것은?
(단, 고지자기 남극은 각 대륙의 고지자기 방향으로 추정한 지리상 남극이며 실제 지리상 남극의 위치는 변하지 않았다.) **3점**
      → 대륙이 이동함

보기
ㄱ. 1억 4천만 년 전에 인도와 오스트레일리아 대륙은 모두 남반구에 위치하였다.
ㄴ. 인도 대륙의 평균 이동 속도는 6천만 년 전~7천만 년 전이 5천만 년 전~6천만 년 전보다 빨랐다.
    느렸다 → 간격이 넓을수록 평균 이동 속도 빠름
ㄷ. 오스트레일리아 대륙에서 복각의 절댓값은 현재가 1억 년 전보다 크다. → 극과 가까울수록 ↑ 작다.

① ㄱ   ② ㄴ   ③ ㄱ, ㄷ   ④ ㄴ, ㄷ   ⑤ ㄱ, ㄴ, ㄷ

|자|료|해|설|
실제 지리상 남극의 위치는 변하지 않았으므로 시간에 따른 고지자기 남극의 이동은 대륙의 이동으로 인해 생긴 변화이다. 인도 대륙과 오스트레일리아 대륙 모두 1억 4천만 년 전에는 대륙과 고지자기 남극이 가까웠으나 현재에는 더 멀어진 것으로 보아 두 대륙은 모두 남극과 멀어지는 쪽으로 북상하였음을 알 수 있다. 또한 같은 시간 동안 고지자기 남극의 변화가 큰 것은 그 시기에 대륙이 더 빠르게 이동했다는 것을 의미한다. 복각의 절댓값은 극지방에 가까울수록 커진다.

|보|기|풀|이|
ㄱ. 정답 : 1억 4천만 년 전에 인도와 오스트레일리아 대륙은 모두 고지자기 남극과 가까우므로 남반구에 위치하였다.
ㄴ. 오답 : 인도에서 측정한 고지자기 남극의 겉보기 이동 경로를 보면 6천만 년 전~7천만 년 전에 이동한 거리가 5천만 년 전~6천만 년 전에 이동한 거리보다 짧으므로, 6천만 년 전~7천만 년 전 인도 대륙의 평균 이동 속도가 더 느렸다.
ㄷ. 오답 : 복각의 절댓값은 극과 가까울수록 커진다. 오스트레일리아 대륙은 현재보다 1억 년 전에 더 남극과 가까웠으므로 복각의 절댓값은 현재가 1억 년 전보다 더 작다.

😮 **문제풀이 TIP |** 고지자기 남극의 위치를 고정해두고 고지자기 남극과 대륙의 상대적 위치가 변하는 것에 따라 대륙의 이동 경로를 그려야 한다. 방향이 헷갈릴 때는 고지자기 남극과 대륙의 상대적 거리를 비교하여 거리가 멀어지면 북상하였다는 것을 적용하면 된다.

😮 **출제분석 |** 고지자기에 관한 문항은 빈번하게 출제되고 있으며, 최근 들어 특히 고지자기 남극의 겉보기 이동 경로를 통해 대륙의 이동 방향을 추정하는 문제가 자주 출제되고 있으므로 다양한 문제를 풀면서 풀이법을 꼭 익혀두어야 한다.

그림은 어느 지괴의 현재 위치와 시기별 고지자기극 위치를 나타낸 것이다. 고지자기극은 이 지괴의 고지자기 방향으로 추정한 지리상 북극이고, 실제 지리상 북극의 위치는 변하지 않았다.

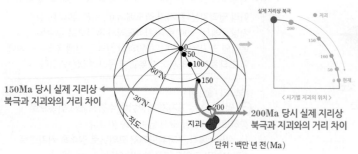

이 지괴에 대한 설명으로 옳은 것만을 〈보기〉에서 있는 대로 고른 것은? ③점

보기

ㄱ. 200Ma에는 ~~남반구~~ 에 위치하였다. → 극에서 90°
　　　　북반구 고위도

ㄴ. 150Ma∼100Ma 동안 고지자기 복각은 감소하였다.

ㄷ. 200Ma∼0Ma 동안 이동 속도는 점점 ~~빨라~~ 졌다.
　　　　　　　　　　　　　　　　　느려

① ㄱ　　 ② ㄴ　　 ③ ㄷ　　 ④ ㄱ, ㄴ　　 ⑤ ㄴ, ㄷ

|자|료|해|설|

시간이 지날수록 지괴의 고지자기 방향으로 추정한 지리상 북극은 점점 고위도로 이동한다. 따라서 이 지괴는 시간이 지남에 따라 고위도에서 저위도로 이동하였다. 지괴가 고위도에서 저위도로 이동하였으므로 복각은 시간이 지남에 따라 감소하였다. 200Ma에서 0Ma로 시간이 흐르는 동안 지리상 북극으로 추정한 각 지점의 간격이 점점 줄어들므로 지괴의 이동 속도는 점점 느려졌음을 알 수 있다.

|보|기|풀|이|

ㄱ. 오답 : 200Ma에 지괴는 지리상 북극과 가까운 위치에 있었다. 시간이 지날수록 지리상 북극과 멀어져 현재의 위치로 이동하였다. 따라서 200Ma에서 지괴는 북반구 고위도에 위치하였다.

ㄴ. 정답 : 150Ma∼100Ma 동안 지괴는 지리상 북극에서 점점 멀어져 저위도로 이동하였으므로 복각은 감소하였다.

ㄷ. 오답 : 50Ma마다 지괴가 이동한 거리는 점점 짧아진다. 같은 기간 동안 이동한 거리는 짧아지므로 이동 속도는 점점 느려졌다.

😮 문제풀이 TIP | 현재 지괴의 고지자기 방향으로 추정한 지리상 북극은 현재 지괴와의 거리를 나타내고, 실제 지리상 북극은 위치가 변하지 않으므로 지괴의 위치를 이동시켜 과거 지괴의 위치를 추정한다.

그림 (가)는 과거 어느 시점에 대륙 A, B의 위치와 대륙 A의 이동 방향을, (나)는 현재 대륙 A, B의 위치와 대륙 A에서 측정한 겉보기 자북극의 이동 경로를 나타낸 것이다.

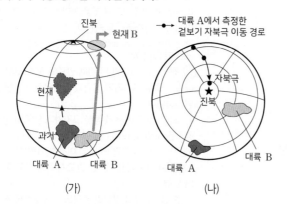

(가)　　　　　　　　　　(나)

이에 대한 설명으로 옳은 것만을 〈보기〉에서 있는 대로 고른 것은?

③점

보기

ㄱ. 대륙을 이동시킨 원동력은 맨틀 대류이다.

ㄴ. (가) → (나) 기간 동안 대륙의 평균 이동 속도는 A가 B보다
~~빠르다~~
느리다

ㄷ. (가) → (나) 기간 동안 대륙 A와 B에서 측정한 겉보기
　　자북극의 이동 경로는 ~~같다~~
　　　　　　　　　　　　다르다

① ㄱ　　 ② ㄴ　　 ③ ㄱ, ㄷ　　 ④ ㄴ, ㄷ　　 ⑤ ㄱ, ㄴ, ㄷ

|자|료|해|설|

그림을 통해 (가)와 (나) 기간 동안 대륙이 이동했음을 알 수 있다. 과거 대륙 B가 대륙 A보다 살짝 아래에 있었음에도 불구하고 현재에는 진북에 더 가까워져 있다. 이는 대륙 B가 대륙 A보다 같은 시간 동안에 더 빨리 움직였다는 것을 의미한다. 따라서 대륙의 평균 이동 속도는 B가 A보다 빠르다. (가) → (나) 기간 동안 대륙 A와 B가 이동한 경로가 다르므로 겉보기 자북극의 이동 경로도 다르다. 그러나 두 겉보기 자극 이동 경로를 겹쳐보면 같아지는데 이는 두 대륙이 과거 어느 시기에 서로 붙어 있었음을 알려준다.

|보|기|풀|이|

ㄱ. 정답 : 대륙을 이동시킨 원동력은 맨틀 대류이다.

ㄴ. 오답 : (가) → (나) 기간 동안 대륙 B가 더 많이 이동하였으므로 평균 이동 속도는 A가 B보다 느리다.

ㄷ. 오답 : (가) → (나) 기간 동안 대륙 A와 B의 이동한 경로가 다르므로 측정한 겉보기 자북극의 이동 경로도 다르다.

😮 문제풀이 TIP | 이 문제는 대륙 A와 B가 이동했고, 진북에 더 가까워진 대륙 B가 더 빠른 속도로 이동했음을 그림을 통해 알 수 있다.

😀 출제분석 | 해저 확장설에서 해저 고지자기 줄무늬 분포 문제와 이번 문제와 같은 겉보기 자극 이동 경로 비교 문제가 번갈아가며 나올 수 있으므로 잘 정리해두자.

그림은 고지자기 복각과 위도의 관계를 나타낸 것이고, 표는 어느 대륙의 한 지역에서 생성된 화성암 A~D의 생성 시기와 고지자기 복각을 측정한 자료이다.

→ 남반구에서 D 생성된 후 북상하며 C 생성, 북반구에서 B, A 생성

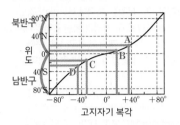

화성암	생성 시기	고지자기 복각
A	현재	+38° 〉 북반구
B	↕	+18° 〉
C		−37° 〉 남반구
D	과거	−48° 〉

이 지역에 대한 설명으로 옳은 것만을 〈보기〉에서 있는 대로 고른 것은? (단, 화성암 A~D는 정자극기일 때 생성되었고, 지리상 북극의 위치는 변하지 않았다.) 3점

보기

ㄱ. A가 생성될 당시 북반구에 위치하였다.

ㄴ. B가 생성될 당시 위도와 C가 생성될 당시 위도의 차는 5~~6~~ 약29° 이다.
　　　↳ 약 9°N　　　　↳ 약 20°S

ㄷ. D가 생성된 이후 현재까지 ~~남쪽~~으로 이동하였다.
　　　　　　　　　　　　　　북쪽

① ㄱ　　② ㄴ　　③ ㄱ, ㄷ　　④ ㄴ, ㄷ　　⑤ ㄱ, ㄴ, ㄷ

|자|료|해|설|

A는 고지자기 복각이 38°이므로, 위도는 약 20°N, B는 고지자기 복각이 18°이므로 위도는 약 9°N, C는 고지자기 복각이 −37°이므로 위도는 약 20°S, D는 고지자기 복각이 −48°이므로 위도의 차는 약 29°이다.

A와 B는 생성 당시 북반구에 위치했고, C와 D는 생성 당시 남반구에 위치했다. D가 가장 오래 전에 생성되었으므로, 남반구에서 D가 생성된 후 북상하며 (여전히 남반구에서) C 생성, 이후 북반구로 올라와서 B와 A를 차례로 생성한 것이다.

|보|기|풀|이|

ㄱ. 정답 : A가 생성될 당시 위도는 약 20°N으로, 북반구에 위치하였다.

ㄴ. 오답 : B가 생성될 당시 위도(약 9°N)와 C가 생성될 당시 위도(약 20°S)의 차는 29°이다.

ㄷ. 오답 : D가 생성된 이후 현재까지 북쪽으로 이동하였다.

😀 문제풀이 T I P | 정자극기에 복각이 (+)일 때는 북반구, 복각이 (−)일 때는 남반구이다.

😄 출제분석 | 고지자기 중에서도 복각의 변화를 묻는 문제는 출제 빈도가 아주 높지는 않다. 대부분은 주어진 자료를 해석하면 정답을 찾을 수 있는 문제인데, 항상 같은 숫자가 나오는 것이 아니고, 그때그때 자료에 적용하여 해석해야 하기 때문에 어렵게 느낄 수도 있다. 그러나 이 문제는 고지자기 복각(가로축)에 표를 대입하면 쉽게 문제를 풀 수 있다.

그림은 어느 해령 부근의 X−X′ 구간을 직선으로 이동하며 측정한 해양 지각의 나이를 나타낸 것이다.

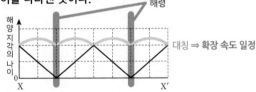

대칭 ⇒ 확장 속도 일정

측정한 지역 부근의 고지자기 분포로 가장 적절한 것은? (단, ■은 정자극기, □은 역자극기이다.) 3점

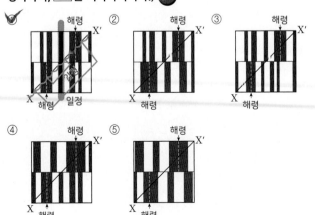

|자|료|해|설|

대칭적으로 분포하는 것으로 보아 해령에서 해저의 확장 속도가 일정하다는 것을 알 수 있다. 또한, 그래프에서 해양 지각의 나이 분포로부터 해령과 해령 사이에 판의 경계가 있다는 것을 판단할 수 있다. 그러므로 고지자기 줄무늬가 해령으로부터 대칭적으로 나타나 있는 ①번이 X−X′로 이동하며 측정한 고지자기 분포이다.

|선|택|지|풀|이|

① 정답 : X−X′ 구간 내에서 해령을 기준으로 고지자기 줄무늬가 대칭적으로 나타난다.

②, ③, ④, ⑤ 오답 : 모두 중심으로부터 색깔이나 두께가 정확히 대칭이 되지 않는다.

😀 문제풀이 T I P | 해령을 찾고 해령을 중심으로 그래프의 간격을 먼저 파악하는 것이 중요하다.

😄 출제분석 | 그동안 출제 되지 않았던 유형이므로 그래프 해석이 제대로 되지 않았다면 어렵다고 느꼈을 문제이다. 그러나 유형에 익숙해지면 금방 풀어낼 수 있는 문제이다.

그림 (가)는 어느 지괴의 한 지점에서 서로 다른 세 시기에 생성된 화성암 A, B, C의 고지자기 복각을, (나)는 500만 년 동안의 고지자기 연대표를 나타낸 것이다. A, B, C의 절대 연령은 각각 10만 년, 150만 년, 400만 년 중 하나이며, 이 지괴는 계속 북쪽으로 이동하였다.

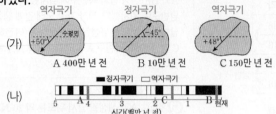

(가) 역자극기 +50° 수평면 A 400만 년 전   정자극기 -45° B 10만 년 전   역자극기 +48° C 150만 년 전

(나) ■정자극기 □역자극기
5 A 4 3 2 C 1 B 현재
시간(백만 년 전)

이에 대한 옳은 설명만을 〈보기〉에서 있는 대로 고른 것은? (단, 이 지괴는 최근 400만 년 동안 적도를 통과하지 않았다.) **3점**

보기
ㄱ. 이 지괴는 ~~북반구~~ 남반구 에 위치한다.
ㄴ. 정자극기에 생성된 암석은 B이다.
ㄷ. 화성암의 생성 순서는 A → C → B이다.

① ㄱ   ② ㄴ   ③ ㄱ, ㄷ   ✓④ ㄴ, ㄷ   ⑤ ㄱ, ㄴ, ㄷ

|자|료|해|설|

이 지괴는 계속 북쪽을 향해 이동했고, 최근 400만 년 동안 적도를 통과하지 않았으므로 북반구에 존재한다면 북극에 가까워지고, 남반구에 존재한다면 적도에 가까워졌을 것이다. 정자극기에 복각은 북극에서 +90°, 적도에서 0°, 남극에서 −90°이므로 이 지괴가 북반구에 존재한다면 복각의 절댓값의 크기는 계속 커지고, 남반구에 존재한다면 복각의 절댓값의 크기는 점점 작아질 것이다.

(ⅰ) 지괴가 북반구에 있는 경우
A, C의 복각이 (+)이므로 A, C는 정자극기에 생성된 화성암이고, B는 역자극기에 생성된 화성암이다. 또한 계속 북쪽으로 이동했으므로 시간이 지날수록 복각의 절댓값의 크기는 점점 커졌을 것이다. 따라서 화성암의 생성 순서는 B → C → A이다.

(ⅱ) 지괴가 남반구에 있는 경우
남반구에서 정자극기에 형성된 화성암의 복각은 (−), 역자극기에 형성된 화성암의 복각은 (+)이다. A, C의 복각이 (+)이므로 A, C는 역자극기에 생성된 화성암이고, B는 정자극기에 생성된 화성암이다. 또한, 계속 북쪽으로 이동했으므로 시간이 지날수록 복각의 절댓값의 크기는 점점 작아졌을 것이다. 따라서 화성암의 생성 순서는 A → C → B이다.

두 경우에서 C는 모두 150만 년 전에 형성된 화성암인데, (나)에서 150만 년 전은 역자극기였으므로 이 지괴는 남반구에 위치한다.

|보|기|풀|이|

ㄱ. 오답 : 지괴가 북반구에 있을 경우와 남반구에 있을 경우를 나누어 가정했을 때, 두 경우 모두에서 C는 150만 년 전에 생성된 화성암이다. 150만 년 전은 역자극기인데, C의 복각이 (+)값을 가지므로 이 지괴는 남반구에 위치한다.

ㄴ. 정답 : A, C는 역자극기에, B는 정자극기에 생성되었다.

ㄷ. 정답 : 남반구에서 계속 북쪽으로 이동한 지괴의 복각의 절댓값의 크기는 점점 작아지므로 화성암의 생성 순서는 A → C → B이다.

그림은 6000만 년 전부터 현재까지 인도 대륙의 고지자기 방향으로 추정한 지리상 북극의 위치 변화를 현재 인도 대륙의 위치를 기준으로 나타낸 것이다. 이 기간 동안 실제 지리상 북극의 위치는 변하지 않았다.

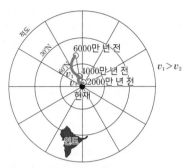

이에 대한 옳은 설명만을 〈보기〉에서 있는 대로 고른 것은? **3점**

보기

$$v = \frac{\text{이동 거리}}{\text{시간}}$$

ㄱ. 이 기간 동안 인도 대륙의 이동 속도는 계속 ~~빨라졌다~~. (느려졌다)

ㄴ. 인도 대륙은 6000만 년 전 ~ 4000만 년 전에 적도 부근에 위치하였다. (남반구 적도 부근 → 북반구 적도 부근)

ㄷ. 4000만 년 전부터 현재까지 인도 대륙에서 고지자기 복각의 크기는 계속 ~~작아졌다~~. (커졌다)

① ㄱ   ✓② ㄴ   ③ ㄱ, ㄷ   ④ ㄴ, ㄷ   ⑤ ㄱ, ㄴ, ㄷ

|자|료|해|설|

인도 대륙의 이동 속도는 점점 느려졌으며 6000만 년 전에는 남반구 적도 부근에 있었다가 북상하여 현재 북반구에 위치한다.

|보|기|풀|이|

ㄱ. 오답 : 속도는 $\dfrac{\text{이동 거리}}{\text{시간}}$ 인데 4000만 년 전~2000만 년 전의 거리가 더 짧으므로 이 기간 동안 인도 대륙의 이동 속도는 느려졌다.

ㄴ. 정답 : 인도 대륙은 6000만 년 전에는 남반구 적도 부근에 위치했고, 4000만 년 전에는 북반구 적도 부근에 위치했다.

ㄷ. 오답 : 4000만 년 전부터 현재까지 북상하면서 위도가 높아졌으므로 인도 대륙에서 고지자기 복각의 크기는 계속 커졌다.

😀 **문제풀이 TIP |** 복각의 크기는 위도와 비례한다.

😀 **출제분석 |** 인도 대륙의 이동에 대한 문제는 언제든 출제될 수 있다. 인도 대륙의 이동이라 생각하지 말고 일반적인 판의 운동이라고 생각하고 푼다면 쉽게 해결할 수 있다.

그림은 서로 다른 두 해역 (가)와 (나)의 해저 퇴적물 시추 코어에서 측정한 잔류 자기의 복각과 자극기를 깊이에 따라 나타낸 것이다. 점선은 두 해저 퇴적물의 절대 연령이 같은 깊이를 연결한 것이다.

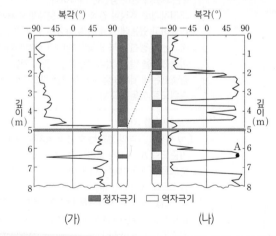

(가)   (나)

이에 대한 설명으로 옳은 것만을 〈보기〉에서 있는 대로 고른 것은?

3점

보기

ㄱ. (가)와 (나)의 현재 위치는 남반구이다.

ㄴ. 깊이 0~5m의 퇴적 시간은 (가)가 (나)보다 ~~길다~~. (짧다)

ㄷ. A가 형성될 당시의 자북극은 현재의 ~~북반구~~에 위치한다. (남반구)

✓① ㄱ   ② ㄴ   ③ ㄱ, ㄷ   ④ ㄴ, ㄷ   ⑤ ㄱ, ㄴ, ㄷ

|자|료|해|설|

해령을 중심으로 대칭적으로 나타나는 고지자기를 통해 당시 지구의 자기장에 대한 정보를 얻을 수 있다. 정자극기는 지구의 지리상 북극과 자북극이 같은 방향을 향할 때를 말하며, 역자극기는 지구의 지리상 북극과 자북극이 반대 방향을 향할 때를 말한다.

(가)와 (나) 모두 정자극기일 때 복각이 (−)이므로 두 지역은 남반구에 위치하는 것을 알 수 있다.

또한, 절대 연령이 같은 깊이를 연결한 점선을 통해 같은 시간 동안 (가)의 해령에서 생성되는 판의 이동 속도가 (나)보다 빠르다는 것을 알 수 있다.

|보|기|풀|이|

ㄱ. 정답 : (가)와 (나)에서 정자극기일 때 복각이 (−)이므로 남반구에 위치한다.

ㄴ. 오답 : 두 해저 퇴적물의 절대 연령이 같은 깊이를 연결한 점선을 통해 같은 시간 동안 (정자극기) 해령에서 생성되는 판의 이동 속도는 (가)가 (나)보다 빠르다. 그러므로 깊이 0~5m의 퇴적 시간은 (가)가 (나)보다 짧다.

ㄷ. 오답 : A는 (나)에서 역자극기일 때 형성되었으므로 당시의 자북극은 현재의 남반구에 위치한다.

😀 **문제풀이 TIP |** 고지자기는 해령을 중심으로 대칭적으로 나타나며 각 해령에서 생성되는 판의 속도에 따라 다르게 나타난다. 보기 ㄴ에서는 속도 대신 퇴적 시간을 묻고 있으므로 헷갈리지 않게 조심해야 한다.

그림은 어느 지괴의 현재 위치와 시기별 고지자기극 위치를 나타낸 것이다. 고지자기극은 고지자기 방향으로부터 추정한 지리상 북극이고, 실제 진북은 변하지 않았다. 그림의 경도선과 위도선 간격은 각각 30°이다.

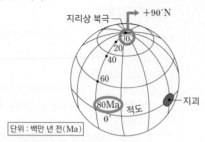

단위 : 백만 년 전(Ma)

이 기간 동안 지괴에 대한 설명으로 옳은 것만을 〈보기〉에서 있는 대로 고른 것은? 3점

보기
ㄱ. 고지자기 복각이 감소하였다. 일정하다.
ㄴ. 시계 반대 방향으로 회전하였다.
ㄷ. 90° 회전하였다.

① ㄱ ② ㄷ ③ ㄱ, ㄴ ✓④ ㄴ, ㄷ ⑤ ㄱ, ㄴ, ㄷ

|자|료|해|설|
복각은 전자기력이 수평 방향에 대해 기울어진 각으로 자침의 N극이 아래로 향하면 (+), 위로 향하면 (−)로 표시한다. 자기 적도, 자북극, 자남극에서 각각 0°, +90°, −90°이다. 현재 고지자기극은 지리상 북극에 위치해있고 90°만큼 떨어져 있다. 80Ma에 고지자기극 역시 지괴와 90° 떨어져 있다(경도선의 간격이 30°이기 때문에). 따라서 현재와 80Ma의 지괴의 위치는 변하지 않았으므로 고지자기 복각도 변하지 않는다. 고지자극의 위치가 시계 방향으로 변하였으므로 지괴는 시계 반대 방향으로 회전하였다. 고지자극이 80Ma에는 적도에 위치해 있고, 현재는 위도 90°에 있으므로 지괴는 90° 회전했음을 알 수 있다.

|보|기|풀|이|
ㄱ. 오답 : 고지자기 복각은 변하지 않는다.
ㄴ. 정답 : 고지자극이 시계 방향으로 회전하므로 지괴는 시계 반대 방향으로 회전하였다.
ㄷ. 정답 : 과거 적도(위도 0°)에 위치했었고 현재는 지리상 북극(위도 90°)에 위치해있으므로 90° 회전했음을 알 수 있다.

👀 문제풀이 TIP | 이 문제는 고지자기와 복각의 관계를 합쳐놓은 응용된 문제이다. 고지자극의 이동과 지괴의 이동은 반대 방향으로 회전한다는 것을 알고 있어야 한다.

그림은 북반구에 위치한 어느 해령의 이동을 알아보기 위해 해령 주변 암석에 기록된 고지자기 복각과 고지자기로 추정한 진북 방향을 진앙 분포와 함께 나타낸 모식도이다.

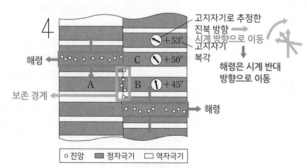

고지자기로 추정한 진북 방향
시계 방향으로 이동
고지자기 복각
해령은 시계 반대 방향으로 이동

∘ 진앙 ▨ 정자극기 ☐ 역자극기

이에 대한 설명으로 옳은 것만을 〈보기〉에서 있는 대로 고른 것은? (단, 진북의 위치는 변하지 않았다.) 3점

보기
ㄱ. A와 B는 같은 시기에 생성되었다. 고지자기 순서가 동일
ㄴ. 해령은 C 시기 이후에 고위도로 이동하였다. 저위도
ㄷ. 이 해령은 시계 반대 방향으로 회전해 오면서 현재에 이르렀다. 추정한 진북 방향이 시계 방향으로 이동

B → 복각이 감소

① ㄱ ② ㄴ ✓③ ㄱ, ㄷ ④ ㄴ, ㄷ ⑤ ㄱ, ㄴ, ㄷ

|자|료|해|설|
진앙의 분포를 보면 A보다 위쪽에서 시작해 A, B 경계를 지나 B 아래쪽으로 이어지는데 이 점들을 따라 해령이 분포하고 있다. 따라서 고지자기 순서가 같고, 정자극기인 A와 B는 같은 시기에 생성된 해령이라고 추정할 수 있다. C는 B보다 먼저 형성된 지각이다. 고지자기로 추정한 진북 방향은 현재까지 시계 방향으로 이동하고 있는데 실제 진북 방향은 고정되어 있으므로 지괴는 추정한 진북 방향의 반대인 시계 반대 방향으로 이동했음을 알 수 있다. 복각은 시간이 지날수록 감소했는데 저위도일수록 복각은 작으므로 해령은 저위도로 이동하고 있다.

|보|기|풀|이|
ㄱ. 정답 : 진앙의 분포는 해령의 위치를 보여준다. 해령을 기준으로 A, B까지 정자극기−역자극기−정자극기 순으로 지각이 생성되어 있다. 순서상 두 지점의 위치가 같으므로 A와 B는 같은 시기에 생성되었다.
ㄴ. 오답 : 복각은 저위도록 갈수록 작다. C 시기 이후에 B가 생성되었는데 B의 복각이 C보다 작으므로 해령은 저위도로 이동하였다.
ㄷ. 정답 : 고지자기로 추정한 진북 방향은 시간이 지날수록 시계 방향으로 회전하였다. 추정한 방향이 시계 방향으로 이동하므로 지괴의 움직임은 그 반대인 시계 반대 방향으로 회전해 오면서 현재에 이르렀다.

👀 문제풀이 TIP | 지진은 판의 경계에서 일어나므로 진앙이 있는 지점이 판의 경계이다. 같은 시기에 생성된 지각은 같은 고지자기를 나타낸다. 또한 저위도일수록 복각은 작다.

😀 출제분석 | 해령의 위치, 복각의 증감, 진북 방향의 추정을 한 문제에 담은 고난도 문제이다. 복각과 진북 방향에 관한 문제는 자주 출제되지는 않는데 이번에는 해령의 위치를 추정하는 것까지 같이 담고 있어 하나의 보기를 푸는 데도 시간이 많이 걸릴 수 있다. 이런 문제를 풀기 위해서는 기본 내용뿐만 아니라 자료 해석에도 노력을 들여야 한다.

그림은 위도 50°S에 위치한 어느 해령 부근의 고지자기 분포를 나타낸 모식도이다.

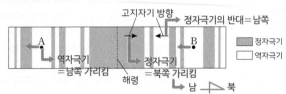

고지자기 방향 → 정자극기의 반대=남쪽

A   B

역자극기 =남쪽 가리킴   해령   정자극기 =북쪽 가리킴

남 ↳ 북

■ 정자극기
□ 역자극기

지역 A와 B에 대한 설명으로 옳은 것만을 〈보기〉에서 있는 대로 고른 것은? **3점**

보기

ㄱ. A에서 고지자기 방향은 남쪽을 가리킨다.

ㄴ. 고지자기 복각은 A가 B보다 ~~크다~~ 같다(A와 B는 같은 시기에 만들어짐)

ㄷ. A는 B보다 ~~저위도~~ 고위도 에 위치한다. → 남반구에서 A가 더 남쪽 → 고위도 →

① ㄱ   ② ㄴ   ③ ㄱ, ㄷ   ④ ㄴ, ㄷ   ⑤ ㄱ, ㄴ, ㄷ

🤪 **문제풀이 T I P** | 고지자기 방향은 정자극기일 때 북쪽, 역자극기일 때 남쪽을 가리킨다. 같은 시기에 만들어진 해양 지각의 고지자기 방향과 고지자기 복각은 모두 같다. 북반구, 남반구 모두 극 쪽으로 갈수록 고위도이다.

|자|료|해|설|

고지자기는 정자극기일 때 북쪽을 가리킨다. 따라서 고지자기 방향으로 북쪽을 찾을 수 있다. 역자극기일 때는 정반대로, 남쪽을 가리킨다.

A와 B는 역자극기에 만들어진 해양 지각으로 고지자기 방향은 남쪽을 가리킨다. 또한 둘은 같은 시기에 만들어진 해양 지각이므로 고지자기 복각은 동일하다.

A와 B는 만들어진 후 해령을 중심으로 정반대 방향으로 이동하였는데, 고지자기 방향으로 비교하였을 때 A는 남쪽으로, B는 북쪽으로 이동하였다. 이 해령이 남반구에 위치하였기 때문에 남쪽으로 갈수록 고위도가 된다.

|보|기|풀|이|

ㄱ. 정답 : 고지자기는 정자극기일 때 북쪽을 가리킨다. 따라서 역자극기인 A의 경우에는 그 반대로, 남쪽을 가리키게 된다.

ㄴ. 오답 : A와 B는 같은 시기에 만들어진 해양 지각이기 때문에 고지자기 복각 역시 동일하다.

ㄷ. 오답 : 정자극기에서 고지자기는 북쪽을 가리키기 때문에 그림의 오른쪽이 북쪽이다. 따라서 A가 B보다 남쪽에 위치한다. 남반구이므로 더 남쪽에 위치한 A가 고위도에 위치한다.

그림은 어느 지괴의 현재 위치와 시기별 고지자기극의 위치를 나타낸 것이다. 고지자기극은 고지자기 방향으로 추정한 지리상 북극이고, 지리상 북극은 변하지 않았다. 현재 지자기 북극은 지리상 북극과 일치한다.

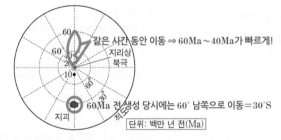

같은 시간 동안 이동 ⇒ 60Ma~40Ma가 빠르게!

지리상 북극

60Ma 전 생성 당시에는 60° 남쪽으로 이동=30°S

지괴

단위: 백만 년 전(Ma)

이 지괴에 대한 설명으로 옳은 것만을 〈보기〉에서 있는 대로 고른 것은?

보기

ㄱ. 지괴는 60Ma~40Ma가 40Ma~20Ma보다 빠르게 이동하였다. ← 남반구에서 생성됨

ㄴ. 60Ma에 생성된 암석에 기록된 고지자기 복각은 ~~(+)~~ (−) 값이다.

ㄷ. 10Ma부터 현재까지 지괴의 이동 방향은 ~~북쪽~~ 남쪽 이다

① ㄱ   ② ㄴ   ③ ㄱ, ㄷ   ④ ㄴ, ㄷ   ⑤ ㄱ, ㄴ, ㄷ

|자|료|해|설|

지리상 북극은 변하지 않았고, 현재 지자기 북극은 지리상 북극과 일치할 때, 고지자기 방향으로 추정한 지리상 북극의 위치가 다르게 나타나는 것은 그만큼 지괴가 이동했기 때문이다. 60Ma~40Ma, 40Ma~20Ma 모두 20Ma라는 같은 시간 동안 이동한 것인데, 60Ma~40Ma 에서의 이동량이 더 많으므로, 이 시기 동안 지괴가 더 빠르게 이동하였다. 60Ma일 때의 고지자기극이 현재 30° 부근에 위치한다. 암석 생성 당시에 지리상 북극은 90°N 에 위치했을 것이다. 따라서 고지자기 방향으로 추정한 지리상 북극을 현재의 지리상 북극과 일치하게 하려면, 그 차이인 60°만큼을 아래로 내려야 한다. 즉, 60Ma에 생성된 암석 역시 60°만큼 아래로 내리면, 이 암석은 30°S에서 생성되었음을 알 수 있다. 따라서 60Ma에 생성된 암석에 기록된 고지자기 복각은 (−) 값이다.

|보|기|풀|이|

ㄱ. 정답 : 고지자기극의 위치 차이를 고려하면 60Ma~40Ma일 때가 40Ma~20Ma일 때보다 이동량이 더 많았으므로, 60Ma~40Ma 동안 지괴가 더 빠르게 이동하였다.

ㄴ. 오답 : 60Ma에 생성된 암석은 30°S에서 생성되었으므로, 이 시기 암석에 기록된 고지자기 복각은 (−) 값이다.

ㄷ. 오답 : 10Ma일 때의 고지자기극이 현재의 지리상 북극보다 상대적으로 저위도에 위치하므로, 10Ma에 지괴는 30°N보다 고위도에 위치하였다. 따라서 10Ma부터 현재까지 지괴가 남쪽으로 이동하였다.

🤪 **문제풀이 T I P** | 이 문제처럼 지리상 북극은 변하지 않았고, 현재 지자기 북극은 지리상 북극과 일치한다고 가정하면, 고지자기 방향으로 추정한 지리상 북극은 현재의 지리상 북극과 일치해야 한다. 그러나 차이가 생기면 그 차이만큼 지괴가 이동한 것이다.

😎 **출제분석** | ㄱ 보기는 어렵지 않지만, ㄴ 보기와 ㄷ 보기는 과거 지괴의 위치를 추측해야 하기 때문에 어려운 편이다. 고지자기극을 지리상 북극 위치로 이동시키는 과정에서 그 차이만큼 지괴도 함께 움직여야 한다는 원리를 동일하게 적용하면 문제를 풀 수 있다. 이 문제는 개념 자체는 어렵지 않지만 개념을 자료에 적용하는 과정이 어려워 고난도의 문제이고, 그만큼 정답률도 낮았다.

표는 대륙의 이동을 알아보기 위해 어느 지괴의 암석에 기록된 지질 시대별 고지자기 **복각**과 진북 방향을 나타낸 것이다.

└→ =나침반의 자침과 수평면이 이루는 각. (+)면 북반구

지질 시대	쥐라기	전기 백악기	후기 백악기	제3기
고지자기 복각	+25°	+36°	+44°	+50°
진북 방향	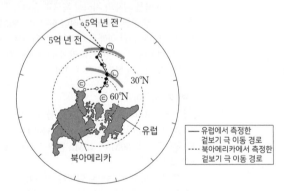			

→ 점차 고지자기 복각 증가 =자북과 가까워짐 =고위도로 이동

(◀--- 진북 방향   ◀── 고지자기로 추정한 진북 방향)

이 지괴에 대한 설명으로 옳은 것만을 〈보기〉에서 있는 대로 고른 것은? (단, 진북의 위치는 변하지 않았다.)

> **보기**
> ㄱ. 제3기에 북반구에 위치하였다. ➡ 고지자기 복각이 (+)
> ㄴ. 백악기 동안 고위도 방향으로 이동하였다. ➡ 점차 고지자기 복각 증가
> ㄷ. 쥐라기 이후 시계 방향으로 회전하였다.

① ㄱ   ② ㄷ   ③ ㄱ, ㄴ   ④ ㄴ, ㄷ   ✓⑤ ㄱ, ㄴ, ㄷ

|자|료|해|설|

복각은 나침반의 자침과 수평면이 이루는 각으로, (+) 값이면 북반구이다. 복각은 자북에 가까워질수록 커진다. 주어진 지괴는 모두 (+) 값을 보여, 모든 시기에 북반구에 있었음을 알 수 있다. 또한 고지자기 복각이 점차 증가하는 경향을 보이는데, 이는 점차 자북과 가까워졌다는 의미로, 고위도로 이동했다는 뜻이다.

또한 진북의 위치는 변하지 않았으므로 고지자기에 기록된 진북과 실제 진북이 차이를 보이는 것은 대륙의 회전을 의미한다. 원래는 위를 가리켰는데, 이 지괴가 회전하여 오른쪽으로 63° 기울어진 것은 오른쪽, 즉 시계 방향으로 회전했다는 뜻이다.

|보|기|풀|이|

ㄱ. 정답 : 복각이 (+)이므로 제3기에 북반구에 위치하였다.

ㄴ. 정답 : 전기 백악기에서 후기 백악기로 갈수록 복각이 증가하였다. 이는 자북에 가까워졌다는 뜻으로, 고위도로 이동하였음을 의미한다.

ㄷ. 정답 : 진북의 위치는 변하지 않아서 쥐라기 때에도 위를 가리키고 있었으나, 이 지괴가 회전하여 고지자기로 추정한 진북이 오른쪽으로 63° 기울어져 있다. 이는 오른쪽으로 회전한 것이므로 결국 시계 방향으로 회전한 것이다.

그림은 유럽과 북아메리카 대륙에서 측정한 5억 년 전부터 ⓒ시기까지 고지자기극의 겉보기 이동 경로를 겹쳤을 때의 대륙 모습을 나타낸 것이다. 고지자기극은 고지자기 방향으로부터 추정한 지리상 북극이고, 실제 진북은 변하지 않았다.

— 유럽에서 측정한 겉보기 극 이동 경로
--- 북아메리카에서 측정한 겉보기 극 이동 경로

이 자료에 대한 설명으로 옳은 것만을 〈보기〉에서 있는 대로 고른 것은? 3점

> **보기**
>   지리상 북극 부근
> ㄱ. 5억 년 전에 지자기 북극은 적도 부근에 위치하였다.
> ㄴ. 북아메리카에서 측정한 고지자기 복각은 ⓒ시기가 ㉠시기보다 크다. └→ ∝ 위도
>   고
> ㄷ. 유럽은 ⓒ시기부터 ⓒ시기까지 저위도 방향으로 이동하였다.

① ㄱ   ✓② ㄴ   ③ ㄱ, ㄷ   ④ ㄴ, ㄷ   ⑤ ㄱ, ㄴ, ㄷ

|자|료|해|설|

유럽 대륙과 북아메리카 대륙에서 측정한 지자기 북극의 겉보기 이동 경로가 어긋나 있지만 지질 시대 동안 지자기 북극은 하나뿐이었으므로 두 지자기 북극의 겉보기 이동 경로를 겹쳐보면 과거 어느 시기에 두 대륙이 서로 붙어 있었음을 알 수 있다.

|보|기|풀|이|

ㄱ. 오답 : 지질 시대 동안 지자기 북극은 항상 지리상의 북극에 위치했으므로, 5억 년 전의 지자기 북극은 현재의 북극과 같다.

ㄴ. 정답 : 고지자기 복각은 위도에 비례하므로, 북아메리카에서 측정한 고지자기 복각은 ⓒ 시기가 ㉠ 시기보다 크다.

ㄷ. 오답 : ⓒ → ⓒ으로 갈수록 위도가 커진다. 따라서 이 시기 유럽 대륙은 고위도 방향으로 이동하였다.

😮 **문제풀이 TIP** | 지질 시대 동안 지리상 북극의 위치가 변하지 않았다고 가정하면 고지자기 복각의 크기는 위도와 비례한다.

😀 **출제분석** | 빈출 그림이고 지질 시대 동안 지자기 북극이 하나였고 고지자기 복각의 크기는 위도와 비례함을 안다면 어렵지 않게 풀 수 있는 문제이다.

다음은 고지자기 자료를 이용하여 대륙의 과거 위치를 알아보기
위한 탐구 활동이다.

[가정]

○ 고지자기극은 고지자기 방향으로 추정한 지리상 북극이고,
　지리상 북극은 변하지 않았다.

○ 현재 지자기 북극은 지리상 북극과 일치한다.

[탐구 과정]

(가) 대륙 A의 현재 위치, 1억 년 전 A의 고지자기극 위치,
　　회전 중심이 표시된 지구본을 준비한다.

(나) 오른쪽 그림과 같이 회전
　　중심을 중심으로 1억 년
　　전 A의 고지자기극과
　　지리상 북극 사이의 각
　　(θ)을 측정한다.

(다) 회전 중심을 중심으로
　　A를 θ만큼 회전시키고,
　　1억 년 전 A의 위치를 표시한 후, 현재와 1억 년 전
　　A의 위치를 비교한다. 회전 방향은 1억 년 전 A의
　　고지자기극이 (㉠)을/를 향하는 방향이다.
　　　　　　　　　　　　　지리상 북극

[탐구 결과]

○ 각(θ) : (　　　)

○ 대륙 A의 위치 비교 :
　1억 년 전 A의 위치는
　현재보다 (㉡)에
　위치한다.
　　　고위도

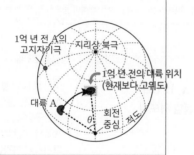

이에 대한 설명으로 옳은 것만을 〈보기〉에서 있는 대로 고른 것은?
　　　　　　　　　　　　　　　　　　　　　　　③점

보기

ㄱ. 지리상 북극은 ㉠에 해당한다.

ㄴ. 고위도는 ㉡에 해당한다.

ㄷ. A의 고지자기 <u>복각</u>은 1억 년 전이 현재보다 ~~작다~~ 크다

　　　　　　↑ 자기 북극에 가까울수록 큼

① ㄱ 　　② ㄷ 　　③ ㄱ, ㄴ 　　④ ㄴ, ㄷ 　　⑤ ㄱ, ㄴ, ㄷ

|자|료|해|설|

지리상 북극은 변하지 않고, 현재의 지자기 북극은 지리상
북극과 일치한다. 그림에서 회전 중심을 기준으로 대륙
A가 가리키는 1억 년 전의 고지자기극과 지리상 북극
사이의 각을 측정한 후, 그 각만큼 대륙 A를 회전시키면
1억 년 전 A의 위치를 알 수 있다. 이때, 회전 방향은 1억
년 전 A의 고지자기극이 지리상 북극을 향하는 방향이다.
탐구 결과에 나오는 1억 년 전 대륙의 위치는 현재보다
고위도에 위치한다. 지자기 북극에 가까울수록 복각이
큰데, 지리상 북극이 지자기 북극과 일치하므로, 고지자기
복각은 1억 년 전이 더 크다.

|보|기|풀|이|

ㄱ. 정답 : ㉠은 지리상 북극이다.

ㄴ. 정답 : ㉡은 고위도이다.

ㄷ. 오답 : A의 고지자기 복각은 1억 년 전이 현재보다
크다.

😲 **문제풀이 T I P |** 복각은 나침반과 수평면이 이루는 각도로, 전
자기력이 수평 자기력과 이루는 각도와도 같다. 자기 적도에서 0
이고, 자기 북극에서 90°이다. 지자기 북극과 지리적 북극이 일치할
경우, 고위도일수록 복각이 크다.

😀 **출제분석 |** 자료를 해석하는 것이 중요한 문제이다. 대륙의
이동 중 고지자기 문제는 이 문제처럼 자료 해석 위주로 출제된다.
제시된 탐구 자체는 어렵지 않은 편이지만, 이 과정을 글로만
이해하는 것이 다소 어렵게 느껴질 수 있어서 정답률이 높지
않았다.

그림은 남아메리카 대륙의 현재 위치와 시기별 고지자기극의 위치를 나타낸 것이다. 고지자기극은 남아메리카 대륙의 고지자기 방향으로 추정한 지리상 남극이고, 지리상 남극은 변하지 않았다. 현재 지자기 남극은 지리상 남극과 일치한다. 대륙 위의 지점 A에 대한 설명으로 옳은 것만을 〈보기〉에서 있는 대로 고른 것은?

지자기 남극과의 거리
90° 이하 남반구 ·500 ·420 이때는 A가 반대 남반구로 넘어감
·380
170 ·300
·250
300 ·250
A₀ 170
단위 : 백만 년 전(Ma)

보기

ㄱ. 500Ma에는 ~~북반구~~ 남반구에 위치하였다.

ㄴ. 복각의 절댓값은 300Ma일 때가 250Ma일 때보다 컸다.

ㄷ. 250Ma일 때는 170Ma일 때보다 ~~북쪽~~ 남쪽에 위치하였다.

└→ 지자기 남극에 가까울수록 큼

① ㄱ   ✓② ㄴ   ③ ㄷ   ④ ㄱ, ㄴ   ⑤ ㄱ, ㄷ

|자|료|해|설|

지리상 남극의 위치가 변하지 않았는데, 고지자기 방향으로 추정한 지자기 남극의 위치는 계속 변하였다는 것은 대륙이 이동했다는 의미이다. 따라서 전체적으로 추정한 지자기 남극의 위치를 현재의 지자기 남극(지리상 남극)으로 이동하면 당시 남아메리카 대륙과 지점 A의 위치를 알 수 있다. 170Ma에는 A가 현재보다 더 왼쪽에, 250Ma에는 A가 현재보다 남쪽에, 300Ma에는 A가 현재보다 지리상 남극, 지자기 남극과 훨씬 가깝게 위치해 있었다. 380~500Ma의 경우 A가 반대쪽 남반구로 넘어가서 현재 그림에는 표시하기 어렵지만, A까지의 거리가 90° 이하이므로 A가 북반구로 올라가지는 않았다.

|보|기|풀|이|

ㄱ. 오답 : 500Ma에도 A와 지자기 남극은 90° 이하이므로 같은 남반구에 위치하였다.

ㄴ. 정답 : 복각의 절댓값은 지자기 남극 또는 북극에 가까울수록 크다. 300Ma일 때가 250Ma일 때보다 지자기 남극과 가까웠으므로 복각의 절댓값 역시 컸다.

ㄷ. 오답 : 250Ma일 때는 170Ma일 때보다 남쪽에 위치하였다.

🤖 **문제풀이TIP |** 대륙의 현재 위치와 추정 지자기 북극(남극)이 가까울수록 복각의 절댓값이 크다. 멀면 복각의 절댓값이 작다.
대륙의 현재 위치와 추정 지자기 북극(남극)이 90° 이하의 거리이면 같은 반구이고, 90° 이상의 거리이면 다른 반구이다.

🤖 **출제분석 |** 유사한 문제가 종종 출제되기는 하였으나 자료를 해석하고 개념을 적용하기 상당히 까다롭고 어려운 문제이다. 그래서 정답률도 가장 낮은 축에 속하였다. 자료를 마주하고 당황하지 말고, 기본 개념을 차근차근 떠올려서 하나하나 적용해야 한다. 수능에서도 이처럼 자료 해석이 중요하고, 또 까다로운 문제가 출제될 가능성이 크다.

그림은 고정된 열점에서 형성된 화산섬 A, B, C를, 표는 A, B, C의 연령, 위도, 고지자기 복각을 나타낸 것이다. A, B, C는 동일 경도에 위치한다.

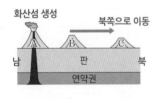

화산섬 생성 → 북쪽으로 이동
남 A B C 북
판
연약권

화산섬	A	B	C
연령 (백만 년)	0	15	40
위도	10°N	20°N	40°N
고지자기 복각	10°N 이동 ( )	(㉠)	(㉡)

동일(A에서 생성)

이 자료에 대한 설명으로 옳은 것만을 〈보기〉에서 있는 대로 고른 것은? (단, 고지자기극은 고지자기 방향으로 추정한 지리상 북극이고, 지리상 북극은 변하지 않았다.) 3점

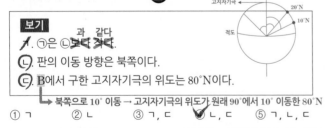

자전축
고지자기극 20°N
10°N
적도

보기

ㄱ. ㉠은 ㉡ ~~보다 크다~~ 과 같다.

ㄴ. 판의 이동 방향은 북쪽이다.

ㄷ. B에서 구한 고지자기극의 위도는 80°N이다.

└→ 북쪽으로 10° 이동 → 고지자기극의 위도가 원래 90°에서 10° 이동한 80°N

① ㄱ   ② ㄴ   ③ ㄱ, ㄷ   ✓④ ㄴ, ㄷ   ⑤ ㄱ, ㄴ, ㄷ

|자|료|해|설|

A, B, C는 동일 경도에 위치하므로 위도만 달라진다. 모두 북반구인데, C가 고위도이므로 C가 있는 방향이 북쪽이다. A에서 화산섬이 생성되어 점차 북쪽으로 이동한 것이다. 고지자기 복각은 암석이 생성될 당시의 지자기 정보를 담고 있으므로, 같은 위치에서 생성된 A, B, C는 모두 같다. 즉, ㉠과 ㉡은 같다.
B는 A에서 만들어져서 10° 북쪽으로 이동하였다. 10°N에서 만들어졌을 때, 90°인 지리상 북극을 가리켰을 텐데, 20°N으로 10° 이동하였으므로, 고지자기극 역시 10° 이동한 80°N이다.(90°에서 10° 이동한 것은 100°가 아니라 80°이다.)

|보|기|풀|이|

ㄱ. 오답 : A, B, C는 모두 같은 곳에서 생성되었으므로 ㉠과 ㉡이 같다.

ㄴ. 정답 : 10°N에서 만들어져서 20°N, 40°N으로 이동하였으므로 판의 이동 방향은 북쪽이다.

ㄷ. 정답 : B가 10°N에서 20°N으로 이동하였으므로, B에서 구한 고지자기극은 90°N에서 10° 이동한 80°N이다.

🤖 **문제풀이TIP |** 90°는 극이므로 대륙이나 화산섬의 이동에 따라 고지자기극의 위치 역시 변할 때, 90° 이상이 될 수 없다. 10° 고위도로 이동했다고 해도, 90°에서 10° 이동하면 반대편으로 넘어간 80°가 된다.

🤖 **출제분석 |** 고지자기를 다루는 문제로, ㄱ과 ㄴ 보기는 어렵지 않지만, ㄷ 보기가 어려워서 문제의 난이도가 매우 높은 편이다. 따라서 ②를 많이 고를 줄 알았으나, 학생들은 정답인 ④보다 ⑤을 더 많이 골랐다. ㄱ 보기는 고지자기의 의미를 알면 판단할 수 있고, ㄴ 보기 역시 주어진 화산섬의 위치를 파악하면 쉽게 판단할 수 있다. ㄷ은 고지자기극과 고지자기의 의미를 정확히 알고, 이를 지구상에 표현할 수 있어야 한다.

그림 (가), (나), (다)는 서로 다른 세 시기의 대륙 분포를 나타낸 것이다.

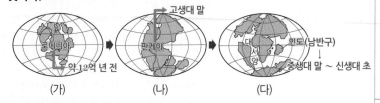

(가)   (나)   (다)

이에 대한 옳은 설명만을 〈보기〉에서 있는 대로 고른 것은?

보기

ㄱ. (가)의 초대륙은 고생대 말에 형성되었다. → 대륙이 충돌 → 습곡산맥 형성 (나)

ㄴ. (나)의 초대륙이 형성되는 과정에서 습곡 산맥이 만들어졌다.

ㄷ. (다)에서 대서양의 면적은 현재보다 좁다. → 해령 있음=점차 면적↑=과거보다 현재에 더 넓음

① ㄱ   ② ㄴ   ③ ㄱ, ㄷ   ✔④ ㄴ, ㄷ   ⑤ ㄱ, ㄴ, ㄷ

|자|료|해|설|
(가)는 로디니아가 만들어진 약 12억 년 전, (나)는 판게아가 있으므로 고생대 말, (다)는 인도가 남반구에 있으므로 중생대 말~신생대 초의 모습이다.
로디니아와 판게아는 초대륙으로, 대륙들이 충돌하여 만들어진다. 대륙이 충돌하는 과정에서 습곡산맥이 형성된다. 판게아 이후에 초대륙이 분리되는데, 이때 대서양이 만들어져서 현재까지 면적이 넓어지고 있다.

|보|기|풀|이|
ㄱ. 오답 : 고생대 말에 형성된 초대륙은 판게아이므로 (나)이다.
ㄴ. 정답 : 초대륙이 형성되는 과정에서 대륙이 충돌하여 습곡 산맥이 만들어진다.
ㄷ. 정답 : (다)는 중생대 말에서 신생대 초의 모습이므로, 현재보다 대서양의 면적이 좁다.

😀 **문제풀이 TIP |** 대서양에는 대서양 중앙 해령이 있으므로 점차 새로운 해양 지각이 만들어지고, 면적이 넓어진다. 따라서 과거보다 현재에 더 넓다. 지질 시대의 초대륙은 로디니아(약 12억 년 전), 판게아(고생대 말) 2개만 알면 된다.

😀 **출제분석 |** 지질 시대의 대륙 분포 변화는 이 문제처럼 단독으로 출제되기보다는 편각, 복각 등의 고지자기나 지질 시대의 생물(화석)과 함께 출제되는 경우가 많다. 이 문제는 인도가 남반구에 있으므로 중생대~신생대 시기라는 것만 찾는다면 어렵지 않게 풀 수 있다.

그림 (가)와 (나)는 고생대 이후 서로 다른 두 시기의 대륙 분포를 나타낸 것이다.

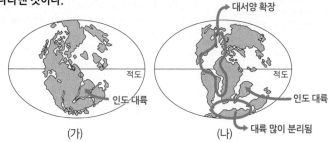

(가)   (나) → 대륙 많이 분리됨

이에 대한 설명으로 옳은 것만을 〈보기〉에서 있는 대로 고른 것은?

보기

ㄱ. 대륙 분포는 (가)에서 (나)로 변하였다. → 점차 대서양 확장 고생대 말 판게아 형성되며 만들어짐

ㄴ. (나)에 애팔래치아 산맥이 존재하였다.

ㄷ. (가)와 (나) 모두 인도 대륙은 남반구에 존재하였다. → 북상중이지만 아직 남반구에 위치

① ㄱ   ② ㄴ   ③ ㄱ, ㄷ   ④ ㄴ, ㄷ   ✔⑤ ㄱ, ㄴ, ㄷ

|자|료|해|설|
(가)와 (나)는 고생대 이후의 대륙 분포를 나타낸 것이다. 고생대 말기에 판게아가 형성되며 애팔래치아 산맥과 우랄 산맥이 형성되었다. (가)는 초대륙 판게아에 가까운 모습, (나)는 (가)보다 대서양이 확장되고, 대륙이 분리된 모습이다. 따라서 대륙 분포는 (가)에서 (나)로 변하였다. 또한 인도 대륙은 북상하고 있지만 (가)와 (나) 둘 다에서 남반구에 위치하고 있다.

|보|기|풀|이|
ㄱ. 정답 : 대서양의 확장으로 비교할 때, 대륙 분포는 (가)에서 (나)로 변하였다.
ㄴ. 정답 : 고생대 이후이므로 애팔래치아 산맥이 존재하였다.
ㄷ. 정답 : (가)와 (나)에서 인도 대륙은 모두 남반구에 존재하였다.

😀 **문제풀이 TIP |** 고생대: 애팔래치아 산맥, 우랄 산맥 형성
중생대: 로키 산맥, 안데스 산맥 형성
신생대: 알프스 산맥, 히말라야 산맥 형성

😀 **출제분석 |** ㄱ과 ㄷ 보기는 자료만 보고 파악할 수 있었지만, ㄴ 보기의 경우 시대별로 형성된 산맥을 알아야 했다. 특히 애팔래치아 산맥은 자주 출제되지 않던 개념이라 체감 난이도가 높았을 것이다. 그러다 보니 1번 문제임에도 불구하고 정답률이 상당히 낮은 문제였다.

그림은 남반구에 위치한 열점에서 생성된 화산섬의 위치와 연령을 나타낸 것이다. 해양판 A와 B에는 각각 하나의 열점이 존재하고, 열점에서 생성된 화산섬은 동일 경도상을 따라 각각 일정한 속도로 이동한다.

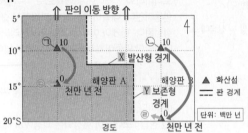

이 자료에 대한 설명으로 옳은 것만을 〈보기〉에서 있는 대로 고른 것은? (단, 고지자기극은 고지자기 방향으로 추정한 지리상 북극이고, 지리상 북극은 변하지 않았다.) **3점**

보기

ㄱ. 판의 경계에서 화산 활동은 X가 Y보다 ~~보다~~ 활발하다.

ㄴ. 고지자기 복각의 절댓값은 화산섬 ㉠이 ㉡이 ~~같다.~~ 크다

ㄷ. 화산섬 ㉠에서 구한 고지자기극은 화산섬 ㉡에서 구한 고지자기극보다 ~~저위도~~ 고위도 에 위치한다.

✓① ㄱ   ② ㄴ   ③ ㄷ   ④ ㄱ, ㄴ   ⑤ ㄱ, ㄷ

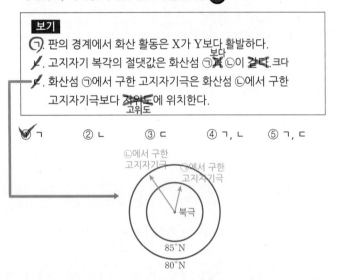

😀 **출제분석** | 판의 경계에 관한 문항에서 자주 출제되는 자료의 형태처럼 보이지만 남반구의 자료라는 점과, 판의 이동이 북쪽을 향한다는 점에서 다른 문항과 차별되는 점이 보인다. 대부분 자료에서와 같이 가로 방향의 판의 경계를 보존형 경계라고 단정 짓고 자료를 해석했다면 보기 ㄱ을 바로 놓치게 되는 셈이다. 복각에 대한 내용 또한 자주 보던 지구본 형태의 자료가 아니라 화산섬의 이동으로부터 직접 값을 유추해야 하는 형태로 출제되어 여러 단원의 내용을 같이 물어보았다. 이러한 연계 문항은 항상 출제되므로 관련 있는 단원을 되짚어 보면서 공부하는 것이 좋다.

|자|료|해|설|

열점의 위치는 고정되어 있지만, 열점에서의 화산 활동에 의해 생성된 화산섬은 판과 함께 이동한다. 화산섬 ㉠의 남쪽에 있는 연령이 0인 화산섬을 ㉢이라고 하고, 화산섬 ㉡의 남쪽에 있는 연령이 0인 화산섬을 ㉣이라고 했을 때 화산섬 ㉠이 ㉢보다 연령이 높고, 화산섬 ㉡이 ㉣보다 연령이 높으므로 열점은 화산섬 ㉢, ㉣ 부근에 위치하며 열점에서 생성된 화산섬이 북쪽 방향으로 이동하고 있음을 알 수 있다. 따라서 해양판 A와 B는 모두 북쪽으로 이동하고 있다. 화산섬 ㉠과 ㉡의 연령이 천만 년으로 같은데, 같은 시간 동안 ㉠은 5° 만큼 북상하였고, ㉡은 10° 만큼 북상하였으므로 판의 이동 속도는 A가 B보다 느리다. 해양판 A와 B는 모두 북쪽 방향으로 이동하는데, 이동 속도는 해양판 A가 B보다 느리므로 X는 발산형 경계이고, Y는 보존형 경계이다. 따라서 화산 활동은 X가 Y보다 활발하다.

고지자기 복각은 화산섬이 생성될 당시 암석에 기록되어 변하지 않으므로 고지자기 복각의 절댓값은 암석 생성 당시의 위도가 높을수록 크다. 북극에서는 +90°, 적도에서는 0°, 남극에서는 −90°이므로 복각의 절댓값은 적도에 가까울수록 작다.

천만 년 전 화산섬 ㉠은 현재 화산섬 ㉢이 위치한 위도 15°S 에서 생성되었고, 천만 년 전 화산섬 ㉡은 현재 화산섬 ㉣이 위치한 위도 20°S에서 생성되었으므로 고지자기 복각의 절댓값은 화산섬 ㉡이 ㉠보다 크다.

|보|기|풀|이|

ㄱ. 정답 : X는 발산형 경계, Y는 보존형 경계이므로 화산 활동은 X가 Y보다 활발하다.

ㄴ. 오답 : 화산섬 ㉠은 열점이 위치한 15°S에서 생성되었고, 화산섬 ㉡은 열점이 위치한 20°S에서 생성되었으므로 고지자기 복각의 절댓값은 ㉠<㉡이다.

ㄷ. 오답 : 화산섬 ㉠은 생성 이후 위도 5° 정도 북쪽으로 이동했으므로 ㉠에서 구한 고지자기극은 북극에서 5° 정도 넘어간 위도 85°N 부근에 있고, 화산섬 ㉡은 생성 이후 위도 10° 정도 북쪽으로 이동했으므로 ㉡에서 구한 고지자기극은 북극에서 10° 정도 넘어간 위도 80°N 부근에 위치한다. 따라서 화산섬 ㉠에서 구한 고지자기극은 화산섬 ㉡에서 구한 고지자기극보다 고위도에 위치한다.

그림은 지괴 A와 B의 현재 위치와 ㉠ 시기부터 ㉡ 시기까지 시기별 고지자기극의 위치를 나타낸 것이다. A와 B는 동일 경도를 따라 일정한 방향으로 이동하였으며, ㉠부터 현재까지의 어느 시기에 서로 한 번 분리된 후 현재의 위치에 있다.

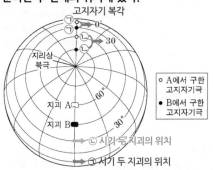

○ A에서 구한 고지자기극
● B에서 구한 고지자기극

이 자료에 대한 설명으로 옳은 것만을 〈보기〉에서 있는 대로 고른 것은? (단, 고지자기극은 고지자기 방향으로 추정한 지리상 북극이고, 지리상 북극은 변하지 않았다.) **3점**

> **보기**
> ㄱ. A에서 구한 고지자기 복각의 절댓값은 ㉠이 ㉡보다 작다. ➡ 0° ⬅ ➡ 30°
> ㄴ. A와 B는 북반구에서 분리되었다. ➡ ㉡ 시기(30°N) 이후
> ㄷ. ㉡부터 현재까지의 평균 이동 속도는 A가 B보다 빠르다. ➡ A가 B보다 더 많은 거리를 이동함

① ㄱ   ② ㄷ   ③ ㄱ, ㄴ   ④ ㄴ, ㄷ   ✔⑤ ㄱ, ㄴ, ㄷ

🧑‍🏫 **문제풀이 TIP** | 두 지괴가 분리되기 전까지는 같은 속도로 이동했음을 이용하여 푼다. 고지자기극은 과거의 지괴와 북극의 위치 관계를 현재의 지괴 위치에서 재현한 것이므로 역으로 되짚어가면 복각을 빠르게 찾을 수 있다.

|자|료|해|설|

위도를 나타내는 각 선은 15°씩 차이가 있으므로 A, B에서 구한 각 시기의 고지자기 복각은 다음과 같다.

	A에서 구한 고지자기 복각(지괴의 위치)	B에서 구한 고지자기 복각(지괴의 위치)
㉠ 시기	$90° - 15° \times 6 = 0°(0°)$	$90° - 15° \times 6 = 0°(0°)$
㉡ 시기	$90° - 15° \times 4 = 30°$ (30°N)	$90° - 15° \times 4 = 30°$ (30°N)

㉠ 시기의 고지자기 복각과 ㉡ 시기의 고지자기 복각의 차이는 A에서 30°, B에서 30°로 같다. 즉, ㉠ 시기에 A와 B는 0°에 있었고, ㉡ 시기에 A와 B는 30°N에 있었다. 따라서 ㉠ 시기부터 ㉡ 시기까지 두 지괴의 이동 속도는 같았으며 이 시기 동안 두 지괴는 분리되지 않았다.

㉡ 시기에 두 지괴는 30°N에 있었는데 현재 A는 60°N, B는 45°N에 있으므로 북극 방향으로 이동하던 두 지괴는 ㉡ 시기 이후 분리되었다. 현재 A가 북극에 더 가까우므로 분리 이후 A의 이동 속도는 B보다 빠르다.

|보|기|풀|이|

㉠ 정답 : ㉠ 시기일 때 A에서 구한 고지자기 복각은 $90° - 15° \times 6 = 0°$이다. ㉡ 시기일 때 A에서 구한 고지자기 복각은 $90° - 15° \times 4 = 30°$이다. 따라서 A에서 구한 고지자기 복각의 절댓값은 ㉠(0°)이 ㉡(30°)보다 작다.

㉡ 정답 : A와 B는 30°N에 위치해 있던 ㉡ 시기 이후에 분리되었고, 두 지괴 모두 북극을 향해 이동하고 있으므로 두 지괴는 북반구에서 분리되었다.

㉢ 정답 : ㉡ 시기에 두 지괴는 모두 30°N에 있었는데 현재 A는 60°N, B는 45°N에 있으므로 같은 시간 동안 A의 이동 거리가 더 크다. 따라서 ㉡부터 현재까지의 평균 이동 속도는 A가 B보다 빠르다.

I
1
I
02
대
륙
의
분
포
와
변
화

03 맨틀 대류와 플룸 구조론

기본자료

필수개념 1 맨틀 대류

1. 맨틀 대류

1) 맨틀 대류: 고체 상태의 맨틀이 대류를 하는 원인

→ 물질의 온도와 압력이 높은 조건이 되면, 연성(휘어지는 성질)을 갖게 되는데, 그 상태에서 지구 내부 에너지에 의해 가열된 부분은 부피가 팽창하여 밀도가 감소해 부력을 얻어 상승하게 되고, 지표 근처까지 상승한 맨틀 물질은 식어 다시 맨틀 아래쪽으로 하강하게 된다.

2) 판의 경계와 맨틀 대류

① 맨틀 물질 상승부: 대륙이 갈라져 이동하면서 발산형 경계 형성. 해령, 열곡대 등

② 맨틀 물질 하강부: 해양판이나 대륙판이 다른 판 아래로 들어가면서 수렴형 경계 형성. 해구, 습곡 산맥 등

3) 판 이동의 원동력

① 판을 당기는 힘: 차가워진 암석권이 섭입대에서 연약권 아래로 판을 잡아당김

② 판을 밀어 내는 힘: 해령에서 맨틀이 상승함에 따라 마그마가 분출되며 판을 밀어냄

③ 맨틀 대류: 연약권 대류로 판이 이동함

④ 판의 무게: 해령에서 해구로 갈수록 깊이가 깊어짐에 따라 발생하는 중력에 의해 판이 이동함

▶ 판을 이동시키는 힘
맨틀이 대류하는 과정에서 발생하는
여러 힘이 함께 작용하여 판이
이동하는 것으로 해석

필수개념 2 플룸 구조론

1. 플룸 구조론 등장 배경: 판 구조론으로 설명할 수 없는 판 내부에서의 화산 활동을 설명하기 위한 대안

2. 플룸: 지각과 맨틀 그리고 핵 사이에서 상승과 하강을 하는 거대한 기둥 모양의 물질과 에너지 흐름

1) 차가운 플룸: 하강하는 저온의 맨틀 물질. 섭입된 판이 상부 맨틀과 하부 맨틀 경계부에 쌓여 있다가 밀도가 커지면서 핵의 경계까지 가라앉게 되는 하강류.

2) 뜨거운 플룸: 상승하는 고온의 맨틀 물질. 차가운 플룸이 외핵의 경계에 도달하면 열을 전달 받게 되고 그에 따라 위로 상승하는 작용이 일어나 형성되는 상승류.

3) 열점: 뜨거운 플룸과 지표면이 만나는 지점 아래에 위치한 마그마 생성 지점.

3. 플룸 구조론

1) 플룸 구조론의 모식도

① 아시아 지역에 약 3억 년 전에 형성된 거대한 차가운 플룸이 있다.

② 남태평양과 아프리카에 뜨거운 플룸이 위치. 아프리카 슈퍼 플룸은 아프리카 대륙을 분리시켰고 남태평양 슈퍼 플룸은 곤드와나 대륙을 분리시켰다.

③ 플룸 구조 조사 방법: 지진파 속도 분포 → 맨틀 온도 분포 추정

④ 기존 판 구조론은 지표면에서 발생하는 지각 변동 설명, 플룸 구조론은 지구 내부 운동까지 설명.

2) 주변보다 온도가 높으면 지진파 전달 속도가 느리고, 주변보다 온도가 낮으면 지진파의 전달 속도가 빠르기 때문에 뜨거운 플룸과 차가운 플룸의 위치를 지진파 전달 속도로 유추할 수 있다.

▶ 섭입된 판의 밀도 변화
상부 맨틀의 최하단인 지하 670km
부근까지 섭입된 판은 더 이상 지하
내부로 들어가지 못하고 쌓임. 판이
쌓이면서 냉각과 압축이 진행되어
밀도가 커지면 가라 앉아 차가운
플룸을 형성

▶ 맨틀 대류와 플룸 구조론 비교

맨틀 대류 (상부 맨틀의 운동)	플룸 구조론
연약권 내에서 일어남	맨틀 전체에서 일어남
지표에서 판의 수평 운동. 섭입대에서 수직 운동을 설명	지구 내부의 대규모 수직 운동을 주로 설명
예 해령, 해구, 변환 단층	예 열점

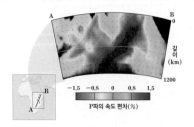

그림 (가)와 (나)는 남아메리카와 아프리카 주변에서 발생한 지진의 진앙 분포를 나타낸 것이다.

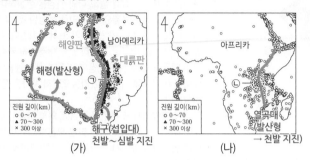

(가)　　(나)

천발~심발 지진　　천발 지진

지역 ㉠과 ㉡에 대한 설명으로 옳은 것만을 〈보기〉에서 있는 대로 고른 것은?

> **보기**
> ㉠. ㉠의 하부에는 침강하는 해양판이 잡아당기는 힘이
> 　　↳ 섭입대에서 발생
> 　　작용한다.
> ㉡. ㉡의 하부에는 외핵과 맨틀의 경계부에서 상승하는 플룸이
> 　　↳ 뜨거운 플룸
> 　　있다.
> ㉢. 진원의 평균 깊이는 ㉠이 ㉡보다 깊다.
> 　　천발~심발 ↗　↖ 천발

① ㄱ　　② ㄷ　　③ ㄱ, ㄴ　　④ ㄴ, ㄷ　　✓⑤ ㄱ, ㄴ, ㄷ

|자|료|해|설|

(가)에서 천발 지진만 발생하는 곳은 발산형 경계인 해령이고, 남아메리카 경계 근처에서 심발 지진까지 나타나는 곳은 섭입대인 해구이다. 남아메리카판은 대륙판이고 왼쪽의 판은 해양판이다. 해양판이 대륙판 밑으로 섭입하며 섭입대에서 해양판을 잡아당기는 힘이 발생한다.
(나)에서 천발 지진만 발생하는 곳은 발산형 경계인 열곡대이다. 뜨거운 플룸이 상승하여 천발 지진과 화산 활동이 나타나고, 판이 서로 멀어지며 새로운 해양 지각을 형성한다.

|보|기|풀|이|

㉠. 정답 : ㉠의 하부에 있는 섭입대에서 침강하는 해양판이 잡아당기는 힘이 작용한다.
㉡. 정답 : ㉡의 하부에는 외핵과 맨틀의 경계부에서 상승하는 뜨거운 플룸이 있다.
㉢. 정답 : 진원의 평균 깊이는 천발~심발 지진이 발생하는 ㉠이 천발 지진만 발생하는 ㉡보다 깊다.

😀 **문제풀이 T I P** | 천발 지진만 발생: 해령, 열곡대, 변환 단층
천발~심발 모두 발생: 해구, 섭입대

😀 **출제분석** | 판의 경계는 매번 시험에서 출제되는데, 특히 이 문제처럼 플룸이나 판을 이동시키는 힘(해구에서 잡아당기는 힘, 해령에서 밀어내는 힘)은 물론, 마그마나 화성암과도 연결되기 좋은 개념이다. 따라서 개념을 복합적으로 연결하고 문제에 적용하는 연습이 필요하다.

그림은 상부 맨틀에서만 대류가 일어나는 모형을 나타낸 것이다.

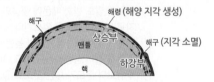

이 모형에 대한 설명으로 옳은 것만을 〈보기〉에서 있는 대로 고른 것은? 3점

> **보기**　↱ 맨틀 대류
> ㉠. 판을 이동시키는 힘의 원동력을 설명할 수 있다.
> ㉡. 해양 지각의 평균 연령이 대륙 지각의 평균 연령보다 적은
> 해령에서 새로 생성 　　이유를 설명할 수 있다.
> → 연령↓
> ㉢. 뜨거운 플룸이 핵과 맨틀의 경계 부근에서 생성되어 상승
> 　　하는 것을 설명할 수 있다. 없다.
> 　　↳ 맨틀 전체에서 대류

① ㄱ　　② ㄴ　　③ ㄷ　　✓④ ㄱ, ㄴ　　⑤ ㄱ, ㄷ

|자|료|해|설|

맨틀 대류의 상승부에서는 해령이 나타나고, 새로운 해양 지각이 생성된다. 맨틀 대류의 하강부에서는 해구가 나타나고, 기존의 지각이 소멸된다. 따라서 해령 근처 지각의 평균 연령은 대륙 지각의 평균 연령보다 적다. 또한 맨틀 대류에 의해 그 위의 지각이 함께 이동하므로, 이 모형으로 판을 이동시키는 힘의 원동력을 설명할 수 있다. 그림은 상부 맨틀에서만 대류가 일어나는 모형, 즉 맨틀 대류설의 해저 지형을 나타낸 것이다. 따라서 이 모형으로 맨틀과 핵의 경계에서 뜨거운 플룸이 생성되어 상승하는 것을 설명할 수 없다.

|보|기|풀|이|

㉠. 정답 : 판을 이동시키는 힘의 원동력을 맨틀의 대류로 설명할 수 있다.
㉡. 정답 : 해령에서는 새로운 해양 지각이 만들어지므로, 해양 지각의 평균 연령은 대륙 지각의 평균 연령보다 적다.
ㄷ. 오답 : 뜨거운 플룸이 핵과 맨틀의 경계 부근에서 생성되어 상승하는 것은 상부 맨틀에서만이 아니라 맨틀 전체에서 대류가 일어나는 모형으로 설명할 수 있다.

😀 **문제풀이 T I P** | 대륙 이동설 → 맨틀 대류설 → 해양저 확장설 → 판 구조론 중 맨틀 대류설을 나타낸 그림이다. 맨틀 대류설로는 플룸 구조론을 설명할 수 없다.

😀 **출제분석** | 맨틀 대류는 단독으로 잘 출제되지 않는 개념이다. 오히려 플룸 구조론이 단독으로 더 자주 출제된다. 이 문제의 핵심은 ㄷ 보기인데, 플룸 구조론과 상부 맨틀의 대류 사이의 차이점을 아는 것이 관건이다. 배점은 3점이지만 난이도가 높은 문제는 아니었다.

그림은 플룸 구조론을
나타낸 모식도이다. A와
B는 각각 뜨거운 플룸과
차가운 플룸 중 하나이며,
a, b, c는 동일한 열점에서
생성된 화산섬이다.
이에 대한 옳은 설명만을 〈보기〉에서 있는 대로 고른 것은?

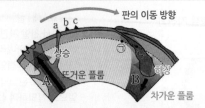

보기

ㄱ. A는 뜨거운 플룸이다.

ㄴ. 밀도는 ㉠ 지점이 ㉡ 지점보다 작다.

ㄷ. 화산섬의 나이는 ~~a~~>b>~~c~~이다.
    c   a

① ㄱ   ② ㄷ   ✓③ ㄱ, ㄴ   ④ ㄴ, ㄷ   ⑤ ㄱ, ㄴ, ㄷ

| 자 | 해 | 설 |

뜨거운 플룸은 주변보다 밀도가 작아 상승한다. 상승한
뜨거운 플룸이 지표를 뚫고 나와 열점을 형성하며 a, b, c의
화산섬은 뜨거운 플룸인 A에 의해 생성된 것이다.
차가운 플룸은 주변보다 밀도가 커서 하강한다. 판의
섭입형 경계를 이루는 물질이 밀도가 충분히 커질 때까지
하부 맨틀을 뚫지 못하고 상부 맨틀과 하부 맨틀의 경계에
쌓이다가 한계에 이르면 가라앉으면서 차가운 플룸이
생성된다.
제시된 그림에서 뜨거운 플룸 A에 의해 화산섬 a, b, c가
생성되며, 화산섬이 생성된 판은 오른쪽으로 이동하다가
판의 섭입형 경계에서 가라앉는다. 이때 가라앉는 B는
차가운 플룸이다.

| 보 | 기 | 풀 | 이 |

ㄱ. 정답 : A는 맨틀을 뚫고 올라오는 뜨거운 플룸이다.

ㄴ. 정답 : ㉡은 현재 하강하고 있고, ㉠은 아직 하강하지
않으므로 ㉡ 지점의 밀도가 ㉠ 지점보다 크다.

ㄷ. 오답 : 판은 A 쪽에서 B 쪽을 향해 이동하고 있으므로
화산섬의 나이는 B 쪽에 가까울수록 많다. 따라서 화산섬의
나이는 a<b<c이다.

그림 (가)는 지구의 플룸 구조 모식도이고, (나)는 판의 경계와
열점의 분포를 나타낸 것이다. (가)의 ㉠~㉣은 플룸이 상승하거나
하강하는 곳이고, 이들의 대략적 위치는 각각 (나)의 A~D 중
하나이다.

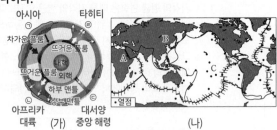

이에 대한 설명으로 옳은 것만을 〈보기〉에서 있는 대로 고른 것은?

 3점

보기

ㄱ. A는 ~~㉢~~에 해당한다. 고정되어 있다.
       ㉡

ㄴ. 열점은 ~~판과 같은 방향과 속력으로 움직인다.~~

ㄷ. 대규모의 뜨거운 플룸은 맨틀과 외핵의 경계부에서
생성된다.

① ㄱ   ✓② ㄷ   ③ ㄱ, ㄴ   ④ ㄴ, ㄷ   ⑤ ㄱ, ㄴ, ㄷ

| 자 | 료 | 해 | 설 |

플룸 구조론은 맨틀 내부에서 온도 차이로 인한 지구
내부의 밀도 변화 때문에 플룸의 상승이나 하강이 일어나
지구 내부의 변동을 일으킨다는 이론이다. 뜨거운 플룸은
맨틀에서 주위보다 온도가 높은 곳으로 밀도가 작은
맨틀 물질이 상승하는 곳이고, 차가운 플룸은 맨틀에서
주위보다 온도가 낮은 곳으로 밀도가 큰 물질이 하강하는
곳이다.

| 보 | 기 | 풀 | 이 |

ㄱ. 오답 : A는 열점으로, 하부에서 뜨거운 플룸이
상승하는 ㉡이다.

ㄴ. 오답 : 뜨거운 플룸이 상승하여 마그마가 생성되는
곳을 열점이라고 하며, 맨틀이 대류하여 판이 이동해도
열점의 위치는 변하지 않고 고정되어 있다.

ㄷ. 정답 : 차가운 플룸이 맨틀과 외핵의 경계 쪽으로
하강하면 그 영향으로 맨틀과 외핵의 경계부에서 대규모의
뜨거운 플룸이 상승한다.

😎 **문제풀이 TIP** | 플룸 구조 모식도를 기억하면 문제를 빠르게
해결 할 수 있다.

😀 **출제분석** | 빈출 그림이었으며 주어진 자료 해석만으로도 풀 수
있는 쉬운 난이도의 문제이다.

5 플룸 구조론 정답 ③ 정답률 85% 2023학년도 수능 2번 문제편 30p

그림은 플룸 구조론을 나타낸 모식도이다.
A와 B는 각각 차가운 플룸과 뜨거운 플룸
중 하나이고, ㉠은 화산섬이다.
이에 대한 설명으로 옳은 것만을 <보기>
에서 있는 대로 고른 것은?

보기
ㄱ. A는 섭입한 해양판에 의해 형성된다.
ㄴ. B는 태평양에 여러 화산을 형성한다.
ㄷ. ㉠을 형성한 열점은 판과 같은 방향으로 움직인다. (움직이지 않는다)
　　　　　　　　　　　　　　　　　　 고정되어 있음

① ㄱ　　② ㄷ　　✓③ ㄱ, ㄴ　　④ ㄴ, ㄷ　　⑤ ㄱ, ㄴ, ㄷ

|자|료|해|설|
차가운 플룸은 하강하고 뜨거운 플룸은 상승한다. 따라서
A는 차가운 플룸이며, B는 뜨거운 플룸이다. 이때 뜨거운
플룸이 분출되는 지점인 열점은 고정되어 있으므로 판의
이동과 함께 움직이지 않는다. 차가운 플룸은 섭입한
판이 상부 맨틀과 하부 맨틀 사이에 머무르다 하강하며
생성된다.

|보|기|풀|이|
ㄱ. 정답 : A는 차가운 플룸으로, 해양판이 섭입하며
생성된다.
ㄴ. 정답 : B는 뜨거운 플룸으로, 뜨거운 플룸이 상승하며
분출되어 태평양에 여러 화산을 형성한다.
ㄷ. 오답 : 열점은 고정된 점으로 판의 이동 방향에 따라
함께 움직이지 않는다.

😮 **문제풀이 TIP** | 플룸 움직임의 방향을 보고 차가운 플룸과 뜨거운 플룸을 구별할 줄 알아야 하며, 각 플룸의 기본적인 특징을 숙지하고 있어야 한다.

😀 **출제분석** | 최근에는 맨틀 대류설보다 플룸 구조론에 대한 문제가 자주 출제되고 있다. 뜨거운 플룸과 차가운 플룸의 특징을 알고 있다면 쉽게 해결할 수 있는 문항이었다.

---

6 플룸 구조론 정답 ③ 정답률 84% 2023학년도 6월 모평 4번 문제편 30p

다음은 어느 플룸의 연직 이동 원리를 알아보기 위한 실험이다.

[실험 목표]
○ (A)의 연직 이동 원리를 설명할 수 있다.
　 └ 뜨거운 플룸
[실험 과정]
(가) 비커에 5℃ 물 800mL를 담는다.
(나) 그림과 같이 비커 바닥에 수성 잉크 소량을
스포이트로 주입한다.
(다) 비커 바닥의 물이 고르게 착색된 후, 비커
바닥 중앙을 촛불로 30초간 가열하면서
착색된 물이 움직이는 모습을 관찰한다.

[실험 결과]
○ 그림과 같이 착색된 물이 밀도 차에
의해 (B)하는 모습이 관찰되었다.
　　　　　└ 상승

이에 대한 설명으로 옳은 것만을 <보기>에서 있는 대로 고른 것은?
(3점)

보기
ㄱ. '뜨거운 플룸'은 A에 해당한다.
ㄴ. '상승'은 B에 해당한다.
ㄷ. 플룸은 내핵과 외핵의 경계에서 생성된다.
　　　　　　 맨틀

① ㄱ　　② ㄷ　　✓③ ㄱ, ㄴ　　④ ㄴ, ㄷ　　⑤ ㄱ, ㄴ, ㄷ

|자|료|해|설|
실험 과정 (다)에서 비커 바닥 중앙을 촛불로 가열하는데,
착색된 물은 가열되어 밀도가 감소하므로 위로 상승(B)
하게 된다. 이는 지구 내부에서 만들어지는 뜨거운 플룸(A)
의 연직 이동 원리를 설명하는 실험이다. 뜨거운 플룸은
고온의 열기둥으로, 맨틀과 외핵의 경계에서 생성되어
상승한다. 차가운 플룸은 수렴형 경계에서 생성되며, 상부
맨틀과 하부 맨틀 사이에서 쌓이다가 하강한다.

|보|기|풀|이|
ㄱ. 정답 : 밀도 차에 의해 상승하는 A는 뜨거운 플룸이다.
ㄴ. 정답 : 비커 바닥 중앙을 가열하면 착색된 물의 밀도가
작아져서 위로 상승(B)한다.
ㄷ. 오답 : 뜨거운 플룸은 맨틀과 외핵의 경계에서 생성된다.

😮 **문제풀이 TIP** | 뜨거운 플룸 : 상승하는 고온의 열기둥으로,
외핵과 맨틀의 경계에서 생성된다.
차가운 플룸 : 섭입하는 판이 상부 맨틀과 하부 맨틀의 경계면에
쌓이다가 일정량 이상이 되면 하강하는 물질이다.
실험에서 상승하는 착색된 물은 뜨거운 플룸을, 비커 바닥은 외핵과
맨틀의 경계면을 상징한다.

😀 **출제분석** | 과학 교과는 모의평가나 수능에서 실험을 다루는
것을 중요하게 생각하는데, 지구과학 교과의 특성상 교과 과정에서
배우는 실험이 많지는 않다. 따라서 출제되는 실험 내용이
한정적이다. 이 문제에서 다루는 실험은 플룸 구조론 문제에서
실험이 출제될 경우 자주 출제되는 내용이다. 실험 과정이나 실험
결과가 동일하게 제시되는 경우가 많으므로 익숙한 자료이며, 보기
모두 대표적인 지식에 대해 묻고 있어서 문제의 난이도가 매우 낮은
편이다.

그림은 태평양판에 위치한 열점들에 의해 형성된 섬과 해산의 일부를 나타낸 것이다.
이에 대한 설명으로 옳은 것만을 〈보기〉에서 있는 대로 고른 것은?

과거 판의 이동 방향
A
현재 판의 이동 방향
B
하와이 열도
열점
(새로운 화산섬 형성)
C 열점

뜨거운 플룸 상승 → 압력 감소
→ 현무암질 마그마 생성
→ 현무암 형성

보기

열점(화산섬 형성)
이동한 화산섬
열점
북서

ㄱ. A는 B보다 먼저 형성되었다.
ㄴ. C에는 현무암이 분포한다.
ㄷ. 태평양판의 이동 방향은 남동쪽이다.

① ㄱ 　② ㄷ 　✔③ ㄱ, ㄴ 　④ ㄴ, ㄷ 　⑤ ㄱ, ㄴ, ㄷ

|자|료|해|설|

B와 C는 현재 새로운 화산섬이 만들어지는 열점의 위치를 나타낸다. 과거 판은 북북서로 이동했다가, 현재는 북서 방향으로 이동하고 있다. 따라서 북서쪽에 위치한 A는 B보다 먼저 만들어진 후 이동한 화산섬이다. 새로운 화산섬이 만들어지는 B와 C에서는 뜨거운 플룸의 상승에 의해 현무암질 마그마가 만들어지므로, 현무암이 분포한다.

|보|기|풀|이|

ㄱ. 정답 : A는 북서쪽으로 이동한 화산섬이므로 B보다 먼저 형성되었다.

ㄴ. 정답 : C에는 열점에서 만들어진 현무암질 마그마에 의해 현무암이 분포한다.

ㄷ. 오답 : 태평양판의 이동 방향은 북서쪽이다.

😎 **문제풀이TIP** | 열점의 위치는 고정되어 있다. 즉, 예전에 만들어진 화산섬들도 열점에서 만들어졌을 것이고, 판의 이동에 따라 현재의 위치로 이동한 것이다. 따라서 열점으로부터 현재 위치로 이동했다고 생각하면 판의 이동 방향을 알 수 있다.

😮 **출제분석** | 플룸 구조론은 마그마의 성질이나 판의 경계 등과 함께 복합적으로 출제되는 경우가 많은 개념이다. 특히 이 개념에서는 ㄷ 보기처럼 판의 이동 방향을 묻는 보기가 정말 자주 출제된다. 이 문제에서는 열점의 위치를 확실히 주지 않아서 하와이 열도에 대한 사전 이해가 필요했다. 플룸 구조론에서는 태평양 하와이 주변만 제시되기 때문에 알아두어야 한다.

그림은 플룸 구조론을 나타낸 모식도이다. A와 B는 각각 뜨거운 플룸과 차가운 플룸 중 하나이다.
이에 대한 설명으로 옳은 것만을 〈보기〉에서 있는 대로 고른 것은?

차가운 플룸
판의 이동
열점
뜨거운 플룸
B
상부 맨틀
A
외핵
하부 맨틀
내핵
5100 2900 0
(단위 : km)

보기

차가운
ㄱ. A는 뜨거운 플룸이다.
ㄴ. B에 의해 여러 개의 화산이 형성될 수 있다.
대핵
ㄷ. B는 대핵과 외핵의 경계에서 생성된다.
맨틀

① ㄱ 　✔② ㄴ 　③ ㄷ 　④ ㄱ, ㄴ 　⑤ ㄴ, ㄷ

|자|료|해|설|

A는 상부 맨틀과 하부 맨틀의 경계에 쌓여 있다가 충분히 무거워지면 하강하여 생성되는 차가운 플룸이다. 차가운 플룸은 섭입대에서 판이 섭입하며 생성되는데, 섭입형 경계에서 가라앉은 판이 상부 맨틀과 하부 맨틀의 경계에 조금씩 쌓이다가 충분히 무거워져 하부 맨틀의 밀도보다 밀도가 커지면 맨틀과 외핵의 경계로 가라앉으면서 차가운 플룸이 생성된다.

B는 외핵과 하부 맨틀 사이에서 생성된 뜨거운 플룸으로 주변보다 밀도가 작아 상승한다. B에서 상승한 뜨거운 플룸이 열점을 형성하여 화산섬을 만들었다.

|보|기|풀|이|

ㄱ. 오답 : A는 가라앉는 차가운 플룸이다.

ㄴ. 정답 : 뜨거운 플룸이 상승하여 생성된 마그마가 지각을 뚫고 올라와 열점을 형성하면 화산 활동이 일어나 화산섬이 생성될 수 있다. 따라서 뜨거운 플룸인 B에 의해 여러 개의 화산이 형성될 수 있다.

ㄷ. 오답 : B는 맨틀과 외핵의 경계에서 생성된다.

그림은 두 지역 (가)와 (나)에서 지하의 온도 분포와 판의 구조를 나타낸 것이다. (가)와 (나)에서는 각각 플룸의 상승류와 하강류 중 하나가 나타난다.

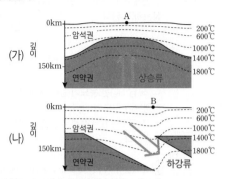

이에 대한 옳은 설명만을 〈보기〉에서 있는 대로 고른 것은? 3점

보기

ㄱ. 0~150km 사이에서 깊이에 따른 온도 증가율은 A보다 ~~크다~~ 작다 B에서 ~~크다~~.

ㄴ. (가)의 하부에는 ~~차가운~~ 뜨거운 플룸이 존재한다.

ㄷ. (나)에서는 섭입하는 판을 지구 내부로 잡아당기는 힘이 작용하고 있다.

① ㄱ   ✓② ㄷ   ③ ㄱ, ㄴ   ④ ㄱ, ㄷ   ⑤ ㄴ, ㄷ

|자|료|해|설|

(가)에서는 A 아래 온도가 주변보다 높고 온도선의 간격이 좁은 것으로 보아 뜨거운 상승류가 존재함을 알 수 있고, (나)에서는 B 아래 온도가 주변보다 낮고 온도선의 간격이 상대적으로 넓은 것으로 보아 차가운 하강류가 존재함을 알 수 있다.

|보|기|풀|이|

ㄱ. 오답 : (가)의 경우 (나)에 비해 온도선 간격이 좁으므로 B보다 A에서의 온도 증가율이 크다.

ㄴ. 오답 : (가)의 경우 하부에서 상승하는 뜨거운 플룸이 존재한다.

ㄷ. 정답 : (나)의 경우 냉각되어 무거워진 판이 중력에 의해 섭입하면서 판 전체를 지구 내부로 잡아당기는 하강류가 존재한다.

😮 **문제풀이 TIP** | 지하의 온도분포선의 움직임을 파악하면 상승과 하강을 쉽게 파악할 수 있다. 상승류는 뜨거운 플룸, 하강류는 차가운 플룸이다.

😮 **출제분석** | '플룸'이라는 개념이 15개정 교육과정에서 처음 제시되어, 기출 문제가 많지 않아 어렵게 느껴질 수 있으나, 그래프 해석을 잘 한다면 충분히 해결할 수 있는 평범한 수준의 문항이었다.

그림은 태평양판에 위치한 하와이 열도의 각 섬들을 화산의 연령과 함께 나타낸 것이다.
이에 대한 설명으로 옳은 것만을 〈보기〉에서 있는 대로 고른 것은?

보기

          이동 거리 인데 일정하지 않음
          ─── 시간

ㄱ. 태평양판은 일정한 ~~속도~~로 이동하였다.

ㄴ. 하와이섬은 뜨거운 플룸의 상승에 의해 생성된 지역이다. (= 열점)

ㄷ. 새로 생성되는 섬은 하와이섬의 ~~북서쪽~~에 위치할 것이다.
                                남동쪽

① ㄱ   ✓② ㄴ   ③ ㄷ   ④ ㄱ, ㄴ   ⑤ ㄴ, ㄷ

|자|료|해|설|

화산활동은 하와이 섬에서 일어나기 때문에 화산섬의 나이는 하와이에서 멀수록 많아진다. 섬이 배열된 방향을 보면 태평양판은 북서쪽으로 이동하였다. 따라서 하와이 섬은 태평양판을 따라 북서쪽으로 이동할 것이고 하와이 섬이 있던 자리에 새로운 화산섬이 생성될 것이다.

|보|기|풀|이|

ㄱ. 오답 : 속도는 $\dfrac{이동\ 거리}{시간}$ 인데 그 값이 일정하지 않기 때문에 속도 또한 일정하지 않다.

ㄴ. 정답 : 하와이 섬은 하부 맨틀에서 올라온 뜨거운 플룸에서 생성된 열점이다.

ㄷ. 오답 : 새로 생성되는 섬은 하와이 섬의 남동쪽에 위치할 것이고 현재의 하와이 섬은 태평양판을 따라 북서쪽으로 이동할 것이다.

😮 **문제풀이 TIP** | 판의 이동 방향과 새로 생성되는 섬의 위치를 구분해야 한다. 이는 화산의 연령을 고려하여 판단하는데 나이가 많은 섬 방향으로 판이 이동하고, 나이가 적은 섬 방향으로 새로 생성되는 섬의 위치가 결정된다.

😮 **출제분석** | 하와이 섬을 이용한 열점 및 플룸 구조론에 대해 묻는 문제는 지문 난도가 높지 않아 쉽게 풀 수 있는 문제이다.

그림은 뜨거운 플룸이 상승하는 모습을 나타낸 것이다.

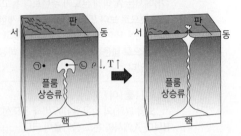

이에 대한 옳은 설명만을 〈보기〉에서 있는 대로 고른 것은?

보기

ㄱ. 판은 서쪽으로 이동하였다.
ㄴ. 밀도는 ㉠ 지점이 ㉡ 지점보다 ~~작다.~~ 크다
ㄷ. 뜨거운 플룸은 ~~내핵~~과 외핵의 경계에서부터 상승한다.
          맨틀

① ㄱ   ② ㄷ   ③ ㄱ, ㄴ   ④ ㄴ, ㄷ   ⑤ ㄱ, ㄴ, ㄷ

| 자 | 료 | 해 | 설 |

플룸 상승류는 고정되어 있고, 판이 서쪽으로 이동하면서 서쪽 방향으로 화산섬이 생성되는 것을 나타낸 그림이다. 주변에 비해 온도가 높아 밀도가 작은 뜨거운 플룸은 상승하게 된다.

| 보 | 기 | 풀 | 이 |

ㄱ. 정답 : 화산섬이 서쪽으로 생성되는 것으로 보아 판은 서쪽으로 이동하였다.

ㄴ. 오답 : ㉡은 온도가 높아 밀도가 낮으므로 ㉠ 지점이 ㉡ 지점보다 밀도가 크다.

ㄷ. 오답 : 뜨거운 플룸은 맨틀과 외핵의 경계로부터 상승한다.

😀 **문제풀이 TIP** | 해구에서 침강한 해양 지각이 용융되어 형성된 물질이 가라앉으면 차가운 플룸이고, 외핵과 맨틀의 경계부에서 형성된 뜨거운 물질이 기둥 모양으로 상승하면 뜨거운 플룸이다.

😲 **출제분석** | 플룸 구조론에서는 특별히 어렵게 문제가 출제되지 않으므로 기본 개념에 충실하여 이해하면 된다.

다음은 플룸 상승류를 관찰하기 위한 모형 실험이다.

[실험 과정]

(가) 그림 Ⅰ과 같이 찬물을 담은 비커 바닥에 스포이트로 잉크를 조금씩 떨어뜨린다.

(나) 그림 Ⅱ와 같이 잉크가 가라앉은 부분을 촛불로 가열한다.

(다) 비커에서 잉크가 움직이는 모양을 관찰한다.

[실험 결과]

• 그림 Ⅲ과 같이 바닥에 가라앉은 잉크 일부가 버섯 모양으로 상승하는 모습이 나타났다.

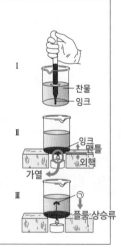

이 실험 결과에 대한 옳은 설명만을 〈보기〉에서 있는 대로 고른 것은?

보기

ㄱ. ㉠은 플룸 상승류에 해당한다.
ㄴ. ㉠은 주변의 찬물보다 밀도가 ~~크다.~~ 작다 (밀도가 작아야 상승)
ㄷ. 잉크가 상승하기 시작하는 지점은 지구 내부에서 ~~내핵~~과 외핵의 경계부에 해당한다.   맨틀
        └→ 뜨거운 플룸의
           생성 지점

① ㄱ   ② ㄷ   ③ ㄱ, ㄴ   ④ ㄱ, ㄷ   ⑤ ㄴ, ㄷ

| 자 | 료 | 해 | 설 |

Ⅱ에서 가열하는 부분은 외핵, 찬물은 맨틀을 의미한다. 촛불에 의해 가열된 잉크(㉠)는 밀도가 낮아져서 상승하는데, 이는 뜨거운 플룸에 비유된다. 플룸은 2가지 종류가 있다. 뜨거운 플룸과 차가운 플룸이다. 뜨거운 플룸은 밀도가 낮아 상승하는 플룸 상승류이고, 차가운 플룸은 수렴형 경계에서 쌓이다가 하강한다.

| 보 | 기 | 풀 | 이 |

ㄱ. 정답 : ㉠은 플룸 상승류에 해당한다.

ㄴ. 오답 : ㉠은 주변의 찬물보다 밀도가 작다.

ㄷ. 오답 : 잉크가 상승하기 시작하는 지점, 즉 뜨거운 플룸의 생성 지점은 지구 내부에서 맨틀과 외핵의 경계부에 해당한다.

😀 **문제풀이 TIP** | 뜨거운 플룸: 외핵과 맨틀 경계부에서 형성된 고온의 열기둥으로 지표까지 빠르게 상승
차가운 플룸: 섭입되는 해양판에 의해 형성되는 저온의 열기둥으로 상부 맨틀과 하부 맨틀의 경계에서 쌓이다가 하강

😲 **출제분석** | 플룸 구조론에서 종종 실험이 출제되는데, 이 실험 또는 잉크 대신 나무 도막을 올려놓는 실험이다. 잉크, 찬물 등 각각이 어떤 것을 비유한 것인지 알아두어야 한다. 문제가 조금 더 어렵게 출제될 때에는 차가운 플룸, 열점까지 다루는 경우가 많다.

그림 (가)는 판 경계와 열점의 분포를, (나)는 A 또는 B 구간의 깊이에 따른 지진파 속도 분포를 나타낸 것이다.

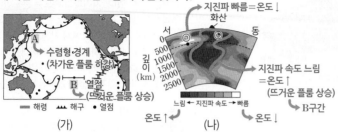

이에 대한 설명으로 옳은 것만을 〈보기〉에서 있는 대로 고른 것은?

보기

ㄱ. A 구간에는 판의 수렴형 경계가 있다. → 해구

ㄴ. 온도는 ㉠보다 ㉡ 지점이 높다. → 지진파 속도와 온도 반비례

ㄷ. (나)는 B 구간의 지진파 속도 분포이다.

① ㄱ   ② ㄴ   ③ ㄱ, ㄷ   ④ ㄴ, ㄷ   ✓⑤ ㄱ, ㄴ, ㄷ

|자|료|해|설|

(가)의 A는 해구가 있으므로, 수렴형 경계이다. 수렴형 경계에서는 차가운 플룸이 하강한다. B는 판의 경계는 아니지만 열점이 있으므로 뜨거운 플룸이 상승하는 곳이다. 둘 다 마그마 활동이 활발하여 화산섬이 만들어질 수 있다.

(나)에서 지진파 속도가 느리면 온도가 높은 것이고, 빠르면 온도가 낮은 것이다. ㉠은 지진파 속도가 빠르므로 온도가 낮은 곳, ㉡은 지진파 속도가 느리므로 온도가 높은 곳이다. 따라서 화산 아래에 온도가 높은 영역이 있는 것은 뜨거운 플룸이 상승하는 곳이므로, B 구간이다.

|보|기|풀|이|

ㄱ. 정답 : A 구간에는 해구가 있으므로, 판의 수렴형 경계가 있다.

ㄴ. 정답 : 지진파 속도와 온도는 반비례하므로, 온도는 ㉠보다 ㉡ 지점이 높다.

ㄷ. 정답 : (나)는 화산 밑에서 지진파 속도가 느리므로, B 구간의 지진파 속도 분포이다.

😮 문제풀이 TIP | 온도가 높으면 지진파의 속도가 느리고, 온도가 낮으면 지진파의 속도가 빠르다.
열점 아래에서는 뜨거운 플룸의 상승이, 해구에서는 차가운 플룸의 하강이 나타난다.

😊 출제분석 | 플룸 구조론은 매년 1~2번 정도 출제된다. 열점의 위치가 변하지 않고, 판이 이동하는 것을 다루지는 않았지만 지구 내부 온도에 따른 지진파 속도 분포를 대략적으로 알고 있어야 하는 문제이다. 이외에도 열점 주변에서 화산섬의 분포를 제시하고 판의 이동 방향을 묻는 보기가 자주 출제된다.

그림은 화산 활동으로 형성된 하와이와 그 주변 해산들의 분포를 절대 연령과 함께 나타낸 것이다. B 지점에서 판의 이동 방향은 ㉠과 ㉡ 중 하나이다.
이 자료에 대한 설명으로 옳은 것만을 〈보기〉에서 있는 대로 고른 것은? **3점**

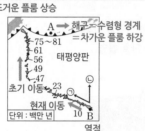

보기

ㄱ. A 지점의 하부에는 맨틀 대류의 하강류가 있다.

ㄴ. B 지점의 화산은 뜨거운 플룸에 의해 형성되었다.

ㄷ. B 지점에서 판의 이동 방향은 ㉠이다.

① ㄴ   ② ㄷ   ③ ㄱ, ㄴ   ④ ㄱ, ㄷ   ✓⑤ ㄱ, ㄴ, ㄷ

|자|료|해|설|

하와이는 열점에서 뜨거운 플룸이 상승하여 생성되는 마그마에 의한 화산섬이다. 열점의 위치는 B로 고정되어 있고, 판만 이동하므로 화산섬의 위치를 통해 판의 이동 방향을 알 수 있다. 약 7500만 년 전부터 약 5000만 년 전에 생성된 화산섬이 남북 방향으로 나열되어 있으므로, 그 시기에는 판이 ㉡ 방향으로 이동하였다. 그 이후에는 북서−남동 방향으로 나열되어 있으므로 판의 이동 방향은 ㉠이다.

A 부근에서 수렴형 경계인 해구가 발달하므로, 차가운 플룸이 하강하는 곳이다.

|보|기|풀|이|

ㄱ. 정답 : A 지점은 수렴형 경계이므로 하부에 맨틀 대류의 하강류가 있다.

ㄴ. 정답 : B 지점은 열점이 위치한 곳으로, 뜨거운 플룸에 의해 화산이 형성되있있다.

ㄷ. 정답 : 최근에 만들어진 화산섬들이 북서−남동 방향으로 줄지어 있으므로, B 지점에서 판의 이동 방향은 ㉠이다.

😮 문제풀이 TIP | 플룸이라고 해서 다 뜨거운 플룸인 것은 아니고, 수렴형 경계에서 하강하는 차가운 플룸이 있다는 것을 기억해야 한다.
또한 열점 근처의 화산섬이 이동하는 방향과 예전의 이동 방향을 올바르게 구분해야 한다. 과거에 만들어진 화산섬도 원래는 열점의 위치에서 만들어졌을 것이라고 생각하면 이동 방향을 구하기 쉽다.

😊 출제분석 | ㄱ과 ㄴ 보기는 평이하였다. 학생들이 헷갈리기 쉬운 보기가 ㄷ 보기였는데, 현재 생성된 화산섬이 어디로 이동하고 있는지와 예전 이동 방향을 혼동하기 쉽다. 그래서 배점이 3점으로 출제되었으나, 판의 이동 방향을 찾는 것이 그렇게 어려운 문제는 아니었다.
플룸 구조론은 독립적으로 자주 출제되는 개념이 아니므로, 다른 판의 경계나 마그마 생성과 함께 출제될 가능성이 높다.

그림은 X−Y 구간의 지진파 단층 촬영 영상을 나타낸 것이다. 화산섬은 상승하는 플룸에 의해 생성되었다. 이에 대한 설명으로 옳은 것만을 〈보기〉에서 있는 대로 고른 것은?

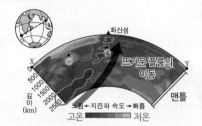

보기

ㄱ. 지진파 속도는 ㉠ 지점보다 ㉡ 지점이 느리다.

ㄴ. ㉡ 지점에는 ~~차가운~~ ^{뜨거운} 플룸이 존재한다.

ㄷ. 화산섬을 생성시킨 플룸은 ~~내핵과 외핵~~의 경계부에서 생성 ^{맨틀} 되었다.

✔① ㄱ   ② ㄴ   ③ ㄱ, ㄷ   ④ ㄴ, ㄷ   ⑤ ㄱ, ㄴ, ㄷ

|자|료|해|설|

지진파 단층 촬영을 통해 뜨거운 플룸과 차가운 플룸의 위치를 알 수 있다. 지진파의 속도는 온도가 낮은 영역을 통과할 때 빨라지고, 온도가 높은 영역을 통과할 때 느려지므로 주어진 자료에서 지진파의 속도가 느린 영역은 뜨거운 플룸이 자리하고 있는 영역이다.

X 지점의 하부 맨틀에서 시작된 뜨거운 플룸은 ㉠ 지점의 아래쪽을 지나 ㉡ 지점을 통과하여 화산섬을 만들어 냈다.

|보|기|풀|이|

ㄱ. 정답 : 어두운 색일수록 지진파 속도가 느린 구간이므로 ㉠ 지점보다 ㉡ 지점이 지진파 속도가 느리다.

ㄴ. 오답 : ㉡ 지점은 주변보다 높은 온도의 물질로 구성되어 있으므로 ㉡ 지점에는 뜨거운 플룸이 존재한다.

ㄷ. 오답 : 주어진 자료는 지표에서 맨틀과 외핵의 경계까지의 정보를 담고 있다. 화산섬을 생성시킨 플룸은 뜨거운 플룸으로 맨틀과 외핵의 경계부에서 생성되었다.

그림 (가)는 어느 열점으로부터 생성된 해산의 배열을 연령과 함께 선으로 나타낸 것이고, (나)는 X−X′ 구간의 지진파 단층 촬영 영상을 나타낸 것이다.

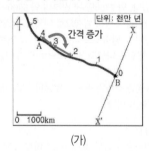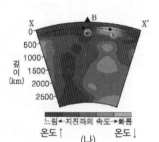

(가)   (나)

이 자료에 대한 설명으로 옳은 것만을 〈보기〉에서 있는 대로 고른 것은? (3점)

보기

ㄱ. 해산 A가 생성된 이후 A가 속한 판의 이동 속력은 지속적으로 ~~감소하였다~~ 감소하지 않았다.

ㄴ. 온도는 ㉠ 지점보다 ㉡ 지점이 ~~높다~~ 낮다.

ㄷ. 해산 B는 뜨거운 플룸에 의해 생성되었다.

① ㄱ   ✔② ㄷ   ③ ㄱ, ㄴ   ④ ㄴ, ㄷ   ⑤ ㄱ, ㄴ, ㄷ

|자|료|해|설|

(가)에서 해산 A가 생성된 이후 4천만 년과 3천만 년 사이의 간격보다 3천만 년과 2천만 년 사이의 간격이 증가했다. 같은 시간 동안 판이 이동한 거리가 증가한 것으로 보아 A가 속한 판의 이동 속력이 증가했음을 알 수 있다. (나)에서 지진파의 속도가 빠를수록 맨틀 물질의 온도가 주변에 비해 상대적으로 낮고, 지진파의 속도가 느릴수록 맨틀 물질의 온도가 상대적으로 높다.

|보|기|풀|이|

ㄱ. 오답 : 해산의 배열과 연령 분포로 보아 해산 A가 생성된 이후 A가 속한 판의 이동 속력은 지속적으로 감소하지 않았다.

ㄴ. 오답 : ㉠ 지점보다 ㉡ 지점이 지진파의 속도가 빠르므로 온도는 낮다.

ㄷ. 정답 : B의 하부에서 지진파의 속도가 느린 물질이 주로 관찰되는 것으로 보아 해산 B는 지하에서부터 상승하는 뜨거운 플룸에 의해 생성되었다.

🤓 **문제풀이 TIP** | [지진파의 속도 변화]
고온 → 저밀도 → 지진파의 속도 감소 → 지진파의 속도 편차 (−)
저온 → 고밀도 → 지진파의 속도 증가 → 지진파의 속도 편차 (+)

😎 **출제분석** | 지진파의 속도와 플룸 온도 간의 상관관계를 이해하고 있다면 어렵지 않게 풀 수 있는 문제이다.

그림은 지구에서 X−Y 단면을 따라 관측한 지진파 단층 촬영 영상을 나타낸 것이다. A는 용암이 분출되는 지역이다. 이에 대한 옳은 설명만을 〈보기〉에서 있는 대로 고른 것은? **3점**

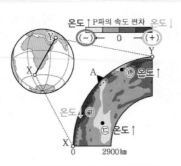

보기
온도↓ ←┐   ┌→ 온도↑
ㄱ. 평균 온도는 ㉠ 지점이 ㉡ 지점보다 낮다.
ㄴ. ㉢ 지점에서는 플룸이 상승하고 있다.
ㄷ. A의 하부에서는 압력 감소로 인해 마그마가 생성된다.

① ㄱ   ② ㄷ   ③ ㄱ, ㄴ   ④ ㄴ, ㄷ   ⑤ ㄱ, ㄴ, ㄷ

|자|료|해|설|

P파의 속도 편차가 (−)인 부분은 맨틀 물질의 온도가 주변에 비해 상대적으로 높고, (+)이면 낮다. 따라서 평균 온도는 ㉠ 지점이 ㉡ 지점보다 낮다. ㉢ 지점에는 뜨거운 플룸이 상승하고 있다. A 지점의 하부에서는 압력 감소로 인해 현무암질 마그마가 생성된다.

|보|기|풀|이|

ㄱ. 정답 : P파의 속도 편차가 (−)인 부분은 주변에 비해 상대적으로 고온, (+)인 부분은 상대적으로 저온이다. 따라서 ㉠ 지점이 ㉡ 지점보다 평균 온도가 낮다.

ㄴ. 정답 : ㉢은 고온의 물질이 2,900km 부근에서부터 존재하는 것으로 보아 뜨거운 플룸이 상승하고 있다.

ㄷ. 정답 : A의 하부에서는 고온의 플룸이 상승하는 과정에서 압력이 감소하며 현무암질 마그마가 생성된다.

🦉 **문제풀이 T I P |** [지진파의 속도 변화]
고온 → 저밀도 → 지진파의 속도 감소 → 지진파의 속도 편차 (−)
저온 → 고밀도 → 지진파의 속도 증가 → 지진파의 속도 편차 (+)

😀 **출제분석 |** 지진파의 속도 편차를 이용하여 마그마의 성질을 구분하는 문제는 빈출 문항이다. 지진파의 속도 분포로 분석하지 않고, 단순히 색깔로 플룸의 상승과 하강을 판단하면 틀리기 쉬우므로 유의하자.

그림은 플룸 구조론을 나타낸 모식도이다. A와 B는 각각 차가운 플룸과 뜨거운 플룸 중 하나이다. 이에 대한 설명으로 옳은 것만을 〈보기〉에서 있는 대로 고른 것은?

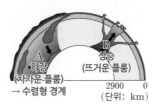

보기
ㄱ. A는 차가운 플룸이다.
ㄴ. B에 의해 호상 열도가 형성된다. (호상열도는 수렴형 경계)
ㄷ. 상부 맨틀과 하부 맨틀 사이의 경계에서 B가 생성된다. (외핵)

① ㄱ   ② ㄴ   ③ ㄷ   ④ ㄱ, ㄴ   ⑤ ㄱ, ㄷ

|자|료|해|설|

A는 하강하는 플룸인 차가운 플룸이다. 수렴형 경계에서 만들어진다. B는 상승하는 플룸인 뜨거운 플룸이다. 뜨거운 플룸에 의해 열점이 형성되고, 화산섬이 만들어진다. 뜨거운 플룸은 외핵과 맨틀의 경계에서 생성된다.

|보|기|풀|이|

ㄱ. 정답 : A는 하강하는 차가운 플룸이다.

ㄴ. 오답 : B에 의해 열점이 만들어지고, 화산섬이 나타난다. 호상 열도는 수렴형 경계에서 만들어진다.

ㄷ. 오답 : B는 외핵과 맨틀 사이의 경계에서 생성된다.

🦉 **문제풀이 T I P |** 플룸은 차가운 플룸과 뜨거운 플룸으로 구분된다. 뜨거운 플룸은 고온의 열기둥으로, 외핵과 맨틀 경계부에서 형성되어 지표까지 상승하여 열점을 형성한다. 차가운 플룸은 섭입되는 해양판에 의해 형성되는 저온의 열기둥으로, 상부 맨틀과 하부 맨틀의 경계에서 쌓이다가 하강한다.

😀 **출제분석 |** 플룸 구조론의 기본적인 내용만을 다루고 있어서 난이도가 매우 낮은 문제이다. 그러나 문제가 쉬운 것에 비해서는 정답률이 낮았다. ④ 보기인 ㄱ, ㄴ을 고른 학생들이 많았다. 호상 열도와 화산섬을 올바르게 구분하고, 각각의 생성 원인을 알고 있어야 한다.

그림은 판의 경계와 최근 발생한 화산 분포의 일부를 나타낸 것이다.

이 자료에 대한 설명으로 옳은 것만을 〈보기〉에서 있는 대로 고른 것은?

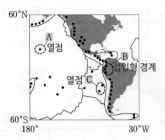

보기

ㄱ. 지역 A의 하부에는 외핵과 맨틀의 경계부에서 상승하는 플룸이 있다. → 열점 생성

ㄴ. 지역 B의 하부에는 맨틀 대류의 하강류가 존재한다.

ㄷ. 암석권의 평균 두께는 지역 B가 지역 C보다 두껍다.
    └ 대륙판 ←   → 해양판

① ㄱ ② ㄷ ③ ㄱ, ㄴ ④ ㄴ, ㄷ ✓⑤ ㄱ, ㄴ, ㄷ

|자|료|해|설|

지역 A의 화산은 판의 내부에서 발생했으므로 열점에 의해 생성된 화산이다. B와 C가 속한 판이 만나는 경계는 섭입형 경계로 C가 속한 판이 B가 속한 판 아래로 섭입한다. 지역 B의 화산은 판의 섭입형 경계에서 생성된 것이며, 지역 C에서 생성된 화산은 지역 A의 화산처럼 판의 내부에서 발생한 것이다.

|보|기|풀|이|

ㄱ. 정답 : 지역 A의 화산은 열점에 의해 생성된 화산으로, 열점은 외핵과 맨틀의 경계부에서 상승하는 뜨거운 플룸에 의해 형성된다.

ㄴ. 정답 : 지역 B는 판의 섭입형 경계에서 생성된 화산이 존재하는 곳으로, C가 속한 판이 B가 속한 판 아래로 섭입하고 있다. 따라서 지역 B의 하부에는 맨틀 대류의 하강류가 존재한다.

ㄷ. 정답 : 암석권은 지각과 상부 맨틀의 일부를 포함하는 단단한 암석으로 이루어져 있고, 암석권의 평균 두께는 대륙판이 해양판보다 두껍다. 지역 B는 대륙 지각, C는 해양 지각이 암석권을 이루고 있으므로 암석권의 평균 두께는 지역 B가 지역 C보다 두껍다.

04 변동대와 화성암

필수개념 1 **마그마의 종류와 생성**

1. **마그마:** 지구 내부의 조건에 의해 지각이나 맨틀 물질이 부분적으로 용융되어 생성된 물질. 마그마에서 가스가 빠져나간 상태를 용암이라고 함.

2. **마그마의 종류:** 구성성분(SiO_2) 함량에 따라 현무암질 마그마, 안산암질 마그마, 유문암질 마그마로 분류

종류	현무암질 마그마	안산암질 마그마	유문암질 마그마
SiO_2 함량	52% 이하	52~63%	63% 이상
온도	높다(1000℃ 이상)	←——————→	낮다(800℃ 이하)

3. **마그마의 생성 조건:** 지구 내부 온도 상승, 깊이에 따른 압력 감소, 물의 첨가 여부에 따라 조건이 달라짐. 지권의 온도 분포는 깊이가 깊어질수록 높아지며, 용융점은 깊이가 깊어질수록 높아짐을 알 수 있고, 물이 포함되어 있는 경우에는 그렇지 않은 경우보다 암석의 용융점이 떨어지는 경향을 보임.

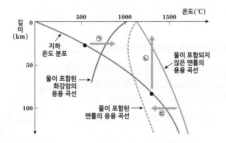

ⓐ 조건: 지권에 열이 공급되어 대륙 지각이 녹는 경우(온도 상승 조건)
ⓑ 조건: 압력이 감소하여 맨틀의 물질이 녹는 경우(압력 감소 조건)
ⓒ 조건: 물이 첨가되어 용융점이 낮아져 맨틀 물질이 녹는 경우(물 첨가 조건)

4. **변동대에서의 마그마 생성 장소**
   1) 해령: 맨틀 대류에 의한 상승류 → 압력 감소 → 부분 용융 발생 → 현무암질 마그마 생성
   2) 열점: 뜨거운 플룸이 상승류를 따라 상승 → 압력 감소 → 부분 용융 발생 → 현무암질 마그마 생성
   3) 섭입대: 판이 섭입하면서 암석에서 물이 탈수 → 연약권에 물 첨가 → 부분 용융 발생 → 현무암질 마그마 생성 → 현무암질 마그마 상승 → 대륙 지각 하부 가열 → 대륙 지각 부분 용융 발생 → 유문암질 마그마 생성 및 현무암질 마그마와 유문암질 마그마가 혼합되어 안산암질 마그마 생성

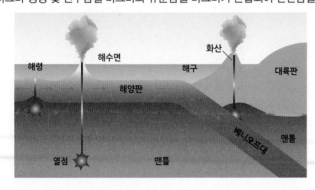

▶ **부분 용융**
암석이 용융되어 마그마가 생성될 때 구성 광물 중 용융점이 낮은 광물부터 부분적으로 녹아서 마그마가 만들어지는 과정으로, 부분 용융으로 만들어진 마그마는 주위 암석보다 밀도가 작아 위로 상승한다.

▶ **지하 깊은 곳의 대륙 지각 하부**
대륙 지각을 구성하는 화강암은 물을 포함하고 있는데, 물을 포함한 화강암은 깊이가 깊어질수록 용융점이 낮아진다. 따라서 지하 깊은 곳의 대륙 지각 하부에서는 지하의 온도가 화강암의 용융점에 도달하여 마그마가 생성될 수 있다. 그러나 이보다 얕은 곳에서는 지구 내부 온도가 높아져야 마그마가 생성된다.

필수개념 2 **화성암**

1. 화성암: 마그마가 지각 내부나 지표에서 냉각되어 만들어진 암석

2. 화성암의 분류(화학 조성, 조직)

1) 화학 조성(SiO_2 함량)과 조직에 따른 화성암 분류

2) 화학 조성에 따라: 염기성암(SiO_2 함량 52% 이하), 중성암(SiO_2 함량 52~63%), 산성암(SiO_2 함량 63% 이상)

3) 조직에 따라: 화산암(세립질 조직 혹은 유리질 조직), 반심성암(반상 조직), 심성암(조립질 조직)

SiO_2 함량		52%	63%	
조직 분류 산출상태		염기성암 (고철질암)	중성암	산성암 (규장질암)
		어두운 색 ⬅ Ca, Fe, Mg ⬅ 크다 ⬅	(색) (많은 원소) (조직 밀도)	➡ 밝은 색 ➡ Na, K, Si ➡ 작다
화산암	세립질이나 유리질	현무암	안산암	유문암
심성암	조립질	반려암	섬록암	화강암

3. 우리나라의 화성암 지형: 화산암과 심성암 모두 존재하며, 화성암의 대부분은 중생대에 생성된 화강암

	위치	특징
현무암 지형	제주도	신생대에 형성. 대부분 현무암에 의한 지형이 나타나며, 화산 쇄설물에 의한 퇴적암인 응회암, 마그마 흐름에 의한 용암 동굴, 마그마 냉각에 따른 절리 등이 나타남.
	철원	신생대에 형성. 현무암질 마그마가 철원 일대에 분출하여 용암 대지를 형성함. 현무암질 마그마에 의한 베개 용암, 주상 절리 등이 자주 나타남.
화강암 지형	북한산	중생대에 생성. 화강암질(유문암질) 마그마가 관입하여 형성. 상부 암석이 풍화 및 침식되어 깎여나가고 그에 따라 위에서 누르던 압력이 감소되어 화강암체가 점차 융기하여 지표에 노출됨. 판상 절리 관찰
	설악산	중생대에 생성. 북한산과 마찬가지로 화강암이 관입하였고 상부 지층이 침식 받아 융기하여 지표에 노출.

기본자료

▶ 암석의 조직
- 조립질 조직: 광물 결정이 크게 자란 경우
- 세립질 조직: 광물 결정이 작게 자란 경우
- 유리질 조직: 결정을 형성하지 못하여 보이지 않는 경우
- 반상 조직: 큰 결정과 작은 결정이 섞여 있는 경우

▶ 절리
암석이 갈라진 틈으로, 주상 절리, 판상 절리 등이 있다.
- 주상 절리: 마그마가 지표로 분출하여 급격히 식으면서 형성된 기둥 모양의 절리
- 판상 절리: 화강암 같은 심성암이 지표로 노출되면서 압력 감소로 형성된 판 모양의 절리

그림 (가)는 어느 지역의 판 경계와 마그마가 분출되는 영역 A와 B의 위치를, (나)는 A와 B 중 한 영역의 하부에서 마그마가 생성되는 과정 ㉠을 나타낸 것이다.

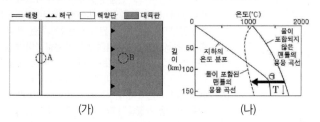

(가)   (나)

이에 대한 설명으로 옳은 것만을 〈보기〉에서 있는 대로 고른 것은?

보기

ㄱ. A에서 분출되는 마그마는 주로 현무암질 마그마이다. → 해령, 열점 등

ㄴ. (나)에서 맨틀의 용융점은 물이 포함되지 않은 경우보다 물이 포함된 경우가 ~~높다~~ 낮다.

ㄷ. ㉠은 B의 하부에서 마그마가 생성되는 과정이다. → 섭입 과정에서 물의 공급

① ㄱ   ② ㄴ   ③ ㄷ   ✔ ㄱ, ㄷ   ⑤ ㄴ, ㄷ

|자|료|해|설|

(가)의 A 영역에는 해령이 존재하므로 압력 감소에 의해 현무암질 마그마가 생성된다. B 부근에는 해구가 존재하는 것으로 보아 밀도가 큰 해양판이 대륙판 아래로 섭입하여 섭입대가 형성된다. (나)의 ㉠은 맨틀에 물이 공급되는 과정에서 맨틀 물질의 용융점이 낮아져 현무암질 마그마가 생성되는 과정을 나타낸다. 섭입대의 하부에서 물의 공급에 의해 마그마가 생성되므로 ㉠은 B의 하부에서 마그마가 생성되는 과정이다.

|보|기|풀|이|

ㄱ. 정답 : A는 해령이므로 분출되는 마그마는 주로 현무암질 마그마이다.

ㄴ. 오답 : (나)에서 물이 포함되지 않은 경우보다 물이 포함된 경우가 X축의 왼쪽에 위치하므로 맨틀의 용융점은 더 낮다.

ㄷ. 정답 : ㉠은 섭입대에서 섭입하는 해양 지각으로부터 빠져나온 물이 공급되는 과정에서 맨틀의 용융점이 낮아져서 마그마가 생성되는 과정이다.

😮 **문제풀이 TIP** | [마그마의 종류별 생성 장소]
- 현무암질 마그마 : 해령, 열점, 섭입대
- 안산암질 마그마 : 섭입대
- 유문암질 마그마 : 섭입대

😀 **출제분석** | 마그마의 생성 그래프는 빈출 자료이므로 체감 난이도가 낮았다.

그림은 마그마가 생성되는 지역 A, B, C를 나타낸 것이다.

이 자료에 대한 설명으로 옳은 것만을 〈보기〉에서 있는 대로 고른 것은?

보기

ㄱ. 생성되는 마그마의 SiO_2 함량(%)은 A가 B보다 낮다. → 현무암질 < 안산암질 < 유문암질

ㄴ. A에서 주로 생성되는 암석은 ~~유문암~~이다. (현무암)

ㄷ. C에서 물의 공급은 암석의 용융 온도를 감소시키는 요인에 해당한다.

① ㄱ   ② ㄷ   ③ ㄱ, ㄴ   ✔ ㄱ, ㄷ   ⑤ ㄴ, ㄷ

|자|료|해|설|

해령에서 생성된 해양 지각은 해령을 기준으로 양쪽으로 이동한다. 해양판은 대륙판보다 밀도가 커서 대륙판과 만나면 대륙판 아래로 섭입한다. 섭입대에서 물의 공급에 의해 생성된 마그마는 상승하여 대륙 지각의 일부를 용융시킨다.

A에서 생성되는 마그마는 압력 감소에 의해 맨틀 물질이 부분 용융되어 만들어지는 마그마로 현무암질이다. C에서는 물의 공급에 의해 맨틀 물질의 용융점이 낮아져 현무암질 마그마가 생성된다. B에서는 C에서 생성된 현무암질 마그마와 대륙 지각이 용융되어 만들어진 유문암질 마그마가 혼합되어 안산암질 마그마가 생성될 수 있다.

|보|기|풀|이|

ㄱ. 정답 : A에서는 현무암질 마그마가 생성되고, B에서는 유문암질이나 안산암질 마그마가 생성될 수 있다. SiO_2 함량은 현무암질이 가장 낮으므로 생성되는 마그마의 SiO_2 함량은 A가 B보다 낮다.

ㄴ. 오답 : A에서는 압력 감소에 의해 맨틀 물질이 부분 용융되어 생성되는 현무암질 마그마가 냉각되어 암석이 만들어진다. 따라서 A에서 주로 생성되는 암석은 현무암이다.

ㄷ. 정답 : 물의 공급, 온도 변화, 압력 변화는 용융 온도를 변화시키는 요인이다. C에서와 같이 물이 공급되면 암석의 용융 온도는 낮아진다.

그림 (가)는 마그마가 생성되는 지역 A~D를, (나)는 마그마가 생성되는 과정 중 하나를 나타낸 것이다.

압력 감소에 의한
마그마 생성
(현무암질)

마그마가 상승하며 대륙 지각 가열
→ 유문암질 마그마 생성(현무암질과
만나면 안산암질)

깊은 곳에서 상승
= 플룸 상승류

맨틀 상승류

판의 이동 방향

함수 광물이 물 방출
→ 용융점 하강
→ 현무암질 마그마 생성

(가)

온도(℃)

맨틀의 용융 곡선

물이 포함된 맨틀의 용융 곡선

용융점 하강

(나)

이에 대한 설명으로 옳은 것만을 〈보기〉에서 있는 대로 고른 것은?

3점

보기

ㄱ. A의 하부에는 플룸 상승류가 있다.

ㄴ. (나)의 ㉠ 과정에 의해 마그마가 생성되는 지역은 ~~B~~ 이다. → C

ㄷ. 생성되는 마그마의 SiO₂ 함량(%)은 C에서가 D에서보다 ~~높다~~
낮다

→ 현무암질 < 안산암질 < 유문암질
→ 유문암질
→ 현무암질

① ㄱ   ② ㄴ   ③ ㄱ, ㄷ   ④ ㄴ, ㄷ   ⑤ ㄱ, ㄴ, ㄷ

|자|료|해|설|

(가)에서 A는 깊은 곳에서 상승하는 흐름이 있으므로 플룸 상승류에 의한 마그마 생성이 일어나는 곳이다. B는 얕은 곳에서 상승하므로 맨틀 상승류에 의한 마그마 생성이 일어난다. A, B 모두 압력 감소에 의해 마그마가 생성되고, 현무암질 마그마가 생성된다. C는 섭입하는 해양 지각에서 함수 광물이 물을 방출하여 맨틀의 용융점이 하강하기 때문에 마그마가 생성되는 곳이다. (나)의 ㉠과 같은 상황이다. 맨틀 기원의 마그마이므로 현무암질 마그마가 생성된다. D는 C에서 생성된 뜨거운 마그마가 상승하여 대륙 지각을 가열하기 때문에 마그마가 생성되는 곳이다. 대륙 지각이 용융하여 유문암질 마그마가 생성된다. 현무암질 마그마와 유문암질 마그마가 만나면 안산암질 마그마가 생성된다.

|보|기|풀|이|

ㄱ. 정답 : A의 하부에는 플룸 상승류가 있다.

ㄴ. 오답 : (나)의 ㉠ 과정에 의해 마그마가 생성되는 지역은 C이다.

ㄷ. 오답 : 생성되는 마그마의 SiO₂ 함량은 현무암질 마그마 < 안산암질 마그마 < 유문암질 마그마 순서이다. 따라서 현무암질 마그마인 C가 유문암질 마그마인 D보다 낮다.

😮 **문제풀이 TIP |** 열점: 플룸 상승류에 의한 마그마 생성(압력 감소), 현무암질 마그마
해령: 맨틀 상승에 의한 마그마 생성(압력 감소), 현무암질 마그마
화산호: ① 섭입하는 해양 지각에서 함수 광물이 물을 방출하여 맨틀의 용융점이 하강되어 마그마 생성 (물의 공급), 현무암질 마그마
② 현무암질 마그마가 상승하며 대륙 지각을 가열, 유문암질 마그마
③ 현무암질 마그마와 유문암질 마그마가 혼합, 안산암질 마그마

😀 **출제분석 |** 마그마의 생성 방법(압력 감소, 가열, 물의 공급에 의한 용융점 하강), 마그마의 생성 장소(열점, 해령, 화산호)와 SiO₂ 함량 등 마그마의 생성과 종류에 관한 대부분의 개념을 모두 다룬 복합적인 문제이다. 다양한 개념을 다루고 있으므로 배점도 3점으로 높지만, 기본 개념에서 벗어나지 않는 내용이므로 배점에 비해 난도는 낮게 느껴진다.

그림 (가)는 화성암의 생성 위치를, (나)는 북한산 인수봉의 모습을 나타낸 것이다.

판상 절리 나타남=심성암
↔ 주상 절리 나타남=화산암

냉각 속도 빠름=결정 작음(세립질)

A

냉각 속도 느림
=결정 큼
(조립질)

B 심성암

마그마

(가)

(나)

이에 대한 옳은 설명만을 〈보기〉에서 있는 대로 고른 것은?

보기

→ 용암이 급격히 냉각될 때
ㄱ. 주상 절리는 B보다 A에서 잘 형성된다.
→ B
ㄴ. (나)의 암석은 ~~A~~ 에서 생성되었다.
ㄷ. 마그마의 냉각 속도는 B보다 A에서 빠르다.
→ 지하 < 지표 근처

① ㄱ   ② ㄴ   ③ ㄱ, ㄷ   ④ ㄴ, ㄷ   ⑤ ㄱ, ㄴ, ㄷ

|자|료|해|설|

(가)의 A에서 생성되는 화성암은 화산암이다. 화산암은 냉각 속도가 빠르기 때문에 결정의 크기가 작고, 세립질이다. B에서 생성되는 화성암은 심성암으로, 냉각 속도가 느리기 때문에 결정의 크기가 크고, 조립질이다. (나) 북한산 인수봉에서는 판상 절리가 나타나는데, 양파의 껍질이 벗겨지는 것처럼 한 겹씩 벗겨지는 판상 절리는 심성암이 융기하며 압력이 감소할 때 나타난다. 반대로 화산암에서는 용암이 급격하게 냉각될 때 만들어지는 주상 절리가 나타난다.

|보|기|풀|이|

ㄱ. 정답 : 주상 절리는 화산암에서 나타나므로 A에서 잘 형성된다.

ㄴ. 오답 : (나)의 암석은 심성암이므로 B에서 생성되었다.

ㄷ. 정답 : 마그마 냉각 속도는 지하가 아닌 지표 근처에서 빠르므로, B보다 A에서 빠르다.

😮 **문제풀이 TIP |** 얇은 판 모양인 판상 절리는 심성암(북한산, 설악산 일대)에서 나타나고, 기둥 모양인 주상 절리는 화산암(제주도 일대)에서 나타난다.

😀 **출제분석 |** 화성암과 절리를 복합적으로 묻는 문제이다. 보통 절리는 심성암, 화산암과 깊은 관련이 있어서 단독으로 출제되지 않으며, 이 문제처럼 화성암의 분류와 함께 출제된다. 지질 구조에서 습곡, 단층, 부정합은 지층의 상대 연령과 함께 출제되는 경우가 많다.

그림 (가)는 마그마가 분출되는 지역 A, B, C를, (나)는 깊이에 따른 지하의 온도 분포와 암석의 용융 곡선을 마그마 생성 과정과 함께 나타낸 것이다.

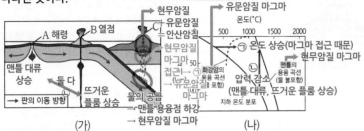

(가)   (나)

이에 대한 설명으로 옳은 것만을 〈보기〉에서 있는 대로 고른 것은?

보기

ㄱ. A에서는 ⓛ 과정으로 형성된 마그마가 분출된다.

ㄴ. B의 하부에서는 플룸이 상승하고 있다. (뜨거운 플룸)

ㄷ. C에서는 주로 현무암질 마그마가 분출된다.
     A, B

① ㄱ   ✓② ㄴ   ③ ㄱ, ㄷ   ④ ㄴ, ㄷ   ⑤ ㄱ, ㄴ, ㄷ

|자|료|해|설|

A는 해령으로 맨틀 대류의 상승에 의한 압력 감소(ⓛ)로 인해 현무암질 마그마가 생성된다. B는 열점으로 뜨거운 플룸의 상승에 의한 압력 감소(ⓛ)로 인해 현무암질 마그마가 생성된다. C의 하부에서는 해양판의 섭입으로 인해 함수 광물에서 빠져나온 물이 맨틀에 공급되어 맨틀의 용융점이 하강하고, 이에 따라 현무암질 마그마가 생성된다. 이후 현무암질 마그마가 상승하여 대륙 지각을 가열하면(ⓒ) 유문암질 마그마가 생성된다. 두 종류의 마그마가 혼합되면 안산암질 마그마가 생성된다.

|보|기|풀|이|

ㄱ. 오답: A에서는 압력 감소로 인해 마그마가 형성되므로 ⓛ 과정으로 생성된 마그마가 분출된다.

ⓛ. 정답: B의 하부에서는 뜨거운 플룸이 상승하고 있다.

ㄷ. 오답: 주로 현무암질 마그마가 분출되는 곳은 A와 B이며, C에서는 주로 안산암질 마그마가 분출되고, 현무암질, 안산암질, 유문암질 마그마가 모두 나타날 수 있다.

🦉 **문제풀이 TIP |** 섭입대에서 생성된 현무암질 마그마가 상승하여 대륙 지각이 가열되면 유문암질 마그마가 생성된다. 맨틀 물질의 상승을 통한 압력 감소나 물의 공급을 통한 맨틀 물질의 용융점 하강에 의해 현무암질 마그마가 생성된다.

👀 **출제분석 |** 마그마의 종류와 생성 과정만을 다루고 있어서 개념이 복합적으로 출제되지 않았다. (나) 그래프는 기출 문제를 풀다보면 매년 2번 이상 볼 정도로 매우 자주 출제되는 자료이고, 선지들도 일정한 범위 내에서 조금씩 말만 바꿔서 출제되므로 기출 문제를 풀었다면 절대 틀리지 않아야 하는 유형이다.

그림 (가)는 화산 활동으로 형성된 하와이 열도의 위치와 절대 연령을, (나)는 판의 운동과 화산 활동이 일어나는 대표적인 지역을 나타낸 것이다.

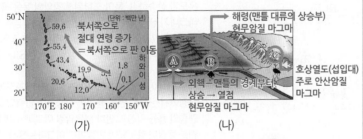

(가)   (나)

이에 대한 옳은 설명만을 〈보기〉에서 있는 대로 고른 것은? **3점**

보기   → A에서는 현무암질 마그마

ㄱ. 하와이 열도가 속한 판의 이동 방향은 대체로 북서 방향이다.

ㄴ. (나)의 A와 C에서는 모두 안산암질 용암이 분출한다.

ㄷ. 하와이 열도는 (나)의 B와 같은 곳에서 만들어졌다.
       A

✓① ㄱ   ② ㄷ   ③ ㄱ, ㄴ   ④ ㄴ, ㄷ   ⑤ ㄱ, ㄴ, ㄷ

|자|료|해|설|

하와이 열도는 열점에 의해 만들어지는 대표적인 화산섬이다. 열점의 위치는 판이 이동하더라도 변화하지 않는다. 따라서 열점을 통해 판의 이동을 확인할 수 있다. (가)에서 북서쪽으로 갈수록 절대 연령이 증가한다. 이는 판이 북서쪽으로 이동한다는 의미이다.

(나)에서 A는 외핵과 맨틀의 경계부터 만들어진 뜨거운 플룸이 상승하는 곳으로 열점이다. 열점에서는 현무암질 마그마가 분출한다. B는 맨틀 대류의 상승부인 해령으로, 현무암질 마그마가 분출한다. C는 섭입대인 호상열도이며, 주로 안산암질 마그마가 분출한다. 그러나 현무암질 마그마, 유문암질 마그마가 생성된다는 점에 주의해야 한다. B는 발산형 경계, C는 수렴형 경계이지만 A는 판의 경계가 아니다.

|보|기|풀|이|

ㄱ. 정답: (가)에서 북서쪽으로 갈수록 절대 연령이 증가하므로, 판은 대체로 북서 방향으로 이동한다.

ㄴ. 오답: 호상열도 C에서는 주로 안산암질 마그마가 분출하지만, 열점인 A에서는 현무암질 마그마가 분출한다.

ㄷ. 오답: 하와이 열도는 열점에 의해 만들어지며, 열점은 A이다.

🦉 **문제풀이 TIP |** 열점은 외핵과 맨틀의 경계에서 만들어진 뜨거운 플룸이 상승한 곳으로 대표적인 지역이 하와이 열도이다. 열점은 판의 경계가 아닌 곳에서도 활발하게 일어나는 화산 활동을 설명하기 위한 개념이다. 호상열도에서는 현무암질 마그마, 안산암질 마그마, 유문암질 마그마가 모두 만들어지지만 주로 분출되는 마그마는 안산암질 마그마이다. (가)에서 절대 연령을 통해 판의 이동 방향을 추론하는 ㄱ 보기가 쉽지 않지만 상대적으로 쉬운 ㄴ과 ㄷ 보기를 명확하게 판단한다면 정답을 찾을 수 있다. 판의 경계와 연결 지을 때 열점인 A는 판의 경계가 아니라는 점에 유의해야 한다.

👀 **출제분석 |** 마그마의 생성 과정과 화학 조성을 묻는 문제로 난도는 '중'이다. 학평, 모평, 수능에서 절대 빠지지 않을 정도로 출제 빈도가 몹시 높은 개념이다.

그림은 아이슬란드가 형성되는 과정을 나타낸 것이다.

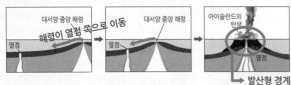

이에 대한 설명으로 옳은 것만을 〈보기〉에서 있는 대로 고른 것은?

보기

ㄱ. 아이슬란드에서는 새로운 지각이 형성된다. ➡ 발산형 경계

ㄴ. 아이슬란드는 주로 현무암으로 이루어졌다. ➡ 맨틀 물질이 녹아 형성된 현무암질 마그마가 냉각되어 아이슬란드 형성

ㄷ. 대서양 중앙 해령 하부와 열점이 합쳐졌다.

① ㄱ　② ㄴ　③ ㄱ, ㄷ　④ ㄴ, ㄷ　✓⑤ ㄱ, ㄴ, ㄷ

😲 **문제풀이 TIP** | 해령은 발산형 경계이다. 발산형 경계에서는 새로운 지각이 형성된다. 해령과 열점에서는 현무암질 마그마가 생성된다.

😲 **출제분석** | 일반적인 판의 경계에서의 내용을 묻지는 않지만 어렵지 않다. 생소하지만 주어진 자료로 충분히 보기를 유추할 수 있다. 해령과 열점에서 현무암질 마그마가 생성된다는 것, 발산형 경계에서는 새로운 지각이 형성된다는 것을 기억하면 빠르게 풀 수 있다.

|자|료|해|설|

대서양 중앙 해령이 조금씩 이동하여 열점과 만나게 되었다. 해령이 열점과 만나면서 마그마가 분출하였고, 식으면서 아이슬란드가 형성되었다. 아이슬란드는 발산형 경계에 있으므로 새로운 지각이 형성된다. 열점과 해령에서는 현무암질 마그마가 생성되므로 열점과 해령이 만나 형성된 아이슬란드는 주로 현무암으로 이루어졌다.

|보|기|풀|이|

ㄱ. 정답 : 해령이 이동해 열점과 만나 마그마가 분출하였고, 이 마그마가 식으면서 아이슬란드가 형성되었다. 아이슬란드는 발산형 경계에 위치하므로 새로운 지각이 형성된다.

ㄴ. 정답 : 해령과 열점에서는 현무암질 마그마가 생성되므로, 현무암질 마그마가 식어 형성된 아이슬란드는 현무암으로 이루어졌다.

ㄷ. 정답 : 제시된 그림은 대서양 중앙 해령이 열점 쪽으로 이동하여 합쳐지는 과정을 보여주고 있다. 열점은 고정되어 있으므로 이동하지 않는다.

그림 (가)는 깊이에 따른 지하의 온도 분포와 암석의 용융 곡선을, (나)는 화성암 A와 B의 성질을 나타낸 것이다. A와 B는 각각 (가)의 ㉠ 과정과 ㉡ 과정으로 생성된 마그마가 굳어진 암석 중 하나이다.

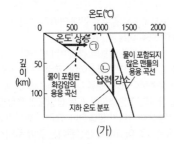 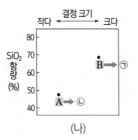

(가)　　　(나)

이 자료에 대한 설명으로 옳은 것만을 〈보기〉에서 있는 대로 고른 것은?

보기

ㄱ. 압력 감소에 의한 마그마 생성 과정은 ㉡이다.

ㄴ. A는 B보다 마그마가 ~~천천히~~ 빠르게 냉각되어 생성된다.

ㄷ. ~~A~~ B는 ㉠ 과정으로 생성된 마그마가 굳어진 것이다.

✓① ㄱ　② ㄴ　③ ㄱ, ㄷ　④ ㄴ, ㄷ　⑤ ㄱ, ㄴ, ㄷ

|자|료|해|설|

㉠은 온도가 상승하여 마그마가 생성되는 과정이다. 이 과정에서는 주로 섭입대에서 생성된 마그마가 상승하여 대륙 지각 하부에 도달했을 때 대륙 지각이 가열되어 온도가 상승하고, 물이 포함된 화강암의 용융 곡선과 만나 마그마가 생성된다. 대륙 지각은 주로 화강암질 암석으로 이루어져 있어 SiO_2 함량이 높기 때문에 ㉠ 과정에서 생성되는 마그마가 굳어져 생성된 암석은 SiO_2 함량이 높다.

㉡은 압력이 감소하여 마그마가 생성되는 과정이다. 이 과정에서는 주로 맨틀 물질이 상승하여 압력이 감소하면 맨틀의 용융 곡선과 만나 현무암질 마그마가 생성된다. 맨틀 물질이 용융되어 만들어진 마그마는 SiO_2 함량이 적으므로 ㉡ 과정에서 생성되는 마그마가 굳어져 생성된 암석은 SiO_2 함량이 낮다.

따라서 A는 ㉡, B는 ㉠ 과정으로 생성된 마그마가 굳어진 암석이다.

|보|기|풀|이|

ㄱ. 정답 : 압력 감소에 의한 마그마 생성 과정은 ㉡이다.

ㄴ. 오답 : A는 결정 크기가 작으므로 빠르게 냉각되어 생성된 암석이고, B는 결정 크기가 크므로 천천히 냉각되어 생성된 암석이다. 따라서 A는 B보다 마그마가 빠르게 냉각되어 생성된다.

ㄷ. 오답 : A는 SiO_2 함량이 적은 암석이고, ㉠ 과정으로 생성된 마그마가 굳어진 암석은 SiO_2 함량이 높으므로 ㉠ 과정으로 생성된 마그마가 굳어진 암석은 B이다. A는 ㉡ 과정으로 생성된 마그마가 굳어진 것이다.

다음은 영희가 제주도 서귀포시의 어느 지질 명소에 대하여 조사한 탐구 활동의 일부이다.

암석의 색이 어둡고 사각~팔각형의 갈라짐이 관찰됨

[탐구 과정]
(가) 암석의 특징을 관찰하여 기록한다.
(나) 암석 기둥의 윗면에서 나타나는 다각형의 모양을 분류하고 모양에 따른 빈도수를 기록한다.
(다) (나)의 결과를 그래프로 나타낸다.

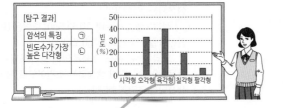

이에 대한 설명으로 옳은 것만을 <보기>에서 있는 대로 고른 것은?

3점

보기

ㄱ. '색이 어둡고 입자의 크기가 매우 작다.'는 ㉠에 해당한다.
ㄴ. ㉡은 '육각형'이다. → 현무암의 특징
ㄷ. 기둥 모양을 형성하는 절리는 용암이 급격히 냉각 수축하는 과정에서 만들어진다.

① ㄱ   ② ㄷ   ③ ㄱ, ㄴ   ④ ㄴ, ㄷ   ⑤ ㄱ, ㄴ, ㄷ

|자|료|해|설|

제시된 그림은 제주도 서귀포 중문대포해안의 주상 절리대의 그림이다. 주상 절리는 일반적으로 분출한 용암이 지표에서 급격히 냉각되는 경우에 발달하며 내부와 외부의 냉각 속도 차에 의해 갈라짐으로써 만들어진다. 이러한 주상 절리는 용암이 식는 속도와 방향에 따라 모양과 크기가 결정된다. 제주도는 현무암질 용암이 분출되어 생성된 섬으로, 구성하고 있는 암석은 대부분이 현무암이며 현무암은 색이 어둡고 입자의 크기가 매우 작다는 특징이 있다. [탐구 과정]을 보면 사각에서부터 팔각에 이르는 형태의 갈라짐이 보이고 색이 어둡다는 것을 알 수 있다. 따라서 주상 절리이며 현무암이라는 것을 유추할 수 있다. [탐구 결과]에서는 빈도수를 그래프로 나타내어 가장 많은 형태가 육각형임을 알 수 있다. 따라서 육각형의 주상 절리가 가장 많음을 알 수 있다.

|보|기|풀|이|

ㄱ. 정답 · 현무암은 어두운 색 광물을 많이 포함하기 때문에 색이 어둡고, 분출한 후 빠르게 냉각되어 생성되었기 때문에 입자가 매우 작다는 특징이 있다.

ㄴ. 정답 : [탐구 결과]를 보면 빈도수가 가장 높은 다각형은 육각형이라는 것을 알 수 있다.

ㄷ. 정답 : 주상 절리는 용암이 분출하여 급격히 냉각되면서 용암 기둥 내부와 외부의 수축 속도가 달라 생기는 것이다.

😮 **문제풀이 T I P** | 제시된 그림에서 사각에서부터 팔각에 이르는 다양한 형태의 암석 기둥을 보고 주상 절리임을 알아야 하며, 암석 자체의 색깔이 어둡다는 것, 그리고 제주도라는 점을 보고 현무암을 유추해야 한다. 해안가에서의 현무암의 생성 과정을 알고 있다면 쉽게 풀 수 있다.

😮 **출제분석** | 문항에서 제시되는 그림이나 사진 자료는 언제나 정확하게 파악하는 것이 중요하다. 우리나라 주변에서 볼 수 있는 명소를 사진으로 제시하여 분석하게 하는 문항은 자주 출제되는 것 중 하나이므로, 다양한 사진자료를 미리 봐두는 것이 좋을 것이다.

" 이 문제에선 이게 가장 중요해! "

주상 절리는 일반적으로 분출한 용암이 지표에서 급격히 냉각되는 경우에 발달하며 내부와 외부의 냉각 속도 차에 의해 갈라짐으로써 만들어진다. 이러한 주상 절리는 용암이 식는 속도와 방향에 따라 모양과 크기가 결정된다. 제주도는 현무암질 용암이 분출되어 생성된 섬으로, 구성하고 있는 암석은 대부분이 현무암이며 현무암은 색이 어둡고 입자의 크기가 매우 작다는 특징이 있다.

그림 (가)는 마그마가 생성되는 지역 A, B, C를, (나)는 깊이에 따른 암석의 용융 곡선을 나타낸 것이다. (나)의 ㉠은 A, B, C 중 하나의 지역에서 마그마가 생성되는 조건이다.

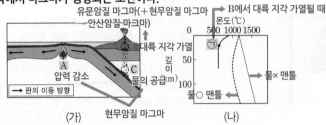

(가)   (나)

A, B, C에 대한 설명으로 옳은 것만을 〈보기〉에서 있는 대로 고른 것은?

보기 → C(섭입대에서 함수 광물에 의해 물이 공급)

ㄱ. ~~A~~에서는 주로 물이 포함된 맨틀 물질이 용융되어 마그마가 생성된다.

       유문암질~안산암질 ←   →현무암질

ㄴ. 생성되는 마그마의 SiO_2 함량(%)은 B가 C보다 높다.

ㄷ. ㉠은 ~~C~~에서 마그마가 생성되는 조건에 해당한다.
      B

① ㄱ   ②✔ ㄴ   ③ ㄷ   ④ ㄱ, ㄴ   ⑤ ㄴ, ㄷ

|자|료|해|설|
A에서는 맨틀 물질의 상승에 의한 압력 감소로 인해 부분 용융이 일어나 현무암질 마그마가 생성된다. C에서는 섭입대의 함수 광물에 의해 물이 공급되어 맨틀의 용융점이 하강하여 현무암질 마그마가 생성된다. B에서는 C에서 생성된 현무암질 마그마가 상승하여 대륙 지각을 가열해 유문암질 마그마가 생성되고, 현무암질 마그마와 유문암질 마그마가 혼합되면 안산암질 마그마가 생성될 수 있다.

|보|기|풀|이|
ㄱ. 오답 : 물이 포함된 맨틀 물질이 용융되어 마그마가 생성되는 곳은 C이다.

ㄴ. 정답 : 생성되는 마그마의 SiO_2 함량은 B(유문암질~안산암질)가 C(현무암질)보다 높다.

ㄷ. 오답 : ㉠은 온도 상승에 의해 물이 포함된 화강암이 용융되어 마그마가 생성되는 조건이므로, B에서 마그마가 생성되는 조건에 해당한다.

💡 **문제풀이 TIP** | 해령/열점에서 생성되는 마그마 : 맨틀 물질/뜨거운 플룸이 상승함에 따라 압력이 감소하여 현무암질 마그마 생성
섭입대에서 생성되는 마그마 : 함수 광물에서 빠져나온 물이 공급되며 맨틀의 용융점이 낮아져 현무암질 마그마 생성 → 현무암질 마그마가 상승하여 대륙 지각을 가열하면 유문암질 마그마 생성 → 두 마그마가 혼합되면 안산암질 마그마 생성

😀 **출제분석** | 마그마의 종류와 생성은 정말 자주 출제되는 개념이다. 해당 단원 문제에서는 마그마의 생성 장소를 나타내는 (가) 자료와 암석의 용융 곡선을 나타내는 (나) 자료가 제시될 확률이 높다. 이 문제의 (나) 자료는 많이 생략된 그림이지만 각 곡선이 어떤 의미인지, 마그마의 생성 조건은 어떻게 나타내는지를 표현하면서 연습하면 도움이 된다.

그림 (가)는 지하의 온도 분포와 암석의 용융 곡선을, (나)와 (다)는 설악산 울산바위와 제주도 용두암의 모습을 나타낸 것이다.

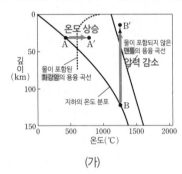

(가)

(나) 설악산 울산바위 → 화강암 (천천히 식음)

(다) 제주도 용두암 → 현무암 (빨리 식음)

이에 대한 옳은 설명만을 〈보기〉에서 있는 대로 고른 것은? **3점**

보기 → 화강암   → 현무암

ㄱ. A → A′ 과정을 거쳐 생성된 마그마는 B → B′ 과정을 거쳐 생성된 마그마보다 SiO_2 함량이 높다.

ㄴ. (나)를 형성한 마그마는 ~~B → B′~~ 과정을 거쳐 생성되었다.
      A → A′

ㄷ. 암석을 이루는 광물 입자의 크기는 (나)가 (다)보다 크다.

   지하 깊은 곳에서 천천히 냉각 ↵   → 지표에서 빨리 냉각

① ㄱ   ② ㄷ   ③ ㄱ, ㄴ   ④✔ ㄱ, ㄷ   ⑤ ㄴ, ㄷ

|자|료|해|설|
마그마의 생성조건에는 1. 지구 내부 온도의 상승, 2. 압력의 감소, 3. 물의 공급이 있는데, (가)의 A → A′는 1. 지구 내부 온도의 상승으로 대륙 지각이 용융되는 경우이며, B → B′는 2. 압력의 감소로 맨틀 물질이 용융되는 경우이다. (나) 설악산 울산바위는 화강암, (다) 제주도 용두암은 현무암으로 이루어져 있다.

|보|기|풀|이|
ㄱ. 정답 : A → A′ 과정은 화강암의 용융곡선이며, B → B′ 과정은 맨틀 물질이 용해되어 현무암질 마그마를 생성하는 것으로 SiO_2 함량은 A → A′ 과정이 더 높다.

ㄴ. 오답 : (나) 설악산 울산바위는 화강암이므로, 화강암질 마그마가 형성되는 A → A′ 과정을 거쳐 생성되었다.

ㄷ. 정답 : 설악산 울산바위는 화강암으로 이루어졌고, 화강암은 심성암이므로 지하 깊은 곳에서 천천히 냉각되어 구성 광물의 크기가 큰(조립질) 암석이다. 제주도 용두암은 현무암으로 이루어졌고, 화산암이므로 지표로 분출하여 빨리 냉각되어 구성 광물의 크기가 작은(세립질) 암석이다.

💡 **문제풀이 TIP** | (가) 그림은 빈출 그림이므로 반드시 기억해야 한다. 1. 지구 내부 온도의 상승, 2. 압력의 감소, 3. 물의 공급 세 가지 경우를 모두 이해하자. 위 문제처럼 다양한 사례와 연결하는 연습이 필요하다.

😀 **출제분석** | (가), (나), (다) 모두 빈출 내용이며, (가) 그래프는 마그마의 생성과 관련하여 가장 중요한 그래프 중 하나이기 때문에 앞으로도 꾸준히 출제 가능성이 있다.

그림 (가)는 아메리카 대륙 주변의 열점 분포와 판의 경계를, (나)는 지하의 온도 분포와 암석의 용융 곡선을 나타낸 것이다.

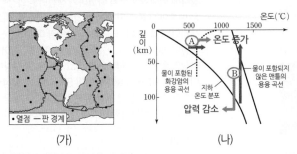

(가)   (나)

이에 대한 설명으로 옳은 것만을 〈보기〉에서 있는 대로 고른 것은?

> **보기**
>   내부와 경계에 모두
> . 열점은 판의 ~~내부에만~~ 존재한다.
> ㄴ. 열점에서는 (나)의 B 과정에 의해 마그마가 생성된다.
> . 열점에서는 ~~안산암질~~ 마그마가 우세하게 나타난다.
>   현무암질

① ㄱ   ✔② ㄴ   ③ ㄱ, ㄷ   ④ ㄴ, ㄷ   ⑤ ㄱ, ㄴ, ㄷ

|자|료|해|설|
열점에서는 뜨거운 플룸의 상승류를 따라 맨틀 물질이 상승한다. 이로 인해 압력이 감소하여 부분 용융이 일어나며 현무암질 마그마가 생성된다. 그런데 마그마는 지구 내부 온도의 상승(A), 압력의 감소(B), 물의 공급으로 지하의 온도가 암석의 용융점보다 높아질 때, 물질이 부분 용융되면서 마그마가 생성되므로 B 과정에 의한 마그마 생성이 열점에 해당한다.

|보|기|풀|이|
ㄱ. 오답 : 열점은 판의 내부와 경계에 모두 존재한다.
ㄴ. 정답 : 열점에서는 압력 감소(B)에 의해 마그마가 생성된다.
ㄷ. 오답 : 열점에서는 현무암질 마그마가 우세하게 나타난다.

😲 **문제풀이 TIP** | [마그마 종류별 생성 장소]
— 현무암질 마그마: 해령(발산형 경계), 열점, 섭입대(수렴형 경계)
— 안산암질 마그마: 섭입대(수렴형 경계)
— 유문암질 마그마: 섭입대(수렴형 경계)

😮 **출제분석** | 뜨거운 플룸의 상승류를 따라 맨틀 물질이 상승하는 열점은 15개정 교육과정에서 강조하는 부분이고, (나)의 지하의 온도 분포와 암석의 용융곡선은 09개정 교육과정에서는 지구과학 Ⅱ이었으나 수정, 보완되어 지구과학 Ⅰ으로 내려왔기 때문에 그 중요성이 강조된다.

그림 (가)는 섭입대 부근에서 생성된 마그마 A와 B의 위치를, (나)는 마그마 X와 Y의 성질을 나타낸 것이다. A와 B는 각각 X와 Y 중 하나이다.

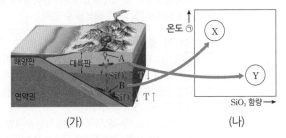

(가)   (나)

이에 대한 설명으로 옳은 것만을 〈보기〉에서 있는 대로 고른 것은?

> **보기**
>   Y
> . A는 ~~X~~이다.
>   함수 광물에서 물이 배출되고, 배출된
> ㄴ. B가 생성될 때, 물은 암석의 용융점을 낮추는 역할을 한다.
> ㄷ. 온도는 ㉠에 해당하는 물리량이다.

① ㄱ   ② ㄷ   ③ ㄱ, ㄴ   ✔④ ㄴ, ㄷ   ⑤ ㄱ, ㄴ, ㄷ

|자|료|해|설|
해양판과 대륙판이 만나는 섭입대 부근의 마그마를 나타낸 그림이다. 섭입대 근처에서는 현무암질, 안산암질, 유문암질 마그마가 모두 나올 수 있다. 해양 지각과 퇴적물이 섭입할 때 온도와 압력이 높아져 함수광물에서 물이 배출되고 공급된 물이 맨틀의 용융점을 낮추면서 맨틀 물질과 해양 지각이 부분 용융되어 현무암질 마그마(B)가 형성된다. 마그마가 상승하다가 대륙지각 하부를 부분 용융시켜 유문암질 마그마(A)가 생성된다. 또 현무암질 마그마와 유문암질 마그마가 혼합되어 안산암질 마그마가 생성된다.

|보|기|풀|이|
ㄱ. 오답 : 대륙판 근처에서 생성되는 A는 SiO_2 함량이 높고 온도가 낮기 때문에 Y이다.
ㄴ. 정답 : 해양 지각으로부터 물이 공급되면 해양 지각과 맨틀을 구성하는 암석의 용융점이 낮아져 마그마가 생성된다.
ㄷ. 정답 : 깊이가 더 깊은 B의 온도가 더 높다. 따라서 온도는 ㉠에 해당하는 물리량이다.

😲 **문제풀이 TIP** | 현무암질 마그마는 해령, 열점, 섭입대에서 생성되고, 안산암질 마그마와 유문암질 마그마는 섭입대에서 생성된다. 따라서 섭입대에서는 현무암질, 안산암질, 유문암질 마그마가 모두 생성됨을 기억해야한다.

😮 **출제분석** | (가) 그림과 (나) 그림은 모두 빈출 그림이다. 그러나 두 그림을 연결해서 풀어야 한다는 점에서 다소 어렵게 느껴질 수 있으나 섭입대에서의 마그마 생성 과정을 이해한다면 어려운 문제는 아니다.

그림 (가)는 깊이에 따른 지하의 온도 분포와 암석의 용융 곡선을 나타낸 것이고, (나)는 반려암과 화강암을 A와 B로 순서 없이 나타낸 것이다. A와 B는 각각 (가)의 ㉠ 과정과 ㉡ 과정으로 생성된 마그마가 굳어진 암석 중 하나이다.

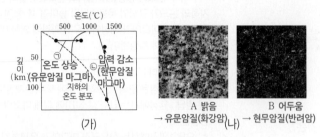

(가)

A 밝음
→ 유문암질(화강암)(나)

B 어두움
→ 현무암질(반려암)

이에 대한 설명으로 옳은 것만을 〈보기〉에서 있는 대로 고른 것은?

보기

ㄱ. ㉠ 과정으로 생성된 마그마가 굳으면 ~~B~~ A 가 된다.

ㄴ. ㉡ 과정에서는 열이 공급되지 않아도 마그마가 생성된다. (압력 감소 때문에)

ㄷ. SiO₂ 함량(%)은 A가 B보다 높다.

63%↑   52%↓

① ㄱ   ② ㄷ   ③ ㄱ, ㄴ   ✔④ ㄴ, ㄷ   ⑤ ㄱ, ㄴ, ㄷ

|자|료|해|설|

(가)에서 ㉠은 (현무암질 마그마의 접근으로 인한) 온도 상승에 의해 유문암질 마그마가 생성되는 과정을, ㉡은 맨틀의 대류로 인한 압력 감소로 현무암질 마그마가 생성되는 과정을 나타낸다. 유문암질 마그마는 SiO₂ 함량이 63% 이상이고, 유색 광물의 함량이 적어 밝은 화성암을 만든다. 현무암질 마그마는 SiO₂ 함량이 52% 이하이고, 유색 광물의 함량이 많아 어두운 화성암을 만든다. 따라서 밝은 A는 유문암질 마그마가 굳은 화강암, 어두운 B는 현무암질 마그마가 굳은 반려암이다.

|보|기|풀|이|

ㄱ. 오답 : ㉠ 과정으로 생성된 유문암질 마그마가 굳으면 화강암인 A가 된다.

ㄴ. 정답 : ㉡ 과정에서는 열의 공급이 아닌 압력의 감소로 인해 마그마가 생성된다.

ㄷ. 정답 : SiO₂ 함량은 A가 B보다 높다.

😮 **문제풀이 TIP |** 현무암질 마그마의 접근으로 인한 온도 상승으로 대륙 지각이 녹으면 유문암질 마그마가 생성되고, 맨틀의 대류로 인한 압력 감소로 해양 지각이나 맨틀이 녹으면 현무암질 마그마가 생성된다. 현무암질 마그마는 섭입대에서 함수 광물이 물을 방출하면 맨틀의 용융점이 낮아질 때도 만들어진다.

😮 **출제분석 |** (가) 지하의 온도 분포와 암석의 용융 곡선 자료는 심지어 ㉠, ㉡ 과정까지 교과서나 기출문제에서 매우 많이 다루어서 익숙한 자료이다. (나)에서는 암석의 색으로 화강암, 반려암을 구분해야 한다. ㉠, ㉡ 과정으로 어떤 마그마가 생기는지와 화성암의 색까지 연결해야 하는 문제이다.

그림 (가)는 지하 온도 분포와 암석의 용융 곡선 ㉠, ㉡, ㉢을, (나)는 마그마가 분출되는 지역 A와 B를 나타낸 것이다.

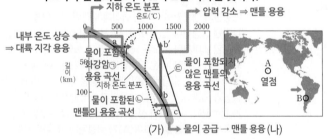

(가)

(나)

이에 대한 설명으로 옳은 것만을 〈보기〉에서 있는 대로 고른 것은?

보기

ㄱ. (가)에서 물이 포함된 암석의 용융 곡선은 ㉠과 ㉡이다.

ㄴ. B에서는 주로 현무암질 마그마가 분출된다. (현무암질, 안산암질, 유문암질 안산암질(해양+대륙) 모두 산출 가능)

ㄷ. A에서 분출되는 마그마는 주로 c ⤬ c′ 과정에 의해 b → b′ 생성된다.

수렴형 경계   열점

✔① ㄱ   ② ㄴ   ③ ㄷ   ④ ㄱ, ㄷ   ⑤ ㄴ, ㄷ

|자|료|해|설|

일반적으로 지구 내부의 온도는 암석의 용융 온도에 도달하지 못하므로 대부분의 지구 내부에서는 마그마가 생성될 수 없다. 하지만 지구 내부에서 환경 변화(지구 내부 온도의 상승, 압력의 감소, 물의 공급)가 일어나 지하의 온도가 암석의 용융점보다 높아질 때, 물질이 부분 용융되면서 마그마가 생성될 수 있다.

|보|기|풀|이|

ㄱ. 정답 : (가)에서 ㉠은 물이 포함된 화강암의 용융 곡선, ㉡은 물이 포함된 맨틀의 용융 곡선, ㉢은 물이 포함되지 않은 맨틀의 용융 곡선이다. 따라서 물이 포함된 암석의 용융 곡선은 ㉠과 ㉡이다.

ㄴ. 오답 : B는 베니오프대가 발달하는 수렴형 경계로, 이 지역에서는 주로 안산암질 마그마가 분출되고, 현무암질, 안산암질, 유문암질 마그마가 모두 산출될 수 있다.

ㄷ. 오답 : A에서 분출되는 마그마는 열점에서 생성된 마그마로, 이 마그마는 주로 맨틀 물질이 상승하여 압력이 감소(b → b′)하면 맨틀 물질이 부분 용융되어 생성된다.

😮 **문제풀이 TIP |** 마그마가 생성되는 조건
1. a → a′ : 지구 내부 온도 상승으로 지각이 용융되는 경우
2. b → b′ : 압력의 감소로 맨틀 물질이 용융되는 경우
3. c → c′ : 물의 공급으로 맨틀 물질이 용융되는 경우

😮 **출제분석 |** 지하의 온도 분포와 깊이에 따른 암석의 용융 곡선은 빈출 그래프이다. 따라서 어렵지 않게 풀 수 있는 문제이지만 (나)의 A와 B가 각각 열점과 수렴형 경계임을 모른다면 틀릴 수 있는 문제였다.

그림은 제주도의 지질 명소를 나타낸 것이다.

A. 응회암층
B. 용암 동굴 → 용암이 빠져나간 흔적
거문오름 용암 동굴계
수월봉
지삿개
C. 주상 절리

이에 대한 설명으로 옳은 것만을 <보기>에서 있는 대로 고른 것은?

보기
ㄱ. A는 화산재가 퇴적되어 형성되었다. → 응회암
ㄴ. B는 현무암이 지하수의 침식 작용을 받아 형성되었다. → 된 것이 아니다
ㄷ. C는 용암이 급격하게 냉각되어 형성되었다.

① ㄱ　② ㄴ　✓③ ㄱ, ㄷ　④ ㄴ, ㄷ　⑤ ㄱ, ㄴ, ㄷ

|자|료|해|설|

제주도에서 볼 수 있는 대표적인 지질 명소들이다. A의 응회암층은 화산재가 퇴적되어 형성되었으며, B의 용암 동굴은 점성이 작은 용암이 분출되어 흐르면서 표면이 먼저 굳고 내부에 아직 굳지 않은 용암이 빠져 나가며 생성된 것이다. C의 주상 절리는 용암이 지표 부근에서 급격하게 냉각되면서 수축되어 육각기둥 모양으로 발달한 절리이다.

|보|기|풀|이|

ㄱ. 정답 : A의 응회암층은 화산재가 퇴적되어 형성된 지층이며, 군데군데 화산탄에 의해 퇴적층이 눌린 탄낭 구조가 나타난다.

ㄴ. 오답 : B의 용암 동굴은 대규모의 용암 분출 시 지표와 대기에 맞닿은 용암이 먼저 굳고 내부의 용암은 아직 굳지 않아 흘러 빠져 나가며 터널과 같은 빈 공간이 만들어진 것이다.

ㄷ. 정답 : C의 주상 절리는 용암이 급격하게 냉각되면서 표면이 수축하며 생성되는 수직 방향의 암석 사이의 틈을 말한다.

🤯 **문제풀이 TIP** | 제주도는 신생대의 화산 활동으로 생성되었으며 다양한 지질학적 특징들을 관찰할 수 있다. 화산재의 퇴적으로 인해 발달한 응회암층, 용암이 빠져나가면서 생성된 용암 동굴, 용암의 급속한 냉각에 의해 발달한 주상 절리가 대표적이다.

😀 **출제분석** | 제주도에서 관찰할 수 있는 다양한 지질학적 특징을 묻는 문항은 출제 빈도가 매우 높지만, 난도가 높은 편은 아니므로 기본 개념을 잘 익혀두면 된다.

다음은 한반도의 지질 명소인 두 폭포의 사진과 주변 화성암의 특징을 나타낸 것이다.

구분	(가) 박연 폭포	(나) 천제연 폭포
사진		
암석의 특징	○ 색이 밝다. → 화강암 ○ 양파 껍질처럼 층상으로 벗겨진 절리가 나타난다. → 판상 절리	○ 색이 어둡다. → 현무암 ○ 다각형 기둥 모양으로 갈라진 절리가 나타난다. → 주상 절리

이에 대한 설명으로 옳은 것만을 <보기>에서 있는 대로 고른 것은?

 3점

보기 화강암질 마그마가 지하에서 ↔ 온도 하강에 의한 수축
ㄱ. (가)의 암석은 현무암질 용암이 냉각되어 생성되었다.
ㄴ. (나)의 절리는 융기로 인한 압력 감소에 의해 형성되었다.
ㄷ. 광물 입자의 크기는 (나)보다 (가)의 암석이 크다.
세립질(화산암)　조립질(심성암)

① ㄱ　✓② ㄷ　③ ㄱ, ㄴ　④ ㄴ, ㄷ　⑤ ㄱ, ㄴ, ㄷ

|자|료|해|설|

양파 껍질처럼 층상으로 벗겨진 절리는 심성암과 같이 지하 깊은 곳에서 형성된 암석의 융기로 인한 압력 감소로 나타나는 판상 절리의 설명이고 다각형 기둥 모양의 갈라진 절리는 화산 활동으로 인해 분출된 현무암질 용암의 냉각으로 인해 암석의 수축이 일어나 발생된 주상 절리의 모습이다. 두 지형 모두 화성암 지역이기 때문에 (가)의 암석은 색이 밝고 판상 절리가 나타나는 것으로 보아 화강암(심성암)으로 생각할 수 있으며 (나)의 암석은 색이 어둡고 주상 절리가 나타나는 것으로 보아 현무암(화산암)이라고 생각할 수 있다.

|보|기|풀|이|

ㄱ. 오답 : 현무암질 용암이 냉각되어 생성되는 암석은 (나)의 암석이고 (가)의 암석은 화강암질 마그마가 지하에서 천천히 냉각될 때 생성된다.

ㄴ. 오답 : 주상 절리의 생성 원인은 급격한 온도 하강에 의한 수축이다.

ㄷ. 정답 : 화강암은 마그마가 지하 깊은 곳에서 천천히 냉각되어 형성되어 입자의 크기가 크고, 현무암은 마그마가 지표나 지하 얕은 곳에서 빠르게 냉각되어 형성되어 입자의 크기가 작으므로 (가)의 암석이 (나)의 암석보다 입자의 크기가 크다.

🤯 **문제풀이 TIP** | 화성암에서 나타나는 두 가지 절리(판상, 주상)에서 나타나는 암석과 절리의 특징, 생성 원인, 대표 지역을 잘 학습해두면 어렵지 않게 풀 수 있는 문제이다.

그림은 SiO₂ 함량과 결정 크기에 따라
화성암 A, B, C의 상대적인 위치를
나타낸 것이다. A, B, C는 각각 유문암,
현무암, 화강암 중 하나이다.
이에 대한 설명으로 옳은 것만을 〈보기〉
에서 있는 대로 고른 것은?

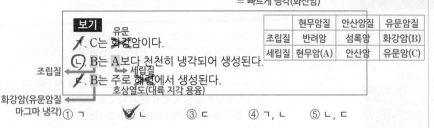

보기

ㄱ. C는 화강암이다.
ㄴ. B는 A보다 천천히 냉각되어 생성된다.
ㄷ. B는 주로 해령에서 생성된다.

① ㄱ   ② ㄴ   ③ ㄷ   ④ ㄱ, ㄴ   ⑤ ㄴ, ㄷ

	현무암질	안산암질	유문암질
조립질	반려암	섬록암	화강암(B)
세립질	현무암(A)	안산암	유문암(C)

🤔 문제풀이 TIP | 마그마의 SiO₂ 함량은 세세하게 알기보다 대략적으로 구분할 수 있으면 된다. 결정의 크기(조립질, 세립질)에 따른 생성 장소(화산암,심성암)와 냉각 속도를 꼭 연결하여야 한다.

😀 출제분석 | 화성암은 매년 적어도 2~3번씩 출제될 정도로 출제 빈도가 매우 높은 개념이다. 마그마 생성 위치나 생성 조건(압력 감소, 온도 상승, 물의 공급 등)과 연결 짓기 좋아서 함께 출제되는 경우가 많다. 이 문제에서도 ㄷ 보기는 생성 위치와 연결되었다. 따라서 마그마 생성 장소 모식도와 함께 공부하는 것이 좋다. 어려운 보기가 없었는데 예상외로 정답률이 낮은 문제이다.

|자|료|해|설|

결정의 크기가 큰 것은 조립질로, 마그마가 천천히 냉각되었을 때 나타나는 조직이다. 즉, 심성암이다. 결정의 크기가 작은 것은 세립질로, 마그마가 빠르게 냉각되었을 때 나타나는 조직이다. 이는 화산암이다.
SiO₂ 함량은 52%와 63%를 기준으로 나뉜다. 52% 이하는 현무암질 마그마, 52%와 63% 사이에는 안산암질 마그마, 63% 이상은 유문암질 마그마이다. 각 마그마가 화산암이 된 경우에는 현무암, 안산암, 유문암이고, 심성암이 된 경우에는 반려암, 섬록암, 화강암이다.
현무암질 마그마는 열점, 해령에서 주로 나타나고, 유문암질 마그마는 대륙 지각이 녹았을 때, 즉, 해구에서 현무암질 마그마가 생성된 후 상승하여 대륙 지각에 접근하였을 때 대륙 지각이 용융되어 만들어진다.
A는 현무암질 마그마가 빠르게 굳은 암석이므로 현무암, B는 유문암질 마그마가 심성암이 된 화강암, C는 유문암질 마그마가 화산암이 된 유문암이다.

|보|기|풀|이|

ㄱ. 오답 : C는 유문암이다.
ㄴ. 정답 : B는 조립질, A는 세립질이므로, B는 A보다 천천히 냉각되어 생성된다.
ㄷ. 오답 : B는 유문암질 마그마가 심성암이 된 것이므로, 주로 해구나 호상열도에서 대륙 지각이 용융되었을 때 만들어진다.

그림 (가)는 깊이에 따른 지하 온도 분포와 암석의 용융 곡선 ㉠, ㉡, ㉢을, (나)는 마그마가 생성되는 지역 A, B를 나타낸 것이다.

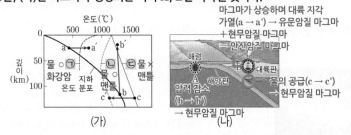

이에 대한 설명으로 옳은 것만을 〈보기〉에서 있는 대로 고른 것은?

보기

ㄱ. 물이 포함되지 않은 암석의 용융 곡선은 ㉢이다.
ㄴ. B에서는 섬록암이 생성될 수 있다.
ㄷ. A에서는 주로 b → b′ 과정에 의해 마그마가 생성된다.

① ㄴ   ② ㄷ   ③ ㄱ, ㄴ   ④ ㄱ, ㄷ   ⑤ ㄱ, ㄴ, ㄷ

|자|료|해|설|

(가)에서 ㉠은 물이 포함된 화강암의 용융 곡선, ㉡은 물이 포함된 맨틀의 용융 곡선, ㉢은 물이 포함되지 않은 맨틀의 용융 곡선이다. a → a′는 온도 상승에 따른 마그마 생성을, b → b′는 압력 감소에 의한 마그마 생성을, c → c′는 물의 공급을 통한 용융점 하강에 따른 마그마 생성을 의미한다.
(나)에서 A는 해령으로 압력 감소(b → b′)에 의해 현무암질 마그마가 생성되는 곳이다. B의 하부에서는 해양판의 섭입으로 인해 해양 지각에 포함된 함수 광물에서 물이 빠져나와 맨틀로 유입되어 용융점 하강(c → c′)이 나타난다. 따라서 현무암질 마그마가 생성되고, 이 마그마가 상승하여 대륙 지각을 가열하면(a → a′) 유문암질 마그마가 생성된다. 두 종류의 마그마가 혼합되면 안산암질 마그마가 생성된다.

|보|기|풀|이|

ㄱ. 정답 : 물이 포함되지 않은 암석의 용융 곡선은 ㉢이다.
ㄴ. 정답 : B에서는 주로 안산암질 마그마가 생성되므로, 안산암질 마그마가 지하 깊은 곳에서 서서히 냉각되면 섬록암이 생성될 수 있다.
ㄷ. 정답 : A에서는 주로 압력 감소(b → b′ 과정)에 의해 마그마가 생성된다.

🤔 문제풀이 TIP | 〈마그마 생성 조건〉
온도 상승(a → a′) : 주로 현무암질 마그마가 생성된 후 위로 상승하여 대륙 지각을 가열할 때 나타난다.
압력 감소(b → b′) : 맨틀 물질이 상승하여 압력이 낮아지면 맨틀의 용융 곡선과 만나 마그마가 생성된다.
물의 공급에 의한 용융점 하강(c → c′) : 섭입대에서 함수 광물로부터 물이 공급되면 맨틀의 용융점이 낮아져서 현무암질 마그마가 생성된다.

〈마그마 생성 지역〉
해령, 열점에서는 b → b′ 과정에 의해 현무암질 마그마가 만들어진다.
섭입대에서는 c → c′ 과정에 의해 맨틀이 녹아 현무암질 마그마가 만들어지고, 이 마그마가 상승하여 대륙 지각을 가열하면 a → a′ 과정에 의해 유문암질 마그마가 생성된다. 두 마그마가 섞이면 안산암질 마그마가 만들어진다

그림 (가)는 화성암 A와 B의 SiO_2 함량과 결정 크기를, (나)는
깊이에 따른 지하의 온도 분포와 암석의 용융 곡선을 나타낸 것이다.
A와 B는 각각 현무암과 화강암 중 하나이다.

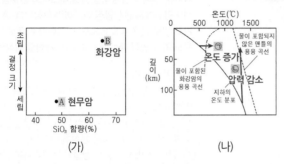

(가)   (나)

이에 대한 설명으로 옳은 것만을 〈보기〉에서 있는 대로 고른 것은?

3점

보기

ㄱ. 생성 깊이는 A보다 B가 깊다.

ㄴ. ⓒ 과정으로 생성되어 상승하는 마그마는 주변보다 밀도가 ~~크다~~ 작다

ㄷ. A는 ⓧ 과정에 의해 생성된 마그마가 굳어진 암석이다.
     (ⓒ)

① ㄱ   ② ㄴ   ③ ㄱ, ㄷ   ④ ㄴ, ㄷ   ⑤ ㄱ, ㄴ, ㄷ

| 자 | 료 | 해 | 설 |

현무암은 SiO_2 함량이 화강암에 비해 적고, 세립질 조직을
갖는다. 화강암은 SiO_2 함량이 현무암에 비해 많고, 조립질
조직을 갖는다. 따라서 A는 현무암, B는 화강암이다.
(나)의 ⓐ은 온도가 상승하여 마그마가 생성되는 과정이고,
ⓒ은 압력이 감소하여 마그마가 생성되는 과정이다.
ⓐ은 온도가 높은 마그마와 만난 지각이 용융되어
생성된 마그마이고, ⓒ은 맨틀 물질이 상승하여 압력이
감소하면서 생성된 마그마이다. ⓒ 과정에서 생성된
마그마는 상승하면서 만나는 지각을 부분 용융시키고,
지표로 나와 현무암과 같은 화산암을 만든다.

| 보 | 기 | 풀 | 이 |

ㄱ. 정답 : A는 현무암으로 지표로 분출된 마그마가 빠르게
냉각되어 생성된다. B는 화강암으로 지하 깊은 곳에서
마그마가 천천히 냉각되어 생성된다. 따라서 생성 깊이는
A보다 B가 깊다.

ㄴ. 오답 : ⓒ 과정으로 생성된 마그마는 주변보다 밀도가
작아서 상승한다.

ㄷ. 오답 : A(현무암)는 지표로 분출된 마그마가 냉각되어
생성된 암석으로, ⓒ 과정에 의해 생성된 마그마가 굳어진
암석이다.

😊 **출제분석** | 마그마의 생성 과정과 화성암의 생성 과정은
밀접하게 관련되어 있기 때문에 연계하여 출제하기 좋고, 문제의
난이도를 높이기도 좋다. 마그마의 생성 과정과 생성되는 마그마의
특징을 화성암의 생성 과정과 연결시켜 잘 정리해 두면 이와 같은
문제를 빠르고 정확하게 해결할 수 있다.

그림은 깊이에 따른 지하의 온도
분포와 맨틀의 용융 곡선 X, Y를
나타낸 것이다. X, Y는 각각 물이
포함된 맨틀의 용융 곡선과 물이
포함되지 않은 맨틀의 용융 곡선 중
하나이고, ⓐ, ⓒ은 마그마의 생성
과정이다.

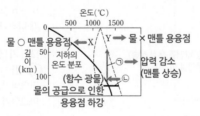

이에 대한 옳은 설명만을 〈보기〉에서 있는 대로 고른 것은? **3점**

보기

      → 맨틀 대류 상승 → 압력 감소

ㄱ. X는 ~~물이 포함된 맨틀의 용융 곡선이다.~~

ㄴ. 해령 하부에서는 마그마가 ⓐ으로 생성된다.

ㄷ. ⓒ으로 생성된 마그마는 SiO_2 함량이 ~~63% 이상이다.~~
                                 52% 이하

      → 현무암질 마그마

① ㄱ   ② ㄷ   ③ ㄱ, ㄴ   ④ ㄴ, ㄷ   ⑤ ㄱ, ㄴ, ㄷ

| 자 | 료 | 해 | 설 |

X는 물이 포함된 맨틀의 용융점을, Y는 물이 포함되지
않은 맨틀의 용융점을 나타낸다. ⓐ은 맨틀이 상승하며
압력이 감소하여 마그마가 생성되는 과정을, ⓒ은
섭입대에서 함수 광물이 물을 공급하여 맨틀의 용융점이
하강한 결과 마그마가 생성되는 과정을 의미한다. ⓐ은
해령, 열점 등에서 주로 나타나고, ⓒ은 섭입대에서 주로
나타난다.

| 보 | 기 | 풀 | 이 |

ㄱ. 정답 : X는 물이 포함되어 맨틀의 용융점이 낮아진
상태이다.

ㄴ. 정답 : 해령 하부에서는 맨틀 대류 상승으로 인한 압력
감소가 나타나므로, ⓐ으로 마그마가 생성된다.

ㄷ. 오답 : ⓒ으로 생성된 마그마는 현무암질 마그마이며,
SiO_2 함량이 52% 이하이다.

😊 **문제풀이 T I P** | 온도 상승: 마그마가 접근하여 온도가 올라갈 때, 주로 대륙 지각이 녹아 유문암질 마그마 생성
압력 감소: 맨틀 대류 상승으로 인해, 주로 현무암질 마그마 생성
물의 공급: 섭입대 함수 광물에서 물이 공급될 때, 주로 현무암질 마그마 생성

😊 **출제분석** | 마그마 생성 장소와 마그마의 종류를 그래프와도 연결해야 이러한 유형의 문제를 풀 수 있다. ㄱ 보기는 그래프의 요소를 묻고 있고, ㄴ과 ㄷ 보기는 마그마의 생성 과정과
그 종류를 묻고 있다. 배점은 3점이지만 워낙 많이 다루는 개념과 그래프이므로 체감 난이도는 높지 않다.

그림은 해양판이 섭입되는 모습을 나타낸 것이다. A, B, C는 각각 마그마가 생성되는 지역과 분출되는 지역 중 하나이다.
이에 대한 설명으로 옳은 것만을 〈보기〉에서 있는 대로 고른 것은?

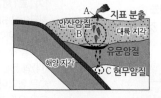

보기

ㄱ. A에서는 주로 ~~조립질~~ 세립질 암석이 생성된다.

ㄴ. B에서는 안산암질 마그마가 생성될 수 있다.

ㄷ. C에서는 맨틀 물질의 용융으로 마그마가 생성된다.

① ㄱ   ② ㄴ   ③ ㄱ, ㄷ   ✓④ ㄴ, ㄷ   ⑤ ㄱ, ㄴ, ㄷ

|자|료|해|설|

C는 맨틀 물질이 용융되어 마그마가 형성된 것으로, 현무암질 마그마이다. 현무암질 마그마가 상승하여 대륙 지각을 녹여 형성된 유문암질 마그마와 현무암질 마그마가 섞이면 B에서 안산암질 마그마가 형성된다. A는 마그마가 지표 위로 분출된 모습으로, 마그마가 지표로 분출되면 온도 차로 인해 빠르게 식어 주로 세립질 암석이 생성된다.

|보|기|풀|이|

ㄱ. 오답 : A에서는 마그마가 빠르게 식어 주로 세립질 암석이 생성된다.

ㄴ. 정답 : B에서는 현무암질 마그마와 유문암질 마그마가 섞여 안산암질 마그마가 생성될 수 있다.

ㄷ. 정답 : C에서는 함수 광물에서 빠져나온 물의 유입으로 맨틀 물질의 용융점이 낮아져 마그마가 생성된다.

🤪 **문제풀이 T I P** | 마그마가 생성되는 장소와 생성된 마그마의 성질을 꼼꼼히 익혀둔다. 또한, 이 문제에서는 제시되지 않았지만 마그마의 용융 곡선 그래프와 각 마그마가 생성되는 위치도 함께 연결하여 익혀두는 것이 좋다.

😀 **출제분석** | 마그마가 생성되는 위치와 마그마의 종류에 대한 기본적인 내용만 익혀두었다면 어렵지 않게 해결할 수 있는 문제로 난이도가 높지 않았다. 하지만 정답률이 약 68% 정도로 난이도에 비해 낮은 편이다. ㄷ 보기에서 C가 맨틀 물질이 아닌 해양 지각이 녹은 것으로 착각했을 수 있다.

그림은 대륙과 해양의 지하 온도 분포를 나타낸 것이고, ㉠, ㉡, ㉢은 암석의 용융 곡선이다.

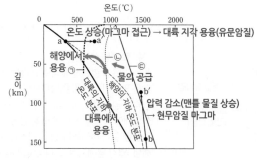

이 자료에 대한 설명으로 옳은 것만을 〈보기〉에서 있는 대로 고른 것은? 3점

보기

┌→ 유문암질(SiO₂↑)   ┌→ 현무암질(SiO₂↓)

ㄱ. a → a′ 과정으로 생성되는 마그마는 b → b′ 과정으로 생성되는 마그마보다 SiO_2 함량이 많다.

ㄴ. b → b′ 과정으로 상승하고 있는 물질은 주위보다 온도가 높다.

ㄷ. 물의 공급에 의해 맨틀 물질의 용융이 시작되는 깊이는 해양 하부에서가 대륙 하부에서보다 ~~깊다~~ 얕다.

① ㄱ   ② ㄷ   ✓③ ㄱ, ㄴ   ④ ㄴ, ㄷ   ⑤ ㄱ, ㄴ, ㄷ

|자|료|해|설|

㉠은 대륙 지각(유문암질 암석)의 용융 곡선, ㉡은 물이 공급되었을 때 맨틀(현무암질 암석)의 용융 곡선, ㉢은 맨틀(현무암질 암석)의 용융 곡선이다. a → a′ 과정은 온도가 상승한 것으로, 마그마가 접근하여 대륙 지각이 용융될 때 나타난다. 만들어지는 마그마는 유문암질 마그마이다.
b → b′ 과정은 압력이 감소한 것으로, 맨틀 물질이 상승할 때 나타나며, 현무암질 마그마가 만들어진다.

|보|기|풀|이|

ㄱ. 정답 : a → a′ 과정으로는 SiO_2 함량이 높은 유문암질 마그마가, b → b′ 과정으로는 SiO_2 함량이 낮은 현무암질 마그마가 만들어진다.

ㄴ. 정답 : b → b′ 과정으로 상승하고 있는 물질은 주위보다 온도가 높다.

ㄷ. 오답 : 물의 공급에 의해 맨틀 물질의 용융이 시작되는 깊이는 ㉡ 곡선과 해양, 대륙의 지하 온도 분포가 만나는 지점이다. 해양은 약 깊이 50km, 대륙은 약 깊이 100km 이므로 해양 하부에서가 대륙 하부에서보다 얕다.

🤪 **문제풀이 T I P** | 마그마 생성 조건
1. 온도 상승: 주로 현무암질 마그마가 생성된 후 위로 상승하여 대륙 지각을 가열할 때 나타난다.
2. 압력 감소: 맨틀 물질이 상승하여 녹는점보다 온도가 높아질 때 나타난다.
3. 물의 공급: 섭입대에서 함수 광물로부터 물이 공급되면 현무암질 암석, 맨틀의 용융점이 낮아진다.

😀 **출제분석** | 이 문제에서는 유문암질 암석의 용융 곡선, 현무암질 암석의 용융 곡선, 물이 공급되었을 때 현무암질 암석의 용융 곡선(㉠~㉢)을 제시하지 않았다.

다음은 컴퓨터를 활용하여 태평양에서 마그마가 분출하는 두 지역의
해저 지형과 마그마 특성을 알아보는 탐구 활동이다.

[탐구 과정] 해령, 열점, 베니오프대(섭입대) → 대륙에서 분출
(가) 태평양에서 마그마가 분출하는 두 지역 A와 B를 선정한다.
(나) 그림과 같이 A와 B를 각각 가로지르는
　　 두 구간 a_1-a_2와 b_1-b_2를 그리고,
　　 각 구간의 수심 자료를 수집한다.
(다) 수심 자료를 이용하여 해저 지형 그래프를
　　 그린다.
(라) A와 B 지역에서 분출하는 마그마의 특성에
　　 대해 정리한 후, 해저 지형 그래프와 비교한다.

[탐구 결과]
○구간별 수심 자료

구간 a_1-a_2		구간 b_1-b_2	
거리(km)	수심(m)	거리(km)	수심(m)
0	5602	0	4269
200	5420	200	4085
400	4871	400	4008
600	4297	600	3881
800	121	800	3456
1000	5194	1000	3097
1200	5093	1200	3447
1400	5491	1400	3734
1600	5372	1600	4147
1800	5315	1800	4260
2000	5151	2000	4328

○구간별 해저 지형 그래프
…(이하 생략)…

**탐구 결과에 대한 설명으로 옳은 것만을 <보기>에서 있는 대로 고른
것은?** 3점

보기
ㄱ. A와 B에서 현무암질 마그마가 분출한다.
ㄴ. 마그마가 생성될 수 있는 최대 깊이는 B가 A보다 <del>깊다</del> 얕다.
ㄷ. B의 마그마는 주로 압력 <del>증가</del> 감소에 의해 생성된다.

①ㄱ　　②ㄷ　　③ㄱ,ㄴ　　④ㄴ,ㄷ　　⑤ㄱ,ㄴ,ㄷ

|자|료|해|설|
마그마가 분출하는 지역은 해령, 열점, 베니오프대(섭입대)
가 있다. 그러나 베니오프대는 밀도가 큰 해양판이 대륙판
밑으로 섭입하면서 대륙판에서 마그마가 생성되기 때문에
태평양(해양판)에서는 마그마가 분출되지 않는다. 따라서
두 지역은 해령과 열점이라는 것을 추측할 수 있다.
열점과 해령은 맨틀 물질 상승으로 인한 압력 감소로
맨틀이 부분 용융되어 현무암질 마그마를 생성하며,
마그마가 생성될 수 있는 최대 깊이는 열점이 더 깊다.

|보|기|풀|이|
ㄱ. 정답 : A와 B는 태평양(해양 지각) 내에 위치하므로
현무암질 마그마를 분출한다.
ㄴ. 오답 : 마그마가 생성될 수 있는 최대 깊이는 B보다
A가 깊다.
ㄷ. 오답 : 해령 또는 열점에서 분출하는 마그마는 주로
압력 감소에 의해 생성된다.

😮 **문제풀이 TIP** | 마그마가 분출될 수 있는 대표적인 지역들을
생각해보면 해령, 열점, 베니오프대(섭입대)가 있다. 태평양은
해양판이므로 마그마가 해양판에서 분출한다는 조건을 만족시키지
않는 것은 베니오프대(섭입대)이므로 두 지역은 해령과 열점임을
추측할 수 있다.

😀 **출제분석** | 이 문제는 지형을 추론한 뒤 지형에 따라 생성되는
마그마도 맞춰야 하는 응용문제이다. 거리에 따른 수심의 깊이
차이를 이용해 지형을 추론하는 문제들이 요즘 많이 출제되고 있다.

I
1
-
04
변동대와 화성암

그림 (가)는 지하의 온도 분포와 암석의 용융 곡선을, (나)는 마그마가 생성되는 장소 A, B, C를 모식적으로 나타낸 것이다. (가)에서 a와 b는 현무암의 용융 곡선과 물을 포함한 화강암의 용융 곡선을 순서 없이 나타낸 것이다.

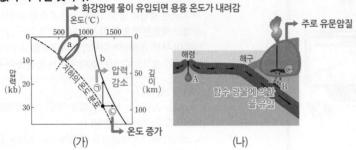

이에 대한 설명으로 옳지 <u>않은</u> 것은?

① a는 물을 포함한 화강암의 용융 곡선이다. ➡ 압력이 증가해도 용용 온도는 감소

② 압력이 증가하면 현무암의 용융 온도는 증가한다. ➡ b

③ A에서는 (가)의 ㉠ 과정에 의하여 마그마가 생성된다. ➡ 맨틀 물질이 상승하여 압력 감소

✔ B에서는 (가)의 ㉡ 과정에 의하여 마그마가 생성된다.

⑤ C에서는 유문암질 마그마가 생성될 수 있다. ➡ 대륙 지각은 주로 유문암질

😮 **문제풀이 TIP** | 주로 베니오프대에서 화강암에 물이 유입되어 용융 온도가 낮아져 마그마가 생성된다. 해령에서는 압력 감소로 인한 용융 온도 감소에 의해 마그마가 생성된다.

😊 **출제분석** | 마그마의 생성 과정에 대한 문항은 종종 출제된다. 각 과정의 특징과 생성 위치 등에 대해 묻는 문항은 어렵지 않게 출제되므로 평소에 내용을 잘 정리해두면 빠르게 풀 수 있다.

|자|료|해|설|

깊이가 깊어지고 압력이 커질수록 a에서의 용융 온도는 낮아지고, b에서의 용융 온도는 높아진다. 화강암이 물을 포함하게 되면 용융 온도가 낮아져 더 낮은 온도에서도 용융되므로 a는 물을 포함한 화강암의 용융 곡선이고 b는 현무암의 용융 곡선이다.

해령에서는 맨틀 물질이 상승하면서 압력이 낮아지면서 용융 온도도 낮아져 마그마가 생성된다. 해구의 베니오프대에서는 B의 위치에서 생성된 마그마가 상승하면서 C에 존재하는 대륙 지각(유문암질)을 녹여 유문암질 마그마와 안산암질 마그마가 생성될 수 있다.

|선|택|지|풀|이|

① 오답 : a는 깊이가 깊어져 압력이 높아질수록 용융 온도가 낮아지는, 물을 포함한 화강암의 용융 곡선이다.

② 오답 : b는 현무암의 용융 곡선이다. b를 보면 압력이 증가할수록 용융 온도가 증가함을 알 수 있다.

③ 오답 : A에서는 맨틀 물질이 상승하면서 압력이 줄어든다. 압력이 줄어들면 용융 온도가 감소하여 마그마가 생성된다. 따라서 ㉠ 과정에 의해 마그마가 생성된다.

④ 정답 : B에서는 해구에서 베니오프대를 따라 물이 맨틀의 연약권으로 유입돼 용융 온도를 낮춰 현무암질 마그마가 형성된다.

⑤ 오답 : C는 대륙지각의 하부로 유문암질이다. 베니오프대에서 상승하는 마그마에 의해 용융되어 유문암질 마그마가 생성될 수 있다.

그림은 해양판이 섭입하면서 마그마가 생성되는 어느 해구 지역의 지진파 단층 촬영 영상을 나타낸 것이다.

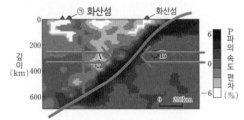

이에 대한 설명으로 옳은 것만을 〈보기〉에서 있는 대로 고른 것은?

(3점)

보기

ㄱ. ㉠은 ~~열점~~이다. ➡ 화산섬

ㄴ. A 지점에서는 주로 SiO_2의 함량이 52%보다 낮은 마그마가 생성된다. ➡ 현무암질

ㄷ. B 지점은 맨틀 대류의 하강부이다. ➡ 섭입하는 해양판 부근

① ㄱ ② ㄴ ③ ㄱ, ㄷ ✔ ㄴ, ㄷ ⑤ ㄱ, ㄴ, ㄷ

|자|료|해|설|

해양판이 섭입하는 수렴형 경계로 A가 B에 비해 지진파 속도 편차가 작으므로 상대적으로 온도가 높음을 알 수 있고 ㉠은 섭입대에서 발달하는 화산섬이다.

|보|기|풀|이|

ㄱ. 오답 : 이 지역은 섭입대 주변의 지역이므로 ㉠은 열점이 아니라 수렴형 경계에서 나타나는 화산섬이다.

ㄴ. 정답 : A 지점에서는 해양판이 섭입함으로써 온도와 압력이 상승하며 물이 빠져나와 연약권을 구성하는 광물의 용융 온도를 낮춰 현무암질 마그마가 생성된다. 현무암질 마그마는 SiO_2의 함량이 52%보다 낮다.

ㄷ. 정답 : B 지점은 섭입대 하강 부근이므로 맨틀 대류의 하강부이다.

😮 **문제풀이 TIP** | [마그마의 종류별 생성 장소]
— 현무암질 마그마 : 해령, 열점, 섭입대
— 안산암질 마그마 : 섭입대
— 유문암질 마그마 : 섭입대

😊 **출제분석** | 각 장소에서 어떠한 마그마가 생성되는지에 대한 문제는 최근 들어 중요성이 강조되고 있다. 플룸의 온도와 지진파의 속도, 그리고 마그마의 특징까지 연결해야하는 문제로 난이도가 높은 편이지만 반드시 숙지해야 한다.

그림은 판 경계가 존재하는 어느 지역의 화산섬과 활화산의 분포를 나타낸 것이다. 이 지역에는 하나의 열점이 분포한다.
이에 대한 옳은 설명만을 〈보기〉에서 있는 대로 고른 것은? **3점**

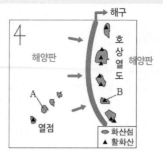

보기

ㄱ. 이 지역에는 해구가 존재한다.

ㄴ. 화산섬 A는 주로 ~~안산암~~ 으로 이루어져 있다. (현무암)

ㄷ. 활화산 B에서 분출되는 마그마는 ~~압력 감소~~ 에 의해 생성된다. (물의 공급에 의한 용융점 하강)

 ① ㄱ   ② ㄴ   ③ ㄷ   ④ ㄱ, ㄴ   ⑤ ㄴ, ㄷ

|자|료|해|설|

해양판과 해양판이 충돌하면 해구가 만들어지고 섭입대의 위쪽에 호상 열도가 생성될 수 있다. 섭입대에서 해양판이 섭입하면 지하로 내려갈수록 온도와 압력이 높아져 해양 지각에 포함된 함수 광물에서 물이 빠져나온다. 이 물이 섭입하는 판 위에 놓인 맨틀로 유입되면 맨틀 물질의 용융점이 낮아져 마그마가 생성되고, 이 마그마가 해양판을 뚫고 올라와 B와 같은 호상 열도를 형성한다. A는 열점에서 생성된 화산섬으로 활화산의 위치로 보아 현재 열점은 A의 남서쪽에 있으며 이를 통해 A가 포함된 해양판이 북동쪽으로 이동하고 있음을 알 수 있다.

|보|기|풀|이|

ㄱ. 정답 : 이 지역에는 A가 포함된 해양판이 B가 포함된 해양판 아래로 섭입하여 호상 열도가 생성되므로 해구가 존재한다.

ㄴ. 오답 : 화산섬 A는 열점에서 생성되었으므로 주로 현무암으로 이루어져 있다.

ㄷ. 오답 : 활화산 B에서 분출되는 마그마는 섭입대에서 생성된다. B의 하부에서는 해양 지각에 포함된 물의 공급에 의해 맨틀 물질의 용융점이 낮아져 마그마가 생성된다.

그림 (가)는 지하의 온도 분포와 암석의 용융 곡선을, (나)는 어느 판 경계 주변의 단면을 나타낸 것이다.

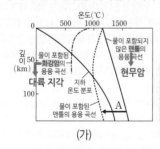 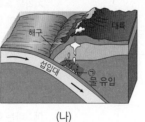

(가)   (나)

이에 대한 옳은 설명만을 〈보기〉에서 있는 대로 고른 것은?

보기 → 화강암

ㄱ. 대륙 지각은 맨틀보다 용융 온도가 대체로 낮다.

ㄴ. ⊙의 마그마는 (가)의 A와 같은 과정으로 생성된다.

ㄷ. ⊙의 마그마는 주로 ~~해양 지각~~ 이 용융된 것이다. (맨틀 물질)

① ㄱ   ② ㄷ   ③ ㄱ, ㄴ   ④ ㄴ, ㄷ   ⑤ ㄱ, ㄴ, ㄷ

|자|료|해|설|

(가)의 그래프에서 '물이 포함된 화강암의 용융 곡선 < 물이 포함된 맨틀의 용융 곡선 < 물이 포함되지 않은 맨틀의 용융 곡선' 순으로 용융점이 높다. 섭입대에서는 해양 지각과 해양 퇴적물이 섭입할 때 온도와 압력이 높아져 함수 광물에서 물이 배출되고 연약권에 공급된 물이 맨틀의 용융점을 낮추는데, 이에 따라 맨틀 물질이 부분 용융되어 현무암질 마그마가 생성된다.

|보|기|풀|이|

ㄱ. 정답 : 그래프를 보면 화강암의 용융 곡선은 500～1000℃에 위치하고, 맨틀의 용융 곡선은 1000～1500℃에 위치하여 전반적으로 화강암의 용융점이 맨틀보다 낮음을 알 수 있다.

ㄴ. 정답 : ⊙의 마그마는 섭입대에서 빠져나온 물에 의해 맨틀의 용융점이 낮아져서 형성된 것이므로 (가)의 A와 같은 과정으로 생성된다.

ㄷ. 오답 : 섭입대 부근인 ⊙의 마그마는 주로 맨틀 물질이 용융된 것이다.

🔵문제풀이TIP | 대륙 지각은 화강암, 해양 지각은 현무암, 맨틀은 현무암으로 이루어져 있다. 물이 공급되면 맨틀의 용융점이 낮아지는데, 섭입대에서는 함수 광물에서 물이 배출되면서 맨틀 물질이 부분 용융되어 현무암질 마그마가 생성된다.

그림은 암석의 용융 곡선과 지역 ㉠, ㉡의 지하 온도 분포를 깊이에 따라 나타낸 것이다. ㉠과 ㉡은 각각 해령과 섭입대 중 하나이다. 이 자료에 대한 설명으로 옳은 것만을 〈보기〉에서 있는 대로 고른 것은?

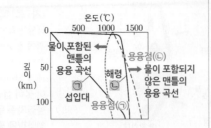

보기

㉠. ㉠에서는 물이 포함된 맨틀 물질이 용융되어 마그마가 생성된다.

ㄴ. ㉡에서는 주로 ~~유문암질~~ 현무암질 마그마가 생성된다.

㉢. 맨틀 물질이 용융되기 시작하는 온도는 ㉠이 ㉡보다 낮다.

① ㄱ   ② ㄴ   ✓③ ㄱ, ㄷ   ④ ㄴ, ㄷ   ⑤ ㄱ, ㄴ, ㄷ

😮 **문제풀이 TIP** | 물이 포함된 맨틀의 용융 곡선은 깊이가 깊어질수록 용융점이 낮아지다가 높아진다. 물이 포함되지 않은 맨틀의 용융 곡선은 깊이가 깊어질수록 용융점이 계속 높아진다.

|자|료|해|설|

깊이가 깊어질수록 온도가 서서히 증가하는 ㉠은 섭입대이고, 온도가 급격하게 증가하는 ㉡은 해령이다.

㉠에서는 해양판이 섭입할 때 해양 지각과 해양 퇴적물에 포함된 물이 지하의 맨틀에 공급되므로 물이 포함된 맨틀 물질의 용융 곡선과 만나는 지점에서 마그마가 생성된다. 주로 해양판이 섭입하여 용융되므로 현무암질 마그마가 생성된다.

㉡에서는 맨틀 물질이 상승하면서 압력이 감소하므로 맨틀 물질이 부분 용융되어 현무암질 마그마가 생성된다.

|보|기|풀|이|

㉠. 정답 : 섭입대(㉠)에서는 물이 포함된 맨틀 물질이 용융되어 마그마가 생성된다.

ㄴ. 오답 : 해령(㉡)에서는 압력 감소에 의해 맨틀 물질이 용융되어 마그마가 생성되므로 주로 현무암질 마그마가 생성된다.

㉢. 정답 : ㉠에서 맨틀 물질이 용융되기 시작하는 온도는 약 $1000\,°C$이고, ㉡에서 맨틀 물질이 용융되기 시작하는 온도는 약 $1200\,°C$이므로 ㉠이 ㉡보다 낮다.

그림은 해양판이 섭입되는 어느 지역에서 생성되는 마그마 A와 B를, 표는 A와 B의 SiO_2 함량을 나타낸 것이다.

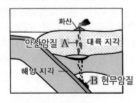

마그마	SiO_2 함량(%)
A 안산암질	58
B 현무암질	㉠ < 52

이에 대한 옳은 설명만을 〈보기〉에서 있는 대로 고른 것은?

보기

ㄱ. A가 분출하면 ~~반려암~~ 안산암 이 생성된다.

㉡. ㉠은 58보다 작다.

ㄷ. B는 주로 ~~압력 감소~~ 물의 공급을 통한 맨틀 물질의 용융점 하강 에 의해 생성된다.

✓① ㄴ   ② ㄷ   ③ ㄱ, ㄴ   ④ ㄱ, ㄷ   ⑤ ㄴ, ㄷ

|자|료|해|설|

해양 지각은 주로 현무암질 암석으로 이루어져 있다. 해구와 같은 섭입대에서 해양 지각이 용융되면 현무암질 마그마(B)가 만들어진다. 이 마그마가 상승하여 대륙 지각을 녹이면 유문암질 마그마가 생성되고, 현무암질 마그마와 유문암질 마그마가 혼합되어 안산암질 마그마가 형성되기도 한다. 이러한 과정에 의해 생성된 유문암질 또는 안산암질 마그마(A)가 지표로 분출되면 화산과 같은 지형을 만든다.

마그마는 SiO_2 함량에 따라 현무암질, 안산암질, 유문암질 마그마로 구분할 수 있다. SiO_2 함량이 52% 이하인 마그마는 현무암질, $52 \sim 63\%$인 마그마는 안산암질, 63% 이상인 마그마는 유문암질 마그마이다.

|보|기|풀|이|

ㄱ. 오답 : A는 SiO_2 함량이 58%인 마그마이므로 안산암질 마그마이다. 안산암질 마그마가 지표로 분출되어 형성되는 암석은 안산암이다. 반려암은 현무암질 마그마가 지표로 분출되지 않고 지하에서 천천히 냉각되어 생성되는 암석이다.

㉡. 정답 : B는 현무암질 마그마이므로 SiO_2 함량은 52% 이하이다. 따라서 ㉠은 58보다 작다.

ㄷ. 오답 : B는 섭입대에 해수가 공급되어 맨틀 물질의 용융점이 낮아져 생성된다.

그림 (가)는 판 경계 주변에서 마그마가 생성되는 모습을, (나)는 깊이에 따른 지하 온도 분포와 암석의 용융 곡선을 나타낸 것이다. ㉠과 ㉡은 안산암질 마그마와 현무암질 마그마를 순서 없이 나타낸 것이다.

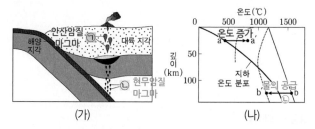

(가) 　　　　　(나)

이에 대한 설명으로 옳은 것만을 〈보기〉에서 있는 대로 고른 것은?

3점

> **보기**
> ㄱ. ㉠이 분출하여 굳으면 ~~섬록암~~ 안산암이 된다. → 섬록암은 심성암
> ㄴ. ㉡은 ~~a → a'~~ 과정에 의해 생성된다.
> ㄷ. SiO_2 함량(%)은 ㉠이 ㉡보다 높다.

① ㄱ 　　② ㄴ 　　✓③ ㄷ 　　④ ㄱ, ㄴ 　　⑤ ㄴ, ㄷ

|자|료|해|설|

㉡은 섭입형 경계에서 해양판이 섭입할 때 해양 지각에 포함된 함수 광물에서 빠져나온 물이 맨틀 물질로 유입되어 맨틀 물질이 용융되며 만들어진 현무암질 마그마이다.

㉠은 현무암질 마그마(㉡)가 상승하면서 대륙 지각을 가열하여 유문암질 마그마가 생성된 후 두 마그마가 섞여 만들어진 안산암질 마그마이다.

a → a'는 온도가 상승하여 마그마가 형성되는 과정이고, b → b'는 ㉡과 같이 해수가 포함된 해양 지각이 섭입할 때 물의 공급을 통해 맨틀 물질의 용융점이 낮아져서 마그마가 생성되는 과정이다.

SiO_2 함량(%)은 현무암질 마그마< 안산암질 마그마< 유문암질 마그마이다.

|보|기|풀|이|

ㄱ. 오답 : 섬록암은 안산암질 마그마(㉠)가 지하 깊은 곳에서 천천히 식으며 형성된 심성암이다. ㉠이 분출하여 굳으면 안산암이 된다.

ㄴ. 오답 : 현무암질 마그마(㉡)은 물의 공급을 통한 맨틀 물질의 용융점 하강으로 인해 생성되므로 b → b' 과정에 의해 생성된다.

ㄷ. 정답 : SiO_2 함량(%)은 안산암질 마그마가 현무암질 마그마보다 높으므로 ㉠이 ㉡보다 높다.

2. 지구의 역사

01 퇴적 구조와 환경

기본자료

필수개념 1 **퇴적암과 퇴적 구조**

1. 퇴적암: 퇴적물이 쌓인 후 단단하게 굳어져 만들어진 암석

2. 퇴적암의 형성 과정

: 지표 암석 → 풍화, 침식, 운반 작용 → 퇴적물 → 퇴적 작용 → 속성 작용 → 퇴적암

3. 속성 작용: 퇴적물이 퇴적암이 되는 작용으로 다짐 작용과 교결 작용이 있음

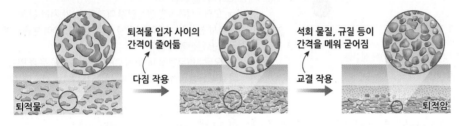

1) 다짐 작용(압축 작용): 두껍게 쌓인 퇴적물의 압력에 의해 입자들의 간격이 치밀하게 다져지는 작용
→ 밀도 증가, 공극률 감소
2) 교결 작용: 퇴적물 내 공극에 교결 물질(탄산칼슘, 규질, 철분 등)이 침전해 입자들을 연결시키는 작용

4. 퇴적암의 종류

	쇄설성 퇴적암	화학적 퇴적암	유기적 퇴적암
생성 원인	풍화 및 침식에 의해 생성된 암석 부스러기들이 쌓여서 생성	물에 용해된 물질들이 화학적으로 침전된 뒤 퇴적되어 생성	생물의 유해 등 유기물이 퇴적되어 생성
해당 암석	입자 작음 ←———————→ 입자 큼 셰일(이암) → 사암 → 역암(각력암), 응회암, 화산 각력암	석회암, 처트, 암염	석탄, 석회암, 처트 (규조토)

5. 퇴적 구조의 종류

	사층리	점이층리	연흔	건열
퇴적 방법	물이나 바람에 의해 퇴적물이 기울어져 쌓임	위로 갈수록 작은 입자의 퇴적물이 쌓임	물결 작용에 의해 퇴적물 표면에 생긴 모양	점토질의 퇴적층에 포함된 수분이 증발하여 갈라짐
퇴적 원인	바람, 흐르는 물	저탁류, 빠른 흐름	잔물결, 파도	건조한 환경
퇴적 환경	한쪽으로 흐르는 얕은 물 밑이나 사막	대륙대, 깊은 바다 혹은 호수 바닥	얕은 물 밑	건조한 기후 지역

필수개념 2 **퇴적 환경**

퇴적 환경: 퇴적물 입자가 쌓이는 다양한 환경

환경	특징
육상 환경	육지 내에서 주로 쇄설성 퇴적물이 퇴적되는 환경. **예** 하천, 호수, 선상지
연안 환경 (전이 환경)	육상 환경과 해양 환경 사이에 위치한 곳. 담수와 염수, 바람과 파도의 작용 등 육지와 바다의 영향을 모두 받음. **예** 삼각주, 해빈, 사주, 석호, 조간대
해양 환경	바다의 영향을 받는 환경. 가장 넓은 면적을 차지. **예** 대륙붕, 대륙대, 대륙사면, 심해저

	구조
사층리	바람, 물의 방향 →
점이층리	
연흔	
건열	

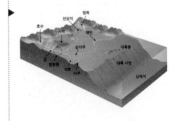

다음은 어느 퇴적 구조가 형성되는 원리를 알아보기 위한 실험이다.

[실험 목표]

○ (㉠)의 형성 원리를 설명할 수 있다.

[실험 과정]

(가) 100mL의 물이 담긴 원통형 유리

접시에 입자 크기가 $\frac{1}{16}$mm 이하인

점토 100g을 고르게 붓는다.

(나) 그림과 같이 백열전등 아래에 원통형
유리 접시를 놓고 전등 빛을 비춘다. → 건조한 환경

(다) ㉡ 전등 빛을 충분히 비추었을 때 변화된 점토 표면의
<u>모습을 관찰</u>하여 그 결과를 스케치한다.

[실험 결과]

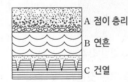

↗ 건열

〈위에서 본 모습〉   〈옆에서 본 모습〉

이에 대한 설명으로 옳은 것만을 〈보기〉에서 있는 대로 고른 것은?

3점

보기

㉠. '건열'은 ㉠에 해당한다.

㉡. 건조한 환경에 노출되어 퇴적물의 표면이 갈라진 모습은
    ㉡에 해당한다.

~~ㄷ~~. 이 퇴적 구조는 주로 ~~역암층~~^{셰일층}에서 관찰된다. → 입자의 크기가 작아야 잘 형성됨

---

① ㄱ   ② ㄴ   ③ ㄷ   ☑ ㄱ, ㄴ   ⑤ ㄱ, ㄷ

|자|료|해|설|

실험 결과처럼 점토 표면이 갈라진 모습은 건열을 의미한다. 실험 과정의 전등 빛으로 인해 건조한 환경이 형성되었다. 건열은 퇴적 이후 건조한 환경에 노출되어 표면이 갈라진 퇴적 구조이다. 건열은 역암처럼 입자가 큰 퇴적암보다는 이암, 셰일처럼 입자가 작은 퇴적암에서 주로 나타난다.

|보|기|풀|이|

㉠. 정답 : 이 실험은 건열의 형성 원리를 보여준다.

㉡. 정답 : 건조한 환경에 노출되어 퇴적물의 표면이 갈라진 모습은 건열을 의미하므로 ㉡에 해당한다.

ㄷ. 오답 : 건열은 주로 셰일층, 이암층에서 관찰된다.

😲 **문제풀이 TIP** | 건열은 입자의 크기가 작은 퇴적암인 셰일, 이암 등에서 주로 발견된다.
건열은 퇴적 이후 건조한 환경에 놓였을 때 형성된다.

😲 **출제분석** | 퇴적 구조의 형성 원리 중 건열은 잘 출제되지 않는 편이다. 그러나 내용이 매우 쉽고, 보기도 매우 평이해서 배점은 3점이지만 정답률이 상당히 높았다. 생소한 자료이고 실험 문제이기 때문에 배점이 3점이 된 것 같지만, 퇴적 구조의 형성 과정을 나타내는 실험은 모두 난이도가 낮은 편이다.

그림은 퇴적 구조 A, B, C를 나타낸 것이다.
이에 대한 설명으로 옳은 것만을 〈보기〉에서
있는 대로 고른 것은?

A 점이 층리
B 연흔
C 건열

보기

㉠. A는 지층의 상하 판단에 이용된다.

㉡. B는 연흔이다.

㉢. C가 생성되는 동안 건조한 대기에 노출된 시기가 있었다.

---

① ㄱ   ② ㄴ   ③ ㄱ, ㄷ   ④ ㄴ, ㄷ   ☑ ㄱ, ㄴ, ㄷ

|자|료|해|설|

퇴적 구조를 통해 퇴적 당시의 환경을 알 수 있으며 지층의 상하 판단 기준이 된다. 그림에서 A는 위로 갈수록 퇴적물 입자가 작아지는 구조이므로 점이 층리이다. B는 물결 모양의 구조이므로 연흔이고, C는 얕은 물에 퇴적된 진흙층이 대기 중에 노출되면서 수분을 잃으며 수축되어 형성된 구조인 건열이다.

|보|기|풀|이|

㉠. 정답 · 퇴적층에는 당시 환경에 따라 다양한 퇴적 구조가 나타난다. 따라서 퇴적 구조를 통해 퇴적 당시의 환경을 알 수 있으며 지층의 상하 판단 기준이 된다.

㉡. 정답 : B는 물결 모양의 퇴적 구조이므로 연흔이다.

㉢. 정답 : C는 건열이다. 건열은 얕은 물에 퇴적된 진흙층이 대기 중에 노출되면서 수분을 잃으면 수축되어 형성된 구조이므로 C가 생성되는 동안 건조한 대기에 노출된 시기가 있었다.

😲 **문제풀이 TIP** | 퇴적 구조에는 연흔, 사층리, 점이 층리, 건열 등이 있다. 이 네 가지 퇴적 구조는 모두 상하가 구분되므로 지층의 상하, 역전 여부 판단에 이용된다. 퇴적 구조의 종류와 각각의 특징은 암기해두어야 한다.

😲 **출제분석** | 건열과 연흔, 점이 층리에 대한 기본 지식을 묻는 문제. 크게 어려운 보기가 없으므로 난도는 하이다. 건열이나 사층리를 역전시켜 지층의 상하 판단을 묻거나 생성 환경을 물을 수 있으므로 퇴적 구조에 대한 정확한 지식이 필요하다.

그림 (가), (나), (다)는 어느 지역에서 관찰되는 건열, 사층리, 연흔을 순서 없이 나타낸 것이다.

(가) 연흔   (나) 건열   (다) 사층리

이에 대한 설명으로 옳은 것만을 〈보기〉에서 있는 대로 고른 것은?

> **보기**
> ㄱ. (가)는 연흔이다.
> ㄴ. (나)는 ~~심해 환경~~에서 생성된다.
>   건조한 기후
> ㄷ. (다)에서는 퇴적물의 공급 방향을 알 수 있다.

① ㄱ   ② ㄴ   ✓③ ㄱ, ㄷ   ④ ㄴ, ㄷ   ⑤ ㄱ, ㄴ, ㄷ

|자|료|해|설|
(가)는 퇴적물에 유체의 흐름이 남아 있는 연흔이다. (나)는 건조한 기후에 퇴적층이 노출되어 표면이 갈라진 구조가 남아 있는 건열이다. (다)는 유체가 흐르는 환경에서 퇴적된 구조인 사층리이다. 사층리를 통해서는 퇴적물을 이동시킨 유체가 움직인 방향을 알 수 있다.

|보|기|풀|이|
ㄱ. 정답 : 연흔은 퇴적물 표면에 유체의 흐름이 남아 물결 무늬가 나타난다.
ㄴ. 오답 : 건열은 건조한 기후에서 형성되므로 물이 있는 환경에서는 생성되지 않는다.
ㄷ. 정답 : 사층리는 퇴적물이 공급된 방향이 그대로 퇴적층에 나타나 있는 구조이다. 따라서 사층리 구조를 관찰하면 퇴적물의 공급 방향을 알 수 있다.

👀 **문제풀이 T I P** | 연흔과 건열은 퇴적층의 표면에 나타나는 구조로 연흔은 물결 무늬, 건열은 갈라진 형태가 나타난다. 사층리는 퇴적층의 단면에서 관찰할 수 있으며 퇴적물의 공급 방향을 알 수 있다.

😊 **출제분석** | 퇴적 환경과 입자 크기 등에 의해 퇴적물은 특징적인 구조가 형성된다. 각 구조의 생성 환경, 관찰 가능한 위치, 보이는 무늬 등을 잘 정리해 두는 것이 좋다. 퇴적층의 구조는 평이한 난이도로 자주 출제된다.

그림은 서로 다른 퇴적 구조를 나타낸 것이다.

작은 입자 천천히(위) ⌐

(가) 연흔 수심 얕음   (나) 점이 층리 수심 깊음   (다) 건열 건조
     └ 큰 입자 빠르게(아래)

이에 대한 설명으로 옳은 것만을 〈보기〉에서 있는 대로 고른 것은?

> **보기**
> 입자의 크기에 따라
> 큰 입자는 빨리,
> 작은 입자는 천천히
> ㄱ. (가)는 (나)보다 주로 수심이 ~~깊은~~ 곳에서 형성된다.
>   얕은
> ㄴ. (나)는 입자의 크기에 따른 퇴적 속도 차이에 의해 형성된다.
> ㄷ. (다)는 형성되는 동안 건조한 환경에 노출된 시기가 있었다.
> └ 갈라짐

① ㄱ   ② ㄴ   ③ ㄱ, ㄷ   ✓④ ㄴ, ㄷ   ⑤ ㄱ, ㄴ, ㄷ

|자|료|해|설|
(가)는 수심이 얕은 곳에서 만들어지는 연흔, (나)는 수심이 깊은 곳에서 큰 입자는 빨리, 작은 입자는 천천히 퇴적되어 만들어지는 점이 층리, (다)는 건조한 환경에 노출되어서 갈라지는 건열이다.

|보|기|풀|이|
ㄱ. 오답 : (가)는 (나)보다 수심이 얕은 곳에서 형성된다.
ㄴ. 정답 : (나)는 입자의 크기에 따른 퇴적 속도 차이에 의해 형성된다. (큰 입자는 빨리 가라앉아서 아래에, 작은 입자는 천천히 가라앉아서 위에 있다.)
ㄷ. 정답 : (다)는 형성되는 동안 건조한 환경에 노출되어 갈라진 퇴적 구조이다.

👀 **문제풀이 T I P** | 연흔: 수심 얕은 곳
점이 층리: 수심 깊은 곳
건열: 건조한 환경
사층리: 물이나 바람이 한 방향으로 흐르며, 수심이 얕은 곳

😊 **출제분석** | 퇴적 구조는 매번 출제되는 문제인데, 쉽게 출제될 경우 이 문제처럼 대표적인 개념만 물어본다. 수능에서는 지층 단면도를 제시하면서 사층리에서 물이나 바람이 흐른 방향을 묻는 경우가 많다. 연흔, 점이 층리, 건열, 사층리 모두 지층의 역전을 판단할 수 있으므로 이 문제처럼 위에서 찍은 사진 말고, 지층 단면도 함께 확인해야 한다.

9 퇴적암과 퇴적 구조

정답 ⑤ 정답률 86% 2020년 3월 학평 5번 문제편 54p

그림 (가), (나), (다)는 세 암석에서 각각 관찰한 건열, 연흔, 절리를 순서 없이 나타낸 것이다.

(가) 주상 절리   (나) 연흔   (다) 건열

이에 대한 설명으로 옳은 것은?

① (가)는 ~~판상~~ 주상 절리이다.
② (가)는 ~~심성암~~ 화산암 에서 잘 나타난다.
③ (나)는 ~~횡압력~~ 을 받아 형성된다. 얕은 물
④ (다)는 ~~수심이 깊은~~ 곳에서 잘 형성된다. 건조한
⑤ (나)와 (나)로부터 지층의 역전 여부를 판단일 수 있다.

👨 **문제풀이 TIP** | 주상 절리는 용암의 냉각 수축으로 인해 형성되므로 화산암, 판상 절리는 화강암의 융기 팽창으로 인해 형성되므로 심성암이다.

😊 **출제분석** | 기본적인 개념이해 문제이므로 난이도는 높지 않다. 그러나 빈출 유형이므로 주상 절리와 판상 절리는 반드시 그 특징을 기억해야 하며 연흔과 건열 뿐 만아니라 사층리(사막이나 하천), 점이 층리(심해저, 수심이 깊은 호수)의 퇴적 환경도 기억해야 한다.

|자|료|해|설|

(가)는 주상 절리, (나)는 연흔, (다)는 건열이다. 생성 장소와 생성 환경을 나타내는 특징적인 구조로서 퇴적 당시의 환경을 추정하거나 지층의 상하 관계를 밝히는 데 이용될 수 있다. (가) 주상 절리는 마그마가 지표로 노출되며 냉각 수축하여 다각형 기둥 모양을 나타내므로 화산암에서 잘 나타난다. (나) 연흔은 물결의 영향으로 퇴적물 표면에 생긴 물결 모양이 남은 퇴적 구조이다. (다) 건열은 건조한 환경에 노출되어 퇴적물 표면이 V자로 갈라진 퇴적 구조이다.

|선|택|지|풀|이|

① 오답 : (가)는 기둥모양의 주상 절리이다.
② 오답 : (가)는 지표에서 마그마가 냉각 수축하여 형성된 화산암에서 잘 나타난다.
③ 오답 : (나)는 수심이 얕은 곳에서 물결의 영향으로 형성된다.
④ 오답 : (다)는 수면 위의 건조한 환경에 노출되었을 때 형성된다.
⑤ 정답 : (나)와 (다)로부터 지층의 역전 여부를 판단할 수 있고, 현재 (나)와 (다)는 역전되지 않았다.

---

10 퇴적암과 퇴적 구조

정답 ① 정답률 85% 지Ⅱ 2018학년도 9월 모평 2번 문제편 54p

그림은 쇄설성 퇴적암과 퇴적 구조에 대해 학생 A, B, C가 대화하는 모습이다.

쇄설성 퇴적암은 구성 입자의 크기로 분류해.

역암이 형성되는 과정에는 압축(다져짐) 작용이 ~~일어나지 않아~~ 일어나.

점이 층리는 구성 입자의 크기가 ~~동일한~~ 퇴적 구조야. 다양한

제시한 내용이 옳은 학생만을 있는 대로 고른 것은?

① A ② B ③ C ④ A, B ⑤ A, C

👨 **문제풀이 TIP** | 쇄설성 퇴적암의 대표적인 예는 역암, 사암, 셰일이다. 점이 층리는 구성 입자의 크기가 점이적으로 변한다.

😊 **출제분석** | 퇴적암뿐만 아니라 화성암, 변성암 등의 특징, 종류에 대해 묻는 문제가 종종 출제된다. 각 암석의 분류 및 생성 과정, 주요 특징 등을 공부해 두자.

|자|료|해|설|

쇄설성 퇴적암은 풍화 등의 작용에 의해 잘게 부서진 기존 암석의 입자들이 퇴적되어 만들어진다. 역암, 사암, 셰일 등이 있다. 쇄설성 퇴적암은 생성 과정에서 압축(다져짐) 작용이 일어난다. 저탁류에 의해 흘러온 퇴적물들은 입자 크기에 따라 침강 속도가 달라지는데 큰 입자는 아래에, 작은 입자는 위에 쌓여 점이 층리가 형성된다.

|보|기|풀|이|

Ⓐ 정답 : 쇄설성 퇴적암은 구성 입지의 크기에 따라 역임, 사암, 셰일 등으로 분류한다. 구성 입자의 크기는 역암> 사암>셰일이다.
B. 오답 : 쇄설성 퇴적암은 압축(다져짐) 작용을 받아 생성된다.
C. 오답 : 점이 층리는 다양한 크기의 입자들로 구성되어 있다. 큰 입자는 아래에, 작은 입자는 위에 쌓인 구조이다.

그림 (가)와 (나)는 서로 다른 퇴적 구조를 나타낸 것이다.

(가) 사층리(수심 얕은 곳)

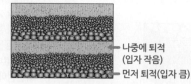

나중에 퇴적
(입자 작음)

먼저 퇴적(입자 큼)

(나) 점이층리(수심 깊은 곳)

이에 대한 설명으로 옳은 것만을 〈보기〉에서 있는 대로 고른 것은?

보기

ㄱ. (가)에서 퇴적물의 공급 방향은 A와 B가 ~~같다~~ 반대이다.

ㄴ. (나)는 입자 크기에 따른 퇴적 속도 차이에 의해 생성된다.

ㄷ. (가)는 (나)보다 수심이 ~~깊은~~ 얕은 곳에서 잘 생성된다.

① ㄱ　　② ㄴ　　③ ㄱ, ㄷ　　④ ㄴ, ㄷ　　⑤ ㄱ, ㄴ, ㄷ

|자|료|해|설|

(가)는 지층이 기울어져서 쌓인 사층리, (나)는 입자 크기별로 지층이 쌓인 점이층리이다. 사층리는 물이나 바람의 방향이 일정하고 수심이 얕은 곳에서 만들어진다. 물이나 바람의 방향, 즉 퇴적물의 공급 방향을 알 수 있는데, A가 퇴적될 당시에는 오른쪽으로, B가 퇴적될 당시에는 왼쪽으로 퇴적물이 공급되었다. 점이층리는 큰 입자가 먼저 퇴적되고, 작은 입자가 나중에 퇴적되어 아래에는 큰 입자가, 위에는 작은 입자가 퇴적된 것이다. 입자 크기에 따른 퇴적 속도의 차이에 의해 생성된 것으로, 수심이 깊은 곳에서 생성된다.

|보|기|풀|이|

ㄱ. 오답 : (가)에서 퇴적물의 공급 방향은 A와 B가 반대이다.

ㄴ. 정답 : (나)는 입자 크기에 따른 퇴적 속도의 차이에 의해 생성된다.

ㄷ. 오답 : (가)는 (나)보다 수심이 얕은 곳에서 잘 생성된다.

문제풀이 TIP | 사층리는 한쪽으로 흐르는 얕은 물밑이나 사막에서 형성되고, 점이층리는 깊은 바다나 호수에서 형성된다. 사층리에서 물이나 바람의 방향(퇴적물의 공급 방향)은 지층 사이 간격이 좁아지는 방향이다. 점이층리에서는 큰 입자가 먼저 퇴적되고 작은 입자가 나중에 퇴적되므로 지층의 역전 여부를 알 수 있다.

출제분석 | 퇴적 구조는 매번 시험마다 출제될 정도로 출제 빈도가 높은 개념이다. 퇴적 구조에는 사층리, 점이층리, 연흔, 건열 4가지 종류가 있고, 보통 이 문제처럼 지층 단면도를 제시하는 경우가 많다. 그러나 연흔이나 건열은 지층 단면도가 아닌 위에서 본 사진을 제시하는 경우도 있으므로 함께 알아두어야 한다. 이 문제는 사층리와 점이층리의 기본적인 특징만을 묻고 있으므로 어려운 문제가 아니다.

표는 퇴적물의 기원에 따른 퇴적암의 종류를 나타낸 것이다.
이에 대한 설명으로 옳은 것만을 〈보기〉에서 있는 대로 고른 것은?

구분		퇴적물	퇴적암
A 유기적 퇴적암		식물	석탄
		규조	처트
B 쇄설성 퇴적암		모래	㉠사암
		㉡자갈	역암

보기

ㄱ. ~~A~~ B는 쇄설성 퇴적암이다.

ㄴ. ㉠은 ~~암염~~ 사암 이다.

ㄷ. 자갈은 ㉡에 해당한다.

① ㄱ　　② ㄴ　　③ ㄷ　　④ ㄱ, ㄷ　　⑤ ㄴ, ㄷ

|자|료|해|설|

퇴적암은 구성 물질 및 구성 물질의 기원, 입자의 크기, 화학 성분 등에 의해 구분한다. 따라서 A는 유기적 퇴적암, B는 쇄설성 퇴적암이다.

|보|기|풀|이|

ㄱ. 오답 : 석탄과 처트는 생물체의 유해나 골격의 일부가 쌓여서 만들어진 유기적 퇴적암이다.

ㄴ. 오답 : 모래가 주퇴적물인 암석 ㉠은 사암이고, 암염은 바닷물에 녹아 있던 NaCl 성분이 침전하여 만들어진 화학적 퇴적암이다.

ㄷ. 정답 : 역암은 자갈과 모래 등으로 구성되어 있으므로 자갈은 ㉡에 해당된다.

문제풀이 TIP | [퇴적암의 구분]

— 쇄설성 퇴적암: 암석이 풍화·침식 작용을 받아 생긴 쇄설성 퇴적물이나 화산 쇄설물이 쌓여 생성 ex) 역암[자갈+모래+점토], 사암[모래+점토], 셰일[점토], 응회암[화산재]

— 화학적 퇴적암: 물에 녹아 있던 물질이 화학적으로 침전되거나 물이 증발하면서 침전되어 생성 ex) 석회암[탄산칼슘], 처트[규질], 암염[염화나트륨]

— 유기적 퇴적암: 동식물이나 미생물의 유해가 쌓여 생성 ex) 석탄[식물], 석회암[석회질 생물체], 처트[규질 생물체]

출제분석 | 난이도 자체는 어렵지 않아 정답률이 높은 편이다. 다만 퇴적암을 구분할 줄 알아야 풀 수 있는 문제이다.

그림은 모래로 이루어진 퇴적물로부터 퇴적암이 생성되는 과정을 나타낸 것이다.

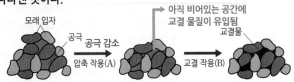

모래 입자
공극
공극 감소
압축 작용(A)
아직 비어있는 공간에 교결 물질이 유입됨
교결물
교결 작용(B)

이에 대한 설명으로 옳은 것만을 〈보기〉에서 있는 대로 고른 것은?

보기

ㄱ. A에 의해 공극이 감소한다.

ㄴ. B에서 교결물은 모래 입자들을 결합시켜 주는 역할을 한다.

ㄷ. 이 과정에서 생성된 퇴적암은 사암이다.
→ 모래가 퇴적되어 생성

① ㄱ   ② ㄷ   ③ ㄱ, ㄴ   ④ ㄴ, ㄷ   ⑤ ㄱ, ㄴ, ㄷ

|자|료|해|설|

모래 입자 사이에는 공극이 있다. 모래 입자가 퇴적된 후 압축 작용을 받으면 입자 사이의 공극이 줄어들고 입자 간 거리가 가까워진다. 교결 물질이 모래 입자 사이로 침전되어 퇴적물이 교결 작용을 받으면 모래 입자 사이의 공극은 사라지고 퇴적물은 단단해져 퇴적암이 된다.

|보|기|풀|이|

ㄱ. 정답 : 퇴적된 모래 입자가 압축 작용을 받으면 입자 사이의 공극이 감소한다.

ㄴ. 정답 : 교결물은 퇴적된 모래 입자 사이로 침전되어 모래 입자들을 결합시켜 주는 역할을 한다.

ㄷ. 정답 : 모래 입자가 퇴적된 후 압축 작용과 교결 작용을 받으면 퇴적암인 사암이 생성된다.

😮 **문제풀이 TIP** | 퇴적물은 압축 작용과 교결 작용을 받아 퇴적암이 된다. 주요 구성 입자가 모래인 퇴적암은 사암이다.

😀 **출제분석** | 암석의 생성 과정에 관한 문제는 퇴적암보다는 주로 화성암으로 출제되는데 이 문항은 퇴적암의 생성 과정을 묻고 있다. 퇴적암의 생성 과정은 화성암에 비해 단순하지만 퇴적 물질의 주요 입자에 따라 서로 다른 퇴적암이 생성됨을 알고 정리해 두자.

표는 퇴적암 A, B, C를 이루는 자갈의 비율과 모래의 비율을 나타낸 것이다. A, B, C는 각각 역암, 사암, 셰일 중 하나이다.

퇴적암	자갈의 비율(%)	모래의 비율(%)
A 사암	5 ≪	90
B 셰일	4	5 ≪ 점토의 비율
C 역암	80 ≫	10

이에 대한 설명으로 옳은 것만을 〈보기〉에서 있는 대로 고른 것은?

보기
사암
ㄱ. A는 셰일이다.
B
ㄴ. 연흔은 C층에서 주로 나타난다.

ㄷ. A, B, C는 쇄설성 퇴적암이다.

① ㄱ   ② ㄷ   ③ ㄱ, ㄴ   ④ ㄴ, ㄷ   ⑤ ㄱ, ㄴ, ㄷ

|자|료|해|설|

역암, 사암, 셰일은 입자의 크기로 구분할 수 있는데, 입자의 크기는 셋 중 역암이 가장 크고, 셰일이 가장 작다. 셰일은 자갈과 모래보다 점토의 양이 더 많으므로 A는 사암, B는 셰일, C는 역암이다.

|보|기|풀|이|

ㄱ. 오답 : A는 자갈보다 모래의 비율이 훨씬 큰 사암이다.

ㄴ. 오답 : 연흔은 잔물결의 영향으로 퇴적물의 표면에 생긴 물결 자국이므로 입자가 작은 퇴적물에서 더 잘 나타난다. 따라서 연흔은 역암(C)보다 셰일(B)에서 주로 나타난다.

ㄷ. 정답 : A, B, C는 기존의 암석이 풍화와 침식 작용을 받아 부서져 생성된 자갈, 모래, 점토 등의 쇄설성 퇴적물이 퇴적되어 만들어진 쇄설성 퇴적암이다.

다음은 쇄설성 퇴적암이 형성되는 과정의 일부를 알아보기 위한 실험이다.

> [실험 목표]
> ○ 쇄설성 퇴적암이 형성되는 과정 중 (㉠)을/를 설명할 수 있다.　↳ 교결 작용
>
> [실험 과정]
> (가) 크기가 다양한 자갈, 모래, 점토를 각각 준비하여 투명한 원통에 넣는다.
> (나) (가)의 원통의 퇴적물에서 입자 사이의 빈 공간(공극)의 모습을 관찰한다.　↳ 교결 물질
> (다) 컵에 석회질 물질과 물을 부어 석회질 반죽을 만든다.
> (라) ㉡ 석회질 반죽을 (가)의 원통에 부어 퇴적물이 쌓인 높이 (h)까지 채운 후 건조시켜 굳힌다.
> (마) (라)의 입자 사이의 빈 공간(공극)의 모습을 관찰한다.
>
> [실험 결과]
>
> 교결 작용
>
>
>
> | ㉢ (나)의 결과 | ㉣ (마)의 결과 |
> |---|---|

이 자료에 대한 설명으로 옳은 것만을 〈보기〉에서 있는 대로 고른 것은? **3점**

> **보기**
> ㉠. '교결 작용'은 ㉠에 해당한다.
> ㉡. ㉡은 퇴적물 입자들을 단단하게 결합시켜 주는 물질에 해당한다.　↳ 교결 물질
> ㉢. 단위 부피당 공극이 차지하는 부피는 ㉢이 ㉣보다 크다.

① ㄱ　② ㄷ　③ ㄱ, ㄴ　④ ㄴ, ㄷ　⑤ ㄱ, ㄴ, ㄷ

| 자 | 료 | 해 | 설 |

쇄설성 퇴적암은 퇴적물이 쌓여 무게로 인해 압축되는 다짐 작용과 입자 사이를 흐르는 물에 용해되어 있는 물질들에 의해 공극이 메워져 입자들이 서로 붙은 채 굳어지는 교결 작용을 거쳐 형성된다.

(가), (나) 과정에서 자갈, 모래, 점토 사이에는 빈 공간이 생긴다. 여기에 석회질 반죽(교결 물질)을 부으면 입자 사이의 공간이 석회질 반죽으로 가득 차고, 석회질 반죽이 굳으면 그대로 입자들끼리 붙은 채로 굳어서 한 덩어리가 된다.

| 보 | 기 | 풀 | 이 |

㉠. 정답 : 실험 결과 자갈, 모래, 점토 사이의 공간이 모두 채워진 채로 입자들이 굳어 한 덩어리가 되었으므로 ㉠은 교결 작용이다.

㉡. 정답 : 석회질 반죽은 자갈, 모래, 점토 사이의 빈 공간에 채워진 후 굳어져 입자들을 단단하게 결합시켜 주는 역할을 하는 교결 물질에 해당한다.

㉢. 정답 : ㉢에는 공극이 크고 많지만, ㉣에는 공극이 거의 없으므로 단위 부피당 공극이 차지하는 부피는 ㉢이 ㉣ 보다 크다.

다음은 어느 퇴적 구조가 형성되는 원리를 알아보기 위한 실험이다.

[실험 목표]

○ (㉠   )의 형성 원리를 설명할 수 있다.
    ↳ 점이 층리

[실험 과정]

(가) 입자의 크기가 2mm 이하인 모래, 2~4mm인 왕모래,
     4~6mm인 잔자갈을 각각 100g씩 준비하여 물이 담긴
     원통에 넣는다. ➡ 다양한 크기의 입자

(나) 원통을 흔들어 입자들을 골고루 섞은 후, 원통을 세워
     입자들이 가라앉기를 기다린다.

(다) 그림과 같이 원통의 퇴적물을 같은
     간격의 세 구간 A, B, C로 나눈다.

(라) 각 구간의 퇴적물을 모래, 왕모래,
     잔자갈로 구분하여 각각의 질량을
     측정한다.

[실험 결과]

○ A, B, C 구간별 입자 종류에 따른 질량비

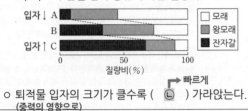

□ 모래 □ 왕모래 ■ 잔자갈

질량비(%)

○ 퇴적물 입자의 크기가 클수록 (㉡) 가라앉는다.
    ↳ 빠르게
 (중력의 영향으로)

이에 대한 설명으로 옳은 것만을 〈보기〉에서 있는 대로 고른 것은?

3점

보기

㉠. '점이 층리'는 ㉠에 해당한다.

㋴. '느리게'는 ㉡에 해당한다.
  ↳ 빠르게

㉢. 경사가 급한 해저에서 빠르게 이동하던 퇴적물의 유속이
     갑자기 느려지면서 퇴적되는 과정은 (나)에 해당한다.
  ↳ 저탁류

① ㄱ   ② ㄴ   ✔③ ㄱ, ㄷ   ④ ㄴ, ㄷ   ⑤ ㄱ, ㄴ, ㄷ

|자|료|해|설|

(가)에서 다양한 크기의 입자를 준비하고, (나)에서 이들을 섞은 뒤에 가라앉는 것을 기다린다. 입자가 클수록 아래인 C에 가라앉고, 입자가 작을수록 나중에 가라앉아 A에 위치한다. 이렇게 입자가 점이적으로 나타나는 층리는 점이 층리이다.

|보|기|풀|이|

㉠. 정답 : 이 실험은 점이 층리의 형성 원리를 다루는 실험이다.

ㄴ. 오답 : 입자의 크기가 클수록 빠르게 가라앉는다.

㉢. 정답 : 경사가 급한 해저에서 빠르게 이동하던 퇴적물의 유속이 갑자기 느려지면서 퇴적되는 과정은 (나)에 해당한다.

🤓 **문제풀이 TIP** | 다양한 크기의 입자를 넣고 흔든 뒤에 층이 어떻게 형성되는가를 보는 실험은 점이 층리의 형성 과정을 다루는 것으로, 중력의 영향으로 큰 입자는 빠르게 가라앉아 아래에 위치하고, 작은 입자는 느리게 가라앉아 위에 위치한다.

😮 **출제분석** | 점이 층리를 실험으로 다루는 문제에서는 이 자료만 출제된다. 실험 문제라서 배점이 3점이지만, 자료와 ㄱ과 ㄴ 보기가 매우 쉬운 수준이다. ㄷ 보기는 저탁류를 풀어서 설명한 것으로, 점이 층리를 확실하게 공부한 학생이라면 헷갈리지 않을 것이다.

다음은 퇴적암이 형성되는 과정의 일부를 알아보기 위한 실험이다.

[실험 목표]
○ 퇴적암이 형성되는 과정 중 (㉠)을/를 설명할 수 있다.

[실험 과정]
(가) 입지 크기 2mm 정도인 퇴적물 250mL가 담긴 원통에 물 250mL를 넣는다.
(나) 물의 높이가 퇴적물의 높이와 같아질 때까지 물을 추출한 뒤, 추출된 물의 부피를 측정한다.
(다) 그림과 같이 원형 판 1개를 원통에 넣어 퇴적물을 압축시킨다.→ 다짐 작용
(라) 물의 높이가 퇴적물의 높이와 같아질 때까지 물을 추출하고, 그 물의 부피를 측정한다.
(마) 동일한 원형 판의 개수를 1개씩 증가시키면서 (라)의 과정을 반복한다.
(바) 원형 판의 개수와 추출된 물의 부피와의 관계를 정리한다.

[실험 결과]
○ 과정 (나)에서 추출된 물의 부피 : 100mL
○ 과정 (다)~(마)에서 원형 판의 개수에 따른 추출된 물의 부피

원형 판 개수(개)	1	2	3	4	5
추출된 물의 부피(mL)	27.5	8.0	6.5	5.3	4.5

이 자료에 대한 설명으로 옳은 것만을 〈보기〉에서 있는 대로 고른 것은? 3점

보기
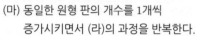 '다짐 작용'은 ㉠에 해당한다.
 과정 (나)에서 원통 속에 남아 있는 물의 부피는 ~~222.5~~mL 이다. 150
ㄷ. 원형 판의 개수가 증가할수록 단위 부피당 퇴적물 입자의 개수는 증가한다. 공극↓, 밀도↑

① ㄱ　　② ㄴ　　✔③ ㄱ, ㄷ　　④ ㄴ, ㄷ　　⑤ ㄱ, ㄴ, ㄷ

|자|료|해|설|
퇴적물이 담긴 원통에 물을 넣은 뒤 물의 높이와 퇴적물의 높이가 같아질 때까지 물을 추출하고 나면 퇴적물 사이의 공극에만 물이 존재한다. 이때 원형 판을 이용해 퇴적물을 압축시키는 과정은 속성 작용 중 다짐 작용에 해당한다. 원형 판의 개수를 증가시키면 퇴적물이 더 강하게 다져지고 점점 공극이 작아지며 작아진 공극만큼 물이 추출된다. 250mL의 물을 넣고 (나) 과정이 지난 뒤 추출된 물의 부피가 100mL이므로 과정 (나)에서 원통 속에 남아 있는 물의 부피는 150mL이다.

|보|기|풀|이|
㉠. 정답 : 원형 판을 이용해 퇴적물을 압축시키는 과정은 속성 작용 중 다짐 작용에 해당한다.

ㄴ. 오답 : 원통에 250mL의 물을 넣었고, (나) 과정이 지난 뒤 추출된 물의 부피가 100mL이므로 원통 속에 남아 있는 물의 부피는 150mL이다.

㉢. 정답 : 원형 판의 개수가 증가할수록 다짐 작용이 강해지므로 밀도가 커져 단위 부피당 퇴적물 입자의 개수는 증가한다.

😮 **문제풀이 TIP |** 실험 문제는 깊은 지식을 묻기보다 실험 과정을 차분히 따라가면 해결할 수 있는 것이 많다. 실험 과정이 의미하는 바와 결과 자료를 꼼꼼히 해석해야 한다.

😀 **출제분석 |** 퇴적암과 퇴적 구조에 대한 문제는 빈출 문항이며, 실험 유형의 문제도 자주 출제된다. 2022학년도 수능에도 퇴적 구조가 형성되는 과정에 대한 실험 문제가 출제되었다. 난이도가 그리 높지는 않으나 문제를 꼼꼼히 읽지 않았다면 ㄴ 보기에서 과정 (다)를 과정 (나)로 착각해 ⑤번을 정답으로 생각할 수 있다. 실수하지 않도록 유의해야 한다.

그림 (가)는 어느 쇄설성 퇴적층의 단면을, (나)는 속성 작용이 일어나는 동안 (가)의 모래층에서 모래 입자 사이 공간(㉠)의 부피 변화를 나타낸 것이다.

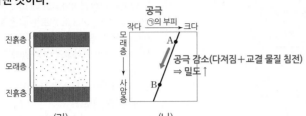

(가)   ← 다져짐 + 교결 작용   (나)

(가)의 모래층에서 속성 작용이 일어나는 동안 나타나는 변화에 대한 설명으로 옳은 것만을 〈보기〉에서 있는 대로 고른 것은?

보기
ㄱ. ㉠에 교결 물질이 침전된다.
ㄴ. 밀도는 증가한다. ← ∝밀도
ㄷ. 단위 부피당 모래 입자의 개수는 A에서 B로 갈수록 ~~감소~~ 증가 한다.

① ㄱ   ② ㄷ   ✔③ ㄱ, ㄴ   ④ ㄴ, ㄷ   ⑤ ㄱ, ㄴ, ㄷ

|자|료|해|설|
속성 작용은 퇴적물이 퇴적암이 되는 과정에서 일어나는 다져짐 작용과 교결 작용을 통틀어서 부르는 것이다. 다져짐 작용은 중력에 의해 퇴적물이 눌리면서 입자 사이의 공극이 좁아지고 치밀해지는 작용을, 교결 작용은 지하수에 녹아 있던 교결 물질이 침전하여 공극을 메우며 굳어지는 작용을 의미한다. 속성 작용이 일어날수록 공극인 ㉠의 부피는 점차 감소하고, 밀도는 증가한다. 따라서 모래층에서 모래 입자 사이 공간은 A에서 B로 변화한다.

|보|기|풀|이|
ㄱ. 정답 : 공극인 ㉠에 교결 물질이 침전한다.
ㄴ. 정답 : 다져짐 작용과 교결 작용이 일어나면 공극이 감소하면서 밀도는 증가한다.
ㄷ. 오답 : 단위 부피당 모래 입자의 개수는 밀도에 비례하는데, A에서 B로 갈수록 밀도가 증가하므로 단위 부피당 모래 입자의 개수도 증가한다.

😮 **문제풀이 TIP |** 다져짐 작용(다짐 작용): 퇴적물이 눌리면서 입자 사이의 공극이 좁아지고 치밀해지는 작용
교결 작용: 지하수에 녹아 있던 교결 물질이 침전하여 공극을 메우며 굳어지는 작용
속성 작용: 퇴적물이 쌓인 후 다져지고 굳어지며 퇴적암이 만들어지기까지의 전 과정

😮 **출제분석 |** 퇴적암의 생성 과정을 묻는 아주 쉬운 문제이다. 퇴적암의 경우 응회암, 석회암 같은 퇴적암의 종류나 생성 원인을 구분하거나 쇄설성 퇴적암 중에서도 입자의 크기를 비교하는 보기가 자주 출제된다. 퇴적 구조가 아닌 퇴적암만을 구분하는 문제는 자주 출제되지 않지만 출제된다면 이 문제처럼 평이한 난이도이므로 꼭 맞춰야 한다.

그림은 어느 퇴적 구조를 나타낸 것이다.
이 퇴적 구조에 대한 설명으로 옳은 것만을 〈보기〉에서 있는 대로 고른 것은?

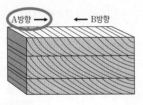

보기
ㄱ. ~~깊은~~ 얕은 바다에서 형성되었다.
ㄴ. 퇴적 당시 퇴적물의 이동 방향은 ~~B 방향~~ A 방향 이다.
ㄷ. 지층의 역전 여부를 판단할 때 이용할 수 있다.

① ㄱ   ✔② ㄷ   ③ ㄱ, ㄴ   ④ ㄴ, ㄷ   ⑤ ㄱ, ㄴ, ㄷ

|자|료|해|설|
그림은 퇴적 구조 중 사층리를 나타낸 것이다. 사층리는 하천이나 사막과 같이 바람이나 물이 흐르는 환경에서 지층이 경사진 상태로 쌓인 구조이다. 사층리에서 층이 기울어진 방향은 퇴적 당시 퇴적물의 이동 방향을 가리킨다. 사층리는 지층의 상하가 구분되는 퇴적 구조로서, 볼록한 부분이 아래를 향한다. 이를 통해 지층의 역전 여부를 판단할 수 있다.

|보|기|풀|이|
ㄱ. 오답 : 사층리는 수심이 얕은 물밑이나 바람이 센 사막과 같이 퇴적 환경이 불안정한 곳에서 주로 나타난다.
ㄴ. 오답 : 사층리는 퇴적물이 바람이나 물의 흐름 방향으로 이동하면서 퇴적된 지질구조이므로, 퇴적 당시 퇴적물의 이동 방향은 A 방향이다.
ㄷ. 정답 : 사층리는 퇴적될 때 하부가 볼록한 형태로 퇴적되는데, 이를 통해서 지층의 역전을 판단할 수 있다.

😮 **문제풀이 TIP |** 퇴적 구조는 퇴적 당시의 환경을 알려주며, 지층의 역전 여부를 알려주는 중요한 기준이 될 수 있다. 사층리뿐만 아니라 점이 층리, 연흔, 건열 등 모든 퇴적 구조의 상하 판단 기준과 생성 환경을 외워두는 것이 좋다.

😮 **출제분석 |** 이 문제는 퇴적 구조 중에서도 사층리가 형성되는 원리만 잘 알고 있다면 모두 풀 수 있는 난도가 매우 쉬운 문제라고 할 수 있다. 다른 퇴적 구조들도 물론 많이 출제되지만, 사층리가 유일하게 퇴적물의 이동 방향을 물어볼 수 있는 구조라 특히 더 자주 출제된다. 퇴적 구조는 단독으로도 빈출되는 유형이지만, 지층 생성 순서를 묻는 문제와 함께 출제되어 역전을 판단하는 기준으로 사용될 수도 있다.

그림 (가)와 (나)는 물 밑에서 형성된 서로 다른 퇴적 구조를 나타낸 것이다.

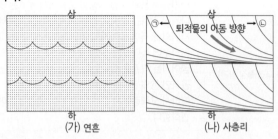

(가) 연흔　　　　　　　　(나) 사층리

이에 대한 설명으로 옳은 것만을 〈보기〉에서 있는 대로 고른 것은?

보기

ㄱ. (가)는 주로 얕은 물 밑에서 형성된다.
ㄴ. (나)의 퇴적 당시 퇴적물 이동 방향은 ㉠이다.
ㄷ. (가)와 (나)는 지층의 상하 판단에 이용된다.

① ㄱ　　② ㄴ　　✔③ ㄱ, ㄷ　　④ ㄴ, ㄷ　　⑤ ㄱ, ㄴ, ㄷ

|자|료|해|설|
(가)는 물결무늬로 보아 연흔이고, (나)는 퇴적물이 기울어져 쌓여있는 것으로 보아 사층리이다. 연흔은 얕은 물 밑에서 잔물결이나 파도에 의해 생기는 퇴적구조이다. 사층리는 한 방향으로 흐르는 얕은 물 밑이나 사막에서 흐르는 물, 바람에 의해 생기는 퇴적 구조이다. 사층리에서는 퇴적물의 이동 방향으로 기울어진 구조가 나타난다. 연흔과 사층리 모두 상하가 구분되는 퇴적구조로, 지층의 상하 판단에 이용된다.

|보|기|풀|이|
ㄱ. 정답 : (가)는 연흔으로, 연흔은 주로 얕은 물 밑에서 형성된다.
ㄴ. 오답 : (나)는 사층리로, 퇴적물이 기울어진 방향이 ㉡쪽인 것으로 보아 퇴적 당시 퇴적물 이동 방향은 ㉡이다.
ㄷ. 정답 : 연흔과 사층리는 상하가 구분되는 퇴적구조로 지층의 상하 판단에 이용된다.

🤖 **문제풀이 TIP** | 퇴적 구조에는 연흔, 사층리, 점이 층리, 건열 등이 있다. 이 네 가지 퇴적 구조는 모두 상하가 구분되므로 지층의 상하, 역전 여부 판단에 이용된다. 퇴적 구조의 종류와 각각의 특징은 암기해두어야 한다.

🤖 **출제분석** | 기본적인 퇴적 구조의 특징을 묻고 있는 문제이다. 난도 '하'에 해당한다.

그림은 퇴적 구조가 관찰되는 지층의 단면을 나타낸 것이다.

이에 대한 설명으로 옳은 것만을 〈보기〉에서 있는 대로 고른 것은?

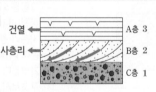

건열 → A층 3
사층리 → B층 2
　　　　C층 1

보기

ㄱ. A층은 생성되는 동안 건조한 대기에 노출된 시기가 있었다.
ㄴ. B층의 퇴적 구조는 지층의 상하 판단에 이용된다.
ㄷ. C층에서는 점이 층리가 ~~관찰된다.~~ 관찰되지 않는다.

① ㄱ　　② ㄷ　　✔③ ㄱ, ㄴ　　④ ㄴ, ㄷ　　⑤ ㄱ, ㄴ, ㄷ

|자|료|해|설|
A층은 건조한 대기에 노출되어 수분이 증발하면서 지표가 수축하여 만들어지는 건열이 관찰된다. 지층의 상하 판단을 할 수 있는 구조로, 뾰족하게 들어간 부분이 아래로 향했을 때 정상이다.
B층은 유체의 흐름에 따라 퇴적물이 쌓여 만들어진 사층리가 관찰된다. 지층의 상하 판단을 할 수 있는 구조로, 볼록한 부분이 아래로 향했을 때 정상이다. 또한 표시된 바와 같이 유체 흐름의 방향도 알 수 있다.
C층은 특별한 퇴적 구조를 나타내지 않는다.
건열과 사층리 모두 역전되지 않았으므로 지층의 생성 순서는 아래서부터 C─B─A이다.

|보|기|풀|이|
ㄱ. 정답 : A층은 건조한 대기에 노출되어 만들어지는 퇴적 구조인 건열이 있다.
ㄴ. 정답 : B층은 사층리가 있으며, 볼록한 부분이 아래로 향했을 때 정상이다.
ㄷ. 오답 : C층은 특별한 퇴적 구조를 나타내지 않는다. 점이 층리는 아래에서 위로 갈수록 퇴적물의 크기가 작아져야 하지만, C층은 그렇지 않다.

🤖 **문제풀이 TIP** | 건열과 사층리의 모양과 특징을 정확히 알아야 한다.

🤖 **출제분석** | 퇴적 구조에 대한 기본 지식을 묻는 문제로 크게 어려운 보기가 없으므로 난도는 하이다. 건열이나 사층리를 역전시켜 지층의 상하 판단을 묻거나 생성 환경을 물을 수 있으므로 퇴적 구조에 대한 정확한 지식이 필요하다.

그림은 어느 지역의 지층과 퇴적 구조를 나타낸 것이다.

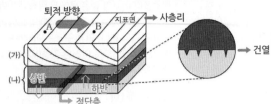

이 자료에 대한 설명으로 옳은 것은?

사층리가
① (가)에는 ~~연흔이~~ 나타난다.

먼저
② A는 B보다 ~~나중에~~ 퇴적되었다.

나타나지 않는다
③ (나)에는 역전된 지층이 ~~나타난다~~.

장력
④ (나)의 단층은 ~~횡압력~~에 의해 형성되었다.

⑤ (나)는 형성 과정에서 수면 위로 노출된 적이 있다.

| 자 | 료 | 해 | 설 |

(가)는 물이나 바람의 방향이 자주 바뀌는 환경에서 퇴적되어 물이나 바람의 방향이 무늬로 남아 있는 사층리이다. 층리면끼리의 사이가 아래로 갈수록 좁아지므로 이 지층은 역전된 적이 없다.

(나)는 상반이 하반에 대하여 상대적으로 아래쪽으로 내려간 정단층이다. 지층 사이에 나타난 쐐기 모양을 볼 때, 아래쪽에 있는 지층에는 건열이 존재한다. 건열이 나타나는 것으로 보아 (나) 지층은 형성 과정에서 수면 위로 노출되어 건조한 환경에 놓였던 적이 있다. 건열의 뾰족한 부분이 아래쪽을 향하므로 이 지층은 역전된 적이 없다.

| 선 | 택 | 지 | 풀 | 이 |

① 오답 : (가)에는 사층리가 나타난다.

② 오답 : 사층리의 기울어진 방향은 물이나 바람의 방향을 나타낸다. 층리면의 방향을 보았을 때 퇴적물을 운반한 물이나 바람은 왼쪽에서 오른쪽으로 흘렀으므로 A가 B보다 먼저 퇴적되었다.

③ 오답 : (나)에서 건열의 모양이 아래쪽으로 뾰족하므로 지층은 역전된 적이 없다.

④ 오답 : (나)에는 상반이 하반에 대하여 상대적으로 아래쪽으로 이동한 정단층이 나타나므로 (나)의 단층은 장력에 의해 형성되었다.

⑤ 정답 : 건열은 지층이 퇴적될 당시 수면 위로 노출되어 건조한 환경에 처했을 때 형성된다. (나)의 지층에 건열이 나타나는 것으로 보아 (나)는 형성 과정에서 수면 위로 노출된 적이 있다.

다음은 어느 지층의 퇴적 구조에 대한 학생 A, B, C의 대화를 나타낸 것이다.

제시한 내용이 옳은 학생만을 있는 대로 고른 것은?

① A   ② C   ③ A, B   ④ B, C   ⑤ A, B, C

😀 **출제분석** | 퇴적 구조로 퇴적 환경을 추정하는 문제로 고전적으로 빈출이며 난이도는 높지 않지만 연흔이 퇴적층의 표면에서만 발견된다고 생각했다면 틀릴 수도 있는 문제이다.

| 자 | 료 | 해 | 설 |

(가)는 사층리로 물이나 바람의 방향이 자주 변하는 환경에서 층리가 기울어진 상태로 쌓인 퇴적 구조로 사막이나 하천에서 퇴적된다. 과거 물이 흘렀던 방향이나 바람이 불었던 방향을 알 수 있다.

(나)는 연흔으로 물결 모양으로 퇴적물 표면에 생긴 물결 모양이 남은 퇴적 구조로 수심이 낮은 곳에서 퇴적된다. 물의 흐름이 양쪽방향으로 반복적으로 나타나면 대칭 형태를 보이고, 한쪽 방향으로 나타나며 비대칭 형태를 보인다.

| 보 | 기 | 풀 | 이 |

학생 A 정답 : (가) 사층리로부터 물, 바람, 퇴적물이 공급된 방향을 알 수 있다.

학생 B 정답 : 층리면을 관찰하면 (나) 연흔을 확인할 수 있다.

학생 C. 오답 : 사층리와 연흔은 입자 크기가 상대적으로 큰 자갈이 쌓이는 환경보다는 입자 크기가 상대적으로 작은 모래 등의 퇴적물이 쌓이는 환경에서 주로 형성된다.

다음은 어느 퇴적 구조의 형성 과정을 알아보기 위한 실험이다.

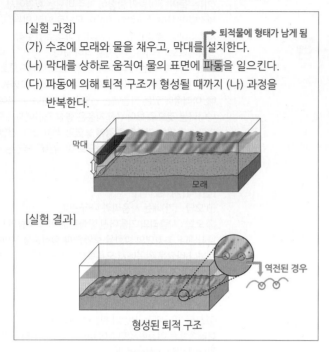

[실험 과정]
(가) 수조에 모래와 물을 채우고, 막대를 설치한다. → 퇴적물에 형태가 남게 됨
(나) 막대를 상하로 움직여 물의 표면에 파동을 일으킨다.
(다) 파동에 의해 퇴적 구조가 형성될 때까지 (나) 과정을
　　 반복한다.

막대　물　모래

[실험 결과]

역전된 경우

형성된 퇴적 구조

이에 대한 설명으로 옳은 것만을 〈보기〉에서 있는 대로 고른 것은?

보기

ㄱ. 이 퇴적 구조는 연흔이다.
ㄴ. (나)는 저탁류의 발생 과정에 해당한다. → 저탁류는 경사진 곳에서 발생
　　　　　　　연흔
ㄷ. 이 퇴적 구조는 지층의 역전 여부를 판단하는 데 이용할 수
　　 있다.

① ㄱ　　② ㄴ　　✓ ㄱ, ㄷ　　④ ㄴ, ㄷ　　⑤ ㄱ, ㄴ, ㄷ

|자|료|해|설|

퇴적물이 비교적 얕은 물에서 퇴적되면 퇴적물 위로 흐르는 물의 흐름과 유사한 형태의 모양이 생기는데, 이를 연흔 구조라 한다. 연흔 구조는 아래로는 볼록하고, 위로는 뾰족한 모양이므로 역전된 지층에서 역전 여부를 쉽게 판단할 수 있다.

|보|기|풀|이|

ㄱ. 정답 : 얕은 물에서 물의 흐름의 영향을 받아 실험 결과와 같이 아래로 볼록하고, 위로는 뾰족한 모양으로 나타나는 퇴적 구조는 연흔이다.
ㄴ. 오답 : 저탁류는 대륙 사면에서 흐르는 퇴적물의 흐름으로 연흔 구조의 생성 과정과는 관계가 없다.
ㄷ. 정답 : 연흔 구조의 위 아래의 모양이 다르기 때문에 역전이 되면 위로 볼록하고 아래로 뾰족한 모양이 된다. 따라서 이 퇴적 구조는 지층의 역전 여부를 판단하는 데 이용할 수 있다.

😀 **문제풀이 TIP** | 얕은 물에서 퇴적물 위로 물이 한쪽 방향으로 흘러가면 그 흐름의 형태가 퇴적물 표면에 남게 된다.

😀 **출제분석** | 퇴적층에 나타나는 여러 가지 지질 구조들은 종종 출제된다. 그 중 사층리, 연흔, 건열은 지층의 역전 구조를 파악하는 데 도움이 되므로 자료로 자주 제시된다. 여러 퇴적 구조의 형성과 각각의 특징들을 공부해두자.

그림은 **강원도 어느 하천가에 있는 지층에서 발견된 화석의** 모습을 나타낸 것이다. → 삼엽충
이 지층에 대한 옳은 설명만을 〈보기〉에서 있는 대로 고른 것은? **3점**

보기

ㄱ. 바다에서 퇴적되었다.
ㄴ. 생성 시기는 고생대이다. → 고생대의 표준 화석
ㄷ. 생성된 이후 심한 변성 작용을 받았다. → 받지 않았다
　　　　　　　　　　　　　　　　　→ 화석이 압력이나 열에 의해 심하게 훼손되어 발견될 수 없음

① ㄱ　　② ㄷ　　✓ ㄱ, ㄴ　　④ ㄴ, ㄷ　　⑤ ㄱ, ㄴ, ㄷ

|자|료|해|설|

그림은 삼엽충 화석이다. 우리나라에서 삼엽충 화석은 주로 강원도의 석회암층에서 발견되며, 이 석회암층은 고생대의 바다 환경에서 퇴적되었다.

|보|기|풀|이|

ㄱ. 정답 : 그림은 삼엽충 화석이다. 강원도에서 발견되는 삼엽충 화석은 석회암층에서 주로 발견할 수 있는데, 이 석회암층은 바다에서 퇴적되어 만들어진 것이다.
ㄴ. 정답 : 강원도에서 발견되는 석회암층은 고생대의 바다에서 생성된 것이다. 또한 삼엽충은 대표적인 고생대의 표준화석이다.
ㄷ. 오답 : 삼엽충 화석이 발견된 지층은 석회암층이며 바다에서 퇴적된 이후 어떤 변성 작용도 받지 않았다. 석회암이 변성 작용을 받으면 대리암이 되며, 광물의 재결정 작용으로 인해 화석을 발견하기 어렵다.

😀 **문제풀이 TIP** | 삼엽충은 고생대의 대표적인 표준 화석이며, 우리나라에서는 강원도의 석회암층에서 주로 발견된다. 강원도에서 발견되는 삼엽충이라는 단서를 통해 고생대 바다에서 형성된 석회암층임을 유추할 수 있어야 한다.

😀 **출제분석** | 한반도의 지질학적 특징을 다룬 문항들 중에서 난도가 가장 낮은 편에 속한다. 지질학적으로 의미가 있는 주요 포인트들의 생성 시대, 구성 암석, 산출 화석 등에 대해서 꼼꼼하게 학습해두어야 한다.

그림 (가)는 퇴적 환경의 일부를, (나)는 지층의 퇴적 구조를 나타낸 것이다.

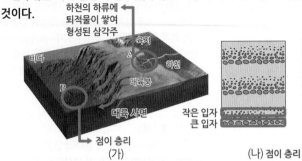

하천의 하류에 퇴적물이 쌓여 형성된 삼각주

점이 층리

작은 입자
큰 입자

(가)   (나) 점이 층리

이에 대한 설명으로 옳은 것만을 〈보기〉에서 있는 대로 고른 것은?

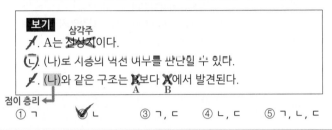

보기
삼각주
ㄱ. A는 ~~선상지~~이다.
ㄴ. (나)로 지층의 역전 여부를 판단할 수 있다.
ㄷ. (나)와 같은 구조는 ~~A~~보다 ~~B~~에서 발견된다.
　　　　　　 A 　 B

점이 층리

① ㄱ   ✓② ㄴ   ③ ㄱ, ㄷ   ④ ㄴ, ㄷ   ⑤ ㄱ, ㄴ, ㄷ

|자|료|해|설|

(가)의 하천에서 유입되는 퇴적물은 하천의 하류인 A에서 삼각주를 이룬다. 대륙 사면과 같은 경사진 지형에서 저탁류가 흐르면 B와 같은 점이 층리가 형성된다. 점이 층리는 입자 크기에 따라 퇴적되는 속도가 다르기 때문에 빠르게 흘러 내려오는 큰 입자는 아래에, 천천히 흘러 내려오는 작은 입자는 위에 위치하게 된다. 점이 층리 구조는 지층의 위아래 구조가 다르기 때문에 점이 층리의 모양으로 역전 여부를 판단할 수 있다.

|보|기|풀|이|

ㄱ. 오답 : A는 평지를 흐르던 하천 하류에 퇴적물이 쌓여 형성되는 삼각주이다. 선상지는 산지를 지나는 하천이 평지를 만날 때 주로 형성된다.

ㄴ. 정답 : 점이 층리는 위아래 모양이 다른 지질 구조로 지층이 역전되면, 역전되지 않은 점이 층리 구조와 달리 입자 크기가 큰 물질이 위에, 작은 물질이 아래에 있어 역전 여부를 판단할 수 있다.

ㄷ. 오답 : (나)와 같은 점이 층리 구조는 평지(A)보다 저탁류가 생성되는 대륙 사면(B)에서 발견된다.

😮 **문제풀이 TIP** | 점이 층리는 저탁류가 생성될 수 있는 사면이 있는 지형에서 잘 생성된다. 삼각주는 하천의 하류에, 선상지는 산지에서 흘러온 하천이 평지를 만나면서 형성되는 지형이다.

😀 **출제분석** | 물에 의해 유입되는 퇴적물이 형성하는 퇴적 구조에 관한 문항이다. 물에 의해 유입된다는 점은 같지만 물이 흐르는 환경에 따라 다양한 지형이 형성될 수 있다. 육지와 해저에서 생성되는 퇴적 구조의 발생 과정과 특징을 기억해두자.

그림 (가), (나), (다)는 우리나라 지질 공원의 지질 명소를 나타낸 것이다.

주로 용암이 급격하게 냉각될 때 형성

화산재가 쌓여 형성된 응회구

 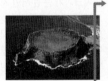 

(가) 무등산 주상 절리대   (나) 제주도 성산일출봉   (다) 진안 마이산

중생대 화산 분출로 형성

신생대에 형성된 화산섬

중생대에 생성된 퇴적암 지형, 주로 역암

이에 대한 설명으로 옳은 것만을 〈보기〉에서 있는 대로 고른 것은? **3점**

보기
ㄱ. (가)의 암석은 중생대에 생성되었다.
ㄴ. (나)는 수성 화산 분출에 의한 응회구이다.
ㄷ. (다)의 암석은 ~~바다~~에서 퇴적되어 생성되었다.
　　　　　　 육지

① ㄱ   ② ㄷ   ✓③ ㄱ, ㄴ   ④ ㄴ, ㄷ   ⑤ ㄱ, ㄴ, ㄷ

|자|료|해|설|

(가)에서 무등산의 주상 절리대는 중생대에 화산 분출로 형성된 지형이다. 주상 절리는 주로 용암이 급하게 냉각, 수축되면서 생성되는 육각기둥 모양의 구조이다. (나)에서 제주도는 신생대에 형성된 화산섬으로 전체 면적의 90% 이상이 현무암류이다. 성산일출봉은 화산재가 쌓여 형성된 응회구이다. (다)에서 진안 마이산은 중생대에 형성된 퇴적 분지에 주로 자갈과 소량의 모래, 진흙이 퇴적되어 형성된 육성 기원의 퇴적암으로 되어있으며 주로 역암이 분포한다.

|보|기|풀|이|

ㄱ. 정답 : 무등산의 주상 절리대는 중생대에 생성되었다.

ㄴ. 정답 : 제주도의 성산일출봉은 화산 분출에 의한 화산재가 쌓여 형성된 응회구이다.

ㄷ. 오답 : 마이산은 육성 기원의 퇴적암으로 이루어져 있다.

😮 **문제풀이 TIP** | 우리나라의 지질 명소의 지질학적 특징과 생성 시기 등은 암기해두어야 한다. 마이산은 중생대에 생성된 육성 기원 퇴적암으로 이루어져 있음을 유의하자.

😀 **출제분석** | 우리나라의 지질 명소는 자주 출제되는 요소이며, 이 문제는 각 지질 명소의 특징을 정확하게 알고 있어야 모든 보기를 해결할 수 있다.

그림 (가)와 (나)는 퇴적암이 나타나는 우리나라의 두 지역을 나타낸 것이다.

고생대

중생대

(가) 태백시 구문소   (나) 고성군 덕명리 해안

이에 대한 설명으로 옳은 것만을 <보기>에서 있는 대로 고른 것은?

보기

ㄱ. (가)의 암석은 (나)의 암석보다 ~~나중에~~ 먼저 생성되었다.

ㄴ. (나)의 암석은 ~~바다~~ 육지 에서 퇴적되었다.

ⓒ. (가)와 (나)에는 층리가 나타난다.
　　　　　　　└→ 퇴적 구조

① ㄱ   ✓② ㄷ   ③ ㄱ, ㄴ   ④ ㄴ, ㄷ   ⑤ ㄱ, ㄴ, ㄷ

|자|료|해|설|

강원도 태백시 구문소는 고생대 바다에서 퇴적된 석회암으로 이루어져 있고, 삼엽충 화석이 발견되며, 연흔, 건열, 층리 등의 다양한 퇴적 구조가 나타난다. 경상남도 고성군 덕명리는 중생대 호수에서 퇴적된 셰일층으로 이루어져 있고, 다양한 공룡발자국 화석과 새 발자국 화석이 발견되며, 이 지역 역시 연흔과 건열, 층리 등의 다양한 퇴적 구조가 나타난다.

|보|기|풀|이|

ㄱ. 오답 : (가)의 암석은 고생대에 생성되어, 중생대에 생성된 (나)의 암석보다 먼저 생성되었다.

ㄴ. 오답 : (나)의 암석은 공룡발자국이 발견되므로 육지에서 퇴적되었다.

ⓒ. 정답 : (가)와 (나)는 모두 퇴적암 지역이므로 층리가 나타난다.

🤓 **문제풀이TIP |** [대표적인 한반도의 퇴적 지형]
― 강원도 태백시 구문소(고생대): 바다, 삼엽충, 완족류 화석
― 전라북도 부안군 채석강(중생대): 호수, 역암, 셰일, 층리구조 발달
― 경상남도 고성군 덕명리(중생대): 호수, 셰일, 공룡발자국, 새발자국, 연흔, 건열
― 제주도 한경면 수월봉(신생대): 응회암, 층리
― 전라북도 진안군 마이산(중생대): 호수, 역암, 사암, 셰일, 민물조개, 고둥화석, 타포니
― 경기도 화성시 시화호(중생대): 역암, 사암, 공룡알 화석, 공룡뼈 화석

🤓 **출제분석 |** 15개정 교육과정으로 바뀌면서 한반도의 지형에 대한 비중이 줄어들었지만, 여전히 대표적인 지형에 대해서는 기억해야 한다.

그림은 대륙붕에서 서로 다른 퇴적물 A, B, C가 퇴적된 위치를 나타낸 것이다. A, B, C는 각각 점토, 자갈, 모래 중 하나이다. 이에 대한 설명으로 옳은 것만을 <보기>에서 있는 대로 고른 것은?
└→ 쇄설성(풍화/침식) from 육지

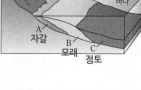

입자 크기↓

육지   바다
A   자갈   B   모래   C   점토

보기

ⓒ. A는 주로 육지에서 공급된다.

ㄴ. 입자의 크기는 B보다 C가 ~~크~~ 작 다.

ㄷ. C가 속성 작용을 받으면 ~~자암~~ 이암 이 된다. 이암/셰일 (B. 모래 → 사암)
　　└→ 입자들이 굳어져서 퇴적암이 되는 과정(압축+교결 작용)

✓① ㄱ   ② ㄴ   ③ ㄱ, ㄴ   ④ ㄴ, ㄷ   ⑤ ㄱ, ㄴ, ㄷ

|자|료|해|설|

그림은 퇴적암의 생성 환경 중 해양 환경(대륙붕, 대륙대)에 속한다. 육지에서 풍화·침식되어서 떨어져나온 암석 조각이나 광물들은 A근처 지역의 대륙붕에 쌓이게 된다. 육지에서 바다로 퇴적물들이 이동할 때는 입자크기가 큰 것부터 먼저 가라앉아 퇴적된다. 따라서 A → B → C는 입자크기가 큰 순서인 자갈 → 모래 → 점토이다. 자갈, 모래, 점토는 모두 쇄설성 퇴적물이다. 지표 부근의 암석이 풍화·침식되어 생긴 암석 조각으로, 입자의 크기에 따라 구분한다. 자갈은 입자의 크기가 2mm이상이며 역암, 각력암으로 퇴적된다. 모래는 입자의 크기가 $\frac{1}{16}$mm～2mm이며 사암으로 퇴적된다. 점토는 $\frac{1}{256}$mm 이하이며 이암/셰일/점토암으로 퇴적된다.
퇴적물이 물리적, 화학적 작용에 의해 퇴적암이 되어가는 과정을 속성 작용이라고 하며, 다져짐 작용(압축 작용)과 교결 작용(시멘트화 작용)을 포함한다.

|보|기|풀|이|

ⓒ. 정답 : A는 입자가 가장 큰 자갈이다. 점토, 자갈, 모래 모두 육지로부터 공급된다.

ㄴ. 오답 : 입자의 크기는 A(자갈) → B(모래) → C(점토)로 갈수록 작아진다. 따라서 입자의 크기는 B(모래)보다 C(점토)가 작다.

ㄷ. 오답 : C(점토)가 속성 작용을 받으면 이암/셰일/점토암으로 된다. 사암이 되려면 B(모래)가 속성 작용을 받아야 한다.

🤓 **문제풀이TIP |** 대륙붕에서는 입자 크기가 큰 것부터 퇴적 된다. 쇄설성 퇴적암은 구성 입자의 크기로 구분하며, 속성 작용으로 어떤 암석으로 퇴적되는지에 대해 잘 정리해야 한다. 쇄설성 퇴적물에서 모래가 $\frac{1}{16}$mm～2mm의 크기라는 것을 기억해두면 편리하다.

🤓 **출제분석 |** 퇴적 환경에 따른 퇴적물, 퇴적암에 대한 문제에서는 대륙붕/대륙대와 삼각주, 선상지가 많이 나오므로 정리해두어야 한다. 까다로운 보기가 없으므로 이번 문제의 난이도는 '하'이다.

그림 (가)는 퇴적 환경의 일부를, (나)는 서로 다른 퇴적 구조를 나타낸 것이다.

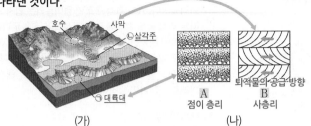

(가) 호수, 사막, 삼각주, ㉠ 대륙대

(나) A 점이 층리, B 사층리, 퇴적물의 공급방향

이에 대한 설명으로 옳은 것만을 〈보기〉에서 있는 대로 고른 것은?

> **보기**
> ㄱ. A는 ㉠보다 ㉡에서 잘 생성된다.
> ㄴ. B를 통해 퇴적물이 공급된 방향을 알 수 있다.
> ㄷ. ㉡은 퇴적 환경 중 육상 환경에 해당한다. (연안)

① ㄱ   ✓② ㄴ   ③ ㄱ, ㄷ   ④ ㄴ, ㄷ   ⑤ ㄱ, ㄴ, ㄷ

| 자 | 료 | 해 | 설 |

(나)에서 A는 점이 층리로 아래에서 위로 올라갈수록 구성 입자가 작아진다. A와 같은 퇴적 구조는 대륙붕이나 대륙 사면에 쌓여 있던 퇴적물이 수심이 깊고 평평한 대륙대에 한꺼번에 유입될 때 생성된다. 입자 크기에 따른 퇴적 속도 차이로 인해 크고 무거운 입자들이 아래에 먼저 쌓이고, 작고 가벼운 입자들이 위에 쌓인다.

(나)에서 B는 사층리로 퇴적물이 유입된 방향이 퇴적 구조에 남아 있다. 물이나 바람의 흐름에 따라 퇴적물이 쌓이는데, 그 방향이 자주 바뀌는 지역에서 사층리의 구조가 뚜렷이 드러난다. 사층리는 수심이 얕은 곳이나 사막과 같은 곳에서 잘 생성된다.

| 보 | 기 | 풀 | 이 |

ㄱ. 오답 : A는 점이 층리로 퇴적물이 평평한 대륙대에 한꺼번에 유입될 때 생성된다. 따라서 ㉡ 삼각주보다 ㉠ 대륙대에서 잘 생성된다.

ㄴ. 정답 : B는 사층리로 퇴적물이 유입된 방향이 퇴적 구조에 남아 있다. 따라서 B를 통해 퇴적물이 공급된 방향을 알 수 있다.

ㄷ. 오답 : ㉡은 바다와 육지가 만나는 곳에서 형성되는 퇴적 환경으로, 바다로 흘러 들어오는 퇴적물이 쌓여 만들어진 지형이다. 삼각주는 퇴적 환경 중 연안 환경에 해당한다.

점차 하강 = 얕아짐

그림 (가)는 해수면이 하강하는 과정에서 형성된 퇴적층의 단면이고, (나)는 (가)의 퇴적층에서 나타나는 퇴적 구조 A와 B이다.

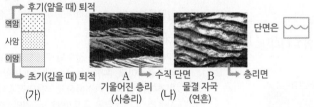

(가) 후기(얕을 때) 퇴적 → 역암, 사암, 이암 ← 초기(깊을 때) 퇴적

(나) A 기울어진 층리 (사층리) ← 수직 단면, B 물결 자국 (연흔) → 층리면

단면은 ⌇⌇

이 자료에 대한 설명으로 옳은 것만을 〈보기〉에서 있는 대로 고른 것은?

> **보기**
> ㄱ. (가)의 퇴적층 중 가장 얕은 수심에서 형성된 것은 이암층이다. (깊은)
> ㄴ. (나)의 A와 B는 주로 역암층에서 관찰된다. (사암) → 입자가 작을수록 잘 형성됨
> ㄷ. (나)의 A와 B 중 층리면에서 관찰되는 퇴적 구조는 B이다. → 층리면, 단면 둘 다 관측 가능

① ㄱ   ② ㄴ   ✓③ ㄷ   ④ ㄱ, ㄷ   ⑤ ㄴ, ㄷ

| 자 | 료 | 해 | 설 |

(가)는 해수면이 하강하는 과정에서 형성된 퇴적층의 단면이다. 해수면이 점차 하강하고 있으므로, 수심이 점차 얕아지고 있다. 따라서 아래의 이암은 수심이 깊을 때 퇴적된 것이고, 위의 역암은 수심이 얕을 때 퇴적된 것이다. (나)의 A는 층리가 기울어져 있으므로 사층리이다. A는 수직 단면을 나타낸 것이고, 층리면으로는 구분할 수 없다. B는 물결 자국이므로 연흔이다. B는 위에서 바라본 층리면을 나타낸 것이다. 단면은 뾰족한 것이 위로 올라와 있는 모양이다. A와 B 같은 퇴적 구조는 역암층보다는 주로 사암층이나 이암층과 같이 입자가 적당히 작은 암석에서 잘 형성된다.

| 보 | 기 | 풀 | 이 |

ㄱ. 오답 : (가)의 퇴적층 중 이암층은 가장 깊은 수심에서 형성되었다.

ㄴ. 오답 : (나)의 A와 B는 주로 사암층에서 관찰된다.

ㄷ. 정답 : (나)의 A와 B 중 층리면에서 관찰되는 퇴적 구조는 B이다.

🦉 **문제풀이 TIP** | 사층리, 점이층리, 연흔, 건열 모두 단면에서 관찰할 수 있고, 그중 연흔과 건열만 층리면에서도 관찰 가능하다.

🦉 **출제분석** | 퇴적 구조는 개념이 4가지로, 한정적이지만 많이 출제되어 꼭 맞혀야 하는 문제이다. 이 문제는 퇴적 구조가 지층의 생성 순서 등과 연결되지 않았음에도 낮은 정답률을 보였는데, 특히 ④를 선택한 학생들이 많았다. 문제에서 해수면이 하강하는 과정이라고 한 것에 주의해야 한다.

그림 (가)는 해성층 A, B, C로 이루어진 어느 지역의 지층 단면과
└ 해수면보다 낮은 물속에서 퇴적됨
A의 일부에서 발견된 퇴적 구조를, (나)는 A의 퇴적이 완료된 이후
해수면에 대한 ⓐ 지점의 상대적 높이 변화를 나타낸 것이다.

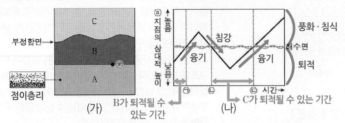

이에 대한 설명으로 옳은 것만을 〈보기〉에서 있는 대로 고른 것은?

3점

> **보기** → 점이층리
> ㄱ. A의 퇴적 구조는 입자 크기에 따른 퇴적 속도 차이에 의해
>   형성되었다. └ 입자 크기가 클수록 퇴적 속도가 빠르다.
> ㄴ. B의 두께는 ㉠ 시기보다 ㉡ 시기에 ~~두꺼웠다~~ 얇았다.
> ㄷ. C는 ~~㉡~~ 시기 이후에 생성되었다.

① ㄱ   ② ㄷ   ③ ㄱ, ㄴ   ④ ㄴ, ㄷ   ⑤ ㄱ, ㄴ, ㄷ

|자|료|해|설|
(가)의 A, B, C는 모두 해성층으로 해수면보다 아래에서 퇴적되었다. A의 퇴적 구조인 점이층리는 입자 크기에 따른 퇴적 속도 차이에 의해 형성되어 크고 무거운 입자가 아래쪽에 위치한다. (나)는 A의 퇴적이 완료된 이후의 그래프이므로 B의 퇴적 과정부터 나타낸 것이다. 해수면보다 위로 올라오면 풍화, 침식 작용을 받고, 해수면보다 아래로 내려가면 퇴적이 일어난다.

|보|기|풀|이|
ㄱ. 정답 : 점이층리 구조는 크고 무거운 입자들이 퇴적 속도가 빠르기 때문에 먼저 가라앉고, 이후 작고 가벼운 입자들이 퇴적 속도가 느리기 때문에 서서히 가라앉으면서 형성된다.
ㄴ. 오답 : ㉠ 시기와 ㉡ 시기 사이는 ⓐ 지점 위의 지층이 해수면 위로 노출되어 침식 작용을 받았을 시기이므로 B의 두께는 ㉠ 시기보다 ㉡ 시기에 얇았다.
ㄷ. 오답 : C는 해성층이므로 ㉢ 시기 이전에 해수면 아래에서 생성되었다.

문제풀이 TIP | 부정합면은 해수면 밖으로 지층이 노출되면 풍화, 침식 작용을 받아 생성된다는 것을 기억해야 한다.
[부정합 생성 순서]
지층의 퇴적(해수면 아래) → 융기 → 풍화·침식 → 침강 → 퇴적 → 융기

출제분석 | 부정합면은 지층이 융기하여 지표면이 풍화, 침식 작용을 받아 만들어진다는 것을 알고 자료 분석을 통해 풀어야 하는 문제이다. 해수면을 기준으로 상대적 높이를 비교하여 융기와 침강을 표현한 좋은 문제이다.

그림 (가), (나), (다)는 사층리, 연흔, 점이층리를 순서 없이 나타낸 것이다.

(가) 점이층리   (나) 사층리   (다) 연흔

이에 대한 설명으로 옳은 것만을 〈보기〉에서 있는 대로 고른 것은?

> **보기**
> ㄱ. (가)는 점이층리이다.
> ㄴ. (나)는 지층의 역전 여부를 판단할 수 있는 퇴적 구조이다.
> ㄷ. (다)는 역암층보다 사암층에서 주로 나타난다.

① ㄱ   ② ㄷ   ③ ㄱ, ㄴ   ④ ㄴ, ㄷ   ⑤ ㄱ, ㄴ, ㄷ

|자|료|해|설|
(가)는 위에서 아래로 갈수록 구성 입자의 크기가 커지는 점이층리이고, (나)는 물 또는 바람의 방향이 자주 바뀌는 환경에서 층리가 비스듬하게 기울어진 형태로 만들어지는 사층리, (다)는 얕은 물 밑에서 잔물결의 영향으로 퇴적물의 표면에 물결 자국이 생기며 만들어지는 퇴적 구조인 연흔이다.
세 퇴적 구조 모두 위쪽과 아래쪽의 모양이 달라서 각 퇴적 구조의 형태를 보고 지층의 역전 여부를 판단할 수 있다.

|보|기|풀|이|
ㄱ. 정답 : 아래쪽으로 갈수록 구성 입자의 크기가 점점 커지는 퇴적 구조는 점이층리이다.
ㄴ. 정답 : (나) 사층리는 아래로 오목한 모양으로 나타나기 때문에 지층이 역전되면 위로 볼록한 모양이 된다. 이를 통해 지층의 역전 여부를 판단할 수 있다.
ㄷ. 정답 : (다)는 얕은 물 밑에서 잔물결의 영향으로 퇴적물의 표면이 물결 모양으로 만들어지는 연흔으로 퇴적물의 입자가 큰 역암층보다는 퇴적물의 입자가 작은 사암층에서 주로 나타난다.

문제풀이 TIP | 퇴적 구조의 위쪽과 아래쪽의 모양이 다른 경우에 이를 통해 지층의 역전 여부를 판단할 수 있다.

02 지질 구조

필수개념 1   **지질 구조**

1. 지질 구조: 지층이나 암석이 지각 변동을 받아 다양한 모양으로 변형된 상태. 과거의 지각 변동을 알 수 있음.

2. 지질 구조의 종류: 습곡, 단층, 절리, 부정합, 관입과 포획
  1) 습곡: 횡압력에 의해 휘어진 구조
    ① 생성 장소: 지하 깊은 곳(온도가 높아야 지층이 끊어지지 않고 휘어지기 때문)
    ② 구조

배사	지층이 휘어 볼록하게 올라온 부분
향사	지층이 휘어 오목하게 내려간 부분
습곡날개	습곡의 기울어진 경사면
습곡축면	가장 많이 휘어진 부분을 자른 면
습곡축	습곡날개 사이 가장 많이 휘어진 부분

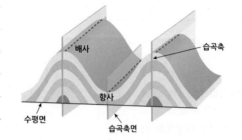

▶ 횡와 습곡
지층이 지각 변동을 받지 않았다면 아래에 있는 지층이 먼저 쌓인 것이다. 그러나 횡와 습곡에서는 먼저 쌓인 지층의 일부가 위로 올라오므로 지층이 쌓인 순서를 해석하는데 혼란을 줄 수 있다.

    ③ 종류

정습곡	경사습곡	횡와습곡
습곡축면이 수평면에 대해 거의 수직인 경우	습곡축면이 수평면에 대해 수직이 아닌 경우	습곡축면이 거의 수평으로 누워버린 경우

  2) 단층: 지층이 장력이나 횡압력을 받아 끊어지면서 상대적으로 위와 아래 지층이 이동해 형성된 구조.
    ① 생성 장소: 지표 근처(온도가 낮아 지층이 휘지 않고 끊어지기 때문)
    ② 구조

단층면	지층이 끊어진 면
상반	단층면을 기준으로 위에 있는 지층
하반	단층면을 기준으로 아래에 있는 지층

    ③ 종류

정단층	역단층	주향 이동 단층
하반 상반	상반 하반	수평 방향의 힘

3) 절리: 암석 내에 형성된 틈이나 균열
　① 지하 깊은 곳의 암석이 융기하거나 마그마가 빠르게 식으면서 수축할 때 그리고
　　 지층이 지각 변동에 의한 습곡 작용을 받는 경우에 생성
　② 종류

종류	주상 절리	판상 절리
형태	단면의 형태가 육각 내지는 사각형을 이루는 긴 기둥 모양의 절리	암석의 표면에서 판 모양으로 또는 동심원 형태로 평행하게 발달한 절리
발생 원인	지표를 따라 대규모로 흐르던 용암이 급격히 식으며 부피가 수축하여 생성	심성암이 지표에 노출될 때 압력의 감소로 인해 부피가 팽창하며 생성
발견	제주도, 한탄강 일대 등 화산암 지형에서 주로 발견	북한산, 설악산 일대 등 심성암 지형에서 주로 발견

4) 부정합: 조륙 운동이나 조산 운동 등의 지각 변동을 받아 인접한 두 지층 간의 퇴적 시기의 시간 차가
　큰 경우 두 지층 간의 관계를 말함
　① 부정합면 위에 기저역암이 존재
　② 정합: 지층이 시간 순서대로 연속적으로 쌓인 경우
　③ 생성 과정: 퇴적 → 융기 → 침식 → 침강 → 퇴적
　④ 종류: 융기하기 전이나 융기하면서 받은 지각 변동에 따라 구분

	평행 부정합	경사 부정합	난정합
구조			
특징	• 부정합면의 상층과 하층이 평행하게 퇴적 • 지층이 상하 운동만 받은 경우에 발견	• 부정합면을 경계로 상층과 하층의 지층 경사가 다른 경우 • 조산 운동을 받아 지층이 습곡 된 경우 발견	• 부정합면 아래에 화성암이 침식된 채로 존재하는 경우
생성 과정	퇴적 → 융기 → 침식 → 침강 → 퇴적	퇴적 → 습곡 작용, 융기 → 침식 → 침강 → 퇴적	퇴적 → 관입 → 융기 → 침식 → 침강 → 퇴적

5) 관입과 포획
　① 관입: 마그마가 주변 암석을 뚫고 들어가는 것. 암석의 생성 순서를 알 수 있다. 관입한 암석은
　　 관입 당한 암석보다 나중에 생성됨. 마그마는 온도가 높기 때문에 주변 암석에 마그마가 닿은
　　 부분은 변성 작용을 받는다.

	관입	분출
구조		
생성 순서	A → C → B	A → B → C

　② 포획: 마그마가 관입하는 과정에서 주변의 암석이나 지층의 조각이 떨어져 나와 마그마와 함께
　　 굳은 것. 암석의 생성 순서를 알 수 있다.

기본자료

▶ 박리 현상
판상 절리가 발달한 기반암에서 암괴가 양파 껍질처럼 떨어져 나오는 현상

▶ 조륙 운동과 조산 운동
• 조륙 운동: 넓은 범위에 걸쳐 지각이 서서히 융기하거나 침강하는 운동
• 조산 운동: 거대한 습곡 산맥을 형성하는 지각 변동

다음은 어느 지질 구조의 형성 과정을 알아보기 위한 탐구이다.

[탐구 과정]

(가) 지점토 판 세 개를 하나씩 순서대로 쌓은 뒤, Ⅰ과 같이 경사지게 지점토 칼로 자른다.

(나) 잘린 지점토 판 전체를 조심스럽게 들어 올리고, Ⅱ와 같이 ㉠ 양쪽 끝을 서서히 잡아당겨 가운데 조각이 내려가도록 한다. ↳ 장력 ⇒ 정단층

(다) Ⅲ과 같이 지점토 칼로 지점토 판의 위쪽을 수평으로 자른다. → 침식

(라) 잘린 지점토 판 위에 Ⅳ와 같이 새로운 지점토 판을 수평이 되도록 쌓는다. → 재퇴적(부정합)

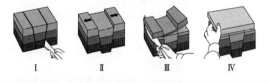

Ⅰ   Ⅱ   Ⅲ   Ⅳ

이에 대한 설명으로 옳은 것만을 〈보기〉에서 있는 대로 고른 것은?

(3점)

보기

ㄱ. ㉠에 해당하는 힘은 ~~횡압력~~ 장력 이다.

ㄴ. (다)는 지층의 침식 과정에 해당한다.

ㄷ. (라)에서 부정합 형태의 지질 구조가 만들어진다.

① ㄱ   ② ㄴ   ③ ㄷ   ④ ㄱ, ㄴ   ⑤ ㄴ, ㄷ

|자|료|해|설|

(나)의 ㉠ 양쪽 끝을 서서히 잡아당기는 것은 장력이 작용하는 것으로, 정단층이 만들어진다. (다)에서 판의 위쪽을 수평으로 자르는 것은 지표로 노출된 지층이 침식되는 것을, (라)에서 새로운 판을 쌓는 것은 침식 이후 지층의 재퇴적을 의미한다. 따라서 (다)와 (라) 사이에 나타나는 면은 부정합면이다.

|보|기|풀|이|

ㄱ. 오답 : ㉠에 해당하는 힘은 장력이다.

ㄴ. 정답 : 칼로 판의 위쪽을 자른 (다)는 지층의 침식 과정을 보여준다.

ㄷ. 정답 : (라)에서 부정합이 만들어진다.

🗣 **문제풀이 TIP** | 부정합: 퇴적 → (융기) 침식 → 침강 → 재퇴적의 과정을 거쳐 만들어진다.
정단층: 장력이 작용하여 상반이 아래로 내려간 단층이다.
역단층: 횡압력이 작용하여 상반이 위로 올라간 단층이다.

😀 **출제분석** | 지점토를 활용하여 지질 구조의 생성 과정을 확인하는 문제이다. 실험을 해석하고 각 단계에 해당하는 생성 과정이나 지질 구조를 파악해야 하는데, 자료 해석이 어렵지 않고 보기는 평이하여 배점이 3점이지만 정답률은 높았다. 배점이 3점이고 생소한 자료라고 당황하지 말고, 차분하게 보면 익숙한 내용이라는 것을 알 수 있다.

그림은 지질 구조 (가), (나), (다)를 나타낸 것이다.

(가) 정습곡   (나) 횡와 습곡   (다) 역단층

이에 대한 옳은 설명만을 〈보기〉에서 있는 대로 고른 것은?

보기

ㄱ. A에는 향사 구조가 나타난다.

ㄴ. (나)와 (다)에는 나이가 많은 지층 아래에 나이가 적은 지층이 나타나는 부분이 있다.

ㄷ. (가), (나), (다)는 모두 횡압력에 의해 형성된다.

① ㄱ   ② ㄴ   ③ ㄱ, ㄷ   ④ ㄴ, ㄷ   ⑤ ㄱ, ㄴ, ㄷ

|자|료|해|설|

(가)는 정습곡이며 향사와 배사 구조가 모두 관찰된다. A는 지층이 아래로 휜 향사 구조이다. (나)는 지층이 강한 횡압력을 받아 생성되는 횡와 습곡이다. (다)에서 단층면을 기준으로 왼쪽이 상반, 오른쪽이 하반이므로 (다)는 상반이 위로 올라간 역단층이다. 지층 누중의 법칙에 의해 가장 위에 있는 지층의 연령이 가장 적으므로 (나)와 (다)에는 나이가 많은 지층 아래에 나이가 적은 지층이 나타나는 부분이 있다.

|보|기|풀|이|

ㄱ. 정답 : A에는 지층이 아래로 휜 향사 구조가 나타난다.

ㄴ. 정답 : (나)와 (다)의 그림에 표시한 점선 방향을 따라가다 보면 (나)와 (다)에는 나이가 많은 지층 아래에 나이가 적은 지층이 나타나는 부분이 있다.

ㄷ. 정답 : 습곡과 역단층은 모두 횡압력에 의해 형성된다.

🗣 **문제풀이 TIP** | 지층의 연령을 묻는 문제에서는 각 지층별로 숫자를 붙여 비교하는 것이 실수를 방지할 수 있는 방법이다. 또한 지질 구조의 종류에 따라 작용하는 힘의 종류를 숙지해두어야 한다.

😀 **출제분석** | 지질 구조를 단독으로 묻는 유형은 수능에서 자주 출제되지는 않는다. 하지만 지층의 연령과 함께 문제를 구성하면 출제 가능성이 높아질 뿐 아니라 다양한 자료를 제시할 수 있어 난이도가 증가할 가능성이 크다.

그림 (가)와 (나)는 서로 다른 지질 구조를 나타낸 것이다.

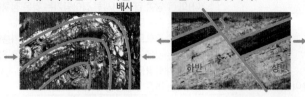

(가) 습곡 ➡ 횡압력   (나) 단층 ➡ 장력

이에 대한 설명으로 옳은 것만을 〈보기〉에서 있는 대로 고른 것은?
(단, 지층의 역전은 없었다.)

보기

ㄱ. (가)에서는 배사 구조가 나타난다.

ㄴ. (나)에서 상반은 단층면을 따라 위로 이동하였다. (아래)

ㄷ. (가)와 (나)는 장력에 의해 형성되었다. (횡압력) (장력)

① ㄱ   ② ㄴ   ③ ㄱ, ㄷ   ④ ㄴ, ㄷ   ⑤ ㄱ, ㄴ, ㄷ

| 자 | 료 | 해 | 설 |

(가) 습곡은 암석이 횡압력을 받아 휘어진 지질 구조이다. 습곡에서 위로 볼록한 부분을 배사, 아래로 볼록한 부분을 향사라고 한다. 그림에서는 지층이 위로 볼록한 배사 구조가 나타난다.

(나) 단층은 암석이 깨어져 그 면을 따라 어긋난 지질 구조이다. 정단층과 역단층을 구분하기 위해서는 상반과 하반의 위치 관계를 알아야 한다. 단층면이 기울어져 있을 때 단층면 위쪽에 놓인 지괴를 상반, 아래쪽에 놓인 지괴를 하반이라고 한다. 그림은 단층면을 기준으로 오른쪽이 상반이며, 상반의 검은색 줄무늬가 내려온 것을 보아 상반이 내려온 정단층이다. 정단층은 장력에 의해 형성된다.

| 보 | 기 | 풀 | 이 |

ㄱ. 정답 : (가) 습곡에서는 습곡축을 기준으로 지층이 위로 볼록한 배사 구조가 나타난다.

ㄴ. 오답 : (나) 단층은 상반이 단층면을 따라 아래로 이동한 정단층이다.

ㄷ. 오답 : (가) 습곡은 횡압력, (나) 정단층은 장력에 의해 형성되었다.

😮 **문제풀이 TIP** | 습곡의 줄무늬를 따라 선을 그려보면 위로 볼록한지 아래로 볼록한지 알 수 있다. 단층의 경우 잘라진 경계를 선으로 긋고, 상반을 찾은 다음 상반이 위로 올라가면 역단층, 아래로 내려가면 정단층임을 꼭 기억하자. 양쪽에서 미는 힘은 '횡압력', 양쪽에서 잡아당기는 힘은 '장력'이다.

😮 **출제분석** | 지질 구조에 대한 문제 중 가장 난도가 쉬운 문제 수준에 해당한다. 지질 구조의 경우 빈출되는 유형이기 때문에 이번 문제는 절대 틀려서는 안되는 문제이다.

그림 (가), (나), (다)는 주상 절리, 습곡, 사층리를 순서 없이 나타낸 것이다.

(가) 사층리(퇴적 구조)   (나) 습곡   (다) 주상 절리

이에 대한 옳은 설명만을 〈보기〉에서 있는 대로 고른 것은?

보기

ㄱ. (가)는 주로 퇴적암에 나타나는 구조이다.

ㄴ. (나)는 횡압력을 받아 형성된다.

ㄷ. (다)는 지하 깊은 곳에서 생성된 암석이 지표로 융기할 때 형성된다. ➡ 판상 절리 (용암이 빠르게 냉각)

① ㄱ   ② ㄷ   ③ ㄱ, ㄴ   ④ ㄴ, ㄷ   ⑤ ㄱ, ㄴ, ㄷ

| 자 | 료 | 해 | 설 |

(가)는 층리가 기울어 있는 사층리이며, 퇴적암에서 나타나는 퇴적 구조이다. (나)는 지층이 횡압력을 받아 구부러진 습곡이다. (다)는 마그마가 빠른 속도로 냉각되어 수축이 일어난 주상 절리이다.

| 보 | 기 | 풀 | 이 |

ㄱ. 정답 : (가)는 사층리라는 퇴적 구조로, 주로 퇴적암에서 나타난다.

ㄴ. 정답 : (나)는 횡압력을 받아 형성된 습곡이다.

ㄷ. 오답 : 지하 깊은 곳에서 생성된 심성암이 지표로 융기하여 압력 감소로 인해 만들어지는 절리는 판상 절리이다. (다)는 지표면에서 용암이 빠르게 냉각될 때 형성되는 주상 절리이다.

😮 **문제풀이 TIP** | 사층리는 물이나 바람이 한 방향으로 지속적으로 부는 곳, 수심이 얕은 곳이나 사막 등에서 만들어지는 퇴적 구조이다. 습곡은 지하 깊은 곳에서 횡압력을 받아 만들어지는 지질 구조이고, 주상 절리는 지표에서 마그마가 냉각될 때 만들어지는 지질 구조이다.

😮 **출제분석** | 퇴적 구조와 지질 구조를 함께 다룬 문제이다. 지층 단면도에 포함되는 것이 아니라 이 문제처럼 각각의 사진이 제시되는 경우라면 문제의 난이도가 매우 낮아진다. ㄱ~ㄷ 선지가 모두 평이하고 개념을 직접적으로 묻고 있어서 문제의 난이도가 매우 낮은 편이다. ㄴ 선지의 경우 횡압력과 판의 경계(수렴형 경계) 또는 단층(역단층)을 연결하여 출제되기도 한다. 사층리는 퇴적물의 공급 방향을 묻는 경우가 많다.

관입당한 암석이 나이가 더 많음 ⟵　　　⟶ 화성암이 나이가 더 어림

그림 (가)와 (나)는 각각 관입암과 포획암이 존재하는 암석의 모습을 나타낸 것이다. (가)와 (나)에 있는 관입암과 포획암의 나이는 같다.

 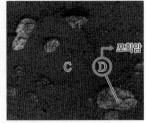

(가) 나이 : A<B　　　나이 : C<D　(나)
→ C<A=D<B

암석 A~D에 대한 옳은 설명만을 <보기>에서 있는 대로 고른 것은?
(3점)

> **보기**　→ 마그마가 관입할 때 주변 지층에서 떨어져 나온 암석
> ㄱ. A는 B를 관입하였다.
> ㄴ. 포획암은 D이다.
> ㄷ. 암석의 나이는 C가 가장 적다.
> 　　　↳ C<A=D<B

① ㄱ　　② ㄴ　　③ ㄱ, ㄷ　　④ ㄴ, ㄷ　　✓⑤ ㄱ, ㄴ, ㄷ

| 자 | 료 | 해 | 설 |

(가)에서 뚫고 들어간 관입암은 A, 기존의 암석은 B이다. 관입의 법칙에 의해 관입 당한 암석이 더 나이가 많으므로 나이는 A<B이다. (나)에서 C는 화성암이고, D는 마그마가 관입할 때 주변 지층의 일부가 떨어져 마그마와 함께 굳은 포획암이다. 마그마 관입 당시에 이미 주변 지층이 있었으므로, 나이는 C<D이다. 이때, 관입암과 포획암의 나이가 같으므로 나이는 C<A=D<B이다.

| 보 | 기 | 풀 | 이 |

ㄱ. 정답 : A는 B를 뚫고 들어갔으므로 관입암이다.
ㄴ. 정답 : 포획암은 마그마가 관입할 때 주변 지층에서 떨어져 나온 암석이므로 D이다.
ㄷ. 정답 : 암석의 나이는 C<A=D<B이므로 C가 가장 적다.

😮 **문제풀이 T I P** | 관입: 지하에서 마그마가 주변의 지층이나 암석을 뚫고 들어가 화성암으로 굳어지는 과정
포획암: 마그마가 관입할 때 주변에 존재하던 암석에서 떨어져 나와 마그마 속으로 들어간 암석

😀 **출제분석** | 관입과 포획의 구분을 묻는 쉬운 문제이다. 관입과 포획에서는 이 문제처럼 암석의 상대적 나이를 꼭 물어본다. 따라서 관입한 암석이 주변 지층보다 나이가 적다는 것과, 주변 지층이 떨어져 나온 암석인 포획암 역시 이를 포획한 관입암보다 나이가 많다는 것을 기억해야 한다.

그림은 어느 지괴가 서로 다른 종류의 힘 A, B를 받아 형성된 단층의 모습을 나타낸 것이다.

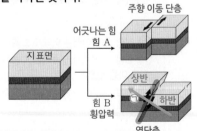

이에 대한 옳은 설명만을 <보기>에서 있는 대로 고른 것은?

> **보기**
> 　　　주향 이동 단층
> ㄱ. 힘 A에 의해 ~~역단층~~이 형성되었다.
> ㄴ. ㉠은 상반이다.
> ㄷ. 힘 B는 ~~장력~~이다.
> 　　　횡압력

① ㄱ　　✓② ㄴ　　③ ㄱ, ㄷ　　④ ㄴ, ㄷ　　⑤ ㄱ, ㄴ, ㄷ

| 자 | 료 | 해 | 설 |

힘 A는 어긋나는 힘으로 주향 이동 단층을 형성한다. 힘 B는 횡압력으로 상반이 위로 향하는 역단층을 형성한다.

| 보 | 기 | 풀 | 이 |

ㄱ. 오답 : 힘 A(어긋나는 힘)에 의해 주향 이동 단층이 형성되었다.
ㄴ. 정답 : ㉠은 상반이다.
ㄷ. 오답 : 힘 B는 횡압력이다.

😮 **문제풀이 T I P** | [단층의 구분]
역단층은 횡압력, 정단층은 장력이 작용하여 생긴 구조이다. 정단층도 ㅈ, 장력도 ㅈ으로 시작한다고 외우는 것은 암기 tip! 경사면을 기준으로 윗부분이 상반, 아랫부분이 하반인데 이해가 잘 안 된다면 경사면에 수직으로 선을 그었을 때 위쪽을 향하는 화살표를 포함하는 곳이 상반이다.

😀 **출제분석** | 단층과 관련된 기본 문제이다.

그림 (가)와 (나)는 서로 다른 지질 구조가 나타나는 두 지역을 나타낸 것이다.

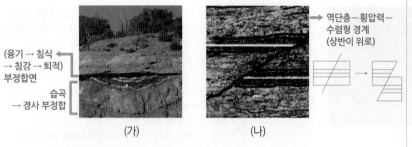

(유기 → 침식 → 침강 → 퇴적) 부정합면

습곡 → 경사 부정합

(가)

역단층─횡압력─ 수렴형 경계 (상반이 위로)

(나)

이에 대한 설명으로 옳은 것만을 〈보기〉에서 있는 대로 고른 것은?

보기
ㄱ. (가)는 경사 부정합이 관찰된다. ➡ 부정합면 하부에 습곡 → 경사 부정합
ㄴ. (나)의 지질 구조는 판의 ~~수렴형~~ 경계보다 ~~발산형~~ 경계에서
    잘 발달한다.   발산형   수렴형
ㄷ. (가)와 (나)의 지질 구조는 ~~장력~~에 의해 형성되었다.
    횡압력

✓① ㄱ   ② ㄷ   ③ ㄱ, ㄴ   ④ ㄴ, ㄷ   ⑤ ㄱ, ㄴ, ㄷ

|자|료|해|설|
(가)에서는 부정합면과 그 아래에 습곡이 나타난 지질 구조인 경사 부정합이 관찰된다. 부정합면이 만들어지기 위해서는 융기 → 침식 → 침강 → 퇴적 과정을 거친다. 습곡은 지층이 횡압력을 받아 만들어지며 수렴형 경계에서 발달한다.
(나)는 단층면을 따라 상반이 위로 올라간 역단층이다. 역단층은 횡압력을 받아 만들어지며 수렴형 경계에서 발달한다.
습곡과 역단층은 똑같이 횡압력을 받아 만들어지는 지질 구조라도 생성 깊이가 다르다. 습곡이 더 온도가 높고 깊은 곳에서 만들어지고, 역단층은 더 온도가 낮고 얕은 곳에서 만들어진다.

|보|기|풀|이|
ㄱ. 정답 : 부정합면 위아래의 지층이 평행하지 않기 때문에 (가)는 경사 부정합이다.
ㄴ. 오답 : (나)는 단층면을 따라 상반이 위로 올라간 역단층이다. 역단층은 횡압력을 받아 만들어지므로 판의 발산형 경계보다 수렴형 경계에서 잘 발달한다.
ㄷ. 오답 : 습곡과 역단층은 모두 횡압력에 의해 형성된다.

😃 **문제풀이 TIP** | 부정합면을 경계로 위아래 지층이 평행하면 평행 부정합, 평행하지 않으면 경사 부정합이다. 지하에서 만들어진 심성암이나 변성암이 지표로 융기하여 만들어지는 부정합은 난정합이다. '상반이 위로─역단층─횡압력─수렴형 경계'를 연결 지어 암기한다. 횡압력을 보다 깊은 곳에서 받았을 때는 역단층이 아닌 습곡이 만들어진다.

😃 **출제분석** | 지질 구조에 대한 기본적인 지식을 묻는 문제로 난도는 '중하'이다. 헷갈릴 보기가 없기 때문에 개념을 정확히 알고 있다면 정답을 쉽게 찾을 수 있다. 따라서 이 문제는 틀렸을 때 등급이 내려가는 문제라고 생각할 수 있으며, 반드시 맞춰야 한다. 지질 구조는 매번 빠지지 않고 등장하는 개념이다. 출제 빈도가 높은 만큼 이 문제처럼 단독 개념으로 출제되거나 퇴적 구조, 지층의 생성 순서와 결합하여 출제되는 등 다양한 변주가 이뤄지는 개념이다.

그림 (가)와 (나)는 서로 다른 지질 구조를 나타낸 것이다.

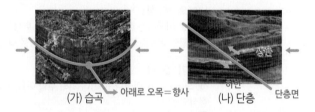

(가) 습곡   → 아래로 오목=향사   상반   하반   단층면
(나) 단층

이에 대한 설명으로 옳은 것만을 〈보기〉에서 있는 대로 고른 것은? (단, 지층의 역전은 없었다.)

보기
ㄱ. (가)에서는 향사 구조가 나타난다.
ㄴ. (나)에서 상반은 단층면을 따라 위로 이동하였다. → 역단층
ㄷ. (가)와 (나)는 모두 횡압력을 받아 형성되었다.
    ┗ 습곡   ┗ 역단층

① ㄱ   ② ㄷ   ③ ㄱ, ㄴ   ④ ㄴ, ㄷ   ✓⑤ ㄱ, ㄴ, ㄷ

|자|료|해|설|
습곡과 역단층에 대한 설명이다. (가)는 횡압력을 받아 아래로 오목한 향사 구조가 보이는 습곡이며, (나)는 단층면을 기준으로 상반이 올라간 역단층이다.

|보|기|풀|이|
ㄱ. 정답 : (가)에서는 아래로 오목한 향사구조가 나타난다.
ㄴ. 정답 : (나)에서 단층면을 기준으로 윗부분인 상반이 위로 이동하였다.
ㄷ. 정답 : 습곡과 역단층 모두 횡압력을 받아 형성되는 구조이다.

😃 **문제풀이 TIP** | 습곡의 구조와 단층의 구조를 기억해야 한다. 배(背, 등 배)사는 등처럼 굽은 모양이라서 배사이다. 역단층은 횡압력, 정단층은 장력이 작용하여 생긴 구조이다. 정단층도 ㅈ, 장력도 ㅈ으로 시작한다고 외우는 것은 암기 tip. 경사면을 기준으로 윗부분이 상반, 아래 부분이 하반인데 이해가 잘 안된다면 경사면에 수직으로 화살표를 그었을 때 그 화살표가 위로 향하는 것이 상반이다.

😃 **출제분석** | 그림을 보고 단층구조와 습곡면 및 상·하반을 찾는 문제는 출제 빈도가 매우 높기 때문에 그 특징을 반드시 기억해야 한다.

그림 (가)와 (나)는 서로 다른 지질 구조를 나타낸 것이다.

(가) 습곡 ➡ 횡압력 　　　　(나) 정단층 ➡ 장력
　　　　└ 수렴형 경계 　　　　　　　└ 발산형 경계

이에 대한 설명으로 옳은 것만을 〈보기〉에서 있는 대로 고른 것은?

보기
ㄱ. (가)는 횡압력을 받아 형성되었다.
ㄴ. (나)에서는 상반이 단층면을 따라 ~~위~~로 이동했다. 아래
ㄷ. (가)와 (나)는 ~~모두~~ 판의 수렴형 경계에서 발달하는 지질 구조이다.　(가) 수렴형, (나) 발산형 경계

① ㄱ 　　② ㄷ 　　③ ㄱ, ㄴ 　　④ ㄱ, ㄷ 　　⑤ ㄴ, ㄷ

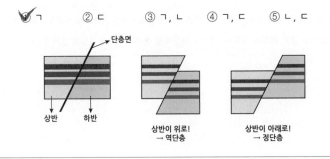

단층면
상반 　하반
상반이 위로! → 역단층
상반이 아래로! → 정단층

|자|료|해|설|

(가) 습곡은 횡압력을 받아 형성된 지질 구조로, 판의 수렴형 경계에서 발달한다.

(나) 정단층은 장력의 영향으로 상반이 단층면을 따라 아래로 이동한 지질 구조로, 판의 발산형 경계에서 발달한다.

(나) 정단층과 역단층을 혼동하면 안 된다. 역단층은 횡압력의 영향으로 상반이 단층면을 따라 위로 이동한 지질 구조로, 판의 수렴형 경계에서 발달한다.

|보|기|풀|이|

ㄱ. 정답 : 습곡은 횡압력을 받아 형성된다.
ㄴ. 오답 : 정단층은 상반이 단층면을 따라 아래로 이동한 지질 구조이다.
ㄷ. 오답 : 습곡은 판의 수렴형 경계에서, 정단층은 판의 발산형 경계에서 발달한다.

😀 **문제풀이 TIP** | 정단층과 역단층을 정확하게 구분해야 한다. 정단층과 장력 모두 'ㅈ'으로 시작한다는 점에 유의하여 암기한다. 정단층과 역단층 중 하나만 확실하게 외우고 나머지는 반대로 생각하는 것도 도움이 된다.

😀 **출제분석** | 지질 구조의 기본적인 개념을 묻는 문제로 난도는 '하'이다. 지질 구조는 학평, 모평, 수능에서 매년 빠지지 않고 출제되는 핵심 개념이다. 이 문제처럼 지질 구조만을 묻는 경우도 있지만 다른 퇴적 구조나 지층의 생성 순서와 결합한 고난도 문제가 출제되는 경우가 많으므로 개념을 확실하게 파악하는 것이 중요하다.

그림 (가)~(다)는 서로 다른 지역에서 발견되는 지질 구조를 나타낸 것이다.

(가) 습곡 　　　　(나) 역단층 　　　　(다) 정단층

이에 대한 설명으로 옳은 것만을 〈보기〉에서 있는 대로 고른 것은?

보기
ㄱ. (가)에서는 배사 구조가 나타난다. ─→ 정단층
ㄴ. (다)는 상반이 단층면을 따라 아래로 내려간 단층이다.
ㄷ. (가)와 (나)는 모두 횡압력을 받아 형성되었다.
　　　　　　　　　　　(미는 힘)

① ㄱ 　　② ㄷ 　　③ ㄱ, ㄷ 　　④ ㄴ, ㄷ 　　⑤ ㄱ, ㄴ, ㄷ

|자|료|해|설|

(가)의 습곡에서는 위로 볼록한 구조인 배사 구조를 확인할 수 있다.

(나)는 단층면의 왼쪽이 상반, 오른쪽이 하반이며 상반이 위로 밀려 올라간 구조인 역단층을 확인할 수 있다.

(다)에서는 단층면의 왼쪽이 하반, 오른쪽이 상반으로 상반이 아래로 내려간 구조인 정단층을 확인할 수 있다.

|보|기|풀|이|

ㄱ. 정답 : (가)에서는 위로 볼록한 구조인 배사구조가 나타난다.
ㄴ. 정답 : 정단층은 상반이 단층면을 따라 아래로 내려간 단층이다.
ㄷ. 정답 : 습곡은 암석이 횡압력을 받아 휘어진 지질 구조이며, 역단층은 횡압력을 받아 상반이 하반에 대해 위로 올라간 지질 구조이다. 따라서 두 구조 모두 횡압력을 받아 형성되었다.

😀 **문제풀이 TIP** | 습곡은 횡압력에 의해 생성되며, 위로 볼록한 부분을 배사, 아래로 볼록한 부분을 향사라고 한다. 단층은 단층면을 기준으로 단층면보다 위에 놓인 암반이 상반, 단층면보다 아래에 놓인 암반이 하반이다. 장력을 받아 상반이 하반보다 아래에 위치하게 되면 정단층, 반대로 횡압력을 받아 상반이 하반보다 위쪽에 위치하게 되면 역단층이다.

😀 **출제분석** | 그림에서 지질구조의 특징이 매우 뚜렷하게 드러나며, 심지어 단층면까지 제시되어 있어 자료를 해석하기 매우 쉬운 수준의 문제였다. 보기 역시 해당 지질구조의 형성 원리만 알고 있다면 간단하게 맞출 수 있는 수준이다. 하지만 실제 수능에서는 이렇게 쉽게 출제되지 않을뿐더러, 지질구조에 대한 문제가 단독으로 출제되기보다는 지질도 문제나 지층의 단면도를 해석하여 그 안에 어떤 지질구조가 있는지 찾아내야 하는 방식으로 더 많이 출제된다.

그림은 지질 구조에 대해 수업하는 장면을 나타낸 것이다.

상반이 아래로 이동 → 정단층 → 장력이 작용

(가) 단층   (나) 습곡
                  횡압력이 작용

두 지질 구조에 대해 설명해 볼까요?

학생 A: (가)는 상반이 단층면을 따라 아래로 이동한 단층이에요. **→ 정단층**

학생 B: (나)는 조산대에서 형성될 수 있어요.

학생 C: (가)와 (나)는 모두 횡압력을 받아 형성되었어요.

설명한 내용이 옳은 학생만을 있는 대로 고른 것은?

① A   ② B   ③ C   ✔④ A, B   ⑤ B, C

| 자 | 료 | 해 | 설 |

(가) 단층에서 눈에 띄는 흰색 층을 살펴보면 상반의 흰색 층이 하반의 흰색 층보다 아래로 내려간 정단층임을 알 수 있다. 정단층은 지층이 장력을 받아 형성된다. (나)는 습곡으로 지층이 횡압력을 받아 형성된다. 조산대가 형성된 지역에서는 습곡이 잘 발달한다.

| 보 | 기 | 풀 | 이 |

학생 A 정답 : (가) 단층에서 눈에 띄는 흰색 층을 살펴보면 상반의 흰색 층이 하반의 흰색 층보다 아래로 내려가 있다. 따라서 (가)는 상반이 단층면을 따라 아래로 이동한 단층(정단층)이다.

학생 B 정답 : (나) 습곡은 주로 횡압력이 작용하는 조산대에서 잘 형성된다.

학생 C. 오답 : (가)는 정단층으로 장력이, (나)는 습곡으로 횡압력이 작용한 지질 구조이다.

🙂 **문제풀이 T I P** | 단층에서 상반과 하반의 지층을 연결해보면 상반이 어디로 움직였는지 찾을 수 있다. 습곡 구조는 횡압력을 받아 형성되는 지질 구조로 조산대에서 잘 형성된다.

🙂 **출제분석** | 장력과 횡압력이 작용하여 형성된 지질 구조는 자주 출제된다. 그 종류가 많지도 않고, 각각이 매우 특징적이기 때문에 잘 정리해 두면 풀지 못할 문제가 없다.

그림 (가), (나), (다)는 습곡, 포획, 절리를 순서 없이 나타낸 것이다.

(가) 습곡 → 지하, 횡압력   (나) 주상절리 → 지표 냉각 수축   (다) 포획 → 지하 마그마 관입 시 유입

이에 대한 설명으로 옳은 것만을 〈보기〉에서 있는 대로 고른 것은?

3점

보기

ㄱ. (가)는 (나)보다 깊은 곳에서 형성되었다.

ㄴ. (나)는 수축에 의해 형성되었다. (냉각에 의한 수축)

ㄷ. (다)에서 A는 B보다 먼저 생성되었다.

① ㄱ   ② ㄷ   ③ ㄱ, ㄴ   ④ ㄴ, ㄷ   ✔⑤ ㄱ, ㄴ, ㄷ

| 자 | 료 | 해 | 설 |

(가) 습곡은 지층이 양쪽에서 미는 힘인 횡압력을 받아 휘어진 지질 구조로 지하 깊은 곳의 고온, 고압 환경에서 만들어진다.

(나) 주상절리는 기둥모양의 절리로 용암이 중심 방향으로 빠르게 냉각되는 과정에서 수축하여 만들어진다.

(다) 포획은 마그마가 관입할 때 주위의 암석이나 지층의 조각이 떨어져 나와 마그마에 포함되어 굳은 구조로 이때 포획된 암석을 포획암이라고 한다.

| 보 | 기 | 풀 | 이 |

ㄱ. 정답 : (가) 습곡은 온도가 높은 지하 깊은 곳에서 횡압력을 받아 휘어지는 지질 구조이다.

ㄴ. 정답 : (나) 주상절리는 지표에서 냉각되어 부피가 수축함으로써 형성되는데, 단면이 오각형이나 육각형의 긴 기둥 모양으로 갈라진 형태를 가진다.

ㄷ. 정답 : (다) 포획은 마그마가 관입할 때 주변 암석의 일부가 떨어져 나와 마그마 속으로 유입이 되는 것으로, 포획암(A)는 주위를 감싸고 있는 암석(B)보다 먼저 생성된다.

🙂 **문제풀이 T I P** | (나)의 주상절리와 판상절리를 구분하는 것을 기억하자.
– 주상절리: 화산암, 용암이 지표로 분출하여 냉각되어 수축하며 생성됨.
– 판상절리: 심성암, 지하 깊은 곳에서 생성되어 융기할 때 부피가 팽창하여 생성됨.
(다)의 포획과 관입을 구분하는 것을 기억하자.
– 포획암: 마그마가 관입할 때 주변 암석의 일부가 떨어져 나와 마그마 속으로 유입되는 것을 포획이라고 하고, 포획된 암석을 포획암이라고 한다. 포획암을 관찰하면 화성암과 주변 암석의 생성 순서를 알 수 있다(포획함이 먼저 생성, 주변 암석이 나중에 생성).
– 관입암: 마그마가 기존 암석의 약한 부분을 뚫고 들어가는 과정을 관입이라고 하고, 관입한 마그마가 식어서 굳어진 암석을 관입암이라고 한다. 마그마는 주변 암석에 비해 온도가 높으므로 주변의 암석은 열에 의해 변성 받을 수 있다. 관입의 법칙에 의해 암석의 생성 순서를 알 수 있다(관입암이 나중에 생성, 주변 암석이 먼저 생성).

🙂 **출제분석** | 지질 구조에 대한 기본 문제로 낮은 난이도로 평이하게 출제되었다. 포획암과 관입암을 잘 구분하고 있어야 한다.

그림 (가)는 판의 경계를, (나)는 어느 단층 구조를 나타낸 것이다.

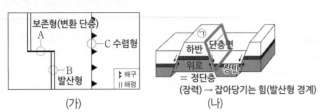

(가)   (나)

이에 대한 설명으로 옳은 것만을 〈보기〉에서 있는 대로 고른 것은?

보기

→ 변환 단층을 포함
ㄱ. A 지역에서는 주향 이동 단층이 발달한다.
ㄴ. ㉠은 상반이다. (하반)
ㄷ. (나)는 C 지역에서가 B 지역에서보다 잘 나타난다. (B) (C)

✓① ㄱ   ② ㄴ   ③ ㄱ, ㄷ   ④ ㄴ, ㄷ   ⑤ ㄱ, ㄴ, ㄷ

|자|료|해|설|

A 지역은 보존형 경계에 위치하고, 보존형 경계에는 변환 단층 같은 주향 이동 단층이 발달한다. B 지역은 발산형 경계에 위치하고, 해령이 발달한다. C 지역은 해구가 발달했으므로 수렴형 경계에 위치한다.
(나)의 ㉠은 단층면을 경계로 아래에 위치하므로 하반이다. (나)의 지층은 하반이 위로 이동하였으므로 정단층이다. 정단층은 장력에 의해 발생하며, 주로 발산형 경계에서 나타난다.

|보|기|풀|이|

ㄱ. 정답 : 보존형 경계인 A 지역에서는 변환 단층 같은 주향 이동 단층이 발달한다.
ㄴ. 오답 : ㉠은 단층면을 경계로 아래에 위치하므로 하반이다.
ㄷ. 오답 : (나)는 정단층이며, 장력이 작용하는 발산형 경계에서 발달한다. 따라서 정단층은 B 지역에서가 C 지역에서보다 잘 나타난다.

🤓 **문제풀이TIP** | 발산형 경계 : 장력이 작용, 정단층 발달, 해령과 열곡대 형성
수렴형 경계 : 횡압력이 작용, 역단층 발달, 해구와 습곡 산맥 형성
보존형 경계 : 어긋나는 힘이 작용, 변환 단층 발달

😀 **출제분석** | 판의 경계, 단층, 상반과 하반 등을 다루는 문제인데, 유사한 기출 문제가 무수히 많을 만큼 정말 자주 출제되는 개념이다. 보존형 경계에서 발달하는 단층을 묻는 ㄱ 보기, 단층면을 경계로 상반인지 하반인지를 묻는 ㄴ 보기, 단층과 판의 경계를 연결하는 ㄷ 보기까지 전형적이지만 꼭 출제되는 선택지들이 나와서 익숙한 문제였을 것이다.

그림은 어느 지역의 단층 구조를 모식적으로 나타낸 것이다.

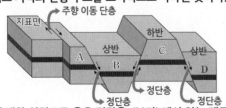

이 지역에 대한 설명으로 옳은 것만을 〈보기〉에서 있는 대로 고른 것은?

보기

ㄱ. A와 B 사이의 단층은 장력에 의해 형성되었다.
ㄴ. C는 상반이다. (하반)
ㄷ. 주향 이동 단층, 정단층, 역단층이 모두 나타난다.

✓① ㄱ   ② ㄴ   ③ ㄱ, ㄷ   ④ ㄴ, ㄷ   ⑤ ㄱ, ㄴ, ㄷ

|자|료|해|설|

정단층과 역단층을 구분하기 위해서는 상반과 하반을 찾아야 한다. 상반은 단층면을 기준으로 위에 있는 지반이다. 상반이 내려가있으면 정단층, 상반이 올라가 있으면 역단층이다. A와 B 중에 상반은 B이고, 상반 B가 아래로 내려간 형태로 정단층이다. B와 C 중에도 B가 상반인데, B가 내려간 형태이므로 역시 정단층이다. C와 맨 오른쪽 판(D) 중에 상반은 D인데 역시 내려가 있으므로 정단층이다. 정단층은 '장력'에 의해 형성되고, 역단층은 '횡압력'에 의해 형성된다.
왼쪽 지표면의 단층은 판과 판이 서로 어긋난 주향 이동 단층에 해당한다.

|보|기|풀|이|

ㄱ. 정답 : A와 B 사이의 단층은 정단층이다. 정단층은 장력에 의해 형성된다.
ㄴ. 오답 : C는 단층면보다 아래에 있으므로 하반이다.
ㄷ. 오답 : 그림에서는 주향 이동 단층과 정단층만 나타나고, 역단층은 나타나지 않는다.

🤓 **문제풀이TIP** | 단층 문제가 나오면 무조건 상반과 하반을 구분해야 하고 상반이 위로 올라가 있으면 역단층, 아래로 내려가 있으면 정단층이다. 또한 정단층은 장력을 역단층을 횡압력을 받고 있고, 주향 이동 단층은 서로 어긋나는 힘 때문에 생긴다.

😀 **출제분석** | 이번 문제는 단층 하나만 나왔지만, 주로 습곡과 단층의 지질구조가 묶여서 나오는 형태의 문제들이 많이 출제되었다. 판의 경계를 묻고 있는 문제 중에서는 쉬운 수준에 속한다.

그림 (가)와 (나)는 서로 다른 두 지역의 지질 단면도를 나타낸 것이다.

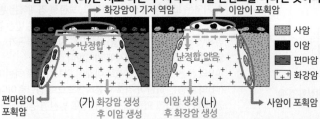

사암 / 이암 / 편마암 / 화강암

편마암이 포획암   (가) 화강암 생성 후 이암 생성   이암 생성 (나) 후 화강암 생성   사암이 포획암

이에 대한 설명으로 옳은 것만을 〈보기〉에서 있는 대로 고른 것은?

(3점)

보기

포획암

ㄱ. (가)에서 편마암은 화강암보다 먼저 생성되었다.

ㄴ. (나)의 화강암에서는 사암과 이암이 포획암으로 나타난다.

ㄷ. (가)와 (나)에는 모두 난정합이 나타난다.

① ㄱ   ② ㄷ   ✓③ ㄱ, ㄴ   ④ ㄴ, ㄷ   ⑤ ㄱ, ㄴ, ㄷ

| 자 | 료 | 해 | 설 |

(가)에서 화강암과 편마암은 이암에 기저 역암으로 존재한다. 이는 화강암과 편마암이 형성된 이후에 침식 과정을 거친 후 이암이 퇴적되었음(난정합)을 의미한다. 화강암과 편마암 경계에서 화강암에 편마암이 포획암으로 존재한다. 따라서 편마암 생성 이후에 화강암이 생성되었다.

(나)에서 화강암에는 이암과 사암이 포획암으로 나타난다. 따라서 이암과 사암의 생성 이후에 화강암이 생성되었다. 이암의 기저 역암은 사암으로 사암 형성 이후에 침식 과정을 거친 후 이암이 퇴적되었음을 의미한다.

| 보 | 기 | 풀 | 이 |

ㄱ. 정답 : 편마암이 화강암에 포획암으로 나타나므로 편마암이 생성된 이후에 화강암이 관입하였다.

ㄴ. 정답 : 화강암과 사암의 경계에서는 사암이, 화강암과 이암의 경계에서는 이암이 포획암으로 나타난다.

ㄷ. 오답 : (가)의 화강암은 침식 과정을 거쳤다. 침식 과정 후 그 위에 이암이 퇴적되었으므로 그 경계는 난정합이다. 하지만 (나)에서는 사암이 침식된 후 이암이 퇴적되어 부정합면이 형성되었고, 그 이후에 화강암이 관입하였으므로 난정합이 나타나지 않는다.

😮 **문제풀이 TIP** | 포획암은 관입해 형성된 암석보다 먼저 형성되었다. 기저 역암은 해당 암석이 침식을 받았으며 그 위로 퇴적물이 유입되어 퇴적암이 형성되었음을 알려준다.

😮 **출제분석** | 지질 단면도를 해석하는 문항이다. 자주 출제되지만 고난도로 출제되면 실수하기 쉽다. 단면도를 보고 암석의 생성 순서를 바로 찾을 수 있도록 연습하는 것이 좋다.

03 지사 해석 방법

필수개념 1 지사 해석 방법

1. 지사학의 법칙

동일 과정의 원리	현재 일어나고 있는 지질학적 변화는 과거에도 동일한 과정과 속도로 일어났기 때문에 현재의 지구상의 변화를 알면 과거의 변화 과정을 추정하고 해석할 수 있음 → 현재는 과거를 아는 열쇠
수평 퇴적의 법칙	물속에서 퇴적물이 퇴적될 때는 중력의 영향을 받아 반드시 수평면과 나란한 방향으로 쌓여 지층을 형성함
지층 누중의 법칙	지층이 역전되지 않았다면 하부 지층이 상부 지층보다 먼저 생성되었음 → 지층이 역전 여부는 퇴적 구조나 표준 화석을 이용해 판단
동물군 천이의 법칙	진화의 과정에 따라 오래된 지층에서 새로운 지층으로 갈수록 더욱 진화된 생물 화석이 발견됨
부정합의 법칙	부정합면을 경계로 상부 지층과 하부 지층 간 퇴적 시기 사이에 큰 시간 간격이 존재함
관입의 법칙	마그마 관입 시 관입 당한 암석은 관입한 화성암보다 먼저 생성되었음

2. 지층의 대비(암상, 화석 — 표준 화석, 시상 화석)
지층들을 서로 비교하여 생성 시대나 퇴적 시기의 선후 관계를 밝히는 것

암상에 의한 대비	화석에 의한 대비
• 비교적 가까운 지역의 지층을 구성하는 암석의 종류, 조직, 지질 구조 등의 특징을 대비하여 지층의 선후 관계를 판단. 상대 연령과 절대 연령(방사성 동위 원소) • 건층: 지층의 대비에 기준이 되는 지층. 열쇠층이라고도 함. 응회암층, 석탄층이 주로 건층의 역할을 함.	• 같은 종류의 표준 화석이 산출되는 지층을 연결하여 지층의 선후 관계를 판단. • 표준 화석에 의한 대비는 가까운 거리뿐만 아니라 먼 거리에도 적용하여 이용함.

그림은 어느 지역의 지질 단면도와 산출되는 화석을 나타낸 것이다.

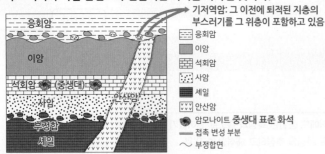

기저역암: 그 이전에 퇴적된 지층의 부스러기를 그 위층이 포함하고 있음

- 응회암
- 이암
- 석회암
- 사암
- 셰일
- 안산암
- 암모나이트 중생대 표준 화석
- 접촉 변성 부분
- 부정합면

이 자료에 대한 설명으로 옳은 것만을 〈보기〉에서 있는 대로 고른 것은?

보기
ㄱ. 석회암층은 생대에 퇴적되었다. (중생대-암모나이트)
ㄴ. 안산암은 응회암층보다 먼저 생성되었다. 기저역암으로 알 수 있음
ㄷ. 셰일층과 사암층 사이에 퇴적이 중단된 시기가 있었다. 부정합

① ㄱ　　② ㄴ　　③ ㄷ　　④ ㄱ, ㄴ　　⑤ ㄴ, ㄷ

|자|료|해|설|
지층의 생성 순서를 나열해보자면 셰일층 → 부정합 (사암층에 있는 셰일의 기저 역암으로 알 수 있음) → 사암층 → 석회암층(암모나이트, 중생대의 표준화석으로 중생대임을 알 수 있음) → 이암층 → 안산암 관입 → 부정합 → 응회암층(이암과 안산암의 기저역암) 순이다.

|보|기|풀|이|
ㄱ. 오답 : 석회암층은 중생대의 표준화석인 암모나이트 화석이 퇴적된 것을 보아 중생대에 퇴적되었음을 알 수 있다.
ㄴ. 정답 : 응회암층에 안산암의 기저 역암이 있는 것을 보아 안산암이 관입하고 오랜 시간이 흐른 뒤에 응회암층이 퇴적된 것을 알 수 있다.
ㄷ. 정답 : 셰일층과 사암층 사이에 부정합면이 있다. 셰일층이 퇴적된 후 퇴적이 중단된 시기가 있었음을 알 수 있다.

🤓 **문제풀이 TIP** | 우선 지층의 생성 순서를 바르게 나열해야 한다. 지층 누중의 법칙을 이용하여 아래부터 먼저 생성되었다는 것을 알고, 기저 역암으로 부정합면을 찾아낸다. 암석이 언제 관입하였는지와, 지층의 표준화석이 어떤 시대의 표준화석인지는 반드시 물어보기 때문에 많은 문제를 풀어보면서 지층의 생성 순서를 잘 나열하는 것이 중요하다.

🤓 **출제분석** | 지질 단면도에서 지층의 생성 순서를 물어보는 문제가 많이 출제되었다. 비교적 난도가 높지 않고 같은 유형으로 반복해서 나온다. 따라서 지사학의 법칙을 잘 이해하고, 생성 순서를 나열하는 연습을 많이 해보는 것이 중요하다.

다음은 어느 지역의 지질 단면도와 관찰 내용이다.

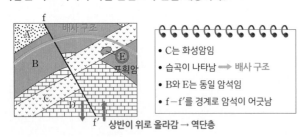

- C는 화성암임
- 습곡이 나타남 → 배사 구조
- B와 E는 동일 암석임
- f-f'를 경계로 암석이 어긋남

f' 상반이 위로 올라감 → 역단층

이에 대한 설명으로 옳은 것만을 〈보기〉에서 있는 대로 고른 것은? (단, 지층은 역전되지 않았다.)

보기
ㄱ. 역단층이 관찰된다.
ㄴ. 배사 구조가 관찰된다. → 위로 볼록
ㄷ. C보다 E가 먼저 형성되었다. =B

지층 생성 순서
: D → B → A → C → f - f'
　　　(=E)

① ㄱ　　② ㄷ　　③ ㄱ, ㄴ　　④ ㄴ, ㄷ　　⑤ ㄱ, ㄴ, ㄷ

|자|료|해|설|
C는 화성암으로 E를 포획암으로 가지고 있다. B와 E는 동일한 암석이므로 C가 B에 관입하면서 B를 포획암으로 가지게 되었다. B와 D를 보면 위로 볼록한 배사 구조의 습곡이 나타난다. C는 습곡 구조 위로 관입하였으므로 습곡이 형성된 이후에 형성되었다. f-f' 단층면은 습곡 구조뿐만 아니라 화성암 C도 지나가므로 가장 나중에 형성되었다. 오른쪽의 상반이 위로 올라가므로 f-f' 단층면은 역단층이다. 이 지역의 지층은 역전되지 않았으므로 지층의 생성 순서는 D → B(=E) → A → C → f - f' 단층면이다.

|보|기|풀|이|
ㄱ. 정답 : 상반(오른쪽)이 위로 올라간 역단층이다.
ㄴ. 정답 : 위로 볼록한 배사 구조가 관찰된다.
ㄷ. 정답 : E는 포획암으로 C가 형성될 당시 이미 B로 존재하고 있던 암석이다. 따라서 C보다 E가 먼저 형성되었다.

🤓 **문제풀이 TIP** | 상반이 위로 올라가면 역단층, 아래로 내려가면 정단층이다. 습곡 구조에서 위로 볼록하면 배사, 아래로 볼록하면 향사이다.

🤓 **출제분석** | 자주 출제되는 형식의 문제이다. 습곡 여부, 포획 여부 등을 자료로 제시하여 보통 출제되는 문항보다 낮은 난도의 문항이다. 이 문제가 잘 풀리지 않는다면 지질 구조의 특징에 대해 한 번 더 공부하고 정리한 다음 비슷한 문제를 많이 풀어보는 것이 좋다.

그림은 어느 지층의 A−B구간에 해당하는 각 암석의 연령을 나타낸 것이다.
이에 해당하는 지질 단면도로 가장 적절한 것은? **3점**

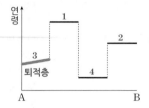

|자|료|해|설|
그래프에서 나타난 암석의 연령의 순서는 3−1−4−2 이다. A에 가장 가깝고 세 번째로 연령이 많은 층의 연령이 B로 갈수록 살짝 증가하는 이유는 깊이가 증가함에 따라 연령이 증가하는 퇴적암 구간이기 때문이다. 나머지는 깊이에 상관 없이 연령이 같으므로 퇴적암이 아니다.

|선|택|지|풀|이|
④ 정답 : A−B구간 내 암석의 퇴적 순서가 3−1−4−2 이므로 주어진 그림의 순서와 일치한다.

🤪 **문제풀이 TIP |** 그림이 비슷하여 헷갈릴 수 있다. A−B 구간 안에서 각 암석의 생성순서를 찾고 그래프와 비교하면 쉽게 해결할 수 있다.

😀 **출제분석 |** 다소 복잡해 보이는 그림 때문에 어려워 보이지만 각 암석의 연령을 찾는데 크게 어려운 점은 없다. 하지만 그림을 대충 보면 실수하기 쉬우므로 난도는 중이다.

①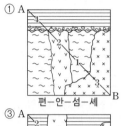
편−안−섬−세

②
편−안−세−섬

③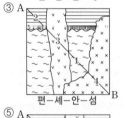
편−세−안−섬

④ A ✓
편−섬−세−안

⑤
편−세−섬−안

 셰일
 안산암
섬록암
편마암

그림은 어느 지역의 지질 단면도를 나타낸 것이다. B와 C는 화성암이고 나머지 층은 퇴적층이다. 이 지역에 대한 설명으로 옳은 것만을 〈보기〉에서 있는 대로 고른 것은? **3점**

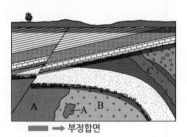
▬ → 부정합면

보기
ㄱ. 습곡은 단층보다 먼저 나중에 형성되었다.
ㄴ. 최소 4회의 융기가 있었다. → 부정합면 3개
ㄷ. A, B, C의 생성 순서는 A → B → C이다.

① ㄱ   ② ㄷ   ③ ㄱ, ㄴ   ✓④ ㄴ, ㄷ   ⑤ ㄱ, ㄴ, ㄷ

|자|료|해|설|
A의 암석 조각이 B에 포획암으로 존재하므로 B는 A에 관입한 마그마가 굳어져 만들어진 화성암이다. A, B의 위쪽에는 부정합면이 존재한다. C는 습곡이 형성된 후에 관입한 마그마가 굳어져 만들어진 화성암이다. C 관입 이후 부정합면이 하나 더 생성되었다. 이후 3개의 지층이 퇴적되었고, 이때 퇴적된 지층까지 모두 단층에 의해 끊어졌다. 따라서 단층은 습곡보다 나중에 형성되었다. 단층은 상반이 위로 올라간 역단층이고, 단층에 의해 끊어진 지층들의 위쪽에 부정합면이 하나 더 있으며, 그 위로 새로운 지층이 형성되어 있다.

|보|기|풀|이|
ㄱ. 오답 : 습곡 작용을 받은 지층들이 단층에 의해 끊어져 있으므로 습곡은 단층보다 먼저 형성되었음을 알 수 있다.
ㄴ. 정답 : 지질 단면도에서 나타나는 부정합면은 A, B가 생성된 이후에 1개, C가 생성된 이후에 1개, 현재 지표와 바로 아래에 있는 지층 사이에 1개가 있으므로 총 3개이다. 따라서 최소 4회의 융기가 있었다.
ㄷ. 정답 : A의 암석 조각이 B에 포획암으로 존재하는 것으로 보아 A 생성 이후에 B가 관입하였다. 이후 습곡이 형성되고 난 다음에서야 C가 관입하였으므로 생성 순서는 A → B → C이다.

🤪 **문제풀이 TIP |** '최소 융기 횟수＝부정합면의 수＋1'인 이유는 현재 지질 단면도의 최상층이 육지 환경이기 때문이다.

그림은 어느 지역의 지질 단면도를 나타낸 것이다.

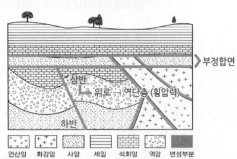

안산암   화강암   사암   세일   석회암   역암   변성부분

이 지역에 대한 설명으로 옳은 것만을 〈보기〉에서 있는 대로 고른 것은? (단, 지층의 역전은 없었다.)

보기

→ 역단층(상반이 위로)
ㄱ. 단층은 횡압력에 의해 형성되었다.
ㄴ. 최소 3회의 융기가 있었다. 부정합면＋1회=최소 융기 횟수
ㄷ. 역암층은 화강암보다 먼저 생성되었다.
→ 관입당함=먼저 생성됨

① ㄱ   ② ㄴ   ③ ㄱ, ㄷ   ④ ㄴ, ㄷ   ✓⑤ ㄱ, ㄴ, ㄷ

|자|료|해|설|
이 지역에서는 사암(아래쪽) → 역암 → 석회암 순서대로 퇴적 이후 습곡과 단층, 화강암의 관입이 일어났다. 제시된 자료만으로는 단층과 화강암 관입의 선후 관계를 판단하기는 어렵다. 이후 부정합 → 사암 → 안산암 → 부정합 → 석회암 → 세일 순서로 지층이 형성되었다. 부정합이 2번 나타났으므로 최소 3번의 융기가 있었다. 또한, 단층면을 경계로 상반이 위에 있으므로 이는 횡압력을 받은 역단층이다.

|보|기|풀|이|
ㄱ. 정답 : 상반이 위로 이동했으므로 단층은 역단층이며, 횡압력에 의해 형성되었다.
ㄴ. 정답 : 부정합이 2번 있으므로 융기는 최소 3회 있었다.
ㄷ. 정답 : 역암층의 일부분이 화강암의 관입에 의해 변성된 것으로 보아 역암층은 관입당한 지층이므로 이는 화강암보다 먼저 생성되었다.

💡 **문제풀이 T I P** | 부정합면의 개수＋1 = 최소 융기 횟수
참고로 2022학년도 6월 모평 20번 문제에 '육상 노출 횟수=침식 횟수=부정합 개수'의 내용이 핵심 선지로 출제된 적이 있다.

😀 **출제분석** | 지층의 상대 연령과 지질 구조를 함께 묻는 문제이다. ㄴ 보기는 부정합이 제시되면 정말 자주 묻는 개념이므로 반드시 알아야 한다. ㄷ 보기는 관입의 법칙, ㄱ 보기는 단층에 작용한 힘에 대해 묻고 있는데, 모두 자주 출제되는 대표적인 선지이므로 문제의 난이도가 낮은 편이라 정답률 역시 높았다.

그림은 어느 지역의 노두를 관찰하고 작성한 지질 답사 보고서의 일부이다.

지질 답사 보고서

장소: ○○○   날짜: 2017년 ○월 ○일

[답사 목적]
화성암의 야외 산출 상태와 특징을 조사한다.

[답사 내용]   → 화산암－현무암
• 화성암 A는 검은색 또는 회색이고, 상·하부에서 크고 작은 기공이 관찰된다. 암석 표면에서는 세립질의 감람석이 관찰된다. 하부에는 화성암 B의 파편이 포함되어 있다. 주상 절리가 관찰된다.
• 화성암 B는 색이 밝으며 광물 입자가 굵다. 석영, 장석, 유색 광물 등이 관찰된다.   → 심성암－화강암

[스케치]

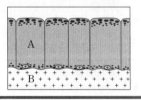

이를 해석한 내용으로 옳은 것만을 〈보기〉에서 있는 대로 고른 것은?

보기
ㄱ. A는 용암류가 굳어진 것이다.
ㄴ. SiO₂ 함량은 A가 B보다 ~~많다~~ 적다
ㄷ. A와 B 사이에 부정합면이 있다.

① ㄱ   ② ㄴ   ✓③ ㄱ, ㄷ   ④ ㄴ, ㄷ   ⑤ ㄱ, ㄴ, ㄷ

|자|료|해|설|
화성암 A는 어두운 광물을 포함하며 가스가 빠져나간 흔적인 작은 기공이 관찰되고, 가장 빨리 정출되는 세립질의 감람석이 있는 것을 보아 상대적으로 깊지 않은 곳에서 형성되는 화산암 중 현무암이다. 또한 주상절리가 관찰되는데, 이것은 마그마가 지표로 노출되어 급격이 냉각되면서 형성되는 오각형 또는 육각형 기둥모양의 구조이다.
화성암 B는 밝은 광물을 포함하며 입자가 굵고 석영과 같은 광물을 포함하는 것으로 보아 상대적으로 깊은 곳에서 형성되는 심성암 중 화강암이다.
화성암 A의 하부에 화성암 B의 파편이 포함되어 있다. 이는 심성암인 B 위에 있던 지표가 깎여 B가 노출될 만큼의 시간이 지나고, 그 위에 A가 형성되면서 B의 파편을 포함하게 된 것이므로 A와 B 사이에 오랜 시간 간격이 있었음을 알 수 있다. 즉, 부정합이라고 볼 수 있다.

|보|기|풀|이|
ㄱ. 정답 : A는 화산암으로 용암류가 굳어진 것이다.
ㄴ. 오답 : A는 현무암으로 SiO₂ 함량이 52%보다 적은 염기성 마그마에서, B는 화강암으로 SiO₂ 함량이 66%보다 많은 산성 마그마에서 형성되는 암석이다.
ㄷ. 정답 : A는 상대적으로 얕은 깊이에서, B는 상대적으로 깊은 깊이에서 형성되는 화성암으로, 심성암인 B 위에 있던 지표가 깎여 B가 노출될 만큼의 오랜 시간이 지나고 A가 그 위에 형성된 것이다. 그러므로 A와 B 사이에 부정합면이 있다고 할 수 있다.

그림 (가)는 어느 지역의 지질 단면도를, (나)는 X에서 Y까지 암석의
연령을 나타낸 것이다.

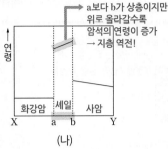

a보다 b가 상층이지만
위로 올라갈수록
암석의 연령이 증가
→ 지층 역전!

📑 사암
▬ 셰일
╬ 화강암

(가)   (나)

이에 대한 설명으로 옳은 것만을 〈보기〉에서 있는 대로 고른 것은?

③점

보기 → 나이가 많은 암석이 먼저 생성

. 암석의 생성 순서는 ~~화강암 → 셰일 → 사암~~이다.
    셰일   사암   화강암

✗. 역전된 지층은 ~~b-Y~~ 구간이다.
    a-b

ⓒ. a와 b 사이에는 셰일이 존재한다.

① ㄱ   ✓② ㄷ   ③ ㄱ, ㄴ   ④ ㄴ, ㄷ   ⑤ ㄱ, ㄴ, ㄷ

😮 **문제풀이 TIP** | 그래프를 한 번에 이해하기 어렵다면 X, a, b, Y 지점으로 쪼개서 이해하는 것이 도움이
된다. a와 b 중 상부 지층을 찾고, a와 b의 연령을 비교하는 식으로 차근차근 접근한다면 까다로운 그래프도
쉽게 이해할 수 있다.

😊 **출제분석** | 그래프 해석이 매우 중요하여 자료 해석 능력을 요구하는 문제로 난도는 '중상'이다. 그래프를
통해 보기 ㄱ이나 ㄷ은 어려움 없이 판별할 수 있으나 역전된 지층을 찾는 보기 ㄴ이 가장 까다롭다. 고득점을
노리는 학생이라면 그래프를 정확하게 해석하여 정답을 찾아야 한다. 이 문제에서는 상대 연령만을
다루었지만 수능에서는 절대 연령과 함께 복합적으로 다룰 가능성이 크다.

|자|료|해|설|

(가)의 X에서 Y까지 암석의 연령을 나타낸 것이 (나)이다.
X와 Y 사이의 암석의 연령은 a, b에서 크게 달라진다.
따라서 (가)의 X-Y에서 암석이 바뀌는 두 지점인
화강암-셰일 사이, 셰일-사암 사이를 각각 a, b라고 할
수 있다. 따라서 X-a 구간은 화강암, a-b 구간은 셰일,
b-Y 구간은 사암이다. 암석의 연령은 셰일, 사암, 화강암
순서로 감소하므로 암석의 생성 순서 역시 셰일, 사암,
화강암 순서이다.
(가)에서 a에서 b로 갈수록 보다 상부에 위치하므로
지층의 역전이 없다면 a 지점보다 b 지점에 더 젊은 지층이
있을 것이다. 그러나 (나)를 보면, a에서 b로 갈수록 암석의
연령이 증가한다. 따라서 이는 지층이 역전되었음을
말한다. b-Y 구간은 상부(Y)의 지층이 하부(b)의
지층보다 젊기 때문에 지층이 역전되지 않았다.

|보|기|풀|이|

ㄱ. 오답 : 나이가 많은 암석이 먼저 생성되었다. (나)에서
셰일의 나이가 가장 많고, 사암, 화강암 순서로 감소한다.
따라서 암석의 생성 순서는 셰일, 사암, 화강암 순서이다.
ㄴ. 오답 : 지층이 역전되면 젊은 지층은 아래에, 나이가
많은 지층은 위에 있다. 셰일의 경우 아래 지층(a)보다 위
지층(b)의 나이가 많기 때문에, 위로 올라갈수록 지층의
연령이 증가하는 것은 a-b 구간이다. 사암은 아래 지층
(b)은 나이가 많고 위 지층(Y)은 젊기 때문에 지층이
역전되지 않았다. 화강암은 같은 시기에 관입하였기
때문에 암석의 연령이 모두 같다.
ⓒ. 정답 : X-a 구간에는 화강암이, a-b 구간에는
셰일이, b-Y 구간에는 사암이 존재한다.

그림 (가)는 어느 지역의 지질 단면을, (나)는 X-Y 구간에 해당하는
암석의 생성 시기를 나타낸 것이다.

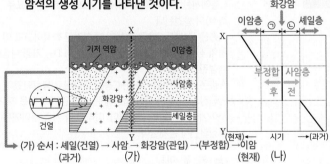

(가) 순서 : 셰일(건열) → 사암 → 화강암(관입) →(부정합) →이암
       (과거)   (가)   (현재)   (나)

이에 대한 설명으로 옳은 것만을 〈보기〉에서 있는 대로 고른 깃은?

③점

보기 → 화강암 후 시기

ⓖ. ⊙ 시기에 융기와 침식 작용이 있었다. (=부정합이 있었다)

ⓛ. 사암층은 ⓛ 시기 중에 퇴적되었다. → 화강암 전 시기

ⓒ. 셰일층은 건조한 환경에 노출된 적이 있었다.
       → 건열

① ㄱ   ② ㄴ   ③ ㄱ, ㄷ   ④ ㄴ, ㄷ   ✓⑤ ㄱ, ㄴ, ㄷ

|자|료|해|설|

관입의 법칙과 부정합의 법칙에 의해 지역에서 암석의 생성
순서는 셰일(건열) → 사암 → 화강암(관입) → (부정합)
→ 이암 순임을 알 수 있고 셰일층에서 건열이 발견되기
때문에 건조한 환경에 노출된 적이 있음을 알 수 있다.

|보|기|풀|이|

ⓖ. 정답 : ⊙과 ⓛ 사이의 시기는 화강암이 생성된
시기이다. 그런데 ⊙ 시기는 화강암 관입 이후의
시기이므로 융기와 침식작용이 동반된 부정합이 있었다.
ⓛ. 정답 : ⓛ 시기는 화강암 관입 이전의 시기이므로
사암이 퇴적되었다.
ⓒ. 정답 : 셰일층에 건열이 발견되므로 건조한 환경에
노출된 적이 있다.

😮 **문제풀이 TIP** | (가)와 같은 지질 단면이 나오면 지사학의
법칙을 이용하여 지층의 생성 순서를 먼저 파악하면 쉽게 문제에
접근할 수 있다. X-Y에 걸쳐진 층은 이암층, 화강암, 셰일층
뿐이라는 것을 반드시 파악해야 문제를 해결할 수 있다.

😊 **출제분석** | (가)의 지질 단면은 빈출 그림이지만 (나)와 같이
암석의 생성시기를 나타나는 그래프는 생소하기 때문에 난이도가
다소 높게 책정되었다. ⊙이 현재에 가까운 시기, ⓛ이 과거에
가까운 시기인데 이것을 헷갈린다면 틀리기 쉬운 문제이다.

Ⅰ
2
Ⅰ
03
지사 해석 방법

그림은 어느 지역의 지질 단면을 나타낸 것이다. 지층 A에서는 삼엽충 화석이, 지층 C와 D에서는 공룡 화석이 발견되었다.

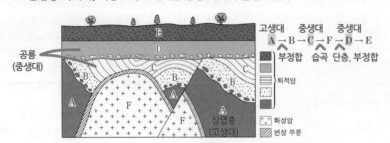

이에 대한 설명으로 옳은 것만을 〈보기〉에서 있는 대로 고른 것은?

보기
A를 관입 → A가 포획암으로 존재
ㄱ. F에서는 고생대 암석이 포획암으로 나타날 수 있다.
ㄴ. 단층이 형성된 시기에 암모나이트가 번성하였다.
　　　　　　중생대
ㄷ. 습곡은 고생대에 형성되었다.
　　　　　중생대

① ㄱ　　② ㄷ　　③ ㄱ, ㄴ　　④ ㄴ, ㄷ　　⑤ ㄱ, ㄴ, ㄷ

|자|료|해|설|

지층의 생성과 지각 변동의 발생 순서는 A → 부정합 → B → C → 습곡 → F 관입 → 단층 → 부정합 → D → E이다. A에서 삼엽충 화석이 발견되었으므로, A는 고생대에 형성된 지층이다. C와 D에서는 공룡 화석이 발견되었으므로 두 지층은 모두 중생대에 형성된 지층임을 알 수 있다. 따라서 지층 C와 D 사이에 나타난 습곡, F 관입, 단층, 부정합 생성은 모두 중생대에 발생한 사건이다.

|보|기|풀|이|

ㄱ. 정답 : F는 A, B, C 생성 이후에 관입한 화성암이므로 A, B, C의 암석이 포획암으로 나타날 수 있다. 지층 A에서 삼엽충 화석이 발견되었으므로 A가 고생대에 형성된 지층임을 알 수 있고, 이에 따라 F에서는 고생대 암석이 포획암으로 나타날 수 있다.

ㄴ. 정답 : 지층 C가 퇴적되고 F가 관입한 후에 단층이 형성되었으며 이후 D가 퇴적되었다. C와 D 모두 중생대에 형성된 지층이므로 단층이 형성된 시기 또한 중생대이다. 따라서 이 시기에 암모나이트가 번성하였다.

ㄷ. 오답 : 지층 C가 퇴적된 이후, 지층 D가 퇴적되기 이전에 습곡이 형성되었으므로 습곡은 중생대에 형성되었다.

😀 **문제풀이 T I P** | 고생대 : 삼엽충, 필석, 방추충 / 중생대 : 공룡, 암모나이트 / 신생대 : 화폐석, 매머드
포획암은 마그마가 관입하는 과정에서 주변 암석이 떨어져 나온 것으로, 관입 당한 암석의 파편이다. 따라서 포획암은 관입암보다 항상 나이가 많다.
처음부터 지질 구조를 포함하여 지층의 생성 순서를 결정하면 좋지만, 헷갈린다면 우선 A~F까지의 순서를 확실하게 파악하고, 그 뒤에 부정합, 습곡, 단층 등을 끼워 넣는 것도 좋은 방법이다.

😀 **출제분석** | 지층의 생성 순서와 지질 구조, 화석과 지질 시대를 함께 다루는 문제이다. 상대 연령, 절대 연령, 화석과 지질 시대는 단독으로 출제되는 경우보다는 두 개, 세 개가 엮여서 출제되는 경우가 훨씬 많다. 이 문제는 절대 연령 개념은 포함되지 않아서 상대적으로 어렵지 않았다. 더 어렵게 출제된다면 고생대, 중생대 대신 2억 년 전, 3억 년 전과 같이 구체적인 수치로 물어볼 수 있다.

그림은 어느 지역의 지질 단면과 산출 화석을 나타낸 것이다. 이에 대한 옳은 설명만을 〈보기〉에서 있는 대로 고른 것은? **3점**

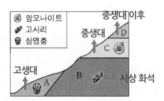

보기
ㄱ. A층은 D층보다 먼저 생성되었다.
ㄴ. B층과 C층은 부정합 관계이다.
ㄷ. C층은 판게아가 형성되기 전에 퇴적되었다.
　　　　　　　　　　　형성된 후에

① ㄱ　　② ㄷ　　③ ㄱ, ㄴ　　④ ㄴ, ㄷ　　⑤ ㄱ, ㄴ, ㄷ

|자|료|해|설|

A층에서는 고생대 해양 생물인 삼엽충의 화석(표준 화석)이 발견된다.
B층에서는 온난한 환경에서 사는 육상 생물인 고사리의 화석(시상 화석)이 발견된다.
C층에서는 중생대 해양 생물인 암모나이트 화석(표준 화석)이 발견된다.
A층은 고생대, C층은 중생대 때 퇴적된 화석이므로 이 지역에서 지층의 역전은 없었다. 따라서 D는 가장 나중에 생성된 지층이다.
A층은 바다, B층은 육상, C층은 바다에서 생성되었다. 인접한 두 지층의 생성 시기에 큰 시간 간격이 있을 때 지층 사이에 부정합면이 생성된다. 따라서 각 지층 사이에는 부정합면이 존재한다.

|보|기|풀|이|

ㄱ. 정답 : 이 지역의 지층은 역전되지 않았고, A층은 고생대에 생성되었다. D층은 중생대에 생성된 C층보다 나중에 생성되었으므로 A층은 D층보다 먼저 생성되었다.

ㄴ. 정답 : B층은 육상, C층은 해양에서 생성된 지층이므로 B층이 생성된 이후 최소 한 번 침강되었다가 C층이 생성된 것을 알 수 있다. 즉, B층과 C층이 생성된 시기에는 시간 간격이 있으므로 두 지층 사이에는 부정합이 있다.

ㄷ. 오답 : C층은 중생대에 생성되었고 판게아는 고생대 말에 형성되었으므로 C층은 판게아가 형성된 이후에 퇴적되었다.

그림은 습곡과 단층이 나타나는 어느 지역의 지질 단면도이다.

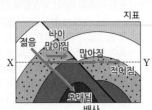

X–Y 구간에 해당하는 지층의 연령 분포로 가장 적절한 것은? 3점

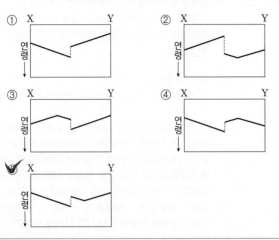

|자|료|해|설|
습곡 중에서도 배사 구조가 나타나고 있다. 배사의 중심으로 갈수록 오래된 지층이 나온다. X에서 단층면까지는 계속 배사의 중심에 가까운 지층이 나타나므로, 지층의 연령이 높아지고 있다. 단층면을 기준으로 젊은 지층이 나타나므로 나이가 감소해야 한다. 단층면에서 Y까지는 같은 지층과 그보다 젊은 흰색 지층이 나타난다. 같은 지층 내에서도 배사의 중심에 가까울수록 나이가 많다. 따라서 나이가 많아졌다가 다시 적어지고 있다.

|선|택|지|풀|이|
① 오답 : 단층면에서 Y까지는 연령이 많아졌다가 다시 감소해야 한다.
② 오답 : X에서 단층면까지는 연령이 증가해야 한다. 단층면에서는 연령이 감소해야 한다.
③ 오답 : X에서 단층면까지는 연령이 증가하고, 단층면에서 Y까지는 연령이 많아졌다가 다시 감소해야 한다. 단층면에서는 연령이 감소해야 한다.
④ 오답 : 단층면에서 Y까지는 연령이 많아졌다가 다시 감소해야 한다.
⑤ 정답 : X에서 단층면까지는 연령이 증가하고, 단층면에서 Y까지는 연령이 많아졌다가 다시 감소하므로 적절하다.

👀 **문제풀이 TIP** | 배사의 중심으로 갈수록 나이가 많아진다.
단층면을 경계로 어디가 더 나이가 많은지, 같은 지층 안에서는 나이 분포가 어떤지를 정리해야 한다.

😀 **출제분석** | 습곡과 지층의 상대 연령을 다루는 문제이다. 이런 유형의 문제는 어느 쪽이 나이가 많은지, 젊은지를 판단해야 한다. 이 문제에서는 특히 단층면과 Y 사이에서, 같은 지층 내의 연령 분포가 까다로운 편이다. 다루고 있는 지식이 어렵지는 않으나 시험 문제로 마주하면 당황하기 쉬운 유형이다.

그림은 어느 지역의 지질 구조를 나타낸 것이다. A는 화성암, B~E는 퇴적암이고, 단층은 C와 D층이 기울어지기 전에 형성되었다.

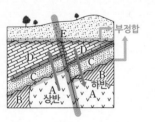

이 지역에 대한 설명으로 옳은 것은?
　　부정합 횟수가 2회이므로
① 수면 위로 ~~2회~~ 융기하였다.
　　적어도 3회 이상
② A와 C는 ~~평행~~ 부정합 관계이다.
　　　　난정합
③ A에는 ~~C~~의 암석 조각이 포획되어 나타난다.
　　　B
④ 암석의 생성 순서는 ~~A → B → C → D → E~~이다.
　　B → A → C → D → E
⑤ 단층은 횡압력에 의해 형성되었다.

|자|료|해|설|
암석의 생성순서는 B → A(관입) → C → D → E이다. 단층은 C, D를 기울어지기 전의 수평 상태로 생각하면 상반이 위로 올라가 있으므로 횡압력에 의해 형성되었다고 볼 수 있다.

|선|택|지|풀|이|
① 오답 : 부정합 횟수가 2회이므로 융기 횟수(=부정합 횟수+1)는 3회 이상이다.
② 오답 : A가 관입했으므로 A와 C는 난정합 관계이다.
③ 오답 : A가 C보다 먼저 생성되었으므로 A에 C가 포획될 수 없다.
④ 오답 : 암석의 생성순서는 B → A → C → D → E이다.
⑤ 정답 : C, D를 기울어지기 전의 수평 상태로 생각하면 상반이 위로 올라가 있으므로 단층은 횡압력에 의해 형성되었다.

👀 **문제풀이 TIP** | 융기 횟수는 부정합 횟수에 1을 더한 것이다. 그 이상이 존재할 수도 있다. 지층의 생성 순서는 지사학의 법칙(수평 퇴적의 법칙, 지층 누중의 법칙, 동물군 천이의 법칙, 부정합의 법칙, 관입의 법칙)으로 대부분 설명된다.

😀 **출제분석** | 지층의 순서를 구하고 부정합의 횟수를 찾아내는 유형은 빈출이므로 자꾸 풀어보아서 체득해야 한다.

그림은 어느 지역의 지질 단면을 나타낸 것이다.

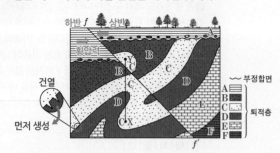

이 자료에 대한 설명으로 옳은 것만을 〈보기〉에서 있는 대로 고른 것은? 3점

> **보기**
>
>
>
> ㄱ. 단층 $f-f'$은 ~~장력~~ 에 의해 형성되었다.   횡압력
>
> ㄴ. 습곡과 단층의 형성 시기 사이에 부정합면이 형성되었다.
>
> ㄷ. X→Y를 따라 각 지층 경계를 통과할 때의 지층 연령의 증감은 '증가 → 감소 → 감소 → 증가'이다.

① ㄱ   ② ㄴ   ③ ㄷ   ④ ㄱ, ㄴ   ⑤ ㄴ, ㄷ

| 자 | 료 | 해 | 설 |

모든 지층과 습곡, 부정합이 단층에 의해 끊겼으므로 단층 $f-f'$은 가장 나중에 형성되었다. 확대한 단면의 모습을 보면 건열 구조가 확인되는데, 뾰족한 부분이 가리키는 쪽이 먼저 생성된 것이므로 회색 지층이 흰색 지층보다 먼저 생성되었다. 퇴적층 자료의 순서대로 각 지층을 A, B, C, D, E, F라 하면, 습곡이 형성되기 전 지층의 생성 순서는 F → E → D → C → B이다. 또한, 이 지역의 지질학적 사건은 퇴적층 F~B → 습곡 → 부정합면 → 퇴적층 A → 단층 $f-f'$ 형성 순으로 발생했다. 단층 $f-f'$에서 상반은 하반에 대해 상대적으로 위로 올라가 있으므로 이 단층은 횡압력을 받아 생성된 역단층이다.

| 보 | 기 | 풀 | 이 |

ㄱ. 오답 : 단층 $f-f'$는 상반이 하반에 대해 상대적으로 위로 올라간 역단층으로 횡압력에 의해 형성되었다.

ㄴ. 정답 : 습곡에 의해 휘어진 지층들과 가장 위에 퇴적된 퇴적층 A 사이에 부정합면이 존재하므로 퇴적층 A는 습곡 형성 이후에 퇴적된 것이다. 습곡에 의해 휘어진 지층들과 부정합면, 퇴적층 A는 모두 단층에 의해 끊겼으므로 지질학적 사건의 발생 순서를 나열하면 퇴적층 F~B → 습곡 → 부정합면 → 퇴적층 A → 단층 $f-f'$ 형성이다. 따라서 습곡과 단층의 형성 시기 사이에 부정합면이 형성되었다.

ㄷ. 정답 : 퇴적층 자료의 순서대로 각 지층을 A, B, C, D, E, F라 하면 습곡이 형성되기 전 지층의 생성 순서는 F → E → D → C → B이다. X → Y를 따라 각 지층 경계를 통과할 때 지나는 지층의 순서는 C → D → C → B → C 이므로 지층 연령의 증감은 '증가 → 감소 → 감소 → 증가' 이다.

그림은 어느 지역의 지질 단면을 나타낸 것이다.

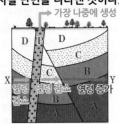

구간 X−Y에 해당하는 지층의 연령 분포로 가장 적절한 것은? **3점**

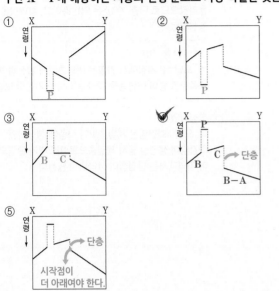

|자|료|해|설|

이 지역은 횡압력을 받아 습곡과 역단층이 형성되었다. 지층이 역전된 흔적은 없으므로 수평 퇴적의 법칙에 의해 가장 아래에 있는 지층이 가장 먼저 쌓인 지층이다. 각 지층을 아래부터 순서대로 A, B, C, D라 하고, 관입암을 P라고 하면 지층의 생성 순서는 A → B → C → D → P 이다.

|선|택|지|풀|이|

④ 정답 : 구간 X−Y를 X 쪽에서부터 지나간다고 하면 B, P, C, B, A 순으로 만나게 된다. 처음 B를 지날 때는 점점 C와 가까워지므로 연령이 점점 감소하고, P를 만나 연령이 급격하게 감소한다. P를 지나 C를 만나면 지층의 연령은 B 에서보다는 적고, P에서보다는 많다. 또한 단층면이 있는 부분까지 C의 연령은 점점 감소한다. C를 지나 두 번째로 B를 만나면 X의 시작점보다 더 연령이 많은 곳에서부터 시작하여 Y에 도착할 때 까지 연령이 점점 증가한다. P는 가장 나중에 생성되었으므로 ①, ②는 불가능하다. 구간 X−Y에서 P의 왼쪽은 지층 B, 오른쪽은 지층 C 이므로 왼쪽보다 오른쪽의 연령이 더 적어야 한다. 따라서 ③은 불가능하다. 단층면을 지난 후 지층 B를 지날 때는 처음 X 지점에서 시작할 당시의 지층 B의 위치보다 더 아래쪽 위치에서 시작하므로 ⑤는 불가능하다. 따라서 ④가 구간 X−Y에 해당하는 지층의 연령 분포로 가장 적절하다.

😀 **출제분석** | 지층이 역전되지 않았을 때 지층의 생성 순서와 관입암의 관입 시기를 판단할 줄 알고, 단층면을 보고 정단층인지 역단층인지를 구분할 수 있어야 해결할 수 있는 복합 문항이다. 차분히 순서대로 풀어나가면 선택지를 하나씩 지워가면서 답을 구할 수 있으므로 한 번에 답을 찾을 수 없더라도 당황하지만 않으면 답을 골라낼 수 있다.

그림 (가)는 어느 지역의 지질 단면을, (나)는 X에서 Y까지의 암석의 연령 분포를 나타낸 것이다. P 지점에서는 건열이 ㉠과 ㉡ 중 하나의 모습으로 관찰된다.

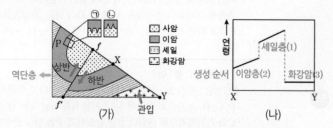

(가)   (나)

이에 대한 옳은 설명만을 〈보기〉에서 있는 대로 고른 것은?

보기

ㄱ. P 지점의 모습은 에 해당한다.

ㄴ. 단층 $f-f'$은 횡압력에 의해 형성되었다.

ㄷ. 이 지역에서는 난정합이 ~~나타난다.~~ 나타나지 않는다.

① ㄱ   ✔② ㄴ   ③ ㄱ, ㄷ   ④ ㄴ, ㄷ   ⑤ ㄱ, ㄴ, ㄷ

|자|료|해|설|

(나)에서 이암층의 연령은 셰일층보다 적으므로 이암층은 셰일층보다 나중에 생성되었다. 화강암의 연령은 이암층의 연령보다 적으므로 화강암은 이암층이 형성된 시기보다 나중에 관입되었다.

이암층은 셰일층보다 나중에 생성되었으므로 지층 누중의 법칙에 의해 사암층은 이암층보다 나중에 형성되었다. P 지점에서 사암층이 나중에 형성되었으므로 건열의 모양은 뾰족한 부분이 이암층으로 향하는 ㉡이다.

(가)에서 단층면을 기준으로 왼쪽에 있는 상반이 위로 올라갔으므로 단층 $f-f'$은 역단층이고, 횡압력을 받아 형성되었다.

|보|기|풀|이|

ㄱ. 오답 : P 지점에서 건열은 이암층에서 발생하였으므로 뾰족한 모양이 이암층을 향하는 ㉡이 P 지점의 모습이다.

ㄴ. 정답 : 단층 $f-f'$은 역단층이므로 횡압력에 의해 형성되었다.

ㄷ. 오답 : 화강암은 셰일층보다 나중에 생성되었으므로 화강암이 생성될 당시 셰일층으로 마그마가 관입되었으며 이 지역에서는 난정합이 나타나지 않는다.

04 지층의 연령

필수개념 1 상대 연령과 절대 연령(방사성 동위 원소)

1. **상대 연령:** 지질학적 사건의 발생 순서나 지층과 암석의 생성 시기를 상대적으로 나타낸 것.
   측정 방법: 지사학의 법칙을 적용해 판단.

2. **절대 연령:** 암석의 생성 또는 지질학적 사건의 발생 시기를 연 단위의 절대적인 수치로 나타낸 것.
   측정 방법: 암석에 있는 방사성 동위 원소의 반감기를 이용하여 측정.
   1) 방사성 동위 원소: 원자핵 내의 양성자 수는 같으나 중성자의 수가 다른 원소. 자연적으로 일정한
      속도로 방사선을 방출하면서 붕괴하여 안정 원소로 바뀌는 특성이 있음.
      모원소: 붕괴하는 방사성 동위 원소
      자원소: 모원소가 붕괴하여 생성된 원소
      반감기: 방사성 원소가 붕괴하여 모원소의 양이 처음의 절반이 될 때까지 걸린 시간. 반감기는
      　　　　원소의 종류에 따라 천차만별이다.
   2) 반감기와 절대 연령의 관계: 암석이나 광물에 포함된 방사성 동위 원소의 모원소 및 자원소의 비율을
      측정하여 방사성 동위 원소의 반감기를 적용하면 생성 시기를 추정할 수 있다.

$$M = M_0 \left(\frac{1}{2}\right)^{\frac{t}{T}}, \ t = nT$$

(M: t년 후에 남아 있는 모원소의 양, M_0: 처음 모원소의 양, T: 반감기, n: 반감기 횟수)

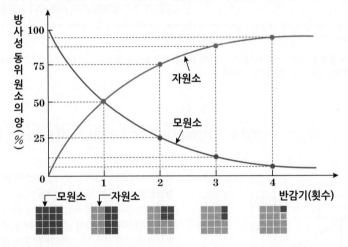

   3) 방사성 동위 원소의 이용
      ① 반감기의 길이에 따른 이용
         ㉠ 반감기가 긴 원소 이용: 먼 과거의 지질학적 사건의 시기 추정 시 사용.
            예 지구의 탄생, 공룡의 멸종 등
         ㉡ 반감기가 짧은 원소 이용: 가까운 과거의 지질학적 사건의 시기 추정 시 사용.
            예 고조선 시대의 환경의 변화 등
      ② 암석의 절대 연령
         ㉠ 화성암: 마그마에서 광물이 정출된 시기
         ㉡ 변성암: 변성암이 변성 작용을 받은 시기
         ㉢ 퇴적암: 암석을 구성하는 광물의 기원이 모두 다르기 때문에 절대 연령 측정 어려움.

▶ 방사성 탄소(^{14}C)의 이용
  • 대기 중의 CO_2를 이루고 있는 탄소는
    대부분 탄소 ^{12}C로 존재하지만 극히
    일부는 방사성 탄소 ^{14}C로 존재한다.
  • 대기 중의 탄소 비율: 대기 중의
    ^{14}C는 다시 붕괴하여 ^{14}N로 변한다.
    → 대기 중에 존재하는 ^{12}C와 ^{14}C의
    비율은 일정하게 유지된다.
  • 살아 있는 생물체 내의 탄소 비율은
    광합성과 호흡으로 대기에서의
    비율과 같지만 죽은 생물체에서는
    탄소의 공급이 중단되므로 생물체
    속에서 ^{12}C는 붕괴하지 않지만, ^{14}C는
    ^{14}N로 붕괴하므로 ^{12}C와 ^{14}C의 비율은
    변하게 된다. → 따라서 대기 중의
    ^{12}C와 ^{14}C의 비율과 죽은 생물체 내
    ^{12}C와 ^{14}C의 비율을 비교하면 그
    생물이 죽은 후 현재까지 경과한
    시간을 알 수 있다.

그림 (가)는 어느 지역의 지질 단면도이고, (나)는 화강암 C와 D에 포함되어 있는 방사성 원소의 붕괴 곡선이다.

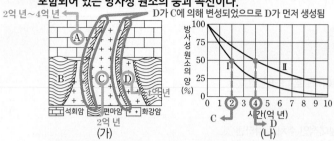

2억 년~4억 년

D가 C에 의해 변성되었으므로 D가 먼저 생성됨

석회암 편마암 + 화강암

(가) (나)

이에 대한 옳은 설명만을 〈보기〉에서 있는 대로 고른 것은?
(단, 화강암 C와 D는 방사성 원소 Ⅰ, Ⅱ 중 서로 다른 한 가지씩만 포함하고 있으며, 포함된 방사성 원소의 모원소와 자원소의 비는 모두 1 : 1이다.) **3점**
→ 50%

보기

고생대~중생대 ← 신생대

없다

ㄱ. A층에서는 화폐석이 산출될 수 없다.
ㄴ. C에 포함되어 있는 방사성 원소는 Ⅰ이다.
ㄷ. (가)에서 생성 순서는 B → D → A → C이다.

사이에 부정합면 존재 →

① ㄱ ② ㄷ ③ ㄱ, ㄴ ✔④ ㄴ, ㄷ ⑤ ㄱ, ㄴ, ㄷ

|자|료|해|설|
지질 단면도에서 A와 B 사이에 부정합면이 있다. B에 관입한 D에도 부정합면이 있고, A에는 D가 없으니 이 지층은 역전되지 않았다. B가 형성된 후 D가 관입하였고 많은 시간이 흐른 후 A가 퇴적되었다. C는 A, B, D에 관입한 화강암으로 가장 나중에 형성되었다.
C와 D에 존재하는 방사성 원소의 붕괴 정도는 50%이다. Ⅰ은 방사성 원소의 양이 50%로 감소하려면 2억 년이 걸리고, Ⅱ는 방사성 원소의 양이 50%로 감소하려면 4억 년이 걸린다. D는 C보다 먼저 형성되었으므로 방사성 원소의 양이 50%가 되는데 시간이 더 오래 걸리는 Ⅱ가 D에 포함된 방사성 원소이다. 따라서 D의 나이는 약 4억 년이다. C에 포함된 원소는 Ⅰ으로 C의 나이는 2억 년 정도이다.

|보|기|풀|이|
ㄱ. 오답 : A는 D보다는 젊고 C보다는 나이가 많다. 따라서 A의 나이는 2억~4억 년 사이이다. 신생대는 약 6500만 년 전부터의 시기를 얘기하므로 신생대 이전에 형성된 A에서는 신생대 화석인 화폐석이 산출될 수 없다.
ㄴ. 정답 : C는 D보다 나중에 형성된 화강암이다. 따라서 방사성 원소의 양이 50%가 되는 데 걸리는 시간이 더 짧은 Ⅰ이 C에 포함된 방사성 원소이다.
ㄷ. 정답 : B가 퇴적된 후 D가 관입하였고, 많은 시간이 흐른 후 A가 퇴적되었다. 이후 C가 관입하였다.

😀 **문제풀이 T I P** | 지질 단면도에서 암석의 생성 순서를 볼 때는 가장 바깥쪽에 있는 암석이 대체로 가장 나중에 형성된 암석이다.

😀 **출제분석** | 지질 단면도에 관한 문제 중 어려운 편에 속한다. 자료를 분석하는 것이 어렵다기보다는 다양한 내용을 담은 보기가 출제되어 문제를 풀 때 알고 있어야 할 개념이 많다. 이 문항처럼 지질 단면도를 통해서 다양한 내용을 묻는 문제도 종종 출제되니 고난도 문항도 자주 접해보자.

그림은 서로 다른 방사성 원소 A, B, C의 붕괴 곡선을 나타낸 것이다.
이에 대한 설명으로 옳은 것만을 〈보기〉에서 있는 대로 고른 것은?

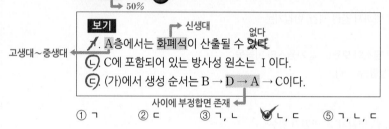

보기

2억 년 0.5억 년 4배

ㄱ. 반감기는 C가 A의 3배이다.
ㄴ. A가 두 번의 반감기를 지나는 데 걸리는 시간은 1억 년이다.
ㄷ. 암석에 포함된 B의 양이 처음의 $\frac{1}{8}$로 감소하는 데 걸리는 시간은 3억 년이다.

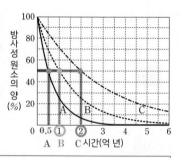

(반감기) (횟수)
0.5억 년×2회
=1억 년

반감기 3번

(반감기) (횟수)
1억 년×3회
=3억 년

① ㄱ ② ㄴ ③ ㄱ, ㄷ ✔④ ㄴ, ㄷ ⑤ ㄱ, ㄴ, ㄷ

|자|료|해|설|
방사성 원소의 반감기는 방사성 원소가 붕괴하여 처음 양의 절반으로 줄어드는 데 걸리는 시간이다. 방사성 원소의 반감기로 절대 연대를 측정할 수 있는데, 이는 반감기가 온도나 압력에 관계없이 일정하기 때문이다. 그래프에서 방사성 원소의 양(%)이 50%가 된 곳이 반감기이다. 방사성 원소 A, B, C의 반감기는 각각 0.5억 년, 1억 년, 2억 년이다.

|보|기|풀|이|
ㄱ. 오답 : 반감기는 C(2억 년)가 A(0.5억 년)의 4배이다.
ㄴ. 정답 : A가 두 번의 반감기를 지나는 데 걸리는 시간은 0.5억 년×2회=1억 년이다.
ㄷ. 정답 : 암석에 포함된 B의 양이 처음의 $\left(\frac{1}{2}\right)^3 = \frac{1}{8}$로 감소했다는 것은 반감기를 세 번 거쳤다는 것을 알 수 있다. 따라서 1억 년×3회=3억 년이다.

😀 **문제풀이 T I P** | 방사성 원소의 반감기는 모원소의 양의 50%가 되는 기간을 말하는 것이다. 방사성 원소양이 처음의 $\left(\frac{1}{2}\right)^a = \frac{1}{8}$로 감소했다는 것은 a=3번 반감기를 거쳤다는 의미이다. 걸리는 시간은 반감기과 횟수를 곱해주면 된다.

😀 **출제분석** | 학생들이 방사성 원소의 반감기를 구하는 것을 처음에는 어려워할 수도 있다. 그러나 반감기는 $\frac{1}{2}$의 지수배로 일어난다는 것을 알면 쉽게 풀 수 있는 평이한 문제이다. 응용한 문제로 지질 단면도와 암석에 포함된 방사성 원소 X의 반감기가 주어지고 절대 연령을 구하는 문제들이 많이 출제되었다.

[3~4] 그림 (가)는 어느 지역의 지질 단면도를, (나)는 방사성 원소 X의 붕괴 곡선을 나타낸 것이다. (가)의 화성암 P에 포함된 방사성 원소 X의 양은 암석이 생성될 당시의 $\frac{1}{4}$이다. 물음에 답하시오.

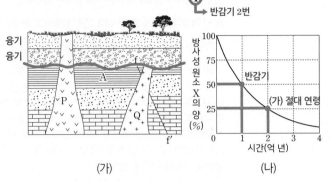

(가)   (나)

방사성 원소 X의 반감기와 화성암 P의 절대 연령으로 옳은 것은?

	반감기	절대 연령		반감기	절대 연령
①	1억 년	0.5억 년	②	1억 년	1억 년
③	1억 년	2억 년	④	2억 년	1억 년
⑤	2억 년	2억 년			

|자|료|해|설|

방사성 원소의 반감기는 방사성 원소가 붕괴하여 처음 양의 절반으로 줄어드는 데 걸리는 시간이다. 화성암의 절대 연령은 마그마에서 광물이 정출된 시기이다.

|선|택|지|풀|이|

③ 정답 : 그래프 (나)에서 방사성 원소 X의 양이 50%가 되는 지점의 시간을 확인하면 원소 X의 반감기를 확인할 수 있다. X의 반감기는 1억 년이다.

(가)의 화성암 P에 포함된 방사성 원소 X의 양은 암석이 생성될 당시의 $\frac{1}{4}$이므로, 그래프 (나)에서 방사성 원소의 양이 25%인 지점의 시간을 확인하면 화성암 P의 절대 연령을 알 수 있다. P의 절대 연령은 2억 년이다.

😮 **문제풀이 TIP** | 방사성 원소의 붕괴 곡선을 해석할 수 있는지 묻는 문제이다. 방사성 원소의 양이 원래의 절반(50%)이 되는 곳을 찾으면 방사성 원소의 반감기를 확인할 수 있다. 또한 방사성 원소가 붕괴하고 남은 원소의 양과 붕괴 곡선을 비교하면 화성암의 절대 연대를 확인할 수 있다.

😎 **출제분석** | 방사성 원소의 특징만 알고 있다면 풀 수 있는 매우 쉬운 문제이다. 이 문제에서는 방사성 원소의 양을 Y축으로 하는 붕괴 곡선 그래프가 주어졌지만, 이 뿐만 아니라 방사성 원소와 자원소의 관계를 Y축으로 하는 그래프가 주어지기도 한다. 따라서 문제에 주어진 자료에서 Y축이 의미하는 수치가 무엇을 뜻하는지 잘 확인할 필요가 있다. 또한, 절대 연대를 안다면 어느 시대에 만들어진 지층인지도 확인할 수 있으므로 지질시대의 시간 간격을 알아두는 것이 좋다.

---

4 지사 해석 방법   정답 ⑤   정답률 81%   지Ⅱ 2017년 4월 학평 17번   문제편 73p

이 지역에 대한 설명으로 옳은 것만을 〈보기〉에서 있는 대로 고른 것은? 3점   생성 순서 : A-(f-f')-Q-P

> **보기**
>
> ㄱ. P와 Q에서는 A의 암석 조각이 포획암으로 발견될 수 있다.
> ㄴ. 단층 f-f'는 Q보다 먼저 형성되었다.
> ㄷ. 이 지역은 최소한 2회 이상 융기했다.

① ㄱ   ② ㄴ   ③ ㄱ, ㄷ   ④ ㄴ, ㄷ   ⑤ ㄱ, ㄴ, ㄷ

|자|료|해|설|

그림 (가)의 지질 단면도를 통해 지층의 생성 순서를 유추할 수 있다.

지층 A가 P와 Q에 의해 관입 당했으므로, 관입의 법칙에 의하면 A가 생성된 이후에 P와 Q가 관입하였음을 알 수 있다. 또한, Q는 부정합면까지만 관입했지만, P는 모든 지층을 관입한 것을 통해 P가 Q보다 나중에 관입했다는 것을 유추할 수 있다. 마지막으로 단층 f-f'이 지층 A까지 나타나므로, A가 형성된 이후에 단층이 형성되었음을 알 수 있다.

따라서 이 지역의 생성 순서는 A-(f-f')-Q-P이다.

또한, 지층 A의 상부에는 부정합면이 나타나므로 부정합의 원리를 적용하면 지층 A가 생성된 이후에 큰 시간적 간격이 존재하고, 그 후에 다음 지층이 퇴적되었음을 알 수 있다.

|보|기|풀|이|

ㄱ. 정답 : 포획암은 마그마가 관입하는 과정에서 기존에 있던 암석이 마그마에 포획되는 것으로, P, Q를 형성한 마그마가 A를 관입하였으므로 P와 Q에서는 A의 암석 조각이 포획암으로 발견될 수 있다.

ㄴ. 정답 : Q가 단층 f-f'를 관입하였으므로 단층 f-f'는 Q보다 먼저 생성되었다.

ㄷ. 정답 : 부정합이 형성되려면 퇴적-융기-침식-침강-퇴적의 과정을 거쳐야 한다. 부정합 지역에서 최소 1번의 융기가 있어야 하며, 퇴적 후에 이 지역이 지표로 융기한 상태가 그림 (가)에 제시되어 있으므로 최소 2회 이상 융기해야 한다.

😮 **문제풀이 TIP** | (가)에서 지사학의 법칙을 이용하면 지층의 생성 순서를 유추할 수 있다. 관입의 법칙을 이용하면, 관입암이 생성될 때 관입당한 암석이 관입한 암석보다 시기적으로 먼저 생성되었음을 알 수 있다. 또한, 포획암은 마그마가 관입할 때 주위의 암석이 마그마 속으로 떨어져 포획된 것이다. 포획의 원리를 이용하면 관입한 마그마에서 먼저 생성되어 있던 지층의 암석 조각을 찾을 수 있음을 추측 가능하다. 마지막으로 부정합면이 생기려면 암석은 퇴적-융기-침식-침강-퇴적의 과정을 거쳐야 한다. 따라서 어떤 지역의 융기 횟수를 알고 싶다면 부정합 횟수에 +1을 해주면 된다.

😎 **출제분석** | 지층의 상대연대를 비교하는 문제는 매 모의고사 마다 꼭 출제되는 중요한 개념이다. 얼마든지 지층을 임의로 변형하여 다양한 형태를 자료로 제시할 수 있으므로, 평소에 눈으로 봐도 생성 순서를 대충 예측할 수 있는 문제도 지사학의 법칙을 적용해보며 지층의 생성 순서를 파악하는 연습을 해야 한다.

그림 (가)는 어느 지역의 지질 단면도를, (나)는 방사성 원소 P, Q의 붕괴 곡선을 나타낸 것이다. 화성암 A에 포함된 방사성 원소 P의 양은 처음 양의 $\frac{1}{8}$, 화성암 B에 포함된 방사성 원소 Q의 양은 처음 양의 $\frac{1}{4}$이다.

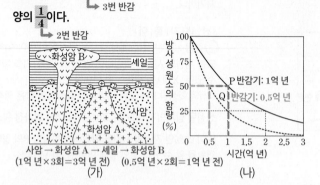

→ 3번 반감
→ 2번 반감

사암 → 화성암 A → 셰일 → 화성암 B
(1억 년×3회=3억 년 전)   (0.5억 년×2회=1억 년 전)
(가)

P 반감기: 1억 년
Q 반감기: 0.5억 년
(나)

이에 대한 설명으로 옳은 것만을 〈보기〉에서 있는 대로 고른 것은? **3점**

보기
ㄱ. 사암 → 화성암 A → 셰일 → 화성암 B 순으로 생성되었다.
ㄴ. 반감기는 P가 Q보다 ~~짧다~~. → 길다
ㄷ. 셰일층은 ~~신생대~~ 지층이다. → 3억 년 전~1억 년 전 → 고생대/중생대 지층

① ㄱ   ② ㄷ   ③ ㄱ, ㄴ   ④ ㄴ, ㄷ   ⑤ ㄱ, ㄴ, ㄷ

✓ ①

|자|료|해|설|
지사학의 법칙에 따르면 (가)그림의 지층 생성 순서는 사암 → 화성암 A → 셰일 → 화성암 B 순이다. 화성암 A에 포함된 방사성 원소 P의 양은 처음 양의 $\frac{1}{8}$이므로 반감기를 세 번 거쳤다는 것을 알 수 있다. 같은 방법으로 화성암 B에 포함된 방사성 원소 Q의 양은 $\frac{1}{4}$이므로 반감기를 두 번 거쳤다는 것을 알 수 있다. 그림 (나)의 그래프를 보면 P의 반감기는 1억 년, Q의 반감기는 0.5억년이므로 반감기는 P가 Q보다 길다. 화성암 A는 1억 년×3회=3억 년 전에 생성되었고, 화성암 B는 0.5억년×2회=1억 년 전에 생성되었다. 셰일층은 화성암 A와 화성암 B 사이 시기에 퇴적되었으므로 3억 년 전과 1억 년 전 사이 즉, 고생대나 중생대 지층임을 알 수 있다.

|보|기|풀|이|
ㄱ. 정답 : 그림(가)를 통해 사암 → 화성암 A → 셰일 → 화성암 B 순으로 생성되었음을 알 수 있다.
ㄴ. 오답 : 반감기는 P가 Q보다 2배 길다.
ㄷ. 오답 : 셰일층은 화성암 A와 화성암 B 사이 시기에 퇴적되었으므로 3억 년 전과 1억 년 전 사이 즉, 고생대나 중생대 지층이다.

😮 **문제풀이 T I P** | 우선 지질 단면도 (가)를 보고 지층 생성 순서를 적는다. 화성암 A와 화성암 B에 들어있는 방사성 원소가 몇 번 반감기를 거쳤는지를 알아낸다. 반감기는 그래프 (나)를 보면 알 수 있다.

그림 (가)는 어느 지역의 지질 단면도이고, (나)는 (가)의 화성암 F에 들어있는 방사성 원소 X의 붕괴 곡선이다. F에 들어있는 X의 모원소와 자원소의 함량비는 1 : 3이다.

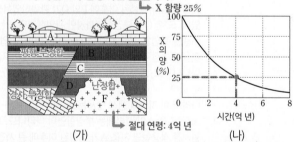

평행 부정합
난정합
절대 연령: 4억 년
(가)

X 함량 25%
절대 연령: 4억 년
시간(억 년)
(나)

이에 대한 옳은 설명만을 〈보기〉에서 있는 대로 고른 것은? **3점**

보기
ㄱ. 지층의 생성 순서는 E → D → F → C → B → A이다.
ㄴ. D에서는 암모나이트 화석이 산출될 수 ~~있다~~. → 없다 (중생대 이전(절대 연령: 4억 년 이상), 중생대)
ㄷ. 이 지역은 4번 이상 융기하였다. → 부정합 3개

① ㄱ   ② ㄴ   ③ ㄱ, ㄷ   ④ ㄴ, ㄷ   ⑤ ㄱ, ㄴ, ㄷ

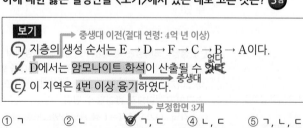

|자|료|해|설|
(가)에서 단층은 B, C, D, E에 걸쳐 발생하였다. 화성암 F는 D와 E에 관입하였고 C는 F 관입 이후에 퇴적되었으므로 단층은 F가 관입한 이후에 발생하였다. 이를 토대로 이 지역의 지층 생성 순서를 정리해보면 E → D → F → C → B → 단층 → A 순이다. E와 D 사이에 경사 부정합, C와 F 사이에 난정합, B와 A 사이에 평행 부정합이 관찰되므로 이 지역은 최소 4번 이상 융기하였다.
F에 들어있는 방사성 원소 X의 양은 25%이므로 화성암 F는 4억 년 전에 생성되었다. D는 F보다 이전에 생성되었으므로 중생대 화석이 산출될 수 없다.

|보|기|풀|이|
ㄱ. 정답 : E 지층의 습곡 구조 위로 D가 퇴적되었고, 그 후로 F가 관입하였다. 이후에 C, B가 차례로 퇴적되었고 한참의 시간이 흐른 후 A가 퇴적되었다. 따라서 지층의 생성 순서는 E → D → F → C → B → A 이다.
ㄴ. 오답 : D는 F 이전에 형성된 지층이다. F에 존재하는 방사성 원소 X의 양이 25%이므로 4억 년 전에 형성되었다. D의 절대 연령이 4억 년 이상이므로 중생대 화석인 암모나이트 화석은 산출될 수 없다.
ㄷ. 정답 : E와 D 사이, F와 C 사이, B와 A 사이에 총 3개의 부정합이 관찰되므로 이 지역은 4번 이상 융기하였다.

😮 **문제풀이 T I P** | 부정합의 총 개수+1=최소 융기 횟수

😮 **출제분석** | 지질 단면도를 자료로 출제한 문제로서 보기는 어렵지 않다. 다만 지질 단면도 자료를 해석하는 것에 유의해야 한다. 다른 문제들과 달리 부정합에 별다른 표현을 하지 않아서 각 지층이 맞물린 형태, 기울기 등을 보고 부정합을 유추하여야 한다. 지질 단면도는 다양하게 표현할 수 있으므로 여러 자료를 보고 해석하는 연습을 하는 것이 좋다.

그림 (가)는 마그마가 식으면서 두 종류의 광물이 생성된 때의 모습을, (나)는 (가) 이후 P의 반감기가 n회 지났을 때 화성암에 포함된 두 광물의 모습을 나타낸 것이다. 이 화성암에는 방사성 원소 P, Q와 P, Q의 자원소 P′, Q′가 포함되어 있다.

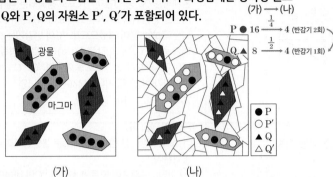

(가)　　　　(나)

이에 대한 옳은 설명만을 〈보기〉에서 있는 대로 고른 것은? 3점

보기

ㄱ. 반감기는 P가 Q보다 짧다.

ㄴ. (나)의 화성암의 절대 연령은 P의 반감기의 약 2배이다.

ㄷ. (가)에서 광물 속 P의 양이 많을수록 P와 P′의 양이 같아질 때까지 걸리는 시간이 ~~길어진다.~~ 일정하다

① ㄱ　② ㄷ　③ ㄱ, ㄴ　④ ㄴ, ㄷ　⑤ ㄱ, ㄴ, ㄷ

|자|료|해|설|

(가)에서 (나)로 갈 때 모원소 P의 개수는 16개에서 4개로 감소하여 (가)의 $\frac{1}{4}$이므로 반감기가 2회 지났고, 모원소 Q의 개수는 8개에서 4개가 되어 (가)의 $\frac{1}{2}$이므로 반감기가 1회 지났음을 알 수 있다. 동일한 시간 동안 P는 반감기를 2회, Q는 1회 거쳤으므로 P의 반감기가 Q보다 짧음을 알 수 있다.

|보|기|풀|이|

ㄱ. 정답 : (가) → (나)에서 P는 반감기 2회, Q는 반감기 1회이므로 P의 반감기는 Q의 $\frac{1}{2}$이다.

ㄴ. 정답 : (가) → (나)에서 P는 반감기 2회, Q는 반감기 1회이므로 (나)의 화성암의 절대 연령은 P의 반감기의 약 2배이다.

ㄷ. 오답 : 광물 속 P의 양이 다르더라도 P와 P′의 양이 같아지는 시간은 일정하다.

🦉 **문제풀이 T I P** | [반감기와 절대 연령의 관계] $t = n \times T$ (t: 절대 연령, n: 반감기 경과 횟수, T: 반감기)

반감기 횟수	모원소(%)	자원소(%)	모원소 : 자원소
0	100	0	100 : 0
1	50	50	$1 : 1 \left(\frac{1}{2} : \frac{1}{2} \right)$
2	25	75	$1 : 3 \left(\frac{1}{4} : \frac{3}{4} \right)$
3	12.5	87.5	$1 : 7 \left(\frac{1}{8} : \frac{7}{8} \right)$
4	6.25	93.75	$1 : 15 \left(\frac{1}{16} : \frac{15}{16} \right)$

위 관계를 이해하여 %로 나오든 비율로 나오든 반감기 횟수를 연결할 수 있어야 한다.

😀 **출제분석** | 절대 연령과 반감기가 관련된 빈출 주제이다. 그래프가 아닌 그림을 제시하여 기본 개념을 아는지 확인하는 문제라고 볼 수 있으며, 기본 개념을 잘 이해하고 있다면 어렵지 않게 풀 수 있는 문제이다.

다음은 방사성 원소 ^{14}C를 이용한 절대 연령 측정 원리를 설명한 것이다.

대기 중과 생물체 내의 방사성 원소 ^{14}C와 안정한 원소 ^{12}C의 비율($^{14}C/^{12}C$)은 같다. 생물체가 죽으면 ㉠ ^{14}C가 ㉡ ^{14}N로 붕괴 되는 과정은 진행되지만 ^{14}C의 공급은 중단되므로, 죽은 생물체 내의 $^{14}C/^{12}C$가 감소한다. 따라서 대기 중 $^{14}C/^{12}C$에 대한 죽은 생물체 내 $^{12}C/^{12}C$의 비를 이용하여 절대 연령을 측정할 수 있다.

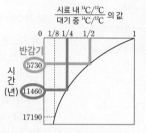

이에 대한 설명으로 옳은 것만을 〈보기〉에서 있는 대로 고른 것은? (단, 대기 중의 $^{14}C/^{12}C=1.2\times10^{-12}$으로 일정하다.) **3점**

보기
~~ㄱ. ㉠은 ㉡보다 ~~안정~~하다.~~ (불안정)
ㄴ. ㉠의 반감기는 5730년이다.
~~ㄷ.~~ $^{14}C/^{12}C$의 값이 0.3×10^{-12}인 시료의 절대 연령은 ~~17190~~ 년이다. → 1.2×10^{-12}의 $\frac{1}{4}$
    11460

① ㄱ   ✓② ㄴ   ③ ㄷ   ④ ㄱ, ㄴ   ⑤ ㄴ, ㄷ

|자|료|해|설|
방사성 원소는 붕괴 등을 통해서 안정한 원소로 변한다. ^{14}C의 경우 방사성 원소로, 안정한 원소 ^{14}N으로 붕괴된다. 존재하는 ^{14}C 중 절반이 ^{14}N으로 붕괴되는 데 걸리는 시간을 반감기라고 한다. 그래프에 따르면 ^{14}C가 절반이 되는데 5730년이 걸렸으므로 ^{14}C의 반감기는 5730년이다. 대기 중의 $^{14}C/^{12}C$의 값은 1.2×10^{-12}로 일정하므로 5730년이 지나 ^{14}C가 절반으로 줄어들면 $^{14}C/^{12}C=0.6\times10^{-12}$, 반감기가 한 번 더 지나 11460년이 지나면 $^{14}C/^{12}C=0.3\times10^{-12}$가 된다.

|보|기|풀|이|
ㄱ. 오답 : 방사성 원소인 ㉠ ^{14}C는 불안정하여 ㉡ ^{14}N으로 붕괴된다.
ㄴ. 정답 : 그래프에 따르면 시료의 ^{14}C의 비율이 절반이 되는데 5730년이 소요되므로 ^{14}C의 반감기는 5730년이다.
ㄷ. 오답 : 0.3×10^{-12}는 1.2×10^{-12}의 $\frac{1}{4}$로, 반감기를 2회 거쳤다. 따라서 $^{14}C/^{12}C$의 값이 0.3×10^{-12}가 되려면 11460년이 걸린다.

💡 **문제풀이 TIP** | 방사성 원소의 존재 비를 통해 절대 연령을 구할 수 있는지 묻는 문제이다.

😊 **출제분석** | 사례나 이야기를 통해 출제하는 경우는 자주는 아니지만 가끔 출제된다. 어떤 형식을 통해서 문제가 출제되어도 그 내용은 다르지 않으므로 보기에 집중해 필요한 내용만 빠르게 알아채는 것이 중요하다.

다음은 방사성 동위 원소를 이용하여 암석의 절대 연령을 구하는 원리에 대하여 학생 A, B, C가 나눈 대화를 나타낸 것이다.

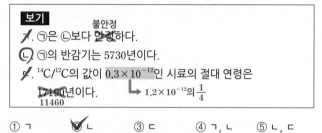

반감기
• (㉠): 모원소가 붕괴하여 처음 양의 절반으로 줄어드는 데 걸리는 시간
• 암석에 포함된 방사성 동위 원소의 자연 붕괴
    반감기 2회   ○: 모원소   ●: 자원소
    암석 생성 당시 → 현재 2 : 6
• 절대 연령은 암석에 포함된 모원소의 ㉠과 (모원소:자원소)의 비를 이용해 구함

학생 A: '반감기'는 ㉠에 해당해.
학생 B: 현재 이 암석에 포함된 모원소와 자원소의 비는 1:3이야.
학생 C: 이 암석의 절대 연령은 '㉠의 값 ~~×2~~을 하면 구할 수 있어.'

제시한 내용이 옳은 학생만을 있는 대로 고른 것은?

① A   ② B   ③ C   ✓④ A, B   ⑤ A, C

|자|료|해|설|
모원소가 붕괴하여 처음 양의 절반으로 줄어드는 데 걸리는 시간을 반감기(㉠)라고 한다. 반감기가 1회 지난 후 모원소와 자원소의 존재 비율은 각각 50%, 50%이다. 반감기가 2회 지나면 남아있는 모원소의 양 중 절반이 다시 자원소로 붕괴되므로 반감기가 2회 지난 후 모원소와 자원소의 존재 비율은 각각 25%, 75%이다.

|보|기|풀|이|
학생 A. 정답 : ㉠은 반감기에 대한 설명이다.
학생 B. 정답 : 현재 이 암석에 포함된 모원소의 모형은 2개, 자원소의 모형은 6개이므로 모원소와 자원소의 비는 1 : 3 이다.
학생 C. 오답 : 현재 이 암석에 포함된 모원소와 자원소의 비가 1 : 3인 것으로 보아 반감기가 2회 지난 상태이므로 이 암석의 절대 연령은 반감기에 2를 곱한 값이다.

10 지층의 연령

정답 ③ 정답률 73% 지Ⅱ 2018년 4월 학평 18번 문제편 75p

그림은 어느 지역의 지질 단면도이다. 화성암 A에 포함된 방사성 원소 X의 양은 암석이 생성될 당시의 25% 이다. 반감기 두 번 지남 → 4억 년 전(고생대)
이에 대한 설명으로 옳은 것만을 〈보기〉에서 있는 대로 고른 것은? (단, 방사성 원소 X의 반감기는 2억 년이다.) 3점

(가) → 경사 부정합 → (나) → A 관입 → 난정합 → C → B 관입 → 난정합

기저역암
: 부정합 후
침식된
암석 덩어리

보기

ㄱ. 이 지역에는 경사 부정합이 있다.
ㄴ. A의 절대 연령은 4억 년이다.
ㄷ. C층의 기저 역암에는 A와 B의 암석 조각이 있다.

① ㄱ ② ㄷ ✓③ ㄱ, ㄴ ④ ㄴ, ㄷ ⑤ ㄱ, ㄴ, ㄷ

|자|료|해|설|

지층 누중의 법칙에 의해 지층의 역전이 없다면 아래 지층이 위 지층보다 먼저 생성되었다. 관입의 법칙에 의해 관입한 암석은 관입당한 암석보다 나중에 생성되며, 상하 두 지층 사이의 시간적 간격이 큰 경우 기저역암과 화석군을 통해 부정합의 존재를 확인할 수 있다.

지사학의 원리를 이용하여 지층의 생성 순서를 알아보면 (가) → 경사 부정합(아래 있는 지층이 경사져 있음) → (나) → A 관입 → 난정합(아래층에 관입한 A의 침식으로 알 수 있음) → C → B 관입 순이다. 방사성 원소의 반감기는 방사성 원소가 붕괴하여 처음 양의 절반으로 줄어드는 데 걸리는 시간으로, 방사성 원소 X의 양이 암석이 생성될 당시의 25%라는 것은 반감기를 2번 거쳤다는 것이고 4억 년 전 고생대에 암석이 퇴적되었다는 것을 뜻한다.

|보|기|풀|이|

ㄱ. 정답 : (가)와 (나)층 사이에 경사 부정합이 있다.
ㄴ. 정답 : 방사성 원소 X의 양이 암석이 생성될 당시의 25%라는 것은 반감기를 두 번 거쳤다는 것이다. 방사성 원소 X의 반감기가 2억 년이므로 A의 절대 연령은 4억 년이다.
ㄷ. 오답 : B층은 C층이 퇴적된 이후에 관입한 것이므로 C층의 기저 역암에는 A의 암석 조각만 있다.

😲 **문제풀이 TIP** | 이런 문제가 나오면 무조건 먼저 지층의 생성 순서를 표시해야 한다. '방사성 자원소의 양이 모원소의 □%이다'는 보통 50%(반감기 1번), 25%(반감기 2번), 12.5%(반감기 3번)가 자주 나온다. 부정합면의 종류는 부정합면 아래 지층의 형태를 보면 쉽게 알 수 있다.

😀 **출제분석** | 꼭 나오는 문제 중 하나로 지층의 대비, 지질 시대 구분, 방사성 원소 반감기를 한 문제에서 전부 묻고 있다. 이번 문제는 비슷한 유형 중에는 쉬운 문제에 속하며 난도는 '중'이다.

---

11 지층의 연령

정답 ② 정답률 74% 지Ⅱ 2018학년도 수능 4번 문제편 75p

그림은 어느 지역의 지질 단면도를, 표는 화성암 D와 F에 포함된 방사성 원소 X와 이 원소가 붕괴되어 생성된 자원소의 함량비를 나타낸 것이다.

E가 D에 의해 변성됨
1억 년~2억 년 : 중생대 시기에 형성

화성암	방사성 원소 X : 자원소
D → 2억 년 25%	1 : 3 반감기 2번
F → 1억 년 50%	1 : 1 반감기 1번

(X의 반감기 : 1억 년)

🟫 역암 ⬜ 사암
🟦 셰일 🟩 석회암
🔻 화성암 🔳 변성된 부분

이 지역에 대한 설명으로 옳은 것만을 〈보기〉에서 있는 대로 고른 것은?

보기

나중에
ㄱ. D는 E보다 먼저 생성되었다.
ㄴ. D의 절대 연령은 2억 년이다.
ㄷ. G는 속씨식물이 번성한 시대에 생성되었다.
중생대 신생대 이전에

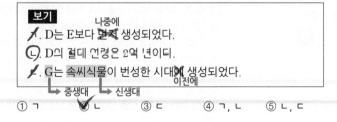

① ㄱ ✓② ㄴ ③ ㄷ ④ ㄱ, ㄴ ⑤ ㄴ, ㄷ

|자|료|해|설|

그림에서 F는 G가 형성된 다음에 관입하였다. G는 A, B, C, D, E 위에 있고 기저 역암이 관찰되므로 A~E는 G 이전에 형성되었다. 지층에 역전된 증거가 없으므로 퇴적층은 A, B, C, E 순으로 형성되었다. D가 관입하면서 C와 E 일부가 변성되었으므로 D는 C와 E가 형성된 이후에 관입하였다. 따라서 이 지역의 지층 형성 순서는 A→B→C→E→D→G→F이다.

화성암 D에 포함된 방사성 원소 X는 25%로 반감기가 2번 지났다. X의 반감기는 1억 년이므로 D의 나이는 1억 년× 2번=2억 년이다. 화성암 F에 포함된 방사성 원소 X는 50%로 반감기가 1번 지났다. 따라서 F의 나이는 1억 년 이다. 두 화성암의 절대 연령이 각각 2억 년, 1억 년이므로 두 화성암 모두 중생대 시기에 형성되었다.

|보|기|풀|이|

ㄱ. 오답 : E의 일부가 변성되었으므로 D는 E 형성 이후에 생성되었다.
ㄴ. 정답 : D에 포함된 방사성 원소 X의 반감기가 2번 지났으므로 1억 년×2=2억 년이 D의 절대 연령이다.
ㄷ. 오답 : 속씨식물은 신생대 시기에 번성하였다. G는 절대 연령이 1억 년인 F보다 먼저, 2억 년인 D보다 나중에 형성되었으므로 중생대 시기에 생성된 층이다. 따라서 G가 생성된 시기에는 속씨식물이 번성하지 않았다. 중생대에는 겉씨식물이 번성하였다.

😲 **문제풀이 TIP** | 화성암이 생성된 형태만으로 언제 생성된 건지 알 수 없을 때는 화성암에 의해 변성된 부분을 보면 알 수 있다. 화성암에 의해 변성된 부분이 있는 지층은 화성암보다 먼저 형성된 층이다.

😀 **출제분석** | 대부분 문제와는 다르게 화성암의 변성된 부분을 자료로 제시하여 화성암의 생성 원리를 모르면 틀릴 수 있는 문제이다. 지질 단면도가 자료로 제시되는 문제는 지질 구조, 생성 시 환경, 암석의 특징 등 다양한 그림이 나올 수 있으므로 긴장을 늦추지 말자.

그림 (가)는 어느 지역의 지질 단면도이고, (나)는 방사성 동위 원소 X의 붕괴 곡선이다. 화성암 C와 D에 포함되어 있는 X의 양은 각각 처음 양의 $\frac{1}{4}$과 $\frac{1}{16}$이다.

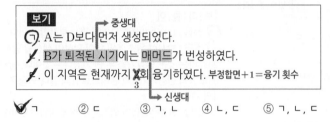

25%(2회) ←　　6.25%(4회)

A → D → B → C
2억년 　중　1억년
　생
　대

(가)　　　(나)

이에 대한 옳은 설명만을 〈보기〉에서 있는 대로 고른 것은? **3점**

보기
→ 중생대
ㄱ. A는 D보다 먼저 생성되었다.
ㄴ. B가 퇴적된 시기에는 매머드가 번성하였다.
ㄷ. 이 지역은 현재까지 ~~X~~ 3 회 융기하였다. 부정합면+1=융기 횟수
→ 신생대

✓ㄱ　　②ㄷ　　③ㄱ, ㄴ　　④ㄴ, ㄷ　　⑤ㄱ, ㄴ, ㄷ

| 자 | 료 | 해 | 설 |

(가)는 관입의 법칙과 부정합의 법칙에 의해 A → D → B → C 순으로 형성되고, (나)는 방사성 동위 원소의 양이 50%가 되는 반감기가 0.5억 년임을 알 수 있다.

| 보 | 기 | 풀 | 이 |

ㄱ. 정답 : A(퇴적) → D(관입) → 부정합 → B(퇴적) → C(관입)이므로 A는 D보다 먼저 생성되었다.

ㄴ. 오답 : 반감기는 0.5억 년이고 C에 포함되어있는 X의 양이 처음의 $\frac{1}{4}$(25%)으로 반감기가 2번 지났으므로 화성암 C는 1억 년, D에 포함되어있는 X의 양이 처음의 $\frac{1}{16}$(6.25%)으로 반감기가 4번 지났으므로 화성암 D는 2억 년 전에 형성되었다. 따라서 B는 1억 년과 2억 년 사이의 중생대 지층이므로 신생대에 출현한 매머드는 번성할 수 없다.

ㄷ. 오답 : 이 지역은 부정합면이 2개이므로 현재까지 최소 3회 융기했다.

😊 **문제풀이 TIP** | 관입한 암석은 관입당한 암석보다 나중에 생성된다. 또 부정합면을 경계로 상하 지층 사이에는 긴 시간 간격이 있다. 이를 경계로 상하층을 이루는 구성 암석의 종류와 상태, 지질 구조, 화석의 종류가 달라진다. 융기 횟수는 부정합면 +1이다.

😊 **출제분석** | 지층의 단면도와 절대 연령을 묻는 문제는 두 가지 자료를 같이 해석해야 한다는 점에서 난이도가 있지만 수능 연계 문제 및 기출문제에서도 자주 볼 수 있다.

그림 (가)는 어느 지역의 지질 단면, (나)는 방사성 원소 X의 붕괴 곡선을 나타낸 것이다. (가)의 화성암 E와 F에 포함된 방사성 원소 X의 양은 각각 처음 양의 $\frac{1}{4}$과 $\frac{1}{2}$이다.

→ 습곡 구조가 단층에 의해 어긋남 → 습곡 생성 후 단층 발생

단층면 위로 관입
→ 가장 나중에 형성

(가)　　　(나)

이에 대한 설명으로 옳은 것만을 〈보기〉에서 있는 대로 고른 것은?
3점

보기
→ 약 2억 년 전에 생성된 E보다 먼저 생성됨
ㄱ. 단층은 습곡 생성 이후에 만들어졌다.
ㄴ. 암석 A는 ~~중생대~~ 에 생성되었다.
　　신생대 이전
ㄷ. 가장 최근에 생성된 암석은 ~~D~~ 이다.
　　　　　　　　　　　　　F

✓ㄱ　　②ㄴ　　③ㄷ　　④ㄱ, ㄴ　　⑤ㄱ, ㄷ

| 자 | 료 | 해 | 설 |

(가)에서 A～E는 정단층에 의해 모두 끊어져 있다. F는 정단층 위로 관입하였으므로 F가 가장 나중에 형성되었다. A～D에는 역전의 흔적이 없다. 또한 굴곡 형태로 보아 단층 이전에 횡압력이 작용해 습곡이 형성된 것을 알 수 있다.

화성암 E에는 방사성 원소 X의 양이 $\frac{1}{4}$(25%) 남아있으므로 E는 약 2억 년 전에 형성되었음을 알 수 있다. 화성암 F에는 방사성 원소 X의 양이 $\frac{1}{2}$(50%) 남아있으므로 F는 약 1억 년 전에 형성되었음을 알 수 있다.

| 보 | 기 | 풀 | 이 |

ㄱ. 정답 : 습곡 구조가 단층면에 의해 끊어져 있기 때문에 단층은 습곡 생성 이후에 만들어졌음을 알 수 있다.

ㄴ. 오답 : 암석 A는 화성암 E보다 먼저 생성되었는데 E의 나이는 약 2억 년으로 중생대에 형성되었다. 따라서 A는 신생대에 생성되었을 수 없다.

ㄷ. 오답 : 가장 최근에 생성된 암석은 단층 발생 이전에 생성된 D가 아니라 단층 발생 이후에 생성된 화성암 F 이다.

😊 **문제풀이 TIP** | 화성암이 관입한 자리에 있던 지층은 화성암보다 먼저 형성되었다. 습곡 구조도 단층에 의해 단절된다.

😊 **출제분석** | 지질 단면도와 방사성 원소의 붕괴 곡선은 자주 출제되는 자료이다. 이 문항에서는 습곡 구조와 단층을 같이 제시하여 지질 구조의 생성 순서를 묻고 있다. 어떤 구조를 주고 어떤 내용을 물어도 지질 단면도를 분석하는 과정은 동일하기 때문에 침착하게 하나씩 순서를 찾아가는 것이 중요하다.

14 지층의 연령　　　　　정답 ⑤　정답률 74%　2020년 7월 학평 10번　문제편 76p

그림은 어느 지역의 지질 단면도이다. 관입암 P와 Q에 포함된

방사성 원소 X의 양은 각각 처음의 $\frac{1}{8}$, $\frac{1}{64}$이고, 방사성 원소 X의

반감기는 1억 년이다.　3회=3억 년 ←　→ 6회=6억 년

A → Q 관입 → f−f′ 단층 → 융기·침식(부정합) → B → C → D → P 관입 → 융기·침식(부정합) → E
6억 년　　　　　　　　　　　　　　　　　　　　　　　　　3억 년

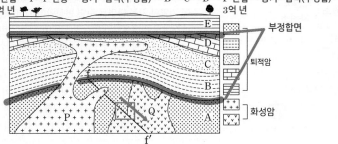

이에 대한 설명으로 옳지 않은 것은? (단, 지층의 역전은 없었다.) **3점**

① P는 3억 년 전에 생성되었다.

② 단층 f−f′는 장력에 의해 형성되었다. (상반이 아래 → 정단층 → 장력)

③ 이 지역은 최소 3회의 융기가 있었다. 융기 횟수=부정합의 수+1

④ 생성 순서는 A → Q → B → C → D → P → E이다.

✓⑤ A층이 생성된 시기에 최초의 척추동물이 출현하였다.
　　　　　　↳ 고생대 오르도비스기

|자|료|해|설|

위 지층은 A → Q 관입 → f−f′ 단층 → 융기·침식(부정합) → B → C → D → P 관입 → 융기·침식(부정합) → E 순서로 퇴적되었다. P에 포함된 방사성 원소 X의 양은 처음의 $\frac{1}{8}$로 반감기가 3회이므로 3억 년 전, Q에 포함된 방사성 원소 Y의 양은 처음의 $\frac{1}{64}$로 반감기가 6회이므로 6억 년 전에 형성되었다.

|선|택|지|풀|이|

① 오답 : P의 나이는 3억 년, Q의 나이는 6억 년이다.

② 오답 : 단층 f−f′는 상반이 아래로 내려가 있으므로 장력에 의해 형성되었다.

③ 오답 : 이 지역의 지질 단면도에는 과거에 퇴적 작용이 중단되고 침식이 일어났음을 알려주는 부정합면이 최소 2개 있고 최상부가 육지로 드러나 있으므로 최소 3회의 융기가 있었다.

④ 오답 : 생성 순서는 A → Q → B → C → D → P → E 이다.

⑤ 정답 : A층은 6억 년보다 이전에 생성되었는데, 최초의 척추동물은 그 이후인 고생대 오르도비스기(약 4억 8천만 년 전)에 출현하였다.

😮 **문제풀이 TIP** | 관입암 P와 Q의 생성 시기를 먼저 계산하고 A층의 생성 시대를 파악하는 것이 중요하다. 또한 융기 횟수는 부정합 개수에 1을 더하면 쉽게 구할 수 있다.

😊 **출제분석** | 지질 단면도를 분석해야하는 문제이므로 시간이 다소 걸리지만 자주 출제되는 유형이다. 지질 단면도를 통해서 지사학의 법칙, 반감기, 단층, 지질시대 생물까지 묻는 문제이므로 위 내용에 대해 꼼꼼히 학습하는 것이 좋다.

---

15 상대 연령과 절대 연령　　　　　정답 ③　정답률 79%　2021년 3월 학평 4번　문제편 76p

그림 (가)는 퇴적암 A~D와 화성암 P가 존재하는 어느 지역의 지질 단면을, (나)는 방사성 동위 원소 X의 붕괴 곡선을 나타낸 것이다. **P에 포함된 X의 양은 처음 양의 25%이다.**

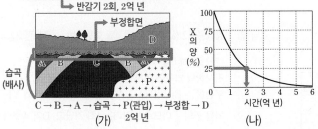

이에 대한 옳은 설명만을 〈보기〉에서 있는 대로 고른 것은? **3점**

보기

ㄱ. 이 지역에는 배사 구조가 나타난다.

ㄴ. C와 D는 부정합 관계이다.

ㄷ. D가 생성된 시기는 2억 년 ~~보다 오래되었다~~ 전 이후이다.

① ㄱ　　② ㄷ　　✓③ ㄱ, ㄴ　　④ ㄴ, ㄷ　　⑤ ㄱ, ㄴ, ㄷ

|자|료|해|설|

P에 포함된 X의 양은 처음 양의 25%이므로, 반감기가 2회 지났다. 따라서 P는 2억 년 된 화성암이다.

(가)에서 습곡의 배사 구조와 관입, 부정합이 나타났다. 화성암 P가 습곡 구조에 포함되지 않으므로 습곡은 화성암 관입 이전에 일어났다. 부정합면(D와 아래 지층이 맞닿는 면)을 넘어서 D까지 관입이 일어나지 않으므로 관입은 부정합이 나타나기 전에 일어났다. 따라서 지층의 생성 순서는 C → B → A → 습곡 → P 관입(2억 년 전) → 부정합 → D이다.

|보|기|풀|이|

ㄱ. 정답 : 위로 볼록한 구조이므로 배사 구조이다.

ㄴ. 정답 : C와 D 사이에 기저 역암과 부정합면이 나타나므로, 부정합 관계이다.

ㄷ. 오답 : D는 P 관입 이후에 형성되었으므로, 2억 년 전보다 이후에 생성되었다.

😮 **문제풀이 TIP** | 관입한 암석(화성암)은 관입당한 암석(지층)보다 나중에 생성되었다. 울퉁불퉁한 면과 기저역암이 있으면 부정합면이다. 습곡에서 위로 볼록하면 배사 구조, 아래로 오목하면 향사 구조이다.

😊 **출제분석** | 지질 구조와 상대 연령, 절대 연령을 함께 묻는 문제이다. 수능에서 매우 자주 출제되는 유형이다. 이 문제에서는 절대 연령을 구하는 것이 비교적 쉬운 편이고, 지질 구조(습곡, 부정합)도 평이하다. 상대 연령과 절대 연령을 함께 묻는 ㄷ 보기만 주의한다면 쉽게 답을 찾을 수 있다.

그림은 어느 지역의 지질 단면을, 표는 화성암 A와 B에 포함된 방사성 원소의 현재 함량비를 나타낸 것이다. X와 Y의 반감기는 각각 0.5억 년과 2억 년이다.

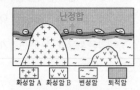

화성암	모원소	자원소 반감기 1회	모원소 : 자원소	
A	X	X′	1 : 1	0.5억 년
B	Y	Y′	1 : 3	4억 년

반감기 2회

이에 대한 설명으로 옳은 것만을 〈보기〉에서 있는 대로 고른 것은?

 3점

보기
ㄱ. 이 지역에서는 난정합이 나타난다.
ㄴ. 퇴적암의 연령은 0.5억 년보다 많다.
~~ㄷ. 현재로부터 2억 년 후 화성암 B에 포함된 $\dfrac{\text{Y′ 함량}}{\text{Y 함량}}$ 은 7/8 이다.~~

① ㄱ   ② ㄷ   ✓③ ㄱ, ㄴ   ④ ㄴ, ㄷ   ⑤ ㄱ, ㄴ, ㄷ

|자|료|해|설|

화성암 A에서 모원소 X의 비율은 50%이므로 반감기가 한 번 지났다. 따라서 A는 0.5억 년 전에 생성되었다. 화성암 B에서 모원소 Y의 비율은 25%이므로 반감기가 두 번 지났다. 따라서 B는 4억 년 전에 생성되었다.

이 지역의 지질 단면을 보면 변성암이 기저 역암으로 존재하므로 변성암과 퇴적암 사이에 부정합면이 존재하고 난정합이 나타난다. 변성암과 퇴적암 위로 화성암 A의 관입이 이루어졌으므로 화성암 A는 퇴적암이 생성된 후에 관입하여 만들어졌다. 화성암 B는 변성암이 생성된 후에 만들어졌지만, 퇴적암보다 먼저 생성되었는지는 알 수 없다. 따라서 네 암석의 생성 순서를 정리하면 변성암 → 퇴적암 → 화성암 A이고, 화성암 B → 화성암 A이다.

|보|기|풀|이|

ㄱ. 정답 : 변성암이 기저 역암으로 존재하는 퇴적암이 있으므로 이 지역에서는 난정합이 나타난다.

ㄴ. 정답 : 퇴적암은 연령이 0.5억 년인 화성암 A보다 먼저 생성되었으므로 퇴적암의 연령은 0.5억 년보다 많다.

ㄷ. 오답 : 현재로부터 2억 년 후 화성암 B는 한 번의 반감기를 더 거치므로 화성암 B의 모원소와 자원소의 비율은 Y : Y′ = $\frac{1}{2}$: 3+$\frac{1}{2}$ = 1 : 7이다. 따라서 현재로부터 2억 년 후 화성암 B에 포함된 $\dfrac{\text{Y′ 함량}}{\text{Y 함량}}$ 은 $\frac{7}{1}$ = 7이다.

😮 **문제풀이 T I P** | 반감기 횟수와 모원소와 자원소의 비율

반감기 횟수	모원소(%)	자원소(%)	모원소 : 자원소
1회	50	50	1 : 1
2회	25	75	1 : 3
3회	12.5	87.5	1 : 7

그림은 어느 지역의 지질 단면과 산출되는 화석을 나타낸 것이다. 화성암 A와 D에 각각 포함된 방사성 원소 X와 Y의 양은 처음 양의 $\frac{1}{2}$ 이다. ← 반감기 1회

암모나이트 ●   변성 영역 ■
C → D → 부정합 → B → A
  Y   X

이에 대한 설명으로 옳은 것만을 〈보기〉에서 있는 대로 고른 것은?

보기
C → D → B → A
~~ㄱ. 생성 순서는 C → B → A → D이다.~~
ㄴ. 반감기는 X보다 Y가 길다. → D가 A보다 오래되었으므로
~~ㄷ. 지층 C에서는 화폐석이 산출될 수 있다.~~ 없다.
중생대 이전 ←   → 신생대(팔레오기&네오기)
① ㄱ   ✓② ㄴ   ③ ㄷ   ④ ㄱ, ㄴ   ⑤ ㄴ, ㄷ

|자|료|해|설|

지사학의 법칙에 의하면 지층의 생성 순서는 C → D → 부정합 → B(중생대) → A이다. 방사성 원소 X와 Y는 모두 처음 양의 $\frac{1}{2}$ 이므로 반감기는 1회 지났고, D가 A보다 먼저 생성되었으므로 반감기는 X보다 Y가 길다. 지층 C는 B(중생대)보다 먼저 생성되었으므로 신생대의 표준 화석인 화폐석이 산출될 수 없다.

|보|기|풀|이|

ㄱ. 오답 : 생성 순서는 C → D → B → A이다.

ㄴ. 정답 : 동일하게 반감기는 1회 지났는데 D가 A보다 오래 전에 생성되었으므로 반감기는 X보다 Y가 길다.

ㄷ. 오답 : 지층 C는 지층 B(중생대) 이전에 형성되었으므로 신생대 팔레오기~네오기 표준 화석인 화폐석이 산출될 수 없다.

👾 **문제풀이 T I P** | 지층의 생성 순서는 지사학의 법칙(수평 퇴적의 법칙, 지층 누중의 법칙, 동물군 천이의 법칙, 부정합의 법칙, 관입의 법칙)으로 대부분 설명된다.

👾 **출제분석** | 암모나이트와 화폐석은 대표적인 표준 화석이고 지층의 생성 순서를 파악하는 것이 복잡하게 출제되지 않았으므로 크게 어렵지 않게 풀 수 있는 문제였다. 다만, 지사학의 법칙과 반감기, 표준 화석 등 지구의 역사 단원 전반에 대한 이해가 필요한 문제였다.

표는 방사성 원소 X와 Y가 포함된 화성암이 생성된 뒤 각각 1억 년과

2억 년이 지난 후 X와 Y의 $\dfrac{\text{자원소의 함량}}{\text{모원소의 함량}}$ 을, 그림은 어느 지역의

지질 단면과 산출되는 화석을 나타낸 것이다. 화강암은 X와 Y 중
한 종류만 포함하고, 현재 포함된 방사성 원소의 함량은 처음 양의
12.5%이다. 자원소는 모두 각각의 모원소가 붕괴하여 생성된다.

반감기 3회

시간	자원소의 함량 / 모원소의 함량	
	X	Y
1억 년 후	1	㉠ 3
2억 년 후	(3)	15

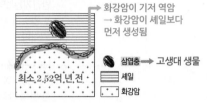

→ 화강암이 기저 역암 → 화강암이 셰일보다 먼저 생성됨

최소 2.52억 년 전

■ 삼엽충 → 고생대 생물
▤ 셰일
⬚ 화강암

이 자료에 대한 설명으로 옳은 것만을 〈보기〉에서 있는 대로 고른
것은? [3점]

보기

㉠. 화강암에 포함된 방사성 원소는 X이다.

㉡. ㉠은 3이다.

ㄷ. 반감기는 X가 Y의 ~~2~~ 배이다.

① ㄱ　　② ㄷ　　✓③ ㄱ, ㄴ　　④ ㄴ, ㄷ　　⑤ ㄱ, ㄴ, ㄷ

|자|료|해|설|

방사성 원소의 반감기가 1회, 2회, 3회, 4회 지날 때,
자원소의 함량과 모원소의 함량 비는 각각 1 : 1, 3 : 1,
7 : 1, 15 : 1이다.

1억 년 후 X의 자원소의 함량 : 모원소의 함량=1 : 1
이므로 X의 반감기는 1억 년이다. 따라서 2억 년 후 X의
자원소의 함량 : 모원소의 함량=3 : 1이다.

2억 년 후 Y의 자원소의 함량 : 모원소의 함량=15 : 1
이므로 2억 년은 Y의 반감기가 4회 지난 때이다. 따라서
Y의 반감기는 0.5억 년이고, 1억 년 후는 반감기가 2회
지난 때이므로 ㉠은 3이다.

주어진 지질 단면 자료에서 화강암은 고생대 생물인
삼엽충이 포함된 셰일 층에 기저 역암으로 존재하므로
고생대 또는 그 이전에 생성된 암석이다. 고생대는 약 2.52
억 년 전까지의 시기이므로 화강암의 나이는 최소 약 2.52
억 년이다. 현재 화강암에 포함된 방사성 원소의 자원소의
함량 : 모원소의 함량=7 : 1이므로 방사성 원소의
반감기가 3회 지난 상태이다. Y의 반감기가 3회 지난 후는
1.5억 년이므로 Y는 화강암에 포함된 방사성 원소가 될 수
없다. 따라서 화강암에 포함된 방사성 원소는 X이다.

|보|기|풀|이|

㉠. 정답 : 화강암에 포함된 방사성 원소의 반감기는 3회
지났고, 화강암보다 나중에 생성된 셰일 층에서 삼엽충
화석이 발견되는 것으로 보아 화강암은 고생대 또는 그
이전에 생성된 암석이므로 화강암에 포함된 방사성 원소는
X이다.

㉡. 정답 : Y의 반감기는 0.5억 년이므로 1억 년 후에는
반감기가 2회 지났을 것이다. 따라서 1억 년 후 Y에 포함된
자원소의 함량 : 모원소의 함량=3 : 1이므로 ㉠은 3이다.

ㄷ. 오답 : X의 반감기는 1억 년, Y의 반감기는 0.5억 년
이므로 반감기는 X가 Y의 2배이다.

그림은 어느 지역의 지질
단면도를 나타낸 것이다.
화성암 Q에 포함된
방사성 원소 X의 양은
→ 반감기 2회
처음 양의 25%이고, X의
반감기는 2억 년이다.
이에 대한 설명으로 옳은
것은? [3점]

E→D→C→습곡→B→A→단층→P→Q
이전에
4억 년

① A는 단층 형성 ~~이후에~~ 퇴적되었다.
경사
② B와 C는 ~~평행~~ 부정합 관계이다.
✓③ P는 Q보다 먼저 생성되었다.
④ Q를 형성한 마그마는 지표로 ~~분출되었다.~~ 분출되지 않았다.
⑤ B에서는 암모나이트 화석이 발견될 수 ~~있다.~~ 없다.
→ 중생대

|자|료|해|설|

지층은 E → D → C → 습곡(횡압력) → B → A → 정단층
→ P 관입 → Q 관입 순서로 형성되었다. 화성암 Q 속에
포함된 X의 양이 처음의 25%이므로 반감기 2회를
겪었음을 알 수 있고 Q의 절대 연령은 4억 년이다. A는
단층 형성 이전에 퇴적되었다.

|선|택|지|풀|이|

① 오답 : 단층선이 A를 가로지르므로 A는 단층 형성
이전에 퇴적되었다.

② 오답 : B와 C는 경사 부정합 관계이다.

③ 정답 : Q가 P를 관입하였으므로 P는 Q보다 먼저
생성되었다.

④ 오답 : Q를 형성한 마그마는 B까지 관입하였고, 지표로
분출되지는 않았다.

⑤ 오답 : B는 4억 년보다 이전에 생성되었으므로 B에서는
암모나이트 화석이 발견될 수 없다.

🤓 **문제풀이 TIP** | 교과서에 등장하지는 않지만 [절단 관계의 법칙]도 기억하자.
암석을 자르고 지나간 지질 구조는 절단된 지층보다 나중에 만들어진 것이라는 법칙이다. 절단 관계의 법칙으로 지질 구조의 생성 순서를 파악할 수 있는데, 단층, 관입, 부정합에 의한 절단 등이 있다.

🤓 **출제분석** | 지사학의 법칙과 지사학을 복합적으로 이해해야 풀 수 있는 문제이다.

그림 (가)는 현재 어느 화성암에 포함된 방사성 원소 X, Y와 각각의 자원소 X′, Y′의 함량을 ○, □, ●, ■의 개수로 나타낸 것이고, (나)는 X′와 Y′의 시간에 따른 함량 변화를 ㉠과 ㉡으로 순서 없이 나타낸 것이다.

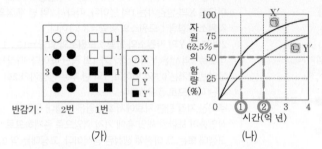

(가)　　　　　　　　(나)

이에 대한 옳은 설명만을 〈보기〉에서 있는 대로 고른 것은? (단, 암석에 포함된 X′, Y′는 모두 X, Y의 붕괴로 생성되었다.) **3점**

보기
㉠ ㉠은 X′의 함량 변화를 나타낸 것이다.
ㄴ. 암석 생성 후 1억 년이 지났을 때 $\dfrac{Y'의\ 함량\ 25\%↑}{X'의\ 함량} = \dfrac{1}{2}$이다. 보다 크다.
㉢ $\dfrac{현재로부터\ 1억\ 년\ 후\ 모원소의\ 함량\ 50\%}{현재로부터\ 1억\ 년\ 전\ 모원소의\ 함량}$ 은 X가 Y보다 작다.
　　$\dfrac{12.5\%}{50\%}$　$\dfrac{약\ 37.5\%}{75\%}$

① ㄱ　　② ㄴ　　✔③ ㄱ, ㄷ　　④ ㄴ, ㄷ　　⑤ ㄱ, ㄴ, ㄷ

|자|료|해|설|
모원소와 자원소의 비율을 보았을 때 X는 두 번의 반감기가 지나갔고, Y는 한 번의 반감기가 지나갔다. 두 원소는 동일한 화성암에 포함되어 있으므로 원소 X가 두 번의 반감기를 지난 시간과 원소 Y가 한 번의 반감기를 지난 시간이 같다. (나)에서 자원소의 함량이 50%가 될 때까지 걸린 시간이 반감기이므로, ㉠의 반감기는 1억 년, ㉡의 반감기는 2억 년이다. 이때 X 원소의 두 번의 반감기와 Y 원소의 한 번의 반감기가 동일해야 하므로 ㉠은 X′, ㉡은 Y′이다.

|보|기|풀|이|
㉠ 정답 : X 원소가 두 번의 반감기를 지난 시간과 Y 원소가 한 번의 반감기를 지난 시간이 동일해야 하므로 ㉠은 X′, ㉡은 Y′이다.

ㄴ. 오답 : (나)를 보면 암석 생성 후 1억 년이 지났을 때 X′의 함량은 50%이고, Y′의 함량은 25%보다 조금 많으므로 $\dfrac{Y'의\ 함량}{X'의\ 함량}$ 은 $\dfrac{1}{2}$보다 크다.

㉢ 정답 : $\dfrac{현재로부터\ 1억\ 년\ 후\ 모원소의\ 함량}{현재로부터\ 1억\ 년\ 전\ 모원소의\ 함량}$ 값을 X와 Y에 대해 각각 구하면 X는 $\dfrac{12.5}{50}$, Y는 약 $\dfrac{37.5}{75}$ 이므로 X가 Y보다 작다.

😀 **문제풀이 TIP** | 절대 연령 문제는 문제를 풀기 전에 우선 모원소와 자원소의 비율을 이용해 반감기 횟수를 구하고, 그래프에서 원소의 종류를 연결시킨 뒤 보기를 읽는 것이 빠르게 문제를 해결할 수 있는 방법이다. 생소한 개념을 다루더라도 그래프를 해석하면 해결할 수 있는 내용이 대부분이므로 꼭 그래프를 세세하게 분석해야 한다.

그림 (가)는 어느 지역의 지질 단면도를, (나)는 방사성 원소 X의 붕괴 곡선을 나타낸 것이다. 화성암 A와 B에 포함된 방사성 원소 X의 양은 각각 처음 양의 50%, 25%이다.

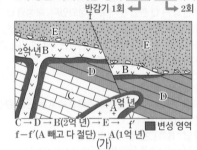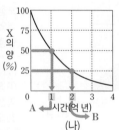

(가)　　　　　　(나)

이에 대한 설명으로 옳은 것만을 〈보기〉에서 있는 대로 고른 것은? **3점**

보기
　→ 단층에 의해 절단 ×
㉠ 화성암 A는 단층 f─f′보다 나중에 생성되었다. → 절단 관계의 법칙
ㄴ. 화성암 B에 포함된 방사성 원소 X는 세 번의 반감기를 거쳤다. 두 번 $\left(25\% = \dfrac{1}{4} = \left(\dfrac{1}{2}\right)^2\right)$
　　공룡 or 암모나이트
ㄷ. 지층 E에서는 화폐석이 산출될 수 있다.
　→ 중생대 퇴적

✔① ㄱ　　② ㄴ　　③ ㄱ, ㄷ　　④ ㄴ, ㄷ　　⑤ ㄱ, ㄴ, ㄷ

|자|료|해|설|
화성암 A에는 방사성 원소 X의 양이 처음 양의 50%이므로 반감기 1회를 지난 후고, B에는 25%이므로 반감기 2회를 지난 후다. (나)에서 방사성 원소 X의 반감기가 1억 년이므로 A는 1억 년, B는 2억 년 된 암석이다. (가)에서 지층의 퇴적 순서는 C → D → B(2억 년) → E → f─f′ → A(1억 년)이다. 지층 누중의 법칙에 의해 C와 D가 차례로 쌓였다. 지층 E에 화성암 B가 기저역암으로 존재하므로 B와 E가 부정합이다. B가 생성되고 오랜 시간이 흐른 후에 지층 E가 퇴적되었다. 이후 단층이 일어났고, 잘리지 않은 A는 단층 이후에 관입하였다. E는 2억 년~1억 년 사이이므로 중생대에 퇴적된 지층이다.

|보|기|풀|이|
㉠ 정답 : 화성암 A는 단층 f─f′에 의해 절단되지 않았으므로, 단층보다 나중에 생성되었다.

ㄴ. 오답 : 화성암 B에 포함된 방사성 원소 X는 두 번의 반감기를 거쳤다.

ㄷ. 오답 : 지층 E는 중생대에 퇴적되었으므로, 공룡이나 암모나이트가 산출될 수 있다.

그림은 서로 다른 두 지역의 지질 단면과 지층에서 관찰된 퇴적구조를 나타낸 것이다. (가)와 (나)의 퇴적층은 각각 해수면이 상승하는 동안과 하강하는 동안에 생성된 것 중 하나이다. 두 지역에서 화강암의 절대 연령은 같다.

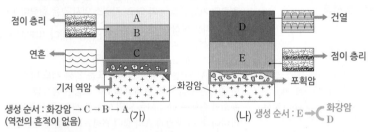

생성 순서 : 화강암 → C → B → A (가)
(역전의 흔적이 없음)

(나) 생성 순서 : E ⊂ 화강암, D

이에 대한 설명으로 옳은 것만을 〈보기〉에서 있는 대로 고른 것은?

보기

→ 연흔 : 얕은 곳 → 점이 층리 : 깊은 곳
ㄱ. (가)는 해수면이 상승하는 경우에 해당한다.
ㄴ. 지층 D는 생성 과정 중 대기에 노출된 적이 있다. → 건열 생성
ㄷ. 지층 A~E 중 가장 오래된 것은 E이다.

① ㄱ   ② ㄴ   ③ ㄱ, ㄷ   ④ ㄴ, ㄷ   ✔⑤ ㄱ, ㄴ, ㄷ

😊 **출제분석** | 자주 나오는 지질 단면도 문제이다. 지질 단면도는 다양한 조합으로 자료가 등장하니 평소에 각 구조의 특징적인 모습을 공부해 두는 것이 좋다. 역전된 형태도 그려보고 공부해두자.

|자|료|해|설|

(가)의 C에서는 화강암이 부서진 기저 역암과 연흔 구조가, B에서는 점이층리 구조가 나타난다. 화강암이 기저 역암을 구성하므로 화강암 형성 후 C가 퇴적되었다. C에 나타나는 연흔 구조는 얕은 물에서 퇴적될 때 나타나고, B의 점이 층리는 연흔 구조보다 깊은 곳에서 생성되므로 (가)의 퇴적층은 해수면이 상승하는 동안에 생성된 것이다. (나)의 화강암에는 E가 포획암으로 존재한다. 따라서 E 형성 이후에 화강암이 관입하였다. D에 나타나는 건열 구조는 건조한 기후에 지표가 노출되어 생성된다.

|보|기|풀|이|

ㄱ. 정답 : 해수면이 상승하면서 C에는 얕은 곳에서 형성되는 연흔 구조가, B에서는 깊은 곳에서 형성되는 점이 층리가 나타난다. 즉, (가) 지역의 해수면은 상승하였다.

ㄴ. 정답 : 건열 구조는 건조한 대기에 지표가 노출되어 생성되므로 지층 D는 생성 과정 중 대기에 노출되었다.

ㄷ. 정답 : (가)에서 화강암은 지층 A, B, C보다 먼저 형성되었다. (나)의 화강암은 E가 형성된 후에 형성되었다. (가)와 (나)의 화강암의 연령은 동일하므로 A, B, C는 E보다 나중에 형성되었다. D와 E의 구조에서 역전된 흔적은 없으므로 지층 누중의 법칙에 따라 D가 E보다 나중에 형성되었다. 따라서 지층 A~E 중 가장 오래된 것은 E이다.

그림은 어느 지역의 지질 단면도를, 표는 화성암 P와 Q에 포함된 방사성 원소 X와 이 원소가 붕괴되어 생성된 자원소의 함량을 나타낸 것이다.

생성 순서 : A → B → R → C → P → D → Q

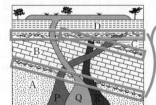

구분	방사성 원소 X(%)	자원소 (%)	
P	24	76	→ 반감기 2회 이상
Q	52	48	→ 반감기 1회 미만

이에 대한 설명으로 옳은 것만을 〈보기〉에서 있는 대로 고른 것은? (단, 화성암 P, Q는 생성될 당시에 방사성 원소 X의 자원소가 포함되지 않았다.) **3점**

보기

반감기 2회 이상 / 반감기 1회 미만 > 2   → 부정합면 개수 + 1회
ㄱ. 이 지역에서는 최소한 4회 이상의 융기가 있었다.
ㄴ. P의 절대 연령 / Q의 절대 연령 은 2보다 크다.

→ C를 관입하지 못함 = C 퇴적 이전에 관입   R C
ㄷ. 지층과 암석의 생성 순서는 A → B → C̶ → R̶ → P → D → Q이다.

① ㄱ   ② ㄴ   ③ ㄷ   ✔④ ㄱ, ㄴ   ⑤ ㄴ, ㄷ

|자|료|해|설|

관입된 P, Q, R을 봤을 때 지층의 생성 순서는 A → B → R → C → P → D → Q이다. 부정합면이 A와 B 사이, B와 C 사이, C와 D 사이 총 3개 있으므로 이 지역은 최소 4회 이상 융기했다. P에서 방사성 원소 X의 함량이 25% 이하이므로 반감기를 2회 이상 거쳤다. Q에서 방사성 원소 X의 함량이 50% 이상이므로 반감기를 1회 미만으로 거쳤다.

|보|기|풀|이|

ㄱ. 정답 : 부정합면의 개수가 3개이므로 융기는 4회 이상이다.

ㄴ. 정답 : P는 반감기 2회 이상, Q는 반감기 1회 미만이므로, P의 절대 연령 / Q의 절대 연령 은 2보다 크다.

ㄷ. 오답 : 지층과 암석의 생성 순서는 A → B → R → C → P → D → Q이다. 화성암 R이 C를 관입하지 못하였으므로, C보다 이전에 관입하였다.

😮 **문제풀이 TIP** | 융기 횟수 : 부정합면의 개수 + 1 화성암이 뚫고 들어간 지층(=관입당한 지층)은 화성암보다 먼저 생성되었다.

😊 **출제분석** | 지층의 생성 순서(상대 연령)와 절대 연령을 종합한 문제는 모든 시험에서 자주 출제되는 개념이며, 특히 수능에서 이 문제처럼 고난도인 3점 문제가 출제될 가능성이 크다.

그림 (가)는 어느 지역의 지질 단면을, (나)는 시간에 따른 방사성

원소 X와 Y의 $\dfrac{\text{자원소 함량}}{\text{방사성 원소 함량}}$ 을 나타낸 것이다. 화성암 A와

B에는 X와 Y 중 서로 다른 한 종류만 포함하고, 현재 A와 B에
포함된 방사성 원소의 함량은 각각 처음 양의 50%와 25% 중 서로
다른 하나이다.

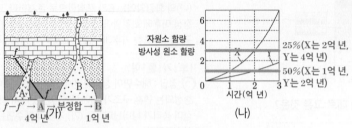

이에 대한 설명으로 옳은 것만을 〈보기〉에서 있는 대로 고른 것은?

(3점)

보기

ㄱ. 반감기는 X가 Y의 $\dfrac{1}{2}$배이다.   (1억 년 → 2억 년)

ㄴ. A에 포함되어 있는 방사성 원소는 Y이다.

ㄷ. (가)에서 단층 $f-f'$은 ~~중생대에 형성되었다.~~ 형성되지 않았다
   4억 년보다 더 이전

	A에 X	B에 Y
50%	1억 년	2억 년
25%	2억 년	4억 년

	A에 Y	B에 X
50%	2억 년	1억 년
25%	4억 년	2억 년

A>B인 유일한 조합

① ㄱ   ② ㄷ   ✔③ ㄱ, ㄴ   ④ ㄴ, ㄷ   ⑤ ㄱ, ㄴ, ㄷ

|자|료|해|설|

(가)에서 단층, A, B, 부정합의 생성 순서를 찾으면, 단층 $f-f'$ → A → 부정합 → B이다. 따라서 A의 절대 연령은 B의 절대 연령보다 많다.

방사성 원소가 1번의 반감기를 거치면 방사성 원소의 함량이 처음의 50%가 되고, 자원소 역시 같은 함량이 된다.

즉, $\dfrac{\text{자원소 함량}}{\text{방사성 원소 함량}}$ 이 1일 때가 반감기이다. 따라서 X의 반감기는 1억 년, Y의 반감기는 2억 년이다.

화성암 A와 B는 방사성 원소 X 또는 Y 중 서로 다른 한 종류만 포함하고, 현재 A와 B에 포함된 방사성 원소의 함량은 각각 처음 양의 50%와 25% 중 서로 다른 하나이다. 이 조건과 A의 절대 연령>B의 절대 연령을 함께 만족하는 경우는, A에 Y가 포함되고 B에 X가 포함되며, Y는 25%, X는 50%일 때이다. 이때 A의 절대 연령은 4억 년, B의 절대 연령은 1억 년이 된다.

|보|기|풀|이|

ㄱ. 정답 : 반감기는 X가 1억 년, Y가 2억 년으로 X가 Y의 절반이다.

ㄴ. 정답 : A에는 방사성 원소 Y가, B에는 방사성 원소 X가 포함되어 있다.

ㄷ. 오답 : 단층 $f-f'$은 화성암 A보다 먼저 형성되었으므로, 4억 년 전보다 더 이전에 형성되었다. 4억 년 전은 고생대에 해당하므로 단층 $f-f'$은 중생대에 형성되지 않았다.

😀 **문제풀이 TIP** | 반감기를 1회 지난 암석의 절대 연령은 반감기와 같다. 그때 $\dfrac{\text{자원소 함량}}{\text{방사성 원소 함량}}$ 은 1이다.

😀 **출제분석** | A와 B에 각각 어떤 방사성 원소가 포함되어 있는지, 현재 방사성 원소의 함량이 처음 양의 몇 %인지를 모두 알려주지 않아서 모든 경우를 살펴봐야 하기 때문에 까다롭고, 시간도 많이 걸리는 문제였다. 이 문제는 지층의 연령을 다루는 문제 중 가장 고난도 유형에 속한다. 모든 경우의 수를 다 따져봤을 때, 조건에 성립하는 한 가지 경우를 찾으면 문제를 틀릴 가능성이 매우 낮아지기 때문에 번거롭지만 모든 경우의 수를 다 써봐야 한다.

그림 (가)는 어느 지역의 깊이에 따른 지층과 화성암의 연령을, (나)는
방사성 원소 X와 Y의 붕괴 곡선을 나타낸 것이다. 화성암 B와 D는
X와 Y 중 서로 다른 한 종류만 포함하고, 현재 B와 D에 포함된
방사성 원소의 함량은 각각 처음 양의 50%와 25%이다.

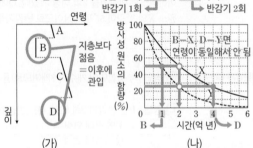
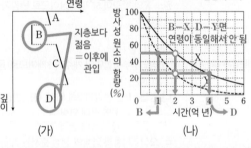

이에 대한 설명으로 옳은 것만을 〈보기〉에서 있는 대로 고른 것은?

(3점)

보기

ㄱ. A층 하부의 기저 역암에는 B의 ~~암석 조각이 있다~~ 없다
   있으려면 관입 ×   분출암이어야 함

ㄴ. 반감기는 X가 Y의 2배이다.   (2억 년 → 1억 년)

ㄷ. B와 D의 연령 차는 3억 년이다.

① ㄱ   ② ㄴ   ③ ㄱ, ㄷ   ✔④ ㄴ, ㄷ   ⑤ ㄱ, ㄴ, ㄷ

|자|료|해|설|

A와 C는 깊어질수록 지층의 연령이 증가하고 있다. B와 D는 주변 지층보다 젊으므로 지층 생성 이후에 관입한 것이다. 즉, C가 퇴적된 후 D 관입, 이후 A 퇴적, B 관입 순서이다. B는 반감기를 1회, D는 반감기를 2회 지났고, 둘의 연령은 다르다. X의 반감기는 2억 년, Y의 반감기는 1억 년이다. B에 포함된 방사성 원소가 X, D에 포함된 방사성 원소가 Y면 둘의 연령이 2억 년으로 동일하기 때문에 안 된다. 따라서 B에는 Y가, D에는 X가 포함되어 있다. 따라서 B는 1억 년, D는 4억 년이다.

|보|기|풀|이|

ㄱ. 오답 : A층 하부의 기저 역암에 B의 암석 조각이 있으려면 B가 관입이 아닌 분출암으로, B 분출 이후에 A가 퇴적되어야 한다.

ㄴ. 정답 : 반감기는 X가 2억 년, Y가 1억 년으로 X가 Y의 2배이다.

ㄷ. 정답 : B는 1억 년, D는 4억 년으로, 둘의 연령 차는 3억 년이다.

😀 **출제분석** | 암석에 포함된 방사성 원소를 알려 주지 않아서 체감 난이도가 더욱 높다. 최근에는 이처럼 정확히 방사성 원소를 알려주지 않고, 두 경우 모두 대입해본 뒤에 옳은 것을 고르는 식의 문제가 자주 출제된다. 그만큼 난이도가 높아서 정답률은 낮다. 고득점을 노리는 학생에게 더욱 중요한 유형이다.

그림 (가)는 어느 지역의 지표에 나타난 화강암 A, B와 셰일 C의 분포를, (나)는 화강암 A, B에 포함된 방사성 원소의 붕괴 곡선 X, Y를 순서 없이 나타낸 것이다. **A는 B를 관입하고 있고, B와 C는 부정합으로 접하고 있다.** A, B에 포함된 방사성 원소의 양은 각각 처음 양의 20%와 50%이다.

부정합 이후에 퇴적된 C가 나중에

B가 먼저, A가 나중에

(가)

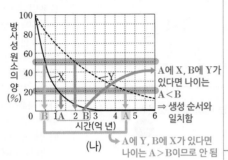

A에 X, B에 Y가 있다면 나이는 A < B ⇒ 생성 순서와 일치함

A에 Y, B에 X가 있다면 나이는 A > B이므로 안 됨

(나)

A, B, C에 대한 설명으로 옳은 것만을 〈보기〉에서 있는 대로 고른 것은? **3점**

보기

A에 X, B에 Y가 있을 경우와 반대의 경우 암석의 나이와 생성 순서를 비교!

ㄱ. A에 포함된 방사성 원소의 붕괴 곡선은 X이다.

ㄴ. 가장 오래된 암석은 B이다. → A와 C의 순서는 알 수 없음

ㄷ. C는 ~~고생대~~ 암석이다.
    중생대 이후

① ㄱ   ② ㄷ   ✓③ ㄱ, ㄴ   ④ ㄴ, ㄷ   ⑤ ㄱ, ㄴ, ㄷ

|자|료|해|설|

A는 B를 관입하고 있으므로, A가 B보다 나중에 생성되었다. 또, B와 C가 부정합이므로 B가 침식된 후 C가 퇴적된 것이다. 이것 역시 B가 먼저, C는 나중에 생성된 것이다. 이때, A와 C의 생성 순서는 알 수 있는 단서가 없으므로 비교할 수 없다.

A, B에 포함된 방사성 원소의 양이 각각 처음의 20%, 50%이다. A가 X, B가 Y를 포함하고 있다면, A의 나이는 약 1.2억 년, B의 나이는 2억 년으로 생성 순서와 일치한다. 그런데 반대로, A가 Y, B가 X를 포함하고 있다면, A의 나이는 약 4.5억 년, B의 나이는 약 0.5억 년으로 생성 순서와 일치하지 않는다. 따라서 방사성 동위 원소는 A가 X, B가 Y를 포함하고 있다.

C는 B의 생성 이후에 퇴적되었으므로, B의 생성 시기인 2억 년을 넘길 수 없다. 따라서 중생대 이후의 암석이다.

|보|기|풀|이|

ㄱ. 정답 : A에 포함된 방사성 원소의 붕괴 곡선은 X이다.

ㄴ. 정답 : B는 A와 C보다 먼저 생성되었으므로 가장 오래된 암석이다.

ㄷ. 오답 : C는 나이가 최대로 많아도 2억 년을 넘길 수 없으므로, 중생대 이후의 암석이다.

😲 **문제풀이 TIP** | 고생대: 약 5.5억 년 전~2.5억 년 전, 중생대: 약 2.5억 년 전~6600만 년 전, 신생대: 6600만 년 전~현재

😮 **출제분석** | 지층의 상대 연령과 절대 연령을 동시에 구하는 문제이다. 지층의 생성 순서, 즉 상대 연령을 묻는 보기는 ㄴ 보기이다. 이는 문제에서 제시한 것을 잘 이해하면 찾을 수 있다. (나) 자료를 활용하여 방사성 원소의 붕괴 곡선과 화성암을 연결하는 것이 어렵지는 않아도 까다로운 문제라고 볼 수 있다. 2개씩 있으므로, 두 경우를 모두 생각하여 논리적으로 말이 되는 것을 고르면 된다. ㄷ 보기는 2억 년이라는 시간과 중생대를 연결할 수 있어야 한다. 점차 고난도 문제일수록 각 시대의 시기를 알아야 하는 경우가 많으므로 꼭 암기해야 한다.

그림은 방사성 동위 원소 A와 B의 붕괴 곡선을 나타낸 것이다. 이에 대한 설명으로 옳은 것만을 〈보기〉에서 있는 대로 고른 것은?

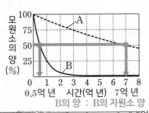

B의 양 : B의 자원소 양

	모원소	:	자원소	
1회 반감기	1	:	1	0.5억 년
2회 반감기	1	:	3	1억 년
3회 반감기	1	:	7	1.5억 년

보기

7억 년 ← → 0.5억 년

ㄱ. 반감기는 A가 B의 14배이다.

ㄴ. 7억 년 전 생성된 화성암에 포함된 A는 ~~두~~ 번의 반감기를 거쳤다.
    한

ㄷ. 암석에 포함된 $\dfrac{\text{B의 양}}{\text{B의 자원소 양}}$ 이 $\dfrac{1}{4}$ 로 되는 데 걸리는

시간은 ~~1억 년~~이다.
  1억 년~1.5억 년 사이

✓① ㄱ   ② ㄴ   ③ ㄱ, ㄷ   ④ ㄴ, ㄷ   ⑤ ㄱ, ㄴ, ㄷ

|자|료|해|설|

방사성 동위 원소의 양이 처음의 $\dfrac{1}{2}$(50%)이 되는 데 걸리는 시간을 반감기라고 한다. 따라서 A의 반감기는 7억 년, B의 반감기는 0.5억 년이다.

|보|기|풀|이|

ㄱ. 정답 : A의 반감기는 7억 년, B의 반감기는 0.5억 년이다. 따라서 반감기는 A가 B의 14배이다.

ㄴ. 오답 : A의 반감기는 7억 년이므로, 7억 년 전에 생성된 화성암에 포함된 A는 반감기를 한 번 거쳤다.

ㄷ. 오답 : 암석에 포함된 동위 원소는 2번의 반감기를 겪으면 모원소 : 자원소의 비가 1 : 3이 되고 3번의 반감기를 거치면 1 : 7이 되므로 B의 반감기는 5천만 년이다. 따라서 $\dfrac{\text{B의 양}}{\text{B의 자원소 양}}$ 이 $\dfrac{1}{4}$ 로 되는 데 걸리는 시간은 1억 년과 1.5억 년 사이이다.

그림 (가)는 어느 지역의 지질 단면도로, A~E는 퇴적암, F와 G는 화성암, f-f'은 단층이다. 그림 (나)는 F와 G에 포함된 방사성 원소 X의 함량을 붕괴 곡선에 나타낸 것이다. X의 반감기는 1억 년이다.

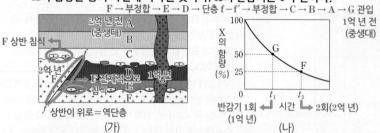

F → 부정합 → E → D → 단층 f-f' → 부정합 → C → B → A → G 관입

이에 대한 설명으로 옳은 것만을 〈보기〉에서 있는 대로 고른 것은? **3점**

보기
ㄱ. A는 ~~고생대~~ 중생대에 퇴적되었다.
ㄴ. D가 퇴적된 이후 f-f'이 형성되었다.
ㄷ. 단층 상반에 위치한 F는 최소 2회 육상에 노출되었다.　침식 횟수=부정합 횟수

① ㄴ　　② ㄷ　　③ ㄱ, ㄴ　　✔ㄴ, ㄷ　　⑤ ㄱ, ㄴ, ㄷ

|자|료|해|설|
(가)에서 F, E, D가 모두 단층에 의해 지층이 잘렸으므로 단층 f-f'은 지층 D가 쌓인 후와 지층 C가 쌓이기 전에 일어난 사건이다. 화성암 G가 모든 지층을 뚫고 관입하였으므로 가장 마지막에 생성되었다. 따라서 지층의 생성 순서는 F → E → D → 단층 f-f' → C → B → A → G 관입이다.

F와 G에 포함된 방사성 원소 X의 반감기는 1억 년이다. F에 포함된 방사성 원소의 함량은 25%이므로 반감기를 2회 거쳐서 암석의 나이는 2억 년이다. G에 포함된 방사성 원소의 함량은 50%이므로 반감기를 1회 거쳐서 암석의 나이는 1억 년이다. 모두 중생대에 관입한 화성암이므로 다른 지층들도 모두 중생대에 퇴적된 것이다.

화성암 F는 기저 역암으로 E와 C에 존재한다. 즉, E가 퇴적되기 전에 육상에 노출되어서 침식되었고, C가 퇴적되기 전에 육상에 노출되어서 또 한 번 노출되었다.

|보|기|풀|이|
ㄱ. 오답 : A는 중생대에 퇴적되었다.
ㄴ. 정답 : D가 절단되었으므로 D가 퇴적된 후 단층 f-f'이 형성되었다.
ㄷ. 정답 : 단층 상반에 위치한 F는 E가 퇴적되기 전에 한 번, C가 퇴적되기 전에 한 번, 총 두 번 육상에 노출되어 침식된 결과 기저 역암으로 남아 있다.

그림 (가)와 (나)는 어느 두 지역의 지질 단면을, (다)는 시간에 따른 방사성 원소 X와 Y의 붕괴 곡선을 나타낸 것이다. 화강암 A와 B에는 한 종류의 방사성 원소만 존재하고, X와 Y 중 서로 다른 한 종류만 포함한다. 현재 A와 B에 포함된 방사성 원소의 함량은 각각 처음 양의 25%, 12.5% 중 서로 다른 하나이다. 두 지역의 셰일에서는 삼엽충 화석이 산출된다.

A : Y, 반감기 2번 → 1억 년
B : X, 반감기 3번 → 3억 년

(가) 관입　　(나) 부정합　　(다)

이 자료에 대한 설명으로 옳은 것만을 〈보기〉에서 있는 대로 고른 것은? **3점**

보기
ㄱ. (가)에서는 관입이 나타난다.
ㄴ. B에 포함되어 있는 방사성 원소는 X이다.
ㄷ. 현재의 함량으로부터 1억 년 후의
$$\frac{\text{A에 포함된 방사성 원소 함량}}{\text{B에 포함된 방사성 원소 함량}} \frac{6.25\%}{6.25\%} 은 1이다.$$

① ㄱ　　② ㄷ　　③ ㄱ, ㄴ　　④ ㄴ, ㄷ　　✔ㄱ, ㄴ, ㄷ

|자|료|해|설|
(가)는 셰일이 포획된 것으로 보아 화강암이 관입했음을 알 수 있고, (나)는 화강암이 기저 역암 형태로 셰일에 포함된 것으로 보아 부정합이 나타난 것을 알 수 있다. 따라서 (가)에서 화강암 A는 셰일보다 연령이 젊으며, (나)에서 화강암 B는 셰일보다 연령이 많다. 셰일에서 삼엽충 화석이 산출되므로 셰일의 절대 연령은 약 5억 4천만 년~2억 5천만 년 사이의 값을 가진다. (다)에서 X는 반감기가 1억 년, Y는 반감기가 0.5억 년이다. A와 B에 포함된 방사성 원소의 함량이 처음의 25%, 12.5%이므로 각각 반감기가 2번, 3번 지났다. 이를 모두 고려하면 A에는 Y 원소가 포함되어 있고 반감기가 2번 지나 절대 연령이 1억 년이며, B에는 X 원소가 포함되어 있고 반감기가 3번 지나 절대 연령이 3억 년이다.

|보|기|풀|이|
ㄱ. 정답 : (가)에서는 셰일 조각이 포획암으로 발견된 것으로 보아 화강암 A가 셰일을 관입했다.
ㄴ. 정답 : B는 셰일보다 연령이 높다. 셰일은 약 5억 4천만 년~2억 5천만 년 사이의 연령을 가진다. B에 Y가 포함되어 있다고 가정했을 때, 반감기가 두 번 지났다면 1억 년, 반감기가 세 번 지났다면 1.5억 년이다. B에 Y가 포함되어 있다고 가정한 모든 경우에 B가 셰일보다 연령이 어리므로 B에는 X가 포함되어 있다.
ㄷ. 정답 : A에는 Y, B에는 X 원소가 포함되어 있고, 현재 Y는 25%, X는 12.5%가 남아 있다. 현재로부터 1억 년이 지나면 Y는 두 번의 반감기가 지나 6.25%, X는 한 번의 반감기가 지나 6.25%로 줄어들어 이때 두 방사성 원소의 함량비는 1 : 1이다.

🤓 **문제풀이 T I P** | 그래프를 이용해 X와 Y의 반감기를 읽어내고, 경우의 수를 통해 A와 B에 포함된 원소의 종류 및 반감기 횟수를 계산한다.

모원소 : 자원소=1 : 3 → 반감기 2회

방사성 동위 원소 X, Y가 포함된 어느 화강암에서, 현재 X의 자원소 함량은 X 함량의 3배이고, Y의 자원소 함량은 Y 함량과 같다. 자원소는 모두 각각의 모원소가 붕괴하여 생성된다. 이에 대한 설명으로 옳은 것만을 〈보기〉에서 있는 대로 고른 것은?

모원소 : 자원소 =1 : 1 → 반감기 1회

 3점

보기

ㄱ. 화강암의 절대 연령은 Y의 반감기와 같다.

ㄴ. 화강암 생성 당시부터 현재까지 $\dfrac{\text{모원소 함량}}{\text{모원소 함량+자원소 함량}}$의 감소량은 X가 Y의 $\dfrac{3}{2}$배이다.
→ X는 $1 → \dfrac{1}{4}$로 $\dfrac{3}{4}$ 감소, Y는 $1 → \dfrac{1}{2}$로 $\dfrac{1}{2}$ 감소

ㄷ. Y의 함량이 현재의 $\dfrac{1}{2}$이 될 때, X의 자원소 함량은 X 함량의 $\dfrac{7}{15}$배이다.
→ 반감기 1회 더! Y가 반감기 1회 지날 때 X는 2회 지났으므로 X의 반감기는 총 4회 지난 시점, X의 모원소 : 자원소=1 : 15

✔① ㄱ ② ㄴ ③ ㄱ, ㄷ ④ ㄴ, ㄷ ⑤ ㄱ, ㄴ, ㄷ

| 자 | 료 | 해 | 설 |

현재 X의 자원소 함량은 X 함량의 3배이므로 모원소와 자원소의 비율이 1 : 3이다. 즉, X는 현재까지 2번의 반감기를 거쳤다. Y의 자원소 함량은 Y 함량과 같으므로 모원소와 자원소의 비율이 1 : 1이다. 즉, Y는 현재까지 1번의 반감기를 거쳤다. 따라서 이 화강암의 나이는 Y의 반감기와 같다. 같은 화강암에서 나타난 결과이므로, X의 반감기는 Y의 절반이고 이에 따라 같은 시간 동안 X는 항상 Y의 반감기보다 2배 더 많은 반감기를 거친다.

| 보 | 기 | 풀 | 이 |

ㄱ. 정답 : Y는 반감기가 1회 지났으므로, Y의 반감기와 화강암의 절대 연령이 같다.

ㄴ. 오답 : $\dfrac{\text{모원소 함량}}{\text{모원소 함량+자원소 함량}}$의 경우, X는 1에서 $\dfrac{1}{4}$로 줄어 $\dfrac{3}{4}$만큼 감소하였고, Y는 1에서 $\dfrac{1}{2}$로 줄어 $\dfrac{1}{2}$만큼 감소하였다. 즉, 화강암 생성 당시부터 현재까지 $\dfrac{\text{모원소 함량}}{\text{모원소 함량+자원소 함량}}$의 감소량은 X가 Y의 $\dfrac{3}{2}$배이다.

ㄷ. 오답 : Y의 함량이 현재의 $\dfrac{1}{2}$이 되는 것은, 1번의 반감기를 더 지나는 것을 의미한다. Y의 반감기는 X의 반감기의 2배이므로, Y가 1번의 반감기를 더 지날 때 X는 2번의 반감기를 더 지나 X는 총 4번의 반감기가 지난 시점이 된다. 따라서 이 시점에 X의 자원소 함량은 X 함량의 15배이다.

😲 문제풀이 TIP | 반감기가 n회 지난 후 모원소의 양은 초기 양의 $\dfrac{1}{2^n}$이고, 자원소의 양은 $1-\dfrac{1}{2^n}$이다. 모원소 양과 자원소 양의 합은 항상 일정하다.

😊 출제분석 | 방사성 동위 원소와 절대 연령을 다룰 때는 그래프, 표 등이 자주 제시되는데 그러한 자료 해석 능력보다는 문장 자체를 과학적으로 이해하는 능력이 더욱 강조되는 문제였다. 두 방사성 원소의 반감기를 비교하고, 보기에 적용해야 하므로 문제의 난이도가 높았다.

그림 (가)는 어느 지역의 지질 단면을, (나)는 방사성 원소 X와 Y의 붕괴 곡선을 나타낸 것이다. 화성암 P와 Q 중 하나에는 X가, 다른 하나에는 Y가 포함되어 있다. X와 Y의 처음 양은 같았으며, P와 Q에 포함되어 있는 방사성 원소의 양은 각각 처음양의 25%와 50%이다.

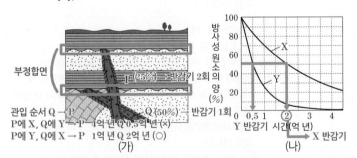

부정합면

관입 순서 Q → P
P에 X, Q에 Y→P 4억년 Q 0.5억년 (x)
P에 Y, Q에 X→P 1억년 Q 2억년 (O)

(가)

(나)

이에 대한 옳은 설명만을 〈보기〉에서 있는 대로 고른 것은? 3점

보기

ㄱ. 이 지역은 3번 이상 융기하였다.
→ 부정합면 수+1

ㄴ. P에 포함되어 있는 방사성 원소는 ~~X~~이다. Y

ㄷ. 앞으로 2억 년 후의 $\dfrac{\text{Y의 양}}{\text{X의 양}}$은 $\dfrac{1}{16}$이다.
→ X는 반감기 1회 더 $\dfrac{1}{4}$
→ Y는 반감기 4회 더 $\dfrac{1}{4}\cdot\left(\dfrac{1}{2}\right)^4$

① ㄱ ② ㄴ ③ ㄷ ④ ㄱ, ㄴ ✔⑤ ㄱ, ㄷ

| 자 | 료 | 해 | 설 |

부정합면은 Q의 윗부분, P의 윗부분 총 2개가 있다. 따라서 이 지역은 3번 이상 융기하였다.

관입 순서가 Q → P이므로 나이는 Q가 P보다 많아야 한다. (나)에서 X의 반감기는 2억 년, Y의 반감기는 0.5억 년이다. P와 Q에 포함되어 있는 방사성 원소의 양은 각각 처음의 25%, 50%이므로 P는 반감기를 2회, Q는 반감기를 1회 지난 상태이다. P에 X가, Q에 Y가 포함되어 있다면 P가 4억 년, Q가 0.5억 년으로 적절하지 않다. P에 Y가, Q에 X가 포함되어 있다면 P는 1억 년, Q는 2억 년으로 적절하다.

| 보 | 기 | 풀 | 이 |

ㄱ. 정답 : 이 지역은 부정합이 2개 있으므로 3번 이상 융기하였다.

ㄴ. 오답 : P에 포함되어 있는 방사성 원소는 Y이다.

ㄷ. 정답 : 앞으로 2억 년 후, X는 반감기를 1회 더 지나게 되므로 총 2회의 반감기를 지나서, X의 양은 처음의 $\dfrac{1}{2^2}$이 된다. Y는 반감기를 4회 더 지나므로, 총 6회의 반감기를 지나서, Y의 양은 처음의 $\dfrac{1}{2^6}$이 된다. 따라서 $\dfrac{\text{Y의 양}}{\text{X의 양}}$은 $\dfrac{1}{16}$이다.

😲 문제풀이 TIP | 먼저 관입한 암석이 나이가 많아야 한다. 이는 단순히 반감기를 많이 지났다는 의미가 아니다. (이 문제의 경우 나이가 더 많은 Q는 반감기를 1회만 지났다.)

그림은 방사성 동위 원소 X의 붕괴 곡선의 일부를 나타낸 것이다. 화성암에 포함된 X의 자원소 Y는 모두 X가 붕괴하여 생성되었다.

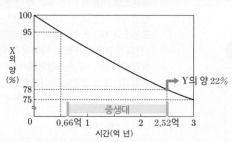

이 자료에 대한 설명으로 옳은 것만을 〈보기〉에서 있는 대로 고른 것은? (단, 모든 화성암에는 X가 포함되어 있으며, X의 양(%)은 화성암 생성 당시 X의 함량에 대한 남아 있는 X의 함량의 비율이고, Y의 양(%)은 붕괴한 X의 양과 같다.) **3점**

> **보기**
> ㄱ. 현재의 X의 양이 95%인 화성암은 속씨식물이 존재하던 시기에 생성되었다. → 신생대   → 중생대 말~신생대
> ㄴ. X의 반감기는 6억 년보다 길다.
> ㄷ. 중생대에 생성된 모든 화성암에서는 현재의 $\dfrac{X의 양(\%)}{Y의 양(\%)}$이 4보다 ~~크다~~ 큰 것은 아니다.

① ㄱ   ② ㄷ   ✓③ ㄱ, ㄴ   ④ ㄴ, ㄷ   ⑤ ㄱ, ㄴ, ㄷ

|자|료|해|설|
방사성 동위 원소 X의 양은 반감기가 1회 지나면 50%, 2회 지나면 25%, 3회 지나면 12.5%로 줄어든다. X의 양이 75%가 되는 때는 시간이 3억 년 지난 후이다. X의 붕괴 속도는 시간이 지날수록 감소하므로 X의 양이 75%에서 50%(반감기 1회)가 되는 데 걸리는 시간은 3억 년보다 더 길다.

|보|기|풀|이|
ㄱ. 정답 : 현재의 X의 양이 95%인 화성암은 5천만 년 전에 생성되었으므로 속씨식물이 존재하던 신생대에 생성되었다.
ㄴ. 정답 : X의 양이 75%가 되는 데 걸린 시간은 3억 년이고, X의 양이 75%에서 50%가 되는 데 걸리는 시간은 3억 년보다 더 길기 때문에 X의 반감기는 6억 년보다 더 길다.
ㄷ. 오답 : 중생대는 약 2.52억 년 전부터 0.66억 년 전까지의 시기이다. 2.5억 년 전에 생성된 화성암에서 X의 양은 78%이고, Y의 양은 22%이므로 중생대에 포함되는 시기인 2.5억 년 전에 생성된 화성암에서는 현재의 $\dfrac{X의 양(\%)}{Y의 양(\%)}$이 $\dfrac{78}{22}$로 4보다 작다. 따라서 중생대에 생성된 모든 화성암에서 현재의 $\dfrac{X의 양(\%)}{Y의 양(\%)}$이 4보다 큰 것은 아니다. 4보다 큰 경우도 있고, 작은 경우도 있다.

그림 (가)는 어느 지역의 지질 단면을, (나)는 방사성 원소 X에 의해 생성된 자원소 Y의 함량을 시간에 따라 나타낸 것이다. 화성암 A, B, C에는 X와 Y가 포함되어 있으며, Y는 모두 X의 붕괴 결과 생성되었다. 현재 C에 있는 X와 Y의 함량은 같다. → 모원소   → 자원소

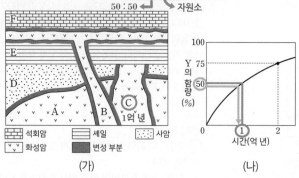

(가)   (나)

이에 대한 설명으로 옳은 것만을 〈보기〉에서 있는 대로 고른 것은?
3점

> **보기**   생성되지 않았다.
> 자원소 ← ㄱ. D는 화폐석이 번성하던 시대에 ~~생성되었다~~.
> 모원소 ← ㄴ. $\dfrac{Y의 함량}{X의 함량}$은 A가 B보다 크다. → A가 B보다 오래되어서 자원소 함량↑
> ㄷ. 암석의 생성 순서는 D → A → C → E → ~~B~~ ~~F~~이다.
>   → 1억 년

① ㄱ   ✓② ㄴ   ③ ㄷ   ④ ㄱ, ㄴ   ⑤ ㄴ, ㄷ

|자|료|해|설|
암석 또는 광물 안에 포함된 모원소와 자원소의 양과 반감기를 이용하여 암석 또는 광물의 절대 연령을 측정할 수 있다. 시간이 지날수록 암석 속에 포함되어 있는 방사성 원소의 양은 감소하고, 자원소의 양은 증가한다. 그런데 Y는 X의 붕괴 결과 생성되었으므로 Y는 자원소, X는 모원소이다.

|보|기|풀|이|
ㄱ. 오답 : 이 지역은 과거에 D 퇴적 → A 관입 → C 관입 → (부정합) → E 퇴적 → F 퇴적 → B 관입의 순으로 지질학적 사건이 일어났다. 그런데 C의 절대 연령이 약 1억 년이므로 그 이전에 퇴적된 D는 1억 년 전보다 이전에 생성된 것이다. 화폐석은 신생대(6600만 년 전~현재)의 표준 화석이므로 D는 화폐석이 번성하던 시대에 생성된 것이 아니다.
ㄴ. 정답 : 암석의 절대 연령이 많을수록 자원소(Y)의 함량이 많아지기 때문에 $\dfrac{Y의 함량}{X의 함량}$은 커진다. 따라서 $\dfrac{Y의 함량}{X의 함량}$은 절대 연령이 많은 A가 B보다 크다.
ㄷ. 오답 : 암석의 생성 순서는 D → A → C → E → F → B 순이다.

😮 **문제풀이 TIP** | $N = N_0 \times \left(\dfrac{1}{2}\right)^{\frac{t}{T}}$ (N: t년 후 모원소의 양, N_0: 처음 모원소의 양, T: 반감기, t: 절대 연령)으로 구할 수 있지만, 이 문제는 단순 그래프 해석만으로도 충분히 문제 해결이 가능하다.

그림은 화성암 A에 포함된 방사성 동위 원소 X의 붕괴 곡선을 나타낸 것이다. Y는 X의 자원소이다.

이 자료에 대한 옳은 설명만을 〈보기〉에서 있는 대로 고른 것은? (단, X의 양(%)은 화성암 생성 당시 X의 함량에 대한 남아 있는 함량의 비율이고, Y의 양(%)은 붕괴한 X의 양과 같다.) **3점**

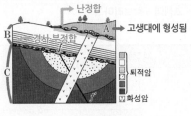

80%로 줄어듦
80%로 줄어듦
반감기

보기

ㄱ. A가 생성된 후 $2t_1$이 지났을 때 $\dfrac{X의\ 양(\%)}{Y의\ 양(\%)}$은 ~~$\dfrac{1}{4}$~~ $\dfrac{1}{3}$ 이다.

ㄴ. (t_2-t_1)은 0.5억 년이다.

ㄷ. A가 생성된 후 1억 년이 지났을 때 X의 양은 60%보다 크다. → 80%×80%=64%

① ㄱ 　② ㄴ 　③ ㄱ, ㄷ 　✓④ ㄴ, ㄷ 　⑤ ㄱ, ㄴ, ㄷ

|자|료|해|설|

시간이 t_1억 년 지났을 때 X의 양은 50%가 되므로 원소 X의 반감기는 t_1억 년이다. X의 양이 25%가 되는 때는 반감기가 2번 지났을 때이므로 $2t_1$억 년 후이다.
0.5억 년이 지나는 동안 X의 양은 처음 양의 80%가 되었다. 따라서 t_2일 때 X의 양이 t_1일 때 X의 양의 80% 이므로 t_2는 t_1에서 0.5억 년이 지난 후이다.

|보|기|풀|이|

ㄱ. 오답 : A가 생성된 후 $2t_1$억 년이 지났을 때는 X의 반감기가 2번 지났을 때이므로 남아있는 X의 양은 25% 이다. 이때 Y의 양은 100－25＝75(%)이므로 $\dfrac{X의\ 양(\%)}{Y의\ 양(\%)}$ $=\dfrac{25}{75}=\dfrac{1}{3}$이다.

ㄴ. 정답 : t_1일 때 X의 양은 50%, t_2일 때 X의 양은 40% 이므로 t_2일 때 X의 양은 t_1일 때의 80%이다. X의 양이 처음의 80%가 될 때까지 걸리는 시간은 0.5억 년이므로 $t_1+0.5=t_2$이다. 따라서 $(t_2-t_1)=0.5$억 년이다.

ㄷ. 정답 : A가 생성된 후 1억 년이 지났을 때는 X의 양이 80%가 되었을 때로부터 0.5억 년이 더 지난 후이다. X의 양이 80%가 되었을 때로부터 0.5억 년 후에는 X의 양이 80%의 80%만 남아있으므로 A가 생성된 후 1억 년이 지났을 때 X의 양은 80%×80%＝64%이다.

그림은 어느 지역의 지질 단면을 나타낸 것이다. 현재 화성암에 포함된 방사성 원소 X의 함량은 **처음 양의 $\dfrac{1}{32}$** 이고, 지층 A에서는 → 반감기 5회 **방추충 화석**이 산출된다. → 고생대

이 자료에 대한 설명으로 옳은 것만을 〈보기〉에서 있는 대로 고른 것은?

난정합
B　경사 부정합　A　고생대에 형성됨
C
퇴적암
화성암
$f^{\,\prime}$

보기

ㄱ. 경사 부정합이 나타난다.

ㄴ. 단층 $f-f'$은 화성암보다 먼저 형성되었다.

ㄷ. X의 반감기는 0.4억 년보다 ~~짧다~~ 길다

① ㄱ 　② ㄷ 　✓③ ㄱ, ㄴ 　④ ㄴ, ㄷ 　⑤ ㄱ, ㄴ, ㄷ

|자|료|해|설|

두 개의 부정합면을 경계로 지층을 세 부분(C, B, A)으로 나눌 수 있다.
C는 B보다 먼저 형성되었다. C가 형성된 이후 횡압력을 받아 습곡이 형성되었고, 그 후 장력을 받아 정단층 $f-f'$ 이 형성되었다. C와 B의 경계에 있는 부정합은 습곡이 형성된 이후에 침식 작용이 일어나고 다시 퇴적물이 쌓여 만들어졌으므로 경사 부정합이다.
B는 A보다 먼저 형성되었다. 화성암이 C, 습곡 구조, 단층 $f-f'$, B보다 위에 표시되어 있으므로 화성암은 B가 형성된 이후에 관입하였다. 화성암과 지층 A 사이에 부정합면이 존재하므로 화성암이 관입한 이후 이 지역은 침식을 받았고, 난정합이 만들어졌다.
방추충은 고생대 말기 화석이므로 A의 나이는 최소 2.52억 년이다. 화성암에 포함된 방사성 원소 X의 함량은 처음 양의 $\dfrac{1}{32}=\left(\dfrac{1}{2}\right)^5$이므로 반감기가 5회 진행되었다. 화성암의 관입은 지층 A의 형성보다 먼저 발생한 사건이므로 화성암의 나이는 2.52억 년보다 많다. 2.52억 년의 연령을 가지는 암석에서 현재까지 반감기가 5회 진행되었다고 할 때 반감기는 2.52억 ÷5＝0.504억(년) 이므로 X의 반감기는 0.5억 년보다 길다.

|보|기|풀|이|

ㄱ. 정답 : C와 B 사이에 나타나는 부정합은 습곡이 형성된 지층이 침식 작용을 받고 그 위로 다시 퇴적물이 쌓여 형성된 부정합이므로 경사 부정합이다.

ㄴ. 정답 : 단층 $f-f'$은 경사 부정합이 형성되기 이전에 발생했고, 화성암은 경사 부정합이 형성된 이후에 관입했으므로 단층 $f-f'$은 화성암보다 먼저 형성되었다.

ㄷ. 오답 : X의 반감기가 5회 진행되는 동안 흐른 시간이 2.52억 년보다 길어야 하므로 X의 반감기는 0.504억 년 이상이다. 즉, X의 반감기는 0.4억 년보다 길다.

I
2
Ⅰ
04
지층의 연령

05 지질 시대의 환경과 생물

필수개념 1 화석

1. 화석: 지질 시대에 살았던 생물의 유해나 활동 흔적이 지층 내에 보존되어 있는 것

1) 화석의 생성 조건
    ① 뼈나 껍데기 등 단단한 부분이 있어야 한다.
    ② 생물이 죽은 후 빠르게 매몰되어야 한다.
    ③ 재결정 작용, 치환 작용, 탄화 작용 등의 화석화 작용을 받아야 한다.
    ④ 생성 후 심한 지각 변동을 받지 않아야 한다.

2) 화석의 종류
    ① 표준 화석: 특정 시기에만 출현하였다가 멸종한 생물의 화석으로 지층의 생성 시기의 기준
        − 조건: 생존 기간이 짧고, 개체 수가 많고, 분포 범위가 넓어야 한다.
        − **예** 삼엽충, 필석, 방추충(푸줄리나), 암모나이트, 공룡, 화폐석, 매머드 등
    ② 시상 화석: 특정한 환경에서만 서식하는 생물의 화석으로 생물이 살았던 당시의 환경을 알려준다.
        − 조건: 생존 기간이 길고, 분포 면적이 좁으며, 환경 변화에 민감해야 한다.
        − **예** 산호, 고사리 등

2. 지질 시대의 구분

1) 지질 시대: 지구가 생성된 약 46억 년 전부터 현재까지
    ① 지질 시대의 구분: 생물계의 급변, 지각 변동, 기후 변동 등을 기준으로 구분
    ② 지질 시대 구분 단위: 누대−대−기−세 **예** 현생누대−고생대−캄브리아기
    ③ 지질 시대의 구분

지질 시대		절대 연대 (백만 년 전)
누대	대	
현생 누대	신생대	66.0
	중생대	252.2
	고생대	541.0
선캄브리아 시대	원생 누대	신원생대
		중원생대
		고원생대
		2500
	시생 누대	신시생대
		중시생대
		고시생대
		초시생대
		4000

지질 시대		절대 연대 (백만 년 전)
대	기	
신생대	제4기	2.58
	네오기	23.03
	팔레오기	66.0
중생대	백악기	145.0
	쥐라기	201.3
	트라이아스기	252.2
고생대	페름기	298.9
	석탄기	358.9
	데본기	419.2
	실루리아기	443.8
	오르도비스기	485.4
	캄브리아기	541.0

    ④ 지질 시대의 상대적 길이: 선캄브리아 시대 > 고생대 > 중생대 > 신생대
    ⑤ 지구의 나이(46억 년)를 24시간으로 표시할 때

선캄브리아 시대(약 88.2%)	0시~21시 11분
고생대(약 6.3%)	21시 11분~22시 41분
중생대(약 4.1%)	22시 41분~23시 39분
신생대(약 1.4%)	23시 39분~자정
인류의 출현(약 300만 년 전)	23시 59분 4초

기본자료

▶ 화석화 작용
생물을 이루는 원래의 성분이 재결정되거나 광물질로 치환되거나 탄소 성분만 남아 단단해지는 과정이다.

▶ 표준 화석과 시상 화석
• 표준 화석의 조건: 생존 기간이 짧고, 분포 면적이 넓다.
• 시상 화석의 조건: 생존 기간이 길고, 환경 변화에 민감하다.

▶ 지질 시대 이름에 '생'이 들어가는 이유
지질 시대 구분은 큰 지각 변동이 일어난 시기를 기준으로 하지만, 실제적으로는 생물의 대량 멸종과 같은 생물계의 급격한 변화가 일어난 시기를 기준으로 구분한다.

필수개념 2 **지질 시대의 기후 변화**

1. 지질 시대의 기후 변화

선캄브리아 시대	변동을 많이 받아 자세히 알기 어려움. 전반적으로 온화하였으며, 후기에 빙하기가 있었을 것으로 추정.
고생대	초기와 중기에는 온난한 기후였으며, 후기에는 빙하 퇴적물이 발견되는 것으로 보아 한랭할 것으로 추정.
중생대	전반적으로 온난한 기후였으며 빙하기가 없다는 특징이 있음.
신생대	초기에는 온난했으나 점차 한랭해져 제4기에는 여러 차례의 빙하기가 있었음.

2. 고기후 연구법

빙하 시추 코어 연구	물 분자의 산소 동위 원소 비	^{18}O는 무거워 증발이 잘 안되며, ^{16}O은 가벼워 증발이 잘 일어난다. 기후가 온난한 경우 ^{18}O의 증발 비율이 증가해 대기 중 산소 동위 원소의 비($^{18}O/^{16}O$)가 증가하게 되며, 이 시기에 생성된 빙하 역시 $^{18}O/^{16}O$의 값이 높다. 반면 기후가 한랭한 경우에는 ^{18}O의 증발 비율이 감소해 대기 중 산소 동위 원소의 비($^{18}O/^{16}O$)가 감소하게 되고, 빙하를 구성하는 물 분자의 산소 동위 원소비 역시 작아진다.
	빙하 속 공기 방울 연구	빙하는 생성되면서 그 당시의 공기를 포획하고 있음. 빙하 속 공기 방울을 분석하면 빙하가 생성될 당시의 대기 조성에 대한 연구를 할 수 있다.
나무 나이테 연구		나무는 기온이 높고 강수량이 많을 때에 성장 속도가 빨라 나이테 사이의 면적이 넓어지고 밀도가 작아져 색이 밝아진다. 반면 기온이 낮고 강수량이 적을 때에는 성장 속도가 느려 나이테 사이의 면적이 좁아지고 밀도가 커져 색이 어두워진다. 나이테 형태를 연구하여 과거의 기온과 강수량 변화를 추정한다.
석순, 종유석 연구		탄소 방사성 원소의 반감기를 통해 생성 시기를 추정하고 산소 동위 원소비를 통해 생성 당시의 기온을 추정한다.
지층의 퇴적물 연구	꽃가루 화석 연구	꽃가루는 종류에 따라 모양과 크기가 다르며, 오랫동안 썩지 않고 보존된다. 따라서 꽃가루의 종류를 보고 기후를 추정한다.
	화석의 산소 동위 원소비 연구	지층에 포함되어 화석의 산소 동위 원소의 비를 측정하여 과거의 기후를 추정한다.

▶ 산소 동위 원소비
대기 중의 산소 동위 원소비($^{18}O/^{16}O$)는 기온이 높을수록 높고, 해양 생물체 화석 속의 산소 동위 원소비($^{18}O/^{16}O$)는 수온이 높을수록 낮다.

필수개념 3 **지질 시대의 환경과 화석**

1. 지질 시대의 환경과 화석

선캄브리아 시대	환경	초기 온난. 후기 빙하기
	생물	시생누대에 남세균(시아노박테리아)가 출현 → 스트로마톨라이트 형성, 원생누대에 에디아카라 동물군 화석 발견
	환경	초기 온난. 후기 빙하기. 말기에 초대륙 판게아 형성. 애팔래치아 산맥, 우랄 산맥 형성

고생대	생물	• 캄브리아기: 삼엽충, 완족류 등장 • 오르도비스기: 삼엽충, 완족류, 필석, 산호, 두족류 번성. 척추동물인 어류 등장 • 실루리아기: 필석류, 산호, 완족류, 갑주어, 바다 전갈 번성. 최초의 육상 생물체 등장(오존층이 자외선을 차단) • 데본기: 갑주어, 페어 등의 어류가 번성. 최초의 양서류 등장 • 석탄기: 방추충(푸줄리나), 산호류, 완족류, 유공충, 대형 곤충류, 양서류가 번성. 육상에서 양치식물이 거대한 삼림 형성. 최초의 파충류 등장 • 페름기: 은행나무, 소철 등의 겉씨식물이 출현. 바다 전갈, 삼엽충 등 해양 생물종의 90% 이상이 멸종
중생대	환경	전반적으로 온난. 빙하기 없음. 트라이아스기부터 판게아가 분리되기 시작. 대서양 및 인도양 형성 및 확장. 로키 산맥, 안데스 산맥 형성.
	생물	• 트라이아스기: 바다에서는 암모나이트, 육지에서는 파충류 번성. 원시 포유류 등장. 은행, 소철류 등의 겉씨식물 번성. • 쥐라기: 공룡, 암모나이트 번성. 원시 조류인 시조새 등장. 겉씨식물 번성. • 백악기: 말기에 공룡 및 암모나이트 멸종. 속씨식물 출현.
신생대	환경	팔레오기와 네오기는 온난. 제4기는 4번의 빙하기와 3번의 간빙기. 현재와 비슷한 수륙 분포. 알프스 산맥, 히말라야 산맥 형성
	생물	• 팔레오기 및 네오기: 대형 유공충인 화폐석 번성. 포유류 번성, 조류 및 영장류 출현. 속씨식물 번성 • 제4기: 인류의 조상 출현. 매머드 등의 대형 포유류 번성. 단풍나무, 참나무 등의 속씨식물 번성

기본자료

▶ 오존층 형성
사이아노박테리아의 광합성으로 산소가 바다에 포화된 다음 대기로 방출되어 쌓이기 시작하였고, 고생대에 오존층이 두껍게 형성되어 실루리아기에 이르러 생물이 육상으로 진출하게 되었다.

2. 수륙 분포의 변화

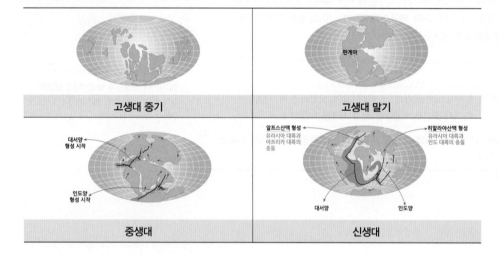

3. 생물의 대멸종

1) 대멸종: 짧은 기간 내에 많은 종의 생물들이 멸종한 사건
2) 5억 년 사이에 5번의 대멸종 발생

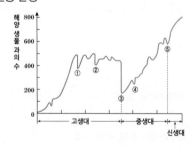

3) 전 지구적인 급격한 환경 변화에 의해 발생

그림은 현생 누대 동안 동물 과의 수를 현재 동물 과의 수에 대한 비로 나타낸 것이다.

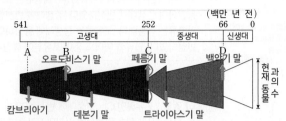

이에 대한 설명으로 옳은 것만을 〈보기〉에서 있는 대로 고른 것은?

3점

보기

ㄱ. A 시기에 육상 동물이 출현하였다. → 데본기에 최초 출현

ㄴ. 동물 과의 멸종 비율은 B 시기가 C 시기보다 크다. → 작다 (B~C)

ㄷ. D 시기에 공룡이 멸종하였다.

① ㄱ   ② ㄴ   ✓③ ㄷ   ④ ㄱ, ㄴ   ⑤ ㄱ, ㄷ

|자|료|해|설|

A 시기는 고생대 초기인 캄브리아기, B 시기는 고생대 오르도비스기 말, C 시기는 고생대 페름기 말, D 시기는 중생대 백악기 말이다.

|보|기|풀|이|

ㄱ. 오답 : A 시기는 고생대 초기인 캄브리아기로 육상 동물은 실루리아기 말~데본기 초에 최초로 출현하였다. A 시기에는 온난한 바다에서 해양 생물이 번성하였다.

ㄴ. 오답 : 그림을 보면 멸종 비율은 C 시기가 B 시기보다 크다.

ㄷ. 정답 : D 시기는 중생대 백악기 말로, 이 시기에 공룡과 암모나이트 등이 멸종하였다.

🦉 **문제풀이 T I P** | 고생대 오르도비스기 말, 데본기 후기, 페름기 말, 중생대 트라이아스기 말, 백악기 말에 생물의 대량 멸종이 있었다. 특히 고생대 페름기 말에 삼엽충이 멸종하였으며 완족류 과의 수가 급격히 감소하였다.

I

2

05

지질 시대의 환경과 생물

그림은 서로 다른 지역 (가)와 (나)의 지질 주상도와 각 지층에서 산출되는 화석을 나타낸 것이다.

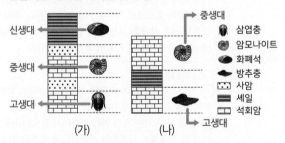

이 자료에 대한 설명으로 옳은 것만을 〈보기〉에서 있는 대로 고른 것은?

보기

ㄱ. 두 지역의 셰일은 동일한 시대에 퇴적되었다. → 다른

ㄴ. 가장 젊은 지층은 (가)에 나타난다.

ㄷ. 화석이 산출되는 지층은 모두 해성층이다. → 해저에 퇴적되어 생긴 지층

① ㄱ   ② ㄷ   ③ ㄱ, ㄴ   ✓④ ㄴ, ㄷ   ⑤ ㄱ, ㄴ, ㄷ

|자|료|해|설|

(가)와 (나)의 지질 주상도와 각 지층에서 산출되는 화석을 나타내고 있으므로 지층의 대비에 관한 문제이다. 각 지층에서 산출되는 화석을 이용한 대비를 통해 각 지역의 상대 연대를 알 수 있다.

삼엽충, 방추충은 고생대를 대표하는 표준 화석이며, 암모나이트는 중생대, 화폐석은 신생대를 대표하는 표준 화석이다.

|보|기|풀|이|

ㄱ. 오답 : (가)의 셰일은 신생대의 표준 화석인 화폐석이 나타났으므로 신생대에 형성된 것이다. (나)의 셰일은 중생대 표준 화석인 암모나이트가 나타난 지층과 고생대 표준 화석인 방추충이 나타난 지층 사이에 위치하므로 중생대 또는 고생대에 형성된 것이다. 따라서 (가)와 (나) 두 지역의 셰일은 다른 시대에 퇴적되었다.

ㄴ. 정답 : 가장 젊은 지층은 (가)의 신생대 표준 화석인 화폐석이 나타나는 지층이다.

ㄷ. 정답 : (가)와 (나)에서 발견된 삼엽충, 암모나이트, 화폐석, 방추충은 모두 해양 생물의 화석이므로 화석이 산출되는 지층은 모두 해성층이다.

🦉 **문제풀이 T I P** | 동일한 암석이라고 하더라도 지층에서의 순서에 따라 퇴적 시기가 다를 수 있다. 따라서 지층의 순서를 비교하기 위해서는 응회암층, 석탄층 같은 건층 혹은 표준 화석을 잘 찾아내야 한다.

🦉 **출제분석** | 표준 화석만 알고 있다면 퇴적 시기를 비교하는 것이 어렵지 않기 때문에 난도 '하'의 문제이다.

그림은 주요 동물군의 생존 시기를 나타낸 것이다. A, B, C는 어류, 파충류, 포유류를 순서 없이 나타낸 것이다.

이에 대한 설명으로 옳은 것만을 〈보기〉에서 있는 대로 고른 것은?

보기
ㄱ. A는 어류이다.
ㄴ. C는 신생대에 번성하였다.
   ↳ 신생대
ㄷ. B가 최초로 출현한 시기와 C가 최초로 출현한 시기 사이에(~~이후~~) 히말라야 산맥이 형성되었다.

① ㄱ   ② ㄴ   ③ ㄷ   ✔④ ㄱ, ㄴ   ⑤ ㄴ, ㄷ

|자|료|해|설|
어류는 고생대에 등장하여 현재까지 생존하고 있다. 고생대 데본기에 특히 번성하였다. 파충류는 고생대에 등장하여 중생대에 번성하였다. 중생대에 번성한 대표적인 파충류는 공룡이다. 포유류는 중생대에 등장하여 신생대에 번성하였다. 인류와 매머드 등이 포유류에 속한다.

|보|기|풀|이|
ㄱ. 정답: 고생대 초에 등장한 A는 어류이다.
ㄴ. 정답: 포유류인 C는 신생대에 번성하였다.
ㄷ. 오답: B가 최초로 출현한 시기와 C가 최초로 출현한 시기 사이는 고생대~중생대이다. 히말라야 산맥이 형성된 시기는 신생대이므로, B와 C가 출현한 이후에 형성되었다.

😎 **문제풀이 T I P** | 동물의 출현/번성은 무척추동물 → 어류 → 양서류 → 파충류 → 포유류 순서이다.
중생대에는 로키 산맥, 안데스 산맥이 형성되고, 신생대에는 알프스−히말라야 조산대가 형성되었다.

😎 **출제분석** | 매번 출제되는 개념인 지질 시대의 환경과 생물 중에서 쉽게 출제된 문제이다. 자료에서 구체적인 화석이 아닌 동물계의 진화 순서를 묻고 있고, 보기도 매우 간단하다. 지질 시대의 환경과 생물 개념은 보통 지층의 생성 순서나 절대 연령과 함께 복합적으로 출제되는 경우가 많다.

다음은 서로 다른 지역 A, B, C의 지층에서 산출되는 화석을 이용하여 지층의 선후 관계를 알아보기 위한 탐구 과정이다.

[탐구 자료]

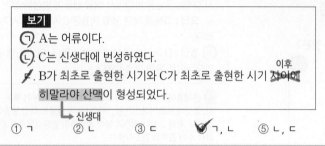

[탐구 과정]
(가) A, B, C의 지층에 포함된 화석의 생존 시기와 서식 환경을 조사한다.
(나) A, B, C의 표준 화석을 보고 지층의 역전 여부를 확인한다.
(다) 같은 종류의 표준 화석이 산출되는 지층을 A, B, C에서 찾아 연결한다.

이에 대한 설명으로 옳은 것만을 〈보기〉에서 있는 대로 고른 것은?

(3점)

보기
   ↳ 신생대
ㄱ. 가장 최근에 퇴적된 지층은 A에 위치한다.
ㄴ. B에는 역전된 지층이 발견된다.
ㄷ. C에는 해성층~~만~~ 분포한다.
    과 육성층이

① ㄱ   ② ㄷ   ✔③ ㄱ, ㄴ   ④ ㄴ, ㄷ   ⑤ ㄱ, ㄴ, ㄷ

|자|료|해|설|
암모나이트는 중생대, 삼엽충은 고생대, 화폐석은 신생대의 표준 화석이다. 이들은 모두 바다에서 생존하였다. 고사리는 시상 화석으로 어떤 지층에서 고사리 화석이 발견되면 그 지층은 생성 당시 따뜻하고 습한 육지였음을 알 수 있다. 따라서 B와 C에 육성층이 분포한다.
A에서 암모나이트(중생대)가 아래, 화폐석(신생대)이 위에 있으므로 역전된 지층은 발견되지 않았다. B에는 가장 위에 삼엽충(고생대)이 있고, 가장 아래에 암모나이트(중생대)가 있으므로 역전된 지층이 발견된다. C에서는 가장 아래에 삼엽충(고생대)이 있고, 가장 위에 암모나이트(중생대)가 있으므로 지층이 역전되지 않았다.

|보|기|풀|이|
ㄱ. 정답: 가장 최근에 퇴적된 지층은 신생대의 지층으로, 화폐석을 포함한 A에 위치한다.
ㄴ. 정답: B에서는 가장 아래 지층에서 암모나이트, 가장 위 지층에서 삼엽충이 산출되므로 역전된 지층이 발견된다.
ㄷ. 오답: C에는 삼엽충과 암모나이트가 있는 것으로 보아 해성층이 존재하고, 고사리가 산출되는 것으로 보아 육성층도 함께 분포한다.

😎 **문제풀이 T I P** | ＜대표적인 시상 화석＞
고사리 : 따뜻하고 습한 육지
산호 : 따뜻하고 얕은 바다
조개 : 갯벌

😎 **출제분석** | 표준 화석, 시상 화석과 함께 지층의 역전, 지층의 대비를 다루는 문제로 아주 기본적인 지식에 대해 물었다. 자료 해석도 어렵지 않고, 선지도 평이한 수준으로 출제되어 배점은 3점이었으나 정답률이 상당히 높은 편이다. 이 문제처럼 표준 화석을 비교하여 지층의 나이, 역전 여부 등을 파악하는 문제는 정말 자주 출제된다.

다음은 나무의 나이테 지수를 이용한 고기후 연구 방법에 대한
설명이다. 그림 (가)는 북반구 A 지역과 남반구 B 지역의 기온
편차를 각각 나타낸 것이고, (나)는 A 지역의 나이테 지수이다.

○ 나이테의 폭을 측정하여 나이테 지수를 구한다.
○ 나이테 지수가 클수록 기온이 높다고 추정한다.

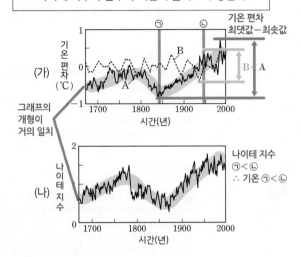

이 자료에 대한 설명으로 옳은 것만을 〈보기〉에서 있는 대로 고른
것은? 3점

보기

ㄱ. A의 기온은 ㉠ 시기가 ㉡ 시기보다 낮다. (나이테 지수)
ㄴ. 기온 편차의 최댓값과 최솟값의 차는 A가 B보다 ~~작다~~ 크다
ㄷ. ㉠ 시기의 나이테 지수와 ㉡ 시기의 나이테 지수의 차는 B가
　 A보다 작을 것이다.

---

① ㄱ   ② ㄴ   ③ ㄷ   ④ ㄱ, ㄴ   ⑤ ㄱ, ㄷ

|자|료|해|설|

그림 (가)에서 A의 기온 편차 그래프와 그림 (나)에서
A의 나이테 지수 그래프의 개형이 유사한 것을 확인할 수
있다. 즉, 기온 편차와 나이테 지수는 비례 관계이다. 또한
그림에서 '나이테 지수가 클수록 기온이 높다고 추정한다'
고 주어졌으므로, 기온을 비교하기 위해서는 나이테
지수를 비교하면 된다.

|보|기|풀|이|

ㄱ. 정답 : A에서 ㉠ 시기의 나이테 지수가 ㉡ 시기의
나이테 지수보다 더 낮기 때문에 기온도 더 낮다.

ㄴ. 오답 : (가)에서 확인할 수 있듯이, 기온 편차의
최댓값과 최솟값의 차는 A가 B보다 크다.

ㄷ. 정답 : 나이테 지수 값은 기온 편차 값과 비례하기
때문에 나이테 지수의 차를 기온 편차 그래프로 비교할 수
있다. (가)에서 ㉠ 시기의 나이테 지수와 ㉡ 시기의 나이테
지수의 차는 A가 B보다 큰 것을 확인할 수 있다.

😮 **문제풀이 T I P** | 그래프에서 정확한 수치가 주어지지 않은
경우에는 개형을 파악해 문제를 해결하도록 한다.

😀 **출제분석** | 배경지식 없이 문제에서 주어진 그래프만을
가지고도 충분히 해결할 수 있는 수준의 문제이다. '나이테 지수'와
같은 처음 보는 개념이 제시되었다고 해서 겁먹을 필요가 없다는 것을
보여준 문제이다.

👩 **" 이 문제에선 이게 가장 중요해! "**

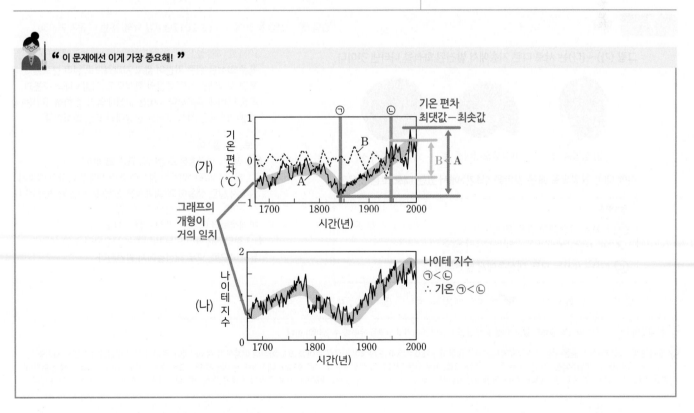

그림은 현생 이언에 생존했던 생물 종류의 수와 육상 식물의 생존 시기를 나타낸 것이다.

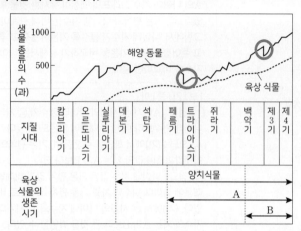

이에 대한 설명으로 옳은 것만을 〈보기〉에서 있는 대로 고른 것은?

(3점)

보기

ㄱ. A는 ~~겉씨식물~~, B는 ~~겉씨식물~~이다.
         겉씨식물   속씨식물

ㄴ. 육상 식물 출현의 원인은 오존층의 형성과 관계가 있다.

ㄷ. ~~백악기 말에 해양 동물 종류의 수가 감소한 이유는 판게아가~~
~~형성되었기 때문이다.~~
고생대 페름기 말

① ㄱ   ✓② ㄴ   ③ ㄱ, ㄷ   ④ ㄴ, ㄷ   ⑤ ㄱ, ㄴ, ㄷ

|자|료|해|설|
육상 식물은 양치식물－겉씨식물－속씨식물의 순서로 출현하게 된다. 따라서 고생대 말에 출연하는 A는 겉씨식물, 중생대 백악기에 출현하는 B는 속씨식물이다. 고생대의 오르도비스기 말, 데본기 말, 페름기 말, 중생대 트라이아스기 말, 백악기 말에 생물의 대량 멸종이 있었다. 특히 고생대 말인 페름기에는 삼엽충, 방추충, 사사산호, 판상산호 등 많은 해양생물과 육상생물이 멸종하는 생물계 대멸종이 있었다.

|보|기|풀|이|
ㄱ. 오답 : 속씨식물보다 겉씨식물이 먼저 출현한다. 따라서 A는 겉씨식물, B는 속씨식물이다.
ㄴ. 정답 : 고생대 실루리아기에 생성된 오존층의 영향으로 육상식물이 출현하게 된다.
ㄷ. 오답 : 판게아는 고생대 말에 형성되었으므로, 판게아가 백악기 말에 해양 동물 종류의 수에 영향을 줬다는 서술은 틀린 설명이다.

😮 **문제풀이 TIP** | 해양 동물의 변화가 크게 일어난 시기를 기준으로 지질시대가 구분된다. 해양 동물이 급격히 감소한 페름기 말을 기준으로 고생대가 끝나게 되고, 마찬가지로 백악기 말에도 크게 개체수가 감소하게 되는데 이를 기준으로 신생대로 넘어가게 된다. 해양 동물의 개체 수 감소의 이유는 각각 고생대 말은 판게아의 형성과 빙하기, 중생대 말은 운석충돌의 영향으로 발생했다는 가설이 가장 유력하다.

😮 **출제분석** | 지질 시대와 생물 종류의 수를 그래프로 제시하고, 이를 해석하는 문제는 자주 출제되는 유형이다. 이 자료에서는 지질시대의 이름까지 함께 주어졌지만, 그동안의 출제된 유형들을 살펴보면 시간에 따라 번성한 주요 동물계만 주어지거나, 생물 속의 수 변화만 주어지는 경우도 있으므로 각각의 지질시대의 정확한 연대를 암기하고 있다면 이러한 유형의 문제를 더 수월하게 해결할 수 있을 것이다.

그림 (가)~(다)는 서로 다른 지층에서 발견된 화석을 나타낸 것이다.

(가) 삼엽충 고   (나) 암모나이트 중   (다) 화폐석 신

이에 대한 설명으로 옳은 것만을 〈보기〉에서 있는 대로 고른 것은?

보기

ㄱ. (가)는 고생대의 표준 화석이다.
ㄴ. 번성했던 기간은 (나)가 (다)보다 ~~짧다~~. 길다
ㄷ. (가)~(다)는 모두 해성층에서 발견된다.

① ㄱ   ② ㄴ   ✓③ ㄱ, ㄷ   ④ ㄴ, ㄷ   ⑤ ㄱ, ㄴ, ㄷ

|자|료|해|설|
표준 화석은 생존 기간이 짧고 지리적으로 널리 분포한 특정 시대에만 살던 생물의 화석으로, 지질시대의 구분과 지층 대비에 유용하다. (가)는 고생대의 표준 화석, (나)는 중생대의 표준 화석, (다)는 신생대의 표준 화석이다.

|보|기|풀|이|
ㄱ. 정답 : 삼엽충은 고생대의 표준 화석이다.
ㄴ. 오답 : 암모나이트는 중생대 쥐라기에 번성하여 백악기 말까지 살던 생물이고, 화폐석은 신생대 제3기에 번성했던 생물이다. 중생대가 신생대보다 길기 때문에 암모나이트가 화폐석보다 더 오랜 기간 번성하였다.
ㄷ. 정답 : 세 화석 모두 바다에서 생활했던 해양 생물의 유해이므로, 모두 해성층에서 발견된다.

😮 **문제풀이 TIP** | 표준 화석의 종류를 알고, 이를 통해 생물이 살았던 시기와 환경을 유추할 수 있어야 한다.

😮 **출제분석** | 모의고사는 물론 수능 연계교재에서도 자주 등장하는 대표적인 표준 화석이 자료로 주어졌으며, 화석의 이름까지 제시되었다. 주어진 화석의 생물이 살았던 시기와 환경만 알고 있다면 보기에 주어진 문제를 모두 풀 수 있었으므로, 매우 쉬운 난도의 문제에 속한다. 표준 화석에 대한 문제는 이렇게 단독으로 출제되기도 하지만, 지층의 생성 순서나 환경을 지시하는 역할로 쓰여 다른 개념과 연계되어 출제될 가능성도 높다. 따라서 각 지질시대를 대표하는 표준 화석의 종류와 그 생물이 살았던 시기/환경은 모두 알아두어야 한다.

그림은 현생 이언 동안의 해수면 높이와 해양 생물 과의 수를 나타낸 것이다.

이에 대한 설명으로 옳은 것만을 〈보기〉에서 있는 대로 고른 것은?

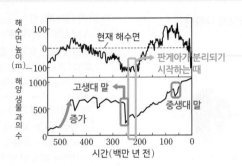

보기

ㄱ. 최초의 다세포 생물은 캄브리아기 전에 출현하였다. → 고생대 → 선캄브리아 시대에 최초로 출현

ㄴ. 중생대 말에 감소한 해양 생물 과의 수는 고생대 말보다 ~~크다.~~ 작다

ㄷ. 판게아가 분리되기 시작했을 때의 해수면은 현재보다 ~~높았다.~~ 낮았다

✔① ㄱ   ② ㄷ   ③ ㄱ, ㄴ   ④ ㄴ, ㄷ   ⑤ ㄱ, ㄴ, ㄷ

|자|료|해|설|

그림은 현생 이언 동안의 해양 생물 과의 수를 나타내므로 선캄브리아 시대가 나타나지는 않지만 최초의 다세포 생물(에디아카라 동물군)은 선캄브리아 시대 말에 등장하였다. 해양 생물 과의 수는 약 5억 년 전 이후로 급증하고, 고생대 말인 약 2.5억 년 전에 급감하였다. 판게아는 고생대 말에 형성되어 중생대 트라이아스기 (약 2.5억 년 전∼2억 년 전)에 분리되기 시작하였다.

|보|기|풀|이|

ㄱ. 정답 : 최초의 다세포 생물은 선캄브리아 시대에 출현하였으므로 고생대 캄브리아기 전에 출현하였다.

ㄴ. 오답 : 중생대 말(약 6600만 년 전)에 감소한 해양 생물 과의 수는 고생대 말보다 작다.

ㄷ. 오답 : 판게아가 분리되기 시작했을 때는 중생대 트라이아스기로 현재보다 해수면이 낮았다.

🤪 **문제풀이 T I P** | 최초의 다세포 생물은 선캄브리아 시대에 출현하였다. 대멸종 중 가장 대규모는 고생대 말에 발생한 페름기 대멸종이다.

😀 **출제분석** | 지질 시대는 생물계의 급격한 변화, 지각 변동, 기후 변동 등을 기준으로 구분한다. 따라서 지질 시대가 바뀌는 구간에서 생물계, 기후, 지각 등에 변화가 잦다. 이러한 내용을 연계한 문항들이 자주 등장하므로 연관지어 정리해 두자.

그림은 현생 누대의 일부를 기 단위로 구분하여 생물의 생존 기간과 번성 정도를 나타낸 것이다. ㉠과 ㉡은 각각 양치식물과 겉씨식물 중 하나이다.

이에 대한 옳은 설명만을 〈보기〉에서 있는 대로 고른 것은? 3점

지질 시대(기)	생물의 생존 기간과 번성 정도
팔레오기	신생대
백악기 A	
쥐라기	중생대
트라이아스기	겉씨식물(중생대 번성)
페름기 B	
석탄기	양치식물(고생대 번성)
데본기	고생대

보기

ㄱ. A 시기는 중생대에 속한다.

ㄴ. ㉠은 겉씨식물이다.

ㄷ. B 시기 말에는 최대 규모의 대멸종이 있었다. → 페름기 말 대멸종

① ㄱ   ② ㄴ   ③ ㄱ, ㄷ   ④ ㄴ, ㄷ   ✔⑤ ㄱ, ㄴ, ㄷ

|자|료|해|설|

데본기, 석탄기, 페름기까지는 고생대이다. 페름기 말에는 최대 규모의 대멸종이 있었다. 고생대에는 무척추동물, 어류, 양치식물 등이 번성하였다. 트라이아스기, 쥐라기, 백악기는 중생대이며, 중생대 말에도 대멸종이 있었다. 중생대에는 공룡을 비롯한 파충류, 겉씨식물 등이 번성하였다. 팔레오기부터는 신생대이다. 신생대에는 속씨식물과 포유류가 번성하였다.

|보|기|풀|이|

ㄱ. 정답 : A 시기는 백악기이므로 중생대이다.

ㄴ. 정답 : 중생대에 번성한 ㉠은 겉씨식물이다.

ㄷ. 정답 : 페름기인 B 시기 말에는 최대 규모의 대멸종이 있었다.

🤪 **문제풀이 T I P** | 고생대: 캄브리아기∼페름기, 삼엽충(무척추동물), 어류, 양치식물 등이 번성함.
중생대: 트라이아스기∼백악기, 공룡(파충류), 겉씨식물 등이 번성함.
신생대: 팔레오기∼제4기, 매머드(포유류), 화폐석, 속씨식물 등이 번성함.

😀 **출제분석** | 고생대와 중생대에 번성한 식물과 페름기 말 대멸종을 묻는 문제이다. 지질 시대의 환경과 생물은 거의 매번 배점이 3점으로 출제되는 중요한 개념이다. 이 문제는 배점에 비해 난이도가 낮은 편이다. 아주 대표적인 생물만을 묻고 있어서 특히 더 쉽다고 체감될 것이다.

표는 지질 시대의 일부를 기 수준으로 구분하여 순서대로 나타낸 것이고, 그림은 서로 다른 표준 화석을 나타낸 것이다.

대	기
고생대 ⓛ	오르도비스기
	A 실루리아기
	데본기
	B 석탄기
	페름기
중생대 ㉠	트라이아스기
	쥐라기
	C 백악기

㉠
암모나이트

ⓛ
삼엽충

이에 대한 설명으로 옳은 것은?

① A는 실루리아기이다.
② B에 파충류가 번성하였다. 출현
③ 판게아는 C에 형성되었다. → 고생대 페름기 말
④ ㉠은 A를 대표하는 표준 화석이다. 중생대
⑤ ㉠과 ⓛ은 육성 생물의 화석이다. 해양

|자|료|해|설|
A는 실루리아기, B는 석탄기, C는 백악기이다. ㉠은 중생대 해양 생물인 암모나이트로 중생대를 대표하는 표준 화석이다. ⓛ은 고생대 해양 생물인 삼엽충으로 고생대를 대표하는 표준 화석이다.

|선|택|지|풀|이|
① 정답 : A는 실루리아기이다.
② 오답 : B는 고생대 석탄기로 파충류가 막 출현한 시기이며 이때 번성하지는 않았다. 파충류는 중생대에 이르러 번성하였다.
③ 오답 : 판게아는 고생대 페름기 말에 형성되었다.
④ 오답 : ㉠은 A(고생대 실루리아기)가 아니라 중생대를 대표하는 표준 화석이다.
⑤ 오답 : ㉠과 ⓛ은 해양 생물의 화석이다.

그림 (가), (나), (다)는 고생대, 중생대, 신생대의 모습을 순서 없이 나타낸 것이다.

매머드
(가) 신생대

삼엽충
(나) 고생대

공룡
(다) 중생대

이에 대한 설명으로 옳은 것만을 〈보기〉에서 있는 대로 고른 것은?

보기
ㄱ. (가) 시대에 판게아가 분리되기 시작하였다. → 중생대
ㄴ. (나) 시대에 양치식물이 번성하였다.
ㄷ. (다) 시대에는 여러 번의 빙하기가 있었다.
전체적으로 온난

① ㄱ ② ㄴ ③ ㄱ, ㄷ ④ ㄴ, ㄷ ⑤ ㄱ, ㄴ, ㄷ

|자|료|해|설|
고생대 기후는 대체로 온난하였고, 오르도비스기 말과 석탄기 말에 빙하기가 있었다. 말기에 대륙들이 합쳐져서 판게아가 형성되었다. 해양 생물이 급격히 증가하였고, 다양한 무척추동물, 어류, 양서류, 파충류가 출현하였다. 중생대 기후는 온난한 기후가 지속되었으며 빙하기가 없었다. 판게아가 분리되면서 생물의 서식 환경이 다양해졌다. 고생대 말의 생물 대량 멸종 이후 다양한 생물들이 출현하였고, 공룡을 비롯한 파충류의 시대가 도래했다. 신생대의 기후는 팔레오기와 네오기에는 온난하였고, 제4기에는 4회의 빙하기와 3회의 간빙기가 있었다.

|보|기|풀|이|
ㄱ. 오답 : (가)에 매머드가 번성한 시기는 신생대이고, 판게아가 분리되기 시작한 때는 중생대이다.
ㄴ. 정답 : (나)에 삼엽충이 번성한 시기는 고생대이므로 양치식물이 번성하였다.
ㄷ. 오답 : (다)에 공룡이 번성한 시기는 중생대이므로 전반적으로 기후가 온난하였다.

😎 **문제풀이 TIP** | 지질 시대의 환경과 각 시대별로 출현/번성/멸종한 생물의 종류를 알고 있다면 쉽게 해결할 수 있다. 고생대 말 형성된 판게아는 중생대에 다시 분리되었고, 중생대 전반적으로 온난한 기후를 띠었다.

😎 **출제분석** | 암기할 부분이 많은 부분이지만, 빈출유형이므로 기억해야 한다. 지문에 나온 삼엽충, 공룡, 매머드는 기본적인 표준화석이므로 반드시 암기하는 것이 좋다.

그림은 현생 누대 동안 생물 과의 멸종 비율과 대멸종이 일어난 시기 A, B, C를 나타낸 것이다.
이에 대한 설명으로 옳은 것만을 〈보기〉에서 있는 대로 고른 것은?

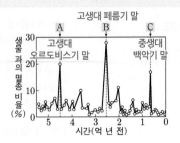

보기

ㄱ. 생물 과의 멸종 비율은 A가 B보다 높다. 낮다.

ㄴ. A와 B 사이에 최초의 양서류가 출현하였다. → 데본기

ㄷ. B와 C 사이에 히말라야 산맥이 형성되었다. → C 이후에 → 신생대

① ㄱ ② ㄴ ③ ㄷ ④ ㄱ, ㄷ ⑤ ㄴ, ㄷ

|자|료|해|설|

A는 고생대 오르도비스기 말, B는 고생대 페름기 말, C는 중생대 백악기 말이다. B 시기의 대멸종은 판게아가 형성되면서 나타났고, 이때 해양 생물군 대부분이 멸종되었다. C 시기의 대멸종은 운석 충돌 및 대규모 화산 폭발에 의해 나타났으며, 이때 공룡과 같은 중생대 대표 생물이 멸종되었다.

|보|기|풀|이|

ㄱ. 오답 : 생물 과의 멸종 비율은 B가 가장 높다.

ㄴ. 정답 : 최초의 양서류는 고생대 데본기에 출현하였다. A는 오르도비스기 말, B는 페름기 말이므로 데본기는 A와 B 사이에 있다.

ㄷ. 오답 : 히말라야 산맥은 신생대에 형성되었으므로 C 이후에 형성되었다.

😮 **문제풀이 TIP** | 페름기 말 대멸종 : 판게아 형성으로 인한 서식지 변화, 화산 폭발과 기온 상승 등이 복합적으로 작용하여 삼엽충을 비롯한 많은 해양 생물군이 대부분 멸종됨.
백악기 말 대멸종 : 운석 충돌과 화산 폭발에 의한 급격한 기후 변화로 인해 나타남. 이 시기에 공룡이 멸종됨.
고생대 : 애팔래치아 산맥, 우랄 산맥 형성
중생대 : 로키 산맥, 안데스 산맥 형성
신생대 : 알프스 산맥, 히말라야 산맥 형성

😀 **출제분석** | 생물의 대멸종은 크게 5개의 대멸종으로 구분할 수 있는데, 보통 이 자료의 B, C 시기 대멸종이 중요하게 다뤄진다. A 시기가 오르도비스기 말이라는 것을 알아야 ㄴ 보기를 판단할 수 있으므로, 이 문제에서는 A가 어떤 시기인지 파악하는 것이 중요하다. ㄱ 보기는 자료만 봐도 판단할 수 있다. 히말라야 산맥의 형성 시기를 묻는 ㄷ 보기는 지질 시대를 다룰 때 자주 등장하는 보기이다.

그림은 현생 이언 동안 생물 과의 멸종 비율과 대멸종 시기 A, B, C를 나타낸 것이다.
이에 대한 설명으로 옳은 것만을 〈보기〉에서 있는 대로 고른 것은?

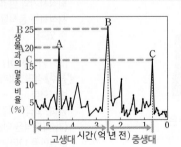

보기

ㄱ. 생물 과의 멸종 비율은 A보다 B 시기에 높다.

ㄴ. B 시기를 경계로 고생대와 중생대가 구분된다.

ㄷ. 방추충은 B 시기에 멸종하였다. → 고생대에서 중생대로 넘어갈 때 멸종

① ㄱ ② ㄷ ③ ㄱ, ㄴ ④ ㄴ, ㄷ ⑤ ㄱ, ㄴ, ㄷ

|자|료|해|설|

생물 과의 급격한 변화를 통해 지질 시대를 구분할 수 있다. A, B, C에서 생물 과의 멸종 비율이 다른 시기에 비해 매우 높다. 특히 B에서 멸종 비율이 가장 크고, 그 다음으로 A, C 순이다. B 시기는 고생대에서 중생대로 넘어가는 시기로 방추충은 이 시기에 멸종하였다.

|보|기|풀|이|

ㄱ. 정답 : 생물 과의 멸종 비율은 B 시기에 가장 높고 그 다음으로 A, C 순이나.

ㄴ. 정답 : B 시기를 경계로 고생대와 중생대가 구분된다.

ㄷ. 오답 : 방추충은 고생대 생물로 고생대에서 중생대로 넘어갈 때 멸종하였다. 따라서 B 시기에 멸종하였다.

😮 **문제풀이 TIP** | 생물 종 수의 급격한 변화로 지질 시대를 구분할 수 있다. 중생대 시기는 약 2.25억 년 전부터 약 0.65억 년 전까지의 시기이다.

😀 **출제분석** | 생물의 멸종과 관련지어 지질 시대를 구분하는 것은 지질 시대를 구분하는 방법 중 가장 자주 출제되는 내용이다. 각 시대에 살았던 대표적인 생물 종을 알아두는 것도 도움이 된다. 어렵게 출제되는 경우는 많지 않으며 도표나 그래프를 해석할 수 있으면 무난하게 해결할 수 있다.

그림은 고생대, 중생대, 신생대의 상대적 길이를 나타낸 것이다.

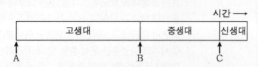

| 고생대 | 중생대 | 신생대 |
시간 →

A　　　　　　　　　B　　　　C

이에 대한 옳은 설명만을 〈보기〉에서 있는 대로 고른 것은?

보기
　→ 고생대 실루리아기
㉠ 최초의 육상 식물은 A 시기 이후에 출현하였다.
ㄴ. B 시기에 삼엽충이 출현하였다. 멸종
㉢ 암모나이트는 C 시기에 멸종하였다.
　↓ 중생대 번성

① ㉠　　　② ㄴ　　　③ ㉠, ㉢　　　④ ㄴ, ㉢　　　⑤ ㉠, ㄴ, ㉢

|자|료|해|설|
최초의 육상 식물은 오존층이 형성됨에 따라 고생대 중기(A 시기 이후)에 출현하였다. 고생대 표준 화석인 삼엽충은 고생대 초기(A 시기)에 출현하였다. 중생대 표준 화석인 암모나이트는 5차 대멸종으로 인해 중생대 말기(C 시기)에 멸종하였다.

|보|기|풀|이|
㉠ 정답 : 최초의 육상 식물은 고생대 중기(오존층 형성 이후)에 출현하였다.
ㄴ. 오답 : 고생대 초기(A 시기)에 삼엽충이 출현하였다.
㉢ 정답 : 암모나이트는 중생대 말에 멸종하였다.

😲 **문제풀이 T I P |** [최초의 출현]
─ 최초의 생명체 → 시생 누대에 출현
─ 최초의 척추동물(어류) → 고생대 오르도비스기에 출현
─ 최초의 육상 식물 → 고생대 실루리아기에 출현
─ 최초의 파충류 → 고생대 석탄기에 출현
─ 겉씨식물 → 고생대 페름기에 출현
─ 속씨식물 → 중생대 백악기에 출현
─ 인류의 조상 → 신생대 제4기에 출현

[표준 화석]
─ 고생대 : 삼엽충, 필석, 갑주어, 방추충
─ 중생대 : 공룡, 암모나이트, 시조새
─ 신생대 : 매머드, 화폐석

😊 **출제분석 |** 2021학년도 수능 '원생 누대에 다세포 생물 출현' 문제 이후로 지질 시대별 출현 생물에 대해서 조금 더 꼼꼼하게 암기해야 한다. 최초의 육상 식물은 오존층 생성 이후임을 함께 기억하자.

다음은 화석에 대한 수업 장면을 나타낸 것이다.

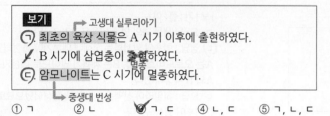

두 화석의 특징에 대해 발표해 볼까요?

〔탐구 활동〕 화석의 특징 알아보기

(가) 화폐석　　　(나) 고사리
신생대~바다　　　고생대~현재~습지
표준화석　　　시상화석

발표한 내용이 옳은 학생만을 〈보기〉에서 있는 대로 고른 것은?

보기
철수: (가)는 신생대에 번성했어요.
영희: (나)는 지질 시대를 구분할 때 주로 이용해요. 시상화석 → 환경만을 지시
민수: (가)와 (나)는 육지 환경에서 서식했던 생물이에요. 고사리만

① 철수　　　② 영희　　　③ 철수, 민수
④ 영희, 민수　　　⑤ 철수, 영희, 민수

|자|료|해|설|
화폐석은 신생대의 표준화석이고, 고사리는 고생대부터 현재까지 생존하는 시상화석이다. 표준화석은 특정시기에만 살았던 동식물 등의 화석으로 발견된 지층의 퇴적시기와 환경을 알 수 있고, 시상화석은 특정 환경에만 서식하는 동식물 등의 화석으로 지층의 퇴적 환경만을 알 수 있다.

|보|기|풀|이|
철수 정답 : 화폐석은 신생대의 표준 화석으로 신생대에 번성했다.
영희. 오답 : 지질 시대를 구분할 때는 표준화석인 (가)화폐석을 이용한다. (나)고사리는 시상화석으로 환경만을 나타낸다.
민수. 오답 : (나)고사리만 육지 환경에서 서식했고, (가)화폐석은 바다에서 서식했다.

😲 **문제풀이 T I P |** 표준화석과 시상화석을 구분할 수 있는지, 어느 시대의 표준화석인지, 어느 환경의 시상화석인지에 대해서 물어본 문제이다. 지질 시대의 흐름을 따라가면서 고생대, 중생대, 신생대의 대표적인 표준화석과 그 시대에 어떤 생물들이 번성하고 멸종했는지에 대해서 표로 정리해 꼭 암기하자. 시상화석의 대표적인 예는 산호, 고사리, 나무의 나이테 등이 있다. 육지 환경에서 서식했던 생물들은 매머드와 공룡이 있다.

😊 **출제분석 |** 화석에 대한 기본적인 개념을 묻고 있는 문제로 난도는 '하'이다.

그림은 지질 시대 동안 일어난 주요 사건을 나타낸 것이다.

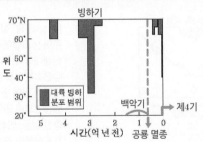

이에 대한 설명으로 옳은 것은? **3점**

① 최초의 다세포 생물이 출현한 지질 시대는 ⓛ이다. ← 남세균
② 생물의 광합성이 최초로 일어난 지질 시대는 ⓛ이다. ㉠
✔③ 최초의 육상 식물이 출현한 지질 시대는 ⓒ이다.
④ 빙하기가 없었던 지질 시대는 ㉠이다. → 중생대(㉣의 일부)
⑤ 방추충이 번성한 지질 시대는 ㉣이다. ㉢

🦉 **문제풀이 TIP** | 시생 누대와 원생 누대의 순서는 시작이 먼저라고 암기하면 쉽다.
고생대 : 삼엽충, 방추충, 필석 번성＋최초의 육상식물 출현(오존층 형성), 양치식물 번성
중생대 : 공룡, 암모나이트, 겉씨식물 번성
신생대 : 화폐석, 속씨식물 번성

😀 **출제분석** | 시생 누대와 원생 누대는 지질 시대 중에서 자주 출제되지 않는 개념이다. 생소한 만큼 출제가 된다면 배점이 3점인 경우가 많다. 지질 시대의 환경과 생물은 수능은 물론 학평, 모평에서도 빠지지 않고 출제되는 개념이다. 외워야 하는 양이 많아서 겁을 먹고 포기하는 학생들도 많지만, 의외로 고생대만 잘 외우면 중생대와 신생대는 양이 적다. 고득점을 노리는 학생은 꼭 정리해 두어야 한다.

|자|료|해|설|
남세균이 출현하고, 진핵세포가 출현한 ㉠ 시기는 생명이 시작한 시생 누대이다. 대기 중 산소가 축적되고, 삼엽충이 출현하기 이전인 ⓛ 시기는 원생 누대이다. 삼엽충이 출현한 ㉢ 시기는 고생대, 공룡이 출현하고 현재에 이르는 ㉣ 시기는 중생대~신생대이다.
시생 누대인 ㉠ 시기의 대표적인 화석은 스트로마톨라이트이다. 이후 ⓛ 시기에 최초의 다세포 생물이 출현하며 에디아카라 동물군 화석이 만들어졌다. ㉢ 시기에는 오존층이 형성되며 최초의 육상식물인 쿡소니아가 등장하였고, ㉣ 시기에는 공룡이 번성하고, 인류의 조상이 출현하였다.

|선|택|지|풀|이|
① 오답 : 최초의 다세포 생물이 출현한 지질 시대는 원생 누대인 ⓛ이다.
② 오답 : 생물의 광합성이 최초로 일어난 지질 시대는 시생 누대인 ㉠이다.
③ 정답 : 최초의 육상 식물은 고생대에 출현하였다.
④ 오답 : 빙하기가 없었던 지질 시대는 ㉣의 일부인 중생대이며, ㉠~㉢ 중에는 없다.
⑤ 오답 : 방추충은 고생대인 ㉢ 시기에 번성하였다.

그림은 현생 누대에 북반구에서 대륙 빙하가 분포한 범위를 나타낸 것이다.

이 자료에 대한 옳은 설명만을 〈보기〉에서 있는 대로 고른 것은?

빙하기
70°N
60°
위 50°
도 40°
30°
20°
대륙 빙하 분포 범위
백악기
→ 제4기
5　4　3　2　1　0
시간(억 년 전)　공룡 멸종

보기
→ 중생대 말
ㄱ. 지구의 평균 기온은 3억 년 전이 2억 년 전보다 ~~높았다.~~ 낮았다.
ㄴ. 공룡이 멸종한 시기에 35°N에는 대륙 빙하가 ~~분포하였다.~~ 분포하지 않았다.
ㄷ. 평균 해수면의 높이는 백악기가 제4기보다 높았다.

①ㄱ　✔②ㄷ　③ㄱ,ㄴ　④ㄴ,ㄷ　⑤ㄱ,ㄴ,ㄷ

|자|료|해|설|
평균 기온이 낮은 빙하기에는 대륙 빙하의 분포 범위가 늘어난다. 따라서 대륙 빙하의 분포 범위가 가장 넓은 3억 년 전에 지구의 평균 기온이 매우 낮았음을 알 수 있다. 지구의 평균 기온이 높아질수록 평균 해수면의 높이 또한 증가한다.

|보|기|풀|이|
ㄱ. 오답 : 3억 년 전에는 대륙 빙하의 분포 범위가 가장 넓었으므로 지구의 평균 기온이 2억 년 전보다 낮았다.
ㄴ. 오답 : 공룡은 중생대 말인 약 6600만 년 전에 멸종했다. 이 시기에는 35°N에 대륙 빙하가 분포하지 않았다.
ㄷ. 정답 : 백악기에는 20°~70°N의 전 범위에 대륙 빙하가 존재하지 않았지만, 제4기에는 중위도 정도까지 대륙 빙하가 분포한 것으로 보아 지구의 평균 기온은 백악기일 때 더 높았고, 이에 따라 평균 해수면의 높이 또한 백악기가 제4기보다 높았다.

🦉 **문제풀이 TIP** | 자료 해석을 통해 시기별 지구의 평균 기온을 유추할 수 있어야 하며, 고생대와 중생대, 신생대의 기간 및 생물 대멸종 등의 주요 사건이 발생한 시기를 숙지하고 있어야 해결할 수 있는 문제이다. 기본적인 내용을 암기하고 있지 않으면 유추해서 풀기가 쉽지 않기 때문에 이 단원을 처음 공부할 때는 암기량의 부담이 있는 편이다. 문제를 반복해서 풀며 빈출 개념을 익혀두는 것이 좋다.

😀 **출제분석** | 지질 시대에 관한 문제는 매년 출제되는 유형이며 자료에 따라 기후, 생물, 화석 등 초점을 맞추는 세부적인 주제는 달라지지만, 고생대, 중생대, 신생대의 시기 및 주요 화석과 기후 등 암기하고 있어야 하는 부분은 대부분 같다. 자료와 보기가 비교적 평이한 문제였다.

그림은 인접한 세 지역 (가), (나), (다)의 지질 주상도와 지층에서
산출된 화석을 나타낸 것이다.

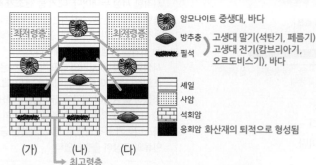

암모나이트 중생대, 바다
방추충 　고생대 말기(석탄기, 페름기)
필석 　　고생대 전기(캄브리아기,
　　　　　 오르도비스기), 바다

셰일
사암
석회암
응회암 화산재의 퇴적으로 형성됨

(가)　(나)　(다)
최고령층

이에 대한 설명으로 옳은 것만을 〈보기〉에서 있는 대로 고른 것은?

③점

보기

ㄱ. 세 지역은 모두 화산 활동의 영향을 받았다. 응회암

ㄴ. 최상층과 최하층의 시간 간격은 (가)보다 (나)에서 ~~길다.~~ 짧다

ㄷ. (다)에는 고생대 지층이 있다. 방추충

① ㄱ　　② ㄴ　　✓③ ㄱ, ㄷ　　④ ㄴ, ㄷ　　⑤ ㄱ, ㄴ, ㄷ

|자|료|해|설|
지층의 대비는 여러 지역에 분포하는 지층들을
서로 비교하여 생성 시대의 동일성이나 퇴적 순서를
밝히는 것으로, 암상과 산출되는 화석 등을 이용한다.
응회암층이나 석탄층은 건층(열쇠층)으로 지층의 대비에
기준이 되는 지층이다. 표준 화석은 퇴적층의 퇴적 시기를
지시해 주는 화석이다. 암모나이트는 중생대의 표준
화석이며, 해양생물이다. 방추충은 고생대 말, 필석은
고생대 전기의 표준 화석이다.

|보|기|풀|이|
ㄱ. 정답 : 세 지역 모두 화산 폭발 시 분출된 화산재가 쌓여
형성된 응회암층이 있다.

ㄴ. 오답 : (가)와 (나)에서 가장 오래된 지층은 필석 화석
(고생대 전기)이 산출된 석회암층이며 가장 최근 지층은
사암층이므로 최상층과 최하층의 시간 간격은 (가)보다
(나)에서 짧다.

ㄷ. 정답 : (다)에는 고생대 표준 화석인 방추충 화석이
산출된다.

😮 **문제풀이 TIP |** 우선 건층인 응회암층을 다 이어준다. 응회암층 밑에 있는 (가)와 (나)의 석회암층에는 필석 화석이 있으므로 지층이 퇴적된 시기가 고생대 전기임을 알 수 있다.
다음으로 (나)와 (다)에 있는 셰일 층에 방추충 화석이 있으므로 고생대 후기임을 알 수 있다. 응회암층 위에 있는 셰일층에는 암모나이트가 있으므로 중생대임을 알 수 있다. 응회암층을
기준으로 그 밑에 있는 석회암층이 최고령층, 암모나이트 화석이 있는 셰일 층의 위부분이 최저령층이다.

그림은 현생 이언 동안
해양 생물 과의 수 변화와
대멸종 시기 ㉠, ㉡, ㉢을
나타낸 것이다.
이에 대한 설명으로 옳은
것만을 〈보기〉에서 있는
대로 고른 것은?

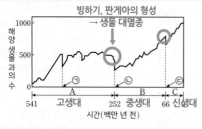

빙하기, 판게아의 형성
→ 생물 대멸종

해양 생물의 과의 수

541　　고생대　　252　중생대　66 신생대
시간(백만 년 전)

보기

→ 고생대 말에 출현, 중생대에 번성

ㄱ. 해양 생물 과의 수는 A 시기 말보다 B 시기 말이 많다.

ㄴ. ~~A~~ 시기 육지에는 최초의 겉씨식물이 출현하였다.

ㄷ. 판게아의 형성으로 인한 대멸종 시기는 ㉠~㉢ 중 ㉡이다.

① ㄱ　　② ㄴ　　✓③ ㄱ, ㄷ　　④ ㄴ, ㄷ　　⑤ ㄱ, ㄴ, ㄷ

|자|료|해|설|
주어진 그림에서 A는 고생대, B는 중생대, C는
신생대이다.
㉡은 3차 대멸종 시기로 약 2억 5천 2백만 년 전 고생대
페름기 말에 일어났다. 유공충, 삼엽충, 필석류, 산호 등이
멸종했으며 원인에 대한 가설에는 거대 운석 충돌, 대규모
화산 활동, 빙하기, 판게아의 형성 등이 있다.
겉씨식물의 경우 고생대 말에 출현하여 중생대에
번성하였다.

|보|기|풀|이|
ㄱ. 정답 : 그래프를 보면 해양 생물의 과의 수는 B시기
말이 A시기 말보다 많다.

ㄴ. 오답 : 최초의 겉씨식물이 출현한 시기는 고생대인
A시기이다. 고생대 말 판게아의 형성으로 대륙의 중앙부
기온이 급격히 떨어졌고, 식물들이 이를 견디기 위해
껍질로 둘러싸인 종자식물로 살아남기 시작했다. 중생대에
이르러서 비교적 날씨가 따뜻해지면서 겉씨식물이
번성했다.

ㄷ. 정답 : 판게아의 형성으로 인한 대멸종이 있었던 시기는
고생대 말인 ㉡이다.

😮 **문제풀이 TIP |** 5차 대멸종의 경우는 그래프에서 어느 시기를 가리키는지까지 암기해야 한다.
해양 생물의 수가 가장 급격하게 감소한 것은 고생대 페름기 말─중생대 트라이아스기 초이고 그 이유는
빙하기와 판게아의 형성이다.

😊 **출제분석 |** 그래프에 시간이 주어졌기 때문에 그래프 해석은 쉽다. 보기 ㄱ의 경우 그래프만 보고 해결할
수 있고, 보기 ㄴ과 ㄷ은 암기로 해결해야 한다. 난도는 '중'에 해당한다.

그림은 세 지역 A, B, C의 지질 단면과 지층에서 산출되는 화석을 나타낸 것이다.

이에 대한 설명으로 옳은 것만을 〈보기〉에서 있는 대로 고른 것은? (단, 세 지역 모두 지층의 역전은 없었다.)

> **보기**
>
> ➡ 중생대 이후에 생성
> ㄱ. 가장 최근에 생성된 지층은 응회암층이다.
> ㄴ. B 지역의 이암층은 중생대에 생성되었다.
>   고생대나 그 이전에 퇴적
> ㄷ. 세 지역의 모든 지층은 바다에서 생성되었다.
> ➡ C의 중생대 지층은 육지에서

① ㄱ   ② ㄷ   ③ ㄱ, ㄴ   ④ ㄴ, ㄷ   ⑤ ㄱ, ㄴ, ㄷ

|자|료|해|설|

방추충과 삼엽충은 고생대 해성층에서 발견되는 화석이고, 공룡 발자국은 중생대 육성층에서 발견되는 화석이다. 따라서 A의 셰일, 이암, 석회암 지층은 고생대 해성층이다. A의 가장 아래에 위치한 석회암은 고생대나 선캄브리아 시대에 퇴적된 지층이다. B의 셰일층에서 삼엽충이 산출되므로 이는 고생대에, 그 밑의 이암, 석회암 지층은 고생대나 그 이전에 퇴적된 지층이다. C의 셰일층은 고생대 해성층이고, 이암층은 중생대 육성층이다. 따라서 그 위의 응회암층은 중생대나 그 이후에 퇴적된 지층이다.

|보|기|풀|이|

ㄱ. 정답 : 가장 최근에 생성된 지층은 중생대 이후에 생성된 응회암층이다.

ㄴ. 오답 : B 지역의 이암층은 고생대나 그 이전에 생성되었다.

ㄷ. 오답 : C의 이암층이 육성층이므로, 모든 지층이 바다에서 생성되었다는 말은 틀리다.

😮 문제풀이 T I P | 식물이나 공룡 발자국 화석이 나오면 육성층이다. 이외의 삼엽충, 방추충, 필석, 암모나이트, 화폐석 등은 모두 해성층이다.

😊 출제분석 | 지질 시대의 화석은 시험마다 자주 출제되고, 드물긴 하지만 이번 시험처럼 2문제 출제되는 경우도 있다. 이 문제에서는 지층 대비와 함께 육성층, 해성층까지 구분해야 한다는 점이 까다로웠으나, 대표적인 화석만 나와서 문제가 어려운 편은 아니었다.

그림 (가)는 현생 이언 동안 완족류와 삼엽충의 과의 수 변화를, (나)는 현생 이언 동안 생물 과의 멸종 비율을 나타낸 것이다. A와 B는 각각 완족류와 삼엽충 중 하나이다.

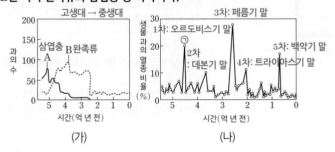

(가)   (나)

이에 대한 설명으로 옳은 것만을 〈보기〉에서 있는 대로 고른 것은?

> **보기**
>
> ㄱ. (가)에서 A는 삼엽충이다.
> ㄴ. (나)에서 ㉠시기에 갑주어가 멸종하였다. 데본기 말
> ㄷ. B의 과의 수는 공룡이 멸종한 시기에 가장 많이 감소하였다.

① ㄱ   ② ㄷ   ③ ㄱ, ㄴ   ④ ㄴ, ㄷ   ⑤ ㄱ, ㄴ, ㄷ

|자|료|해|설|

삼엽충은 고생대 표준화석으로 고생대 말에 모두 멸종하였다. 그에 반해 완족류는 현재까지도 생존하고 있는 생물이다. 따라서 A는 삼엽충, B는 완족류이다. 고생대에서 신생대까지 총 5번의 생물 대멸종이 있었다. 1차는 오르도비스기 말, 2차는 데본기 말, 3차는 페름기말, 4차는 트라이아스기 말, 5차는 백악기 말이다. 따라서 ㉠은 약 4.5억 년 전 오르도비스기 말의 대멸종을 나타낸다.

|보|기|풀|이|

ㄱ. 정답 : (가)에서 A는 고생대의 표준화석으로 고생대 말에 멸종한 삼엽충이다.

ㄴ. 오답 : (나)에서 ㉠시기는 오르도비스기 말에 해당하며, 갑주어는 데본기 때 번성했다가 데본기 말 무렵에 멸종하였다.

ㄷ. 오답 : B(완족류)의 과의 수는 고생대 말에 가장 많이 감소하였고, 공룡은 중생대 백악기 말에 멸종하였다.

😮 문제풀이 T I P | 완족류는 현재까지도 살고 있음을 통해, A와 B를 구분한다. 고생대, 중생대, 신생대가 각각 5억 4천만 년 전~2억 5천만 년 전~6천6백만 년 전임을 기억하고 각각의 시대에 어떤 생물이 번성했고 멸종했는지를 잘 정리해놓도록 하자.

😊 출제분석 | 자료해석이 어렵지 않아 암기를 잘 해두면 쉽게 풀 수 있어 난도는 '중'이다.

그림 (가)는 지질 시대의 평균 기온 변화를, (나)는 암모나이트 화석을 나타낸 것이다.

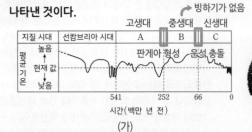

빙하기가 없음 → 중생대, 바다 서식

(가)　　　　　　　　　　　　　　　　(나)

이에 대한 설명으로 옳은 것만을 <보기>에서 있는 대로 고른 것은?

> **보기**
> ㄱ. A 시기 말에는 판게아가 형성되었다.
> ㄴ. B 시기는 현재보다 대체로 온난하였다.
> ㄷ. (나)는 C 시기의 표준 화석이다.
>   　　　　B

① ㄱ　　② ㄷ　　✓③ ㄱ, ㄴ　　④ ㄴ, ㄷ　　⑤ ㄱ, ㄴ, ㄷ

|자|료|해|설|

암모나이트는 중생대에 바다에서 번성한 생물이다. (가)의 A는 고생대로, 고생대 말에 판게아가 형성되며 대멸종이 일어났다. B는 중생대로, 말기에 운석 충돌로 인한 기후 및 환경 변화로 대멸종이 일어났다. 중생대에는 빙하기가 없이 온난하여 생물들의 크기가 컸다. C는 신생대로, 화폐석이 번성하였다.

|보|기|풀|이|

ㄱ. 정답 : 고생대 말에는 판게아가 형성되었다.

ㄴ. 정답 : 중생대에는 빙하기가 없어서 현재보다 대체로 온난하였다.

ㄷ. 오답 : (나)는 B 시기의 표준 화석이다.

😀 **문제풀이 TIP** | 고생대 말에 판게아가 형성되었고, 중생대 말에 운석 충돌로 대멸종이 일어났다고 외우기보다는, 시대를 구분하는 기준이 대멸종인데, 첫 번째 시대(고생대)는 판게아가 만들어지면서 대멸종이 일어났고, 두 번째 대멸종은 운석 충돌로 인한 것이라고 생각하는 것이 시기와 대멸종, 사건을 연결하기 쉽다.

😀 **출제분석** | 지질 시대의 환경과 생물은 시험마다 빠지지 않고 꼭 나오는 개념이다. 보통은 배점이 3점으로 출제되는데, 이 문제는 배점이 2점인 만큼 상대적으로 쉽다. 고생대, 중생대, 신생대의 대표적인 특징을 하나씩만 알고 있으면 풀 수 있는 문제이다. 수능에서는 절대 연령과 함께 출제되거나, 더 복잡한 보기가 출제된다.

다음은 지질 시대의 특징에 대하여 학생 A, B, C가 나눈 대화를 나타낸 것이다. (가), (나), (다)는 각각 고생대, 중생대, 신생대 중 하나이다.

지질 시대	특징
중생대 (가)	· 판게아가 분리되기 시작하였다. · 파충류가 번성하였다. ← 공룡
신생대 (나)	· 히말라야 산맥이 형성되었다. · 속씨식물이 번성하였다.
고생대 (다)	· 육상에 식물이 출현하였다. · 삼엽충이 번성하였다. → 양치식물(쿡소니아)

(가)의 지층에서는 공룡 화석이 발견될 수 있어. ── 학생 A

(나)는 중생대야. 신 ── 학생 B

(다)에는 매머드가 번성하였어. → 신생대 ── 학생 C

제시한 내용이 옳은 학생만을 있는 대로 고른 것은?

✓① A　　② B　　③ C　　④ A, B　　⑤ A, C

|자|료|해|설|

(가) 시대에는 판게아가 분리되고, 파충류가 번성하였다. 이때 파충류는 대표적으로 공룡을 의미한다. 또한, 고생대 말에 판게아가 형성되었으므로 판게아의 분리는 그 다음 중생대 시대에 일어난다. 따라서 (가)는 중생대이다.

(나) 시대에는 히말라야 산맥이 형성되었고, 속씨식물이 번성하였으므로 신생대이다.

(다) 시대에는 삼엽충이 번성하고 육상에 식물이 출현하였다. 이는 오존층이 형성되어 나타난 변화이므로 (다) 시대는 고생대이다.

|보|기|풀|이|

학생 A. 정답 : 중생대인 (가)의 지층에서는 공룡 화석이 발견될 수 있다.

학생 B. 오답 : (나)는 고생대가 아닌 신생대이다.

학생 C. 오답 : 매머드는 신생대인 (나)에서 번성하였다.

😀 **문제풀이 TIP** | 생물의 출현 시기와 번성 시기를 잘 구분해서 암기하는 것이 중요하다.
고생대: 무척추동물, 척추동물(어류), 양치식물
중생대: 파충류 (출현은 고생대), 겉씨식물 번성 (출현은 고생대)
신생대: 포유류 (출현은 중생대), 속씨식물 번성 (출현은 중생대)
또한, 중생대에는 안데스 산맥과 로키 산맥이, 신생대에는 알프스─히말라야 산맥이 만들어졌다는 것을 구분해야 한다.

😀 **출제분석** | 지질 시대의 환경과 생물은 '기' 단위로 자세히 묻는 경우보다 이 문제처럼 '대' 단위로 묻는 경우가 많다. 보통은 배점이 3점인 문제가 많이 출제되지만, 이 문제의 경우 시대별로 대표적인 내용 2개씩 제시하여 어렵지 않은 만큼 배점도 2점이다. 생물도 삼엽충, 공룡, 매머드 등으로 매우 대표적인 예시이다. 다만 히말라야 산맥과 안데스 산맥, 로키 산맥을 헷갈릴 수 있다는 점에 주의해야 한다.

24 화석

그림 (가)는 어느 지역의 지질 단면도와 지층군 A와 C에서 산출되는 화석을, (나)는 (가)에서 화석으로 산출되는 생물의 생존 기간을 나타낸 것이다. 이 지역은 지층의 역전이 없었고, 지층군 A와 C는 각각 ㉠과 ㉡ 중 어느 하나의 시기에 형성된 것이다.

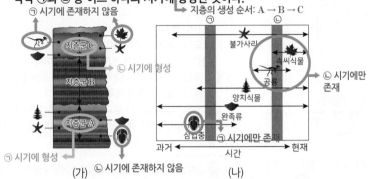

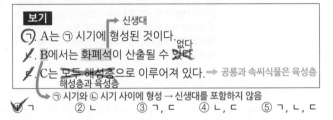

지층군 A, B, C에 대한 설명으로 옳은 것만을 〈보기〉에서 있는 대로 고른 것은? 3점

보기
㉠ A는 ㉠ 시기에 형성된 것이다. → 신생대
ㄴ. B에서는 화폐석이 산출될 수 있다. → 없다
ㄷ. C는 모두 해성층으로 이루어져 있다. → 공룡과 속씨식물은 육성층
→ 해성층과 육성층
→ ㉠ 시기와 ㉡ 시기 사이 형성 → 신생대를 포함하지 않음

✓① ㄱ ② ㄴ ③ ㄱ, ㄷ ④ ㄴ, ㄷ ⑤ ㄱ, ㄴ, ㄷ

|자|료|해|설|
지층군 A에서 발견된 화석은 양치식물, 불가사리, 완족류, 삼엽충이다. 이 네 가지 생물이 모두 존재한 시기는 양치식물이 존재하기 시작한 시점부터 삼엽충의 마지막 생존 시기까지이다. 따라서 ㉠ 시기를 포함한다.
지층군 C에서는 공룡, 완족류, 속씨식물, 불가사리 화석이 발견된다. 이 네 가지 생물이 모두 존재한 시기는 속씨식물이 존재하기 시작한 시점부터 공룡의 마지막 생존 시기까지이다. 따라서 ㉡ 시기를 포함한다.

|보|기|풀|이|
㉠ 정답 : 지층군 A에서는 양치식물, 불가사리, 완족류, 삼엽충 화석이 발견되는데 ㉠ 시기에 이 네 가지 생물이 모두 생존하였다. 따라서 A는 ㉠ 시기에 형성된 것이다.
ㄴ. 오답 : 지층군 B는 지층군 C보다는 먼저, 지층군 A보다는 나중에 형성되었다. C는 공룡이 존재했던 중생대 시기의 지층이다. A는 삼엽충이 존재했던 고생대 시기의 지층이다. 화폐석은 신생대 생물로 고생대~중생대 시기의 지층에 존재할 수 없다. 따라서 B에서는 화폐석이 산출될 수 없다.
ㄷ. 오답 : C에서는 육성층에 존재하는 공룡, 속씨식물의 화석과 해성층에 존재하는 완족류, 불가사리의 화석이 발견되었다. 따라서 C는 해성층과 육성층으로 이루어져 있다.

---

25 화석

그림은 어느 지역의 지질 단면도와 지층에서 산출되는 화석의 범위를 나타낸 것이다.

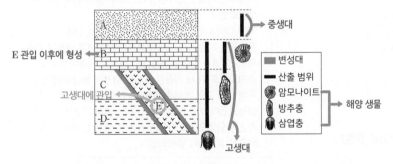

이에 대한 설명으로 옳은 것만을 〈보기〉에서 있는 대로 고른 것은?
 3점

보기
㉠ A~D는 해양 환경에서 퇴적된 지층이다. → 고생대 → 신생대
ㄴ. E가 관입한 시대에 속씨식물이 번성하였다. 하지 않았다
ㄷ. A~D를 2개의 지질 시대로 구분할 때 가장 적합한 위치는 B와 C의 경계이다.
A와 B

✓① ㄱ ② ㄴ ③ ㄱ, ㄷ ④ ㄴ, ㄷ ⑤ ㄱ, ㄴ, ㄷ

|자|료|해|설|
삼엽충은 고생대 생물로 B, C, D에서 산출된다. 따라서 B, C, D는 고생대 해양 환경에서 퇴적된 지층이다. A에서는 중생대 생물인 암모나이트가 산출되므로 A는 중생대 해양 환경에서 퇴적된 지층이다. C, D 위로 E가 관입하였고 B가 그 위에 퇴적되었으므로 E 관입 후에 B가 형성되었다. 따라서 E 또한 고생대 시대에 관입하였음을 알 수 있다.

|보|기|풀|이|
㉠ 정답 : A~D에서 해양 생물인 삼엽충, 방추충, 암모나이트 화석이 산출되었으므로 A~D는 해양 환경에서 퇴적된 지층이다.
ㄴ. 오답 : E는 C, D 생성 이후, B 생성 이전에 관입하였다. C, D는 삼엽충이 산출되는 고생대 지층, B는 삼엽충과 방추충이 산출되는 고생대 지층이므로 E도 고생대에 형성되었다. 속씨식물은 신생대에 번성하였으므로 E가 관입한 시대에 속씨식물은 번성하지 않았다.
ㄷ. 오답 : A~D는 모두 고생대 또는 중생대에 형성된 지층으로 2개의 지질 시대로 구분하려면 고생대와 중생대로 구분하면 된다. 고생대 화석이 산출되는 B, C, D와 중생대 화석이 산출되는 A로 구분하면 지질 시대가 구분된다. 따라서 A와 B의 경계가 가장 적합한 위치이다.

 문제풀이 TIP | 삼엽충과 방추충은 고생대, 암모나이트는 중생대, 속씨식물은 신생대 생물이다.

출제분석 | 지질 단면도와 화석을 연결하여 지질 시대를 묻는 문항이다. 3점 문항이지만 자료에서 모든 보기를 빠르게 해결할 수 있는, 어렵지 않은 난도이다. 만일 이 문항에서 고생대와 중생대를 구분하지 못했다면 정답을 맞히기 힘들다.

그림 (가)는 현생 누대 동안 대륙 수의 변화를, (나)는 서로 다른 시기의 대륙 분포를 나타낸 것이다. A, B, C는 각각 ㉠, ㉡, ㉢ 시기의 대륙 분포 중 하나이다.

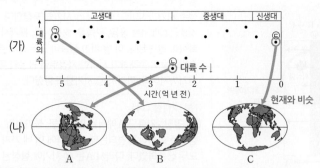

이에 대한 설명으로 옳은 것만을 〈보기〉에서 있는 대로 고른 것은?

(3점)

보기

→ 고생대 석탄기(최초의 파충류) cf.수생 양서류는 데본기에 최초 출현

ㄱ. ㉠ 시기에 최초의 육상 척추동물이 출현하였다.

ㄴ. ㉡ 시기의 대륙 분포는 A이다.

ㄷ. 해안선의 길이는 ㉡보다 ㉢ 시기에 길었다.

→ 대륙의 수↑ → 표면적 ↑(=해안선 길이 ↑)

① ㄱ   ② ㄷ   ③ ㄱ, ㄷ   ✓④ ㄴ, ㄷ   ⑤ ㄱ, ㄴ, ㄷ

|자|료|해|설|

고생대 말 판게아가 형성되어 대륙의 수가 줄어든 ㉡ 시기는 A의 대륙 분포이고 신생대 말 대륙의 수가 증가하면서 현재와 같은 대륙 분포를 보이는 ㉢ 시기는 C의 대륙 분포이다.

|보|기|풀|이|

ㄱ. 오답 : 최초의 육상 척추동물은 석탄기에 최초로 출현했다. ㉠은 고생대 전기이므로 오답이다.

ㄴ. 정답 : ㉡ 시기에는 대륙의 수가 적고 고생대 말이므로 판게아가 형성된 A의 대륙 분포이다.

ㄷ. 정답 : 대륙의 수가 많으면 표면적이 넓어지고 해안선의 길이가 길어지므로 해안선의 길이는 ㉡보다 ㉢ 시기에 길었다.

😮 **문제풀이 TIP** | 고생대 말 형성된 판게아가 하나의 거대한 '초대륙'이라는 점을 인지한다면 대륙의 수가 상대적으로 적다는 것을 충분히 유추할 수 있다. 척추동물은 어류 → 양서류 → 파충류 → 조류와 포유류로 진화했다.

😮 **출제분석** | (나)의 대륙 분포를 나타낸 그림은 빈출 그림이지만 (가)의 대륙 수의 변화를 나타낸 그래프와 연결하는 것은 신 유형이라 다소 높은 난이도로 책정되었다. 또 ㄱ에서 최초의 육상동물의 출현과 번성 시기를 구분해야 하기 때문에 암기하지 않았다면 어려웠을 문항이다.

그림 (가)는 지질 시대 Ⅰ ~ Ⅴ에 생존했던 생물의 화석 a ~ d를, (나)는 세 지역 ㉠, ㉡, ㉢의 각 지층에서 산출되는 화석을 나타낸 것이다. Ⅰ ~ Ⅴ는 오래된 지질 시대 순이다.

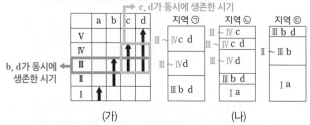

이에 대한 설명으로 옳은 것만을 〈보기〉에서 있는 대로 고른 것은? (단, 지층은 역전되지 않았다.)

보기

→ a가 산출된 지층 ㉡, ㉢

ㄱ. 가장 오래된 지층은 지역 ㉠에 분포한다.

ㄴ. 세 지역 모두 Ⅲ시대에 생성된 지층이 존재한다. → b, d가 동시에 산출되는 지층으로 확인

ㄷ. 지역 ㉡에서는 Ⅴ시대에 살았던 d가 산출된다. → Ⅲ 또는 Ⅳ

① ㄱ   ✓② ㄴ   ③ ㄱ, ㄷ   ④ ㄴ, ㄷ   ⑤ ㄱ, ㄴ, ㄷ

|자|료|해|설|

지역 ㉠의 가장 아래층에는 b, d가 산출되었다. 따라서 맨 아래층은 Ⅲ시기에 생성되었다. 가운데 층은 d만 산출되고 가장 위층에서 c, d가 산출되므로 두 층은 Ⅴ시기 이전에 생성되었다.

지역 ㉡의 a가 산출되는 지층은 Ⅰ시기에, b와 d가 산출되는 지층은 Ⅲ시기에 생성되었다. d가 산출된 지층 위로 c와 d가 산출된 지층, c만 산출된 지층이 차례로 존재하므로 위 세 지층은 Ⅴ시기 이전에 형성되었다.

지역 ㉢의 가장 아래층에는 a가 산출되므로 Ⅰ시기에 생성되었다. 가운데 층에서는 b만, 가장 위층에서 b, d가 산출되었으므로 가운데 층은 Ⅱ 또는 Ⅲ시기에, 가장 위층은 Ⅲ시기에 형성되었다.

|보|기|풀|이|

ㄱ. 오답 : ㉠에서 가장 오래된 지층은 b, d가 산출된 층으로 Ⅲ시기에 생성되었다. 지역 ㉡과 ㉢에서 Ⅰ시기에 생존했던 a가 산출되므로 가장 오래된 지층은 지역 ㉡과 ㉢에 있다.

ㄴ. 정답 : 세 지역 모두 b, d가 산출된 지층이 있는데 b, d가 동시에 산출될 수 있는 시대는 Ⅲ시대 뿐이므로 세 지역 모두 Ⅲ시대에 생성된 지층이 존재한다.

ㄷ. 오답 : 지역 ㉡의 가장 위 지층에서 c가 산출된다. c는 Ⅳ시기까지만 생존하였고 지층은 역전되지 않았으므로 Ⅴ시대에 살았던 d가 산출될 수 없다.

😮 **문제풀이 TIP** | 여러 시대에 걸쳐 생존한 생물의 화석은 주변에 같이 산출되는 화석을 통해 생성 시기를 유추할 수 있다.

😮 **출제분석** | 지질 단면도를 이용하여 출제하는 문제는 주로 지층의 단면을 비교하고 부수적으로 화석 정보를 이용하는 경우가 많이 출제된다. 이 문제와 같이 오로지 화석만으로 지질 시대를 유추하는 문제는 잘 나오지 않는데 흔히 출제되는 유형과 달라 조금 낯설 뿐 풀이 과정은 동일하다.

그림은 남극 빙하 연구를 통해 알아낸 과거 40만 년 동안의 해수면 높이, 기온 편차(당시 기온－현재 기온), 대기 중 CO_2 농도 변화를 나타낸 것이다.

A와 B 시기에 대한 설명으로 옳은 것만을 〈보기〉에서 있는 대로 고른 것은?

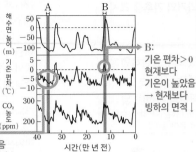

B: 기온 편차＞0 현재보다 기온이 높았음 → 현재보다 빙하의 면적↓

A: 기온 편차＜0 현재보다 기온이 낮았음 → 현재보다 빙하의 면적↑

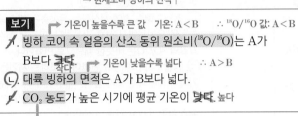

보기

기온이 높을수록 큰 값 기온: A＜B ∴ $^{18}O/^{16}O$ 값: A＜B

ㄱ. 빙하 코어 속 얼음의 산소 동위 원소비($^{18}O/^{16}O$)는 A가 B보다 크다. 작다

ㄴ. 대륙 빙하의 면적은 A가 B보다 넓다. → 기온이 낮을수록 넓다 ∴ A＞B

ㄷ. CO_2 농도가 높은 시기에 평균 기온이 낮다. 높다

① ㄱ   ② ㄴ   ③ ㄷ   ④ ㄱ, ㄴ   ⑤ ㄴ, ㄷ

→ 기온이 낮을수록 대기 중 CO_2 농도가 낮다
∴ 기온이 낮을수록 해수에 CO_2가 더 잘 용해됨 → 대기 중 CO_2↓

😮 **문제풀이 TIP** | 기온이 높을수록
① 빙하 코어 속 산소 동위 원소비($^{18}O/^{16}O$)↑   ② 해수&해양 생물 화석의 산소 동위 원소비($^{18}O/^{16}O$)↓
③ 해수면의 높이↑   ④ 대기 중 CO_2의 농도↑   ⑤ 나무의 나이테 간격↑
기후 변화 분석법은 비례, 반비례하는 관계들이 많아 헷갈리기 쉽다. 무작정 외우기보다는 왜 기온이 높아졌을 때 어떤 수치가 증가 혹은 감소하는지 원리를 이해한다면 문제를 풀 때 생각해내기 쉽다.

😊 **출제분석** | 기후 변화 분석법의 경우 어려운 문제로 출제되는 요소는 아니다. 이 문제에서도 주어진 기온 편차 값을 통해 A와 B 중 언제의 기온이 더 높았는지 확인한다면 보기 ㄱ을 제외하고는 쉽게 풀 수 있다.

|자|료|해|설|

과거의 기후를 조사하는 방법에는 빙하시추물 연구, 지층의 퇴적물 연구, 나무의 나이테 연구 등이 있다. 이 중 주로 사용되는 방법은 문제에서 제시된 빙하시추물 연구인데, 빙하 코어를 채취해 빙하의 얼음을 구성하는 물 분자의 산소 동위 원소비($^{18}O/^{16}O$)를 구하여 과거의 기온 변화를 조사한다. 빙하기에는 기온이 낮아 ^{16}O를 포함한 물 분자가 ^{18}O를 포함한 물 분자보다 더 잘 증발하고 눈이 되어 내릴 수 있어서 빙하 속 물 분자의 산소 동위 원소비가 낮게 나타난다. (눈이 쌓여 빙하를 형성하기 때문) 간빙기에는 이와 반대로 산소 동위 원소비가 높게 나타난다. 빙하의 면적은 기온이 낮을수록 넓다.
A의 기온편차는 (−)값이므로 현재보다 기온이 낮았고, B의 기온편차 값은 (＋)값이므로 현재보다 기온이 높았다는 사실을 알 수 있다. 해수면의 높이를 보았을 때, A의 해수면이 현재보다 낮은 이유는 빙하의 면적이 넓기 때문이고 B의 해수면이 현재보다 높은 이유는 기온 상승으로 인한 해수의 열팽창과 더불어 빙하가 녹아 해수의 양이 많아졌기 때문이다. 대기 중 CO_2의 농도가 A에서 낮은 이유는 기온이 낮을수록 해수에 CO_2가 더 잘 용해되어 대기 중 CO_2의 농도가 낮아지기 때문이다. B의 경우 이와 반대이다.

|보|기|풀|이|

ㄱ. 오답 : 빙하 코어 속 얼음의 산소 동위 원소비는 기온이 높을수록 높게 나타나므로, 기온이 더 높은 B가 A보다 크다.

ㄴ. 정답 : 대륙 빙하의 면적은 기온이 낮을수록 넓으므로 기온이 더 낮은 A가 B보다 넓다.

ㄷ. 오답 : 그래프에서 기온이 높은 B가 A보다 CO_2 농도가 더 높게 나타나고 있다. 따라서 CO_2 농도가 높은 시기에 평균 기온이 높다.

다음은 판게아가 존재했던 시기에 대해 학생들이 나눈 대화를 나타낸 것이다.

판게아는 고생대 말부터 중생대 초까지 존재했어.

고생대에 번성

바다에는 필석류가 번성했어.

신생대에 번성 (cf. 중생대 출현)

육지에는 속씨식물이 번성했어.

학생 A   학생 B   학생 C

이에 대해 옳게 설명한 학생만을 있는 대로 고른 것은? 3점

① A   ② B   ③ A, C   ④ B, C   ⑤ A, B, C

|자|료|해|설|

고생대 말 ~ 중생대 초에 모든 대륙들이 하나로 모여 판게아라는 초대륙을 이루었고 약 2억 년 전부터 분리되어 현재와 같은 대륙 분포를 만들었다는 학설이 대륙 이동설이다. 속씨식물은 중생대에 출현하여 신생대에 번성하였고 필석류는 고생대 초 번성했다.

|보|기|풀|이|

학생 A 정답 : 고생대 말 모든 대륙들이 하나로 모여 판게아를 형성하였다.

학생 B. 오답 : 속씨식물은 중생대에 출현하여 신생대에 번성하였다.

학생 C. 오답 : 필석류는 고생대 초에 번성한 고생대의 대표적인 표준 화석이다.

😮 **문제풀이 TIP** | 지질시대의 환경과 생물변화는 필수 암기!

😊 **출제분석** | 자료해석이 어려운 문제는 아니지만 여러 가지 생물변화를 모두 암기해야 정확히 문제를 풀 수 있다는 점에서 난이도가 높게 책정되었다.

다음은 해양 퇴적물 속의 생물 화석을 이용하여 과거의 기후를 조사하는 방법을 나타낸 것이다.

> 유공충은 석회질($CaCO_3$)의 각질을 가지고 있으며, 성장하면서 새로운 각질을 만든다. 석회질 각질을 구성하는 산소는 ^{16}O 또는 ^{18}O인데, 유공충의 각질이 형성될 당시 해수의 수온이 낮아질수록 각질의 $^{18}O/^{16}O$가 높아진다. ^{18}O의 증발이 어려워져, 해수 속의 $^{18}O/^{16}O$의 비율이 높아짐

이에 대한 옳은 설명만을 〈보기〉에서 있는 대로 고른 것은? **3점**

〈보기〉
ㄱ. ^{16}O로 구성된 물 분자는 ^{18}O로 구성된 물 분자보다 증발이 잘 일어난다.
ㄴ. 해수 속의 $^{18}O/^{16}O$가 높아지면 유공충 각질의 $^{18}O/^{16}O$가 높아진다.
ㄷ. 지구의 빙하 면적이 감소하는 시기에는 유공충 각질의 $^{18}O/^{16}O$가 감소한다. → 온난한 시기

① ㄱ　② ㄴ　③ ㄱ, ㄷ　④ ㄴ, ㄷ　⑤ ㄱ, ㄴ, ㄷ

|자|료|해|설|
해수 속에는 ^{16}O 및 ^{18}O가 분포한다. ^{16}O로 구성된 물 분자는 ^{18}O로 구성된 물 분자보다 가볍기 때문에 증발이 잘 일어난다. 해수의 온도가 낮으면 ^{18}O의 증발이 감소하여 대기 중의 수증기 및 빙하의 $^{18}O/^{16}O$은 작아지지만, 해수 및 유공충과 같은 해양 생물의 $^{18}O/^{16}O$는 커진다.

|보|기|풀|이|
ㄱ. 정답 : 해수의 수온이 낮아질수록 각질의 $^{18}O/^{16}O$이 높아지는 것으로 보아, 수온이 낮아지면 ^{18}O보다 ^{16}O의 증발이 잘 일어나는 것을 알 수 있다.
ㄴ. 정답 : 해수 속에 서식하는 유공충은 해수 속에서 생명 활동을 유지하면서 상호 작용한다. 따라서 해수와 유공충 각질의 $^{18}O/^{16}O$은 비슷한 패턴으로 변화한다.
ㄷ. 정답 : 지구의 빙하 면적이 감소하는 시기는 온난한 시기이며 해수의 온도가 높다. 따라서 이 시기에는 ^{18}O의 증발도 활발하게 일어나므로 해수 속의 $^{18}O/^{16}O$이 작아져 유공충 각질의 $^{18}O/^{16}O$도 감소한다.

😲 문제풀이 TIP | 온난한 시기에는 ^{18}O 및 ^{16}O의 증발이 모두 활발하지만, 한랭한 시기에는 ^{18}O의 증발이 감소하면서 해수 속의 $^{18}O/^{16}O$이 높아지게 되며, 그에 따라 빙하와 해양 생물의 $^{18}O/^{16}O$도 높아지게 된다.

😲 출제분석 | 빙하의 아이스코어 및 해양 생물의 $^{18}O/^{16}O$를 이용하여 기후 변화를 알아내는 문항은 자주 출제되어 왔다. 기본 원리를 이해하는데 다소 어려울 수 있으므로 차근차근 기본 원리를 학습하면서 기후 변화에 따른 $^{18}O/^{16}O$ 변화 원리를 이해하고 있어야 한다.

그림 (가)는 40억 년 전부터 현재까지의 지질 시대를 구성하는 A, B, C의 지속 기간을 비율로 나타낸 것이고, (나)는 초대륙 로디니아의 모습을 나타낸 것이다. A, B, C는 각각 시생 누대, 원생 누대, 현생 누대 중 하나이다.

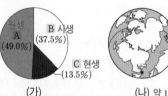

원생 A (49.0%)　B 시생 (37.5%)　C 현생 (13.5%)
(가)　　(나) 약 13억 년~9억 년 전 형성

이 자료에 대한 설명으로 옳은 것만을 〈보기〉에서 있는 대로 고른 것은?

〈보기〉
ㄱ. A는 원생 누대이다.
ㄴ. (나)는 A에 나타난 대륙 분포이다.
ㄷ. 다세포 동물은 ~~B~~ A에 출현했다.

① ㄱ　② ㄴ　③ ㄷ　④ ㄱ, ㄴ　⑤ ㄴ, ㄷ

|자|료|해|설|
시생 누대는 약 40억 년 전부터 25억 년 전까지 15억 년 정도 길이이며, 원생 누대는 약 25억 년 전부터 5억 4천만 년 전까지 19억 6천만 년 정도의 길이를 가진다. 현생 누대는 약 5억 4천만 년 정도의 길이를 가진다. 즉, A는 원생 누대, B는 시생 누대, C는 현생 누대이다. 로디니아는 약 13억 년 전에서 9억 년 전 사이에 생성된 초대륙으로, 이 시기는 원생 누대에 해당한다. 다세포 동물은 원생 누대에 처음으로 출현했다.

|보|기|풀|이|
ㄱ. 정답 : A는 지질 시대 중 가장 비율이 큰 원생 누대이다.
ㄴ. 정답 : 로디니아는 약 13억 년 전에서 9억 년 전 사이에 생성된 초대륙으로, 이 시기는 원생 누대(A)에 해당한다.
ㄷ. 오답 : 다세포 동물은 원생 누대(A)에 처음으로 출현했다.

😲 문제풀이 TIP | 지질 시대는 암기할 양이 많을 뿐 아니라 세세한 내용까지 꼼꼼히 알아두어야 해결할 수 있는 문제가 많다. 고생대, 중생대, 신생대 시기별 구분은 기출 문제가 많아 이제는 누대별 구분까지 세세히 익혀두어야 한다.

😲 출제분석 | 지질 시대에 대한 문제는 매년 출제되는 빈출 유형이며, 많은 양의 암기를 요구해 학생들에게 부담이 되는 단원이다. 본 문제 또한 단순 암기 내용으로 해결할 수 있었던 문제임에도 정답률이 53%로 매우 낮았다. 학생들이 원생 누대와 시생 누대를 합친 것과 현생 누대를 비교하는 유형에는 익숙하나, 원생 누대와 시생 누대 각각의 시기에 대해 따로 묻는 유형은 생소하여 더 과거인 시생 누대가 원생 누대보다 더 길다고 가정하고 문제를 풀었을 수 있다.

표는 지질 시대의 환경과 생물에 대한 특징을 기 수준으로 구분하여 나타낸 것이다.

지질 시대(기)	특징
A 페름기	양치식물과 방추충 등이 번성하였고, 말기에 가장 큰 규모의 생물 대멸종이 일어났다.
B 오르도비스기	삼엽충과 필석 등이 번성하였고, 최초의 척추동물인 어류가 출현하였다.
C 쥐라기	대형 파충류가 번성하였고, 시조새가 출현하였다.

→ 고생대 번성   → 페름기 대멸종
→ 최초의 척추동물인 → 오르도비스기
→ 쥐라기

A, B, C에 해당하는 지질 시대(기)로 가장 적절한 것은?

	A	B	C
①	석탄기	오르도비스기	백악기
②	석탄기	캄브리아기	쥐라기
③	페름기	캄브리아기	백악기
④	페름기	오르도비스기	쥐라기
⑤	페름기	트라이아스기	데본기

|자|료|해|설|

A : 양치식물과 방추충 등이 번성한 지질 시대는 고생대이고, 말기에 가장 큰 규모의 생물 대멸종이 일어난 시기는 페름기이다.

B : 삼엽충과 필석이 번성한 지질 시대는 고생대이고, 최초의 척추동물인 어류가 출현한 시기는 오르도비스기이다.

C : 대형 파충류가 번성한 지질 시대는 중생대이고, 파충류와 조류의 특징을 모두 가지고 있는 시조새가 출현한 시기는 쥐라기 말이다.

|선|택|지|풀|이|

④정답 : A는 고생대 말 생물 대멸종이 일어난 페름기, B는 최초의 척추동물인 어류가 출현한 고생대 오르도비스기, C는 시조새가 출현한 중생대 쥐라기이다.

😮 문제풀이 TIP | 대체로 최초의 출현 이후 그 다음 '기'에 번성한다.

😊 출제분석 | 2015 개정 교육 과정 이전까지는 지엽적이라고 생각되던 기 단위까지 구분하는 문제가 배점 3점으로 출제되고 있으므로 더 꼼꼼하게 외워야 한다.

다음은 지질 시대에 대한 원격 수업 장면이다.

동물계 진화 순서
어류 → 양서류
→ 파충류 → 포유류

지질 시대	설명
(가)	갑주어를 비롯한 어류가 번성하였고 최초의 양서류가 출현하였다. → 데본기
석탄기 (다)	양서류가 전성기를 이루었으며 최초의 파충류가 출현하였다.
(다)	해안의 낮은 습지에서 최초의 육상 식물이 출현하였다. → 실루리아기

(가), (나), (다)는 각각 실루리아기, 데본기, 석탄기 중 하나입니다.

오존층은 (다)보다 먼저 형성되었어요. 학생 A

(나)는 데본기예요. 학생 B

지질 시대는 (다)→(가)→(나) 순이에요. 학생 C

오존층이 생긴 후에 육상 식물 출현

제시한 내용이 옳은 학생만을 있는 대로 고른 것은? 3점

① A   ② B   ③ A, C   ④ B, C   ⑤ A, B, C

|자|료|해|설|

어류가 번성한 (가)는 데본기이다. 양서류가 전성기를 이룬 (나)는 석탄기이다. 최초의 육상 식물이 출현한 (다)는 실루리아기이다. 오존층이 생긴 이후 실루리아기에는 육상 식물이 출현하였다. 고생대는 캄브리아기, 오르도비스기, 실루리아기, 데본기, 석탄기, 페름기 순서이므로 지질 시대 순서는 (다) → (가) → (나)이다.

|보|기|풀|이|

학생 A. 정답 : 오존층은 최초의 육상 식물 출현보다 이전에 형성되었다.

학생 B. 오답 : (나)는 석탄기이다.

학생 C. 오답 : 지질 시대는 (다) → (가) → (나) 순서이다.

😮 문제풀이 TIP | 고생대의 시대별 특징을 알아두어야 한다.
캄브리아기: 무척추동물(삼엽충, 완족류 등) 번성
오르도비스기: 어류 출현
실루리아기: 오존층의 영향으로 최초의 육상 식물 출현
데본기: 어류 번성, 양서류 출현
석탄기: 양서류, 양치식물 번성
페름기: 판게아 형성, 대멸종(겉씨식물 출현)

😊 출제분석 | 지질 시대 중에서도 '기' 단위로 자세하게 묻는 문제이다. 특히 (나)에서 양치식물 언급이 없어서 석탄기로 연결하는 것이 까다롭고, '기' 단위의 순서 나열을 요구했기 때문에 난이도가 높은 편이다. 지질 시대 개념이 어렵게 출제될 때에는 '기' 단위 또는 산맥을 묻는 경우가 많다.

다음은 스트로마톨라이트에 대한 설명과 A, B, C 누대의 특징이다. A, B, C는 각각 시생 누대, 원생 누대, 현생 누대 중 하나이다.

시생 누대 ─ 선캄브리아 시대
원생 누대 ─
현생 누대 ─ 고생대 / 중생대 / 신생대

스트로마톨라이트는 광합성을 하는 (㉠)이 만든 층상 구조의 석회질 암석으로 따뜻하고 수심이 얕은 바다에서 형성된다.
남세균

누대	특징
시생 누대 **A**	대륙 지각 형성 시작
원생 누대 **B**	에디아카라 동물군 출현
현생 누대 **C**	겉씨식물 출현 → 페름기

이에 대한 옳은 설명만을 〈보기〉에서 있는 대로 고른 것은?

보기

ㄱ. ㉠은 A 누대에 출현하였다.
ㄴ. 지질 시대의 길이는 A 누대가 C 누대보다 짧다. 길다
ㄷ. B 누대에는 초대륙이 존재하지 않았다. 하였다
　　　　　로디니아라는

① ㄱ　② ㄷ　③ ㄱ, ㄴ　④ ㄴ, ㄷ　⑤ ㄱ, ㄴ, ㄷ

|자|료|해|설|
지질시대는 누대, 대, 기 등으로 구분하며, 대륙 지각이 형성된 것은 시생 누대, 최초의 다세포 생물이 출현하여 에디아카라 동물군이 출현한 것은 원생 누대, 겉씨식물이 출현한 것은 페름기로 현생 누대이다.

|보|기|풀|이|
ㄱ. 정답 : ㉠은 남세균으로, 시생 누대에 출현하여 얕은 바다에 스트로마톨라이트를 형성하였다.
ㄴ. 오답 : 지질 시대의 길이는 A 누대(약 46억 년~25억 년)가 C 누대(약 5억 4천 년~현재)보다 길다.
ㄷ. 오답 : B 누대에는 로디니아라는 초대륙이 존재하였다.

😮 문제풀이 T I P | 원생 누대에는 로디니아라는 초대륙이 존재하였다. 초대륙이 고생대에 '판게아'만 있었다고 생각하면 안 된다. 참고로 시생누대와 원생누대는 고생대 캄브리아 시기 이전의 시대라고 하여 선캄브리아 시대라고 부른다.

😊 출제분석 | 누대수준의 구분은 '대(代)' 수준의 구분보다 어렵지는 않지만, 익숙하지 않다면 어렵게 느낄 수 있는 문제이다.

표는 누대 A, B, C의 특징을 나타낸 것이다. A, B, C는 각각 현생 누대, 시생 누대, 원생 누대 중 하나이다.

누대	특징　순서 C → A → B
A 원생	초대륙 로디니아가 형성되었다.
B 현생	(　　　　　)
C 시생	남세균이 최초로 출현하였다.

이에 대한 설명으로 옳은 것만을 〈보기〉에서 있는 대로 고른 것은?

(3점)

보기
ㄱ. A는 시생 누대이다. 원생
ㄴ. 가장 큰 규모의 대멸종은 B 시기에 발생했다.
ㄷ. C 시기 지층에서는 에디아카라 동물군 화석이 발견된다. 발견되지 않는다.
　　　　　　　　→ A 시기

① ㄱ　② ㄴ　③ ㄱ, ㄷ　④ ㄴ, ㄷ　⑤ ㄱ, ㄴ, ㄷ

|자|료|해|설|
초대륙 로디니아가 형성된 시기는 원생 누대이고, 남세균이 최초로 출현한 시기는 시생 누대이다. 따라서 B는 현생 누대이다. 세 시기를 순서대로 나열하면 C → A → B 순이다.

|보|기|풀|이|
ㄱ. 오답 : 초대륙 로디니아가 형성된 시기인 A는 원생 누대이다.
ㄴ. 정답 : 가장 큰 규모의 대멸종은 고생대 말에 발생했으므로 B 시기인 현생 누대에 발생했다.
ㄷ. 오답 : 에디아카라 동물군 화석은 원생 누대인 A 시기 지층에서 발견되었다. 따라서 시생 누대인 C 시기 지층에서는 에디아카라 동물군 화석이 발견되지 않는다.

그림은 40억 년 전부터 현재까지의 지질 시대를 3개의 누대로 나타낸 것이다.

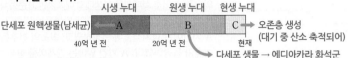

이에 대한 설명으로 옳은 것만을 〈보기〉에서 있는 대로 고른 것은?

3점

보기

→ 원핵생물의 광합성으로 점차 상승(A<B<C)

ㄱ. 대기 중 산소의 농도는 A 시기가 B 시기보다 ~~높았다.~~ 낮았다

ㄴ. 다세포 동물은 B 시기에 출현했다. → 에디아카라 화석군

ㄷ. 가장 큰 규모의 대멸종은 C 시기에 발생했다.

→ 고생대 말 페름기 대멸종

① ㄱ　　② ㄷ　　③ ㄱ, ㄴ　　④ ㄴ, ㄷ　　⑤ ㄱ, ㄴ, ㄷ

|자|료|해|설|

A는 시생 누대, B는 원생 누대, C는 현생 누대이다. 현생 누대에는 고생대, 중생대, 신생대가 포함된다. A에서 광합성을 하는 남세균이 처음으로 등장하였고, 남세균의 광합성 덕분에 점차 원시 지구의 대기에 산소가 축적되었다. B에는 다세포 생물이 처음으로 등장하게 되었고, 이러한 다세포 생물은 에디아카라 화석군으로 남겨져 있다. A와 B 시기에는 생물이 별로 없었으므로 생물의 대멸종은 생물이 많이 등장하는 C 시기에 나타난다. 대표적으로 고생대 말 판게아가 형성되며 발생한 대멸종(페름기 대멸종)과, 백악기 말 운석 충돌로 인해 공룡이 멸종한 대멸종이 있다.

|보|기|풀|이|

ㄱ. 오답 : 대기 중 산소의 농도는 점차 상승하여 A<B<C 이다. C 시기에는 오존층도 형성되었다.

ㄴ. 정답 : 다세포 동물은 B 시기에 출현하였고, 그 흔적이 에디아카라 화석군으로 남아 있다.

ㄷ. 정답 : 가장 큰 규모의 대멸종은 고생대 말, 페름기에 나타났다.

💡 **문제풀이 TIP |** 시생 누대: 두꺼운 석회암층 발견되어 따뜻한 기후였을 것이라고 추정함. 최초의 생명체는 바다에서 탄생하였고, 약 35억 년 전 단세포 원핵생물인 남세균이 출현함. 해조류, 균류의 광합성으로 산소의 양이 점차 증가하여 호상 철광층이 형성됨.

원생 누대: 빙하 퇴적물의 분포로 빙하기가 있었다고 추정함. 원핵생물의 광합성으로 대기에 산소의 양이 증가하였고, 약 7억 년 전 다세포 생물이 출현하여 에디아카라 동물군 화석이 생성됨.

💡 **출제분석 |** 지질 시대의 환경과 생물은 보통 C 시기를 세분화하여 고생대, 중생대, 신생대를 묻는 경우가 많다. 매번 시험에서 빠지지 않고 출제되는 개념이다. 이번 수능에서는 시생 누대와 원생 누대라는 상대적으로 생소한 개념을 다루어 배점이 3점이었다. 당황하거나 어렵게 느낄 수 있으나, 시생 누대와 현생 누대는 생물이 거의 없어 나오는 보기가 한정적이다(산소의 농도, 에디아카라 화석군, 남세균). 따라서 문제 자체의 난도는 그리 높지 않은 편이다.

표는 고생대와 중생대를 기 단위로 구분하여 시간 순서대로 나타낸 것이다.

대	고생대						중생대		
	삼엽충 ← ──────────── →								
기	캄브리아기	오르도비스기	실루리아기 A 오존층 형성 기 →육상 생물 출현	데본기	석탄기 B ↓ 양치식물 번성	페름기	트라이아스기 C	쥐라기	백악기
							겉씨식물 번성 ← ──── →		

이에 대한 설명으로 옳은 것만을 〈보기〉에서 있는 대로 고른 것은?

3점

보기

ㄱ. A 시기에 삼엽충이 생존하였다.

ㄴ. B 시기에 ~~은행나무와 소철~~이 번성하였다. 양치식물

ㄷ. ~~C~~ 시기에 히말라야산맥이 형성되었다. 신생대

① ㄱ　　② ㄷ　　③ ㄱ, ㄴ　　④ ㄴ, ㄷ　　⑤ ㄱ, ㄴ, ㄷ

|자|료|해|설|

A는 실루리아기로 오존층이 형성되어 육상 생물이 출현한 시기이다. B는 석탄기로 양치식물이 번성하여 대규모의 석탄층이 만들어진 시기이다. C는 트라이아스기이다. 고생대에는 삼엽충, 필석과 양치식물이 번성하였다. 중생대에는 공룡, 암모나이트, 은행나무와 소철 등의 겉씨식물이 번성하였다.

|보|기|풀|이|

ㄱ. 정답 : 삼엽충은 캄브리아기에 출현하여 페름기 말에 멸종되었으므로, A 시기에 삼엽충이 생존하였다.

ㄴ. 오답 : B 시기에 양치식물이 번성하였다. 은행나무와 소철 등의 겉씨식물은 중생대에 번성하였다.

ㄷ. 오답 : 히말라야산맥은 신생대에 형성되었다.

💡 **문제풀이 TIP |** 고생대 : 삼엽충, 필석, 방추충, 양치식물 번성, 애팔래치아산맥 형성

중생대 : 공룡, 암모나이트, 겉씨식물 번성, 로키산맥과 안데스산맥 형성

신생대 : 화폐석, 속씨식물 번성, 알프스─히말라야 조산대 형성

💡 **출제분석 |** 지질 시대의 환경과 생물은 매번 출제되는 개념이다. 식물의 출현 시기와 번성 시기가 헷갈리기 쉽고, 산맥의 형성 시기까지는 암기하지 않는 학생들이 있다. 이 문제는 식물의 번성 시기와 산맥의 형성 시기를 모두 다루어 자료가 매우 간단함에도 배점이 3점으로 출제되었다. 간혹 ㄷ 보기처럼 산맥의 형성 시기를 묻는 경우가 있으니 산맥의 형성 시기까지 꼭 암기해야 한다.

I

2
ㅡ
05
지질 시대의 환경과 생물

그림은 지질 시대에 일어난 주요 사건을 시간 순서대로 나타낸 것이다.

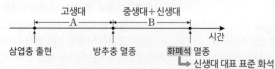

이에 대한 설명으로 옳은 것만을 〈보기〉에서 있는 대로 고른 것은?

보기

　　　　　　　→ 중생대 초에 분리
　　　　　　　→ 어류 : 고생대 오르도비스기에 출현
ㄱ. A 기간에 최초의 척추동물이 출현하였다.
ㄴ. B 기간에 판게아가 분리되기 시작하였다.
ㄷ. B 기간의 지층에서는 양치식물 화석이 발견된다.
　↑
고생대 번성, 현재까지 생존(ex.고사리)

① ㄱ　　② ㄴ　　③ ㄱ, ㄷ　　④ ㄴ, ㄷ　　✔⑤ ㄱ, ㄴ, ㄷ

|자|료|해|설|

삼엽충이 출현하고 방추충이 멸종한 A 기간은 고생대를 의미한다. 이후 화폐석은 신생대의 대표적인 표준화석이므로, B 기간은 중생대부터 신생대의 전반부를 의미한다. A 기간에는 양치식물이 번성하였고, 최초의 척추동물인 어류가 등장하였다. A 기간 말에는 판게아를 형성하였다. 형성된 판게아는 B 기간(중생대 초기)에 분리되기 시작하였다.

|보|기|풀|이|

ㄱ. 정답 : 최초의 척추동물인 어류는 고생대 오르도비스기에 출현하였다.
ㄴ. 정답 : 판게아의 분리는 중생대 초기에 일어났다.
ㄷ. 정답 : 양치식물은 고생대에 번성하였으나, 현재까지도 생존하고 있다. 따라서 B 기간의 지층에서도 양치식물 화석이 발견된다.

😮 **문제풀이 TIP |** 고생대: 삼엽충, 방추충, 필석 등 번성함. 무척추동물이 번성하고 최초의 척추동물(어류), 양서류, 육상 식물(쿡소니아) 출현
중생대: 공룡, 암모나이트 번성 및 멸종, 최초의 포유류 출현, 겉씨식물 번성
신생대: 화폐석 번성, 멸종, 인류의 조상 출현, 속씨식물 번성

😎 **출제분석 |** 지질 시대의 환경과 화석은 출제 빈도가 매우 높고, 외워야 하는 양이 많다고 느껴져서 학생들이 어려워하는 개념이다. 이 문제에서는 다른 개념과 결합하지도 않고, 간단하고 대표적인 지식만을 다루고 있어서 난이도가 높지 않다. ㄱ과 ㄴ 보기는 직관적이고, 어렵지 않은 보기이다. 그러나 ㄷ 보기는 양치식물의 번성이 고생대에 나타났으므로 틀린 보기라고 착각하기 쉽다. 선택지에 ㄱ, ㄴ 보기가 없어서 오답을 고를 확률이 적으므로 함정이 있지만 어려운 문제는 아니었다고 볼 수 있다.

그림은 40억 년 전부터 현재까지 지질 시대 A~E의 지속 기간을 비율로 나타낸 것이다.
A~E에 대한 설명으로 옳은 것만을 〈보기〉에서 있는 대로 고른 것은? **3점**

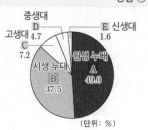

보기

ㄱ. 최초의 다세포 동물이 출현한 시기는 B이다.
ㄴ. 최초의 척추동물이 출현한 시기는 C이다.
ㄷ. 히말라야 산맥이 형성된 시기는 E이다.

① ㄱ　　② ㄷ　　③ ㄱ, ㄴ　　✔④ ㄴ, ㄷ　　⑤ ㄱ, ㄴ, ㄷ

|자|료|해|설|

각 지질 시대의 지속 기간은 원생 누대 > 시생 누대 > 고생대 > 중생대 > 신생대이므로 A는 원생 누대, B는 시생 누대, C는 고생대, D는 중생대, E는 신생대이다. A~E를 시간 순서대로 나열하면 시생 누대(B) → 원생 누대(A) → 고생대(C) → 중생대(D) → 신생대(E)이다.
시생 누대(B)에는 단세포 생물이 출현했고, 원생 누대(A)에는 다세포 생물이 출현했다. 고생대(C)에는 삼엽충과 어류가 번성하고 육상 생물이 등장했으며 파충류가 출현했다. 중생대(D)에는 파충류가 번성했고, 포유류가 출현했으며, 신생대(E)에는 포유류가 번성했다.

|보|기|풀|이|

ㄱ. 오답 : 최초의 다세포 동물이 출현한 시기는 원생 누대(A)이다.
ㄴ. 정답 : 최초의 척추동물이 출현한 시기는 고생대(C)이다.
ㄷ. 정답 : 히말라야 산맥이 형성된 시기는 신생대(E)이다.

😮 **문제풀이 TIP |** 주로 고생대, 중생대, 신생대의 시기를 묻는 문제가 출제되기 때문에 틀리기 쉬운 문제이다. 각 지질 시대의 지속 기간은 지질 시대가 나타난 순서와 다르다는 것을 기억해두자.

그림 (가)는 지질 시대 중 어느 시기의 대륙 분포를, (나)와 (다)는 각각 단풍나무와 필석의 화석을 나타낸 것이다.

(가)   (나) 육상 생물   (다) 해양 생물

이에 대한 옳은 설명만을 〈보기〉에서 있는 대로 고른 것은? **3점**

> **보기**
> ㄱ. 히말라야산맥은 (가)의 시기보다 나중에 형성되었다.
> ㄴ. (나)와 (다)의 고생물은 모두 육상에서 서식하였다.
> ㄷ. (가)의 시기에는 (다)의 고생물이 번성하였다. 번성하지 않았다.

신생대 →   고생대 →

① ㄱ   ② ㄴ   ③ ㄱ, ㄷ   ④ ㄴ, ㄷ   ⑤ ㄱ, ㄴ, ㄷ

|자|료|해|설|

(가)는 대서양이 조금 형성되었고, 인도 대륙이 오스트레일리아 대륙에서 분리되어 북상하던 중 적도 부근에 위치할 때의 시기이다.

(나)는 단풍나무의 화석으로 단풍나무는 육상에서 서식하였다.

(다)는 필석의 화석으로 필석은 고생대 바다에서 서식하였다.

|보|기|풀|이|

ㄱ. 정답 : 히말라야산맥은 인도 대륙이 유라시아 대륙과 충돌하며 형성되었다. (가)에서는 인도 대륙이 적도 부근에 위치한 것으로 보아 아직 유라시아 대륙과 충돌하기 전이므로, 히말라야산맥은 (가)의 시기보다 나중에 형성되었다.

ㄴ. 오답 : (나)의 단풍나무는 육상에서 서식했지만, (다)의 필석은 바다에서 서식하였다.

ㄷ. 오답 : (가)의 시기는 신생대이고, (다)는 고생대에 번성한 생물이다. 따라서 (가)의 시기에는 (다)가 번성하지 않았다.

그림은 현생 누대 동안 해양 생물 과의 수와 대멸종 시기 A, B, C를 나타낸 것이다. 이에 대한 설명으로 옳은 것만을 〈보기〉에서 있는 대로 고른 것은?

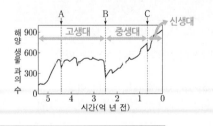

> **보기**
>   중생대 →
> ㄱ. 해양 생물 과의 수는 A가 B보다 많다.
>   고생대~현재 →
> ㄴ. B와 C 사이에 생성된 지층에서 양치식물 화석이 발견된다.
> ㄷ. C는 쥐라기와 백악기의 지질 시대 경계이다.
>   중생대 백악기   신생대 팔레오기

① ㄱ   ② ㄴ   ③ ㄱ, ㄴ   ④ ㄴ, ㄷ   ⑤ ㄱ, ㄴ, ㄷ

|자|료|해|설|

해양 생물 과의 수는 대멸종 시기 B일 때 가장 크게 감소했다. B 시기는 고생대 말기이고, B와 C 사이는 중생대이다. C는 중생대 말기에 발생한 대멸종이다. A는 고생대 오르도비스기 말에 발생한 대멸종이다.

|보|기|풀|이|

ㄱ. 정답 : 해양 생물 과의 수는 A 시기에 300보다 많고, B 시기에는 300보다 적으므로 A가 B보다 많다.

ㄴ. 정답 : 양치식물은 고생대에 출현해 현재까지 생존하는 생물이므로 중생대 시기인 B와 C 사이에 형성된 지층에서 화석으로 발견된다.

ㄷ. 오답 : C는 중생대 백악기와 신생대 팔레오기의 지질 시대 경계이다.

II. 유체 지구의 변화

1. 대기와 해양의 변화
01 기압과 날씨 변화

필수개념 1 **기단**

1. **기단**: 넓은 지역에 걸쳐 있는 성질(기온, 습도 등)이 균일한 큰 공기 덩어리.
   1) 발원지: 수평 범위 1000km 이상의 지역
   2) 기단의 성질: 고위도에서 생성된 기단은 한랭, 저위도에서 생성된 기단은 온난. 대륙에서 생성된 기단은 건조, 해양에서 생성된 기단은 다습.
   3) 우리나라 주변의 기단과 성질

기단	성질	계절	날씨
시베리아 기단	한랭 건조	겨울	북서풍, 한파
북태평양 기단	고온 다습	여름	무더위, 소나기, 장마
오호츠크해 기단	한랭 다습	초여름	장마
양쯔강 기단	온난 건조	봄, 가을	황사
적도 기단	고온 다습	여름, 초가을	태풍, 호우

   4) 기단의 변질: 기단이 발원지로부터 이동하면서 성질이 다른 지면이나 수면을 만나 온도와 습도가 달라지면서 본래 기단의 성질이 변화하는 것

필수개념 2 **고기압과 저기압**

1. **고기압과 저기압**

	고기압	저기압
정의	주위보다 기압이 상대적으로 높은 곳	주위보다 기압이 상대적으로 낮은 곳
바람의 방향	시계 방향으로 불어 나가는 방향	시계 반대 방향으로 불어 들어가는 방향
날씨	하강 기류 → 단열 압축 → 기온 상승 → 상대 습도 감소 → 구름 소멸 → 맑은 날씨	상승 기류 → 단열 팽창 → 기온 하강 → 상대 습도 증가 → 구름 생성 → 흐리거나 비

> 기압 낮에는 반드시 수저 구비
> 음 시 기름
> 계 압

2. **고기압과 날씨**
   1) 고기압의 분류: 이동성을 갖느냐에 따라 정체성과 이동성으로 분류
      ① 정체성 고기압: 한 자리에 머무르면서 수축과 확장을 하며 주위 지역에 영향을 미치는 규모가 큰 고기압 **예** 북태평양 고기압, 시베리아 고기압
      ② 이동성 고기압: 시베리아 기단에서 떨어져 나오거나 양쯔강 기단에서 발달하는 작은 고기압 **예** 우리나라의 봄과 가을에 발달하는 고기압

기본자료

찬 기단이 따뜻한 수면을 지날 때

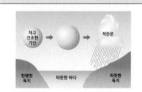

따뜻한 바다에서 열과 수증기가 공급되어 거대한 적란운이 만들어지고 그에 따라 많은 눈과 비가 내림.

따뜻한 기단이 찬 수면을 지날 때

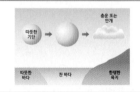

찬 바다에 의해 기단의 하층이 냉각되어 기단이 안정되고 층운형 구름이 형성되며 안개가 발생.

필수개념 3　전선

1. 한랭 전선과 온난 전선

	한랭 전선	온난 전선
모식도	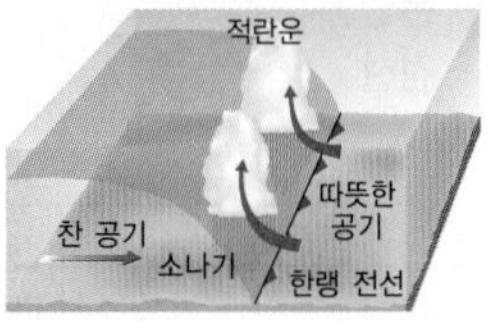	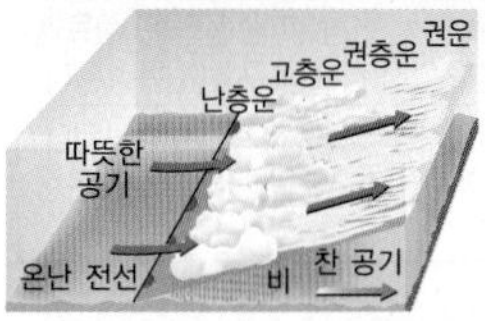
정의	찬 공기가 따뜻한 공기 아래를 파고 들어 형성되는 전선	따뜻한 공기가 찬 공기 위를 타고 올라가면서 형성되는 전선
이동 속도	빠르다	느리다
전선면 기울기	급하다	완만하다
강수 구역	전선 뒤쪽 좁은 범위	전선 앞쪽 넓은 범위
구름 변화	적운형(적란운, 적운)	층운형(권운 → 권층운 → 고층운 → 난층운)
강수 형태	소나기성 비	지속적인 이슬비
전선 통과 후 변화 기온	하강	상승
전선 통과 후 변화 기압	상승	하강
전선 통과 후 변화 풍향	남서풍 → 북서풍	남동풍 → 남서풍

→ 한 적 한 날 소나기
　 랭 란
　 전 운
　 선

▶ 한랭 전선과 온난 전선

한랭 전선	온난 전선
기울기 급함	기울기 완만함
속도 빠름	속도 느림
적운형 구름	층운형 구름
소나기성 비	지속적인 비

2. 정체 전선과 폐색 전선

	정체 전선	폐색 전선
정의	전선을 형성하는 찬 기단과 따뜻한 기단의 세력이 비슷하여 전선의 이동이 거의 없고 한 곳에 오래 머무는 전선. 동서방향으로 긴 구름을 형성하는 경향이 있음.	이동 속도가 빠른 한랭 전선이 온난 전선을 따라잡아 겹쳐지면서 형성하는 전선. 폐색 전선면을 기준으로 전면과 후면에 모두 강수가 있고 강수량도 많음.
예	장마 전선	한랭형 폐색 전선, 온난형 폐색 전선

▶ 폐색 전선의 종류
- 한랭형 폐색 전선: 한랭 전선 쪽의 더 찬 공기가 온난 전선 쪽의 찬 공기 아래로 파고들면서 형성된다.
- 온난형 폐색 전선: 한랭 전선 쪽의 찬 공기가 온난 전선 쪽의 더 찬 공기 위쪽으로 타고 상승하면서 형성된다.

그림은 우리나라 주변의 일기도이고, 표의 ㉠, ㉡, ㉢은 각각 일기도에 나타난 전선 A, B, C의 특징 중 하나이다.

→ 정체 전선의 특징

	특징
㉠	찬 공기와 따뜻한 공기의 세력이 비슷하여 거의 이동하지 않고 한 지역에 머무를 때 형성된다. 전선을 따라 상공에서 긴 구름 띠가 장시간 형성된다.
㉡	찬 공기가 따뜻한 공기 밑으로 밀고 들어가 따뜻한 공기를 들어 올리면서 형성된다. 전선은 빠르게 이동하며 전선면을 따라 적운형 구름이 형성된다.
㉢	따뜻한공기가찬공기를 타고올라가면서 형성된다. 전선은 천천히 이동하며 전선면을 따라 층운형 구름이 형성된다.

→ 한랭 전선의 특징

→ 온난 전선의 특징

㉠, ㉡, ㉢에 해당하는 전선으로 옳은 것은?

	㉠	㉡	㉢
①	A	B	C
②	B	A	C
③	B	C	A
④✓	C	A	B
⑤	C	B	A

|선|택|지|풀|이|

④정답 : 그림을 살펴보면,
A : 일기도 기호가 삼각형 모양으로 정렬되어 있는 것으로 보아 한랭 전선에 해당한다.
B : 일기도 기호가 반원 모양으로 정렬되어 있는 것으로 보아 온난 전선에 해당한다.
C : 일기도 기호가 일직선 상으로 길게 늘어져 있으며, 삼각형과 반원 모양의 기호가 반복되어 있는 것으로 보아 정체 전선에 해당한다.
제시된 표의 특징을 살펴보면, ㉠-정체 전선, ㉡-한랭 전선, ㉢-온난 전선임을 알 수 있다.
따라서 ㉠-C, ㉡-A, ㉢-B이다.

|자|료|해|설|

전선은 기단과 기단 사이의 경계로, 우리나라 주변에서 볼 수 있는 전선은 다음과 같이 크게 4가지가 있다.

종류	기호	특징
온난 전선		따뜻한 공기가 찬 공기 위로 타고 올라가면서 형성되는 전선으로, 이동 속도가 느리며, 층운형 구름을 동반하고, 넓은 구역에 지속적인 비를 내린다.
한랭 전선		찬 공기가 따뜻한 공기 밑으로 파고들어 형성되는 전선으로, 이동 속도가 빠르며, 적운형 구름을 동반하고, 좁은 구역에 집중 호우, 소나기를 내린다.
정체 전선		두 기단의 세력이 비슷할 때, 기단 사이의 경계가 한 곳에 오랫동안 머물 때 형성되는 전선으로, 동서 방향으로 긴 띠 모양의 구름이 형성되고 비가 많이 내린다.
폐색 전선		이동 속도가 빠른 한랭 전선이 이동 속도가 느린 온난 전선을 따라잡아 겹쳐지면서 형성되며, 전선 전후면에 넓은 지역으로 구름과 강수가 발생한다.

또한, 전선 기호에서 화살표 방향이 전선의 이동 방향을 나타낸다.

그림 (가)와 (나)는 어느 날 같은 시각 우리나라 부근의 가시영상과 지상 일기도를 각각 나타낸 것이다.

→ 구름이 두꺼울수록 가시광선 반사↑
→흰색으로 보임

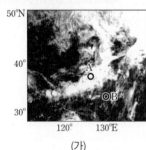

(가)

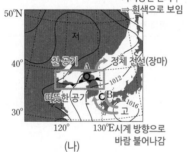

시계 방향으로 바람 불어나감

(나)

이 자료에 대한 설명으로 옳은 것만을 <보기>에서 있는 대로 고른 것은?

보기 → 더 하얀 곳이 더 두꺼움
㉠. 구름의 두께는 A 지역이 B 지역보다 두껍다.
㉡. A 지역의 구름을 형성하는 수증기는 주로 전선의 남쪽에 위치한 기단에서 공급된다. → 상승하는 공기는 따뜻한 공기
㉢. B 지역의 지상에서는 남풍 계열의 바람이 분다.

① ㄱ   ② ㄴ   ③ ㄱ, ㄷ   ④ ㄴ, ㄷ   ⑤✓ ㄱ, ㄴ, ㄷ

|자|료|해|설|

(가)는 가시 영상을, (나)는 지상 일기도를 나타낸 것이다.
가시 영상에서 구름은 두꺼울수록 가시광선을 많이 반사하여 하얗게 보인다. 따라서 (가)의 A는 B보다 하야므로 구름의 두께도 더 두껍다.
(나)의 전선은 찬 공기와 따뜻한 공기가 대립하는 정체 전선이다. 우리나라에서는 장마 전선이 주로 이런 모양이다. 고위도의 찬 공기와 저위도의 따뜻한 공기가 만나는데, 따뜻한 공기가 상승하며 구름을 형성한다.
오른쪽 아래에 있는 고기압에서는 시계 방향으로 바람이 불어 나간다. 따라서 B 지역에는 남풍 계열의 바람이 불게 된다.

|보|기|풀|이|

㉠. 정답 : 구름의 두께는 가시 영상에서 하얗게 보일수록 두껍다. 따라서 A 지역이 B 지역보다 두껍다.
㉡. 정답 : A 지역의 구름을 형성하는 수증기는 전선의 남쪽에 위치한 따뜻한 공기가 상승하면서 공급된다.
㉢. 정답 : B 아래의 고기압에서 시계 방향으로 바람이 불어 나가므로 남풍 계열의 바람이 분다.

3 전선

정답 ⑤ 정답률 75% 2023년 7월 학평 7번 문제편 105p

그림 (가)와 (나)는 8월 어느 날 같은 시각의 지상 일기도와 적외 영상을 나타낸 것이다.

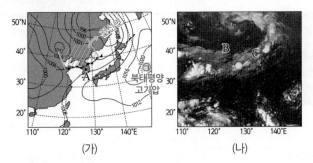

(가)   (나)

이에 대한 설명으로 옳은 것만을 〈보기〉에서 있는 대로 고른 것은?

보기

ㄱ. A 지역의 상공에는 전선면이 ~~나타난다.~~ 나타나지 않는다.
ㄴ. 구름의 최상부 높이는 C 지역이 B 지역보다 높다.
ㄷ. ㉠은 북태평양 고기압이다.

① ㄱ ② ㄴ ③ ㄷ ④ ㄱ, ㄴ ✓⑤ ㄴ, ㄷ

|자|료|해|설|

(가)에서 정체 전선의 북쪽에는 찬 공기가, 남쪽에는 따뜻한 공기가 있다. 따뜻한 공기는 찬 공기를 타고 위로 올라가기 때문에 전선면은 전선의 북쪽 지역의 상공에 형성되어 있다. 우리나라의 남동쪽에는 북태평양 기단이 자리 잡고 있으며, 여름철에는 북태평양 고기압의 세력이 확장되어 우리나라에 영향을 미친다.
(나)에서 B 지역의 색은 상대적으로 어둡고, C 지역의 색은 밝다. 적외 영상에서 어두운 부분은 온도가 높은 곳, 밝은 부분은 온도가 낮은 곳을 나타낸다. 구름의 최상부 높이가 높을수록 구름의 온도는 낮으므로 B 지역보다 C 지역의 구름의 최상부 높이가 높다.

|보|기|풀|이|

ㄱ. 오답 : A 지역의 상공에는 전선면이 나타나지 않는다.
ㄴ. 정답 : 적외 영상에서 밝게 보일수록 구름의 최상부 높이가 높다. 따라서 구름의 최상부 높이는 C 지역이 B 지역보다 높다.
ㄷ. 정답 : ㉠은 여름철 우리나라에 영향을 미치는 북태평양 고기압이다.

---

4 전선

정답 ④ 정답률 75% 2022년 10월 학평 9번 문제편 105p

그림 (가)와 (나)는 정체 전선이 발달한 두 시기에 한 시간 동안 측정한 강수량을 나타낸 것이다. A에서는 (가)와 (나) 중 한 시기에 열대야가 발생하였다.

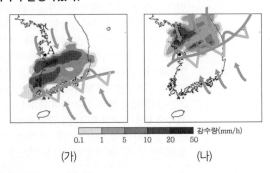

강수량(mm/h)
0.1 1 5 10 20 50

(가)   (나)

이에 대한 옳은 설명만을 〈보기〉에서 있는 대로 고른 것은?

보기

ㄱ. 전선은 (가) 시기보다 (나) 시기에 북쪽에 위치하였다.
ㄴ. (가) 시기에 A에서는 주로 ~~남풍~~ 북풍 계열의 바람이 불었다.
ㄷ. A에서 열대야가 발생한 시기는 (나)이다.

① ㄱ ② ㄴ ③ ㄱ, ㄴ ✓④ ㄱ, ㄷ ⑤ ㄴ, ㄷ

|자|료|해|설|

정체 전선이 발달하면 전선을 따라 구름이 두껍게 발생하며 많은 양의 비가 내린다. 그러므로 강수량이 많은 곳 부근에 정체 전선이 형성되어 있다. (가) 시기에는 정체 전선이 한반도 남쪽에 형성되어 있고, (나) 시기에는 정체 전선의 위치가 (가) 시기에 비해 북상한 것으로 보아, (가)보다 (나)에서 북태평양 기단의 세력이 확장된 것을 알 수 있다. 또한, 정체 전선의 북쪽 지역은 북풍 계열의 바람이 불고, 남쪽 지역은 남풍 계열의 바람이 분다.

|보|기|풀|이|

ㄱ. 정답 : 전선은 강수량이 많은 곳 부근에 형성되어 있으므로 (가) 시기보다 (나) 시기에 전선이 북쪽에 위치한다.
ㄴ. 오답 : 정체 전선의 북쪽 지역은 북풍 계열의 바람이 불기 때문에 (가) 시기에 A에서는 주로 북풍 계열의 바람이 불었다.
ㄷ. 정답 : A는 (가) 시기에 북쪽의 차가운 기단 쪽에 속해 있었고, (나) 시기에 남쪽의 따뜻한 기단 쪽에 속해 있으므로 A에서 열대야가 발생한 시기는 (나)이다.

😮 **문제풀이 T I P** | 전선에 관한 문제가 나오면 보기에서 묻지 않더라도 그림과 같이 강수량에 따라 전선의 위치를 대략적으로 표시하고, 전선을 중심으로 한랭한 공기와 따뜻한 공기가 위치하는 곳을 명확하게 표시해야 실수를 예방할 수 있다.

🙂 **출제분석** | 온대 저기압과 관계없이 전선을 단독으로 묻는 문제는 매년 출제되지는 않으며 2~3년에 한 번 정도의 빈도로 출제된다. 강수량을 이용해 전선의 위치를 쉽게 찾을 수 있었으며, 보기 또한 기출 문제에서 자주 접하는 내용에 대해 다루고 있어 난이도가 높지 않은 문제였다.

그림 (가)와 (나)는 장마 기간 중 어느 날 같은 시각 우리나라 부근의 지상 일기도와 적외 영상을 각각 나타낸 것이다.

밝을수록 저온=구름 최상부 높이↑

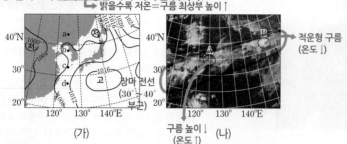

적운형 구름
(온도↓)

구름 높이↓
(온도↑)

장마 전선
(30°~40°
부근)

(가)   (나)

이 자료에 대한 설명으로 옳은 것만을 <보기>에서 있는 대로 고른 것은? 3점

보기
→고온 다습
ㄱ. 북태평양 고기압은 고온 다습한 공기를 우리나라로 공급한다.
ㄴ. 125°E에서 장마 전선은 지점 a와 지점 b 사이에 위치한다. (c 표시)
ㄷ. 구름 최상부의 온도는 영역 A가 영역 B보다 높다.

① ㄱ   ② ㄴ   ✓③ ㄱ, ㄷ   ④ ㄴ, ㄷ   ⑤ ㄱ, ㄴ, ㄷ

|자|료|해|설|
적외 영상은 밝을수록 저온을 의미한다. 구름의 경우, 최상부의 높이가 높을수록 저온이므로 밝게 나타난다. (나)에서 위도 30~40° 부근에 가로로 길고 하얗게 표현된 것이 장마 전선이다. (가)의 125°E에서는 b와 c 사이에 위치한다. 영역 A는 어둡고 영역 B는 밝다. 따라서 A는 최상부의 높이가 낮고, B에 적운형 구름이 있어 구름 최상부의 높이가 높은 것이다.

|보|기|풀|이|
ㄱ. 정답 : 북태평양 고기압은 고온 다습한 고기압이므로 고온 다습한 공기를 공급한다.
ㄴ. 오답 : 125°E에서 장마 전선은 b와 c 사이에 위치한다.
ㄷ. 정답 : 구름 최상부의 온도는 어둡게 나온 영역 A가 영역 B보다 높다.

😀 **문제풀이 TIP** | 적외 영상에서 하얗게 나온 것은 저온을 의미한다. 구름이 저온이라는 것은 구름의 높이가 높아서 최상부의 온도가 낮은 것이다.

😎 **출제분석** | 일기도와 적외 영상 해석은 1년에 1~2번 정도 출제된다. 특히 이 개념에서는 적외 영상에서의 밝기로 구름 최상부의 온도나 구름의 높이를 판단하는 보기가 꼭 출제된다. 어렵거나 생소하다고 느낄 수 있지만, 적외 영상을 다루는 기출 문제가 충분히 많은 만큼 꼭 내용을 정리해 두어야 한다.

그림 (가)는 어느 날 06시부터 21시간 동안 우리나라 어느 관측소에서 높이에 따른 기온을, (나)는 이날 06시의 우리나라 주변 지상 일기도를 나타낸 것이다. 관측 기간 동안 온난 전선과 한랭 전선 중 하나가 이 관측소를 통과하였다.

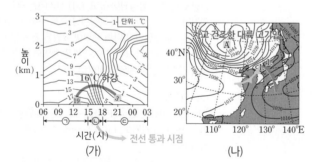

차고 건조한 대륙 고기압

16°C 하강

시간 (시)   전선 통과 시점
(가)   (나)

이에 대한 설명으로 옳은 것만을 <보기>에서 있는 대로 고른 것은? 3점

보기
한랭
ㄱ. 관측소를 통과한 전선은 온난 전선이다.
ㄴ. 관측소의 지상 평균 기압은 ㉢ 시기가 ㉠ 시기보다 높다.
ㄷ. ㉢ 시기에 관측소는 A 지역 기단의 영향을 받는다.

① ㄱ   ② ㄴ   ③ ㄱ, ㄷ   ✓④ ㄴ, ㄷ   ⑤ ㄱ, ㄴ, ㄷ

|자|료|해|설|
온난 전선은 뒤쪽의 따뜻한 공기가 앞쪽의 차가운 공기를 완만하게 타고 올라가면서 형성되는 전선으로 전선이 통과한 후에 그 지역 기온이 상승하고, 기압은 하강한다는 특징이 있다. 한랭 전선은 앞쪽의 따뜻한 공기를 뒤쪽의 찬 공기가 빠른 속도로 파고들면서 형성되는 전선으로 전선이 지난 후에 기온이 하강하고, 기압이 상승하는 특징이 있다. 그림 (가)는 어느 날 06시부터 21시간 동안 측정한 높이에 따른 기온을 나타낸 것이다. 06시에서 16시(㉡ 시기) 부근까지는 기온이 일정한 분포를 보이다 16시(㉡ 시기) 이후 급격하게 기온이 떨어짐을 알 수 있다. 밤이 되어서 기온이 떨어졌다고 볼 수도 있으나, 하강 폭이 매우 크고 문제에서 이 기간 동안 온난 전선과 한랭 전선 중 하나가 관측소를 통과했다고 했으므로 이 기간에 한랭 전선이 통과했음을 알 수 있다.

|보|기|풀|이|
ㄱ. 오답 : 전선 통과 후 기온이 떨어졌으므로 관측소를 통과한 전선은 한랭 전선이다.
ㄴ. 정답 : 한랭 전선이 통과한 후에는 기압이 상승하게 되므로 전선이 통과한 ㉡ 시기를 전후로 기압이 낮았다가 높아졌을 것이다. 따라서 ㉢ 시기가 ㉠ 시기보다 기압이 더 높다.
ㄷ. 정답 : 한랭 전선이 통과한 후에 해당하는 ㉢ 시기는 찬 기단의 영향을 받아 추워질 것이다. 따라서 그림 (나)에서 찬 기단에 해당하는 A 지역 기단의 영향을 받는다.

😀 **문제풀이 TIP** | 한랭 전선이 지난 후에는 기온은 하강하고 기압은 상승하기 때문에 ㉡ 시기 이후 기온이 떨어지는 것으로 한랭 전선이 지나갔음을 분석할 수 있어야 한다.

😎 **출제분석** | 일기도 분석을 하는 문항은 중요한 문제이다. 주어진 자료를 일기도에 대입하여 자료를 해석하는 능력을 키우는 것이 좋다.

그림은 어느 날 우리나라 부근의 일기도를 나타낸 것이다.

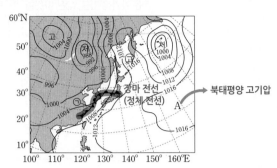

이 일기도에 대한 옳은 설명만을 <보기>에서 있는 대로 고른 것은? **3점**

보기

ㄱ. ~~겨울철 일기노이나.~~ (초)여름

ㄴ. ㉠은 정체 전선이다.

ㄷ. A의 세력이 커지면 ㉠은 ~~남하~~한다. 북상

① ㄴ　② ㄷ　③ ㄱ, ㄴ　④ ㄱ, ㄷ　⑤ ㄱ, ㄴ, ㄷ

| 자 | 료 | 해 | 설 |

우리나라 부근에는 성질이 다른 두 기단의 세력이 비슷하여 한 곳에 오랫동안 머무르는 장마 전선인 정체 전선이 형성되어 있다. 장마 전선은 고온 다습한 북태평양 기단과 한랭 다습한 오호츠크해 기단이 만나 형성된다.

| 보 | 기 | 풀 | 이 |

ㄱ. 오답 : 일기도를 보면 한랭 전선과 온난 전선이 서로 반대 방향으로 겹쳐 있는 정체 전선인 장마 전선이 우리나라 부근에 형성되어 있음을 알 수 있다. 따라서 이 일기도는 초여름이나 여름철 일기도일 가능성이 높다.

ㄴ. 정답 : ㉠은 북태평양 기단과 오호츠크해 기단의 경계 부근에서 북태평양 기단이 위로 확장하며 온난 전선을, 오호츠크해 기단이 아래로 확장하며 한랭 전선을 한 곳에 형성하여 만들어진 정체 전선이다.

ㄷ. 오답 : A는 북태평양 고기압이다. 북태평양 고기압의 세력이 커지면 남쪽의 따뜻한 공기의 세력이 확장하며 장마 선선을 밀어 올리므로 ㉠은 북상한다.

🤓 **문제풀이 T I P** | 한랭 전선이 아래쪽으로, 온난 전선이 위쪽으로 서로 반대 방향으로 겹쳐 있는 전선은 정체 전선인 장마 전선이다. 오호츠크해 기단과 북태평양 기단의 세력이 변화하면서 전선이 북상하거나 남하한다.

😀 **출제분석** | 일기도 분석과 관련된 문항 중 난도가 낮은 편에 속한다. 온대 저기압과 열대 저기압, 장마 전선 등 우리나라 주변 일기도에서 흔히 볼 수 있는 다양한 기상 현상에 대해서는 빠짐없이 구체적으로 이해하고 있어야 한다.

그림 (가)는 겨울철 어느 날의 일기도를, (나)는 이날 A와 B 지점에서 측정한 높이에 따른 기온 분포를 나타낸 것이다.

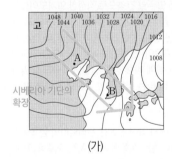
(가)

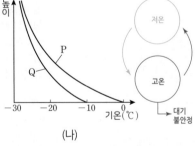
(나)

이에 대한 옳은 설명만을 <보기>에서 있는 대로 고른 것은? **3점**

보기

ㄱ. 기단이 A에서 B로 이동함에 따라 기단의 하층부는 불안정해진다.

ㄴ. A에서 측정한 기온 분포는 Q이다.

ㄷ. 폭설이 내릴 가능성은 A보다 B에서 크다.

① ㄱ　② ㄴ　③ ㄱ, ㄷ　④ ㄴ, ㄷ　⑤ ㄱ, ㄴ, ㄷ

| 자 | 료 | 해 | 설 |

그림 (가)는 겨울철 일기도이므로 시베리아에서 형성된 고기압에 의해 찬 기단이 남동쪽으로 확장하고 있음을 알 수 있다. 그림 (나)에는 두 지점에서 관측한 높이에 따른 기온 분포를 볼 수 있는데, 기단이 확장하며 남하하는 동안 대륙보다 따뜻한 황해에서 열을 공급받아 기단 하층부의 기온이 상승하므로 하층부의 기온이 더 높은 P가 Q보다 저위도에서 관측한 자료이다.

| 보 | 기 | 풀 | 이 |

ㄱ. 정답 : 시베리아 기단이 남하하며 따뜻한 황해상을 지나는 동안 기단 하층의 온도는 더욱 상승하여 하층 공기의 밀도가 낮아진다. 따라서 하층의 공기는 더 강하게 상승하고, 상층의 공기는 하강하는 불안정한 대기가 형성된다.

ㄴ. 정답 : A가 B보다 위도가 높아 지표 온도가 더 낮으므로 지표 부근에서 측정한 기온이 더 낮게 나타난다. 따라서 A에서 관측한 기온 분포는 Q이다.

ㄷ. 정답 : 차고 건조한 시베리아 기단이 남하하는 동안 황해를 건너면서 다량의 수증기를 공급받고, 기단 하층이 가열되어 두꺼운 눈구름을 형성할 때 서해안 지역에 폭설이 내리는 경우가 많으므로 폭설이 내릴 가능성은 A보다 B에서 크다.

🤓 **문제풀이 T I P** | 기단은 남하할수록 지표 온도가 상승하면서 하층부 기온도 상승한다. 기온이 높아지면 공기의 밀도가 감소하여 상승 기류가 더욱 강해지므로 대기는 불안정해진다. 특히 이 과정에서 대기가 바다를 건너게 되면 다량의 수증기가 공급되면서 폭우나 폭설이 내릴 수 있다.

😀 **출제분석** | 기단의 변질을 다룬 문항으로 최근에는 출제 빈도가 다소 낮아지기는 했지만, 여전히 중요한 개념을 많이 담고 있으므로 소홀함 없이 철저히 학습해야 한다.

다음은 전선의 형성 원리를 알아보기 위한 실험이다.

[실험 과정]

(가) 수조의 가운데에 칸막이를 설치하고, 양쪽 칸에 온도계를 설치한 후 ㉠ 칸에 드라이아이스를 넣는다.

(나) 5분 후 ㉠칸과 ㉡칸의 기온을 측정하여 비교한다.

(다) 칸막이를 천천히 들어 올리면서 공기의 움직임을 살펴본다.

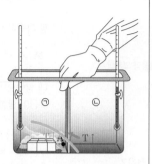

[실험 결과]

○ (나)에서 기온은 ㉠ 칸이 ㉡ 칸보다 낮았다.

○ (다)에서 A 지점의 공기는 수조의 바닥을 따라 ㉡ 칸 쪽으로 이동하였다.

이에 대한 옳은 설명만을 〈보기〉에서 있는 대로 고른 것은?

보기

ㄱ. (나)에서 공기의 밀도는 ㉠ 칸이 ㉡ 칸보다 크다.

ㄴ. (다)에서 A 지점 부근의 공기 움직임으로 한랭 전선의 형성 과정을 설명할 수 있다.

ㄷ. 수조 안 전체 공기의 무게 중심은 (나)보다 (다)에서 ~~높다~~ 낮다.

① ㄱ   ② ㄷ   ✓③ ㄱ, ㄴ   ④ ㄴ, ㄷ   ⑤ ㄱ, ㄴ, ㄷ

|자|료|해|설|

㉠은 차가운 기단, ㉡은 따뜻한 기단을 나타내고, (다)에서 밀도가 큰 차가운 기단이 바닥을 따라 이동하는 것을 볼 수 있다.

|보|기|풀|이|

ㄱ. 정답 : 공기의 밀도는 온도가 낮을수록 크기 때문에, (나)에서 공기의 밀도는 온도가 더 낮은 ㉠ 칸이 ㉡ 칸보다 크다.

ㄴ. 정답 : (다)에서 온도가 낮은 A 지점 부근의 공기는 수조의 바닥을 따라 ㉡ 칸 쪽으로 이동하였다. 이러한 공기의 움직임으로 한랭전선의 형성 과정을 설명할 수 있다.

ㄷ. 오답 : (다)에서 ㉠과 ㉡의 공기가 섞이면 찬 공기가 아래로 이동하여 무게 중심이 더 낮아진다.

😮 **문제풀이 TIP** | 찬 공기와 따뜻한 공기가 만나면 밀도 차로 연직 운동이 일어나며 두 공기가 섞이면서 무게 중심의 위치가 내려간다. 이때 줄어든 위치 에너지가 온대 저기압의 에너지원이 된다.

😀 **출제분석** | 상대적으로 차가운 공기가 밀도가 더 높다는 것과 그로 인해 아래쪽으로 이동한다는 것을 알면 어렵지 않게 풀 수 있는 문제이다.

그림 (가)와 (나)는 2018년 7월에 약 일주일 간격으로 작성한 일기도를 나타낸 것이다.

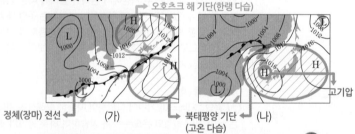

오호츠크 해 기단(한랭 다습)

정체(장마) 전선   (가)   북태평양 기단 (나) (고온 다습)   고기압

이에 대한 옳은 설명만을 〈보기〉에서 있는 대로 고른 것은? 3점

보기

ㄱ. (가)일 때 우리나라의 날씨는 오호츠크해 기단의 영향을 받는다. → 고기압의 영향권

ㄴ. (나)일 때 우리나라 남부 지방에서는 ~~상승~~ 하강 기류가 발달한다.

ㄷ. 서울의 하루 중 최고 기온은 (가)보다 (나)일 때 높다.

① ㄱ   ② ㄷ   ③ ㄱ, ㄴ   ✓④ ㄱ, ㄷ   ⑤ ㄴ, ㄷ

|자|료|해|설|

2018년 7월에 일주일 간격으로 작성한 일기도이므로 계절은 초여름임을 알 수 있다. (가)에서 북동-남서 방향으로 발달한 전선은 정체 정선, 즉 장마 전선이며 전선 북쪽에는 오호츠크 해 기단이, 전선 남쪽에는 북태평양 기단이 위치해 있다. (나)는 (가)에 비해 장마 전선이 북쪽으로 밀려 올라간 상태이며 우리나라는 북태평양 기단의 영향을 받고 있다.

|보|기|풀|이|

ㄱ. 정답 : (가)에서 장마 전선은 우리나라의 남쪽에 위치하고 있으며, 우리나라는 북동쪽에 위치한 오호츠크 해 기단의 영향을 받고 있다.

ㄴ. 오답 : (나)일 때 장마 전선은 한반도의 북쪽까지 밀려 올라가 있으며, 우리나라는 남부 지방에 위치한 고기압인 북태평양 기단의 영향을 받고 있으므로 상승 기류보다 하강 기류가 강하게 발달한다.

ㄷ. 정답 : (가)에서 우리나라는 한랭 다습한 오호츠크 해 기단의 영향을 받고 있지만, (나)에서 우리나라는 고온 다습한 북태평양 기단의 영향을 받고 있으므로, 서울의 하루 중 최고 기온은 (가)보다 (나)일 때 높다.

😮 **문제풀이 TIP** | 정체 전선인 장마 전선은 북쪽의 한랭 다습한 오호츠크 해 기단과 남쪽의 고온 다습한 북태평양 기단의 영향으로 형성된다. 초여름에 형성된 장마 전선은 북태평양 기단의 세력이 강해지면서 북쪽으로 이동해가며 소멸된다.

😀 **출제분석** | 장마 전선은 온대 저기압과 관련지어 출제되거나 태풍과 함께 출제되는 경우가 많다. 전선에 대한 기본 개념이 잘 학습되어 있으면 어렵지 않게 해결 가능하므로 기단과 전선의 특징을 잘 학습해야 한다.

11 전선

정답 ② 정답률 65% 2020년 3월 학평 15번 문제편 107p

그림은 정체 전선의 영향으로 호우가
발생했던 어느 날 자정에 관측한 우리나라
부근의 기상 위성 영상이다.
이에 대한 옳은 설명만을 <보기>에서 있는
대로 고른 것은?

→ 가시광선으로 촬영 불가

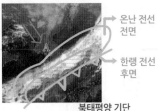

→ 온난 전선 전면
→ 한랭 전선 후면
북태평양 기단

|보|기|

적외선

ㄱ. ~~가시광선~~ 영역을 촬영한 영상이다.

ㄴ. A 지역에는 ~~남풍~~ 계열의 바람이 우세하다.

ㄷ. 정체 전선은 북동 - 남서 방향으로 발달해 있다.

북
서   북동
      남
남서   남

① ㄱ   ✓② ㄷ   ③ ㄱ, ㄴ   ④ ㄴ, ㄷ   ⑤ ㄱ, ㄴ, ㄷ

|자|료|해|설|
자정에 촬영하였으므로 가시광선이 아닌 적외선 영상이다.
구름 띠 아래에 정체 전선이 위치하여 한랭 전선의
후면이자 온난 전선의 전면에 많은 구름이 형성되었다.
A 지역에는 찬 공기가 북쪽에서 밀고 내려와 북풍 계열의
바람이 우세하다.

|보|기|풀|이|
ㄱ. 오답 : 자정에는 가시광선으로 촬영이 불가하므로
적외선 영상이다.

ㄴ. 오답 : A 지역은 정체 전선의 북쪽에 위치하므로
찬 공기가 북쪽에서 밀고 내려와 북풍 계열의 바람이
우세하다.

ㄷ. 정답 : 정체 전선은 북동 - 남서 방향으로 발달해 있다.

😮 문제풀이TIP | 정체 전선은 세력이 비슷한 찬 공기(찬 기단)와 따뜻한 공기(따뜻한 기단)가 한 곳에 오래 머물러 형성되는 전선으로 대표적인 예가 초여름 우리나라에 형성되는 장마 저선이다. 한랭 저선의 후면, 온나 저선의 저면에 강수지역이 형성된다.

😊 출제분석 | 위성 영상을 분석하는 문제는 자주 출제되었지만 영상 영역(가시광선/적외선 영역)을 구분하고 정체 전선 앞 뒤 기단에 따른 풍향의 우세를 따지는 부분은 신경 써서 다시 한 번 살펴야 할 중요한 부분이다.

12 기단과 전선

정답 ② 정답률 45% 2020학년도 수능 12번 문제편 107p

표의 (가)는 1일 강수량 분포를, (나)는 지점 A의 1일 풍향 빈도를
나타낸 것이다. $D_1 \rightarrow D_2$는 하루 간격이고 이 기간 동안 우리나라는
정체 전선의 영향권에 있었다.

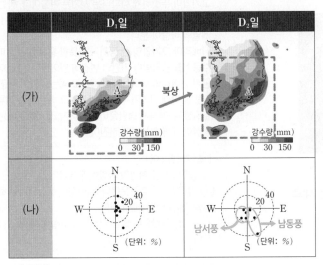

지점 A에 대한 설명으로 옳은 것만을 <보기>에서 있는 대로 고른
것은? 3점

|보기|

ㄱ. D_1일 때 정체 전선의 위치는 D_2일 때보다 ~~북~~ 남쪽이다.

ㄴ. D_2일 때 남동풍의 빈도는 남서풍의 빈도보다 크다.

ㄷ. D_1일 때가 D_2일 때보다 북태평양 기단의 영향을 ~~많이~~ 덜 받는다.

① ㄱ   ✓② ㄴ   ③ ㄱ, ㄷ   ④ ㄴ, ㄷ   ⑤ ㄱ, ㄴ, ㄷ

|자|료|해|설|
D_1일의 강수 구역은 D_2일에 비해 남쪽에 위치한다. 강수
구역은 정체 전선의 북쪽에 형성되므로 D_1일 때 정체
전선은 D_2일 때보다 남쪽에 위치한다. 북태평양 기단은
정체 전선의 남쪽에 자리하므로 정체 전선이 북상한 것은
북태평양 기단이 영향이 커짐을 의미한다.
(나) 자료에서 풍향 빈도는 D_1일 때 20% 미만으로 남동풍
4회, 북동풍 5회, 20%~40%에 남동풍 1회가 나타난다.
D_2일 때 풍향 빈도는 20% 미만으로 남동풍 2회, 남서풍
4회, 40%에 남동풍 1회가 나타난다.

|보|기|풀|이|
ㄱ. 오답 : 강수 구역은 정체 전선의 북쪽에 형성되므로
D_1일 때 정체 전선의 위치는 D_2일 때보다 남쪽이다.

ㄴ. 정답 : D_2일 때 남서풍의 빈도는 0에 가까운 값이
2회 있고 20% 미만이면서 20%에 가까운 값이 2회 있다.
남동풍의 빈도는 0에 가까운 값이 1회, 20% 미만이면서
20%에 가까운 값이 1회 있지만 40%인 값이 하나 더
있으므로 빈도는 남동풍이 남서풍보다 크다.

ㄷ. 오답 : 정체 전선의 남쪽에 북태평양 기단이
위치하는데, 북태평양의 영향이 커지면 정체 전선은
북상하게 된다. 따라서 정체 전선의 위치가 더 북쪽에 있는
D_2일 때 지점 A는 북태평양 기단의 영향을 더 받는다.

😮 문제풀이TIP | 강수 구역은 정체 전선의 북쪽에 형성된다.
정체 전선은 북쪽의 오호츠크해 기단과 남쪽의 북태평양 기단이
만나 형성된다.

😊 출제분석 | 우리나라에서 형성되는 전선의 종류와 그 원인,
강수 구역, 풍향 등을 묻는 문제는 자주 출제된다. 전선이 형성되는
원인을 알아두면 전선의 발달 과정도 쉽게 이해할 수 있고, 그
특징을 파악하는 데 도움이 된다.

그림은 우리나라에 영향을 준 어떤 전선의 6월 29일부터 7월 4일까지의 위치 변화를 나타낸 것이다. 이에 대한 옳은 설명만을 〈보기〉에서 있는 대로 고른 것은?

→ 초여름

→ 한랭 다습한 기단

7월 4일
7월 1일
7월 3일
6월 29일

장마 전선 북상

정체 전선(장마 전선) ←

A

→ 고온 다습한 기단

보기

ㄱ. 이 전선은 ~~폐색~~ 정체 전선이다.

ㄴ. A 지점에 영향을 주는 기단은 고온 다습하다.

ㄷ. 이 기간 동안 한랭한 기단의 세력은 계속 확장되었다.

① ㄱ   ✓② ㄴ   ③ ㄱ, ㄷ   ④ ㄴ, ㄷ   ⑤ ㄱ, ㄴ, ㄷ

😀 **문제풀이 T I P** | 정체 전선(장마 전선)은 북쪽의 차가운 기단(오호츠크 해 기단)과 남쪽의 따뜻한 기단 (북태평양 기단)이 만나 형성된다. 북쪽 기단이 강해지면 전선은 남하하고, 남쪽 기단이 강해지면 전선은 북상한다.

😀 **출제분석** | 전선의 종류와 정체 전선을 형성한 기단에 관한 쉬운 문항이다. 정체 전선은 장마를 일으키는 중요한 개념이므로 정체 전선을 형성하는 두 기단의 명칭과 성질, 전선과 구름 및 강수 구역의 위치를 정확히 정리해야 한다.

|자|료|해|설|

그림은 6/29~7/4의 일기도이므로 계절상으로 초여름에 속한다. 초여름에는 북쪽의 한랭 다습한 오호츠크 해 기단과 남쪽의 고온 다습한 북태평양 기단이 만나 정체 전선(장마 전선)을 형성한다. 정체 전선은 가로 방향으로 긴 띠 모양의 구름을 형성하고 오랜 기간 동안 많은 양의 강수를 형성한다. 전선을 형성한 두 기단의 세력에 따라 전선의 위치가 변하는데, 남쪽 기단의 세력이 확장되면 전선은 북상하고 북쪽 기단의 세력이 확장되면 전선은 남하한다. 제시된 자료에서는 전선이 대체로 북상하고 있으므로 남쪽의 고온 다습한 북태평양 기단의 세력이 확장되고 있다.

|보|기|풀|이|

ㄱ. 오답 : 이 전선은 북쪽의 차가운 기단과 남쪽의 따뜻한 기단이 만나 형성된 정체 전선(장마 전선)이다. 폐색 전선은 이동 속도가 빠른 한랭 전선이 온난 전선을 따라 잡아 형성되는 전선으로, 전선의 기호가 한쪽으로 겹쳐져 있다.

ㄴ. 정답 : 우리나라 초여름의 정체 전선은 주로 북쪽의 한랭 다습한 오호츠크 해 기단과 남쪽의 고온 다습한 북태평양 기단이 만나 형성된다. 따라서 A 지점은 고온 다습한 북태평양 기단이 영향을 주고 있다.

ㄷ. 오답 : 정체 전선은 두 기단의 세력에 따라 남하하거나 북상한다. 이 기간 동안 전선은 대체로 북상하였으므로 남쪽의 고온 다습한 북태평양 기단의 세력이 확장되었다.

그림 (가)와 (나)는 우리나라 일부 지역에 폭설 주의보가 발령된 어느 날 21시의 지상 일기도와 위성 영상을 나타낸 것이다.

→ 시베리아 고기압

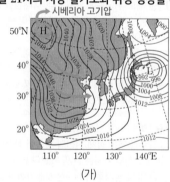

(가)

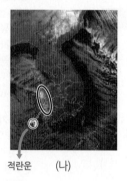

적란운 (나)

이날 우리나라의 날씨에 대한 옳은 설명만을 〈보기〉에서 있는 대로 고른 것은? 🔵3점

보기

ㄱ. ~~동풍~~ 서풍 계열의 바람이 우세하였다. → 고기압 → 저기압으로

ㄴ. ㉠에서 상승 기류가 발달하였다. → 적란운 생성 ⇒ 상승 기류 필요

ㄷ. 폭설이 내릴 가능성은 서해안보다 동해안이 ~~높다~~ 낮다. → 적란운이 있는 서해안에 폭설

① ㄱ   ✓② ㄴ   ③ ㄱ, ㄴ   ④ ㄱ, ㄷ   ⑤ ㄴ, ㄷ

|자|료|해|설|

(가)에서는 왼쪽 위에 고기압이 위치한다. 시베리아 고기압이 뚜렷하게 나타나는 시기는 겨울이다. 바람은 고기압에서 저기압으로 불기 때문에 전반적으로 서풍 계열의 바람이 분다.

시베리아 고기압의 찬 공기가 따뜻한 황해를 건널 때 열과 수증기를 공급받아 기단의 변질이 일어난다. 즉 ㉠에서는 공기 덩어리의 아래는 따뜻해지고 위는 차갑기 때문에 따뜻한 아래 공기가 위로 올라가려고 하는 상승 기류가 발달한다. 따라서 적란운이 만들어지고, 서해안에는 폭설이 내릴 가능성이 커진다.

|보|기|풀|이|

ㄱ. 오답 : 서풍 계열의 바람이 우세하다.

ㄴ. 정답 : ㉠은 적란운이다. 적란운이 생성되기 위해서는 상승 기류가 발달해야 한다.

ㄷ. 오답 : 적란운이 있는 서해안에 폭설이 내릴 가능성이 크다.

😀 **문제풀이 T I P** | 바람은 고기압에서 저기압으로 분다. 시베리아 기단의 찬 공기가 황해를 건널 때 기단의 변질이 일어나며 상승 기류가 발달하여 적란운이 만들어지고, 서해안에는 폭설이 내린다. (그림 (나)는 21시의 위성 영상인데 구름이 관찰되므로 적외 영상임을 알 수 있다. 일기도 상의 적외 영상에서 ㉠처럼 밝은 부분은 구름 최상부의 고도가 높다는 것을 의미한다.)

😀 **출제분석** | 온대 저기압이나 태풍은 아니지만 일기도와 위성 사진을 다루는 문제이다. 일기도와 위성 사진을 해석하는 것을 어려워하는 학생들이 많지만, 몇 가지 자료를 해석하다보면 보이는 공통점과 자주 출제되는 내용 위주로 정리하면 일기도 문제도 놓치지 않을 수 있다. 이 문제에서는 기단의 변질을 함께 다루어 체감 난이도가 더 높았으며, 배점도 3점이다.

그림 (가)와 (나)는 전선이 발달해 있는 북반구의 두 지역에서 전선의 ←북반구이므로 전선을 경계로 북쪽은 찬 공기, 남쪽은 따뜻한 공기
위치와 일기 기호를 나타낸 것이다. (가)와 (나)의 전선은 각각 온난 전선과 정체 전선 중 하나이고, 영역 A, B, C는 지표상에 위치한다.

북풍 계열

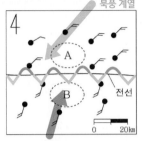

남풍 계열 (가) 정체 전선

남동풍

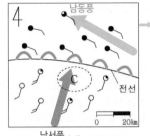

←상공에 전선면 존재

남서풍 (나) 온난 전선

이에 대한 옳은 설명만을 〈보기〉에서 있는 대로 고른 것은? ③점

보기

경계
ㄱ. (가)의 전선은 ~~온난~~ 전선이다.
ⓛ. 평균 기온은 A보다 B에서 높다.
ㄷ. C의 상공에는 전선면이 ~~존재한다.~~ 존재하지 않는다.

① ㄱ   ㄴ   ③ ㄱ, ㄴ   ④ ㄱ, ㄷ   ⑤ ㄴ, ㄷ

| 자 | 료 | 해 | 설 |

따뜻한 남풍과 차가운 북풍이 만나 형성된 (가)는 정체 전선이고, 전선 북쪽에 남동풍, 전선 남쪽에 남서풍이 부는 (나)는 온난 전선이다. 전선면은 따뜻한 공기가 차가운 공기 위를 타고 올라가면서 생성되므로 (나)에서 전선면은 전선 북쪽의 상공에 존재한다.

| 보 | 기 | 풀 | 이 |

ㄱ. 오답 : (가)의 전선은 남쪽에서 부는 남풍과 북쪽에서 불어오는 북풍이 만나는 정체 전선이다.

ⓛ. 정답 : 평균 기온은 북풍이 불어오는 A보다 남풍이 불어오는 B에서 더 높다.

ㄷ. 오답 : 전선 북쪽의 차가운 공기가 위치한 곳의 상공에 전선면이 존재한다.

😮 문제풀이 T I P | 온난 전선 : 따뜻한 공기가 찬 공기의 위를 타고 올라가면서 형성되는 전선으로, 찬 공기 쪽의 상공에 전선면이 형성된다. 온난 전선이 통과한 후 풍향은 남동풍에서 남서풍으로 변화한다.
정체 전선 : 세력이 비슷한 찬 공기와 따뜻한 공기가 한 곳에 오랫동안 머물러 형성되는 전선으로, 일정 지역의 상공에서 동서 방향으로 긴 구름 띠를 형성하여 많은 비를 내리게 하는 특징이 있다.

😊 출제분석 | 일기 기호를 보고 전선을 유추하는 문제로 전선면을 기준으로 전면과 후면의 날씨와 풍향을 잘 파악하면 어렵지 않게 풀 수 있는 문제이다.

그림은 우리나라를 통과하는 어느 온대 저기압에 동반된 한랭 전선과 온난 전선을 물리량에 따라 구분한 것이다.

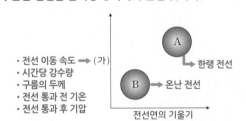

· 전선 이동 속도 → (가)
· 시간당 강수량
· 구름의 두께
· 전선 통과 전 기온
· 전선 통과 후 기압

A → 한랭 전선
B → 온난 전선

전선면의 기울기

이에 대한 설명으로 옳은 것만을 〈보기〉에서 있는 대로 고른 것은?

보기

B
ㄱ. 온난 전선은 ~~A~~ 이다.
시계
ㄴ. B가 통과하는 동안 풍향은 ~~시계 반대~~ 방향으로 변한다.
ⓒ. (가)에 해당하는 물리량으로 전선의 이동 속도가 있다.

① ㄱ   ㄷ   ③ ㄱ, ㄴ   ④ ㄴ, ㄷ   ⑤ ㄱ, ㄴ, ㄷ

| 자 | 료 | 해 | 설 |

중위도 지방에 나타나는 이동성 저기압인 온대 저기압은 전선을 동반한다. 이 중 진행 방향의 앞부분에 위치한 온난 전선은 따뜻한 공기가 찬 공기를 타고 올라갈 때 형성되며, 진행 방향의 뒷부분에 위치한 한랭 전선은 찬 공기가 따뜻한 공기를 파고 들어갈 때 형성된다. 두 전선은 생성 방식이 다르므로 이동 속도와 전선면의 경사, 전선 통과 전후에 나타나는 강수 형태와 면적, 풍향, 기온, 기압 등 여러 기상 요소들의 변화도 서로 다르게 나타난다.

| 보 | 기 | 풀 | 이 |

ㄱ. 오답 : 온난 전선은 전선면의 기울기가 작게 나타나므로 B가 온난 전선에 해당한다.

ㄴ. 오답 : B의 온난 전선이 통과하는 동안 풍향은 남동풍에서 남서풍으로 시계 방향으로 변화한다.

ⓒ. 정답 : 전선의 이동 속도는 온난 전선보다 한랭 전선이 더 크게 나타나므로, 전선의 이동 속도는 (가)에 해당하는 물리량으로 적합하다.

😮 문제풀이 T I P | 온대 저기압을 구성하는 온난 전선과 한랭 전선의 특징을 그래프로 비교하여 묻는 문제로서, 제시된 그래프의 y축에 적합한 물리량으로는 전선의 이동 속도, 시간당 강수량, 생성되는 구름의 두께, 전선 통과 전 기온, 전선 통과 후 기압 등이 있다.

😊 출제분석 | 전선과 날씨 변화에 관한 내용은 자주 출제되는 문항이다. 특히 온난 전선과 한랭 전선은 생성 방식과 기상 요소의 변화가 서로 다르게 나타나므로, 비교하여 암기해 두도록 하자.

02 온대 저기압과 날씨

필수개념 1 **온대 저기압 및 일기도 해석**

1. 온대 저기압의 형태

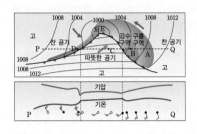

지역	특징
A지역	온난 전선 앞쪽의 구름 지역으로, 남동풍이 불고 넓은 지역의 상층에 층운형 구름이 발달. 햇무리가 나타남.
B지역	온난 전선 앞쪽의 강수 지역으로, 남동풍이 불고 넓은 지역에서 층운형 구름과 지속적인 비가 내림.
C지역	온난역에 해당. 남서풍이 불고 기온이 대체적으로 높고 기압이 낮으며 대체로 날씨가 맑음.
D지역	한랭 전선의 뒤쪽의 강수 지역으로, 북서풍이 주로 불고 좁은 지역에 소나기성 비가 내림.
E지역	저기압의 중심으로 기압이 가장 낮고 날씨가 흐리고 강수가 내리는 경우가 많음.

2. 한 지역에서 온대 저기압이 통과하면서 발생하는 변화

1) 기온: 낮음 → 높음 → 낮음

2) 기압: 높음 → 낮음 → 높음

3) 풍향: ① 관측소 기준 위로 통과시: 시계 방향으로 변화

　　　　② 아래로 통과시: 반시계 방향으로 변화

	온난 전선 통과 시	온난역	한랭 전선 통과 시
기온	기온 상승	따뜻	기온 하강
기압	기압 하강	낮은 기압	기압 상승
풍향	남동풍 → 남서풍	남서풍	남서풍 → 북서풍

▶ 온대 저기압과 전선
편서풍을 타고 이동하는 온대 저기압의 앞쪽에는 온난 전선이, 뒤쪽에는 한랭 전선이 존재한다.
이동 속도가 빠른 한랭 전선이 이동 속도가 느린 온난 전선을 따라가 겹쳐져 폐색 전선이 형성되면 온대 저기압이 소멸한다.

3. 온대 저기압의 발생과 소멸(주기 약 일주일 정도)

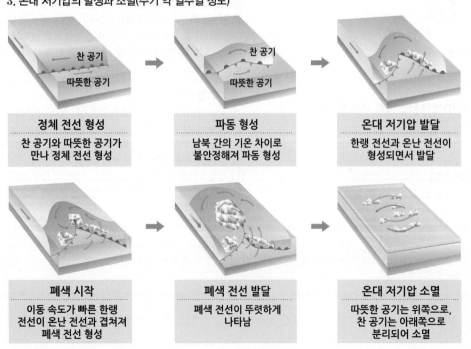

필수개념 2   일기 예보

기본자료

1. 일기 예보 과정: 기상 관측 자료 입수 → 일기도 작성 및 현재 일기 분석 → 예상 일기도 작성 → 일기 예보 및 통보

2. 일기 요소 관측: 라디오 존데, 기상 레이더, 기상 위성을 통해 관측

3. 일기 기호: 어느 지점의 일기 상태와 변화 경향을 알 수 있도록 나타낸 기호.

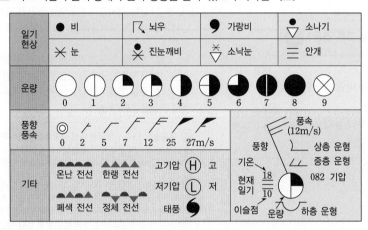

1) 기압은 천의 자리와 백의 자리 생략. **예** 132 → 1013.2hPa, 992 → 999.2hPa
2) 이슬점: 불포화된 공기가 냉각됨에 따라 포화되어 수증기가 응결되기 시작하는 온도
3) 풍향: 바람이 불어오는 방향. 직선으로 표시

4. 일기도 분석

1) 바람은 등압선과 비스듬하게 불며, 기압이 높은 곳에서 낮은 곳을 향해 분다.
2) 풍속은 등압선의 간격과 반비례
3) 전선을 기준으로 풍향, 풍속, 기온, 기압 등이 급변
4) 우리나라 부근은 편서풍대에 속하므로 날씨의 변화가 서쪽에서 동쪽으로 이동

▶ 라디오 존데
고층 기상 관측 기기로 질소를 넣은 풍선에 존데(sonde)를 매달아 띄우면 약 30km 상공까지 올라가면서 기온, 기압, 습도, 풍향, 풍속 등을 측정하여 지상으로 송신한다.

▶ 일기 예보의 종류
일일 예보 외에 1주일 동안의 일기를 예상하는 주간 예보, 한 달 동안의 일기를 예상하는 장기 예보, 태풍, 대설 등의 기상 재해가 예상될 때 발표하는 기상 특보(주의보, 경보) 등이 있다.

Ⅱ
1
ㅣ
02
온대 저기압과 날씨

그림 (가)는 어느 날 21시의 일기도이고, (나)는 같은 시각의 **위성 영상**이다.

밝을수록 구름 최상부 높이↑

 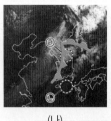

(가)   (나)

이에 대한 옳은 설명만을 〈보기〉에서 있는 대로 고른 것은? 3점

보기

21시
시계 방향
이후

ㄱ. 온대 저기압이 통과하는 동안 B 지점에서 바람의 방향은
시계 방향으로 변한다. → 차가움 → 따뜻

ㄴ. 지표면 부근의 기온은 A 지점이 B 지점보다 ~~높다~~. 낮다

ㄷ. 구름 최상부의 높이는 ㄱ보다 ㄴ에서 ~~높다~~. 낮다

밝을수록 높음 ← 밝음 → 어두움

✓① ㄱ   ② ㄷ   ③ ㄱ, ㄴ   ④ ㄴ, ㄷ   ⑤ ㄱ, ㄴ, ㄷ

| 자 | 료 | 해 | 설 |

(가)에서 온대 저기압이 나타난다. 온난 전선의 앞과 한랭 전선의 뒤에는 차가운 공기가, 온난 전선의 뒤, 한랭 전선의 앞에는 따뜻한 공기가 있다. 온대 저기압에서는 시계 반대 방향으로 바람이 불기 때문에 A 지점에는 북서풍이, B 지점에는 남서풍이 분다.

위성 영상은 밝을수록 구름 최상부의 높이가 높다. 따라서 (나)의 ㄱ이 ㄴ보다 구름 최상부의 높이가 높다.

| 보 | 기 | 풀 | 이 |

ㄱ. 정답 : 온대 저기압이 통과하는 동안 B 지점에서 바람은 남서풍이 불다가 북서풍이 불게 되므로, 시계 방향으로 변한다.

ㄴ. 오답 : 지표면 부근의 기온은 차가운 공기가 있는 A 지점보다 따뜻한 공기가 있는 B 지점이 높다.

ㄷ. 오답 : 구름 최상부의 높이는 위성 영상에서 더 밝은 ㄱ이 어두운 ㄴ보다 높다.

😀 **문제풀이 TIP** | 적외선 위성 영상에서 밝을수록 구름 최상부의 높이가 높고, 어두울수록 구름 최상부의 높이가 낮다. 온대 저기압이 통과할 때 바람의 방향은 시계 방향으로 변화한다.

😀 **출제분석** | 온대 저기압과 일기도 해석을 함께 묻는 고난도 문제이다. 물어보는 개념은 항상 비슷하지만, 항상 학생들이 어려워하기도 하고 배점이 높기도 하기 때문에 정확하게 정리해두는 것이 필요하다. ㄱ의 바람 방향 변화 개념이나 ㄷ의 위성 영상 해석 개념은 특히 더 잘 출제된다.

그림 (가)는 어느 날 21시 우리나라 주변의 지상 일기도를, (나)는 (가)의 21시부터 14시간 동안 관측소 A와 B 중 한 곳에서 관측한 기온과 기압을 나타낸 것이다.

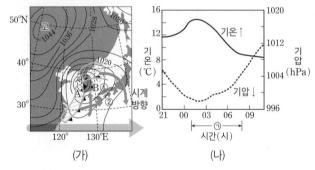

(가)   (나)

이 자료에 대한 설명으로 옳은 것만을 〈보기〉에서 있는 대로 고른 것은? 3점

보기

→ = 한랭 전선 후면

ㄱ. (가)에서 A의 상층부에는 주로 ~~층운형~~ 구름이 발달한다. 적운형

ㄴ. (나)는 B의 관측 자료이다. 온난역

ㄷ. (나)의 관측소에서 ㄱ기간 동안 풍향은 시계 ~~반대~~ 방향으로 바뀌었다.

① ㄱ   ✓② ㄴ   ③ ㄱ, ㄷ   ④ ㄴ, ㄷ   ⑤ ㄱ, ㄴ, ㄷ

| 자 | 료 | 해 | 설 |

온대 저기압은 편서풍의 영향으로 서쪽에서 동쪽으로 이동하며, 풍향은 시계 방향으로 변한다. 온대 저기압 중심의 온난역이 통과할 때 기온은 높고 기압은 낮아진다.

| 보 | 기 | 풀 | 이 |

ㄱ. 오답 : (가)에서 A는 한랭 전선 후면이므로 상층부에 층운형 구름이 아닌 적운형 구름이 발달한다.

ㄴ. 정답 : (가)에서 A는 한랭 전선 후면이고 B는 온난 전선과 한랭 전선의 사이로 온난역이다. A와 B의 21시 기압은 각각 1000~1008hPa이므로 (나)에서 실선을 기압이라 할 수 없고 점선이 기압이다. (나)에서 기압 변화는 시간에 따라 감소하였다가 증가하였으므로, (나)는 온난 전선과 한랭 전선 사이에 있는 B(온난역)에서 관측한 자료이다.

ㄷ. 오답 : B에서는 21시에 남서풍이 불고 있으나 한랭 전선이 지나간 후에는 북서풍으로 바뀌게 되므로 풍향은 시계 방향으로 바뀐다.

😀 **문제풀이 TIP** | 전선(온난 전선 → 한랭 전선)이 지나감에 따라 온대 저기압 주변의 기압과 날씨가 어떻게 변화하는지 그 특징을 정확하게 알아야 한다. 온난 전선 앞, 온난역, 한랭 전선 뒤로 나누어 분석해보는 것이 좋다.

😀 **출제분석** | 일기도와 기온 및 기압 변화 그래프를 비교하는 문제로 비교적 자주 출제된 유형이다.

그림 (가)와 (나)는 겨울철 어느 날 6시간 간격으로 작성된 지상 일기도를 순서 없이 나타낸 것이다. 편서풍 영향으로 (나) → (가)

(한랭 건조)

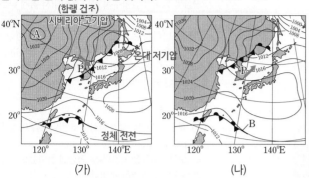

(가)   (나)

이에 대한 설명으로 옳은 것만을 〈보기〉에서 있는 대로 고른 것은?

보기
ㄱ. A는 한랭 건조한 고기압이다. (시베리아 고기압)
ㄴ. B는 정체 전선이다. 정체 전선 ～～ 폐색 전선 (나)
ㄷ. 이 기간 동안 P 지역의 풍향은 시계 방향으로 변했다. ⟳ 시계 방향
(가)

① ㄱ   ② ㄷ   ③ ㄱ, ㄴ   ④ ㄴ, ㄷ   ⑤ ㄱ, ㄴ, ㄷ

|자|료|해|설|
(가)와 (나)의 온대 저기압을 비교해보면 (가)가 더 동쪽에 위치한다. 편서풍의 영향으로 온대 저기압이 서쪽에서 동쪽으로 이동하기 때문에, (나)가 먼저, (가)가 나중에 작성된 일기도이다. (나)에서 P에는 남서풍이 불고, (가)에서는 북서풍이 분다. 따라서 시계 방향으로 풍향이 변하였다.
(가)의 A는 한랭 건조한 시베리아 고기압이다. (나)의 B는 찬 공기와 따뜻한 공기가 만난 정체 전선이다.

|보|기|풀|이|
ㄱ. 정답 : A는 시베리아 고기압이므로 한랭 건조하다.
ㄴ. 정답 : B는 정체 전선이다.
ㄷ. 정답 : 이 기간에 P 지역의 풍향은 남서풍에서 북서풍으로, 시계 방향으로 변했다.

문제풀이 TIP | 정체 전선과 폐색 전선의 차이를 명확하게 구분해야 한다.
온대 저기압이 지나갈 때 풍향은 시계 방향으로 변한다.

출제분석 | 온대 저기압은 매우 중요한 개념으로 시험에서도 매번 출제된다. 이 문제처럼 주어진 일기도를 해석하는 경우가 많다. 이 문제는 일기도 해석과 보기가 모두 어렵지 않아서 온대 저기압 개념 중에서는 쉽게 출제된 편이다. 특히 ㄷ 보기의 풍향 변화는 단골 출제되는 보기이므로 꼭 확인해야 한다.

그림은 어느 온대 저기압이 우리나라를 지나는 3시간($T_1 \rightarrow T_4$) 동안 전선 주변에서 발생한 번개의 분포를 1시간 간격으로 나타낸 것이다. 이 기간 동안 온난 전선과 한랭 전선 중 하나가 A 지역을 통과하였다.
이 자료에 대한 설명으로 옳은 것만을 〈보기〉에서 있는 대로 고른 것은? 3점

적란운 → 한랭 전선

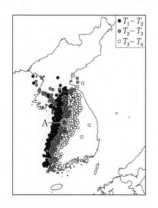

● $T_1 \sim T_2$
● $T_2 \sim T_3$
○ $T_3 \sim T_4$

보기
ㄱ. 이 기간 중 A의 상공에는 전선면이 나타났다. 한랭 전선 후면
ㄴ. $T_2 \sim T_3$ 동안 A에서는 적운형 구름이 발달하였다.
ㄷ. 전선이 통과하는 동안 A의 풍향은 시계 반대 방향으로 바뀌었다.

① ㄱ   ② ㄷ   ③ ㄱ, ㄴ   ④ ㄴ, ㄷ   ⑤ ㄱ, ㄴ, ㄷ

|자|료|해|설|
온대 저기압은 온난 전선과 한랭 전선을 포함하고 있다. 이때, 번개를 동반한 비는 적란운에서 발생하며 적란운은 한랭 전선의 후면에서 발생할 수 있다. 그러므로 A 지역을 통과한 전선은 한랭 전선이며, 한랭 전선은 전선의 후면으로 전선면이 위치한다. 또한 한랭 전선이 통과하기 전에는 남서풍이 불고, 한랭 전선이 통과하고 나면 북서풍으로 풍향이 시계 방향으로 바뀐다.

|보|기|풀|이|
ㄱ. 정답 : 한랭 전선은 전선의 후면에 전선면이 위치하고 구름이 발생한다. 이 기간 동안 A 지역에서 번개가 발생한 것으로 보아 이때 A의 상공에는 전선면이 위치했다.
ㄴ. 정답 : 번개는 적란운이 발달했을 때 발생할 수 있다. $T_2 \sim T_3$ 동안 A에서 번개가 발생했으므로 해당 시기 동안 적운형 구름이 발달했다.
ㄷ. 오답 : 전선이 통과하는 동안 A의 풍향은 시계 방향으로 바뀌었다.

문제풀이 TIP | 번개를 통해 구름의 종류를 파악하고, 구름의 종류를 통해 전선의 종류를 파악한다. 또한 전선의 종류에 따른 전선면과 구름의 위치를 구별해야 한다.

출제분석 | 온대 저기압에 대한 문제는 매년 출제되는 빈출 유형이다. 기본적인 문제부터 해석이 까다로운 고난도 문제까지 다양하게 출제된다. 본 문제 또한 자료 해석이 필요하고 전선의 종류와 구름의 위치 및 종류 등 다양한 개념을 묻는 문제로 낮은 난이도의 문제가 아닌데도 불구하고 정답률이 높았다. 온대 저기압이 빈출 유형이고 기출 문제도 많아 학생들이 꼼꼼하게 대비하고 있는 것으로 보인다.

다음은 위성 영상을 해석하는 탐구 활동이다.

[탐구 과정]
　　　　　　　→ 온도가 낮을수록 밝음, 구름이 높을수록 밝음
(가) 동일한 시각에 촬영한 가시 영상과 적외 영상을 준비한다.
(나) 가시 영상과 적외 영상에서 육지와 바다의 밝기를 비교한다.
(다) 가시 영상과 적외 영상에서 구름 A와 B의 밝기를 비교한다.

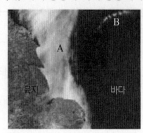 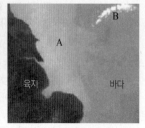

　　　　가시 영상 　　　　　　　　　　적외 영상

[탐구 결과]

구분	가시 영상	적외 영상
(나)	육지가 바다보다 밝다.	바다가 육지보다 밝다.→ 온도 : 바다＜육지 ⇒ 낮
(다)	A와 B의 밝기가 비슷하다.	B가 A보다 밝다.

이에 대한 설명으로 옳은 것만을 〈보기〉에서 있는 대로 고른 것은?

3점

보기
ㄱ. 육지는 바다보다 온도가 높다.
~~ㄴ~~. 위성 영상은 ~~밤~~에 촬영한 것이다. 낮 : 육지＞바다, 밤 : 육지＜바다
ㄷ. 구름 최상부의 높이는 B가 A보다 높다.

　　　　적외 영상에서 더 밝음◄
① ㄱ　　　② ㄴ　　　③ ㄷ　　　✔ㄱ, ㄷ　　　⑤ ㄴ, ㄷ

|자|료|해|설|
적외 영상은 온도가 낮을수록 밝게 나온다. 따라서 구름의 최상부 높이가 높을수록 온도가 낮아서 밝게 나온다. 육지보다 바다의 비열이 커서 낮에는 육지의 온도가 높고, 밤에는 바다의 온도가 더 높다. (나)의 적외 영상에서 바다가 육지보다 밝으므로 온도는 바다＜육지이고, 이때는 낮이다. (다)의 적외 영상에서 B가 A보다 밝으므로, B 구름 최상부의 높이가 더 높다.

|보|기|풀|이|
ㄱ. 정답 : 육지는 적외 영상에서 바다보다 어둡게 나오므로 바다보다 온도가 높다.
ㄴ. 오답 : 동일한 시각에 두 영상을 촬영했으므로, 위성 영상은 낮에 촬영한 것이다.
ㄷ. 정답 : 구름 최상부의 높이는 더 밝게 나온 B가 더 높다.

😮 **문제풀이 TIP** | 적외 영상은 저온일수록 밝게 표시된다. 낮에는 육지가, 밤에는 바다가 더 온도가 높다.

😄 **출제분석** | 위성 영상을 해석하는 문제인데, ㄱ~ㄷ 모든 보기가 평이한 수준이다. 적외 영상의 특징(저온일수록 밝게 나옴) 하나만 정확하게 알고 있다면 답을 찾을 수 있는 쉬운 문제지만, 영상을 해석한다는 것이 학생들이 체감하기에 어렵게 느껴질 수 있다. 3점 배점이지만 정답률은 높은 편이다.

그림은 전선을 동반한 온대 저기압의 모습을 인공위성에서 촬영한 가시광선 영상이다. ㉠과 ㉡은 각각 온난 전선과 한랭 전선 중 하나이다.

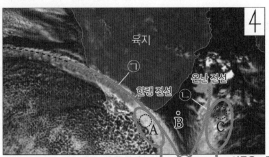

밝음=구름 두께↑   ⓛ 중심   어두움=구름 두께↓

이에 대한 설명으로 옳은 것만을 <보기>에서 있는 대로 고른 것은?

3점

보기

㉠ 온난 전선은 ㉡이다.
→ 적란운 → 층운형 구름
㉡ 구름의 두께는 A 지역이 C 지역보다 두껍다.
ㄷ. 지점 B의 상공에는 전선면이 발달한다. 하지 않는다.
→ 온난역

① ㄱ   ② ㄷ   ✓ ㄱ, ㄴ   ④ ㄴ, ㄷ   ⑤ ㄱ, ㄴ, ㄷ

|자|료|해|설|

가시광선 영상에서 밝을수록 구름의 두께가 두껍고, 어두울수록 구름의 두께가 얇다는 특징이 있다. A는 밝게 보이므로 이 지역에는 구름의 두께가 두꺼운 적운형 구름이 있다. 따라서 ㉠은 한랭 전선이다. B는 두 전선 사이에 있는 온난역이다. C는 A에 비해 어둡게 보이므로 이 지역에는 구름의 두께가 얇은 층운형 구름이 있다. 따라서 ㉡은 온난 전선이다.

|보|기|풀|이|

㉠ 정답 : C 부근에 층운형 구름이 있으므로 ㉡은 온난 전선이다.

㉡ 정답 : 가시 영상에서 더 밝게 보이는 A 지역이 C 지역보다 구름의 두께가 두껍다.

ㄷ. 오답 : 지점 B는 온난 전선과 한랭 전선 사이에 있는 온난역이므로 상공에 전선면이 발달하지 않는다.

💡 **분세풀이 TIP** | 한랭 선선 우변에는 석운형 구름이 발달하여 좁은 지역에 걸쳐 소나기가 내린다. 온난 전선 전면에는 층운형 구름이 발달하여 넓은 지역에 걸쳐 흐리거나 지속적으로 약한 비가 내린다. 두 전선의 사이에는 비가 오지 않는 온난역이 존재한다. 중위도에서 발달한 온대 저기압은 편서풍의 영향을 받으므로, 서쪽에서 동쪽으로 이동하기 때문에 이동 방향에서 더 앞쪽(동쪽)에 있는 ㉡을 온난 전선이라고 생각해도 된다.

😀 **출제분석** | 평소에 아는 온대 저기압의 모습과는 약간 다른 모습이라 학생들이 문제를 보고 많이 당황했을 것이다. 주로 출제되는 북반구의 온대 저기압 문제라고 생각했을 때는 ㄱ, ㄴ, ㄷ 보기 모두 매우 평이하여 쉬운 문제가 될 수 있었으나, 남반구의 온대 저기압이라는 생소한 자료가 출제되어 배점이 3점인 고난도 문제가 되었다.

그림 (가)는 어느 날 우리나라를 통과한 온대 저기압의 이동 경로를, (나)는 이날 관측소 A, B 중 한 곳에서 관측한 풍향의 변화를 나타낸 것이다.

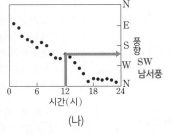

(가)   (나)

이에 대한 옳은 설명만을 <보기>에서 있는 대로 고른 것은?

보기

㉠ (가)에서 온대 저기압의 이동은 편서풍의 영향을 받았다.
ㄴ. (나)는 A에서 관측한 결과이다. (∵ 남서풍)
     B
ㄷ. (나)를 관측한 지역에서는 이날 12시 이전에 소나기가 내렸을 것이다.
                              이슬비

✓ ㄱ   ② ㄷ   ③ ㄱ, ㄴ   ④ ㄴ, ㄷ   ⑤ ㄱ, ㄴ, ㄷ

|자|료|해|설|

온대 저기압은 중위도 온대 지방에서 발생하며 편서풍의 영향으로 서에서 동으로 이동하면서 전선을 동반하는 저기압이다. (가)의 B 지역에서 풍향은 남동풍 → 남서풍 → 북서풍으로 변했다. (나) 그래프를 보면 12시에 남서(SW)풍이 부는 것으로 보아 B 지역에서 관측한 결과이다. B 지역의 12시 이전에는 온난 전선에 위치했으므로 이슬비가 내렸을 것이다.

|보|기|풀|이|

㉠ 정답 : (가)는 중위도 온대 지방에서 발생한 온대 저기압이므로 편서풍의 영향을 받았다.

ㄴ. 오답 : (나)의 12시는 남서풍을 가리키기 때문에 B에서 관측한 결과이다.

ㄷ. 오답 : B 지역이 13시에 온대 저기압이 통과하고 있기 때문에 12시 이전에는 온대 저기압이 B 지역의 왼쪽에 위치하여 B 지역은 온난 전선의 전면에 위치하게 되고 그로 인해 소나기가 아닌 이슬비가 내렸을 것이다.

😮 **문제풀이 TIP** | 시간의 흐름에 따른 온대 저기압의 풍향을 이해해야 한다. 온대 저기압의 중심에서부터 반시계 방향 바람을 그리고 시간이 지남에 따라 시계 방향(남동풍 → 남서풍 → 북서풍)으로 풍향이 변함을 기억하자.

😀 **출제분석** | 온대 저기압의 이동 경로와 풍향 변화를 비교하는 문제이지만 온대 저기압 문제로는 어렵지 않은 난이도로 볼 수 있다.

그림은 어느 날 t_1 시각의 지상 일기도에 온대 저기압 중심의 이동 경로를, 표는 이 날 관측소 A에서 t_1, t_2 시각에 관측한 기상 요소를 나타낸 것이다. t_2는 전선 통과 3시간 후이며, $t_1 \to t_2$ 동안 온난 전선과 한랭 전선 중 하나가 A를 통과하였다.

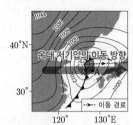

시각	기온 (℃)	바람	강수
t_1	17.1	남서풍	없음
t_2	12.5	북서풍	있음

이 자료에 대한 설명으로 옳은 것만을 〈보기〉에서 있는 대로 고른 것은? 3점

〈보기〉
ㄱ. t_1일 때 A 상공에는 전선면이 ~~나타난다.~~ 나타나지 않는다
ㄴ. $t_1 \sim t_2$ 사이에 A에서는 적운형 구름이 관측된다.
ㄷ. $t_1 \to t_2$ 동안 A에서의 풍향은 시계 방향으로 변한다.

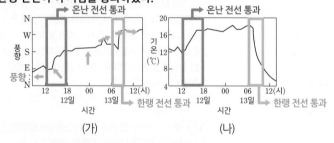
→ 한랭 전선 통과

① ㄱ   ② ㄴ   ③ ㄱ, ㄷ   ✓④ ㄴ, ㄷ   ⑤ ㄱ, ㄴ, ㄷ

|자|료|해|설|
우리나라에서 온대 저기압은 서쪽에서 동쪽으로 이동한다. 따라서 t_1일 때, A 지점은 온난 전선이 지난 후로 맑은 날씨가 나타난다. t_2일 때는 기온이 낮아지고 풍향이 북서풍으로 변하였으며 강수 현상도 발생하는 것으로 보아 한랭 전선이 A 지점을 통과한 후이다.

|보|기|풀|이|
ㄱ. 오답 : 온난 전선의 전면과 한랭 전선의 후면에 위치한 지점의 상공에 각각 전선면이 나타난다. 따라서 t_1일 때 A 지점은 온난 전선과 한랭 전선의 사이에 위치하므로 A 상공에는 전선면이 나타나지 않는다.
ㄴ. 정답 : $t_1 \sim t_2$ 사이에 한랭 전선이 A 지점을 통과하므로 A에서 적운형 구름이 관측된다.
ㄷ. 정답 : $t_1 \to t_2$ 동안 A에서의 풍향은 남서풍에서 북서풍으로 변하므로 시계 방향으로 변한다.

👀 문제풀이 T I P | 바람의 방향을 찾을 때는 어느 한 지점을 중심으로 잡고, 풍향에 맞는 화살표를 그려 시작점의 변화 또는 도착점의 변화를 따라 그리면 쉽게 구할 수 있다.

그림 (가)와 (나)는 북반구 어느 지점에서 온대 저기압이 통과하는 동안 관측한 풍향과 기온을 나타낸 것이다. 이 기간 동안 온난 전선과 한랭 전선이 이 지점을 통과하였다.

(가)

(나)

이 지점에서 나타난 현상에 대한 옳은 설명만을 〈보기〉에서 있는 대로 고른 것은? 3점

〈보기〉
ㄱ. 풍향은 대체로 시계 방향으로 변하였다.
ㄴ. 한랭 전선은 13일 06시 ~~이전~~ 이후에 통과하였다.
ㄷ. 저기압 중심은 이 지점의 ~~남쪽~~ 북쪽으로 통과하였다.

✓① ㄱ   ② ㄴ   ③ ㄱ, ㄷ   ④ ㄴ, ㄷ   ⑤ ㄱ, ㄴ, ㄷ

|자|료|해|설|
(가)에서 풍향은 동풍 → 남동풍 → 남풍 → 남서풍 → 서풍으로 변한다. (나)에서 기온은 12일 오후에 상승하여 13일 아침까지 비교적 높은 기온을 유지하다가 13일 오전 중에 급격히 하강하였다.
온난 전선의 앞쪽에서는 층운형의 구름이 생기고 약한 비가 지속적으로 내릴 수 있다. 바람은 온대 저기압의 중심을 향해 불기 때문에 남동풍이 분다. 온난 전선이 통과하면 기온은 올라가고 맑은 날이 지속된다. 바람은 남풍, 남서풍이 분다. 한랭 전선이 통과하면 적운형 구름이 생성되고 소나기가 내릴 수 있다. 바람은 북서풍이 분다.

|보|기|풀|이|
ㄱ. 정답 : 풍향은 동풍 → 남동풍 → 남풍 → 남서풍 → 서풍으로 변하므로 풍향은 대체로 시계 방향으로 변하였다.
ㄴ. 오답 : 한랭 전선이 통과하면 기온이 급격히 낮아진다. 13일 06시 이후에 기온이 낮아지므로 한랭 전선은 13일 06시 이후에 통과하였다.
ㄷ. 오답 : 이 지역은 풍향이 시계 방향으로 변한 것으로 보아 온대 저기압 중심의 남쪽에 위치한다. 따라서 저기압 중심은 이 지점의 북쪽으로 통과하였다.

👀 문제풀이 T I P | 온난 전선이 통과하면 기온이 올라가고, 한랭 전선이 통과하면 기온이 내려간다. 바람은 온대 저기압의 중심을 향해 분다.

👀 출제분석 | 온대 저기압이 통과할 때 저기압 중심의 남쪽 지역의 날씨 변화에 관한 문제이다. 온난 전선과 한랭 전선의 특징을 기억하면 자료를 해석하는 데 큰 어려움은 없다. 풍향과 기온의 변화는 온대 저기압의 두드러진 특징이므로 꼭 정리해두자.

그림 (가)와 (나)는 어느 날 같은 시각의 지상 일기도와 **적외 영상**을 나타낸 것이다. 이때 우리나라 주변에는 **전선을 동반한 2개의 온대 저기압**이 발달하였다.

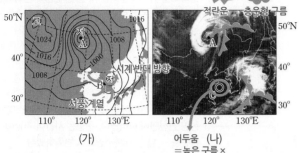

(가)   어두움 (나)✕ =높은 구름

이 자료에 대한 설명으로 옳은 것만을 〈보기〉에서 있는 대로 고른 것은? **3점**

보기

ㄱ. A 지점의 저기압은 폐색 전선을 동반하고 있다.

ㄴ. B 지점은 서풍 계열의 바람이 우세하다.

ㄷ. C 지역에는 적란운이 발달해 ~~있다~~ 있지 않다.

① ㄱ   ② ㄴ   ③ ㄷ   ✓ ㄱ, ㄴ   ⑤ ㄴ, ㄷ

|자|료|해|설|

A 지점은 온대 저기압의 중심이다. (나)에서 A 지점 주변으로 한랭 전선과 온난 전선이 확실히 구분된 모양이 아니라, 쉼표 모양이 나타나고 있으므로, 한랭 전선이 온난전선을 따라잡아서 생기는 폐색 전선이 만들어진 상황이다. B 주변에서 나타나는 온대 저기압 역시 비슷한 상황이라고 볼 수 있다.

바람은 고기압에서 저기압으로 불고, 저기압 주변에서는 시계 반대 방향으로 분다. 따라서 온대 저기압의 왼쪽인 B 지점에서는 서풍 계열의 바람이 불어오고 있다. C 지역은 (나)에서 어둡게 나타나고 있으므로 키가 큰 적란운은 발달하지 않았다.

|보|기|풀|이|

ㄱ. 정답 : A 지점은 (나)에서 쉼표 모양으로 구름이 나타나고 있으므로, 한랭 전선이 온난 전선을 따라잡아 생기는 폐색전선이 나타나고 있다.

ㄴ. 정답 : B 주변에서 바람은 시계 반대 방향으로 불고 있으므로 서풍 계열의 바람이 우세하다.

ㄷ. 오답 : C 지역에는 적란운이 발달하지 않았다. 흰색으로 표시되어야 적란운이 발달한 것을 알 수 있다.

🦉 **문제풀이 TIP** | 적외 영상에서 밝은 부분은 구름이 높게 있는 곳으로, 주로 적란운이 생성된 지역이다. 저기압은 지상에서 시계 반대 방향으로 바람이 분다.

😀 **출제분석** | 온대 저기압은 매 시험에서 빠지지 않고 출제될 정도로 중요한 개념이다. 특히 배점이 3점으로 출제되는 경우가 많아서 고득점을 노리는 학생들은 온대 저기압 문제를 놓치지 말아야 한다. 이 문제처럼 지상 일기도와 적외 영상이 주어지면 체감 난이도가 높아진다. 적외 영상에서 밝은 부분은 구름이 높게 있는 부분이라는 것을 기억해야 한다.

그림 (가)는 어느 날 우리나라 주변의 지상 일기도를, (나)는 B, C 중 한 곳의 날씨를 일기 기호로 나타낸 것이다.

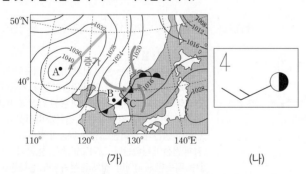

(가)   (나)

이에 대한 설명으로 옳은 것만을 〈보기〉에서 있는 대로 고른 것은?

보기

ㄱ. A에는 하강 기류가 나타난다. (고기압이므로)

ㄴ. 기온은 B가 C보다 ~~높다~~. 낮다

ㄷ. (나)는 ~~B~~의 일기 기호이다.   C

✓ ㄱ   ② ㄴ   ③ ㄱ, ㄷ   ④ ㄴ, ㄷ   ⑤ ㄱ, ㄴ, ㄷ

|자|료|해|설|

A는 고기압 중심으로 등압선의 숫자가 점점 증가하는 것을 알 수 있다. 온대 저기압은 서에서 동으로 이동하므로 온난전선, 한랭전선 순으로 통과하며 전선을 경계로 풍향, 날씨, 기온 등이 크게 달라진다. B는 한랭전선 후면으로 북서풍이 불고 적운형 구름, 소나기성 비가 내린다. C는 온난전선과 한랭전선 사이로 남서풍이 불며, 대체로 맑고 기온이 높은 온난지역에 해당한다.

|보|기|풀|이|

ㄱ. 정답 : A는 주변 지역에 비해 고기압이므로 하강기류가 나타난다.

ㄴ. 오답 : B는 한랭전선이 통과하면서 온도가 하강하므로 기온은 B가 C보다 낮다.

ㄷ. 오답 : (나)의 일기기호는 운량 5(갬)이고, 남서풍이며, 7m/s 풍속을 나타낸다. 따라서 날씨가 맑고 남서풍이 부는 C의 일기기호이다.

🦉 **문제풀이 TIP** | 온대 저기압이 지나가는 지역의 날씨는 전선의 전후면에 따라 변화한다. 온난 전선과 한랭 전선을 기준으로 풍향은 남동풍 → 남서풍 → 북서풍으로 변화하고, 차례로 층운형 구름(이슬비), 맑은 날씨, 적운형 구름(소나기)의 특징이 두드러지게 나타난다.

😀 **출제분석** | 일기도와 일기기호를 동시에 묻는 문제였지만 자료해석이 절대 어렵지 않은 난이도로 출제되었다. 온대저기압 주변의 날씨는 매우 출제 빈도가 높으니 반드시 기억해야 한다.

그림은 온대 저기압 중심이 북반구 어느 관측소의 북쪽을 통과하는 36시간 동안 관측한 기상 요소를 나타낸 것이다. 이 기간 동안 온난 전선과 한랭 전선이 모두 이 관측소를 통과하였다.

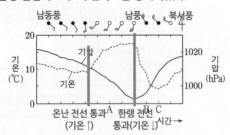

이 자료에 대한 설명으로 옳은 것만을 〈보기〉에서 있는 대로 고른 것은? **3점**

> **보기**
> ㄱ. 기압이 가장 낮게 관측되었을 때 남풍 계열의 바람이 불었다.
> ㄴ. A일 때 관측소의 상공에는 ~~온난 전선면이 나타난다.~~ 전선면이 없다.
> ㄷ. 관측소에서 B와 C 사이에는 주로 적운형 구름이 관측된다.
>   └→ 온난역

① ㄱ   ② ㄴ   ✓ ㄱ, ㄷ   ④ ㄴ, ㄷ   ⑤ ㄱ, ㄴ, ㄷ

| 자 | 료 | 해 | 설 |

온대 저기압 중심이 북반구 어느 관측소의 북쪽을 통과할 때, 온난 전선이 관측소를 먼저 통과하고, 한랭 전선이 관측소를 나중에 통과한다. 온난 전선이 관측소를 통과하면 기온이 상승하고, 한랭 전선이 관측소를 통과하면 기온이 하강한다. 따라서 A 이전에 온난 전선이 관측소를 통과하였으며, B 이전에 한랭 전선이 관측소를 통과하였다. 온난 전선면은 온난 전선 통과 이전 관측소의 상공에 나타나고, 한랭 전선면은 한랭 전선 통과 이후 관측소의 상공에 나타난다. 따라서 A일 때 관측소의 상공에는 전선면이 없고, B와 C일 때 관측소의 상공에는 한랭 전선면이 나타난다. 풍향은 시간이 지남에 따라 남동풍 → 남풍 → 북서풍으로 변화하였다.

| 보 | 기 | 풀 | 이 |

ㄱ. 정답 : 기압이 가장 낮게 관측되었을 때는 B 이전으로, 남풍 계열의 바람이 불었다.

ㄴ. 오답 : A일 때는 온난 전선 통과 이후, 한랭 전선 통과 이전이므로 관측소의 상공에 전선면이 없다.

ㄷ. 정답 : B와 C일 때는 한랭 전선이 관측소를 통과한 이후이므로, 관측소에서 B와 C 사이에는 주로 적운형 구름과 함께 소나기가 관측된다.

😮 **문제풀이 TIP** | 온난 전선의 앞쪽에 층운형 구름이 발달하므로 넓은 지역에 걸쳐 이슬비가 내리고, 한랭 전선의 뒤쪽에 적운형 구름이 발달하므로 좁은 지역에 걸쳐 소나기가 내린다. 온난 전선과 한랭 전선 사이는 온난역으로 구름이 없고 맑은 날씨가 되며, 기온이 높아지고 기압이 낮아진다.

😀 **출제분석** | 온대 저기압 문제 중에서도 이 자료처럼 기온, 기압, 풍향 자료가 제시되면 학생들이 어려워하는 경우가 많다. 이 문제는 기압과 기온을 구분하여 제시하였으므로 그래프 해석이 어렵지 않은 편이다. ㄱ 보기는 자료 해석으로, ㄴ 보기는 전선의 통과 시점을 찾아 전선면의 위치를 구분하여, ㄷ 보기는 어떤 전선이 통과했는지를 구분하여 판단해야 했다. ㄴ 보기가 가장 까다로운 편이었다.

     ┌→ 중위도에서 발생
그림은 온대 저기압의 발생 과정 중 전선에 파동이 형성되는 모습을 나타낸 것이다. 이 자료에 대한 옳은 설명만을 〈보기〉에서 있는 대로 고른 것은?

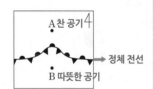

> **보기**
>   중위도
> ㄱ. 이러한 파동은 주로 ~~열대 해상~~에서 발생한다.
>   정체
> ㄴ. ~~폐색~~ 전선이 발달해 있다.
> ㄷ. 기온은 A 지점이 B 지점보다 낮다.
>   찬 공기 └→   └→ 따뜻한 공기

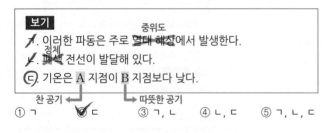

① ㄱ   ✓ ㄷ   ③ ㄱ, ㄴ   ④ ㄴ, ㄷ   ⑤ ㄱ, ㄴ, ㄷ

| 자 | 료 | 해 | 설 |

중위도에서 발생하는 온대 저기압은 고위도의 찬 공기와 저위도의 따뜻한 공기가 만나 만들어진다. 처음에는 정체 전선이 형성되고, 파동이 생기며 온난 전선과 한랭 전선이 생긴다. 이후 한랭 전선이 온난 전선을 따라잡아 폐색 전선이 생긴다. 주어진 그림은 파동이 형성되는 과정으로, 정체 전선이 나타난다. 고위도인 A는 찬 공기, 저위도인 B는 따뜻한 공기이다. 정체 전선의 세모 반대편이 찬 공기, 반원 반대편이 따뜻한 공기라고 생각해도 된다.

| 보 | 기 | 풀 | 이 |

ㄱ. 오답 : 이러한 파동은 주로 중위도에서 발생한다. 열대 해상에서는 태풍이 발생한다.

ㄴ. 오답 : 정체 전선이 발달해 있다.

ㄷ. 정답 : 기온은 찬 공기가 있는 A 지점이 따뜻한 공기가 있는 B 지점보다 낮다.

😮 **문제풀이 TIP** | 온대 저기압의 발생 과정: (초기) 정체 전선 형성 → 파동 형성 → 온대 저기압(온난 전선+한랭 전선) 발생 → 폐색 전선 발생 → 소멸

😀 **출제분석** | 온대 저기압 문제 중에서는 상당히 쉬운 편이다. 온대 저기압은 주로 일기도나 위성 사진 등 자료 해석을 요하는 문제가 많이 출제된다. 어렵게 출제될 때는 풍향이나 기온, 기압 그래프를 통해 어떤 전선이 통과한 상태인지 묻기도 한다. 온대 저기압은 수능에서 빠지지 않고 출제되는 개념이므로 어려운 자료도 해석하는 연습을 충분히 해야 한다.

그림 (가)와 (나)는 어느 날 12시간 간격의 지상 일기도를 순서 없이 나타낸 것이다.

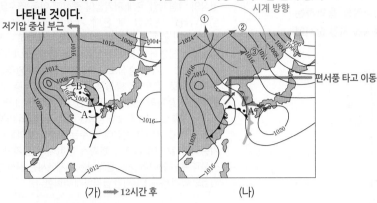

(가) ⟶ 12시간 후　　　　(나)

이에 대한 설명으로 옳은 것만을 〈보기〉에서 있는 대로 고른 것은?

> 보기
>
> ㄱ. (가)의 B 지역에는 하강 [상승] 기류가 발달한다.
> ㄴ. (가)는 (나)보다 12시간 후의 일기도이다.
> ㄷ. 이 기간 동안 A 지역의 풍향은 시계 방향으로 변하였다.

① ㄱ　　② ㄴ　　③ ㄱ, ㄷ　　✔④ ㄴ, ㄷ　　⑤ ㄱ, ㄴ, ㄷ

|자|료|해|설|

우리나라는 편서풍의 영향을 받는 지역이므로 지상 일기도의 온대 저기압은 서에서 동으로 이동하게 된다. 따라서 저기압의 위치가 더 서쪽에 위치한 (나)가 (가)보다 12시간 전의 일기도이다. 북반구에서 저기압은 주위보다 기압이 낮으므로 공기가 저기압 중심으로 반시계 방향으로 회전하며 불어 들어오게 된다. 저기압의 중심이 관측 지점의 왼쪽에서 오른쪽으로 통과하게 되면 관측 지점의 풍향은 시계 방향으로 변하게 된다. 저기압의 이동 경로를 따라 관측 지점에서 화살표를 그려보면 풍향의 변화를 쉽게 알아낼 수 있다.

|보|기|풀|이|

ㄱ. 오답 : B는 온대 저기압의 중심 부근으로 주변보다 기압이 낮은 곳이다. 온대 저기압의 중심에서는 상승 기류가 발생한다.

ㄴ. 정답 : 편서풍의 영향을 받아 온대 저기압은 서에서 동으로 이동하므로 (나)가 (가)보다 12시간 전의 일기도이다.

ㄷ. 정답 : 저기압 중심이 A 지역의 좌측에서 A지역의 우측으로 이동하고 있으므로 A지역에서 저기압 중심의 이동 경로를 따라 화살표를 그려보면 풍향이 시계 방향(남동풍 →남서풍 →북서풍)으로 변하는 것을 알 수 있다.

😀 문제풀이 TIP | 온대 저기압의 특징과 시간에 따른 변화 양상을 묻는 문제이다. 자주 접해봤을 문제 유형이라 어렵지 않으나 남반구일 때는 어떻게 될지 한 번쯤은 꼭 생각해 보자.

😀 출제분석 | 온대 저기압에 대한 기본적인 문제로 대기 대순환의 개념과 온대 저기압의 개념을 섞어서 출제한 유형의 문항이다. 난도가 높은 문제는 아니므로 과거 기출 문제들을 풀어보자.

그림 (가)와 (나)는 어느 온대 저기압이 우리나라를 지날 때 12시간 간격으로 작성한 지상 일기도를 순서대로 나타낸 것이다. 일기 기호는 A 지점에서 관측한 기상 요소를 표시한 것이다.

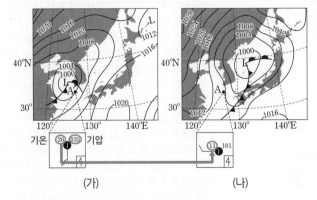

(가)　　　　(나)

이 자료에 대한 설명으로 옳은 것만을 〈보기〉에서 있는 대로 고른 것은?

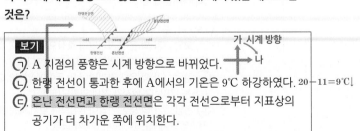

> 보기
>
> ㄱ. A 지점의 풍향은 시계 방향으로 바뀌었다.
> ㄴ. 한랭 전선이 통과한 후에 A에서의 기온은 9℃ 하강하였다. 20-11=9℃↓
> ㄷ. 온난 전선면과 한랭 전선면은 각각 전선으로부터 지표상의 공기가 더 차가운 쪽에 위치한다.

① ㄱ　　② ㄷ　　③ ㄱ, ㄴ　　④ ㄴ, ㄷ　　✔⑤ ㄱ, ㄴ, ㄷ

|자|료|해|설|

온대 저기압은 서에서 동으로 이동하므로 온난 전선, 한랭 전선 순으로 통과하며 전선을 경계로 하여 풍향, 날씨, 기온 등이 크게 달라진다. 온대 저기압이 통과할 때 저기압 중심이 관측 지역의 북쪽으로 통과하는 경우 풍향은 시계 방향으로 변하고, 관측 지역의 남쪽으로 통과하는 경우 풍향은 시계 반대 방향으로 변한다.

|보|기|풀|이|

ㄱ. 정답 : A 지점은 온대 저기압 중심이 북쪽으로 통과하였으므로 풍향이 시계 방향으로 바뀌었다.

ㄴ. 정답 : A 지점의 기온은 한랭 전선이 통과하기 전에 20℃, 통과한 후에 11℃이다. 따라서 한랭 전선이 통과한 후에 A에서의 기온은 9℃ 하강하였다.

ㄷ. 정답 : 온난 전선과 한랭 전선 모두 차가운 공기가 따뜻한 공기 아래쪽에 위치한다. 따라서 온난 전선면과 한랭 전선면은 각각 저선으로부터 지표상의 공기가 더 차가운 쪽에 위치한다.

😀 문제풀이 TIP | 일기 기호를 읽을 수 있어야한다. 기온은 20℃에서 11℃로, 기압은 1003.5hPa에서 1010.1hPa로, 풍속은 10m/s에서 5m/s로 하강했다.

😀 출제분석 | 일기도 분석, 일기 기호 분석, 전선면을 입체적으로 생각해야 하는 문제였으므로 다소 난이도가 높았으나 자료해석이 중요해진 만큼 반드시 기억해야 할 문제 유형이다.

그림 (가)는 어느 온대 저기압 중심의 이동 경로와 관측 지역을, (나)의 A, B, C는 이 온대 저기압 중심이 우리나라를 통과하는 동안 원주와 거제 중 한 지역에서 관측한 풍향과 풍속을 시간 순서에 관계없이 나타낸 것이다.

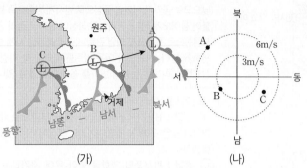

(가)   (나)

이에 대한 옳은 설명만을 <보기>에서 있는 대로 고른 것은? **3점**

보기

ㄱ. (나)는 거제에서 관측한 결과이다.

~~ㄴ.~~ 관측 순서는 A → B → C이다.

~~ㄷ.~~ B와 C가 관측된 시각 사이에 관측 지역에는 ~~소나기~~ 이슬비 가 내렸을 것이다.

✓① ㄱ   ② ㄷ   ③ ㄱ, ㄴ   ④ ㄴ, ㄷ   ⑤ ㄱ, ㄴ, ㄷ

|자|료|해|설|

첨삭의 그림처럼 온대 저기압의 중심이 이동 경로를 따라 우리나라를 통과할 때 온대 저기압 중심보다 아래에 위치한 거제에서는 풍향이 남동풍→남서풍→북서풍 순으로 변하면서 풍향의 변화가 시계 방향으로 나타난다. 반면 온대 저기압 중심보다 위쪽에 위치한 원주에서는 대략적으로 풍향이 남동풍→북동풍→북서풍 순으로 변하면서 풍향의 변화는 시계 반대 방향으로 나타난다. 따라서 관측값 A, B, C에 대응되는 온대 저기압의 위치는 그림과 같이 C→B→A 순이다. 원주는 전선이 통과하지 않아 기온이나 날씨에 급격한 변화가 나타나지 않지만, 한랭 전선과 온난 전선이 모두 통과하는 거제에서는 전선 통과를 기점으로 기온이나 날씨가 급격하게 변화한다.

|보|기|풀|이|

ㄱ. 정답 : (나)에서 관측된 풍향은 남동풍, 남서풍, 북서풍이므로 이 지역은 온대 저기압의 중심보다 남쪽에 위치한 지역임을 알 수 있다. 따라서 (나)는 거제에서 관측한 결과이다.

ㄴ. 오답 : 온대 저기압이 통과하는 동안 저기압 중심보다 남쪽에 위치한 지역에서는 풍향이 남동풍→남서풍→북서풍 순으로 변한다. 따라서 관측 순서는 C → B → A이다.

ㄷ. 오답 : C는 온난 전선이 통과하기 전, B는 온난 전선이 통과한 이후이므로 두 시각 사이에 이 지역에는 이슬비가 내렸을 것이다.

그림 (가)와 (나)는 12시간 간격으로 작성된 우리나라 주변의 일기도를 순서 없이 나타낸 것이다.

↳ 편서풍의 영향으로 온대 저기압이 서 → 동으로 이동

저 ← 시계 반대 방향으로 불어 들어감

(나)보다 더 동쪽에 위치 → 12시간 후 (가) ← (나) 12시간 전

이에 대한 설명으로 옳은 것만을 <보기>에서 있는 대로 고른 것은? **3점**

보기

~~ㄱ.~~ (가)의 A 지역에는 ~~북서풍~~ 남서풍 이 분다.

ㄴ. (나)는 (가)보다 12시간 전의 일기도이다.

ㄷ. 온대 저기압의 세력은 (나)보다 (가)가 크다.   중심 기압 988   중심 기압 984

① ㄱ   ② ㄴ   ③ ㄱ, ㄷ   ✓④ ㄴ, ㄷ   ⑤ ㄱ, ㄴ, ㄷ

↳ 저기압은 중심 기압이 낮을수록 세력 ↑

|자|료|해|설|

온대 저기압은 찬 기단과 따뜻한 기단이 만나는 중위도의 정체 전선 상의 파동으로부터 발생하는 저기압이다. 북반구에서는 찬 공기가 남하하는 남서쪽으로 한랭 전선이 발달하고 따뜻한 공기가 북상하는 남동쪽으로 온난 전선이 발달한다. 온대 저기압은 편서풍을 따라 서쪽에서 동쪽으로 이동한다. 속도가 빠른 한랭 전선이 온난전선과 겹쳐지면 폐색 전선이 형성되고 그 결과 찬 공기는 아래쪽으로 이동하고 따뜻한 공기는 위쪽으로 이동하여 기층이 안정해지면서 저기압이 소멸한다. 저기압 중심을 기준으로 시계 반대 방향으로 바람이 불어 들어간다. 그림 (가)에서 온대 저기압이 그림 (나)에서보다 더 동쪽에 위치한 점을 확인할 수 있는데, 온대 저기압은 시간이 흐름에 따라 서쪽에서 동쪽으로 이동하기 때문에 그림 (가)가 12시간 후, 그림 (나)가 12시간 전의 일기도이다. 또한, 저기압은 중심 기압이 낮을수록 세력이 커진다. 제시된 온대 저기압의 중심 기압은 (가)에서가 (나)에서보다 작기 때문에 온대 저기압의 세력은 (가)에서가 (나)에서보다 크다.

|보|기|풀|이|

ㄱ. 오답 : (가)의 온대 저기압의 중심으로 바람이 불어 들어가기 때문에 A 지역에는 남서풍이 분다.

ㄴ. 정답 : (가)의 온대 저기압이 더 동쪽에 위치하므로 (나)는 (가)보다 12시간 전의 일기도이다.

ㄷ. 정답 : (가)의 중심 기압이 (나)보다 낮기 때문에 온대 저기압의 세력은 (나)보다 (가)가 크다.

🔵 **문제풀이 TIP** | 온대 저기압은 중심으로 시계 반대 방향으로 바람이 불어 들어간다는 점과 편서풍에 의해 서쪽에서 동쪽으로 이동한다는 점을 기억하자.

그림 (가)는 $T_1 \rightarrow T_2$ 동안 온대 저기압의 이동 경로를, (나)는 관측소 P에서 T_1, T_2 시각에 관측한 높이에 따른 기온을 나타낸 것이다. 이 기간 동안 (가)의 온난 전선과 한랭 전선 중 하나가 P를 통과하였다.

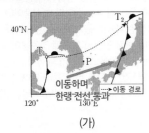
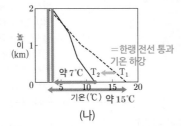

(가)   (나)

이 자료에 대한 설명으로 옳은 것만을 <보기>에서 있는 대로 고른 것은? **3점**

보기
계산하지 않고
기울기록 봐도
T_1이 많이 감소   약 15℃ ←   → 약 7℃

ㄱ. (나)에서 높이에 따른 기온 감소율은 T_1이 T_2보다 ~~작다.~~ 크다.
ㄴ. P를 통과한 전선은 한랭 전선이다.
ㄷ. P에서 전선이 통과하는 동안 풍향은 시계 방향으로 바뀌었다.
↳ 저기압의 중심보다 아래쪽

① ㄱ   ② ㄴ   ③ ㄱ, ㄷ   ✔④ ㄴ, ㄷ   ⑤ ㄱ, ㄴ, ㄷ

|자|료|해|설|
(나)에서 T_1 이후 T_2가 되었을 때 지표 부근에서의 기온이 하강하였으므로, 이 지역은 한랭 전선이 통과하였다. T_1일 때 지표에서 약 18℃였고, T_2일 때 지표에서 약 11℃였다. 2km 지점에서의 온도는 T_1일 때 더 낮았다. 따라서 0~2km까지 T_1일 때 약 15℃ 감소하였고, T_2일 때 약 7℃ 감소하였으므로 높이에 따른 기온 감소율은 T_1이 T_2보다 크다.

관측소 P는 온대 저기압의 중심보다 남쪽에 위치하므로 P에서 전선이 통과하는 동안 풍향은 시계 방향으로 바뀌었다.

|보|기|풀|이|
ㄱ. 오답 : (나)에서 높이에 따른 기온 감소율은 T_1이 T_2보다 크다.
ㄴ. 정답 : $T_1 \rightarrow T_2$ 동안 지표 부근의 기온이 하강하였으므로 P를 통과한 전선은 한랭 전선이다.
ㄷ. 정답 : 온대 저기압의 중심이 관측소 P의 북쪽을 통과하였으므로 P에서 전선이 통과하는 동안 풍향은 시계 방향으로 바뀌었다.

🤪 **문제풀이 T I P** | ㄷ 보기는 한랭 전선을 통과하기 전에 남서풍, 통과하면 북서풍으로 외워서 풀어도 되긴 하지만, 전형적으로 그리는 온대 저기압보다 살짝 기울어져 있으므로 남서풍보다는 남풍, 북서풍보다는 서풍이라고 생각할 수도 있다. 따라서 풍향 자체를 외우기보다는 문제를 풀 때마다 그림을 그리는 것이 좋다.
기본적으로 온대 저기압이나 태풍 모두 저기압이므로 바깥에서 중심 쪽으로 바람이 불어 들어온다.

🤪 **출제분석** | 온대 저기압은 태풍, 엘니뇨와 라니냐 등과 함께 시험마다 출제되는 매우 중요한 개념이다. 자료가 다양하게 제시되는 경우가 많은 개념이긴 하지만 보통은 (가)와 같은 자료가 많이 제시된다. 그러나 ㄱ과 ㄴ 보기는 (나) 자료를 해석해서 풀어야 한다. ㄷ 보기에서는 풍향의 변화를 묻고 있는데, 대부분의 경우 이 문제처럼 관측소가 저기압의 중심보다 '아래쪽'에 위치한 상황을 다룬다. 그러나 정말 어렵게 출제될 경우, 저기압의 중심보다 '위쪽'에 위치한 관측소의 자료를 줄 수도 있다.

그림 (가)는 온대 저기압에 동반된 전선이 우리나라를 통과하는 동안 관측소 A와 B에서 측정한 기온을, (나)는 T+9시에 관측한 강수 구역을 나타낸 것이다. ㉠과 ㉡은 각각 A와 B 중 하나이다.

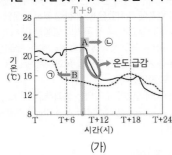

(가)   (나)

이에 대한 옳은 설명만을 <보기>에서 있는 대로 고른 것은?

보기
ㄱ. A는 ~~㉠~~ ㉡이다.
ㄴ. (나)에서 우리나라에는 한랭 전선이 위치한다.
ㄷ. T+6시에 A에는 남풍 계열의 바람이 분다.

① ㄱ   ② ㄷ   ③ ㄱ, ㄴ   ✔④ ㄴ, ㄷ   ⑤ ㄱ, ㄴ, ㄷ

|자|료|해|설|
온대 저기압이 통과할 때, 전선이 지나간 지역은 기온이 급격하게 변한다. (나)에서 ㉠ 지역은 전선이 모두 통과하였으므로 T+9시 이후 ㉠ 지역은 ㉡ 지역보다 기온 변화가 크지 않다. T+9시 이후 ㉡ 지역은 전선이 통과하므로 기온이 급격하게 변하는 A가 ㉡이고, B는 ㉠이다.

관측소 A(㉡)에서는 T+9시 이후에 기온이 급격하게 낮아지는데, 이때는 전선이 관측소 A(㉡)를 통과하고 있을 때이므로 관측소 A(㉡)를 통과한 전선은 한랭 전선이다. 따라서 (나)에서 저기압의 중심은 우리나라의 북동쪽에 위치하고 있다.

|보|기|풀|이|
ㄱ. 오답 : 전선이 지나가면 기온이 급격하게 변하는데 T+9시 이후 기온이 급격하게 변하는 곳은 A이고, 전선이 지나가는 지역은 ㉡이므로 A는 ㉡이다.
ㄴ. 정답 : 관측소 A에서는 T+9시 이후에 전선이 통과하며 기온이 급격하게 낮아지므로 한랭 전선이 지나간 것을 알 수 있다. 따라서 T+9시에 우리나라에는 한랭 전선이 위치한다.
ㄷ. 정답 : T+6시는 관측소 A에 한랭 전선이 통과하기 전이므로 남풍 계열의 바람이 분다.

그림 (가)와 (나)는 5월 중 어느 날 12시간 간격의 지상 일기도를 순서 없이 나타낸 것이고, (다)는 이 기간 중 어느 시점에 P에서 관측된 풍향계의 모습이다.

↳ 온대 저기압 : 서 → 동으로 이동

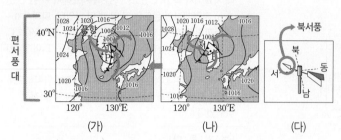

편서풍대

(가)　　　(나)　　　(다)

이에 대한 설명으로 옳은 것만을 〈보기〉에서 있는 대로 고른 것은?

보기

ㄱ. (가)는 (나)보다 12시간 전의 일기도이다.　후　(나) → (가)

ㄴ. (다)의 풍향은 (나)일 때이다.　(가)

ㄷ. 이 기간 중 P에는 소나기가 내렸다.　↳ 한랭 전선이 통과

① ㄱ　　✔② ㄷ　　③ ㄱ, ㄴ　　④ ㄴ, ㄷ　　⑤ ㄱ, ㄴ, ㄷ

|자|료|해|설|

온대 저기압은 한대 전선대에서 발생하며 편서풍을 타고 서에서 동으로 이동한다. 따라서 그림 (나)가 12시간 전 지상 일기도이고, 그림 (가)가 12시간 이후 지상 일기도이다. 풍향계는 화살표가 가르키는 방향이 풍향을 나타낸다. 따라서 현재 풍향은 그림 (다)에 따라 북서풍이다. 온대 저기압의 한랭 전선은 차가운 공기가 따뜻한 공기를 파고 들어갈 때 형성되며 한랭 전선의 뒤쪽에 적란운이 형성되고 상대적으로 좁은 지역에서 소나기가 내린다. 온난 전선은 따뜻한 공기가 차가운 공기를 타고 올라갈 때 형성되고 온난 전선의 앞쪽에 층운형 구름이 형성되고 넓은 지역에 이슬비가 내린다.

|보|기|풀|이|

ㄱ. 오답 : 현재 온대 저기압은 편서풍대에 위치한다. 따라서 온대 저기압은 편서풍을 타고 서에서 동으로 이동하므로 (나)→(가) 순으로 관측된다.

ㄴ. 오답 : 풍향계 (다)는 북서풍을 나타내고 있다. 온대 저기압에서 바람은 저기압의 중심을 향해 반시계 방향으로 불어 들어간다. 북서풍은 한랭 전선의 뒤쪽에서 관측되므로 (다)의 풍향은 (가)일 때이다.

ㄷ. 정답 : 소나기는 한랭 전선의 뒤쪽에서 내린다. 한랭 전선은 뒤쪽의 차가운 공기가 빠른 속도로 이동하면서 따뜻한 공기를 파고 들어갈 때 형성되며, 이 과정에서 전선면을 따라 두꺼운 적란운이 형성된다. 따라서 한랭 전선의 뒤쪽의 좁은 지역에 소나기가 내린다.

😲 **문제풀이 TIP** | 온대 저기압은 중위도 저압대에서 형성되며 편서풍을 타고 서에서 동으로 이동한다. 따라서 온대 저기압의 위치를 통해 일기도 순서를 판단할 수 있다. 또한 풍향계가 나타내는 풍향을 정확히 이해한 후 온대 저기압을 관측한 지점을 찾을 수 있어야 한다.

그림 (가)와 (나)는 어느 온대 저기압이 우리나라를 통과하는 동안 A와 B 지역의 기압과 풍향을 관측 시작 시각으로부터의 경과 시간에 따라 각각 나타낸 것이다. A와 B는 동일 경도 상이며, 온대 저기압의 영향권에 있었다.

A: 남동 → 남서 → 북서
B: 북동(북풍 계열)

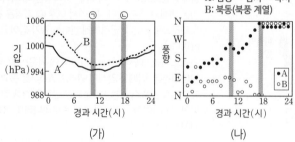

(가)　　　(나)

이에 대한 설명으로 옳은 것만을 〈보기〉에서 있는 대로 고른 것은?

보기

↳ 북서풍 → 한랭 전선 통과 → 찬 공기

ㄱ. A는 ㉡ 시기가 ㉠ 시기보다 찬 공기의 영향을 받았다.

ㄴ. 한랭 전선은 경과 시간 12~18시에 B를 통과하였다.　B의 남쪽으로 지나감

ㄷ. A는 B보다 저위도에 위치한다.

① ㄱ　　② ㄴ　　✔③ ㄱ, ㄷ　　④ ㄴ, ㄷ　　⑤ ㄱ, ㄴ, ㄷ

|자|료|해|설|

(나)에서 A 지역에 부는 바람은 ㉠ 시기에 남서풍, ㉡ 시기에 북풍 계열임을 확인할 수 있다. 따라서 A 지역은 ㉠ 시기에 온대 저기압의 한랭 전선과 온난 전선 사이에 위치하고, ㉡ 시기에 한랭 전선의 뒤쪽에 위치한다. 한랭 전선의 뒤쪽에 위치했을 때에 한랭 전선과 온난 전선의 사이에 위치할 때보다 찬 공기의 영향을 더 크게 받는다.

(나)에서 B 지역의 풍향이 계속해서 북풍 계열인 것으로 보아 온대 저기압은 B 지역을 통과하지 않고 B 지역의 남쪽으로 지나갔다.

같은 온대 저기압이 A 지역은 통과해 지나가고, B 지역의 남쪽으로 지나간 것으로 보아 A는 B보다 저위도에 위치한다.

|보|기|풀|이|

ㄱ. 정답 : A는 한랭 전선과 온난 전선 사이에 위치한 ㉠ 시기보다 한랭 전선의 뒤쪽에 위치한 ㉡ 시기가 찬 공기의 영향을 받았다.

ㄴ. 오답 : 한랭 전선은 경과 시간 12~18시에 B의 남쪽으로 지나갔다.

ㄷ. 정답 : 온대 저기압이 통과한 A는 온대 저기압이 남쪽으로 지나간 B보다 저위도에 위치한다.

그림 (가)와 (나)는 우리나라를 지나는 온대 저기압의 위치를 12시간 간격으로 나타낸 것이다.

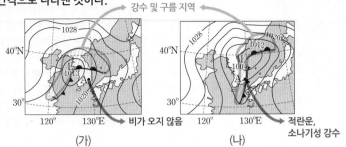

(가)　　　　　　　　　　(나)

이에 대한 설명으로 옳은 것만을 <보기>에서 있는 대로 고른 것은?

보기

ㄱ. 저기압의 세력은 (가)가 (나)보다 약하다. → 중심 기압이 낮을수록 강해짐

ㄴ. (가)에서 (나)로 변하는 동안 A에서는 비가 지속적으로 내렸다.

ㄷ. 우리나라를 지나는 온대 저기압은 봄철이 여름철보다 형성되기 쉽다.

① ㄱ　　② ㄴ　　③ ㄷ　　④ ㄱ, ㄴ　　✓⑤ ㄱ, ㄷ

|자|료|해|설|

온대 저기압은 찬 기단과 따뜻한 기단이 만나는 곳에서 형성되며, 온난 전선과 한랭 전선을 동반한다. 그리고 편서풍을 따라 서에서 동으로 이동하면서 우리나라의 날씨에 많은 영향을 준다.

|보|기|풀|이|

ㄱ. 정답 : 저기압의 세력은 중심 기압이 낮을수록 강하다. (가)에서 온대 저기압 중심 기압은 약 1013hPa, (나)에서 중심 기압은 약 1004hPa이므로 중심 기압이 높은 (가)에서 세력이 더 약하다.

ㄴ. 오답 : (가)에서 A 지역은 한랭 전선과 온난 전선 사이에 위치하므로, 맑고 따뜻한 날씨가 나타난다. 이후 시간이 지나 (나)가 되면 한랭 전선이 통과하면서 소나기성 강수가 나타나며 기온은 낮아지게 된다.

ㄷ. 정답 : 온대 저기압은 찬 기단과 따뜻한 기단이 만나는 한대 전선대에서 생성된다. 여름철에 비해 봄철에는 상대적으로 찬 기단의 세력이 강하고, 따뜻한 기단의 세력은 약하므로 한대 전선대가 중위도 부근에 형성되어 우리나라를 지나는 온대 저기압이 형성되기 쉽다.

😀 **문제풀이 TIP** | 강수 구역은 온난 전선의 앞쪽, 한랭 전선의 뒤쪽이며, 두 전선 사이는 맑고 따뜻한 날씨가 나타난다. 봄철에 비해 여름철에는 따뜻한 기단의 세력이 강해지므로 한대 전선대가 북상하여 우리나라는 고온 다습한 기단의 영향을 받게 된다. 따라서 우리나라를 지나는 온대 저기압이 형성되기 어렵다.

😎 **출제분석** | 온대 저기압과 날씨는 지구과학 교육과정에서 매우 중요한 부분이다. 거의 모든 시험에 빠짐없이 출제되는 부분이므로 기단과 전선, 온대 저기압과 열대 저기압 등 기본 개념부터 심화 개념까지 깊이 있게 학습하고 이해하고 있어야 한다.

그림 (가)는 우리나라를 지나는 어느 온대 저기압의 등온선 분포를, (나)는 A, B, C 중 한 지역에서 관측된 기상 현상을 나타낸 것이다.

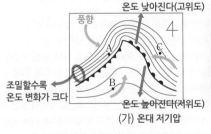　

(가) 온대 저기압　　(나) 뇌우, 낙뢰

이에 대한 설명으로 옳은 것만을 <보기>에서 있는 대로 고른 것은?

3점

보기

ㄱ. 기온은 A가 C보다 낮다. 높다

ㄴ. B에서는 남서풍이 우세하다.

ㄷ. (나)가 관측된 지역은 A이다.

① ㄱ　　② ㄴ　　③ ㄱ, ㄷ　　✓④ ㄴ, ㄷ　　⑤ ㄱ, ㄴ, ㄷ

|자|료|해|설|

온대 저기압은 차가운 공기와 따뜻한 공기가 만나는 한대 전선대에서 발생한다. 따라서 온대 저기압의 중심에서 북쪽(고위도)으로 갈수록 기온이 낮고, 남쪽(저위도)으로 갈수록 기온이 높다. 북반구에서 온대 저기압은 반시계 방향으로 바람이 불어 들어오고 중심에서는 상승 기류가 나타난다. 한랭 전선의 뒤쪽에서는 적란운이 발달하고 소나기가 내리며, 온난 전선의 앞쪽에서는 층운이 발달하고 이슬비가 내린다. 한랭 전선과 온난 전선의 사이에서는 날씨가 맑고 따뜻하다.

|보|기|풀|이|

ㄱ. 오답 : 온대 저기압에서 북쪽으로 멀어질수록 고위도이므로 온도가 낮아진다. 따라서 전선에서 북쪽으로 떨어진 등온선일수록 온도가 낮기 때문에 A가 C보다 기온이 높다.

ㄴ. 정답 : 북반구에서 저기압은 반시계 방향으로 바람이 불어 들어온다. 따라서 A에서는 북서풍, B에서는 남서풍, C에서는 남동풍이 우세하다.

ㄷ. 정답 : 한랭 전선은 차가운 공기가 따뜻한 공기를 파고들면서 만들어진다. 따라서 적란운이 발달하고 소나기가 내리며, 뇌우와 낙뢰가 발생할 수 있다.

😀 **문제풀이 TIP** | 온대 저기압의 가장 기본적인 내용을 물어보는 문항이다. 온대 저기압이 한대 전선대에서 발생한다는 점, 온대 저기압의 특징을 한랭·온난 전선의 전·후면으로 구분하여 정리해 두었다면 쉽게 해결할 수 있다.

😎 **출제분석** | 온대 저기압은 온대 저기압의 특징, 온대 저기압의 이동 시 관측 지점의 풍향·기압·기온 변화 등 매우 다양한 형태로 출제된다. 따라서 온대 저기압의 특징과 관측 지점에서의 기상 변화를 정확히 이해해야 한다.

그림은 **폐색 전선을 동반한** 온대 저기압 주변 지표면에서의 풍향과 풍속 분포를 강수량 분포와 함께 나타낸 것이다. 지표면의 구간 X−X′과 Y−Y′에서의 강수량 분포는 각각 A와 B 중 하나이다. 이 자료에 대한 설명으로 옳은 것만을 〈보기〉에서 있는 대로 고른 것은? ③점

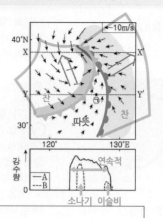

보기

ㄱ. A는 X−X′에서의 강수량 분포이다.

ㄴ. Y−Y′에는 폐색 전선이 ~~위치한다~~ 위치하지 않는다.

ㄷ. ㉠ 지점의 상공에는 전선면이 ~~있다~~ 없다.

✔① ㄱ   ② ㄷ   ③ ㄱ, ㄴ   ④ ㄴ, ㄷ   ⑤ ㄱ, ㄴ, ㄷ

|자|료|해|설|

북반구의 지상에서는 바람이 저기압 중심으로 반시계 방향으로 회전하며 수렴한다. 풍향에 따라 전선을 그려보면 구간 X−X′은 폐색 전선이 통과하고 Y−Y′은 한랭 전선 후면−한랭 전선−온난역−온난 전선−온난 전선 전면이 순서대로 나타난다. 전선면은 따뜻한 공기가 찬 공기를 타고 올라가 찬 공기 위쪽에 형성된다. 폐색 전선이 형성되면 넓은 지역에 걸쳐 비가 내리고, 온대 저기압이 형성되면 한랭 전선의 뒤쪽 좁은 지역에 소나기성 강우가 내리고 온난 전선의 앞쪽 넓은 지역에 걸쳐 약한 비가 내린다.

|보|기|풀|이|

ㄱ. 정답 : A는 강수가 넓은 지역에 걸쳐 연속적으로 분포하는 것으로 보아 X−X′에서의 강수량 분포이다.

ㄴ. 오답 : Y−Y′에는 한랭 전선 후면−한랭 전선−온난역−온난 전선−온난 전선 전면이 차례로 나타나므로, 폐색 전선이 위치하지 않는다.

ㄷ. 오답 : ㉠ 지점의 상공에는 전선면이 없다. 전선면은 찬 공기 위쪽에 형성된다.

😮 **문제풀이 T I P** | [온대 저기압 주변의 날씨]

온난 전선 전면	남동풍	층운형 구름, 지속적인 비
온난 전선과 한랭 전선 사이(온난역)	남서풍	대체로 맑음, 기온이 가장 높음.
한랭 전선 후면	북서풍	적운형 구름, 소나기성 비

온대 저기압 주변의 풍향을 기준으로 저기압 중심을 찾고 전선면을 그릴 수 있어야 한다.

[전선면의 위치]
따뜻한 공기가 찬 공기 위를 타고 올라가면서 생기므로 전선면은 찬 공기 위에 형성된다.

😮 **출제분석** | 풍향으로 저기압 중심을 찾아 폐색 전선을 그리고, 전선면의 형성 개념에 대해 잘 알고 있어야 풀 수 있는 고난도 문제였다. 온대 저기압 주변의 날씨와 관련된 문제는 빈출 문제이고 점점 난이도가 높아지므로 꼭 복습해야 한다.

      → 편서풍 영향으로 서 → 동 이동
그림 (가)와 (나)는 **우리나라에 온대 저기압이 위치할 때,** 온난 전선과 한랭 전선 주변의 지상 기온 분포를 순서 없이 나타낸 것이다.

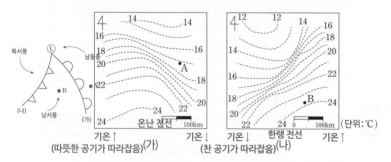

이에 대한 설명으로 옳은 것만을 〈보기〉에서 있는 대로 고른 것은? ③점

보기
   → 온난 전선의 전면
ㄱ. 온난 전선 주변의 지상 기온 분포는 (가)이다.

ㄴ. A 지역의 상공에는 전선면이 나타난다.

ㄷ. B 지역에서는 ~~북풍~~ 남풍 계열의 바람이 분다.
   → 온난역

① ㄱ   ② ㄷ   ✔③ ㄱ, ㄴ   ④ ㄴ, ㄷ   ⑤ ㄱ, ㄴ, ㄷ

|자|료|해|설|

우리나라는 편서풍의 영향을 받으므로, 서쪽에 있는 공기에 따라 전선이 결정된다. (가)는 따뜻한 공기가 서쪽에, 차가운 공기가 동쪽에 있으므로 온난 전선 주변의 지상 기온 분포이고, (나)는 차가운 공기가 서쪽에, 따뜻한 공기가 동쪽에 있으므로 한랭 전선 주변의 지상 기온 분포이다. A는 온난 전선의 전면이므로, A 지역의 상공에 전선면이 나타나고, 남동풍 계열의 바람이 분다. B는 한랭 전선의 전면이므로 온대 저기압에서 온난역에 위치하고, 남서풍 계열의 바람이 분다.

|보|기|풀|이|

ㄱ. 정답 : (가)는 온난 전선 주변의 지상 기온 분포이다.

ㄴ. 정답 : A는 온난 전선의 전면이므로, 이 지역의 상공에는 전선면이 나타난다.

ㄷ. 오답 : B 지역에서는 남풍 계열의 바람이 분다.

😮 **문제풀이 T I P** | 우리나라는 편서풍대에 속하므로, 서에서 동으로 바람이 분다. 따라서 따뜻한 공기가 서쪽에서 동쪽으로 이동하며 차가운 공기를 따라잡으면 온난 전선, 반대의 경우에는 한랭 전선이다.

😮 **출제분석** | 온대 저기압의 두 전선을 다루는 문제이다. 온대 저기압을 다루는 문제라는 것을 간과하면 ㄷ 보기를 아예 풀지 못할 수 있다. (가)와 (나)를 해석해서 전선을 판단하는 것도 익숙하지는 않을뿐더러, 이를 온대 저기압으로 구성하여 풍향을 판단해야 하므로 난이도가 높은 문제이다.

그림 (가)와 (나)는 우리나라에 온대 저기압이 위치할 때, 이 온대 저기압에 동반된 온난 전선과 한랭 전선 주변의 지상 기온 분포를 순서 없이 나타낸 것이다. (가)와 (나)는 같은 시각의 지상 기온 분포이고, (나)에서 전선은 구간 ⊙과 ⓒ 중 하나에 나타난다.

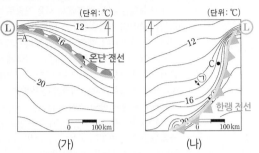

(가)　　　　　　　(나)

이 자료에 대한 설명으로 옳은 것만을 〈보기〉에서 있는 대로 고른 것은? 3점

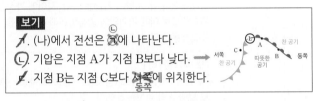

보기
ㄱ. (나)에서 전선은 ⓒ에 나타난다.
ㄴ. 기압은 지점 A가 지점 B보다 낮다.
ㄷ. 지점 B는 지점 C보다 서쪽에 위치한다.

① ㄱ　　✓ ㄴ　　③ ㄷ　　④ ㄱ, ㄴ　　⑤ ㄴ, ㄷ

|자|료|해|설|
우리나라에 온대 저기압이 위치할 때 온난 전선은 저기압 중심의 이동 방향의 앞쪽에 있고, 한랭 전선은 저기압 중심의 이동 방향의 뒤쪽에 있다.
온난 전선의 앞쪽에는 찬 공기가, 온난 전선과 한랭 전선 사이에는 따뜻한 공기가, 한랭 전선의 뒤쪽에는 찬 공기가 있다. 따라서 전선면에서 온도 차는 크게 나타나므로 (가)와 (나)에서의 전선은 그림에 표시한 것과 같다. (가)의 전선면 앞쪽은 뒤쪽보다 기온이 낮으므로 (가)의 전선은 온난 전선이고, (나)의 전선면 앞쪽은 뒤쪽보다 기온이 높으므로 (나)의 전선은 한랭 전선이다.
온대 저기압은 저기압 중심에서 온난 전선과 한랭 전선이 뻗어 나가 글자 [ㅅ]의 모양처럼 보인다. 따라서 방위에 맞게 (가)와 (나)를 위치시키면 (가)는 (나)보다 동쪽에 있는 지역이다.

|보|기|풀|이|
ㄱ. 오답 : 전선 주변은 기온 차가 크므로 (나)에서 전선은 등온선의 간격이 좁은 곳인 ⓒ에 나타난다.
ㄴ. 정답 : 온대 저기압은 저기압의 중심에서 온난 전선과 한랭 전선이 뻗어 나가 글자 [ㅅ]의 모양처럼 보인다. 기압은 저기압의 중심에 가까울수록 낮으므로 지점 A가 지점 B보다 낮다.
ㄷ. 오답 : 온난 전선은 한랭 전선보다 동쪽에 있으므로 지점 B는 지점 C보다 동쪽에 위치한다.

😀 **출제분석** | 온난 전선이 지나가기 전과 후, 한랭 전선이 지나가기 전과 후에 기온, 풍향 등 날씨의 변화가 크기 때문에 각 경우의 특징을 파악하고 있어야 해결할 수 있는 까다로운 문항이다. 구체적인 전선의 위치나 구름의 종류, 강수량 등을 제시하고 있지 않아서 등온선만으로 전선의 위치를 찾아야 하는데, 온대 저기압이 지나갈 때의 기온 변화를 알고 있지 않으면 전선조차 찾을 수 없었다. 각 전선의 특징을 단순히 외우기보다 그 이유와 전체적인 흐름을 파악하고 있는 것이 이러한 문항을 푸는 데 도움이 된다.

그림 (가)와 (나)는 같은 시각에 우리나라 주변을 관측한 가시 영상과 적외 영상을 순서 없이 나타낸 것이다.

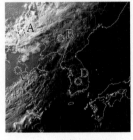

(가) 가시 영상　　　　(나) 적외 영상

이에 대한 옳은 설명만을 〈보기〉에서 있는 대로 고른 것은?

보기
　　　　　　(나)　(가)
ㄱ. 관측 파장은 (가)가 (나)보다 길다.
ㄴ. 비가 내릴 가능성은 A에서가 C에서보다 높다.
ㄷ. 구름 최상부의 온도는 B에서가 D에서보다 높다.

① ㄴ　　② ㄷ　　③ ㄱ, ㄴ　　④ ㄱ, ㄷ　　✓ ㄴ, ㄷ

|자|료|해|설|
(가)에서 어두운 부분과 밝은 부분이 명확하게 나뉘는 것으로 보아 (가)는 가시 영상이고, (나)는 적외 영상이다. (가)에서 구름은 A 지역에 많다. (나)에서 밝게 보이는 부분은 온도가 낮은 곳으로 구름의 높이가 높을수록 구름 최상부의 온도는 낮아 밝게 보인다.

|보|기|풀|이|
ㄱ. 오답 : (가)는 가시 영상, (나)는 적외 영상으로 관측 파장은 적외 영상인 (나)에서 더 길다.
ㄴ. 정답 : 비가 내릴 가능성은 구름이 많은 A에서가 C에서보나 높다.
ㄷ. 정답 : 구름 최상부의 온도가 낮을수록 적외 영상에서 밝게 나타나므로 구름 최상부의 온도는 더 어둡게 보이는 B에서가 D에서보다 높다.

그림 (가)는 어느 날 t_1 시각의 지상 일기도에 온대 저기압 중심의 이동 경로를 나타낸 것이고, (나)는 이날 관측소 A와 B에서 t_1부터 15시간 동안 측정한 기압, 기온, 풍향을 순서 없이 나타낸 것이다. A와 B의 위치는 각각 ㉠과 ㉡ 중 하나이다.

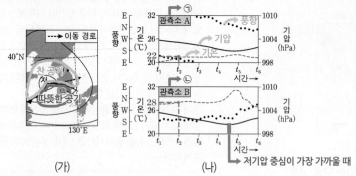

(가)   (나)

이 자료에 대한 설명으로 옳은 것만을 〈보기〉에서 있는 대로 고른 것은? 3점

보기
㉠. A의 위치는 ㉠이다.
㉡. t_2에 기온은 A가 B보다 낮다.
㉢. t_3에 ㉡의 상공에는 전선면이 없다. 없다.

① ㄱ   ② ㄴ   ③ ㄷ   ✔④ ㄱ, ㄴ   ⑤ ㄱ, ㄷ

| 자 | 료 | 해 | 설 |

㉠에서 풍향은 동풍 계열에서 북풍 계열, 서풍 계열로 변한다. 기압은 저기압 중심이 가까워질수록 내려갔다가 저기압 중심이 지나가면 올라간다. 차가운 공기가 계속 지나가므로 기온은 ㉡ 지역에 비해 낮게 유지된다.

㉡에서 풍향은 남풍 계열에서 서풍 계열로 변한다. 기압은 저기압 중심이 가까워질수록 내려갔다가 저기압 중심이 지나가면 올라간다. 한랭 전선이 지나가기 전까지 따뜻한 공기가 계속 지나가므로 기온은 ㉠ 지역에 비해 높게 유지되다가 한랭 전선이 지나가면서 기온이 내려간다.

(나)에서 점으로 표시된 그래프는 풍향을 나타낸다. 관측소 A에서 관측한 풍향의 변화는 남동풍 → 동풍 → 북풍 → 북서풍이므로 관측소 A는 ㉠에 위치한다. 관측소 B에서 관측한 풍향의 변화는 남풍 → 남서풍 → 서풍 → 북서풍 이므로 관측소 B는 ㉡에 위치한다.

관측하는 동안 ㉠ 지역의 기온은 ㉡보다 낮으므로 점선은 기온을 나타내는 그래프이고, 실선은 기압을 나타내는 그래프이다. 두 지역의 기압은 $t_4 \sim t_5$ 사이에 가장 낮게 관측되므로 이때 저기압의 중심이 ㉠과 ㉡ 사이를 통과했음을 알 수 있다.

| 보 | 기 | 풀 | 이 |

㉠. 정답 : 풍향의 변화(남동풍 → 동풍 → 북풍 → 북서풍)로 보아 A의 위치는 ㉠이다.

㉡. 정답 : t_2에 관측소 A의 기온은 26℃보다 낮고, 관측소 B의 기온은 26℃보다 높으므로 기온은 A가 B보다 낮다.

ㄷ. 오답 : t_3에 저기압의 중심은 아직 ㉠과 ㉡ 사이를 통과하지 못했으므로 전선면은 ㉡ 상공에 도달하지 못했다.

03 태풍의 발생과 영향

필수개념 1   태풍

▶ 기본자료

▶ 태풍의 이름
아시아 태풍 위원회에 소속된
14개국에서 10개씩 제출한 이름을
순번을 정하여 순서대로 적용하며,
대형 태풍으로 많은 피해를 준 태풍의
이름은 다른 이름으로 대체된다.

1. 태풍: 중심부 최대 풍속이 17m/s 이상인 열대 저기압

2. 발생과 소멸

  1) 발생: 표층 수온 26℃, 위도가 5° 이상인 열대 해상에서 발생

  2) 에너지원: 증발한 수증기가 응결하면서 내놓는 숨은열(숨은열, 잠열)

  3) 이동: 발생 초기에는 무역풍을 따라 북서쪽으로, 위도 30° 이상에서는 편서풍을 따라 북동쪽으로 이동

  4) 소멸: 북쪽으로 이동하거나 육지에 도달하면 수증기 공급이 끊어져 에너지원 차단, 지표면과의 마찰, 냉각에 의해 세력이 약화되어 소멸

  5) 남쪽의 남는 에너지를 북쪽으로 이동시켜 주어 지구의 복사 평형에 기여.

3. 태풍의 구조

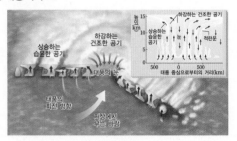

태풍의 구조

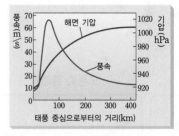

태풍의 기압과 풍속 분포

  1) 반지름: 약 500km

  2) 저기압이므로 중심으로 갈수록 기압이 감소하고 구름이 두꺼워지며, 풍속이 증가. 전체적으로 상승 기류가 발달.

  3) 중심부에서 가장 강한 대류 활동이 있으며 태풍의 눈벽이 존재함.

  4) 태풍의 눈: 반경 약 50km 내외의 약한 하강 기류가 발달하는 곳으로 맑은 날씨를 보이며 바람이 약함.

  5) 일기도상 등압면이 동심원에 가깝고 등압선 간격이 매우 조밀함.

  6) 전선을 동반하지 않음.

4. 태풍의 이동

  1) 발생 초기 무역풍의 영향을 받아 북서쪽으로 이동

  2) 위도 30° 부근에 도달하면 편서풍의 영향을 받게 되어 북동쪽으로 이동.

  3) 고기압의 가장자리를 따라 이동(기압이 가장 낮으므로)

  4) 우리나라는 대체적으로 7~9월에 영향.

5. 위험 반원과 안전 반원(가항 반원)

  1) 편서풍대와 무역풍대를 막론하고 태풍의 진행 방향에 대해 오른쪽 지역은 위험 반원에 왼쪽 지역은 안전 반원에 해당.

        → 💡 안전 반원(왼쪽) 자좌 / 서오 / 위험 반원 우오른 / 위폭 / 섭정

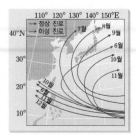

태풍의 진로

위험 반원과 안전 반원

  2) 전향점: 풍향이 바뀌는 지점

6. 태풍이 지나면서 풍향 변화

1) 저기압 진행 방향의 오른쪽인 경우

   : 관측자를 기준으로 남서쪽에서 태풍이 북상하므로 처음 풍향은 ①번 방향이며, 북상함에 따라 ②번에서 ③번으로 변화하여 시계 방향으로 변화하는 것을 알 수 있다. (① → ② → ③)

2) 저기압 진행 방향의 왼쪽인 경우

   : 관측자를 기준으로 남서쪽에서 태풍이 북상하므로 처음 풍향은 ①'번 방향이며, 북상함에 따라 ②'번에서 ③'번으로 변화하여 시계 반대 방향으로 변화하는 것을 알 수 있다. (①' → ②' → ③')

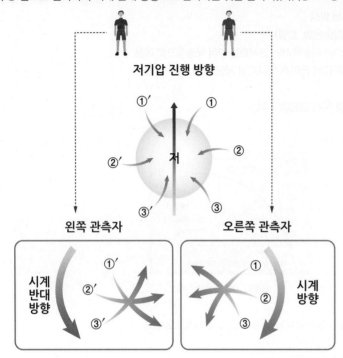

기본자료

▶ 온대 저기압과 태풍 비교

구분	온대 저기압	태풍
발생 장소	온대 지방	5°~25° 열대 해상
에너지 원	기층의 위치 에너지	수증기의 숨은열
전선 유무	한랭 전선, 온난 전선	없음
이동 경로	서 → 동	남 → 북

그림 (가)는 어느 태풍이 이동하는 동안 관측소 P에서 관측한 기압과 풍속을 ㉠과 ㉡으로 순서 없이 나타낸 것이고, (나)는 이 기간 중 어느 한 시점에 촬영한 가시 영상에 태풍의 이동 경로, 태풍의 눈의 위치, P의 위치를 나타낸 것이다.

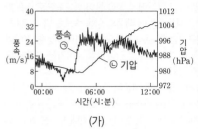

(가)　　　　　　(나)

이 자료에 대한 설명으로 옳은 것만을 <보기>에서 있는 대로 고른 것은? 3점

보기

ㄱ. 기압은 ㉡이다.　→ 안전 반원

ㄴ. (가)의 기간 동안 P에서 풍향은 시계 반대 방향으로 변했다.

ㄷ. (나)의 영상은 (가)에서 풍속이 최소일 때 촬영한 것이 아니다.
→ 태풍의 눈과 가까울 때

① ㄱ　　②ㄴ　　③ ㄷ　　④ ㄱ, ㄴ　　⑤ ㄴ, ㄷ
→ 태풍의 눈 통과 → 기압 ↑

|자|료|해|설|

태풍은 저기압이므로 태풍이 접근하면 기압이 낮아진다. 이를 나타내는 그래프는 (가)의 ㉡이다. ㉠은 풍속을 나타낸다. (나)에서 태풍의 이동 경로를 기준으로, 왼쪽은 안전 반원, 오른쪽은 위험 반원이다. 안전 반원에서 풍향은 시계 반대 방향으로 변화하며, 위험 반원에서 풍향은 시계 방향으로 변화한다. P는 태풍 진행 방향의 왼쪽이므로 안전 반원에 위치한다. (나)를 촬영한 시점은 이미 태풍의 눈이 지나간 상태이므로 이때 기압이 다시 높아지고 있다.

|보|기|풀|이|

ㄱ. 오답 : 기압은 ㉡이다.

ㄴ. 정답 : (가)의 기간 동안 P에서 풍향은 시계 반대 방향으로 변했다.

ㄷ. 오답 : 태풍의 눈이 관측소에 가까워질 때 관측소에서 측정한 기압이 낮아지므로 (가)에서 풍속이 최소일 때는 태풍의 눈이 관측소 P에 접근하고 있을 때이다. (나)는 태풍의 눈이 관측소 P로부터 멀어지고 있을 때 촬영한 영상이므로 (나)의 영상은 (가)에서 풍속이 최소일 때 촬영한 것이 아니다.

😲 문제풀이 TIP | 기압은 태풍의 중심에서 가장 낮고, 태풍의 중심으로부터 멀어질수록 높아진다.
풍속은 태풍의 중심에서 가장 낮지만, 전반적으로는 태풍의 중심 부근에서 높고 중심으로부터 멀어질수록 낮아진다.
밤에는 지구가 햇빛을 받지 못하므로 가시 영상을 이용할 수 없다. (나)가 가시 영상으로 우리나라가 햇빛을 받는 시간대에 촬영한 영상이고, (가)에서 풍속이 최소일 때는 대략 새벽 2시 정도라는 점을 근거로 ㄷ 보기를 판단할 수도 있다.

그림 (가)와 (나)는 태풍의 영향을 받은 우리나라 관측소 A와 B에서 $T_1 \sim T_5$ 동안 측정한 기온, 기압, 풍향을 순서 없이 나타낸 것이다.

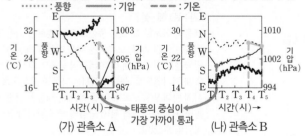

(가) 관측소 A　　　　(나) 관측소 B

이 자료에 대한 설명으로 옳은 것만을 <보기>에서 있는 대로 고른 것은?

보기　→ 풍향이 시계 방향으로 변함

ㄱ. $T_1 \sim T_4$ 동안 A는 위험 반원, B는 안전 반원에 위치한다.　위험

ㄴ. 태풍의 중심이 가장 가까이 통과한 시각은 A가 B보다 늦다.
T_4　$T_1 \sim T_2$

ㄷ. $T_4 \sim T_5$ 동안 A와 B의 기온은 상승한다.
하강

① ㄱ　　②ㄴ　　③ ㄱ, ㄷ　　④ ㄴ, ㄷ　　⑤ ㄱ, ㄴ, ㄷ

😲 문제풀이 TIP | 태풍의 중심이 가까워지면 기압은 낮아지고 기온은 올라간다. 태풍이 지나갈 때, 안전 반원에서는 풍향이 반시계 방향으로, 위험 반원에서는 시계 방향으로 변한다.

😲 출제분석 | 태풍의 진행 상황에 따라 변화하는 물리량은 다양한 자료로 출제되기 쉽다. 태풍이 접근할 때, 가장 가까울 때, 지난 후의 기상 상황을 잘 파악해 두는 것이 좋다.

|자|료|해|설|

관측소 A에서 측정한 값을 정리해 보자. 측정값 중 그래프가 끊어지는 경우는 풍향에서만 나올 수 있으므로 T_1에서 T_5로 가면서 풍향은 북풍 → 북동풍 → 동풍 → 남동풍으로 변한 것을 알 수 있다. 즉, 시계 방향으로 변하려면 관측소 A는 태풍 진행 방향의 오른쪽인 위험 반원에 위치한다. 태풍이 다가올수록 기온은 올라가다가 태풍이 지나가면 다시 낮아지고, 기압은 낮아지다가 태풍이 지나가면 다시 높아진다. 따라서 실선의 그래프는 기압을, 점선의 그래프는 기온을 나타낸다. 관측소 A에서 태풍의 중심이 가장 가까이 통과한 시각은 기압이 가장 낮을 때인 T_4이다.

관측소 B에서 측정한 값을 보면 풍향은 동풍에서 남동풍, 남풍으로 변화하며 관측소 B도 태풍의 위험 반원 지역에 위치함을 알 수 있다. 기압은 T_1과 T_2 사이에서 가장 낮으므로 태풍의 중심은 T_1과 T_2 사이에 관측소 B와 가장 인접했다.

|보|기|풀|이|

ㄱ. 오답 : $T_1 \sim T_4$ 동안 A와 B에서 풍향이 시계 방향으로 변화하므로 두 관측소 모두 위험 반원에 위치한다.

ㄴ. 정답 : 태풍의 중심이 가장 가까이 통과할 때 기압이 가장 낮다. A에서 기압이 가장 낮을 때는 T_4, B에서 기압이 가장 낮은 때는 $T_1 \sim T_2$이므로 태풍의 중심이 가장 가까이 통과한 시각은 A가 B보다 늦다.

ㄷ. 오답 : 기온을 나타내는 그래프는 점선(－－－)으로, $T_4 \sim T_5$ 동안 A와 B에서 감소한다.

그림은 어느 해 10월 4일 00시부터 6일 00시까지 태풍이 이동한 경로와 4일의 해수면 온도 분포를, 표는 태풍의 중심 기압과 최대 풍속을 나타낸 것이다.

일시	중심 기압 (hPa)	최대 풍속 (m/s)
4일 00시	930	50
4일 12시	940	47
5일 00시	950	43
5일 12시	㉠	32
6일 00시	증가 소멸	감소

(단위:℃)

이에 대한 옳은 설명만을 〈보기〉에서 있는 대로 고른 것은? (단, 태풍의 이동 경로는 3시간 간격으로 나타낸 것이다.) **3점**

보기

ㄱ. 4일 하루 동안 태풍 이동 경로상의 해수면 온도는 고위도로 갈수록 ~~높아진다.~~ 낮아진다.

ㄴ. 태풍의 평균 이동 속도는 4일이 5일보다 ~~빠르다.~~ 느리다.

㉢. ㉠은 950보다 컸을 것이다.

① ㄱ   ✓② ㄷ   ③ ㄱ, ㄴ   ④ ㄴ, ㄷ   ⑤ ㄱ, ㄴ, ㄷ

🤔 **문제풀이 TIP** | 점은 3시간마다 관측한 위치이므로 점들 사이의 간격은 3시간 동안 태풍이 이동한 거리이다. 측정하는 시간 간격은 일정하므로 멀리 이동할수록(점 간격이 넓을수록) 태풍의 이동 속도는 빠르다.

😀 **출제분석** | 자료 해석 문항으로 자료와 보기 분석이 어렵지 않았다면 힘들이지 않고 풀 수 있는 문항이다. 자료에 나타나 있는 정보 하나가 보기 하나와 연결되는 유형으로, 자료가 뜻하는 바와 보기를 연결할 수 있어야 한다.

| 자 | 료 | 해 | 설 |

열대 해역에서 발생한 태풍은 점점 중심 기압이 낮아지며 발달하다가, 무역풍과 편서풍에 의해 고위도로 이동하면서 찬 바다 또는 육지를 만나 중심 기압이 다시 높아지며 점점 약해지고 결국 소멸한다. 4일 00시에 태풍은 북상하다가 5일 00시 이전에 방향을 틀어 북동쪽으로 이동한다. 그림의 점 간격으로부터 태풍의 이동 속도를 알 수 있다. 4일 00시 부근처럼 점 간격이 좁으면 천천히 이동한 것이며, 6일 00시 소멸하기까지의 점 간격처럼 넓어지면 점점 빠르게 이동한 것이다.

표 자료를 보면 태풍의 중심 기압은 4일 00시에 가장 낮았고, 최대 풍속은 가장 컸다. 태풍은 시간이 지날수록 중심 기압이 점점 높아지고, 최대 풍속은 점점 낮아지다 6일 00시에 소멸하였다.

| 보 | 기 | 풀 | 이 |

ㄱ. 오답 : 4일 하루 동안 태풍이 이동한 경로의 해수면 온도를 보면 4일 00시에는 28℃ 이상이었고, 4일 12시에는 약 28℃, 5일 00시에는 27℃이다. 따라서 4일 하루 동안 태풍 이동 경로상의 해수면 온도는 고위도로 갈수록 낮아진다.

ㄴ. 오답 : 태풍의 평균 이동 속도는 점 간격이 넓을수록 빠르다. 4일에서 5일이 되는 때까지 점 간격은 점점 넓어지므로 태풍의 평균 이동 속도는 4일보다 5일이 빠르다.

㉢. 정답 : 태풍은 가장 강할 때부터 소멸할 때까지 중심 기압이 점점 증가하고, 최대 풍속은 점점 감소한다. 태풍은 4일 00시부터 중심 기압은 증가, 최대 풍속은 감소하기 시작하여 6일 00시에 소멸하므로 5일 12시에는 5일 00시보다 중심 기압이 더 높았을 것이다. 따라서 ㉠은 950보다 컸을 것이다.

그림 (가)는 어느 날 18시의 지상 일기도에 태풍의 이동 경로를 나타낸 것이고, (나)는 이 시기에 태풍에 의해 발생한 강수량 분포를 나타낸 것이다.

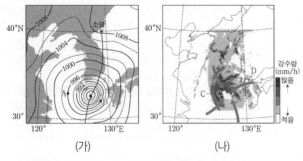

(가)   (나)

이 자료에 대한 설명으로 옳은 것만을 〈보기〉에서 있는 대로 고른 것은? **3점**

보기

ㄱ. 풍속은 A 지점이 B 지점보다 ~~크다.~~ 작다.   ↑안전 반원 ↑위험 반원

ㄴ. 공기의 연직 운동은 C 지점이 D 지점보다 활발하다.

ㄷ. C 지점에서는 ~~남풍~~ 북풍 계열의 바람이 분다.

① ㄱ   ✓② ㄴ   ③ ㄷ   ④ ㄱ, ㄴ   ⑤ ㄴ, ㄷ

| 자 | 료 | 해 | 설 |

태풍이 이동할 때 태풍 중심의 이동 경로를 기준으로 왼쪽은 안전 반원, 오른쪽은 위험 반원에 해당한다. 안전 반원은 위험 반원에 비해 비교적 풍속이 약하다. 태풍은 열대 저기압으로, 북반구에서는 태풍의 중심으로 바람이 시계 반대 방향으로 불어 들어간다. 태풍은 강한 비바람을 동반하며, 강수량을 통해 구름의 양과 공기의 연직 운동을 파악할 수 있다.

| 보 | 기 | 풀 | 이 |

ㄱ. 오답 : A 지점은 안전 반원, B 지점은 위험 반원에 위치하므로 B 지점의 풍속이 A 지점보다 더 크다. 또한 등압선 간격이 조밀할수록 풍속이 크므로, 등압선 간격이 더 조밀한 B 지점이 A 지점보다 풍속이 크다.

ㄴ. 정답 : C 지점이 D 지점보다 강수량이 많은 것으로 보아, C 지점이 D 지점보다 공기의 연직 운동이 활발하여 두꺼운 구름이 생겼음을 알 수 있다.

ㄷ. 오답 : 북반구에서는 태풍의 중심으로 바람이 시계 반대 방향으로 불어 들어가므로 C 지점에서는 북풍 계열의 바람이 분다.

그림 (가)와 (나)는 어느 날 동일한 태풍의 영향을 받은 우리나라 관측소 A와 B에서 측정한 기압, 풍속, 풍향의 변화를 순서 없이 나타낸 것이다.

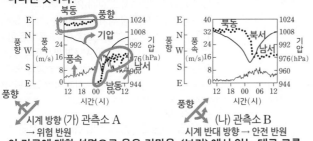

시계 방향 (가) 관측소 A
→ 위험 반원

(나) 관측소 B
시계 반대 방향 → 안전 반원

이 자료에 대한 설명으로 옳은 것만을 〈보기〉에서 있는 대로 고른 것은?

보기 안전 < 위험
ㄱ. 최대 풍속은 B가 A보다 크다 작다
ㄴ. 태풍 중심까지의 최단 거리는 A가 B보다 가깝다.
ㄷ. B는 태풍의 안전 반원에 위치한다.

가까울수록 저기압, 최대 풍속↑

① ㄱ ② ㄴ ③ ㄱ, ㄷ ✔ ㄴ, ㄷ ⑤ ㄱ, ㄴ, ㄷ

| 자 | 료 | 해 | 설 |

태풍은 열대 저기압이므로 태풍의 중심으로 갈수록 기압이 낮고, 풍속이 빨라진다.
관측소 A는 풍향이 북동풍 → 남동풍 → 남서풍으로 변화하고 있으므로, 풍향이 시계 방향으로 변화하는 위험 반원에 위치한다. 관측소 B는 풍향이 북동풍 → 북서풍 → 남서풍으로 변화하고 있으므로, 풍향이 시계 반대 방향으로 변화하는 안전 반원에 위치한다. 위험 반원은 안전 반원보다 풍속이 빠르고 피해가 크다.
관측한 풍속 역시 관측소 A에서는 최대 풍속이 약 20m/s이고, 관측소 B는 약 8m/s이다. 가장 낮은 기압은 관측소 A가 약 960hPa, 관측소 B는 약 970hPa이다.

| 보 | 기 | 풀 | 이 |

ㄱ. 오답 : 최대 풍속은 B가 A보다 작다.
ㄴ. 정답 : 태풍의 중심에 가까워질수록 기압이 낮고 풍속이 높으므로 태풍 중심까지의 최단 거리는 A가 B보다 가깝다.
ㄷ. 정답 : B는 풍향이 시계 반대 방향으로 변하므로 태풍의 안전 반원에 위치한다.

😮 **문제풀이 TIP** | 위험 반원은 태풍의 진행 방향을 기준으로 오른쪽 지역이다. 풍향은 시계 방향으로 바뀌고, 풍속이 빠르다.
안전 반원은 태풍의 진행 방향을 기준으로 왼쪽 지역이다. 풍향은 시계 반대 방향으로 바뀌고, 풍속이 느리다.

😮 **출제분석** | 태풍은 온대 저기압과 함께 시험에 매번 출제되는 개념이다. 태풍 개념에서는 이 문제처럼 자료를 해석하는 문제가 주로 출제된다. 그러나 풍향, 기압, 풍속 등 한정적인 요소가 출제되기 때문에 기출 문제에 나왔던 그래프를 해석해보면 어려움 없이 문제를 풀 수 있다. 이 문제에서는 그래프도 생소하지 않고, 위험 반원, 안전 반원과 풍속, 기압 등 대표적인 개념을 묻고 있으므로 난이도는 평이한 편이다.

그림 (가)는 서로 다른 시기에 우리나라에 영향을 준 태풍 A와 B의 이동 경로를, (나)는 A 또는 B의 영향을 받은 시기에 촬영한 적외선 영상을 나타낸 것이다.
적란운 하얗게 표현

태풍(열대 저기압) 소멸
저기압이 아님
기압 상승

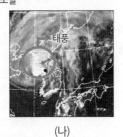

(가) (나)

이에 대한 설명으로 옳은 것만을 〈보기〉에서 있는 대로 고른 것은?

보기
열, 수증기 공급 X 높아
ㄱ. A는 육지를 지나는 동안 중심 기압이 지속적으로 낮아졌다.
 안전
ㄴ. 서울은 B의 영향을 받는 동안 위험 반원에 위치하였다.
ㄷ. (나)는 A의 영향을 받은 시기에 촬영한 것이다.

① ㄱ ✔ ㄷ ③ ㄱ, ㄴ ④ ㄴ, ㄷ ⑤ ㄱ, ㄴ, ㄷ

| 자 | 료 | 해 | 설 |

적외선 영상은 구름이 높을수록 하얗게 나타난다. 따라서 적란운이 하얗게 표현된다. 따라서 (나)는 흰색이 서울 왼쪽에 있으므로 A의 영향을 받은 시기에 촬영한 영상이다. (가)에서 A는 서울 왼쪽으로 이동하고, B는 서울 오른쪽으로 이동한다. 태풍의 진행 방향을 기준으로 왼쪽은 안전 반원, 오른쪽은 위험 반원이다. 안전 반원은 풍속이 낮고 위험 반원은 풍속이 높다. 또한, 둘 다 북상하다가 소멸하였는데, 태풍(열대 저기압)이 소멸한다는 것은 더 이상 저기압이 아니라는 뜻이다. 즉, 기압이 상승했다는 의미이다.

| 보 | 기 | 풀 | 이 |

ㄱ. 오답 : A는 육지를 지나는 동안 열과 수증기를 공급받지 못하여 태풍의 세력이 약해졌다. 즉, 중심 기압이 지속적으로 높아졌다.
ㄴ. 오답 : 서울은 B의 영향을 받는 동안, 왼쪽에 위치하므로 안전 반원에 위치하였다.
ㄷ. 정답 : (나)는 A의 영향을 받은 시기에 촬영한 것이다.

😮 **문제풀이 TIP** | 적외선 영상에서 적란운은 하얗게 표현된다.
태풍의 중심 기압이 낮다는 것은 태풍의 세력이 강하다는 것이고, 중심 기압이 높다는 것은 태풍의 세력이 약하다(소멸)는 것이다.

😮 **출제분석** | 적외선 영상을 해석하는 태풍 문제이다. 안전 반원과 위험 반원, 중심 기압을 묻고 있다. 태풍이 열대 저기압이라는 것을 기억하면 ㄱ 보기를 헷갈리지 않을 수 있다. ㄴ이나 ㄷ 보기도 어렵지 않은 편이라서 태풍 문제이면서 자료 해석 문제인데 배점은 3점이 아닌 2점이다.

→ 열대 저기압 → 기압이 낮을수록 강함

표는 어느 태풍의 중심 위치와 중심 기압을, 그림은 관측 지점 A의 위치를 나타낸 것이다.

일시	태풍의 중심 위치		중심 기압 (hPa)
	위도(°N)	경도(°E)	
29일 03시	18	128	985
30일 03시	21	124	975
1일 03시	26	121	965 → 가장 강함
2일 03시	31	123	980
3일 03시	36	128	992

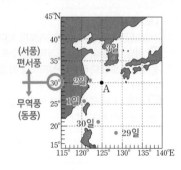

이 자료에 대한 옳은 설명만을 〈보기〉에서 있는 대로 고른 것은? **3점**

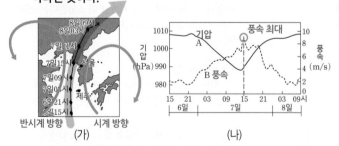

보기

ㄱ. 태풍은 30일 03시 이전에 전향점을 통과하였다. ←이후 →위도 30°N 부근 →992hPa

ㄴ. 태풍 중심 부근의 최대 풍속은 1일 03시가 3일 03시보다 강했을 것이다. →중심 기압이 →965hPa 낮을수록 풍속이 높음

ㄷ. 1일~3일에 A 지점의 풍향은 시계 방향으로 변했을 것이다. →태풍 진행 방향의 오른쪽이므로 위험 반원 ⇒ 시계 방향

① ㄱ　② ㄴ　③ ㄱ, ㄷ　④ ㄴ, ㄷ 　⑤ ㄱ, ㄴ, ㄷ

|자|료|해|설|

태풍은 열대 저기압이므로, 기압이 낮을수록 세력이 강하다. 즉, 바람이 강하게 분다. 표에서 중심 기압이 가장 낮은 시기는 1일 03시로, 965hPa일 때이다.

일시별로 태풍의 중심 위치를 표시하면, 29일, 30일, 1일까지는 무역풍의 영향으로 북서쪽으로 이동한다. 이후로는 위도 30°N 부근을 지나며 편서풍의 영향을 받아 북동쪽으로 이동한다. A는 태풍 진행 방향의 오른쪽이므로 위험 반원이다. 따라서 풍향은 시계 방향으로 변화한다.

|보|기|풀|이|

ㄱ. 오답 : 태풍은 30일 03시에 위도 30°N 부근 아래에 있으므로, 전향점을 통과하기 전이다.

ㄴ. 정답 : 태풍 중심 부근의 최대 풍속은 3일 03시 (992hPa)보다 중심 기압이 낮은 1일 03시(965hPa)에 더 강했을 것이다.

ㄷ. 정답 : A 지점은 위험 반원이므로 풍향이 시계 방향으로 변화한다.

🤯 문제풀이 T I P | 태풍은 위도 30°N 부근을 기준으로 영향을 받는 바람(무역풍, 편서풍)이 변화하며 진행 방향도 변화한다. 태풍의 진행 방향을 기준으로 왼쪽은 안전 반원, 오른쪽은 위험 반원이다. 또한, 열대 저기압이므로 기압이 가장 낮을 때가 세력이 가장 강해서 풍속도 가장 높다.

😀 출제분석 | 태풍은 온대 저기압과 함께 유체 지구에서 빼놓지 않고 출제되는 개념이다. 특히 이 문제처럼 자료를 해석해야 하는 경우가 매우 많다. 이 문제는 표에서 주어진 내용을 그림에 표시한 뒤에 전향점, 세력이 가장 센 시점, 안전 반원/위험 반원 등을 연결해야 하기 때문에 배점이 3점으로 출제되었다. 처음 보는 자료 같아도 비슷한 유형의 자료가 많이 출제되었기 때문에 차근차근 자료를 해석하면 정답을 찾을 수 있다.

그림 (가)는 어느 해 9월 6일 15시부터 8일 09시까지 태풍이 이동한 경로를, (나)는 이 기간 동안 서울에서 관측한 기압과 풍속의 변화를 나타낸 것이다.

이에 대한 옳은 설명만을 〈보기〉에서 있는 대로 고른 것은? **3점**

보기 　기압　풍속

ㄱ. A는 풍속, B는 기압이다.

ㄴ. 6일 21시부터 7일 09시까지 제주에서의 풍향은 시계 방향으로 변하였다. →풍속↓

ㄷ. 7일 15시에 서울은 태풍의 눈에 위치하였다.

① ㄱ　② ㄴ 　③ ㄱ, ㄷ　④ ㄴ, ㄷ　⑤ ㄱ, ㄴ, ㄷ

|자|료|해|설|

태풍의 이동과 날씨 변화를 묻는 문제로 태풍 진행 방향의 오른쪽은 위험 반원이며 풍향 변화는 시계 방향, 왼쪽은 안전 반원이며 풍향 변화는 반시계 방향이다. 따라서 태풍 진행 방향의 오른쪽에 있는 서울과 제주도의 풍향 변화는 시계 방향이다. (나) 그래프에서 중심으로 갈수록 감소하는 경향을 보이는 A는 기압이고, 상승하는 경향을 보이는 B는 풍속이다.

|보|기|풀|이|

ㄱ. 오답 : A는 기압, B는 풍속이다.

ㄴ. 정답 : 6일 21시부터 7일 09시까지 제주에서의 풍향은 태풍 진행 방향의 오른쪽에 위치하기 때문에 시계 방향으로 변하였다.

ㄷ. 오답 : 7일 15시에 서울은 풍속이 최대이므로 태풍의 눈에 위치할 수 없다.

🤯 문제풀이 T I P | 태풍 진행 방향의 오른쪽은 시계 방향, 왼쪽은 반시계 방향으로 풍향이 변한다는 것을 반드시 기억해야 한다. 태풍의 눈 지역에서는 저기압으로 인해 기압은 낮지만 약한 하강 기류로 인해 풍속이 최대가 될 수 없고 일시적으로 약해진다.

😀 출제분석 | 기압과 풍속을 나타내는 그래프는 빈출 유형이므로 각각이 어떤 형태를 띠는지 익숙해져야 할 필요가 있다.

그림 (가)와 (나)는 우리나라 부근의 지상 일기도이다.

(가) → 온대 저기압
(나) → 열대 저기압

저기압 A, B에 대한 옳은 설명만을 〈보기〉에서 있는 대로 고른 것은? 3점

보기

ㄱ. A의 중심에는 약한 하강 기류가 있다. → 태풍의 눈

ㄴ. B는 서로 다른 기단이 만나서 만들어진다 =전선

ㄷ. 최대 풍속은 B가 A보다 빠르다.
→ 등압선의 간격이 좁을수록 풍속이 빨라짐

① ㄱ   ② ㄷ   ③ ㄱ, ㄴ   ④ ㄴ, ㄷ   ⑤ ㄱ, ㄴ, ㄷ

|자|료|해|설|

(가)의 A는 온대 저기압으로 찬 공기와 따뜻한 공기의 경계인 한대 전선대에서 발생하며, 전선을 동반한다. (나)의 B는 열대 저기압(태풍)으로 전선을 동반하지 않으며 수증기의 숨은열을 에너지원으로 발달한다. 일반적으로 풍속은 온대 저기압보다 열대 저기압(태풍)이 발생했을 때 훨씬 빠르다.

|보|기|풀|이|

ㄱ. 오답 : A는 온대 저기압으로 전체적으로 상승 기류가 발달한다. B는 열대 저기압으로, 전체적으로 강한 상승 기류가 나타나지만, 열대 저기압의 중심에서는 약한 하강 기류가 생겨 맑은 날씨가 나타나는 태풍의 눈이 발달한다.

ㄴ. 오답 : A는 온대 저기압으로 성질이 서로 다른 차가운 기단과 따뜻한 기단이 만나서 발달하며, 한랭 전선과 온난 전선을 동반한다. B는 열대 저기압으로 전선없이 수증기의 응결열에 의한 강한 상승 기류에 의해 만들어진다.

ㄷ. 정답 : 그림에서 등압선이 간격이 조밀할수록 풍속이 빠른데, (가)의 A보다 (나)의 B 주변에서 등압선이 훨씬 조밀하므로, B가 A보다 풍속이 더 빠르다.

😮 **문제풀이 TIP** | 온대 저기압은 한대 전선대에서 성질이 다른 두 기단이 만나 생기는 전선을 동반한다. 열대 저기압은 수온이 높은 열대 해상에서 대량의 수증기가 공급되면서 이를 에너지원으로 하여 발생한다. 태풍의 중심에는 약한 하강 기류가 나타나는 태풍의 눈이 나타난다.

😀 **출제분석** | 온대 저기압과 열대 저기압의 공통점과 차이점에 대한 문항은 출제 빈도가 매우 높다. 이를 학습하기 위해서는 기단 및 전선에 대한 기본 개념부터 정리하면서 이해하고 있어야 한다.

그림 (가)는 어느 태풍의 이동 경로와 중심 기압을, (나)는 이 태풍의 영향을 받은 날 우리나라의 관측소 A와 B에서 측정한 기압과 풍향을 나타낸 것이다.

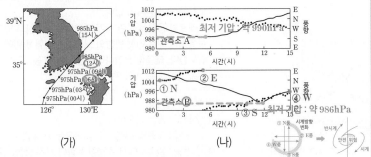

985hPa(15시)
985hPa(12시)
975hPa(09시)
975hPa(06시)
975hPa(03시)
975hPa(00시)

최저 기압 : 약 990hPa
관측소 A

최저 기압 : 약 986hPa
관측소 B

(가)   (나)

이에 대한 설명으로 옳은 것만을 〈보기〉에서 있는 대로 고른 것은? 3점

보기 975hPa(강한 저기압)   985hPa

ㄱ. (가)에서 태풍의 세력은 06시보다 12시에 강하다.

ㄴ. 태풍의 영향을 받는 동안 B는 위험 반원에 위치한다.

ㄷ. 태풍의 이동 경로와 관측소 사이의 최단 거리는 A보다 B가 짧다.
→ A 최저 기압 990hPa이고, B 최저 기압이 986hPa이므로 B가 저기압 중심에 더 가까움

① ㄱ   ② ㄴ   ③ ㄱ, ㄷ   ④ ㄴ, ㄷ   ⑤ ㄱ, ㄴ, ㄷ

|자|료|해|설|

태풍은 우리나라 경상도를 통과하는데 관측소 A의 경우 풍향이 동풍 → 북풍 → 서풍(반시계 방향)으로 변하므로 태풍 진행 방향의 왼쪽에 위치하는 것을 알 수 있다. 관측소 B의 경우 북풍 → 동풍 → 남풍 → 서풍(시계 방향)으로 태풍 진행 방향의 오른쪽에 위치하는 것을 알 수 있다.

|보|기|풀|이|

ㄱ. 오답 : (가)에서 06시(약 975hPa)보다 12시(약 985hPa)에 약한 저기압이므로 태풍의 세력이 더 약하다.

ㄴ. 정답 : 태풍의 영향을 받는 동안 B는 시계 방향으로 풍향이 변하므로 진행 방향의 오른쪽에 위치한 관측소이다. 따라서 위험 반원에 위치한다.

ㄷ. 정답 : A의 최저 기압은 약 990hPa이고 B의 최저 기압은 약 986hPa이므로 B가 저기압 중심에 더 가깝기 때문에 최단 거리는 A보다 B가 짧다.

😮 **문제풀이 TIP** | 북반구에서 태풍이 통과할 때 진행 방향의 오른쪽은 시계 방향, 왼쪽은 반시계 방향으로 변한다. 또 태풍 이동 경로의 오른쪽 반원은 태풍 내 바람 방향과 태풍의 이동 방향 및 대기 대순환의 바람 방향과 같은 방향이므로 풍속이 강해져 더 큰 피해가 발생하는 위험 반원이다.

😀 **출제분석** | 한 개의 그림과 두 개의 그래프를 분석해야 한다는 점에서 난이도가 높게 책정되었지만 태풍의 진행 경로에 따른 기압 배치와 풍향을 연결하는 문제는 빈출 문제이므로 평범한 수준의 문항이었다.

그림은 어느 태풍의 이동 경로에 6시간 간격으로 중심 기압과 최대 풍속을 나타낸 것이고, 표는 태풍의 최대 풍속에 따른 태풍 강도를 나타낸 것이다.

최대 풍속(m/s)	태풍 강도
54 이상	초강력
44 이상 ~ 54 미만	매우강
33 이상 ~ 44 미만	강
25 이상 ~ 33 미만	중

→ 작을수록 세력이 강하다

이에 대한 설명으로 옳은 것만을 〈보기〉에서 있는 대로 고른 것은?

보기

 → 태풍 진행 방향의 왼쪽

ㄱ. 5일 21시에 제주는 태풍의 안전 반원에 위치한다.
ㄴ. 태풍의 세력은 6일 09시보다 6일 03시가 강하다.
ㄷ. 6일 15시의 태풍 강도는 '중'이다.

① ㄱ　　② ㄴ　　③ ㄱ, ㄷ　　④ ㄴ, ㄷ　　✓⑤ ㄱ, ㄴ, ㄷ

|자|료|해|설|

태풍의 중심 기압은 5일 21시에 940hPa로 가장 낮다. 태풍의 세력은 중심 기압이 낮을수록 강하기 때문에 이 태풍의 세력은 5일 21시에 가장 강하고 시간이 지날수록 약해져 소멸한다.
우리나라와 같은 편서풍대에서 태풍 진행 방향의 왼쪽은 안전 반원에 속하고, 오른쪽은 위험 반원에 속한다. 따라서 이 태풍이 이동하는 동안 우리나라 대부분의 지역은 안전 반원에 위치한다.

|보|기|풀|이|

ㄱ. 정답 : 5일 21시에 제주는 태풍 진행 방향의 왼쪽에 있으므로 안전 반원에 위치한다.
ㄴ. 정답 : 태풍의 세력은 중심 기압이 낮을수록 강하다. 6일 09시에 태풍의 중심 기압은 975hPa이고, 6일 03시에 태풍의 중심 기압은 950hPa이므로 태풍의 세력은 6일 09시보다 6일 03시가 강하다.
ㄷ. 정답 : 6일 15시의 태풍의 최대 풍속은 32m/s이므로 태풍 강도는 '중'이다.

🙀 **문제풀이 TIP** | 우리나라(북반구 편서풍대)에 오는 태풍은 편서풍을 만나 진행 방향의 왼쪽에서는 바람이 상쇄(풍향이 반대)되어 풍속이 약해지고, 오른쪽에서는 바람이 중첩(풍향이 일치)되어 풍속이 강해진다. 따라서 태풍 진행 방향의 왼쪽은 상대적으로 피해가 적고, 오른쪽은 상대적으로 피해가 크다.

표는 어느 태풍의 중심 기압과 이동 속도를, 그림은 이 태풍이 우리나라를 통과할 때 어느 관측소에서 측정한 기온과 풍향 및 풍속을 나타낸 것이다.

가장 강함 →

일시	중심 기압 (hPa)	이동 속도 (km/h)
2일 00시	935	23
2일 06시	940	22
2일 12시	945	23
2일 18시	945	32
3일 00시	950	36
3일 06시	960	70
3일 12시	970	45

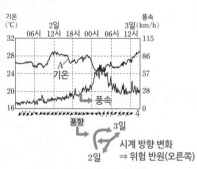

시계 방향 변화 ⇒ 위험 반원(오른쪽)

이 자료에 대한 설명으로 옳은 것만을 〈보기〉에서 있는 대로 고른 것은? **3점**

보기

ㄱ. A는 기온이다.
ㄴ. 태풍의 세력이 약해질수록 이동 속도는 빠르다. → 증가하다 느려졌다
ㄷ. 관측소는 태풍 진행 경로의 오른쪽에 위치하였다. (위험 반원)

① ㄱ　　② ㄴ　　✓③ ㄱ, ㄷ　　④ ㄴ, ㄷ　　⑤ ㄱ, ㄴ, ㄷ

|자|료|해|설|

태풍은 열대 저기압이므로 중심 기압이 낮을수록 세력이 강하다. 표에서 시간이 지날수록 중심 기압이 올라가고 있으므로, 세력은 점점 약해지고 있다. 그러나 이동 속도는 증가하기도, 감소하기도 하므로 태풍의 세력과 이동 속도는 크게 관계가 없다.
그래프의 풍향을 보면 시계 방향으로 변화하고 있으므로 관측소는 태풍 진행 방향의 오른쪽인 위험 반원에 위치한다. 태풍이 우리나라를 통과할 때 높아지는 것이 풍속, 낮아지는 A가 기온이다.

|보|기|풀|이|

ㄱ. 정답 : A는 기온이다.
ㄴ. 오답 : 태풍의 세력과 이동 속도는 관계 없다.
ㄷ. 정답 : 관측소에서 측정한 풍향이 시계 방향으로 변화하므로, 위험 반원에 위치한다. 따라서 관측소는 태풍 진행 경로의 오른쪽에 위치하였다.

🙀 **문제풀이 TIP** | 태풍의 중심 기압이 낮을수록 세력이 강하다. 태풍 진행 경로의 왼쪽은 안전 반원(풍속이 낮음), 오른쪽은 위험 반원(풍속이 높음)이다.

😊 **출제분석** | 태풍 개념은 시험마다 빠지지 않고 출제된다. 이 문제처럼 풍향 변화로 위험 반원/안전 반원을 판단하는 보기(ㄷ 보기)가 정말 자주 출제된다. 이 문제는 자료 해석(ㄴ 보기)과 더불어 지식을 연결할 수 있어야(ㄱ, ㄷ 보기) 정답을 찾을 수 있으므로 배점이 3점이다.

그림 (가)와 (나)는 어느 날 태풍이 우리나라를 통과하는 동안 서울과 부산에서 관측한 기압, 풍향, 풍속 자료를 순서 없이 나타낸 것이다.

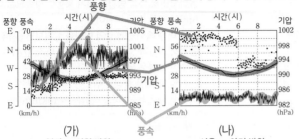

(가)   (나)
부산 = 위험 반원   서울 = 안전 반원

이 자료에 대한 설명으로 옳은 것만을 〈보기〉에서 있는 대로 고른 것은? [3점]

보기
992hPa ← → 990hPa
ㄱ. 태풍의 중심은 (가)가 관측된 장소의 서쪽을 통과하였다.
ㄴ. 최저 기압은 (가)가 (나)보다 ~~낮다.~~ 높다
ㄷ. 평균 풍속은 (가)가 (나)보다 크다.

① ㄱ   ② ㄴ   ✓③ ㄱ, ㄷ   ④ ㄴ, ㄷ   ⑤ ㄱ, ㄴ, ㄷ

| 자 | 료 | 해 | 설 |

태풍 이동 경로의 오른쪽 반원은 위험 반원으로 태풍 내 바람 방향이 태풍의 이동 방향 및 대기 대순환의 바람 방향과 같은 방향이므로 풍속이 강해져 더 큰 피해가 발생하고, 풍향은 시계 방향으로 변한다. 태풍 이동 경로의 왼쪽 반원은 안전 반원으로 태풍 내 바람 방향이 태풍의 이동 방향 및 대기 대순환에 의한 바람 방향과 반대 방향이므로 풍속이 약해져 피해가 더 작게 발생하고 풍향은 시계 반대 방향으로 변한다. 따라서 풍향이 시계 방향으로 변하고 풍속이 큰 (가)는 위험 반원 즉, 오른쪽 반원이므로 상대적으로 동쪽에 위치한 부산이 되고, 풍향이 시계 반대 방향으로 변하고 풍속이 작은 (나)는 안전 반원 즉, 왼쪽 반원이므로 상대적으로 서쪽에 위치한 서울이 된다.

| 보 | 기 | 풀 | 이 |

ㄱ. 정답 : 태풍이 이동하는 동안 (가) 지역의 풍향은 시계 방향, (나) 지역의 풍향은 시계 반대 방향으로 변화되었다. 그러므로 (가)는 오른쪽 반원 지역으로 태풍의 중심은 이 지역의 서쪽을 통과하였다.
ㄴ. 오답 : 최저 기압은 (가)가 (나)보다 높다.
ㄷ. 정답 : 평균 풍속은 (가)가 (나)보다 크다.

😮 **문제풀이 T I P** | 태풍의 위험 반원에 위치하면 바람의 방향은 시계 방향으로, 안전 반원에 위치하면 반시계 방향으로 변해간다. 풍속 및 풍향 변화를 통해 안전 반원인지 위험 반원인지 파악할 수 있어야 한다.

😊 **출제분석** | ㄱ 보기는 태풍의 풍향 변화를 파악하는 문제로 태풍과 관련된 문제에 매우 흔하게 출제되는 유형이다. ㄴ, ㄷ 보기는 그래프 해석만으로 충분히 풀 수 있는 문제이므로 틀리지 말아야 할 문제이다.

그림은 어느 날 태풍이 우리나라를 지나갈 때 어느 지역에서 관측된 기상 자료를 나타낸 것이다.

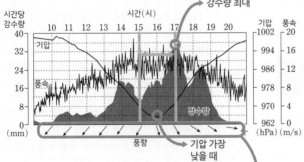

강수량 최대
기압 가장 낮을 때
풍향

이 자료에 대한 설명으로 옳은 것만을 〈보기〉에서 있는 대로 고른 것은?

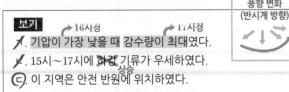

풍향 변화 (반시계 방향)

보기
16시경 ← → 17시경
ㄱ. 기압이 가장 낮을 때 강수량이 최대였다.
ㄴ. 15시~17시에 ~~하강~~ 상승 기류가 우세하였다.
ㄷ. 이 지역은 안전 반원에 위치하였다.

① ㄱ   ✓② ㄷ   ③ ㄱ, ㄴ   ④ ㄴ, ㄷ   ⑤ ㄱ, ㄴ, ㄷ

| 자 | 료 | 해 | 설 |

태풍은 열대 해상에서 발생하는 열대 저기압으로 강한 상승 기류를 동반하며 세력이 강할수록 중심 기압이 낮아진다. 다만, 태풍의 중심에서는 약한 하강 기류가 나타나며 날씨가 맑다. 태풍 진행 방향의 오른쪽은 위험 반원으로 위험 반원에 위치한 관측소에서의 풍향은 시계 방향으로 변한다. 태풍 진행 방향의 왼쪽은 안전 반원으로 안전 반원에 위치한 관측소에서 풍향은 반시계 방향으로 변한다.

| 보 | 기 | 풀 | 이 |

ㄱ. 오답 : 기압은 16시경에 가장 낮았으며 강수량은 17시경에 최대였다.
ㄴ. 오답 : 15시~17시 사이는 기압이 낮고 풍속이 강한 것으로 보아 태풍의 세력이 강한 시간대로 상승 기류가 우세하였다. 주의할 점은 태풍의 중심이 관측 지점을 통과하면 풍속이 급격이 줄어들고 맑은 날씨가 나타난다. 하지만 자료에서는 기압이 가장 낮은 시기에도 풍속이 강하고 강수가 지속되었다. 따라서 태풍의 중심은 관측 지점을 관통하지 않았다고 판단할 수 있다.
ㄷ. 정답 : 해당 지역에서 풍향은 반시계 방향으로 변하므로 이 지역은 안전 반원에 위치하였다.

😮 **문제풀이 T I P** | 기압, 풍속, 강수량, 풍향 등이 주어지고 해당 지역의 위치와 관측 지점에서 나타나는 기상 현상을 해석해 보는 문제로 난이도가 높은 문제이다. 주어진 보기와 맞는 자료를 그림에서 찾아 분석하는 연습을 반복해서 하자.

😊 **출제분석** | 태풍의 특징, 태풍의 이동 시 관측 지점에서 나타나는 기상 현상에 대한 출제 빈도가 높았다. 현재는 자료를 해석하는 형태의 문제가 자주 출제되므로 최근 출제 경향과 일치하는 중요한 문제라 판단된다. 자료 해석을 꾸준히 연습해서 숙지할 수 있도록 해야 한다.

그림 (가)는 우리나라를 통과한 어느 태풍 중심의 이동 방향과 이동 속력을 순서 없이 ㉠과 ㉡으로 나타낸 것이고, (나)는 18시일 때 이 태풍 중심의 위치를 나타낸 것이다.

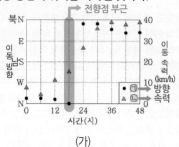

(가)   (나)

이 자료에 대한 옳은 설명만을 〈보기〉에서 있는 대로 고른 것은?

3점

보기

㉠. 태풍 중심의 이동 방향은 ㉠이다.

㉡. 태풍이 지나가는 동안 제주도에서의 풍향은 시계 방향으로 변한다.

~~ㄷ. 태풍 중심의 평균 이동 속력은 전향점 통과 전이 통과 후보다 빠르다.~~ 느리다.

① ㄱ   ② ㄷ   ✓③ ㄱ, ㄴ   ④ ㄴ, ㄷ   ⑤ ㄱ, ㄴ, ㄷ

|자|료|해|설|

태풍은 무역풍대에서 북서쪽으로 이동하다가 편서풍대로 올라오면서 북쪽 방향을 거쳐 북동쪽 방향으로 이동한다. 따라서 ㉠은 이동 방향이다.

㉡은 이동 속력인데 ㉡의 변화를 살펴보면 6시부터 속력이 증가하고 있다. 이동 속력이 40km/h가 된 이후부터는 비슷한 속력을 유지하고 있다.

18시일 때 태풍 중심의 위치는 제주도의 서쪽 해상이고, 이동 방향은 북쪽, 이동 속력은 약 15km/h이다.

|보|기|풀|이|

㉠. 정답 : 태풍은 계속해서 북쪽을 향해 움직이므로 남쪽(S)을 지나는 ㉡은 이동 방향이 될 수 없다. 따라서 태풍 중심의 이동 방향은 ㉠이다.

㉡. 정답 : 태풍의 진행 방향의 오른쪽에 제주도가 있으므로 제주도에서의 풍향은 시계 방향으로 변한다.

ㄷ. 오답 : 태풍의 이동 방향이 북쪽일 때 전향점이므로 18시 즈음이 태풍의 전향점이다. 태풍의 평균 이동 속력은 18시 전에 20km/h보다 작고, 18시 후에 20km/h보다 크므로 태풍 중심의 평균 이동 속력은 전향점 통과 후가 통과 전보다 빠르다.

그림은 어느 태풍의 이동 경로를, 표는 이 태풍이 이동하는 동안 관측소 A에서 관측한 풍향과 태풍의 중심 기압을 나타낸 것이다. A의 위치는 ㉠과 ㉡ 중 하나이다.

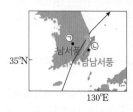

일시	풍향	태풍의 중심 기압 (hPa)
12일 21시	동	955
13일 00시	남동	960
13일 03시	남남서	970
13일 06시	남서	970

기압 ↑ (세력 ↓)

이에 대한 설명으로 옳은 것만을 〈보기〉에서 있는 대로 고른 것은?

3점

보기

㉠. A의 위치는 ㉡에 해당한다.

~~ㄴ. 태풍의 세력은 13일 03시가 12일 21시보다 강하다.~~ 약하다

㉢. 태풍의 중심과 A 사이의 거리는 13일 06시가 13일 03시보다 멀다. → 태풍＝열대 저기압 중심 기압이 낮을수록 세력 강함

① ㄱ   ② ㄴ   ✓③ ㄱ, ㄷ   ④ ㄴ, ㄷ   ⑤ ㄱ, ㄴ, ㄷ

|자|료|해|설|

태풍의 오른쪽 지역은 시간이 지남에 따라 풍향이 시계 방향으로 변하는 위험 반원이다. 표에서 A에서 관측한 풍향이 시계 방향으로 변하는 것으로 보아 A는 태풍의 경로의 오른쪽에 위치하는 ㉡에 해당한다. 태풍은 열대 저기압으로 중심 기압이 낮을수록 세력이 강하다. 또한, 태풍의 중심과 A 사이의 거리는 가까워지다가 다시 멀어지는 추세를 보인다. 태풍(저기압)의 중심으로 바람이 불어 들어가기 때문에 남남서풍이 불던 13일 03시가 남서풍이 부는 13일 06시보다 태풍과 더 가깝다.

|보|기|풀|이|

㉠. 정답 : A에서 관측한 풍향이 시계 방향으로 변하므로 A는 태풍의 경로의 오른쪽에 위치하는 ㉡에 해당한다.

ㄴ. 오답 : 태풍의 세력은 중심 기압이 더 낮은 12일 21시가 13일 03시보다 강하다.

㉢. 정답 : 바람은 태풍(저기압)의 중심으로 불어 들어가기 때문에 남남서풍이 관측된 13일 03시보다 남서풍이 관측된 13일 06시에 태풍의 중심과 A 사이의 거리가 더 멀다.

🙂 **문제풀이 TIP** | 태풍의 오른쪽 지역은 위험 반원으로 시계 방향으로 풍속이 변한다.

😊 **출제분석** | 태풍과 관련된 기본적인 개념을 묻고 있는 문제이다. 관측된 풍향을 통해 관측소와 태풍 중심 사이의 위치 관계를 파악하고, 상대적 거리를 비교하는 보기 ㄷ이 조금 까다로웠을 수 있어 난도 중에 해당한다.

그림은 어느 해 우리나라에 영향을 준 두 태풍 A와 B의 이동 경로를 나타낸 것이다.
이에 대한 설명으로 옳은 것만을 〈보기〉에서 있는 대로 고른 것은? 3점

태풍 진행 방향
풍향 변화
안전 반원 | 위험 반원

보기
ㄱ. A와 B 모두 30°N 이상에서는 편서풍의 영향을 받았다.
ㄴ. A가 서해상을 통과하는 동안 서울에서의 풍향은 시계 **반대** 방향으로 변했다.
ㄷ. 부산은 B의 영향을 받는 동안 ~~위험~~ **안전** 반원에 속했다.

① ㄱ　② ㄷ　③ ㄱ, ㄴ　④ ㄴ, ㄷ　⑤ ㄱ, ㄴ, ㄷ

| 자 | 료 | 해 | 설 |
태풍 A는 30°N 부근까지 북서쪽으로 이동하다가 이후 북동쪽으로 이동 방향이 바뀌면서 우리나라의 서해상을 통과하였다. 태풍 B는 북동쪽으로 진행하며 대한 해협을 지나 동해상을 통과하였다.

| 보 | 기 | 풀 | 이 |
ㄱ. 정답 : 위도 30°N~60°N 사이는 편서풍의 영향을 받는 위도이다. 30°N 이상의 위도에서 두 태풍 모두 북동쪽으로 진행하고 있다. 따라서 편서풍의 풍향과 이동 방향이 비슷하므로 편서풍의 영향을 받았다고 볼 수 있다.
ㄴ. 오답 : 태풍 진행 방향의 왼쪽에 위치한 지역에서는 태풍이 북상하는 동안 풍향이 점차 시계 반대 방향으로 변하며 태풍 진행 방향의 오른쪽에 위치한 지역에서는 태풍이 북상하는 동안 풍향이 점차 시계 방향으로 변한다. A가 서해상을 통과하는 동안 서울은 태풍 진행 방향의 오른쪽에 위치하므로 풍향은 시계 방향으로 변한다.
ㄷ. 오답 : B가 북상하면서 부산에 영향을 미치는 동안 부산은 태풍 B가 진행하는 경로의 왼쪽에 위치하였다. 태풍 진행 경로의 왼쪽은 태풍의 풍향과 대기 대순환의 풍향이 반대가 되면서 풍속이 상대적으로 약한 안전 반원에 해당한다.

👀 문제풀이 TIP | 태풍이 서해상을 통과할 때와 대한 해협을 지나 동해상을 통과할 때 우리나라에 미치는 영향이 다르다. 태풍 진행 방향의 왼쪽은 안전 반원이며 풍향은 시계 반대 방향으로 변하지만, 태풍 진행 방향의 오른쪽은 위험 반원이며 풍향은 시계 방향으로 변한다.

그림은 태풍의 영향을 받은 우리나라 어느 관측소에서 24시간 동안 관측한 시간에 따른 기압, 풍향, 풍속, 시간당 강수량을 순서 없이 나타낸 것이다. 이 기간 동안 태풍의 눈이 관측소를 통과하였다.

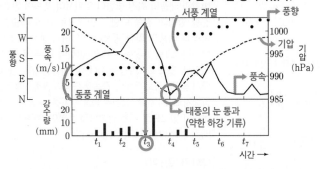

서풍 계열
풍향
기압
풍속
동풍 계열
태풍의 눈 통과 (약한 하강 기류)

이 자료에 대한 설명으로 옳은 것만을 〈보기〉에서 있는 대로 고른 것은? 3점

보기
ㄱ. 관측소에서 풍속이 가장 강하게 나타난 시각은 t_3이다.
ㄴ. 관측소에서 태풍의 눈이 통과하기 전에는 ~~서풍~~ **동풍** 계열의 바람이 불었다.
ㄷ. 관측소에서 공기의 연직 운동은 ~~t_3이 t_4보다 활발하다.~~
상승 기류 활발

① ㄱ　② ㄴ　③ ㄷ　④ ㄱ, ㄷ　⑤ ㄴ, ㄷ

| 자 | 료 | 해 | 설 |
서서히 낮아졌다가 서서히 상승하는 점선은 기압을, 비교적 많이 변화하는 실선은 풍속을, 점은 풍향을 나타낸다. t_1에서 t_4까지는 동풍 계열 바람이 불었고, 그 후로는 서풍 계열 바람이 불었다. 풍속이 가장 강하게 나타난 시각은 t_3이고, 기압이 가장 낮게 나타난 시각은 t_4이다. t_4일 때 태풍의 눈이 관측소를 통과하므로 약한 하강 기류가 나타난다.

| 보 | 기 | 풀 | 이 |
ㄱ. 정답 : 풍속이 가장 강하게 나타난 시각은 t_3이다.
ㄴ. 오답 : 태풍의 눈이 관측소를 통과한 시각인 t_4 이전에는 관측소에서 동풍 계열의 바람이 불었다.
ㄷ. 정답 : 관측소에서 공기의 연직 운동이 활발한 시기는 약한 하강 기류가 나타나는 t_4보다 강한 상승 기류가 나타나는 t_3이다.

👀 문제풀이 TIP | 보통 풍향은 이 문제처럼 점으로 표시한다. 태풍의 영향을 받을 때 태풍의 중심이 관측소에 가까워졌다가 멀어지므로 기압은 하강했다가 상승하고, 풍속은 자잘한 변화가 많이 나타나는 편이다.
태풍의 눈에서는 약한 하강 기류가 나타나고, 태풍의 눈 근처에서는 강한 상승 기류가 나타난다.

😀 출제분석 | 태풍은 시험마다 꼭 출제되는 개념 중 하나이다. 태풍 문제를 풀 때는 자료 해석이 매우 중요하다. 똑같은 자료가 출제되지는 않지만, 보통 이 문제처럼 풍향, 풍속, 기압을 다루는 경우가 많다. 세 가지를 구분할 수 있다면 ㄱ, ㄴ 보기는 쉽게 판단할 수 있었다. 공기의 연직 운동을 다루는 ㄷ 보기도 태풍의 눈과 쉽게 연결할 수 있으므로 어려운 편이 아니었다. 따라서 배점이 3점인 것에 비해 정답률이 높은 문제였다.

그림은 태풍의 영향을 받은 우리나라 어느 관측소에서 24시간 동안 관측한 표층 수온과 기상 요소를 시간에 따라 나타낸 것이다.

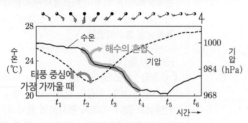

이 자료에 대한 설명으로 옳은 것만을 〈보기〉에서 있는 대로 고른 것은? 3점

보기

ㄱ. 이 기간 동안 관측소는 태풍의 위험 반원에 위치하였다.

ㄴ. 관측소와 태풍 중심 사이의 거리는 t_2가 t_4보다 가깝다.

ㄷ. $t_2 \rightarrow t_4$ 동안 수온 변화는 태풍에 의한 해수 ~~침강~~ _{용승과 혼합}에 의해 발생하였다.

① ㄱ   ② ㄷ   ✓ ㄱ, ㄴ   ④ ㄴ, ㄷ   ⑤ ㄱ, ㄴ, ㄷ

|자|료|해|설|

이 관측소에서 관측한 풍향은 남동풍 → 남풍 → 남서풍 → 서풍 순으로 시계 방향으로 변했다. 따라서 이 기간 동안 관측소는 태풍의 위험 반원에 위치하였다.
기압은 태풍의 중심에서 가장 낮으므로 t_2 부근일 때, 태풍의 중심은 관측소에 가장 근접했다.
태풍의 중심에 가까워질수록 바람의 세기가 강해지므로 해수의 혼합이 활발히 일어난다. 해수의 혼합이 활발해지면 수온이 낮은 깊은 곳의 해수까지 혼합되어 표층 수온이 낮아진다.

|보|기|풀|이|

ㄱ. 정답 : 이 기간 동안 관측소의 풍향은 시계 방향으로 변했다. 따라서 이 관측소는 태풍 진행 방향의 오른쪽인 위험 반원에 위치하였다.

ㄴ. 정답 : 관측소에 태풍 중심이 가까워지면 관측소에서의 기압이 낮아진다. t_2 부근일 때 관측소에서의 기압이 가장 낮으므로 관측소와 태풍 중심 사이의 거리는 t_2가 t_4보다 가깝다.

ㄷ. 오답 : 태풍 중심 부근의 해역에서는 저기압성 바람에 의해 표층 해수가 발산하여 용승이 일어나고, 강한 바람에 의해 해수의 혼합이 활발해져 표층 수온이 낮아질 수 있다. 따라서 $t_2 \rightarrow t_4$ 동안 수온이 대체로 낮아진 것은 태풍에 의한 해수의 용승과 해수의 혼합에 의해 발생한 것이다.

그림 (가)는 어느 태풍의 위치를 6시간 간격으로 나타낸 것이고, (나)는 이 태풍이 이동하는 동안 관측소 a와 b 중 한 곳에서 관측한 풍향, 풍속, 기압 자료의 일부를 나타낸 것이다. ㉠과 ㉡은 각각 풍속과 기압 중 하나이다.

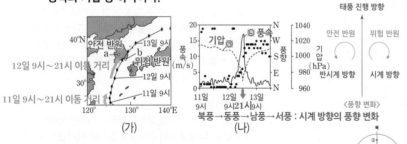

(가)   (나)

이에 대한 설명으로 옳은 것만을 〈보기〉에서 있는 대로 고른 것은?

보기

ㄱ. 9시~21시 동안 태풍의 이동 속도는 12일이 11일보다 빠르다.

ㄴ. (나)는 ~~b~~ 의 관측 자료이다.

ㄷ. (나)에서 12일에 측정된 기압은 9시가 21시보다 ~~낮다~~

✓ ① ㄱ   ② ㄷ   ③ ㄱ, ㄴ   ④ ㄴ, ㄷ   ⑤ ㄱ, ㄴ, ㄷ

|자|료|해|설|

그림 (가)는 11일 9시부터 13일 21시까지 태풍의 이동 경로를 나타내고 있다. 태풍의 위치는 6시간 간격으로 표시가 되는데 간격이 넓을수록 태풍의 이동 속도가 빠르다. 태풍 진행 방향의 오른쪽은 위험 반원으로 대기 대순환의 바람 방향과 태풍의 회전 방향이 일치하여 풍속이 강하다. 태풍 진행 방향의 왼쪽은 안전 반원으로 대기 대순환의 바람 방향과 태풍의 회전 방향이 반대여서 풍속이 상대적으로 약하다. 그림 (나)는 시간의 변화에 따른 풍속과 풍향을 나타낸 것으로, 기압은 태풍이 접근할수록 낮아졌다가 다시 높아지므로 ㉠이다. 풍속은 태풍이 관측소에 접근할수록 강해지므로 ㉡이다. 풍향은 북풍 → 동풍 → 남풍 → 서풍으로 변하고 있으므로 시계 방향으로 풍향이 변하므로 관측소는 태풍 진행 방향의 오른쪽인 b이다.

|보|기|풀|이|

ㄱ. 정답 : (가)에서 태풍이 6시간 간격으로 표시되고 있고 표시 간 간격이 넓을수록 빠르게 이동한 것이다. 9시~21시 동안 이동한 거리는 12일이 11일보다 더 길다. 따라서 태풍의 이동 속도는 12일이 11일보다 빠르다.

ㄴ. 오답 : (나)에서 풍향은 11일 9시 북풍에서 12일 9시 이후 동풍 계열, 12일 21시 이후 남풍, 13일 9시경 서풍으로 시계 방향으로 변하고 있다. 태풍이 이동할 때 관측소가 왼쪽에 위치하면 풍향이 반시계 방향, 관측소가 오른쪽에 위치하면 풍향이 시계 방향으로 변한다. 따라서 관측소는 b에 위치한다.

ㄷ. 오답 : (나)에서 가로축 눈금 한 칸은 12시간 간격이다. 따라서 기압(㉠)이 가장 낮은 시간은 12일 21시경이다. 즉, 12일 21시에 태풍과 관측소의 거리가 가장 가까웠으며 기압이 가장 낮았다.

🔧 **문제풀이 TIP |** 태풍의 중심이 관측소와 가까워질수록 기압은 낮아지고 풍속은 빨라진다. 태풍 진행 방향의 오른쪽 관측소에서는 풍향이 시계 방향으로, 왼쪽 관측소에서는 풍향이 반시계 방향으로 변한다.

😀 **출제분석 |** 태풍의 이동 경로와 풍향, 풍속, 기압에 대한 자료 분석 문제로 출제 빈도가 높으므로 비슷한 유형의 문제를 통해 반복 연습을 하는 것이 좋다.

21 태풍

정답 ① 정답률 76% 2022년 7월 학평 9번 문제편 126p

그림은 어느 태풍의 이동 경로를 나타낸 것이다.

이에 대한 설명으로 옳은 것만을 〈보기〉에서 있는 대로 고른 것은?

보기

┌ 태풍 세력 약해짐
ㄱ. 태풍의 평균 이동 속력은 8월 31일이 9월 1일보다 빠르다.
ㄴ. 9월 3일 0시 이후로 태풍 중심의 기압은 계속 낮아졌다. 높아졌다.
ㄷ. 태풍이 우리나라를 통과하는 동안 서울에서의 풍향은 시계 반시계 방향으로 바뀌었다.
└ 태풍 진행 방향의 왼쪽 = 안전 반원

① ㄱ ② ㄴ ③ ㄱ, ㄷ ④ ㄴ, ㄷ ⑤ ㄱ, ㄴ, ㄷ

|자|료|해|설|

태풍의 진행 방향 기준 왼쪽은 안전 반원으로 풍속이 비교적 약하고, 풍향이 시계 반대 방향으로 변화한다. 태풍의 진행 방향 기준 오른쪽은 위험 반원으로 풍속이 세며, 풍향은 시계 방향으로 변화한다. 주어진 태풍을 기준으로 우리나라의 대부분은 진행 방향의 왼쪽에 위치하므로 풍향이 시계 반대 방향으로 바뀌었다. 이 태풍은 9월 3일 12시에 소멸되었는데, 열대 저기압인 태풍이 소멸된다는 것은 중심 기압이 높아졌다는 것을 의미한다.

|보|기|풀|이|

ㄱ. 정답 : 8월 31일 0시~9월 1일 0시까지의 이동 거리가 9월 1일 0시~9월 2일 0시까지의 이동 거리보다 크므로, 태풍의 평균 이동 속력은 8월 31일이 9월 1일보다 빠르다.

ㄴ. 오답 : 9월 3일 12시에 태풍이 소멸되었으므로, 9월 3일 0시 이후 태풍의 중심 기압은 계속 높아졌다.

ㄷ. 오답 : 태풍이 우리나라를 통과하는 동안 서울은 태풍 진행 방향의 왼쪽에 위치하므로 풍향은 시계 반대 방향으로 바뀌었다.

---

22 태풍

정답 ① 정답률 60% 2019년 4월 학평 12번 문제편 126p

그림 (가)는 어느 해 우리나라에 영향을 준 태풍 A와 B의 이동 경로를, (나)는 A와 B 중 어느 하나의 영향을 받을 때 부산에서의 기상 관측 자료를 나타낸 것이다.

이에 대한 설명으로 옳은 것만을 〈보기〉에서 있는 대로 고른 것은? **3점**

보기

ㄱ. A의 영향을 받을 때 부산은 위험 반원에 위치한다.
ㄴ. (나)에서 기압이 높을수록 풍속이 크다. 작다.
ㄷ. (나)는 B의 영향을 받을 때 관측된 자료이다.
         A

① ㄱ ② ㄴ ③ ㄱ, ㄷ ④ ㄴ, ㄷ ⑤ ㄱ, ㄴ, ㄷ

|자|료|해|설|

(가)에서 태풍 A의 경로 오른쪽에 부산이 위치하므로 태풍 A가 지나갈 때 부산은 위험 반원에 위치하고, 반대로 태풍 B가 지나갈 때 부산은 안전 반원에 위치하게 된다.
또한, 태풍 진행 방향의 오른쪽에 위치한 관측소에서는 풍향이 시계 방향으로 변화하고, 왼쪽에서는 시계 반대 방향으로 변화한다. 따라서 (가)에서 태풍 A가 지나갈 때 부산에서 관측된 풍향은 시계 방향으로 변화하고, 태풍 B가 지나갈 때는 시계 반대 방향으로 변한다.
(나)에서 시간이 지남에 따라 기압이 낮아지고 풍속은 커진다. 일반적으로 태풍은 중심에 가까울수록 기압이 낮아지고 풍속이 빨라지므로 태풍이 관측소로 다가오다가 약 12시경에 가장 가까웠고, 그 이후에는 멀어졌음을 알 수 있다. 풍향은 18시에는 북동풍, 06시에는 남동풍, 18시에는 북서풍으로 변하므로 풍향은 시계 방향으로 변하고 있다. 따라서 태풍 진행 방향의 오른쪽에 부산이 위치한다.

|보|기|풀|이|

ㄱ. 정답 : 태풍 A는 부산의 왼쪽을 지나가므로 부산은 태풍이 진행 방향이 오른쪽에 위치한다. 태풍 진행 방향의 오른쪽은 태풍의 이동 방향과 태풍 자체의 풍향이 같은 위험 반원이므로 부산은 위험 반원에 위치한다.

ㄴ. 오답 : (나)에서 기압이 낮아질수록 풍속은 증가함을 알 수 있다. 즉, 기압과 풍속은 반비례 관계이므로 기압이 높을수록 풍속은 작다.

ㄷ. 오답 : (나)에서 풍향은 북동풍 → 남동풍 → 북서풍으로 변하므로 시계 방향으로 변함을 알 수 있다. 태풍 진행 방향의 오른쪽은 풍향이 시계 방향으로 변하므로 (나)는 태풍 진행 방향의 오른쪽에 부산이 있는 태풍 A의 영향을 받을 때의 관측 자료이다.

문제풀이 TIP | 태풍 진행 방향의 오른쪽에 위치한 관측소는 위험 반원이며, 풍향이 시계 방향으로 변한다. "오른쪽─위험 반원─시계 방향"으로 암기하면 쉽다.

출제분석 | 풍향 변화를 바탕으로 관측소의 위치를 찾아내는 빈출 문항 중 단순한 문항으로 절대 틀리면 안되는 쉬운 문항이다.

그림 (가)는 어느 태풍이 우리나라 부근을 지나는 어느 날 21시에 촬영한 <u>적외 영상</u>에 태풍 중심의 이동 경로를 나타낸 것이고, (나)는 다음 날 **05시**부터 **3시간 간격**으로 우리나라 어느 관측소에서 관측한 기상 요소를 나타낸 것이다.

→ 밝게 보일수록 온도 ↓ = 구름 최상부의 고도 ↑

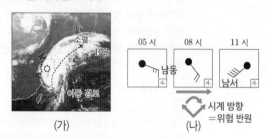

(가)   (나)

이 자료에 대한 설명으로 옳은 것만을 〈보기〉에서 있는 대로 고른 것은? 3점

보기
→ 강한 상승 기류로 상층에 공기 多 → 발산
ㄱ. (가)에서 <u>태풍의 최상층 공기</u>는 주로 바깥쪽으로 불어 나간다.
→ 적외 영상에서 밝을수록 높음
ㄴ. (가)에서 <u>구름 최상부의 고도</u>는 B 지역이 A 지역보다 ~~높다.~~ 낮다.
ㄷ. 관측소는 태풍의 <u>안전</u> 반원에 위치하였다.
　위험

① ㄱ   ② ㄴ   ③ ㄱ, ㄷ   ④ ㄴ, ㄷ   ⑤ ㄱ, ㄴ, ㄷ

|자|료|해|설|
적외 영상에서 밝게 나타날수록 온도가 낮은 것으로, 구름 최상부의 고도가 높은 것을 의미한다. 따라서 A 지역 구름 최상부의 고도는 B 지역 구름 최상부의 고도보다 높다. 태풍은 강한 상승 기류에 의해 만들어지며, 지상에서는 공기가 수렴하고, 상층에서는 공기가 발산한다.
(나)에서 풍향은 남동풍에서 남서풍으로 변하므로, 시계 방향으로 변화한다. 즉, 관측소는 태풍의 위험 반원에 위치한다.

|보|기|풀|이|
ㄱ. 정답 : (가)에서 강한 상승 기류의 영향으로 상승한 태풍의 최상층 공기는 주로 바깥쪽으로 불어 나간다.
ㄴ. 오답 : (가)의 적외 영상에서 B 지역이 A 지역보다 더 어둡게 보이기 때문에 구름 최상부의 고도는 B 지역이 A 지역보다 낮다.
ㄷ. 오답 : 관측소는 태풍의 위험 반원에 위치하였다.

😮 **문제풀이 TIP** | 적외 영상 : 밝을수록 저온 = 구름 최상부의 고도가 높아서 온도가 낮은 것
반대로 어두우면 구름 최상부의 고도가 낮아서 온도가 높은 것
가시 영상 : 반사도를 통해 측정하는데, 구름이 두꺼울수록 햇빛을 많이 반사하여 적운형 구름은 밝게, 층운형 구름은 어둡게 보임. 야간에는 햇빛이 없으므로 가시 영상을 이용한 관측이 어려움.

😮 **출제분석** | 적외 영상과 가시 영상을 자료로 제시하는 경우 문제의 난이도가 높은 편이다. 이 문제는 태풍에 관한 문제이면서 적외 영상을 함께 다루고 있다. (나)와 유사한 자료를 통해 관측소가 태풍의 어떤 반원에 있는지를 묻는 선택지는 정말 자주 출제된다.

그림은 어느 태풍의 이동 경로를, 표는 이 태풍의 영향을 받는 기간 중 어느 날 측정한 두 관측소의 풍향과 기압을 나타낸 것이다. A, B 관측소는 각각 제주와 부산 중 하나에 위치한다.

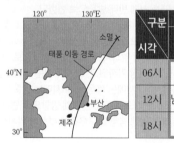

구분	A 관측소		B 관측소	
시각	풍향	기압(hPa)	풍향	기압(hPa)
06시	북동	993	북북동	986
12시	남남동	988	서북서	995
18시	남서	993	서	1003

→ 시계 방향   → 반시계 방향

이에 대한 설명으로 옳은 것만을 〈보기〉에서 있는 대로 고른 것은? 3점

보기
ㄱ. A 관측소는 부산에 위치한다.
ㄴ. B 관측소는 태풍의 영향을 받는 동안 ~~위험~~ 반원에 속했다.
　　　안전
ㄷ. 18시에 태풍 중심까지의 거리는 B보다 A 관측소가 가깝다.

① ㄱ   ② ㄴ   ③ ㄷ   ④ ㄱ, ㄷ   ⑤ ㄴ, ㄷ

|자|료|해|설|
공기는 기압이 높은 곳에서 낮은 곳으로 이동한다는 점을 참고하여 관측소에서 시간에 따른 태풍의 이동 경로를 향해 화살표를 그려보면 부산은 화살표의 방향이 시계 방향으로 회전하고 제주는 반시계 방향으로 회전하는 것을 볼 수 있다. 태풍은 열대 저기압이고 공기는 저기압 쪽으로 불어 들어가기 때문에 화살표의 방향을 공기의 이동 방향이라고 생각할 수 있다. A 관측소에서 시간의 따른 풍향 변화는 시계 방향이므로 부산이 되고 B 관측소는 반시계 방향이므로 제주가 된다.

|보|기|풀|이|
ㄱ. 정답 : A 관측소의 풍향 변화는 시계 방향이기 때문에 부산에 위치한다.
ㄴ. 오답 : B 관측소의 풍향 변화는 반시계 방향이기 때문에 제주에 위치하고 제주는 태풍의 영향을 받는 동안 태풍의 진행 방향의 왼쪽에 위치하므로 안전 반원에 속하게 된다.
ㄷ. 정답 : 태풍의 중심에 가까워질수록 기압은 낮아지는데 18시의 기압은 B 관측소보다 A 관측소가 낮게 관측된 것으로 보아 태풍의 중심에 A 관측소가 더 가까웠다고 판단할 수 있다.

😮 **문제풀이 TIP** | 태풍의 진행 방향을 향해 관측소에서 화살표를 그려보면 시간에 따른 풍향 변화를 쉽게 알아낼 수 있다. 대기 대순환과 태풍의 회전 방향을 고려할 때 태풍의 진행 방향의 오른쪽에 위치할 때 위험 반원에 속한다는 것을 꼭 명심하자.

표는 어느 날 03시, 12시, 21시의 태풍 중심 위치와 중심 기압이고, 그림은 이날 12시의 우리나라 부근의 일기도이다.

시각 (시)	태풍 중심 위치		중심 기압 (hPa)
	위도 (°N)	경도 (°E)	
03	35	125	970
12	38	127	990
21	40	131	995

이에 대한 옳은 설명만을 〈보기〉에서 있는 대로 고른 것은? 3점

보기

ㄱ. 태풍이 지나가는 동안 A 지점의 풍향은 시계 방향으로 변한다.
→ 위험 반원

ㄴ. 12시에 A 지점에서는 북풍(남풍) 계열의 바람이 우세하다.

ㄷ. 이날 태풍의 최대 풍속은 21시(03)에 가장 크다.
기압 낮을수록 풍속↑

① ㄱ   ② ㄷ   ③ ㄱ, ㄴ   ④ ㄴ, ㄷ   ⑤ ㄱ, ㄴ, ㄷ

| 자 | 료 | 해 | 설 |

03시에는 12시보다 왼쪽 아래에 태풍 중심이, 21시에는 12시보다 오른쪽 위에 태풍 중심이 위치한다. 즉, 태풍은 북동쪽으로 이동하고 있다. A는 태풍의 진행 경로를 기준으로 했을 때, 오른쪽에 위치하므로 위험 반원이며, 풍향이 시계 방향으로 변한다.
태풍은 저기압이므로 태풍 중심으로 바람이 불어 들어온다. 태풍의 중심 기압은 03시일 때 가장 낮았으므로, 이때 풍속이 가장 높다.

| 보 | 기 | 풀 | 이 |

ㄱ. 정답 : 태풍이 지나가는 동안 위험 반원인 A 지점의 풍향은 시계 방향으로 변한다.

ㄴ. 오답 : 12시에 A 지점에서는 고기압인 남쪽에서 저기압인 북쪽으로 바람이 불었으므로, 남풍 계열의 바람이 우세했다.

ㄷ. 오답 : 이날 태풍의 최대 풍속은 중심 기압이 가장 낮은 03시에 가장 컸다.

😮 **문제풀이 TIP** | 태풍은 저기압이므로, 주변의 고기압에서 중심부로 바람이 불어 들어오고, 중심부 기압이 낮을수록 풍속이 높다. 위험 반원에서는 풍향이 시계 방향으로, 안전 반원에서는 시계 반대 방향으로 변한다.

그림 (가)는 어느 태풍의 이동 경로와 중심 기압을 나타낸 것이고, a와 b 중 하나는 실제 이동 경로이다. (나)는 이 태풍이 우리나라를 통과하는 동안 P에서 관측된 기압과 풍향 변화를 시간에 따라 나타낸 것이다.

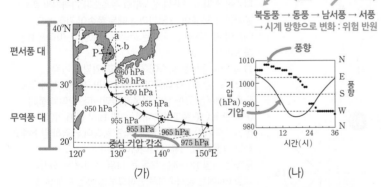

북동풍 → 동풍 → 남서풍 → 서풍
→ 시계 방향으로 변화 : 위험 반원

이에 대한 설명으로 옳은 것만을 〈보기〉에서 있는 대로 고른 것은? 3점

보기

무역풍 → 적도 부근(5°~25°N) 열대 해상에서 발생

ㄱ. 이 태풍은 편서풍(편서풍)대에서 발생하였다.

ㄴ. 태풍은 A해역으로 접근하면서 세력이 강해졌다.

ㄷ. (가)에서 태풍의 실제 이동 경로는 a이다. → 중심 기압 감소

P지점 위험 반원

① ㄱ   ② ㄴ   ③ ㄷ   ④ ㄱ, ㄴ   ⑤ ㄴ, ㄷ

| 자 | 료 | 해 | 설 |

태풍은 적도 부근의 열대 해상에서 발생하여 무역풍의 영향을 받아 북서쪽으로 이동하다가, 전향점(위도 30°N 부근) 이후 편서풍의 영향으로 진행 방향이 북동쪽으로 바뀐다. 태풍은 열대 저기압이므로 중심 기압이 낮아질수록 그 세력이 강해진다. 태풍이 진행할 때 진행 방향의 오른쪽 반원은 위험 반원으로 풍향이 시계 방향으로 변한다. 반면 태풍이 진행할 때 진행 방향의 왼쪽 반원은 안전 반원으로 풍향이 반시계 방향으로 변한다. 위험 반원은 태풍의 풍향과 대기 대순환의 바람 방향이 일치하여 풍속이 강하고, 안전 반원은 태풍의 풍향과 대기 대순환의 바람 방향이 반대가 되어 풍속이 상대적으로 약하다.

| 보 | 기 | 풀 | 이 |

ㄱ. 오답 : 태풍의 발생 지역은 적도 부근(5°~25°N)의 열대 해상이므로 무역풍대에서 발생하였다.

ㄴ. 정답 : 태풍이 A해역에 접근하는 동안 태풍의 중심 기압은 975hPa에서 955hPa으로 감소했다. 따라서 태풍의 세력은 점점 강해졌다.

ㄷ. 정답 : (나)에서 태풍의 풍향은 점으로 표시되어 있다. 0시에서는 북동풍 계열의 바람이 불었고, 이후 동풍→남서풍 순서로 풍향이 바뀌었으므로 풍향은 시계 방향으로 변했다. 즉, 관측 지점은 태풍 진행 방향의 오른쪽 반원인 위험 반원에 속해있다. 따라서 태풍의 실제 이동 경로는 a이다.

😮 **문제풀이 TIP** | 열대 저기압(태풍)의 발생 지역(적도 부근 열대 해상), 태풍의 이동(저위도 → 고위도), 위험 반원(시계 방향)과 안전 반원(반시계 방향)에서의 풍향의 변화 등 태풍과 관련된 전반적 내용을 모두 이해해야 접근할 수 있는 문항이다.

😮 **출제분석** | 태풍은 기압, 풍향 등 자료를 제시한 후 자료를 해석하는 형태로 출제가 많이 된다. 따라서 태풍의 원리 및 기상 현상, 풍향의 변화 등을 숙지하고 있어야 한다.

그림은 잘 발달한 태풍의 물리량을 태풍 중심으로부터의 거리에 따라 개략적으로 나타낸 것이다. A, B, C는 해수면 상의 강수량, 기압, 풍속을 순서 없이 나타낸 것이다.

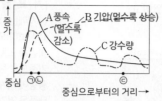

열대 저기압 → 상승 기류 발달

A 풍속   B 기압(멀수록 상승)
(멀수록 감소)
C 강수량

증가 ↑   중심   ㉠㉡   중심으로부터의 거리 →   ㉢

이에 대한 설명으로 옳은 것만을 〈보기〉에서 있는 대로 고른 것은?

보기

ㄱ. B는 강수량이다.
　　C

ㄴ. 지역 ㉠에서는 상승 기류가 나타난다.

ㄷ. 일기도에서 등압선 간격은 지역 ㉡에서가 지역 ㉢에서보다 조밀하다.
　　조밀할수록 풍속이 큼

① ㄱ   ✓② ㄴ   ③ ㄷ   ④ ㄱ, ㄴ   ⑤ ㄴ, ㄷ

|자|료|해|설|

태풍은 열대 저기압이다. 저기압이므로 상승 기류가 발달하고, 기압이 낮을수록 위력이 강하다.

태풍의 중심은 바람이 거의 불지 않지만(태풍의 눈), 중심 부근의 풍속이 가장 높고, 멀어질수록 풍속은 감소한다. 따라서 A가 풍속이다. 반대로 중심으로부터 멀어질수록 값이 커지는 B는 기압이다. C는 강수량이다.

|보|기|풀|이|

ㄱ. 오답 : C는 강수량이고 B는 기압이다.

ㄴ. 정답 : 지역 ㉠에서는 기압이 낮으므로 상승 기류가 나타난다.

ㄷ. 오답 : 일기도에서 등압선 간격이 조밀할수록 풍속이 크므로 ㉡에서가 ㉢에서보다 등압선 간격이 조밀하다.

💡 **문제풀이 TIP** | 태풍의 중심으로부터 멀수록 감소하는 것은 풍속, 상승하는 것은 기압이다. 그러나 태풍의 눈에서는 바람이 거의 불지 않아 풍속이 낮으며, 약한 하강 기류가 발달한다.

😮 **출제분석** | 태풍의 물리량 그래프는 주로 풍속과 기압을 다룬다. 강수량을 다뤘다는 점에서 새로운 자료이지만 보기 ㄱ, ㄴ은 평이한 수준이고, ㄷ도 일기도를 한 번이라도 봤으면 조밀한 정도를 알고 있으므로 문제 전체적으로 난이도가 높지는 않다.

그림은 북반구 어느 지점에서 태풍이 통과하는 동안 관측한 기압, 풍속, 풍향을 나타낸 것이다.

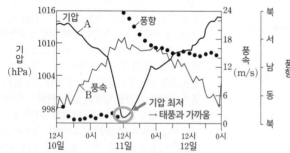

기압 최저 → 태풍과 가까움

이에 대한 옳은 설명만을 〈보기〉에서 있는 대로 고른 것은? 🔴3점

보기

ㄱ. A는 풍속이다.
　　기압

ㄴ. 이 지점은 안전 반원에 위치하였다.

ㄷ. 11일 12시에 이 지점에는 하강 기류가 우세하였다.
　　　　　　　　　　　　　상승

① ㄱ   ✓② ㄴ   ③ ㄱ, ㄷ   ④ ㄴ, ㄷ   ⑤ ㄱ, ㄴ, ㄷ

|자|료|해|설|

일반적으로 태풍은 강한 저기압이므로 태풍이 다가옴에 따라 관측소의 기압은 낮아진다. 태풍이 가장 가까울 때 기압이 가장 낮게 관측되고, 태풍이 지나가고 난 뒤에는 기압이 상승한다. 따라서 A는 기압이다.

태풍은 중심부에 가까울수록 풍속이 증가하므로, 태풍이 다가옴에 따라 태풍의 중심부와 관측소가 가까워져 풍속은 증가한다. 태풍이 가장 가까울 때는 풍속이 가장 높고, 태풍이 지나가고 난 뒤에는 풍속이 감소한다. 따라서 B는 풍속이다.

11일 12시 경에는 풍속이 가장 크고, 기압이 가장 낮으므로 관측소와 태풍의 중심이 가장 가까운 시기이며 관측소에서는 강한 상승 기류가 나타난다. 만약 태풍의 눈이 관측소를 통과하였다면, 11일 12시 경에 기압은 동일하게 가장 낮게 관측되겠지만 풍속이 급격히 감소하고 하고 약한 하강 기류가 나타나야 한다.

풍향은 10일 12시에는 북동풍, 11일 12시에는 북서풍, 12일 0시에는 남서풍으로 변하므로 풍향은 시계 반대 방향으로 변하고 있다. 따라서 관측소는 태풍 진행 방향의 왼쪽인 안전 반원에 위치한다.

|보|기|풀|이|

ㄱ. 오답 : 태풍은 저기압으로 태풍이 지나는 동안 기압은 점점 하강하였다가 상승한다. 따라서 A는 기압이다.

ㄴ. 정답 : 풍향이 북동풍 → 북서풍 → 남서풍 순으로 변하는 것으로 보아 풍향이 시계 반대 방향으로 회전한다. 태풍의 진행 방향의 왼쪽에서 풍향이 시계 반대 방향으로 변하므로, 관측소는 안전 반원에 위치한다.

ㄷ. 오답 : 11일 12시는 기압이 가장 낮고, 풍속이 가장 강할 때이므로 태풍의 중심부가 관측소와 가장 가까운 시기이다. 태풍은 전체적으로 저기압이므로 11일 12시에는 상승 기류가 우세하였다.

💡 **문제풀이 TIP** | 태풍은 저기압이므로 태풍의 중심이 관측소와 가까워질수록 기압은 낮아지고, 풍속은 강해진다. 만약, 태풍의 눈을 가진 태풍의 중심이 관측소를 지나가게 될 경우 태풍의 눈에 진입하는 순간 풍속이 급격히 감소해야 한다. 태풍 진행 방향의 오른쪽 반원은 위험 반원으로 풍향이 시계 방향으로 변하고, 왼쪽 반원은 안전 반원으로 풍향이 시계 반대 방향으로 변한다.

😮 **출제분석** | 풍향 변화를 바탕으로 관측소의 위치를 찾아내고, 기압과 풍속 분포를 유추하는 빈출 문항으로 평이한 수준이다.

그림은 어느 해 우리나라에 영향을 준 태풍이 이동하는 동안 평상시에 비해 해수면이 최대로 상승한 높이를 나타낸 것이다. 태풍 중심의 이동 경로는 ㉠과 ㉡ 중 하나이다.

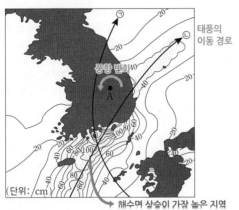

(단위: cm)

이에 대한 옳은 설명만을 〈보기〉에서 있는 대로 고른 것은? **3점**

보기

㉠. 태풍 중심의 이동 경로는 ㉡이다.   =해수면이 상승한 부분

㉡. 폭풍 해일에 의한 피해는 남해안이 동해안보다 컸을 것이다.

㉢. 태풍이 지나가는 동안 A 지역의 풍향은 시계 방향으로   → 해수면이 높을수록 크다.   반대
바뀌었다.

① ㄱ   ② ㄷ   ✓③ ㄱ, ㄴ   ④ ㄴ, ㄷ   ⑤ ㄱ, ㄴ, ㄷ

|자|료|해|설|

태풍이 이동하는 동안 평상시에 비해 해수면이 상승하는 이유는 바람이 강해지면서 파고가 높아지는 것과 함께, 중심부의 기압이 주변보다 낮아 해수면이 높아지는 효과가 함께 나타나기 때문이다. 결국 태풍의 중심에 가까울수록 해수면이 상승하는 정도가 크다.

|보|기|풀|이|

㉠. 정답 : 태풍의 중심에 가까울수록 해수면이 최대로 상승한 높이가 높아진다. 따라서 해수면이 최대로 상승한 높이가 가장 높은 지역을 따라 태풍이 이동하였을 것이므로, 태풍의 이동 경로는 ㉠보다 ㉡이 적합하다.

㉡. 정답 : 폭풍 해일은 태풍이나 폭풍에 의해 파고가 높아지면서 바닷물이 육지로 넘쳐 들어오는 현상이다. 그림에서 해수면이 최대로 상승한 높이는 동해보다 남해에서 훨씬 높게 나타나므로, 폭풍 해일에 의한 피해는 남해안이 동해안보다 컸을 것이다.

ㄷ. 오답 : 태풍은 ㉡의 경로로 이동하였으므로 태풍 진행 방향의 왼쪽에 위치한 A 지역에서는 풍향이 시계 반대 방향으로 바뀌었을 것이다.

🤓 **문제풀이 TIP** | 태풍의 중심에 가까울수록 기압이 낮아지고 풍속이 커지므로 파도가 높아져 해수면이 최대로 상승한 높이가 높아진다. 태풍이 북상함에 따라 태풍 진행 경로의 왼쪽 지역에서는 풍향이 점차 시계 반대 방향으로, 오른쪽 지역에서는 시계 방향으로 바뀌어간다.

😊 **출제분석** | 태풍의 이동에 따른 해수면의 최대 상승 높이를 제시하여 신선한 자료였다. 태풍의 중심에 가까울수록 풍속이 빨라져 해수면 상승 폭이 크다는 내용을 숙지하고 있어야 한다.

그림 (가)는 어느 태풍의 중심 기압을 22일부터 24일까지 3시간 간격으로, (나)는 이 태풍의 위치를 6시간 간격으로 나타낸 것이다.

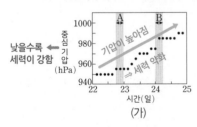 

(가)   (나)

이에 대한 설명으로 옳은 것만을 〈보기〉에서 있는 대로 고른 것은?

보기

㉠. 태풍의 세력은 A 시기가 B 시기보다 강하다.

㉡. 태풍의 평균 이동 속도는 A 시기가 B 시기보다 ~~빠르다~~ 느리다

㉢. 23일 18시부터 24일 06시까지 ㉠ 지점에서 풍향은 시계 ~~반대~~ 방향으로 변한다.

✓① ㄱ   ② ㄷ   ③ ㄱ, ㄴ   ④ ㄴ, ㄷ   ⑤ ㄱ, ㄴ, ㄷ

|자|료|해|설|

태풍은 열대 저기압이므로 중심 기압이 낮을수록 세력이 강하다. 열대 해상에서 형성된 태풍은 대체로 위도 30°N 부근까지는 무역풍의 영향을 받아 북서쪽으로 진행하다가, 위도 30°N 이상에서는 편서풍의 영향을 받아 북동쪽으로 이동한다. 태풍의 이동 속도는 전향점 부근까지는 점차 느려지다가 전향점을 지난 이후에 다시 빨라진다. 태풍이 북상함에 따라 태풍 진행 경로의 왼쪽인 안전 반원에 위치한 지점에서는 풍향이 시계 반대 방향으로 바뀌며, 태풍 진행 경로의 오른쪽인 위험 반원에 위치한 지점에서는 풍향이 시계 방향으로 바뀐다.

|보|기|풀|이|

㉠. 정답 : 태풍은 열대 저기압이므로 중심 기압이 낮을수록 세력이 강하다. A 시기는 B 시기에 비해 중심 기압이 낮으므로 태풍의 세력은 중심 기압이 낮은 A 시기가 B 시기보다 강하다.

ㄴ. 오답 : (나)는 태풍의 위치를 6시간 간격으로 나타낸 것이다. 동일한 시간 간격으로 나타낸 태풍 위치 사이의 간격이 좁을수록 태풍의 이동 속도가 느리며, 간격이 넓을수록 태풍의 이동 속도가 빠르다. A 시기는 23일 0시 부근, B 시기는 24일 0시 부근으로 태풍 위치 사이의 간격은 A 시기가 더 좁다. 따라서 태풍의 이동 속도는 A 시기가 B 시기보다 느리다.

ㄷ. 오답 : 23일 18시부터 24일 06시까지 태풍은 북동쪽으로 이동하며, ㉠ 지점은 태풍 이동 경로의 오른쪽에 위치하고 있다. 따라서 태풍이 북상함에 따라 ㉠ 지점에서의 풍향은 시계 방향으로 변하게 된다.

🤓 **문제풀이 TIP** | 태풍은 열대 저기압이므로 중심 기압이 낮을수록 세력이 강하고, 북상하며 세력이 약해질수록 중심 기압은 높아진다. 일반적으로 태풍의 이동 속도는 전향점에 이를 때까지 감소하다가 전향점을 지난 이후부터는 다시 빨라지는 경향을 보인다.

😊 **출제분석** | 태풍의 중심 기압 변화와 이동 경로를 그려주고 풍향 변화나 이동 속도 변화를 묻는 아주 전형적인 문항이다. 관련된 개념을 이해하고 기출 문항들을 충실히 풀어본 학생이라면 어렵지 않게 해결 가능한 수준의 문항이다.

그림 (가)는 어느 해 7월에 관측된 태풍의 위치를 24시간 간격으로 표시한 이동 경로이고, (나)는 이 시기의 해양 열용량 분포를 나타낸 것이다. 해양 열용량은 태풍에 공급할 수 있는 해양의 단위 면적당 열량이다.

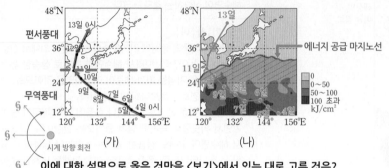

(가)   (나)

이에 대한 설명으로 옳은 것만을 〈보기〉에서 있는 대로 고른 것은?

보기

ㄱ. 12일 0시에 태풍은 편서풍의 영향을 받는다.

ㄴ. 11일 0시부터 13일 0시까지 제주도에서는 풍향이 <del>시계 반대</del> ^{시계} 방향으로 변한다.

ㄷ. 해양에서 이 태풍으로 공급되는 에너지양은 <del>12일</del>이 10일보다 적다. ^{12일에는 태풍으로 공급되는 에너지가 없는 상태이다}

① ㄱ   ② ㄴ   ✔③ ㄱ, ㄷ   ④ ㄴ, ㄷ   ⑤ ㄱ, ㄴ, ㄷ

|자|료|해|설|

그림 (가)는 태풍의 이동 경로를 나타낸 것으로, 11일을 기준으로 그 전은 무역풍을 따라 북서쪽으로 이동하고 있으며, 그 후는 편서풍을 따라 북동쪽으로 이동하다 13일에 소멸하는 것을 알 수 있다. 태풍 이동 경로의 오른쪽은 풍향이 시계 방향으로 변하며, 왼쪽은 반시계 방향으로 변하는 특징이 있다. 그림 (나)는 위도 약 30° 부근에서 에너지 공급 마지노선이 생겨 더 이상은 해양으로부터 열량이 공급되지 않는 것이 보인다. 따라서 이 위도 위로 이동한다면 태풍은 에너지를 공급받지 못해 조만간 소멸할 것을 알 수 있다.

|보|기|풀|이|

ㄱ. 정답 : 그림 (가)에서 태풍의 경로를 보면 11일 이후에는 북동쪽으로 이동하고 있다. 따라서 편서풍의 영향을 받고 있음을 알 수 있다.

ㄴ. 오답 : 그림 (가)에서 태풍이 제주도를 경로의 오른쪽에 두고 이동하고 있다. 따라서 제주도에서는 시계 방향으로 풍향이 변할 것이다.

ㄷ. 정답 : 그림 (나)에 그림 (가)에 있는 12일의 태풍의 위치를 도시해보면 에너지 공급 마지노선보다 북쪽에 위치한다. 따라서 해양으로부터 열량을 공급받지 못하고 있는 상황이므로 해양에서 공급되는 에너지의 양은 12일이 10일보다 적다.

😀 **문제풀이 TIP** | 태풍 이동 경로가 바뀌는 지점을 찾고 바뀌는 이유를 위도에서 찾아본다면 어렵지 않게 풀이할 수 있다. 또한 태풍이 다가옴에 따라 그 지역에서 부는 풍향의 변화는 자주 등장하므로 이해하기 힘들다면 암기하고 있는 것도 좋은 방법이다.

😀 **출제분석** | 태풍은 자주 출제되는 개념으로 태풍이 이동하는 경로에 대한 문항이나 위험 반원과 안전 반원 그리고 에너지원에 대한 문항이 주를 이룬다. 기출 문항을 분석하여 이런 개념들을 완벽하게 알고 있어야 한다.

" 이 문제에선 이게 가장 중요해! "

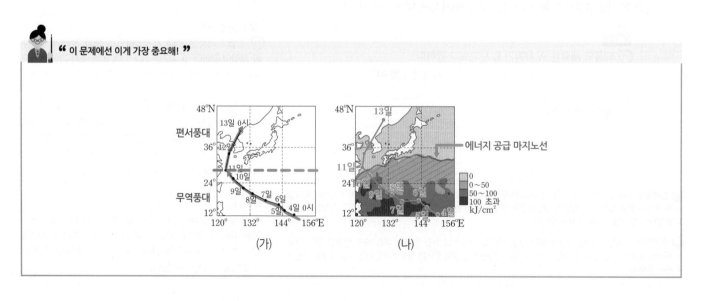

(가)   (나)

그림 (가)는 우리나라를 통과한 어느 태풍의 이동 경로와 최대 풍속이 20m/s 이상인 지역의 범위를, (나)는 (가)의 기간 중 18일 하루 동안 이어도 해역에서 관측한 수심 10m와 40m의 수온 변화를 나타낸 것이다.

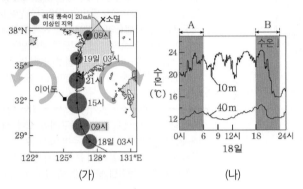

(가)   (나)

이에 대한 옳은 설명만을 〈보기〉에서 있는 대로 고른 것은?

보기

ㄱ. 18일 09시부터 21시까지 이어도에서 풍향은 시계 반대 방향으로 변했다.

ㄴ. 태풍의 중심 기압은 18일 09시가 19일 09시보다 ~~높았다.~~ 낮았다.

ㄷ. 이어도 해역에서 표층 해수의 연직 혼합은 A 시기가 B 시기보다 ~~강했다.~~ 약했다.   → 18일 6시 이전

→ 18일 18시 이후

① ㄱ   ② ㄷ   ③ ㄱ, ㄴ   ④ ㄴ, ㄷ   ⑤ ㄱ, ㄴ, ㄷ

|자|료|해|설|

태풍은 18일 15시에 최대 규모로 형성되었다. 태풍의 규모가 클수록 중심 기압은 낮아진다. 태풍 진행 방향의 왼쪽인 이어도는 풍향이 반시계 방향으로 변했다. 태풍이 통과할 때 강한 바람에 의해 표층 해수의 혼합이 일어나면 표층 수온은 낮아진다.

|보|기|풀|이|

ㄱ. 정답 : 이어도는 태풍 진행 방향의 왼쪽에 위치하므로 풍향은 시계 반대 방향으로 변한다.

ㄴ. 오답 : 태풍의 규모는 18일 09시가 19일 09시에 비해 크기 때문에 중심 기압은 18일 09시가 더 낮았다.

ㄷ. 오답 : A 시기가 18일 06시 이전이고 B 시기가 18일 18시 이후로, B 시기가 A 시기에 비해 대체로 수온이 낮고 수온 변화의 규모는 더 크다. 따라서 이어도 해역에서 표층 해수의 연직 혼합은 A 시기가 B 시기보다 약했다.

🔊 문제풀이 TIP | [태풍 진행 경로에 따른 풍향 변화]
태풍 진행 경로의 왼쪽 지역은 반시계 방향으로 풍향이 변한다. 태풍 진행 경로의 오른쪽 지역은 시계 방향으로 풍향이 변한다.

😀 출제분석 | 태풍의 진행 경로에 따른 풍향 변화와 태풍으로 인해 발생한 표층 해수의 연직 혼합에 관한 자료이다. 두 가지 자료를 비교하여 해결하는 문제이고 표층 해수의 연직 혼합이 표현된 의미 있는 자료이므로 이번 기회에 잘 기억하자.

그림 (가)는 어느 해 9월 9일부터 18일까지 태풍 중심의 위치와 기압을 1일 간격으로 나타낸 것이고, (나)는 12일, 14일, 16일에 관측한 이 태풍 중심의 이동 방향과 이동 속도를 ㉠, ㉡, ㉢으로 순서 없이 나타낸 것이다. 화살표의 방향과 길이는 각각 이동 방향과 속도를 나타낸다.

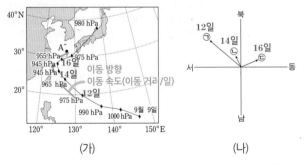

(가)   (나)

이에 대한 설명으로 옳은 것만을 〈보기〉에서 있는 대로 고른 것은? **3점**

태풍의 중심 기압이 높을수록 약함

보기

→ 1000hPa → 955hPa

ㄱ. 태풍의 세력은 10일이 16일보다 약하다.

ㄴ. 14일 태풍 중심의 이동 방향과 이동 속도는 ㉡에 해당한다.

ㄷ. 16일과 17일 사이에는 A지점의 풍향이 반시계 방향으로 변한다.   → 태풍 이동 경로의 왼쪽 : 안전 반원

① ㄱ   ② ㄴ   ③ ㄱ, ㄷ   ④ ㄴ, ㄷ   ⑤ ㄱ, ㄴ, ㄷ

|자|료|해|설|

그림 (가)는 태풍의 이동 경로를 일자별로 기압과 함께 표시하고 있다. 그림 (나)는 태풍의 이동 방향을 화살표로 표시하고, 화살표의 길이를 통해 이동 속도를 표현하고 있다. 12일은 14일에 비해 태풍이 서쪽으로 더 치우친 북서 방향으로 이동했고, 이동 거리가 긴 것으로 보아 속도도 더 빨랐다. 16일은 태풍이 북동 방향으로 이동했다. 따라서 그림 (나)에서 ㉠은 12일, ㉡은 14일, ㉢은 16일이다. 관측소가 태풍 이동 경로의 왼쪽에 있는 경우 태풍의 풍향과 대기 순환의 풍향이 반대가 되어 안전 반원에 해당하며, 관측소가 태풍 이동 경로의 오른쪽에 있는 경우 태풍의 풍향과 대기 순환의 풍향이 동일 방향이 되어 위험 반원에 해당한다. 관측소가 안전 반원에 위치하면 풍향이 반시계 방향으로 변하고, 위험 반원에 위치하면 풍향이 시계 방향으로 변한다.

|보|기|풀|이|

ㄱ. 정답 : 태풍의 세력은 태풍의 중심 기압이 높을수록 약하다. 10일은 중심 기압이 1000hPa, 16일은 중심 기압이 955hPa이므로 태풍의 세력은 10일이 16일보다 약하다.

ㄴ. 정답 : 14일에 태풍의 이동 방향은 북서쪽이고, 속도는 12일에 비해 더 느리다. 따라서 14일 태풍 중심의 이동 방향과 이동 속도는 ㉡에 해당한다.

ㄷ. 정답 : A지점은 16일과 17일 사이 태풍의 이동 경로의 왼쪽(안전 반원)에 위치했다. 따라서 풍향은 반시계 방향으로 변한다.

다음은 어느 태풍의 이동 경로와 그에 따른 풍향과 기압 변화를 알아
보기 위한 탐구 활동이다.

[탐구 과정]

(가) 표를 이용하여 태풍의 이동 경로를 지도에 표시한다.

(나) 지점 A에서의 풍향 변화를 추정하여 기록한다.

(다) 관측 풍향을 조사하여 추정 풍향과 비교한다.

(라) 태풍 중심의 기압 변화량 (관측 당시 기압－생성 당시 기압)을 기록한다.

일시	태풍 중심		
	위도 (°N)	경도 (°E)	기압 (hPa)
⋮	⋮	⋮	⋮
6일 06시	33.8	127.3	975
6일 09시	34.7	128.1	975
6일 12시	35.8	129.2	985
6일 15시	37.2	130.5	985
⋮	⋮	⋮	⋮
7일 09시 (소멸)	42.0	141.1	990

6일 06시 관측 당시 기압
－생성 당시 기압＝975－x＝－25
∴ 생성 당시 기압＝975＋25＝1000(hPa)

[탐구 결과]

일시	추정 풍향	기압 변화량 (hPa)
⋮		⋮
6일 06시		−25
6일 09시		
6일 12시		
6일 15시		
⋮		⋮
7일 09시		

이 자료에 대한 설명으로 옳은 것만을 〈보기〉에서 있는 대로 고른 것은? 3점

보기

ㄱ. 6일 06시에 태풍은 편서풍의 영향을 받는다.

→ 태풍을 북동쪽으로 이동시킴
무역풍 → 태풍을 북서쪽으로 이동시킴

ㄴ. 6일 06시부터 6일 15시까지 A의 관측 풍향은 시계 반대 방향으로 변한다.

ㄷ. 이 태풍의 $\dfrac{\text{소멸 당시 중심 기압}}{\text{생성 당시 중심 기압}}$ 은 1보다 크다. 작다

$\dfrac{990}{975-(-25)}$ <1

① ㄱ   ② ㄷ   ✓③ ㄱ, ㄴ   ④ ㄴ, ㄷ   ⑤ ㄱ, ㄴ, ㄷ

|자|료|해|설|

태풍은 발생 초기에는 무역풍과 주변 기압 배치의 영향으로 북서쪽으로 진행하다가, 위도 25～30° 부근에서는 편서풍의 영향으로 북동쪽으로 진행하는 포물선 궤도를 갖는다. 태풍 진행 방향의 오른쪽은 태풍 자체 풍향과 이동 방향이 비슷하므로 풍속이 강해 위험 반원이라고 하고, 태풍 진행 방향의 왼쪽은 태풍 자체 풍향과 이동 방향이 반대되어 풍속이 상대적으로 약해 안전 반원이라고 한다. 시간이 경과함에 따라 위험 반원에서는 풍향이 시계 방향으로 변하고, 안전 반원에서는 반시계 방향으로 변한다.

[탐구 결과] 표에 주어진 기압 변화량은 관측 당시 기압에서 생성 당시 기압을 뺀 값이다. [탐구 과정] 표에서 6일 06시의 태풍 중심 기압이 975hPa로 주어졌으므로, 태풍의 생성 당시 중심 기압은 (6일 06시 관측 당시 중심 기압)에서 (6일 06시 기압 변화량)을 뺀 값, 즉 975－(−25)＝1000hPa이다.

|보|기|풀|이|

ㄱ. 정답 : 6일 06시에 태풍은 북동쪽으로 진행하고 있으므로, 편서풍의 영향을 받는다.

ㄴ. 정답 : A는 6일 06시부터 6일 15시까지 태풍 진행 경로의 왼쪽에 위치한다. 따라서 A는 안전 반원에 속하므로 A의 관측 풍향은 시계 반대 방향으로 변한다.

ㄷ. 오답 : 자료에 주어진 값을 이용하여 태풍의 생성 당시 중심 기압을 구하면 975－(−25)＝1000hPa이고, 태풍 소멸 당시 중심 기압은 990hPa로 주어져 있다. 따라서 $\dfrac{\text{(소멸 당시 중심 기압)}}{\text{(생성 당시 중심 기압)}}$ 은 $\dfrac{990}{1000}$ 으로 1보다 작다.

😲 문제풀이 TIP | 태풍의 진행 경로는 발생 초기에는 무역풍에 의해 북서쪽으로 이동하다가, 위도가 높아지면서 편서풍에 의해 북동쪽으로 이동하는 포물선 모양이다. 태풍의 진행 경로 오른쪽 지역은 위험 반원으로 풍향이 시계 방향으로 변하고, 왼쪽 지역은 안전 반원으로 풍향이 반시계 방향으로 변한다. 문제에서 제시되는 자료의 의미를 파악하고 자료에서 필요한 값을 빠르게 찾아내는 연습을 해야 한다.

😎 출제분석 | 태풍의 기본적인 특징을 묻고 있다. 또한, 보기 ㄷ의 경우 자료에서 주어진 값을 이용해 쉽게 해결할 수 있으므로 난도는 쉬운 문제이다. 태풍에 관련된 문항의 경우 단골 출제 요소이므로 방향과 특징 등을 헷갈리지 않게 암기해두도록 하자.

그림 (가)는 어느 날 05시 우리나라 주변의 적외 영상을, (나)는 다음 날 09시 지상 일기도를 나타낸 것이다.

→ 구름 상부 고도 ⌈ ↑ : 흰색(밝게 표현)
　　　　　　　　　 ⌊ ↓ : 회색(어둡게 표현)

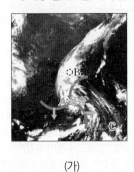 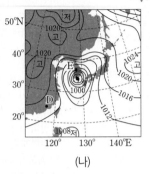

(가)   (나)

이 자료에 대한 설명으로 옳은 것만을 〈보기〉에서 있는 대로 고른 것은?

보기
→ 발산
ㄱ. (가)의 A 해역에서 표층 해수의 ~~침강~~ 이 나타난다.
ㄴ. (가)에서 구름 최상부의 고도는 B가 C보다 높다. (∵ B가 더 밝다.)
ㄷ. (나)에서 풍속은 E가 D보다 크다. (∵ E의 등압선 간격이 더 조밀하다.)
→ 밝은색일수록 높음 ✓

① ㄱ   ② ㄷ   ③ ㄱ, ㄴ   ✓ ㄴ, ㄷ   ⑤ ㄱ, ㄴ, ㄷ

|자|료|해|설|
(가)를 보면 태풍의 중심부에 흰색으로 표현되어 적운형 구름이 형성됨을 알 수 있고 (나)를 통해 풍속이 매우 높으며 강한 저기압이 형성되었음을 알 수 있다.

|보|기|풀|이|
ㄱ. 오답 : (가)에서 A 해역은 태풍의 눈에 위치하므로 저기압성 바람이 불어 표층 해수의 발산이 일어나고, 이에 따라 해수의 용승이 나타날 것이다.
ㄴ. 정답 : 적외 영상은 구름 최상부의 고도가 높아 온도가 낮을수록 밝은 색으로 표시하므로 구름의 고도는 흰색으로 보이는 B가 더 어두운 색으로 보이는 C보다 더 높다.
ㄷ. 정답 : 풍속은 등압선의 간격이 좁을수록 크기 때문에 E가 D보다 크다.

😲 **문제풀이 TIP** | [위성영상 해석]
– 가시 영상: 구름과 지표면에서 반사된 태양빛의 반사 강도를 나타냄
　• 반사도가 작은 부분(=구름이 얇음): 어둡게 표현
　• 반사도가 큰 부분(=구름이 두꺼움): 밝게 표현
– 적외 영상: 온도에 따라 방출하는 적외선 에너지 양 차이를 이용한 것
　• 온도가 낮은 부분(=상층운): 밝게 표현
　• 온도가 높은 부분(=하층운): 어둡게 표현

😀 **출제분석** | 빈출 유형이므로 반드시 기억해야 한다. 2015개정 교육과정에서는 위성영상을 분석하는 탐구 활동의 중요성이 증가했으므로 가시 영상과 적외 영상의 과학적 원리를 기억하자.

그림 (가)는 어느 해 우리나라에 상륙한 태풍의 이동 경로를, (나)는 B 지점에서 태풍이 통과하기 전과 통과한 후에 측정한 깊이에 따른 수온 분포를 각각 ㉠과 ㉡으로 순서 없이 나타낸 것이다.

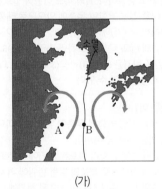 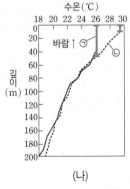

(가)   (나)

이에 대한 옳은 설명만을 〈보기〉에서 있는 대로 고른 것은? 3점

보기
ㄱ. 태풍이 통과하기 전의 수온 분포는 ~~㉠~~ 이다.
ㄴ. 태풍이 지나가는 동안 A 지점에서는 풍향이 시계 방향으로 변한다.
　　　태풍 진행 방향의 왼쪽인   반대
ㄷ. 태풍이 지나가는 동안 관측된 최대 풍속은 A 지점보다 B 지점에서 크다.
　　　　　　　　　　　　　　　　　태풍의 중심을 지나는

① ㄱ   ✓ ㄷ   ③ ㄱ, ㄴ   ④ ㄴ, ㄷ   ⑤ ㄱ, ㄴ, ㄷ

|자|료|해|설|
(가)는 우리나라 제주도와 내륙을 통과하는 태풍의 경로를 나타낸 것으로 진행 경로의 왼쪽(A)의 경우 반시계 방향의 풍향 변화를 보이고 오른쪽(B)의 경우 시계 방향의 풍향 변화를 보인다. (나)는 깊이에 따른 수온 분포를 나타낸 것으로 ㉠의 혼합층의 깊이가 더 깊으므로 바람이 더 강하다는 것을 알 수 있다.

|보|기|풀|이|
ㄱ. 오답 : 태풍이 통과하기 전의 수온 분포는 혼합층의 깊이가 얕은 ㉡이다.
ㄴ. 오답 : 태풍이 지나가는 동안 태풍 진행 경로의 왼쪽인 A 지점에서는 풍향이 시계 반대 방향으로 변한다.
ㄷ. 정답 : 태풍이 지나가는 동안 관측된 최대 풍속은 A 지점보다 태풍의 중심을 지나는 B 지점에서 더 크다.

😲 **문제풀이 TIP** | 태풍(열대 저기압)의 풍향 변화는 관측 지역이 태풍 진행 경로의 왼쪽인지, 오른쪽인지에 따라 달라지는데, 진행 경로의 왼쪽에 위치한 지역에서는 반시계 방향으로, 진행 방향의 오른쪽에 위치한 지역에서는 시계 방향으로 변화한다. 또한 혼합층의 깊이가 바람의 세기와 비례한다는 것을 기억해야 한다.

😀 **출제분석** | 태풍의 진행 경로에 따른 풍향변화는 빈출되는 유형이므로 비슷한 유형을 여러 번 풀어보면 어렵지 않게 풀 수 있는 정도의 난이도였다.

그림 (가)는 우리나라의 어느 해양 관측소에서 관측된 풍속과 풍향 변화를, (나)는 이 관측소의 표층 수온 변화를 나타낸 것이다. A와 B는 서로 다른 두 태풍의 영향을 받은 기간이다.

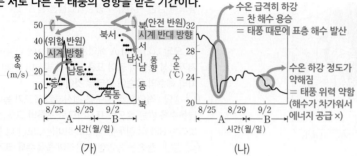

(가)   (나)

이 자료에 대한 설명으로 옳은 것만을 <보기>에서 있는 대로 고른 것은? 3점

보기

ㄱ. A 시기에 태풍의 눈은 관측소를 ~~통과하였다.~~ 통과하지 않았다

ㄴ. B 시기에 관측소는 태풍의 안전 반원에 위치하였다.

ㄷ. A 시기의 급격한 수온 하강은 B 시기에 통과하는 태풍을 ~~강화~~시켰다. 약화

① ㄱ   ✓② ㄴ   ③ ㄷ   ④ ㄱ, ㄴ   ⑤ ㄴ, ㄷ

|자|료|해|설|

(가)에서 A 시기 동안 풍향은 동풍에서 남동풍으로 바뀌었다. 이는 시계 방향으로 바뀐 것이므로 이 지역은 태풍의 위험 반원에 위치한다. B 시기 동안 풍향은 북동풍에서 북서풍, 남서풍으로 변하였다. 이는 시계 반대 방향으로 바뀐 것으로, 이 지역은 태풍의 안전 반원에 위치한다.

(나)에서 8월 26일쯤 수온이 급격하게 하강한다. 이는 찬 해수가 용승했기 때문이고, 용승은 태풍에 의해 표층 해수가 발산하여 나타난다. 즉, 태풍의 위력이 클수록 발산이 잘 일어나고, 용승이 활발해져서 수온이 많이 하강하게 된다. 9월 2일에도 수온이 하강하긴 하였지만, 그 정도가 약해진 것으로 보아 태풍의 위력이 약한 것을 알 수 있다. 이는 첫 태풍으로 인해 수온이 하강하여 두 번째 태풍이 에너지를 충분히 공급받지 못했기 때문이다.

|보|기|풀|이|

ㄱ. 오답 : 태풍의 눈에서는 풍속이 아주 낮다. 따라서 태풍의 눈을 통과했다면 풍속이 아주 낮아졌다가 다시 급격하게 높아져야 한다.

ㄴ. 정답 : B 시기에 풍향이 시계 반대 방향으로 바뀌므로 태풍의 안전 반원에 위치한다.

ㄷ. 오답 : A 시기의 급격한 수온 하강은 B 시기에 통과하는 태풍을 약화시켰다.

😲 **문제풀이 TIP** | 태풍은 저기압이므로, 시계 반대 방향으로 바람이 불어 나가며 표층 해수가 발산하게 된다. 이에 따라 용승이 일어나 수온이 하강한다.
태풍의 눈 : 태풍의 눈은 풍속이 아주 낮고, 약간의 하강 기류가 발달한다.

그림 (가)는 서로 다른 해에 발생한 태풍 ㉠과 ㉡의 이동 경로에 6시간 간격으로 중심 기압과 강풍 반경을 나타낸 것이고, (나)의 A와 B는 각각 태풍 ㉠과 ㉡의 중심으로부터 제주도까지의 거리가 가장 가까운 시기에 발효된 특보 상황 중 하나이다.

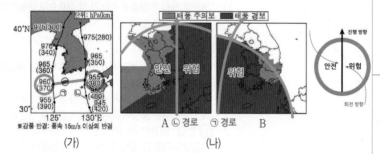

(가)   (나)

이 자료에 대한 설명으로 옳은 것만을 <보기>에서 있는 대로 고른 것은? 3점

보기

ㄱ. A는 태풍 ~~㉠~~에 의한 특보 상황이다. ㉡

ㄴ. B의 특보 상황이 발효된 시기에 제주도는 태풍의 위험 반원에 위치한다.

ㄷ. A와 B의 특보 상황이 발효된 시기에 태풍의 세력은 ㉠보다 ㉡이 ~~약하다.~~ 강하다.
기압 비교 : ㉠>㉡
강풍 반경 : ㉠<㉡ ⇒ 태풍의 세력 : ㉠<㉡

① ㄱ   ✓② ㄴ   ③ ㄱ, ㄷ   ④ ㄴ, ㄷ   ⑤ ㄱ, ㄴ, ㄷ

|자|료|해|설|

태풍 이동 경로의 우측이 위험 반원이므로 (나)의 태풍 경보와 태풍 주의보의 분포로 보아 A는 태풍 ㉡, B는 태풍 ㉠에 의한 특보 상황이다. B의 특보 상황이 발효된 시기에 제주도는 태풍 진행 방향의 우측에 있으므로 태풍의 위험 반원에 위치한다. (가)에서 제주도까지의 거리가 가장 가까운 시기의 ㉠과 ㉡을 비교하면 기압은 ㉠(960)>㉡(955), 강풍 반경은 ㉠(370)<㉡(380)이므로 태풍의 세력은 ㉠<㉡임을 알 수 있다.

|보|기|풀|이|

ㄱ. 오답 : 태풍 진행 방향의 우측이 위험 반원이므로 A는 태풍 ㉡에 의한 특보 상황이다.

ㄴ. 정답 : B의 특보 상황이 발효된 시기에 제주도는 진행 방향의 우측에 있으므로 태풍의 위험 반원에 위치한다.

ㄷ. 오답 : A와 B의 특보 상황이 발효된 시기에 ㉠보다 ㉡의 기압이 낮고(강한 저기압), 강풍 반경이 크므로 태풍의 세력은 ㉠보다 ㉡이 더 강하다.

😲 **문제풀이 TIP** | 태풍 진행 방향의 오른쪽이 위험 반원, 왼쪽이 안전 반원임을 기억하자.

😎 **출제분석** | 개념 자체는 어렵지 않았지만 새로운 형태의 자료가 제시되어 생각보다 오답률이 높았다. 자료 해석에 유의하자!

그림 (가)는 위도가 동일한 관측소 A, B, C의 위치와 태풍의 이동 경로를, (나)는 태풍이 우리나라를 통과하는 동안 A, B, C에서 같은 시각에 관측한 날씨를 ㉠, ㉡, ㉢으로 순서 없이 나타낸 것이다.

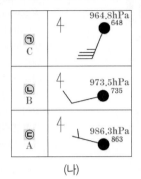

　　　(가)　　　　　　　　　　　(나)

이에 대한 옳은 설명만을 〈보기〉에서 있는 대로 고른 것은? 3점

보기

㉠. A는 태풍의 안전 반원에 위치한다. → 태풍 이동 경로의 왼쪽

㉡. ㉠은 C에서 관측한 자료이다.

㉢. (나)는 태풍의 중심이 세 관측소보다 고위도에 위치할 때 관측한 자료이다.

① ㄱ　　② ㄷ　　③ ㄱ, ㄴ　　④ ㄴ, ㄷ　　⑤ ㄱ, ㄴ, ㄷ

|자|료|해|설|
태풍은 강한 열대 저기압이므로 관측소가 태풍의 중심과 가까울수록 기압이 낮다. 그러므로 가장 기압이 낮은 ㉠이 관측소 C, ㉡이 관측소 B, ㉢이 관측소 A에서 측정한 자료이다. 태풍이 이동하는 경로의 오른쪽은 풍속이 강한 위험 반원, 왼쪽은 풍속이 비교적 약한 안전 반원이며 태풍의 중심은 강한 저기압으로 북반구의 지상에서 바람이 반시계 방향으로 불어 들어간다.

|보|기|풀|이|
㉠. 정답 : A는 태풍이 이동하는 경로의 왼쪽에 있으므로 안전 반원에 위치한다.

㉡. 정답 : ㉠에서 기압이 가장 낮게 측정된 것으로 보아 ㉠은 태풍의 이동 경로와 가장 가까운 C에서 관측한 자료이다.

㉢. 정답 : ㉠, ㉡, ㉢의 풍향을 보았을 때 (나)는 태풍의 중심이 세 관측소보다 고위도에 위치할 때 관측한 자료이다. 태풍의 중심이 세 관측소보다 저위도에 위치한다면 A, B, C에서 대체로 북풍 계열의 바람이 불었을 것이다.

😲 **문제풀이 TIP** | 풍향의 경우 태풍의 위치에 따라 달라지므로 기압을 통해 관측소의 위치를 우선적으로 파악한 뒤 문제에 접근하는 것이 좋다. 안전 반원과 위험 반원 각각에 부는 풍향을 일일이 외우지 않더라도 북반구에서는 태풍의 중심으로 바람이 반시계 방향으로 불어 들어간다는 사실만 기억하면 풍향과 관련된 보기는 쉽게 해결할 수 있다.

😀 **출제분석** | 태풍은 매년 출제될 가능성이 높은 문항이며 자료 해석 능력을 필수적으로 요하는 문제가 자주 출제된다. 자료 해석의 난이도에 따라 매우 까다로운 문항이 출제될 수도 있으니 다양한 자료를 해석해보는 것이 중요하다. 본 문제 역시 자료를 해석하고 그림을 그려봐야 했던 문제로 까다로운 유형에 속한다.

그림은 북반구 해상에서 관측한 태풍의 하층 (고도 2km 수평면) 풍속 분포를 나타낸 것이다. 이에 대한 설명으로 옳은 것만을 〈보기〉에서 있는 대로 고른 것은? (단, 등압선은 태풍의 이동 방향 축에 대해 대칭이라고 가정한다.) 3점

보기

ㄱ. 태풍은 북동 방향으로 이동하고 있다. （북서）

㉡. 태풍 중심 부근의 해역에서 수온 약층의 차가운 물이 용승한다. → 표층 해수 발산

ㄷ. 태풍의 상층 공기는 반시계 방향으로 불어 나간다.

① ㄱ　　② ㄴ　　③ ㄷ　　④ ㄱ, ㄴ　　⑤ ㄴ, ㄷ

|자|료|해|설|
태풍의 진행 방향의 오른쪽이 위험 반원, 왼쪽이 안전 반원이므로 그림에서는 태풍 중심의 북동쪽에 위험 반원이, 남서쪽에 안전 반원이 위치한다.

|보|기|풀|이|
ㄱ. 오답 : 태풍의 북동쪽에 위험 반원이, 남서쪽에 안전 반원이 위치하므로 태풍은 북서 방향으로 이동하고 있다.

㉡. 정답 : 북반구에서는 시계 반대 방향으로 지속적으로 부는 저기압성 바람에 의해 표층 해수의 발산이 일어나 수온 약층의 차가운 물이 용승한다.

ㄷ. 오답 : 태풍의 중심부에서 반시계 방향으로 수렴하여 상승한 상층 공기는 전향력의 영향으로 시계 방향으로 불어 나간다.

😲 **문제풀이 TIP** | 태풍 진행 방향의 오른쪽이 위험 반원, 왼쪽이 안전 반원임을 기억하자. 태풍의 상층과 하층의 회전 방향이 다른데, 하층에서는 저기압의 영향으로 반시계 방향으로 수렴하지만 상층에서는 전향력의 영향으로 시계 방향으로 불어 나간다.

😀 **출제분석** | 태풍의 풍속의 세기로 진행 방향을 결정하는 것과, 상하층의 바람 수렴, 발산 방향이 다름을 분석하는 것은 다소 어려운 개념이기 때문에 오답률이 매우 높았다. 그러나 중요 개념이므로 수능 출제 가능성이 매우 높다.

그림은 북쪽으로 이동하는 태풍의 풍속을 동서 방향의 연직 단면에 나타낸 것이다. 지점 A~E는 해수면상에 위치한다. 이 자료에 대한 설명으로 옳은 것만을 〈보기〉에서 있는 대로 고른 것은?

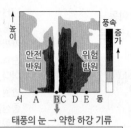

태풍의 눈 → 약한 하강 기류

보기

ㄱ. A는 안전 반원에 위치한다.

ㄴ. 해수면 부근에서 공기의 연직 운동은 B가 C보다 활발하다.

ㄷ. 지상 일기도에서 등압선의 평균 간격은 구간 C−D가 구간 D−E보다 좁다.
        └→ 좁을수록 풍속↑

① ㄱ   ② ㄴ   ③ ㄷ   ④ ㄱ, ㄴ   ⑤ ㄱ, ㄷ

|자|료|해|설|

태풍의 중심으로 갈수록 풍속은 강해지지만, 태풍의 눈에서는 약한 하강 기류가 발생해 구름과 바람이 거의 없다. 주어진 자료의 태풍은 B 지점에서 풍속이 가장 약한 것으로 보아 B 지점은 태풍의 눈에 위치한다.

북반구의 경우 태풍은 열대 해상에서 발생해 북쪽으로 이동한다. 태풍 안에서는 바람이 반시계 방향으로 부는데 태풍이 이동하면서 무역풍 또는 편서풍과 만나 바람이 강해지거나 약해질 수 있다. 무역풍 또는 편서풍과 만나 바람이 강해지는 쪽을 위험 반원이라고 하며, 바람이 약해지는 쪽을 안전 반원이라고 한다. 따라서 이 태풍의 위험 반원은 풍속이 상대적으로 더 강한 동쪽(C, D, E)에 있고, 안전 반원은 풍속이 더 약한 서쪽(A)에 위치한다.

|보|기|풀|이|

ㄱ. 정답 : A는 태풍 진행 방향의 왼쪽에 있으므로 안전 반원에 위치한다.

ㄴ. 오답 : B는 태풍의 눈에 위치하고 있어 약한 하강 기류가 나타나고, C는 태풍의 눈 주변에 위치하고 있어 강한 상승 기류가 나타난다. 따라서 해수면 부근에서 공기의 연직 운동은 C가 B보다 활발하다.

ㄷ. 정답 : 풍속이 강할수록 기압의 차이가 큰 것이므로 등압선의 간격은 좁다. 풍속은 구간 C−D가 구간 D−E 보다 강하므로 지상 일기도에서 등압선의 평균 간격은 구간 C−D가 구간 D−E보다 좁다.

그림 (가)는 어느 태풍의 이동 경로와 관측소 A와 B의 위치를, (나)는 이 태풍이 우리나라를 통과하는 동안 A와 B 중 한 곳에서 관측한 풍향, 풍속, 기압 변화를 나타낸 것이다.

 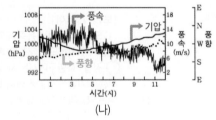

(가)   (나)

이에 대한 옳은 설명만을 〈보기〉에서 있는 대로 고른 것은?

보기

ㄱ. (나)에서 기압은 4시가 11시보다 낮다.

ㄴ. (나)는 A에서 관측한 것이다.

ㄷ. 태풍이 통과하는 동안 관측된 평균 풍속은 A가 B보다 크다.

① ㄱ   ② ㄴ   ③ ㄱ, ㄷ   ④ ㄴ, ㄷ   ⑤ ㄱ, ㄴ, ㄷ

|자|료|해|설|

(가)에서 태풍은 A와 B 지역 사이를 통과한다. 태풍이 통과하는 동안 A는 태풍 진행 방향의 왼쪽인 안전 반원에 위치했고, B는 태풍 진행 방향의 오른쪽인 위험 반원에 위치했다.

태풍이 통과하는 동안 A의 풍향 변화는 북동풍 → 북서풍 → 서풍으로 반시계 방향으로 바뀌었고, B의 풍향 변화는 북동풍 → 남동풍 → 남풍으로 시계 방향으로 바뀌었다. 태풍이 가까워질수록 풍속은 세지고, 기압은 낮아지므로 (나)에서 대체로 증가했다가 감소하는 경향을 띠는 얇은 실선은 풍속이고, 감소했다가 증가하는 굵은 실선은 기압이다. 점으로 표현된 값은 풍향으로 남풍 계열에서 서풍 계열로 변하므로 B에서 측정한 풍향임을 알 수 있다.

|보|기|풀|이|

ㄱ. 정답 : (나)에서 기압은 굵은 실선으로 표현된 값으로, 4시 부근에 가장 낮았고 4시 이후로 기압이 계속 상승했다.

ㄴ. 오답 : (나)에서 관측한 풍향은 남풍 계열에서 서풍 계열로 시계 방향으로 변하므로 (나)는 위험 반원에 위치한 B에서 관측한 것이다.

ㄷ. 오답 : 태풍이 통과하는 동안 관측된 평균 풍속은 안전 반원에 위치한 A보다 위험 반원에 위치한 B에서 더 크다.

그림 (가)는 어느 날 어느 태풍의 이동 경로에 6시간 간격으로 태풍 중심의 위치와 중심 기압을, (나)는 이날 09시의 가시 영상을 나타낸 것이다.

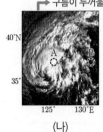

→ 구름이 두꺼울수록 하얗게 보임

(가)   (나)

이 자료에 대한 설명으로 옳은 것만을 〈보기〉에서 있는 대로 고른 것은?

보기

ㄱ. 태풍의 영향을 받는 동안 지점 ㉠은 위험 반원에 위치한다.

ㄴ. 태풍의 세력은 03시가 21시보다 ~~약하다.~~ 강하다.

ㄷ. (나)에서 구름이 반사하는 태양 복사 에너지의 세기는 영역 A가 영역 B보다 ~~약하다.~~ 강하다.

✔① ㄱ   ② ㄴ   ③ ㄷ   ④ ㄱ, ㄴ   ⑤ ㄱ, ㄷ

|자|료|해|설|

태풍의 세력은 태풍의 중심 기압이 낮을수록 강하다. 03시부터 21시까지 태풍의 중심 기압은 증가하고 있으므로 그 시간 동안 태풍의 세력은 점점 약해졌다. 태풍 진행 방향의 오른쪽은 위험 반원이고, 왼쪽은 안전 반원이므로 이날 ㉠은 위험 반원에 위치한다.

가시 영상에서는 구름이 두꺼울수록 태양 복사 에너지를 많이 반사해 하얗게 나타난다. 따라서 구름의 두께는 영역 A가 영역 B보다 두껍다.

|보|기|풀|이|

ㄱ. 정답 : ㉠은 태풍 진행 방향의 오른쪽에 있으므로 위험 반원에 위치한다.

ㄴ. 오답 : 태풍의 중심 기압은 03시가 21시보다 낮으므로 태풍의 세력은 03시가 21시보다 강하다.

ㄷ. 오답 : (나)에서 구름이 반사하는 태양 복사 에너지의 세기는 강할수록 하얗게 나타나므로 영역 A가 영역 B보다 강하다.

04 우리나라의 주요 악기상

기본자료

필수개념 1　**우리나라의 주요 악기상**

1. 뇌우: 강한 상승 기류에 의해 적란운이 발달하면서 천둥과 번개를 동반한 소나기가 내리는 현상.
국지적인 현상이기 때문에 예측하기 어려움.

　1) 뇌우의 발생 조건: 불안정한 대기

　　① 국지적 가열을 받아 공기가 빠르게 상승할 때

　　② 전선면을 따라 따뜻한 공기가 빠르게 상승할 때

　　③ 저기압에 의해 강한 상승 기류가 발달할 때

　2) 발달 과정: 적운 단계 → 성숙 단계 → 소멸 단계

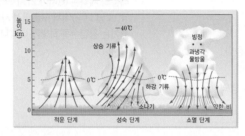

　　① 적운 단계: 구름의 전 영역에서 상승 기류만 발달한 단계. 강한 상승 기류에 의해 구름이 성장하는
　　　단계로, 강수 현상은 거의 없음.

　　② 성숙 단계: 뇌운의 상층과 하층이 분리. 상승 기류와 하강 기류가 모두 존재하며 하강 기류에 의해
　　　지표면에 돌풍 전선이 만들어지고 천둥, 번개, 소나기, 우박 등을 동반.

　　③ 소멸 단계: 상승 기류의 유입이 줄어들어 하강 기류만 남게 된 단계. 약한 비 동반.

2. 집중 호우(국지성 호우): 한 지역에서 짧은 시간에 내리는 많은 양의 강한 비를 의미하며, 1시간에
30mm 이상이나 하루에 80mm 이상 혹은 연 강수량의 10% 이상의 강우가 하루만에 내리는 경우를
말한다.

　1) 발생 조건: 강한 상승 기류에 의해 적란운이 생성 되었을 때, 장마 전선, 태풍, 저기압의 가장자리에서
　　대기가 불안정 할 때

　2) 지속 시간: 수십 분~수 시간

　3) 규모: 반경 10km~20km

▶ 호우와 집중 호우

・호우: 시간 및 공간에 관계없이 많은
양의 비가 연속적으로 내리는 현상

・집중 호우: 짧은 시간 동안 좁은
지역에 걸쳐 많은 양의 비가 내리는
현상

3. 폭설: 한 지역에서 짧은 시간에 내리는 많은 양의 눈을 의미. 하루에 20cm 이상, 1시간에 1~3cm
이상의 눈이 내릴 경우를 말한다.

　1) 발생 조건: 겨울철에 저기압이 통과할 때, 시베리아 고기압이 우리나라로 남하할 때 기단이 변질되는
　　경우.

　2) 피해: 교통마비, 교통사고, 눈사태 등

　3) 대책: 염화 칼슘, 대중교통 이용

4. 강풍: 10분간 평균 풍속이 14m/s 이상인 바람.

　1) 발생 조건: 겨울철 시베리아 고기압의 영향을 받을 때, 여름철 태풍의 영향을 받을 때

　2) 피해: 시설물 파괴, 높은 파도로 인한 선박 및 양식장 피해

▶ 미세 먼지

지름이 $10\mu m$보다 작고 여러가지
성분을 포함하여 대기 중에 떠 있는
물질로 이 중 지름이 $2.5\mu m$보다 작은
것을 초미세 먼지라고 한다.

5. 황사: 건조한 사막 지대에서 바람에 의해 상승된 미세한 토양 입자가 상층의 편서풍을 타고 이동하다
낙하하는 현상.

　1) 발원지: 중국과 몽골의 사막 지대 및 황하 중류의 황토 지대

　2) 발생 조건: 지표면의 구성 입자가 미세하고 건조한 상태에서 바람이 강하게 불어야 하며, 상승
　　기류가 강하게 발달하여 토양 입자가 높이 상승해야 한다. 따라서 일반적으로 사막에서 주로
　　발생한다.

　3) 발생 시기: 봄철

다음은 뇌우, 우박, 황사에 대하여 학생 A, B, C가 나눈 대화를 나타낸 것이다.

적운 → 성숙 → 소멸

뇌우는 성숙 단계에서 천동과 번개를 동반해.   **학생 A**

우박은 주로 적운형 구름에서 발생해. 적운형 / 상승, 하강 반복   **학생 B**

우리나라에서 황사는 주로 여름철에 나타나. 봄철   **학생 C**

제시한 내용이 옳은 학생만을 있는 대로 고른 것은?

✓① A   ② B   ③ A, C   ④ B, C   ⑤ A, B, C

|자|료|해|설|

뇌우는 상승 기류가 발달하는 적운 단계, 상승 기류와 하강 기류가 모두 발달하는 성숙 단계, 하강 기류만 발달하는 소멸 단계 순서로 성장 및 소멸한다. 적운 단계에서는 강수 현상이 거의 나타나지 않지만, 성숙 단계에서는 천둥과 번개를 동반한 소나기가 나타나고, 소멸 단계에서는 약한 비가 내린다.

우박은 상승과 하강을 반복하면서 만들어지기 때문에 주로 적운형 구름에서 발생한다.

우리나라에서 황사는 편서풍에 의해 주로 건조한 봄철에 자주 발생한다.

|보|기|풀|이|

학생 A. 정답 : 뇌우는 성숙 단계에서 천둥, 번개, 소나기, 우박 등을 동반한다.

학생 B. 오답 : 우박은 주로 적운형 구름에서 발생한다.

학생 C. 오답 : 우리나라에서 황사는 주로 봄철에 나타난다.

😀 **문제풀이 TIP** | 뇌우 : 적운 단계(상승 기류) → 성숙 단계(상승 기류, 하강 기류) → 소멸 단계(하강 기류)
강수는 성숙 단계에서 소나기, 소멸 단계에서 약한 비로 나타난다.

😀 **출제분석** | 우리나라의 주요 악기상 중 뇌우, 우박, 황사 3가지를 다루고 있다. 뇌우를 단독으로 다룰 때는 난이도가 높아지기도 하지만, 이처럼 여러 가지 악기상을 함께 다루면 난이도가 매우 낮아진다. 이 문제도 1번 문제답게 매우 쉽기 때문에 틀리지 않아야 한다.

그림은 우리나라에 영향을 주는 황사의 발원지와 이동 경로를, 표는 우리나라의 관측소 ㉠과 ㉡에서 최근 20년간 관측한 황사 발생 일수를 계절별로 누적하여 나타낸 것이다. A와 B는 각각 ㉠과 ㉡ 중 한 곳이다.

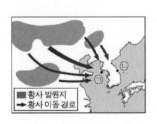

■ 황사 발원지
→ 황사 이동 경로

관측소 \ 계절	㉡ A	㉠ B
봄 (3~5월)	95	170
여름 (6~8월)	0	0
가을 (9~11월)	8	30
겨울 (12~2월)	22	32

이에 대한 옳은 설명만을 〈보기〉에서 있는 대로 고른 것은?

보기

ㄱ. A는 ㉡이다.

ㄴ. 우리나라에서 황사는 북태평양 기단의 영향이 우세한 계절에 주로 발생한다. → 여름(6~8월)

ㄷ. 황사 발원지에서 사막화가 심해지면 우리나라의 연간 황사 발생 일수는 증가할 것이다.

① ㄱ   ✓② ㄷ   ③ ㄱ, ㄴ   ④ ㄴ, ㄷ   ⑤ ㄱ, ㄴ, ㄷ

|자|료|해|설|

우리나라에 영향을 주는 황사의 발원지는 한반도의 서쪽에 위치한 중국과 몽골의 사막 지대 및 황하 중류의 황토 지대이며, 흙먼지나 모래가 서풍을 타고 한반도 방향으로 이동하면서 지표에 떨어진다. 그러므로 황사의 발원지와 가까운 ㉠이 ㉡보다 황사 발생 일수가 많다. 따라서 황사 발생 일수가 상대적으로 적은 A는 ㉡, 황사 발생 일수가 많은 B는 ㉠이다. 황사는 봄철에 가장 빈번하게 발생하며 여름에 발생 일수가 가장 적다.

|보|기|풀|이|

ㄱ. 오답 : A는 황사 발생 일수가 적은 ㉡이다.

ㄴ. 오답 : 북태평양 기단의 영향이 우세한 계절은 여름이며, 여름에는 황사 발생 일수가 0으로 가장 적다.

ㄷ. 정답 : 황사 발원지에서 사막화가 심해지면 그만큼 흙먼지가 더 증가할 것이며, 이에 영향을 받아 우리나라의 연간 황사 발생 일수 또한 증가할 것이다.

😀 **문제풀이 TIP** | 본 문제는 황사 발원지의 위치와 바람의 방향을 제시해주어 자료 해석이 비교적 간단하여 어렵지 않게 풀 수 있었지만, 30°~60°의 위도에서는 편서풍이 분다는 배경 지식이 있어야 접근할 수 있는 문제도 있으므로 위도에 따른 바람의 방향도 함께 익혀두어야 한다.

😀 **출제분석** | 우리나라의 주요 악기상에 해당하는 황사, 뇌우, 우박 등은 번갈아 출제되기 때문에 황사가 매년 출제되지는 않는다. 하지만 언제든지 출제될 수 있는 개념이고 비교적 낮은 난이도의 문제가 출제되므로 놓치지 말아야 하는 유형이다.

다음은 우리나라에 영향을 주는 황사와 관련된 탐구 활동이다.

[탐구 과정]
(가) 공공데이터포털을 이용하여 최근 10년 동안 서울과 부산의 월평균 황사 일수를 조사한다.
(나) 우리나라에 영향을 주는 황사의 발원지와 이동 경로를 조사하여 지도에 나타낸다.

[탐구 결과]
○ (가)의 결과

(단위: 일)

월	1	2	3	4	5	6	7	8	9	10	11	12	
서울	0.5	0.6	2.2	1.4	1.7	0.0	0.0	0.0	0.0	0.2	1.0	0.2	7.8
부산	0.4	0.3	0.7	1.0	1.4	0.0	0.0	0.0	0.0	0.1	0.3	0.2	4.4

○ (나)의 결과

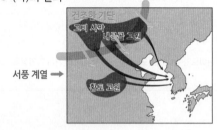

건조한 기단
고비 사막
내몽골 고원
서풍 계열 →
황토 고원

이에 대한 설명으로 옳은 것만을 〈보기〉에서 있는 대로 고른 것은?

보기
ㄱ. 최근 10년 동안의 연평균 황사 일수는 <del>서울</del>보다 <del>부산</del>이 많다.
　　　　　　　　　　　　　　　　　부산　　　서울
ㄴ. 발원지에서 생성된 모래 먼지가 우리나라로 이동할 때 편서풍의 영향을 받는다.
ㄷ. 우리나라에서 황사는 <del>고온 다습</del>한 기단의 영향이 우세한 계절에 주로 발생한다.
　　　　　　　　　　　　건조

① ㄱ　　　✓② ㄴ　　　③ ㄱ, ㄷ　　　④ ㄴ, ㄷ　　　⑤ ㄱ, ㄴ, ㄷ

|자|료|해|설|
10년 동안 황사가 나타난 일수는 서울이 0.5+0.6+2.2+1.4+1.7+0.2+1.0+0.2=7.8일이고, 부산이 0.4+0.3+0.7+1.0+1.4+0.1+0.3+0.2=4.4일이다. 우리나라는 편서풍의 영향을 받아 서풍 계열의 바람이 불기 때문에 우리나라의 서쪽에 있는 황사 발원지에서 발생한 황사가 우리나라로 온다.

|보|기|풀|이|
ㄱ. 오답 : 최근 10년 동안의 연평균 황사 일수는 서울이 7.8일, 부산이 4.4일이므로 부산보다 서울이 많다.
ㄴ. 정답 : 우리나라의 서쪽에 있는 황사의 발원지에서 생성된 모래 먼지는 편서풍의 영향을 받아 우리나라로 이동한다.
ㄷ. 오답 : 우리나라에서 황사는 북서쪽에 있는 건조한 기단의 영향이 우세한 계절에 주로 발생한다.

그림 (가)는 우리나라에 영향을 준 어느 황사의 발원지와 관측소 A와 B의 위치를 나타낸 것이고, (나)는 A와 B에서 측정한 이 황사 농도를 ㉠과 ㉡으로 순서 없이 나타낸 것이다.

 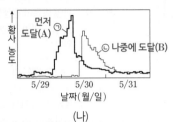

(가)   (나)

이 황사에 대한 설명으로 옳은 것만을 <보기>에서 있는 대로 고른 것은?

보기

ㄱ. A에서 측정한 황사 농도는 ㉠이나.

ㄴ. 발원지에서 5월 30일에 발생하였다. (㉠에서 30일 이전에 황사 발생 → 발원지에서는 더 이전에)

ㄷ. 무역풍을 타고 이동하였다. 편서풍 → 위도 30°~60°

① ㄱ   ② ㄴ   ③ ㄱ, ㄷ   ④ ㄴ, ㄷ   ⑤ ㄱ, ㄴ, ㄷ

|자|료|해|설|

우리나라는 중위도에 위치하므로 편서풍의 영향을 받는다. 따라서 발원지에서 발생한 황사는 편서풍을 타고 우리나라에 도달하게 되는데, A에 먼저, B에는 나중에 도달한다. 따라서 먼저 도달한 (나)의 ㉠이 A에서, 나중에 도달한 ㉡이 B에서 측정한 황사의 농도를 의미한다. ㉠에는 5월 29일에, ㉡에는 5월 30일에 황사가 발생하였으므로 발원지에서는 이보다 이전에 발생하였다.

|보|기|풀|이|

ㄱ. 정답 : ㉠은 A에서, ㉡은 B에서 측정한 황사 농도이다.

ㄴ. 오답 : 발원지에서는 5월 30일 이전에 황사가 발생하였다.

ㄷ. 오답 : 황사는 편서풍을 타고 이동하였다.

😮 **문제풀이 T I P** | 우리나라에서 나타나는 황사는 중국이나 몽골의 사막지역에서 발생하여 편서풍을 타고 이동한 것이다.

😊 **출제분석** | 우리나라의 주요 악기상 중에서는 황사와 뇌우가 자주 출제된다. 황사를 다루는 경우, 이 문제처럼 황사 농도 그래프 또는 황사 일수 등의 자료가 제시되는 경우가 많다. 보기에서 묻는 지식이 풍향, 발생 시기나 빈도 등으로 항상 비슷한 편이다.

그림은 기상 현상의 특징에 대해 학생들이 대화를 나누는 장면을 나타낸 것이다.

제시한 내용이 옳은 학생만을 있는 대로 고른 것은?

① A   ② B   ③ C   ④ A, B   ⑤ B, C

|자|료|해|설|

뇌우는 우리나라의 악기상 중 대표적인 현상으로, 천둥과 번개를 동반한 폭풍우이다. 보통 대기가 불안정할 때 온난 습윤한 공기가 상승하여 발생한다. 발생 조건에는 지표가 불균등하게 가열될 때, 한랭 전선이나 장마 전선 부근에서 공기가 강제 상승될 때 등이 있다.

토네이도와 태풍은 모두 강한 저기압으로 강한 상승 기류를 갖는다는 공통점이 있으나, 토네이도는 지속 시간이 수 분 ~ 수 시간으로 짧고, 태풍은 약 1주일로 상대적으로 길다는 차이점이 있다.

우박은 눈 결정 주위에 차가운 물방울이 얼어붙어 지상으로 떨어지는 얼음덩어리로, 얼음 알갱이가 적란운 내에서 강한 상승 기류를 타고 상승과 하강을 반복하면서 크기가 커지고 무거워지면 지표면으로 떨어져 발생한다.

|보|기|풀|이|

학생 A. 오답 : 악기상 중 하나인 뇌우는 천둥과 번개를 동반한 폭풍우로 지표가 불균등하게 가열되거나, 한랭 전선이나 장마 전선 부근에서 공기가 강제 상승될 때 적란운이 형성되며 나타난다.

학생 B. 정답 : 대기 현상의 시간 규모는 '지속 시간' 또는 '수명'을 의미한다. 토네이도의 지속 시간은 수 분 ~ 수 시간이고, 태풍의 지속 시간은 약 1주일이므로 시간 규모는 토네이도가 태풍보다 더 작다.

학생 C. 오답 : 우박은 주로 적란운 속에서 얼음 알갱이가 상승 기류에 의한 상승 운동과 무게에 의한 하강 운동을 반복하면서 성장한 뒤 떨어지는 현상이다. 따라서 우박은 주로 적운형 구름에서 발생한다.

😮 **문제풀이 T I P** | 우리나라의 악기상 중 하나인 뇌우는 '대기 불안정', '강한 상승 기류', '적란운'에 의해 나타난다. 적란운이 발달한 뇌우는 천둥, 번개, 우박, 돌풍을 동반하기도 한다.

😊 **출제분석** | 다양한 기상 현상의 특징을 물어보는 쉬운 문항이다. 뇌우의 경우 우리나라 악기상 중 가장 대표적인 현상이므로 형성 원리, 특징, 피해를 정리해 두도록 하자.

그림은 몽골 지역의 사막화 과정을 나타낸 것이다.

이에 대한 옳은 설명만을 〈보기〉에서 있는 대로 고른 것은?

보기

ㄱ. ⊙으로 인해 지표면의 반사율은 <del>감소</del> 증가한다.

ㄴ. 몽골 지역의 사막화는 인간 활동에 의해 가속화되고 있다.

ㄷ. 몽골 지역의 사막화가 계속되면 우리나라의 황사 발생 가능성은 커진다. → 우리나라에 영향을 미치는 황사의 주요 발원지

① ㄱ　　② ㄴ　　③ ㄱ, ㄷ　　✔④ ㄴ, ㄷ　　⑤ ㄱ, ㄴ, ㄷ

|자|료|해|설|

몽골 지역에서는 지구 온난화로 인하여 강수량이 감소하고 풍속이 증가하면서 모래의 이동량이 증가하여 사막화가 진행되고 있다. 또한 인구 증가로 인한 축산물 수요 증가로 과잉 방목이 진행되면서 삼림 면적이 감소하며, 자원 채굴량 증가로 인한 토양 침식 증가로 인해 사막화가 가속화되고 있다.

|보|기|풀|이|

ㄱ. 오답 : ⊙은 삼림 면적 감소이다. 삼림은 평상시 태양 복사 에너지를 흡수하여 광합성에 이용하므로 지표면의 반사율이 10% 정도로 높지 않으나, 삼림 면적이 감소하여 사막화가 진행되면 지표면의 반사율은 20% 정도로 증가하게 된다.

ㄴ. 정답 : 그림에서 몽골 지역의 사막화를 가속화시키고 있는 지구 온난화, 인구 증가, 자원 채굴 증가는 모두 인간 활동에 의한 영향이므로, 몽골 지역의 사막화는 인간 활동에 의해 가속화되고 있다고 할 수 있다.

ㄷ. 정답 : 우리나라에 영향을 미치는 황사의 주요 발원지 중 하나는 몽골의 고비 사막이다. 따라서 몽골 지역의 사막화가 계속되면 우리나라의 황사 피해는 증가할 것이다.

😮 문제풀이 TIP | 강수량 감소, 과잉 경작, 과잉 방목, 지나친 삼림 벌채 등은 사막화의 주요 원인이며, 사막화는 결국 식생을 파괴하고, 토양 침식을 일으키며 식수나 식량 부족, 황사의 원인이 되기도 한다.

😊 출제분석 | 사막화는 단독으로 출제되기보다는 황사나 지구 온난화 등과 함께 출제되는 경우가 많으므로 지구 환경 및 기후 변화와 관련된 내용들을 종합적으로 함께 학습해두어야 한다.

그림 (가)는 지난 20년간 우리나라에서 관측한 우박의 월별 누적 발생 일수와 월별 평균 크기를 나타낸 것이고, (나)는 뇌우에서 우박이 성장하는 과정을 나타낸 모식도이다.

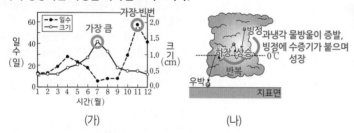

(가)　　　　　　　(나)

이 자료에 대한 설명으로 옳은 것만을 〈보기〉에서 있는 대로 고른 것은?

보기

ㄱ. 우박은 <del>7</del> 11월에 가장 빈번하게 발생하였다.

ㄴ. (나)에서 빙정이 우박으로 성장하기 위해서는 과냉각 물방울이 필요하다. (수증기는 과냉각 물방울에서 증발하여 빙정에서 승화하며 우박 크기 ↑)

ㄷ. 상승 기류는 여름철 우박의 크기가 커지는 주요 원인이다.
↳ 상승과 하강 반복하며 성장

① ㄱ　　② ㄴ　　③ ㄷ　　④ ㄱ, ㄴ　　✔⑤ ㄴ, ㄷ

|자|료|해|설|

우박은 여름철에 빈도는 낮지만 가장 크게 나타나고, 겨울철에는 빈도가 높지만 크기는 작게 나타난다. (나) 그림처럼 뇌우에서 상승과 하강을 반복하며 우박이 성장하게 된다. 이때, 과냉각 물방울이 증발하여 빙정에서 수증기가 승화(기체 → 고체)되며 크기가 커진다.

|보|기|풀|이|

ㄱ. 오답 : 우박은 11월에 가장 빈번하게 발생한다.

ㄴ. 정답 : (나)에서 빙정이 우박으로 성장하기 위해서는 과냉각 물방울이 증발해야 한다.

ㄷ. 정답 : 우박은 상승과 하강을 반복하며 성장하므로, 상승 기류는 우박의 크기가 커지는 주요 원인이다.

😮 문제풀이 TIP | 우박의 크기가 커지는 과정: 과냉각 물방울에서 물방울이 증발하여 수증기가 되고, 이 수증기가 빙정에 가서 붙으며 승화되어 빙정의 크기가 커진다. 이렇게 커진 빙정이 중력에 의해 지상에 떨어지면 우박이 된다.

😊 출제분석 | 우리나라의 주요 악기상은 주로 뇌우와 황사가 많이 출제된다. 황사는 매년 1번 정도는 출제된다. 우박은 단독 출제되는 경우가 거의 없고, 이 문제처럼 뇌우와 함께 출제되는데(2019학년도 수능 5번), 그마저도 빈도가 높지는 않다. (가) 자료는 있는 그대로 해석하면 되기 때문에 이 문제에서는 우박의 성장 과정을 알고 있어야 했다.

그림 (가)는 우리나라에 **집중 호우**가 발생했을 때의 기상 레이더 영상을, (나)와 (다)는 (가)와 같은 시각의 위성 영상을 나타낸 것이다.

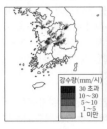 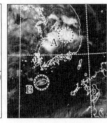 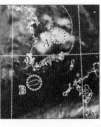

(가) 레이더 영상   (나) 가시 영상   (다) 적외 영상

이 자료에 대한 설명으로 옳은 것만을 <보기>에서 있는 대로 고른 것은? **3점**

보기

→ 상승 기류 존재 → 집중 호우 발생

ㄱ. A 지역의 대기는 불안정하다.

ㄴ. (나)는 야간에 촬영한 것이다. → 주간(가시광선은 오직 주간 촬영)

ㄷ. 구름 정상부의 고도는 A보다 B 지역이 높다. 낮다

① ㄱ   ② ㄴ   ③ ㄱ, ㄷ   ④ ㄴ, ㄷ   ⑤ ㄱ, ㄴ, ㄷ

┌ 고도가 낮은 구름 : 어둡게 표현
└ 고도가 높은 구름 : 밝게 표현

|자|료|해|설|

(가)의 레이더 영상은 강수 입자에 부딪혀 되돌아오는 반사파를 분석한 것으로 A 근처의 집중호우를 나타낸다. (나)의 가시영상에서 A 지역 구름이 매우 밝게 나타나므로 구름의 두께가 두꺼운 것을 알 수 있다. (다)의 적외 영상에서 A 지역 구름이 매우 밝게 나타나므로 구름 정상부의 고도가 높음을 알 수 있다.

|보|기|풀|이|

ㄱ. 정답 : 집중 호우는 강한 상승기류 때문에 대기가 불안정해져 발생한다.

ㄴ. 오답 : 가시 영상은 오직 주간촬영만 가능하다.

ㄷ. 오답 : 적외 영상은 구름 정상부의 온도를 측정한 것으로 고도가 낮은 구름은 어둡게 표현하고, 고도가 높은 구름은 밝게 표현하므로 구름 정상부의 고도는 더 밝게 표현된 A 지역이 더 높다.

문제풀이 TIP | 레이더 영상: 강수 지역의 위치와 이동경향, 강수량을 파악
가시 영상: 구름이 두꺼울수록 밝게, 얇은 구름은 흐리게 나타남.
적외 영상: 구름의 고도가 높을수록 밝게, 고도가 낮을수록 흐리게 나타남.

출제분석 | 수증기 분포를 측정하는 레이더와 집중 호우를 연결하는 유형은 익숙하지만 레이더, 가시, 적외 영상을 비교하는 문제는 생소할 수 있다. 그러나 15개정 교육과정부터 위성영상과 레이더의 특징을 이해하고 자료 분석하는 것이 중요하게 다뤄지므로 재 출제 가능성이 높다.

그림은 우리나라에 영향을 주는 황사의 발원지와 이동 경로에 대한 자료를 보고 학생들이 나눈 대화를 나타낸 것이다.

제시한 내용이 옳은 학생만을 있는 대로 고른 것은?

① A   ② B   ③ A, C   ④ B, C   ⑤ A, B, C

|자|료|해|설|

황사는 사막 근처가 국지적으로 가열되어 상승 기류가 나타나고, 모래나 먼지가 공기 중으로 떠오른 것이 편서풍을 타고 우리나라로 이동해서 발생하는 현상이다. 지권과 기권의 상호 작용에 의해 나타난다. 상승 기류가 발생해야 하므로 발원지에서는 저기압이 발달해야 한다.

|보|기|풀|이|

학생 A. 오답 : 황사는 발원지에서 저기압이 발달할 때 주로 발생한다.

학생 B. 정답 : 발원지에서 생성된 모래 먼지가 우리나라로 이동할 때는 위도 30~60° 사이에 부는 바람인 편서풍의 영향을 받는다.

학생 C. 정답 : 황사는 지권(사막, 모래)과 기권(편서풍, 상승 기류)의 상호 작용으로 발생한다.

문제풀이 TIP | 황사의 발생 과정: 사막이 국지적으로 가열 → 상승 기류 발달 → 모래, 먼지 공기 중으로 상승 → 편서풍에 의해 서쪽(우리나라)으로 이동

출제분석 | 우리나라의 주요 악기상 중에서는 뇌우와 황사가 자주 출제된다. 뇌우는 간혹 어렵게 출제되기도 하지만, 황사는 높은 확률로 쉽게 출제된다. 따라서 황사의 발생 기작만 알아둔다면 어렵지 않게 2점을 받을 수 있어서, 놓치지 말아야 하는 문제이다. 자주 출제되는 보기로는 '겨울철 사막에 눈이 많이 내리면 황사의 발생 빈도가 감소한다'는 것이 있다.

다음은 뇌우와 우박에 대하여 학생 A, B, C가 나눈 대화를 나타낸 것이다.

제시한 내용이 옳은 학생만을 있는 대로 고른 것은?

① A   ② B   ③ A, C   ④ B, C   ⑤ A, B, C

| 자 | 료 | 해 | 설 |
뇌우는 강한 상승 기류에 의해 적란운이 발달하고 천둥과 번개, 돌풍을 동반한 소나기가 내리며 우박을 동반하기도 하는 악기상 현상이다. 뇌우가 발달할 수 있는 조건으로는 ①국지적으로 강한 햇빛을 받아 공기가 가열되어 상승하는 경우, ②전선면에서 찬 공기 위로 따뜻한 공기가 빠르게 상승하는 경우, ③온대 저기압이나 태풍(열대 저기압)에 의해 강한 상승 기류가 발달하는 경우 등이 있다.

| 보 | 기 | 풀 | 이 |
학생 A 정답 : 뇌우의 발생 조건 중 마지막 한 가지는 온대 저기압이나 열대 저기압에 의한 강한 상승 기류 발달이다.
학생 B 정답 : 뇌우는 일반적으로 강한 바람과 천둥, 번개를 동반한 소나기를 내리는 경우가 많으며 우박을 동반하기도 한다.
학생 C 정답 : 우리나라 월별 평균 우박 일수를 보면, 겨울철에 해당하는 12, 1, 2월의 그래프 값이 여름철에 해당하는 6, 7, 8월의 그래프 값보다 월등히 높음을 알 수 있다. 따라서 겨울철에 우박이 더 많이 내림을 알 수 있다.

😮 **문제풀이 T I P |** 뇌우의 발생 조건을 알고 있는지 묻는 문항이다. 학생 A의 의견 중 열대 저기압의 상승 기류는 우박을 내리는 또 다른 조건이라는 것을 알고, 일 년 중 여름철과 겨울철이 어느 시기에 해당하는지를 그래프에서 찾을 수만 있다면 어렵지 않게 풀이할 수 있다.

😊 **출제분석 |** 간단한 개념에 대한 학생들의 토론 과정 문항은 자주 출제되는 형태이다. 어렵지 않은 개념을 다루기 때문에 실수만 하지 않는다면 쉽게 풀이할 수 있다.

그림은 시간에 따라 뇌우에 공급되는 물의 양과 비가 되어 내린 물의 양을 A와 B로 순서 없이 나타낸 것이다. ㉠, ㉡, ㉢은 뇌우의 발달 단계에서 각각 성숙 단계, 적운 단계, 소멸 단계 중 하나이다. 이에 대한 설명으로 옳은 것만을 〈보기〉에서 있는 대로 고른 것은?

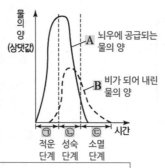

보기
ㄱ. A는 <s>뇌우에 공급되는</s> 비가 되어 내린 물의 양이다.
ㄴ. 뇌우로 인한 강수량은 ㉠이 ㉡보다 적다.
ㄷ. ㉢은 하강 기류가 상승 기류보다 우세하다.

① ㄱ   ② ㄴ   ③ ㄱ, ㄷ   ④ ㄴ, ㄷ   ⑤ ㄱ, ㄴ, ㄷ

| 자 | 료 | 해 | 설 |
뇌우의 발달 단계는 적운 단계 → 성숙 단계 → 소멸 단계 순이므로 ㉠은 적운 단계, ㉡은 성숙 단계, ㉢은 소멸 단계 이다.
뇌우에 공급된 수증기 중 일부가 비가 되어 내리므로 비가 되어 내린 물의 양은 뇌우에 공급된 물의 양보다 적다. 따라서 A는 뇌우에 공급되는 물의 양이고, B는 비가 되어 내린 물의 양이다.
적운 단계에서는 뇌우에 많은 양의 수증기가 공급되고, 성숙 단계에서 무거워진 구름 입자들이 하강하기 시작하며 비가 내린다. 하강이 계속되면 수증기의 공급이 줄어들어 뇌우는 소멸 단계에 들어간다. 소멸 단계에 들어간 뇌우의 구름 내부에서는 하강 기류가 강해 구름이 점차 없어지게 된다.

| 보 | 기 | 풀 | 이 |
ㄱ. 오답 : A는 뇌우에 공급되는 물의 양이다. 비가 되어 내린 물의 양은 B이다.
ㄴ. 정답 : 뇌우로 인한 강수량은 B이므로 ㉠이 ㉡보다 적다.
ㄷ. 정답 : ㉢에서는 하강 기류가 상승 기류보다 우세해 구름이 사라진다.

그림 (가)는 어느 날 21시 우리나라 주변의 지상 일기도를, (나)는 같은 시각의 적외 영상을 나타낸 것이다. 이날 서해안 지역에서는 폭설이 내렸다.

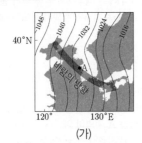
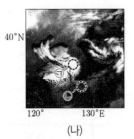

(가)   (나)

이 자료에 대한 설명으로 옳은 것만을 〈보기〉에서 있는 대로 고른 것은? 3점

보기

ㄱ. 지점 A에서는 ~~남풍~~ (북풍) 계열의 바람이 분다.

ㄴ. 시베리아 기단이 확장하는 동안 황해상을 지나는 기단의 하층 기온은 높아진다.

ㄷ. 구름 최상부에서 방출하는 적외선 복사 에너지양은 영역 ㉠이 영역 ㉡보다 ~~많다~~ 적다

① ㄱ   ✓② ㄴ   ③ ㄷ   ④ ㄱ, ㄴ   ⑤ ㄴ, ㄷ

| 자 | 료 | 해 | 설 |

(가)에서 등압선을 보면 기압은 서쪽이 높고 동쪽이 낮다. A 지점은 북반구에 있으므로 바람은 전향력을 받아 북서쪽에서 남동쪽으로 분다. 우리나라의 북서쪽에는 한랭한 시베리아 기단이 위치해 있는데, 주로 겨울철에 이러한 찬 공기 덩어리가 서풍을 따라 황해를 건너 우리나라로 이동한다. 황해를 건너는 동안 차가운 기단의 하층이 상대적으로 따뜻한 해수로부터 열과 수증기를 공급 받아 눈구름이 형성되어 우리나라의 서쪽에 상륙하면 폭설이 내릴 수 있다.

(나)의 적외 영상에서 밝게 보이는 곳은 구름 최상부의 고도가 높아 적외선 복사 에너지의 방출량이 적은 곳이다. 즉, 영역 ㉠이 영역 ㉡보다 더 적은 양의 적외선 복사 에너지를 방출한다.

| 보 | 기 | 풀 | 이 |

ㄱ. 오답 : 지점 A에서는 북풍 계열의 바람인 북서풍이 분다.

ㄴ. 정답 : 차가운 시베리아 기단이 확장하는 동안 상대적으로 따뜻한 황해 위를 지나면 기단의 하층은 열과 수증기를 공급 받아 기온이 높아진다.

ㄷ. 오답 : 구름 최상부의 고도가 높아 온도가 낮을수록 구름 최상부에서 방출하는 적외선 복사 에너지양이 적으므로 적외 영상에서 밝게 보인다. 따라서 밝게 보이는 영역 ㉠이 상대적으로 어둡게 보이는 영역 ㉡보다 구름 최상부에서 방출하는 적외선 복사 에너지양이 적다.

그림은 어느 해 2월에 발생한 황사 물질의 이동 경로와 이 기간에 제주도에서 측정한 대기질 농도를 나타낸 것이다.

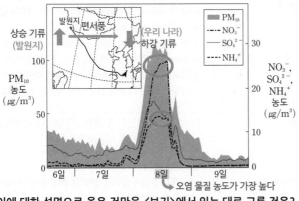

오염 물질 농도가 가장 높다

이에 대한 설명으로 옳은 것만을 〈보기〉에서 있는 대로 고른 것은?

보기

ㄱ. 황사의 이동은 서풍(편서풍) 계열 바람의 영향을 받았다.

ㄴ. 2월 8일에 제주도에는 ~~상승 기류가 하강 기류보다~~ (하강 기류가 상승 기류보다) 강했을 것이다.

ㄷ. 대기 오염 물질의 농도가 가장 높은 날은 8일이다.

① ㄴ   ② ㄷ   ③ ㄱ, ㄴ   ✓④ ㄱ, ㄷ   ⑤ ㄱ, ㄴ, ㄷ

| 자 | 료 | 해 | 설 |

황사는 중국과 몽골 내륙(발원지)의 흙먼지가 상승 기류에 의해 상공으로 올라간 뒤 편서풍을 타고 우리나라로 이동하여 하강할 때 나타난다. 특히 8일 날 미세 먼지와 질소 산화물, 황 산화물 등 황사 물질 농도가 가장 높은 것으로 보아 제주도에 하강 기류가 강했을 것으로 추정할 수 있다. 황사는 일반적으로 겨울동안 언 땅이 녹고, 건조한 봄철에 가장 강하게 나타난다.

| 보 | 기 | 풀 | 이 |

ㄱ. 정답 : 황사의 발생 조건은 발원지에서의 상승 기류 → 편서풍에 의한 이동 → 우리나라에서 하강 기류가 발생할 때 강하게 나타난다. 그림에서도 황사 물질은 서에서 동으로 이동했으므로 서풍 계열 바람의 영향을 받았다.

ㄴ. 오답 : 2월 8일은 대기 중 오염 물질의 농도가 가장 높다. 따라서 제주도에서는 강한 하강 기류가 발생했을 것이다

ㄷ. 정답 : 황사 물질은 미세 먼지(PM_{10}), NO_3^-, SO_4^{2-}, NH_4^+ 등 대부분 대기 오염 물질에 해당한다. 따라서 황사 물질 농도가 가장 높은 8일이 대기 오염 물질 농도도 가장 높다.

🤓 문제풀이 T I P | 황사는 발원지에서의 상승 기류, 편서풍을 타고 이동, 우리나라에서의 하강 기류가 발생할 때 잘 발생하는 점을 기억하자.

🤓 출제분석 | 황사는 황사의 발생 조건, 발생 시기(봄철), 관련 기단(양쯔강 기단) 등을 묻는 문제가 자주 출제되었다. 난도가 높지 않는 부분이므로 원리를 잘 정리해 두자.

그림 (가)는 어느 해 우리나라에 영향을 미친 황사가 발원한 3월 4일의 일기도를, (나)는 3월 4일부터 8일까지 백령도에서 관측된 황사 농도를 나타낸 것이다.

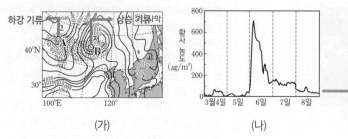

(가)   (나)

이에 대한 설명으로 옳은 것만을 〈보기〉에서 있는 대로 고른 것은? **3점**

> **보기**
> ㄱ. (가)에서 황사의 발원지는 ~~B~~ 지역보다 ~~A~~ 지역일 가능성이 크다. (A아래, B아래)
> ㄴ. 3월 6일에 백령도에는 하강 기류가 상승 기류보다 강했을 것이다.
> ㄷ. 사막의 면적이 줄어들면 황사의 발생 횟수는 감소할 것이다.

① ㄱ   ② ㄴ   ③ ㄱ, ㄷ   ✔ ㄴ, ㄷ   ⑤ ㄱ, ㄴ, ㄷ

| 자 | 료 | 해 | 설 |

(가)에는 우리나라에 영향을 주는 황사의 주요 발원지인 타클라마칸 사막(A)과 고비 사막(B)의 위치 및 기압 배치가 나타나 있다. (나)에는 백령도의 일별 황사 농도가 그래프로 주어져 있는데, 특히 6일에 황사 농도가 매우 높았음을 알 수 있다.

| 보 | 기 | 풀 | 이 |

ㄱ. 오답 : 황사는 발원지에서 강한 저기압에 의한 상승 기류를 타고 떠올라 상층의 편서풍을 타고 한반도 부근까지 이동한다. 따라서 황사의 발원지는 고기압에 의한 하강 기류가 발달해 있는 A 지역이 아닌 저기압에 의한 상승 기류가 발달해 있는 B 지역일 가능성이 더 크다.

ㄴ. 정답 : 3월 6일에는 황사 농도가 매우 높았다. 이는 상층의 황사가 하강 기류를 타고 백령도 지상으로 가라앉았기 때문이다. 따라서 황사 피해는 하강 기류가 발달할 때 더 커진다.

ㄷ. 정답 : 황사 발원지는 대부분 사막이므로 사막의 면적이 줄어들면 황사의 발생 횟수는 감소할 것이다.

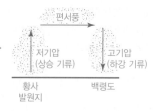

그림 (가)는 우리나라가 정체 전선의 영향을 받은 어느 날 06시의 지상 일기도를 나타낸 것이고, (나)와 (다)는 각각 이날 06시와 18시의 레이더 영상 중 하나이다.

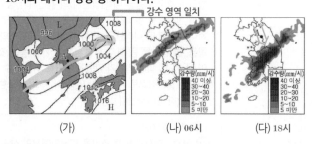

(가)   (나) 06시   (다) 18시

이 자료에 대한 설명으로 옳은 것만을 〈보기〉에서 있는 대로 고른 것은?

> **보기**
> ㄱ. (나)는 06시의 레이더 영상이다. → 시간당 30mm 이상 or 하루에 80mm 이상 or 연강수량의 10%에 상당하는 비가 하루에 내릴 때
> ㄴ. (다)에는 집중 호우가 발생한 지역이 있다.
> ㄷ. A 지점에서는 06시와 18시 사이에 전선이 ~~통과하였다.~~ (통과하지 않았다.)

① ㄱ   ② ㄷ   ✔ ㄱ, ㄴ   ④ ㄴ, ㄷ   ⑤ ㄱ, ㄴ, ㄷ

| 자 | 료 | 해 | 설 |

한랭 전선에서는 전선면의 뒤쪽, 온난 전선에서는 전선면의 앞쪽에 주로 강수 구역이 형성되므로, 정체 전선에서는 찬 공기 쪽에 강수 구역이 형성된다. 이에 따라 우리나라 부근에서는 주로 정체 전선의 북쪽에 강수 현상이 나타난다. 따라서 강수 구역의 위치로 보아 (나)는 (가)와 같은 시간대인 06시임을 알 수 있다.

집중 호우는 시간당 30mm 이상의 비가 내리거나 하루에 80mm 이상의 비가 내릴 때, 또는 연강수량의 10%에 상당하는 비가 하루에 내릴 때 등을 말하므로, (다)에는 시간당 30mm 이상의 강수량이 관측된 집중 호우가 발생한 지역이 있다.

06시에 정체 전선은 A 지점보다 남쪽에 위치하였고, 이후 18시에 더 남쪽으로 이동하였다.

| 보 | 기 | 풀 | 이 |

ㄱ. 정답 : (나)는 (가)와 강수 영역이 일치하므로 06시의 레이더 영상이다.

ㄴ. 정답 : (다)에는 시간당 30mm 이상 비가 내리는 영역이 존재하므로 집중 호우가 발생한 지역이 있다.

ㄷ. 오답 : (나)는 06시, (다)는 18시 레이더 영상이므로, 정체 전선은 06시에 A 지점보다 남쪽에 위치했고 이후 더 남쪽으로 이동하였으므로 A 지점에서는 06시와 18시 사이에 전선이 통과하지 않았다.

🤓 **문제풀이TIP** | [전선 별 강수 구역]
찬 공기와 따뜻한 공기가 만나는 전선면의 위쪽에 구름이 생성되므로 강수 구역은 항상 찬 공기가 있는 쪽에 형성된다.
− 한랭 전선의 강수 구역 : 전선의 뒤쪽
− 온난 전선의 강수 구역 : 전선의 앞쪽
− 폐색 전선의 강수 구역 : 전선의 앞쪽, 뒤쪽
− 정체 전선의 강수 구역 : 전선의 북쪽 (북반구 기준)

그림 (가)와 (나)는 어느 날 같은 시각에 우리나라 부근을 촬영한 기상 위성 영상을 나타낸 것이다.

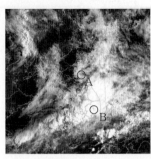
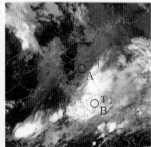

(가) 가시광선 영상   (나) 적외선 영상

이에 대한 옳은 설명만을 〈보기〉에서 있는 대로 고른 것은?

보기

ㄱ. (가)에서는 구름이 두꺼운 곳일수록 밝게 보인다.

ㄴ. 구름 최상부에서 방출되는 적외선은 B가 A보다 ~~강하다.~~
약하다

ㄷ. 집중 호우가 발생할 가능성은 B가 A보다 높다.

① ㄱ   ② ㄴ   ✓③ ㄱ, ㄷ   ④ ㄴ, ㄷ   ⑤ ㄱ, ㄴ, ㄷ

|자|료|해|설|

가시광선 영상은 구름의 반사도를 나타내는 것으로 두꺼운 구름은 밝게, 얇은 구름은 어둡게 나타난다. 적외선 영상은 구름의 상부 온도를 나타내는 것으로 온도가 낮은 상층 구름일수록 밝게, 하층 구름일수록 어둡게 나타난다. 따라서 B 지역의 구름이 두껍고 높은 구름임을 알 수 있다.

|보|기|풀|이|

ㄱ. 정답 : (가)의 가시광선 영상에서는 두꺼운 구름은 밝게, 얇은 구름은 어둡게 나타난다.

ㄴ. 오답 : 구름 최상부에서 방출되는 적외선은 온도에 비례하므로 B가 A보다 약하다.

ㄷ. 정답 : 두 영상 모두 B가 더 밝으므로 집중 호우가 발생할 가능성은 B가 높다.

😲 **문제풀이 T I P** | 가시 영상은 구름과 지표면에서 반사된 태양빛의 반사 강도를 나타내는데, 반사도가 작은 부분(=구름이 얇음)은 어둡게, 반사도가 큰 부분(=구름이 두꺼움)은 밝게 표현한다. 적외 영상은 온도에 따라 방출하는 적외선 에너지 양 차이를 이용한 방식으로, 온도가 낮은 부분(=상층운)은 밝게, 온도가 높은 부분(=하층운)은 어둡게 표현한다.

😀 **출제분석** | 09개정에 비해 위성영상을 분석하는 탐구 활동의 중요성이 증가했으므로 가시 영상과 적외 영상의 과학적 원리를 기억해야 한다.

Ⅱ
1
ㅣ
04
우리나라의 주요 악기상

05 해수의 성질

필수개념 1 화학적 성질

1. 염분: 해수 1kg 속에 녹아 있는 염류의 총량을 g수로 나타낸
　　것. 단위는 psu. 평균 염분은 35psu.

　　1) **염분비 일정 법칙:** 염분은 계절이나 장소에 따라 다르지만
　　　　염류들 간의 상호 비율은 항상 일정하다는 법칙. 따라서
　　　　한가지 성분의 양을 알면 염분을 구하거나 다른 성분의 양을
　　　　계산할 수 있다.

　　2) **표층 염분 변화 요인 3가지**
　　　　① 증발량과 강수량: (증발량−강수량) 값이 클수록 염분은
　　　　　　높아진다.
　　　　② 강물의 유입: 강물의 유입이 적을수록 염분은 높아진다.
　　　　③ 해수의 결빙과 해빙: 해수의 결빙이 많을수록 염분은 높아진다.

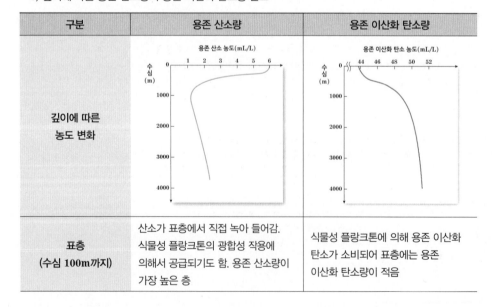

▲ 염분이 35psu일 때 염류 구성

　　3) **표층 염분의 분포**

적도 지방	중위도 지방	극지방
대기 대순환 중 적도 저압대가 위치하여 강수량이 많아 표층 염분이 중위도보다 낮음	대기 대순환 중 중위도 고압대가 위치하여 증발량이 많아 표층 염분이 높음	기온이 낮아 증발량이 적고 빙하가 융해되어 표층 염분이 낮음

▶ 표층 염분이 높은 곳
　• 증발량이 강수량보다 많은 곳
　• 해수의 결빙이 일어나는 곳

표층 염분이 낮은 곳
　• 강수량이 증발량보다 많은 곳
　• 해빙이 일어나는 곳
　• 강물이 유입되는 연안 지역

2. 해수의 용존 기체의 특징

　　1) **용존 기체:** 해수 표면을 통해서 용해되거나 해양 생물의 광합성 및 호흡에 의해 공급된다. CO_2, O_2,
　　　　N_2 등이 있다.

　　2) **기체 용해도:** 기체가 물에 용해되는 정도. 물의 온도가 낮을수록, 염분이 낮을수록, 수압이 높을수록
　　　　용해도가 커진다.

　　3) **용존 산소량:** 물속에 녹아 있는 산소의 양.
　　　　① 저위도 → 고위도 이동하는 물(난류): 용존 산소의 양이 적다.
　　　　② 고위도 → 저위도 이동하는 물(한류): 용존 산소의 양이 많다.
　　　　③ 저위도에서 고위도로 갈수록 용존 산소의 양이 증가하는 추세를 보인다.

　　4) 산소와 이산화 탄소의 용해도 비교: 이산화 탄소 > 산소

　　5) 깊이에 따른 용존 산소량과 용존 이산화 탄소량 분포

구분	용존 산소량	용존 이산화 탄소량
깊이에 따른 농도 변화	용존 산소 농도(mL/L) 그래프 (수심 m, 0~4000)	용존 이산화 탄소 농도(mL/L) 그래프 (수심 m, 0~4000)
표층 (수심 100m까지)	산소가 표층에서 직접 녹아 들어감. 식물성 플랑크톤의 광합성 작용에 의해서 공급되기도 함. 용존 산소량이 가장 높은 층	식물성 플랑크톤에 의해 용존 이산화 탄소가 소비되어 표층에는 용존 이산화 탄소량이 적음

중층 (수심 100m~1000m)	광합성에 의해 공급되는 산소가 없고 동식물들의 호흡 및 유기물 분해 작용에 의한 산소 소비로 현저하게 용존 산소량이 줄어듦	태양 빛은 수심 100m 이상에는 도달하지 못하므로 광합성에 의한 용존 이산화 탄소의 소비가 없는 상태에서 생명체들의 호흡 활동에 의해 이산화 탄소가 지속적으로 공급되므로 깊이에 따라 용존 이산화 탄소의 농도가 증가
심층 (수심 1000m 이상)	생명 활동에 의한 산소 소비량이 줄어들고 용존 산소량이 높은 극지방의 표층 해수가 유입되어 용존 산소량이 증가함	

필수개념 2 물리적 성질

1. 표층 수온

 1) 표층 수온 변화 요인

태양 복사 에너지의 양	표층 수온의 주요인. 적도에서 많고 극에서 작은 양을 보임 → 적도에서 표층 수온이 높고, 극에서 표층 수온이 낮음
대륙의 분포	대륙이 해양에 비해서 비열이 작아 쉽게 뜨거워지고 쉽게 식음 → 육지가 많은 북반구가 육지가 적은 남반구보다 표층 수온이 높음
해류의 영향	난류가 흐르면 수온이 높고, 한류가 흐르면 수온이 낮음

 2) 표층 수온의 위도별 분포

  ① 전 세계의 표층 수온의 범위는 -2℃~30℃

  ② 등수온선은 대체로 위도와 나란한 분포

  ③ 아열대 해양에서는 해류의 영향으로 동쪽 연안(한류)보다 서쪽 연안(난류)의 수온이 높음.

  ④ 계절에 따른 수온 변화의 폭은 대륙의 연안보다 대양의 중심부에서 적다.

  ⑤ 표층 해수의 수온 분포는 주변 지역의 기후에 크게 영향을 미친다.

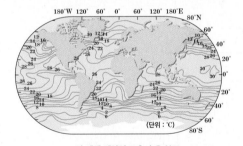

▲ 전 세계 해양의 표층 수온 분포

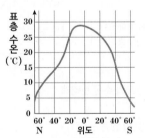

▲ 위도별 표층 수온 분포

2. 연직 수온

 1) 수온의 연직 분포: 깊이에 따른 수온 분포에 따라 혼합층, 수온약층, 심해층으로 구분

혼합층	바람에 의한 혼합 작용에 의해 깊이에 따른 수온이 일정한 층 태양 복사 에너지의 도달 양이 많을수록 수온이 높아지며 바람의 세기가 셀수록 혼합되는 깊이가 깊어져 혼합층의 두께가 두꺼워짐
수온 약층	혼합층 아래에 있는 층으로 깊이에 따라 수온이 급격히 낮아지는 층 위쪽의 수온이 아래쪽보다 높아 안정하기 때문에 대류가 발생하지 않아 혼합층과 심해층 사이의 물질 교환 및 에너지 교환을 차단하는 역할을 함
심해층	수온 약층 아래에 있는 층으로 연중 수온 변화가 거의 없고 깊이에 따른 수온 변화 역시 거의 없는 층 태양 복사 에너지의 영향을 받지 않기 때문에 위도나 계절에 관계없이 수온이 일정함

※ 태양 복사 에너지는 수심 10m에서 전체의 90%가 흡수되며, 100m에서 전체의 99%가 흡수된다.

기본자료

▶ 지표면에 도달하는 태양 복사 에너지
태양의 고도가 높은 적도 부근에 가장 많은 에너지가 도달하고 양극 지방으로 가면서 태양의 고도가 낮아져 지표면에 도달하는 태양 복사 에너지의 양도 줄어든다.

II
1
I
05
해수의 성질

▶ 혼합층 두께
바람이 강한 지역일수록 두껍다.

혼합층 수온
위도가 낮은 지역일수록 높다.

2) 위도별 해양의 층상 구조

저위도 (적도 부근)	태양 복사 에너지 도달량이 많아 표층 수온이 높아 심층과의 온도 차이가 커 수온 약층이 잘 발달
중위도 (온대 지방)	바람이 강하게 불어 혼합층이 두껍기 때문에 수온 약층의 깊이가 깊음. 또한 해양 층상 구조가 가장 뚜렷하게 발달
고위도 (60° 이상)	표층과 심층의 수온이 거의 비슷하여 층상 구조가 발달하지 않음.

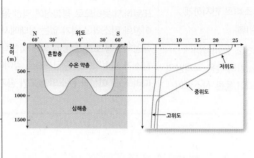

▶ 수온과 염분에 의한 밀도 변화
해양에서 염분은 어느 바다이든 큰 차이가 나지 않고 거의 비슷하지만 수온은 적도와 양극 지방 사이에 큰 차이가 나타난다. 따라서 해수의 밀도는 염분보다는 수온의 차이에 의해 더 큰 영향을 받는다.

3. 해수의 밀도

1) 밀도 결정 요소: 수온이 낮을수록, 염분이 높을수록, 수압이 높을수록 해수의 밀도는 커짐. 해수의 밀도는 심층 순환 등의 연직 순환에 큰 영향을 미친다.

2) 해수의 밀도 분포: $1.025 \sim 1.028 g/cm^3$

3) 해수 밀도 분포의 특징: 전 세계 해수의 분포 중 가장 많은 차이(15℃ 이상, 염분은 5psu 이하)를 보이는 요소가 수온이기 때문에 수온이 밀도를 결정짓는 데 중요한 역할을 함 → 대체적으로 해수의 밀도 분포는 수온 분포에 반비례

4) 해수 밀도의 위도 분포

적도 부근	수온이 높고 저압대라서 염분 낮음 → 밀도 가장 작은 지역
위도 50°~60°	수온이 낮음 → 밀도 가장 높음
위도 60° 이상	수온은 낮지만 염분도 낮아서 밀도가 그렇게 높지는 않음 북극 부근은 해빙에 의해 남극 부근에 비해 해수의 염분이 낮아 남극 부근의 해수의 밀도가 더 큼

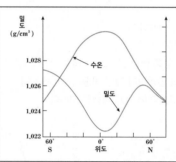

5) 해수 밀도의 연직 분포

① 수심이 깊어질수록 밀도 증가, 수온 감소 → 밀도와 수온 반비례

② 수온 약층: 수온이 급변 → 밀도가 급변

③ 심해층: 수온 변화 거의 없음 → 밀도가 거의 변화 없음

4. 수온 염분도(T−S도)

1) 수온 염분도: 해수의 수온과 염분을 축으로 하여 그래프화 한 것

2) 등밀도선 위에 놓인 두 점은 수온과 염분이 달라도 밀도가 같은 해수라는 의미

3) 수온 염분도에서 밀도를 찾는 방법: 주어진 수온과 염분이 만나는 점을 찾은 후 그 점과 만나는 등밀도선의 값을 읽음

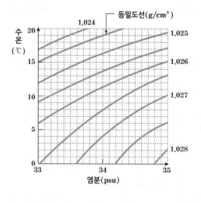

그림 (가)는 우리나라 주변 해역 A, B, C를, (나)는 세 해역 표층 해수의 수온과 염분을 수온 − 염분도에 나타낸 것이다. B와 C의 수온과 염분 분포는 각각 ㉠과 ㉡ 중 하나이다.

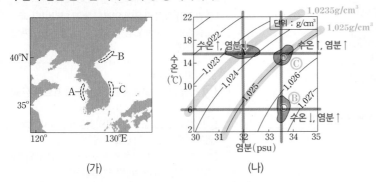

(가)　　　　　　　　　(나)

이 자료에 대한 설명으로 옳은 것만을 〈보기〉에서 있는 대로 고른 것은?

보기

㉠. ㉡은 B에 해당한다. ∵ 수온↓, 염분↑

㉡. 해수의 밀도는 A가 C보다 ~~크다.~~ 작다

㉢. B와 C의 해수 밀도 차이는 ~~수온보다 염분의~~ 영향이 더 크다. ∵ 염분은 비슷
　　　　　　　　　　　　　　　　염분보다 수온의

㉠↓　　㉡↓

① ㄱ　② ㄴ　③ ㄱ, ㄷ　④ ㄴ, ㄷ　⑤ ㄱ, ㄴ, ㄷ

|자|료|해|설|

해수의 밀도는 수온과 염분의 영향을 받는데 수온이 낮을수록, 염분이 높을수록 밀도가 크다. 해수는 위도가 커질수록 온도가 낮아진다. T−S도에서 x축은 염분, y축은 수온, 왼쪽 아래에서 오른쪽 위로 향하는 대각선은 밀도를 나타내고 오른쪽 아래로 갈수록 증가하므로 해수의 밀도는 ㉡>㉠>A 순으로 높다.

|보|기|풀|이|

㉠. 정답 : ㉠과 ㉡은 B와 C 중 하나인데, ㉡은 상대적으로 수온이 낮으므로 해수의 수온이 높은 ㉠은 동한 난류의 영향을 받는 C에 해당하고, ㉡은 북한 한류의 영향을 받는 B에 해당한다.

ㄴ. 오답 : (나)에서 A의 밀도는 약 1.0235g/cm³, ㉠의 밀도는 약 1.025g/cm³이므로 밀도는 A가 C보다 작다.

ㄷ. 오답 : B와 C에서 염분은 비슷하므로 두 해역에서 해수의 밀도 차이는 수온의 영향이 더 크다.

🤓 **문제풀이 T I P |** T−S도에서 수온과 염분이 해수의 밀도에 영향을 얼마나 미치는지에 대한 정확한 자료 해석이 필요하다. 또한 우리나라 주변 해역의 특징과 각 위치마다 흐르는 해류의 성질을 알고 있어야 한다.

😀 **출제분석 |** 그림과 그래프를 해석으로 어렵지 않게 풀 수 있는 문제이다.

그림은 동해에서 측정한 수괴 A, B, C의 성질을 나타낸 것이다. (가)는 수온과 염분 분포이고, (나)는 수온과 용존 산소량 분포이다.

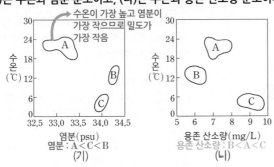

염분 : A<C<B
(가)

용존 산소량 : B<A<C
(나)

A, B, C에 대한 설명으로 옳은 것만을 〈보기〉에서 있는 대로 고른 것은?

보기

㉠. 밀도는 A가 가장 낮다.

㉡. 염분이 높은 수괴일수록 용존 산소량이 ~~많다.~~
　　　　　　　　　　　　　　　　상관없다

㉢. B는 A와 C가 혼합되어 형성되었다.
　　　↳ 염분은 B보다 낮고 용존 산소량은 B보다 많음

① ㄱ　② ㄴ　③ ㄱ, ㄷ　④ ㄴ, ㄷ　⑤ ㄱ, ㄴ, ㄷ

|자|료|해|설|

A는 B, C보다 염분이 낮고 수온이 높으므로, A의 밀도는 B, C보다 작다. 염분이 가장 높은 B의 용존 산소량은 가장 적고, 수온이 가장 낮은 C의 용존 산소량이 가장 많다.

|보|기|풀|이|

㉠. 정답 : 해수의 염분이 낮을수록, 온도가 높을수록 밀도는 작다. 따라서 수온이 가장 높고 염분이 가장 작은 A의 밀도가 가장 낮다.

ㄴ. 오답 : 염분이 가장 높은 수괴는 B인데, B의 용존 산소량은 셋 중 가장 적다.

ㄷ. 오답 : A와 C가 혼합되면 염분은 B보다 적고, 용존 산소량은 B보다 많은 수괴가 형성되어야 한다. 따라서 B는 A, C가 혼합되어 형성된 수괴가 아니다.

🤓 **문제풀이 T I P |** 해수의 밀도는 염분이 높을수록, 수온이 낮을수록 크다. 자료에서 용존 산소량은 수온이나 염분과의 큰 상관관계가 관찰되지 않는다.

😀 **출제분석 |** 해수의 성질에 관한 내용이지만 그림을 보면 풀 수 있는 문제로 출제되었다. 해수의 성질에 대해 암기한 내용을 묻기보다는 그림 해석에 비중을 둔 문제이다. 암기도 중요하지만 이해하는 노력도 필요하다.

그림은 태평양 표층 염분의 연평균 분포를 나타낸 것이다.

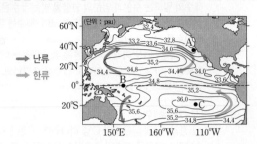

➡️ 난류
➡️ 한류

해역 A, B, C에 대한 설명으로 옳은 것만을 〈보기〉에서 있는 대로 고른 것은?

보기

➜ 클수록 염분이 높다
ㄱ. A는 한류의 영향을 받는다.
ㄴ. (증발량 − 강수량) 값은 B가 C보다 작다. ➜ 염분과 상관 없음
ㄷ. A, B, C의 해수에 녹아 있는 주요 염류의 질량비는 일정하다.

① ㄱ   ② ㄴ   ③ ㄱ, ㄷ   ④ ㄴ, ㄷ   ✔️ ㄱ, ㄴ, ㄷ

|자|료|해|설|
그림에서 A는 고위도에서 저위도로 흐르는 한류 (캘리포니아 해류)의 영향을 받는다. (증발량−강수량) 값은 염분과 비례하는데, 고압대가 위치하는 중위도에서 증발량이 많기 때문에 염분도 높게 나타난다. 주요 염류의 질량비는 염분비 일정 법칙에 따라 염분에 관계없이 일정하다.

|보|기|풀|이|
ㄱ. 정답 : A는 고위도에서 저위도로 흐르는 한류의 영향을 받는다.
ㄴ. 정답 : (증발량−강수량)값은 염분과 비례하므로 염분이 더 낮은 B가 C보다 작다.
ㄷ. 정답 : 염분비 일정 법칙에 따라 A, B, C의 해수에 녹아 있는 주요 염류의 질량비는 일정하다.

😀 문제풀이 T I P | 강수량에 비해 증발량이 많아지면 염분이 높아진다.

😀 출제분석 | 그래프 해석 능력을 요구하는 문제가 출제되었다. 자료를 분석하는 문제도 자주 출제되니 꼭 연습해 두어야 한다.

그림 (가)와 (나)는 어느 해 A, B 시기에 우리나라 두 해역에서 측정한 연직 수온 자료를 각각 나타낸 것이다.

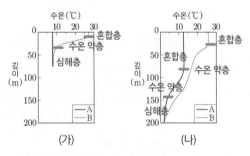

(가)   (나)

이에 대한 설명으로 옳은 것만을 〈보기〉에서 있는 대로 고른 것은?

3점

보기

➜ 약 20℃
ㄱ. (가)에서 50m 깊이의 수온과 표층 수온의 차이는 B가
0℃ ← A보다 크다.   약 20℃ ➜   ➜ 약 15℃
ㄴ. A와 B의 표층 수온 차이는 (가)가 (나)보다 크다.
ㄷ. B의 혼합층 두께는 (나)가 (가)보다 두껍다.

약 30m ➜   ➜ 약 10m
① ㄱ   ② ㄷ   ③ ㄱ, ㄴ   ④ ㄴ, ㄷ   ✔️ ㄱ, ㄴ, ㄷ

|자|료|해|설|
해수면 근처부터 수온이 일정한 층은 혼합층이며, 바람에 의해 해수가 혼합이 되어 수온이 일정한 것이다. 따라서 바람의 세기가 강할수록 혼합층의 두께가 두꺼워진다. 깊은 곳에서 수온이 일정한 층은 심해층이며, 혼합층과 심해층 사이는 수온 약층이다.
(가)에서 A는 표층 해수부터 심해까지 수온이 일정하고, B는 층상 구조가 나타난다. B 시기의 혼합층은 약 10m까지, 수온 약층은 약 30~40m까지이다. (나)에서는 A 시기의 혼합층이 거의 80m까지 두껍게 나타나고, 심해층은 약 150m부터 시작된다. (나)에서 B 시기의 혼합층은 약 30m까지 나타난다.

|보|기|풀|이|
ㄱ. 정답 : (가)에서 50m 깊이의 수온과 표층 수온의 차이는 A 시기일 때 거의 없고, B 시기에 약 20℃ 정도이므로 B가 A보다 크다.
ㄴ. 정답 : A와 B의 표층 수온 차이는 (가)에서 약 20℃, (나)에서 약 15℃로 (가)가 (나)보다 크다.
ㄷ. 정답 : B 시기일 때 혼합층 두께는 (가)에서 약 10m, (나)에서 약 30m이므로 (나)가 (가)보다 두껍다.

😀 문제풀이 T I P | 혼합층 : 표층 근처에서 해수의 수온이 일정한 층. 바람에 의해 해수가 혼합된 층으로, 바람이 강할수록 두꺼워진다.
수온 약층 : 혼합층과 심해층 사이의 층으로, 매우 안정하여 대류가 잘 일어나지 않아 혼합층과 심해층 사이의 물질과 에너지 교환을 차단하는 역할을 한다.
심해층 : 수온 약층 아래에 위치하고 낮은 수온이 유지되는 층으로, 연중 수온 변화가 거의 없다.

😀 출제분석 | 수온 분포를 보고 해수의 층상 구조를 구분하는 문제이다. 혼합층의 두께를 묻는 ㄷ 보기를 제외한 ㄱ, ㄴ 보기는 관련 지식을 모르더라도 자료 해석만으로 풀 수 있는 선택지이다. 자료 해석이 어렵지 않아서 배점이 3점이지만 정답률이 높았다.

그림은 북반구 중위도 어느 해역에서 1년 동안 관측한 수온 변화를 등수온선으로 나타낸 것이다.

이 자료에 대한 설명으로 옳은 것만을 〈보기〉에서 있는 대로 고른 것은?

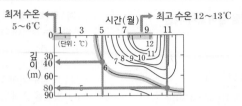

최저 수온 5~6℃　　시간(월)　최고 수온 12~13℃

보기

ㄱ. 표층에서 수온의 연교차는 10℃보다 ~~크다~~ 작다. → 약 7~8℃
ㄴ. 수온 약층은 9월이 5월보다 뚜렷하게 나타난다.
ㄷ. 6℃ 등수온선은 5월이 11월보다 ~~같은~~ 얕은 곳에서 나타난다.
　　　　　　약 40m　→ 약 80m

① ㄱ　　② ㄴ　　③ ㄱ, ㄷ　　④ ㄴ, ㄷ　　⑤ ㄱ, ㄴ, ㄷ

→ 수온 약층은 혼합층과 심해층의 수온 차이 때문에 발생
심해의 수온은 일정하므로 혼합층(표층) 수온 높을수록 수온 약층 뚜렷!

|자|료|해|설|

해수의 표층 수온은 계절에 따라 변화한다. 7~9월은 최고 수온으로, 12~13℃ 정도이고, 12~2월은 최저 수온으로, 5~6℃ 정도이다. 따라서 연교차는 약 7~8℃ 정도이다.
수온 약층은 표층의 혼합층과 심해층의 온도 차이로 인해 급격하게 수온이 변화하는 층이다. 즉, 혼합층과 심해층의 온도 차이가 클수록 뚜렷하게 발달한다. 이때, 심해층은 계절에 상관없이 수온이 일정하므로, 혼합층의 수온이 높아지는 여름철에 수온 약층은 뚜렷하고, 수온이 낮아지는 겨울철에는 상대적으로 덜 뚜렷하게 나타난다.

|보|기|풀|이|

ㄱ. 오답 : 표층에서 수온의 연교차는 약 7~8℃이다.
ㄴ. 정답 : 수온 약층은 표층의 수온이 높은 9월에 더 뚜렷하게 나타난다.
ㄷ. 오답 : 6℃ 등수온선은 5월에 약 40m, 11월에는 약 80m에 나타난다. 즉, 5월이 11월보다 더 얕은 곳에서 나타난다.

😮 **문제풀이 TIP** | 혼합층은 바람의 세기에 비례하여 두껍게 발달하고, 수온 약층은 혼합층(표층) 수온이 높을수록 뚜렷하게 발달한다. 심해층은 계절에 상관없이 수온이 일정하다.

😊 **출제분석** | 해수의 물리적 성질과 관련된 문제이다. ㄱ과 ㄷ 보기는 자료를 해석하기만 해도 판단할 수 있다. ㄴ 보기는 수온 약층의 개념을 정확하게 알고 있어야 판단할 수 있다. 해수의 물리적 성질만 다룬 문제이므로 화학적 성질이나 해류와 복합적으로 출제되는 다른 문제에 비해 난도가 높은 문제는 아니다.

그림 (가)와 (나)는 어느 시기 우리나라 주변의 표층 수온과 표층 염분을 나타낸 것이다.

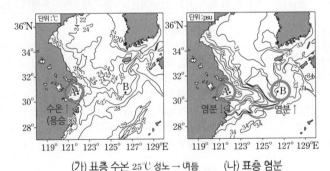

(가) 표층 수온 25℃ 성노 → 여름　　　(나) 표층 염분

이에 대한 설명으로 옳은 것만을 〈보기〉에서 있는 대로 고른 것은?

보기

　　　　여름철
ㄱ. ~~겨울철~~에 관측한 것이다.
ㄴ. A 해역에는 담수 유입이 일어나고 있다. → 그 결과 염분 감소
ㄷ. 표층 해수의 밀도는 A 해역이 B 해역보다 ~~크다~~ 작다.

∝ 염분/수온

① ㄱ　　② ㄴ　　③ ㄱ, ㄷ　　④ ㄴ, ㄷ　　⑤ ㄱ, ㄴ, ㄷ
　　　염분↓, 수온↑　　　　염분↑, 수온↓

|자|료|해|설|

(가)에서 A는 수온이 높고, B는 수온이 낮다. 그러나 모두 20℃를 넘겼으므로 전체적으로 따뜻한 여름철 관측 자료이다. (나)에서 A는 염분이 낮고, B는 염분이 높다. 염분 차이는 빙하의 해빙이나 결빙, 하천의 담수 유입 등의 요인에 따라 변하는데, 여름철이고 우리나라 주변이므로 빙하보다는 담수 유입의 영향이 더 크다. A는 담수가 유입되어 염분이 감소한 모습이다.
표층 해수의 밀도는 염분이 높을수록, 수온이 낮을수록 높다. 따라서 A 해역이 B 해역보다 작다.

|보|기|풀|이|

ㄱ. 오답 : 겨울철이 아닌 여름철 관측 자료이다.
ㄴ. 정답 : 담수 유입으로 인해 A 해역의 염분이 감소하였다.
ㄷ. 오답 : 표층 해수의 밀도는 A 해역보다 B 해역이 크다.

😮 **문제풀이 TIP** | 해수의 밀도는 수온이 낮을수록, 염분이 높을수록 높다.
담수 유입이 많으면 염분이 낮아진다.

😊 **출제분석** | 해수의 성질을 다루는 문제이며, 자료 해석이나 보기가 어렵지 않아서 쉽게 출제된 편이다. 우리나라 근처의 두 해역만을 묻고 있으므로 증발량-강수량보다 담수 유입을 고려해야 염분을 비교할 수 있다. 이 문제에서는 나타나지 않았지만, A 해역의 수온이 낮으면 용승과 연결될 수 있으므로 함께 알아두는 것이 좋다.

다음은 수온과 염분이 해수의 밀도에 미치는 영향을 알아보기 위한 실험이다.

[실험 과정]

(가) 수온과 염분이 다른 소금물 A, B, C에 서로 다른 색의 잉크를 한두 방울 떨어뜨려 각각 착색한다.

→ 수온이 다르고 염분이 동일

소금물	수온(℃)	염분(psu)
A	25	38
B	7	38
C	7	27

→ 수온이 같고 염분이 다름

(나) 그림과 같이 칸막이로 분리된 수조 양쪽에 동일한 양의 A와 B를 각각 넣고, 칸막이를 제거한 후 소금물의 이동을 관찰한다.

소금물 A   소금물 B

(다) 수조에 담긴 소금물을 제거한 후, 소금물을 B와 C로 바꾸어 (나) 과정을 반복한다.

소금물 B   소금물 C

[실험 결과]

과정	결과
(나)	소금물 (㉠ B)가 소금물 (㉡ A) 아래로 이동한다.
(다)	㉢ 소금물 B가 소금물 C 아래로 이동한다.

→ 소금물 B가 소금물 C보다 밀도가 크다

이에 대한 설명으로 옳은 것만을 〈보기〉에서 있는 대로 고른 것은?

보기

㉠ 실험 과정 (나)는 염분이 같을 때 수온이 밀도에 미치는 영향을 알아보기 위한 것이다.   → 38   → 25 vs. 7

㇀. ㉠은 A, ㉡은 B이다.   (B / A 표시)

㉢. ㉢은 수온이 같을 때 염분이 높을수록 밀도가 크기 때문이다.

① ㄱ   ② ㄴ   ✔③ ㄱ, ㄷ   ④ ㄴ, ㄷ   ⑤ ㄱ, ㄴ, ㄷ

|자|료|해|설|

A와 B는 수온이 다르지만 염분은 같다. B와 C는 수온은 같지만 염분은 다르다. A와 B를 비교하면 수온에 따른 해수의 밀도 차이를, B와 C를 비교하면 염분 농도에 따른 해수의 밀도 차이를 비교해 볼 수 있다.

(나) 실험을 통해 염분이 같을 때 수온이 해수의 밀도에 미치는 영향을 알 수 있다. 염분 농도가 동일하면 수온이 높을수록 밀도가 낮다. 따라서 (나) 실험을 진행하면 소금물 A가 소금물 B 위로 이동하는 것을 관찰할 수 있다.

(다) 실험을 통해 수온이 같을 때 염분 농도가 해수의 밀도에 미치는 영향을 알 수 있다. 수온이 동일하면 염분 농도가 높을수록 밀도가 크다. 따라서 (다) 실험을 진행하면 소금물 B가 소금물 C 아래로 이동하는 것을 관찰할 수 있다.

|보|기|풀|이|

㉠ 정답 : (나)에서 수온이 다르고 염분이 같은 소금물 A와 B를 비교하고 있으므로 (나)는 수온이 밀도에 미치는 영향을 관찰하기 위한 실험이다.

ㄴ. 오답 : 염분이 같을 때 수온이 높을수록 밀도가 낮으므로 소금물 B(㉠)가 소금물 A(㉡) 아래로 이동한다.

㉢ 정답 : 소금물 B와 C는 수온이 같고 염분이 다르다. (다) 실험은 염분이 밀도에 미치는 영향을 관찰하기 위한 실험으로, 실험 결과 염분이 높은 소금물 B가 염분이 낮은 소금물 C 아래로 이동하였다. 따라서 ㉢의 이유는 수온이 같을 때 염분이 높을수록 밀도가 크기 때문이다.

😀 **문제풀이 TIP** | 해수의 염분이 같으면 수온이 높을수록 밀도가 작아져 위로 이동한다. 해수의 수온이 같으면 염분이 높을수록 밀도가 커져 아래로 이동한다.

😎 **출제분석** | 수온의 연직분포는 종종 출제되는 내용이다. 주로 수온, 밀도, 염분 등의 변수를 두고 그래프를 해석하는 유형이 출제되는데 이 문항은 실험 결과를 통해 내용을 유추하는 형태이다. 실험의 내용이 어렵지 않아 2점 문제로 출제되었지만 실험 내용이 좀 더 어렵거나 원인과 결과를 모두 찾아내야 하는 형태로 출제된다면 어렵게 출제될 것이다.

그림은 겨울철 동해의 혼합층 두께를 나타낸 것이다.

이 자료에서 해역 A, B, C에 대한 설명으로 옳은 것만을 〈보기〉에서 있는 대로 고른 것은?

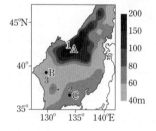

보기

㉠ 바람의 세기는 A가 B보다 강하다.

㇀. 혼합층 두께는 B가 C보다 두껍다.   (얇)

㇀. A의 혼합층 두께는 겨울이 여름보다 얇다.   바람: 겨울>여름   (두껍)

✔① ㄱ   ② ㄴ   ③ ㄱ, ㄷ   ④ ㄴ, ㄷ   ⑤ ㄱ, ㄴ, ㄷ

|자|료|해|설|

그림을 보면 혼합층의 두께가 두꺼울수록 어두운 색을 나타낸다. 따라서 혼합층의 두께는 A>C>B 순으로 두껍다. 혼합층은 태양 복사 에너지에 의한 가열과 바람의 혼합 작용으로 상·하 바닷물이 혼합되어 일정한 온도층을 형성하게 된다. 풍속이 크면 더 아래까지 물을 섞어주기 때문에 혼합층의 두께도 두꺼워진다. 바람의 세기는 여름철보다 겨울철에 더 강하다.

|보|기|풀|이|

㉠ 정답 : 바람의 세기가 강할수록 혼합층의 두께가 더 두껍다. 따라서 바람의 세기는 A가 B보다 강하다.

ㄴ. 오답 : 혼합층 두께는 B가 C보다 얇다.

ㄷ. 오답 : A의 혼합층 두께는 겨울이 여름보다 두껍다. 바람의 세기가 겨울철에 더 세기 때문이다.

😀 **문제풀이 TIP** | 겨울철은 여름철보다 풍속이 강해서 혼합층의 두께가 더 두껍게 형성된다. 그림에 표시되어 있는 혼합층의 두께를 비교하면 쉽게 풀 수 있다.

😎 **출제분석** | 이 문제는 풍속과 혼합층의 두께 관계를 알면 굉장히 쉽게 풀 수 있는 문제이다. 해수의 연직 수온 분포(혼합층, 수온 약층, 심해층)와 위도별 해양의 층상 구조도 그래프로 문제에 제시될 수 있으니 학습해두어야 한다.

그림 (가)는 어느 해역의 깊이에 따른 수온과 염분 분포를 ㉠과 ㉡으로 순서 없이 나타낸 것이고, (나)는 수온-염분도를 나타낸 것이다.

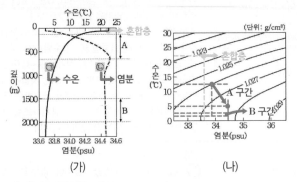

(가)   (나)

이에 대한 옳은 설명만을 〈보기〉에서 있는 대로 고른 것은?

보기

ㄱ. ㉠은 ~~염분~~ 수온 분포이다.

ㄴ. 혼합층의 평균 밀도는 1.025g/cm³보다 ~~크다~~ 작다.

ㄷ. 깊이에 따른 해수의 밀도 변화는 A 구간이 B 구간보다 크다.

① ㄱ   ✔ ㄷ   ③ ㄱ, ㄴ   ④ ㄴ, ㄷ   ⑤ ㄱ, ㄴ, ㄷ

|자|료|해|설|

심해로 갈수록 해수의 온도는 낮아지고 염분은 높아진다. 따라서 (가)에서 수심이 깊어질수록 작아지는 것은(㉠)은 수온이고, 수심이 깊어질수록 커지는 것(㉡)은 염분이다. 표층부터 수온(㉠)이 일정한 층인 혼합층의 수온은 약 22.5℃이고, 염분은 약 33.7psu이므로 (나)의 수온-염분도에서 혼합층의 밀도는 약 1.0235g/cm³ 정도이다. A 구간은 수심이 깊어질수록 수온이 13℃에서 5℃ 정도까지 떨어지며, 염분은 33.9psu에서 34.5psu 정도까지 증가한다. 따라서 밀도는 1.026g/cm³에서 1.0275g/cm³ 정도까지 올라간다. B 구간은 수심이 깊어질수록 수온이 3℃에서 2℃ 정도로 조금 낮아지며, 염분은 34.45psu에서 34.48psu 정도까지 조금 증가한다. 따라서 밀도는 1.0276~1.0277g/cm³ 정도로 거의 변화가 없다.

|보|기|풀|이|

ㄱ. 오답 : ㉠은 수심이 깊어질수록 감소하는 수온이다. 염분은 수심이 깊어질수록 증가한다.

ㄴ. 오답 : 혼합층은 표층에서부터 수온이 일정한 구간으로 A 구간보다 얕은 곳에 존재한다. 이 혼합층의 수온은 약 22.5℃, 염분은 약 33.7psu이므로 평균 밀도는 약 1.0235g/cm³ 정도이다. 따라서 혼합층의 평균 밀도는 1.025g/cm³보다 작다.

ㄷ. 정답 : 깊이에 따른 수온과 염분의 변화는 A 구간이 B 구간에 비해 크다. 밀도는 수온과 염분의 영향을 받는다. (가)의 값을 이용해 (나)에서 각 구간의 밀도 변화를 찾아보면 A 구간은 약 0.0015g/cm³ 정도 변하고, B 구간은 거의 변화가 없다. 따라서 깊이에 따른 해수의 밀도 변화는 A 구간이 B 구간보다 크다.

그림 (가)와 (나)는 어느 해역의 수온과 염분 분포를 각각 나타낸 것이고, (다)는 수온-염분도이다. A, B, C는 수온과 염분이 서로 다른 해수이고, ㉠과 ㉡은 이 해역의 서로 다른 수괴이다.

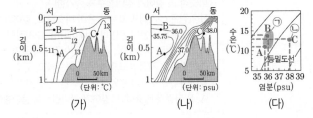

(가)   (나)   (다)

이 자료에 대한 설명으로 옳은 것만을 〈보기〉에서 있는 대로 고른 것은?

보기

ㄱ. B는 ~~㉡~~ 수온 14℃, 염분 36psu ㉠에 해당한다.

ㄴ. A와 B의 수온에 의한 밀도 차는 A와 B의 염분에 의한 밀도 차보다 크다.

ㄷ. C의 수괴가 서쪽으로 이동하면, C의 수괴는 B의 수괴 아래쪽으로 이동한다. → 밀도↑

① ㄱ   ② ㄴ   ③ ㄱ, ㄷ   ✔ ㄴ, ㄷ   ⑤ ㄱ, ㄴ, ㄷ

|자|료|해|설|

(가)와 (나)를 보면 A는 수온 11℃, 염분 35.75psu로 (다)에서 ㉠ 수괴에 해당한다. B는 수온 14℃, 염분 36psu로 (다)에서 A와 마찬가지로 ㉠ 수괴에 해당한다. C는 수온 13℃, 염분 38psu로 (다)에서 ㉡ 수괴에 해당한다. 즉, A와 B보다 C의 밀도가 더 크다. 이때 A와 B는 염분 차에 비해 수온 차가 더 크다.

|보|기|풀|이|

ㄱ. 오답 : B는 수온 14℃, 염분 36psu로 ㉠ 수괴에 해당한다.

ㄴ. 정답 : A와 B는 염분 차에 비해 수온 차가 더 크므로, 수온에 의한 밀도 차가 염분에 의한 밀도 차보다 더 크다.

ㄷ. 정답 : C의 수괴는 B의 수괴보다 밀도가 크므로 C의 수괴가 서쪽으로 이동하면, C의 수괴는 B의 수괴 아래쪽으로 이동한다.

🤓 **문제풀이 TIP** | (가)와 (나) 그래프를 꼼꼼히 해석하여 A, B, C 각 해수가 (다)에서 어떤 수괴에 해당하는지 표시해두고 문제를 해결해야 한다.

🤓 **출제분석** | 해수의 성질에 대한 문제는 매년 출제되는 빈출 유형이며, 2023학년도 수능에는 2문제나 출제되었다. 자료 해석이 필수로 요구되며, 본 문제도 해석해야 할 자료의 양이 많아 2점 문제 중에서는 비교적 까다로운 편에 속한다. 그래프만 제대로 해석하면 사전 지식 없이도 해결할 수 있는 유형이었다.

그림은 북대서양의 연평균 (증발량−강수량) 값 분포를 나타낸 것이다. → 클수록 염분 ↑

이 자료에 대한 설명으로 옳은 것만을 <보기>에서 있는 대로 고른 것은? 3점

B와 C 사이 (그래도 (−)이므로 증발량 < 강수량)

가장 높음(=증발 ↑, 강수 ↓)

적도 저압대 (강수 ↑)

고압대

단위: cm/년

보기
→ B>A>C

ㄱ. 연평균 (증발량−강수량) 값은 B 지점이 A 지점보다 크다.

ㄴ. B 지점은 대기 대순환에 의해 형성된 저압대에 위치한다.

→ 저압대는 강수 ↑ (=증발량−강수량 ↓)

ㄷ. 표층 염분은 C 지점이 B 지점보다 높다. 낮

① ㄱ　　②ㄴ　　③ㄱ,ㄷ　　④ㄴ,ㄷ　　⑤ㄱ,ㄴ,ㄷ

|자|료|해|설|

(증발량−강수량) 값이 클수록 염분이 높다. (증발량−강수량) 값은 A가 −50 정도이고, B는 150, C는 −100 정도이다. 따라서 염분은 B>A>C이다.

A는 (증발량−강수량) 값이 (−) 값이므로 증발량보다 강수량이 크다. B는 (증발량−강수량) 값이 가장 크다. 즉, 증발을 많이 하고, 강수를 적게 하는데, 이는 위도 30° 부근의 고압대이기 때문이다. (적도는 저압대, 30°는 아열대 고압대, 60°는 한대 저압대, 극지방은 극 고압대이다.) C는 적도 저압대에 위치하므로 강수량이 많아서 (증발량−강수량) 값이 (−)이다.

|보|기|풀|이|

ㄱ. 정답 : 연평균 (증발량−강수량) 값은 B>A>C이다.

ㄴ. 오답 : B 지점은 위도 30° 부근으로, 대기 대순환에 의해 형성된 아열대 고압대에 위치한다.

ㄷ. 오답 : 표층 염분은 (증발량−강수량) 값에 비례하므로, B>C이다.

😮 **문제풀이 T I P |** (증발량−강수량) 값과 표층 염분은 대체적으로 비례한다. 극지방에서는 빙하의 해빙으로 인해 (증발량−강수량) 값보다 표층 염분이 더 낮아지는 경우도 있는데, 북극에서 크게 나타나고, 남극에서는 그보다 덜 나타난다.

😎 **출제분석 |** 해수의 물리적 성질은 수온, 밀도이고 화학적 성질은 염분, 용존 기체이다. 염분은 (증발량−강수량) 값과 연결 지어서 생각하면 대부분 쉽게 풀 수 있다. 이 문제에서는 대기 대순환(ㄴ 보기)과 결합하여서 3점 배점으로 출제되었으나, 자료 해석을 통해서 문제를 쉽게 풀 수 있어서 난이도가 높은 편은 아니었다. 수능에서는 염분과 수온, 밀도를 모두 포함하는 개념이 출제될 가능성이 크다.

그림 (가)는 어느 시기에 우리나라 주변 해역에서 수온과 염분을 측정한 구간을, (나)와 (다)는 이 구간의 깊이에 따른 수온과 염분 분포를 나타낸 것이다. A, B, C는 해수면에 위치한 지점이다.

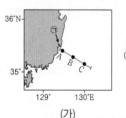
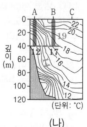
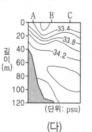

(가)　　　　　　(나)　　　　　　(다)

이에 대한 설명으로 옳은 것만을 <보기>에서 있는 대로 고른 것은?

3점

보기
약 5℃　　　　　→ 약 7℃

ㄱ. 해수면과 깊이 40m의 수온 차는 B보다 A가 크다.

ㄴ. ㉠ 방향으로 유입되는 담수의 양이 증가하면 A의 표층 염분은 33.4psu보다 커진다. 작아진다

ㄷ. 표층 해수의 밀도는 C보다 A가 크다.

①ㄱ　　②ㄴ　　③ㄱ,ㄷ　　④ㄴ,ㄷ　　⑤ㄱ,ㄴ,ㄷ

|자|료|해|설|

A 지점은 B, C 지점에 비해 수온이 낮고, 깊이가 길어질 때 수온이 빠르게 낮아진다. A 지점의 염분은 B, C 지점과 비슷하고, 깊이가 깊어질수록 증가한다.

B 지점은 C 지점과 표층 수온이 비슷하고, 깊이가 깊어질수록 수온이 완만하게 내려간다. B 지점의 염분은 A, C 지점과 비슷하고, 깊이가 깊어질수록 증가한다.

C 지점은 B 지점과 표층 수온이 비슷하고, 깊이가 깊어질수록 수온이 완만하게 내려간다. C 지점의 염분은 A, B 지점과 비슷하고, 깊이가 깊어질수록 증가한다.

|보|기|풀|이|

ㄱ. 정답 : 해수면과 깊이 40m의 수온 차는 A에서 약 19℃−12℃=7℃ 정도이고, B에서 약 22℃−17℃=5℃ 정도이므로 B보다 A가 크다.

ㄴ. 오답 : 담수에 포함된 염분의 양은 적으므로 ㉠ 방향으로 유입되는 담수의 양이 증가하면 A의 표층 염분은 33.4psu 보다 작아진다.

ㄷ. 정답 : 해수의 밀도는 수온이 낮을수록, 염분이 높을수록 크다. 표층 해수의 수온은 A가 C보다 낮고, 염분은 A가 C보다 조금 높기 때문에 표층 해수의 밀도는 C보다 A가 크다.

그림의 A와 B는 동해에서 여름과 겨울에 관측한 해수의 밀도 분포를 순서 없이 나타낸 것이다.
이에 대한 설명으로 옳은 것만을 〈보기〉에서 있는 대로 고른 것은?
(단, 밀도는 수온에 의해서만 결정된다.)

→ 수온이 높을수록 밀도가 작다

혼합층이 거의 없음

밀도(kg/m^3)

혼합층 / 수온 약층 / 심해층

보기

ㄱ. A는 여름에 해당한다. → 더울수록 밀도가 작다 → 밀도 크기 A<B

ㄴ. B에서 혼합층 두께는 300m보다 크다. 약 130m

ㄷ. 해수면에서 바람의 세기는 ~~A~~ B 일 때가 ~~B~~ A 일 때보다 크다.
→ 클수록 혼합층이 두꺼움

✓① ㄱ   ② ㄷ   ③ ㄱ, ㄴ   ④ ㄴ, ㄷ   ⑤ ㄱ, ㄴ, ㄷ

😮 **문제풀이 T I P** | 바람에 의해 해수의 표면에서부터 일정 깊이까지 물리량이 일정한 구간이 혼합층이다.

😊 **출제분석** | 해양의 층상 구조와 물리량의 특징을 묻는 문제이다. 비교적 쉽게 출제되었다. 자주 출제되는 내용은 아니지만, 평소에 층상 구조가 생성되는 이유와 각 층의 물리적 특징을 알아두면 당황하지 않고 해결할 수 있다.

|자|료|해|설|

A는 표면의 밀도가 B에 비해 작다. 수온이 높을수록 해수의 밀도는 작으므로 A는 여름, B는 겨울이다. A는 표면에서 수심이 깊어질수록 급격히 밀도가 증가하다가 B와 비슷해진다. 표면에서부터 A의 밀도가 일정한 구간을 찾기가 어려우므로 A에서는 혼합층이 거의 나타나지 않는 것으로 보인다. B의 경우에는 수심 100m가 넘도록 표면과 밀도차가 없다가 밀도가 서서히 커져 A와 동일한 밀도를 나타낸다. B는 표면에서부터 100m가 넘는 구간까지 혼합층, 밀도가 증가하는 구간이 수온 약층, 다시 일정한 밀도를 나타내는 구간이 심해층이다.
혼합층의 두께를 비교하면 A보다 B가 훨씬 두꺼우므로 A일 때보다 B일 때 바람의 세기가 더 큼을 알 수 있다.

|보|기|풀|이|

ㄱ. 정답 : 수온이 높을수록 해수의 밀도는 작아지므로 밀도가 더 낮은 A가 여름에 해당한다.

ㄴ. 오답 : B에서 혼합층의 두께는 표면으로부터 밀도가 일정한 곳까지이므로 약 130m 정도이다.

ㄷ. 오답 : 해수면에서 바람의 세기가 클수록 혼합층이 두꺼워진다. 따라서 A일 때보다 혼합층이 두꺼운 B일 때 바람의 세기가 더 크다.

그림 (가)는 북대서양의 해역 A와 B의 위치를, (나)와 (다)는 A와 B에서 같은 시기에 측정한 물리량을 순서 없이 나타낸 것이다. ㉠과 ㉡은 각각 수온과 용존 산소량 중 하나이다.

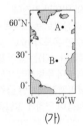

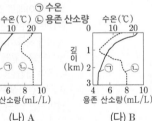

(가)   (나) A   (다) B

이 자료에 대한 설명으로 옳은 것만을 〈보기〉에서 있는 대로 고른 것은? **3점**

보기

ㄱ. (나)는 A에 해당한다.

ㄴ. 표층에서 용존 산소량은 A가 B보다 ~~작다~~ 크다.

ㄷ. 수온 약층은 ~~A~~ B 가 ~~B~~ A 보다 뚜렷하게 나타난다.

✓① ㄱ   ② ㄴ   ③ ㄷ   ④ ㄱ, ㄴ   ⑤ ㄱ, ㄷ

|자|료|해|설|

(가)에서 A는 중위도, B는 저위도 해역으로 A의 표층 수온이 B의 표층 수온보다 낮다. (나)와 (다)에서 수온은 수심이 깊어짐에 따라 혼합층, 수온 약층, 심해층으로 구분되므로 ㉠이 수온 그래프이다. 용존 산소량은 광합성량과 대기 중 녹아 들어가는 산소로 인해 표면에서 가장 높고 수심이 깊어질수록 광합성량은 줄고 생물의 호흡에 의한 소비만 일어나 용존 산소량이 줄어들다가 수심 약 800m∼1000m보다 깊은 곳에서부터 호흡을 하는 생물체가 적어지며 다시 증가하므로 ㉡이 용존 산소량 그래프이다.

|보|기|풀|이|

ㄱ. 정답 : (나)는 (다)보다 표층 수온이 낮으므로 A에 해당한다.

ㄴ. 오답 : 표층에서 용존 산소량은 A가 B보다 크다.

ㄷ. 오답 : 수온 약층은 수심에 따른 온도 차가 클수록 뚜렷하므로 A보다 B에서 더 뚜렷하다.

😮 **문제풀이 T I P** | 수심에 따른 수온과 용존 산소량의 특징을 숙지해두고 각 그래프가 의미하는 바가 무엇인지를 파악해야 한다. 또한, 위도가 다른 두 해역의 자료를 파악할 때는 표층 수온 값을 이용하는 것이 확실하다.

😊 **출제분석** | 해수의 성질에 대한 문제는 매년 출제되는 빈출 유형이다. 그래프를 해석해야 하는 유형이 많으며, 해석할 자료의 양이 많으면 3점 문제로 출제되는 경향이 있다. 그러나 본 문제처럼 자료의 양이 많을 뿐 해석이 어려운 경우는 많지 않으므로 고득점을 위해 놓치지 않아야 하는 유형이다.

그림 (가)는 어느 날 우리나라 주변 표층 해수의 수온과 염분 분포를, (나)는 수온−염분도를 나타낸 것이다.

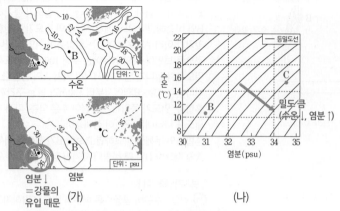

염분↓
=강물의
유입 때문

수온

염분↓ 염분

(가)   (나)

이 자료에서 해역 A, B, C의 표층 해수에 대한 설명으로 옳은 것만을 〈보기〉에서 있는 대로 고른 것은? **3점**

보기 → 같은 위도이므로 증발량−강수량 비슷, 빙하 결빙 ×

ㄱ. 강물의 유입으로 A의 염분이 주변보다 낮다.
ㄴ. 밀도는 B가 C보다 작다.   11℃   16℃
ㄷ. 수온만을 고려할 때, 산소 기체의 용해도는 B가 C보다 <s>작다</s>. 크다
                              → 수온 낮을수록 높음

① ㄱ   ② ㄷ   ③ ㄱ, ㄴ ✓   ④ ㄴ, ㄷ   ⑤ ㄱ, ㄴ, ㄷ

|자|료|해|설|
수온은 B가 약 11℃로 가장 낮고, A는 12℃ 정도, C는 16℃이다. 염분은 A가 23psu 정도로 가장 낮은데, A, B, C 모두 비슷한 위도이므로 증발량−강수량 값이 비슷하고, 결빙이 일어나는 온도가 아니므로 A는 강물의 유입 때문에 염분이 낮다. B의 염분은 31psu, C는 34.5psu이다.
(나)에서 수온이 낮고 염분이 클수록, 즉 오른쪽 아래로 내려갈수록 밀도가 크다. B와 C를 표시하면 C가 더 오른쪽에 위치하고, 높은 등밀도선이므로 밀도는 B<C 이다.

|보|기|풀|이|
ㄱ. 정답 : B, C와 비교할 때 A의 염분에 영향을 주는 값은 강물의 유입이다. 강물의 유입 때문에 A의 염분이 낮다.
ㄴ. 정답 : 밀도는 B가 C보다 작다.
ㄷ. 오답 : 수온만을 고려할 때, 산소 기체의 용해도는 수온이 낮을수록 높다. 따라서 수온이 낮은 B가 수온이 높은 C보다 산소 기체의 용해도가 크다.

😲 **문제풀이 T I P** | 염분에 영향을 주는 값은 증발량−강수량, 빙하의 결빙과 해빙(고위도에서), 강물의 유입이다. 해수의 밀도는 수온이 낮고 염분이 높을수록 크다.
용존 기체의 용해도는 수온이 낮고 염분이 낮고 수압이 높을수록 크다.

😀 **출제분석** | 보통 해수의 염분에 영향을 가장 많이 주는 값이 증발량−강수량인데 이 문제에서는 비슷한 위도를 제시하였기 때문에 증발량−강수량보다 강물의 유입을 영향력 있는 요인으로 봐야 한다. 용존 기체의 용해도(ㄷ 보기)까지 다루고 있어서 해수의 성질을 다루는 문제 중에서 난이도가 높은 편이다.

그림 (가)와 (나)는 동해의 어느 지점에서 두 시기에 측정한 수심 0~500m 구간의 수온과 염분 분포를 나타낸 것이다. (가)와 (나)는 각각 2월 또는 8월에 측정한 자료 중 하나이다.

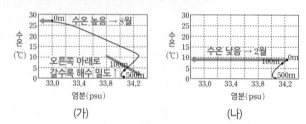

(가)   (나)

이에 대한 옳은 설명만을 〈보기〉에서 있는 대로 고른 것은?

보기 → 혼합층 수온이 높을수록 잘 발달함

ㄱ. (가)는 8월에 측정한 자료이다.
ㄴ. 수온 약층은 <s>(가)</s>보다 <s>(나)</s>에서 뚜렷하게 나타난다.
           (나)   (가)
ㄷ. 표면 해수의 밀도는 (가)보다 (나)에서 <s>작다</s>. 크다
∝ 염분/수온

① ㄱ ✓   ② ㄴ   ③ ㄱ, ㄷ   ④ ㄴ, ㄷ   ⑤ ㄱ, ㄴ, ㄷ
        수온↑염분↓   수온↓염분↑

|자|료|해|설|
밀도는 수온이 낮고 염분이 높을수록 크다. 즉, T−S도의 오른쪽 아래로 갈수록 해수의 밀도가 커진다.
(가)는 해수면 온도가 25℃ 이상으로 높으므로 8월에 측정한 자료이고, (나)는 해수면 온도가 10℃ 정도로 낮으므로 2월에 측정한 자료이다. (가)는 깊어질수록 수온이 급감한다. 즉, 수온 약층이 뚜렷하게 발달하였다.
(나)는 깊어질수록 수온이 낮아지긴 하지만 급격하게 낮아지진 않는다. 즉, 수온 약층이 약하게 발달하였다.

|보|기|풀|이|
ㄱ. 정답 : 해수면 온도가 높은 (가)는 8월에 측정한 자료이다.
ㄴ. 오답 : 수온 약층은 혼합층과 심해층의 온도 차이가 뚜렷할수록 잘 발달한다. 따라서 (나)보다 (가)에서 뚜렷하게 발달한다.
ㄷ. 오답 : 표면 해수의 밀도는 수온에 반비례, 염분에 비례하므로 수온이 높고 염분이 낮은 (가)보다 수온이 낮고 염분이 높은 (나)에서 크다.

😲 **문제풀이 T I P** | T−S도에서 수온이 급변하는 구간은 수온 약층이다.
해수의 밀도는 수온에 반비례하고 염분에 비례한다.

😀 **출제분석** | 자료를 통해 8월인지 2월인지 판단하는 것부터 시작하는 문제이다. 그러나 자료가 명확하고 쉽게 해석되기 때문에 문제 자체는 어렵지 않았다. 해수의 층상 구조라는 정확한 개념을 알고 있으면 자료 해석은 물론, ㄱ과 ㄴ 보기도 쉽게 풀 수 있다. 표면 해수의 밀도 역시 기본 개념만 알고 있다면 ㄷ 보기를 판단하여 정답을 찾을 수 있다.

다음은 해수의 수온 연직 분포를 알아보기 위한 실험이다.

[실험 과정]

(가) 수조에 소금물을 채우고 온도계의 끝이 각각 수면으로부터 깊이 0cm, 2cm, 4cm, 6cm, 8cm에 놓이도록 설치한 후 온도를 측정한다.

(나) ~~전등을 켠 후~~, 더 이상 온도 변화가 없을 때 온도를 측정한다. → 태양 복사

(다) 1분 동안 수면 위에서 ~~부채질을 한 후~~, 온도를 측정한다. → 바람

전등
온도계
소금물

[실험 결과]

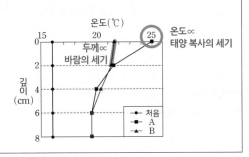

온도(℃)
두께∝ 바람의 세기
온도∝ 태양 복사의 세기
깊이(cm)
처음 / A / B

이에 대한 설명으로 옳은 것만을 <보기>에서 있는 대로 고른 것은? ③점

보기

ㄱ. (나)의 결과는 ~~B~~ A이다.

ㄴ. A에서 깊이에 따른 온도 차는 0~4cm 구간이 4~8cm 구간보다 크다. (→ 약 1℃ 차이 / → 약 5℃ 차이)

ㄷ. 표면과 깊이 8cm 소금물의 밀도 차는 ~~B~~ A가 ~~A~~ B보다 크다. (A B)

① ㄱ　　✓② ㄴ　　③ ㄱ, ㄷ　　④ ㄴ, ㄷ　　⑤ ㄱ, ㄴ, ㄷ

|자|료|해|설|

해수의 수온 연직분포를 알아보기 위한 실험이다. (나)에서 전등은 태양 복사 에너지를 비유한 것이고, (다)에서 부채질은 바람을 비유한 것이다. 따라서 표면온도가 높은 A는 (나)의 결과이고, 혼합층의 두께가 두꺼운 B는 (다)의 결과이다. 밀도는 온도가 낮을수록 크다.

|보|기|풀|이|

ㄱ. 오답 : (나)의 결과는 A이고 (다)의 결과는 B이다.

ⓛ. 정답 : A에서 깊이에 따른 온도 차는 4~8cm 구간은 약 5℃ 차이가 나고 0~4cm 구간은 약 1℃ 차이가 나므로 후자가 더 크다.

ㄷ. 오답 : 소금물의 밀도는 수온과 관련이 있으므로 표면과 깊이 8cm 소금물의 밀도 차는 A가 B보다 크다.

😲 **문제풀이 T I P** | 각 과정이 의미하는 바를 먼저 파악하고 실제 해수의 층상구조와 비교할 수 있어야 한다. 해수의 표층 수온은 태양 복사 에너지의 세기와 비례하고 혼합층의 두께는 바람의 세기와 비례한다는 것을 유념해야 한다.

🙂 **출제분석** | 깊이에 따른 해수의 층상 구조 해석은 자주 나오는 유형이다. 실험과 연결되어서 나오는 경우도 있지만 그래프 해석 문제로 나오는 경우도 많으니 꼭 기억해야 한다.

Ⅱ 1 ㅣ 05 해수의 성질

그림은 어느 해역에서 깊이에 따른 수온과 염분을 수온 − 염분도에 나타낸 것이다.

이 자료에 대한 설명으로 옳은 것만을 〈보기〉에서 있는 대로 고른 것은?

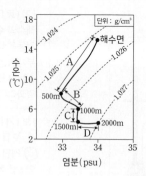

보기

ㄱ. A 구간은 혼합층~~이다.~~ 이 아니다.

ㄴ. 해수의 밀도 변화는 ~~B~~C 구간이 ~~C~~B 구간보다 크다.

ㄷ. D 구간에서 해수의 밀도 변화는 수온보다 염분의 영향이 더 크다.

① ㄱ   ② ㄴ   ③ ㄷ   ④ ㄱ, ㄴ   ⑤ ㄱ, ㄷ

|자|료|해|설|

그림은 어느 해역에서 깊이에 따른 수온과 염분을 수온−염분도에 나타내고 있다. 수온−염분도는 수온과 염분의 변화에 따른 등밀도 곡선의 변화를 나타낸 것으로 이를 해석하여 해수의 연직 구조나 종류를 확인할 수 있다.

|보|기|풀|이|

ㄱ. 오답 : 혼합층이란 태양 에너지에 의해 가열된 따뜻한 해수층으로 바람에 의한 혼합 작용으로 수온이 일정하다. 그러나 A 구간에서는 깊이가 깊어질수록 수온이 감소하고 있으므로 혼합층이 아니다.

ㄴ. 오답 : 해수의 밀도 변화는 등밀도선과 수직 방향으로 이동할수록 크다. 따라서 등밀도선과 더 수직하게 이동한 구간인 B 구간이 C 구간보다 크다.

ㄷ. 정답 : D 구간에서는 해수의 깊이가 깊어질수록 염분은 증가하고 있지만 수온의 변화는 없고 밀도는 증가하고 있다. 따라서 D 구간에서 해수의 밀도 변화는 수온보다 염분의 영향이 더 크다.

문제풀이 TIP | 밀도는 수온과 염분에 의해 변한다는 것과 수온이 낮을수록 염분이 높을수록 밀도는 커진다는 것을 기억해야 한다.

출제분석 | 보기 ㄴ에서 해수의 밀도 변화는 등밀도선과 수직 방향으로 이동할수록 크다는 것을 알고 있으면 쉽게 풀 수 있다.

그림은 같은 시기에 관측한 두 해역의 표층에서 심층까지의 수온과 염분을 수온 − 염분도에 나타낸 것이다. A와 B는 각각 저위도와 고위도 해역 중 하나이고, ㉠과 ㉡은 밀도가 같은 해수이다.

이 자료에 대한 설명으로 옳은 것만을 〈보기〉에서 있는 대로 고른 것은?

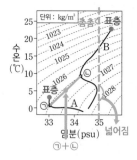

보기

ㄱ. A는 ~~저위도~~ 고위도 해역이다.

ㄴ. 같은 부피의 ㉠과 ㉡이 혼합되어 형성된 해수의 밀도는 ㉠보다 크다.

ㄷ. 염분이 일정할 때, 수온 변화에 따른 밀도 변화는 수온이 높을 때가 낮을 때보다 크다.

① ㄱ   ② ㄴ   ③ ㄷ   ④ ㄱ, ㄷ   ⑤ ㄴ, ㄷ

|자|료|해|설|

A와 B를 비교하면 수온, 염분, 밀도 모두 A가 B보다 작다. 동일 해역에서 표층 수온은 심층수의 수온보다 높으므로 표층 수온이 낮은 A는 고위도, 표층 수온이 높은 B는 저위도 해역이다. 등밀도선은 수온이 높을수록 간격이 촘촘하고, 수온이 낮을수록 간격이 넓어진다. ㉠과 ㉡의 밀도는 같지만 ㉠의 수온과 염분은 ㉡보다 낮다.

|보|기|풀|이|

ㄱ. 오답 : 표층 수온이 더 낮은 A가 고위도 해역이다.

ㄴ. 정답 : ㉠과 ㉡의 밀도는 동일하기 때문에 두 해수가 혼합되어 형성된 해수는 수온과 염분이 두 해수의 중간값을 갖는다. 해당 지점은 ㉠과 ㉡을 연결한 직선의 한 가운데 값으로 찾는다. 따라서 두 해수가 혼합되어 형성된 해수의 밀도는 ㉠보다 크다.

ㄷ. 정답 : 염분이 35psu인 해수의 밀도 변화를 비교해 보면 수온이 높을수록 등밀도선의 간격이 촘촘하여 변화가 크고, 수온이 낮아질수록 등밀도선의 간격이 넓어져 밀도 변화가 작은 것을 확인할 수 있다. 따라서 염분이 일정할 때, 수온 변화에 따른 밀도 변화는 수온이 높을 때가 낮을 때보다 크다.

문제풀이 TIP | 수온이 낮을수록, 염분이 높을수록 해수의 밀도는 크다.

출제분석 | 수온−염분도가 자료로 제시되는 문항은 값만 잘 찾아도 대부분의 보기를 해결할 수 있다. 평소에도 자주 보고 값을 빠르게 찾는 연습을 해두면 좋다.

그림은 어느 해역에서 서로 다른 시기에 수심에 따라 측정한 수온과 염분을 수온 - 염분도에 나타낸 것이다.

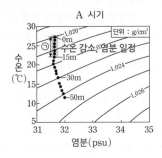
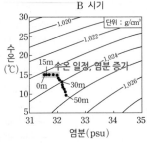

이에 대한 설명으로 옳은 것만을 〈보기〉에서 있는 대로 고른 것은?

보기

✗. 이 해역의 해수면에 입사하는 태양 복사 에너지양은 ~~A보다 B 시기에 많다~~ 적다 (∵ A 평균 수온 > B 평균 수온).

✗. A 시기에 ㉠ 구간에서의 밀도 변화는 ~~수온~~ 염분 보다 ~~염분~~ 수온 의 영향이 크다.

Ⓒ. 혼합층의 두께는 A보다 B 시기에 두껍다.

① ㄱ   ✔️ ㄷ   ③ ㄱ, ㄴ   ④ ㄴ, ㄷ   ⑤ ㄱ, ㄴ, ㄷ

→ 바람의 혼합에 의해 수온이 일정한 층

|자|료|해|설|

A 시기는 B 시기에 비해 평균 수온이 높아 해수면에 입사하는 태양 복사 에너지 양이 많음을 알 수 있다. 혼합층은 수온이 일정한 층이므로 B 시기의 두께가 더 두껍다.

|보|기|풀|이|

ㄱ. 오답 : 해수면에 입사하는 태양 복사 에너지양이 많을수록 표층 수온이 높게 나타나므로 평균 수온이 높은 A보다 B 시기에 태양 복사 에너지 양은 적다.

ㄴ. 오답 : A 시기에 ㉠ 구간에서의 밀도 변화는 수온의 영향이 염분의 영향보다 크다.

Ⓒ. 정답 : 바람의 혼합에 의해 수온이 일정한 혼합층의 두께는 A보다 B 시기에 두껍다.

😮 **문제풀이 TIP** | 그래프 해석이 중요한 문제이다. 수온 - 염분도를 읽은 방법을 알고 해수의 연직구조별 특징을 기억해야 한다.
- 혼합층: 표층부터 수심에 따라 수온이 일정한 층. 바람이 강할수록 두꺼워짐.
- 수온 약층: 수심이 깊어질수록 수온이 급격히 낮아지는 층. 단, 표층과 심층의 차이가 적으면 잘 나타나지 않음. 안정층. 연직혼합이 없어 열교환을 차단.
- 심해층: 수온이 낮고 수심에 다른 수심 변화가 거의 없는 층. 위도나 계절에 관계없이 수온이 거의 일정.

😊 **출제분석** | 수온 - 염분도는 빈출 그래프이며 내용도 특별히 어려운 것이 없기 때문에 평이한 수준의 난이도라고 볼 수 있다.

그림은 해수의 위도별 층상 구조를 나타낸 것이다. A, B, C는 각각 혼합층, 수온 약층, 심해층 중 하나이다.

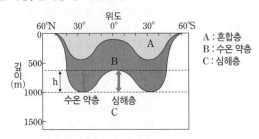

A : 혼합층
B : 수온 약층
C : 심해층

이에 대한 옳은 설명만을 〈보기〉에서 있는 대로 고른 것은?

보기   → ∝혼합층의 두께

✗. 적도 지역은 30°N 지역보다 바람이 ~~강하게~~ 약하게 분다.

Ⓛ. B층은 A층과 C층 사이의 물질 교환을 억제하는 역할을 한다.

Ⓒ. 구간 h에서 깊이에 따른 수온 변화율은 30°N 지역이 적도 지역보다 크다.

① ㄱ   ② ㄴ   ③ ㄱ, ㄷ   ✔️ ㄴ, ㄷ   ⑤ ㄱ, ㄴ, ㄷ

|자|료|해|설|

A는 혼합층, B는 수온 약층, C는 심해층이다. 혼합층의 두께는 바람이 강하게 부는 지역일수록 두껍다. 수온 약층은 위쪽에는 따뜻한 해수가, 아래쪽에는 차가운 해수가 존재하여 매우 안정하기 때문에 혼합층과 심해층 사이의 물질 및 에너지 교환을 차단하는 역할을 한다. 심해층은 수온 약층 아래에서 깊이에 따른 수온 변화가 거의 없는 층으로 계절에 관계없이 수온이 거의 일정하다. h구간에서 적도는 심해층, 30°N는 수온 약층이다.

|보|기|풀|이|

ㄱ. 오답 : 바람의 세기는 혼합층의 두께와 비례하므로 적도 지역은 30°N 지역보다 바람이 약하게 분다.

Ⓛ. 정답 : B층(수온 약층)은 A층(혼합층)과 C층(심해층) 사이의 물질교환을 억제하는 역할을 한다.

Ⓒ. 정답 : h구간에서 적도는 심해층, 30°N는 수온 약층이므로 적도 지역보다 30°N 지역이 수온 변화율이 크다.

😮 **문제풀이 TIP** | 혼합층은 바람이 강한 지역일수록 두껍고, 위도가 낮은 지역일수록 수온이 높다. 수온약층은 위쪽에는 따뜻하고 가벼운 혼합층이 존재하고 아래쪽에는 차갑고 무거운 심해층이 존재하여 매우 안정하므로 대류하지 않아 물질 및 에너지 교환을 차단하는 역할을 한다. 심해층은 태양복사의 영향을 받지 않으므로 위도와 계절에 관계없이 거의 일정하다.

😊 **출제분석** | 전통적으로 많이 출제된 유형의 문제이므로 언제든 재 출제 가능하다.

Ⅱ
1
Ⅰ
05
해수의 성질

그림 (가)는 북태평양의 두 해역 A, B의 위치를, (나)는 A−B 구간에서 측정한 표층 해수의 수온과 염분을 나타낸 것이다.

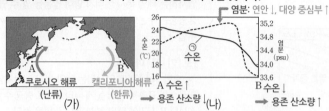

이에 대한 옳은 설명만을 〈보기〉에서 있는 대로 고른 것은? **3점**

보기

ㄱ. ㉠은 ~~염분~~ **수온**이다.

ㄴ. A에는 저위도에서 고위도로 해류가 흐른다.

ㄷ. 표층 해수의 용존 산소량은 A보다 B에서 많다.

① ㄱ   ② ㄴ   ③ ㄷ   ④ ㄱ, ㄴ   ✓⑤ ㄴ, ㄷ

😀 **문제풀이 TIP** | 표층 염분은 담수의 유입에 의해 연안에서는 낮고, 대양의 중앙부에서 높다는 것을 기억하고 있으면 쉽게 해결할 수 있다.

😀 **출제분석** | 동안 경계류와 서안 경계류의 특징과 대양의 염분 분포를 함께 물어본 비교적 평이한 문항이다. 두 경계류의 수온, 염분, 용존 산소량 등을 비교하여 암기하고, 표층 염분에 영향을 주는 요인(증발량과 강수량, 담수의 유입, 결빙과 해빙)과 그 영향에 대해 정리해두자.

|자|료|해|설|

(가)의 A는 대양의 서안으로 서안 경계류인 쿠로시오 해류가 흐르는 해역이다. 쿠로시오 해류는 난류로 저위도 → 고위도로 흐르며 수온과 염분이 높고, 용존 산소량은 적다. B는 대양의 동안으로 동안 경계류인 캘리포니아 해류가 흐르는 해역이다. 캘리포니아 해류는 한류로 고위도 → 저위도로 흐르며 수온과 염분이 낮고, 용존 산소량은 많다.

(나)에서 A는 난류의 영향으로 인해 수온과 염분이 모두 높고, B는 한류의 영향으로 수온과 염분이 모두 낮다. 점선의 물리량은 대양의 중앙부에서 높고 연안에서 낮은 것으로 보아 담수 유입으로 인해 연안에서 낮은 염분의 분포를 나타낸 것이고, 실선은 수온의 분포를 나타낸 것임을 알 수 있다.

|보|기|풀|이|

ㄱ. 오답 : 육지에 접한 연안에서는 담수의 유입으로 인해 대양의 중앙부보다 염분이 낮게 나타난다. 따라서 A, B 지역보다 중앙부의 물리량이 큰 점선은 염분이고 ㉠은 수온이다.

ㄴ. 정답 : A는 대양의 서안을 따라 흐르는 해류인 쿠로시오 해류가 흐르는 해역이다. 쿠로시오 해류는 난류로 저위도에서 고위도로 이동한다.

ㄷ. 정답 : B는 대양의 동안을 따라 흐르는 해류인 캘리포니아 해류가 흐르는 해역이다. 캘리포니아 해류는 한류로 용존 산소량이 A에서 흐르는 난류보다 많다.

그림은 어느 중위도 해역에서 A 시기와 B 시기에 각각 측정한 깊이 0~50m의 해수 특성을 수온−염분도에 나타낸 것이다.

이 자료에 대한 설명으로 옳은 것만을 〈보기〉에서 있는 대로 고른 것은? **3점**

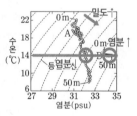

보기

ㄱ. 수온만을 고려할 때, 해수면에서 산소 기체의 용해도는 A가 B보다 ~~크다~~ 작다. → 낮을수록 용해도 ↑

ㄴ. 수온이 14℃인 해수의 밀도는 A가 B보다 작다. → 0~50m 수온 일정

ㄷ. 혼합층의 두께는 A가 B보다 ~~두껍다~~ 얇다. → 0~50m 수온 변화

① ㄱ   ✓② ㄴ   ③ ㄷ   ④ ㄱ, ㄷ   ⑤ ㄴ, ㄷ

→ 해수면 근처에서 수온이 일정한 층

😀 **문제풀이 TIP** | 기체의 용해도는 수온이 낮을수록 크다.
해수의 밀도는 수온이 낮을수록, 염분이 높을수록 크다.
혼합층은 해수면 근처에서 바람에 의한 혼합 작용에 의해 나타나는 층으로, 깊이에 따라 수온이 일정하다.

😀 **출제분석** | 기체의 용해도, 해수의 밀도, 혼합층을 모두 다루는 문제이다. T−S도를 해석하고 지식과 연결할 수 있어야 정답을 찾을 수 있었다. 다양한 개념을 모두 묻고 있는 만큼 배점은 3점이며, 앞 번호로 나온 문제 중에서는 난이도가 낮지 않은 편이었다.

|자|료|해|설|

해수의 밀도는 수온이 낮을수록, 염분이 높을수록 증가한다. 즉, T−S도의 오른쪽 아래로 갈수록 밀도가 증가한다.

A 시기에는 0m에서 50m까지의 수온이 22℃부터 8℃ 정도까지 나타난다. B 시기에는 0~50m의 수온이 14℃ 정도로 일정하게 나타난다. 혼합층은 바람에 의한 혼합 작용에 의해 깊이에 따른 수온이 일정하게 나타나는 층이므로, 0~50m에서 깊이에 따른 수온이 거의 일정한 B의 혼합층이 0~50m에서 깊이에 따른 수온이 낮아지는 A의 혼합층보다 두껍다.

|보|기|풀|이|

ㄱ. 오답 : 기체의 용해도는 수온이 낮을수록 크다. 해수면에서 A는 수온이 22℃ 정도이고, B는 수온이 14℃ 정도이므로 산소 기체의 용해도는 A<B이다.

ㄴ. 정답 : 수온이 14℃인 해수의 염분이 A<B이므로 밀도 역시 A<B이다.

ㄷ. 오답 : 혼합층의 두께는 0~50m에서 깊이에 따른 수온이 일정한 B가 A보다 두껍다.

그림은 어느 해역에서 A 시기와
B 시기에 각각 측정한 깊이 0~200m
의 해수 특성을 수온−염분도에
나타낸 것이다.
이 자료에 대한 설명으로 옳은 것만을
〈보기〉에서 있는 대로 고른 것은? 3점

보기

ㄱ. A 시기에 깊이가 증가할수록 해수의 밀도는 증가한다.

ㄴ. 수온만을 고려할 때, 표층에서 산소 기체의 용해도는
~~A~~ 시기가 ~~B~~ 시기보다 크다. → 표층 수온 A>B

ㄷ. 혼합층의 두께는 ~~A~~ 시기가 ~~B~~ 시기보다 두껍다.
　　　　　　　　　B　　　　　A

① ㄱ　　② ㄴ　　③ ㄷ　　④ ㄱ, ㄴ　　⑤ ㄱ, ㄷ

|자|료|해|설|
A 시기에는 깊이 0~200m의 수온이 계속 낮아지고,
B 시기에는 깊이 0~100m까지 수온 변화가 거의
없다가 100m보다 깊어지면 수온이 낮아지기 시작한다.
B 시기에 깊이 100m까지 수온이 일정한 것은 바람이
불어서 표층 해수가 계속 섞이기 때문이다. 이처럼 표층의
수온이 일정한 구간을 혼합층이라고 하고, 혼합층 아래에
위치하며 수온이 계속해서 감소하는 층을 수온 약층이라고
한다. A에서는 혼합층이 거의 나타나지 않고 바로 수온
약층이 나타난다.
A 시기에 염분은 100m 정도까지 계속 증가하다가 100m
부근에서부터 200m까지 조금씩 감소하고, B 시기에는
염분이 깊이 100m까지 비교적 일정하다가 100m에서
200m로 내려갈수록 감소한다.

|보|기|풀|이|
ㄱ. 정답 : 수온이 낮을수록, 염분이 높을수록 해수의
밀도가 증가한다. 따라서 수온−염분도에서 오른쪽
아래쪽으로 갈수록 밀도가 커지므로 A 시기에 깊이가
증가할수록 해수의 밀도는 증가한다.

ㄴ. 오답 : 산소 기체의 용해도는 수온이 낮을수록 크다.
A의 표층 수온은 20℃ 이상이고, B의 표층 수온은 15℃
이하이므로 수온만을 고려할 때 표층에서 산소 기체의
용해도는 B 시기가 A 시기보다 크다.

ㄷ. 오답 : 혼합층은 표층에서 바람의 혼합 작용으로 인해
깊이에 따른 수온이 거의 일정한 구간이므로 B 시기가
A 시기보다 혼합층의 두께가 두껍다.

그림 (가)는 어느 해 겨울에 우리나라 주변 바다에서 표층 해수를
채취한 A와 B 지점의 위치를, (나)는 수온−염분도에 A와 B의
수온과 염분을 순서 없이 ㉠, ㉡으로 나타낸 것이다.

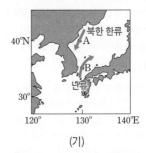

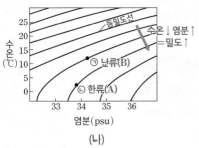

(가)　　　　　　　　　　　　　　(나)

이에 대한 옳은 설명만을 〈보기〉에서 있는 대로 고른 것은?

보기
　　　　　　→ 34psu보다 낮음
　　　　　　　→ 34psu보다 높음
ㄱ. 염분은 A에서가 B에서보다 낮다.

ㄴ. ㉠과 ㉡의 해수가 만난다면 ㉠의 해수는 ㉡의 해수 ~~아래로~~ 위
이동한다. → 밀도↓　　→ 밀도↑ (아래로)

ㄷ. 여름에는 B의 해수 밀도가 (나)에서보다 감소할 것이다.
　　→ 수온↑ → 밀도↓

① ㄱ　　② ㄴ　　③ ㄷ　　④ ㄱ, ㄷ　　⑤ ㄴ, ㄷ

|자|료|해|설|
A에는 한류가, B에는 난류가 흐른다. 한류는 수온이 낮고,
밀도가 크며, 난류는 수온이 높고, 밀도가 작다. (나)의 ㉠은
B의, ㉡은 A의 수온을 나타낸다. 수온−염분도에서
오른쪽 아래로 내려갈수록, 즉 수온이 낮고 염분이
높을수록 밀도가 커진다.

|보|기|풀|이|
ㄱ. 정답 : 염분은 A(㉡)에서가 34psu보다 낮고, B(㉠)
에서가 34psu보다 높다.

ㄴ. 오답 : ㉠과 ㉡의 해수가 만나면 밀도가 낮은 ㉠의
해수는 밀도가 큰 ㉡의 해수 위로 이동한다.

ㄷ. 정답 : 여름에는 B의 수온이 높아져서 밀도가 더
낮아진다.

😮 문제풀이 T I P | 해수의 밀도는 수온이 낮고 염분이 높을수록
높다. T−S도에서 오른쪽 아래로 갈수록 밀도가 크다.

😀 출제분석 | 해수의 수온, 밀도 등의 물리적 성질과 우리나라
주변의 해류를 함께 묻는 문제이다. 한류와 난류의 기본적인 특징을
묻고 있어서 두 개념을 함께 묻는 복합적인 문제이지만 난이도는
높지 않다.

그림 (가)와 (나)는 어느 해역에서 1년 동안 해수면으로부터 깊이에 따라 측정한 염분과 수온 분포를 각각 나타낸 것이다.

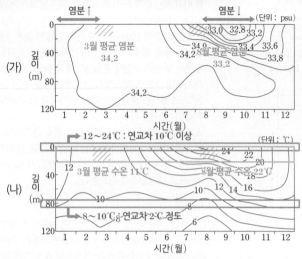

이 자료에 대한 설명으로 옳은 것만을 〈보기〉에서 있는 대로 고른 것은? 3점

보기

34.2psu ←　　　→ 32.8psu
ㄱ. 해수면에서의 염분은 2월보다 9월이 작다.

ㄴ. 수온의 연교차는 깊이 0m보다 80m에서 ~~크다.~~ 작다

ㄷ. 깊이 0~20m 구간에서 해수의 평균 밀도는 3월보다 8월이 ~~크다.~~ 작다
　　수온 : 3월<8월
　　염분 : 3월>8월 　∝ 염분/수온
　⇒ 밀도 : 3월>8월

① ㄱ　　② ㄴ　　③ ㄱ, ㄷ　　④ ㄴ, ㄷ　　⑤ ㄱ, ㄴ, ㄷ

|자|료|해|설|

(가)는 염분 분포를 나타내고 있는데, 겨울철에는 표층 평균 염분이 34.2psu이고 여름철에는 32.8psu로 겨울철이 여름철보다 높다. 3월 표층 염분은 34.2psu, 8월 표층 염분은 33.2psu이다.

(나)는 수온 분포를 나타내고 있다. 3월에는 평균 수온이 11℃이고, 8월에는 평균 수온이 22℃이다. 해수 표층 근처에서는 연교차가 10℃ 이상이고, 깊어질수록 연교차는 감소하여 80m 부근에서는 약 2℃ 정도이다.

|보|기|풀|이|

ㄱ. 정답 : 해수면에서의 염분은 2월(34.2psu)보다 9월 (32.8psu)이 작다.

ㄴ. 오답 : 수온의 연교차는 표층에서 더 크다.

ㄷ. 오답 : 깊이 0~20m 구간에서 수온은 3월<8월이고, 염분은 3월>8월이다. 따라서 해수의 평균 밀도는 3월이 8월보다 크다.

😲 **문제풀이 TIP** | 해수의 수온은 여름에 높고 겨울에 낮다. 염분은 반대로 여름에 낮고 겨울에 높다.

😀 **출제분석** | 해수의 물리적 성질(수온, 밀도)과 화학적 성질(염분)을 묻는 문제이다. 해수의 성질을 묻는 문제는 매년 2~3번 이상 출제되는데, 이렇게 단독으로 출제되기보다는 해수의 표층 순환이나 심층 순환을 다룰 때 보기로 함께 출제되는 경우가 많다. 이 문제는 자료 해석이 중요한데, 주어진 그래프를 그대로 읽고 비교하기만 하면 되어서 크게 어렵지는 않다.

그림 (가)와 (나)는 전 세계 해수면의 평균 수온 분포와 평균 표층 염분 분포를 순서 없이 나타낸 것이다. 등치선은 각각 등수온선과 등염분선 중 하나이다.

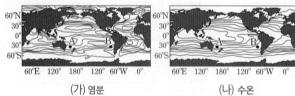

(가) 염분　　　　　　　　(나) 수온

이에 대한 옳은 설명만을 〈보기〉에서 있는 대로 고른 것은? 3점

보기

ㄱ. 해수면의 평균 수온 분포를 나타낸 것은 (나)이다.

ㄴ. 수온과 염분은 A 해역이 B 해역보다 높다.

ㄷ. 염류 중 염화 나트륨이 차지하는 비율은 A와 B 해역에서 거의 같다.
　　↳ 염분비 일정의 법칙

① ㄱ　　② ㄷ　　③ ㄱ, ㄴ　　④ ㄴ, ㄷ　　⑤ ㄱ, ㄴ, ㄷ

|자|료|해|설|

표층 염분은 담수의 유입이 적은 대양의 중심에서 높고 표층 수온은 태양 복사 에너지의 영향을 많이 받는 저위도로 갈수록 높아지므로 (가)는 염분, (나)는 수온이다.

|보|기|풀|이|

ㄱ. 정답 : 해수면의 평균 수온 분포를 나타낸 것은 저위도에서 높은 값을 나타내는 (나)이다.

ㄴ. 정답 : 등수온선과 등염분선에 따르면 수온과 염분은 등치선이 더 조밀한 A 해역이 B 해역보다 높다.

ㄷ. 정답 : 염류 중 염화나트륨이 차지하는 비율은 염분비 일정의 법칙에 의해 A, B 해역이 거의 같다.

😲 **문제풀이 TIP** | 염분은 시기와 장소에 따라 변화하지만 염분비는 항상 일정하다는 것이 중요하다. 이를 염분비 일정의 법칙이라 한다. 이는 해양이 고루 혼합되고 있다는 증거이기도 하다.

😀 **출제분석** | 빈출 그림이지만 두 개의 그래프를 보고 수온인지 염분인지 판단해야 하기 때문에 염분과 수온의 증감요인을 정확히 알고 있어야 하는 문제이다.

그림은 어느 고위도 해역에서
A 시기와 B 시기에 각각 측정한
깊이 50~500m의 해수 특성을
수온−염분도에 나타낸 것이다.
이 해역의 수온과 염분은 유입된
담수의 양에 의해서만
변화하였다.
이 자료에 대한 설명으로 옳은 것만을 〈보기〉에서 있는 대로 고른
것은?

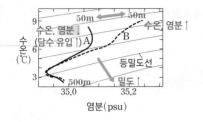

보기

수온, 염분이 낮을수록 용해도↑
ㄱ. A 시기에 깊이가 증가할수록 밀도는 증가한다.
ㄴ. 50m 깊이에서 산소의 용해도는 A 시기가 B 시기보다 높다.
ㄷ. 유입된 담수의 양은 A 시기가 B 시기보다 적다.
                                 많다
많을수록 염분↓

① ㄱ   ② ㄷ   ③ ㄱ, ㄴ   ④ ㄴ, ㄷ   ⑤ ㄱ, ㄴ, ㄷ

|자|료|해|설|
이 해역의 수온과 염분은 유입된 담수의 양에 의해서만
변화하였다. 담수가 유입되면 염분이 낮아진다. 따라서
염분이 낮은 A가 담수 유입이 많은 시기, 염분이 높은 B는
담수 유입이 적은 시기이다.
T−S도에서 오른쪽 아래로 내려갈수록 밀도는 높아진다.
A와 B 모두 수심이 깊어질수록 밀도가 증가하고 있다.
산소의 용해도는 수온과 염분이 낮을수록 높기 때문에
50m 부근에서 A 시기가 더 높다.

|보|기|풀|이|
ㄱ. 정답 : A 시기에 깊이가 증가할수록 밀도가 높아진다.
ㄴ. 정답 : 산소의 용해도는 수온과 염분이 낮을수록 높기
때문에 50m 부근에서 A 시기가 더 높다.
ㄷ. 오답 : 유입된 담수의 양은 염분이 낮은 A 시기가
염분이 높은 B 시기보다 더 많다.

😲 **문제풀이 T I P |** 기체의 용해도는 수온, 염분이 낮을수록, 수압이 높을수록 커진다.
강물이나 담수의 유입이 적을수록 염분은 커진다.

😊 **출제분석 |** 해수의 물리적 성질인 밀도와 화학적 성질인 용존 기체, 염분을 모두 다루는 문제이다. T−S도를 올바르게 해석하는 것이 관건이다. T−S도의 해석을 통해 ㄱ 보기를
해결할 수 있다. ㄴ 보기와 ㄷ 보기는 용존 기체, 염분이라는 해수의 화학적 성질을 이해해야 한다. 문제의 난이도는 높지 않은 편이다.

그림은 어느 해역에서 측정한 깊이에 따른 수온과 염분을
수온−염분도에 나타낸 것이다.

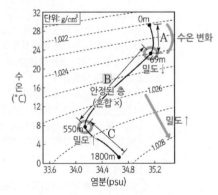

이에 대한 설명으로 옳은 것만을 〈보기〉에서 있는 대로 고른 것은?

보기

안정된 층
ㄱ. A 구간은 혼합층이다.
                  수온 일정
ㄴ. B 구간에서는 해수의 연직 혼합이 활발하게 일어난다. 일어나지 않는다.
ㄷ. 깊이에 따른 수온의 평균 변화량은 B 구간이 C 구간보다
크다.
      약 500m 동안 15℃   약 1300m 동안 6℃

① ㄱ   ② ㄷ   ③ ㄱ, ㄴ   ④ ㄴ, ㄷ   ⑤ ㄱ, ㄴ, ㄷ

|자|료|해|설|
A 구간은 수심 69m까지로, 수온이 약 28℃에서 22℃
정도까지 낮아졌으므로 혼합층이 아니다. 혼합층은 수온이
일정해야 한다. B 구간은 위쪽(69m 부근)이 밀도가 비교적
작고, 아래쪽(550m 부근)이 밀도가 크므로 안정한 층이다.
따라서 대류가 잘 일어나지 않아 물질이나 에너지의 교환이
없고 해수의 연직 혼합이 일어나지 않는다. C 구간은 550m
부터 1800m까지로, 구간이 매우 넓은 것에 비해 수온의
변화가 크지 않다.

|보|기|풀|이|
ㄱ. 오답 : A 구간은 깊이에 따라 수온이 변화하므로
혼합층이 아니다.
ㄴ. 오답 : B 구간은 안정된 층으로, 해수의 연직 혼합이
일어나지 않는다.
ㄷ. 정답 : 깊이에 따른 수온의 평균 변화량은 B 구간이
약 500m 동안 15℃, C 구간이 약 1300m 동안 6℃이므로
B 구간이 C 구간보다 크다.

😲 **문제풀이 T I P |** 해수의 밀도는 수온이 낮고 염분이 높을수록
크다. T−S도에서 오른쪽 아래로 내려갈수록 밀도가 크다. 밀도가
높은 해수가 아래에, 밀도가 낮은 해수가 위에 있으면 안정하여
혼합이 일어나지 않지만 반대의 경우라면 혼합이 활발하게
일어난다.

😊 **출제분석 |** 해수의 층상 구조에 익숙해서 A는 혼합층, B는
수온 약층, C는 심해층이라고 생각하기 쉽지만, 그렇게 생각하면
답이 아니기 때문에 정답률이 상당히 낮았다. ㄱ, ㄴ, ㄷ 보기 모두
자료 해석이 중요한데, 그중에서도 ㄱ 보기는 혼합층의 정의를
확실히 알아야 틀렸다는 것을 알 수 있었다.

그림 (가)는 해역 A와 B의 위치를, (나)와 (다)는 4월에 측정한 A와 B의 연직 수온 분포를 순서 없이 나타낸 것이다.

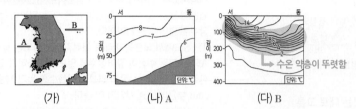

(가)　　　　　　(나) A　　　　　　(다) B

이에 대한 설명으로 옳은 것만을 〈보기〉에서 있는 대로 고른 것은?

보기

ㄱ. (나)는 ~~B~~ A의 측정 자료이다.

ㄴ. 수온 약층은 (다)가 (나)보다 뚜렷하다.

ㄷ. (다)가 (나)보다 표층 수온이 높은 이유는 ~~위도~~ 난류의 영향 때문이다.

① ㄱ　　② ㄴ　　③ ㄱ, ㄷ　　④ ㄴ, ㄷ　　⑤ ㄱ, ㄴ, ㄷ

|자|료|해|설|
우리나라의 서해는 동해에 비해 수심이 매우 얕은 편이다. (나) 해역은 (다) 해역보다 수심이 얕으므로 (나)는 서해에 위치한 A, (다)는 동해에 위치한 B 해역의 연직 수온 분포이다. B 해역으로 들어오는 난류에 의해 표층 수온이 높아져 (다)는 (나)에 비해 수온 약층이 뚜렷하게 나타난다.

|보|기|풀|이|
ㄱ. 오답 : 우리나라 서해의 평균 수심은 약 44m 정도이고, 동해의 평균 수심은 약 1,500m 정도이다. (나)는 (다)에 비해 수심이 얕으므로 A 해역의 측정 자료이다.

ㄴ. 정답 : 수온 약층은 깊이에 따른 온도 변화가 클수록 뚜렷하게 나타난다. (나)에 비해 (다)에서 수온 약층의 깊이에 따른 온도 변화가 크므로 수온 약층은 (다)가 (나)보다 뚜렷하다.

ㄷ. 오답 : (나)와 (다)의 표층 수온의 차이가 나타나는 이유는 B 해역으로 흐르는 난류의 영향 때문이다.

그림 (가)는 우리나라 어느 해역의 표층 수온과 표층 염분을, (나)는 이 해역의 혼합층 두께를 나타낸 것이다. (가)의 A와 B는 각각 표층 수온과 표층 염분 중 하나이다.

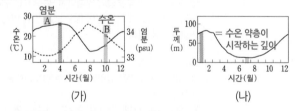

(가)　　　　　　　　(나)

이 자료에 대한 설명으로 옳은 것만을 〈보기〉에서 있는 대로 고른 것은? 3점

보기

ㄱ. 표층 해수의 밀도는 4월이 10월보다 크다.

ㄴ. 수온 약층이 나타나기 시작하는 깊이는 1월이 7월보다 깊다.

ㄷ. 표층과 깊이 50m 해수의 수온 차는 2월이 8월보다 ~~크다.~~ 작다

① ㄱ　　② ㄷ　　③ ㄱ, ㄴ　　④ ㄴ, ㄷ　　⑤ ㄱ, ㄴ, ㄷ

|자|료|해|설|
우리나라 해역의 표층 수온은 겨울에 낮고, 여름에 높다. 따라서 여름에 수치가 높은 B가 표층 수온이고, A는 표층 염분이다. 장마가 있는 여름철에는 강수량이 많기 때문에 표층 염분이 낮아진다.
혼합층은 바람에 의해 해수가 계속 혼합되어 수온이 일정한 층을 말한다. 따라서 혼합층의 두께는 바람이 강할수록 두껍고, 혼합층의 두께가 두꺼울수록 수온 약층이 시작하는 깊이가 깊어진다.

|보|기|풀|이|
ㄱ. 정답 : 표층 해수의 밀도는 표층 수온이 낮을수록, 표층 염분이 높을수록 크므로 4월이 10월보다 크다.

ㄴ. 정답 : 혼합층의 바로 아래에 수온 약층이 있으므로 혼합층의 두께는 수온 약층이 시작하는 깊이와 비슷하다. 따라서 수온 약층이 나타나기 시작하는 깊이는 1월이 7월보다 깊다.

ㄷ. 오답 : 혼합층에서는 수온이 거의 일정하게 유지되고, 수온 약층에서는 깊이가 깊어질수록 수온이 낮아진다. 2월에는 깊이 50m의 해수가 혼합층에 있으므로 표층 해수와 수온 차이가 거의 없지만, 8월에는 깊이 50m의 해수가 혼합층이 아닌 수온 약층에 있으므로 표층 해수와 수온 차이가 있다. 따라서 표층과 깊이 50m 해수의 수온 차는 2월이 8월보다 작다.

😀 **출제분석** | 주어진 자료는 표층 수온, 표층 염분, 혼합층의 두께이지만 이 세 가지에 대해서 직접 물어보고 있지는 않다. '수온과 염분, 밀도의 관계'와 '혼합층과 수온 약층의 특징'을 알고 있어야 보기를 해결할 수 있는 문항이다. 특히, 우리나라의 계절별 특징과 연관 지어 표층 수온, 표층 염분을 분석하는 문제는 종종 나오므로 그래프를 보고 해석하는 시간을 줄이기 위해서는 비슷한 문제를 여러 번 풀어보는 것이 좋다.

다음은 해수의 성질을 알아보기 위한 탐구이다.

[탐구 과정]

(가) 우리나라 어느 해역에서 2월과 8월에 측정한 깊이에 따른 수온과 염분 자료를 준비한다.

<수온과 염분 자료>

	깊이(m)	0	10	20	30	50	75	100
2월	수온(℃)	11.6	11.6	11.3	11.0	9.9	5.8	4.5
	염분(psu)	34.3	34.3	34.3	34.3	34.2	34.0	34.0
8월	수온(℃)	25.4	21.9	13.8	12.9	8.9	4.1	2.7
	염분(psu)	32.7	33.3	34.2	34.3	34.2	34.1	34.0

(나) (가)의 자료를 수온－염분도에 나타내고 특징을 분석한다.

[탐구 결과]

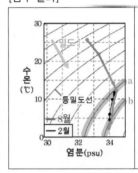

○ 혼합층의 두께는 2월이 8월보다 (㉠). → 두껍다

○ 깊이 0~100m에서의 평균 밀도 변화율은 2월이 8월보다 (㉡). → 작다

이 자료에 대한 옳은 설명만을 <보기>에서 있는 대로 고른 것은?

3점

보기

㉠. '두껍다'는 ㉠에 해당한다.

㉡. 해수의 밀도는 2월의 75m 깊이에서가 8월의 50m 깊이에서보다 크다. → b에 가까움　→ a에 가까움

㉢. <del>크다</del>는 ㉡에 해당한다. → 작다

---

① ㄱ　　② ㄷ　　✔③ ㄱ, ㄴ　　④ ㄴ, ㄷ　　⑤ ㄱ, ㄴ, ㄷ

|자|료|해|설|

2월의 수온은 표면에서 깊이 30m까지 거의 일정하고 더 깊어지면 낮아진다. 염분은 표면에서 깊이 30m까지 일정하고 더 깊어지면 감소한다. 표층에서부터 수온이 일정한 층을 혼합층이라고 하며, 바람이 많이 불수록 해수의 혼합이 잘 일어나 혼합층이 두꺼워진다.

8월의 수온은 깊이가 깊어질수록 낮아진다. 염분은 표면에서 가장 작고 깊이 30m까지 증가하다가 더 깊어지면 감소한다. 8월에는 혼합층의 두께가 얇고, 표층에서의 염분이 가장 낮은 것으로 보아 강수량이 많은 때임을 짐작할 수 있다.

수온－염분도에서 밀도는 오른쪽 아래로 갈수록 크다. 따라서 수온이 낮을수록, 염분이 높을수록 밀도는 크다.

|보|기|풀|이|

㉠. 정답 : 혼합층은 표층에서부터 수온이 일정한 깊이까지의 구간을 말한다. 2월에 혼합층은 깊이 약 30m까지 존재하고, 8월에는 깊이 10m도 되지 않으므로 혼합층의 두께는 2월이 8월보다 두껍다(㉠).

㉡. 정답 : 2월에 깊이 75m에서의 수온과 염분은 각각 5.8℃, 34.0psu이므로 밀도는 b에 가깝다. 8월에 깊이 50m에서의 수온과 염분은 각각 8.9℃, 34.2psu이므로 밀도는 a에 가깝다. a에서 b쪽으로 갈수록 밀도는 커지므로 해수의 밀도는 2월의 75m 깊이에서가 8월의 50m 깊이에서보다 크다.

ㄷ. 오답 : 깊이 0~100m에서의 밀도 변화량은 8월이 2월보다 크므로, 깊이 0~100m에서의 평균 밀도 변화율은 2월이 8월보다 작다(㉡).

다음은 담수의 유입과 해수의 결빙이 해수의 염분에 미치는 영향을 알아보기 위한 실험이다.

[실험 과정]

(가) 수온이 15℃, 염분이 35psu인 소금물 600g을 만든다.

(나) (가)의 소금물을 비커 A와 B에 각각 300g씩 나눠 담는다. → 염분 감소

(다) A의 소금물에 수온이 15℃인 증류수 50g을 섞는다.

(라) B의 소금물을 표층이 얼 때까지 천천히 냉각 시킨다. → 염분 증가

(마) A와 B에 있는 소금물의 염분을 측정하여 기록한다.

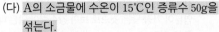
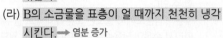

[실험 결과]

비커	A	B
염분(psu)	(㉠)	(㉡)

→ ㉠ < 35 < ㉡

[결과 해석]

○ 담수의 유입이 있는 해역에서는 해수의 염분이 감소한다.

○ 해수의 결빙이 있는 해역에서는 해수의 염분이 (㉢).
증가한다

이에 대한 설명으로 옳은 것만을 〈보기〉에서 있는 대로 고른 것은?

보기

ㄱ. (다)는 담수의 유입에 의한 해수의 염분 변화를 알아보기 위한 과정에 해당한다.

ㄴ. ㉠은 ㉡보다 크다. 작다.

ㄷ. '감소한다'는 ㉢에 해당한다.
증가

① ㄱ ② ㄴ ③ ㄷ ④ ㄱ, ㄴ ⑤ ㄱ, ㄷ

| 자 | 료 | 해 | 설 |

A의 소금물에 증류수를 섞으면 염분이 35psu보다 낮아진다. B의 소금물을 천천히 냉각시키면 소금물 중 물만 천천히 얼음으로 변하므로 소금물의 염분은 35psu보다 높아진다. 따라서 염분의 크기는 ㉠ < 35 < ㉡이다. 실험 결과를 해석하면 담수의 유입(A)이 있는 해역에서는 해수의 염분이 감소하고, 해수의 결빙(B)이 있는 해역에서는 해수의 염분이 증가한다(㉢).

| 보 | 기 | 풀 | 이 |

ㄱ. 정답 : 담수는 염분이 거의 없는 물을 말한다. (다)에서 소금물에 증류수를 섞었으므로 이는 담수의 유입에 의한 해수의 염분 변화를 알아보기 위한 과정에 해당한다.

ㄴ. 오답 : ㉠은 35보다 작고, ㉡은 35보다 크므로 ㉠은 ㉡보다 작다.

ㄷ. 오답 : 해수의 결빙이 있는 해역에서는 해수의 염분이 증가하므로 ㉢은 '증가한다'이다.

2. 대기와 해양의 상호 작용
01 대기 대순환과 해양의 표층 순환

기본자료

필수개념 1	대기 대순환

1. 대기 대순환

1) 지구의 위도별 열수지

① 지구는 복사 평형 상태

② 위도에 따른 에너지 불균형

적도 지방: 태양 복사 에너지 > 지구 복사 에너지

위도 $38°$ 부근: 태양 복사 에너지 = 지구 복사 에너지

극지방: 태양 복사 에너지 < 지구 복사 에너지

③ 위도에 따른 에너지의 불균형 → 에너지의 흐름(해류, 바람)이 발생 → 복사 평형 상태

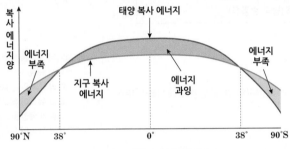

▲ 위도에 따른 복사 에너지 분포

2) 대기 대순환의 특징

① 대기 대순환: 지구 전체적인 규모로 발생하는 대기의 순환

② 발생 원인: 위도에 따른 에너지 불균형. 지구의 자전(전향력)

자전하지 않는 지구	자전하는 지구
• 북반구와 남반구에 각 1개의 순환 세포 형성 • 전향력이 작용하지 않음	• 북반구와 남반구에 각 3개의 순환 세포 형성 • 전향력이 작용함

③ 대기 대순환의 각 순환 세포

해들리 순환 (위도 0°~30°)	적도에서 가열된 공기가 상승한 후 고위도로 이동하다가 위도 30° 부근에서 하강하여 형성되는 순환 세포 → 직접 순환, 지상에 무역풍 형성
페렐 순환 (위도 30°~60°)	위도 30°에서 하강한 공기의 일부가 고위도로 이동하여 위도 60°에서 상승하면서 형성되는 순환 세포 → 간접 순환, 지상에 편서풍 형성
극 순환 (위도 60°~90°)	극 지역의 상공에서 냉각된 공기가 하강하여 저위도 방향으로 이동하다가 위도 60°에서 상승하여 형성되는 순환 세포 → 직접 순환, 지상에 극동풍 형성

▶ 지구가 자전하지 않을 때의 대기 대순환

• 적도에서 가열된 공기가 상승하여 북극과 남극으로 각각 이동한다.

• 북극과 남극에서 각각 냉각된 공기가 하강하여 지표를 따라 적도로 이동한다.

• 북반구 지상에는 북풍이 불고, 남반구 지상에는 남풍이 분다.

▶ 직접 순환과 간접 순환

• 직접 순환: 고온에서 상승하여 저온에서 하강하는 열대류의 원리로 발생하는 순환
→ 해들리 순환, 극순환

• 간접 순환: 두 직접 순환 사이에서 만들어지는 순환 → 페렐 순환

필수개념 2 해수의 표층 순환

기본자료

1. 해수의 표층 순환

1) 표층 순환: 해수의 표층에서 일어나는 순환

2) 표층 순환의 발생 원인: 대기 대순환(동서 방향 해류), 대륙의 분포(남북 방향 해류), 지구의 자전
→ 모든 해류가 연결되어 표층 해류는 대양 내에서 원형으로 도는 커다란 표층 순환 형성

▶ 지구 자전의 영향
지구 자전의 영향으로 북반구에서는
표층 해류가 시계 방향으로,
남반구에서는 반시계 방향으로 흐른다.

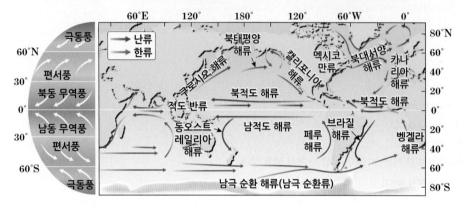

2. 표층 순환

1) 위도별 표층 순환: 열대 순환, 아열대 순환, 아한대 순환

2) 특징: 아열대 순환이 가장 크고 뚜렷. 적도를 경계로 남반구와 북반구의 표층 순환이 대칭적인 모습

3) 역할: 위도별 열수지의 불균형을 해소. 주변 기후에 영향.

3. 난류와 한류

구분	이동 방향	수온	염분	용존 산소량	영양 염류	예
난류	저위도 → 고위도	높음	높음	적음	적음	쿠로시오 해류, 멕시코 만류
한류	고위도 → 저위도	낮음	낮음	많음	많음	캘리포니아 해류, 카나리아 해류

▶ 대양의 서안을 흐르는 해류와 동안을
흐르는 해류
• 대양의 서안을 흐르는 해류는 폭이
좁고 유속이 빠르다.
• 대양의 동안을 흐르는 해류는 폭이
넓고 유속이 느리다.

▶ 아열대 순환의 방향
• 북태평양: 북적도 해류 →
쿠로시오 해류 → 북태평양 해류 →
캘리포니아 해류(시계 방향)
• 북대서양: 북적도 해류 →
멕시코만류 → 북대서양 해류 →
카나리아 해류(시계 방향)
• 남태평양: 남적도 해류 →
동오스트레일리아 해류 → 남극 순환
해류 → 페루 해류(시계 반대 방향)

그림은 북반구의 대기 대순환과 표층 해류의 순환을 나타낸 것이다.

이에 대한 옳은 설명만을 〈보기〉에서 있는 대로 고른 것은? 3점

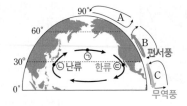

보기

ㄱ. 대기 대순환의 수직 규모는 A가 C보다 크다. ~~작다~~

ㄴ. ㉠ 해역의 해류는 B의 지표 부근 바람에 의해 형성된다.

ㄷ. 해수의 용존 산소량은 ㉡ 해역이 ㉢ 해역보다 많다. ~~적다~~
온도가 낮을수록 높다　　　　난류　　　한류

① ㄱ　　② ㄴ　　③ ㄱ, ㄷ　　④ ㄴ, ㄷ　　⑤ ㄱ, ㄴ, ㄷ

|자|료|해|설|

A, B, C는 지구의 대기 대순환을 이루는 3개의 순환 세포이며, A는 극 순환, B는 페렐 순환, C는 해들리 순환이다. ㉠, ㉡, ㉢ 해역에는 북적도 해류와 함께 북태평양의 아열대 순환을 이루는 해류가 흐르고 있으며, 이 해류는 각각 북태평양 해류, 쿠로시오 해류, 캘리포니아 해류이다.

|보|기|풀|이|

ㄱ. 오답 : 대기 대순환의 수직 규모는 적도 부근에서 가열된 공기가 상승하며 만들어진 해들리 순환(C)이 극지방의 차가운 공기가 하강하여 만들어진 극 순환(A)보다 크다.

㉡. 정답 : ㉠ 해역에 흐르는 해류는 북태평양 해류이며 편서풍에 의해 형성된다. 편서풍은 B인 페렐 순환의 지표 부근에서 부는 바람으로, 저위도에서 고위도로 부는 서풍이다.

ㄷ. 오답 : 해수의 용존 산소량은 수온이 낮을수록 높아진다. ㉡ 해역에는 난류가 흐르고 있고 ㉢ 해역에는 한류가 흐르고 있으므로, 용존 산소량은 난류가 흐르고 있는 ㉡ 해역보다 한류가 흐르고 있는 ㉢ 해역에서 높다.

🐨 **문제풀이 T I P** | 대기 대순환의 수직 규모는 평균 온도가 높은 해들리 순환(C)이 평균 온도가 낮은 극 순환(A)보다 높다. 무역풍, 편서풍, 극동풍은 각각 해들리 순환, 페렐 순환, 극 순환의 지표 부근에서 부는 바람이며, 표층 해류의 형성에 영향을 미친다.

😀 **출제분석** | 대기 대순환과 표층 해류의 형성과 관련된 문항은 출제 빈도가 매우 높은 편이지만, 문항의 난이도는 대체로 낮으며, 문항의 형태도 대부분 비슷하다. 쉬운 문항일수록 실수하지 않도록 신경을 써야 한다.

그림은 우리나라 동해와 그 주변의 표층 해류 분포를 나타낸 것이다.

해류 A, B, C에 대한 설명으로 옳은 것만을 〈보기〉에서 있는 대로 고른 것은? 3점

수온과 염분이 낮고,
용존 산소량과 영양 염류가 많음

수온과 염분이 높고
용존 산소량과 영양 염류가 적음

보기

㉠. A는 북태평양 아열대 표층 순환의 일부이다.

㉡. B는 겨울에 주변 대기로 열을 공급한다.

ㄷ. 용존 산소량은 C가 B보다 적다. ~~많다~~

① ㄱ　　② ㄷ　　③ ㄱ, ㄴ　　④ ㄴ, ㄷ　　⑤ ㄱ, ㄴ, ㄷ

|자|료|해|설|

그림은 우리나라 동해 주변의 해류를 나타낸 것으로 A와 B는 저위도에서 고위도로 흐르는 난류이고, C는 고위도에서 저위도로 흐르는 한류이다. A는 쿠로시오 해류, B는 동한 난류, C는 북한 한류이다.

|보|기|풀|이|

㉠. 정답 : A는 북적도 해류가 대륙을 만나 저위도에서 고위도로 흐르는 쿠로시오 해류이다. 북태평양 아열대 표층 순환은 북적도 해류 → 쿠로시오 해류 → 북태평양 해류 → 캘리포니아 해류의 순환을 의미한다.

㉡. 정답 : B는 동한 난류로 쿠로시오 해류의 일부가 동해안으로 유입되어 흐르는 해류다. 따라서 난류인 B는 겨울에 주변 대기로 열을 공급하는 역할을 한다.

ㄷ. 오답 : 용존 산소량은 난류보다 한류에서 많다. 따라서 용존 산소량은 한류인 C가 난류인 B보다 많다.

🐨 **문제풀이 T I P** | 한류는 수온과 염분은 낮고 용존 산소량과 영양 염류는 많다. 반면, 난류는 수온과 염분은 높고 용존 산소량과 영양 염류는 적다. 쿠로시오 해류는 북태평양의 아열대 표층 순환의 일부임을 이해하고 있어야 한다.

😀 **출제분석** | 우리나라 주변의 해류의 특징에 대해 물어보고 있다. 해류의 이동 방향을 통해 난류인지 한류인지를 판단하고, 난류 및 한류의 특징과 대응시킨다면 어렵지 않게 풀 수 있는 문항이다.

Ⅱ
2
Ｉ
01
대기 대순환과 해양의 표층 순환

그림은 우리나라 주변의 해류를 나타낸 것이다. A, B, C는 각각 동한 난류, 북한 한류, 쿠로시오 해류 중 하나이다.
이에 대한 설명으로 옳은 것만을 〈보기〉에서 있는 대로 고른 것은?

저위도 → 고위도 →

서안 경계류(유속, 유량↑)

고위도 → 저위도 →

보기

→ 한류+난류 → 좋은 어장!

ㄱ. A는 북한 한류이다.
ㄴ. 동해에서는 A와 B가 만나 조경 수역이 형성된다.
ㄷ. C는 북태평양 아열대 순환의 일부이다.

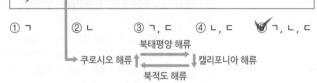

① ㄱ   ② ㄴ   ③ ㄱ, ㄷ   ④ ㄴ, ㄷ   ⑤ ㄱ, ㄴ, ㄷ

| 자 | 료 | 해 | 설 |

난류는 저위도에서 고위도로 이동하는 해류이고, 한류는 고위도에서 저위도로 이동하는 해류이다. 따라서 고위도에서 저위도로 이동하는 A는 북한 한류, 저위도에서 고위도로 이동하는 B는 동한 난류이다. A와 B가 만나는 곳, 한류와 난류가 만나는 곳에서는 좋은 어장인 조경 수역이 만들어진다. 조경 수역은 여름에는 북상, 겨울에는 남하한다.

C는 유속이 빠르고 유량이 많은 서안 경계류로, 쿠로시오 해류이다.

| 보 | 기 | 풀 | 이 |

ㄱ. 정답 : A는 고위도에서 저위도로 이동하는 해류이므로, 북한 한류이다.

ㄴ. 정답 : 동해에서는 한류인 A와 난류인 B가 만나 조경 수역이 형성된다.

ㄷ. 정답 : 쿠로시오 해류인 C는 북태평양 아열대 순환의 일부이다. 북태평양 아열대 순환은 쿠로시오 해류 → 북태평양 해류 → 캘리포니아 해류 → 북적도 해류이다.

😮 **문제풀이 T I P** | 북태평양 아열대 순환: 북적도 해류 → 쿠로시오 해류(난류) → 북태평양 해류 → 캘리포니아 해류(한류).
조경 수역: 한류와 난류가 만나서 좋은 어장을 형성하는 곳. 여름에는 북상하고 겨울에는 남하.

😀 **출제분석** | 해수의 표층 순환 중에는 아열대 순환이 가장 많이 출제된다. 대기 대순환이나 해수의 성질과 함께 출제되는 경우도 많으며, 북반구만이 아니라 남반구(남태평양)이 출제되는 경우가 종종 있어서 북반구만 살펴보면 안 된다. 비교적 지엽적으로 출제될 때는 이 문제처럼 우리나라 주변 해류 분포가 나온다.

그림 (가)는 태평양의 해역 A, B, C를, (나)는 이 세 해역에서 관측한 수온과 염분을 수온-염분도에 ㉠, ㉡, ㉢으로 순서 없이 나타낸 것이다.

저위도일수록 수온↑
→ 난류 수온>한류 수온

밀도: ㉢>㉡>㉠
⇒ B>A>C

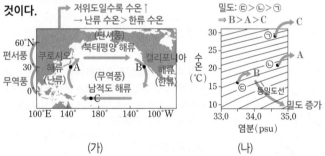

(가)   (나)

이에 대한 설명으로 옳은 것만을 〈보기〉에서 있는 대로 고른 것은?

보기 → 중위도인데 난류

ㄱ. A의 관측값은 ㉡이다.
ㄴ. A, B, C 중 해수의 밀도가 가장 큰 해역은 B이다. → 염분에 비례, 수온에 반비례(수온의 영향이 큼)
ㄷ. C에 흐르는 해류는 무역풍에 의해 형성된다. → 남적도 해류

① ㄱ   ② ㄷ   ③ ㄱ, ㄴ   ④ ㄴ, ㄷ   ⑤ ㄱ, ㄴ, ㄷ

| 자 | 료 | 해 | 설 |

0°에서 30° 사이에는 무역풍이 불고, 30°에서 60° 사이에는 편서풍이 분다.

저위도일수록 해수의 수온이 높고, 같은 위도인 경우 난류의 수온이 한류의 수온보다 높다.

A에 흐르는 해류는 난류인 쿠로시오 해류, B에 흐르는 해류는 한류인 캘리포니아 해류, C에 흐르는 해류는 무역풍에 의해 발생한 남적도 해류이다. 따라서 가장 저위도에서 흐르는 C가 수온이 가장 높은 ㉠이고, 같은 위도에서 흐르는 A와 B 중 난류인 A가 수온이 더 높은 ㉡, 한류인 B는 수온이 가장 낮은 ㉢이다.

해수의 밀도는 수온이 낮을수록, 염분이 높을수록 높아진다. (나)에서 제시된 수온-염분도에서 등밀도선은 오른쪽 아래로 갈수록 큰 밀도를 나타낸다. 즉, 밀도가 ㉢>㉡>㉠이므로, B>A>C이다.

| 보 | 기 | 풀 | 이 |

ㄱ. 정답 : A는 중위도이지만 난류이므로, 수온이 두 번째로 높은 ㉡이다.

ㄴ. 정답 : 해수의 밀도가 가장 큰 해역은 수온이 가장 낮은 B이다.

ㄷ. 정답 : C에 흐르는 남적도 해류는 무역풍에 의해 형성된다.

😮 **문제풀이 T I P** | 제시된 자료는 대표적인 아열대 순환이다. 북태평양에서 아열대 순환을 구성하는 북적도 해류, 쿠로시오 해류(난류), 북태평양 해류, 캘리포니아 해류(한류)는 꼭 알아두어야 한다. 저위도일수록 수온이 높고, 같은 위도의 경우 난류가 한류보다 수온이 더 높다.

😀 **출제분석** | (가) 자료는 해수의 표층 순환을, (나) 자료는 해수의 성질을 묻고 있다. 해수의 표층 순환과 성질은 매년 출제될 정도로 출제 빈도가 높은 개념이다. 대부분 이 자료처럼 북태평양을 묻는 경우가 많다. 수능인 만큼, 두 개의 개념을 복합적으로 다룬 것이 특징이다. 그러나 보기가 어렵지 않은 수준이라 쉽게 정답을 찾을 수 있다.

다음은 동한 난류, 북한 한류, 대마 난류의 특징을 순서 없이 정리한 것이다.

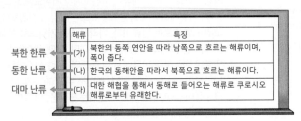

해류	특징
북한 한류 ← (가)	북한의 동쪽 연안을 따라 남쪽으로 흐르는 해류이며, 폭이 좁다.
동한 난류 ← (나)	한국의 동해안을 따라서 북쪽으로 흐르는 해류이다.
대마 난류 ← (다)	대한 해협을 통해서 동해로 들어오는 해류로 쿠로시오 해류로부터 유래한다.

이에 대한 설명으로 옳은 것만을 〈보기〉에서 있는 대로 고른 것은?

보기

ㄱ. (가)와 (나)가 만나는 해역에는 조경 수역이 나타난다.

ㄴ. (나)는 겨울철보다 여름철에 강하게 나타난다.

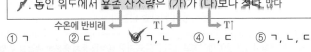

ㄷ. 동일 위도에서 용존 산소량은 (가)가 (다)보다 <s>적다.</s> 많다
    수온에 반비례 ←   T↓   T↑

① ㄱ   ② ㄷ   ③ ㄱ, ㄴ   ④ ㄴ, ㄷ   ⑤ ㄱ, ㄴ, ㄷ

|자|료|해|설|

(가)는 북한 한류, (나)는 동한 난류, (다)는 대마 난류 (쓰시마 난류)이다. 대마 난류는 제주도 남동쪽에서 남해를 거쳐 대한 해협을 통과한 후 동해로 흘러 들어가고 동한 난류의 경우 대한 해협에서 대마 난류로부터 갈라져 나와 동해안을 따라 북상한다. 동해에서 북한 한류와 만나 조경 수역을 형성한 후 동쪽으로 이동하여 대마 난류와 다시 합류한다. 난류는 수온과 염분이 높고, 영양 염류와 용존 산소량이 적어 플랑크톤이 적은 반면 한류는 수온과 염분이 낮고, 영양 염류와 용존 산소량이 많아 플랑크톤이 많다.

|보|기|풀|이|

ㄱ. 정답 : (가)는 북한 한류, (나)는 동한 난류이므로 두 해류가 만나는 해역에서 조경 수역이 나타난다.

ㄴ. 정답 : 남쪽에서 북상하는 동한 난류는 겨울철보다 여름철에 강하게 나타난다.

ㄷ. 오답 : 용존 산소량은 수온에 반비례하기 때문에 수온이 낮은 북한 한류인 (가)가 대마 난류인 (다)보다 용존 산소량이 많다.

😃 **문제풀이 T I P** | [난류와 한류의 특징]

	수온	염분	영양 염류	용존 산소량	플랑크톤
난류	↑	↑	↓	↓	↓
한류	↓	↓	↑	↑	↑

😃 **출제분석** | 우리나라 주변의 해류의 특징을 나타난 것으로 어렵지 않게 풀 수 있는 낮은 난이도의 문제이다. 저위도에서 올라오는 해류의 경우 온도가 높고 고위도에서 내려오는 해류의 경우 온도가 낮다는 것을 기억하고 해류의 특징을 구분하면 쉽게 접근할 수 있다.

그림은 경도 150°E의 해수면 부근에서 측정한 연평균 풍속의 남북 방향 성분 분포와 동서 방향 성분 분포를 위도에 따라 나타낸 것이다.

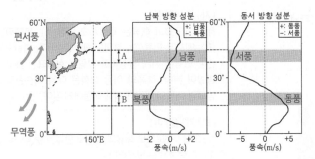

이에 대한 설명으로 옳은 것만을 〈보기〉에서 있는 대로 고른 것은?

3점

보기

       남서풍
ㄱ. A 구간의 해수면 부근에는 <s>북서풍</s>이 우세하다.

ㄴ. B 구간의 해역에 흐르는 해류는 해들리 순환의 영향을 받는다.

ㄷ. 표층 수온은 A 구간의 해역보다 B 구간의 해역에서 높다.

① ㄱ   ② ㄷ   ③ ㄱ, ㄴ   ④ ㄴ, ㄷ   ⑤ ㄱ, ㄴ, ㄷ

|자|료|해|설|

A는 남풍＋서풍 계열의 바람이 부는 편서풍대에 있고, B는 북풍＋동풍 계열의 바람이 부는 무역풍대에 있다. 위도 0°～30°에는 해들리 순환, 30°～60°에는 페렐 순환, 60°～극지방에는 극순환이 있어 대기 대순환이 이루어진다. 대기 대순환은 해양에도 영향을 미쳐 해류의 순환이 발생한다. 해류는 저위도의 과잉 에너지를 고위도로 이동시켜 저위도와 고위도의 에너지 불균형을 해소한다.

|보|기|풀|이|

ㄱ. 오답 : A 구간에는 북풍보다 남풍이 불어 남서풍이 우세하다.

ㄴ. 정답 : B 구간은 위도 0°～30° 사이에 위치하므로 B 구간의 해역에 흐르는 해류는 해들리 순환의 영향을 받는다.

ㄷ. 정답 : 표층 수온은 고위도에서 저위도로 갈수록 높아지므로 중위도에 위치한 A 구간의 해역보다 저위도에 위치한 B 구간의 해역에서 높다.

그림은 북극 상공에서 바라본 주요 표층 해류의 방향을 나타낸 것이다.

해역 A~D에 대한 옳은 설명만을 〈보기〉에서 있는 대로 고른 것은?

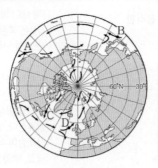

| 자 | 료 | 해 | 설 |

그림은 북극 상공에서 바라본 것이므로 중앙에서 가장자리로 흐르는 해류가 고위도에서 저위도로 흐르는 한류, 가장자리에서 중앙으로 흐르는 해류가 저위도에서 고위도로 흐르는 난류이다. 따라서 A는 저위도로 향하는 한류, B는 고위도로 향하는 난류이다. 이때 해수의 표층 염분은 한류보다 난류에서 더 높으며, 용존 산소량은 난류보다 한류에서 더 많다. 북반구 위도 60°~90°에는 극동풍이 불고, 위도 30°~60°에는 편서풍, 위도 0°~30°에는 북동 무역풍이 불고 있다.

| 보 | 기 | 풀 | 이 |

ㄱ. 정답 : 표층 염분은 한류인 A에서가 난류인 B에서보다 낮다.

ㄴ. 오답 : 표층 수온이 C<D이므로 표층 해수의 용존 산소량은 C에서가 D에서보다 많다.

ㄷ. 오답 : D 해역은 위도 30°~60° 사이에 위치하므로 편서풍의 영향을 받는다.

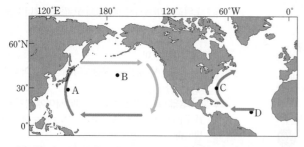

보기

　　　　한류　　　　　　　난류
ㄱ. 표층 염분은 A에서가 B에서보다 낮다.
　　　　　　한류　　　　난류
ㄴ. 표층 해수의 용존 산소량은 C에서가 D에서보다 ~~적다~~ 많다.
ㄷ. D에는 주로 ~~극동풍~~ 편서풍 에 의해 형성된 해류가 흐른다.

✓① ㄱ   ② ㄴ   ③ ㄷ   ④ ㄱ, ㄴ   ⑤ ㄴ, ㄷ

😮 **문제풀이 TIP** | 표층 해류의 이름과 특징을 모두 외우고 있어야 한다는 부담감을 가지기 쉬운 유형이지만 굳이 암기하고 있지 않아도 자료 해석을 통해 충분히 해결할 수 있는 문항이었다. 자료에서 제시하는 기준점을 먼저 파악하고 한류와 난류를 구분하는 것이 중요하다.

😀 **출제분석** | 해수의 표층 순환에 대한 문제는 매년 출제될 가능성이 높다. 특히 대기 대순환과 연관 지어 묻는 경우가 많으며, 자료의 다양성이 커서 의외로 까다로울 수 있는 유형이다. 학생들에게 친숙한 적도를 기준으로 한 해류도가 아닌, 본 문제와 같이 북극 혹은 남극 등을 기준으로 한 해류도가 제시되면 문제의 난이도가 상승한다.

그림은 북반구 아열대 순환의 해류가 흐르는 해역 A~D를 나타낸 것이다.

이에 대한 설명으로 옳은 것만을 〈보기〉에서 있는 대로 고른 것은?

보기

　　　　　　　　　난류
ㄱ. A에는 난류, C에는 ~~한류~~ 가 흐른다.
ㄴ. B에 흐르는 해류는 북태평양 해류이다.
ㄷ. D에는 무역풍에 의해 형성된 해류가 흐른다.

① ㄱ   ② ㄴ   ③ ㄷ   ④ ㄱ, ㄴ   ✓⑤ ㄴ, ㄷ

| 자 | 료 | 해 | 설 |

해역 A~D의 해류는 쿠로시오 해류(A), 북태평양 해류(B), 멕시코 만류(C), 북적도 해류(D)이다. 북반구 해류의 순환 방향은 시계 방향이고 그림의 화살표는 해류의 이동 방향이 된다. 해류의 이동 방향은 대기 대순환의 영향을 받으며 대륙의 위치에 의해 이동하게 된다.

| 보 | 기 | 풀 | 이 |

ㄱ. 오답 : 쿠로시오 해류와 멕시코 만류는 둘 다 저위도에서 고위도로 흐르는 난류이다.

ㄴ. 정답 : B 해역 주변에서 흐르는 해류의 이름은 북태평양 해류이다.

ㄷ. 정답 : D 해역은 위도가 0°~30°N 사이인 무역풍대 해역이므로 무역풍의 영향을 받게 된다.

😮 **문제풀이 TIP** | 북반구 표층 해류의 순환 방향과 대표 해류의 특징을 잘 암기하고 있다면 어렵지 않게 풀 수 있는 문제이다. 각각의 대표 해류의 수온에 따른 특징을 잘 기억하고 있어야 한다.

😀 **출제분석** | 표층 해류 관련 문제로 상당히 쉽게 나온 문제이며 각각의 대표 해류의 수온과 용존 산소량, 염분, 영양 염류 등의 상관 관계를 물어보는 문제가 주로 출제되어 왔음을 꼭 기억하자.

그림 (가)와 (나)는 북태평양 어느 해역에서 서로 다른 두 시기 해수면 위에서의 바람을 나타낸 것이다. 화살표의 방향과 길이는 각각 풍향과 풍속을 나타낸다.

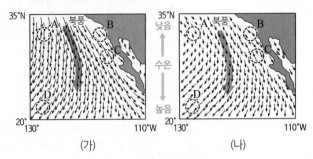

(가) (나)

이에 대한 설명으로 옳은 것만을 〈보기〉에서 있는 대로 고른 것은?

보기

ㄱ. C 해역에서 표층 해류는 남쪽 방향으로 흐른다.
ㄴ. B 해역에는 ~~쿠로시오~~ 캘리포니아 해류가 흐른다.
ㄷ. 수온만을 고려할 때, (나)에서 표층 해수의 용존 산소량은 D 해역에서가 A 해역에서보다 ~~많다~~ 적다

① ✔ ㄱ ② ㄴ ③ ㄱ, ㄷ ④ ㄴ, ㄷ ⑤ ㄱ, ㄴ, ㄷ

|자|료|해|설|

A~D 해역은 (나) 시기보다 (가) 시기에 풍속이 빠르다. 그리고 두 시기 모두 북풍 계열 바람이 분다. 이 해역에서 해류는 바람의 영향을 받아 중위도에서 저위도 방향으로 흐른다. (가)와 (나)는 북태평양 해역의 자료이고, 위도와 경도 값으로 미루어 보아 이 해역에서 흐르는 해류는 한류인 캘리포니아 해류이다.

|보|기|풀|이|

ㄱ. 정답 : C에서 표층 해류는 북풍 계열 바람의 영향을 받아 남쪽 방향으로 흐른다.

ㄴ. 오답 : B 해역에는 북태평양의 중위도에서 저위도 방향으로 흐르는 해류가 있다. 쿠로시오 해류는 북태평양의 서안에 위치하고 저위도에서 중위도 방향으로 흐르는 해류이므로, B 해역에는 쿠로시오 해류가 흐르지 않는다.

ㄷ. 오답 : 수온이 낮을수록 표층 해수의 용존 산소량은 많다. 고위도에서 저위도로 갈수록 태양 복사 에너지를 많이 받으므로 표층 수온은 위도가 낮을수록 높다. D 해역은 A 해역보다 위도가 낮으므로 표층 수온이 높고, 표층 해수의 용존 산소량은 적다.

그림 (가)와 (나)는 서로 다른 계절에 관측된 우리나라 주변 표층 해류의 평균 속력과 이동 방향을 나타낸 것이다.

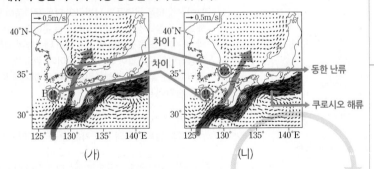

(가) (나)

북태평양 아열대 순환

이 자료에 대한 설명으로 옳은 것만을 〈보기〉에서 있는 대로 고른 것은?

보기

ㄱ. (가)와 (나)의 평균 속력 차는 해역 A보다 B에서 ~~크다~~. 작다
ㄴ. 동한 난류의 평균 속력은 (나)보다 (가)가 빠르다.
ㄷ. 해역 C에 흐르는 해류는 북태평양 아열대 순환의 일부이다.

① ㄱ ② ㄴ ③ ㄷ ④ ㄱ, ㄴ ⑤ ✔ ㄴ, ㄷ

|자|료|해|설|

우리나라 주변 난류에는 쿠로시오 해류, 황해 난류, 쓰시마 난류, 동한 난류가 있고, 한류로는 연해주 한류, 북한 한류 등이 있다. 쿠로시오 해류는 북태평양 아열대 순환의 일부이다. 북태평양 아열대 순환은 북적도 해류, 쿠로시오 해류, 북태평양 해류, 캘리포니아 해류로 이루어져 있다.

|보|기|풀|이|

ㄱ. 오답 : 그림을 보면 (가)와 (나)의 평균 속력 차는 해역 A보다 B에서 작다.

ㄴ. 정답 : 동한 난류는 우리나라 동해안을 따라 북상하는 해류이다. 그림을 보면 동한 난류의 평균 속력은 (나)보다 (가)가 길고 굵게 표시되어 있으므로 더 빠르다.

ㄷ. 정답 : 해역 C에 흐르는 해류는 쿠로시오 해류로, 북태평양 아열대 순환의 일부이다.

😀 **문제풀이 T I P** | 우리나라 주변의 표층 해류 분포를 알면 그래프 해석으로 간단히 해결할 수 있는 문제이다. 해류의 흐름 위치를 기억하자.

😀 **출제분석** | 해류의 유속분포 그림이 빈출은 아니지만 그래프 해석으로 쉽게 풀 수 있는 문제이고, 그림은 2021학년도 EBS 교재에 수록되었다.

그림은 1월과 7월의 지표 부근의 평년 풍향 분포 중 하나를 나타낸 것이다.

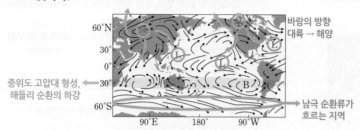

이 자료에 대한 설명으로 옳은 것만을 〈보기〉에서 있는 대로 고른 것은?

보기 →대륙에 고기압
ㄱ. 1월의 평년 풍향 분포에 해당한다.
ㄴ. 지역 A의 표층 해류의 방향과 북태평양 해류의 방향은 ~~반대이다.~~ 같다
ㄷ. 지역 B의 고기압은 해들리 순환의 하강으로 생성된다.

→중위도 고압대

① ㄱ   ② ㄴ   ③ ㄷ   ④ ㄱ, ㄴ   ✓⑤ ㄱ, ㄷ

😮 **문제풀이 TIP** | 바람은 고기압에서 저기압으로 분다. 편서풍은 위도 30°~60° 지역에서 서에서 동으로 분다.

😊 **출제분석** | 바람과 해류의 관계는 가끔 출제된다. 계절과 위도에 따른 바람의 방향에 관한 내용과 함께 물어보는 문항이지만 높은 난도는 아니다. 자료가 다소 낯설 수 있으니 바람과 해수의 흐름을 표현한 그림을 자주 접하는 것이 좋다.

|자|료|해|설|
평년 풍향 분포는 북반구에서는 대륙에서 해양으로, 남반구에서는 해양에서 대륙을 향해 불고 있다. 대륙에 고기압이 분포하면 바람은 대륙에서 해양을 향해 불기 때문에 현재 북반구 대륙에는 고기압이, 남반구 대륙에는 저기압이 형성되어 있음을 알고 있다. 북반구 대륙에 고기압이 발달하는 시기는 겨울로 이 자료는 1월의 평년 풍향 분포이다.
지역 A는 위도 30°~60° 사이에 있어 편서풍의 영향을 받아 바람이 서에서 동으로 불고 있다. 지역 A의 표층 해류는 서에서 동으로 이동하는 남극 순환류이다. 지역 B는 위도 30° 부근에 있어 해들리 순환의 하강으로 인해 형성된 고기압의 영향을 받는다. 위도 30° 부근에는 중위도 고압대가 형성된다.

|보|기|풀|이|
ㄱ. 정답 : 북반구에서 바람이 대륙에서 해양으로 불기 때문에 대륙에 고기압이 형성되어 있음을 알 수 있다. 따라서 자료는 대륙에 고기압이 형성되는 1월의 평년 풍향 분포이다.
ㄴ. 오답 : 지역 A에 흐르는 표층 해수는 남극 순환류로서 서에서 동으로 흐른다. 북태평양 해류는 편서풍의 영향으로 북태평양의 서쪽에서 동쪽으로 흐르는 해류이다. 따라서 지역 A의 표층 해류의 방향과 북태평양 해류의 방향은 같다.
ㄷ. 정답 : 지역 B는 위도 30° 부근에 있어 해들리 순환의 영향을 받는다. 위도 30° 부근은 해들리 순환이 하강하는 지역으로 고기압이 형성된다.

그림은 대기 대순환에 의해 지표 부근에서 부는 동서 방향 바람의 연평균 풍속을 위도에 따라 나타낸 것이다.

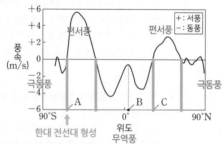

이 자료에 대한 설명으로 옳은 것만을 〈보기〉에서 있는 대로 고른 것은?

보기
ㄱ. 남북 방향의 온도 차는 A가 C보다 ~~작다.~~ 크다
ㄴ. B에서는 해들리 순환의 상승 기류가 나타난다.
ㄷ. C에 생성되는 고기압은 ~~지표면 냉각~~에 의한 것이다.
                     상층 공기의 하강
아열대 고기압
① ㄱ   ✓②ㄴ   ③ ㄷ   ④ ㄱ, ㄴ   ⑤ ㄴ, ㄷ

|자|료|해|설|
A는 위도 약 60° 부근으로 찬 극동풍과 따뜻한 편서풍이 만나 한대 전선대가 형성되는 곳이다. B는 적도 부근으로 북반구의 북동 무역풍과 남반구의 남동 무역풍이 만나 해들리 순환의 상승 기류가 나타나는 곳이다. C는 위도 약 30° 부근으로 상층의 공기가 대기 대순환에 의해 하강하면서 고기압이 생성되는 곳이다. 위도 약 30°~60° 지역에서는 극 순환과 해들리 순환에 의한 기계적 순환인 간접 순환이 나타난다.

|보|기|풀|이|
ㄱ. 오답 : 남북 방향의 온도 차는 찬 공기와 따뜻한 공기가 만나 전선을 형성하는 A가 C보다 크다.
ㄴ. 정답 : B는 적도 부근으로 해들리 순환의 상승 기류가 나타난다.
ㄷ. 오답 : C에서 생성되는 고기압은 아열대 고기압으로, 상층 공기의 하강에 의한 것이다.

😮 **문제풀이 TIP** | 대기 대순환의 큰 세 가지 순환의 특징을 확실히 알아야 풀 수 있는 문제이다. 순환의 기준이 되는 적도, 위도 30°, 60° 지역에서 어떤 기압대가 형성되는지 확실히 암기해두자.

😊 **출제분석** | 그래프 해석보다는 대기 대순환의 개념을 정확히 아는 것이 중요한 문제이다. 교과서에 나오는 기본 내용만을 묻고 있으므로 난도는 중에 해당한다.

그림은 북대서양 표층 해류와 동일 위도상의 해역 A, B를 나타낸 것이다.

이에 대한 설명으로 옳은 것만을 〈보기〉에서 있는 대로 고른 것은?

A. 고위도에서 저위도로 이동 (한류)

B. 저위도에서 고위도로 이동 (난류)

편서풍대

무역풍대

보기

→ 편서풍대
ㄱ. A에는 한류가 흐른다.
ㄴ. B는 무역풍대에 위치한다.
ㄷ. 영양 염류는 A기 D보다 많다. → 인류에서 풍부

① ㄱ   ② ㄴ   ✔③ ㄱ, ㄷ   ④ ㄴ, ㄷ   ⑤ ㄱ, ㄴ, ㄷ

|자|료|해|설|

그림은 대서양에서의 해류의 순환을 나타내고 있다. 표층 해류는 바람의 영향을 많이 받으므로 대기의 순환과 밀접한 관련이 있다. A는 고위도에서 저위도로 흐르는 해류로 한류를 의미하고, B는 저위도에서 고위도로 흐르는 해류로 난류를 의미한다. 영양 염류는 규산염, 인산염, 질산염 등으로 구성된 식물성 플랑크톤의 먹이가 되는 염류를 말하며 일반적으로 한류에서 풍부하다.

|보|기|풀|이|

ㄱ. 정답 : A 해류는 고위도에서 저위도로 흐르는 한류를 의미한다.

ㄴ. 오답 : B 지점은 북위 30°~60° 사이인 편서풍대에 위치한다. 따라서 B는 편서풍대에 위치한다.

ㄷ. 정답 : 영양 염류는 연안이나 중층수에 많이 분포하며 차가운 해류가 가라앉거나 차가운 물의 용승이 일어날 때 해류에 포함된다. 따라서 일반적으로는 한류가 난류보다 영양 염류가 풍부하다.

😮 **문제풀이 TIP** | A와 B는 아한대 순환의 일부를 나타낸 것으로 지구과학 I 과정에서 해당 해류의 명칭까지 알 필요는 없다. 해당 문제에서 요구하는 것은 해류의 흐름을 보고 한류와 난류를 구분할 수 있는지 묻는 것으로 이에 대한 이해만으로도 충분하다. 추가적으로 한류는 수온이 낮아 용존 산소량이 높고, 영양 염류가 많은 특징을, 난류는 수온이 높아 용존 산소량이 낮으며 한류에 비해 영양 염류가 적은 특징이 있다는 점을 꼭 기억하자.

😊 **출제분석** | 해류는 대기의 순환과 연관 지어 자주 출제된다. 해류의 명칭을 외우는 문제보다는 해류의 위치를 통해 어떤 바람의 영향을 받고 있는지 또는 한류인지 난류인지를 물어보는 문제가 자주 출제된다. 따라서 대기의 순환과 해류의 특징을 정리하고 문제에 적용하는 연습이 필요하다.

그림은 대서양의 표층 순환을 나타낸 것이다. A~D는 해류이다.

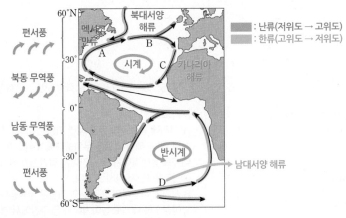

편서풍 / 북동 무역풍 / 남동 무역풍 / 편서풍

북대서양 해류 / 멕시코 만류 / A / 시계 / C / 카나리아 해류 / 반시계 / 남대서양 해류 / D

: 난류(저위도 → 고위도)
: 한류(고위도 → 저위도)

이에 대한 설명으로 옳은 것만을 〈보기〉에서 있는 대로 고른 것은?

보기

난류   한류
ㄱ. A는 한류, C는 난류이다.
ㄴ. B와 D는 편서풍의 영향을 받는다. → 위도 30°-60° 부근 → 편서풍대
ㄷ. 아열대 표층 순환의 분포는 북반구와 남반구가 적도를 경계로 대칭적이다.
시계 방향   반시계 방향

① ㄱ   ② ㄴ   ③ ㄱ, ㄷ   ✔④ ㄴ, ㄷ   ⑤ ㄱ, ㄴ, ㄷ

|자|료|해|설|

해류는 바다에서 일정한 속도와 방향을 갖는 해수의 흐름으로 대기의 순환과 함께 저위도의 남는 열을 고위도로 수송하는 역할을 한다. 따라서 저위도에서 고위도로 흐르는 해류의 경우 난류이고, 고위도에서 저위도로 흐르는 해류의 경우 한류이다. 표층 해류는 해수 표층에서 흐르는 해류이며, 대기 대순환에 의해 일정한 방향으로 부는 바람과 해수면의 마찰 때문에 발생한다. 적도에서 위도 30° 부근은 무역풍, 위도 30°~60° 부근은 편서풍, 위도 60°~극지방 부근은 극동풍의 영향을 받는다. 표층 해류는 육지로 가로막힌 대양 안에서 몇 개의 거대한 순환을 이루고 있으며, 적도를 경계로 북반구와 남반구가 대체로 대칭적인 분포를 보인다. 무역풍에 의한 적도 해류와 적도 반류로 이루어진 열대 순환, 무역풍대의 해류와 편서풍대의 해류로 이루어진 아열대 순환, 편서풍대의 해류와 극동풍에 의한 해류가 이루는 아한대 순환이 있다.

대서양의 표층 순환에는 멕시코 만류(A), 북대서양 해류(B), 카나리아 해류(C), 남대서양 해류(D) 등이 포함된다.

|보|기|풀|이|

ㄱ. 오답 : A는 저위도에서 고위도로 흐르며 열을 수송하는 역할을 하는 난류이고, C는 고위도에서 저위도로 흐르는 한류이다.

ㄴ. 정답 : B와 D는 위도 30°~60° 부근에서 흐르는 해류로 편서풍의 영향을 받는다.

ㄷ. 정답 : 아열대 표층 순환의 분포는 적도를 경계로 북반구에서는 시계방향, 남반구에서는 시계 반대 방향으로 대칭적이다.

😮 **문제풀이 TIP** | 해류를 공부할 때에는 세계 지도에서 각 해류의 명칭과 위치를 확실하게 암기해두어야 한다. 또한, 새 교육과정에서 심층 순환이 추가되었으므로 표층 순환과 심층 순환을 잘 구분해서 공부해두자.

😊 **출제분석** | 해류도 꼭 한 문제는 출제되는 중요한 요소이다. 위 문제의 경우 해류의 명칭을 몰라도 해류에 대한 기본 지식과 자료 분석만으로도 풀 수 있는 난도 '중'의 문제이다.

Ⅱ

2
01
대기 대순환과 해양의 표층 순환

그림은 대기 대순환에 의해 지표 부근에서 부는 바람 A, B, C와 북태평양의 주요 표층 해류 ㉠, ㉡, ㉢을 나타낸 것이다. 이에 대한 옳은 설명만을 〈보기〉에서 있는 대로 고른 것은? **3점**

보기

ㄱ. 페렐 순환에 의해 형성된 바람은 B이다.

ㄴ. ㉠은 난류, ㉡은 한류이다.

ㄷ. ㉢은 C에 의해 형성된 해류이다.

① ㄱ   ② ㄷ   ③ ㄱ, ㄴ   ④ ㄴ, ㄷ   ✓⑤ ㄱ, ㄴ, ㄷ

|자|료|해|설|

A는 위도 60°N~극 지방 사이에 형성된 극 순환에 의한 극동풍, B는 위도 30°N~60°N 사이에 형성된 페렐 순환에 의한 편서풍, C는 적도~30°N 사이에 형성된 해들리 순환에 의한 무역풍이다. ㉠은 저위도에서 고위도로 흐르는 난류인 쿠로시오 해류이며, ㉡은 고위도에서 저위도로 흐르는 한류인 캘리포니아 해류이다. ㉢은 동에서 서로 흐르는 북적도 해류이다.

|보|기|풀|이|

ㄱ. 정답 : 페렐 순환은 대기 대순환에 의해 위도 30°N~60°N 사이에 형성된 순환이며, 페렐 순환에 의해 지표 부근에서 부는 바람은 편서풍(B)이다.

ㄴ. 정답 : ㉠은 저위도에서 고위도로 흐르는 난류인 쿠로시오 해류이며, ㉡은 고위도에서 저위도로 흐르는 한류인 캘리포니아 해류이다.

ㄷ. 정답 : ㉢은 북적도 해류이다. 북적도 해류는 적도~30°N 사이에 형성된 해들리 순환의 지표 부근에서 부는 바람인 무역풍에 의해 형성되며 동에서 서로 흐른다.

🤔 **문제풀이 TIP |** 무역풍, 편서풍, 극동풍은 각각 대기 대순환의 세 개의 순환 세포인 해들리 순환, 페렐 순환, 극 순환의 지표 부근에서 부는 바람이다. 이 바람은 북태평양에서는 북적도 해류, 북태평양 해류를, 남태평양에서는 남적도 해류, 남극 순환류를 형성한다.

😀 **출제분석 |** 대기 대순환과 이를 통해 형성된 표층 해류를 묻는 문항은 출제 빈도가 매우 높은 편이지만 난도는 매우 낮으므로 대기 대순환, 전 세계 표층 해류의 분포, 난류와 한류, 해류의 특징 등을 개념 위주로 잘 학습하면 어렵지 않게 해결할 수 있다.

그림은 A와 B 시기에 관측한 북반구의 평균 해면 기압을 위도에 따라 나타낸 것이다.

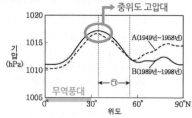

이 자료에 대한 옳은 설명만을 〈보기〉에서 있는 대로 고른 것은?

보기 → 0°~30°

ㄱ. 무역풍대에서는 위도가 높아질수록 평균 해면 기압이 대체로 높아진다.

→ 고기압에서 저기압으로 분다

ㄴ. ㉠ 구간의 지표 부근에서는 ~~북풍~~ 계열의 바람이 우세하다. (남풍)

ㄷ. 중위도 고압대의 평균 해면 기압은 A 시기가 B 시기보다 낮다.

① ㄱ   ② ㄴ   ③ ㄷ   ④ ㄱ, ㄴ   ✓⑤ ㄱ, ㄷ

|자|료|해|설|

A 시기에 북반구의 평균 해면 기압은 위도 0°에서 가장 낮다. 평균 해면 기압은 무역풍대에서 위도가 높아질수록 대체로 높아지다가 ㉠ 구간에서 점점 낮아진다. 이후 위도 60°를 지나면서 다시 오른다.

B 시기에 북반구의 평균 해면 기압은 무역풍대에서 위도가 높아질수록 대체로 높아지다가 ㉠ 구간에서 점점 낮아진다. 이때까지 B 시기의 평균 해면 기압은 A 시기보다 조금씩 더 높았으나, 위도 60° 부근에서부터 극지방에 이르기까지 B 시기의 평균 해면 기압은 A 시기보다 낮고 적도 부근에 비해 크게 높지 않다.

|보|기|풀|이|

ㄱ. 정답 : 위도 0°~30° 사이에 형성된 무역풍대에서는 위도가 높아질수록 평균 해면 기압이 대체로 높아진다.

ㄴ. 오답 : ㉠ 구간에서 상대적으로 기압이 높은 곳은 위도 30°에 가까운 남쪽이고, 기압이 낮은 곳은 위도 60°에 가까운 북쪽이므로 바람은 고기압인 남쪽에서 저기압인 북쪽으로 분다. 그러므로 ㉠ 구간의 지표 부근에서는 남풍 계열의 바람이 우세하다.

ㄷ. 정답 : 중위도 고압대는 위도 30° 부근의 고압대로, 이 지역의 평균 해면 기압은 A 시기가 B 시기보다 낮다.

다음은 북반구의 대기 대순환에 의한 기후의 특징이다.

          상승 기류   하강 기류

○ 석노 지역에는 <u>저압대</u>, 극 지역에는 <u>고입대</u>가 형성된다.
○ 30°N 지역은 연평균 <u>증발량이 강수량보다 많다.</u>
○ 60°N 지역에는 <u>한대 전선대</u>가 형성된다. → 하강 기류＝고압대

       찬 공기와 따뜻한 공기가 만남

이 특징을 설명할 수 있는 대기 대순환의 모식도로 가장 적절한 것은? **3점**

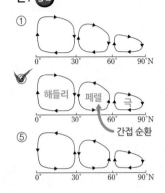

③   해들리   페렐   극   간접 순환

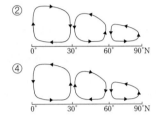

|자|료|해|설|

북반구의 대기 대순환은 지구 자전에 의해 크게 3개의 대기 순환 세포로 나뉘어 나타난다. 적도~30°N 사이에서는 해들리 순환, 60°N~90°N 사이에는 극 순환이 나타나는데, 두 순환은 따뜻한 공기가 상승하거나 찬 공기가 하강하면서 나타나는 직접 순환에 해당한다. 30°N~60°N 사이에서는 해들리 순환과 극 순환 사이에서 나타나는 간접 순환인 페렐 순환이 나타난다.

|선|택|지|풀|이|

③ 정답 : 적도 지역에 형성된 저압대에서는 상승 기류가 발달하며, 극 지역에 형성된 고압대에서는 하강 기류가 발달한다. 30°N 지역에서 연평균 증발량이 강수량보다 많은 이유는 맑은 날씨가 지속되기 때문이며, 이는 하강 기류가 발달하는 고압대가 나타나기 때문이다. 60°N 지역에는 한대 전선대가 형성되는데, 한대 전선대는 지표 부근에서 차가운 공기와 따뜻한 공기가 수렴하면서 발달하며, 수렴으로 인한 상승 기류가 나타나게 된다. 이러한 모든 특징을 잘 보여주는 대기 대순환의 모식도는 ③번이다.

😮 **문제풀이 T I P** | 적도 부근에서는 따뜻한 공기가 상승하여 적도 저압대가 발달한다. 30°N 부근에서는 하강 기류에 의한 고압대가 나타나며 이로 인해 강수량이 적다. 60°N 부근에서는 찬 공기와 따뜻한 공기가 수렴하여 한대 전선대가 발달한다. 극지방에서는 냉각된 공기가 하강하여 고압대가 발달한다.

😀 **출제분석** | 일반적으로 대기 대순환은 해류와 연관 지어 출제되거나, 지구가 자전할 경우와 자전하지 않을 경우를 비교하는 형태로 출제되는데, 이 문항은 특이하게 대기 대순환의 기본 특징에 대해서 구체적으로 묻고 있다. 어려운 개념은 아니지만 대기 대순환이 나타나는 원인과 각 위도별로 나타나는 기압 배치 및 대기의 흐름에 대해서 파악하고 있어야 한다.

그림은 위도에 따른 연평균 증발량과 강수량을 순서 없이 나타낸 것이다.

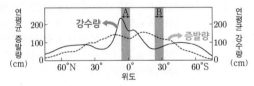

이 자료에 대한 설명으로 옳은 것만을 〈보기〉에서 있는 대로 고른 것은?

보기

                         낮다
✗. 표층 해수의 평균 염분은 A 해역이 B 해역보다 <del>높다</del>.
○. A에서는 해들리 순환의 상승 기류가 나타난다.
✗. 캘리포니아 해류는 B 해역에서 <del>나타난다</del> 나타나지 않는다.

  북반구   남반구

① ㄱ   ② ㄴ   ③ ㄷ   ④ ㄱ, ㄴ   ⑤ ㄴ, ㄷ

|자|료|해|설|

저위도에서는 대기 대순환의 영향을 받아 해들리 순환이 일어나는데, 적도 부근에서는 상승 기류가, 위도 30° 부근에서는 하강 기류가 발달한다. 따라서 적도 부근에서는 저압대가 형성되어 강수량이 많고, 위도 30° 부근에서는 고압대가 형성되어 강수량이 적다.

제시된 그림에서 실선은 적도 부근에서 높은 값을 갖고, 위도 30° 부근에서 낮은 값을 가지므로 강수량이다. 따라서 점선은 증발량이다. A 지역은 강수량이 증발량보다 많은데, B 지역은 증발량이 강수량보다 많으므로 표층 해수의 평균 염분은 A 해역보다 B 해역이 더 높다.

|보|기|풀|이|

ㄱ. 오답 : 표층 해수의 평균 염분은 증발량이 많을수록, 강수량이 적을수록 높다. A 해역은 B 해역과 증발량이 비슷하지만 강수량은 훨씬 더 많으므로, A 해역이 B 해역보다 표층 해수의 평균 염분이 낮다.

ㄴ. 정답 : A에서는 해들리 순환의 상승 기류가 나타나 저압대가 형성되어 강수량이 많다.

ㄷ. 오답 : 캘리포니아 해류는 북반구의 위도 30°N 부근에서 나타나는 해류이다. B 해역은 남반구의 위도 30°S 부근에 위치하므로 캘리포니아 해류는 B 해역에서 나타나지 않는다.

그림 (가)는 북태평양 해역의 일부를, (나)는 (가)의 A−B 구간과 C−D 구간에서의 수심에 따른 해류의 평균 유속과 방향을 나타낸 것이다.

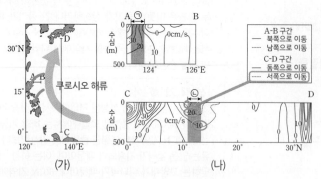

(가)   (나)

이에 대한 설명으로 옳은 것만을 〈보기〉에서 있는 대로 고른 것은?

3점

보기

ㄱ. ㉠ 구간에는 난류가 흐른다.   쿠로시오 해류

ㄴ. ㉡ 구간의 표층 해류는 무역풍의 영향을 받아 흐른다.   서쪽으로

ㄷ. 북태평양에서 아열대 표층 순환의 방향은 시계 ~~반대~~ 방향이다.

① ㄱ   ② ㄷ   ✔③ ㄱ, ㄴ   ④ ㄴ, ㄷ   ⑤ ㄱ, ㄴ, ㄷ

|자|료|해|설|

(가)의 위·경도로 판단할 때 우리나라와 비슷한 경도의 북동 무역풍 지역(0~30°N)임을 알 수 있다. 따라서 쿠로시오 해류의 영향권에 위치하여 따뜻한 난류가 흐르고 시계 방향으로 회전한다.

|보|기|풀|이|

ㄱ. 정답 : ㉠ 구간에는 난류인 쿠로시오 해류가 흐른다.

ㄴ. 정답 : ㉡ 구간의 표층 해류는 위도 0°~30°N에 위치하여 북동 무역풍의 영향을 받아 서쪽으로 흐른다.

ㄷ. 오답 : 북태평양에서 아열대 표층 순환의 방향은 시계 방향이다.

😮 **문제풀이 T I P |** (가) 그림의 경우 아주 일부분만 나왔지만 y축의 위도와 x축의 경도를 읽으면 쿠로시오 해류가 흐르는 곳이라는 것을 쉽게 파악할 수 있다. 또 ㉡ 구간의 경우 y축의 위도를 읽어 무역풍대임을 쉽게 찾을 수 있다. 또 (나) 그래프에서 점선으로 표시되었으므로 서쪽으로 해류가 흐름을 확인하여 동풍이 분다고 유추할 수 있다. 아열대 표층 순환의 방향은 시계 방향이고 적도를 기준으로 대칭이다.

😊 **출제분석 |** (가)와 (나)에서 제시된 그림이 생소하여 높은 난이도로 책정되었지만 지문의 내용 자체는 빈출되었기 때문에 자신감을 가지고 푼다면 충분히 해결할 수 있는 문항이었다.

그림은 태평양의 주요 표층 해류를 나타낸 것이다.

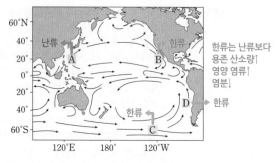

해류 A~D에 대한 설명으로 옳은 것만을 〈보기〉에서 있는 대로 고른 것은?

보기

ㄱ. A와 D는 난류이다.   한류

ㄴ. 20°N에서 용존 산소량은 ~~A~~가 ~~B~~보다 많다.   B   A

ㄷ. C는 편서풍에 의해 형성된다.

① ㄱ   ✔② ㄷ   ③ ㄱ, ㄴ   ④ ㄴ, ㄷ   ⑤ ㄱ, ㄴ, ㄷ

|자|료|해|설|

표층 해류는 대기 대순환과 주변 대륙의 영향을 받아 순환하게 되는데 북반구 아열대 해류의 순환 방향은 시계 방향, 남반구는 반시계 방향이다. A는 저위도에서 고위도로 이동하는 난류이고 이름은 쿠로시오 해류이다. B와 D는 고위도에서 저위도로 이동하는 한류이며 B는 캘리포니아 해류, D는 페루 해류이다. C는 한류로 편서풍의 영향을 받아 남반구 편서풍대에서 지구를 순환하는 남극 순환류이다. 한류는 난류에 비해 수온과 염분이 낮으며 영양 염류의 함량은 높고 기체의 용해도가 높아 용존 산소량이 높게 나타나는 특징이 있다.

|보|기|풀|이|

ㄱ. 오답 : 저위도에서 고위도로 이동하는 A는 난류이고 고위도에서 저위도로 이동하는 D는 한류이다.

ㄴ. 오답 : 한류는 난류보다 기체의 용해도가 높아 용존 산소량이 높다. 20°N에서 한류인 B가 난류인 A보다 용존 산소량이 높다.

ㄷ. 정답 : C는 편서풍의 영향을 받는 지역에서 형성되는 남극 순환류(서풍피류)이다.

😮 **문제풀이 T I P |** 아열대 순환과 관련된 해류의 명칭은 암기해두는 것이 문제 풀이에 도움이 된다. 하지만 해류의 명칭보다 더 중요한 것은 용존 산소량, 영양 염류, 염분에 따른 난류와 한류의 특징이라는 것을 명심하자.

😊 **출제분석 |** 표층 해류와 관련된 평이한 문제로 기존의 문제들과 비슷한 유형의 문제이다. 표층 해류와 관련된 문제는 보통 대기 대순환과 관련하여 물어보는 보기가 많으므로 대기 대순환의 내용과 엮어서 잘 학습해 두도록 하자.

그림은 대기에 의한 남북 방향으로의 연평균 에너지 수송량을 위도별로 나타낸 것이다.
이에 대한 설명으로 옳은 것만을 〈보기〉에서 있는 대로 고른 것은?

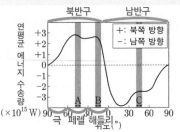

보기

┌→ 페렐 순환

ㄱ. A에서는 대기 대순환의 ~~간접~~ 순환이 위치한다.

ㄴ. B에서는 해들리 순환에 의해 에너지가 북쪽 방향으로 수송된다.

                  ┌→ 저위도 → 고위도

                 나타나지 않는다.

ㄷ. 캘리포니아 해류는 C의 해역에서 ~~나타난다.~~

① ㄴ   ② ㄷ   ③ ㄱ, ㄴ   ④ ㄴ, ㄷ   ⑤ ㄱ, ㄴ, ㄷ

|자|료|해|설|

적도는 에너지 과잉, 극은 에너지 부족 현상이 나타난다. 따라서 저위도의 남는 에너지가 대기와 해수의 순환에 의해 고위도로 이동한다. 북반구에서는 북쪽 방향으로, 남반구에서는 남쪽 방향으로 에너지가 수송된다. 따라서 0°를 기준으로 (+) 값을 갖는 왼쪽(A, B 포함)은 북반구, (−) 값을 갖는 오른쪽(C 포함)은 남반구이다.
위도 0°~30° 사이에 있는 B에서는 해들리 순환이 나타난다. 위도 30°~60° 사이에 있는 A와 C에서는 간접 순환인 페렐 순환이 나타난다. 위도 60°~90°에서는 극순환이 나타난다.

|보|기|풀|이|

ㄱ. 정답 : A는 위도 30°~60° 사이에 있으므로 A에서는 간접 순환인 페렐 순환이 위치한다.

ㄴ. 정답 : B는 0°~30° 사이에 있으므로 B에서는 해들리 순환이 나타나고, 북반구이므로 북쪽 방향으로 에너지가 수송된다.

ㄷ. 오답 : 캘리포니아 해류는 북태평양 아열대 표층 순환의 일부이므로, C의 해역에서 나타나지 않는다.

😮 **문제풀이 TIP** | 북반구에서는 에너지가 북쪽으로, 남반구에서는 에너지가 남쪽으로 수송된다.
위도 0°~30°에서 나타나는 해들리 순환과 60°~90°에서 나타나는 극순환은 직접 순환이고, 위도 30°~60°에서 나타나는 페렐 순환은 간접 순환이다.

😮 **출제분석** | 에너지 수송 방향에 따라 북반구와 남반구를 판단하는 것이 관건인 문제였다. 자주 등장하는 자료는 아니라서 생소하게 느껴질 수 있기 때문에 난이도에 비해 정답률이 낮았다. 이 문제처럼 에너지 수송 방향을 북쪽, 남쪽으로 나눈 자료를 제시하거나, 2022학년도 9월 모평 15번처럼 북풍, 남풍을 제시하여 북반구와 남반구를 판단하도록 하는 문제가 조금씩 등장하고 있으므로 자료를 확실하게 학습해두어야 한다.

그림은 60°S~60°N 사이에서 나타나는 대기 대순환의 순환 세포 A~D를 모식적으로 나타낸 것이다.

이에 대한 옳은 설명만을 〈보기〉에서 있는 대로 고른 것은?

보기

     간접

ㄱ. A는 ~~직접~~ 순환이다.

                 ┌→ 무역풍

ㄴ. B와 C의 지상에서는 주로 동풍 계열의 바람이 분다.

ㄷ. 온대 저기압은 주로 C와 D의 경계 부근에서 형성된다.

                  한대 전선대

① ㄱ   ② ㄴ   ③ ㄱ, ㄷ   ④ ㄴ, ㄷ   ⑤ ㄱ, ㄴ, ㄷ

|자|료|해|설|

A와 D는 중위도에서 나타나는 페렐 순환으로 저위도 지역의 해들리 순환과 고위도 지역의 극순환에 의해 간접 순환된다. B와 C는 저위도 지역에서 발생하는 해들리 순환이다. 적도 지방에서 뜨거운 공기가 상승하여 위도 약 30°S(N)에서 하강하는 직접 순환이다. 해들리 순환이 나타나는 저위도에서는 동풍 계열인 무역풍이 분다.

|보|기|풀|이|

ㄱ. 오답 : 중위도 지역에서 순환하는 순환 세포 A는 극순환과 해들리 순환에 의해 간접 순환하는 페렐 순환이다.

ㄴ. 정답 : 저위도 지역에서는 동풍 계열의 무역풍이 분다.

ㄷ. 오답 : C와 D의 경계는 위도 30°N 부근으로 온대 저기압이 자주 발생하는 한대 전선대가 있는 지역보다 위도가 낮은 지역이다. 따라서 C와 D의 경계 부근에서는 온대 저기압이 거의 발생하지 않는다.

😮 **문제풀이 TIP** | 중위도 지역의 순환 세포는 간접 순환이다. 온대 저기압은 주로 한대 전선대에서 형성된다.

😮 **출제분석** | 순환 세포에 대한 질문으로 평이한 난이도로 출제된 문항이다. 각 순환의 발생 원인과 순환의 형태, 각 순환의 특징을 묻기 때문에 평소에 정리가 잘 되어 있으면 어렵지 않다. 다만 보기 ㄷ은 보기 ㄱ, ㄴ과는 다른 내용을 묻고 있다. 이런 문제가 점점 자주 출제되니 항상 다른 단원과의 연계를 대비해야 한다.

그림 (가)는 위도에 따른 태양 복사 에너지 입사량과 지구 복사 에너지 방출량을 모식적으로 나타낸 것이고, (나)는 태풍의 위성 사진을 나타낸 것이다.

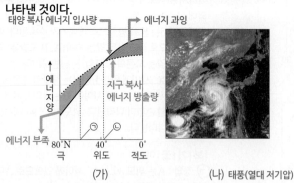

(가)   (나) 태풍(열대 저기압)

이에 대한 설명으로 옳은 것만을 〈보기〉에서 있는 대로 고른 것은?

3점

보기

ㄱ. ㉠에서 지구 복사 에너지 방출량은 태양 복사 에너지 입사량보다 많다. → 에너지 부족

ㄴ. 남북 방향 에너지 수송량은 ㉡에서 가장 적다. 많다.

ㄷ. (나)의 태풍은 저위도의 과잉 에너지를 고위도 방향으로 이동시킨다.

① ㄱ   ② ㄴ   ✓③ ㄱ, ㄷ   ④ ㄴ, ㄷ   ⑤ ㄱ, ㄴ, ㄷ

|자|료|해|설|
지구는 전체적으로는 태양 복사 에너지 입사량과 지구 복사 에너지 방출량이 같은 열평형을 이루지만 적도 지역은 에너지 과잉, 극 지역은 에너지 부족 상태로 위도별로는 열평형을 이루지 못한다. 대기와 해수의 순환은 저위도의 과잉 에너지를 고위도로 이동시키면서 이러한 위도별 에너지 불균형을 해소시키는 역할을 한다.

|보|기|풀|이|
ㄱ. 정답 : 고위도 지역(㉠)은 태양 복사 에너지 입사량보다 지표에서 방출되는 지구 복사 에너지 방출량이 더 많다.

ㄴ. 오답 : 에너지는 대기와 해수의 순환에 의해 저위도에서 고위도로 이동한다. 따라서 입사량과 방출량이 동일해지는 ㉡지점까지는 에너지의 수송량이 많아지고, ㉡지점에서 최대가 된다. ㉡지점 이후는 에너지가 부족한 지역에 에너지를 공급하면서 에너지 수송량이 감소한다.

ㄷ. 정답 : 저위도의 과잉 에너지를 고위도로 이동시키는 역할을 하는 것은 대기와 해수의 순환이다. 따라서 태풍은 저위도의 남는 에너지를 고위도로 이동시킨다.

😮 **문제풀이 TIP** | 에너지의 이동 방향은 저위도에서 고위도 방향이며, 에너지 수송량은 입사량과 방출량이 같아지는 중위도 지점에서 최대가 된다.

😃 **출제분석** | 자료해석 문제로 많이 출제되므로 지구 복사 평형에 대한 기본 개념을 숙지한 후, 자료해석에 적용시키는 연습을 많이 할 수 있도록 한다.

그림은 북태평양의 연평균 표층 수온(℃) 분포를 나타낸 것이다.

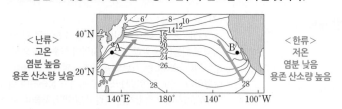

〈난류〉
고온
염분 높음
용존 산소량 낮음

〈한류〉
저온
염분 낮음
용존 산소량 높음

이에 대한 옳은 설명만을 〈보기〉에서 있는 대로 고른 것은?

보기

ㄱ. 염분은 A 해역이 B 해역보다 높다.

ㄴ. 용존 산소량은 A 해역이 B 해역보다 많다. 적다

ㄷ. B 해역에서 표층 해류는 고위도로 흐른다. 저

✓① ㄱ   ② ㄴ   ③ ㄱ, ㄷ   ④ ㄴ, ㄷ   ⑤ ㄱ, ㄴ, ㄷ

|자|료|해|설|
표층 수온의 등온선은 대체로 위도와 나란해야 하지만, 해류의 영향으로 조금씩 달라진다. 난류가 흐르는 해역은 주변보다 수온이 높아 등온선이 약간 고위도로 치우쳐 있으며, 반대로 한류가 흐르는 해역은 등온선이 상대적으로 저위도로 치우치게 된다. A 해역은 난류인 쿠로시오 해류가, B 해역은 한류인 캘리포니아 해류가 흐르고 있다.

|보|기|풀|이|
ㄱ. 정답 : 난류는 한류에 비해 수온과 염분이 높다. 따라서 위도는 비슷하지만 난류가 흐르고 있는 A 해역이 한류가 흐르는 B 해역보다 염분이 높다.

ㄴ. 오답 : 기체의 용해도는 수온이 낮을수록 높아진다. B 해역은 수온이 낮은 한류가 흐르고 있으므로 용존 산소량이 A 해역에 비해 상대적으로 많다.

ㄷ. 오답 : B 해역에 흐르는 캘리포니아 해류는 고위도에서 저위도로 흐르는 한류이다.

😮 **문제풀이 TIP** | A 해역은 쿠로시오 해류가, B 해역은 캘리포니아 해류가 흐른다. 대양의 서쪽 연안에서는 난류가 고위도로 이동하며, 대양의 동쪽 연안에서는 한류가 저위도로 이동한다.

😃 **출제분석** | 표층 해류 및 해수의 특징에 관련된 문항은 대부분 기본 개념을 묻는 정도에 그치기 때문에 각 지점에서 흐르는 해류의 특징을 수온, 염분, 용존 산소량, 영양 염류의 함량, 유속 등에 대해서 기본 개념을 정리해두면 대체로 어렵지 않게 해결 가능하다.

그림은 대기와 해양에서 남북 방향으로의 연평균 에너지 수송량을 위도별로 나타낸 것이다. A와 B는 각각 대기와 해양 중 하나이다.

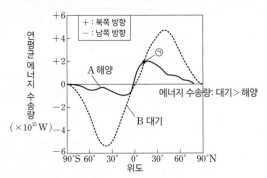

이에 대한 설명으로 옳은 것만을 〈보기〉에서 있는 대로 고른 것은?

3점

보기

ㄱ. A는 ~~대기~~ 해양에 해당한다.

ㄴ. A와 B가 교차하는 의 위도에서 복사 평형을 이루고 있다. → 위도 30° 미만의 저위도 지역 → 에너지 과잉

ㄷ. 적도에서는 에너지 과잉이다. → 적도: 과잉, 극지방: 부족

① ㄴ   ②✓ ㄷ   ③ ㄱ, ㄴ   ④ ㄱ, ㄷ   ⑤ ㄱ, ㄴ, ㄷ

|자|료|해|설|

지구는 위도별로 태양 복사 에너지 입사량과 지구 복사 에너지 방출량의 차이로 인해 위도별 에너지 불균형이 존재한다. 이를 해소하기 위해 대기와 해양에 의해서 에너지가 저위도에서 고위도로 수송이 되는데, 이때 대기에 의한 수송이 흐름도 더 빠르고 규모도 더 크다. 저위도의 경우 태양 복사 에너지의 양이 지구 복사 에너지의 양보다 많아 에너지 과잉 상태이고, 고위도의 경우 태양 복사 에너지가 지구 복사 에너지의 양보다 적어 에너지 부족 상태이다. 위도 약 38° 이하의 저위도 에너지 과잉량과 위도 약 38° 이상의 고위도 에너지 부족량이 대략 비슷하다. 따라서 위도 약 38° 부근에서 에너지 수송량이 최대로 나타나게 된다.

|보|기|풀|이|

ㄱ. 오답 : A는 B보다 연평균 에너지 수송량이 더 적으므로 A는 해양, B는 대기이다.

ㄴ. 오답 : A와 B가 교차하는 ⊙의 위도는 38°보나 저위도에 해당하므로 에너지 과잉이다.

ㄷ. 정답 : 적도에서는 태양 복사 에너지 입사량이 지구 복사 에너지 방출량보다 많아 에너지 과잉이다.

문제풀이 TIP | 에너지 수송량은 해양과 비교해 대기가 많다. 저위도 지역은 에너지 과잉, 고위도 지역은 에너지 부족이다.

출제분석 | 대기와 해양의 에너지 수송량을 직접 비교한 ㄱ 선지는 이 문제를 통해 새로 강조된 개념이다. 지구과학의 경우 지엽적인 선지가 종종 출제되므로, 기출 문제를 통해 배울 수 있는 개념과 연계 교재 속 개념을 꼼꼼히 익혀야 한다. ㄴ 선지는 자칫 그래프 해석을 잘못하고 넘기면 틀릴 수 있는 문제였다. 또한, 평가원 모의고사는 그해 수능 문제의 예고편과도 같은 역할을 하기 때문에 분석을 철저히 해야 한다.

그림 (가)와 (나)는 1월과 7월의 평년 기압 분포를 순서 없이 나타낸 것이다.

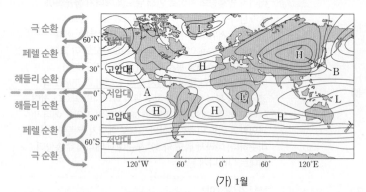

(가) 1월

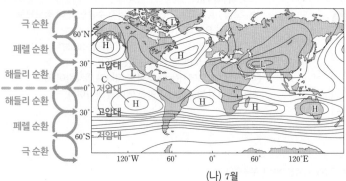

(나) 7월

이에 대한 설명으로 옳은 것만을 〈보기〉에서 있는 대로 고른 것은? **3점**

보기

ㄱ. (가)는 1월의 평년 기압 분포에 해당한다.

ㄴ. 고기압 A와 C는 <u>해들리 순환의 하강으로 생성</u>된다.

ㄷ. 고기압 B는 지표면 냉각으로 생성된다. ↳ 중위도 고압대

① ㄱ   ② ㄷ   ③ ㄱ, ㄴ   ④ ㄴ, ㄷ   ✔ ㄱ, ㄴ, ㄷ

|자|료|해|설|

(가)는 북반구의 1월로 겨울이며 대륙의 온도가 해양의 온도보다 낮아 대륙의 냉각에 의한 고기압이 형성된다. 위도 30° 부근에는 대기 대순환에 의해 전 지구적으로 고기압이 발달한다.

|보|기|풀|이|

ㄱ. 정답 : (가)에서 유라시아 대륙에 강한 고기압이 형성되어 있는 것으로 보아 대륙성 계절풍이 불고 있는 1월의 평년 기압 분포에 해당한다.

ㄴ. 정답 : A와 C는 각각 위도가 약 30° 부근에 형성된 고기압으로 대기 대순환에서 해들리 순환과 페렐 순환이 만나 하강 기류가 형성되는 곳에서 만들어진다.

ㄷ. 정답 : 고기압 B는 1월에 비열이 작은 대륙이 비열이 큰 해양보다 더 많이 냉각되면서 생성된 것이다.

🤖 문제풀이 T I P | (가)는 대륙에 고기압이 형성된 1월, (나)는 7월의 평년 기압 분포이다. 적도 부근은 해들리 순환에 의해 대기가 상승하는 곳으로 저압대가 발달하며, 위도 30° 부근은 대기 대순환에 의한 하강 기류로 인해 고압대가 발달한다.

😎 출제분석 | 지구가 자전할 때와 자전하지 않을 때의 대기 대순환의 차이점, 대기 대순환에 의한 고압대와 저압대의 발달에 관련된 문항들은 대체로 난도가 높지 않은 편이므로 기본 개념을 먼저 익히고, 기출 문제를 풀어보면서 학습해두면 좋다.

그림은 어느 해 태평양에서 유실된 컨테이너에 실려 있던 운동화가 발견된 지점과 표층 해류 A와 B의 일부를 나타낸 것이다.

이에 대한 설명으로 옳은 것만을 〈보기〉에서 있는 대로 고른 것은? **3점**

보기

ㄱ. A는 편서풍의 영향을 받는다. (∵ 위도 30°~60° 사이에 위치)

ㄴ. B는 ~~아열대~~ 순환의 일부이다.
    아한대

ㄷ. 북아메리카 해안에서 발견된 운동화는 북태평양 해류의 영향을 받았다. → 동쪽으로 이동(편서풍의 영향)

① ㄱ   ② ㄴ   ✔ ㄱ, ㄷ   ④ ㄴ, ㄷ   ⑤ ㄱ, ㄴ, ㄷ

|자|료|해|설|

A는 편서풍의 영향으로 서에서 동으로 이동하는 북태평양 해류, B는 대륙을 만나 고위도로 흐르는 알래스카 해류이다.

|보|기|풀|이|

ㄱ. 정답 : A는 중위도에 위치하므로 편서풍의 영향을 받는다.

ㄴ. 오답 : B는 알래스카 해류로 아한대 순환의 일부이다.

ㄷ. 정답 : 운동화는 유실된 지점으로부터 동쪽으로 이동하여 북아메리카 해안에 도달하였으므로 북태평양 해류의 영향을 받았다.

🤖 문제풀이 T I P | ㄴ의 경우 위도보다는 표층 해류의 흐름을 보고 판단해야 한다. 중위도라고 바로 아열대 순환이라고 생각하면 안 된다. 북태평양 해류를 기준으로 북쪽으로는 아한대 순환, 남쪽으로는 아열대 순환이 형성된다.

😎 출제분석 | 표층 순환의 기본 개념을 이해하면 어렵지 않게 풀 수 있는 빈출유형의 문제이다.

그림은 남반구의 세 해역 A, B, C를
나타낸 것이다.
이에 대한 옳은 설명만을 〈보기〉에서
있는 대로 고른 것은? **3점**

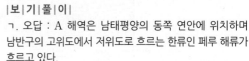

난류(고온 고염)
-30°S
아프리카
-60°S
B
남아메리카
60°S
한류
C
(저온 저염)
A
남극
㉠
남극 순환류

|자|료|해|설|
A 해역은 남아메리카 서해안을 따라 고위도에서 저위도로
흐르는 한류인 페루 해류가 흐르고 있다. B 해역은 남아메리카
동해안을 따라 저위도에서 고위도로 흐르는 난류인 브라질
해류가 흐르고 있다. C 해역은 남극 대륙을 시계 방향으로
흐르며 순환하는 남극 순환류가 흐르고 있다.

보기

 ㄱ. A 해역에는 ~~난류~~ 한류 가 흐르고 있다.

ㄴ. 표층 염분은 A 해역이 B 해역보다 ~~높~~ 낮 다.

㉢. C 해역에서 표층 해류는 ㉠방향으로 흐른다.

① ㄱ　　✓② ㄷ　　③ ㄱ, ㄴ　　④ ㄴ, ㄷ　　⑤ ㄱ, ㄴ, ㄷ

|보|기|풀|이|
ㄱ. 오답 : A 해역은 남태평양의 동쪽 연안에 위치하며
남반구의 고위도에서 저위도로 흐르는 한류인 페루 해류가
흐르고 있다.

ㄴ. 오답 : 일반적으로 난류는 한류에 비해 수온과 염분이
높다. A 해역에는 한류가, B 해역에는 난류가 흐르고
있으므로 표층 염분은 B 해역이 A 해역보다 높다.

㉢. 정답 : 남극 순환류는 편서풍의 영향을 받아 남극
대륙 주변을 시계 방향으로 흐르며 순환하는 해류이다.
따라서 C 해역에서 남극 순환류는 시계 방향인 ㉠ 방향으로
흐른다.

😲 **문제풀이 T I P** | 난류는 저위도에서 고위도로, 한류는 고위도에서 저위도로 흐른다. 대체로 난류는 대양의 서쪽 연안을 따라 고위도로 흐르며, 한류는 대양의 동쪽 연안을 따라
저위도로 흐른다. 또한 난류는 한류에 비해 수온과 염분이 높다.

😊 **출제분석** | 해류에 관련된 문항은 대부분 우리나라 주변의 표층 해류나 북태평양에서의 표층 해류를 다룬다. 대서양이나 남반구에서의 표층 해류를 묻는 문항은 비교적 적어
학습량이 많지 않으므로 이러한 문항을 활용하여 전 세계의 표층 순환에 대해서 학습해두면 좋다.

---

29 대기 대순환, 해양의 표층 순환　　　　　정답 ④　정답률 50%　2019학년도 9월 모평 12번　문제편 167p

그림은 남극 대륙과 그 주변의 전형적인 기압 배치를 나타낸 것이다.

위도 30°~60° 사이는 편서풍대
위도 60° 이상은 극동풍대

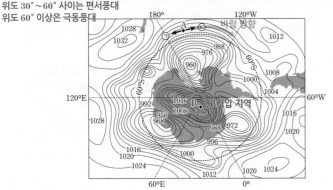

|자|료|해|설|
그림은 남극 대륙과 그 주변의 기압 분포를 나타낸 것이다.
남극의 중심으로 보이는 B 부근에서는 1016hPa이상의
기압을 보이므로 주변보다 기압이 높은 고기압 지역이다.
고기압 지역에서는 하강 기류에 의해 공기가 단열 압축되며
그에 따라 날씨가 맑고 건조하다는 특징이 있다. 위도
30°~60°에서는 지표 부근에 편서풍이 지속적으로 불고
있고 위도 60° 이상의 고위도 지역에서는 극동풍이 불고
있다. 그림에서 A는 남위 60°보다는 저위도이기 때문에
편서풍대에 위치한다고 할 수 있다. 표층 순환 해류는 해수면
위에 지속적으로 부는 바람에 의해 발생한다. 속도나 방향
역시 바람의 영향을 받는다. 편서풍에 의해서는 동쪽으로의
흐름이, 무역풍에 의해서는 서쪽으로의 흐름이 생긴다. 이들의
복합적인 작용에 의해 북반구에서는 북태평양 해류가, 남
반구에서는 남극 순환류가 발생한다.

이에 대한 설명으로 옳은 것만을 〈보기〉에서 있는 대로 고른 것은?
3점

보기

 ㄱ. A해역에서는 ~~극동풍~~ 편서풍 이 나타난다.

㉡. A해역에서 해류는 ㉡ 방향으로 흐른다. → 표층 해류는 바람 방향으로 흐름

㉢. B지역에서는 하강 기류가 발달한다.
↳ 고기압 지역(1016hPa 이상)

① ㄱ　　② ㄷ　　③ ㄱ, ㄴ　　✓④ ㄴ, ㄷ　　⑤ ㄱ, ㄴ, ㄷ

|보|기|풀|이|
ㄱ. 오답 : A 해역은 남위 60° 이하인 지역이다. 따라서
편서풍(서풍 계열의 바람)이 부는 지역이다.

㉡. 정답 : A 해역은 서풍 계열의 바람이 부는 지역으로 해류
역시 서쪽에서 동쪽으로 흘러 ㉡방향의 흐름이 존재한다.

㉢. 정답 : B 지역은 남극 대륙의 중심부에 해당하는 지역이다.
기압이 1016hPa 이상으로 주변보다 높은 고기압 영역이라고
할 수 있고, 매우 찬 기온에 의해 공기가 수축해 하강 기류가
발생하는 곳이다.

😲 **문제풀이 T I P** | A해역이 남위 60°보다 저위도라는 점을 잘 찾고 주변에 부는 바람이 편서풍이라는 것을 알고 있다면 쉽게 풀이할 수 있다. 또한 그림에서 남극 중심에 고기압이
발달하고 있다는 것도 구분할 수 있어야 한다.

😊 **출제분석** | 과학탐구 문항들은 대부분이 그래프 해석 및 그림, 사진 자료 해석으로 구성되어 있다. 이 문항 역시 자료 해석만 정확하게 할 수 있다면 어렵지 않게 해결할 수 있다.

그림은 태평양 주변에서의 1월과 7월의 평년 기압 분포 중 하나를 나타낸 것이다.

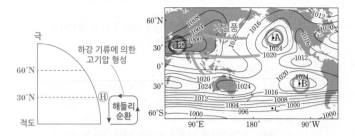

이에 대한 설명으로 옳은 것만을 〈보기〉에서 있는 대로 고른 것은?

보기

ㄱ. 이 평년 기압 분포는 ~~1월~~ 7월 에 해당한다.

ㄴ. A와 B 지점의 고기압은 해들리 순환의 하강으로 생성된다.

ㄷ. C 지점의 표층 해류는 ~~동쪽~~ 서쪽 에서 ~~서쪽~~ 동쪽 으로 흐른다.

① ㄱ   ✓② ㄴ   ③ ㄱ, ㄷ   ④ ㄴ, ㄷ   ⑤ ㄱ, ㄴ, ㄷ

😮 **문제풀이 TIP** | 여름철에는 대륙의 기온이 높아져 대륙에 저기압이 발달하고 바다에서 대륙 쪽으로 계절풍이 분다. 겨울철에는 대륙의 기온이 낮아져 대륙에 고기압이 발달하고 대륙에서 바다 쪽으로 계절풍이 분다.

😀 **출제분석** | 계절에 따른 전 지구적인 기압 배치와 관련된 문항은 다룰 수 있는 내용이 많지 않아 출제 빈도가 낮은 편이다. 계절에 따른 전형적인 기압 배치 및 계절풍의 변화 등에 대해서 학습해두면 좋다.

|자|료|해|설|

등압선의 분포를 보면 대륙에는 저기압이, 동태평양 위도 30°N 부근에는 고기압이 발달해 있음을 알 수 있다. 일반적으로 7월에는 해양에 비해 대륙의 기온이 높아져 대륙에 저기압이 발달하며, 1월에는 대륙의 기온이 낮아져 대륙에 고기압이 발달한다. 해들리 순환은 적도~위도 30° 부근에서 나타나는 직접 순환이며 적도 부근 고온의 공기가 상승하여 고위도로 이동하다가 위도 30° 부근에서 하강하는 순환을 의미한다. 대기 대순환에 의해 표층 해류가 발달하며, 무역풍에 의해 발달하는 적도 해류는 동에서 서로 흐르고, 편서풍에 의해 발달하는 북태평양 해류나 남극 순환류 등은 서에서 동으로 흐른다.

|보|기|풀|이|

ㄱ. 오답 : 대륙에 저기압이, 해양에 고기압이 발달하여 계절풍이 해양에서 대륙으로 불고 있으므로 7월의 기압 분포에 해당한다.

ㄴ. 정답 : A와 B 지점의 고기압은 위도 30° 부근에 발달해 있다. 이 고기압은 해들리 순환에서 고위도로 이동하던 공기가 위도 30° 부근에서 하강하면서 생성된다.

ㄷ. 오답 : C 지점에 흐르는 표층 해류는 남극 순환류이다. 남극 순환류는 남반구의 페렐 순환에서 편서풍에 의해 표층 해수가 이동하면서 만들어진 해류로, 남극 대륙 주변을 시계 방향으로 돌면서 순환한다. 따라서 C 지점의 표층 해류는 서쪽에서 동쪽으로 흐른다.

그림은 1월과 7월의 지표 부근의 평년 바람 분포 중 하나를 나타낸 것이다. A, B, C는 주요 표층 해류가 흐르는 해역이다.

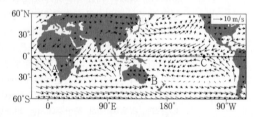

이에 대한 설명으로 옳은 것만을 〈보기〉에서 있는 대로 고른 것은?

 3점

보기

ㄱ. 이 평년 바람 분포는 1월에 해당한다.

ㄴ. A와 B의 표층 해류는 모두 고위도 방향으로 흐른다.

ㄷ. C에서는 대기 대순환에 의해 표층 해수가 ~~수렴~~ 발산 한다.

✓① ㄱ   ② ㄴ   ③ ㄷ   ④ ㄱ, ㄴ   ⑤ ㄱ, ㄷ

😮 **문제풀이 TIP** | A, B, C 지점별로 풍향에 대해 표층 해수가 움직이는 방향을 표시해두고 문제에 접근해야 한다. 풍향이 같더라도 전향력의 영향으로 북반구와 남반구에서 표층 해수가 움직이는 방향이 다르다는 것을 명심하고 있어야 한다.

😀 **출제분석** | 해수의 표층 순환에 대한 문제는 매년 출제되는 빈출 유형이며, 대기 대순환 자료와 함께 묻는 경우가 많다. 본 문제에서는 계절풍 자료를 제시하여 난이도를 높였다. 자료 해석 능력과 계절별 풍향, 바람 방향에 대해 표층 해수가 움직이는 방향 등을 모두 숙지하고 있어야 해결할 수 있는 문제로 까다로운 편에 속한다.

|자|료|해|설|

화살표의 방향은 풍향을, 화살표의 길이는 풍속을 나타낸다. 이 시기에 우리나라에는 북서풍이 우세하게 불고 있으며, 한반도에 북서풍이 우세하게 부는 계절은 겨울이다. 즉, 이 그림은 1월의 자료이다. 표층 해수는 바람의 영향을 받으며, 북반구에서는 바람 방향의 오른쪽 45°, 남반구에서는 바람 방향의 왼쪽 45° 방향으로 표층 해수가 이동한다.

|보|기|풀|이|

ㄱ. 정답 : 이 시기에 우리나라에 북서풍이 우세하게 불고 있으므로 이 평년 바람 분포는 겨울인 1월의 자료이다.

ㄴ. 오답 : A에는 고위도에서 저위도 방향으로 한류가 흐르며, B에는 저위도에서 고위도 방향으로 난류가 흐른다.

ㄷ. 오답 : 표층 해수는 북반구에서는 바람 방향의 오른쪽 45°, 남반구에서는 바람 방향의 왼쪽 45° 방향으로 이동하므로 C에서는 표층 해수가 발산한다.

그림 (가)는 북태평양 아열대 순환을 구성하는 표층 해류가 흐르는 해역 A, B, C를, (나)는 A, B, C에서 동일한 시기에 측정한 수온과 염분 자료를 나타낸 것이나. ㉠, ㉡, ㉢은 각각 A, B, C에서 측정한 자료 중 하나이다.

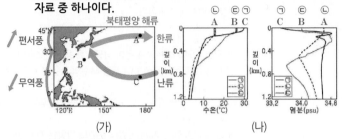

(가)   (나)

이 자료에 대한 설명으로 옳지 **않은** 것은?

① A에는 북태평양 해류가 흐른다.

② ㉠은 C에서 측정한 자료이다.

③ 표면 해수의 염분은 B에서 가장 높다.
                A

④ C에 흐르는 표층 해류는 무역풍의 영향을 받는다.

⑤ 혼합층의 두께는 C보다 A에서 두껍다.
           └→ ∝바람(중위도 > 저위도)

|자|료|해|설|

(가)에서 A는 북태평양 해류, B는 쿠로시오 해류, C는 북적도 해류가 흐르는 해역이다. 저위도일수록 수온은 높으므로 (나)에서 ㉠은 C, ㉡은 A, ㉢은 B 해역이나. 이에 따라 표면 해수의 염분은 A>B>C이다. 해수의 표층 염분은 증발량이 많을수록, 강수량이 적을수록 높다. 증발량이 강수량보다 많은 중위도 고압대의 해양에서는 표층 염분이 높게 나타난다.

|선|택|지|풀|이|

① 오답 : A에는 편서풍의 영향을 받는 북태평양 해류가 흐른다.

② 오답 : ㉠은 표층 수온이 가장 높은 C에서 측정한 자료이다.

③ 정답 : 표면 해수의 염분은 A에서 가장 높다.

④ 오답 : C에 흐르는 북적도 해류는 무역풍의 영향을 받는다.

⑤ 오답 : 혼합층은 바람이 강할수록 누꺼워지므로 C보나 A에서 두껍다.

🙂 **문제풀이 TIP** | [표층 해수의 염분에 영향을 미치는 요인]
− 염분 증가 요인 : 증발, 해수의 결빙
− 염분 감소 요인 : 강수, 육지로부터 담수의 유입, 빙하의 융해

그림 (가)와 (나)는 각각 대기와 해양에 의한 에너지 수송이 일어나는 경우와 일어나지 않는 경우에 위도에 따른 태양 복사 에너지 흡수량과 지구 복사 에너지 방출량을 나타낸 것이다.

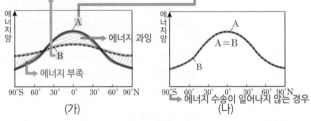

(가)   (나)

이에 대한 옳은 설명만을 〈보기〉에서 있는 대로 고른 것은? ③점

보기

ㄱ. A는 지구 복사 에너지 방출량이다.
    B

ㄴ. (가)에서 적도 지방은 에너지 과잉 상태이다.

ㄷ. 적도와 극지방에서의 연평균 기온 차는 (가)가 (나)보다 크다.
                              (나)   (가)

① ㄱ   ② ㄴ   ③ ㄱ, ㄷ   ④ ㄴ, ㄷ   ⑤ ㄱ, ㄴ, ㄷ

|자|료|해|설|

대기와 해양에 의한 에너지 수송의 유무와 관계없이 위도에 따라 지구로 입사하는 태양 복사 에너지의 흡수량은 동일하므로 A는 태양 복사 에너지 흡수량이다. 만약 대기와 해양에 의한 에너지의 수송이 일어나지 않는다면 지구상의 모든 지점에서 흡수한 에너지만큼을 방출해야 하므로, (나)가 대기와 해양에 의한 에너지 수송이 일어나지 않는 경우이다. (가)는 저위도의 남는 에너지가 대기와 해양에 의해 고위도로 이동하는 경우로 에너지 수송이 일어난다.

|보|기|풀|이|

ㄱ. 오답 : (가)와 (나)에서 A는 변하지 않고 동일한 값을 갖는다. 위도별로 지구로 입사하는 태양 복사 에너지는 에너지 수송의 유무와 관계없이 일정하게 나타나므로 (가)와 (나)에서 동일하게 나타나는 A는 태양 복사 에너지 흡수량이며, B는 지구 복사 에너지 방출량이다.

ㄴ. 정답 : (가)에서 적도 지방은 흡수하는 태양 복사 에너지의 양이 방출하는 지구 복사 에너지의 양보다 많다. 따라서 적도 지방은 에너지 과잉 상태이다.

ㄷ. 오답 : (나)에서는 대기와 해양에 의한 에너지 수송이 일어나지 않는 상태이므로, 태양 복사 에너지 흡수량이 많은 적도 지방의 기온은 높고 태양 복사 에너지 흡수량이 적은 극지방의 기온은 낮다. (가)에서와 같이 에너지의 수송이 일어나는 경우, 적도 지방의 과잉 에너지가 극지방으로 수송되므로 적도 지방의 기온은 (나)에 비해 상대적으로 낮아지고 극지방의 기온은 상대적으로 높아지면서, 적도와 극지방에서의 연평균 기온 차이는 작아진다. 따라서 적도와 극지방에서의 연평균 기온 차는 (나)가 (가)보다 크다.

🙂 **문제풀이 TIP** | 대기와 해양에 의한 남북 간의 에너지 수송이 일어나지 않는 경우 모든 위도에서 태양 복사 에너지 흡수량과 지구 복사 에너지 방출량은 같게 나타난다. 남북 간의 에너지 수송이 일어나는 경우 적도의 기온은 낮아지고 극지방의 기온은 높아져 적도와 극지방의 기온 차는 작아진다.

🙂 **출제분석** | 위도에 따른 태양 복사 에너지 흡수량과 지구 복사 에너지 방출량을 다룬 문항은 자주 출제되었지만, 이 문항은 에너지 수송이 일어나는 경우와 일어나지 않는 경우를 비교하고 있어 신선하다. 대기와 해양에 의한 남북 간의 에너지 수송이 어떤 역할을 하고 어떤 변화를 만드는지 구체적으로 학습해두어야 한다.

그림은 남태평양에서 표층 해수의 용존 산소량이 같은 지점을 연결한 선을 나타낸 것이다.

이에 대한 옳은 설명만을 〈보기〉에서 있는 대로 고른 것은?

보기

ㄱ. 표층 해수의 용존 산소량은 A 해역이 B 해역보다 ~~많다.~~ 적다.
└→ 수온↑   └→ 수온↓

ㄴ. C 해역에는 한류가 흐른다.

ㄷ. 남태평양에서 아열대 순환의 방향은 ~~시계~~ 방향이다.
       반시계

① ㄱ   ✓② ㄴ   ③ ㄱ, ㄷ   ④ ㄴ, ㄷ   ⑤ ㄱ, ㄴ, ㄷ

|자|료|해|설|

A 해역에는 저위도에서 고위도로 난류가 흐르고, B 해역에는 남극 순환 해류가 흐르고 있으며, C 해역에는 고위도에서 저위도로 한류가 흐르고 있다. 남태평양 아열대 순환의 방향은 반시계 방향이다.

|보|기|풀|이|

ㄱ. 오답 : 표층 해수의 수온이 낮을수록 용존 산소량이 많다. A 해역이 B 해역보다 표층 해수의 수온이 높으므로 용존 산소량은 적다.

ㄴ. 정답 : C 해역에는 고위도에서 저위도로 한류가 흐르고 있다.

ㄷ. 오답 : 남태평양에서 아열대 순환의 방향은 시계 반대 방향이다.

🤪 **문제풀이 T I P |** 표층 해수의 수온이 낮을수록 용존 산소량이 많다. 해수의 표층 순환은 남반구와 북반구가 적도를 기준으로 서로 대칭을 이루며, 북반구 아열대 순환은 시계 방향, 남반구 아열대 순환은 반시계 방향으로 회전한다.

😀 **출제분석 |** 표층 해류의 특징과 순환 방향을 묻는 기본 문제이다.

그림은 대기와 해양에서 남북 방향으로의 연평균 에너지 수송량을 위도별로 나타낸 것이다.

이에 대한 설명으로 옳은 것만을 〈보기〉에서 있는 대로 고른 것은? 3점

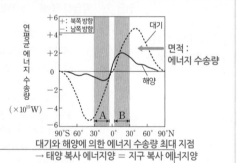

대기와 해양에 의한 에너지 수송량 최대 지점
→ 태양 복사 에너지양 = 지구 복사 에너지양

보기   차이 거의 없음 (균형 상태)

ㄱ. 흡수하는 태양 복사 에너지양과 방출하는 지구 복사 에너지양의 차는 38°S가 0°보다 크다.
       └→ 에너지 과잉 상태

ㄴ. 대기에 의한 에너지 수송량 / 해양에 의한 에너지 수송량 은 A지역이 B지역보다 크다.
       └→ 에너지를 고위도로 이동시킴

ㄷ. 위도별 에너지 불균형은 대기와 해양의 순환을 일으킨다.

① ㄱ   ② ㄷ   ③ ㄱ, ㄴ   ✓④ ㄴ, ㄷ   ⑤ ㄱ, ㄴ, ㄷ

|자|료|해|설|

지구계에 입사하는 태양 복사 에너지양과 지구가 재방출하는 지구 복사 에너지양은 지구 전체적으로는 같지만, 위도별로는 불균형이 나타난다. 즉, 단위 면적당 받는 태양 복사 에너지양이 많은 저위도에서는 에너지 과잉이, 단위 면적당 받는 태양 복사 에너지양이 작은 고위도에서는 에너지 부족 상태가 발생한다. 이때 저위도의 남는 에너지가 대기와 해수의 순환에 의해 고위도로 수송된다. 그림에서 대기 및 해양 그래프의 아래 면적은 에너지 수송량을 나타내며 두 수송량의 합이 최대인 지점은 태양 복사 에너지양과 지구 복사 에너지양이 동일한 균형 상태이다.

|보|기|풀|이|

ㄱ. 오답 : 적도(0°) 지역은 단위 면적당 입사하는 태양 복사 에너지양이 많아 에너지 과잉 상태이다. 과잉된 에너지는 대기와 해수의 순환에 의해 고위도로 이동하는데, 태양 복사 에너지양과 지구 복사 에너지양이 균형인 지점에서 이동하는 에너지의 양이 가장 많고, 이 에너지를 고위도의 에너지 부족 지역에 분배한다. 따라서 38°S 부분은 에너지 수송량이 거의 최대인 지점이므로 태양 복사 에너지양과 지구 복사 에너지양이 균형을 이루는 지점이다.

ㄴ. 정답 : 에너지 수송량은 대기 또는 해양에 의한 수송량 그래프의 아래 면적에 해당한다. A 지역과 B지역은 대기에 의한 에너지 수송량은 비슷한데 반해, A지역의 해양에 의한 에너지 수송량은 B지역의 해양에 의한 에너지 수송량보다 작다. 따라서 대기에 의한 에너지 수송량 / 해양에 의한 에너지 수송량 은 A지역이 B지역보다 크다.

ㄷ. 정답 : 위도별 에너지 불균형이 생기면 과잉된 에너지가 대기와 해수의 순환을 통해 에너지가 부족한 지역으로 이동한다.

🤪 **문제풀이 T I P |** 위도별 에너지 불균형은 저위도의 과잉 에너지를 고위도로 이동시킨다. 따라서 에너지의 이동 방향은 저위도에서 고위도 방향이며, 에너지 수송량은 태양 복사 에너지양과 지구 복사 에너지양이 균형을 이루는 지점에서 최대가 된다.

😀 **출제분석 |** 대기와 해수의 순환은 에너지를 순환시키는 역할을 하므로 지구계 상호 작용 단원과 지구계의 에너지와 순환 단원은 결합하여 출제될 가능성이 높다.

그림은 북반구에서 대기 대순환을 이루는 순환 세포 A, B, C를 나타낸 것이다.

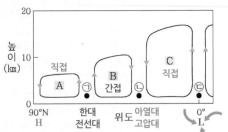

이에 대한 옳은 설명만을 〈보기〉에서 있는 대로 고른 것은?

보기

ㄱ. 직접 순환에 해당하는 것은 A와 C이다.

ㄴ. 온대 저기압은 ⓛ보다 ⑤ 부근에서 주로 발생한다.

ㄷ. ⓒ에서는 공기가 발산한다.
           수렴
    ↳ 적도 저압대

① ㄱ   ② ㄷ   ③ ㄱ, ㄴ   ④ ㄴ, ㄷ   ⑤ ㄱ, ㄴ, ㄷ

|자|료|해|설|

A는 극세포, B는 페렐 세포, C는 해들리 세포이다. ⑤ (한대 전선대)과 ⓒ(적도 저압대)에서는 하층 공기의 수렴 때문에 상승 기류가 발달하고 ⓛ(아열대 고압대)에서는 상층 공기가 하강하여 발산한다. A와 C는 직접 순환이고 B는 간접 순환이다. 온대 저기압은 ⑤(한대 전선대) 부근에서 주로 발생한다.

|보|기|풀|이|

ㄱ. 정답 : 직접 순환에 해당하는 것은 A(극세포)와 C (해들리 세포)이다.

ㄴ. 오답 : 온대 저기압은 한대 전선대인 ⑤ 부근에서 주로 발생한다.

ㄷ. 오답 : ⓒ에서는 해들리 순환 때문에 불어온 공기가 수렴하여 상승한다.

 문제풀이 TIP | 지구가 자전할 때 대기 대순환의 특징과 각 위도별로 나타나는 기압 배치 및 대기의 흐름에 대해서 확실히 파악하고 있어야 한다.

극 순환	H 극고압대 (극 부근)
페렐 순환	L 한대 전선대 (위도 60도 부근) → 하층 수렴 → 상승
해들리 순환	H 아열대 고압대 (위도 30도 부근)
해들리 순환	L 적도 저압대 (적도 부근) → 하층 수렴 → 상승
페렐 순환	H 아열대 고압대 (위도 30도 부근)
극 순환	L 한대 전선대 (위도 60도 부근) → 하층 수렴 → 상승
	H 극고압대 (극 부근)

 출제분석 | 대기 대순환과 기압대 간의 관계를 묻는 기본 문제이다.

그림은 해수면 부근에서 부는 바람의 남북 방향의 연평균 풍속을 나타낸 것이다. ⑤과 ⓛ은 각각 60°N과 60°S 중 하나이다.

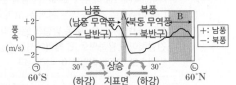

이 자료에 대한 설명으로 옳은 것만을 〈보기〉에서 있는 대로 고른 것은?

보기

ㄱ. ⑤은 60°S이다.
           상승
ㄴ. A에서 해들리 순환의 하강 기류가 나타난다.

ㄷ. 페루 해류는 B에서 나타난다.
    쿠로시오 해류, 캘리포니아 해류 등

① ㄱ   ② ㄴ   ③ ㄷ   ④ ㄱ, ㄴ   ⑤ ㄱ, ㄷ

|자|료|해|설|

위도 0~30° 사이에 부는 무역풍은 북반구에서는 북동 무역풍, 남반구에서는 남동 무역풍이다. 따라서 남풍으로 나타나는 왼쪽이 남반구, 북풍으로 나타나는 오른쪽이 북반구이다. 즉, ⑤은 60°S, ⓛ은 60°N이다. 북동 무역풍, 남동 무역풍이 만나는 위도 0° 근처(A)에서는 상승 기류가 발달하고, 위도 30° 부근에서는 하강 기류가 발달한다. 이 순환이 해들리 순환이다.

|보|기|풀|이|

ㄱ. 정답 : ⑤이 속한 반구에서 남동 무역풍이 불기 때문에 ⑤은 60°S이다.

ㄴ. 오답 : A에서 남동 무역풍과 북동 무역풍이 수렴하여 상승한다. 즉, 해들리 순환의 상승 기류가 나타난다.

ㄷ. 오답 : 페루 해류는 남반구에서 나타난다. B에서는 쿠로시오 해류나 캘리포니아 해류 등이 나타난다.

 문제풀이 TIP | 남반구는 남동 무역풍, 북반구는 북동 무역풍이 나타난다. 두 바람이 수렴하는 곳에서 해들리 순환의 상승 기류가 발달하고, 위도 30° 부근에서는 하강 기류가 발달한다.

 출제분석 | 대기 대순환을 주로 다루는 문제이다. 풍속의 (+), (−)로 풍향을 알려주어 남반구와 북반구를 판단하고(ㄱ 보기), 해들리 순환과 연결(ㄴ 보기)해야 한다. ㄷ 보기는 해수의 표층 해류까지 연결한 문제이다. 자료가 생소하다고 느껴질 수 있는 만큼 ㄱ~ㄷ 보기가 모두 평이하다. 배점은 2점이지만 자료 해석 때문에 정답률이 상당히 낮다.

그림은 북반구의 대기 대순환을 나타낸 것이다. A, B, C는 각각 해들리 순환, 페렐 순환, 극순환 중 하나이다. 이에 대한 설명으로 옳은 것만을 〈보기〉에서 있는 대로 고른 것은?

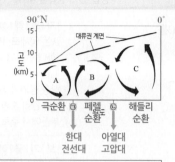

보기

ㄱ. A의 지상에는 동풍 계열의 바람이 우세하게 분다. → 극동풍

ㄴ. 직접 순환에 해당하는 것은 B이다. → A, C

ㄷ. 남북 방향의 온도 차는 ㉠에서가 ㉡에서보다 크다.

① ㄱ   ② ㄴ   ③ ㄱ, ㄷ   ④ ㄴ, ㄷ   ⑤ ㄱ, ㄴ, ㄷ

|자|료|해|설|

대류권 계면은 극지방으로 갈수록 낮으므로 위도는 A가 있는 쪽이 높고, C가 있는 쪽이 낮다.

대기 대순환은 저위도(0°~30°)에서 해들리 순환, 중위도(30°~60°)에서 페렐 순환, 고위도(60°~90°)에서 극순환을 한다. 해들리 순환과 극순환은 열적 대류에 의해 발생한 직접 순환이지만, 페렐 순환은 두 직접 순환에 의해 만들어진 간접 순환이다.

㉠에서는 극순환에 의해 위도 60° 부근으로 이동하는 찬 공기가 페렐 순환에 의해 위도 60° 부근으로 이동한 공기와 만나는데, 두 공기는 기온 차가 커서 쉽게 섞이지 못해 상승 기류를 만들어낸다. 두 순환이 만나 형성한 ㉠을 한대 전선대라고 한다.

적도에서 가열되어 상승한 공기가 상공에서 고위도로 이동하다가 온도가 낮아짐에 따라 밀도가 커져 위도 30° 부근에서 하강한다. 이때 형성되는 ㉡을 아열대 고압대라고 한다.

|보|기|풀|이|

ㄱ. 정답 : A는 극순환으로, A의 지상에는 동풍 계열의 바람인 극동풍이 분다.

ㄴ. 오답 : 직접 순환에 해당하는 것은 A(극순환), C(해들리 순환)이다. B(페렐 순환)는 간접 순환에 해당한다.

ㄷ. 오답 : 남북 방향의 온도 차는 한대 전선대에서가 아열대 고압대에서보다 크다. 따라서 ㉠에서가 ㉡에서보다 남북 방향의 온도 차가 크다.

그림은 평균 해면 기압을 위도에 따라 나타낸 것이다.

이 자료에 대한 설명으로 옳은 것만을 〈보기〉에서 있는 대로 고른 것은? 3점

보기

ㄱ. A는 대기 대순환의 간접 순환 영역에 위치한다. → 페렐 순환

ㄴ. B 해역에서는 남극 순환류가 흐른다.

ㄷ. C 해역에서는 대기 대순환에 의해 표층 해수가 발산한다. → 편서풍에 의해 발생

① ㄱ   ② ㄷ   ③ ㄱ, ㄴ   ④ ㄴ, ㄷ   ⑤ ㄱ, ㄴ, ㄷ

|자|료|해|설|

위도 0°는 적도 저압대, 30°는 아열대 고압대, 60°는 한대 전선대, 90°는 극 고압대이다. 0°~30°에는 해들리 순환이 나타나고, 무역풍이 분다. 30°~60°에는 페렐 순환이 나타나고, 편서풍이 분다. 60°~90°에는 극 순환이 나타나고, 극동풍이 분다. A와 B는 중위도에 위치하므로 간접 순환이 나타나고, 편서풍에 의해 A에서는 북태평양 해류, 북대서양 해류가, B에서는 남극 순환류가 흐른다. C를 기준으로 저위도에는 편서풍, 고위도에는 극동풍이 분다. 남반구에서는 운동 방향의 왼쪽 직각 방향으로 전향력이 작용하므로, C 해역에서는 표층 해수가 반대 방향으로 이동하여 발산이 나타난다.

|보|기|풀|이|

ㄱ. 정답 : A는 페렐 순환이 나타나는 곳이므로, 간접 순환 영역에 위치한다.

ㄴ. 정답 : B 해역에서는 편서풍의 영향으로 남극 순환류가 흐른다.

ㄷ. 정답 : C 해역에서는 대기 대순환에 의해 표층 해수가 발산한다.

😮 문제풀이 TIP | 0°~30°: 해들리 순환(북적도, 남적도 해류), 무역풍, 직접 순환
30°~60°: 페렐 순환, 편서풍(북대서양, 북태평양 해류, 남극 순환류), 간접 순환
60°~90°: 극순환, 극동풍, 직접 순환

😊 출제분석 | 위도별로 고압대인지 저압대인지는 다루지만, 이 문제의 자료는 자주 출제되지 않는 생소한 자료이다. 따라서 체감하기에 어렵게 느껴질 수 있다. 그러나 위도 30°씩 나누며 고압대, 저압대를 표시하고 대기 대순환과 바람을 적으면 ㄱ, ㄴ 보기를 판단할 수 있다. ㄷ 보기는 편서풍과 극동풍의 방향을 표시하고, 남반구이므로 왼쪽 직각 방향으로 전향력(해수 수송)을 나타내면 해수의 발산을 알 수 있다.

그림 (가)와 (나)는 어느 해 2월과 8월의 남태평양의 표층 수온을 순서 없이 나타낸 것이다. A와 B는 주요 표층 해류가 흐르는 해역이다.

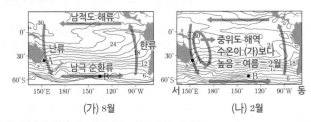

(가) 8월   (나) 2월

이에 대한 설명으로 옳은 것만을 〈보기〉에서 있는 대로 고른 것은?

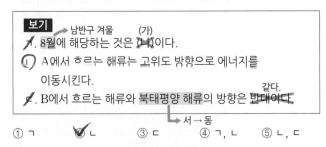

보기

ㄱ. 8월에 해당하는 것은 (나)이다.   [남반구 겨울 (가)]

ㄴ. A에서 흐르는 해류는 고위도 방향으로 에너지를 이동시킨다.

ㄷ. B에서 흐르는 해류와 북태평양 해류의 방향은 반대이다.   [같다. 서→동]

① ㄱ   ② ㄴ ✓   ③ ㄷ   ④ ㄱ, ㄴ   ⑤ ㄴ, ㄷ

|자|료|해|설|
남태평양의 표층 수온을 다루고 있으므로 해당 지역은 남반구이다. 남반구는 2월이 여름, 8월이 겨울이다. (가)와 비교했을 때, 중위도 해역의 표층 수온은 대체로 (나)에서 더 높으므로 (나)가 여름인 2월, (가)는 겨울인 8월이다. 동에서 서로 흐르는 남적도 해류, 저위도에서 고위도로 A를 지나 흐르는 난류, 서에서 동으로 B를 지나 흐르는 남극 순환류, 고위도에서 저위도로 흐르는 한류가 남반구의 아열대 순환을 구성한다. 난류는 저위도에서 고위도로 에너지를 전달한다.

|보|기|풀|이|
ㄱ. 오답 : 남반구에서 8월은 겨울이므로, 8월에 해당하는 것은 표층 수온이 대체로 낮은 (가)이다.

ㄴ. 정답 : A에서 흐르는 해류는 난류이며, 저위도에서 고위도 방향으로 흐르며 에너지를 이동시킨다.

ㄷ. 오답 : B에는 서에서 동으로 남극 순환 해류가 흐른다. 북태평양 해류 역시 편서풍의 영향을 받아 서에서 동으로 흐르므로 B에서 흐르는 해류와 북태평양 해류의 방향은 같다.

😮 **문제풀이 T I P** | 남반구는 2월에 여름, 8월에 겨울이다.
저위도에서 고위도로 가면 난류, 고위도에서 저위도로 가면 한류이다. 난류는 저위도의 에너지를 고위도로 수송하는 역할을 한다.

😎 **출제분석** | 의외로 복병인 문제였다. 한류와 난류가 흐르는 위치는 쉽게 떠올릴 수 있으나, 남태평양을 다루기 때문에 2월이 여름이고 8월이 겨울인 것을 간과하면 바로 오답을 고르게 된다. ㄴ 보기는 난류와 한류를 다뤘고, ㄷ 보기는 자료에서 제시되지 않은 북태평양 해류의 방향을 고려해야 했다. 북반구에 관한 자료이면 어렵지 않았을 텐데 남반구라는 생소한 자료가 제시되어서 오답률이 상당히 높았다.

그림은 표층 해류가 흐르는 해역 A, B, C의 위치와 대기 대순환에 의해 지표면에서 부는 바람을 나타낸 것이다. ⊙과 ⓒ은 각각 중위도 고압대와 한대 전선대 중 하나이다.

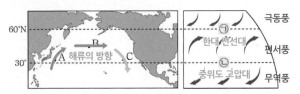

이에 대한 옳은 설명만을 〈보기〉에서 있는 대로 고른 것은?

보기

ㄱ. 중위도 고압대는 ⓒ이다.

ㄴ. 수온만을 고려할 때, 표층에서 산소의 용해도는 A에서보다 C에서 높다.

ㄷ. B에 흐르는 해류는 편서풍의 영향으로 형성된다.

① ㄴ   ② ㄷ   ③ ㄱ, ㄴ   ④ ㄱ, ㄷ   ⑤ ㄴ, ㄷ ✓

|자|료|해|설|
북반구 저위도에서는 북동풍인 무역풍이 불고, 중위도에서는 남서풍인 편서풍이 분다. 고위도에서는 극동풍이 분다. ⊙은 극지방에서 냉각된 공기가 내려와 편서풍과 만나 위도 60° 부근에서 상승하여 형성된 한대 전선대이고, ⓒ은 적도 부근에서 뜨거워져 상승한 공기가 상공에서 고위도로 이동하면서 냉각되어 밀도가 커져 하강하여 형성된 중위도 고압대이다.
저위도에서 바람의 방향은 동에서 서로, 중위도에서 바람의 방향은 서에서 동으로 불기 때문에 표층 해수는 북태평양에서 시계 방향으로 이동한다. 따라서 해역 A에서는 저위도의 따뜻한 해수가 중위도로 이동하고 있고, 해역 C에서는 중위도에서 냉각된 차가운 해수가 저위도로 이동하고 있다.

|보|기|풀|이|
ㄱ. 오답 : 중위도 고압대는 ⓒ이다. ⊙은 한대 전선대이다.

ㄴ. 정답 : 수온만을 고려할 때, 산소의 용해도는 수온이 낮을수록 높다. 해역 A에서의 수온은 C에서보다 높으므로 산소의 용해도는 A에서보다 C에서 높다.

ㄷ. 정답 : B에 흐르는 해류는 편서풍의 영향으로 서에서 동으로 흐른다.

그림은 태평양 표층 해수의 동서 방향 연평균 유속을 위도에 따라 나타낸 것이다. (+)와 (−)는 각각 동쪽으로 향하는 방향과 서쪽으로 향하는 방향 중 하나이다.

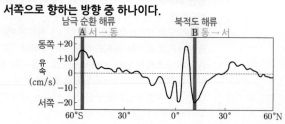

이 자료에 대한 설명으로 옳은 것만을 〈보기〉에서 있는 대로 고른 것은? 3점

보기

ㄱ. (+)는 동쪽으로 향하는 방향이다.

ㄴ. A의 해역에서 나타나는 주요 표층 해류는 <del>극동풍</del>에 의해 형성된다.
                            편서풍

ㄷ. 북적도 해류는 B의 해역에서 나타난다.

① ㄱ   ② ㄴ   ③ ㄷ   ④ ㄱ, ㄴ   ⑤ ㄱ, ㄷ

|자|료|해|설|

A 해역은 남반구 중위도에 위치한 해역으로 남극 순환 해류가 흐른다. 남극 순환 해류는 편서풍의 영향을 받아 서쪽에서 동쪽으로 흐르므로 (+)는 동쪽, (−)는 서쪽으로 향하는 방향이다.

B 해역은 북반구 저위도에 위치한 해역으로 북적도 해류가 흐른다. 북적도 해류는 무역풍의 영향을 받아 동쪽에서 서쪽으로 흐른다.

|보|기|풀|이|

ㄱ. 정답 : A 해역에서는 서쪽에서 동쪽으로 이동하는 해류가 흐르고, B 해역에서는 동쪽에서 서쪽으로 이동하는 해류가 흐르므로 (+)는 동쪽으로 향하는 방향이다.

ㄴ. 오답 : A의 해역에서 나타나는 주요 표층 해류는 서쪽에서 동쪽으로 부는 편서풍에 의해 형성된다.

ㄷ. 정답 : 북적도 해류는 북반구 저위도 해역에서 동쪽에서 서쪽으로 흐르므로 B의 해역에서 나타난다.

😀 출제분석 | 해류의 방향을 유속으로 표현함으로써 난이도를 높인 문항이다. 저위도와 중위도에서 해류의 방향은 명확하기 때문에 A, B에 해당하는 해류를 찾아 (+)와 (−)의 방향을 구분하는 것은 어렵지 않았지만, 낯선 자료를 이해하는 데 시간이 걸릴 수도 있는 문항이다.

02 해양의 심층 순환

기본자료

필수개념 1 해수의 심층 순환

1. 해수의 심층 순환
1) 밀도류: 해수의 염분과 수온 변화에 의해 밀도 차이 → 밀도 차에 의해 침강 또는 상승
2) 표층 해수의 침강: 표층 해수의 밀도가 증가하면 아래로 침강하여 심층의 해수가 됨
         → 그린란드 및 남극 주변 해수의 침강

2. 심층 순환
1) 심층 순환: 수온 약층 아래에서 수온과 염분 변화에 의해 발생하는 순환(열염 순환)
2) 특징: 매우 느리게 이동하며, 전체 수심에서 발생
3) 발생 과정

▶ 심층 순환
심층 순환은 해수의 밀도 차이에 의해 발생하고, 밀도는 수온과 염분의 변화로 나타나므로 심층 순환을 열염 순환이라고 하고, 심층 해류를 밀도류라고도 한다.

고위도	고위도 좁은 해역에서 표층 해수가 냉각되거나 결빙에 의해 밀도가 증가 → 침강
	침강 후 심층 해수가 되어 저위도로 매우 느린 속도로 이동
저위도	저위도로 이동한 심층 해수는 저위도 넓은 해역에서 서서히 용승
	용승 후에는 표층을 따라 해수가 흐름

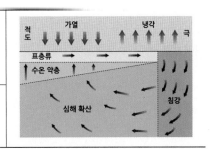

3. 전 세계 심층 순환
흰색 동그라미 부분: 침강 해역(남극 주변 웨델해, 북대서양 그린란드 해역)
인도양 및 북태평양: 용승 해역(인도양, 태평양 해역)

▶ 표층 순환과 심층 순환의 비교
표층 순환은 유속이 빠르지만 심층 순환은 유속이 느리다. 또한, 표층 순환은 북반구와 남반구가 분리되어 나타나지만 심층 순환은 북반구와 남반구의 경계 없이 적도를 넘어 나타난다.

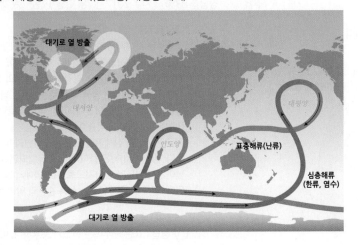

4. 심층 순환의 역할
1) 산소가 풍부한 표층 해수를 심층으로 운반해 산소 공급
2) 모든 수심에 걸쳐 발생하므로 지구 전체의 해수를 순환시키는 역할
3) 지구의 열수지 균형
4) 기후 변화

그림은 해수의 심층 순환을 나타낸 모식도이다. A와 B는 각각 표층 해류와 심층 해류 중 하나이다.

이에 대한 설명으로 옳은 것만을 〈보기〉에서 있는 대로 고른 것은? 3점

보기

ㄱ. A에 의해 에너지가 수송된다.

ㄴ. ㉠ 해역에서 해수가 침강하여 심해층에 산소를 공급한다.

~~ㄷ. 평균 이동 속력은 A가 B보다 느리다.~~ 빠르다

① ㄱ　　② ㄴ　　③ ㄷ　　✔④ ㄱ, ㄴ　　⑤ ㄱ, ㄷ

|자|료|해|설|

표층 해류(A)는 저위도의 과잉 에너지를 고위도로 수송하는 역할을 하며, 고위도로 이동한 해수 중 밀도가 커진 부분은 침강하여 심층 해류(B)를 이룬다. 표층 해수가 침강하여 심해에 산소를 공급하면 심해 생물이 살아갈 수 있다.

표층 해류는 대기 대순환의 영향을 받아 움직이고, 심층 해류는 수온과 염분 변화에 따른 밀도 차에 의해 움직이는데 이동 속도는 표층 해류가 심층 해류보다 더 빠르다.

|보|기|풀|이|

ㄱ. 정답 : A는 표층 해류로 저위도의 과잉 에너지를 고위도로 수송한다.

ㄴ. 정답 : ㉠ 해역은 표층 해수가 냉각되어 침강하는 고위도에 위치하며, 용존 산소가 풍부한 고위도 해역의 찬 해수가 침강하여 심해층에 산소를 공급한다.

ㄷ. 오답 : 평균 이동 속력은 표층 해류(A)가 심층 해류(B)보다 빠르다.

그림은 전 지구적인 해수의 순환을 나타낸 것이다.

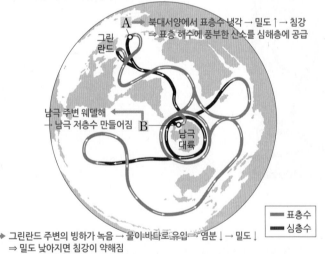

A → 북대서양에서 표층수 냉각 → 밀도↑→ 침강
⇒ 표층 해수에 풍부한 산소를 심해층에 공급

그린란드

남극 주변 웨델해
→ 남극 저층수 만들어짐 B

남극 대륙

━━ 표층수
━━ 심층수

그린란드 주변의 빙하가 녹음 → 물이 바다로 유입 → 염분↓→ 밀도↓
⇒ 밀도 낮아지면 침강이 약해짐

이에 대한 설명으로 옳은 것만을 〈보기〉에서 있는 대로 고른 것은?

보기

ㄱ. A해역에서 해수의 침강은 심해층에 산소를 공급한다.

ㄴ. B해역에서 침강한 해수는 남극 저층수를 형성할 것이다.

~~ㄷ. 지구 온난화가 심해지면 A해역에서 침강이 강해질 것이다.~~ 약해질

① ㄱ　　② ㄷ　　✔③ ㄱ, ㄴ　　④ ㄴ, ㄷ　　⑤ ㄱ, ㄴ, ㄷ

|자|료|해|설|

심층수는 북대서양과 남극에서 형성된다. 그린란드 주변의 A해역은 북대서양에 위치한다. 북대서양에서 표층수가 냉각되어 밀도가 커지면 침강하며 표층수의 풍부한 산소를 심해층에 공급한다. 남극 대륙 주변에서는 남극 저층수와 남극 중층수가 만들어진다. 이 중 남극 대륙에 가까운 B해역에서는 남극 저층수가 형성된다.

지구 온난화가 심해지면 그린란드 주변의 빙하가 녹게 된다. 빙하에서 녹은 물이 바다로 유입되면 해수의 염분이 낮아져서 밀도가 낮아지므로, A해역에서 침강이 약해지게 된다. 결국 지구 온난화는 심층 순환의 약화를 야기시킨다.

|보|기|풀|이|

ㄱ. 정답 : 표층 해수에는 산소가 풍부하다. 따라서 산소가 풍부한 표층 해수가 침강하면 심해층에 산소를 공급하게 된다.

ㄴ. 정답 : B해역은 남극 대륙에 가까운 해역으로, 이곳에서 침강한 해수는 남극 저층수를 형성한다.

ㄷ. 오답 : 지구 온난화가 심해지면 빙하에서 녹은 물이 유입되어 해수의 염분이 낮아지고 그 결과, 해수의 밀도가 낮아진다. 따라서 A해역에서 침강은 약화된다.

😊 **출제분석** | 해수의 심층 순환을 묻는 문제로, 매 시험 출제되는 개념이다. 출제 빈도가 매우 높은 개념이므로 중상위권 이상의 학생이라면 확실하게 짚고 넘어가야 할 개념이다. 이 문제에서는 기본적인 내용을 다루기 때문에 난도는 '중'이다. 수능에서는 보기 ㄷ처럼 지구 온난화, 해수의 밀도와 심층 순환의 관계를 묻는 문제가 출제될 가능성이 높다.

그림 (가)는 대서양의 해수 순환을, (나)는 대서양 해수의 연직 순환을 나타낸 모식도이다. A, B, C는 각각 남극 저층수, 북대서양 심층수, 표층수 중 하나이다.

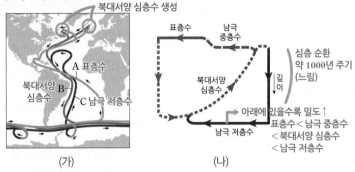

(가)   (나)

이에 대한 옳은 설명만을 〈보기〉에서 있는 대로 고른 것은?

> **보기**
>
> . 해수의 이동 속도는 A가 C보다 ~~느리다~~ 빠르다
>
> ㄴ. B는 북대서양 심층수이다.
>
> ㄷ. 해수의 평균 밀도는 B가 C보다 ~~크다~~ 작다

① ㄱ   ✓② ㄴ   ③ ㄱ, ㄷ   ④ ㄴ, ㄷ   ⑤ ㄱ, ㄴ, ㄷ

|자|료|해|설|

북대서양에서 염분이 높은 해수가 냉각되며 밀도가 커져서 침강하여 북대서양 심층수(B)가 만들어진다. 남극 주변에서는 남극 저층수와 남극 중층수가 만들어지는데 남극 저층수(C)가 밀도가 더 커 아래에 위치한다. 표층수(A)는 밀도가 가장 낮다. 표층수의 순환 주기는 몇 년~몇십 년이고, 심층 순환의 주기는 약 1000년이다.

|보|기|풀|이|

ㄱ. 오답 : 해수의 이동 속도는 표층수인 A가 남극 저층수인 C보다 빠르다.

ㄴ. 정답 : B는 북대서양 심층수이다.

ㄷ. 오답 : 해수의 평균 밀도는 B보다 C가 크다.

😮 **문제풀이 TIP |** 해수의 평균 밀도는 표층수＜남극 중층수＜북대서양 심층수＜남극 저층수이다.
심층수의 염분은 남극 중층수＜남극 저층수＜북대서양 심층수이다.
심층수의 수온은 남극 중층수＞북대서양 심층수＞남극 저층수이다.
표층 순환보다 심층 순환이 훨씬 느리다.

😀 **출제분석 |** 해수의 심층 순환은 정말 자주 출제되는 개념이다. 이 문제는 응용이나 적용 없이 기본 개념만을 묻고 있다. ㄱ~ㄷ 보기 모두 개념을 꼬지 않고 간단하게 물어보고 있어서 문제의 난이도는 낮은 편이다. (가) 그림에서 북대서양 심층수가 만들어지는 위치는 확인해두는 것이 좋다.

그림 (가)는 대서양의 염분 분포와 수괴를 나타낸 것이고, (나)는 (가)의 9°S에서 깊이에 따른 수온과 염분의 분포를 수온-염분도에 나타낸 것이다. (나)의 A와 B는 각각 남극 저층수와 북대서양 심층수 중 하나이다.

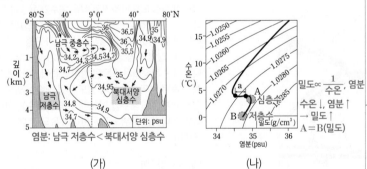

(가)   (나)

이에 대한 설명으로 옳은 것만을 〈보기〉에서 있는 대로 고른 것은?

> **보기**
>
> 염분: 북대서양 심층수＞남극 저층수
> 수온: 북대서양 심층수＞남극 저층수
>
> ㄱ. A는 북대서양 심층수이다.
>
> ~~ㄴ~~. 남극 중층수는 ~~A와 B가 혼합하여~~ 형성된다.
>
> ㄷ. (나)의 a 구간에서 밀도 변화는 수온보다 염분에 더 영향을 받는다.

① ㄱ   ② ㄴ   ✓③ ㄱ, ㄷ   ④ ㄴ, ㄷ   ⑤ ㄱ, ㄴ, ㄷ

|자|료|해|설|

그림 (가)를 보면 염분이 남극 저층수보다 북대서양 심층수가 더 높다는 것을 알 수 있다. 그림 (나)를 보면 A와 B의 밀도는 같고, 염분과 수온이 다르다는 것을 알 수 있다. 밀도가 크려면 수온이 낮고, 염분이 높아야 한다. A와 B의 밀도가 같으려면 염분이 더 높은 북대서양 심층수의 수온도 높아야 한다. 따라서 A는 북대서양 심층수이고, B는 남극 저층수이다. 북대서양 심층수는 그린란드 해역에서 만들어지며 수심은 1500~4000m 사이이고 60°S까지 이동한다. 남극 저층수는 남극 대륙 주변 웨델 해에서 만들어져 북쪽을 따라 이동하여 30°N까지 흐른다.

|보|기|풀|이|

ㄱ. 정답 : A는 수온과 염분이 더 높은 북대서양 심층수이다.

ㄴ. 오답 : 남극 중층수는 남극의 외곽에서 생성되어 남반구 전체와 적도 해역의 중층을 차지한다. 북대서양 심층수와 남극 저층수와는 다른 특성을 가진다.

ㄷ. 정답 : (나)의 a 구간에서 수온은 일정하고 염분만 달라지므로 밀도 변화는 수온보다 염분에 더 영향을 받는다.

😮 **문제풀이 TIP |** 밀도는 수온과 염분에 의해 변한다는 것과 수온이 낮을수록 염분이 높을수록 밀도는 커진다는 것을 기억해야 한다. 북대서양 심층수와 남극 저층수의 생성 장소와 각각의 특징을 안다면 쉽게 풀 수 있다.

😀 **출제분석 |** 심층 순환을 단독으로 물어 북대서양 심층수와 남극 저층수의 차이를 비교하는 문제가 많이 출제되었고, 표층 순환과 연관 지어 물어볼 수 있기 때문에 표층 순환뿐만 아니라 심층 순환도 잘 정리해놓아야 한다.

Ⅱ
2
02
해양의 심층 순환

그림 (가)는 북대서양의 표층 순환과 심층 순환의 일부를, (나)는 고위도 해역에서 결빙이 일어날 때 해수의 움직임을 나타낸 것이다.

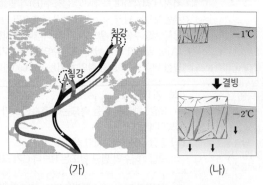

(가)   (나)

이에 대한 옳은 설명만을 〈보기〉에서 있는 대로 고른 것은?

보기

ㄱ. A와 B에서는 표층 해수의 침강이 일어난다. (표층 → 심층)

ㄴ. (나)의 과정에서 빙하 주변 표층 해수의 밀도는 커진다.

ㄷ. A와 B에 빙하가 녹은 물이 유입되면 북대서양의 심층   순환이 ~~강화~~될 것이다.   해수의 밀도가 작아져서   약화

① ㄱ   ② ㄷ   ✓③ ㄱ, ㄴ   ④ ㄱ, ㄷ   ⑤ ㄴ, ㄷ

|자|료|해|설|

(가)는 A, B 모두에서 표층 해류가 침강하여 심층수가 형성되는 과정을, (나)는 해수가 결빙하면서 얼음이 가라앉는 모습을 나타내고 있다. 결빙이 일어나게 되면 염류는 빠져나가고 순수한 물만 얼기 때문에 주변 해수의 염분은 높아지고 밀도 역시 증가하게 된다.

|보|기|풀|이|

ㄱ. 정답 : A와 B에서는 표층 해류가 침강하여 심층수가 형성된다.

ㄴ. 정답 : (나)의 과정에서 결빙에 참여하지 않고 빠져나온 염류가 주변 표층 해수에 유입되면서 그 밀도가 증가하게 된다.

ㄷ. 오답 : A와 B에 빙하가 녹은 물이 유입되면 해수의 밀도가 작아져서 북대서양의 심층 순환이 약화된다.

😮 문제풀이 TIP | 표층 해수가 심층 해수로 전환되는 과정을 이해하고, 염분의 유입과 유출에 의해 해수의 밀도가 어떻게 변화하는지를 순차적으로 생각해야 한다. 담수(빙하)의 유입은 해수의 밀도를 낮게 만들고, 이는 심층 순환의 약화로 이어질 수 있음을 기억하는 것이 좋다.

😊 출제분석 | 심층 순환에 관련된 문항이 최근 자주 출제되고 있다. 표층 해수가 심층 해수로 전환되는 과정을 파악하고 있어야 한다. 난이도는 중하로 어렵지 않았다.

그림은 전 지구적인 해수의 순환을 나타낸 것이다.

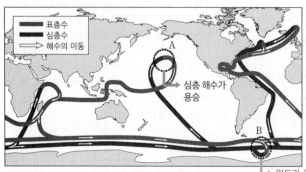

이에 대한 옳은 설명만을 〈보기〉에서 있는 대로 고른 것은?

보기

ㄱ. A 해역에서는 심층 해수의 용승이 일어난다.

ㄴ. B 해역에서 침강하는 해수는 주변의 해수보다 밀도가 크다.

ㄷ. 해수의 순환은 위도에 따른 에너지 불균형을 줄이는 역할을   한다. ➡ 저위도의 과잉 에너지를 고위도로 수송

① ㄱ   ② ㄴ   ③ ㄱ, ㄷ   ④ ㄴ, ㄷ   ✓⑤ ㄱ, ㄴ, ㄷ

|자|료|해|설|

그림의 화살표를 따라가면 심층 해수가 용승하여 표층 해수로, 표층 해수가 침강하여 심층 해수로 이동하는 해역이 있다. A 해역의 경우 심층수가 표층수로 이동하고 있다. B 해역의 경우 표층수의 일부가 심층수로 이동하고 나머지는 계속해서 흐르던 방향으로 이동하고 있다. 표층 해수 중 주변의 해수보다 밀도가 큰 해수는 밀도차에 의해 침강하여 심층 해수를 형성한다. 표층 해수는 저위도의 과잉 에너지를 고위도로 운반하여 위도 간 에너지 불균형을 줄인다.

|보|기|풀|이|

ㄱ. 정답 : A 해역에서는 심층 해수가 용승하여 표층 해수를 형성한다.

ㄴ. 정답 : B 해역에서는 주변보다 밀도가 큰 해수가 침강하여 심층 해수를 형성한다.

ㄷ. 정답 : 저위도의 과잉 에너지를 표층 해수가 고위도로 운반하여 위도 간의 에너지 불균형을 줄인다.

😮 문제풀이 TIP | 해수의 순환은 에너지 순환과 밀접한 관계가 있다. 그림에서 표층 해수와 심층 해수의 이동 방향을 알기 쉽게 표시하두어 빠르게 풀 수 있다.

😊 출제분석 | 해수의 이동은 다양한 지역, 물리량, 현상 등을 자료로 제시하고 여러 형태의 보기로 물어볼 수 있기 때문에 출제하기 좋다. 해수의 이동과 관련해서는 이동의 원인과 이동이 만들어내는 현상, 지역적 특징 등을 같이 공부하는 것이 좋다.

다음은 해수의 염분에 영향을 미치는 요인을 알아보기 위한
실험이다.

[실험 과정]
(가) 염분이 34.5psu인 소금물 900mL를 만들고, 3개의 비커에
각각 300mL씩 나눠 담는다.
(나) 각 비커의 소금물에 다음과 같이 각각 다른 과정을
수행한다.

과정	실험 방법
A	증류수 100mL를 넣어 섞는다. ➡ 염분↓
B	10분간 가열하여 증발시킨다. ➡ 염분↑
C	표층이 얼음으로 덮일 정도까지 천천히 얼린다. ➡ 염분↑

└➤ =결빙

증류수
소금물
A

소금물
B

얼음
소금물
C

(다) 각 비커에 있는 소금물의 염분을 측정하여 기록한다.

[실험 결과]

과정	A	B	C
염분(psu)	㉠	㉡	㉢

이에 대한 설명으로 옳은 것만을 〈보기〉에서 있는 대로 고른 것은?

 3점

보기   ➤ 염분 낮아짐
㉠. 담수의 유입에 의한 염분 변화를 알아보기 위한 과정은
염분 낮아짐 ◀━ A에 해당한다.
㉡. 실험 결과에서 34.5보다 큰 값은 ㉡과 ㉢이다.
㉢. 남극 저층수가 형성되는 과정은 C에 해당한다.
└➤ 웨델해에서 겨울철 결빙으로 염분이 높아져 해수가 심층으로 가라앉음.

① ㄱ   ② ㄴ   ③ ㄱ, ㄷ   ④ ㄴ, ㄷ   ✓⑤ ㄱ, ㄴ, ㄷ

|자|료|해|설|
해수의 염분에 영향을 미치는 요인을 알아보기 위한
실험이다. 해수의 온도가 낮아지거나 염분이 높아지면
해수의 밀도가 커져 심해로 가라 앉아 심층 순환이
형성된다.

|보|기|풀|이|
㉠ 정답 : 해수에 담수가 유입되면 표층 염분이 낮아진다.
따라서 담수의 유입에 의한 염분 변화를 알아보기 위한
과정은 A에 해당한다.
㉡ 정답 : 소금물은 담수의 유입에 의해서 염분이
낮아지며, 증발과 결빙에 의해서 소금물은 염분이
높아진다. 따라서 실험 결과에서 34.5보다 큰 값은 ㉡과 ㉢
이다. 과정 A에서 증류수를 추가함으로써 ㉠은 34.5보다
작게 나타난다.
㉢ 정답 : 남극 대륙 주변의 웨델해에서 기온이 낮아지면
표층 해수 일부가 결빙되는데, 얼음이 형성되는 과정에서
순수한 물만이 얼음이 되므로 남은 해수의 염분이 높아지며,
수온이 낮은 물은 밀도가 더욱 커져 남극 저층수를 형성한다.
따라서 남극 저층수가 형성되는 과정은 C에 해당한다.

😀 문제풀이 T I P | 염분에 가장 큰 영향을 주는 것은 증발량과
강수량이다. 더불어 강물의 유입, 해수의 결빙과 해빙 등이 염분의
변화에 영향을 준다.

🙂 출제분석 | 문제가 길기는 하지만 담수의 유입, 온도, 결빙 등이
염분에 미치는 영향을 이해한다면 쉽게 풀릴 수 있는 낮은 난이도의
문제이다.

Ⅱ
2
Ｉ
02
해양의 심층 순환

그림은 대서양에서 관측되는 수괴의 수온과 염분 분포를 나타낸 것이다. A~D는 북대서양 중앙 표층수, 남극 저층수, 북대서양 심층수, 남극 중층수를 순서 없이 나타낸 것이다.

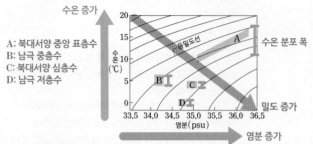

A: 북대서양 중앙 표층수
B: 남극 중층수
C: 북대서양 심층수
D: 남극 저층수

이에 대한 설명으로 옳은 것만을 〈보기〉에서 있는 대로 고른 것은?

보기
ㄱ. 수온 분포의 폭이 가장 큰 것은 A이다.
ㄴ. C는 그린란드 해역 주변에서 침강한다.
ㄷ. 평균 밀도는 D가 가장 크다.

① ㄱ　　② ㄷ　　③ ㄱ, ㄴ　　④ ㄴ, ㄷ　　✔⑤ ㄱ, ㄴ, ㄷ

|자|료|해|설|

수온 염분도(T−S도)는 세로축을 해수의 수온으로, 가로축을 염분으로 하여 수온과 염분, 밀도 사이의 관계를 그래프로 나타낸 것으로 우측하단으로 갈수록 밀도가 증가한다. 북대서양 심층수는 그린란드 해역에서 만들어지고 심심 약 1500~4000m 사이에서 60°S까지 이동한다.

T−S도에서 가장 수온이 높게 나타나는 A가 북대서양 중앙 표층수에 해당하고, 수온이 가장 낮고 염분이 높아 밀도가 가장 높은 D가 남극 저층수에 해당한다. 대서양에서 수괴의 분포는 표층부터 북대서양 중앙 표층수, 남극 중층수, 북대서양 심층수, 남극 저층수 순으로 형성되어 있으므로, B가 남극 중층수, C가 북대서양 심층수에 해당한다고 보는 것이 적합하다.

|보|기|풀|이|

ㄱ. 정답 : 수온변화의 폭이 가장 큰 것은 A이다.
ㄴ. 정답 : 북대서양 심층수는 그린란드 해역 주변에서 침강한다.
ㄷ. 정답 : 수온−염분도에서 우측 하단으로 갈수록 밀도가 증가하므로 평균 밀도는 남극 저층수가 가장 크다.

😮 **문제풀이 TIP** | [대서양에서의 심층 순환]
- 남극 저층수 : 웨델해에서 겨울철 결빙으로 염분이 높아지면서 해수가 심층으로 가라앉아 형성됨. 해저를 따라 북쪽으로 확장하여 위도 30°N까지 흐르고 전 세계 해양으로 퍼져 나감. 밀도가 가장 큰 해수로, 대서양에서 수심이 가장 깊은 곳을 흐름.
- 북대서양 심층수 : 그린란드 부근의 래브라도해와 노르웨이해에서 수km 깊이까지 해수가 가라앉아 형성됨. 남쪽으로 확장하여 위도 60°S까지 흐름. 남극 저층수보다 밀도가 작아 남극 저층수 위쪽으로 흐름.
- 남극 중층수 : 위도 50°S~60°S 근처에서 형성되어 수심 약 1000m의 중층을 따라 북쪽으로 흐름. 북대서양 심층수보다 밀도가 작아 북대서양 심층수 위쪽으로 흐름.

😮 **출제분석** | T−S도의 해석은 빈출 문항이고 그래프 해석만 잘하면 어렵지 않게 풀 수 있는 문항이다.

그림 (가)는 북대서양의 표층수와 심층수의 이동을, (나)는 대서양의 해수 순환을 나타낸 것이다. A, B, C는 각각 표층수, 남극 저층수, 북대서양 심층수 중 하나이다.

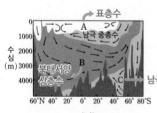

(가)　　　　　(나)

이에 대한 옳은 설명만을 〈보기〉에서 있는 대로 고른 것은?

보기　→ 북대서양 심층수
ㄱ. (가)의 심층수는 (나)의 B에 해당한다.
ㄴ. 해수의 평균 이동 속도는 A가 C보다 크다. → 속도는 표층 순환 > 심층 순환
~~ㄷ~~. ㉠ 해역에서 표층수의 ~~밀도가 현재보다 커지면~~ 침강이
    ~~약~~강해진다. → = 잘 가라앉음 = 침강 강화

① ㄱ　　② ㄷ　　✔③ ㄱ, ㄴ　　④ ㄱ, ㄷ　　⑤ ㄴ, ㄷ

|자|료|해|설|

㉠은 표층수가 침강하며 심층수를 생성하는 곳이다. 이때 북대서양 심층수가 만들어진다. 빙하의 해빙 등의 영향으로 표층수의 밀도가 현재보다 작아지면 침강이 잘 일어나지 않고, 결빙 등의 영향으로 밀도가 현재보다 커지면 침강이 잘 일어난다.

(나)의 A는 가장 위에 있으므로 표층수, 가장 부피가 큰 B는 북대서양 심층수, 가장 아래의 C는 남극 저층수이다. 표층 순환의 주기는 몇 년, 심층 순환의 주기는 천 년일 정도로 표층수는 심층수보다 이동 속도가 빠르다.

|보|기|풀|이|

ㄱ. 정답 : (가)의 심층수는 북대서양 심층수로, (나)의 B이다.
ㄴ. 정답 : 해수의 평균 이동 속도는 표층수가 심층수보다 빠르므로, A가 C보다 크다.
ㄷ. 오답 : ㉠ 해역에서 표층수의 밀도가 현재보다 커지면 잘 가라앉게 되므로, 침강이 강화된다.

😮 **문제풀이 TIP** | 심층 순환은 표층 순환보다 속도가 느리고 오래 걸린다.
남극 중층수는 표층수와 심층수 '중'간에 끼어 있고, 남극 저층수는 가장 바닥(낮을 저)에 위치한다.

😮 **출제분석** | 해수의 심층 순환은 출제 빈도가 매우 높은 개념이다. 이 문제에서 제시된 (나) 그림 역시 많이 출제된다. 이 문제는 심층 순환에 대한 기본적인 지식을 다루고 있어서 어렵지 않은 편이다. 북대서양 심층수를 다룰 때 종종 지구 온난화를 묻는 보기가 출제되기도 한다. 지구 온난화가 심해지면 빙하가 녹아서 표층수의 염분이 낮아지고, 침강이 약화되어 심층 순환이 약화된다는 것과 연결해두어야 한다.

그림 (가)는 대서양의 해수 순환의 모식도를, (나)는 ㉠과 ㉡에서 형성되는 각각의 수괴를 수온 − 염분도에 A와 B로 순서 없이 나타낸 것이다.

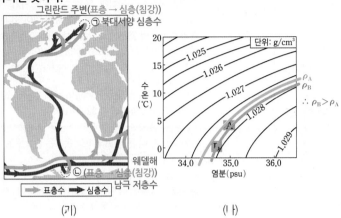

(가)　　　　　(나)

이에 대한 설명으로 옳은 것만을 <보기>에서 있는 대로 고른 것은?

(3점)

보기
　　　　↱ 남극 저층수
　　　　　　　　B
ㄱ. ㉡에서 형성되는 수괴는 ~~A~~에 해당한다.
ㄴ. A와 B는 심층 해수에 산소를 공급한다. 심층수는 T↓이므로 용존 산소 풍부
ㄷ. 심층 순환은 표층 순환보다 느리다.
　　　　　　(수백 년~1000년) ┘

① ㄱ　　② ㄴ　　③ ㄱ, ㄷ　　✔④ ㄴ, ㄷ　　⑤ ㄱ, ㄴ, ㄷ

|자|료|해|설|
남극 대륙 주변에서는 웨델해에서, 북대서양에서는 그린란드 남쪽의 래브라도해, 그린란드 동쪽의 노르웨이해에서 침강이 일어난다. ㉡과 ㉠에서 침강하는 수괴는 각각 남극 저층수와 북대서양 심층수를 이룬다. 또한 해수의 밀도는 남극 저층수가 북대서양 심층수보다 크다.

|보|기|풀|이|
ㄱ. 오답 : ㉡에서 형성되는 수괴는 남극 저층수로 침강하여 남극 저층수가 되므로 (나)에서 A보다 밀도가 큰 B에 해당한다.
ㄴ. 정답 : 온도가 낮아 용존 산소가 풍부한 A와 B는 모두 침강하여 심층 해수에 산소를 공급한다.
ㄷ. 정답 : 심층 순환은 수백 년~1000년에 걸쳐 순환하는 매우 느린 흐름으로 수온과 염분 및 밀도를 조사하여 간접적으로 흐름을 알아낼 수 있다.

😀 **문제풀이 T I P** | 수온 − 염분도에서 밀도는 우측 하단으로 갈수록 상승한다. 더불어 대서양의 심층 순환에 대해 기억하고 있어야 빠르게 문제 해결이 가능하다.

😊 **출제분석** | 주어진 그림 해석으로 충분히 풀 수 있었던 평이한 수준의 문제였다. 남극 저층수의 특징을 잘 알아야 한다.

그림은 대서양 어느 해역에서 깊이에 따라 측정한 수온과 염분을 심층 수괴의 분포와 함께 수온−염분도에 나타낸 것이다. A, B, C는 각각 북대서양 심층수, 남극 중층수, 남극 저층수 중 하나이다.
이에 대한 설명으로 옳은 것만을 <보기>에서 있는 대로 고른 것은?

보기
ㄱ. 평균 밀도는 A보다 C가 크다. ➡ 밀도 : A<B<C
　　　　　　　　　　　　　　　저층수
ㄴ. 이 해역의 깊이 4000m인 지점에는 남극 ~~중층수~~가 존재한다.
ㄷ. 해수의 평균 이동 속도는 0~200m보다 2000~4000m에서 느리다.

① ㄱ　　② ㄴ　　③ ㄷ　　✔④ ㄱ, ㄷ　　⑤ ㄴ, ㄷ

|자|료|해|설|
북대서양 심층수는 남극 중층수와 남극 저층수 사이에서 흐르며, 남극 저층수는 밀도가 셋 중 가장 커서 가장 아래에서 흐른다. 세 심층수를 위에서부터 나열하면 남극 중층수, 북대서양 심층수, 남극 저층수 순이다. 따라서 A는 남극 중층수, B는 북대서양 심층수, C는 남극 저층수이다.

|보|기|풀|이|
ㄱ. 정답 : 평균 밀도가 클수록 깊은 곳에 있으므로 평균 밀도는 A보다 C가 크다.
ㄴ. 오답 : 이 해역의 깊이 4000m인 지점에는 남극 저층수가 존재한다. 남극 중층수는 A로 깊이 500m 정도에 존재한다.
ㄷ. 정답 : 해수의 평균 이동 속도는 표층 해수보다 심층수가 느리다. 0~200m에서 흐르는 해수는 표층 해수이고, 2000~4000m에서 흐르는 해수는 심층수이므로 해수의 평균 이동 속도는 0~200m보다 2000~4000m에서 느리다.

다음은 심층 순환의 형성 원리를 알아보기 위한 탐구이다.

[탐구 과정]

(가) 수조에 ㉠ 20℃의 증류수를 넣는다.

(나) 비커 A와 B에 각각 10℃의 증류수 500g을 넣는다.

(다) A에는 소금 17g을, B에는 소금 (㉡)g을 녹인다.

(라) A와 B에 각각 서로 다른 색의 잉크를 몇 방울 떨어뜨린다.

(마) 그림과 같이 A와 B의 소금물을 수조의 양 끝에서 동시에 천천히 부으면서 수조 안을 관찰한다.

비커 A　　비커 B

20℃ 증류수

[탐구 결과]

o A와 B의 소금물이 수조 바닥으로 가라앉아 이동하다가 만나서 A의 소금물이 B의 소금물 아래로 이동한다.
→ A의 밀도 > B의 밀도

이에 대한 옳은 설명만을 〈보기〉에서 있는 대로 고른 것은?

보기

㉠. (다)에서 A의 소금물은 염분이 34psu보다 작다. → 약 32.9psu

㉡. ㉡은 17보다 작다.

✗. ㉠을 10℃의 증류수로 바꾸어 실험하면 A와 B의 소금물이 수조 바닥으로 가라앉는 속도는 더 빠를 것이다. → 밀도 차↓
느릴

① ㄱ　　② ㄷ　　✓③ ㄱ, ㄴ　　④ ㄴ, ㄷ　　⑤ ㄱ, ㄴ, ㄷ

|자|료|해|설|

해수의 밀도는 온도가 낮고 염분이 높을수록 크다. 밀도가 다른 두 해수가 만나면 밀도가 큰 해수가 밀도가 작은 해수의 아래로 이동하며, 두 해수의 밀도 차가 커질수록 밀도 차에 의한 열염 순환이 활발하게 일어난다. (다)에서 A의 소금물의 염분은 소금물 517g(물 500g+소금 17g)에 소금 17g이 녹아 있으므로 약 32.9psu이다.

|보|기|풀|이|

㉠. 정답 : A의 소금물은 500g의 물에 17g의 소금이 들어갔으므로 염분이 약 32.9psu이다.

㉡. 정답 : A의 소금물이 B의 소금물 아래로 이동했으므로 A의 밀도가 더 큰데, A와 B의 온도는 같으므로 B의 소금의 양인 ㉡은 17보다 작다.

ㄷ. 오답 : 수조의 물과 비커 A, B의 소금물 간의 밀도 차가 클수록 소금물이 더 빠르게 가라앉기 때문에 ㉠의 수온을 낮추면 A와 B의 소금물이 수조 바닥으로 가라앉는 속도는 더 느려진다.

🤓 문제풀이 T I P | A와 B의 소금물 뿐만 아니라 수조에 담긴 물까지 세 종류의 물에 대해 온도, 염분이 변화할 때 밀도가 어떻게 달라지는지를 간단하게 기록하면서 문제를 푸는 것이 실수를 방지할 수 있는 방법이다.

😀 출제분석 | 해수의 성질과 관련된 열염 순환은 빈출 유형이며, 특히 심층 순환과 관련하여 묻게 되면 고난도 문제가 된다. 본 문제에서는 소금물의 염분 값을 구해야 풀 수 있는 ㄱ 보기 때문에 많은 학생들이 어려움을 겪었다.

그림은 대서양 심층 순환의 일부를 나타낸 것이다. A, B, C는 각각 남극 저층수, 남극 중층수, 북대서양 심층수 중 하나이다.

이에 대한 설명으로 옳은 것만을 〈보기〉에서 있는 대로 고른 것은?

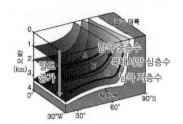

보기

㉠. A는 남극 중층수이다.

㉡. 해수의 밀도는 B보다 C가 크다.

㉢. C는 심해층에 산소를 공급한다. (해수면 → 심해로 수송)

① ㄱ　　② ㄷ　　③ ㄱ, ㄴ　　④ ㄴ, ㄷ　　✓⑤ ㄱ, ㄴ, ㄷ

|자|료|해|설|

A는 남극 중층수, B는 북대서양 심층수, C는 남극 저층수이다. 밀도가 큰 해수일수록 아래쪽에 위치한다. 남극 저층수는 침강하면서 산소가 풍부한 표층 해수를 심해로 운반하여 심해층에 산소를 공급한다.

|보|기|풀|이|

㉠. 정답 : A는 밀도가 가장 작은 남극 중층수이다.

㉡. 정답 : B보다 C가 아래쪽에 위치하므로 해수의 밀도는 B(북대서양 심층수)보다 C(남극 저층수)가 크다.

㉢. 정답 : 남극 저층수는 침강하면서 용존 산소가 풍부한 표층 해수를 심해로 운반하여 심해에 산소를 공급한다.

🤓 문제풀이 T I P | [심층수의 밀도 비교]
남극 중층수 < 북대서양 심층수 < 남극 저층수
밀도가 큰 해수일수록 아래쪽에 위치한다.

😀 출제분석 | 남극 저층수, 북대서양 심층수, 남극 중층수의 밀도와 위치만 기억하고 있다면 쉽게 해결할 수 있는 문제였다.

그림 (가)는 대서양의 심층 순환을, (나)는 수온 − 염분도를 나타낸 것이다. (나)의 A, B, C는 각각 북대서양 심층수, 남극 중층수, 남극 저층수 중 하나이다.

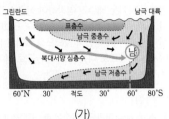 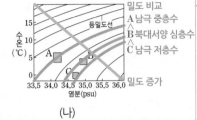

(가)　　　　　　　　(나)

이 자료에 대한 옳은 설명만을 <보기>에서 있는 대로 고른 것은?

보기

ㄱ. A는 남극 중층수이다. 남
ㄴ. B는 침강한 후 대체로 ~~북~~쪽으로 흐른다.
ㄷ. 남극 저층수는 북대서양 심층수보다 수온과 염분이 낮다.
　　　C　　　　　　　B

① ㄱ　　② ㄴ　　③ ㄱ, ㄷ　　④ ㄴ, ㄷ　　⑤ ㄱ, ㄴ, ㄷ

|자|료|해|설|
(나) 그래프의 등밀도선을 보면 평균 밀도는 A<B<C 이므로 가장 아래에 있는 A는 남극 중층수, B는 북대서양 심층수, 가장 위에 있는 C는 남극 저층수이다.

|보|기|풀|이|
ㄱ. 정답 : A의 밀도가 가장 작으므로 셋 중 가장 위에 위치한 남극 중층수이다.
ㄴ. 오답 : (가)를 보면 북대서양 심층수는 침강한 후 대체로 남쪽으로 확장하여 위도 60°S까지 흐른다.
ㄷ. 정답 : (나)를 보면 남극 저층수(C)는 북대서양 심층수 (B)보다 수온과 염분이 모두 낮다.

😀 문제풀이 T I P | 해수의 순환에서 밀도가 클수록 아래로 흐르고 작을수록 위로 흐른다. (나)처럼 수온 − 염분도가 나오면 등밀도선을 따라 밀도를 구할 수 있다. 수온 − 염분도에서는 우측 아래로 내려올수록 밀도가 증가한다.

😀 출제분석 | 수온 − 염분도 그래프와 심층 순환 단면도를 비교하여 답을 구하는 문제는 빈출 유형이다. 어려워 보여도 밀도만 파악하면 금방 풀 수 있는 문제이다.

그림은 북대서양의 해수 흐름과 침강 해역을 나타낸 것이다. A와 B는 각각 표층수와 심층수의 흐름 중 하나이다.
이 자료에 대한 설명으로 옳은 것만을 <보기>에서 있는 대로 고른 것은?

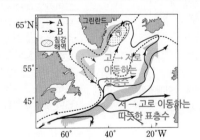

보기 저위도에서 고위도로 이동하는
ㄱ. A는 표층수의 흐름이다.
ㄴ. 유속은 A보다 B가 ~~빠르다.~~ 느리다
ㄷ. 그린란드에서 ㉠ 해역으로 빙하가 녹은 물이 유입되면 해수의 침강이 ~~강해진다.~~ 약해진다
　　　　　　　　　　　　　　　밀도가 낮아져서

① ㄱ　　② ㄴ　　③ ㄱ, ㄷ　　④ ㄴ, ㄷ　　⑤ ㄱ, ㄴ, ㄷ

|자|료|해|설|
심층 순환과 표층 순환은 거대한 컨베이어 벨트와 같이 연결되어 전 지구를 순환하고 있다. A는 저위도에서 고위도로 이동하는 따뜻한 표층수이고 B는 차갑고 염분이 높은 표층수의 침강으로 생긴 해수가 고위도에서 저위도로 이동하는 심층수이다.

|보|기|풀|이|
ㄱ. 정답 : A는 저위도에서 고위도로 이동하는 표층수의 흐름이다.
ㄴ. 오답 : 유속은 표층수인 A보다 심층수인 B가 느리다.
ㄷ. 오답 : 그린란드에서 ㉠ 해역으로 빙하가 녹은 물이 유입되면 밀도가 낮아져서 해수의 침강이 약해진다.

😀 문제풀이 T I P | 해당 위·경도를 고려하여 표층수와 심층수의 위치를 잘 파악하면 된다.

😀 출제분석 | 위·경도만 잘 파악하면 문제를 해결하는 데에 큰 문제가 없는 평이한 수준의 문제였다.

그림은 심층 해수의 연령 분포를 나타낸 것이다. 심층 해수의 연령은 해수가 표층에서 침강한 이후부터 현재까지 경과한 시간을 의미한다.

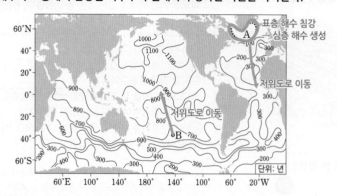

이 자료에 대한 설명으로 옳은 것만을 〈보기〉에서 있는 대로 고른 것은?

보기

㉠. 심층 해수의 평균 연령은 북태평양이 북대서양보다 많다.
㉡. A 해역에는 표층 해수가 침강하는 곳이 있다.
㉢. B에는 저위도로 흐르는 심층 해수가 있다.

① ㄱ   ② ㄷ   ③ ㄱ, ㄴ   ④ ㄴ, ㄷ   ⑤ ㄱ, ㄴ, ㄷ

|자|료|해|설|

자료의 A에서 심층 해수의 연령이 매우 적으므로 표층 해수가 침강하여 심층 해수가 만들어지는 곳이라는 것을 알 수 있다.

북대서양에서 차가운 해수가 침강하여 심층수가 만들어지고, 심층수는 저위도로 이동한다. B보다 북쪽에서 심층 해수의 연령이 많으므로 B에서 심층 해수는 남반구에서는 저위도로 이동하고, 북반구로 넘어가면 고위도로 이동하는 심층 해수가 있다.

|보|기|풀|이|

㉠. 정답 : 심층 해수의 평균 연령은 북태평양이 800~1100년, 북대서양이 100~300년으로 북태평양이 북대서양보다 많다.

㉡. 정답 : A 해역은 심층 해수의 나이가 적으므로 표층 해수가 침강하여 심층 해수가 만들어지는 곳이다.

㉢. 정답 : B보다 적도 근처인 곳에서 해수의 연령이 많으므로, B에는 남반구에서 저위도(적도 근처)로 흐르는 심층 해수가 있다.

문제풀이 TIP | 심층 순환은 북대서양에서 표층 해수 침강으로 심층 해수가 생성되고, 남극 근처로 이동했다가 태평양과 인도양으로 이동하여 표층으로 용승하는 과정을 의미한다.

출제분석 | 심층 해수는 매년 1~2회 출제가 되기는 하지만 표층 해수보다는 출제 빈도가 낮다. 심층 순환에서는 북대서양 심층수, 남극 저층수, 남극 중층수를 구분하는 문제나 심층수의 발생 원리를 알아보는 실험(수조에 소금물을 넣어서 이동을 관찰)이 주로 출제된다. 이 문제는 관련 지식이 없더라도 자료를 잘 해석하면 정답을 찾을 수 있어서 어렵지 않은 편이었다.

그림은 대서양 심층 순환의 일부를 모식적으로 나타낸 것이다. 수괴 A, B, C는 각각 북대서양 심층수, 남극 저층수, 남극 중층수 중 하나이다. 이에 대한 설명으로 옳은 것만을 〈보기〉에서 있는 대로 고른 것은?

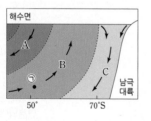

보기

남극 중층수 ←   → 남극 저층수

㉠. 침강하는 해수의 밀도는 A가 C보다 작다. (∵ C가 A보다 더 아래에 위치)

ㄴ. B는 형성된 곳에서 ㉠지점까지 도달하는 데 걸리는 시간이 1년보다 ~~짧다.~~ 훨씬 길다

북대서양 심층수 ←

ㄷ. C는 ~~표층 해수에서 (증발량 — 강수량) 값의 감소~~에 의한 → 해수의 결빙 밀도 변화로 형성된다.

① ㄱ   ② ㄴ   ③ ㄱ, ㄷ   ④ ㄴ, ㄷ   ⑤ ㄱ, ㄴ, ㄷ

|자|료|해|설|

남극 웨델해에서 침강하여 해저를 따라 북쪽으로 이동하는 남극 저층수는 대서양 심층 순환에서 가장 아래에 위치한다. 그 위로 북대서양 심층수가 흐르는데, 이는 그린란드 해역에서 형성되어 남극 방향으로 순환한다. 북대서양 심층수 위로 남극 중층수가 지나간다. 심층 순환은 위도 간 열수지 불균형을 해소시키고 풍부한 용존 산소를 포함하고 있는 표층 해수를 심해로 공급하는 역할을 한다. 표층 순환의 경우 비교적 짧은 시간에 걸쳐 순환하는 반면 심층 순환의 경우 매우 느린 속도로 이동하여 수천 년이 걸려 순환하기도 한다. A는 남극 중층수, B는 북대서양 심층수, C는 남극 저층수이다.

|보|기|풀|이|

㉠. 정답 : 침강하는 해수의 밀도는 가장 아래에 위치한 남극 저층수가 가장 크다. 따라서 침강하는 해수의 밀도는 A가 C보다 작다.

ㄴ. 오답 : B는 북대서양 심층수로 북반구의 그린란드 해역에서 침강하여 생성된 후 표층으로 되돌아오는 데 수백 ~수천 년이 걸린다. 따라서 북대서양 심층수가 남반구에 도달하는데 걸리는 시간은 1년보다 길다.

ㄷ. 오답 : C는 남극 저층수이다. 남극 저층수는 주로 해수의 결빙에 의한 밀도 변화로 형성된다.

문제풀이 TIP | 심해저부터 남극 저층수, 북대서양 심층수, 남극 중층수 순으로 형성되어 있다는 것을 기억해야 한다.

출제분석 | 그림이 생소하더라도 심층 순환에 대한 기본 개념만을 포함하고 있기 때문에 쉽게 풀 수 있는 문제이다.

그림은 남극 중층수, 북대서양 심층수, 남극 저층수를 각각 ㉠, ㉡, ㉢으로 순서 없이 수온−염분도에 나타낸 것이고, 표는 **남대서양에** 위치한 A, B 해역에서의 깊이에 따른 수온과 염분을 나타낸 것이다.

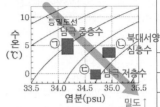

깊이 (m)	A 해역		B 해역	
	수온 (°C)	염분 (psu)	수온 (°C)	염분 (psu)
1000	3.8	34.2	0.3	34.6
2000	3.4	34.9	0.0	34.7
3000	3.1	34.9	−0.3	34.7

이에 대한 옳은 설명만을 〈보기〉에서 있는 대로 고른 것은? **3점**

보기

ㄱ. ㉢은 남극 저층수이다.

ㄴ. A의 3000m 깊이에는 북대서양 심층수가 존재한다.

ㄷ. 위도는 A가 B보다 낮다.

① ㄱ   ② ㄴ   ③ ㄱ, ㄷ   ✓④ ㄴ, ㄷ   ⑤ ㄱ, ㄴ, ㄷ

|자|료|해|설|

T−S도에서 오른쪽 아래로 향할수록 밀도는 커지므로 밀도는 ㉢>㉡>㉠이다. 따라서 ㉠은 남극 중층수, ㉡은 북대서양 심층수, ㉢은 남극 저층수이다. 표를 T−S도에 나타내면 A 해역은 남극 중층수와 북대서양 심층수가 포함되어 있고, B 해역은 남극 저층수가 분포하고 있다.

|보|기|풀|이|

ㄱ. 오답 : T−S도에서 오른쪽 아래로 향할수록 밀도는 커지므로 밀도는 ㉢>㉡>㉠이고, 따라서 ㉢은 남극 저층수이다.

ㄴ. 정답 : A 해역의 3000m 깊이에는 ㉡인 북대서양 심층수가 존재한다.

ㄷ. 정답 : 남극 저층수가 포함된 B 해역의 위도는 극에 가깝고, 남극 중층수와 북대서양 심층수가 포함된 A 해역의 위도는 상대적으로 B보다 낮다.

😮 **문제풀이 T I P |** [대서양의 심층 순환]
− 남극 저층수 : 웨델해에서 겨울철 해수가 결빙될 때 염분이 높아지면서 해수가 심층으로 가라앉아 형성됨. 밀도가 가장 큰 해수로, 해저를 따라 북쪽으로 확장하여 위도 30°N까지 흐르며 전 세계 해양으로 퍼져나감.
− 북대서양 심층수 : 그린란드 부근의 해역에서 냉각된 표층 해수가 침강하여 형성됨. 남쪽으로 확장하여 위도 60°S 부근까지 흐름. 남극 저층수보다 밀도가 작아 남극 저층수 위쪽으로 흐름.
− 남극 중층수 : 남극 해역 부근에서 형성되어 수심 약 1,000m 부근에 이른 후 북쪽으로 흐름. 북대서양 심층수보다 밀도가 작아 북대서양 심층수 위쪽으로 흐름.

😀 **출제분석 |** 표의 자료를 T−S도에 옮기고 밀도를 비교하며, 심층 순환이 분포하는 지역의 위도와 연결할 수 있어야 해서 까다로운 문제이다.

그림은 북대서양 심층 순환의 세기 변화를 시간에 따라 나타낸 것이다. A 시기와 비교할 때, B 시기의 북대서양 심층 순환과 관련된 설명으로 옳은 것만을 〈보기〉에서 있는 대로 고른 것은? **3점**

북대서양 심층수 침강 → 심층 순환과 표층 순환 활발

표층에서 저위도 → 고위도 해수 수송 활발 ⇒ 표층 수온 차이 ↓

보기

ㄱ. 북대서양 심층수가 형성되는 해역에서 침강이 약하다.

ㄴ. 북대서양에서 고위도로 이동하는 표층 해류의 흐름이 ~~강하다.~~ 약하다

ㄷ. 북대서양에서 저위도와 고위도의 표층 수온 차가 크다.

① ㄱ   ② ㄴ   ✓③ ㄱ, ㄷ   ④ ㄴ, ㄷ   ⑤ ㄱ, ㄴ, ㄷ

|자|료|해|설|

북대서양 심층수의 침강이 강하면, 심층 순환이 원활하게 일어나고, 심층수의 침강으로 인한 빈자리를 채우기 위해 표층 순환도 활발하게 나타난다. 저위도 표층의 따뜻한 해수가 고위도로 이동하는 해수의 수송이 활발하게 일어나면 저위도와 고위도의 표층 수온의 차이가 감소하게 된다. 즉, 심층 순환과 표층 순환은 함께 강해지거나 약해진다.

심층 순환의 세기가 높은 A 시기에는 심층 순환이 강하게 나타나므로, 표층 순환도 강하게 일어나고, 표층에서 저위도와 고위도의 수온 차이가 작다. 반면 심층 순환의 세기가 약한 B 시기에는 심층 순환이 약하게 나타나므로, 표층 순환도 약화된다. 저위도의 고온의 표층 해수가 고위도로 수송되지 않고 머무르기 때문에 저위도는 온도가 더 높아지고, 고위도는 차가운 북대서양 심층수가 침강하지 않아 표층 수온이 더 낮아진다. 따라서 저위도와 고위도의 표층 수온 차이가 커진다.

|보|기|풀|이|

ㄱ. 정답 : B 시기에 심층 순환의 세기가 약한 것으로 보아 북대서양 심층수가 형성되는 해역에서 침강이 약하게 일어난다.

ㄴ. 오답 : 심층 순환이 약해지면서 북대서양에서 고위도로 이동하는 표층 해류의 흐름 역시 약하게 나타난다.

ㄷ. 정답 : 저위도의 표층수가 고위도로 수송되는 흐름이 약해져 북대서양에서 저위도와 고위도의 표층 수온 차가 크게 나타난다.

😮 **문제풀이 T I P |** 심층 순환이 강화되면 표층 순환도 강화되고, 북대서양에서 저위도와 고위도의 표층 수온 차는 감소한다. 반대로 심층 순환이 약화되면 표층 순환도 약화되고, 북대서양에서 저위도와 고위도의 표층 수온 차는 증가한다.

😀 **출제분석 |** 해수의 심층 순환은 매년 1~2번 이상 출제되는 개념이다. 특히 이 문제처럼 심층 순환의 세기가 변할 때 나타나는 변화들을 묻는 문제는 다른 자료가 제시될 때에도 보기로 꼭 출제되는 편이다. 이 문제는 개념들을 연결하기만 한다면 어렵지 않게 느껴질 수 있다.

그림은 대서양의 심층 순환을 나타낸 것이다. 수괴 A, B, C는 각각 남극 저층수, 남극 중층수, 북대서양 심층수 중 하나이다.

이에 대한 설명으로 옳은 것만을 〈보기〉에서 있는 대로 고른 것은? **3점**

(그림: 수심(km) 0~6, 60°S, 0°, 60°N, 남극 중층수 C, 북대서양 심층수 B, 남극 저층수 A, P, 내려갈수록 밀도↑)

보기

ㄱ. A는 남극 저층수이다.
ㄴ. 밀도는 C가 A보다 ~~크다~~ 작다
ㄷ. 빙하가 녹은 물이 해역 P에 유입되면 B의 흐름은 ~~강~~ 약 해질 것이다. └→ 염분↓ → 해수 밀도↓ → 침강× → B 흐름 약화

① ㄱ   ② ㄴ   ③ ㄷ   ④ ㄱ, ㄷ   ⑤ ㄴ, ㄷ

| 자 | 료 | 해 | 설 |

남극 근처에서 침강하여 가장 아래에 위치한 수괴 A는 남극 저층수, 북반구에서 침강한 B는 북대서양 심층수, 표층수와 북대서양 심층수 사이의 C는 남극 중층수이다. 아래에 위치할수록 밀도가 크기 때문에 밀도는 A>B>C 순서이고, 염분은 C<A<B 순서이다.

| 보 | 기 | 풀 | 이 |

ㄱ. 정답 : A는 남극 저층수이다.
ㄴ. 오답 : 밀도는 C가 A보다 작다.
ㄷ. 오답 : 빙하가 녹은 물이 해역 P에 유입되면 염분이 낮아지고 밀도가 낮아져서 침강이 잘 일어나지 않게 된다. 따라서 B의 흐름이 약해진다.

문제풀이 TIP | 밀도: 남극 저층수>북대서양 심층수>남극 중층수
지구 온난화로 인해 빙하가 녹으면 심층 해수의 순환이 약화되고, 그에 따라 표층 해수의 순환 역시 약화된다.

출제분석 | 해수의 심층 순환은 이 문제와 같은 자료가 정말 자주 출제된다. 자료는 동일하고, 보기가 조금씩 다른 경우는 난이도가 낮은 문제로, 꼭 맞춰야 한다. ㄱ, ㄴ 보기는 기본적인 개념이라 매우 쉽다. ㄷ 보기처럼 심층 순환과 지구 온난화의 관계를 묻는 보기도 자주 출제된다.

그림은 대서양의 수온과 염분 분포를, 표는 수괴 A, B, C의 평균 수온과 염분을 나타낸 것이다. A, B, C는 남극 저층수, 남극 중층수, 북대서양 심층수를 순서 없이 나타낸 것이다.

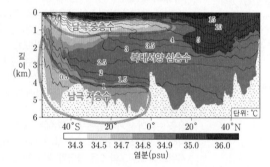

(그림: 깊이(km) 0~6, 40°S, 20°, 0°, 20°, 40°N, 남극중층수, 북대서양 심층수, 남극 저층수, 단위: ℃, 염분(psu) 34.3 34.5 34.7 34.8 34.9 35.0 36.0)

수괴	평균 수온(℃)	평균 염분(psu)	
A	2.5	34.9	→ 북대서양 심층수
B	0.4	34.7	→ 남극 저층수
C	( )	34.3	→ 남극 중층수

이 자료에 대한 설명으로 옳은 것만을 〈보기〉에서 있는 대로 고른 것은? **3점**

보기 └→ 남극 저층수>북대서양 심층수>남극 중층수

ㄱ. A는 북대서양 심층수이다.
ㄴ. 평균 밀도는 A가 C보다 ~~작다~~ 크다.
ㄷ. B는 주로 ~~남쪽~~ 북쪽 으로 이동한다. → 남극 저층수는 남극 주변에서 침강하여 해저를 따라 저위도로 이동(북쪽으로)

① ㄱ   ② ㄴ   ③ ㄱ, ㄷ   ④ ㄴ, ㄷ   ⑤ ㄱ, ㄴ, ㄷ

| 자 | 료 | 해 | 설 |

가장 아래에 있는 해수가 남극 저층수, 그 위는 북대서양 심층수, 남극 부근에서 시작해서 북쪽으로 이동하면서 북대서양 심층수 위에 있는 해수는 남극 중층수이다. 밀도가 클수록 아래에 위치하므로, 밀도는 남극 저층수>북대서양 심층수>남극 중층수이다. A의 평균 수온이 2.5℃, 평균 염분이 34.9psu이므로 이는 북대서양 심층수이다. 평균 수온이 0.4℃, 평균 염분이 34.7psu인 B는 남극 저층수이다. C는 평균 염분이 34.3이므로 남극 중층수이다.

| 보 | 기 | 풀 | 이 |

ㄱ. 정답 : A의 평균 수온이 2.5℃, 평균 염분이 34.9psu 이므로 그림에서 이에 해당하는 수괴의 분포를 살펴보면 이는 북대서양 심층수이다.
ㄴ. 오답 : 평균 밀도가 클수록 아래에 위치하므로 A(북대서양 심층수)는 C(남극 중층수)보다 평균 밀도가 크다.
ㄷ. 오답 : 남극 저층수인 B는 남극 부근에서 침강하여 해저를 따라 주로 북쪽으로 이동하고 약 30°N까지 흐른다.

문제풀이 TIP | 밀도가 높은 수괴가 더 아래에 위치하므로, 밀도를 비교하면 남극 저층수>북대서양 심층수>남극 중층수이다. 남극 저층수와 남극 중층수는 모두 이름처럼 남극 주변에서 생성되므로, 남반구의 수괴 분포를 잘 확인해야 한다.

출제분석 | 심층수는 주로 밀도를 비교하는 문제가 자주 출제되기 때문에 그림은 익숙할지라도 염분 자료가 낯설게 느껴질 수 있었다. 그러나 이 문제에서는 염분 수치 자체가 중요한 것이 아니라 해당하는 염분을 아래 표와 연결할 수 있는지가 중요했다. 즉, 자료 해석 능력을 강조하는 문제였다. 남극 저층수가 남극 주변에서 침강하여 북쪽으로 이동하는 것만 잘 연결했다면 어렵지 않은 문제였다.

그림은 대서양의 심층 순환과 두 해역 A와 B의 위치를 나타낸 것이다.

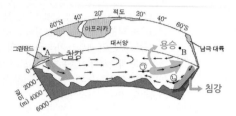

이에 대한 옳은 설명만을 〈보기〉에서 있는 대로 고른 것은?

보기

                침강   용승
ㄱ. A 해역에서는 해수의 ~~용승~~이 ~~침강~~보다 우세하다.
ㄴ. B 해역에서 표층 해류는 ~~서쪽~~으로 흐른다.
                     동쪽
ⓒ. 해수의 밀도는 ㉠ 지점이 ㉡ 지점보다 작다.

① ㄱ   ②✓ ㄷ   ③ ㄱ, ㄴ   ④ ㄴ, ㄷ   ⑤ ㄱ, ㄴ, ㄷ

| 자 | 료 | 해 | 설 |

A 해역의 위도는 약 80°N이고, B 해역의 위도는 약 60°S 이다. 두 지역에서는 주위보다 표층 해수의 수온이 낮고 염분이 높아 밀도가 큰 해수가 침강하여 깊은 수심에서 천천히 이동한다.
A 해역에서 침강된 해수의 일부는 B 해역까지 도달하여 용승하기도 한다.

| 보 | 기 | 풀 | 이 |

ㄱ. 오답 : A 해역에서의 해수의 흐름을 볼 때 침강이 우세하다.
ㄴ. 오답 : B 해역은 편서풍이 불기 때문에 바람이 동쪽으로 분다. 따라서 표층 해류는 동쪽으로 흐른다.
ⓒ. 정답 : 해수의 밀도가 클수록 더 낮은 곳에서 흐른다. ㉠ 지점을 지나는 해수는 ㉡ 지점을 지나는 해수보다 위로 흐르므로 밀도는 ㉠ 지점이 ㉡ 지점보다 작다.

그림은 대서양 표층 순환과 심층 순환의 일부를 확대하여 나타낸 것이다. ㉠과 ㉡은 각각 표층수와 심층수 중 하나이다.

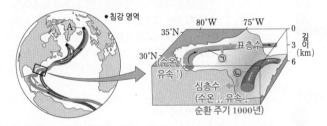

이에 대한 설명으로 옳은 것만을 〈보기〉에서 있는 대로 고른 것은?

보기

           ∝ 염분/수온
ⓒ. 해수의 밀도는 ㉠보다 ㉡이 크다. ➡ 수온 : ㉠>㉡ ⇒ 밀도 : ㉠<㉡
ㄴ. 해수가 흐르는 평균 속력은 ㉠보다 ㉡이 ~~빠르다~~ 느리다
ㄷ. A 해역에 빙하가 녹은 물이 유입되면 표층수의 침강은 ~~강~~해진다.
               약   ↳ 염분↓→ 밀도↓→ 침강×

①✓ ㄱ   ② ㄴ   ③ ㄱ, ㄷ   ④ ㄴ, ㄷ   ⑤ ㄱ, ㄴ, ㄷ

| 자 | 료 | 해 | 설 |

㉠은 얕은 곳에 있으므로 수온이 높고 유속이 빠른 표층수이다. ㉡은 깊은 곳에 있으므로 수온이 낮고 유속이 느린 심층수이다. A는 북대서양 심층수가 만들어지는 곳이다. A에서 만들어진 심층수는 남쪽으로 이동하다가 태평양과 인도양으로 갈라지고, 태평양과 인도양에서 다시 표층으로 상승한다.

| 보 | 기 | 풀 | 이 |

ⓒ. 정답 : 해수의 밀도는 수온에 반비례, 염분에 비례하므로 수온이 높은 ㉠보다 수온이 낮은 ㉡이 크다.
ㄴ. 오답 : 해수가 흐르는 평균 속력은 ㉠보다 ㉡이 느리다.
ㄷ. 오답 : A 해역에 빙하가 녹은 물이 유입되면 염분이 낮아지고, 밀도가 낮아져서 침강이 약해진다.

🤓 **문제풀이 TIP** | 해수의 밀도는 수온에 반비례, 염분에 비례한다.
북대서양에서 빙하가 녹으면 염분이 낮아지고 밀도가 낮아져서 침강이 약해진다. 반대로 빙하가 얼면 염분이 높아지고 밀도가 높아져서 침강이 강해진다. 즉, 지구 온난화가 심해지면 해수의 심층 순환도 약해진다.

😀 **출제분석** | 해수의 심층 순환을 다루고 있는 문제이다. 해수의 심층 순환에서는 표층 순환과의 속도 비교, 지구 온난화에 따른 (빙하의 해빙) 심층 순환의 변화 등을 묻는 경우가 많은데, 이 문제 역시 이들을 묻고 있다. 정말 자주 나오는 보기만 출제되었으므로 보기들을 꼭 확인하고 넘어가야 한다.

표는 심층 순환을 이루는 수괴에 대한 설명을 나타낸 것이다. (가),
(나), (다)는 각각 남극 저층수, 북대서양 심층수, 남극 중층수 중
하나이다.

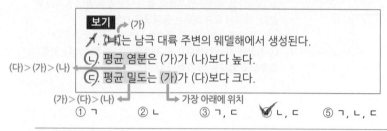

구분	설명
(가)	해저를 따라 북쪽으로 이동하여 30°N에 이른다.
(나)	수심 1000m 부근에서 20°N까지 이동한다.
(다)	수심 약 1500~4000m 사이에서 60°S까지 이동한다.

남극 저층수 → (가)
남극 중층수 → (나)
북대서양 심층수 → (다)

이에 대한 설명으로 옳은 것만을 〈보기〉에서 있는 대로 고른 것은?

보기
→ (가)
ㄱ. (나)는 남극 대륙 주변의 웨델해에서 생성된다.
ㄴ. 평균 염분은 (가)가 (나)보다 높다. → (다)>(가)>(나)
ㄷ. 평균 밀도는 (가)가 (다)보다 크다. → (가)>(다)>(나)　→ 가장 아래에 위치

① ㄱ　② ㄴ　③ ㄱ, ㄷ　④ ㄴ, ㄷ　⑤ ㄱ, ㄴ, ㄷ

|자|료|해|설|
(가)는 해저를 따라 이동하는 남극 저층수이다. (나)는
(다)보다 얕은 곳에서 이동하는 남극 중층수이고, (다)는
북대서양 심층수이다. 남극 저층수는 웨델해에서 겨울철
결빙으로 염분이 높아질 때 형성되고, 북대서양 심층수는
그린란드 부근의 해수가 가라앉아서 형성된다. 남극
중층수는 북대서양 심층수보다 밀도가 작아 표층수와
북대서양 심층수 사이에 흐른다. 가장 아래에 있는 남극
저층수의 밀도가 가장 크다.

|보|기|풀|이|
ㄱ. 오답 : 남극 대륙 주변의 웨델해에서 생성되는 것은
남극 저층수이다.
ㄴ. 정답 : 평균 염분은 (다)>(가)>(나)이다.
ㄷ. 정답 : 평균 밀도는 (가)>(다)>(나)이다.

😀 **문제풀이 TIP** | 심층수의 밀도 비교: 남극 중층수 < 북대서양 심층수 < 남극 저층수
심층수의 염분 비교: 남극 중층수 < 남극 저층수 < 북대서양 심층수
심층수의 수온 비교: 남극 중층수 > 북대서양 심층수 > 남극 저층수

😀 **출제분석** | 심층수의 특징을 묻는 문제이다. 심층수의 밀도(ㄷ 보기)는 심층 순환의 모습으로 쉽게 예상할 수 있지만, 염분(ㄴ 보기)은 남극 저층수와 북대서양 심층수를 혼동할 수 있다. 따라서 자료와 보기가 모두 쉬운 문제이고, 배점이 2점이지만 정답률이 상당히 낮았다.

그림 (가)와 (나)는 현재와 신생대 팔레오기의 대서양 심층 순환을
순서 없이 나타낸 것이다.

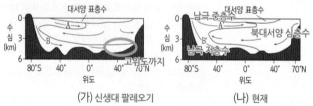

(가) 신생대 팔레오기　　　(나) 현재

이에 대한 설명으로 옳은 것만을 〈보기〉에서 있는 대로 고른 것은?

3점

보기
→ 신생대 초기에 온난, 현재 한랭
ㄱ. 지구의 평균 기온은 (나)일 때가 (가)일 때보다 높다. 낮다.
ㄴ. (나)에서 해수의 평균 염분은 B'가 A'보다 높다.
ㄷ. B는 B'보다 북반구의 고위도까지 흐른다.

70°N까지 ← ㄴ 　30°N까지 ← ㄷ　→ 북대서양 심층수>남극 저층수>남극 중층수

① ㄱ　② ㄷ　③ ㄱ, ㄴ　④ ㄴ, ㄷ　⑤ ㄱ, ㄴ, ㄷ

|자|료|해|설|
(나)는 현재 대서양 심층 순환의 해수 분포와 비슷한
것으로 보아, 현재의 자료이다. 이에 따라 A'는 남극
중층수, B'는 남극 저층수이다. (나)가 현재이므로 (가)는
신생대 팔레오기의 대서양 심층 순환의 모습이다.
해수의 평균 염분은 북대서양 심층수>남극 저층수>
남극 중층수이므로 A'보다 B'가 높다. 지구의 평균 기온은
신생대 초기일 때가 현재보다 높다. (가)에서는 B가 북반구
고위도까지 흐르지만, (나)에서 B'는 위도 20~30°N
부근까지만 이동한다.

|보|기|풀|이|
ㄱ. 오답 : (가)는 신생대 팔레오기, (나)는 현재이므로 (가)
일 때가 (나)일 때보다 지구의 평균 기온이 높다.
ㄴ. 정답 : (나)에서 해수의 평균 염분은 남극 저층수>남극
중층수이므로 B'가 A'보다 높다.
ㄷ. 정답 : B는 약 70°N까지, B'는 약 30°N까지 흐르므로,
B가 B'보다 북반구의 고위도까지 흐른다.

😀 **문제풀이 TIP** | 해수의 염분은 북대서양 심층수>남극 저층수>남극 중층수이다.
해수의 수온은 남극 중층수>북대서양 심층수>남극 저층수이다.
해수의 밀도는 남극 저층수>북대서양 심층수>남극 중층수이다. 밀도가 클수록 더 아래에 위치한다.

😀 **출제분석** | 신생대 팔레오기의 대서양 심층 순환이라는 생소한 자료가 출제되어 문제의 난이도가 높았고, 정답률이 상당히 낮았다. (가)와 (나) 중에 더 익숙한 자료인 (나)를 현재로 생각하는 풀이와 신생대 팔레오기가 현재보다 온난했으므로 북대서양 심층수가 강하게 나타나지 않았을 것이라고 추론해서 (가)를 신생대 팔레오기라고 생각하는 풀이가 있다. 신생대 팔레오기의 평균 기온까지 고려해야 하는 문제이므로 상당히 어려웠다. 이를 제외한 ㄴ, ㄷ 보기는 기존에 많이 출제되던 선지라서 판단하기 어렵지 않았을 것이다.

다음은 심층 순환을 일으키는 요인 중 일부를 알아보기 위한 실험이다.

[실험 목표]
○ 해수의 (㉠)에 따른 밀도 차에 의해 심층 순환이 발생할 수 있음을 설명할 수 있다.

[실험 과정]
(가) 위와 아래에 각각 구멍이 뚫린 칸막이를 준비한다.
(나) 칸막이의 구멍을 필름으로 막은 후, 칸막이로 수조를 A 칸과 B 칸으로 분리한다.
(다) 염분이 35psu이고 수온이 20℃인 동일한 양의 소금물을 A와 B에 넣고, 각각 서로 다른 색의 잉크로 착색한다.
(라) 그림과 같이 A와 B에 각각 얼음물과 뜨거운 물이 담긴 비커를 설치한다. ➜ 온도 차 발생
(마) 칸막이의 필름을 제거하고 소금물의 이동을 관찰한다.

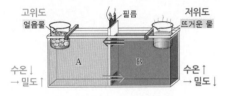

고위도 얼음물   필름   저위도 뜨거운 물

수온↓ → 밀도↑   A   B   수온↑ → 밀도↓

[실험 결과]
○ 아래쪽의 구멍을 통해 (㉡)의 소금물은 (㉢) 쪽으로 이동한다.
       A   B

이에 대한 설명으로 옳은 것만을 〈보기〉에서 있는 대로 고른 것은?

보기
ㄱ. '수온 변화'는 ㉠에 해당한다.
ㄴ. A는 고위도 해역에 해당한다.
ㄷ. A는 ㉡, B는 ㉢에 해당한다.

① ㄱ   ② ㄷ   ③ ㄱ, ㄴ   ④ ㄴ, ㄷ   ⑤ ㄱ, ㄴ, ㄷ

|자|료|해|설|
(다)에서 A, B에 들어 있는 소금물은 색을 제외한 다른 모든 조건이 동일하다. (라)에서 A의 온도는 낮추고, B의 온도는 높여 두 소금물의 온도 차를 만들었다. 염분이 같을 때, 차가운 소금물 A는 밀도가 커지고, 따뜻한 소금물 B는 밀도가 작아진다. 이때 필름을 제거하면 차가운 소금물 A는 밀도가 커서 아래쪽 구멍을 통해 B 쪽으로 이동하고, 따뜻한 소금물 B는 밀도가 작아서 위쪽 구멍을 통해 A 쪽으로 이동한다.
얼음물은 고위도 지방의 낮은 수온을, 뜨거운 물은 저위도 지방의 높은 수온을 나타내는 것으로 수온 변화에 따른 밀도 차에 의해 심층 순환이 발생할 수 있음을 실험으로서 표현했다. 고위도 지방의 해수는 수온이 낮아 밀도가 크기 때문에 침강하여 심층 순환을 형성하고, 저위도 지방의 해수는 수온이 높아 밀도가 작기 때문에 표층 순환을 형성한다.

|보|기|풀|이|
ㄱ. 정답 : 이 실험은 염분이 같고 수온이 다른 두 소금물의 이동을 관찰한 것이므로 '수온 변화'는 ㉠에 해당한다.
ㄴ. 정답 : A는 평균 수온이 낮은 고위도 해역에 해당한다.
ㄷ. 정답 : A는 상대적으로 밀도가 커서 아래쪽으로 이동하고, B는 밀도가 작아서 위쪽으로 이동하므로 A는 ㉡, B는 ㉢에 해당한다.

그림 (가)와 (나)는 남대서양의 수온과 염분 분포를 나타낸 것이다. A, B, C는 각각 남극 저층수, 남극 중층수, 북대서양 심층수 중 하나이다.

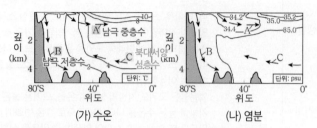

(가) 수온   (나) 염분

이에 대한 옳은 설명만을 〈보기〉에서 있는 대로 고른 것은?

보기

ㄱ. A가 표층에서 침강하는 데 미치는 영향은 ~~염분이~~ ^{수온} ~~수온~~^{염분}보다 크다.

ㄴ. B는 북반구 해역의 심층에 도달한다.

ㄷ. A, B, C는 모두 저위도와 고위도의 에너지 불균형을 줄이는 역할을 한다.

① ㄱ   ② ㄴ   ③ ㄱ, ㄷ   ✓④ ㄴ, ㄷ   ⑤ ㄱ, ㄴ, ㄷ

|자|료|해|설|

A는 셋 중 가장 위에서 흐르는 남극 중층수이고, B는 가장 깊은 곳에서 흐르는 남극 저층수, C는 남극 저층수와 남극 중층수 사이를 흐르는 북대서양 심층수이다.

남극 대륙 주변에서 침강한 해수는 남극 저층수와 남극 중층수를 이룬다. 냉각된 해수가 침강할 때, 결빙되는 해수에서 빠져나온 염분이 녹아들면 밀도가 커져 남극 저층수가 된다. 북대서양 심층수는 그린란드 주변에서 냉각되어 침강한 해수이다.

|보|기|풀|이|

ㄱ. 오답 : A가 표층에서 침강하는 데 미치는 영향은 수온이 염분보다 크다. 염분의 영향을 더 많이 받는 것은 C이다.

ㄴ. 정답 : B는 남극에서 침강하여 해저를 따라 북쪽으로 이동한다. B는 위도 30°N 정도까지 이동한다.

ㄷ. 정답 : A, B, C는 심층 순환으로 표층 순환과 연결되어 저위도와 고위도의 에너지 불균형을 줄이는 역할을 한다.

그림 (가)는 대서양 심층 순환의 일부를 나타낸 것이고, (나)는 수온－염분도에 수괴 A, B, C의 물리량을 ㉠, ㉡, ㉢으로 순서 없이 나타낸 것이다. A, B, C는 각각 남극 저층수, 남극 중층수, 북대서양 심층수 중 하나이다.

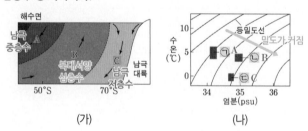

(가)   (나)

이에 대한 설명으로 옳은 것만을 〈보기〉에서 있는 대로 고른 것은?

(3점)

보기

㉠. A의 물리량은 ㉠이다.

ㄴ. B는 A와 C가 혼합하여 ~~형성된다.~~ ^{형성되지 않는다.}

㉢. C는 심층 해수에 산소를 공급한다.

① ㄱ   ② ㄴ   ③ ㄷ   ④ ㄱ, ㄴ   ✓⑤ ㄱ, ㄷ

|자|료|해|설|

남극 대륙 주변에서 침강하는 C는 남극 저층수이고, A는 남극 중층수, B는 북대서양 심층수이다. 북대서양 심층수는 북반구 그린란드 해역에서 냉각된 표층 해수가 침강하여 이동하는 심층수이다. A, B, C 중 밀도가 가장 큰 것은 가장 아래에서 흐르는 남극 저층수(C)이고, 밀도가 가장 작은 것은 가장 위에서 흐르는 남극 중층수(A)이다. 염분이 클수록, 수온이 낮을수록 해수의 밀도는 커지므로 (나)에서 오른쪽 아래로 갈수록 밀도가 커진다. 따라서 ㉠은 남극 중층수(A), ㉡은 북대서양 심층수(B), ㉢은 남극 저층수(C)이다.

|보|기|풀|이|

㉠. 정답 : A는 A～C 중 밀도가 가장 작은 남극 중층수 이므로 ㉠에 해당한다.

ㄴ. 오답 : B는 북반구 그린란드 해역에서 침강하여 남극까지 이동한 북대서양 심층수로 A와 C가 혼합되어 형성된 것이 아니다.

㉢. 정답 : C는 표층 해수의 밀도가 증가하여 심층으로 가라앉아 형성된 것이다. 표층 해수에는 산소가 풍부하므로 표층 해수가 심층으로 가라앉으면서 심층 해수에 산소를 공급한다.

🙂 **문제풀이 T I P |** 해수는 밀도가 클수록 아래로 가라앉는다.

03 대기와 해양의 상호 작용

필수개념 1 용승과 침강

1. 용승과 침강

1) 표층 해수의 이동: 해수면 위에 바람이 지속적으로 불면 평균적으로 바람 방향의 90°방향으로 표층 해수가 이동 (에크만 수송)

2) 용승: 어느 해역에서 표층 해수가 빠져나가 이를 보충하기 위해 심층의 해수가 표층으로 상승하는 흐름

3) 침강: 표층 해수가 모이는 해역에서 해수가 표층에서 심층으로 이동하는 흐름

4) 용승과 침강의 예

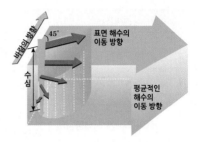

▲ 표층 해수의 이동 방향(북반구)

① 연안 용승과 침강: 대륙의 연안에서 지속적인 바람으로 표층의 해수가 이동하면서 발생

ⓐ 대륙의 서쪽 연안인 경우

구분	연안 용승	연안 침강
북반구	북풍	남풍
남반구	남풍	북풍

ⓑ 대륙의 동쪽 연안인 경우

구분	연안 용승	연안 침강
북반구	남풍	북풍
남반구	북풍	남풍

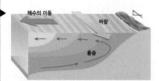

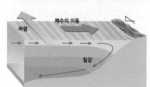

② 적도 용승: 무역풍에 의해 적도 북쪽과 남쪽 해역에서 표층수가 적도에서 멀어지는 방향으로 발산해 심층의 해수가 표층으로 올라오는 용승 발생

③ 기압 변화에 따른 용승과 침강: 고기압과 저기압에서의 지속적인 바람 방향에 따라 용승과 침강이 발생, 북반구에서 고기압은 시계 방향의 풍향으로 침강, 저기압은 시계 반대 방향으로 용승

고기압	저기압
침강	바람 / 해수의 이동 / 용승

5) 용승과 침강의 영향: 용승은 좋은 어장 형성과 서늘한 기후 형성, 침강은 용존 산소 심해 공급 등

6) 전 세계 주요 용승 지역: 대륙의 서안이나 적도에서 주로 발생

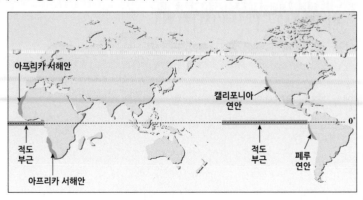

필수개념 2 **엘니뇨와 라니냐**

1. 엘니뇨와 라니냐
1) 원인: 무역풍의 세기 변화. 약해지면 엘니뇨, 강해지면 라니냐
2) 특징: 평상시에 비해 6개월 이상 수온이 0.5℃ 높거나 낮아진 상황

	평상시	엘니뇨	라니냐
모식도			
대기와 해수의 운동	무역풍에 의해 따뜻한 표층 해수가 동태평양에서 서태평양으로 이동	무역풍이 약해져 서태평양의 따뜻한 표층 해수가 동태평양으로 이동	무역풍이 강해져 동태평양에서 서태평양으로의 해수가 평소보다 더 많이 이동
해양 변화	동태평양: 따뜻한 표층 해수의 이동으로 찬 심층 해수 용승 서태평양: 표층 수온이 높아 증발량이 증가하고 대기가 가열되어 저기압이 형성되므로 강수량 많음	동태평양: 용승이 약화 되어 표층 수온이 상승해 어장이 황폐해지고 증발이 활발해져 강수량이 증가해 홍수 피해가 발생할 수 있음 서태평양: 표층 수온이 낮아져 증발량이 감소하고 대기도 적게 가열되어 고기압이 형성되고 가뭄 피해가 발생	동태평양: 용승이 강화되어 표층 수온이 하강하고 영양 염류가 심층 해수를 따라 올라와 좋은 어장을 형성. 기온 하강으로 고기압에 의한 가뭄 발생 가능 서태평양: 평상시보다 따뜻한 해수가 더 많이 있는 상태로 홍수 발생 가능
용승	–	동태평양 용승 약화	동태평양 용승 강화
온난 수역 두께	–	동태평양: 두꺼워짐 서태평양: 얇아짐	동태평양: 얇아짐 서태평양: 두꺼워짐
수온 약층 깊이	–	동태평양: 깊어짐 서태평양: 얕아짐	동태평양: 얕아짐 서태평양: 깊어짐

2. 남방 진동
1) 남방 진동: 수년에 걸쳐 열대 태평양의 동쪽과 서쪽의 기압 분포가 시소처럼 진동하며 변화하는 현상
2) 남방 진동에 의한 변화: 워커 순환에 따라 서쪽은 저기압, 동쪽은 고기압이 되어야 하지만 실제로는 기압 배치가 진동
3) 남방 진동 지수: 동쪽의 기압－서쪽의 기압
    (＋)인 경우: 다윈 지역 기압＜타히티 지역 기압
    (－)인 경우: 다윈 지역 기압＞타히티 지역 기압

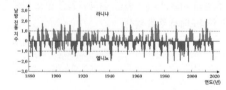

3. 엔소(ENSO)
- 엘니뇨와 라니냐 → 수온 변화
- 남방 진동 → 대기 순환의 변화
    두 가지가 상호 작용하여 서로 영향을 주고 받기 때문에 두 가지를 묶어서 엔소(ENSO)라고 함.

1 　용승과 침강

정답 ④　정답률 70%　2020년 3월 학평 16번　문제편 182p

그림은 우리나라에서 연안 용승이 발생한 A 해역의 위치와 3일간의 **표층 수온 변화**를 나타낸 것이다.

A 해역에 대한 옳은 설명만을 〈보기〉에서 있는 대로 고른 것은? [3점]

보기

ㄱ. 연안 용승은 24일보다 26일에 활발하였다.

ㄴ. 연안 용승이 일어나는 기간에는 북풍 계열의 바람이
　（남）
우세하였다.

ㄷ. 표층 해수의 용존 산소량은 24일보다 26일에 대체로 높았을
것이다.

① ㄱ　　② ㄷ　　③ ㄱ, ㄴ　　✔ ㄱ, ㄷ　　⑤ ㄴ, ㄷ

|자|료|해|설|

해양을 따라 부는 바람이 표층수를 해안에서 멀리 밀어낼 경우 빈 곳을 채우기 위해 심층으로부터 해수가 상승하는 현상을 연안 용승이라고 한다. 연안 용승이 활발해지면 표층 수온이 낮아진다. 해수의 수온이 낮을수록 용존 산소량은 증가한다.

|보|기|풀|이|

ㄱ. 정답 : 24일 수온보다 26일 수온이 낮은 것으로 보아 용승이 활발하였다.

ㄴ. 오답 : 연안 용승이 일어나려면 남풍 계열의 바람이 불어 전향력 효과로 표층의 물이 바람 방향의 오른쪽 외해로 밀려가야한다.

ㄷ. 정답 : 24일 수온보다 26일 수온이 낮은 것으로 보아 용존산소량은 26일이 대체로 높을 것이다.

😲 **문제풀이 T I P** | 용승이 발생하면 수온이 감소하고 용존 산소량과 영양염류는 증가한다. 북반구에서는 바람 방향의 직각 오른쪽으로 에크만 수송이 발생하므로 남풍이 불어야 외해로 물이 빠져나가 부족해져서 용승이 발생할 수 있다.

😊 **출제분석** | 용승과 침강은 15개정 교육과정 지구과학1에 새롭게 추가된 내용이기 때문에 출제가능성이 매우 높다.

2 　엘니뇨와 라니냐

정답 ④　정답률 59%　2021년 10월 학평 4번　문제편 182p

그림은 2019년 10월부터 2020년 7월까지 태평양 적도 해역에서 **20℃ 등수온선의 깊이 편차(관측값－평년값)** 를 나타낸 것이다. ㉠과 ㉡은 각각 엘니뇨 시기와 라니냐 시기 중 하나이다.

(＋)＝깊음 (침강 발생)
(－)＝얕음 (용승 발생)

이에 대한 옳은 설명만을 〈보기〉에서 있는 대로 고른 것은? [3점]

보기

ㄱ. ㉠은 라니냐 시기이다.
　　　（엘니뇨）

ㄴ. 이 해역의 동서 방향 해수면 경사는 ㉠보다 ㉡일 때 크다.

ㄷ. ㉡일 때 동태평양 적도 해역의 기압 편차(관측값－평년값)는 (＋)값이다.
　　　　　（고기압）

① ㄱ　　② ㄷ　　③ ㄱ, ㄴ　　✔ ㄴ, ㄷ　　⑤ ㄱ, ㄴ, ㄷ

|자|료|해|설|

20℃ 등수온선의 깊이 편차가 (＋)인 것은 관측값이 크다(＝깊다)는 것이므로, 침강이 발생했다는 의미이다. (－)인 것은 관측값이 작다는 것이므로, 용승이 발생했다는 의미이다.

㉠은 동태평양에서 침강이 발생하였으므로, 따뜻한 표층 해수의 동 → 서 이동이 감소하였다. 서태평양은 온도가 낮아지고, 동태평양은 온도가 높아진다. 이러한 시기는 무역풍이 약화된 엘니뇨 시기이다.

㉡은 동태평양에서 용승이 발생하였으므로, 동태평양은 온도가 낮아지고, 고기압이 발달한다. 서태평양은 따뜻한 표층 해수가 많이 이동하여 해수면이 높아지고, 고온이 되어 저기압이 발달한다. 이 시기는 라니냐 시기이다.

|보|기|풀|이|

ㄱ. 오답 : ㉠은 엘니뇨 시기이다.

ㄴ. 정답 : 이 해역의 동서 방향 해수면 경사는 라니냐 시기인 ㉡일 때 더 크다.

ㄷ. 정답 : ㉡일 때 동태평양은 평년보다 고기압이므로 적도 해역의 기압 편차는 (＋)값이다.

😲 **문제풀이 T I P** | 해수 등수온선이 깊으면 침강, 얕으면 용승이 발생한 것이다.
엘니뇨 시기에는 동태평양 용승이 약화되고, 라니냐 시기에는 동태평양 용승이 강화된다.
용승이 강할수록 수온이 낮아져서 고기압이 발생한다.

😊 **출제분석** | 엘니뇨와 라니냐는 항상 시험에 출제된다. 점차 생소한 자료 또는 해석을 한 번 더 해야 하는 자료가 출제되는 경우가 많다. 이 문제는 등수온선의 깊이 편차를 해석하는 것이 관건이었다. 배점이 3점인 고난도 문제이므로 고득점을 노리는 학생은 꼭 자료 해석을 정리해야 한다.

표의 (가)와 (나)는 태평양 적도 부근 해역에서 관측된 바람과 구름양의 분포를 엘니뇨 시기와 라니냐 시기로 구분하여 순서 없이 나타낸 것이다.

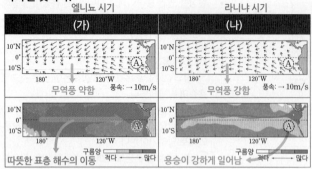

이에 대한 설명으로 옳은 것만을 〈보기〉에서 있는 대로 고른 것은? **3점**

보기

ㄱ. 태평양 적도 부근 해역에서 구름양은 라니냐 시기가 엘니뇨 시기보다 ~~많다.~~ 적다

ㄴ. A 해역의 수온은 (가)가 (나)보다 높다.

ㄷ. 남적도 해류는 (가)가 (나)보다 ~~강하다.~~ 약하다

① ㄱ   ② ㄴ   ③ ㄷ   ④ ㄱ, ㄴ   ⑤ ㄱ, ㄷ

|자|료|해|설|

(가)는 (나)에 비해 적도 부근에서 서쪽으로 부는 무역풍의 세기가 많이 약해져 있음을 알 수 있다. 또한 (가)에는 서태평양 및 적도 부근에 구름의 양이 많지만, (나)에는 서태평양 및 적도 부근에서 구름의 양이 확연하게 감소하였음을 알 수 있다. 엘니뇨 시기는 평소보다 무역풍이 약해지면서 적도 해류가 약해지고 그에 따라 서태평양에 위치한 고온의 표층 해수가 동태평양으로 이동하는 현상이다. 반대로 라니냐 시기는 무역풍이 평소보다 강해져 강한 적도 해류에 의해 적도 부근 동태평양 수온이 평상시보다 더 하강하는 현상이다.

|보|기|풀|이|

ㄱ. 오답 : (가)는 (나)에 비해 무역풍이 약하게 불고 있으므로 (가)는 엘니뇨, (나)는 라니냐 시기이다. 태평양 적도 부근 해역에서의 구름양을 비교해보면 (가)보다 (나)에서 적음을 알 수 있다. 따라서 태평양 적도 부근 해역에서의 구름양은 (나)인 라니냐 시기가 (가)인 엘니뇨 시기보다 적다.

ㄴ. 정답 : A 해역은 동태평양 적도 부근 해역으로 적도 해류가 서쪽으로 이동하면서 심층의 찬 해수가 용승하는 현상이 나타난다. 따라서 A 해역의 수온은 무역풍이 강해져 용승이 활발하게 일어나는 라니냐 시기가 엘니뇨 시기보다 낮다.

ㄷ. 오답 : 남적도 해류는 무역풍에 의해 발달한다. 따라서 무역풍이 강할수록 남적도 해류가 강하다. (가)는 엘니뇨 시기로 무역풍이 약해진 시기이며, (나)는 라니냐 시기로 무역풍이 강해진 시기이므로 남적도 해류는 (가)가 (나)보다 약하다.

그림 (가)와 (나)는 열대 태평양에서 엘니뇨 시기와 라니냐 시기의 해수면 높이를 순서 없이 나타낸 모식도이다.

무역풍 약화   무역풍 강화

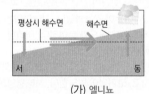

(가) 엘니뇨   (나) 라니냐   용승 강화

이에 대한 옳은 설명만을 〈보기〉에서 있는 대로 고른 것은? **3점**

보기

ㄱ. (가)는 엘니뇨, (나)는 라니냐 시기에 해당한다.

ㄴ. 열대 태평양 동쪽 해역의 표층 수온은 (가)보다 (나)일 때 ~~높다.~~ 낮다

ㄷ. 열대 태평양 서쪽 해역에서 상승 기류는 (가)보다 (나)일 때 활발하다.
       └ 구름 및 강수

① ㄱ   ② ㄴ   ③ ㄱ, ㄴ   ④ ㄱ, ㄷ   ⑤ ㄴ, ㄷ

|자|료|해|설|

무역풍에 의해 서쪽 해역으로 이동하던 해수가, 엘니뇨 시기에는 무역풍이 약해지면서 해수의 이동이 약해져 서쪽 해역은 해수면이 낮아지고, 동쪽 해역은 해수면이 높아진다. 라니냐는 무역풍이 평소보다 강해질 때 나타나는 현상이다.

|보|기|풀|이|

ㄱ. 정답 : 엘니뇨 시기는 무역풍이 평소보다 약해지면서 동에서 서로 흐르는 적도 해류가 약해지므로, 열대 태평양 동쪽 해역의 해수면 높이는 평상시보다 높아지고, 서쪽 해역의 해수면 높이는 평상시보다 낮아진다. 반대로 라니냐 시기는 무역풍이 평소보다 강해지면서 열대 태평양 서쪽 해역의 해수면 높이는 높아지고, 동쪽 해역의 해수면 높이는 낮아진다. 따라서 (가)는 엘니뇨, (나)는 라니냐 시기에 해당한다.

ㄴ. 오답 : (가)의 엘니뇨 시기에는 무역풍이 약해지므로 열대 태평양의 따뜻한 표층 해수의 서쪽으로의 이동이 약해지면서 동쪽 해역의 수온이 상대적으로 높아진다.

ㄷ. 정답 : (나)의 라니냐 시기에는 무역풍이 강해지면서 열대 태평양의 따뜻한 해수가 서쪽 해역으로 평소보다 많이 이동한다. 따라서 열대 태평양 서쪽 해역에서는 표층 수온이 높아져 상승 기류가 활발하게 발생한다.

😮 **문제풀이 TIP |** 해수면의 높이 변화는 무역풍의 세기와 관계있다. 해수면의 높이 변화를 토대로 적도 해류 및 무역풍의 세기가 어떻게 변화했는지 유추해야 한다.

😀 **출제분석 |** 엘니뇨와 라니냐에 관련된 문항은 빠짐없이 꾸준하게 출제되는 중요한 부분이다. 무역풍의 세기에 따른 적도 해류, 용승, 표층 수온, 강수 지역, 기상 이변이 어떻게 달라지는지 파악하고 있어야 한다.

그림 (가)와 (나)는 엘니뇨와 라니냐 시기의 태평양 적도 해역의
연직 수온 분포를 순서 없이 나타낸 것이다.

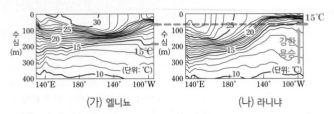

(가) 엘니뇨   (나) 라니냐

이에 대한 옳은 설명만을 〈보기〉에서 있는 대로 고른 것은?

보기

ㄱ. (가)는 엘니뇨 시기, (나)는 라니냐 시기이다.

ㄴ. 동태평양 적도 해역에서의 용승은 (가) 시기보다 (나) 시기에
~~약하다.~~ 강하다.

ㄷ. 무역풍의 세기는 (가) 시기보나 (나) 시기에 강하나.

① ㄱ   ② ㄴ   ✓③ ㄱ, ㄷ   ④ ㄴ, ㄷ   ⑤ ㄱ, ㄴ, ㄷ

👀 **문제풀이 TIP** | 엘니뇨 시기보다 라니냐 시기에 동태평양에서의 용승이 강하다. 동태평양에서 용승이
강해지면 수심에 따른 수온이 평년보다 낮아진다.

😀 **출제분석** | 엘니뇨와 라니냐를 비교하는 문제는 자주 등장한다. 주로 수온을 비교하는 문제로 나오기
때문에 두 현상이 발생할 때 나타나는 수온의 변화를 알고 있으면 좋다. 표층 수온, 수심에 따른 수온, 수온
약층이 나타나는 깊이 등을 정리해두면 대부분의 자료는 해결할 수 있다.

|자|료|해|설|

엘니뇨 시기에는 해수의 이동이 약해져 동태평양과
서태평양의 표층 수온의 차이가 평년보다 작고,
동태평양에서는 용승이 약해져 수온 약층이 나타나는
깊이가 깊어진다. 반대로 라니냐 시기에는 해수의 이동이
강해져 동태평양과 서태평양의 표층 수온의 차이가
평년보다 크고, 용승이 강해져 수온 약층이 나타나는
깊이가 얕아진다.

(가)와 (나)에서 동태평양과 서태평양의 표층 수온의
차이를 비교해보면 (가)에서는 5℃ 정도 차이나지만,
(나)에서는 10℃ 정도 차이가 난다. 또한 동태평양 해역의
같은 수심에서 (가)의 수온이 (나)보다 높고, 표층에서부터
수온이 (가)보다 (나)에서 급격히 감소하는 양상을 보인다.
따라서 (가)는 엘니뇨 시기, (나)는 라니냐 시기이다.

|보|기|풀|이|

ㄱ. 정답 : 동태평양과 서태평양의 표층 수온의 차이를 보면
(가)보다 (나)에서 더 크므로 (가)는 엘니뇨 시기, (나)는
라니냐 시기이다.

ㄴ. 오답 : (나) 시기의 수심에 따른 수온은 (가)보다 급격히
변하며 같은 수심에서의 수온은 (가)보다 (나)에서 더
낮으므로 용승은 (가) 시기보다 (나) 시기에 강하다.

ㄷ. 정답 : 무역풍의 세기가 강하면 해수의 이동이 강해져
동태평양의 표층 수온은 평년보다 낮아지고, 서태평양의
표층 수온은 평년보다 높아진다. 또한, 동태평양에서
용승이 강해지고 라니냐가 발생한다. 따라서 무역풍의
세기는 엘니뇨 시기인 (가) 시기보다 라니냐 시기인
(나) 시기에 강하다.

그림 (가)와 (나)는 태평양 적도 해역에서 엘니뇨와 라니냐 시기의
수온 연직 분포를 순서 없이 나타낸 것이다.

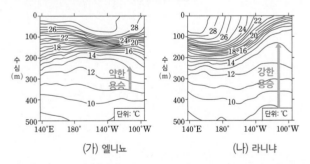

(가) 엘니뇨   (나) 라니냐

이에 대한 설명으로 옳은 것만을 〈보기〉에서 있는 대로 고른 것은?

③점

보기

ㄱ. 라니냐 시기의 수온 연직 분포는 ~~(가)~~ (나) 이다.

ㄴ. 동태평양 적도 해역에서 강수량은 (가) 시기가 (나) 시기보다
많다. ← 용승 현상이 일어나는 지역

ㄷ. 동태평양 적도 해역에서 용승은 (나) 시기가 (가) 시기보다
강하게 일어난다.

① ㄱ   ② ㄴ   ③ ㄷ   ④ ㄱ, ㄷ   ✓⑤ ㄴ, ㄷ

|자|료|해|설|

엘니뇨 시기에는 평상시보다 용승이 약해서 태평양 동쪽
지역의 수온이 상승하고 강수량이 많아진다. 라니냐
시기에는 평상시보다 용승이 강해서 태평양 동쪽 지역의
수온이 낮아지고 강수량이 적어진다.

(가)와 (나)의 연직 분포를 보면 태평양 동쪽(100˚W)의
수온이 더 높은 (가)가 엘니뇨 시기이고, 수온이 더 낮은
(나)가 라니냐 시기이다. 따라서 엘니뇨 시기인 (가) 시기의
강수량이 (나) 시기보다 더 많고 용승은 (나) 시기에 (가)
시기보다 강하게 일어난다.

|보|기|풀|이|

ㄱ. 오답 : 동태평양 적도 해역에서 용승이 더 강하게
일어나는 (나) 시기가 라니냐 시기이다.

ㄴ. 정답 : 동태평양 적도 해역의 강수량은 (가) 시기가 (나)
시기보다 많다.

ㄷ. 정답 : 수온의 연직 분포를 보면 동태평양에서 수온이
더 낮고 그래프의 기울기가 더 급한 (나) 시기가 (가)
시기보다 용승이 강하게 일어난다.

👀 **문제풀이 TIP** | 동태평양 적도 해역은 평상시에 용승이
일어나는데 엘니뇨 시기에는 용승이 약해지고, 라니냐 시기에는
용승이 강해진다.

😀 **출제분석** | 엘니뇨와 라니냐의 차이점을 묻는 문제는 종종
출제된다. 두 현상의 원인을 알면 문제는 쉬워진다. 두 현상의
원인을 어설프게 알아두면 헷갈리기 쉬우므로 정리해 두고 자주
복습하자.

그림 (가)는 다윈과 타히티에서 측정한 해수면 기압 편차(관측 기압 −평년 기압)를, (나)는 A와 B 중 한 시기의 태평양 적도 부근 해역의 대기 순환 모습을 나타낸 것이다. A와 B는 각각 엘니뇨와 라니냐 시기 중 하나이다.

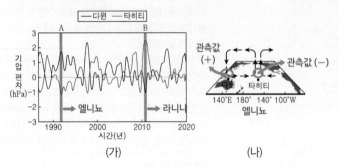

(가) (나)

이에 대한 설명으로 옳은 것만을 〈보기〉에서 있는 대로 고른 것은?

3점

보기

ㄱ. (나)는 A 시기의 대기 순환 모습이다. ➡ 엘니뇨

ㄴ. B 시기에 타히티 부근 해역의 강수량은 평상시보다 적다. ➡ 하강 기류

ㄷ. $\dfrac{\text{다윈 부근 해역의 평균 수온}}{\text{타히티 부근 해역의 평균 수온}}$ 은 A 시기보다 B 시기에 크다.
↳ 엘니뇨 ↳ 라니냐

① ㄱ ② ㄴ ③ ㄱ, ㄷ ④ ㄴ, ㄷ ⑤ ㄱ, ㄴ, ㄷ

|자|료|해|설|

해수면 기압 편차가 (+)이면 관측 기압이 평년 기압보다 크다는 뜻이므로 관측 당시 해수면에 평년보다 하강 기류가 발달해 있음을 알 수 있다. 반대로 편차가 (−)이면 관측 기압이 평년 기압보다 작다는 뜻이므로 평년보다 상승 기류가 더 발달해 있음을 알 수 있다.

A 시기에 다윈의 기압 편차는 (+), 타히티의 기압 편차는 (−)이므로 다윈 지역에는 하강 기류, 타히티 지역에는 상승 기류가 발달했다. 이는 (나)와 같은 상황으로, 무역풍이 약해져 동→서 방향으로 흐르는 해수의 흐름이 약해질 때 나타나는 엘니뇨 현상이다. A 시기가 엘니뇨이므로 기압 편차 양상이 반대로 나타나는 B 시기는 라니냐이다.

B 시기에 다윈의 기압 편차는 (−), 타히티의 기압 편차는 (+)이므로 다윈 지역에는 상승 기류, 타히티 지역에는 하강 기류가 발달했다. 따라서 다윈 지역에서는 구름이 발달하고 강수량이 많아진다.

|보|기|풀|이|

ㄱ. 정답 : (나)는 다윈 지역에 하강 기류가, 타히티 지역에 상승 기류가 발달하므로 A 시기의 대기 순환의 모습이다.

ㄴ. 정답 : B 시기에 타히티 부근 해역에는 평년보다 강한 하강 기류가 발달하여 구름이 평년보다 적게 생성되므로 강수량이 평상시보다 적다.

ㄷ. 정답 : 다윈 부근 해역의 평균 수온은 A(엘니뇨)<B (라니냐), 타히티 부근 해역의 평균 수온은 A(엘니뇨)>B (라니냐)이므로 주어진 값은 A 시기보다 B 시기에 크다.

문제풀이 TIP | 상승 기류가 발달하면 해수면의 기압은 낮아지고, 하강 기류가 발달하면 해수면의 기압은 높아진다. 상승 기류가 발달하면 구름이 생성되기 쉬워져 강수량이 많아지고, 하강 기류가 발달하면 구름이 생성되기 어려워져 맑은 날씨가 나타난다.

그림 (가)와 (나)는 각각 엘니뇨 시기와 라니냐 시기에 관측한 태평양 적도 부근 해역의 해수면 높이 변화를 순서 없이 나타낸 것이다. 그림에서 (+)인 곳은 해수면이 평년보다 높아진 해역이고, (−)인 곳은 평년보다 낮아진 해역이다.

엘니뇨 ➡ 해수의 동 → 서 이동 약화
⇒ 해수면 상승 ⇒ 용승 약화 ⇒ 수온↑

라니냐 ➡ 해수의 동 → 서 이동 강화
⇒ 해수면 하강 ⇒ 용승 강화 ⇒ 수온↓

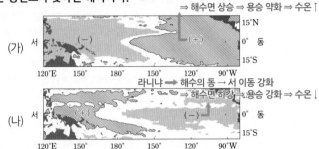

이에 대한 옳은 설명만을 〈보기〉에서 있는 대로 고른 것은? **3점**

> **보기**
> ㄱ. (가)는 엘니뇨 시기에 관측한 자료이다.
> ㄴ. 태평양 적도 부근 해역에서 동서 방향의 해수면 경사는 (가)가 (나)보다 완만하다.
> 　　↳ 해수 이동이 많으면 경사 급함
> ㄷ. 동태평양 적도 부근 해역에서 표층 수온은 (가)가 (나)보다 ~~낮다.~~ 높다
> 　　↳ 용승 강하면 수온↓

① ㄱ　② ㄷ　✓③ ㄱ, ㄴ　④ ㄱ, ㄷ　⑤ ㄴ, ㄷ

|자|료|해|설|

(가)는 동태평양의 해수면이 상승해 있다. 해수면이 상승되었다는 것은 해수의 동 → 서 이동이 약화되어서 표층 해수가 쌓여 있다는 것이다. 따라서 용승이 약화되므로 수온이 높다. 이 시기는 무역풍이 약한 엘니뇨 시기이다.
(나)는 동태평양의 해수면이 하강해 있다. 표층 해수가 서쪽으로 많이 이동했기 때문이고, 무역풍이 강화되었기 때문이다. 이 시기는 라니냐 시기이다. 해수면이 하강해 있으므로 용승이 강화되어 심층의 찬 해수가 올라오므로 수온은 낮아진다.

|보|기|풀|이|

ㄱ. 정답 : (가)는 엘니뇨, (나)는 라니냐 시기이다.
ㄴ. 정답 : 태평양 적도 부근 해역에서 동서 방향의 해수면 경사는 해수의 이동이 없을수록 완만하다. 따라서 해수의 이동이 적은 (가) 시기에 완만하다.
ㄷ. 오답 : 동태평양 적도 부근 해역에서 표층 수온은 용승이 약한 (가)가 용승이 강한 (나)보다 높다.

😀 **문제풀이 TIP |** 엘니뇨: 무역풍 약화, 동 → 서 흐름 약화, 동태평양 표층 해수 쌓여서 용승 약화, 수온 상승
라니냐: 무역풍 강화, 동 → 서 흐름 강화, 동태평양 표층 해수 이동해서 빈 자리를 채우려고 용승 강화, 수온 하강

그림 (가)는 엘니뇨가 발생한 시기에 태평양의 대기 순환을, (나)는 남방 진동 지수(타히티의 해면 기압−다윈의 해면 기압)를 나타낸 것이다.

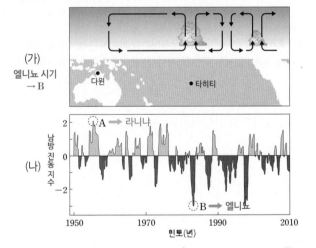

(가) 엘니뇨 시기 → B

(나)

이에 대한 옳은 설명만을 〈보기〉에서 있는 대로 고른 것은? **3점**

> ↱ 엘니뇨
> **보기**　↱ 라니냐
> ㄱ. ~~(가)는 A 시기에 해당한다.~~
> ㄴ. 다윈 부근의 강수량은 A 시기가 B 시기보다 많다.
> ㄷ. 동태평양 적도 부근 해역의 용승 현상은 A 시기가 B 시기보다 강하다.

① ㄱ　② ㄷ　③ ㄱ, ㄴ　✓④ ㄴ, ㄷ　⑤ ㄱ, ㄴ, ㄷ

|자|료|해|설|

남방 진동 지수가 양의 값이면 다윈 지역의 기온이 높아지는 라니냐, 남방 진동 지수가 음의 값이면 엘니뇨 시기이다. A는 남방 진동 지수가 양의 값으로 라니냐 시기이고, B는 남방 진동 지수가 음의 값으로 (가)와 같은 엘니뇨 시기이다.
엘니뇨 시기에는 동태평양 적도 부근 해역의 용승 현상이 약해져 다윈 부근의 강수량은 평상시에 비해 적다. 반대로 라니냐 시기에는 동태평양 적도 부근 해역의 용승 현상이 강해져 다윈 부근의 강수량은 평상시에 비해 많다.

|보|기|풀|이|

ㄱ. 오답 : 엘니뇨 시기에는 남방 진동 지수 값이 음수이므로 (가)는 B 시기에 해당한다.
ㄴ. 정답 : 다윈 부근의 강수량은 A(라니냐) 시기가 B(엘니뇨) 시기보다 많다.
ㄷ. 정답 : B(엘니뇨) 시기에는 동태평양 적도 부근 해역의 용승이 평상시보다 약해지고, A(라니냐) 시기에는 평상시보다 강해진다. 따라서 동태평양 적도 부근 해역의 용승 현상은 A 시기가 B 시기보다 강하다.

😀 **문제풀이 TIP |** 남방 진동 지수 값이 (+)이면 라니냐, (−)이면 엘니뇨이다.

😀 **출제분석 |** 남방 진동 지수 값을 같이 출제하는 경우는 많지 않지만 엘니뇨와 라니냐에 묻는 문제는 자주 출제된다. 각 시기의 기후 변화는 용승과 관계가 있으므로 각 시기의 특징을 연결해서 공부해두자.

그림 (가)는 적도 부근 해역에서 동태평양과 서태평양의 해수면
기압 차(동태평양 기압 − 서태평양 기압)를, (나)는 태평양 적도
부근 해역에서 ㉠과 ㉡ 중 한 시기에 관측된 따뜻한 해수층의 두께
편차(관측값 − 평년값)를 나타낸 것이다. ㉠과 ㉡은 각각 엘니뇨와
라니냐 시기 중 하나이다.

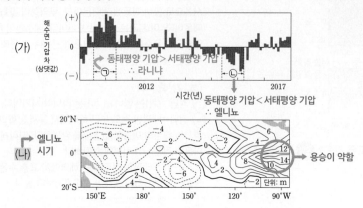

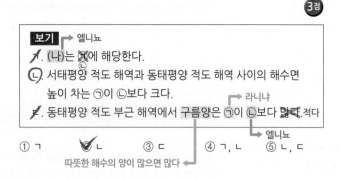

이에 대한 설명으로 옳은 것만을 〈보기〉에서 있는 대로 고른 것은?

3점

| 보기 |

㉠. (나)는 ~~라니냐~~ **엘니뇨** 에 해당한다.

㉡. 서태평양 적도 해역과 동태평양 적도 해역 사이의 해수면
　　높이 차는 ㉠이 ㉡보다 크다.

㉢. 동태평양 적도 부근 해역에서 구름양은 ㉠이 ~~**라니냐**~~ ㉡보다 ~~많다~~ **적다**.
　　엘니뇨
　　따뜻한 해수의 양이 많으면 많다

① ㄱ　　　　✔② ㄴ　　　　③ ㄷ　　　　④ ㄱ, ㄴ　　　　⑤ ㄴ, ㄷ

문제풀이 TIP | 엘니뇨 시기에는 무역풍이 약해 따뜻한 해수의 이동이 줄어들고, 용승은 약화된다.
따뜻한 해수의 양이 많으면 수증기의 유입으로 구름이 형성되어 구름의 양이 많아지고 강수량이 증가한다.

출제분석 | 엘니뇨와 라니냐의 발생 조건, 현상의 특징은 자주 출제되는 문항으로 조금씩 변형된 자료들이
계속해서 등장하므로 자료 해석에 중점을 두고 문제 푸는 연습을 하는 것이 좋다.

|자|료|해|설|
(가)는 동태평양과 서태평양의 해수면 기압 차를 나타낸
그래프로 기압 차 상댓값이 0보다 클 때에는 동태평양의
기압이 서태평양의 기압보다 큰 것을 의미한다. 따라서
㉠ 시기에는 동태평양의 해수면 기압이 서태평양보다
크고, ㉡ 시기에는 서태평양의 해수면 기압이 동태평양보다
크다. 서태평양의 해수면 기압이 동태평양보다 클 때,
동에서 서로 부는 무역풍이 약하다. 따라서 ㉡ 시기처럼
서태평양의 기압이 동태평양보다 크면 엘니뇨가
발생하기 쉽다. 반대로 ㉠ 시기와 같이 동태평양의 기압이
서태평양보다 크면 무역풍이 강해 라니냐가 발생하기
쉽다.
(나)에서 동태평양의 따뜻한 해수층의 두께 편차는
양수이므로 평년에 비해 관측값이 크다. 따뜻한
해수층의 두께가 평년보다 크므로 용승이 평년에 비해
약하다. 따라서 이 시기는 무역풍과 용승이 약한 엘니뇨
시기이다. 엘니뇨 시기에는 무역풍이 약해 동태평양에서
서태평양으로 흐르는 해수의 흐름이 약해지고 용승이
약해 수온 약층이 시작하는 깊이가 낮아진다. 따뜻한
해수가 서태평양으로 많이 이동하지 못해 동태평양 적도
부근 해역에 구름이 많이 생성되어 강수량이 평년보다
많아진다.

|보|기|풀|이|
ㄱ. 오답 : (나)는 용승이 약한 엘니뇨 시기이다. 엘니뇨
시기에는 무역풍이 약하고, 동태평양의 해수면 기압이
서태평양보다 낮다. 따라서 (나)는 ㉡에 해당한다.
ㄴ. 정답 : ㉠은 라니냐 시기로 동태평양 적도 해역에서
서태평양 적도 해역으로 흐르는 해수의 양이 많아져
서태평양의 해수면은 평년보다 높고, 동태평양의 해수면은
평년보다 낮다. 반대로 ㉡은 엘니뇨 시기로 동태평양 적도
해역에서 서태평양 적도 해역으로 흐르는 해수의 양이
적어져 서태평양의 해수면은 평년보다 낮고, 동태평양의
해수면은 평년보다 높다. 따라서 두 해역 사이의 해수면
높이 차는 ㉠이 ㉡보다 크다.
ㄷ. 오답 : 동태평양 적도 부근 해역에서 구름양이 많을
때는 무역풍이 약해 따뜻한 해수의 양이 많아지는 엘니뇨
시기이다. 따라서 ㉠이 ㉡보다 적다.

11 엘니뇨와 라니냐　　　　정답 ④　정답률 50%　2020년 4월 학평 11번　문제편 185p

그림 (가)와 (나)는 태평양 적도 부근 해역에서 측정한 무역풍의 동서 방향 풍속 편차와 20℃ 등수온선 깊이 편차의 변화를 시간에 따라 나타낸 것이다. 편차는 (관측값−평년값)이고, (가)에서 무역풍이 서쪽으로 향하는 방향을 양(+)으로 한다.

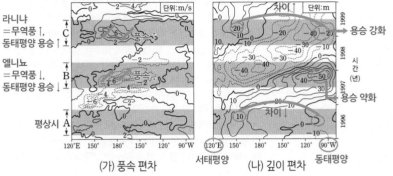

라니냐
=무역풍↑,
동태평양 용승↑

엘니뇨
=무역풍↓,
동태평양 용승↓

평상시 A

(가) 풍속 편차　　서태평양　(나) 깊이 편차　동태평양

A, B, C 시기에 대한 설명으로 옳은 것만을 〈보기〉에서 있는 대로 고른 것은? 3점

보기

ㄱ. 동태평양의 용승은 A보다 B가 강하다. 약하다
ㄴ. 동태평양과 서태평양의 수온 약층 깊이 차이는 A보다 C가 크다. 라니냐, −20~20
ㄷ. 동태평양의 해수면 평균 기압 / 서태평양의 해수면 평균 기압 은 B보다 C가 크다.

평상시, 0~10
라니냐 때 동태평양 기압은 증가, 엘니뇨 때 동태평양 기압은 감소

① ㄱ　② ㄴ　③ ㄱ, ㄷ　④ ㄴ, ㄷ　⑤ ㄱ, ㄴ, ㄷ

|자|료|해|설|
엘니뇨와 라니냐 시기의 표층 수온 변화와 기압분포는 밀접한 연관이 있고 엘니뇨, 라니냐와 남방진동을 합하여 ENSO라고 한다. (가)와 (나)에서 편차가 0에 가까운 A 시기가 평상시이다. B 시기는 무역풍이 약해지고 동태평양에서 20℃ 등수온선 깊이가 깊어졌으므로 엘니뇨 시기이다. C 시기는 무역풍이 강화되고 동태평양에서 20℃ 등수온선 깊이가 얕아졌으므로 라니냐 시기이다.

|보|기|풀|이|
ㄱ. 오답 : 동태평양의 용승은 평상시인 A보다 엘니뇨인 B가 약하다.
ㄴ. 정답 : 동태평양과 서태평양의 수온 약층 깊이 차이는 A(0~10)보다 C(−20~20)가 크다.
ㄷ. 정답 : B(엘니뇨)때 동태평양 기압은 더 감소하고, C(라니냐)때 동태평양 기압은 더욱 증가하므로 동태평양 해수면 평균기압 / 서태평양 해수면 평균기압 은 B보다 C가 크다.

문제풀이 TIP | B(엘니뇨)의 경우 무역풍 감소, 동태평양 용승 감소로 인해 20℃ 등수온선 깊이가 깊어진다. C(라니냐)의 경우 무역풍속 증가, 동태평양 용승증가로 인해 20℃ 등수온선 깊이가 얕아진다.

출제분석 | 풍속편차와 20℃ 등수온선 깊이 편차를 이용하여 엘니뇨와 라니냐, 평상시를 모두 비교해야하기 때문에 문제 풀이에 꽤 긴 시간이 소요되므로 높은 난이도라 볼 수 있다. 15개정 교육과정부터 남방진동과 ENSO에 대한 비중이 증가했기 때문에 재 출제 가능성이 높다.

---

12 엘니뇨와 라니냐　　　　정답 ⑤　정답률 66%　2023년 7월 학평 14번　문제편 185p

그림 (가)와 (나)는 엘니뇨와 라니냐 시기에 태평양 적도 부근 해역에서 관측된 깊이에 따른 수온 편차(관측값−평년값)를 순서 없이 나타낸 것이다.

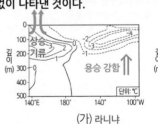 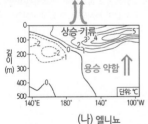

(가) 라니냐　　(나) 엘니뇨

이에 대한 설명으로 옳은 것만을 〈보기〉에서 있는 대로 고른 것은? 3점

보기

ㄱ. 무역풍의 세기는 (가)가 (나)보다 강하다.
ㄴ. 서태평양 적도 부근 해역의 해면 기압은 (나)가 (가)보다 높다.
ㄷ. 동태평양 적도 부근 해역의 용승 현상은 (가)가 (나)보다 강하다.

① ㄱ　② ㄴ　③ ㄱ, ㄷ　④ ㄴ, ㄷ　⑤ ㄱ, ㄴ, ㄷ

|자|료|해|설|
엘니뇨 시기에는 무역풍이 약해져 해수의 동 → 서 방향 이동이 약해지고, 이에 따라 동태평양 적도 부근 해역에서의 용승이 약해진다. 용승이 약해지면 동태평양의 수온이 평년보다 높아진다. 서태평양 적도 부근 해역에서는 동쪽에서 오는 해수의 양이 평년보다 줄어들어 수온은 평년보다 낮아진다.
라니냐 시기에는 무역풍이 강해져 해수의 동 → 서 방향 이동이 강해지고, 이에 따라 동태평양 적도 부근 해역에서의 용승이 강해진다. 용승이 강해지면 동태평양의 수온이 평년보다 낮아진다. 서태평양 적도 부근 해역에서는 동쪽에서 오는 해수의 양이 평년보다 늘어나 수온이 평년보다 높아진다.
(가)에서 동태평양의 수온은 평년보다 낮으므로 (가)는 라니냐 시기이다. (나)에서 동태평양의 수온은 평년보다 높으므로 (나)는 엘니뇨 시기이다.

|보|기|풀|이|
ㄱ. 정답 : (가)는 무역풍의 세기가 강한 라니냐 시기이고, (나)는 무역풍의 세기가 약한 엘니뇨 시기이다.
ㄴ. 정답 : 엘니뇨 시기에는 해수의 동 → 서 방향 이동이 약화되어 서태평양보다 중앙 태평양에서 상승 기류가 발달한다. 따라서 서태평양에서의 상승 기류는 평년보다 약해진다. 상승 기류가 약할수록 해면 기압은 높으므로 서태평양 적도 부근 해역의 해면 기압은 엘니뇨 시기인 (나)가 라니냐 시기인 (가)보다 높다.
ㄷ. 정답 : 동태평양 적도 부근 해역의 용승 현상은 라니냐 시기인 (가)가 엘니뇨 시기인 (나)보다 강하다.

문제풀이 TIP | 엘니뇨와 라니냐의 차이는 무역풍 세기의 차이에서 온다. 엘니뇨는 무역풍이 약해졌을 때, 라니냐는 무역풍이 강해졌을 때 발생하므로 용승, 수온 변화, 강수량의 변화에 대해 외우지 못했더라도 무역풍이 약해졌을 때와 강해졌을 때 나타날 수 있는 환경 변화를 추론하면 문제를 풀 수 있다.

그림은 2009년부터 2011년까지 서태평양과 동태평양의 적도 부근 해역에서 관측한 해수면 높이를 나타낸 것이다. A와 B는 각각 엘니뇨와 라니냐 기간 중 하나에 속한다.

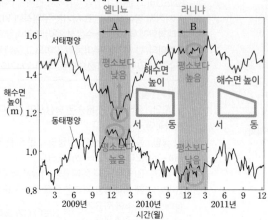

이에 대한 설명으로 옳은 것만을 <보기>에서 있는 대로 고른 것은? 3점

보기
ㄱ. 서태평양과 동태평양의 해수면 높이 차이는 A 시기가 B 시기보다 ~~크다~~ 작다.
ㄴ. A는 엘니뇨, B는 라니냐 기간에 속한다.
ㄷ. 동태평양 적도 부근 해역의 용승은 A 시기가 B 시기보다 ~~강~~ 약 ~~하다~~ 하다.

① ㄱ　　②ㄴ　　③ ㄱ, ㄷ　　④ ㄴ, ㄷ　　⑤ ㄱ, ㄴ, ㄷ

|자|료|해|설|

평상시에는 무역풍이 불면서 적도 부근 동태평양의 표층 해수가 서태평양으로 이동하여 서태평양의 해수면 높이가 상대적으로 높다. 엘니뇨 시기에는 무역풍이 약해지면서 서쪽으로 이동하는 해수의 흐름이 약해져, 서태평양의 해수면 높이는 낮아지고, 동태평양의 해수면 높이는 높아져 동·서태평양 해수면 높이 차이가 줄어든다. 라니냐 시기에는 오히려 무역풍이 더욱 강해지면서 서태평양의 해수면 높이는 더욱 높아지고, 동태평양의 해수면 높이는 더욱 낮아진다. 따라서 이 시기의 동·서태평양 해수면 높이 차이는 평상시보다 커지게 된다.

|보|기|풀|이|

ㄱ. 오답 : 그래프에서 전체적으로 서태평양의 해수면 높이가 동태평양의 해수면 높이보다 높음을 알 수 있다. A 시기에 서태평양의 해수면 높이는 평소보다 낮아져 있고, 동태평양의 해수면 높이는 높아져 있는 상태이다. 반대로 B 시기는 서태평양의 해수면 높이는 평소보다 더 높아져 있고 동태평양의 해수면 높이는 더 낮아져 있다. 따라서 서태평양과 동태평양의 해수면 높이 차이는 A 시기가 B 시기보다 더 작다.

ㄴ. 정답 : A 시기는 서태평양의 해수면 높이는 낮아지고 동태평양의 해수면 높이는 높아져 있다. 이는 무역풍이 약해서 적도 부근 동태평양의 해수가 서쪽으로 많이 이동하지 못해 나타나는 현상이므로, 이 시기는 엘니뇨 기간에 해당한다. 반대로 B는 무역풍이 평소보다 강해진 라니냐 기간에 해당한다.

ㄷ. 오답 : 동태평양 적도 부근의 용승은 무역풍이 강해져 적도 부근 동태평양의 해수가 서쪽으로 많이 이동할 때 강해진다. A 시기는 엘니뇨 시기이므로 평소보다 무역풍이 약해져 동태평양 적도 부근의 용승이 오히려 약해진다.

😀 문제풀이 TIP | 평상시에는 무역풍에 의해 적도 부근 태평양의 표층 해수가 서태평양으로 이동해가면서 서태평양의 해수면 높이가 약간 높지만, 엘니뇨 시기에는 무역풍이 약해지면서 서태평양의 해수면 높이는 평소보다 낮아지고 동태평양의 해수면 높이는 평소보다 높아진다. 엘니뇨 시기라도 여전히 서태평양의 해수면 높이는 동태평양보다 높다.

😀 출제분석 | 엘니뇨와 라니냐 시기를 판단하는 방법은 이 문항처럼 동태평양과 서태평양의 해수면 높이 차이를 이용하는 방법 이외에도 수온 편차, 무역풍의 세기 변화, 기압 편차 등을 이용하는 방법 등이 다양하게 사용되고 있으므로, 다양한 기출 문항들을 풀어보면서 어떤 자료들이 제시되고, 어떻게 분석해야 하는지 알아보아야 한다.

" 이 문제에선 이게 가장 중요해! "

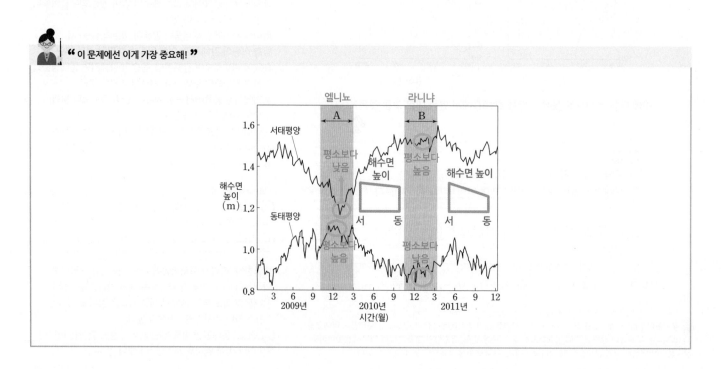

그림 (가)와 (나)는 평상시와 엘니뇨 발생 시기의 태평양 적도 해역 대기 순환을 순서 없이 나타낸 것이다.

(가) 엘니뇨 시기　　　(나) 평상시

엘니뇨 시기 ←

(가)보다 (나)일 때 큰 값을 갖는 것만을 <보기>에서 있는 대로 고른 것은? [3점]　→ 평상시

보기

ㄱ. 무역풍의 세기
ㄴ. 동태평양 적도 해역의 강수량
ㄷ. 서태평양과 동태평양 적도 해역의 해수면 높이 차

① ㄱ　　② ㄴ　　③ ㄱ, ㄷ　　④ ㄴ, ㄷ　　⑤ ㄱ, ㄴ, ㄷ

|자|료|해|설|

엘니뇨란 무역풍의 약화 또는 반전에 의해 적도 부근 동태평양의 표층 수온이 평상시보다 6개월 이상 0.5℃ 이상 상승하는 현상이다.

평상시에는 남동 무역풍에 의한 남적도 해류가 따뜻한 표층 해수를 동태평양에서 서태평양 쪽으로 이동시킨다. 따뜻한 표층 해수의 이동으로 동태평양 지역에서는 찬 심층 해수의 용승이 발생하는데, 이로 인해 하강기류가 잘 나타나고, 증발량이 적어 날씨가 맑다. 또한, 용승한 해수의 경우 용존 산소량과 영양 염류가 많아 좋은 어장이 형성된다. 반면, 서태평양 지역에서는 상승 기류가 발생해 비가 자주 내린다.

엘니뇨 현상이 진행되면 반대로 동태평양 지역에서 상승 기류가, 서태평양 지역에서 하강 기류가 나타나게 된다. 또한, 무역풍이 약해져 표층 해수의 전달이 약해지므로 서태평양 해수면과 동태평양 해수면의 높이 차가 줄어들게 된다.

(가)에서 동태평양 지역에 상승 기류가 생성된 것으로 보아 (가)는 엘니뇨 시기, (나)는 평상시이다. 엘니뇨 시기일 때보다 평상시에 큰 값을 갖는 것으로는 무역풍의 세기, 서태평양 적도 지역의 강수량, 서태평양과 동태평양 적도 해역의 해수면 높이 차, 동태평양 적도 지역에서 발생하는 용승의 양 등이 있다.

|보|기|풀|이|

ㄱ. 정답 : 엘니뇨는 무역풍의 약화 또는 반전에 의한 현상이므로, 무역풍은 엘니뇨 시기(가)보다 평상시(나)에 더 강하다.

ㄴ. 오답 : 엘니뇨 시기에는 동태평양 적도 지역에 형성되는 상승 기류로 인해 강수량이 많아지므로 동태평양 적도 해역의 강수량은 평상시(나)보다 엘니뇨 시기(가)에 많다.

ㄷ. 정답 : 서태평양과 동태평양 적도 해역의 해수면 높이 차는 엘니뇨 시기(가)보다 무역풍이 강한 평상시(나)에 더 크다.

문제풀이 TIP | 이번 문항에서는 평상시와 엘니뇨 시기를 비교하고 있다. 엘니뇨 현상뿐만 아니라 엘니뇨 시기와 라니냐 시기를 비교하는 문제도 자주 출제되기 때문에 평상시, 엘니뇨 현상 발생 시, 라니냐 현상 발생 시 세 가지 경우의 특징을 잘 정리해두어야 한다. 라니냐 현상은 엘니뇨와 반대되는 현상이다.

출제분석 | 이번 문항은 3점짜리이긴 하나, 쉬운 3점 문항이라고 할 수 있다. 엘니뇨 현상에 대해 정리를 잘 해두었다면 빨리 풀어야 하는 난도 '중'의 문제이다. 개정 교육과정에서는 엘니뇨와 라니냐의 비중이 더 커졌기 때문에 출제될 가능성이 크다.

 " 이 문제에선 이게 가장 중요해! "

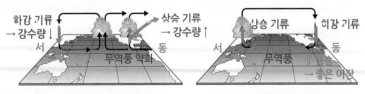

(가) 엘니뇨 시기　　　(나) 평상시

(가)에서 동태평양 지역에 상승 기류가 생성된 것으로 보아 (가)는 엘니뇨 시기, (나)는 평상시이다. 엘니뇨 시기일 때보다 평상시에 큰 값을 갖는 것으로는 무역풍의 세기, 서태평양 적도 지역의 강수량, 서태평양과 동태평양 적도 해역의 해수면 높이차, 동태평양 적도 지역에서 발생하는 용승의 양 등이 있다.

그림은 동태평양과 서태평양 적도 부근 해역에서 관측한 북반구 겨울철 표층의 평균 수온을 ○와 ×로 순서 없이 나타낸 것이다. A와 B는 각각 엘니뇨와 라니냐 시기 중 하나이다.

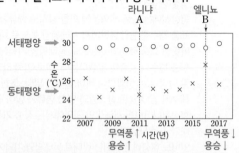

이 자료에 대한 설명으로 옳은 것만을 〈보기〉에서 있는 대로 고른 것은? 3점

보기
ㄱ. 남적도 해류는 A가 B보다 강하다.
ㄴ. 동태평양에서 용승은 B가 A보다 강하다. 약
ㄷ. 서태평양에서 해면 기압은 B가 평년보다 크다.

① ㄱ ② ㄴ ③ ㄱ, ㄷ ④ ㄴ, ㄷ ⑤ ㄱ, ㄴ, ㄷ

|자|료|해|설|
엘니뇨와 라니냐는 무역풍 세기의 변화로 인해 발생하는 현상이다. 무역풍은 동에서 서로 불기 때문에 무역풍 세기의 변화에 따른 표층의 평균 수온 변화율은 서태평양보다 동태평양에서 더 크다. 따라서 ○는 서태평양, ×는 동태평양이다. A 시기에 동태평양의 온도가 현저히 낮아진 것은 용승이 많이 일어났다는 것을 의미하고 따라서 A 시기는 무역풍이 센 라니냐 시기이다. B 시기에 동태평양의 수온이 급격히 높아진 것은 용승이 거의 일어나지 않았다는 것을 의미하고 따라서 B 시기는 무역풍이 약한 엘니뇨 시기이다.

|보|기|풀|이|
ㄱ. 정답 : 남적도 해류는 무역풍의 영향을 받으므로 A(라니냐)가 B(엘니뇨)보다 강하다.
ㄴ. 오답 : 동태평양의 용승은 B(엘니뇨)가 A(라니냐)보다 약하다.
ㄷ. 정답 : 엘니뇨 발생시에는 무역풍과 용승이 약해지면서 서태평양의 따뜻한 해수 일부가 동태평양으로 이동해오므로 워커순환의 상승 영역도 동쪽으로 치우쳐서 서태평양은 고기압의 영향을 받는다.

😲 문제풀이 TIP | 엘니뇨와 라니냐가 발생할 때 수온 변화에 더 큰 영향을 받는 곳은 동태평양이다. 무역풍의 세기가 용승과 어떤 관계가 있고, 이로 인해서 서태평양과 동태평양의 기후에 어떤 영향을 미치는지도 학습해두어야 한다.

😲 출제분석 | 엘니뇨와 라니냐는 항상 나오는 유형의 문제이다. 그래프(풍속, 기압, 수온)를 주어지고 엘니뇨와 라니냐 시기를 고르고 각각의 특징을 보기에서 묻는 문제들이 많이 출제되었다.

그림은 2014년부터 2016년까지 관측한 태평양 적도 부근 해역의 해수면 기압 편차(관측 기압−평년 기압)를 나타낸 것이다. A는 엘니뇨 시기와 라니냐 시기 중 하나이다.

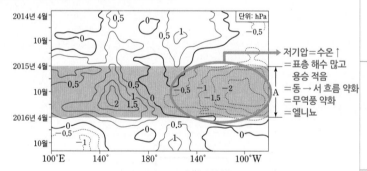

A 시기에 대한 설명으로 옳은 것만을 〈보기〉에서 있는 대로 고른 것은? 3점

보기
ㄱ. 라니냐 시기이다. 엘니뇨
ㄴ. 평상시보다 남적도 해류가 약하다. → 무역풍 약화 → 남적도 해류 약화
ㄷ. 평상시보다 동태평양 적도 부근 해역에서의 용승이 강하다. 약하다

① ㄱ ② ㄴ ③ ㄷ ④ ㄱ, ㄴ ⑤ ㄴ, ㄷ

|자|료|해|설|
A 시기에 동태평양 부근 해역의 기압 편차는 (−)이다. 관측 기압이 평년 기압보다 낮다는 의미이다. 즉 평소보다 저기압이라는 뜻인데, 저기압이 되려면 수온은 높아야 한다. 수온이 높으려면 표층 해수가 많고 용승이 적어야 하며, 해수의 동 → 서 흐름이 약화되어야 한다. 즉, 무역풍이 약화된 엘니뇨 시기를 의미한다.

|보|기|풀|이|
ㄱ. 오답 : A는 엘니뇨 시기이다.
ㄴ. 정답 : 엘니뇨 시기에는 평상시보다 남적도 해류가 약하다.
ㄷ. 오답 : 평상시보다 동 → 서 흐름이 약하기 때문에 표층 해수가 이동하지 않고 머물러 있어서 용승은 약하다.

😲 문제풀이 TIP | 엘니뇨 시기에 동태평양은 수온이 높아져서 평소보다 기압이 낮아지고, 서태평양은 수온이 낮아져서 평소보다 기압이 높아진다.
라니냐 시기에는 반대로 동태평양은 수온이 낮아져서 기압이 높아지고, 서태평양은 수온이 높아져서 기압이 낮아진다.

😲 출제분석 | 모든 시험에서 빠짐없이 출제되는 엘니뇨와 라니냐 개념이다. 자료 해석을 통해서 엘니뇨 시기라는 것을 파악해야 하는데, 해수의 수온, 무역풍 등의 개념에 추가적으로 저기압, 고기압까지 연결되어서 상대적으로 어렵게 느껴질 수 있다. 배점도 3점이다. 그러나 보기들은 엘니뇨 시기의 기본적인 것들만 묻고 있어서 아주 어려운 문제는 아니다. 용존 산소량이나 어획량 등의 개념이 추가된 보기가 출제되면 더욱 어렵게 느껴진다.

그림 (가)는 태평양의 수온 관측 해역(▨)을, (나)는 (가)의 관측 해역에서 측정한 평년 대비 해수면 수온 편차를 나타낸 것이다.

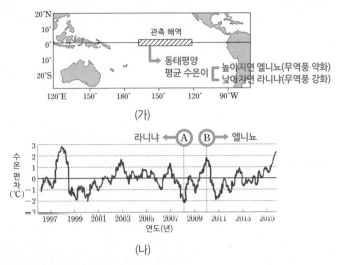

(가)

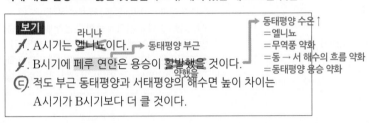

(나)

이에 대한 설명으로 옳은 것만을 〈보기〉에서 있는 대로 고른 것은?

보기

ㄱ. A시기는 <del>엘니뇨</del>이다. 　라니냐　→ 동태평양 부근

ㄴ. B시기에 페루 연안은 용승이 활발했을 것이다. 약화을

동태평양 수온↑
=엘니뇨
=무역풍 약화
=동→서 해수의 흐름 약화
=동태평양 용승 약화

ㄷ. 적도 부근 동태평양과 서태평양의 해수면 높이 차이는 A시기가 B시기보다 더 클 것이다.

① ㄱ　　✔② ㄷ　　③ ㄱ, ㄴ　　④ ㄴ, ㄷ　　⑤ ㄱ, ㄴ, ㄷ

|자|료|해|설|
(가)의 관측 해역은 동태평양 부근이다. 동태평양의 평균 수온이 0.5℃ 이상 높은 상태가 6개월 이상 지속되는 것을 엘니뇨라고 하고, 반대로 평균 수온이 0.5℃ 이상 낮은 상태가 6개월 이상 지속되는 것을 라니냐라고 한다. 따라서 (나)에서 수온이 낮은 A시기는 라니냐, 수온이 높은 B시기는 엘니뇨이다.
엘니뇨때는 무역풍이 약화되어 동→서 해수의 흐름이 약화되고, 라니냐에는 무역풍이 강화되어 동→서 해수의 흐름이 강화된다. 따라서 라니냐 때 동태평양에서 표층 해수의 빈 공간을 보충하기 위해 용승이 활발하게 일어나서 표층 수온이 낮아진다. 반대로 엘니뇨 때는 보충할 빈 공간이 없으므로 동태평양 용승이 약화된다.
동태평양과 서태평양의 해수면 높이 차이는 무역풍의 세기에 비례한다. 따라서 무역풍이 강한 A시기(라니냐)가 무역풍이 약한 B시기(엘니뇨)보다 동태평양과 서태평양의 해수면이 높이 차이가 크다

|보|기|풀|이|
ㄱ. 오답 : A시기는 동태평양 평균 수온이 낮은 시기로, 라니냐이다.
ㄴ. 오답 : B시기는 동태평양 평균 수온이 높은 시기로, 엘니뇨이다. 엘니뇨 때 페루 연안(동태평양 부근)은 무역풍의 약화로 인해 해수의 이동이 약화되어 용승 역시 약화된다.
ㄷ. 정답 : 동태평양과 서태평양의 해수면 높이 차이는 무역풍의 세기에 비례한다. 따라서 무역풍이 강한 A시기(라니냐)가 무역풍이 약한 B시기(엘니뇨)보다 동태평양과 서태평양의 해수면의 높이 차이가 크다.

💡 **문제풀이 T I P** | 엘니뇨는 무역풍 '약화'로 둘 다 초성이 'ㅇ'으로 시작한다는 점을 이용해 암기한다. 다른 내용은 '무역풍이 약화'에서 시작하여 논리적으로 연결한다. 엘니뇨와 동태평양 위주로 암기하고 라니냐와 서태평양은 각각 반대로 생각한다.
엘니뇨=무역풍 약화=동－서 태평양의 수면 차이 적음=동태평양 용승 약화=동태평양 온도 상승=동태평양 저기압=동태평양 강수

😀 **출제분석** | 엘니뇨와 라니냐 등의 기후 변화 개념은 매번 출제될 정도로 출제 빈도가 매우 높다. 특히 이 문제처럼 자료 해석이 함께 출제되기도 한다. 특별히 까다로운 보기가 없으므로 난도는 '중상'이다. 수능에서는 이와 비슷한 난도로 자료 해석과 지식을 함께 물을 확률이 높다.

그림은 태평양 적도 부근 해역에서의 대기 순환 모습을 나타낸 것이다. (가)와 (나)는 각각 엘니뇨와 라니냐 시기 중 하나이다.

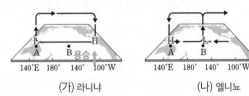

(가) 라니냐　　　　　　(나) 엘니뇨

이에 대한 설명으로 옳은 것만을 〈보기〉에서 있는 대로 고른 것은?

③점

보기

라니냐 ← → 엘니뇨

ㄱ. 서태평양 적도 부근 무역풍의 세기는 (가)가 (나)보다 강하다.

ㄴ. 동태평양 적도 부근 해역의 용승은 (가)가 (나)보다 강하다.

ㄷ. (B 지점 해면 기압 － A 지점 해면 기압)의 값은 (가)가 (나)보다 크다. ∵ (나)의 B는 저기압

① ㄱ　　② ㄷ　　③ ㄱ, ㄴ　　④ ㄴ, ㄷ　　✔⑤ ㄱ, ㄴ, ㄷ

|자|료|해|설|
엘니뇨 시기에는 남동 무역풍이 약화되어 상승기류가 발생하는 저기압이 평상시보다 동쪽으로 이동하므로 (가)는 라니냐, (나)는 엘니뇨 시기이다.

|보|기|풀|이|
ㄱ. 정답 : 서태평양 적도 부근 무역풍의 세기는 라니냐 시기인 (가)가 엘니뇨 시기인 (나)보다 강하다.
ㄴ. 정답 : 평상시에 비해 무역풍이 강해지면 동태평양 적도 부근 표층에는 해역의 해수가 부족하여 용승이 강해진다. 따라서 동태평양 적도 부근 해역의 용승은 (가)가 (나)보다 강하다.
ㄷ. 정답 : 라니냐 시기에는 평상시에 비해 A 지점의 기압은 감소하고, B 지점의 기압은 증가한다. 반면 엘니뇨 시기에는 평상시에 비해 A 지점의 기압은 증가하고, B 지점의 기압은 감소한다. 따라서 (B 지점 해면 기압 － A 지점 해면 기압)의 값은 라니냐 시기인 (가)가 더 크다.

그림은 적도 부근 서태평양과 중앙 태평양 중 어느 한 해역에서 최근 40년 동안 매년 같은 시기에 기상 위성으로 관측한 적외선 방출 복사 에너지 편차와 수온 편차를 나타낸 것이다. 편차는 (관측값−평년값)이며, A는 엘니뇨 시기에 관측한 값이다.

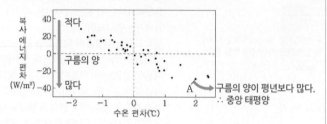

이 해역에 대한 옳은 설명만을 〈보기〉에서 있는 대로 고른 것은? [3점]

보기
 중앙 태평양
ㄱ. 서태평양에 위치한다.
ㄴ. 강수량은 적외선 방출 복사 에너지 편차가 (+)일 때가 (−)일 때보다 대체로 적다.
       → 상승 기류 발달 → 저기압
ㄷ. 평균 해면 기압은 엘니뇨 시기가 평년보다 낮다.

① ㄱ   ② ㄴ   ③ ㄱ, ㄷ   ✔ㄴ, ㄷ   ⑤ ㄱ, ㄴ, ㄷ

|자|료|해|설|
적외선 방출 복사 에너지가 많다는 것은 구름의 양이 적다는 뜻이다. 따라서 적외선 방출 복사 에너지 편차가 (+)이면 평상시보다 구름의 양이 적고, (−)이면 평상시보다 구름의 양이 많다는 뜻이다. 평상시에 구름은 서태평양 해역에서 발달하지만, 엘니뇨 시기에는 중앙 태평양에서 발달한다.
엘니뇨 시기인 A일 때 적외선 방출 복사 에너지 편차는 약 $-30W/m^2$ 정도로 구름이 많이 발생한 상태이다. 엘니뇨 시기에는 따뜻한 해수의 이동이 평년보다 활발하지 않아 중앙 태평양의 수온이 평년보다 높아지고, 서태평양보다 중앙 태평양에 비구름이 더 발달한다. 따라서 이 해역은 중앙 태평양이다.

|보|기|풀|이|
ㄱ. 오답 : 이 해역은 엘니뇨 시기에 수온 편차가 (+) 값이므로 중앙 태평양에 위치한다.
ㄴ. 정답 : 강수량은 구름이 많이 발달한 때에 많다. 적외선 방출 복사 에너지 편차가 (+)이면 구름이 평상시보다 적다는 뜻이고, (−)이면 구름이 평상시보다 많다는 뜻이다. 따라서 강수량은 적외선 방출 복사 에너지 편차가 (+)일 때가 (−)일 때보다 대체로 적다.
ㄷ. 정답 : 엘니뇨 시기에 중앙 태평양에서는 상승 기류가 발달하여 구름이 생성된다. 상승 기류가 발달하는 곳의 해면 기압은 낮아지므로 중앙 태평양에서 평균 해면 기압은 구름이 많이 생성되는 엘니뇨 시기가 평년보다 낮다.

      → 수온↑엘니뇨, 수온↓라니냐
그림은 **동태평양 적도 부근** 해역에서 관측된 수온 편차 분포를 깊이에 따라 나타낸 것이다. (가)와 (나)는 각각 엘니뇨와 라니냐 시기 중 하나이다. 편차는 (관측값−평년값)이다.

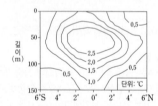   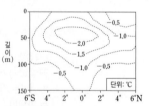

엘니뇨(무역풍 약화 → 해수의 이동↓)(가)   라니냐(무역풍 강화 (나)
→ 동태평양 해수면 높이↑→용승 약화→수온↑)   → 해수의 이동↑→동태평양 해수면 높이↓→용승 강화
이 해역에 대한 설명으로 옳은 것만을 〈보기〉에서 있는 대로 고른 → 수온↓)
것은? [3점]

보기 → 수온↑
ㄱ. (가)는 엘니뇨 시기이다.
ㄴ. 용승은 (나)일 때가 (가)일 때보다 강하다.
       강하면 수온↓
ㄷ. (나)일 때 해수면의 높이 편차는 (−) 값이다.
      → 무역풍 강화=동 → 서 해수 이동↑=동태평양 해수면 높이↓)
① ㄱ   ② ㄷ   ③ ㄱ, ㄴ   ④ ㄴ, ㄷ   ✔ㄱ, ㄴ, ㄷ

|자|료|해|설|
동태평양 적도 부근의 수온이 상승하면 엘니뇨, 하강하면 라니냐이다.
(가)는 수온이 상승하였으므로 엘니뇨 시기이다. 엘니뇨 시기에는 무역풍이 약화되어 해수의 동 → 서 이동이 감소하고, 따라서 동태평양 수면이 평소보다 높아지고 수온이 상승한다. (나)는 수온이 하강하였으므로 라니냐 시기이다. 라니냐 시기에는 무역풍이 강화되어 해수의 동 → 서 이동이 강화되고, 따라서 동태평양 해수면 높이가 낮아지므로 용승이 강화되어 수온이 낮아진다.

|보|기|풀|이|
ㄱ. 정답 : (가)는 동태평양 적도 부근 해역의 수온이 상승하였으므로 엘니뇨 시기이다.
ㄴ. 정답 : 용승은 해수의 동 → 서 이동이 많을 때 강화되므로, 무역풍이 강한 (나) 시기에 더 강하다.
ㄷ. 정답 : 수온이 낮은 라니냐 시기인 (나)일 때 해수의 동 → 서 이동이 많으므로 평소보다 동태평양 해수면 높이가 낮아져서 해수면 높이 편차는 (−) 값이다.

😮 **문제풀이 TIP** | 엘니뇨: 무역풍 약화, 동 → 서 방향 해수의 이동이 약해져서 동태평양은 따뜻한 표층 해수가 남아 있으므로 수온이 높고, 해수면이 높다. 용승은 약화된다.
라니냐: 무역풍 강화, 동 → 서 방향 해수의 이동이 강해져서 동태평양에 표층 해수가 많이 남지 않아 해수면은 낮아지고 용승이 강화된다. 따라서 수온이 낮아진다.

😊 **출제분석** | 엘니뇨와 라니냐는 시험에서 항상 출제되는 중요한 개념이다. 특히 최근에는 엘니뇨와 라니냐의 개념에서 이 문제처럼 직관적이고 해석이 쉽게 출제되지 않고, 2021학년도 수능처럼 적외선 자료가 출제되는 등 자료 해석 능력을 많이 요구하는 경향이 있다.

그림은 서로 다른 시기에 관측된 태평양 적도 부근 해역의 **수온 편차** **(관측값−평년값)**를 나타낸 것이다. (가)와 (나)는 각각 엘니뇨 시기 와 라니냐 시기 중 하나이다. +:평년보다 수온이 높음, −:평년보다 수온이 낮음

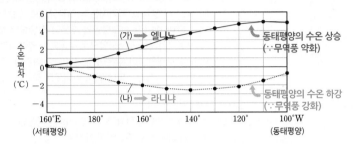

이에 대한 옳은 설명만을 〈보기〉에서 있는 대로 고른 것은? 3점

보기

ㄱ. (가)는 엘니뇨 시기이다.

ㄴ. 무역풍의 풍속은 (가)가 (나)보다 ~~크다.~~ 작다

ㄷ. 동태평양 적도 부근 해역의 용승은 ~~(가)~~가 ~~(나)~~보다 활발하다. (나) (가)

✔① ㄱ   ② ㄴ   ③ ㄱ, ㄷ   ④ ㄴ, ㄷ   ⑤ ㄱ, ㄴ, ㄷ

|자|료|해|설|

동태평양의 수온이 평년보다 높아 수온 편차가 (+)값을 나타내면 엘니뇨 시기이다. 반대로 동태평양의 수온이 평 년보다 낮아 수온 편차가 (−)값을 나타내면 라니냐 시기 이다. 따라서 (가)는 엘니뇨 시기이며, (나)는 라니냐 시기 이다.

|보|기|풀|이|

ㄱ. 정답 : (가)는 동태평양의 표층 수온이 평년보다 높게 나 타나 수온 편차가 (+)값을 나타내고 있으므로 엘니뇨 시 기이다.

ㄴ. 오답 : 엘니뇨 시기인 (가)는 무역풍이 평소보다 약해져 나 타나는 모습이다. 반면 라니냐 시기인 (나)는 무역풍이 평소 보다 강할 때 나타난다. 따라서 무역풍의 풍속은 (가)가 (나) 보다 작다.

ㄷ. 오답 : 무역풍이 강해지는 시기에는 적도 부근 따뜻한 해 수의 서쪽으로의 이동이 증가하므로 동태평양에서는 차가 운 해수의 용승이 강해진다. 따라서 라니냐 시기인 (나) 시기 에 엘니뇨 시기인 (가) 시기보다 동태평양에서의 용승이 활 발하다.

😀 **출제분석** | 엘니뇨와 라니냐에 관련된 문항은 기본적으로 비슷 한 형식을 보이는 경우가 많다. 무역풍의 세기 및 방향 변화, 표층 수온의 변화, 강수대의 변화 등 다양한 자료들을 접해보고 각각의 시기에 나타나는 특징을 잘 정리해두어야 한다.

그림 (가)는 동태평양 적도 해역의 해수면 온도 편차(관측값− 평년값)를, (나)는 (가)의 A, B 중 어느 시기에 나타날 수 있는 기후를 나타낸 것이다.

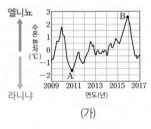

(가)

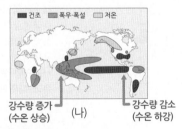

강수량 증가 (수온 상승)   (나)   강수량 감소 (수온 하강)

이에 대한 옳은 설명만을 〈보기〉에서 있는 대로 고른 것은?

보기

ㄱ. A 시기에 ~~엘니뇨~~가 나타났다. 라니냐

ㄴ. 무역풍의 세기는 B 시기보다 A 시기에 강하다.

ㄷ. (나)는 A 시기에 나타날 수 있다. 엘니뇨   라니냐

① ㄱ   ② ㄷ   ③ ㄱ, ㄴ   ✔④ ㄴ, ㄷ   ⑤ ㄱ, ㄴ, ㄷ

|자|료|해|설|

동태평양 적도 해역의 해수면 온도는 무역풍의 세기에 따 라 달라진다. 무역풍의 세기가 평상시보다 약해지는 엘니 뇨 시기의 경우 서태평양으로 이동하던 고온의 표층 해수 의 흐름이 약해져 동태평양 적도 해역의 해수면 온도가 상 승하며 해수면의 높이도 상승한다. 해수의 온도가 상승하 면 저압대가 형성되고 수증기의 공급이 많아지면서 강수량 이 증가한다. 반대로 무역풍의 세기가 평상시보다 강해지 는 라니냐 시기의 경우 서태평양으로 이동하던 고온의 표 층 해수의 흐름이 강해져 동태평양 적도 해역의 해수면 온 도가 하강하며 해수면의 높이도 하강한다. 이 시기에는 서 태평양 부근에서는 강수량이 증가하고 동태평양 부근에서 는 강수량이 감소한다.

|보|기|풀|이|

ㄱ. 오답 : A는 온도 편차가 (−)인 시기로 무역풍이 평년보 다 강해진 라니냐 시기이다.

ㄴ. 정답 : A 시기는 라니냐, B 시기는 엘니뇨가 발생한 시기이다. 엘니뇨는 무역풍이 평소보다 약해질 때, 라니냐는 무역풍이 평소보다 강해질 때 발생하므로 무역풍의 세기는 엘니뇨 시기인 B 시기보다 라니냐 시기인 A 시기가 강하다.

ㄷ. 정답 : (나)에서 서태평양은 폭우·폭설로 강수량이 증가한 반면 동태평양은 강수량 감소로 건조한 기후가 나타났다. 따라서 (나)는 강한 무역풍에 의해 표층의 따뜻한 물이 서태평양으로 많이 이동한 시기이므로 A인 라니냐 시기에 해당한다.

😀 **문제풀이 T I P** | 엘니뇨 관측 해역은 동태평양에 위치하기 때문에 수온 편차가 양(+)의 값을 나타낼 때 는 평년에 비해 동태평양 적도 부근 해역의 수온이 상승하는 엘니뇨 시기에 해당한다. 표층 수온이 높아지면 강수량이 증가하고 표층 수온이 낮아지면 강수량이 감소한다.

😀 **출제분석** | 엘니뇨와 라니냐 시기를 구분하는 여러 가지 방법이나 기준, 현상들에 대해서 포괄적으로 이해하고 있어야 한다. 특히 수온 편차, 해수면 높이 편차, 기압 편차 등은 자주 출제되므로 눈에 익혀두는 것이 좋다.

그림은 엘니뇨 또는 라니냐 중 어느 한 시기의 강수량 편차(관측값−평년값)를 나타낸 것이다.

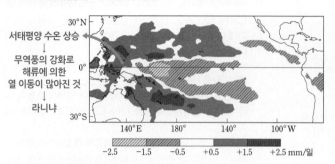

서태평양 수온 상승
↓
무역풍의 강화로 해류에 의한 열 이동이 많아진 것
↓
라니냐

-2.5　-1.5　-0.5　+0.5　+1.5　+2.5 mm/일

이 자료에 근거해서 평년과 비교할 때, 이 시기에 대한 설명으로 옳은 것만을 <보기>에서 있는 대로 고른 것은? 3점
→ 라니냐

보기

 서

ㄱ. 강수량 편차가 +0.5mm/일 이상인 해역은 주로 동태평양 적도 부근에 위치한다.

ㄴ. 서태평양 적도 해역과 동태평양 적도 해역 사이의 해수면 높이 차가 크다. 무역풍 강화 → 서태평양으로 해류 이동 → 해수면 높이 차 커짐

ㄷ. 남적도 해류가 강하다.

① ㄱ　② ㄴ　③ ㄷ　④ ㄱ, ㄴ　✓⑤ ㄴ, ㄷ

|자|료|해|설|

엘니뇨는 무역풍이 약화되어 서태평양으로 이동하는 해류의 흐름이 약화되는 현상이다. 라니냐는 무역풍이 강화되어 서태평양으로 이동하는 해류의 흐름이 강해지는 현상이다. 따라서 엘니뇨 시기에는 서태평양으로 수송되는 열에너지 양이 작아져 서태평양의 수온이 평년보다 낮아지고, 라니냐 시기에는 서태평양으로 수송되는 열에너지 양이 많아져서 서태평양의 수온이 평년보다 높아진다. 그림은 서태평양의 (관측값−평년값)이 +이므로 라니냐 시기이다.

|보|기|풀|이|

ㄱ. 오답 : 강수량 편차가 +0.5mm/일 이상인 해역은 대부분 서태평양 적도 부근에 위치한다.

ㄴ. 정답 : 평상시 무역풍에 의해 해류가 동태평양 적도 해역에서 서태평양 적도 해역으로 이동하여 서태평양의 해수면 높이가 더 높다. 라니냐 시기는 무역풍이 더욱 강화되기 때문에 해수면 높이 차가 평상시보다 더 커진다.

ㄷ. 정답 : 무역풍의 강화는 동태평양에서 서태평양 방향으로 흐르는 남적도 해류를 강화시킨다.

😮 **문제풀이 TIP** | '무역풍 약화 → 엘니뇨, 무역풍 강화 → 라니냐'라고 간단히 정의를 내리면 그에 따른 기후의 변화는 암기하지 않고도 쉽게 유추할 수 있다. 쉽게 해결하지 못한다면 연습이 필요하다.

😆 **출제분석** | 지금까지 수온 편차는 동태평양에서 자료를 해석하는 유형이 많이 출제 되었다면, 이번 문항은 서태평양의 수온 변화를 통해 엘니뇨와 라니냐를 판단하는 문항이었다.

그림 (가)와 (나)는 평상시와 비교한 엘니뇨와 라니냐 시기의 강수량 변화를 순서 없이 나타낸 것이다.

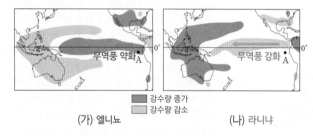

무역풍 약화 A　　　　무역풍 강화 A

■ 강수량 증가
░ 강수량 감소

(가) 엘니뇨　　　　(나) 라니냐

이에 대한 설명으로 옳은 것만을 <보기>에서 있는 대로 고른 것은?
3점

보기

→ 엘니뇨
ㄱ. (가)의 시기에 A 해역의 수온은 평상시보다 높다.

→ 라니냐
ㄴ. (나)의 시기에 무역풍의 세기는 평상시보다 강하다.

ㄷ. A 해역의 용승은 (가)보다 (나)의 시기에 활발하다.
 → 라니냐

① ㄱ　② ㄷ　③ ㄱ, ㄴ　④ ㄴ, ㄷ　✓⑤ ㄱ, ㄴ, ㄷ

|자|료|해|설|

무역풍의 약화로 동태평양의 표층 수온이 평년보다 높아지면 엘니뇨가 발생하는데 표층 수온이 높아지면 해수의 증발량이 증가하여 강수량도 증가하게 된다. 따라서 동태평양의 강수량이 증가한 (가) 시기가 엘니뇨가 되고 동태평양의 강수량이 감소한 (나) 시기가 라니냐가 된다. 무역풍이 약해져 엘니뇨가 발생하면 동태평양에서 서태평양 쪽으로의 표층 해수의 흐름이 약해져 동태평양 쪽에 따뜻한 해수가 머무르게 되고 이에 따라 동태평양 해역의 용승 현상이 약해지게 된다.

|보|기|풀|이|

ㄱ. 정답 : (가)시기에 A해역의 강수량이 증가한 것은 표층 수온이 높아 증발량이 증가했기 때문이다.

ㄴ. 정답 : 라니냐 시기는 평상시보다 무역풍이 강해져 동태평양의 표층 수온이 평년보다 낮아지고 그에 따라 동태평양의 강수량도 감소하는 시기이다.

ㄷ. 정답 : A 해역의 용승은 무역풍이 강한 라니냐 시기인 (나)가 엘니뇨 시기인 (가)보다 활발하다.

😮 **문제풀이 TIP** | 지금까지의 엘니뇨에 관한 문제는 기본 지식을 바탕으로 수온 편차 자료를 해석하는 문제가 대부분이었다. 하지만 이러한 문제는 너무 많이 나왔기 때문에 최근에는 해류의 속도, 해수면의 높이, 강수량 변화 등의 다양한 자료를 사용한 문제가 출제되기도 한다. 과거보다 그림이나 그래프가 점점 복잡해지는 추세이긴 하나 기본 내용을 확실하게 알고 있다면 답을 찾는 건 어렵지 않다.

😆 **출제분석** | 엘니뇨 관련 문제는 출제빈도가 높은 편이며 모의평가에는 단골손님이다. 과거에는 엘니뇨에 대한 단독 문제가 주로 출제되었으나 앞으로는 태풍 또는 해류와 연결해서 출제될 가능성이 있다.

그림은 태평양 적도 해역의 해수면으로부터 수심 300m까지의
평균 수온 편차(관측값−평년값)를 나타낸 것이다. A와 B는 각각
엘니뇨와 라니냐 시기 중 하나이다.

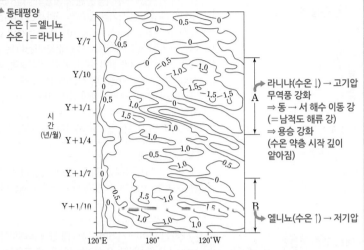

동태평양
수온↑=엘니뇨
수온↓=라니냐

라니냐(수온↓)→고기압
무역풍 강화
⇒ 동 → 서 해수 이동 강
(=남적도 해류 강)
⇒ 용승 강화
(수온 약층 시작 깊이
얕아짐)

엘니뇨(수온↑)→저기압

이에 대한 설명으로 옳은 것만을 〈보기〉에서 있는 대로 고른 것은?

③점

보기

∝무역풍 세기   강하다
ㄱ. 남적도 해류의 세기는 A가 B보다 ~~약하다.~~

ㄴ. 적도 부근의 (동태평양 해면 기압−서태평양 해면 기압)은
A가 B보다 ~~작다.~~ 크다
→ A : 고기압−저기압
→ B : 저기압−고기압

ⓒ. 적도 부근 동태평양 해역에서 수온 약층이 나타나기
시작하는 깊이는 B가 A보다 깊다.
→ 용승이 나타나면 얕아짐

① ㄱ   ✓ ㄷ   ③ ㄱ, ㄴ   ④ ㄴ, ㄷ   ⑤ ㄱ, ㄴ, ㄷ

|자|료|해|설|

동태평양의 평균 수온 편차가 크면(+) 엘니뇨 시기이고,
작으면(−) 라니냐 시기이다. A 시기는 수온 편차가 (−)
이므로 라니냐 시기이다. 라니냐 시기에는 무역풍이
강하여 남적도 해류(동→서 해수 이동)가 강하기 때문에
용승이 강화되어 수온약층의 시작 깊이가 얕아진다. 또한,
용승으로 인해 수온이 낮아져서 대기는 고기압이 된다.
B 시기에는 수온 편차가 (+)이므로 엘니뇨 시기이다.
엘니뇨 시기에는 무역풍이 약화되어 남적도 해류가
약해지고, 표층 해수의 이동이 적어 동태평양 표층 수온이
높아진다. 용승은 약화된다. 표층 수온이 높으므로 대기는
저기압이다.

|보|기|풀|이|

ㄱ. 오답 : 남적도 해류의 세기는 무역풍의 세기에
비례하므로, 라니냐 시기인 A 시기에 강하다.

ㄴ. 오답 : 적도 부근의 (동태평양 해면 기압−서태평양
해면 기압)은 A가 고기압−저기압이고, B가 저기압−
고기압이므로 A가 B보다 크다.

ⓒ. 정답 : 적도 부근 동태평양 해역에서 수온약층이
나타나기 시작하는 깊이는 용승이 강화되는 A 시기에
얕아지므로, B가 A보다 깊다.

😮 **문제풀이 TIP** | 엘니뇨: 무역풍 약화, 남적도 해류(동 → 서
방향 해수의 이동)가 약화, 동태평양에 따뜻한 표층 해수가 남아
있으므로 수온이 높고, 해수면이 높다. 용승은 약화되어 수온약층
시작 깊이가 깊다. 기압은 낮아진다.
라니냐: 무역풍 강화, 남적도 해류(동 → 서 방향 해수의 이동)가
강화, 동태평양에 표층 해수가 많이 남지 않아 해수면은 낮아지고
용승이 강화된다. 따라서 수온이 낮아지고 수온약층 시작 깊이가
얕아진다. 기압은 높아진다.

😀 **출제분석** | 엘니뇨와 라니냐도 매번 시험에서 출제되는 중요한
개념이다. 이 문제처럼 자료 해석 능력을 요하는 경우가 많으며,
배점도 보통 3점으로 출제되어 고득점을 노리는 학생들은 꼭
맞아야 한다. 생소한 자료여도 당황하지 않고 엘니뇨와 라니냐를
단계별로 쪼개서 파악한다면 정답을 찾을 수 있을 것이다.

그림 (가)는 태평양 적도 부근 해역에서 관측한 바람의 동서 방향
풍속 편차를, (나)는 이 해역에서 A와 B 중 어느 한 시기에 관측된
20℃ 등수온선의 깊이 편차를 나타낸 것이다. A와 B는 각각
엘니뇨와 라니냐 시기 중 하나이고, (+)는 서풍, (−)는 동풍에
해당한다. 편차는 (관측값−평년값)이다.

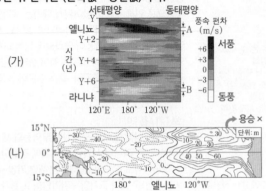

(가)

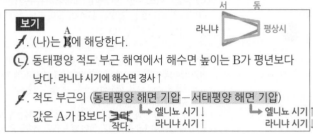

(나)

이에 대한 설명으로 옳은 것만을 〈보기〉에서 있는 대로 고른 것은?

보기

ㄱ. (나)는 ~~A~~ B 에 해당한다.

ㄴ. 동태평양 적도 부근 해역에서 해수면 높이는 B가 평년보다
낮다. 라니냐 시기에 해수면 경사↑

ㄷ. 적도 부근의 (동태평양 해면 기압−서태평양 해면 기압)
값이 A가 B보다 ~~크다~~ 작다. 　엘니뇨 시기↓ 　엘니뇨 시기↑
　　　　　　　　　　　　　　　라니냐 시기↑ 　라니냐 시기↓

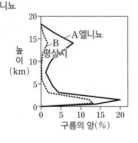
라니냐 / 평상시 / 서 동

① ㄱ　　　✓ ㄴ　　　③ ㄷ　　　④ ㄱ, ㄷ　　　⑤ ㄴ, ㄷ

| 자 | 료 | 해 | 설 |

(가)에서 (+)는 서풍, (−)는 동풍에 해당하므로 A 시기에
적도 부근 해역에서는 서풍이 우세했고, B 시기에는
동풍이 우세했다. 무역풍은 동풍 계열의 바람이므로
무역풍이 강했던 시기는 B이다. 따라서 A 시기는 엘니뇨,
B 시기는 라니냐이다. (나)는 20℃ 등수온선의 깊이 편차를
나타낸 것인데, 편차가 양(+)의 값을 가진다는 것은 20℃
등수온선의 깊이가 깊어졌다는 것을 의미하며, 이는 같은
수심에서 수온이 평년보다 상승했다는 것을 의미한다. (나)
자료에서 동태평양에서 양의 값이 나타났고, 이는 용승이
활발하지 않아 같은 수심에서 수온이 평년보다 상승했다는
것이므로 이 시기는 엘니뇨 시기임을 파악할 수 있다.

| 보 | 기 | 풀 | 이 |

ㄱ. 오답 : (나)를 통해 동태평양에서 수온이 평년보다
상승했다는 것을 알 수 있고, 이는 용승이 활발하지
않았다는 것을 의미하므로 이 시기는 엘니뇨 시기이다.
(가)에서 엘니뇨 시기는 A이다.

ㄴ. 정답 : 라니냐 시기에는 서태평양과 동태평양의 해수면
높이 차가 증가한다. B 시기는 라니냐로 동태평양 적도
부근 해역에서 해수면 높이는 평년보다 낮아진다.

ㄷ. 오답 : 동태평양 해면 기압은 엘니뇨 시기에는 낮아지고
라니냐 시기에는 높아진다. 서태평양 해면 기압은 엘니뇨
시기에는 높아지고 라니냐 시기에는 낮아진다. 즉, 적도
부근에서 (동태평양 해면 기압−서태평양 해면 기압) 값은
A가 B보다 작다.

　　온도 높을 때 구름↑=엘니뇨
그림은 **동태평양 적도 부근** 해역에서
A 시기와 B 시기에 관측한 구름의
양을 높이에 따라 나타낸 것이다.
A와 B는 각각 엘니뇨 시기와 평상시
중 하나이다.
용승→수온↓
　　　→구름↓
이에 대한 설명으로 옳은 것만을
〈보기〉에서 있는 대로 고른 것은?

보기

ㄱ. A는 엘니뇨 시기이다. 　엘니뇨(저온)＜평상시(고온)

ㄴ. 서태평양 적도 부근 해역에서 상승 기류는 A가 B보다
약 ~~활발~~ 하다.　엘니뇨(용승↓)＞평상시(용승↑)

ㄷ. 동태평양 적도 부근 해역에서 수온 약층이 나타나기
시작하는 깊이가 A가 B보다 ~~얕다~~ 깊다

✓ ①　　　② ㄴ　　　③ ㄱ, ㄷ　　　④ ㄴ, ㄷ　　　⑤ ㄱ, ㄴ, ㄷ

| 자 | 료 | 해 | 설 |

엘니뇨 시기에는 무역풍이 약해서 동에서 서로 나타나는
해수의 흐름이 약해진다. 따라서 동태평양은 용승이
약화되어 수온이 높아지고, 서태평양은 수온이 낮아진다.
동태평양 적도 부근에서 구름이 많이 생성될 때는, 수온이
높은 시기로, 엘니뇨 시기이다. 따라서 A가 엘니뇨, B는
평상시이다.
서태평양 적도 부근 해역에서 상승 기류는 서태평양이
저온인 엘니뇨보다 고온인 평상시에 더 강하게 나타난다.
따라서 A는 B보다 약하게 나타난다. 동태평양 적도
부근 해역에서 수온 약층이 나타나기 시작하는 깊이는
용승이 약화되는 엘니뇨 시기에 깊고, 용승이 나타나는
평상시에는 얕다. 따라서 A가 B보다 깊다.

| 보 | 기 | 풀 | 이 |

ㄱ. 정답 : A는 엘니뇨 시기, B는 평상시이다.

ㄴ. 오답 : 서태평양 적도 부근 해역에서 상승 기류는
서태평양이 저온인 엘니뇨보다 고온인 평상시에 더 강하게
나타난다. 따라서 A는 B보다 약하게 나타난다.

ㄷ. 오답 : 동태평양 적도 부근 해역에서 수온약층이
나타나기 시작하는 깊이는 용승이 약화되는 엘니뇨 시기에
깊고, 용승이 나타나는 평상시에는 얕다. 따라서 A가 B보다
깊다.

😲 **문제풀이 T I P** | 구름이 생성됨=상승 기류가 나타남=해수, 지표가 고온임
수온약층이 나타나기 시작하는 깊이는 용승, 침강과 관련이 있다. 용승이 나타나면 수온약층의 시작 깊이
는 얕아지고, 침강이 나타나면 수온약층의 시작 깊이는 깊어진다.

😀 **출제분석** | 엘니뇨와 라니냐는 매번 출제되는 개념이고, 점차 새로운 자료가 제시되는 것이 특징이다. 이
자료 역시 새롭기는 하지만 기본이 되는 개념은 크게 다르지 않다. 3점으로 출제되는 경우가 많은 개념인데 이
문제에서는 자료 해석이 간단하고, ㄱ 보기가 매우 쉬우며, ㄴ, ㄷ 보기 역시 까다롭지 않아서 배점이 2점으로
출제되었다.

그림은 서로 다른 시기에 관측한 동태평양 적도 부근 해역의 연직 수온 분포를 나타낸 것이다. (가)와 (나)는 각각 엘니뇨와 라니냐 시기 중 하나이다.

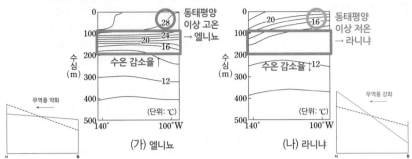

(가) 엘니뇨   (나) 라니냐

이에 대한 설명으로 옳은 것만을 〈보기〉에서 있는 대로 고른 것은?

> **보기**
>
> ㄱ. (가)는 엘니뇨 시기이다.
> ㄴ. 이 해역의 평균 해수면은 (가)보다 (나) 시기에 낮다.
> ㄷ. 이 해역에서 수심 100 ~ 200m 구간의 깊이에 따른 수온 감소율은 (가)보다 (나) 시기에 작다.

① ㄱ   ② ㄷ   ③ ㄱ, ㄴ   ④ ㄴ, ㄷ   ✓⑤ ㄱ, ㄴ, ㄷ

 문제풀이 TIP | 엘니뇨는 '동태평양 이상 고온 현상'임을 기억하고 자료에 접근한다면 비교적 빠르고 정확하게 문제를 해결할 수 있다.

출제분석 | 동태평양의 수온 분포를 통해 엘니뇨와 라니냐 시기를 구분하고 평균 해수면을 비교하는 문제로, 엘니뇨 문항 중 가장 쉬운 편에 속한다. 엘니뇨 현상에 따른 무역풍 세기, 평균 해수면, 따뜻한 해수층의 두께, 기압, 강수량의 변화 등도 함께 정리해두자.

|자|료|해|설|

(가)시기에는 동태평양의 표층 수온이 약 28℃이고, (나)시기에는 약 20℃이므로 (가)시기가 (나)시기보다 동태평양의 표층 수온이 높다. 문제에서 (가), (나)는 각각 엘니뇨와 라니냐 시기 중 하나라고 하였으므로 (가)는 엘니뇨, (나)는 라니냐 시기이다.

따라서 (가)시기는 무역풍이 약화되어 동쪽에서 서쪽으로의 해수의 이동이 약해져 평균 해수면이 동태평양에서는 평상시보다 증가하고, 서태평양에서는 평상시보다 감소한다. 반대로 (나)시기는 무역풍이 강화되어 동쪽에서 서쪽으로의 해수의 이동이 강해져 평균 해수면이 동태평양에서는 평상시보다 감소, 서태평양에서는 평상시보다 증가한다.

(가)시기는 표층 수온은 높지만, 심해층의 온도는 평상시와 비슷하므로 수온 약층에서의 깊이에 따른 수온 감소율이 커지게 된다. 따라서 수온 약층이 나타나는 구간에서의 등온선을 밀집된 형태를 보인다. 반대로 (나)시기는 표층 수온이 낮아 깊이에 따른 수온 감소율은 작아지게 되고, 수온 약층이 나타나는 구간에서의 등온선은 간격이 넓은 형태를 보인다.

|보|기|풀|이|

ㄱ. 정답 : (가)는 동태평양 적도 부근 해역의 표층 수온이 높으므로 엘니뇨 시기, (나)는 라니냐 시기이다.

ㄴ. 정답 : (가)는 엘니뇨 시기로 무역풍이 약화되어 동쪽에서 서쪽으로 해수의 이동이 약해져 동태평양의 평균 해수면은 평상시에 비해 높아진다. (나)는 라니냐 시기로 무역풍이 강화되어 동쪽에서 서쪽으로 해수의 이동이 강해져 동태평양의 평균 해수면은 평상시에 비해 낮아진다. 따라서 이 해역의 평균 해수면은 (나)시기에 더 낮다.

ㄷ. 정답 : 이 해역의 수심 100~200m 구간에서 등온선은 (가) 시기에 더 밀집되어있다. 이는 깊이에 따라 수온이 급격히 떨어짐을 의미하므로 깊이에 따른 수온 감소율은 (가)보다 (나) 시기에 작다.

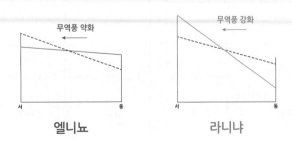

" 이 문제에선 이게 가장 중요해! "

엘니뇨   라니냐

그림 (가)는 태평양 적도 부근 해역에서 무역풍의 동서 성분 풍속 편차를, (나)는 해역 A와 B에서의 기압 편차를 나타낸 것이다. **a** 시기와 **b** 시기는 각각 엘니뇨 시기와 라니냐 시기 중 하나이고, **A**와 **B**는 각각 동태평양 적도 부근 해역과 서태평양 적도 부근 해역 중 하나이다. 편차는 (관측값−평년값)이다.

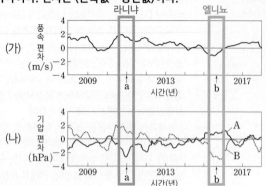

이 자료에 대한 설명으로 옳은 것만을 〈보기〉에서 있는 대로 고른 것은? (단, 무역풍에서 서쪽으로 향하는 방향을 양(+)으로 한다.)

3점

보기

ㄱ. A는 ~~동~~서태평양 적도 부근 해역이다.

ㄴ. a 시기에 표층 수온 편차가 음(−)의 값을 갖는 해역은 B이다.
　（라니냐）　（용승이 강해져 표층 수온이 평년보다 낮다）

ㄷ. B에서 수온 약층의 깊이는 b 시기가 a 시기보다 깊다.
　　　　　　　　　　　（엘니뇨）　　（라니냐）

① ㄱ　　② ㄴ　　③ ㄷ　　④ ㄱ, ㄴ　　⑤ ㄴ, ㄷ

|자|료|해|설|

a 시기에 풍속 편차가 0보다 큰 것은 무역풍의 세기가 평년보다 셌다는 것을 의미한다. 그 시기에 A 지역의 기압은 평년보다 낮았고 B 지역의 기압은 평년보다 높았다. 무역풍의 세기가 크면 동태평양에서 용승이 평년보다 많이 일어나는 라니냐가 나타난다. 라니냐 시기에는 동태평양 적도 부근 해역의 기압이 높아지고 서태평양 적도 부근 해역의 기압이 낮아진다. 따라서 기압 편차가 0보다 큰 B 해역이 동태평양 적도 부근 해역이고, A 해역이 서태평양 적도 부근 해역이다.

b 시기는 a 시기와 값이 반대로 나타나는 엘니뇨 시기이다.

|보|기|풀|이|

ㄱ. 오답 : 라니냐 시기에 기압 편차가 작게 나타나는 A 지역은 서태평양 적도 부근 해역이다.

ㄴ. 정답 : a 시기는 라니냐 시기로 동태평양 적도 부근 해역의 용승이 강해져 표층 수온이 평년보다 더 낮아진다. 따라서 B 해역의 표층 수온 편차는 음(−)의 값을 갖는다.

ㄷ. 정답 : B는 동태평양 적도 부근 해역으로 수온 약층의 깊이는 용승이 약할수록 깊다. 용승이 약한 시기는 엘니뇨 시기이므로 B에서 수온 약층의 깊이는 엘니뇨 시기인 b 시기가 라니냐 시기인 a 시기보다 깊다.

😮 **문제풀이TIP** | 엘니뇨 시기에는 무역풍이 약해지고, 라니냐 시기에는 무역풍이 강해진다. 무역풍의 세기가 클수록 용승은 강해진다.

😮 **출제분석** | 물어보는 내용은 어렵지 않지만 주어진 자료가 까다로운 문제이다. 엘니뇨와 라니냐의 원인, 특징은 거의 정반대이기 때문에 보기로 변별력을 주기에 한계가 있는 주제인데, 자료 해석에 변별력을 둔 좋은 문제이다. 그래프는 종종 등장하는 자료이므로 해석하는 능력을 기르자.

❝ 이 문제에선 이게 가장 중요해! ❞

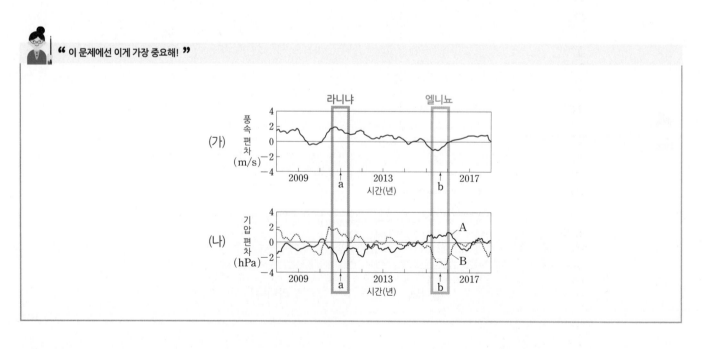

그림 (가)는 동태평양 적도 부근 해역 표층 해류의 평년 속도를, (나)는 엘니뇨 또는 라니냐가 일어난 어느 시기 표층 해류의 속도 편차(관측 속도−평년 속도)를 나타낸 것이다.

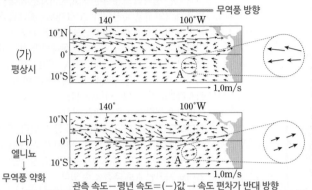

(가) 평상시

(나) 엘니뇨 → 무역풍 약화

관측 속도−평년 속도=(−)값 → 속도 편차가 반대 방향

(나)의 A해역에 대한 설명으로 옳은 것만을 〈보기〉에서 있는 대로 고른 것은? → 엘니뇨 발생

보기

 해류는 평년보다 약하다. ∵무역풍 약화

 해수면은 평년보다 높다. ∵용승 약화

 표층 수온은 평년보다 ~~낮다.~~
　　　　　　　　　　　　　　높다.

① ㄱ　　② ㄴ　　③ ㄷ　　✔④ ㄱ, ㄴ　　⑤ ㄴ, ㄷ

|자|료|해|설|

평상시 동태평양 적도 부근 해역에서는 동에서 서로 무역풍이 분다. 따라서 동태평양보다 서태평양의 해수면이 더 높아진다. 또한 동태평양에서는 차가운 물이 용승하여 표층 수온이 서태평양에 비해 낮고 맑은 날씨가 나타난다. (가) 그림은 A해역(동태평양)에서 평상시 무역풍의 영향으로 해류가 서쪽으로 흐르는 현상을 나타낸 것이다. 반면, (나) 그림은 관측 속도가 평년 속도보다 작아져서 표층 해류 속도 편차가 동쪽으로 나타난다. 즉, 무역풍이 약해진 엘니뇨 시기에 해당한다. 엘니뇨가 발생하면 서태평양으로 흐르던 해수의 흐름이 약화되어 동태평양의 해수면은 높아지고, 용승이 약화되어 동태평양의 표층 수온은 높아진다.

|보|기|풀|이|

ㄱ. 정답 : 평상시 해류는 무역풍의 영향으로 태평양의 서쪽으로 흐른다. 하지만 엘니뇨가 발생하면 무역풍이 약화되므로 서쪽으로 흐르던 해류가 약해진다. (나)에서 화살표는 평상시인 (가)의 반대로 나타났으므로 해류의 관측 속도가 평년 속도보다 느린 엘니뇨 시기를 의미한다. 따라서 (나)에서 해류는 평년보다 약하다.

ㄴ. 정답 : 평상시 적도 부근 해역은 무역풍의 영향으로 해류가 서태평양 쪽으로 흘러 동태평양의 해수면은 서태평양보다 낮다. 하지만 엘니뇨가 발생하면 무역풍이 약화되고 해류도 약화되어 동태평양의 해수면은 평상시보다 높아진다.

ㄷ. 오답 : 엘니뇨가 발생하면 태평양의 서쪽으로 흐르는 해류가 약화되면서 동태평양의 용승도 약화된다. 따라서 동태평양의 표층 수온은 평년보다 높아진다.

문제풀이 TIP | 엘니뇨는 무역풍이 평상시보다 약화되는 현상, 라니냐는 무역풍이 평상시보다 강해지는 현상이다. 따라서 엘니뇨가 발생하면 동태평양은 용승이 약화되어 표층 수온이 높아지고 폭우나 태풍의 발생 빈도가 높아진다. 반면 라니냐가 발생하면 평상시보다 용승이 강해져 표층 수온이 낮아지고 가뭄의 발생 빈도가 높아진다.

출제분석 | 엘니뇨와 라니냐는 서로 상반되는 현상으로 비교하여 분석하는 문제가 자주 출제된다. 문제처럼 평상시와 엘니뇨, 평상시와 라니냐의 비교 문제도 출제 빈도가 높기 때문에 꼼꼼히 정리해 두어야 한다.

 " 이 문제에선 이게 가장 중요해! "

	정상 시	엘니뇨 시
모식도 (단면)		
동태평양 지역	따뜻한 표층 해수의 이동으로 찬 심층 해수의 용승이 발생함	표층 수온이 평년보다 상승하므로 어장이 황폐해지고, 증발이 활발해져 강수량이 증가해 홍수 피해가 발생할 수 있음
서태평양 지역	표층 수온이 높아 증발량이 증가하고 대기가 가열되어 저기압이 형성되므로 강수량이 많음	표층 수온이 평상시보다 낮아져 증발량이 감소하고 대기도 적게 가열되어 고기압이 형성되고 가뭄 피해가 발생할 수 있음

그림 (가)는 동태평양과 서태평양의 적도 부근 해역에서 관측한
표층 수온을 ○와 ×로 순서 없이 나타낸 것이다. 그림 (나)는 태평양
적도 부근 해역에서 2년 동안의 강수량 변화에 따른 표층 염분 편차
(관측값 − 평년값)를 나타낸 것이다. A와 B는 각각 엘니뇨와
라니냐 시기 중 하나이고, ㉠은 A와 B 중 하나이다.

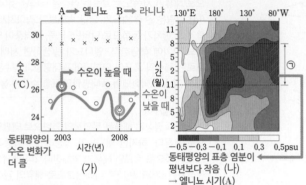

(가)

동태평양의 표층 염분이
평년보다 작음 (나)
→ 엘니뇨 시기(A)

이 자료에 대한 설명으로 옳은 것만을 〈보기〉에서 있는 대로 고른
것은? 3점

보기

㉠. (가)에서 시간에 따른 표층 수온 변화는 동태평양이
서태평양보다 크다.

ㄴ. 남적도 해류는 A일 때가 B일 때보다 ~~강하다~~ 약하다.

ㄷ. ㉠의 표층 염분 편차는 ~~B~~ A일 때 나타난다.
→ 라니냐 시기에 강함

①㉠ ②ㄴ ③ㄱ, ㄷ ④ㄴ, ㄷ ⑤ㄱ, ㄴ, ㄷ

|자|료|해|설|

동태평양 적도 부근 해역의 표층 수온은 서태평양 적도
부근 해역보다 낮다. 따라서 (가)의 ○ 기호는 동태평양
적도 부근 해역의 표층 수온이고, × 기호는 서태평양 적도
부근 해역의 표층 수온이다. A 시기에는 동태평양 적도
부근 해역의 표층 수온이 평년보다 높고, B 시기에는
평년보다 낮다. 엘니뇨 시기에는 동태평양 적도 해역
부근의 표층 수온이 증가하므로 A 시기는 엘니뇨이고,
라니냐 시기에는 동태평양 적도 해역 부근의 표층 수온이
감소하므로 B 시기는 라니냐이다.

㉠에서 동태평양의 표층 염분 편차는 −0.3~−0.5 정도로
평년보다 표층 염분이 낮아졌음을 알 수 있다. 표층 염분은
수온이 높고 강수량이 많으면 낮아지기 때문에 ㉠은
동태평양 적도 해역 부근의 수온이 높고 강수량이 증가하는
엘니뇨 시기인 A로 추정할 수 있다.

|보|기|풀|이|

㉠. **정답** : (가)에서 ○ 기호는 동태평양, × 기호는 서태평양
적도 해역 부근의 표층 수온을 나타낸다. ○ 기호는
× 기호보다 시간에 따른 변화가 크다. 따라서 시간에 따른
표층 수온 변화는 동태평양이 서태평양보다 크다.

ㄴ. **오답** : 남적도 해류는 무역풍의 영향을 받으므로
무역풍이 강해지는 라니냐 시기에 강하다. A는 엘니뇨,
B는 라니냐 시기이므로 A일 때가 B일 때보다 약하다.

ㄷ. **오답** : ㉠에서 표층 염분 편차는 −0.3~−0.5 정도로
관측값이 평년값보다 작다. 표층 염분은 수온이 높고
강수량이 많으면 낮아진다. 엘니뇨 시기에 동태평양 적도
부근 해역의 수온은 평년보다 높고 강수량이 많으므로
㉠은 엘니뇨 시기인 A일 때 나타난다.

문제풀이 TIP | 엘니뇨 시기에 동태평양 적도 부근 해역의 용승이 약하며 서태평양으로 이동하는 따뜻한 해수의 양이 줄어들어 수온은 높아지고 강수량은 많아진다.

출제분석 | 엘니뇨와 라니냐 시기를 비교하는 문항은 자주 출제되는데 비슷한 내용을 다른 형태로 표현한 자료들이 출제된다. 낯선 자료에 어려움을 느끼기 쉽지만 알고 있는
내용에서 출제되니 자료 해석하는 연습을 좀 더 한다면 문제를 푸는 데 도움이 된다.

" 이 문제에선 이게 가장 중요해! "

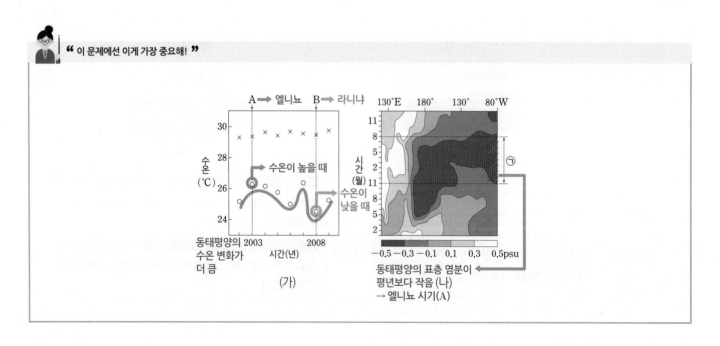

(가)

동태평양의 표층 염분이
평년보다 작음 (나)
→ 엘니뇨 시기(A)

그림 (가)는 북반구 여름철에 관측한 태평양 적도 부근 해역의 표층 수온 편차(관측값-평년값)를, (나)는 이 시기에 관측한 북서태평양 중위도 해역의 표층 수온 편차를 나타낸 것이다. 이 시기는 엘니뇨 시기와 라니냐 시기 중 하나이다.

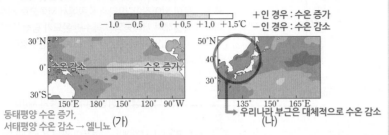

+인 경우 : 수온 증가
−인 경우 : 수온 감소

동태평양 수온 증가,
서태평양 수온 감소 → 엘니뇨 (가)

우리나라 부근은 대체적으로 수온 감소 (나)

이 자료에 근거해서 평년과 비교할 때, 이 시기에 대한 설명으로 옳은 것만을 〈보기〉에서 있는 대로 고른 것은?

보기

ㄱ. 동태평양 적도 부근 연안에서는 가뭄이 심하다. → 홍수가

ㄴ. 서태평양 적도 해역에서는 상승 기류가 강하다. → 약화된다

ㄷ. 우리나라 주변 해역의 수온이 낮다. → 저기압

① ㄱ   ② ㄷ   ③ ㄱ, ㄴ   ④ ㄴ, ㄷ   ⑤ ㄱ, ㄴ, ㄷ

😀 **문제풀이 T I P** | 동태평양의 수온 편차를 보고 평상시보다 높았으니 엘니뇨라는 것을 알아내야 한다. 엘니뇨와 라니냐 시기의 동태평양 및 서태평양 부근에서의 이상 기후에 대해서도 미리 알아두어야 한다.

😀 **출제분석** | 엘니뇨는 수능 시험 문제 및 모의고사 문제에 단골로 출현하는 개념이다. 또한 굉장히 다양한 형태로 출제되고 있다. 주어진 자료를 분석하여 엘니뇨인지 라니냐인지 구분을 잘 해야 할 것이고, 각 시기의 특징을 미리 알아 두어야 한다.

|자|료|해|설|

엘니뇨는 동태평양 적도 부근의 표층 수온이 평상시보다 높아진 상태로 지속되는 현상을 말한다. 엘니뇨의 원인은 무역풍의 약화로 인한 용승의 감소이며, 엘니뇨에 의해 서태평양에서는 가뭄 및 산불이 발생하고 동태평양에서는 홍수가 발생한다. 또한 상승 기류의 중심이 서쪽에서 태평양 중앙으로 이동한다.

		엘니뇨 시기	라니냐 시기
무역풍 세기		약화 또는 반전	강화
남적도 해류		약화 또는 반전	강화
용승		약하게 일어남	강하게 일어남
동태평양	수온	상승	하강
	기후	평년보다 많은 비	건조한 날씨
서태평양	수온	하강	상승
	기후	건조한 날씨	평년보다 많은 비

그림 (가)에서 동태평양의 표층 수온 편차(관측값-평년값)가 양수임을 알 수 있는데, 이는 평년보다 수온이 높아졌음을 의미한다. 동태평양의 수온이 증가하고, 서태평양의 수온이 감소하는 것은 엘니뇨 시기의 특징이다. 따라서 이 시기는 엘니뇨 시기임을 알 수 있다. 반면 라니냐 시기에는 동태평양의 수온이 감소하고, 서태평양의 수온이 증가해야 한다.

|보|기|풀|이|

ㄱ. 오답 : 엘니뇨 시기에 동태평양 적도 부근에서는 많은 비로 인해 홍수가 발생한다.

ㄴ. 오답 : 엘니뇨 시기에는 상승 기류의 중심부가 서쪽에서 태평양 적도 중심부로 이동한다. 따라서 이 시기에 서태평양에서의 상승 기류는 약화된다.

ㄷ. 정답 : 그림 (나)를 보면 우리나라 주변 해역의 표층 수온 편차가 음수임을 알 수 있다. 따라서 평년에 비해 수온이 낮다고 할 수 있다.

그림은 태평양 적도 부근 해역의 깊이에 따른 수온 편차(관측값−평년값)를 나타낸 것이다. (가)와 (나)는 각각 엘니뇨 시기와 라니냐 시기 중 하나이다.

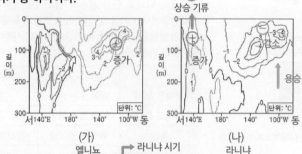

(가) 시기와 비교할 때, (나) 시기에 대한 설명으로 옳은 것만을 〈보기〉에서 있는 대로 고른 것은? 3점

보기
ㄱ. 무역풍의 세기가 강하다.
ㄴ. 동태평양 적도 부근 해역에서의 용승이 강하다.
ㄷ. 서태평양 적도 부근 해역에서의 해면 기압이 크다. 작다.

① ㄱ　② ㄷ　③ ㄱ, ㄴ　④ ㄴ, ㄷ　⑤ ㄱ, ㄴ, ㄷ

문제풀이 TIP | 경도 100°W는 동태평양이다. W라서 서태평양이라고 착각하기 쉬우므로 엘니뇨와 라니냐 관련 문제를 풀 때는 동태평양과 서태평양의 위치를 신경써서 풀어야 한다.

|자|료|해|설|
(가)는 동태평양의 수온이 평년에 비해 증가한 엘니뇨 시기이고, (나)는 동태평양의 수온이 평년에 비해 감소한 라니냐 시기이다. 라니냐 시기에는 무역풍의 세기가 강하고, 동태평양 적도 부근 해역에서의 용승이 강해져 표층 수온이 낮아진다. 따라서 동쪽에서 서쪽으로 해수의 이동이 활발해져 서태평양의 해수면 온도가 평상시보다 높아지고, 저기압이 더욱 강하게 발달하여 강수량이 증가한다.

|보|기|풀|이|
ㄱ. 정답 : 라니냐 발생 시 평년보다 무역풍의 세기가 강하다.
ㄴ. 정답 : 라니냐 시기에는 무역풍이 강해져 동태평양 적도 부근 해역에서의 용승이 강해진다.
ㄷ. 오답 : 라니냐 시기에는 서태평양 적도 부근 해역에서의 해면 기압이 낮아 강한 상승 기류를 유발하여 서태평양에 홍수를 야기한다.

그림 (가)는 동태평양 적도 해역과 서태평양 적도 해역의 시간에 따른 해면 기압 편차를, (나)는 (가)의 A와 B 중 한 시기의 태평양 적도 해역의 깊이에 따른 수온 편차를 나타낸 것이다. A와 B는 각각 엘니뇨 시기와 라니냐 시기 중 하나이고, 편차는 (관측값−평년값)이다.

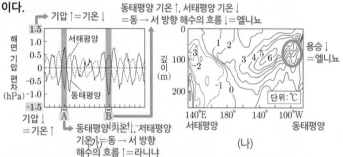

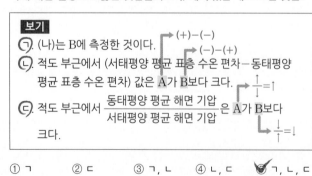

이에 대한 설명으로 옳은 것만을 〈보기〉에서 있는 대로 고른 것은?

보기
ㄱ. (나)는 B에 측정한 것이다.
ㄴ. 적도 부근에서 (서태평양 평균 표층 수온 편차−동태평양 평균 표층 수온 편차) 값은 A가 B보다 크다.
ㄷ. 적도 부근에서 $\dfrac{\text{동태평양 평균 해면 기압}}{\text{서태평양 평균 해면 기압}}$ 은 A가 B보다 크다.

① ㄱ　② ㄷ　③ ㄱ, ㄴ　④ ㄴ, ㄷ　⑤ ㄱ, ㄴ, ㄷ

|자|료|해|설|
해면 기압 편차가 (+)이면 평소보다 기압이 높은 것이므로, 기온은 낮다. 해면 기압 편차가 (−)이면 평소보다 기압이 낮은 것이므로, 기온은 높다. A에서 동태평양 해면 기압 편차는 높고, 서태평양 해면 기압 편차는 낮다. 따라서 A는 동태평양의 기온이 낮고, 서태평양의 기온이 높으므로 동 → 서 방향 해수의 흐름이 강하게 나타나는 라니냐 시기이다. B에서 동태평양 해면 기압 편차는 낮고, 서태평양 해면 기압 편차는 높다. 따라서 B는 동태평양의 기온이 높고, 서태평양의 기온이 낮으므로 동 → 서 방향 해수의 흐름이 약하게 나타나는 엘니뇨 시기이다.
(나)에서 동태평양의 수온 편차는 대체로 (+) 값으로 나타나므로, 이 시기는 동태평양 해역에 용승이 잘 일어나지 않는 엘니뇨 시기이다.

|보|기|풀|이|
ㄱ. 정답 : (나)는 엘니뇨 시기이므로 B에 측정한 것이다.
ㄴ. 정답 : 적도 부근에서 (서태평양 평균 표층 수온 편차−동태평양 평균 표층 수온 편차) 값은 A일 때는 (+)−(−)이고, B일 때는 (−)−(+)이므로 A가 B보다 크다.
ㄷ. 정답 : A(라니냐) 시기에 적도 부근 서태평양 평균 해면 기압은 낮고, 동태평양 평균 해면 기압은 높다. B(엘니뇨) 시기에 적도 부근 서태평양 평균 해면 기압은 높고, 동태평양 평균 해면 기압은 낮다. 따라서 적도 부근에서 $\dfrac{\text{동태평양 평균 해면 기압}}{\text{서태평양 평균 해면 기압}}$ 은 A가 B보다 크다.

출제분석 | 엘니뇨와 라니냐는 시험에서 꼭 출제되며, 배점이 3점인 경우가 많은데 이 문제는 배점이 2점이었다. 그러나 A와 B도 판단해야 하고, (나)도 파악해야 하고, 이를 토대로 표층 수온 편차 차이와 평균 해면 기압 등을 비교해야 해서 문제 풀이가 까다로운 편으로 정답률이 낮았다.

그림은 서로 다른 시기에 중앙 태평양 적도 해역에서 관측한 바람의 풍향 빈도를 나타낸 것이다. (가)와 (나)는 각각 엘니뇨 시기와 라니냐 시기 중 하나이다.

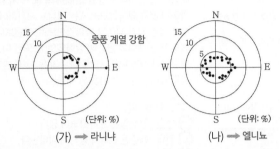

(가) → 라니냐   (나) → 엘니뇨

이에 대한 옳은 설명만을 〈보기〉에서 있는 대로 고른 것은? 3점

보기 ┌→ 동풍
. 무역풍의 세기는 (가)일 때가 (나)일 때보다 약하다 강하다.
ㄴ. (나)일 때 서태평양 적도 해역의 기압 편차(관측값−평년값)는 양(+)의 값을 갖는다. → 엘니뇨 : 서태평양 기압↑
ㄷ. 동태평양 적도 해역에서 따뜻한 해수층의 두께는 (가)일 때가 (나)일 때보다 두껍다 얇다. → 엘니뇨↑

① ㄱ   ② ㄴ ✓   ③ ㄱ, ㄷ   ④ ㄴ, ㄷ   ⑤ ㄱ, ㄴ, ㄷ

|자|료|해|설|
(가)는 동풍 계열의 바람이 강했던 시기로 무역풍의 세기가 강한 라니냐 시기이며, (나)는 상대적으로 무역풍의 세기가 약한 엘니뇨 시기이다. 평상시 적도 해역은 무역풍에 의해 동태평양에서 서태평양으로 따뜻한 해수가 이동하고, 동태평양에서 용승이 일어나 서태평양에서 저기압, 동태평양에서 고기압이 형성된다. 라니냐가 발생하면 이러한 경향성이 더 강해지며, 엘니뇨가 발생하면 반대로 서태평양의 기압이 상승하고 동태평양의 기압이 하강한다.

|보|기|풀|이|
ㄱ. 오답 : (가)는 라니냐 시기로 무역풍의 세기가 평소보다 강하고, (나)는 엘니뇨 시기로 무역풍의 세기가 평소보다 약하다.
ㄴ. 정답 : (나)는 엘니뇨 시기로, 엘니뇨일 때 서태평양의 기압은 평상시보다 높아지므로 기압 편차가 양(+)의 값을 갖는다.
ㄷ. 오답 : 동태평양 적도 해역의 따뜻한 해수층은 엘니뇨 시기에 두꺼워지므로 (가)일 때가 (나)일 때보다 얇다.

🤯 **문제풀이 T I P |** 자료에서 풍향의 빈도만 제시하였고 세기를 제시하지 않았으므로 동풍 계열 바람의 비율이 높은 쪽을 라니냐 시기로 판단하면 된다. 엘니뇨와 라니냐 문제는 자료 해석을 통해 엘니뇨와 라니냐 시기를 판단하기만 하면 보기 자체는 기본 개념을 통해 풀 수 있는 경우가 많다.

그림은 서로 다른 시기에 태평양 적도 부근 해역에서 관측된 바람의 동서 방향 풍속을 나타낸 것이고, (+)는 서풍, (−)는 동풍에 해당한다. (가)와 (나)는 각각 엘니뇨와 라니냐 시기 중 하나이다.

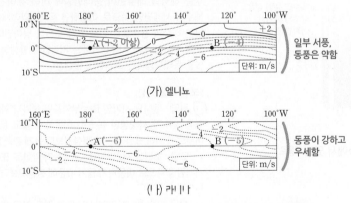

(가) 엘니뇨   일부 서풍, 동풍은 약함

(나) 라니냐   동풍이 강하고 우세함

이에 대한 설명으로 옳은 것만을 〈보기〉에서 있는 대로 고른 것은? 3점

보기
ㄱ. (가)의 풍속과 (나)의 풍속의 차는 해역 A가 B보다 크다.
ㄴ. 해역 A와 B의 표층 수온 차는 (나)보다 (가)일 때 크다 작다.
ㄷ. 무역풍으로 인해 발생하는 상승 기류는 (나)보다 (가)일 때 더 동쪽에 위치한다.

① ㄱ   ② ㄴ   ③ ㄱ, ㄷ ✓   ④ ㄴ, ㄷ   ⑤ ㄱ, ㄴ, ㄷ

|자|료|해|설|
(가)보다 (나)일 때 태평양 적도 부근 해역 전체에 걸쳐 동풍이 강하다. 따라서 (가)는 엘니뇨, (나)는 라니냐 시기이다.

|보|기|풀|이|
ㄱ. 정답 : (가)에서 A 해역의 풍속은 +2보다 크며 B 해역의 풍속은 −4이다. (나)에서 A 해역의 풍속은 −6, B 해역의 풍속은 −5이다. 따라서 A 해역에서의 풍속 차이가 B 해역보다 더 크다.
ㄴ. 오답 : (나)의 라니냐 시기에는 동풍이 강해져 태평양 적도 부근의 고온의 표층 해수가 서쪽으로 강하게 이동하여 서태평양의 수온은 높아지며, 동태평양에서는 저온의 해수가 상승하는 용승이 강해져 수온이 낮아진다. 따라서 A 해역과 B 해역의 표층 수온 차는 (가)의 엘니뇨 시기보다 (나)의 라니냐 시기에 더 크다.
ㄷ. 정답 : 상승 기류는 따뜻한 해수가 분포하는 해역에 발달한다. (가)의 엘니뇨 시기에는 무역풍이 약해져 태평양 적도 부근의 따뜻한 해수가 평소에 비해 상대적으로 동쪽으로 이동하므로 상승 기류도 (나)에 비해 더 동쪽에 위치한다.

37 엘니뇨와 라니냐   정답 ⑤   정답률 66%   2023학년도 6월 모평 16번   문제편 191p

→ 엘니뇨 발생 시 강수량↑, 라니냐 발생 시 강수량↓

그림은 **동태평양 적도 부근 해역의 강수량 편차와 수온 약층 시작 깊이 편차를 나타낸 것이다.** A, B, C는 각각 엘니뇨와 라니냐 시기 중 하나이고, 편차는 (관측값 − 평년값)이다.

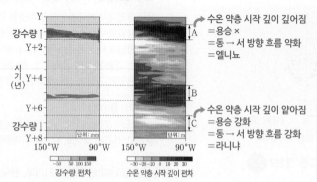

→ 수온 약층 시작 깊이 깊어짐
= 용승 ×
= 동 → 서 방향 흐름 약화
= 엘니뇨

→ 수온 약층 시작 깊이 얕아짐
= 용승 강화
= 동 → 서 방향 흐름 강화
= 라니냐

이 해역에 대한 설명으로 옳은 것만을 〈보기〉에서 있는 대로 고른 것은?

보기
ㄱ. 강수량은 A가 B보다 많다.
ㄴ. 용승은 C가 평년보다 강하다.
ㄷ. 평균 해수면 높이는 A가 C보다 높다.
   → 동 → 서 방향 흐름이 약할수록 높음

① ㄱ   ② ㄷ   ③ ㄱ, ㄴ   ④ ㄴ, ㄷ   ✔⑤ ㄱ, ㄴ, ㄷ

|자|료|해|설|
그림은 동태평양 적도 부근 해역의 자료이다. A 시기에는 강수량이 많고, 수온 약층 시작 깊이가 깊다. 이는 평상시보다 용승이 잘 일어나지 않았고, 해수의 동 → 서 방향 흐름이 약화된 것을 의미하므로 A는 엘니뇨 시기이다. C 시기에는 수온 약층 시작 깊이가 얕아졌으므로, 평년보다 동태평양 적도 부근 해역의 용승이 강화되었다. 또한 이 시기에 강수량이 적게 나타나므로 해수의 동 → 서 방향 흐름이 강화된 라니냐 시기임을 알 수 있다.

|보|기|풀|이|
ㄱ. 정답 : 강수량은 A가 B보다 많다.
ㄴ. 정답 : 용승은 C에서 강하게 나타난다.
ㄷ. 정답 : 동태평양의 평균 해수면 높이는 해수의 동 → 서 방향 흐름이 약할수록 높으므로, A가 C보다 높다.

😮 **문제풀이 TIP |** 엘니뇨 : 무역풍이 약화되어 해수의 동 → 서 방향 이동이 약해져서 동태평양은 따뜻한 표층 해수가 쌓여 수온이 높고, 해수면의 높이가 높으며 용승이 약화된다.
라니냐 : 무역풍이 강화되어 해수의 동 → 서 방향 이동이 강해져서 동태평양에 표층 해수가 많이 남지 않아 해수면 높이가 낮아지고 용승이 강화된다.

😀 **출제분석 |** 엘니뇨와 라니냐는 매번 출제되는 정말 중요한 개념이다. 같은 지식을 묻고 있는 문제라도 지금까지 출제된 자료가 아니라 새로운 자료를 제시하는 것이 최근의 출제 방식이다. 이 문제에서는 그래도 해석이 쉬운 강수량, 수온 약층의 시작 깊이가 제시되었으나 수능에서는 적외선 관측 자료, 위성 관측 자료 등이 출제될 가능성이 높다.

---

38 엘니뇨와 라니냐   정답 ①   정답률 53%   2018년 7월 학평 16번   문제편 192p

그림은 **동태평양 적도 부근 해역에서 2년 동안의 깊이에 따른 온도를 나타낸 것이다.** A와 B는 각각 평상시와 엘니뇨 시기 중 하나이다.

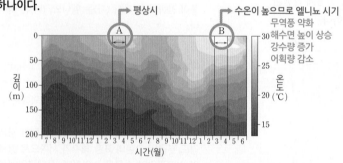

→ 평상시
→ 수온이 높으므로 엘니뇨 시기
무역풍 약화
해수면 높이 상승
강수량 증가
어획량 감소

A와 비교한 B에 대한 설명으로 옳은 것만을 〈보기〉에서 있는 대로 고른 것은?

보기
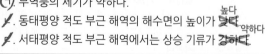
ㄱ. 무역풍의 세기가 약하다.
ㄴ. 동태평양 적도 부근 해역의 해수면의 높이가 ~~낮다~~ 높다
ㄷ. 서태평양 적도 부근 해역에서는 상승 기류가 ~~강하다~~ 약하다

✔① ㄱ   ② ㄴ   ③ ㄱ, ㄷ   ④ ㄴ, ㄷ   ⑤ ㄱ, ㄴ, ㄷ

|자|료|해|설|
A와 비교하여 표층 수온이 높은 B가 엘니뇨 시기이고 A가 평상시이다. 평상시에 적도 부근 해역에서는 무역풍의 영향을 받아 따뜻한 표층 수온이 서태평양 쪽으로 이동하여 서태평양 부근 해역의 해수면이 동태평양에 비해 높아진다. 표층 해수가 서태평양 쪽으로 이동하면 동태평양에서는 수온이 낮은 해수의 용승으로 인해 표층 수온이 낮아진다. 따라서 표층 수온이 높은 서태평양에는 저기압이 발생하고 수온이 낮은 동태평양에는 고기압이 발생한다.

|보|기|풀|이|
ㄱ. 정답 : 엘니뇨 시기인 B는 무역풍의 세기가 약해 따뜻한 표층 해수가 서태평양 쪽으로 이동하지 않고 동태평양에 머무르게 되어 표층 수온이 평상시보다 높게 관측된다.
ㄴ. 오답 : 엘니뇨 시기인 B는 무역풍의 약화로 표층 해수가 서태평양 쪽으로 이동하지 않기 때문에 평상시보다 해수면의 높이가 높아진다.
ㄷ. 오답 : 엘니뇨 시기에 서태평양 적도 부근 해역에서는 동태평양으로부터의 따뜻한 표층 해수 유입이 적기 때문에 표층 해수의 온도가 낮아 평상시보다 저기압이 잘 발생하지 않는다. 따라서 서태평양 적도 부근 해역에서의 상승 기류가 약해지고 하강 기류가 발달한다.

😮 **문제풀이 TIP |** 평상시와 엘니뇨 또는 라니냐와 엘니뇨를 비교하는 문제 유형이 대부분이므로 각각의 특징을 잘 암기하고 있다면 어렵지 않게 문제를 해결할 수 있다.

😀 **출제분석 |** 언제쯤 엘니뇨 문제가 안 나올까 할 정도로 자주 출제되고 있으며 엘니뇨에 관한 문제는 더 이상 신 유형이 없다고 생각될 정도로 충분히 많다. 어렵게 나온다면 내용과 관련된 부분이 아니라 온도 편차를 복잡하게 나타낸 그림이나 그래프를 통해 해석에 시간이 많이 소비되는 문제일 것이라 생각된다. 교재에 있는 암기 부분을 완벽히 숙지하도록 하자.

(+) 값이면 평년보다 해수면 높이가 높다

표의 (가)와 (나)는 태평양 적도 부근 해역에서 관측된 해수면 높이 편차(관측값－평년값)와 엽록소 a 농도 분포를 엘니뇨 시기와 라니냐 시기로 구분하여 순서 없이 나타낸 것이다.

동태평양 해수면 높이 낮아짐 → 무역풍 강화 　　동태평양 해수면 높이 높아짐 → 무역풍 약화

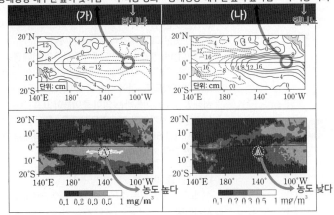

농도 높다　　　　농도 낮다

이에 대한 설명으로 옳은 것만을 <보기>에서 있는 대로 고른 것은?

 3점

보기
　　　　　라니냐 ←　　　→ 엘니뇨
ㄱ. 무역풍의 세기는 (가)가 (나)보다 강하다.
ㄴ. 동태평양 적도 부근 해역의 따뜻한 해수층의 두께는 (가)가 (나)보다 ~~두껍다~~.
　얇다 → 라니냐 시 무역풍 강화 ⇒ 따뜻한 해수층 서쪽으로 이동 용승 강화
ㄷ. A해역의 엽록소 a 농도는 엘니뇨 시기가 라니냐 시기보다 ~~높다~~.
　　　　　　　　　　(나)　　　　　(가)
　낮다

① ㄱ　　②ㄷ　　③ㄱ,ㄴ　　④ㄴ,ㄷ　　⑤ㄱ,ㄴ,ㄷ

| 자 | 료 | 해 | 설 |

(가)에서 동태평양의 해수면 높이 편차가 (－)값이고 서태평양의 해수면 높이 편차는 (＋)값이다. 평상시에는 무역풍에 의해 동태평양의 해수가 서태평양 방향으로 흐르는데, 동태평양의 해수면 높이 편차 값이 (－)이면 평소보다 더 많은 해수가 서태평양으로 이동했음을 의미한다. 따라서 (가)시기는 무역풍이 강화된 라니냐 시기이다.

(나)는 동태평양의 해수면 높이 편차가 (＋)값이고 서태평양의 해수면 높이 편차가 (－)값이다. 이는 무역풍이 약화되면서 동태평양에서 서태평양 방향으로 흐르는 해류의 양이 줄어들어 동태평양 해수면 높이는 높아지고, 서태평양의 해수면 높이는 낮아진 것을 의미한다. 즉, (나)시기는 무역풍이 약화된 엘니뇨 시기이다.

| 보 | 기 | 풀 | 이 |

ㄱ. 정답 : 무역풍이 강할수록 더 많은 해수가 동태평양에서 서태평양 방향으로 흐른다. 무역풍이 평소보다 강해지면 동태평양의 해수면 높이는 평소보다 낮아지고, 서태평양의 해수면 높이는 평소보다 높아진다. 이를 편차 값으로 나타내면 동태평양에서는 (－)값, 서태평양에서는 (＋)값이 나타나게 된다. 따라서 무역풍의 세기는 (가)가 (나)보다 강하다.

ㄴ. 오답 : 평상시 동태평양에서는 따뜻한 표층 해수가 서태평양으로 이동하면서 용승이 일어난다. (가)인 라니냐 시기에는 무역풍의 강화로 서태평양으로 더 많은 해수가 이동하고, 이에 따라 동태평양의 용승도 활발해져 따뜻한 해수층 두께가 얇아진다. 반면, (나)인 엘니뇨 시기에는 무역풍의 약화로 서태평양으로 이동하는 해수의 양이 줄어들고 이에 따라 용승이 약화된다. 따라서 동태평양 적도 부근 해역의 따뜻한 해수층 두께는 (나)인 엘니뇨 시기에 더 두껍다.

ㄷ. 오답 : A해역에서 엽록소 a의 농도는 (가) 시기가 $0.5{\sim}1mg/m^3$으로 (나) 시기의 $0.1{\sim}0.2mg/m^3$보다 높게 나타난다.

🤓 **문제풀이 TIP** | 엘니뇨는 무역풍이 약화되어 적도 부근 동태평양의 용승이 약화되고 수온이 오르는 현상이다. 라니냐는 무역풍이 강화되어 적도 부근 동태평양의 용승이 강화되고 수온이 더 낮아지는 현상이다.

🤓 **출제분석** | 엘니뇨와 라니냐는 평상시와 관측시의 수온 차이 또는 해수면 높이 차이 등을 통해 엘니뇨인지 라니냐인지를 판단하는 문제가 자주 출제된다. 정의를 확실히 이해한다면 주어진 관측값을 통해 쉽게 추론할 수 있다.

Ⅱ
2
|
03
대기와 해양의 상호 작용

그림 (가)는 동태평양 적도 부근 해역의 수온 편차(관측 수온−평균 수온)를, (나)는 태평양 적도 부근의 두 해역 ㉠, ㉡을 나타낸 것이다.

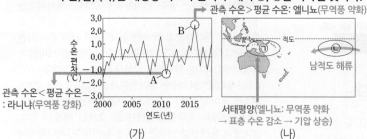

관측 수온＞평균 수온: 엘니뇨(무역풍 약화)

수온 편차 (℃)

관측 수온＜평균 수온 : 라니냐(무역풍 강화)

2000 2005 2010 2015 연도(년)

(가)

적도
남적도 해류
서태평양(엘니뇨: 무역풍 약화 → 표층 수온 감소 → 기압 상승)

(나)

이에 대한 옳은 설명만을 〈보기〉에서 있는 대로 고른 것은? **3점**

보기

ㄱ. A 시기에 엘니뇨가 나타났다. (라니냐)

ㄴ. B 시기에는 ㉠ 지역의 기압이 평상시보다 높았다.

ㄷ. ㉡ 해역의 해류는 A 시기보다 B 시기에 강했을 것이다. (약했을)

① ㄱ   ✓② ㄴ   ③ ㄱ, ㄷ   ④ ㄴ, ㄷ   ⑤ ㄱ, ㄴ, ㄷ

|자|료|해|설|

엘니뇨는 적도 부근의 중앙 태평양에서 동태평양의 표층 수온이 평년보다 높은 상태를 의미하고, 라니냐는 적도 부근의 중앙 태평양에서 동태평양의 표층 수온이 평년보다 낮은 상태를 의미한다. 따라서 그림 (가)에서 수온 편차가 (＋)인 곳은 '관측 수온＞평균 수온'이므로 엘니뇨 시기, (−)인 곳은 그 반대인 라니냐 시기이다.

그림 (나)의 ㉠해역은 인도네시아 부근의 서태평양 해역으로 엘니뇨 시기에는 무역풍이 약화되어 남적도 해류가 약화되고, 이에 따라 동태평양의 따뜻한 해수가 서태평양으로 이동하는 양이 줄어들어 표층 수온이 낮아진다. 차가워진 해수면은 대기를 냉각하여 기압을 증가시키고 하강 기류를 형성하여 서태평양에서 가뭄이나 산불과 같은 기상 이변을 발생시킨다.

|보|기|풀|이|

ㄱ. 오답 : A 시기는 수온 편차가 (−)이므로 라니냐 시기이다.

ㄴ. 정답 : B 시기는 수온 편차가 (＋)이므로 엘니뇨 시기이다. 엘니뇨 시기에는 무역풍의 약화로 남적도 해류가 약화되어 동태평양에서 서태평양으로의 따뜻한 표층 해수 이동이 감소한다. 그 결과 서태평양의 표층 수온이 감소하고, 이에 따라 기압이 증가한다. 따라서 B 시기에는 ㉠ 해역의 기압이 평상시보다 높았을 것이다.

ㄷ. 오답 : ㉡ 해역에는 무역풍에 의한 남적도 해류가 흐른다. 따라서 엘니뇨가 발생한 B 시기에는 무역풍 약화로 남적도 해류의 세기가 약했을 것이다.

😮 **문제풀이 TIP |** 엘니뇨는 여러 현상을 유발하지만, 가장 핵심은 '동태평양 이상 고온 현상'임을 기억하고 자료에 접근한다면 비교적 빠르고 정확하게 문제를 해결할 수 있다.

😊 **출제분석 |** 동태평양의 수온 편차를 통해 엘니뇨와 라니냐 시기를 구분하고, 이를 통해 특정 해역의 변화를 물어보는 쉬운 문항이다. 엘니뇨와 라니냐는 연안 용승, 적도 용승과 연계하여 나올 수도 있으니 관련 내용을 정리해 두도록 하자.

그림은 엘니뇨 또는 라니냐 시기에 태평양 적도 부근 해역에서 관측된, 수온 약층이 나타나기 시작하는 깊이의 편차(관측 깊이−평년 깊이)를 나타낸 것이다.

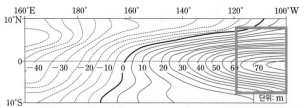

160°E   180°   160°   140°   120°   100°W

10°N

0

10°S

−40 −30 −20 −10 0 10 20 30 40 50 60 70

단위: m

촘촘한 것으로 보아 편차가 크다 → 관측 깊이가 평년보다 많이 깊어졌다 → 엘니뇨 시기

이에 대한 설명으로 옳은 것만을 〈보기〉에서 있는 대로 고른 것은?

보기

ㄱ. 엘니뇨 시기이다.

ㄴ. 평년에 비해 동태평양 적도 해역에서 혼합층의 두께는 증가한다. → 수온 약층이 깊어짐

ㄷ. 평년에 비해 동태평양 적도 해역에서 표층 수온은 낮아진다. (높) → 용승 약화

① ㄱ   ② ㄴ   ③ ㄷ   ✓④ ㄱ, ㄴ   ⑤ ㄴ, ㄷ

|자|료|해|설|

그림에서 수온 약층의 깊이의 편차는 서태평양 적도 해역보다 동태평양 적도 해역에서 더 촘촘하게 나타난다. 이는 동태평양 적도 해역에서 수온 약층의 관측 깊이가 평년에 비해 더 깊고, 가파르게 나타났다는 것을 의미한다. 반면 서태평양 적도 해역에서는 수온 약층의 관측 깊이가 평년에 비해 더 얕고, 동태평양 적도 해역에 비해서는 그 기울기가 완만하다.

동태평양 적도 해역에서 수온 약층의 깊이가 깊어진 것은 동쪽 해역의 용승이 약하기 때문이다. 용승이 약하면 혼합층이 두꺼워지고, 표층 수온이 오르는 엘니뇨 현상이 나타난다.

|보|기|풀|이|

ㄱ. 정답 : 동태평양 적도 해역의 수온 약층이 깊어진 것은 용승이 약해서이다. 용승이 약해 표층 수온이 높아지면 엘니뇨 현상이 나타난다.

ㄴ. 정답 : 동태평양 적도 해역에서 수온 약층이 깊어지면 수온 약층의 위에 있는 혼합층의 두께는 두꺼워진다.

ㄷ. 오답 : 엘니뇨 시기에는 용승이 약해 표층 수온이 평년에 비해 높아진다.

😮 **문제풀이 TIP |** 그림에 나오는 숫자는 '관측 깊이−평년 깊이'이다. 값이 크면 관측 깊이가 평년 깊이보다 크다는 뜻이므로 수온 약층의 깊이가 더 깊다. 그림 해석이 되지 않으면 이 문제는 풀기 힘들어진다.

😊 **출제분석 |** 엘니뇨와 라니냐를 판별하기 위해서 주어지는 자료는 주로 해역의 단면 모습이다. 이 문제는 수온 약층의 깊이를 등치선으로 표시하였다. 자료 해석이 중요한 문제로 난도는 '상'에 해당한다.

그림은 엘니뇨 또는 라니냐 중 어느 한 시기에 태평양 적도 부근에서 기상 위성으로 관측한 적외선 방출 복사 에너지의 편차(관측값−평년값)를 나타낸 것이다. 적외선 방출 복사 에너지는 구름, 대기, 지표에서 방출된 에너지이다.

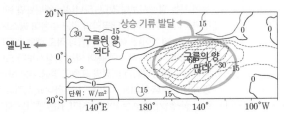

이 시기에 대한 설명으로 옳은 것만을 〈보기〉에서 있는 대로 고른 것은?

보기

ㄱ. 서태평양 적도 부근 해역의 강수량은 평년보다 적다.

ㄴ. 동태평양 적도 부근 해역의 용승은 평년보다 ~~강하다~~. 약하다

ㄷ. 적도 부근의 (동태평양 해면 기압−서태평양 해면 기압) 값은 평년보다 작다.

① ㄱ   ② ㄴ   ③ ㄱ, ㄷ   ④ ㄴ, ㄷ   ⑤ ㄱ, ㄴ, ㄷ

|자|료|해|설|

적외선 방출 복사 에너지의 양의 증감으로 구름의 양의 증감을 알 수 있다. 구름의 양이 많아지면 관측되는 적외선 방출 복사 에너지의 양은 적어지고, 구름의 양이 적어지면 관측되는 적외선 방출 복사 에너지의 양은 많아진다. 따라서 적외선 방출 복사 에너지의 편차가 (+)인 곳은 평년보다 구름의 양이 적은 지역이고, (−)인 곳은 평년보다 구름의 양이 많은 지역이다.

서태평양 적도 부근 해역에서 적외선 방출 복사 에너지의 편차는 (+)이므로 구름의 양이 평년보다 적어졌음을 알 수 있다. 중앙 태평양과 동태평양 적도 부근 해역에서 적외선 방출 복사 에너지의 편차는 (−)이므로 구름의 양이 평년보다 많아졌다. 평상시 구름은 서태평양 적도 부근 해역에서 주로 생성되는데, 엘니뇨가 발생하면 무역풍이 약해져 서태평양으로의 해수의 이동이 약해진다. 이에 따라 동태평양 해역의 용승이 약해져 수온이 높아지고 중앙 태평양과 동태평양 적도 부근 해역에서 평년보다 상승 기류가 발달하여 구름이 잘 생성된다. 따라서 중앙 태평양과 동태평양의 적외선 방출 복사 에너지의 편차 값이 (−)인 이 시기는 엘니뇨 시기이다.

|보|기|풀|이|

ㄱ. 정답 : 서태평양 적도 부근 해역에서는 평년보다 구름의 양이 적어졌으므로 강수량은 평년보다 적다.

ㄴ. 오답 : 동태평양 적도 부근 해역에서는 서태평양으로 이동하는 해수의 양이 평년보다 적어져 용승이 평년보다 약하다.

ㄷ. 정답 : 엘니뇨 시기에 동태평양 적도 부근 해역에서는 평년보다 하강 기류가 약해져 해면 기압이 낮아지고, 서태평양 적도 부근 해역에서는 평년보다 상승 기류가 약해져 해면 기압이 높아진다. 따라서 적도 부근의 (동태평양 해면 기압−서태평양 해면 기압)값은 평년보다 작다.

그림 (가)는 적도 부근 해역에서 서태평양과 동태평양의 겨울철 표층의 평균 수온 차(서태평양 수온 − 동태평양 수온)를, (나)는 (가)의 A와 B 중 한 시기에 관측한 적도 부근 태평양 해역의 동서 방향 풍속 편차(관측값 − 평년값)를 나타낸 것이다. A와 B는 각각 엘니뇨 시기와 라니냐 시기 중 하나이다. 동쪽으로 향하는 바람을 양(+)으로 한다.

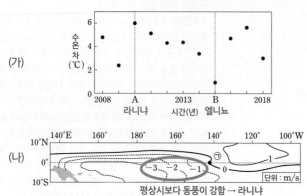

이 자료에 대한 설명으로 옳은 것만을 〈보기〉에서 있는 대로 고른 것은? 3점

> **보기**
> ㄱ. (나)는 A에 해당한다.
> ㄴ. 상승 기류는 (나)의 ㉠ 해역에서 발생한다. 엘니뇨 시기에 발생
> ㄷ. 서태평양 적도 해역과 동태평양 적도 해역 사이의 해수면 높이 차는 A가 B보다 크다.

① ㄱ   ② ㄴ   ✔③ ㄱ, ㄷ   ④ ㄴ, ㄷ   ⑤ ㄱ, ㄴ, ㄷ

| 자 | 료 | 해 | 설 |

엘니뇨 현상은 무역풍이 약화되면서 적도 부근 동태평양 해역의 따뜻한 해수가 서태평양으로 이동하지 못해 동태평양의 평균 수온이 상승하는 현상이다. 이때 서태평양 적도 해역과 동태평양 적도 해역 사이의 해수면 높이 차는 평상시보다 작다. 라니냐는 엘니뇨와 반대로 무역풍이 강화되어 동태평양의 평균 수온이 평소보다 낮아지는 현상이다. 이때 서태평양 적도 해역과 동태평양 적도 해역 사이의 해수면 높이 차는 평상시보다 크다. 따라서 서태평양과 동태평양 표층의 평균 수온 차는 평상시에 비해 엘니뇨 시기에 작고, 라니냐 시기에 크다. 이를 통해 (가)의 A는 라니냐 시기, B는 엘니뇨 시기임을 알 수 있다.
(나)는 풍속 편차 값이 서태평양에서 음의 값을 나타내는 것으로 보아 평상시보다 동풍이 강한 시기임을 알 수 있다. 따라서 라니냐 시기의 그래프이다.

| 보 | 기 | 풀 | 이 |

ㄱ. 정답 : (나)는 동풍 계열이 강화된 라니냐 시기이므로 A에 해당한다.

ㄴ. 오답 : ㉠ 해역의 상승 기류는 동태평양의 표층 수온이 상승하는 엘니뇨 시기에 발생하고, (나) 라니냐의 ㉠ 해역에서는 발생하지 않는다.

ㄷ. 정답 : 서태평양 적도 해역과 동태평양 적도 해역 사이의 해수면 높이 차는 A(라니냐 시기)가 B(엘니뇨 시기)보다 크다.

💬 **문제풀이 TIP** | 엘니뇨와 라니냐 문제는 빈출 유형으로 꼭 개념을 숙지하고 있어야 한다. 엘니뇨와 라니냐는 태평양 적도 지역에 끼치는 영향이 반대되는 현상으로, 엘니뇨 시기에 나타나는 변화만 잘 암기해두면 문제를 해결할 수 있다.

😀 **출제분석** | 그림 (가)의 경우 흔히 나오던 유형이라 쉽게 해석이 가능했겠지만, (나)의 경우는 자주 나오는 유형이 아니라 서풍을 (+)로 한다는 것을 확실히 하지 않으면 헷갈릴 수 있다. 보기에서 엘니뇨, 라니냐와 관련된 다양한 개념을 묻고 있으므로 난도는 상에 해당한다.

👩 " 이 문제에선 이게 가장 중요해! "

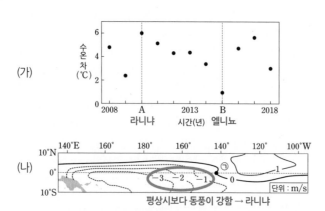

서태평양과 동태평양 표층의 평균 수온 차는 평상시에 비해 엘니뇨 시기에 작고, 라니냐 시기에 크다. 이를 통해 (가)의 A는 라니냐 시기, B는 엘니뇨 시기임을 알 수 있다.
(나)는 서태평양에서 음의 값을 나타내는 것으로 보아 평상시보다 동풍이 강한 시기임을 알 수 있다. 따라서 라니냐 시기의 그래프이다.

그림 (가)는 어느 해(Y)에 시작된 엘니뇨 또는 라니냐 시기 동안 태평양 적도 부근에서 기상위성으로 관측한 적외선 방출 복사 → 구름 상층부 온도
에너지의 편차(관측값−평년값)를, (나)는 서태평양과 동태평양에 위치한 각 지점의 해면 기압 편차(관측값−평년값)를 나타낸 것이다. (가)의 시기는 (나)의 ㉠에 해당한다.

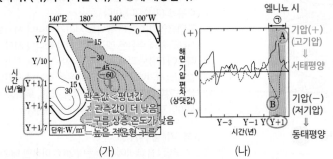

(가)   (나)

이 자료에 근거해서 평년과 비교할 때, (가) 시기에 대한 설명으로 옳은 것만을 〈보기〉에서 있는 대로 고른 것은? **3점**

> **보기**
> ㄱ. 동태평양에서 두꺼운 적운형 구름의 발생이 줄어든다. → 엘니뇨 증가한다
> ㄴ. 워커 순환이 약화된다. (∵ 엘니뇨 시기이므로)
> ㄷ. (나)의 A는 서태평양에 해당한다.

① ㄱ   ② ㄴ   ③ ㄱ, ㄷ   ✔ ㄴ, ㄷ   ⑤ ㄱ, ㄴ, ㄷ

😲 **문제풀이 TIP** | 적외선 방출 복사는 구름 상층부의 온도를 나타냄을 알아야 풀 수 있는 문제이다. 상층부의 온도가 낮다는 것은 구름의 고도가 높다는 뜻이므로 적운형 구름일 확률이 높다.

😊 **출제분석** | 적외선 방출 복사의 개념과 워커 순환 및 엘니뇨─라니냐의 연관성을 이해해야 하므로 다소 어렵게 느껴질 수 있으나 언제든지 다시 출제될 수 있는 좋은 문제이다.

|자|료|해|설|

(가)는 적외선 방출복사에서 관측값이 더 낮은 것으로 보아 구름 상층온도가 낮은 높은 적운형 구름이 존재하는 것으로 판단된다. 따라서 태평양 중앙부에서 페루 연안에 이르는 해역에 저기압이 형성된 엘니뇨 시기이다.

|보|기|풀|이|

ㄱ. 오답 : 그림에서 적외선 방출 복사 에너지의 편차가 음 (−)의 값인 지역(중앙 태평양 및 동태평양)은 관측값이 평년값에 비해 낮아 구름 상층부의 온도가 낮아 구름의 고도가 높으므로 적운형 구름이 발달해 있다고 해석할 수 있다. 따라서 (가) 시기에 동태평양에서는 두꺼운 적운형 구름의 발생이 증가한다.

ㄴ. 정답 : 평상시 무역풍으로 인해 열대 서태평양은 공기가 따뜻한 해수로부터 열과 수증기를 공급받아 상승하여 강수대가 형성되고, 상대적으로 온도가 낮은 열대 동태평양은 공기가 하강한다. 이로 인해 열대 태평양 지역에서는 동서 방향의 거대한 순환이 형성되는데, 이를 워커 순환이라고 한다. 따라서 열대 동태평양의 표층 수온이 평년보다 높아지는 엘니뇨 시기에 워커 순환은 약화된다.

ㄷ. 정답 : (나)의 해면기압이 (+)값으로 고기압을 나타내므로 기압이 높아져 평상시보다 강수량이 적은 건조한 날씨가 나타나는 서태평양에 해당한다.

그림은 태평양 적도 부근 해역에서 깊이에 따른 수온을 측정하여
수온이 20℃인 곳의 깊이를 나타낸 것이다. (가)와 (나)는 각각
엘니뇨 시기와 라니냐 시기 중 하나이다.

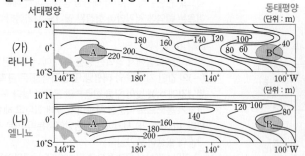

이에 대한 옳은 설명만을 〈보기〉에서 있는 대로 고른 것은? 3점

보기

ㄱ. B 해역에서 수온이 20℃ 이상인 해수층의 평균 두께는
　(가)가 (나)보다 ~~두껍다~~ 얇다

ㄴ. A 해역의 강수량은 (가)가 (나)보다 많다.

ㄷ. 남적도 해류는 (가)가 (나)보다 ~~약하다~~ 강하다

① ㄱ　✔② ㄴ　③ ㄱ, ㄷ　④ ㄴ, ㄷ　⑤ ㄱ, ㄴ, ㄷ

|자|료|해|설|

수온은 깊이가 깊어질수록 대체로 낮아진다. 깊이가
200m일 때, A 지역의 수온은 (가)에서 20℃, (나)에서는
20℃ 이하로 (가)에서 더 높다. 깊이가 50m일 때, B 지역의
수온은 (가)에서 20℃, (나)에서는 20℃ 이상이다. 따라서
동태평양(B)의 수온은 (가)< (나)이고, 서태평양(A)의
수온은 (가)>(나)이다.
동태평양의 수온은 엘니뇨 시기가 라니냐 시기보다 높고,
서태평양의 수온은 엘니뇨 시기가 라니냐 시기보다 낮기
때문에 (가)는 라니냐 시기, (나)는 엘니뇨 시기이다.
엘니뇨 시기에 서태평양의 수온은 라니냐 시기보다 낮고
상승 기류가 약해 강수량이 적다. 또한, 무역풍이 약한
시기이기 때문에 남적도 해류도 약해진다.

|보|기|풀|이|

ㄱ. 오답 : B 해역에서 수온이 20℃ 이상인 해수층의
평균 두께는 (가)에서는 약 50m 정도이고, (나)에서는 약
80~100m이기 때문에 (가)가 (나)보다 얇다.
ㄴ. 정답 : A 해역의 강수량은 무역풍이 강해져 평소보다
더 많은 따뜻한 동태평양의 해수가 서태평양으로 흘러
들어오는(상승 기류 발생) 라니냐 시기에 더 많다. (가)는
라니냐, (나)는 엘니뇨 시기이므로 A 해역의 강수량은 (가)
가 (나)보다 많다.
ㄷ. 오답 : 무역풍이 약해지면 남적도 해류도 약해진다.
라니냐 시기보다 엘니뇨 시기의 무역풍이 약하므로 남적도
해류는 엘니뇨 시기인 (나)에서 약하다.

😀 출제분석 | 엘니뇨와 라니냐의 직접적인 현상이 아닌 등온의 깊이를 제시함으로써 자료 해석이 매우 어려운 문항이다. 다양한 자료를 활용한 문제가 점점 증가하고 있으므로 다양한
문항으로 연습해 두는 것이 좋다. 자료 해석이 어려운 문항은 내용을 하나씩 찾아 나가며 문제에 표시해 두어야 풀기 편하다.

그림 (가)와 (나)는 태평양 적도 부근 해역에서 엘니뇨와 라니냐
시기의 표층 풍속 편차(관측값−평년값)를 순서 없이 나타낸 것이다.

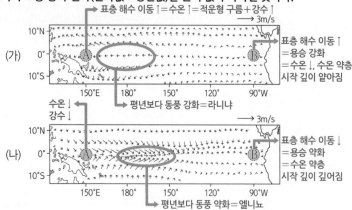

이에 대한 설명으로 옳은 것만을 〈보기〉에서 있는 대로 고른 것은?

보기

ㄱ. A 해역의 강수량은 (가)일 때가 (나)일 때보다 많다.

ㄴ. (나)일 때 B 해역에서 수온 약층이 나타나기 시작하는 깊이
　편차(관측값−평년값)는 양(+)의 값을 갖는다.　→ 엘니뇨일 때 (+)　라니냐일 때 (−)

ㄷ. A 해역과 B 해역의 해수면 높이 차는 (가)일 때가 (나)일
　때보다 크다.　∝무역풍 세기 → 엘니뇨 < 라니냐

① ㄱ　② ㄴ　③ ㄱ, ㄷ　④ ㄴ, ㄷ　✔⑤ ㄱ, ㄴ, ㄷ

|자|료|해|설|

(가)는 표층 풍속 편차를 봤을 때, 평년보다 동풍이
강화되었으므로 라니냐 시기이다. 라니냐 시기에는
무역풍이 강화되어 동 → 서 방향 표층 해수의 이동이
활발해져 동태평양(B)은 평상시보다 용승이 강화된다.
따라서 라니냐일 때 B 해역은 표층 수온이 낮고, 수온
약층 시작 깊이가 얕아진다. 이때 서태평양(A)은 표층
수온이 높아지므로 상승 기류가 발달하여 적운형 구름이
형성되고, 강수량이 많아진다.
(나)는 평년보다 동풍이 약화되었으므로 엘니뇨 시기이다.
동 → 서 방향 표층 해수의 이동이 약화된 만큼 서태평양
(A)은 수온이 낮아지고 이에 따라 상승 기류가 잘 발달하지
않아서 강수량이 적어진다. 이때 동태평양(B)은 따뜻한
표층 해수가 많이 남아 용승이 약화되어 수온 약층이
나타나기 시작하는 깊이가 깊어지고, 수온이 평년보다
높다.

|보|기|풀|이|

ㄱ. 정답 : A 해역의 강수량은 상승 기류가 발달하는
(가)일 때가 더 많다.
ㄴ. 정답 : (나)일 때 B 해역에서 수온 약층이 나타나기
시작하는 깊이가 더 깊어지므로, 편차는 양(+)의 값을
갖는다.
ㄷ. 정답 : A 해역과 B 해역의 해수면 높이 차는 무역풍이
강하게 불수록 크게 나타나므로, (가)일 때가 (나)일 때보다
크다.

그림 (가)와 (나)는 각각 엘니뇨 또는 라니냐가 발생한 어느 시기의 겨울철 기후 변화를 순서 없이 나타낸 것이다.

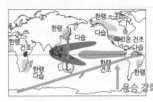

(가) 라니냐   (나) 엘니뇨

이에 대한 옳은 설명만을 〈보기〉에서 있는 대로 고른 것은?

보기

ㄱ. 태평양에서 워커 순환의 상승 기류가 나타나는 지역은 (가)일 때가 (나)일 때보다 ~~동~~쪽에 위치한다.
서

ㄴ. 서태평양에서 홍수가 발생할 가능성은 (가)일 때가 (나)일 때보다 높다.

ㄷ. 동태평양에서 수온 약층이 나타나는 깊이는 (가)일 때가 (나)일 때보다 얕다.

① ㄱ   ② ㄴ   ③ ㄱ, ㄷ   ✓ ㄴ, ㄷ   ⑤ ㄱ, ㄴ, ㄷ

|자|료|해|설|

(가)는 용승 강화로 인해 평년에 비해 동태평양이 더욱 한랭해지는 라니냐이고, (나)는 용승 약화로 인해 평년에 비해 동태평양이 더욱 고온이 되는 엘니뇨이다. 상승 기류는 따뜻한 해수가 위치한 곳에서 발달하기 때문에 라니냐 시기에는 서태평양에서, 엘니뇨 시기에는 동태평양에서 강수량이 증가한다. 즉, (가)일 때는 워커 순환이 강화되고 (나)일 때는 워커 순환이 약화된다.

|보|기|풀|이|

ㄱ. 오답 : 라니냐 시기에는 서태평양 부근에서, 엘니뇨 시기에는 동태평양 부근에서 상승 기류가 강하게 나타난다. 따라서 워커 순환의 상승 기류가 나타나는 지역은 (가)일 때가 (나)일 때보다 서쪽에 위치한다.

ㄴ. 정답 : 서태평양에서 홍수가 발생할 가능성은 서태평양에서 상승 기류가 강하게 발달하는 (가)일 때가 (나)일 때보다 높다.

ㄷ. 정답 : 무역풍이 강한 (가)일 때가 (나)일 때보나 용승이 강하게 일어나기 때문에, 동태평양에서의 해수면은 더 낮고, 반대로 수온 약층이 나타나는 깊이는 더 얕다.

↱ 클수록 관측 에너지↑ = 구름이 방해× = 고기압 = 수온↓ ⇒ 엘니뇨

그림 (가)는 서태평양 적도 부근 해역의 표층에 도달하는 태양 복사 에너지 편차(관측값-평년값)를, (나)는 태평양 적도 부근 해역에서 A와 B 중 한 시기에 1년 동안 관측한 20℃ 등수온선의 깊이 편차를 나타낸 것이다. A와 B는 각각 엘니뇨와 라니냐 시기 중 하나이다.

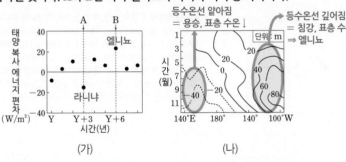

등수온선 얕아짐 = 용승, 표층 수온↓   등수온선 깊어짐 = 침강, 표층 수온↑ ⇒ 엘니뇨

(가)   (나)

이에 대한 설명으로 옳은 것만을 〈보기〉에서 있는 대로 고른 것은?

3점

보기

ㄱ. (나)는 ~~A~~에 해당한다.
B

ㄴ. B일 때는 서태평양 적도 부근 해역이 평년보다 건조하다.
↳ 평년보다 수온↓ → 고기압 → 구름, 비× → 건조
↳ 엘니뇨

ㄷ. 적도 부근에서 $\frac{\text{서태평양 해면 기압}}{\text{동태평양 해면 기압}}$ 은 A가 B보다 작다.
저   고
고   저

① ㄱ   ② ㄴ   ③ ㄱ, ㄷ   ✓ ㄴ, ㄷ   ⑤ ㄱ, ㄴ, ㄷ

|자|료|해|설|

서태평양 적도 부근 해역의 표층에 도달하는 태양 복사 에너지 편차가 크다는 것은 관측 에너지가 많다는 것이고, 이는 구름이 방해하지 않았다는 의미이다. 즉, 구름이 없다는 뜻이다. 구름은 고기압일 때 없으므로, 서태평양의 수온이 낮고, 고기압인 시기인 엘니뇨 시기를 의미한다. (가)에서 A는 라니냐 시기, B는 엘니뇨 시기이다. (나)에서 서태평양 부근 등수온선이 얕아진 것은 해수가 용승했기 때문이고, 표층 수온은 낮아졌음을 의미한다. 동태평양 부근 등수온선이 깊어진 것은 해수가 침강하였기 때문이고, 표층 수온은 높아졌음을 의미한다. 즉, 서태평양 표층 수온은 낮고, 동태평양 표층 수온은 높은 이 시기는 엘니뇨 시기이다.

|보|기|풀|이|

ㄱ. 오답 : (나)는 엘니뇨 시기이므로 B에 해당한다.

ㄴ. 정답 : B일 때, 즉, 엘니뇨일 때 서태평양 적도 부근 해역은 평년보다 수온이 낮아 대기가 고기압이고, 구름이 형성되지 않으므로 비가 내리지 않는 건조한 상태이다.

ㄷ. 정답 : 적도 부근에서 $\frac{\text{서태평양 해면 기압}}{\text{동태평양 해면 기압}}$ 은 A가 라니냐 시기로 $\frac{\text{저기압}}{\text{고기압}}$ 을, B가 엘니뇨 시기로 $\frac{\text{고기압}}{\text{저기압}}$ 을 의미하므로, A가 B보다 작다.

😀 **문제풀이 TIP** | 바다의 표층에 태양 복사 에너지의 편차가 클수록 구름의 양이 적다.
엘니뇨: 무역풍 약화. 서태평양 수온 하강, 고기압이므로 구름이 없고 건조함. 동태평양 용승 약화되고 수온 상승, 저기압이므로 구름 형성되어 강수.
라니냐: 무역풍 강화. 서태평양 수온 상승, 저기압이므로 구름 형성되어 강수. 동태평양 용승 강화되어 수온 하강, 고기압이므로 구름 형성 없고 건조함.

😀 **출제분석** | 엘니뇨와 라니냐는 시험마다 빠지지 않고 등장하는 개념인데, 해석이 어려운 자료를 제시하며 배점은 3점인 문제로 출제하는 경우가 많다. 이 문제 역시 (가) 자료를 해석하는 것이 관건이다. 대부분 구름의 양과 관련된 자료인 경우가 많다는 점에 유의하는 것이 좋다.

II
2 - 03
대기와 해양의 상호 작용

그림의 유형 Ⅰ과 Ⅱ는 두 물리량 x와 y 사이의 대략적인 관계를 나타낸 것이다. 표는 엘니뇨와 라니냐가 일어난 시기에 태평양 적도 부근 해역에서 동시에 관측한 물리량과 이들의 관계 유형을 Ⅰ 또는 Ⅱ로 나타낸 것이다.

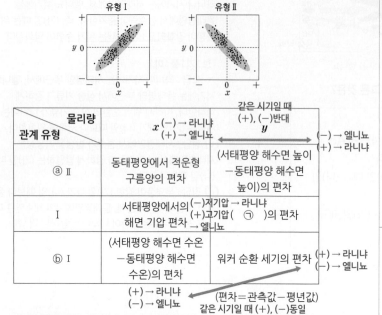

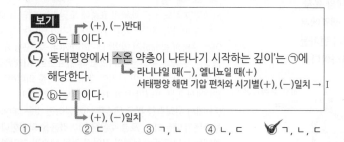

물리량 관계 유형	x $(-)\rightarrow$ 라니냐 $(+)\rightarrow$ 엘니뇨	같은 시기일 때 $(+), (-)$반대 y
ⓐ Ⅱ	동태평양에서 적운형 구름양의 편차	(서태평양 해수면 높이 －동태평양 해수면 높이)의 편차
Ⅰ	서태평양에서의 해면 기압 편차	$(-)$저기압 → 라니냐 $(+)$고기압 (㉠)의 편차 → 엘니뇨
ⓑ Ⅰ	(서태평양 해수면 수온 －동태평양 해수면 수온)의 편차	워커 순환 세기의 편차

$(-)\rightarrow$ 엘니뇨
$(+)\rightarrow$ 라니냐

$(+)\rightarrow$ 라니냐
$(-)\rightarrow$ 엘니뇨

$(+)\rightarrow$ 라니냐
$(-)\rightarrow$ 엘니뇨

(편차＝관측값－평년값)
같은 시기일 때 $(+), (-)$동일

이 자료에 대한 설명으로 옳은 것만을 〈보기〉에서 있는 대로 고른 것은? 3점

보기
→ $(+), (-)$반대
㉠. ⓐ는 Ⅱ이다.
㉡. '동태평양에서 수온 약층이 나타나기 시작하는 깊이'는 ㉠에 해당한다.
    → 라니냐일 때$(-)$, 엘니뇨일 때$(+)$
      서태평양 해면 기압 편차와 시기별$(+), (-)$일치 → Ⅰ
㉢. ⓑ는 Ⅰ이다.
    → $(+), (-)$일치

① ㄱ   ② ㄷ   ③ ㄱ, ㄴ   ④ ㄴ, ㄷ   ✓⑤ ㄱ, ㄴ, ㄷ

|자|료|해|설|

Ⅰ은 x와 y가 정적 상관관계, Ⅱ는 부적 상관관계다. x인 서태평양에서의 해면 기압 편차가 $(-)$이면 현재 저기압이므로 라니냐, $(+)$면 현재 고기압이므로 엘니뇨를 의미한다. 이때 유형 Ⅰ이므로 ㉠의 편차 역시 라니냐일 때 $(-)$, 엘니뇨일 때 $(+)$인 것이어야 한다.

ⓐ: 동태평양에서의 적운형 구름 편차는 $(+)$면 구름이 동태평양에서 많이 생겨야 하므로 해수가 고온인 엘니뇨, $(-)$면 라니냐이다. (서태평양 해수면 높이－동태평양 해수면 높이)의 편차는 $(+)$일 때가 서태평양 해수면이 높은 것이므로, 무역풍이 강한 라니냐이다. $(-)$는 엘니뇨이다. 같은 시기일 때 $(+)$와 $(-)$가 반대이므로 유형 Ⅱ이다.

ⓑ: (서태평양 해수면 수온－동태평양 해수면 수온)의 편차가 $(+)$이려면 서태평양 해수면이 따뜻해야 하므로 무역풍이 강한 라니냐이다. $(-)$는 엘니뇨이다. 워커 순환 세기의 편차는 $(+)$일 때가 라니냐, $(-)$일 때가 엘니뇨이다. 같은 시기일 때 $(+)$와 $(-)$ 값이 일치하므로 유형 Ⅰ이다.

|보|기|풀|이|

㉠. 정답 : ⓐ는 같은 시기일 때 $(+)$와 $(-)$가 반대이므로 유형 Ⅱ이다.

㉡. 정답 : '동태평양에서 수온약층이 나타나기 시작하는 깊이'는 라니냐일 때 $(-)$이고 엘니뇨일 때 $(+)$이다. 서태평양 해면 기압 편차와 $(+)$와 $(-)$가 일치하므로 유형 Ⅰ이 될 수 있어서 ㉠에 해당한다.

㉢. 정답 : ⓑ는 같은 시기일 때 $(+)$와 $(-)$가 일치하므로 유형 Ⅰ이다.

😲 **문제풀이 TIP** | 엘니뇨와 라니냐라는 개념을 정확하게 이해하고 편차의 $(+)$와 $(-)$를 따져야 한다.

😲 **출제분석** | 정적 상관, 부적 상관을 엘니뇨와 라니냐에 적용한 문제이다. 엘니뇨와 라니냐에서 등장하는 거의 모든 개념을 묻고 있다. 처음 보면 자료 해석이 상당히 어렵고, 아래의 표에 적용하기도 까다로우므로 문제의 난이도가 매우 높다. 정답률도 매우 낮은 문제이다. 20번 문항이기 때문에 시간적 여유가 부족하다는 것 역시 체감 난이도를 높였다. 그러나 어려운만큼 함정이 없는 문제이므로 차분하게 해석해야 한다.

그림은 2020년 12월부터 2021년 1월까지 태평양 적도 부근 해역의 해수면 기압 편차(관측값 − 평년값)를 나타낸 것이다. 이 기간은 엘니뇨 시기와 라니냐 시기 중 하나이다.

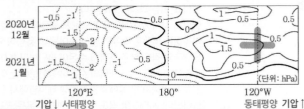

이 시기에 대한 옳은 설명만을 〈보기〉에서 있는 대로 고른 것은?
　↳ 라니냐

보기

ㄱ. 서태평양 적도 부근 해역에서 상승 기류는 평상시보다 강하다.

ㄴ. ~~동~~태평양 적도 부근 해역에서 따뜻한 해수층의 두께는 평상시보다 ~~두껍다~~ 얇다.

ㄷ. 동태평양 적도 부근 해역의 해수면 높이 편차는 ~~(+)~~ 값을 가진다. (−)

① ㄱ 　　② ㄴ 　　③ ㄱ, ㄷ 　　④ ㄴ, ㄷ 　　⑤ ㄱ, ㄴ, ㄷ

문제풀이 TIP | 엘니뇨와 라니냐 발생 시 동태평양과 서태평양에 나타나는 변화 양상을 확실히 비교하여 암기해야 한다. 각 시기의 특징을 완벽하게 기억하고 있어야 다양한 자료가 출제되었을 때 헷갈리지 않고 문제를 해결할 수 있다.

출제분석 | 엘니뇨/라니냐와 기압 배치 사이의 관계를 묻는 문제는 빈출이므로 기억하자.

|자|료|해|설|

120°W 부근 동태평양의 해수면 기압 편차가 (+)로 평년보다 기압이 높고, 120°E 부근 서태평양의 해수면 기압 편차가 (−)로 평년보다 기압이 낮으므로 해당 기간은 라니냐 시기이다.

엘니뇨와 라니냐는 각각 다음과 같은 특징을 나타낸다.

	엘니뇨 (무역풍 약화, 적도 부근 해류의 동 → 서 방향 이동 약화, 워커 순환 약화)	라니냐 (무역풍 강화, 적도 부근 해류의 동 → 서 방향 이동 강화, 워커 순환 강화)
동태 평양	용승 약화, 표층 수온 상승, 산소/영양염류 감소, 기압 감소, 수온 약층 깊어짐, 해수면의 높이 상승	용승 강화, 표층 수온 하강, 산소/영양염류 증가, 기압 증가, 수온 약층 얕아짐, 해수면의 높이 하강
서태 평양	수온 하강, 기압 증가, 건조하여 가뭄 발생, 해수면의 높이 하강	수온 상승, 기압 감소, 강수량 증가 (홍수 발생), 해수면의 높이 상승

|보|기|풀|이|

ㄱ. 정답 : 라니냐 시기에 서태평양 적도 부근 해역에서 저기압이 더욱 강하게 발달하므로 상승 기류가 평상시보다 강하다.

ㄴ. 오답 : 라니냐 시기에 동태평양 적도 부근 해역에서는 무역풍이 더욱 강해지므로 따뜻한 해수층의 두께는 평상시보다 얇다.

ㄷ. 오답 : 라니냐 시기에 동태평양 적도 부근 해역의 해수면은 평년보다 하강하므로 높이 편차는 (−)값을 가진다.

그림 (가)는 태평양 적도 부근 해역에서 부는 바람의 동서 방향 풍속 편차를, (나)는 A와 B 중 어느 한 시기에 관측한 강수량 편차를 나타낸 것이다. A와 B는 각각 엘니뇨와 라니냐 시기 중 하나이고, 편차는 (관측값−평년값)이다. (가)에서 동쪽으로 향하는 바람을 양(+)으로 한다.

(가)
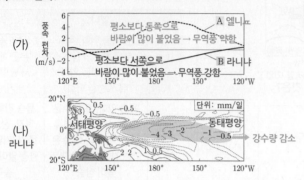

(나)
라니냐

이에 대한 설명으로 옳은 것만을 〈보기〉에서 있는 대로 고른 것은?

3점

보기

ㄱ. (나)는 B에 관측한 것이다.

ㄴ. 동태평양 적도 부근 해역의 해면 기압은 A가 B보다 높다.

ㄷ. 적도 부근 해역에서 (서태평양 표층 수온 편차−동태평양 표층 수온 편차) 값은 A가 B보다 크다.

① ㄱ　② ㄴ　③ ㄱ, ㄷ　④ ㄴ, ㄷ　⑤ ㄱ, ㄴ, ㄷ

 출제분석 | 엘니뇨와 라니냐 시기를 구분하는 문항이다. 두 시기의 특징은 서로 반대되는 경우가 많으므로 한 시기를 잘 파악하고 있으면 다른 시기에 대한 정보도 쉽게 유추할 수 있다. 다만 (가)와 같은 자료는 자주 등장하지 않아서 헷갈릴 수 있다. 단순히 풍속만을 보고 판단해서 풍속이 강한 A 시기를 라니냐 시기라고 착각할 수 있다. 엘니뇨와 라니냐에 대해 묻는 문항에서 자료에 약간의 변화를 주어 오답률을 높이는 문항이 출제되기 쉬우니 지문과 자료를 꼼꼼하게 살피는 것이 중요하다.

| 자 | 료 | 해 | 설 |

엘니뇨 시기에는 무역풍이 약해져 서쪽에서 불어오는 바람의 양이 많아지고, 라니냐 시기에는 무역풍이 강해져 서쪽에서 불어오는 바람의 양이 줄어든다. 따라서 A는 엘니뇨, B는 라니냐 시기이다.

엘니뇨 시기에는 무역풍이 약해져 동쪽에서 서쪽으로 이동하는 따뜻한 해수의 양이 줄어들고, 용승이 약해져 동태평양 적도 부근 해역의 수온이 평년보다 높아진다. 동태평양 적도 부근 해역의 수온이 평년보다 높아지면 하강 기류가 약해지고, 동태평양과 중앙 태평양에서 강수량이 늘어난다. 서태평양 적도 부근 해역의 수온은 평년보다 낮아져 상승 기류가 약해지고 강수량이 줄어든다.

라니냐 시기에는 무역풍이 강해져 동쪽에서 서쪽으로 이동하는 따뜻한 해수의 양이 늘어나고, 용승이 강해져 동태평양 적도 부근 해역의 수온이 평년보다 낮아진다. 동태평양 적도 부근 해역의 수온이 평년보다 낮아지면 하강 기류가 강해지고, 동태평양과 중앙 태평양에서 강수량은 줄어든다. 서태평양 적도 부근 해역의 수온은 평년보다 높아져 상승 기류가 강해지고 강수량이 늘어난다.

(나)에서 동태평양과 중앙 태평양 적도 부근 해역의 강수량은 평년보다 줄어들고, 서태평양 적도 부근 해역의 강수량은 평년보다 증가하였으므로 (나)는 라니냐 시기에 관측한 강수량 편차이다.

| 보 | 기 | 풀 | 이 |

ㄱ. 정답 : (나)는 라니냐 시기의 관측 자료이므로 B에 관측한 것이다.

ㄴ. 오답 : 동태평양 적도 부근 해역의 해면 기압은 하강 기류가 약해진 엘니뇨 시기에 낮고, 하강 기류가 강해진 라니냐 시기에 높다. 따라서 해면 기압은 B가 A보다 높다.

ㄷ. 오답 : 적도 부근 해역에서 (서태평양 표층 수온 편차− 동태평양 표층 수온 편차) 값은 서태평양의 표층 수온이 높을수록, 동태평양의 표층 수온이 낮을수록 크다. B 시기가 A 시기보다 서태평양 표층 수온이 높고, 동태평양 표층 수온이 낮으므로 (서태평양 표층 수온 편차− 동태평양 표층 수온 편차) 값은 B가 A보다 크다.

그림은 엘니뇨 또는 라니냐가 발생한 어느 해 11월~12월의 태평양의 강수량 편차(관측값−평년값)를 나타낸 것이다.

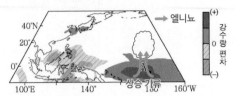

이 자료에 대한 옳은 설명만을 〈보기〉에서 있는 대로 고른 것은?

보기

ㄱ. 우리나라의 강수량은 평년보다 많다.

ㄴ. A 해역의 표층 수온은 평년보다 높다.

ㄷ. 무역풍의 세기는 평년보다 ~~강하다.~~ 약하다

① ㄱ　　② ㄴ　　③ ㄷ　　④ ㄱ, ㄴ　　⑤ ㄴ, ㄷ

|자|료|해|설|

강수량 편차가 클수록 평년보다 강수량이 많았음을 의미한다. 따라서 우리나라와 A 지역은 평년보다 강수량이 많았다.

A 지역(중앙 태평양)의 강수량은 늘었고, 서태평양 부근의 강수량은 줄어들었으므로 이 시기는 중앙 태평양 부근에 상승 기류가 발달하는 엘니뇨 시기이다. 따라서 A 해역의 표층 수온은 평년보다 높고, 무역풍의 세기는 평년보다 약하다.

|보|기|풀|이|

ㄱ. 정답 : 우리나라의 강수량 편차는 (+)이므로 강수량은 평년보다 많다.

ㄴ. 정답 : 중앙 태평양 부근에 강수량이 증가한 것으로 보아 이 시기는 엘니뇨 시기이다. 엘니뇨 시기에는 무역풍이 약해져 서태평양의 따뜻한 해수가 동태평양 쪽으로 이동하여 동태평양의 해수면 온도가 높아지므로 중앙 태평양과 동태평양의 수온은 평년보다 상승한다. 즉, A 해역의 표층 수온은 평년보다 높다.

ㄷ. 오답 : 엘니뇨 시기이므로 무역풍의 세기는 평년보다 약하다.

그림 (가)는 기상 위성으로 관측한 서태평양 적도 부근의 수증기량 편차를, (나)는 A와 B 중 한 시기에 관측한 태평양 적도 부근 해역의 해수면 높이 편차를 나타낸 것이다. A와 B는 각각 엘니뇨와 라니냐 시기 중 하나이고, 편차는 (관측값−평년값)이다.

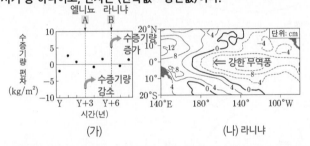

(가)　　　　　　(나) 라니냐

이에 대한 설명으로 옳은 것만을 〈보기〉에서 있는 대로 고른 것은?

보기

ㄱ. (나)는 B에 해당한다. → 라니냐

ㄴ. 동태평양 적도 부근 해역에서 수온 약층이 나타나기 시작하는 깊이는 A가 B보다 깊다.

ㄷ. 적도 부근 해역에서 (동태평양 해면 기압 편차−서태평양 해면 기압 편차) 값은 ~~A가 B~~ 보다 크다.
（B가 A）

① ㄱ　　② ㄷ　　③ ㄱ, ㄴ　　④ ㄴ, ㄷ　　⑤ ㄱ, ㄴ, ㄷ

|자|료|해|설|

무역풍이 약해지면 동태평양 적도 부근 해역에서 서태평양 적도 부근 해역으로 이동하는 따뜻한 해수의 양이 평년보다 적어진다. 이 시기를 엘니뇨라고 한다. 엘니뇨 시기에는 동태평양 적도 부근 해역에서 나가는 해수의 양이 줄어들어 해수면의 높이가 높아지고, 서태평양 적도 부근 해역으로 들어오는 따뜻한 해수의 양이 줄어들어 수증기량이 감소하고, 강수량이 감소한다. 따라서 엘니뇨 시기는 수증기량의 편차가 (−) 값을 가지는 (가)의 A 시기이다. 무역풍이 강해지면 동태평양 적도 부근 해역에서 서태평양 적도 부근 해역으로 이동하는 따뜻한 해수의 양이 평년보다 많아진다. 이 시기를 라니냐라고 한다. 라니냐 시기에는 동태평양 적도 부근 해역에서 나가는 해수의 양이 늘어나 해수면의 높이가 낮아지고, 서태평양 적도 부근 해역으로 들어오는 따뜻한 해수의 양이 늘어나 수증기량이 증가하고, 강수량이 증가한다. 따라서 라니냐 시기는 (가)의 B 시기이며, (나)가 관측된 시기와 같다.

|보|기|풀|이|

ㄱ. 정답 : (나)는 동태평양 적도 부근 해역의 해수면 높이가 평년보다 낮은 라니냐 시기이고, B는 서태평양 적도 부근 해역의 수증기량이 많아진 라니냐 시기이므로 (나)와 B는 같은 시기에 해당한다.

ㄴ. 정답 : 동태평양 적도 부근 해역에서 서쪽으로 이동하는 해수의 양이 적어지면 용승이 약게 일어나 수온 약층이 나타나기 시작하는 깊이가 깊어진다. 따라서 동태평양 적도 부근 해역에서 수온 약층이 나타나기 시작하는 깊이는 엘니뇨(A)일 때가 라니냐(B)일 때보다 깊다.

ㄷ. 오답 : 엘니뇨 시기에 동태평양에서는 상승 기류가 발달하여 평년보다 해면 기압이 낮아지고, 서태평양에서는 하강 기류가 발달하여 평년보다 해면 기압이 높아진다. 라니냐 시기에 동태평양에서는 해면 기압이 높아지고, 서태평양에서는 해면 기압이 낮아진다. 따라서 적도 부근 해역에서 (동태평양 해면 기압 편차−서태평양 해면 기압 편차)의 값은 라니냐 시기(B)가 엘니뇨 시기(A)보다 크다.

04 기후 변화

기본자료

필수개념 1 **기후 변화의 원인**

1. 지구 내적 요인

수륙 분포 변화	육지와 해양의 비열 차이 판 구조 운동에 의한 수륙 분포 변화 → 기후 변화 초래
지표면 반사율 변화	빙하, 사막화, 삼림 파괴 등에 의해 반사율 변화 반사율 증가 → 평균 기온 감소, 반사율 감소 → 평균 기온 증가
대기 에너지 투과율 변화	구름의 양 증가 → 지표면 재복사량 증가, 화산 폭발 → 입사되는 태양 복사 에너지를 차단하여 지구 평균 기온 감소
수권과 기권의 상호 작용	엘니뇨와 라니냐 발생에 의해 수온이 변화하고 전 지구적인 기후 변화 초래

2. 지구 외적 요인(천문학적 요인)

세차 운동	지구의 자전축이 한 점을 중심으로 회전 주기: 26,000년				

지구의 자전축이 한 점을 중심으로 회전
주기: 26,000년

		현재	13000년 후	기온의 연교차
북반구	근일점	겨울	여름	증가
	원일점	여름	겨울	
남반구	근일점	여름	겨울	감소
	원일점	겨울	여름	

▲ 현재

▲ 13000년 후

지구의 공전 궤도의 이심률이 증감하는 현상
주기: 100,000년

		타원 → 원	기온 변화	기온의 연교차
북반구	여름	원일점 거리 감소	상승	증가
	겨울	근일점 거리 증가	하강	
남반구	여름	근일점 거리 증가	하강	감소
	겨울	원일점 거리 감소	상승	

지구 공전 궤도 이심률 변화

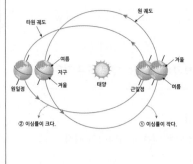

② 이심률이 크다. ① 이심률이 작다.

지구 자전축 기울기 변화

지구의 자전축 기울기가 21.5°에서 24.5°까지
변하는 현상
주기: 41,000년
• 기울기 커진 경우: 북반구, 남반구 모두
  태양의 남중 고도 증가 → 연교차 증가
• 기울기 작아진 경우: 북반구, 남반구 모두
  태양의 남중 고도 감소 → 연교차 감소

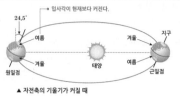

▲ 자전축의 기울기가 커질 때

▲ 자전축의 기울기가 작아질 때

필수개념 2 온실 효과와 지구 온난화

1. 온실 효과

1) 온실 효과: 온실 기체가 지표에서 방출된 적외선을 흡수하여 기온을 높이는 현상
2) 온실 기체: 이산화 탄소(CO_2), 메테인(CH_4), 이산화 질소(NO_2), 수증기(H_2O) 등
3) 온실 효과 과정: 온실 기체는 지구가 방출하는 적외선 복사의 일부를 흡수하고 지표로 재복사하여 지표의 온도를 높임

대기가 존재하지 않는 경우		대기가 존재하는 경우	
지표로의 재복사 과정이 없음		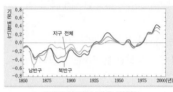	지구 복사 에너지가 대기-지표 간의 재복사 과정을 통해 지구에 더 오래 머무름

▶ 태양 복사와 지구 복사
- 태양 복사 : 0.2~7μm의 가시광선 및 근적외선 영역의 복사를 방출하며 대기 중 오존(O_3), 수증기(H_2O), 이산화 탄소(CO_2)에 의해 흡수됨
- 지구 복사 : 4~100μm의 원적외선 영역의 복사를 방출하며 대기 중 이산화 탄소(CO_2), 수증기(H_2O)에 의해 흡수됨

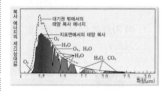

2. 지구 온난화

1) 지구 온난화: 지구의 평균 표면 온도가 상승하는 현상
2) 원인: 산업 혁명 이후 화석 연료의 사용량 증가 및 산림 훼손에 의한 온실 기체 배출량 증가
3) 지구 온난화의 영향
   - 육지 빙하의 융해 및 해수의 열팽창에 의한 해수면 상승
   - 기후 변화에 따른 생태계 변화 및 질병 증가
   - 기상 이변 현상의 변동 폭과 강도 증가

〈지구의 평균 기온 변화〉

필수개념 3 지구의 복사 평형과 열수지

1. 지구의 복사 평형

1) 복사 평형: 지구에 입사한 태양 복사 에너지양과 방출된 지구 복사 에너지양이 같아 지구의 온도가 일정하게 유지되는 상태
2) 지구의 복사 평형 과정

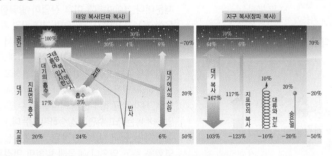

	지표의 복사 평형	대기의 복사 평형	지구의 복사 평형
흡수량	153(태양50, 대기 복사103)	167(태양 복사20, 지표면 복사117, 대류와 전도10, 숨은열20)	70(대기20, 지표면50)
방출량	153(지표면 복사123, 전도와 대류10, 숨은열20)	167(지표면103, 우주 공간 64)	70(대기64, 지표면6)

▶ 숨은열(잠열)
물질이 온도 및 압력의 변화가 없는 평형을 유지하며 다른 상태로 전이할 때 흡수 또는 방출하는 열을 의미하며 지구과학에서는 물의 상태 변화에 의해 응결 시 방출되는 열 또는 증발 시 흡수되는 열을 의미한다.

▶ 열수지
어떤 물체나 권역에 열 에너지의 입사량과 방출량 및 저장량 사이의 관계에서 이루어지는 열평형

2. 위도별 열수지

1) 위도별 에너지: 지구에 입사하는 태양 복사 에너지양은 위도별로 큰 차이가 나타나나, 방출되는 지구 복사 에너지양은 작은 차이가 나기 때문에 저위도 지역은 에너지 과잉, 고위도 지역은 부족 상태가 나타남
2) 에너지의 이동: 대기와 해수의 순환을 통해 저위도의 과잉된 에너지가 고위도로 수송됨

▶ 위도에 따른 에너지 수지와 열에너지 이동 방향

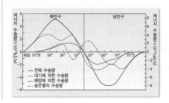

그림 (가)는 1850~2019년 동안 전 지구와 아시아의 기온 편차 (관측값−기준값)를, (나)는 (가)의 A 기간 동안 대기 중 CO_2 농도를 나타낸 것이다. 기준값은 1850~1900년의 평균 기온이다.

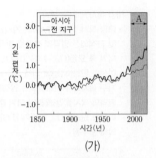
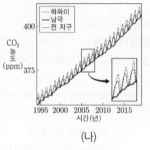

(가)   (나)

이 자료에 대한 설명으로 옳은 것만을 〈보기〉에서 있는 대로 고른 것은?

보기

ㄱ. (가) 기간 동안 기온의 평균 상승률은 아시아가 전 지구보다 크다.

ㄴ. (나)에서 CO_2 농도의 연교차는 하와이가 남극보다 크다.

ㄷ. A 기간 동안 전 지구의 기온과 CO_2 농도는 높아지는 경향이 있다.

① ㄱ   ② ㄷ   ③ ㄱ, ㄴ   ④ ㄴ, ㄷ   ✓ ㄱ, ㄴ, ㄷ

|자|료|해|설|

(가)를 보면 시간이 흐를수록 대체로 기온 편차가 증가하며, 평균적으로 전 지구의 기온 편차보다 아시아의 기온 편차가 더 크다. 기온 편차가 양(+)의 값을 가진다는 것은 해당 년도의 관측 기온이 평년 기온보다 높았음을 의미하며, 기온 편차가 크다는 것은 관측 기온과 평년 기온의 차이가 크다는 것이다. (나)를 보면 A 기간 동안 대기 중 CO_2 농도가 증가하고 있으며 전 지구와 하와이의 CO_2 농도는 한 해에도 값이 달라지는 것으로 보아 연교차가 있다. 이에 비해 남극은 CO_2 농도의 연교차가 거의 없다.

|보|기|풀|이|

ㄱ. 정답 : (가) 기간 동안 전 지구의 기온 편차보다 아시아의 기온 편차가 대체로 더 크므로 기온의 평균 상승률은 아시아가 전 지구보다 크다.

ㄴ. 정답 : (나)에서 CO_2 농도를 보면 하와이는 한 해에도 값이 달라지지만 남극은 연교차가 거의 없으므로, CO_2 농도의 연교차는 하와이가 남극보다 크다.

ㄷ. 정답 : (가)와 (나)를 보면 A 기간 동안 전 지구의 기온과 CO_2 농도는 높아지는 경향이 있다.

↱ 이 기간 동안 지구 온난화가 발생함

그림은 1900년부터 2010년까지 북극해 얼음 면적과 전 지구 평균 해수면 높이를 A와 B로 순서 없이 나타낸 것이다. 이에 대한 설명으로 옳은 것만을 〈보기〉에서 있는 대로 고른 것은?

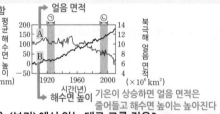

↳ 해수면 높이 → 기온이 상승하면 얼음 면적은 줄어들고 해수면 높이는 높아진다

보기

ㄱ. A는 북극해 얼음 면적을 나타낸 것이다.

ㄴ. 북극 해역의 평균 기온은 ㉠ 기간이 ㉡ 기간보다 높았다. → 낮다

ㄷ. 북극 해역에서 태양 복사 에너지 반사율은 ㉠ 기간이 ㉡ 기간보다 높다. 태양 복사 에너지 반사율 : 얼음>물

① ㄱ   ② ㄴ   ✓ ㄱ, ㄷ   ④ ㄴ, ㄷ   ⑤ ㄱ, ㄴ, ㄷ

|자|료|해|설|

지구의 평균 기온과 평균 해수면의 높이는 비례 관계를 갖는다. 기온이 증가할수록 대륙에 있는 빙하가 해빙함에 따라 해수면이 상승하거나, 해수의 온도가 증가해 열팽창하기 때문이다. 1900년대 이후 산업이 발달함에 따라 대기 중 온실 기체가 많아지고 있으며 그에 따라 지구의 평균 기온이 상승하고 있다. 평균 기온이 상승하면서 해빙이 발생하고 그 결과 평균 해수면 높이가 점차 증가하고 있는 추세이다. 그림에서 A는 1900년 이후 계속 하강하고 있으며, B는 계속 상승하고 있음을 알 수 있다. 따라서 A가 북극해 얼음의 면적, B가 평균 해수면 높이임을 알 수 있다. 물 위에 떠있는 얼음이 녹는다고 수면이 상승하지 않는다. 따라서 대륙 빙하에 해당하는 남극 빙하 면적은 해수면 상승에 직접적으로 영향을 주고 있으나 북극해 빙하의 면적은 해수면 상승에 직접적인 영향을 주지 않고 평균 기온이 상승했음을 알려 준다.

|보|기|풀|이|

ㄱ. 정답 : A는 이 기간 동안 계속 감소했으므로 북극해의 얼음 면적을 나타낸다.

ㄴ. 오답 : 북극 해역의 평균 기온은 평균 해수면의 높이가 낮은 ㉠에서 더 낮다.

ㄷ. 정답 : 태양 복사 에너지 반사율은 지표의 물질에 따라 달라진다. 눈이나 얼음은 반사율이 90% 정도로 굉장히 높으며, 물 표면이나 잔디, 토양 등은 상대적으로 낮다. 따라서 빙하가 녹게 되면 반사율이 감소하므로, 빙하의 양이 많은 ㉠ 기간이 ㉡ 기간보다 태양 복사 에너지 반사율이 더욱 높다.

😮 **문제풀이 T I P** | 1900년 이후 지구는 산업 발달에 따라 온난화가 진행되고 있음을 감안하고 풀이해야 하는 문제이다. 지속적으로 평균 해수면이 상승하고 있다는 것을 알고 풀이하면 쉽게 풀 수 있다.

😀 **출제분석** | 과학탐구 문항들은 대부분이 그래프 해석 및 그림, 사진 자료 해석으로 구성되어 있다. 이 문항 역시 그래프 해석만 정확하게 할 수 있다면 어렵지 않게 해결할 수 있다.

그림은 1991년부터 2020년까지 제주 지역의 연간 열대야 일수와 폭염 일수를 나타낸 것이다.

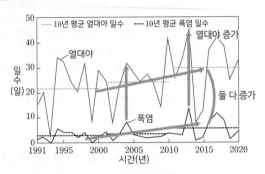

이 기간 동안 제주 지역의 기후 변화에 대한 옳은 설명만을 <보기>에서 있는 대로 고른 것은?

보기

ㄱ. 연간 열대야 일수는 증가하는 추세이다.

ㄴ. 10년 평균 폭염 일수는 1991년~2000년이 2011년~2020년 보다 적다.

ㄷ. 폭염 일수가 증가한 해에는 대체로 열대야 일수가 증가하였다.

① ㄱ   ② ㄷ   ③ ㄱ, ㄴ   ④ ㄴ, ㄷ   ✔ ㄱ, ㄴ, ㄷ

|자|료|해|설|
열대야 일수와 폭염 일수는 전반적으로 증가하는 추세이다. 특히 폭염이 심한 2004년 부근과 2013년 부근에는 열대야 일수도 함께 증가한다.

|보|기|풀|이|
ㄱ. 정답 : 연간 열대야 일수는 평균 20일 초반에서 30일 정도로 증가하고 있다.

ㄴ. 정답 : 10년 평균 폭염 일수는 90년대가 2010년대보다 적다.

ㄷ. 정답 : 폭염 일수가 증가한 해에는 대체로 열대야 일수가 증가하였다.

😮 문제풀이 T I P | 점차 지구 온난화로 인해 폭염과 열대야가 심해지는 추세이다.

😄 출제분석 | 지구 온난화를 다루는 문제 중에서도 가장 쉬운 유형이다. 자료의 해석이 간단하고, 자료를 해석하지 않아도 상식상 모든 보기가 맞는 것을 알 수 있다. 이런 문제는 실수로라도 틀리면 안 된다.

그림 (가)는 전 지구와 안면도의 대기 중 CO_2 농도를, (나)는 전 지구와 우리나라의 기온 편차(관측값−평년값)를 나타낸 것이다.

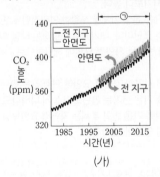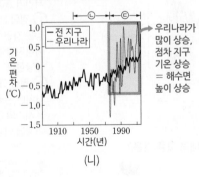

이 자료에 대한 설명으로 옳은 것만을 <보기>에서 있는 대로 고른 것은?

보기

ㄱ. ㉠ 시기 동안 CO_2 평균 농도는 안면도가 전 지구보다 ~~낮다~~ 높다.

ㄴ. ㉢ 시기 동안 기온 상승률은 전 지구가 우리나라보다 작다.

ㄷ. 전 지구 해수면의 평균 높이는 ㉡ 시기가 ㉢ 시기보다 낮다.

① ㄱ   ② ㄷ   ③ ㄱ, ㄴ   ✔ ㄴ, ㄷ   ⑤ ㄱ, ㄴ, ㄷ

|자|료|해|설|
(가)에서 ㉠ 시기 동안 전 지구, 안면도 모두 CO_2 농도가 증가하고 있는데, 둘 중 안면도에서 더 높게 나타난다. (나)에서 기온 편차는 점차 상승하고 있지만, 특히 ㉢ 시기에 우리나라의 기온 편차가 전 지구보다 크게 상승하고 있다. 전반적으로 지구의 기온이 상승하면 빙하가 녹아 해수면의 높이가 상승하게 된다.

|보|기|풀|이|
ㄱ. 오답 : ㉠ 시기 동안 CO_2 평균 농도는 안면도가 전 지구보다 높다.

ㄴ. 정답 : ㉢ 시기 동안 기온 상승률은 전 지구가 우리나라보다 작다.

ㄷ. 정답 : 전 지구 해수면의 평균 높이는 기온 편차가 더 큰 ㉢ 시기에서 더 높다.

😮 문제풀이 T I P | 이산화 탄소는 대표적인 온실 기체로, 대기 중 이산화 탄소의 농도가 높을수록 기온 편차가 상승하고, 해수면의 높이도 상승하게 된다.

😄 출제분석 | 안면도 자료는 처음 나온 자료지만, CO_2 농도와 기온 편차, 해수면 높이 등을 나타낸 그래프는 굉장히 많이 출제된 적이 있다. 따라서 생소한 자료라고 보기 어렵다. 지구 온난화, 온실 기체와 관련된 문제는 1년에 1~2번 정도 출제되고, 대부분 이 문제처럼 쉽게 출제되는 편이다.

II
2
I
04
기후
변화

그림은 1750년 대비 2011년의 지구 기온 변화를 요인별로 나타낸 것이다.

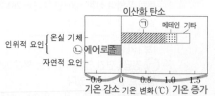

이 자료에 대한 설명으로 옳은 것만을 〈보기〉에서 있는 대로 고른 것은?

> **보기**
> ⟶ 약 1℃　⟶ 거의 0℃
> ㄱ. 기온 변화에 대한 영향은 ㉠이 자연적 요인보다 크다.
> ㄴ. 인위적 요인 중 ㉡은 기온을 ~~상승~~시킨다.
> 　　　　　　　　　　　　　　 감소
> ㄷ. 자연적 요인에는 태양 활동이 포함된다.

① ㄱ　　② ㄴ　　③ ㄷ　　④✓ ㄱ, ㄷ　　⑤ ㄴ, ㄷ

|자|료|해|설|

0을 기준으로 왼쪽은 (−)이므로 기온 감소를, 오른쪽은 (+)이므로 기온 증가를 의미한다. 인위적 요인인 온실 기체에 의해 약 1.5℃의 기온 변화가 나타났다. 그중 대부분인 ㉠은 이산화 탄소이며, 기온을 거의 1℃ 가까이 증가시킨다. ㉡에 의한 기온 변화는 (−) 값으로 나타나므로 인위적 요인 중 ㉡은 기온을 감소시킨다. 자연적 요인에 의한 기온 변화는 거의 0℃에 가까워 자연적 요인은 기온 변화에 큰 영향을 끼치지 않는 것을 알 수 있다.

|보|기|풀|이|

㉠. 정답 : 기온 변화에 대한 영향은 ㉠인 이산화 탄소가 약 1℃이고, 자연적 요인이 거의 0℃이므로 ㉠이 자연적 요인보다 크다.

ㄴ. 오답 : 인위적 요인 중 ㉡은 기온을 감소시킨다.

㉢. 정답 : 자연적 요인에는 태양 활동, 지구 자전축의 기울기 변화, 지구 자전축의 세차 운동 등이 포함된다.

🤓 **문제풀이 T I P** | 기후 변화의 요인은 인위적 요인과 자연적 요인으로 나뉜다.
인위적 요인 : 온실 기체(이산화 탄소, 메테인 등)에 의한 기온 상승, 에어로졸 등
자연적 요인
− 지구 내적 요인 : 수륙 분포 변화, 빙하나 산림 감소 등에 따른 반사율 변화 등
− 지구 외적 요인 : 지구 자전축의 세차 운동, 지구 공전 궤도 이심률 변화, 지구 자전축의 기울기 변화, 태양 활동의 변화 등

그림은 기후 변화 요인 ㉠과 ㉡을 고려하여 추정한 지구 평균 기온 편차(추정값 − 기준값)와 관측 기온 편차(관측값 − 기준값)를 나타낸 것이다. ㉠과 ㉡은 각각 온실 기체와 자연적 요인 중 하나이고, 기준값은 1880년~1919년의 평균 기온이다.

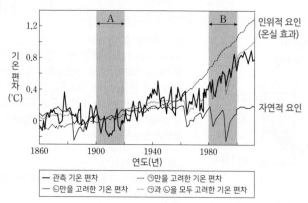

이에 대한 설명으로 옳은 것만을 〈보기〉에서 있는 대로 고른 것은?

 3점

> **보기**
> ⟶ 기온이 높을수록 증가
> ㉠. 지구 해수면의 평균 높이는 B 시기가 A 시기보다 높다.
> ㉡. 대기권에 도달하는 태양 복사 에너지양의 변화는 ㉡에 해당한다.
> 　　⟶ 자연적 요인
> ㉢. B 시기의 관측 기온 변화 추세는 자연적 요인보다 온실 기체에 의한 영향이 더 크다.

① ㄱ　　② ㄷ　　③ ㄱ, ㄴ　　④ ㄴ, ㄷ　　⑤✓ ㄱ, ㄴ, ㄷ

|자|료|해|설|

자연적인 요인만을 고려했을 때 지구의 기온은 약간 낮아졌다가 다시 회복하는 경향이 있고 자연적 요인과 인위적 요인을 함께 고려했을 때 기온 변화 모형은 관측된 기온 변화와 비슷한 경향을 나타낸다.

|보|기|풀|이|

㉠. 정답 : 지구의 평균 기온은 B 시기가 A 시기에 비해 높으므로 지구 해수면의 평균 높이는 기온이 높은 B 시기가 A 시기보다 높다.

㉡. 정답 : ㉠은 온실 기체를 포함한 인위적인 요인이고, ㉡은 자연적 요인이다. 대기권에 도달하는 태양 복사 에너지양의 변화는 자연적 요인에 해당하므로 ㉡에 해당한다.

㉢. 정답 : B 시기의 자연적 요인에 의한 값은 평년보다 낮지만 관측 기온 편차는 평년보다 높게 나타나므로, B 시기의 관측 기온 변화 추세는 자연적 요인보다 온실 기체에 의한 영향이 더 크다.

🤓 **문제풀이 T I P** | 기후변화는 자연적인 요인과 인위적인 요인이 결합하여 나타나며, 현재의 지구 온난화는 자연적인 요인보다는 인위적인 요인의 영향이 크다.

🤓 **출제분석** | 그래프 해석만 할 수 있으면 쉽게 풀 수 있는 문제이다.

그림은 1850~2020년 동안 육지와 해양에서의 온도 편차(관측값−기준값)를 각각 나타낸 것이다. 기준값은 1850~1900년의 평균 온도이다.

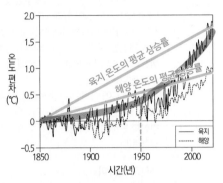

이에 대한 설명으로 옳은 것만을 〈보기〉에서 있는 대로 고른 것은?

> **보기**
> ㄱ. 지구 해수면의 평균 높이는 2000년이 1900년보다 높다.
> ㄴ. 이 기간 동안 온도의 평균 상승률은 육지가 해양보다 크다.
> ㄷ. 육지 온도의 평균 상승률은 1950~2020년이 1850~1950년보다 크다.

① ㄱ   ② ㄴ   ③ ㄱ, ㄷ   ④ ㄴ, ㄷ   ✔⑤ ㄱ, ㄴ, ㄷ

|자|료|해|설|
지구의 기온이 상승하면 해수의 수온이 상승한다. 그 결과 해수의 열팽창에 의해 부피가 증가하여 해수면의 높이가 상승하고, 또한 기온이 상승하면 극지방과 고산 지대의 빙하가 녹아 해양으로 유입되어 해수면의 높이가 상승한다. 따라서 육지와 해양에서의 온도 편차가 큰 2000년이 1900년보다 해수면의 평균 높이가 높다.
1850~2020년 동안 육지에서의 온도 편차는 대체로 상승하는 경향성을 보이는데, 1950년 이후로는 더 급격하게 상승했다.

|보|기|풀|이|
ㄱ. 정답 : 육지와 해양에서의 온도 편차는 2000년이 1900년보다 크므로 육지와 해양의 온도는 2000년이 1900년보다 높다. 기온이 상승하면 해수의 수온이 상승하여 열팽창에 의해 해수의 부피가 증가하므로 해수면의 높이가 상승한다. 또한, 기온이 상승하면 빙하가 녹아 해양으로 유입되어 해수면이 상승한다. 따라서 지구 해수면의 평균 높이는 2000년이 1900년보다 높다.
ㄴ. 정답 : 이 기간 동안 육지의 온도는 약 2℃ 정도 상승했고, 해양의 온도는 약 1℃ 정도 상승했으므로 온도의 평균 상승률은 육지가 해양보다 크다.
ㄷ. 정답 : 1950~2020년 동안 육지 온도는 약 2℃ 정도 증가했고, 1850~1950년 동안 육지 온도는 약 0.2℃ 정도 상승했다. 1950~2020년이 1850~1950년보다 더 짧은 기간 동안 상승한 온도가 더 크므로 육지 온도의 평균 상승률은 1950~2020년이 더 크다.

그림 (가)는 2004년부터의 그린란드 빙하의 누적 융해량을, (나)는 전 지구에서 일어난 빙하 융해와 해수 열팽창에 의한 평균 해수면의 높이 편차(관측값−2004년 값)를 나타낸 것이다.

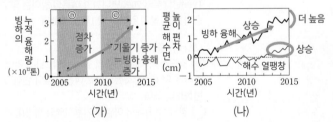

(가)   (나)

이 자료에 대한 설명으로 옳은 것만을 〈보기〉에서 있는 대로 고른 것은?

> **보기**
> ~~ㄱ.~~ 그린란드 빙하의 융해량은 ㉠ 기간이 ㉡ 기간보다 ~~많다.~~ 적다
> ㄴ. (나)에서 해수 열팽창에 의한 평균 해수면 높이 편차는 2015년이 2010년보다 크다.
> ~~ㄷ.~~ (나)의 전 기간 동안, 평균 해수면 높이의 평균 상승률은 해수 열팽창에 의한 것이 빙하 융해에 의한 것보다 ~~크다.~~ 작다

① ㄱ   ✔② ㄴ   ③ ㄱ, ㄷ   ④ ㄴ, ㄷ   ⑤ ㄱ, ㄴ, ㄷ

|자|료|해|설|
(가)에서 그린란드 빙하의 누적 융해량은 점차 증가하고 있다. 누적 융해량과 그 해의 융해량을 구분해야 한다. ㉠ 기간보다 ㉡ 기간의 기울기가 더 급하므로 ㉡ 기간에 더 많은 융해가 일어났다.
(나)에서 해수의 열팽창에 의한 평균 해수면의 높이 편차는 0cm 부근에 있다가 2015년에 조금 상승하였다. 빙하 융해에 의한 평균 해수면의 높이 편차는 2015년에 2cm 까지 계속해서 상승하였다. 전 기간 동안 빙하 융해에 의한 편차가 더 크다.

|보|기|풀|이|
ㄱ. 오답 : 그린란드 빙하의 융해량은 ㉠ 기간보다 ㉡ 기간이 많다.
ㄴ. 정답 : 해수 열팽창에 의한 평균 해수면 높이 편차는 2015년에 1cm에 가깝고, 2010년은 0cm에 가까우므로, 2015년이 2010년보다 크다.
ㄷ. 오답 : (나)의 전 기간 동안 평균 해수면 높이의 평균 상승률은 빙하 융해에 의한 것이 더 크다.

🤓 **문제풀이 TIP |** (가) 자료에서 y축이 빙하의 '누적' 융해량이므로 전년의 누적 융해량을 빼야 그 해의 융해량이 나온다.

🤓 **출제분석 |** 보기에서 빙하의 융해량을 누적이 아닌 기간으로 묻고 있는데, 그래프에는 누적 융해량으로 나오고 있으므로 혼동할 수 있다. 그러나 혼동해도 보기의 판별이 달라지지 않아서 문제의 난이도가 낮은 편이다. ㄴ과 ㄷ 보기 모두 개념 지식보다는 자료 해석으로 판단해야 한다.

그림 (가)는 2015년부터 2100년까지 기후 변화 시나리오에 따른 연간 이산화 탄소 배출량의 변화를, (나)는 (가)의 시나리오에 따른 육지와 해양이 흡수한 이산화 탄소의 누적량과 대기 중에 남아 있는 이산화 탄소의 누적량을 나타낸 것이다.

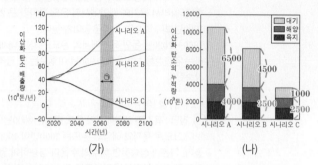

(가)　　　　　　(나)

시나리오 A, B, C에 대한 설명으로 옳은 것만을 〈보기〉에서 있는 대로 고른 것은? 3점

보기
ㄱ. ㉠ 기간 동안 이산화 탄소 배출량의 변화율은 A보다 B에서 ~~크다.~~ 작다.　　∝그래프의 기울기
ㄴ. 2080년에 지구 표면의 평균 온도는 A보다 C에서 낮다.　　∝대기 중 이산화 탄소의 누적량
ㄷ. $\dfrac{육지와 해양이 흡수한 이산화 탄소의 누적량}{대기 중에 남아 있는 이산화 탄소의 누적량}$은 A＜B＜C 이다.

① ㄱ　② ㄴ　③ ㄱ, ㄷ　④ ㄴ, ㄷ　⑤ ㄱ, ㄴ, ㄷ

| 자 | 료 | 해 | 설 |

시나리오 A에 따르면 이산화 탄소 배출량은 급격하게 증가해 2100년에는 거의 현재의 3배에 달한다. 이에 따르면 2100년 이산화 탄소의 누적량은 대기 중에 약 6500×10^9톤이 남아 있게 된다.
시나리오 B에 따르면 이산화 탄소 배출량은 꾸준히 증가해 2100년에는 현재의 약 2배가 된다. 이에 따르면 2100년 이산화 탄소의 누적량은 대기 중에 약 4500×10^9톤이 남아 있게 된다.
시나리오 C에 따르면 이산화 탄소 배출량은 꾸준히 감소해 2100년에는 0 이하로 내려간다. 이에 따르면 2100년 이산화 탄소의 누적량은 대기 중에 약 1000×10^9톤이 남아 있게 된다.

| 보 | 기 | 풀 | 이 |

ㄱ. 오답 : 이산화 탄소 배출량의 변화율은 그래프의 기울기가 급할수록 크다. 따라서 ㉠ 기간 동안 이산화 탄소 배출량의 변화율은 B보다 A에서 크다.
ㄴ. 정답 : 이산화 탄소는 지구 복사 에너지를 흡수해 지구를 따뜻하게 하는 온실 기체이다. 따라서 이산화 탄소의 양이 많아지면 기온이 높아진다. 2080년에 C는 A보다 이산화 탄소 배출량이 적으므로 지구 표면의 평균 온도는 A보다 C에서 낮다.
ㄷ. 정답 : $\dfrac{육지와 해양이 흡수한 이산화 탄소의 누적량}{대기 중에 남아 있는 이산화 탄소의 누적량}$은
A에서 약 $\dfrac{4000}{6500} = \dfrac{8}{13}$이고, B에서는 약 $\dfrac{3500}{4500} = \dfrac{7}{9}$이고,
C에서는 약 $\dfrac{2500}{1000} = 2.5$이므로 A＜B＜C이다.

그림 (가)는 우리나라의 계절별 길이 변화를, (나)는 우리나라에서 아열대 기후 지역의 경계 변화를 예상하여 나타낸 것이다.

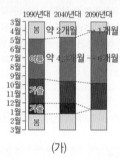

(가)　　　　　　(나)

이에 대한 옳은 설명만을 〈보기〉에서 있는 대로 고른 것은?

보기
ㄱ. (가)에서 여름의 길이 변화는 봄의 길이 변화보다 크다.
ㄴ. (나)에서 아열대 기후 지역의 확장은 대체로 내륙 지역보다 해안 지역에서 뚜렷하다.
ㄷ. 아열대 기후에서 자라는 작물의 재배 가능 지역은 북상할 것이다.

① ㄱ　② ㄴ　③ ㄱ, ㄷ　④ ㄴ, ㄷ　⑤ ㄱ, ㄴ, ㄷ

| 자 | 료 | 해 | 설 |

1990년대부터 2090년대까지 여름의 길이는 약 2달 증가했고, 봄의 길이는 약 1달 감소했다.

| 보 | 기 | 풀 | 이 |

ㄱ. 정답 : (가)에서 여름의 길이는 약 2달 증가했고, 봄의 길이는 약 1달 감소했으므로 여름의 길이 변화가 봄의 길이 변화보다 크다.
ㄴ. 정답 : (나)에서 아열대 기후지역의 확장이 해안선을 따라 경계를 형성하였다.
ㄷ. 정답 : 아열대 기후 지역의 경계가 북상하면서 아열대 작물 재배 가능 지역 역시 북상할 것이다.

😀 문제풀이 T I P | 100년 간의 계절별 길이 변화 그래프에서 여름과 겨울의 확장, 봄과 가을의 축소가 눈에 띈다. 변화량을 유심히 살펴볼 필요가 있다.

😀 출제분석 | 기후변화의 중요성이 커지면서 쉽지만 출제빈도가 증가하는 추세이다.

그림 (가)는 현재와 비교한 A와 B 시기의 지구 자전축 경사각을, (나)는 A 시기와 비교한 B 시기의 지구에 입사하는 태양 복사 에너지의 변화량을 나타낸 것이다.

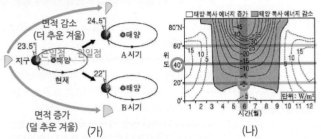

(가)   (나)

이에 대한 설명으로 옳은 것만을 〈보기〉에서 있는 대로 고른 것은? (단, 지구 자전축 경사각 이외의 요인은 고려하지 않는다.) 3점

보기

ㄱ. 현재 근일점에서 북반구의 계절은 겨울이다.

ㄴ. (나)에서 6월의 태양 복사 에너지의 감소량은 20°N보다 60°N에서 많다.   → 약 $2W/m^2$

약 $29W/m^2$ →

ㄷ. 40°N에서 연교차는 A 시기보다 B 시기가 ~~크다~~ 작다.

A 시기(더 추운 겨울) → 일교차↑
B 시기(덜 추운 겨울) → 일교차↓

① ㄱ   ② ㄷ   ✓③ ㄱ, ㄴ   ④ ㄴ, ㄷ   ⑤ ㄱ, ㄴ, ㄷ

|자|료|해|설|

현재 북반구의 계절은 근일점에서 겨울, 원일점에서 여름이다. 지구 자전축의 경사각은 약 21.5°~24.5° 사이에서 변한다. 자전축 경사각이 커지면 북반구에서는 겨울에 지표면에 도달하는 태양 복사 에너지양이 적어져 겨울에 기온이 더 낮아지고 여름에 기온이 더 높아져 연교차가 커진다. (나)에서 6월의 태양 복사 에너지 감소량은 20°N에서 약 $2W/m^2$, 60°N에서 약 $29W/m^2$이므로 60°N에서 더 많다.

|보|기|풀|이|

ㄱ. 정답 : 현재 근일점에서 북반구는 남반구에 비해 도달하는 태양 복사 에너지양이 적으므로 겨울이다.

ㄴ. 정답 : (나)에서 6월의 태양 복사 에너지 감소량은 20°N에서 약 $2W/m^2$, 60°N에서는 약 $29W/m^2$이다.

ㄷ. 오답 : 40°N에서 연교차는 A 시기(자전축 기울기 증가 → 북반구(더 추운 겨울, 더 더운 여름) → 연교차 큼)보다 B 시기(자전축 기울기 감소 → 북반구(덜 추운 겨울, 덜 더운 여름) → 연교차 작음)가 작다.

😮 **문제풀이 T I P** | [지구 자전축 기울기 변화] 21.5°~24.5°, 41000년 주기

구분	기울기 증가			기울기 감소		
	태양의 남중고도	기온	연교차	태양의 남중고도	기온	연교차
여름	상승	상승	증가	하강	하강	감소
겨울	하강	하강		상승	상승	

자전축의 기울기가 작아질 때 : 북반구와 남반구 모두 태양의 남중 고도가 여름에는 낮아지고, 겨울에는 높아진다. → 여름의 기온은 낮아지고, 겨울의 기온은 높아져 기온의 연교차가 작아진다.

😄 **출제분석** | 지구 기후 변화의 원인(자연적 요인) 중 자전축 경사각 변화에 의한 개념적 이해를 묻는 문제로 크게 어렵지 않게 해결 가능한 문제였다.

그림은 2004년 1월부터 2016년 1월까지 서로 다른 관측소 A와 B에서 측정한 대기 중 이산화 탄소와 메테인의 농도 변화를 나타낸 것이다. A와 B는 각각 30°N과 30°S에 위치한 관측소 중 하나이다.

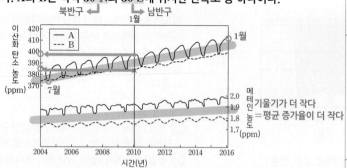

이 자료에 대한 설명으로 옳은 것만을 〈보기〉에서 있는 대로 고른 것은?

보기

ㄱ. A는 30°N에 위치한 관측소이다. → 북반구의 CO_2, CH_4 방출이 더 많음

ㄴ. 2010년 1월에 이산화 탄소의 평균 농도는 A보다 B가 높다. 낮다 → 약 398ppm → 약 382ppm

ㄷ. 이 기간 동안 기체 농도의 평균 증가율은 이산화 탄소보다 메테인이 크다. 작다

① ㄱ　② ㄴ　③ ㄱ, ㄷ　④ ㄴ, ㄷ　⑤ ㄱ, ㄴ, ㄷ

| 자 | 료 | 해 | 설 |

북반구는 남반구보다 더 많은 온실 기체를 배출하기 때문에 A는 북반구, B는 남반구이다. 화석 연료 사용 등의 영향으로 여름철보다 겨울철에 온실 기체의 평균 농도가 높다.

| 보 | 기 | 풀 | 이 |

ㄱ. 정답: 북반구는 남반구보다 더욱 많은 온실 기체를 배출하기 때문에 A는 30°N에 위치한 관측소이다.

ㄴ. 오답: 2010년 1월 이산화 탄소의 평균 농도는 A(약 398ppm)보다 B(약 382ppm)가 낮다.

ㄷ. 오답: 이 기간 동안 기체 농도의 평균 증가율은 그래프의 기울기가 더 큰 이산화 탄소가 메테인보다 크다.

🔊 문제풀이 T I P | 기후변화 문제는 그래프 해석이 가장 중요하다. 이산화 탄소와 메테인은 대표적인 온실 기체이다. 그 중에서도 가장 많은 비중을 차지하는 것이 이산화 탄소임을 기억해야 한다. 온실 기체의 농도는 점점 높아지고 있는 추세이다.

😊 출제분석 | 기후변화와 관련된 빈출 유형으로 그래프 해석만 잘하면 쉽게 맞출 수 있는 문제이다.

그림은 복사 평형 상태에 있는 지구의 열수지를 나타낸 것이다.

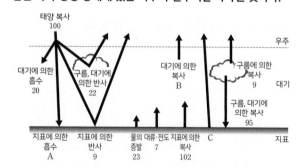

이에 대한 설명으로 옳은 것만을 〈보기〉에서 있는 대로 고른 것은?

 3점

보기

ㄱ. A는 B보다 크다. → 48 / 49

ㄴ. C는 지표에서 우주로 직접 방출되는 에너지양이다.

ㄷ. 대기에서는 방출되는 적외선 영역의 에너지양이 흡수되는 가시광선 영역 에너지양보다 크다.

① ㄱ　② ㄴ　③ ㄱ, ㄷ　④ ㄴ, ㄷ　⑤ ㄱ, ㄴ, ㄷ

| 자 | 료 | 해 | 설 |

지표와 대기가 흡수하는 태양 복사 에너지(가시광선) 양과 우주로 방출하는 지구 복사 에너지(적외선)양이 같은 상태를 유지하여 지구의 연평균 기온이 일정하게 유지된다. 각 영역에서 흡수량과 방출량은 같다. A는 지표에 의한 흡수로 100=22+9+20+A이므로 49이다. B는 대기에 의한 복사로 B+9+95=20+23+7+102이므로 48이다. C는 지표에서 우주로 직접 방출되는 에너지의 양이다. 태양 복사 에너지는 주로 파장이 짧은 가시광선으로 지구 대기를 투과하고 지구 복사 에너지는 파장이 긴 적외선이다.

| 보 | 기 | 풀 | 이 |

ㄱ. 정답: A는 지표에 의한 흡수로 태양복사(100)=구름 대기에 의한 반사(22)+지표에 의한 반사(9)+대기에 의한 흡수(20)+지표에 의한 흡수(A)이므로 49이다. B는 대기에 의한 복사로 B+구름에 의한 복사(9)+구름, 대기에 의한 복사(95)=대기에 의한 흡수(20)+물의 증발(23)+대류, 전도(7)+지표에 의한 복사(102)이므로 48이다.

ㄴ. 정답: C는 지표에서 우주로 직접 방출되는 에너지의 양으로 지표에 의한 흡수(49)+구름, 대기에 의한 복사(95)=물의 증발(23)+대류, 전도(7)+지표에 의한 복사(102)+지표에서 우주로 직접 방출되는 에너지(C)이므로 12이다.

ㄷ. 정답: 대기에서는 방출되는 적외선 영역의 에너지양이 흡수되는 가시광선 영역 에너지양보다 크다.

😊 출제분석 | 열수지 평형은 고전적인 고난도 문제이다. 빈출 유형이므로 반드시 익히고 넘어가야 한다.

그림 (가)와 (나)는 지구 공전 궤도면의 수직 방향에서 바라보았을 때, 지구 중심을 지나는 지구 공전 궤도면의 수직축에 대한 북극의 상대적인 위치를 나타낸 것이다.

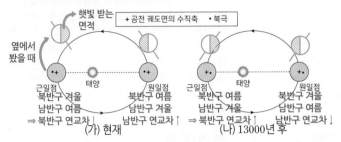

(가) 현재

(나) 13000년 후

이에 대한 설명으로 옳은 것만을 〈보기〉에서 있는 대로 고른 것은? (단, 지구 자전축 경사 방향 이외의 요인은 변하지 않는다고 가정한다.) 3점

보기

→ 일사량 : 북반구 < 남반구 ⇒ 북반구 : 겨울, 남반구 : 여름

ㄱ. (가)에서 지구가 근일점에 위치할 때 북반구는 겨울이다.

ㄴ. 우리나라 기온의 연교차는 (가)보다 (나)에서 작다. 크다

ㄷ. 남반구가 여름일 때 지구와 태양 사이의 거리는 (가)보다 (나)에서 길다.
→ 근일점
→ 원일점

① ㄱ   ② ㄴ   ③ ㄱ, ㄷ   ④ ㄴ, ㄷ   ⑤ ㄱ, ㄴ, ㄷ

|자|료|해|설|

공전 궤도면의 수직축과 북극의 위치로 공전 궤도면과 지구를 옆에서 봤을 때를 그려보면, (가) 현재의 근일점에서 북반구가 햇빛을 덜 받고, 남반구가 햇빛을 더 받는 모습이 된다. 북반구는 겨울이고 남반구는 여름이다. 반대로 (가) 현재의 원일점에서는 북반구가 햇빛을 많이 받고 남반구가 햇빛을 덜 받는다. 북반구는 여름이고 남반구는 겨울이다. 북반구가 근일점에서 겨울이고, 원일점에서 여름이면 연교차가 작다. 반대로 남반구는 근일점에서 여름이고 원일점에서 겨울이라 연교차가 크다.

(나)는 자전축의 기울기가 반대 방향이므로, 근일점에서 북반구는 여름, 남반구는 겨울이고, 원일점에서 북반구는 겨울, 남반구는 여름이다. 즉, 북반구는 연교차가 크고 남반구는 연교차가 작은 상황이다.

|보|기|풀|이|

ㄱ. 정답 : (가)에서 지구가 근일점에 위치할 때, 일사량은 북반구 < 남반구이므로 북반구가 겨울이다.

ㄴ. 오답 : 우리나라는 북반구에 위치하므로, 연교차는 (가)보다 (나)에서 크다.

ㄷ. 정답 : 남반구가 여름일 때, (가)에서는 근일점이고 (나)에서는 원일점이므로, 지구와 태양 사이의 거리는 (가)보다 (나)에서 길다.

🙄 문제풀이 TIP | 햇빛은 태양을 향한 절반만큼만 받는다. 햇빛을 받는 면적이 넓으면 여름, 좁으면 겨울이다.
근일점일 때 에너지를 많이 받고, 원일점일 때 에너지를 덜 받으므로, 근일점일 때 여름, 원일점일 때 겨울이면 연교차가 크다. 반대로 근일점일 때 겨울, 원일점일 때 여름이면 연교차가 작다.

😀 출제분석 | 세차 운동에 의해 지구 자전축이 변화하는 것을 다루는 문제이다. 세차 운동 자체는 다루지 않으며, 자전축 기울기의 방향에 따라 계절과 연교차가 어떻게 변하는지 그림을 보고 파악할 수 있어야 한다. 계절을 구하기 편하게 자전축을 그대로 표현해서 제시하지 않고, 공전 궤도면의 수직축과 북극만을 제시하여서 체감 난이도가 높았을 것이다.

" 이 문제에선 이게 가장 중요해! "

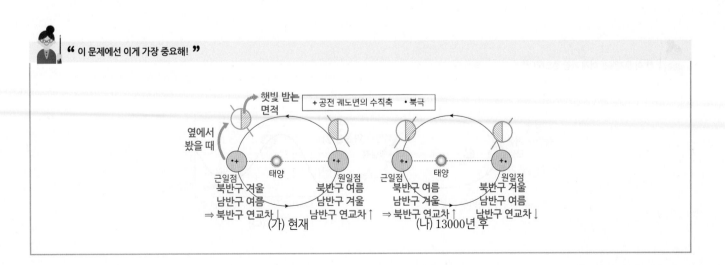

(가) 현재

(나) 13000년 후

그림 (가)는 지구의 공전 궤도를, (나)는 지구 자전축 경사각의 변화를 나타낸 것이다. 지구 자전축 세차 운동의 방향은 지구 공전 방향과 반대이고 주기는 약 26000년이다.

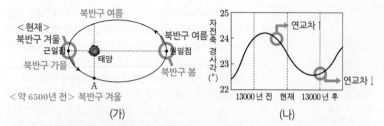

(가)   (나)

이에 대한 설명으로 옳은 것만을 〈보기〉에서 있는 대로 고른 것은? (단, 지구 자전축 세차 운동과 지구 자전축 경사각 이외의 요인은 변하지 않는다고 가정한다.) **3점**

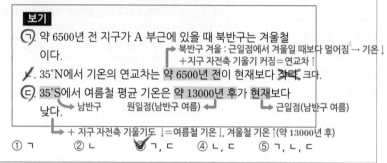

보기

ㄱ. 약 6500년 전 지구가 A 부근에 있을 때 북반구는 겨울철이다.

ㄴ. 35°N에서 기온의 연교차는 약 6500년 전이 현재보다 작다. ~~크다~~

ㄷ. 35°S에서 여름철 평균 기온은 약 13000년 후가 현재보다 낮다.

① ㄱ   ② ㄴ   ③ ㄱ, ㄷ   ④ ㄴ, ㄷ   ⑤ ㄱ, ㄴ, ㄷ

😮 **문제풀이 TIP** | 지구 자전축의 경사각은 연교차와 비례한다. 세차 운동의 방향은 지구 공전 방향과 반대이다.

😮 **출제분석** | 세차 운동, 지구 자전축의 기울기, 공전 궤도 이심률의 변화는 모두 각각 출제되어도 쉽지 않은 개념이다. 그러나 각각 출제되기보다는 두 개, 세 개가 결합하여 더욱 복합적이고 고난도 문제로 출제되는 경우가 많다. 특히 약 6500년 전, 후의 상황에 대해 물으면 문제의 난이도가 매우 높아진다. 세차 운동의 방향까지 고려해야 하기 때문이다.

|자|료|해|설|

세차 운동은 약 26000년을 주기로 지구 자전축이 지구 공전 궤도의 축을 중심으로 회전하면서 경사 방향이 바뀌는 운동이다. 세차 운동의 방향은 지구 공전 방향과 반대이다. 약 6500년 전에는 현재보다 지구의 자전축이 90°만큼 덜 회전한 상태(시계 반대 방향으로 약 90° 돌아간 상태)이므로, 지구가 A 부근에 있을 때 북반구는 겨울, 남반구는 여름이다.

지구 자전축의 경사각이 커질수록 여름철 태양의 남중 고도는 높아지고, 겨울철 태양의 남중 고도는 낮아지므로 연교차가 커진다.

|보|기|풀|이|

ㄱ. 정답 : 약 6500년 전에는 지구 자전축이 시계 반대 방향으로 90° 회전한 상태이므로, 지구가 A 부근에 있을 때 북반구는 겨울철이다.

ㄴ. 오답 : 현재 북반구는 근일점에서 겨울, 원일점에서 여름이다. 그러나 약 6500년 전에는 A에서 북반구가 겨울이므로, 근일점에서 겨울일 때보다 지구와 태양 사이의 거리가 멀어지게 된다. 따라서 겨울은 더 추워지고, 이와 마찬가지로 여름은 더 더워진다. 또한 약 6500년 전에 지구 자전축의 기울기가 현재보다 컸으므로, 35°N에서 기온의 연교차는 약 6500년 전이 현재보다 크다.

ㄷ. 정답 : 남반구는 현재 근일점 부근에 있을 때 여름철이지만, 약 13000년 후에는 원일점 부근에 있을 때 여름철이다. 또한 약 13000년 후에 지구 자전축의 경사각도 작아지므로, 여름철 평균 기온이 낮아지고 겨울철 평균 기온이 높아진다. 따라서 35°S에서 약 13000년 후의 여름철 평균 기온은 현재보다 낮다.

👩 " 이 문제에선 이게 가장 중요해! "

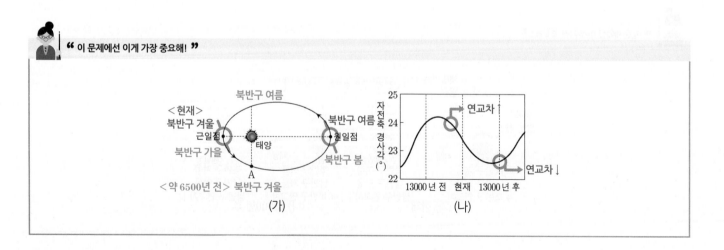

(가)   (나)

다음은 온실 기체의 특성을 알아보기 위한 실험이다.

[실험 과정]

(가) 아랫면을 랩으로 막은 상자, 온도계, 적외선 등을 그림과 같이 설치한다.

(나) 상자 윗면을 랩으로 막고 초기 온도를 측정한 후, 적외선등을 켜고 상자 안의 온도 변화를 5분간 측정한다.

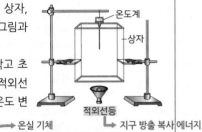
온도계 / 상자 / 온실 기체 / 적외선등 / 지구 방출 복사 에너지

(다) 상자에 이산화 탄소를 넣은 후 (나) 과정을 수행한다.

(라) 상자에 (다)에서 넣은 이산화 탄소량의 2배를 넣은 후 (나) 과정을 수행한다.

[실험 결과]

실험 과정	(나)	(다) 온실 기체	(라) 온실 기체, (다)의 2배
초기 온도(℃)	14.0	14.0	14.0
5분 후 온도(℃)	14.7	15.1	< (㉠)

이에 대한 설명으로 옳은 것만을 〈보기〉에서 있는 대로 고른 것은?

(3점)

보기

㉠. 적외선등을 상자 아래에서 켠 것은 지표 복사를 나타낸다. → 적외선 영역

ㄴ. 상자 안 기체의 적외선 흡수량은 (나)가 (다)보다 많다. 적다.

㉢. ㉠은 15.1보다 크다. → 온실 기체의 양이 (다)에서보다 많기 때문

① ㄱ   ② ㄴ   ✓③ ㄱ, ㄷ   ④ ㄴ, ㄷ   ⑤ ㄱ, ㄴ, ㄷ

| 자 | 료 | 해 | 설 |

온실 기체의 특성을 알아보기 위한 실험으로 랩으로 막은 상자 안은 지구 대기, 적외선 등은 지구 방출 복사 에너지를 나타낸다. (다)에서는 온실 기체(이산화 탄소)를 넣은 후 적외선등을 켜 온실 기체의 효과를 알아보고 있으며, (라)에서는 온실 기체(이산화 탄소)를 2배로 넣은 후 적외선등을 켜 온실 기체의 효과를 알아보고 있다. 온실 기체는 지구 방출 복사 에너지를 흡수하기 때문에 5분 후 측정한 온도는 (나)<(다)<(라) 순서로 높아진다.

| 보 | 기 | 풀 | 이 |

㉠. 정답 : 태양 복사 에너지는 가시광선 영역이며, 지구 방출 복사 에너지는 적외선 영역이다. 따라서 적외선등은 지표 복사를 나타낸 것이다.

ㄴ. 오답 : 온실 기체는 적외선 영역의 빛을 흡수하여 지구의 기온을 높인다. 이산화 탄소는 대표적인 온실 기체이므로 이산화 탄소 농도가 높아질수록 적외선 흡수량이 많아진다. 따라서 상자 안 기체의 적외선 흡수량은 (나)가 (다)보다 적다.

㉢. 정답 : (라)는 (다)에 비해 이산화 탄소 농도가 2배이다. 따라서 ㉠은 실험 (다)의 5분 후 온도인 15.1℃ 보다 더 크다.

😮 문제풀이 T I P | 온실 기체는 적외선을 흡수하여 지구의 기온을 높이는 역할을 한다. 대표적인 온실 기체는 수증기, 이산화 탄소, 메테인 등이 있다.

😊 출제분석 | 온실 효과와 지구 온난화는 자료 해석 문제로 자주 출제된다. 따라서 기본 개념 숙지 후 문제를 풀어보면서 자료를 해석하는 연습을 꾸준히 해야 한다.

그림은 현재와 A, B, C 시기일 때 지구 자전축 경사각과 공전 궤도 이심률을 나타낸 것이다. 이에 대한 옳은 설명만을 〈보기〉에서 있는 대로 고른 것은? (단, 지구 자전축 경사각과 공전 궤도 이심률 이외의 요인은 변하지 않는다고 가정한다.) (3점)

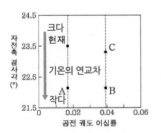

보기

㉠. 우리나라에서 여름철 평균 기온은 현재가 A보다 높다.

ㄴ. 지구가 근일점에 위치할 때 하루 동안 받는 태양 복사 에너지양은 현재가 B보다 많다. (B / 현재)

ㄷ. 남반구 중위도 지역에서 기온의 연교차는 B가 C보다 크다. (C / B)

✓① ㄱ   ② ㄴ   ③ ㄱ, ㄷ   ④ ㄴ, ㄷ   ⑤ ㄱ, ㄴ, ㄷ

| 자 | 료 | 해 | 설 |

현재보다 지구의 자전축 경사각이 작아지면 여름철 평균 기온은 낮아지고, 겨울철 평균 기온은 높아져 기온의 연교차는 작아진다.

현재보다 지구의 공전 궤도 이심률이 커지면 현재보다 근일점은 더 가까워지고 원일점은 더 멀어진다. 따라서 근일점에서 여름이라면 기온의 연교차는 커지고, 근일점에서 겨울이라면 기온의 연교차는 작아진다.

| 보 | 기 | 풀 | 이 |

㉠. 정답 : 지구의 자전축 경사각이 현재보다 작아지면 여름철 평균 기온은 낮아진다. 따라서 우리나라에서 여름철 평균 기온은 현재가 A보다 높다.

ㄴ. 오답 : 지구가 하루 동안 받는 태양 복사 에너지양은 태양과의 거리가 가까워질수록 많다. 지구가 근일점에 위치할 때 지구와 태양과의 거리는 B가 현재보다 가까우므로 하루 동안 받는 태양 복사 에너지양은 B가 현재보다 많다.

ㄷ. 오답 : 남반구 중위도 지역에서 기온의 연교차는 자전축 경사각이 클수록 크다. 따라서 C가 B보다 크다.

그림 (가)는 지구 공전 궤도 이심률의 변화를, (나)는 ㉠ 시기의 지구 자전축 방향과 공전 궤도를 나타낸 것이다. 지구 자전축 세차 운동의 주기는 약 26000년이며 방향은 지구의 공전 방향과 반대이다.

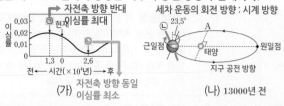

이에 대한 설명으로 옳은 것만을 〈보기〉에서 있는 대로 고른 것은? (단, 지구 공전 궤도 이심률과 자전축 경사 방향 이외의 요인은 변하지 않는다고 가정한다.) **3점**

> **보기**
> ㄱ. 현재 북반구는 근일점에서 ~~여름철~~ 이다. 겨울철
> ㄴ. 현재로부터 약 6500년 전 지구가 A 부근에 있을 때 북반구는 ~~겨울철~~ 이 된다. 여름철
> ㄷ. 북반구 기온의 연교차는 ㉠ 시기가 ㉡ 시기보다 크다. 연교차 ㉠>㉡

① ㄱ　　✓ ㄷ　　③ ㄱ, ㄴ　　④ ㄴ, ㄷ　　⑤ ㄱ, ㄴ, ㄷ

 문제풀이 T I P | 세차 운동에 의해 위치에 따른 계절이 달라질 조건, 이심률 변화에 의해 연교차가 달라질 조건 등을 미리 알아두면 좀 더 쉽게 접근할 수 있다. 또한 세차 운동은 시계 방향으로 진행됨을 알아야 문항을 해결할 수 있다.

출제분석 | 과학탐구 문항들은 대부분이 그래프 해석 및 그림, 사진 자료 해석으로 구성되어 있다. 이 문항 역시 자료 해석만 정확하게 할 수 있다면 어렵지 않게 해결할 수 있다.

| 자 | 료 | 해 | 설 |

그림 (가)에서 현재를 기준으로 1.3×10^4년 전에는 이심률이 0.02로 현재보다 컸고, 2.6×10^4년 후에는 현재보다 이심률이 감소하여 거의 0에 가깝다. 이심률이 증가하면 원일점에서의 거리가 더 증가하고 근일점에서 가까워지며, 이심률이 감소하여 0에 가까워지면 원일점과 근일점에서의 거리 차이가 거의 없어진다. 현재보다 이심률이 작아지면 근일점은 멀어지고, 원일점은 가까워지므로 근일점에서 겨울이고, 원일점에서 여름인 북반구의 연교차는 커진다. 세차 운동의 주기는 26000년이다. 따라서 13000년 전이나 후에는 현재와 자전축이 반대 방향에 위치한다. 그림 (가)에서 ㉠ 시기는 현재와 자전축 방향이 반대가 되는 시기이며, ㉡ 시기는 현재와 같은 방향이라고 할 수 있다. 세차 운동과 이심률 변화를 종합해 보면, ㉠ 시기는 이심률이 현재보다 크며 자전축 방향이 반대이므로 근일점에서 여름, 원일점에서 겨울이다. ㉡ 시기는 이심률이 매우 작아 원에 가까우며, 자전축 방향이 현재와 같으므로 근일점에서 겨울, 원일점에서 여름이다. 따라서 ㉠ 시기는 ㉡ 시기보다 연교차가 크다.

| 보 | 기 | 풀 | 이 |

ㄱ. 오답 : 현재 북반구는 근일점에서 겨울에 해당한다.

ㄴ. 오답 : 현재로부터 약 6500년 전에는 지구 자전축의 북반구쪽 축이 A 부근에서 태양을 향하고 있을 것이다. 따라서 6500년 전 지구가 A 부근에 있을 때는 북반구가 여름일 것이다.

ㄷ. 정답 : ㉠ 시기는 13000년 전이기 때문에 자전축 방향이 현재와 반대이므로 근일점에서 여름일 때이다. 또한 이심률이 0.02 부근으로 큰 값을 갖는다. 따라서 여름은 더 더워지고, 겨울은 더 추워질 때이다. 반면 ㉡ 시기는 26000년 후로 현재와 자전축의 방향이 같을 때이기 때문에 근일점에서 겨울이다. 따라서 ㉠ 시기가 ㉡ 시기보다 북반구의 연교차가 크다.

" 이 문제에선 이게 가장 중요해! "

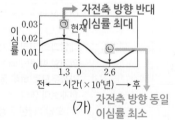

그림은 밀란코비치 주기를 이용하여, 위도별로 지구에 도달하는 태양 복사 에너지양의 편차(과거 추정값－현재 평균값)를 나타낸 것이다. 그림에서 북반구는 7월에 여름이고, 1월에 겨울이다.

→ (+): 과거가 현재보다 도달하는 태양 복사 에너지양이 많음
→ (－): 과거가 현재보다 도달하는 태양 복사 에너지양이 적음

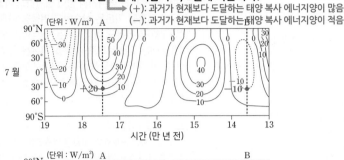

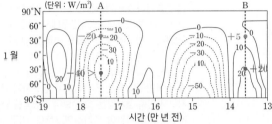

이 자료에 대한 설명으로 옳은 것만을 〈보기〉에서 있는 대로 고른 것은? (단, 공전 궤도 이심률, 자전축 경사각, 세차 운동 이외의 요인은 고려하지 않는다.) 3점

보기
ㄱ. 7월의 30°S에 도달하는 태양 복사 에너지양은 A시기가 +20 현재보다 많다.
ㄴ. 1월의 30°N에 도달하는 태양 복사 에너지양은 A시기가 −20 +5 적다 B시기보다 많다.
ㄷ. 30°S에서 기온의 연교차(1월 평균 기온－7월 평균 기온)는 여름 겨울 A시기가 B시기보다 크다. 작다

A시기:−40이하 → A시기:+20
B시기:+20 → B시기:−10
⇒ (+)일수록 더 더웠다 ⇒ (−)일수록 더 추웠다

✓① ㄱ   ② ㄴ   ③ ㄱ, ㄷ   ④ ㄴ, ㄷ   ⑤ ㄱ, ㄴ, ㄷ

|자|료|해|설|

위도별 지구에 도달하는 태양 복사 에너지양의 편차가 과거 추정값－현재 평균값이므로 (+)값일수록 지구에 도달하는 태양 복사 에너지 양이 많다는 의미이고, (−)값일수록 지구에 도달하는 태양 복사 에너지 양이 작다는 의미이다. 따라서 여름에 (+)값이면 현재보다 더 더웠다는 의미이고, 겨울에 (−)값이면 현재보다 더 추웠다는 의미이므로 여름에 (+)값, 겨울에 (−)값이면 현재보다 연교차가 더 크다.

|보|기|풀|이|

ㄱ. 정답 : 30°S에 도달하는 7월의 태양 복사 에너지양 편차가 약 +20이므로 A시기에 현재보다 더 많은 태양 복사 에너지가 도달했다.

ㄴ. 오답 : 30°N에 도달하는 1월의 태양 복사 에너지양 편차가 A시기에 약 −20, B시기에는 약 +5이다. 따라서 도달하는 태양 복사 에너지양은 A시기가 B시기보다 적다.

ㄷ. 오답 : 30°S에서 1월은 여름이고 7월은 겨울이다. 1월 (여름)의 A시기에 도달하는 태양 복사 에너지양 편차가 −40보다 더 작은 것으로 보아 A시기에 태양 복사 에너지양은 현재보다 작았고, 7월(겨울)의 A시기에 도달하는 태양 복사 에너지양 편차는 약 +20으로 현재보다 많아 연교차가 현재보다 작았다. 반면, B시기는 1월(여름)에 도달하는 태양 복사 에너지양 편차는 약 +20으로 현재보다 컸고 7월(겨울)에 도달하는 태양 복사 에너지양 편차는 약 −10으로 현재보다 작아 기온의 연교차가 현재보다 컸다. 따라서 A시기와 B시기를 비교할 때 기온의 연교차는 A시기가 B시기보다 작았다.

🤯 문제풀이 TIP | 기온의 연교차는 현재보다 여름은 덥고 겨울은 추울수록 커진다. 또한 북반구와 남반구는 계절이 반대로 나타난다는 점에 주의한다.

😊 출제분석 | 자료 해석 문제지만 북반구와 남반구 계절을 혼동할 경우 실수가 나올 수 있었다. 남반구가 문제로 출제될 경우 계절 등 북반구와의 차이점을 확인하는 습관이 중요하다.

Ⅱ 2 Ⅰ 04 기후 변화

 " 이 문제에선 이게 가장 중요해! "

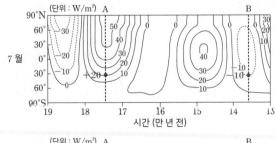

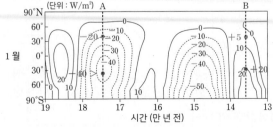

그림은 지구 자전축의 경사각이 22.5°에서 θ로 변할 때, 지구에 도달하는 위도별 태양 복사 에너지의 월별 변화량을 나타낸 것이다.

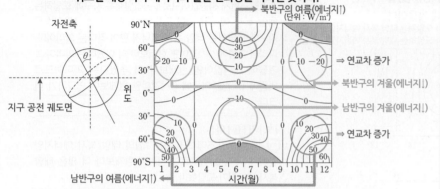

지구 자전축의 경사각이 22.5°에서 θ로 변할 때 증가하는 값만을 〈보기〉에서 있는 대로 고른 것은? (단, 지구 자전축 경사각 이외의 요인은 변하지 않는다고 가정한다.) 3점

보기

ㄱ. 지구 공전 궤도면과 자전축이 이루는 각
ㄴ. 위도 40°N에서 여름철에 입사하는 태양 복사 에너지양
ㄷ. 남반구 중위도에서 기온의 연교차

① ㄱ   ② ㄷ   ③ ㄱ, ㄴ   ✔ ㄴ, ㄷ   ⑤ ㄱ, ㄴ, ㄷ

| 자 | 료 | 해 | 설 |

지구 자전축의 경사각이 22.5°에서 θ로 변했을 때 지구에 도달하는 위도별 태양 복사 에너지의 변화를 보면, 북반구의 경우 여름철에는 에너지의 양이 증가하고 겨울철에는 감소하므로 여름철 기온은 상승하고 겨울철 기온은 하강한다. 남반구의 경우에도 여름철에는 에너지의 양이 증가하고 겨울철에는 감소하므로 여름철 기온은 상승하고 겨울철 기온은 하강한다. 결국 북반구와 남반구 모두 기온의 연교차가 증가하였으므로 지구 자전축 경사각은 22.5°보다 증가하였음을 알 수 있다.

| 보 | 기 | 풀 | 이 |

ㄱ. 오답 : 북반구에서 7~8월인 여름철에 태양 복사 에너지의 양은 증가하였고 겨울철인 12~1월에 태양 복사 에너지의 양은 감소하였으므로, 북반구에서 기온의 연교차는 증가하였다. 남반구에서 7~8월인 겨울철에 태양 복사 에너지의 양은 감소하였고 여름철인 12~1월에 태양 복사 에너지의 양은 증가하여, 남반구에서 기온의 연교차는 증가하였다. 결국 북반구와 남반구에서 모두 연교차가 증가하였으므로 지구 자전축 경사각은 22.5°보다 커졌음을 알 수 있다. 지구 자전축의 경사각이 증가하였으므로, 지구 공전 궤도면과 자전축이 이루는 각은 감소하였다.

ㄴ. 정답 : 위도 40°N에서 여름철은 7~8월 무렵이며, 이때 태양 복사 에너지의 변화량은 (+)값을 나타내므로 그 값이 증가한다.

ㄷ. 정답 : 남반구 중위도에서 여름철인 12월 무렵에는 태양 복사 에너지의 월별 변화량이 (+)이며, 겨울철인 8월 무렵에는 (−)이므로 기온의 연교차는 증가한다.

😮 **문제풀이 TIP** | 지구 자전축의 경사각이 커질수록 남반구와 북반구 모두 여름철에 입사하는 태양 복사 에너지의 양은 증가하고, 겨울철에 입사하는 태양 복사 에너지의 양은 감소하여 기온의 연교차가 증가한다. 지구 자전축의 경사각이 θ일 때, 지구 공전 궤도면과 자전축이 이루는 각은 $(90° - \theta)$임을 주의해야 한다.

🙂 **출제분석** | 지구 자전축 경사각의 변화나 자전축 경사 방향의 변화에 따른 지구 기후 변화를 다룬 문항은 출제 빈도가 매우 높으며 난도도 높아 어려움을 많이 느끼는 부분이다. 따라서 지구 자전축의 변화가 기후 변화에 영향을 미치는 메커니즘에 대해 구체적으로 학습해야 한다.

👩 " 이 문제에선 이게 가장 중요해! "

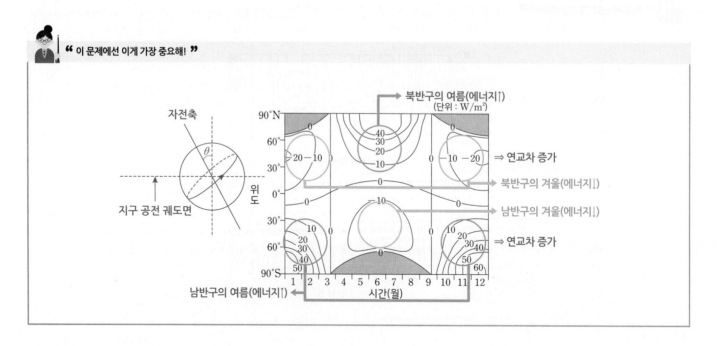

그림 (가)는 2003년부터 2012년까지 남극 대륙과 그린란드의 빙하량 변화를, (나)는 같은 기간 동안 빙하의 총누적 변화량을 나타낸 것이다.

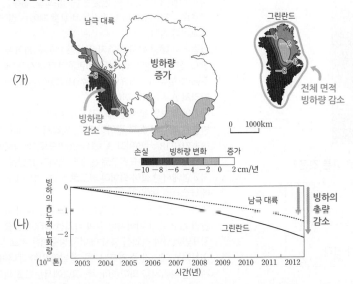

이 기간 동안의 변화에 대한 설명으로 옳은 것만을 〈보기〉에서 있는 대로 고른 것은?

보기

ㄱ. $\dfrac{\text{빙하가 손실된 육지 면적}}{\text{전체 육지 면적}}$ 의 값은 남극 대륙보다 그린란드가 크다.

ㄴ. 남극 대륙에서는 빙하의 증가량보다 손실량이 크다.

ㄷ. 그린란드의 지표면에서 태양 복사 에너지의 반사율은 ~~증가~~ 하였다.
          감소

① ㄱ   ② ㄷ   ❸ ㄱ, ㄴ   ④ ㄴ, ㄷ   ⑤ ㄱ, ㄴ, ㄷ

|자|료|해|설|

(가)에서 흰색 영역은 빙하량이 증가한 지역을, 회색 영역은 빙하량이 감소한 지역을 나타낸다. 남극 대륙의 관측 기간 동안 전체 면적의 $\dfrac{2}{3}$ 이상에서는 빙하량이 증가하였고, 일부 지역에서는 빙하량이 손실되었다. 그러나 빙하량이 증가한 지역은 면적은 넓지만 0~2cm의 적은 증가량을, 손실된 지역은 면적은 좁지만 최대 −8cm의 큰 손실량을 보여 남극 대륙의 전체 빙하량은 (나)에서처럼 감소하였다. 그린란드의 경우 관측 기간 동안 모든 지표면에서 빙하량이 손실되어 전체 빙하량 또한 (나)에서처럼 감소하였다.

|보|기|풀|이|

ㄱ. 정답 : (가)에서 남극 대륙은 전체 육지 면적 중에서 빙하량이 증가된 면적이 존재하지만, 그린란드는 전체 육지 면적에서 빙하량이 감소하였으므로 $\dfrac{\text{빙하가 손실된 육지 면적}}{\text{전체 육지 면적}}$ 의 값은 남극 대륙보다 그린란드가 크다.

ㄴ. 정답 : (가)에서 남극 대륙의 일부 면적에서 빙하량이 증가하였으나, (나)에서 남극 대륙의 빙하 총누적 변화량은 감소하였다. 이는 일부 지역의 빙하량은 증가하였으나, 빙하량이 감소한 지역의 손실량이 상대적으로 컸다는 것을 의미하므로 남극 대륙의 빙하는 증가량보다 손실량이 크다.

ㄷ. 오답 : 빙하는 지표면의 반사율을 증가시킨다. (가)에서 그린란드의 모든 지표면에서 빙하량이 감소하였으므로 지표면에서의 태양 복사 에너지 반사율은 감소하였을 것이다.

😀 **문제풀이 TIP** | 빙하량이 많을수록 지표면 반사율이 높아진다.

😎 **출제분석** | 빙하량에 대한 자료를 해석하는 문항으로 제시된 자료가 비교적 쉬운 문항이다. 남극 대륙에서 빙하가 증가된 면적은 넓지만, 빙하의 손실량이 더 커서 빙하의 총량이 감소했다는 것을 잘 파악한다면 쉽게 해결할 수 있다.

그림은 복사 평형 상태에 있는 지구의 열수지를 나타낸 것이다.

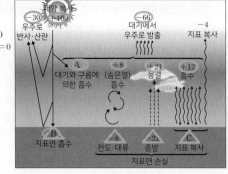

$100-30=A+B=70$
$-66+A+8+21+12=0$
$A=25$
$B=45$

$B-8-21+C=0$
$45-8-21+C=0$
$C=-16$

이에 대한 설명으로 옳은 것만을 〈보기〉에서 있는 대로 고른 것은?

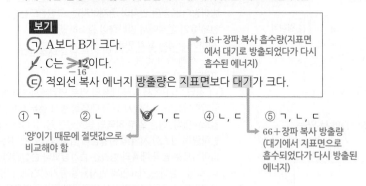

보기

ㄱ. A보다 B가 크다.

ㄴ. C는 >12이다.　（ -16 ）

ㄷ. 적외선 복사 에너지 방출량은 지표면보다 대기가 크다.

16+장파 복사 흡수량(지표면에서 대기로 방출되었다가 다시 흡수된 에너지)

① ㄱ　　② ㄴ　　✓③ ㄱ, ㄷ　　④ ㄴ, ㄷ　　⑤ ㄱ, ㄴ, ㄷ

'양'이기 때문에 절댓값으로 비교해야 함

66+장파 복사 방출량 (대기에서 지표면으로 흡수되었다가 다시 방출된 에너지)

💡 **문제풀이 TIP** | 지구의 복사 평형과 열수지 문제의 경우, 많은 학생이 헷갈려하는 유형이다. 하지만 우주, 대기, 지표, 지구 전체 각각의 구역에서 복사 에너지의 입사량과 방출량이 같다는 점을 유념하고 차분히 풀어나가면 쉽게 해결할 수 있다. 보기 ㄷ에서 적외선 복사 에너지라고 명시한 이유는 지구 복사 에너지가 적외선 파장 영역에 집중되어있기 때문이다. 태양 복사 에너지의 경우 감마선, X선, 자외선, 가시광선, 적외선, 전파 등 다양한 파장으로 구성된 전자기파인데 그 중 가시광선이 전체 태양 복사 에너지의 약 40%를 차지한다.

😀 **출제분석** | 이번 문제는 흡수량에 (+), 방출량에 (−)부호까지 붙여준 친절한 문제였기 때문에 난도는 중이다. 대부분의 수치가 나와 있어 A, B, C값을 구하기 위한 관계식이 비교적 간단한 문제이다.

|자|료|해|설|

복사 평형과 열수지 문제를 풀 때는 우주, 대기, 지표, 지구 전체에서 각각 에너지 흡수량과 방출량이 같다는 점을 꼭 유념해야 한다. 또한 방출은 (−)부호로, 흡수는 (+) 부호로 나타내었으나 방출량을 비교할 때에는 절댓값으로 비교해야 한다.

그림에서 태양 복사 에너지 입사량 100 중 30이 우주로 반사, 산란 되었다. 즉 남은 70만큼의 에너지가 대기와 구름에 흡수(A), 지표면에 흡수(B)되었다는 것이다. 따라서 A+B=70이다.

대기에서 보면 흡수된 에너지 A+8+21+12가 방출된 에너지 66과 같아야 한다. 따라서 A=66−(8+21+12)=25이고 A+B=70이므로 B=45이다. 지표에서 보면 지표면으로 흡수된 에너지 45만큼 지표면에서 손실이 되어야 하므로, −8−21+C=−45 에서 C=−16이다.

태양 복사 에너지는 가시광선 형태로 가장 많이 방출되는 반면 지구 복사 에너지는 거의 적외선 형태로 방출된다. 지표면에서의 적외선 복사 에너지 방출량은 지표면에서 손실되는 에너지 중 전도, 대류, 증발에 의한 에너지를 제외한 나머지를 의미한다. 즉, 그림에서는 C를 의미한다. C는 위에서 구한 것처럼 16만큼의 방출량이나, 이는 전체 지표 복사 에너지 방출량에서 장파 복사 흡수량(대기 → 지표면)을 제외한 순방출량을 나타낸 것이다. 따라서 지표면에서의 적외선 복사 에너지 방출량은 '16+장파 복사 흡수량(대기 → 지표면)'이다.

반면 대기에서의 적외선 복사 에너지 방출량은 대기에서 우주로 방출된 66과 대기에서 지표면으로 방출된 장파 복사 방출량(대기 → 지표면)을 더한 값이다. 따라서 대기에서의 적외선 복사 에너지 방출량은 '66+장파 복사 방출량(대기 → 지표면)'이므로 지표면에서의 적외선 복사 에너지 방출량보다 50만큼 크다.

|보|기|풀|이|

ㄱ. 정답 : A는 25, B는 45로 A보다 B가 크다.

ㄴ. 오답 : C는 −16이다.

ㄷ. 정답 : 적외선 복사 에너지 방출량은 대기에서가 지표면에서보다 50만큼 크다.

그림은 복사 평형 상태에 있는 지구의 열수지를 나타낸 것이다.

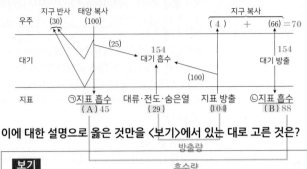

이에 대한 설명으로 옳은 것만을 〈보기〉에서 있는 대로 고른 것은?

보기

ㄱ. A < B이다.

ㄴ. (A + B)는 지표가 방출하는 복사 에너지 양과 같다.　　+(대류·전도·숨은열)

ㄷ. $\dfrac{\text{가시광선 영역 에너지의 양}}{\text{적외선 영역 에너지의 양}}$ 은 ㉠이 ㉡보다 작다. 크다

① ㄱ　　② ㄷ　　③ ㄱ, ㄴ　　④ ㄴ, ㄷ　　⑤ ㄱ, ㄴ, ㄷ

🤔 **문제풀이 TIP** | 복사 평형 상태인 지구에서는 대기와 지표가 각각 흡수하는 전체 에너지의 양과 방출하는 전체 에너지의 양이 같아야 한다. 태양 복사 에너지는 대부분 가시광선과 적외선으로 이루어져 있지만, 지구 복사 에너지는 거의 대부분 적외선의 형태로 방출된다.

😀 **출제분석** | 출제 빈도가 매우 높은 아주 익숙한 형태의 그림이다. 에너지의 흐름, 에너지의 양, 에너지 복사 형태 등에 대해서 꾸준히 반복적으로 학습해야 한다.

| 자 | 료 | 해 | 설 |

태양 복사 중 30은 지구로부터 반사되어 나가고, 나머지 70 중 대기가 흡수하는 양이 25, 지표면이 흡수하는 양(A)이 45이다. 대기는 태양 복사에서 흡수한 25 및 지표면으로부터 방출된 대류·전도·숨은열에 의한 에너지 29, 지표면에서 복사의 형태로 방출된 에너지 중 100을 흡수한다. 그러므로 대기가 흡수한 에너지의 총량은 154이다. 따라서 대기가 방출하는 에너지의 총량도 154이어야 하며, 대기 방출 에너지 중 66이 우주로 방출되었으므로 지표로 방출되어 지표가 흡수하는 양(B)은 88이다.

| 보 | 기 | 풀 | 이 |

㉠ 정답 : 태양 복사 중 지표가 흡수하는 양인 A는 태양 복사 100 중에서 지구 반사 30 및 대기 흡수 25를 제외한 45이다. 대기 방출 에너지 중 지표면에 흡수되는 양인 B는 전체 대기 방출 에너지 154 중 우주로 방출된 에너지 66을 제외한 값인 88이다. 따라서 A가 B보다 작다.

ㄴ. 오답 : (A+B)는 지표면이 흡수하는 순세 에너지이다. 이 양은 지표가 방출하는 복사 에너지의 양인 104뿐만 아니라 대류·전도·숨은열에 의해 방출되는 에너지인 29를 포함한 양과 같아야 한다.

ㄷ. 오답 : 전체 에너지 중 가시광선이 차지하는 비율은 태양 복사가 지구 복사에 비해 훨씬 높다. ㉠은 태양 복사 중 지표에 흡수되는 양으로 가시광선 영역의 에너지가 차지하는 비율이 매우 높지만, ㉡은 대기가 방출하는 에너지 중 지표에 흡수되는 양으로 대부분이 적외선 영역의 에너지이다.

그림 (가)는 1979년부터 2015년까지 북극 빙하 면적의 변화를, (나)는 지구의 열수지를 나타낸 것이다.

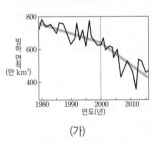

(가)

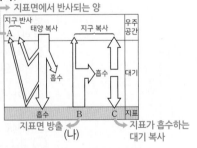

(나)

이 기간에 대한 옳은 설명만을 〈보기〉에서 있는 대로 고른 것은?

③점

보기

ㄱ. 빙하 면적의 평균 감소율은 2000년 이전보다 이후가 크나.

ㄴ. 북극 지방에서 A에 해당하는 값은 1980년보다 2010년이 작았다.　　빙하 면적이 증가할수록 커짐

ㄷ. B와 C에 해당하는 값은 증가하는 추세이다.

① ㄱ　　② ㄷ　　③ ㄱ, ㄴ　　④ ㄴ, ㄷ　　⑤ ㄱ, ㄴ, ㄷ

| 자 | 료 | 해 | 설 |

그림 (가)에서 2000년을 기준으로 2000년 이후가 이전보다 빙하 면적의 감소율이 더 크게 나타난다. 빙하는 햇빛의 반사율이 매우 높으므로 빙하의 면적이 감소하면 지구 전체의 반사율은 낮아져 지표가 흡수하는 태양 복사 에너지의 양이 증가하게 된다.

| 보 | 기 | 풀 | 이 |

㉠ 정답 : 그림 (가)에서 빙하 면적은 2000년 이전보다 2000년 이후에 더욱 급격하게 감소하고 있다.

㉡ 정답 : A는 태양 복사 에너지 중 지표에 흡수되지 못하고 반사되어 다시 우주로 돌아가는 에너지의 양이다. 빙하는 햇빛의 반사율이 매우 높은데 1980년에 비해 2010년의 빙하 면적이 훨씬 작으므로 지표면에서 반사되는 태양 복사 에너지양인 A의 값은 더 작았다.

㉢ 정답 : B는 지표면이 방출하는 지구 복사 에너지이며 C는 지표가 흡수하는 대기 복사 에너지이다. 지구 온난화에 의해 북극 지방의 빙하 면적이 감소하면 지표와 대기가 흡수하는 에너지의 양이 많아지면서 B와 C의 양도 증가하게 된다.

🤔 **문제풀이 TIP** | 지구 온난화로 인해 극지방의 기온이 상승하면 빙하 면적이 감소하게 된다. 빙하는 반사율이 매우 높은데 빙하의 면적이 감소하면 지표가 흡수하는 에너지양이 증가하면서 지구 온난화가 더욱 가속된다.

😀 **출제분석** | 지표의 변화에 따른 반사율의 변화가 지구 온난화 및 지구의 열수지에 어떤 영향을 미치는지 다양한 사례를 들어 구체적으로 학습해두어야 한다.

그림은 1940~2003년 동안 지구 평균 기온 편차(관측값−기준값)와 대규모 화산 분출 시기를 나타낸 것이다. 기준값은 1940년의 평균 기온이다.

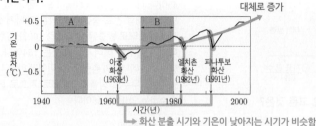

이 자료에 대한 설명으로 옳은 것만을 〈보기〉에서 있는 대로 고른 것은?

보기

ㄱ. 기온의 평균 상승률은 ~~A~~ B 시기가 ~~B~~ A 시기보다 크다.

ㄴ. 화산 활동은 기후 변화를 일으키는 지구 내적 요인에 해당한다.

ㄷ. 성층권에 도달한 다량의 화산 분출물은 지구 평균 기온을 ~~높이는~~ 낮추는 역할을 한다.

① ㄱ   ✓② ㄴ   ③ ㄷ   ④ ㄱ, ㄴ   ⑤ ㄴ, ㄷ

|자|료|해|설|

지구 평균 기온은 대략 1960년대 중반부터 대체로 증가하고 있다. 갑자기 기온이 낮아진 시기는 대규모 화산 분출 시기와 거의 비슷하다. 화산이 분출할 때 화산 분출물이 발생하는데 화산재와 같이 가벼운 화산 분출물은 성층권까지 도달할 수 있다. 화산 분출물이 대기 중에 머무르면 태양 복사 에너지를 흡수하거나 반사해 지표에 도달하는 태양 복사 에너지양이 적어져 지구 평균 기온이 낮아진다.

|보|기|풀|이|

ㄱ. 오답 : A 시기에는 지구 평균 기온 편차에 거의 변화가 없지만, B 시기에는 편차가 점점 커지므로 기온의 평균 상승률은 B 시기가 A 시기보다 크다.

ㄴ. 정답 : 기후 변화를 일으키는 지구 내적 요인에는 화산 활동, 빙하의 면적 변화, 사막의 면적 변화 등이 있다.

ㄷ. 오답 : 성층권에 도달한 다량의 화산 분출물은 태양 복사 에너지를 흡수하거나 반사해 지구 평균 기온을 낮추는 역할을 한다.

그림은 1920년부터 2015년까지 북반구와 남반구에서의 기온 편차(관측값−평균값)를 나타낸 것이다.

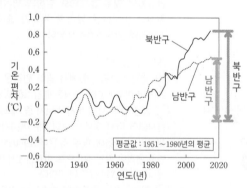

이에 대한 옳은 설명만을 〈보기〉에서 있는 대로 고른 것은?

보기

기온 상승 → 빙하 면적 감소 → 반사율 감소

ㄱ. 이 기간 동안의 지구 평균 기온은 대체로 상승하였다.

ㄴ. 이 기간 동안의 기온 변화는 남반구보다 북반구에서 더 크다.

ㄷ. 1960년 이후 극지방의 반사율은 대체로 감소하였을 것이다.

① ㄱ   ② ㄴ   ③ ㄱ, ㄷ   ④ ㄴ, ㄷ   ✓⑤ ㄱ, ㄴ, ㄷ

|자|료|해|설|

그래프에서 기온 편차가 지속적으로 상승하고 있는 것으로 보아 기온 관측값이 계속 높아지고 있음을 알 수 있다. 빙하는 반사율이 약 80% 정도로 매우 높아 빙하의 면적이 감소할수록 지구의 반사율은 낮아져 지구 온난화를 가속화하는 요인이 된다.

|보|기|풀|이|

ㄱ. 정답 : 그래프를 통해 남반구와 북반구 모두 평균 기온이 대체로 상승하고 있음을 알 수 있다.

ㄴ. 정답 : 이 기간 동안 남반구는 기온 편차가 약 −0.25~0.4(℃) 정도로 변화하였지만, 북반구는 약 −0.25~0.8(℃) 정도로 변화하였으므로, 기온 변화는 남반구보다 북반구에서 더 크다.

ㄷ. 정답 : 1960년 이후 남반구와 북반구 모두 평균 기온이 상승하였으므로, 극지방의 빙하 면적은 감소하였을 것이다. 극지방의 빙하는 반사율이 높아 지구 반사율을 높이는 역할을 하기 때문에, 빙하의 면적이 감소하면서 극지방의 반사율은 대체로 감소하였을 것이다.

🙊 **문제풀이 T I P** | 기온 편차가 양의 값으로 커질수록 기온의 관측값이 높아진다는 의미이다. 눈, 빙하 등은 반사율이 매우 높으므로 지구 온난화가 심각해질수록 빙하가 녹으면서 지구 반사율은 더욱 낮아져 지구 온난화가 더욱 심각해진다.

🐵 **출제분석** | 지구 온난화를 다룬 문항 중에서 가장 쉬운 편에 속하는 문항이다. 다른 난도 높은 문항을 풀어보면서 지구 온난화와 관련된 다양한 현상들에 대해 학습해두어야 한다.

그림은 지구에 도달하는 태양 복사 에너지양을 100이라고 할 때 복사 평형을 이루고 있는 지구의 열수지를 나타낸 것이다.

$104=100+B \therefore B=4 \rightarrow A+B=70 \therefore A=66$

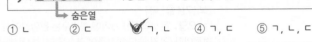

$C-104-8-21=-45 \therefore C=88$

이에 대한 설명으로 옳은 것만을 〈보기〉에서 있는 대로 고른 것은? (3점)

보기
ㄱ. A~C 중 C값이 가장 크다.
ㄴ. 온실 기체의 증가는 C를 증가시킨다.
ㄷ. 물의 상태 변화로 이동한 에너지양은 80이다.

　→ 21
　→ 숨은열

① ㄴ　② ㄷ　③ ㄱ, ㄴ　④ ㄱ, ㄷ　⑤ ㄱ, ㄴ, ㄷ

|자|료|해|설|

지구의 복사 평형 상태에서는 우주 공간, 대기, 지표면 3개의 권역에서 각각 흡수량과 방출량이 일치한다.

	우주 공간의 복사 평형	대기의 복사 평형	지표면의 복사 평형
흡수량	반사(25+5), A(66), B(4) 총 100	대기·구름 흡수(25), 지표면 복사(100), 대류와 전도(8), 숨은열(21) 총 154	지표면 흡수(45), 대기 복사(C(88)) 총 133
방출량	태양 복사(100) 총 100	대기 복사 (A(66)+C(88)) 총 154	지표면 복사(104) 대류와 전도(8) 숨은열(21) 총 133

|보|기|풀|이|

ㄱ. 정답 : A+B=70, 104(지표면 복사)=100+B 이므로 A=66, B=4 이다. 또한 154(대기 복사)=A(66)+C 이므로 C=88이다. 따라서 A~C 중 C가 88로 가장 크다.

ㄴ. 정답 : 온실 기체가 증가하면 온실 효과가 커져 대기가 흡수하는 열이 많아진다. 따라서 대기의 재복사인 C의 양도 증가한다.

ㄷ. 오답 : 물의 상태가 변하면서 발생하는 열은 숨은열이다. 따라서 물의 상태 변화로 이동한 에너지양은 21이다.

😮 **문제풀이 TIP** | 지구의 복사 평형 상태는 흡수하는 양과 방출하는 양이 동일한 상태를 의미한다. 따라서 우주 공간, 대기, 지표면으로 권역을 구분한 후 각 권역별로 흡수량=방출량 방정식을 세우면 쉽게 계산할 수 있다.

😎 **출제분석** | 지구의 복사 평형과 열수지는 출제 빈도는 높지만 정답률은 낮은 편이다. 따라서 권역별로 흡수량과 방출량이 일치하도록 방정식을 세우고 계산하는 연습을 꾸준히 할 수 있도록 하자.

그림은 지구에 도달하는 태양 복사 에너지의 양을 100이라고 할 때, 복사 평형 상태에 있는 지구의 에너지 출입을 나타낸 것이다.

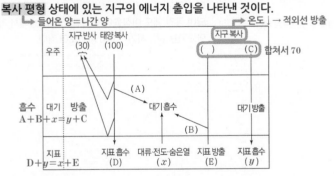

이에 대한 설명으로 옳은 것만을 〈보기〉에서 있는 대로 고른 것은?

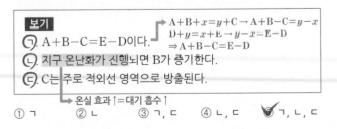

보기
ㄱ. A+B-C=E-D이다.
ㄴ. 지구 온난화가 진행되면 B가 증가한다.
ㄷ. C는 주로 적외선 영역으로 방출된다.

$A+B+x=y+C \rightarrow A+B-C=y-x$
$D+y=x+E \rightarrow y-x=E-D$
$\Rightarrow A+B-C=E-D$

→ 온실 효과↑=대기 흡수↑

① ㄱ　② ㄴ　③ ㄱ, ㄷ　④ ㄴ, ㄷ　⑤ ㄱ, ㄴ, ㄷ

|자|료|해|설|

복사 평형 상태에서는 들어온 양과 나간 양이 같다. 즉, 흡수량과 방출량이 같다. 우주로부터 들어온 태양 복사가 100이고, 반사량이 30이므로 우주로 방출되는 지구 복사는 70이다. 지구 복사 에너지는 온도가 낮고, 주로 적외선으로 방출된다.

지표의 대류·전도·숨은열을 x, 대기 방출에서 지표 흡수된 것을 y라고 하면, 지표 흡수량인 $D+y$는 지표 방출량인 $x+E$와 같다. 대기에서는 흡수량이 $A+B+x$이고, 방출량이 $C+y$이다. 흡수량=방출량을 감안하면, 대기에서는 $A+B+x=y+C$이므로, $A+B-C=y-x$ 이다. 지표에서는 $D+y=x+E$이므로, $y-x=E-D$ 이다. 따라서 $A+B-C=E-D$이다.

|보|기|풀|이|

ㄱ. 정답 : 대기에서는 $A+B+x=y+C$이고, 지표에서는 $D+y=x+E$이므로 식을 정리하면 $A+B-C=E-D$ 이다.

ㄴ. 정답 : 지구 온난화가 진행되면 온실 효과가 심해지므로, 지표에서 방출된 에너지를 다시 대기가 흡수하는 양이 많아진다.

ㄷ. 정답 : 지구 복사 에너지는 온도가 낮아서 주로 적외선으로 방출된다.

😮 **문제풀이 TIP** | 열수지 문제는 숫자를 다 외워서 푼다고 생각하면 절대 안 되고, 흡수량=방출량에 의해 하나하나 계산을 해야 한다.

😎 **출제분석** | 지구의 복사 평형과 열수지는 흡수량=방출량이라는 간단한 전제에 근거하지만, 의외로 계산을 어려워하는 학생들이 많다. 그렇다고 숫자를 외워서 풀 수는 없으니, 비슷한 유형의 자료를 놓고 흡수량과 방출량을 구하는 연습을 해야 한다. 그런 의미에서 ㄴ이나 ㄷ 보기는 어렵지 않지만, ㄱ 보기 때문에 오답을 고르는 경우가 많이 발생하였다.

표는 현재와 (가), (나) 시기에 지구의 자전축 경사각, 공전 궤도 이심률, 지구가 근일점에 위치할 때 북반구의 계절을 나타낸 것이다.

커질수록 근일점,

시기	자전축 경사각 커질수록 연교차↑	공전 궤도 이심률 원일점 거리 차이↑	근일점에 위치할 때 북반구의 계절
현재	23.5°	0.017	겨울
(가)	24.0°	0.004	겨울
(나)	24.3°	0.033	여름

이에 대한 옳은 설명만을 〈보기〉에서 있는 대로 고른 것은? (단, 지구의 자전축 경사각, 공전 궤도 이심률, 세차 운동 이외의 조건은 변하지 않는다고 가정한다.) **3점**

보기

ㄱ. 45°N에서 여름철일 때 태양과 지구 사이의 거리는 → 원일점일 때 (가) 시기가 현재보다 멀다. → 이심률 클수록 태양으로부터 원일점까지 멀다. 가깝다

ㄴ. 45°S에서 겨울철 태양의 남중 고도는 (나) 시기가 현재보다 낮다. → 자전축 경사각 클수록 겨울철 태양의 남중 고도↓

ㄷ. 45°N에서 기온의 연교차는 (가) 시기가 (나) 시기보다 작다.
경사각↓, 근일점(북반구 겨울) ←   → 경사각↑, 근일점(북반구 여름)

① ㄱ   ② ㄴ   ③ ㄱ, ㄷ   ④ ㄴ, ㄷ   ⑤ ㄱ, ㄴ, ㄷ

문제풀이 TIP | 기후 변화의 요인에 대한 문제는 여러 가지를 한 번에 물으면 매우 헷갈리고 실수하기 쉬우므로 기후 변화의 요인이 북반구와 남반구의 기온 변화에 어떤 영향을 주는지 구분하여 간단한 표로 내용을 정리하는 것이 좋다.

출제분석 | 고난도 문항으로 출제될 가능성이 높고, 문제 해결에 시간이 많이 걸릴 수 있으므로 해당 유형에 대한 반복 학습을 통해 철저히 대비해야 한다.

|자|료|해|설|

지구 자전축의 경사각이 커지면 북반구와 남반구 모두 여름과 겨울에 태양의 남중 고도 차이가 커져 연교차가 증가한다. 공전 궤도 이심률이 커지면 태양으로부터의 원일점과 근일점의 거리 차이가 커지고, 원일점과 근일점에 위치할 때 지구에 도달하는 태양 복사 에너지양 차이가 커진다. 현재 북반구는 근일점에서 겨울이므로 비교적 따뜻한 겨울이고, 원일점에서 여름이므로 비교적 시원한 여름이라 연교차가 작다. 현재를 기준으로 각 요인에 대한 북반구와 남반구의 기후 변화는 다음과 같이 정리할 수 있다.

시기	위치	근일점에서의 계절 변화	자전축 경사각 변화	공전 궤도 이심률 변화
(가)	북반구	변화 없음	연교차 증가	연교차 증가
	남반구	변화 없음	연교차 증가	연교차 감소
(나)	북반구	겨울 → 여름 ⇒ 연교차 증가	연교차 더 증가	연교차 더 증가
	남반구	여름 → 겨울 ⇒ 연교차 감소	연교차 더 증가	연교차 더 감소

|보|기|풀|이|

ㄱ. 오답 : 현재와 (가) 시기에 북반구는 원일점에서 여름이다. 공전 궤도 이심률이 클수록 태양으로부터 원일점까지의 거리가 더 멀어지므로 45°N에서 여름철 태양과 지구 사이의 거리는 (가) 시기가 현재보다 가깝다.

ㄴ. 정답 : 자전축 경사각이 커지면 겨울철 태양의 남중 고도는 감소하고, 여름철 태양의 남중 고도는 증가한다. (나) 시기에는 현재보다 자전축 경사각이 커지므로 45°S에서 겨울철 태양의 남중 고도는 (나) 시기가 현재보다 낮다.

ㄷ. 정답 : (가) 시기보다 (나) 시기에 자전축 경사각이 더 커지고, (나) 시기에 북반구가 근일점에서 여름이 되며 공전 궤도 이심률이 증가하므로 45°N에서 기온의 연교차는 (가) 시기가 (나) 시기보다 작다.

그림은 지구 공전 궤도 이심률의 변화와 자전축 기울기의 변화를 나타낸 것이다.

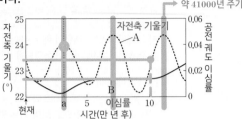

이에 대한 설명으로 옳은 것만을 〈보기〉에서 있는 대로 고른 것은? (단, 지구 공전 궤도 이심률, 자전축 기울기 외의 요인은 고려하지 않는다.) 3점

보기
ㄱ. 자전축 기울기의 변화는 B이다.
ㄴ. 10만 년 후 근일점에 위치할 때 우리나라는 겨울이다.
ㄷ. 우리나라에서 기온의 연교차는 현재보다 a 시기에 커진다.
　　　　　　기울기↑, 이심률↓

① ㄱ　　② ㄷ　　③ ㄱ, ㄴ　　✔ㄴ, ㄷ　　⑤ ㄱ, ㄴ, ㄷ

│자│료│해│설│
지구 자전축 기울기(A)는 41000년을 주기로 21.5°~24.5° 사이에서 변한다. 지구 공전 궤도 이심률(B)은 약 10만 년 주기로 원형에서 타원형으로 변했다가 다시 원래의 모양으로 돌아간다. 자전축의 기울기가 커질 때 북반구와 남반구 모두 태양의 남중 고도가 여름에는 높아지고 겨울에는 낮아진다. 따라서 연교차가 커진다. 이심률이 증가하면 북반구가 여름일 때(원일점) 지구는 태양에서 멀어지고 북반구가 겨울일 때(근일점) 지구는 태양에 가까워진다. 따라서 여름의 기온은 낮아지고, 겨울의 기온은 높아져 기온의 연교차가 작아진다.

│보│기│풀│이│
ㄱ. 오답 : 지구 자전축 기울기(A)는 41000년을 주기로 21.5°~24.5° 사이에서 변한다.
ㄴ. 정답 : 현재 지구가 근일점에 위치할 때 북반구는 겨울이다. 지구 자전축 경사 방향이 바뀌지 않으므로 10만 년 후 근일점에 위치할 때 우리나라는 현재와 마찬가지로 겨울이다.
ㄷ. 정답 : a 시기에는 현재보다 자전축의 기울기는 증가하고 이심률은 감소한다. 따라서 북반구에서 근일점(겨울)의 거리는 현재보다 a 시기에 멀어지고, 원일점(여름)의 거리는 현재보다 a 시기에 가까워진다. 또한, 자전축의 기울기가 커지면 중위도와 고위도 지방에서는 여름과 겨울에 받는 태양 복사 에너지양의 차이가 커져 여름 기온은 더 상승하고 겨울 기온은 더 하강한다. 결론적으로 우리나라에서 기온의 연교차는 현재보다 a 시기에 커진다.

그림은 남극 빙하를 분석하여 알아낸 과거 40만 년 동안의 기온 편차, 이산화 탄소 농도, 먼지 농도 변화를 나타낸 것이다.

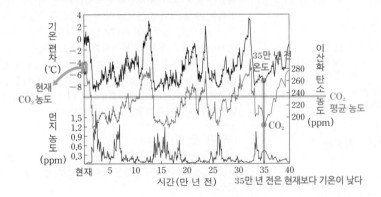

이에 대한 설명으로 옳은 것만을 〈보기〉에서 있는 대로 고른 것은? 3점

보기
　　　　　　　　　　　　비례하지 않는다
ㄱ. 시간에 따른 기온 편차와 먼지 농도는 대체로 비례한다.
ㄴ. 이 기간 동안에 이산화 탄소 농도의 평균은 현재보다 낮았다.
ㄷ. 전체 수권 중 육수가 차지하는 비율은 35만 년 전이 현재보다 높았을 것이다.

① ㄱ　　② ㄴ　　③ ㄷ　　④ ㄱ, ㄴ　　✔ㄴ, ㄷ

│자│료│해│설│
그림은 남극 빙하를 분석한 자료로 기온 편차가 (+)이면 평균 기온보다 기온이 높았던 시기를 의미하고 기온 편차가 (−)이면 평균 기온보다 기온이 낮았던 시기를 의미한다. 기온 편차와 이산화 탄소 농도는 대체로 비례 관계가 성립하지만, 기온 편차와 먼지 농도는 비례 관계가 성립하지 않는다.

│보│기│풀│이│
ㄱ. 오답 : 기온 편차가 (+)일 때 먼지 농도는 적은 시기가 많았다. 따라서 기온 편차와 먼지 농도는 비례하지 않는다.
ㄴ. 정답 : 40만 년 간 이산화 탄소의 평균 농도는 240ppm 정도이고, 현재 이산화 탄소 농도는 260ppm 정도이다. 따라서 이 기간 동안 이산화 탄소의 평균 농도는 현재보다 낮았다.
ㄷ. 정답 : 35만 년 전 기온 편차는 −8℃ 정도로 현재보다 평균 기온이 낮았다. 따라서 빙하의 양이 현재보다 많았으므로 육수가 차지하는 비율이 현재보다 높았을 것이다. 육수는 빙설(빙하), 지하수, 하천수 등으로 구성된다.

😮 문제풀이 TIP | 빙하를 통한 과거 기후를 유추하는 문제지만 실제로는 자료 해석 문제에 해당한다. 따라서 자료 해석만 꼼꼼히 한다면 해결할 수 있다. 다만, 기온의 변화에 따른 육수의 비율을 묻는 문항은 육수에 대한 정의를 알지 못한다면 풀기 힘들기 때문에 기본 내용은 충분히 숙지해야 한다.

😀 출제분석 | 기후 변화는 빙하 속 산소 동위 원소 비에 따른 과거 기후를 추론하는 문제가 자주 출제되었다. 이 문항은 자료 해석 문항이므로 이 문항 이외에 빙하를 이용한 기후변화 분석법도 추가적으로 숙지해야 한다.

II
2
I
04
기후
변화

그림은 남극 빙하 연구를 통해 알아낸 과거 40만 년 동안의 기온 편차와 대기 중의 CO_2 농도를 나타낸 것이다.

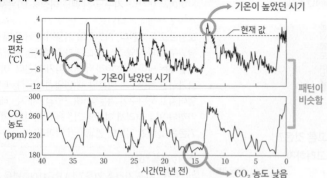

이에 대한 설명으로 옳은 것만을 〈보기〉에서 있는 대로 고른 것은?

> **보기**
> ㄱ. 기온 편차와 CO_2 농도는 대체로 비례한다.
> ㄴ. 15만 년 전에 지구 대기의 온실 효과는 현재보다 작았을 것이다. → 기온과 반비례
> ㄷ. 35만 년 전의 빙하 면적은 현재보다 넓었을 것이다.

① ㄱ   ② ㄴ   ③ ㄱ, ㄷ   ④ ㄴ, ㄷ   ⑤ ㄱ, ㄴ, ㄷ

|자|료|해|설|
기온 편차가 양(+)의 값을 나타낼 때는 현재보다 기온이 높을 때이며, 기온 편차가 음(−)의 값을 나타낼 때는 현재보다 기온이 낮을 때이다. CO_2 농도 변화 그래프와 기온 편차 그래프의 변화 패턴이 매우 비슷한 것으로 보아, CO_2 농도가 높은 시기에 기온이 높았음을 짐작할 수 있다.

|보|기|풀|이|
ㄱ. 정답 : 기온 편차 그래프와 CO_2 농도 그래프의 변화 패턴이 거의 비슷한 것으로 보아 기온 편차와 CO_2 농도는 대체로 비례하고 있음을 알 수 있다.

ㄴ. 정답 : CO_2 농도 그래프에서 15만 년 전 CO_2 농도는 현재에 비해 매우 낮았음을 알 수 있다. 따라서 15만 년 전 지구 대기의 온실 효과는 현재보다 훨씬 작았을 것이다.

ㄷ. 정답 : 35만 년 전 기온 편차는 약 −8°C로 현재에 비해 기온이 매우 낮았다. 따라서 이 시기에 빙하 면적은 현재보다 훨씬 넓었을 것이다.

😀 **문제풀이 TIP** | 기온 편차는 과거 한 시점의 예상 평균 기온 값에서 현재의 평균 기온 값을 뺀 값으로, 그 값이 양인 경우는 현재 지구 평균 기온보다 높았던 시기이다. 기온 편차 그래프와 CO_2 농도 그래프의 변화 패턴이 매우 비슷한 것으로 보아 지구의 기온이 CO_2 농도와 매우 밀접한 관계가 있음을 알 수 있다.

😀 **출제분석** | 지구 온난화와 관련된 문항 중 매우 쉬운 편에 속하는 문항이다. 이러한 패턴의 문항들은 대부분 그래프 해석 능력을 묻는 경우가 많으므로 실수 없이 주어진 자료를 차근차근 분석하는 연습을 해두는 것이 좋다.

그림은 지구 온난화의 원인과 결과의 일부를 나타낸 것이다. 이에 대한 설명으로 옳은 것만을 〈보기〉에서 있는 대로 고른 것은? **3점**

해수면 상승
(가) 해수 온도 상승   (나) 빙하 면적 감소 → 반사율 감소
지구 온난화   지구 평균 기온 상승
㉠ 대기 중 온실 기체 증가
화석 연료 사용 증가   산림 파괴
→ 이산화 탄소(CO_2), 메테인(CH_4) 등

> **보기**
>   → 수온 낮을수록 기체의 용해도 증가
> ㄱ. (가)로 인해 해수의 이산화 탄소 용해도는 감소한다.
> ㄴ. (나)로 인해 극지방의 지표면 반사율은 감소한다.
> ㄷ. ㉠에 의한 복사 에너지의 흡수율은 적외선 영역이 가시광선 영역보다 높다. → 적외선 영역을 흡수하는 기체

① ㄱ   ② ㄷ   ③ ㄱ, ㄴ   ④ ㄴ, ㄷ   ⑤ ㄱ, ㄴ, ㄷ

|자|료|해|설|
화석 연료의 사용 증가는 대기 중 이산화 탄소(CO_2)와 메테인(CH_4) 등 온실 기체를 증가시키고, 산림의 파괴는 광합성 총량을 줄여 대기 중 이산화 탄소(CO_2)가 증가한다. 온실 기체는 주로 적외선 영역의 빛을 흡수하기 때문에 지구 복사 에너지를 흡수하여 재방출한다. 따라서 온실 기체가 증가하면 지구 온난화가 가속화되어 (가)해수 온도가 상승하고 (나)빙하 면적이 감소한다. 빙하는 반사율이 높기 때문에 빙하 면적이 감소하면 감소한 지구의 반사율만큼 지구의 대기 또는 지표면에 흡수되는 태양 복사 에너지의 양이 증가하고 지구의 평균 기온이 증가한다.

|보|기|풀|이|
ㄱ. 정답 : 기체의 용해도는 수온이 낮을수록 증가한다. 따라서 (가)해수의 온도 상승은 해수의 이산화 탄소 용해도를 감소시킨다.

ㄴ. 정답 : 빙하의 태양 복사 에너지 반사율은 물, 토양, 숲 등에 비해 높다. 따라서 (나)의 빙하 면적 감소는 지구의 반사율을 감소시킨다. 하지만 지구에 도달하는 태양 복사 에너지양은 동일하기 때문에 반사율이 감소한 만큼 지구의 대기 또는 지표면에 흡수되는 태양 복사 에너지의 양은 증가한다. 따라서 지구의 평균 기온은 상승한다.

ㄷ. 정답 : 온실 기체는 주로 적외선 영역의 복사 에너지를 흡수한다. 태양 복사 에너지는 가시광선 영역에서 최대 에너지를 방출하는 단파 복사이고, 지구 복사 에너지는 적외선 영역에서 최대 에너지를 방출하는 장파 복사이다. 따라서 온실 기체의 증가는 지구 복사 에너지를 흡수하고 흡수한 복사 에너지를 지구로 재방출하는 역할을 하면서 지구의 평균 온도를 상승시킨다.

😀 **문제풀이 TIP** | 온실 기체는 주로 적외선 영역의 복사 에너지를 흡수하는 기체로 지구 복사 에너지를 흡수하여 다시 재방출하므로 지구의 평균 기온을 높이는 역할을 한다. 주요 온실 기체는 수증기, 이산화 탄소, 이산화 황, 메테인 등이 있다.

😀 **출제분석** | 지구 온난화에서 해수면 상승까지의 과정을 이해할 수 있는 문제이다. 온실 기체가 하는 역할과 반사율의 증감이 지구의 평균 기온에 미치는 영향을 숙지하면 쉽게 해결할 수 있는 문항이다. 지구의 복사 평형 과정을 정확히 숙지할 수 있도록 해야 한다.

그림은 복사 평형 상태에 있는 지구의 열수지를 나타낸 것이다.

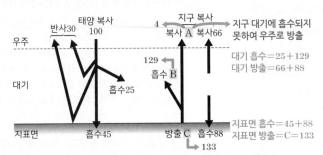

이에 대한 설명으로 옳은 것만을 〈보기〉에서 있는 대로 고른 것은?

3점

보기
ㄱ. A는 주로 대기의 창 영역을 통해 빠져나간다.
ㄴ. 대기 중의 이산화 탄소 농노가 증가하면 B는 증가힌다.
ㄷ. C는 100보다 작다.133이다.

① ㄱ　　② ㄷ　　③ ㄱ, ㄴ　　④ ㄴ, ㄷ　　⑤ ㄱ, ㄴ, ㄷ

|자|료|해|설|
우주에서 지구로 이동하는 태양 복사 에너지(단파 복사)의 양은 100이고 이 중 30은 대기와 지표면 반사를 통해 우주 공간으로 방출된다. 남은 70 중 25는 대기가 흡수하고 45는 지표면이 흡수한다. 지구 대기는 154의 에너지를 흡수하며 이 중 88을 다시 지표로 방출하고 66을 우주 공간으로 방출한다. 지표면은 태양 복사로부터 45, 대기 복사로부터 88만큼 흡수하여 총 133만큼의 에너지를 흡수한다. 지표면은 복사 평형 상태이므로 흡수했던 133의 에너지를 다시 방출하기에 C의 값은 133이 된다. C는 대부분 적외선(장파 복사) 형태로 방출되며 적외선 파장 영역 중 지구의 대기가 흡수하지 못하는 $8 \sim 13 \mu m$의 파장 범위의 적외선(A)은 우주로 방출되게 된다.

|보|기|풀|이|
ㄱ. 정답 : 지표에서 방출되는 C 중 B는 대기에 흡수되고 나머지인 A는 대기의 창을 통해 우주로 방출된다.
ㄴ. 정답 : 대기 중에 이산화 탄소가 증가하면 적외선을 흡수하는 온실 기체가 증가한 것이므로 지표에서 방출되는 적외선을 더 많이 흡수하게 되어 B의 값이 증가하게 된다.
ㄷ. 오답 : 지표는 복사 평형 상태이므로 흡수량과 방출량의 값이 같아야 한다. 지표가 흡수한 에너지 총량이 133이므로 지표가 방출하는 에너지인 C의 값은 133이 된다.

😮 **문제풀이 TIP** | 우주 공간과 대기 그리고 지표의 흡수량과 방출량을 계산하는 연습이 충분히 되어있어야 문제를 쉽게 풀어낼 수 있다. 흡수량과 방출량이 같다는 부분을 명심하자.

😮 **출제분석** | 최근에 복사 평형 문제는 지구 온난화와 연관 지어 출제되는 문제들이 다수 존재한다. 지구 온난화가 심해질수록 대기와 지표의 흡수량과 방출량이 증가함을 기억하자.

그림은 지구에 도달하는 태양 복사 에너지를 100이라고 할 때, 복사 평형 상태에 있는 지구의 열수지를 나타낸 것이다.

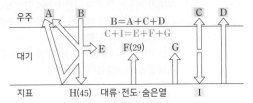

이에 대한 설명으로 옳은 것만을 〈보기〉에서 있는 대로 고른 것은?

3점

보기 $A+C+D+E+F+G-C=A+D+E+F+G$
$A+D+E+F+G>A+D+E+G$
ㄱ. B+I<A+D+E+G

ㄴ. 대기 중 이산화 탄소의 양이 증가하면 I가 증가한다.
ㄷ. 지표에서 적외선 복사 에너지의 방출량은 흡수량보다 많다.

① ㄱ　　② ㄴ　　③ ㄱ, ㄷ　　④ ㄴ, ㄷ　　⑤ ㄱ, ㄴ, ㄷ

|자|료|해|설|
복사 평형 상태에 있는 지구는 각 권역(우주, 대기, 지표)에서도 복사 평형을 이뤄야 한다. 즉, 각 권역 내 복사 에너지 입사량과 복사 에너지 방출량이 같아야 한다. 우주에서 보면 방출량 B는 입사량 A+C+D와 같다. 대기에서 보면 방출량 C+I는 입사량 E+F+G와 같다. 대기 중 이산화 탄소는 온실 기체로 입사한 태양 복사 에너지를 흡수해 대기에 더 많은 태양 복사 에너지를 가둔다. 이 에너지가 우주와 지표로 재복사되기 때문에 대기 중 이산화 탄소의 양이 증가하면 대기에서 지표로 재복사하는 에너지(I)의 양도 늘어난다. 지구에서 흡수하는 태양 복사 에너지는 70% 가량이 가시광선의 형태이고, 지구에서 방출하는 복사 에너지는 대부분이 적외선 형태이다.

|보|기|풀|이|
ㄱ. 오답 : B=A+C+D로, I=E+F+G−C이므로 B+I>A+D+E+G이다.
ㄴ. 정답 : 대기 중 이산화 탄소의 양이 증가하면 대기에서 지표로 재복사하는 에너지(I)도 증가한다.
ㄷ. 정답 : 태양 복사 에너지는 대부분 가시광선의 형태이고, 지표 복사 에너지는 대류, 전도, 숨은열 형태의 에너지를 제외하면 대부분 적외선의 형태이다. 따라서 지표에서 적외선 복사 에너지의 방출량은 흡수량보다 많다.

😮 **문제풀이 TIP** | 복사 평형 상태의 지구는 각 권역(우주, 대기, 지표)에서도 복사 평형을 이룬다는 점을 꼭 유념하자. 또한 태양 복사 에너지와 지구 복사 에너지의 형태 또한 자주 묻는 개념이므로 구분해서 알아두어야 한다. 지표 방출 에너지 중에는 적외선 형태의 복사 에너지뿐만 아니라 대류, 전도, 숨은열 형태의 방출 에너지도 있다는 점을 명심하자.

그림 (가)는 복사 평형 상태에 있는 지구의 열수지를, (나)는 파장에 따른 대기의 지구 복사 에너지 흡수도를 나타낸 것이다. ㉠, ㉡, ㉢은 파장 영역에 해당한다. → 유입량＝유출량

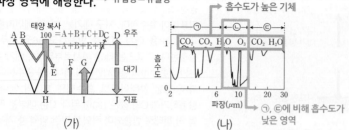

(가)　　　　　　　(나)

이에 대한 설명으로 옳은 것만을 〈보기〉에서 있는 대로 고른 것은?

보기 → A＋B＋C＋D＝100＝A＋B＋E＋H

㉠ $\dfrac{E+H-C}{D}=1$이다.

㉡ C는 대부분 ㉢으로 방출되는 에너지양이다.

㉢ 대규모 산불이 진행되는 동안 발생하는 다량의 기체는 대기의 지구 복사 에너지 흡수도를 증가시킨다. → CO_2, H_2O

① ㉠　　② ㉡　　✓③ ㉠, ㉢　　④ ㉡, ㉢　　⑤ ㉠, ㉡, ㉢

| 자 | 료 | 해 | 설 |

(가)의 태양 복사 100은 A＋B＋E＋H로 구성되어 있다. 또한 우주에서 흡수하는 복사 에너지양과 방출하는 복사 에너지양은 같아야 하므로 100＝(A＋B)＋(C＋D)이다. 즉, E＋H＝C＋D이다. (가)의 C는 대기에서 방출된 복사 에너지가 지표로 흡수되지 않고 바로 우주로 방출되는 복사 에너지로, 대기에 의한 흡수도가 낮다. (나)에서 흡수도가 높은 기체는 주로 이산화 탄소와 수증기, 오존이다.

| 보 | 기 | 풀 | 이 |

㉠ 정답 : 우주로 흡수되는 복사 에너지양과 방출되는 복사 에너지양은 같으므로 E＋H＝C＋D이다. E＋H＝C＋D를 정리하면 $\dfrac{E+H-C}{D}=1$이다.

㉡ 오답 : C는 지표에서 우주로 방출되는 복사 에너지양으로 대기에 흡수되지 않는 복사 에너지이다. 따라서 C는 대기 흡수도가 낮은 영역에 해당한다. (나)에서 대기의 지구 복사 에너지 흡수도가 낮은 영역은 ㉡이므로 C는 ㉡으로 방출되는 에너지양이다.

㉢ 정답 : 대규모 산불이 진행되면 대기 중 이산화 탄소와 수증기의 양이 늘어난다. (나)의 ㉠, ㉢을 보면 이산화 탄소와 수증기는 대기의 지구 복사 에너지 흡수도를 증가시킨다.

😀 **문제풀이 TIP** | 우주, 대기, 지구에서 각각의 복사 에너지 유입량과 유출량은 항상 같다.

😀 **출제분석** | 복사 평형 문제는 낮은 난도로 가끔씩 출제된다. 복사 평형의 기본 개념은 '유입량＝유출량'으로 이 부분을 잘 기억해 두면 문제 푸는 것이 어렵지 않다. 단순히 (가)와 같은 자료만 주기보다 (나)와 같이 다른 형태의 자료도 같이 제시되므로 관련 문제를 자주 풀어보자.

그림은 대기 중 이산화 탄소 농도가 현재보다 2배 증가할 경우 위도에 따른 기온 변화량(예측 기온－현재 기온) 예상도이다.

북반구 기온 변화량
겨울철＞여름철
→ 겨울이 더 따뜻해짐
→ 연교차 ↓

기온 변화량＞0
예측 기온＞현재 기온
현재보다 기온 ↑
→ 해수면의 높이 ↑

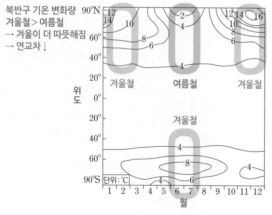

이에 대한 설명으로 옳은 것만을 〈보기〉에서 있는 대로 고른 것은?

3점

보기

㉠ 평균 해수면은 상승할 것이다.
　　　　　　감소
㉡ 60°N의 기온 연교차는 현재보다 증가할 것이다.

㉢ 겨울철 극지방의 기온 변화량은 북반구보다 남반구가 더 크다.
　　　　　　　　대략 12－16℃＞대략 4－6℃
작다
→ 남반구의 경우 6－8월이 겨울철임에 유의!

✓① ㉠　　② ㉢　　③ ㉠, ㉡　　④ ㉡, ㉢　　⑤ ㉠, ㉡, ㉢

| 자 | 료 | 해 | 설 |

기온 변화량이 0보다 큰 경우, 예측 기온이 현재 기온보다 높다는 의미이다. 즉, 대기 중 이산화 탄소 농도가 현재보다 2배 증가할 경우 모든 위도에서 기온이 상승할 것으로 예측할 수 있다. 기온이 상승하면 해수의 온도가 상승하여 부피가 커지는 열팽창 때문에 해수면의 높이도 상승하게 된다. 또한, 육지의 빙하가 녹아 바다로 흘러 들어가면서 해수면을 높이기도 한다.
북반구는 12～2월경이 겨울이지만, 남반구는 북반구의 여름철인 6～8월경이 겨울이다.

| 보 | 기 | 풀 | 이 |

㉠ 정답 : 기온이 상승하면 평균 해수면도 상승한다.

㉡ 오답 : 북반구 중위도 지역의 경우 겨울철 기온 변화량은 대략 8℃, 여름철 기온 변화량은 대략 4℃이다. 즉 여름철이 더워진 것보다 겨울철이 더 따뜻해졌기 때문에 기온 연교차는 현재보다 감소할 것이다.

㉢ 오답 : 겨울철 극지방의 기온 변화량은 북반구의 경우 최대 14℃, 남반구의 경우 최대 8℃ 정도로 북반구가 남반구보다 더 크다.

😀 **문제풀이 TIP** | 기후가 변화할 경우 비례, 반비례해서 변화하는 항목들을 정리해두는 것이 필요하다. 또한, 남반구는 북반구와 계절이 반대라는 점을 주의하자.

😀 **출제분석** | 이번 문항을 해결하기 위해서는 전반적인 온실 효과에 대한 배경지식뿐만 아니라 자료를 해석하는 능력도 있어야 한다. 하지만 주어진 자료의 난도가 높지 않고 묻는 항목도 단순하기 때문에 난도는 '중'에 해당한다.

그림은 현재와 A 시기에 근일점에 위치한 지구의 모습과 지구 공전 궤도 일부를 나타낸 것이다.

이에 대한 옳은 설명만을 〈보기〉에서 있는 대로 고른 것은? (단, 지구 공전 궤도 이심률 이외의 요인은 변하지 않는다.) **3점**

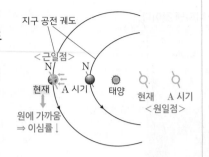

지구 공전 궤도
〈근일점〉
N　N
현재　A 시기　태양　현재　A 시기
〈원일점〉
원에 가까움
⇒ 이심률 ↓

보기

원에서 0
ㄱ. 지구 공전 궤도 이심률은 현재가 A 시기보다 크다. ← 작다

햇빛 받는 면적
⇒ 북반구 겨울,
남반구 여름

ㄴ. 현재 북반구는 근일점에서 겨울철이다. → 북반구

ㄷ. 지구가 원일점에 위치할 때, 지구가 받는 태양 복사 에너지양은 현재가 A 시기보다 많다. → 남반구
태양과 가까워야 에너지 많이 받음

① ㄱ　② ㄷ　③ ㄱ, ㄴ　④ ㄴ, ㄷ　⑤ ㄱ, ㄴ, ㄷ

|자|료|해|설|

현재는 A 시기보다 공전 궤도가 원에 가깝다. 따라서 이심률이 작다.

그림에 근일점이 나타났으므로, 반대편에 원일점을 그려보면 이심률이 작은 현재에 태양이 더 가깝고, 이심률이 큰 A 시기는 태양으로부터 더 멀리 있다. 따라서 원일점에서 현재가 A 시기보다 태양 복사 에너지를 더 많이 받는다.

현재 근일점에서는 북반구가 햇빛을 받는 면적이 적고, 남반구가 햇빛을 받는 면적이 넓다. 따라서 북반구는 겨울, 남반구는 여름이다. 반대로 원일점에서는 북반구가 여름, 남반구가 겨울이다.

|보|기|풀|이|

ㄱ. 오답 : 지구 공전 궤도 이심률은 원에서 0이므로, 원에 가까운 현재가 A 시기보다 작다.

ㄴ. 정답 : 현재 북반구는 근일점에서 겨울철이다.

ㄷ. 정답 : 지구가 원일점에 위치할 때, 현재가 A 시기보나 태양에 더 가까우므로 지구가 받는 태양 복사 에너지양은 현재가 A 시기보다 많다.

😲 **문제풀이 TIP** | 이심률은 원에서 0이고 길쭉한 타원이 될수록 커진다. 계절은 햇빛을 받는 면적에 색칠한 후, 북반구와 남반구로 나누어 햇빛을 많이 받는 곳이 여름, 적게 받는 곳이 겨울이라고 생각하면 쉽다.

😲 **출제분석** | 기후 변화의 원인은 매년 1~2번씩 출제되는데, 은근히 3점 배점이 많은 개념이다. 공전 궤도 이심률의 변화, 세차 운동, 자전축 기울기 변화 등 내용이 어렵고 외울 것이 많다. 이 문제는 공전 궤도 이심률 변화를 다루고 있으며 배점이 3점이다. 이 개념은 내용을 암기만 한다고 문제를 풀 수 있지 않다. 오히려 암기만 하면 헷갈리기 때문에, 기본 내용을 충실하게 이해해야 한다.

그림은 지구에 도달하는 태양 복사 에너지의 양을 100이라고 할 때 복사 평형 상태에 있는 지구의 열수지를 나타낸 것이다.

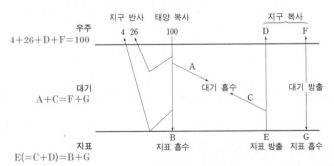

지구 반사　태양 복사　　　지구 복사
우주
$4+26+D+F=100$　4　26　100　　D　F

대기
$A+C=F+G$　　　A　대기 흡수　대기 방출

C

지표
$E(=C+D)=B+G$　B 지표 흡수　E 지표 방출　G 지표 흡수

이에 대한 설명으로 옳은 것만을 〈보기〉에서 있는 내로 고른 것은?

3점

보기

$E=C+D \rightarrow C=E-D$ 대입

$A+C=F+G$

ㄱ. $A+E=D+F+G$이다.

ㄴ. D는 지표에서 우주로 직접 방출되는 에너지 양이다.

ㄷ. 적외선 영역에서 대기가 흡수하는 에너지 양은 방출하는 에너지 양과 같다.
A일부+C　＜　F+G(=A+C)

① ㄱ　② ㄷ　③ ㄱ, ㄴ　④ ㄴ, ㄷ　⑤ ㄱ, ㄴ, ㄷ

|자|료|해|설|

지구의 복사 평형은 우주, 대기, 지표 각 권역별로 흡수량과 방출량이 같을 때 나타난다. 지구 복사 평형에 따른 열수지 값은 다음과 같다.

	우주	대기	지표
흡수량	$4+26+D+F$	$A+C$	$B+G$
방출량	100	$F+G$	$E(=C+D)$

|보|기|풀|이|

ㄱ. 정답 : 대기의 열수지는 $A+C=F+G$이다. 또한 $E=C+D$이므로 C에 $E-D$를 대입하면 $A+E=D+F+G$가 된다.

ㄴ. 정답 : 지표에서 방출하는 총 에너지 양인 E에서 C만큼은 대기로 흡수되고 D만큼은 우주로 직접 방출된다. 따라서 D가 지표에서 우주로 직접 방출되는 에너지 양이다.

ㄷ. 오답 : 태양 복사 에너지는 감마선부터 전파까지 다양하지만 주로 가시광선과 단파 적외선 영역이고, 지구 방출 복사 에너지는 장파 적외선 영역이다. 대기가 흡수하는 에너지 양은 $A+C$이다. 하지만 A와 C 중 지표에서 방출된 C는 모두 적외선이지만 태양 복사 에너지인 A는 가시광선과 자외선 영역 등이 포함되므로 A 중 일부만 적외선 영역에 해당한다. 따라서 대기가 흡수하고 방출하는 총 에너지 양 $A+C=F+G$는 같으나 적외선 영역에서 흡수하고 방출하는 에너지 양은 같지 않다.

그림은 복사 평형 상태에 있는 지구의 열수지를 나타낸 것이다.

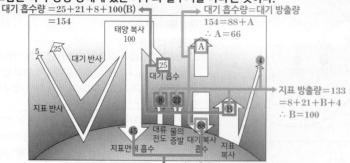

이에 대한 설명으로 옳은 것만을 〈보기〉에서 있는 대로 고른 것은?

3점

보기

ㄱ. A의 값은 66, B의 값은 100이다.

ㄴ. 지구 복사 에너지는 주로 가시광선 ~~적외선~~ 형태로 방출된다.

ㄷ. 대기 중 이산화 탄소의 양이 증가하면 지표 복사량이 증가할 것이다.

① ㄱ　　② ㄴ　　✓③ ㄱ, ㄷ　　④ ㄴ, ㄷ　　⑤ ㄱ, ㄴ, ㄷ

|자|료|해|설|

태양 복사 에너지의 가장 많은 양은 가시광선 영역(단파 복사), 지구 복사 에너지의 가장 많은 양은 적외선 영역(장파 복사)이다. 지구의 대기는 태양 복사 에너지의 가장 많은 양을 차지하고 있는 가시광선 영역의 파장은 잘 흡수하지 않고 지표에서 방출되는 적외선 영역의 파장을 잘 흡수하는 특징을 갖고 있다. 자료의 그림은 복사 평형 상태에 있기 때문에 지표면과 대기는 흡수한 에너지 양만큼 동일한 양을 다시 방출하여 에너지 평형을 이루게 된다.

- 지표 흡수량=45(태양 복사 흡수)+88(대기 복사 흡수)=133
- 지표 방출량=133=8(대류, 전도)+21(물의 증발)+100(대기로의 지표 복사 B)+4(우주로의 지표 복사)
- 대기 흡수량=25(태양 복사 흡수)+8(대류, 전도)+21(물의 증발)+100(지표 복사 B)=154
- 대기 방출량=154=88(지표로의 대기 복사)+66(우주로의 대기 복사 A)
- 우주 공간 방출량=100(태양 복사)
- 우주 공간 흡수량=100=25(대기 반사)+5(지표 반사)+66(대기 복사 A)+4(지표 복사)

|보|기|풀|이|

ㄱ. 정답 : A의 값은 우주 공간이 흡수한 대기 복사의 값으로 66이다. B는 대기가 지표로부터 흡수한 지표 복사의 값으로 100이다.

ㄴ. 오답 : 지구 복사 에너지는 주로 파장이 긴 적외선 영역이다.

ㄷ. 정답 : 온실 기체인 이산화 탄소가 대기 중에 증가하면 대기에서 흡수되는 복사 에너지의 양이 증가하게 되므로 지표로 방출되는 복사 에너지의 양도 증가하게 되고 지표가 대기로부터 더 많은 복사 에너지를 받게 되므로 지표 복사의 양도 증가하게 된다.

😀 **문제풀이 T I P |** 우주 공간과 대기 그리고 지표의 흡수량과 방출량의 수치를 맞추는 연습이 충분히 되어있어야 문제를 쉽게 풀어낼 수 있다. 흡수량과 방출량이 같다는 부분을 명심하자.

😀 **출제분석 |** 과거에는 자료에서 값을 명시하지 않은 복사 에너지의 값이 쉽게 계산될 수 있도록 출제되었으나 최근에는 여러 단계의 계산을 거쳐야만 답이 나오도록 어렵게 만들어 놓은 문제들이 출제되는 경향을 보인다.

👩‍🏫 **" 이 문제에선 이게 가장 중요해! "**

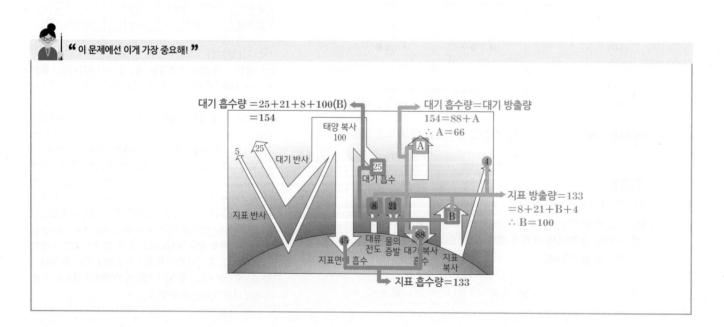

그림 (가)는 지구에 입사하는 파장별 태양 복사 에너지의 세기를,
(나)는 복사 평형 상태에 있는 지구의 열수지를 나타낸 것이다.

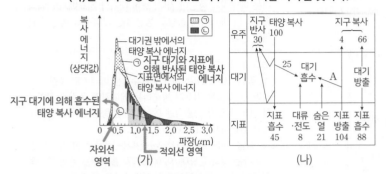

(가) 　　　　　　　　　　(나)

이에 대한 설명으로 옳은 것만을 〈보기〉에서 있는 대로 고른 것은?

3점

> **보기**
>
> ㄱ. (가)에서 지표에 흡수되는 태양 복사 에너지는 자외선
> 　영역이 적외선 영역보다 적다.
> ㄴ. 성층권에 도달한 다량의 화산재는 ㉠을 ~~감소~~시킨다.
> 　　　　　　　　　　　　　　　　　증가
> ㄷ. ㉡은 A에 해당한다. 하지 않는다.

지구 대기에 의해 흡수된 　　지구 대기에서 흡수되는 지표 복사 에너지
태양 복사 에너지

① ㄱ　② ㄷ　③ ㄱ, ㄴ　④ ㄴ, ㄷ　⑤ ㄱ, ㄴ, ㄷ

문제풀이 TIP | 지구의 복사 평형과 열수지 파트의 경우 그래프가 주어지는 경우가 매우 많다. 특히,
(나) 그래프 같은 경우는 매우 헷갈려 하는 학생이 많은데 우주, 대기, 지표 각 구역에서의 평형을 맞춰준다고
생각하면 풀기 쉽다.

|자|료|해|설|

지구 전체에서 보았을 때, 지구에 입사하는 태양 복사
에너지양과 지구에서 방출하는 지구 복사 에너지의 양은
같다. 즉, 지구는 복사 평형을 이루고 있다. 이는 우주,
대기, 지표 각각에서도 마찬가지이다. 태양 복사 에너지 중
가시광선의 파장 영역은 $0.4 \sim 0.7\mu m$이고 전체 태양 복사
에너지의 약 40%를 차지한다. 자외선은 가시광선보다
파장이 짧고 적외선은 가시광선보다 파장이 길다.
(가)에서 ㉠은 지구 대기와 지표에 의해 반사된 태양
복사 에너지를, ㉡은 지구 대기에 의해 흡수된 태양 복사
에너지를 나타낸다. 하얀 부분은 지표에 흡수되는 태양
복사 에너지를 가리키는데, 이 중 $0.7\mu m$보다 파장이 긴
부분은 적외선 영역이고 $0.4\mu m$보다 짧은 부분 중 아주
적은 영역이 자외선 영역이다. 태양 복사 에너지 중 지표에
도달하는 비율은 자외선 영역이 적외선 영역과 비교해
극히 적다. (나)에서 A는 지구 대기에서 흡수되는 지표
복사 에너지를 의미한다.

|보|기|풀|이|

ㄱ. 정답 : (가)에서 지표에 흡수되는 태양 복사 에너지는
적외선 영역이 자외선 영역에 비해 월등히 많다. 따라서
자외선 영역이 적외선 영역보다 적다.

ㄴ. 오답 : 성층권에 도달한 다량의 화산재는 태양 복사
에너지를 반사시킨다. ㉠은 대기에 의해 반사된 태양 복사
에너지를 포함하므로 화산재는 ㉠을 증가시킨다.

ㄷ. 오답 : ㉡은 대기에 의해 흡수된 태양 복사 에너지이다.
A는 지구 대기에 흡수되는 지표 복사 에너지이기 때문에,
㉡은 A에 해당하지 않는다.

그림 (가)는 10만 년 전부터 현재까지의 지구 공전 궤도 이심률
변화를, (나)는 현재 지구의 북반구 어느 한 지점에서 여름과 겨울에
촬영한 태양 상을 나타낸 것이다.

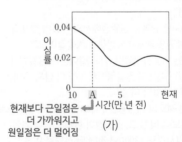
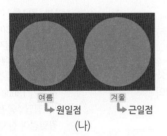

현재보다 근일점은
더 가까워지고
원일점은 더 멀어짐

(가) 　　　　　　　　(나)

이에 대한 설명으로 옳은 것만을 〈보기〉에서 있는 대로 고른 것
은? (단, 지구 공전 궤도 이심률 이외의 요인은 변하지 않는다고
가정한다.) **3점**

> **보기**
>
> ㄱ. 지구 공전 궤도의 원일점에서 태양까지의 거리는 현재보다
> 　A 시기가 ~~가깝다.~~ 멀다.
> ㄴ. 현재 지구가 근일점에 위치할 때 북반구는 겨울이다.
> ㄷ. 북반구 기온의 연교차는 현재보다 A 시기가 작다.

① ㄱ　② ㄴ　③ ㄱ, ㄷ　✓④ ㄴ, ㄷ　⑤ ㄱ, ㄴ, ㄷ

|자|료|해|설|

(나)에서 겨울의 태양 상의 크기가 여름보다 크므로 현재
지구의 공전 궤도 상에서 겨울이 근일점 위치, 여름이 원일점
위치가 된다. 이심률이 0이면 원이고, 이심률이 커질수록
(1 미만까지) 장반경과 단반경의 차이가 큰 타원이 되는데
A 시기는 현재보다 지구의 공전 궤도 이심률의 값이 크므로
근일점에서 태양까지의 거리는 더 가까워지고 원일점에서
태양까지의 거리는 더 멀어지게 된다. 따라서 북반구의
경우 이심률이 큰 A 시기는 현재보다 겨울(근일점)에
태양과의 거리가 더 가까워지므로 지구가 흡수하는 태양
복사 에너지의 양이 증가해 덜 추워지고 여름(원일점)에는
태양과의 거리가 더 멀어지므로 지구가 흡수하는 태양 복사
에너지의 양이 감소해 덜 덥게 된다.

|보|기|풀|이|

ㄱ. 오답 : A 시기가 지구 공전 궤도 이심률이 더 크므로
원일점에서부터 태양까지의 거리가 멀어지게 된다.

ㄴ. 정답 : 북반구에서 촬영한 겨울의 태양 상의 크기가
여름의 태양 상 크기보다 크므로 현재 북반구는 근일점에
있을 때 겨울이다.

ㄷ. 정답 : 북반구의 경우 이심률이 큰 A 시기는 현재보다
겨울(근일점)에 태양과의 거리가 더 가까워지므로 지구가
흡수하는 태양 복사 에너지의 양이 증가해 덜 추워지고
여름(원일점)은 태양과의 거리가 더 멀어지므로 지구가
흡수하는 태양 복사 에너지의 양이 감소해 덜 덥게 된다.
따라서 북반구의 연교차는 현재보다 A 시기가 작다.

II
2
I
04
기후
변화

그림은 복사 평형 상태에 있는 지구의 열수지를 나타낸 것이다.

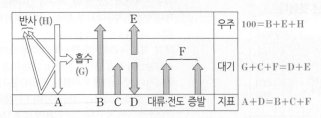

우주	100=B+E+H
대기	G+C+F=D+E
지표	A+D=B+C+F

이에 대한 설명으로 옳은 것만을 〈보기〉에서 있는 대로 고른 것은?

보기

ㄱ. (A+D)와 (B+C)의 차는 F와 같다.   지표 흡수량 = 지표 방출량

     (A+D) = (B+C)+F

ㄴ. 지구 온난화가 진행되면 D는 증가한다.

ㄷ. F가 일정할 때, 사막의 면적이 넓어지면 대류 · 전도에 의한 열전달이 증가한다.   증발 ↓

① ㄱ   ② ㄷ   ③ ㄱ, ㄴ   ④ ㄴ, ㄷ   ⑤ ㄱ, ㄴ, ㄷ

|자|료|해|설|

복사 평형 상태의 지구는 흡수하는 에너지의 총량과 방출하는 에너지의 총량이 같다. 또한 대기와 지표에서도 각각 흡수하는 에너지의 총량과 방출하는 에너지의 총량이 같아야 한다.

|보|기|풀|이|

ㄱ. 정답 : (A+D)는 지표가 흡수하는 에너지의 총량이다. 따라서 그 값은 지표가 방출하는 에너지의 총량과 같아야 하는데, 지표가 방출하는 에너지의 총량은 (B+C+F)이므로, (A+D)−(B+C)=F이다.

ㄴ. 정답 : 지구 온난화가 진행된다는 것은 온실 기체가 증가한다는 것과 같으며, 이때 대기가 흡수하는 열이 증가하게 된다. 이와 동시에 대기의 재복사인 D 역시 증가한다.

ㄷ. 정답 : F의 양이 일정할 때, 사막의 면적이 넓어지면 지표에 물의 양이 적어지면서 증발에 의한 열전달은 줄어들고, 반대로 대류 및 전도에 의한 열전달은 증가하게 된다.

💡 **문제풀이 TIP** | 지구로 들어오는 태양 복사 에너지 중에서 약 30%는 반사되어 우주로 나가고, 나머지 70%가 대기와 지표에 흡수된다. 지표에 흡수된 에너지는 다시 우주로 방출되며, 그 중 일부가 대기에 재흡수 되고, 대기에 흡수된 태양 복사 에너지와 지구 복사 에너지는 다시 우주와 지표로 방출되면서 전체적으로 지구의 복사 평형이 일어난다.

😊 **출제분석** | 기존에 자주 출제되었던 형식과는 약간 다른 느낌을 주는 문항이다. 단순 숫자 계산이나 흐름 파악 수준이었던 기존의 문항과는 다르게 여러 현상의 변화가 열수지에 미치는 영향을 파악해야 하는 문항이었다.

그림 (가)와 (나)는 지구의 공전 궤도 이심률과 자전축 경사각의 변화를 각각 나타낸 것이다. 지구 자전축 세차 운동의 주기는 약 26000년이고 방향은 지구 공전 방향과 반대이다. ➡ 13000년마다 계절이 반대로 변함

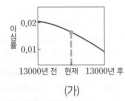 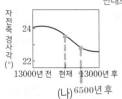

(가)   (나) 6500년 후

이에 대한 설명으로 옳은 것만을 〈보기〉에서 있는 대로 고른 것은? (단, 지구의 공전 궤도 이심률, 자전축 경사각, 세차 운동 이외의 요인은 변하지 않는다.)

보기

ㄱ. 원일점에서 30°S의 밤의 길이는 현재가 13000년 전보다 짧다. 길다   겨울 ←   → 여름

ㄴ. 30°N에서 기온의 연교차는 현재가 13000년 전보다 작다.

ㄷ. 30°S의 겨울철 태양의 남중 고도는 6500년 후가 현재보다 낮다. 높다   → 자전축 경사각 감소

① ㄱ   ② ㄴ   ③ ㄱ, ㄷ   ④ ㄴ, ㄷ   ⑤ ㄱ, ㄴ, ㄷ

|자|료|해|설|

세차 운동은 26000년 주기이므로 13000년 후에는 계절이 현재와 반대이다. 지구 공전 궤도의 이심률이 작아질수록 원일점은 가까워지고, 근일점은 멀어진다. 자전축의 경사각이 작아질수록 여름철 태양의 남중 고도는 낮아지고, 겨울철 태양의 남중 고도는 높아진다.

|보|기|풀|이|

ㄱ. 오답 : 13000년 전에는 원일점에서의 계절이 현재와 반대이다. 현재 원일점에서 남반구는 겨울철이므로 13000년 전에는 여름철이었다. 밤의 길이는 여름철보다 겨울철에 더 길기 때문에 원일점에서 30°S의 밤의 길이는 현재가 13000년 전보다 더 길다.

ㄴ. 정답 : 공전 궤도의 이심률은 13000년 전에 더 컸으므로 원일점이 현재보다 더 멀고, 근일점이 현재보다 더 가깝다. 또한, 자전축 경사각도 13000년 전에 더 크므로 여름철 남중 고도는 현재보다 높고, 겨울철 남중 고도는 현재보다 낮다. 13000년 전에는 현재보다 여름철에 태양에 더 가깝고 남중 고도도 더 높았으므로 현재보다 여름철 기온이 더 높았을 것이다. 반대로 겨울철은 현재보다 기온이 더 낮았을 것이다. 따라서 기온의 연교차는 현재가 13000년 전보다 작다.

ㄷ. 오답 : 6500년 후 자전축 경사각은 현재보다 작아지므로 겨울철 태양의 남중 고도는 현재보다 높다.

💡 **문제풀이 TIP** | 세차 운동에 의해 약 13000년 후 지구의 계절은 현재와 반대이다. 지구 공전 궤도 이심률이 커질수록 원일점은 멀어지고, 근일점은 가까워진다. 지구의 자전축 경사각이 작아질수록 여름철 남중 고도는 낮아지고 겨울철 남중 고도는 높아진다.

😊 **출제분석** | 지구 기후 변화의 외적 요소가 미치는 영향에 대해 묻는 문항이다. 주로 평이한 난이도로 출제되며 충분히 추론 가능한 내용을 묻기 때문에 정리를 잘 해두면 푸는 데 어려움은 없다. 북반구와 남반구의 계절은 서로 반대이기 때문에 문제를 풀 때는 주의해야 한다.

다음은 천문학적 요인이 기후 변화에 미치는 영향을 알아보기 위해 미래 어느 시기의 지구 자전축 모습을 그려보는 활동이다.

[지구 자전축 모습 그리기]

□ 제시된 미래의 우리나라 기후 변화 특징을 이용하여 이 시기 자전축의 모습을 A에 그리시오.

○ 지구가 근일점일 때 여름철이다. → 자전축 방향이 현재와 반대

○ 여름철 태양의 남중 고도는 현재보다 높다. → 자전축 경사각이 현재보다 커짐

     → 기온의 연교차는 현재보다 커진다.

※ 조건 : 천문학적인 요인 중 지구의 세차 운동과 자전축 경사각 변화만을 고려한다.

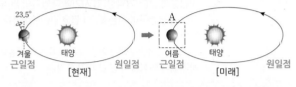

[현재]   [미래]

A에 해당하는 지구 자전축의 모습으로 가장 적절한 것은? 3점

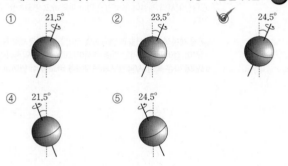

① 21.5°   ② 23.5°   ③ 24.5°

④ 21.5°   ⑤ 24.5°

|자|료|해|설|

지구의 공전 궤도는 타원이며, 궤도상에서 태양과의 거리가 가장 가까운 지점이 근일점, 가장 먼 지점이 원일점이다. 현재는 지구가 근일점에 위치할 때 북반구는 겨울이며, 자전축은 태양 반대 방향으로 약 23.5° 기울어져 있다.

|선|택|지|풀|이|

③ 정답 : 지구가 근일점에 위치할 때 우리나라가 여름철이 되기 위해서는 현재와는 자전축 반대 방향으로 기울어져 있어야 한다. 즉, 근일점에서 북반구에서는 자전축이 태양 방향으로, 남반구에서는 자전축이 태양 반대 방향으로 기울어져 있어야 한다. 여름철 태양의 남중 고도가 높아지기 위해서는 지구 자전축 경사각이 현재인 23.5°보다 더 커져야 한다. 따라서 이 두 가지 조건을 모두 만족하는 지구 자전축의 모습은 ③이다.

😮 **문제풀이 TIP** | 현재 지구는 근일점에서 북반구의 겨울이 나타나며, 자전축은 약 23.5° 기울어져 있다. 북반구의 여름은 북반구가 남반구보다 태양 복사 에너지의 입사각이 지표면에 대해 더 수직에 가깝게 받을 때이다. 자전축의 경사각이 커질수록 여름철 태양의 남중 고도는 높아지며, 겨울철 태양의 남중 고도는 낮아진다.

😊 **출제분석** | 기후 변화의 천문학적 요인과 관련된 문항은 대체로 수험생들이 어려움을 많이 느끼고 정답률도 그다지 높지 않은 부분이다. 자전축의 방향, 경사각, 공전 궤도의 이심률이 기후 변화에 미치는 영향을 이해하고, 그러한 요인들이 복합적으로 작용될 때 기후 변화에 미치는 종합적인 영향에 대해서 잘 알아두어야 한다.

크게 보임　　작게 보임

표는 A, B, C 시기의 지구 공전 궤도 이심률을, 그림은 B 시기에
지구가 근일점과 원일점에 위치할 때 남반구에서 같은 배율로
관측한 태양의 모습을 각각 ㉠과 ㉡으로 순서 없이 나타낸 것이다.

원일점(겨울)　근일점(여름)

시기	이심률
A	0.011
B	0.017
C	0.023

타원에 가까워짐　　=북반구 여름철

㉠을 관측한 시기가 남반구의 겨울철일 때, 이에 대한 옳은 설명만을
〈보기〉에서 있는 대로 고른 것은? (단, 공전 궤도 이심률 이외의
요인은 변하지 않는다.) 3점

보기
　　　　　　　원일점

㉠. B 시기에 지구가 근일점을 지날 때 북반구는 겨울철이다.
ㄴ. 남반구의 겨울철 평균 기온은 A보다 B 시기에 높다. 낮다
ㄷ. 북반구에서 기온의 연교차는 A보다 C 시기에 크다. 작다

① ㄱ　　② ㄴ　　③ ㄱ, ㄷ　　④ ㄴ, ㄷ　　⑤ ㄱ, ㄴ, ㄷ

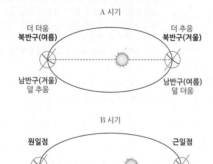

A 시기

더 더움　　　　　더 추움
북반구(여름)　　　북반구(겨울)

남반구(겨울)　　　남반구(여름)
덜 추움　　　　　덜 더움

B 시기

원일점　　　　　근일점

남반구(겨울)　　　남반구(여름)
북반구(여름)　　　북반구(겨울)

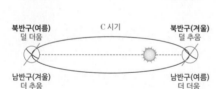

C 시기

북반구(여름)　　　북반구(겨울)
덜 더움　　　　　덜 추움

남반구(겨울)　　　남반구(여름)
더 추움　　　　　더 더움

|자|료|해|설|

태양의 크기가 작게 보이는 ㉠은 원일점에, 크기가 크게
보이는 ㉡은 근일점에 위치할 때이다. 그런데 ㉠을
관측한 시기가 남반구의 겨울철(북반구의 여름철)이므로
자전축의 기울기가 / 방향으로 기울어져 있음을 알 수
있다. 이심률이 커질수록 북반구에서는 겨울에 태양과
더 가까워지고 여름에는 더 멀어져 연교차는 작아진다.
반대로 남반구에서는 이심률이 작을수록 여름에 태양과 더
가까워지고 겨울에는 더 멀어지므로 연교차가 커진다.

|보|기|풀|이|

㉠. 정답 : B 시기에 지구가 근일점을 지날 때 남반구는
여름철이므로 북반구는 겨울철이다.

ㄴ. 오답 : 이심률이 작은(=원에 가까운) A 시기보다
이심률이 큰(=납작한) B 시기에 태양과의 거리가 더 멀기
때문에 남반구의 겨울철(㉠) 평균 기온은 B 시기에 더
낮다.

ㄷ. 오답 : 북반구에서 기온의 연교차는 이심률이 작은 A
시기보다 이심률이 큰 C 시기에 작다.

😀 **문제풀이 TIP** | 기후 변화의 천문학적 요인에 관한 문제를
풀 때는 그림을 그리는 것이 가장 이해가 빠르다. 근일점과
원일점에서의 계절이 무엇인지 먼저 파악하고 연교차를 구해야
한다.

😀 **출제분석** | 이심률과 태양과의 거리를 묻는 문제로 해결하는 데
시간이 걸리기는 하지만 빈출 주제이므로 반드시 익혀야 한다. 각
요인에 따른 북반구/남반구의 연교차를 비교할 수 있어야 한다.

그림 (가)는 지구 자전축 경사각과 지구 공전 궤도 이심률의 변화를, (나)는 ㉠ 또는 ㉡ 시기의 지구 자전축 경사각을 나타낸 것이다.

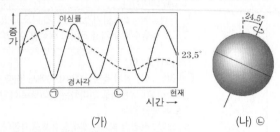

(가)　　　　　　(나) ㉡

이에 대한 옳은 설명만을 〈보기〉에서 있는 대로 고른 것은?
(단, 지구 자전축 경사각과 지구 공전 궤도 이심률 이외의 요인은 고려하지 않는다.) 3점

보기
ㄱ. 근일점 거리는 ㉠ 시기가 ㉡ 시기보다 가깝다. 　이심률↑　　현재와 이심률 비슷함
ㄴ. (나)는 ㉡ 시기에 해당한다. 현재는 자전축 경사각 23.5°
ㄷ. 우리나라에서 기온의 연교차는 현재가 ㉠ 시기보다 크다.

① ㄱ　② ㄴ　✓③ ㄱ, ㄷ　④ ㄴ, ㄷ　⑤ ㄱ, ㄴ, ㄷ

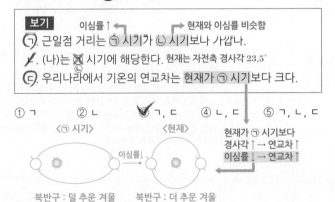

현재가 ㉠ 시기보다
경사각↑ → 연교차↑
이심률↓ → 연교차↑

북반구 : 덜 추운 겨울　　북반구 : 더 추운 겨울

|자|료|해|설|
㉠ 시기는 현재보다 이심률은 크고 경사각은 작다. ㉡ 시기는 현재와 이심률은 비슷하고 경사각은 크다. 따라서 (나)는 ㉡ 시기에 해당한다. 이심률이 증가하면 근일점의 거리는 현재보다 더 가까워진다. 우리나라에서 기온의 연교차는 공전 궤도 이심률이 클수록, 자전축 경사각이 작을수록 작다. 따라서 우리나라에서 기온의 연교차는 현재가 ㉠ 시기보다 크다.

|보|기|풀|이|
ㄱ. 정답 : 근일점의 거리는 현재보다 이심률이 큰 ㉠ 시기가 현재와 비슷한 이심률을 가진 ㉡ 시기보다 가깝다.
ㄴ. 오답 : (나)의 자전축 경사각 기울기는 24.5°이므로 현재보다 경사각이 큰 ㉡ 시기에 해당한다.
ㄷ. 정답 : 우리나라에서 기온의 연교차는 ㉠ 시기보다 경사각이 크고 이심률이 작은 현재가 더 크다.

🦉 **문제풀이 T I P** | 기온의 연교차를 묻는 문제에서는 원칙적으로 이심률과 경사각을 복합적으로 고려해야 하지만, 실제로는 이심률은 연교차를 증가시키고 경사각은 연교차를 감소시키는 것처럼 두 개가 상쇄되는 경우는 계산이 복잡하고 고려해야 할 변수가 많아서 출제되기 어렵다. 따라서 두 변수 중 하나만 고려해도 문제가 풀리는 경우가 대부분이다.

😊 **출제분석** | 두 가지 변수를 동시에 고려해야 하므로 꼼꼼하게 체크해야 하는 고난도 문제이다.

그림은 과거 지구 자전축의 경사각과 지구 공전 궤도 이심률 변화를 나타낸 것이다.

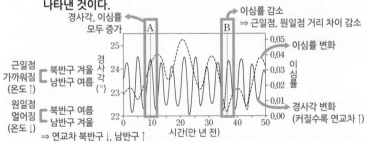

경사각, 이심률 모두 증가
이심률 감소 ⇒ 근일점, 원일점 거리 차이 감소
근일점 가까워짐 (온도↑)　북반구 겨울 남반구 여름
원일점 멀어짐 (온도↓)　북반구 여름 남반구 겨울
⇒ 연교차 북반구↓, 남반구↑
이심률 변화　경사각 변화 (커질수록 연교차↑)

이에 대한 설명으로 옳은 것만을 〈보기〉에서 있는 대로 고른 것은?
(단, 지구 자전축 경사각과 지구 공전 궤도 이심률 이외의 조건은 고려하지 않는다.) 3점

보기
ㄱ. 지구 자전축 경사각 변화의 주기는 6만 년보다 짧다. → 약 1만 년
ㄴ. A 시기의 남반구 기온의 연교차는 현재보다 크다. → 근일점 여름 기온↑ 원일점 겨울 기온↓ ⇒ 연교차↑
ㄷ. 원일점과 근일점에서 태양까지의 거리 차는 A 시기가 B 시기보다 크다. 이심률 큼 (타원 궤도에 가까움) → 이심률 작음(원 궤도에 가까움)

① ㄱ　② ㄷ　③ ㄱ, ㄴ　④ ㄴ, ㄷ　✓⑤ ㄱ, ㄴ, ㄷ

|자|료|해|설|
지구 자전축 경사각 변화의 주기는 약 4만 년으로, 그래프의 실선이다. 자전축 경사각이 커질수록 연교차가 커진다. 지구 공전 궤도 이심률 변화의 주기는 약 10만 년으로, 그래프의 점선이다. 이심률이 작아지면 원 궤도에 가까워지고, 이심률이 커지면 타원 궤도에 가까워진다. A 시기에는 경사각과 이심률이 모두 증가한다. 따라서 근일점은 더 가까워지고, 원일점은 더 멀어졌는데, 북반구는 겨울이 따뜻해지고, 여름이 시원해진다. 남반구는 여름이 더 더워지고 겨울이 더 추워진다. 즉, 연교차가 북반구는 감소하고 남반구는 증가한다. 지구 자전축의 경사각까지 고려하면 남반구의 연교차는 현재보다 확실히 커진다. B 시기는 이심률이 감소하는데, 근일점과 원일점에서 태양까지의 거리 차이가 감소하게 된다.

|보|기|풀|이|
ㄱ. 정답 : 지구 자전축 경사각 변화는 실선이고, 주기는 약 4만 년이다.
ㄴ. 정답 : A 시기에는 경사각도 살짝 커지지만, 이심률이 크게 증가하므로 남반구 연교차가 증가한다.
ㄷ. 정답 : 이심률이 큰 A 시기에는 원일점과 근일점에서 태양까지의 거리 차는 더 커진다.

🦉 **문제풀이 T I P** | 자전축의 기울기 변화: 기울기가 커질수록 태양의 남중 고도 차이가 증가하여, 연교차 커진다.
지구 공전 궤도 이심률의 변화: 이심률이 커지면 원일점은 멀어지고 근일점은 더 가까워진다. 현재 북반구는 근일점일 때 겨울, 원일점일 때 여름이므로, 연교차가 작아진다.

😊 **출제분석** | 기후 변화의 원인 중에서도 세차 운동, 자전축의 기울기 변화, 공전 궤도의 이심률 변화가 자주 출제된다. 이 개념들은 암기를 하려고 하면 헷갈리기가 쉬워서 기본 개념을 정확하게 이해하는 것부터 시작해야 한다. 이 문제에서는 그래프의 주기를 보고 자전축 기울기 변화와 공전 궤도 이심률 변화를 구분하고 나면, 이심률 변화만으로 문제를 풀 수 있다. 그러나 이심률 변화에 따른 기온 변화가 북반구, 남반구가 달라서 까다로운 문제이며, 배점도 3점으로 높은 편이다.

다음은 기후 변화 요인 중 지구 자전축 기울기 변화의 영향을 알아보기 위한 탐구이다.

[탐구 과정]

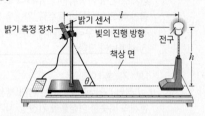

(가) 실험실을 어둡게 한 후 그림과 같이 밝기 측정 장치와 전구를 설치하고 전원을 켠다.

(나) 각도기를 사용하여 ㉠ 밝기 측정 장치와 책상 면이 이루는 각(θ)이 70°가 되도록 한다. → 태양의 남중 고도

(다) 밝기 센서에 측정된 밝기(lux)를 기록한다.

(라) 밝기 센서에서 전구까지의 거리(l)와 밝기 센서의 높이(h)를 일정하게 유지하면서, θ를 10°씩 줄이며 20°가 될 때까지 (다)의 과정을 반복한다.

[탐구 결과]

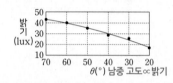

θ(°) 남중 고도 ∝ 밝기

이에 대한 설명으로 옳은 것만을 〈보기〉에서 있는 대로 고른 것은?

(3점)

보기

ㄱ. ㉠의 크기는 '태양의 남중 고도'에 해당한다.

ㄴ. 측정된 밝기는 θ가 클수록 ~~감소~~ 증가 한다.

ㄷ. 다른 요인의 변화가 없다면 지구 자전축의 기울기가 커질수록 우리나라 기온의 연교차는 ~~감소~~ 증가 한다.

여름 남중 고도 ↑ (온도 ↑) } 연교차 ↑
겨울 남중 고도 ↓ (온도 ↓)

① ㄱ   ② ㄴ   ③ ㄱ, ㄷ   ④ ㄴ, ㄷ   ⑤ ㄱ, ㄴ, ㄷ

 ㄱ

|자|료|해|설|

㉠ 밝기 측정 장치와 책상면이 이루는 각(θ)는 태양의 남중 고도를 의미한다.

탐구 결과에서 θ와 밝기가 비례하게 나오고 있으므로, 남중 고도가 높을수록 밝기가 크다고 해석할 수 있다.

|보|기|풀|이|

ㄱ. 정답 : θ는 밝기 측정 장치(지구)에서 볼 때 전구(태양)가 얼마나 높게 있는지를 의미하는 값이므로 태양의 남중 고도에 해당한다.

ㄴ. 오답 : 측정된 밝기는 θ가 클수록 증가한다.

ㄷ. 오답 : 다른 요인의 변화가 없다면, 지구 자전축의 기울기가 커질수록 여름엔 남중 고도가 높아져 온도가 높아지고, 겨울에는 남중 고도가 낮아져 온도가 낮아지므로 연교차는 증가한다.

😮 문제풀이 TIP | 지구 자전축의 기울기와 연교차는 비례한다. 지구 자전축의 기울기가 증가하면 여름철에 받는 일사량이 증가하고, 겨울철에 받는 일사량이 감소하여 연교차가 증가한다.

😮 출제분석 | 생소한 실험 과정이 나와서 어렵다고 느낄 수도 있으나, ㄱ 보기를 통해 힌트를 얻는다면 문제를 쉽게 풀 수 있다. ㄴ 보기는 자료 해석, ㄷ 보기는 개념 적용으로, 지구의 자전축 기울기와 연교차에 관한 지식이 있어야 한다. 따라서 난이도가 높은 편이다. 기후 변화는 자전축 기울기, 공전 궤도 변화 등 어려운 문제가 출제되기 좋은 개념이다.

그림은 지구 자전축 경사각의
변화를 나타낸 것이다.
이에 대한 설명으로 옳은 것만을
〈보기〉에서 있는 대로 고른 것은?
(단, 지구 자전축 경사각 이외의
요인은 변하지 않는다.)

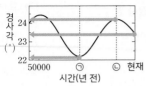

현재 연교차 < ⓛ 연교차
현재 경사각 < ⓛ 경사각

보기

ㄱ. 30°S에서 기온의 연교차는 현재가 ⓛ 시기보다 작다.

ㄴ. 30°N에서 겨울철 태양의 남중 고도는 현재가 ㉠ 시기보다
~~높다.~~ 낮다.
   → 현재 경사각 > ㉠ 경사각
      현재 남중 고도 < ㉠ 남중 고도

ㄷ. 1년 동안 지구에 입사하는 평균 태양 복사 에너지양은
㉠ 시기가 ⓛ 시기보다 ~~많다.~~ 같다

✔① ㄱ   ② ㄴ   ③ ㄷ   ④ ㄱ, ㄴ   ⑤ ㄱ, ㄷ

 문제풀이 TIP | 자전축의 기울기가 커질 때 북반구와 남반구 각각 중위도와 고위도의 태양의 남중고도가
여름에는 높아지고, 겨울에는 낮아진다. 즉, 여름의 기온은 높아지고, 겨울의 기온은 낮아져 기온의 연교차가
커진다. 반대로 자전축의 기울기가 작아질 때 북반구와 남반구 각각 중위도와 고위도의 태양의 남중 고도가
여름에는 낮아지고, 겨울에는 높아진다. 즉, 여름의 기온은 낮아지고, 겨울의 기온은 높아져 기온의 연교차가
작아진다.

출제분석 | 기후 변화의 외적요인인 세차운동과 이심률의 변화 등과 헷갈릴 수 있어 다소 난이도가 높게
책정되었다. 빈출 유형이므로 반드시 익히고 넘어가야 한다.

|자|료|해|설|
지구 자전축은 현재 약 23.5° 기울어져 있고, 약 41000년을
주기로 21.5∼24.5° 사이에서 기울기가 변한다. 기울기가
커질수록 각 위도의 지표에 입사하는 태양 복사 에너지양이
변하므로 태양의 남중고도 차이가 증가하여 기온의
연교차가 커진다.

|보|기|풀|이|
㉠. 정답 : 지구 자전축의 경사각이 현재보다 커지면
북반구와 남반구 모두 기온의 연교차가 커진다. 따라서
30°S에서 기온의 연교차는 지구 자전축의 경사각이 작은
현재가 ⓛ 시기보다 작다.

ㄴ. 오답 : 겨울철에 30°N에서 태양의 남중 고도는 지구
자전축의 경사각이 작을수록 높아진다. 따라서 태양의
남중 고도는 현재가 ㉠ 시기보다 낮다.

ㄷ. 오답 : 지구 자전축 경사각이 변하면 계절에 따른
태양 복사 에너지양은 변하지만, 지구와 태양의 거리가
변하는 것은 아니므로 1년 동안 지구에 입사하는 태양 복사
에너지양은 변하지 않는다. 따라서 연간 지구에 입사하는
평균 태양 복사 에너지양은 ㉠ 시기와 ⓛ 시기가 같다.

그림은 현재 지구의 공전 궤도와 자전축 경사를 나타낸 것이다. a는
원일점 거리, b는 근일점 거리, θ는 지구의 공전 궤도면과 자전축이
이루는 각이다.

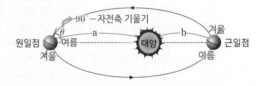

이에 대한 옳은 설명만을 〈보기〉에서 있는 대로 고른 것은? (단, 공전
궤도 이심률과 자전축 경사각 이외의 요인은 고려하지 않는다.) **3점**

보기

→ 여름 기온 ↓, 겨울 기온 ↑

㉠. θ가 일정할 때 (a−b)가 커지면 북반구 중위도에서 기온의
연교차는 작아질 것이다. → 이심률 ↑

ㄴ. a, b가 일정할 때 θ가 커지면 남반구 중위도에서 기온의
연교차는 ~~커질~~ 것이다. → 자전축 기울기 ↓ = 연교차 ↓
작아질

ㄷ. θ가 커지면 우리나라에서 여름철 태양의 남중 고도는
현재보다 ~~높아질~~ 것이다.
낮아질

자전축 기울기 ↓
= 연교차 ↓
(여름 ↓ 겨울 ↑)

✔① ㄱ   ② ㄴ   ③ ㄷ   ④ ㄱ, ㄴ   ⑤ ㄴ, ㄷ

 문제풀이 TIP | 지구 자전축 기울기: 연교차에 비례함 (북반구, 남반구 모두)
→ 지구 자전축 기울기가 커지면 연교차가 커짐. 여름은 더워지고 겨울은 추워짐.
이심률: 커지면 원일점이 멀어지고 근일점이 가까워지므로, 북반구는 연교차가 작아지고, 남반구는 연교차가 커진다.

출제분석 | 기후 변화의 원인 중 지구 외부, 자연적 요인을 다루고 있다. 세차 운동을 제외하고, 지구 자전축의 기울기와 이심률을 묻고 있는데, θ 값이 지구 자전축 기울기가 아닌,
(90°−지구 자전축 기울기) 값이라는 것을 알아채야 한다. 만약 습관적으로 지구 자전축 기울기라고 생각한다면 ㄴ, ㄷ 보기를 잘못 판단하게 된다. 이심률이나 지구 자전축 기울기라는
쉬운 용어를 선택하지 않고, a−b와 θ로 표현하여 체감 난이도가 높아졌다.

|자|료|해|설|
θ는 (90°−자전축 기울기)이다. θ가 커지면 자전축
기울기가 작아지므로, 지구의 연교차가 감소한다. 자전축
기울기가 작아지면 여름은 서늘해지고(기온이 하강하고),
겨울은 포근해진다(기온이 상승한다). 따라서 여름철에는
태양의 남중 고도가 감소하고, 겨울철에는 태양의 남중
고도가 증가한다.
현재 원일점에서 북반구는 여름, 남반구는 겨울이고,
근일점에서 북반구는 겨울, 남반구는 여름이다. (a−b)가
커지면 이심률이 증가하는 것이므로, 원일점은 더 멀어지고
근일점은 더 가까워진다. 따라서 북반구에서 여름철 기온은
낮아지고, 겨울철 기온은 높아지므로 연교차가 감소한다.
남반구에서는 연교차가 증가한다.

|보|기|풀|이|
㉠. 정답 : θ가 일정할 때 (a−b)가 커지면 이심률이 커지는
것이므로, 북반구에서의 연교차는 작아진다.

ㄴ. 오답 : 이심률이 일정할 때, θ가 커지면 지구 자전축
기울기가 감소하는 것이므로 연교차는 작아진다.

ㄷ. 오답 : θ가 커지면 연교차가 감소하는 것이므로, 여름철
기온이 낮아진다. 즉, 여름철 태양의 남중 고도는 현재보다
낮아진다.

그림은 현재와 미래 어느 시점의 지구 공전 궤도, 자전축의 경사 방향과 경사각을 각각 나타낸 것이다.

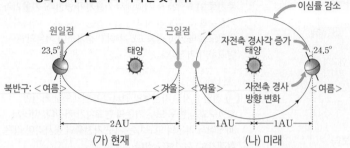

(가) 현재   (나) 미래

(나) 시기에 나타날 수 있는 현상에 대한 설명으로 옳은 것만을 〈보기〉에서 있는 대로 고른 것은? (단, 공전 궤도 이심률, 자전축의 경사 방향과 경사각의 변화 이외의 요인은 변하지 않는다고 가정한다.)

보기

ㄱ. 우리나라 기온의 연교차는 (가)보다 작아진다. <커진다>

ㄴ. 북반구 여름 동안 대륙 빙하의 면적은 (가)보다 좁아진다.

ㄷ. 지구에 입사하는 태양 복사 에너지양은 7월이 1월보다 많다. <같다>

① ㄱ   ② ㄴ ✓   ③ ㄷ   ④ ㄱ, ㄴ   ⑤ ㄴ, ㄷ

|자|료|해|설|

공전 궤도의 이심률이 클수록 궤도는 타원에 가까워지며, 원일점과 근일점간의 거리 차가 증가한다. 자전축의 경사는 21.5°~24.5° 사이에서 변화하며, 경사각이 커질수록 계절의 변화가 심해져 연교차가 증가한다.

|보|기|풀|이|

ㄱ. 오답 : (나)에서 자전축의 경사가 커졌으므로 여름은 더 더워지고, 겨울은 더 추워진다. 또한 (가)에서는 겨울일 때 태양으로부터의 거리가 1AU보다 가까웠으나(근일점), (나)에서 겨울은 태양으로부터의 거리가 1AU일 때이므로 겨울은 더 추워지고, 반대로 여름은 더 더워진다.

ㄴ. 정답 : 우리나라의 연교차는 (가)보다 (나)에서 더 크므로, 북반구의 여름철 평균 기온은 상승한다. 따라서 여름 동안 대륙 빙하의 면적은 (가)보다 좁아진다.

ㄷ. 오답 : (나)에서는 여름일 때와 겨울일 때 모두 지구와 태양 사이의 거리가 1AU로 같으므로, 지구에 입사하는 태양 복사 에너지의 양은 같다.

😲 **문제풀이 TIP** | 자전축 경사각의 변화, 공전 궤도 이심률의 변화, 세차 운동 등의 요인들이 지구 기후에 어떤 변화를 일으키며, 그러한 변화가 북반구와 남반구의 기후에 어떤 영향을 미치는지 하나씩 살펴보면서 그 영향을 종합해보아야 한다.

😊 **출제분석** | 기후 변화의 천문학적인 요인들을 다룬 문항들은 출제 빈도가 매우 높은 부분이다. 반복해서 자주 출제가 되고 있지만 난도가 높아 정답률이 높지 않기 때문이다. 자칫 실수로 틀리기 쉬운 부분이므로 기출 문제를 이용하여 연습을 많이 해두어야 한다.

그림 (가)는 현재와 A 시기의 지구 공전 궤도를, (나)는 현재와 A 시기의 지구 자전축 방향을 나타낸 것이다. (가)의 ⊙, ⓒ, ⓒ은 공전 궤도상에서 지구의 위치이다.

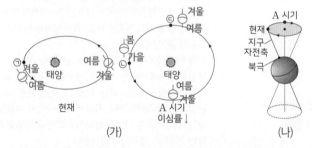

(가)   (나)

이에 대한 설명으로 옳은 것만을 〈보기〉에서 있는 대로 고른 것은? (단, 지구의 공전 궤도 이심률, 세차 운동 이외의 요인은 변하지 않는다고 가정한다.)

보기

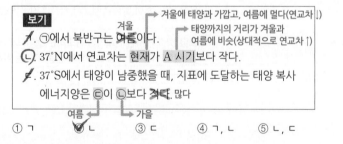

ㄱ. ⊙에서 북반구는 여름이다. <겨울> (겨울에 태양과 가깝고, 여름에 멀다(연교차↓))

ㄴ. 37°N에서 연교차는 현재가 A 시기보다 작다. (태양까지의 거리가 겨울과 여름에 비슷(상대적으로 연교차↑))

ㄷ. 37°S에서 태양이 남중했을 때, 지표에 도달하는 태양 복사 에너지양은 ⓒ이 ⓒ보다 적다. <많다> (ⓒ 여름 ← → ⓒ 가을)

① ㄱ   ② ㄴ ✓   ③ ㄷ   ④ ㄱ, ㄴ   ⑤ ㄴ, ㄷ

|자|료|해|설|

현재 ⊙ 위치에서 태양 복사 에너지를 많이 받는 곳이 남반구이므로, 북반구는 겨울, 남반구는 여름이다. A 시기에는 ⓒ 위치에서 북반구는 겨울, 남반구는 여름이다. 이심률이 감소하여 근일점일 때 거리가 멀어지고, 원일점일 때 거리가 가까워졌다. 북반구의 경우, 겨울일 때 태양으로부터 멀어졌으므로 겨울은 기온이 낮아지고, 여름은 기온이 높아져서 연교차가 현재보다 커진다. ⓒ 위치에서 북반구는 봄, 남반구는 가을이다.

|보|기|풀|이|

ㄱ. 오답 : ⊙에서 북반구는 겨울이다.

ㄴ. 정답 : 37°N에서 겨울일 때 태양과 가까운 현재보다, 태양으로부터 멀어진 A 시기에 연교차가 더 크다.

ㄷ. 오답 : 37°S에서 태양이 남중했을 때, ⓒ은 가을이고 ⓒ은 여름이므로, 지표에 도달하는 태양 복사 에너지양은 ⓒ이 ⓒ보다 많다.

😲 **문제풀이 TIP** | 태양이 남중했을 때, 지표에 도달하는 태양 복사 에너지가 많으면 여름, 적으면 겨울이다. 지구 자전축이 태양 쪽을 향하는 반구가 여름이다.
겨울이 따뜻하고 여름이 시원하면 연교차가 작고, 겨울이 춥고 여름이 더우면 연교차가 크다.

😊 **출제분석** | 세차 운동은 보통 현재 또는 13,000년 전후로 지구 자전축의 기울기가 완전히 반대인 시기가 자주 출제된다.

이 문제의 A 시기는 $\frac{1}{4}$이 변경되었으므로, 생소하다고 느껴질 수 있다. 그만큼 보기가 평이하여 문제 전체적인 난이도는 높지 않다. 고득점을 원하는 학생이라면 13000년만 공부하지 말고, 6500년 전후의 세차 운동을 고려하여 공전 궤도 위치마다 계절을 파악해보는 연습을 하는 것이 좋다.

그림은 지구 공전 궤도 이심률 변화, 지구 자전축의 기울기 변화, 북반구가 여름일 때 지구의 공전 궤도상 위치 변화를 나타낸 것이다.

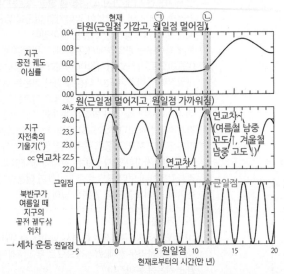

이에 대한 설명으로 옳은 것만을 〈보기〉에서 있는 대로 고른 것은? (단, 지구 공전 궤도 이심률과 자전축의 기울기, 북반구가 여름일 때 지구의 공전 궤도상 위치 이외의 요인은 변하지 않는다고 가정한다.)

3점

> **보기**
> ㄱ. 남반구 기온의 연교차는 현재가 ㉠ 시기보다 크다.
> ㄴ. 30°N에서 겨울철 태양의 남중 고도는 ㉡ 시기가 현재보다 ~~높다.~~ 낮다.
> 　　└→ 지구 자전축 기울기가 클수록 여름에 ↑, 겨울에 ↓
> ㄷ. 근일점에서 태양까지의 거리는 ㉡ 시기가 ㉠ 시기보다 ~~멀다.~~ 가깝다.
> 　　　　　이심률 ↑ 　　　　　이심률 ↓

① ㄱ　② ㄷ　③ ㄱ, ㄴ　④ ㄴ, ㄷ　⑤ ㄱ, ㄴ, ㄷ

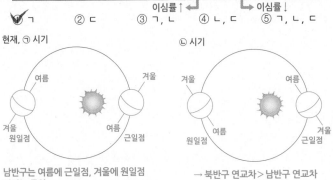

현재, ㉠ 시기 / ㉡ 시기

남반구는 여름에 근일점, 겨울에 원일점 위치는 동일
그러나 이심률이 현재 > ㉠ 시기
→ 현재가 근일점은 더 가깝고, 원일점은 더 멀다.
+지구 자전축 기울기도 현재 > ㉠ 시기
→ 남반구 열교차는 현재 > ㉠ 시기

→ 북반구 연교차 > 남반구 연교차

|자|료|해|설|

지구 공전 궤도 이심률이 커지면 공전 궤도는 타원형이 되고, 0에 가깝게 작아지면 공전 궤도의 모양이 원에 가까워진다. 이심률이 클수록 근일점은 태양에 가까워지고, 원일점은 태양에서 멀어진다. 공전 궤도가 원 모양일 때는 태양으로부터 근일점과 원일점까지의 거리 차이가 크지 않으므로 근일점은 멀어지고 원일점은 가까워진 셈이다. 지구 공전 궤도 이심률은 현재와 ㉡이 거의 비슷하고, ㉠은 그보다 살짝 작다.

지구 자전축의 기울기는 연교차에 비례한다. 기울기가 클수록 여름철 남중 고도는 높아지고, 겨울철 남중 고도는 낮아진다. 따라서 기울기가 커지면 연교차도 커진다. 지구 자전축의 기울기는 ㉠일 때 작고 ㉡일 때 크다.

북반구가 여름일 때 지구의 공전 궤도상 위치는 세차 운동에 따른 지구 자전축 경사 방향을 의미하는데, 북반구가 여름일 때 현재와 ㉠ 시기는 원일점이고, ㉡ 시기는 근일점이다.

현재와 ㉠ 시기는 북반구가 여름일 때 원일점에 위치한다는 공통점이 있지만, 지구 공전 궤도 이심률이 현재 > ㉠ 시기 이므로 현재의 근일점이 태양에 더 가깝고 원일점이 태양으로부터 더 멀리 떨어져 있다. 남반구의 상황을 고려하면, 남반구는 근일점에서 여름이고 원일점에서 겨울이므로 공전 궤도 이심률이 커지면 연교차가 커진다. 또한, 지구 자전축 기울기도 현재 > ㉠ 시기이므로 남반구 기온의 연교차는 현재 > ㉠ 시기이다.

㉡ 시기일 때는 원일점에서 북반구는 겨울, 남반구는 여름이고 근일점에서 북반구는 여름, 남반구는 겨울이므로 북반구 연교차가 남반구 연교차보다 크다.

|보|기|풀|이|

ㄱ. 정답 : 현재와 ㉠ 시기는 북반구가 여름일 때 원일점에 위치한다는 것이 동일하지만, 이심률이 현재 > ㉠ 시기 이므로 현재의 근일점이 태양에 더 가깝고 원일점은 태양에서 더 멀다. 이때 남반구는 근일점에서 여름이고 원일점에서 겨울이므로 공전 궤도 이심률이 커지면 연교차가 커진다. 또한, 지구 자전축 기울기도 현재 > ㉠ 시기이므로 남반구 기온의 연교차는 현재 > ㉠ 시기이다.

ㄴ. 오답 : 30°N에서 겨울철 태양의 남중 고도는 지구 자전축의 기울기가 큰 ㉡ 시기에 더 낮다.

ㄷ. 오답 : 근일점에서 태양까지의 거리는 이심률이 큰 ㉡ 시기가 이심률이 작은 ㉠ 시기보다 가깝다.

🤔 **문제풀이 TIP |** 지구 공전 궤도 이심률 : 클수록 찌그러진 타원형이므로 근일점은 태양에 더 가까워지고 원일점은 더 멀어진다.
지구 자전축 기울기 : 기울기가 클수록 연교차도 커진다. 즉, 여름철 태양의 남중 고도는 높아지고, 겨울철 태양의 남중 고도는 낮아진다.
세차 운동 : 원일점과 근일점에서의 계절이 변화한다.

😀 **출제분석 |** 지구 공전 궤도 이심률, 지구 자전축의 기울기, 세차 운동을 모두 고려해야 하고, 남반구와 북반구를 나눠서 생각해야 하기 때문에 문제의 난이도가 상당히 높았다. ㄴ, ㄷ 보기는 그나마 각 요소의 영향만을 생각하면 되는데, ㄱ 보기가 여러 요소를 모두 고려해야 해서 특히 까다로웠다.

그림은 지구 자전축의 경사각과 세차 운동에 의한 자전축의 경사 방향 변화를 나타낸 것이다.

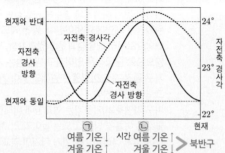

이에 대한 설명으로 옳은 것만을 〈보기〉에서 있는 대로 고른 것은? (단, 지구 자전축 경사각과 세차 운동 이외의 요인은 변하지 않는다고 가정한다.)

보기

ㄱ. 우리나라의 겨울철 평균 기온은 ㉠ 시기가 현재보다 높다.

ㄴ. 우리나라에서 기온의 연교차는 ㉡ 시기가 현재보다 크다.

ㄷ. 지구가 근일점에 위치할 때 우리나라에서 낮의 길이는 ㉡ 시기가 ㉠ 시기보다 길다.

① ㄱ　　② ㄷ　　③ ㄱ, ㄴ　　④ ㄴ, ㄷ　　⑤ ㄱ, ㄴ, ㄷ

|자|료|해|설|

지구 자전축의 경사각이 현재(약 23.5°)보다 커지면 여름철 평균 기온은 더 높아지고, 겨울철 평균 기온은 더 낮아진다. 자전축 경사각이 현재보다 작아지면 여름철 평균 기온은 낮아지고, 겨울철 평균 기온은 높아진다. 현재 북반구는 근일점에서 겨울이고, 원일점에서 여름이므로 자전축 경사각이 현재와 반대 방향이 되면 근일점에서 여름이 되어 여름철 평균 기온은 높아지고, 원일점에서 겨울이 되어 겨울철 평균 기온은 낮아진다. ㉠ 시기에 자전축 경사 방향은 현재와 같고 자전축 경사각은 현재보다 작으므로 우리나라의 여름철 평균 기온은 낮아지고, 겨울철 평균 기온은 높아진다. ㉡ 시기에 자전축 경사 방향은 현재와 반대이고 자전축 경사각은 현재보다 크므로 우리나라의 여름철 평균 기온은 높아지고, 겨울철 평균 기온은 낮아진다.

|보|기|풀|이|

ㄱ. 정답 : ㉠ 시기에 자전축 경사 방향은 현재와 같고 자전축 경사각은 현재보다 작으므로 우리나라의 겨울철 평균 기온은 높아진다.

ㄴ. 정답 : ㉡ 시기에는 자전축 경사 방향이 현재와 반대이므로 북반구는 근일점에서 여름이 되고 원일점에서 겨울이 된다. 또한 ㉡ 시기에 자전축 경사각이 현재보다 크므로 여름철 평균 기온은 높아지고 겨울철 평균 기온은 낮아진다. 따라서 ㉡ 시기에 우리나라의 여름철 평균 기온은 높아지고, 겨울철 평균 기온은 낮아지므로 기온의 연교차는 현재보다 커진다.

ㄷ. 오답 : 지구가 근일점에 위치할 때 우리나라는 ㉠ 시기에 겨울철이고, ㉡ 시기에 여름철이다. 낮의 길이는 여름철에 더 길기 때문에 우리나라에서 낮의 길이는 ㉡ 시기가 ㉠ 시기보다 길다.

그림은 2000년부터 2015년까지 연간 온실 기체 배출량과 2015년 이후 지구 온난화 대응 시나리오 A, B, C에 따른 연간 온실 기체 예상 배출량을 나타낸 것이다. 기온 변화의 기준값은 1850년~1900년의 평균 기온이다.

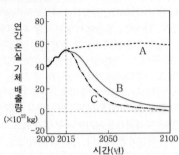

A: 현재 시행되고 있는 대응 정책에 따른 시나리오

B: 2100년까지 지구 평균 기온 상승을 기준값 대비 2℃로 억제하기 위한 시나리오

C: 2100년까지 지구 평균 기온 상승을 기준값 대비 1.5℃로 억제하기 위한 시나리오

이 자료에 대한 옳은 설명만을 〈보기〉에서 있는 대로 고른 것은?

보기
ㄱ. 연간 온실 기체 배출량은 2015년이 2000년보다 많다.
ㄴ. C에 따르면 2100년에 지구의 평균 기온은 기준값보다 ~~낮아질~~ 높아질 것이다.
ㄷ. A에 따르면 2100년에 지구의 평균 기온은 기준값보다 2℃ 이상 높아질 것이다.

① ㄱ　② ㄴ　✔③ ㄱ, ㄷ　④ ㄴ, ㄷ　⑤ ㄱ, ㄴ, ㄷ

|자|료|해|설|

2000년부터 2015년까지 연간 온실 기체 배출량은 약 40×10¹²kg에서 약 55×10¹²kg까지 증가했다. 시나리오 A에 따르면 연간 온실 기체 배출량은 2015년에 비해 줄지 않고 비슷한 양을 유지하지만, 시나리오 B와 C에 따르면 연간 온실 기체 배출량은 크게 감소하여 2100년에는 배출량이 0에 가까워진다.

온실 기체 배출량이 많을수록 지구의 평균 기온은 올라가고, 적을수록 평균 기온은 내려간다.

|보|기|풀|이|

ㄱ. 정답 : 연간 온실 기체 배출량은 2000년에 약 40×10¹²kg, 2015년에 약 55×10¹²kg이므로 2015년이 2000년보다 많다.

ㄴ. 오답 : 시나리오 C는 2100년까지 지구의 평균 기온 상승을 기준값 대비 1.5℃로 억제하기 위한 시나리오이므로, C에 따르면 2100년에 지구의 평균 기온은 기준값보다 1.5℃ 정도 높아질 것이나.

ㄷ. 정답 : 시나리오 B는 2100년까지 지구의 평균 기온 상승을 기준값 대비 2℃로 억제하기 위한 시나리오이므로, B일 때보다 연간 온실 기체 예상 배출량이 많은 시나리오 A에 따르면 2100년에 지구의 평균 기온은 기준값보다 2℃ 이상 높아질 것이다.

그림 (가)는 지구 자전축 경사각과 지구 공전 궤도 이심률의 변화를, (나)는 위도별로 지구에 도달하는 태양 복사 에너지양의 편차(추정값 −현잿값)를 나타낸 것이다. (나)는 ㉠, ㉡, ㉢ 중 한 시기의 자료이다.

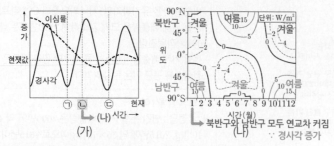

(가)   (나)

이 자료에 대한 설명으로 옳은 것만을 〈보기〉에서 있는 대로 고른 것은? (단, 자전축 경사각과 지구의 공전 궤도 이심률 이외의 요인은 변하지 않는다고 가정한다.) 3점

> **보기**
> ㉠. 근일점과 원일점에서 지구에 도달하는 태양 복사 에너지양의 차는 ㉠이 ㉡보다 크다. ➡ 이심률이 클수록 크다
> ㉡. (나)는 ㉡의 자료에 해당한다.
> ㉢. 35°S에서 여름철 낮의 길이는 ㉢이 현재보다 ~~길다.~~ 짧다.
>   경사각이 작아지면 짧아짐 ⬑

① ㄱ   ② ㄴ   ③ ㄷ   ✔④ ㄱ, ㄴ   ⑤ ㄱ, ㄷ

출제분석 | 기후 변화의 원인 중 지구 외적 요인으로 자전축 경사각의 변화와 공전 궤도 이심률의 변화를 자료로 제시했다. 두 요인이 기후에 미치는 영향이 서로 다르므로 헷갈리지 않고 판단하는 것이 중요하다. 특히 기후 변화의 원인 중 지구 외적 요인에 관해 공부할 때는 단순히 원인과 결과만 암기하기보다 원인과 결과를 직접 연결해 보면서 공부하는 것이 다양한 형태의 문제를 대비하기 좋다.

| 자 | 료 | 해 | 설 |

지구 자전축 경사각이 커지면 여름에 받는 태양 복사 에너지양은 증가하고, 겨울에 받는 태양 복사 에너지양은 감소하므로 북반구와 남반구 모두 연교차가 증가한다. 지구 공전 궤도 이심률이 커지면 근일점은 현재보다 태양에 더 가까워지고, 원일점은 현재보다 태양에서 더 멀어진다. 따라서 근일점에서 받는 태양 복사 에너지양은 더 증가하고, 원일점에서 받는 태양 복사 에너지양은 더 감소하므로, 근일점에서 여름인 반구의 연교차는 증가하고, 근일점에서 겨울인 반구의 연교차는 감소한다. (나)에서 북반구와 남반구의 여름 기온은 증가하고, 겨울 기온은 감소하므로 북반구와 남반구 모두 연교차가 증가한다. 따라서 (나) 시기는 지구 공전 궤도 이심률보다 경사각의 영향이 클 때이다. ㉠과 ㉢ 시기에는 지구 자전축 경사각이 작아지므로 연교차가 작아지고, ㉡ 시기에는 지구 자전축 경사각이 크고 지구 공전 궤도 이심률의 변화가 거의 없어 북반구와 남반구 모두 연교차가 커진다. 따라서 (나)는 ㉡ 시기이다.

| 보 | 기 | 풀 | 이 |

㉠. 정답 : ㉠ 시기는 ㉡ 시기에 비해 지구 공전 궤도 이심률이 크므로 태양과 근일점 사이의 거리는 가까워지고, 태양과 원일점 사이의 거리는 멀어진다. 따라서 근일점과 원일점에서 지구에 도달하는 태양 복사 에너지양의 차는 ㉠이 ㉡보다 크다.

㉡. 정답 : (나)는 북반구와 남반구 모두 연교차가 증가하므로 지구 공전 궤도 이심률의 영향보다 지구 자전축 경사각의 영향을 더 받았다. 두 반구가 모두 연교차가 증가하는 때는 자전축 경사각이 커졌을 때이므로 (나)는 ㉡의 자료에 해당한다.

ㄷ. 오답 : ㉢ 시기의 지구 공전 궤도 이심률은 현재와 비슷하고, 지구 자전축 경사각은 현재보다 작다. 지구 자전축 경사각이 작을수록 여름철 낮의 길이는 짧아지므로 35°S(남반구)에서 여름철 낮의 길이는 ㉢이 현재보다 짧다.

Ⅲ. 우주의 신비

1. 별과 외계 행성계

01 별의 물리량과 H-R도

필수개념 1 별의 표면 온도와 별의 크기

1. 별의 표면 온도

1) 스펙트럼의 종류
① 연속 스펙트럼: 고온, 고밀도 상태에서 가열된 물체가 내는 빛에서 나오는 스펙트럼. 전 파장에 대해 연속적인 모양
② 선스펙트럼: 기체에 따라 고유의 파장의 빛을 방출(방출 스펙트럼)하거나 흡수(흡수 스펙트럼)하여 나타나는 스펙트럼. 흡수선은 어두운 선, 방출선은 밝은 선
③ 별의 스펙트럼: 흡수 스펙트럼으로 관측. 별 빛이 대기를 통과할 때 대기 성분이 특정한 파장의 에너지를 흡수하기 때문

2) 별의 분광형과 표면 온도
① 분광형: 별의 표면 온도에 따라 나타나는 흡수선의 종류와 세기를 기준으로 별을 분류한 것.

분광형	O	B	A	F	G	K	M
색깔	청색	청백색	백색	황백색	황색	주황색	적색
표면 온도	높음	←				→	낮음
색지수	작음(−)						큼(+)

② 분광형과 흡수선의 특징 : 원소들이 이온화가 되는 온도는 정해져 있음. 별의 표면 온도에 따라 특정 원소가 이온화되고 이 과정에서 흡수 스펙트럼을 형성

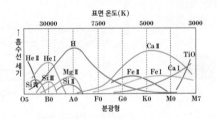

3) 별의 색과 표면 온도
① 별의 복사: 흑체 복사의 세기는 온도에 따라 달라짐
② 플랑크 곡선: 흑체가 방출하는 복사 에너지의 파장에 따른 분포 곡선
③ 빈의 변위 법칙: 흑체의 표면 온도(T)가 높을수록 최대 에너지를 방출하는 파장(λ_{max})이 짧아짐

$$\lambda_{max} = \frac{a}{T}\ (a: 2.898 \times 10^3 \mu m \cdot K)$$

④ 별의 색: 별의 표면 온도에 따라 다른 색이 나타남

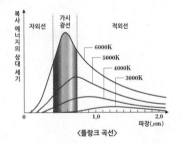

〈플랑크 곡선〉

표면 온도가 높은 별	최대 에너지를 방출하는 파장이 짧아 파란색으로 관측
표면 온도가 낮은 별	최대 에너지를 방출하는 파장이 길어 붉은색으로 관측

4) 별의 색지수와 표면 온도
① 색지수: B−V=사진 등급−안시 등급=$m_p - m_v$
② 색지수와 표면 온도: 별의 표면 온도가 높을수록 색지수(B−V)가 작다.

표면 온도	10000K 이상	10000K	10000K 이하
m_p와 m_v	$m_p < m_v$	$m_p = m_v$	$m_p > m_v$
색지수	(−) 값	0	(+) 값

▶ **흑체**
별은 이상적인 흑체는 아니지만 복사 에너지의 파장에 따른 분포를 조사해 보면 거의 흑체에 가깝다. 따라서 별의 온도나 광도는 별이 흑체라고 가정하여 추정한다.

▶ **별의 색지수 기준**
표면 온도가 약 10000K인 흰색의 별은 안시 등급과 사진 등급이 같아서 색지수가 0이다. 따라서 표면 온도가 10000K보다 높은 별의 색지수는 (−) 값, 더 낮은 별의 색지수는 (+) 값으로 나타난다.

③ U, B, V등급: U(자외선, 0.36μm) 필터, B(파랑, 0.42μm) 필터, V(노랑, 0.54μm) 필터를 써서 각 파장 영역을 통과한 빛의 밝기로 정한 별의 겉보기 등급

2. 별의 광도와 크기

1) 별의 광도

① 절대 등급과 겉보기 등급

절대 등급(M)	겉보기 등급(m)
• 별을 10pc의 거리에 옮겨놓았다고 가정하였을 때의 별의 밝기 등급 • 별의 광도가 클수록 절대 등급이 작음	• 맨눈으로 보았을 때의 별의 밝기 등급 • 거리가 같은 경우: 별의 광도가 클수록 겉보기 등급이 작음 • 광도가 같은 경우: 별의 거리가 지구에서 멀수록 등급이 큼

② 슈테판−볼츠만 법칙: 흑체가 단위 시간 동안 단위 면적에서 방출하는 복사 에너지는 표면 온도의 네제곱에 비례한다는 법칙

$$E = \sigma T^4$$

③ 별의 광도(L): 별이 단위 시간에 방출하는 총 에너지. 슈테판−볼츠만 법칙의 복사 에너지에 별의 표면적을 곱한 값

$$L = 4\pi R^2 \cdot \sigma T^4$$

2) 별의 크기

: 분광형으로 별의 표면 온도를 알 수 있고, 스펙트럼을 분석하여 광도 계급을 알면 별의 반지름을 구할 수 있음

$$R = \frac{\sqrt{L}}{\sqrt{4\pi\sigma T^4}} \rightarrow R \propto \frac{\sqrt{L}}{T^2}$$

3) 모건−키넌의 광도 계급

① 광도 계급: 별을 광도에 따라 분류한 계급

② 광도 계급의 분류 기준: 별의 광도, 별의 종류

③ 광도 계급 도표

광도 계급	별의 종류	광도	반지름
Ia	밝은 초거성	큼	큼
Ib	덜 밝은 초거성	↑	↑
II	밝은 거성		
III	거성		
IV	준거성		
V	주계열성(왜성)		
VI	준왜성	↓	↓
VII	백색 왜성	작음	작음

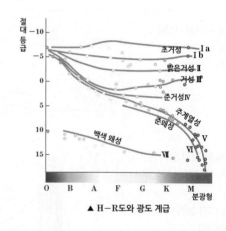

▲ H−R도와 광도 계급

④ 모건−키넌 분류법: 별을 분광형과 광도 계급으로 분류하는 것. 별의 분광형이 같더라도 광도 계급에 따라 광도와 반지름이 다름을 의미

예 태양(G2V)

▶ 별의 등급
기원전 2세기경, 히파르코스는 육안으로 보이는 별들을 밝기에 따라 6개의 등급으로 나누어 가장 밝게 보이는 별을 1등성, 가장 어둡게 보이는 별을 6등성으로 정하였다. 19세기 중엽, 포그슨은 1등성의 밝기가 6등성의 약 100배라는 사실을 밝혀내었다.

필수개념 2 별의 분류와 H-R도

1. H-R도

1) H-R도

① 별들의 물리량을 조사하여 그것들을 기준으로 별들의 분포를 나타낸 그래프

구분	물리량	물리량의 변화
가로축	표면 온도	왼쪽으로 갈수록 증가
	분광형	O-B-A-F-G-K-M 순서
	색지수	왼쪽으로 갈수록 감소
세로축	광도	위로 갈수록 증가
	절대 등급	위로 갈수록 감소

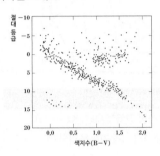

▶ H-R도
1910년대 초반 헤르츠스프룽
(Her tzsprung, E.)과 러셀(Russell,
H. N.)은 각각 당시까지 알려진 태양
근처에 있는 별들의 표면 온도와
광도 사이의 관계를 그래프로 그려
분석하였다. 이 그래프를 두 사람
이름의 첫 글자를 따서 H-R도라고
한다.

2) H-R도에서 별의 특징

① 표면 온도: 왼쪽으로 갈수록 높다.

② 광도: 위로 갈수록 크다.

③ 반지름: 오른쪽 위로 갈수록 크다.

④ 밀도: 왼쪽 아래로 갈수록 크다.

⑤ 수명: (주계열성에서) 오른쪽 아래로 갈수록 길다.

2. 별의 분류와 H-R도

별의 분류	H-R 상 위치	특징
주계열성	왼쪽 위~오른쪽 아래	• 전체 별의 90% 정도가 주계열 단계에 해당함 • H-R도 상에서 반지름, 질량, 광도, 표면 온도는 왼쪽 위로 갈수록 커지며, 수명은 오른쪽 아래로 갈수록 길어짐
적색 거성	주계열성의 오른쪽 위	• 표면 온도 낮고(붉은색) 반지름이 커(태양의 10~100배) 광도가 주계열성에 비해 큼 • 중심에서는 헬륨 핵융합 반응(3α반응) 일어나고 있음 • 평균 밀도가 주계열성보다 작음
초거성	적색 거성의 위	• 표면 온도 낮고(붉은색) 반지름이 매우 커(태양의 30~500배) 광도가 주계열성, 적색 거성에 비해 큼 • 평균 밀도가 주계열성, 거성에 비해 작음
백색 왜성	주계열성의 왼쪽 아래	• 표면 온도가 높아 천체의 색이 청백색으로 보이는 경우가 많음 • 반지름이 매우 작아 표면 온도가 높으나 광도는 작음($4\pi R^2 \sigma T^4$) • 평균 밀도가 매우 큼

▶ 거성과 초거성의 광도
거성이나 초거성은 표면 온도가 낮아
단위 면적당 방출하는 복사 에너지양은
적지만, 별의 크기가 매우 크기 때문에
방출하는 총에너지양이 많아 매우 밝게
보인다.

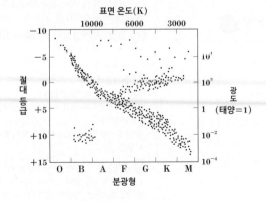

그림은 별의 분광형에 따른 흡수선의 종류와 세기를, 표는 A형과 K형인 두 주계열성의 스펙트럼 특징을 순서 없이 (가)와 (나)로 나타낸 것이다.

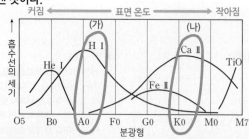

구분	스펙트럼 특징
(가)	수소(HⅠ) 흡수선이 가장 강하게 나타난다. ➡ A0
(나)	칼슘 이온(CaⅡ) 흡수선이 가장 강하게 나타난다. ➡ K0

이에 대한 옳은 설명만을 〈보기〉에서 있는 대로 고른 것은? **3점**

보기

ㄱ. 표면 온도는 (가)의 별이 (나)의 별보다 높다.

ㄴ. 크기는 (가)의 별이 (나)의 별보다 작다. 크다
      A0   K0

ㄷ. (나)의 별은 중심부에서 CNO 순환 반응이 p−p 연쇄 반응보다 우세하게 일어난다. 덜

✔① ㄱ   ② ㄷ   ③ ㄱ, ㄴ   ④ ㄴ, ㄷ   ⑤ ㄱ, ㄴ, ㄷ

|자|료|해|설|

수소(HⅠ) 흡수선이 가장 강하게 나타나는 분광형은 A0이다. 칼슘 이온(CaⅡ) 흡수선이 가장 강하게 나타나는 분광형은 K0이다. 따라서 (가)는 A형, (나)는 K형이다. 별들의 표면 온도는 O형이 가장 높고, M형으로 갈수록 낮다.

|보|기|풀|이|

ㄱ. 정답 : (가)는 A형, (나)는 K형으로 A형 별이 K형 별보다 표면 온도가 높다.

ㄴ. 오답 : (가)는 A형, (나)는 K형으로 A형 별은 K형 별보다 크기가 크다.

ㄷ. 오답 : K형 별은 중심부에서 p−p 연쇄 반응이 CNO 순환 반응보다 우세하게 일어난다.

😮 **문제풀이 TIP** | 분광형에 따른 물리량의 특징을 알아두는 것이 좋다.

😮 **출제분석** | 분광형에 따라 별을 구분하는 문제는 자주 출제되는 유형이 아니다. 그래프만 봐도 (가)와 (나)를 찾을 수 있는 쉬운 자료가 제시되었지만 보기의 내용은 평소에 꼼꼼히 공부해 두었어야 접근이 가능한 어려운 문제이다.

↪ 광도, 표면 온도, 반지름, 질량 비례

그림은 **주계열성 (가)와 (나)가 방출하는 복사 에너지의 상대적인 세기**를 파장에 따라 나타낸 것이다. (가)와 (나)의 분광형은 각각 **A0형과 G2형** 중 하나이다.

↪ 온도 : A0 > G2

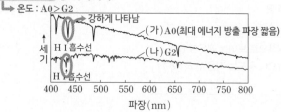

이 자료에 대한 옳은 설명만을 〈보기〉에서 있는 대로 고른 것은? **3점**

보기

ㄱ. HⅠ 흡수선의 세기는 (가)가 (나)보다 약하다. 강하다

ㄴ. 복사 에너지를 최대로 방출하는 파장은 (가)가 (나)보다 길다. 짧다

ㄷ. 별의 반지름은 (가)가 (나)보다 크다.

① ㄱ   ✔② ㄷ   ③ ㄱ, ㄴ   ④ ㄴ, ㄷ   ⑤ ㄱ, ㄴ, ㄷ

|자|료|해|설|

주계열성은 광도, 표면 온도, 반지름, 질량이 비례한다. 표면 온도는 A0형이 G2형보다 높다. (가)는 최대 에너지를 방출하는 파장이 (나)보다 왼쪽(짧은 쪽)에 있으므로 표면 온도가 높은 A0형이다. A0형 별은 수소(HⅠ) 흡수선이 강하게 나타난다. (나)는 (가)보다 표면 온도가 낮은 G2형 별이다.

|보|기|풀|이|

ㄱ. 오답 : HⅠ 흡수선의 세기는 (가)가 (나)보다 강하다.

ㄴ. 오답 : 복사 에너지를 최대로 방출하는 파장은 표면 온도에 반비례하므로, (가)가 (나)보다 짧다.

ㄷ. 정답 : 주계열성의 반지름은 표면 온도에 비례하므로 (가)가 (나)보다 크다.

😮 **문제풀이 TIP** | 주계열성은 광도, 표면 온도, 반지름, 질량이 비례하고 수명이 반비례하다.
별의 표면 온도는 최대 복사 에너지를 방출하는 파장의 길이에 반비례하다.
별의 분광형 OBAFGKM은 O부터 표면 온도가 높은 순서로 나열한 것이다.

😮 **출제분석** | 주계열성끼리의 관계(ㄴ, ㄷ 보기)와 분광형의 특징(ㄱ 보기)를 모두 알아야 한다. 제시된 스펙트럼 자료는 문제마다 달라도 해석하는 방법이 같기 때문에 어렵지 않게 정답을 찾을 수 있을 것이다. 배점은 3점이지만 개념을 응용할 필요가 없어서 비교적 간단한 문제이다.

그림은 단위 시간 동안 별 ㉠과 ㉡에서 방출된 복사 에너지 세기를 파장에 따라 나타낸 것이다. **그래프와 가로축 사이의 면적은 각각 S, 4S이다.**
→ 방출 에너지의 총량 → 광도

㉠과 ㉡에 대한 옳은 설명만을 〈보기〉에서 있는 대로 고른 것은?

보기

㉠. 광도는 ㉡이 ㉠의 4배이다. → 면적 차이

㉡. 표면 온도는 ㉠이 ㉡의 2배이다.

㉢. 반지름은 ㉡이 ㉠의 2배이다. (8)

① ㉠   ② ㉡   ③ ㉠, ㉢   ④ ㉡, ㉢   ⑤ ㉠, ㉡, ㉢

$$L_㉡=4L_㉠$$
$$R_㉡^2 \cdot T_㉡^4=4 \cdot R_㉠^2 \cdot T_㉠^4=4 \cdot R_㉠^2 \cdot 16T_㉡^4$$
$$R_㉡^2=2^6 \cdot R_㉠^2$$
$$\therefore R_㉡=8R_㉠$$

|자|료|해|설|

그래프와 가로축 사이의 면적은 단위 시간당 별이 방출하는 에너지를 의미하며, 이는 광도와 같다. 따라서 ㉡의 면적이 ㉠의 면적의 4배이므로, ㉡의 광도는 ㉠의 4배이나. 또한 별이 최대 복사 에너지를 방출하는 파장은 별의 표면 온도에 반비례하므로, ㉠의 표면 온도는 ㉡의 표면 온도의 2배이다. 별의 광도는 반지름의 제곱과 표면 온도의 네제곱에 비례하므로, 표면 온도가 낮은 별 ㉡이 ㉠보다 반지름이 크며 ㉡의 반지름이 ㉠의 8배이다.

|보|기|풀|이|

㉠. 정답 : 그래프와 가로축 사이의 면적이 단위 시간당 별이 방출하는 복사 에너지인 광도를 의미하므로 ㉡의 광도는 ㉠의 4배이다.

ㄴ. 오답 : 별이 최대 복사 에너지를 방출하는 파장은 별의 표면 온도에 반비례하므로 ㉠의 표면 온도는 ㉡의 표면 온도의 2배이다.

ㄷ. 오답 : 별의 광도는 반지름의 제곱과 표면 온도의 네제곱에 비례하는데, ㉠의 광도 : ㉡의 광도=1 : 4이고 ㉠의 표면 온도 : ㉡의 표면 온도=2 : 1이므로 ㉡의 반지름은 ㉠의 8배이다.

😮 **문제풀이 TIP** | 별의 광도를 다루는 문제에서는 빈의 변위 법칙과 슈테판−볼츠만 법칙 및 광도 공식이 한 세트처럼 묶여 출제되므로 기본적인 공식은 필수로 암기하고 있어야 한다. 정확한 값을 구해야 하는 경우는 거의 없으며 별들의 상대적인 값을 비교하는 것이 중요하므로 광도 $L=4\pi R^2 \sigma T^4$보다 $L \propto R^2 T^4$으로 문제를 푸는 것이 편하다.

😮 **출제분석** | 별의 표면 온도와 별의 크기에 대한 문제는 2021학년도, 2022학년도 수능에 연달아 3점 문항으로 출제되었고 매년 출제될 가능성이 높은 중요한 개념이며 특히 고난도 문제로 출제되기 쉽다. 본 문제는 계산 과정이 비교적 간단하여 이 단원의 문제 중에서는 비교적 평이한 난이도였다. 하지만 계산이 필수로 이뤄져야 하므로 어려운 2점 문항에 속한다.

표는 여러 별들의 절대 등급을 분광형과 광도 계급에 따라 구분하여 나타낸 것이다. (가), (나), (다)는 광도 계급 Ib(초거성), Ⅲ(거성), Ⅴ(주계열성)를 순서 없이 나타낸 것이다.

→ (−)일수록 광도↑

분광형 \ 광도 계급	(가) Ⅴ	(나) Ⅲ	(다) Ⅰb
B0	−4.1	−5.0	−6.2
A0	+0.6	−0.6	−4.9
G0	+4.4	+0.6	−4.5
M0	+9.2	−0.4	−4.5

$(L=4\pi R^2 \sigma T^4)$ 동일 광도, 표면 온도 G0>M0 → 반지름은 G0<M0

→ 주계열성 중 광도↑=표면 온도, 질량↑

이 자료에 대한 설명으로 옳은 것만을 〈보기〉에서 있는 대로 고른 것은?

보기

㉠. (가)는 Ⅴ(주계열성)이다.

ㄴ. (나)에서 광도가 가장 작은 별의 표면 온도가 가장 낮다. → 두 번째로 낮다 → +0.6등급인 G0 → O B A F G K M 순서

㉢. (다)에서 별의 반지름은 G0인 별이 M0인 별보다 작다.

① ㉠   ② ㉡   ③ ㉢   ④ ㉠, ㉡   ⑤ ㉠, ㉢

|자|료|해|설|

같은 분광형일 때 절대 등급이 작을수록 초거성, 거성이고 절대 등급이 큰 편이면 주계열성이다. 따라서 등급이 큰 (가)가 Ⅴ(주계열성)이고, (나)는 Ⅲ(거성), 가장 낮은 (다)는 Ⅰb(초거성)이다.

주계열성 중에서 광도가 큰 별은 표면 온도와 질량이 큰 별이다. 분광형으로만 봐도 B0이 가장 고온, M0이 가장 저온이다.

(다)의 G0와 M0 별은 광도가 동일하다. 표면 온도는 G0>M0이므로 광도 공식($L=4\pi R^2 \sigma T^4$)에 적용하면 반지름은 G0<M0이다.

|보|기|풀|이|

㉠. 정답 : (가)는 셋 중 절대 등급이 가장 크므로 주계열성이다.

ㄴ. 오답 : (나)에서 광도가 가장 작은 별은 +0.6등급인 G0형 별이나. 이는 M0보다 표면 온도가 높다.

㉢. 정답 : (다)에서 G0과 M0의 광도가 동일하다. 표면 온도는 G0>M0이므로 별의 반지름은 G0<M0이다.

😮 **문제풀이 TIP** | $L=4\pi R^2 \sigma T^4$
광도가 클수록 절대 등급의 숫자가 작고(−), 광도가 작을수록 절대 등급의 숫자가 크다(+).

😮 **출제분석** | 별의 표면 온도와 크기, 별의 분류(M−K)를 함께 물어보는 문제이다. 별의 표면 온도와 크기에서는 광도 공식($L=4\pi R^2 \sigma T^4$)이 빠지지 않고 등장한다. 이 문제에서도 ㄷ 보기에서 광도 공식을 활용해야 한다. ㄱ과 ㄴ 보기는 평이한 편이고, ㄷ 보기도 익숙한 공식을 대입하면 되므로 문제가 아주 어렵지는 않다.

표는 별 (가)~(라)의 물리량을 나타낸 것이다.

$$L=4\pi R^2\sigma T^4$$

별	표면 온도(K)	절대 등급	반지름($\times10^6$km)
(가)	G형 6000　2배	+3.8　-5	1
(나)	12000	-1.2　= 100배 밝음　-5	㉠
(다)	(x)	-6.2　= 100배 밝음	100
(라)	3000	(+3.8)	4

이에 대한 설명으로 옳은 것은?

$$L_{(나)}=L_{(가)}\times2^4\times㉠^2=100L_{(가)}$$

① ㉠은 ~~25~~이다. $\frac{2.5}{10}{4}=2.5$

② (가)의 분광형은 ~~M~~형에 해당한다. G

③ 복사 에너지를 최대로 방출하는 파장은 (다)가 (가)~~보다 길다.~~와 같다. → 표면 온도에 반비례

☑ 단위 시간당 방출하는 복사 에너지양은 (나)가 (라)보다 많다.

⑤ (가)와 같은 별 10000개로 구성된 성단의 절대 등급은 (라)의 절대 등급과 같다. → 광도에 비례 (다)
(다)>(나)>(가)=(라)

$L_{(다)}=100^2\times\left(\frac{x}{6000}\right)^4\times L_{(가)}=10000L_{(가)}$
$\Rightarrow x=6000$, (가)와 동일함

$L_{(라)}=4^2\times\left(\frac{1}{2}\right)^4\times L_{(가)}=L_{(가)}$ ∴ +3.8등급

👀 문제풀이 TIP | 광도 식: $L=4\pi R^2\sigma T^4$
별의 물리량에 관한 문제를 풀 때, 광도를 정확하게 계산하는 것보다는 몇 배 정도 크고 작은지 등을 비교하는 것이 더 중요하다.
표면 온도가 높으면 복사 에너지를 최대로 방출하는 파장이 짧고, 단위 면적당 방출하는 복사 에너지양이 많고, 단위 시간당 방출하는 복사 에너지양이 많다. 표면 온도와 반지름을 함께 고려해야 광도와 절대 등급을 비교할 수 있다.

👀 출제분석 | 별 4개의 광도, 표면 온도, 절대 등급, 반지름을 비교해야 하는 문제로 계산이 많고 다양한 지식을 다루고 있어서 난이도가 높다. 그러나 문제를 풀 때 사용하는 식이 1개이기 때문에 계산의 요령만 안다면 어렵지 않게 정답을 찾을 수 있었고, 그렇기 때문에 정답률이 낮지 않았다. 별의 광도에 관한 문제에서는 계산을 해야 풀 수 있는 선택지가 자주 출제되지만, 선택지 ②처럼 표면 온도에 따른 분광형의 분류 등 지식을 묻는 선지가 나올 때가 있으므로 암기해야 하는 내용도 꼼꼼하게 학습해야 한다.

|자|료|해|설|
별의 광도 L을 구하는 식은 $L=4\pi R^2\sigma T^4$이다. 즉, 광도는 반지름의 제곱, 표면 온도의 네제곱에 비례한다. (나)는 (가)와 비교했을 때, 절대 등급이 5등급 작으므로 100배 더 밝다. 표면 온도는 (나)가 (가)의 2배이고, 광도는 (나)가 (가)의 100배이므로 식에 대입해보면 $L_{(나)}=L_{(가)}\times2^4\times㉠^2=100L_{(가)}$이다. 즉, 반지름은 (나)가 (가)의 2.5배이므로 ㉠은 2.5이다.
(다)는 (가)보다 절대 등급이 10등급 작으므로 광도는 (다)가 (가)보다 10000배 크다. (다)의 표면 온도를 x라고 하면
$$L_{(다)}=L_{(가)}\times\left(\frac{x}{6000}\right)^4\times100^2=10000L_{(가)}$$이다. 따라서 x는 6000이다. 즉, (가)와 (다)의 표면 온도가 같다. 복사 에너지를 최대로 방출하는 파장은 표면 온도에 반비례 하므로 (가)와 (다)가 같다. 또한 (가)와 (다) 모두 태양의 표면 온도와 비슷하므로 분광형은 G형에 해당한다.
(라)의 표면 온도는 (가)의 절반이고, 반지름은 (가)의 4배 이므로 광도를 구하는 식에 대입해보면 $L_{(라)}=L_{(가)}\times\left(\frac{1}{2}\right)^4\times4^2=L_{(가)}$이다. 즉, (가)와 (라)의 광도가 같으므로 (라)의 절대 등급은 +3.8등급이다. 단위 시간당 방출하는 복사 에너지양은 광도에 비례하므로, 절대 등급이 낮을수록 크다. 따라서 단위 시간당 방출하는 복사 에너지양은 (다)>(나)>(가)=(라)이다.

|선|택|지|풀|이|
① 오답: ㉠은 2.5이다.
② 오답: (가)는 표면 온도가 6000K인 별이므로 분광형은 G형에 해당한다.
③ 오답: 복사 에너지를 최대로 방출하는 파장은 표면 온도에 반비례하므로 (가)와 (다)가 같다.
④ 정답: 단위 시간당 방출하는 복사 에너지양은 광도에 비례하므로, 절대 등급이 낮을수록 많다. 따라서 (나)가 (라)보다 많다.
⑤ 오답: (가)와 같은 별 10000개로 구성된 성단은 (가)보다 10000배 밝으므로 절대 등급은 10등급 작다. 따라서 (가)와 같은 별 10000개로 구성된 성단의 절대 등급은 (다)의 절대 등급과 같다.

표는 주계열성 (가)와 (나)의 분광형과 절대 등급을 나타낸 것이다. ← OBAFGKM

별	분광형	절대 등급	
(가)	A0V	+0.6	표면 온도 높음
(나)	M4V	+13.2	표면 온도 낮음

(가)가 (나)보다 큰 값을 가지는 것만을 <보기>에서 있는 대로 고른 것은?

보기
→ 비례　→ 표면 온도, 질량, 광도에 반비례
㉠. 표면 온도　㉡. 광도　ㄷ. 주계열에 머무는 시간

① ㄱ　② ㄷ　☑③ ㄱ, ㄴ　④ ㄴ, ㄷ　⑤ ㄱ, ㄴ, ㄷ

👀 문제풀이 TIP | 별은 짧고 굵게(광도가 높을 때는 수명이 짧고) 살거나, 가늘고 길게(광도가 낮으면 수명이 길다) 산다.

👀 출제분석 | 별의 표면 온도와 크기, 주계열성의 특징을 다루는 문제인데, 보기가 표면 온도, 광도, 주계열에 머무는 시간(수명)으로 매우 평이하다. 이것보다 어려워지려면 A형 별은 수소선이 강하게 나온다는 것과, M형 별은 태양보다 표면 온도가 낮다(최대 복사 에너지를 방출하는 파장이 길다, 수명이 길다 등)는 내용이 포함되어야 한다. 또는 겉보기 등급을 함께 제시하여 별까지의 거리를 비교할 수도 있다.

|자|료|해|설|
분광형은 표면 온도가 높은 순서대로 OBAFGKM이다. 즉, A형인 (가)가 M형인 (나)보다 표면 온도가 높다. (가)와 (나)는 주계열성인데, 주계열성끼리는 표면 온도와 질량, 광도가 비례한다. 그리고 주계열에 머무는 시간(수명)은 반비례한다. 따라서 표면 온도와 광도는 (가)>(나)이고, 주계열에 머무는 시간은 (가)<(나)이다.

|보|기|풀|이|
㉠. 정답: A형인 (가)가 M형인 (나)보다 표면 온도가 높다.
㉡. 정답: 표면 온도가 높은 별은 광도도 더 높다.
ㄷ. 오답: 표면 온도가 높은 별은 주계열에 머무는 시간이 짧다.

표는 별 S_1~S_6의 광도 계급, 분광형, 절대 등급을 나타낸 것이다.
(가)와 (나)는 각각 광도 계급 Ib(초거성)와 V(주계열성) 중
하나이다.

별	광도 계급	분광형	절대 등급
S_1		A0	(㉠)
S_2	(가) 초거성	K2	(㉡)
S_3		M1	−5.2
S_4		A0	(㉢)
S_5	(나) 주계열성	K2	(㉣)
S_6		M1	9.4

이에 대한 설명으로 옳은 것만을 〈보기〉에서 있는 대로 고른 것은?

3점

보기

㉠. (가)는 Ib(초거성)이다.

ㄴ. 광도는 S_4가 S_5보다 ~~작다~~ 크다

㉢. | ㉠−㉢ | < | ㉡−㉣ | 이다.

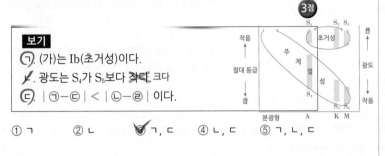

① ㄱ   ② ㄴ   ✓③ ㄱ, ㄷ   ④ ㄴ, ㄷ   ⑤ ㄱ, ㄴ, ㄷ

|자|료|해|설|

분광형이 M1인 별 중 절대 등급이 낮은 별은 H−R도
상에서 오른쪽 위쪽에 위치하므로 초거성이고, 절대
등급이 높은 별은 H−R도 상에서 오른쪽 아래쪽에
위치하므로 주계열성이다. 따라서 (가)는 초거성, (나)는
주계열성이다.

초거성인 별들의 절대 등급은 분광형으로 구분하기
어렵지만, 주계열성은 분광형과 절대 등급의 관계가 뚜렷한
편이므로 쉽게 구분할 수 있다. 표면 온도는 분광형이
A0인 별＞K2인 별＞M1인 별 순서대로 높으므로
주계열성의 절대 등급은 S_4(A0)＜S_5(K2)＜S_6(M1)이고
광도는 S_4(A0)＞S_5(K2)＞S_6(M1)이다.

|보|기|풀|이|

㉠ 정답 : (가)는 같은 분광형에서 절대 등급이 더 낮으므로
초거성이다.

ㄴ. 오답 : 분광형이 A0인 별이 K2인 별보다 표면 온도가
높으므로 주계열성의 절대 등급은 S_4(A0)＜S_5(K2)이고
광도는 S_4(A0)＞S_5(K2)이다.

㉢ 정답 : 분광형이 A0인 초거성과 K2인 초거성의 절대
등급은 구분하기 어렵지만, 분광형이 A0인 주계열성과 K2
인 주계열성의 절대 등급은 S_4(A0)＜S_5(K2)이다. 따라서
분광형이 A0인 초거성과 주계열성의 절대 등급 차(| ㉠−
㉢ |)는 분광형이 K2인 초거성과 주계열성의 절대 등급 차
(| ㉡−㉣ |)보다 작다.

그림은 별의 분광형에 따른
흡수선의 상대적 세기를
나타낸 것이다.
이 자료에 대한 설명으로
옳은 것만을 〈보기〉에서
있는 대로 고른 것은?

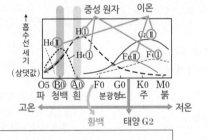

보기

㉠. 흰색 별에서 HI 흡수선이 CaII 흡수선보다 강하게
나타난다.

ㄴ. 주계열에서 B0형보다 표면 온도가 높은 별일수록 HI
흡수선의 세기가 ~~강해진다.~~ 약해진다.
         └ 온도가 낮을수록 금속 원소와
         분자들의 흡수가 강함

ㄷ. 태양과 광도가 같고 반지름이 작은 별이 CaII 흡수선을
G2형 별보다 ~~강하게~~ 나타난다. └ 온도가 더 높다
    약하게

✓① ㄱ   ② ㄴ   ③ ㄱ, ㄷ   ④ ㄴ, ㄷ   ⑤ ㄱ, ㄴ, ㄷ

|자|료|해|설|

별의 대기에 존재하는 원소들은 별의 표면 온도에 따라
스펙트럼의 특정한 영역에서 흡수선을 형성하므로, 흡수
스펙트럼선의 종류와 세기는 별의 표면 온도에 따라
달라진다. O형 별의 경우 이온화된 헬륨(HeII) 흡수선이
강하게 나타나고, A형 별의 경우 수소(H) 흡수선이 가장
강하게 나타난다. 표면 온도가 낮은 G, M형의 경우 금속
원소들과 분자들에 의한 흡수선이 강하게 나타나고, 특히
태양(G2형)의 경우 이온화된 칼슘(CaII) 흡수선이 강하게
나타난다.

|보|기|풀|이|

㉠ 정답 : 흰색을 띠는 A형 별의 경우 HI 흡수선의
세기가 CaII 흡수선의 세기보다 강하게 나타난다.

ㄴ. 오답 : A0형인 별에서 가장 강하게 나타나지만, 그보다
표면 온도가 높아질수록 점점 약해진다. 따라서
주계열에서 B0형보다 표면 온도가 높은 별일수록 HI
흡수선의 세기가 약해진다.

ㄷ. 오답 : 태양과 광도가 같고 반지름이 작은 경우, 온도가
더 높으므로 CaII 흡수선의 세기는 G2형 별보다 약하게
나타난다.

😲 **문제풀이 TIP** | 분광형에 따른 별의 색깔 [O(파랑)−B(청백)−A(흰)−F(황백)−G(노란)−K(주황)−M(붉은)]을 기억해야 한다. 또, 온도가 높을수록 이온화 정도가 높은데,
이온화되지 않은 중성원자는 기호 뒤에 로마자 I을 붙여 표현하고, 이온의 경우 기호 뒤에 로마자 II, III... 등을 붙여서 이온화 단계에 따라 다르게 표현함을 알면 문제풀이에 도움이
된다.

😲 **출제분석** | 온도에 따른 분광형, 별의 색깔을 알면 그래프 자체는 익숙하므로 해석이 어렵지 않아 평이한 수준의 문제라 볼 수 있다.

그림은 태양과 별 (가), (나)의 파장에 따른 복사 에너지 분포를, 표는 세 별의 절대 등급을 나타낸 것이다.

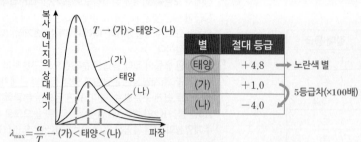

별	절대 등급	
태양	+4.8	→ 노란색 별
(가)	+1.0	⎱ 5등급차(×100배)
(나)	−4.0	⎰

$\lambda_{max} = \dfrac{a}{T}$ → (가) < 태양 < (나)

T → (가) > 태양 > (나)

이에 대한 옳은 설명만을 〈보기〉에서 있는 대로 고른 것은? **3점**

보기

ㄱ. 별이 단위 시간 동안 단위 면적에서 방출하는 에너지양은 (가)가 태양보다 많다. → $E=\sigma T^4$이므로 (가)>태양

ㄴ. (나)는 ~~파란색~~ 붉은색 별이다. (가)의 10배보다 크다.

ㄷ. 별의 반지름은 (나)가 ~~(가)의 10배이다.~~

① ㄱ ✔   ② ㄷ   ③ ㄱ, ㄴ   ④ ㄴ, ㄷ   ⑤ ㄱ, ㄴ, ㄷ

| 자 | 료 | 해 | 설 |

플랑크 곡선을 분석해 보면 $\lambda_{max} = \dfrac{a}{T}$이므로 λ_{max}는 (나) > 태양 > (가)이고 T는 (가) > 태양 > (나)이다. 별이 단위 시간 동안 단위 면적에서 방출하는 에너지양은 $E = \sigma T^4$으로 온도에 비례한다. 태양은 G등급 별로 노란색을 띠며 이보다 낮은 온도의 별은 붉은색을 띤다. 별의 반지름은 $L = 4\pi R^2 \cdot \sigma T^4$로 유도할 수 있다.

| 보 | 기 | 풀 | 이 |

ㄱ. 정답 : 단위 시간 동안 단위 면적에서 방출하는 에너지양은 $E = \sigma T^4$이므로 온도가 더 높은 (가)의 에너지양이 태양의 에너지양보다 많다.

ㄴ. 오답 : 태양은 G등급 별로 노란색을 띠는데 (나)는 태양보다 온도가 낮으므로 붉은색 계열을 띠게 된다.

ㄷ. 오답 : (나)는 (가)보다 절대등급이 5등급 작으므로 광도가 100배가 된다. 따라서 (가)의 광도를 $L = 4\pi R^2 \cdot \sigma T^4$라고 할 때 (나)의 광도는 $100L$이 되는데, R만 고려하면 10R이 되어야 하지만 (나)가 (가)보다 온도가 낮으므로 반지름은 10R보다 더 커져야 한다.

🤖 **문제풀이 TIP** | 빈의 법칙$\left(\lambda_{max} = \dfrac{a}{T}\right)$과 슈테판 볼츠만의 법칙$(E = \sigma T^4)$, 그리고 광도 공식$(L = 4\pi R^2 \cdot \sigma T^4)$을 적절히 활용한다. 태양은 G등급 별로 노란색을 띠며 이보다 낮은 온도의 별은 붉은 색을, 높은 온도의 별은 점차 황백색 → 흰색 → 청백색 → 파란색을 띠게 된다.

😊 **출제분석** | 새로운 유형의 문제는 아니지만 별과 관련된 전반적인 물리량에 대한 이해가 필요한 문제로 다소 난이도가 높은 편이다.

표는 별의 종류 (가), (나), (다)에 해당하는 별들의 절대 등급과 분광형을 나타낸 것이다. (가), (나), (다)는 각각 거성, 백색 왜성, 주계열성 중 하나이다.

별의 종류	별	절대 등급	분광형
주계열성 (가)	㉠	+0.5	A0
	㉡	−0.6	B7
거성 (나)	㉢	+1.1	K0 → 거성
	㉣	−0.7	G2
백색 왜성 (다)	㉤	+13.3 → 백색 왜성	F5
	㉥	+11.5	B1

이에 대한 옳은 설명만을 〈보기〉에서 있는 대로 고른 것은?

보기

ㄱ. (가)는 주계열성이다.

ㄴ. 평균 밀도는 (나)가 (다)보다 작다.

ㄷ. 단위 시간당 단위 면적에서 방출하는 에너지양은 ㉠~㉥ 중 ~~㉥~~이 가장 많다. → $\propto T^4$ ← 표면 온도

O B A F G K M

① ㄱ   ② ㄷ   ③ ㄱ, ㄴ ✔   ④ ㄴ, ㄷ   ⑤ ㄱ, ㄴ, ㄷ

| 자 | 료 | 해 | 설 |

거성은 절대 등급이 0 정도이고, 분광형은 M, K, G 정도이다.

백색 왜성은 절대 등급이 다른 별들에 비해 높고, 분광형은 F, A, B 정도이다.

주계열성은 절대 등급과 분광형이 다양하다.

거성은 (가), (나) 중 하나인데, 분광형이 A나 B인 경우는 없으므로 거성은 (나)이다. 백색 왜성은 절대 등급이 다른 별들에 비해 높으므로 (다)이다. 따라서 (가)는 주계열성이다.

| 보 | 기 | 풀 | 이 |

ㄱ. 정답 : (가)의 절대 등급은 백색 왜성보다 작고, 분광형은 거성으로 볼 수 없기 때문에 (가)는 주계열성이다.

ㄴ. 정답 : (나)는 거성, (다)는 백색 왜성이고, 평균 밀도는 거성보다 백색 왜성이 더 크므로 (나)가 (다)보다 작다.

ㄷ. 오답 : 단위 시간당 단위 면적에서 방출하는 에너지양$(E = \sigma T^4)$은 표면 온도의 4제곱에 비례한다. 표면 온도는 분광형 O가 가장 크고, B, A, F, G, K, M 순으로 작아진다. 같은 분광형일 때는 숫자가 작을수록 표면 온도가 높다. 따라서 ㉠~㉥ 중 단위 시간당 단위 면적에서 방출하는 에너지양이 가장 많은 것은 ㉥이다.

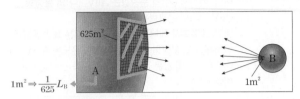

그림은 별 A와 B에서 단위 시간당 동일한 양의 복사 에너지를 방출하는 면적을 나타낸 것이다. A의 광도는 B의 40배이다.

단위 면적당　$E = \sigma T^4$

$1m^2 \Rightarrow \frac{1}{625}L_B$

이에 대한 설명으로 옳은 것만을 〈보기〉에서 있는 대로 고른 것은? (단, A, B는 흑체로 가정한다.) **3점**

보기

ㄱ. 표면 온도는 B가 A보다 5배 높다.

ㄴ. 반지름은 A가 B보다 150배 이상이다. ← $\sqrt{22500R_B}$　　$T \propto \frac{1}{\lambda_{max}}$

ㄷ. 최대 에너지를 방출하는 파장은 B가 A보다 길다. 짧다

① ㄱ　　② ㄷ　　✓③ ㄱ, ㄴ　　④ ㄴ, ㄷ　　⑤ ㄱ, ㄴ, ㄷ

😲 **문제풀이 TIP** ｜ − 빈의 법칙: $\lambda_{max} = \frac{a}{T}$

− 슈테판 볼츠만 법칙: $E = \sigma T^4$

− 광도 공식: $L = 4\pi R^2 \cdot \sigma T^4$

😲 **출제분석** ｜ 슈테판 볼츠만 법칙에 대한 정확한 개념인지가 되어 있지 않다면 비례식을 세우기 힘들기 때문에 다소 높은 난이도라고 볼 수 있다. 문제를 복기하여 개념을 철저히 하는 것이 좋다.

|자|료|해|설|

단위 시간당 동일한 양의 복사 에너지를 방출하는 면적은 A가 B보다 625배 크다. 그러므로 슈테판−볼츠만 법칙에 의해 별 B는 A보다 표면 온도가 5배 높다. $L = 4\pi R^2 \cdot \sigma T^4$($L$: 광도, R: 반지름, T: 표면 온도)에 의해 반지름은 A가 B의 $50\sqrt{10}$배이다. 최대에너지를 방출하는 파장은 흑체의 표면 온도에 반비례하므로 A가 B보다 길다.

|보|기|풀|이|

ㄱ. 정답 : E는 단위 시간, 단위 면적 당 동일한 양의 복사 에너지이다. 따라서 A의 $1m^2$ 면적일 경우 B의 $\frac{1}{625}$배 이다. 따라서 $E_A : E_B = 1 : 625$ 이므로 $E = \sigma T^4$를 이용하면, $T_A^4 : T_B^4 = 1 : 625$이고 $T_A : T_B = 1 : 5$가 된다. 따라서 표면온도는 B가 A보다 5배 높다.

ㄴ. 정답 : 지문에서 광도비가 $L_A : L_B = 40 : 1$이라고 했고, $L = 4\pi R^2 \cdot \sigma T^4$이므로 $R^2 \propto \frac{L}{T^4}$ 이다. 따라서 $R_A^2 : R_B^2 = \frac{40}{1} : \frac{1}{625} = 40 \times 625 : 1$이므로 $R_A = \sqrt{40 \times 625 \times R_B} = 50\sqrt{10}R_B = \sqrt{25000}R_B$이다. 그런데 150배라고 함은 $\sqrt{22500}R_B$이므로 맞다.

ㄷ. 오답 : 빈의 법칙에 의해 $\lambda_{max} \propto \frac{1}{T}$이므로 A가 B보다 길다.

표는 별 A, B의 표면 온도와 반지름을, 그림은 A, B에서 단위 면적당 단위 시간에 방출되는 복사 에너지의 파장에 따른 세기를 ㉠과 ㉡으로 순서 없이 나타낸 것이다.

별	A	B
표면 온도 (K)	5000 T	10000 $2T$
반지름 (상댓값)	2 $2R$	1 R

$\lambda_{max} \propto \frac{1}{T}$

(그래프: 복사 에너지의 상대적 세기 vs 파장, ㉠ B, ㉡ A)

이에 대한 옳은 설명만을 〈보기〉에서 있는 대로 고른 것은?

보기

ㄱ. A는 ㉡에 해당한다.

ㄴ. B는 <s>붉은색</s> 흰색 별이나.

ㄷ. 별의 광도는 <s>A가 B</s> B가 A의 4배이다. $L = 4\pi R^2 \cdot \sigma T^4$

$A = 4\pi(2R)^2 \cdot \sigma T^4 = 4\pi \cdot 4R^2 \cdot \sigma T^4$
$B = 4\pi R^2 \cdot \sigma(2T)^4 = 4\pi \cdot R^2 \cdot \sigma 16T^4$　×4배

✓① ㄱ　　② ㄷ　　③ ㄱ, ㄴ　　④ ㄴ, ㄷ　　⑤ ㄱ, ㄴ, ㄷ

😲 **문제풀이 TIP** ｜ − 빈의 변위 법칙 : $\lambda_{max} = \frac{a}{T}$ ($a = 2.898 \times 10^3 \mu m \cdot K$)

− 슈테판 볼츠만 법칙 : $E = \sigma T^4$

− 광도 공식 : $L = 4\pi R^2 \cdot \sigma T^4$, $R \propto \frac{\sqrt{L}}{T^2}$

분광형과 색깔, 표면 온도, 스펙트럼 모습을 연결할 수 있어야 한다.

😲 **출제분석** ｜ 별의 물리량을 비교하는 문제로 어렵지 않게 해결할 수 있다.

|자|료|해|설|

빈의 변위 법칙에 따라 온도가 낮은 A별이 λ_{max}가 큰 ㉡에 해당하고, 상대적으로 표면 온도가 높은 B별이 λ_{max}가 작은 ㉠에 해당한다. B는 표면 온도가 10000K이므로 흰색 별이다. 별의 광도는 $L = 4\pi R^2 \cdot \sigma T^4$로 계산되므로, A는 $4\pi(2R)^2 \cdot \sigma T^4 = 16\pi R^2 \cdot \sigma T^4$로 계산되고, B는 $4\pi R^2 \cdot \sigma(2T)^4 = 64\pi R^2 \cdot \sigma T^4$으로 계산된다. 따라서 B가 A의 4배이다.

|보|기|풀|이|

ㄱ. 정답 : 빈의 변위 법칙에 따라 $\lambda_{max} = \frac{a}{T}$이므로 λ_{max}가 작은 ㉠이 온도가 높은 B별이고, λ_{max}가 큰 ㉡이 온도가 낮은 A별에 해당한다.

ㄴ. 오답 : B의 표면 온도는 10000K이므로 흰색 별이다.

ㄷ. 오답 : 별의 광도는 $L = 4\pi R^2 \cdot \sigma T^4$로 계산되므로 A는 $16\pi R^2 \cdot \sigma T^4$로 계산되고 B는 $64\pi R^2 \cdot \sigma T^4$으로 계산된다. 따라서 별의 광도는 B가 A의 4배이다

그림은 서로 다른 별의 스펙트럼, 최대 복사 에너지 방출 파장(λ_{max}), 반지름을 나타낸 것이다. (가), (나), (다)의 분광형은 각각 A0V, G0V, K0V 중 하나이다.

표면 온도 (가) > (나) > (다)

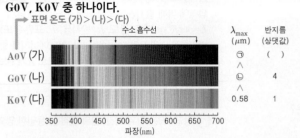

이에 대한 설명으로 옳은 것만을 〈보기〉에서 있는 대로 고른 것은?

3점

보기

ㄱ. (가)의 분광형은 A0V이다.

ㄴ. ㉠은 ㉡보다 짧다.

ㄷ. 광도는 (나)가 (다)의 16배이다.   보다 더 크다

(반지름)²과 (표면 온도)⁴에 비례

① ㄱ   ② ㄷ   ③ ㄱ, ㄴ   ④ ㄴ, ㄷ   ⑤ ㄱ, ㄴ, ㄷ

| 자 | 료 | 해 | 설 |

분광형 A, G, K에서 수소 흡수선의 세기는 A>G>K이다. 따라서 (가)의 분광형은 A0V, (나)의 분광형은 G0V, (다)의 분광형은 K0V이다.

별의 최대 복사 에너지 방출 파장(λ_{max})은 표면 온도에 반비례하고, 분광형 A, G, K의 표면 온도는 A>G>K이므로 λ_{max}의 값은 A<G<K이다. 즉, ㉠<㉡<0.58이다.

| 보 | 기 | 풀 | 이 |

ㄱ. 정답 : (가)는 수소 흡수선의 세기가 가장 강한데, 주어진 세 분광형의 수소 흡수선의 세기는 A>G>K이므로 (가)는 A0V이다.

ㄴ. 정답 : λ_{max}는 표면 온도에 반비례하고, 세 분광형의 표면 온도는 A>G>K이므로 (가)>(나)>(다)이다. 이에 따라 λ_{max}는 (가)<(나)<(다)이므로 ㉠<㉡<0.58이다. 따라서 ㉠은 ㉡보다 짧다.

ㄷ. 오답 : 광도는 별의 (반지름)²에 비례하고, (표면 온도)⁴에 비례한다. (나)의 분광형은 G0V, (다)의 분광형은 K0V이므로 (나)의 표면 온도가 (다)보다 높다. (나)의 반지름은 (다)의 4배이고 표면 온도는 (나)가 (다)보다 높으므로 (나)의 광도는 (다)의 16배보다 더 크다.

😲 **문제풀이 TIP |** • 분광형은 표면 온도가 높은 순서대로 O, B, A, F, G, K, M이다.
• 별의 표면 온도가 높을수록 최대 복사 에너지 방출 파장은 짧다.
• 별의 광도는 (반지름)², (표면 온도)⁴에 비례한다.

그림은 두 주계열성 (가)와 (나)의 파장에 따른 복사 에너지 세기의 분포를 나타낸 것이다. (가)와 (나)의 분광형은 각각 B형과 G형 중 하나이다.

표면 온도↑ OBAFGKM 표면 온도↓

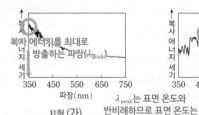

B형 (가) λ_{peak}는 표면 온도와 반비례하므로 표면 온도는 (가)>(나)   (나) G형

복사 에너지를 최대로 방출하는 파장(λ_{peak})

이에 대한 옳은 설명만을 〈보기〉에서 있는 대로 고른 것은?

보기   최대 복사 에너지를 방출하는 파장이 짧을수록 온도 높음

ㄱ. 표면 온도는 (가)가 (나)보다 낮다.   높다

ㄴ. 질량은 (가)가 (나)보다 작다.   크다

ㄷ. 태양의 파장에 따른 복사 에너지 세기의 분포는 (가)보다 (나)와 비슷하다. → 주계열성일 때 질량과 표면 온도는 비례

G형 별

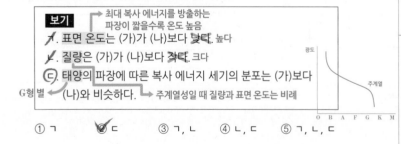

① ㄱ   ② ㄷ   ③ ㄱ, ㄴ   ④ ㄴ, ㄷ   ⑤ ㄱ, ㄴ, ㄷ

| 자 | 료 | 해 | 설 |

별의 분광형은 표면 온도가 높은 순서로 O, B, A, F, G, K, M이다. 별의 표면 온도가 높으면 복사 에너지를 최대로 방출하는 파장(λ_{peak})이 짧다. (가)는 (나)보다 λ_{peak}이 짧으므로 표면 온도가 높은 B형, (나)는 G형이다. G형은 태양과 표면 온도가 비슷한 별이다.

주계열성 중에서는 표면 온도가 높은 별이 질량도 크고, 수명은 짧다. 따라서 (가)보다 (나)가 질량이 작고 수명이 길다.

| 보 | 기 | 풀 | 이 |

ㄱ. 오답 : 표면 온도는 최대 복사 에너지를 방출하는 파장이 짧은 (가)가 더 높다.

ㄴ. 오답 : 질량은 표면 온도가 높은 (가)가 더 크다.

ㄷ. 정답 : 태양은 G형 별이므로, (나)와 더 비슷하다.

😲 **문제풀이 TIP |** 별의 분광형: 표면 온도가 높은 순서로 OBAFGKM(표면 온도가 높을수록 최대 복사 에너지를 방출하는 파장이 짧다.)
주계열성 중에서는 질량과 표면 온도는 비례, 수명은 반비례하다.

😲 **출제분석 |** 별의 표면 온도와 크기는 매년 2~3번 이상 출제되는 개념이다. 이 문제는 태양이 G형인 것까지 알아야 풀 수 있는데, 이외에는 최대 복사 에너지를 방출하는 파장, 표면 온도, 질량만을 다루고 있어서 어렵지 않은 편이다. 더 어렵게 출제될 때에는 수소선의 세기 비교나 색지수, 별의 수명 등의 개념을 묻기도 한다.

그림은 별의 스펙트럼에 나타난 흡수선의 상대적 세기를 온도에 따라 나타낸 것이고, 표는 별 A, B, C의 물리량과 특징을 나타낸 것이다.

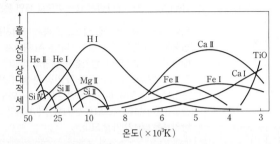

별	표면 온도(K)	절대 등급	특징	
A	(10000K)	11.0	별의 색깔은 흰색이다.	백색 왜성
B	3500	(−4.0보다)크다, 반지름이 C의 100배이다.		적색 거성
C	6000	6.0	( )	주계열성

이에 대한 설명으로 옳은 것은?

① 반지름은 A가 C보다 ~~크다~~. 작다   표면 온도 ↓, 절대 등급 ↓ ⇒ 반지름 ↑

✓② B의 절대 등급은 −4.0보다 크다.

③ 세 별 중 Fe I 흡수선은 A에서 가장 ~~강하다~~. 약하다

④ 단위 시간 당 방출하는 복사 에너지양은 C가 B보다 ~~많다~~. 적다

⑤ C에서는 Fe II 흡수선이 Ca II 흡수선보다 ~~강하게~~ 나타난다. 약하게

|자|료|해|설|

A는 흰색이며 절대 등급이 큰 별이므로 백색 왜성에 해당한다. 반면, C는 표면 온도가 6000K이고 절대 등급이 6이므로 주계열성에 해당한다. B는 표면 온도가 3500K이고 반지름이 주계열성인 C의 100배이므로 적색 거성에 해당한다.

|선|택|지|풀|이|

① 오답 : C가 A보다 표면 온도는 낮지만 절대 등급이 작아 광도가 크기 때문에 반지름이 크다.

② 정답 : 별의 반지름(R)은 B가 C의 100배이고, 표면 온도(T)는 약 0.5배이다. $L \propto T^4 R^2$이므로 광도는 B가 C의 $(100)^2 \times \left(\frac{1}{2}\right)^4 = \frac{10000}{16}$ 배보다 작다. 광도가 10000배일 때 절대 등급은 10등급 작으므로 B의 절대 등급은 −4.0 보다 크다.

③ 오답 : 세 별 중 Fe I 의 흡수선은 B에서 가장 강하고 A에서 가장 약하다.

④ 오답 : 단위 시간당 방출하는 복사 에너지양은 광도이다. 광도는 C(주계열성)보다 B(적색 거성)가 크다.

⑤ 오답 : C의 표면 온도는 6000K이므로 Fe II 흡수선이 Ca II 흡수선보다 약하게 나타난다.

🤪 **문제풀이 T I P |** 분광형과 색깔, 표면 온도, 스펙트럼 형태를 연결할 수 있어야 된다.

😀 **출제분석 |** 분광형에 따른 색깔과 표면온도, 스펙트럼의 모습을 암기하고 있고, 그래프 해석만 제대로 한다면 어렵지 않게 풀 수 있는 문제이다.

그림은 서로 다른 두 별 A와 B에서 방출되는 복사 에너지의 상대 세기와 수소 흡수선의 파장을 나타낸 것이다.

별 A와 B를 비교한 설명으로 옳지 않은 것은? ③점

λ_{max} : A > B
T : A < B
E : A < B
L : A > B
R : A > B

① 광도는 A가 크다   흑체 복사 곡선 면적: A > B   광도: A > B

② 반지름은 A가 크다. $L = 4\pi R^2 \cdot \sigma T^4$이므로, $T_B > T_A$인데 $L_A > L_B$가 되려면 $R_A > R_B$

③ 표면 온도는 B가 높다. $\lambda_{max} \propto \frac{1}{T}$이므로, $\lambda_{maxB} < \lambda_{maxA} \rightarrow T_B > T_A$

④ 수소 흡수선의 세기는 B가 크다. B의 수소 흡수선 깊이가 더 깊다

✓⑤ 단위 시간당 동일한 면적에서 방출되는 복사 에너지는 ~~A~~ 가 크다. B $E = \sigma T^4$이므로 $T_B > T_A \rightarrow E_B > E_A$

|자|료|해|설|

λ_{max}가 A > B이므로 표면 온도(T)는 A < B이다. 따라서 단위 시간당 동일한 면적에서 방출되는 복사 에너지 ($E = \sigma T^4$)는 A < B이다. 또, 흑체 복사 곡선의 면적이 A > B이므로 광도는 A > B이다. 광도는 $L = 4\pi R^2 \cdot \sigma T^4$ 이므로 반지름은 A > B이다.

|선|택|지|풀|이|

① 오답 : 흑체 복사 곡선의 면적이 A > B이므로 광도는 A가 더 크다.

② 오답 : $L = 4\pi R^2 \cdot \sigma T^4$인데, 온도는 A < B이므로 광도가 A > B가 되려면 반지름은 A가 더 커야한다.

③ 오답 : $\lambda_{max} \propto \frac{1}{T}$이므로 λ_{max}가 A > B이므로 표면 온도는 B가 더 높다.

④ 오답 : 수소 흡수선이 나타나는 파장에서 복사 에너지의 세기가 줄어드는 정도(깊이)로 보아 수소 흡수선의 세기는 A보다 B가 크다.

⑤ 정답 : $E = \sigma T^4$이므로 단위 시간당 동일한 면적에서 방출되는 복사 에너지(E)는 B가 크다.

🤪 **문제풀이 T I P |** $\lambda_{max} \propto \frac{1}{T}$, $E = \sigma T^4$, $L = 4\pi R^2 \cdot \sigma T^4$을 적절히 사용할 줄 알아야 한다. 더불어 수소 흡수선의 세기는 파장에서 복사 에너지의 세기가 줄어드는 정도(깊이)로 판단한다. 깊이가 깊을수록 흡수선의 세기는 크다.

표는 별 (가), (나), (다)의 분광형, 반지름, 광도를 나타낸 것이다.

$L = 4\pi R^2 \sigma T^4$

(가) $10 = (10)^2 \cdot \left(\sqrt[4]{\dfrac{1}{10}}\right)^4$

(나) $25\uparrow = (5)^2 \cdot (1.7)^4$

(다) $10 = \left(\sqrt{\dfrac{10}{1.7^4}}\right)^2 \cdot (1.7)^4$

별	분광형	반지름 (태양=1)	광도 (태양=1)
(가)	표면 온도가 태양의 $\sqrt[4]{\dfrac{1}{10}}$	10	10
(나)	A0 → 가장 낮음	5	25↑ → 광도가 가장 큼
(다)	A0 =10000K (태양의 약 1.7배)	$\sqrt{\dfrac{10}{1.7^4}}$	10

(가), (나), (다)에 대한 설명으로 옳은 것만을 〈보기〉에서 있는 대로 고른 것은? **3점**

보기

ㄱ. 복사 에너지를 최대로 방출하는 파장은 (가)가 가장 ~~짧다.~~ 길다
     광도가 클수록 절대 등급 작음
ㄴ. 절대 등급은 (나)가 가장 작다. → 표면 온도에 반비례
ㄷ. 반지름은 ~~(다)~~ 가 가장 크다. (가)

① ㄱ   ②✓ ㄴ   ③ ㄷ   ④ ㄱ, ㄴ   ⑤ ㄴ, ㄷ

|자|료|해|설|

광도는 반지름의 제곱에, 표면 온도의 네제곱에 비례한다 ($L=4\pi R^2\sigma T^4$). 공식에 대입하면 (가)는 반지름이 태양의 10배이고, 광도가 태양의 10배이므로 표면 온도는 $\sqrt[4]{\dfrac{1}{10}}$ 이다. 표면 온도가 가장 낮으므로 복사 에너지를 최대로 방출하는 파장이 가장 길다. (나)는 A0형으로 표면 온도가 태양의 약 1.7배이다. 반지름은 태양의 5배이므로 광도는 태양의 25배보다 크다. 광도가 가장 큰 별이므로, 절대 등급은 가장 작다. (다)는 표면 온도가 (나)와 같지만 광도는 (나)보다 작으므로 반지름은 (나)보다 작다. 따라서 반지름은 (가)가 가장 크다.

|보|기|풀|이|

ㄱ. 오답 : 복사 에너지를 최대로 방출하는 파장은 표면 온도에 반비례하므로, 표면 온도가 가장 낮은 (가)가 가장 길다.

ㄴ. 정답 : 광도는 (나)가 가장 크므로, 절대 등급은 (나)가 가장 작다.

ㄷ. 오답 : 반지름은 (다)가 (나)보다 작으므로, (가)가 가장 크다.

😮 **문제풀이 T I P** | 광도는 반지름의 제곱에, 표면 온도의 네제곱에 비례한다($L=4\pi R^2\sigma T^4$). 정확한 숫자를 대입하지 않고, 비만 넣어도 값을 비교할 수 있다. 이런 문제에서는 값이 정확히 나오지 않아서 정확한 값을 구하려고 하기보다는 크다, 작다를 비교하는 정도로 구하면 된다.
표면 온도는 색지수와 복사 에너지를 최대로 방출하는 파장에 반비례한다.

😀 **출제분석** | 광도나 반지름, 표면 온도를 계산해야하는 문제로, 어려운 편이다. 심지어 숫자가 딱 떨어지지 않아서 체감 난이도가 더욱 높아진다. 표면 온도를 주지 않고, 분광형으로 제시하여 태양의 표면 온도(약 6000K)와 A0형의 표면 온도(10000K)를 비교해야 문제를 풀 수 있다. 표면 온도와 복사 에너지를 최대로 방출하는 파장, 광도와 절대 등급 등 비슷한 개념을 많이 묶어서 물어봐서 문제의 난이도가 더욱 높아졌다.

그림은 지구 대기권 밖에서 단위 시간 동안 관측한 **주계열성 A, B,** C의 복사 에너지 세기를 파장에 따라 나타낸 것이다.
→ 질량∝표면 온도 ∝지름∝광도 수명만 반비례

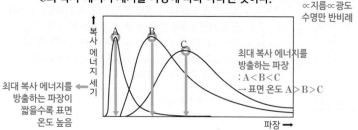

최대 복사 에너지를 방출하는 파장이 짧을수록 표면 온도 높음

최대 복사 에너지를 방출하는 파장 : A<B<C
→ 표면 온도 A>B>C

이에 대한 설명으로 옳은 것만을 〈보기〉에서 있는 대로 고른 것은? **3점**

보기

ㄱ. 표면 온도는 A가 B보다 높다.
ㄴ. 광도는 B가 C보다 크다.
ㄷ. 반지름은 A가 C보다 ~~작다.~~ 크다

① ㄱ   ② ㄷ   ③✓ ㄱ, ㄴ   ④ ㄴ, ㄷ   ⑤ ㄱ, ㄴ, ㄷ

|자|료|해|설|

주계열성은 질량, 표면 온도, 지름, 광도가 비례하고 수명 (주계열에 머무르는 기간)만 반비례한다.
최대 복사 에너지를 방출하는 파장이 짧을수록 표면 온도가 높은데, 그래프에서 최대 복사 에너지를 방출하는 파장의 길이가 A<B<C이므로 표면 온도는 A>B>C 이다. 따라서 광도와 반지름 모두 A>B>C이다.

|보|기|풀|이|

ㄱ. 정답 : 표면 온도는 A>B>C이므로 A가 B보다 높다.

ㄴ. 정답 : 광도는 A>B>C이므로 B가 C보다 크다.

ㄷ. 오답 : 반지름은 A>B>C이므로 A가 C보다 크다.

😮 **문제풀이 T I P** | 주계열성에서 질량, 표면 온도, 지름(반지름), 광도가 비례하는데, 수명만 반비례한다.
최대 복사 에너지를 방출하는 파장과 표면 온도는 반비례한다.

😀 **출제분석** | 주계열성의 특징을 다루는 문제인데, 배점이 3점이지만 그래프 해석도 쉽고, 보기가 매우 평이한 수준이라 문제의 난이도는 낮은 편이다. 주계열성일 때 비례하는 값과 반비례하는 값을 구분해서 암기해야 한다.

그림은 세 별 (가), (나), (다)의 스펙트럼에서 세기가 강한 흡수선 4개의 상대적 세기를 나타낸 것이다. (가), (나), (다)의 분광형은 각각 A형, O형, G형 중 하나이다.

T↑ O B A F G K M
E↑   다 가 나

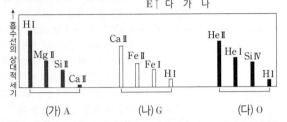

(가) A   (나) G   (다) O

이에 대한 옳은 설명만을 〈보기〉에서 있는 대로 고른 것은? 3점

보기

ㄱ. 표면 온도가 태양과 가장 비슷한 별은 (가)이다. (나)

ㄴ. (나)의 구성 물질 중 가장 많은 원소는 O이다. H, He

ㄷ. 단위 시간당 단위 면적에서 방출되는 에너지양은 (나)가 (다)보다 적다. → G형

O형

① ㄱ   ✓② ㄷ   ③ ㄱ, ㄴ   ④ ㄴ, ㄷ   ⑤ ㄱ, ㄴ, ㄷ

|자|료|해|설|

중성수소(H I) 흡수선이 가장 센 (가)는 A형 별, 이온화된 칼슘(Ca II) 흡수선이 가장 센 (나)는 G형 별, 이온화된 헬륨(He II) 세기가 가장 센 (다)는 O형 별이다.

|보|기|풀|이|

ㄱ. 오답 : 표면 온도가 태양과 가장 비슷한 별은 이온화된 칼슘(Ca II) 흡수선이 강하게 나타나는 (나)이다.

ㄴ. 오답 : (나)와 같은 G형 별의 구성 물질 중 가장 많은 원소는 H, He이다.

ㄷ. 정답 : 단위 시간당 단위 면적에서 방출되는 에너지양은 G형 별인 (나)가 O형 별인 (다)보다 적다.

😮 문제풀이 T I P | [강하게 나타나는 흡수선]

온도가 높은 O형, B형 별	이온화된 헬륨(He II)이나 중성 헬륨(He I)의 흡수선
온도가 약 10000K인 A형 별	중성수소(H I) 흡수선
온도가 약 5800K인 G형 별	이온화된 칼슘(Ca II) 흡수선
온도가 낮은 K형, M형 별	금속 원소와 분자에 의한 흡수선

😊 출제분석 | 분광형마다 강하게 나타나는 흡수선을 알아야 해결할 수 있는 문제이므로 난이도는 높게 책정되었다.

표는 별 A∼D의 특징을 나타낸 것이다. A∼D 중 주계열성은 3개 이다.

$L = 4\pi R^2 \sigma T^4 \propto R^2 T^4$

$20000 = R_A^2 \cdot \left(\frac{50}{11}\right)^4$ A → R_A ≒ 7

$\frac{1}{100} = 2^4 \cdot R_B^2$ B → R_B ≒ $\frac{1}{40}$

별	광도(태양=1)	표면 온도(K)	반지름(R)
A → R_A ≒ 7	20000	25000	7
B → R_B ≒ $\frac{1}{40}$	0.01	11000	$\frac{1}{40}$
C 태양과 비슷	1	5500	1
D	0.0017	3000	

A∼D에 대한 설명으로 옳은 것만을 〈보기〉에서 있는 대로 고른 것은? 3점

보기

ㄱ. 별의 반지름은 A가 C보다 10배 이상 크다. 약 7배

ㄴ. Ca II 흡수선의 상대적 세기는 C가 A보다 강하다. B

ㄷ. 별의 평균 밀도가 가장 큰 것은 D이다. 광도↓, 표면 온도↑→ 백색 왜성 → 밀도↑

① ㄱ   ✓② ㄴ   ③ ㄱ, ㄷ   ④ ㄴ, ㄷ   ⑤ ㄱ, ㄴ, ㄷ

|자|료|해|설|

광도 식은 $L = 4\pi R^2 \sigma T^4$이다. 이에 따라 광도는 반지름의 제곱과 표면 온도의 네제곱에 비례한다. C는 광도가 1, 표면 온도가 5500K이므로 태양과 유사한 별이다. 따라서 C를 기준으로 하면, A의 경우 광도는 20000배이고, 표면 온도는 $\frac{50}{11}$배이므로 $20000 = R_A^2 \cdot \left(\frac{50}{11}\right)^4$이다. 따라서 반지름은 A가 C의 약 7배이다. B의 경우 광도는 0.01배이고, 표면 온도는 2배이므로 반지름은 $\frac{1}{40}$배이다.

C는 태양과 비슷한 별이므로 주계열성이다. B는 표면 온도가 C의 2배이지만 광도가 매우 낮으므로 백색 왜성이다.

|보|기|풀|이|

ㄱ. 오답 : 별의 반지름은 A가 C의 약 7배이다.

ㄴ. 정답 : Ca II 흡수선의 상대적 세기는 분광형이 G형인 별에서 강하게 나타난다. 따라서 태양과 유사한 표면 온도를 가진 C가 A보다 강하다.

ㄷ. 오답 : 별의 평균 밀도가 가장 큰 것은 백색 왜성인 B이다.

😮 문제풀이 T I P | 광도 식은 $L = 4\pi R^2 \sigma T^4$인데, 4π와 σ는 동일하므로 결국 반지름과 표면 온도만 비교하면 된다. 반지름과 표면 온도, 광도가 딱 나눠떨어지는 경우에는 정확하게 비교할 수 있지만 이 문제에서 A의 표면 온도, D의 광도처럼 깔끔하게 비교할 수 없는 경우에는 대략적으로만 비교해도 정답을 찾을 수 있다.

😊 출제분석 | 별의 표면 온도와 크기, 광도 식을 다루는 문제이다. 식을 계산하여 반지름을 비교하는 것이 주된 문제로, 계산이 들어가면 체감 난이도가 확 올라가서 배점이 3점이고 정답률도 낮았다. 계산만으로도 까다로운데 ㄴ과 ㄷ 보기에서 스펙트럼의 특징, 별의 분류까지 고려해야 해서 문제의 난이도가 높았다.

그림은 별 A, B, C의 반지름과 절대 등급을 나타낸 것이다. A, B, C는 각각 초거성, 거성, 주계열성 중 하나이다. A, B, C에 대한 설명으로 옳은 것만을 〈보기〉에서 있는 대로 고른 것은? **3점**

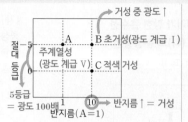

보기

ㄱ. 표면 온도는 A가 B의 $\sqrt{10}$배이다. $\lambda_{max} \propto \dfrac{1}{T}$인데, $T : A > B > C$이므로 $\lambda_{max} : A < B < C$

ㄴ. 복사 에너지를 최대로 방출하는 파장은 B가 C보다 ~~길다~~ 짧다.

ㄷ. 광도 계급이 V인 것은 ~~C~~이다. A 주계열성

① ㄱ　② ㄴ　③ ㄷ　④ ㄱ, ㄷ　⑤ ㄴ, ㄷ

$L = 4\pi R^2 \sigma T^4$
A $100 = 1^2 (\sqrt{10})^4$
B $100 = 10^2 1$
C $1 = 10^2 \left(\dfrac{1}{\sqrt{10}}\right)^4$

💡 **문제풀이 TIP** | 광도 계급은 7가지를 모두 외울 필요는 없고, 초거성(광도 계급 I), 주계열성(광도 계급 V), 백색 왜성(광도 계급 VII) 세 가지만 외우면 된다.
복사 에너지를 최대로 방출하는 파장은 표면 온도에 반비례한다.

😊 **출제분석** | 별의 표면 온도와 크기를 공식으로 비교하는 문제이다. 계산이 많이 들어가서 학생들이 어렵게 느끼기 쉽다. 별의 물리량을 다루는 문제 중에서 고난도에 속하며, 그에 따라 배점도 3점이다. 그러나 공식이 한정적이므로, 특히 광도에 관련된 문제를 여러 번 풀어보며 공식을 적용하는 연습을 해야 한다.

|자|료|해|설|

A, B, C는 초거성, 거성, 주계열성 중 하나이므로, 셋 중 반지름이 가장 작은 A가 주계열성이다. 같은 반지름이라도 더 밝은 B가 초거성, 덜 밝은 C가 거성이다. 초거성은 광도 계급 I, 주계열성은 광도 계급 V이다.

A, B는 절대 등급이 −5등급, C는 0등급으로 5등급 차이가 나고, 광도는 100배 차이다. 광도를 구하는 공식은 $L = 4\pi R^2 \sigma T^4$이므로, 광도는 별의 반지름의 제곱과 표면 온도의 네제곱에 비례한다. A의 경우 광도를 100, 반지름은 1이라고 할 때 표면 온도는 $\sqrt{10}$이 된다. B의 경우 광도를 100, 반지름을 10이라고 할 때 표면 온도는 1이 된다. C의 경우 광도는 1, 반지름은 10이라고 할 때, 표면 온도는 $\dfrac{1}{\sqrt{10}}$이 된다. 따라서 표면 온도는 A > B > C 순서로 높다.

|보|기|풀|이|

ㄱ. 정답 : 표면 온도는 A가 $\sqrt{10}$, B가 1이라고 생각할 수 있으므로, A가 B의 $\sqrt{10}$배이다.

ㄴ. 오답 : 복사 에너지를 최대로 방출하는 파장은 표면 온도에 반비례한다. 표면 온도는 A > B > C이므로, 복사 에너지를 최대로 방출하는 파장은 A < B < C이다.

ㄷ. 오답 : 광도 계급이 V인 것은 주계열성이므로, A이다.

표는 태양과 별 (가), (나), (다)의 물리량을 나타낸 것이다. (가), (나), (다) 중 주계열성은 2개이고, (나)와 (다)의 겉보기 밝기는 같다.

$L_{태양} = 1$
$L_{(다)} = 2^4 \times R_{(다)}$
$= \dfrac{1}{100}$
$\therefore R_{(다)} = \dfrac{1}{40}$
$= 0.025$
$L_{(가)} = T^4 \times \left(\dfrac{5}{2}\right)^2$
$= 100$
$L_{(나)} = 5^4 \times 4^2$
$= 100^2$

별	복사 에너지를 최대로 방출하는 파장(μm)	절대 등급	반지름 (태양=1)
태양	0.50　온도 1	+4.8　100배	1
(가)	(⊙) 0.25 $\frac{1}{100}$배	−0.2	2.5
(나)	0.10　온도 5	( )	4
(다)	백색 왜성 0.25　온도 2	+9.8	(0.025)

이 자료에 대한 설명으로 옳은 것만을 〈보기〉에서 있는 대로 고른 것은?

보기

ㄱ. ⊙은 ~~0.125~~이다. 0.25

ㄴ. 중심핵에서의 $\dfrac{\text{p−p 반응에 의한 에너지 생성량}}{\text{CNO 순환 반응에 의한 에너지 생성량}}$ 은 (나)가 태양보다 작다. $L_{(나)} = 1000^2 L_{(다)} \rightarrow$ 겉보기 밝기 $\propto \dfrac{\text{광도}}{\text{거리}^2}$

ㄷ. 지구로부터의 거리는 (나)가 (다)의 1000배이다.

① ㄱ　② ㄴ　③ ㄷ　④ ㄱ, ㄴ　⑤ ㄴ, ㄷ

💡 **문제풀이 TIP** | 태양 값을 기준으로 각 별의 표면 온도와 반지름 값을 상대적인 값으로 나타내고 이를 이용해 광도를 계산한다. 계산 과정에서 길을 잃지 않도록 기호를 구분하여 잘 사용해야 한다.

😊 **출제분석** | 별의 물리량에 대한 문제는 매년 출제되는 빈출 유형이며, 본 문제처럼 계산을 필수로 요구하는 경우가 많다. 본 문제 또한 빈의 변위 법칙, 광도 공식, 거리와 별의 겉보기 밝기 등 요구하는 계산 과정이 많았다. 계산 과정도 복잡하고 보기에서 묻는 내용도 다양하여 어렵고 시간이 많이 드는 유형에 해당한다. 본 문제는 2점 문제로 출제되었으나 정답률이 37%로 매우 낮았다.

|자|료|해|설|

태양의 온도와 반지름을 1이라고 하고 광도 공식 $L = 4\pi R^2 \sigma T^4$에서 반지름과 온도만 고려하면 태양의 광도도 1이다. 이때 (가)는 태양보다 절대 등급이 5등급 작으므로 광도는 100배이다. (가)의 반지름은 2.5이므로 온도는 2이다. 이때 복사 에너지를 최대로 방출하는 파장은 온도에 반비례하며, (가)의 온도는 태양 온도의 2배이고 태양이 복사 에너지를 최대로 방출하는 파장이 $0.50\mu m$ 이므로 ⊙은 0.25이다. 같은 이유로 (나)의 온도는 5이고 반지름이 4이므로 광도는 100^2이고 절대 등급은 −5.2이다.

(다)의 절대 등급은 태양보다 5등급 크므로 광도는 $\dfrac{1}{100}$배이고, 온도가 2이므로 반지름은 0.025이다. 온도와 반지름 값을 보았을 때 (다)는 백색 왜성이고, (가)와 (나)는 주계열성이다.

|보|기|풀|이|

ㄱ. 오답 : (가)의 온도는 태양 온도의 2배이고, 태양이 복사 에너지를 최대로 방출하는 파장이 $0.50\mu m$이므로 ⊙은 0.25이다.

ㄴ. 정답 : 태양과 (가), (나)는 모두 주계열성이다. 주계열성은 질량이 클수록 광도도 크고 중심핵에서 CNO 순환 반응이 우세하다. (나)는 태양보다 질량이 크므로 p−p 반응보다 CNO 순환 반응이 우세하다.

ㄷ. 정답 : (나)는 (다)보다 1000^2배 밝지만 두 별의 겉보기 밝기는 같다. 이때 겉보기 밝기는 거리의 제곱에 반비례하므로 지구로부터의 거리는 (나)가 (다)의 1000배이다.

표는 별 A와 B의 물리량을 태양과 비교하여 나타낸 것이다. 반비례$\left(\lambda_{max} \propto \dfrac{1}{T}\right)$

별	광도 (상댓값)	반지름 (상댓값)	최대 복사 에너지 방출 파장(nm)	온도 T
태양	1	1	500	1
A	170	25	㉠	$\sqrt[4]{\dfrac{170}{25^2}}$
B	64	㉡ $\dfrac{8}{4}=2$	250	2

$L \propto R^2 T^4$
$T^4 \propto \dfrac{L}{R^2}$
$R^2 \propto \dfrac{L}{T^4}$
$R \propto \dfrac{\sqrt{L}}{T^2}$

이에 대한 설명으로 옳은 것만을 〈보기〉에서 있는 대로 고른 것은?

3점

보기

ㄱ. ㉠은 500보다 크다.

ㄴ. ㉡은 $\overset{2}{\cancel{4}}$이다.

ㄷ. 단위 면적당 단위 시간에 방출하는 복사 에너지의 양은 A보다 B가 많다. ← $E=\sigma T^4$인데 $T_A < T_B$

① ㄱ　② ㄴ　③ ㄷ　④ ㄱ, ㄴ　⑤ ㄱ, ㄷ

|자|료|해|설|

$L \propto R^2 T^4$이므로 $T^4 \propto \dfrac{L}{R^2}$임을 알 수 있다. 따라서 태양과 A를 비교할 때 태양의 온도를 1이라 두면 A의 온도는 $\sqrt[4]{\dfrac{170}{25^2}}$이고, 빈의 변위 법칙에 의하면 온도(태양 > A)와 λ_{max}는 반비례하므로 최대 복사 에너지 방출 파장은 ㉠ > 500이다.

태양과 B를 비교할 때 태양의 온도를 1이라 두면 빈의 변위 법칙에 의해 B의 온도는 2이므로 ㉡은 $2\left(R \propto \dfrac{\sqrt{L}}{T^2}=\dfrac{\sqrt{64}}{4}\right)$이다.

|보|기|풀|이|

ㄱ. 정답 : 온도와 λ_{max}는 반비례하므로 ㉠은 500보다 크다.

ㄴ. 오답 : ㉡은 $R \propto \dfrac{\sqrt{L}}{T^2}=\dfrac{\sqrt{64}}{4}$이므로 2이다.

ㄷ. 정답 : 단위 면적당 단위 시간에 방출하는 복사 에너지의 양은 $E=\sigma T^4$인데, $T_A < T_B$이므로 A보다 B가 많다.

😮 **문제풀이 TIP |** [별의 물리량과 관련된 공식]

－ 빈의 변위 법칙 : $\lambda_{max}=\dfrac{a}{T}$ $(a=2.898 \times 10^3 \mu m \cdot K)$

－ 슈테판 볼츠만 법칙 : $E=\sigma T^4$

－ 광도 공식 : $L=4\pi R^2 \cdot \sigma T^4$, $R \propto \dfrac{\sqrt{L}}{T^2}$, $T^4 \propto \dfrac{L}{R^2}$

😊 **출제분석 |** 정확한 값을 계산하려고 하지 않고 태양을 기준 값으로 잡고, 별의 물리량을 비교해야 풀리는 문제이다. 개념에 대한 정확한 이해가 필요하므로 오답률이 높았던 문제이다.

그림은 분광형이 서로 다른 별 (가), (나), (다)가 방출하는 복사 에너지의 상대적 세기를 파장에 따라 나타낸 것이다. (가)의 분광형은 O형이고, (나)와 (다)는 각각 A형과 G형 중 하나이다. ↑←온도→↓ O B A F G K M

이 자료에 대한 설명으로 옳은 것만을 〈보기〉에서 있는 대로 고른 것은? 3점

H I 흡수선의 위치 λ_{peak}의 파장이 짧을수록 온도 ↑ (가) > (나) > (다) O A G

표면 온도 10,000K 수소선 가장 셈

H I 가장 강함

(가) O형 세기 λ_{peak}
(나) A형 세기 λ_{peak}
(다) G형 세기

파장(nm) 400　500　600　700

보기

ㄱ. H I 흡수선의 세기는 (가)가 (나)보다 강하게 나타난다. ← 약

ㄴ. 복사 에너지를 최대로 방출하는 파장은 (나)가 (다)보다 길다. ← 짧다

ㄷ. 표면 온도는 (나)가 태양보다 높다. ← $\propto \dfrac{1}{T}$

A형 → (나)　G형 → (다)

① ㄱ　② ㄴ　③ ㄷ　④ ㄱ, ㄴ　⑤ ㄴ, ㄷ

|자|료|해|설|

방출하는 복사 에너지가 가장 높은 파장을 λ_{peak} 또는 λ_{max}라고 부른다. 이 값이 작을수록 표면 온도가 높은 별이다. 따라서 λ_{peak}가 가장 왼쪽(파장이 짧은 쪽)에 있을수록 표면 온도가 높은 별이다. (가)가 가장 짧고, (나), (다) 순서이므로 표면 온도는 (가) > (나) > (다)이다. 별은 표면 온도에 따라 OBAFGKM으로 나뉘므로, (가)는 O형, (나)는 A형, (다)는 G형이다.

A형은 표면 온도가 약 10,000 K인 별이며, 수소선이 가장 강하게 방출된다. G형은 태양과 표면 온도가 비슷한 별이다.

|보|기|풀|이|

ㄱ. 오답 : H I 흡수선은 A형 별에서 가장 강하게 나타나므로, (가)가 (나)보다 약하게 나타난다.

ㄴ. 오답 : 복사 에너지를 최대로 방출하는 파장은 표면 온도에 반비례하므로, (나)가 (다)보다 짧다.

ㄷ. 정답 : 표면 온도는 A형인 (나)가 G형인 태양보다 높다.

😮 **문제풀이 TIP |** λ_{peak}는 표면 온도에 반비례한다. 즉, 표면 온도가 높을수록 복사 에너지를 최대로 방출하는 파장이 짧다. O형 별은 표면 온도가 가장 높고, A형 별은 H I 흡수선(수소선)의 세기가 가장 강하다. 태양은 G형 별이다.

😊 **출제분석 |** 별의 분광형은 시험에서 자주 출제되는 중요한 개념이다. 이 문제에서는 분광형 중에서도 가장 많이 출제되는 O형, A형, G형을 다루고 있으며, 수소의 세기나 태양의 분광형 등 다양한 지식을 묻고 있어서 배점이 3점으로 출제되었다. 분광형을 H−R도와 함께 출제하는 경우도 있으므로, H−R도에서 파악하는 연습을 해두는 것도 좋다.

그림은 별 A~D의 상대적 크기를, 표는 별의 물리량을 나타낸 것이다. 별 A~D는 각각 ㉠~㉣ 중 하나이다.

$L=4\pi R^2\sigma T^4$
$\rightarrow L \propto R^2 T^4$
㉠ $0.01=R_㉠^2\cdot1^4$
$\rightarrow R_㉠=0.1 \Rightarrow$ B
㉡ $1=R_㉡^2\cdot1^4$
$\rightarrow R_㉡=1 \Rightarrow$ C
㉢ $1=R_㉢^2\cdot4^4$
$\rightarrow R_㉢=\frac{1}{16} \Rightarrow$ A
㉣ $2=R_㉣^2\cdot1^4$
$\rightarrow R_㉣=\sqrt{2} \Rightarrow$ D

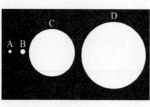

별	광도 (태양=1)	표면 온도 (태양=1)	반지름 (태양=1)
B㉠	0.01	1	0.1
C㉡	1	1	1
A㉢	1	4	$\frac{1}{16}$
D㉣	2	1	$\sqrt{2}$

이에 대한 설명으로 옳은 것만을 〈보기〉에서 있는 대로 고른 것은?

3점

보기
ㄱ. 표면 온도는 A가 B보다 높다. ⌐4→ ⌐1→
ㄴ. 광도는 B가 D보다 작다. 0.01 2
ㄷ. C는 주계열성이다.
　↳ 태양과 동일

① ㄱ　② ㄴ　③ ㄱ, ㄷ　④ ㄴ, ㄷ　⑤ ㄱ, ㄴ, ㄷ ✓

|자|료|해|설|
광도는 반지름의 제곱에, 표면 온도의 네제곱에 비례한다 ($L=4\pi R^2\sigma T^4$). 광도, 표면 온도, 반지름을 모두 태양=1 이라고 가정할 때, ㉠은 광도가 0.01인데 표면 온도가 1이므로 반지름이 0.1이다. ㉡은 광도와 표면 온도가 1이므로 반지름 역시 1이다. ㉢은 광도가 1인데 표면 온도가 4이므로, 반지름은 $\frac{1}{16}$이다. ㉣은 광도가 2이고 표면 온도가 1이므로 반지름은 $\sqrt{2}$이다. 크기가 ㉣>㉡>㉠>㉢이므로, ㉠은 B, ㉡은 C, ㉢은 A, ㉣은 D이다. ㉡은 태양과 광도, 표면 온도, 반지름이 모두 같으므로 주계열성이다.

|보|기|풀|이|
ㄱ. 정답 : 표면 온도는 A가 B의 4배이다.
ㄴ. 정답 : 광도는 B가 0.01, D가 2로 B가 D보다 작다.
ㄷ. 정답 : C는 태양과 물리량이 같으므로 주계열성이다.

😮 **문제풀이 T I P |** 광도 식($L=4\pi R^2\sigma T^4$)에서 상수를 제외하고, 광도, 반지름, 표면 온도만 비교하면 된다.
문제에서 광도, 표면 온도 값을 태양과 비교하여 제시하였으므로, 반지름 역시 태양과 비교하여 나타내야 한다.

😊 **출제분석 |** 별의 표면 온도와 크기는 이 문제처럼 계산하는 문제가 배점이 3점인 경우가 많다. 제시된 광도와 표면 온도를 보고 반지름을 비교하여, 별의 크기(A~D)를 나열해야 하므로 체감 난이도도 높고, 실제로 정답률도 매우 낮은 문제였다. 자료 해석이 어려운만큼 보기는 평이한 수준이었지만, ㄷ에서 태양과 물리량이 동일한 별이 주계열성인 것까지 파악해야 했다.

표는 별 ㉠, ㉡, ㉢의 표면 온도, 광도, 반지름을 나타낸 것이다. ㉠, ㉡, ㉢은 각각 주계열성, 거성, 백색 왜성 중 하나이다.

별	표면 온도(태양=1)	광도(태양=1)	반지름(태양=1)	
㉠	$\sqrt{10}$	(0.01)	0.01	➡ 백색 왜성
㉡	(2)	100	2.5	➡ 주계열성
㉢	0.75	81	(16)	➡ 거성

주계열성의 광도가 큼=㉢이 질량 작은 주계열성에서 진화

이에 대한 설명으로 옳은 것만을 〈보기〉에서 있는 대로 고른 것은?

보기
ㄱ. 복사 에너지를 최대로 방출하는 파장은 ㉠이 ㉡보다 ~~길다~~ 짧다. $\propto\frac{1}{T}$
ㄴ. (㉠의 절대 등급 − ㉡의 절대 등급) 값은 10이다.
ㄷ. 별의 질량은 ㉡이 ㉢보다 크다. ← 광도 10000배 차이=절대등급 10등급 차이

① ㄱ　② ㄴ　③ ㄷ　④ ㄱ, ㄷ　⑤ ㄴ, ㄷ ✓

$$L=4\pi R^2\sigma T^4 \propto R^2 T^4$$

㉠ : $\left(\frac{1}{100}\right)^2\cdot(\sqrt{10})^4=\frac{1}{100}$이므로 $L=\frac{1}{100}$

㉡ : $100=\left(\frac{5}{2}\right)^2\cdot T^4 \rightarrow T=2$

㉢ : $81=R^2\cdot\left(\frac{3}{4}\right)^4 \rightarrow R=16$

😮 **문제풀이 T I P |** 광도 100배 차이 → 절대 등급 5등급 차이
문제를 풀 때 정확한 값을 구하는 것이 아니라 '어떤 것의 몇 배' 이런 식으로 비교하는 것이므로 $L=4\pi R^2\sigma T^4$ 에서 상수는 다 생략하고, 반지름과 표면 온도로만 계산하면 된다.

😊 **출제분석 |** 광도 식을 이용하여 표면 온도, 반지름, 광도를 비교하는 문제는 매년 2~3번 이상 출제될 정도로 출제 빈도가 높다. 기본적으로 계산을 해야 하는 유형이기 때문에 정답률이 높지는 않다. 이 문제는 계산을 통해 빈칸의 값들을 구하고, 이를 토대로 별의 진화 단계를 추정한 뒤 보기를 판단해야 해서 까다로웠다.

|자|료|해|설|
광도 L은 $L=4\pi R^2\sigma T^4$으로 표현할 수 있다. 이때, 태양의 반지름, 표면 온도, 광도를 모두 1이라고 놓으면 $4\pi\sigma$와 같은 상수를 계산하지 않고 풀 수 있다. ㉠의 경우 반지름이 0.01, 표면 온도가 $\sqrt{10}$이므로 광도는 0.01이다. ㉡의 경우 광도가 100이고, 반지름이 2.5이므로 표면 온도는 2이다. ㉢의 경우 광도가 81이고, 표면 온도가 0.75이므로 반지름은 16이 된다. 따라서 태양보다 광도와 반지름이 작지만 표면 온도가 높은 ㉠이 백색 왜성, 태양보다 표면 온도는 낮지만 광도가 큰 ㉢이 거성, ㉡이 주계열성이다. 주계열성이 거성으로 진화하는 동안 대체로 광도는 증가하고, 표면 온도는 감소한다. ㉡과 ㉢의 광도를 비교하면, 주계열성인 ㉡이 거성인 ㉢보다 광도가 크다. 즉, ㉢은 ㉡보다 질량이 작은 주계열성이 진화한 거성임을 알 수 있다.

|보|기|풀|이|
ㄱ. 오답 : 복사 에너지를 최대로 방출하는 파장은 표면 온도에 반비례한다. 따라서 표면 온도가 높은 ㉠이 표면 온도가 낮은 ㉡보다 복사 에너지를 최대로 방출하는 파장이 짧다.
ㄴ. 정답 : ㉠은 ㉡보다 10000배 어둡다. 따라서 (㉠의 절대 등급 − ㉡의 절대 등급) 값은 10이다.
ㄷ. 정답 : 주계열성인 ㉡이 거성인 ㉢보다 광도가 더 크므로, ㉢이 ㉡보다 질량이 작은 주계열성에서 진화한 거성임을 알 수 있다. 따라서 별의 질량은 ㉡이 ㉢보다 크다.

그림은 별 ㉠과 ㉡의 물리량을 나타낸 것이다.

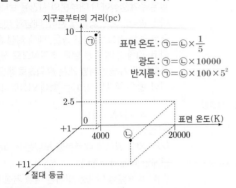

표면 온도 : ㉠=㉡×$\frac{1}{5}$

광도 : ㉠=㉡×10000

반지름 : ㉠=㉡×100×5²

이 자료에 대한 설명으로 옳은 것만을 <보기>에서 있는 대로 고른 것은? 3점

보기　∝√광도×$\frac{1}{(표면 온도)^2}$　→　∝$\frac{1}{표면 온도}$

ㄱ. 복사 에너지를 최대로 방출하는 파장은 ㉠이 ㉡의 $\frac{1}{5}$배이다.

ㄴ. 별의 반지름은 ㉠이 ㉡의 2500배이다.

ㄷ. (㉡의 겉보기 등급－㉠의 겉보기 등급) 값은 6보다 크다.

① ㄱ　　② ㄴ　　③ ㄷ　　④ ㄱ, ㄴ　　⑤ ㄴ, ㄷ

|자|료|해|설|

별 ㉠은 지구로부터 10pc 거리에 있고, 표면 온도는 4000K 이며, 절대 등급은 +1이다. 별 ㉡은 지구로부터 2.5pc 거리에 있고, 표면 온도는 20000K이며, 절대 등급은 +11 이다.

별 ㉠의 표면 온도는 ㉡의 $\frac{1}{5}$배이고, 지구로부터의 거리는 ㉡의 4배이다. ㉠의 절대 등급은 ㉡보다 10만큼 작으므로 절대 등급을 M, 광도를 L이라 할 때, $M_2 - M_1 = -2.5\log\frac{L_2}{L_1}$ 에서 $1 - 11 = -2.5\log\frac{L_㉠}{L_㉡}$ 이고, ㉠의 광도는 ㉡의 10^4배이다.

별의 광도는 (반지름)²× (표면 온도)⁴에 비례하므로 반지름은 $\frac{\sqrt{광도}}{(표면 온도)^2}$ 에 비례한다. 별 ㉠의 광도는 ㉡의 10000배이고, 표면 온도는 $\frac{1}{5}$배이므로 반지름은 ㉠이 ㉡의 $\sqrt{10000} \times 5^2 = 2500$배이다.

별의 겉보기 밝기는 $\frac{광도}{(별까지의 거리)^2}$ 에 비례한다. 광도는 ㉠이 ㉡의 10000배이고, 지구로부터 별까지의 거리는 ㉠이 ㉡의 $\frac{10}{2.5}$ 배이므로 별의 겉보기 밝기는 ㉠이 ㉡의 $(2.5)^2×$ 100배이다. 겉보기 밝기가 약 2.5배 밝으면 겉보기 등급이 1등급 작고, 겉보기 밝기가 약 100배 밝으면 겉보기 등급이 5등급 작다. 따라서 겉보기 등급은 ㉠이 ㉡보다 약 7등급 작다.

|보|기|풀|이|

ㄱ. 오답 : 복사 에너지를 최대로 방출하는 파장은 표면 온도에 반비례한다. ㉠의 표면 온도는 ㉡의 $\frac{1}{5}$배이므로 복사 에너지를 최대로 방출하는 파장은 ㉠이 ㉡의 5배이다.

ㄴ. 정답 : 별의 반지름은 $\frac{\sqrt{광도}}{(표면 온도)^2}$ 에 비례한다. 별 ㉠의 광도는 ㉡의 10000배이고, 표면 온도는 $\frac{1}{5}$배이므로 반지름은 ㉠이 ㉡의 $\sqrt{10000}×5^2=2500$배이다.

ㄷ. 정답 : 별의 광도는 ㉠이 ㉡의 10000배이고, 지구로부터의 거리는 ㉠이 ㉡의 $\frac{10}{2.5}$ 배이므로 별의 겉보기 밝기는 ㉠이 ㉡의 $(2.5)^2×$100배이다. 겉보기 밝기가 약 2.5배 밝으면 겉보기 등급이 1등급 작고, 겉보기 밝기가 약 100배 밝으면 겉보기 등급이 5등급 작으므로 ㉠의 겉보기 등급은 ㉡의 겉보기 등급보다 약 7등급 작다. 따라서 (㉡의 겉보기 등급－㉠의 겉보기 등급) 값은 약 7로 6보다 크다.

그림은 분광형과 광도를 기준으로 한 H−R도이고, 표의 (가), (나), (다)는 각각 H−R도에 분류된 별의 집단 ㉠, ㉡, ㉢의 특징 중 하나이다.

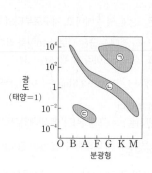

구분	특징	
(가) ㉡	별이 일생의 대부분을 보내는 단계로, 정역학 평형 상태에 놓여 별의 크기가 거의 일정하게 유지된다.	주계열성
(나) ㉠	주계열을 벗어난 단계로, 핵융합 반응을 통해 무거운 원소들이 만들어진다.	거성
(다) ㉢	태양과 질량이 비슷한 별의 최종 진화 단계로, 별의 바깥 층 물질이 우주로 방출된 후 중심핵만 남는다.	백색 왜성

(가), (나), (다)에 해당하는 별의 집단으로 옳은 것은?

	(가)	(나)	(다)
①	㉠	㉡	㉢
②	㉡	㉠	㉢
③	㉡	㉢	㉠
④	㉢	㉠	㉡
⑤	㉢	㉡	㉠

|자|료|해|설|

별은 주계열성에서 대부분의 시간을 보내다가 질량에 따라 다른 방식으로 진화하게 된다. 태양과 비슷한 질량을 가진 경우 적색 거성, 행성상 성운, 백색 왜성 순으로 진화하게 되고, 질량이 매우 큰 별은 초거성으로 진화한 뒤 초신성 폭발을 거쳐 중성자별 또는 블랙홀로 종말을 맞는다. ㉠은 거성, ㉡은 주계열성, ㉢은 백색 왜성이다.

|선|택|지|풀|이|

② 정답

(가) : 별의 일생의 대부분을 보내는 단계는 주계열성 단계인 ㉡에 해당한다.

(나) : 주계열성 단계를 벗어난 적색 거성 단계는 ㉠에 해당한다.

(다) : 태양과 질량이 비슷한 별의 최종 진화 단계는 백색 왜성 단계로 ㉢이다.

😊 **문제풀이 T I P |** 별의 진화 과정과 각 시기에 해당하는 특징을 정확하게 학습해야 한다. 이때 H−R도에 적용해보면서 대략적인 위치를 기억해야 한다.

😊 **출제분석 |** H−R도와 별의 진화에 대한 기본 문제이다.

그림은 H−R도에 별 (가)~(라)를 나타낸 것이다.

이에 대한 옳은 설명만을 〈보기〉에서 있는 대로 고른 것은?

보기

㉠ 별의 평균 밀도는 (가)가 (나)보다 크다.
㉡ (다)는 초신성 폭발을 거쳐 형성되었다.
㉢ 별의 수명은 (가)가 (라)보다 짧다.

① ㄱ   ② ㄷ   ③ ㄱ, ㄴ   ④ ㄱ, ㄷ   ⑤ ㄴ, ㄷ

$t \propto \dfrac{1}{M^{2\sim3}}$

|자|료|해|설|

(가)와 (라)는 주계열성, (나)는 적색거성, (다)는 백색 왜성이다. H−R도의 좌측 아래로 갈수록 반지름은 감소하고 그만큼 밀도는 증가한다. (다)처럼 질량이 작은 경우 백색 왜성으로 진화한 후 흑색 왜성이 되고 초신성 폭발은 태양보다 질량이 큰 별의 진화에서 일어난다. 주계열성의 질량−광도 관계는 $L \propto M^{2\sim4}$이고 질량−수명 관계는 $t \propto \dfrac{1}{M^{2\sim3}}$이므로 질량이 큰 별인 (가)가 (라)보다 수명이 짧다.

|보|기|풀|이|

㉠ **정답 :** (가)는 주계열성이고, (나)는 적색거성이므로 평균 밀도는 (가)가 (나)에 비해 크다.

ㄴ. **오답 :** (다)는 백색 왜성이므로 질량이 큰 별에서만 발생하는 초신성 폭발단계를 거치지 않는다.

㉢ **정답 :** 수명은 질량에 반비례하므로 (가)가 (라)보다 수명이 짧다.

😊 **문제풀이 T I P |** 주계열성의 경우 질량과 온도, 광도, 반지름이 비례하고, 수명은 반비례한다. 태양정도의 질량을 가진 별의 경우 원시별 → 주계열성 → 적색거성 → 행성상 성운 → 백색 왜성의 진화단계를 거치며, 태양보다 질량이 매우 큰 별의 경우 원시별 → 주계열성 → 초거성 → 초신성 → 중성자별/블랙홀의 진화과정을 거친다.

😊 **출제분석 |** H−R도는 매우 빈출되는 유형이므로 그래프를 해석할 줄 알고 주계열성의 질량과 비례하는 물리량들을 이해한다면, 평범한 수준의 문항이라고 할 수 있다.

다음은 H−R도를 작성하여 별을 분류하는 탐구이다.

[탐구 과정]

표는 별 a~f의 분광형과 절대 등급이다.

별	a	b	c	d	e	f
분광형	A0	B1	G2	M5	M2	B6
절대 등급	+11.0	−3.6	+4.8	+13.2	−3.1	+10.3

(가) 각 별의 위치를 H−R도에 표시한다.

(나) H−R도에 표시한 위치에 따라 별들을 백색 왜성,
주계열성, 거성의 세 집단으로 분류한다.

[탐구 결과]

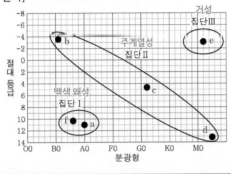

이에 대한 옳은 설명만을 〈보기〉에서 있는 대로 고른 것은?

보기

ㄱ. a와 f는 집단 Ⅰ에 속한다.
ㄴ. 집단 Ⅱ는 주계열성이다.
ㄷ. 별의 평균 밀도는 집단 Ⅰ이 집단 Ⅲ보다 크다.

① ㄱ   ② ㄴ   ③ ㄱ, ㄷ   ④ ㄴ, ㄷ   ✓⑤ ㄱ, ㄴ, ㄷ

|자|료|해|설|

a, f는 백색 왜성, b, c, d는 주계열성, e는 거성이다. 집단
Ⅰ은 백색 왜성, 집단 Ⅱ는 주계열성, 집단 Ⅲ은 거성이다.
H−R도에서 별의 물리량의 특징은 다음과 같이 나타난다.

[H−R도에서 별의 물리량]

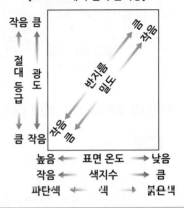

|보|기|풀|이|

ㄱ. 정답 : a와 f는 집단 Ⅰ(백색 왜성)에 속한다.

ㄴ. 정답 : 집단 Ⅱ는 주계열성이다.

ㄷ. 정답 : 집단 Ⅰ은 백색 왜성이고 집단 Ⅲ은 거성이므로
평균 밀도는 집단 Ⅰ이 집단 Ⅲ보다 크다.

🤓 문제풀이 TIP | H−R도에서의 별의 물리량(절대 등급, 광도,
반지름, 밀도, 표면 온도, 색지수, 색의 분포)을 기억할 수 있어야
한다.

😀 출제분석 | H−R도를 제대로 떠올리기만 했다면 어렵지 않게
풀 수 있는 기본 문제이다.

**표는 별 ㉠~㉣의 절대 등급과
분광형을 나타낸 것이다. ㉠~㉣
중 주계열성은 2개, 백색 왜성과
초거성은 각각 1개이다.
이에 대한 옳은 설명만을 〈보기〉
에서 있는 대로 고른 것은? 3점**

별	절대 등급	분광형
㉠	+12.2	B1 백색 왜성
㉡	+1.5	A1
㉢	−1.5	B4
㉣	−7.8	B8 초거성

(㉡, ㉢ 주계열성)

보기

ㄱ. ㉠의 중심에서는 ~~수소 핵융합 반응이 일어난다~~ 일어나지 않는다
ㄴ. 별의 질량은 ㉡이 ㉢보다 작다.
ㄷ. 광도 계급의 숫자는 ㉡이 ㉣보다 크다.

(㉡ → V, ㉣ → I)

① ㄱ   ② ㄴ   ③ ㄱ, ㄷ   ✓④ ㄴ, ㄷ   ⑤ ㄱ, ㄴ, ㄷ

|자|료|해|설|

㉠~㉣ 중 주계열성이 2개, 백색 왜성과 초거성이 1개씩
존재한다고 하였으므로 절대 등급이 높은(=광도가 낮은)
㉠이 백색 왜성, 절대 등급이 낮은(=광도가 높은) ㉣이
초거성, 그리고 ㉡과 ㉢이 주계열성이다.

|보|기|풀|이|

ㄱ. 오답 : ㉠은 백색 왜성이므로 더이상 수소 핵융합
반응이 일어나지 않는다. 별의 중심핵에서 핵융합 반응에
사용되는 수소가 고갈되면 별은 주계열 단계를 벗어난다.

ㄴ. 정답 : ㉡보다 ㉢이 본노와 광노가 높아 질량이 크다.

ㄷ. 정답 : 광도 계급의 숫자는 ㉡이 주계열성으로 Ⅴ이고,
㉣이 초거성으로 Ⅰ이므로 광도 계급의 숫자는 ㉡이 ㉣
보다 크다.

🤓 문제풀이 TIP | 광도 계급은 별을 Ⅰ~Ⅶ으로 분류하며, 분광형이 같을 때 광도 계급의 숫자가 클수록 별의 반지름과 광도가 작아진다.

밝은 초거성	덜 밝은 초거성	밝은 거성	거성	준거성	주계열성	준왜성	백색 왜성
Ⅰa	Ⅰb	Ⅱ	Ⅲ	Ⅳ	Ⅴ	Ⅵ	Ⅶ

😀 출제분석 | 근래에 광도 계급에 대한 문제가 출제되는 편이다. 광도 계급의 숫자까지 기억해야 하므로 정답률이 낮았다.

그림 (가)는 H−R도에 별 ㉠, ㉡, ㉢을, (나)는 별의 분광형에 따른 흡수선의 상대적 세기를 나타낸 것이다.

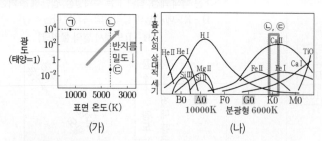

(가)   (나)

이에 대한 설명으로 옳은 것만을 〈보기〉에서 있는 대로 고른 것은?

보기

$$R \propto \frac{\sqrt{L}}{T^2}$$

ㄱ. 반지름은 ㉠이 ㉡보다 작다.

ㄴ. 광도 계급은 ㉡과 ㉢이 같다.

ㄷ. ㉢에서는 H I 흡수선이 Ca II 흡수선보다 강하게 나타난다.

① ㄱ   ② ㄴ   ③ ㄱ, ㄷ   ④ ㄴ, ㄷ   ⑤ ㄱ, ㄴ, ㄷ

|자|료|해|설|

H−R도에서 오른쪽 위로 갈수록 반지름은 커지고 밀도는 작아진다. ㉠은 표면 온도가 10000K 이상이다. ㉡과 ㉢은 표면 온도가 약 4000K 정도로 같다. 따라서 ㉡과 ㉢은 분광형이 K형인 별이다. 분광형이 A형인 별은 H I 흡수선이 강하게 나타나고, 분광형이 K형인 별에서는 Ca II 흡수선이 강하게 나타난다.

|보|기|풀|이|

㉠ 정답 : 반지름은 H−R도의 오른쪽 위로 갈수록 커지기 때문에 ㉠보다 ㉡이 크다.

ㄴ. 오답 : ㉡과 ㉢은 표면 온도가 같으므로 분광형이 같지만, 광도가 다르므로 ㉡과 ㉢의 광도 계급은 다르다.

ㄷ. 오답 : ㉢은 분광형이 K형인 별이므로 H I 흡수선보다 Ca II 흡수선이 강하게 나타난다.

💡 **문제풀이 T I P** | H−R도에서 오른쪽 위로 갈수록(=표면 온도가 낮고 광도가 클수록) 반지름은 커지고 밀도는 작아진다.
광도 계급은 별을 분광형과 광도에 따라 분류한 것으로, 광도 계급 I 에 가까울수록 반지름이 크다. 반대로 광도 계급 VI에 가까울수록 광도가 작고 반지름이 작다.

별의 반지름은 $\frac{\sqrt{L}}{T^2}$에 비례한다. (L : 별의 광도, T : 별의 표면 온도)

😀 **출제분석** | H−R도와 별의 분광형에 따른 흡수선의 세기 그래프는 모두 이 단원에서 자주 등장하는 자료이다. 표면 온도와 광도를 토대로 반지름을 계산해야 하는 경우는 풀이가 까다롭지만, 이 문제에서는 구체적으로 계산하지 않고 경향성만으로도 정답을 찾을 수 있었다.

그림 (가)는 전갈자리에 있는 세 별 ㉠, ㉡, ㉢의 절대 등급과 분광형을, (나)는 H−R도에 별의 집단을 나타낸 것이다.

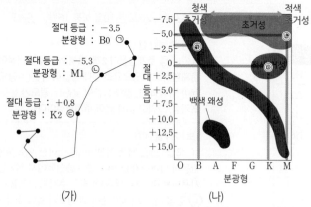

(가)   (나)

별 ㉠, ㉡, ㉢에 대한 옳은 설명만을 〈보기〉에서 있는 대로 고른 것은?

(3점)

보기

ㄱ. ㉠은 주계열성이다.

ㄴ. ㉡은 파란색으로 관측된다.

ㄷ. 반지름은 ㉡이 가장 크다.

$$L = 4\pi R^2 \sigma T^4$$

	$L_㉡$	$R_㉡$	$T_㉡$
	∨	∨	∧
	$L_㉢$	$R_㉢$	$T_㉢$

① ㄱ   ② ㄴ   ③ ㄷ   ④ ㄱ, ㄷ   ⑤ ㄴ, ㄷ

|자|료|해|설|

(가)의 세 별을 (나)의 H−R도에 표시하면 ㉠은 주계열성, ㉡은 오른쪽에 위치한 초거성, ㉢은 적색 거성이다. 초거성 중 표면 온도가 높아서 왼쪽에 위치한 것은 청색으로 관측되어 청색 초거성이고, 표면 온도가 낮아서 오른쪽에 위치한 것은 붉은색으로 관측되어 적색 초거성이다.
광도 L은 반지름(R)의 제곱, 표면 온도(T)의 네 제곱에 비례하는 값이다. ㉡은 ㉢보다 표면 온도는 낮은데 광도는 높다. 즉, 반지름이 매우 커야 한다.

|보|기|풀|이|

㉠ 정답 : ㉠은 주계열성이다.

ㄴ. 오답 : ㉡은 적색 초거성이므로 붉은색으로 관측된다.

ㄷ. 오답 : 반지름은 초거성인 ㉡이 가장 크다.

💡 **문제풀이 T I P** | 초거성은 반지름이 매우 큰 별인데, 표면 온도가 다양하다. 표면 온도가 높으면 청색 초거성, 낮으면 적색 초거성이다. 적색 거성 역시 반지름이 크긴 하지만, 초거성보다는 작다. 표면 온도가 낮아서 붉게 보이기 때문에 적색 거성이다.

😀 **출제분석** | H−R도에서 별을 분류하고, 광도나 반지름, 표면 온도와 같은 특성과 연결하는 문제이다. 이러한 유형의 문제는 매년 1번 정도씩은 출제되는 개념이다. 정확한 계산이 아니라 비교를 통해서도 답을 찾아낼 수 있고, 별의 분류가 한정적이라는 점에서 어렵지 않은 개념이다.

그림 (가)는 별의 질량에 따라 주계열 단계에 도달하였을 때의 광도와 이 단계에 머무는 시간을, (나)는 주계열성을 H−R도에 나타낸 것이다. A와 B는 각각 광도와 시간 중 하나이다.

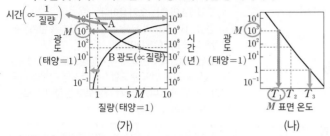

(가)　　　　(나)

이 자료에 대한 설명으로 옳은 것만을 〈보기〉에서 있는 대로 고른 것은? **3점**

> **보기**
> ㄱ. B는 광도이다.
> ㄴ. 질량이 M인 별의 표면 온도는 T_1이다.
> ㄷ. 표면 온도가 T_3인 별은 T_1인 별보다 주계열 단계에 머무는 시간이 100배 이상 길다.　→ 광도 10^3, 질량 M, 시간 10^7~10^8년

광도 1, 질량 1, 시간 10^{10}년

① ㄱ　② ㄴ　③ ㄱ, ㄷ　④ ㄴ, ㄷ　⑤ ㄱ, ㄴ, ㄷ

|자|료|해|설|
(가)에서 별의 질량과 광도는 비례하므로 B가 광도이고, 별의 질량과 주계열에 머무르는 시간은 반비례하므로 A가 시간이다. 질량이 M인 별이 주계열에 머무르는 시간은 10^7~10^8년이고, 광도는 태양이 1일 때 1000이다. (나)에서 광도가 1000인 별의 표면 온도는 T_1이다.
태양의 질량과 같은(질량이 1인) 별의 광도는 1이고 주계열에 머무르는 시간은 10^{10}년이며, (나)에서 표면 온도는 T_3이다.

|보|기|풀|이|
ㄱ. 정답 : B는 질량에 비례하는 값이므로 광도이다.
ㄴ. 오답 : 질량이 M인 별의 표면 온도는 T_1이다.
ㄷ. 정답 : 표면 온도가 T_3인 별의 광도는 1이므로, 질량도 1이고 주계열에 머무는 시간은 10^{10}년이다. 표면 온도가 T_1인 별의 광도는 1000으로, 질량은 M이다. 이 별이 주계열에 머무는 시간은 10^7~10^8년이므로 표면 온도가 T_3인 별이 100배 이상 길다.

😮 **문제풀이 TIP** | 별의 질량과 주계열성일 때 광도는 비례하고, 주계열에 머무르는 시간은 반비례한다.
주계열성들 사이에서 광도와 표면 온도는 비례한다. (H−R도에서 표면 온도는 왼쪽으로 갈수록 증가한다.)

😊 **출제분석** | 별의 진화와 주계열성의 특징은 매우 자주 출제되는 개념 중 하나이다. 이 문제는 그래프 해석 능력과 주계열성의 특징을 함께 묻고 있으므로 난이도가 높은 편이다. 특히 주어진 그래프를 올바르게 해석하여야 정답을 찾을 수 있는 ㄴ, ㄷ 보기가 까다롭다. 수능에서도 이처럼 주어진 지식과 자료 해석을 결합한 문제가 고난도 문제로 출제되는 경우가 많다.

그림은 같은 성단의 별 a~d를 H−R도에 나타낸 것이다. a~d에 대한 설명으로 옳은 것만을 〈보기〉에서 있는 대로 고른 것은? **3점**

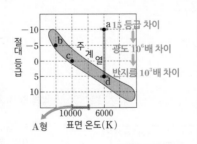

> **보기**
> ㄱ. 반시름은 a가 d의 1000배이다.　→ a(∵ 주계열성<거성 또는 초거성)
> ㄴ. 중심 온도가 가장 높은 별은 b이다.
> ㄷ. 수소 흡수선이 가장 강한 별은 c이다.　→ A형

① ㄱ　② ㄴ　③ ㄱ, ㄷ　④ ㄴ, ㄷ　⑤ ㄱ, ㄴ, ㄷ

|자|료|해|설|
b, c, d는 주계열성이고 a는 거성 또는 초거성이다. 별 a와 d는 표면 온도가 같지만 절대 등급이 다르다. a의 절대 등급이 d보다 15만큼 작기 때문에 광도는 10^6배 더 크다. 광도는 표면 온도의 4제곱과 반지름의 제곱에 비례한다. a와 d의 표면 온도는 같고 광도는 10^6배 차이가 나므로 반지름은 $10^3(=1000)$배 차이가 난다. ($L \propto R^2 \times T^4 \rightarrow 10^6 = R^2 = (10^3)^2$)
분광형이 A형인 별에서 수소 흡수선이 가장 강하게 나타난다. 분광형이 A형인 별은 7000K~10000K 정도의 표면 온도를 갖는 별이다.

|보|기|풀|이|
ㄱ. 정답 : a는 d보다 절대 등급이 15만큼 작아 광도가 10^6배 더 크다. 광도는 표면 온도의 네제곱과 반지름의 제곱에 비례하고 a와 d의 표면 온도는 동일하므로 a의 반지름은 d의 1000배이다.
ㄴ. 오답 : 주계열성의 중심 온도는 거성이나 초거성보다 작다. 따라서 중심 온도가 가장 높은 별은 a이다.
ㄷ. 정답 : 수소 흡수선이 가장 강한 별은 분광형이 A형인 별로, A형의 표면 온도는 약 7000K~10000K 정도이다. 이 조건에 맞는 별은 c이다.

😮 **문제풀이 TIP** | 광도는 반지름의 제곱과 표면 온도의 네제곱에 비례한다.

😊 **출제분석** | H−R도에 관련된 다양한 내용을 묻는 높은 난이도의 문제이다. 별의 광도와 반지름의 관계뿐만 아니라 분광형별 특징, 주계열성과 거성의 차이점을 묻는 문제로 하나라도 모르면 문제를 정확하게 풀 수 없다. 보통 평이한 난이도로 출제되지만 이런 문제도 출제될 수 있음을 유념해두자.

표는 질량이 서로 다른 별 A~D의 물리적 성질을, 그림은 별 A와 D를 H−R도에 나타낸 것이다. L⊙는 태양 광도이다.

별	표면 온도 (K)	광도 (L⊙)
A	( )	( )
B	3500	100000
C	20000	10000
D	( )	( )

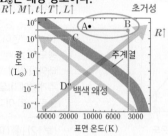

이 자료에 대한 설명으로 옳은 것만을 〈보기〉에서 있는 대로 고른 것은? 3점

보기
ㄱ. A와 B는 ~~적색~~ 초 거성이다.
ㄴ. 반지름은 B>C>D이다. 우측 상단으로 갈수록 반지름 증가하므로!
ㄷ. C의 나이는 태양보다 적다.

① ㄱ   ② ㄷ   ③ ㄱ, ㄴ   ✓④ ㄴ, ㄷ   ⑤ ㄱ, ㄴ, ㄷ

|자|료|해|설|
A와 B는 초거성, C는 주계열성, D는 백색 왜성이다.

|보|기|풀|이|
ㄱ. 오답 : A와 B는 초거성이다.
ㄴ. 정답 : H−R도의 우측 상단으로 갈수록 반지름은 증가하므로 B>C>D이다.
ㄷ. 정답 : 태양과 C는 모두 주계열성으로, 주계열성은 H−R도의 왼쪽 위에 분포할수록 주계열 단계에 머무르는 시간과 수명이 짧다. 따라서 태양보다 질량이 큰 C는 태양보다 나이가 적다.

🤪 문제풀이 T I P | 주계열성의 질량이 클수록 수소 핵융합반응이 빠르게 일어나 광도가 크지만 수소를 급격히 소모해 수명은 짧다. H−R도 해석은 기본이므로 반드시 익힐 것!

😊 출제분석 | 표를 H−R에 그리기만 하면 쉽게 풀 수 있었던 문제인데, 의외로 오답률이 높았던 문제이다.

그림은 서로 다른 별의 집단 (가)~(라)를 H−R도에 나타낸 것이다. (가)~(라)는 각각 거성, 백색 왜성, 주계열성, 초거성 중 하나이다.
(가)~(라)에 대한 설명으로 옳은 것만을 〈보기〉에서 있는 대로 고른 것은?

보기
ㄱ. 평균 광도는 (가)가 (라)보다 ~~작다~~ 크다.
ㄴ. 평균 표면 온도는 (나)가 (라)보다 낮다.
ㄷ. 평균 밀도는 (라)가 가장 크다.

① ㄱ   ② ㄴ   ③ ㄷ   ④ ㄱ, ㄴ   ✓⑤ ㄴ, ㄷ

|자|료|해|설|
(가)는 초거성, (나)는 거성, (다)는 주계열성, (라)는 백색 왜성이다. 또한, 별의 표면 온도는 분광형 O가 가장 높고, B, A, F, G, K, M 순서로 낮아진다.
(가)~(라) 중 반지름이 가장 큰 별은 (가) 초거성이고, 밀도가 가장 큰 별은 (라) 백색 왜성이다.

|보|기|풀|이|
ㄱ. 오답 : 평균 광도는 (가)가 (라)보다 크다.
ㄴ. 정답 : (나)에 속하는 별의 분광형은 주로 G, K, M이고, (라)에 속하는 별의 분광형은 주로 B, A, F이므로 평균 표면 온도는 (나)가 (라)보다 낮다.
ㄷ. 정답 : (가)와 (나)는 (다)가 팽창하여 만들어지고, (라)는 별의 중심부가 계속 수축하여 만들어지므로 평균 밀도는 (라)가 가장 크다.

표는 태양과 별 (가), (나), (다)의 물리량을 나타낸 것이다.

별	표면 온도(태양=1)	반지름(태양=1)	절대 등급	광도
태양	1	1	+4.8	1
(가)	0.5	(㉠ =)400	-5.2	10000
(나)	㉡=$\sqrt{10}$	0.01	+9.8	$\frac{1}{100}$
(다)	$\sqrt{2}$	2	( )	

이 자료에 대한 설명으로 옳은 것만을 〈보기〉에서 있는 대로 고른 것은?

보기

ㄱ. ㉠은 400이다.

 $\propto \frac{1}{표면 온도}$

ㄴ. 복사 에너지를 최대로 방출하는 파장은 (나)가 (다)의 $\frac{1}{2}$배 ~~보다 길다~~ 짧다

ㄷ. 절대 등급은 (다)가 태양보다 ~~크다~~ 삭나

① ㄱ   ② ㄴ   ③ ㄷ   ④ ㄱ, ㄴ   ⑤ ㄱ, ㄷ

🦉 **문제풀이 T I P |**

- 별의 광도(L)=$4\pi R^2 \cdot \sigma T^4$
- 두 별의 절대 등급과 광도의 관계 : $M_2 - M_1 = -2.5 \log \frac{L_2}{L_1}$ (M : 절대 등급, L : 광도)
- 절대 등급이 5등급 작음 → 광도는 100배 큼
- 별의 물리량에 관한 문제를 풀 때, 광도를 정확하게 계산하는 것보다는 별들의 상대적인 값을 비교하는 것이 중요하므로 광도 공식인 $L = 4\pi R^2 \sigma T^4$보다 $L \propto R^2 T^4$를 활용하여 문제를 푸는 것이 편하다.

| 자 | 료 | 해 | 설 |

별의 광도(L)는 반지름(R)의 제곱과 표면 온도(T)의 네제곱에 비례한다($L = 4\pi R^2 \cdot \sigma T^4$). 태양의 표면 온도와 반지름은 1이라 했으므로, $4\pi\sigma$와 같은 상수를 제외하고 $L \propto R^2 T^4$를 이용하여 태양의 광도를 1이라고 가정하여 문제를 풀 수 있다.

절대 등급이 5등급 작으면 광도는 100배 큰데, 별 (가)는 태양보다 절대 등급이 10등급 작으므로 광도는 태양보다 10000배 크다. 따라서 $L \propto R^2 T^4$에 대입하면 $10000 \propto$ ㉠$^2 \times 0.5^4$이므로 이를 계산하면 ㉠은 400이다.

별 (나)의 표면 온도를 ㉡이라 할 때, 별 (나)는 태양보다 절대 등급이 5등급 크므로 광도는 100배 작다. 따라서 $L \propto R^2 T^4$를 이용하여 ㉡을 구하면 $\frac{1}{100} \propto 0.01^2 \times$ ㉡^{4} 이므로 이를 계산하면 ㉡은 $\sqrt{10}$이다.

| 보 | 기 | 풀 | 이 |

ㄱ. 정답 : 별 (가)는 대양보다 절대 등급이 10등급 작으므로 광도는 태양보다 10000배 크다. 따라서 $L \propto R^2 T^4$에 대입하면 $10000 \propto$ ㉠$^2 \times 0.5^4$이므로 ㉠은 400이다.

ㄴ. 오답 : 복사 에너지를 최대로 방출하는 파장은 표면 온도에 반비례한다. (나)의 표면 온도는 $\sqrt{10}$이고 이는 (다)의 표면 온도인 $\sqrt{2}$의 $\sqrt{5}$배이므로, (나)의 복사 에너지 최대 방출 파장은 (다)의 $\frac{1}{\sqrt{5}}$배이다. $\frac{1}{\sqrt{5}} < \frac{1}{2}$이므로 복사 에너지를 최대로 방출하는 파장은 (나)가 (다)의 $\frac{1}{2}$배보다 짧다.

ㄷ. 오답 : 절대 등급은 표면 온도가 높을수록, 반지름이 클수록 작으므로 (다)의 절대 등급은 태양보다 작다.

그림은 별 ㉠~㉣의 반지름과 광도를 나타낸 것이다. A는 표면 온도가 T인 별의 반지름과 광도의 관계이다. 이 자료에 대한 옳은 설명만을 〈보기〉에서 있는 대로 고른 것은? (단, 태양의 절대 등급은 4.8이다.) 3점

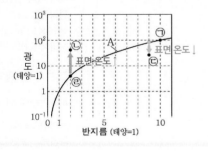

보기

ㄱ. ㉠의 절대 등급은 0보다 작다. ➡ 4.8-5=-0.2

ㄴ. ㉢의 표면 온도는 T보다 ~~높다~~ 낮다.

ㄷ. Ca Ⅱ 흡수선의 상대적 세기는 ㉡이 ㉣보다 ~~강하다~~ 약하다

① ㄱ   ② ㄷ   ③ ㄱ, ㄴ   ④ ㄴ, ㄷ   ⑤ ㄱ, ㄴ, ㄷ

| 자 | 료 | 해 | 설 |

별의 표면 온도가 일정할 때 별의 반지름이 클수록 광도는 크다. 반지름의 크기가 같을 때 별의 광도는 표면 온도에 비례한다.

㉡은 ㉣과 반지름의 크기는 같지만 ㉣보다 광도가 더 크므로 ㉡의 표면 온도는 T보다 크다. ㉢은 A 중에서 같은 크기의 반지름을 갖는 별보다 광도가 작으므로 표면 온도는 T보다 작다.

| 보 | 기 | 풀 | 이 |

ㄱ. 정답 : ㉠의 광도는 태양의 100배이므로 절대 등급은 태양보다 5만큼 작다. ㉠의 절대 등급은 4.8-5=-0.2 이므로 0보다 작다.

ㄴ. 오답 : ㉢은 A 중에서 같은 크기의 반지름을 갖는 별보다 광도가 작으므로 표면 온도는 T보다 작다.

ㄷ. 오답 : 표면 온도가 태양보다 높을수록 Ca Ⅱ 흡수선의 상대적 세기가 약해지므로, Ca Ⅱ 흡수선의 상대적 세기는 표면 온도가 더 높은 ㉡이 ㉣보다 약하다.

표는 별 (가), (나), (다)의 물리량을 나타낸 것이다. 태양의 절대 등급은 +4.8등급이다.

별	단위 시간당 단위 면적에서 방출하는 복사 에너지 (태양=1) $E = \sigma T^4$	겉보기 등급	지구로부터의 거리(pc)
(가)	16	( )	( )
(나)	$\frac{1}{16}$	+4.8 절대 등급 : −5.2	1000
(다)	( )	−2.2 절대 등급 < −0.2	5

이에 대한 설명으로 옳은 것만을 〈보기〉에서 있는 대로 고른 것은?

보기

ㄱ. 복사 에너지를 최대로 방출하는 파장은 (가)가 (나)의 ~~$\frac{1}{2}$배~~ 이다. $\rightarrow \lambda_{max} = \frac{a}{T}$ $\frac{1}{4}$배

ㄴ. 반지름은 (나)가 태양의 400배이다.

ㄷ. $\frac{(다)의 광도}{태양의 광도}$ 는 100보다 ~~작다~~. 크다.

① ㄱ   **②** ㄴ   ③ ㄷ   ④ ㄱ, ㄴ   ⑤ ㄴ, ㄷ

│자│료│해│설│

단위 시간당 단위 면적에서 방출하는 복사 에너지양 ($E = \sigma T^4$)은 별의 (표면 온도)^{4}에 비례하고, 별의 광도 ($L = 4\pi R^2 \cdot \sigma T^4$)는 별의 (반지름)^{2}과 (표면 온도)^{4}에 비례한다. 또한 별과 태양의 절대 등급과 광도의 관계는

$$M_{별} - M_{태양} = -2.5 \log \frac{L_{별}}{L_{태양}}$$과 같다.

절대 등급은 별이 지구로부터 10pc의 거리에 있을 때의 밝기를 말한다. 별의 밝기는 지구로부터의 거리가 n배 늘어날 때 n^2만큼 어두워진다. (나)와 같이 1000pc의 거리에 있는 별의 절대 등급은 별이 10pc의 거리에 있다고 가정하여 구한다. 1000pc은 10pc의 100배이므로 10pc에 있다고 가정할 때 별의 밝기는 100^2배 밝아진다. 별의 밝기가 100배 증가할 때 등급은 5만큼 감소하므로 (나)의 절대 등급은 $4.8 + (-5) \times 2 = -5.2$등급이다. (다)는 지구로부터 5pc의 거리에 있으므로 10pc의 거리에 있다고 가정하면 지구로부터의 거리가 2배가 되므로 밝기는 2^2배 어두워진다. 즉, $\frac{1}{4} = 0.25$배 밝아진다.

│보│기│풀│이│

ㄱ. 오답 : (가)의 단위 시간당 단위 면적에서 방출하는 복사 에너지양은 태양의 16배($E_{(가)} = 16E_{태양}$)이고, (나)는 태양의 $\frac{1}{16}$배$\left(E_{(나)} = \frac{1}{16}E_{태양}\right)$이므로 (가)는 (나)의 4^4배($E_{(가)} = 16^2E_{(나)} = 4^4E_{(나)}$)이다. 단위 시간당 단위 면적에서 방출하는 복사 에너지양($E = \sigma T^4$)은 (표면 온도)^{4}에 비례하므로 (가)의 표면 온도는 (나)의 4배($T_{(가)} = 4T_{(나)}$)이다. 복사 에너지를 최대로 방출하는 파장$\left(\lambda_{max} = \frac{a}{T}\right)$은 별의 표면 온도에 반비례하므로 최대 방출 파장은 (가)가 (나)의 $\frac{1}{4}$배$\left(\frac{a}{T_{(가)}} = \frac{a}{4T_{(나)}}\right)$이다.

ㄴ. 정답 : 별과 태양의 절대 등급과 광도의 관계는 $M_{별} - M_{태양} = -2.5 \log \frac{L_{별}}{L_{태양}}$이고, (나)의 절대 등급은 -5.2이므로 $-5.2 - 4.8 = -2.5 \log \frac{L_{(나)}}{L_{태양}}$에서 $L_{(나)} = 10^4 \times L_{태양}$이다. 별의 광도는 별의 (반지름)^{2}과 (표면 온도)^{4}에 비례하므로 $L_{(나)} = 10^4 \times L_{태양}$는 $4\pi R_{(나)}^2 \cdot \sigma T_{(나)}^4 = 10^4 \times 4\pi R_{태양}^2 \cdot \sigma T_{태양}^4$(㉠)이다. 이때 단위 시간당 단위 면적에서 방출하는 복사 에너지양($E = \sigma T^4$)은 태양이 (나)의 16배이므로 ㉠을 정리하면 $4\pi R_{(나)}^2 \cdot \sigma T_{(나)}^4 = 10^4 \times 4\pi R_{태양}^2 \cdot 16 \times \sigma T_{(나)}^4$, $R_{(나)}^2 = 16 \times 10^4 R_{태양}^2 = 400^2 R_{태양}^2$에서 $R_{(나)} = 400R_{태양}$이다. 따라서 (나)의 반지름은 태양의 400배이다.

ㄷ. 오답 : $\frac{(다)의 광도}{태양의 광도}$의 값이 100이라고 하면 $M_{(다)} - M_{태양} = -2.5 \log \frac{L_{(다)}}{L_{태양}}$에서 $M_{(다)} - 4.8 = -2.5 \log 100 = -5$이므로 (다)의 절대 등급은 -0.2이다. (다)의 겉보기 등급은 -2.2이고 별의 절대 등급이 2등급만큼 더 커진 -0.2가 되려면 (다)의 위치가 10pc가 되었을 때 별의 밝기가 2.5^2배만큼 더 어두워져야 한다. 하지만 (다)의 위치가 10pc가 되었을 때 별의 밝기는 2^2배 어두워지므로 (다)의 실제 절대 등급은 -0.2보다 작다. 따라서 $\frac{(다)의 광도}{태양의 광도}$의 값은 100보다 크다.

출제분석 | 별의 반지름과 광도, 절대 등급과 겉보기 등급의 개념을 모두 묻는 난이도 '상'의 문항이다. 배점이 2점이지만 이 문항을 풀기 위해서는 절대 등급과 광도의 관계를 충분히 이해하고 있어야 하며, 세 보기에 모두 다른 내용을 묻고 있어 시간이 많이 소요되는 문항이다. 별의 물리량을 묻는 문항은 다양한 형태로 출제되고 있으며 앞으로도 새로운 형태로 출제될 가능성이 높으므로 유형을 암기하기보다는 개념에 대한 충분한 이해가 우선시되어야 한다.

02 별의 진화와 별의 에너지원

필수개념 1 **별의 진화**

1. 별의 탄생

1) 별: 핵융합 반응으로 생성한 에너지를 방출하여 스스로 빛을 내는 천체

2) 별의 탄생 장소: 성운 내 저온, 고밀도의 영역

3) 별의 탄생 과정

원시별		전주계열성
성간 물질이 밀집되어 있는 성운 내 저온, 고밀도의 영역에서 물질이 중력에 의해 수축하면서 내부에서는 온도와 압력이 증가, 외부에서는 에너지의 방출이 일어나는 단계	→	원시별이 중력에 의해 주변 물질을 끌어당기면서 밀도가 증가하고 표면 온도가 서서히 상승해 1000K에 이르러 서서히 가시광선을 방출하기 시작하는 단계

2. 주계열성 단계

1) 주계열성: 전주계열성 단계에서 중력 수축이 계속 일어나 중심부의 온도가 1000만 K에 이르러 중심부에서 수소 핵융합 반응이 시작되는 단계

① 에너지원: 수소 핵융합 반응

② 크기: 일정하게 유지(내부 기체 압력과 중력이 정역학 평형 상태)

③ 기간: 별의 수명 중 90%에 해당하는 기간만큼 주계열성 상태로 보냄

④ 수명: 질량이 클수록 단위 질량당 핵융합 반응 속도가 빨라져 수명이 짧아짐

2) 원시별에서 주계열성으로의 진화 과정

① 질량이 큰 원시별: H−R도 상에서 수평 방향으로 진화, 진화 속도가 빠름

② 질량이 태양 정도인 원시별: H−R도 상에서 수직 방향으로 진화, 속도가 상대적으로 느림

③ 질량이 태양의 0.08배 이하인 별: 중심부의 온도가 낮아 핵융합 반응이 일어날 수 없어 주계열성이 되지 못하고 갈색 왜성이 됨

④ 원시별의 질량이 클수록 빠른 속도로 주계열성에 이르며 광도가 크고 표면 온도가 높음(H−R도 상 왼쪽 위에 위치)

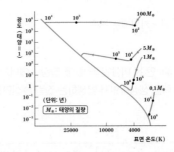

3. 질량에 따른 주계열 이후의 단계

질량	진화 단계
태양 질량보다 작은 별 $0.08M_{태양} < M_{별} < 0.26M_{태양}$	주계열성 → 백색 왜성
태양 질량과 비슷한 별 $M_{별} < 8M_{태양}$	주계열성 → 적색 거성 → 행성상 성운 → 백색 왜성
태양 질량보다 큰 별 $8M_{태양} < M_{별} < 25M_{태양}$	주계열성 → 초거성 → 초신성 → 중성자별
태양 질량보다 매우 큰 별 $M_{별} > 25M_{태양}$	주계열성 → 초거성 → 초신성 → 블랙홀

1) 적색 거성: 중심핵에서 수소 핵융합 반응이 완결된 후 낮아진 온도로 인해 헬륨핵이 수축함 → 헬륨핵이 수축하면서 방출된 에너지가 핵 주변의 수소 껍질을 연소시킴(수소 껍질에서 핵융합 반응이 일어남) → 수소 껍질 연소로 인해 별의 외곽층이 급격히 팽창함 → 반지름이 커서 광도는 크지만 표면 온도가 낮아 붉게 보이는 적색 거성이 됨

2) 초거성: 질량이 매우 큰 별이 진화하는 경우에 거치는 진화 단계. 진화 과정은 적색 거성과 유사하나 중심부 온도가 매우 높아 중심핵에서 핵융합 반응으로 헬륨, 탄소, 산소, 네온, 마그네슘, 규소, 철 등의 원소를 생성. 철까지 생성한 후 핵융합 반응을 멈춤.

3) 행성상 성운: 적색 거성 마지막 단계에서 별이 불안정해지면서 별의 내부 압력과 중력이 요동침 → 우주 공간으로 별의 외곽층이 흩어짐 → 중심의 탄소핵이 남아 더욱 수축하면서 백색 왜성이 됨

4) 백색 왜성: 태양과 질량이 비슷한 별의 최종 산물. 탄소와 산소 등으로 구성된 핵을 가지고 있으며 핵융합 반응은 끝났지만 중력 수축에 의해 복사 에너지가 서서히 방출됨. 중력 수축이 끝나면 더 이상의 복사 에너지 방출이 없는 어두운 천체가 됨.

5) 중성자별, 블랙홀: 태양보다 질량이 훨씬 큰 별들의 최종 산물. 초신성 폭발 후 별의 외곽층을 다 날려버리고 중심부가 수축하여 만들어짐. 태양 질량의 1.4~3배인 중심핵은 중성자별이, 3배 이상인 중심핵은 블랙홀이 됨.

4. 별의 순환

성운에서 태어난 별은 진화를 통해 다시 성간에 물질을 방출하고, 그 방출된 물질이 또 다른 성운을 형성하며, 그 성운 안에서 새로운 별을 생성하는 과정을 반복함.

필수개념 2 별의 에너지원

1. 원시별의 에너지원: 중력 수축 에너지

1) 중력 수축 에너지: 중력 수축하면서 위치 에너지가 운동 에너지와 복사 에너지로 전환되어 방출되는 에너지

2) 역할
① 운동 에너지: 별의 내부 온도 상승
② 복사 에너지: 별이 빛나게 함

3) 한계: 별의 중심부에서 핵융합 반응을 일으키기에는 부족

2. 주계열성의 에너지원: 핵융합 에너지

1) 수소 핵융합 반응: 중심핵의 온도가 1,000만 K 이상일 때 발생, 질량－에너지 등가 원리에 따라 4개의 수소 원자핵이 1개의 헬륨 원자핵을 생성하면서 발생하는 질량 손실만큼 에너지가 발생
→ $E = \Delta mc^2$

2) 수소 핵융합 반응의 종류

양성자－양성자 연쇄 반응(p－p 연쇄 반응)	탄소－질소－산소 순환 반응(CNO 순환 반응)
• 별의 질량이 태양과 비슷하거나 태양보다 작은 경우(중심핵 온도 1800만 K 이하)에 우세 • 수소 원자핵 6개가 반응하여 1개의 헬륨을 만들고 수소 2개를 남기면서 에너지 생성	• 별의 질량이 태양의 1.5배 이상 되어 중심핵의 온도가 1800만 K 이상인 경우 우세 • 탄소, 질소, 산소가 촉매 역할을 해 수소 원자핵이 헬륨 원자핵으로 바뀌면서 에너지 생성

3. 주계열 단계 이후의 핵융합

1) 헬륨 핵융합 반응(3α반응): 헬륨 원자핵 3개가 융합하여 탄소 원자핵 1개를 만드는 핵융합 반응. 수소 핵융합 반응 이후 중력 수축으로 별의 중심핵 온도가 1억 K 이상이 될 때 발생. 적색 거성의 에너지원.

2) 더 무거운 원소의 핵융합 반응: 헬륨 핵융합 반응 이후에 발생. 원자핵이 무거울수록 핵융합 반응에 필요한 온도가 증가

기본자료

▶ 별의 질량에 따른 핵융합 반응
태양과 질량이 비슷한 별은 헬륨 핵융합 반응까지만 일어나고, 태양보다 질량이 매우 큰 별은 헬륨보다 무거운 원소들의 핵융합 반응이 일어나 철까지 생성된다.

3) 별의 핵융합 반응 단계

핵융합 반응물	생성물	반응 온도(K)
수소	헬륨	1000만
헬륨	탄소	1억
탄소	네온, 마그네슘, 나트륨	8억
네온	산소, 마그네슘	15억
산소	규소, 인, 황	20억
마그네슘, 규소, 황	철	30억

필수개념 3 별의 내부 구조

1. 별의 내부 구조(양파 껍질 구조)

질량이 태양과 비슷한 별	질량이 태양보다 매우 큰 별
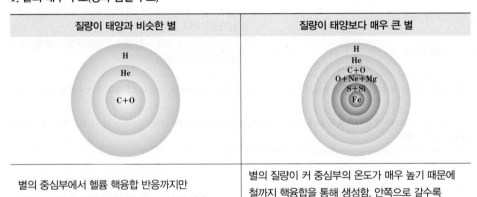	
별의 중심부에서 헬륨 핵융합 반응까지만 일어나므로 중심핵이 탄소와 산소로만 구성됨	별의 질량이 커 중심부의 온도가 매우 높기 때문에 철까지 핵융합을 통해 생성함. 안쪽으로 갈수록 질량이 큰 원소로 구성됨

2. 에너지 전달 방식

1) 정역학 평형

① 정역학 평형: '별 내부의 기체 압력 차에 의한 내부 압력＝중심으로 수축하려는 중력'인 상태

② 정역학 평형 상태인 별의 특성: 구 모양의 일정한 크기와 형태를 유지

2) 별의 에너지 전달

① 구조: 에너지를 생성하는 중심부＋에너지를 전달하는 외곽층

② 에너지 전달 방식

㉠ 대류: 별의 중심부와 별의 표면의 온도 차가 매우 큰 경우. 물질이 순환해서 에너지를 전달.

㉡ 복사: 별의 중심부와 별의 표면의 온도 차가 작은 경우. 에너지가 빛과 같은 형태의 전자기파로 전달.

3) 질량에 따른 주계열성의 에너지 전달 방식과 내부 구조

질량	에너지 전달 방법	구조

태양과 질량이 비슷한 별	• 중심부: 온도가 높음
	  → 복사로 에너지 전달
	• 외곽층: 온도가 급격히 낮아짐
	  → 대류로 에너지 전달
		대류층
		복사층
		중심핵

태양 질량의 2배 이상인 별	• 중심부: 온도가 급격히 변화
	  → 대류로 에너지 전달
	• 외곽층: 비교적 온도가 높음
	  → 복사로 에너지 전달
		복사층
		대류핵

▶ 질량이 태양의 약 2배 이상인 별의 내부 구조
별의 중심부에는 핵융합 반응과 대류가 함께 일어나는 내류핵이 있고, 그 주위로 복사층이 존재한다.
(대류핵－복사층)

표는 질량이 서로 다른 별 (가)와 (나)의 진화 과정을 나타낸 것이다.

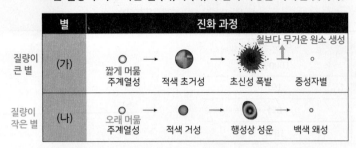

별		진화 과정
질량이 큰 별	(가)	짧게 머묾 주계열성 → 적색 초거성 → 초신성 폭발 (철보다 무거운 원소 생성) → 중성자별
질량이 작은 별	(나)	오래 머묾 주계열성 → 적색 거성 → 행성상 성운 → 백색 왜성

이에 대한 설명으로 옳은 것만을 〈보기〉에서 있는 대로 고른 것은?

보기
ㄱ. 주계열 단계에 머무르는 기간은 (나)(가)가 (가)(나)보다 길다.
ㄴ. 주계열 단계의 수소 핵융합 반응 중에서 CNO 순환 반응이
　　차지하는 비율은 (가)가 (나)보다 크다. → 질량이 큰 별에서 비율이 더 크다
ㄷ. (가)의 진화 과정에서 철보다 무거운 원소가 생성된다.

① ㄱ　　② ㄷ　　③ ㄱ, ㄴ　　✔④ ㄴ, ㄷ　　⑤ ㄱ, ㄴ, ㄷ

|자|료|해|설|
주계열성은 질량이 클수록 CNO 순환 반응이 차지하는 비율이 p−p 연쇄 반응보다 크다. 질량이 매우 큰 주계열성은 적색 초거성으로 진화했다가 초신성 폭발로 이어진다. 초신성 폭발로 철보다 무거운 원소가 생성되고 중성자별로 진화한다. 따라서 (가)는 질량이 큰 주계열성의 진화 과정이다.
질량이 작은 주계열성은 p−p 연쇄 반응이 차지하는 비율이 CNO 순환 반응보다 크다. 질량이 작으면 에너지 생성량과 수소 소비량이 적어 주계열성에 머무는 시간이 질량이 큰 주계열성에 비해 길다.

|보|기|풀|이|
ㄱ. 오답 : (가)는 질량이 큰 주계열성의 진화 과정으로 질량이 큰 주계열성은 핵융합 반응 시 에너지 생성량이 많고 수소를 많이 소모해 주계열성에 머무는 시간이 짧다.
ㄴ. 정답 : 질량이 클수록 CNO 순환 반응이 차지하는 비율이 크다. 따라서 CNO 순환 반응이 차지하는 비율은 (가)가 (나)보다 크다.
ㄷ. 정답 : (가)의 진화 과정에서 초신성 폭발 단계를 지나면 철보다 무거운 원소가 생성된다.

😀 문제풀이 TIP | 주계열성의 진화 과정은 크게 2가지로 나뉜다. 질량이 클수록 CNO 순환 반응의 비율이 높고 에너지 생성량이 많으며, 수소의 소모량이 많아 주계열성에 머무는 시간이 짧다.

😀 출제분석 | 주계열성의 진화 과정에 관한 문제이다. 주로 H−R도를 활용하여 문제가 출제되는데 이 문항은 진화 과정을 그림으로 제시하였다. 난도는 H−R도를 활용한 문제보다 낮다. 그다지 어렵지 않게 출제되는 내용 중 하나이므로 놓치지 않아야 한다.

그림은 주계열성 A와 B가 각각 거성 C와 D로 진화하는 경로를 H−R도에 나타낸 것이다.
이에 대한 설명으로 옳은 것은?

3점

① 색지수는 A가 C보다 크다 작다
② 질량은 B가 A보다 크다 작다
③ 절대 등급은 D가 B보다 크다 작다
✔④ 주계열에 머무는 기간은 B가 A보다 길다.
⑤ B의 중심핵에서는 헬륨 수소 핵융합 반응이 일어난다.

－ 질량 : A > B
－ 표면 온도↑ → 색지수↓
－ 광도↑ → 절대 등급↓

|자|료|해|설|
A가 C로 진화할수록 표면 온도는 많이 낮아지고 광도는 조금 커진다. B가 D로 진화할수록 표면 온도는 조금 낮아지고 광도는 많이 커진다. 표면 온도가 낮아지면 색지수는 커진다. 광도가 커지면 절대 등급은 작아진다. B는 A보다 표면 온도가 낮고 광도도 작으므로 질량도 작다. 같은 주계열성이라도 질량이 작으면 주계열성에 머무는 시간이 길다. 또한 B는 아직 주계열성으로 중심핵에서는 헬륨 핵융합 반응이 일어나지 않는다.

|선|택|지|풀|이|
① 오답 : A는 C보다 표면 온도가 높으므로 색지수는 작다.
② 오답 : 같은 주계열성으로 표면 온도가 높고 광도가 큰 별이 표면 온도가 낮고 광도가 작은 별보다 질량이 크다. 따라서 질량은 B보다 A가 크다.
③ 오답 : 광도가 클수록 절대 등급은 낮다. D의 광도가 더 크므로 절대 등급은 D가 B보다 작다.
④ 정답 : B는 광도와 표면 온도가 A보다 작다. 광도와 표면 온도가 작을수록 질량은 작은데, 질량이 작은 주계열성은 질량이 큰 주계열성보다 더 긴 기간 동안 주계열 단계에 머문다.
⑤ 오답 : B의 중심핵에서는 헬륨 핵융합 반응이 아닌 수소 핵융합 반응이 일어난다.

😀 문제풀이 TIP | 주계열성의 표면 온도가 높을수록, 광도가 클수록 질량은 크다. 주계열성의 질량이 크면 에너지 소모가 많아 질량이 작은 주계열성에 비해 진화 속도가 빠르다.

😀 출제분석 | H−R도가 의미하는 바를 항상 기억해두는 것이 좋다. 주계열성의 진화 과정과 그 특징, 주계열성의 물리량의 차이 등은 자주 물어보는 내용이므로 튼튼히 정리하자.

그림은 중심부의 핵융합 반응이 끝난 별 (가)와 (나)의 내부 구조를
나타낸 것이다.

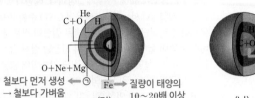

철보다 먼저 생성 ← ㉠
→ 철보다 가벼움
(ex. Si)

(가) → 질량이 태양의 10~20배 이상
→ 이후 초신성 폭발

(나) → 이후 백색 왜성

질량이 태양과 비슷

이에 대한 옳은 설명만을 〈보기〉에서 있는 대로 고른 것은? (단, 별의
크기는 고려하지 않는다.)

보기

ㄱ. ㉠은 Fe보다 ~~무거운~~ 가벼운 원소이다.

ㄴ. 별의 질량은 (가)가 (나)보다 크다.

ㄷ. (가)는 이후의 진화 과정에서 초신성 폭발을 거친다.

① ㄱ　② ㄷ　③ ㄱ, ㄴ　✓④ ㄴ, ㄷ　⑤ ㄱ, ㄴ, ㄷ

|자|료|해|설|

(가)는 중심핵에서 철까지 만들어졌으므로 질량이 태양의
10~20배 이상인 별이다. 나중에 만들어질수록 중심핵
근처에 위치하므로, 철이 가장 마지막에 만들어진 원소이나.
이 별은 이후 초신성 폭발을 한다. (나)는 중심핵에서 탄소와
산소까지 만들어졌으므로 질량이 태양과 비슷한 별이다. 이
별은 이후 백색 왜성이 된다.

|보|기|풀|이|

ㄱ. 오답 : ㉠은 철보다 먼저 생성되었으므로 철보다 가볍다.

ㄴ. 정답 : 별의 질량은 철까지 만들어진 (가)가 탄소,
산소까지만 만들어진 (나)보다 크다.

ㄷ. 정답 : (가)는 이후 초신성 폭발을 거친다.

😮 문제풀이 TIP | 태양과 질량이 비슷한 별은 탄소-산소
중심핵까지 만든 후 백색 왜성이 되고, 태양보다 질량이 10~20배
이상 큰 별은 철 중심핵까지 만든 후 초신성 폭발을 한다.

😀 출제분석 | 핵융합이 모두 끝난 후, 별의 내부 구조를 제시하고
있다. 이 자료는 별의 내부 구조 개념에서 자주 출제되는 그림으로,
이 그림이 나오면 두 별의 질량을 비교하는 보기(ㄴ 보기)가 항상
출제된다. 이 유형에서 출제되는 보기가 모두 비슷하므로 어렵지
않은 문제이다.

그림은 주계열성 A, B가
적색 거성 A', B'으로
진화하는 경로를 H-R도에
나타낸 것이다.
이에 대한 옳은 설명만을
〈보기〉에서 있는 대로 고른
것은? 3점

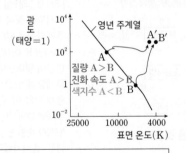

질량 A > B
진화 속도 A > B
색지수 A < B

보기

ㄱ. A가 A'으로 진화하는 데 걸리는 시간은 B가 B'으로
진화하는 데 걸리는 시간보다 ~~길다~~ 짧다

ㄴ. 색지수는 A가 B보다 작다. → 광도가 클수록 색지수는 작다

ㄷ. 질량은 A가 B보다 ~~작다~~ 크다

① ㄱ　✓② ㄴ　③ ㄱ, ㄷ　④ ㄴ, ㄷ　⑤ ㄱ, ㄴ, ㄷ

|자|료|해|설|

H-R도에서 주계열성의 분포는 왼쪽 위에서 오른쪽
아래로 이어진다. 왼쪽 위에 분포해 있을수록 주계열성의
질량은 크다. 질량이 큰 주계열성일수록 표면 온도가 높고
광도가 크다. 광도가 큰 별의 색지수는 작다.
주계열성은 질량에 따라 서로 다른 천체로 진화한다. 질량이
큰 별은 초거성으로, 질량이 작은 별은 적색 거성으로
진화한다. 질량이 클수록 별의 진화 속도는 빠르다.
A는 B보다 질량이 큰 주계열성이다. 따라서 A는 B보다
광도가 크고, 색지수는 작으며 진화 속도는 빠르다.

|보|기|풀|이|

ㄱ. 오답 : 주계열성의 질량이 클수록 진화 속도는 빠르다.
A는 B보다 질량이 더 큰 별이므로 A가 A'으로 진화하는
데 걸리는 시간은 B가 B'으로 진화하는 데 걸리는
시간보다 짧다.

ㄴ. 정답 : 색지수는 광도가 클수록 작다. 따라서 A의
색지수가 B보다 작다.

ㄷ. 오답 : H-R도에서 주계열성은 왼쪽 위에 있을수록
질량이 크다. 따라서 질량은 A가 B보다 크다.

😮 문제풀이 TIP | 주계열성의 질량이 클수록 진화 속도는 빠르다.

😀 출제분석 | H-R도에서 표현되는 주계열성의 물리량을 그래프로 이해할 수 있는지 묻는 문항이다. 이 문제에서는 주계열성만 출제하여 난도를 조금 낮췄다. H-R도에서
주계열성이 분포되어 있는 형태와 나타내는 물리량 등을 해석할 수 있어야 한다. 그 외에도 진화 후 형태와 진화 전후 물리량의 변화 등도 물어볼 수 있다.

표는 주계열성 A, B의 물리량을 나타낸 것이다.

주계열성	광도 (태양=1)	질량 (태양=1)	예상 수명 (억 년)
A	1	1	100
B	80	3	$X < 100$

질량↑ ➡ 수명↓

이에 대한 옳은 설명만을 〈보기〉에서 있는 대로 고른 것은? 3점

보기

ㄱ. A에서는 p−p 반응이 CNO 순환 반응보다 우세하다.

ㄴ. X는 100보다 작다. → 광도 클수록 큼

ㄷ. 중심핵의 단위 시간당 질량 감소량은 A가 B보다 <del>많다.</del> 적다.

① ㄱ   ② ㄷ   ✓③ ㄱ, ㄴ   ④ ㄴ, ㄷ   ⑤ ㄱ, ㄴ, ㄷ

|자|료|해|설|

A는 태양과 질량이 같은 별이고, B는 태양보다 질량이 3배 크고 광도가 80배 큰 주계열성이다. 태양과 질량이 같은 주계열성에서는 p−p 반응이 CNO 순환 반응보다 우세하게 일어난다. 질량이 큰 별은 질량이 작은 별에 비해 수명이 짧다. 중심핵의 단위 시간당 질량 감소량은 $E = \Delta mc^2$로 설명할 수 있는데 질량 감소량이 많을수록 에너지(광도)가 더 크다는 의미이다. 따라서 광도가 더 큰 B가 질량 결손에 의한 에너지 생성량이 더 많다는 뜻이므로 질량 감소량은 B가 A보다 많다.

|보|기|풀|이|

ㄱ. 정답 : A는 태양과 질량이 같으므로 p−p 반응이 CNO 순환 반응보다 우세하게 일어난다.

ㄴ. 정답 : 수명은 질량에 반비례하므로 X는 100보다 작다.

ㄷ. 오답 : 중심핵의 단위 시간당 질량 감소량은 광도가 큰 B가 A보다 많다.

🤖 **문제풀이 TIP** | [주계열성에서 일어나는 수소 핵융합 반응의 종류]

p−p 반응	CNO 순환 반응
− 별의 질량이 태양과 비슷한 경우 − 중심부 온도가 1800만 K보다 낮은 경우	− 질량이 태양의 약 2배 이상인 경우 − 중심부 온도가 1800만 K보다 높은 경우

🤖 **출제분석** | 별의 물리량을 이용하여 주계열성의 특징을 파악하는 문제로 쉽게 풀 수 있었다.

---

6   별의 진화   정답 ②   정답률 79%   지Ⅱ 2018년 7월 학평 10번   문제편 244p

그림은 별의 진화 과정을 나타낸 것이다.

$M_\odot$: 태양 질량, M: 별의 질량

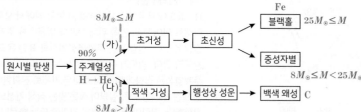

이에 대한 설명으로 옳은 것만을 〈보기〉에서 있는 대로 고른 것은?

보기

탄소(C)
ㄱ. 백색 왜성의 중심부에서 <del>철</del>이 생성된다. 철까지 생성되는 것은 초신성 폭발 후

(나)
ㄴ. 태양 정도의 질량인 별은 <del>(가)</del>과정을 따라 진화한다.

ㄷ. 별의 진화 과정 중 주계열성 단계에서 머무르는 시간은 적색 거성 단계보다 길다. → 별의 전체 수명 중 90% 차지

① ㄱ   ✓② ㄷ   ③ ㄱ, ㄴ   ④ ㄴ, ㄷ   ⑤ ㄱ, ㄴ, ㄷ

|자|료|해|설|

원시별은 중력 수축 에너지에 의해 주계열성이 된다. 주계열성은 별의 일생 중 90% 정도를 차지하며, 온도가 1000만 K 이상인 주계열성의 중심부에서는 수소 핵융합 반응이 일어난다. 질량이 작은(태양 질량의 8배보다 작은) 주계열성에서는 주로 양성자−양성자 연쇄 반응(p−p 연쇄 반응)이, 질량이 큰(태양 질량의 8배보다 큰) 주계열성에서는 주로 탄소·질소·산소 순환 반응 (CNO 순환 반응)이 우세하다. $8M_\odot \leq M < 25M_\odot$의 경우, 중성자별이 되며 $25M_\odot \leq M$인 경우, 블랙홀이 된다. $8M_\odot > M$인 경우 백색왜성이 되며 중심부에서는 헬륨 핵융합 반응이 일어나서 탄소(C)까지 생성된다. 초거성으로 진화한 별은 여러 단계의 핵융합 반응을 거쳐 마지막에는 중심부에 철(Fe)이 생성된다.

|보|기|풀|이|

ㄱ. 오답 : 백색 왜성의 중심부에서는 탄소(C)까지 생성된다. 철(Fe)까지 생성되는 것은 초거성으로 진화한, 질량이 $8M_\odot \leq M$인 별에 해당한다.

ㄴ. 오답 : 태양 정도의 질량인 별은 (나)과정을 따라 진화한다.

ㄷ. 정답 : 별의 진화 과정 중 주계열성 단계에 머무르는 시간은 별의 일생 중 약 90%정도를 차지하며, 적색 거성 단계보다 길다.

🤖 **문제풀이 TIP** | 별의 진화 과정에서 중요한 것은 별의 질량이다. H−R도와 더불어 별의 질량이 클 때와 작을 때 어떠한 과정을 거치는지 잘 정리해놓아야 한다.

🤖 **출제분석** | 이 문제는 별의 진화 과정을 표로 순서대로 정리해 놓았다. 이렇게 모든 과정을 물어보는 통합적인 문제도 나오지만 각각의 단계에서 특히, 원시별이 주계열성으로 되는 과정에 대해서 세세하게 물어볼 수도 있으므로 각 단계에서 어떤 과정이 일어나는지 잘 정리해두어야 한다.

그림은 원시별 A, B, C를
H−R도에 나타낸 것이다.
점선은 원시별이 탄생한 이후
경과한 시간이 같은 위치를
연결한 것이다.
A, B, C에 대한 옳은 설명만을
〈보기〉에서 있는 대로 고른
것은? **3점**

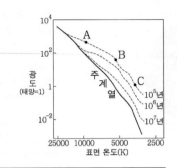

보기

⟶ 광도·질량↑ 수명↓

ㄱ. 주계열성이 되기까지 걸리는 시간은 A가 C보다 ~~같다.~~ 짧다.

ㄴ. B와 C의 질량은 ~~같다.~~ ⟶ B>C   다르다.

ㄷ. C는 표면에서 중력이 기체 압력 차에 의한 힘보다 크다.

① ㄱ   ② ㄴ   ③ ㄷ   ④ ㄱ, ㄷ   ⑤ ㄴ, ㄷ

|자|료|해|설|
원시별의 질량이 클수록 H−R도 상에서 왼쪽 상단에
위치하며, 주계열성에 도달하는 시간이 짧다. 원시별은
아직 내부에서 수소 핵융합을 하지 못하므로 중력이 기체
압력 차에 의한 힘보다 커 중력 수축하고, 이 중력 수축
에너지가 원시별의 에너지원이 된다.

|보|기|풀|이|
ㄱ. 오답 : 주계열성이 되기까지 걸리는 시간은 원시별의
질량이 클수록 짧으므로 A가 C보다 짧다.
ㄴ. 오답 : H−R도 상에서 왼쪽 상단에 위치할수록
원시별의 질량이 크다. 따라서 B가 C보다 질량이 크다.
ㄷ. 정답 : 원시별은 표면에서 중력이 기체 압력 차에 의한
힘보다 크다.

🔍 **문제풀이 TIP** | H−R도 상에서 원시별과 주계열성, 거성 및 백색 왜성 등이 위치하는 지점을 익혀두고 진화 단계별 특징과 별의 질량에 따른 진화 속도 및 과정의 차이를 모두 숙지해두어야 한다.

그림은 주계열성 (가)와 (나)의 내부 구조를 나타낸 것이다. (가)와
(나)의 질량은 각각 태양 질량의 1배와 5배 중 하나이다.

(가) 1배   (나) 5배

이에 대한 설명으로 옳은 것만을 〈보기〉에서 있는 대로 고른 것은?

보기

ㄱ. 질량은 (가)가 (나)보다 작다.

ㄴ. (나)의 핵에서 $\dfrac{\text{p−p 반응에 의한 에너지 생성량}}{\text{CNO 순환 반응에 의한 에너지 생성량}}$ 은
1보다 작다.

ㄷ. 주계열 단계가 끝난 직후부터 핵에서 헬륨 연소가 일어나기
직전까지의 절대 등급의 변화 폭은 (가)가 (나)보다 ~~작다.~~ 크다

① ㄱ   ② ㄷ   ③ ㄱ, ㄴ   ④ ㄴ, ㄷ   ⑤ ㄱ, ㄴ, ㄷ

|자|료|해|설|
(가)는 중심핵과 복사층, 대류층이 존재하는 주계열성으로
질량이 태양의 1배인 별이다. 질량이 태양과 비슷한
주계열성의 중심핵에서는 CNO 순환 반응보다 p−p
반응이 우세하게 일어난다. 중심핵에서 수소 핵융합
반응이 일어나며 생성된 에너지는 복사층으로 전달된다.
(나)는 대류핵과 복사층이 존재하는 주계열성으로 질량이
태양의 5배인 별이다. 질량이 태양의 5배인 주계열성의
중심핵에서는 p−p 반응보다 CNO 순환 반응이 우세하게
일어난다. 대류핵에서 수소 핵융합 반응이 일어나 생성된
에너지는 복사층으로 전달된다.

|보|기|풀|이|
ㄱ. 정답 : 질량이 태양 정도인 주계열성은 중심핵을
복사층과 대류층이 차례로 둘러싸고 있고, 질량이 태양
질량의 약 2배 이상인 주계열성은 중심부에 대류핵이 있고,
복사층이 이를 둘러싸고 있다. 따라서 내부 구조를 보면
(가)는 질량이 태양 질량의 1배인 주계열성이고, (나)는
질량이 태양 질량의 5배인 주계열성이므로 질량은 (가)가
(나)보다 작다.
ㄴ. 정답 : (나)의 핵에서 p−p 반응보다 CNO 순환
반응이 더 우세하게 일어나므로 p−p 반응에 의한 에너지
생성량이 CNO 순환 반응에 의한 에너지 생성량보다 적다.
따라서 (나)의 핵에서
$\dfrac{\text{p−p 반응에 의한 에너지 생성량}}{\text{CNO 순환 반응에 의한 에너지 생성량}}$ 은 1부다 작다
ㄷ. 오답 : 주계열성이 거성으로 진화할 때 별의 질량이
클수록 대체로 광도의 변화 폭이 작고, 표면 온도의 변화
폭이 크다. 따라서 주계열 단계가 끝난 직후부터 핵에서
헬륨 연소가 일어나기 직전까지의 절대 등급의 변화 폭은
질량이 태양 질량의 1배인 (가)가 태양 질량의 5배인 (나)
보다 크다.

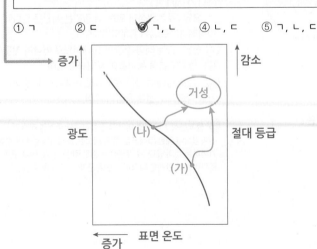

🔍 **문제풀이 TIP** | 질량에 따른 주계열성의 진화 방향을 H−R
도에서 대략적으로 그릴 수 있게 연습을 해두면 질량 차이에 따른
물리량의 변화를 쉽게 찾을 수 있다.

그림은 질량이 서로 다른 주계열성 A와 B의 내부 구조를 나타낸 것이다. 이에 대한 설명으로 옳은 것만을 〈보기〉에서 있는 대로 고른 것은? (단, 별의 크기는 고려하지 않는다.)

A 질량이 큰 경우
복사층

B 질량이 작은 경우
복사층
대류층

보기

ㄱ. 별의 질량은 A보다 B가 작다.

ㄴ. A와 B는 정역학적 평형 상태에 있다.

ㄷ. 수소 핵융합 반응 중 CNO 순환 반응이 차지하는 비율은 A보다 B가 <del>높다.</del>
　　→ 질량이 클수록 CNO 반응   낮

① ㄱ   ② ㄷ   ✔③ ㄱ, ㄴ   ④ ㄴ, ㄷ   ⑤ ㄱ, ㄴ, ㄷ

| 자 | 료 | 해 | 설 |

대류핵에서 생성된 에너지가 복사층을 거쳐 표면까지 이동하는 별(A)은 중심핵에서 생성된 에너지가 복사층과 대류층을 거쳐 표면까지 이동하는 별(B)보다 질량이 크다. 질량이 태양과 비슷한 경우 p−p반응이 우세하고 질량이 태양의 2배 이상인 경우 CNO 순환 반응이 우세하다.

| 보 | 기 | 풀 | 이 |

ㄱ. 정답 : 대류핵에서 생성된 에너지가 복사층을 거쳐 표면까지 이동하는 별(A)은 중심핵에서 생성된 에너지가 복사층과 대류층을 거쳐 표면까지 이동하는 별(B)보다 질량이 크다.

ㄴ. 정답 : 주계열성은 정역학적 평형 상태를 유지한다.

ㄷ. 오답 : 주계열성은 질량이 클수록 수소 핵융합 반응 중 CNO 순환 반응이 차지하는 비율이 높다.

😮 문제풀이 T I P | 질량이 태양과 비슷한 별의 구조는 중심핵으로부터 핵−복사층−대류층으로 이루어져 있고, 질량이 태양의 약 2배 이상인 별의 구조는 대류핵−복사층으로 이루어져 있는데, 핵−대류층−복사층이 있다고 하기도 한다.

😊 출제분석 | 질량에 따른 주계열성의 내부구조는 문제집이나 기출에도 자주 볼 수 있는 유형이므로 평이한 수준의 난이도라 볼 수 있다.

그림은 주계열성 A, B, C가 원시별에서 주계열성이 되기까지의 경로를 H−R도에 나타낸 것이다.

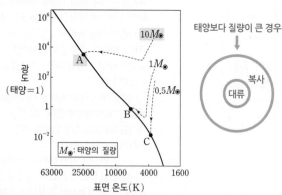

이에 대한 설명으로 옳은 것만을 〈보기〉에서 있는 대로 고른 것은?

보기

　　→ 질량에 반비례
ㄱ. 주계열성이 되는 데 걸리는 시간은 A가 B보다 <del>길다.</del> 짧다

ㄴ. A의 내부는 복사층이 대류층을 둘러싸고 있는 구조이다.

ㄷ. 절대 등급은 C가 가장 크다.
　　→ 광도에 반비례

① ㄱ   ② ㄷ   ③ ㄱ, ㄴ   ✔④ ㄴ, ㄷ   ⑤ ㄱ, ㄴ, ㄷ

| 자 | 료 | 해 | 설 |

질량이 큰 원시별은 대체로 H−R도의 오른쪽에서 왼쪽으로 수평 방향으로 진화하여 주계열성에 도달하고, 질량이 작은 원시별은 대체로 H−R도의 위쪽에서 아래쪽으로 수직 방향으로 진화하여 주계열성이 된다. 질량이 클수록 중력 수축이 빠르게 일어나 주계열성에 빨리 도달한다.

| 보 | 기 | 풀 | 이 |

ㄱ. 오답 : 주계열성이 되는 데 걸리는 시간은 질량에 반비례하므로 A가 B보다 짧다.

ㄴ. 정답 : A는 태양 질량의 10배이므로 에너지 전달이 용이한 대류층을 복사층이 둘러싸고 있다.

ㄷ. 정답 : 절대 등급은 광도에 반비례하는데, 광도는 C가 가장 작으므로 절대 등급이 가장 크다.

😊 출제분석 | 주계열 이전의 진화경로와 주계열 이후의 진화경로에 대한 그래프는 종종 나오는 문제이니 둘을 구분하여 기억하는 것이 좋다. 주계열성일 경우 질량, 수명, 내부 구조, 기타 물리량간의 관계를 파악하는 변형문제는 많이 출제된다.

그림 (가)는 질량이 다른 주계열성 ㉠, ㉡의 내부 구조를, (나)는 중심핵의 온도에 따른 p−p 연쇄 반응과 CNO 순환 반응에 의한 에너지 생성량을 순서 없이 A, B로 나타낸 것이다.

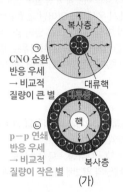

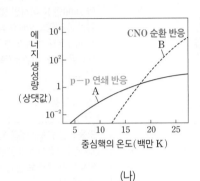

(가)   (나)

이에 대한 옳은 설명만을 〈보기〉에서 있는 대로 고른 것은? (단, ㉠과 ㉡의 크기는 고려하지 않는다.) **3점**

보기
ㄱ. 별의 질량은 ㉠이 ㉡보다 ~~작다~~ 크다.
ㄴ. A는 p−p 연쇄 반응에 의한 에너지 생성량이다.
ㄷ. CNO 순환 반응에 의한 에너지 생성량은 ~~㉠~~이 ~~㉡~~보다 많다.

① ㄱ   ✓② ㄴ   ③ ㄱ, ㄷ   ④ ㄴ, ㄷ   ⑤ ㄱ, ㄴ, ㄷ

|자|료|해|설|

(가)의 ㉠은 CNO 순환 반응이 우세한 주계열성 그림, ㉡은 p−p 연쇄 반응이 우세한 주계열성의 그림이다. CNO 순환 반응이 우세한 주계열성이 p−p 연쇄 반응이 우세한 주계열성보다 중심핵의 온도가 높고 질량이 더 크다. 따라서 (나)에서 중심핵의 온도가 더 낮은 A는 p−p 연쇄 반응이 우세한 주계열성의 그래프이고, B는 CNO 순환 반응이 우세한 주계열성의 그래프이다.

|보|기|풀|이|

ㄱ. 오답 : CNO 순환 반응이 우세한 별이 p−p 연쇄 반응이 우세한 별보다 질량이 크다. ㉠은 CNO 순환 반응을, ㉡은 p−p 연쇄 반응을 하는 별이므로 별의 질량은 ㉠이 ㉡보다 크다.

ㄴ. 정답 : p−p 연쇄 반응이 우세한 별의 중심핵 온도는 CNO 순환 반응이 우세한 별보다 낮으므로 A는 p−p 연쇄 반응에 의한 에너지 생성량이다.

ㄷ. 오답 : CNO 순환 반응이 우세한 별은 ㉠이므로 CNO 순환 반응에 의한 에너지 생성량은 ㉠이 ㉡보다 많다.

😊 문제풀이 T I P | 두 가지 핵융합 방법이 어떤 별에서 어떻게 진행되는지 알고 있어야 한다. 두 가지 방법의 특징을 그림과 그래프로 제시하여 자료 해석 능력이 요구되는 문제다.

😀 출제분석 | 주계열성 중심핵의 핵융합 반응에 관한 내용은 H−R도의 주계열성의 특징을 묻는 보기로 하나 정도 출제되는 경향이 있다. 이 문항은 핵융합 반응의 특징을 그림과 그래프 자료로 제시한 문제이다.

그림 (가)는 원시별 A와 B가 주계열성으로 진화하는 경로를, (나)의 ㉠과 ㉡은 A와 B가 주계열 단계에 있을 때의 내부 구조를 순서 없이 나타낸 것이다.

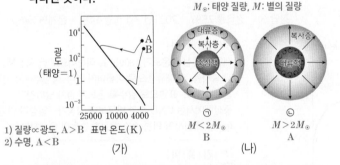

1) 질량∝광도, A>B 표면 온도(K)
2) 수명, A<B

(가)   (나)

이에 대한 설명으로 옳은 것만을 〈보기〉에서 있는 대로 고른 것은?

보기
ㄱ. 주계열성이 되는 데 걸리는 시간은 A가 B보다 ~~길다~~ 짧다.
ㄴ. A가 주계열 단계에 있을 때의 내부 구조는 ㉡이다.
ㄷ. 핵에서의 CNO 순환 반응은 ~~㉡~~이 ~~㉠~~보다 우세하다.

① ㄱ   ✓② ㄴ   ③ ㄷ   ④ ㄱ, ㄴ   ⑤ ㄴ, ㄷ

|자|료|해|설|

주계열성에서 질량이 큰 별일수록 광도가 크다. 그림 (가)에서 A와 B 중에 광도가 더 큰 것은 A이므로 질량도 더 크다는 것을 알 수 있다. (나) 그림에 ㉠은 $M<2M_\odot$인 주계열성으로 핵융합 반응이 일어나는 중심핵을 복사층과 대류층이 둘러싸고 있다. ㉡ $M>2M_\odot$인 주계열성의 경우, 중심부에서 대류가 일어나는 대류핵과 복사층으로 구성된다. 질량이 더 큰 A가 ㉡이고, 질량이 더 작은 B가 ㉠임을 알 수 있다.

|보|기|풀|이|

ㄱ. 오답 : 주계열성이 되는 데 걸리는 시간은 질량이 더 큰 A가 B보다 짧다. 원시별의 질량이 클수록 중력 수축이 빠르게 일어나 주계열 단계에 더 빨리 도달하게 된다.

ㄴ. 정답 : A는 B보다 질량이 크기 때문에 주계열 단계에서 ㉠과 ㉡ 중 ㉡에 해당하는 내부 구조를 갖는다.

ㄷ. 오답 : CNO 순환 반응은 질량이 큰 별일수록 우세하다. 따라서 ㉡이 ㉠보다 더 우세하나.

😊 문제풀이 T I P | 원시별이 주계열성으로 되는 과정에 대해 질량이 큰 별과 질량이 작은 별의 진화 과정과 주계열성이 되었을 때 내부 구조에 대해서 물어본 문제이다. 질량이 더 큰 별은 중력 수축이 더 빠르게 일어나서 주계열성이 더 빨리 되고, 수명은 그만큼 짧아진다. 또한 별은 수명의 90% 정도를 주계열성에서 보낸다. 질량이 작은 주계열성의 경우 p−p 연쇄 반응이, 질량이 큰 주계열성의 경우 CNO 순환 반응이 우세하다.

😀 출제분석 | H−R도를 보고 두 별의 물리량을 비교한 뒤 두 별의 질량을 바탕으로 내부 구조까지 판단해야 하는 복합적인 문제이다. 난도는 '상'에 해당한다.

그림 (가)는 양성자·양성자 반응을, (나)는 어느 주계열성의 내부 구조를 나타낸 것이다.

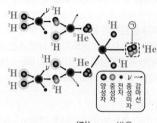 

(가) p−p 반응   (나) 질량이 태양 2배

이에 대한 옳은 설명만을 〈보기〉에서 있는 대로 고른 것은?

보기

ㄱ. ㉠은 헬륨 원자핵이다.

ㄴ. (나)는 태양보다 질량이 큰 별의 내부 구조이다.

~~ㄷ.~~ (나)의 대류핵에서는 탄소·질소·산소 순환 반응보다 (가)의 반응이 ~~우세~~하다.
                           열세

① ㄱ   ② ㄷ   ✔③ ㄱ, ㄴ   ④ ㄴ, ㄷ   ⑤ ㄱ, ㄴ, ㄷ

|자|료|해|설|

(가)는 수소 원자핵 6개가 융합하여 1개의 헬륨 원자핵이 생성되고 2개의 수소 원자핵이 방출되는 양성자·양성자(p−p)반응으로 질량이 태양과 비슷하여 중심부 온도가 약 2000만 K 이하인 별에서 우세하게 일어난다. (나)는 질량이 태양의 2배 이상인 별의 내부구조로 별의 중심부와 표면의 온도 차이가 매우 크기 때문에 중심부(대류층)에서는 대류를 통해, 바깥층(복사층)에서는 복사를 통해 에너지가 전달된다.

|보|기|풀|이|

ㄱ. 정답 : ㉠은 수소 원자핵(^{1}H) 6개가 이 핵융합 반응으로 만들어진 1개의 헬륨 원자핵(^{4}He)이다.

ㄴ. 정답 : (나)는 중심부터 핵−대류층−복사층으로 이루어진 구조로 질량이 태양의 약 2배 이상인 별의 내부 구조이다.

ㄷ. 오답 : (나)는 질량이 크므로 p−p반응보다 CNO 순환 반응이 우세하다.

😎 **문제풀이 TIP |** 질량이 태양과 비슷한 별에서는 양성자·양성자(p−p)반응이 우세하고 질량이 태양의 약 2배 이상인 별에서는 탄소·질소·산소(CNO) 순환 반응이 우세하다. 질량이 태양과 비슷한 별의 내부구조는 중심부터 핵−복사층−대류층으로 이루어져있고, 질량이 태양의 약 2배 이상인 별의 구조는 중심부터 핵−대류층−복사층으로 이루어져있다.

😀 **출제분석 |** 질량에 따른 수소 핵융합 반응과 주계열성의 내부 구조를 비교하는 문제는 빈출 유형이다.

그림은 태양 내부의 온도 분포를 나타낸 것이다.

㉠, ㉡, ㉢은 각각 중심핵, 복사층, 대류층 중 하나이다.

이에 대한 옳은 설명만을 〈보기〉에서 있는 대로 고른 것은?

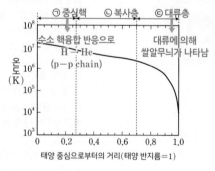

보기

ㄱ. 태양 중심에서 표면으로 갈수록 온도는 낮아진다.

ㄴ. ㉠에서는 수소 핵융합 반응이 일어난다.

ㄷ. ㉢에서는 주로 대류에 의해 에너지 전달이 일어난다.

① ㄱ   ② ㄴ   ③ ㄱ, ㄷ   ④ ㄴ, ㄷ   ✔⑤ ㄱ, ㄴ, ㄷ

|자|료|해|설|

태양은 중심부 온도가 1800만 K 이하이므로 ㉠ 중심핵, ㉡ 복사층, ㉢ 대류층으로 이루어져 있다. 중심부에서 가장 온도가 높고, 표면으로 갈수록 온도가 점차 낮아진다. 중심핵에서는 CNO 순환 반응보다 양성자−양성자 반응(p−p chain)에 의한 수소 핵융합 반응이 우세하다.

|보|기|풀|이|

ㄱ. 정답 : 태양 중심은 10^7K 이상이고, 표면으로 갈수록 온도가 낮아진다.

ㄴ. 정답 : 중심핵인 ㉠에서는 수소 핵융합 반응이 일어난다.

ㄷ. 정답 : 대류층인 ㉢에서는 주로 대류에 의해 에너지 전달이 일어난다.

😎 **문제풀이 TIP |** 복사층, 대류층이 헷갈리기 쉬운데, 태양 표면에 나타나는 쌀알무늬가 대류에 의해 나타나는 것을 기억하면 가장 바깥층을 대류층으로 연결하기 쉽다.

😀 **출제분석 |** 이 문제는 태양의 내부 구조만을 묻고 있어서 매우 쉬운 편이다. 별의 내부 구조는 H−R도와 함께 출제되는 경우가 많은데, 질량이 서로 다른 두 주계열성과 내부 구조를 연결하고, 수소 핵융합 반응의 방식까지 묻기도 한다. 이렇게 다양한 지식을 물으면 배점은 3점으로 출제된다.

그림은 태양 중심으로부터의 거리에 따른 단위 시간당 누적 에너지 생성량과 누적 질량을 나타낸 것이다. ㉠, ㉡, ㉢은 각각 핵, 대류층, 복사층 중 하나이다.

이에 대한 옳은 설명만을 〈보기〉에서 있는 대로 고른 것은?

보기

㉠. 단위 시간 동안 생성되는 에너지양은 ㉠이 ㉡보다 많다.

㉡. ㉢에서는 주로 대류에 의해 에너지가 전달된다.

㉢. 평균 밀도는 ㉡이 ㉢보다 크다.
     └→ 누적 질량 증가 큼

① ㄱ   ② ㄷ   ③ ㄱ, ㄴ   ④ ㄴ, ㄷ   ✓⑤ ㄱ, ㄴ, ㄷ

| 자 | 료 | 해 | 설 |

태양은 핵에서 생성된 에너지를 먼저 복사의 형태로 전달하고 표면과 가까워지면 대류에 의해 에너지를 전달한다. 따라서 ㉠은 핵, ㉡은 복사층, ㉢은 대류층이다. 누적 에너지 생성량이 핵에서 급격히 증가한 뒤 복사층과 대류층에서는 값이 일정한 것으로 보아 태양의 에너지를 생산하는 곳은 핵이다. 또한 누적 질량이 증가하는 정도를 보았을 때 ㉢이 평균 밀도가 가장 작다는 것을 알 수 있다.

| 보 | 기 | 풀 | 이 |

㉠. 정답 : 단위 시간 동안 생성되는 에너지양은 핵인 ㉠에서 가장 많다.

㉡. 정답 : ㉢은 주로 대류에 의해 에너지가 전달되는 대류층이다.

㉢. 정답 : 누적 질량이 증가하는 정도를 보았을 때 평균 밀도는 ㉡이 ㉢보다 크다.

💬 **문제풀이 TIP** | 태양과 질량이 비슷한 별과 태양보다 질량이 큰 별의 내부 구조 차이를 파악하고 있어야 한다. 또한 별의 내부 구조에 대한 문제는 보기에서 묻는 내용을 대부분 자료 해석을 통해 해결할 수 있으므로 각 그래프가 의미하는 바를 잘 파악해야 한다.

💬 **출제분석** | 별의 내부 구조를 단독으로 묻는 문제는 다루는 개념이 한정적이므로 자주 출제되지는 않는다. 하지만 출제된다면 그래프 해석 능력을 함께 요구하는 경우가 많으므로 암기 사항으로만 문제를 해결하기 어려운 경우가 많다. 본 문제는 비교적 간단한 그래프를 제시하여 난이도가 높지 않았다.

그림은 질량이 서로 다른 세 별의 주계열 이전 진화 경로를 나타낸 것이다.

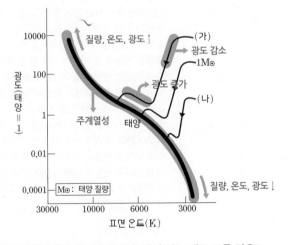

이에 대한 설명으로 옳은 것만을 〈보기〉에서 있는 대로 고른 것은?

보기   ┌→ 별의 질량이 클수록 주계열의 왼쪽 위

㉠. 별의 질량은 (가)가 (나)보다 크다.   중력 수축

㉡̸. 전주계열성의 에너지원은 ~~수소 핵융합 반응~~이다.

㉢̸. (가)와 (나)는 주계열성으로 진화하면서 절대 등급이 ~~계속 감소한다.~~ 감소하기도, 증가하기도 한다.

✓① ㄱ   ② ㄴ   ③ ㄱ, ㄷ   ④ ㄴ, ㄷ   ⑤ ㄱ, ㄴ, ㄷ

| 자 | 료 | 해 | 설 |

별의 질량이 클수록 H−R도의 주계열에서 왼쪽 위에 위치한다. 따라서 (가)는 1M⊙보다 질량이 크고, (나)는 1M⊙보다 질량이 작은 별이다. 질량이 큰 별은 온도와 광도 역시 높고, 질량이 작은 별은 온도와 광도가 낮다. 전주계열성이 주계열에 도달하는 진화 경로가 그림에 나타나 있다. 진화 초기에는 광도가 감소하고, 후기에는 광도가 증가하는 모습을 보인다. 전주계열성의 에너지원은 중력 수축이다. 중력 수축에 의해 반지름이 감소하며 에너지를 얻는다. 이후 충분히 가열되어 수소 핵융합 반응을 시작할 때부터 주계열성이 된다.

| 보 | 기 | 풀 | 이 |

㉠. 정답 : 별의 질량이 클수록 H−R도의 주계열에서 왼쪽 위에 위치한다. 따라서 질량은 (가)가 (나)보다 크다.

ㄴ. 오답 : 전주계열성의 에너지원은 중력 수축이다. 수소 핵융합 반응은 주계열성의 에너지원이다.

ㄷ. 오답 : 전주계열성이 주계열성으로 진화하는 과정에서 광도는 감소하기도, 증가하기도 한다. 따라서 절대 등급 역시 증가하기도, 감소하기도 한다.

💬 **문제풀이 TIP** | H−R도의 주계열에서 왼쪽 위로 올라갈수록 질량이 크고, 온도와 광도가 높은 별이다. 반대로 오른쪽 아래로 내려갈수록 질량이 작고, 온도와 광도가 낮은 별이다. 전주계열성의 에너지원은 중력 수축, 주계열성의 에너지원은 수소 핵융합 반응이다. 수소 핵융합 반응으로 빛을 낼 때 원시별은 비로소 별이 된다.

그림은 중심부 온도에 따른 p−p 반응과 CNO 순환 반응에 의한 광도를 A, B로 순서 없이 나타낸 것이다.
이에 대한 설명으로 옳은 것만을 〈보기〉에서 있는 대로 고른 것은?

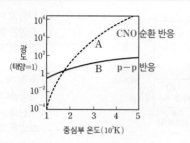

보기

ㄱ. 태양에서는 ~~A~~ B 반응이 우세하다.

ㄴ. 태양의 중심부 온도는 ~~2000만 K~~이다. → 약 1500만 K

 ㄷ. 주계열성의 질량이 클수록 전체 광도에서 B에 의한 비율이 감소한다.

① ㄱ   ✓② ㄷ   ③ ㄱ, ㄴ   ④ ㄴ, ㄷ   ⑤ ㄱ, ㄴ, ㄷ

|자|료|해|설|

A는 질량이 크고 고온의 별에서 우세하게 일어나는 CNO 순환 반응이고, B는 질량이 작고 저온의 별에서 우세하게 일어나는 p−p 반응이다.

|보|기|풀|이|

ㄱ, ㄴ. 오답 : 태양 중심부의 온도는 약 1500만 K이므로 p−p 반응이 우세하다.

ⓒ. 정답 : 주계열성의 질량이 클수록 전체 광도에서 p−p 반응에 의한 비율이 감소한다.

🤓 **문제풀이 TIP** | [주계열성에서 일어나는 수소 핵융합 반응]
 − p−p 반응: 태양과 비슷한 질량, 중심부 온도 1800만 K 이하인 별에서 우세하게 일어남
 − CNO 반응: 질량이 태양의 약 2배 이상인 별, 중심부 온도 1800만 K이상인 별에서 우세하게 일어남

😀 **출제분석** | 그래프가 생소할 수 있으나 주계열성에서 일어나는 두 가지 수소 핵융합 반응에 대한 개념을 제대로 이해하고 있다면 어렵지 않게 해결할 수 있는 문제이다.

그림은 주계열성의 내부에서 대류가 일어나는 영역의 질량을 별의 질량에 따라 나타낸 것이다. 주계열성 ㉠, ㉡, ㉢에 대한 설명으로 옳은 것만을 〈보기〉에서 있는 대로 고른 것은? **3점**

→ 물질의 이동이 활발

보기

→ 수소 잔여량 비율

ㄱ. 별 내부의 $\dfrac{\text{주계열 단계가 끝난 직후 수소량}}{\text{주계열 단계에 도달한 직후 수소량}}$ 은 ㉡이 ㉠보다 ~~작다~~ 크다.

ㄴ. ㉢의 중심핵에서는 ~~p−p~~ 반응이 ~~CNO 순환~~ 반응보다 우세하다.
     CNO 순환   p−p

 ㄷ. 중심부에서 에너지 생성량은 ㉢이 ㉠보다 크다.

① ㄱ   ✓② ㄷ   ③ ㄱ, ㄴ   ④ ㄴ, ㄷ   ⑤ ㄱ, ㄴ, ㄷ

|자|료|해|설|

㉠은 내부에서 전체적으로 대류가 일어난다. 따라서 핵에서 수소 핵융합 반응에 의해 헬륨 원소가 만들어지더라도 핵 바깥쪽과의 대류에 의해 핵으로 수소가 끊임없이 공급되어 주계열 단계가 끝난 직후 수소량은 매우 적다.

㉡은 대류에 의해 전달되는 에너지양에 비해 복사에 의해 전달되는 에너지의 양이 훨씬 더 많다. 질량이 태양의 질량과 같은 주계열성은 복사핵에서 수소 핵융합 반응이 일어나고, 헬륨 핵이 만들어지고 온도가 높아지면 헬륨 핵융합 반응이 일어난다. 이때 헬륨 핵의 바깥쪽에는 수소 핵융합 반응이 일어나는 수소층이 존재한다. 질량이 태양과 같은 주계열성은 중심부에서 CNO 순환 반응보다 p−p 반응이 우세하게 일어난다.

㉢은 에너지의 전달이 대류로 약 30%, 복사로 약 70% 이루어진다. 질량이 태양보다 큰 주계열성은 대류핵에서 수소 핵융합 반응이 일어나고, 대류핵 바깥에서 복사에 의한 에너지 전달이 이루어진다. 태양 질량의 2배 이상인 주계열성은 중심부에서 p−p 반응보다 CNO 순환 반응이 우세하게 일어난다.

|보|기|풀|이|

ㄱ. 오답 : ㉠은 주계열 단계에 도달했을 때의 수소량을 주계열 단계에서 대부분 소진하지만, ㉡은 주계열 단계에서 가지고 있던 수소의 일부가 주계열 단계가 끝난 후에도 핵 바깥쪽에 수소층으로 남아 있으므로 $\dfrac{\text{주계열 단계가 끝난 직후 수소량}}{\text{주계열 단계에 도달한 직후 수소량}}$ 은 ㉡이 ㉠보다 크다.

ㄴ. 오답 : 질량이 태양보다 2배 이상 큰 주계열성인 ㉢의 중심핵에서는 CNO 순환 반응이 p−p 반응보다 우세하다.

ⓒ. 정답 : ㉢의 질량은 ㉠보다 매우 크므로 중심부에서 에너지 생성량은 ㉢이 ㉠보다 크다.

그림은 서로 다른 질량의
주계열성 A_1과 B_1이
진화하는 경로의 일부를
H−R도에 나타낸 것이다.
A_2와 A_3, B_2와 B_3은 별
A_1과 B_1이 각각 진화하는
경로상에 위치한 별이고,
A_3과 B_3의 중심핵에서는
헬륨 핵융합 반응이 일어난다.
이에 대한 설명으로 옳은 것만을 〈보기〉에서 있는 대로 고른 것은?

3점

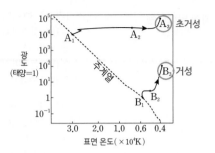

|자|료|해|설|

$A_1 → A_3$는 질량이 태양보다 매우 큰 경우로 H−R도의
오른쪽 맨 위에 위치한 초거성으로 진화하는 과정이고
$B_1 → B_3$는 질량이 대양과 비슷한 경우로 오른쪽 상단에
위치한 적색 거성으로 진화하는 과정이다. 거성단계에서는
중심부의 열이 외곽으로 전달되면서 중심핵을 둘러싼 외곽
수소 층에서 수소 핵융합 반응(A_2, B_2)이 일어나게 되고 이
후 중심핵 주변에서는 더욱 수축하여 헬륨 핵반응(A_3, B_3)
이 일어난다.

보기

~~ㄱ~~. 별의 질량은 A_1보다 B_1이 ~~크다~~. 작다   좌측 상단으로 갈수록 증가하므로

~~ㄴ~~. A_1와 B_1이 내부에서는 ~~수소 핵융합 반응이 일어나지 않는다~~. 일어난다

 ㄷ. $\dfrac{A_3의\ 반지름}{A_1의\ 반지름} > \dfrac{B_3의\ 반지름}{B_1의\ 반지름}$ 이다.

① ㄱ   ② ㄷ ✓   ③ ㄱ, ㄴ   ④ ㄴ, ㄷ   ⑤ ㄱ, ㄴ, ㄷ

초거성 / 적색 거성

|보|기|풀|이|

ㄱ. 오답 : H−R도에서 좌측 상단으로 갈수록 주계열성의
질량이 크므로 질량은 A_1보다 B_1이 작다.

ㄴ. 오답 : A_2와 B_2는 주계열성에서 거성으로 진화하는
단계이므로 별의 내부에서 열이 외곽으로 전달되면
중심핵을 둘러싼 외곽 수소 층에서 수소 핵융합 반응이
일어난다. 중심핵이 아니라 내부라고 했음에 유의해야
한다.

ㄷ. 정답 : 주계열성이 거성으로 진화할 때 질량이 큰
별일수록 반지름이 크게 증가하므로
$\dfrac{A_3\ 반지름}{A_1\ 반지름} > \dfrac{B_3\ 반지름}{B_1\ 반지름}$ 이다.

🤓 **문제풀이 TIP** | 주계열성의 질량이 클수록 중심핵의 온도가 높고 에너지를 생성하는 핵이 크므로 질량(M)이 큰 별 일수록 광도(L)가 크다($L ∝ M^{2.3~4}$). 원시별의 진화경로
그래프와 비슷하게 생겼으므로 헷갈리지 않도록 주의해야 한다. ㄴ에서 중심핵이 아니라 내부라고 했음을 주의해서 확인했어야 한다.

😀 **출제분석** | 주계열성의 진화경로를 보고 별의 물리량과 별의 에너지 생성과정을 유추해야 하기 때문에 높은 난도로 책정되었다. 원시별의 진화경로와 비교하는 문제 또한 출제될 수
있으니 함께 체크해야 한다.

그림 (가)는 별 ㉠~㉣의 분광형과 절대 등급을 H−R도에 나타낸
것이고, (나)는 중심핵에서 수소 핵융합 반응을 하는 어느 별의 내부
구조를 나타낸 것이다.

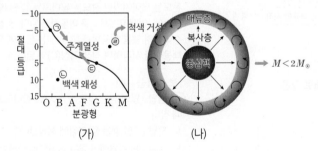

(가)   (나)

별 ㉠~㉣에 대한 설명으로 옳은 것만을 〈보기〉에서 있는 대로 고른
것은?

보기

㉠. 질량이 가장 큰 별은 ㉠이다.

~~ㄴ~~. 표면에서의 중력 가속도는 ~~㉣이 ㉢보다 크다~~.

㉢. (나)와 같은 내부 구조를 갖는 별은 ㉢이다.

① ㄱ   ② ㄴ   ③ ㄱ, ㄷ ✓   ④ ㄴ, ㄷ   ⑤ ㄱ, ㄴ, ㄷ

|자|료|해|설|

H−R도의 왼쪽에서 오른쪽 아래로 좁고 길게 분포한
별들을 주계열성, 주계열성의 오른쪽 위에 거의 수평으로
분포하는 별들을 적색 거성, 주계열성 왼쪽 아래에
분포하는 별을 백색 왜성이라고 한다. 따라서 ㉠, ㉢은
주계열성, ㉡은 백색 왜성, ㉣은 적색 거성이다.

|보|기|풀|이|

㉠. 정답 : H−R도에서 왼쪽 위로 갈수록 질량이 크므로,
질량이 가장 큰 별은 ㉠이다.

ㄴ. 오답 : ㉡은 백색 왜성이고, ㉣은 적색 거성이다.
표면에서의 중력 가속도는 ㉣이 ㉡보다 작다.

㉢. 정답 : (나)는 중심핵에서 수소 핵융합 반응을 한다
했으므로 주계열 단계에 있다. 그리고 (나) 별의 내부
구조는 중심핵, 복사층, 대류층으로 이루어져 있으므로
$M < 2M_⊙$인 별이다. H−R도에서 왼쪽 위로 갈수록
질량이 크므로 (나)와 같은 내부 구조를 갖는 별은 ㉢이다.

🤓 **문제풀이 TIP** | 주계열성의 표면 온도가 높을수록, 광도가
클수록 질량은 크다. 주계열성의 질량이 크면 에너지 소모가 많아
질량이 작은 주계열성에 비해 진화 속도가 빠르다.

😀 **출제분석** | H−R도가 의미하는 바를 항상 기억해두는 것이
좋다. 주계열성의 진화 과정과 그 특징, 주계열성의 물리량의 차이
등은 자주 물어보는 내용이므로 틈틈이 정리하자.

그림 (가)와 (나)는 주계열에 속한 별 A와 B에서 우세하게 일어나는
핵융합 반응을 각각 나타낸 것이다.

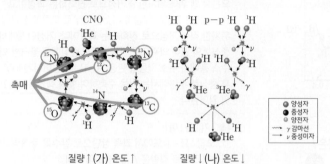

질량↑ (가) 온도↑
(1800만K ↑)

질량↓ (나) 온도↓
(1800만K ↓)

이에 대한 설명으로 옳은 것만을 〈보기〉에서 있는 대로 고른 것은?

보기

ㄱ. 별의 내부 온도는 A가 B보다 높다.

ㄴ. (가)에서 ^{12}C는 촉매이다. (탄소, 질소, 산소는 촉매 역할만!)

ㄷ. (가)와 (나)에 의해 별의 질량은 감소한다.

① ㄱ   ② ㄷ   ③ ㄱ, ㄴ   ④ ㄴ, ㄷ   ⑤ ㄱ, ㄴ, ㄷ

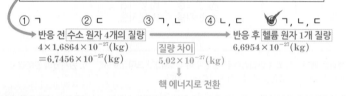

반응 전 수소 원자 4개의 질량
$4 \times 1.6864 \times 10^{-27}$(kg)
$= 6.7456 \times 10^{-27}$(kg)

질량 차이
5.02×10^{-27}(kg)
↓
핵 에너지로 전환

반응 후 헬륨 원자 1개 질량
6.6954×10^{-27}(kg)

|자|료|해|설|

(가)는 질량이 태양의 약 2배 이상이고 중심부 온도가 1800만 K 이상인 별에서 우세하게 일어나는 CNO 순환 반응, (나)는 질량이 태양과 비슷하여 중심부 온도가 1800만 K 이하인 별에서 우세한 p−p 반응이다.

|보|기|풀|이|

ㄱ. 정답 : CNO 순환 반응은 p−p 반응보다 중심부 온도가 높아 1800만K 이상인 주계열성에서 주로 일어나는 수소 핵융합 반응이다.

ㄴ. 정답 : CNO 순환 반응은 수소 원자핵 4개가 반응에 참여하여 헬륨 원자핵이 생성되는 과정이다. 탄소, 질소, 산소는 촉매 역할만 한다.

ㄷ. 정답 : 주계열성 중심부에서 4개의 수소 원자핵이 융합하여 만들어진 헬륨 원자핵 1개의 질량은 6.6954×10^{-27}(kg)으로 4개의 수소 원자핵 질량인 6.7456×10^{-27}(kg)에 비해 약 0.7% 작으므로, 수소 핵융합 과정에서 질량 결손이 발생하며 이는 핵 에너지로 전환된다.

🤓 **문제풀이 TIP** | − p−p 반응: 태양 질량과 비슷한 별, 1800만 K 이하인 별에서 우세
− CNO 반응: 태양 질량 2배 이상인 별, 1800만K 이상인 별에서 우세

😊 **출제분석** | 익숙한 그림이었으나 수소핵 융합 반응으로 핵 에너지를 생산하기 때문에 질량이 감소한다는 것을 이해하지 못한다면 틀릴 수 있는 문제로 의외로 오답률이 높았다.

그림 (가)는 어느 별의 진화 경로를, (나)는 이 별의 진화 과정 일부를 나타낸 것이다.

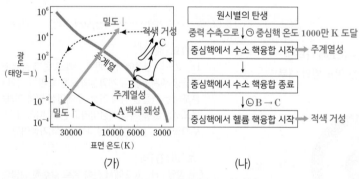

(가)

원시별의 탄생
↓ 중력 수축으로 ⊙ 중심핵 온도 1000만 K 도달
중심핵에서 수소 핵융합 시작 → 주계열성
↓
중심핵에서 수소 핵융합 종료
↓ ⓛ B → C
중심핵에서 헬륨 핵융합 시작 → 적색 거성

(나)

이 별에 대한 설명으로 옳은 것만을 〈보기〉에서 있는 대로 고른 것은? 3점

보기

백색 왜성 ←   → 주계열성

ㄱ. 별의 평균 밀도는 A보다 B일 때 작다.

ㄴ. C일 때는 ⓛ 과정에 해당한다. (핵융합 반응으로 인한) 중력과 내부 압력이 평형!

ㄷ. ⓛ 과정에서 별의 중심핵은 정역학 평형 상태이다. 를 유지하지 못한다

① ㄱ   ② ㄴ   ③ ㄱ, ㄷ   ④ ㄴ, ㄷ   ⑤ ㄱ, ㄴ, ㄷ

|자|료|해|설|

(가)의 A는 백색 왜성, B는 주계열성, C는 적색 거성이다. 반지름은 A<B<C이고, 밀도는 A>B>C이다. (나)에서 원시별이 탄생한 후, ⊙ 과정에서는 중력 수축으로 중심핵의 온도가 1000만 K에 도달하게 된다. 그 결과, 중심핵에서 수소 핵융합을 시작하면 주계열성이 된다. 이후 중심핵에서 수소를 소진하여 수소 핵융합이 종료되면 중심핵이 수축하고, 외각에서 수소 핵융합 반응을 하며 별의 외곽층은 팽창하게 된다. 따라서 표면 온도는 낮아지지만 광도는 높아지는 ⓛ 단계를 거치게 되는데, 이때 B에서 C로 이동하게 된다. 중심핵이 충분히 수축하여 헬륨 핵융합을 할 수 있는 온도에 도달하면 헬륨 핵융합을 시작하며 적색 거성(C)이 된다.

|보|기|풀|이|

ㄱ. 정답 : 별의 평균 밀도는 A>B>C이므로 A보다 B일 때 작다.

ㄴ. 오답 : C일 때는 ⓛ 과정에 해당한다.

ㄷ. 오답 : ⓛ 과정에서 별의 중심핵은 수축하고 있으므로, 중력과 내부 압력이 평형을 이루는 정역학 평형 상태를 유지하지 못한다. 정역학 평형 상태에서는 별의 크기가 일정하게 유지된다.

🤓 **문제풀이 TIP** | 정역학 평형: 중력과 내부 압력이 평형을 이루어서 별이 팽창하지도, 수축하지도 않는 상태
H−R도에서 오른쪽 위로 갈수록 반지름이 크고(거성), 밀도는 작다. 왼쪽 아래로 갈수록 반지름이 작고 밀도가 크다.

😊 **출제분석** | H−R도를 분석하는 것은 물론, 별의 진화 과정을 상세하게 알고 H−R도에 표현해야 하는 문제로, 난이도가 높다. 특히 ⓛ 과정에서 나타나는 별의 변화를 상세하게 알고 있어야 한다. 별의 진화 과정을 H−R도에 표현하는 문제는 매년 1문제씩은 꼭 나온다. 별의 내부 구조를 함께 알고 연결할 수 있다면 고난도 문제도 쉽게 풀 수 있을 것이다.

그림 (가)의 A와 B는 분광형이 G2인 주계열성의 중심으로부터 표면까지 거리에 따른 수소 함량 비율과 온도를 순서 없이 나타낸 것이고, ㉠과 ㉡은 에너지 전달 방식이 다른 구간을 표시한 것이다. (나)는 별의 중심 온도에 따른 p-p 반응과 CNO 순환 반응의 상대적 에너지 생산량을 비교한 것이다.

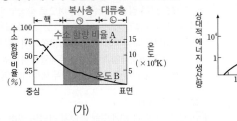

(가)　　　　　　　　(나)

이에 대한 설명으로 옳은 것만을 〈보기〉에서 있는 대로 고른 것은?

> **보기**
> 　　　　　　수소 함량 비율
> ㄱ. A는 ~~온도~~이다.
> ㄴ. (가)의 핵에서는 CNO 순환 반응보다 p-p 반응에 의해
> 　　생성되는 에너지의 양이 많다. (∵ 중심부의 온도가 1800만K 이하)
> ㄷ. 대류층에 해당하는 것은 ㉡이다.

① ㄱ　　② ㄴ　　③ ㄱ, ㄷ　　✔④ ㄴ, ㄷ　　⑤ ㄱ, ㄴ, ㄷ

|자|료|해|설|
G2형 주계열성의 대표적인 예는 태양으로, 표면 온도는 약 5800K이고 중심부 온도는 약 1500만 K이므로 p-p 반응이 우세하게 일어난다.

|보|기|풀|이|
ㄱ. 오답 : 그림 (가)에서 B는 중심에서 표면으로 갈수록 감소하므로 온도를 나타내고, A는 수소 함량 비율에 해당한다.
ㄴ. 정답 : 중심부 온도가 1800만K 이하인 G2형 주계열성의 중심핵에서는 p-p 반응이 우세하게 나타난다.
ㄷ. 정답 : 주계열성의 내부 구조는 중심핵 → 복사층 → 대류층 순으로 구성되어 있어 ㉡은 대류층이다.

😮 **문제풀이 T I P |** [주계열성에서 일어나는 수소 핵융합 반응의 종류]

p-p 반응	CNO 반응
− 질량이 태양과 비슷한 경우 − 중심부 온도가 1800만K 이하인 경우	− 질량이 태양의 2배 이상인 경우 − 중심부의 온도가 1800만K 이상인 경우

😊 **출제분석 |** (가) 그래프가 생소할 수 있으나 최근에는 질량에 따른 내부구조와 수소 핵융합 반응의 관계를 묻는 문제가 빈출되므로 기억해야 한다.

그림 (가)는 태양이 $A_0 \rightarrow A_1 \rightarrow A_2$로 진화하는 경로를 H-R도에 나타낸 것이고, (나)는 A_0, A_1, A_2 중 하나의 내부 구조를 나타낸 것이다.

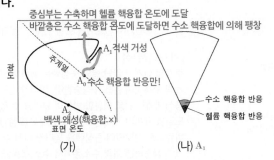

(가)　　　　　　　(나) A_1

이에 대한 설명으로 옳은 것만을 〈보기〉에서 있는 대로 고른 것은?

③점

> **보기**
> 　　　　A_1
> ㄱ. (나)는 ~~A_0~~의 내부 구조이다.　핵융합으로 많이 소모함
> ㄴ. 수소의 총 질량은 A_2가 A_0보다 작다.
> ㄷ. A_0에서 A_1로 진화하는 동안 중심핵은 정역학 평형 상태를
> 　　~~유지한다.~~ 하지 못하고 수축한다.

① ㄱ　　✔②　ㄴ　　③ ㄷ　　④ ㄱ, ㄴ　　⑤ ㄴ, ㄷ

|자|료|해|설|
주계열 단계인 A_0에서는 중심부에서 수소 핵융합 반응을 한다. 중심핵의 수소를 모두 소진하면 별의 중심부는 수축하고, 이 과정에서 열에너지가 발생하여 중심부의 바깥층에서 수소 핵융합 반응을 시작한다. 그 결과 별의 바깥 부분이 팽창하면서 크기가 커져 적색 거성 단계인 A_1에 도달한다. (나)는 중심부에서 헬륨 핵융합 반응이 일어나고 있으므로 적색 거성 단계인 A_1의 내부 구조이다. A_2는 백색 왜성 단계로, 중심부에서 더 이상 핵융합이 일어나지 않고 중심핵이 계속 수축한다.

|보|기|풀|이|
ㄱ. 오답 : (나)는 중심부에서 헬륨 핵융합 반응이 일어나고 있으므로 A_1의 내부 구조이다. 주계열 단계인 A_0에서는 중심핵에서 수소 핵융합 반응이 일어난다.
ㄴ. 정답 : 수소 핵융합 반응을 통해 수소를 계속 소모하므로 수소의 총 질량은 A_2가 A_0보다 작다.
ㄷ. 오답 : A_0에서 A_1로 진화하는 동안 중심핵은 정역학 평형 상태를 유지하지 못하고 수축한다.

😮 **문제풀이 T I P |** 주계열성일 때 별은 정역학 평형 상태를 유지한다. 수소 핵융합 반응이 일어나면 수소의 양이 줄어든다.

😊 **출제분석 |** 매년 주기적으로 1~2번씩 출제되는 개념이다. H-R도에서 주계열성, 적색 거성, 백색 왜성을 찾고, 각 단계별로 별의 내부에서 나타나는 일을 알아야 한다. 2개의 개념을 복합적으로 엮어서 묻고 있어 난이도가 높은 편이다. 특히 ㄴ 보기는 수소 핵융합 반응이 일어나면 수소의 양이 감소한다는 아주 당연한 지식을 묻고 있지만, '수소의 총 질량' 이라는 낯선 표현을 사용하여 판단하기 어렵게 만들었다.

그림은 주계열성 내부의 에너지 전달 영역을 주계열성의 질량과 중심으로부터의 누적 질량비에 따라 나타낸 것이다. A와 B는 각각 복사와 대류에 의해 에너지 전달이 주로 일어나는 영역 중 하나이다.

이에 대한 설명으로 옳은 것만을 〈보기〉에서 있는 대로 고른 것은?

3점

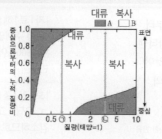

<보기>

ㄱ. A 영역의 평균 온도는 질량이 ㉠인 별보다 ㉡인 별이 높다.

ㄴ. B는 복사에 의해 에너지 전달이 주로 일어나는 영역이다.

ㄷ. 질량이 ㉠인 별의 중심부에서는 <s>p−p</s> 반응보다 <s>CNO 순환</s> 반응이 우세하게 일어난다.   CNO 순환   p−p

① ㄱ   ② ㄴ   ③ ㄷ   ✔ ㄱ, ㄴ   ⑤ ㄱ, ㄷ

|자|료|해|설|

질량이 태양과 같은 1 부분을 보면 중심부에서부터 대부분의 영역을 B가 차지하고 있다. 따라서 B가 복사에 의해 에너지 전달이 주로 일어나는 영역, A가 대류에 의해 에너지 전달이 주로 일어나는 영역이다. 질량이 ㉠인 별보다 질량이 ㉡인 별에서 A 영역의 평균 온도가 높다. ㉠은 $2M_\odot$보다 질량이 작은 경우이므로 중심부에서 복사, 바깥쪽에서 대류가 일어난다. ㉡은 $2M_\odot$보다 질량이 큰 경우이므로 중심부에서 대류, 바깥쪽에서 복사가 일어난다. 질량이 태양과 비슷한 주계열성의 중심부에서는 p−p 반응이 CNO 순환 반응보다 우세하게 일어난다.

|보|기|풀|이|

ㄱ. 정답 : 주로 대류에 의해 에너지 전달이 일어나는 A 영역의 평균 온도는 질량이 ㉠인 별보다 질량이 ㉡인 별에서 높다.

ㄴ. 정답 : 질량이 태양 정도인 별의 중심부에서부터 바깥쪽까지 대부분의 영역을 B가 차지하고 있으므로, B는 복사에 의해 에너지 전달이 주로 일어나는 영역이다.

ㄷ. 오답 : ㉠은 질량이 태양과 비슷하므로 CNO 순환 반응보다 p−p 반응이 우세하게 일어난다.

😀 **문제풀이 TIP |** 질량이 태양과 비슷한 별의 내부 구조는 중심핵에서부터 중심핵−복사층−대류층으로 이루어져 있고, 질량이 태양의 약 2배 이상인 별의 내부 구조는 대류핵−복사층으로 이루어져 있다.

[주계열성에서 일어나는 수소 핵융합 반응의 종류]

p−p 반응 우세	CNO 반응 우세
− 질량이 태양과 비슷한 경우	− 질량이 태양의 약 2배 이상인 경우
− 중심부 온도가 1800만 K보다 낮은 경우	− 중심부 온도가 1800만 K보다 높은 경우

😀 **출제분석 |** 개념은 어렵지 않으나 그래프가 생소할 수 있으므로 자료 해석에 공을 들여야 한다.

그림은 질량이 태양 정도인 별이 진화하는 과정에서 주계열 단계가 끝난 이후 어느 시기에 나타나는 별의 내부 구조이다.

이 시기의 별에 대한 설명으로 옳은 것만을 〈보기〉에서 있는 대로 고른 것은? **3점**

수소 핵융합 반응 → 중심핵 수축 → 팽창하며 표면 온도 ↓   A   He 핵융합 반응을 할 때까지 온도 ↑

<보기> → 수축으로 온도 ↑

ㄱ. 중심핵의 온도는 주계열 단계일 때보다 높다.

ㄴ. 표면에서 단위 면적당 단위 시간에 방출하는 에너지양은 주계열 단계일 때보다 <s>많다.</s> 적다.   표면 온도 ↓ → 방출 E ↓

ㄷ. 수소 함량 비율(%)은 중심핵이 A 영역보다 <s>높다.</s> 낮다. → 헬륨 多(이미 수소를 많이 소진함)

✔ ㄱ   ② ㄴ   ③ ㄷ   ④ ㄱ, ㄴ   ⑤ ㄱ, ㄷ

|자|료|해|설|

주계열 단계가 끝난 별의 중심핵은 헬륨이 많은 상태로, 계속 수축하여 온도가 상승한다. 이러한 온도 상승은 중심핵에서 헬륨 핵융합 반응이 일어날 수 있는 온도에 도달할 때까지 계속된다. 이 과정에서 발생한 에너지가 바깥으로 전달되어 중심핵을 둘러싼 외곽 수소층의 온도가 크게 상승하면 외곽 수소층에서 수소 핵융합 반응이 일어난다. 중심핵 외곽 수소층의 수소 핵융합 반응에 의해 A 영역은 팽창하여 표면 온도가 낮아진다.

|보|기|풀|이|

ㄱ. 정답 : 중심핵은 계속 수축하여 온도가 상승하므로 주계열 단계일 때보다 온도가 높다.

ㄴ. 오답 : 단위 면적당 단위 시간에 방출하는 에너지양은 표면 온도의 네제곱에 비례하는데, 이 시기에 별의 표면 온도가 낮아졌으므로 표면에서 단위 면적당 단위 시간에 방출하는 에너지양도 주계열 단계일 때보다 적다.

ㄷ. 오답 : 수소 함량 비율은 중심핵이 A 영역보다 낮다. 중심핵에는 헬륨이 많고, A 영역에는 수소가 많다.

😀 **문제풀이 TIP |** 주계열 단계 이후 중심핵은 헬륨 핵융합 반응을 할 수 있는 온도에 도달할 때까지 수축한다. 중심핵을 둘러싼 외곽 수소층은 함께 수축하다가 수소 핵융합 반응을 할 수 있는 온도에 도달하면 수소 핵융합 반응을 하고, 이로 인해 별의 바깥 부분이 팽창하여 표면 온도가 낮아진다. 그 결과, 거성이 된다.

😀 **출제분석 |** 별의 진화와 내부 구조를 함께 다루는 문제이다. 별의 진화 단계를 알면 ㄱ, ㄴ 보기는 모두 평이한 수준이지만, ㄷ 보기는 헷갈릴 소지가 많았다. 그러나 '중심핵에서 이미 수소 핵융합 반응이 끝났다＝수소를 충분히 썼다'는 의미임을 안다면 정답을 쉽게 찾을 수 있었을 것이다. 별의 진화를 다른 자료와 함께 다룬다면 H−R도와 연결해서 출제될 수 있다.

그림 (가)는 별의 중심부 온도에 따른 수소 핵융합 반응의 에너지 생산량을, (나)는 주계열성 A와 B의 내부 구조를 나타낸 것이다. A와 B의 중심부 온도는 각각 ㉠과 ㉡ 중 하나이다.

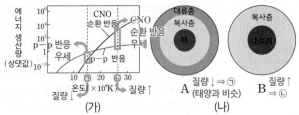

(가)   (나)

이에 대한 설명으로 옳은 것만을 <보기>에서 있는 대로 고른 것은? (단, 별의 크기는 고려하지 않는다.) 3점

보기

㉠ 중심부 온도가 ㉠인 주계열성의 중심부에서는 CNO 순환 반응보다 p−p 반응이 우세하게 일어난다.
㉡ 별의 질량은 A보다 B가 크다.
ㄷ. A의 중심부 온도는 ㉡이다.

① ㄱ   ② ㄷ   ✓③ ㄱ, ㄴ   ④ ㄴ, ㄷ   ⑤ ㄱ, ㄴ, ㄷ

| 자 | 료 | 해 | 설 |

㉠은 ㉡보다 별 중심부 온도가 낮으므로 CNO 순환 반응보다 p−p 반응이 우세하다. 이런 중심부 온도를 가진 별은 핵, 복사층, 대류층이 있는 내부 구조를 가지고 있어서 (나)의 A에 해당한다. 질량이 태양과 비슷하게 작은 별이다. ㉡은 중심 온도가 높고, p−p 반응보다 CNO 순환 반응이 우세하다. 즉, 질량이 큰 별이고, 내부 구조는 (나)의 B와 같다.

| 보 | 기 | 풀 | 이 |

㉠ 정답 : 중심부 온도가 ㉠인 주계열성의 중심부에서는 p−p 반응이 우세하게 일어난다.
㉡ 정답 : 별의 질량은 중심부 온도에 비례하므로, A보다 B가 크다.
ㄷ. 오답 : A는 질량이 작은 별이므로, 중심부 온도는 ㉠이다.

😲 문제풀이 T I P | 약 태양 질량의 2배를 기준으로, 그것보다 큰 별은 CNO 순환 반응이 우세하고, 내부 구조는 대류핵+복사층이다.
그것보다 작은 별(태양 포함)은 p−p 반응이 우세하고, 내부 구조는 핵+복사층+대류층이다.

😀 출제분석 | 별의 에너지원과 내부 구조에서는 수소 핵융합 반응의 방식(p−p 반응, CNO 순환 반응)과 중심부 온도, 내부 구조를 묻는데, 이외의 더 어렵거나 응용해야 하는 보기는 거의 나오지 않는다. 이 문제 역시 그렇기 때문에 보기 자체는 어렵지 않지만, (가)와 (나)를 모두 해석해야 한다는 점에서 배점이 3점으로 출제되었다.

그림은 어느 별의 진화 경로를 H−R도에 나타낸 것이다.
이 별에 대한 설명으로 옳은 것만을 <보기>에서 있는 대로 고른 것은?

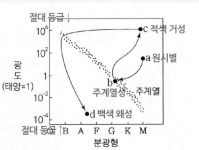

보기

ㄱ. 절대 등급은 a 단계에서 b 단계로 갈수록 ~~작아진다.~~ 커진다.
     ↳ 광도 감소 → 절대 등급 커짐
㉡ 반지름/표면 온도 은 c 단계가 b 단계보다 크다. → 반지름 b<c / 표면 온도 b>c
㉢ 반지름은 c 단계가 d 단계보다 크다.
     거성 ↑   ↳ 백색 왜성

① ㄱ   ② ㄷ   ③ ㄱ, ㄴ   ✓④ ㄴ, ㄷ   ⑤ ㄱ, ㄴ, ㄷ

| 자 | 료 | 해 | 설 |

그래프의 가로축은 분광형으로 왼쪽으로 갈수록 표면 온도가 높아진다. 세로축은 광도인데, 위로 갈수록 광도가 크기 때문에 절대 등급은 작아진다. a는 원시별이고, b는 주계열성이다. a 단계에서 b 단계로 가는 과정에서 광도는 작아지므로 절대 등급은 커진다. c는 적색 거성으로 표면 온도는 주계열성보다 낮고, 반지름은 매우 커서 광도는 훨씬 더 크다. d는 백색 왜성으로 표면 온도가 높고 반지름이 매우 작아서 광도는 작고, 밀도는 매우 크다.

| 보 | 기 | 풀 | 이 |

ㄱ. 오답 : 절대 등급은 a 단계에서 b 단계로 갈수록 커진다.
㉡ 정답 : 반지름은 b<c이고, 표면 온도는 b>c이므로 반지름/표면 온도 은 b<c이다.
㉢ 정답 : 반지름은 거성인 c 단계가 백색 왜성인 d 단계보다 크다.

😲 문제풀이 T I P | 광도가 크다 = 절대 등급이 작다
$L=4\pi R^2\sigma T^4$이므로, 표면 온도가 낮은데 광도가 크면 반지름이 매우 큰 별이다. 표면 온도가 높은데 광도가 작으면 반지름이 매우 작은 별이다.

😀 출제분석 | H−R도에서 가로축과 세로축의 의미, 광도 식만 알아도 문제를 풀 수 있다. 그러나 별의 진화 단계를 안다면 더 빠르고 쉽게 문제를 풀 수 있다. 주어진 자료는 이미 많이 출제된 익숙한 그림이고, ㄴ 보기와 ㄷ 보기는 헷갈릴 것 없이 매우 간단한 선지이다. ㄱ 보기에서 광도에 따른 절대 등급의 크고 작음만 헷갈리지 않았다면 정답을 찾을 수 있는 문제였다.

그림 (가)는 질량이 태양과 같은 주계열성의 내부 구조를, (나)는 이 별의 진화 과정을 나타낸 것이다. A와 B는 각각 대류층과 복사층 중 하나이다.

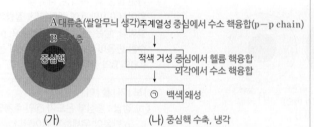

→ $2M_\odot$ 이하 중심부 온도 1800만 K 이하

A 대류층(쌀알무늬 생각) 주계열성 중심에서 수소 핵융합(p−p chain)

↓

적색 거성 중심에서 헬륨 핵융합
외각에서 수소 핵융합

↓

㉠ 백색 왜성

(가)   (나) 중심핵 수축, 냉각

이에 대한 설명으로 옳은 것만을 〈보기〉에서 있는 대로 고른 것은?

보기

ㄱ. 복사층은 B이다.
　　　주계열성
ㄴ. 적색 거성의 중심핵에서는 주로 양성자·양성자 반응 (p−p 반응)이 일어난다.   → 약 $2M_\odot$ 이하인 주계열성
ㄷ. ㉠ 단계의 별 내부에서는 철보다 무거운 원소가 생성된다.
　　초신성이 폭발할 때

① ㄱ　　② ㄴ　　③ ㄱ, ㄷ　　④ ㄴ, ㄷ　　⑤ ㄱ, ㄴ, ㄷ

| 자 | 료 | 해 | 설 |

질량이 태양과 같은 주계열성은 태양 질량의 2배 이하이고, 중심부 온도가 1800만 K 이하로 분류되어 겉은 대류층, 내부에는 복사층과 중심핵으로 구성된다. 이러한 별은 주계열성 단계를 지나 적색 거성 단계로, 마지막에는 행성상 성운과 백색 왜성 단계로 진화한다. 주계열성 단계에서는 별의 중심핵에서 수소 핵융합 반응을 하는데, 이때 양성자−양성자 반응(p−p chain)이 나타난다. 적색 거성 단계에서는 중심핵에서 헬륨 핵융합 반응을 하고, 외각에서는 수소 핵융합을 한다. 행성상 성운으로 별의 외각이 날아가고, 백색 왜성이 된 중심핵은 수축하고 냉각한다.

| 보 | 기 | 풀 | 이 |

ㄱ. 정답 : A는 대류층, B는 복사층이다.

ㄴ. 오답 : 중심핵에서 양성자−양성자 반응이 일어나는 것은 수소 핵융합 반응을 할 때이므로, 주계열성 단계에 해당한다.

ㄷ. 오답 : 철보다 무거운 원소는 초신성 폭발을 할 때 생성된다.

😮 **문제풀이 TIP |** 태양의 경우 외각의 대류층에 의해 쌀알무늬가 나타나는 것을 생각하면 질량이 태양 정도인 별은 겉에 대류층이 있다는 것을 쉽게 외울 수 있다. 주계열 단계에서 태양과 질량이 비슷한 별은 양성자−양성자 반응이 우세한 수소 핵융합 반응을 하고, 태양보다 질량이 큰 별(2배 이상, 중심부 온도가 1800만 K 이상)은 CNO 순환 반응이 우세한 수소 핵융합 반응을 한다.

😊 **출제분석 |** 태양과 비슷한 별, 태양보다 무거운 별에서 내부 구조가 어떻게 나타나는지, 수소 핵융합 반응의 방식은 무엇인지, 진화 과정은 어떻게 다른지를 묻는 문제는 매우 자주 출제되는 개념이다. 이 문제는 딱 그 개념만을 묻고 있어서 정답을 찾는 것이 어렵지 않았지만, 어렵게 출제될 경우에는 H−R도 상에서 별을 지정하기도 한다. 이때는 H−R도 상에서 별의 진화 단계를 구분하여 별의 질량을 유추해야 한다.

그림은 질량이 태양과 비슷한 별의 나이에 따른 광도와 표면 온도를 A와 B로 순서 없이 나타낸 것이다. ㉠, ㉡, ㉢은 각각 원시별, 적색 거성, 주계열성 단계 중 하나이다. 이에 대한 설명으로 옳은 것만을 〈보기〉에서 있는 대로 고른 것은?

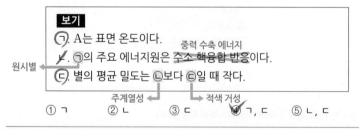

보기

ㄱ. A는 표면 온도이다.
ㄴ. ㉠의 주요 에너지원은 수소 핵융합 반응이다.   중력 수축 에너지
　원시별 ←
ㄷ. 별의 평균 밀도는 ㉡보다 ㉢일 때 작다.
　　주계열성 ←　　적색 거성 →

① ㄱ　　② ㄴ　　③ ㄷ　　④ ㄱ, ㄷ　　⑤ ㄴ, ㄷ

| 자 | 료 | 해 | 설 |

질량이 태양과 비슷한 별은 원시별 → 주계열성 → 적색 거성 → 행성상 성운 → 백색 왜성 과정으로 진화하므로 ㉠은 원시별, ㉡은 주계열성, ㉢은 적색 거성이다. 원시별의 주요 에너지원은 중력 수축 에너지이다. 질량이 태양 정도인 원시별은 처음에 광도가 크게 감소하고, 나중에 표면 온도가 상승하여 주계열 단계에 도달하기 때문에 A가 표면 온도, B가 광도임을 알 수 있다. 별의 평균 밀도는 주계열성보다 적색 거성일 때 작다.

| 보 | 기 | 풀 | 이 |

ㄱ. 정답 : 원시별 단계에서 주계열 단계로 진화할 때 크게 증가하는 A는 표면 온도이다.

ㄴ. 오답 : 원시별의 주요 에너지원은 중력 수축 에너지이다.

ㄷ. 정답 : 주계열성일 때보다 적색 거성일 때 별의 평균 밀도는 작고 반지름은 크다.

😮 **문제풀이 TIP |** 질량이 태양 정도인 원시별의 진화 과정 : 처음에는 광도가 크게 감소하고, 표면 온도가 상승하여 주계열 단계에 도달한다.

😊 **출제분석 |** 주계열 이전, 주계열, 주계열 이후의 에너지원, 밀도, 온도를 묻는 문제이다. H−R도에서의 별의 분류를 정확하게 기억하자.

그림은 주계열성 A와 B가 각각 거성 A′와 B′로 진화하는 경로의 일부를 H−R도에 나타낸 것이다. 이에 대한 설명으로 옳은 것만을 〈보기〉에서 있는 대로 고른 것은?

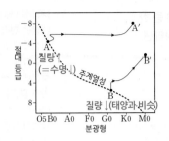

보기

→ 질량에 반비례
ㄱ. 주계열에 머무는 기간은 A가 B보다 짧다.

ㄴ. 절대 등급의 변화량은 A가 A′로 진화했을 때가 B가 B′로 　→ 6.5 → 1.5
진화했을 때보다 크다. 작다 　→ −4 → 8

1.5~2M⊙ 이상 →　$\dfrac{\text{CNO 순환 반응에 의한 에너지 생성량}}{\text{p−p 반응에 의한 에너지 생성량}}$ 은 A가 B보다 작다. 크다.
　　　　　　　　　　　　　　　　　　　　　→ p−p 반응 우세
　　　　　　　　　　　　　　　　　　　　　→ CNO 우세

→ 태양과 비슷한 질량인 별
① ㄱ　②ㄴ　③ ㄱ, ㄷ　④ ㄴ, ㄷ　⑤ ㄱ, ㄴ, ㄷ

|자|료|해|설|

주계열성은 절대 등급이 작을수록(광도가 클수록) 질량이 크고, 표면 온도가 높고, 수명과 주계열에 머무르는 기간은 짧다. 따라서 표면 온도와 질량이 큰 A가 B보다 주계열에 머무는 기간이 짧다. 또한 태양과 질량이 비슷한 B는 CNO 순환 반응보다 p−p 반응에 의한 에너지 생성이 많고, 질량이 큰 A는 CNO 순환에 의한 에너지 생성이 더 많다. 거성으로 진화할 때 A−A′은 광도의 차이는 작고, 표면 온도의 차이가 크다. B−B′는 광도의 차이가 크고 표면 온도의 차이는 작다.

|보|기|풀|이|

ㄱ. 정답 : 주계열에 머무는 기간은 질량에 반비례하므로 A가 B보다 짧다.

ㄴ. 오답 : 절대 등급의 변화량은 A가 A′로 진화했을 때 4등급, B가 B′로 진화했을 때 8등급이므로 후자가 크다.

ㄷ. 오답 : A는 CNO 순환 반응이 우세하고, B는 p−p 반응이 우세하므로 $\dfrac{\text{CNO 순환 반응에 의한 에너지 생성량}}{\text{p−p 반응에 의한 에너지 생성량}}$ 은 A가 B보다 크다.

😲 **문제풀이 TIP** | 태양과 비슷한 질량인 별은 p−p 반응이 우세하고, 태양 질량의 1.5~2배 이상인 별은 CNO 순환 반응이 우세하다.

😲 **출제분석** | 별의 진화와 에너지원을 함께 다루는 문제이다. 제시된 자료는 별의 진화를 다룰 때 많이 쓰이는 그래프이고, 보기 역시 대표적인 지식(ㄱ, ㄷ 보기)과 자료 해석(ㄴ 보기)을 묻고 있으므로 어려운 문제가 아니다.

표면 온도, 광도, ←
질량 비례,
수명 반비례

그림은 주계열성 ㉠, ㉡, ㉢의 반지름과 표면 온도를 나타낸 것이다. 이에 대한 설명으로 옳은 것만을 〈보기〉에서 있는 대로 고른 것은? 3점

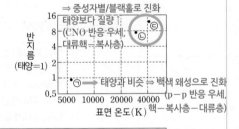

⇒ 중성자별/블랙홀로 진화
태양보다 질량↑
(CNO·반응·우세;
대류핵−복사층)

→ 태양과 비슷 ⇒ 백색 왜성으로 진화
(p−p 반응 우세;
핵−복사층−대류층)

보기

→ 수소 핵융합 멈춤
ㄱ. ㉠이 주계열 단계를 벗어나면 중심핵에서 CNO 순환 반응이 일어난다. 나지 않는다. 　→ 수소 핵융합 반응

ㄴ. ㉡의 중심핵에서는 주로 대류에 의해 에너지가 전달된다.

ㄷ. ㉢은 백색 왜성으로 진화한다. → 대류핵
　　블랙홀, 중성자별

① ㄱ　②ㄴ　③ ㄷ　④ ㄱ, ㄴ　⑤ ㄴ, ㄷ

|자|료|해|설|

주계열성은 표면 온도, 광도, 질량, 크기가 비례하고 수명이 반비례한다. 반지름과 표면 온도가 태양과 비슷한 ㉠은 질량이 태양과 비슷할 것이다. 따라서 중심핵에서는 p−p 반응이 우세하고, 내부 구조는 중심핵−복사층−대류층이며, 시간이 지나면 백색 왜성으로 진화한다. ㉡, ㉢은 태양보다 반지름이 훨씬 크고 표면 온도가 높으므로 질량 역시 훨씬 크다. 따라서 p−p 반응보다 CNO 순환 반응이 우세하고, 내부 구조는 대류핵−복사층이며, 이후 중성자별이나 블랙홀로 진화한다.

|보|기|풀|이|

ㄱ. 오답 : ㉠이 주계열 단계를 벗어나면 중심핵에서 수소 핵융합 반응을 멈추므로 수소 핵융합 반응인 CNO 순환 반응이 일어나지 않는다.

ㄴ. 정답 : ㉡의 중심핵은 대류핵이므로 주로 대류에 의해 에너지가 전달된다.

ㄷ. 오답 : ㉢은 질량이 매우 큰 별이므로 블랙홀이나 중성자별로 진화한다.

😲 **문제풀이 TIP** | 주계열성은 질량과 크기, 광도, 표면 온도가 비례하고 수명은 반비례한다.
태양과 질량이 비슷한 별은 수소 핵융합 반응으로 p−p 반응이 우세하고, 중심핵−복사층−대류층 내부 구조를 가지고 있으며, 이후 행성상 성운과 백색 왜성으로 진화한다.
질량이 태양보다 큰 별은 수소 핵융합 반응으로 CNO 순환 반응이 우세하고, 대류핵−복사층 내부 구조를 가지고 있으며, 이후 중성자별이나 블랙홀로 진화한다.

😲 **출제분석** | 별의 에너지원, 내부 구조, 진화를 모두 다루는 문제이다. 개념을 복합적으로 묻고 있어서 배점이 3점이다. ㄱ 보기는 주계열 단계를 벗어나면 중심핵에서 수소 핵융합 반응을 하지 않는다는 것을 알아야 한다. 보기에서 CNO 순환 반응이 '우세하다'가 아닌 '일어난다'로 나와 있어서 주계열 단계라고 가정하면 맞는 보기가 된다. 질량이 태양과 비슷한 ㉠도 CNO 순환 반응이 일어나기는 한다. (태양에서 생산되는 헬륨의 약 1~2%가 CNO 순환 반응으로 만들어진다.)

그림 (가)는 태양의 나이에 따른 광도 변화를, (나)는 A와 B 중 한 시기의 내부 구조와 수소 핵융합 반응이 일어나는 영역을 나타낸 것이다.

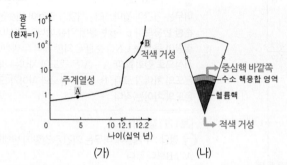

(가)   (나)

이에 대한 설명으로 옳은 것만을 〈보기〉에서 있는 대로 고른 것은?

3점

보기

ㄱ. 태양의 절대 등급은 시기보다 시기에 크다.

ㄴ. (나)는 B 시기이다.

ㄷ. B 시기 이후 태양의 주요 에너지원은 ~~탄소~~ 핵융합 반응이다. → 이 결과 탄소가
(헬륨)   생성된다

① ㄱ   ✓ ㄴ   ③ ㄱ, ㄷ   ④ ㄴ, ㄷ   ⑤ ㄱ, ㄴ, ㄷ

|자|료|해|설|

태양은 현재 주계열성 상태에 있고, 시간이 지나면 적색 거성으로 진화하게 된다. 주계열성이 적색 거성으로 진화할 때, 중심핵에서만 일어나던 수소 핵융합 반응이 중심핵의 바깥쪽에서 진행되며 별이 빠르게 팽창한다. 이때 광도는 증가하고 표면 온도는 감소한다.

(가)에 따르면 태양의 나이가 121억 년이 되면 광도는 급격하게 증가해 122억 년에 광도가 거의 현재의 100배로 증가한다. 따라서 태양은 나이가 121억 년이 되면 적색 거성으로 진화하기 시작한다. 그러므로 A 시기는 주계열성, B 시기는 적색 거성이다.

(나)는 헬륨핵 바깥에서 수소 핵융합 반응이 일어나고 있으므로 주계열성인 A 시기가 아니라 적색 거성인 B 시기의 내부 구조이다.

|보|기|풀|이|

ㄱ. 오답 : 절대 등급은 광도가 작을수록 크다. 광도는 B일 때보다 A일 때 더 작으므로 절대 등급은 B 시기보다 A 시기에 크다.

ㄴ. 정답 : (나)는 중심핵 바깥에서 수소 핵융합 반응이 일어나는 적색 거성 시기의 내부 구조이다. A는 주계열성, B는 적색 거성일 때이므로 (나)는 B 시기이다.

ㄷ. 오답 : 태양은 질량이 충분히 크지 않아서 중심핵의 온도가 탄소 핵융합 반응을 할 수 있는 온도까지 오르지 않는다. 태양이 적색 거성으로 진화하면 헬륨 핵융합 반응까지 가능하며 이 결과 탄소가 생성된다. 탄소 핵융합 반응은 태양보다 질량이 더 큰 주계열성이 진화할 때 일어날 수 있다.

그림은 질량이 태양 정도인 어느 별이 원시별에서 주계열 단계 전까지 진화하는 동안의 반지름과 광도 변화를 나타낸 것이다. A, B, C는 이 원시별이 진화하는 동안의 서로 다른 시기이다.

이 원시별에 대한 설명으로 옳은 것만을 〈보기〉에서 있는 대로 고른 것은? 3점

보기

ㄱ. 평균 밀도는 C가 A보다 작다.

ㄴ. 표면 온도는 A가 B보다 ~~낮다~~. 반지름은 작은데 광도↑ → 표면 온도↑
     (높다)

ㄷ. 중심부의 온도는 B가 C보다 높다. 중력 수축 에너지 때문에

① ㄱ   ② ㄴ   ✓ ㄱ, ㄷ   ④ ㄴ, ㄷ   ⑤ ㄱ, ㄴ, ㄷ

|자|료|해|설|

원시별은 기압 차에 의한 힘보다 중력이 더 강하므로 중력 수축하고 이 중력 수축 에너지가 원시별의 에너지원이 된다. 원시별은 중력 수축하며 반지름이 감소하고, 평균 밀도가 대체로 증가하며 내부 압력이 증가하고 온도도 증가한다. 이때 표면 온도는 증가하지만 반지름이 크게 감소하여 광도도 함께 감소한다. 즉, 자료에서 원시별이 진화하는 과정은 C → B → A 순서이다.

|보|기|풀|이|

ㄱ. 정답 : 원시별이 주계열성으로 진화하는 동안 계속해서 중력 수축이 일어나므로 평균 밀도는 C가 A보다 작다.

ㄴ. 오답 : A와 B 값을 비교하면, A는 B보다 반지름은 작지만 광도가 크다. 이는 A가 B보다 표면 온도가 높다는 것을 의미한다.

ㄷ. 정답 : 원시별은 계속해서 중력 수축하며 중심부의 온도가 증가한다.

🤓 **문제풀이 TIP |** 원시별이 중력 수축한다는 사실은 대부분의 학생들이 알고 있을 것이다. 이를 통해 원시별이 진화하며 반지름이 감소한다는 사실을 떠올린다면 원시별이 진화하는 과정이 C → B → A 순서라는 것을 파악할 수 있다. 평소에 암기해둔 내용과 문제에서 제시하는 자료를 비교하여 적용할 수 있어야 한다.

😀 **출제분석 |** 별의 진화에 대한 문제는 1~2년을 주기로 출제될 가능성이 있고, H−R도를 이용해 묻는 유형이 많다. 본 문제는 H−R도가 아닌 반지름−광도 그래프를 제시하였고 주계열성−거성으로의 진화 과정이 아닌 비교적 생소한 원시별−주계열성 직전의 진화 과정을 물어 문제의 난이도를 높였다. 진화 순서가 A → B → C가 아닌 C → B → A 순서라는 것을 파악하지 못해 헷갈려 하는 학생들이 많았을 수 있다.

그림은 별의 중심 온도에 따른 p−p 반응과 CNO 순환 반응, 헬륨 핵융합 반응의 상대적 에너지 생산량을 A, B, C로 순서 없이 나타낸 것이다.

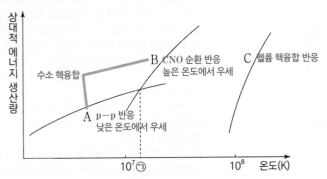

이에 대한 설명으로 옳은 것만을 〈보기〉에서 있는 대로 고른 것은?

3점

보기

→ p−p 반응 우세
ㄱ. A와 B는 수소 핵융합 반응이다.
ㄴ. 현재 태양의 중심 온도는 ㉠보다 낮다.
ㄷ. 주계열 단계에서는 질량이 클수록 전체 에너지 생산량에서 에 의한 비율이 증가한다.
B
→ H 핵융합만!

① ㄱ   ② ㄷ   ✓③ ㄱ, ㄴ   ④ ㄴ, ㄷ   ⑤ ㄱ, ㄴ, ㄷ

|자|료|해|설|

비교적 낮은 온도에서 우세한 A는 p−p 반응이다. 비교적 높은 온도에서 우세한 B는 CNO 순환 반응이다. A와 B는 모두 수소 핵융합 반응이므로 주계열성의 중심핵에서 나타난다. p−p 반응은 질량이 태양의 약 2배보다 작아서 중심부 온도가 1800만 K보다 낮은 별에서 우세하고, CNO 순환 반응은 질량이 태양의 약 2배보다 커서 중심부 온도가 1800만 K보다 높은 별에서 우세하게 나타난다. 가장 높은 온도에서 나타나는 C는 헬륨 핵융합 반응이다. 헬륨 핵융합 반응은 주계열 단계 이후인 거성 단계에서 나타난다.

|보|기|풀|이|

ㄱ. 정답 : p−p 반응과 CNO 순환 반응은 수소 핵융합 반응이다.

ㄴ. 정답 : 현재 태양은 p−p 반응이 우세하게 일어나므로 중심 온도는 ㉠보다 낮다.

ㄷ. 오답 : 주계열 단계에서 질량이 클수록 전체 에너지 생산량에서 B에 의한 비율이 증가한다. 주계열 단계에서는 헬륨 핵융합 반응이 나타나지 않는다.

🤓 **문제풀이 TIP** | 태양 질량의 약 2배를 기준으로 이보다 질량이 작으면 p−p 반응이 우세하고, 이보다 질량이 크면 CNO 순환 반응이 우세하게 일어난다. 그러나 둘 중 하나만 일어나는 것은 아니다. 두 반응 모두 일어나지만 어떤 것이 우세하게 나타나는지가 다른 것이다. 두 반응은 모두 수소 핵융합 반응으로 주계열성의 중심핵에서 나타난다.

→ 헬륨 핵융합 반응까지만 일어남
그림 (가)는 질량이 태양과 같은 어느 별의 진화 경로를, (나)의 ㉠과 ㉡은 별의 내부 구조와 핵융합 반응이 일어나는 영역을 나타낸 것이다. ㉠과 ㉡은 각각 A와 B 시기 중 하나에 해당한다.

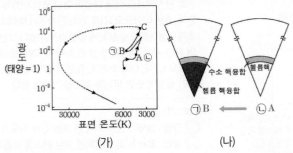

(가)   (나)

이에 대한 옳은 설명만을 〈보기〉에서 있는 대로 고른 것은? 3점

보기
B
ㄱ. ㉠에 해당하는 시기는 A이다.
ㄴ. ㉡의 헬륨핵은 수축하고 있다.
일어나지 않는다.
ㄷ. C 시기 이후 중심부에서 탄소 핵융합 반응이 일어난다.

① ㄱ   ✓② ㄴ   ③ ㄱ, ㄷ   ④ ㄴ, ㄷ   ⑤ ㄱ, ㄴ, ㄷ

|자|료|해|설|

(가)에서 A~C 과정은 주계열성 이후 적색 거성으로 진화하는 과정이다. (나)의 ㉠에서는 헬륨 핵융합 반응과 외각 수소층의 수소 껍질 연소가 일어나고 ㉡에서는 수소 껍질 연소만 일어난다. 따라서 ㉠은 B 시기, ㉡은 A 시기에 해당한다. 질량이 태양과 비슷한 별의 경우 중심부에서 헬륨 핵융합 반응이 일어나 탄소 원자핵까지만 만들어진다.

|보|기|풀|이|

ㄱ. 오답 : 헬륨핵만 남은 중심핵은 수축하고 이 과정에서 중심부 온도가 약 1억 K에 도달하면 헬륨 핵융합 반응이 일어나므로 ㉠에 해당하는 시기는 B이다.

ㄴ. 정답 : ㉡의 헬륨핵은 수축하고 있다.

ㄷ. 오답 : 질량이 태양과 비슷한 별은 헬륨 핵융합 반응까지만 일어나고, 탄소 핵융합 반응은 일어나지 않는다.

🤓 **문제풀이 TIP** | [별의 내부 구조]
− 질량이 태양과 비슷한 별 : 별의 중심부에서 헬륨 핵융합 반응까지만 일어나므로 탄소 원자핵까지 생성함
− 질량이 태양보다 매우 큰 별 : 중심부의 온도가 매우 높아지므로 헬륨보다 무거운 탄소, 산소, 규소 등이 생성되고, 최종적으로 핵융합을 통해 철까지 생성됨

😀 **출제분석** | 태양과 질량이 비슷한 별의 핵융합 반응 과정을 잘 이해해야 풀 수 있는 문제이다. 별의 질량에 따른 핵융합 순서를 자세히 살펴봐야 한다.

그림 (가)는 H−R도를, (나)는 별 A와 B 중 하나의 중심부에서 일어나는 핵융합 반응을 나타낸 것이다.

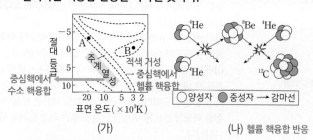

중심핵에서 수소 핵융합

(가)

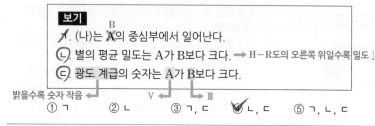

○ 양성자 ● 중성자 ⇢ 감마선

(나) 헬륨 핵융합 반응

이에 대한 옳은 설명만을 〈보기〉에서 있는 대로 고른 것은?

보기

ㄱ. (나)는 A의 중심부에서 일어난다. (위에 B 표시)

ㄴ. 별의 평균 밀도는 A가 B보다 크다. → H−R도의 오른쪽 위일수록 밀도↓

ㄷ. 광도 계급의 숫자는 A가 B보다 크다.

밝을수록 숫자 작음 ←   V ←   Ⅲ

① ㄱ   ② ㄴ   ③ ㄱ, ㄷ   ④✓ ㄴ, ㄷ   ⑤ ㄱ, ㄴ, ㄷ

| 자 | 료 | 해 | 설 |

A는 주계열성이고 B는 적색 거성이다. 밀도는 주계열성 > 적색 거성이고, 반지름은 주계열성 < 적색 거성이다. 주계열성의 중심핵에서는 수소 핵융합 반응이 활발하게 나타나고, 적색 거성의 중심핵에서는 헬륨 핵융합 반응이 나타난다. (나)는 헬륨 3개가 융합하여 탄소가 만들어지는 헬륨 핵융합 반응을 나타낸 것이다. 즉, (나)는 B의 중심부에서 일어나는 핵융합 반응이다.

| 보 | 기 | 풀 | 이 |

ㄱ. 오답 : (나)는 B의 중심부에서 일어난다.
ㄴ. 정답 : 별의 평균 밀도는 주계열성인 A가 적색 거성인 B보다 크다.
ㄷ. 정답 : 광도 계급의 숫자가 작을수록 광도가 높다. 주계열성인 A는 광도 계급이 V이고, 적색 거성인 B는 광도 계급이 Ⅲ이다.

😀 **문제풀이 T I P** | 적색 거성: 표면 온도가 낮고 반지름이 매우 커서 광도가 크고 밀도는 작은 별. 중심부에서 헬륨 핵융합 반응이 일어남.
주계열성: 약 90%의 별들이 속함. 광도, 질량, 표면 온도, 반지름이 비례하고 수명이 반비례함. 밀도는 거성과 백색왜성의 사이. 중심부에서 수소 핵융합 반응이 일어남.

😀 **출제분석** | H−R도와 별의 분류를 다루면서 별의 에너지원(핵융합 반응, (나)자료와 ㄱ보기)를 살짝 다룬 문제이다. ㄴ, ㄷ보기가 평이한 수준이고, 자료도 (가)와 (나) 모두 특별한 해석이 필요하지 않아서 문제의 난이도는 중 정도이다.

그림은 주계열성 A와 B가 각각 A′와 B′로 진화하는 경로를 H−R도에 나타낸 것이다. B는 태양이다.
이에 대한 설명으로 옳은 것만을 〈보기〉에서 있는 대로 고른 것은?

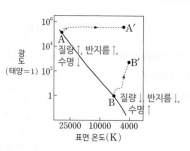

보기

ㄱ. A가 A′로 진화하는 데 걸리는 시간은 B가 B′로 진화하는 데 걸리는 시간보다 짧다. → 질량 클수록 빨리 진화

ㄴ. B와 B′의 중심핵은 모두 탄소를 포함한다. → 헬륨 핵융합 반응 이전에도 태양은 무거운 원소를 가짐 (CNO 순환 반응도 함)

ㄷ. A는 B보다 최종 진화 단계에서의 밀도가 크다.

└→ 백색 왜성

① ㄱ   ② ㄴ   ③ ㄱ, ㄴ   ④ ㄴ, ㄷ   ⑤✓ ㄱ, ㄴ, ㄷ

└→ 중성자 별 or 블랙홀

| 자 | 료 | 해 | 설 |

주계열성 중 왼쪽 위에 위치하는 별일수록 질량, 반지름, 표면 온도, 광도, 진화 속도가 모두 높고, 수명만 짧다. 오른쪽 아래에 위치하는 별일수록 질량, 반지름, 표면 온도, 광도, 진화 속도가 모두 낮고, 수명만 길다. 따라서 A는 B보다 진화 속도가 빠르고, 질량이 큰 별이다. 최종 진화 단계에서도 백색 왜성이 아닌 중성자별이나 블랙홀이 된다. B는 태양으로, 최종 진화 단계에서 백색 왜성이 된다. 주계열성이라고 중심핵에 헬륨까지만 있다고 생각하면 안 된다. 수소 핵융합 방법 중 하나인 CNO 순환 반응은 촉매로 C, N, O가 쓰이며, 많은 별들이 핵융합 이전에도 성간 물질에 있던 무거운 원소를 가지고 있다.

| 보 | 기 | 풀 | 이 |

ㄱ. 정답 : B보다 질량이 더 큰 A는 진화 속도가 더 빠르다.
ㄴ. 정답 : B와 B′의 중심핵은 모두 탄소를 포함한다. 태양의 중심핵에서 p−p 반응이 우세하긴 하지만 CNO 순환 반응도 일어난다. 즉, 촉매인 탄소, 질소, 산소 모두 있다는 뜻이다.
ㄷ. 정답 : A는 최종 진화 단계에서 중성자별이나 블랙홀이 되고, B는 백색 왜성이 되므로 밀도는 A가 더 크다.

😀 **문제풀이 T I P** | 백색 왜성: 주계열성일 때 태양 질량의 8배 이하, 최종 단계에서 태양 질량의 1.4배 이하
중성자 별: 주계열성일 때 태양 질량의 8~25배, 최종 단계에서 태양 질량의 1.4~3배 사이
블랙홀: 주계열성일 때 태양 질량의 25배 이상, 최종 단계에서 태양 질량의 3배 이상
질량이 작은 별이라고 해도 p−p 반응이 우세할 뿐, CNO 순환 반응이 일어나지 않는 것은 아니다. 질량이 큰 별도 CNO 순환 반응이 우세한 것이지, p−p 반응이 일어나지 않는 것은 아니다.

😀 **출제분석** | H−R도의 주계열 상에서 위치에 따라 질량, 진화 속도 등을 비교하는 문제이다. 별의 진화는 매년 빠지지 않고 출제되는 개념이다. 특히 상반기보다 하반기 모고, 수능에서 출제될 확률이 더 높다. 수소 핵융합 반응을 한다고 헬륨까지만 있다는 오개념이 이 문제의 핵심이지만, ㄱ, ㄷ 보기가 없으므로 이를 몰라도 답을 찾는 것에 어려움이 없다.

OBAFGKM

표는 별 (가), (나), (다)의 분광형과 절대 등급을 나타낸 것이다. (가), (나), (다)에 대한 설명으로 옳은 것만을 〈보기〉에서 있는 대로 고른 것은? 3점

광도: (가)>(나)>(다)

별	분광형	절대 등급
(가)	G	0.0
(나)	A	+1.0
(다)	K	+8.0

온도: (나)>(가)>(다)

* 태양의 분광형은 G, 절대 등급은 4.8

태양과 비슷

보기 → 표면 온도 태양과 비슷, 광도는 약 100배 ⇒ 거성

ㄱ. (가)의 중심핵에서는 주로 양성자·양성자 반응(p−p 반응)이 일어난다.
헬륨 핵융합 반응 또는 그 이상

ㄴ. 단위 면적당 단위 시간에 방출하는 에너지양은 (나)가 가장 많다.
→ 표면 온도에 비례((나)>(가)>(다))

복사
ㄷ. (다)의 중심핵 내부에서는 주로 대류에 의해 에너지가 전달된다.
→ 태양보다 T, L 작음 ⇒ 질량도 작음 ⇒ 중심핵+복사층+대류층
(대류핵은 질량이 $2M_\odot$ 이상)

① ㄱ   ② ㄴ   ③ ㄷ   ④ ㄱ, ㄴ   ⑤ ㄴ, ㄷ

문제풀이 TIP | 태양의 분광형은 G, 절대 등급은 4.8등급이다. 질량이 태양의 2배 이상인 별들은 중심에 대류핵이 있고, 그 바깥에 복사층이 있다. 그 이하인 별들은 중심핵, 복사층, 대류층으로 구성되어 있다.

출제분석 | 태양을 기준으로, 별의 물리량을 통해 별의 진화 단계와 내부 구조를 유추하는 문제이다. 별의 물리량이나 별의 진화 단계, 내부 구조는 정말 자주 출제되는 개념이다. 이 문제는 태양의 물리량을 기본적으로 알고 있어야 풀 수 있어서 고난도 문제에 속한다. ㄴ 보기를 제외한 ㄱ, ㄷ 보기에서 태양을 기준으로 주계열성인지, 거성인지, 혹은 질량이 큰지 작은지를 구분해야 한다.

|자|료|해|설|
분광형은 O−B−A−F−G−K−M 순서로, 표면 온도가 높은 순서이다. 따라서 표면 온도는 (나)>(가)>(다) 순서이다. 절대 등급은 낮을수록 밝으므로, 별의 광도는 (가)>(나)>(다) 순서이다. 태양의 분광형은 G, 절대 등급은 약 4.8등급이다.
(가)는 태양과 표면 온도가 비슷하지만 광도는 약 100배 정도 더 밝다. 따라서 같은 주계열성이 아닌, 적색 거성 혹은 초거성 단계일 것이다. 중심핵에서는 수소 핵융합 반응(p−p 반응)이 아니라 헬륨 핵융합 반응이나 그 이상의 반응이 일어난다. (나)는 태양보다 표면 온도가 높고, 광도가 높으므로 태양보다 질량이 큰 주계열성일 것이다. (다)는 태양보다 표면 온도가 낮고, 어둡다. 즉, 작은 별이다. 태양보다 작은 별의 경우 중심핵이 있고, 반지름의 약 70%까지 복사층이 있으며, 바깥으로는 대류층이 있다.

|보|기|풀|이|
ㄱ. 오답 : (가)는 주계열성 이후의 단계이다. 따라서 중심핵에서는 p−p 반응(수소 핵융합 반응)이 일어나지 않는다.
ㄴ. 정답 : 단위 면적당 단위 시간에 방출하는 에너지양은 표면 온도에 비례하므로 (나)>(가)>(다)이다.
ㄷ. 오답 : (다)의 중심핵 내부에서는 주로 복사에 의해 에너지가 전달된다.

그림 (가)와 (나)는 서로 다른 두 시기에 태양 중심으로부터의 거리에 따른 수소와 헬륨의 질량비를 나타낸 것이다. A와 B는 각각 수소와 헬륨 중 하나이다.

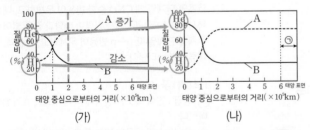

(가)   (나)

이에 대한 옳은 설명만을 〈보기〉에서 있는 대로 고른 것은?]권

보기
ㄱ. 태양의 나이는 (가)보다 (나)일 때 많다.
ㄴ. (가)일 때 핵의 반지름은 1×10^5 km보다 크다.
ㄷ. ㉠에서는 주로 대류에 의해 에너지가 전달된다.
중심핵 복사층 대류층

① ㄱ   ② ㄴ   ③ ㄱ, ㄷ   ④ ㄴ, ㄷ   ⑤ ㄱ, ㄴ, ㄷ

|자|료|해|설|
태양과 같은 질량의 별에서는 중심에서 수소 핵융합 반응이 일어나 헬륨을 생성하고 이때 에너지를 생성하여 빛을 낸다. 따라서 시간이 지날수록 수소 핵융합 반응에 의해 태양 중심부의 수소 질량비는 낮아지고 헬륨 질량비는 높아지기 때문에 점선이 H, 실선이 He이다.

|보|기|풀|이|
ㄱ. 정답 : 시간이 지날수록 수소 핵융합 반응에 의해 태양 중심부의 수소 질량비는 낮아지고 헬륨 질량비는 높아지므로 (가)보다 (나)의 나이가 많다.
ㄴ. 정답 : 핵에서 수소 핵융합 반응이 일어나고 있으므로 핵에서는 수소의 질량비가 75%보다 낮게 나타난다. 따라서 핵의 반지름은 1×10^5 km보다 더 크다.
ㄷ. 정답 : 태양 중심에서 약 70%보다 먼 곳인 ㉠에서는 에너지를 효과적으로 전달하기 위해 주로 대류를 통해 에너지를 전달한다.

문제풀이 TIP | 질량이 태양 정도인 별은 안쪽에서는 복사, 바깥쪽에서는 대류를 통해, 질량이 태양보다 큰 별은 그 반대로 안쪽에서 대류, 바깥쪽에서 복사를 통해 에너지를 전달한다.

출제분석 | 별의 중심에서 일어나는 핵융합 과정을 이해하고 질량에 따른 에너지 전달 방식을 정확히 이해해야 풀 수 있는 문제로, 10월 학평에서 가장 오답률이 높았다.

그림은 태양 중심으로부터의 거리에 따른 밀도와 온도의 변화를 나타낸 것이다.

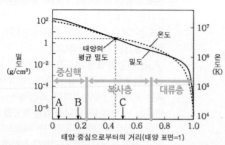

태양 중심으로부터의 거리(태양 표면=1)

이에 대한 옳은 설명만을 〈보기〉에서 있는 대로 고른 것은? 3점

보기

ㄱ. p−p 반응에 의한 에너지 생성량은 A 지점이 B 지점보다
많다. → 복사층

ㄴ. C 지점에서는 주로 ~~대류~~ 복사 에 의해 에너지가 전달된다.

ㄷ. 태양 내부에서 밀도가 평균 밀도보다 큰 영역의 부피는
태양 전체 부피의 40%보다 ~~크다.~~ 작다 → 약 9%

① ㄱ　　② ㄴ　　③ ㄱ, ㄷ　　④ ㄴ, ㄷ　　⑤ ㄱ, ㄴ, ㄷ

|자|료|해|설|

태양의 내부는 중심핵, 복사층, 대류층으로 이루어져 있다. 중심핵(0～약 0.25)에서는 주로 p−p 반응에 의한 수소 핵융합 반응이 일어난다. 복사층(약 0.25～약 0.7) 에서는 중심핵에서 생성된 에너지가 주로 복사의 형태로 바깥쪽으로 전달된다. 대류층(약 0.7～1.0)은 별의 표면층으로 이어지는 영역으로 에너지는 주로 대류의 형태로 전달되고, 별의 표면에 가까워짐에 따라 온도가 급격하게 낮아지는 영역이다.

|보|기|풀|이|

ㄱ. 정답 : p−p 반응에 의한 수소 핵융합 반응은 온도가 높을수록 많이 일어나 에너지 생성량이 많다. 따라서 p−p 반응에 의한 에너지 생성량은 온도가 더 높은 A 지점이 B 지점보다 많다.

ㄴ. 오답 : C 지점은 복사층으로 주로 복사에 의해 에너지가 전달된다.

ㄷ. 오답 : 태양 내부에서 밀도가 평균 밀도보다 큰 영역의 반지름은 약 0.45 정도이다. 구의 부피는 반지름의 3제곱에 비례하므로 태양의 부피가 1일 때, 반지름이 0.45인 지점 까지의 부피는 $0.45^3 = 0.091125$이다. 즉, 전체 부피의 약 9% 정도이므로 태양 전체 부피의 40%보다 작다.

그림은 별 A와 B가 주계열 단계가 끝난 직후부터 진화하는 동안의 반지름과 표면 온도 변화를 나타낸 것이다. A와 B의 질량은 각각 태양 질량의 1배와 6배 중 하나이다.

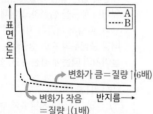

이 자료에 대한 설명으로 옳은 것만을 〈보기〉에서 있는 대로 고른 것은? 3점

보기

ㄱ. 진화 속도는 A가 B보다 빠르다. → ∝질량

ㄴ. 절대 등급의 변화 폭은 A가 B보다 ~~크다.~~ 작다

ㄷ. 주계열 단계일 때, 대류가 일어나는 영역의 평균 온도는
A가 B보다 높다. → A는 핵에서, B는 외곽에서

① ㄱ　　② ㄴ　　③ ㄱ, ㄷ　　④ ㄴ, ㄷ　　⑤ ㄱ, ㄴ, ㄷ

|자|료|해|설|

A는 표면 온도, 반지름의 변화가 크게 나타나는 질량이 큰 별(태양 질량의 6배)이다. B는 표면 온도, 반지름의 변화가 적게 나타나는 질량이 작은 별(태양 질량의 1배) 이다. 질량이 큰 별일수록 별의 진화 속도가 빠르고, 광도의 변화는 작게 나타난다. 또한 A는 질량이 큰 별이므로 주계열 단계일 때 CNO 순환 반응이 우세하고, 대류핵과 복사층이 나타난다. B는 질량이 태양과 같은 별이므로 주계열 단계일 때 p−p 반응이 우세하고, 중심핵, 복사층, 대류층이 나타난다.

|보|기|풀|이|

ㄱ. 정답 : 진화 속도는 질량에 비례하므로, A가 B보다 빠르다.

ㄴ. 오답 : 절대 등급의 변화 폭은 질량에 반비례하므로, A가 B보다 작다.

ㄷ. 정답 : 주계열 단계일 때, A는 대류핵에서, B는 외곽의 대류층에서 대류가 일어나므로, 평균 온도는 A가 B보다 높다.

😊 **출제분석** | 우선 자료가 생소하다. 생소한 자료일수록 기본 개념을 잘 확인하고, 지식과 지식을 잘 연결해야 한다. 절반 정도가 ⑤를 고를 정도로 정답률이 낮은 문제였다. ㄴ 보기는 주어진 자료로 확인할 수 없기 때문에 더욱 그런 것 같은데, 원시별에서 주계열성으로 진화하는 과정, 주계열성에서 거성으로 진화하는 과정을 반드시 기억해야 한다. 질량이 큰 별일수록 수평 방향으로 이동하여 표면 온도의 변화가 크고, 광도의 변화는 작다.

그림은 주계열 단계가 시작한 직후부터 별 A와 B가 진화하는 동안의 표면 온도를 시간에 따라 나타낸 것이다. A와 B의 질량은 각각 태양 질량의 1배와 4배 중 하나이다.

이 자료에 대한 설명으로 옳은 것만을 〈보기〉에서 있는 대로 고른 것은? 3점

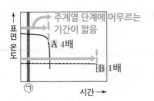

보기

ㄱ. B는 중성자별로 진화한다. (백색 왜성으로)

ㄴ. ㉠ 시기일 때, 대류가 일어나는 영역의 평균 깊이는 A가 B보다 깊다.

ㄷ. ㉠ 시기일 때, 핵에서의 $\dfrac{p-p \text{ 반응에 의한 에너지 생성량}}{\text{CNO 순환 반응에 의한 에너지 생성량}}$ 은 A가 B보다 크다.

① ㄱ ② ㄴ ③ ㄷ ④ ㄱ, ㄴ ⑤ ㄴ, ㄷ

|자|료|해|설|

별의 질량이 클수록 주계열성에 머무르는 시간은 짧다. A는 B보다 주계열성에 머무르는 시간이 짧으므로 A의 질량은 태양 질량의 4배이고, B의 질량은 태양 질량의 1배이다.

A의 질량은 태양 질량의 4배이므로 중심핵에서 일어나는 수소 핵융합 반응은 p−p 반응보다 CNO 순환 반응이 우세하고, 중심핵에서 대류가 일어난다. B의 질량은 태양 질량의 1배이므로 중심핵에서 일어나는 수소 핵융합 반응은 CNO 순환 반응보다 p−p 반응이 우세하고, 별의 가장 바깥쪽에서 대류가 일어난다.

|보|기|풀|이|

ㄱ. 오답 : B의 질량은 태양 질량의 1배이므로 B는 백색 왜성으로 진화한다.

ㄴ. 정답 : ㉠ 시기일 때, A는 중심핵에서 대류가 일어나고, B는 별의 가장 바깥쪽에 대류층이 있으므로 대류가 일어나는 영역의 평균 깊이는 A가 B보다 깊다.

ㄷ. 오답 : ㉠ 시기일 때, A의 중심핵에서는 p−p 반응보다 CNO 순환 반응이 우세하게 일어나고, B의 중심핵에서는 p−p 반응이 CNO 순환 반응보다 우세하게 일어나므로 $\dfrac{p-p \text{ 반응에 의한 에너지 생성량}}{\text{CNO 순환 반응에 의한 에너지 생성량}}$ 은 B가 A보다 크다.

그림은 질량이 서로 다른 별 A와 B의 진화에 따른 중심부에서의 밀도와 온도 변화를 나타낸 것이다. ㉠, ㉡, ㉢은 각각 별의 중심부에서 수소 핵융합, 탄소 핵융합, 헬륨 핵융합 반응이 시작되는 밀도−온도 조건 중 하나이다.

이 자료에 대한 옳은 설명만을 〈보기〉에서 있는 대로 고른 것은?

3점

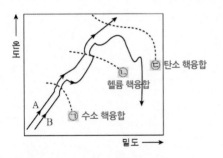

보기

ㄱ. 별의 중심부에서 헬륨 핵융합 반응이 시작되는 밀도−온도 조건은 ㉢이다. (㉡)

ㄴ. 별의 중심부에서 수소 핵융합 반응이 시작될 때, 중심부의 밀도는 A가 B보다 작다.

ㄷ. 별의 탄생 이후 별의 중심부에서 밀도와 온도가 ㉡에 도달할 때까지 걸리는 시간은 A가 B보다 길다. (짧다)

① ㄱ ② ㄴ ③ ㄱ, ㄷ ④ ㄴ, ㄷ ⑤ ㄱ, ㄴ, ㄷ

|자|료|해|설|

별의 중심부에서는 수소 핵융합이 먼저 일어나고, 그 다음에 헬륨 핵융합, 탄소 핵융합 순서로 진행된다. 탄소 핵융합 반응은 별의 질량이 충분히 큰 경우에만 일어난다. 따라서 ㉠은 수소 핵융합, ㉡은 헬륨 핵융합, ㉢은 탄소 핵융합이고, A는 탄소 핵융합 반응까지 일어나는 질량이 매우 큰 별이며, B는 헬륨 핵융합 반응까지만 일어나는 별이다.

|보|기|풀|이|

ㄱ. 오답 : ㉠은 별의 중심부에서 수소 핵융합 반응이 시작되는 밀도−온도 조건이다. 헬륨 핵융합 반응이 시작되는 밀도−온도 조건은 ㉡이다.

ㄴ. 정답 : 주어진 자료에 따르면 수소 핵융합 반응이 시작될 때, 중심부의 밀도는 A가 B보다 작다.

ㄷ. 오답 : A는 B보다 질량이 매우 큰 별이므로 별의 중심부에서 핵융합 반응이 일어나는 기간은 A가 B보다 짧다. 따라서 ㉡에 도달할 때까지 걸리는 시간은 A가 B보다 짧다.

표는 중심핵에서 핵융합 반응이 일어나고 있는 별 (가), (나), (다)의 반지름, 질량, 광도 계급을 나타낸 것이다.

핵융합 반응의 종류	별	반지름 (태양=1)	질량 (태양=1)	광도 계급
헬륨	(가)	50 → 적색 거성	1	( )
수소	(나)	4	8	V ┐ 주계열성
수소	(다)	0.9	0.8	V ┘

이에 대한 설명으로 옳은 것만을 〈보기〉에서 있는 대로 고른 것은?

 3점

보기

ㄱ. 중심핵의 온도는 (가)가 (나)보다 높다. → 헬륨 핵융합 반응이 수소 핵융합 반응보다 높은 온도에서 일어난다.

ㄴ. (다)의 핵융합 반응이 일어나는 영역에서, 별의 중심으로부터 거리에 따른 수소 함량비(%)는 일정하다. 일정하지 않다.

ㄷ. 단위 시간 동안 방출하는 에너지양에 대한 별의 질량은 (나)가 (다)보다 작다. → 광도

① ㄱ   ② ㄴ   ③ ㄷ   ④ ㄱ, ㄴ   ⑤ ㄱ, ㄷ

| 자 | 료 | 해 | 설 |

(가)는 질량이 태양과 같지만 반지름이 태양보다 많이 크고, 중심핵에서 핵융합 반응이 일어나고 있는 별이므로 적색 거성이다. 적색 거성의 중심핵에서는 헬륨 핵융합 반응이 일어나고 있다.

광도 계급 V는 주계열성이므로 (나)는 반지름이 태양의 4배이고, 질량이 태양의 8배인 주계열성이다. 따라서 (나)의 중심핵에서는 수소 핵융합 반응이 일어나고 있다.

(다)는 반지름과 질량이 태양보다 조금 작은 주계열성이다. (다)의 중심핵에서는 수소 핵융합 반응이 일어나고 있다.

| 보 | 기 | 풀 | 이 |

ㄱ. 정답 : (가)의 중심핵에서는 헬륨 핵융합 반응이 일어나고, (나)의 중심핵에서는 수소 핵융합 반응이 일어난다. 헬륨 핵융합 반응은 수소 핵융합 반응보다 더 높은 온도에서 일어나므로 중심핵의 온도는 (가)가 (나)보다 높다.

ㄴ. 오답 : (다)의 중심핵에서는 수소 핵융합 반응이 일어난다. 별의 중심으로 갈수록 온도는 높아지고, 온도가 높을수록 수소 핵융합 반응이 더 많이 일어나므로, 중심으로 갈수록 수소 함량비(%)는 줄어든다. 즉, 별의 중심으로부터 거리에 따른 수소 함량비(%)는 증가한다.

ㄷ. 정답 : 단위 시간 동안 방출하는 에너지양은 별의 광도를 뜻한다. $\dfrac{별의\ 질량}{별의\ 광도}$의 값은 광도가 작을수록, 질량이 클수록 크다. (나)와 (다)의 질량을 비교하면 (나)가 (다)보다 10배 크다. 별의 광도는 (반지름)², (표면 온도)⁴에 비례하고, 주계열성에서 질량이 클수록 광도는 크므로 (나)의 광도는 (다)의 10배보다 더 크다. 따라서 (나)의 $\dfrac{별의\ 질량}{별의\ 광도}$의 값은 (다)보다 작다.

03 외계 행성계와 외계 생명체 탐사

필수개념 1 외계 행성계 탐사 방법

1. 외계 행성계: 태양이 아닌 별을 중심으로 주변에 행성이 공전하고 있는 계

2. 직접 촬영 방법
1) 외계 행성이 반사하는 중심별의 빛을 관측하는 방법과 행성 자체의 복사 에너지를 관측하는 방법
2) 특징: 비교적 가까운 행성을 탐사하는 경우에 사용

3. 중심별의 시선 속도 변화를 이용하는 방법
1) 도플러 효과: 파동을 발생시키는 물체가 관측자로부터 가까워지거나
멀어질 때 파장의 길이에 변화가 생기는 현상 → 별이 관측자와
가까워지면 별빛의 파장이 짧아지고(청색 편이), 멀어지면 별빛이
파장이 길어짐(적색 편이)
2) 행성이 별을 공전할 때, 별과 행성은 공통 질량 중심을 기준으로 공전함
→ 관측자에서 중심별과 행성이 규칙적으로 멀어지거나 가까워짐

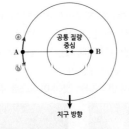

행성의 특징	도플러 이동량	관측의 용이성
행성의 질량 大, 공전 궤도 반지름 小	큼	관측 쉬움
행성의 질량 小, 공전 궤도 반지름 大	작음	관측 어려움

3) 시기별 도플러 이동의 특징

시기	중심별의 이동	도플러 관측	파장 변화
❶	관측자에 대해 수평 운동	안 됨	없음
❷	관측자에게서 멀어짐	적색 편이	길어짐
❸	관측자에 대해 수평 운동	안 됨	없음
❹	관측자에게 다가옴	청색 편이	짧아짐

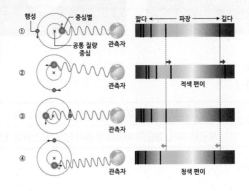

4) 한계점
① 행성의 공전 궤도면이 시선 방향에 대해 수직인 경우 관측이 불가능
② 행성의 질량이 작은 경우 중심별의 시선 속도 변화가 작아 관측이 어려움

4. 식 현상 이용하는 방법
1) 특징
① 식 현상: 행성이 중심별의 앞을 지나면서 별의 일부를 가리게 되어 중심별의 밝기가 주기적으로
변화하는 현상
② 행성의 공전 궤도면이 관측자 시선 방향과 나란한 경우에 측정 가능
③ 행성이 반지름이 클수록 중심별 밝기 변화가 크게 관측됨
2) 시기별 특징

시기	중심별의 식 여부	관측되는 중심별의 밝기
①	식 현상 일어나지 않음	최대 밝기
②	행성의 일부가 중심별의 일부를 가림	중심별의 밝기 감소
③	행성 전체가 중심별을 가림	중심별의 밝기 최소

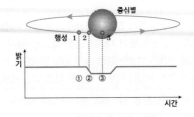

3) 관측되는 요소

관측 값	산출되는 요소
중심별 밝기 변화량, 걸린 시간	행성의 반지름
별빛의 스펙트럼 분석	행성의 대기 성분

4) 한계점
　① 행성의 공전 궤도면이 시선 방향에 대해 수직인 경우 관측이 불가능
　② 별끼리의 식 현상과 구분이 힘듦

5. 미세 중력 렌즈 현상 이용하는 방법
1) 중력 렌즈 현상: 별빛이 질량을 가진 천체를 지나면서 경로가 휘어져 보이는 현상
2) 관측자와 먼 별 A 사이를 행성을 가진 가까운 별 B가 지나가는 경우 별 B에 의한 중력 렌즈 현상과 행성에 의한 미세 중력 렌즈 현상이 겹쳐져 뒤에 있는 별 A의 밝기 변화가 불규칙해짐
3) 행성의 질량이 클수록 밝기 변화가 커 관측에 용이
4) 한계점: 가까운 천체가 먼 천체를 여러 번 지나는 것이 아니므로 주기적인 관측이 불가능

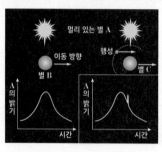
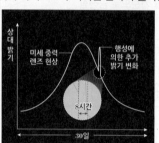

6. 외계 행성계의 탐사 결과
1) 발견된 외계 행성의 특성

탐사 초기	질량이 크고, 중심별과 가까운 행성이 주로 발견됨
최근(관측 기술 발전)	지구와 크기, 질량이 비슷한 행성이 많이 발견되고 있음

2) 외계 행성계의 탐사 결과

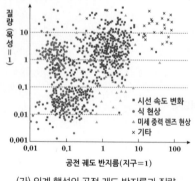
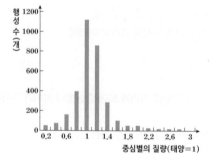

(가) 외계 행성의 공전 궤도 반지름과 질량　　　(나) 중심별의 질량에 따른 외계 행성의 개수

(가)의 해석	① 시선 속도 변화를 통해 발견된 행성이 가장 많고, 직접 촬영한 행성이 가장 적음 ② 시선 속도로 발견한 행성: 대체로 공전 궤도 반지름이 크고 질량이 큼 ③ 식 현상을 이용해 발견한 행성: 공전 궤도 반지름이 작고 질량은 다양함 ④ 미세 중력 렌즈 현상을 이용해 발견한 행성: 공전 궤도 반지름이 크고 질량이 작음
(나)의 해석	질량이 태양과 비슷한 별에서 외계 행성이 많이 발견됨 → 우리은하에는 태양과 비슷한 질량을 가진 별이 많음

기본자료

▶ 중력 렌즈 현상
관측자(지구)의 시선 방향에 별 또는 은하 등이 나란히 있을 때, 가까운 천체의 중력으로 인해 먼 천체에서 오는 빛이 굴절된 것처럼 휘어져 보이는 현상을 중력 렌즈 현상이라 하고, 특히 별 또는 행성에 의해 휘어지는 것을 미세 중력 렌즈 현상이라고 한다.

▶ 외계 행성계 탐사 범위
외계 행성계 탐사는 우리은하 안에 있는 별들이 대상이 된다. 외부 은하는 너무 멀리 있으므로 별을 하나하나 구분하여 관측하기 어렵기 때문에 외계 행성계 탐사가 거의 불가능하다.

필수개념 2 **외계 생명체 탐사**

1. 외계 생명체 존재의 필수 요소: 액체 상태의 물
1) 물은 비열이 커서 많은 양의 열을 오랜 기간 동안 보존시킴
2) 다양한 물질을 녹일 수 있음

2. 생명 가능 지대
1) 정의: 별의 주변에서 물이 액체 상태로 존재할 수 있는
   영역
   → 생명 가능 지대 보다 별에 가까우면 기체 상태,
   멀면 고체 상태
2) 생명 가능 지대의 범위를 결정짓는 요소: 별의
   질량(광도), 공전 궤도 반지름
3) 별의 광도: 별의 질량이 크고 표면 온도가 높으면 증가
4) 생명 가능 지대의 범위

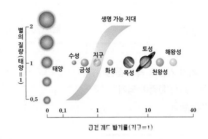

별의 진화 상태	생명 가능 지대의 범위
주계열성	• 질량이 클수록 별의 광도 증가 • 광도가 크므로 질량이 클수록 생명 가능 지대의 거리는 멀어지고 폭은 넓어짐
주계열성 이후	별의 광도가 커져 생명 가능 지대의 거리가 더 멀어지고 폭도 넓어짐

3. 외계 생명체가 존재하기 위한 행성의 조건

생명 가능 지대에 위치	생명 가능 지대에 위치해 액체 상태의 물이 존재해야 함

중심별의 질량	안정한 환경 조성을 위해 질량이 적당하여 중심별의 수명이 충분히 길어야 함 (생명체 진화 속도가 느리므로)	
	중심별 질량이 매우 큰 경우	별이 주계열성으로 지내는 기간이 매우 짧음 → 생명체가 탄생해서 진화하기 전에 별이 소멸
	중심별 질량이 매우 작은 경우	생명 가능 지대의 폭과 범위가 매우 좁음 → 행성이 생명 가능 지대에 위치할 가능성이 매우 낮음 → 생명 가능 지대가 너무 가까워 중심별의 중력에 의해 공전 주기와 자전 주기가 같아지는 동주기 자전을 하게 되어 생명체 살기 힘듦

대기압	• 우주로부터 날아오는 유성체 및 해로운 전자기파(X선, 자외선 등)를 차단 • 온실 기체는 행성에 온실 효과를 일으켜 생명체가 살기 온화한 환경을 만들어 줌
행성 자기장	유해한 태양풍 입자 및 우주선의 고에너지 입자를 차단하여 생명체를 보호함
자전축 경사	자전축 경사가 적당해서 계절 변화가 너무 심하지 않아야 함
위성의 존재	• 행성의 안정적인 자전축 경사를 유지시켜줌 • 조석 현상으로 해안 생태계의 다양성 제공
자전 주기	적당한 자전 주기를 가지면 행성의 표면이 중심별에서 오는 에너지를 균등히 받게 됨
행성의 질량	행성의 질량이 클수록 중력이 강해져 대기 입자들을 안정적으로 표면에 붙잡아 둘 수 있으며, 행성의 내부 에너지를 쉽게 잃지 않아 화산 폭발 및 판의 운동과 같은 지각 변동을 일으켜 생명체의 탄생에 유리한 조건을 만들어 줌

▶ 외계 생명체의 기본 구성 물질
탄소로 추정된다. → 탄소 원자는
다른 원자와 쉽게 결합하여 다양한
화합물을 만들 수 있고, 탄소 화합물의
하나인 아미노산(단백질의 기본 물질)
은 운석이나 성간 기체에서도 흔히
발견되기 때문이다.

4. 주계열성의 분광형에 따른 생명 가능 지대 추정하기

분광형	생명 가능 지대의 특징
O, B형 **예** 스피카(O형)	• 표면 온도 매우 높음 → 생명 가능 지대까지의 거리가 멀고 폭이 넓음 • 별의 수명이 짧아 생명체 탄생 및 진화할 시간 부족
A, F, G형 **예** 태양(G형)	표면 온도 적당 → 생명체 존재할 가능성 높음
K, M형 **예** 백조자리B (K형)	• 표면 온도 낮음 → 생명 가능 지대까지의 거리 가깝고 폭이 좁음 • 별의 중력에 의해 동주기 자전 환경이 되기 쉬움 → 생명체 살아가기 힘듦 • 별의 수명이 매우 긺

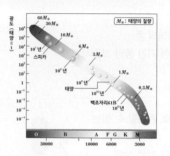

5. 외계 생명체 탐사와 의의

1) 탐사: 탐사선을 이용한 태양계 천체 탐사, 세티(SETI) 등을 통한 외계 생명체 탐사
2) 의의: 생명체가 어떻게 탄생하고 진화하였는지에 대한 연구에 도움을 주고 과학과 기술을 진보시킴

기본자료

▶ 생명체가 존재할 가능성이 있는 행성의 위성
• 타이탄(토성의 위성)은 표면 기압이 지구와 비슷하다. 지구와 마찬가지로 대기 주성분이 질소이고, 메테인으로 이루어진 호수의 존재가 확인되었다.
• 유로파(목성의 위성)의 표면은 얼음으로 뒤덮여 있다. 얼음 표면 아래에는 목성과의 조석력에 의해 열에너지가 발생하기 때문에 물로 이루어진 바다가 있을 것으로 추정하고 있다.

그림은 공전 궤도 반지름이 0.5AU인 어느 외계 행성 P의 표면 온도 변화를 중심별의 나이에 따라 나타낸 것이다.

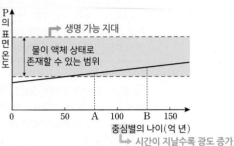

시간이 지날수록 광도 증가

이에 대한 옳은 설명만을 〈보기〉에서 있는 대로 고른 것은? (단, P의 중심별은 주계열성이고, 행성의 표면 온도는 중심별의 광도에 의한 효과만 고려한다.)

보기

ㄱ. 중심별의 광도는 증가하고 있다. ∵ P의 표면 온도 증가

ㄴ. A 시기에 P는 생명 가능 지대에 위치한다.

ㄷ. 생명 가능 지대의 폭은 ~~A~~ 시기가 ~~B~~ 시기보다 넓다.
                           B   A

① ㄱ   ② ㄴ   ③ ㄷ   ✓ ㄱ, ㄴ   ⑤ ㄴ, ㄷ

😊 출제분석 | 별의 광도와 에너지의 관계 및 생명 가능 지대의 뜻과 범위에 대해 한 자료로 출제한 문제로, 보기는 어렵지 않지만 출제 의도가 좋은 문제이다. 외계 생명체에 관한 문제는 여러 개념이 혼합되어 더 어렵게 출제될 수 있으므로 하나의 현상에 대해 여러 관점으로 접근하는 연습이 필요하다.

| 자 | 료 | 해 | 설 |

P의 표면 온도는 중심별의 나이가 커질수록 증가하고 있다. 중심별의 광도가 클수록 중심별에서 발생하는 에너지도 크기 때문에 주변 행성에 전달되는 에너지도 크다. 따라서 P의 표면 온도가 증가하는 것은 중심별의 광도가 증가하고 있기 때문이다.

물이 액체 상태로 존재할 수 있다는 것은 그 행성에 생명체가 존재할 수 있다는 것과 같다. 따라서 중심별의 나이 약 50억 년부터는 P에서 생명체가 발견될 수 있다. A와 B 시기에 P는 물이 존재할 수 있는 범위에 있으므로 두 시기에 P는 생명 가능 지대에 위치한다. 중심별의 광도가 클수록 생명 가능 지대는 그 범위가 넓어지고, 시작되는 지점이 더 멀어진다. 행성 P가 공전하고 있는 중심별의 광도는 시간이 지날수록 커지므로 중심별의 나이가 많아질수록 생명 가능 지대의 폭은 넓어진다.

| 보 | 기 | 풀 | 이 |

ㄱ. 정답 : 중심별의 나이가 많아질수록 행성 P의 표면 온도가 증가하므로 중심별의 광도는 증가하고 있다.

ㄴ. 정답 : A 시기에 행성 P에서는 물이 액체 상태로 존재할 수 있기 때문에 생명체가 존재할 가능성이 있다. 따라서 A 시기에 P는 생명 가능 지대에 위치한다.

ㄷ. 오답 : 중심별의 광도가 클수록 생명 가능 지대의 폭은 넓어진다. 중심별의 나이가 많아질수록 광도가 커지므로 중심별의 나이가 더 많은 B 시기에 생명 가능 지대의 폭이 더 넓다.

그림은 중심별의 물리량 X에 따른 생명 가능 지대의 범위를 나타낸 것이다.

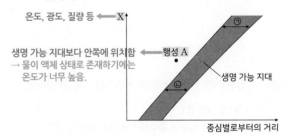

이에 대한 옳은 설명만을 〈보기〉에서 있는 대로 고른 것은? (단, 중심별은 모두 주계열성이다.)

보기

➡ 증가할수록 생명 가능 지대까지의 거리가 멀어짐

ㄱ. 중심별의 광도는 물리량 X가 될 수 있다.

ㄴ. 생명 가능 지대의 폭은 ㉠이 ㉡보다 넓다.

ㄷ. 행성 A에 온실 효과가 일어나면 액체 상태의 물이 존재할 수 있다.
                                           없다

① ㄱ   ② ㄷ   ✓ ㄱ, ㄴ   ④ ㄴ, ㄷ   ⑤ ㄱ, ㄴ, ㄷ

| 자 | 료 | 해 | 설 |

생명 가능 지대는 중심별 부근에서 액체 상태의 물이 존재할 수 있는 범위를 의미하며, 중심별의 질량이 커서 광도가 클수록 중심별로부터의 거리가 멀어지며, 그 폭도 넓어진다.

| 보 | 기 | 풀 | 이 |

ㄱ. 정답 : 물리량 X가 증가함에 따라 생명 가능 지대까지의 거리가 멀어지고 그 폭도 증가하고 있으므로, 물리량 X에는 중심별의 질량이나 광도, 온도 등이 해당할 수 있다.

ㄴ. 정답 : 생명 가능 지대의 폭은 중심별의 질량이 크거나 광도가 클수록 넓어진다. 중심별로부터의 거리는 ㉠이 ㉡보다 멀기 때문에 생명 가능 지대의 폭도 ㉠이 ㉡보다 넓다.

ㄷ. 오답 : 행성 A는 생명 가능 지대보다 안쪽에 위치하고 있으므로, 온도가 높아 물이 액체 상태로는 존재하기 어렵고 대부분 기체 상태로 존재할 것이다. 여기에 온실 효과까지 일어나면 온도가 더욱 상승하기 때문에 물이 액체 상태로 존재할 가능성은 더욱 낮아진다.

😲 문제풀이 T I P | 중심별의 질량이 클수록 광도가 증가하게 되므로, 생명 가능 지대는 중심별로부터 멀어지게 되며 그 폭은 증가한다. 그러나 질량이 큰 별은 온도가 높아 핵융합 반응이 빠르게 일어나므로 수명이 짧아 생명체가 탄생하여 진화하기에 충분한 시간을 확보하기 어렵다.

😊 출제분석 | 생명 가능 지대와 관련된 문항은 거의 모든 시험에 출제되고 있지만, 난이도가 높은 편은 아니므로 기본 개념을 잘 익혀 두고, 실수하는 부분이 없도록 신경 써야 한다.

그림은 어느 항성 A주위를 공전하는 행성 ㉠~㉢의 궤도와 생명 가능 지대의 범위를 나타낸 것이다.

이에 대한 설명으로 옳은 것만을 〈보기〉에서 있는 대로 고른 것은? (단, 행성의 반지름은 모두 같다.) 3점

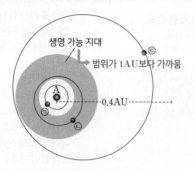

생명 가능 지대
→ 범위가 1AU보다 가까움
0.4AU

보기

㉠. A의 광도는 태양보다 작다. $\propto \dfrac{1}{(거리)^2}$
㉡. 행성에 도달하는 A의 복사 에너지양은 ㉠이 ㉢보다 많다.
㉢. ㉡에는 물이 액체 상태로 존재할 수 있다.

① ㄱ   ② ㄷ   ③ ㄱ, ㄴ   ④ ㄴ, ㄷ   ☑ ㄱ, ㄴ, ㄷ

|자|료|해|설|

항성 A 주위에 형성된 생명 가능 지대의 범위가 0.2AU보다 안쪽에 형성되어 있음을 알 수 있다. 행성 ㉠은 생명 가능 지대의 안쪽에 위치하며, 행성 ㉡은 생명 가능 지대에 위치하고 있다. 행성 ㉢은 생명 가능 지대 바깥에 위치하여 물이 대부분 고체 상태로 존재한다.

|보|기|풀|이|

㉠. 정답 : 항성 A 주변에 형성된 생명 가능 지대는 그 바깥 경계가 0.2AU보다 안쪽으로 태양 주변에 형성된 생명 가능 지대보다 훨씬 중심별에 가깝다. 따라서 항성 A의 광도는 태양보다 작다.

㉡. 정답 : 행성에 도달하는 항성 A의 복사 에너지의 양은 (거리)²에 반비례하고, 행성의 면적에 비례한다. 행성의 반지름은 모두 같기 때문에 행성에 도달하는 항성 A의 복사 에너지양은 중심별로부터의 거리가 멀수록 작아진다. 따라서 행성에 도달하는 항성 A의 복사 에너지의 양은 중심별에 더 가까운 ㉠이 ㉢보다 많다.

㉢. 정답 : 행성 ㉡은 생명 가능 지대에 위치하므로 물이 액체 상태로 존재할 수 있다.

🤓 **문제풀이 T I P** | 중심별의 광도가 클수록 생명 가능 지대는 중심별로부터 멀어지고 그 폭도 넓어진다. 중심별의 광도는 중심별의 질량이 클수록 커지며, 중심별의 수명은 질량이 클수록 작아진다. 생명 가능 지대보다 안쪽에 위치한 행성에는 물이 대부분 기체 상태로 존재하며, 생명 가능 지대보다 바깥쪽에 위치한 행성에는 물이 주로 고체 상태로 존재한다.

😊 **출제분석** | 생명 가능 지대와 관련된 문항은 출제 빈도가 매우 높으나 활용되는 개념이 제한적이며 비교적 간단하므로, 기본 개념만 잘 익혀두면 대체로 어렵지 않게 해결 가능하다.

표는 주계열성 A와 B의 질량, 생명 가능 지대에 위치한 행성의 공전 궤도 반지름, 생명 가능 지대의 폭을 나타낸 것이다.

주계열성	질량 (태양=1)	행성의 공전 궤도 반지름(AU)	생명 가능 지대의 폭(AU)
A	5	(㉠)	(㉢)
B	0.5	(㉡)	(㉣)

이에 대한 설명으로 옳은 것만을 〈보기〉에서 있는 대로 고른 것은?

보기

㉠. 광도는 A가 B보다 크다. → 주계열성에서 질량과 광도는 비례함
㉡. ㉠은 ㉡보다 크다.
㉢. ㉢은 ㉣보다 크다.

① ㄱ   ② ㄷ   ③ ㄱ, ㄴ   ④ ㄴ, ㄷ   ☑ ㄱ, ㄴ, ㄷ

|자|료|해|설|

주계열성은 질량이 클수록 반지름과 광도가 크다.
주계열성의 경우 중심별의 질량이 클수록 생명 가능 지대가 별로부터 멀어지고, 생명 가능 지대의 폭이 넓어진다.

|보|기|풀|이|

㉠. 정답 : 질량이 큰 A 별의 광도가 질량이 작은 B 별의 광도보다 크다.

㉡. 정답 : 중심별의 광도가 클수록 생명 가능 지대의 위치가 별로부터 멀어지므로, 중심별의 질량이 클수록 생명 가능 지대에 위치한 행성의 공전 궤도 반지름이 커진다. 따라서 ㉠>㉡이다.

㉢. 정답 : 주계열성은 질량이 클수록 광도가 크고, 중심별의 광도가 클수록 생명 가능 지대의 폭이 넓어진다. 따라서 ㉢>㉣이다.

그림은 글리제 581계를 이루는 행성 중 b, g, f의 위치를 나타낸 것이다.

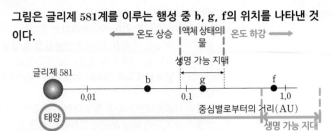

이에 대한 옳은 설명만을 〈보기〉에서 있는 대로 고른 것은?

보기

┌─────────────────── 질량이 큰 별 → 광도가 큼
│ → 생명 가능 지대가 중심별로부터 멀어짐
│ → 생명 가능 지대의 범위도 넓어짐

ㄱ. 표면 온도는 b가 f보다 높다.
ㄴ. 표면에서 액체 상태의 물이 존재할 수 있는 행성은 g이다.
ㄷ. 글리제 581은 태양보다 질량이 ~~크다~~. 작다

① ㄱ   ② ㄴ   ③ ㄷ   ✔④ ㄱ, ㄴ   ⑤ ㄴ, ㄷ

|자|료|해|설|

중심별로부터 멀어질수록 행성의 표면 온도는 낮아진다. 별의 질량이 클수록 광도가 커지며, 광도가 커질수록 생명 가능 지대의 거리는 중심별로부터 멀어지면서 그 폭도 넓어지게 된다.

|보|기|풀|이|

ㄱ. 정답 : 같은 조건의 행성이라면, 표면 온도는 중심별에 가까울수록 높아진다. b는 생명 가능 지대보다 안쪽에, f는 생명 가능 지대보다 바깥쪽에 위치하므로, 표면 온도는 b가 f보다 높다.

ㄴ. 정답 : 별의 주변 공간에서 액체 상태의 물이 존재할 수 있는 구간이 생명 가능 지대이다. 세 행성 중 생명 가능 지대 안에 위치하여 표면에 액체 상태의 물이 존재할 수 있는 행성은 g이다.

ㄷ. 오답 : 태양 주변의 생명 가능 지대는 지구를 포함하는 태양으로부터의 거리 약 1AU 부근에 형성되어 있는 반면에, 글리제 581의 생명 가능 지대는 중심별로부터의 거리 약 0.1AU 부근에 형성되어 있다. 따라서 광도는 글리제 581이 태양보다 작으며, 질량도 태양보다 작다.

😮 **문제풀이 TIP** | 항상 중심별에서부터 생명 가능 지대까지의 거리를 먼저 찾아야 한다. 그러고 난 후 태양 주변에 형성된 생명 가능 지대가 태양으로부터 약 1AU 부근이라는 점을 이용하여 두 별의 광도를 비교하고 비례식을 통해 질량을 계산하면 문제 해결이 가능하다.

😀 **출제분석** | 생명 가능 지대와 관련된 문항들은 대부분 출제 유형이 비슷하기 때문에 문제의 핵심을 이루는 기본 개념들만 이해하고 있으면 어렵지 않게 해결할 수 있다. 가장 중요한 것은 생명 가능 지대가 형성된 지점에서부터 중심별까지의 거리를 먼저 찾는 것이다.

표는 서로 다른 외계 행성계에 속한 행성 (가)와 (나)에 대한 물리량을 나타낸 것이다. (가)와 (나)는 생명 가능 지대에 위치하고, 각각의 중심별은 주계열성이다.

↳ 중심별 광도↑
→ 생명 가능 지대 멀리 위치, 폭은 넓음

외계 행성	중심별의 광도 (태양=1)	중심별로부터의 거리(AU)	단위 시간당 단위 면적이 받는 복사 에너지양(지구=1)
(가)	0.0005	ⓒ 1보다 작음	1
(나)	1.2	1	ⓒ 태양보다 광도↑, 거리 동일
지구	1	1	1 → E↑⇒1보다 큼

이 자료에 대한 설명으로 옳은 것만을 〈보기〉에서 있는 대로 고른 것은?

보기

ㄱ. ⓒ은 1보다 ~~작다~~. 크다
ㄴ. ⓒ은 1보다 ~~작다~~. 크다
ㄷ. 생명 가능 지대의 폭은 (나)의 중심별이 (가)의 중심별보다 ~~좁다~~. 넓다

✔① ㄱ   ② ㄷ   ③ ㄱ, ㄴ   ④ ㄴ, ㄷ   ⑤ ㄱ, ㄴ, ㄷ

|자|료|해|설|

생명 가능 지대는 중심별의 광도가 클수록 중심별로부터 멀고, 폭이 넓다. 중심별의 광도가 태양의 0.0005배인 외계 행성 (가)와 중심별의 광도가 태양의 1.2배인 외계 행성 (나) 모두 생명 가능 지대에 위치하고 있으므로, (가)는 중심별로부터의 거리가 태양─지구의 거리인 1AU보다 작다. (나)의 경우, 중심별의 광도가 태양보다 큰데 중심별로부터의 거리는 태양─지구 거리와 같으므로 단위 시간당 단위 면적이 받는 복사 에너지양은 더 크다. 즉, 1보다 크다.

|보|기|풀|이|

ㄱ. 정답 : 중심별의 광도가 태양보다 작으므로 ⓒ은 1보다 작다.

ㄴ. 오답 : 중심별의 광도가 태양보다 큰데, 행성까지의 거리는 태양─지구 거리와 같으므로 ⓒ은 1보다 크다.

ㄷ. 오답 : 생명 가능 지대의 폭은 중심별의 광도에 비례하므로 (나) 중심별이 (가)의 중심별보다 넓다.

😮 **문제풀이 TIP** | 생명 가능 지대는 중심별의 광도가 클수록 중심별로부터 멀고, 폭이 넓다. 태양의 경우 생명 가능 지대에 위치한 행성은 지구이며, 태양─지구 거리는 1AU이다.

😀 **출제분석** | 내용 자체는 간단하지만 자료가 표로 제시되고, 이를 태양─지구와 비교하여 해석해야 하기 때문에 난이도가 낮지 않은 문제이다. ㄱ과 ㄷ 보기는 생명 가능 지대의 기본적인 개념을 다루고 있다. ㄴ 보기는 생명 가능 지대 안에서도 단위 시간당 단위 면적이 받는 복사 에너지양이 다를 수 있다는 사실을 알고 적용해야 풀 수 있으므로 주의해야 한다.

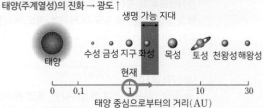

그림은 미래 어느 시기의 태양계 생명 가능 지대를 나타낸 것이다.

현재의 태양계와 비교할 때, 이 시기에 증가한 값으로 옳은 것만을 〈보기〉에서 있는 대로 고른 것은?

보기

ㄱ. 태양의 광도

ㄴ. 생명 가능 지대의 폭

ㄷ. 지구에 존재하는 액체 상태 물의 양 ➡ 현재에 비해 감소

① ㄱ   ② ㄷ   ✓③ ㄱ, ㄴ   ④ ㄴ, ㄷ   ⑤ ㄱ, ㄴ, ㄷ

😮 문제풀이 TIP | 현재 태양계의 생명 가능 지대는 태양으로부터의 거리가 1AU 부근의 지점으로, 지구만이 유일한 생명 가능 지대 내의 행성이다. 중심별의 광도가 증가하면 생명 가능 지대까지의 거리와 폭이 증가한다.

😀 출제분석 | 생명 가능 지대의 정의와 중심별의 광도 변화에 따른 생명 가능 지대 변화를 물어보는 매우 쉬운 문항이다. 절대로 실수하여 틀리지 않도록 하자.

|자|료|해|설|

현재 태양계의 생명 가능 지대에 속하는 행성은 지구가 유일하다. 태양은 주계열성이므로 진화를 통해 점점 광도가 증가하고, 이에 따라 생명 가능 지대의 위치는 점점 태양에서 멀어지게 되며 동시에 생명 가능 지대의 폭도 넓어진다.

그림의 시점에서는 진화를 통해 태양의 광도가 증가하여 생명 가능 지대가 화성 부근에 위치하고, 생명 가능 지대의 폭은 현재보다 넓어졌다. 이 시기의 지구는 생명 가능 지대 안쪽에 위치하므로 중심별인 태양과 가까워 기온이 상승하고, 물은 증발하여 주로 기체 상태로 존재하게 된다.

|보|기|풀|이|

ㄱ. 정답 : 현재 태양계의 생명 가능 지대는 지구 부근 (1AU)이나, 이 시기의 생명 가능 지대는 화성 부근으로 멀어졌으므로 현재보다 태양의 광도는 증가한다.

ㄴ. 정답 : 중심별인 태양의 광도가 증가할수록 생명 가능 지대까지의 거리와 함께 생명 가능 지대의 폭이 증가하므로 현재보다 이 시기가 생명 가능 지대의 폭이 더 넓다.

ㄷ. 오답 : 이 시기에 지구는 생명 가능 지대보다 더 안쪽 궤도에 위치하므로 행성의 기온이 높아 물은 주로 기체 상태인 수증기로 존재한다. 따라서 이 시기에 액체 상태의 물의 양은 현재에 비해 감소한다.

다음은 세 학생 A, B, C가 지구에 생명체가 번성할 수 있는 이유에 대해 나눈 대화이다.

제시한 내용이 옳은 학생만을 있는 대로 고른 것은?

① A   ② B   ③ A, C   ④ B, C   ✓⑤ A, B, C

😮 문제풀이 TIP | 태양계에서 지구만 유일하게 생명 가능 지대 내에 위치하고, 중심별인 태양의 수명은 약 100억 년으로 생명체가 진화하기에 충분하다.

😀 출제분석 | 행성에 생명체가 존재할 조건에 대한 기본적인 문제에 해당한다. 주계열성의 질량과 수명, 질량과 광도의 관계와 연계하여 나올 가능성도 있으니 관련 내용도 정리해 두도록 하자.

|자|료|해|설|

행성에 생명체가 존재하기 위한 조건은 첫째로 행성이 생명 가능 지대에 위치해야 한다는 것이다. 생명 가능 지대란 행성이 중심별로부터 일정한 거리만큼 떨어져 있어 물이 액체 상태로 존재하는 범위를 뜻한다. 중심별과 너무 가까울 경우 기온이 높아 물이 증발해버리고, 너무 멀 경우 기온이 낮아 물이 얼어버리므로 적당한 거리를 유지해야 한다. 태양계에서는 유일하게 지구만이 생명 가능 지대에 포함된다.

그 밖에 여러 조건을 만족해야 하는데, 행성이 대기를 지녀 중심별로부터 오는 강한 자외선 등의 전자기파를 막아주어야 한다. 지구의 경우 대기권의 오존층이 자외선을 차단하여 생명체를 보호해준다.

또한, 중심별의 질량이 너무 크면 중심별의 수명이 짧아져 생명체가 진화할 시간이 부족하다. 주계열성인 태양의 수명은 약 100억 년으로 지구에서 생명체가 진화하는데 충분한 수명을 갖는다.

|보|기|풀|이|

A. 정답 : 지구는 태양계 내에서 유일하게 생명 가능 지대 내에 위치한 행성으로, 물이 액체 상태로 존재하고 있어 생명체가 번성하였다.

B. 정답 : 지구의 대기권 중 성층권의 오존층(O_3)은 자외선을 흡수하여 생명체를 보호한다.

C. 정답 : 주계열성의 수명은 질량이 클수록 짧아지는데, 태양의 질량은 너무 크거나 작지 않아 수명이 약 100억 년으로 행성에서 생명체가 탄생하고 진화하기에 충분하다.

그림은 주계열성 **A**를 돌고 있는 행성 **b, c**의 공전 궤도를 생명 가능 지대와 함께 나타낸 것이다. 이에 대한 설명으로 옳은 것만을 〈보기〉에서 있는 대로 고른 것은?

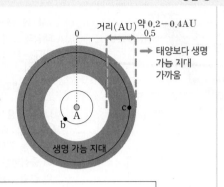

보기

ㄱ. 수명은 태양보다 A가 ~~짧다~~. 길다

ㄴ. c에서는 물이 액체 상태로 존재할 수 있다.

ㄷ. 단위 시간당 단위 면적에서 받는 A의 복사 에너지양은 c보다 b가 많다. → 중심별에서 가까울수록 증가

① ㄱ　　② ㄴ　　③ ㄱ, ㄷ　　✓④ ㄴ, ㄷ　　⑤ ㄱ, ㄴ, ㄷ

문제풀이 TIP | 별의 질량과 수명은 서로 반비례 관계이다. 단위 시간당 단위 면적에서 받는 중심별의 복사 에너지양은 별에서 가까울수록 많다. 외계 항성의 생명 가능 지대와 태양의 생명 가능 지대를 비교하는 문제가 자주 나오므로 태양의 생명 가능 지대가 약 1AU 부근이라는 점은 암기해두자.

출제분석 | 생명 가능 지대는 쉬운 난도로 자주 출제되는 문제이므로 실수로 틀려서는 안 된다.

|자|료|해|설|

생명 가능 지대란 별의 주변 공간에서 물이 액체 상태로 존재할 수 있는 거리의 범위를 의미한다. 이는 중심별의 질량에 따라 달라진다. 중심별의 질량이 클 때 일반적으로 별의 광도가 더 크고 생명 가능 지대는 중심별에서부터 멀어지며 더 넓어진다. 하지만 중심별의 질량이 크면 수명이 짧아 생명체의 진화에 필요한 시간 확보가 어렵다. 주계열성 A의 경우 생명 가능 지대가 대략 0.2~0.4AU로 태양과 비교해 가깝다. 이는 주계열성 A가 태양보다 질량과 광도가 더 작은 별임을 의미한다. 태양계의 생명 가능 지대는 태양으로부터 대략 1AU 부근이다. 중심별에서 생명 가능 지대보다 가까운 곳에 있으면, 단위 시간당 단위 면적에서 받는 복사 에너지양이 상대적으로 많아 물이 기체상태로 존재한다. 생명 가능 지대보다 먼 곳에 있으면, 단위 시간당 단위 면적에서 받는 복사 에너지양이 상대적으로 적어 물이 고체상태로 존재한다.

|보|기|풀|이|

ㄱ. 오답 : 주계열성 A는 태양보다 질량이 작은 별이므로 태양보다 수명이 길다.

ㄴ. 정답 : c는 생명 가능 지대에 위치하므로 물이 액체 상태로 존재할 수 있다.

ㄷ. 정답 : b는 c보다 A와 가까운 궤도에 위치하므로 단위 시간당 단위 면적에서 받는 A의 복사 에너지양은 c보다 b가 많다.

그림은 어느 별의 시간에 따른 생명 가능 지대의 범위를 나타낸 것이다. 이 별은 현재 주계열성이다. 이 자료에 대한 설명으로 옳은 것만을 〈보기〉에서 있는 대로 고른 것은? (3점)

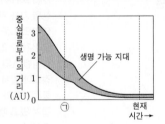

보기

ㄱ. 이 별의 광도는 ㉠ 시기가 현재보다 ~~작다~~. 크다

ㄴ. 현재 중심별에서 생명 가능 지대까지의 거리는 이 별이 태양보다 가깝다.

ㄷ. 현재 표면에서 단위 면적당 단위 시간에 방출하는 에너지양은 이 별이 태양보다 적다. → ∝(표면 온도)⁴

① ㄱ　　② ㄴ　　③ ㄱ, ㄷ　　✓④ ㄴ, ㄷ　　⑤ ㄱ, ㄴ, ㄷ

|자|료|해|설|

생명 가능 지대의 위치와 폭은 중심별의 광도에 영향을 받는다. 중심별의 광도가 클수록 중심별로부터 생명 가능 지대까지의 거리는 멀어지고, 생명 가능 지대의 폭은 넓어진다.

주어진 자료에서 시간이 지날수록 생명 가능 지대는 대체로 중심별에 가까워지고 그 폭이 좁아지므로 광도가 작아졌다.

|보|기|풀|이|

ㄱ. 오답 : ㉠ 시기의 생명 가능 지대는 현재보다 중심별로부터 멀리 떨어져 있고, 폭이 더 넓다. 중심별의 광도가 클수록 생명 가능 지대는 중심별로부터 멀어지고, 폭이 넓어지므로 광도는 ㉠ 시기가 현재보다 크다.

ㄴ. 정답 : 태양에서 생명 가능 지대까지의 거리는 현재 약 1AU 정도이고, 이 별에서 생명 가능 지대까지의 거리는 현재 0.5AU보다도 작기 때문에 현재 중심별에서 생명 가능 지대까지의 거리는 이 별이 태양보다 가깝다.

ㄷ. 정답 : 단위 면적당 단위 시간에 방출하는 에너지양은 (표면 온도)⁴에 비례한다. 이 별은 현재 주계열성이며, 현재 중심별로부터 생명 가능 지대까지의 거리로 보아 이 별의 광도는 태양보다 작으므로 표면 온도도 이 별이 태양보다 낮다. 따라서 현재 표면에서 단위 면적당 단위 시간에 방출하는 에너지양은 이 별이 태양보다 적다.

그림은 태양계 행성과 어느 주계열성을 공전하는 행성을 생명 가능 지대와 함께 나타낸 것이다.
이에 대한 설명으로 옳은 것만을 〈보기〉에서 있는 대로 고른 것은?

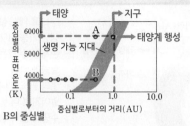

보기

ㄱ. 질량은 태양이 B의 중심별보다 크다.

ㄴ. 생명 가능 지대의 폭은 태양이 B의 중심별보다 넓다.

ㄷ. 물이 액체 상태로 존재할 가능성은 A가 B보다 높다. ~~낮다~~
　　＝생명 가능 지대

① ㄱ　　② ㄴ　　③ ㄷ　　✔④ ㄱ, ㄴ　　⑤ ㄱ, ㄷ

|자|료|해|설|

태양의 표면 온도는 약 5800K이며, 태양 주변의 생명 가능 지대는 태양으로부터 약 1AU 떨어진 곳에 형성된다. 주계열성의 경우 질량이 클수록 표면 온도가 높아지며, 광도가 커지고 별의 수명은 짧아진다.

|보|기|풀|이|

ㄱ) 정답 : B의 중심별은 표면 온도가 4000K 이하이며, 생명 가능 지대도 1AU보다 안쪽에 형성되어 있으므로, B의 중심별은 태양보다 광도가 작다. 주계열성의 경우 질량이 클수록 광도가 커지므로, 질량은 태양이 B의 중심별보다 크다.

ㄴ) 정답 : 생명 가능 지대는 중심별의 온도가 높을수록 중심별로부터 먼 곳에 형성되며, 그 폭도 넓어진다.

ㄷ. 오답 : 액체 상태의 물이 존재할 수 있는 구역은 곧 생명 가능 지대이다. A는 생명 가능 지대보다 안쪽에 위치하여 온도가 높아 물이 대부분 기체 상태로 존재하며, B는 생명 가능 지대에 위치하므로 물이 액체 상태로 존재할 가능성이 높다.

👀 **문제풀이 TIP** | 주의해야 할 점은, 그림에서 중심별의 표면 온도가 높아져도 생명 가능 지대의 폭의 변화가 거의 없는 것처럼 보이지만, 가로축의 물리량이 눈금당 10배씩 증가하고 있기 때문에 실제로는 생명 가능 지대의 폭이 크게 증가하고 있다는 것이다. 따라서 단순히 그림에서 생명 가능 지대의 폭만 보고 문제를 풀어서는 안된다.

😊 **출제분석** | 생명 가능 지대에 관련된 문제는 거의 출제 형식이 비슷하기 때문에 기출 문제를 풀어보면 출제 경향을 쉽게 알 수 있다. 새롭게 발견되는 외계 행성 및 생명 가능 지대에 대해서 관심을 가지고 자료를 확인해두는 것이 좋다.

그림 (가)와 (나)는 두 외계 행성계의 생명 가능 지대를 나타낸 것이다. 중심별 A와 B는 모두 주계열성이다.

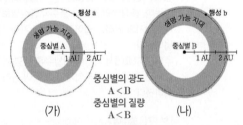

이에 대한 옳은 설명만을 〈보기〉에서 있는 대로 고른 것은? (단, 행성의 대기에 의한 효과는 무시한다.)

보기

ㄱ. 광도는 ~~A~~ B 가 ~~B~~ A 보다 크다.

ㄴ. 행성의 표면 온도는 ~~a~~ b 가 ~~b~~ a 보다 높다.

ㄷ) 주계열 단계에 머무르는 기간은 A가 B보다 길다.

① ㄱ　　✔② ㄷ　　③ ㄱ, ㄴ　　④ ㄴ, ㄷ　　⑤ ㄱ, ㄴ, ㄷ

|자|료|해|설|

생명 가능 지대는 물이 액체 상태로 존재할 수 있는 영역으로 중심별의 광도가 클수록 중심별로부터 멀리 떨어져 있고, 그 폭이 넓어진다.

중심별 A의 생명 가능 지대는 약 0.8AU~1.45AU 정도에 걸쳐 있고 행성 a는 생명 가능 지대 밖에 존재한다.

중심별 B의 생명 가능 지대는 약 1.25AU~2.1AU 정도에 걸쳐 있고 행성 b는 생명 가능 지대 안에 존재한다.

중심별 A의 생명 가능 지대는 중심별 B에서보다 중심별에 더 가깝고 폭이 좁으므로 중심별의 광도는 A보다 B가 크다. 즉, 중심별의 표면 온도는 A보다 B가 높다.

|보|기|풀|이|

ㄱ. 오답 : 중심별의 광도가 클수록 생명 가능 지대는 중심별로부터 멀리 떨어져 있고 그 폭이 넓으므로 광도는 B가 A보다 크다.

ㄴ. 오답 : 행성 a와 b는 모두 중심별로부터 2AU만큼 떨어져 있으므로 행성의 표면 온도는 중심별의 광도에 비례한다. 중심별의 광도는 B가 A보다 크므로 행성의 표면 온도는 b가 a보다 높다.

ㄷ) 정답 : 주계열성은 질량이 클수록 광도가 크다. 또, 주계열성은 질량이 클수록 주계열 단계에 머무르는 시간이 짧다. 중심별 A는 B보다 광도가 작으므로 A는 B보다 질량이 작다. 따라서 A는 B보다 주계열 단계에 머무르는 기간이 길다.

표는 중심별이 주계열성인 서로 다른 외계 행성계에 속한 행성 (가), (나), (다)에 대한 물리량을 나타낸 것이다. (가), (나), (다) 중 생명 가능 지대에 위치한 것은 2개이다.

외계 행성	중심별의 질량 (태양=1)	행성의 질량 (지구=1)	중심별로부터 행성까지의 거리(AU)
(가)	1	1	1
(나)	1	2	4
(다)	2	2	4

생명 가능 지대 ← (가), (다)

이에 대한 설명으로 옳은 것만을 〈보기〉에서 있는 대로 고른 것은? (단, 각각의 외계 행성계는 1개의 행성만 가지고 있으며, 행성 (가), (나), (다)는 중심별을 원 궤도로 공전한다.) ③점

보기
ㄱ. 별과 공통 질량 중심 사이의 거리는 (나)의 중심별에서가 (다)의 중심별에서보다 길다.
ㄴ. 중심별로부터 단위 시간당 단위 면적이 받는 복사 에너지양은 (나)가 (가)보다 많다.
ㄷ. (다)에는 물이 액체 상태로 존재할 수 있다.

① ㄱ   ② ㄴ   ③ ㄷ   ✓④ ㄱ, ㄷ   ⑤ ㄴ, ㄷ

|자|료|해|설|
(가)의 중심별의 질량은 태양과 같으므로 생명 가능 지대도 태양과 비슷한 1AU 정도에 존재한다. (가)는 중심별로부터 1AU 만큼 떨어져 있으므로 생명 가능 지대에 위치한다.
(나)의 중심별의 질량은 태양과 같으므로 생명 가능 지대도 태양과 비슷한 1AU 정도에 존재한다. (나)는 중심별로부터 4AU 만큼 떨어져 있으므로 생명 가능 지대에 위치하지 않는다.
(가)~(다) 중 생명 가능 지대에 위치한 것은 2개이고, (나)는 생명 가능 지대에 위치하지 않으므로 (다)가 생명 가능 지대에 위치한다. (다)의 중심별의 질량은 태양의 2배이므로 생명 가능 지대는 태양의 생명 가능 지대보다 더 먼 거리에 존재한다.

|보|기|풀|이|
ㄱ. 정답 : 별과 공통 질량 중심 사이의 거리는 별의 질량이 작을수록 길다. 따라서 (나)의 중심별에서가 (다)의 중심별에서보다 길다.
ㄴ. 오답 : 중심별로부터 단위 시간당 단위 면적이 받는 복사 에너지양은 중심별의 광도가 클수록 많고, 중심별과의 거리가 가까울수록 많다. (가)와 (나)의 중심별의 질량은 같고, 중심별로부터의 거리는 (가)가 (나)보다 가까우므로 중심별로부터 단위 시간당 단위 면적이 받는 복사 에너지양은 (가)가 (나)보다 많다.
ㄷ. 정답 : (다)는 생명 가능 지대에 위치하므로 (다)에는 물이 액체 상태로 존재할 수 있다.

😮 **문제풀이 T I P** | 생명 가능 지대는 '물이 액체 상태로 존재할 수 있는 영역'을 지칭하는 말이다.

표는 외계 행성계 X, Y의 중심별에서 생명 가능 지대의 안쪽 경계까지의 거리를 나타낸 것이다.

행성계	거리(AU)
X	0.4 → 생명 가능 지대까지의 거리가 가까움
Y	1.5 → 중심별의 질량이 작음

X보다 Y가 더 큰 값을 가지는 것만을 〈보기〉에서 있는 대로 고른 것은? (단, 중심별은 모두 주계열성이다.)

중심별
X : ● —0.4AU→
Y : ● ——1.5AU——→

보기 → 질량이 클수록 짧다.
ㄱ. 중심별의 수명   ㄴ. 중심별의 질량
ㄷ. 생명 가능 지대의 폭

① ㄱ   ② ㄷ   ③ ㄱ, ㄴ   ✓④ ㄴ, ㄷ   ⑤ ㄱ, ㄴ, ㄷ

|자|료|해|설|
생명 가능 지대의 안쪽 경계까지의 거리는 중심별의 광도에 비례한다. 중심별의 질량이 클수록 광도가 커지고 생명 가능 지대의 안쪽 경계까지의 거리가 멀어지며 생명 가능 지대의 폭도 넓어진다.

|보|기|풀|이|
ㄱ. 오답 : 주계열성인 중심별의 수명은 질량이 클수록 짧아진다. 질량이 클수록 수소 핵융합 반응이 활발히 일어나면서 온도가 높아지고, 온도가 높아지면 핵융합 반응이 더 촉진되기 때문이다. 생명 가능 지대의 안쪽 경계까지의 거리는 Y가 더 먼데, 이는 중심별이 질량이 커 광도가 크기 때문이다. 따라서 중심별의 수명은 Y가 X보다 짧다.
ㄴ. 정답 : 생명 가능 지대의 안쪽 경계까지의 거리는 중심별의 질량이 커서 광도가 클수록 멀어진다. 생명 가능 지대의 안쪽 경계까지의 거리는 Y가 X보다 멀기 때문에 중심별의 질량은 Y가 X보다 크다.
ㄷ. 정답 : 중심별의 광도가 클수록 생명 가능 지대의 안쪽 경계까지의 거리는 멀어지고 생명 가능 지대의 폭은 넓어진다. 따라서 생명 가능 지대의 안쪽 경계까지의 거리가 더 먼 Y의 생명 가능 지대의 폭이 더 넓다.

😮 **문제풀이 T I P** | 중심별의 질량이 클수록 광도가 커진다. 광도가 클수록 생명 가능 지대의 안쪽 경계까지의 거리가 멀어지고 생명 가능 지대의 폭도 넓어진다. 주계열성은 질량이 클수록 수소 핵융합 반응이 활발하게 일어나므로 수명이 짧다.

😀 **출제분석** | 이 문항은 중심별의 질량에 따른 생명 가능 지대의 안쪽 경계까지의 거리 변화를 묻고 있다. 주계열성의 질량과 광도 및 수명과의 관계를 잘 알고 있어야 한다.

그림은 주계열성 A주위를 공전하는 행성 ㉠, ㉡의 궤도와 생명 가능 지대를 수성의 공전 궤도와 비교하여 나타낸 것이다.

이에 대한 설명으로 옳은 것만을 〈보기〉에서 있는 대로 고른 것은? (단, 행성의 대기 효과는 무시한다.)

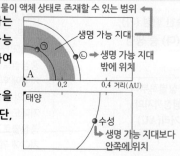

물이 액체 상태로 존재할 수 있는 범위
생명 가능 지대
㉡ → 생명 가능 지대 밖에 위치
태양
수성
생명 가능 지대보다 안쪽에 위치

∴ 태양계의 생명 가능 지대는 1AU 전후 범위

보기

㉠. ㉠에서는 물이 액체 상태로 존재할 수 있다. ✓

㉡. 행성의 평균 표면 온도는 ㉡보다 수성이 높다. ✓

ㄷ. 별의 수명은 A보다 태양이 길다. → 짧다

① ㄱ   ② ㄷ   ✓③ ㄱ, ㄴ   ④ ㄴ, ㄷ   ⑤ ㄱ, ㄴ, ㄷ

|자|료|해|설|

생명 가능 지대는 항성(별)의 둘레에서 물이 액체 상태로 존재할 수 있는 거리의 범위를 말하며 생명 가능 지대보다 항성(별)에 가깝게 위치하면 물이 기체 상태로 존재할 수 있으며 멀리 위치하면 물이 고체 상태로 존재할 수 있게 된다. 주계열성 A의 행성인 ㉠은 물이 액체 상태로 존재할 수 있는 생명 가능 지대에 속하고 ㉡은 생명 가능 지대 범위 밖에 위치하여 물이 고체 상태로 존재할 수 있다. 태양계에서 물이 액체 상태로 존재할 수 있는 범위는 태양에서부터 1AU 전후이고 1AU에는 지구가 위치한다. 0.4AU 부근에 위치한 수성은 생명 가능 지대 범위보다 태양과 가깝게 위치하므로 평균 표면 온도가 높아 물이 액체 상태로 존재하기 어렵다.

|보|기|풀|이|

㉠. 정답 : 생명 가능 지대 범위에 속하는 행성 ㉠은 물이 액체 상태로 존재할 수 있다.

㉡. 정답 : 생명 가능 지대 범위보다 중심별과 가깝게 위치한 수성은 생명 가능 지대보다 중심별에서 멀리 위치한 행성 ㉡보다 평균 표면 온도가 높다.

ㄷ. 오답 : 주계열성의 질량이 커질수록 수명은 짧아지고 광도가 커진다. 광도가 커짐에 따라 생명 가능 지대는 중심별에서 멀어지게 되는데 별 A의 생명 가능 지대는 0.2AU 전후이며 태양의 생명 가능 지대인 1AU에 비해서 중심별에 가깝게 위치한다. 따라서 질량은 A가 태양보다 작고, 별의 수명은 A보다 태양이 짧다.

🗣️ **문제풀이 T I P** | 별의 질량에 따라 생명 가능 지대 범위의 폭 변화를 물어보는 보기가 제시될 수 있으며 별의 질량이 클수록 생명 가능 지대 범위의 폭이 넓어진다는 것을 명심하자.

😀 **출제분석** | 출제 빈도가 매우 높은 문제이며 내용이 어렵지 않기 때문에 그래프 해석만 유의하면 쉽게 풀 수 있는 문제이다.

그림은 서로 다른 주계열성 A, B, C를 각각 원궤도로 공전하는 행성을 나타낸 것이다.

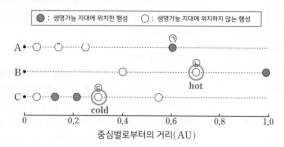

● : 생명가능 지대에 위치한 행성   ○ : 생명가능 지대에 위치하지 않는 행성

중심별로부터의 거리(AU)

이에 대한 설명으로 옳은 것만을 〈보기〉에서 있는 대로 고른 것은? (단, 행성의 대기 조건은 고려하지 않는다.)

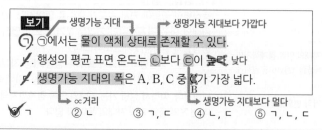

보기   생명가능 지대   생명가능 지대보다 가깝다

㉠. ㉠에서는 물이 액체 상태로 존재할 수 있다. ✓

ㄴ. 행성의 평균 표면 온도는 ㉡보다 ㉢이 높다. → 낮다

ㄷ. 생명가능 지대의 폭은 A, B, C 중 C가 가장 넓다. → B

∝거리   생명가능 지대보다 멀다

✓① ㄱ   ② ㄴ   ③ ㄱ, ㄷ   ④ ㄴ, ㄷ   ⑤ ㄱ, ㄴ, ㄷ

|자|료|해|설|

생명가능 지대에 위치한 행성은 B가 가장 멀고, A, C 순으로 멀다. 따라서 주계열성의 광도는 B>A>C이다. 별의 광도가 클수록 생명가능 지대가 중심별로부터 멀어지고 폭이 넓어지기 때문에 중심별의 광도가 제일 큰 B 지역의 생명가능 지대 폭이 가장 넓다.

|보|기|풀|이|

㉠. 정답 : ㉠은 생명가능 지대에 위치하고 있기 때문에 물이 액체 상태로 존재할 수 있다.

ㄴ. 오답 : ㉡의 경우 생명가능 지대보다 가깝고 ㉢의 경우 생명가능 지대보다 멀기 때문에 행성의 평균 표면 온도는 ㉢이 더 낮다.

ㄷ. 오답 : 별의 광도가 클수록 생명가능 지대가 중심별로부터 멀어지고 폭이 넓어지기 때문에 중심별의 광도가 제일 작은 C 지역의 생명가능 지대 폭이 가장 좁다.

🗣️ **문제풀이 T I P** | 생명가능 지대는 물이 액체 상태로 존재할 수 있는 거리의 범위를 말한다. 별의 광도가 클수록 생명가능 지대가 중심별로부터 멀어지고 폭이 넓어진다.

😀 **출제분석** | 쉽고 평이한 문제이지만 빈출 유형이므로 기억해야 한다.

그림은 행성이 주계열성인 중심별로부터 받는 복사 에너지와 중심별의 표면 온도를 나타낸 것이다. 행성 A, B, C 중 B와 C만 생명 가능 지대에 위치하며 A와 B의 반지름은 같다. 이에 대한 옳은 설명만을 〈보기〉에서 있는 대로 고른 것은? (단, 행성은 흑체이고, 행성 대기의 효과는 무시한다.) **3점**

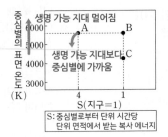

S: 중심별로부터 단위 시간당 단위 면적에서 받는 복사 에너지

보기

$S = \sigma K^4$
→ $K \propto \sqrt[4]{S}$이므로
A는 B의
$\sqrt[4]{4} = \sqrt{2}$배

ㄱ. 행성이 복사 평형을 이룰 때 표면 온도(K)는 A가 B의 $\sqrt{2}$배 이다.

→ 중심별의 표면 온도 높을수록 생명 가능 지대가 멀다

ㄴ. 공전 궤도 반지름은 B가 C보나 <s>작다.</s> 크다

ㄷ. A의 중심별이 적색 거성으로 진화하면 A는 생명 가능 지대에 속할 수 <s>있다.</s> 없다

→ 광도↑ → 생명 가능 지대 멀어짐

✓① ㄱ   ② ㄴ   ③ ㄷ   ④ ㄱ, ㄴ   ⑤ ㄱ, ㄷ

|자|료|해|설|

중심별의 표면 온도가 높을수록 생명 가능 지대는 멀어진다. 생명 가능 지대보다 가까이 있으면 에너지를 많이 받고, 멀리 있으면 에너지를 적게 받는다. A는 지구보다 복사 에너지를 많이 받으므로 생명 가능 지대보다 중심별에 가까운 행성이다. B와 C는 생명 가능 지대에 위치하고 있다. 중심별의 표면 온도가 B가 더 높으므로 중심별로부터의 거리는 B > C이다.

|보|기|풀|이|

ㄱ. 정답 : 행성이 받는 에너지 S는 복사 평형을 이룰 때의 표면 온도 K의 네제곱에 비례한다. 따라서 K는 A가 B의 $\sqrt{2}$배이다.

ㄴ. 오답 : 중심별의 표면 온도가 높을수록 생명 가능 지대가 멀기 때문에 공전 궤도 반지름은 B가 C보다 크다.

ㄷ. 오답 : A의 중심별이 적색 거성으로 진화하면 광도가 커지므로 생명 가능 지대가 멀어진다. A는 지금도 생명 가능 지대보다 중심별에 가까우므로 생명 가능 지대로부터 더 멀어진다.

😮 **문제풀이 T I P** | 중심별의 표면 온도가 높을수록 생명 가능 지대는 멀어진다. 행성의 복사 평형 온도의 4제곱은 행성이 받는 에너지에 비례한다.

😀 **출제분석** | 생명 가능 지대에서는 중심별의 광도(주계열성이면 표면 온도), 중심별로부터의 거리(공전 궤도 반지름), 단위 시간당 단위 면적이 받는 복사 에너지양 등을 다루는 경우가 많다. 이 문제에서도 이러한 내용을 다루는 자료를 제시하였다. ㄱ 보기에서 조금 당황할 수 있지만 ㄴ, ㄷ 보기는 생명 가능 지대에서 꼭 출제되는 보기이므로 정답을 찾는 것은 어렵지 않았을 것이다.

표는 별 (가), (나), (다)의 분광형과 절대 등급을 나타낸 것이다. (가), (나), (다) 중 2개는 주계열성, 1개는 초거성이다. 이에 대한 설명으로 옳은 것만을 〈보기〉에서 있는 대로 고른 것은?

$T \uparrow$ OBAFGKM $T \downarrow$ 같은 온도인데 (가)가 더 밝음 → (가)는 초거성

별	분광형	절대 등급
(가)	G	−5
(나)	A	0
(다)	G	+5

주계열성 ←

보기

→ 주계열 안에서는 반지름, 표면 온도, 질량이 비례함

ㄱ. 질량은 (다)가 (나)보다 <s>크다.</s> 작다.

ㄴ. 생명 가능 지대에서 액체 상태의 물이 존재할 수 있는 시간은 (다)가 (나)보다 길다.

→ 질량이 작을수록 수명↑

ㄷ. 생명 가능 지대의 폭은 (다)가 (가)보다 <s>넓다.</s> 좁다.

→ ∝광도

① ㄱ   ✓② ㄴ   ③ ㄱ, ㄷ   ④ ㄴ, ㄷ   ⑤ ㄱ, ㄴ, ㄷ

|자|료|해|설|

별의 분광형은 OBAFGKM으로 분류되며, O에 가까울수록 표면 온도가 높고, M에 가까울수록 표면 온도가 낮다. (가)~(다) 중 2개는 주계열성, 1개는 초거성인데, 주계열성끼리는 표면 온도가 높을수록 광도가 크고, 질량이 크다. 표면 온도가 가장 높은 (나)의 절대 등급이 0이므로, 이보다 더 밝은 (가)는 초거성, (나)와 (다)는 주계열성이다. 또는 (가)와 (다)는 같은 G형 별인데 (가)가 훨씬 밝으므로 (가)는 초거성이고, (다)는 주계열성이라고 생각해도 된다. 주계열성의 질량은 표면 온도에 비례하므로 (나)가 (다)보다 크다. 주계열성의 수명은 질량에 반비례하므로 (나) < (다)이다. 생명 가능 지대의 폭은 중심별의 광도에 비례하므로 (가) > (나) > (다)이다.

|보|기|풀|이|

ㄱ. 오답 : 주계열성은 반지름, 표면 온도, 질량이 비례하므로 (나)는 (다)보다 질량이 큰 주계열성이다.

ㄴ. 정답 : 주계열성은 질량이 작을수록 광도가 작고 수명이 길다. 따라서 (다)는 (나)보다 수명이 길다. 생명 가능 지대에서 액체 상태의 물이 존재할 수 있는 시간은 중심별의 수명에 비례하므로 (다)가 (나)보다 길다.

ㄷ. 오답 : 생명 가능 지대의 폭은 중심별의 광도에 비례하므로, (가)가 (다)보다 넓다.

😮 **문제풀이 T I P** | 별의 분광형이 같을 때(=표면 온도가 같을 때), 광도가 클수록(=절대 등급이 작을수록) 초거성에 가깝고, 광도가 작을수록(=절대 등급이 클수록) 주계열성, 백색 왜성에 가깝다. 주계열성끼리는 표면 온도, 반지름, 질량이 비례하고 수명은 반비례한다.

😀 **출제분석** | 이 문제의 포인트는 주어진 자료에서 주계열성은 2개, 초거성은 1개라는 것이다. 이 정보를 포함해야만 문제를 풀 수 있으므로 간혹 발문은 읽지 않고 자료만 보는 습관이 있는 학생들은 조심해야 한다. 분광형과 광도, 절대 등급을 다루면서 ㄴ, ㄷ 보기에서는 생명 가능 지대도 함께 다루고 있다. 개념을 복합적으로 다루긴 하지만 모두 연관성이 있으므로 생소하거나 어렵지는 않았을 것이다.

표는 외계 행성계 (가)와 (나)의 특징을 나타낸 것이다. (가)와 (나)는 각각 중심별과 중심별을 원 궤도로 공전하는 하나의 행성으로 구성된다.

O B A F G K M 이므로 $T_{(가)} > T_{(나)}$

구분	(가)	(나)
중심별의 분광형	F6V	M2V
생명 가능 지대(AU)	1.7~3.0	( )
행성의 공전 궤도 반지름(AU)	1.82	3.10
행성의 단위 면적당 단위 시간에 입사하는 중심별의 복사 에너지양(지구=1)	1.03	> ㉠

→ 주계열성

이에 대한 설명으로 옳은 것만을 〈보기〉에서 있는 대로 고른 것은?

보기

ㄱ. (가)의 행성에서는 물이 액체 상태로 존재할 수 있다.
ㄴ. (나)에서 생명 가능 지대의 폭은 1.3AU보다 ~~넓다~~ 좁다.
ㄷ. ㉠은 1.03보다 ~~크다~~ 작다.

✓① ㄱ   ② ㄴ   ③ ㄱ, ㄷ   ④ ㄴ, ㄷ   ⑤ ㄱ, ㄴ, ㄷ

|자|료|해|설|
(가)의 행성은 생명 가능 지대에 위치하므로 물이 액체 상태로 존재할 수 있다. 중심별의 분광형을 비교해 보면 (가)의 온도와 광도가 (나)보다 크다. 광도는 (가)보다 (나)가 작으므로 (나)의 생명 가능 지대의 폭은 1.3AU보다 좁다. 행성의 단위 면적당 단위 시간에 입사하는 중심별의 복사 에너지양은 (가)가 (나)에 비해 크다.

|보|기|풀|이|
㉠ 정답 : (가)의 행성은 생명 가능 지대에 속해 있으므로 물이 액체 상태로 존재할 수 있다.
ㄴ. 오답 : (나)의 광도는 (가)보다 작기 때문에 생명 가능 지대의 폭은 1.3AU보다 좁다.
ㄷ. 오답 : (나)의 광도는 (가)보다 작고, 중심별로부터 행성 공전 궤도까지의 거리는 더 먼 곳에 위치하므로 ㉠은 1.03보다 작다.

😲 문제풀이 T I P | [생명 가능 지대]
생명 가능 지대는 물이 액체 상태로 존재할 수 있는 거리의 범위를 말한다. 별의 광도가 클수록 생명 가능 지대가 중심별로부터 멀어지고 폭이 넓어진다.

😀 출제분석 | 생명 가능 지대의 정의를 알고 분광형, 온도, 광도와의 관계를 이용하여 푸는 문제로 오답률이 상당히 높았다.

그림 (가)는 주계열성 A와 B의 중심으로부터 거리에 따른 생명 가능 지대의 지속 시간을, (나)는 A 또는 B가 주계열 단계에 머무는 동안 생명 가능 지대의 변화를 나타낸 것이다.

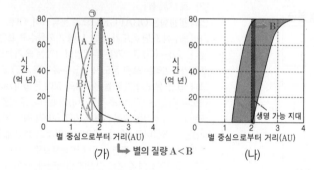

(가) → 별의 질량 A＜B   (나)

이 자료에 대한 설명으로 옳은 것만을 〈보기〉에서 있는 대로 고른 것은? 3점

보기

ㄱ. 별의 질량은 A보다 B가 ~~작다~~ 크다.
ㄴ. ㉠에서 생명 가능 지대의 지속 시간은 ~~A~~ B보다 ~~B~~ A가 짧다.
ㄷ. (나)는 B의 자료이다.

① ㄱ   ✓② ㄷ   ③ ㄱ, ㄴ   ④ ㄴ, ㄷ   ⑤ ㄱ, ㄴ, ㄷ

|자|료|해|설|
주계열성은 질량이 클수록 광도가 크고, 표면 온도가 높다. 별의 질량이 클수록 생명 가능 지대는 별 중심으로부터 멀리 떨어져 있고, 그 폭이 넓다. 따라서 별 B의 질량은 별 A보다 크다.
주계열성은 별의 질량이 작을수록 주계열성에서 머무르는 시간이 길다. 별이 주계열성에서 다음 단계로 진화하면 일정한 양의 에너지의 안정적인 공급이 어려워진다. 생명 가능 지대는 일정한 양의 에너지가 안정적이고 지속적으로 공급될 때 유지되므로, 주계열성에 머무르는 시간이 짧은 질량이 큰 별일수록 생명 가능 지대의 지속 시간은 짧다. (나)에서 별 중심으로부터의 거리가 2AU 정도일 때 생명 가능 지대의 지속 시간이 길다. (가)에서 A는 1AU, B는 2AU일 때 생명 가능 지대의 지속 시간이 길기 때문에 (나)는 B가 주계열 단계에 머무는 동안 생명 가능 지대의 변화를 나타낸 것이다.

|보|기|풀|이|
ㄱ. 오답 : 별의 질량이 클수록 생명 가능 지대는 별 중심으로부터 멀리 떨어져 있고, 그 폭이 넓다. 따라서 별의 질량은 A보다 B가 크다.
ㄴ. 오답 : ㉠에서 생명 가능 지대의 지속 시간은 A가 20억 년보다 짧고, B가 대략 60억 년 정도이므로 B보다 A가 짧다.
ㄷ. 정답 : (나)에서 생명 가능 지대의 지속 시간이 긴 위치는 별 중심으로부터의 거리가 2AU 정도일 때이고, B에서도 마찬가지이므로 (나)는 B의 자료이다.

표는 세 중심별의 광도와 각 중심별의 생명 가능 지대에 속한 행성과 그 행성의 공전 주기를 나타낸 것이다.

↱ 광도가 클수록 질량이 큼, 생명 가능 지대의 거리가 멀어지고 폭도 커짐

중심별 (주계열성)	중심별 광도 (태양 = 1)	행성	행성 공전 주기 (일)
태양	1	지구	365
프록시마 센터우리	0.0017	프록시마 센터우리 b	11.186
베타 픽토리스	8.7	베타 픽토리스 b	8000

이에 대한 설명으로 옳은 것만을 〈보기〉에서 있는 대로 고른 것은?

보기
ㄱ. 질량은 베타 픽토리스가 태양보다 크다.
ㄴ. 생명 가능 지대의 폭은 프록시마 센터우리가 태양보다 좁다.
ㄷ. 공전 궤도 장반경은 프록시마 센터우리 b가 베타 픽토리스 b보다 작다.

① ㄱ　　② ㄷ　　③ ㄱ, ㄴ　　④ ㄴ, ㄷ　　⑤ ㄱ, ㄴ, ㄷ

|자|료|해|설|
중심별의 질량이 크면 광도가 증가하며 그에 따라 행성의 물이 액체 상태로 존재할 수 있는 생명 가능 지대는 중심별에서 멀어지고 생명 가능 지대의 폭은 넓어진다. 표에서 광도는 프록시마 센터우리<태양<베타 픽토리스 순서이다.

|보|기|풀|이|
ㄱ. 정답 : 질량은 태양보다 광도가 큰 베타 픽토리스가 크다.
ㄴ. 정답 : 생명 가능 지대의 폭은 태양보다 광도가 작은 프록시마 센터우리가 좁다.
ㄷ. 정답 : 중심별의 광도가 클수록 생명 가능 지대까지의 거리가 멀어지므로 그 거리는 프록시마 센터우리에서 가장 작다. 따라서 각 중심별의 생명 가능 지대에 속한 행성 중 프록시마 센터우리 b의 공전 궤도 장반경이 제일 작다.

😲 문제풀이 TIP | 교재에 있는 암기 내용을 잘 학습했다면 큰 어려움 없이 풀 수 있는 난도가 낮은 문제이다. 단원 앞부분의 암기 내용은 문제를 해결하는데 필요한 핵심 내용이므로 반드시 학습하고 문제를 풀도록 하자.

😊 출제분석 | 대체로 생명 가능 지대와 관련된 문항은 그래프나 그림을 통해 출제되어 왔으나 이 문항은 간단히 표로 나타내었다. 보기를 푸는 데 필요한 정보만을 잘 골라내는 연습을 통해 이런 유형을 대비하자.

그림은 생명 가능 지대에 위치한 외계 행성 A, B, C가 주계열인 중심별로부터 받는 복사 에너지를 중심별의 표면 온도에 따라 나타낸 것이다.
이에 대한 설명으로 옳은 것만을 〈보기〉에서 있는 대로 고른 것은?

3점

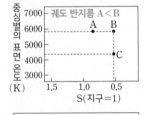

S : 중심별로부터 단위 시간당 단위 면적에서 받는 복사 에너지
↳ 중심별의 표면 온도가 높을수록, 행성의 궤도 반지름이 작을수록 커짐

보기

ㄱ. S는 A가 B보다 크다.
ㄴ. 중심별이 같을 때 행성이 받는 S가 크면 공전 궤도 반지름은 ~~크다~~ 작다.
ㄷ. 행성이 공전 궤도 반지름은 C가 B보다 ~~크다~~ 작다.

① ㄱ　　② ㄴ　　③ ㄱ, ㄷ　　④ ㄴ, ㄷ　　⑤ ㄱ, ㄴ, ㄷ

|자|료|해|설|
중심별에서 오는 복사 에너지가 단위 시간당 단위 면적에 도달하는 양(S)은 중심별의 표면 온도와 중심별에서 행성까지의 거리(공전 궤도 반지름)에 영향을 받는다. 중심별의 표면 온도가 높을수록 같은 거리에서 단위 시간당 단위 면적에 도달하는 복사 에너지의 양이 증가하며, 중심별의 표면 온도가 같을 때, 중심별에서 행성까지(공전 궤도 반지름) 거리가 멀어질수록 단위 시간당 단위 면적에 도달하는 복사 에너지의 양이 줄어든다. A와 B는 중심별의 표면 온도가 약 5800K로 같지만 S는 A가 B보다 크다. 따라서 A가 B보다 중심별에 더 가까이 위치한다는 것을 알 수 있고, B와 C는 S가 같지만 중심별의 온도는 B가 C보다 높은 것으로 보아 C의 공전 궤도 반지름이 더 작다는 것을 알 수 있다.

|보|기|풀|이|
ㄱ. 정답 : S는 A가 약 0.8, B가 약 0.5에 해당한다. 따라서 A의 S가 더 크다.
ㄴ. 오답 : 중심별의 표면 온도가 같으면 중심별이 같은 경우와 상황이 동일하다. 이 경우 거리가 멀어질수록 단위 시간당 단위 면적에 도달하는 복사 에너지(S)의 양이 작아진다. A와 B는 중심별의 표면 온도가 같다. 따라서 중심별이 같을 때 S값이 더 큰 A가 상대적으로 작은 공전 궤도 반지름을 갖는 행성이 된다.
ㄷ. 오답 : B와 C는 단위 시간당 단위 면적에 도달하는 복사 에너지(S)가 같지만 중심별의 표면 온도는 B가 더 크다. 따라서 행성의 공전 궤도 반지름은 B가 더 크다.

😲 문제풀이 TIP | 복사 에너지의 양을 중심별과의 거리가 멀 때와 가까울 때, 중심별의 온도가 높을 때와 낮을 때로 구분해서 풀이하면 쉽게 해결할 수 있다.

😊 출제분석 | 과학탐구 문항들은 대부분이 그래프 해석 및 그림, 사진 자료 해석으로 구성되어 있다. 이 문항 역시 그래프 해석만 정확하게 할 수 있다면 어렵지 않게 해결할 수 있다.

그림은 주계열성 S의 생명가능 지대를, 표는 S를 원궤도로 공전하는
행성 a, b, c의 특징을 나타낸 것이다. ㉠은 생명가능 지대의 가운데에
해당하는 면이다.

➡ 중심별의 질량이 클수록 멀고, 폭이 넓음
→ 0.12~0.24AU
↳ 태양의 생명가능 지대
: 1AU(지구) 주변

생명 가능 지대

S 0.12AU
0.18   0.06 0 0.06   0.18
0.24AU
㉠으로부터의 거리(AU)

➡ 0.06 이내가 생명가능 지대

행성	㉠으로부터 행성 공전 궤도까지의 최단 거리(AU)	단위 시간당 단위 면적이 받는 복사 에너지(행성 a=1)
a	0.02	1
b	0.10	0.32 ➡ S로부터 멀다=온도↓
c	0.13	9.68 ➡ S로부터 가깝다=온도↑

이에 대한 설명으로 옳은 것만을 〈보기〉에서 있는 대로 고른 것은?
(단, 행성의 대기 조건은 고려하지 않는다.) **3점**

보기

㉠. 광도는 태양보다 S가 작다. ➡ 생명가능 지대가 가까움

㉡. a에서는 물이 액체 상태로 존재할 수 있다. ➡ 생명가능 지대!

㉢. 행성의 평균 표면 온도는 b보다 c가 높다.

➡ 별과 가까울수록, 에너지 많이 받을수록 높음

① ㄱ   ② ㄷ   ③ ㄱ, ㄴ   ④ ㄴ, ㄷ   ✔ ㄱ, ㄴ, ㄷ

|자|료|해|설|

생명가능 지대는 중심별의 질량이 클수록 중심별로부터
멀고, 폭이 넓다. S의 생명가능 지대는 0.12AU~0.24AU
이므로 태양—지구 사이의 거리보다 가깝다. 따라서 S는
태양보다 광도가 작은 별이다.

㉠으로부터 0.06AU 이내여야 생명가능 지대에 해당한다.
a는 생명가능 지대에 포함되므로 물이 액체 상태로 존재할
수 있다. b는 단위 시간당 단위 면적이 받는 복사 에너지가
적으므로, S로부터 멀리 있다. 따라서 표면 온도는 낮다.
c는 복사 에너지를 매우 많이 받고 있으므로, S로부터
가깝다. 표면 온도는 높다.

|보|기|풀|이|

㉠. 정답 : 생명가능 지대까지의 거리가 짧으므로, S는
태양보다 광도가 작다.

㉡. 정답 : a는 생명가능 지대에 해당하므로 물이 액체
상태로 존재할 수 있다.

㉢. 정답 : 행성의 표면 온도는 별과 가깝고, 에너지를 많이
받을수록 높아지는데, 에너지의 양이 b<c이므로 표면
온도는 c가 더 높다.

🤖 **문제풀이 TIP** | 생명가능 지대는 중심별의 질량이 클수록
멀고, 폭이 넓다. 기준은 태양으로, 태양의 생명가능 지대는 1AU
떨어져 있다(지구까지의 거리). 생명가능 지대에서는 물이 액체로
존재할 수 있다.

🙂 **출제분석** | 별로부터의 거리가 아니라, 생명가능 지대의
가운데인 ㉠으로부터의 거리로 표현하였기 때문에, 행성이
별로부터 가까운지 먼지를 복사 에너지 양으로 파악해야 한다.
직관적이지 않고 한 단계를 더 거쳐서 생각해야 하기 때문에
난이도가 높은 문제이다. 생명가능 지대를 묻는 문제에서는 이
문제의 ㄱ 보기처럼 태양과 광도, 질량을 비교하는 경우가 많다.

그림은 중심별이 주계열인 별의 생명 가능 지대에 위치한 외계 행성
A와 B를 지구와 함께 나타낸 것이다.

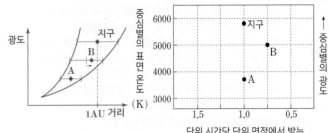

1AU 거리

단위 시간당 단위 면적에서 받는
복사 에너지양의 상댓값(지구=1.0)

이에 대한 설명으로 옳은 것만을 〈보기〉에서 있는 대로 고른 것은?

보기

ㄱ. 단위 시간당 단위 면적에서 받는 복사 에너지양은 B가
A보다 ~~많다~~. 적다
　　　　　　　　　　　　↳ ∴ 표면 온도 및 광도
　　　　　　　　　　　　　　 A의 중심별<태양

ㄴ. A의 공전 궤도 반지름은 1AU보다 작다.

ㄷ. 생명 가능 지대의 폭은 B 행성계가 태양계보다 좁다.
　　　　　↳ B의 중심별 광도가 태양보다 작으므로

① ㄱ　　② ㄴ　　③ ㄷ　　④ ㄱ, ㄴ　　⑤ ㄴ, ㄷ

|자|료|해|설|

중심별이 주계열인 별의 생명 가능 지대는 중심별의 광도
가 커질수록 중심별에서 생명 가능 지대까지의 거리가 멀
어지고, 생명 가능 지대의 폭은 넓어진다. 그림에서 중심별
의 광도는 지구>B>A 순서이므로 중심별과 생명 가능 지
대의 거리도 지구>B>A 순서로 길다. '단위 시간당 단위
면적에서 받는 복사 에너지양의 상대값'을 통해서는 생명
가능 지대 내에서 행성의 위치를 판단할 수 있다. 지구와 A
는 이 값이 같으므로 생명 가능 지대 폭 내에서 비슷한 곳에
위치하지만, 행성 B는 상대값이 더 작으므로 지구와 A에
비해 생명 가능 지대 폭 내에서 중심별의 바깥 방향으로 더
떨어진 곳에 위치한다.

|보|기|풀|이|

ㄱ. 오답 : 단위 시간당 단위 면적에서 받는 복사 에너지양
은 A는 1.0이고, B는 0.75이다. 따라서 B가 A보다 작다.
이는 B가 생명 가능 지대 범위 내에서 좀 더 중심별에서 먼
쪽에 위치하기 때문이다.

ㄴ. 정답 : 행성 A의 중심별은 태양보다 표면 온도가 낮고
광도가 작다. 따라서 생명 가능 지대에 위치한 A의 공전 궤
도 반지름은 지구의 공전 궤도 반지름인 1AU보다 작다.

ㄷ. 정답 : B 행성계의 중심별은 태양보다 광도가 작다. 따
라서 B 행성계의 중심별과 생명 가능 지대의 거리는 태양
계보다 짧고, 생명 가능 지대의 폭도 좁다.

😀 **문제풀이 TIP** | 주계열성인 경우 중심별의 질량이 클수록 중심별의 표면 온도와 광도가 커진다.

😀 **출제분석** | 생명 가능 지대는 출제 빈도가 매우 높지만 어렵지 않은 부분이다. 지속적으로 생소한 그림을 제시하지만 생명 가능 지대의 원리를 적용시켜 보면 쉽게 해결할 수 있다.

　　　　　　　　↳ 중심별로부터 생명 가능 지대 안쪽 경계까지의 거리가 짧다

그림은 **태양보다 질량이 작은 주계열성이 중심별인 어느 외계
행성계**를 나타낸 것이다. 각 행성의 위치는 중심별로부터
행성까지의 거리에 해당하고, S 값은 그 위치에서 단위 시간당 단위
면적이 받는 복사 에너지이다. 생명 가능 지대에 존재하는 행성은
A이다.

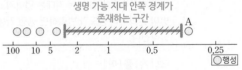

생명 가능 지대 안쪽 경계가
존재하는 구간

단위 시간당 단위 면적이 받는 복사 에너지 S(지구=1)

이 행성계가 태양계보다 큰 값을 가지는 것만을 〈보기〉에서 있는
대로 고른 것은? **3점**

보기
　　　　　　　　　　　　　　 ⌐ 외계 행성계 ; 4개
　　　　　　　　　　　　　　 └ 태양계 ; 2개

ㄱ. 중심별로부터 생명 가능 지대 안쪽 경계까지의 행성 수

ㄴ. S=1인 위치에서 중심별까지의 거리 → 태양계가 더 큼

ㄷ. 생명 가능 지대에 존재하는 행성의 S 값 → A<1
　　　　　　　　　　　　　　　　　　　　 지구=1

① ㄱ　　② ㄷ　　③ ㄱ, ㄴ　　④ ㄴ, ㄷ　　⑤ ㄱ, ㄴ, ㄷ

|자|료|해|설|

중심별의 질량이 클수록 생명 가능 지대가 시작되는 거리는
멀어지고 그 범위는 넓어진다. 외계 행성계의 중심별의
질량은 태양보다 작으므로 생명 가능 지대가 시작하는
위치까지의 거리는 외계 행성계가 태양계보다 짧다. S 값은
중심별에 가까울수록 크므로 그래프에 있는 행성 중 A가
중심별에서 가장 멀리 있다.

|보|기|풀|이|

ㄱ. 정답 : 외계 행성계에서 중심별로부터 생명 가능 지대
안쪽 경계까지의 행성은 A를 제외한 4개이다. 태양계에서
생명 가능 지대의 안쪽 경계까지 존재하는 행성은 수성과
금성 2개이다. 따라서 중심별로부터 생명 가능 지대 안쪽
경계까지의 행성 수는 외계 행성계가 더 많다.

ㄴ. 오답 : 외계 행성계의 중심별의 질량은 태양보다
작으므로 A와 시구에서 각각 중심별까지의 거리는
지구가 더 크다. 외계 행성계에서 S=1인 위치는 A보다도
중심별에 더 가까우므로 S=1인 위치에서 중심별까지의
거리는 태양계가 더 크다.

ㄷ. 오답 : 생명 가능 지대에 존재하는 행성은 A와
지구인데, A의 S 값은 1보다 작고 지구의 S 값은 1이므로
생명 가능 지대에 존재하는 행성의 S 값은 태양계가 더
크다.

😀 **문제풀이 TIP** | 중심별의 질량이 클수록 생명 가능 지대가 시작되는 거리는 멀어지고 생명 가능 지대가
존재하는 범위는 더 길어진다.

😀 **출제분석** | 중심별의 질량에 따라 변하는 여러 값을 제시한 문제이다. 제시되는 조건이 적을수록 난이도가
높아지므로 문제에서 주어지는 단서를 놓치지 않도록 다양한 문제를 연습하는 것이 좋다.

그림은 주계열성인 외계 항성 S를
공전하는 5개 행성과 생명 가능
지대를 나타낸 것이다.
이에 대한 설명으로 옳은 것만을
〈보기〉에서 있는 대로 고른 것은?

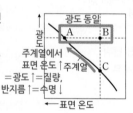

생명 가능 지대: 약 0.2~0.4AU
중심별로부터의 거리　0.0　0.2　0.4　(태양의 경우,
(AU)　　　　　　　　　　　　　약 1AU)

생명 가능 지대

→ 생명 가능 지대에
존재 → 액체
상태의 물이
존재할 수 있음

보기　→ 광도가 작을수록, 생명 가능 지대가 항성에서 가깝고 범위가 좁다
ㄱ. S의 광도는 태양의 광도보다 작다.
ㄴ. a는 액체 상태의 물이 존재할 수 있다.
ㄷ. 생명 가능 지대에 머물 수 있는 기간은 지구가 a보다 짧다.
　　→ 별의 질량이 클수록 짧아진다.

① ㄱ　　② ㄷ　　③ ㄴ, ㄷ　　④ ㄴ, ㄷ　　⑤ ㄱ, ㄴ, ㄷ

😮 **문제풀이 TIP** | 생명 가능 지대의 범위는 중심별의 질량에 따라 달라진다. 따라서 중심별의 질량에 따른 생명 가능 지대의 범위를 잘 정리해서 알아두어야 한다. 또한, 외계 항성의 생명 가능 지대와 태양의 생명 가능 지대를 비교하는 문제가 자주 나오므로 태양의 생명 가능 지대가 약 1AU 부근이라는 점은 암기해두자.

😀 **출제분석** | 생명 가능 지대의 개념을 안다면 빠르게 풀고 넘어가야 할 문제이다. 생명 가능 지대의 경우 출제가 자주 되지만 아주 쉽게 출제되는 편이다.

|자|료|해|설|
생명 가능 지대란 별의 주변 공간에서 물이 액체 상태로 존재할 수 있는 거리의 범위를 의미한다. 이는 중심별의 질량에 따라 달라진다. 중심별의 질량이 클 때 일반적으로 별의 광도가 더 크고 생명 가능 지대는 중심별에서부터 멀어지며 더 넓어진다. 하지만 중심별의 질량이 크면 별의 수명이 짧아 생명체의 진화에 필요한 시간 확보가 어렵다. 지구에 생명체가 살 수 있는 이유는 지구가 생명 가능 지대에 위치하기 때문이며, 태양계의 생명 가능 지대는 태양으로부터 대략 1AU 부근이다.
외계 항성 S의 경우 생명 가능 지대가 대략 0.2~0.4AU로 태양과 비교해 가깝다. 이는 외계 항성 S가 태양보다 질량과 광도가 더 작은 별임을 의미한다.

|보|기|풀|이|
ㄱ. 정답 : S의 생명 가능 지대는 약 0.2~0.4AU로 태양의 생명 가능 지대(약 1AU)에 비교해 가깝다. 따라서 S의 광도는 태양의 광도보다 작다.
ㄴ. 정답 : a는 그림상 생명 가능 지대에 위치하므로 액체 상태의 물이 존재할 수 있다.
ㄷ. 정답 : S는 태양보다 질량이 작은 별이므로 태양보다 수명이 길다. 따라서 생명 가능 지대에 머물 수 있는 기간은 a가 지구보다 길다.

그림은 별 A, B, C를 H−R도에 나타낸
것이다.
이에 대한 설명으로 옳은 것만을 〈보기〉
에서 있는 대로 고른 것은?

광도 동일
A　　B
광
도
주계열에서　　　　　C
표면 온도↑주계열
=광도↑=질량,
반지름↑=수명↓
→ 표면 온도

보기
ㄱ. 별의 중심으로부터 생명 가능 지대까지의 거리는 A와 B가 같다.　→ ∝광도　→ 광도 동일
ㄴ. 생명 가능 지대의 폭은 B가 C보다 넓다.　→ ∝광도
ㄷ. 생명 가능 지대에 위치하는 행성에서 액체 상태의 물이 존재할 수 있는 시간은 C가 A보다 길다.

① ㄱ　　② ㄴ　　③ ㄱ, ㄷ　　④ ㄴ, ㄷ　　⑤ ㄱ, ㄴ, ㄷ
→ ∝수명∝ 1/질량 ∝ 1/광도

|자|료|해|설|
A와 B는 광도가 동일하다. A와 C는 주계열성인데, 주계열에서 왼쪽 위로 갈수록 표면 온도와 광도가 높고, 질량과 반지름이 크며, 수명은 짧다.
생명 가능 지대는 별의 광도의 영향을 많이 받는다. 별의 광도가 클수록 생명 가능 지대는 멀어지고, 폭이 넓어진다. 별이 진화하여 광도가 변화하면 생명 가능 지대의 위치도 달라진다.

|보|기|풀|이|
ㄱ. 정답 : 별의 중심으로부터 생명 가능 지대까지의 거리는 광도에 비례하는데, A와 B의 광도가 동일하므로, 이 값도 동일하다.
ㄴ. 정답 : 생명 가능 지대의 폭은 광도가 큰 B가 광도가 작은 C보다 넓다.
ㄷ. 정답 : 생명 가능 지대에 위치하는 행성에서 액체 상태의 물이 존재할 수 있는 시간은, A와 C가 주계열성이므로 주계열에 머무르는 시간이다. 따라서 질량이 큰 A가 질량이 작은 C보다 빨리 진화하므로, 이 값이 작다.

😮 **문제풀이 TIP** | 생명 가능 지대는 별의 광도와 관련이 있다. 별이 진화하면 광도가 달라지지만, 현재의 광도만 고려하면 되므로 이 문제에서는 적색 거성이나 주계열성 등의 진화 단계는 고려하지 않고, 광도만으로 판단해야 한다.

😀 **출제분석** | ㄱ과 ㄴ 보기에서는 생명 가능 지대의 거리, 폭이라는 대표적인 개념을 두 보기에 나누어 묻고 있다. ㄷ 보기도 주계열에 머무르는 시간 또는 수명으로 생각해서 풀면 된다. 생명 가능 지대를 다루는 문제 중에서 자료도 생소하지 않고, 보기도 기출에서 자주 나오는 내용이므로 난이도가 낮은 편이다. 의외로 4번을 선택한 비율이 더 높은데, 거성, 주계열성으로 나누어 생각해서 그런 것 같다. 생명 가능 지대는 별의 진화 단계보다는 광도를 고려해야 한다.

그림 (가)는 최근까지 발견된 외계 행성의 공전 주기에 따른 개수를, (나)는 이 외계 행성들의 공전 주기와 중심별의 질량과의 관계를 나타낸 것이나.

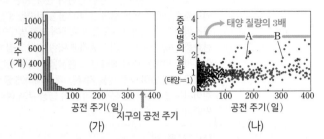

(가)   (나)

이 자료에 대한 옳은 설명만을 〈보기〉에서 있는 대로 고른 것은? (단, A와 B의 공전 궤도면은 관측자의 시선 방향에 나란하다.)

보기

ㄱ. 외계 행성은 대부분 지구보다 공전 주기가 ~~길다.~~ 짧다 → 365일

ㄴ. 중심별의 질량은 대부분 태양 질량의 3배를 넘지 않는다.

ㄷ. 행성에 의한 중심별의 밝기 변화가 나타나는 주기가 A가 B보다 짧다. → ∝행성의 공전 주기

① ㄱ   ② ㄷ   ③ ㄱ, ㄴ   ✔④ ㄴ, ㄷ   ⑤ ㄱ, ㄴ, ㄷ

|자|료|해|설|
그림 (가)에서 발견된 외계 행성의 개수를 보면 대부분 공전 주기가 100일보다 짧은 것을 알 수 있다. 또한 그림 (나)에서는 발견된 외계 행성들은 중심별의 질량이 대부분 태양 질량의 2배 미만으로 태양 질량과 비슷하다는 것을 알 수 있다.

|보|기|풀|이|
ㄱ. 오답 : 지구의 공전 주기는 365일이다. 그림 (가)를 보면 발견된 외계 행성들은 대부분 공전 주기가 100일 이내이므로 지구보다 공전 주기가 짧다는 것을 알 수 있다.
ㄴ. 정답 : 그림 (나)에서 중심별의 질량이 태양 질량의 3배를 넘는 행성은 거의 나타나지 않는다. 발견된 외계 행성의 중심별은 대부분 질량이 태양과 비슷한 수준이다.
ㄷ. 정답 : 행성에 의한 중심별의 밝기 변화는 식 현상에 의해 나타나는데, 식 현상이 나타나는 주기는 외계 행성의 공전 주기가 짧을수록 짧아진다. 따라서 공전 주기가 상대적으로 짧은 A가 B보다 식 현상에 의한 중심별의 밝기 변화가 나타나는 주기가 짧다.

😮 문제풀이 T I P | 외계 행성의 공전 궤도면이 관측자의 시선 방향과 나란한 경우 외계 행성이 중심별을 가리는 식 현상에 의한 밝기 변화가 나타난다. 외계 행성의 공전 주기가 길수록 식 현상이 나타나는 주기가 길어지므로, 식 현상에 의한 밝기 변화를 통해 외계 행성의 존재를 알아내기 어려워진다. 따라서 식 현상을 통해 발견된 외계 행성의 공전 주기는 대부분 지구보다 짧다.

🙂 출제분석 | 이 단원에서는 대부분 외계 행성의 탐사 방법에는 어떤 종류가 있으며, 어떤 원리를 이용하는지를 묻는 문항이 출제된다. 이 문항은 발견된 외계 행성들의 특징을 묻고 있어 일반적인 문항과는 약간 다른 형식을 보이고 있다. 기본적으로 외계 행성의 탐사 원리에 대해서 알고 있어야 문제 해결이 가능하다.

다음은 한국 천문 연구원에서 발견한 어느 외계 행성계에 대한 설명이다.

국제 천문 연맹은 보현산 천문대에서 ㉠ 분광 관측 장비로 별의 주기적인 움직임을 관측해 발견한 외계 행성계의 중심별 8 UMi와 외계 행성 8 UMi b의 이름을 각각 백두와 한라로 결정했다. 한라는 목성보다 무거운 가스 행성으로 백두로부터 약 0.49AU 떨어져 있다.

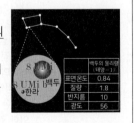

	백두의 물리량 (태양=1)
표면온도	0.84
질량	1.8
반지름	10
광도	56

이에 대한 옳은 설명만을 〈보기〉에서 있는 대로 고른 것은? 3점

보기

ㄱ. 백두는 ~~주계열성이다.~~ 적색 거성

ㄴ. ㉠의 과정에서 백두의 도플러 효과를 관측하였다.

ㄷ. 한라는 백두의 생명 가능 지대에 ~~위치한다.~~ 보다 안쪽에 위치한다

① ㄱ   ✔② ㄴ   ③ ㄱ, ㄷ   ④ ㄴ, ㄷ   ⑤ ㄱ, ㄴ, ㄷ

|자|료|해|설|
백두는 태양에 비해 질량과 반지름, 광도가 큰 적색 거성이다. 그런데 백두와 한라의 거리가 태양과 지구 사이의 거리인 1AU보다도 가까운 0.49AU이므로 백두는 생명 가능 지대보다 안쪽에 위치함을 알 수 있다.

|보|기|풀|이|
ㄱ. 오답 : 백두는 태양(주계열성)에 비해 질량과 반지름과 광도가 큰 적색 거성이다.
ㄴ. 정답 : ㉠의 과정에서 백두의 주기적인 움직임을 통해 도플러 효과를 관측하였다.
ㄷ. 오답 : 백두는 생명 가능 지대가 1AU 부근인 태양보다도 질량이 큰 별이다. 따라서 생명 가능 지대가 그보다는 더 멀리 위치해야 하는데, 한라가 0.49AU 떨어져 있다 하였으므로 한라는 백두의 생명 가능 지대보다 안쪽에 위치한다.

😮 문제풀이 T I P | 적색 거성의 경우 광도가 주계열성인 태양보다 훨씬 크기 때문에 생명 가능 지대도 더 먼 곳에 위치한다.

🙂 출제분석 | 외계 행성 탐사와 생명 가능 지대의 개념이 결합된 문제이다. 두 개념 모두 빈출 유형이므로 쉽게 풀 수 있어야 한다.

그림은 여러 탐사 방법을 이용하여 최근까지 발견한 외계 행성의 특징을 나타낸 것이다.

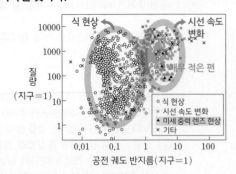

이 자료에 대한 설명으로 옳은 것만을 〈보기〉에서 있는 대로 고른 것은?

보기

ㄱ. 시선 속도 변화 방법은 도플러 효과를 이용한다.

ㄴ. 중력에 의한 빛의 굴절 현상을 이용하여 발견한 행성의 수가 가장 ~~많다~~. 적다 → 미세 중력 렌즈 현상

ㄷ. 행성의 공전 궤도 반지름의 평균값은 식 현상을 이용한 방법이 시선 속도를 이용한 방법보다 ~~크다~~. 작다

① ㄱ   ② ㄷ   ③ ㄱ, ㄴ   ④ ㄴ, ㄷ   ⑤ ㄱ, ㄴ, ㄷ

| 자 | 료 | 해 | 설 |

외계 행성을 탐사하는 방법에는 크게 도플러 효과를 이용한 시선 속도 변화를 이용한 방법, 식 현상을 이용한 방법, 미세 중력 렌즈 현상을 이용한 방법이 있다. 시선 속도 변화를 이용한 방법은 별과 행성이 공통 질량을 중심으로 공전함에 따라 일어나는 도플러 효과에 의한 별빛의 파장 변화를 분석하는 방법이다. 중력에 의한 빛의 굴절 현상을 이용하는 방법은 미세 중력 렌즈 현상을 이용한 방법으로, 행성을 가진 별이 다른 별을 지나갈 때 미세하게 굴절되어 휘어지는 별의 밝기를 분석하여 별의 행성 존재 여부를 판단한다.

| 보 | 기 | 풀 | 이 |

ㄱ. 정답 : 시선 속도 변화 방법은 물체가 접근하거나 후퇴함에 따라 파장이 변화하는 도플러 효과를 이용한다.

ㄴ. 오답 : 중력에 의한 빛의 굴절 현상은 미세 중력 렌즈 현상이다. 그래프에서 미세 중력 렌즈 현상을 이용하여 발견한 행성의 수는 가장 적다.

ㄷ. 오답 : 그래프를 통해 행성의 공전 궤도 반지름의 평균값은 식 현상을 이용한 방법이 시선 속도를 이용한 방법보다 작은 것을 확인할 수 있다.

😮 **문제풀이 TIP** | 외계 행성을 탐험하는 방법에는 식 현상을 이용하는 방법, 시선 속도의 변화를 이용하는 방법, 그리고 미세 중력 렌즈 현상을 이용하는 방법이 있다. 각각의 방법과 거기에서 이용하는 원리 및 현상을 완벽히 이해해두자.

그림 (가)는 어느 외계 행성계에서 식 현상을 일으키는 행성 A, B, C에 의한 시간에 따른 중심별의 겉보기 밝기 변화를, (나)는 A, B, C 중 두 행성에 의한 중심별의 겉보기 밝기 변화를 나타낸 것이다. 세 행성의 공전 궤도면은 관측자의 시선 방향과 나란하다.

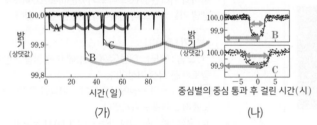

(가)   (나)

이 자료에 대한 설명으로 옳은 것만을 〈보기〉에서 있는 대로 고른 것은? 3점

보기 → 상대적인 밝기 감소는 행성의 반지름의 제곱에 비례한다.

ㄱ. 행성의 반지름은 B가 A의 ~~3배~~이다. √3배

ㄴ. 행성의 공전 주기는 C가 가장 길다.

ㄷ. 행성이 중심별을 통과하는 데 걸리는 시간은 C가 B보다 길다. → 행성에 의한 식 현상이 나타나는 주기   → 겉보기 밝기 변화 시간이 더 길다.

① ㄱ   ② ㄴ   ③ ㄱ, ㄷ   ④ ㄴ, ㄷ   ⑤ ㄱ, ㄴ, ㄷ

| 자 | 료 | 해 | 설 |

행성의 반지름이 클수록 중심별이 행성에 의해 가려지는 면적이 커져 중심별의 밝기 변화가 크므로 행성의 반지름은 B>C>A 순이다.

| 보 | 기 | 풀 | 이 |

ㄱ. 오답 : 외계 행성에 의한 중심별의 식 현상의 상대적인 밝기 감소는 행성의 반지름의 제곱에 비례하는데, (가)에서 상대적인 밝기가 감소하는 양이 B가 A의 3배이므로 행성의 반지름은 B가 A의 √3배이다.

ㄴ. 정답 : 식 현상에 의한 중심별의 밝기가 감소하는 주기는 그 행성의 공전 주기에 해당한다. (가)에서 C에 의한 중심별의 밝기 감소 주기가 가장 길기 때문에 행성의 공전 주기 또한 C가 가장 길다.

ㄷ. 정답 : 행성이 중심별을 통과하는 데 걸리는 시간은 겉보기 밝기 변화 시간이 더 긴 C가 B보다 길다.

😮 **문제풀이 TIP** | 상대적인 밝기 감소는 행성의 반지름의 제곱에 비례한다.

😀 **출제분석** | 반지름과 밝기의 관계를 알면 나머지는 그래프 해석으로 충분히 풀 수 있는 문제이다.

다음은 외계 행성 탐사 방법을 알아보기 위한 실험이다.

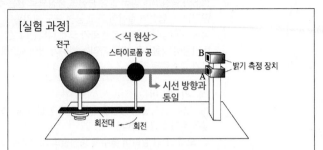

[실험 과정]

〈식 현상〉
전구　스타이로폼 공　B
밝기 측정 장치
시선 방향과 동일
회전대　회전
A

(가) 그림과 같이 전구와 스타이로폼 공을 회전대 위에
　　고정시키고 회전대를 일정한 속도로 회전시킨다. ➡ 외계 행성의 공전

(나) 회전대가 회전하는 동안 밝기 측정 장치 A와 B로 각각
　　<u>측정한 밝기</u>를 기록하고 최소 밝기가 나타나는 주기를
　　표시한다. ➡ 시선 방향과 공전 궤도면이 나란할 때 밝기 감소량이 최대

(다) 반지름이 $\frac{1}{2}$배인 스타이로폼 공으로 교체한 후 (나)의
　　과정을 반복한다. ➡ 밝기 감소 최대량이 작아진다

[실험 결과]

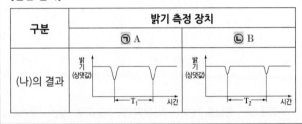

구분	밝기 측정 장치	
	㉠ A	㉡ B
(나)의 결과	밝기(상댓값) 〈그래프〉 T₁ 시간	밝기(상댓값) 〈그래프〉 T₂ 시간

이에 대한 설명으로 옳은 것만을 〈보기〉에서 있는 대로 고른 것은?

3점

보기

ㄱ. 최소 밝기가 나타나는 주기 T_1과 T_2는 같다.
　　➡ 공전 주기
ㄴ. ㉠은 ~~B~~이다. (A)
ㄷ. A로 측정한 밝기 감소 최대량은 (다) 결과가 (나) 결과의 ~~2배이다.~~ 보다 작다

① ㄱ　　② ㄷ　　③ ㄱ, ㄴ　　④ ㄴ, ㄷ　　⑤ ㄱ, ㄴ, ㄷ

|자|료|해|설|

이 실험은 식 현상이 나타나는 과정을 재현한 것이다.
식 현상이 일어나면 중심별의 일부가 외계 행성에 의해
가려져 별의 밝기가 일정 시간 감소한다. 따라서 외계
행성의 반지름이 클수록 별의 밝기가 감소하는 정도가
크고, 시선 방향과 공전 궤도면이 나란할수록 별의 밝기가
감소하는 정도가 크다.
(나) 과정에서 A의 시선 방향과 공의 공전 궤도면이 거의
나란하므로, A에서 측정한 값이 B에서 측정한 값보다
밝기가 감소하는 정도가 더 크게 나타난다. 따라서 ㉠은 A,
㉡은 B에서 측정한 결과이다.
(다) 과정에서 공의 크기를 줄이면 전구의 빛을 가리는
면적이 감소하므로 A로 측정한 밝기 감소 최대량은 (나)
에서보다 작다.

|보|기|풀|이|

ㄱ. 정답 : 스타이로폼 공의 회전 속도는 일정하므로 최소
밝기가 나타나는 주기 T_1과 T_2는 같다.
ㄴ. 오답 : ㉠의 밝기 감소량이 ㉡보다 크므로 ㉠은 공의
공전 궤도면과 나란한 위치에 있는 A에서 측정한 결과
이다.
ㄷ. 오답 : A로 측정한 밝기 감소 최대량은 공이 클수록
크기 때문에 (다) 결과가 (나) 결과보다 작다.

😮 **문제풀이 TIP** | 식 현상은 외계 행성이 중심별을 가리기
때문에 발생한다. 따라서 밝기 감소량은 행성이 중심별을 얼마만큼
가리느냐에 따라 결정된다. 식 현상의 관측 결과를 예측할 때는
행성이 별을 얼마만큼 가리는지를 고려하면 밝기 변화량을 알맞게
유추할 수 있다.

그림은 어느 외계 행성계에서 공통 질량 중심을 중심으로 공전하는 행성 P와 중심별 S의 모습을 나타낸 것이다. P의 공전 궤도면은 관측자의 시선 방향과 나란하다. 이 자료에 대한 옳은 설명만을 <보기>에서 있는 대로 고른 것은? **3점**

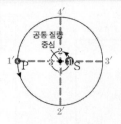

보기

ㄱ. P와 S가 공통 질량 중심을 중심으로 공전하는 주기는 같다.

ㄴ. P의 질량이 ~~작을수록~~ S의 스펙트럼 최대 편이량은 크다.

ㄷ. P의 반지름이 작을수록 식 현상에 의한 S의 밝기 감소율은 작다.

① ㄱ   ② ㄴ   ③ ㄷ   ✔④ ㄱ, ㄷ   ⑤ ㄴ, ㄷ

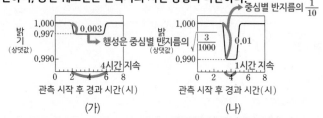

행성의 질량이 클수록 별의 공전 궤도는 커진다.
→ 별빛 스펙트럼의 편이량 ↑

|자|료|해|설|

별 S와 행성 P는 공통 질량 중심을 중심으로 같은 주기로 공전한다. 행성의 질량이 크고 공전 궤도 반지름이 작을수록 중심별의 파장 변화가 크게 나타난다. 행성의 반지름이 작을수록 별을 가리는 범위가 작아지므로 별의 밝기 감소율은 작다.

|보|기|풀|이|

ㄱ. 정답 : 중심별과 행성은 공통 질량 중심을 중심으로 같은 주기로 공전한다.

ㄴ. 오답 : P의 질량이 클수록 중심별의 시선 속도 최댓값이 커져 S의 스펙트럼 최대 편이량은 크다.

ㄷ. 정답 : 행성의 반지름이 작을수록 중심별을 가리는 면적이 줄어들어 중심별의 밝기 감소율은 작아진다.

😮 **문제풀이 TIP** | [공통 질량 중심]
중심별과 중심별 주변을 공전하는 행성은 공통 질량 중심을 중심으로 같은 주기로 공전한다. 행성과 별은 마치 공통 질량 중심을 지나는 실이 연결된 것처럼 움직인다. 행성의 질량이 크고 공전 궤도 반지름이 작을수록 별의 스펙트럼 최대 편이량이 크다.

😊 **출제분석** | 도플러 효과를 이용한 외계 행성계 탐사와 관련한 기본 개념을 묻는 문제이다.

그림 (가)와 (나)는 서로 다른 외계 행성계에서 행성이 식 현상을 일으킬 때, 중심별의 상대적 밝기 변화를 시간에 따라 나타낸 것이다. 두 중심별의 반지름은 같고, 각 행성은 원궤도를 따라 공전하며, 공전 궤도면은 관측자의 시선 방향과 나란하다.

(가): 밝기(상댓값) 1.000, 0.997, 0.003, 행성은 중심별 반지름의 $\sqrt{\frac{3}{1000}}$, 0.990, 4시간 지속, 관측 시작 후 경과 시간(시) 0 2 4 6 8

(나): 밝기(상댓값) 1.000, 중심별 반지름의 $\frac{1}{10}$, $\sqrt{\frac{3}{1000}}$, 0.01, 0.990, 1시간 지속, 관측 시작 후 경과 시간(시) 0 2 4 6 8

이에 대한 설명으로 옳은 것만을 <보기>에서 있는 대로 고른 것은? **3점**

보기

4시간 ↰ ↱ 1시간
ㄱ. 식 현상이 지속되는 시간은 (가)가 (나)보다 길다.

ㄴ. (가)의 행성 반지름은 (나)의 행성 반지름의 ~~0.3~~ $\sqrt{0.3}$배이다.

$\sqrt{\frac{3}{1000}}$은 $\frac{1}{100}$의 $\sqrt{0.3}$배

ㄷ. 중심별의 흡수선 파장은 식 현상이 시작되기 직전이 식 현상이 끝난 직후보다 길다.

↳ 파장 짧아짐

① ㄱ   ② ㄴ   ✔③ ㄱ, ㄷ   ④ ㄴ, ㄷ   ⑤ ㄱ, ㄴ, ㄷ

😮 **문제풀이 TIP** | 식 현상은 중심별이 지구로부터 멀고, 행성이 지구로 가까울 때 관측된다. 따라서 식 현상이 시작되기 직전에는 지구로부터 멀어지므로 적색 편이, 식 현상이 끝난 직후에는 지구로 접근하므로 청색 편이가 나타난다.
행성은 중심별을 반지름 비율의 제곱만큼 가리게 된다. 행성이 구 모양이고, 원 모양으로 가리므로 반지름의 제곱이다.

|자|료|해|설|

식 현상으로 인해 행성은 중심별을 반지름 비율의 제곱만큼 가리게 된다. (가)는 식 현상으로 인해 밝기가 0.003만큼 감소하였다. 즉, 행성의 반지름은 중심별 반지름의 $\sqrt{\frac{3}{1000}}$배이고 식 현상은 약 4시간 지속되었다. (나)는 밝기가 0.01만큼 감소하였으므로 행성의 반지름은 중심별 반지름의 0.1이다. 식 현상은 약 1시간 지속되었다. 두 경우에서 중심별의 크기가 같으므로 (가) 행성 반지름은 (나) 행성 반지름의 $\sqrt{0.3}$배이다.

별이 뒤에 있고, 행성이 앞에 있을 때 식 현상이 발생한다. 별은 식 현상 초기에 공전 궤도 상에서 지구로부터 가장 먼 지점을 향해 멀어졌다가, 식 현상이 끝날 때에는 지구를 향해 접근한다. 따라서 초기에는 적색 편이(파장 길어짐), 식 현상이 끝난 후에는 청색 편이(파장 짧아짐)가 나타난다.

|보|기|풀|이|

ㄱ. 정답 : 식 현상이 지속되는 시간은 (가)가 4시간, (나)가 1시간으로 (가)가 (나)보다 길다.

ㄴ. 오답 : (가)에서 행성 반지름은 중심별 반지름의 $\sqrt{\frac{3}{1000}}$이고, (나)에서 행성 반지름은 중심별 반지름의 0.1이다. 두 중심별의 크기가 같으므로, (가) 행성 반지름은 (나) 행성 반지름의 $\sqrt{0.3}$배이다.

ㄷ. 정답 : 중심별의 흡수선 파장은 식 현상이 시작되기 직전에 적색 편이가 나타나므로 길었고, 식 현상이 끝난 직후에 청색 편이가 나타나므로 짧았다. 따라서 식 현상이 시작되기 직전이 더 길다.

그림은 외계 행성을 탐사하는 두 가지 방법이다.

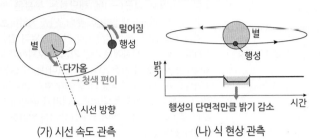

(가) 시선 속도 관측　　　　　(나) 식 현상 관측

이에 대한 설명으로 옳은 것만을 〈보기〉에서 있는 대로 고른 것은?

보기
ㄱ. (가)와 같이 별과 행성이 위치하면 청색 편이가 나타난다.
ㄴ. (가)와 (나) 모두 행성의 공전 주기를 구할 수 있다.
ㄷ. (가)와 (나) 모두 행성이 공전 궤도면이 시선 방향과 수직일 때 이용할 수 있다.

① ㄱ　　② ㄷ　　③ ㄱ, ㄴ　　④ ㄴ, ㄷ　　⑤ ㄱ, ㄴ, ㄷ

문제풀이 TIP | 도플러 효과는 중심별이 시선 방향으로 다가올 때 파장이 짧아져 청색 편이가 나타나고, 중심별이 시선 방향으로 멀어질 때 파장이 길어져 적색 편이로 나타난다. 식 현상은 행성의 공전 궤도면이 시선 방향과 나란할 때 행성이 중심별을 가리면서 중심별의 겉보기 밝기가 주기적으로 감소하는 현상을 말한다.

출제분석 | 외계 행성의 탐사 방법은 도플러 효과, 식 현상, 미세 중력 렌즈 현상 정도가 교과과정에 소개되고 있다. 따라서 세 가지 현상은 정확히 이해하고 있어야 한다.

| 자 | 료 | 해 | 설 |
(가)는 행성과 별이 공통 질량의 중심을 같은 주기로 공전하면서 나타나는 별빛의 도플러 효과를 관측한 것이다. 별이 시선 방향으로 나올 때는 청색 편이가 일어나고, 별이 시선 방향에서 멀어질 때는 적색 편이가 일어난다. (나)는 외계 행성이 별을 가리는 식 현상을 통해 행성의 존재를 파악하는 방법이다. 행성의 공전 궤도면이 시선 방향과 나란하고 행성이 별과 관측자 사이에 위치할 때 행성의 단면적만큼 별의 겉보기 밝기가 감소한다.

| 보 | 기 | 풀 | 이 |
ㄱ. 정답 : (가)에서 현재 행성은 시선 방향에서 멀어지고 중심별은 시선 방향으로 다가오고 있다. 따라서 별빛은 원래의 파장보다 짧아지면서 청색 편이가 나타난다.
ㄴ. 정답 : (가)는 중심별의 도플러 효과가 나타나는 주기로부터 행성의 공전 주기를 구할 수 있다. (나)는 행성이 별과 관측자 사이에 위치할 때 별의 겉보기 밝기가 감소하므로 다시 감소할 때까지의 시간, 즉 중심별의 밝기 변화 주기로부터 행성의 공전 주기를 구할 수 있다.
ㄷ. 오답 : 행성의 공전 궤도면이 관측자의 시선 방향과 나란한 경우에만 (가)에서는 중심별이 관측자에게 다가오거나 멀어져 도플러 효과를 관측할 수 있으며, (나)에서는 행성이 관측자와 중심별 사이에 위치할 때 식 현상을 관측할 수 있는 것이다.

그림은 외계 행성의 식 현상에 의해 일어나는 중심별의 밝기 변화를 나타낸 것이다.

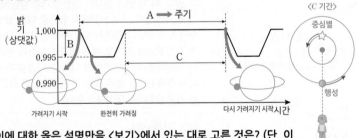

이에 대한 옳은 설명만을 〈보기〉에서 있는 대로 고른 것은? (단, 이 외계 행성계의 행성은 한 개이다.) 3점

보기
ㄱ. A 기간은 행성의 공전 주기에 해당한다.
ㄴ. 행성의 반지름이 2배가 되면 B는 2배가 된다.
ㄷ. C 기간에 중심별의 스펙트럼을 관측하면 적색 편이가 청색 편이보다 먼저 나타난다.

① ㄱ　　② ㄴ　　③ ㄷ　　④ ㄱ, ㄷ　　⑤ ㄴ, ㄷ

| 자 | 료 | 해 | 설 |
중심별의 주위를 공전하는 행성이 별의 앞면을 통과하면 별의 밝기가 감소하므로 중심별의 주기적인 밝기 변화로 외계 행성의 존재를 알 수 있다. A는 밝기가 어두워졌다가 다시 어두워질 때까지의 시간, 즉, 식 현상이 반복되는 시간이므로 행성의 공전주기에 해당하고, B는 행성의 밝기 변화량, C는 중심별과 행성이 일직선에 위치하지 않아서 밝기가 일정한 구간이다. 따라서 C 기간에는 행성은 관측자로부터 멀어지다 가까워지고, 중심별은 가까워지다가 멀어진다. 따라서 중심별의 경우 청색 편이가 적색 편이보다 먼저 나타난다.

| 보 | 기 | 풀 | 이 |
ㄱ. 정답 : A 기간은 식 현상이 반복되는 시간이므로 행성의 공전주기에 해당한다.
ㄴ. 오답 : 밝기 변화는 면적에 비례하므로 행성의 반지름이 2배가 되면 밝기는 4배가 된다.
ㄷ. 오답 : 행성이 아니라 중심별의 스펙트럼 변화이므로 청색 편이가 적색 편이보다 먼저 나타난다.

문제풀이 TIP | 식 현상 문제에서 가장 유의할 점은 중심별과 행성을 잘 구분해야 하는 것이다. 중심별과 행성의 공전방향과 주기는 같지만 궤도상의 위치는 반대이기 때문에 편이는 달라진다. 이는 공전방향을 어느 방향으로 두어도 마찬가지이다.

출제분석 | 오답율이 높은 문제이다. 언제든지 재 출제 가능한 문제이며 빈출 문제이다.

그림 (가)와 (나)는 어느 외계 행성에 의한 중심별의 시선 속도 변화와 겉보기 밝기 변화를 관측하여 각각 나타낸 것이다.

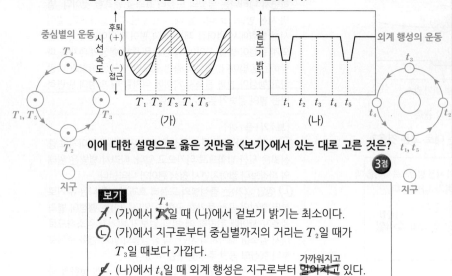

이에 대한 설명으로 옳은 것만을 〈보기〉에서 있는 대로 고른 것은?

3점

보기

ㄱ. (가)에서 ~~T_4~~일 때 (나)에서 겉보기 밝기는 최소이다.

ㄴ. (가)에서 지구로부터 중심별까지의 거리는 T_2일 때가 T_3일 때보다 가깝다.

ㄷ. (나)에서 t_4일 때 외계 행성은 지구로부터 ~~멀어지고~~ 있다.
　　　　　　　　　　　　　　　　　　가까워지고

① ㄱ　　✔② ㄴ　　③ ㄱ, ㄷ　　④ ㄴ, ㄷ　　⑤ ㄱ, ㄴ, ㄷ

문제풀이 TIP | 중심별이 공전함에 따라 변하는 시선 속도와, 외계 행성이 중심별을 가려 생기는 식 현상을 그림을 그려 풀이한다면 쉽게 풀 수 있는 문항이다.

출제분석 | 과학탐구 문항들은 대부분이 그래프 해석 및 그림, 사진 자료 해석으로 구성되어 있다. 이 문항 역시 자료 해석만 정확하게 할 수 있다면 어렵지 않게 해결할 수 있다.

|자|료|해|설|

그림 (가)에서 접근(−)에 해당하는 부분은 중심별이 지구 쪽으로 이동함을 말하고, 후퇴(+)에 해당하는 부분은 멀어짐을 말한다. 중심별까지의 거리는 별이 접근하다가 후퇴를 시작하는 시점에서 가장 가깝고, 후퇴하다가 접근을 시작하는 시점에서 가장 멀다. 그림 (나)는 식 현상에 의해 주기적으로 변하는 중심별의 겉보기 밝기 변화를 나타낸 것이다. 행성에 의해 중심별이 가려지기 때문에 지구에서 볼 때 주기적으로 중심별의 겉보기 밝기가 변화하는 것으로 보이는 것이다.

|보|기|풀|이|

ㄱ. 오답 : 그림 (가)에서 T_1에 해당하는 시기는 접근 속도가 가장 클 때이며, 이때는 지구에서 볼 때 질량 중심과 지구를 연결한 선과 외계 행성이 수직에 있을 때로 겉보기 밝기는 상대적으로 밝은 구간이다. 겉보기 밝기가 최소인 지점은 외계 행성이 중심별과 지구 사이에 위치해 중심별이 가려지는 구간으로 T_4에 해당한다.

ㄴ. 정답 : 지구로부터 중심별까지의 거리는 중심별이 후퇴하다 접근할 때 가장 멀고, 접근하다 후퇴할 때 가장 가깝다. 따라서 접근하다 후퇴하는 T_2에서 가장 가깝고, 후퇴하다 접근하는 T_4에서 가장 멀다. T_3은 그 중간 정도이다.

ㄷ. 오답 : 그래프가 t_1에서 겉보기 밝기가 가장 어두운 것으로 보아 외계 행성이 별을 가린 시점이고 공전함에 따라 행성 뒤쪽으로 이동하여 t_3에 도달했을 것이다. 이후 다시 공전을 통해 t_4를 지나 다시 외계 행성이 중심별을 가리기 시작했을 것이다. 따라서 t_4는 외계 행성이 지구를 향해 오고 있는 시점임을 알 수 있다.

그림은 어느 시점에 관측한 중심별의 스펙트럼과 이때 외계 행성계의 모습을 나타낸 것이다.

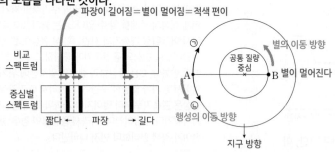

이에 대한 설명으로 옳은 것만을 〈보기〉에서 있는 대로 고른 것은?

3점

보기

ㄱ. 중심별은 B이다.

ㄴ. A는 방향으로 공전한다.

ㄷ. 행성의 질량이 작을수록 공통 질량 중심은 별에 가까워진다.

① ㄱ　　② ㄷ　　③ ㄱ, ㄴ　　④ ㄴ, ㄷ　　✔⑤ ㄱ, ㄴ, ㄷ

|자|료|해|설|

그림에서 중심별 B와 행성 A는 공통 질량 중심을 공전하고 있다. 이 때 별과 행성의 공전 주기와 방향은 같다. 도플러 효과는 별이 지구 방향으로 접근할 때는 별빛의 파장이 원래의 파장보다 짧아지면서 청색 편이가 나타나고, 별이 지구 방향에서 멀어질 때는 별빛의 파장이 원래의 파장보다 길어지면서 적색 편이가 나타난다. 그림에서는 적색 편이가 관측되므로 행성 A는 지구 방향으로 접근하고, 별 B는 지구 방향에서 멀어져야 한다.

|보|기|풀|이|

ㄱ. 정답 : 중심별은 행성에 비해 질량이 크므로 공통 질량 중심 가까이에 위치한다. 따라서 중심별은 B이다.

ㄴ. 정답 : 관측한 중심별의 스펙트럼에서 적색 편이가 나타나므로, 중심별은 지구 방향에서 멀어지고 있다. 따라서 행성은 ⓒ 방향으로 이동한다.

ㄷ. 정답 : 행성의 질량이 작을수록 공통 질량에서 별이 차지하는 비율이 커진다. 따라서 공통 질량 중심은 별에 가까워진다.

문제풀이 TIP | 도플러 효과의 기본적인 부분을 물어보는 문항이다. 도플러 효과는 별빛이 시선 방향으로 접근·후퇴할 때 발생하는 것으로 기본 원리를 이해하고 있다면 해결할 수 있는 문항이다.

출제분석 | 최근 외계 행성 탐사 방법은 도플러 효과, 식 현상, 미세 중력 렌즈 현상이 결합되어 자주 출제된다. 따라서 종합적으로 특징을 정리할 필요가 있다.

다음은 어느 외계 행성계에 대한 기사의 일부이다.

한글 이름을 사용하는 외계 행성계 '백두'와 '한라'

우리나라 천문학자가 발견한 외계 행성계의 중심별과 외계 행성의 이름에 각각 '백두'와 '한라'가 선정되었다. '한라'는 '백두'의 ㉠ 시선 속도 변화를 이용한 탐사 방법으로 발견하였다.

＜'백두'의 시선 속도 변화＞

이에 대한 설명으로 옳은 것만을 〈보기〉에서 있는 대로 고른 것은? ③점

보기

　　　　　　→ 후퇴
ㄱ. T₁일 때 '백두'는 적색 편이가 나타난다.
ㄴ. 태양으로부터 '한라'까지의 거리는 T₂보다 T₃일 때 멀다.
ㄷ. ㉠에서 행성의 질량이 클수록 중심별의 시선 속도 변화가 커진다.
　　　중심별에서 공통 질량 중심까지 멀어지므로

① ㄱ　　② ㄴ　　③ ㄱ, ㄷ　　④ ㄴ, ㄷ　　✔⑤ ㄱ, ㄴ, ㄷ

|자|료|해|설|

중심별이 백두, 외계 행성이 한라일 때의 시선 속도 변화이다. 중심별인 백두는 T₁일 때 시선 속도가 (+)이므로 후퇴하고 있고, T₂, T₃일 때는 시선 속도가 0이므로 접근도 후퇴도 하지 않으며 시선 방향에 수직으로 움직인다. 단 T₂의 경우 시선 속도가 후퇴에서 접근으로 변하고, T₃의 경우 접근에서 후퇴로 변한다.

|보|기|풀|이|

ㄱ. 정답 : T₁일 때 '백두'는 시선 속도가 양(+)이므로 적색 편이가 나타난다.

ㄴ. 정답 : 태양으로부터 외계 행성까지의 거리는 중심별의 시선 속도가 후퇴에서 접근으로 변할 때(T₂)보다 접근에서 후퇴로 변할 때(T₃) 더 멀다. 따라서 외계 행성인 '한라'까지의 거리는 T₃일 때 더 멀다.

ㄷ. 정답 : ㉠에서 행성의 질량이 클수록 중심별로부터 공통 질량 중심까지의 거리가 멀어지므로 중심별의 시선 속도 변화가 커진다.

🙂 **문제풀이 T I P |** 외계 행성과 중심별의 위치를 절대 헷갈리지 말 것. 외계 행성과 중심별의 공전방향은 같지만 위치는 반대이다. 태양으로부터 거리가 헷갈렸을 수 있는데 우리가 서있는 곳을 태양방향이라고 생각하면 된다.

😀 **출제분석 |** 오답률이 가장 높았던 문제이지만 특별히 신유형이라고 할 수 없는 빈출 유형이고 언제든 재 출제 가능하므로 반드시 복습할 것.

표는 주계열성 A, B, C를 각각 원 궤도로 공전하는 외계 행성 a, b, c의 공전 궤도 반지름, 질량, 반지름을 나타낸 것이다. 세 별의 질량과 반지름은 각각 같으며, 행성의 공전 궤도면은 관측자의 시선 방향과 나란하다.

　　　　　　　　　　　　　　　→ 식 현상 밝기 변화에 비례

외계 행성	공전 궤도 반지름 (AU)	질량 (목성=1)	반지름 (목성=1)
a	1	1	2
b	1	2	1
c	2	2	1

이에 대한 설명으로 옳은 것만을 〈보기〉에서 있는 대로 고른 것은? (단, A, B, C의 시선 속도 변화는 각각 a, b, c와의 공통 질량 중심을 공전하는 과정에서만 나타난다.) ③점

보기　　행성의 질량↑　　　　행성의 질량이 같을 때,
　　　　→ 별의 공전 속도↑(A<B)　공전 궤도 반지름이 클수록 길어짐(B<C)
ㄱ. 시선 속도 변화량은 A가 B보다 작다.
ㄴ. 별과 공통 질량 중심 사이의 거리는 B가 C보다 짧다.
ㄷ. 행성의 식 현상에 의한 겉보기 밝기 변화는 A가 C보다 작다.
　　　　　　　　　　　　　　　　　　　큰다
① ㄱ　　② ㄷ　　✔③ ㄱ, ㄴ　　④ ㄴ, ㄷ　　⑤ ㄱ, ㄴ, ㄷ
　　　　　　　→ ∝행성의 반지름(a>c)

|자|료|해|설|

공전 궤도 반지름과 행성의 질량은 시선 속도 변화량, 별과 공통 질량 중심 사이의 거리에 영향을 준다. 공전 주기가 일정할 때 별로부터 공통 질량 중심이 멀수록 별은 많이 움직이게 되고, 빠르게 움직이게 되어 시선 속도 변화량이 커진다. 행성의 질량이 크거나, 공전 궤도 반지름이 클 때 공통 질량 중심은 별로부터 멀어진다. B와 b의 경우, A, a와 비교했을 때 공전 궤도 반지름은 같지만 행성의 질량이 커서 공통 질량 중심이 행성 쪽으로 더 이동한다. 따라서 시선 속도 변화량이 커진다. B와 b, C와 c의 경우, 행성의 질량은 동일하지만 공전 궤도 반지름이 2배 커지므로, 공통 질량 중심은 같은 비율이되 별로부터 멀어진다.

행성의 반지름이 크면 식 현상이 일어날 때 별을 많이 가려 밝기 변화가 크게 나타난다. 따라서 a가 별을 가장 많이 가린다.

|보|기|풀|이|

ㄱ. 정답 : 행성의 질량이 a<b이므로 시선 속도 변화량은 A<B이다.

ㄴ. 정답 : 별과 공통 질량 중심, 행성까지의 비율은 같지만, 공전 궤도 반지름이 b<c이므로 별과 공통 질량 중심 사이의 거리는 B<C이다.

ㄷ. 오답 : 행성의 반지름이 a>c이므로 행성의 식 현상에 의한 겉보기 밝기 변화는 A>C이다.

🙂 **문제풀이 T I P |** 공전 궤도 반지름이 같을 때, 행성의 질량이 클수록 공통 질량 중심이 행성 쪽으로 이동하여 별의 공전 속도가 커지고, 시선 속도 변화량이 커진다. 행성의 질량이 같을 때, 공전 궤도 반지름이 커지면 공통 질량 중심도 별로부터 멀어진다(행성으로부터도 멀어진다).

😀 **출제분석 |** 도플러 효과와 식 현상을 함께 다루는 문제이다. ㄱ, ㄴ, ㄷ 보기에서 다루는 시선 속도 변화량, 별과 공통 질량 중심 사이의 거리, 식 현상에 의한 겉보기 밝기 변화 등은 모두 대표적인 개념이다. 그러나 표로 제시된 자료를 이에 적용하는 것에서 문제의 난이도가 높아진다. 어떤 자료를 어떻게 적용해야 좋을지, 각 현상의 원리를 따라 고려해야 한다.

그림은 광도가 동일한 서로 다른 주계열성을 공전하는 행성 A와 B에 의한 중심별의 밝기 변화를 나타낸 것이다.

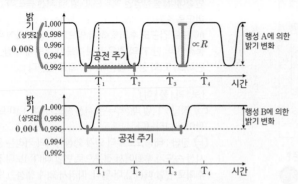

이에 대한 설명으로 옳은 것만을 〈보기〉에서 있는 대로 고른 것은?
(단, 시선 방향과 행성의 공전 궤도면은 일치한다.) **3점**

보기

ㄱ. 공전 주기는 A가 B보다 짧다.

ㄴ. 반지름은 A가 B의 $\sqrt{2}$배이다. → $R_A{}^2 : R_B{}^2 = 2 : 1$이므로
$R_A : R_B = \sqrt{2} : 1$

$L = 4\pi R^2 \sigma T^4$이므로
$L \propto R^2$ ←

ㄷ. T_1 시기에는 A, B 모두 지구에 <del>가까워</del>지고 있다.
멀어

① ㄱ   ② ㄴ   ③ ㄱ, ㄷ   ④ ㄴ, ㄷ   ⑤ ㄱ, ㄴ, ㄷ

| 자 | 료 | 해 | 설 |

중심별 주위를 공전하는 행성이 중심별의 앞면을 지날 때 중심별의 일부가 가려지는 식 현상이 나타난다. 행성의 반지름이 클수록 중심별의 밝기 변화가 크다. T_1 시기에 행성 A, B 모두 밝기를 다시 회복하는 것으로 보아 둘 다 지구에서 멀어지고 있음으로 알 수 있다.

| 보 | 기 | 풀 | 이 |

ㄱ. 정답 : 그림에서 식 현상의 주기가 행성 A가 B보다 짧기 때문에 공전 주기는 A가 B보다 짧다.

ㄴ. 오답 : 행성 A에 의한 밝기 감소의 양은 행성 B의 2배이므로 가려진 면적이 2배이다. $L \propto R^2$이므로 반지름은 행성 A가 B의 $\sqrt{2}$배이다.

ㄷ. 오답 : T_1 시기는 두 행성이 모두 별 앞을 지나간 직후이므로 지구에서 멀어지고 있다. 단, 중심별은 접근한다.

😀 **문제풀이 TIP** | 행성의 유무를 알기 위한 중심별의 밝기 변화를 나타낸 그래프이므로 질문하는 대상이 행성인지 중심별인지 잘 파악하는 것이 중요하다.

😀 **출제분석** | 식 현상을 이용해 외계 행성을 발견하는 기본적인 문제 유형이다. 난도는 '중' 정도이므로 능숙하게 풀 수 있어야 한다.

그림 (가)는 중심별을 원 궤도로 공전하는 외계 행성 A와 B의 공전 방향을, (나)는 A와 B에 의한 중심별의 겉보기 밝기 변화를 나타낸 것이다. A와 B의 공전 궤도 반지름은 각각 0.4AU와 0.6AU이고, B의 공전 궤도면은 관측자의 시선 방향과 나란하다.

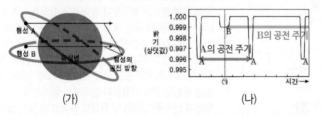

(가)   (나)

이에 대한 설명으로 옳은 것만을 〈보기〉에서 있는 대로 고른 것은?
3점

보기

ㄱ. 공전 주기는 A보다 B가 길다.

ㄴ. 반지름은 A가 B의 <del>2배</del>이다.
약 2배

ㄷ. ㉠ 시기에 A와 B 사이의 거리는 1AU보다 <del>멀다</del>. 가깝다.

① ㄱ   ② ㄷ   ③ ㄱ, ㄴ   ④ ㄴ, ㄷ   ⑤ ㄱ, ㄴ, ㄷ

| 자 | 료 | 해 | 설 |

행성 B의 공전 궤도면은 관측자의 시선 방향과 나란하지만, (가)에서 관측된 행성 A의 공전 방향이 중심별의 중심을 지나지 않으므로 행성 A의 공전 궤도면은 관측자의 시선 방향보다 비스듬하게 기울어져 있음을 알 수 있다. 식 현상이 일어나는 시간 간격이 A보다 B가 크므로 공전 주기는 A보다 B가 길고, 식 현상이 일어날 때 중심별의 밝기는 행성이 별을 가리는 면적에 비례하여 감소하므로 반지름은 A가 B의 약 2배이다. ㉠ 시기에 B는 식 현상이 일어나고 있고, A는 식 현상과 식 현상 사이에 위치하므로 행성 A와 B는 서로 반대편에 위치함을 알 수 있다.

| 보 | 기 | 풀 | 이 |

ㄱ. 정답 : 식 현상이 일어나는 시간 간격이 A보다 B가 더 크므로 공전 주기는 A보다 B가 길다.

ㄴ. 오답 : 식 현상이 나타날 때 중심별의 밝기는 행성이 별을 가리는 면적에 비례하여 감소하므로 반지름은 A가 B의 약 2배이다.

ㄷ. 오답 : B의 공전 궤도면은 관측자의 시선 방향과 나란하지만, A의 공전 궤도면은 관측자의 시선 방향과 나란하지 않으므로 ㉠ 시기에 A와 B 사이의 거리는 1AU보다 가깝다.

😀 **문제풀이 TIP** | A와 B의 공전 궤도면을 정확히 그려야 A−B 사이의 거리가 1AU보다 짧다는 것을 판단할 수 있다. 관측된 행성의 공전 방향이 별의 중심을 지나는지 잘 확인하자.

😀 **출제분석** | ㄷ 보기는 기하 개념을 도입하여 풀어야 해서 상당히 까다로운 문제이다.

그림 (가)는 중심별이 주계열성인 어느 외계 행성계의 생명 가능 지대와 행성의 공전 궤도를, (나)는 (가)의 행성이 식 현상을 일으킬 때 중심별의 상대적 밝기 변화를 시간에 따라 나타낸 것이다.

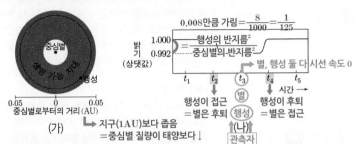

이 자료에 대한 설명으로 옳은 것만을 <보기>에서 있는 대로 고른 것은? (단, 중심별의 시선 속도 변화는 행성과의 공통 질량 중심에 대한 공전에 의해서만 나타나고, 행성은 원 궤도를 따라 공전하며, 행성의 공전 궤도면은 관측자의 시선 방향과 나란하다.) **3점**

보기

ㄱ. 생명 가능 지대의 폭은 이 외계 행성계가 태양계보다 좁다.

ㄴ. $\dfrac{\text{행성의 반지름}^2}{\text{중심별의 반지름}^2}$ 은 $\dfrac{1}{125}$ 이다. $\sqrt{\dfrac{1}{125}}$

 둘 다 적색 편이

ㄷ. 중심별의 흡수선 파장은 t_2가 t_1보다 짧다.

 더 빨리 멀어져서 더 길다

① ㄱ ② ㄴ ③ ㄷ ④ ㄱ, ㄴ ⑤ ㄱ, ㄷ

 시선 속도 0이 되는 과정에 있음(t_1보다 시선 속도↓)

|자|료|해|설|

(가)에서 중심별로부터 생명 가능 지대에 위치한 행성까지의 거리는 약 0.05AU로, 지구와 태양 사이의 거리인 1AU보다 훨씬 가깝다. 따라서 이 중심별의 질량이 태양보다 작고, 이에 따라 생명 가능 지대가 더 가까이에 있으며, 생명 가능 지대의 폭이 더 좁다는 것을 알 수 있다. (나)에서 식 현상이 일어났을 때, 밝기는 0.008만큼 감소하였다. 이는 $\dfrac{\text{행성의 반지름}^2}{\text{중심별의 반지름}^2}$ 이다.

관측자의 시선 방향에서 바라보면 t_3일 때 행성은 별 앞에 위치하고, 별과 행성 모두 시선 방향과 수직한 방향으로 움직이고 있으므로 시선 속도가 0이다. t_1, t_2일 때는 행성이 접근하고 별이 후퇴한다. 따라서 t_1, t_2 모두 적색 편이가 나타난다. 이때, t_1, t_2를 거쳐 t_3(시선 속도 0)에 도달하게 되므로, $t_1 \to t_2$로 갈수록 점차 시선 속도가 0에 가까워진다. 즉, $t_1 \to t_2$로 갈수록 흡수선의 파장이 점차 짧아진다. t_4일 때는 행성이 후퇴하고 별이 접근하므로, 청색 편이가 나타난다.

|보|기|풀|이|

ㄱ. 정답 : 중심별의 질량이 태양보다 작으므로, 생명 가능 지대의 폭은 이 외계 행성계가 태양계보다 더 좁다.

ㄴ. 오답 : $\dfrac{\text{행성의 반지름}^2}{\text{중심별의 반지름}^2}$ 이 $\dfrac{1}{125}$ 이므로

$\dfrac{\text{행성의 반지름}}{\text{중심별의 반지름}}$ 은 $\sqrt{\dfrac{1}{125}}$ 이다.

ㄷ. 정답 : 중심별의 시선 속도는 $t_1 > t_2$이고, 중심별의 흡수선 파장은 중심별이 빨리 멀어질수록 길어지므로 t_1이 t_2보다 길다.

👀 **문제풀이 T I P** | 중심별의 흡수선 파장은 별이 빨리 멀어질수록 길다. 식 현상의 중심(t_3)에서 중심별의 시선 속도가 0이므로 흡수선의 파장 변화가 나타나지 않는다.

👀 **출제분석** | 생명 가능 지대와 식 현상을 함께 다루는 문제이다. ㄴ 보기에서 밝기의 변화를 통해 행성과 중심별의 반지름을 비교하고, ㄷ 보기에서 중심별의 시선 속도와 흡수선의 파장 변화를 연결하는 것이 문제의 핵심이었다. 보통은 흡수선의 기준 파장을 두고 t_1일 때와 t_4일 때의 파장을 비교하는 보기가 많이 나왔는데, 이 문제에서는 특이하게 t_1과 t_2를 비교하여 생소하게 느껴졌을 것이다. 따라서 문제의 난이도가 높아서 정답률이 매우 낮았다.

" 이 문제에선 이게 가장 중요해! "

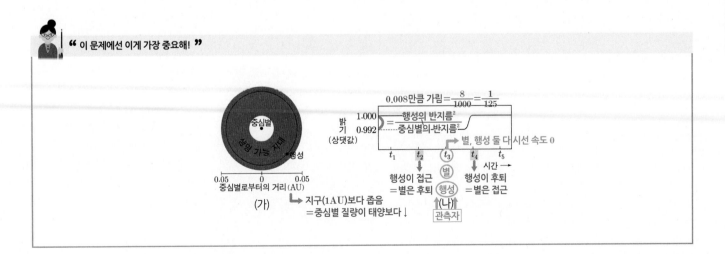

그림 (가)와 (나)는 외계 행성을 탐사하는 서로 다른 방법을 나타낸 것이다.

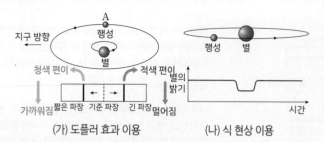

(가) 도플러 효과 이용   (나) 식 현상 이용

이에 대한 설명으로 옳은 것만을 <보기>에서 있는 대로 고른 것은? **3점**

보기
ㄱ. (가)에서 행성이 A 위치를 지날 때 별빛은 적색 편이한다. → 별은 멀어짐
ㄴ. (나)에서 행성의 크기가 클수록 별의 밝기 변화가 크다.
ㄷ. (가)와 (나) 모두 관측자의 시선 방향과 행성의 공전 궤도면이 ~~수직~~일 때 이용할 수 있다.
       나란할

① ㄱ   ② ㄴ   ③ ㄷ   ✓④ ㄱ, ㄴ   ⑤ ㄴ, ㄷ

|자|료|해|설|

(가)는 도플러 효과를 이용하여 외계 행성을 탐사하는 방법이다. 행성과 중심별이 공통 질량 중심을 공전할 때 중심별의 별빛에 나타나는 적색 편이와 청색 편이를 이용하여 외계 행성의 존재를 알아낼 수 있다. (나)는 식 현상을 이용하는 방법으로 행성의 공전 궤도면이 시선 방향과 나란할 때, 외계 행성이 중심별을 가리면서 나타나는 밝기 변화를 이용하여 외계 행성의 존재를 알아낼 수 있다.

|보|기|풀|이|

ㄱ. 정답 : (가)에서 행성과 별의 공전 주기와 공전 방향은 같기 때문에 행성이 A 위치를 지나며 지구에 가까워지는 순간, 별은 반대로 지구로부터 멀어지는 운동을 하게 된다. 따라서 이 때 중심별의 별빛은 원래의 파장보다 길어지는 적색 편이가 나타난다.

ㄴ. 정답 : (나)에서 평소보다 별의 밝기가 감소하는 것은 행성이 중심별과 지구 사이에 위치하면서 행성의 단면적만큼 별빛이 가려졌기 때문이다. 따라서 행성의 크기가 클수록 중심별이 가려지는 면적이 넓어져 별의 밝기 변화가 크게 나타난다.

ㄷ. 오답 : (가)에서 도플러 효과는 지구와 중심별 사이의 거리 변화에 의해 나타나는데 행성의 공전 궤도면이 시선 방향과 수직일 경우에는 거리 변화가 나타나지 않아 이용할 수 없다. 또한 (나)에서 행성의 공전 궤도면이 시선 방향과 수직인 경우에는 식 현상이 나타나지 않아 밝기 변화가 나타나지 않으므로 이용할 수 없다.

😮 **문제풀이 TIP** | 도플러 효과를 이용하는 방법은 중심별과 행성이 서로의 공통 질량 중심을 공전하면서 지구와의 거리 변화가 나타나면, 이 때 나타나는 별빛의 적색 편이와 청색 편이를 이용하여 외계 행성의 존재 여부를 알아내는 것이다. 식 현상을 이용하는 방법은 행성이 중심별을 가릴 때 나타나는 밝기 변화를 이용하여 외계 행성의 존재 여부를 알아내는 것이다. 두 방법 모두 행성의 공전 궤도면이 시선 방향과 수직인 경우에는 사용할 수 없다.

😮 **출제분석** | 외계 행성을 탐사하는 방법은 주로 도플러 효과를 이용하는 방법, 식 현상을 이용하는 방법, 미세 중력 렌즈 효과를 이용하는 방법이 출제되어 왔다. 최근에는 이 방법 이외에도 더 다양한 외계 행성 탐사 방법들이 문제들을 통해 소개되고 있는 추세이므로, 외계 행성 탐사 방법의 기본 원리에 대해서 보다 더 다양하게 학습해 둘 필요가 있다.

그림은 어느 외계 행성과 중심별이
공통 질량 중심을 중심으로
공전하는 모습을 나타낸 것이다.
행성은 원 궤도를 따라 공전하며,
공전 궤도면은 관측자의 시선
방향과 나란하다.

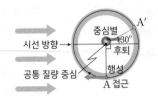

이에 대한 설명으로 옳은 것만을 〈보기〉에서 있는 대로 고른 것은?

보기
ㄱ. 식 현상을 이용하여 행성의 존재를 확인할 수 있다. → 행성의 공전 궤도면이 관측자의 시선 방향과 나란한 경우
ㄴ. 행성이 A를 지날 때 중심별의 청색(적색) 편이가 나타난다.
ㄷ. 중심별의 어느 흡수선의 파장 변화 크기는 행성이 A를 지날 때가 A′를 지날 때의 2배이다.

① ㄱ　② ㄴ　✓③ ㄱ, ㄷ　④ ㄴ, ㄷ　⑤ ㄱ, ㄴ, ㄷ

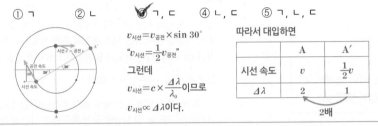

$v_{시선} = v_{공전} \times \sin 30°$

"$v_{시선} = \frac{1}{2} v_{공전}$"

그런데
$v_{시선} = c \times \dfrac{\Delta \lambda}{\lambda_0}$ 이므로

$v_{시선} \propto \Delta \lambda$ 이다.

따라서 대입하면

	A	A′
시선 속도	v	$\frac{1}{2}v$
$\Delta \lambda$	2	1

2배

문제풀이 TIP | ㄴ 풀이 시 외계 행성이 아니라 중심별의 도플러 이동임을 반드시 고려해야 한다. 외계 행성의 경우 접근하지만 중심별의 경우 후퇴하고 있다.

출제분석 | 생소한 유형은 아니지만 외계 행성 탐사방법으로 중심별의 시선 속도 변화를 이용하는 방법과 식 현상을 이용하는 방법 모두를 알고 $v_{시선} = c \times \dfrac{\Delta \lambda}{\lambda_0}$ 관계를 이해하고 계산해야 풀리는 문제이므로 높은 난이도로 볼 수 있다.

|자|료|해|설|
행성은 별에 비해 크기가 작고 스스로 빛을 내지 않아 매우 어둡기 때문에 외계 행성을 직접적으로 관측하는 일은 거의 불가능하므로 주로 별을 이용한 간접적인 방법으로 탐사한다. 행성과 중심별은 공통질량 중심 주위를 공전하므로 별빛의 도플러 효과가 나타나고 중심별의 흡수선의 파장 변화로 외계 행성의 존재를 확인할 수 있다.

|보|기|풀|이|
ㄱ. 정답 : 행성의 공전 궤도면이 관측자의 시선 방향과 나란한 경우, 중심별의 주위를 공전하는 행성이 중심별의 앞면을 지날 때 중심별의 일부가 가려지는 식 현상에 의해 중심별의 밝기가 주기적으로 변한다. 따라서 행성의 공전 궤도면이 관측자의 시선 방향과 나란한 경우 중심별의 주기적인 밝기 변화로 외계 행성의 존재를 확인할 수 있다.

ㄴ. 오답 : 행성과 중심별은 공통 질량 중심을 중심으로 같은 방향으로 공전한다. 따라서 행성이 A를 지날 때 중심별은 관측자의 시선 방향으로 밀어지는 것처럼 관측되므로, 청색 편이가 아닌 적색 편이가 나타난다.

ㄷ. 정답 : 행성이 원 궤도를 따라 공전할 때 행성과 중심별의 공전 속도는 각각 일정하며, $v_{시선} = c \times \dfrac{\Delta \lambda}{\lambda_0}$ 이므로 중심별의 어느 흡수선의 파장 변화 크기($\propto$중심별의 시선 속도)는 행성의 시선 방향의 속도에 비례한다. 또한 행성이 A를 지날 때 행성의 시선 방향의 속도는 행성의 공전 속도와 같고, A′를 지날 때 행성의 시선 방향의 속도는 행성의 공전 속도의 $\frac{1}{2}$배이다. 따라서 중심별의 어느 흡수선의 파장 변화 크기는 행성이 A를 지날 때가 A′를 지날 때의 2배이다.

그림 (가)는 식 현상, (나)는 미세 중력 렌즈 현상에 의한 별의 밝기 변화를 이용하여 외계 행성을 탐사하는 방법을 나타낸 것이다.

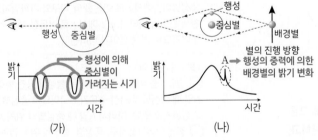
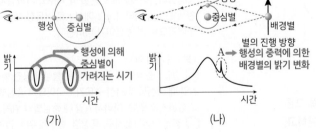

(가)　　　　(나)

이에 대한 설명으로 옳은 것만을 〈보기〉에서 있는 대로 고른 것은?

3점

보기
ㄱ. (가)에서 행성의 반지름이 클수록 별의 밝기 변화가 크다.
ㄴ. (나)에서 A는 행성의 중력 때문에 나타난다. → 빛이 굴절됨
ㄷ. (가)와 (나)는 행성에 의한 중심별(배경별)의 밝기 변화를 이용한다.

중심별 → 배경별

① ㄱ　② ㄴ　✓③ ㄱ, ㄴ　④ ㄴ, ㄷ　⑤ ㄱ, ㄴ, ㄷ

|자|료|해|설|
(가)에서 밝기가 감소하는 것은 관측자의 시선 방향에서 행성이 중심별을 가리는 시기에 나타나는 식 현상이며 행성의 크기가 클수록 밝기 변화의 크기가 커진다. (나)는 행성의 중력에 의해 빛이 굴절되어 배경별의 밝기가 미세하게 변하는 미세 중력 렌즈 현상이다. (가)와 (나) 모두 외계 행성의 존재를 파악할 때 사용할 수 있는 방법이다.

|보|기|풀|이|
ㄱ. 정답 : 행성의 반지름이 클수록 중심별을 많이 가리기 때문에 중심별의 밝기 변화가 크게 나타난다.

ㄴ. 정답 : A는 행성의 중력에 의해 빛이 굴절되어 배경별의 밝기가 미세하게 변하는 현상이다.

ㄷ. 오답 : (가)는 중심별의 밝기 변화를 이용하지만 (나)는 배경별의 밝기 변화를 이용하는 방법이다.

문제풀이 TIP | 외계 행성은 스스로 빛을 내지 못하기 때문에 중심별이나 배경별의 밝기 변화를 관측하여 존재를 파악할 수 있다는 점을 기억하자.

출제분석 | 과거에는 좌표계나 행성의 운동에 비해 중요도가 낮았으나 최근에 출제 빈도가 높아져 중요도가 올라간 내용이다. 문제에서 나온 식 현상과 미세 중력 렌즈 효과와 더불어 도플러 효과까지 포함해 꼼꼼히 학습해 두자.

그림 (가)는 어느 외계 행성계에서 공통 질량 중심을 원 궤도로 공전하는 중심별의 모습을, (나)는 중심별의 시선 속도를 시간에 따라 나타낸 것이다. 이 외계 행성계에는 행성이 1개만 존재하고, 중심별의 공전 궤도면과 시선 방향이 이루는 각은 60°이다.

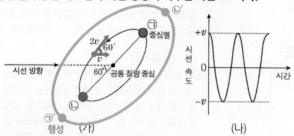

이에 대한 옳은 설명만을 〈보기〉에서 있는 대로 고른 것은? 3점

보기

ㄱ. 지구로부터 행성까지의 거리는 중심별이 ㉠에 있을 때가 ㉡에 있을 때보다 가깝다. ➡ 중심별 멀면 행성 가까움

ㄴ. 중심별의 공전 속도는 $2v$이다.

ㄷ. 중심별의 공전 궤도면과 시선 방향이 이루는 각이 현재보다 작아지면 ~~중심별의 시선 속도 변화 주기는 길어진다~~ 같다.
    ⬆ 별의 공전 주기에 의해 결정됨

① ㄱ   ② ㄴ   ③ ㄷ   ✓④ ㄱ, ㄴ   ⑤ ㄴ, ㄷ

| 자 | 료 | 해 | 설 |

중심별의 시선 속도 변화를 이용한 외계 행성계 탐사 방법이다. 중심별이 운동할 때 관측자의 시선 방향과 나란한 방향으로 움직이는 속도는 시선 속도, 관측자의 시선 방향과 수직한 방향으로 움직이는 속도는 접선 속도이다. 중심별이 지구로부터 멀어질 때 시선 속도는 (+), 중심별이 지구에 가까워질 때 시선 속도는 (−)이며 중심별과 행성은 공통 질량 중심을 기준으로 같은 주기로 서로 반대의 위치에서 공전하고 있다. 따라서 중심별이 지구와 가까워지면 행성은 지구로부터 멀어지고, 중심별이 지구로부터 멀어지면 행성은 지구에 가까워진다.

| 보 | 기 | 풀 | 이 |

ㄱ. 정답 : 중심별이 지구로부터 멀어지면 외계 행성은 지구에 가까워진다. 그러므로 지구로부터 행성까지의 거리는 중심별이 ㉠에 있을 때가 ㉡에 있을 때보다 가깝다.

ㄴ. 정답 : 중심별의 시선 속도의 최댓값이 v이고, 중심별의 공전 궤도면과 시선 방향이 이루는 각이 60°이므로 운동 속도 성분을 분석하면 시선 속도와 공전 속도가 이루는 각이 60°이다. 시선 속도가 밑변에 위치하므로 중심별의 공전 속도는 $\dfrac{v}{\cos 60°} = 2v$이다.

ㄷ. 오답 : 중심별의 시선 속도 변화 주기는 공전 주기와 관련이 있으므로, 중심별의 공전 궤도면과 시선 방향이 이루는 각의 변화와는 관계가 없다.

그림 (가)는 어느 외계 행성계에서 중심별과 행성이 공통 질량 중심에 대하여 공전하는 원 궤도를 나타낸 것이고, (나)는 이 중심별의 시선 속도를 일정한 시간 간격에 따라 나타낸 것이다. t_1일 때 중심별의 위치는 ㉠과 ㉡ 중 하나이다.

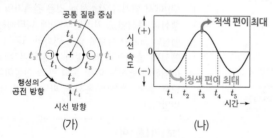

이 자료에 대한 설명으로 옳은 것만을 〈보기〉에서 있는 대로 고른 것은? (단, 행성의 공전 궤도면은 관측자의 시선 방향과 나란하고, 중심별의 겉보기 등급 변화는 행성의 식 현상에 의해서만 나타난다.)

3점

보기

ㄱ. t_1일 때 중심별의 위치는 ㉠이다. ➡ 식 현상이 일어남 → 겉보기 등급 ↑

ㄴ. 중심별의 겉보기 등급은 t_2가 t_4보다 작다.

ㄷ. $t_1 \rightarrow t_2$ 동안 중심별의 스펙트럼에서 흡수선의 파장은 점차 길어진다. ➡ 파장이 가장 짧을 때(청색 편이 최대)

① ㄱ   ② ㄷ   ③ ㄱ, ㄴ   ④ ㄴ, ㄷ   ✓⑤ ㄱ, ㄴ, ㄷ

| 자 | 료 | 해 | 설 |

t_1에서 t_2로 갈 때 중심별의 시선 속도는 (−)이므로 중심별은 지구에 가까워지는 방향으로 이동한다. 중심별의 공전 방향은 행성의 공전 방향과 같으므로 중심별은 시계 반대 방향으로 공전하고 t_1일 때 ㉠에 위치한다. 따라서 t_2일 때 중심별의 위치는 지구와 가장 가깝고, t_3일 때는 ㉡에 위치하고, t_4일 때 중심별의 위치는 지구에서 가장 멀다. 중심별이 t_1에서 t_2로 이동할 때 지구와 가까워지므로 청색 편이가 나타나고, t_2에서 t_3로 이동할 때는 지구와 멀어지므로 적색 편이가 나타난다.

| 보 | 기 | 풀 | 이 |

ㄱ. 정답 : 중심별의 공전 방향은 행성의 공전 방향과 같고, t_1일 때 중심별의 시선 속도가 (−)이므로 중심별은 지구에 가까워지고 있다. 따라서 t_1일 때 중심별의 위치는 ㉠이다.

ㄴ. 정답 : t_2일 때 지구, 중심별, 행성의 위치 관계는 지구−중심별−행성이므로 식 현상이 나타나지 않는다. t_4일 때 지구, 중심별, 행성의 위치 관계는 지구−행성−중심별이므로 식 현상이 나타난다. 식 현상이 나타나면 겉보기 밝기가 어두워져 겉보기 등급이 커지므로 중심별의 겉보기 등급은 t_2가 t_4보다 작다.

ㄷ. 정답 : t_1일 때, 중심별의 시선 속도는 가장 작으므로 청색 편이가 가장 크게 나타난다. 청색 편이가 가장 클 때 흡수선의 파장은 가장 짧다. t_2일 때 중심별의 시선 속도는 0이므로 $t_1 \rightarrow t_2$ 동안 중심별의 스펙트럼에서 흡수선의 파장은 점점 길어진다.

그림 (가)는 중심별과 행성이 공통 질량 중심에 대하여 공전하는 원 궤도를, (나)는 중심별의 시선 속도를 시간에 따라 나타낸 것이다. 행성이 A에 위치할 때 중심별의 시선 속도는 **−60m/s**이고, 행성의 공전 궤도면은 관측자의 시선 방향과 나란하다.

     ↳ 시선 방향 쪽으로 접근
       = 행성은 후퇴

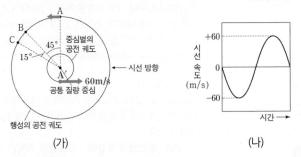

(가)   (나)

이에 대한 설명으로 옳은 것만을 〈보기〉에서 있는 대로 고른 것은? (단, 빛의 속도는 3×10^8m/s이다.) **3점**

보기

$\dfrac{\Delta \lambda}{\lambda_0} = \dfrac{v}{c} \to \Delta \lambda = \dfrac{v}{c} \times \lambda_0 = \dfrac{60\text{m/s}}{3 \times 10^8 \text{m/s}} \times 500\text{nm}$

ㄱ. 행성의 공전 방향은 A → B → C이다. $= 2 \times 10^{-7} \times 500\text{nm} = 10^{-4}\text{nm}$

~~ㄴ~~. 중심별의 스펙트럼에서 500nm의 기준 파장을 갖는   0.0001nm
흡수선의 **최대 파장 변화량은** ~~0.001nm~~이다.

ㄷ. 중심별의 시선 속도는 **행성이 B를 지날 때가** C를 지날 때의
              $30\sqrt{2}$m/s   30m/s
$\sqrt{2}$배이다.

① ㄱ   ② ㄴ   ✓ ㄱ, ㄷ   ④ ㄴ, ㄷ   ⑤ ㄱ, ㄴ, ㄷ

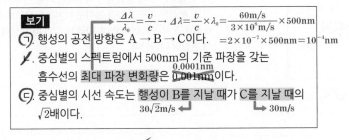

시선 속도 $= 60\text{m/s} \times \cos 60° = 30\text{m/s}$
시선 속도 $= 60\text{m/s} \times \cos 45° = 30\sqrt{2}\text{m/s}$

|자|료|해|설|

행성이 A에 위치할 때, 중심별은 A'에 위치한다. 여기서 중심별의 시선 속도가 −60m/s이므로 중심별은 시선 방향 쪽으로 접근하고 있다. 공통 질량 중심에 대한 중심별과 행성의 공전 방향은 같으므로 행성은 관측자로부터 멀어지고 있다. 따라서 행성의 공전 방향은 A → B → C가 된다. 행성이 B를 지날 때도 별의 공전 속도는 60m/s지만, 이를 시선 속도와 접선 속도로 분리해야 한다. 시선 속도는 60m/s에 cos45°를 곱한 $30\sqrt{2}$m/s이다. 행성이 C를 지날 때 중심별의 시선 속도는 60m/s에 cos60°을 곱한 30m/s 이다.

중심별의 시선 속도를 v, 빛의 속도를 c, 기준 파장을 λ_0, 파장 변화량을 $\Delta\lambda$라고 할 때, $v = \dfrac{\Delta\lambda}{\lambda_0} \times c$이다. 중심별의 시선 속도가 최대일 때 최대 파장 변화량이 나타난다. 중심별의 시선 속도 최댓값은 60m/s이고, 기준 파장은 500nm, 빛의 속도는 3×10^8m/s이므로 최대 파장 변화량은

$$\Delta\lambda_{\max} = \dfrac{v}{c} \times \lambda_0 = \dfrac{60\text{m/s}}{3 \times 10^8 \text{m/s}} \times 500\text{nm} = 2 \times 10^{-7} \times 500\text{nm} = 10^{-4}\text{nm}$$이다.

|보|기|풀|이|

ㄱ. 정답 : 행성이 A에 위치할 때 중심별이 관측자 쪽으로 접근하므로, 이때 행성은 후퇴한다. 따라서 행성의 공전 방향은 A → B → C이다.

ㄴ. 오답 : 중심별의 스펙트럼에서 500nm의 기준 파장을 갖는 흡수선의 최대 파장 변화량은 0.0001nm이다.

ㄷ. 정답 : 중심별의 시선 속도는 행성이 B를 지날 때 $30\sqrt{2}$m/s, 행성이 C를 지날 때 30m/s이므로 행성이 B를 지날 때가 C를 지날 때의 $\sqrt{2}$배이다.

🤯 **문제풀이 T I P** | 항상 '중심별'의 스펙트럼을 보는 것을 잊지 않아야 한다!
중심별이 접근하면 행성은 후퇴하고, 중심별이 후퇴하면 행성은 접근한다.

흡수선의 파장 변화량 : $\Delta\lambda = \dfrac{v}{c} \times \lambda_0$

😀 **출제분석** | 관측하는 스펙트럼은 행성의 스펙트럼이 아니라 중심별의 스펙트럼이라는 것을 반드시 유의해야 한다. 특히 이 문제처럼 '행성이 A에 위치할 때'라는 조건이 주어지면 함정에 빠지기 매우 쉽다. 이 문제의 정답률이 낮은 것은 계산의 어려움 때문이기도 하지만, 문제 풀이 시작부터 함정에 빠진 것도 큰 요인이 되었을 것이다.

III
1
Ⅰ
03
외계 행성계와 외계 생명체 탐사

그림 (가)는 공전 궤도면이 시선 방향과 나란한 어느 외계 행성계에서 관측된 중심별의 시선 속도 변화를, (나)는 이 외계 행성계의 중심별과 행성이 공통 질량 중심을 중심으로 공전하는 모습을 나타낸 것이다.

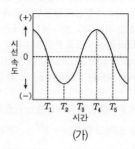 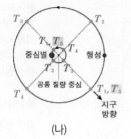

(가)　　　　(나)

이에 대한 옳은 설명만을 〈보기〉에서 있는 대로 고른 것은? **3점**

> **보기**
> ㄱ. 지구와 중심별 사이의 거리는 T_1일 때가 T_2일 때보다 크다.
> ㄴ. 중심별과 행성이 (나)와 같이 위치한 시기는 ~~$T_2 \sim T_4$~~ $T_1 \sim T_2$ 에 해당한다.
> ㄷ. T_5일 때 행성에 의한 식 현상이 나타난다.

① ㄱ　② ㄴ　③ ㄷ　④ ㄱ, ㄴ　✓⑤ ㄱ, ㄷ

|자|료|해|설|

중심별이 지구에 가까워질 때 시선 속도는 (−)이고, 멀어질 때는 (+)이다. 시선 속도가 0일 때는 지구 방향에 수직인 방향으로 이동하고 있을 때로 지구와 가장 가까운 지점 또는 가장 먼 지점을 통과할 때이다.
중심별이 지구에 가장 가까울 때는 T_3일 때이고, 가장 멀 때는 T_1, T_5일 때이다. 행성은 T_1, T_5일 때 지구에서 가장 가깝고, T_3일 때 가장 멀다. 따라서 T_1, T_5일 때, 행성이 중심별과 지구 사이에 위치하여 식 현상이 나타난다.

|보|기|풀|이|

ㄱ. 정답 : T_1일 때 중심별은 지구에서 가장 멀리 떨어져 있으므로 지구와 중심별 사이의 거리는 T_1일 때가 T_2일 때보다 크다.

ㄴ. 오답 : 중심별과 행성이 (나)와 같이 위치한 시기는 시선 속도가 0에서 점점 작아지는 때이므로 $T_1 \sim T_2$에 해당한다.

ㄷ. 정답 : T_5일 때 중심별은 지구에서 가장 먼 위치에 있고, 행성은 지구와 가장 가까운 위치에 있으므로 행성은 중심별과 지구 사이에 있다. 따라서 T_5일 때 행성에 의한 식 현상이 나타난다.

그림 (가)와 (나)는 어느 외계 행성에 의한 중심별의 시선 속도 변화와 밝기 변화를 나타낸 것이다.

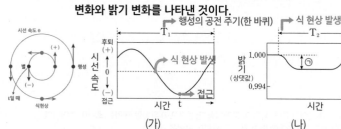

(가)　　　　(나)

이에 대한 옳은 설명만을 〈보기〉에서 있는 대로 고른 것은? **3점**

> **보기**　공전 주기 ↱　　↱ 공전 중 식 현상이 일어날 때
> ㄱ. 관측 시간은 T_1이 T_2보다 길다.
> ㄴ. t일 때 외계 행성은 지구로부터 멀어진다. → 별이 접근하면 행성은 후퇴
> ㄷ. $\dfrac{\text{행성의 반지름}}{\text{중심별의 반지름}}$ 값이 클수록 ⊙은 커진다.
> ↳ 행성이 크면 별을 더 많이 가림 = 밝기 변화 큼

① ㄱ　② ㄴ　③ ㄱ, ㄷ　④ ㄴ, ㄷ　✓⑤ ㄱ, ㄴ, ㄷ

|자|료|해|설|

(가)의 T_1은 행성의 공전 주기를 의미한다. 중심별의 시선 속도가 (+)일 때는 별이 지구로부터 후퇴하고, 행성은 접근한다. t일 때처럼 중심별의 시선 속도가 (−)일 때는 별이 지구로 접근하고, 행성은 후퇴한다. 시선 속도가 0일 때는 별과 행성이 지구로부터 멀어지지도, 가까워지지도 않을 때이다. 이때 식 현상이 발생하는데, 시선 속도가 0이라고 다 식 현상이 나타나는 것이 아니라 별 앞을 행성이 가릴 때, 즉, 중심별의 시선 속도가 (+)에서 (−)로 바뀔 때만 식 현상이 나타난다. (−)에서 (+)로 바뀔 때는 별이 행성을 가려 식 현상은 나타나지 않는다.
(나)의 T_2는 식 현상이 발생한 시점을 의미한다. 밝기가 어두워지는 정도인 ⊙은 중심별에 비해 행성의 크기가 클수록 커진다.

|보|기|풀|이|

ㄱ. 정답 : 관측 시간은 공전 주기인 T_1이 식 현상이 일어나는 시간인 T_2보다 길다.

ㄴ. 정답 : t일 때 시선 속도가 (−)로 별이 접근하고 있으므로, 행성은 후퇴한다.

ㄷ. 정답 : $\dfrac{\text{행성의 반지름}}{\text{중심별의 반지름}}$ 값이 클수록, 즉 행성이 클수록 별을 더 많이 가리므로 ⊙은 커진다.

🤪 **문제풀이 TIP |** 중심별의 시선 속도가 (+): 별은 후퇴, 행성은 접근 / 시선 속도가 (−): 별은 접근, 행성은 후퇴
(+)에서 (−)가 되는 0일 때는 식 현상이 일어남, (−)에서 (+)가 되는 0일 때는 식 현상이 일어나지 않음

😊 **출제분석 |** 외계 행성계 탐사 방법 중에서도 식 현상을 이용하는 방법은 문제에 자주 출제되고, 배점도 높은 경우가 많다. 이 문제는 공전 주기와 식 현상이 일어나는 시간을 비교하고, 시선 속도로 후퇴/접근만 판단하고 있어서 어렵지 않은 편이다. 시선 속도가 0인 두 시기를 주고, 언제 식 현상이 일어나는지를 묻는 보기가 나온다면 문제의 난이도가 높다고 느낄 수 있다. 항상 옆에 공전 궤도를 그리고, 시선 속도를 표시하다보면 문제를 어렵지 않게 풀 수 있을 것이다.

그림 (가)와 (나)는 외계 행성을 탐사하는 서로 다른 방법을 나타낸 것이다.

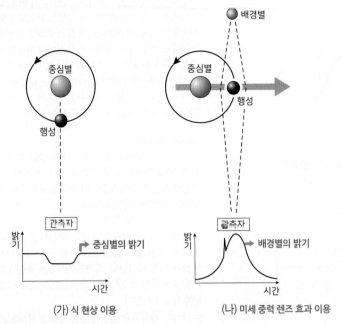

(가) 식 현상 이용　　　　　(나) 미세 중력 렌즈 효과 이용

이에 대한 옳은 설명만을 〈보기〉에서 있는 대로 고른 것은?

보기

ㄱ. (가)는 행성의 반지름이 클수록 행성을 발견하기 쉽다.

ㄴ. (나)의 그래프는 행성의 중심별의 밝기 변화를 나타낸 것이다.

ㄷ. (가)와 (나)는 행성의 공전 궤도면이 시선 방향에 나란한 경우에만 이용할 수 있다.

① ㄱ　　② ㄴ　　③ ㄱ, ㄷ　　④ ㄴ, ㄷ　　⑤ ㄱ, ㄴ, ㄷ

|자|료|해|설|

(가)는 외계 행성이 중심별을 가리는 식 현상이 나타날 때 중심별의 밝기 변화가 나타나는 것을 이용하여 외계 행성의 존재 여부를 알 수 있는 탐사 방법이다. (나)는 배경별 앞으로 중심별이 지날 때 중심별을 공전하는 외계 행성에 의해 배경별의 미세한 밝기 변화가 나타나는 것을 이용하여 외계 행성의 존재 여부를 알 수 있는 미세 중력 렌즈 효과를 이용한 탐사 방법이다.

|보|기|풀|이|

ㄱ 정답 : (가)에서 외계 행성을 발견하기 위해서는 식 현상에 의한 중심별의 밝기 변화가 나타나야 한다. 행성의 반지름이 클수록 중심별의 밝기 변화가 크게 나타나므로 외계 행성을 발견하기 쉬워진다.

ㄴ. 오답 : (나)에서는 중심별에 의한 배경별의 밝기 변화를 관측한다. 중심별의 중력 렌즈 효과로 인해 배경별의 밝기가 증가하게 되는데, 만약 중심별 주위를 공전하는 행성이 있다면 미세 중력 렌즈 효과로 인한 밝기 변화 그래프에 미세한 변화가 나타난다.

ㄷ. 오답 : (나)의 경우 행성의 공전에 의해 중심별 주위의 중력장에 미세한 변화만 나타나면 되기 때문에 공전 궤도면의 방향에 관계없이 이용 가능하다.

🤓 **문제풀이 T I P** | 식 현상을 이용한 외계 행성 탐사 방법은 식 현상에 의한 중심별의 밝기 변화를 이용하므로 행성의 반지름이 커서 식 현상에 의한 밝기 변화가 크게 나타날수록 외계 행성의 발견이 쉽다. 미세 중력 렌즈 효과를 이용한 탐사에서는 행성에 의한 미세한 중력장의 변화를 이용하므로, 행성의 질량이 클수록 외계 행성의 발견이 쉽다.

🤓 **출제분석** | 외계 행성을 이용한 탐사 방법에서는 대부분 외계 행성 탐사 방법의 종류와 탐사 원리를 묻고 있으므로, 각각의 방법이 적용되는 배경 원리에 대해서 아주 구체적으로 이해하고 있어야 한다.

Ⅲ
1
ㅣ
03
외
계
행
성
계
와
외
계
생
명
체
탐
사

그림 (가)는 어느 외계 행성과 중심별이 공통 질량 중심을 중심으로 공전하는 모습을, (나)는 도플러 효과를 이용하여 측정한 이 중심별의 시선 속도 변화를 나타낸 것이다.

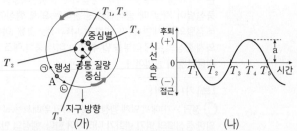

(가)   (나)

이에 대한 설명으로 옳은 것만을 <보기>에서 있는 대로 고른 것은?

보기

ㄱ. 공통 질량 중심에 대한 행성의 공전 방향은 ~~ⓒ~~이다.

ㄴ. 행성의 질량이 클수록 (나)에서 a가 커진다.

ㄷ. 행성이 A에 위치할 때 (나)에서는 ~~$T_3 \sim T_4$~~ $T_4 \sim T_5$에 해당한다.

① ㄱ   ✓② ㄴ   ③ ㄱ, ㄷ   ④ ㄴ, ㄷ   ⑤ ㄱ, ㄴ, ㄷ

😮 문제풀이 TIP | 공통 질량 중심을 중심으로 공전하고 있는 중심별과 행성은 정반대 위치에서 서로 같은 방향으로 공전한다. 행성의 질량이 클수록 공통 질량 중심이 중심별로부터 멀어지므로 중심별의 공전 궤도 반지름이 길어져 시선 속도의 변화가 크게 나타난다.

😮 출제분석 | 외계 행성과 중심별이 공통 질량 중심을 중심으로 공전하는 상황을 다룬 문제는 출제 빈도가 매우 높았으며, 이번 수능에도 다시 출제되었다. 공전 궤도 상에서의 시선 속도의 변화가 어떻게 나타나며 도플러 효과는 어떻게 나타나는지에 대해서 꼼꼼하게 학습해두어야 한다.

|자|료|해|설|

행성과 중심별이 공통 질량 중심을 서로 공전할 때 중심별과 행성의 공전 방향은 서로 같다. 중심별이 공통 질량 중심을 중심으로 공전하는 과정에서 시선 방향으로 후퇴와 접근을 반복하게 되며, 이 과정에서 도플러 효과에 의한 별빛의 적색 편이나 청색 편이가 나타난다. 중심별이 지구와 가장 가까운 위치나 지구와 가장 먼 위치에 있을 때에는 시선 방향으로의 이동이 일어나지 않으므로 시선 속도는 0이다. 지구와 가까워지는 구간에서는 시선 속도가 (−)이며, 지구와 멀어지는 구간에서는 시선 속도가 (+)이다.

|보|기|풀|이|

ㄱ. 오답 : 그림에서 중심별은 공통 질량 중심을 중심으로 시계 반대 방향으로 공전하고 있다. 행성의 공전 방향도 중심별의 공전 방향과 같아야 하므로 공통 질량 중심에 대한 행성의 공전 방향은 ⓒ이다.

ㄴ. 정답 : 행성의 질량이 클수록 공통 질량 중심으로부터 중심별까지의 거리가 멀어진다. 따라서 중심별이 공통 질량 중심을 중심으로 공전하는 동안 나타나는 시선 속도의 변화가 크게 나타난다. 그래프에서 a는 중심별의 별빛에서 나타나는 시선 속도의 최댓값을 의미하므로, 행성의 질량이 클수록 a가 커진다.

ㄷ. 오답 : 중심별과 행성은 항상 공통 질량 중심을 기준으로 반대 방향에 위치한다. 따라서 행성이 A에 위치할 때 중심별은 공통 질량 중심의 반대편의 궤도상에 위치한다. 이때 중심별은 시계 반대 방향으로 공전하면서 지구로부터 멀어지므로 시선 속도는 (+)값을 보이며, 지구로부터 가장 먼 지점까지 이동하는 동안 시선 속도는 점차 감소하므로 그래프에서 시선 속도가 (+)이며 감소하는 구간인 $0 \sim T_1$ 또는 $T_4 \sim T_5$에 해당한다.

그림은 어느 외계 행성계의 시선 속도를 관측하여 나타낸 것이다.

이 자료에 대한 설명으로 옳은 것만을 <보기>에서 있는 대로 고른 것은? 3점

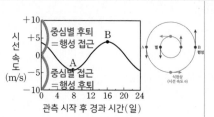

보기

ㄱ. ~~행성의 스펙트럼을 관측하여 얻은 자료이다.~~ (행성의 스펙트럼은 관측하기 어려움)

ㄴ. A 시기에 행성은 지구로부터 멀어지고 있다.

ㄷ. B 시기에 행성으로 인한 식 현상이 관측~~된다~~ 되지 않는다.

→ 행성, 별이 겹칠 때 ⇒ 시선 속도 0일 때

① ㄱ   ✓② ㄴ   ③ ㄷ   ④ ㄱ, ㄴ   ⑤ ㄴ, ㄷ

|자|료|해|설|

행성도 스펙트럼을 방출하기는 하지만, 행성의 스펙트럼을 관찰하기는 몹시 어렵다. 따라서 대부분 중심별의 스펙트럼을 관측한다.

시선 속도가 (+)일 때는 중심별이 후퇴하는 중이며, 행성은 접근하는 중이다. 시선 속도가 (−)일 때는 중심별이 접근하고, 행성은 후퇴하는 중이다. 식 현상은 행성이 별 앞을 가릴 때 나타나므로, 둘이 같은 시선 방향에 위치할 때, 즉, 시선 속도가 0일 때 발생한다.

|보|기|풀|이|

ㄱ. 오답 : 행성이 아닌 중심별의 스펙트럼을 관측하여 얻은 자료이다.

ㄴ. 정답 : A 시기에 시선 속도가 (−)이므로 중심별은 접근하고, 행성은 후퇴한다.

ㄷ. 오답 : B 시기는 시선 속도가 가장 높은 시기로, 행성과 별이 같은 시선 방향에 위치하지 않는다. 따라서 식 현상은 나타나지 않는다.

😮 문제풀이 TIP | 별과 행성의 공전 궤도를 그리고, 별이 후퇴할 때와 접근할 때를 표시하면 문제를 쉽게 풀 수 있다. 시선 속도가 (+)일 때는 중심별이 후퇴, (−)일 때는 접근한다.

😮 출제분석 | 외계 행성계 탐사 방법에서 시선 속도를 제시하는 문제는 가장 어렵게 출제되는 수준이라고 할 수 있다. 자료는 기존에 제시되던 것들에서 벗어나지 않은 평이한 수준이지만, ㄱ과 ㄷ 보기가 까다로웠다. ㄱ 보기의 경우, 중심별의 스펙트럼을 관측하는 것을 당연하게 생각하더라도 문제에서 이런 보기를 보면 그냥 맞다고 생각하기 쉬우니 조심해야 한다. ㄷ 보기 같은 경우, 식 현상은 시선 속도가 0일 때 나타난다는 것을 알고 있으면 쉽게 풀 수 있어서 문제 풀이 시간을 단축할 수 있다.

그림 (가)는 어느 외계 행성의 식 현상에 의한 중심별의 밝기 변화를, (나)는 이 외계 행성의 공전 궤도면과 시선 방향이 이루는 각이 달라졌을 때 예상되는 식 현상에 의한 중심별의 밝기 변화를 나타낸 것이다.

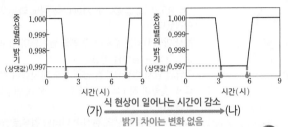

식 현상이 일어나는 시간이 감소
(가) ――――――――――――→ (나)
밝기 차이는 변화 없음

이에 대한 옳은 설명만을 〈보기〉에서 있는 대로 고른 것은? **3점**

보기

ㄱ. 외계 행성의 공전 궤도면이 시선 방향과 이루는 각은 (가)보다 (나)일 때 크다. ➡ 각이 커질수록 식 현상이 일어나는 시간이 감소

ㄴ. $\dfrac{\text{중심별의 단면적}}{\text{행성의 단면적}}$ 은 100보다 크다. ➡ $\dfrac{1}{1-0.997}=\dfrac{1000}{3}$

ㄷ. 식 현상이 반복되는 주기는 (가)와 (나)에서 같다.
└→ 외계 행성의 공전 주기

① ㄱ　② ㄴ　③ ㄱ, ㄷ　④ ㄴ, ㄷ　⑤ ㄱ, ㄴ, ㄷ ✔

|자|료|해|설|

식 현상에 의해 중심별의 밝기가 줄어드는 시간은 (가)가 (나)보다 길다. 외계 행성의 공전 궤도면이 시선 방향이 나란할수록 즉, 공전 궤도면과 시선 방향이 이루는 각이 작아질수록 식 현상이 길어진다. 중심별의 밝기가 감소하는 이유는 외계 행성이 공전하면서 중심별을 가리기 때문인데, 중심별과 외계 행성의 단면적은 밝기 감소에 영향을 미친다. 행성의 단면적을 중심별의 단면적으로 나누면 중심별의 밝기가 감소한 비율과 같다. 중심별의 밝기는 0.003만큼 감소하였으므로 $\dfrac{\text{행성의 단면적}}{\text{중심별의 단면적}}=\dfrac{0.003}{1}$ 이고, 역수를 구하면 $\dfrac{\text{중심별의 단면적}}{\text{행성의 단면적}}=\dfrac{1000}{3}$ 이다. 식 현상이 반복되는 주기는 외계 행성의 공전 주기에 영향을 받으므로 공전 주기가 변하지 않으면 식 현상이 반복되는 주기도 변하지 않는다.

|보|기|풀|이|

ㄱ. 정답 : 외계 행성의 공전 궤도면과 시선 방향이 이루는 각이 커지면 식 현상이 일어나는 시간이 짧아진다. 따라서 외계 행성의 공전 궤도면이 시선 방향과 이루는 각은 (가)보다 (나)일 때 크다.

ㄴ. 정답 : $\dfrac{\text{중심별의 단면적}}{\text{행성의 단면적}}=\dfrac{1000}{3}$ 이므로 100보다 크다.

ㄷ. 정답 : 외계 행성의 공전 주기가 변하지 않았으므로 식 현상이 반복되는 주기는 (가)와 (나)에서 같다.

그림 (가)와 (나)는 외계 행성에 의한 미세 중력 렌즈 현상과 식 현상의 겉보기 밝기 변화를 순서 없이 나타낸 것이다.

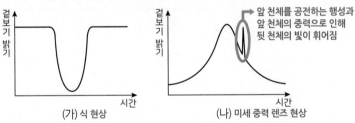

앞 천체를 공전하는 행성과 앞 천체의 중력으로 인해 뒷 천체의 빛이 휘어짐

(가) 식 현상　　　(나) 미세 중력 렌즈 현상

이에 대한 설명으로 옳은 것만을 〈보기〉에서 있는 대로 고른 것은? **3점**

보기

ㄱ. 미세 중력 렌즈 현상에 의한 겉보기 밝기 변화는 (나)이다.

ㄴ. (가)를 이용한 탐사는 외계 행성의 반지름이 클수록 행성을 발견하는 데 유리하다. ➡ (나)는 시선 방향과 나란하지 않아도 이용 가능

ㄷ. (가)와 (나)는 외계 행성의 공전 궤도면과 관측자의 시선 방향이 나란해야만 외계 행성 탐사에 이용할 수 있다.

① ㄱ　② ㄷ　③ ㄱ, ㄴ ✔　④ ㄴ, ㄷ　⑤ ㄱ, ㄴ, ㄷ

|자|료|해|설|

(가)는 외계 행성이 공전 궤도상에서 항성보다 지구에 가까운 상태로 지구와 일직선이 될 때, 항성의 일부를 가려 항성이 어두워져 보이는 식 현상에 대한 그래프이다. 식 현상의 경우 행성의 공전 궤도면이 관측자의 시선 방향과 수평이어야 하며 행성의 반지름이 클수록 항성을 가리는 부분이 많아지기 때문에 겉보기 밝기 변화가 커지게 되어 외계 행성의 발견이 유리해진다.
(나)는 미세 중력 렌즈 현상으로 두 개의 천체가 관측자의 시선 방향에 겹쳐 놓일 때 앞 천체와 공전하는 행성의 중력에 의해 뒤 천체의 빛이 휘어지며 겉보기 밝기가 변하는 현상이다. 이 경우에는 외계 행성의 공전 궤도면의 방향과 관측자의 시선 방향이 나란하지 않아도 관측이 가능하다.

|보|기|풀|이|

ㄱ. 정답 : (나)는 미세 중력 렌즈 현상에 의한 겉보기 밝기 변화이다.

ㄴ. 정답 : (가)의 식 현상은 외계 행성의 반지름이 클수록 항성을 크게 가려 겉보기 밝기 변화가 크게 나타나기 때문에 행성을 발견하는 데 유리해진다.

ㄷ. 오답 : (가)의 경우는 행성의 공전 궤도면과 관측자의 시선 방향이 나란해야 하지만 (나)의 경우는 행성의 공전 궤도면과 관측자의 시선 방향이 나란하지 않아도 관측이 가능하다.

😮 **문제풀이 T I P |** 외계 행성 탐사 부분은 공부하고 나면 어려운 내용이 아니다. 하지만 그래프와 관련 그림들이 눈에 잘 들어오지 않기 때문에 학생들이 어렵게 생각하는 부분이다. 도플러 효과를 포함한 외계 행성 탐사의 세 가지 방법을 교재의 암기를 통하여 학습해 두자.

😀 **출제분석 |** 모의고사와 수능에 1문제씩 출제되고 있다. 문제는 어렵지 않지만 학생들이 제대로 학습해두지 않아 3점 문항으로 나오고 학생들의 실수가 많이 나오는 내용 범위이다. 끝까지 꼼꼼하게 학습해서 실수를 줄이도록 하자.

Ⅲ
1
03
외계 행성계와 외계 생명체 탐사

그림 (가)는 서로 다른 탐사 방법을 이용하여 발견한 외계 행성의 공전 궤도 반지름과 질량을, (나)는 A 또는 B를 이용한 방법으로 알아낸 어느 별 S의 밝기 변화를 나타낸 것이다. A와 B는 각각 식 현상과 미세 중력 렌즈 현상 중 하나이다.

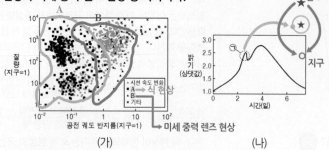

(가)   (나)

이 자료에 대한 설명으로 옳은 것만을 <보기>에서 있는 대로 고른 것은? 3점

보기

ㄱ. A를 이용한 방법으로 발견한 외계 행성의 공전 궤도
   반지름은 대체로 1AU보다 작다. ← 지구의 공전 궤도 반지름

ㄴ. (나)는 B를 이용한 방법으로 알아낸 것이다.

ㄷ. ㉠은 별 S를 공전하는 행성에 의해 나타난다.
   별 S와 지구 사이에 있는 별을

① ㄱ   ② ㄷ   ③ ㄱ, ㄴ   ④ ㄴ, ㄷ   ⑤ ㄱ, ㄴ, ㄷ

|자|료|해|설|

시선 속도 변화를 이용한 탐사 방법으로는 주로 공전 궤도 반지름이 지구의 1~10배 정도이고, 질량이 100~10000배 정도 되는 외계 행성을 발견했다.

탐사 방법 A로는 주로 공전 궤도 반지름이 지구의 0.01~1배 정도이고, 질량이 1~10000배 정도 되는 외계 행성을 발견했다.

탐사 방법 B로는 주로 공전 궤도 반지름이 지구의 1~10배 정도인 외계 행성을 발견했다.

기타의 탐사 방법으로는 공전 궤도 반지름이 지구보다 크고, 질량이 지구의 1000배 이상인 외계 행성을 주로 발견했다.

(나)는 미세 중력 렌즈 현상이 나타난 경우로 ㉠은 별 S와 지구 사이를 잇는 직선 위에 있는 별에 행성이 존재함을 의미한다. 미세 중력 렌즈 현상은 다른 방법에 비해 공전 궤도 반지름이 큰 행성을 탐사하기에 좋다. 하지만 두 별이 거의 같은 시선 방향에 위치해야 미세 중력 렌즈 현상이 나타나므로, 발견할 수 있는 외계 행성의 수는 다른 탐사 방법에 비해 많지 않다. 따라서 A와 B 중 B가 미세 중력 렌즈 현상이고, A는 식 현상이다.

|보|기|풀|이|

ㄱ. 정답 : A를 이용한 방법으로 발견한 외계 행성의 공전 궤도 반지름은 대부분 지구의 공전 궤도 반지름인 1AU보다 작다.

ㄴ. 정답 : (나)는 미세 중력 렌즈 현상에 의해 나타나는 별의 밝기 변화로, 미세 중력 렌즈 현상을 이용한 외계 행성 탐사는 다른 방법에 비해 공전 궤도 반지름이 큰 행성을 탐사하기에 좋다. A보다 B를 이용하여 발견한 외계 행성의 공전 궤도 반지름이 더 크므로 B가 미세 중력 렌즈 현상이다.

ㄷ. 오답 : ㉠은 별 S가 아니라 별 S와 지구 사이를 잇는 직선 위에 있는 다른 별을 공전하는 행성에 의해 나타난다.

그림은 외계 행성에 의한 중심별의 겉보기 밝기 변화를 나타낸 것이다.

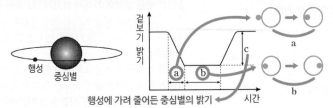

이에 대한 옳은 설명만을 〈보기〉에서 있는 대로 고른 것은? 3점

보기

ㄱ. 중심별의 반지름이 클수록 a 구간이 길어진다. (행성)

ㄴ. 중심별의 스펙트럼 편이량은 b 구간에서 가장 크다. (작다)

ㄷ. c의 크기는 행성의 반지름이 클수록 크다.

① ㄱ　　✔ ㄷ　　③ ㄱ, ㄴ　　④ ㄴ, ㄷ　　⑤ ㄱ, ㄴ, ㄷ

 문제풀이 T I P | 외계 행성이 중심별을 가리는 순간부터 완전히 중심별 앞에 위치하는 순간까지(a)는 중심별의 밝기가 감소하다가, 그 이후는 외계 행성이 완전히 중심별의 앞을 통과하면서 감소된 밝기로 계속 유지(b)되고, 그 이후 외계 행성이 중심별 앞을 빠져나가면서 밝기가 다시 증가한다.

출제분석 | 외계 행성 탐사와 관련된 내용 중, 식 현상을 이용한 방법과 도플러 효과를 이용한 방법을 묻는 문항은 지금까지는 난도가 그다지 높게 출제되지 않았으나, 얼마든지 고난도 문항으로 변형되어 출제될 가능성이 높다. 반드시 많은 문항을 풀어보면서 어려운 문항에 대한 적용 능력을 키워야 한다.

|자|료|해|설|

외계 행성이 지구와 중심별 사이에 위치하면, 행성이 중심별을 가리면서 밝기가 감소한다. 행성과 중심별은 서로의 공통 질량 중심을 공전하면서 중심별의 스펙트럼에 편이가 나타나게 되는데, 지구로부터 멀어질 때는 적색 편이, 가까워질 때는 청색 편이가 나타나며 가장 멀리 있을 때와 가장 가까이에 있을 때는 시선 속도의 변화가 없으므로 편이가 나타나지 않는다.

|보|기|풀|이|

ㄱ. 오답 : a 구간은 겉보기 밝기가 감소하는 구간이다. 겉보기 밝기가 감소하는 구간은 행성이 중심별을 가리기 시작하는 시점부터 행성이 중심별 앞에 위치하여 행성의 면적만큼 중심별이 최대로 가려졌을 때까지의 시간이다. 따라서 a 구간은 중심별의 반지름과는 관계가 없다. 행성의 반지름이 클수록 a 구간이 길어지게 된다.

ㄴ. 오답 : b 구간은 행성이 중심별과 지구 사이에 위치하여 중심별의 거리가 지구로부터 가장 먼 구간이다. 이 구간은 중심별의 운동에서 시선 속도의 변화가 없어 스펙트럼 편이량이 0에 가까워 편이가 가장 작은 구간이다.

ㄷ. 정답 : c는 중심별의 일부가 행성에 의해 가려져 감소한 중심별의 밝기이다. 따라서 행성의 반지름이 커질수록 가려지는 중심별의 면적이 증가하여 감소하는 밝기의 폭, 즉 c의 크기도 커진다.

그림 (가)는 별 A와 B의 상대적 위치 변화를 시간 순서로 배열한 것이고, (나)는 (가)의 관측 기간 동안 이 중 한 별의 밝기 변화를 나타낸 것이다. 이 기간 동안 B는 A보다 지구로부터 멀리 있고, 별과 행성에 의한 미세 중력 렌즈 현상이 관측되었다.

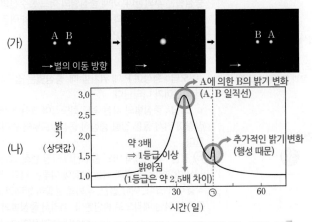

이 자료에 대한 설명으로 옳은 것만을 〈보기〉에서 있는 대로 고른 것은? 3점

보기

ㄱ. (나)의 ㉠ 시기에 관측자와 두 별의 중심은 일직선상에 위치한다. (밝기가 최대인)

ㄴ. (나)에서 별의 겉보기 등급 최대 변화량은 1등급보다 작다. (크다)

ㄷ. (나)로부터 A가 행성을 가지고 있다는 것을 알 수 있다.

① ㄱ　　✔ ㄷ　　③ ㄱ, ㄴ　　④ ㄴ, ㄷ　　⑤ ㄱ, ㄴ, ㄷ

|자|료|해|설|

외계 행성의 탐사 방법 중 하나인 미세 중력 렌즈 현상을 관측한 자료이다. (가)에서 A가 더 빨리 이동하고 있으므로 먼 천체는 B, 가까운 별은 A이다.

(나)에서 밝기는 최대 3배까지 증가하는데, 1등급이 약 2.5배의 밝기 차이를 의미하므로, 미세 중력 렌즈 현상에 의해 1등급 이상 밝아지는 것이다. 또, 최대로 밝기가 증가한 시점에서 A와 B, 관측자가 일직선에 위치하여 A에 의한 밝기 변화가 최대로 나타난다. 이후 ㉠에서 나타나는 추가적인 밝기 변화는 A의 행성 때문에 발생한다.

|보|기|풀|이|

ㄱ. 오답 : (나)에서 밝기가 최대인 시기에 관측자와 두 별의 중심은 일직선상에 위치한다.

ㄴ. 오답 : (나)에서 별의 겉보기 등급 최대 변화량은 3배이므로 1등급(약 2.5배)보다 크다.

ㄷ. 정답 : (나)의 ㉠으로부터 A가 행성을 가지고 있다는 것을 알 수 있다.

 분세풀이 T I P | 1등급 사이는 약 2.5배의 밝기 차이를 의미한다. 별의 밝기 변화가 가장 큰 시점에서 두 별과 관측자는 일직선상에 위치한다.
추가적인 밝기 변화는 별이 가진 행성 때문에 나타난다.

출제분석 | 외계 행성계 탐사 방법은 기출 문제가 정말 많을 정도로 자주 출제되는 개념이다. 거의 매 시험 출제된다. 방법은 크게 3가지이므로 도플러 효과, 식 현상, 미세 중력 렌즈 현상을 잘 이해해 두는 것이 좋다. 특히 세 방법 모두 제시되는 자료가 한정적이다. 배점이 3점인 문제이지만 자료가 교과서에서 제시되는 그대로이므로, 기본 개념을 충실하게 공부했다면 ㄱ과 ㄷ 보기를 쉽게 판단할 수 있다. ㄴ 보기에서 1등급이 약 2.5배의 차이를 나타낸다는 것에 주의해야 한다.

그림은 외계 행성이 중심별 주위를 공전하며 식현상을 일으키는 모습과 중심별의 밝기 변화를 나타낸 것이다. 이 외계 행성에 의해 중심별의 도플러 효과가 관측된다.

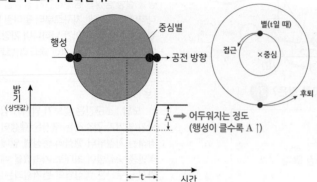

이에 대한 설명으로 옳은 것만을 〈보기〉에서 있는 대로 고른 것은?

보기
ㄱ. 행성의 반지름이 2배 커지면 A 값은 2배 커진다. → 원의 넓이 $=\pi R^2$ 4배
ㄴ. t 동안 중심별의 청색 편이가 관측된다. → 중심별 접근 → 청색 편이
ㄷ. 중심별과 행성의 공통 질량 중심을 중심으로 공전하는 속도는 중심별이 행성보다 느리다. → 중심으로부터 멀수록 속도가 빠름

① ㄱ   ② ㄷ   ③ ㄱ, ㄴ   ④ ㄴ, ㄷ   ⑤ ㄱ, ㄴ, ㄷ

| 자 | 료 | 해 | 설 |

중심별 앞을 행성이 가려서 밝기가 감소하는 현상을 식 현상이라고 한다. 별을 가리는 행성이 클수록 밝기의 변화 정도(A)가 커진다. 별을 가리는 면적은 원의 넓이인 πR^2에 비례한다.

공통 중심 질량을 기준으로 별과 행성이 함께 공전하는데, 질량이 큰 중심별은 공전 궤도가 아주 작고, 행성은 공전 궤도가 크다. 따라서 같은 시간 동안 회전해야 하므로 행성은 빠르게 공전하고, 중심별은 천천히 공전한다. 식 현상이 끝나가는 t의 경우, 별은 지구로부터 가장 멀었다가 서서히 접근하고 있으므로 청색 편이가 나타난다.

| 보 | 기 | 풀 | 이 |

ㄱ. 오답 : 행성의 반지름이 2배 커지면 A 값은 4배 커진다.

ㄴ. 오답 : t 동안 중심별이 접근하므로 청색 편이가 나타난다.

ㄷ. 정답 : 중심별과 행성의 공통 질량 중심을 중심으로 공전하는 속도는 공전 궤도가 작은 중심별이 더 느리다.

😮 **문제풀이 TIP** | 식 현상의 경우, 별과 행성의 공전 궤도를 그려놓고 문제를 풀면 헷갈리지 않는다. 식 현상이 시작될 때 행성이 접근하고 별이 후퇴하지만, 식 현상이 끝나갈 때 행성이 후퇴하고 별이 접근한다.

그림은 어느 외계 행성과 중심별이 공통 질량 중심을 중심으로 공전하는 모습을 나타낸 것이다. 행성은 원 궤도로 공전하며 공전 궤도면은 관측자의 시선 방향과 나란하다.

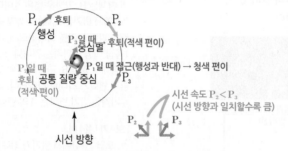

이에 대한 설명으로 옳은 것만을 〈보기〉에서 있는 대로 고른 것은?

③점

보기
ㄱ. 행성이 P_1에 위치할 때 중심별의 청색 편이가 나타난다.
ㄴ. 중심별의 질량이 클수록 중심별의 시선 속도 최댓값이 커진다. → 중심별의 움직임이 크려면 행성 질량↑
ㄷ. 중심별의 어느 흡수선의 파장 변화 크기는 행성이 P_3에 위치할 때가 P_2에 위치할 때보다 크다. → 시선 방향과 이루는 각의 크기가 작을수록 큼

① ㄱ   ② ㄷ   ③ ㄱ, ㄴ   ④ ㄴ, ㄷ   ⑤ ㄱ, ㄴ, ㄷ

| 자 | 료 | 해 | 설 |

중심별이 접근할 때 행성은 후퇴한다. 이는 항상 반대이다. 행성이 P_1에 있을 때, 행성은 후퇴하므로 중심별은 접근한다. 따라서 이때 중심별의 청색 편이가 나타난다. 행성이 P_2와 P_3에 위치할 때는 행성이 접근하므로, 중심별은 후퇴한다. 이때 중심별의 어느 흡수선의 파장 변화 크기는 관측자의 시선 방향과 중심별의 이동 방향이 더 비슷한 P_3에서가 P_2에서보다 크다.

| 보 | 기 | 풀 | 이 |

ㄱ. 오답 : 행성이 P_1에 위치할 때, 중심별은 접근하므로 청색 편이가 나타난다.

ㄴ. 오답 : 중심별의 시선 속도 최댓값이 크려면 행성의 질량이 거시 공통 질량 중심이 중심별로부터 멀어져야 한다.

ㄷ. 정답 : 중심별의 어느 흡수선의 파장 변화 크기는 시선 방향과 중심별의 이동 방향이 이루는 각의 크기가 작을수록 크다. 이때 접근, 후퇴로 방향이 반대인 경우에는 둔각이 아닌 예각으로 판단한다. 따라서 중심별의 어느 흡수선의 파장 변화 크기는 행성이 P_3에 위치할 때가 P_2에 위치할 때보다 크다.

😮 **문제풀이 TIP** | 청색 편이는 중심별이 접근할 때, 적색 편이는 중심별이 후퇴할 때 나타난다. 항상 중심별의 스펙트럼을 보기 때문에 행성의 접근, 후퇴와 구분해서 생각해야 한다.

😀 **출제분석** | 중심별의 시선 속도 변화를 이용하는 탐사 방법은 외계 행성계 탐사 중에서도 어려운 개념이다. ㄴ 보기는 시선 속도 변화를 이용하는 방법의 기본적인 특징이고, ㄱ 보기도 어렵지 않게 판단할 수 있다. 그러나 행성과 중심별의 위치가 딱 떨어지는 곳이 아니라 시선 속도와 접선 속도로 나눠야 하는 위치에 있고, 이를 다루는 ㄷ 보기가 출제되어서 더욱 까다로운 문제였다.

그림 (가)와 (나)는 어느 외계 행성에 의한 중심별의 시선 속도 변화와 겉보기 밝기 변화를 각각 나타낸 것이다. (나)의 t는 (가)의 T_1, T_2, T_3, T_4 중 하나이다.

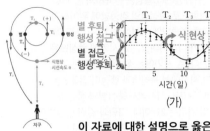
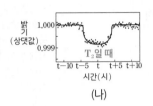

이 자료에 대한 설명으로 옳은 것만을 〈보기〉에서 있는 대로 고른 것은? **3점**

보기

→ 별이 후퇴할 때 (=시선 속도(+)일 때)

ㄱ. 중심별은 T_1일 때 적색 편이가 나타난다.

ㄴ. 지구로부터 외계 행성까지의 거리는 T_2보다 T_3일 때 멀다.

ㄷ. (나)의 t는 (가)의 T_2이다.

① ㄱ   ② ㄷ   ✔③ ㄱ, ㄴ   ④ ㄴ, ㄷ   ⑤ ㄱ, ㄴ, ㄷ

|자|료|해|설|

중심별의 시선 속도가 (+)이면 별은 후퇴, 행성은 접근하는 시기이다. (−)이면 별은 접근, 행성은 후퇴하는 시기이다. T_1일 때 시선 속도가 (+)이므로 별이 후퇴하면서 적색 편이가 나타난다. 시선 속도가 (+)에서 (−)로 바뀌면서 0이 되는 시기인 T_2일 때 별 앞을 행성이 가려서 식 현상이 나타난다. 또한 이 시기가 별은 뒤에, 행성은 앞에 일직선으로 위치하며, 관측자에게 행성은 가장 가깝고 별은 가장 먼 시기이다. T_3일 때 별은 접근하고, 행성은 후퇴하며, T_4일 때는 별이 행성을 가리게 된다. T_4 일 때 별은 관측자로부터 가장 가깝고, 행성은 가장 멀다.

|보|기|풀|이|

ㄱ. 정답 : 중심별은 T_1일 때 후퇴하므로 적색 편이가 나타난다.

ㄴ. 정답 : 지구로부터 외계 행성까지의 거리는 T_2일 때 가장 가깝기 때문에 T_3일 때가 더 멀다.

ㄷ. 오답 : (나)의 t는 별 앞을 행성이 가리는 T_2이다.

😮 **문제풀이 TIP** | 중심별의 시선 속도 변화에서 식 현상이 일어나는 시기는 시선 속도가 (+)에서 (−)로 바뀌면서 0이 될 때이다. 반대로 시선 속도가 (−)에서 (+)로 바뀔 때는 별이 행성을 가려서 식 현상이 나타나지 않는다.

😊 **출제분석** | 중심별의 시선 속도 변화로 외계 행성계를 탐사하는 개념이 출제될 때 이 문제와 같은 자료가 나오는 경우가 많다. 시선 속도와 식 현상 자료를 잘 해석해야 하고, 관측자로부터 별과 행성이 일직선이 되는 시기가 2번(T_2, T_4)인데 둘 다 식 현상이 일어나지는 않는다는 점에 주의해야 한다. 이런 문제를 풀 때는 항상 별과 행성의 공전 궤도를 그리고, 시선 속도를 표시해야 한다.

그림 (가)는 원궤도로 공전하는 어느 외계 행성에 의한 중심별의 밝기 변화를, (나)는 t_1~t_6 중 어느 한 시점부터 일정한 시간 간격으로 관측한 중심별의 스펙트럼을 순서대로 나타낸 것이다. $\Delta\lambda_{max}$은 스펙트럼의 최대 편이량이다.

→ 행성에 의해 가려져 감소한 중심별의 밝기

⇒ 식 현상이 일어날 때의 위치 (t_2, t_6)

이에 대한 설명으로 옳은 것만을 〈보기〉에서 있는 대로 고른 것은? **3점**

보기

ㄱ. (가)의 t_3에 관측한 스펙트럼은 (나)에서 a에 해당한다.

ㄴ. 행성의 반지름이 클수록 (가)에서 A가 커진다.

ㄷ. 행성의 질량이 클수록 (나)에서 $\Delta\lambda_{max}$이 커진다.

① ㄱ   ② ㄴ   ③ ㄱ, ㄷ   ④ ㄴ, ㄷ   ✔⑤ ㄱ, ㄴ, ㄷ

|자|료|해|설|

외계 행성이 중심별을 가려 중심별의 밝기 변화가 나타나는 식 현상과 중심별의 스펙트럼 변화인 도플러 효과를 이용한 외계 행성 탐사 방법을 함께 제시한 문항이다. (가)에서 식 현상에 의해 t_2와 t_6에서 나타나는 밝기 변화(A)는 외계 행성의 크기(반지름)가 클수록 크게 나타난다. (나)에서 청색 편이와 적색 편이는 중심별과 외계 행성이 공통 질량 중심을 공전할 때 중심별에 나타나는 스펙트럼 변화이다.

|보|기|풀|이|

ㄱ. 정답 : (가)에서 식 현상은 중심별이 지구로부터 멀어지다가 중심별−외계 행성−지구 순서로 배열되었을 때 나타난다. 따라서 식 현상은 중심별이 지구로부터 멀어지면서 스펙트럼 상에 적색 편이가 나타난 후 발생한다. a~d는 시간 순서대로 나타낸 것이므로 (가)에서 t_2, t_6일 때 (나)의 d에 해당하며, (가)에서 t_3일 때 (나)의 a에 해당한다.

ㄴ. 정답 : 행성의 반지름이 커지면 행성의 단면적이 커져 행성이 중심별을 가리는 면적이 넓어지게 되고, 따라서 중심별의 밝기 감소 폭(A)도 커진다.

ㄷ. 정답 : 행성의 질량이 클수록 중심별은 공통 질량 중심으로부터 멀어져 시선 속도가 증가하기 때문에 $\Delta\lambda_{max}$의 값도 커진다.

😮 **문제풀이 TIP** | 식 현상은 외계 행성의 공전 궤도면이 시선 방향과 나란할 때 외계 행성이 중심별을 가려 중심별에 밝기 변화가 나타나는 현상이다. 식 현상은 중심별이 지구로부터 가장 멀 때 나타나므로 항상 지구로부터 멀어지면서 적색 편이를 보인 후 도플러 효과가 나타나지 않는 순간에 발생한다.

😊 **출제분석** | 식 현상이나 도플러 효과를 이용한 외계 행성 탐사 방법은 출제 빈도가 매우 높았지만, 식 현상과 도플러 효과를 동시에 제시하고, 다양한 도플러 효과가 나타나는 시점을 중심별의 밝기 변화 그래프에서 찾아야 하는 이번 문항은 매우 신선하고 난도가 높은 문항이었다.

그림은 어느 외계 행성계에서 식 현상을 일으키는 행성에 의한 중심별의 상대적 밝기 변화를 일정한 시간 간격에 따라 나타낸 것이다. 중심별의 반지름에 대하여 행성 반지름은 $\frac{1}{20}$배, 행성의 중심과 중심별의 중심 사이의 거리는 4.2배이다. A는 식 현상이 끝난 직후이다.

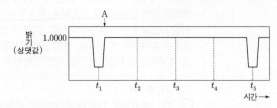

이 자료에 대한 설명으로 옳은 것만을 〈보기〉에서 있는 대로 고른 것은? (단, 행성은 원 궤도를 따라 공전하며, t_1, t_5일 때 행성의 중심과 중심별의 중심은 관측자의 시선과 동일한 방향에 위치하고, 중심별의 시선 속도 변화는 행성과의 공통 질량 중심에 대한 공전에 의해서만 나타난다.) **3점**

> **보기**
> ┌→ $\frac{1}{400}$배 감소
> ㄱ. t_1일 때, 중심별의 상대적 밝기는 원래 광도의 99.75%이다.
> ㄴ. $t_2 \rightarrow t_3$ 동안 중심별의 스펙트럼에서 흡수선의 파장은 점차 길어진다.
> 　　└→ t_2 : 청색 편이 최대
> ㄷ. 중심별의 시선 속도는 A일 때가 t_2일 때의 $\frac{1}{4}$배이다.
> 　　시선 속도=공전 속도 ←┘

① ㄱ　　② ㄷ　　③ ㄱ, ㄴ　　④ ㄴ, ㄷ　　⑤ ㄱ, ㄴ, ㄷ ✓

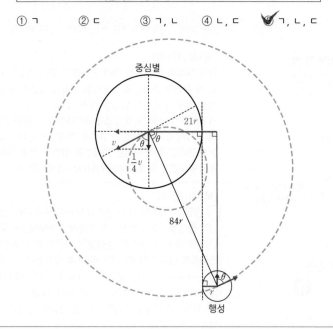

|자|료|해|설|

외계 행성의 반지름을 r이라고 했을 때, 중심별의 반지름은 $20r$, 중심별의 중심과 외계 행성의 중심 사이의 거리는 $84r$로 표현할 수 있다. t_1과 t_5에서 행성은 관측자의 시선에서 중심별을 가리는 방향으로 중심별의 정중앙에 위치하며, t_3에는 중심별의 뒤쪽 정중앙에 위치한다. $t_1 \sim t_3$ 시기에 중심별은 청색 편이가 나타나며, $t_3 \sim t_5$ 시기에 중심별은 적색 편이가 나타난다. A 시기에는 식 현상이 끝난 직후이므로 관측자 시선에서 중심별과 행성이 접해있는 것처럼 보이며 이때 관측자 시선에서 중심별의 중심과 행성의 중심 사이의 거리는 $21r$이다. 그림과 같이 중심별의 중심과 외계 행성의 중심까지의 실제 거리와, A 시기 중심별의 중심과 외계 행성의 중심까지의 겉보기 위치 사이의 각도를 θ라고 하면 A 시기 중심별의 공전 속도와 시선 속도가 이루는 각도도 θ이며, $\cos\theta = \frac{1}{4}$이다. 즉 A 시기에 중심별의 시선 속도는 공전 속도의 $\frac{1}{4}$배이다.

|보|기|풀|이|

ㄱ. 정답 : 외계 행성의 반지름을 r이라고 했을 때, 중심별의 반지름은 $20r$이므로 행성 전체가 중심별을 가리면 중심별의 상대적 밝기는 $\frac{1}{400}$배 감소하므로 원래 광도의 99.75%이다.

ㄴ. 정답 : 중심별은 $t_1 \sim t_3$ 시기에 청색 편이가 나타나며 t_2 시기에 청색 편이가 최대이다. 그러므로 $t_2 \sim t_3$ 동안 중심별은 청색 편이가 나타나지만 흡수선의 파장은 t_2 시기에 비해 조금씩 길어진다.

ㄷ. 정답 : t_2 시기에 행성의 공전 방향은 시선 방향에 나란하므로 이 시기에는 공전 속도가 시선 속도와 같다. A 시기일 때 중심별의 중심과 외계 행성의 중심까지의 실제 거리와, 중심별의 중심과 외계 행성의 중심까지의 겉보기 위치 사이의 각도를 θ라고 하면 A 시기 중심별의 공전 속도와 시선 속도가 이루는 각도도 θ이며, $\cos\theta = \frac{1}{4}$이다. 즉 A 시기에 중심별의 시선 속도는 공전 속도의 $\frac{1}{4}$배이므로 A일 때의 시선 속도는 t_2 시기 시선 속도의 $\frac{1}{4}$배이다.

그림 (가)는 어느 외계 행성계에서 중심별과 행성이 공통 질량 중심에 대하여 원 궤도로 공전하는 모습을 나타낸 것이고, (나)는 행성이 ㉠, ㉡, ㉢에 위치할 때 지구에서 관측한 중심별의 스펙트럼을 A, B, C로 순서 없이 나타낸 것이다.

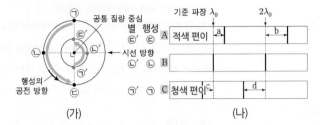

(가)   (나)

이 자료에 대한 설명으로 옳은 것만을 <보기>에서 있는 대로 고른 것은? (단, 중심별의 시선 속도 변화는 행성과의 공통 질량 중심에 대한 공전에 의해서만 나타나고, 행성의 공전 궤도면은 관측자의 시선 방향과 나란하다.)

보기
ㄱ. A는 행성이 ㉢(㉠에 가위표)에 위치할 때 관측한 결과이다.
ㄴ. 행성이 ㉡ → ㉢으로 공전하는 동안 중심별의 시선 속도는 커진다.
ㄷ. a×b는 c×d보다 작다.(취소선) 와 같다.

① ㄱ   ② ㄴ(정답 표시)   ③ ㄷ   ④ ㄱ, ㄴ   ⑤ ㄴ, ㄷ

|자|료|해|설|

행성의 공전 방향은 시계 반대 방향이므로 중심별의 공전 방향도 시계 반대 방향이다.
행성이 ㉠의 위치에 있을 때 중심별은 ㉢에 가장 가까운 위치(㉠')에 있고, 행성이 ㉡의 위치로 이동할 때 중심별은 지구와 가장 가까운 위치(㉡')로 이동한다. 이때 중심별은 지구에 가까워지므로 기준 파장보다 파장이 짧아 청색 편이(C)가 나타난다.
행성이 ㉡의 위치에 있을 때 중심별은 지구에 가장 가까운 위치(㉡')에 있어 시선 속도가 0이므로 파장 변화는 나타나지 않는다(B).
행성이 ㉡에서 ㉢의 위치로 이동하면 중심별은 ㉠에 가장 가까운 위치(㉢')로 이동한다. 이때 중심별은 지구에서 멀어지므로 기준 파장보다 파장이 길어 적색 편이(A)가 나타난다.

|보|기|풀|이|

ㄱ. 오답 : A에서는 기준 파장보다 관측 파장이 긴 것으로 보아 적색 편이가 나타나는데, 이는 중심별이 지구로부터 멀어질 때 나타난다. 중심별이 지구로부터 멀어질 때 행성은 지구에 가까워지므로 A는 행성이 ㉢에 위치할 때 관측한 결과이다.

ㄴ. 정답 : 행성이 ㉡ → ㉢으로 공전하는 동안 중심별은 ㉡' → ㉢'으로 공전하므로 중심별의 시선 속도는 커진다.

ㄷ. 오답 : A는 중심별이 ㉢'에 있을 때의 스펙트럼이고, C는 중심별이 ㉠'에 있을 때의 스펙트럼이다. 두 경우에 중심별의 시선 속도의 크기가 같으므로 기준 파장이 동일할 때 파장 변화량의 크기가 같다. 즉, a=c, b=d이다. 따라서 a×b=c×d이다.

표는 주계열성 A, B, C의 생명 가능 지대 범위와 생명 가능 지대에 위치한 행성의 공전 궤도 반지름을 나타낸 것이다. A, B, C에는 각각 행성이 하나만 존재하고, 별의 연령은 모두 같다.

중심별	생명 가능 지대 범위(AU)	행성의 공전 궤도 반지름(AU)
A	0.61~0.83	0.78
B (질량↑)	(㉠)~1.49	1.34
C	1.29~1.75	1.34

이에 대한 옳은 설명만을 <보기>에서 있는 대로 고른 것은?

보기
ㄱ. A의 절대 등급은 태양보다 크다.
ㄴ. ㉠은 1.27보다 작다.
ㄷ. 생명 가능 지대에 머무르는 기간은 A의 행성이 C의 행성보다 짧다.(취소선) 길다

① ㄱ   ② ㄴ   ③ ㄱ, ㄴ(정답 표시)   ④ ㄴ, ㄷ   ⑤ ㄱ, ㄴ, ㄷ

|자|료|해|설|

별 주변에서 물이 액체 상태로 존재할 수 있는 영역을 생명 가능 지대라고 한다. 생명 가능 지대의 범위는 중심별의 질량, 광도, 표면 온도 등에 영향을 받는다. 중심별의 광도가 클수록 생명 가능 지대는 중심별로부터 멀리 떨어져 있고, 그 폭이 넓다.
중심별 B를 공전하는 행성의 공전 궤도 반지름은 1.34AU 이므로 생명 가능 지대의 범위는 1.34AU를 포함해야 한다. 또한, 중심별 A의 생명 가능 지대 범위와 비교했을 때, B의 생명 가능 지대가 중심별로부터 더 멀리 떨어져 있으므로 생명 가능 지대의 폭은 A보다 B에서 더 넓다.

|보|기|풀|이|

ㄱ. 정답 : 태양의 생명 가능 지대 범위는 1AU를 포함하므로 A의 생명 가능 지대 범위보다 크다. 따라서 광도는 태양이 A보다 크고, 절대 등급은 A가 태양보다 크다.

ㄴ. 정답 : B의 생명 가능 지대의 폭은 A의 생명 가능 지대의 폭인 0.83-0.61=0.22(AU)보다 넓으므로 ㉠은 1.49-0.22=1.27(AU)보다 작다.

ㄷ. 오답 : 중심별 C는 A보다 생명 가능 지대의 범위가 중심별로부터 멀리 떨어져 있고, 그 폭이 넓으므로 중심별 C의 질량은 A보다 크다. 주계열성의 질량이 클수록 주계열에 머무르는 시간이 짧으므로 생명 가능 지대 범위가 유지되는 기간은 A가 C보다 길다. 따라서 생명 가능 지대에 머무르는 기간은 A의 행성이 C의 행성보다 길다.

그림 (가)는 어느 외계 행성과 중심별이 공통 질량 중심을 중심으로 공전할 때 중심별의 시선 속도 변화를, (나)는 t일 때 이 중심별과 행성의 위치 관계를 나타낸 것이다.

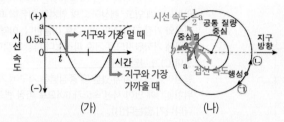

(가)　　　(나)

이에 대한 옳은 설명만을 〈보기〉에서 있는 대로 고른 것은? (단, 외계 행성은 원 궤도로 공전하며, 공전 궤도면은 관측자의 시선 방향과 나란하다.) **3점**

> **보기**
>
> 공통 질량 중심에 대한 행성의 공전 방향은 ~~©~~이다.
> ㄴ. θ의 크기는 30°이다.
> ㄷ. 행성의 공전 주기가 현재보다 길어지면 a는 ~~증가~~ 감소 한다.

① ㄱ　　✓② ㄴ　　③ ㄱ, ㄷ　　④ ㄴ, ㄷ　　⑤ ㄱ, ㄴ, ㄷ

| 자 | 료 | 해 | 설 |

중심별의 시선 속도가 0이 되는 때는 별의 위치가 지구와 가장 가까운 때 또는 가장 먼 때이다. t일 때 중심별의 시선 속도는 (+)이므로 중심별은 지구에서 멀어지는 방향인 시계 반대 방향으로 공전하고 있다. 따라서 외계 행성의 공전 방향은 시계 반대 방향인 ©이다.

t일 때 중심별의 시선 속도는 시선 속도의 최댓값(a, 중심별의 공전 속도)의 $\frac{1}{2}$인 $\frac{1}{2}$a이다. 중심별의 공전 속도는 시선 속도와 접선 속도의 합이므로 시선 속도는 $a \times \sin\theta = \frac{1}{2}$a이다. 따라서 $\sin\theta = \frac{1}{2}$이므로 $\theta = 30°$이다.

| 보 | 기 | 풀 | 이 |

ㄱ. 오답 : t일 때 중심별의 시선 속도는 (+)이므로 중심별은 지구에서 멀어지는 방향인 시계 반대 방향으로 공전하고 있다. 따라서 공통 질량 중심에 대한 행성의 공전 방향은 시계 반대 방향인 ©이다.

ㄴ 정답 : 중심별의 공전 속도는 a이고, 중심별의 이동 속도는 시선 속도와 접선 속도의 합이므로 시선 속도는 $a \times \sin\theta = \frac{1}{2}$a이다. 따라서 $\sin\theta = \frac{1}{2}$이므로 $\theta = 30°$이다.

ㄷ. 오답 : 행성의 공전 주기가 현재보다 길어지면 공전 속도는 느려진다. 따라서 시선 속도의 최댓값은 감소한다.

다음은 생명 가능 지대에 대하여 학생 A, B, C가 나눈 대화를 나타낸 것이다.

제시한 내용이 옳은 학생만을 있는 대로 고른 것은?

① A　　② B　　③ C　　✓④ A, B　　⑤ A, C

| 자 | 료 | 해 | 설 |

생명 가능 지대는 물이 액체 상태로 존재할 가능성이 있는 범위로, 중심별의 광도에 영향을 받는다. 중심별의 광도가 클수록 행성에 도달하는 에너지의 양이 많아지므로 생명 가능 지대는 중심별로부터 멀어지고, 그 폭은 넓어진다.

| 보 | 기 | 풀 | 이 |

학생 A 정답 : 생명 가능 지대는 물이 액체 상태로 존재할 가능성이 있는 영역이므로, 생명 가능 지대 안에 위치한 행성에는 물이 액체 상태로 존재할 가능성이 있다.

학생 B 정답 : 중심별의 광도가 클수록 행성에 도달하는 에너지의 양이 많아지므로 생명 가능 지대는 중심별로부터 멀어진다.

학생 C. 오답 : 중심별의 광도가 클수록 행성에 도달하는 에너지의 양이 많아지므로 생명 가능 지대의 폭은 넓어진다.

그림은 어느 외계 행성과 중심별이 공통 질량 중심을 중심으로 공전하는 원 궤도를, 표는 행성이 A, B, C에 위치할 때 중심별의 어느 흡수선 관측 결과를 나타낸 것이다. 헹성의 공전 궤도면은 관측자의 시선 방향과 나란하다.

기준 파장	관측 파장(nm)		
(nm)	A	B	C
λ_0	499.990	500.005	(㉠)

499.995 > ㉠ > 499.990

이 자료에 대한 설명으로 옳은 것만을 <보기>에서 있는 대로 고른 것은? (단, 빛의 속도는 3×10^5km/s이고, 중심별의 시선 속도 변화는 행성과의 공통 질량 중심에 대한 공전에 의해서만 나타난다.)

3점

보기

ㄱ. 행성이 B에 위치할 때, 중심별의 스펙트럼에서 적색 편이가 나타난다.
→ 지구에서 멀어질 때
ㄴ. ㉠은 499.995보다 작다.
ㄷ. 중심별의 공전 속도는 6km/s이다.
→ A'에서 중심별의 시선 속도

① ㄱ ② ㄷ ③ ㄱ, ㄴ ④ ㄴ, ㄷ ⑤ ㄱ, ㄴ, ㄷ

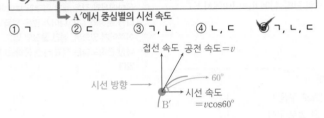

|자|료|해|설|

행성이 A, B, C에 위치할 때, 중심별의 위치는 각각 A′, B′, C′이다. 중심별이 A′에 있을 때 지구에 가까워지는 중이라면 B′에 있을 때는 지구에서 멀어지는 중이고, A′에 있을 때 지구에서 멀어지는 중이라면 B′에 있을 때는 지구에 가까워지는 중이다. 중심별이 B′에 있을 때 관측 파장은 A′에 있을 때보다 크므로 중심별은 B′에 있을 때 지구로부터 멀어지고 있고, A′에 있을 때 지구와 가까워지고 있다.

지구에서 멀어지는 천체의 후퇴 속도는 $v = c \times z = c \times \dfrac{\lambda - \lambda_0}{\lambda_0}$ 이고, 중심별의 후퇴 속도는 지구에서 관측한 별의 시선 속도이다. 따라서 중심별의 공전 속도는 시선 속도와 접선 속도의 벡터 합과 같다. A′에서 시선 속도는 공전 속도와 같고 B′에서와 방향은 반대이므로 A′에서 시선 속도는 $v_A = -v$이다. B′에서 시선 속도와 공전 속도가 이루는 각은 60°이므로 중심별의 공전 속도를 v라 하면 시선 속도는 $v_B = v \times \cos 60° = \dfrac{1}{2} v$이다.

시선 속도는 빛의 속도와 적색 편이량의 곱 ($c \times z = c \times \dfrac{\lambda - \lambda_0}{\lambda_0}$)으로 나타낼 수 있다. A′과 B′에서의 시선 속도는 각각 $v_A = -v = c \times \dfrac{499.990 - \lambda_0}{\lambda_0}$, $v_B = \dfrac{1}{2} v = c \times \dfrac{500.005 - \lambda_0}{\lambda_0}$ 이므로 v를 이용하여 정리하면 $-v_A = 2 v_B$, 즉 $-c \times \dfrac{499.990 - \lambda_0}{\lambda_0} = 2c \times \dfrac{500.005 - \lambda_0}{\lambda_0}$ 이다. 이를 정리하면 $\lambda_0 = 500$nm이다.

c와 λ_0의 값을 이용하여 v_B를 구하면 $v_B = \dfrac{1}{2} v = 3 \times 10^5 \times \dfrac{500.005 - 500}{500} = 3$(km/s)이고, $v = 2 v_B = 2 \times 3 = 6$(km/s)이다.

|보|기|풀|이|

ㄱ. 정답 : 행성이 A에 위치할 때 중심별의 위치는 A′이고, 행성이 B에 위치할 때 중심별의 위치는 B′이다. 중심별이 A′에 있을 때 지구에서 멀어지는 중이라면 B′에 있을 때는 지구에 가까워지는 중이고, A′에 있을 때 가까워지는 중이라면 B′에 있을 때는 멀어지는 중이다. 행성이 A, B에 위치할 때 중심별의 관측 파장은 B에서 더 크므로 B′에서 중심별은 지구에서 멀어지고 있고, A′에서 중심별은 지구에 가까워지고 있다. 지구에서 별이 멀어질 때 적색 편이가 나타나므로 행성이 B에 위치할 때 중심별의 스펙트럼에서는 적색 편이가 나타난다.

ㄴ. 정답 : 중심별이 시선 방향으로부터 30° 회전(B)했을 때 관측 파장의 변화량은 0.005nm이고, 90° 회전(A)했을 때 관측 파장의 변화량은 0.01nm이다. 따라서 시선 방향으로부터 45° 회전(C)했을 때 관측 파장의 변화량은 0.005nm보다 크고, 0.01nm보다 작다. 행성이 C에 위치할 때 중심별은 지구에 가까워지고 있으므로 관측 파장 ㉠은 500 − 0.005 > ㉠ > 500 − 0.01이다. 즉, ㉠은 499.995보다 작다.

ㄷ. 정답 : 기준 파장(λ_0)은 500nm이고, A′에서 중심별의 시선 속도는 공전 속도와 같으므로 A′에서의 공전 속도는 $|-v| = \left| c \times \dfrac{499.990 - \lambda_0}{\lambda_0} \right| = \left| 3 \times 10^5 \times \dfrac{499.990 - 500}{500} \right| = 6$(km/s)이다.

😊 **출제분석** | 기준 파장이 제시되지 않고 관측 파장만으로 중심별의 이동 방향을 알아내야 하는 문항이다. 계산의 기본이 되는 값들을 다른 정보를 통해 유추하게 함으로써 난이도를 높인 문항이다. 계산은 조금 복잡해 보이지만 제시되지 않은 값들을 미지수로 가정하고 풀면 빠르게 풀린다. 이렇게 한정적인 자료로 문항을 풀어야 할 때는 아는 내용들을 잘 연결하는 것이 중요하다. 단순히 외우기보다 각 식의 구성 요소가 갖는 의미를 이해하고 다른 내용과 연결을 시도하며 공부하는 것이 도움이 된다.

Ⅲ
1
03
외계 행성계와 외계 생명체 탐사

2. 외부 은하와 우주 팽창

01 은하의 분류

기본자료

필수개념 1　외부 은하

1. 외부 은하

1) 외부 은하: 우리은하 밖에 존재하는 은하

2) 허블의 외부 은하 관측: 세페이드 변광성을 이용해 안드로메다 성운의 거리 측정

→ 거리가 너무 멀어 안드로메다 성운은 우리은하 내 성운이 아니라는 것이 밝혀짐

2. 허블의 은하 분류

1) 허블의 은하 분류: 가시광선 영역에서 관측되는 형태에 따라 타원 은하(E), 정상 나선 은하(S), 막대
나선 은하(SB), 불규칙 은하(Irr)로 분류 → 진화적 분류(×), 형태학적 분류(○)

은하의 종류	특징
타원 은하(E)	• 매끄러운 타원 형태, 나선팔이 없음 • 성간 물질이 매우 적어 새로운 별의 탄생이 적고, 기존의 별들도 나이가 매우 많고 질량이 작음 • 편평도$\left(e=\dfrac{(a-b)}{a},\ a:\ \text{타원체의 장반경},\ b:\ \text{타원체의 단반경}\right)$에 따라 E0에서 E7로 구분 → E0에서 E7으로 갈수록 편평 **예** 처녀자리 M87(E1), 안드로메다 M110(E5)
나선 은하 (S), (SB)	• 납작한 원반 형태, 구 모양의 은하핵과 나선팔 존재 • 은하의 중심부는 나이가 많은 붉은 별 및 구상성단으로 구성 • 은하의 나선팔은 성간 물질이 많고 나이가 적은 푸른 별로 구성 • 중심부의 막대 구조 유무에 따라 정상 나선 은하(S), 막대 나선 은하(SB)로 구분 　－ 정상 나선 은하(S): 은하핵에서 나선팔이 직접 뻗어 나온 형태 **예** 안드로메다은하 　－ 막대 나선 은하(SB): 중심부 막대 구조에서 나선팔이 뻗어 나온 형태 **예** 우리은하 • 막대 구조 형성 원인: 나선 은하가 역학적으로 불안정해지는 경우 막대 구조 형성 • 나선 은하의 세부 분류: 은하핵의 크기, 나선팔이 감긴 정도에 따라 a, b, c로 세분 <table><tr><td></td><td>Sa(SBa)</td><td>Sb(SBb)</td><td>Sc(SBc)</td></tr><tr><td>은하핵 크기</td><td>크다</td><td>↔</td><td>작다</td></tr><tr><td>나선팔이 감긴 정도</td><td>강하게</td><td>↔</td><td>느슨하게</td></tr><tr><td>암흑 성운의 개수</td><td>적다</td><td>↔</td><td>많다</td></tr></table>
불규칙 은하(Irr)	• 형태가 일정하지 않고 규칙적인 구조가 없는 은하(중심핵, 나선팔 구분 힘듦) • 은하를 구성하는 별들의 나이가 적고, 성간 물질이 풍부하며 크기가 작음 • 새로운 별들의 탄생이 활발 **예** 대마젤란은하, 소마젤란은하

2) 허블의 착각

: 허블은 은하가 타원 은하에서 나선 은하로 진화한다고 생각했지만 실제로는 아무 관련이 없음

▶ **S0 은하**

타원 은하와 나선 은하의 중간 형태로
렌즈 모양을 띠므로 렌즈형 은하라고도
한다. 나선팔은 보이지 않지만 나선
은하에서와 같은 원반 형태가 보이며,
타원 은하와 같이 나이가 많은 별들로
이루어져 있으며, 성간 물질의 양도
나선 은하보다는 적고 타원 은하보다는
많다.

필수개념 2 **특이 은하**

1. 특이 은하: 허블의 분류 체계로 분류하기 어려운 은하. 중심부의 핵이 유난히 밝아 특이 은하 혹은 활동 은하라고 함. 특이 은하의 중심부에는 거대한 블랙홀이 있을 것으로 추정.

2. 특이 은하의 종류

종류	특징
전파 은하	① 보통의 은하보다 수백 배 이상 강한 전파를 방출 ② 가시광선 영역에서 대부분 타원 은하로 관측 ③ 전파 영역으로 관측하면 중심핵 양쪽에 강력한 전파를 방출하는 로브라는 둥근 돌출부가 있고 중심핵에서 로브까지 이어지는 제트가 대칭적으로 분포 → 중심부에 거대한 블랙홀 존재 추정 ④ 로브의 크기가 은하보다 크고 로브 사이 간격은 은하 크기의 수백 배 ⑤ 로브와 제트에서는 강한 자기장에 의한 X선 방출 → 고속의 대전 입자와 자기장의 존재 의미 에 NGC 4486(M87), NGC 5128(센타우르스 A)
세이퍼트 은하	① 중심부 광도가 매우 높고 넓은 방출선 방출 ② 중심부의 스펙트럼 상 폭이 넓은 방출선 → 은하 내 가스 구름이 매우 빠른 속도로 움직임을 의미. 블랙홀 존재 추정 ③ 가시광선 영역에서 대부분 나선 은하로 관측되고 전체 나선 은하의 2%가 세이퍼트 은하로 관측됨 에 NGC 1068(M77), NGC 4151
퀘이사	① 모든 파장에 걸쳐 많은 양의 에너지를 방출하는 은하 ② 적색 편이(후퇴 속도)가 매우 크게 관측됨 → 허블의 법칙에 따라 퀘이사가 매우 먼 거리에 있음을 의미(초기 우주에 형성) ③ 태양계 정도의 크기에 보통 은하의 수백 배의 에너지가 방출 → 중심부에 질량이 매우 큰 블랙홀 존재 추정 ④ 가장 멀리 있는 퀘이사: 우주 나이 10억 년 이전에 생긴 것 에 3C 273

그림 설명:
- 핵이 뚜렷한 전파 은하로 관측된다.
- 전파 로브
- 에너지 방출원(핵)
- 제트
- 핵의 양쪽에 제트로 연결된 로브가 나타나는 전파 은하로 관측된다.
- 전파 로브

▶ **거대 블랙홀**
대부분 특이 은하의 중심부에는 질량이 태양의 수백만~수십억 배인 거대 블랙홀이 존재한다고 추정된다.
거대 블랙홀은 주변 물질을 흡수하면서 막대한 양의 에너지를 방출한다.

▶ **퀘이사(Quasar)**
처음 발견 당시 별처럼 관측되었기 때문에 항성과 비슷하다는 의미의 준항성(Quasi-stellar Object)이라는 이름을 붙였다.

3. 충돌 은하
1) 충돌 은하: 은하가 다른 은하와 상호 작용을 통해 충돌하는 과정에서 형성되는 은하
2) 충돌 은하의 특징
 ① 충돌을 하더라도 내부의 별들이 서로 충돌하지는 않음
  → 별의 크기보다 별 사이 공간이 더 크기 때문
 ② 은하 안의 거대한 분자 구름이 충돌하고 압축되면서 많은 새로운 별의 탄생 촉진

다음은 세 학생이 다양한 외부 은하를 형태에 따라 분류하는 탐구 활동의 일부를 나타낸 것이다.

[탐구 과정]
(가) 다양한 형태의 은하 사진을 준비한다.
(나) '규칙적인 구조가 있는가?'에 따라 은하를 분류한다.
(다) (나)의 조건을 만족하는 은하를 '(㉠)이/가 있는가?'에 따라 A와 B 그룹으로 분류한다.
(라) A와 B 그룹에 적용할 추가 분류 기준을 만든다.

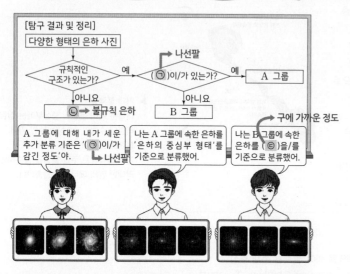

[탐구 결과 및 정리]

이에 대한 설명으로 옳은 것만을 <보기>에서 있는 대로 고른 것은?

(3점)

> **보기**
> ㉠. 나선팔은 ㉠에 해당한다.
> ㉡. 허블의 분류 체계에 따르면 ㉡은 불규칙 은하이다.
> ㉢. '구에 가까운 정도'는 ㉢에 해당한다.

① ㄱ　　② ㄴ　　③ ㄱ, ㄷ　　④ ㄴ, ㄷ　　⑤ ㄱ, ㄴ, ㄷ

|자|료|해|설|

규칙적인 구조를 갖는 은하는 크게 타원 은하와 나선 은하로 구분하기 때문에 나선팔은 타원 은하와 나선 은하를 구분하는 기준이 된다. 따라서 A 그룹은 나선 은하, B 그룹은 타원 은하이다. ㉡은 규칙적인 구조가 존재하지 않으므로 불규칙 은하로 분류된다.

|보|기|풀|이|

㉠. 정답 : 그림에서 가장 왼쪽의 학생은 나선팔이 감긴 정도에 따라 은하를 분류하였으므로, ㉠은 나선팔에 해당한다.

㉡. 정답 : ㉡은 규칙적인 구조가 없으므로 불규칙 은하이다.

㉢. 정답 : 그림에서 가장 오른쪽의 학생은 '구에 가까운 정도'를 기준으로 타원 은하를 분류하였으므로, ㉢은 '구에 가까운 정도'에 해당한다.

문제풀이 TIP | [은하의 분류]

타원 은하		타원 모양, 나선팔 없음.
나선 은하	정상 나선 은하	나선팔이 은하핵에서 직접 뻗어 나옴.
	막대 나선 은하	나선팔이 막대 구조의 양끝에서 뻗어 나옴.
불규칙 은하		규칙적인 모양을 보이지 않거나 비대칭적인 은하
특이 은하	전파 은하	보통의 은하보다 수백 배 이상 강한 전파를 방출하는 은하. 제트와 로브가 핵의 양쪽에 보임.
	세이퍼트 은하	보통 은하보다 아주 밝은 핵과 넓은 방출선을 보임.
	퀘이사	매우 멀리 있어 별처럼 보이지만 일반 은하의 수백 배 정도의 에너지를 방출하는 은하.

출제분석 | 은하의 형태에 대한 문제로 절대 틀리면 안 되는 기본 문제이다.

그림 (가), (나), (다)는 타원 은하, 나선 은하, 불규칙 은하를 순서 없이 나타낸 것이다.

(가) 불규칙 은하

(나) 나선 은하

(다) 타원 은하

이에 대한 옳은 설명만을 〈보기〉에서 있는 대로 고른 것은?

보기
하지 않는다 → 은하는 진화하지 않음
ㄱ. (가)는 (나)로 진화한다.   → (가)<(나)<(다)
ㄴ. 은하를 구성하는 별들의 평균 나이는 (나)가 (다)보다 많다. 적다
ㄷ. 은하에서 성간 물질이 차지하는 비율은 (가)가 (다)보다 크다.
     → (가)>(나)>(다)

① ㄱ   ✔② ㄷ   ③ ㄱ, ㄴ   ④ ㄴ, ㄷ   ⑤ ㄱ, ㄴ, ㄷ

|자|료|해|설|
(가)는 별들이 불규칙하게 분포하는 불규칙 은하, (나)는 나선팔이 있는 나선 은하, (다)는 타원 모양인 타원 은하이다. 은하를 구성하는 별들의 평균 나이는 (가)<(나)<(다)이고, 성간 물질이 차지하는 비율은 (가)>(나)>(다)이다. 따라서 (가)는 주로 푸른색의 별들이, (다)는 주로 붉은색의 별들이 많다. 그러나 시간이 지난다고 불규칙 은하가 나선 은하나 타원 은하로 진화하는 것은 아니다.

|보|기|풀|이|
ㄱ. 오답 : 은하는 진화하지 않는다.
ㄴ. 오답 : 은하를 구성하는 별들의 평균 나이는 (나)가 (다)보다 적다.
ㄷ. 정답 : 은하에서 성간 물질이 차지하는 비율은 (가)가 (다)보다 크다.

😲 **문제풀이 TIP** | 성간 물질이 많은 은하에서 새로운 별의 탄생이 많아 평균 나이가 젊다.

😊 **출제분석** | 허블의 은하 분류에서 나타나는 3가지 종류의 은하를 다룬 문제이다. 은하는 외부 은하가 쉽게 출제되고, 특이 은하가 비교적 자료 해석의 여지가 있어서 난이도가 더 높은 편이다. 제시된 자료도 매우 대표적이고, 보기 역시 대표적인 개념이라 문제의 난이도가 매우 낮다.

그림은 허블의 은하 분류상 서로 다른 형태의 세 은하 A, B, C를 가시광선으로 관측한 것이다.

A 불규칙 은하

B 나선 은하

C 타원 은하

이에 대한 설명으로 옳은 것만을 〈보기〉에서 있는 대로 고른 것은?

보기
ㄱ. A는 불규칙 은하이다.
ㄴ. B의 경우 별의 평균 색지수는 은하 중심부보다 나선팔에서 크다. 작다
     → 젊은 별 多   → 나이든 별 多
ㄷ. 보통 물질 중 성간 물질이 차지하는 질량의 비율은 B가 C보다 크다.
   → 성간 물질이 거의 없음

① ㄱ   ② ㄴ   ✔③ ㄱ, ㄷ   ④ ㄴ, ㄷ   ⑤ ㄱ, ㄴ, ㄷ

|자|료|해|설|
A는 규칙적인 모양이 관찰되지 않는 불규칙 은하이다. B는 나선팔이 관찰되는 나선 은하이고, C는 타원형의 모양이 관찰되는 타원 은하이다.
타원 은하에는 성간 물질이 거의 없다. 반면 나선 은하에는 성간 물질이 많이 존재한다. 나선 은하는 나선팔에 젊은 별이, 은하 중심부에 나이든 별이 많이 존재하기 때문에 은하 중심부가 나선팔보다 색지수가 크다.

|보|기|풀|이|
ㄱ. 정답 : 은하 A는 규칙적인 모양이 없고 형태가 비대칭인 불규칙 은하이다.
ㄴ. 오답 : B는 나선 은하로 은하 중심부에 나이든 별이, 나선팔에 젊은 별이 많이 있기 때문에 중심부의 광도가 나선팔보다 낮다. 따라서 은하 중심부의 평균 색지수는 나선팔보다 크다.
ㄷ. 정답 : C는 타원 은하로 성간 물질이 거의 없다. B는 나선 은하로 성간 물질이 많이 존재한다. 따라서 성간 물질이 차지하는 질량의 비율은 B가 C보다 크다.

😲 **문제풀이 TIP** | 어떤 은하인지는 모양을 보고 구분할 수 있어야 한다. 각 은하의 특징적인 내용을 물어보기 때문에 평소에 잘 정리해 두자.

😊 **출제분석** | 허블의 은하 분류법에 따라 은하를 분류하는 방법은 종종 출제된다. 은하 분류법에 관한 문제는 분류법에 따라 은하를 구분한 다음에 각 은하의 특징을 묻는 문제로 확장되기 쉬운데 각 은하의 특징을 잘 정리해 두면 어렵지 않게 풀 수 있다.

그림 (가)와 (나)는 가시광선으로 관측한 어느 타원 은하와 불규칙 은하를 순서 없이 나타낸 것이다.

(가) ➡ 불규칙 은하(성간 물질 多)   (나) ➡ 타원 은하(성간 물질 ↓)
    → 새로운 별(푸른 별) 탄생 多)   → 새로운 별(푸른 별) 탄생 ↓)

이에 대한 설명으로 옳은 것만을 〈보기〉에서 있는 대로 고른 것은? → 붉은 별 多)

보기

ㄱ. (가)는 불규칙 은하이다.

ㄴ. (나)를 구성하는 별들은 푸른 별이 붉은 별보다 ~~많다~~ 적다.

ㄷ. 은하를 구성하는 별들의 평균 나이는 (가)가 (나)보다 적다.

① ㄱ   ② ㄴ   ✓③ ㄱ, ㄷ   ④ ㄴ, ㄷ   ⑤ ㄱ, ㄴ, ㄷ

| 자 | 료 | 해 | 설 |

(가)는 가시광선으로 관측했을 때 모양이 규칙적이지 않으므로 불규칙 은하이다. 불규칙 은하는 성간 물질이 많아서 새로운 별의 탄생이 많고, 새로운 별은 주로 푸른 별이다.
(나)는 가시광선으로 관측했을 때 타원 모양이므로 타원 은하이다. 타원 은하는 성간 물질이 적어서 새로운 별의 탄생이 적다. 따라서 나이가 많은 별인 붉은 별이 많다.
(가)에는 젊고 푸른 별이 많고, (나)에는 늙고 붉은 별이 많으므로 은하를 구성하는 별들의 평균 나이는 (가) < (나)이다.

| 보 | 기 | 풀 | 이 |

ㄱ. 정답 : (가)는 규칙적인 형태가 없으므로 불규칙 은하이다.

ㄴ. 오답 : (나)를 구성하는 별들은 푸른 별보다 붉은 별이 많다.

ㄷ. 정답 : 은하를 구성하는 별들의 평균 나이는 (가)가 (나)보다 적다.

😮 **문제풀이 T I P** | 타원 은하는 성간 물질이 거의 존재하지 않아 새로운 별의 탄생이 적고, 붉은 별의 비중이 높다. 나선 은하와 불규칙 은하에는 성간 물질이 분포한다.

😊 **출제분석** | 외부 은하, 특이 은하 단원에서는 이처럼 관측한 사진을 자료로 제시하는 경우가 종종 있다. 외부 은하는 대부분 가시광선으로 관측한 사진이고, 보이는 모양대로 분류하면 된다. 특이 은하의 경우 어떤 파장으로 관측했는지에 따라 다를 수 있으므로 유의해야 한다. 외부 은하 문제는 이 문제에서 다루는 개념 이상을 묻는 경우가 거의 없어서 쉽게 출제되는 편이다.

그림 (가), (나), (다)는 타원 은하, 나선 은하, 불규칙 은하를 순서 없이 나타낸 것이다.

(가) 타원 은하   (나) 불규칙 은하   (다) 나선 은하

이에 대한 설명으로 옳은 것만을 〈보기〉에서 있는 대로 고른 것은?

보기

ㄱ. (가)는 타원 은하이다.

ㄴ. 은하를 구성하는 별의 평균 나이는 (가)가 (나)보다 ~~적다~~ 많다

ㄷ. (가)는 (다)로 ~~진화한다~~ ➡ 진화 여부는 알 수 없음
진화하지 않는다.

✓① ㄱ   ② ㄷ   ③ ㄱ, ㄴ   ④ ㄱ, ㄷ   ⑤ ㄴ, ㄷ

| 자 | 료 | 해 | 설 |

(가)는 타원 모양을 가진 타원 은하이고, (나)는 정형화된 모양이 없는 불규칙 은하, (다)는 나선팔을 가진 나선 은하이다. 은하의 형태와 진화는 특별한 상관관계가 없다. 타원 은하에는 주로 나이가 많은 별이 많고, 젊은 별이 적다. 불규칙 은하에는 나이가 많은 별과 젊은 별이 모두 존재하며 새로운 별이 많이 탄생한다. 나선 은하의 중심부에는 나이 많은 별이 주로 분포하며, 나선팔에 성간 물질과 젊은 별이 많이 분포한다.

| 보 | 기 | 풀 | 이 |

ㄱ. 정답 : (가)는 타원 모양을 가진 타원 은하이다.

ㄴ. 오답 : (가)에는 주로 나이가 많은 별이 분포하고, (나)에는 주로 나이가 적은 푸른 별이 많으므로 은하를 구성하는 별의 평균 나이가 (가)가 (나)보다 많다.

ㄷ. 오답 : 은하의 모양은 은하의 진화와 특별한 관계가 없다. 따라서 (가)가 (다)로 진화하는 것은 아니다.

그림 (가)와 (나)는 나선 은하와 불규칙 은하를 순서 없이 나타낸 것이다.

→ 나선팔

(가) 불규칙 은하   (나) 나선 은하

이에 대한 옳은 설명만을 〈보기〉에서 있는 대로 고른 것은?

보기

ㄱ. (가)는 불규칙 은하이다.

ㄴ. (나)에서 별은 주로 ~~은하 중심부~~ 나선팔 에서 생성된다.

ㄷ. 우리은하의 ~~형태~~ 모양는 ~~(나)보다~~ ~~(가)~~에 가깝다.   (가) (나)

① ㄱ   ② ㄴ   ③ ㄱ, ㄷ   ④ ㄴ, ㄷ   ⑤ ㄱ, ㄴ, ㄷ

|자|료|해|설|

(가)는 특정한 모양이 나타나지 않는 불규칙 은하이다. (나)는 나선형이 뚜렷하게 보이는 나선 은하이다. 나선 은하의 중심부에는 주로 나이가 많은 별들이 분포하고, 나선팔에는 젊은 별들과 성간 물질이 많이 있다.

|보|기|풀|이|

ㄱ. 정답 : (가)는 규칙적인 형태가 없거나 구조가 명확하지 않은 불규칙 은하이다.

ㄴ. 오답 : 성간 물질이 존재해야 새로운 별이 생성되는데, 나선 은하의 중심부보다 나선팔에 성간 물질이 더 많이 존재한다. 따라서 (나)에서 별은 주로 나선팔에서 생성된다.

ㄷ. 오답 : 우리은하는 막대 나선 은하에 속하므로 (가)보다 (나)의 형태에 가깝다.

그림 (가)는 은하 A와 B의 가시광선 영상을, (나)는 A와 B의 특성을 나타낸 것이다.

구형에 가까울수록 E0형에 가까움 →

색지수

㉠

A가 B보다 큰 값을 갖는 특성

•A

•B

별의 평균 연령

A 타원 은하   B 불규칙 은하

(가)   (나)

이에 대한 설명으로 옳은 것을 〈보기〉에서 고른 것은? **3점**

보기   구형 ← 해당하지 않는다.

ㄱ. 허블의 은하 분류에 의하면 A는 E0에 ~~해당한다~~.

ㄴ. 은하는 B의 형태에서 A의 형태로 ~~진화한다~~ 은하의 형태와 진화 과정은 무관하다.

ㄷ. 은하의 질량에 대한 성간 물질의 비는 A가 B보다 작다.

ㄹ. 색지수는 (나)의 ㉠에 해당한다.

① ㄱ, ㄴ   ② ㄱ, ㄷ   ③ ㄱ, ㄹ   ④ ㄴ, ㄷ   ⑤ ㄷ, ㄹ

|자|료|해|설|

은하 A는 나선팔이 없는 타원 은하이다. B는 비대칭적인 모양인 불규칙 은하이다. 은하를 구분하는 기준은 형태이고 진화 과정이나, 연령 등에 영향을 받지 않는다. 타원 은하는 불규칙 은하에 비해 나이가 많은 붉은 별이 많이 분포해 있어 색지수가 크다. 또, 성간 물질은 타원 은하에는 거의 없고, 불규칙 은하에는 많다. 타원 은하는 타원의 편평도를 기준으로 E0~E7로 나눈다. E0로 갈수록 구형에 가깝고 E7에 갈수록 타원 형태가 두드러진다.

|보|기|풀|이|

ㄱ. 오답 : 타원 은하는 타원의 편평도를 기준으로 나뉘는데 E0에 가까울수록 구형에 가깝다. A는 구형이 아니고 타원형이 두드러지므로 E0에 해당하지 않는다.

ㄴ. 오답 : 허블의 분류법은 은하의 모양을 기준으로 하고 진화 과정과는 무관하다. 허블의 분류법으로는 은하 간의 진화 과정을 알 수 없다.

ㄷ. 정답 : 타원 은하에서 성간 물질이 차지하는 비는 불규칙 은하에 비해 많이 작다. 따라서 성간 물질의 비는 A가 B보다 작다.

ㄹ. 정답 : 타원 은하는 나이가 많은 별이 많이 분포해 있어 붉은 별이 많다. 따라서 색지수가 높다. (나)에서 A가 높은 ㉠ 값을 가지고 있으므로 색지수는 (나)의 ㉠에 해당한다.

😲 **문제풀이 TIP** | 허블의 은하 분류법은 은하의 형태가 기준이다. 타원 은하에 성간 물질은 거의 없고 나이 든 별이 많아 붉고, 색지수가 크다.

😲 **출제분석** | 허블의 은하 분류법에 관한 문제는 평이한 난도로 종종 출제된다. 형태에 따라 은하를 분류할 수 있는지, 은하의 대표적인 특징을 아는지 정도만 묻는 문제가 주로 출제되었는데 이 문항은 더 세부적인 내용을 묻고 있다. 낮은 난도의 문제만 풀어보았다면 어려울 수 있는 문제이다.

표는 허블의 은하 분류 기준과 이에 따라 분류한 은하의 종류를 나타낸 것이고, 그림은 은하 A의 가시광선 영상이다. (가)~(라)는 각각 타원 은하, 정상 나선 은하, 막대 나선 은하, 불규칙 은하 중 하나이고, A는 (가)~(라) 중 하나에 해당한다.

성간 물질
: 불규칙>나선>타원

젊은 별
: 불규칙>나선>타원
⇒ 불규칙: 푸른 별↑
타원: 붉은 별↑

분류 기준	(가) 막대 나선	(나) 정상 나선	(다) 불규칙	(라) 타원
규칙적인 구조가 있는가?	○	○	×	○
나선팔이 있는가?	○	○	×	×
중심부에 막대 구조가 있는가?	○	×	×	×

(○: 있다, ×: 없다)

A ➡ 타원 은하

이 자료에 대한 설명으로 옳은 것만을 <보기>에서 있는 대로 고른 것은?

보기

ㄱ. 은하의 질량에 대한 성간 물질의 질량비는 (가)가 (다)보다 작다.
　↳ 불규칙>나선>타원

ㄴ. 은하를 구성하는 별의 평균 표면 온도는 (나)가 (라)보다 높다.
　중심에 붉은 별, 나선팔에 푸른 별 ↵ 　↳ 붉은 별

ㄷ. A는 (라)에 해당한다.

① ㄱ   ② ㄷ   ③ ㄱ, ㄴ   ④ ㄴ, ㄷ   ✔⑤ ㄱ, ㄴ, ㄷ

|자|료|해|설|

규칙적인 구조가 있고, 나선팔과 막대 구조가 있는 (가)는 막대 나선 은하, 중심부에 막대 구조가 없는 (나)는 정상 나선 은하, 규칙적인 구조가 없는 (다)는 불규칙 은하, 규칙적인 구조이지만 나선팔이 없는 (라)는 타원 은하이다. A는 타원 모양의 은하이므로 타원 은하이다.
성간 물질은 불규칙 은하>나선 은하>타원 은하 순서로 많다. 따라서 젊은 별도 불규칙 은하>나선 은하>타원 은하 순서로 많다. 불규칙 은하에는 젊고 푸른 별이, 타원 은하에는 늙고 붉은 별이 많다. 나선 은하는 성간 물질이 나선팔에 많으므로, 중심부에는 늙고 붉은 별이, 나선팔에는 젊고 푸른 별이 많다.

|보|기|풀|이|

ㄱ. 정답 : 은하의 질량에 대한 성간 물질의 질량비는 불규칙 은하>나선 은하>타원 은하 순이다. 따라서 (가)가 (다)보다 작다.
ㄴ. 정답 : 은하를 구성하는 별의 평균 표면 온도는 푸른 별이 많은 (나)가 붉은 별이 많은 (라)보다 높다.
ㄷ. 정답 : A는 타원 은하이므로 (라)에 해당한다.

😮 **문제풀이 TIP** | 은하의 질량에 대한 성간 물질의 질량비는 불규칙 은하>나선 은하>타원 은하인데, 별은 성간 물질에서 생성되므로 새로운 별의 탄생도 불규칙 은하>나선 은하>타원 은하이다. 젊은 별은 온도가 높고 푸르며, 늙은 별은 온도가 낮고 붉다.

😀 **출제분석** | 외부 은하와 허블의 은하 분류는 1년에 1번 정도 출제되는 개념이다. 이 문제에서는 불규칙 은하, 타원 은하, 정상 나선 은하, 막대 나선 은하를 구분하고, 그 특징을 알고 있는지를 묻고 있다. 특히 A처럼 사진을 제시하고 은하를 찾는 보기는 꼭 하나씩 출제된다. 특징이 어렵지 않고, 개념을 꼬지 않고 그대로 출제하였으므로 난도는 낮은 편이다.

그림은 외부 은하 중 일부를 형태에 따라 (가), (나), (다)로 분류한 것이다.

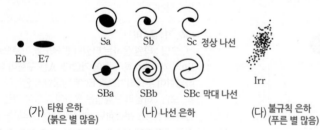

E0　E7

Sa　Sb　Sc 정상 나선

SBa　SBb　SBc 막대 나선

Irr

(가) 타원 은하 (붉은 별 많음)　　(나) 나선 은하　　(다) 불규칙 은하 (푸른 별 많음)

이에 대한 옳은 설명만을 <보기>에서 있는 대로 고른 것은?

보기

ㄱ. (가)는 타원 은하이다.

ㄴ. (나)의 은하들은 나선팔이 있다.

ㄷ. 은하를 구성하는 별의 평균 표면 온도는 (가)가 (다)보다 낮다.
　↳ 붉은 별은 T↓, 푸른 별은 T↑

① ㄱ   ② ㄷ   ③ ㄱ, ㄴ   ④ ㄴ, ㄷ   ✔⑤ ㄱ, ㄴ, ㄷ

|자|료|해|설|

(가)는 타원형이므로 타원 은하, (나)는 나선팔이 있으므로 나선 은하, (다)는 모양이 불규칙한 불규칙 은하이다.
(나)에서도 막대가 없으면 정상 나선 은하, 중심부에 막대가 있으면 막대 나선 은하이다.
타원 은하는 주로 나이가 많은 붉은 별이 많다. 불규칙 은하는 반대로 나이가 적은 푸른 별이 많다. 나선 은하는 그 사이이다.

|보|기|풀|이|

ㄱ. 정답 : (가)는 타원 은하이다.
ㄴ. 정답 : (나)는 나선팔이 있는 나선 은하이다.
ㄷ. 정답 : 은하를 구성하는 별의 평균 표면 온도는 붉은 별이 많은 (가) 타원 은하가 푸른 별이 많은 (다) 불규칙 은하보다 낮다.

😮 **문제풀이 TIP** | 타원 은하: 나선팔이 없는 타원형의 은하로, 비교적 나이가 많은 붉은색의 별들로 이루어짐
나선 은하: 중심부 막대 유무에 따라 정상 나선 은하, 막대 나선 은하로 나뉘며, 은하의 중심부에는 늙고 붉은 별들이, 나선팔에는 젊고 푸른 별들이 많이 분포한다.
불규칙 은하: 보통 규모가 작고, 성간 물질이 풍부하며, 젊은 별 (푸른 별)을 많이 포함

그림은 어느 외부 은하를 나타낸 것이다. A와 B는 각각 은하의 중심부와 나선팔이다.

이 은하에 대한 설명으로 옳은 것만을 〈보기〉에서 있는 대로 고른 것은?

(성간 물질↓→새로운 별↓
→늙고 붉은 별多)
중심부
A →막대 없음
B →정상 나선 은하
나선팔
(성간 물질 多→새로운별 탄생 多
→젊고 푸른 별 多)

보기

ㄱ. ~~막대~~ 나선 은하에 해당한다. (막대 없음) 정상
ㄴ. B에는 성간 물질이 ~~존재하지 않는다~~ 한다.
ㄷ. 붉은 별의 비율은 A가 B보다 높다.

① ㄱ   ② ㄴ   ✓③ ㄷ   ④ ㄱ, ㄴ   ⑤ ㄴ, ㄷ

|자|료|해|설|

이 은하는 중심부에 막대 모양이 없지만, 나선팔이 있으므로 정상 나선 은하이다.
은하의 중심부인 A에는 성간 물질이 적어서 새로운 별의 탄생이 적다. 따라서 늙고 붉은 별들이 많다. 은하의 나선팔인 B에는 성간 물질이 많아서 새로운 별의 탄생이 많고, 이에 따라 젊고 푸른 별들이 많다.

|보|기|풀|이|

ㄱ. 오답 : 이 은하는 중심부에 막대 구조가 없고, 나선팔이 존재하므로 정상 나선 은하이다.
ㄴ. 오답 : B 나선팔에는 성간 물질이 많이 존재한다.
ㄷ. 정답 : 나이가 많은 붉은 별의 비율은 은하의 중심부인 A에서 더 높다.

👀 **문제풀이 T I P |** 허블의 은하 분류는 모양에 따라 타원 은하, 나선 은하, 불규칙 은하로 나뉜다. 나선 은하는 중심의 막대 구조 유무에 따라 정상 나선 은하와 막대 나선 은하로 나뉜다.
나선 은하의 중심부에는 성간 물질이 적고, 나선팔에는 성간 물질이 많아 새로운 별의 탄생이 많다. 새로운 별이 많으면 대체로 고온의 푸른 별이 많다.

👀 **출제분석 |** 나선 은하의 기본적인 구조를 묻고 있는 문제이다. 자료와 보기 모두 알아보기 쉽고 어려운 내용이 아니라서 문제의 난이도는 매우 낮은 편이다. 외부 은하 단원에서는 퀘이사, 전파 은하, 세이퍼트은하와 같은 특이 은하를 다루는 경우가 더 많다. 어렵게 출제되면, 스펙트럼 자료를 주고 은하의 종류를 구분할 수 있는지를 묻는다.

그림 (가)와 (나)는 나선 은하와 타원 은하를 순서 없이 나타낸 것이다.

(가) 타원 은하   (나) 나선 은하

이에 대한 설명으로 옳은 것만을 〈보기〉에서 있는 대로 고른 것은?

보기

ㄱ. (가)는 타원 은하이다.
ㄴ. (나)에서 성간 물질은 주로 ~~은하 중심부~~에 분포한다. 나선팔
ㄷ. 은하는 (가)의 형태에서 (나)의 형태로 ~~진화한다~~ → 은하의 모양과
진화하지 않는다. 진화는 관련 없음

✓① ㄱ   ② ㄴ   ③ ㄱ, ㄷ   ④ ㄴ, ㄷ   ⑤ ㄱ, ㄴ, ㄷ

|자|료|해|설|

(가)는 나선팔이 없고 타원 모양을 하고 있으므로 타원 은하이고, (나)에서는 나선팔이 관측되므로 나선 은하이다.
타원 은하에는 성간 물질이 거의 존재하지 않아 젊은 별보다 나이가 많은 별들이 많다.
나선 은하의 중심에는 주로 나이가 많은 별들이 있으며, 나선팔에는 성간 물질과 젊은 별들이 분포한다.

|보|기|풀|이|

ㄱ. 정답 : (가)는 타원 모양을 하고 있는 타원 은하이다.
ㄴ. 오답 : (나)나선 은하에서 성간 물질은 주로 나선팔에 분포한다.
ㄷ. 오답 : 은하의 모양과 은하의 진화는 관련이 없다. 따라서 (가)의 형태에서 (나)의 형태로 진화하지 않는다.

그림은 두 은하 A와 B가 탄생한 후, 연간 생성된 별의 총질량을 시간에 따라 나타낸 것이다. A와 B는 허블 은하 분류 체계에 따른 서로 다른 종류이며, 각각 E0과 Sb 중 하나이다. 이에 대한 설명으로 옳은 것만을 〈보기〉에서 있는 대로 고른 것은?

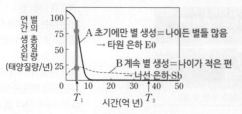

A 초기에만 별 생성=나이든 별들 많음
→ 타원 은하 E0

B 계속 별 생성=나이가 적은 편
나선 은하 Sb

보기 → Sb
ㄱ. B는 나선팔을 가지고 있다.   약 75 ← A   → 약 25
ㄴ. T_1일 때 연간 생성된 별의 총질량은 A가 B보다 크다.
ㄷ. T_2일 때 별의 평균 표면 온도는 B가 A보다 높다.
     → 젊은 별 많을수록↑

① ㄱ   ② ㄷ   ③ ㄱ, ㄴ   ④ ㄴ, ㄷ   ✔⑤ ㄱ, ㄴ, ㄷ

|자|료|해|설|
A는 초기에 폭발적으로 별이 많이 생성되고, 약 10억 년 이후로는 거의 별 생성이 없다. 즉, 나이 든 별이 많은 타원 은하 E0이다. B는 초기부터 꾸준하게 별이 생성되고 있으므로, 별들의 평균 나이가 적은 편이고, 그에 따라 평균 표면 온도가 높다. 이러한 은하는 나선 은하이므로 Sb이다.

|보|기|풀|이|
ㄱ. 정답 : B는 Sb이므로 나선팔을 가진 나선 은하이다.
ㄴ. 정답 : T_1일 때 연간 생성된 별의 총질량은 A가 약 75태양질량, B가 약 25태양질량이므로 A가 B보다 크다.
ㄷ. 정답 : T_2일 때 별의 평균 표면 온도는 젊은 별이 많은 B가 A보다 높다.

🤓 **문제풀이 TIP** | 타원 은하, 나선 은하, 불규칙 은하 순으로 별의 나이가 많아서 표면 온도가 낮고, 붉게 보인다. 불규칙 은하는 젊은 별의 비율이 가장 높아서 표면 온도가 높고 푸르게 보인다.

🤓 **출제분석** | 허블 은하 분류 체계에서는 모식도가 주로 출제되는데, 연간 생성된 별의 총질량 그래프를 제시하여 자료의 난이도가 높다. 자료 해석을 기반으로 ㄱ, ㄴ 보기를 판단해야 하고, ㄷ 보기는 별의 나이와 표면 온도를 연결해야 한다. 따라서 배점이 2점이지만 정답률은 높지 않은 난이도 중상 문제이다.

그림 (가)와 (나)는 가시광선 영역에서 관측한 퀘이사와 나선 은하를 나타낸 것이다. A는 은하 중심부이고 B는 나선팔이다. 이에 대한 설명으로 옳은 것만을 〈보기〉에서 있는 대로 고른 것은?

 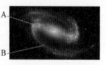

(가) 퀘이사   (나) 나선 은하
→ 특이 은하

보기
ㄱ. (가)는 은하이다.
ㄴ. (나)에서 붉은 별의 비율은 A가 B보다 높다.
ㄷ. 후퇴 속도는 (가)가 (나)보다 크다.

① ㄱ   ② ㄴ   ③ ㄱ, ㄷ   ④ ㄴ, ㄷ   ✔⑤ ㄱ, ㄴ, ㄷ

|자|료|해|설|
(가) 퀘이사는 특이 은하로 크기는 태양계 정도로 추정되지만 방출하는 에너지가 우리은하의 수백 배보다 크다. 퀘이사의 적색 편이는 매우 크게 나타나는데 이는 후퇴 속도가 매우 빠르다는 것을 의미한다.
(나)는 나선팔이 관측되는 나선 은하로 중심부에는 나이 많은 붉은 별이, 나선팔에는 젊은 별과 성간 물질이 주로 분포한다.

|보|기|풀|이|
ㄱ. 정답 : (가)는 퀘이사로 특이 은하의 한 종류이다.
ㄴ. 정답 : 붉은 별은 나이가 많은 별로 나선팔(B)보다 은하 중심부(A)에 주로 분포한다.
ㄷ. 정답 : 후퇴 속도는 퀘이사가 나선 은하보다 크다.

14 | 외부 은하, 특이 은하

정답 ② 정답률 53% 2022학년도 6월 모평 5번 문제편 287p

그림 (가)와 (나)는 가시광선으로 관측한 외부 은하와 퀘이사를 나타낸 것이다.

너무 멀어서 점처럼 보이지만 중심에 블랙홀이 있다고 추정되는 은하

(가) 외부 은하 (나선 은하)　(나) 퀘이사 (특이 은하)
　　　　　　　　　　　　　　　별×

이에 대한 설명으로 옳은 것만을 〈보기〉에서 있는 대로 고른 것은?

보기
ㄱ. (가)는 ~~불규칙~~ 은하이다.　나선
ㄴ. (나)는 ~~항성~~이다.　특이 은하
ㄷ. (나)는 우리은하로부터 멀어지고 있다.

① ㄱ　✓② ㄷ　③ ㄱ, ㄴ　④ ㄴ, ㄷ　⑤ ㄱ, ㄴ, ㄷ

└→ 적색 편이 큼=매우 멀리 있어서 빠르게 멀어짐

|자|료|해|설|
(가)는 나선형의 팔이 있고, 중심에 막대는 없으므로 정상 나선 은하이다. (나) 퀘이사는 우리은하로부터 너무 멀어서 점(별)처럼 보이지만 중심에 블랙홀이 있다고 추정되는 은하이다. 퀘이사는 우주 탄생 초기에 생성되었다고 알려져 있으며, 우리은하로부터 매우 멀리 떨어져 있으므로 후퇴 속도가 매우 빠르다.

|보|기|풀|이|
ㄱ. 오답 : (가)는 나선 은하이다.
ㄴ. 오답 : (나)는 별(항성)이 아닌 특이 은하로, 퀘이사이다.
ㄷ. 정답 : (나)는 우리은하로부터 매우 멀리 있으므로, 빠르게 멀어지고 있다.

😮 **문제풀이 TIP |** 나선팔이 있으면 나선 은하이다. 이 중에서 중심에 막대가 있으면 막대 나선 은하, 없으면 정상 나선 은하이다. 외부 은하에는 이외에도 타원 은하와 불규칙 은하가 있다. 이들은 이름과 무양이 일치하므로 구분하는 것이 어렵지 않다. 퀘이사는 특이 은하로, 중심부에 블랙홀이 있을 것이라고 추정된다.

😀 **출제분석 |** 퀘이사라는 것을 알려줬기 때문에 어려운 문제가 아니었다. 특이 은하가 어렵게 출제될 경우에는 적색 편이 스펙트럼 자료를 통해 매우 멀리 떨어진 은하라는 것을 유추하게 한다. 은하의 스펙트럼은 퀘이사뿐만 아니라, 일반 나선 은하를 출제할 때에도 자료로 제공되므로 고득점을 위해서는 은하의 스펙트럼을 구분해두는 것이 좋다.

---

15 | 특이 은하

정답 ① 정답률 76% 2020년 10월 학평 20번 문제편 287p

그림 (가)와 (나)는 서로 다른 두 은하의 스펙트럼과 H_α 방출선의 파장 변화(→)를 나타낸 것이다. (가)와 (나)는 각각 **퀘이사**와 일반 은하 중 하나이다.
└→ 고에너지 방출

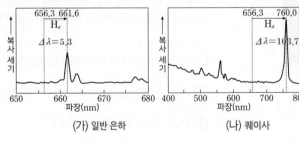

(가) 일반 은하　　　(나) 퀘이사

이에 대한 옳은 설명만을 〈보기〉에서 있는 대로 고른 것은?

보기 (나)의 파장 변화가 크므로
ㄱ. 퀘이사의 스펙트럼은 (나)이다.
ㄴ. 은하의 후퇴 속도는 (가)가 (나)보다 ~~크다~~.　작다
ㄷ. $\dfrac{\text{은하 중심부에서 방출되는 에너지}}{\text{은하 전체에서 방출되는 에너지}}$ 는 (가)가 (나)보다 ~~크다~~.　작다

✓① ㄱ　② ㄴ　③ ㄷ　④ ㄱ, ㄷ　⑤ ㄴ, ㄷ

|자|료|해|설|
스펙트럼 흡수선의 파장 변화량을 $\Delta\lambda(=\lambda'-\lambda)$라고 하면 외부 은하의 후퇴 속도는 $v=c\times\dfrac{\Delta\lambda}{\lambda}$ (c: 빛의 속도, λ: 원래 흡수선 파장, $\Delta\lambda$: 흡수선의 파장 변화량)이므로 적색 편이량이 큰 은하일수록 후퇴 속도가 빠르다. 따라서 높은 에너지를 방출하여 파장 변화가 더 큰 퀘이사의 스펙트럼은 (나)이다.

|보|기|풀|이|
ㄱ. 정답 : 퀘이사는 일반 은하에 비해 훨씬 더 먼 곳에서 빠른 속도로 멀어져 가고 있어 적색 편이량이 크게 나타나기 때문에 (나)가 퀘이사이다.
ㄴ. 오답 : 적색 편이량이 큰 은하일수록 후퇴 속도가 빠르므로 은하의 후퇴 속도는 (가)가 (나)보다 작다.
ㄷ. 오답 : 퀘이사는 일반 은하보다 은하 중심부에서 방출되는 에너지가 매우 크다.

😮 **문제풀이 TIP |** 적색 편이량이 큰 은하일수록 후퇴 속도가 빠르다.

😀 **출제분석 |** 퀘이사의 특징과 후퇴 속도와 적색 편이량의 관계를 이해하면 어렵지 않게 풀 수 있는 문제이다. 별처럼 보이는 퀘이사의 사진과 함께 특징을 묻는 문제도 빈번히 출제되므로 퀘이사의 사진도 기억해두는 것이 좋다.

Ⅲ 2 01 은하의 분류

정답 ② 정답률 72% 2023학년도 수능 3번 문제편 288p

그림 (가)와 (나)는 어느 은하를 각각 가시광선과 전파로 관측한 영상이며, ㉠은 제트이다.

이 은하에 대한 설명으로 옳은 것만을 <보기>에서 있는 대로 고른 것은? **3점**

(가)   (나)

보기

 있지 않다.
ㄱ. 나선팔을 가지고 있다.
ㄴ. 대부분의 별은 분광형이 A0인 별보다 표면 온도가 낮다.
ㄷ. ㉠은 암흑 물질이 분출되는 모습이 아니다.

① ㄱ   ✓② ㄴ   ③ ㄷ   ④ ㄱ, ㄷ   ⑤ ㄴ, ㄷ

|자|료|해|설|
전파 은하는 가시광선 영역에서 보면 일반적인 타원 은하처럼 보이나 전파 영상으로 보면 제트와 로브가 뚜렷하게 관측되는 특징을 가진다. 제트는 강한 전파 물질을 내뿜는다.

|보|기|풀|이|
ㄱ. 오답 : 전파 은하는 가시광선 영역에서 관측하면 타원 은하로 보이며, 타원 은하는 나선팔이 없다.
ㄴ. 정답 : 타원 은하는 대부분 온도가 낮고 나이가 많은 별들로 구성되어 있다. 따라서 대부분의 별들이 분광형이 A0인 별보다 표면 온도가 낮다.
ㄷ. 오답 : ㉠은 전파 영역의 물질이 분출되며 발생하는 것이다. 암흑 물질은 전자기파 영역에서 관측할 수 없으므로, ㉠은 암흑 물질이 분출되는 모습이 아니다.

😀 **문제풀이 T I P** | 가시광선 영역과 전파 영역에서의 영상 차이, 제트와 로브의 성질 등 기본적인 특성을 알고 있어야 한다.

😀 **출제분석** | 특이 은하에 대한 문제는 1–2년을 주기로 출제되며 전파 은하와 세이퍼트 은하, 퀘이사가 번갈아가며 출제된다. 각 은하에 대한 기본적인 특징을 알고 있다면 쉽게 해결할 수 있어 난이도가 높지 않은 문제가 자주 출제되나, 타원 은하와 나선 은하 등 일반 은하에 비해 특이 은하에 대해서 학생들이 좀 더 어려움을 느끼고 특징을 알아두고 있지 않아 난이도에 비해 정답률이 낮은 편이다.

정답 ⑤ 정답률 74% 2021년 4월 학평 18번 문제편 288p

그림은 어느 전파 은하의 영상을 나타낸 것이다. (가)와 (나)는 각각 가시광선 영상과 전파 영상 중 하나이고, (다)는 (가)와 (나)의 합성 영상이다.
└ 중심핵＋제트＋전파 로브

(가) 타원 은하처럼 관찰   (나) 제트 관찰   (다)
=가시광선 영상   =전파 영상

이에 대한 설명으로 옳은 것만을 <보기>에서 있는 대로 고른 것은?

보기

ㄱ. (가)는 가시광선 영상이다.
ㄴ. (나)에서는 제트가 관측된다.
ㄷ. 이 은하는 특이 은하에 해당한다.

① ㄱ   ② ㄷ   ③ ㄱ, ㄴ   ④ ㄴ, ㄷ   ✓⑤ ㄱ, ㄴ, ㄷ

|자|료|해|설|
전파 은하는 중심핵, 제트, 전파 로브가 함께 나타나는 은하이다. 특이 은하로, 가시광선 영역에서 볼 때는 중심핵만 보이면서 타원 은하처럼 보인다. 전파로 관측하면 제트가 관찰된다. 따라서 타원 은하처럼 보이는 (가)는 가시광선 영상, 제트가 보이는 (나)는 전파 영상이다.

|보|기|풀|이|
ㄱ. 정답 : (가)는 중심핵만 보여서 타원 은하처럼 보이므로 가시광선 영상이다.
ㄴ. 정답 : (나)에서는 중심핵에서 뻗어나가는 제트가 관측된다.
ㄷ. 정답 : 전파 은하는 특이 은하이다.

😀 **문제풀이 T I P** | 특이 은하는 전파 은하, 세이퍼트 은하, 퀘이사이다.
가시광선 영역에서 전파 은하는 타원 은하처럼, 세이퍼트 은하는 나선 은하처럼 관측된다. 세이퍼트 은하와 퀘이사는 모두 중심부에 질량이 큰 블랙홀이 있을 것으로 추정된다.

😀 **출제분석** | 특이 은하 중 전파 은하만 다루고 있고, 보기가 매우 평이해서 문제의 난이도는 낮다. 특이 은하 자체가 아주 출제 빈도가 높은 개념은 아니지만 매년 1, 2문제씩 꾸준히 출제되고 있으며, 어렵게 출제될 때는 방출선을 자료로 제시하고, 퀘이사와 세이퍼트 은하의 특징을 묻곤 한다.

그림은 특이 은하 (가)와 (나)의 스펙트럼을 나타낸 것이다. (가)와 (나)는 각각 퀘이사와 세이퍼트 은하 중 하나이다.

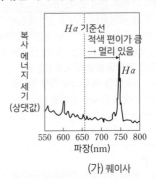

(가) 퀘이사

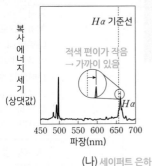

(나) 세이퍼트 은하

이에 대한 옳은 설명만을 〈보기〉에서 있는 대로 고른 것은? **3점**

보기

ㄱ. 은하의 후퇴 속도는 (가)가 (나)보다 크다. → 멀리 있을수록 후퇴 속도는 크다.

ㄴ. (가)는 퀘이사이다.

ㄷ. (나)와 같은 종류의 특이 은하는 대부분 나선 은하의 형태로 관측된다.

① ㄱ   ② ㄷ   ③ ㄱ, ㄴ   ④ ㄴ, ㄷ   ✓⑤ ㄱ, ㄴ, ㄷ

|자|료|해|설|

퀘이사는 우리 은하에서 굉장히 멀리 떨어져 있다. 그에 반해 세이퍼트 은하는 우리 은하에 가깝게 위치하고 있다. 복사 에너지의 세기가 가장 큰 파장의 값을 보면 (가)가 (나)보다 크다. 멀리 있는 은하일수록 흡수되는 스펙트럼의 파장이 길기 때문에 (가)가 (나)보다 멀리 있는 퀘이사이다. 멀리 있는 은하의 후퇴 속도는 가까이 있는 은하보다 더 크므로 '(가)-퀘이사'의 후퇴 속도는 '(나)-세이퍼트 은하'보다 크다. 세이퍼트 은하는 대부분 나선 은하의 형태로 관측된다.

|보|기|풀|이|

ㄱ. 정답 : (가)는 퀘이사, (나)는 세이퍼트 은하이다. 멀리 있을수록 후퇴 속도가 빠르므로 은하의 후퇴 속도는 (가)가 (나)보다 크다.

ㄴ. 정답 : (가)의 복사 에너지 세기가 가장 큰 파장이 (나)보다 더 길므로 더 멀리 있는 은하임을 알 수 있다. 퀘이사는 멀리, 세이퍼트 은하는 가까이 있는 은하이므로 (가)는 퀘이사이다.

ㄷ. 정답 : 세이퍼트 은하는 그 특징이 비슷한 은하들을 분류해 놓은 것으로 대부분 나선 은하의 형태로 관측된다.

🤪 **문제풀이 TIP** | 퀘이사와 세이퍼트 은하는 확실히 구분되는 특징이 있다. 또한 흡수 스펙트럼에서 파장이 길면 적색 편이가 크다.

😲 **출제분석** | 특이 은하의 종류와 특징에 관한 문제는 자주 출제되지 않는다. 내용 자체는 쉽게 접근할 수 있지만, 자료를 활용하여 문제가 출제되면 자료를 해석하는 것이 까다롭다. 공부할 때 그림, 표, 그래프 등을 꼼꼼히 분석하는 노력이 필요하다.

---

19 특이 은하   정답 ①   정답률 69%   2022년 7월 학평 17번   문제편 288p

그림 (가)는 가시광선 영역에서 관측된 어느 퀘이사를, (나)는 퀘이사의 적색 편이에 따른 개수 밀도를 나타낸 것이다.

→ 매우 멀리 있어서 별처럼 보이지만 은하!

(가)

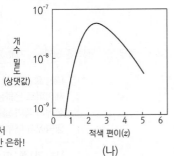

(나)

이에 대한 설명으로 옳은 것만을 〈보기〉에서 있는 대로 고른 것은?

보기 → 은하

ㄱ. 퀘이사의 광도는 항성의 광도보다 크나. → 외부에

ㄴ. 퀘이사는 우리은하 ~~대부에~~ 있는 천체이다. 없다.

ㄷ. 퀘이사의 개수 밀도는 정상 우주론으로 설명할 수 ~~있다.~~
→ 퀘이사의 개수 밀도 일정해야 함

✓① ㄱ   ② ㄴ   ③ ㄱ, ㄷ   ④ ㄴ, ㄷ   ⑤ ㄱ, ㄴ, ㄷ

|자|료|해|설|

퀘이사는 매우 멀리 있어서 하나의 별처럼 보이지만 은하 규모의 천체인 특이 은하이다. 정상 우주론은 우주가 팽창함에 따라 새로운 물질이 생성되어 우주의 밀도가 항상 일정하게 유지된다는 내용의 이론이다. 따라서 정상 우주론에 의하면 적색 편이와 상관없이 퀘이사의 개수 밀도가 일정해야 하는데, (나)를 보면 적색 편이에 따라 퀘이사의 개수 밀도가 다르므로 퀘이사의 개수 밀도는 정상 우주론으로 설명할 수 없다.

|보|기|풀|이|

ㄱ. 정답 : 퀘이사는 은하 규모의 천체이므로, 퀘이사의 광도는 항성의 광도보다 크다.

ㄴ. 오답 : 퀘이사는 매우 큰 적색 편이가 나타나는 것으로 보아 아주 멀리 있으므로, 우리은하 외부에 있는 천체이다.

ㄷ. 오답 : (나)의 그래프를 보면, 적색 편이에 따라 퀘이사의 개수 밀도가 서로 다르다. 정상 우주론에 의하면 거리와 상관없이 퀘이사의 개수 밀도가 일정해야 하므로, 퀘이사의 개수 밀도는 정상 우주론으로 설명할 수 없다.

🤪 **문제풀이 TIP** | 퀘이사는 우리은하로부터 매우 멀리 있어서 하나의 별처럼 보이지만 중심부에 거대한 블랙홀이 있다고 추정되는 특이 은하이다. 이는 우주 탄생 초기에 생성되어 긴 시간 동안 먼 거리를 이동해서 현재 우리에게 관측된다.

😲 **출제분석** | 이 문제는 특이 은하 중에서도 퀘이사만을 다루고 있다. ㄱ 보기와 ㄴ 보기는 퀘이사의 개념을 안다면 쉽게 판단할 수 있는 선지이다. 관건은 ㄷ 보기였는데, 특이 은하와 우주론의 개념을 엮어서 출제하여 생소하고 어렵게 느껴졌을 것이다. 그러나 정상 우주론은 우주가 팽창하지만 밀도가 일정하게 유지된다는 이론으로, 정상 우주론에 의하면 거리가 멀어져도 개수 밀도가 일정해야 한다는 것을 파악하면 알맞은 답을 고를 수 있었다.

그림 (가)는 세이퍼트은하, (나)는 전파 은하를 관측한 것이다.

(가) 세이퍼트 은하   (나) 전파 은하

이에 대한 옳은 설명만을 〈보기〉에서 있는 대로 고른 것은?

보기

ㄱ. (가)에서는 나선팔이 관측된다.
ㄴ. (나)에서는 제트가 관측된다.
ㄷ. (가)와 (나)는 모두 특이 은하에 속한다.

① ㄱ   ② ㄷ   ③ ㄱ, ㄴ   ④ ㄴ, ㄷ   ✓⑤ ㄱ, ㄴ, ㄷ

|자|료|해|설|
특이 은하는 허블의 은하 분류 체계로 분류되지 않는 새로운 유형의 은하로 전파 은하, 세이퍼트 은하, 퀘이사 등이 있다. (가)는 세이퍼트 은하로 은하 중심부가 예외적으로 밝고 푸른색을 띤다. 가시광선 영역에서 대부분 나선은하로 관측되고 전체 나선 은하들 중 약 2%가 세이퍼트 은하로 분류된다. (나)는 전파 은하로 일반 은하보다 수백~수백만 배 이상의 강한 전파를 방출하는 은하로 중심핵 양쪽에 강력한 전파를 방출하는 로브(lobe)라고 하는 둥근 돌출부가 있고 중심핵에서 로브로 이어지는 제트가 대칭적으로 관측된다.

|보|기|풀|이|
ㄱ. 정답 : 나선 은하 중 2%는 세이퍼트 은하이다.
ㄴ. 정답 : 전파 은하는 중심핵에서 로브로 이어지는 제트가 대칭적으로 관측된다.
ㄷ. 정답 : 세이퍼트 은하와 전파 은하는 특이 은하에 속한다.

😮 **문제풀이 T I P** | 전파 은하의 경우 가시광선 영역에서 대부분 타원 은하로 관측되고, 세이퍼트 은하의 경우 대부분 나선 은하로 관측된다. 또 다른 특이 은하인 퀘이사는 가시광선 뿐 아니라 모든 파장에서 매우 강한 에너지를 방출하지만 매우 멀리 있어 별처럼 관측된다.

😀 **출제분석** | 자주 출제되는 사진자료이며, 그림만 제대로 보아도 나선팔과 제트의 유무를 알 수 있는 어렵지 않은 수준의 문항이다.

그림 (가)는 가시광선 영역에서 관측된 어느 세이퍼트 은하를, (나)는 이 은하에서 관측된 스펙트럼을 나타낸 것이다.

은하핵과 나선팔이 관측됨

(가)

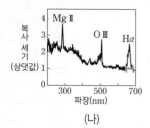

(나)

이에 대한 설명으로 옳은 것만을 〈보기〉에서 있는 대로 고른 것은?

보기

ㄱ. (가)는 허블의 은하 분류에서 나선 은하에 해당한다. → 은하핵과 나선팔이 관측됨
ㄴ. (나)는 ~~전파~~ 영역에서 관측된 스펙트럼이다. 가시광선
ㄷ. (나)에는 폭이 넓은 수소 방출선이 나타난다.

① ㄱ   ② ㄴ   ✓③ ㄱ, ㄷ   ④ ㄴ, ㄷ   ⑤ ㄱ, ㄴ, ㄷ

|자|료|해|설|
세이퍼트 은하는 중심부의 광도가 매우 높고, 스펙트럼 상에서 폭이 넓은 선을 방출하는 은하이다. 가시광선 영역에서 대부분 나선 은하로 관측된다.

|보|기|풀|이|
ㄱ. 정답 : (가)는 가시광선 영역에서 관측한 세이퍼트 은하로, 세이퍼트 은하는 가시광선 영역에서 은하핵과 나선팔로 구성된 나선 은하로 관측된다.
ㄴ. 오답 : (나)는 가시광선 영역에서 관측된 스펙트럼이다. 전파 영역의 파장은 가시광선 영역의 파장보다 길다.
ㄷ. 정답 : (나)는 세이퍼트 은하에서 관측된 스펙트럼으로 스펙트럼 상에서 폭이 넓은 선이 관측된다. (나)에서 수소 방출선은 다른 선에 비해 폭이 넓다.

😮 **문제풀이 T I P** | 세이퍼트 은하는 중심부의 광도가 매우 높고, 스펙트럼 상에서 폭이 넓은 방출선을 갖는다. 가시광선 영역에서 대부분 나선 은하로 관측된다.

😀 **출제분석** | 특이 은하에 관한 문제로 고난도로 출제하기 어려운 유형이다. 특이 은하의 종류와 그 특징을 잘 알아두면 웬만한 문제는 다 풀 수 있다.

그림 (가)는 지구에서 관측한 어느 퀘이사 X의 모습을, (나)는 X의 스펙트럼과 Hα 방출선의 파장 변화(→)를 나타낸 것이다. X의 절대 등급은 −26.7이고, 우리은하의 절대 등급은 −20.8이다.

절대 등급 5.9등급 차이 → 광도 100배 이상 차이

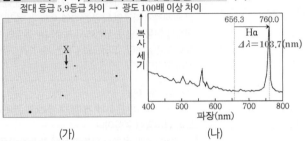

(가)   (나)

이에 대한 옳은 설명만을 〈보기〉에서 있는 대로 고른 것은? **3점**

보기

ㄱ. X는 많은 별들로 이루어진 천체이다

ㄴ. $\dfrac{\text{X의 광도}}{\text{우리은하의 광도}}$ 는 100보다 작다. 크다.

ㄷ. X보다 거리가 먼 퀘이사의 스펙트럼에서는 Hα 방출선의 파장 변화량이 103.7nm보다 크다.

① ㄱ   ② ㄴ   ③ ㄱ, ㄴ   ④ ㄱ, ㄷ   ⑤ ㄴ, ㄷ

$v = H \cdot r$
$r \uparrow \rightarrow v(\text{후퇴 속도}) \uparrow \rightarrow \Delta\lambda \uparrow$

| 자 | 료 | 해 | 설 |

퀘이사 X는 하나의 별처럼 보이지만 많은 별들로 이루어진 은하 규모의 천체이다. 퀘이사와 우리은하의 절대 등급은 5.9등급 차이로 퀘이사의 광도가 우리은하와 비교해 100배 이상 크다. 거리가 멀어지면 적색 편이량이 증가한다.

| 보 | 기 | 풀 | 이 |

ㄱ. 정답 : 퀘이사 X는 너무 밝아 하나의 별처럼 보이지만 많은 별들로 이루어진 은하 규모의 천체이다.

ㄴ. 오답 : X와 우리은하의 절대 등급이 5.9등급 차이이므로 $\dfrac{\text{X의 광도}}{\text{우리은하의 광도}}$ 는 100보다 크다.

ㄷ. 정답 : (나)에서 $\Delta\lambda$는 103.7nm인데 거리가 멀수록 후퇴 속도가 커지고 적색 편이가 크기 때문에 X보다 거리가 먼 퀘이사의 스펙트럼에서는 Hα 방출선의 파장 변화량이 103.7nm보다 크다.

😀 **문제풀이 T I P** | [허블 법칙]

$v = H \cdot r$

$\therefore v = c \times \dfrac{\Delta\lambda}{\lambda_0} = cz = H \cdot r$

[외부 은하의 적색 편이량과 후퇴 속도의 관계]

$v = c \times \dfrac{\Delta\lambda}{\lambda_0}$ (c : 빛의 속도, λ_0 : 흡수선의 원래 파장, $\Delta\lambda$: 흡수선의 파장 변화량)

⇒ 적색 편이량이 클수록 후퇴 속도가 빠르다.

😀 **출제분석** | 두 개의 자료를 비교하는 문제이지만 개념적으로는 크게 어렵지 않은 난이도이다.

그림은 전파 은하 M87의 가시광선 영상과 전파 영상을 나타낸 것이다.

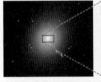

가시광선 영상   전파 영상   전파 영상
⇒ 타원 은하처럼 관측   중심(블랙홀 있음)

이 은하에 대한 설명으로 옳은 것만을 〈보기〉에서 있는 대로 고른 것은?

성간 물질↓ ⇒ 젊은 별<늙은 별
(푸른색) (붉은색)

보기

ㄱ. 은하를 구성하는 별들은 푸른 별이 붉은 별보다 많다. 적다

ㄴ. 제트에서는 별이 활발하게 탄생한다. 하지 않는다

ㄷ. 중심에는 질량이 거대한 블랙홀이 있다.

① ㄱ   ② ㄷ   ③ ㄱ, ㄴ   ④ ㄴ, ㄷ   ⑤ ㄱ, ㄴ, ㄷ

| 자 | 료 | 해 | 설 |

전파 은하는 가시광선 영역에서 타원 은하처럼 관측된다. 즉, 성간 물질이 적어 새로운 별의 탄생이 적게 나타나므로 푸른색의 젊은 별보다 붉은색의 늙은 별이 더 많이 관측된다.

전파 영상에서는 중심에서 제트가 뿜어져 나오고, 큰 로브가 관측된다. 전파 은하의 중심에는 거대한 블랙홀이 있을 것이라고 추정된다.

| 보 | 기 | 풀 | 이 |

ㄱ. 오답 : 은하를 구성하는 별들은 푸른 별보다 붉은 별이 더 많다.

ㄴ. 오답 : 제트에서는 별이 활발하게 탄생하지 않는다.

ㄷ. 정답 : 전파 은하의 중심에는 질량이 거대한 블랙홀이 있다.

😀 **문제풀이 T I P** | 전파 은하는 중심에 핵을 가지고 양쪽에 로브라는 거대한 돌출부가 있으며, 로브와 핵이 제트로 연결되어 있는 대칭적인 구조이다. 전파 영역에서 매우 강한 복사를 방출하고, 중심에는 블랙홀이 있을 것이라고 추정된다.

😀 **출제분석** | 특이 은하는 전파 은하, 세이퍼트 은하, 퀘이사 세 종류가 있는데 이 중에서 세이퍼트 은하와 퀘이사는 스펙트럼을 보고 넓은 방출선이나 적색 편이를 구분하는 보기가 자주 출제된다. 전파 은하보다는 난이도가 높은 편이다. 전파 은하는 중심핵, 제트, 로브라는 구조를 꼭 물어본다(ㄴ 보기, ㄷ 보기). ㄱ 보기가 당황스러울 수 있으나, 타원 은하로 관측된다는 점을 떠올리면 어렵지 않게 문제를 풀 수 있다. ㄱ, ㄴ 보기가 없으므로 ㄱ 보기를 헷갈리더라도 오답을 고를 확률은 낮았다.

그림 (가)와 (나)는 어느 전파 은하의 가시광선 영상과 전파 영상을 순서 없이 나타낸 것이다.

(가) 가시광선   (나) 전파

이 은하에 대한 옳은 설명만을 <보기>에서 있는 대로 고른 것은?

보기

ㄱ. (가)는 ~~전파~~ 영상이다. → 가시광선

ㄴ. 허블의 분류 체계에 따르면 타원 은하에 해당한다.

ㄷ. ㉠은 은하 중심부에서 방출되는 물질의 흐름이다. → 제트

① ㄱ   ② ㄴ   ③ ㄱ, ㄷ   ✓④ ㄴ, ㄷ   ⑤ ㄱ, ㄴ, ㄷ

| 자 | 료 | 해 | 설 |

전파 은하는 특이 은하 중 하나로 중심핵에서 제트를 강하게 분출한다. 가시광선 영상으로 전파 은하를 관측하면 거대한 타원 은하로 관측되기 때문에 허블의 분류 체계에 따르면 타원 은하에 속한다. 하지만 전파 영상을 이용하면 중심핵에서 분출되는 물질의 흐름인 제트가 관찰된다. 그러므로 (가)는 가시광선 영상, (나)는 전파 영상이다.

| 보 | 기 | 풀 | 이 |

ㄱ. 오답 : (가)는 은하가 거대한 타원으로 관측되는 것으로 보아 가시광선 영상이다.

ㄴ. 정답 : 전파 은하는 허블의 분류 체계에 따르면 타원 은하에 해당한다.

ㄷ. 정답 : ㉠은 중심핵에서 강하게 분출되는 물질의 흐름인 제트이다.

😮 **문제풀이 TIP** | 전파 은하의 특징에 대해 알고 있다면 쉽게 해결할 수 있지만 그렇지 않다면 유추해서 풀기 힘든 유형이다. 특이 은하의 종류가 많지 않으므로 각각의 특징에 대해서는 숙지해두어야 간단한 문제를 놓치지 않을 수 있다.

😀 **출제분석** | 특이 은하와 은하의 분류에 대한 문제는 매년 출제될 가능성이 있는 유형이다. 주로 기본 개념에 대해 묻는 문제로 난이도가 높지 않아 놓쳐서는 안 될 유형이다.

그림 (가), (나), (다)는 각각 세이퍼트은하, 퀘이사, 전파 은하의 영상을 나타낸 것이다. (가)와 (나)는 가시광선 영상이고, (다)는 가시광선과 전파로 관측하여 합성한 영상이다.

로브

제트 : 이온화된 기체의 흐름

중심부가 매우 밝아서 별처럼 보임

(가) 세이퍼트 은하   (나) 퀘이사   핵   (다) 전파 은하

이 자료에 대한 설명으로 옳은 것만을 <보기>에서 있는 대로 고른 것은? 3점

보기

ㄱ. (가)와 ~~(다)~~의 은하 중심부 별들의 회전축은 관측자의 시선 방향과 일치한다.

ㄴ. 각 은하의 $\dfrac{중심부의\ 밝기}{전체의\ 밝기}$ 는 (나)의 은하가 가장 크다. → 퀘이사

ㄷ. (다)의 제트는 은하의 중심에서 방출되는 ~~별들~~의 흐름이다. → 이온화된 기체

① ㄱ   ✓② ㄴ   ③ ㄷ   ④ ㄱ, ㄴ   ⑤ ㄴ, ㄷ

| 자 | 료 | 해 | 설 |

허블의 은하 분류 체계로 분류된 새로운 유형의 은하로 (가)는 세이퍼트 은하, (나)는 퀘이사, (다)는 전파 은하이다.

| 보 | 기 | 풀 | 이 |

ㄱ. 오답 : (가)는 은하 중심부 별들의 회전축이 관측자의 시선 방향과 거의 일치허지만, (다)는 은하 중심부 별들의 회전축이 관측자의 시선 방향과 일치하지 않는다.

ㄴ. 정답 : (나)의 퀘이사는 중심부(은하핵)의 밝기는 매우 밝지만, 매우 멀리 있어서 하나의 별처럼 보이므로 $\left(\dfrac{중심부의\ 밝기}{전체의\ 밝기}\right)$는 (가)와 (다)에 비해 (나)의 은하가 크다.

ㄷ. 오답 : (다)의 전파 은하에서는 중심부를 기준으로 이온화된 기체의 흐름인 제트가 대칭적으로 관측된다.

😮 **문제풀이 TIP** | 특이 은하에 대해서는 아직 밝혀진 바가 없어 내용이 구체적이지 않지만 교과서 수준으로는 반드시 기억하는 것이 좋다.

😀 **출제분석** | 어렵지는 않았으나 익숙하지 않아 정답률이 매우 낮았던 문제이다. ㄱ 선지에서 전파은하의 회전축을 헷갈리지 말고 잘 숙지하고 있어야 한다.

그림은 어느 퀘이사의 스펙트럼 분석 자료 중 일부를 나타낸 것이다.
A와 B는 각각 방출선과 흡수선 중 하나이다.

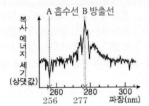

	(단위 : nm)
A의 정지 상태 파장	112
A의 관측 파장	256
B의 정지 상태 파장	㉠
B의 관측 파장	277

$z = \dfrac{144}{112}$

$z = \dfrac{277-㉠}{㉠}$

이에 대한 설명으로 옳은 것만을 〈보기〉에서 있는 대로 고른 것은?

A의 z = B의 z

보기
㉠. A는 흡수선이다.
㉡. ㉠은 133이다. (약 121)
㉢. 이 퀘이사는 우리은하로부터 멀어지고 있다. → 적색 편이

→ 방법 1 : $\dfrac{144}{112} = \dfrac{277-㉠}{㉠}$
∴ ㉠ 121.19 (133보다 작음)
→ 방법 2 : 256 < 277이므로 112 < ㉠
이고 z(편이량) = $\dfrac{\lambda - \lambda_0}{\lambda_0}$ 이므로
144 < 277 - ㉠이다.
∴ ㉠ < 133

① ㄱ　　② ㄴ　　✓③ ㄱ, ㄷ　　④ ㄴ, ㄷ　　⑤ ㄱ, ㄴ, ㄷ

|자|료|해|설|
A는 흡수선, B는 방출선이다. 이 퀘이사의 분석 자료에서 적색 편이가 나타나는 것으로 보아 우리은하로부터 멀어지고 있음을 알 수 있다. A와 B의 파장은 하나의 퀘이사로부터 기인한 것이므로 적색 편이량 $\left(z = \dfrac{\lambda - \lambda_0}{\lambda_0}\right)$ 은 같다. 또한 정지 상태 파장이 길수록 관측 파장과 정지 상태 파장의 차이 $(\lambda - \lambda_0)$ 가 크므로 ㉠은 133보다 작다.

|보|기|풀|이|
㉠. 정답 : A는 복사 에너지 값이 작으므로 흡수선이다.
㉡. 오답 : $\dfrac{144}{112} = \dfrac{277-㉠}{㉠}$ 이므로 ㉠은 약 121.19로 133보다 작다.
㉢. 정답 : 이 퀘이사는 적색 편이가 나타나는 것으로 보아 우리은하로부터 멀어지고 있다.

😲 **문제풀이 T I P |** 같은 퀘이사에서 관측한 흡수선과 방출선이므로 적색 편이량 $\left(z = \dfrac{\lambda - \lambda_0}{\lambda_0}\right)$ 의 값이 같다는 점을 알아야한다. 굳이 ㉠ 값을 정확하게 구할 필요는 없고, A의 관측 파장 (256)보다 B의 관측 파장(277)이 길기 때문에 A의 정지 상태 파장(112)보다 B의 정지 상태 파장(㉠)이 더 길고 $\dfrac{144}{112} = \dfrac{277-㉠}{㉠}$ 이므로 144 < 277 - ㉠이라는 개념으로 충분히 풀 수 있다.

😲 **출제분석 |** 같은 천체에서 관측된 흡수선과 방출선이므로 적색 편이량이 같다는 개념을 알고 값을 비교해야 풀 수 있기 때문에 고난도 문제이다.

그림 (가)와 (나)는 정상 나선 은하와 타원 은하를 순서 없이 나타낸 것이다.
이에 대한 설명으로 옳은 것만을 〈보기〉에서 있는 대로 고른 것은? 3점

(가)　　　　　(나)
정상 나선 은하　　타원 은하

보기
ㄱ. 별의 평균 나이는 (가)가 (나)보다 많다. (적다)
ㄴ. 주계열성의 평균 질량은 (가)가 (나)보다 크다.
ㄷ. (나)에서 별의 평균 표면 온도는 분광형이 A0인 별보다 높다. (낮다)
　　　　　　　약 6000K 이하　약 10000K

① ㄱ　　✓② ㄴ　　③ ㄷ　　④ ㄱ, ㄴ　　⑤ ㄴ, ㄷ

|자|료|해|설|
(가)는 나선팔이 존재하는 정상 나선 은하이고, (나)는 타원 은하이다.
정상 나선 은하의 중심에는 붉은색 별이 많고, 나선팔에는 성간 물질과 파란색 별이 많다. 타원 은하는 주로 붉은색 별로 구성되어 있고, 성간 물질이 거의 없어 새로 태어난 젊은 별이 거의 존재하지 않는다.
주계열성에서 파란색 별은 질량이 크고, 표면 온도는 높으며 주계열성에 머무르는 시간은 짧다. 주계열성에서 붉은색 별은 질량이 작고, 표면 온도는 낮으며 주계열성에 머무르는 시간은 길다. 따라서 정상 나선 은하에 있는 주계열성은 주로 붉은색 별로 구성된 타원 은하에 비해 평균 나이가 적고, 평균 질량이 크다.

|보|기|풀|이|
ㄱ. 오답 : 정상 나선 은하의 중심에는 주로 붉은색 별이 분포하고, 나선팔에는 파란색 별이 분포한다. 타원 은하에는 주로 붉은색 별이 존재하므로 별의 평균 나이는 붉은색 별의 비중이 높은 (나)가 (가)보다 많다.
ㄴ. 정답 : 주계열성 중 파란색 별은 붉은색 별에 비해 질량이 크므로 파란색 별의 비중이 더 큰 (가)가 (나)보다 평균 질량이 크다.
ㄷ. 오답 : 분광형이 A0인 별의 표면 온도는 약 10000K 정도이고, 붉은색 별의 표면 온도는 약 6000K 이하이다. 따라서 대부분 붉은색 별로 이루어져 있는 (나)에서 별의 평균 표면 온도는 분광형이 A0인 별보다 낮다.

😲 **출제분석 |** 은하의 특징과 별의 분류를 함께 물어보는 문항이다. 은하에 대한 공부만으로는 해결할 수 없는 문항으로, 별의 표면 온도와 분광형, 색의 관계뿐만 아니라 주계열성의 특징까지도 같이 묻고 있어 앞 소단원의 내용도 정확히 이해하고 있어야 해결할 수 있다. 같은 대단원 안에서는 이러한 연계 문항이 충분히 출제될 수 있으니 뒤에 나오는 내용을 공부할 때는 앞에서 공부한 내용도 인지하며 정리하는 것이 좋다.

III 2 I 01 은하의 분류

그림 (가)는 은하 ㉠과 ㉡의 모습을, (나)는 은하의 종류 A와 B가 탄생한 이후 시간에 따라 연간 생성된 별의 질량을 추정하여 나타낸 것이다. ㉠과 ㉡은 각각 A와 B 중 하나에 속한다.

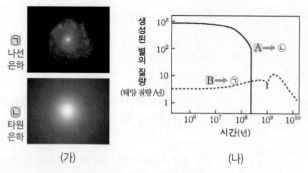

㉠ 나선 은하

㉡ 타원 은하

(가)   (나)

이 자료에 대한 옳은 설명만을 〈보기〉에서 있는 대로 고른 것은?

(3점)

보기

ㄱ. 은 A에 속한다. [㉠ / ㉡]

ㄴ. 은하의 질량 중 성간 물질이 차지하는 질량의 비율은 ㉠이 ㉡보다 크다.

ㄷ. 은하가 탄생한 이후 10^{10}년이 지났을 때 은하를 구성하는 별의 평균 표면 온도는 A가 B보다 ~~높다.~~ 낮다

① ㄱ   ✓② ㄴ   ③ ㄱ, ㄷ   ④ ㄴ, ㄷ   ⑤ ㄱ, ㄴ, ㄷ

|자|료|해|설|

㉠은 나선팔이 보이는 나선 은하이고, ㉡은 나선팔이 보이지 않고 타원 모양인 타원 은하이다. 나선 은하는 성간 물질이 많아 새로 생성되는 별이 존재하지만, 타원 은하에는 성간 물질이 거의 없어 새로 생성되는 별이 거의 없다. (나)에서 어느 정도 시간이 흐른 후에는 A에서 새로운 별이 생성되지 않으므로 ㉡은 A, ㉠은 B에 속한다.

|보|기|풀|이|

ㄱ. 오답 : A에서 어느 정도 시간이 흐른 후에는 새로운 별이 생성되지 않으므로 ㉡과 같은 타원 은하가 A에 속한다.

ㄴ. 정답 : 나선 은하에는 성간 물질이 많고, 타원 은하에는 성간 물질이 적으므로 은하의 질량 중 성간 물질이 차지하는 질량의 비율은 나선 은하(㉠)가 타원 은하(㉡)보다 크다.

ㄷ. 오답 : 타원 은하에는 표면 온도가 낮고 나이가 많은 붉은 별들이 많고, 정상 나선 은하에는 젊은 별이 많다. 따라서 은하가 탄생한 이후 10^{10}년이 지났을 때 은하를 구성하는 별의 평균 표면 온도는 타원 은하가 속하는 A가 정상 나선 은하가 속하는 B보다 낮다.

표는 허블의 은하 분류 기준과 이에 따라 분류한 은하의 종류를 나타낸 것이다. (가), (나), (다)는 각각 막대 나선 은하, 불규칙 은하, 타원 은하 중 하나이다.

                       막대 나선 은하   타원 은하   불규칙 은하

분류 기준	(가)	(나)	(다)
(㉠)	○	○	×
나선팔이 있는가?	○	×	×
편평도에 따라 세분할 수 있는가?	×	○	×

(○: 있다, ×: 없다)

이에 대한 설명으로 옳은 것만을 〈보기〉에서 있는 대로 고른 것은?

보기

ㄱ. '중심부에 막대 구조가 있는가?'는 ㉠에 ~~해당한다.~~ 해당하지 않는다.

ㄴ. 주계열성의 평균 광도는 (가)가 (나)보다 크다.

ㄷ. 은하의 질량에 대한 성간 물질의 질량비는 ~~(나)~~ 가 ~~(다)~~ 보다 크다. [(다) / (나)]

① ㄱ   ✓② ㄴ   ③ ㄷ   ④ ㄱ, ㄴ   ⑤ ㄴ, ㄷ

|자|료|해|설|

막대 나선 은하, 불규칙 은하, 타원 은하 중 '나선팔이 있는가?'라는 질문에 ○라고 답할 수 있는 은하는 막대 나선 은하뿐이다. 따라서 (가)는 막대 나선 은하이다. 마찬가지로 세 은하 중 '편평도에 따라 세분할 수 있는가?'라는 질문에 ○라고 답할 수 있는 은하는 타원 은하뿐이므로 (나)는 타원 은하, (다)는 불규칙 은하이다. 분류 기준 ㉠에 대해 (가) 막대 나선 은하와 (나) 타원 은하가 ○라고 답할 수 있어야 하므로 ㉠에 해당하는 것으로는 '규칙적인 형태를 갖는가?'와 같은 기준이 적절하다.

|보|기|풀|이|

ㄱ. 오답 : 중심부에 막대 구조가 있는 것은 (가) 막대 나선 은하뿐이므로 '중심부에 막대 구조가 있는가?'는 ㉠으로 적절하지 않다.

ㄴ. 정답 : 주계열성의 광도는 푸른 별일수록 크고, 붉은 별일수록 작다. 푸른 별이 차지하는 비중은 타원 은하보다 막대 나선 은하에서 더 크고, 붉은 별이 차지하는 비중은 막대 나선 은하보다 타원 은하에서 더 크므로 주계열성의 평균 광도는 (가) 막대 나선 은하가 (나) 타원 은하보다 크다.

ㄷ. 오답 : (다) 불규칙 은하에는 많은 양의 기체와 먼지가 존재한다. 따라서 젊은 별과 나이 많은 별이 모두 존재하며 새로운 별도 활발하게 탄생하고 있다. (나) 타원 은하에는 성간 물질과 새로 생성되는 별이 거의 없기 때문에 은하의 질량에 대한 성간 물질의 질량비는 (다) 불규칙 은하가 (나) 타원 은하보다 크다.

02 허블 법칙과 우주 팽창

필수개념 1 허블 법칙과 우주의 팽창

1. 허블 법칙

1) 외부 은하의 관측

① 대부분의 은하의 스펙트럼에서 적색 편이 관측

② 적색 편이: 흡수선의 위치가 원래 위치보다 파장이 긴 쪽으로 이동하는 현상

→ 외부 은하가 우리은하로부터 멀어지고 있기 때문

③ 적색 편이와 후퇴 속도의 관계: 적색 편이$\left(\dfrac{\Delta\lambda}{\lambda_0}\right)$가 클수록 후퇴 속도($v$)가 빠름(도플러 효과)

④ 도플러 이동량: 흡수선의 파장 변화량과 후퇴 속도와의 관계식

$$v = c \times \dfrac{\Delta\lambda}{\lambda_0} \quad (v: \text{후퇴 속도}, \ c: \text{빛의 속도}, \ \lambda_0: \text{흡수선의 원래 파장}, \ \Delta\lambda: \text{흡수선의 파장 변화량})$$

2) 허블 법칙

① 허블 법칙: 외부 은하의 후퇴 속도가 외부 은하까지의
거리에 비례한다는 법칙. 그래프에서의 기울기.

$$v = H \cdot r$$

(v: 후퇴 속도, H: 허블 상수, r: 외부 은하까지의 거리)

② 허블 상수: 외부 은하의 후퇴 속도와 거리 사이의
관계를 나타내는 상수. 우주가 팽창하는 정도를
나타내는 값. 약 67.8km/s/Mpc

③ 허블 법칙의 의미: 멀리 있는 은하일수록 더 빠르게
멀어짐

→ 우주는 팽창함

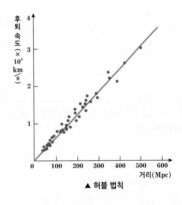

▲ 허블 법칙

2. 우주 팽창

1) 우주 팽창

① 팽창의 중심: 우주 팽창의 중심은 없고 은하는 서로 멀어지고 있음

② 우주 팽창의 의미: 은하가 이동(×), 공간이 팽창(○)

2) 우주 팽창의 특징

① 우주의 나이(t): 허블 상수가 클수록 우주의 나이는 적어지고, 크기는 작아짐

$$t = \dfrac{r}{v} = \dfrac{r}{H \cdot r} = \dfrac{1}{H}$$

② 우주의 크기(r): 우리가 관측할 수 있는 가장 큰 속도인 광속(c)으로 멀어지는 은하까지의 거리

$$c = H \cdot r \rightarrow r = \dfrac{c}{H}$$

▶ 허블 상수의 측정값

1929년 허블이 구한 허블 상수의 값은
약 556km/s/Mpc이었으며, 1970
년대 이후 2000년까지 천문학자들이
구한 허블 상수 값은 50km/s/Mpc
~100km/s/Mpc 사이로 편차가
매우 컸다. 허블 우주 망원경을 띄운
대표적인 까닭 중 하나는 허블 상수를
정밀하게 측정하기 위해서였고, 그 결과
62km/s/Mpc~72km/s/Mpc 사이로
좁혀졌다.

▶ 후퇴 속도

원래의 흡수선 파장을 λ_0, 흡수선의
파장 변화량을 $\Delta\lambda$라고 하면 외부
은하의 후퇴 속도(v)는 다음과 같이
구한다.

$$\rightarrow v = c \times \left(\dfrac{\Delta\lambda}{\lambda_0}\right)$$

필수개념 2 **우주론**

기본자료

1. 정상 우주론과 빅뱅 우주론

구분	빅뱅 우주론	정상 우주론
은하의 분포 변화	● → ● → ◉	● → ● → ◉
내용	• 우주의 온도와 밀도는 계속 감소 • 우주가 팽창해도 에너지와 질량은 일정	• 우주의 온도와 밀도는 일정 • 우주가 팽창하면서 만들어진 공간에 새로운 물질이 계속 생겨 전체 질량은 증가
크기	증가	증가
질량	일정	증가
밀도	감소	일정
온도	감소	일정

2. 빅뱅 우주론의 증거

우주 배경 복사	① 우주 배경 복사: 빅뱅 후 38만 년 후에 우주가 투명해지면서 물질 사이에서 빠져 나온 우주 전체에 균일하게 퍼져있는 빛 ② 우주 배경 복사의 분포 • 관측 정밀도: 코비 < 더블유맵 < 플랑크 망원경 • 전체적으로는 균일하지만 부분적으로 불균일 → 초기 밀도 차이 존재, 고밀도 지역에서 별과 은하 형성 ③ 우주의 온도가 3000K일 때 생성된 복사가 팽창으로 냉각되어 현재는 2.7K 복사로 관측

① 원자핵 형성 과정
② 빅뱅 우주론에서 예측한 수소와 헬륨의 질량비는 3 : 1

수소-헬륨의 질량비		
	빅뱅 후 0.1초	양성자, 중성자 형성
	빅뱅 후 1초	양성자 : 중성자 = 7 : 1
	빅뱅 후 3분	수소 원자핵 : 헬륨 원자핵 = 3 : 1

→ 실제 값과 예측 값이 거의 일치하므로 빅뱅 우주론의 증거가 됨

▶ 우주 배경 복사
우주가 투명해졌을 때 우주에는 약 3000K의 빛이 가득 차 있었으나 이 빛은 우주 팽창에 의해 파장이 길어져 현재 약 2.7K 우주 배경 복사로 관측된다.

3. 우주의 급팽창

1) 급팽창(인플레이션) 이론: 빅뱅 후 매우 짧은 시간 동안 우주가 급격히 팽창했다는 이론

우주의 크기와 우주의 지평선의 관계	급팽창 이전	급팽창 이후
	우주의 크기 < 우주의 지평선	우주의 크기 > 우주의 지평선

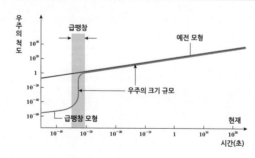

2) 빅뱅 우주론의 문제점 해결

기본자료

	빅뱅 우주론의 문제점	급팽창 우주론의 해결
우주의 지평선 문제	우주의 에너지 밀도가 균일함 → 우주의 팽창 속도는 광속이기 때문에 지평선의 양끝의 두 지점은 정보를 교환할 수 없으므로 균일함을 설명할 수 없음	급팽창 이전에는 우주의 크기가 지평선보다 작았기 때문에 양끝의 두 지점이 정보를 교환할 수 있어서 에너지 밀도가 균일해질 수 있음
우주의 편평도 문제	우주는 거의 완벽하게 평탄함 → 편평한 우주를 설명하기 위해서는 우주의 밀도가 특정 값을 가져야 하는데 그렇지 못함	빅뱅 이후 우주가 편평하지 않더라도 급팽창으로 엄청나게 팽창하여 편평하게 될 수 있음
자기 홀극 문제	초기에 형성된 자기 홀극이 많아야 함 → 지금까지 자기 홀극이 발견되지 않았기 때문에 실명할 수 없음	우주가 급팽창하면서 우주 공간의 자기 홀극의 밀도가 크게 감소했기 때문에 현재는 발견되지 않음

4. 가속 팽창 우주론

　1) 우주의 가속 팽창: 우주 물질 간 중력 때문에 우주 팽창 속도는 감속할 것으로 예상
　　→ 초신성 관측을 통해 우주의 팽창 속도가 점점 빨라지고 있음을 알게 됨

　2) Ia형 초신성
　　① Ia형 초신성은 질량이 거의 비슷 → 폭발 시 등급 일정
　　　→ 겉보기 등급 측정으로 거리 계산(포그슨 방정식)
　　② Ia형 초신성의 실제 거리가 이론적 값에 비해 더 크다는 것이 발견됨 → 멀리 있는 초신성이 예상보다 더 어둡다는 것은 팽창 속도가 예상보다 빠르다는 것
　　③ Ia형 초신성의 관측 결과가 가속 팽창 우주론에 잘 부합

▶ 우주의 팽창 속도
우주 공간 내에서 어떤 물체가 광속보다 빠르게 운동하는 것은 불가능하지만, 공간 자체의 팽창 속도는 광속을 넘을 수 있다.

▶ Ia형 초신성
매우 밝으며, 일정한 질량에서 폭발하여 절대 밝기가 일정하기 때문에 멀리 있는 외부 은하의 거리 측정에 쓰인다.
→ 거리에 따른 밝기 변화를 분석하여 과거 우주의 팽창 속도를 알 수 있다.

Ia형 초신성
동반성의 물질이 백색 왜성 쪽으로 유입이 되는데 백색 왜성은 최대 질량이 태양 질량의 1.4배를 넘을 수 없다. 따라서 그 이상의 물질이 유입이 되면 중력 붕괴가 발생하면서 초신성 폭발을 한다. 이 때의 초신성을 Ia형 초신성이라고 한다. 따라서 Ia형 초신성은 질량이 거의 일정하기 때문에 광도가 거의 일정하다. 따라서 겉보기 등급을 측정하면 포그슨 방정식($m - M = -5 + 5 \log r$)을 통해 거리를 구할 수 있다.

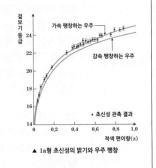

▲ Ia형 초신성의 밝기와 우주 팽창

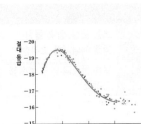

▲ Ia형 초신성의 밝기 변화

그림은 우주의 물리량을 시간에 따라 나타낸 것이다.

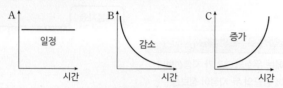

빅뱅 우주론에서 A, B, C에 해당하는 물리량으로 가장 적절한 것은?

	A 일정	B 감소	C 증가
①	부피	밀도	온도
②	부피	온도	질량
③	온도	질량	부피
✔④	질량 일정	온도 감소	부피 증가
⑤	질량	밀도	온도

|자|료|해|설|

빅뱅 우주론에서 우주의 모든 물질과 에너지는 대폭발 이후 우주가 팽창하면서 현재의 우주를 형성한다. 우주가 팽창하기 때문에 부피는 점점 커지지만 질량은 일정하므로 밀도는 점점 작아진다. 에너지의 양도 일정하므로 우주가 팽창할수록 우주의 온도는 내려간다.

|선|택|지|풀|이|

④ 정답 : A는 시간에 관계없이 일정한 값인 질량, B는 시간에 따라 감소하는 온도, C는 시간에 따라 증가하는 부피이다.

😀 **문제풀이 T I P** | 빅뱅 우주론에서 우주는 팽창하고, 존재하는 물질과 에너지의 총량은 일정하다.

😀 **출제분석** | 빅뱅 우주론을 뒷받침하는 증거를 묻는 문제가 주로 출제된다. 특히 총 질량이 일정하다는 점을 이용한 문제가 자주 출제되므로 반드시 이해하고 넘어가자.

그림은 외부 은하에서 발견된 **Ia형 초신성의 관측 자료와 우주 팽창을 설명하기 위한 두 모델 A와 B**를, 표는 **A와 B의 특징을 나타낸 것이다.**

A가 B보다 어두움(등급 큼)
=예상보다 멀리 있음=가속 팽창 우주
→ 암흑 에너지 고려

일정한 질량(1.4$M_\odot$)에서 폭발
→ 방출하는 에너지 일정=절대 등급 일정

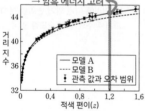

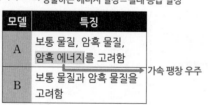

모델	특징
A	보통 물질, 암흑 물질, 암흑 에너지를 고려함
B	보통 물질과 암흑 물질을 고려함

→ 가속 팽창 우주

이에 대한 설명으로 옳은 것만을 <보기>에서 있는 대로 고른 것은?

(3점)

보기

일정하다
ㄱ. Ia형 초신성의 절대 등급은 거리가 멀수록 ~~커진다~~.

ㄴ. $z=1.2$인 Ia형 초신성의 거리 예측 값은 A가 B보다 크다.

ㄷ. 관측 자료에 나타난 우주의 팽창을 설명하기 위해서는 암흑 에너지도 고려해야 한다.

① ㄱ   ② ㄷ   ③ ㄱ, ㄴ   ✔④ ㄴ, ㄷ   ⑤ ㄱ, ㄴ, ㄷ

|자|료|해|설|

Ia형 초신성은 일정한 질량에서 폭발하기 때문에, 방출하는 에너지가 일정하다. 따라서 절대 등급 역시 일정하다. 이 Ia형 초신성이 예측보다 어둡게 보인다는 것은 예상보다 멀리 있다는 것을 의미하며, 이는 가속 팽창 우주의 증거가 된다.

모델 A는 보통 물질, 암흑 물질, 암흑 에너지를 고려한 모델로, 가속 팽창 우주를 의미한다.

모델 B는 보통 물질과 암흑 물질만을 고려한 모델로, 허블 법칙으로 예상한 팽창 우주를 의미한다.

|보|기|풀|이|

ㄱ. 오답 : Ia형 초신성은 일정한 질량에서 폭발하기 때문에, 방출하는 에너지가 일정하여 절대 등급 역시 일정하다.

ㄴ. 정답 : $z=1.2$선을 그어보면 초신성의 거리 예측 값은 A가 B보다 크다.

ㄷ. 정답 : Ia형 초신성으로 우주의 가속 팽창을 알아볼 수 있으며, 이를 설명하기 위해 암흑 에너지를 고려해야 한다.

😀 **문제풀이 T I P** | Ia형 초신성은 일정한 질량에서 폭발하여 절대 등급이 일정하다. 따라서 Ia형 초신성이 얼마나 어둡게 보이는지로 Ia형 초신성까지의 거리를 계산할 수 있다. 계산 결과, Ia 초신성이 적색 편이로 예측한 거리보다 더 멀리 있다는 것을 확인하여, 가속 팽창 우주 모델이 제기되었다. 가속 팽창 우주를 설명하기 위해서는 암흑 에너지가 필요하다.

😀 **출제분석** | Ia형 초신성의 관측 결과로 가속 팽창 우주를 설명하는 문제로, 난도는 '중상'이다. 우선, Ia형 초신성의 절대 등급이 일정하다는 것을 알아야 정답을 찾을 수 있다. ㄴ 보기는 주어진 자료만으로 판단할 수 있지만, ㄷ 보기의 경우 가속 팽창 우주와 암흑 에너지의 관계를 알고 있어야 한다. Ia형 초신성으로 우주의 가속 팽창을 묻는 문제는 1~2년마다 한 번씩 출제된다. 특히 암흑 물질, 보통 물질의 비율과 함께 묻는 경우도 있으므로 함께 알아두어야 한다.

그림은 대폭발 우주론과 급팽창 이론에 따른 우주의 크기 변화를 A, B로 순서 없이 나타낸 것이다. 이에 대한 옳은 설명만을 〈보기〉에서 있는 대로 고른 것은?

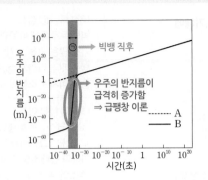

보기

ㄱ. A는 대폭발 우주론에 따른 우주의 크기 변화이다.

ㄴ. A에서 우주 배경 복사는 ㉠ 시기에 방출되었다.
    ↳ 빅뱅 후 38만 년이 지난 시기

ㄷ. B에서 ㉠ 시기에 우주의 온도가 증가하였다.
                         ↳ 감소

① ㄱ   ② ㄴ   ③ ㄱ, ㄷ   ④ ㄴ, ㄷ   ⑤ ㄱ, ㄴ, ㄷ

|자|료|해|설|

A는 우주의 반지름이 증가하는 속도가 일정한 대폭발 우주론이다. B는 빅뱅 후 매우 짧은 시간 동안(㉠ 시기)에 우주의 크기가 급격하게 증가한 급팽창 이론이다. 대폭발 우주론에서는 우주 배경 복사가 빅뱅 후 38만 년 후에 발생했다. 급팽창 이론에서는 빅뱅 후 매우 짧은 시간 동안 우주가 급격히 팽창했다. 따라서 B에서 ㉠ 시기에 우주는 급격히 팽창하였고 온도는 감소하였다.

|보|기|풀|이|

ㄱ. 정답 : 대폭발 우주론에서 우주가 팽창하는 속도는 일정하다.

ㄴ. 오답 : 대폭발 우주론(A)에서 우주 배경 복사는 빅뱅 후 38만 년이 지난 시기에 방출되었다. ㉠ 시기는 빅뱅이 일어난 후 매우 짧은 시기이다.

ㄷ. 오답 : B에서 ㉠ 시기에 우주가 급격히 팽창하면서 우주의 온도는 감소하였다.

😮 **문제풀이 TIP** | 급팽창 이론은 빅뱅 이후 우주가 급격히 팽창했다는 이론이다.

😊 **출제분석** | 우주론과 관련된 문제는 여러 가지 우주론을 비교하는 문제가 평이한 난도로 종종 출제된다. 각 우주론을 증명할 수 있는 증거부터 우주 형성 과정, 특징 등을 잘 정리해두어 오답을 선택하는 일이 없도록 하자.

그림은 빅뱅 우주론에 따라 팽창하는 우주에서 물질, 암흑 에너지, 우주 배경 복사를 시간에 따라 나타낸 것이다.

● 물질(보통 물질 + 암흑 물질)
■ 암흑 에너지
〰 우주 배경 복사

시간(우주의 나이) →
우주 팽창(부피 ↑), 물질 그대로

시간이 흐름에 따라 나타나는 우주의 변화에 대한 설명으로 옳은 것만을 〈보기〉에서 있는 대로 고른 것은?

보기

ㄱ. 물질 밀도는 일정하다. → 물질은 그대로, 우주는 팽창 → 밀도 ↓
            ↳ 감소한다

ㄴ. 우주 배경 복사의 온도는 감소한다. (초기 3000K → 현재 2.7K)

ㄷ. 물질 밀도에 대한 암흑 에너지 밀도의 비는 증가한다.
      ↳ 암흑 에너지는 증가, 물질은 그대로

① ㄱ   ② ㄴ   ③ ㄱ, ㄷ   **④** ㄴ, ㄷ   ⑤ ㄱ, ㄴ, ㄷ

|자|료|해|설|

빅뱅 우주론에서 우주는 점차 팽창하고, 물질은 새로 생성되지 않는다. 따라서 물질의 밀도는 점차 감소한다. 암흑 에너지는 증가하므로 물질 밀도에 대한 암흑 에너지 밀도의 비는 증가한다.

우주 배경 복사는 빅뱅 이후 38만 년에 우주의 온도가 3000K로 떨어졌을 때, 원자핵과 전자가 결합하여 원자가 만들어지면서 퍼진 빛이다. 우주가 팽창함에 따라 우주 배경 복사의 온도 역시 감소한다.

|보|기|풀|이|

ㄱ. 오답 : 물질의 양은 변함이 없으나 우주가 팽창하므로, 밀도는 감소한다.

ㄴ. 정답 : 우주 배경 복사의 온도는 초기에 3000K였으나 현재 2.7K으로, 앞으로도 점차 감소할 것이다.

ㄷ. 정답 : 암흑 에너지는 증가하지만 물질은 그대로이므로, 물질 밀도에 대한 암흑 에너지 밀도의 비는 증가한다.

😮 **문제풀이 TIP** | 물질의 양은 변함없지만 우주가 팽창하므로 물질의 밀도는 감소한다. 우주 배경 복사는 초기에 3000K이었으며, 현재 2.7K이다.

😊 **출제분석** | 우주가 팽창하지만 물질의 양은 변함이 없고, 암흑 에너지 밀도의 비가 증가하는 것을 나타내는 자료이다. 내용을 모르더라도 자료만 잘 해석하면 ㄱ, ㄷ 보기를 판단할 수 있다. 우주 배경 복사를 다루는 ㄴ 보기는 자료 해석으로 알기보다는 기본 지식으로 알 수 있다. 정말 쉬운 문제인 만큼 정답률도 높다.

그림은 여러 외부 은하를 관측해서 구한 은하 A~I의 성간 기체에 존재하는 원소의 질량비를 나타낸 것이다.

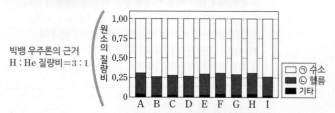

빅뱅 우주론의 근거
H : He 질량비=3 : 1

이에 대한 설명으로 옳은 것만을 〈보기〉에서 있는 대로 고른 것은?

(3점)

보기

ㄱ. ⓛ은 수소 핵융합으로부터 만들어지는 원소이다.
    ↳ 헬륨

ㄴ. 성간 기체에 포함된 $\dfrac{\text{수소의 총 질량}}{\text{산소의 총 질량}}$ 은 A가 B보다 ~~크다~~.
    기타에 포함된 원소←↑   ↳작다

ㄷ. 이 관측 결과는 우주의 밀도가 시간과 관계없이 일정하다고 보는 우주론의 증거가 된다.
                       ↳ 정상 우주론의 증거

① ㄱ   ② ㄷ   ③ ㄱ, ㄴ   ④ ㄴ, ㄷ   ⑤ ㄱ, ㄴ, ㄷ

|자|료|해|설|
빅뱅 우주론에 따르면 암흑 물질을 제외한 보통 물질에서 가장 많은 양을 차지하는 성간 기체는 수소이고, 그 다음은 헬륨이다. 따라서 ㉠은 수소, ㉡은 헬륨이다. 기타에는 산소 등 나머지 원소들이 포함된다.

|보|기|풀|이|
ㄱ. 정답 : ㉡은 헬륨으로 수소 핵융합으로부터 만들어진다.

ㄴ. 오답 : 그림에서 기타는 산소를 포함하므로 기타가 상대적으로 많은 A보다 상대적으로 적은 B의 $\dfrac{\text{수소의 총 질량}}{\text{산소의 총 질량}}$ 이 크다.

ㄷ. 오답 : 우주의 밀도가 시간과 관계없이 일정하다는 우주론은 정상 우주론이다. 수소와 헬륨의 질량비가 약 3 : 1임을 알 수 있으므로, 이 관측 결과는 빅뱅 우주론의 증거이다.

😲 문제풀이 TIP |

	빅뱅 우주론	정상 우주론
우주의 질량	일정	증가
우주의 밀도	감소	일정
우주의 온도	감소	일정

😆 출제분석 | 그림이 생소할 수는 있지만 난이도 자체는 높지 않았다. 정상 우주론과 빅뱅 우주론의 증거와 질량, 밀도, 온도를 비교할 수 있다면 어렵지 않게 풀 수 있는 문제이다.

그림은 우주에서 일어난 주요한 사건 (가)~(라)를 시간 순서대로 나타낸 것이다.
이에 대한 설명으로 옳은 것만을 〈보기〉에서 있는 대로 고른 것은? (3점)

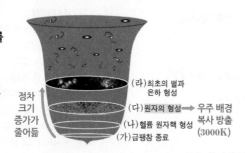

점차 크기 증가가 줄어듦

(라)최초의 별과 은하 형성
(다)원자의 형성 → 우주 배경 복사 방출 (3000K)
(나)헬륨 원자핵 형성
(가)급팽창 종료

보기

ㄱ. (가)와 (라) 사이에 우주는 감속 팽창한다.
             ↳ 우주의 크기 증가율 감소

ㄴ. (나)와 (다) 사이에 퀘이사가 형성된다.
               ↳ 별처럼 보이는 은하
    ↳ (라) 이후

ㄷ. (라) 시기에 우주 배경 복사 온도는 2.7K보다 높다.
            ↳ 계속 감소함 = 과거는 현재보다 높음

① ㄱ   ② ㄴ   ③ ㄱ, ㄷ   ④ ㄴ, ㄷ   ⑤ ㄱ, ㄴ, ㄷ

|자|료|해|설|
(가)에서 급팽창이 종료된 후, 점차 우주의 크기 증가율이 감소하여 우주의 크기가 더디게 증가하였다. (다)에서 원자가 형성되었을 때, 즉 우주의 온도가 약 3000K이었을 때 우주 배경 복사가 방출되었으며 우주가 팽창함에 따라 현재 약 2.7K까지 우주 배경 복사의 온도는 계속 감소하였다. (라)에서 최초의 별과 은하가 형성된 후, 무수히 많은 별과 은하가 생성되었다.

|보|기|풀|이|
ㄱ. 정답 : (가)와 (라) 사이에 우주는 팽창하지만 우주의 크기 증가율은 점차 감소하고 있으므로, (가)와 (라) 사이에 우주는 감속 팽창한다.

ㄴ. 오답 : 퀘이사는 하나의 별처럼 보이지만 많은 별들로 이루어진 은하이므로, (라) 이후에 형성된다.

ㄷ. 정답 : (라) 시기는 현재보다 과거이다. 우주 배경 복사의 온도는 계속 감소하여 현재 2.7K에 도달했으므로, (라) 시기에 우주 배경 복사 온도는 현재보다 높다.

😲 문제풀이 TIP | 우주는 팽창하기 때문에 우주 배경 복사는 초기보다 온도가 계속 낮아져서, 항상 과거보다 미래에 더 낮다.
퀘이사는 너무 멀리 있어서 점(별)처럼 보이는 은하이다. 멀리 있는 만큼 우리는 과거의 모습을 보고 있는데 이는 우주 탄생 초기에 만들어진 모습이다.

😆 출제분석 | ㄴ 보기는 퀘이사가 무엇인지 알면 쉽게 판단할 수 있고, ㄷ 보기는 평소에 자주 출제되는 선지라서 익숙했을 것이다. ㄱ 보기의 경우, 우주가 가속 팽창하고 있다는 것만 기억하면 잘못된 판단을 하게 된다. 알고 있는 지식도 중요하지만 자료가 제시되었을 때는 자료 해석에 더 집중해야 한다. 우주론은 매 시험 출제된다고 할 순 없지만 매년 1번 정도 꾸준하게 출제된다.

그림은 빅뱅 이후 시간에 따른 우주의 온도 변화를 나타낸 것이다.
A와 B는 각각 헬륨 원자핵과 중성 원자가 형성된 시기 중 하나이다.

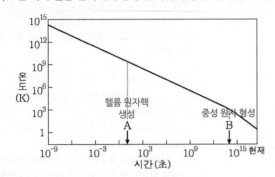

이에 대한 옳은 설명만을 〈보기〉에서 있는 대로 고른 것은?

보기

→ 부피↑, 온도↓ → 우주의 밀도↓

ㄱ. A는 헬륨 원자핵이 형성된 시기이다.

ㄴ. 우주의 밀도는 A 시기가 B 시기보다 크다.

ㄷ. 최초의 별은 B 시기 이후에 형성되었다.

① ㄱ　　② ㄷ　　③ ㄱ, ㄴ　　④ ㄴ, ㄷ　　⑤ ㄱ, ㄴ, ㄷ

| 자 | 료 | 해 | 설 |

빅뱅 우주론의 입장이다. 헬륨 원자핵이 생성된 이후 중성 원자가 형성되었다. A는 H : He가 3 : 1로 존재하는 시기이고, B는 빅뱅 후 약 38만 년에 중성 원자가 형성된 시기이다. 원자 생성 이후 우주는 투명한 상태가 되었다. 빅뱅 우주론에 의하면 대폭발이 일어나 우주가 계속 팽창함에 따라 밀도와 온도는 점점 감소한다. 따라서 A → B의 과정에서 온도와 밀도는 감소한다.

| 보 | 기 | 풀 | 이 |

ㄱ. 정답 : A는 헬륨 원자핵이 형성된 시기, B는 중성 원자가 형성된 시기이다.

ㄴ. 정답 : 우주가 팽창함에 따라 온도가 낮아지면서 밀도는 점점 감소하므로 우주의 밀도는 A 시기가 B 시기보다 크다.

ㄷ. 정답 : 최초의 별은 중성 원자가 생성되고 난 후 형성되었다.

👀 문제풀이 T I P | [빅뱅 우주론과 정상 우주론]

	빅뱅 우주론	정상 우주론
우주의 질량	일정	증가
우주의 밀도	감소	일정
우주의 온도	감소	일정

: 세 물리량의 비교는 기본적으로 암기할 것!

😊 출제분석 | 빅뱅 이후 38만 년까지의 과정을 이해해야 풀 수 있는 문제로 상대적으로 낯설게 느껴질 수 있지만, 원자핵이 생성되고 원자가 형성된다는 기본 개념을 이해하면 어렵지 않게 풀 수 있었다.

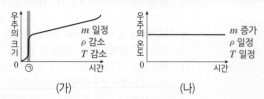

그림 (가)는 **우주론 A**에 의한 우주의 크기를, (나)는 **우주론 B**에 의한 우주의 온도를 나타낸 것이다. A와 B는 우주 팽창을 설명한다.

→ 급팽창 우주론　　　　　　　　　　　　　→ 정상 우주론

(가)　　　　　　　　　　(나)

이에 대한 설명으로 옳은 것만을 〈보기〉에서 있는 대로 고른 것은?

보기

→ 빅뱅 우주론의 한계를 해결

ㄱ. 우주 배경 복사가 우주의 양쪽 반대편 **지평선**에서 거의 같게 관측되는 것은 (가)의 ㉠ 시기에 일어난 팽창으로 설명된다.

ㄴ. A는 수소와 **헬륨의 질량비가 거의 3 : 1로 관측되는 결과**와 부합된다.　　　→ 빅뱅 우주론의 근거

~~ㄷ. 우주의 밀도 변화는 ~~B~~가 ~~A~~보다 크다.~~
　　　　　　　　　　A　B

① ㄱ　　② ㄷ　　✔③ ㄱ, ㄴ　　④ ㄴ, ㄷ　　⑤ ㄱ, ㄴ, ㄷ

|자|료|해|설|
A는 빅뱅 이후 약 10^{-36}s~10^{-34}s 사이에 우주가 빛보다 빠른 속도로 급격하게 팽창했다는 급팽창 우주론을 나타낸 것이고, B는 우주가 팽창하여도 우주의 온도와 밀도는 변하지 않고 항상 일정한 상태를 유지한다는 정상 우주론이다.

|보|기|풀|이|
ㄱ. 정답 : (가)의 우주론은 급팽창 우주론(A)으로, 우주의 크기가 급팽창 이전에는 우주의 지평선보다 작았고, 급팽창 이후에는 우주의 지평선보다 크다고 가정하여 기존 빅뱅 우주론의 문제를 해결하였다.

ㄴ. 정답 : 급팽창 우주론(A)은 우주에 존재하는 수소와 헬륨의 질량비가 거의 3 : 1로 관측되는 현상을 설명할 수 있다. 이것은 빅뱅 우주론의 근거이기도 하다.

ㄷ. 오답 : 급팽창 우주론에서 우주의 밀도는 감소하지만, 정상 우주론에서 우주의 밀도는 변하지 않는다. 따라서 우주의 밀도 변화는 A가 B보다 크다.

😮 **문제풀이 TIP** | 빅뱅 우주론의 한계(우주 지평선 문제, 편평성 문제, 자기 홀극 문제)를 급팽창 우주론(＝인플레이션 이론)으로 보완하였다.

😀 **출제분석** | 정상 우주론, 빅뱅 우주론, 급팽창 우주론의 차이점을 이해하고 있다면 쉽게 풀 수 있는 평이한 수준의 문제이다.

그림은 급팽창 우주론에 따른 우주의 크기 변화를 우주의 지평선과 함께 나타낸 것이다.

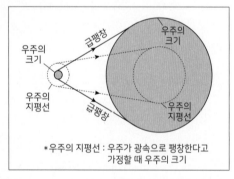

*우주의 지평선 : 우주가 광속으로 팽창한다고 가정할 때 우주의 크기

급팽창 우주론에 대한 옳은 설명만을 〈보기〉에서 있는 대로 고른 것은? 3점

보기

ㄱ. 급팽창이 일어날 때 우주는 빛보다 빠른 속도로 팽창하였다.

ㄴ. 급팽창 전에는 우주의 크기가 우주의 지평선보다 작았다.

ㄷ. 우주 배경 복사가 우주의 모든 방향에서 거의 균일하게 관측되는 현상을 설명할 수 있다.

① ㄱ　　② ㄴ　　③ ㄱ, ㄷ　　④ ㄴ, ㄷ　　✔⑤ ㄱ, ㄴ, ㄷ

|자|료|해|설|
급팽창 우주론(인플레이션 이론)은 빅뱅 이후 우주가 빛보다 빠른 속도록 급격하게 팽창하였다는 이론으로 우주 지평선 문제, 우주 편평성 문제, 자기 홀극 문제를 보완하였다.

|보|기|풀|이|
ㄱ. 정답 : 우주는 급팽창할 때 광속보다 빠르게 팽창하여 우주의 지평선보다 커졌다.

ㄴ. 정답 : 급팽창 전에는 우주의 지평선보다 작았으므로 상호 작용을 통해 전체적으로 에너지 밀도가 균질해질 수 있었다.

ㄷ. 정답 : 우주 배경 복사는 우주의 모든 방향에서 거의 같은 세기로 관측된다.

😮 **문제풀이 TIP** | 기존 빅뱅 우주론에서는 광속으로 팽창하여 우주의 크기가 변하지만, 급팽창 우주론에서의 우주의 크기는 광속보다 빠르게 팽창한다.

😀 **출제분석** | 빅뱅 우주론에 이어 급팽창 이론과 가속팽창 이론은 새로 추가된 내용이므로 충분히 출제 가능성이 높다.

다음은 우주의 팽창에 따른 우주 배경 복사의 파장 변화를 알아보기 위한 탐구이다.

[탐구 과정]

(가) 눈금자를 이용하여 탄성 밴드에 이웃한 점 사이의 간격(L)이 1cm가 되도록 몇 개의 점을 찍는다.

(나) 그림과 같이 각 점이 파의 마루에 위치하도록 물결 모양의 곡선을 그린다. L은 우주 배경 복사 중 최대 복사 에너지 세기를 갖는 파장(λ_{max})이라고 가정한다.

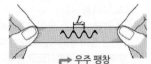

(다) 탄성 밴드를 조금 늘린 상태에서 L을 측정한다.

(라) 탄성 밴드를 (다)보다 늘린 상태에서 L을 측정한다.

(마) 측정값 1cm를 파장 2μm로 가정하고 λ_{max}에 해당하는 파장을 계산한다.

[탐구 결과]

과정	L(cm)	λ_{max}에 해당하는 파장(μm)
(나)	1.0	2
(다)	1.9	(3.8)
(라)	2.8	(5.6)

  우주의 크기가 커질수록 파장은 길어짐

이에 대한 옳은 설명만을 〈보기〉에서 있는 대로 고른 것은? (단, 현재 우주의 λ_{max}은 약 1000μm이다.) **3점**

보기

ㄱ. 우주의 크기는 (다)일 때가 (라)일 때보다 작다.

ㄴ. 우주가 팽창함에 따라 λ_{max}은 길어진다.

ㄷ. 우주의 온도는 (라)일 때가 현재보다 높다.
　　↳ 우주가 팽창할수록 낮아진다

① ㄱ ② ㄷ ③ ㄱ, ㄴ ④ ㄴ, ㄷ ⑤ ㄱ, ㄴ, ㄷ

|자|료|해|설|

1cm를 파장 2μm라고 하면 (다)에서 파장은 1.9×2＝3.8μm이고, (라)에서 파장은 2.8×2＝5.6μm이다. 우주가 팽창할수록 온도는 낮아지고, 파장은 길어진다. 현재 우주의 λ_{max}은 약 1000μm이므로 (나), (다), (라)에서보다 파장이 길다.

|보|기|풀|이|

ㄱ. 정답 : 우주가 팽창할수록 파장은 길어지므로 우주의 크기가 클수록 파장은 길다. (다)일 때가 (라)일 때보다 파장이 짧으므로 우주의 크기는 (다)일 때가 (라)일 때보다 작다.

ㄴ. 정답 : 우주가 팽창하는 것은 탐구 과정의 (다)~(라)에 해당한다. 이때 파장이 길어지므로 우주가 팽창함에 따라 λ_{max}은 길어지는 것을 알 수 있다.

ㄷ. 정답 : 우주의 온도는 우주가 팽창할수록 낮아진다. (라)일 때가 현재보다 파장이 짧으므로 우주의 크기는 (라)일 때가 현재보다 작다. 따라서 우주의 온도는 (라)일 때가 현재보다 높다.

정답 ① 정답률 62% 2023학년도 수능 11번 문제편 298p

그림 (가)와 (나)는 우주의 나이가 각각 10만 년과 100만 년일 때에 빛이 우주 공간을 진행하는 모습을 순서 없이 나타낸 것이다. 이에 대한 설명으로 옳은 것만을 <보기>에서 있는 대로 고른 것은?

(가) 불투명한 우주   (나) 투명한 우주

빛 / ● 양성자 / · 전자

보기

㉠. (가) 시기 우주의 나이는 10만 년이다.

㉴. (나) 시기에 우주 배경 복사의 온도는 ~~2.7K이다.~~ 보다 높다.

㉴. 수소 원자핵에 대한 헬륨 원자핵의 함량비는 (가) 시기가 (나) 시기~~보다 크다.~~ 와 같다.

 ㉠   ② ㄴ   ③ ㄷ   ④ ㄱ, ㄴ   ⑤ ㄱ, ㄷ

😮 문제풀이 T I P | 빅뱅 이후 우주의 대표적인 사건들을 시간 순서대로 숙지해두어야 한다.

😎 출제분석 | 허블 법칙과 우주 팽창, 우주론에 대한 문제는 매년 출제되는 빈출 유형이며, 자료의 종류도 다양하고 자료에 따라 기본 문제부터 고난도 문제까지 폭넓게 출제된다. 본 문제는 자료도 간단하고 보기도 까다롭지 않은 내용으로 구성되어 난이도가 높지 않았다.

| 자 | 료 | 해 | 설 |

우주는 현재 계속해서 팽창하며 온도와 밀도가 감소하고 있다. 반대로 과거에는 우주가 뜨겁고 밀도가 높았다. 우주의 온도가 매우 높아 양성자와 전자가 분리된 상태로 존재할 때는 빛이 통과하지 못하는 불투명한 우주였다가, 우주가 팽창과 함께 점차 식어 중성 원자가 만들어지자 빛이 통과하는 투명한 우주가 되었다. 이때, 최초로 방출된 복사가 남아 우주 배경 복사가 되었다. 처음 복사가 방출되었을 때는 온도가 매우 높았다가 지금은 점차 식어 현재 우주 배경 복사의 온도는 약 2.7K으로 관측된다.

| 보 | 기 | 풀 | 이 |

㉠. 정답 : (가)는 빛이 통과하지 못하는 불투명한 우주이고, (나)는 빛이 통과하는 투명한 우주이다. 우주는 과거로 갈수록 더 뜨거워지므로 양성자와 전자가 분리된 (가)가 더 온도가 높은 과거이고 이때 우주의 나이가 10만 년이다.

ㄴ. 오답 : (나) 시기는 우주의 나이가 100만 년일 때이므로 우주 배경 복사의 온도는 현재보다 훨씬 높았다.

ㄷ. 오답 : 빅뱅 후 약 3분이 지났을 때 수소 원자핵에 대한 헬륨 원자핵의 질량비가 약 3 : 1이 되었고 현재까지 이 비율은 유지되고 있다. 그러므로 수소 원자핵에 대한 헬륨 원자핵의 질량비는 (가) 시기와 (나) 시기 모두 약 3 : 1로 같다.

---

12 허블 법칙과 우주 팽창

정답 ④ 정답률 90% 지Ⅱ 2020학년도 수능 15번 문제편 298p

그림 (가)와 (나)는 허블의 법칙에 따라 팽창하는 어느 대폭발 우주를 풍선 모형으로 나타낸 것이다. 풍선 표면에 고정시킨 단추 A, B, C는 은하에, 물결 무늬(~)는 우주 배경 복사에 해당한다.

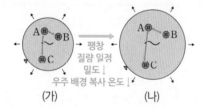

팽창 / 질량 일정 / 밀도 ↓ / 우주 배경 복사 온도 ↓

(가)   (나)

이에 대한 설명으로 옳은 것만을 <보기>에서 있는 대로 고른 것은?

3점

보기

㉠. A로부터 멀어지는 속도는 B가 C보다 ~~크다.~~ 작다.

㉡. 우주 배경 복사의 온도는 (가)에 해당하는 우주가 (나)보다 높다.

㉢. 우주의 밀도는 (가)에 해당하는 우주가 (나)보다 크다.

① ㄱ   ② ㄷ   ③ ㄱ, ㄴ   ㄴ, ㄷ   ⑤ ㄱ, ㄴ, ㄷ

| 자 | 료 | 해 | 설 |

대폭발 이후 우주는 팽창하는데, (가)보다 (나)의 크기가 더 크므로, (가)가 (나)보다 대폭발 시기에 더 가깝다. 우주는 팽창하면서 천체들의 사이는 점점 멀어지고, 질량에는 변화가 없으므로 우주의 밀도는 점점 작아진다. 또한, 우주 배경 복사의 온도도 우주가 팽창할수록 점점 감소한다. 허블의 법칙에 따라 은하의 후퇴 속도는 두 은하 사이의 거리에 비례한다.

| 보 | 기 | 풀 | 이 |

ㄱ. 오답 : (가)에서 A와 B 사이보다 A와 C 사이의 거리가 더 멀다. 허블의 법칙에 따라 A로부터 멀어지는 속도는 더 멀리 떨어져 있는 C가 B보다 크다.

㉡. 정답 : 우주 배경 복사의 온도는 우주가 팽창할수록 감소하므로 (가)에 해당하는 우주가 (나)보다 높다.

㉢. 정답 : 우주의 총 질량은 일정하므로 우주의 밀도는 우주가 팽창할수록 작아진다. 따라서 (가)에 해당하는 우주의 밀도가 (나)보다 크다.

😮 문제풀이 T I P | 허블의 법칙: 은하들의 후퇴 속도는 두 은하 사이의 거리에 비례한다.

😎 출제분석 | 대폭발 이후 우주의 팽창과 허블의 법칙을 묻는 문제로 최고난도 문항은 아니다. 대폭발 이후 물리량의 변화를 묻는 문항은 종종 출제되기 때문에 주요 물리량을 정확하게 잘 정리해 두자.

그림은 외부 은하 X의 스펙트럼을 비교 선 스펙트럼과 함께 나타낸 것이고, 표는 파장이 4000Å(λ_0)인 흡수선의 적색 편이가 일어난 양($\Delta\lambda$)과 X까지의 거리를 나타낸 것이다.

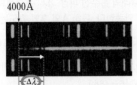

4000Å

$\Delta\lambda$(Å)	X까지의 거리(Mpc)
200	300

$\Delta\lambda$ → 멀리 있을수록 적색 편이는 커진다.

이에 대한 설명으로 옳은 것만을 〈보기〉에서 있는 대로 고른 것은?
(단, 빛의 속도는 3×10^5km/s이다.)

보기

ㄱ. 멀리 있는 외부 은하일수록 $\Delta\lambda$는 ~~작아진다.~~ 커진다

ㄴ. X의 후퇴 속도는 15000km/s이다.

ㄷ. X를 이용하여 구한 허블 상수는 ~~75~~km/s/Mpc이다.
               $50 = \frac{15000}{300}$

$\frac{200}{4000} \times 3 \times 10^5$

① ㄱ   ✔② ㄴ   ③ ㄷ   ④ ㄱ, ㄴ   ⑤ ㄴ, ㄷ

|자|료|해|설|
은하가 멀어지면 은하의 스펙트럼은 점점 붉은색 쪽으로 이동한다(파장이 길어짐). 멀리 있는 외부 은하일수록 후퇴 속도가 빠르기 때문에 적색 편이는 더 크다. 외부 은하 X의 스펙트럼의 적색 편이가 일어난 양을 통해 X의 후퇴 속도를 구하면 $\frac{200}{4000} \times 3 \times 10^5$km/s=15000km/s이다. 허블의 법칙($v = Hr$)에 대입하여 허블 상수를 구하면 $\frac{15000}{300}$=50km/s/Mpc이다.

|보|기|풀|이|

ㄱ. 오답 : 멀리 있는 외부 은하일수록 후퇴 속도가 빠르기 때문에 $\Delta\lambda$의 값은 커진다.

ㄴ. 정답 : X의 후퇴 속도는 $\frac{200}{4000} \times 3 \times 10^5$km/s =15000km/s이다.

ㄷ. 오답 : 허블의 법칙($v = Hr$)에 대입하여 허블 상수를 구하면 $\frac{15000}{300}$=50km/s/Mpc이다.

😮 **문제풀이 TIP** | 은하가 멀리 있을수록 후퇴 속도가 빠르고, 후퇴 속도가 빠를수록 적색 편이량도 커진다.

😀 **출제분석** | 스펙트럼과 표가 주어진 문제로 어려워 보이지만 기본 내용에 충실한 문제이다. 허블의 법칙을 이용하여 푸는 계산 문제는 기본 공식에서 벗어나지 않으니 공식은 외워두고 각 요소가 뜻하는 바를 잘 알아두자.

표는 세 방출선 (가), (나), (다)의 고유 파장과 퀘이사 A와 B의 스펙트럼 관측 결과를 적색 편이(z)와 함께 나타낸 것이다.

방출선	고유 파장(Å)	관측 파장(Å)	
		퀘이사 A($z=0.16$)	퀘이사 B($z=0.32$)
(가)	a	5036	5730
(나)	4861	b	c
(다)	5007	d	e

이에 대한 설명으로 옳은 것은?

① $\frac{b}{c}$는 $\frac{d}{e}$의 ~~2배이다.~~ 와 같다.

✔② c는 d보다 크다.

③ A는 B보다 거리가 ~~멀다.~~ 가깝다

④ a는 (다)의 고유 파장보다 ~~크다.~~ 작다

⑤ 태양은 A보다 광도가 ~~크다.~~ 작다

|자|료|해|설|
표에 방출선 (가), (나), (다)에 따른 퀘이사 A와 B의 적색 편이 값과 고유 파장이 나와 있다. 적색 편이 $z = \frac{\text{관측 파장} - \text{고유 파장}}{\text{고유 파장}}$ 를 이용해 a, b, c, d, e를 구할 수 있다.

|선|택|지|풀|이|

① 오답 : $\frac{b-4861}{4861}=0.16$, $\frac{c-4861}{4861}=0.32$이므로 $\frac{b}{c} = \frac{1.16}{1.32}$이고, $\frac{d-5007}{5007}=0.16$, $\frac{e-5007}{5007}=0.32$이므로 $\frac{d}{e} = \frac{1.16}{1.32}$이다. 따라서 $\frac{b}{c}$는 $\frac{d}{e}$와 같다.

② 정답 : $\frac{c-4861}{4861}=0.32$이므로 c=4861×1.32이고, $\frac{d-5007}{5007}=0.16$이므로 d=5007×1.16이다. 따라서 c는 d보다 크다.

③ 오답 : 적색 편이가 클수록 멀리 있다는 의미이므로 적색 편이가 큰 퀘이사 B가 A보다 거리가 멀다.

④ 오답 : $\frac{5036-a}{a}=0.16$이므로 a=4341이다. 따라서 a는 (다)의 고유 파장보다 작다.

⑤ 오답 : 퀘이사는 우주 탄생 초기에 생성된 천체로 우리가 관측할 수 있는 거의 가장 먼 천체로, 수많은 별들로 이루어진 거대한 은하이지만 너무 멀리 있어 하나의 별처럼 보인다. 따라서 광도는 A가 태양보다 크다.

😮 **문제풀이 TIP** | 후퇴 속도 공식을 외워야한다. 후퇴 속도를 알면 구하고 싶은 파장을 알 수 있기 때문에 계산만 하면 풀리는 문제이다. 하지만 정확한 값보다는 비율이나 비교를 해야 하는 선택지들이었기 때문에 선택지를 먼저 보고 계산을 어디까지 해야 하는지 판단하는 것이 좋다.

😀 **출제분석** | 후퇴 속도 공식을 사용하여 계산해보면 쉽게 풀 수 있는 문제이다. 후퇴 속도 문제가 많이 출제되었으므로 비슷한 유형의 문제를 많이 풀어볼 것을 권장한다.

그림은 은하 A와 B의 관측 스펙트럼에서 방출선 (가)와 (나)가 각각 적색 편이된 것을 비교 스펙트럼과 함께 나타낸 것이다. 은하 A와 B는 동일한 시선 방향에 위치하고, 허블 법칙을 만족한다.

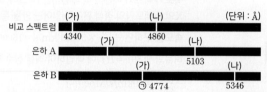

이에 대한 설명으로 옳은 것만을 〈보기〉에서 있는 대로 고른 것은? (단, 빛의 속도는 3×10^5km/s이다.) 3점

보기

ㄱ. 은하 A의 후퇴 속도는 1.5×10^4km/s이다.

ㄴ. ㉠은 ~~1826~~ 4774 이다.

ㄷ. 은하 B에서 A를 관측한다면, 방출선 (가)의 파장은 ~~1991~~Å 4557 으로 관측된다.

①ㄱ   ②ㄴ   ③ㄱ,ㄷ   ④ㄴ,ㄷ   ⑤ㄱ,ㄴ,ㄷ

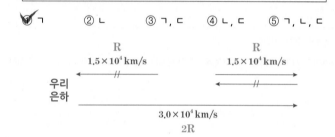

|자|료|해|설|

허블 법칙에 따르면 은하들의 후퇴 속도(v)는 거리(r)에 비례하여 커진다. 은하의 후퇴 속도는 $v = c \times \dfrac{\Delta\lambda}{\lambda}$ (c : 빛의 속도, λ : 원래의 흡수선 파장, $\Delta\lambda$: 흡수선의 파장 변화량)을 만족한다. 은하 A의 후퇴 속도는 비교 스펙트럼과 비교해서 $v = \dfrac{5103 - 4860}{4860} \times (3 \times 10^5 \text{km/s})$ $= 1.5 \times 10^4$km/s이다. 은하 B의 후퇴 속도도 마찬가지로 구해보면 $v = \dfrac{5346 - 4860}{4860} \times (3 \times 10^5 \text{km/s}) = 3.0 \times 10^4$km/s이다. 은하의 후퇴 속도는 은하까지의 거리와 비례하므로 우리은하에서 B까지의 거리는 우리은하에서 A까지의 거리의 2배이다. 즉, 우리은하에서 A까지의 거리와 B에서 A까지의 거리는 동일하다. 따라서 은하 B에서 A를 관측했을 때의 후퇴 속도와 우리은하에서 A를 관측했을 때의 후퇴 속도는 같다.

|보|기|풀|이|

ㄱ. 정답 : 은하 A의 후퇴 속도 $v = \dfrac{5103 - 4860}{4860} \times (3 \times 10^5 \text{km/s}) = 1.5 \times 10^4$km/s이다. (비교 스펙트럼과 은하 A의 (나)파장을 비교)

ㄴ. 오답 : 은하 B의 후퇴 속도 $v = \dfrac{5346 - 4860}{4860} \times (3 \times 10^5 \text{km/s}) = 3.0 \times 10^4$km/s이다.(비교 스펙트럼과 은하 B의 (나)파장을 비교) 비교 스펙트럼과 은하 B의 (가)파장을 비교해도 후퇴 속도 3.0×10^4km/s가 나와야 하므로 $\dfrac{[\text{㉠}] - 4340}{4340} \times (3 \times 10^5 \text{km/s}) = 3.0 \times 10^4$km/s 이다. 따라서 ㉠은 4774Å이다.

ㄷ. 오답 : 은하 B에서 A를 관측하는 것과 우리 은하에서 A를 관측하는 것이 동일하므로 ㄱ에서 구한 1.5×10^4km/s $= \dfrac{\text{은하 A의 (가)} - 4340}{4340} \times 3.0 \times 10^5 \text{km/s}$이다. 따라서 방출선 (가)의 파장은 4557Å이다.

그림은 우리은하에서 관측한 외부 은하 A와 B의 거리와 후퇴 속도를 나타낸 것이다. A와 B는 허블 법칙을 만족한다.

이에 대한 옳은 설명만을 〈보기〉에서 있는 대로 고른 것은? (단, 빛의 속도는 3×10^5km/s이다.) **3점**

보기

ㄱ. R_A는 60Mpc이다.

ㄴ. 허블 상수는 70km/s/Mpc이다. $v = H \times r$

ㄷ. 우리은하에서 A를 관측했을 때 관측된 흡수선의 파장이 507nm라면 이 흡수선의 기준 파장은 500nm이다.

$4200 = (3 \times 10^5) \times \dfrac{507 - \lambda_0}{\lambda_0}$

① ㄱ　　② ㄷ　　③ ㄱ, ㄴ　　④ ㄴ, ㄷ　　✓⑤ ㄱ, ㄴ, ㄷ

|자|료|해|설|

허블은 적색 편이량을 이용하여 외부 은하의 후퇴 속도를 알아냈다. 원래의 파장을 λ_0, 관측된 파장을 λ라고 하면 적색 편이량(z)은 $\dfrac{\lambda - \lambda_0}{\lambda_0}$ 으로 나타낼 수 있다. 적색 편이량에 빛의 속도를 곱하면 외부 은하의 후퇴 속도 $\left(v = c \times \dfrac{\lambda - \lambda_0}{\lambda_0}\right)$를 구할 수 있다.

외부 은하의 거리(r)는 후퇴 속도(v)와 비례한다. 이를 허블 법칙이라고 하며 $v = H \times r$(H : 허블 상수)로 표현한다. 따라서 R_A : 30Mpc = 4200km/s : 2100km/s에서 R_A = 60Mpc이다. 또, B의 경우에서 2100km/s = $H \times$ 30Mpc 이므로 H = 70km/s/Mpc이다.

|보|기|풀|이|

ㄱ. 정답 : 외부 은하와의 거리는 후퇴 속도에 비례하므로 R_A : 30 = 4200 : 2100이다. 따라서 R_A = 60Mpc이다.

ㄴ. 정답 : 외부 은하의 거리는 후퇴 속도에 비례하고 이를 식으로 나타내면 $v = H \times r$(허블 법칙)이다. B의 경우에서 v = 2100km/s, r = 30Mpc이므로 $H = \dfrac{v}{r} = \dfrac{2100}{30} =$ 70km/s/Mpc이다.

ㄷ. 정답 : 우리은하에서 A를 관측했을 때 관측된 흡수선의 파장(λ)이 507nm이므로 A의 후퇴 속도(v)를 이용하여 이 흡수선의 기준 파장(λ_0)을 구할 수 있다. 후퇴 속도는 4200km/s, 빛의 속도는 3×10^5km/s, 관측된 파장은 507nm이므로 $4200 = (3 \times 10^5) \times \dfrac{507 - \lambda_0}{\lambda_0}$에서 λ_0 = 500nm이다.

그림 (가)는 은하 B에서 관측되는 은하 A와 C의 후퇴 방향과 은하 사이의 거리를, (나)는 은하 B에서 관측되는 은하 A와 C의 스펙트럼을 나타낸 것이다. 정지 상태에서 파장이 λ_0인 방출선은 각각 파장이 λ_A와 λ_C로 적색 편이되었다.

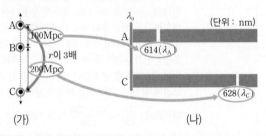

(가)　　　　　　　　　(나)

이에 대한 설명으로 옳은 것만을 〈보기〉에서 있는 대로 고른 것은? (단, 은하 A, B, C는 한 직선상에 위치하고, 허블 법칙을 만족한다.) **3점**

보기

ㄱ. B는 ~~우주의 중심에 위치한다~~. 팽창 우주에서는 중심이 없다.

ㄴ. A에서 관측되는 후퇴 속도는 C가 B의 3배이다. $v = H \cdot r \rightarrow v \propto r$

ㄷ. λ_0은 600nm이다.

∴ r이 3배 → v도 3배

① ㄱ　　② ㄷ　　③ ㄷ　　④ ㄱ, ㄴ　　✓⑤ ㄴ, ㄷ

$\left.\begin{array}{l} 0(\lambda_0) \rightarrow 600\text{nm} \\ 100\text{Mpc} \rightarrow 614\text{nm} \\ 200\text{Mpc} \rightarrow 628\text{nm} \end{array}\right\}$ 14nm

|자|료|해|설|

팽창하는 우주에는 우주의 중심이 없다. $v = H \cdot r$이므로 후퇴 속도와 거리는 비례한다. 따라서 A에서 관측되는 후퇴 속도는 C가 B의 3배이다. $v = H \cdot r = c \dfrac{\Delta\lambda}{\lambda_0}$이므로 $r \propto \dfrac{\Delta\lambda}{\lambda_0}$이다. 따라서 거리가 2배 차이나므로 $\dfrac{\lambda_A - \lambda_0}{\lambda_0} \times 2 = \dfrac{\lambda_C - \lambda_0}{\lambda_0}$로 계산했을 때 λ_0는 600nm가 된다.

단순히 $r \propto \dfrac{\Delta\lambda}{\lambda_0}$임을 알고 비례식을 세워 600nm임을 구할 수도 있다.

|보|기|풀|이|

ㄱ. 오답 : 팽창하는 우주에서는 우주의 중심을 알 수 없다.

ㄴ. 정답 : 허블 법칙($v = H \cdot r$)에 의하면 $v \propto r$이다. (가)에서 A로부터 거리는 C가 B의 3배이므로 A에서 관측되는 후퇴 속도는 C가 B의 3배이다.

ㄷ. 정답 : A의 경우 100Mpc에 614nm, B의 경우 200Mpc에 628nm인 것으로 보아 100Mpc당 14nm 차이가 나기 때문에 λ_0는 600nm이다.

😮 **문제풀이 T I P** | 허블 법칙 $v = H \cdot r = c \dfrac{\Delta\lambda}{\lambda_0}$를 적절히 사용할 줄 알고 필요시 비례관계를 이용하여 쉽게 접근하는 것이 좋다.

😀 **출제분석** | 허블 법칙과 스펙트럼의 편이를 분석하는 문제로 난이도가 높게 책정되었다. 허블 법칙에 대한 정확한 이해가 동반되면 크게 어렵지 않은 문제로 정답률도 58% 정도로 높은 편이다.

그림은 1920년 이후 관측을 통해 구한 허블 상수의 변화를 나타낸 것이다.

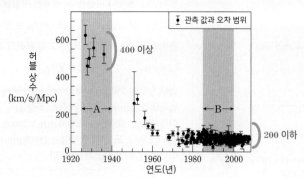

이에 대한 옳은 설명만을 〈보기〉에서 있는 대로 고른 것은?

보기　　$\propto \dfrac{1}{\text{우주의 나이}}$

ㄱ. 허블 상수는 A 시기가 B 시기보다 크게 측정되었다.

ㄴ. 허블 상수를 이용해 구한 우주의 나이는 B 시기가 A 시기보다 크다.

ㄷ. 허블 법칙을 이용해 구한 우주의 크기는 B 시기가 A 시기보다 크다. → $v=Hr$ → 허블 상수 $\propto \dfrac{1}{\text{우주의 크기}}$

① ㄱ　② ㄷ　③ ㄱ, ㄴ　④ ㄴ, ㄷ　⑤ ㄱ, ㄴ, ㄷ

|자|료|해|설|

1920년에서 1940년에 이르기까지 허블 상수의 관측값은 상대적으로 크다. 1950년부터 허블 상수의 관측값이 작아져 1980년대부터는 관측값에 큰 차이가 없다. 허블 상수는 우주의 나이와 반비례하기 때문에 그래프에 따르면 우주의 나이는 시간이 지남에 따라 점점 커졌다. 허블 법칙 $(v=Hr)$에 따르면 허블 상수와 우주의 크기는 반비례 관계이다.

|보|기|풀|이|

ㄱ. 정답 : 허블 상수 값은 A 시기에서 400 이상으로 B 시기보다 크게 측정되었다.

ㄴ. 정답 : 허블 상수는 우주의 나이와 반비례하므로 상수 값이 작은 B 시기의 우주 나이가 A 시기보다 크다.

ㄷ. 정답 : 허블 법칙$(v=Hr)$에 따르면 허블 상수와 우주의 크기는 반비례하므로 우주의 크기는 허블 상수가 작은 B 시기가 A 시기보다 크다.

😮 **문제풀이 TIP |** 허블 상수는 우주의 나이와 크기에 반비례한다.

😊 **출제분석 |** 허블 법칙이 의미하는 바를 묻는 문제가 종종 출제된다. 허블 법칙을 뒷받침하는 증거나 자료를 제시하는 문제가 주로 출제되는데, 어렵지는 않지만 처음 보는 자료가 나올 수 있다. 허블 법칙의 개념, 요소 간의 관계에 대해 충분히 학습해 두는 것이 좋다.

표는 서로 다른 방향에 위치한 은하 (가)와 (나)의 스펙트럼에서 관측된 방출선 A와 B의 고유 파장과 관측 파장을 나타낸 것이다. 우리은하로부터의 거리는 (가)가 (나)의 두 배이다.

방출선	고유 파장(nm)	관측 파장(nm)			
		은하 (가)		은하 (나)	
A	(㉠) →450	468	$\Delta\lambda=18$	459	$\Delta\lambda=9$
B	650	(㉡) →676	$\Delta\lambda=26$	(㉢) →663	$\Delta\lambda=13$

이에 대한 옳은 설명만을 〈보기〉에서 있는 대로 고른 것은? (단, (가)와 (나)는 허블 법칙을 만족한다.) **3점**

$v=Hr$
$\dfrac{\Delta\lambda}{\lambda}=\dfrac{v}{c}$
$\dfrac{18}{450}=\dfrac{㉡-650}{650}=\dfrac{x}{650}$
$\therefore x=26$
$㉡=676$

보기

ㄱ. ㉠은 450이다.

ㄴ. ㉡−468 > ㉢−459이다.

ㄷ. (가)에서 (나)를 관측하면 A의 파장은 477nm보다 길다. 길지 않다.
최대 $\Delta\lambda=27$ ←

① ㄱ　② ㄴ　③ ㄱ, ㄷ　④ ㄴ, ㄷ　⑤ ㄱ, ㄴ, ㄷ

① (가) (나) 우리은하　② (가) 우리은하 (나)
　　　　　　　　　　　　2　1

|자|료|해|설|

허블 법칙$(v=Hr)$을 이용하면 은하의 후퇴 속도를 통해 관측자로부터 은하까지의 거리를 구할 수 있다. 이때 은하의 후퇴 속도는 도플러 효과를 이용해 다음과 같이 구할 수 있다. $\dfrac{\Delta\lambda}{\lambda}=\dfrac{v}{c}$ (λ=고유 파장, $\Delta\lambda$=파장의 변화량, c=빛의 속도) 즉, 고유 파장에 대한 파장의 변화량과 은하의 후퇴 속도가 비례한다. 이때 우리은하로부터의 거리가 (가)가 (나)의 두 배이므로, 파장의 변화량 또한 (가)가 (나)의 두 배이다. A의 고유 파장이 450nm이면 (가)의 파장 변화량이 18, (나)의 파장 변화량이 9로 조건에 알맞다. 이때 고유 파장이 달라지면 파장 변화량도 바뀌므로, $\dfrac{18}{450}=\dfrac{㉡-650}{650}$이고, 이에 따라 ㉡은 676, ㉢은 663이다. 우리은하와의 거리를 기준으로 (가)와 (나) 사이 거리의 경우의 수를 알아보면, (가)와 (나)의 최대 거리는 우리은하로부터 (나)까지 거리의 3배이다.

|보|기|풀|이|

ㄱ. 정답 : A의 고유 파장이 450nm이어야 (가)의 파장 변화량이 18, (나)의 파장 변화량이 9로 조건에 알맞다.

ㄴ. 오답 : ㉡은 676, ㉢은 663이므로 (676−468) > (663−459)이다.

ㄷ. 오답 : (가)와 (나) 사이의 최대 거리는 우리은하로부터 (나)까지 거리의 3배이므로 (가)에서 (나)를 관측하면 A의 파장이 477nm보다 길어질 수 없다.

😮 **문제풀이 TIP |** 허블 법칙과 도플러 효과에 대한 공식은 함께 적용된다는 것을 명심하고, 여러 번 문제를 풀며 공식 적용 방법을 익혀야 한다.

😊 **출제분석 |** 2022년 10월 학평에서 두 번째로 정답률이 낮았던 문제로, 계산 과정이 많았다. 하지만 계산 값을 이용해 모두 해결할 수 있는 보기로 구성하였으므로 오히려 보기가 명확하여 최고난도 문제라고 할 수는 없다. 허블 법칙에 대한 문제를 많이 풀어보는 것이 중요하다.

다음은 우리은하와 외부 은하 A, B에 대한 설명이다. 세 은하는 일직선상에 위치하며, 허블 법칙을 만족한다.

- 우리은하에서 A까지의 거리는 20Mpc이다.
- B에서 우리은하를 관측하면, 우리은하는 2800km/s의 속도로 멀어진다.
- A에서 B를 관측하면, B의 스펙트럼에서 500nm의 기준 파장을 갖는 흡수선이 507nm로 관측된다.

우리은하에서 A와 B를 관측한 결과에 대한 설명으로 옳은 것만을 〈보기〉에서 있는 대로 고른 것은? (단, 허블 상수는 70km/s/Mpc 이고, 빛의 속도는 3×10^5km/s이다.)

보기

ㄱ. A의 후퇴 속도는 1400km/s이다 ← 허블 상수 × 거리 $= 70\text{km/s/Mpc} \times 20\text{Mpc} = 1400\text{km/s}$

ㄴ. 스펙트럼에서 기준 파장이 동일한 흡수선의 파장 변화량은 B가 A의 2배이다. ← 적색 편이량 ∝ 후퇴 속도

~~ㄷ. A와 B는 동일한 시선 방향에 위치한다.~~ 반대

① ㄱ   ② ㄷ   ❸ ㄱ, ㄴ   ④ ㄴ, ㄷ   ⑤ ㄱ, ㄴ, ㄷ

* 허블 상수 $= \dfrac{\text{후퇴 속도}}{\text{거리}}$ 이므로

(우리은하 기준) A 후퇴 속도 = 허블 상수 × 거리
$= 70\text{km/s/Mpc} \times 20\text{Mpc} = 1400\text{km/s}$

B 거리 $= \dfrac{\text{후퇴 속도}}{\text{허블 상수}} = \dfrac{2800\text{km/s}}{70\text{km/s/Mpc}} = 40\text{Mpc}$

* 후퇴 속도$(v) = \dfrac{\varDelta\lambda}{\lambda_0} \times c$ 이므로

A 기준 B 후퇴 속도 $= \dfrac{7}{500} \times 3 \times 10^5\text{km/s} = 4200\text{km/s}$

∴ A $\overset{20\text{Mpc}}{\longleftarrow}$ 우리은하 $\overset{40\text{Mpc}}{\longleftarrow}$ B 와 같은 위치

|자|료|해|설|

허블 상수는 후퇴 속도를 거리로 나눈 값이다. 우리 은하를 기준으로 했을 때, A까지의 거리가 20Mpc이므로 후퇴 속도는 허블 상수와 거리의 곱(70km/s/Mpc ×20Mpc)인 1400km/s이다. B의 후퇴 속도가 2800km/s로 A의 2배 이므로, B까지의 거리는 A까지의 거리의 2배인 40Mpc 이다. 후퇴 속도를 허블 상수로 나눠서 구할 수도 있다.

A에서 B를 관측했을 때 적색 편이량이 $\dfrac{7}{500}$ 이고, 후퇴 속도는 적색 편이량과 광속의 곱이므로, A 기준 B의 후퇴 속도는 4200km/s이다. 즉, 둘 사이의 거리가 60Mpc인 것이다. 따라서 A와 B는 우리은하로부터 같은 방향이 아니라 반대 시선 방향에 위치한다.

|보|기|풀|이|

ㄱ. 정답 : A의 후퇴 속도는 허블 상수와 거리의 곱인 1400km/s이다.

ㄴ. 정답 : 스펙트럼에서 기준 파장이 동일한 흡수선이 파장 변화량, 즉 적색 편이량은 후퇴 속도에 비례하므로 B가 A의 2배이다.

ㄷ. 오답 : A와 B는 반대 시선 방향에 위치한다.

😮 문제풀이 TIP | 허블 상수는 후퇴 속도를 거리로 나눈 값이다. 후퇴 속도 $v = \dfrac{\varDelta\lambda}{\lambda_0} \times c$로도 구할 수 있다. 또한 은하까지의 거리에 비례한다.

😎 출제분석 | 허블 법칙은 계산과 함께 출제되는 경우가 많은데, 이 문제 역시 그렇다. 계산을 해야 하는 문제이기 때문에 문제 자체의 난도보다 정답률이 낮은 편이다. 계산은 간단한 편이며, 묻고 있는 개념 역시 대표적인 개념이고 헷갈리지 않도록 직관적으로 출제하여 계산만 침착하게 한다면 쉽게 정답을 찾을 수 있다.

그림은 외부 은하까지의 거리와 후퇴 속도를 나타낸 것이다. A와 B는 각각 서로 다른 시기에 관측한 자료이다. 이에 대한 설명으로 옳은 것만을 〈보기〉에서 있는 대로 고른 것은?

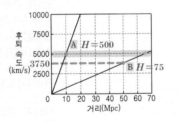

보기

ㄱ. A에서 허블 상수는 500km/s/Mpc이다. ← $\dfrac{5000}{10}$

ㄴ. 후퇴 속도가 5000km/s인 은하까지의 거리는 A보다 B에서 멀다. ← 10 → 약 65

ㄷ. 허블 법칙으로 계산한 우주의 나이는 A보다 B에서 많다. ← 허블 상수의 역수

① ㄱ   ② ㄷ   ③ ㄱ, ㄴ   ④ ㄴ, ㄷ   ❺ ㄱ, ㄴ, ㄷ

|자|료|해|설|

외부 은하의 후퇴 속도(v)는 외부 은하와의 거리(r)에 비례한다. 이를 식으로 나타내면 $v = H \times r$이고, H는 허블 상수이다. A 시기의 허블 상수는 $H = \dfrac{v}{r} = \dfrac{5000}{10} =$ 500km/s/Mpc이고, B 시기의 허블 상수는 약 $H = \dfrac{3750}{50} =$ 75km/s/Mpc이다.

허블 법칙으로 계산한 우주의 나이는 허블 상수의 역수이므로 A 시기의 우주의 나이는 B 시기보다 적다.

|보|기|풀|이|

ㄱ. 정답 : A에서 거리가 10Mpc일 때 후퇴 속도는 5000km/s이므로 허블 상수는 $\dfrac{5000}{10} =$ 500km/s/Mpc 이다.

ㄴ. 정답 : 후퇴 속도가 5000km/s인 은하까지의 거리는 A일 때 10Mpc, B일 때 약 65Mpc이므로 A보다 B에서 멀다.

ㄷ. 정답 : 허블 법칙으로 계산한 우주의 나이는 허블 상수의 역수이다. 허블 상수의 역수는 A가 $\dfrac{1}{500}$이고, B가 약 $\dfrac{1}{75}$이므로 허블 법칙으로 계산한 우주의 나이는 A보다 B에서 많다.

그림 (가)와 (나)는 각각 COBE 우주 망원경과 WMAP 우주 망원경으로 관측한 우주 배경 복사의 온도 편차를 나타낸 것이다. 지점 A와 B는 지구에서 관측한 시선 방향이 서로 반대이다.

매우 멀어서 상호 작용 ×
그럼에도 균일함 ·A
초기에 상호 작용하고 급팽창함

−150 μK ■ +150 μK　　−200 μK ■ +200 μK

(가)　더 세밀해짐(관측 기술 발달)　(나)

이에 대한 설명으로 옳은 것만을 〈보기〉에서 있는 대로 고른 것은?

(3점)

> **보기**
> ㄱ. (나)가 (가)보다 온도 편차의 형태가 더욱 세밀해 보이는 것은 관측 기술의 발달 때문이다.
> ㄴ. A와 B는 빛을 통하여 현재 상호 작용할 수 ~~있다~~ 없다
> ㄷ. A와 B의 온도가 거의 같다는 사실은 급팽창 우주론으로 설명할 수 있다.

① ㄱ　　② ㄴ　　✓③ ㄱ, ㄷ　　④ ㄴ, ㄷ　　⑤ ㄱ, ㄴ, ㄷ

|자|료|해|설|

(가)와 (나)는 모두 우주 배경 복사를 보여주는데, (가)보다 (나)가 더욱 세밀하게 나타나는 것은 관측 기술의 발달 때문이다.

A와 B는 지구에서 관측한 시선 방향이 서로 반대이므로 매우 멀어서 빛을 통하여 상호 작용을 하기 어렵다. 그러나 우주 배경 복사의 온도 편차가 매우 균일하게 나오는 것은, 빅뱅 초기에 상호 작용이 가능했고, 이후 급팽창하여 몹시 멀어졌다는 급팽창 우주론으로 설명할 수 있다.

|보|기|풀|이|

ㄱ. 정답 : (나)가 더욱 세밀한 것은 관측 기술의 발달 때문이다.

ㄴ. 오답 : A와 B는 서로 반대 방향이기 때문에 빛을 통하여 현재 상호 작용할 수 없다.

ㄷ. 정답 : A와 B의 온도가 거의 같다는 사실은 급팽창 이전에 상호 작용을 하였고, 이후 급팽창 하였다는 급팽창 우주론으로 설명할 수 있다.

😮 **문제풀이 TIP |** 우주 배경 복사는 빅뱅 우주론의 증거 중 하나이며, 급팽창 우주론으로 빅뱅 우주론의 한계인 우주의 지평선 문제, 편평성 문제, 자기 홀극 문제를 해결하였다.

😮 **출제분석 |** 빅뱅 우주론은 출제 빈도가 높지는 않지만 매년 꾸준하게 나오는 개념이다. 이 문제에서 제시한 우주 배경 복사 그림과 함께 2.7K 흑체 복사 곡선도 자주 출제된다. 내용 자체는 쉽지만 우주 배경 복사와 우주의 지평선 문제를 결합하여 정답률이 높지는 않은 문제이다.

그림은 우주의 나이가 38만 년일 때 A와 B의 위치에서 출발한 우주 배경 복사를 우리은하에서 관측하는 상황을 가정하여 나타낸 것이다. (가)와 (나)는 우주의 나이가 각각 138억 년과 60억 년일 때이다.

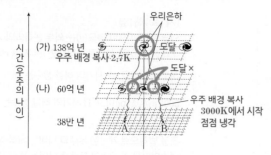

시간(우주의 나이)

우리은하
(가) 138억 년　도달
우주 배경 복사 2.7K
도달 ×
(나) 60억 년
우주 배경 복사 3000K에서 시작 점점 냉각
38만 년　　A　　B

이에 대한 설명으로 옳은 것만을 〈보기〉에서 있는 대로 고른 것은?

(3점)

> **보기**
> ㄱ. A와 B로부터 출발한 우주 배경 복사의 온도가 (가)에서 거의 같게 측정되는 것은 우주의 급팽창으로 설명된다. → 우주의 지평선 문제
> ㄴ. (나)에서 측정되는 우주 배경 복사의 온도는 2.7K보다 높다.
> ㄷ. A에서 출발한 우주 배경 복사는 (나)의 우리은하에 ~~도달한다~~ 도달하지 않았다.

① ㄱ　　② ㄷ　　✓③ ㄱ, ㄴ　　④ ㄴ, ㄷ　　⑤ ㄱ, ㄴ, ㄷ

|자|료|해|설|

우주 배경 복사는 빅뱅 후 38만 년이 지났을 때, 우주의 온도가 3000K로 냉각되어 원자가 만들어지며 우주 전체에 균일하게 퍼진 빛이다. 이후 우주가 냉각되며 현재는 약 2.7K으로 관측된다. 우주 배경 복사의 온도가 전우주에서 균일한 것은 급팽창(인플레이션) 이론으로 설명할 수 있다. 우주가 매우 작아서 이미 균일한 상태였는데, 이후 급팽창으로 인해 우주가 매우 커졌다는 이론이다.

A와 B에서 출발한 빛은 우주의 나이가 60억 년인 (나)에서 우리은하에 도달하지 않았고, 우주의 나이가 138억 년인 (가)에서 도달하였다.

|보|기|풀|이|

ㄱ. 정답 : 우주 배경 복사의 온도가 전우주에서 균일한 우주의 지평선 문제는 급팽창 이론으로 설명할 수 있다.

ㄴ. 정답 : (나)에서 측정되는 우주 배경 복사의 온도는 현재 우주 배경 복사의 온도인 2.7K보다 높다.

ㄷ. 오답 : A에서 출발한 우주 배경 복사는 (나)의 우리은하에 도달하지 않았다.

😮 **문제풀이 TIP |** 빅뱅 우주론의 증거: 우주 배경 복사(우주의 온도가 약 3000K일 때 균일하게 퍼진 빛으로 현재는 약 2.7K), 수소와 헬륨의 질량비(3 : 1), 대부분의 은하에서 관측되는 적색 편이(후퇴의 증거)

빅뱅 우주론의 한계와 해결: 우주의 지평선 문제, 우주의 편평성 문제, 자기 홀극 문제 → 급팽창 이론으로 해결

😮 **출제분석 |** 빅뱅 우주론은 매년 1문제 정도 출제되는 개념으로, 빈도가 낮은 편이다. 이 개념에서는 빅뱅 우주론의 증거와 한계를 묻는 문제가 자주 출제된다. 이 문제는 빅뱅 우주론의 한계와 온도, 자료 해석을 모두 묻고 있지만 보기가 모두 평이하여 어렵지는 않다.

표는 우리은하에서 관측한 은하 A, B, C의 스펙트럼 관측 결과를 나타낸 것이다. B에서 관측할 때 A와 C의 시선 방향은 정반대이다. 우리은하와 A, B, C는 허블 법칙을 만족한다.

기준 파장 (nm)	관측 파장(nm)		
	A	B	C
300	307.5	㉠ 306	307.5
600		612	
후퇴 속도	7500	6000	7500

이에 대한 설명으로 옳은 것만을 〈보기〉에서 있는 대로 고른 것은? (단, 빛의 속도는 3×10^5km/s이다.) **3점**

보기

ㄱ. ㉠은 306이다. → (빛의 속도)×$\dfrac{(파장\ 변화량)}{(기준\ 파장)}$

ㄴ. B의 후퇴 속도는 6×10^3km/s이다.

ㄷ. 우리은하, B, C 중 A에서 가장 멀리 있는 은하는 ~~우리~~은하이다.

① ㄱ   ② ㄷ   ✔③ ㄱ, ㄴ   ④ ㄴ, ㄷ   ⑤ ㄱ, ㄴ, ㄷ

|자|료|해|설|

은하의 후퇴 속도(v)는 $v = c \times \dfrac{\lambda - \lambda_0}{\lambda_0}$ (c : 빛의 속도, λ : 관측 파장, λ_0 : 기준 파장)이다.

은하 B의 후퇴 속도는 $v = 3 \times 10^5 \times \dfrac{612 - 600}{600} =$ 6000km/s이므로, 기준 파장이 300nm일 때의 관측 파장을 구하면 $6000 = 3 \times 10^5 \times \dfrac{㉠ - 300}{300}$에서 ㉠=306 이다. A와 C의 후퇴 속도는 $v = 3 \times 10^5 \times \dfrac{307.5 - 300}{300} =$ 7500km/s이다.

A와 C의 관측 파장은 같으므로 두 은하는 우리은하에서 같은 속도로 후퇴하고 있고, 허블 법칙을 만족하므로 우리은하에서 떨어진 거리도 같다. B에서 관측할 때 A와 C의 시선 방향은 정반대이므로 가능한 은하들의 위치는 아래 그림과 같이 여러 가지가 존재한다.

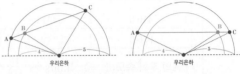

A와 C의 거리가 가장 가까울 때는 다음 그림과 같이 A와 C를 잇는 선분의 중점에 B가 있을 때이다.

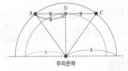

이때 각 은하 사이의 거리를 후퇴 속도의 비에 맞춰 표현하면 A와 우리은하 사이의 거리는 5, B와 우리은하 사이의 거리는 4이고, A와 B 사이의 거리는 3이 된다. 즉, A와 C가 가장 가까울 때의 거리는 6이므로 A와 C 사이의 거리가 가장 가까울 때도 A와 우리은하 사이의 거리인 5보다는 크다.

|보|기|풀|이|

ㄱ. 정답 : 기준 파장이 600nm일 때의 관측 파장을 이용하여 구한 B의 후퇴 속도는 $v = 3 \times 10^5 \times \dfrac{612 - 600}{600}$ =6000km/s이다. 기준 파장이 300nm일 때의 관측 파장을 구하면 $6000 = 3 \times 10^5 \times \dfrac{㉠ - 300}{300}$에서 ㉠=306 이다.

ㄴ. 정답 : B의 후퇴 속도는 $v = 3 \times 10^5 \times \dfrac{612 - 600}{600} =$ 6000km/s이다.

ㄷ. 오답 : 우리은하에서 A까지의 거리와 우리은하에서 C까지의 거리가 같고, B에서 관측할 때 A와 C의 시선 방향은 정반대이다. 이에 따라 조건에 맞게 우리은하, A, B, C의 위치 관계를 그려보면, 어떠한 경우에도 우리은하, B, C 중 A에서 가장 멀리 있는 은하가 우리은하일 가능성은 없다. 조건에 부합하는 모든 경우에 우리은하, B, C 중 A에서 가장 멀리 있는 은하는 C이다.

다음은 스펙트럼을 이용하여 외부 은하의 후퇴 속도를 구하는 탐구이다.

[탐구 과정]

(가) 겉보기 등급이 같은 두 외부 은하 A와 B의 스펙트럼을 관측한다.
> 100배 어두워보임
> B보다 10배 멀리
> A가 100배 어두워보인건데 같아보임
> 같은 거리라면 100배 더 밝음 → 5등급 작음

(나) 정지 상태에서 파장이 410.0nm와 656.0nm인 흡수선이 A와 B의 스펙트럼에서 각각 얼마의 파장으로 관측되었는지 분석한다.

(다) A와 B의 후퇴 속도를 계산한다. (단, 빛의 속도는 3×10^5km/s이다.)

[탐구 결과]

정지 상태에서 흡수선의 파장(nm)	관측된 파장(nm)	
	은하 A	은하 B
410.0	451.0	414.1
656.0	(㉠) 721.6	( ) 662.56

- A의 후퇴 속도: (㉡)km/s → $\frac{41}{410} \times 3 \times 10^5 = 30000$km/s
- B의 후퇴 속도: ( )km/s → $\frac{4.1}{410} \times 3 \times 10^5 = 3000$km/s

이에 대한 옳은 설명만을 〈보기〉에서 있는 대로 고른 것은? (단, A와 B는 허블 법칙을 만족한다.) 3점

보기

ㄱ. ㉠은 721.6이다. → $\frac{\Delta\lambda}{\lambda_0}$은 동일 → $\frac{41}{410} = \frac{㉠-656}{656}$

ㄴ. ㉡은 3×10^4이다. ∴ ㉠=656+65.6=721.6

ㄷ. A와 B의 절대 등급 차는 5이다.

① ㄱ   ② ㄷ   ③ ㄱ, ㄴ   ④ ㄴ, ㄷ   ✔ ㄱ, ㄴ, ㄷ

|자|료|해|설|

파장이 410nm인 흡수선이 은하 A의 스펙트럼에서는 454nm로, 은하 B의 스펙트럼에서는 414.1nm로 관측된다. 은하의 후퇴 속도는 $\frac{\Delta\lambda}{\lambda_0} \times c$이다. 은하 A는 파장의 변화량이 10%이므로 은하 A의 후퇴 속도는 빛의 속도의 10%인 30000km/s(㉡)이다. 은하 B의 파장 변화량은 1%이므로 은하 B의 후퇴 속도는 빛의 속도의 1%인 3000km/s이다. 파장이 656nm인 흡수선은 은하 A에서 10% 변화하여 721.6nm(㉠), 은하 B에서는 1% 변화하여 662.56nm로 관측된다.

후퇴 속도는 은하까지의 거리에 비례한다. 은하 A가 은하 B보다 10배 빠르므로, 은하 A가 은하 B보다 10배 멀리 있다. 은하 A와 B가 겉보기 등급이 같다는 것은, 실제로 10배 멀리 있는 은하 A가 100배 밝다는 의미이다. 100배의 밝기 차이는 절대 등급 5등급 차이이다.

|보|기|풀|이|

㉠ 정답 : 은하 A는 파장의 변화량이 10%이므로 ㉠은 721.6nm이다.

㉡ 정답 : 은하 A는 파장의 변화량이 10%이므로 ㉡은 광속의 10%인 30000km/s이다.

㉢ 정답 : A와 B는 밝기 차이가 100배이므로, 절대 등급 차이는 5등급이다.

😮 **문제풀이 TIP** | 은하의 후퇴 속도는 $\frac{\Delta\lambda}{\lambda_0} \times c$이고, 은하까지의 거리에 비례한다. (멀수록 빨리 멀어짐)
겉보기 밝기 차이는 거리의 제곱에 반비례한다.

😮 **출제분석** | 허블 법칙으로 ㄱ과 ㄴ 보기를 계산해야 하고, 이를 통해 은하까지의 거리를 구하여 밝기 차이를 알아내야 하는 (ㄷ 보기) 고난도 문제이다. 허블 법칙에서는 이처럼 계산을 하는 문제가 자주 출제된다. 계산이 중요한 경우, 배점은 이 문제처럼 3점인 경우가 많다. 흡수선의 파장 변화와 후퇴 속도, 은하까지의 거리를 연결하여 계산해야 한다.

그림은 허블 법칙을 만족하는 외부 은하의 거리와 후퇴 속도의 관계 l과 우리은하에서 은하 A, B, C를 관측한 결과이고, 표는 이 은하들의 흡수선 관측 결과를 나타낸 것이다. B의 흡수선 관측 파장은 허블 법칙으로 예상되는 값보다 8nm 더 길다.

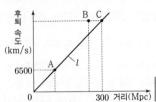

은하	기준 파장	관측 파장
A	400	㉠
B	600	(642)
C	600	642

→ 예상값+8

$C \rightarrow v = 3 \times 10^5 \times \dfrac{642-600}{600}$ (단위 : nm)

634

이 자료에 대한 설명으로 옳은 것만을 〈보기〉에서 있는 대로 고른 것은? (단, 우리은하에서 관측했을 때 A, B, C는 동일한 시선 방향에 놓여있고, 빛의 속도는 3×10^5 km/s이다.)

보기

ㄱ. 허블 상수는 70km/s/Mpc이다. → $v = H \times r,\ v = c \times \dfrac{\lambda - \lambda_0}{\lambda_0}$

ㄴ. ㉠은 410보다 작다.

ㄷ. A에서 B까지의 거리는 140Mpc보다 크다.

① ㄱ   ② ㄷ   ③ ㄱ, ㄴ   ④ ㄴ, ㄷ   ⑤ ㄱ, ㄴ, ㄷ

|자|료|해|설|

허블 법칙을 만족하는 외부 은하의 후퇴 속도(v)와 거리(r) 사이에는 $v = H \times r$(H : 허블 상수)이라는 비례 관계가 성립한다. 또, 은하의 후퇴 속도는 $v = c \times \dfrac{\lambda - \lambda_0}{\lambda_0}$($c$: 빛의 속도, λ : 관측 파장, λ_0 : 기준 파장)로 구할 수 있다.

따라서 C의 관측 결과로 C의 후퇴 속도를 계산하면

$v = 3 \times 10^5 \times \dfrac{642 - 600}{600} = 21000$km/s이다. 우리은하에서 C까지의 거리는 300Mpc이므로 허블 법칙을 이용하여 허블 상수(H)를 구하면, 21000km/s = $H \times$ 300Mpc에서 $H = 70$km/s/Mpc이다.

A의 후퇴 속도를 이용하여 관측 파장을 구하면 6500 = $3 \times 10^5 \times \dfrac{㉠ - 400}{400}$ 이고, ㉠은 약 408.7이다. 주어진 자료에서 B의 후퇴 속도는 C와 같으므로 관측 파장은 642nm이다. 하지만 이 값은 허블 법칙으로 예상되는 값보다 8nm 더 긴 값이므로 B가 허블 법칙을 만족한다면 B의 흡수선 관측 파장은 642－8=634nm여야 한다.

B가 허블 법칙을 만족한다면 후퇴 속도는 $3 \times 10^5 \times$ $\dfrac{634 - 600}{600} = 17000$km/s이다. 따라서 우리은하에서 B까지의 거리를 구하면 17000 = 70 × r에서 $r = \dfrac{17000}{70}$Mpc이다.

|보|기|풀|이|

ㄱ. 정답 : C의 후퇴 속도는 $v = 3 \times 10^5 \times \dfrac{642 - 600}{600} =$ 21000km/s이다. C는 허블 법칙을 만족하고, 우리은하에서 C까지의 거리는 300Mpc이므로 허블 상수 (H)를 구하면 21000 = $H \times$ 300에서 $H = 70$km/s/Mpc 이다.

ㄴ. 정답 : A의 후퇴 속도는 6500km/s이고 기준 파장은 400nm이므로 A의 후퇴 속도를 이용하여 관측 파장을 구하면 6500 = $3 \times 10^5 \times \dfrac{㉠ - 400}{400}$ 이다. 따라서 ㉠은 약 408.7이므로 410보다 작다.

ㄷ. 정답 : A와 B는 동일한 시선 방향에 놓여 있으므로 두 은하 사이의 거리는 (우리은하에서 B까지의 거리－ 우리은하에서 A까지의 거리)와 같다. 우리은하에서 A까지의 거리는 6500 = 70 × r에서 $r = \dfrac{6500}{70}$Mpc이고, 우리은하에서 B까지의 거리는 17000 = 70 × r에서 $r = \dfrac{17000}{70}$Mpc이므로 A에서 B까지의 거리는 $\dfrac{17000}{70} - \dfrac{6500}{70} = \dfrac{10500}{70} = 150$Mpc이다.

그림 (가)는 어느 우주 모형에서 시간에 따른 우주의 상대적 크기를 나타낸 것이고, (나)는 120억 년 전 은하 P에서 방출된 파장 λ인 빛이 80억 년 전 은하 Q를 지나 현재의 관측자에게 도달하는 상황을 가정하여 나타낸 것이다. 우주 공간을 진행하는 빛의 파장은 우주의 크기에 비례하여 증가한다.

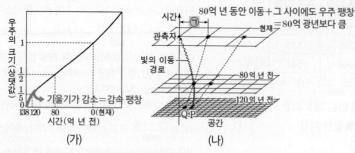

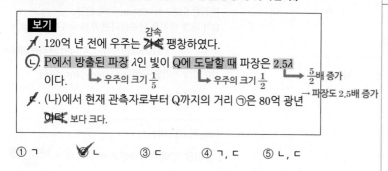

(가)   (나)

이 자료에 대한 설명으로 옳은 것만을 〈보기〉에서 있는 대로 고른 것은? (단, P와 Q는 관측자의 시선과 동일한 방향에 위치한다.)

보기

ㄱ. 120억 년 전에 우주는 ~~가속~~ (감속) 팽창하였다.

ㄴ. P에서 방출된 파장 λ인 빛이 Q에 도달할 때 파장은 2.5λ 이다.
→ 우주의 크기 $\frac{1}{5}$ → 우주의 크기 $\frac{1}{2}$ → $\frac{5}{2}$배 증가

ㄷ. (나)에서 현재 관측자로부터 Q까지의 거리 ㉠은 80억 광년 ~~이다~~ (보다 크다). → 파장도 2.5배 증가

① ㄱ   ✓② ㄴ   ③ ㄷ   ④ ㄱ, ㄷ   ⑤ ㄴ, ㄷ

|자|료|해|설|

(가)에서 기울기가 점차 감소하면 감속 팽창, 기울기가 점차 증가하면 가속 팽창이다. 120억 년 전에는 기울기가 조금씩 감소하고 있으므로 우주는 감속 팽창하였다. (나)의 P에서 빛이 방출됐을 때, 우주의 크기는 현재의 $\frac{1}{5}$이었다. 이 빛이 Q에 도달한 시기는 80억 년 전으로, 우주의 크기가 현재의 $\frac{1}{2}$이었을 때이다. 우주 공간을 진행하는 빛의 파장은 우주의 크기에 비례해서 증가한다. 이에 따라 P에서 방출된 빛이 Q에 도달하는 동안 우주의 크기가 2.5배 증가하였으므로 파장도 2.5배 증가한다. 80억 년 전에 Q를 지난 빛이 현재 관측자에게 도달하고 있다. 따라서 현재 관측자로부터 Q까지의 거리를 80억 광년이라고 생각할 수 있지만, 우주가 계속 팽창하여 크기가 증가하는 것까지 고려해야 하므로 ㉠은 80억 광년이 아니다. 빛이 도달하는 시간 동안에도 우주가 팽창하여 커지고 있으므로 ㉠은 80억 광년보다 크다.

|보|기|풀|이|

ㄱ. 오답 : 120억 년 전에 우주는 감속 팽창하였다.

ㄴ. 정답 : P에서 빛이 방출됐을 때, 우주의 크기는 현재의 $\frac{1}{5}$이었다. 이 빛이 Q에 도달한 시기는 80억 년 전으로, 이때 우주의 크기는 현재의 $\frac{1}{2}$이었다. 따라서 파장은 우주의 크기에 비례하여 증가하므로, P에서 방출된 파장 λ인 빛이 Q에 도달할 때 파장은 2.5배 증가한 2.5λ이다.

ㄷ. 오답 : 80억 년 전에 Q를 지난 빛이 현재 관측자에게 도달하였으나, 그 사이에도 우주가 팽창하여 크기가 증가하고 있으므로 ㉠은 80억 광년보다 크다.

😀 **문제풀이 T I P** | 빛이 이동할 때, 빛이 이동한 공간(우주) 자체가 팽창하는 것을 고려해야 한다.

😎 **출제분석** | 우주의 팽창은 출제 빈도가 아주 높지는 않지만 매년 1문제 정도 꾸준하게 출제되는 개념이다. ㄱ 보기는 자료 해석으로, ㄴ 보기는 우주의 크기와 파장이 비례하여 증가한다는 것으로 판단할 수 있다. ㄷ 보기에서 빛의 이동과 더불어 우주의 팽창을 함께 고려해야 하기 때문에 정답률이 상당히 낮았다. 수능에서는 이처럼 자료 해석과 지식 적용 및 응용이 필요한 문제가 자주 출제된다.

그림 (가)는 은하 A~D의 상대적인 위치를, (나)는 B에서 관측한 C와 D의 스펙트럼에서 방출선이 각각 적색 편이된 것을 비교 스펙트럼과 함께 나타낸 깃이다. A~D는 동일 평면상에 위치하고, 허블 법칙을 만족한다.

(가)   (나)

이에 대한 설명으로 옳은 것만을 〈보기〉에서 있는 대로 고른 것은? (단, 광속은 $3 \times 10^5 \text{km/s}$이다.) ③점

보기

ㄱ. ㉠은 491.2이다.   488.7

ㄴ. 허블 상수는 72km/s/Mpc이다.

ㄷ. A에서 C까지의 거리는 520Mpc이다.
          195+325=520Mpc

① ㄱ   ② ㄴ   ③ ㄱ, ㄷ   ✓④ ㄴ, ㄷ   ⑤ ㄱ, ㄴ, ㄷ

ㄱ. $v = c \times \dfrac{\Delta\lambda}{\lambda_0} = 3 \times 10^5 \times \dfrac{531.2-500}{500} = 18720 \text{km/s}$

     $18720 \text{km/s} = 3 \times 10^5 \times \dfrac{㉠-460}{460}$ ∴ ㉠=488.7

ㄴ. $18720 \text{km/s} = H \cdot 260 \text{Mpc}$ ∴ $H = 72 \text{km/s/Mpc}$

ㄷ. $v = 3 \times 10^5 \times \dfrac{23.4}{500} = H \cdot r = 72 \times r \Rightarrow r = 195 \text{Mpc}$

|자|료|해|설|

외부 은하의 후퇴 속도(v)와 흡수선의 파장 변화량($\Delta\lambda=$ 관측 파장−원래 파장) 사이의 관계식인 $v = c(\text{광속}) \times \dfrac{\Delta\lambda}{\lambda_0}$ 공식과 은하들의 후퇴 속도(v)가 거리(r)에 비례한다는 허블 법칙 $v = H \cdot r$을 이용하여 해결할 수 있는 문제이다. ㉠은 488.7nm이고 피타고라스 정리에 의해 $\overline{AB}$는 325Mpc이고, $c \times \dfrac{\Delta\lambda}{\lambda_0} = H \cdot r$에 의해 구한 $\overline{BC}$는 195Mpc 이다.

|보|기|풀|이|

ㄱ. 오답 : 은하 D의 후퇴 속도는 $v = c \times \dfrac{\Delta\lambda}{\lambda_0}$이므로

$v = 3 \times 10^5 (\text{km/s}) \times \dfrac{531.2-500}{500} = 18,720 (\text{km/s})$이다.

$18,720 \text{km/s} = c \times \dfrac{\Delta\lambda}{\lambda_0} = 3 \times 10^5 (\text{km/s}) \times \dfrac{㉠-460}{400}$이므로 ㉠은 488.7nm이다.

ㄴ. 정답 : 허블 법칙은 $v = H \cdot r$이므로 B에서 D까지 속력을 이용하면 $18,720 (\text{km/s}) = H \times 260 \text{Mpc}$, 따라서 $H = 72 \text{km/s/Mpc}$이다.

ㄷ. 정답 : 피타고라스 정리(3 : 4 : 5)에 의해 A → B의 거리는 325Mpc이다. 그리고 $c \times \dfrac{\Delta\lambda}{\lambda_0} = H \cdot r$를 이용하여 B → C의 거리를 구하면 $3 \times 10^5 (\text{km/s}) \times \dfrac{523.4-500}{500} = 72 \text{km/s/Mpc} \cdot r$이므로 $r = 195 \text{Mpc}$이다.

😲 **문제풀이 TIP** | − 외부 은하의 후퇴 속도: $v = c \times \dfrac{\Delta\lambda}{\lambda_0}$

− 허블 법칙: $v = H \cdot r$

− $c \times \dfrac{\Delta\lambda}{\lambda_0} = H \cdot r$

😀 **출제분석** | 수학적 센스가 필요한 문제이다. 계산식을 잘 세우지 못한다면 틀리기 쉬운 문제로 높은 난이도로 책정되었다.

표는 은하 A~D에서 서로 관측하였을 때 스펙트럼에서 기준 파장이 600nm인 흡수선의 파장을 나타낸 것이다. 은하 A~D는 같은 평면상에 위치하며 허블 법칙을 만족한다.

$$v = \frac{\Delta\lambda}{\lambda_0} \times c$$
$$v = H \cdot r$$
(단위: nm)

은하	A	B	C	D
A		606	608	604 → $\frac{200}{7}$Mpc
B	606		610	610 → $\frac{500}{7}$Mpc
C	608	610		㉠

이에 대한 설명으로 옳은 것만을 〈보기〉에서 있는 대로 고른 것은? (단, 광속은 3×10^5km/s이고, 허블 상수는 70km/s/Mpc이다.)

3점

$A \leftrightarrow B$
$\Rightarrow \frac{6}{600} \times c$
$= 3000$km/s
$= 70$km/s/Mpc·r
$\rightarrow r = \frac{300}{7}$Mpc

$A \leftrightarrow C$
$\Rightarrow \frac{8}{600} \times c$
$= 4000$km/s
$\rightarrow r = \frac{400}{7}$Mpc

$B \leftrightarrow C$
$\Rightarrow \frac{10}{600} \times c$
$= 5000$km/s
$\rightarrow r = \frac{500}{7}$Mpc

보기

ㄱ. A와 B 사이의 거리는 ~~$\frac{200}{7}$~~ $\frac{300}{7}$Mpc이다.

ㄴ. ㉠은 608보다 ~~작다~~ 크다.

ㄷ. D에서 거리가 가장 먼 은하는 B이다.

① ㄱ ② ㄴ ③ ㄷ ④ ㄱ, ㄴ ⑤ ㄴ, ㄷ

$\frac{400}{7}$보다 큼 ⇒ 기준 파장이 600nm인 흡수선의 파장은 608nm 보다 길게 나타남

|자|료|해|설|

은하의 후퇴 속도는 $v = \frac{\Delta\lambda}{\lambda_0} \times c$이며, $H \cdot r$이다. A와 B가 서로 관측했을 때, 기준 파장이 600nm인 흡수선이 606nm로 관측되었으므로, 후퇴 속도는 $\frac{6}{600} \times c = 3000$km/s이다. 후퇴 속도는 허블 상수와 거리의 곱이므로, A와 B 사이의 거리는 $\frac{300}{7}$Mpc이다. 같은 방식으로 구하면, A와 C가 서로 관측했을 때의 후퇴 속도는 4000km/s이고, A와 C 사이의 거리는 $\frac{400}{7}$Mpc이다. B와 C가 서로 관측했을 때의 후퇴 속도는 5000km/s이고, 거리는 $\frac{500}{7}$Mpc이다.

세 은하 사이의 거리가 3 : 4 : 5이므로 A를 기준으로 바라보았을 때, B와 C는 서로 직각인 지점에 위치한다. A와 D가 서로 관측했을 때 흡수선의 파장이 604nm로 관측되었으므로, A와 D 사이의 거리는 $\frac{200}{7}$Mpc이고, B와 D 사이의 거리는 $\frac{500}{7}$Mpc이다. A와 B 사이의 거리가 $\frac{300}{7}$Mpc이므로, B−A−D의 순서로 일직선상에 위치하게 된다. 따라서 D, A, C의 위치도 직각 삼각형을 이루므로, D와 C 사이의 거리는 $\frac{400}{7}$Mpc보다는 멀기 때문에 은하 C에서 측정한 은하 D의 흡수선 파장은 608nm보다 길게 나타난다.

|보|기|풀|이|

ㄱ. 오답 : A와 B 사이의 거리는 $\frac{300}{7}$Mpc이다.

ㄴ. 오답 : C와 D 사이의 거리는 $\frac{400}{7}$Mpc보다 멀기 때문에 ㉠은 608보다 크다.

ㄷ. 정답 : D와 C 사이의 거리는 $\frac{200\sqrt{5}}{7}$Mpc이므로, D에서 거리가 가장 먼 은하는 B이다.

😮 **문제풀이 T I P |** 은하의 후퇴 속도 v는 $\frac{\Delta\lambda}{\lambda_0} \times c$이고, 동시에 허블 법칙을 만족하므로 $H \cdot r$이다.

(λ_0 : 원래의 파장, $\Delta\lambda$: 파장의 변화량, c : 빛의 속도, H : 허블 상수, r : 거리)
복잡한 직각 삼각형의 비율은 잘 등장하지 않는데, $1 : 1 : \sqrt{2}$, $3 : 4 : 5$, $2 : 1 : \sqrt{5}$, $1 : \sqrt{3} : 2$ 등의 익숙한 비율이 주로 등장한다. 세 지점 사이의 거리 비가 위와 같으면 직각 삼각형의 위치 관계를 이루고 있다는 것을 알아야 한다.

😀 **출제분석 |** 네 개의 은하가 제시되었고, 각 은하에서 다른 은하까지의 거리, 후퇴 속도, 흡수선의 파장 등을 모두 고려해야 하는 문제이다. 계산이 매우 많고, 직각 삼각형 모양의 위치 관계까지 등장하므로 매우 난이도가 높은 문제였다. 따라서 정답률이 상당히 낮았다. ㄱ 보기는 허블 법칙을 이용해서 어렵지 않게 구할 수 있지만, ㄴ 보기는 A, B, C, D의 위치 관계를 그림으로 그려봐야 알 수 있고, ㄷ 보기는 피타고라스의 공식을 이용해서 C와 D 사이의 거리까지 구해야 정답을 찾을 수 있다는 점에서 정말 까다로웠다.

그림은 외부 은하 A와 B에서 각각 발견된 Ia형 초신성의 겉보기 밝기를 시간에 따라 나타낸 것이다. 우리은하에서 관측하였을 때 A와 B의 시선 방향은 60°를 이루고, F_0은 Ia형 초신성이 100Mpc 에 있을 때 겉보기 밝기의 최댓값이다.

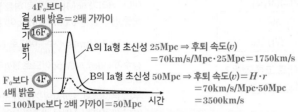

4F₀보다 4배 밝음=2배 가까이 $16F$

겉보기 밝기

A의 Ia형 초신성 25Mpc ⇒ 후퇴 속도(v)
=70km/s/Mpc·25Mpc=1750km/s

B의 Ia형 초신성 50Mpc ⇒ 후퇴 속도(v)=$H \cdot r$
=70km/s/Mpc·50Mpc
=3500km/s

F_0보다 4배 밝음 $4F_0$
=100Mpc보다 2배 가까이=50Mpc

시간

이 자료에 대한 설명으로 옳은 것만을 〈보기〉에서 있는 대로 고른 것은? (단, 빛의 속도는 3×10^5km/s이고, 허블 상수는 70km/s/Mpc이며, 두 은하는 허블 법칙을 만족한다.) **3점**

보기

ㄱ. 우리은하에서 관측한 A의 후퇴 속도는 1750km/s이다.

ㄴ. 우리은하에서 B를 관측하면, 기준 파장이 600nm인 흡수선은 603.5nm로 관측된다. $v = \frac{\Delta\lambda}{\lambda_0} \times c \rightarrow \Delta\lambda = \frac{v}{c} \times \lambda_0$ $\frac{607}{}$

ㄷ. A에서 B의 Ia형 초신성을 관측하면, 겉보기 밝기의 최댓값은 $\frac{4}{3}$ $\frac{16}{3}$$F_0$이다.

$\frac{3500\text{km/s}}{3 \times 10^5 \text{km/s}} \times 600\text{nm}$
$= \frac{7}{600} \times 600\text{nm}$
⇒ $\Delta\lambda = 7$nm → 607nm로 관측

① ㄱ ② ㄴ ③ ㄱ, ㄷ ④ ㄴ, ㄷ ⑤ ㄱ, ㄴ, ㄷ

A ——$25\sqrt{3}$Mpc—— B
25Mpc, 60°, 50Mpc
우리은하

$\Rightarrow F_0 \cdot \left(\frac{100}{25\sqrt{3}}\right)^2 = \frac{16}{3}F_0$

😲 **문제풀이 TIP |** 후퇴 속도 $v = H$(허블 상수)$\times r = \frac{\Delta\lambda}{\lambda_0} \times c$

2배 멀리/가까이 있으면 제곱인 4배 더 어둡게/밝게 보인다.

😀 **출제분석 |** 정답인 ①보다 ③, ④를 더 많이 고를 정도로 정답률이 매우 낮은 문제이다. ㄱ, ㄴ, ㄷ 보기가 모두 계산을 해야 해서 문제 자체의 난이도보다 체감 난이도가 더 높았을 것이다. 우선 거리와 밝기의 관계를 알고, 각각의 거리를 구해야 한다. 이후 허블 공식으로 후퇴 속도를 구하고, 적색 편이 정도를 구하는 식으로 파장의 변화량을 구해야 한다. 수능은 이처럼 공식을 적용하여 값을 구하는 문제를 고난도 문제로 출제할 가능성이 높다.

|자|료|해|설|

밝기는 거리의 제곱에 반비례한다. F_0은 Ia형 초신성이 100Mpc에 있을 때 겉보기 밝기의 최댓값이다. 따라서 이보다 4배 밝은 $4F_0$인 B의 Ia형 초신성은 2배 더 가까운 것이므로, 50Mpc 거리에 있다. 후퇴 속도 v는 허블 상수와 거리의 곱이므로, 70km/s/Mpc과 50Mpc을 곱한 3500km/s이 은하 B의 후퇴 속도이다. $16F$은 $4F_0$보다도 4배 밝으므로, A의 Ia형 초신성은 50Mpc보다 2배 가까운 25Mpc에 위치한다. 따라서 후퇴 속도는 1750km/s이다.

후퇴 속도는 파장의 변화량과 광속의 곱이다($v = \frac{\Delta\lambda}{\lambda_0} \times c$).

즉, 파장의 변화량($\Delta\lambda$)은 $\frac{v}{c} \times \lambda$이므로, 우리은하에서 B를 관측하면, 기준파장이 600nm인 흡수선의 변화량은 $\frac{3500\text{km/s}}{3 \times 10^5 \text{km/s}} \times 600\text{nm} = 7$nm이다. 이 흡수선은 607nm로 관측된다. A를 관측했을 때는 $\frac{1750\text{km/s}}{3 \times 10^5 \text{km/s}} \times 600$nm이므로, 파장의 변화량이 3.5nm이고, 이 흡수선은 603.5nm로 관측된다.

우리은하에서 관측하였을 때, A와 B의 시선 방향은 60°이다. 거리비가 1 : 2이면서 시선 방향이 60°이므로, A와 B 사이의 거리는 50Mpc과 sin60°의 곱인 $25\sqrt{3}$Mpc이다. 따라서 A에서 B의 Ia형 초신성을 관측하면 겉보기 밝기의 최대값은 (100Mpc일 때 F_0이므로) $25\sqrt{3}$Mpc일 때 $\frac{100}{25\sqrt{3}}$의 제곱인 $\frac{16}{3}F_0$이다.

|보|기|풀|이|

ㄱ. **정답 :** A는 Ia형 초신성이 F_0의 16배이므로, 4배 가까이 있어서 25Mpc 거리에 있다. 따라서 후퇴 속도는 거리와 허블 상수의 곱인 1750km/s이다.

ㄴ. **오답 :** 우리은하에서 B를 관측하면, 기준파장이 600nm인 흡수선의 변화량은 $\frac{3500\text{km/s}}{3 \times 10^5 \text{km/s}} \times 600\text{nm} = 7$nm이다. 이 흡수선은 607nm로 관측된다.

ㄷ. **오답 :** 우리은하에서 관측하였을 때, A와 B의 시선 방향은 60°이다. A와 B 사이의 거리는 50Mpc과 sin60°의 곱인 $25\sqrt{3}$Mpc이다. 따라서 A에서 B의 Ia형 초신성을 관측하면 겉보기 밝기의 최대값은 (100Mpc일 때 F_0이므로) $25\sqrt{3}$Mpc일 때 $\frac{100}{25\sqrt{3}}$의 제곱인 $\frac{16}{3}F_0$이다.

표는 우리은하에서 관측한 외부 은하 A와 B의 흡수선 파장과 거리를 나타낸 것이다. A에서 관측한 B의 후퇴 속도는 17300km/s 이고, 세 은하는 허블 법칙을 만족한다.

A의 후퇴 속도

$v_A = c \times \dfrac{\Delta\lambda}{\lambda_0}$

$= 3 \times 10^5 \text{km/s} \times \dfrac{4.6}{400}$

$= 3450 \text{km/s}$

$= H \cdot r$

$\therefore H = 69 \text{km/s/Mpc}$

은하	흡수선 파장(nm)	거리(Mpc)
A	404.6	50
B	423	(가) 250

B의 후퇴 속도

$v_B = c \times \dfrac{\Delta\lambda}{\lambda_0}$

$= 3 \times 10^5 \text{km/s} \times \dfrac{23}{400}$

$= 17250 \text{km/s}$

$= H \cdot r$

$\therefore r = 250 \text{Mpc}$

이에 대한 설명으로 옳은 것만을 〈보기〉에서 있는 대로 고른 것은? (단, 빛의 속도는 3×10^5km/s이고, 이 흡수선의 고유 파장은 400nm이다.) **3점**

보기

ㄱ. (가)는 250이다.

ㄴ. 허블 상수는 70km/s/Mpc보다 ~~크다.~~ 작다

ㄷ. 우리은하로부터 A까지의 시선 방향과 B까지의 시선 방향이 이루는 각도는 60°보다 ~~작다.~~ 크다

✓① ㄱ　　②ㄴ　　③ㄷ　　④ㄱ,ㄴ　　⑤ㄱ,ㄷ

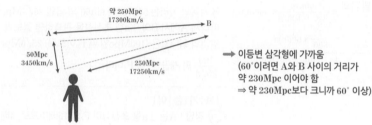

약 250Mpc
17300km/s

50Mpc
3450km/s

250Mpc
17250km/s

→ 이등변 삼각형에 가까움
(60°이려면 A와 B 사이의 거리가 약 230Mpc 이어야 함
⇒ 약 230Mpc보다 크니까 60° 이상)

|자|료|해|설|

외부 은하의 후퇴 속도는 $v = c \times \dfrac{\Delta\lambda}{\lambda_0}$ 이므로, A의 후퇴 속도는 $v_A = 3 \times 10^5 \text{km/s} \times \dfrac{4.6}{400}$ 이므로 3450km/s 이다. 거리가 50Mpc이므로 허블 법칙($v = Hr$)에 의하면 허블 상수 H는 69km/s/Mpc이다. B의 후퇴 속도는 $v_B = 3 \times 10^5 \text{km/s} \times \dfrac{23}{400}$ 이므로 17250km/s이다. 허블 상수가 69km/s/Mpc이므로 B까지의 거리는 250Mpc 이다.

우리 은하에서 A까지의 거리가 50Mpc, B까지의 거리가 250Mpc인데, A에서 관측한 B의 후퇴 속도가 17300km/s 이므로 A, B 사이의 거리가 약 250Mpc이다. 따라서 우리은하로부터 A까지의 시선 방향과 B까지의 시선 방향이 이루는 각도의 크기는 60°보다 크다.

|보|기|풀|이|

ㄱ. 정답 : 우리은하로부터 B까지의 거리는 250Mpc이다.

ㄴ. 오답 : 허블 상수는 69km/s/Mpc이므로 70km/s/Mpc 보다 작다.

ㄷ. 오답 : 우리은하로부터 A까지의 시선 방향과 B까지의 시선 방향이 이루는 각도가 60°이려면 A와 B 사이의 거리가 약 230Mpc 정도여야 한다. 그러나 약 250Mpc 정도이므로 60° 이상이다.

😲 **문제풀이 T I P** | 외부 은하의 후퇴 속도를 구하는 공식: $v = c \times \dfrac{\Delta\lambda}{\lambda_0}$

멀리 있을수록 빠르게 후퇴한다는 허블 법칙에 의해, $v = Hr$이기도 하다.

😲 **출제분석** | 허블 법칙은 이 문제처럼 후퇴 속도나 거리, 허블 상수 등을 계산하는 문제가 자주 출제된다. ㄱ과 ㄴ 보기는 간단한 계산으로 구할 수 있지만, ㄷ 보기의 경우 삼각함수까지 고려해야 하므로 문제의 난이도가 매우 높았다. 실제로 정답률도 매우 낮은 문항이었다. 수능에서도 이처럼 복합적인 개념과 계산을 요구하는 문제가 출제될 수 있다.

그림은 우리은하에서 외부 은하 A와 B를 관측한 결과를 나타낸 것이다. B에서 A를 관측할 때의 적색 편이량은 우리은하에서 A를 관측한 적색 편이량의 3배이다. 적색 편이량은 $\left(\dfrac{\text{관측 파장} - \text{기준 파장}}{\text{기준 파장}}\right)$ 이고, 세 은하는 허블 법칙을 만족한다.

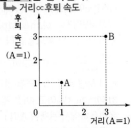

이 자료에 대한 설명으로 옳은 것만을 <보기>에서 있는 대로 고른 것은? 3점

> **보기**
> ㄱ. 우리은하에서 관측한 적색 편이량은 B가 A의 3배이다.
> ㄴ. A에서 관측한 후퇴 속도는 B가 우리은하의 3배이다.
> ㄷ. 우리은하에서 관측한 A와 B는 동일한 시선 방향에 위치한다.
> 위치하지 않는다.

① ㄱ   ② ㄷ   ✓③ ㄱ, ㄴ   ④ ㄴ, ㄷ   ⑤ ㄱ, ㄴ, ㄷ

😲 **문제풀이 TIP |**

• 후퇴 속도 = 빛의 속도 × 적색 편이량
• 허블 법칙 : 후퇴 속도 = 허블 상수 × 외부 은하의 거리

|자|료|해|설|

적색 편이량은 후퇴 속도에 비례하므로 우리은하에서 B를 관측할 때의 적색 편이량은 A를 관측할 때의 3배이다.
B에서 A를 관측할 때의 적색 편이량은 우리은하에서 A를 관측한 적색 편이량의 3배이므로 B에서 A를 관측할 때의 후퇴 속도는 우리은하에서 A를 관측할 때의 후퇴 속도의 3배이다. 허블 법칙을 만족할 때, 은하까지의 거리는 후퇴 속도에 비례하므로 B에서 A까지의 거리는 우리은하에서 A까지의 거리의 3배인 3이다.

|보|기|풀|이|

ㄱ. 정답 : 우리은하에서 관측한 B의 후퇴 속도는 A의 3배이고, 적색 편이량은 후퇴 속도에 비례하므로 우리은하에서 관측한 적색 편이량은 B가 A의 3배이다.

ㄴ. 정답 : 허블 법칙을 만족할 때 은하까지의 거리는 후퇴 속도에 비례한다. A에서 우리은하까지의 거리는 1이고, A에서 B까지의 거리는 3이므로 A에서 관측한 후퇴 속도는 B가 우리은하의 3배이다.

ㄷ. 오답 : 우리은하와 A 사이의 거리는 1, 우리은하와 B 사이의 거리는 3이므로 우리은하에서 관측한 A와 B가 동일한 시선 방향에 위치한다면 A와 B 사이의 거리는 2여야 한다. 하지만 A와 B 사이의 거리는 3이므로 우리은하에서 관측한 A와 B는 동일한 시선 방향에 위치하지 않는다.

표는 우리은하에서 외부 은하 A와 B를 관측한 결과이다. 우리은하에서 관측한 A와 B의 시선 방향은 90°를 이룬다.

은하	흡수선의 파장(nm)		거리(Mpc)
	기준 파장	관측 파장	
A	400	405.6	60
B	600	606.3	(45)

이에 대한 옳은 설명만을 〈보기〉에서 있는 대로 고른 것은? (단, A와 B는 허블 법칙을 만족하고, 빛의 속도는 3×10^5km/s이다.) **3점**

A
75
60
45
우리은하
B

보기
ㄱ. 허블 상수는 70km/s/Mpc이다.
ㄴ. 우리은하에서 A를 관측하면 기준 파장이 600nm인 흡수선의 관측 파장은 606.3nm보다 길다.
ㄷ. A에서 관측한 B의 후퇴 속도는 5250km/s이다.

① ㄱ ② ㄴ ③ ㄱ, ㄷ ④ ㄴ, ㄷ ⑤ ㄱ, ㄴ, ㄷ

|자|료|해|설|

은하의 후퇴 속도와 적색 편이량은 비례 관계$\left(v = c \times \dfrac{\Delta\lambda}{\lambda_0}\right)$이다. 은하 A의 후퇴 속도를 v_A라 하면 $v_A = 3 \times 10^5 \times \dfrac{405.6 - 400}{400} = 4200$(km/s)이다. 은하 A까지의 거리는 60Mpc이므로 $v = H \times r$에서 $4200 = H \times 60$이고, 이를 계산하면 $H = 70$km/s/Mpc이다.

은하 B의 후퇴 속도를 v_B라 하면 $v_B = 3 \times 10^5 \times \dfrac{606.3 - 600}{600} = 3150$(km/s)이다. 은하 B까지의 거리를 r_B라 하면 은하 B가 허블 법칙을 만족하므로 $v = H \times r$에서 $3150 = 70 \times r_B$이고, 이를 계산하면 $r_B = 45$Mpc이다.

우리은하에서 관측한 A와 B의 시선 방향은 90°를 이루므로 우리은하와 A, B는 우리은하에서 직각인 직각 삼각형 모양을 띤다.

|보|기|풀|이|

ㄱ. 정답 : 은하 A의 후퇴 속도를 v_A라 하면 $v_A = 3 \times 10^5 \times \dfrac{405.6 - 400}{400} = 4200$(km/s)이고, A는 허블 법칙을 만족하므로 $v = H \times r$에서 $4200 = H \times 60$이고, $H = 70$km/s/Mpc이다.

ㄴ. 정답 : 우리은하에서 A를 관측하면 적색 편이량$\left(\dfrac{\Delta\lambda}{\lambda_0}\right)$은 일정해야 한다. 기준 파장이 400nm일 때 적색 편이량은 $\dfrac{405.6 - 400}{400} = \dfrac{14}{1000}$이므로, 기준 파장이 600nm일 때 흡수선의 관측 파장은 $\dfrac{14}{1000} = \dfrac{\lambda - 600}{600}$이고, 이를 계산하면 관측 파장은 608.4nm이다.

ㄷ. 정답 : 우리은하와 A, B의 위치 관계는 우리은하에서 직각인 직각 삼각형과 같으므로 A에서 관측한 B의 거리는 피타고라스 정리에 의해 $\sqrt{60^2 + 45^2} = 75$(Mpc)이다. 따라서 A에서 관측한 B의 후퇴 속도는 70km/s/Mpc × 75Mpc = 5250km/s이다.

다음은 외부 은하 A, B, C에 대한 설명이다.

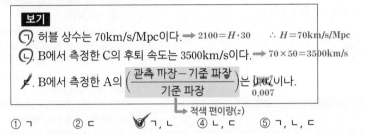

- ○ A와 B 사이의 거리는 30Mpc이다.
- ○ A에서 관측할 때 B와 C의 시선 방향은 90°를 이룬다.
- ○ A에서 측정한 B와 C의 **후퇴 속도**는 각각 2100km/s와 2800km/s이다. $\rightarrow v = H \cdot r$ $2100 = H \cdot 30$ $\therefore H = 70$

이 자료에 대한 설명으로 옳은 것만을 〈보기〉에서 있는 대로 고른 것은? (단, 빛의 속도는 3×10^5km/s이고, 세 은하는 허블 법칙을 만족한다.) **3점**

A와 C 사이의 거리
$\dfrac{2800}{70} = 40$Mpc

보기

ㄱ. 허블 상수는 70km/s/Mpc이다. $\rightarrow 2100 = H \cdot 30$ $\therefore H = 70$km/s/Mpc

ㄴ. B에서 측정한 C의 후퇴 속도는 3500km/s이다. $\rightarrow 70 \times 50 = 3500$km/s

ㄷ. B에서 측정한 A의 $\left(\dfrac{\text{관측 파장} - \text{기준 파장}}{\text{기준 파장}} \right)$은 0.02이나.
적색 편이량(z) 0.007

① ㄱ   ② ㄷ   ✓③ ㄱ, ㄴ   ④ ㄴ, ㄷ   ⑤ ㄱ, ㄴ, ㄷ

|자|료|해|설|

A와 B 사이의 거리는 30Mpc이고, A에서 관측한 B의 후퇴 속도는 2100km/s이므로 $v = H \cdot r$에 의해 허블 상수의 값은 $H = \dfrac{2100}{30} = 70$(km/s/Mpc)이다. 따라서 A와 C 사이의 거리는 $\dfrac{2800}{70} = 40$(Mpc)이다. A에서 관측할 때 B와 C의 시선 방향은 90°이므로 B와 C 사이의 거리는 피타고라스 정리에 의해 50Mpc이다.

|보|기|풀|이|

ㄱ. 정답 : 허블 법칙에 의해 $v = H \cdot r$이고, A와 B 사이의 거리는 30Mpc, A에서 관측한 B의 후퇴 속도는 2100km/s이므로 허블 상수의 값은 $H = \dfrac{2100}{30} = 70$(km/s/Mpc) 이다.

ㄴ. 정답 : B와 C 사이의 거리는 50Mpc이므로 B에서 측정한 C의 후퇴 속도(v_C)는 $v_C = 70 \times 50 = 3500$(km/s) 이다.

ㄷ. 오답 : $\left(\dfrac{\text{관측 파장} - \text{기준 파장}}{\text{기준 파장}} \right)$은 스펙트럼 흡수선의 적색 편이량($z$)이다. 후퇴 속도는 빛의 속도와 적색 편이량의 곱이므로 B에서 측정한 A의 z 값은 $2100 = 3 \times 10^5 \times z$에서 $z = 0.007$이다.

😊 **출제분석** | 허블 법칙을 이용하여 출제되는 문제 중 난이도 상의 유형이다. 유형은 어렵지만 유형에 비해 문제는 크게 어렵지 않았다. 허블 법칙과 외부 은하의 후퇴 속도를 구하는 방법만 잘 알고 있다면 차분히 적용해 원하는 값을 구할 수 있다. 보기 ㄷ에서 익숙한 기호가 아닌 용어로 표현되어 당황했을 수도 있다. 기호로 표현하는 것이 사용하기에 편이지만 그 뜻을 정확하게 이해하고 사용하는 것이 중요하다.

03 암흑 물질과 암흑 에너지

필수개념 1 암흑 물질과 암흑 에너지

1. 암흑 물질과 암흑 에너지

1) 보통 물질과 암흑 물질 그리고 암흑 에너지

보통 물질	• 우리 주변에서 쉽게 관찰할 수 있는 대상을 구성하고 있는 물질 • 우주에서는 매우 낮은 밀도로 존재
암흑 물질	• 눈에 보이지 않지만 질량이 있음 → 중력적인 방법으로 존재 추정 • 은하 질량의 대부분을 차지 • 우주 초기, 별과 은하가 형성되는데 중요한 역할
암흑 에너지	• 중력에 반대되는 힘으로 척력에 해당 • 우주 팽창을 가속시키는 우주의 성분 • 빈 공간에서 나오는 에너지이기 때문에 공간이 팽창해 커지면서 암흑 물질을 이기고 우주를 가속 팽창시키는 역할

2) 암흑 물질의 존재를 추정할 수 있는 현상들

① 나선 은하의 회전 속도 곡선: 나선 은하는 중심핵
　 부근에 질량이 밀집되어 있는 것으로 관측
　 → 별들의 회전 속도가 중심에서 멀어질수록 작아질
　 　 것으로 예상 → 회전 속도 거의 일정 → 은하
　 　 외곽부에 암흑 물질 존재 추정

② 중력 렌즈 현상: 암흑 물질이 분포하는 곳에서는 빛의
　 경로가 휘어짐

③ 은하단에 속한 은하들의 이동 속도: 은하들의 이동
　 속도는 매우 빨라 은하단에서 탈출할 것으로 보이지만
　 실제로는 은하단에 묶여서 함께 이동함 → 암흑 물질이 인력으로 작용해 은하단을 묶는 역할을 함

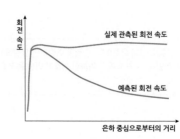

▲ 나선 은하의 회전 속도 곡선

2. 암흑 에너지

1) 중력에 의한 수축: 물질은 중력을 가지고 있기 때문에 서로 잡아당기고 뭉치려고 하는 성질이 있다.
　 따라서 척력이 존재하지 않는다면 우주는 중력에 의해 수축해야 한다.

2) 가속 팽창 우주론: 실제 우주는 가속 팽창 중 → 중력보다 더 큰 힘의 척력이 있음을 의미

3) 암흑 에너지: 우주를 팽창시키는 힘

3. 암흑 물질과 암흑 에너지의 역할

암흑 물질	• 중력의 작용으로 우주 초기에 별과 은하 형성
암흑 에너지	• 빈 공간에서 나오는 에너지로 우주가 팽창하면서 점점 커짐 • 중력에 대한 척력으로 작용해 우주를 가속 팽창시키고 있음

▶ 표준 모형
우주를 구성하는 입자와 이들 사이의
상호 작용을 밝힌 현대 입자 물리학
이론
• 기본 입자: 보통 물질을 구성하는
　 가장 작은 단위
• 기본 입자의 예: 쿼크나 전자와 같이
　 물질을 구성하는 입자(12개), 광자나
　 글루온과 같이 힘을 전달하는 입자(4
　 개), 다른 기본 입자들이 질량을 갖게
　 하는 힉스 입자(1개) 등
• 기본 입자들은 우주의 탄생 초기에
　 다양한 방식으로 상호 작용하여
　 우주의 기본 물질들을 만들어냈다.

필수개념 2 **표준 우주 모형**

1. 표준 우주 모형

1) 표준 우주 모형: 빅뱅 우주론＋급팽창 우주론＋암흑 물질＋암흑 에너지의 개념을 통합한 우주 모형

2) 우주의 구성 성분비: 암흑 에너지 68.3%, 암흑 물질 26.8%, 보통 물질 4.9%

2. 우주의 미래

1) 임계 밀도: 우주의 밀도에 의한 중력과 우주가 팽창하는 힘이 평형을 이룰 때의 밀도

2) 우주의 미래: 우주의 밀도에 따라 수축과 팽창 여부가 결정

3) 우주의 미래 모형(암흑 에너지가 없는 것을 가정)

모형	우주의 평균 밀도	우주의 미래
열린 우주	우주 평균 밀도＜임계 밀도	계속 팽창
평탄 우주	우주 평균 밀도＝임계 밀도	팽창 속도기 점차 감속하여 0에 가까워져 일정한 크기를 유지
닫힌 우주	우주 평균 밀도＞임계 밀도	우주의 팽창 속도가 점차 감소하여 나중에는 수축

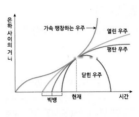

3. 우주 팽창의 실제 모습

1) 우주는 평탄하지만 가속 팽창 중

2) 가속 팽창의 에너지원: 암흑 에너지

3) 우주가 팽창하면 물질 밀도가 낮아져 중력이 미치는 영향은 점차 줄어들지만 암흑 에너지는 물질 밀도와 관련이 없어 우주의 물질 밀도가 낮아져도 변화가 적어 상대적으로 더 커짐

그림은 우주를 구성하는 요소의 시간에 따른 비율 변화를 예측하여 나타낸 것이다.

물질의 비중이 점점 줄어든다 → 밀도가 작아진다

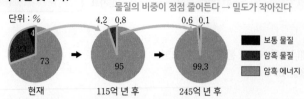

단위 : %

| | 보통 물질 (검정) |
| 암흑 물질 (진회색) |
| 암흑 에너지 (회색) |

현재   115억 년 후   245억 년 후

이에 대한 옳은 설명만을 〈보기〉에서 있는 대로 고른 것은?

보기

→ 23%　　→ 4%
ㄱ. 현재 우주에는 암흑 물질이 보통 물질보다 많다.

ㄴ. 우주의 물질 밀도는 점점 커질(작아질) 것이다.

ㄷ. 115억 년 후에는 현재보다 우주의 팽창 속도가 느려질(빨라질) 것이다.

① ㄱ   ② ㄷ   ③ ㄱ, ㄴ   ④ ㄴ, ㄷ   ⑤ ㄱ, ㄴ, ㄷ

|자|료|해|설|
현재 보통 물질은 4%, 암흑 물질은 23%, 암흑 에너지는 73%의 구성비로 존재한다. 시간에 흐름에 따라 비율 변화를 예측하면 보통 물질과 암흑 물질의 비중은 점점 작아지고 암흑 에너지가 우주의 대부분을 차지하게 될 것이다. 물질이 차지하는 비율이 줄어들면서 물질 밀도는 점점 작아지고, 에너지가 차지하는 비율이 커지면서 우주의 팽창 속도가 빨라질 것이다.

|보|기|풀|이|
ㄱ. 정답 : 현재 우주에는 암흑 물질 23%, 보통 물질 4%로 암흑 물질이 보통 물질보다 많다.

ㄴ. 오답 : 시간이 지날수록 물질의 비율이 줄고 에너지의 비율이 늘어나므로 우주의 물질 밀도는 점점 작아질 것이다.

ㄷ. 오답 : 115억 년 후 암흑 에너지가 차지하는 비중이 늘어나 우주의 팽창 속도가 빨라질 것이다.

😮 **문제풀이 TIP |** 시간이 지날수록 물질의 비율은 줄고 에너지의 비율은 늘고 있다. 구성 비율이 달라짐에 따른 물리량의 변화를 비교할 수 있다.

😊 **출제분석 |** 우주를 구성하는 요소에 관한 문제는 가끔 출제된다. 물어볼 수 있는 내용이 한정되어 있어서 평이한 난도로 출제되는 편이다.

표는 현재 우주 구성 요소 A, B, C의 비율이고, 그림은 시간에 따른 우주의 상대적 크기 변화를 나타낸 것이다. A, B, C는 각각 보통 물질, 암흑 물질, 암흑 에너지 중 하나이다.

우주 구성 요소	비율(%)
암흑 에너지 A	68.3
암흑 물질 B	26.8
보통 물질 C	4.9

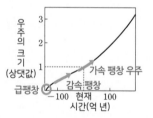

이에 대한 옳은 설명만을 〈보기〉에서 있는 대로 고른 것은?

보기

암흑
ㄱ. B는 보통 물질이다.

ㄴ. 빅뱅 이후 현재까지 우주의 팽창 속도는 일정하였다. (감소하였다가 증가)

ㄷ. $\dfrac{\text{B의 비율}+\text{C의 비율}}{\text{A의 비율}}$ 은 100억 년 후가 현재보다 작을 것이다.
(B의 비율+C의 비율 → 감소, A의 비율 → 증가)

① ㄱ   ② ㄷ   ③ ㄱ, ㄴ   ④ ㄴ, ㄷ   ⑤ ㄱ, ㄴ, ㄷ

|자|료|해|설|
현재 우주 구성 요소는 암흑 에너지(약 70%)＞암흑 물질(약 25%)＞보통 물질(약 5%)이다. 따라서 A는 암흑 에너지, B는 암흑 물질, C는 보통 물질이다. B와 C는 인력이 작용하여 우주가 수축하도록 하고, A는 척력이 작용하여 우주가 팽창하도록 한다. 빅뱅 이후에는 급팽창하였다가, 이후 감속 팽창하였다. 현재 A의 영향이 더 커서 우주는 가속 팽창하고 있다. 우주가 팽창할수록 A의 비율은 증가하고, B와 C의 비율은 감소한다.

|보|기|풀|이|
ㄱ. 오답 : B는 암흑 물질이다.

ㄴ. 오답 : 빅뱅 이후 우주는 급팽창하였다가, 감속 팽창하였으며 현재는 가속 팽창하고 있다.

ㄷ. 정답 : $\dfrac{\text{(B의 비율}+\text{C의 비율)}}{\text{A의 비율}}$ 은 A의 비율이 증가하고, B, C의 비율이 감소하므로 감소한다.

😮 **문제풀이 TIP |** 점차 암흑 에너지의 비율은 증가하고, 암흑 물질과 보통 물질의 비율은 감소한다.
빅뱅 이후 우주는 급팽창하였다가, 암흑 물질과 보통 물질의 비율이 암흑 에너지의 비율보다 높아서 감속 팽창하다가, 암흑 에너지의 비율이 높아지며 가속 팽창을 하고 있다.

😊 **출제분석 |** 우주의 구성 비율을 묻는 ㄱ 보기는 단골 선지이고, A와 C 어느 것을 물어도 어려울 것이 없다. ㄴ 보기는 그래프만 잘 해석하더라도 우주의 팽창 속도가 변화하였다는 것을 알 수 있으므로 쉬운 보기이다. ㄷ 보기 역시 암흑 에너지의 비율은 증가하고 보통 물질과 암흑 물질의 비율은 감소한다는 것을 알면 어렵지 않다. 변형 없이 대표적인 자료가 그대로 나왔고, 선지 역시 직설적으로 대표 개념을 묻고 있어서 난이도가 상당히 낮은 문제이다.

다음은 우주의 구성 요소에 대하여 학생 A, B, C가 나눈 대화이다.
㉠과 ㉡은 각각 암흑 물질과 암흑 에너지 중 하나이다.

구성 요소	인력 작용	특징
(27%) 암흑 물질 ㉠		질량을 가지고 있으나 빛으로 관측되지 않음.
(68%) 암흑 에너지 ㉡		척력으로 작용하여 우주를 가속 팽창시키는 역할을 함.

초신성 Ⅰa형이 예상보다 어둡게 관측됨

㉠은 암흑 물질이야.

㉡으로 초신성 Ⅰa형의 관측 결과를 설명할 수 있어.

현재 우주를 구성하는 비율은 ㉠이 ㉡보다 커 작아

학생 A   학생 B   학생 C

제시한 내용이 옳은 학생만을 있는 대로 고른 것은?

① A   ② B   ③ C   ✔④ A, B   ⑤ A, C

|자|료|해|설|
질량을 가지고 있어서 인력이 작용하지만 빛으로 관측되지 않는 ㉠은 암흑 물질이다. 암흑 물질은 전체 우주의 약 27%를 구성하고 있다. 척력으로 작용하여 우주를 가속 팽창시키는 역할을 하는 ㉡은 우주 전체의 약 68%를 구성하는 암흑 에너지이다. 암흑 에너지로 인해 나타나는 우주의 가속 팽창은 초신성 Ⅰa형의 관측으로 결과를 설명할 수 있다. 우주의 팽창을 고려하여 예상한 초신성 Ⅰa형의 밝기와 다르게 더 어둡게 관측된다면, 예상보다 멀리에 있다는 뜻이고, 우주가 더 빠르게 팽창하였다는 의미이므로 우주의 가속 팽창을 보여준다.

|보|기|풀|이|
학생 A. 정답 : ㉠은 암흑 물질이다.
학생 B. 정답 : 암흑 에너지인 ㉡으로 초신성 Ⅰa형이 예상보다 어둡게 관측되는 결과를 설명할 수 있다.
학생 C. 오답 : 현재 우주를 구성하는 비율은 ㉠이 27%, ㉡이 68%로 ㉠이 ㉡보다 작다.

😮 **문제풀이 TIP** | 보통 물질: 약 5%, 질량을 가지고 있고 빛으로 관측 가능함.
암흑 물질: 약 27%, 질량을 가지고 있지만 빛으로 관측 불가능함.
암흑 에너지: 약 68%, 질량을 가지고 있지 않고 우주의 가속 팽창의 원인임.

😊 **출제분석** | 2022학년도 6월 모평에 이어 연달아 출제된 개념이다. 보통 물질, 암흑 물질, 암흑 에너지 3가지로 구성되는 개념이고, 개념 자체가 간단하여 개념의 난이도도 낮은 편이고, 관련 자료도 제한적이라 문제의 난이도도 낮은 편이다.

그림은 우주를 구성하는 요소의 비율 변화를 시간에 따라 나타낸 것이다. A, B, C는 보통 물질, 암흑 물질, 암흑 에너지 중 하나이다. 이에 대한 설명으로 옳은 깃민을 〈보기〉에서 있는 대로 고른 것은?

(그래프: 비율(%) 세로축 0~100, 가로축 시간→, 현재 기준선. B 암흑 에너지, A 암흑 물질, C 보통 물질)

보기
㉠. 현재 우주를 구성하는 요소의 비율은 C<A<B이다.
㉡. A는 암흑 물질이다. → 암흑 에너지
㉢. B는 현재 우주를 가속 팽창시키는 요소이다.

① ㄱ   ② ㄷ   ③ ㄱ, ㄴ   ④ ㄴ, ㄷ   ✔⑤ ㄱ, ㄴ, ㄷ

|자|료|해|설|
현재 우주는 약 4.9%의 보통 물질과 약 26.8%의 암흑 물질, 약 68.3%의 암흑 에너지로 구성되어 있다고 추정된다. 그 비중은 보통 물질<암흑 물질<암흑 에너지이므로 A는 암흑 물질, B는 암흑 에너지, C는 보통 물질이다.

|보|기|풀|이|
㉠. 정답 : 현재 우주를 구성하는 요소의 비율은 C(보통 물질)<A(암흑 물질)<B(암흑 에너지)이다.
㉡. 정답 : 현재 우주를 구성하는 요소의 비율이 가장 큰 것은 암흑 에너지(B)이고, 가장 작은 것은 보통 물질(C)이므로 A는 암흑 물질이다.
㉢. 정답 : 보통 물질과 암흑 물질의 밀도는 우주가 팽창함에 따라 점점 감소하는데 반해 암흑 에너지의 밀도는 일정하기 때문에 암흑 에너지의 영향력이 점점 커지고 있다. 중력과 반대로 척력으로 작용하면서 우주의 팽창을 가속시키는 성분을 암흑 에너지라고 하므로, 암흑 에너지인 B는 현재 우주를 가속 팽창시키는 요소이다.

그림은 대폭발 우주론에서 우주 구성 요소인 복사 에너지, 물질, 암흑 에너지의 시간에 따른 밀도 변화를 나타낸 것이다. 이에 대한 옳은 설명만을 <보기>에서 있는 대로 고른 것은?

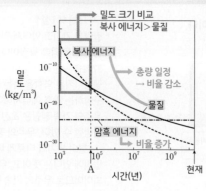

보기

ㄱ. A 시기 이전에는 복사 에너지의 밀도가 물질의 밀도보다 크다.

ㄴ. 우주 구성 요소 중 암흑 에너지가 차지하는 비율은 계속 증가하였다. → 암흑 에너지의 밀도는 우주가 팽창할 때도 일정하므로 비율도 우주가 팽창하는 만큼 늘어나고 있다.

ㄷ. 현재 우주는 가속 팽창하고 있다. ∵ 복사 에너지와 물질의 총량은 일정한데 밀도가 감소

① ㄱ   ② ㄴ   ③ ㄱ, ㄷ   ④ ㄴ, ㄷ   ✓⑤ ㄱ, ㄴ, ㄷ

|자|료|해|설|

시간이 지날수록 복사 에너지와 물질의 밀도는 점점 줄어든다. 감소율은 복사 에너지가 물질보다 크다. 암흑 에너지는 시간에 따른 밀도 변화가 없다. 밀도의 비율이 클수록 우주 구성 요소로서의 비중이 크다. 암흑 에너지의 밀도는 변화가 없지만 복사 에너지와 물질의 밀도가 계속해서 감소하므로 암흑 에너지의 밀도 비율은 시간이 지날수록 점점 커진다. 우주 구성 요소 중 암흑 에너지가 차지하는 비율은 계속 증가하였고, 복사 에너지와 물질의 비율은 계속 감소하였다. 복사 에너지와 물질이 차지하는 비율이 점점 감소한다는 것은 우주가 팽창하고 있다는 증거이다.

|보|기|풀|이|

ㄱ. 정답 : A 시기가 오기 전에는 복사 에너지가, A 시기가 지난 후에는 물질의 밀도가 더 크다.

ㄴ. 정답 : 암흑 에너지가 차지하는 밀도는 일정하므로 전체 우주 구성 요소 중 암흑 에너지가 차지하는 비율은 계속 증가하였다.

ㄷ. 정답 : 복사 에너지와 물질의 양은 일정하므로 차지하는 비율이 감소하는 것은 우주가 팽창한다는 증거이다.

😮 **문제풀이 TIP** | 대폭발 우주론에서 우주에 존재하는 복사 에너지와 물질의 양은 일정하다. 총량이 일정한데 밀도가 감소한다는 것은 부피가 커지고 있다는 뜻이므로 우주가 팽창한다는 증거이다.

😊 **출제분석** | 우주 팽창의 증거는 종종 출제된다. 대폭발 우주론을 뒷받침하는 증거들을 자료로 제시하여 그 과정이나 결론이 의미하는 바를 자주 묻기 때문에 우주론의 배경과 발전 과정, 증거 및 그 이유 등을 꼭 알아두자.

그림 (가)는 가속 팽창 우주 모형에 의한 시간에 따른 우주의 크기를, (나)는 T_1 시기와 T_2 시기의 우주 구성 요소의 비율을 ㉠과 ㉡으로 순서 없이 나타낸 것이다. A, B, C는 각각 보통 물질, 암흑 물질, 암흑 에너지 중 하나이다.

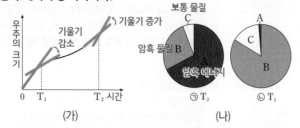

(가)   (나)

이에 대한 옳은 설명만을 <보기>에서 있는 대로 고른 것은? **3점**

보기 기울기가 감소하므로

ㄱ. T_1 시기에 우주의 팽창 속도는 ~~증가~~ 하고 있다. 감소

ㄴ. T_2 시기의 우주 구성 요소의 비율은 ㉠이다.

ㄷ. 전자기파를 이용해 직접 관측할 수 있는 것은 C이다. → 보통 물질

① ㄱ   ② ㄷ   ③ ㄱ, ㄴ   ✓④ ㄴ, ㄷ   ⑤ ㄱ, ㄴ, ㄷ

|자|료|해|설|

T_1 시기에는 우주의 팽창 속도가 급격히 감소하고 T_2 시기에는 우주의 팽창 속도가 증가한다. 따라서 ㉠은 T_2 시기, ㉡은 T_1 시기로, A는 암흑 에너지, B는 암흑 물질, C는 보통 물질이다.

|보|기|풀|이|

ㄱ. 오답 : T_1 시기에 그래프에서 기울기가 감소하므로 우주의 팽창 속도는 감소하고 있다.

ㄴ. 정답 : T_2 시기에는 우주의 팽창 속도가 증가하므로 우주 구성 요소의 비율은 암흑 에너지(A)의 비율이 가장 높은 ㉠이다.

ㄷ. 정답 : 전자기파를 이용해 직접 관측할 수 있는 것은 보통 물질(C)이다.

😮 **문제풀이 TIP** | 팽창 속도를 나타난 그래프에서 접선의 기울기를 그려 팽창 속도를 판단할 수 있다. 기울기가 커지면 팽창 속도도 증가하고, 기울기가 작아지면 팽창 속도도 감소한다.

😊 **출제분석** | 가속 팽창 우주와 우주를 구성하는 요소들의 분포 비를 묻는 문제로 가속 팽창의 에너지원이 암흑 에너지임을 알고 가속 팽창의 원인은 암흑 물질임을 안다면 쉽게 풀 수 있는 문제이다.

그림 (가)는 현재 우주 구성 요소의 비율을, (나)는 은하에 의한 **중력 렌즈 현상**을 나타낸 것이다. A, B, C는 각각 암흑 물질, 암흑 에너지, 보통 물질 중 하나이다. 암흑 물질에 의함

(가) A 보통 물질 4.9% / 암흑 물질 6.8% B / C 암흑 E 68.3%(비율 계속 증가, 척력) / (비율 계속 감소, 인력)

(나)

이에 대한 설명으로 옳은 것만을 〈보기〉에서 있는 대로 고른 것은?

3점

보기
ㄱ. A는 ~~암흑 에너지~~이다. 보통 물질
ㄴ. 현재 이후 우주가 팽창하는 동안 $\dfrac{B의 비율↓}{C의 비율↑}$ 은 감소한다.
ㄷ. (나)를 이용하여 B가 존재함을 추정할 수 있다.

① ㄱ　　② ㄴ　　③ ㄷ　　④ ㄱ, ㄴ　　✔ㄴ, ㄷ

|자|료|해|설|
현재 우주 구성 요소 중 가장 높은 비율인 C는 암흑 에너지, 두 번째로 높은 비율인 B는 암흑 물질, 가장 낮은 비율인 A는 보통 물질이다. 암흑 물질과 보통 물질은 모두 중력(인력)이 작용한다. 그러나 암흑 물질은 관측이 어려운데, 암흑 물질의 존재를 추정할 수 있게 하는 현상이 (나)의 중력 렌즈 현상이다.
우주가 팽창함에 따라 암흑 에너지의 비율은 점차 증가하고, 암흑 물질과 보통 물질의 비율은 감소한다.

|보|기|풀|이|
ㄱ. 오답 : A는 보통 물질이다.
ㄴ. 정답 : 현재 이후 우주가 팽창하는 동안 B의 비율은 감소하고, C의 비율은 증가한다. 따라서 $\dfrac{B의 비율}{C의 비율}$ 은 감소한다.
ㄷ. 정답 : (나)의 중력 렌즈 현상은 암흑 물질의 존재를 알려주는 증거이다.

🤓 **문제풀이 TIP** | 시간이 지남에 따라 암흑 에너지의 비율은 증가하고, 암흑 물질과 보통 물질의 비율은 감소한다.

🤓 **출제분석** | 암흑 물질과 암흑 에너지는 출제 빈도가 아주 높지는 않지만 매년 1번 이상은 출제되는 개념이다. (가) 자료는 해당 단원 문제에서 제시될 확률이 매우 높다. 간혹 현재와 과거 또는 현재와 미래의 우주 구성 요소 비율 그래프를 제시하기도 하는데, 현재를 확실히 알아두면 문제를 더욱 쉽게 풀 수 있다. 이 문제는 익숙한 자료와 보기가 출제되어 난이도가 낮은 편이다.

그림 (가)는 현재 우주를 구성하는 요소 A, B, C의 상대적 비율을 나타낸 것이고, (나)는 빅뱅 이후 현재까지 우주의 팽창 속도를 추정하여 나타낸 것이다. A, B, C는 각각 보통 물질, 암흑 물질, 암흑 에너지 중 하나이다.

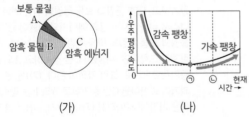

보통 물질 A / 암흑 물질 B / C 암흑 에너지

(가)

우주 팽창 속도 / 감속 팽창 / 가속 팽창 / ㉠ ㉡ 현재 시간→ / 0

(나)

이에 대한 설명으로 옳은 것만을 〈보기〉에서 있는 대로 고른 것은?

3점

보기
ㄱ. 우주가 팽창하는 동안 C가 차지하는 비율은 증가한다 팽창의 에너지원 = 암흑 에너지
ㄴ. ㉠ 시기에 우주는 ~~팽창하지 않았~~다. 했다(팽창 속도>0)
ㄷ. 우주 팽창에 미치는 B의 영향은 ㉡ 시기가 ㉠ 시기보다 ~~크~~다 작다

✔ㄱ　　② ㄴ　　③ ㄷ　　④ ㄱ, ㄴ　　⑤ ㄱ, ㄷ

|자|료|해|설|
A는 보통 물질, B는 암흑 물질, C는 암흑 에너지이다. 우주의 밀도에 따라 우주의 수축과 팽창 여부가 결정되는데, 보통 물질과 암흑 물질은 우주가 팽창하는 것을 방해하는 요소로 작용하는 반면, 암흑 에너지는 우주가 팽창하는 것을 도와주는 요소로 작용한다.

|보|기|풀|이|
ㄱ. 정답 : 우주가 팽창하는 동안 물질(보통 물질＋암흑 물질)의 밀도는 감소하지만 암흑 에너지의 밀도는 상대적으로 거의 일정하다. 따라서 우주가 팽창하는 동안 암흑 에너지(C)가 차지하는 비율은 증가한다.
ㄴ. 오답 : ㉠은 우주 팽창 속도가 감소하다가 증가했던 시기로, 이 시기에 우주 팽창 속도는 가장 작았다. 하지만 팽창 속도가 0이 아니라 0보다 크기 때문에, ㉠ 시기에 우주는 팽창했다고 볼 수 있다.
ㄷ. 오답 : 우주는 ㉠ 시기 이전에는 속도가 감소하는 감속 팽창하였고, 그 이후에는 속도가 증가하는 가속 팽창하였다. 따라서 우주 팽창에 미치는 B(암흑 물질)의 영향은 우주 팽창 속도가 증가하고 있던 ㉡ 시기가 ㉠ 시기보다 작다.

🤓 **문제풀이 TIP** | － 암흑 물질: 눈에는 보이지 않지만 중력의 작용으로 물질을 끌어당기기 때문에 우주 초기에 별과 은하가 생기는 데 중요한 역할을 했다.
－ 암흑 에너지: 빈 공간에서 나오는 에너지이기 때문에 우주 크기가 작았던 초기에는 거의 존재하지 않았지만 우주가 팽창하여 공간이 커지면서 차츰 암흑 물질을 이기고 우주를 가속 팽창시키고 있다.

🤓 **출제분석** | 암흑 물질과 암흑 에너지의 차이를 알면 쉽게 풀 수 있는 문제로 평이한 수준의 문제였다.

그림은 어느 가속 팽창 우주 모형에서 시간에 따른 우주 구성 요소 A, B, C의 밀도를 나타낸 것이다.
A, B, C는 각각 보통 물질, 암흑 물질, 암흑 에너지 중 하나이다.
이에 대한 설명으로 옳은 것만을 〈보기〉에서 있는 대로 고른 것은?

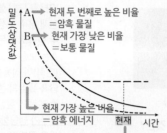

A → 현재 두 번째로 높은 비율 = 암흑 물질
B → 현재 가장 낮은 비율 = 보통 물질
C → 현재 가장 높은 비율 = 암흑 에너지

약 68% 암흑 에너지
약 27% 암흑 물질
약 5% 보통 물질

보기

ㄱ. A는 암흑 물질이다.
ㄴ. 우주에 존재하는 암흑 에너지의 총량은 시간에 따라 증가한다. → 밀도가 일정(C), 우주는 팽창(부피 증가) ∴ 암흑 에너지의 총량은 증가
ㄷ. 보통 물질이 차지하는 비율은 시간에 따라 감소한다.

① ㄱ   ② ㄴ   ③ ㄱ, ㄷ   ④ ㄴ, ㄷ   ✓⑤ ㄱ, ㄴ, ㄷ

|자|료|해|설|
현재를 기준으로 하였을 때, 우주에서 차지하는 비율은 암흑 에너지, 암흑 물질, 보통 물질 순서이다. 따라서 A는 암흑 물질, B는 보통 물질, C는 암흑 에너지이다. 시간에 따라 A와 B의 밀도는 감소하여 우주에서 차지하는 비율 역시 감소한다. 그러나 C의 밀도는 일정하게 유지되며 시간에 따라 우주에서 차지하는 비율은 상대적으로 증가한다. 우주는 팽창하기 때문에 밀도가 일정하다는 것은 우주에 존재하는 암흑 에너지의 총량이 시간에 따라 증가한다는 것과 같은 의미이다.

|보|기|풀|이|
ㄱ. 정답 : A는 현재를 기준으로 두 번째로 높은 비율을 차지한다. 따라서 A는 암흑 물질이다.
ㄴ. 정답 : 암흑 에너지의 밀도는 시간이 변해도 일정하다. 따라서 팽창하는 우주는 부피가 증가하므로, 우주에 존재하는 암흑 에너지의 총량은 시간에 따라 증가한다.
ㄷ. 정답 : 보통 물질이 차지하는 비율을 나타낸 것은 그래프의 B로, 시간에 따라 감소한다.

😮 **문제풀이 TIP** | 현재 우주의 구성 성분은 암흑 에너지가 약 68%, 암흑 물질이 약 27%로, 우리가 알고 있는 보통 물질은 약 5%에 불과하다. 우주가 팽창하기 때문에 시간에 따라 암흑 물질과 보통 물질의 밀도는 감소하지만 암흑 에너지의 밀도는 일정하다. 이는 곧 암흑 에너지의 총량이 시간에 따라 증가한다는 것을 의미한다.

😀 **출제분석** | 그래프에서 암흑 에너지, 암흑 물질, 보통 물질을 찾는 것은 어렵지 않다. 그러나 ㄴ, ㄷ 보기를 오답으로 생각한 학생이 많아 정답률이 낮았다. '보통 물질의 밀도가 낮아진다'를 '우주에서 차지하는 비율이 감소한다'로, '암흑 에너지의 밀도가 일정하다'를 팽창하는 우주이기 때문에 '암흑 에너지의 총량이 증가한다'로 연결할 수 있어야 한다. 가속 팽창 우주는 1~2년마다 출제된다. 가속 팽창 우주에서는 암흑 에너지가 굉장히 중요한 개념이다. 따라서 현재 우주에서 암흑 에너지, 암흑 물질, 보통 물질이 차지하는 비율을 알아두어야 한다.

그림 (가)와 (나)는 현재와 과거 어느 시기의 우주 구성 요소 비율을 순서 없이 나타낸 것이다. A, B, C는 각각 보통 물질, 암흑 물질, 암흑 에너지 중 하나이다.

(가) 현재

(나) 과거

암흑 에너지만 증가

이에 대한 설명으로 옳은 것만을 〈보기〉에서 있는 대로 고른 것은?

보기

ㄱ. (가)일 때 우주는 가속 팽창하고 있다. → 현재 암흑 에너지의 영향으로 가속 팽창
ㄴ. B는 전자기파로 관측할 수 있다.
ㄷ. A의 비율 / C의 비율 은 (가)일 때와 (나)일 때 ~~같다~~ 다르다. → 약 0.4 → 약 3.2

① ㄱ   ② ㄴ   ③ ㄷ   ✓④ ㄱ, ㄴ   ⑤ ㄴ, ㄷ

|자|료|해|설|
시간이 지날수록 우주 구성 요소 중 암흑 에너지는 증가하고, 암흑 물질과 보통 물질의 양은 변하지 않는다. 따라서 비율에서는 암흑 에너지의 비율이 증가하고, 암흑 물질과 보통 물질의 비율은 감소한다. (가)를 과거, (나)를 현재라고 한다면 (나)에서 C만 감소하고 A와 B는 증가하였으므로, 틀린 가정이 된다. (가)를 현재, (나)를 과거라고 한다면 C만 증가하고 A와 B는 감소하였으므로, 옳은 가정이다. 따라서 (가)는 현재, (나)는 과거이며, 현재에 증가한 C가 암흑 에너지이다. A와 B중 큰 비율인 A가 암흑 물질, 작은 비율인 B는 보통 물질이다.

|보|기|풀|이|
ㄱ. 정답 : (가)일 때, 즉, 현재일 때 우주는 가속 팽창하고 있다.
ㄴ. 정답 : B는 보통 물질이므로 전자기파로 관측할 수 있다.
ㄷ. 오답 : A의 비율 / C의 비율 은 (가)일 때 약 0.4, (나)일 때 약 3.2로 (나)일 때가 더 크다.

😮 **문제풀이 TIP** | 현재 우주 구성 요소의 비율은 암흑 에너지가 약 68%, 암흑 물질은 약 27%, 보통 물질은 약 5%이다. 우주를 팽창시키는 에너지인 암흑 에너지가 점차 증가하면서 우주는 현재 가속 팽창하고 있다.
암흑 물질은 전자기파로 관측하기 어렵고, 중력의 작용으로 관측할 수 있다.

😀 **출제분석** | 암흑 에너지와 암흑 물질은 자주 출제되는 개념은 아니지만 내용이 매우 제한적이므로 틀리면 아쉬운 개념이다. 이 문제의 경우 우주 구성 요소의 비율을 알고 있으면 아주 쉽게 풀 수 있지만, 아니더라도 암흑 에너지만 증가하고 있다는 것을 안다면 정답을 찾을 수 있다. 특히 ㄷ 보기는 자료 해석만으로도 판단할 수 있는 쉬운 보기이다.

그림 (가)는 우주에 대한 두 과학자의 설명을, (나)는 현재 우주를 구성하는 요소의 비율을 나타낸 것이다. ㉠, ㉡, ㉢은 각각 보통 물질, 암흑 물질, 암흑 에너지 중 하나이다.

> 나선 은하의 실제 회전 속도는 광학적으로 관측 가능한 물질을 통해 예상한 회전 속도와는 달랐습니다. 이는 (A)에 의한 중력이 영향을 미치기 때문입니다.

① 광학적으로 관측 ×
② 중력

> 먼 거리에 위치한 Ia형 초신성의 겉보기 밝기가 예상보다 어둡게 관측되었습니다. 이는 (B)에 의해 우주가 가속 팽창하기 때문입니다.

㉠ 암흑 에너지 68.3%
㉡ 암흑 물질 26.8%
㉢ 보통 물질 4.9%

(가)   (나)

A와 B를 (나)에서 찾아 옳게 짝지은 것은?

	A	B			A	B
①	㉠	㉡		②	㉠	㉢
③	㉡	㉠		④	㉡	㉢
⑤	㉢	㉠				

|자|료|해|설|

A는 광학적으로 관측 가능하지는 않지만, 중력이 작용하는 암흑 물질이다. B는 우주의 가속 팽창을 일으키는 암흑 에너지이다. ㉠은 암흑 에너지, ㉡은 암흑 물질, ㉢은 보통 물질이다.

|선|택|지|풀|이|

③정답

A : 광학적으로 관측 가능하진 않지만 중력이 작용하는 것은 암흑 물질이다.

B : 우주 크기가 작았던 초기에는 거의 존재하지 않았지만 우주가 팽창하여 공간이 커지면서 차츰 암흑 물질을 이기고 우주의 가속 팽창을 일으키는 원인은 암흑 에너지이다.

😀 문제풀이 TIP | 보통 물질과 암흑 물질은 우주가 팽창함에 따라 그 밀도가 낮아지는 반면 암흑 에너지는 우주가 팽창하면 공간이 커지면서 그 비율이 점점 증가하기 때문에 가속 팽창의 원인이 된다.

😀 출제분석 | 암흑 물질과 암흑 에너지와 관련된 문제는 아직 불확실한 내용이기 때문에 어렵게 출제될 수가 없다. 그러나 기본 개념을 바탕으로 문제를 해결할 수 있다.

표는 우주 구성 요소 A, B, C의 상대적 비율을 T_1, T_2 시기에 따라 나타낸 것이다. T_1, T_2는 각각 과거와 미래 중 하나에 해당하고, A, B, C는 각각 보통 물질, 암흑 물질, 암흑 에너지 중 하나이다.

구성 요소		과거 T_1	미래 T_2
암흑 물질	A	66	11
암흑 E	B	22	87
보통 물질	C	12	2

미래로 갈수록 암흑 E ↑, (단위 : %)
보통 물질, 암흑 물질 ↓

이에 대한 설명으로 옳은 것만을 〈보기〉에서 있는 대로 고른 것은?

보기

㉠ T_2는 미래에 해당한다. → T_2를 과거라고 가정하면 A와 C 증가, B 감소로 성립 안 됨

ㄴ. A는 항성 질량의 대부분을 차지한다. → C

㉢ C는 전자기파로 관측할 수 있다. ← 암흑 물질은 관측 불가

① ㄱ	② ㄴ	③ ㄱ, ㄷ	④ ㄴ, ㄷ	⑤ ㄱ, ㄴ, ㄷ

😀 문제풀이 TIP | 미래로 갈수록 암흑 에너지가 차지하는 비율이 증가하고, 물질(보통 물질, 암흑 물질)이 차지하는 비율은 감소한다. 따라서 두 시기를 비교했을 때, 두 가지(보통 물질, 암흑 물질)가 줄어들고 한 가지(암흑 에너지)가 늘어나는 방향이 과거 → 미래 방향이다.

😀 출제분석 | 두 시기의 구성 요소를 비교하여 시기를 판단하는 자료 해석과 이를 통해 ㄱ 보기를 판단하는 것이 이 문제의 핵심이다. ㄴ, ㄷ 보기는 보통 물질과 암흑 물질에 대한 기본적인 지식이라 어렵지 않다. 최근에 우주의 구성 요소를 다룰 때 이처럼 미래와 과거를 구분하는 문제가 자주 출제되고 있다.

|자|료|해|설|

미래로 갈수록 우주가 팽창하므로 암흑 에너지의 상대적 비율은 증가하고, 암흑 물질과 보통 물질의 상대적 비율은 감소한다. 시기를 비교했을 때, $T_1 \rightarrow T_2$일 때가 한 가지 증가, 두 가지 감소에 해당하므로 T_1은 과거, T_2는 미래이다. 미래에 가장 많은 B는 암흑 에너지이고, 암흑 물질은 보통 물질보다 비율이 높으므로 A는 암흑 물질, C는 보통 물질이다. 암흑 물질은 전자기파로 관측되지 않아서 중력을 이용한 방법으로만 존재를 추정할 수 있다. 보통 물질은 우리가 알고 있는 대부분을 구성하는 것으로, 다양한 방식으로 관측이 가능하다.

|보|기|풀|이|

㉠ 정답 : $T_2 \rightarrow T_1$일 때가 한 가지 증가, 두 가지 감소에 해당하지 않으므로, $T_1 \rightarrow T_2$여야 한다. 따라서 T_2는 미래에 해당한다.

ㄴ. 오답 : 항성은 대부분 수소와 헬륨으로 이루어져 있으므로 항성 질량의 대부분을 차지하는 것은 보통 물질인 C이다.

㉢ 정답 : 보통 물질은 전자기파로 관측할 수 있으나, 암흑 물질은 전자기파로 관측할 수 없다.

표 (가)는 외부 은하 A와 B의 스펙트럼 관측 결과를, (나)는 우주 구성 요소의 상대적 비율을 T_1, T_2 시기에 따라 나타낸 것이다. T_1, T_2는 관측된 A, B의 빛이 각각 출발한 시기 중 하나이고, a, b, c는 각각 보통 물질, 암흑 물질, 암흑 에너지 중 하나이다.

은하	기준 파장	관측 파장
T_1 A	120	132
T_2 B	150	600

(단위 : nm)

(가)

	우주 구성 요소	T_1	T_2
a	암흑 에너지	62.7	3.4
b	암흑 물질	31.4	81.3
c	보통 물질	5.9	15.3

최근 →

(단위 : %)

(나)

이 자료에 대한 설명으로 옳은 것만을 〈보기〉에서 있는 대로 고른 것은? (단, 빛의 속도는 3×10^5km/s이다.)

보기

ㄱ. 우리은하에서 관측한 A의 후퇴 속도는 ~~3000km/s~~ 30000km/s 이다.

ㄴ. B는 T_2 시기의 천체이다.

ㄷ. 우주를 가속 팽창시키는 요소는 ~~b~~ a 이다.

$v_A = 3 \times 10^5 \times \dfrac{12}{120} = 3 \times 10^4$

$v_B = 3 \times 10^5 \times \dfrac{450}{150} = 3^2 \times 10^5$

① ㄱ   ②✓ ㄴ   ③ ㄷ   ④ ㄱ, ㄴ   ⑤ ㄴ, ㄷ

🗣 **문제풀이 TIP** | 현재 우주를 구성하는 보통 물질과 암흑 물질, 암흑 에너지의 상대적 비율과 시간이 지남에 따라 각각 증가하는지 감소하는지를 알아두어야 한다. 또한 우주의 신비 단원의 기본적인 공식은 모두 암기하고, 이를 문제 풀이에 적용할 수 있어야 한다.

😀 **출제분석** | 암흑 물질과 암흑 에너지에 대해 단독으로 묻는 문제는 빈출 유형은 아니지만, 우주론 단원에서 일부 보기로 묻는 경우는 많다. 3점 문제로 출제되는 경우가 많지만 묻는 내용이 한정적이고 까다로운 자료 해석이 없어 고득점을 위해서는 놓치지 않아야 한다.

| 자 | 료 | 해 | 설 |

외부 은하는 관측자로부터 멀수록 적색 편이가 크고 후퇴 속도가 빠르며 먼 과거를 의미한다. (가)에서 A의 적색 편이량은 $\dfrac{132-120}{120} = \dfrac{12}{120} = \dfrac{1}{10}$ 이고, B의 적색 편이량은 $\dfrac{600-150}{150} = \dfrac{450}{150} = 3$ 이므로 B가 관측자로부터 더 멀고 후퇴 속도가 빠르다. $v = c \times z$ (v : 후퇴 속도, c : 빛의 속도, z : 적색 편이량)이므로 이를 통해 후퇴 속도를 계산하면 A는 30,000km/s, B는 900,000km/s이다. 현재 우주를 이루는 보통 물질과 암흑 물질, 암흑 에너지의 비율을 보면 보통 물질이 약 5%, 암흑 물질이 약 27%, 암흑 에너지가 약 68%이다. 시간이 지날수록 암흑 에너지의 상대적 비율은 증가하고, 암흑 물질과 보통 물질의 상대적 비율은 감소하므로 T_2 시기가 T_1 시기보다 더 과거이다. 따라서 T_2가 B의 빛이 출발한 시기이고, T_1이 A의 빛이 출발한 시기이며, a는 암흑 에너지, b는 암흑 물질, c는 보통 물질이다.

| 보 | 기 | 풀 | 이 |

ㄱ. 오답 : $v = c \times z$를 이용해 A의 후퇴 속도를 구하면 $3 \times 10^5 \times \dfrac{12}{120} = 3 \times 10^4$km/s = 30,000km/s이다.

ㄴ. 정답 : B가 A보다 적색 편이가 크므로 빛이 출발한 시기는 B가 A보다 더 과거이다. 따라서 B는 T_2 시기의 천체이다.

ㄷ. 오답 : 우주를 가속 팽창시키는 요소는 암흑 에너지인 a이다.

그림 (가)는 은하에 의한 중력 렌즈 현상을, (나)는 T 시기 이후 우주 구성 요소의 밀도 변화를 나타낸 것이다. A, B, C는 각각 보통 물질, 암흑 물질, 암흑 에너지 중 하나이다.

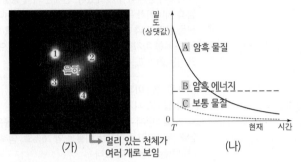

(가)   → 멀리 있는 천체가 여러 개로 보임   (나)

이에 대한 설명으로 옳은 것만을 〈보기〉에서 있는 대로 고른 것은?

보기
ㄱ. (가)를 이용하여 A가 존재함을 추정할 수 있다. → 보통 물질
ㄴ. B에서 가장 많은 양을 차지하는 것은 양성자이다.
ㄷ. T 시기부터 현재까지 우주의 팽창 속도는 계속 증가하였다. → 감소하다가
    → 구성 성분 모름

① ㄱ   ② ㄴ   ③ ㄱ, ㄷ   ④ ㄴ, ㄷ   ⑤ ㄱ, ㄴ, ㄷ

|자|료|해|설|

(가)에서 은하에 의한 중력 렌즈 현상 때문에 멀리 있는 천체가 여러 개로 보인다. 이는 중력 렌즈 현상을 일으킨 은하의 중력 효과에 의해 멀리 있는 천체로부터 나오는 빛이 휘어지기 때문이다. 중력 렌즈 현상이 관측되면 이를 통해 가까운 은하의 물질의 양을 추정할 수 있는데, 보통 물질의 양은 관측으로 알 수 있으므로 전체 물질의 양에서 보통 물질의 양을 제외하면 암흑 물질의 양을 추정할 수 있다.
(나)에서 밀도 변화가 없는 B는 암흑 에너지이고, 현재 밀도가 가장 작은 C는 보통 물질이므로 A는 암흑 물질이다.

|보|기|풀|이|

ㄱ. 정답 : (가)의 중력 렌즈 현상을 통해 가까이 있는 은하의 물질의 양을 추정할 수 있고, 보통 물질의 양은 관측 가능하므로 두 값의 차이를 통해 암흑 물질의 양을 추정할 수 있다. 따라서 중력 렌즈 현상을 이용하여 암흑 물질(A)의 존재를 추정할 수 있다.

ㄴ. 오답 : B는 암흑 에너지로 구성 성분이 무엇인지는 아직 밝혀지지 않았다. 양성자는 우리가 관측할 수 있는 보통 물질(C)에 해당한다.

ㄷ. 오답 : T 시기에는 물질의 밀도가 암흑 에너지의 밀도보다 훨씬 크므로 중력의 영향이 더 커서 우주가 감속 팽창을 했다. 이후 암흑 에너지의 비중이 점점 커지면서 중력의 영향은 감소하고 척력의 영향이 증가하여 우주가 가속 팽창을 하기 시작했다. 따라서 T 시기부터 현재까지 우주의 팽창 속도가 계속 증가한 것은 아니다.

그림 (가)는 현재 우주에서 암흑 물질, 보통 물질, 암흑 에너지가 차지하는 비율을 각각 ㉠, ㉡, ㉢으로 순서 없이 나타낸 것이고, (나)는 우리은하의 회전 속도를 은하 중심으로부터의 거리에 따라 나타낸 것이다. A와 B는 각각 관측 가능한 물질만을 고려한 추정값과 실제 관측값 중 하나이다.

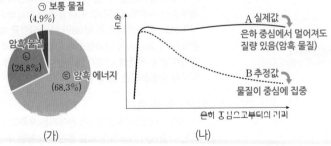

(가)   (나)

이에 대한 옳은 설명만을 〈보기〉에서 있는 대로 고른 것은? **3점**

보기
ㄱ. ㉠과 ㉡은 현재 우주를 가속 팽창시키는 역할을 한다. → ㉢
ㄴ. 관측 가능한 물질만을 고려한 추정값은 B이다. → 중심의 보통 물질만 고려함
ㄷ. A와 B의 회전 속도 차이는 ㉡의 영향으로 나타난다. → ㉢

① ㄱ   ② ㄴ   ③ ㄱ, ㄷ   ④ ㄴ, ㄷ   ⑤ ㄱ, ㄴ, ㄷ

|자|료|해|설|

(가)에서 비율이 가장 낮은 ㉠은 보통 물질, 중간인 ㉡은 암흑 물질, 가장 높은 ㉢은 암흑 에너지이다. 보통 물질과 암흑 물질은 모두 중력이 작용하여 수축을 일으키고, 암흑 에너지는 반대로 팽창을 일으킨다. 암흑 물질은 전자기파로 관측하거나 눈으로 볼 수 있지 않아서, 처음에는 그 존재를 몰랐지만 질량이 있어 중력이 작용하기 때문에 발견됐다. 우리은하는 중심부에 별과 같은 보통 물질이 집중해있으므로 중심부의 회전 속도가 빠르고, 중심으로부터 멀어질수록 속도가 느려진다고 추정하였다. 이러한 추정값이 (나)의 B이다. 그러나 실제 관측 결과 A가 나타났는데, 이는 은하 중심으로부터 멀어져도 질량이 있어서 회전 속도가 유지된다는 것을 의미한다. 즉, 관측되지는 않지만 질량을 가진 물질인 암흑 물질의 존재를 암시한다.

|보|기|풀|이|

ㄱ. 오답 : ㉠과 ㉡은 모두 물질이므로 중력 수축을 야기한다. 현재 우주를 가속 팽창시키는 역할을 하는 것은 ㉢인 암흑 에너지이다.

ㄴ. 정답 : 관측 가능한 보통 물질만을 고려한 추정값은 B이다.

ㄷ. 오답 : A와 B의 회전 속도 차이는 암흑 물질(㉡)의 영향으로 나타난다.

그림은 어느 팽창 우주 모형에서 시간에 따른 우주의 크기 변화를 나타낸 것이다.

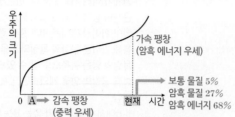

이에 대한 설명으로 옳은 것만을 〈보기〉에서 있는 대로 고른 것은?

보기

ㄱ. A 시기에 우주는 감속 팽창했다. → 약 30%
ㄴ. 현재 우주에서 물질이 차지하는 비율은 암흑 에너지가 차지하는 비율보다 ~~크다~~ 작다. → 약 70%
ㄷ. 우주 배경 복사의 파장은 A 시기가 현재보다 ~~같다~~ 짧다. 우주 배경 복사 온도↑

✓① ㄱ   ② ㄷ   ③ ㄱ, ㄴ   ④ ㄴ, ㄷ   ⑤ ㄱ, ㄴ, ㄷ

|자|료|해|설|

A 시기에 우주의 크기는 커지고 있지만, 커지는 속도는 줄어들고 있으므로 감속 팽창 우주이다. 이 시기에는 척력보다 중력이 우세하였다. 현재는 가속 팽창 우주로, 암흑 에너지가 우세하여 척력이 우세한 시기이다. 현재는 보통 물질이 약 5%, 암흑 물질이 약 27%, 암흑 에너지는 약 68%를 차지한다. 우주는 계속 팽창하고 있으므로 크기는 커지고, 밀도와 온도는 감소한다.

|보|기|풀|이|

ㄱ. 정답 : A 시기에 우주는 감속 팽창했다.

ㄴ. 오답 : 현재 우주에서 물질이 차지하는 비율은 약 30%, 암흑 에너지가 차지하는 비율은 약 70%로, 암흑 에너지가 차지하는 비율이 더 크다.

ㄷ. 오답 : 우주 배경 복사의 파장은 온도에 반비례한다. A 시기는 우주의 크기가 작은 시기이므로, 현재보다 온도가 높아 우주 배경 복사의 파장이 짧았을 것이다.

😮 **문제풀이 TIP** | 우주 배경 복사의 파장은 온도에 반비례한다.
현재 우주는 보통 물질이 약 5%, 암흑 물질이 약 27%, 암흑 에너지는 약 68%를 차지한다. 점차 암흑 에너지의 비율이 증가한다. 과거일수록 물질의 비율이 높다.

😀 **출제분석** | 가속 팽창 우주, 암흑 물질과 암흑 에너지 등을 다루고 있는 문제이다. 이 개념은 아주 자주 출제되는 편은 아니지만, 내용이 제한적이고, 나올 수 있는 그래프 역시 한정적이다. 어렵지 않은 만큼 틀리면 안 되는 문제이다. ㄱ 보기는 지식 혹은 자료 해석으로, ㄴ 보기는 지식으로 풀 수 있다.

그림은 표준 우주 모형에 근거하여 시간에 따른 우주의 크기 변화를 나타낸 것이다.
이에 대한 옳은 설명만을 〈보기〉에서 있는 대로 고른 것은? **3점**

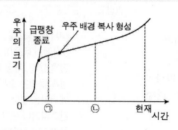

보기

ㄱ. ㉠ 시기에 우주의 모든 지점은 서로 정보 교환이 가능하였다. → 급팽창 이전
     하지 않았다.
ㄴ. ㉡ 시기에 우주는 ~~불투명한~~ 상태였다. → 빛 통과
     투명한
ㄷ. $\dfrac{\text{암흑 에너지 밀도}}{\text{물질 밀도↓}}$ 는 현재가 ㉡ 시기보다 크다.

① ㄱ   ② ㄴ   ✓③ ㄷ   ④ ㄱ, ㄴ   ⑤ ㄱ, ㄷ

|자|료|해|설|

우주는 현재도 계속해서 팽창하고 있지만, 우주 생성 초기에는 매우 빠른 속도로 우주가 팽창하는 급팽창이 있었다. 급팽창 이전에는 정보 교환이 가능할 만큼 가까운 위치이던 두 지점이 있다고 했을 때, 급팽창 과정에서 빛보다 빠른 속도로 급격히 공간이 팽창하며 통신의 한계를 넘어서게 되어 빛의 속도로 이동해도 두 지점은 서로 정보를 교환할 수 없게 된다. 빛의 직진이 불가능했던 불투명한 우주에서 시간이 지나 우주가 팽창하며 온도가 낮아졌고, 우주의 나이가 약 38만 년이 되었을 때 우주의 온도는 약 3000K에 이르렀으며 이때부터 우주가 투명해졌다. 우주의 나이가 많아질수록 암흑 에너지의 밀도는 일정하지만, 물질 밀도는 감소한다.

|보|기|풀|이|

ㄱ. 오답 : 급팽창이 일어나기 전까지는 우주의 크기가 작아 모든 지점에서 서로의 정보를 충분히 교환할 수 있었다. ㉠은 급팽창 이후의 시기이므로, ㉠ 시기에 우주의 모든 지점에서 서로 정보 교환이 가능하지는 않다.

ㄴ. 오답 : ㉡ 시기는 우주 배경 복사가 형성된 이후의 시기로 이때 우주는 빛이 직진할 수 있을 정도로 투명한 상태였다.

ㄷ. 정답 : 우주의 나이가 증가할수록 물질 밀도는 감소하고 암흑 에너지 밀도는 일정하므로 $\dfrac{\text{암흑 에너지 밀도}}{\text{물질 밀도}}$ 는 현재가 ㉡ 시기보다 크다.

😮 **문제풀이 TIP** | 표준 우주 모형 문제는 제시되는 자료의 해석이 어렵지 않고 보기의 질문 또한 이해하기에 어렵지 않지만, 우주론에 대한 전반적인 내용을 숙지하고 있지 않으면 손도 대지 못할 가능성이 크다. 정상 우주론과 빅뱅 우주론, 급팽창 이론의 차이점과 공통점 등을 꼼꼼히 익혀두어야 한다.

😀 **출제분석** | 우주론과 표준 우주 모형에 대한 문제는 주로 3점 배점으로 출제되지만, 내용만 익혀두면 계산 과정 없이 풀 수 있으므로 고득점을 위해서는 잡고 가야 하는 유형이다.

그림 (가)는 현재 우주를 구성하는 요소 ㉠, ㉡, ㉢의 상대적 비율을, (나)는 우주 모형 A와 B에서 시간에 따른 우주의 상대적 크기를 나타낸 것이다. ㉠, ㉡, ㉢은 각각 보통 물질, 암흑 물질, 암흑 에너지 중 하나이다.

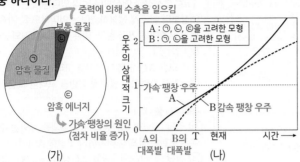

(가)   (나)

이에 대한 설명으로 옳은 것만을 〈보기〉에서 있는 대로 고른 것은?

3점

보기

ㄱ. 별과 행성은 ㉠에 해당한다. → 관찰 가능 ㉡

ㄴ. 대폭발 이후 현재까지 걸린 시간은 A보다 B에서 짧다. → 가속 팽창 우주에서 더 길다

ㄷ. A에서 우주를 구성하는 요소 중 ㉢이 차지하는 비율은 T 시기보다 현재가 크다. → 시간이 지날수록 증가

① ㄱ   ② ㄴ   ③ ㄱ, ㄷ   ✔④ ㄴ, ㄷ   ⑤ ㄱ, ㄴ, ㄷ

|자|료|해|설|

(가)에서 중간 비율인 ㉠은 암흑 물질, 가장 적은 ㉡은 보통 물질, 가장 많은 ㉢은 암흑 에너지이다. 암흑 물질과 보통 물질은 물질이므로 중력이 작용하여 수축을 일으키고, 암흑 에너지는 팽창을 일으켜서 가속 팽창의 원인이 된다. 점차 암흑 에너지의 양이 증가하여 상대적으로 암흑 물질과 보통 물질의 비율은 지속적으로 감소한다.

(나)에서 우주의 크기가 더욱 급격하게 커지는 A가 가속 팽창 우주, B는 보통 물질과 암흑 물질만을 고려한 모형이므로 물질 간 중력의 작용으로 인해 감속 팽창하는 우주이다. A와 B에서 상대적 크기가 0이 되는 지점은 각각 A의 대폭발이 일어난 시점, B의 대폭발이 일어난 시점이다.

|보|기|풀|이|

ㄱ. 오답 : 별과 행성은 관찰 가능하므로 보통 물질인 ㉡이다.

ㄴ. 정답 : 대폭발 이후 현재까지 걸린 시간은 가속 팽창 우주에서 더 길기 때문에, A보다 B에서 짧다.

ㄷ. 정답 : 가속 팽창 우주인 A에서 우주를 구성하는 요소 중 암흑 에너지인 ㉢이 차지하는 비율은 시간이 지날수록 증가한다. 즉, 과거에는 적었을 것이다. 따라서 과거인 T 시기보다 현재에 더 크다.

😀 **문제풀이 TIP |** 가속 팽창 우주는 점차 팽창의 속도가 빨라지는 우주이다. 즉, 현재도 과거보다 팽창의 속도가 빨라졌다는 의미이므로, 과거에는 팽창의 속도가 더 늦었다는 것을 알 수 있다. 느린 속도로 현재의 우주 크기까지 팽창하려면 시간이 더 많이 필요하므로, 대폭발 이후 현재까지 걸린 시간은 가속 팽창 우주에서 더 길다.

😀 **출제분석 |** 암흑 물질과 암흑 에너지 개념에서는 (가)와 같은 그래프가 매우 높은 확률로 출제된다. 또, (나)의 가속 팽창 우주 그래프는 초신성 Ⅰa형으로 예상한 우주 모형과 일치하므로 이를 연결하는 보기가 출제되기도 한다. ㄱ과 ㄷ 보기는 암흑 물질과 암흑 에너지를 다루는 문제에서 자주 등장하는 내용이다. 이 문제에서는 우주의 크기가 0인 지점이 대폭발 시기라는 것을 알면 쉽게 답을 찾을 수 있지만, ㄴ 보기만 보면 당황할 수 있어서 배점이 3점인 문제로 출제되었다.

그림 (가)는 표준 우주 모형에서 시간에 따른 우주의 크기 변화를, (나)는 플랑크 망원경의 우주 배경 복사 관측 결과로부터 추론한 현재 우주를 구성하는 요소의 비율을 나타낸 것이다.

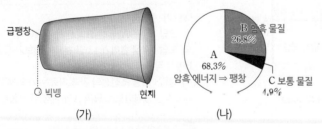

(가)   (나)

이에 대한 설명으로 옳은 것만을 〈보기〉에서 있는 대로 고른 것은?

보기

ㄱ. 우주 배경 복사는 ㉠시기에 방출된 빛이다. → 우주 생성 38만 년 이후

ㄴ. 현재 우주를 가속 팽창시키는 역할을 하는 것은 A이다. → 암흑 에너지

ㄷ. B에서 가장 큰 비율을 차지하는 것은 중성자이다. → B는 암흑 물질이며 암흑 물질의 구성은 알려지지 않았다.

① ㄱ   ✔② ㄴ   ③ ㄷ   ④ ㄱ, ㄴ   ⑤ ㄱ, ㄷ

|자|료|해|설|

㉠은 빅뱅이 시작된 시점이며, A는 암흑 에너지, B는 암흑 물질, C는 보통 물질이다.

|보|기|풀|이|

ㄱ. 오답 : 우주 배경 복사는 빅뱅 후 약 38만 년이 지났을 때 형성되었고, ㉠은 빅뱅이 일어난 시기이므로, 우주 배경 복사는 우주 생성 38만 년 이후에 형성되었다.

ㄴ. 정답 : 현재 우주를 가속 팽창시키는 역할을 하는 것은 현재 우주 구성 요소 중 가장 높은 비율을 차지하는 암흑 에너지(A)이다.

ㄷ. 오답 : 암흑 물질의 구성은 알려지지 않았고 중성자는 보통 물질(C)에 속한다.

😀 **문제풀이 TIP |** − 암흑 물질: 중력의 작용으로 수축에 관여하여 우주 초기에 별과 은하계가 생기는 데 중요한 역할을 함
− 암흑 에너지: 척력이 작용하여 우주를 가속 팽창시키는 우주의 성분

😀 **출제분석 |** 우주의 가속 팽창과 암흑 에너지의 관계와 관련된 문항이 최근 자주 출제되고 있다. (가), (나) 모두 교과서 기본 그림이므로 어렵지 않게 풀어야 하는 문제이다.

Ⅲ 2 I 03 암흑 물질과 암흑 에너지

그림은 우주 모형 A, B와 외부 은하에서 발견된 Ⅰa형 초신성의 관측 자료를 나타낸 것이다. Ω_m과 Ω_Λ는 각각 현재 우주의 물질 밀도와 암흑 에너지 밀도를 임계 밀도로 나눈 값이다.

일정한 질량 ⇒ 일정한 광도
(겉보기 등급 큼=어두움
=멀리 있음)
→ Ⅰa형 초신성이 예상보다
멀리 있는 이유는 우주가
가속 팽창하기 때문!
∴ 가속 팽창 우주의 증거
(=암흑 에너지의 증거)

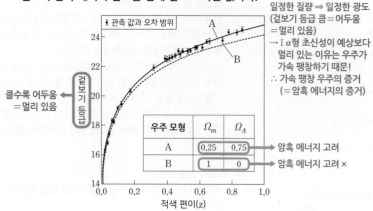

클수록 어두움
=멀리 있음 ← 겉보기 등급

우주 모형	Ω_m	Ω_Λ	
A	0.25	0.75	→ 암흑 에너지 고려
B	1	0	→ 암흑 에너지 고려 ×

이에 대한 설명으로 옳은 것만을 〈보기〉에서 있는 대로 고른 것은?

보기

ㄱ. Ⅰa형 초신성의 관측 결과를 설명할 수 있는 우주 모형은 B보다 A이다.

겉보기 등급이 클수록 멀다 →

ㄴ. z=0.8인 Ⅰa형 초신성의 거리 예측 값은 A가 B보다 크다.

ㄷ. 보통 물질, 암흑 물질, 암흑 에너지를 모두 고려한 우주 모형은 ~~B~~ A이다.

① ㄱ ② ㄷ ✓③ ㄱ, ㄴ ④ ㄴ, ㄷ ⑤ ㄱ, ㄴ, ㄷ

|자|료|해|설|

Ⅰa형 초신성은 일정한 질량에서 폭발하므로, 일정한 광도를 나타낸다. Ⅰa형 초신성의 겉보기 등급이 크다는 것은 어둡다는 뜻이므로, 멀리에 있다는 의미이다. 즉, Ⅰa형 초신성이 예상보다 멀리 있다는 것은 우주가 예상보다 빠르게 팽창하였다는 의미이므로, 가속 팽창 우주의 증거가 된다. 이는 암흑 에너지의 존재를 뒷받침한다.
우주 모형 A는 암흑 에너지를 고려한 모형이고, B는 암흑 에너지를 고려하지 않고 물질만을 고려한 모형이다.

|보|기|풀|이|

ㄱ. 정답 : Ⅰa형 초신성의 관측 결과를 설명할 수 있는 우주 모형은 암흑 에너지까지 고려한 A이다.

ㄴ. 정답 : z=0.8인 Ⅰa형 초신성의 거리 예측값은 겉보기 등급이 더 큰 A가 B보다 크다.

ㄷ. 오답 : 보통 물질, 암흑 물질, 암흑 에너지를 모두 고려한 우주 모형은 A이다.

🤖 **문제풀이 TIP** | Ⅰa형 초신성은 항상 같은 광도를 나타내는데, 겉보기 등급이 크다=어둡다=멀리 있다는 의미이다. 우주 팽창을 예상한 값보다도 겉보기 등급이 더 크다는 것은, 우주가 더 빨리 팽창하여 초신성이 더 멀리에 있다는 의미이므로 가속 팽창 우주의 증거가 된다.

😀 **출제분석** | 표준 우주 모형(특히 Ⅰa형 초신성) 개념에서는 이 그래프가 자주 출제된다. 겉보기 등급이 크다=어둡다=멀리 있다는 개념을 잘 연결해야 한다. 기존 기출 문제에서 벗어나지 않는 유형의 문제이므로 난이도는 평이하다.

표는 우주 모형 A, B, C의 Ω_m과 Ω_Λ를 나타낸 것이고, 그림은 A, B, C에서 적색 편이와 겉보기 등급 사이의 관계를 C를 기준으로 하여 Ia형 초신성 관측 자료와 함께 나타낸 것이다. ㉠과 ㉡은 각각 A와 B의 편차 자료 중 하나이고, Ω_m과 Ω_Λ는 각각 현재 우주의 물질 밀도와 암흑 에너지 밀도를 임계 밀도로 나눈 값이다.

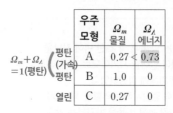

$\Omega_m + \Omega_\Lambda$ (가속) =1(평탄)

우주 모형	Ω_m 물질	Ω_Λ 에너지	
A	0.27 <	0.73	평탄(가속)
B	1.0	0	평탄
C	0.27	0	열린

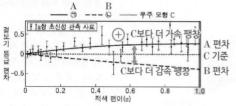

이 자료에 대한 설명으로 옳은 것만을 〈보기〉에서 있는 대로 고른 것은? 3점

보기

ㄱ. ㉠은 ~~B~~ A의 편차 자료이다.

ㄴ. z=1.0인 천체의 겉보기 등급은 A보다 B에서 ~~크다~~ 작다.

ㄷ. Ia형 초신성 관측 자료와 가장 부합하는 모형은 A이다.

가속 팽창 →

① ㄱ ✓② ㄷ ③ ㄱ, ㄴ ④ ㄴ, ㄷ ⑤ ㄱ, ㄴ, ㄷ

|자|료|해|설|

Ω값이 1인 우주 모형 A와 B는 평탄 우주, Ω값이 1보다 작은 우주 모형 C는 열린 우주이다.
물질 밀도는 감속 팽창, 암흑 에너지 밀도는 가속 팽창에 영향을 주기 때문에 가속 팽창하는 우주 모형 A가 ㉠에 해당한다. Ia형 초신성 관측 자료는 가속 팽창 모델의 대표적인 근거이므로 가장 부합하는 모형은 A이다. z=1.0인 천체의 겉보기 등급은 A>B이다.

|보|기|풀|이|

ㄱ. 오답 : ㉠은 A, ㉡은 B의 편차 자료이다.

ㄴ. 오답 : 적색 편이가 1.0인 천체의 겉보기 등급은 A보다 B에서 작다.

ㄷ. 정답 : Ia형 초신성의 관측 자료는 가속 팽창 모델의 대표적인 근거이므로 모형 A와 가장 잘 부합한다.

🤖 **문제풀이 TIP** | [우주의 미래 모형]

$\Omega = \dfrac{\text{우주의 밀도}}{\text{임계 밀도}}$

– 열린 우주 : $\Omega<1$, 우주 평균 밀도<임계 밀도, 곡률 (−)
– 닫힌 우주 : $\Omega>1$, 우주 평균 밀도>임계 밀도, 곡률 (+)
– 평탄 우주 : $\Omega=1$, 우주 평균 밀도=임계 밀도, 곡률 0

😀 **출제분석** | 물질 밀도와 암흑 에너지 밀도를 임계 밀도로 나눈 밀도 변수(Ω)값이 등장했다. 이 개념은 일부 교과서에만 나온 내용이지만 학력평가에 제시된 만큼 개념을 꼼꼼히 익혀두도록 하자.

그림 (가)는 물질과 암흑 에너지의 함량이 서로 다른 우주 모형
A, B, C에서 시간에 따른 우주의 상대적 크기를, (나)는 이들
모형에서 적색 편이(z)와 거리 지수 사이의 관계를 나타낸 것이다.
Ω_m과 Ω_Λ는 각각 현재 우주의 물질 밀도와 암흑 에너지 밀도를 임계
밀도로 나눈 값이다.

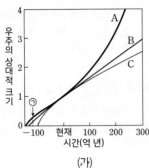
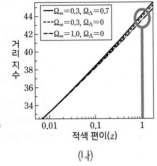

(가)　　　　　　(나)

이에 대한 설명으로 옳은 것만을 〈보기〉에서 있는 대로 고른 것은?

3점

보기

ㄱ. A는 Ω_m=0.3, Ω_Λ=0.7인 우주에 해당한다.
ㄴ. A에서 ㉠ 시기에 우주 공간의 팽창 속도는 감소한다.
ㄷ. z=1인 천체에서 방출된 빛이 지구에 도달하는 데 걸리는
　시간은 B의 경우가 C의 경우보다 짧다.
　　C　　　　　B

① ㄱ　② ㄷ　③ ㄱ, ㄴ　④ ㄴ, ㄷ　⑤ ㄱ, ㄴ, ㄷ

|자|료|해|설|
Ω_Λ는 암흑 에너지를 밀도를 임계 밀도로 나눈 값인데,
이 값이 0이라는 것은 암흑 에너지가 존재하지 않는다는
의미이다. 암흑 에너지는 우주의 가속 팽창을 일으키는
에너지이므로 (가)에서 우주 공간의 팽창 속도가 증가하는
A에는 암흑 에너지가 존재한다.

|보|기|풀|이|
ㄱ. 정답 : A에는 암흑 에너지가 존재하므로 Ω_m=0.3,
Ω_Λ=0.7인 우주에 해당한다.
ㄴ. 정답 : 우주의 팽창 속도는 시간에 따른 우주의 상대적
크기 그래프에서 기울기에 해당한다. A에서 기울기는
현재까지 감소하고 있으므로 ㉠ 시기에 우주 공간의 팽창
속도는 감소한다.
ㄷ. 오답 : z=1일 때, B의 거리 지수가 C보다 크다. 따라서
z=1인 천체에서 방출된 빛이 지구에 도달하는 데 걸리는
시간은 B의 경우가 C의 경우보다 길다.

🤖 문제풀이 TIP | Ω_m=0.3, Ω_Λ=0.7의 값을 통해 암흑 에너지가
존재하는 모형이 가속 팽창하고 있는 A라는 것을 파악하면 쉽게
풀 수 있다.

😀 출제분석 | 우주의 상대적 크기 그래프와 적색 편이−거리
지수 그래프를 같이 주고 각각이 어떤 우주 모형인지 연관시킬 수
있는지 물어보고 있다. 암흑 에너지의 유무를 통해 우주가 어떻게
팽창하는지 알면 어렵지 않다고 느낄 수 있는 문제였다.

그림은 서로 다른 **평탄 우주** A, B의 모형을 나타낸 것이다.

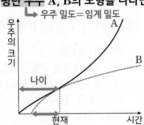
우주 밀도=임계 밀도

이에 대한 설명으로 옳은 것만을 〈보기〉에서 있는 대로 고른 것은?

보기　팽창에 기여　　　　　평탄 우주이므로
ㄱ. 임계 밀도에 대한 우주의 평균 밀도 비는 A와 B가 같다.
ㄴ. 현재 암흑 에너지의 비율은 A가 B보다 크다.
ㄷ. 현재 우주의 나이는 A가 B보다 많다.

① ㄱ　② ㄴ　③ ㄱ, ㄷ　④ ㄴ, ㄷ　⑤ ㄱ, ㄴ, ㄷ

|자|료|해|설|
평탄 우주는 우주 밀도와 임계 밀도가 같은 모형이다.
따라서 A, B 모두 평탄 우주이므로 임계 밀도에 대한
우주의 평균 밀도비는 같다. 암흑 에너지는 팽창에
기여하므로 팽창 속도가 빠른 A가 더 비율이 높다. 우주의
나이는 그래프를 해석해 볼 때 A가 더 많다.

|보|기|풀|이|
ㄱ. 정답 : A와 B는 평탄 우주이므로 우주의 밀도와 임계
밀도가 같다.
ㄴ. 정답 : 현재 이후 우주의 팽창 속도는 A는 증가, B는
감소하였다. 따라서 A의 암흑 에너지 비율이 B보다 높다.
ㄷ. 정답 : 그래프상에서 현재 우주의 나이는 A가 B보다
많다.

🤖 문제풀이 TIP | [우주의 미래 모형]
− 열린 우주: 우주 평균 밀도<임계 밀도, 곡률 (−)
− 닫힌 우주: 우주 평균 밀도>임계 밀도, 곡률 (+)
− 평탄 우주: 우주 평균 밀도=임계 밀도, 곡률 0

[가속 팽창 우주와 평탄 우주]
가속 팽창 우주는 팽창 속도가 점점 증가하면서 계속 팽창하는 것이고, 평탄 우주는 팽창 속도는 계속 감소하지만 조금씩 계속 팽창한다.

😀 출제분석 | 우주 모형에 대한 정확한 이해가 없다면 굉장히 어렵게 느낄 수 있는 문제로 최상의 난이도로 책정되었으나 개념 정립만 잘 되어있다면 금방 풀 수 있는 문제이므로
개념을 정확히 해야 한다.

그림은 우주 구성 요소 A, B, C의 상대적 비율을 시간에 따라 나타낸 것이다. A, B, C는 각각 암흑 물질, 보통 물질, 암흑 에너지 중 하나이다.

이에 대한 설명으로 옳은 것만을 〈보기〉에서 있는 대로 고른 것은?

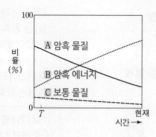

보기

ㄱ. 우주 배경 복사의 파장은 T시기가 현재보다 짧다.

ㄴ. T시기부터 현재까지 $\dfrac{A의 비율\uparrow}{B의 비율\uparrow}$은 감소한다.

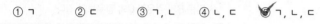

ㄷ. A, B, C 중 항성 질량의 대부분을 차지하는 것은 C이다.

① ㄱ   ② ㄷ   ③ ㄱ, ㄴ   ④ ㄴ, ㄷ   ✓⑤ ㄱ, ㄴ, ㄷ

|자|료|해|설|
현재 우주의 구성 요소는 암흑 에너지의 비중이 가장 크고, 그 다음으로 암흑 물질이며, 가장 작은 비중을 차지하는 것은 보통 물질이다. 따라서 A는 암흑 물질, B는 암흑 에너지, C는 보통 물질이다.

|보|기|풀|이|
ㄱ. 정답 : 우주가 팽창함에 따라 우주 배경 복사의 파장은 시간이 지나면서 점점 길어졌다. 따라서 우주 배경 복사의 파장은 T 시기가 현재보다 짧다.

ㄴ. 정답 : T 시기부터 현재까지 A의 비율은 감소하고, B의 비율은 증가하므로 $\dfrac{A의 비율}{B의 비율}$ 값은 감소한다.

ㄷ. 정답 : 항성은 대부분 보통 물질인 수소와 헬륨으로 이루어져 있으므로 항성 질량의 대부분을 차지하는 것은 보통 물질인 C이다.

😊 **출제분석 |** 암흑 물질과 암흑 에너지, 보통 물질의 비율은 종종 출제되는 내용이므로 반드시 그 비율을 알아두자. 구체적인 값을 알지 못해도 각 요소의 구성 비율의 크기를 비교할 수 있으면 된다. 암흑 물질과 암흑 에너지에 대해서 물어볼 수 있는 내용이 많지 않으므로, 잘 정리만 해둔다면 대부분 문항은 빠르게 해결할 수 있다.

표는 우주 구성 요소의 상대적 비율을 T_1, T_2 시기에 따라 나타낸 것이고, 그림은 표준 우주 모형에 따른 빅뱅 이후 현재까지 우주의 팽창 속도를 나타낸 것이다. ㉠, ㉡, ㉢은 각각 보통 물질, 암흑 물질, 암흑 에너지 중 하나이다.

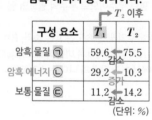

구성 요소	T_1	T_2
암흑 물질 ㉠	59.6 ← 75.5 감소	
암흑 에너지 ㉡	29.2 증가 10.3	
보통 물질 ㉢	11.2 감소 14.2	

(단위: %)

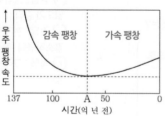

이에 대한 옳은 설명만을 〈보기〉에서 있는 대로 고른 것은? **3점**

보기

ㄱ. ㉠은 질량을 가지고 있다.

ㄴ. T_2 시기는 A 시기보다 ~~나중~~이전이다.

ㄷ. 우주 배경 복사는 A 시기 이전에 방출된 빛이다.

↳ 빅뱅 이후 38만 년 뒤

① ㄱ   ② ㄷ   ✓③ ㄱ, ㄷ   ④ ㄴ, ㄷ   ⑤ ㄱ, ㄴ, ㄷ

|자|료|해|설|
암흑 물질과 보통 물질의 밀도는 시간이 지남에 따라 감소하는데, 암흑 에너지의 밀도는 시간이 지나도 일정하게 유지되므로 시간이 지남에 따라 암흑 에너지의 상대적 비율이 점점 커진다. 따라서 시간은 T_2가 T_1보다 이전이고, 시간이 지나면서 증가한 ㉡은 암흑 에너지이다. 암흑 물질은 보통 물질보다 많으므로 ㉠은 암흑 물질, ㉢은 보통 물질이다.

A 시기 이전에는 우주 팽창 속도가 점점 감소하므로 우주는 감속 팽창 중이고, A 시기 이후에는 우주 팽창 속도가 점점 증가하므로 우주는 가속 팽창 중이다. 암흑 에너지의 영향력이 약할수록 인력이 강해 우주는 감속 팽창하고, 암흑 에너지의 영향력이 강할수록 척력이 강해 우주는 가속 팽창한다.

|보|기|풀|이|
ㄱ. 정답 : ㉠은 암흑 물질로 질량을 가지고 있다.

ㄴ. 오답 : T_2 시기에는 암흑 에너지의 밀도가 물질의 밀도보다 훨씬 작아 인력이 강해 감속 팽창을 하고 있다. 따라서 T_2 시기는 A 시기 이전이다.

ㄷ. 정답 : 우주 배경 복사는 빅뱅 이후 38만 년이 되었을 때 우주 전체에 고루 퍼진 빛이므로 A 시기 이전에 방출되었다.

그림은 빅뱅 우주론에 따라 우주가 팽창하는 동안 우주 구성 요소 A와 B의 상대적 비율(%)을 시간에 따라 나타낸 것이다. A와 B는 각각 암흑 에너지와 물질(보통 물질＋암흑 물질) 중 하나이다. 이에 대한 설명으로 옳은 것만을 〈보기〉에서 있는 대로 고른 것은?

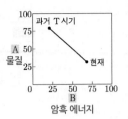

보기

 ㄱ. A는 물질에 해당한다.

ㄴ. 우주 배경 복사의 온도는 과거 T 시기가 현재보다 ~~낮다.~~ 높다.

ㄷ. 우주가 팽창하는 동안 B의 총량은 ~~일정하다.~~ 증가한다.

① ㄱ ② ㄴ ③ ㄷ ④ ㄱ, ㄴ ⑤ ㄱ, ㄷ

|자|료|해|설|

암흑 에너지는 과거에서부터 현재까지 밀도가 일정하고, 물질(보통 물질＋암흑 물질)은 과거에서부터 현재까지 총량이 일정하다. 따라서 우주가 팽창함에 따라 암흑 에너지의 총량은 증가했고, 물질의 밀도는 감소했다. 그러므로 시간이 지남에 따라 상대적 비율이 감소하는 A는 물질, 증가하는 B는 암흑 에너지이다.

|보|기|풀|이|

ㄱ. 정답 : A는 시간이 지남에 따라 상대적 비율이 감소하므로 물질이다.

ㄴ. 오답 : 우주는 과거 T 시기부터 현재까지 계속 팽창해왔으므로 우주 배경 복사의 온도는 현재까지 점점 낮아졌다. 따라서 우주 배경 복사의 온도는 과거 T 시기가 현재보다 높다.

ㄷ. 오답 : 우주가 팽창하는 동안 암흑 에너지(B)의 밀도는 일정하므로 총량은 증가한다.

1	①	2	①	3	②	4	③	5	②
6	⑤	7	①	8	④	9	②	10	⑤
11	⑤	12	①	13	⑤	14	③	15	④
16	③	17	①	18	④	19	③	20	④

	현무암질	안산암질	유문암질
조립질	반려암	섬록암	화강암(B)
세립질	현무암(A)	안산암	유문암(C)

보기 유문
ㄱ. C는 화강암이다.
ㄴ. B는 A보다 천천히 냉각되어 생성된다.
ㄷ. B는 주로 해령에서 생성된다.
호상 열도(대륙 지각 용융)

조립질 ─ 세립질
화강암(유문암질) ─ 마그마 냉각 ─
① ㄱ　　② ㄴ　　③ ㄷ　　④ ㄱ, ㄴ　　⑤ ㄴ, ㄷ

---

1 지질 시대의 환경과 생물　　　정답 ①　정답률 85%

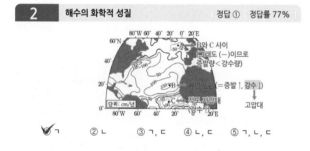

지질 시대	공룡	특징
중생대 (가)		• 판게아가 분리되기 시작하였다. • 파충류가 번성하였다.
신생대 (나)		• 히말라야 산맥이 형성되었다. • 속씨식물이 번성하였다.
고생대 (다)		• 육상에 식물이 출현하였다. • 삼엽충이 번성하였다 ─ 양치식물(쿡소니아)

(가)의 지층에서는
공룡 화석이 발견될 수 있어.

(나)는 중생대야.
신

(다)에는 매머드가
번성하였어. ─ 신생대

학생 A　　학생 B　　학생 C

① A　　② B　　③ C　　④ A, B　　⑤ A, C

|보|기|풀|이|
학생 A. 정답 : 중생대인 (가)의 지층에서는 공룡 화석이 발견될 수 있다.
학생 B. 오답 : (나)는 고생대가 아닌 신생대이다.
학생 C. 오답 : 매머드는 신생대인 (나)에서 번성하였다.

---

2 해수의 화학적 성질　　　정답 ①　정답률 77%

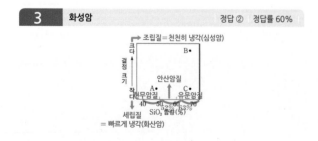

B와 C 사이
값이 (−)이므로
증발량<강수량

가장 높음=증발 ↑, 강수 ↓

적도저압대
(강수↑)
고압대

단위: cm/년

① ㄱ　　② ㄴ　　③ ㄱ, ㄷ　　④ ㄴ, ㄷ　　⑤ ㄱ, ㄴ, ㄷ

|보|기|풀|이|
ㄱ. 정답 : 연평균 (증발량−강수량) 값은 R>A>C이다.
ㄴ. 오답 : B 지점은 위도 30° 부근으로, 대기 대순환에 의해 형성된 아열대 고압대에 위치한다.
ㄷ. 오답 : 표층 염분은 (증발량−강수량) 값에 비례하므로, B>C이다.

---

3 화성암　　　정답 ②　정답률 60%

→조립질=천천히 냉각(심성암)

크다
결정
크기
작다

B•

안산암질

현무암질　A•　유문암질　•C

40　60　70
SiO₂ 함량(%)

세립질
= 빠르게 냉각(화산암)

---

4 판의 경계와 대륙 분포의 변화　　　정답 ③　정답률 91%

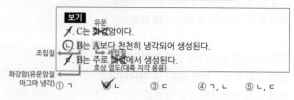

대서양 중앙 해령
남아메리카　아프리카

판의 경계

(가)

연령

경계로부터 멀다
경계로부터의 거리
∝나이 ⇒ 해령!

경계로부터 가깝다

거리

(나)

① ㄱ　　② ㄴ　　③ ㄱ, ㄷ　　④ ㄴ, ㄷ　　⑤ ㄱ, ㄴ, ㄷ

|보|기|풀|이|
ㄱ. 정답 : P₂는 P₇보다 판의 경계로부터 멀리 있으므로, 가장 오래된 퇴적물의 연령은 P₂가 P₇보다 많다.
ㄴ. 오답 : 해저 퇴적물의 두께는 판의 경계로부터의 거리에 비례한다. 따라서 P₁에서 P₅로 갈수록 얇아진다.
ㄷ. 정답 : 발산형 경계이므로 왼쪽(P₂)과 오른쪽(P₇)은 점점 멀어질 것이다.

---

5 외부 은하, 특이 은하　　　정답 ②　정답률 53%

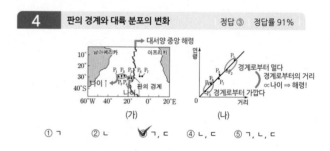

너무 멀어서 점처럼 보이지만
중심에 블랙홀이 있다고
추정되는 은하

(가) 외부 은하 (나선 은하)　(나) 퀘이사 (특이 은하)
별×

① ㄱ　　② ㄷ　　③ ㄱ, ㄴ　　④ ㄴ, ㄷ　　⑤ ㄱ, ㄴ, ㄷ

|자|료|해|설|
(가)는 나선형의 팔이 있고, 중심에 막대는 없으므로 정상 나선 은하이다. (나) 퀘이사는 우리은하로부터 너무 멀어서 점(별)처럼 보이지만 중심에 블랙홀이 있다고 추정되는 은하이다. 퀘이사는 우주 탄생 초기에 생성되었다고 알려져 있으며, 우리은하로부터 매우 멀리 떨어져 있으므로 후퇴 속도가 매우 빠르다.

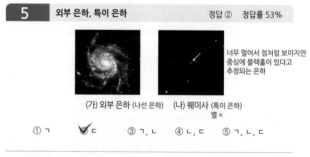

| 6 | 플룸 구조론 | 정답 ⑤ | 정답률 83% |

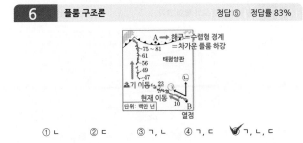

① ㄴ ② ㄷ ③ ㄱ, ㄴ ④ ㄱ, ㄷ ⑤ ㄱ, ㄴ, ㄷ

| 7 | 별의 진화, 별의 내부 구조 | 정답 ① | 정답률 46% |

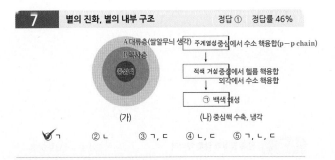

① ㄱ ② ㄴ ③ ㄱ, ㄷ ④ ㄴ, ㄷ ⑤ ㄱ, ㄴ, ㄷ

|보|기|풀|이|
ㄱ. 정답 : A는 대류층, B는 복사층이다.
ㄴ. 오답 : 중심핵에서 양성자−양성자 반응이 일어나는 것은 수소 핵융합 반응을 할 때이므로, 주계열성 단계에 해당한다.
ㄷ. 오답 : 철보다 무거운 원소는 초신성 폭발을 할 때 생성된다.

| 8 | 온대 저기압 및 일기도 해석 | 정답 ④ | 정답률 49% |

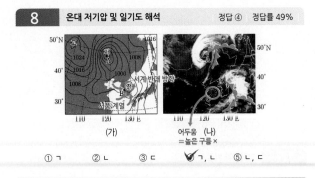

① ㄱ ② ㄴ ③ ㄷ ④ ㄱ, ㄴ ⑤ ㄴ, ㄷ

|자|료|해|설|
A 지점은 온대 저기압의 중심이다. (나)에서 A 지점 주변으로 한랭 전선과 온난 전선이 확실히 구분된 모양이 아니라, 쉼표 모양이 나타나고 있으므로, 한랭 전선이 온난 전선을 따라잡아서 생기는 폐색 전선이 만들어진 상황이다. B 주변에서 나타나는 온대 저기압 역시 비슷한 상황이라고 볼 수 있다.
바람은 고기압에서 저기압으로 불고, 저기압 주변에서는 시계 반대 방향으로 분다. 따라서 온대 저기압의 왼쪽인 B 지점에서는 서풍 계열의 바람이 불어오고 있다. C 지역은 (나)에서 어둡게 나타나고 있으므로 키가 큰 적란운은 발달하지 않았다.

| 9 | 외계 행성계 탐사 방법 | 정답 ② | 정답률 24% |

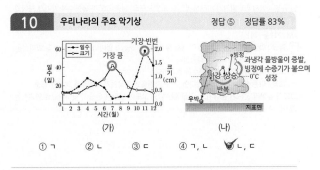

① ㄱ ② ㄴ ③ ㄷ ④ ㄱ, ㄴ ⑤ ㄴ, ㄷ

|보|기|풀|이|
ㄱ. 오답 : 행성이 아닌 중심별의 스펙트럼을 관측하여 얻은 자료이다.
ㄴ. 정답 : A 시기에 시선 속도가 (−)이므로 중심별은 접근하고, 행성은 후퇴한다.
ㄷ. 오답 : B 시기는 시선 속도가 가장 높은 시기로, 행성과 별이 같은 시선 방향에 위치하지 않는다. 따라서 식 현상은 나타나지 않는다.

| 10 | 우리나라의 주요 악기상 | 정답 ⑤ | 정답률 83% |

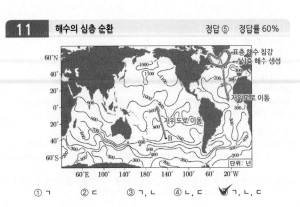

① ㄱ ② ㄴ ③ ㄷ ④ ㄱ, ㄴ ⑤ ㄴ, ㄷ

|자|료|해|설|
우박은 여름철에 빈도는 낮지만 가장 크게 나타나고, 겨울철에는 빈도가 높지만 크기는 작게 나타난다. (나) 그림처럼 뇌우에서 상승과 하강을 반복하며 우박이 성장하게 된다. 이때, 과냉각 물방울이 증발하여 빙정에서 수증기가 승화(기체 → 고체)되며 크기가 커진다.
|보|기|풀|이|
ㄱ. 오답 : 우박은 11월에 가장 빈번하게 발생한다.
ㄴ. 정답 : (나)에서 빙정이 우박으로 성장하기 위해서는 과냉각 물방울이 증발해야 한다.
ㄷ. 정답 : 우박은 상승과 하강을 반복하며 성장하므로, 상승 기류는 우박의 크기가 커지는 주요 원인이다.

| 11 | 해수의 심층 순환 | 정답 ⑤ | 정답률 60% |

① ㄱ ② ㄷ ③ ㄱ, ㄴ ④ ㄴ, ㄷ ⑤ ㄱ, ㄴ, ㄷ

|보|기|풀|이|

○ 정답 : 심층 해수의 평균 연령은 북태평양이 800~1100년, 북대서양이 100~300년으로 북태평양이 북대서양보다 많다.

○ 정답 : A 해역은 심층 해수의 나이가 적으므로 표층 해수가 침강하여 심층 해수가 만들어지는 곳이다.

○ 정답 : B보다 적도 근처인 곳에서 해수의 연령이 많으므로, B에는 남반구에서 저위도(적도 근처)로 흐르는 심층 해수가 있다.

---

12   기후 변화의 원인   정답 ①   정답률 56%

|자|료|해|설|

㉠ 밝기 측정 장치와 책상면이 이루는 각(θ)는 태양의 남중 고도를 의미한다.
탐구 결과에서 θ와 밝기가 비례하게 나오고 있으므로, 남중 고도가 높을수록 밝기가 크다고 해석할 수 있다.

|보|기|풀|이|

○ 정답 : θ는 밝기 측정 장치(지구)에서 볼 때 전구(태양)가 얼마나 높게 있는지를 의미하는 값이므로 태양의 남중 고도에 해당한다.

ㄴ. 오답 : 측정된 밝기는 θ가 클수록 증가한다.

ㄷ. 오답 : 다른 요인의 변화가 없다면, 지구 자전축의 기울기가 커질수록 여름엔 남중 고도가 높아져 온도가 높아지고, 겨울에는 남중 고도가 낮아져 온도가 낮아지므로 연교차는 증가한다.

---

13   엘니뇨와 라니냐   정답 ⑤   정답률 49%

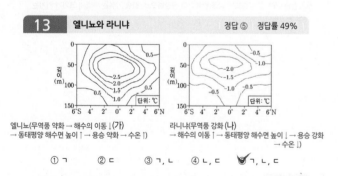

엘니뇨(무역풍 약화 → 해수의 이동 ↓)(가)
→ 동태평양 해수면 높이 ↑ → 용승 약화 → 수온 ↑)

라니냐(무역풍 강화)(나)
→ 해수의 이동 ↑ → 동태평양 해수면 높이 ↓ → 용승 강화
→ 수온 ↓)

① ㄱ   ② ㄷ   ③ ㄱ, ㄴ   ④ ㄴ, ㄷ   ⑤ ㄱ, ㄴ, ㄷ

|자|료|해|설|

동태평양 적도 부근의 수온이 상승하면 엘니뇨, 하강하면 라니냐이다.
(가)는 수온이 상승하였으므로 엘니뇨 시기이다. 엘니뇨 시기에는 무역풍이 약화되어 해수의 동 → 서 이동이 감소하고, 따라서 동태평양 수면이 평소보다 높아지고 수온이 상승한다. (나)는 수온이 하강하였으므로 라니냐 시기이다. 라니냐 시기에는 무역풍이 강화되어 해수의 동 → 서 이동이 강화되고, 따라서 동태평양 해수면 높이가 낮아지므로 용승이 강화되어 수온이 낮아진다.

|보|기|풀|이|

○ 정답 : (가)는 동태평양 적도 부근 해역의 수온이 상승하였으므로 엘니뇨 시기이다.

○ 정답 : 용승은 해수의 동 → 서 이동이 많을 때 강화되므로, 무역풍이 강한 (나) 시기에 더 강하다.

○ 정답 : 수온이 낮은 라니냐 시기인 (나) 때 해수의 동 → 서 이동이 많으므로 평소보다 동태평양 해수면 높이가 낮아져서 해수면 높이 편차는 (−) 값이다.

---

14   별의 표면 온도와 별의 크기   정답 ③   정답률 40%

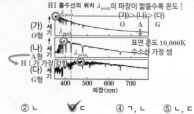

① ㄱ   ② ㄴ   ③ ㄷ   ④ ㄱ, ㄴ   ⑤ ㄴ, ㄷ

|보|기|풀|이|

ㄱ. 오답 : H I 흡수선은 A형 별에서 가장 강하게 나타나므로, (가)가 (나)보다 약하게 나타난다.

ㄴ. 오답 : 복사 에너지를 최대로 방출하는 파장은 표면 온도에 반비례하므로, (나)가 (다)보다 짧다.

○ 정답 : 표면 온도는 A형인 (나)가 G형인 태양보다 높다.

---

15   암흑 물질과 암흑 에너지   정답 ④   정답률 61%

① ㄱ   ② ㄴ   ③ ㄷ   ④ ㄱ, ㄴ   ⑤ ㄴ, ㄷ

|보|기|풀|이|

○ 정답 : (가)일 때, 즉, 현재일 때 우주는 가속 팽창하고 있다.

○ 정답 : B는 보통 물질이므로 전자기파로 관측할 수 있다.

ㄷ. 오답 : $\dfrac{\text{A의 비율}}{\text{C의 비율}}$ 은 (가)일 때 약 0.4, (나)일 때 약 3.2로 (나)일 때가 더 크다.

---

16   퇴적암과 퇴적 구조   정답 ③   정답률 63%

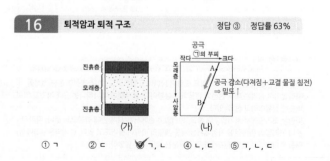

① ㄱ   ② ㄷ   ③ ㄱ, ㄴ   ④ ㄴ, ㄷ   ⑤ ㄱ, ㄴ, ㄷ

17 별의 분류와 H-R도, 별의 진화 정답 ③ 정답률 54%

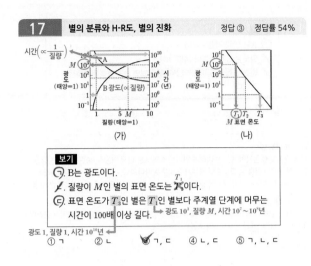

20 상대 연령과 절대 연령 정답 ④ 정답률 56%

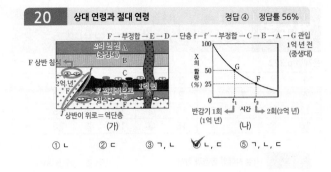

F → 부정합 → E → D → 단층 f-f' → 부정합 → C → B → A → G 관입

① ㄴ ② ㄷ ③ ㄱ, ㄴ ✔ ㄴ, ㄷ ⑤ ㄱ, ㄴ, ㄷ

보기

ㄱ. B는 광도이다.

ㄴ. 질량이 M인 별의 표면 온도는 T_1이다.

ㄷ. 표면 온도가 T_3인 별은 T_1인 별보다 주계열 단계에 머무는 시간이 100배 이상 길다. → 광도 10^3, 질량 M, 시간 10^7~10^8년

광도 1, 질량 1, 시간 10^{10}년

① ㄱ ② ㄴ ✔ ㄱ, ㄷ ④ ㄴ, ㄷ ⑤ ㄱ, ㄴ, ㄷ

18 태풍 정답 ④ 정답률 62%

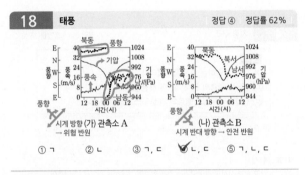

시계 방향 (가) 관측소 A → 위험 반원

(나) 관측소 B 시계 반대 방향 → 안전 반원

① ㄱ ② ㄴ ③ ㄱ, ㄷ ✔ ㄴ, ㄷ ⑤ ㄱ, ㄴ, ㄷ

|자|료|해|설|

태풍은 열대 저기압이므로 태풍의 중심으로 갈수록 기압이 낮고, 풍속이 빨라진다. 관측소 A는 풍향이 북동풍 → 남동풍 → 남서풍으로 변화하고 있으므로, 풍향이 시계 방향으로 변화하는 위험 반원에 위치한다. 관측소 B는 풍향이 북동풍 → 북서풍 → 남서풍으로 변화하고 있으므로, 풍향이 시계 반대 방향으로 변화하는 안전 반원에 위치한다. 위험 반원은 안전 반원보다 풍속이 빠르고 피해가 크다. 관측한 풍속 역시 관측소 A에서는 최대 풍속이 약 20m/s이고, 관측소 B는 약 8m/s이다. 가장 낮은 기압은 관측소 A가 약 960hPa, 관측소 B는 약 970hPa이다.

19 허블 법칙과 우주 팽창 정답 ③ 정답률 42%

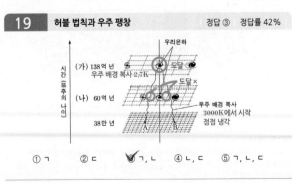

① ㄱ ② ㄷ ✔ ㄱ, ㄴ ④ ㄴ, ㄷ ⑤ ㄱ, ㄴ, ㄷ

|보|기|풀|이|

ㄱ. 정답 : 우주 배경 복사의 온도가 전 우주에서 균일한 우주의 지평선 문제는 급팽창 이론으로 설명할 수 있다.

ㄴ. 정답 : (나)에서 측정되는 우주 배경 복사의 온도는 현재 우주 배경 복사의 온도인 2.7K 보다 높다.

ㄷ. 오답 : A에서 출발한 우주 배경 복사는 (나)의 우리은하에 도달하지 않았다.

1	④	2	④	3	①	4	⑤	5	②
6	①	7	②	8	⑤	9	⑤	10	③
11	②	12	④	13	③	14	⑤	15	①
16	③	17	④	18	③	19	②	20	⑤

1 　지질 시대의 환경과 화석　　정답 ④　정답률 80%

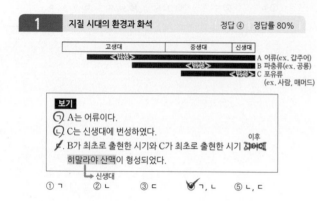

	고생대	중생대	신생대	
	◀◀번성▶▶			A 어류 (ex. 갑주어)
		◀◀번성▶▶		B 파충류 (ex. 공룡)
			◀◀번성▶▶	C 포유류 (ex. 사람, 매머드)

보기

ㄱ. A는 어류이다.

ㄴ. C는 신생대에 번성하였다.

ㄷ. B가 최초로 출현한 시기와 C가 최초로 출현한 시기 ~~사이에~~ → 이후

히말라야 산맥이 형성되었다. → 신생대

① ㄱ　② ㄴ　③ ㄷ　✓④ ㄱ, ㄴ　⑤ ㄴ, ㄷ

|보|기|풀|이|

ㄷ. 오답 : B가 최초로 출현한 시기와 C가 최초로 출현한 시기 사이는 고생대~중생대이다. 히말라야 산맥이 형성된 시기는 신생대이므로, B와 C가 출현한 이후에 형성되었다.

2 　암흑 물질과 암흑 에너지　　정답 ④　정답률 63%

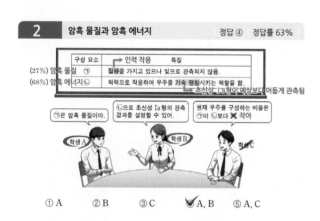

구성 요소	인력 작용	특징
(27%) 암흑 물질 ㉠		질량을 가지고 있으나 빛으로 관측되지 않음.
(68%) 암흑 에너지 ㉡		척력으로 작용하여 우주를 가속 팽창시키는 역할을 함.

학생 A : ㉠은 암흑 물질이야.

학생 B : ㉡으로 초신성 Ia형의 관측 결과를 설명할 수 있어.

학생 C : 현재 우주를 구성하는 비율은 ㉠이 ㉡보다 ~~작아~~ (초신성 Ia형이 예상보다 어둡게 관측됨)

① A　② B　③ C　✓④ A, B　⑤ A, C

|자|료|해|설|

질량을 가지고 있어서 인력이 작용하지만 빛으로 관측되지 않는 ㉠은 암흑 물질이다. 암흑 물질은 전체 우주의 약 27%를 구성하고 있다. 척력으로 작용하여 우주를 가속 팽창시키는 역할을 하는 ㉡은 우주 전체의 약 68%를 구성하는 암흑 에너지이다.

|보|기|풀|이|

학생 A. 정답 : ㉠은 암흑 물질이다.

학생 B. 정답 : 암흑 에너지인 ㉡으로 초신성 Ia형이 예상보다 어둡게 관측되는 결과를 설명할 수 있다.

학생 C. 오답 : 현재 우주를 구성하는 비율은 ㉠이 27%, ㉡이 68%로 ㉠이 ㉡보다 작다.

3 　해양의 심층 순환　　정답 ①　정답률 51%

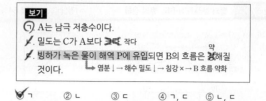

보기 (continued)

ㄱ. A는 남극 저층수이다.

ㄴ. 밀도는 C가 A보다 ~~크다~~ 작다

ㄷ. 빙하가 녹은 물이 해역 P에 유입되면 B의 흐름은 ~~강~~해질 것이다. → 약

→ 염분↓ → 해수 밀도↓ → 침강× → B 흐름 약화

✓① ㄱ　② ㄴ　③ ㄷ　④ ㄱ, ㄷ　⑤ ㄴ, ㄷ

|자|료|해|설|

남극 근처에서 침강하여 가장 아래에 위치한 수괴 A는 남극 저층수, 북반구에서 침강한 B는 북대서양 심층수, 표층수와 북대서양 심층수 사이의 C는 남극 중층수이다. 아래에 위치할수록 밀도가 크기 때문에 밀도는 A>B>C 순서이고, 염분은 C<A<B 순서이다.

|보|기|풀|이|

ㄷ. 오답 : 빙하가 녹은 물이 해역 P에 유입되면 염분이 낮아지고 밀도가 낮아져서 침강이 잘 일어나지 않게 된다. 따라서 B의 흐름이 약해진다.

4 　지질 구조　　정답 ⑤　정답률 75%

보기

ㄱ. ㉠에 해당하는 힘은 ~~횡압력~~이다. → 장력

ㄴ. (다)는 지층의 침식 과정에 해당한다.

ㄷ. (라)에서 부정합 형태의 지질 구조가 만들어진다.

① ㄱ　② ㄴ　③ ㄷ　④ ㄱ, ㄴ　✓⑤ ㄴ, ㄷ

|자|료|해|설|

(나)의 ㉠ 양쪽 끝을 서서히 잡아당기는 것은 장력이 작용하는 것으로, 정단층이 만들어진다. (다)에서 판의 위쪽을 수평으로 자르는 것은 지표로 노출된 지층이 침식되는 것을, (라)에서 새로운 판을 쌓는 것은 침식 이후 지층의 재퇴적을 의미한다. 따라서 (다)와 (라) 사이에 나타나는 면은 부정합면이다.

5 　온실 효과와 지구 온난화　　정답 ②　정답률 81%

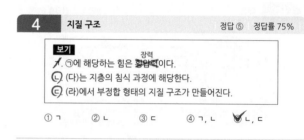

(가)　　　　　(나)

① ㄱ　✓② ㄴ　③ ㄱ, ㄷ　④ ㄴ, ㄷ　⑤ ㄱ, ㄴ, ㄷ

|자|료|해|설|

(가)에서 그린란드 빙하의 누적 융해량은 점차 증가하고 있다. 누적 융해량과 그 해의 융해량을 구분해야 한다. ㉠ 기간보다 ㉡ 기간의 기울기가 더 급하므로 ㉡ 기간에 더 많은 융해가 일어났다.

(나)에서 해수의 열팽창에 의한 평균 해수면의 높이 편차는 0cm 부근에 있다가 2015년에 조금 상승하였다. 빙하 융해에 의한 평균 해수면의 높이 편차는 2015년에 2cm까지 계속해서 상승하였다. 전 기간 동안 빙하 융해에 의한 편차가 더 크다.

|보|기|풀|이|

ㄷ. 오답 : (나)의 전 기간 동안 평균 해수면 높이의 평균 상승률은 빙하 융해에 의한 것이 더 크다.

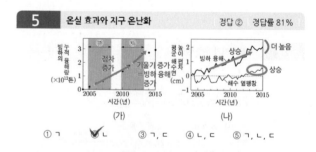

| **6** | **생명 가능 지대** | | 정답 ① | 정답률 63% |

외계 행성	중심별의 광도 (태양=1)	중심별로부터의 거리(AU)	단위 시간당 단위 면적이 받는 복사 에너지양(지구=1)
(가)	0.0005	㉠1보다 작음	1
(나)	1.2	1	㉡ 태양보다 광도↑ 거리 동일
지구	1	1	1 →E↑⇒1보다 큼

① ㄱ ② ㄷ ③ ㄱ, ㄷ ④ ㄴ, ㄷ ⑤ ㄱ, ㄴ, ㄷ

| 자 | 료 | 해 | 설 |

생명 가능 지대는 중심별의 광도가 클수록 중심별로부터 멀고, 폭이 넓다. 중심별의 광도가
태양의 0.0005배인 외계 행성 (가)와 중심별의 광도가 태양의 1.2배인 외계 행성 (나) 모두
생명 가능 지대에 위치하고 있으므로, (가)는 중심별로부터의 거리가 태양−지구의 거리인
1AU보다 작다. (나)의 경우, 중심별의 광도가 태양보다 큰데 중심별로부터의 거리는
태양−지구 거리와 같으므로 단위 시간당 단위 면적이 받는 복사 에너지양은 더 크다. 즉,
1보다 크다.

| 보 | 기 | 풀 | 이 |

ㄷ. 오답 : 생명 가능 지대의 폭은 중심별의 광도에 비례하므로 (나) 중심별이 (가)의
중심별보다 넓다.

| **7** | **태풍** | | 정답 ② | 정답률 52% |

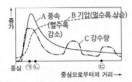

보기

ㄱ. B는 강수량이다. → 조밀할수록 풍속이 큼
C
ㄴ. 지역 ㉠에서는 상승 기류가 나타난다.
ㄷ. 일기도에서 등압선 간격은 지역 ㉡에서가 지역 ㉢에서보다
조밀하다.

① ㄱ ② ㄴ ③ ㄷ ④ ㄱ, ㄴ ⑤ ㄴ, ㄷ

| 자 | 료 | 해 | 설 |

태풍은 열대 저기압이다. 저기압이므로 상승 기류가 발달하고, 기압이 낮을수록 위력이
강하다.
태풍의 중심은 바람이 거의 불지 않지만(태풍의 눈), 중심 부근의 풍속이 가장 높고,
멀어질수록 풍속은 감소한다. 따라서 A가 풍속이다. 반대로 중심으로부터 멀어질수록 값이
커지는 B는 기압이다. C는 강수량이다.

| 보 | 기 | 풀 | 이 |

ㄴ. 정답 : 지역 ㉠에서는 기압이 낮으므로 상승 기류가 나타난다.
ㄷ. 오답 : 일기도에서 등압선 간격이 조밀할수록 풍속이 크므로 ㉡에서가 ㉢에서보다
등압선 간격이 조밀하다.

| **8** | **맨틀 대류** | | 정답 ⑤ | 정답률 70% |

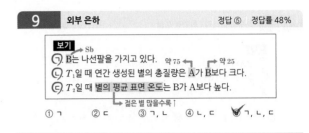

보기

ㄱ. ㉠의 하부에는 침강하는 해양판이 잡아당기는 힘이
작용한다. → 섭입대에서 발생
ㄴ. ㉡의 하부에는 외핵과 맨틀의 경계부에서 상승하는 플룸이
있다. → 뜨거운 플룸
ㄷ. 진원의 평균 깊이는 ㉠이 ㉡보다 깊다.
천발~심발 천발

① ㄱ ② ㄴ ③ ㄱ, ㄴ ④ ㄴ, ㄷ ⑤ ㄱ, ㄴ, ㄷ

| 자 | 료 | 해 | 설 |

(가)에서 천발 지진만 발생하는 곳은 발산형 경계인 해령이고, 남아메리카 경계 근처에서
심발 지진까지 나타나는 곳은 섭입대인 해구이다. 남아메리카판은 대륙판이고 왼쪽의 판은
해양판이다.
(나)에서 천발 지진만 발생하는 곳은 발산형 경계인 열곡대이다. 뜨거운 플룸이 상승하여
천발 지진과 화산 활동이 나타나고, 판이 서로 멀어지며 새로운 해양 지각을 형성한다.

| 보 | 기 | 풀 | 이 |

ㄱ. 정답 : ㉠의 하부에 있는 섭입대에서 침강하는 해양판이 잡아당기는 힘이 작용한다.
ㄷ. 정답 : 진원의 평균 깊이는 천발~심발 지진이 발생하는 ㉠이 천발 지진만 발생하는
㉡보다 깊다.

| **9** | **외부 은하** | | 정답 ⑤ | 정답률 48% |

보기
→ Sb
ㄱ. B는 나선팔을 가지고 있다.   약 75 ← → 약 25
ㄴ. T_1일 때 연간 생성된 별의 총질량은 A가 B보다 크다.
ㄷ. T_2일 때 별의 평균 표면 온도는 B가 A보다 높다.
→ 젊은 별 많을수록↑

① ㄱ ② ㄷ ③ ㄱ, ㄴ ④ ㄴ, ㄷ ⑤ ㄱ, ㄴ, ㄷ

| 자 | 료 | 해 | 설 |

A는 초기에 폭발적으로 별이 많이 생성되고, 약 10억 년 이후로는 거의 별 생성이 없다.
즉, 나이 든 별이 많은 타원 은하 E0이다. B는 초기부터 꾸준하게 별이 생성되고 있으므로,
별들의 평균 나이가 적은 편이고, 그에 따라 평균 표면 온도가 높다. 이러한 은하는 나선
은하이므로 Sb이다.

| 보 | 기 | 풀 | 이 |

ㄱ. 정답 : B는 Sb이므로 나선팔을 가진 나선 은하이다.
ㄴ. 정답 : T_1일 때 연간 생성된 별의 총질량은 A가 약 75태양질량, B가 약 25태양질량
이므로 A가 B보다 크다.

| **10** | **기단과 전선** | | 정답 ③ | 정답률 52% |

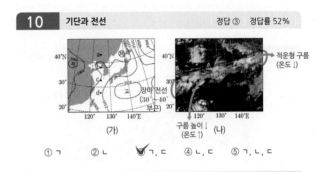

① ㄱ ② ㄴ ③ ㄱ, ㄷ ④ ㄴ, ㄷ ⑤ ㄱ, ㄴ, ㄷ

| 자 | 료 | 해 | 설 |

적외 영상은 밝을수록 저온을 의미한다. 구름의 경우, 최상부의 높이가 높을수록
저온이므로 밝게 나타난다. 영역 A는 어둡고 영역 B는 밝다. 따라서 A는 최상부의 높이가
낮고, B에 적운형 구름이 있어 구름 최상부의 높이가 높은 것이다.

| 보 | 기 | 풀 | 이 |

ㄱ. 정답 : 북태평양 고기압은 고온 다습한 고기압이므로 고온 다습한 공기를 공급한다.

| **11** | **별의 진화, 에너지원, 내부 구조** | | 정답 ② | 정답률 55% |

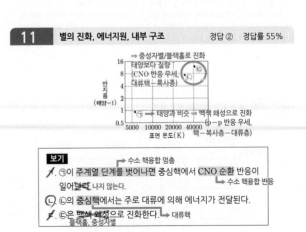

보기
→ 수소 핵융합 멈춤
ㄱ. ㉠이 주계열 단계를 벗어나면 중심핵에서 CNO 순환 반응이
일어난다. 나지 않는다. → 수소 핵융합 반응
ㄴ. ㉡의 중심핵에서는 주로 대류에 의해 에너지가 전달된다.
ㄷ. ㉢은 백색 왜성으로 진화한다. → 대류핵
블랙홀, 중성자별

① ㄱ ② ㄴ ③ ㄷ ④ ㄱ, ㄴ ⑤ ㄴ, ㄷ

|자|료|해|설|
주계열성은 표면 온도, 광도, 질량, 크기가 비례하고 수명이 반비례한다. 반지름과 표면 온도가 태양과 비슷한 ⊙은 질량이 태양과 비슷할 것이다. 따라서 중심핵에서는 p−p 반응이 우세하고, 내부 구조는 중심핵−복사층−대류층이며, 시간이 지나면 백색 왜성으로 진화한다. ⓒ, ⓒ은 태양보다 반지름이 훨씬 크고 표면 온도가 높으므로 질량 역시 훨씬 크다. 따라서 p−p 반응보다 CNO 순환 반응이 우세하고, 내부 구조는 대류핵−복사층이며, 이후 중성자별이나 블랙홀로 진화한다.

|보|기|풀|이|
ⓒ 정답 : ⓒ의 중심핵은 대류핵이므로 주로 대류에 의해 에너지가 전달된다.

---

12 해수의 물리적·화학적 성질   정답 ③ 정답률 62%

보기
> 같은 위도이므로 증발량−강수량 비슷, 빙하 결빙 ×
ⓐ 강물의 유입으로 A의 염분이 주변보다 낮다.
ⓑ 밀도는 B가 C보다 작다.   11℃ ⇆ 16℃
✎ 수온만을 고려할 때, 산소 기체의 용해도는 B가 C보다 <s>작다</s> 크다.
> 수온 낮을수록 높음

① ㄱ   ② ㄷ   ✓③ ㄱ, ㄴ   ④ ㄴ, ㄷ   ⑤ ㄱ, ㄴ, ㄷ

|자|료|해|설|
수온은 B가 약 11℃로 가장 낮고, A는 12℃ 정도, C는 16℃이다. 염분은 A가 23psu 정도로 가장 낮은데, A, B, C 모두 비슷한 위도이므로 증발량−강수량 값이 비슷하고, 결빙이 일어나는 온도가 아니므로 A는 강물의 유입 때문에 염분이 낮다. B의 염분은 31psu, C는 34.5psu이다.
(나)에서 수온이 낮고 염분이 클수록, 즉 오른쪽 아래로 내려갈수록 밀도가 크다. B와 C를 표시하면 C가 더 오른쪽에 위치하고, 높은 등밀도선이므로 밀도는 B<C이다.

|보|기|풀|이|
ㄷ. 오답 : 수온만을 고려할 때, 산소 기체의 용해도는 수온이 낮을수록 높다. 따라서 수온이 낮은 B가 수온이 높은 C보다 산소 기체의 용해도가 크다.

---

13 마그마의 종류와 생성   정답 ③ 정답률 44%

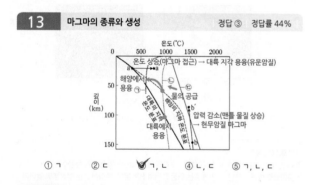

① ㄱ   ② ㄷ   ✓③ ㄱ, ㄴ   ④ ㄴ, ㄷ   ⑤ ㄱ, ㄴ, ㄷ

|보|기|풀|이|
ⓐ 정답 : a → a′ 과정으로는 SiO_2 함량이 높은 유문암질 마그마가, b → b′ 과정으로는 SiO_2 함량이 낮은 현무암질 마그마가 만들어진다.
ⓑ 정답 : b → b′ 과정으로 상승하고 있는 물질은 주위보다 온도가 높다.
ㄷ. 오답 : 물의 공급에 의해 맨틀 물질의 용융이 시작되는 깊이는 ⓒ 곡선과 해양, 대륙의 지하 온도 분포가 만나는 지점이다. 해양은 약 깊이 50km, 대륙은 약 깊이 100km이므로 해양 하부에서가 대륙 하부에서보다 얕다.

---

14 별의 표면 온도와 별의 크기   정답 ⑤ 정답률 49%

→ (−)일수록 광도 ↑

광도 계급 / 분광형	(가) V	(나) Ⅲ	(다) Ⅰb
B0	−4.1	−5.0	−6.2
A0	+0.6	−0.6	−4.9
G0	+4.4	+0.6	−4.5
M0	+9.2	−0.4	−4.5

$(L=4\pi R^2\sigma T^4)$
동일 광도, 표면 온도 G0>M0 → 반지름은 G0<M0

↳ 주계열성 중 광도 ↑=표면 온도, 질량 ↑

① ㄱ   ② ㄴ   ③ ㄷ   ④ ㄱ, ㄴ   ✓⑤ ㄱ, ㄷ

|자|료|해|설|
같은 분광형일 때 절대 등급이 작을수록 초거성, 거성이고 절대 등급이 큰 편이면 주계열성이다. 따라서 등급이 큰 (가)가 V(주계열성)이고, (나)는 Ⅲ(거성), 가장 낮은 (다)는 Ⅰb(초거성)이다.
주계열성 중에서 광도가 큰 별은 표면 온도와 질량이 큰 별이다. 분광형으로만 봐도 B0이 가장 고온, M0이 가장 저온이다.
(다)의 G0과 M0 별은 광도가 동일하다. 표면 온도는 G0>M0이므로 광도 공식 $(L=4\pi R^2\sigma T^4)$에 적용하면 반지름은 G0<M0이다.

---

15 대기 대순환   정답 ① 정답률 30%

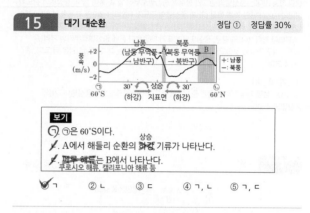

보기
ⓐ ⊙은 60°S이다.   상승
✎ A에서 해들리 순환의 <s>하강</s> 상승 기류가 나타난다.
✎ <s>페루 해류</s>는 B에서 나타난다.
쿠로시오 해류, 캘리포니아 해류 등

✓① ㄱ   ② ㄴ   ③ ㄷ   ④ ㄱ, ㄴ   ⑤ ㄱ, ㄷ

|자|료|해|설|
위도 0~30° 사이에 부는 무역풍은 북반구에서는 북동 무역풍, 남반구에서는 남동 무역풍이다. 따라서 남풍으로 나타나는 왼쪽이 남반구, 북풍으로 나타나는 오른쪽이 북반구이다. 즉, ⊙은 60°S, ⓒ은 60°N이다. 북동 무역풍, 남동 무역풍이 만나는 위도 0° 근처(A)에서는 상승 기류가 발달하고, 위도 30° 부근에서는 하강 기류가 발달한다. 이 순환이 해들리 순환이다.

|보|기|풀|이|
ㄷ. 오답 : 페루 해류는 남반구에서 나타난다. B에서는 쿠로시오 해류나 캘리포니아 해류 등이 나타난다.

---

16 허블 법칙과 우주의 팽창   정답 ③ 정답률 60%

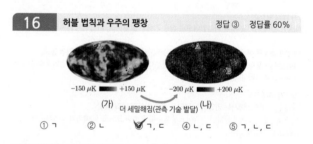

−150 μK   +150 μK   −200 μK   +200 μK
(가) 더 세밀해짐(관측 기술 발달) (나)

① ㄱ   ② ㄷ   ✓③ ㄱ, ㄷ   ④ ㄴ, ㄷ   ⑤ ㄱ, ㄴ, ㄷ

|자|료|해|설|
A와 B에서 관측한 시선 방향이 서로 반대이므로 매우 밀어서 빛을 통하여 상호 작용을 하기 어렵다. 그러나 우주 배경 복사의 온도 편차가 매우 균일하게 나오는 것은, 빅뱅 초기에 상호 작용이 가능했고, 이후 급팽창하여 몹시 멀어졌다는 급팽창 우주론으로 설명할 수 있다.

|보|기|풀|이|
ⓐ 정답 : (나)가 더욱 세밀한 것은 관측 기술의 발달 때문이다.

---

17 상대 연령과 절대 연령   정답 ④ 정답률 39%

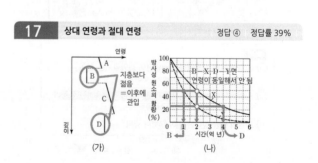

(가) (나)

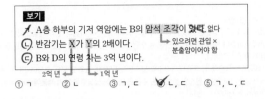

보기

ㄱ. A층 하부의 기저 역암에는 B의 암석 조각이 <s>있다</s> 없다
→ 있으려면 관입 × 분출암이어야 함
ㄴ. 반감기는 X가 Y의 2배이다.
2억 년 ← → 1억 년
ㄷ. B와 D의 연령 차는 3억 년이다.

① ㄱ ② ㄴ ③ ㄱ, ㄷ ✓④ ㄴ, ㄷ ⑤ ㄱ, ㄴ, ㄷ

|자|료|해|설|

A와 C는 깊어질수록 지층의 연령이 증가하고 있다. B와 D는 주변 지층보다 젊으므로 지층 생성 이후에 관입한 것이다. 즉, C가 퇴적된 후 D 관입, 이후 A 퇴적, B 관입 순서이다. B는 반감기를 1회, D는 반감기를 2회 지났고, 둘의 연령은 다르다. X의 반감기는 2억 년, Y의 반감기는 1억 년이다. B에 포함된 방사성 원소가 X, D에 포함된 방사성 원소가 Y면 둘의 연령이 2억 년으로 동일하기 때문에 안 된다. 따라서 B에는 Y가, D에는 X가 포함되어 있다. 따라서 B는 1억 년, D는 4억 년이다.

|보|기|풀|이|

ㄱ. 오답 : A층 하부의 기저 역암에 B의 암석 조각이 있으려면 B가 관입이 아닌 분출암으로, B 분출 이후에 A가 퇴적되어야 한다.

---

18 외계 행성계 탐사 방법 정답 ③ 정답률 46%

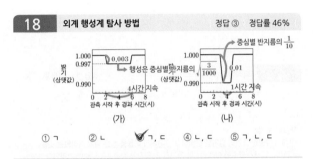

(가) 　　　　(나)

① ㄱ ② ㄴ ✓③ ㄱ, ㄷ ④ ㄴ, ㄷ ⑤ ㄱ, ㄴ, ㄷ

|자|료|해|설|

식 현상으로 인해 행성은 중심별 반지름 비율의 제곱만큼 가리게 된다. (가)는 식 현상으로 인해 밝기가 0.003만큼 감소하였다. 즉, 행성의 반지름은 중심별 반지름의 $\sqrt{\dfrac{3}{1000}}$배이고 식 현상은 약 4시간 지속되었다. (나)는 밝기가 0.01만큼 감소하였으므로 행성의 반지름은 중심별 반지름의 0.1이다. 식 현상은 약 1시간 지속되었다. 두 경우에서 중심별의 크기가 같으므로 (가) 행성 반지름은 (나) 행성 반지름의 $\sqrt{0.3}$배이다.

별이 뒤에 있고, 행성이 앞에 있을 때 식 현상한다. 별은 식 현상 초기에 공전 궤도 상에서 지구로부터 가장 먼 지점을 향해 멀어졌다가, 식 현상이 끝날 때에는 지구를 향해 접근한다. 따라서 초기에는 적색 편이(파장 길어짐), 식 현상이 끝난 후에는 청색 편이(파장 짧아짐)가 나타난다.

|보|기|풀|이|

ㄷ. 정답 : 중심별의 흡수선 파장은 식 현상이 시작되기 직전에 적색 편이가 나타나므로 길었고, 식 현상이 끝난 직후에 청색 편이가 나타나므로 짧았다. 따라서 식 현상이 시작되기 직전이 더 길다.

---

19 고지자기 정답 ② 정답률 27%

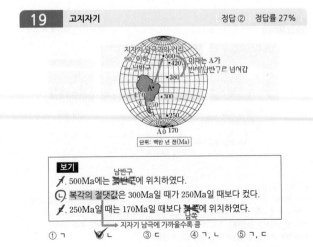

단위: 백만 년 전(Ma)

보기

남반구
ㄱ. 500Ma에는 <s>북반구</s>에 위치하였다.
ㄴ. 복각의 절댓값은 300Ma일 때가 250Ma일 때보다 컸다.
ㄷ. 250Ma일 때는 170Ma일 때보다 <s>북쪽</s>에 위치하였다.
남쪽
└ 지자기 남극에 가까울수록 큼

① ㄱ ✓② ㄴ ③ ㄷ ④ ㄱ, ㄷ ⑤ ㄱ, ㄷ

|자|료|해|설|

지리상 남극의 위치가 변하지 않았는데, 고지자기 방향으로 추정한 지자기 남극의 위치는 계속 변하였다는 것은 대륙이 이동했다는 의미이다. 따라서 전체적으로 추정한 지자기 남극의 위치를 현재의 지자기 남극(지리상 남극)으로 이동하면 당시 남아메리카 대륙과 지점 A의 위치를 알 수 있다.

|보|기|풀|이|

ㄱ. 오답 : 500Ma에도 A와 지자기 남극은 90° 이하이므로 같은 남반구에 위치하였다.
ㄴ. 정답 : 복각의 절댓값은 지자기 남극 또는 북극에 가까울수록 크다. 300Ma일 때가 250Ma일 때보다 지자기 남극과 가까우므로 복각의 절댓값 역시 컸다.
ㄷ. 오답 : 250Ma일 때는 170Ma일 때보다 남쪽에 위치하였다.

---

20 엘니뇨와 라니냐 정답 ⑤ 정답률 32%

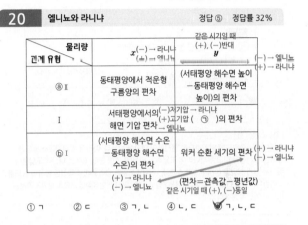

① ㄱ ② ㄷ ③ ㄱ, ㄴ ④ ㄴ, ㄷ ✓⑤ ㄱ, ㄴ, ㄷ

|자|료|해|설|

Ⅰ은 x와 y가 정적 상관관계, Ⅱ는 부적 상관관계이다.

x인 서태평양에서의 해면 기압 편차가 (−)이면 현재 저기압이므로 라니냐, (+)면 현재 고기압이므로 엘니뇨를 의미한다. 이때 유형 Ⅰ이므로 ㉠의 편차 역시 라니냐일 때 (−), 엘니뇨일 때 (+)인 것이어야 한다.

ⓐ: 동태평양에서의 적운형 구름 편차는 (+)면 구름이 동태평양에서 많이 생겨야 하므로 해수가 고온인 엘니뇨, (−)면 라니냐이다. (서태평양 해수면 높이−동태평양 해수면 높이)의 편차는 (+)일 때가 서태평양 해수면이 높은 것으로, 무역풍이 강한 라니냐이다. (−)는 엘니뇨이다. 같은 시기일 때 (+)와 (−)가 반대이므로 유형 Ⅱ이다.

ⓑ: (서태평양 해수면 수온−동태평양 해수면 수온)의 편차가 (+)이려면 서태평양 해수면이 따뜻해야 하므로 무역풍이 강한 라니냐이다. (−)는 엘니뇨이다. 워커 순환 세기의 편차는 (+)일 때가 라니냐, (−)일 때가 엘니뇨이다. 같은 시기일 때 (+)와 (−) 값이 일치하므로 유형 Ⅰ이다.

1	①	2	①	3	③	4	③	5	②
6	⑤	7	④	8	②	9	④	10	⑤
11	③	12	③	13	②	14	①	15	③
16	⑤	17	②	18	③	19	④	20	①

1 우리나라의 주요 악기상   정답 ①   정답률 76%

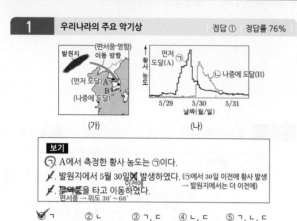

보기
ㄱ. A에서 측정한 황사 농도는 ㉠이다.
ㄴ. 발원지에서 5월 30일에 황사 발생하였다. (㉠에서 30일 이전에 황사 발생 이전에 → 발원지에서는 더 이전에)
ㄷ. 무역풍을 타고 이동하였다. 편서풍 → 위도 30°~60°

① ㄱ   ② ㄴ   ③ ㄱ, ㄷ   ④ ㄴ, ㄷ   ⑤ ㄱ, ㄴ, ㄷ

|자|료|해|설|
우리나라는 중위도에 위치하므로 편서풍의 영향을 받는다. 따라서 발원지에서 발생한 황사는 편서풍을 타고 우리나라에 도달하게 되는데, A에 먼저, B에는 나중에 도달한다. 따라서 먼저 도달한 (나)의 ㉠이 A에서, 나중에 도달한 ㉡이 B에서 측정한 황사의 농도를 의미한다. ㉠에는 5월 29일에, ㉡에는 5월 30일에 황사가 발생하였으므로 발원지에서는 이보다 이전에 발생하였다.

2 플룸 구조론   정답 ①   정답률 39%

① ㄱ   ② ㄴ   ③ ㄷ   ④ ㄱ, ㄴ   ⑤ ㄱ, ㄷ

|보|기|풀|이|
ㄱ. 정답 : A는 하강하는 차가운 플룸이다.
ㄴ. 오답 : B에 의해 열점이 만들어지고, 화산섬이 나타난다. 호상 열도는 수렴형 경계에서 만들어진다.
ㄷ. 오답 : B는 외핵과 맨틀 사이의 경계에서 생성된다.

3 해수의 화학적·물리적 성질   정답 ③   정답률 49%

① ㄱ   ② ㄷ   ③ ㄱ, ㄴ   ④ ㄴ, ㄷ   ⑤ ㄱ, ㄴ, ㄷ

|자|료|해|설|
이 해역의 수온과 염분은 유입된 담수의 양에 의해서만 변화하였다. 담수가 유입되면 염분이 낮아진다. 따라서 염분이 낮은 A가 담수 유입이 많은 시기, 염분이 높은 B는 담수 유입이 적은 시기이다.
T－S도에서 오른쪽 아래로 내려갈수록 밀도는 높아진다. A와 B 모두 수심이 깊어질수록 밀도가 증가하고 있다. 산소의 용해도는 수온과 염분이 낮을수록 높기 때문에 50m 부근에서 A 시기가 더 높다.

|보|기|풀|이|
ㄱ. 정답 : A 시기에 깊이가 증가할수록 밀도가 높아진다.
ㄴ. 정답 : 산소의 용해도는 수온과 염분이 낮을수록 높기 때문에 50m 부근에서 A 시기가 더 높다.
ㄷ. 오답 : 유입된 담수의 양은 염분이 낮은 A 시기가 염분이 높은 B 시기보다 더 많다.

4 퇴적암과 퇴적 구조   정답 ③   정답률 74%

① ㄱ   ② ㄴ   ③ ㄱ, ㄷ   ④ ㄴ, ㄷ   ⑤ ㄱ, ㄴ, ㄷ

|자|료|해|설|
(가)에서 다양한 크기의 입자를 준비하고, (나)에서 이들을 섞은 뒤에 가라앉는 것을 기다린다. 입자가 클수록 아래인 C에 가라앉고, 입자가 작을수록 나중에 가라앉아 A에 위치한다. 이렇게 입자가 점이적으로 나타나는 층리는 점이 층리이다.

|보|기|풀|이|
ㄱ. 정답 : 이 실험은 점이 층리의 형성 원리를 다루는 실험이다.
ㄴ. 오답 : 입자의 크기가 클수록 빠르게 가라앉는다.
ㄷ. 정답 : 경사가 급한 해저에서 빠르게 이동하던 퇴적물의 유속이 갑자기 느려지면서 퇴적되는 과정은 (나)에 해당한다.

5 특이 은하   정답 ②   정답률 47%

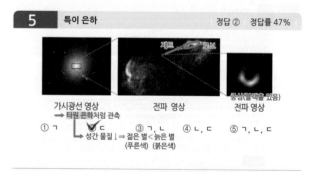

① ㄱ   ② ㄷ   ③ ㄱ, ㄴ   ④ ㄴ, ㄷ   ⑤ ㄱ, ㄴ, ㄷ

|자|료|해|설|
전파 은하는 가시광선 영역에서 타원 은하처럼 관측된다. 즉, 성간 물질이 적어 새로운 별의 탄생이 적게 나타나므로 푸른색의 젊은 별보다 붉은색의 늙은 별이 더 많이 관측된다.
전파 영상에서는 중심에서 제트가 뿜어져 나오고, 큰 로브가 관측된다. 전파 은하의 중심에는 거대한 블랙홀이 있을 것이라고 추정된다.

6 지질 시대의 환경과 화석 　정답 ⑤　정답률 46%

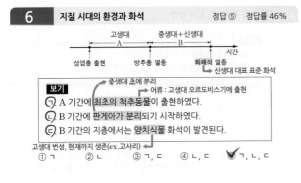

보기

ㄱ. A 기간에 최초의 척추동물이 출현하였다. → 어류 : 고생대 오르도비스기에 출현

ㄴ. B 기간에 판게아가 분리되기 시작하였다. → 중생대 초에 분리

ㄷ. B 기간의 지층에서는 양치식물 화석이 발견된다. → 고생대 번성, 현재까지 생존(ex.고사리)

① ㄱ　② ㄴ　③ ㄱ, ㄷ　④ ㄴ, ㄷ　✓ ㄱ, ㄴ, ㄷ

---

7 암흑 물질과 암흑 에너지 　정답 ④　정답률 70%

보기

ㄱ. 물질 밀도는 일정하다. 감소한다 → 물질은 그대로, 우주는 팽창 → 밀도↓

ㄴ. 우주 배경 복사의 온도는 감소한다. (초기 3000K → 현재 2.7K)

ㄷ. 물질 밀도에 대한 암흑 에너지 밀도의 비는 증가한다.
→ ∵ 암흑 에너지는 증가, 물질은 그대로

① ㄱ　② ㄴ　③ ㄱ, ㄷ　✓ ㄴ, ㄷ　⑤ ㄱ, ㄴ, ㄷ

| 자 | 료 | 해 | 설 |

빅뱅 우주론에서 우주는 점차 팽창하고, 물질은 새로 생성되지 않는다. 따라서 물질의 밀도는 점차 감소한다. 암흑 에너지는 증가하므로 물질 밀도에 대한 암흑 에너지 밀도의 비는 증가한다.

우주 배경 복사는 빅뱅 이후 38만 년에 우주의 온도가 3000K로 떨어졌을 때, 원자핵과 전자가 결합하여 원자가 만들어지면서 퍼진 빛이다. 우주가 팽창함에 따라 우주 배경 복사의 온도 역시 감소한다.

---

8 태풍 　정답 ②　정답률 70%

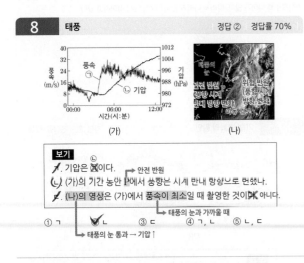

(가)　(나)

보기

ㄱ. 기압은 ㉠이다. → ㉡

ㄴ. (가)의 기간 동안 P에서 풍향은 시계 반대 방향으로 변했다. → 안전 반원

ㄷ. (나)의 영상은 (가)에서 풍속이 최소일 때 촬영한 것이다. → 태풍의 눈과 가까울 때 → 아니다

→ 태풍의 눈 통과 → 기압↑

① ㄱ　✓ ㄴ　③ ㄷ　④ ㄱ, ㄴ　⑤ ㄴ, ㄷ

| 자 | 료 | 해 | 설 |

태풍은 저기압이므로 태풍이 접근하면 기압이 낮아진다. 이를 나타내는 그래프는 (가)의 ㉡이다. ㉠은 풍속을 나타낸다. (나)에서 태풍의 이동 경로를 기준으로, 왼쪽은 안전 반원, 오른쪽은 위험 반원이다. 안전 반원에서 풍향은 시계 반대 방향으로 변화하며, 위험 반원에서 풍향은 시계 방향으로 변화한다. P는 태풍 진행 방향의 왼쪽이므로 안전 반원에 위치한다. (나)를 촬영한 시점은 이미 태풍의 눈이 지나간 상태이므로 이때 기압이 다시 높아지고 있다.

---

9 마그마의 종류와 생성, 화성암 　정답 ④　정답률 51%

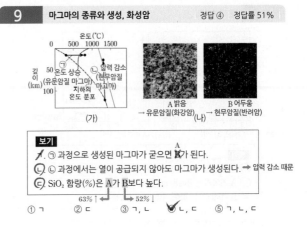

(가)　(나) A 밝음 → 유문암질(화강암)　B 어두움 → 현무암질(반려암)

보기

ㄱ. ㉠ 과정으로 생성된 마그마가 굳으면 B가 된다. → A

ㄴ. ㉡ 과정에서는 열이 공급되지 않아도 마그마가 생성된다. → 압력 감소 때문

ㄷ. SiO_2 함량(%)은 A가 B보다 높다. 63%↑ → ← 52%↓

① ㄱ　② ㄴ　③ ㄱ, ㄴ　✓ ㄴ, ㄷ　⑤ ㄱ, ㄴ, ㄷ

---

10 대기 대순환, 해수의 표층 순환 　정답 ⑤　정답률 38%

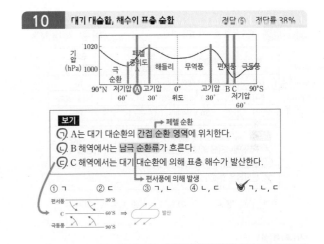

보기

ㄱ. A는 대기 대순환의 간접 순환 영역에 위치한다. → 페렐 순환

ㄴ. B 해역에서는 남극 순환류가 흐른다.

ㄷ. C 해역에서는 대기 대순환에 의해 표층 해수가 발산한다. → 편서풍에 의해 발생

① ㄱ　② ㄴ　③ ㄱ, ㄴ　④ ㄴ, ㄷ　✓ ㄱ, ㄴ, ㄷ

| 자 | 료 | 해 | 설 |

위도 0°는 적도 저압대, 30°는 아열대 고압대, 60°는 한대 전선대, 90°는 극 고압대이다. 0°~30°에는 해들리 순환이 나타나고, 무역풍이 분다. 30°~60°에는 페렐 순환이 나타나고, 편서풍이 분다. 60°~90°에는 극 순환이 나타나고, 극동풍이 분다. A와 B는 중위도에 위치하므로 간접 순환이 나타나고, 편서풍에 의해 A에서는 북태평양 해류, 북대서양 해류가, B에서는 남극 순환류가 흐른다. C를 기준으로 저위도에는 편서풍, 고위도에는 극동풍이 분다. 남반구에서는 운동 방향의 왼쪽 직각 방향으로 전향력이 작용하므로, C 해역에서는 표층 해수가 반대 방향으로 이동하여 발산이 나타난다.

---

11 외계 생명체 탐사 　정답 ⑤　정답률 33%

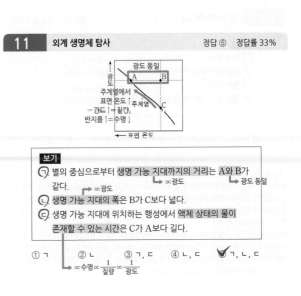

보기

ㄱ. 별의 중심으로부터 생명 가능 지대까지의 거리는 A와 B가 같다. → ∝광도 → 광도 동일

ㄴ. 생명 가능 지대의 폭은 B가 C보다 넓다.

ㄷ. 생명 가능 지대에 위치하는 행성에서 액체 상태의 물이 존재할 수 있는 시간은 C가 A보다 길다.
→ ∝수명 ∝ $\frac{1}{질량}$ ∝ $\frac{1}{광도}$

① ㄱ　② ㄴ　③ ㄱ, ㄴ　④ ㄴ, ㄷ　✓ ㄱ, ㄴ, ㄷ

12 온대 저기압   정답 ③ 정답률 48%

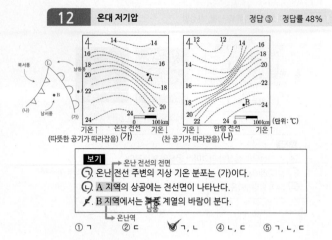

기온↑ 온난 전선 기온↑   기온↑ 한랭 전선 기온↑   (단위: ℃)
(따뜻한 공기가 따라잡음) (가)   (찬 공기가 따라잡음) (나)

보기 ┌→ 온난 전선의 전면
ㄱ. 온난 전선 주변의 지상 기온 분포는 (가)이다.
ㄴ. A 지역의 상공에는 전선면이 나타난다.
✗. B 지역에서는 ~~북풍~~ 남풍 계열의 바람이 분다.
      └→ 온난역

① ㄱ   ② ㄷ   ✔ ㄱ, ㄴ   ④ ㄴ, ㄷ   ⑤ ㄱ, ㄴ, ㄷ

---

13 별의 표면 온도와 별의 크기   정답 ② 정답률 43%

$L = 4\pi R^2 \sigma T^4$

별	분광형	반지름 (태양=1)	광도 (태양=1)
(가)	표면 온도가 태양의 $\sqrt[4]{\frac{1}{10}}$	10	10
(나)	A0 → 가장 낮음	5	25 ↑→광도가 가장 큼
(다)	A0 = 10000K	$\sqrt{\frac{10}{1.7^4}}$	10

(가) $10 = (10)^2 \cdot \left(\sqrt[4]{\frac{1}{10}} \right)^4$
(나) $25 ↑ = (5)^2 \cdot (1.7)^4$
(다) $10 = \left(\sqrt{\frac{10}{1.7^4}} \right)^2 \cdot (1.7)^4$ (태양의 약 1.7배)

보기 ┌→ 광도가 클수록 절대 등급 작음
✗. 복사 에너지를 최대로 방출하는 파장은 (가)가 가장 ~~짧다~~ 길다.
ㄴ. 절대 등급은 (나)가 가장 작다. └→ 표면 온도에 반비례
✗. 반지름은 ~~(다)~~ (가)가 가장 크다.

① ㄱ   ✔ ㄴ   ③ ㄷ   ④ ㄱ, ㄴ   ⑤ ㄴ, ㄷ

|자|료|해|설|
광도는 반지름의 제곱에, 표면 온도의 네제곱에 비례한다($L = 4\pi R^2 \sigma T^4$). 공식에 대입하면 (가)는 반지름이 태양의 10배이고, 광도가 태양의 10배이므로 표면 온도는 $\sqrt[4]{\frac{1}{10}}$이다. 표면 온도가 가장 낮으므로 복사 에너지를 최대로 방출하는 파장이 가장 길다. (나)는 A0형으로 표면 온도가 태양의 약 1.7배이다. 반지름은 태양의 5배이므로 광도는 태양의 25배보다 크다. 광도가 가장 큰 별이므로, 절대 등급은 가장 작다. (다)는 표면 온도가 (나)와 같지만 광도는 (나)보다 작으므로 반지름은 (나)보다 작다. 따라서 반지름은 (가)가 가장 크다.

---

14 엘니뇨와 라니냐   정답 ① 정답률 56%

보기
ㄱ. A는 엘니뇨 시기이다. ┌→ 엘니뇨(저온) < 평상시(고온)
✗. 서태평양 적도 부근 해역에서 상승 기류는 A가 B보다 ~~활발~~ 약하다. └→ 엘니뇨(용승 ↓) > 평상시(용승 ↑)
✗. 동태평양 적도 부근 해역에서 수온 약층이 나타나기 시작하는 깊이는 A가 B보다 ~~얕다~~ 깊다.

✔ ㄱ   ② ㄴ   ③ ㄱ, ㄷ   ④ ㄴ, ㄷ   ⑤ ㄱ, ㄴ, ㄷ

|자|료|해|설|
엘니뇨 시기에는 무역풍이 약해서 동에서 서로 나타나는 해수의 흐름이 약해진다. 따라서 동태평양은 용승이 약화되어 수온이 높아지고, 서태평양은 수온이 낮아진다. 동태평양 적도 부근에서 구름이 많이 생성될 때는, 수온이 높은 시기로, 엘니뇨 시기이다. 따라서 A가 엘니뇨, B는 평상시이다.
서태평양 적도 부근 해역에서 상승 기류는 서태평양이 저온인 엘니뇨보다 고온인 평상시에 더 강하게 나타난다. 따라서 A는 B보다 약하게 나타난다. 동태평양 적도 부근 해역에서 수온 약층이 나타나기 시작하는 깊이는 용승이 약화되는 엘니뇨 시기에 깊고, 용승이 나타나는 평상시에는 얕다. 따라서 A가 B보다 깊다.

---

15 외계 행성계 탐사 방법   정답 ③ 정답률 53%

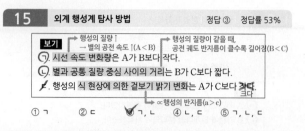

보기 ┌→ 행성의 질량↑ ┌→ 행성의 질량이 같을 때,
     → 별의 공전 속도↑(A<B)   공전 궤도 반지름이 클수록 길어짐(B<C)
ㄱ. 시선 속도 변화량은 A가 B보다 ~~작다~~ 크다.
ㄴ. 별과 공통 질량 중심 사이의 거리는 B가 C보다 짧다.
✗. 행성의 식 현상에 의한 겉보기 밝기 변화는 A가 C보다 ~~작다~~ 크다.
         └→ ∝행성의 반지름(a>c)

① ㄱ   ② ㄷ   ✔ ㄱ, ㄴ   ④ ㄴ, ㄷ   ⑤ ㄱ, ㄴ, ㄷ

|자|료|해|설|
공전 궤도 반지름과 행성의 질량은 시선 속도 변화량, 별과 공통 질량 중심 사이의 거리에 영향을 준다. 공전 주기가 일정할 때 별로부터 공통 질량 중심이 멀수록 별은 많이 움직이게 되고, 빠르게 움직이게 되어 시선 속도 변화량이 커진다. 행성의 질량이 커지거나, 공전 궤도 반지름이 클 때 공통 질량 중심은 별로부터 멀어진다. B와 b의 경우, A, a와 비교했을 때 공전 궤도 반지름은 같지만 행성의 질량이 커서 공통 질량 중심이 행성 쪽으로 더 이동한다. 따라서 시선 속도 변화량이 커진다. B와 b, C와 c의 경우, 행성의 질량은 동일하지만 공전 궤도 반지름이 2배 커지므로, 공통 질량 중심은 같은 비율이되 별로부터 멀어진다.
행성의 반지름이 크면 식 현상이 일어날 때 별을 많이 가려 밝기 변화가 크게 나타난다. 따라서 a가 별을 가장 많이 가린다.

---

16 지사 해석 방법   정답 ⑤ 정답률 48%

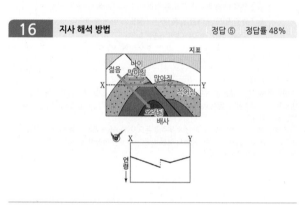

|자|료|해|설|
습곡 중에서도 배사 구조가 나타나고 있다. 배사의 중심으로 갈수록 오래된 지층이 나온다. X에서 단층면까지는 계속 배사의 중심에 가까운 지층이 나타나므로, 지층의 연령이 높아지고 있다. 단층면을 기준으로 젊은 지층이 나타나므로 나이가 감소해야 한다. 단층면에서 Y까지는 같은 지층과 그보다 젊은 흰색 지층이 나타난다. 같은 지층 내에서도 배사의 중심에 가까울수록 나이가 많다. 따라서 나이가 많아졌다가 다시 적어지고 있다.

---

17 기후 변화의 원인   정답 ② 정답률 47%

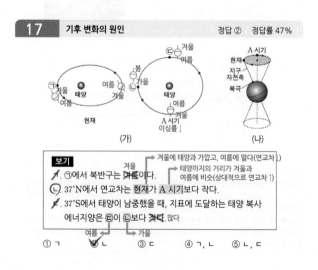

보기 ┌→ 겨울에 태양과 가깝고, 여름에 멀다(연교차↓)
     겨울
✗. ㉠에서 북반구는 ~~여름~~ 겨울이다. ┌→ 태양까지의 거리가 겨울과
                      여름에 비슷(상대적으로 연교차↑)
ㄴ. 37°N에서 연교차는 현재가 A 시기보다 작다.
✗. 37°S에서 태양이 남중했을 때, 지표에 도달하는 태양 복사 에너지양은 ~~㉢이 ㉣보다~~ ㉣이 ㉢보다 ~~크다~~ 많다.
       여름 └→ 가을

① ㄱ   ✔ ㄴ   ③ ㄷ   ④ ㄱ, ㄴ   ⑤ ㄴ, ㄷ

18 별의 진화   정답 ③   정답률 29%

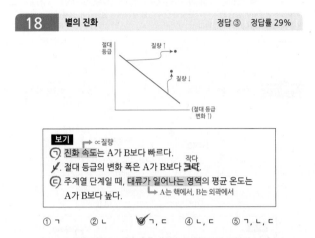

|자|료|해|설|
A는 표면 온도, 반지름의 변화가 크게 나타나는 질량이 큰 별(태양 질량의 6배)이다. B는 표면 온도, 반지름의 변화가 적게 나타나는 질량이 작은 별(태양 질량의 1배)이다. 질량이 큰 별일수록 별의 진화 속도가 빠르고, 광도의 변화는 작게 나타난다. 또한 A는 질량이 큰 별이므로 주계열 단계일 때 CNO 순환 반응이 우세하고, 대류핵과 복사층이 나타난다. B는 질량이 태양과 같은 별이므로 주계열 단계일 때 p-p 반응이 우세하고, 중심핵, 복사층, 대류층이 나타난다.

19 고지자기   정답 ④   정답률 23%

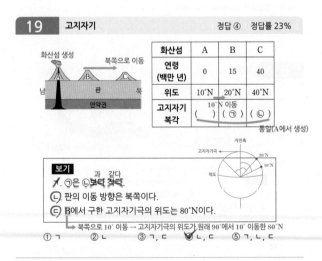

|자|료|해|설|
A, B, C는 동일 경도에 위치하므로 위도만 달라진다. 모두 북반구인데, C가 고위도이므로 C가 있는 방향이 북쪽이다. A에서 화산섬이 생성되어 점차 북쪽으로 이동한 것이다.
고지자기 복각은 암석이 생성될 당시의 지자기 정보를 담고 있으므로, 같은 위치에서 생성된 A, B, C는 모두 같다. 즉, ㉠과 ㉡은 같다.
B는 A에서 만들어져서 10° 북쪽으로 이동하였다. 10°N에서 만들어졌을 때, 90°인 지리상 북극을 가리켰을 텐데, 20°N으로 10° 이동하였으므로, 고지자기극 역시 10° 이동한 80°N 이다.(90°에서 10° 이동한 것은 100°가 아니라 80°이다.)

20 허블 법칙과 우주의 팽창   정답 ①   정답률 21%

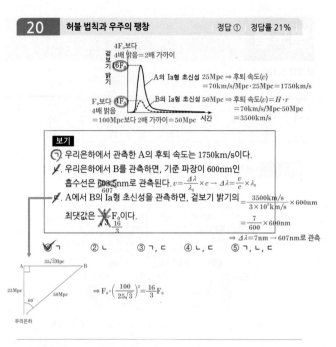

|보|기|풀|이|
㉠ 정답 : A는 Ⅰa형 초신성이 F_0의 16배이므로, 4배 가까이 있어서 25Mpc 거리에 있다. 따라서 후퇴 속도는 거리와 허블 상수의 곱인 1750km/s이다.
ㄴ. 오답 : 우리은하에서 B를 관측하면, 기준 파장이 600nm인 흡수선의 변화량은 $\frac{3500km/s}{3 \times 10^5 km/s} \times 600nm = 7nm$이다. 이 흡수선은 607nm로 관측된다.
ㄷ. 오답 : 우리은하에서 관측하였을 때, A와 B의 시선 방향은 60°이다. A와 B 사이의 거리는 50Mpc과 sin60°의 곱인 $25\sqrt{3}$Mpc이다. 따라서 A에서 B의 Ⅰa형 초신성을 관측하면 겉보기 밝기의 최댓값은 (100Mpc일 때 F_0이므로) $25\sqrt{3}$Mpc일 때 $\frac{100}{25\sqrt{3}}$의 제곱인 $\frac{16}{3}F_0$이다.

문제편 p.330

1	⑤	2	③	3	④	4	③	5	⑤
6	①	7	②	8	①	9	③	10	③
11	②	12	④	13	⑤	14	①	15	②
16	⑤	17	①	18	④	19	①	20	③

1 판의 경계와 대륙 분포의 변화   정답 ⑤ 정답률 77%

① A ② B ③ A, C ④ B, C ⑤ A, B, C

|자|료|해|설|
지질 시대 동안 판의 운동에 의해 여러 차례 초대륙이 형성되고 다시 분리되기를 반복했다. 대륙이 분리되는 과정에서 장력에 의해 서로 멀어지며 발산형 경계를 형성하는데, 대륙판과 대륙판이 멀어지면 열곡대가 형성될 수 있다. 대륙이 다 갈라지고도 계속 장력이 작용하면 해저가 확장되며 새로운 해양 지각이 생성된다. 이때 해령을 경계로 해양 지각의 나이와 고지자기 역전 줄무늬가 대칭적으로 분포한다.

2 외부 은하   정답 ③ 정답률 79%

① ㄱ ② ㄴ ③ ㄷ ④ ㄱ, ㄴ ⑤ ㄴ, ㄷ

|보|기|풀|이|
ㄱ. 오답 : 이 은하는 중심부에 막대 구조가 없고, 나선팔이 존재하므로 정상 나선 은하이다.
ㄴ. 오답 : B 나선팔에는 성간 물질이 많이 존재한다.
ㄷ. 정답 : 나이가 많은 붉은 별의 비율은 은하의 중심부인 A에서 더 높다.

3 온실 효과와 지구 온난화   정답 ④ 정답률 93%

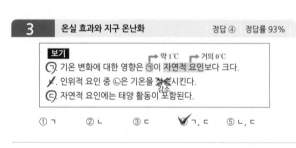

① ㄱ ② ㄴ ③ ㄷ ④ ㄱ, ㄷ ⑤ ㄴ, ㄷ

|자|료|해|설|
0을 기준으로 왼쪽은 (−)이므로 기온 감소를, 오른쪽은 (+)이므로 기온 증가를 의미한다. 인위적 요인인 온실 기체에 의해 약 1.5℃의 기온 변화가 나타났다. 그중 대부분인 ㉠은 이산화 탄소이며, 기온을 거의 1℃ 가까이 증가시킨다. ㉡에 의한 기온 변화는 (−) 값으로 나타나므로 인위적 요인 ㉡은 기온을 감소시킨다. 자연적 요인에 의한 기온 변화는 거의 0℃에 가까워 자연적 요인은 기온 변화에 큰 영향을 끼치지 않는 것을 알 수 있다.

|보|기|풀|이|
ㄷ. 정답 : 자연적 요인에는 태양 활동, 지구 자전축의 기울기 변화, 지구 자전축의 세차 운동 등이 포함된다.

4 플룸 구조론   정답 ③ 정답률 84%

보기
㉠ '뜨거운 플룸'은 A에 해당한다.
㉡ '상승'은 B에 해당한다.
✗ ㄷ. 플룸은 내핵과 외핵의 경계에서 생성된다.
　　　　　　 맨틀

① ㄱ ② ㄷ ✓③ ㄱ, ㄴ ④ ㄴ, ㄷ ⑤ ㄱ, ㄴ, ㄷ

|자|료|해|설|
실험 과정 (다)에서 비커 바닥 중앙을 촛불로 가열하는데, 착색된 물은 가열되어 밀도가 감소하므로 위로 상승(B)하게 된다. 이는 지구 내부에서 만들어지는 뜨거운 플룸(A)의 연직 이동 원리를 설명하는 실험이다. 뜨거운 플룸은 고온의 열기둥으로, 맨틀과 외핵의 경계에서 생성되어 상승한다. 차가운 플룸은 수렴형 경계에서 생성되며, 상부 맨틀과 하부 맨틀 사이에서 쌓이다가 하강한다.

5 해수의 물리적 성질   정답 ⑤ 정답률 85%

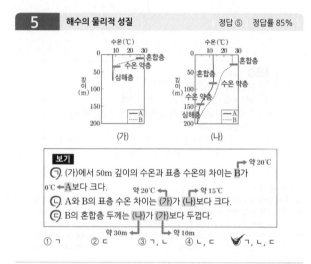

보기
㉠ (가)에서 50m 깊이의 수온과 표층 수온의 차이는 B가 → 약 20℃
　0℃ → A 보다 크다. A 보다 크다.
㉡ A와 B의 표층 수온 차이는 (가)가 (나)보다 크다. 약 20℃ → 약 15℃
㉢ B의 혼합층 두께는 (나)가 (가)보다 두껍다.
　약 30m → 약 10m

① ㄱ ② ㄷ ③ ㄱ, ㄴ ④ ㄴ, ㄷ ✓⑤ ㄱ, ㄴ, ㄷ

|자|료|해|설|
해수면 근처부터 수온이 일정한 층은 혼합층이며, 바람에 의해 해수가 혼합이 되어 수온이 일정한 것이다. 따라서 바람의 세기가 강할수록 혼합층의 두께가 두꺼워진다. 깊은 곳에서 수온이 일정한 층은 심해층이며, 혼합층과 심해층 사이는 수온 약층이다.
(가)에서 A는 표층 해수부터 심해까지 수온이 일정하고, B는 층상 구조가 나타난다. B 시기의 혼합층은 약 10m까지, 수온 약층은 약 30~40m까지이다. (나)에서는 A 시기의 혼합층이 거의 80m까지 두껍게 나타나고, 심해층은 약 150m부터 시작된다. (나)에서 B 시기의 혼합층은 약 30m까지 나타난다.

6 지질 구조   정답 ① 정답률 65%

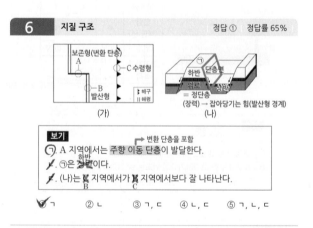

보기
㉠ A 지역에서는 주향 이동 단층이 발달한다. → 변환 단층을 포함
　 하반
✗ ㄴ. ㉠은 상반이다.
✗ ㄷ. (나)는 B 지역에서가 C 지역에서보다 잘 나타난다.
　　　　 B　　　　C

✓① ㄱ ② ㄴ ③ ㄱ, ㄷ ④ ㄴ, ㄷ ⑤ ㄱ, ㄴ, ㄷ

|자|료|해|설|
A 지역은 보존형 경계에 위치하고, 보존형 경계에는 변환 단층 같은 주향 이동 단층이 발달한다. B 지역은 발산형 경계에 위치하고, 해령이 발달한다. C 지역은 해구가 발달했으므로 수렴형 경계에 위치한다.
(나)의 ㉠은 단층면을 경계로 아래에 위치하므로 하반이다. (나)의 지층은 하반이 위로 이동하였으므로 정단층이다. 정단층은 장력에 의해 발생하며, 주로 발산형 경계에서 나타난다.

7	외계 생명체 탐사	정답 ② 정답률 68%

$T \uparrow$ OBAFGKM $T \downarrow$ 같은 온도인데 (가)가 더 밝음 → (가)는 초거성

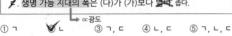

별	분광형	절대 등급
(가)	G	−5
(나)	A	0
(다)	G	+5

주계열성 ← (다)

보기 → 주계열 안에서는 반지름, 표면 온도, 질량이 비례함
ㄱ. 질량은 (다)가 (나)보다 ~~크다.~~ 작다.
ㄴ. 생명 가능 지대에서 액체 상태의 물이 존재할 수 있는 시간은 → 질량이 작을수록 수명 ↑
　(다)가 (나)보다 길다.
ㄷ. 생명 가능 지대의 폭은 (다)가 (가)보다 ~~넓다.~~ 좁다.
　　　　　　　　　　　　　∝광도

① ㄱ　　✓② ㄴ　　③ ㄱ, ㄷ　　④ ㄴ, ㄷ　　⑤ ㄱ, ㄴ, ㄷ

|자|료|해|설|
별의 분광형은 OBAFGKM으로 분류되며, O에 가까울수록 표면 온도가 높고, M에 가까울수록 표면 온도가 낮다. (가)~(다) 중 2개는 주계열성, 1개는 초거성인데, 주계열성끼리는 표면 온도가 높을수록 광도가 크고, 질량이 크다. 표면 온도가 가장 높은 (나)의 절대 등급이 0이므로, 이보다 더 밝은 (가)는 초거성, (나)와 (다)는 주계열성이다. 또는 (가)와 (다)는 같은 G형 별인데 (가)가 훨씬 밝으므로 (가)는 초거성이고, (다)는 주계열성이라고 생각해도 된다. 주계열성의 질량은 표면 온도에 비례하므로 (나)가 (다)보다 크다. 주계열성의 수명은 질량에 반비례하므로 (나)<(다)이다. 생명 가능 지대의 폭은 중심별의 광도에 비례하므로 (가)>(나)>(다)이다.

|보|기|풀|이|
ㄴ. 정답 : 주계열성은 질량이 작을수록 광도가 작고 수명이 길다. 따라서 (다)는 (나)보다 수명이 길다. 생명 가능 지대에서 액체 상태의 물이 존재할 수 있는 시간은 중심별의 수명에 비례하므로 (다)가 (나)보다 길다.

8	태풍	정답 ① 정답률 70%

 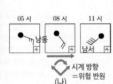

보기 → 강한 상승 기류로 상층에 공기 多 → 발산
ㄱ. (가)에서 태풍의 최상층 공기는 주로 바깥쪽으로 불어 나간다.
　　　　　　→ 적외 영상에서 밝을수록 높음
ㄴ. (가)에서 구름 최상부의 고도는 B 지역이 A 지역보다 ~~높다.~~ 낮다.
ㄷ. 관측소는 태풍의 ~~안전~~ 반원에 위치하였다.
　　　　　　　위험

✓① ㄱ　　② ㄴ　　③ ㄱ, ㄷ　　④ ㄴ, ㄷ　　⑤ ㄱ, ㄴ, ㄷ

|자|료|해|설|
적외 영상에서 밝게 나타날수록 온도가 낮은 것으로, 구름 최상부의 고도가 높은 것을 의미한다. 따라서 A 지역 구름 최상부의 고도는 B 지역 구름 최상부의 고도보다 높다. 태풍은 강한 상승 기류에 의해 만들어지며, 지상에서는 공기가 수렴하고, 상층에서는 공기가 발산한다.
(나)에서 풍향은 남동풍에서 남서풍으로 변하므로, 시계 방향으로 변화한다. 즉, 관측소는 태풍의 위험 반원에 위치한다.

9	지사 해석 방법	정답 ③ 정답률 69%

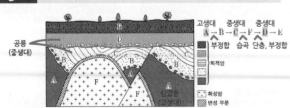

고생대　중생대　중생대
A→B→C→F→D→E
부정합　습곡 단층, 부정합

퇴적암
화성암
변성 부분

공룡
(중생대)

보기
ㄱ. F에서는 고생대 암석이 포획암으로 나타날 수 있다. → A를 관입 → A가 포획암으로 존재
ㄴ. 단층이 형성된 시기에 암모나이트가 번성하였다. → 중생대
ㄷ. 습곡은 ~~고생대~~ 에 형성되었다. 중생대

① ㄱ　　② ㄷ　　✓③ ㄱ, ㄴ　　④ ㄴ, ㄷ　　⑤ ㄱ, ㄴ, ㄷ

|자|료|해|설|
지층의 생성과 지각 변동의 발생 순서는 A → 부정합 → B → C → 습곡 → F 관입 → 단층 → 부정합 → D → E이다. A에서 삼엽충 화석이 발견되었으므로, A는 고생대에 형성된 지층이다. C와 D에서는 공룡 화석이 발견되었으므로 두 지층은 모두 중생대에 형성된 지층임을 알 수 있다. 따라서 지층 C와 D 사이에 나타난 습곡, F 관입, 단층, 부정합 생성은 모두 중생대에 발생한 사건이다.

|보|기|풀|이|
ㄱ. 정답 : F는 A, B, C 생성 이후에 관입한 화성암이므로 A, B, C의 암석이 포획암으로 나타날 수 있다. 지층 A에서 삼엽충 화석이 발견되었으므로 A가 고생대에 형성된 지층임을 알 수 있고, 이에 따라 F에서는 고생대 암석이 포획암으로 나타날 수 있다.

10	우주론	정답 ③ 정답률 62%

점차 크기 증가율 줄어듦

(라)최초의 별과 은하 형성
(다)원자의 형성 → 우주 배경 복사 방출 (3000K)
(나)빛과 원자핵 형성
(가)급팽창 종료

보기 → 우주의 크기 증가율 감소
ㄱ. (가)와 (라) 사이에 우주는 감속 팽창한다.　→ 별처럼 보이는 은하
ㄴ. (다)와 (라) ~~사이~~에 퀘이사가 형성된다.　(라) 이후
ㄷ. (라) 시기에 우주 배경 복사 온도는 2.7K보다 높다.
　　→ 계속 감소함 = 과거는 현재보다 높음

① ㄱ　　② ㄴ　　✓③ ㄱ, ㄷ　　④ ㄴ, ㄷ　　⑤ ㄱ, ㄴ, ㄷ

|자|료|해|설|
(가)에서 급팽창이 종료된 후, 점차 우주의 크기 증가율이 감소하여 우주의 크기가 더디게 증가하였다. (다)에서 원자가 형성되었을 때, 즉 우주의 온도가 약 3000K이었을 때 우주 배경 복사가 방출되었으며 우주가 팽창함에 따라 현재 약 2.7K까지 우주 배경 복사의 온도는 계속 감소하였다. (라)에서 최초의 별과 은하가 형성된 후, 무수히 많은 별과 은하가 생성되었다.

|보|기|풀|이|
ㄴ. 오답 : 퀘이사는 하나의 별처럼 보이지만 많은 별들로 이루어진 은하이므로, (라) 이후에 형성된다.
ㄷ. 정답 : (라) 시기는 현재보다 과거이다. 우주 배경 복사의 온도는 계속 감소하여 현재 2.7K에 도달했으므로, (라) 시기에 우주 배경 복사 온도는 현재보다 높다.

11	해수의 표층 순환	정답 ② 정답률 34%

남적도 해류 / 난류 / 남극 순환류 / 한류
(가) 8월

중위도 해역 수온이 (가)보다 높음 → 여름 = 2월
(나) 2월

보기 → 겨울　(가)
ㄱ. 8월에 해당하는 것은 ~~(나)~~이다. (가)
ㄴ. A에서 흐르는 해류는 고위도 방향으로 에너지를 이동시킨다.
ㄷ. B에서 흐르는 해류와 북태평양 해류의 방향은 ~~반대이다.~~ 같다.
　　　　　　　　　　　　　→ 서→동

① ㄱ　　✓② ㄴ　　③ ㄷ　　④ ㄱ, ㄷ　　⑤ ㄴ, ㄷ

|자|료|해|설|
남태평양의 표층 수온을 다루고 있으므로 해당 지역은 남반구이다. 남반구는 2월이 여름, 8월이 겨울이다. (가)와 비교했을 때, 중위도 해역의 표층 수온은 대체로 (나)에서 더 높으므로 (나)가 여름인 2월, (가)는 겨울인 8월이다. 동에서 서로 흐르는 남적도 해류, 저위도에서 고위도로 A를 지나 흐르는 난류, 서에서 동으로 B를 지나 흐르는 남극 순환류, 고위도에서 저위도로 흐르는 한류가 남반구의 아열대 순환을 구성한다. 난류는 저위도에서 고위도로 에너지를 전달한다.

ㄷ. 오답 : B에는 서에서 동으로 남극 순환 해류가 흐른다. 북태평양 해류 역시 편서풍의
영향을 받아 서에서 동으로 흐르므로 B에서 흐르는 해류와 북태평양 해류의 방향은 같다.

12 온대 저기압 및 일기도 해석
정답 ④ 정답률 65%

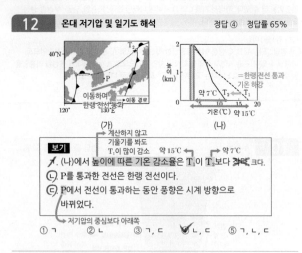

(가)

(나)

보기

ㄱ. (나)에서 높이에 따른 기온 감소율은 T₁이 T₂보다 <s>작다</s> 크다.

ㄴ. P를 통과한 전선은 한랭 전선이다.

ㄷ. P에서 전선이 통과하는 동안 풍향은 시계 방향으로
바뀌었다.

① ㄱ ② ㄴ ③ ㄱ, ㄷ ✓④ ㄴ, ㄷ ⑤ ㄱ, ㄴ, ㄷ

(나)에서 T₁ 이후 T₂가 되었을 때 지표 부근에서의 기온이 하강하였으므로, 이 지역은 한랭
전선이 통과하였다. T₁일 때 지표에서 약 18℃였고, T₂일 때 지표에서 약 11℃였다. 2km
지점에서의 온도는 T₁일 때 더 낮았다. 따라서 0~2km까지 기온이 상승하였고,
T₂일 때 약 7℃ 감소하였으므로 높이에 따른 기온 감소율은 T₁이 T₂보다 크다.
관측소 P는 온대 저기압의 중심보다 남쪽에 위치하므로 P에서 전선이 통과하는 동안
풍향은 시계 방향으로 바뀌었다.

ㄴ. 정답 : T₁ → T₂ 동안 지표 부근의 기온이 하강하였으므로 P를 통과한 전선은 한랭
전선이다.

13 마그마의 종류와 생성
정답 ⑤ 정답률 53%

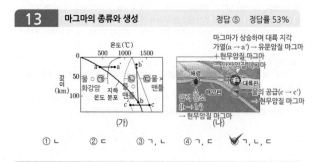

(가)

(나)

① ㄴ ② ㄷ ③ ㄱ, ㄴ ④ ㄱ, ㄷ ✓⑤ ㄴ, ㄴ, ㄷ

(가)에서 ㉠은 물이 포함된 화강암의 용융 곡선, ㉡은 물이 포함된 맨틀의 용융 곡선, ㉢은
물이 포함되지 않은 맨틀의 용융 곡선이다. a → a′는 온도 상승에 따른 마그마 생성을, b
→ b′는 압력 감소에 의한 마그마 생성을, c → c′는 물의 공급을 통한 용융점 하강에 따른
마그마 생성을 의미한다.
(나)에서 A는 해령으로 압력 감소(b → b′)에 의해 현무암질 마그마가 생성되는 곳이다. B
의 하부에서는 해양판의 섭입으로 인해 해양 지각에 포함된 함수 광물에서 물이 빠져나와
맨틀로 유입되어 용융점 하강(c → c′)이 나타난다. 따라서 현무암질 마그마가 생성되고, 이
마그마가 상승하여 대륙 지각을 가열하면(a → a′) 유문암질 마그마가 생성된다. 두 종류의
마그마가 혼합되면 안산암질 마그마가 생성된다.

ㄴ. 정답 : B에서는 주로 안산암질 마그마가 생성되므로, 안산암질 마그마가 지하 깊은
곳에서 서서히 냉각되면 섬록암이 생성될 수 있다.

14 암흑 물질과 암흑 에너지
정답 ③ 정답률 57%

구성 요소		과거 T₁	미래 T₂
암흑 물질	A	66	11
암흑 E	B	22	87
보통 물질	C	12	2

미래로 갈수록 암흑 E ↑,
보통 물질, 암흑 물질 ↓

(단위 : %)

① ㄱ ② ㄴ ✓③ ㄱ, ㄷ ④ ㄴ, ㄷ ⑤ ㄱ, ㄴ, ㄷ

미래로 갈수록 우주가 팽창하므로 암흑 에너지의 상대적 비율은 증가하고, 암흑 물질과 보통
물질의 상대적 비율은 감소한다. 시기를 비교했을 때, T₁ → T₂일 때가 한 가지 증가, 두
가지 감소에 해당하므로 T₁은 과거, T₂는 미래이다. 미래에 가장 많은 B는 암흑 에너지이고,
암흑 물질은 보통 물질보다 비율이 높으므로 A는 암흑 물질, C는 보통 물질이다. 암흑
물질은 전자기파로 관측되지 않아서 중력을 이용한 방법으로만 존재를 추정할 수 있다.
보통 물질은 우리가 알고 있는 대부분을 구성하는 것으로, 다양한 방식으로 관측이
가능하다.

ㄱ. 정답 : T₁ → T₁일 때가 한 가지 증가, 두 가지 감소에 해당하지 않으므로, T₁ → T₂여야
한다. 따라서 T₂는 미래에 해당한다.
ㄴ. 오답 : 항성은 대부분 수소와 헬륨으로 이루어져 있으므로 항성 질량의 대부분을
차지하는 것은 보통 물질인 C이다.
ㄷ. 정답 : 보통 물질은 전자기파로 관측할 수 있으나, 암흑 물질은 전자기파로 관측할 수
없다.

15 별의 진화, 별의 내부 구조
정답 ② 정답률 64%

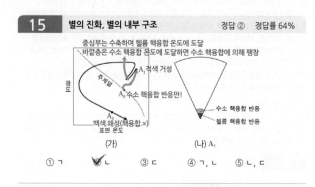

(가)

(나) A₁

① ㄱ ✓② ㄴ ③ ㄷ ④ ㄱ, ㄴ ⑤ ㄴ, ㄷ

주계열 단계인 A₀에서는 중심부에서 수소 핵융합 반응을 한다. 중심핵의 수소를 모두
소진하면 별의 중심부는 수축하고, 이 과정에서 열에너지가 발생하여 중심부의 바깥층에서
수소 핵융합 반응을 시작한다. 그 결과 별의 바깥 부분이 팽창하면서 크기가 커져 적색 거성
단계인 A₁에 도달한다. (나)는 중심부에서 헬륨 핵융합 반응이 일어나고 있으므로 적색
거성 단계인 A₁의 내부 구조이다. A₂는 백색 왜성 단계로, 중심부에서 더 이상 핵융합이
일어나지 않고 중심핵이 계속 수축한다.

ㄴ. 정답 : 수소 핵융합 반응을 통해 수소를 계속 소모하므로 수소의 총 질량은 A₂가 A₀보다
작다.
ㄷ. 오답 : A₀에서 A₁로 진화하는 동안 중심핵은 정역학 평형 상태를 유지하지 못하고
수축한다.

16 엘니뇨와 라니냐
정답 ⑤ 정답률 66%

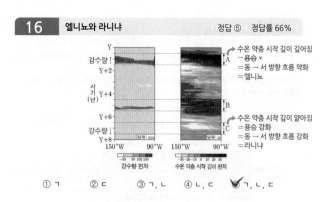

① ㄱ ② ㄷ ③ ㄱ, ㄴ ④ ㄴ, ㄷ ✓⑤ ㄱ, ㄴ, ㄷ

그림은 동태평양 적도 부근 해역의 자료이다. A 시기에는 강수량이 많고, 수온 약층 시작
깊이가 깊다. 이는 평상시보다 용승이 잘 일어나지 않았고, 해수의 동 → 서 방향 흐름이
약화된 것을 의미하므로 A는 엘니뇨 시기이다. C 시기에는 수온 약층 시작 깊이가
얕아졌으므로, 평년보다 동태평양 적도 부근 해역의 용승이 강화되었다. 또한 이 시기에
강수량이 적게 나타나므로 해수의 동 → 서 방향 흐름이 강화된 라니냐 시기임을 알 수 있다.

ㄷ. 정답 : 동태평양의 평균 해수면 높이는 해수의 동 → 서 방향 흐름이 약할수록 높으므로,
A가 C보다 높다.

17 해수의 심층 순환 　　　정답 ① 정답률 58%

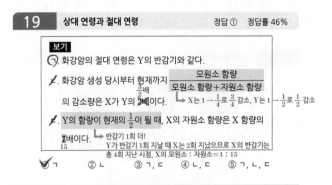

수괴	평균 수온(℃)	평균 염분(psu)	
A	2.5	34.9	→ 북대서양 심층수
B	0.4	34.7	→ 남극 저층수
C	( )	34.3	→ 남극 중층수

보기
남극 저층수 > 북대서양 심층수 > 남극 중층수
ㄱ. A는 북대서양 심층수이다.
ㄴ. 평균 밀도는 A가 C보다 작다. 크다.
ㄷ. B는 주로 남쪽으로 이동한다. 북쪽 　남극 저층수는 남극 주변에서 침강하여 해저를 따라 저위도로 이동(북쪽으로)

✓① ㄱ　②ㄴ　③ㄱ,ㄴ　④ㄴ,ㄷ　⑤ㄱ,ㄴ,ㄷ

|자|료|해|설|
가장 아래에 있는 해수가 남극 저층수, 그 위는 북대서양 심층수, 남극 부근에서 시작해서 북쪽으로 이동하면서 북대서양 심층수 위에 있는 해수는 남극 중층수이다. 밀도가 클수록 아래에 위치하므로, 밀도는 남극 저층수 > 북대서양 심층수 > 남극 중층수이다. A의 평균 수온이 2.5℃, 평균 염분이 34.9psu이므로 이는 북대서양 심층수이다. 평균 수온이 0.4℃, 평균 염분이 34.7psu인 B는 남극 저층수이다. C는 평균 염분이 34.3이므로 남극 중층수이다.

|보|기|풀|이|
ㄷ. 오답: 남극 저층수인 B는 남극 부근에서 침강하여 해저를 따라 주로 북쪽으로 이동하고 약 30°N까지 흐른다.

18 별의 표면 온도와 별의 크기 　　　정답 ④ 정답률 69%

$L = 4\pi R^2 \sigma T^4$

별	표면 온도(K)	절대 등급	반지름(×10^6km)
(가)	G형 6000 ←2배	+3.8 ←−5	1
(나)	12000	−1.2 ←=100배 밝음 ←−5	㉠
(다)	(x)	−6.2 ←=100배 밝음	100
(라)	3000	(+3.8)	4

$L_{(나)} = L_{(가)} \times 2^4 \times ㉠^2 = 100L_{(가)}$

① ㉠은 2.6이다.　$\frac{10}{4} = 2.5$　㉠ = $\sqrt{2.5}$
② (가)의 분광형은 M형에 해당한다.　G형
③ 복사 에너지를 최대로 방출하는 파장은 (다)가 (가)보다 길다 같다. ← 표면 온도에 반비례
✓④ 단위 시간당 방출하는 복사 에너지양은 (나)가 (라)보다 많다.
⑤ (가)와 같은 별 10000개로 구성된 성단의 절대 등급은 (다)의 절대 등급과 같다. ← 광도에 비례 (다)>(나)>(가)=(라)

$L_{(다)} = 100^2 \times \left(\frac{x}{6000}\right)^4 \times L_{(가)} = 10000L_{(가)}$
⇒ x = 6000, (가)와 동일함

$L_{(라)} = 4^2 \times \left(\frac{1}{2}\right)^4 \times L_{(가)} = L_{(가)}$ ∴ +3.8등급

|자|료|해|설|
별의 광도 L을 구하는 식은 $L = 4\pi R^2 \sigma T^4$이다. 즉, 광도는 반지름의 제곱, 표면 온도의 네제곱에 비례한다. (나)는 (가)와 비교했을 때, 절대 등급이 5등급 작으므로 100배 더 밝다. 표면 온도는 (나)가 (가)의 2배이고, 광도는 (나)가 (가)의 100배이므로 식에 대입해보면 $L_{(나)} = L_{(가)} \times 2^4 \times ㉠^2 = 100L_{(가)}$이다. 즉, 반지름은 (나)가 (가)의 2.5이므로 ㉠은 2.5이다. (다)는 (가)보다 절대 등급이 10등급 작으므로 광도는 (다)가 (가)보다 10000배 크다. (다)의 표면 온도를 x라고 하면 $L_{(다)} = L_{(가)} \times \left(\frac{x}{6000}\right)^4 \times 100^2 = 10000L_{(가)}$이다. 따라서 x는 6000이다. 즉, (가)와 (다)의 표면 온도가 같다. 복사 에너지를 최대로 방출하는 파장은 표면 온도에 반비례하므로 (가)와 (다)가 같다. 또한 (가)와 (다) 모두 태양의 표면 온도와 비슷하므로 분광형은 G형에 해당한다.
(라)의 표면 온도는 (가)의 절반이고, 반지름은 (가)의 4배이므로 광도를 구하는 식에 대입해보면 $L_{(라)} = L_{(가)} \times \left(\frac{1}{2}\right)^4 \times 4^2 = L_{(가)}$이다. 즉, (가)와 (라)의 광도가 같으므로 (라)의 절대 등급은 +3.8등급이다. 단위 시간당 방출하는 복사 에너지양은 광도에 비례하므로, 절대 등급이 낮을수록 크다. 따라서 단위 시간당 방출하는 복사 에너지양은 (다) > (나) > (가) = (라)이다.

|선|택|지|풀|이|
⑤ 오답: (가)와 같은 별 10000개로 구성된 성단은 (가)보다 10000배 밝으므로 절대 등급은 10등급 작다. 따라서 (가)와 같은 별 10000개로 구성된 성단의 절대 등급은 (다)의 절대 등급과 같다.

19 상대 연령과 절대 연령 　　　정답 ① 정답률 46%

보기
ㄱ. 화강암의 절대 연령은 Y의 반감기와 같다.
ㄴ. 화강암 생성 당시부터 현재까지
　　　　　　　　모원소 함량 ←⅔배
　　　───────────────
　　　모원소 함량 + 자원소 함량
의 감소량은 X가 Y의 2배이다. → X는 $1 → \frac{1}{4}$로 $\frac{3}{4}$ 감소, Y는 $1 → \frac{1}{2}$로 $\frac{1}{2}$ 감소
ㄷ. Y의 함량이 현재의 $\frac{1}{2}$이 될 때, X의 자원소 함량은 X 함량의
$\frac{7}{15}$배이다. → 반감기 1회 더! Y가 반감기 1회 더 지날 때 X는 2회 지났으므로 X의 반감기는 총 4회 지난 시점, X의 모원소 : 자원소 = 1 : 15

①ㄱ　②ㄴ　③ㄱ,ㄴ　④ㄴ,ㄷ　⑤ㄱ,ㄴ,ㄷ

|가|료|해|설|
현재 X의 자원소 함량은 X 함량의 3배이므로 모원소와 자원소의 비율이 1 : 3이다. 즉, X는 현재까지 2번의 반감기를 거쳤다. Y의 자원소 함량은 Y 함량과 같으므로 모원소와 자원소의 비율이 1 : 1이다. 즉, Y는 현재까지 1번의 반감기를 거쳤다. 따라서 이 화강암의 나이는 Y의 반감기와 같다. 같은 화강암에서 나타난 결과이므로, X의 반감기는 Y의 절반이고 이에 따라 같은 시간 동안 X는 항상 Y의 반감기보다 2배 더 많은 반감기를 거친다.

|보|기|풀|이|
ㄷ. 오답: Y의 함량이 현재의 $\frac{1}{2}$이 되는 것은, 1번의 반감기를 더 지나는 것을 의미한다. Y의 반감기는 X의 반감기의 2배이므로, Y가 1번의 반감기를 더 지날 때 X는 2번의 반감기를 더 지나 X는 총 4번의 반감기가 지난 시점이 된다. 따라서 이 시점에 X의 자원소 함량은 X 함량의 15배이다.

20 외계 행성계 탐사 방법 　　　정답 ③ 정답률 38%

보기
$\frac{\Delta\lambda}{\lambda_0} = \frac{v}{c}$ → $\Delta\lambda = \frac{v}{c} \times \lambda_0 = \frac{60m/s}{3 \times 10^8 m/s} \times 500nm$
ㄱ. 행성의 공전 방향은 A → B → C이다. = $2 \times 10^{-7} \times 500nm = 10^{-4}nm$
ㄴ. 중심별의 스펙트럼에서 500nm의 기준 파장을 갖는 흡수선의 최대 파장 변화량은 0.0001nm이다. 0.001nm
ㄷ. 중심별의 시선 속도는 행성이 B를 지날 때가 C를 지날 때의 $\sqrt{2}$배이다. 30√2m/s 　 30m/s

①ㄱ　②ㄴ　✓③ㄱ,ㄷ　④ㄴ,ㄷ　⑤ㄱ,ㄴ,ㄷ

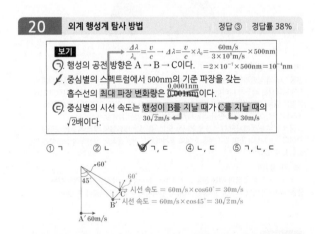

시선 속도 = 60m/s × cos60° = 30m/s
시선 속도 = 60m/s × cos45° = 30√2m/s

|자|료|해|설|
행성이 A에 위치할 때 중심별은 A'에 위치한다고 하면, 여기서 중심별의 시선 속도가 −60m/s이므로 중심별은 시선 방향 폭으로 접근하고 있다. 공통 질량 중심에 대해 중심별과 행성의 공전 방향은 같으므로 행성은 관측자로부터 멀어지고 있다. 따라서 행성의 공전 방향은 A → B → C가 된다. 행성이 B를 지날 때도 별의 공전 속도는 60m/s지만, 이를 시선 속도와 접선 속도로 분리해야 한다. 시선 속도는 60m/s에 cos45°를 곱한 30√2m/s 이다. 행성이 C를 지날 때 중심별의 시선 속도는 60m/s에 cos60°를 곱한 30m/s이다. 중심별의 시선 속도를 v, 빛의 속도를 c, 기준 파장을 λ_0, 파장 변화량을 $\Delta\lambda$라고 할 때, $v = \frac{\Delta\lambda}{\lambda_0} \times c$이다. 중심별의 시선 속도가 최대일 때 최대 파장 변화량이 나타난다. 중심별의 시선 속도 최댓값은 60m/s이고, 기준 파장은 500nm, 빛의 속도는 3×10^8m/s이므로 최대 파장 변화량은 $\Delta\lambda_{max} = \frac{v}{c} \times \lambda_0 = \frac{60m/s}{3 \times 10^8 m/s} \times 500nm = 2 \times 10^{-7} \times 500nm = 10^{-4}nm$이다.

|보|기|풀|이|
ㄱ. 정답: 행성이 A에 위치할 때 중심별이 관측자 쪽으로 접근하므로, 이때 행성은 후퇴한다. 따라서 행성의 공전 방향은 A → B → C이다.

1	①	2	④	3	②	4	④	5	③
6	①	7	②	8	③	9	②	10	⑤
11	③	12	①	13	④	14	⑤	15	⑤
16	③	17	①	18	⑤	19	③	20	②

1　우리나라의 주요 악기상　　정답 ①　정답률 89%

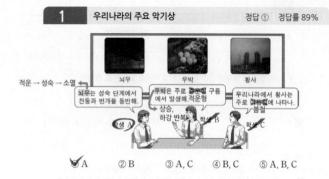

①A　②B　③A, C　④B, C　⑤A, B, C

|자|료|해|설|

뇌우는 상승 기류가 발달하는 적운 단계, 상승 기류와 하강 기류가 모두 발달하는 성숙 단계, 하강 기류만 발달하는 소멸 단계 순서로 성장 및 소멸한다. 적운 단계에서는 강수 현상이 거의 나타나지 않지만, 성숙 단계에서는 천둥과 번개를 동반한 소나기가 나타나고, 소멸 단계에서는 약한 비가 내린다.

우박은 상승과 하강을 반복하면서 만들어지기 때문에 주로 적운형 구름에서 발생한다. 우리나라에서 황사는 편서풍에 의해 주로 건조한 봄철에 자주 발생한다.

2　맨틀 대류　　정답 ④　정답률 69%

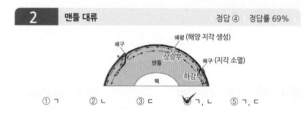

①ㄱ　②ㄴ　③ㄷ　④ㄱ, ㄴ　⑤ㄱ, ㄷ

|자|료|해|설|

맨틀 대류의 상승부에서는 해령이 나타나고, 새로운 해양 지각이 생성된다. 맨틀 대류의 하강부에서는 해구가 나타나고, 기존의 지각이 소멸된다. 따라서 해령 근처 지각의 평균 연령은 대륙 지각의 평균 연령보다 적다. 또한 맨틀 대류에 의해 그 위의 지각이 함께 이동하므로, 이 모형으로 판을 이동시키는 힘의 원동력을 설명할 수 있다.

그림은 상부 맨틀에서만 대류가 일어나는 모형, 즉 맨틀 대류설의 해저 지형을 나타낸 것이다. 따라서 이 모형으로 맨틀과 핵의 경계에서 뜨거운 플룸이 생성되어 상승하는 것을 설명할 수 없다.

|보|기|풀|이|

ㄷ. 오답 : 뜨거운 플룸이 핵과 맨틀의 경계 부근에서 생성되어 상승하는 것은 상부 맨틀에서만이 아니라 맨틀 전체에서 대류가 일어나는 모형으로 설명할 수 있다.

3　해수의 화학적·물리적 성질　　정답 ②　정답률 65%

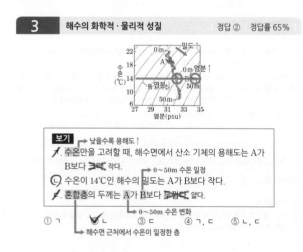

보기

ㄱ. 수온만을 고려할 때, 해수면에서 산소 기체의 용해도는 A가 B보다 크다 작다.

ㄴ. 수온이 14℃인 해수의 밀도는 A가 B보다 작다.

ㄷ. 혼합층의 두께는 A가 B보다 두껍다 얇다.

①ㄱ　②ㄴ　③ㄷ　④ㄱ, ㄴ　⑤ㄴ, ㄷ

|자|료|해|설|

해수의 밀도는 수온이 낮을수록, 염분이 높을수록 증가한다. 즉, T-S도의 오른쪽 아래로 갈수록 밀도가 증가한다.

A 시기에는 0m에서 50m까지의 수온이 22℃부터 8℃ 정도까지 나타난다. B 시기에는 0~50m의 수온이 14℃ 정도로 일정하게 나타난다. 혼합층은 바람에 의한 혼합 작용에 의해 깊이에 따른 수온이 일정하게 나타나는 층이므로, 0~50m에서 깊이에 따른 수온이 거의 일정한 B의 혼합층이 0~50m에서 깊이에 따른 수온이 낮아지는 A의 혼합층보다 두껍다.

|보|기|풀|이|

ㄱ. 오답 : 기체의 용해도는 수온이 낮을수록 크다. 해수면에서 A는 수온이 22℃ 정도이고, B는 수온이 14℃ 정도이므로 산소 기체의 용해도는 A<B이다.

4　퇴적암과 퇴적 구조　　정답 ④　정답률 97%

①ㄱ　②ㄴ　③ㄷ　④ㄱ, ㄴ　⑤ㄱ, ㄷ

|자|료|해|설|

실험 결과처럼 점토 표면이 갈라진 모습은 건열을 의미한다. 실험 과정의 전등 빛으로 인해 건조한 환경이 형성되었다. 건열은 퇴적 이후 건조한 환경에 노출되어 표면이 갈라진 퇴적 구조이다. 건열은 역암처럼 입자가 큰 퇴적암보다는 이암, 셰일처럼 입자가 작은 퇴적암에서 주로 나타난다.

5　외부 은하　　정답 ③　정답률 82%

(가) ➡ 불규칙 은하(성간 물질 多　(나) ➡ 타원 은하(성간 물질 ↓
➡ 새로운 별(푸른 별) 탄생 多)　➡ 새로운 별(푸른 별) 탄생 ↓
➡ 붉은 별 多)

①ㄱ　②ㄴ　③ㄱ, ㄷ　④ㄴ, ㄷ　⑤ㄱ, ㄴ, ㄷ

|자|료|해|설|

(가)는 가시광선으로 관측했을 때 모양이 규칙적이지 않으므로 불규칙 은하이다. 불규칙 은하는 성간 물질이 많아서 새로운 별의 탄생이 많고, 새로운 별은 주로 푸른 별이다.

(나)는 가시광선으로 관측했을 때 타원 모양이므로 타원 은하이다. 타원 은하는 성간 물질이 적어서 새로운 별의 탄생이 적다. 따라서 나이가 많은 별인 붉은 별이 많다.

(가)에는 젊고 푸른 별이 많고, (나)에는 늙고 붉은 별이 많으므로 은하를 구성하는 별들의 평균 나이는 (가)<(나)이다.

6　별의 분류와 H-R도　　정답 ①　정답률 81%

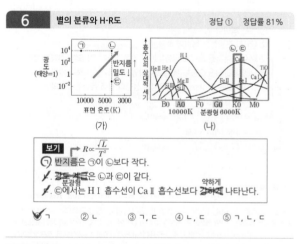

보기　$R \propto \dfrac{\sqrt{L}}{T^2}$

ㄱ. 반지름은 ㉠이 ㉡보다 작다.

ㄴ. 광도 계급은 ㉡과 ㉢이 같다. 분광형

ㄷ. ㉢에서는 H Ⅰ 흡수선이 Ca Ⅱ 흡수선보다 강하게 약하게 나타난다.

①ㄱ　②ㄴ　③ㄱ, ㄷ　④ㄴ, ㄷ　⑤ㄱ, ㄴ, ㄷ

|자|료|해|설|

H-R도에서 오른쪽 위로 갈수록 반지름은 커지고 밀도는 작아진다. ㉠은 표면 온도가 10000K 이상이다. ㉡과 ㉢은 표면 온도가 약 4000K 정도로 같다. 따라서 ㉡과 ㉢은 분광형이 K형인 별이다. 분광형이 A형인 별은 H Ⅰ 흡수선이 강하게 나타나고, 분광형이 K형인 별에서는 Ca Ⅱ 흡수선이 강하게 나타난다.

|보|기|풀|이|

ㄱ. 정답 : 반지름은 H-R도의 오른쪽 위로 갈수록 커지기 때문에 ㉠보다 ㉡이 크다.

ㄴ. 오답 : ㉡과 ㉢은 표면 온도가 같으므로 분광형이 같지만, 광도가 다르므로 ㉡과 ㉢의 광도 계급은 다르다.

ㄷ. 오답 : ㉢은 분광형이 K형인 별이므로 H Ⅰ 흡수선보다 Ca Ⅱ 흡수선이 강하게 나타난다.

| 7 | 지질 시대의 환경과 화석 | 정답 ② | 정답률 72% |

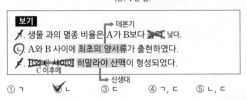

보기

ㄱ. 생물 과의 멸종 비율은 A가 B보다 ~~높다~~ 낮다.
ㄴ. A와 B 사이에 최초의 양서류가 출현하였다.
ㄷ. ~~B와 C 사이에~~ 히말라야 산맥이 형성되었다. (C 이후에 / 신생대)

① ㄱ　②✔ ㄴ　③ ㄷ　④ ㄱ, ㄷ　⑤ ㄴ, ㄷ

|자|료|해|설|

A는 고생대 오르도비스기 말, B는 고생대 페름기 말, C는 중생대 백악기 말이다. B 시기의 대멸종은 판게아가 형성되면서 나타났고, 이때 해양 생물군 대부분이 멸종되었다. C 시기의 대멸종은 운석 충돌 및 대규모 화산 폭발에 의해 나타났으며, 이때 공룡과 같은 중생대 대표 생물이 멸종되었다.

|보|기|풀|이|

ㄴ. 정답 : 최초의 양서류는 고생대 데본기에 출현하였다. A는 오르도비스기 말, B는 페름기 말이므로 데본기는 A와 B 사이에 있다.

| 8 | 온대 저기압 및 일기도 해석 | 정답 ③ | 정답률 66% |

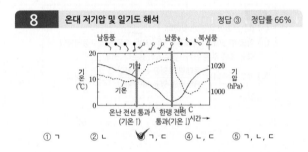

① ㄱ　② ㄴ　③✔ ㄱ, ㄷ　④ ㄴ, ㄷ　⑤ ㄱ, ㄴ, ㄷ

|자|료|해|설|

온대 저기압 중심이 북반구 어느 관측소의 북쪽을 통과할 때, 온난 전선이 관측소를 먼저 통과하고, 한랭 전선이 관측소를 나중에 통과한다. 온난 전선이 관측소를 통과하면 기온이 상승하고, 한랭 전선이 관측소를 통과하면 기온이 하강한다. 따라서 A 이전에 온난 전선이 관측소를 통과하였으며, B 이전에 한랭 전선이 관측소를 통과하였다. 온난 전선면은 온난 전선 통과 이전 관측소의 상공에 나타나고, 한랭 전선면은 한랭 전선 통과 이후 관측소의 상공에 나타난다. 따라서 A일 때 관측소의 상공에는 전선면이 없고, B와 C일 때 관측소의 상공에는 한랭 전선면이 나타난다. 풍향은 시간이 지남에 따라 남동풍 → 남풍 → 북서풍으로 변화하였다.

|보|기|풀|이|

ㄱ. 정답 : 기압이 가장 낮게 관측되었을 때는 B 이전으로, 남풍 계열의 바람이 불었다.
ㄴ. 오답 : A일 때는 온난 전선 통과 이후, 한랭 전선 통과 이전이므로 관측소의 상공에 전선면이 없다.
ㄷ. 정답 : B와 C일 때는 한랭 전선이 관측소를 통과한 이후이므로, 관측소에서 B와 C 사이에는 주로 적운형 구름과 함께 소나기가 관측된다.

| 9 | 마그마의 종류와 생성 | 정답 ② | 정답률 63% |

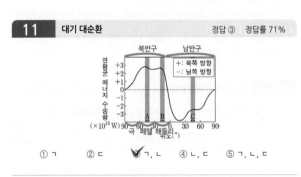

보기

ㄱ. ~~A~~에서는 주로 물이 포함된 맨틀 물질이 용융되어 마그마가 생성된다. (C(섭입대에서 함수 광물에 의해 물이 공급))
ㄴ. 생성되는 마그마의 SiO_2 함량(%)은 B가 C보다 높다. (유문암질~안산암질 / 현무암질)
ㄷ. ㉠은 ~~A~~에서 마그마가 생성되는 조건에 해당한다. (B)

① ㄱ　②✔ ㄴ　③ ㄷ　④ ㄱ, ㄴ　⑤ ㄴ, ㄷ

|자|료|해|설|

A에서는 맨틀 물질의 상승에 의한 압력 감소로 인해 부분 용융이 일어나 현무암질 마그마가 생성된다. C에서는 섭입대의 함수 광물에 의해 물이 공급되어 맨틀의 용융점이 하강하여 현무암질 마그마가 생성된다. B에서는 C에서 생성된 현무암질 마그마가 상승하여 대륙 지각을 가열해 유문암질 마그마가 생성되고, 현무암질 마그마와 유문암질 마그마가 혼합되면 안산암질 마그마가 생성될 수 있다.

|보|기|풀|이|

ㄱ. 오답 : 물이 포함된 맨틀 물질이 용융되어 마그마가 생성되는 곳은 C이다.
ㄴ. 정답 : 생성되는 마그마의 SiO_2 함량은 B(유문암질~안산암질)가 C(현무암질)보다 높다.
ㄷ. 오답 : ㉠은 온도 상승에 의해 물이 포함된 화강암이 용융되어 마그마가 생성되는 조건이므로, B에서 마그마가 생성되는 조건에 해당한다.

| 10 | 암흑 물질과 암흑 에너지 | 정답 ⑤ | 정답률 72% |

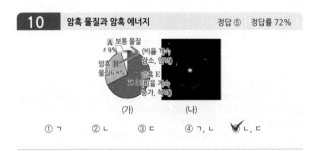

① ㄱ　② ㄴ　③ ㄷ　④ ㄱ, ㄴ　⑤✔ ㄴ, ㄷ

|자|료|해|설|

현재 우주 구성 요소 중 가장 높은 비율인 C는 암흑 에너지, 두 번째로 높은 비율인 B는 암흑 물질, 가장 낮은 비율인 A는 보통 물질이다. 암흑 물질과 보통 물질은 모두 중력(인력)이 작용한다. 그러나 암흑 물질은 관측이 어려운데, 암흑 물질의 존재를 추정할 수 있게 하는 현상이 (나)의 중력 렌즈 현상이다.
우주가 팽창함에 따라 암흑 에너지의 비율은 점차 증가하고, 암흑 물질과 보통 물질의 비율은 감소한다.

|보|기|풀|이|

ㄴ. 정답 : 현재 이후 우주가 팽창하는 동안 B의 비율은 감소하고, C의 비율은 증가한다. 따라서 $\frac{B의\ 비율}{C의\ 비율}$ 은 감소한다.

| 11 | 대기 대순환 | 정답 ③ | 정답률 71% |

① ㄱ　② ㄷ　③✔ ㄱ, ㄴ　④ ㄴ, ㄷ　⑤ ㄱ, ㄴ, ㄷ

|자|료|해|설|

적도는 에너지 과잉, 극은 에너지 부족 현상이 나타난다. 따라서 저위도의 남는 에너지가 대기와 해수의 순환에 의해 고위도로 이동한다. 북반구에서는 북쪽 방향으로, 남반구에서는 남쪽 방향으로 에너지가 수송된다. 따라서 0°를 기준으로 (+) 값을 갖는 왼쪽(A, B 포함)은 북반구, (−) 값을 갖는 오른쪽(C 포함)은 남반구이다.
위도 0°~30° 사이에 있는 B에서는 해들리 순환이 나타난다. 위도 30°~60° 사이에 있는 A와 C에서는 간접 순환인 페렐 순환이 나타난다. 위도 60°~90°에서는 극순환이 나타난다.

|보|기|풀|이|

ㄴ. 정답 : B는 0°~30° 사이에 있으므로 B에서는 해들리 순환이 나타나고, 북반구이므로 북쪽 방향으로 에너지가 수송된다.
ㄷ. 오답 : 캘리포니아 해류는 북태평양 아열대 표층 순환의 일부이므로, C의 해역에서 나타나지 않는다.

수소 핵융합 반응
중심핵 수축
He 핵융합 반응을 할 때까지 온도↑
팽창하며 표면 온도↓ — A

| 보기 |

→ 수축으로 온도↑

ㄱ. 중심핵의 온도는 주계열 단계일 때보다 높다.

표면 온도↓ → 방출 E↓
ㄴ. 표면에서 단위 면적당 단위 시간에 방출하는 에너지양은 주계열 단계일 때보다 ~~많다~~ 적다.

ㄷ. 수소 함량 비율(%)은 중심핵이 A 영역보다 ~~높다~~ 낮다.
→ 헬륨 많(이미 수소를 많이 소진함)

✓① ㄱ   ② ㄴ   ③ ㄷ   ④ ㄱ, ㄴ   ⑤ ㄴ, ㄷ

| 자 | 료 | 해 | 설 |

주계열 단계가 끝난 별의 중심핵은 헬륨이 많은 상태로, 계속 수축하여 온도가 상승한다. 이러한 온도 상승은 중심핵에서 헬륨 핵융합 반응이 일어날 수 있는 온도에 도달할 때까지 계속된다. 이 과정에서 발생한 에너지가 바깥으로 전달되어 중심핵을 둘러싼 외곽 수소층의 온도가 크게 상승하면 외곽 수소층에서 수소 핵융합 반응이 일어난다. 중심핵 외곽 수소층의 수소 핵융합 반응에 의해 A 영역은 팽창하며 표면 온도은 낮아진다.

| 보 | 기 | 풀 | 이 |

ㄱ. 정답 : 중심핵은 계속 수축하여 온도가 상승하므로 주계열 단계일 때보다 온도가 높다.

ㄴ. 오답 : 단위 면적당 단위 시간에 방출하는 에너지양은 표면 온도의 네제곱에 비례하는데, 이 시기에 별의 표면 온도가 낮아졌으므로 표면에서 단위 면적당 단위 시간에 방출하는 에너지양도 주계열 단계일 때보다 적다.

ㄷ. 오답 : 수소 함량 비율은 중심핵이 A 영역보다 낮다. 중심핵에는 헬륨이 많고, A 영역에는 수소가 많다.

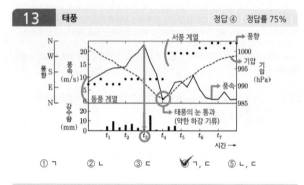

서풍 계열 — 풍향
동풍 계열
태풍의 눈 통과 (약한 하강 기류)

① ㄱ   ② ㄴ   ③ ㄷ   ✓④ ㄱ, ㄷ   ⑤ ㄴ, ㄷ

| 보 | 기 | 풀 | 이 |

ㄱ. 정답 : 풍속이 가장 강하게 나타난 시각은 t_3이다.

ㄴ. 오답 : 태풍의 눈이 관측소를 통과한 시각인 t_4 이전에는 관측소에서 동풍 계열의 바람이 불었다.

ㄷ. 정답 : 관측소에서 공기의 연직 운동이 활발한 시기는 약한 하강 기류가 나타나는 t_4보다 강한 상승 기류가 나타나는 t_3이다.

별	표면 온도(태양=1)	광도(태양=1)	반지름(태양=1)	
㉠	$\sqrt{10}$	(0.01)	0.01	→ 백색 왜성
㉡	(2)	100	2.5	→ 주계열성
㉢	0.75	81	(16)	→ 거성

→ 주계열성의 광도가 큼 = ㉡이 질량 작은 주계열성에서 진화

| 보기 |

ㄱ. 복사 에너지를 최대로 방출하는 파장은 ㉠이 ㉡보다 ~~길다~~ 짧다. $\propto \dfrac{1}{T}$

ㄴ. (㉠의 절대 등급−㉡의 절대 등급) 값은 10이다.

ㄷ. 별의 질량은 ㉡이 ㉢보다 크다. → 광도 10000배 차이=절대 등급 10등급 차이

① ㄱ   ② ㄴ   ③ ㄷ   ④ ㄱ, ㄷ   ✓⑤ ㄴ, ㄷ

$$L = 4\pi R^2 \sigma T^4 \propto R^2 T^4$$

㉠ : $\left(\dfrac{1}{100}\right)^2 \cdot (\sqrt{10})^4 = \dfrac{1}{100}$ 이므로 $L = \dfrac{1}{100}$

㉡ : $100 = \left(\dfrac{5}{2}\right)^2 \cdot T^4 \rightarrow T = 2$

㉢ : $81 = R^2 \cdot \left(\dfrac{3}{4}\right)^4 \rightarrow R = 16$

| 자 | 료 | 해 | 설 |

광도 L은 $L = 4\pi R^2 \sigma T^4$으로 표현할 수 있다. 이때, 태양의 반지름, 표면 온도, 광도를 모두 1이라고 놓으면 $4\pi\sigma$와 같은 상수를 계산하지 않고 풀 수 있다. ㉠의 경우 반지름이 0.01, 표면 온도가 $\sqrt{10}$이므로 광도는 0.01이다. ㉡의 경우 광도가 100이고, 반지름이 2.5이므로 표면 온도는 2이다. ㉢의 경우 광도가 81이고, 표면 온도가 0.75이므로 반지름은 16이 된다. 따라서 태양보다 광도와 반지름이 작지만 표면 온도가 높은 ㉠이 백색 왜성, 태양보다 표면 온도는 낮지만 광도가 큰 ㉡이 거성, ㉡이 주계열성이다. 주계열성이 거성으로 진화하는 동안 대체로 광도는 증가하고, 표면 온도는 감소한다. ㉡과 ㉢의 광도를 비교하면, 주계열성인 ㉡이 거성인 ㉢보다 광도가 크다. 즉, ㉢은 ㉡보다 질량이 작은 주계열성이 진화한 거성임을 알 수 있다.

| 보 | 기 | 풀 | 이 |

ㄱ. 오답 : 복사 에너지를 최대로 방출하는 파장은 표면 온도에 반비례한다. 따라서 표면 온도가 높은 ㉠이 표면 온도가 낮은 ㉡보다 복사 에너지를 최대로 방출하는 파장이 짧다.

ㄴ. 정답 : ㉠은 ㉡보다 10000배 어둡다. 따라서 (㉠의 절대 등급−㉡의 절대 등급) 값은 10이다.

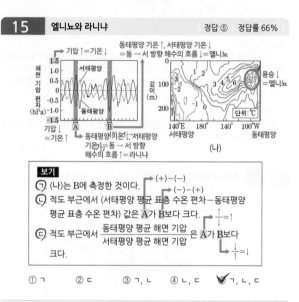

기압↑=기온↑
동태평양 기온↑, 서태평양 기온↓ =동→서 방향 해수의 흐름↓=엘니뇨
용승↓ =엘니뇨
(나)

기압↓ =기온↑
동태평양 회온↑, 서태평양 기온↓=동→서 방향 해수의 흐름↑=라니냐

| 보기 |

ㄱ. (나)는 B에 측정한 것이다.

ㄴ. 적도 부근에서 (서태평양 평균 표층 수온 편차−동태평양 평균 표층 수온 편차) 값은 A가 B보다 크다. → (+)−(−) , (−)−(+) , ↑=↑

ㄷ. 적도 부근에서 $\dfrac{\text{동태평양 평균 해면 기압}}{\text{서태평양 평균 해면 기압}}$ 은 A가 B보다 크다. → ↑=↑, ↓=↓

① ㄱ   ② ㄷ   ③ ㄱ, ㄴ   ④ ㄴ, ㄷ   ✓⑤ ㄱ, ㄴ, ㄷ

| 자 | 료 | 해 | 설 |

해면 기압 편차가 (+)이면 평소보다 기압이 높은 것이므로, 기온은 낮다. 해면 기압 편차가 (−)이면 평소보다 기압이 낮은 것이므로, 기온은 높다. A에서 동태평양 해면 기압 편차는 높고, 서태평양 해면 기압 편차는 낮다. 따라서 A는 동태평양의 기온이 낮고, 서태평양의 기온이 높으므로 동→서 방향 해수의 흐름이 강하게 나타나는 라니냐 시기이다. B에서 동태평양 해면 기압 편차는 낮고, 서태평양 해면 기압 편차는 높다. 따라서 B는 동태평양의 기온이 높고, 서태평양의 기온이 낮으므로 동→서 방향 해수의 흐름이 약하게 나타나는 엘니뇨 시기이다.

(나)에서 동태평양의 수온 편차는 대체로 (+) 값으로 나타나므로, 이 시기는 동태평양 해역에 용승이 잘 일어나지 않는 엘니뇨 시기이다.

| 보 | 기 | 풀 | 이 |

ㄷ. 정답 : A(라니냐) 시기에 적도 부근 서태평양 평균 해면 기압은 낮고, 동태평양 평균 해면 기압은 높다. B(엘니뇨) 시기에 적도 부근 서태평양 평균 해면 기압은 높고, 동태평양 평균 해면 기압은 낮다. 따라서 적도 부근에서 $\dfrac{\text{동태평양 평균 해면 기압}}{\text{서태평양 평균 해면 기압}}$ 은 A가 B보다 크다.

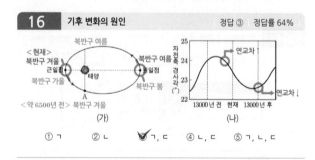

<현재>
북반구 여름
북반구 겨울 — 근일점
북반구 가을
북반구 봄 — 원일점
북반구 여름
<약 6500년 전> 북반구 겨울 — A
(가)

연교차↑
연교차↓
13000년 전   현재   13000년 후
(나)

① ㄱ   ② ㄴ   ✓③ ㄱ, ㄷ   ④ ㄴ, ㄷ   ⑤ ㄱ, ㄴ, ㄷ

| 자 | 료 | 해 | 설 |

세차 운동은 약 26000년을 주기로 지구 자전축이 지구 공전 궤도의 축을 중심으로 회전하면서 경사 방향이 바뀌는 운동이다. 세차 운동의 방향은 지구 공전 방향과 반대이다. 약 6500년 전에는 현재보다 지구의 자전축이 90°만큼 덜 회전한 상태(시계 반대 방향으로 약 90° 돌아간 상태)이므로, 지구가 A 부근에 있을 때 북반구는 겨울, 남반구는 여름이다. 지구 자전축의 경사각이 커질수록 여름철 태양의 남중 고도는 높아지고, 겨울철 태양의 남중 고도는 낮아지므로 연교차가 커진다.

|보|기|풀|이|
ㄴ. 오답 : 현재 북반구는 근일점에서 겨울, 원일점에서 여름이다. 그러나 약 6500년 전에는 A에서 북반구가 겨울일 때이므로, 근일점에서 겨울일 때보다 지구와 태양 사이의 거리가 멀어지게 된다. 따라서 겨울은 더 추워지고, 이와 마찬가지로 여름은 더 더워진다. 또한 약 6500년 전에 지구 자전축의 기울기가 현재보다 컸으므로, 35°N에서 기온의 연교차는 약 6500년 전이 현재보다 크다.

ⓒ 정답 : 남반구는 현재 근일점 부근에 있을 때 여름철이지만, 약 13000년 후에는 원일점 부근에 있을 때 여름철이다. 또한 약 13000년 후에 지구 자전축의 경사각도 작아지므로, 여름철 평균 기온이 낮아지고 겨울철 평균 기온이 높아진다. 따라서 35°S에서 약 13000년 후의 여름철 평균 기온은 현재보다 낮다.

17 　고지자기　　정답 ①　정답률 57%

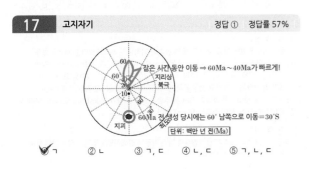

|자|료|해|설|
지리상 북극은 변하지 않았고, 현재 지자기 북극은 지리상 북극과 일치할 때, 고지자기 방향으로 추정한 지리상 북극의 위치가 다르게 나타나는 것은 그만큼 지괴가 이동했기 때문이다. 60Ma~40Ma, 40Ma~20Ma 모두 20Ma라는 같은 시간 동안 이동한 것인데, 60Ma~40Ma에서의 이동량이 더 많으므로, 이 시기 동안 지괴가 더 빠르게 이동하였다. 60Ma일 때의 고지자기극이 현재 30° 부근에 위치한다. 암석 생성 당시에 지리상 북극은 90°N에 위치했을 것이다. 따라서 고지자기 방향으로 추정한 지리상 북극을 현재의 지리상 북극과 일치하게 하려면, 그 차이인 60°만큼을 아래로 내려야 한다. 즉, 60Ma에 생성된 암석 역시 60°만큼 아래로 내리면, 이 암석은 30°S에서 생성되었음을 알 수 있다. 따라서 60Ma에 생성된 암석에 기록된 고지자기 복각은 (-) 값이다.

|보|기|풀|이|
ㄷ. 오답 : 10Ma일 때의 고지자기극이 현재의 지리상 북극보다 상대적으로 저위도에 위치하므로, 10Ma에 지괴는 30°N보다 고위도에 위치하였다. 따라서 10Ma부터 현재까지 지괴가 남쪽으로 이동하였다.

18 　외계 행성계 탐사 방법　　정답 ⑤　정답률 44%

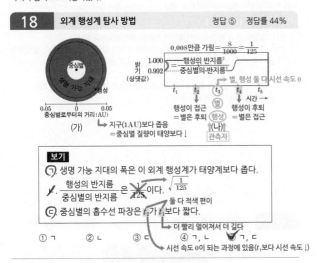

|자|료|해|설|
(가)에서 중심별로부터 생명 가능 지대에 위치한 행성까지의 거리는 약 0.05AU로, 지구와 태양 사이의 거리인 1AU보다 훨씬 가깝다. 따라서 이 중심별의 질량이 태양보다 작고, 이에 따라 생명 가능 지대가 더 가까이에 있으며, 생명 가능 지대의 폭이 더 좁다는 것을 알 수 있다.

(나)에서 식 현상이 일어났을 때, 밝기는 0.008만큼 감소하였다. 이는 $\dfrac{\text{행성의 반지름}^2}{\text{중심별의 반지름}^2}$ 이다.

관측자의 시선 방향에서 바라보면 t_3일 때 행성은 별 앞에 위치하고, 별과 행성 모두 시선 방향과 수직인 방향으로 움직이고 있으므로 시선 속도가 0이다. t_1, t_2일 때는 행성이 접근하고 별이 후퇴한다. 따라서 t_1, t_2 모두 적색 편이가 나타난다. 이때, t_1, t_2를 거쳐 t_3(시선 속도 0)에 도달하게 되므로, $t_1 \to t_2$로 갈수록 점차 시선 속도가 0에 가까워진다. 즉, $t_1 \to t_2$로 갈수록 흡수선의 파장이 점차 짧아진다. t_4일 때는 행성이 후퇴하고 별이 접근하므로, 청색 편이가 나타난다.

|보|기|풀|이|
ⓒ 정답 : 중심별의 시선 속도는 $t_1 > t_2$이고, 중심별의 흡수선 파장은 중심별이 빨리 멀어질수록 길어지므로 t_1이 t_2보다 길다.

19 　상대 연령과 절대 연령　　정답 ③　정답률 63%

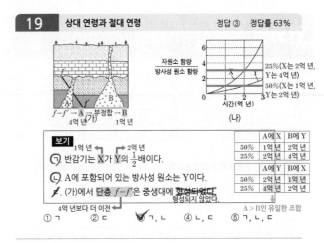

|자|료|해|설|
(가)에서 단층, A, B, 부정합의 생성 순서를 찾으면, 단층 $f-f'$ → A → 부정합 → B이다. 따라서 A의 절대 연령은 B의 절대 연령보다 많다.
방사성 원소가 1번의 반감기를 거치면 방사성 원소의 함량이 처음의 50%가 되고, 자원소 역시 같은 함량이 된다. 즉, $\dfrac{\text{자원소 함량}}{\text{방사성 원소 함량}}$ 이 1일 때가 반감기이다. 따라서 X의 반감기는 1억 년, Y의 반감기는 2억 년이다.
화성암 A와 B는 방사성 원소 X 또는 Y 중 서로 다른 한 종류만 포함하고, 현재 A와 B에 포함된 방사성 원소의 함량은 각각 처음 양의 50%와 25% 중 서로 다른 하나이다. 이 조건과 A의 절대 연령 > B의 절대 연령을 함께 만족하는 경우는, A에 Y가 포함되고 B에 X가 포함되며, Y는 25%, X는 50%일 때이다. 이때 A의 절대 연령은 4억 년, B의 절대 연령은 1억 년이 된다.

|보|기|풀|이|
ㄷ. 오답 : 단층 $f-f'$은 화성암 A보다 먼저 형성되었으므로, 4억 년 전보다 더 이전에 형성되었다. 4억 년 전은 고생대에 해당하므로 단층 $f-f'$은 중생대에 형성되지 않았다.

20 　허블 법칙과 우주 팽창　　정답 ②　정답률 39%

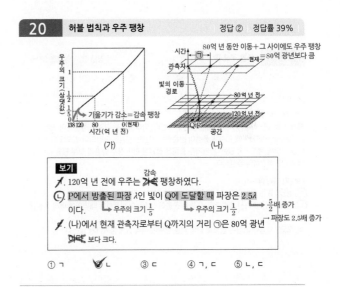

|자|료|해|설|
(가)에서 기울기가 점차 감소하면 감속 팽창, 기울기가 점차 증가하면 가속 팽창이다. 120억 년 전에는 기울기가 조금씩 감소하고 있으므로 우주는 감속 팽창하였다.

(나)의 P에서 빛이 방출됐을 때, 우주의 크기는 현재의 $\dfrac{1}{5}$이었다. 이 빛이 Q에 도달한 시기는 80억 년 전으로, 우주의 크기가 현재의 $\dfrac{1}{2}$이었을 때이다. 우주 공간을 진행하는 빛의 파장은 우주의 크기에 비례해서 증가한다. 이에 따라 P에서 방출된 빛이 Q에 도달하는 동안 우주의 크기가 2.5배 증가하였으므로 파장도 2.5배 증가한다. 80억 년 전에 Q를 지난 빛이 현재 관측자에게 도달하고 있다. 따라서 현재 관측자로부터 Q까지의 거리를 80억 광년이라고 생각할 수 있지만, 우주가 계속 팽창하여 크기가 증가하는 것까지 고려해야 하므로 ⊙은 80억 광년이 아니다. 빛이 도달하는 시간 동안에도 우주가 팽창하여 커지고 있으므로 ⊙은 80억 광년보다 크다.

|보|기|풀|이|
ㄱ. 오답 : 120억 년 전에 우주는 감속 팽창하였다.
ㄷ. 오답 : 80억 년 전에 Q를 지난 빛이 현재 관측자에게 도달하였으나, 그 사이에도 우주가 팽창하여 크기가 증가하고 있으므로 ⊙은 80억 광년보다 크다.

문제편 p.338

1	⑤	2	③	3	②	4	③	5	⑤
6	④	7	②	8	③	9	①	10	④
11	①	12	④	13	③	14	①	15	②
16	⑤	17	②	18	②	19	⑤	20	⑤

1 온실 효과와 지구 온난화 　　정답 ⑤ 정답률 96%

① ㄱ　　② ㄷ　　③ ㄱ, ㄴ　　④ ㄴ, ㄷ　　**⑤ ㄱ, ㄴ, ㄷ**

|자|료|해|설|

(가)를 보면 시간이 흐를수록 대체로 기온 편차가 증가하며, 평균적으로 전 지구의 기온 편차보다 아시아의 기온 편차가 더 크다. 기온 편차가 양(+)의 값을 가진다는 것은 해당 년도의 관측 기온이 평년 기온보다 높았음을 의미하며, 기온 편차가 크다는 것은 관측 기온과 평년 기온의 차이가 크다는 것이다. (나)를 보면 A 기간 동안 대기 중 CO_2 농도가 증가하고 있으며 전 지구와 하와이의 CO_2 농도는 한 해에도 값이 달라지는 것으로 보아 연교차가 있다. 이에 비해 남극은 CO_2 농도의 연교차가 거의 없다.

|보|기|풀|이|

ㄱ. 정답 : (가) 기간 동안 전 지구의 기온 편차보다 아시아의 기온 편차가 대체로 더 크므로 기온의 평균 상승률은 아시아가 전 지구보다 크다.

ㄴ. 정답 : (나)에서 CO_2 농도를 보면 하와이는 한 해에도 값이 달라지지만 남극은 연교차가 거의 없으므로, CO_2 농도의 연교차는 하와이가 남극보다 크다.

ㄷ. 정답 : (가)와 (나)를 보면 A 기간 동안 전 지구의 기온과 CO_2 농도는 높아지는 경향이 있다.

2 플룸 구조론 　　정답 ③ 정답률 85%

① ㄱ　　**② ㄱ, ㄴ**　　④ ㄴ, ㄷ　　⑤ ㄱ, ㄴ, ㄷ

|자|료|해|설|

차가운 플룸은 하강하고 뜨거운 플룸은 상승한다. 따라서 A는 차가운 플룸이며, B는 뜨거운 플룸이다. 이때 뜨거운 플룸이 분출되는 지점인 열점은 고정되어 있으므로 판의 이동과 함께 움직이지 않는다. 차가운 플룸은 섭입한 판이 상부 맨틀과 하부 맨틀 사이에 머무르다 하강하며 생성된다.

|보|기|풀|이|

ㄱ. 정답 : A는 차가운 플룸으로, 해양판이 섭입하며 생성된다.

ㄴ. 정답 : B는 뜨거운 플룸으로, 뜨거운 플룸이 상승하며 분출되어 태평양에 여러 화산을 형성한다.

ㄷ. 오답 : 열점은 고정된 점으로 판의 이동 방향에 따라 함께 움직이지 않는다.

3 특이 은하 　　정답 ② 정답률 72%

①ㄱ　　**② ㄴ**　　③ ㄷ　　④ ㄱ, ㄷ　　⑤ ㄴ, ㄷ

|보|기|풀|이|

ㄱ. 오답 : 전파 은하를 가시광선 영역에서 관측하면 타원 은하로 보이며, 타원 은하는 나선팔이 없다.

ㄴ. 정답 : 타원 은하는 대부분 온도가 낮고 나이가 많은 별들로 구성되어 있다. 따라서 대부분의 별들이 분광형이 A0인 별보다 표면 온도가 낮다.

ㄷ. 오답 : ㉠은 전파 영역의 물질이 분출되며 발생하는 것이다. 암흑 물질은 전자기파 영역에서 관측할 수 없으므로, ㉠은 암흑 물질이 분출되는 모습이 아니다.

4 퇴적암과 퇴적 구조 　　정답 ③ 정답률 68%

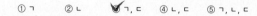

보기
㉠. '다짐 작용'은 ㉠에 해당한다.
㉡. 과정 (나)에서 원통 속에 남아 있는 물의 부피는 ~~225~~ $\frac{150}{}$ mL 이다.
㉢. 원형 판의 개수가 증가할수록 단위 부피당 퇴적물 입자의 개수는 증가한다. 공극↓, 밀도↑

① ㄱ　　② ㄴ　　**③ ㄱ, ㄷ**　　④ ㄴ, ㄷ　　⑤ ㄱ, ㄴ, ㄷ

|자|료|해|설|

퇴적물이 담긴 원통에 물을 넣은 뒤 물의 높이와 퇴적물의 높이가 같아질 때까지 물을 추출하고 나면 퇴적물 사이의 공극에만 물이 존재한다. 이때 원형 판을 이용해 퇴적물을 압축시키는 과정은 속성 작용 중 다짐 작용에 해당한다. 원형 판의 개수를 증가시키면 퇴적물이 더 강하게 다져지고 점점 공극이 작아지며 작아진 공극만큼 물이 추출된다. 250mL의 물을 넣고 (나) 과정이 지난 뒤 추출된 물의 부피가 100mL이므로 과정 (나)에서 원통 속에 남아 있는 물의 부피는 150mL이다.

|보|기|풀|이|

ㄷ. 정답 : 원형 판의 개수가 증가할수록 다짐 작용이 강해지므로 밀도가 커져 단위 부피당 퇴적물 입자의 개수는 증가한다.

5 외계 생명체 탐사 　　정답 ⑤ 정답률 85%

① ㄱ　　② ㄷ　　③ ㄱ, ㄴ　　④ ㄴ, ㄷ　　**⑤ ㄱ, ㄴ, ㄷ**

|자|료|해|설|

주계열성은 질량이 클수록 반지름과 광도가 크다. 주계열성의 경우 중심별의 질량이 클수록 생명 가능 지대가 별로부터 멀어지고, 생명 가능 지대의 폭이 넓어진다.

|보|기|풀|이|

ㄱ. 정답 : 질량이 큰 A 별의 광도가 질량이 작은 B 별의 광도보다 크다.

ㄴ. 정답 : 중심별의 광도가 클수록 생명 가능 지대의 위치가 별로부터 멀어지므로, 중심별의 질량이 클수록 생명 가능 지대에 위치한 행성의 공전 궤도 반지름이 커진다. 따라서 ㉠>㉡ 이다.

ㄷ. 정답 : 주계열성은 질량이 클수록 광도가 크고, 중심별의 광도가 클수록 생명 가능 지대의 폭이 넓어진다. 따라서 ㉢>㉣이다.

6 마그마의 종류와 생성 　　정답 ④ 정답률 68%

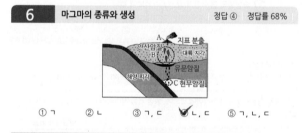

① ㄱ　　② ㄴ　　③ ㄱ, ㄷ　　**④ ㄴ, ㄷ**　　⑤ ㄱ, ㄴ, ㄷ

|자|료|해|설|

C는 맨틀 물질이 용융되어 마그마가 형성된 것으로, 현무암질 마그마이다. 현무암질 마그마가 상승하여 대륙 지각을 녹여 형성된 유문암질 마그마와 현무암질 마그마가 섞이면 B에서 안산암질 마그마가 형성된다. A는 마그마가 지표 위로 분출된 모습으로, 마그마가 지표로 분출되면 온도 차로 인해 빠르게 식어 주로 세립질 암석이 생성된다.

|보|기|풀|이|

ㄴ. 정답 : B에서는 현무암질 마그마와 유문암질 마그마가 섞여 안산암질 마그마가 생성될 수 있다.

ㄷ. 정답 : C에서는 함수 광물에서 빠져나온 물의 유입으로 맨틀 물질의 용융점이 낮아져 마그마가 생성된다.

7 태풍   정답 ②   정답률 73%

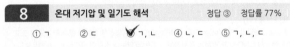

보기
→ 안전 반원   → 위험 반원
ㄱ. 풍속은 A 지점이 B 지점보다 ~~크다~~ 작다.
ㄴ. 공기의 연직 운동은 C 지점이 D 지점보다 활발하다.
ㄷ. C 지점에서는 ~~남동~~ 북풍 계열의 바람이 분다.

① ㄱ   ②✔ ㄴ   ③ ㄷ   ④ ㄱ, ㄴ   ⑤ ㄴ, ㄷ

| 자 | 료 | 해 | 설 |

태풍이 이동할 때 태풍 중심의 이동 경로를 기준으로 왼쪽은 안전 반원, 오른쪽은 위험 반원에 해당한다. 안전 반원은 위험 반원에 비해 비교적 풍속이 약하다. 태풍은 열대 저기압으로, 북반구에서는 태풍의 중심으로 바람이 시계 반대 방향으로 불어 들어간다. 태풍은 강한 비바람을 동반하며, 강수량을 통해 구름의 양과 공기의 연직 운동을 파악할 수 있다.

| 보 | 기 | 풀 | 이 |

ㄱ. 오답 : A 지점은 안전 반원, B 지점은 위험 반원에 위치하므로 B 지점의 풍속이 A 지점보다 더 크다. 또한 등압선 간격이 조밀할수록 풍속이 크므로, 등압선 간격이 더 조밀한 B 지점이 A 지점보다 풍속이 크다.

ㄴ. 정답 : C 지점이 D 지점보다 강수량이 많은 것으로 보아, C 지점이 D 지점보다 공기의 연직 운동이 활발하여 두꺼운 구름이 생겼음을 알 수 있다.

ㄷ. 오답 : 북반구에서는 태풍이 중심으로 바람이 시계 반대 방향으로 불어 들어가므로 C 지점에서는 북풍 계열의 바람이 분다.

8 온대 저기압 및 일기도 해석   정답 ③   정답률 77%

① ㄱ   ② ㄷ   ③✔ ㄱ, ㄴ   ④ ㄴ, ㄷ   ⑤ ㄱ, ㄴ, ㄷ

| 자 | 료 | 해 | 설 |

온대 저기압은 온난 전선과 한랭 전선을 포함하고 있다. 이때, 번개를 동반한 비는 적란운에서 발생하며 적란운은 한랭 전선의 후면에서 발생할 수 있다. 그러므로 A 지역을 통과한 전선은 한랭 전선이며, 한랭 전선은 전선의 후면으로 전선면이 위치한다. 또한 한랭 전선이 통과하기 전에는 남서풍이 불고, 한랭 전선이 통과하고 나면 북서풍으로 풍향이 시계 방향으로 바뀐다.

| 보 | 기 | 풀 | 이 |

ㄱ. 정답 : 한랭 전선은 전선의 후면에 전선면이 위치하고 구름이 발생한다. 이 기간 동안 A 지역에서 번개가 발생한 것으로 보아 이때 A의 상공에는 전선면이 위치했다.

ㄴ. 정답 : 번개는 적란운이 발달했을 때 발생할 수 있다. $T_2 \sim T_3$ 동안 A에서 번개가 발생했으므로 해당 시기 동안 적운형 구름이 발달했다.

9 해수의 화학적 · 물리적 성질   정답 ①   정답률 72%

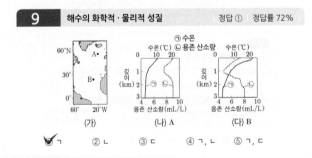

① ㄱ   ② ㄴ   ③ ㄷ   ④ ㄱ, ㄴ   ⑤ ㄱ, ㄷ

| 자 | 료 | 해 | 설 |

(가)에서 A는 중위도, B는 저위도 해역으로 A의 표층 수온이 B의 표층 수온보다 낮다. (나)와 (다)에서 수온은 수심이 깊어짐에 따라 혼합층, 수온 약층, 심해층으로 구분되므로 ㉠이 수온 그래프이다. 용존 산소량은 광합성량과 대기 중 녹아 들어가는 산소로 인해 표면에서 가장 높고 수심이 깊어질수록 광합성량은 줄고 생물의 호흡에 의한 소비만 일어나 용존 산소량이 줄어들다가 수심 약 800m~1000m보다 깊은 곳에서부터 호흡을 하는 생물체가 적어지며 다시 증가하므로 ㉡이 용존 산소량 그래프이다.

| 보 | 기 | 풀 | 이 |

ㄱ. 정답 : (나)는 (다)보다 표층 수온이 낮으므로 A에 해당한다.

ㄴ. 오답 : 표층에서 용존 산소량은 A가 B보다 크다.

ㄷ. 오답 : 수온 약층은 수심에 따른 온도 차가 클수록 뚜렷하므로 A보다 B에서 더 뚜렷하다.

10 지질 시대의 환경과 화석   정답 ④   정답률 53%

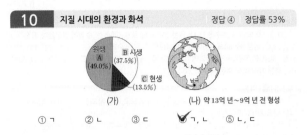

(가)   (나) 약 13억 년~9억 년 전 형성

① ㄱ   ② ㄴ   ③ ㄷ   ④✔ ㄱ, ㄴ   ⑤ ㄴ, ㄷ

| 자 | 료 | 해 | 설 |

시생 누대는 약 40억 년 전부터 25억 년 전까지 15억 년 정도 길이며, 원생 누대는 약 25억 년 전부터 5억 4천만 년 전가지 19억 6천만 년 정도의 길이를 가진다. 현생 누대는 약 5억 4천만 년 정도의 길이를 가진다. 즉, A는 원생 누대, B는 시생 누대, C는 현생 누대이다. 로디니아는 약 13억 년 전에서 9억 년 전 사이에 생성된 초대륙으로, 이 시기는 원생 누대에 해당한다. 다세포 동물은 원생 누대에 처음으로 출현했다.

| 보 | 기 | 풀 | 이 |

ㄱ. 정답 : A는 지질 시대 중 가장 비율이 큰 원생 누대이다.

ㄴ. 정답 : 로디니아는 약 13억 년 전에서 9억 년 전 사이에 생성된 초대륙으로, 이 시기는 원생 누대(A)에 해당한다.

ㄷ. 오답 : 다세포 동물은 원생 누대(A)에 처음으로 출현했다.

11 우주론   정답 ①   정답률 62%

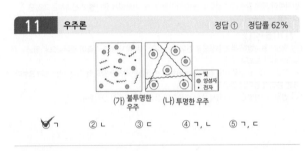

(가) 불투명한   (나) 투명한 우주
우주

①✔ ㄱ   ② ㄴ   ③ ㄷ   ④ ㄱ, ㄴ   ⑤ ㄱ, ㄷ

| 자 | 료 | 해 | 설 |

우주는 현재 계속해서 팽창하며 온도와 밀도가 감소하고 있다. 반대로 과거에는 우주가 뜨겁고 밀도가 높았다. 우주의 온도가 매우 높아 양성자와 전자가 분리된 상태로 존재할 때는 빛이 통과하지 못하는 불투명한 우주였다가, 우주 팽창과 함께 점차 식어 중성 원자가 만들어지자 빛이 통과하는 투명한 우주가 되었다. 이때, 최초로 방출된 복사가 남아 우주 배경 복사가 되었다. 처음 복사가 방출되었을 때는 온도가 매우 높았다가 지금은 점차 식어 현재 우주 배경 복사의 온도는 약 2.7K으로 관측된다.

| 보 | 기 | 풀 | 이 |

ㄱ. 정답 : (가)는 빛이 통과하지 못하는 불투명한 우주이고, (나)는 빛이 통과하는 투명한 우주이다. 우주는 과거로 갈수록 더 뜨거워지므로 양성자와 전자가 분리된 (가)가 더 온도가 높은 과거이고 이때 우주의 나이가 10만 년이다.

ㄴ. 오답 : (나) 시기는 우주의 나이가 100만 년일 때이므로 우주 배경 복사의 온도는 현재보다 훨씬 높았다.

ㄷ. 오답 : 빅뱅 후 약 3분이 지났을 때 수소 원자핵에 대한 헬륨 원자핵의 질량비가 약 3 : 1이 되었고 현재까지 이 비율은 유지되고 있다. 그러므로 수소 원자핵에 대한 헬륨 원자핵의 질량비는 (가) 시기와 (나) 시기 모두 약 3 : 1로 같다.

12 해수의 화학적 · 물리적 성질   정답 ④   정답률 78%

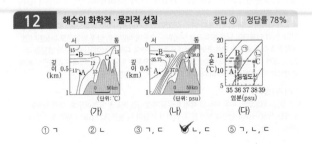

(가)   (나)   (다)

① ㄱ   ② ㄴ   ③ ㄱ, ㄷ   ④✔ ㄴ, ㄷ   ⑤ ㄱ, ㄴ, ㄷ

|자|료|해|설|
(가)와 (나)를 보면 A는 수온 11℃, 염분 35.75psu로 (다)에서 ⊙ 수괴에 해당한다. B는 수온 14℃, 염분 36psu로 (다)에서 A와 마찬가지로 ⊙ 수괴에 해당한다. C는 수온 13℃, 염분 38psu로 (다)에서 ⓒ 수괴에 해당한다. 즉, A와 B보다 C의 밀도가 더 크다. 이때 A와 B는 염분 차에 비해 수온 차가 더 크다.

|보|기|풀|이|
ⓛ. 정답 : A와 B는 염분 차에 비해 수온 차가 더 크므로, 수온에 의한 밀도 차가 염분에 의한 밀도 차보다 더 크다.
ⓒ. 정답 : C의 수괴는 B의 수괴보다 밀도가 크므로 C의 수괴가 서쪽으로 이동하면, C의 수괴는 B의 수괴 아래쪽으로 이동한다.

13 별의 진화 정답 ③ 정답률 50%

ⓞ. 평균 밀도는 C가 A보다 작다.
ⓛ. 표면 온도는 A가 B보다 ~~높다.~~ 높다. 반지름은 작은데 광도↑ → 표면 온도↑
ⓒ. 중심부의 온도는 B가 C보다 높다. 중력 수축 에너지 때문에

① ㄱ ② ㄴ ③✓ㄱ, ㄷ ④ ㄴ, ㄷ ⑤ ㄱ, ㄴ, ㄷ

|자|료|해|설|
원시별은 기압 차에 의한 힘보다 중력이 더 강하므로 중력 수축하고 이 중력 수축 에너지가 원시별의 에너지원이 된다. 원시별은 중력 수축하며 반지름이 감소하고, 평균 밀도는 대체로 증가하며 내부 압력이 증가하고 온도도 증가한다. 이때 표면 온도는 증가하지만 반지름이 크게 감소하여 광도도 함께 감소한다. 즉, 자료에서 원시별이 진화하는 과정은 C → B → A 순서이다.

|보|기|풀|이|
ⓞ. 정답 : 원시별이 주계열성으로 진화하는 동안 계속해서 중력 수축이 일어나므로 평균 밀도가 C가 A보다 작다.
ㄴ. 오답 : A와 B 값을 비교하면, A는 B보다 반지름은 작지만 광도가 크다. 이는 A가 B보다 표면 온도가 높다는 것을 의미한다.
ⓒ. 정답 : 원시별은 계속해서 중력 수축하며 중심부의 온도가 증가한다.

14 대기 대순환 정답 ① 정답률 55%

①✓ㄱ ② ㄴ ③ ㄷ ④ ㄱ, ㄴ ⑤ ㄱ, ㄷ

|보|기|풀|이|
ⓞ. 정답 : 이 시기에 우리나라에 북서풍이 우세하게 불고 있으므로 이 평년 바람 분포는 겨울인 1월의 자료이다.
ㄴ. 오답 : A에는 고위도에서 저위도 방향으로 한류가 흐르며, B에는 저위도에서 고위도 방향으로 난류가 흐른다.
ㄷ. 오답 : 표층 해수는 북반구에서는 바람 방향의 오른쪽 45°, 남반구에서는 바람 방향의 왼쪽 45° 방향으로 이동하므로 C에서는 표층 해수가 발산한다.

15 판의 경계와 대륙 분포의 변화 정답 ② 정답률 15%

① ㄱ ②✓ㄴ ③ ㄱ, ㄷ ④ ㄴ, ㄷ ⑤ ㄱ, ㄴ, ㄷ

|자|료|해|설|
고지자기 역전 줄무늬는 해령을 중심으로 대칭적으로 나타나는데, A와 B 사이에 고지자기 줄무늬의 대칭축이 보이지 않으므로 A와 B 사이에 해령이 위치하지 않는다. 따라서 A와 B는 같은 해양판에 위치한다. 이때, 해양판과 대륙판 사이에 해구가 존재하고, 해양판의 이동 속도가 대륙판의 이동 속도보다 빠른 것으로 보아 해양판은 북쪽 방향으로 이동함을 알 수 있다. 만약 대륙판이 남쪽 방향으로 이동하는 경우에 해양판이 남쪽 방향으로 이동한다면, 해양판의 이동 속도가 대륙판보다 빠르므로 해양판과 대륙판 사이에는 해구가 발달할 수 없다. 또한 대륙판이 북쪽 방향으로 이동하는 경우에는 이동 속도가 더 빠른 해양판이 북쪽 방향으로 이동해야 해양판과 대륙판 사이에 해구가 발달할 수 있다.

|보|기|풀|이|
ⓛ. 정답 : 해양판의 이동 속도와 해저 퇴적물이 쌓이는 속도는 일정하므로, 해저 퇴적물의 두께는 해양 지각의 연령과 비례한다. 따라서 연령이 더 높은 A가 B보다 해저 퇴적물의 두께가 두껍다.

16 별의 표면 온도와 별의 크기 정답 ⑤ 정답률 37%

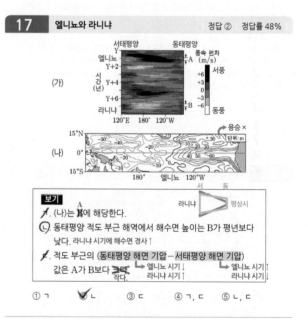

별	복사 에너지를 최대로 방출하는 파장(μm)		절대 등급	반지름 (태양=1)
태양	0.50	온도 1	+4.8 100배	1
(가)	(⊙) 0.25		−0.2	2.5
(나)	0.10	온도 5	( )	4
(다)	백색 왜성 0.25	온도 2	+9.8	(0.025)

$$L_{태양}=1$$
$$L_{(다)}=2^4 \times R_{(다)}{}^2$$
$$=\frac{1}{100}$$
$$\therefore R_{(다)}=\frac{1}{40}$$
$$=0.025$$
$$L_{(가)}=T^4 \times \left(\frac{5}{2}\right)^2$$
$$=100$$
$$\therefore T_{(가)}=2$$
$$L_{(나)}=5^4 \times 4^2$$
$$=100^2$$

ⓞ. ⊙은 ~~0.125~~ 0.25 이다.
ⓛ. 중심핵에서의 $\dfrac{\text{p−p 반응에 의한 에너지 생성량}}{\text{CNO 순환 반응에 의한 에너지 생성량}}$ 은 (나)가 태양보다 작다. $L_{(나)}=1000^2 L_{(다)} \rightarrow$ 겉보기 밝기∝$\dfrac{광도}{거리}$
ⓒ. 지구로부터의 거리는 (나)가 (다)의 1000배이다.

① ㄱ ② ㄴ ③ ㄷ ④ ㄱ, ㄴ ⑤✓ㄴ, ㄷ

|자|료|해|설|
태양의 온도와 반지름을 1이라고 하고 광도 공식 $L=4\pi R^2 \sigma T^4$에서 반지름과 온도만 고려하면 태양의 광도도 1이다. 이때 (가)는 태양보다 절대 등급이 5등급 작으므로 광도는 100배이다. (가)의 반지름은 2.5이므로 온도는 2이다. 이때 복사 에너지를 최대로 방출하는 파장은 온도에 반비례하며, (가)의 온도는 태양 온도의 2배이고 태양이 복사 에너지를 최대로 방출하는 파장이 0.50μm이므로 ⊙은 0.25이다. 같은 이유로 (나)의 온도는 5이고 반지름이 4이므로 광도는 100^2이고 절대 등급은 −5.2이다. (다)의 절대 등급은 태양보다 5등급 크므로 광도는 $\dfrac{1}{100}$배이고, 온도가 2이므로 반지름은 0.025이다. 온도와 반지름 값을 보았을 때 (다)는 백색 왜성이고, (가)와 (나)는 주계열성이다.

|보|기|풀|이|
ⓛ. 정답 : 태양과 (가), (나)는 모두 주계열성이다. 주계열성은 질량이 클수록 광도도 크고 중심핵에서 CNO 순환 반응이 우세하다. (나)는 태양보다 질량이 크므로 p−p 반응보다 CNO 순환 반응이 우세하다.
ⓒ. 정답 : (나)는 (다)보다 1000^2배 밝지만 두 별의 겉보기 밝기는 같다. 이때 겉보기 밝기는 거리의 제곱에 반비례하므로 지구로부터의 거리는 (나)가 (다)의 1000배이다.

17 엘니뇨와 라니냐 정답 ② 정답률 48%

ⓞ. (나)는 ~~A~~ B에 해당한다.
ⓛ. 동태평양 적도 부근 해역에서 해수면 높이는 B가 평년보다 낮다. 라니냐 시기에 해수면 경사↑
ⓞ. 적도 부근의 (동태평양 해면 기압−서태평양 해면 기압) 값은 A가 B보다 작다. ←엘니뇨 시기↑ ←라니냐 시기↑ ←엘니뇨 시기↑ ←라니냐 시기↑

① ㄱ ②✓ㄴ ③ ㄷ ④ ㄱ, ㄷ ⑤ ㄴ, ㄷ

|자|료|해|설|
(가)에서 (+)는 서풍, (−)는 동풍에 해당하므로 A 시기에 적도 부근 해역에서는 서풍이 우세했고, B 시기에는 동풍이 우세했다. 무역풍은 동풍 계열의 바람이므로 무역풍이 강했던 시기는 B이다. 따라서 A 시기는 엘니뇨, B 시기는 라니냐이다. (나)는 20℃ 등수온선의 깊이 편차를 나타낸 것인데, 편차가 양(+)의 값을 가진다는 것은 20℃ 등수온선의 깊이가 깊어졌다는 것을 의미하며, 이는 같은 수심에서 수온이 평년보다 상승했다는 것을 의미한다. (나) 자료에서 동태평양에서 양의 값이 나타났고, 이는 용승이 활발하지 않아 같은 수심에서 수온이 평년보다 상승했다는 것이므로 이 시기는 엘니뇨 시기임을 파악할 수 있다.

|보|기|풀|이|
ⓛ. 정답 : 라니냐 시기에는 서태평양과 동태평양의 해수면 높이 차가 증가한다. B 시기는 라니냐로 동태평양 적도 부근 해역에서 해수면 높이는 평년보다 낮아진다.

은하	기준 파장	관측 파장
T_1 A	120	132
T_2 B	150	600

(단위 : nm)

(가)

우주 구성 요소	T_1	T_2 ← 최근
암흑 에너지 a	62.7	3.4
암흑 물질 b	31.4	81.3
보통 물질 c	5.9	15.3

(단위 : %)

(나)

보기

ㄱ. 우리은하에서 관측한 A의 후퇴 속도는 ~~30000km/s~~ 3000km/s이다. $30000km/s$

     $v_A = 3 \times 10^5 \times \frac{12}{120} = 3 \times 10^4$

ㄴ. B는 T_2 시기의 천체이다.

ㄷ. 우주를 가속 팽창시키는 요소는 ~~b~~ a이다. $v_B = 3 \times 10^5 \times \frac{450}{150} = 3^2 \times 10^5$

① ㄱ   ✔ㄴ   ③ ㄷ   ④ ㄱ, ㄴ   ⑤ ㄴ, ㄷ

|자|료|해|설|

외부 은하는 관측자로부터 멀수록 적색 편이가 크고 후퇴 속도가 빠르며 먼 과거를 의미한다. (가)에서 A의 적색 편이량은 $\frac{132-120}{120} = \frac{12}{120} = \frac{1}{10}$이고, B의 적색 편이량은 $\frac{600-150}{150}$ $= \frac{450}{150} = 3$이므로 B가 관측자로부터 더 멀고 후퇴 속도가 빠르다. $v = c \times z$(v: 후퇴 속도, c: 빛의 속도, z: 적색 편이량)이므로 이를 통해 후퇴 속도를 계산하면 A는 30,000km/s, B는 900,000km/s이다. 현재 우주를 이루는 보통 물질과 암흑 물질, 암흑 에너지의 비율을 보면 보통 물질이 약 5%, 암흑 물질이 약 27%, 암흑 에너지가 약 68%이다. 시간이 지날수록 암흑 에너지의 상대적 비율은 증가하고, 암흑 물질과 보통 물질의 상대적 비율은 감소하므로 T_2 시기가 T_1 시기보다 더 과거이다. 따라서 T_2가 B의 빛이 출발한 시기이고, T_1이 A의 빛이 출발한 시기이며, a는 암흑 에너지, b는 암흑 물질, c는 보통 물질이다.

|보|기|풀|이|

ㄱ. 오답: $v = c \times z$를 이용해 A의 후퇴 속도를 구하면 $3 \times 10^5 \times \frac{12}{120} = 3 \times 10^4$km/s= 30,000km/s이다.

ㄴ. 정답: B가 A보다 적색 편이가 크므로 빛이 출발한 시기는 B가 A보다 더 과거이다. 따라서 B는 T_2 시기의 천체이다.

ㄷ. 오답: 우주를 가속 팽창시키는 요소는 암흑 에너지인 a이다.

5억 4천만 년 ~2억 5천만 년

고생대 셰일

A : Y, 반감기 2번 → 1억 년
B : X, 반감기 3번 → 3억 년

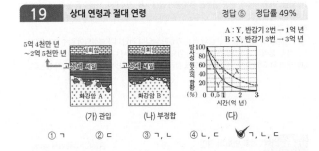

(가) 관입   (나) 부정합   (다)

① ㄱ   ② ㄷ   ③ ㄱ, ㄴ   ④ ㄴ, ㄷ   ✔ㄱ, ㄴ, ㄷ

|자|료|해|설|

(가)는 셰일이 포획된 것으로 보아 화강암이 관입했음을 알 수 있고, (나)는 화강암이 기저 역암 형태로 셰일에 포함된 것으로 보아 부정합이 나타난 것을 알 수 있다. 따라서 (가)에서 화강암 A는 셰일보다 연령이 적으며, (나)에서 화강암 B는 셰일보다 연령이 많다. 셰일에서 삼엽충 화석이 산출되므로 셰일의 절대 연령은 약 5억 4천만 년~2억 5천만 년 사이의 값을 가진다. (다)에서 X는 반감기가 1억 년, Y는 반감기가 0.5억 년이다. A와 B에 포함된 방사성 원소의 함량이 처음의 25%, 12.5%이므로 각각 반감기가 2번, 3번 지났다. 이를 모두 고려하면 A에는 Y 원소가 포함되어 있고 반감기가 2번 지나 절대 연령이 1억 년이며, B에는 X 원소가 포함되어 있고 반감기가 3번 지나 절대 연령이 3억 년이다.

|보|기|풀|이|

ㄴ. 정답: B는 셰일보다 연령이 높다. 셰일은 약 5억 4천만 년~2억 5천만 년 사이의 연령을 가진다. B에 Y가 포함되어 있다고 가정했을 때, 반감기가 두 번 지났다면 1억 년, 반감기가 세 번 지났다면 1.5억 년이다. B에 Y가 포함되어 있다고 가정한 모든 경우에 B가 셰일보다 연령이 어리므로 B에는 X가 포함되어 있다.

ㄷ. 정답: A에는 Y, B에는 X 원소가 포함되어 있고, 현재 Y는 25%, X는 12.5%가 남아 있다. 현재로부터 1억 년이 지나면 Y는 두 번의 반감기가 지나 6.25%, X는 한 번의 반감기가 지나 6.25%로 줄어들어 이때 두 방사성 원소의 함량비는 1 : 1이다.

보기

ㄱ. t_1일 때, 중심별의 상대적 밝기는 원래 광도의 99.75%이다. $\frac{1}{400}$배 감소

ㄴ. $t_2 \to t_3$ 동안 중심별의 스펙트럼에서 흡수선의 파장은 점차 길어진다. t_2 : 청색 편이 최대

ㄷ. 중심별의 시선 속도는 A일 때가 t_2일 때의 $\frac{1}{4}$배이다.   시선 속도 = 공전 속도

① ㄱ   ② ㄷ   ③ ㄱ, ㄴ   ④ ㄴ, ㄷ   ✔ㄱ, ㄴ, ㄷ

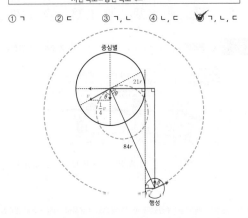

|자|료|해|설|

외계 행성의 반지름을 r이라고 했을 때, 중심별의 반지름은 $20r$, 중심별의 중심과 외계 행성의 중심 사이의 거리는 $84r$로 표현할 수 있다. t_1과 t_5에서 행성은 관측자의 시선에서 중심별을 가리는 방향으로 중심별의 정중앙에 위치하며, t_3에는 중심별의 뒤쪽 정중앙에 위치한다. $t_1 \sim t_3$ 시기에 중심별은 청색 편이가 나타나며, $t_3 \sim t_5$ 시기에 중심별은 적색 편이가 나타난다. A 시기에는 식 현상이 끝난 직후이므로 관측자 시선에서 중심별과 행성이 접해있는 것처럼 보이며 이때 관측자 시선에서 중심별의 중심과 행성의 중심 사이의 거리는 $21r$이다.

|보|기|풀|이|

ㄱ. 정답: 외계 행성의 반지름을 r이라고 했을 때, 중심별의 반지름은 $20r$이므로 행성 전체가 중심별을 가리면 중심별의 상대적 밝기는 $\frac{1}{400}$배 감소하므로 원래 광도의 99.75%이다.

ㄴ. 정답: 중심별은 $t_1 \sim t_3$ 시기에 청색 편이가 나타나며 t_2 시기에 청색 편이가 최대이다. 그러므로 $t_2 \sim t_3$ 동안 중심별은 청색 편이가 나타나지만 흡수선의 파장은 t_2 시기에 비해 조금씩 길어진다.

ㄷ. 정답: t_2 시기에 행성의 공전 방향은 시선 방향에 나란하므로 이 시기에는 공전 속도가 시선 속도와 같다. A 시기일 때 중심별의 중심과 외계 행성의 중심까지의 실제 거리와, 중심별의 중심과 외계 행성의 중심까지의 겉보기 위치 사이의 각도를 θ라고 하면 A 시기 중심별의 공전 속도와 시선 속도가 이루는 각도도 θ이며, $\cos\theta = \frac{1}{4}$이다. 즉 A 시기에 중심별의 시선 속도는 공전 속도의 $\frac{1}{4}$배이므로 A일 때의 시선 속도는 t_2 시기 시선 속도의 $\frac{1}{4}$배이다.

1	②	2	①	3	④	4	⑤	5	②
6	②	7	④	8	①	9	②	10	④
11	⑤	12	①	13	③	14	④	15	①
16	⑤	17	③	18	⑤	19	③	20	⑤

---

1 판 구조론 　　　　정답 ② 정답률 84%

① A　　✓C　　③ A, B　　④ B, C　　⑤ A, B, C

|자|료|해|설|

㉠은 대륙 이동설로, 베게너가 주장했다. 해안선의 모양의 유사성, 지질 구조의 연속성 등 여러 가지 근거를 제시했지만 대륙 이동의 원동력을 설명하지 못해 학계에서 인정받지 못했다.
㉡은 해양저 확장설로, 해양 탐사 기술이 발달하여 해저 지형을 파악할 수 있게 되면서 등장했다. 맨틀 대류의 상승부에 해령이 있어 새로운 해양 지각이 생성되며, 생성된 해양 지각은 해령의 양쪽으로 이동하여 맨틀 대류의 하강부인 해구에 다다르면 맨틀 속으로 하강하여 지구 내부로 다시 들어간다는 내용이다.

|보|기|풀|이|

학생 C 정답 : ㉡에 따르면 해양 지각은 해령에서 생성되어 해령을 축으로 양쪽으로 이동하다가 해구에서 소멸하므로 해령에서 멀어질수록 해양 지각의 나이는 증가해야 한다. 따라서 해령에서 멀어질수록 해양 지각의 연령이 증가하는 것은 ㉡의 증거가 될 수 있다.

---

2 외부 은하 　　　　정답 ① 정답률 73%

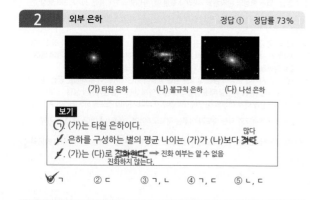

(가) 타원 은하　　(나) 불규칙 은하　　(다) 나선 은하

보기

㉠ (가)는 타원 은하이다.
✗ 은하를 구성하는 별의 평균 나이는 (가)가 (나)보다 ~~적다~~. 많다
✗ (가)는 (다)로 ~~진화한다~~. → 진화 여부는 알 수 없음 진화하지 않는다

✓①　　②ㄷ　　③ㄱ, ㄴ　　④ㄱ, ㄷ　　⑤ㄴ, ㄷ

|자|료|해|설|

(가)는 타원 모양을 가진 타원 은하이고, (나)는 정형화된 모양이 없는 불규칙 은하, (다)는 나선팔을 가진 나선 은하이다. 은하의 형태와 진화는 특별한 상관관계가 없다.
타원 은하에는 주로 나이가 많은 별이 많고, 젊은 별이 적다. 불규칙 은하에는 나이가 많은 별과 젊은 별이 모두 존재하며 새로운 별이 많이 탄생한다. 나선 은하의 중심부에는 나이 많은 별이 주로 분포하며, 나선팔에 성간 물질과 젊은 별이 많이 분포한다.

---

3 해수의 심층 순환 　　　　정답 ④ 정답률 88%

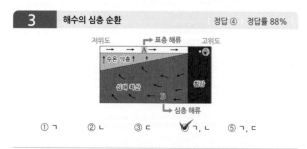

①ㄱ　　②ㄴ　　③ㄱ, ㄴ　　✓④ㄴ, ㄷ　　⑤ㄱ, ㄷ

|보|기|풀|이|

㉠ 정답 : A는 표층 해류로 저위도의 과잉 에너지를 고위도로 수송한다.
㉡ 정답 : B 해역은 표층 해수가 냉각되어 침강하는 고위도에 위치하며, 용존 산소가 풍부한 고위도 해역의 찬 해수가 침강하여 심해층에 산소를 공급한다.
ㄷ. 오답 : 평균 이동 속력은 표층 해류(A)가 심층 해류(B)보다 빠르다.

---

4 퇴적암과 퇴적 구조 　　　　정답 ⑤ 정답률 87%

①ㄱ　　②ㄷ　　③ㄱ, ㄴ　　④ㄴ, ㄷ　　✓⑤ㄱ, ㄴ, ㄷ

|자|료|해|설|

쇄설성 퇴적암은 퇴적물이 쌓여 무게로 인해 압축되는 다짐 작용과 입자 사이를 흐르는 물에 용해되어 있는 물질들에 의해 공극이 메워져 입자들이 서로 붙은 채 굳어지는 교결 작용을 거쳐 형성된다.

|보|기|풀|이|

㉠ 정답 : 실험 결과 자갈, 모래, 점토 사이의 공간이 모두 채워진 채로 입자들이 굳어 한 덩어리가 되었으므로 ㉠은 교결 작용이다.
㉡ 정답 : 석회질 반죽은 자갈, 모래, 점토 사이의 빈 공간에 채워진 후 굳어져 입자들을 단단하게 결합시켜 주는 역할을 하는 교결 물질에 해당한다.
㉢ 정답 : ㉢에는 공극이 크고 많지만, ㉣에는 공극이 거의 없으므로 단위 부피당 공극이 차지하는 부피는 ㉢이 ㉣보다 크다.

---

5 대기 대순환, 해수의 표층 순환 　　　　정답 ② 정답률 49%

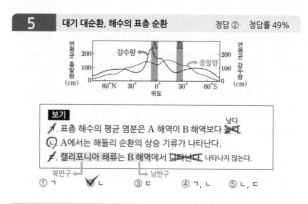

보기

✗ 표층 해수의 평균 염분은 A 해역이 B 해역보다 ~~높다~~. 낮다
㉡ A에서는 해들리 순환의 상승 기류가 나타난다.
✗ 캘리포니아 해류는 B 해역에서 ~~나타난다~~. 나타나지 않는다

①ㄱ　　✓②ㄴ　　③ㄴ, ㄷ　　④ㄱ, ㄴ　　⑤ㄴ, ㄷ

|자|료|해|설|

저위도에서는 대기 대순환의 영향을 받아 해들리 순환이 일어나는데, 적도 부근에서는 상승 기류가, 위도 30° 부근에서는 하강 기류가 발달한다. 따라서 적도 부근에서는 저압대가 형성되어 강수량이 많고, 위도 30° 부근에서는 고압대가 형성되어 강수량이 적다.
제시된 그림에서 실선은 적도 부근에서 높은 값을 갖고, 위도 30° 부근에서 낮은 값을 가지므로 강수량이다. 따라서 점선은 증발량이다. A 지역은 강수량이 증발량보다 많은데, B 지역은 증발량이 강수량보다 많으므로 표층 해수의 평균 염분은 A 해역보다 B 해역이 더 높다.

|보|기|풀|이|

ㄱ. 오답 : 표층 해수의 평균 염분은 증발량이 많을수록, 강수량이 적을수록 높다. A 해역은 B 해역과 증발량이 비슷하지만 강수량은 훨씬 더 많으므로, A 해역이 B 해역보다 표층 해수의 평균 염분이 낮다.
㉡ 정답 : A에서는 해들리 순환의 상승 기류가 나타나 저압대가 형성되어 강수량이 많다.
ㄷ. 오답 : 캘리포니아 해류는 북반구의 위도 30°N 부근에서 나타나는 해류이다. B 해역은 남반구의 위도 30°S 부근에 위치하므로 캘리포니아 해류는 B 해역에서 나타나지 않는다.

---

6 기후 변화의 원인 　　　　정답 ② 정답률 75%

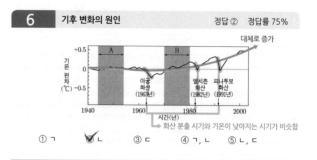

①ㄱ　　✓②ㄴ　　③ㄷ　　④ㄱ, ㄴ　　⑤ㄴ, ㄷ

|보|기|풀|이|

ㄱ. 오답 : A 시기에는 지구 평균 기온 편차에 거의 변화가 없지만, B 시기에는 편차가 점점 커지므로 기온의 평균 상승률은 B 시기가 A 시기보다 크다.
㉡ 정답 : 기후 변화를 일으키는 지구 내적 요인에는 화산 활동, 빙하의 면적 변화, 사막의 면적 변화 등이 있다.
ㄷ. 오답 : 성층권에 도달한 다량의 화산 분출물은 태양 복사 에너지를 흡수하거나 반사해 지구 평균 기온을 낮추는 역할을 한다.

---

7 마그마의 종류와 생성 　　정답 ④ 정답률 83%

보기

현무암질 < 안산암질 < 유문암질

ㄱ. 생성되는 마그마의 SiO_2 함량(%)은 A가 B보다 낮다.

ㄴ. A에서 주로 생성되는 암석은 ~~유문암~~ 현무암 이다.

ㄷ. C에서 물의 공급은 암석의 용융 온도를 감소시키는 요인에 해당한다.

① ㄱ　② ㄷ　③ ㄱ, ㄴ　✓④ ㄱ, ㄷ　⑤ ㄴ, ㄷ

|자|료|해|설|

해령에서 생성된 해양 지각은 해령을 기준으로 양쪽으로 이동한다. 해양판은 대륙판보다 밀도가 커서 대륙판과 만나면 대륙판 아래로 섭입한다. 섭입대에서 물의 공급에 의해 생성된 마그마는 상승하여 대륙 지각의 일부를 용융시킨다.

A에서 생성되는 마그마는 압력 감소에 의해 맨틀 물질이 부분 용융되어 만들어지는 마그마로 현무암질이다. C에서는 물이 공급에 의해 맨틀 물질의 용융점이 낮아져 현무암질 마그마가 생성된다. B에서는 C에서 생성된 현무암질 마그마와 대륙 지각이 용융되어 만들어진 유문암질 마그마가 혼합되어 안산암질 마그마가 생성될 수 있다.

8 해수의 화학적 · 물리적 성질 　　정답 ① 정답률 61%

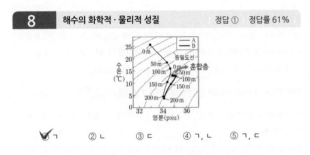

✓① ㄱ　② ㄴ　③ ㄷ　④ ㄱ, ㄴ　⑤ ㄱ, ㄷ

|보|기|풀|이|

ㄱ. 정답 : 수온이 낮을수록, 염분이 높을수록 해수의 밀도가 증가한다. 따라서 수온-염분도에서 오른쪽 아래쪽으로 갈수록 밀도가 커지므로 A 시기에 깊이가 증가할수록 해수의 밀도는 증가한다.

ㄴ. 오답 : 산소 기체의 용해도는 수온이 낮을수록 크다. A의 표층 수온은 20℃ 이상이고, B의 표층 수온은 15℃ 이하이므로 수온만을 고려할 때 표층에서 산소 기체의 용해도는 B 시기가 A 시기보다 크다.

ㄷ. 오답 : 혼합층은 표층에서 바람의 혼합 작용으로 인해 깊이에 따른 수온이 거의 일정한 구간이므로 B 시기가 A 시기보다 혼합층의 두께가 두껍다.

9 플룸 구조론 　　정답 ② 정답률 86%

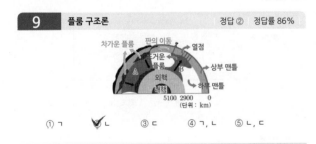

① ㄱ　✓② ㄴ　③ ㄷ　④ ㄱ, ㄴ　⑤ ㄴ, ㄷ

|자|료|해|설|

A는 상부 맨틀과 하부 맨틀의 경계에 쌓여 있다가 충분히 무거워지면 하강하여 생성되는 차가운 플룸이다. 차가운 플룸은 섭입대에서 판이 섭입하며 생성되는데, 섭입형 경계에서 가라앉은 판이 상부 맨틀과 하부 맨틀의 경계에 조금씩 쌓이다가 충분히 무거워져 하부 맨틀의 밀도보다 밀도가 커지면 맨틀과 외핵의 경계로 가라앉으면서 차가운 플룸이 생성된다.

B는 외핵과 하부 맨틀 사이에서 생성된 뜨거운 플룸으로 주변보다 밀도가 작아 상승한다. B에서 상승한 뜨거운 플룸이 열점을 형성하여 화산섬을 만들었다.

|보|기|풀|이|

ㄴ. 정답 : 뜨거운 플룸이 상승하여 생성된 마그마가 지각을 뚫고 올라와 열점을 형성하면 화산 활동이 일어나 화산섬이 생성될 수 있다. 따라서 뜨거운 플룸인 B에 의해 여러 개의 화산이 형성될 수 있다.

10 온대 저기압 및 일기도 해석 　　정답 ④ 정답률 73%

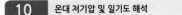
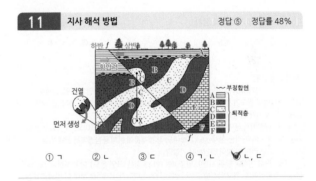

시각	기온 (℃)	바람	강수
t_1	17.1	남서풍	없음
t_2	12.5	북서풍	있음

보기

나타나지 않는다

ㄱ. t_1일 때 A 상공에는 전선면이 ~~나타난다~~.

ㄴ. $t_1 \sim t_2$ 사이에 A에서는 적운형 구름이 관측된다.

ㄷ. $t_1 \rightarrow t_2$ 동안 A에서의 풍향은 시계 방향으로 변한다.

① ㄱ　② ㄴ　③ ㄱ, ㄷ　✓④ ㄴ, ㄷ　⑤ ㄱ, ㄴ, ㄷ

|자|료|해|설|

우리나라에서 온대 저기압은 서쪽에서 동쪽으로 이동한다. 따라서 t_1일 때, A 지점은 온난 전선이 지난 후로 맑은 날씨가 나타난다. t_2일 때는 기온이 낮아지고 풍향이 북서풍으로 변하였으며 강수 현상도 발생하는 것으로 보아 한랭 전선이 A 지점을 통과한 후이다.

|보|기|풀|이|

ㄱ. 오답 : 온난 전선의 전면과 한랭 전선의 후면에 위치한 지점의 상공에 각각 전선면이 나타난다. 따라서 t_1일 때 A 지점은 온난 전선과 한랭 전선의 사이에 위치하므로 A 상공에는 전선면이 나타나지 않는다.

11 지사 해석 방법 　　정답 ⑤ 정답률 48%

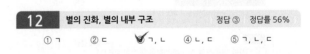

① ㄱ　② ㄴ　③ ㄷ　④ ㄱ, ㄴ　✓⑤ ㄴ, ㄷ

|보|기|풀|이|

ㄱ. 오답 : 단층 $f-f'$는 상반이 하반에 대해 상대적으로 위로 올라간 역단층으로 횡압력에 의해 형성되었다.

ㄴ. 정답 : 습곡에 의해 휘어진 지층들과 가장 위에 퇴적된 퇴적층 A 사이에 부정합면이 존재하므로 퇴적층 A는 습곡 형성 이후에 퇴적된 것이다. 습곡에 의해 휘어진 지층들과 부정합면, 퇴적층 A는 모두 단층에 의해 끊어졌으므로 지질학적 사건의 발생 순서를 나열하면 퇴적층 F~B → 습곡 → 부정합면 → 퇴적층 A → 단층 $f-f'$ 형성이다. 따라서 습곡과 단층의 형성 시기 사이에 부정합면이 형성되었다.

ㄷ. 정답 : 퇴적층 자료의 순서대로 각 지층을 A, B, C, D, E, F라 하면 습곡이 형성되기 전 지층의 생성 순서는 F → E → D → C → B이다. X → Y를 따라 각 지층 경계를 통과할 때 지나는 지층의 순서는 C → D → C → B → C이므로 지층 연령의 증감은 '증가 → 감소 → 감소 → 증가'이다.

12 별의 진화, 별의 내부 구조 　　정답 ③ 정답률 56%

① ㄱ　② ㄷ　✓③ ㄱ, ㄴ　④ ㄴ, ㄷ　⑤ ㄱ, ㄴ, ㄷ

|자|료|해|설|

(가)는 중심핵과 복사층, 대류층이 존재하는 주계열성으로 질량이 태양의 1배인 별이다. 질량이 태양과 비슷한 주계열성의 중심핵에서는 CNO 순환 반응보다 p-p 반응이 우세하게 일어난다. 중심핵에서 수소 핵융합 반응이 일어나며 생성된 에너지는 복사층으로 전달된다.

(나)는 대류핵과 복사층이 존재하는 주계열성으로 질량이 태양의 5배인 별이다. 질량이 태양의 5배인 주계열성의 중심핵에서는 p-p 반응보다 CNO 순환 반응이 우세하게 일어난다. 대류핵에서 수소 핵융합 반응이 일어나 생성된 에너지는 복사층으로 전달된다.

|보|기|풀|이|

ㄷ. 오답 : 주계열성이 거성으로 진화할 때 별의 질량이 클수록 대체로 광도의 변화 폭이 작고, 표면 온도의 변화 폭이 크다. 따라서 주계열 단계가 끝난 직후부터 핵에서 헬륨 연소가 일어나기 직전까지의 절대 등급의 변화 폭은 질량이 태양 질량의 1배인 (가)가 태양 질량의 5배인 (나)보다 크다.

13 태풍
정답 ③ 정답률 68%

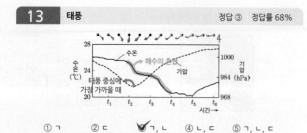

① ㄱ ② ㄷ ✓③ ㄱ, ㄴ ④ ㄴ, ㄷ ⑤ ㄱ, ㄴ, ㄷ

|자|료|해|설|
이 관측소에서 관측한 풍향은 남동풍 → 남풍 → 남서풍 → 서풍 순으로 시계 방향으로
변했다. 따라서 이 기간 동안 관측소는 태풍의 위험 반원에 위치하였다.
기압은 태풍의 중심에서 가장 낮으므로 t_2 부근일 때, 태풍의 중심은 관측소에 가장
근접했다.
태풍의 중심에 가까워질수록 바람의 세기가 강해지므로 해수의 혼합이 활발히 일어난다.
해수의 혼합이 활발해지면 수온이 낮은 깊은 곳의 해수까지 혼합되어 표층 수온이
낮아진다.

|보|기|풀|이|
ㄴ. 정답 : 관측소에 태풍 중심이 가까워지면 관측소에서의 기압이 낮아진다. t_2 부근일 때
관측소에서의 기압이 가장 낮으므로 관측소와 태풍 중심 사이의 거리는 t_2가 t_4보다 가깝다.
ㄷ. 오답 : 태풍 중심 부근의 해역에서는 저기압성 바람에 의해 표층 해수가 발산하여 용승이
일어나고, 강한 바람에 의해 해수의 혼합이 활발해져 표층 수온이 낮아질 수 있다. 따라서
$t_2 → t_4$ 동안 수온이 대체로 낮아진 것은 태풍에 의한 해수의 용승과 해수의 혼합에 의해
발생한 것이다.

14 외계 생명체 탐사
정답 ④ 정답률 72%

① ㄱ ② ㄴ ③ ㄱ, ㄷ ✓④ ㄴ, ㄷ ⑤ ㄱ, ㄴ, ㄷ

|보|기|풀|이|
ㄱ. 오답 : ⊙ 시기의 생명 가능 지대는 현재보다 중심별로부터 멀리 떨어져 있고, 폭이 더
넓다. 중심별의 광도가 클수록 생명 가능 지대는 중심별로부터 멀어지고, 폭이 넓어지므로
광도는 ⊙ 시기가 현재보다 크다.
ㄴ. 정답 : 태양에서 생명 가능 지대까지의 거리는 현재 약 1AU 정도이고, 이 별에서 생명
가능 지대까지의 거리는 현재 0.5AU보다도 작기 때문에 현재 중심별에서 생명 가능
지대까지의 거리는 이 별이 태양보다 가깝다.
ㄷ. 정답 : 단위 면적당 단위 시간에 방출하는 에너지양은 (표면 온도)⁴에 비례한다. 이 별은
현재 주계열성이며, 현재 중심별로부터 생명 가능 지대까지의 거리로 보아 이 별의 광도는
태양보다 작으므로, 현재 중심별로부터 생명 가능 지대까지의 거리로 보아 이 별의 광도는
단위 시간에 방출하는 에너지양은 이 별이 태양보다 적다.

15 암흑 물질과 암흑 에너지
정답 ① 정답률 40%

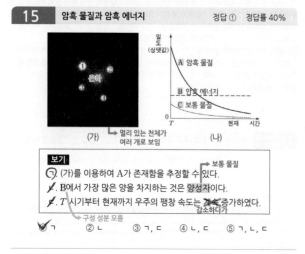

|보|기|
✓⊙ (가)를 이용하여 A가 존재함을 추정할 수 있다.
ㄴ. B에서 가장 많은 양을 차지하는 것은 양성자이다. 구성 성분 묶음
ㄷ. T 시기부터 현재까지 우주의 팽창 속도는 ~~계속~~ 증가하였다. 감소하다가

✓① ㄱ ② ㄴ ③ ㄱ, ㄷ ④ ㄴ, ㄷ ⑤ ㄱ, ㄴ, ㄷ

|자|료|해|설|
(가)에서 은하에 의한 중력 렌즈 현상 때문에 멀리 있는 천체가 여러 개로 보인다. 이는 중력
렌즈 현상을 일으킨 은하의 중력 효과에 의해 멀리 있는 천체로부터 나오는 빛이 휘어지기
때문이다. 중력 렌즈 현상이 관측되면 이를 통해 가까운 은하의 물질의 양을 추정할 수
있는데, 보통 물질의 양은 관측으로 알 수 있으므로 전체 물질의 양에서 보통 물질의 양을
제외하면 암흑 물질의 양을 추정할 수 있다.
(나)에서 밀도 변화가 없는 B는 암흑 에너지이고, 현재 밀도가 가장 작은 C는 보통 물질
이므로 A는 암흑 물질이다.

|보|기|풀|이|
ㄷ. 오답 : T 시기에는 물질의 밀도가 암흑 에너지의 밀도보다 훨씬 크므로 중력의 영향이
더 커서 우주가 감속 팽창을 했다. 이후 암흑 에너지의 비중이 점점 커지면서 중력의 영향은
감소하고 척력의 영향이 증가하여 우주가 가속 팽창을 하기 시작했다. 따라서 T 시기부터
현재까지 우주의 팽창 속도가 계속 증가한 것은 아니다.

16 별의 표면 온도와 별의 크기
정답 ⑤ 정답률 39%

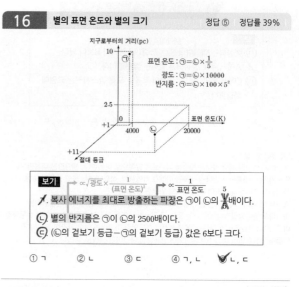

|보|기|
✗ㄱ. 복사 에너지를 최대로 방출하는 파장은 ⊙이 ⓛ의 ~~1/5~~배이다.
ㄴ. 별의 반지름은 ⊙이 ⓛ의 2500배이다.
ㄷ. (ⓛ의 겉보기 등급－⊙의 겉보기 등급) 값은 6보다 크다.

① ㄱ ② ㄴ ③ ㄷ ④ ㄱ, ㄴ ✓⑤ ㄴ, ㄷ

|자|료|해|설|
별 ⊙의 표면 온도는 ⓛ의 $\frac{1}{5}$배이고, 지구로부터의 거리는 ⓛ의 4배이다. ⊙의 절대 등급은
ⓛ보다 10만큼 작으므로 절대 등급을 M, 광도를 L이라 할 때, $M_2 - M_1 = -2.5\log$
$\frac{L_2}{L_1}$에서 $1 - 11 = -2.5\log \frac{L_⊙}{L_ⓛ}$이고, ⊙의 광도는 ⓛ의 10^4배이다.

별의 광도는 (반지름)² × (표면 온도)⁴에 비례하므로 반지름은 $\frac{\sqrt{광도}}{(표면 온도)^2}$에 비례한다.

별 ⊙의 광도는 ⓛ의 10000배이고, 표면 온도는 $\frac{1}{5}$배이므로 반지름은 ⊙이 ⓛ의 $\sqrt{10000} \times$
$5^2 = 2500$배이다.

별의 겉보기 밝기는 $\frac{광도}{(별까지의 거리)^2}$에 비례한다. 광도는 ⊙이 ⓛ의 10000배이고, 지구로
부터 별까지의 거리는 ⊙이 ⓛ의 $\frac{10}{2.5}$배이므로 별의 겉보기 밝기는 ⊙이 ⓛ의 $(2.5)^2 \times 100$배
이다. 겉보기 밝기가 약 2.5배 밝으면 겉보기 등급이 1등급 작고, 겉보기 밝기가 약 100배
밝으면 겉보기 등급이 5등급 작다. 따라서 겉보기 등급은 ⊙이 ⓛ보다 약 7등급 작다.

|보|기|풀|이|
ㄱ. 오답 : 복사 에너지를 최대로 방출하는 파장은 표면 온도에 반비례한다. ⊙의 표면
온도는 ⓛ의 $\frac{1}{5}$배이므로 복사 에너지를 최대로 방출하는 파장은 ⊙이 ⓛ의 5배이다.

17 엘니뇨와 라니냐
정답 ③ 정답률 52%

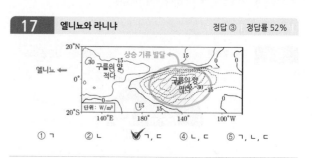

① ㄱ ② ㄴ ✓③ ㄱ, ㄷ ④ ㄴ, ㄷ ⑤ ㄱ, ㄴ, ㄷ

|자|료|해|설|
적외선 방출 복사 에너지의 양의 증감으로 구름의 양의 증감을 알 수 있다. 구름의 양이
많아지면 관측되는 적외선 방출 복사 에너지의 양은 적어지고, 구름의 양이 적어지면
관측되는 적외선 방출 복사 에너지의 양은 많아진다. 따라서 적외선 방출 복사 에너지의
편차가 (＋)인 곳은 평년보다 구름의 양이 적은 지역이고, (－)인 곳은 평년보다 구름의 양이
많은 지역이다.
서태평양 적도 부근 해역에서 적외선 방출 복사 에너지의 편차는 (＋)이므로 구름의 양이
평년보다 적어졌음을 알 수 있다. 중앙 태평양과 동태평양 적도 부근 해역에서 적외선 방출
복사 에너지의 편차는 (－)이므로 구름의 양이 평년보다 많아졌다. 평상시 구름은 서태평양
적도 부근 해역에서 주로 생성되는데, 엘니뇨가 발생하면 무역풍이 약해져 서태평양으로의
해수의 이동이 약해진다. 이에 따라 동태평양 해역의 용승이 약해져 수온이 높아지고
중앙 태평양과 동태평양 적도 부근 해역에서 평년보다 상승 기류가 발달하여 구름이 잘
생성된다. 따라서 중앙 태평양과 동태평양의 적외선 방출 복사 에너지의 편차 값이 (－)인
이 시기는 엘니뇨 시기이다.

|보|기|풀|이|

ㄱ. 정답 : 서태평양 적도 부근 해역에서는 평년보다 구름의 양이 적어졌으므로 강수량은 평년보다 적다.

ㄴ. 오답 : 동태평양 적도 부근 해역에서는 서태평양으로 이동하는 해수의 양이 평년보다 적어져 용승이 평년보다 약하다.

ㄷ. 정답 : 엘니뇨 시기에 동태평양 적도 부근 해역에서는 평년보다 하강 기류가 약해져 해면 기압이 낮아지고, 서태평양 적도 부근 해역에서는 평년보다 상승 기류가 약해져 해면 기압이 높아진다. 따라서 적도 부근의 (동태평양 해면 기압－서태평양 해면 기압)값은 평년보다 작다.

---

18 외계 행성계 탐사 방법 정답 ⑤ 정답률 40%

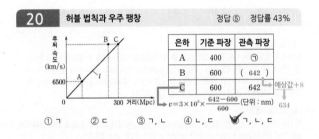

(가) (나)

보기

ㄱ. t_1일 때 중심별의 위치는 ㉠이다. 식 현상이 일어남 → 겉보기 등급 ↑

ㄴ. 중심별의 겉보기 등급은 t_2가 t_4보다 작다.

ㄷ. $t_1 \rightarrow t_2$ 동안 중심별의 스펙트럼에서 흡수선의 파장은 점차 길어진다. 파장이 가장 짧을 때(청색 편이 최대)

① ㄱ ② ㄷ ③ ㄱ, ㄴ ④ ㄴ, ㄷ ✓⑤ ㄱ, ㄴ, ㄷ

|자|료|해|설|

t_1에서 t_2로 갈 때 중심별의 시선 속도는 (－)이므로 중심별은 지구에 가까워지는 방향으로 이동한다. 중심별의 공전 방향은 행성의 공전 방향과 같으므로 중심별은 시계 반대 방향으로 공전하고 t_1일 때 ㉠에 위치한다. 따라서 t_2일 때 중심별의 위치는 지구와 가장 가깝고, t_3일 때는 ㉡에 위치하고, t_4일 때 중심별의 위치는 지구에서 가장 멀다. 중심별이 t_1에서 t_2로 이동할 때 지구와 가까워지므로 청색 편이가 나타나고, t_2에서 t_3로 이동할 때는 지구와 멀어지므로 적색 편이가 나타난다.

|보|기|풀|이|

ㄱ. 정답 : 중심별의 공전 방향은 행성의 공전 방향과 같고, t_1일 때 중심별의 시선 속도가 (－)이므로 중심별은 지구에 가까워지고 있다. 따라서 t_1일 때 중심별의 위치는 ㉠이다.

ㄴ. 정답 : t_2일 때 지구, 중심별, 행성의 위치 관계는 지구－중심별－행성이므로 식 현상이 나타나지 않는다. t_4일 때 지구, 중심별, 행성의 위치 관계는 지구－행성－중심별이므로 식 현상이 나타난다. 식 현상이 나타나면 겉보기 밝기가 어두워져 겉보기 등급이 커지므로 중심별의 겉보기 등급은 t_2가 t_4보다 작다.

ㄷ. 정답 : t_1일 때, 중심별의 시선 속도는 가장 작으므로 청색 편이가 가장 크게 나타난다. 청색 편이가 가장 클 때 흡수선의 파장은 가장 짧다. t_1일 때 중심별의 시선 속도는 0이므로 $t_1 \rightarrow t_2$ 동안 중심별의 스펙트럼에서 흡수선의 파장은 점점 길어진다.

---

19 상대 연령과 절대 연령 정답 ③ 정답률 50%

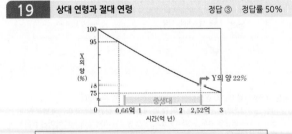

보기

ㄱ. 현재의 X의 양이 95%인 화성암은 속씨식물이 존재하던 시기에 생성되었다. → 신생대 → 중생대 말~신생대

ㄴ. X의 반감기는 6억 년보다 길다.

ㄷ. 중생대에 생성된 모든 화성암에서는 현재의 $\dfrac{X의\ 양(\%)}{Y의\ 양(\%)}$ 이 4보다 ~~크~~ 큰 것은 아니다.

① ㄱ ② ㄷ ✓③ ㄱ, ㄴ ④ ㄴ, ㄷ ⑤ ㄱ, ㄴ, ㄷ

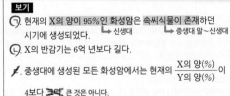

|자|료|해|설|

방사성 동위 원소 X의 양은 반감기가 1회 지나면 50%, 2회 지나면 25%, 3회 지나면 12.5%로 줄어든다. X의 양이 75%가 되는 때는 시간이 3억 년 지난 후이다. X의 붕괴 속도는 시간이 지날수록 감소하므로 X의 양이 75%에서 50%(반감기 1회)가 되는 데 걸리는 시간은 3억 년보다 더 길다.

|보|기|풀|이|

ㄱ. 정답 : 현재의 X의 양이 95%인 화성암은 5천만 년 전에 생성되었으므로 속씨식물이 존재하던 신생대에 생성되었다.

ㄴ. 정답 : X의 양이 75%가 되는 데 걸린 시간은 3억 년이고, X의 양이 75%에서 50%가 되는 데 걸리는 시간은 3억 년보다 더 길기 때문에 X의 반감기는 6억 년보다 더 길다.

ㄷ. 오답 : 중생대는 약 2.52억 년 전부터 0.66억 년 전까지의 시기이다. 2.5억 년 전에 생성된 화성암에서 X의 양은 78%이고, Y의 양은 22%이므로 중생대에 포함되는 시기인 2.5억 년 전에 생성된 화성암에서는 현재의 $\dfrac{X의\ 양(\%)}{Y의\ 양(\%)}$ 이 $\dfrac{78}{22}$로 4보다 작다. 따라서 중생대에 생성된 모든 화성암에서 현재의 $\dfrac{X의\ 양(\%)}{Y의\ 양(\%)}$ 이 4보다 큰 것은 아니다. 4보다 큰 경우도 있고, 작은 경우도 있다.

---

20 허블 법칙과 우주 팽창 정답 ⑤ 정답률 43%

은하	기준 파장	관측 파장
A	400	㉠
B	600	(642)
C	600	642 → 예상값＋8 → 634

$v = 3 \times 10^5 \times \dfrac{642 - 600}{600}$ (단위 : nm)

① ㄱ ② ㄷ ③ ㄱ, ㄴ ④ ㄴ, ㄷ ✓⑤ ㄱ, ㄴ, ㄷ

|자|료|해|설|

허블 법칙을 만족하는 외부 은하의 후퇴 속도(v)와 거리(r) 사이에는 $v = H \times r$(H : 허블 상수)이라는 비례 관계가 성립한다. 또, 은하의 후퇴 속도는 $v = c \times \dfrac{\lambda - \lambda_0}{\lambda_0}$ (c : 빛의 속도, λ : 관측 파장, λ_0 : 기준 파장)로 구할 수 있다. 따라서 C의 관측 결과로 C의 후퇴 속도를 계산하면 $v = 3 \times 10^5 \times \dfrac{642 - 600}{600} = 21000$km/s이다. 우리은하에서 C까지의 거리는 300Mpc이므로 허블 법칙을 이용하여 허블 상수(H)를 구하면, 21000km/s $= H \times 300$Mpc에서 $H = 70$km/s/Mpc이다.

A의 후퇴 속도를 이용하여 관측 파장을 구하면 $6500 = 3 \times 10^5 \times \dfrac{㉠ - 400}{400}$ 이고, ㉠은 약 408.7이다. 주어진 자료에서 B의 후퇴 속도는 C와 같으므로 관측 파장은 642nm이다. 하지만 이 값은 허블 법칙으로 예상되는 값보다 8nm 더 긴 값이므로 B가 허블 법칙을 만족한다면 B의 흡수선 관측 파장은 $642 - 8 = 634$nm여야 한다.

B가 허블 법칙을 만족한다면 후퇴 속도는 $3 \times 10^5 \times \dfrac{634 - 600}{600} = 17000$km/s이다. 따라서 우리은하에서 B까지의 거리를 구하면 $17000 = 70 \times r$에서 $r = \dfrac{17000}{70}$Mpc이다.

|보|기|풀|이|

ㄷ. 정답 : A와 B는 동일한 시선 방향에 놓여 있으므로 두 은하 사이의 거리는 (우리은하에서 B까지의 거리－우리은하에서 A까지의 거리)와 같다. 우리은하에서 A까지의 거리는 $6500 = 70 \times r$에서 $r = \dfrac{6500}{70}$Mpc이고, 우리은하에서 B까지의 거리는 $17000 = 70 \times r$에서 $r = \dfrac{17000}{70}$Mpc이므로 A에서 B까지의 거리는 $\dfrac{17000}{70} - \dfrac{6500}{70} = \dfrac{10500}{70} = 150$Mpc이다.

문제편 p.346

1	④	2	⑤	3	③	4	⑤	5	②
6	③	7	⑤	8	②	9	②	10	④
11	⑤	12	⑤	13	②	14	①	15	①
16	③	17	④	18	②	19	③	20	①

1 　상대 연령과 절대 연령　　정답 ④ 정답률 96%

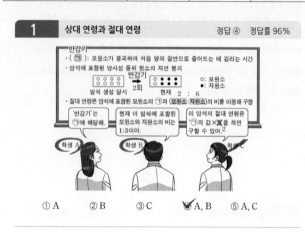

|자|료|해|설|
모원소가 붕괴하여 처음 양의 절반으로 줄어드는 데 걸리는 시간을 반감기(㉠)라고 한다. 반감기가 1회 지난 후 모원소와 자원소의 존재 비율은 각각 50%, 50%이다. 반감기가 2회 지나면 남아있는 모원소의 양 중 절반이 다시 자원소로 붕괴되므로 반감기가 2회 지난 후 모원소와 자원소의 존재 비율은 각각 25%, 75%이다.

|보|기|풀|이|
학생 C. 오답 : 현재 이 암석에 포함된 모원소와 자원소의 비가 1 : 3인 것으로 보아 반감기가 2회 지난 상태이므로 이 암석의 절대 연령은 반감기에 2를 곱한 값이다.

2 　별의 분류와 H-R도　　정답 ⑤ 정답률 84%

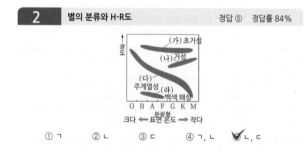

|자|료|해|설|
(가)~(라) 중 반지름이 가장 큰 별은 (가) 초거성이고, 밀도가 가장 큰 별은 (라) 백색 왜성이다.

|보|기|풀|이|
ㄱ. 오답 : 평균 광도는 (가)가 (라)보다 크다.
ㄴ. 정답 : (나)에 속하는 별의 분광형은 주로 G, K, M이고, (라)에 속하는 별의 분광형은 주로 B, A, F이므로 평균 표면 온도는 (나)가 (라)보다 낮다.
ㄷ. 정답 : (가)와 (나)는 (다)가 팽창하여 만들어지고, (라)는 별의 중심부가 계속 수축하여 만들어지므로 평균 밀도가 (라)가 가장 크다.

3 　해수의 화학적 · 물리적 성질　　정답 ③ 정답률 81%

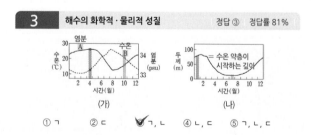

|①ㄱ　②ㄷ　③ㄱ, ㄴ　④ㄴ, ㄷ　⑤ㄱ, ㄴ, ㄷ|

|자|료|해|설|
우리나라 해역의 표층 수온은 겨울에 낮고, 여름에 높다. 따라서 여름에 수치가 높은 B가 표층 수온이고, A는 표층 염분이다. 장마가 있는 여름철에는 강수량이 많기 때문에 표층 염분이 낮아진다.
혼합층은 바람에 의해 해수가 계속 혼합되어 수온이 일정한 층을 말한다. 따라서 혼합층의 두께는 바람이 강할수록 두껍고, 혼합층의 두께가 두꺼울수록 수온 약층이 시작하는 깊이가 깊어진다.

|보|기|풀|이|
ㄱ. 정답 : 표층 해수의 밀도는 표층 수온이 낮을수록, 표층 염분이 높을수록 크므로 4월이 10월보다 크다.
ㄴ. 정답 : 혼합층의 바로 아래에 수온 약층이 있으므로 혼합층의 두께는 수온 약층이 시작하는 깊이와 비슷하다. 따라서 수온 약층이 나타나기 시작하는 깊이는 1월이 7월보다 깊다.
ㄷ. 오답 : 혼합층에서는 수온이 거의 일정하게 유지되고, 수온 약층에서는 깊이가 깊어질수록 수온이 낮아진다. 2월에는 깊이 50m의 해수가 혼합층에 있으므로 표층 해수와 수온 차이가 거의 없지만, 8월에는 깊이 50m의 해수가 혼합층이 아닌 수온 약층에 있으므로 표층 해수와 수온 차이가 있다. 따라서 표층과 깊이 50m 해수의 수온 차는 2월이 8월보다 작다.

4 　해수의 심층 순환　　정답 ⑤ 정답률 89%

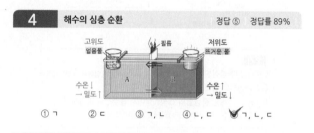

|① ㄱ　② ㄷ　③ ㄱ, ㄴ　④ ㄴ, ㄷ　⑤ ㄱ, ㄴ, ㄷ|

|자|료|해|설|
(다)에서 A, B에 들어 있는 소금물은 색을 제외한 다른 모든 조건이 동일하다. (라)에서 A의 온도는 낮추고, B의 온도는 높여 두 소금물의 온도 차를 만들었다. 염분이 같을 때, 차가운 소금물 A는 밀도가 커지고, 따뜻한 소금물 B는 밀도가 작아진다. 이때 필름을 제거하면 차가운 소금물 A는 밀도가 커서 아래쪽 구멍을 통해 B 쪽으로 이동하고, 따뜻한 소금물 B는 밀도가 작아서 위쪽 구멍을 통해 A 쪽으로 이동한다.
얼음물은 고위도 지방의 낮은 수온을, 뜨거운 물은 저위도 지방의 높은 수온을 나타내는 것으로 수온 변화에 따른 밀도 차에 의해 심층 순환이 발생할 수 있음을 실험으로서 표현했다. 고위도 지방의 해수는 수온이 낮아 밀도가 크기 때문에 침강하여 심층 순환을 형성하고, 저위도 지방의 해수는 수온이 높아 밀도가 작기 때문에 표층 순환을 형성한다.

|보|기|풀|이|
ㄱ. 정답 : 이 실험은 염분이 같고 수온이 다른 두 소금물의 이동을 관찰한 것이므로 '수온 변화'는 ㉠에 해당한다.
ㄴ. 정답 : A는 평균 수온이 낮은 고위도 해역에 해당한다.
ㄷ. 정답 : A는 상대적으로 밀도가 커서 아래쪽으로 이동하고, B는 밀도가 작아서 위쪽으로 이동하므로 A는 ㉡, B는 ㉢에 해당한다.

5 　외부 은하　　정답 ② 정답률 78%

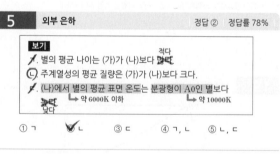

|① ㄱ　② ㄴ　③ ㄷ　④ ㄱ, ㄴ　⑤ ㄴ, ㄷ|

|자|료|해|설|
(가)는 나선팔이 존재하는 정상 나선 은하이고, (나)는 타원 은하이다.
정상 나선 은하의 중심에는 붉은색 별이 많고, 나선팔에는 성간 물질과 파란색 별이 많다. 타원 은하는 주로 붉은색 별로 구성되어 있고, 성간 물질이 거의 없어 새로 태어난 젊은 별이 거의 존재하지 않는다.

|보|기|풀|이|
ㄱ. 오답 : 정상 나선 은하의 중심에는 주로 붉은색 별이 분포하고, 나선팔에는 파란색 별이 분포한다. 타원 은하에는 주로 붉은색 별이 존재하므로 별의 평균 나이는 붉은색 별의 비중이 높은 (나)가 (가)보다 많다.
ㄴ. 정답 : 주계열성 중 파란색 별은 붉은색 별에 비해 질량이 크므로 파란색 별의 비중이 더 큰 (가)가 (나)보다 평균 질량이 크다.
ㄷ. 오답 : 분광형이 A0인 별의 표면 온도는 약 10000K 정도이고, 붉은색 별의 표면 온도는 약 6000K 이하이다. 따라서 대부분 붉은색 별로 이루어져 있는 (나)에서 별의 평균 표면 온도는 분광형이 A0인 별보다 낮다.

6　마그마의 종류와 생성　　　정답 ③　정답률 72%

① ㄱ　　② ㄴ　　✓③ ㄱ, ㄷ　　④ ㄴ, ㄷ　　⑤ ㄱ, ㄴ, ㄷ

|자|료|해|설|
깊이가 깊어질수록 온도가 서서히 증가하는 ⊙은 섭입대이고, 온도가 급격하게 증가하는 ⓒ은 해령이다.
⊙에서는 해양판이 섭입할 때 해양 지각과 해양 퇴적물에 포함된 물이 지하의 맨틀에 공급되므로 물이 포함된 맨틀 물질의 용융 곡선과 만나는 지점에서 마그마가 생성된다. 주로 해양판이 섭입하여 용융되므로 현무암질 마그마가 생성된다.
ⓒ에서는 맨틀 물질이 상승하면서 압력이 감소하므로 맨틀 물질이 부분 용융되어 현무암질 마그마가 생성된다.

|보|기|풀|이|
ⓒ. 정답 : ⊙에서 맨틀 물질이 용융되기 시작하는 온도는 약 1000℃이고, ⓒ에서 맨틀 물질이 용융되기 시작하는 온도는 약 1200℃이므로 ⊙이 ⓒ보다 낮다.

7　태풍　　　정답 ⑤　정답률 87%

① ㄱ　　② ㄴ　　③ ㄷ　　④ ㄱ, ㄴ　　✓⑤ ㄱ, ㄷ

|보|기|풀|이|
ㄱ. 정답 : A는 태풍 진행 방향의 왼쪽에 있으므로 안전 반원에 위치한다.
ㄴ. 오답 : B는 태풍의 눈에 위치하고 있어 약한 하강 기류가 나타나고, C는 태풍의 눈 주변에 위치하고 있어 강한 상승 기류가 나타난다. 따라서 해수면 부근에서 공기의 연직 운동은 C가 B보다 활발하다.
ㄷ. 정답 : 풍속이 강할수록 기압의 차이가 큰 것이므로 등압선의 간격은 좁다. 풍속은 구간 C−D가 구간 D−E보다 강하므로 지상 일기도에서 등압선의 평균 간격은 구간 C−D가 구간 D−E보다 좁다.

8　우리나라의 주요 악기상　　　정답 ②　정답률 65%

① ㄱ　　✓② ㄴ　　③ ㄷ　　④ ㄱ, ㄴ　　⑤ ㄴ, ㄷ

|자|료|해|설|
(가)에서 등압선을 보면 기압이 서쪽이 높고 동쪽이 낮다. A 지점은 북반구에 있으므로 바람은 전향력을 받아 북서쪽에서 남동쪽으로 분다. 우리나라의 북서쪽에는 한랭한 시베리아 기단이 위치해 있는데, 주로 겨울철에 이러한 찬 공기 덩어리가 서풍을 따라 황해를 건너 우리나라로 이동한다. 황해를 건너는 동안 차가운 기단의 하층이 상대적으로 따뜻한 해수로부터 열과 수증기를 공급 받아 눈구름이 형성되어 우리나라의 서쪽에 상륙하면 폭설이 내릴 수 있다.

|보|기|풀|이|
ㄱ. 오답 : 지점 A에서는 북풍 계열의 바람인 북서풍이 분다.
ㄴ. 정답 : 차가운 시베리아 기단이 확장하는 동안 상대적으로 따뜻한 황해 위를 지나면 기단의 하층은 열과 수증기를 공급 받아 기온이 높아진다.
ㄷ. 오답 : 구름 최상부의 고도가 높아 온도가 낮을수록 구름 최상부에서 방출하는 적외선 복사 에너지양이 적으므로 적외 영상에서 밝게 보인다. 따라서 밝게 보이는 영역 ⊙이 상대적으로 어둡게 보이는 영역 ⓒ보다 구름 최상부에서 방출하는 적외선 복사 에너지양이 적다.

9　온대 저기압 및 일기도 해석　　　정답 ②　정답률 69%

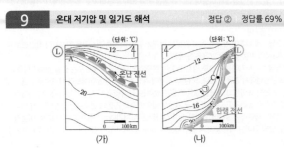

(가)　　　(나)

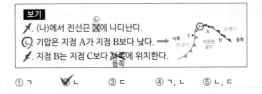

보기
ㄱ. (나)에서 전선은 ⊠에 나타난다.
ㄴ. 기압은 지점 A가 지점 B보다 낮다.
ㄷ. 지점 B는 지점 C보다 ~~서쪽~~ 동쪽에 위치한다.

① ㄱ　　✓② ㄴ　　③ ㄷ　　④ ㄱ, ㄴ　　⑤ ㄴ, ㄷ

|자|료|해|설|
우리나라에 온대 저기압이 위치할 때 온난 전선은 저기압 중심의 이동 방향의 앞쪽에 있고, 한랭 전선은 저기압 중심의 이동 방향의 뒤쪽에 있다.
온난 전선의 앞쪽에는 찬 공기가, 온난 전선과 한랭 전선 사이에는 따뜻한 공기가, 한랭 전선의 뒤쪽에는 찬 공기가 있다. 따라서 전선면에서 온도 차는 크게 나타나므로 (가)와 (나)에서의 전선은 그림에 표시한 것과 같다. (가)의 전선면 앞쪽은 뒤쪽보다 기온이 낮으므로 (가)의 전선은 온난 전선이고, (나)의 전선면 앞쪽은 뒤쪽보다 기온이 높으므로 (나)의 전선은 한랭 전선이다.

|보|기|풀|이|
ㄱ. 오답 : 전선 주변은 기온 차가 크므로 (나)에서 전선은 등온선의 간격이 좁은 곳인 ⓒ에 나타난다.
ㄴ. 정답 : 온대 저기압은 저기압의 중심에서 온난 전선과 한랭 전선이 뻗어 나가 글자 [시]의 모양처럼 보인다. 기압은 저기압의 중심에 가까울수록 낮으므로 지점 A가 지점 B보다 낮다.
ㄷ. 오답 : 온난 전선은 한랭 전선보다 동쪽에 있으므로 지점 B는 지점 C보다 동쪽에 위치한다.

10　지질 시대의 환경과 화석　　　정답 ④　정답률 65%

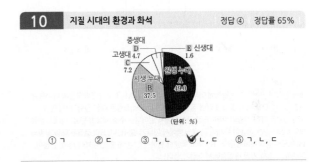

(단위: %)

① ㄱ　　② ㄷ　　③ ㄱ, ㄴ　　✓④ ㄴ, ㄷ　　⑤ ㄱ, ㄴ, ㄷ

|자|료|해|설|
각 지질 시대의 지속 기간은 원생 누대>시생 누대>고생대>중생대>신생대이므로 A는 원생 누대, B는 시생 누대, C는 고생대, D는 중생대, E는 신생대이다. A~E를 시간 순서대로 나열하면 시생 누대(B) → 원생 누대(A) → 고생대(C) → 중생대(D) → 신생대(E)이다.
시생 누대(B)에는 단세포 생물이 출현했고, 원생 누대(A)에는 다세포 생물이 출현했다.
고생대(C)에는 삼엽충류와 어류가 번성하고 육상 생물이 등장했으며 파충류가 출현했다.
중생대(D)에는 파충류가 번성했고, 포유류가 출현했으며, 신생대(E)에는 포유류가 번성했다.

|보|기|풀|이|
ㄱ. 오답 : 최초의 다세포 동물이 출현한 시기는 원생 누대(A)이다.
ㄴ. 정답 : 최초의 척추동물이 출현한 시기는 고생대(C)이다.
ㄷ. 정답 : 히말라야 산맥이 형성된 시기는 신생대(E)이다.

11　암흑 물질과 암흑 에너지　　　정답 ⑤　정답률 65%

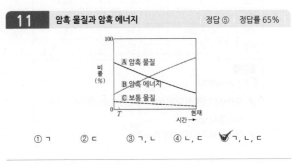

① ㄱ　　② ㄷ　　③ ㄱ, ㄴ　　④ ㄴ, ㄷ　　✓⑤ ㄱ, ㄴ, ㄷ

|자|료|해|설|
현재 우주의 구성 요소는 암흑 에너지의 비중이 가장 크고, 그 다음으로 암흑 물질이며, 가장 작은 비중을 차지하는 것은 보통 물질이다. 따라서 A는 암흑 물질, B는 암흑 에너지, C는 보통 물질이다.

|보|기|풀|이|
ㄱ. 정답 : 우주가 팽창함에 따라 우주 배경 복사의 파장은 시간이 지나면서 점점 길어졌다. 따라서 우주 배경 복사의 파장은 T 시기가 현재보다 짧다.
ㄴ. 정답 : T 시기부터 현재까지 A의 비율은 감소하고, B의 비율은 증가하므로 $\dfrac{\text{A의 비율}}{\text{B의 비율}}$ 값은 감소한다.
ㄷ. 정답 : 항성은 대부분 보통 물질인 수소와 헬륨으로 이루어져 있으므로 항성 질량의 대부분을 차지하는 것은 보통 물질인 C이다.

12 맨틀 대류
정답 ⑤ 정답률 76%

① ㄱ   ② ㄷ   ③ ㄱ, ㄴ   ④ ㄴ, ㄷ   ✔ ⑤ ㄱ, ㄴ, ㄷ

|자|료|해|설|
지역 A의 화산은 판의 내부에서 발생했으므로 열점에 의해 생성된 화산이다. B와 C가 속한 판이 만나는 경계는 섭입형 경계로 C가 속한 판이 B가 속한 판 아래로 섭입한다. 지역 B의 화산은 판의 섭입형 경계에서 생성된 것이며, 지역 C에서 생성된 화산은 지역 A의 화산처럼 판의 내부에서 발생한 것이다.

|보|기|풀|이|
ㄱ. 정답 : 지역 A의 화산은 열점에 의해 생성된 화산으로, 열점은 외핵과 맨틀의 경계부에서 상승하는 뜨거운 플룸에 의해 형성된다.
ㄴ. 정답 : 지역 B는 판의 섭입형 경계에서 생성된 화산이 존재하는 곳으로, C가 속한 판이 B가 속한 판 아래로 섭입하고 있다. 따라서 지역 B의 하부에는 맨틀 대류의 하강류가 존재한다.
ㄷ. 정답 : 암석권은 지각과 상부 맨틀의 일부를 포함하는 단단한 암석으로 이루어져 있고, 암석권의 평균 두께는 대륙판이 해양판보다 두껍다. 지역 B는 대륙 지각, C는 해양 지각이 암석권을 이루고 있으므로 암석권의 평균 두께는 지역 B가 지역 C보다 두껍다.

13 별의 진화, 별의 에너지원
정답 ② 정답률 72%

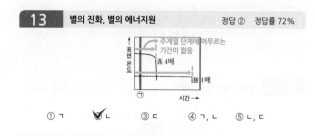

① ㄱ   ✔ ② ㄴ   ③ ㄷ   ④ ㄱ, ㄴ   ⑤ ㄴ, ㄷ

|자|료|해|설|
별의 질량이 클수록 주계열성에 머무르는 시간은 짧다. A는 B보다 주계열성에 머무르는 시간이 짧으므로 A의 질량은 태양 질량의 4배이고, B의 질량은 태양 질량의 1배이다.
A의 질량은 태양 질량의 4배이므로 중심핵에서 일어나는 수소 핵융합 반응은 p-p 반응보다 CNO 순환 반응이 우세하고, 중심핵에서 대류가 일어난다. B의 질량은 태양 질량의 1배이므로 중심핵에서 일어나는 수소 핵융합 반응은 CNO 순환 반응보다 p-p 반응이 우세하고, 별의 가장 바깥쪽에서 대류가 일어난다.

|보|기|풀|이|
ㄱ. 오답 : B의 질량은 태양 질량의 1배이므로 B는 백색 왜성으로 진화한다.
ㄴ. 정답 : ㉠ 시기일 때, A는 중심핵에서 대류가 일어나고, B는 별의 가장 바깥쪽에 대류층이 있으므로 대류가 일어나는 영역의 평균 깊이는 A가 B보다 깊다.
ㄷ. 오답 : ㉠ 시기일 때, A의 중심핵에서는 p-p 반응보다 CNO 순환 반응이 우세하게 일어나고, B의 중심핵에서는 p-p 반응이 CNO 순환 반응보다 우세하게 일어나므로 $\dfrac{p-p \text{ 반응에 의한 에너지 생성량}}{CNO \text{ 순환 반응에 의한 에너지 생성량}}$ 은 B가 A보다 크다.

14 별의 표면 온도와 별의 크기
정답 ① 정답률 59%

별	표면 온도(태양=1)	반지름(태양=1)	절대 등급	광도
태양	1	1	+4.8	1
(가)	0.5	(㉠ =)400	-5.2	10000
(나)	㉡=√10	0.01	+9.8	$\frac{1}{100}$
(다)	√2	2	( )	

보기
ㄱ. ㉠은 400이다.
ㄴ. 복사 에너지를 최대로 방출하는 파장은 (나)가 (다)의 $\frac{1}{2}$배 보다 ~~길다~~ 짧다 . (∝$\frac{1}{\text{표면 온도}}$)
ㄷ. 절대 등급은 (다)가 태양보다 ~~크다~~ 작다 .

✔ ① ㄱ   ② ㄴ   ③ ㄷ   ④ ㄱ, ㄴ   ⑤ ㄱ, ㄷ

|자|료|해|설|
별의 광도(L)는 반지름(R)의 제곱과 표면 온도(T)의 네제곱에 비례한다($L=4\pi R^2 \cdot \sigma T^4$). 태양의 표면 온도와 반지름은 1이라 했으므로, $4\pi\sigma$와 같은 상수를 제외하고 $L\propto R^2 T^4$를 이용하여 태양의 광도를 1이라고 가정하여 문제를 풀 수 있다.
절대 등급이 5등급 작으면 광도는 100배 큰데, 별 (가)는 태양보다 절대 등급이 10등급 작으므로 광도는 태양보다 10000배 크다. 따라서 $L\propto R^2 T^4$에 대입하면 $10000\propto \text{㉠}^2 \times 0.5^4$이므로 ㉠은 400이다.
별 (나)의 표면 온도를 ㉡이라 할 때, 별 (나)는 태양보다 절대 등급이 5등급 크므로 광도는 100배 작다. 따라서 $L\propto R^2 T^4$를 이용하여 ㉡을 구하면 $\frac{1}{100}\propto 0.01^2 \times \text{㉡}^4$이므로 이를 계산하면 ㉡은 √10이다.

|보|기|풀|이|
ㄴ. 오답 : 복사 에너지를 최대로 방출하는 파장은 표면 온도에 반비례한다. (나)의 표면 온도는 √10이고 이는 (다)의 표면 온도인 √2의 √5배이므로, (나)의 복사 에너지 최대 방출 파장은 (다)의 $\frac{1}{\sqrt{5}}$배이다. $\frac{1}{\sqrt{5}}<\frac{1}{2}$이므로 복사 에너지를 최대로 방출하는 파장은 (나)가 (다)의 $\frac{1}{2}$배보다 짧다.
ㄷ. 오답 : 절대 등급은 표면 온도가 높을수록, 반지름이 클수록 작으므로 (다)의 절대 등급은 태양보다 작다.

15 엘니뇨와 라니냐
정답 ① 정답률 57%

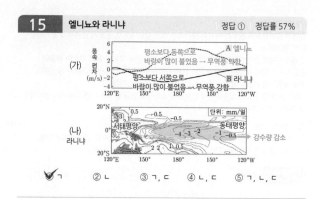

✔ ① ㄱ   ② ㄴ   ③ ㄱ, ㄷ   ④ ㄴ, ㄷ   ⑤ ㄱ, ㄴ, ㄷ

|자|료|해|설|
엘니뇨 시기에는 무역풍이 약해져 서쪽에서 불어오는 바람의 양이 많아지고, 라니냐 시기에는 무역풍이 강해져 서쪽에서 불어오는 바람의 양이 줄어든다. 따라서 A는 엘니뇨, B는 라니냐 시기이다.
엘니뇨 시기에는 무역풍이 약해져 동쪽에서 서쪽으로 이동하는 따뜻한 해수의 양이 줄어들고, 용승이 약해져 동태평양 적도 부근 해역의 수온이 평년보다 높아진다. 동태평양 적도 부근 해역의 수온이 평년보다 높아지면 하강 기류가 약해지고, 동태평양과 중앙 태평양에서 강수량이 늘어난다. 서태평양 적도 부근 해역의 수온은 평년보다 낮아져 상승 기류가 약해지고 강수량이 줄어든다.
라니냐 시기에는 무역풍이 강해져 동쪽에서 서쪽으로 이동하는 따뜻한 해수의 양이 늘어나고, 용승이 강해져 동태평양 적도 부근 해역의 수온이 평년보다 낮아진다. 동태평양 적도 부근 해역의 수온이 평년보다 낮아지면 하강 기류가 강해지고, 동태평양과 중앙 태평양에서 강수량은 줄어든다. 서태평양 적도 부근 해역의 수온은 평년보다 높아져 상승 기류가 강해지고 강수량이 늘어난다.
(나)에서 동태평양과 중앙 태평양 적도 부근 해역의 강수량은 평년보다 줄어들고, 서태평양 적도 부근 해역의 강수량은 평년보다 증가하였으므로 (나)는 라니냐 시기에 관측한 강수량 편차이다.

|보|기|풀|이|
ㄴ. 오답 : 동태평양 적도 부근 해역의 해면 기압은 하강 기류가 약해진 엘니뇨 시기에 낮고, 하강 기류가 강해진 라니냐 시기에 높다. 따라서 해면 기압은 B가 A보다 높다.
ㄷ. 오답 : 적도 부근 해역에서 (서태평양 표층 수온 편차-동태평양 표층 수온 편차) 값은 서태평양의 표층 수온이 높을수록, 동태평양의 표층 수온이 낮을수록 크다. B 시기가 A 시기보다 서태평양 표층 수온이 높고, 동태평양 표층 수온이 낮으므로 (서태평양 표층 수온 편차-동태평양 표층 수온 편차) 값은 B가 A보다 크다.

16 기후 변화의 원인
정답 ③ 정답률 65%

① ㄱ   ② ㄷ   ✔ ③ ㄱ, ㄴ   ④ ㄴ, ㄷ   ⑤ ㄱ, ㄴ, ㄷ

|자|료|해|설|
지구 자전축의 경사각이 현재(약 23.5°)보다 커지면 여름철 평균 기온은 더 높아지고, 겨울철 평균 기온은 더 낮아진다. 자전축 경사각이 현재보다 작아지면 여름철 평균 기온은 낮아지고, 겨울철 평균 기온은 높아진다.
현재 북반구는 근일점에서 겨울이고, 원일점에서 여름이므로 자전축 경사각이 현재와 반대 방향이 되면 근일점에서 여름이 되어 여름철 평균 기온은 높아지고, 원일점에서 겨울이 되어 겨울철 평균 기온은 낮아진다.

|보|기|풀|이|
ㄱ. 정답 : ㉠ 시기에 자전축 경사 방향은 현재와 같고 자전축 경사각은 현재보다 작으므로 우리나라의 겨울철 평균 기온은 높아진다.
ㄴ. 정답 : ㉡ 시기에는 자전축 경사 방향이 현재와 반대이므로 북반구는 근일점에서 여름이 되고 원일점에서 겨울이 된다. 또한 ㉡ 시기에 자전축 경사각이 현재보다 크므로 여름철 평균 기온은 높아지고 겨울철 평균 기온은 낮아진다. 따라서 ㉡ 시기에 우리나라의 여름철 평균 기온은 높아지고, 겨울철 평균 기온은 낮아지므로 기온의 연교차는 현재보다 커진다.
ㄷ. 오답 : 지구가 근일점에 위치할 때 우리나라는 ㉠ 시기에 겨울철이고, ㉡ 시기에 여름철이다. 낮의 길이는 여름철에 더 길기 때문에 우리나라에서 낮의 길이는 ㉡ 시기가 ㉠ 시기보다 길다.

17 지사 해석 방법　　　　정답 ④　정답률 66%

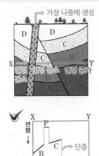

|자|료|해|설|

이 지역은 횡압력을 받아 습곡과 역단층이 형성되었다. 지층이 역전된 흔적은 없으므로 수평 퇴적의 법칙에 의해 가장 아래에 있는 지층이 가장 먼저 쌓인 지층이다. 각 지층을 아래부터 순서대로 A, B, C, D라 하고, 관입암을 P라고 하면 지층의 생성 순서는 A → B → C → D → P이다.

|서|태|지|풀|이|

④ 정답 : 구간 X−Y를 X 쪽에서부터 지나간다고 하면 B, P, C, B, A 순으로 만나게 된다. 처음 B를 지날 때는 점점 C와 가까워지므로 연령이 점점 감소하고, P를 만나 연령이 급격하게 감소한다. P를 지나 C를 만나면 지층의 연령은 B에서보다는 적고, P에서보다는 많다. 또한 단층면이 있는 지층에서 C의 연령은 점점 감소한다. C를 지나 두 번째로 B를 만나면 X의 시작점보다 더 연령이 많은 곳에서부터 시작하여 Y에 도착할 때 까지 연령이 점점 증가한다.

P는 가장 나중에 생성되었으므로 ①, ②는 불가능하다. 구간 X−Y에서 P의 왼쪽은 지층 B, 오른쪽은 지층 C이므로 왼쪽보다 오른쪽의 연령이 더 적어야 한다. 따라서 ③은 불가능하다. 단층면을 지난 후 지층 B를 지날 때는 처음 X 지점에서 시작할 당시의 지층 B의 위치보다 더 아래쪽 위치에서 시작하므로 ⑤는 불가능하다. 따라서 ④가 구간 X−Y에 해당하는 지층의 연령 분포로 가장 적절하다.

---

18 외계 행성계 탐사 방법　　　　정답 ②　정답률 60%

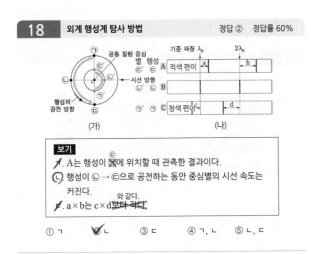

보기

ㄱ. A는 행성이 ⓔ에 위치할 때 관측한 결과이다.

ㄴ. 행성이 ⓛ → ⓔ으로 공전하는 동안 중심별의 시선 속도는 커진다.

ㄷ. a×b는 c×d보다 작다. ~~와 같다.~~

①ㄱ　　②ㄴ　　③ㄷ　　④ㄱ, ㄴ　　⑤ㄴ, ㄷ

|자|료|해|설|

행성의 공전 방향은 시계 반대 방향이므로 중심별의 공전 방향도 시계 반대 방향이다. 행성이 ㉠의 위치에 있을 때 중심별은 ⓔ에 가장 가까운 위치(㉡')에 있고, 행성이 ㉡의 위치로 이동할 때 중심별은 지구와 가장 가까운 위치(㉢')로 이동한다. 이때 중심별은 지구에 가까워지므로 기준 파장보다 파장이 짧아 청색 편이(C)가 나타난다. 행성이 ㉢의 위치에 있을 때 중심별은 지구에 가장 가까운 위치(㉣')에 있어 시선 속도가 0이므로 파장 변화는 나타나지 않는다(B). 행성이 ㉢에서 ㉤의 위치로 이동하면 중심별은 ㉠에 가장 가까운 위치(㉤')로 이동한다. 이때 중심별은 지구에서 멀어지므로 기준 파장보다 파장이 길어 적색 편이(A)가 나타난다.

|보|기|풀|이|

ㄱ. 오답 : A에서는 기준 파장보다 관측 파장이 긴 것으로 보아 적색 편이가 나타나는데, 이는 중심별이 지구로부터 멀어질 때 나타난다. 중심별이 지구로부터 멀어질 때 행성은 지구에 가까워지므로 A는 행성이 ⓔ에 위치할 때 관측한 결과이다.

ㄴ. 정답 : 행성이 ⓛ → ⓔ으로 공전하는 동안 중심별은 ㉢' → ㉤'으로 공전하므로 중심별의 시선 속도는 커진다.

ㄷ. 오답 : A는 중심별이 ㉤'에 있을 때의 스펙트럼이고, C는 중심별이 ㉡'에 있을 때의 스펙트럼이다. 두 경우에 중심별의 시선 속도의 크기가 같으므로 기준 파장이 동일할 때 파장 변화량의 크기가 같다. 즉, a=c, b=d이다. 따라서 a×b=c×d이다.

---

19 허블 법칙과 우주 팽창　　　　정답 ③　정답률 56%

①ㄱ　②ㄷ　③ㄱ, ㄴ　④ㄴ, ㄷ　⑤ㄱ, ㄴ, ㄷ

|자|료|해|설|

적색 편이량은 후퇴 속도에 비례하므로 우리은하에서 B를 관측할 때의 적색 편이량은 A를 관측할 때의 3배이다. B에서 A를 관측할 때의 적색 편이량은 우리은하에서 A를 관측한 적색 편이량의 3배이므로 B에서 A를 관측할 때의 후퇴 속도는 우리은하에서 A를 관측할 때의 후퇴 속도의 3배이다. 허블 법칙을 만족할 때, 은하까지의 거리는 후퇴 속도에 비례하므로 B에서 A까지의 거리는 우리은하에서 A까지의 거리의 3배인 3이다.

|보|기|풀|이|

ㄱ. 정답 : 우리은하에서 관측한 B의 후퇴 속도는 A의 3배이고, 적색 편이량은 후퇴 속도에 비례하므로 우리은하에서 관측한 적색 편이량은 B가 A의 3배이다.

ㄴ. 정답 : 허블 법칙을 만족할 때 은하까지의 거리는 후퇴 속도에 비례한다. A에서 우리은하까지의 거리는 1이고, A에서 B까지의 거리는 3이므로 A에서 관측한 후퇴 속도는 B가 우리은하의 3배이다.

ㄷ. 오답 : 우리은하와 A 사이의 거리는 1, 우리은하와 B 사이의 거리는 3이므로 우리은하에서 관측한 A와 B가 동일한 시선 방향에 위치한다면 A와 B 사이의 거리는 2여야 한다. 하지만 A와 B 사이의 거리는 3이므로 우리은하에서 관측한 A와 B는 동일한 시선 방향에 위치하지 않는다.

---

20 고지자기　　　　정답 ①　정답률 42%

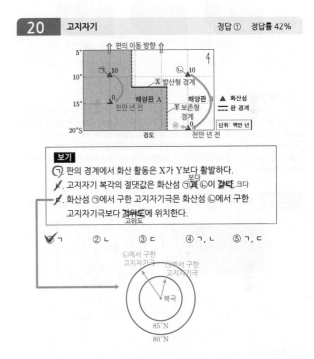

보기

ㄱ. 판의 경계에서 화산 활동은 X가 Y보다 활발하다.

ㄴ. 고지자기 복각의 절댓값은 화산섬 ㉠이 ㉡보다 ~~같다.~~ 크다.

ㄷ. 화산섬 ㉠에서 구한 고지자기극은 화산섬 ㉡에서 구한 고지자기극보다 저위도에 위치한다. ~~고위도~~

①ㄱ　②ㄴ　③ㄷ　④ㄱ, ㄴ　⑤ㄱ, ㄷ

|자|료|해|설|

열점의 위치는 고정되어 있지만, 열점에서의 화산 활동에 의해 생성된 화산섬은 판과 함께 이동한다. 화산섬 ㉠의 남쪽에 있는 연령이 0인 화산섬을 ㉢이라고 하고, 화산섬 ㉡의 남쪽에 있는 연령이 0인 화산섬을 ㉣이라고 했을 때 화산섬 ㉠이 ㉢보다 연령이 높고, 화산섬 ㉡이 ㉣보다 연령이 높으므로 열점은 화산섬 ㉢, ㉣ 부근에 위치하며 열점에서 생성된 화산섬이 북쪽 방향으로 이동하고 있음을 알 수 있다. 따라서 해양판 A와 B는 모두 북쪽으로 이동하고 있다. 화산섬 ㉠과 ㉡의 연령이 천만 년으로 같은데, 같은 시간 동안 ㉠은 5° 만큼 북상하였고, ㉡은 10° 만큼 북상하였으므로 판의 이동 속도는 A가 B보다 느리다. 해양판 A와 B는 모두 북쪽 방향으로 이동하는데, 이동 속도는 해양판 A가 B보다 느리므로 X는 발산형 경계이고, Y는 보존형 경계이다. 따라서 화산 활동은 X가 Y보다 활발하다.

고지자기 복각은 화산섬이 생성될 당시 암석에 기록되어 변하지 않으므로 고지자기 복각의 절댓값은 암석 생성 당시의 위도가 높을수록 크다. 북극에서는 +90°, 적도에서는 0°, 남극에서는 −90°이므로 복각의 절댓값은 적도에 가까울수록 작다.

천만 년 전 화산섬 ㉠은 현재 화산섬 ㉢이 위치한 위도 15°S에서 생성되었고, 천만 년 전 화산섬 ㉡은 현재 화산섬 ㉣이 위치한 위도 20°S에서 생성되었으므로 고지자기 복각의 절댓값은 화산섬 ㉡이 ㉠보다 크다.

|보|기|풀|이|

ㄷ. 오답 : 화산섬 ㉠은 생성 이후 위도 5° 정도 북쪽으로 이동했으므로 ㉠에서 구한 고지자기극은 북극에서 5° 정도 넘어간 위도 85°N 부근에 있고, 화산섬 ㉡은 생성 이후 위도 10° 정도 북쪽으로 이동했으므로 ㉡에서 구한 고지자기극은 북극에서 10° 정도 넘어간 위도 80°N 부근에 위치한다. 따라서 화산섬 ㉠에서 구한 고지자기극은 화산섬 ㉡에서 구한 고지자기극보다 고위도에 위치한다.

1	④	2	⑤	3	⑤	4	①	5	③
6	④	7	⑤	8	②	9	①	10	⑤
11	③	12	③	13	②	14	①	15	④
16	⑤	17	③	18	②	19	⑤	20	⑤

1 　외계 생명체 탐사 　　　정답 ④ 정답률 93%

① A 　　② B 　　③ C 　　✓④ A, B 　　⑤ A, C

|자|료|해|설|

생명 가능 지대는 물이 액체 상태로 존재할 가능성이 있는 범위로, 중심별의 광도에 영향을 받는다. 중심별의 광도가 클수록 행성에 도달하는 에너지의 양이 많아지므로 생명 가능 지대는 중심별로부터 멀어지고, 그 폭은 넓어진다.

2 　퇴적암과 퇴적 구조 　　　정답 ⑤ 정답률 91%

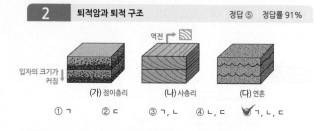

입자의 크기가 커짐

(가) 점이층리 　　(나) 사층리 　　(다) 연흔

① ㄱ 　　② ㄷ 　　③ ㄱ, ㄴ 　　④ ㄴ, ㄷ 　　✓⑤ ㄱ, ㄴ, ㄷ

|보|기|풀|이|

ㄱ. 정답 : 아래쪽으로 갈수록 구성 입자의 크기가 점점 커지는 퇴적 구조는 점이층리이다.

ㄴ. 정답 : (나) 사층리는 아래로 오목한 모양으로 나타나기 때문에 지층이 역전되면 위로 볼록한 모양이 된다. 이를 통해 지층의 역전 여부를 판단할 수 있다.

ㄷ. 정답 : (다)는 얕은 물 밑에서 잔물결의 영향으로 퇴적물의 표면이 물결 모양으로 만들어지는 연흔으로 퇴적물의 입자가 큰 역암층보다는 퇴적물의 입자가 작은 사암층에서 주로 나타난다.

3 　해수의 심층 순환 　　　정답 ⑤ 정답률 89%

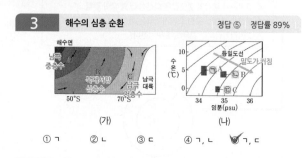

(가) 　　　　(나)

① ㄱ 　　② ㄴ 　　③ ㄷ 　　④ ㄱ, ㄴ 　　✓⑤ ㄱ, ㄷ

|자|료|해|설|

남극 대륙 주변에서 침강하는 C는 남극 저층수이고, A는 남극 중층수, B는 북대서양 심층수이다. 북대서양 심층수는 북반구 그린란드 해역에서 냉각된 표층 해수가 침강하여 이동하는 심층수이다. A, B, C 중 밀도가 가장 큰 것은 가장 아래에서 흐르는 남극 저층수(C)이고, 밀도가 가장 작은 것은 가장 위에서 흐르는 남극 중층수(A)이다. 염분이 클수록, 수온이 낮을수록 해수의 밀도는 커지므로 (나)에서 오른쪽 아래로 갈수록 밀도가 커진다. 따라서 ㈀은 남극 중층수(A), ㈁은 북대서양 심층수(B), ㈂은 남극 저층수(C)이다.

|보|기|풀|이|

ㄴ. 오답 : B는 북반구 그린란드 해역에서 침강하여 남극까지 이동한 북대서양 심층수로 A와 C가 혼합되어 형성된 것이 아니다.

ㄷ. 정답 : C는 표층 해수의 밀도가 증가하여 심층으로 가라앉아 형성된 것이다. 표층 해수에는 산소가 풍부하므로 표층 해수가 심층으로 가라앉으면서 심층 해수에 산소를 공급한다.

4 　해수의 화학적 성질 　　　정답 ① 정답률 91%

보기

ㄱ. (다)는 담수의 유입에 의한 해수의 염분 변화를 알아보기 위한 과정에 해당한다.

ㄴ. ㈀은 ㈁보다 ~~크다~~ 작다.

ㄷ. ~~감소~~한다는 ㈂에 해당한다. 증가

✓① ㄱ 　　② ㄴ 　　③ ㄷ 　　④ ㄱ, ㄴ 　　⑤ ㄱ, ㄷ

|자|료|해|설|

A의 소금물에 증류수를 섞으면 염분이 35psu보다 낮아진다. B의 소금물을 천천히 냉각시키면 소금물 중 물만 천천히 얼음으로 변하므로 소금물의 염분은 35psu보다 높아진다. 따라서 염분의 크기는 ㈀＜35＜㈁이다.

실험 결과를 해석하면 담수의 유입(A)이 있는 해역에서는 해수의 염분이 감소하고, 해수의 결빙(B)이 있는 해역에서는 해수의 염분이 증가한다(ㄷ).

|보|기|풀|이|

ㄱ. 정답 : 담수는 염분이 거의 없는 물을 말한다. (다)에서 소금물에 증류수를 섞었으므로 이는 담수의 유입에 의한 해수의 염분 변화를 알아보기 위한 과정에 해당한다.

5 　마그마의 종류와 생성 　　　정답 ③ 정답률 82%

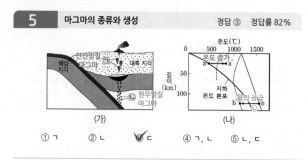

(가) 　　　　(나)

① ㄱ 　　② ㄴ 　　✓③ ㄷ 　　④ ㄱ, ㄴ 　　⑤ ㄴ, ㄷ

|자|료|해|설|

ㄴ은 섭입형 경계에서 해양판이 섭입할 때 해양 지각에 포함된 함수 광물에서 빠져나온 물이 맨틀 물질로 유입되어 맨틀 물질이 용융되며 만들어진 현무암질 마그마이다. ㈀은 현무암질 마그마(ㄴ)가 상승하면서 대륙 지각을 가열하여 유문암질 마그마가 생성된 후 두 마그마가 섞여 만들어진 안산암질 마그마이다.

a → a'는 온도가 상승하여 마그마가 형성되는 과정이고, b → b'는 ㄴ과 같이 해수가 포함된 해양 지각이 섭입할 때 물의 공급을 통해 맨틀 물질의 용융점이 낮아져서 마그마가 생성되는 과정이다.

SiO₂ 함량(%)은 현무암질 마그마＜ 안산암질 마그마＜ 유문암질 마그마이다.

|보|기|풀|이|

ㄱ. 오답 : 섬록암은 안산암질 마그마(㈀)가 지하 깊은 곳에서 천천히 식으며 형성된 심성암이다. ㈀이 분출하여 굳으면 안산암이 된다.

6 　온대 저기압 및 일기도 해석 　　　정답 ④ 정답률 76%

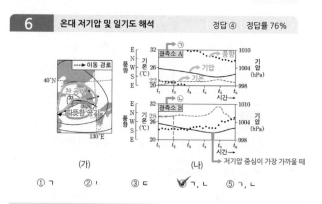

(가) 　　　　(나)

① ㄱ 　　② ㄴ 　　③ ㄷ 　　✓④ ㄱ, ㄴ 　　⑤ ㄱ, ㄴ

|자|료|해|설|

㈀에서 풍향은 동풍 계열에서 북풍 계열, 서풍 계열로 변한다. 기압은 저기압 중심이 가까워질수록 내려갔다가 저기압 중심이 지나가면 올라간다. 차가운 공기가 계속 지나가므로 기온은 ㈁ 지역에 비해 낮게 유지된다.

㈁에서 풍향은 남풍 계열에서 서풍 계열로 변한다. 기압은 저기압 중심이 가까워질수록 내려갔다가 저기압 중심이 지나가면 올라간다. 한랭 전선이 지나가기 전까지 따뜻한 공기가 계속 지나가므로 기온은 ㈀ 지역에 비해 높게 유지되다가 한랭 전선이 지나가면서 기온이 내려간다.

(나)에서 점으로 표시된 그래프는 풍향을 나타낸다. 관측소 A에서 관측한 풍향의 변화는 남동풍 → 동풍 → 북풍 → 북서풍이므로 관측소 A는 ㈀에 위치한다. 관측소 B에서 관측한 풍향의 변화는 남풍 → 남서풍 → 서풍 → 북서풍이므로 관측소 B는 ㈁에 위치한다. 관측하는 동안 ㈀ 지역의 기온이 ㈁보다 낮으므로 점선은 기온을 나타내는 그래프이고, 실선은 기압을 나타내는 그래프이다. 두 지역의 기압은 t₄~t₅ 사이에 가장 낮게 관측되므로 이때 저기압의 중심이 ㈀과 ㈁ 사이를 통과했음을 알 수 있다.

|보|기|풀|이|

ㄴ. 정답 : t₃에 관측소 A의 기온은 26℃보다 낮고, 관측소 B의 기온은 26℃보다 높으므로 기온은 A가 B보다 낮다.

ㄷ. 오답 : t₃에 저기압의 중심은 아직 ㈀과 ㈁ 사이를 통과하지 못했으므로 전선면은 ㈁ 상공에 도달하지 못했다.

| 7 | 지질 시대의 환경과 화석 | 정답 ③ 정답률 69% |

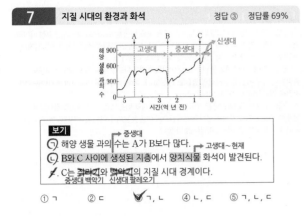

보기

ㄱ. 해양 생물 과의 수는 A가 B보다 많다. → 중세대

ㄴ. B와 C 사이에 생성된 지층에서 양치식물 화석이 발견된다. → 고생대~현재

ㄷ. C는 쥐라기와 백악기의 지질 시대 경계이다.
→ 중생대 백악기 신생대 팔레오기

① ㄱ ② ㄷ ☑ ㄱ, ㄴ ④ ㄴ, ㄷ ⑤ ㄱ, ㄴ, ㄷ

|보|기|풀|이|

ㄱ. 정답: 해양 생물 과의 수는 A 시기에 300보다 많고, B 시기에는 300보다 적으므로 A가 B보다 많다.

ㄴ. 정답: 양치식물은 고생대에 출현해 현재까지 생존하는 생물이므로 중생대 시기인 B와 C 사이에 형성된 지층에서 화석으로 발견된다.

| 8 | 외부 은하 | 정답 ② 정답률 82% |

분류 기준	막대 나선 은하 (가)	타원 은하 (나)	불규칙 은하 (다)
(㉠)	○	○	×
나선팔이 있는가?	○	×	×
편평도에 따라 세분할 수 있는가?	×	○	×

(○: 있다, ×: 없다)

① ㄱ ☑ ㄴ ③ ㄷ ④ ㄱ, ㄴ ⑤ ㄴ, ㄷ

|자|료|해|설|

막대 나선 은하, 불규칙 은하, 타원 은하 중 '나선팔이 있는가?'라는 질문에 ○라고 답할 수 있는 은하는 막대 나선 은하뿐이다. 따라서 (가)는 막대 나선 은하이다. 마찬가지로 세 은하 중 '편평도에 따라 세분할 수 있는가?'라는 질문에 ○라고 답할 수 있는 은하는 타원 은하뿐이므로 (나)는 타원 은하, (다)는 불규칙 은하이다.

분류 기준 ㉠에 대해 (가) 막대 나선 은하와 (나) 타원 은하가 ○라고 답할 수 있어야 하므로 ㉠에 해당하는 것으로는 '규칙적인 형태를 갖는가?'와 같은 기준이 적절하다.

|보|기|풀|이|

ㄱ. 오답: 중심부에 막대 구조가 있는 것은 (가) 막대 나선 은하뿐이므로 '중심부에 막대 구조가 있는가?'는 ㉠으로 적절하지 않다.

ㄴ. 정답: 주계열성의 광도는 푸른 별일수록 크고, 붉은 별일수록 작다. 푸른 별이 차지하는 비중은 타원 은하보다 막대 나선 은하에서 더 크고, 붉은 별이 차지하는 비중은 막대 나선 은하보다 타원 은하에서 더 크므로 주계열성의 평균 광도는 (가) 막대 나선 은하가 (나) 타원 은하보다 크다.

ㄷ. 오답: (다) 불규칙 은하에는 많은 양의 기체와 먼지가 존재한다. 따라서 젊은 별과 나이 많은 별이 모두 존재하며 새로운 별도 활발하게 탄생하고 있다. (나) 타원 은하에는 성간 물질과 새로 생성되는 별이 거의 없기 때문에 은하의 질량에 대한 성간 물질의 질량비는 (다) 불규칙 은하가 (나) 타원 은하보다 크다.

| 9 | 태풍 | 정답 ① 정답률 73% |

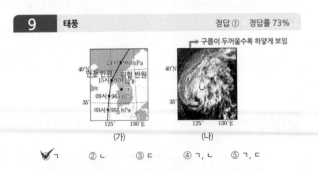

(가)   (나)

☑ ㄱ ② ㄴ ③ ㄷ ④ ㄱ, ㄴ ⑤ ㄱ, ㄷ

|보|기|풀|이|

ㄱ. 정답: ㉠은 태풍 진행 방향의 오른쪽에 있으므로 위험 반원에 위치한다.

ㄴ. 오답: 태풍의 중심 기압은 03시가 21시보다 낮으므로 태풍의 세력은 03시가 21시보다 강하다.

ㄷ. 오답: (나)에서 구름이 반사하는 태양 복사 에너지의 세기는 강할수록 하얗게 나타나므로 영역 A가 영역 B보다 강하다.

| 10 | 해수의 표층 순환 | 정답 ⑤ 정답률 62% |

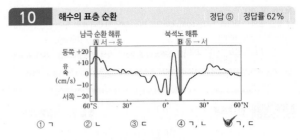

① ㄱ ② ㄴ ③ ㄷ ④ ㄱ, ㄴ ☑ ㄴ, ㄷ

|자|료|해|설|

A 해역은 남반구 중위도에 위치한 해역으로 남극 순환 해류가 흐른다. 남극 순환 해류는 편서풍의 영향을 받아 서쪽에서 동쪽으로 흐르므로 (+)는 동쪽, (−)는 서쪽으로 향하는 방향이다.

B 해역은 북반구 저위도에 위치한 해역으로 북적도 해류가 흐른다. 북적도 해류는 무역풍의 영향을 받아 동쪽에서 서쪽으로 흐른다.

| 11 | 상대 연령과 절대 연령 | 정답 ③ 정답률 81% |

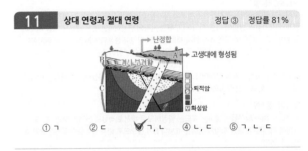

① ㄱ ② ㄴ ☑ ㄱ, ㄴ ④ ㄴ, ㄷ ⑤ ㄱ, ㄴ, ㄷ

|자|료|해|설|

두 개의 부정합면을 경계로 지층을 세 부분(C, B, A)으로 나눌 수 있다.

C는 B보다 먼저 형성되었다. C가 형성된 이후 횡압력을 받아 습곡이 형성되었고, 그 후 장력을 받아 정단층 $f-f'$이 형성되었다. C와 B의 경계에 있는 부정합은 습곡이 형성된 이후에 침식 작용이 일어나고 다시 퇴적물이 쌓여 만들어졌으므로 경사 부정합이다.

B는 A보다 먼저 형성되었다. 화성암이 C, 습곡 구조, 단층 $f-f'$, B보다 위에 표시되어 있으므로 화성암은 B가 형성된 이후에 관입하였다. 화성암과 지층 A 사이에 부정합면이 존재하므로 화성암이 관입한 이후 이 지역은 침식을 받았고, 난정합이 만들어졌다.

방추층은 고생대 말기 화석이므로 A의 나이는 최소 2.52억 년이다. 화성암에 포함된 방사성 원소 X의 함량은 처음 양의 $\frac{1}{32}=\left(\frac{1}{2}\right)^5$이므로 반감기가 5회 진행되었다. 화성암의 관입은 지층 A의 형성보다 먼저 발생한 사건이므로 화성암의 나이는 2.52억 년보다는 많다. 2.52억 년의 연령을 가지는 암석에서 현재까지 반감기가 5회 진행되었다고 할 때 반감기는 2.52억 ÷5=0.504(억 년)이므로 X의 반감기는 0.5억 년보다 길다.

|보|기|풀|이|

ㄴ. 정답: 단층 $f-f'$은 경사 부정합이 형성되기 이전에 발생했고, 화성암은 경사 부정합이 형성된 이후에 관입했으므로 단층 $f-f'$은 화성암보다 먼저 형성되었다.

| 12 | 허블 법칙과 우주 팽창 | 정답 ③ 정답률 71% |

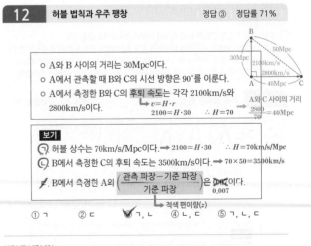

○ A와 B 사이의 거리는 30Mpc이다.

○ A에서 관측할 때 B와 C의 시선 방향은 90°를 이룬다.

○ A에서 측정한 B와 C의 후퇴 속도는 각각 2100km/s와 2800km/s이다.
→ $v=H \cdot r$ $2100=H \cdot 30$ ∴ $H=70$

A와 C 사이의 거리 $\frac{2800}{70}=40$Mpc

보기

ㄱ. 허블 상수는 70km/s/Mpc이다. → $2100=H \cdot 30$ ∴ $H=70$km/s/Mpc

ㄴ. B에서 측정한 C의 후퇴 속도는 3500km/s이다. → $70 \times 50 = 3500$km/s

ㄷ. B에서 측정한 A와 $\left(\dfrac{\text{관측 파장}-\text{기준 파장}}{\text{기준 파장}}\right)$은 0.007이다. → 적색 편이량($z$)

① ㄱ ② ㄷ ☑ ㄱ, ㄴ ④ ㄴ, ㄷ ⑤ ㄱ, ㄴ, ㄷ

|자|료|해|설|

A와 B 사이의 거리는 30Mpc이고, A에서 관측한 B의 후퇴 속도는 2100km/s이므로 $v=H \cdot r$에 의해 허블 상수의 값은 $H=\frac{2100}{30}=70$(km/s/Mpc)이다. 따라서 A와 C 사이의 거리는 $\frac{2800}{70}=40$(Mpc)이다. A에서 관측할 때 B와 C의 시선 방향은 90°이므로 B와 C 사이의 거리는 피타고라스 정리에 의해 50Mpc이다.

|보|기|풀|이|

ㄴ. 정답 : B와 C 사이의 거리는 50Mpc이므로 B에서 측정한 C의 후퇴 속도(v_C)는 $v_C = 70 \times 50 = 3500$(km/s)이다.

ㄷ. 오답 : $\left(\dfrac{\text{관측 파장} - \text{기준 파장}}{\text{기준 파장}}\right)$은 스펙트럼 흡수선의 적색 편이량($z$)이다. 후퇴 속도는 빛의 속도와 적색 편이량의 곱이므로 B에서 측정한 A의 z 값은 $2100 = 3 \times 10^5 \times z$에서 $z = 0.007$이다.

---

13 판 구조론   정답 ②   정답률 72%

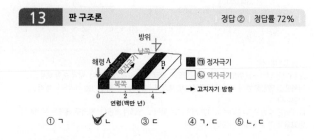

① ㄱ   ✔② ㄴ   ③ ㄷ   ④ ㄱ, ㄷ   ⑤ ㄴ, ㄷ

|자|료|해|설|

고지자기 줄무늬에서 정자극기는 현재와 자기장의 방향이 같은 시기이고, 역자극기는 현재와 자기장의 방향이 다른 시기이다. 해양 지각의 연령이 0인 곳은 새로운 해양 지각이 만들어지는 곳이므로 지역 A는 현재 새로운 해양 지각이 생성되는 해령 부근에 위치한다. 해령에서 현재 생성되는 해양 지각은 현재와 자기장의 방향이 같은 정자극기에 생성된 것이므로 지역 A는 정자극기(ⓐ), 지역 B는 역자극기(ⓑ)에 생성되었다. 역자극기(ⓑ)의 고지자기 방향은 현재와 반대이므로 남쪽을 향해 있다. 따라서 화살표가 가리키는 방향은 남쪽이다. 즉, A는 B의 동쪽에, B는 A의 서쪽에 있다.

|보|기|풀|이|

ㄱ. 오답 : 해저 퇴적물이 쌓이는 속도는 일정하므로 해저 퇴적물의 두께는 해양 지각의 나이에 비례한다. 해양 지각의 나이는 A보다 B가 많으므로 해저 퇴적물의 두께는 B가 A보다 두껍다.

ㄴ. 정답 : A는 해령 부근 지역이므로 A의 하부에는 맨틀 대류의 상승류가 존재한다.

ㄷ. 오답 : 역자극기의 고지자기 방향을 나타내는 화살표가 가리키는 방향이 남쪽이므로 B는 A의 서쪽에 위치한다.

---

14 암흑 물질과 암흑 에너지   정답 ①   정답률 71%

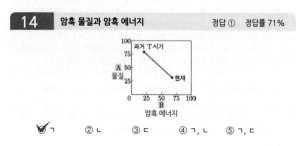

✔① ㄱ   ② ㄴ   ③ ㄷ   ④ ㄱ, ㄴ   ⑤ ㄱ, ㄷ

|자|료|해|설|

암흑 에너지는 과거에서부터 현재까지 밀도가 일정하고, 물질(보통 물질+암흑 물질)은 과거에서부터 현재까지 총량이 일정하다. 따라서 우주가 팽창함에 따라 암흑 에너지의 총량은 증가했고, 물질의 밀도는 감소했다. 그러므로 시간이 지남에 따라 상대적 비율이 감소하는 A는 물질, 증가하는 B는 암흑 에너지이다.

|보|기|풀|이|

ㄱ. 정답 : A는 시간이 지남에 따라 상대적 비율이 감소하므로 물질이다.

ㄴ. 오답 : 우주는 과거 T 시기부터 현재까지 계속 팽창해왔으므로 우주 배경 복사의 온도는 현재까지 점점 낮아졌다. 따라서 우주 배경 복사의 온도는 과거 T 시기가 현재보다 높다.

ㄷ. 오답 : 우주가 팽창하는 동안 암흑 에너지(B)의 밀도는 일정하므로 총량은 증가한다.

---

15 기후 변화의 원인   정답 ④   정답률 61%

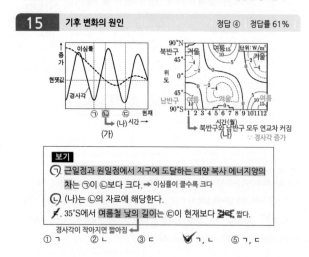

보기

ㄱ. 근일점과 원일점에서 지구에 도달하는 태양 복사 에너지양의 차는 ⓐ이 ⓑ보다 크다. → 이심률이 클수록 크다

ㄴ. (나)는 ⓑ의 자료에 해당한다.

ㄷ. 35°S에서 여름철 낮의 길이는 ⓒ이 현재보다 ~~길다~~ 짧다. 경사각이 작아지면 짧아짐

① ㄱ   ② ㄴ   ③ ㄷ   ✔④ ㄱ, ㄴ   ⑤ ㄱ, ㄷ

|보|기|풀|이|

ㄱ. 정답 : ⓐ 시기는 ⓑ 시기에 비해 지구 공전 궤도 이심률이 크므로 태양과 근일점 사이의 거리는 가까워지고, 태양과 원일점 사이의 거리는 멀어진다. 따라서 근일점과 원일점에서 지구에 도달하는 태양 복사 에너지양의 차는 ⓐ이 ⓑ보다 크다.

ㄴ. 정답 : (나)는 북반구와 남반구 모두 연교차가 증가하므로 지구 공전 궤도 이심률의 영향보다 지구 자전축 경사각의 영향을 더 받았다. 두 반구가 모두 연교차가 증가하는 때는 자전축 경사각이 커졌을 때이므로 (나)는 ⓑ의 자료에 해당한다.

ㄷ. 오답 : ⓒ 시기의 지구 공전 궤도 이심률은 현재와 비슷하고, 지구 자전축 경사각은 현재보다 작다. 지구 자전축 경사각이 작을수록 여름철 낮의 길이는 짧아지므로 35°S(남반구)에서 여름철 낮의 길이는 ⓒ이 현재보다 짧다.

---

16 별의 에너지원   정답 ⑤   정답률 38%

핵융합 반응의 종류	별	반지름 (태양=1)	질량 (태양=1)	광도 계급
헬륨	(가)	50 → 적색 거성	1	( )
수소	(나)	4	8	V → 주계열성
수소	(다)	0.9	0.8	V

보기

ㄱ. 중심핵의 온도는 (가)가 (나)보다 높다. → 헬륨 핵융합 반응이 수소 핵융합 반응보다 높은 온도에서 일어난다.

ㄴ. (다)의 핵융합 반응이 일어나는 영역에서, 별의 중심으로부터 거리에 따른 수소 함량비(%)는 ~~일정하다~~ 일정하지 않다.

ㄷ. 단위 시간 동안 방출하는 에너지양에 대한 별의 질량은 (나)가 (다)보다 작다. → 광도

① ㄱ   ② ㄴ   ③ ㄷ   ④ ㄱ, ㄴ   ✔⑤ ㄱ, ㄷ

|자|료|해|설|

(가)는 질량이 태양과 같지만 반지름이 태양보다 많이 크고, 중심에서 핵융합 반응이 일어나고 있는 별이므로 적색 거성이다. 적색 거성의 중심핵에서는 헬륨 핵융합 반응이 일어나고 있다.

광도 계급 V는 주계열성이므로 (나)는 반지름이 태양의 4배이고, 질량이 태양의 8배인 주계열성이다. 따라서 (나)의 중심핵에서는 수소 핵융합 반응이 일어나고 있다.

(다)는 반지름과 질량이 태양보다 조금 작은 주계열성이다. (다)의 중심핵에서는 수소 핵융합 반응이 일어나고 있다.

|보|기|풀|이|

ㄱ. 정답 : (가)의 중심핵에서는 헬륨 핵융합 반응이 일어나고, (나)의 중심핵에서는 수소 핵융합 반응이 일어난다. 헬륨 핵융합 반응은 수소 핵융합 반응보다 더 높은 온도에서 일어나므로 중심핵의 온도는 (가)가 (나)보다 높다.

ㄴ. 오답 : (다)의 중심핵에서는 수소 핵융합 반응이 일어난다. 별의 중심으로 갈수록 온도는 높아지고, 온도가 높을수록 수소 핵융합 반응이 더 많이 일어나므로, 중심으로 갈수록 수소 함량비(%)는 줄어든다. 즉, 별의 중심으로부터 거리에 따른 수소 함량비(%)는 증가한다.

ㄷ. 정답 : 단위 시간 동안 방출하는 에너지양은 별의 광도를 뜻한다. $\dfrac{\text{별의 질량}}{\text{별의 광도}}$의 값은 광도가 작을수록, 질량이 클수록 크다. (나)와 (다)의 질량을 비교하면 (나)가 (다)보다 10배 크다. 별의 광도는 (반지름)², (표면 온도)⁴에 비례하고, 주계열성에서 질량이 클수록 광도가 크므로 (나)의 광도는 (다)의 10배보다 더 크다. 따라서 (나)의 $\dfrac{\text{별의 질량}}{\text{별의 광도}}$의 값은 (다)보다 작다.

---

17 엘니뇨와 라니냐   정답 ③   정답률 68%

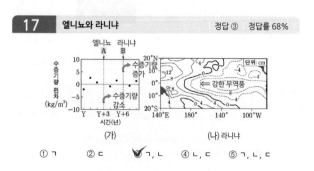

① ㄱ   ② ㄷ   ✔③ ㄱ, ㄴ   ④ ㄴ, ㄷ   ⑤ ㄱ, ㄴ, ㄷ

|보|기|풀|이|

㉠ 정답 : (나)는 동태평양 적도 부근 해역의 해수면 높이가 평년보다 낮은 라니냐 시기이고, B는 서태평양 적도 부근 해역의 수증기량이 많아진 라니냐 시기이므로 (나)와 B는 같은 시기에 해당한다.

㉡ 정답 : 동태평양 적도 부근 해역에서 서쪽으로 이동하는 해수의 양이 적어지면 용승이 적게 일어나 수온 약층이 나타나기 시작하는 깊이가 깊어진다. 따라서 동태평양 적도 부근 해역에서 수온 약층이 나타나기 시작하는 깊이는 엘니뇨(A)일 때가 라니냐(B)일 때보다 깊다.

ㄷ. 오답 : 엘니뇨 시기에 동태평양에서는 상승 기류가 발달하여 평년보다 해면 기압이 낮아지고, 서태평양에서는 하강 기류가 발달하여 평년보다 해면 기압이 높아진다. 라니냐 시기에 동태평양에서는 해면 기압이 높아지고, 서태평양에서는 해면 기압이 낮아진다. 따라서 적도 부근 해역에서 (동태평양 해면 기압 편차 − 서태평양 해면 기압 편차)의 값은 라니냐 시기(B)가 엘니뇨 시기(A)보다 크다.

---

18 별의 표면 온도와 별의 크기   정답 ② 정답률 49%

> **보기**
> ~~ㄱ~~. 복사 에너지를 최대로 방출하는 파장은 (가)가 (나)의 ~~1/4~~ 배 이디. $\lambda_{\max} = \dfrac{a}{T}$ → 1/4 배
> ㄴ. 반지름은 (나)가 태양의 400배이다.
> ~~ㄷ~~. $\dfrac{\text{(다)의 광도}}{\text{태양의 광도}}$ 는 100보다 ~~작다~~ 크다.
>
> ① ㄱ   ✓② ㄴ   ③ ㄷ   ④ ㄱ, ㄴ   ⑤ ㄴ, ㄷ

|보|기|풀|이|

ㄱ. 오답 : (가)의 단위 시간당 단위 면적에서 방출하는 복사 에너지양은 태양의 16배($E_{(가)}=16E_{태양}$)이고, (나)는 태양의 $\frac{1}{16}$배($E_{(나)}=\frac{1}{16}E_{태양}$)이므로 (가)는 (나)의 4배($E_{(가)}=16^2E_{(나)}=4^4E_{(나)}$)이다. 단위 시간당 단위 면적에서 방출하는 복사 에너지양($E=\sigma T^4$)은 (표면 온도)^{4}에 비례하므로 (가)의 표면 온도는 (나)의 4배($T_{(가)}=4T_{(나)}$)이다. 복사 에너지를 최대로 방출하는 파장($\lambda_{\max}=\dfrac{a}{T}$)은 별의 표면 온도에 반비례하므로 최대 방출 파장은 (가)가 (나)의 $\frac{1}{4}$배$\left(\dfrac{a}{T_{(가)}}=\dfrac{a}{4T_{(나)}}\right)$이다.

㉡ 정답 : 별과 태양의 절대 등급과 광도의 관계는 $M_별-M_{태양}=-2.5\log\dfrac{L_별}{L_{태양}}$이고, (나)의 절대 등급은 -5.2이므로 $-5.2-4.8=-2.5\log\dfrac{L_{(나)}}{L_{태양}}$에서 $L_{(나)}=10^4\times L_{태양}$이다. 별의 광도는 별의 (반지름)^{2}과 (표면 온도)^{4}에 비례하므로 $L_{(나)}=10^4\times L_{태양}=4\pi R_{(나)}^2\cdot\sigma T_{(나)}^4=10^4\times 4\pi R_{태양}^2\cdot\sigma T_{태양}^4(㉠)$이다. 이때 단위 시간당 단위 면적에서 방출하는 복사 에너지양($E=\sigma T^4$)은 태양이 (나)의 16배이므로 ㉠을 정리하면 $4\pi R_{(나)}^2\cdot\sigma T_{(나)}^4=10^4\times4\pi R_{태양}^2\cdot 16\times\sigma T_{(나)}^4$, $R_{(나)}^2=16\times 10^4 R_{태양}^2=400^2 R_{태양}^2$에서 $R_{(나)}=400R_{태양}$이다. 따라서 (나)의 반지름은 태양의 400배이다.

ㄷ. 오답 : $\dfrac{\text{(다)의 광도}}{\text{태양의 광도}}$ 의 값이 100이라고 하면 $M_{(다)}-M_{태양}=-2.5\log\dfrac{L_{(다)}}{L_{태양}}$에서 $M_{(다)}$ $-4.8=-2.5\log 100=-5$이므로 (다)의 절대 등급은 -0.2이다. (다)의 겉보기 등급은 -2.2이고 별의 절대 등급이 2등급만큼 더 커진 -0.2가 되려면 (다)의 위치가 10pc가 되었을 때 별의 밝기가 2.5²배만큼 더 어두워져야 한다. 하지만 (다)의 위치가 10pc가 되었을 때 별의 밝기는 2²배 어두워지므로 (다)의 실제 절대 등급은 -0.2보다 작다. 따라서 $\dfrac{\text{(다)의 광도}}{\text{태양의 광도}}$ 의 값은 100보다 크다.

---

19 외계 행성계 탐사 방법   정답 ⑤ 정답률 39%

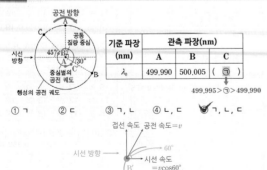

기준 파장	관측 파장(nm)		
(nm)	A	B	C
λ_0	499.990	500.005	(㉠)

$499.995 > ㉠ > 499.990$

① ㄱ   ② ㄷ   ③ ㄱ, ㄴ   ④ ㄴ, ㄷ   ✓⑤ ㄱ, ㄴ, ㄷ

|자|료|해|설|

지구에서 멀어지는 천체의 후퇴 속도는 $v=c\times z=c\times\dfrac{\lambda-\lambda_0}{\lambda_0}$이고, 중심별의 후퇴 속도는 지구에서 관측하는 별의 시선 속도이다. 따라서 중심별의 공전 속도는 시선 속도와 접선 속도의 벡터 합과 같다. A′에서 시선 속도는 공전 속도와 같고 B′에서와 방향은 반대이므로 A′에서 시선 속도는 $v_A=-v$이다. B′에서 시선 속도와 공전 속도가 이루는 각은 60°이므로 중심별의 공전 속도를 v라 하면 시선 속도는 $v_B=v\times\cos 60°=\frac{1}{2}v$이다.

시선 속도는 빛의 속도와 적색 편이량의 곱$\left(c\times z=c\times\dfrac{\lambda-\lambda_0}{\lambda_0}\right)$으로 나타낼 수 있다. A′과 B′에서의 시선 속도는 각각 $v_A=-v=c\times\dfrac{499.990-\lambda_0}{\lambda_0}$, $v_B=\frac{1}{2}v=c\times\dfrac{500.005-\lambda_0}{\lambda_0}$이므로 v를 이용하여 정리하면 $-v_A=2v_B$, 즉 $-c\times\dfrac{499.990-\lambda_0}{\lambda_0}=2c\times\dfrac{500.005-\lambda_0}{\lambda_0}$이다. 이를 정리하면 $\lambda_0=500$nm이다.

|보|기|풀|이|

㉠ 정답 : 행성이 A에 위치할 때 중심별의 위치는 A′이고, 행성이 B에 위치할 때 중심별의 위치는 B′이다. 중심별이 A′에 있을 때 지구에서 멀어지는 중이라면 B′에 있을 때는 지구에 가까워지는 중이고, A′에 있을 때 가까워지는 중이라면 B′에 있을 때는 멀어지는 중이다. 행성이 A, B에 위치할 때 중심별의 관측 파장은 B′에서 더 크므로 B′에서 중심별은 지구에서 멀어지고 있고, A′에서 중심별은 지구에 가까워지고 있다. 지구에서 별이 멀어질 때 적색 편이가 나타나므로 행성이 B에 위치할 때 중심별의 스펙트럼에서는 적색 편이가 나타난다.

㉡ 정답 : 중심별이 시선 방향으로부터 30° 회전(B)했을 때 관측 파장의 변화량은 0.005nm이고, 90° 회전(A)해요 때 관측 파장의 변화량은 0.01nm이다. 따라서 시선 방향으로부터 45° 회전(C)했을 때 관측 파장의 변화량은 0.005nm보다 크고, 0.01nm보다 작다. 행성이 C에 위치할 때 중심별은 지구에 가까워지고 있으므로 관측 파장 ㉠은 $500-0.005>㉠>500-0.01$이다. 즉, ㉠은 499.995보다 작다.

㉢ 정답 : 기준 파장(λ_0)은 500nm이고, A′에서 중심별의 시선 속도는 공전 속도와 같으므로 A′에서의 공전 속도는 $|-v|=\left|c\times\dfrac{499.990-\lambda_0}{\lambda_0}\right|=\left|3\times10^5\times\dfrac{499.990-500}{500}\right|=6$(km/s)이다.

---

20 고지자기   정답 ⑤ 정답률 40%

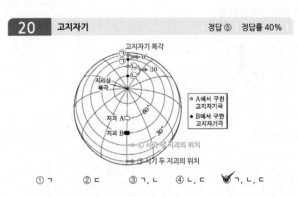

① ㄱ   ② ㄷ   ③ ㄱ, ㄴ   ④ ㄴ, ㄷ   ✓⑤ ㄱ, ㄴ, ㄷ

|자|료|해|설|

위도를 나타내는 각 선은 15°씩 차이가 있으므로 A, B에서 구한 각 시기의 고지자기 복각은 다음과 같다.

	A에서 구한 고지자기 복각 (지괴의 위치)	B에서 구한 고지자기 복각 (지괴의 위치)
㉠ 시기	$90°-15°\times6=0°(0°)$	$90°-15°\times6=0°(0°)$
㉡ 시기	$90°-15°\times4=30°(30°N)$	$90°-15°\times4=30°(30°N)$

|보|기|풀|이|

㉠ 정답 : ㉠ 시기일 때 A에서 구한 고지자기 복각은 $90°-15°\times6=0°$이다. ㉡ 시기일 때 A에서 구한 고지자기 복각은 $90°-15°\times4=30°$이다. 따라서 A에서 구한 고지자기 복각의 절댓값은 ㉠(0°)이 ㉡(30°)보다 작다.

㉡ 정답 : A와 B는 30°N에 위치해 있던 ㉡ 시기 이후에 분리되었고, 두 지괴 모두 북극을 향해 이동하고 있으므로 두 지괴는 북반구에서 분리되었다.

㉢ 정답 : ㉡ 시기에 두 지괴는 모두 30°N에 있었는데 현재 A는 60°N, B는 45°N에 있으므로 같은 시간 동안 A의 이동 거리가 더 크다. 따라서 ㉡부터 현재까지의 평균 이동 속도는 A가 B보다 빠르다.

 **정답표**

Ⅰ. 고체 지구의 변화
1. 지권의 변동
01 대륙 이동과 판 구조론
문제편 p.6 해설편 p.4

1 ④	2 ⑤	3 ②	4 ⑤	5 ②
6 ③	7 ⑤	8 ②	9 ④	10 ④
11 ②	12 ④	13 ④	14 ③	15 ①
16 ⑤	17 ①	18 ④	19 ②	20 ⑤
21 ①	22 ③	23 ④	24 ①	25 ⑤
26 ⑤	27 ④	28 ②	29 ③	30 ③
31 ④	32 ②	33 ④	34 ①	35 ④
36 ④	37 ①	38 ②	39 ①	40 ④
41 ④	42 ⑤	43 ④	44 ②	45 ④
46 ⑤	47 ①	48 ②	49 ⑤	50 ⑤
51 ②				

02 대륙의 분포와 변화
문제편 p.20 해설편 p.33

1 ①	2 ④	3 ②	4 ④	5 ④
6 ④	7 ③	8 ②	9 ③	10 ①
11 ②	12 ①	13 ①	14 ⑤	15 ④
16 ②	17 ①	18 ④	19 ③	20 ①
21 ①	22 ⑤	23 ②	24 ③	25 ②
26 ④	27 ⑤	28 ⑤	29 ③	30 ⑤

03 맨틀 대류와 플룸 구조론
문제편 p.29 해설편 p.51

1 ⑤	2 ④	3 ⑤	4 ②	5 ③
6 ③	7 ③	8 ②	9 ②	10 ④
11 ⑤	12 ①	13 ⑤	14 ⑤	15 ①
16 ⑤	17 ⑤	18 ①	19 ⑤	

04 변동대와 화성암
문제편 p.42 해설편 p.63

1 ④	2 ④	3 ①	4 ③	5 ④
6 ①	7 ⑤	8 ①	9 ⑤	10 ②
11 ④	12 ⑤	13 ①	14 ④	15 ④
16 ②	17 ②	18 ②	19 ⑤	20 ④
21 ③	22 ①	23 ①	24 ①	25 ②
26 ④	27 ①	28 ③	29 ③	30 ④
31 ③				

2. 지구의 역사
01 퇴적 구조와 환경
문제편 p.52 해설편 p.81

1 ④	2 ⑤	3 ③	4 ④	5 ⑤
6 ⑤	7 ④	8 ③	9 ⑤	10 ④
11 ②	12 ⑤	13 ⑤	14 ②	15 ⑤
16 ③	17 ④	18 ⑤	19 ②	20 ④
21 ⑤	22 ⑤	23 ④	24 ③	25 ④
26 ②	27 ③	28 ②	29 ①	30 ④
31 ③	32 ⑤	33 ⑤		

02 지질 구조
문제편 p.63 해설편 p.101

1 ⑤	2 ⑤	3 ①	4 ③	5 ⑤
6 ②	7 ①	8 ③	9 ①	10 ⑤
11 ④	12 ⑤	13 ④	14 ①	15 ⑤

03 지사 해석 방법
문제편 p.68 해설편 p.110

1 ⑤	2 ⑤	3 ④	4 ④	5 ⑤
6 ③	7 ②	8 ⑤	9 ③	10 ③
11 ⑤	12 ⑤	13 ⑤	14 ④	15 ②

04 지층의 연령
문제편 p.73 해설편 p.120

1 ④	2 ④	3 ④	4 ⑤	5 ①
6 ③	7 ③	8 ⑤	9 ④	10 ③
11 ②	12 ②	13 ①	14 ④	15 ③
16 ③	17 ②	18 ③	19 ①	20 ③
21 ①	22 ④	23 ①	24 ②	25 ⑤
26 ③	27 ①	28 ④	29 ②	30 ①
31 ③	32 ③	33 ②	34 ④	35 ③

05 지질 시대의 환경과 생물
문제편 p.92 해설편 p.141

1 ④	2 ④	3 ④	4 ③	5 ⑤
6 ②	7 ③	8 ①	9 ⑤	10 ④
11 ②	12 ②	13 ①	14 ②	15 ①
16 ③	17 ②	18 ③	19 ②	20 ④
21 ①	22 ②	23 ①	24 ①	25 ①
26 ②	27 ①	28 ④	29 ③	

Ⅱ. 유체 지구의 변화
1. 대기와 해양의 변화
01 기압과 날씨 변화
문제편 p.105 해설편 p.164

1 ④	2 ⑤	3 ⑤	4 ②	5 ③
6 ④	7 ①	8 ⑤	9 ③	10 ④
11 ②	12 ②	13 ⑤	14 ②	15 ②
16 ②				

02 온대 저기압과 날씨
문제편 p.111 해설편 p.174

1 ①	2 ②	3 ⑤	4 ③	5 ④
6 ③	7 ④	8 ④	9 ①	10 ④
11 ④	12 ③	13 ③	14 ①	15 ⑤
16 ①	17 ④	18 ④	19 ④	20 ②
21 ④	22 ⑤	23 ④	24 ①	25 ③
26 ②	27 ⑤	28 ④		

03 태풍의 발생과 영향
문제편 p.121 해설편 p.191

1 ②	2 ②	3 ②	4 ②	5 ④
6 ②	7 ④	8 ②	9 ②	10 ④
11 ⑤	12 ③	13 ⑤	14 ②	15 ③
16 ③	17 ⑤	18 ④	19 ⑤	20 ①
21 ②	22 ①	23 ①	24 ②	25 ①
26 ⑤	27 ②	28 ②	29 ②	30 ①
31 ⑤	32 ①	33 ⑤	34 ③	35 ④
36 ③	37 ①	38 ②	39 ⑤	40 ②
41 ⑤	42 ①	43 ①		

04 우리나라의 주요 악기상
문제편 p.134 해설편 p.215

1 ①	2 ②	3 ②	4 ②	5 ②
6 ④	7 ⑤	8 ①	9 ②	10 ⑤
11 ④	12 ②	13 ④	14 ④	15 ③
16 ③				

05 해수의 성질
문제편 p.149 해설편 p.227

1 ①	2 ①	3 ④	4 ③	5 ②
6 ②	7 ③	8 ③	9 ⑤	10 ④
11 ⑤	12 ③	13 ①	14 ①	15 ⑤
16 ①	17 ⑤	18 ⑤	19 ⑤	20 ②
21 ④	22 ⑤	23 ②	24 ①	25 ④
26 ①	27 ⑤	28 ⑤	29 ②	30 ②
31 ⑤	32 ③	33 ①		

2. 대기와 해양의 상호 작용
01 대기 대순환과 해양의 표층 순환
문제편 p.160 해설편 p.247

1 ②	2 ④	3 ⑤	4 ⑤	5 ③
6 ④	7 ②	8 ⑤	9 ①	10 ⑤
11 ④	12 ③	13 ②	14 ②	15 ②
16 ⑤	17 ①	18 ③	19 ③	20 ②
21 ③	22 ②	23 ③	24 ①	25 ②
26 ⑤	27 ④	28 ②	29 ④	30 ②
31 ①	32 ④	33 ②	34 ②	35 ④
36 ①	37 ①	38 ①	39 ⑤	40 ②
41 ⑤	42 ⑤			

02 해양의 심층 순환
문제편 p.172 해설편 p.270

1 ④	2 ⑤	3 ②	4 ③	5 ③
6 ⑤	7 ⑤	8 ⑤	9 ③	10 ④
11 ④	12 ⑤	13 ②	14 ③	15 ③
16 ⑤	17 ⑤	18 ⑤	19 ③	20 ⑤
21 ⑤	22 ②	23 ①	24 ⑤	25 ④
26 ⑤	27 ④	28 ⑤		

03 대기와 해양의 상호 작용
문제편 p.182 해설편 p.287

1 ④	2 ②	3 ②	4 ④	5 ③
6 ⑤	7 ⑤	8 ②	9 ③	10 ②
11 ②	12 ③	13 ②	14 ③	15 ⑤
16 ②	17 ②	18 ⑤	19 ④	20 ⑤
21 ①	22 ④	23 ⑤	24 ①	25 ②
26 ②	27 ①	28 ⑤	29 ⑤	30 ④

04 기후 변화
문제편 p.210 해설편 p.324

1 ⑤	2 ⑤	3 ④	4 ④	5 ②
6 ⑤	7 ⑤	8 ②	9 ④	10 ⑤
11 ③	12 ①	13 ③	14 ③	15 ③
16 ③	17 ②	18 ②	19 ①	20 ④
21 ②	22 ③	23 ①	24 ⑤	25 ②
26 ⑤	27 ②	28 ⑤	29 ④	30 ④
31 ②	32 ⑤	33 ⑤	34 ③	35 ④
36 ③	37 ①	38 ④	39 ③	40 ③
41 ①	42 ④	43 ⑤	44 ②	45 ③
46 ①	47 ⑤	48 ⑤	49 ①	50 ①
51 ①	52 ②	53 ②	54 ①	55 ③
56 ③	57 ④			

Ⅲ. 우주의 신비
1. 별과 외계 행성계
01 별의 물리량과 H-R도
문제편 p.230 해설편 p.364

1 ①	2 ②	3 ①	4 ⑤	5 ④
6 ③	7 ③	8 ①	9 ①	10 ③
11 ③	12 ①	13 ③	14 ②	15 ②
16 ⑤	17 ⑤	18 ⑤	19 ②	20 ②
21 ⑤	22 ⑤	23 ③	24 ⑤	25 ⑤
26 ⑤	27 ⑤	28 ④	29 ④	30 ⑤
31 ①	32 ②	33 ①	34 ③	35 ③
36 ④	37 ⑤	38 ①	39 ①	40 ②

02 별의 진화와 별의 에너지원
문제편 p.243 해설편 p.388

1 ④	2 ④	3 ④	4 ②	5 ③
6 ②	7 ③	8 ⑤	9 ③	10 ④
11 ②	12 ②	13 ①	14 ⑤	15 ⑤
16 ①	17 ⑤	18 ④	19 ⑤	20 ③
21 ⑤	22 ③	23 ④	24 ②	25 ④
26 ①	27 ②	28 ④	29 ①	30 ④
31 ①	32 ②	33 ③	34 ③	35 ③
36 ③	37 ⑤	38 ③	39 ①	40 ②
41 ⑤	42 ③	43 ②	44 ②	45 ⑤

03 외계 행성계와 외계 생명체 탐사
문제편 p.264 해설편 p.415

1 ④	2 ③	3 ⑤	4 ⑤	5 ④
6 ①	7 ③	8 ⑤	9 ④	10 ④
11 ④	12 ③	13 ④	14 ④	15 ③
16 ①	17 ⑤	18 ①	19 ①	20 ②
21 ⑤	22 ③	23 ④	24 ⑤	25 ①
26 ⑤	27 ③	28 ②	29 ②	30 ①
31 ⑤	32 ⑤	33 ④	34 ③	35 ③
36 ⑤	37 ②	38 ⑤	39 ④	40 ③
41 ④	42 ④	43 ④	44 ⑤	45 ③
46 ④	47 ④	48 ⑤	49 ⑤	50 ⑤
51 ②	52 ⑤	53 ④	54 ②	55 ⑤
56 ③	57 ③	58 ②	59 ②	60 ⑤
61 ②	62 ③	63 ⑤	64 ⑤	65 ②
66 ③	67 ②	68 ④	69 ⑤	

2. 외부 은하와 우주 팽창
01 은하의 분류
문제편 p.284 해설편 p.456

1 ⑤	2 ②	3 ④	4 ③	5 ①
6 ①	7 ⑤	8 ⑤	9 ⑤	10 ③
11 ①	12 ⑤	13 ⑤	14 ②	15 ①
16 ②	17 ⑤	18 ⑤	19 ②	20 ⑤
21 ③	22 ②	23 ②	24 ④	25 ②
26 ③	27 ②	28 ②	29 ②	

02 허블 법칙과 우주 팽창
문제편 p.295 해설편 p.474

1 ④	2 ⑤	3 ②	4 ⑤	5 ②
6 ②	7 ⑤	8 ③	9 ⑤	10 ⑤
11 ①	12 ④	13 ②	14 ②	15 ①

16 ⑤	17 ⑤	18 ⑤	19 ①	20 ③
21 ⑤	22 ⑤	23 ⑤	24 ⑤	25 ⑤
26 ⑤	27 ⑤	28 ④	29 ⑤	30 ⑤
31 ⑤	32 ⑤	33 ⑤	34 ⑤	

03 암흑 물질과 암흑 에너지
문제편 p.310 해설편 p.500

1 ④	2 ④	3 ④	4 ⑤	5 ⑤
6 ⑤	7 ⑤	8 ②	9 ⑤	10 ⑤
11 ③	12 ⑤	13 ⑤	14 ⑤	15 ⑤
16 ①	17 ④	18 ④	19 ②	20 ⑤
21 ②	22 ⑤	23 ⑤	24 ⑤	25 ⑤
26 ①				

연도별
2022학년도 6월 모의평가
문제편 p.318 해설편 p.514

1 ④	2 ①	3 ②	4 ③	5 ②
6 ⑤	7 ①	8 ④	9 ②	10 ⑤
11 ⑤	12 ①	13 ⑤	14 ③	15 ④
16 ③	17 ⑤	18 ④	19 ③	20 ④

2022학년도 9월 모의평가
문제편 p.322 해설편 p.518

1 ④	2 ④	3 ①	4 ⑤	5 ②
6 ⑤	7 ②	8 ⑤	9 ⑤	10 ③
11 ⑤	12 ②	13 ④	14 ⑤	15 ⑤
16 ③	17 ③	18 ⑤	19 ②	20 ⑤

2022학년도 대학수학능력시험
문제편 p.326 해설편 p.522

1 ①	2 ①	3 ④	4 ③	5 ②
6 ⑤	7 ④	8 ②	9 ④	10 ⑤
11 ⑤	12 ②	13 ②	14 ①	15 ③
16 ①	17 ⑤	18 ③	19 ④	20 ①

2023학년도 6월 모의평가
문제편 p.330 해설편 p.526

1 ⑤	2 ③	3 ④	4 ⑤	5 ③
6 ①	7 ②	8 ⑤	9 ③	10 ③
11 ②	12 ⑤	13 ⑤	14 ③	15 ⑤
16 ⑤	17 ①	18 ④	19 ③	20 ③

2023학년도 9월 모의평가
문제편 p.334 해설편 p.530

1 ②	2 ④	3 ②	4 ②	5 ⑤
6 ①	7 ②	8 ②	9 ①	10 ⑤
11 ③	12 ①	13 ④	14 ⑤	15 ⑤
16 ③	17 ⑤	18 ⑤	19 ③	20 ④

2023학년도 대학수학능력시험
문제편 p.338 해설편 p.534

1 ⑤	2 ③	3 ②	4 ③	5 ⑤
6 ④	7 ②	8 ③	9 ②	10 ④
11 ④	12 ②	13 ④	14 ②	15 ②
16 ⑤	17 ②	18 ④	19 ④	20 ⑤

2024학년도 6월 모의평가
문제편 p.342 해설편 p.538

1 ②	2 ①	3 ④	4 ②	5 ②
6 ②	7 ④	8 ①	9 ②	10 ④
11 ③	12 ③	13 ③	14 ⑤	15 ①
16 ⑤	17 ③	18 ⑤	19 ③	20 ⑤

2024학년도 9월 모의평가
문제편 p.346 해설편 p.542

1 ④	2 ⑤	3 ④	4 ⑤	5 ②
6 ③	7 ⑤	8 ⑤	9 ②	10 ⑤
11 ⑤	12 ⑤	13 ②	14 ③	15 ①
16 ③	17 ④	18 ②	19 ⑤	20 ①

2024학년도 대학수학능력시험
문제편 p.350 해설편 p.546

1 ④	2 ⑤	3 ⑤	4 ①	5 ③
6 ④	7 ③	8 ⑤	9 ①	10 ⑤
11 ③	12 ②	13 ②	14 ①	15 ⑤
16 ①	17 ⑤	18 ②	19 ⑤	20 ⑤

2025 마더텅 수능기출문제집

누적판매 770만 부, 2023년 한 해 동안 82만 부가 판매된 베스트셀러 기출문제집

전 단원 필수 개념 동영상 강의, 체계적인 단원별 구성

(2024.1.31. 업로드 완료 예정)

전 문항 문제 풀이, 동영상 강의 무료 제공

- 1등급에 꼭 필요한 기출문제 정복 프로젝트
- 시험에 자주 출제되는 유형을 분석하여 꼼꼼하게 준비한 강의
- 마더텅 기출문제집의 친절하고 자세한 해설에 동영상 강의를 더했습니다.

무료 동영상 강의 QR

FOLLOW ME!! FM과학의 정석
오정석 선생님과 함께하는 마더텅 수능 지구과학!

오정석 선생님

- (현) 일산 네오젠 과학학원
- (전) 압구정 지스터디 과학
- (전) 지니어스 과학 인터넷 강의
- (저서) 텍스트 고등과학 생명과학편 저자

동영상 강의 수강 방법

방법 1

교재 곳곳에 있는 QR 코드를 찍으세요!

교재에 있는 QR 코드가 인식이 안 될 경우
화면을 확대해서 찍으시면 인식이 더 잘 됩니다.

방법 2 [마더텅] [지구과학 I] 2024학년도 수능 1번 키워드 예시

유튜브 www.youtube.com 에
[마더텅][지구과학 I] + 문항출처로
검색하세요!

방법 3 동영상 강의 전체 한 번에 보기

[휴대폰 등 모바일 기기] QR 코드

다음 중 하나를 찾아 QR을 찍으세요.
① 겉표지 QR
② 해설편 첫 페이지 동영상 광고 우측 상단 QR
③ 문제편 첫 페이지 우측 상단 QR

[PC] 주소창에 URL 입력

다음 단계에 따라 접속하세요.
① www.toptutor.co.kr/mobile로 접속
② 무료 동영상 강의 클릭
③ 목록에서 학습 중인 도서 찾기
④ 원하는 강의 선택하여 수강

📞 **문의전화 1661-1064** 07:00~22:00   **www.toptutor.co.kr** 포털에서 [마더텅] 검색

2024 Calendar
세상에서 가장 소중한 당신을 응원합니다!

1월

일	월	화	수	목	금	토
	1 새해	2	3	4	5	6
7	8	9	10	11	12	13
14	15	16	17	18	19	20
21	22	23	24	25	26	27
28	29	30	31			

2월

일	월	화	수	목	금	토
				1	2	3
4	5	6	7	8	9	10 설날
11	12 대체휴일	13	14	15	16	17
18	19	20	21	22	23	24
25	26	27	28	29		

3월

일	월	화	수	목	금	토
					1 삼일절	2
3	4	5	6	7	8	9
10	11	12	13	14	15	16
17	18	19	20	21	22	23
24	25	26	27	28	29	30
31						

4월

일	월	화	수	목	금	토
	1	2	3	4	5	6
7	8	9	10 국회의원 선거	11	12	13
14	15	16	17	18	19	20
21	22	23	24	25	26	27
28	29	30				

5월

일	월	화	수	목	금	토
			1	2	3	4
5 어린이날	6 대체휴일	7	8	9	10	11
12	13	14	15 부처님 오신날	16	17	18
19	20	21	22	23	24	25
26	27	28	29	30	31	

6월

일	월	화	수	목	금	토
						1
2	3	4	5	6 현충일	7	8
9	10	11	12	13	14	15
16	17	18	19	20	21	22
23	24	25	26	27	28	29
30						

7월

일	월	화	수	목	금	토
	1	2	3	4	5	6
7	8	9	10	11	12	13
14	15	16	17	18	19	20
21	22	23	24	25	26	27
28	29	30	31			

8월

일	월	화	수	목	금	토
				1	2	3
4	5	6	7	8	9	10
11	12	13	14	15 광복절	16	17
18	19	20	21	22	23	24
25	26	27	28	29	30	31

9월

일	월	화	수	목	금	토
1	2	3	4	5	6	7
8	9	10	11	12	13	14
15	16	17 추석	18	19	20	21
22	23	24	25	26	27	28
29	30					

10월

일	월	화	수	목	금	토
		1	2	3 개천절	4	5
6	7	8	9 한글날	10	11	12
13	14	15	16	17	18	19
20	21	22	23	24	25	26
27	28	29	30	31		

11월

일	월	화	수	목	금	토
					1	2
3	4	5	6	7	8	9
10	11	12	13	14	15	16
17	18	19	20	21	22	23
24	25	26	27	28	29	30

12월

일	월	화	수	목	금	토
1	2	3	4	5	6	7
8	9	10	11	12	13	14
15	16	17	18	19	20	21
22	23	24	25 성탄절	26	27	28
29	30	31				